中国环境科学学会学术年会

论 文 集

（2010）

第一卷

中国环境科学学会　编

中国环境科学出版社

·北　京·

图书在版编目(CIP)数据

中国环境科学学会学术年会论文集(2010)/中国环境科学学会编.—北京:中国环境科学出版社,2010.8

ISBN 978-7-5111-0337-6

Ⅰ.①中… Ⅱ.①中… Ⅲ.①环境科学-学术会议-中国-2010-文集 Ⅳ.①X-12

中国版本图书馆CIP数据核字(2010)第144396号

责任编辑 杨吉林

出版发行 中国环境科学出版社
(100062 北京东城区广渠门内大街16号)
网　址:http://www.cesp.com.cn
联系电话:010-67112765(总编室)
发行热线:010-67125803

印　刷 北京登峰印刷厂

经　销 各地新华书店

版　次 2010年8月第一版

印　次 2010年8月第一次印刷

开　本 880×1168 1/16

印　张 275

字　数 8000千字

定　价 800.00元(全四卷)

前　言

随着调结构、扩内需作为一项长期战略的进一步实施，随着环保工作进一步加强，我国经济增长方式真正开始了由追求速度向追求质量的转变，标志和预示着我国进入了以保护环境优化经济增长的新阶段。可以预料，在未来较长一段发展时期内，包括整个“十二五”阶段，如何促进环境与经济的高度融合，把环境保护摆上更加突出的战略位置，与经济社会发展统筹考虑、统一安排部署，确保经济实现稳定持续增长，将是我国经济工作和环保工作的主线。

2010 年是开启和布局“十二五”环境保护工作关键性的一年。为更好地发挥环境保护在促进经济发展方式转变和经济结构战略性调整中所起的重要作用，中国环境科学学会于5 月5 日至7 日在上海举办了中国环境科学学会2010 年学术年会，会议本着“繁荣学术交流，服务环境保护工作”的宗旨，着眼现实和未来需要，围绕促进环境与经济高度融合的绿色清洁技术与管理、资源循环再利用技术与管理以及低碳技术与管理等三大领域举行学术报告会和专题学术交流会，并设专题分会场重点研讨“十二五”期间环境保护发展的总体思路、重点领域和重大举措，为“十二五”环境保护规划决策提供咨询建议。年会主要内容包括三个大型学术交流活动：以“十二五”环境保护规划咨询建议为主题的中国环境科学学会第六届理事会第四次全体扩大会议；以发展绿色清洁技术，促进节能减排为主题的2010 年学术年会报告会和专题研讨会；以适应低碳社会的环境与经济为主题的全球华人科学家环境论坛。此次会议得到了环境保护部、中国科协的领导以及环境、经济和社会学界知名院士、专家学者，各地科研院所、环境监测站、环境信息中心、环境监察支队、地方学会、高等院校以及环境科技企业等各方面的大力支持和积极参与，截至2010 年3 月31 日，组委会共收到来自全国各地环保科技工作者、研究人员以及企业界环保专家等各类论文2200 多篇。经过中国环境科学学会专家委员会相关专家认真评审，最终评选出934 篇优秀论文。现将这些优秀论文汇编成册正式出版，以展示国内环保领域专家学者最新研究成果，充分反映现阶段我国环境保护科研现状和水平，更好地为我国环境保护工作提供重要的智力支持。

本次论文集的顺利出版，要特别感谢中国环境科学出版社的大力支持，感谢各位专家和领导的悉心指导和鼎力相助。由于编者能力有限，书中错误、疏漏之处在所难免，恳请专家学者、有识之士不吝赐教，以便今后在工作中不断加以改进。

编　者

2010 年6 月

目　录

（第一卷）

第一章　循环经济的理论与实践

第二章　低碳经济的理论与实践

第三章 "十二五"环境保护规划与政策探讨

第四章　城市环境问题及其对策

第五章　区域环境问题与生态环境保护

第六章　农村环境保护与可持续发展

第七章　环境监督管理制度建设与探讨

一、环境管理与环境经济

第一章

循环经济的理论与实践

循环经济发展的金融支持政策体系分析

杨 蕊 孙顺强

（西南大学经济管理学院 重庆 400715）

摘 要 循环经济发展目前已成为国家经济快速发展的重要条件，而金融政策的支持更是循环经济发展的基本保障。本文介绍了金融在循环经济发展中的功能性作用，结合目前我国循环经济发展中金融政策方面存在的主要问题，分析了我国促进循环经济发展的金融支持政策体系，旨在以此能够为循环经济的发展建立一个健康的、科学的、高效的筹资融资市场献计献策，推动循环经济产业在我国迅速地发展。

关键词 循环经济 金融政策

我国现行《循环经济促进法》规定：循环经济是指在生产、流通和消费等过程中进行的减量化、再利用、资源化活动的总称。其中减量化，是指在生产、流通和消费等过程中减少资源消耗和废物产生；再利用，是指将废物直接作为产品或者经修复、翻新、再制造后继续作为产品使用，或者将废物的全部或者部分作为其他产品的部件予以使用；资源化，是指将废物直接作为原料进行利用或者对废物进行再生利用。该法明确规定了发展循环经济是国家经济社会发展的一项重大战略，应当遵循统筹规划、合理布局，因地制宜、注重实效，政府推动、市场引导，企业实施、公众参与的方针。可见发展循环经济要求我们在社会经济中自觉遵守和应用生态规律，通过资源高效和循环利用，实现污染的低排放甚至零排放，实现经济发展、环境保护和社会协调发展的“三赢”。循环经济的产业化需要高投入。高投入是循环经济产业发展的基本特征和重要条件。循环经济技术比传统技术复杂得多，往往涉及多个科学领域，对设备、原材料的要求更高、技术更新速度更快，使得企业设备更新和折旧的速度大大加快，因此需要资金也大大高于传统产业。大量的资金需求决定了金融支持政策与循环经济的高相关性，合理、健全的金融支持政策体系是循环经济迅速广阔发展的重要条件。

一、循环经济发展中金融的功能

任何一个产业的起步与发展都离不开资金的保障与支持。金融业与经济活动早已密不可分，形成二者的“经济的金融化”的融合过程。金融业对于经济发展如此举足轻重的地位，要求国家对金融业与循环经济产业的相关性给予足够的重视及政策上的支持。金融业应当承担起为循环性产业融资筹资的功能。充分发挥现有的金融机构的基本职能，积极开发新型的金融工具，实现循环经济和金融创新的双赢。调动金融产业的灵活性，为循环经济产业建立一个积极的、科学的、高效率的筹资融资环境将是整个国家及金融业的重要任务。

循环经济发展中金融的功能应主要体现在以下几方面。

（一）聚敛功能

金融的聚敛功能是指金融市场具有聚集众多分散的小额资金成为可以投入社会再生产的资金的能力。金融市场的资金“蓄水池”作用为循环经济的发展提供一个功能齐全、法规完善的资金融通场所，循环经济企业可以为其项目方便地通过直接或间接的融资方式获取资金，保证企业发展的资金需求。

（二）配置功能

金融的配置功能主要体现在三个方面：一是资源的配置，二是财富的再分配，三是风险的再分配。金融机构通过将资源从利用效率低的部门转移到效率高的部门，从而协助循环经济的顺利发展，使社会资源达到一个金融资源的合理配置和合理利用。金融市场上的金融资产价格发生变动时，其财富的持有数量发生变化，从而实现了财富的再配置。循环经济产业实际是一个风险较高的，投资收益期较长的特殊产业，通过金融工具把风险转嫁给风险厌恶程度较低的企业，可以使循环经济产业合理规避风险。

（三）调节功能

金融的调节功能是指金融市场对宏观经济的调节作用。循环经济发展中的相关金融支持政策体现了政府对宏观经济活动的干预与调控。循环经济的大力发展有助于整个国家的经济发展，应当得到政府及相关部门的各种扶持，而金融方面的支持政策更是起到举足轻重的作用。金融的调节功能也使得循环经济的发展适应整个国家的宏观经济发展，适时调整其前进的方向。

二、我国循环经济发展金融支持存在的主要问题

（一）政府对于循环经济的金融支持重视程度不够

由于对循环经济的认识不足或偏差，导致政府对循环经济发展的金融支持重视不够，加之政府定位错位和职能不明，造成财政投资的严重偏向，大量资金流向城镇固定资产建设和传统经济发展领域，与循环经济发展有关的部门批复项目和拨付资金到位不及时，循环经济的公益性特点没有在各项金融优惠政策中得以完全明确。

（二）金融机构的循环经济投融资机制不健全

循环经济发展所需的技术更高更科学，资金的需求量也较大，而企业获取发展资金的主要渠道是自筹资金和信用贷款。银行的信用贷款手续繁琐，时间成本高，支持循环经济的投融资政策不够健全，如货币信贷政策的非灵活性，贷款利息的相应补贴，贷款风险管理的不完善等。而且，金融机构的改革和建设仍然很不完善，它们之间因业务范围、竞争结构的不同，没有形成有机的竞争互补机制，难以对循环经济发展提供充足的信贷资金支持。

（三）资本市场和非银行金融机构发展滞后

资本市场的发展滞后，直接导致资本市场融资的资金不足和缺少多样化的融资渠道，股票、债券、基金、保险等市场参与性较低，缺乏股票市场和债券市场的支持，缺少丰富的融资方式，便不能更好地降低融资成本、提高融资效率、全力推动循环经济的顺利发展。非金融机构的发展滞后，无法充分地为融资提供包括证券、保险、信托、租赁及其他资本运作和金融衍生工具交易等全方位的现代金融服务，这与循环经济发展的幅度和速度无法保持一致，限制了循环经济的进一步扩展。

（四）国家对于循环经济的金融激励政策贯彻不全面

循环经济的发展利国利民，应当得到国家各方面的政策性支持。目前在循环经济产业中仍然没有实施一定的优惠金融等激励政策，如税收、信贷、专项基金等，直接导致产业发展的成本较高，资金供给不足，无法顺利完成新技术、新设备的更新，阻碍了循环经济产业的发展。

三、循环经济发展的金融支持政策体系

（一）充分发挥政府宏观金融等调控职能

加大政府财政投资力度，保障循环经济迅速发展。通过发行国债、财政补贴、税收优惠或者建立绿色基金和专项支持基本等方式，鼓励商业银行增加一定比例的专项资金用于支持循环经济的技术创新、设备更换、项目建设及产业发展，弥补因支持循环经济领域而造成的利益亏损。政府的宏观金融调控职能应配合财政投入，应侧重战略性的、大型的、创新的及与国家高新技术发展息息相关的循环经济产业化项目，加强循环经济的基础工程建设。

（二）加强对循环经济产业的信贷支持力度

加大商业银行信贷投放，促进循环经济企业的蓬勃发展。主要是加快信贷体制的改革步伐，建设有利于循环经济的信贷融资政策机制；优化信贷结构，加大对循环经济的投资力度；积极创新业务，增加对循环经济发展的差别化服务，从而打通循环经济的融资渠道；加强市场调研和项目评估，发掘有潜力、有经济效益的循环经济建设项目；简化管理流程，降低时间成本，改善支持循环经济发展的金融服务的质量和效率。

商业银行在信贷审核和决策过程中，对于能够体现发展循环经济、保护自然环境和维护生态平衡要求的客户或项目，可以给予降低利息率、延长信贷期限、加大贷款额度、放宽还贷条件等优惠；而对于无视自然环境保护和生态平衡的随意投资行为，应该通过不予贷款、提高利率、强制还款等措施加以限制。此外，对于国家确定的发展循环经济的试点单位，商业银行应根据国家投资政策规定，积极给予信贷支持。

（三）促进资本市场与循环经济产业的多元化结合

建立多层次的资本市场体系，积极推动循环型企业优先上市。放宽对循环经济技术应用企业资本额的认定和对所有制之类的限制，为更多的循环经济企业提供上市融资的机会；分配更多的股票上市额度给具有规模优势和高增长潜力的循环经济企业；适当降低循环经济企业股票的面额，以提高其资本回报率，吸引更多资金。为高新环保产业提供优先的证券融资服务，设计并推广绿色证券，环保证券等金融工具在资本市场中的流通与发展，促使循环经济产业能够筹措到灵活而稳定的资金，进一步投资于周期长、规模大的绿色环保的循环经济产业。在创业板应当为高新环保产业提供更为广阔、灵活的筹资市场，从现代国家资本市场发展的经验来看，创立专门的融资市场，为环保类企业或特定资源类企业创造可持续性的直接资金来源，对于建立资本市场基础上的现代企业发展机制来说非常必要。应加大民间投资及外资对循环经济产业的广泛进入，应当利用国外优惠贷款期限长、利率低、政府相应补贴较多的优势，来促进国内循环经济产业中投资长、规模大、见效缓慢、投资风险高的新型技术产业。

（四）以专项支持基金保障循环经济新型产业的发展

大多数循环经济产业都具有跨行业，项目间的关联性强，投资风险的不可预测，可长期盈利等特点。因此，应当通过开放性融资，引进民间资本，共担投资风险，建立具有保障性的循环经济建设的专项支持基金。积极引入社会中长期闲置的社会资金，包括邮政储蓄、社会保障基金、各类中央和地方性的保险基金、企业暂时搁置的年金等。政府应为循环经济专项产业提供专项支持基金，如植树造林的风沙治理，污水排放的技术控制，大中型工业企业的碳减排的处理，新型能源的开发和推广等。我国的循环经济产业才刚刚起步，需要政府及社会给予极大的关注和支持，专项支持基金的建立有助于优化高新产业的结构，为企业提供权益性资本。

（五）加大信托行业的参与程度

循环经济产业的高科技、高投入、更新快要求国家或企业拥有充足的资金资源，而能够取得贷款利率小，贷款期限长并伴有优惠补贴的贷款是对于循环经济产业的巨大支持。在发挥国家财政、商业银行等金融部门的职能的同时，应当使信托行业也积极参与其中。为企业提供信用贷款，购买产业所需的大型的、耗资的机器设备，进行金融租赁，减少企业更新难、融资难的压力，为循环经济产业的发展提供强大的推动力量。同时，许多大型企业较为落后但仍具备使用价值的机器设备也可交付信托公司，一方面，可以获得新的融资渠道，加大企业的现金储备，另一方面，可以使闲散的动产资源得到充分的利用，推动整个社会的前进步伐。信托的主要作用，一是规模效益，信托将零散的资金巧妙地汇集起来，由专业投资机构运用于各种金融工具或实业投资，谋取资产的增值；二是专家管理，信托财产的管理运用均是由相关行业的专家来管理的，他们具有丰富的行业投资经验，掌握先进的理财技术，善于捕捉市场机会，为信托财产的增值提供了重要保证；三是由于信托财产具有的独立性，使得信托财产在设立信托时没有法律瑕疵，在信托期内能够对抗第三方的诉讼，保证信托财产不受侵犯，从而使信托制度具有了其他经济制度所不具备的风险规避作用。这些作用正好适合于循环经济产业这种投资大、期限长、回报收益期长的产业特点，能够为其开辟出新颖的、灵活的投资渠道，从而为其提供资金上的保证。

（六）保险业积极介入建立循环经济发展的资本风险分散机制

循环经济转移风险的最为重要的手段即是保险业，保险业作为经营管理风险的特殊金融企业，其分散风险、组织经济补偿的职能能够规避一定的循环经济发展的资本风险。在政策和法规允许的条件下，保险公司与证券公司等金融机构联合，通过融资、融券提供抵押担保的方法购买来源各异的风险资产，包括高新技术专利技术、非专利技术、知识产权以及承载这些技术的实物和资产，保险公司可以通过认购主板、创新板的循环型企业的股票、债券等金融资产参与到循环型经济的投资。开创关于绿色环保的企业财产保险的品种，积极邀请循环型产业加入到投保行列中，为企业的专项基金、股本资本提供风险的分散与疏导。保险业还应从创新服务意识、服务手段以及服务体制等方面入手，建立技术创新服务体系，适应循环经济发展要求。

参考文献

[1] 中华人民共和国循环经济促进法．2009 年 1 月 1 日生效．
[2] 中国人民银行漳州市支行课题组．发展循环经济的金融政策支持研究［J］．福建金融，2009，01．
[3] 张亦春，郑振龙，林海．金融市场学［M］．北京：高等教育出版社，2008，3．
[4] 曹龙骐．金融学［M］．北京：高等教育出版社，2006，7．
[5] 张兰杰．发展循环经济的金融创新机制支持［J］．财税金融，2009．
[6] 李霞．循环经济的金融创新机制研究［J］．金融与保险，2009，07．
[7] 张建刚．循环经济的金融支持问题研究与分析［J］．时代金融，2008，12．
[8] 杜玮，黄儒靖．我国发展循环经济的金融支持及对策［J］．现代商业，2009．

浅析我国循环经济发展的制度建设

朱 坦 张 墨

（南开大学环境科学与工程学院 天津市卫津路94号 300071）

摘 要 当前，如何转变粗放型的经济增长方式，实现可持续发展是我国经济社会发展的重要任务，发展循环经济已经成为我国的战略选择，虽然我国发展循环经济工作取得了一些成效，但是仍存在着一些问题。原因在于发展循环经济的政策体系尚未形成，有效促进循环经济良好运转的机制和体制有待完善。本文通过研究经济行为主体发展循环经济的内生化和自运行动力，提出我国循环经济制度体系构建的建议。

关键词 制度建设 内生动力 政策建议

2005年7月，国务院发布了《关于加快发展循环经济的若干意见》，这是我国发展循环经济的纲领性文件。2006年国家“十一五”规划纲要把发展循环经济作为“十一五”时期的重大战略任务，指出必须加快转变经济增长方式，把节约资源作为基本国策，发展循环经济，保护生态环境，加快建设资源节约型、环境友好型社会，促进经济发展与人口、资源、环境相协调。至此循环经济正式成为我国经济与社会发展的战略选择。短短四年时间，循环经济从理念变为行动，在全国范围内得到迅速发展，取得了显著成效。但是在当前的循环经济推广过程中，仍存在着逆向物流难以维系、企业自身驱动动力不足等一系列问题，这就需要加强循环经济的制度建设，强化理论研究。制度是实现循环经济的基础和根本保障。现行的法律法规政策、经济运行调控方式、动力激励方式等都制约和调节着循环经济的前进方向和进程。

一、循环经济内生动力的探讨

（一）循环经济理念要体现“内外均衡，一体循环”

循环经济是将经济系统看做是具有有限资源和环境容量的地球生态系统中的一个开放的子系统，而经济循环则是经济系统和生态系统所组成的生态经济大系统内部，以物质（包括能量）的良性循环为载体或表现形式的、生态经济大系统整体的结构和功能关系上的均衡与可持续性关系。循环经济的“内外均衡，一体循环”概念模型就是把反映经济系统内部再生产关系的“内部均衡”，与反映经济系统与生态系统之间再生产关系的“外部均衡”紧密地结合起来；“一体循环”包括两个方面的意义：第一，从生态－经济系统整体的高度出发，统筹经济系统内部以及经济系统与环境系统之间的物质循环流动关系；第二，把经济系统与生态系统看做是一个功能上相互依存的统一的大系统，从大系统整体功能的再生产循环出发，来把握人类经济的可持续性问题。

（二）循环经济的组成应包括正向物流与逆向物流

从循环经济理念的角度出发，完整的物流系统应包括正向物流与逆向物流，它们组成一个完整的物流循环系统。正向物流是从供应商到消费者的商品及相关信息的流动，从产品的设计、生产到销售流通等一系列过程。在每一个过程都要将环境因素纳入考虑，减少原料的投入以及生产过程中副产品的产出，最大限度地产出产品，不仅减少资源的消耗，而且可以有效地消除废弃物产生的污染。

除了原材料的采购、产品的设计、生产、包装以及销售之外，还包括回收、回收物的处理、可再利用资源再投入到生产中的逆向物流活动。逆向物流是指为了重新获得产品的使用价值或正确处置废弃产品的目的，将原材料、半成品、产成品等从产品消费一端（包括最终用户和供应链上客户）返回到产品来源点一端（生产地或供应地）的过程。

通过逆向物流系统，可以使生产、消费和废弃物的再利用顺利连接，形成封闭的循环流程，实现废弃物和可再生资源快速回收、处理和再利用，最终实现资源的多次循环利用，提高循环经济的效率，减少环境污染的强度。

（三）循环经济的运行机制要内生化于市场机制

从我国循环经济实践来看，由于环境资源远离市场，循环经济发展缺乏内生化与自运行的动力。循环经济的发展主要由政府来推动，而企业与公众未能主动改变自身选择与行为方式，政府的目标导向与企业和公众的行为之间存在着重重屏蔽，其根本原因在于，大多数环境资源属于公共物品，加之其本身的生物与物理特性，使得涉及环境资源的生产与消费活动中经常会产生外部性效应，市场机制不能自动对其发挥作用，从而导致市场环境资源配置的“失灵”。而我国促使经济行为主体主动参与循环经济实践的制度与政策环境尚未完善，发展循环经济难以成为经济行为主体的自觉行为，靠“政府独奏”不能实现生态真理与经济现实的有机融合，从而造成“有循环，无经济”的现象。

这就要求政府要通过制度安排来形成激励与约束，通过价格等经济信号将自然稀缺变成经济稀缺，并传递给经济行为主体，以生态经济效益决定的损益机会促成经济主体的理性决策，形成有利于循环经济发展的内生化驱动力。

二、我国循环经济发展的现状及存在问题

（一）发展现状

经过各方面的努力，我国循环经济发展取得积极成效：

1. 立法取得巨大进展

2008 年 8 月 29 日，十一届全国人大常委会第四次会议表决通过了《中华人民共和国循环经济促进法》，该法已于 2009 年 1 月 1 日开始施行。该法确立了六项基本制度，确保依法发展循环经济，法律内容包括循环经济规划制度、抑制资源浪费和污染物排放总量控制制度、评价和考核制度、以生产者为主的责任延伸制度、对高耗能高耗水企业的重点监管制度、激励制度等。该法为我国循环经济发展提供了法律依据。

2. 积极开展示范试点工作

经国务院同意，国家发改委、国家环保部等六部委先后于 2005 年和 2007 年在重点行业、重点领域、产业园区和省市开展了两批国家级循环经济试点。目前，钢铁、有色金属、煤炭、电力、化工、建材等重点行业涌现出一批由试点到示范的优秀企业。产业园区循环经济发展模式初步形成，试点园区根据自身特点，按照产业生态学原理规划园区建设，在发展循环经济方面进行了很好的实践，实现了经济效益与环境保护的双赢。以苏州工业园区为例，通过开展循环经济项目，以生产型服务业推动高新技术产业跨越式发展，实现了产业间物质高效循环的新型发展模式。

（二）存在问题

我国经过多年的探索和发展，在发展循环经济方面虽然取得了一定的成绩，但目前的循环经济研究领域仍然面临以下问题：

1. 循环经济的制度建设理论研究不足

我们虽然广泛开展了循环经济实践活动，但是循环经济理论研究尚显薄弱，突出问题是循环经济的制度建设研究不足，使经济行为主体主动参与循环经济实践的制度与政策环境尚不完善，这就需要我们加强有关制度构建的理论研究，通过制度安排来形成激励与约束，形成循环经济内生化与自运行的驱动力。

2. 经济激励机制亟须健全完善

我们目前现有的经济激励机制未能充分地将经济行为主体开展循环经济的内生化和自运行动力激发出来，与之相配套的政策体系还亟待完善：财政政策对促进循环经济发展的支持力度有待加强；税收政策不适应循环经济发展趋势；金融投资政策不能满足循环经济发展迫切要求；价格体系不能正确反映环境资源供求关系。需要完善财政补贴、税费、价格、贷款等经济激励的制度建设。

3. 循环经济的法律体系不健全，宏观政策环境有待优化

尽管《中华人民共和国循环经济促进法》已经正式施行，但条文规定过于笼统，适应循环经济深入发展的法律法规尚不健全，没有形成整体的法律体系；激励废弃物回收、再生资源利用等循环经济活动的相关配套政策不够完善，无法刺激市场形成逆向物流系统，在一定程度上限制了资源再生利用产业的发展。

4. 科技投入的制度支撑体系尚待建立

虽然国家不断加大对发展循环经济关键与共性技术攻关支持的力度，但是产学研合作不到位，没有建立企业与高校、研究机构在人才培养、科研、生产等方面的合作机制，没有相关的科技投入资金运行机制和人才培养机制，循环经济技术研发中心、国家重点实验室、科技园区和其他创新支持服务机构的建设尚显薄弱，在一定程度上制约了循环经济的发展，亟须建立相关的科技投入制度体系。

三、完善循环经济制度的政策建议

循环经济的发展依赖于循环经济制度的确立，合理的制度创新、体制机制创新是我国下一步循环经济建设的关键内容和重要保障。结合我国循环经济发展的特点，积极构建包括“促进循环经济发展的经济激励关键政策”、“发展循环经济的部门协调关键政策”和“保障循环经济发展的科技投入关键政策”等科学的、操作性强的政策体系和具体内容，形成有利于循环经济深入发展的体制机制创新思路。

（一）积极运用经济激励手段发展循环经济

积极制定促进循环经济发展的经济激励关键政策。通过排污权交易、税收优惠、财政补贴以及信贷优惠等方法，将直接管制与间接调控相结合，建立切实可行的环境税收再分配制度，对经济行为主体（企业和消费者）形成激励与约束；建立重点领域与重点产品的生产者责任延伸制度以及消费者的责任延伸制度，推进有利于再生资源回收利用的税费调整；加强政府扶持力度，建立循环经济科技研究和中小企业发展基金，鼓励废物回收与再生企业投资建设及运营的市场化，鼓励循环经济企业上市，发行与循环经济和绿色经济相关的债券。从排污权交易试点改革，生态补偿机制以及环境税收征收、管理及再分配入手，科学合理配置资源，全面激活循环经济的内生动力。

（二）加快建立和完善资源综合利用法规体系

一是制定《工业废弃物综合利用管理办法》、《废旧轮胎回收利用管理办法》、《报废汽车回收拆解管理办法》和《水资源综合利用实施办法》等配套规章和政策；二是颁布强制性资源综合利用生产和使用标准，实现资源综合利用工作的规范化、标准化管理；三是建立和完善资源节约与综合利用的监督机制，组建资源节约与综合利用执法队伍，从各环节加大监督执法力度。

（三）制定发展循环经济的部门协调政策体系

一是建立中央政府部门与地方政府部门之间在政策制定及推行方面的协作机制；二是出台政府循环经济信息政策，完善电子政务信息共享互联互通平台；三是科学界定部门分工和权限，理顺部门职责关系，对需要多个部门管理的事项建立宏观调控机制或综合监督协调机制；四是采用

建立形式灵活的部门联席会议机制的思路，加强部门间的工作沟通与政策协调，降低行政成本，提高政府的整体工作效率。

（四）优化循环经济科技发展的制度环境，促进循环经济关键共性技术的研发

科学技术是发展循环经济的重要动力，针对当前我国循环经济关键共性技术研相对发滞后的现状，应从以下三个方面出台相应的规章条例：一是加大循环经济共性技术的研究力度，增加政府科研投入，突破制约循环经济发展的技术瓶颈；二是促进产学研合作力度，建立企业与高校、研究机构在人才培养、科研、生产等方面的合作机制；三是积极支持建立循环经济信息系统和技术咨询服务体系。

参考文献

[1] 李慧明，王军锋，左晓利，等．内外均衡一体循环——循环经济的经济学思考［M］．天津：天津人民出版社，2007.

[2] 李慧明，王军锋．物质代谢、产业代谢和物质经济代谢——代谢与循环经济理论［J］．南开大学学报（哲学社会科学版），2007（6）．

[3] 罗帮仁．关于循环经济理论的几点思考［J］．科技促进发展，2009（2）．

[4] 李慧明，左晓利，张菲菲．破解我国循环经济发展的经济学难题［J］．理论与现代化，2009（2）．

[5] 赵春雨．我国发展循环经济的现状及对策研究［J］．学习与探索，2009（2）．

[6] 徐杰，许方球．中国发展循环经济的对策研究［J］．哈尔滨商业大学学报（社会科学版），2008（5）．

[7] 李慧明，左晓利．让市场说出生态真理——生态文明建设的重要途径［J］．南开大学学报（哲学社会科学版），2008（5）．

[8] 张圆，周滨，赵杰．循环经济理论研究综述及天津发展循环经济概况分析［J］．青年科学，2010（1）：212.

[9] 曲格平．发展循环经济是21世纪的大趋势［J］．机电产品与创新，2001（6）．

[10] 江金骐．循环经济 ——21世纪的战略选择［J］．中国经济快讯周刊，2002（3）．

[11] 王成新，李昌峰．循环经济：全面建设小康社会的时代抉择［J］．理论学刊，2003（1）．

[12] 冯之俊．论循环经济［J］．中国软科学，2004（10）．

[13] 陈祖海．循环经济：理论与政策选择［J］．科技管理研究，2005（7）．

[14] 邹声文．我国开始建设首座循环经济型生态城市［Z］．新华网，2003-09-15.

[15] 谢旭人．发展循环经济实现可持续发展［Z］．http：//www. epval2ley. com/ simple - chinese/ forum/ 030315. htm.

[16] 孙国强．以循环经济模式建设生态城市［Z］．新华网，2003-08-31.

浅析我国循环经济发展现状与对策研究

张 强 陈旺伟

（安徽省蚌埠市环境科学研究所 蚌埠市胜利东路1166号7楼 233040）

摘 要 随着我国经济的持续繁荣，经济增长与资源环境间的矛盾日益突出，发展循环经济成为我国缓解资源约束矛盾的根本出路。本文试从循环经济的概念入手，分析我国在人口增加、资源短缺的严峻形势下，发展循环经济的现状与障碍因素，阐述循环经济是人类重新认识自然界，探索新经济规律的产物和实现可持续发展的核心组成部分，在开展对策研究的基础上提出了建议，以期为我国循环经济的加快发展提供借鉴。

关键词 循环经济 环境 经济模式

一、循环经济的内涵与实质

（一）循环经济思想的起源与发展

循环经济思想最早源于环境保护思潮。20世纪60年代中期，美国经济学家肯尼斯·鲍尔丁在《宇宙飞船经济学》一文中提出了“循环经济”这一概念。1990年，英国环境经济学家D. Pearce和R. K. Turner在其《自然资源和环境经济学》一书中首次正式使用了“循环经济”一词，重点讨论的是资源的循环利用。1996年，德国颁布《循环经济与废弃物管理法》，首次在国家法律文本中使用循环经济概念。

改革开放以来，我国的经济发展取得了举世瞩目的成绩，尤其是20世纪末开始，中国经济经历了近10年的持续繁荣和高速增长。这是一个十分重要而特殊的发展时期，第一，经济与社会转型提供了经济增长的持续动力；第二，经济社会环境的不均衡使各种矛盾不断暴露；第三，这也是资源消耗最多，人与自然较量最为严重的时期。由于我国经济的发展基本是沿着高投人、高消耗、高污染、低效益的“三高一低”的粗放型发展道路走过来的，资源短缺与环境问题也随之加剧。我国严峻的资源环境现实表明，我国已经失去了发达国家工业化时的廉价的资源条件和充裕的环境容量。对于中国来说，由于地理特征、人口规模、发展阶段以及资源禀赋等特点，发展循环经济成为缓解资源约束矛盾的根本出路。

（二）循环经济的内涵与实质

循环经济是一种以资源高效利用和循环利用为核心，以“3R”即减量化（Reduce）、再使用（Reuse）和再循环（Recycle）为原则，以低消耗、低排放、高效率为基本特征，以生态产业链为发展载体，以清洁生产为重要手段，符合可持续发展理念的经济增长模式，是对“大量生产、大量消费、大量废弃”的传统增长模式的根本变革，能够实现物质资源的有效利用和经济与生态的可持续发展。循环经济的实质是以尽可能少的资源消耗、尽可能小的环境代价实现最大的经济效益和社会效益，力求把经济社会活动对自然资源的需求和生态环境的影响降低到最小限度。

二、循环经济模式与传统经济模式的关系

在传统经济模式中，人类从自然中获取资源，并不加处理地向环境排放废物，是一种“资源—产品—污染排放”的单向线性开放式经济过程，其特征是高开采、低利用、高排放。随着人口的增长、生产规模的扩大以及经济的发展，环境的自净能力削弱乃至丧失，使得环境问题与资源危机日益凸显。

“生产过程末端治理”模式开始注意到了环境问题，但它强调的是在生产过程的末端采取措施治理污染，即“先污染、后治理”，由此造成了治理的难度大、成本高、见效差，很难达到预

期的经济效益、生态效益和社会效益。

循环经济模式，要求合理利用自然资源和环境容量，在物质不断循环利用的基础上发展经济，具体主要表现为减少进入生产流程的物质量、以不同方式反复利用某种物品以及废弃物的资源化，实现从“排除废物”到“净化环境”到“利用废物”的过程，使经济系统和谐地纳入自然生态系统的物质循环的过程中去。这是一种与环境和谐的经济发展模式，是一个“资源—产品—再生资源”的闭环反馈式循环过程，实现经济活动的生态化。

三、我国发展循环经济的现状和存在问题

（一）我国发展循环经济的现状

2005 年 7 月，国务院发布了《关于加快发展循环经济的若干意见》，这是我国发展循环经济的纲领性文件。2006 年《国民经济和社会发展第十一个五年规划纲要》中将循环经济列为专门一章（第二十二章），国家“十一五”规划纲要把发展循环经济作为“十一五”时期的重大战略任务，指出必须加快转变经济增长方式，把节约资源作为基本国策，发展循环经济，保护生态环境，加快建设资源节约型、环境友好型社会，促进经济发展与人口、资源、环境相协调。坚持开发、节约并重、节约优先，按照减量化、再利用、资源化的原则，在资源开采、生产消耗、废物产生、消费等环节，逐步建立全社会的资源循环利用体系，并将单位 GDP 能耗降低 20%、主要污染物排放总量减少 10% 作为约束性目标。经过各方面的努力，我国循环经济的发展取得了积极成效。一方面，发展循环经济的相关法律法规正在相继制定、实施。如已于 2009 年 1 月 1 日起开始实施的《循环经济促进法》。另一方面，发展循环经济的试点工作在全国范围内的重大城市与重点行业中逐步展开，并取得了预期的成效。循环经济在我国已经上升为指导国家和地区社会经济发展和环境保护的重要原则和战略，并从内涵和外延上都得到很大发展。

（二）我国发展循环经济存在的问题

1. 制度政策不完善。循环经济是一种新型的、先进的经济形态，它的实施需要法律法规的保障。尤其是在当前以 GDP 挂帅的制度大环境下，如果没有市场外力的干预，市场主体就会缺乏实行循环经济的内在动力。我国在发展循环经济方面仅出台了少量的法律法规，并且存在着原则比较笼统、可操作性不强、若干规定之间不够协调等问题，并缺乏高效、严格的执法措施。此外，我国也尚未形成适合循环经济发展需要的经济机制和政策体系，现行经济制度中也存在一些影响和制约循环经济发展的政策缺陷。这些使得循环经济发展所面临的诸多技术、经济和社会问题难以得到有效解决。

2. 技术手段创新不够。发展循环经济，科技创新是最重要的支撑。近年来，我国在提高资源利用率的技术上取得了一些突破，但是我国在循环经济发展过程中仍面临着严重的技术瓶颈。第一，由于科技水平比较落后，尤其是环境科技长期以来没有得到应有的重视，我国循环经济的发展受到技术水平的制约。第二，目前在我国，对循环经济的研究，尤其是循环经济科学技术的研究并未引起足够重视，仅被看做一种行政措施和经济手段。第三，由于缺乏政策资金的支持，循环经济相关项目技术的研发很难开展与推广。

3. 认知和利益问题。我国是一个发展中国家，以追求物质财富增长为核心的传统发展观尚未根本转变，人们对资源稀缺性的认识不够，对资源危机感不强，缺乏资源忧患意识以及节约资源、保护环境的自觉意识，对发展循环经济的战略意义、紧迫性认识不足。传统的经济效益观念仍然占据着主导地位，人们缺乏循环经济的综合长远效益观念。利益最大化的根本动机造成了市场交易主体的经济理性，也直接导致了他们的生态非理性。企业是社会生产的主体，也是发展循环经济的主体，大多数企业以追求利润最大化、成本最小化为发展理念，而忽略了环境成本。发展循环经济需要大量的资金投入和长期的资金支持来对相关项目进行研发和推广，其效益却需要

经过一段较长的时期才能显现出来，这就决定了企业缺乏发展循环经济的内在动力。

四、我国发展循环经济的对策建议

（一）健全法律法规，完善政策机制

构建以法律为保障，以经济激励为手段，以绿色技术体系为支撑的循环经济政策法规体系。利用法律自身固有的规范性和强制性的特点来对循环经济进行观念表达、价值判断和行为规范，建立健全促进循环经济发展的法律体系，加大执法力度，为实现污染的末端治理向源头控制的根本性转化提供法律保障。制定促进循环经济发展的价格政策、税收政策、产业政策等，推行适当的财政激励政策、金融激励政策以及一些非经济手段，完善发展循环经济的激励机制，引导整个社会的生产者和消费者向着循环经济的方向发展。

（二）充分发挥政府的主导作用和服务职能

循环经济是对经济发展模式的根本变革，这种变革需要借助经济发展的内在动力和外在推力。所谓内在动力是指市场机制，而外在推力则是指政府行为。我国各地区区域发展不平衡的状况以及特殊的国情决定了政府在发展循环经济过程中必须起到主导作用，扮演协调者与桥梁的角色。政府必须由权力的集中代表者转变为公共服务的执行者，为循环经济参与者提供法律保障与政策支持，加大环保投入，完善激励机制，促进技术创新，在不同企业之间架起沟通的桥梁，宣传循环经济的发展进程与趋势，加强对循环经济的宏观调控，使我国经济尽快调整到循环经济发展的轨道上来。

（三）建立创新高效的技术支撑体系

循环经济属于技术密集型经济，必须有大量高新技术作支撑。建立发展循环经济的技术支撑体系，要以发展高新技术为基础，以开发经济体系生态链技术为关键，遵循技术开发的生态道德，积极采用清洁生产技术，采用无害或低害新工艺，降低原材料和能源的消耗；依靠技术创新改造传统产业，不断发明新技术和新材料，对不可再生资源进行替代；要以零排放为目标，对废弃物减量化技术、资源循环利用技术、废弃物资源化的产业链技术等循环技术不断进行研究开发，为发展循环经济提供坚实的技术保障。

（四）培养全社会的循环经济意识

发展循环经济是一项全局性、紧迫性、长期性的战略任务，也是一项涉及各行各业、千家万户的事业，需要政府、企业以及社会各界的共同努力。要向全社会进行广泛宣传，普及循环经济的重大意义，增强社会各方面发展循环经济的责任感和紧迫感，逐步形成符合循环经济发展要求的道德、习惯和文化，使节约资源和保护环境成为全体公民的自觉行为。通过宏观上政府的引导与支持，微观上企业与公众的协调和呼应，体现“政府—企业—公众”三位一体的互动关系，形成符合循环经济理念的整体社会框架，促进循环经济在我国更快更好地发展。

参考文献

[1] 中国环保产业协会循环经济专业委员会．我国循环经济 2008 年发展综述［J］．中国环保产业，2009（10）：10－13.

[2] 范新城．我国发展循环经济的障碍与路径选择［J］．财经政法资讯，2007（1）：3－8.

[3] 管延芳．日本发展循环经济的经验借鉴［J］．长春工程学院学报（社会科学版），2009（10）：66－69.

[4] 王迪．中国发展循环经济的政府行为研究［J］．现代经济信息，2009（3）：120－121.

[5] 王圣宏．发展循环经济与政府职能转变［J］．商业研究，2009（9）：66－68.

[6] 毕娟，马爱民．循环经济的制度障碍与政府行为［J］．经济与管理，2007（1）：21－25.

构建循环经济的价格支持政策分析

肖文海

（江西财经大学应用经济学博士后流动站 江西财经大学经济学院 330013）

摘 要 基于一般均衡理论，在资源开采、产品制造、资源回收、污染物排放四环节分析循环经济的价格支持，构建“政府调节市场，价格促进循环”的可持续发展机制，结合我国现实国情，以前端减量化优先为原则，以提高生态效率为目标，提出相应政策建议。

关键词 价格机制 循环经济 资源开采 绿色生产

一、循环经济价格支持的重要作用

（一）循环经济的物质流动

循环经济是以减量化、再利用、再循环为原则，以资源（能源）高效运用、节约利用和减少排放为目标，促进经济增长与环境保护相统一的发展模式。在循环经济体系中，既包括自然资源、产品、消费、废弃物的正向流动过程，也包括废弃物、资源化、回收、产品的逆向流动过程。资源循环第一层面发生在经济与生态系统之间，表现为人类从自然生态系统中获取资源，排放废物，污染环境，又采取各种措施对资源环境系统进行修复，在一定时间和一定限度内维持生态系统的基本功能；第二层面发生在经济系统内部，通过企业的清洁生产，工业生态园区交换废弃物，生活垃圾的回收利用减少漏损到生态中废弃物。第一层面必须符合减量化原则，第二层面必须符合再利用与再循环规则，两个层面相互影响，如果第一层面实现零开采，就意味着经济增长所需资源完全来自于资源循环，第二层面就必须达到零排放；反过来，第二层面废弃物循环规模与经济总量规模不适应，大量废物排放到环境中去，必然会增加人类修复生态环境的努力，影响增长质量和可持续性。用 M 表示一定时期内整个生态系统的资源量，V 代表从环境系统进入经济系统的原生资源，用 W 表示经过生产和消费所产生的整个废物流量，D 代表漏损而成为污染物，如石油燃烧后成为二氧化碳，塑料袋包装导致白色污染，R 代表废物回收所形成的回收资源，如包装物回收，废水再处理后成为再生水。$W=D+R$，$M=V+R$，一个经济的循环程度与开采率 V/M 成反比，与循环率 R/W 成正比，当开采率为零而循环率为100%时，表示循环经济的零排放原则得到实现。

（二）循环经济的价格

在上述资源循环路径中，经济系统内部的物质与能源交换形成价格，而经济与生态系统的物质交换不能形成充分价格，这是生态破坏不能补偿，排放到环境中的废弃物得不到治理的根本原因。在环境资源日益稀缺的条件下，必须设计不同的规则确定资源获取者及其获取量，而价格是市场经济条件下配置资源的根本制度，发展循环经济，必须把资源和环境的价格整合到所有投入和产出价格体系中去，形成与循环经济发展要求相一致的市场价格体系。价格是交易的结果，其实质是各经济主体间的利益分配关系。在传统市场经济中，价格表现为私人利益所有者与另一不同私人利益所有者之间的交易关系。但是，循环经济条件下，资源环境价格的形成除了有关经济主体的市场博弈之外，必须要有政府的积极参与和主动干预，甚至要有跨国际的集体行动，尤其是为应对全球气候危机，必须采取各国政府间的联合行动，这正是价格支持必要性所在。

国家社科基金项目《循环经济的价格支持研究》（09CJY076）和江西省社会科学规划重点研究项目《循环经济的价格理论基础》（08JL01）的阶段性研究成果。

（三）循环经济价格支持的重要作用

价格支持就是在发挥市场配置资源基础性作用的条件下，以政府为主导，通过标准、禁令、税收、排污权交易等各种规制性或市场性措施，使得环境资源的使用代价能够在各种要素投入或产出价格中反映出来，通过利益诱导促进经济发展与环境保护统一。首先，价格支持优化资源配置，推动清洁生产。在资源自由流动条件下，各部门产品价格标杆是成本，后者又由生产成本、交易成本、环境成本、平均利润构成，传统价格体系中资源环境价值未得到体现，非循环型企业环境成本偏低，导致传统非循环型企业能获得超额利润，资源过度流入传统部门，清洁生产得不到推行，通过价格支持，把资源环境价值反映到要素价格中，可以优化资源在循环型与非循环型部门间配置。其次，价格支持激励技术创新。减量消耗自然资源、充分利用废旧物、控制污染物排放需要增加环保投资，但是循环利用资源能不能带来相应的经济效益，带来多少经济效益，不仅取决于资源消耗量的减少，还取决于资源与替代要素的价格对比。提高资源消耗代价，可以增加节约资源的边际效益，企业增加环保研发、技术投资、绿色设计和清洁生产的动机将会加强。最后，价格支持与宣传教育相配合，修正生产消费方式。在资源高价、环境有价和污染受罚的氛围下，将会促进企业形成清洁生产方式，消费者形成节约资源的消费方式，不仅推动发展循环经济的技术创新，而且通过人们习惯改变促进循环经济的发展。

二、循环经济价格支持的环节

发展循环经济，一方面重新界定能够与市场经济条件下其他所有商品价格对接的自然资源和污染物排放的代价，以税收或收费方式对企业的资源消耗和污染行为加征价格；另一方面要对消费回收给予补贴，通过价格信号引导，提高经济主体资源投入和排放成本，激励节约资源，促进外部效应的内部化。根据资源流动的路径，价格支持对象可以是资源开采、回收、制造消费、废弃物排放等环节，可用模型说明如下。

假定社会生产有污染和无污染两类产品，污染类产品由 n 个厂商竞争性地生产，生产函数为 $Q=f(v, r_i, l_q)$，v、r_i、l_q 依次代表原生资源、回收资源，以及劳动的消耗，生产函数规模不变。考虑到生态破坏和环境污染主要由原生资源过度开采和低效利用所致，设定污染函数 $e=e(v)$。回收资源、原生资源、劳动投入以及产出的价格依次为 p_r、p_v、p_l、p_q，厂商利润 $\pi=p_q q-(p_r r_i+p_v v+p_l l_q)$，在各投入的边际产品价值与边际成本相等时达到均衡，得：$p_q f_r=p_r$；$p_q f_{lq}=p_l$；$p_q(f_v+f_e e_v)=p_v$。无污染服务产出函数为 $x=x(l_x)$，其价格设定为1，利润 $\pi=x(l)p_x-l_x p_l$ 最大化时有：$p_l=x_l$。

整个经济有 m 个消费者，效用函数 $U=U(q_j, x, E, G)$，q_j 是代表性消费者对商品 q 消费量，x 为无污染产出消费量，E 和 G 分别表示工业污染和生活污染，$E=ne$，$G=mg$。消费副产品 $w=g+r_j$，g 表示垃圾，r_j 表示回收资源（是 l_r 的单位线性函数），副产品函数用 $q_j=q(r_j, g)$ 表示。消费者初始收入为 I，回收劳动收入 $p_r r_j$，生产劳动收入 $p_l(l-l_r)$，消费者在总收入约束下实现效用最大化，可得 $u_q q_r=u_x(p_l-p_r+p_q q_r)$；$u_q q_g=u_x(p_g+p_q q_g)$。综合上列各式，可得一般均衡 A：$(x_l/f_{lq})(f_v+f_e e_v)=p_v$；$B$：$u_q q_r/u_x=x_l-x_l f_r/f_{lq}+x_l q_r/f_{lq}$；$C$：$u_q q_g/u_x=x_l/g_{l+xl}q_g/f_{lq}$。

在生产函数给定，劳动总量固定、市场出清约束下，消费者总福利最优需满足 $A*$：$(-mu_E/u_x)e_v+p_v=(x_l/f_{lq})(f_v+f_e e_v)$；$B*$：$u_q q_r/u_x=x_l-x_l f_r/f_{lq}+x_l q_r/f_{lq}$；$C*$：$U_q q_g/u_x+mu_G/u_{x=xl}/g_l+x_l q_g/f_{lq}$（证明过程略）。传统市场价格形成的均衡（$A$、$B$、$C$）与社会最优所要求的均衡（$A*$、$B*$、$C*$）不一致，说明需要对价格体系进行校正，以反映外部生态成本。

（一）污染物定价支持

污染物（包括工业污染物和生活垃圾）代表着资源从循环系统中的漏损和生态破坏，在传统市场经济中，环境使用是近于免费的，制造商不考虑环境外部性加诸于自身的修复和治理成本。污染物定价支持的核心在于，通过对污染与垃圾排放加征适当“价格”（如税收），消除市场均衡与社会最优均衡差别。在上述一般均衡模型中，计算出工业污染的理论定价为：$t_e* = -mu_E/u_x$，垃圾外部性的理论定价为：$t_g* = -mu_G/u_x$；现实中污染物定价前提是能够监测和准确度量各种工业和生活污染物排放，需考虑污染物毒性、自然生态系统循环净化能力、外部治理和生态修复成本等因素，具体支持工具可选择排污税、排污费或排污权交易价格。

（二）产品消费和回收的定价支持

在某些条件下，度量生活废弃物排放成本较高，打击违法丢弃垃圾的技术难度较大。基于垃圾由产品消费而产生，由分类回收而减少，为避免直接定价，一个可行路径是征收消费处置税 t_qj，对消费者回收行为进行补贴 t_rj，分别反映增加单位产品消费所导致的外部处置成本和增加单位回收资源所免去的外部处置成本。使市场均衡与最优均衡匹配，计算出 $t_qj = -mu_g/u_xq_g$；$t_rj = mu_gq_r/u_xq_g = -t_qjq_r$。给定 q_r 和 q_g 的符号为正，mu_g 的符号为负，$t_qj > 0$ 表示以税收抑制污染品消费，$t_rj < 0$ 表示以补贴鼓励废弃物的分类回收。其价格支持工具如消费者回收押金返还，对购买产品消费者预收的押金代表着产品消费处置税，对提供回收的消费者返还的押金代表回收补贴，当废物函数采用最简单的形式 $q = r + g$ 时，返还押金将代表着回收资源数量，当 $q_r < 1$ 时；返还的押金小于回收资源量，在极端情况下，$q_r = 0$，说明只有押金而无返还，表示对污染品消费征收生态税。

（三）资源投入的定价支持

在技术固定的条件下，工业污染由资源投入尤其是能源消耗量决定，避免某些工业污染物直接定价的可行路径是对原生资源投入价格进行调整。匹配市场均衡与最优均衡计算出 $t_v = -mu_Ee_v/u_x$；可选择的支持方式如开征资源生态税、能源消费税，力度须反映资源消耗对环境污染的大小、生态修复成本、不同发展阶段社会对环境污染所能承受的力度。

（四）产出的定价支持

产出是垃圾的源头，也是回收资源的源头，工业产出应按产品使用生活垃圾环境损害、外部成本这一路径征税，按产品使用、回收资源、清洁环境、社会效益这一路径补贴，其计算公式为 $t_qi* = [-mu_G/(u_xq_g)](1 - q_r/f_r)$。根据产出的绿色程度，视增加单位回收资源对外部性的边际净贡献确定绿色产品价格支持力度，当 $q_r/f_r < 1$ 时，投入回收资源增加了所需处置生活垃圾，导致环境损害，该产品为非绿色污染型产品，应该征税。反之，当增加单位产品消费所产生的回收资源大于回收资源对产品的边际贡献时（$q_r/f_r > 1$）时，该产品回收性较强，该产品为绿色产品，应该补贴。在极端情况下，第一种效应为零，属于纯绿色产品，第二种效应为零，属于纯污染型产品，大多数产品都是污染程度不等的产品，应该根据其污染程度不同征税（或补贴）。

三、循环经济的价格支持政策

循环经济定价支持的各环节相互联系，依据路径不同，支持政策可以是需求导向或供给导向。需求导向循环经济政策重点在于以废弃物定价发出价格信号，由物质流动从下至上，依次向消费、制造、流通、开采环节延伸，刺激绿色消费，激励绿色设计和清洁生产，减少资源开采，促进减量化和再利用。供给导向的循环经济政策是在物质流动源头发出价格信号，根据从上至下的物质流动路径，依次向开采、制造、流通、消费环节延伸，如开征资源税，可从左向右依次向资源开采、流通、制造、回收、排放等环节延伸，将税负分散于各经济主体，抑制原生资源投入，节约能源；需求的支持循环经济其核心是减少污染物排放，供应支持的循环经济其核心是节约能源（资源），两者相互呼应。

由于各国资源储量和环境禀赋不同，工业化所处阶段不同，消费者对经济福利和生态福利的偏好不同，面临的资源环境问题有差异，循环经济的主要支持路径和政策重心就有所不同。总体来说，发达国家循环经济实践起源于固体废弃物问题，以解决环境污染为目标，采取的是一种自下而上的支持思路。例如，1994 年日本内阁制定环境基本计划，首次提出“实现以循环为基调的经济社会体制”，构建循环之国，将环境保护提到了国家战略的重要地位。但由于生产和消费产生的废弃物仍然是日本面临的主要国内问题之一，在《环境基本法》的基本框架之下，日本于2000 年召开“环保国会”，参众两院表决通过和修订了《促进资源有效利用法》等多项法规，并实施废弃物处理、资源有效利用、政府绿色采购以及涉及容器包装、家电、建筑材料、食品和汽车再生利用 8 部专门法。再如德国的循环经济立法与实践在世界上广受好评。该国矿产资源并不丰富，经过工业化的大量消耗，不可再生的矿产资源所剩无几，与此同时，垃圾成为德国面临的最大国内问题之一，大量的废旧物资、如废钢铁、老旧汽车、废家电堆积如山，客观上要求废弃物再生利用，以降低经济发展的成本。于是，德国在 1996 年制定了《循环经济和废弃物管理法》，该法目的是彻底改造垃圾处理体系，建立产品责任延伸制度，德国通过预收处理费用、循环回收补贴、信贷支持、押金返还等政策构建了废弃物双元回收体系（DSD），激励产品生产和使用过程垃圾安全处置或重新被利用。

因此，发达国家循环经济由垃圾问题而起，重点是“垃圾经济”（3R）和最终安全处置，并向生产体系中的资源循环利用延伸。我国处于工业化加速发展阶段，人口增加，生活水平不断提高，不仅面临消费环节大量废物问题，更面临粗放发展所带来的资源能源利用效率低、污染排放严重所引发的环境挑战。①“富煤、少气、缺油”的资源条件，决定了资源开采和能源消费以煤为主，电力中，水电占比只有 20% 左右，火电占比达 77% 以上。据计算，每燃烧 1t 煤炭会产生 4.12t 的二氧化碳气体，比石油和天然气每吨多 30% 和 70%。②钢铁、有色金属、煤炭、电力、石油、化工、建材、建筑、造纸、纺织、食品等主要工业行业能源消费高，污染排放量大。工业约占能源消费总量的 70%，其中大企业又在 40% 以上。③人均资源缺少，除煤炭外，主要资源人均占有量低于世界平均水平，工业企业资源消耗粗放，综合利用效率低，加剧了发展面临的资源约束。

根据上述约束，中国发展循环经济要以资源（能源）消耗减量化为重心，在资源开采、能源利用和绿色制造等环节推行价格激励，以达到鼓励绿色设计、减量消耗资源、发展生态产业、防控工业污染之目的。

（一）资源开采的价格政策

我国长期实行资源低价政策，资源价格未充分反映产权和生态价值。如我国矿产资源补偿费平均为 1.18%，国际可比费率一般为 2% ~8%，石油、天然气、黄金等矿种补偿费率更低，油气为 1%，黄金为 2%，远低于美国 12.5%，澳大利亚 10% 的水平。在矿业权取得环节，目前实行行政审批与市场招标“双轨”并存体制，全国 15 万个矿山企业中仅 2 万个通过市场机制取得，企业付费水平低。由于无偿取得，企业并不珍惜到手的资源，造成采大弃小、采富弃贫、采主弃副的掠夺性开采。在现行资源产品的比价关系下，一方面资源开发的增值部分过多地流向产业链下游，为工业化进程提供原始积累，另一方面，在现行资源价格体制下，生态补偿机制缺失，矿区生态环境恶劣。全国因采矿引起的塌陷 180 多处，塌陷坑 1600 多个，塌陷面积 1150 多 km^2；采矿企业排放的废水占工业废水的 10%，采矿产生的固体废弃物占工业固体废弃物的 80%，因露天采矿、开挖和各类废渣、废石、尾矿堆置等直接破坏和侵占土地面积约 26.3 万 hm^2。采矿破坏地下水均衡系统，某省因采煤造成了 18 个县 26 万人吃水困难，30 万亩水田变成旱地，全省井泉减少达 3000 多处。

资源价格改革第一步要打破矿产资源开发垄断和市场分割局面，建立健全资源有偿使用和矿业权市场竞争机制，由第三方评估，根据资源储量、开采难易程度给出一个基准价格，通过“招、拍、挂”形成矿业开采权的市场交易价格，为资源税制改革提供条件。第二步要以财税制度的完善，实现外部补偿价值的内在化。我国多数资源分布在中西部地区，而利用资源的工业主体分布于东部的三资企业，在低价政策下，资源开发带来的污染治理、生态修复、土地复垦、水土保持、灾害防治由资源所在地承担，资源开采带来的收益由东部下游工业企业获得。解决这一问题的对策在于开征资源生态税，建立“生态补偿与可持续发展基金”，分项用于重大的生态治理、社会救助、扶持生态产业。

（二）能源利用的价格政策

能源价格与能源效率密切相关，能源相对廉价诱导产业间的能源配置从高效部门向低效部门转移，形成高耗能高污染的产业结构。目前我国主要能源品种实行上游市场定价和终端政府管制的价格政策，如煤炭价格完全由市场供求关系决定，原油实行与国际接轨，海上天然气价格由市场决定，但是政府对终端消费的电力、成品油等主要能源品种的定价仍保持决定权。

基于能源行业垄断为主的市场结构，在不大幅提高能源价格前提下，发展循环经济最为可行的路径在于开征能源税与实施节能补贴，既满足工业发展对能源使用的需求，又充分考虑能源消费外部性，节能鼓励。具体支持方向可从能源影子价格与实际管制价格差额、能源消费与环境补偿、再生能源研发与节能补助3方面着手。针对价格管制，要完善权益性能源税收政策，如开征能源补偿基金税，对境内开采和使用能源生产者、消费者从量定额计征，形成基金，对后代所承担的能源减少和环境污染补偿。针对能源环境补偿，要健全限制性税收政策，调整消费税，开征碳税。以含碳污染物的排放量为税基，依据预定的碳减排水平估计最优排放水平下的碳税税率，提高现行汽油、柴油、燃料油等能源的适用税率，把不符合节能技术标准的高耗能产品纳入计征范围。针对节能鼓励，要完善激励性能源税收政策，对关键性、节能效果显著的节能设备和产品的生产、销售与进口，可在一定期限内实行减免优惠或即征即退；耗能突出的行业增值税税率按能源消耗量从量累进定率，产品出口不免税也不退税。投资购置节能设备允许采用加速折旧，在一定额度内抵免企业所得税，以利推进高新技术企业的节能进程。

（三）清洁生产的价格政策

在工业领域推行产品绿色设计和清洁生产，逐步淘汰高耗能高污染行业，实现新增产值由低消耗第三产业为主，对于减量化意义极为重大。采用清洁生产方式，由于在企业内部增置了相应设备、设施及人员整治“三废”，其环保成本相对于传统生产更大，但是社会治理成本小，传统生产方式内部环保成本低，但是社会治理成本大，价格政策的基本原则是通过外部成本内部化和内部成本外部化，使清洁生产成本低于传统生产成本。其方法有两种，一种是对于传统生产方式的排污行为征收环境税，使调整后传统方式边际环保成本大于清洁方式的边际环保成本，推动企业转型；或推行排污权交易，形成排污权价格。根据区域污染减排要求，企业生产状况和排放标准，确定一个地区污染物排放总量，将之分解配额给企业，实现限理排放，超量重罚。在这种情况下，企业或者要推行清洁生产，减少排放，或者向清洁企业购买排放额差。第二种是对清洁生产方式的内部减排给予激励，实现企业环境成本外部化，其措施有：①对环保研发给予财政资助，环保设备贴息支持，按照能源审计单位的产品能耗诊断结果，对节能效果显著的节能设备和产品实行增值税减免或即征即退，加大税前抵扣节能产品及设备研发费用的比例。②设立清洁生产专项资金，采取补助或者事后奖励方式，对应用和推广示范项目，按照总投资一定比例给予资金补助或奖励。③推行绿色产品认证，把各类产品中在生态保护领域的佼佼者选出，予以肯定和鼓励。如欧盟于1992年出台了生态标签制度，对于每一产品规定了自然资源与能源节省情况、废气（液、固体）及噪声的排放情况等标准，厂商必须向指定的管理机构提出申请生态标签。根据调查，有75%的欧盟消费者愿意购买“贴花产品”，即使“贴花产品”的价格稍高于常规产品，消费者仍倾向于绿色产品。如“贴花纺织品”的价格比普通纺织品要高出20%~30%，但绝大部分欧盟消费者仍愿意购买前者。

研究探讨科学实施餐饮废油资源化的循环经济实践

陈云进

（昆明市环境监测中心　云南省昆明市滇池路彰家楼　650228）

摘　要　通过研究以餐饮业回收的废弃动植物油脂为原料，生产生物柴油的循环型环保企业工程实例，探讨了科学实施餐饮废油资源化的循环经济实践，就此介绍了采用预酯化－酯交换工艺将废弃泔水油脂转换为脂肪酸甲酯（生物柴油）的生产技术。

关键词　循环经济　餐饮废油　资源化　再生产　生物柴油

一、研究背景

迄今为止的人类文明发展史表明：用后即弃的传统发展模式已难以为继，而由此导致的资源枯竭、环境污染、生态破坏和气候变暖已对人类社会的可持续发展构成了严重威胁。因此，以资源的高效利用和循环利用为核心，以“减量化、再利用、资源化”为原则，以“低消耗、低排放、高效率”为目标的循环经济发展模式已受到世界各国的高度重视。

中国作为资源相对短缺的发展中大国，十分注重发展循环经济，于2008年8月29日正式通过了《中华人民共和国循环经济促进法》，并于2009年1月1日起正式施行。该法把发展循环经济作为国家调整经济结构和布局，实现经济发展方式转变的重大举措和国家经济社会发展的一项重大战略，以立法的形式确定下来，为实践科学发展观提供了制度保障。由此也标志着在全国各行各业加大循环经济的推行和实践力度，已势在必行。

（一）循环经济定义

国家发改委对循环经济的定义：“循环经济是一种以资源的高效利用和循环利用为核心，以‘减量化、再利用、资源化’为原则，以低消耗、低排放、高效率为基本特征，符合可持续发展理念的经济增长模式，是对‘大量生产、大量消费、大量废弃’的传统增长模式的根本变革。”这一定义不仅指出了循环经济的核心、原则、特征，同时也指出了循环经济是符合可持续发展理念的经济增长模式，抓住了当前中国资源相对短缺而又大量消耗的症结，对解决中国资源对经济发展的瓶颈制约具有迫切的现实意义。

（二）循环经济目的

实施循环经济的根本目的在于：通过资源高效和循环利用，实现污染的低排放甚至零排放，保护环境，实现社会、经济与环境的可持续发展。

（三）中国特色的循环经济

我国循环经济的发展主要注重从小循环、中循环、大循环和资源再生产业四个不同层面协调发展。

小循环——在企业层面，选择典型企业和大型企业，根据生态效率理念，通过产品生态设计、清洁生产等措施进行单个企业的生态工业试点，减少产品和服务中物料和能源的使用量，实现污染物排放的最小化。

中循环——在区域层面，按照工业生态学原理，通过企业间的物质集成、能量集成和信息集成，在企业间形成共生关系，建立工业生态园区。

大循环——在社会层面，重点进行循环型城市和省区的建立，最终建成循环经济型社会。

资源再生产业——建立废物和废旧资源的处理、处置和再生产业，从根本上解决废物和废旧资源在全社会的循环利用问题。

二、一般餐饮废油资源化常用的方法与弊端

（一）餐饮废油资源化常用方法

目前，采用简易加热提炼法回收处理泔水油的生产工艺是餐饮废油资源化的常用方法：该工艺通常是将经除臭和脱水预处理的泔水油倒入加热密封锅内，加热至60～70℃，使原料分离为油脂和杂质；然后再将提炼分离出的油脂产品用油桶装好密闭后入库；最终卖给工厂作为化工用再生脂肪酸原料。而对于提炼过程中产生的杂质、废渣和废水，笔者多年的研究实践成果表明：可采用沼气发酵的方法进行净化处理，其产生的沼气可作为能源加热泔水油提炼出化工用油脂产品，沼液和沼渣则可用作农肥，由此形成企业内部及其与农业生产间的循环经济小循环。此生产工序大体分为：原料的收集和预处理—油脂的提炼—杂质、废渣和废水的净化及沼气的产生—沼气的循环利用—油脂产品的入库待售五个部分。

（二）存在弊端

以上生产处理工艺的原料为市场购入的来源于饭店餐馆受到严重污染的泔水油和地沟油。原料入厂经脱水、脱色、脱臭处理和加热提炼成为工业用再生油脂，主要成分为饱和脂肪酸与不饱和脂肪酸，成分构成与食用油大体一致，但此类油脂含有大量的细菌和毒素，过氧化脂质及苯并芘、烷类、黄曲霉素等致癌物质和微量的砷、铅、铜、铁、锰、锌、磷元素，以及其它污染杂质，一旦被人食用将对人体产生极大的危害。因此，这类油脂只可作为工业用油脂原料或加工成有机燃料，但绝不可用作食用油。

工业用精炼泔水油再生油脂由于其杂质较多，黄曲霉素 B_1、浸出油溶剂残留量较高，其颜色较深。有关研究表明，精炼泔水油产品若干理化性质与食用油的区别主要表现在色泽较深，电导率较大，过氧化值、羰基值较高等方面。详见表1。

表1　精炼后泔水油产品与食用油主要理化指标比较

理化指标	水分及挥发物/%	色泽	酸价/(mgKOH/g)	过氧化值/(meq/kg)	羰基值/(mg/kg)	碘值/(gI/100g)	电导率/(μS/cm)
精炼泔水油	0.06	Y20，R4.2	0.27	21.3	50.38	113.7	15.46
一级食用油	0.02	Y20，R1.8	0.25	5.91	15.18	124.5	2.76

但上述产品理化指标仅从外观和气味上不易鉴别，难以与食用油区分，致使一些不法厂商常将工业用精炼泔水油脂充作食用油供给食品市场，严重威胁了食品安全和民众健康。

另外，提炼泔水油生产过程中产生的废水、废渣、废气及恶臭等“三废”治理的难度较大，成本较高，企业负担较重，而该类企业多为零散或地下小作坊，其业主由于技术水平和资金实力所限，不能有效地控制所回收泔水油在再生产中产生的“三废”污染，或长期自觉有效地处理“三废”并达标排放，由此造成了泔水油再生产业对环境的二次污染。

因此，更加科学地实施餐饮废油资源化的循环经济实践，已刻不容缓。

三、科学实施餐饮废油资源化的循环经济实践个案研究

本文研讨案例为：以回收餐饮业废油（俗称泔水油）中的废弃动植物油脂为原料，生产脂肪酸甲酯（生物柴油）技术项目，技术研发与实施企业属规模化资源再生产业。

项目的实施可有效地控制泔水油再生产对环境的二次污染，实现餐饮废油的科学处理、处置和再生产，从根本上解决此类废物和废旧资源在全社会的循环利用问题。

（一）目前常见的生物柴油生产技术及改进

目前，生物柴油的生产技术可以归纳为两种，一是酯化法，即：脂肪酸与甲醇进行酯化反

应；二是酯交换法，即：油脂与甲醇进行酯交换反应。本文所研讨案例将以上两法改进集成为预酯化——酯交换一体化生产工艺技术，互补了上述两种生产技术的缺陷与不足。

（二）动植物油为原料生产生物柴油的三类工艺及特点

第一类为釜式高温生产工艺。该酯化反应是在反应釜中进行，反应温度在260～330℃之间。其特点为反应温度较高、反应时间短、反应完全、转化率较高，但由于其反应温度及精馏温度较高，焦质的产生量大（2%～3%），其生物柴油易氧化、质量不稳定。若用精馏方法从生物柴油中除去焦质，则能耗较高，设备投资增加。

第二类为连续性“管式”高温生产工艺。其工艺特点是根据酯化反应机理，反应分成三步进行，采用管式反应器。该工艺使生产保持连续化，但因反应时间短、反应过程反向混合严重，因此必须在高温下进行（反应温度380℃）。该工艺因反应连续化，所以单套生产线加工能力较大、能耗相对较低，但因酯化反应不完全，较难控制，单程转化效率低，柴油的质量相对不稳定，焦质的产率较高。

第三类为釜式超低温反应精馏工艺。该工艺特点：采用釜式反应器，酯化反应完全，转化率较高；且采用超低温反应精馏，反应温度仅70℃，能耗低，反应物无焦质生成，但反应时间较长。

（三）改进型釜式高温生产生物柴油工艺

本文研究介绍的改进型釜式高温生产工艺属间歇反应连续生产工艺，其主要特征如下：

（1）工艺路线简单易行，产品纯度高，不需要特殊设备；

（2）常压操作，节省能耗、物耗，从源头控制或减少了“三废”的产生与排放；

（3）对可能造成污染的工段采用密闭进料，多级吸收装置，能有效防止对人、设备、大气的污染；

（4）流程设备布置清晰、顺畅，室内空间较大。

该生产工艺整套工艺及设备均由云南盈鼎生物能源科技公司组织相关的工程技术人员研制开发，拥有自主知识产权。该公司还根据生产过程、生产控制的主要参数，开发研制了全自动生产系统控制装置，使生产过程实行自动控制，操作简单方便，易于掌握。

主要生产工艺流程如下：

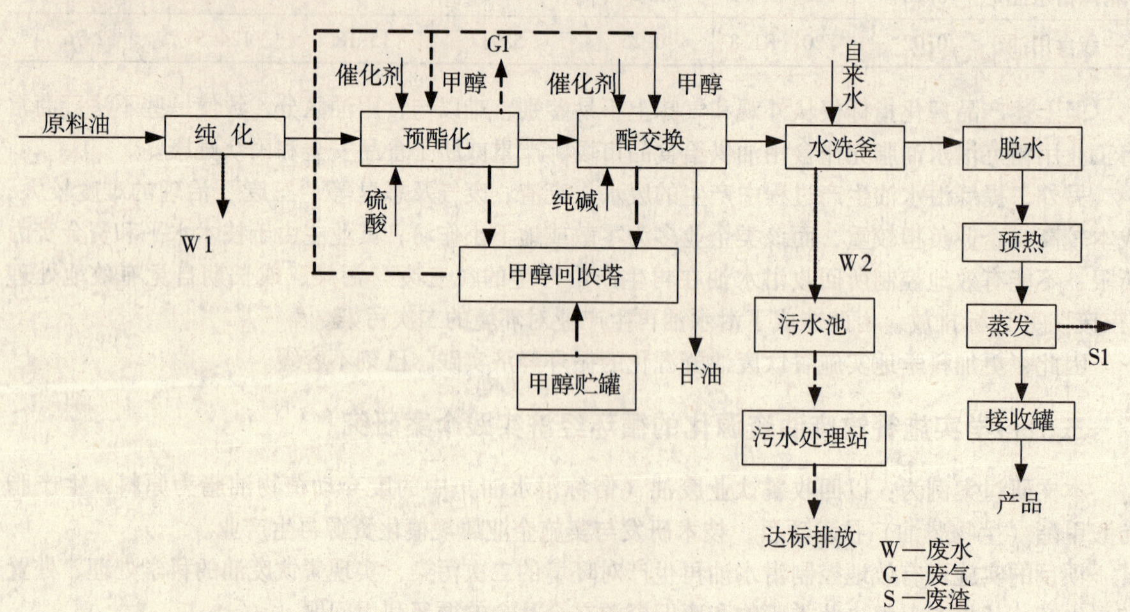

图1 生产工艺流程及排污节点

上述采用碱法间歇反应连续生产生物柴油的工艺流程，包括物理精炼、预酯化、酯交换、后处理四大环节。分别简述如下：

（1）物理精炼

原料油中含有较多的杂质，会影响催化剂的效果。因此在进入反应器之前，要求去除杂质、水分等。首先将油脂水化处理，除去其中的磷脂、胶质等物质；再将油脂预热、脱水、脱气进入脱酸塔，维持残压，通入过量蒸汽，在蒸汽温度下，游离酸与蒸汽共同蒸出，经冷凝析出，除去游离脂肪酸以外的净损失，油脂中的游离酸可降到极低量，色素也能被分解，使颜色变浅。

（2）预酯化

去除杂质后的原料，在催化剂的作用下，通过预酯化－酯交换工艺与甲醇反应生成脂肪酸甲酯，转入分离罐。

餐饮废油比之食品级大豆油成本较低。但这类废油脂含有较高的游离脂肪酸，在使用碱性催化剂时易形成皂类物质而不能直接转化为生物柴油。在生产过程中皂会阻止生物柴油从甘油中分离。本工艺采用酸性催化剂处理使其不能形成皂，但酸性催化剂对于甘三酯转化为生物柴油的作用很慢，而对于 FFA 转化为酯的作用则表现非常明显。所以对于处理废油脂生产生物柴油时，必须先用酸性催化剂预处理工艺使 FFA 转化为酯，然后通过碱性催化剂将甘三酯转酯化反应。酸催化工艺的不利之处是 FFA 同醇反应产生水，会抑制 FFA 的酯化和甘油的转酯化反应，但可通过酯化反应后对物料进行脱醇、脱水处理。

（3）酯交换反应

预处理后的高 FFA 原料用于酯交换反应。用泵将预处理后的物料从第二步沉降罐中转入。酯交换反应发生在带有搅拌器的不锈钢反应釜中。用泵将甲醇加入到反应器中。同时将准备好的醇与催化剂的混合溶液加入到反应器中。反应物搅拌一定时间，然后将该混合物转入到分离罐中进行甘油分离和酯洗涤。相分离后再用泵将甘油转入到粗甘油储存罐中。随后进行甘油的精制、脱醇、水蒸发回收利用。

反应式如下：

$$\begin{array}{l} CH_2OCOR' \\ | \\ CH_2OCOR'' \\ | \\ CH_2OCOR''' \end{array} + 3CH_3OH \xrightarrow{\text{催化剂(NaOH)}} \begin{array}{l} CH_2OH \\ | \\ CHOH \\ | \\ CH_2OH \end{array} + \begin{array}{l} R'COOCH_3 \\ | \\ R''COOCH_3 \\ | \\ R'''COOCH_3 \end{array}$$

泔水油　　甲醇　　甘油　　生物柴油

（4）后处理

在除去甘油后，要洗涤酯除去残留的催化剂和皂类。为使洗涤效果更好，需要使用软化水和水加热器来处理洗涤水。即：在反应釜的顶部安装四个喷头以使洗涤水能够雾化并均匀分布在酯的表面；洗涤水设定在一定的温度加热成温水，使其从酯中除去皂和游离甘油的效果更为理想。用泵循环洗涤水，将洗涤废水排出并将反应后的酯经干燥后送到储罐中。用泵输送成品生物柴油到装置外部的储罐和装桶。当输送到外部储罐时再用过滤器将酯进行过滤即得成品进行储存。

涵盖上述四大生产环节的整个工艺流程实现了闭路循环及原料和副产品的全部综合利用，由此实施了清洁生产和餐饮废油的科学处理、处置与再生产。

（四）生物柴油产品性能特点

用以上生产工艺生产的生物柴油和传统的石油柴油在性能上相比，具有以下优点：

（1）润滑性能好；

（2）优良的环保特性：硫含量低，二氧化硫和硫化物的排放低、生物柴油的生物降解性高达98%，降解速率是普通柴油的2倍，可大大减轻意外泄漏时对环境的污染；

（3）较好的低温发动机启动性能；

（4）较好的安全性能：闪点高，运输、储存、使用安全方便；

（5）油中所含十六烷基值高，燃烧性能好于石油柴油；

（6）不必改动更换柴油发动机，可直接添加使用，而且对发动机有保护作用；

（7）替代石油柴油无需另添设加油设备、储存设备及人员的特殊技术训练。

四、科学实施餐饮废油资源化生产生物柴油的意义

据不完全统计，仅在昆明市内就有大小餐馆20 000多家，上规模的也有6 000多家，每天产生的餐饮垃圾大约400t。目前，这些餐饮垃圾的流向大多是市郊泔水养猪场和一些简陋的泔水油炼油点，由此导致了泔水猪和泔水食用油的产生。造成了餐饮垃圾不仅无法有效利用而且还造成了对环境的二次污染和对食品安全及民众健康的严重威胁。

通过对利用废弃动植物油脂生产生物柴油工艺技术的研究与探讨，笔者愚见：该生物柴油生产工艺技术的应用实施，从根本上解决了上述餐饮废油循环利用再生产与环境保护和食品安全之间的矛盾，为科学实施餐饮废油资源化的循环经济实践提供了一条有利途径。

生物柴油的生产原料为餐饮废弃动植物油脂或其它可再生的动物及植物脂肪酸单酯，可减少对不可再生能源石油的依赖；且环境友好：采用生物柴油的机动车外排尾气中有毒有机物排放量仅为十分之一，颗粒物为采用石油柴油发动机的20%，一氧化碳和二氧化碳排放量仅为石油柴油的10%，无硫化物和铅及有毒物的排放；使用生物柴油可将柴油法发动机排放含硫污染物的浓度从500×10^{-6}降低到5×10^{-6}。因此，它是清洁的可再生能源和典型的“绿色能源”，是优质的石油柴油替代品。

总而言之，在我国尽快科学实施餐饮废油资源化，大力发展生物柴油，对经济可持续发展，发展循环经济，保障食品安全，推进能源替代，减轻环境压力，控制城市大气污染都具有重要的战略意义。

参考文献

[1] 刘志金，等．潲水油与合格食用油鉴别方法的研究［J］．武汉工业学院学报，2006，25（14）：12.

[2] 陈云进．煤化工企业循环经济实践个案分析研究［G］//中国环境科学学会学术年会优秀论文集（2009）．北京：北京航空航天大学出版社，2009.

[3] 陈云进．建设项目环境影响评价中贯彻循环经济理念的探索与实践［G］//云南环境研究——循环经济与环境保护．昆明：云南科技出版社，2006：50－55.

[4] 陈云进．昆明地区节能减排综合对策措施研究［G］//中国环境科学学会学术年会优秀论文集（2008）．北京：中国环境科学出版社，2008.

[5] 陈云进．推广农用沼气促进农村节能减排的研究与实践［G］//中国环境科学学会学术年会优秀论文集（2009）．北京：北京航空航天大学出版社，2009.

[6] 陈云进，杨常亮．战略环评与项目环评异同分析研究［G］//第一届环境影响评价国际论坛论文集．北京：中国环境科学出版社，2005.

“发展低碳绿色循环经济，建设生态文明”，应当实施标准化战略

杨　凯

（中国计量学院法学院　浙江　杭州　310018）

摘　要　低碳绿色循环经济是循环经济、绿色经济、低碳经济的最高境界。生态文明是迄今人类文明的最高形态。标准化战略是为在竞争时最终有利于自己而采用的关于人的社会行为或者活动标准化方面的战略。“发展低碳绿色循环经济，建设生态文明”，应当实施标准化战略，是标准性质的决定、法治化战略的要求、科学发展的具体化、提高核心竞争力的必要途径、参与国际化竞争的需要。为此，必须全面兼顾、突出重点，依靠并融合知识产权战略、法治化战略、人才战略与科教兴国战略的实施。

随着科技的发展、社会的进步、生活的提高，人们对生活的质量或者品质有了更高的要求。在应对当前席卷全球的经济危机中，世界各国特别是发展中国家的政府、企业以及社会各界人士普遍达成的最主要共识就是要确保经济的发展，必须使企业转型升级。我国政府早在经济危机到来之际甚至在此之前就明确提出转变经济发展方式，建设生态文明。转变经济发展方式最主要的就是要发展低碳绿色循环经济，而且应当实施标准化战略。

一、低碳绿色循环经济、生态文明与标准化战略的基本含义

低碳绿色循环经济，即继原始经济、农业经济和工业经济之后人类面临的新型经济，是指在科学发展理念引导下，为应对全球气候变暖并谋取有利于人类社会生存—发展条件而提出的，以高效利用和清洁开发能源为基础，以低能耗、低污染、低排放为标志，旨在减少以二氧化碳为主的温室气体排放的绿色循环经济。可以认为，作为新型经济，低碳绿色循环经济是循环经济、绿色经济、低碳经济的最高境界，它至少有7个方面的含义：第一，它是经济。第二，它是在科学发展理念引导下的经济。第三，它是为应对全球气候变暖并谋取有利于人类社会生存——发展条件而提出的经济。第四，它是以高效利用和清洁开发能源为基础，以低能耗、低污染、低排放为标志的经济。第五，它是旨在减少以二氧化碳为主的温室气体排放的经济，即低碳经济。第六，它是绿色经济，即建立在生态环境容量和资源承载力的约束条件下，将环境保护作为实现可持续发展重要支柱的经济，或者说是以保护和完善生态环境为前提，以珍惜并充分利用自然资源为主要内容，以社会、经济、环境协调发展为增长方式，以可持续发展为目的的经济①。第七，它是循环经济，即在人、自然资源和科学技术的大系统内，在资源投入、企业生产、产品消费及其废弃的全过程中，把传统的依赖资源消耗的线形增长的经济，转变为依靠生态型资源循环来发展的经济，或者以资源的高效利用和循环利用为核心，以“减量化、再利用、资源化”为原则，以低消耗、低排放、高效率为基本特征，符合可持续发展理念的经济增长模式②。

除上述之外，低碳绿色循环经济至少还应当有以下3个方面的含义：第一，它是生态经济，即在生态系统承载能力范围内，运用生态经济学原理和系统工程方法改变生产和消费方式，挖掘一切可以利用的资源潜力，发展一些经济发达、生态高效的产业，建设体制合理、社会和谐的文化以及生态健康、景观适宜的环境的经济，也就是实现经济腾飞与环境保护、物质文明与精神文

---

① http：//finance. sina. com. cn/g/20091124/17577010017. shtml.

② http：//baike. baidu. com/view/61554. htm.

明、自然生态与人类生态的高度统一和可持续发展的经济①。因为如上所述，它是循环经济和绿色经济，而循环经济不仅理论基础应当说是生态经济理论，而且从本质上讲循环经济就是生态经济，就是运用生态经济规律来指导经济活动，甚至也可称之是一种绿色经济、“点绿成金”的经济②。第二，它是知识经济，即建立在知识和信息的生产、分配、使用之上的经济，也就是以知识为基础的经济③。因为：它是以低能耗、低污染、低排放为标志的经济，是人类社会继原始经济、农业经济、工业经济之后的又一次重大飞跃。其实质是能源高效利用、清洁能源开发、追求绿色 GDP 的问题，核心是能源技术和减排技术创新、产业结构和制度创新以及人类生存发展观念的根本性转变。它涉及社会生活的各个领域、行业、方面，特别是生命健康、信息技术、生物技术、创意、新材料、新能源以及与之相关的先进制造业。而它们都是知识密集程度高、市场潜力大、竞争力明显、附加值高、关联性高且需要大量知识作为基础和支撑、亟须技术创新尤其是知识产权的领域、行业、方面，是知识产权经济的重要组成部分。第三，它是法治经济，即依法治理的经济。因为在法治社会里，一切人的行为和社会活动都应当纳入法治的轨道。既然如此，低碳绿色循环经济就不应当例外。

一般认为，生态文明，即继原始文明、农业文明和工业文明之后人类面临的新型文明，是指人类遵循人、自然、社会和谐发展这一客观规律而取得的物质与精神成果的总和；是指人与自然、人与人、人与社会和谐共生、良性循环、全面发展、持续繁荣为基本宗旨的文化伦理形态④。由此看来，作为迄今人类文明的最高形态，所谓生态文明，是指以人为本、有利于人类生存与发展且符合生态规律的文明。它包括以下几个方面的基本含义：第一，它是文明。第二，它是以人为本的文明。第三，它是有利于人类生存与发展的文明。第四，它是符合生态规律的文明。

所谓标准化战略，是指为在竞争时最终有利于自己而采用的关于人的社会行为或者社会活动的标准化方面的战略。在法治社会里，作为依法治国方略即法治化战略的重要组成部分，甚至就是作为依法治国方略即法治化战略自身，它包括以下几个方面的基本含义：第一，它是战略。第二，它是竞争战略。第三，它是为在竞争时最终有利于自己而采用的战略。第四，它是关于人的社会行为或者社会活动的战略。第五，它是标准化方面的战略。

二、“发展低碳绿色循环经济，建设生态文明”实施标准化战略的根据

1. “发展低碳绿色循环经济，建设生态文明”实施标准化战略是由标准的性质决定的。作为衡量事物的标尺和准则，标准具有多种含义。在最广义上，标准是对事物的规定。在广义上，它是对重复性事物和概念所做的统一规定。在狭义上，它是以科学、技术和实践经验的综合成果为基础，经有关方面协商一致，由主管机构批准，以特定形式发布，作为共同遵守的准则和依据。在最狭义上，它是法即法律的重要组成部分，甚至就是法律自身，是由法定主体在法定权限内依照法定程序制定、颁行的规制社会行为或者社会活动、调整社会关系的法律或者法律的重要组成部分。但是，无论作何种理解，标准都包括质与量两个方面的规定性，都是绝对性与相对性的统一、无限性与有限性的统一，无所不在，无所不有。特别是在知识爆炸、信息骤增的当代，在人员流动、文化交流、经贸往来日益频繁的今天，更是如此。毫不夸张地说，当今世界是标准的世界，任何事物时时处处都离不开标准，掌控了标准就掌控了世界，而掌控标准的最佳途径就

---

① http：//theory. people. com. cn/GB/41038/9793854. html.

② http：//news. sina. com. cn/o/2005 -07 -08/10076386485s. shtml.

③ 冯晓青．企业知识产权战略．北京：知识产权出版社，2008：4.

④ http：//baike. baidu. com/view/1206781. htm.

是实施标准化战略。"发展低碳绿色循环经济，建设生态文明"自无例外。

2. "发展低碳绿色循环经济，建设生态文明"实施标准化战略是法治化战略的要求。如上所述，不仅标准是法即法律的重要组成部分，甚至就是法律自身，而且标准化是法治化战略的重要组成部分，甚至就是法治化战略自身。因此，既然法治化战略就是在法治社会里要求人应当依法办事，应当把一切人的行为和社会活动都纳入法治的轨道，那么"发展低碳绿色循环经济，建设生态文明"就不应当例外。"发展低碳绿色循环经济，建设生态文明"实施标准化战略完全符合法治化战略的要求，甚至就是实施法治化战略。

3. "发展低碳绿色循环经济，建设生态文明"实施标准化战略是科学发展的具体化。科学发展就是以人为本、遵守客观规律、全面、协调、可持续、统筹兼顾地进行发展。其第一要义是发展，核心是以人为本，关键是遵守客观规律，基本要求是全面、协调、可持续，根本方法是统筹兼顾。实施标准化战略能够通过简化、统一化、通用化、系列化、组合化、模块化等标准化形式①，为现代化大生产提供必要条件，为实行科学管理和现代化管理奠定基础，有利于先进的生产组织和制造技术推广应用，有益于提高产品质量和发展品种，有助于消除浪费、节约活劳动和物化劳动②，无疑具体地体现了科学发展的精神实质。

4. "发展低碳绿色循环经济，建设生态文明"实施标准化战略是提高核心竞争力的必要途径。核心竞争力归根结底是主体的生存——发展力。只有具有核心竞争力，才能生存——发展。只有具有更高的核心竞争力，才能更好地生存——发展。因此，必须提高核心竞争力。提高核心竞争力的途径是多方面的。但是，"发展低碳绿色循环经济，建设生态文明"实施标准化战略是其中的一个重要方面。因为标准化不仅是经济和社会发展的重要技术基础，是综合发展水平的集中体现，而且是构成核心竞争力的基本要素和重要内容。

5. "发展低碳绿色循环经济，建设生态文明"实施标准化战略是参与国际化竞争的需要。在当今极其激烈和残酷的国际化竞争中，标准已成为世界各有关国家和地区设置市场准入门槛的重要手段，商品贸易全球流通的重要基础，科技成果实现产业化的重要桥梁，促进产业发展、推动对外贸易及规范市场秩序的重要措施，越来越成为国家和地区综合实力的体现，以致谁掌握了标准的制定权，谁就占领了竞争和发展的制高点。为此，各有关国家和地区普遍重视标准，尤其是欧、美、日等发达的国际组织、国家纷纷实施标准化战略，积极倡导和参加制定国际标准，设置贸易壁垒，抢占国际贸易的制高点和主动权。因此，"发展低碳绿色循环经济，建设生态文明"，加强标准化工作，实施标准化战略，事关我国经济社会发展全局，对于提高自主创新能力和转变经济发展方式，加快建设创新型国家和品牌大国，积极应对国际市场变化带来的挑战，积极参与国际化竞争，具有重要战略意义。

三、"发展低碳绿色循环经济，建设生态文明"实施标准化战略的路径

1. "发展低碳绿色循环经济，建设生态文明"实施标准化战略必须全面兼顾、突出重点。因为：一方面，它关乎着国家生存——发展的全局，涉及政治、经济社会生活的各个领域、行业、方面。另一方面，我国的技术普遍比较落后，经济普遍并不发达，财力、物力都相当有限。因此，我国实施标准化战略必须在全面兼顾的基础上，科学确定目标，坚持有所侧重，确保突出重点，特别是加快标准化工作机制创新，加强农业、食品、环境保护、资源节约与综合利用、高新技术等涉及国家核心竞争力和事关国计民生的重点领域的标准化工作，提升标准化科研及其成果的水平，加强国际标准化工作，积极参与国际标准化活动，致力争取国际标准制定的发言权和

① 李春田．标准化概论．北京：中国人民大学出版社，2005：112－138.

② 李春田．标准化概论．北京：中国人民大学出版社，2005：16－24.

主导权，切实有效地为标准化工作提供保障措施、创造良好环境。

2. “发展低碳绿色循环经济，建设生态文明”实施标准化战略必须依靠并融合知识产权战略。因为：以专利为核心的知识产权标准化是标准化不可或缺的主要内容和重要基础，甚至是其根本。如果没有了知识产权标准化，标准化就成了无源之水。相应的，如果缺少知识产权战略，标准化战略就将是无本之木。

3. “发展低碳绿色循环经济，建设生态文明”实施标准化战略必须依靠并融合法治化战略。因为：一方面，无论是知识产权还是标准都是法律的重要组成部分，无论是知识产权战略还是标准化战略都是法治化战略的重要组成部分，甚至就是法治化战略自身。另一方面，在法治社会里，任何事物如果能够脱离法治化战略都是不可思议的。

4. “发展低碳绿色循环经济，建设生态文明”实施标准化战略必须依靠并融合人才战略。因为人是社会行为和社会活动的主体。任何社会行为和社会活动都由而且必须由人实施。“发展低碳绿色循环经济，建设生态文明”实施标准化战略也不例外。由于人才是人中精英之才，在实施社会行为或者社会活动时如果拥有相应的人才就会收到以少胜多、事半功倍之效，因此“发展低碳绿色循环经济，建设生态文明”实施标准化战略应当而且必须拥有相当数量的人才。而要拥有相当数量的人才，就应当而且必须实施人才战略。

5. “发展低碳绿色循环经济，建设生态文明”实施标准化战略必须依靠并融合科教兴国战略的实施。因为：如所周知，人非生而知之，乃学而知之，任何人才都需要培养。而对于一个国家而言，要培养人才就离不开科学与教育及其发展，就离不开实施科教兴国战略。

农业循环经济研究

花　明[1]　陈润羊[2]

（1. 东华理工大学土木与环境工程学院　江西　抚州　344000；
2. 兰州商学院农林经济管理学院　甘肃　兰州　720020）

摘　要　在对农业循环经济概念、内容和目标概括的基础上，分析了我国农业发展面临的4大环境问题：农业生态环境形势严峻、农业面源污染突出、畜禽养殖业造成的污染、土壤污染，据此进行了农业循环经济的必要性和可行性探讨。指出了发展农业循环经济存在的问题，并从构建农业循环经济法律体系、模式体系、技术体系、服务体系和行动体系5个方面提出了推进农业循环经济的对策措施。

关键词　农业循环经济　可持续发展　清洁生产　环境问题　面源污染

循环经济（circular economy）是指在人、自然资源和科学技术的大系统内，在资源投入、企业生产、产品消费及其废弃的全过程中，把传统的依赖资源消耗的线性增长的经济，转变为依靠生态型资源循环来发展的经济。循环经济是把清洁生产和废弃物的综合利用融为一体的经济，本质上是一种生态经济。我国于2009年1月1日起施行的《循环经济促进法》，必将进一步推进我国循环经济的深入发展。由于农业面源污染越来越严重，推动农业循环经济发展已经势在必行。

一、农业循环经济的概念

农业循环经济（agricultural circular economy），是运用可持续发展思想、循环经济理论与产业链延伸理念，通过农业技术创新和组织方式变革、调整和优化农业生态系统内部结构及产业结构，延长产业链条，提高农业系统物质能量的利用率，实现生态的良性循环与农村建设的和谐发展。农业循环经济的内容包括：①在农业资源利用方面，实行节约化利用，注重新品种、新技术及新模式的应用，以提升水、土资源利用率，从节水、节地、节肥、节药等方面出发，提高农业资源可持续发展能力。②在农业废弃物处理方面，实行资源化利用，实现种植也生产所积累的生物资源全程化利用，畜禽养殖业低排放与粪便资源化利用。③在农业产业链延伸方面，实行清洁生产，使上一环节的废弃物作为下一环节的资源，增加价值链条，拓展农业产业化空间[1]。

农业循环经济主要在三个层面上展开：①微观层面，推行农业有关单元、系统和清洁生产；②中观层面，建立农业循环经济园区；③宏观层面，实现农业、工业和服务业三大产业之间的循环。

实施农业循环经济的目标有二：①小尺度就是要实现农业和农村的清洁水源、清洁能源、清洁田园和清洁家园的“四清”目标。②大尺度就是实现生产发展、生活富裕、生态良好的“三生”目标。

二、我国农业发展面临的环境问题

（一）农业生态环境形势严峻

1. 水土流失严重

国家环保总局发布的《2007年中国环境状况公报》显示[2]：2007年，全国共有水土流失面积356万km^2，占国土总面积的37.08%。其中，水蚀面积165万km^2，占国土总面积的17.18%；风蚀191万km^2，占国土总面积的19.9%。按水土流失的强度分级，轻度水土流失面积162万km^2、中度流失面积80万km^2、强度流失面积43万km^2、极强度流失面积33万km^2、剧烈流失面积 38 万 km^2。

2. 土地荒漠加剧

土地荒漠化、沙漠化的速度加快，现有荒漠化土地 2.636 亿 hm^2，占国土陆地面积的 28.3%，而西部地区最为严重，其荒漠化土地占全国比重为 97.8%，沙漠化土地占全国比重为 95.6%[3]，我国每年因土地荒漠化和土地沙化直接经济损失高达 540 亿元，近 4 亿人的生产生活受到影响。

3. 耕地面积骤减

2007 年，全国耕地与上年相比减少 0.03%。由图 1 可知，1997—2007 年，中国耕地面积减少了 6.29%[4]，11 年之间净减少耕地 816.88 万 hm^2。其中基本农田面积仅 1 亿 hm^2 左右，现中国人均耕地面积仅为 0.1 hm^2，不到世界平均水平的一半，270 亿 hm^2 成为国家坚守的耕地面积底线。

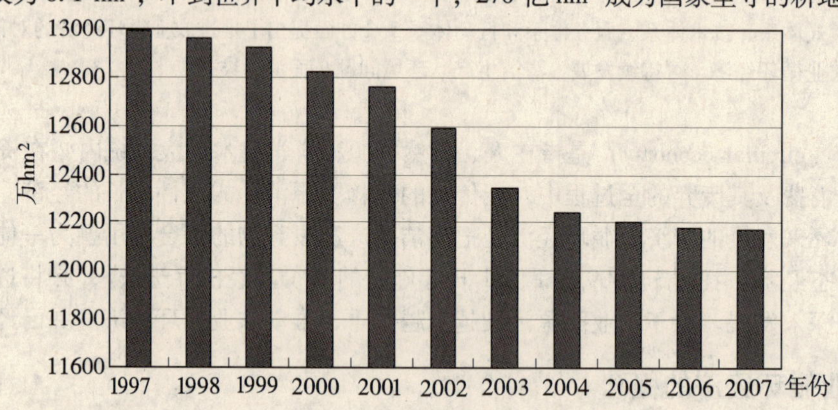

图 1　1997—2007 年全国耕地面积图

（二）农业面源污染突出

1. 化肥污染

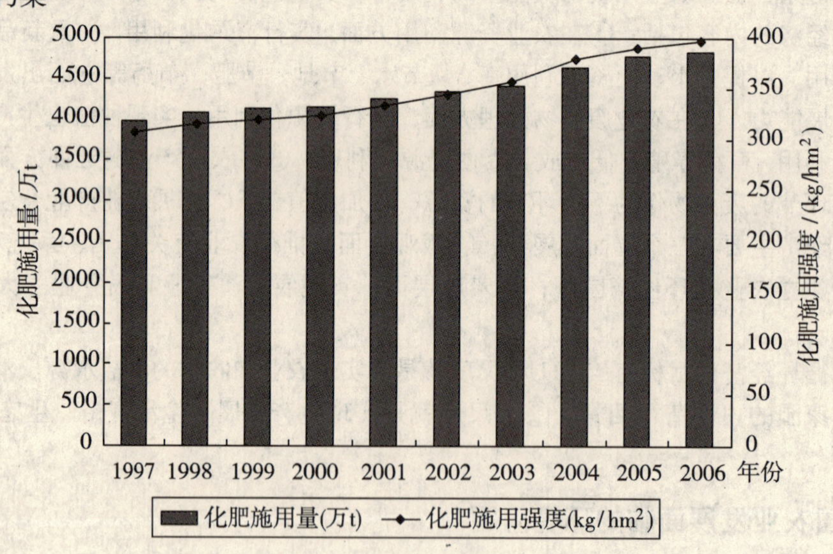

图 2　1997—2006 年全国化肥施用量及平均量

我国是化肥使用大国，1997 年我国化肥施用量达 3980.7 万 t，2006 年化肥施用量达到 4831 万 t，居世界第一位。从图 2 可看出，从 1997 年以来，我国化肥的施用量一直呈上升趋势，由 1997 年的 306.44 kg/hm^2 上升到 2006 年的 397.1 kg/hm^2，远远超过发达国家的 225 kg/hm^2 的安全上限[5]。可利用率仅为 30% ~40%，每年因不合理施用，造成超过 1000 多万 t 的氮流失到农田，直接经济损失约 300 亿元。同时对环境产生了严重污染，对水体、土壤、大气、生物及人体健康造成严重危害。

2. 农药污染

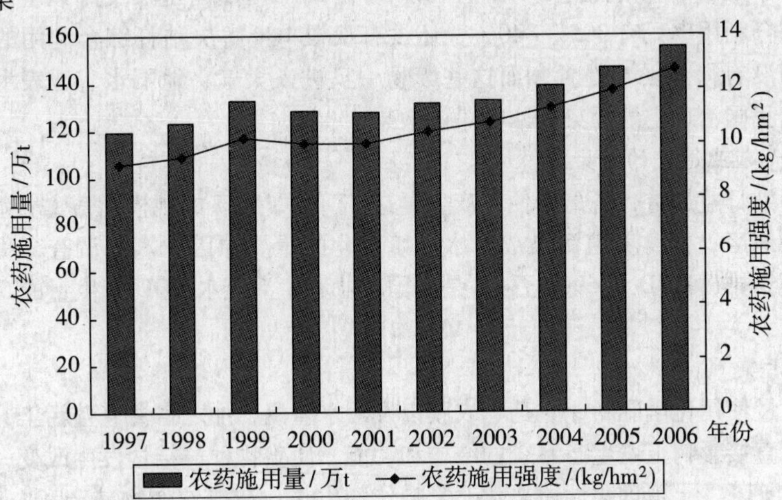

图 3　1997—2006 年全国农药施用量及平均量

中国农药的使用量增长迅速，1997—2006 年全国农药使用量增加了 35.5 万 t。从图 3 可以看出，我国农药的施用强度呈明显的上升趋势，农药使用量由 1997 年的 9.199 kg/hm^2 增加到 2006 年的 12.72kg/hm^2，远远超出经济合作和发展组织（OECD）国家 2000 年前后 2.1kg/hm^2 的平均水平[5]。由于农药的利用率仅为 30% 左右，每年因不合理使用造成浪费而产生的经济损失达到 150 多亿元以上，因污染对人体健康和农产品质量造成的经济损失更是无法估量，近几年呈现出加重的趋势。流失的化肥和农药造成了地表水富营养化和地下水污染。

3. 农膜残留

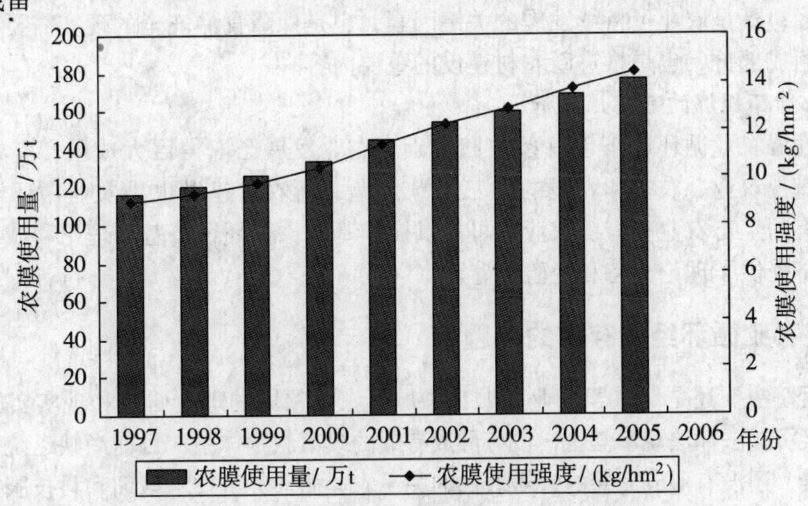

图 4　1997—2005 年全国农膜使用量及平均量

农膜使用量和使用面积在大幅度扩展，图 4 显示，从 1996—2005 年的 9 年中农膜的使用量增加了 60 万 t，增长了 51.64%，农膜的施用强度呈现逐年递增的势头[5]，由 1997 年的 8.95kg/hm^2 上升到 2005 年的 14.43 kg/hm^2。据统计，我国农膜年残留量高达 35 万 t，残膜率达 42%[6]。也就是说，有近一半的农膜残留在土壤中，这无疑是一个极大的隐患。残留的地膜降低了土壤的渗透能力，减少了土壤的含水量，降低了耕地的抗旱能力，阻碍了农作物的生长发育，给农业生产和生态环境带来不利的影响。

4. 秸秆污染

全世界每年年产农作物秸秆约1 000亿~2 000亿t，我国每年达8亿t以上。受诸多因素影响，目前秸秆综合利用率只有30%~40%，还没有从根本上解决秸秆综合利用的问题，数以亿吨计的固体废物没有得到妥善处置，而这些废物一旦进入大气、地下水、地表水，就会造成污染，并直接影响我国治理空气污染和水污染的效果[7]。

（三）畜禽养殖业造成的污染

畜禽养殖污染日益加重，畜禽粪便年产生量达27亿t，80%的规模化畜禽养殖场没有污染治理设施。在一些地区，畜禽养殖污染成为水环境恶化的重要原因[7]。据调查，我国猪、牛、鸡三大类畜禽粪便年排放COD量6900万t，是全国工业和生活废水COD产生量的5倍以上，上升为第一大污染源[8]。

（四）土壤污染

由于长期过量使用化学肥料、农药、农膜以及污水灌溉，加之畜禽养殖污染，使污染物在土壤中大量残留，直接影响土壤生态系统的结构和功能，使生物种群结构发生改变，生物多样性减少，土壤生产力下降，土壤理化性质恶化，影响作物生长，造成农作物减产和农产品质量下降，对生态环境、食品安全和农业可持续发展构成威胁，土壤污染的总体形势相当严峻。据不完全调查，目前全国受污染的耕地约有22.5亿hm^2，占耕地总面积的1/10以上，其中多数集中在经济较发达地区[7]。

三、农业循环经济的必要性和可行性分析

（一）农业循环经济的必要性

从上面的分析看出，我国农业生态环境形势严峻、环境污染问题突出，在农业领域推行循环经济无疑具有重大的现实意义。主要体现在：既是防治农业环境问题的重要手段，也是资源持续利用的主要途径；既是农业可持续发展的关键因素，也是保障食品安全的现实需要；既是国家节能减排工作的组成部分，也是推进新农村建设的重要内容。

（二）农业循环经济的可行性分析

我国现在发展农业循环经济也有条件和基础。农业发展已取得巨大成就，有雄厚的物质基础；政府日益重视农业、农村和农民的“三农”问题，新农村建设也为农业循环经济的实施提供了契机；已有的生态农业和有机农业等可提供操作基础；循环经济基本理论和城市循环经济可为农业循环经济提供了理论支持和经验借鉴。

四、发展农业循环经济存在的问题

目前循环经济主要还是偏重于工业和城市领域，农业领域的理论研究和现实实施尚需不断探索：农业循环经济的法律法规不健全，没有形成有效的政策激励体系；目前尚缺乏统一的农业循环经济规范和标准，还没有形成完善的针对农民的关于农业循环经济技术培训和科技服务指导的队伍和机制；农业产业化和组织化程度低，农民合作经济组织规模小、专业能力弱、服务水平低、市场需求不足、政府财政支持不足；市场监督体系尚不健全、农业科技支撑体系不完善等[9]。

五、推进农业循环经济的对策措施

（一）强化意识，构建农业循环经济法律体系

通过宣传和教育，使官员、企业家和农民等为主体的公众树立农业循环经济的意识，了解并掌握农业循环经济的法规、知识、技术和技能，并在实践中努力践行。建立健全农业循环经济法律、法规、标准和技术规范在内的法律体系，内容涵盖农村环境保护、土壤污染防治、畜禽和水

产养殖环境管理、农业环境监测、评价的标准和方法。并使各项农业循环经济的法律法规在内容上能够协调统一，程序上能相互支撑，效力上能发挥法制的合力，真正做到有法可依，责权清晰，有效防治种植业、养殖业和农村工业的污染。

（二）推进创新，构建农业循环经济模式体系

通过实践创新，建立包括农户小循环经济模式：北方“四位一体”模式、南方“猪—沼—果”模式、生态庭院模式、村庄中循环经济模式、以清洁能源为纽带的综合利用模式、以秸秆综合利用为主的生态村模式、乡镇大循环经济模式；农业与其他产业之间的循环，农业、工业、服务业与静脉产业间的物质和能量的循环模式，为农业循环经济提供模式运行体系。

（三）深入研究，构建农业循环经济技术体系

进行系统的理论研究，在微观层面，建立包含生态工程技术、绿色能源开发技术、自然环境的综合防治技术、秸秆与畜禽粪便以及废农用薄膜等的综合利用技术、先进种植与养殖以及灌溉技术等在内的农业循环经济的技术体系。推广节肥节药节水技术、发展生态型畜牧业、推进水产科学养殖，为农业循环经济提供技术支持体系。

（四）理顺机制，构建农业循环经济服务体系

不断进行制度创新，建立包含管理、经济激励、社会监督和科技服务等在内的农业循环经济配套服务体系。分清农业、环保、水利等各部门的职责，形成有效的绿色产品和绿色食品的监管与激励机制，完善农业循环经济的培训、指导及技术服务网络。

（五）促进协调，构建农业循环经济行动体系

协调好现有的环保部和农业部开展的农业循环经济有关的行动计划，主要协调好循环农业促进行动、乡村清洁工程、农村小康环保行动计划、农业生物质能工程等在内的行动体系，使农业循环经济真正落到实处。

参考文献

[1] 尹昌斌，唐华俊，周颖．循环农业内涵、发展途径与政策建议［J］．中国农业资源与区划，2006，27（1）：4－8.

[2] 环境保护部．2007年中国环境状况公报［EB/OL］．（2008－08－25）［2008－08－30］．http：//www.sepa.gov.cn/plan/zkgb/2007zkgb/200808/P020080825228750586787.pdf.

[3] 中国科学院可持续发展战略研究组．2006中国可持续发展战略报告［M］．北京：科学出版社，2006.

[4] 国土资源部．2007年中国国土资源公报［EB/OL］．（2008－04－17）［2008－06－15］．http：//www.gov.cn/gzdt/2008－04/17/content_947023.htm.

[5] 中国农业年鉴编辑委员会．中国农业年鉴2007［M］．北京：中国农业出版社，2007.

[6] 徐玉宏．我国农膜污染现状和防治对策［J］．环境科学动态，2003（2）：9－11.

[7] 吴晓青．解读《关于加强农村环境保护工作的意见》，建设农村生态文明的重大举措［EB/OL］．（2007－12－06）［2008－06－15］．http：//www.zhb.gov.cn/hjyw/200712/t20071206_113881.htm.

[8] 洪绂曾．农村清洁生产与循环经济［J］．中国人口·资源与环境，2008，18（1）：3－5.

[9] 魏传超，陈娟娟．当前我国农业循环经济发展障碍性因素分析［J］．资源环境与发展．2007（2）：32－37.

徐州特色中小型钢铁企业循环经济建设模式研究

韦 剑 陈克静 罗 锋

（江苏省铜山县环保局 江苏 徐州 221116）

摘 要 本文论述了我国中小型钢铁企业发展循环经济的重要性和紧迫性，提出了发展循环经济的模式、原则、方法和途径，叙述了实施完成的六大循环经济工程，分析了项目实施所取得的经济、环境和社会效益。

关键词 钢铁企业 循环经济 建设模式 研究

一、公司基本情况

徐州东南钢铁工业有限公司位于江苏省铜山县利国镇境内的徐州钢铁铸造工业集聚区内。公司创建于2003年，现有职工3000多人，占地800亩，内设十个部（办、室），拥有炼铁、炼钢、轧钢、烧结、球团、石灰窑和制氧七个分厂，短短的几年已发展为集产品研发、生产和贸易为一体，具有先进的生产设备、成熟的制造工艺和一流的管理模式的现代化企业。目前拥有550 m^3高炉2座、60t炼铁转炉2座、120万t连轧机组1套、120 m^2带式烧结机2座、180 m^3石灰窑6座、10 m^3球团竖炉1座、制氧设备2套，总资产已达16亿元，具备年产生铁120万t、钢材（螺纹钢、圆盘钢）120万t的生产能力。企业于2006年通过了ISO 9001质量管理体系认证，螺纹钢及线材为国家免检产品，产品销售到国内苏、沪、鲁、豫及东北三省等20多个省（市），并出口至南美市场。公司多年来十分重视环境保护和节能降耗工作，严格执行环境保护各项法律、法规和政策，高度关注社会责任，坚持走科技含量高、经济效益好、资源消耗低、环境污染少、人力资源优势得到充分发挥的可持续发展道路。所有建设项目认真执行了环境影响评价和“三同时”制度，先后投入1.5亿元配套和完善了各种环保设施，并采取各项有效措施确保环保设施正常运转和污染物稳定达标排放，所排放的污染物总量远低于当地环保部门下达的总量指标。公司2008年2月主动开展了清洁生产审核，同年12月通过了徐州市经贸委、环保局验收，成为徐州市首家通过清洁生产审核的钢铁企业；2008年10月在徐州市所有钢铁企业中，首家建立和实施了ISO 14001环境管理体系，2009年1月通过了国家认证，成为徐州市首家通过环境管理体系认证的钢铁企业；2009年2月被徐州市经贸委、环保局列入徐州市第二批10家循环经济试点单位，成为徐州市唯一一家钢铁企业循环经济建设试点单位。公司2004—2009年，连续6年被铜山县人民政府表彰为“环境保护工作先进集体”和“环境治理工作先进单位”；2009年2月被国家人力资源社会保障部和中国钢铁工业协会表彰为《全国钢铁工业先进集体》荣誉称号。

二、公司循环经济建设的模式、原则、方法和途径

（一）模式

把清洁生产和资源综合利用等融为一体，改变传统的“资源—产品—污染排放”所构成的物质单向流动的经济发展模式，按照自然生态系统的模式，建立起“资源—产品—再生资源”的物质反复循环利用的经济发展模式。

（二）原则

在可持续发展思想的指导下，按照清洁生产“节能、降耗、减污、增效”的目标和循环经济“减量化、再利用、资源化”的原则。

（三）方法

成立以总经理为组长，生产和企管副总为副组长和各分厂及有关部门负责人为成员的公司循

环经济建设工作领导小组，切实加强对循环经济的组织、领导和协调工作；在铜山县环保局有关专家指导下，制定出切合企业实际的循环经济建设工作计划和详细的实施方案；利用各种形式向员工宣传发展循环经济的目的、意义、内容及国内外循环经济建设的成功实例，动员全体员工积极参与；多方筹集资金，全面实施各项循环经济工程。

（四）途径

借鉴国内大型钢铁企业循环经济建设的成功经验，依靠科技进步和管理创新，全面采用清洁生产技术导向目录中推荐的工艺技术装备，建立、实施和持续改进质量和环境管理体系，以提高资源利用率和减少废物排放为目标，综合利用企业自身和周边行业、企业的废弃物，全面进行循环经济建设模式理论和实践研究，精心组织和实施各项循环经济工程。具体做到：

1. 铁元素充分回收。高炉煤气、转炉气、高炉出铁场、破碎、烧结机等各种除尘设备收集的除尘灰和污水处理含铁尘泥全部回用于烧结机作为烧结原料；连铸、连轧中产生的氧化铁皮和切头等全部回用于炼钢；维修过程中更换下来的各种废旧管道、阀门和各种零部件，尽量做到修复和再利用，不能修复利用的回用于炼铁或炼钢；转炉废钢渣中含有20%左右的铁元素，经粉碎和磁选后作为烧结原料。

2. 废水内部循环。生产过程中的各种间接冷却水循环使用，直接冷却水用于高炉冲渣，高炉冲渣水沉淀澄清后反复循环使用，生活废水经生化处理后回用于转炉渣熄火和冲洗炉渣，各种废水在企业内部各分厂和生产工序之间反复循环，实现全公司废水“零排放”。

3. 固废综合利用。高炉水渣和转炉钢渣及时和全部供应周边建材行业生产水泥和混凝土墙体材的原料。

4. 能量充分循环。高炉煤气、转炉煤气作为燃料全部回用于热风炉、烧结机、石灰窑和轧钢系统的加热炉；利用高炉炉顶煤气所具有的压力能和热能发电；连铸机二冷区产生的蒸汽，用于浴室和供社会居民冬季取暖。

三、已实施完成的六大循环经济工程

（一）高炉煤气综合利用工程

公司2座550 m^3 高炉，年产生高炉煤气约200000万 m^3，除回用于热风炉（占总量的50%）和烧结机（占总量的8%），其余的全部高空排放，不仅造成了能源的巨大浪费，而且对当地的生态环境造成了严重影响。2009年2月，投入资金1200万元，完善了高炉煤气储存和输送设施，将排空的高炉煤气全部回用于6座石灰窑（占总量的22%）和2座轧钢系统的加热炉（约占总量的20%）。实施此工程，年可节约无烟煤5万t（折等价标准煤35700t），节约生产成本4000万元。

（二）高炉煤气余压发电工程

2009年3月，投入6000万元，新建了一套余压透平发电装置（TRT），利用高炉炉顶煤气所具有的压力能和热能，把煤气导入透平膨胀机膨胀做功，驱动发电机发电的能量回收装置。实施本工程年可发电3200万kWh，年产生直接经济效益1920万元，不仅不产生环境污染，而且对高炉煤气有一定的净化作用，特别是可大大减低减压阀组等设备噪声，环境效益特别显著。

（三）转炉煤气回收利用工程

公司现有的2台60t炼钢转炉，在炼钢过程中氧气顶吹转炉过程中产生的烟气中含有大量的CO。烟气虽通过“二文一塔”湿式除尘系统处理后通过40m高的排气筒达标排放，但烟气中的CO是通过高空点火燃烧放散去除的，未得到回收利用，不仅浪费了能源，而且对环境造成了危害。2009年5月，投入资金560万元，新建一套转炉煤气回收装置，对通过“二文一塔”湿式除尘系统处理后的转炉气（主要是CO）进行收集，回用于转炉钢包烘烤。实施此工程，年回收利用转炉煤气 5000 万标 m^3（吨钢回收量 $50m^3/t$，年钢产量 100 万 t），全部用于烘烤转炉钢包（吨钢水耗电可节省 5%），年可节电 500 万 kWh，年产生直接经济效益 400 万元。实施此工程，不仅节约了能源，而且减轻了对周边环境的影响和危害，环境效益十分显著。

（四）轧钢加热炉技改工程

轧钢系统现有的 2 座加热炉除依靠 2 座 550 m^3 高炉年供应高炉煤气 40000 万 m^3（占总量的 20%），其余不足部分通过 2 座（4 台）煤气发生炉供应煤气，年消耗无烟煤 3.2 万 t（年供应煤气 9600 万 m^3）。2009 年 4 月，投入资金 4000 万元，采用蓄热式燃烧技术，对 2 座加热炉进行技术改造。实施此工程，淘汰了煤气发生炉，年节省无烟煤 3.2 万 t（折等价标准煤 22848t），年削减烟尘和二氧化硫排放分别为 36.54t 和 112.4t，年节省无烟煤购置费 2560 万元；由于热效率提高了 10%，年可节省高炉煤气 6000 万 m^3 消耗（折等价标准煤 8800t），年节约生产成本 986 万元。

（五）生活污水综合利用工程

公司原生活污水（来源于食堂、浴室、办公楼和员工宿舍楼等）经化粪池处理后外排厂外，不仅浪费了水资源，而且对周边环境造成了危害。投入 65 万元，采用生化处理工艺，新建了一座日处理 180t 的地埋式生活污水处理设施，并新建了一条 400m 的地下管道将处理后的生活污水引自厂区西北角用于转炉渣熄火和冲洗炉渣。实施此工程，不仅确保了公司所有生活废水全部得到了综合利用，避免对生态环境造成危害，年可综合利用废水 5 万 t，年少交排污费 20 万元，年产生直接经济效益 30 万元。

（六）原辅材料储存工程

为防止原辅材料露天堆放造成扬尘污染和因风吹雨淋而造成物料流失，投入 1150 万元，新建了 2 个面积为 $10000m^2$ 的铁精粉和焦炭钢结构大棚和 5 个面积为 $5000m^2$ 的煤粉、烧结矿、球团矿和生石灰钢结构大棚。实施此工程，确保公司所有的原辅材料、产品和固废（水渣、钢渣和除尘灰等）都得到了封闭式存放，年可减少各种原辅材料损失 1.2 万 t，年节约物料损失 3200 万元；年减少扬尘 1000t，改善和提高了当地的大气环境质量。

四、技术应用效益分析

（一）经济效益

公司自 2009 年 2 月进行循环经济建设以来，共投入资金 12415 万元，年利用高炉煤气余压发电 3200 万 kWh，节省无烟煤 8.2 万 t（充分利用高炉煤气、转炉煤气作为燃料，折等价标准煤 58548t）、节电 500 万 kWh，节省消耗高炉煤气 6000 万 m^3、节水 5 万 t，减少原辅材料损失 1.2 万 t，综合利用企业自身和周边企业的废钢（铁）14000t、从各种废物中回收和利用含铁元素 9220t，年取得直接经济效益 13096 万元。

（二）环境效益

年削减二氧化硫、烟（粉）尘产生和排放 112.4t、36.54t，年减少扬尘产生和排放 800t，年削减废水排放 5 万 t，规范了企业环境管理行为和全面提高了公司环境管理水平，确保了企业生产和环境安全，公司已成为徐州市唯一实现废水“零排放”和“远看无烟、近看无尘、清洁生产、环境优美”的花园式的钢铁生产企业。

（三）社会效益

不仅节约了能源和资源、削减了废弃物排放、综合利用了企业自身和周边地区的各种废弃物、改善和提高了当地的大气环境质量和企业自身经济效益，而且为我国中小型钢铁企业在企业层次上发展循环经济探索出一种成功的建设模式，成为徐州市乃至江苏省钢铁行业循环经济建设示范典型，为实现国家节能减排目标和建设资源节约型和环境友好型社会作出了较大贡献。

精细化工园区循环经济发展模式及环境效益研究

田金平[1]　赵　远[1]　陈吕军[1,2]　陈亚林[2]

（1. 清华大学环境科学与工程系　北京　100084；2. 浙江清华长三角研究院生态环境研究所　浙江　嘉兴　314050）

摘　要　以浙江杭州湾上虞工业园区为对象，重点分析了以清洁生产为核心的企业层面循环经济发展绩效，产业链上下游整体协作对提升产业发展水平，推动精细化工园区发展循环经济的作用，连续跟踪评价该园区循环经济发展相应的环境效益。总结提出了浙江杭州湾上虞工业园区循环经济发展模式，该模式可为全国精细化园区乃至其他工业园区循环经济建设提供借鉴和参考。

关键词　精细化工园区　循环经济　模式　环境效益

一、浙江杭州湾上虞工业园区循环经济发展背景

（一）中国化学工业及精细化工园区概况

化学工业在中国的国民经济中占有重要地位，2007 年其工业总产值在工业行业中位于第 6 位，工业增加值位于第 7 位，利润位于第 8 位，分别占总量的 6.2%、5.4% 和 5.2%（数据来源：中国统计年鉴）。精细化工位于化学工业的高端，被国家列为重点引导和扶持方向。我国精细化工量大面广，国家通过调整产业布局，建立集中式化工园区，将分散的化工企业逐步迁至工业园区，实现集约化发展。化工行业发展向园区集聚，对于提高行业的生产效率及竞争力是一个大的趋势。目前全国有 66 个国家级及省级化工园区[1-2]，一半以精细化工为主导，并形成了一些典型的、具有一定知名度的化工园区[3-8]。污染物排放方面，化学工业废水排放量位于全工业行业第 2 位，COD 排放量位于第 3 位，分别占全工业行业的 16.2% 和 11.7%（数据来源：中国环境统计年鉴 2007）。精细化工行业因产品种类多，单位产品废弃物产生量大[9]，环境问题更是精细化工园区可持续发展面临的永恒制约。工业园区发展循环经济，建设生态工业园区是对现有园区产品结构和产业结构实施优化设计，提高资源利用效率的重要途径[10]。发展循环经济，建设生态工业园区是精细化工园区破解制约，实现可持续发展的必然趋势。本文以浙江杭州湾上虞工业园区为例，研究精细化工园区循环经济发展模式及其环境效益。

（二）浙江杭州湾上虞工业园区

浙江杭州湾上虞工业园区（SYIA）位于中国浙江省上虞市，地处杭州湾南岸。SYIA 创办于 1998 年，建成面积 21km²，是浙江省“十五”期间重点培育发展的沿海三大省级化工园区之一，被科技部确定为“中国精细化工特色产业基地”。SYIA 具有四个特点[9]。第一，SYIA 精细化工产业集中。截至 2008 年入园企业 130 余家，其中 87 家精细化工企业，精细化工企业产值（158 亿元）占园区总产值（188.5 亿元）的 84%。第二，SYIA 输入输出的化工材料及产品种类和数量多。2007 年有 400 多种原辅材料输入，总量约 65 万 t；输出产品 170 余种，总量约 34.3 万 t。第三，SYIA 的企业规模较小，单个产品产量小，以间歇生产为主。2008 年，“50% 的企业”产值在 2600 万 ~ 1.56 亿元，2007 年，50% 的产品其产量分布在 80 ~ 1350 t/a。第二和第三所述的特点在中国精细化工企业中具有普遍性。第四，SYIA 正由问题园区向生态园区过渡。2003—2005 年，SYIA 因污染严重，成为国家和浙江省环境保护管理部门重点监管的对象。2006 年以来，SYIA 强制开展了一系列节能减排及环境整治措施，积极发展循环经济，成效很大，许多 SYIA

国家“十一五”科技支撑计划课题 2006BAC02A16 经费支持。

做法在精细化工园区内具有借鉴意义和推广价值。

已形成染料和医药两大知名产业，贡献了三分之二以上的产值。SYIA 是全球最大的分散染料生产基地，分散染料产量占全国产量的比例达 50%。形成了以分散染料为主，包括活性染料、酸性染料、还原染料、颜料及相关中间体配套的较完整的染料产业体系；生产企业以龙盛集团和闰土集团两大染料集团为代表。此外，SYIA 也是中国喹诺酮抗生素的生产中心，喹诺酮抗生素原料药占全国总量的近 50%，园区十余家企业围绕喹诺酮抗生素形成了上下游产业链。

二、数据来源

本文研究数据的主要来源为向企业发放调查表回收的数据及从 SYIA 相关管理部门获取的统计数据。2006 年、2008 年和 2009 年三次向 SYIA 的企业发放调查表，收集 SYIP 经济发展、物质消耗、废弃物排放、节能减排、环境质量等方面的数据。2006 年回收 56 份，2008 年收回 71 份，2009 年收回 70 份调查表，累计走访 60 余家企业。本文以 2008 年和 2009 年调查表获取的数据为基础，并与管理部门进行沟通，用清洁生产审核报告等相关资料的数据，对调查问卷的数据进行补充校正。

三、SYIA 循环经济发展模式

SYIA 经过近 5 年的实践，基本形成了符合精细化工产业特色的循环经济发展模式，实现政府产业导向和结构调整。主要包括 6 个方面：以清洁生产为核心推动企业层面循环经济发展；以产业链上下游整体协作开发应用绿色化学化工技术为突破口，提升产业发展水平；以集中供热集中治污等重点项目带动基础设施完善；以节能减排约束性指标为契机实现产业结构调整；以排污权有偿使用和交易为杠杆合理配置环境资源优化产业发展；以强制清洁生产审核、ISO 14000 认证、搭建循环经济技术交流平台等措施推进管理体系完善。上述 6 个方面中，实施清洁生产，加强产业链上下游整体协作，开发应用绿色化学化工技术是从源头实现循环经济减量化原则最有效的途径。

（一）SYIA 清洁生产及其效益分析

企业层面开展清洁生产，并以源头治理和过程控制为核心，是开展循环经济，实现减排最直接有效的途径。通过实施清洁生产审核，具有明显的环境效益。表 1 为 2006—2008 年 SYIA 通过清洁生产审核的企业的环境效益及实施清洁生产方案单位投入对应的环境效益。

表 1　SYIA 企业清洁生产审核产生的环境效益

企业	单位	2006 年合计	2007 年合计	2008 年合计
企业数	家	35	23	13
投入资金	万元	6603	4220	2535
经济效益	万元	6602	5209	1723
废水削减量	t/a	185804	299275	306235
COD 削减量	t/a	182	152	142
SO_2 削减量	t/a	185	85	16
固废削减量	t/a	6166	965	721
危险废物削减量	t/a	1870	306	0
原水节约量	万 t/a	59	119	33
节电	万 kWh/a	509	708	158

企业	单位	2006 年合计	2007 年合计	2008 年合计
节煤	t/a	10300	11465	400
节蒸汽	t/a	31448	39381	23568
单位投入废水削减量	t/万元	28.14	70.91	120.80
单位投入 COD 削减量	kg/万元	27.53	36.09	55.97
单位投入 SO_2 削减量	kg/万元	28.05	20.19	6.45
单位投入固废削减量	kg/万元	933.76	228.57	284.40
单位投入危险废物削减量	kg/万元	283.12	72.59	0.00
单位投入原水节约量	t/万元	89.73	282.67	131.32
单位投入节电	kWh/万元	770.97	1677.40	624.64
单位投入节煤	t/万元	1.56	2.72	0.16
单位投入节蒸汽	t/万元	4.76	9.33	9.30

（二）SYIA 喹诺酮产业链和染料产业链

园区形成了染料和医药两大产业链。染料产业链以硫黄制酸为核心，包括染料中间体配套，产品以分散染料为主，包括还原染料、活性染料、酸性染料及颜料。园区形成了龙盛集团和闰土集团两个染料龙头企业，一方面两个龙头企业集团自身形成产业配套，另一方面园区一些企业围绕两个龙头企业形成部分中间体配套。研发资源高效利用、能量网络构建、水梯级利用、废弃物资源化利用、产业链上下游延伸的关键技术及优化集成，是整体提升染料产业链的重要抓手。

园区十余家企业围绕喹诺酮系列产品形成了上下游产业链。喹诺酮产业链上下游协作，整体优化，以源头减量化为中心，开发以新型催化技术为核心的资源高效利用技术，精简合成流程，提高原子利用效率，是提升喹诺酮医药产业链整体水平的关键。图 1 是 SYIA 喹诺酮产业链空间布局示意，及上下游 5 家企业近三年实施的绿色合成技术开发应用。

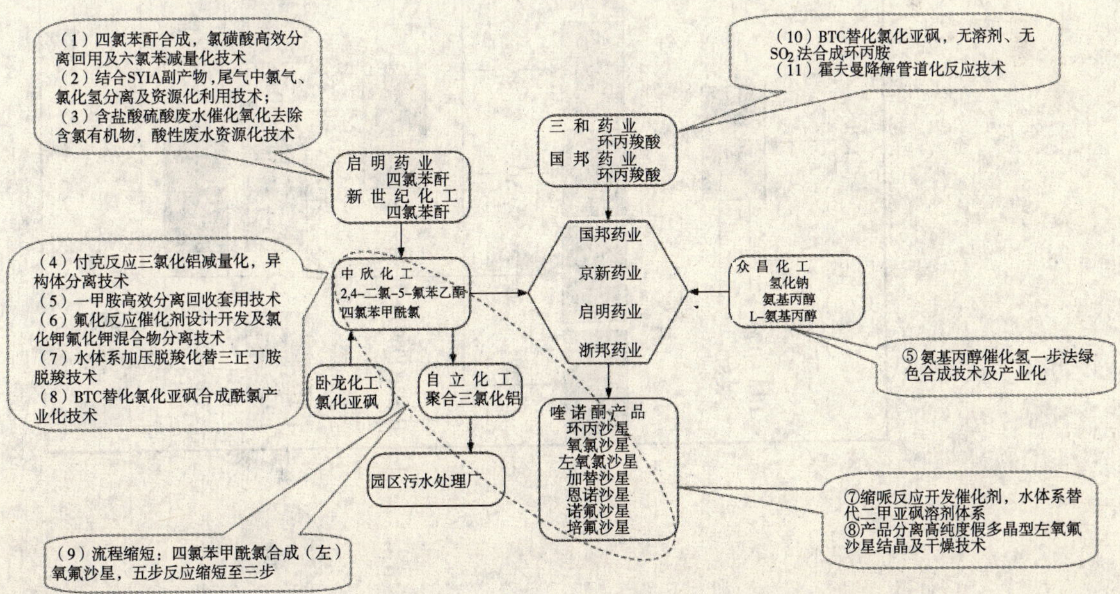

图 1　SYIA 喹诺酮产业链示意及上下游绿色合成技术开发应用示例

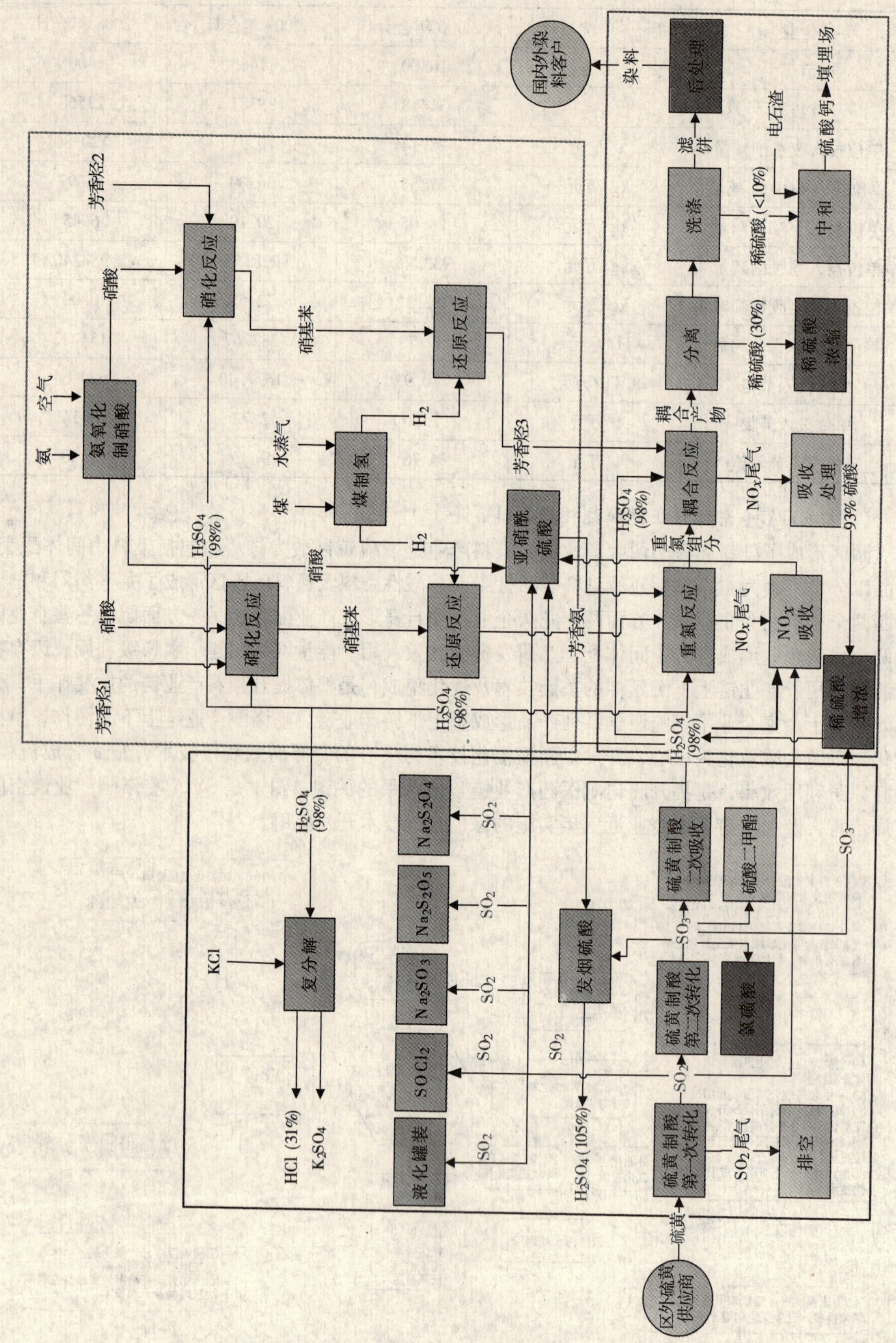

图 2　SYIA 染料产业链

图 2 给出了园区染料产业以硫黄制酸为核心的产业链。该产业链分三个部分，一是硫黄制酸

为核心的硫化工产业链，衍生出染料生产和使用过程中需大量使用的硫酸、二氧化硫、三氧化硫等基础化工产品。硫磺制酸过程化学反应热先副产中压蒸汽，供给背压式汽轮发电机发电，发电后的低压过热蒸汽供染料生产使用。在该产品链中，硫磺制酸采用钒催化的二转二吸法。二氧化硫一部分进一步转化成 SO_3，一部分用于制备染料生产关键原料亚硝酰硫酸，一部分液化罐装成液体二氧化硫外售，部分供给园区其他企业生产 SO_2 下游产品，如氯化亚砜、亚硫酸钠、焦亚硫酸钠和保险粉等。三氧化硫部分吸收制成98%硫酸、105%发烟硫酸和65%发烟硫酸三种成品酸，部分与氯化氢制成氯磺酸，部分作为磺化反应原料制备表面活性剂。硫酸作为染料生产的原料、介质，贯穿染料中间体及染料合成全过程，硫酸另有部分与氯化钾经复分解反应制备硫酸钾（肥料）和31%盐酸，盐酸一部分用于染料中间体生产，一部分用于园区薄钢板企业酸洗；酸洗后废液与园区喹诺酮产业链四氯苯酐生产企业副产的含氯为其耦合，生产氯化铁，供线路板蚀刻、污水处理厂絮凝剂等使用，实现两种废弃物资源化利用。

二是以芳香烃的硝化还原反应为核心的染料中间体产品链。分散染料中间体主要包括重氮组分（芳香环上含有游离的伯氨基）和耦合组分（芳香环上不含游离伯氨基），以芳香烃为主要起始原料，硝化反应、硝化产物还原、酰化、卤化、取代反应是合成分散染料中间体常见的反应类型。依托硫黄制酸装置，龙盛集团硝化反应段稀硫酸已实现浓缩回用。氨氧化制硝酸是染料产业链向上游延伸的重要环节，龙盛集团已实现了硫酸、盐酸和硝酸“三酸”为染料产业链配套，产业共生网络进一步完善。

三是以重氮、耦合反应为核心的染料合成产品链。染料中间体经重氮化反应、耦合反应后，经板框过滤、洗涤等一系列工序得到染料滤饼，滤饼经后处理得到产品。即重氮组分在硫酸介质中与亚硝酰硫酸反应，生成重氮盐，进而与耦合组分反应生成染料，染料滤饼分离过程产生浓度约30%的稀硫酸和5%～10%的稀硫酸，前者通过浓缩至浓度83%～88%后返回至硫黄制酸系统，用三氧化硫补充至98%浓度回用。5%～10%的稀硫酸通常用电石渣中和，废渣填埋处理，中和废液进生化系统处理，处理出水部分回用。在重氮反应和耦合反应中产生的 NO_x 尾气经浓硫酸吸收后得到亚硝酰硫酸回用于重氮反应过程。该过程中，NO_x 尾气得到综合利用，同时减少了污染；稀硫酸经浓缩后再用于生产中，减少了废酸排放量和电石渣消耗量，同时也减少了两者中和产物硫酸钙的产生量，降低了填埋费用和填埋场土地占用。

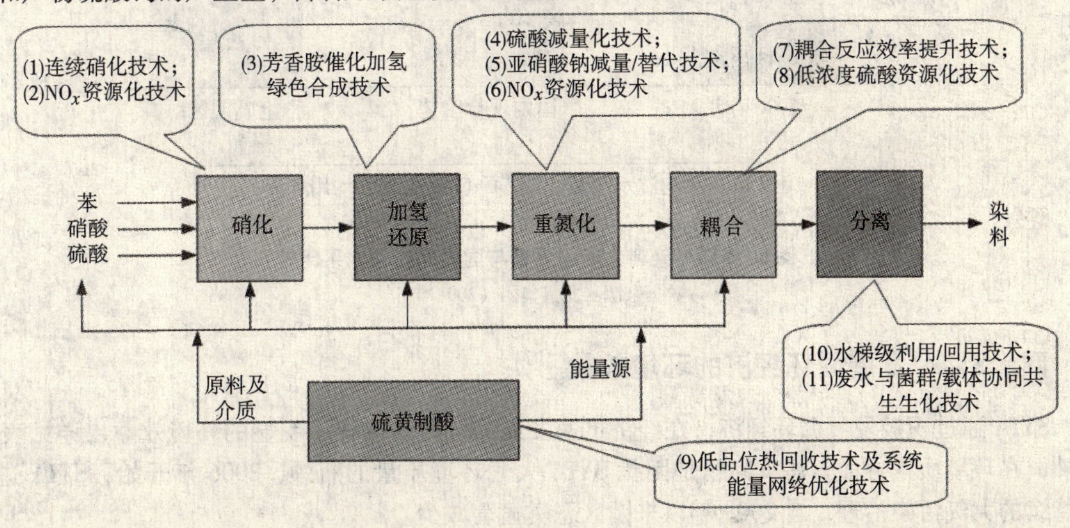

图3　SYIA分散染料循环经济关键技术

图3是染料产业链已开展的循环经济持续改进工作。中间体连续硝化，连续催化加氢、异构体高效分离，稀硫酸资源化，硝化及耦合反应 NO_x 资源化，硫酸减量化，能量网络优化，节水

及染料废水生化处理及中水回用是构建染料生态产业链的共性难题。

SYIA是全国最大的分散染料生产基地，通过一系列清洁生产和循环经济关键技术开发应用，染料生产水平居国内领先水平。其单位产品硫酸用量、分散染料合成收率、耗水量与国内同类水平比较见图4和图5。

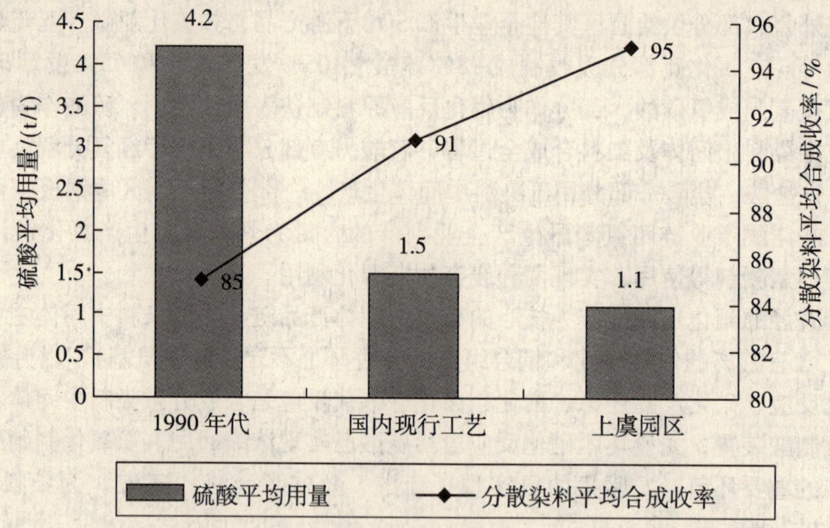

图4　SYIA染料生产硫酸用量、分散染料收率和国内同行业比较

数据来源：龙盛集团（2008年）。

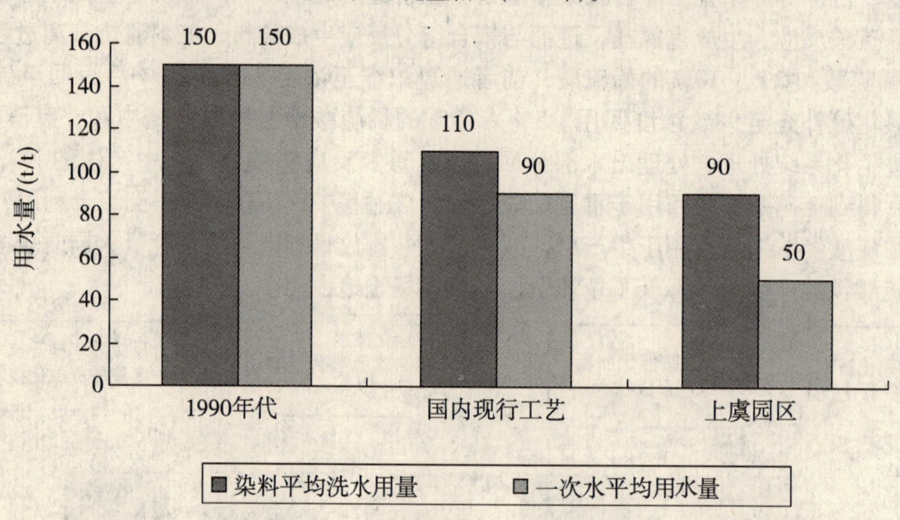

图5　SYIA染料生产用水量与国内同行业水平比较

数据来源：龙盛集团（2008年）。

四、SYIA发展循环经济的环境效益

SYIA通过积极发展循环经济，在经济迅速发展的同时，取得了明显的环境效益，详见表2。此外，在环境质量方面，恶臭问题是困扰SYIA大气环境质量的瓶颈，2006年开始，SYIA进行了持续的大气污染治理，自2008年以来园区恶臭显著减少。

表2　SYIA 发展循环经济取得的环境效益

指标	单位	2007 年	2008 年	2008 年增幅（%）
工业总产值	亿元	187	218	36
单位建成区产出率	亿元/km^2	34.12	39.78	16.6
单位工业增加值综合能耗	吨标煤/万元	1.51	1.15	-24
工业用水重复利用率	%	37	45	21.6
单位工业增加值废水产生量	t/万元	28.0	19.1	-31.8
单位工业增加值 COD 入网量①	kg/万元	18.8	12.9	-31.1
单位工业增加值 SO_2 排放量	kg/万元	29.1	17.1	-41
COD 排放总量②	t	11656	11069	-5.04
SO_2 排放量②	t	7915	7207	-8.95
环境空气质量二级标准以上天数	d	320（达标率 88.2%）	331（达标率 90.4%）	3.44

注：①COD 入网量为企业排入园区集中式污水处理厂 COD 总量，SYIA 集中式污水处理厂同时处理工业污水和生活污水；②COD、SO_2 排放总量为上虞市总量。

五、结　论

综上所述，浙江杭州湾上虞工业园区立足精细化工主导产业，积极开展清洁生产，加强产业链上下游整体协作，开发应用绿色化学化工技术，对提升园区产业发展水平，推动园区发展循环经济具有积极作用，环境效益明显。

参考文献

[1] 许秋瑭．我国精细化工的现状与发展展望（下）[J]．上海化工，2005，30（9）：1-6.

[2] 国土资源部．中国开发区四至范围公告目录（2006）．http：//wcm. mlr. gov. cn/zt/direction/200801/P020080103488108983048. xls.

[3] Alperowicz，N.，Shanghai Industry Park will be China's largest olefins center [J]．Chemical Week，2005，167（39）：17.

[4] China fine chemical industry Changzhou Park - Our mission & commitment：Creating the maximum value for investors [J]．Chemical Week，2004，166（15）：23-24.

[5] Nanjing Chemical Industry Park [J]．Chemical Week，2004，166（31）：48.

[6] Chemical industrial park of Tianjin Economic - Technological Development Area [J]．Chemical Week，2005，167（15）：26.

[7] Chemical industrial parks flourish - Development and projects march forward [J]．Chemical Week，2005，167（15）：23.

[8] Chongqing Chemical Industry Park [J]．Chemical Week，2005，167（15）：22.

[9] 陈吕军，田金平，赵远．杭州湾精细化工园区碳的物质流分析研究 [J]．环境污染与防治，2009，31（12）：80-83.

[10] http：//www. zhb. gov. cn/tech/stgyyq/sp/200902/P020090220519033747361. pdf.

推进循环经济发展的关键问题

刘国才

（环境保护部华东环境保护督查中心　南京市蒋王庙街8号　210042）

推进循环经济是个大题目，也是个难题目，因为循环经济内涵丰富、涵盖面广，关乎一个区域经济社会的可持续发展，是一项复杂的系统工程；另一方面，推进循环经济不是单一部门的事情，需要全社会参与来共同研究落实的大问题。

如何务实推进循环经济发展，需要用务实的语言将推进循环经济的基本问题说清楚，以提高政府、企业、公众对循环经济内涵、意义及务实推进方法的认识。

一、为什么要发展循环经济

经济发展现存问题是发展循环经济的原因所在。

（一）经济发展有什么问题

经济发展现存突出问题是经济增长的资源和环境代价过大。在党的十七大报告分析经济社会发展现存制约因素时，经济增长的资源和环境代价过大被列为首要问题。

经济增长的资源和环境代价过大的表现是经济增长的资源消耗过大、能源消耗过大、污染物排放量过大、污染物处理率及废弃物再生利用率过低。反映在统计指标上是指单位GDP资源消耗量大、能源消耗量大、污染物排放量大和污染物处理率低、废弃物再生利用率低、环境质量达标率低的“三大”和“三低”。

据中国科学院《2006年中国可持续发展战略报告》，我国资源绩效位于最差的国家之列，煤炭、钢材、淡水等多项资源消耗量位居世界第一，单位GDP一次能源、淡水、水泥、钢材和常用有色金属消耗是世界平均水平的1.9倍。我国万元GDP能耗为发达国家的4倍之多，比日本高9倍；主要高耗能产品的能耗、单位产品的能耗比国际水平高出25%～60%。工业排污为发达国家的10倍以上。全国参加“城考”和“创模”的500余个城市中，有155个城市的危废处理率是零，有193个城市的生活污水处理率是零，有160个城市的生活垃圾无害化处理率是零。我国流经城市的河流普遍受到污染，近岸海域污染加剧；许多城市空气污染严重，酸雨污染加重；土壤污染面积扩大；生态破坏严重，生态系统功能退化（引自国务院《关于落实科学发展观　加强环境保护工作的决定》）。

（二）经济增长的资源和环境代价过大的后果是什么

从生态环境保护的角度讲，高消耗、高排放、不处理、不循环、高增长必然导致生态破坏、环境污染、资源短缺。直接后果就是老百姓最基本的生存权得不到保障，即不能呼吸上清新的空气、喝上放心的水、吃上安全的食品，不能在良好的生态环境下生产生活。从经济发展角度讲，经济增长要靠资源、能源、环境容量来支撑的，高消耗、高排放、不处理、不循环、高增长必然导致可持续发展的基本生态支撑力不足，必然出现资源难以为继、环境不堪重负，老百姓最基本的发展权得不到保障。

十七大报告中强调要更加关注民生，关注民生的基本含义就是要关注以人为本的科学发展，以实现满足老百姓最基本的生存权和发展权需求的目标。一个社会如果连最基本的生存权、发展权都不能得到保证的话，科学发展、生态文明就是一句空话。

（三）经济发展中资源环境问题是如何产生的

经济发展中资源环境问题产生原因最直白的回答就是未处理好经济发展与环境保护的关系。

从根源上讲就是政府经济社会发展的目标设定及相应的干部政绩评价体系上出了问题。具体表现在经济增长是政绩，环境保护未成为政绩的重要来源。

翻开我国任何一座城市的简介，辖区内经济总量、财政收入、区位优势、未来发展等占据大量篇幅，而生态环境保护情况却极少涉及。国家从“一五”到“十五”国民经济和社会发展的每个五年规划（计划）纲要中，涉及经济发展的指标都非常具体，而环境保护指标却很少，许多指标还是描述性的；就是有限的环境保护指标，国家从“一五”到“十五”也从未按时完成过。现存一个现象是，我们的许多领导干部讲起经济来头头是道，讲起环境保护来却普遍水平不高。原国家环保局局长曲格平同志曾讲到，环保工作三十年来最大的成效是全社会的环境保护意识有了较大提高，最大的不足在于全社会的环境保护意识还不够高。

从务实推进循环经济角度讲，如果生态环境保护不能真正成为国家战略，进而成为国家行动，经济增长的资源环境代价过大问题就会永远存在；蓝藻等突出的环境危机就会不断出现；推进循环经济经常讲到的体制不顺、机制不畅、法制不全、能力不强的制约就永远不会得到解决。

（四）发展循环经济的最终目标是什么

发展循环经济的最终目标尽管有许多表述，但从关注民生和以人为本角度讲，发展循环经济的最终目标就是满足老百姓最基本的发展权和生存权需求，并且这种满足是可持续的满足。所谓发展权就是满足老百姓日益增长的物质文化需求所追求GDP快速增长的权利，所谓生存权就是满足老百姓呼吸上清新的空气、喝上放心的水、吃上安全的食品，在良好的生态环境下生产生活的权利。

二、如何务实研究循环经济

循环经济的概念、“3R”原则（减量化、再利用、再循环）、推进环节（生产、流通、消费）、实施对象（企业、园区、城市）等已有太多的描述。上述概念和理念都非常有道理，都从理论上揭示了循环经济的基本内涵和努力方向。

然而，如何从务实推进循环经济的角度来回答好什么是循环经济，迄今却尚未明晰而具体。当务之急，国家应在循环经济现有的理论、理念指导下，将什么是循环经济研究的关注点更多地投向可操作层面的问题研究和实践。

循环经济是一种生态经济，从生态学角度对循环经济进行分析和设计有望解决务实推进层面的问题。任一行政单元都可看作是一个自然、社会和经济的复合生态系统，都有其结构和功能。结构表现为经济发展、社会进步、生态环境保护的构成，功能表现为经济发展、社会进步、生态环境保护结构的相互作用和影响的结果，可看作是系统经济社会可持续发展的能力。在人为干预以及自然因素影响下，系统在不同时间会有不同的结构组成和功能，从一个时间到另一个时间结构和功能的变化称之为生态系统的演替。

由于生态系统的结构和功能是可以通过一系列指标来量化反映的，因此，行政单元经济发展、社会进步和环境保护的结构以及与之相对应的功能就必然有其量化的评价指标。由于指标是可以通过工程来支撑的，这就使务实推进循环经济成为可能。我们所要做的工作就是在以人为本的前提下，通过指标设定，使生态系统的结构和功能向满足老百姓基本生存权和发展权的方向进行演替。

国家生态省考核设定36项指标来反映行政单元的经济发展、社会进步和环境保护的成效；“十一五”规划纲要确定了23项指标来反映和评价未来五年经济社会发展的目标和成效。从推进循环经济角度讲，也要设定科学的指标类别、明确指标量化的阶段要求，以确定务实推进循环经济的目标和努力方向。

从当前推进循环经济面临的资源环境形势看，以下两个方面的指标设定最为重要。一个方面是行政单元推进循环经济成效的评价考核指标，包括生态环境质量综合评价指数，环境质量的达标率两项；另一个方面是行政单元推进循环经济的过程控制指标，包括单位 GDP 资源消耗量、单位 GDP 能源消耗量、单位 GDP 污染物排放量、污染物处理率、废弃物再生利用率等。

评价考核指标是目标，过程控制指标是手段；评价考核指标可反映循环经济的成效，过程控制指标为实现考核指标实施过程控制；评价考核指标在各行政单元基本相同，而过程控制指标则随着行政单元所处资源禀赋不同、主体功能区不同而有较大差别。

评价考核指标在环境质量方面国家已有标准。原国家环保总局近年曾提出环境质量指数的概念和量化的评价方法（EQI 指数）。EQI 指数通过生物丰度指数、植被覆盖指数、水网密度指数、土地退化指数、污染负荷指数等来进行计算和综合评价。由于 EQI 指数涵盖的指标有限，建议在现有计算方法基础上尽快予以研究完善，尤其要增加反映资源（能源）等方面的指标，以对生态环境质量及资源（能源）的有序利用做出全面、综合、科学的评价，为资源开发利用所引发的生态破坏及资源（能源）短缺设定底线和硬约束。既完善了的 EQI 指数除涵盖传统意义上的生态环境质量综合评价意义外，还应涵盖对国家（区域）重要资源（能源）保护和利用的量化控制及评价。

过程控制指标体系所涉及的类别及其量化有待进一步明确，要针对不同资源禀赋地区、不同主体功能区研究确定单位 GDP 资源消耗量、单位 GDP 能源消耗量、单位 GDP 污染物排放量、污染物处理率、废弃物再生利用率等指标的定量数值［含底线（红线）数值］。除上述几项主要过程控制指标外，循环经济的过程控制指标体系还应包含更加丰富的具体层面的控制指标，如研究制定不同产业和行业、企业和园区及区域、生产和流通及消费环节等的过程控制指标体系及其量化要求。

循环经济不光用概念和理念进行描述，更重要的是要尽快研究出台具体的、量化的考核评价与过程控制指标体系，实现循环经济的“可量化、可操作、可考核”的务实推进。国家发改委、环保总局、统计局在 2007 年曾出台循环经济的评价指标体系，但这些指标全部为循环经济的过程控制指标，且需进一步量化。建议今后要在进一步研究完善指标体系基础上，将上述两方面的评价考核指标纳入，用评价考核指标体系、过程控制指标体系来全面反映循环经济工作的成效。在建立和不断完善指标体系基础上，对考核评价指标体系、过程控制指标体系要进一步研究制定相应的统计、检测与考核办法，确保将反映行政单元的考核评价指标以及过程控制指标落到实处。

三、如何务实推进循环经济

务实推进循环经济既要坚定信心，又要看到推进循环经济任务的艰巨。

所谓坚定信心是因为党中央、国务院高度重视循环经济发展，将经济增长的资源环境代价太大作为当前制约我国经济社会发展面临的首要问题，并将节能减排列入“十一五”经济社会发展规划纲要的约束性指标，实行问责制和一票否决。所谓任务艰巨一是当前经济发展所面临的环境形势还十分严峻，经济结构的调整和增长方式的转变需一个渐进的过程。二是当前推进循环经济发展的体制、机制、法制、能力等方面还存在诸多问题。三是长期以来重经济发展、轻环境保护的惯性还没有得到根本性的改变。国务院节能减排综合性工作方案中指出推进节能减排还存在认识不到位、责任不明确、措施不配套、政策不完善、投入不落实、协调不得力等的情况，这都说明循环经济真正成为国家战略，进而成为国家行动尚有一定距离。

如何建立以政府为主导、企业为主体、全社会共同参与的推进循环经济新格局，当前最重要的是要将循环经济的指标纳入政府经济社会发展的目标之中，纳入政府经济社会发展的规划之中，纳入政府目标责任考核之中，要将循环经济指标完成与否作为地方政府，尤其是主要领导干部提拔重用和责任追究的重要依据。只有解决了这一问题，务实推进循环经济才有了前提和保障。

对于如何具体推进循环经济发展，根据我国国情和近年节能减排工作推进情况，建议尽快建立并不断完善推进循环经济的组织领导、目标责任、工作保障和考核四大体系。

在组织领导体系中，要成立以国家、省、市、县政府主要领导任组长，各相关部门和下级政府主要领导为成员的推进循环经济工作领导小组（领导小组办公室设在经济综合部门）。

在目标责任体系中，要拟订各级政府、相关部门、重点企业推进循环经济的目标责任书，实行各级人民政府对循环经济发展负总责，经济综合部门对推进工作进行统一监督管理，各相关部门分工负责。在当前尤其要注重落实经济综合部门对循环经济发展实施统一监督管理的主体责任，以及落实节能、推进清洁生产、研究出台资源税费征收和市场调节政策等的主体责任；落实统计部门制定出台循环经济考核评价指标体系和过程控制指标体系以及相应的统计、考核和检测指标体系的主体责任；落实法制部门推进循环经济有关立法保障的主体责任；落实科技部门组织实施循环经济重大科技支撑项目的主体责任；落实环保部门对污染物减排的统一监管及污染治理设施运转监管的主体责任；落实建设部门对污水处理厂及配套管网建设等方面的主体责任；落实监察部门对政府和部门完成循环经济工作行政效能监察的主体责任。推进循环经济是国家行动，组织部门要研究出台考核循环经济工作的干部政绩评价体系，宣传部门要负责对循环经济推进进行舆论监督。

在保障体系中，要出台推进循环经济的有关意见和办法，明确循环经济工作的重要意义、总体目标、重点工程、推进机制和保障体系。在保障体系建设中尤其要注重建立健全推进循环经济工作的政策法规体系、行政推进机制、多元投入机制、科技支撑体系以及社会宣传教育体系等。

在考核体系中，要出台循环经济任务完成的督查、核查和考核办法。要建立推进循环经济目标完成的专项督查组、行政效能督查组、专家技术核查组、年度目标完成考核组。要建立并不断完善相应的督查、核查和考核办法。

对未完成循环经济目标任务的政府和部门是否真的要问责和一票否决，这是检验循环经济工作是否真正成为国家战略进而成为国家意志和行动的试金石。玩游戏都要讲规则，况且循环经济工作不是游戏。考核规则落到实处，循环经济指标就如同产品质量指标一样成为企业的生命线、循环经济指标就如同 GDP 增长指标一样成为领导干部政绩的生命线。考核规则落不到实处，推进循环经济工作就会永远停留在体制不顺、机制不畅、法制不全、能力不强的境地。

推进循环经济工作的四大体系建设情况直接反映着经济综合部门对循环经济工作统一监督管理的认识和工作水平。四大体系建设情况直接决定着政府和相关部门循环经济工作能否务实推进的成效。四大体系建设情况直接印证着一个地区推进循环经济工作的体制和机制是否顺畅。

四、如何找到循环经济的资源节约、环境保护与经济发展的结合点

循环经济倡导的节约资源、保护环境是否会限制经济发展？理论上讲两者之间不存在矛盾，但在务实推进过程中却容易出现诸多问题。讲资源节约，节约到什么程度、资源消耗到什么程度才合适？讲环境保护，保护到什么程度、环境利用到什么程度才合适？国家出台的循环经济指标全部是过程控制指标，这些指标究竟以多少为好？评价循环经济的这些指标在不同资源禀赋地区、不同主体功能区是否按同一尺度评价？这些问题必须明确回答，因为 GDP 增长是靠资源、能源、环境容量来支撑的，是量化的、具体的，必须找到结合点，否则就会陷入盲目，就会出现片面强调资源环境，从而制约了地方经济的发展。

从资源节约角度讲，资源不利用最好，因为这样就可以保持青山绿水不被破坏。但要发展经济，就必须进行矿产资源开发，换句话说，就一定要进行一定程度的生态破坏，但开发（破坏）

到什么程度？必须明确回答。这一结合点问题用现有循环经济的过程控制指标是反映不出来的，是无法解决和明确回答结合点问题的。从保护环境角度讲，不向环境排污最好，因为可以保持最优良的环境质量。但要发展经济，就必须向环境排放污染物，换句话说，就一定要进行一定程度的环境污染，但排放（污染）到什么程度？必须明确回答。这一结合点问题用现有循环经济的过程控制指标同样也是反映不出来的，也是无法解决和明确回答结合点问题的。

所以，发展循环经济需要理性地分析，发展循环经济的目的究竟是什么？理性的回答应是，发展循环经济不是为了节约而节约，不是为了保护而保护，发展循环经济的最终目的是满足老百姓同等重要的生存权和发展权。推进循环经济的成效如何，关键就看是否找到了两种权利满足的结合点，在结合点上实现和谐共赢。

保护到什么程度才能满足老百姓的生存权？GDP 到什么程度才能满足老百姓的发展权？满足生存权需要保护的程度可通过两方面的指标予以明确，一是水环境、大气环境、土壤环境质量不超出国家环境功能区标准，以满足老百姓饮水、呼吸、食品最基本生理健康安全的需求；二是生态环境质量指数不超出国家有关量化指标的要求，以满足老百姓生产生活环境的良好，以及重要资源（能源）对经济增长的支撑能力。两方面指标的量化标准就是生存权的底线，就是发展经济不能突破的红线，否则就失去了发展循环经济所倡导的节约资源、保护环境的初衷，就是重经济发展轻环境保护。两方面的指标就是上面所讲的对行政单元推进循环经济的评价考核指标。满足发展权可通过 GDP 增长等的经济指标予以明确，这种经济指标是在水环境、大气环境、土壤环境质量不超出国家环境功能区标准，生态环境质量指数不超出国家量化指标底线的前提下追求 GDP 的最快增长。满足水环境、大气环境、土壤环境质量不超出国家环境功能区标准，生态环境质量指数不超出国家量化指标底线的发展就是“好”，GDP 增长的高速度就是“快”，加起来就是“又好又快”，就是循环经济的发展目标，就是落实科学发展观，就是在务实推进生态文明建设。

由于资源、能源、环境容量是有限的，有限的资源、能源、环境容量必然会形成“倒逼机制”，一旦水环境、大气环境、土壤环境质量不超出国家环境功能区标准，生态环境质量指数不超出国家量化指标的底线设定，一旦政府考核问责制和一票否决制成为硬约束，这条底线就必然成为政府和主要领导干部政绩不可逾越的红线，这时的“倒逼机制”就必然会发生作用，地方政府在有限的资源和环境容量下为实现 GDP 的快速增长必然会重视发展循环经济；在有限的资源和环境容量下，为满足循环经济评价考核两方面指标要求，必然进行结构调整、淘汰本地区高消耗、高污染排放的产业，必然注重循环经济的过程指标控制，必然将本地区单位 GDP 的资源消耗、能源消耗、污染物排放量减至最小，. 用有限的资源与环境容量尽可能去支撑更大的 GDP 增长。评价考核指标更具硬约束性、根本性，是前提；在此前提下，过程控制指标才更具自觉性、主动性。评价考核指标就是结合点。

从上述分析可看出，推进循环经济所倡导的节约资源、保护环境与经济发展是完全可以找到结合点的，二者之间既不矛盾，又可说清；既可定性，又可定量；既可操作，又可考核。两者不存在孰重孰轻问题。

政府在结合点上务实推进循环经济发展，资源节约、环境友好、科学发展、生态文明才会真正落到实处，发展循环经济才会达到真正目的。

日本ELV（报废汽车）资源循环利用及其对中国的启示

高 扬[1] 松本亨[1] 徐 鹤[2]

（1. 北九州市立大学大学院； 2. 南开大学 天津市南开区卫津路94号 300071）

摘 要 本文着眼于日本ELV车辆循环利用系统，通过分析其回收、处理以及废弃过程，针对各个过程的实施者、责任者以及相关的政策法规进行了必要的阐述。并结合中国ELV的实际情况，对中国有效推动ELV资源循环利用提出建议和对策。

关键词 ELV 回收与再制造 循环经济 可持续发展

日本自1999年开始，近10年车辆保有量基本维持在7000万辆左右，由此推算的ELV量也维持在每年500万辆（图1）。截至2006年3月，与之相关的ELV回收利用企业约有8.8万家，氟利昂处理企业2.3万家，拆解企业6200家，破碎企业1200家。日本为了建立循环经济和解决ELV所带来的一系列问题开始改革ELV回收利用制度。于2002年制定《汽车回收利用法》，并于2005年正式开始实施。该法在资金、信息管理等方面有很多创新和独到之处，实施以来，取得了较好的效果。在以环保为主题的国际环境下，我国也提出了建立资源节约型、环境友好型社会的发展目标。对于废旧车辆回收的管理，我国从1980年开始，陆续建立了一套针对废旧车辆报废、回收拆解和鼓励更新的管理制度。但随着我国经济发展和机动车保有量的增加，原有的管理制度在某些方面已经不能适应当前的经济发展要求。尤其是在ELV回收再利用的管理上，现行的一些规定不利于回收零部件的再利用。因此，有必要进行改革。目前，国家有关部门已经拟定了新的“汽车报废标准”，对ELV回收利用的管理也开始逐步系统化、制度化、规范化。但我国对ELV的回收利用管理还处在起步阶段，有很多地方需要完善，需要借鉴国外在ELV利用管理方面成功或失败的经验。

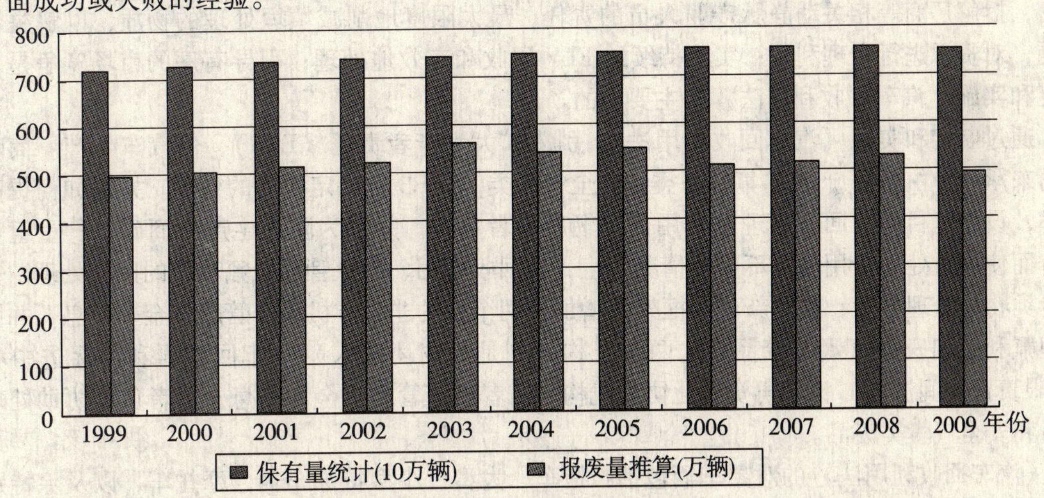

图1 日本车辆保有量统计和报废量推算

一、日本的《汽车回收利用法》

（一）背景分析

1. 国际压力

从国际政策动向的角度来看，欧盟的《关于报废汽车的技术指令》对日本的ELV回收处理体系改革有着较大的影响。作为日本支柱产业之一的汽车行业，其出口市场主要是欧美地区。从2001年开始，对欧美地区的汽车出口量一直占全部汽车出口量的60%以上。为适应国际政策，保障日本汽车对欧美地区的出口，成为日本制定和实施《汽车回收利用法》的主要动力之一。

2. 国内压力

日本在《汽车回收利用法》实施前，对ELV的回收处理，一直是以市场机制为调节手段。但随着1990年香川县的丰岛产业废弃物不法投弃事件等社会问题的发生，使得ASR（Automobile Shredder Residue，汽车破碎残渣）被定为有害废弃物，并规定ASR不能在稳定型垃圾填埋场处理，必须要在管理型垃圾填埋场处理。这样处理费用就会迅速上升，加之日本全国的管理型垃圾填埋场的容量和数量有限，新建管理型垃圾填埋场又因居民反对等原因不能得以实施。所以制定提高再利用率，减少ASR的政策法规，成为重要课题。因此ELV所引发的社会现象成为《汽车回收利用法》制定和实施的导火线。随后作为丰岛事件的余波，车辆的非法丢弃现象在日本也受到广泛关注，由于在ELV处理时应遵守的规范尚不明确，导致以保管的名义对回收报废的车辆进行非法丢弃。截至2001年，日本全国至少有12.6万辆非法丢弃的车辆。

此外，ELV中存在的一些问题也不得不考虑：汽车安全气囊类装置数量日益增加，如侧面安全气囊、帘式安全气囊等，在报废时考虑到安全问题等因素，需要专业处理；广泛应用的汽车空调制冷剂，被认定为是会加剧臭氧层破坏，造成全球变暖问题的物质之一，如何有效地回收，处理汽车空调制冷剂也需要专业处理。加之近年废钢铁行情给ELV价值带来大幅度的变动，也影响相关企业的收支状况。

综上所述，2002年，日本经济产业省和环境省与汽车生产厂商、回收拆解企业、协会等各方面充分沟通，共同提交了《关于报废机动车再资源化等的法律》（以下简称《汽车回收利用法》），并于同年7月12日在国会审议通过，于2005年1月1日开始实施。

（二）《汽车回收利用法》的要点

为防止车辆的非法丢弃；并以现有的ELV回收、再制造的体系为基础，通过明确汽车生产厂商，拆解厂商等相关动静脉产业人员的责任，最大限度地削减填埋处理的物质，以解决ASR问题，对资源进行合理利用；实施持续地ELV回收和有效地处理；引导有序的市场竞争是日本制定和实施《汽车回收利用法》的主要目的。

通过制定和实施《汽车回收利用法》，引入扩大生产者责任（EPR），使汽车生产厂商和进口商来承担，由ELV产生的氟利昂类，安全气囊类，ASR3种特定物质的处理。并对如何提高回收率，设定了目标。回收处理的费用由车辆所有者负担。并且为防止生产厂商破产、重组等原因，而使回收处理费用流向不明的情况发生，在回收费用、信息管理、氟利昂的回收处理、安全气囊类物体处理方面，按照新法的框架，增加了两个新的非官方机构来管理资金、信息，并协助处理氟利昂和安全气囊类废品。这两个机构分别是（财团法人）汽车回收再利用促进中心和（有限责任中间法人）汽车再资源化协力机构。前者负责管理资金和信息，后者负责协助处理氟利昂和安全气囊类废品。

《汽车回收利用法》的对象车辆包括：拖车，大型、小型特殊车辆，摩托车，以及除特别规定外的所有四轮机动车（包括公交车等大型车辆）。

二、日本ELV的回收处理体系

（一）处理工艺及过程（图2）

1. 车辆用户要交纳回收处理费用，包括5项费用：ASR、安全气囊、氟利昂处理费、资金管理费和信息管理费。新车用户在购买时交纳以上费用，在用车车主可通过邮局、银行、便利店等代理机构交纳。另外，也可通过年检的代办机构交费。交费后车主会获得ELV回收券，如果没有这个证明，车辆不能通过年检。因每种车型不同，所含有的安全气囊数量，氟利昂气体量，粉碎后所产生的残渣也不同，所以 ASR，安全气囊类，氟利昂类处理费用，一般在 6 000 ~ 18 000 日元/辆，另加收资金管理费 380 日元/辆，若在报废车辆时才缴纳回收处理费的话，资金管理费则为 480 日元/辆。信息管理费统一为 230 日元/辆。持有回收券的汽车用户，在报废车辆时，将车辆和回收券一起交给在各地政府注册的搬运收集商。这包括新车，二手车经销商，汽车维修商，拆解厂等。

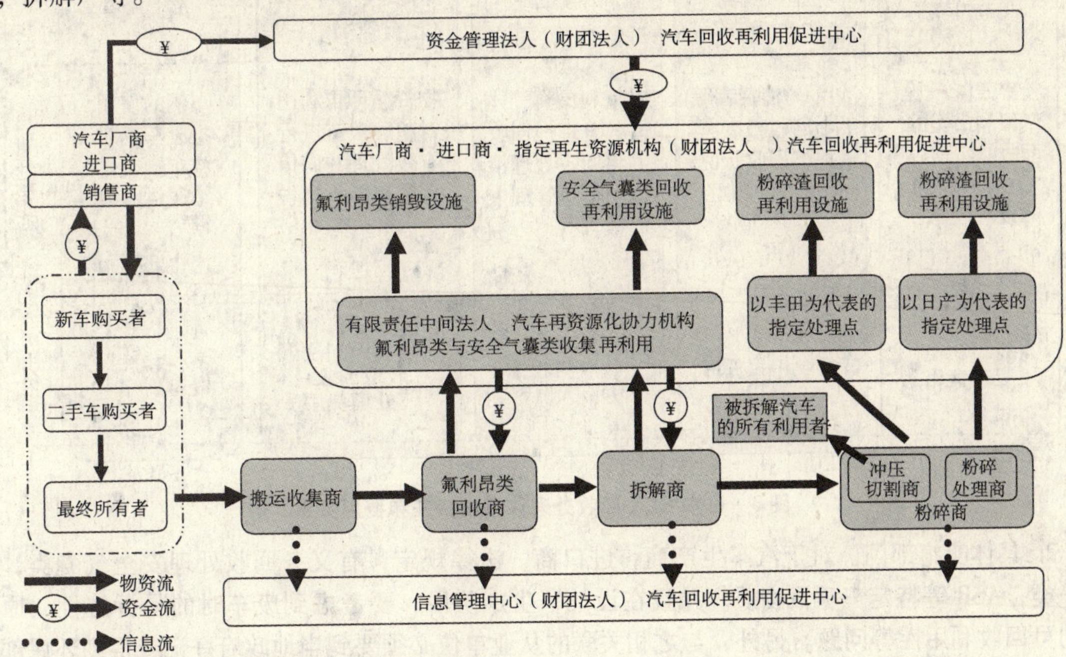

图 2　日本 ELV 回收处理流程

2. 搬运收集商对报废车辆和回收券核对无误后，将报废车辆交给专业的氟利昂类回收商。氟利昂类回收商在有效地回收报废车辆的氟类气体后，将之交给汽车生产商、进口商进行无害化处理，随后将报废车辆交给拆解厂商。并将处理结果通报给信息管理中心，而处理费用则向资金管理法人汽车再资源化协力机构申请。

3. 拆解厂商从报废车辆中，将安全气囊类拆解、回收，将之交给汽车生产商、进口商，对可以再利用的二手配件回收、贩卖。剩下的报废车辆则交给粉碎厂商。其处理结果也要通报给信息管理中心，处理费用也向资金管理法人汽车再资源化协力机构申请。

4. 粉碎厂商将报废车辆使用粉碎机粉碎后，金属类等可利用物质回收，剩余的粉碎残渣类，交给汽车生产商、进口商进行处理。

5. 汽车生产商、进口商要对特定的三项物质（氟利昂类、安全气囊类和 ASR）进行安全有效地处理。在确认汽车生产商、进口商对 ASR、氟利昂、安全气囊回收工作完成后，汽车回收再利用促进中心才向汽车生产商、进口商支付回收再利用费。

自此从产品生命周期来看，一辆汽车从生产，到消费者购买使用，支付回收费用，再到报废拆解回收处理，收取费用，这辆汽车就完成了它的一个生命周期。

（二）日本 **ELV** 回收处理体系中责任和费用关系（图 3）

1. 政府职能部门。日本中央政府指导和管理 ELV 回收的机构主要是经济产业省、环境省、国土交通省和国税厅。经济产业省、环境省负责研究制定指导 ELV 回收处理的政策法规，负责制定 ELV 回收处理行业（主要是拆解企业及粉碎企业）的准入要求；国土交通省及其下属各地方陆运支局实施对车辆和道路交通管理；国税厅负责汽车重量税等税金征收返还等手续。另外，由各地方政府负责ELV回收处理行业的登记和准入审批。

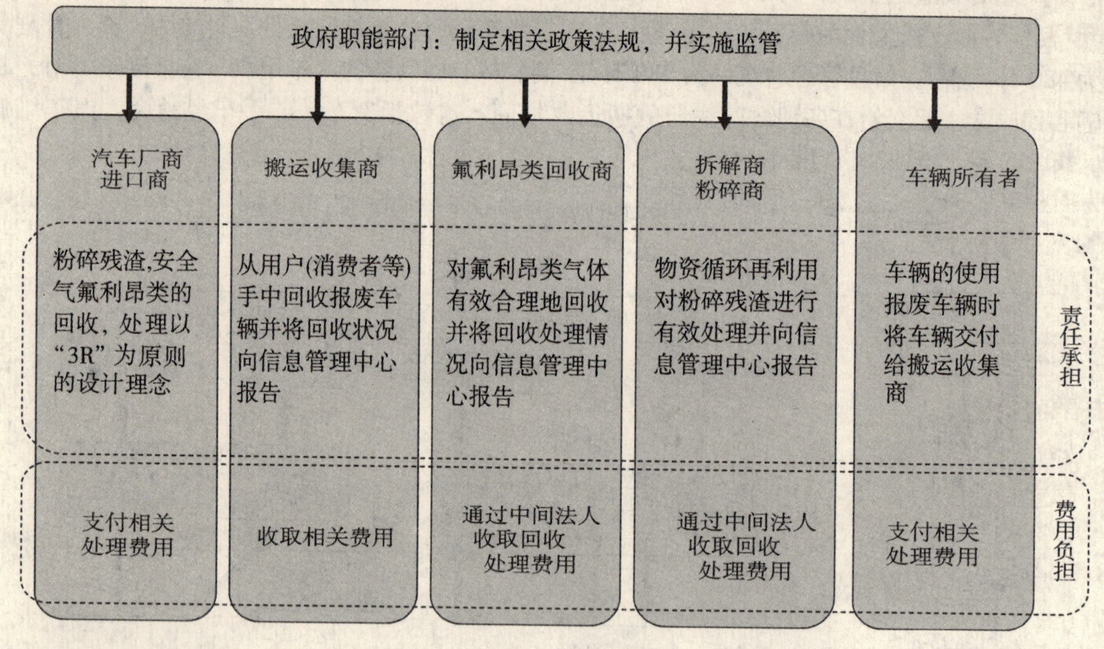

图3 日本ELV回收处理体系中责任和费用关系

2. 具体实施部门。对于汽车生产商，进口商，法律规定，有义务回收处理安全气囊类，氟利昂类，ASR等特定三项目物质。并且在设计，生产阶段，要考虑到废车时的易拆解性，原材料的可回收利用性等问题。另外，与之相关联的从业单位必须要到当地政府登记或得到环保部门的批准。

3. 监督辅助部门。汽车回收再利用促进中心受国家委托征收回收再利用费，并对其进行严格管理和运用，直到ELV得以回收利用为止。汽车再资源化协力机构由12家国内汽车厂商以及日本汽车进口协会组成。该机构的主要职责有三个方面；一是为实现氟利昂类、安全气囊类废品的接收和再资源化（分解），建立物流和回收再利用（分解）体制；二是向氟利昂类回收单位和汽车拆解厂支付回收费；三是向氟利昂类分解工厂、安全气囊类再资源化厂支付处理费，并进行业务监督和审计。

三、对中国现行ELV回收处理体系的启示与建议

2007年1—12月平均每月按200家报废汽车回收企业统计计算，2007年1—12月报废机动车回收量为791433辆，拆解量为768483辆，与去年同期相比回收量增长58.51%，拆解量增长64.22%。扣除摩托车回收量、拆解量外，回收报废汽车331182辆，拆解报废汽车326116辆，拆解量为46310辆，与去年同期相比回收量增长40.65%，拆解量增长71.96%。由此可以看出，我国报废汽车量在逐年增长。

通过以上对日本ELV回收处理体系的研究，对比我国的ELV回收处理体系，可以得出：我国存在着相关的法律、法规操作性较弱，缺乏合适的回收拆解企业技术，信息流通不畅等问题。车辆报废及回收利用是车辆流通中的重要环节，涉及人民群众生命安全、环境保护、资源再利用等公共利益，为促进我国汽车报废行业的健康发展、合理布局，现提出建议如下。

（一）完善和健全相关的法律法规体系

我国的《报废汽车回收管理办法》对规范ELV回收拆解企业、车主、政府有关部门的行为、

维护正常经济秩序起到了积极的作用。但标准规定得较为原则，执行中不易操作，因此应尽快修订，出台实施细则，加强对 ELV 企业的监管，提高准入门槛，防止已报废车辆流向社会。介于我国 ELV 拆解企业技术装备与更新改造能力不足，建议通过立法和制定产业扶持政策，推进企业优胜劣汰和优化重组，促进现有 ELV 回收企业实现布局合理化、管理规范化、企业规模化。

（二）提高技术水平，加快结构调整

我国的 ELV 行业分工不细，往往一个企业承担从回收拆解到粉碎的全部业务。应将企业划分为回收点、拆解企业、翻新企业、破碎企业。制定不同的技术要求，专业化，分层次，引导我国 ELV 回收拆解行业调整和优化组合。

（三）积极发挥行业协会作用

加大行业协会的指导作用，对 ELV 回收企业网点进行合理布局，加强对 ELV 回收拆解企业的工艺规范，研究确定各个环节的技术质量标准和要求，确保 ELV 回收、拆解、粉碎、分离等各环节的质量要求。

（四）建立完善的信息管理网络

建立电子清单制度，将 ELV 回收、拆解证明、注销登记、终止保险以及其他法律及行政手续等信息纳入电子化管理。同时，开辟 ELV 主管部门与所属部门的信息交流渠道，建立“信息网络平台”。

（五）积极发挥制造商的作用，引导 ELV 的回收技术

应该积极发挥汽车生产企业在 ELV 回收利用方面的作用。日本、欧洲的汽车生产企业在回收利用产业发挥了重要作用，在可回收性技术开发、易拆解性技术开发、环保材料替代技术等方面有着不可替代的作用。汽车生产企业的直接参与，可以从源头上提高 ELV 的回收利用率水平。因此，中国的 ELV 回收利用体系也要让汽车生产企业积极参与。引导汽车制造商从事 ELV 回收、部件再制造业务，确保制造商从设计和生产开始就统筹考虑车辆报废和回收利用的问题，最终达到减少环境污染，提高车辆回收利用率的效果。

参考文献

[1] 寺西俊一．外川健一（2004）『自動車リサイクル：静脈産業の現状と未来』東洋経済新報社．

[2] 王舟．小幡範雄（2007）『日中比較からみた中国の自動車リサイクル事業の現状と課題』政策科学．

[3] 吉田文和（2004）『循環型社会』中央公論新書．

[4] 梶原拓治（2001）『自動車リサイクル　現状と未来』工業調査会．

[5] 佐藤正之、村松祐二（2000）『静脈ビジネス：もう一つの自動車産業論』日本評論社．

[6] 矢野経済研究所（2005）『自動車リサイクル部品総覧』．

[7] 丸山惠也（2001）『中国自動車産業の発展と技術移転』柘植書房．

[8] 広田民郎（2005）『自動車リサイクル最前線』グランプリ出版．

[9] 日本総合研究所（2006）『わが国自動車産業の市場動向展望』．

[10] みずほリサーチ「明らかになった中国の新自動車政策」みずほ総合研究所アジア調査部中国室．

[11] 廃棄物．リサイクル法制研究会『廃棄物　リサイクル六法』平成 18 年版．

[12] 中央環境審議会．循環型社会計画員会（2006 年）『自動車メーカーの3Rの取組について』．

[13] 日本環境省：http：//www. env. go. jp.

[14] 日本経済産業省：http：//www. meti. go. jp.

[15] 王健．「中国の自動車産業政策」，2004.

[16] 中国商务部网站：http：//www. mofcom. gov. cn.

[17] 中国发展和改革委员会网站：http：//www. sdpc. gov. cn.

[18] 中国国务院网站：http：//www. gov. cn.

综合型工业园生态化推进中的生态产业链构建初探

凌 岚

（同济大学出版社 上海 200092）

摘 要 我国的工业园已成为吸引外商投资最多、经济增长速度最快的区域，在国民经济发展中发挥着重要作用。然而，中国发展工业园的过程中产生了大批政府主导、产业关联度较低、小规模传统企业与现代化规模化企业并存、难以形成结构更合理、物质减量化的综合型工业园。这些工业园带来的严峻的环境和资源问题使人们不得不对其进行调整和改进。依照产业生态学原理，循着生态工业园发展的道路，是我国工业园发展的目标。生态工业园的重要特征是具有提高物质利用效率的生态产业链。但如何在这些已有的综合型工业园中构建生态产业链是一个新课题。本文界定了综合型工业园的概念，分析了综合型工业园的特征，初步探讨了综合型工业园产业链的构建。

关键词 综合型工业园 产业链 生态工业园

工业园由于其系列优势而成为全球经济发展的活跃点。然而，由于中国工业园发展的背景和历史原因，因而形成了大批政府主导、产业关联度较低、小规模传统企业与现代化规模化企业并存、难以形成结构更合理、物质减量化的综合型工业园（MIPs）。这不仅抵消了工业园的优势，而且引发了严峻的环境污染和资源浪费。使人们迫切地去寻觅或探索对其调整和改造之道。依照产业生态学原理，循着生态工业园发展的道路，不仅能摆脱困境，还能给社会和企业带来诸多的效益。然而这些工业园的现状与生态工业园的目标存在较大差距，建设生态工业园将是一个长期的生态化推进过程。虽然已有国内外生态工业园建设经验可以借鉴，但如何将这些已有的综合型工业园建成生态工业园，尤其是如何在这些综合型工业园中构建生态产业链，进一步为今后国内更多的新建工业园的生态化提供经验，是一个新课题。国内外这方面已有的系统研究仍很少。本文从综合型工业园形成的政策背景、发展历程和动力机制入手，在形成机理、管理模式和产业特点等方面研究了综合型工业园的基本特征。结果表明，我国的综合型工业园采取的政府和公司化交错和分工的管理模式；以多种产业并存或若干企业主导；而且大量小规模的传统企业与现代化规模化企业混杂，居住区与现代化工业并存，尚未形成良好的生态空间布局和功能组团布局，尚未形成物质减量化的空间格局。因此综合型工业园的生态产业链的构建应采取分区组团为基础，以二、三产联动和区域副产品或弃物交换相结合的方式，并在借鉴各类副产品或弃物交换网站的基础上加以扩展。

一、综合型工业园的概念及特征

综合型工业园从不同的角度理解具有不同的含义。本文是指许多归属不同行业的工业企业在某地聚集的区域，这种聚集或是政府为发展区域经济通过行政或市场化等多种手段，事先划定一块区域，然后再引入企业而形成，或是企业基于该区域的某种资源优势自发聚集，然后政府再加以划定而形成。本文所指 MIPs 属多功能综合开发，在区内要建设不同门类、不同规模的项目工程。同时，区内的若干建设项目，往往隶属于不同的系统和业主，企业结构以中小型居多，投资项目具有一定的不确定性。产业结构以第二产业为主体，第三产业比例正逐渐增加。

在国家首批工业园区成功地实现经济大发展的鼓励下，各地工业园区的设立“遍地开花”，造成工业园区招商引资激烈竞争的局面，绝大部分的工业园区都是在慢慢的招商引资的过程中发现、培养自己的产业。国家以招商引资总量和税收为目标的激励机制，造成工业园区“企业集聚”而非“产业集聚”，产业集聚度不高。企业种类复杂，相互独立，各自为政；企业隶属不同，管理水平和方式差异大；多数为单点企业，相互间难以建立沟通和联系。因此，就出现了MIPs的信息短缺状态，这严重阻碍了工业园生态化，尤其是生态产业链的构建。

此外，中国的部分MIPs还存在土地利用率低、成本高、产出率低；缺乏科学的统一的规划；以及无序竞争等问题。工业区之间过度竞争土地，资源集约化程度低。工业区土地资源分散，单个工业区开发规模偏小、工业项目不集中的问题仍比较突出。由于缺乏操作性监督和激励机制，土地价格没有严格遵守级差地租价格，过度竞争的存在造成“土地开发成本上升，而土地价格下降”的局面[1,2]。工业建筑容积率普遍偏低；基于现有的工业企业格局，对部分低效率的企业实现土地功能置换具有较大的困难；可利用的土地余量短缺，土地供求矛盾日趋突出；把土地作为促进经济增长的要素的潜力已极其有限。

二、生态化推进内涵和重点

MIPs生态化后建设成生态工业园区（eco－industrial park）的内涵，从英文eco来解释，即包含有生态（ecology）与经济（economy）两种含义，说明工业园区生态化的重点是在促进经济发展的同时，通过引入产业生态学和循环经济的理念，使原来只注重经济发展的工业园通过调整和设计利于生态与经济的共同发展（如图1所示）。

MIPs属于门类较多、企业数量大的工业区域或园区（如我国的大批国家和地方级的科技园区和经济技术开发区）。它与已具有较好生态工业雏形的工业园区、虚拟园区以及新建园区不同，MIPs多为中小型的企业，相互间的产业关联度较低，在园区内的企业间形成生态产业链短期内难以现实，应通过盘活土地，在招商环节加强对“续链”企业的引进；在园区实行集成化管理，为企业间创造彼此合作的机会和渠道。但是，工业园生态化的本质依然是经济、社会和环境的发展相协调，并且通过各种管理手段提高园区运行的效率，提高资源消耗的效率，提高管理的效率。并且，我们认为MIPs生态建设中的生态产业链的构建应更加侧重于在区域的层面上通过副产品和弃物交换来促进。

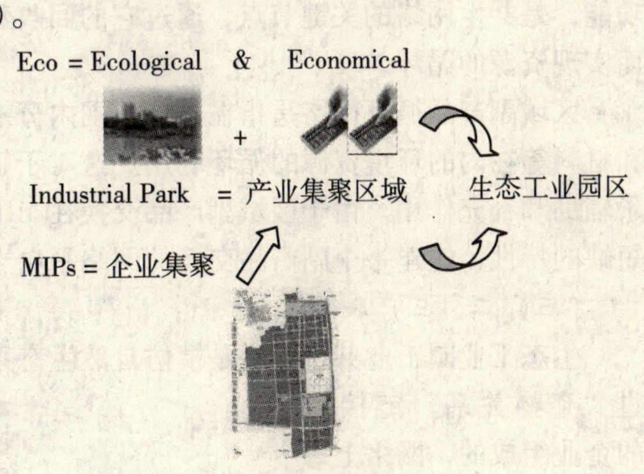

图1　MIPs生态化的内涵

三、生态产业链构建模式

生态产业链的构建应以分区组团为基础，以二、三产联动和区域副产品交换相结合的方式。

（一）分区组团

中国设立工业园区重要目的是“以工业为主，以引进外资为主，以出口创汇为主”的“三为主”方针。土地是非个人的，工业园通常由政府划分出一片土地，由政府、企业或两者共同经营。在这块土地上进行投资，搞好配套的基础设施，然后在把土地批租给一些企业，收取所批租的土地使用费用。受MIPs早期招商的影响，工业园区招入了部分高污染、高消耗、低产出的企业。仍有大量小规模的传统企业与现代化规模化企业并存，居住区与现代化工业并存，尚未形成良好的生态空间布局和功能组团布局，从空间结构进行物质减量化的格局尚未形成。因此采用空间分区组团、企业分类管理的形式。

（二）副产品交换

生态工业园出发点是提高经济活动中物料和能量的利用效率，同时减少对环境的影响，方法是基于对自然生态的模仿[3]。生态产业链的构建就是要在企业内部、企业之间建立产业链乃至更大范围建立生态工业网络以实现对物料和能量的更有效利用[4,5]。

卡伦堡模式的生态产业链是建立在各企业间技术上十分严格固定的工业生态联系，任何一个企业经营上的变化，都会迅速地波及其他相关企业乃至整个工业共生体系，这就使整个体系的经济结构显得十分脆弱，难以适应市场的变化。另外，过于刚性的技术联系，增加了企业的进退壁垒，即旧的产品和技术难以被淘汰，而新的经济上合算的产品和技术又很难进入[6]。卡伦堡共生体是在特定情况下衍生的，不可能适用于所有工业区或大企业集团，对卡伦堡共生体的盲目模仿可能会误导决策者对工业共生在地域空间上的选择[7]。

对于产业集聚度不高，企业种类复杂，相互独立，多数为单点企业的综合型工业园来说，将工业共生的研究视角从物理空间相对狭小的工业园扩大到城市或者更大范围的副产品交换将更为可行[8,9]。由于价值规律、市场机制等经济因素的作用，在 MIPs 内部建立闭路循环的生态产业链很难实现，而分散企业间的副产品交换是较易实现原料和排放物减量化的。

推动 MIPs 的副产品交换的重要环节是资源循环与流动部门。在工业共生网络中，需要副产品代理商（副产品处理公司）的服务，包括副产品的收集、分类、运输、处理以及信息发布、招商等，它们都是再循环企业。从事副产品再循环的企业在工业共生网络中起着“中转站”的功能，是共生网络的关键节点，通过它的回收和处理，把上游企业的副产品提供给下游企业，从而实现资源的循环。

区域副产品循环网络是指在区域范围内分散或聚集的不同类型产业的企业开展包括能源、水和材料等在内的环境资源的循环利用。这对于解决 MIPs 园区内无法完全消化副产品的问题起到了辅助和补充作用。由于区域副产品交换在 MIPs 的生态产业链构建中的重要作用以及 MIPs 信息短缺的特性，构建一个副产品交换的网络平台十分必要。

（三）二、三产联动

生态工业园工业共生网络是模仿自然生态系统建立起来的一种工业经济结构，是由一系列通过“弃物关系”链接起来的企业组成的，网络上每个节点间的弃物关系可以被简单地描述为一家企业的弃物是另一家企业的原材料，但这并不是工业共生网络的唯一表现形式，在很多情况下，副产品只是连接企业的纽带，还包含一些诸如信息流、人才流、资金流等能促进生态工业园发展的其他重要资源，工业共生网络中的企业都是以紧密、半紧密或松散的关系存在。如果对工业共生网络的副产品交换系统结构进行分析，整个系统是由若干职能子网络构成的，每一子网络中又有若干网络单元，即生产型企业和再循环企业（Recycling Cells）组成，工业共生网络的副产品交换系统如图 2 所示。

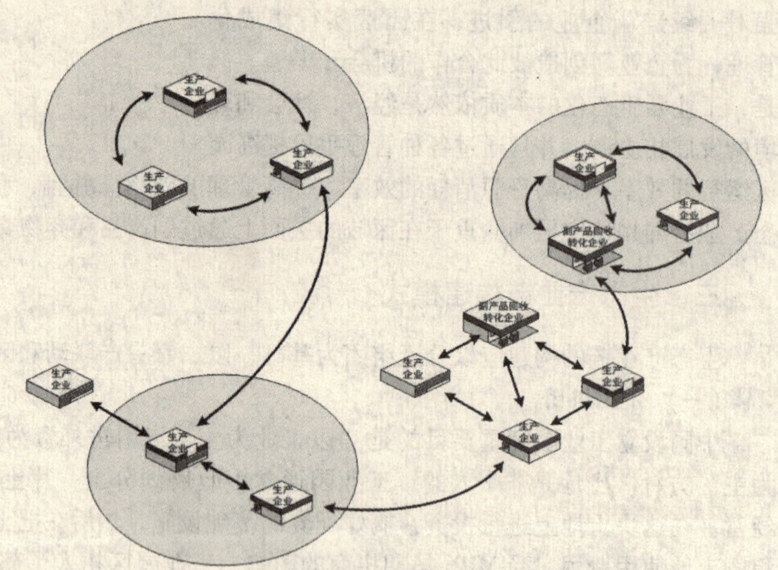

图 2　工业共生网络的副产品交换系统

由图 2 可知，工业共生网络的副产品交换系统由一系列的关键元素组成，包括工业制造部门、副产品代理商、资源恢复与循环部门以及其他各种从事副产品加工、处理和服务的个人和机构等。这些系统元素在工业共生网络中协调运作，扮演不同的角色，共同完成副产品的交换过程，实现资源的循环流动。所有参与的企业，一方面向其他企业提供各种各样的弃物，另一方面，也接受各种不同类型企业的生产弃物，在一家企业不能全部用尽的弃物，可以通过企业间的合作网络用于其他企业。工业部门是副产品交换系统中的主体单元，既是副产品的产生的源头又是副产品的最终吸收者，在此过程中伴随着加工、处理和循环流动等环节。工业部门产生的副产品首先是在各工业企业之间进行循环和交换，当无法再进行利用时，由副产品代理商进行收集和处理，其次再由工业部门的企业进行重复利用。为了维持工业部门副产品交换的正常运行，存在大量关键企业，这就是所谓的核心元素，它们可能同时接受多家供应商提供的弃物，也向多家顾客供应弃物，一家企业同时作为几个再循环结构中的系统元素。只有这样，再循环结构才能联结成网络。

工业园区生态化的建设应积极吸引从事回收废弃资源的生产服务型企业加盟，实现二、三产联动。构建废弃产品回收再制造、再处理的闭环结构系统，使废弃物资源化、减量化和无害化，从而把有害环境的废弃物减少到最低限度。

四、结　论

MIPs生态化后，将原来管理松散、疏于联系、各自为政的企业群有机地融合起来，为他们提供了更多的沟通、交流和合作的机会，形成一个具有共同利益关系的企业群落，并且将其纳入规划设计中，从整体的角度，系统的思维和更可持续的理念来规划和发展工业园区；通过使用有毒材料的替代品、减少或杜绝 CO_2 的排放、副产品的交换和废弃物的综合处置等方法减少生态工业园对环境的影响或生态工业园的生态足迹；通过采用灵活的设计和建造技术、热电联产和递级利用等方法来提高能源的利用效率；通过采用灵活的设计和建造技术、再利用和再循环等方法来减少资源的消耗；通过建立生态产业园与其周边地区的供给关系的连接，将生态产业园融入区域发展的网络之中；从企业群落整体考虑单个企业的行为，环境表现通过这种方式得以不断地提高；为鼓励企业达到既定的环境表现目标，制定灵活的管理制度体系；采用经济手段限制废弃物和污染物的产生；采用信息管理系统，实现物质和能量的闭环流动；建立面向管理者和员工的培训和教育体制，以适应为提高园区的系统表现而不断采用的新的策略、方法和技术；吸收新的企业以填补企业群落的“生态位”或为已有的企业提供补充。

参考文献

[1] 井进，宋泓明．上海工业区管理体制机制探讨［J］．上海综合经济，2003（7）：34－35.

[2] 唐秀敏．进一步规范上海工业园区发展的若干建议［J］．上海综合经济，2004（11）：51－52.

[3] 国家环保总局2003年12月颁布的《生态工业示范园区规划指南（试行）》.

[4] Lowe E, Moran S, Holmes A. A Fieldbook for the Development of Eco－Industrial Parks. Report for U. S. Environmental Protection Agency. Oakland：Indigo Development International，1995.

[5] Wu Zhongjun，Shen Jingzhu，Li Yourun，et al. Development of Environmental Management Information System of Eco－Industrial Park and Analysis of Pollution Accident’s Source in the River［J］．Computers and Applied Chemistry，2001，18（5）：411.

[6] 戴锦．生态工业园发展模式与政策问题探讨［J］．生态经济，2004（1）：36－39.

[7] Clemen R A. By－products in the packing industry［M］．Chicago：University of Chicago Press，1927.

[8] Pierre Desrochers. Regional development and inter－industry recycling linkages：some historical perspectives［J］．Entrepreneurship& Regional Development，2002（14）：49－65.

[9] Andrews C. Putting industrial ecology into place：Evolving roles for planners［J］．Journal of the American Planning Association，1999，65（4）：364－375.

西部地区发展循环经济的路径选择

马翠玲

（北京工业大学循环经济研究院 北京市朝阳区平乐园 100 号）

西部地区经过 10 年的西部大开发成为历史上发展最快的时候，当我们注意到经济数量增长的同时，也不难看到资源日益枯竭、生态日益脆弱与发展日益艰难等问题不断地困扰着西部地区的人民。作为全国的生态安全屏障，“十一五”规划纲要划定的 22 个限制开发区，西部地区占 17 个，国家确定的禁止开发区，也主要集中在西部地区。这就意味着，在新的政策框架下，西部地区未来发展的门槛将进一步提高，发展难度将进一步加大。在未来的日子里，西部既面临着加快推进新型工业化以缩小发展差距的问题，又面临着解决资源短缺、环境破坏和生态恶化来推进可持续发展、践行科学发展、构建和谐社会的问题。

循环经济作为用环境友好的方式充分利用自然资源和环境容量的生态经济，其主要特征是实现经济的生态化，使经济系统和谐地纳入到自然生态循环的大系统中。发展循环经济有助于西部地区实现经济发展与生态保护、资源节约三赢的路径虽然成为共识，但西部地区常常由于缺乏对循环经济的正确认识和本地经济发展实际的正确定位，有些地方在实践循环经济时，出现了有循环不经济、有循环不节约、有循环不环保的结果。这主要与存在的“四个不相适应”有关系：人们的思想认识与发展循环经济的大趋势不相适应；考核评价体系与循环经济发展的客观要求不相适应；监督管理的路径和手段与循环经济发展的内在要求不相适应；优惠激励政策措施与企业、个人的实际利益需求不相适应。从贵阳成功实践循环经济的经验得到的启示来看，西部地区发展循环经济可以通过以下 6 个方面的路径来推进。

一、在宣传理念中推进循环经济

通过树立和宣传正确的循环经济理念是西部地区因地制宜地实施循环经济总体规划、引导政策调整、遵守法律规范的前提和基础。2009 年 8 月在贵阳召开的“2009 生态文明贵阳会议”达成的《贵阳共识》认为，生态文明是人类社会发展的潮流和趋势，不是选择之一，而是必由之路；贵阳的实践证明，建设生态文明的任务不光是在发达地区能够完成，而且在经济欠发达地区也一样能够获得成功。为此，《贵阳共识》提出的 8 点倡议中摆在首位的就是观念先行。循环经济作为生态文明的最基本的实现形式和经济模式，其理念的树立同样也是摆在首位的路径。那么，循环经济的理念有哪些呢？

（一）循环经济树立节约型的经济发展方式观

《中华人民共和国国民经济和社会发展第十一个五年（2006—2010 年）规划纲要》指出：“发展循环经济，坚持开发节约并重、节约优先，大力推进节能节水节地节材，形成低投入、低消耗、低排放和高效率的节约型增长方式。”节约作为中华民族的传统美德，是相对于浪费而言，循环经济倡导的节约是通过遵循“3R”原则即减量化、再利用、再循环原则，以最小的资源消耗、最小的污染获取最大的发展效益，从而达到资源节约、生态保护与经济增长“三赢”目标。这层意义上的节约本质上是要彻底转变传统的经济增长方式。

我国经济结构的粗放性、低附加值是在开放条件下由新的国际分工格局决定了的。这一分工格局使得我国在国际贸易中，用大量的劳动密集型产品向发达国家换取技术相对密集的产品。在这样一个大格局下，西部地区更是被定位在资源产品的初级开发上，虽然他们也曾经探索过深度加工业，但是高能耗、高污染、低收益、资源性的基本格局始终没有发生改变。所以，牢固树立

"资源和环境本身就是财富"的观念，通过深刻的技术创新和生态补偿机制的建立，促使经济发展从数量型、外延型转变为质量型、内涵型的增长，不断增强资源意识和生态意识。这是循环经济的基本要义，有助于东部地区公平合理地反哺西部地区，也有助于西部地区实现节约发展、清洁发展和安全发展。

（二）循环经济树立大系统观

传统经济的系统是在资源稀缺的假定条件下构建起来的依赖资源消耗的单向直线式运动过程，该系统因能源短缺、资源枯竭、生态恶化而难以持续下去。循环经济的系统是由人类、自然界、社会组成的大系统，这个大系统把大自然、大生态、大人类、大社会看做是相互联系、相互依存、相互作用、相互影响的若干个子系统。在这个大系统内，循环经济是一场集绿色生产、经营、消费于一体的变革，资源开采、产品消费、废弃物再资源化是循环式运动，通过生态链条把工业与农业、服务业，生产与消费，城区与郊区，行业与行业有机结合起来，促进生产理念、消费取向、生活观念、价值判断等都朝着适应循环经济发展的方向转变，逐步建成循环型社会。

（三）循环经济树立顺应自然观

循环经济要求经济活动在组织生产、发展过程中不但要遵循工程学的规律，更要遵循生态规律；不但要考虑工程的承载能力，更要考虑环境的生态承载能力，不能以破坏生态系统为代价。循环经济树立顺应自然观，最重要的是坚持生态优先原则。"生态优先"有其特定的含义，英国生态学家罗宾·艾克斯利说，我们不要把生态优先狭隘地理解为蚂蚁和艾滋病毒比人类还重要。生态优先原则，首先认为经济发展与生态保护是能够达到双赢的，其次，当二者发生矛盾时，即经济发展相对于超过了生态资源承受力与废弃物排放超过了生态环境自净能力时，应当坚持生态保护优先。这是一种科学的生态优先观。坚持生态优先原则是发展循环经济的本质要求。

（四）循环经济树立产品的生态化设计观

传统经济活动中的产品设计是围绕利润最大化来满足人的当前需要为目的，而没有考虑甚至忽略产品在生产、使用过程中的生态系统安全问题。循环经济理论指出，实现经济发展与生态环境共赢的途径还要从产品的设计着手，树立产品的生态化设计就是在产品的研发初期就综合考虑生态与经济之间的平衡，把生态环境指标纳入产品开发设计的重要指标，让产品在整个的生命周期活动过程中达到对环境破坏的最小化，实现物质生产和社会生活的生态化。产品设计与产品的生产紧密相关，企业的发展将产品的生态化设计纳入到生产决策和战略调整的高度上来，是提高产品市场竞争力的重要因素，这将是未来产品研发的主流趋势。

（五）循环经济树立清洁消费观

循环经济倡导的清洁消费不仅仅是指消费那些没有污染的产品，而是更加强调节约资源、保护环境、维护生态平衡、有利于人类身心健康并满足后代人安全消费需要的消费行为。清洁消费是促进企业清洁生产的重要动力，当消费者（包括政府消费）把消费倾向转向消费对环境污染最小，对人的身心健康损害最小，有益于自然生态平衡的产品时，市场这只看不见的手将无形地督促生产者采用低污染、低消耗、高利用的生产方式来提供清洁产品和服务。反过来，企业通过实施清洁生产也有助于促进清洁消费，这其中，企业开展的形式多样的绿色营销是适应清洁消费需求变化来推进清洁消费的主要方式，快速地把企业的清洁生产信息和产品的清洁特点传递给消费者，促成需求和供给的有效对接。

（六）循环经济树立生态资本价值观

传统线性经济在以丰富的资源和无价的环境为前提下靠金融资本、人力资本、加工资本的循环实现了经济的数量型增长，以至于繁荣的经济背后就是巨大的生态赤字。随着人类经济活动的不断扩张和人口数量的不断增加，自然生态系统提供的产品和服务越来越稀缺，以至于生态资本日益成为制约人类发展和社会进步的重要因素。循环经济在致力于解决人类经济发展对资源的无限需求和生态系统有限资源之间矛盾中倡导生态资本的重要性，生态资本作为生态系统的内在价值，具有资本的一般属性即增值性。严立冬、谭波、刘加林在《生态资本化：生态资源的价值实现》一文中指出，生态资本是所有能创造效益的自然资源、人造资源以及生态服务系统，具有生态服务价值或者生产支持功能的生态环境质量要素的存量、结构和趋势，其内涵包括3方面：①必须具有使用价值的自然资源才有可能成为生态资本，并非所有的自然资源都能转化为生态资本；②所有符合生态资本条件的人造资源能成为生态资本；③具有价值的生态服务能成为生态资本。有关生态资本的研究和实践为西部地区建立生态税收制度、生态补偿机制、排污收费制度、绿色成本核算等提供了坚实的理论依据。

二、在倡导生态文化中推进循环经济

生态文明赋予了文化新精神，提升了文化新内涵，那就是人与自然和谐相处、协调发展的文化为生态文化。生态文化的深入人心，有助于引导广大公众消费行为的转变，引导企业生产方式的转变，引导执政者的价值取向、宏观决策、制度调整的转变。首先，生态文化教育的重点不仅是在校的学生，还也要把成人纳入到重点人群当中来，尤其是各级领导干部，提高他们在决策中的生态保护和环境治理的能力，引导他们把青山绿水作为政绩中的一个重要组成部分。其次，充分利用中国传统文化中的合理部分加强宣传和教育，有助于形成中国特色的生态文化体系。天人合一作为中国传统文化中的一个主题能够有效地深化人们对人生价值、自然资本的认识，对生态文化观念的树立会提供不竭的思想源泉和哲学基础，从而起到强大的推动作用。最后，把“生态教养”纳入到国民必备素质教育中来。“生态教养”是美国学者大卫·奥尔于1992年提出来的概念，意即社会成员应当具备人类与自然生态系统之间的和谐关系的认识能力，并把这种认识内化到具体的生产、生活行为中。这种素质的培养可以通过开展形式多样、长期不懈的生态教育活动来完成。如通过创建当地的“循环经济网”、组建循环经济学会；推出循环经济大讲堂；举办循环经济专题研讨班、经验交流会、成果展示会；定期举办本地循环经济发展论坛；争办循环经济国际论坛，如“中欧县域循环经济合作论坛”，“APEC循环经济与中国西部大开发国际论坛”等，借力、借人形成以本地区资源深加工为主的循环经济产业链。将循环经济编入中小学教材及干部、职工学习、培训等内容中来，向广大公众宣传循环经济理念；还可以向广大农民开展农村学校生态校园创新工程，把沼气项目建在学校，不仅为新农村培养人才，还能培训学校附近的农民，促进农村人口整体素质的提高。通过宣传，倡导广大公众从我做起，从现在做起，从点滴做起，争做循环经济的示范者、推动者，形成全社会发展循环经济的新观念、新思维、新风尚。

三、在构建生态型政府创新中推进循环经济

生态型政府是指能够将实现人与自然、人与社会、人与自身等各种关系和谐为其基本目标，将遵循生态规律和促进生态平衡作为其基本职能，并能够将这种目标、职能渗透和贯穿到政府制度、政府行为、政府能力和政府文化等方面中去的政府。构建生态型政府是在工业文明时期生态危机日益严重而生态治理薄弱的背景下向政府提出的重要命题之一，是现代政府顺应时代发展需要改革创新的一种新模式，对西部地区来说显得尤为重要。2009年8月国务院通过的《关于应对国际金融危机保持西部地区经济平稳较快发展的意见》中明确指出政府在引导产业有序转移过程中要严把“三关”，即西部地区所有新上项目，都要严把产业政策关、环境保护关和资源集约利用关，防止落后产能向西部地区转移。它要求政府在发展规划上，要进一步优化重化工工业的布局、调整产业结构朝着生态化方向转变，紧紧围绕“十一五”规划对西部大开发中将要形成的“六大特色优势产业”推进循环经济，包括能源及化学工业、矿产资源开采及加工业、装

备制造业、高新技术产业、农牧产品加工业和旅游产业，在促进各地特色优势产业发展中培育具有国际国内竞争力的企业和地方品牌；在发展布局上，要遵循自然规律，开展西部生态功能区划工作，根据不同地区的生态功能与资源环境承载能力，按照优化开发、重点开发、限制开发和禁止开发的要求确定不同地区的发展模式，引导各地合理选择发展方向，形成各具特色的发展格局，在增加循环经济项目投入的同时，可以结合传统工业的改造，把发展循环经济和走新型工业化道路结合起来，对于新型工业化的特点应在信息化、知识化、全球化的基础上进一步提出生态化、绿色化的要求，在提高资源利用效率中增强区域竞争力。各级党委和政府要把生态保护作为新时期贯彻落实科学发展观的主要任务，并在各级领导干部中形成“科学发展看生态，和谐社会看民生”的共识。在构建发展评价指标、干部年度考核体系和监督管理机制中推进循环经济，将资源产出率、废物再利用和资源化率等循环经济评价指标纳入区域经济发展考核体系中，列入地方干部考核条例中；建立循环经济统计核算制度，加强对循环经济主要指标的监测分析；在完善绿色认证与绿色标准体系建设中推进循环经济，开展 ISO 9001 质量管理体系认证、ISO 14001 环境管理体系认证、产品绿色认证、产地认证及绿色超市认证工作；制定节能标准、节水标准、完善产品能效标识、再利用产品标识、节能建筑标识；对取得认证的企业、产品、超市公布于众并大力宣传，接受广大消费者的监督；对达到标准和取得认证的产品走出国门予以大力支持，并给予营销策略和竞争优势发挥的全面指导。

总之，西部地区的发展速度是转变了经济发展方式的速度，是资源消耗少、环境得到保护、生态得到治理的速度，是提高了群众生活、生存质量的速度。

四、在发展低碳经济中推进循环经济

从高碳经济向低碳经济转变，有人形象比喻说是从黑色发展模式向绿色发展模式的转变。低碳经济是运用低碳技术最大限度地减少煤炭和石油等高碳能源消耗的经济发展模式，也就是以低能耗和低污染为基础的绿色经济，其基础是建立低碳能源系统、低碳技术体系和低碳产业结构，要求建立与低碳发展相适应的生产方式、消费模式和鼓励低碳发展的国际国内政策、法律体系和市场机制，其核心是技术创新和制度创新。低碳技术涉及电力、交通、建筑、冶金、化工、石化等部门以及在可再生能源及新能源、煤的清洁高效利用、油气资源和煤层气的勘探开发、二氧化碳捕获与埋存等领域开发的有效控制温室气体排放的新技术。这种全新的技术所带动的就是“低碳经济”的发展。低碳经济已成为当今世界热门话题，通过实行低碳生产和低碳消费来发展低碳经济。低碳生产是一种可持续的生产模式，坚持低投入、低消耗、高产出、高效率、低排放、可循环和可持续的原则，把节能、节水、节地与削减污染物总量有机结合起来，实行统筹规划、同步实施。低碳消费是一种可持续的消费模式。人们应该怎么做，才能实现低碳生活方式，并进而推动低碳经济发展？联合国环境规划署（UNEP）在 2008 年世界环境日发布的两份报告中给出了答案，他们认为实现“消除碳依赖”这一目标也许比想象的要容易：你只需采用气候友好的绿色生活方式，这不会对你的生活造成太大改变，更不用做出什么大的牺牲！绿色生活方式包括不用塑料袋、做回收专家、购物先算碳排放、一水多用、电器关闭不待机、拒绝一次性用品、乘公交等。商店里，食品的绿色标签除了跟环保健康挂钩，还要跟节能减碳挂钩，即将商品从生产到销售过程中导致的二氧化碳排放量向消费者公示。这种“碳排放”标签要用醒目的数字写明每 100 克商品在生产、加工、包装、运输和销售 5 个环节中所产生的二氧化碳排放量。发展低碳经济，建设低碳社会是我国的战略重点和全民教育的重要方向。

五、在参与生态省建设活动中推进循环经济发展

实践证明，生态省建设是一项寻找新的经济增长点的创业活动。西部地区从全国生态功能区

划定位的角度向中央政府争取尽快建立国家生态补偿机制，这是合理获得生态补偿资金渠道的突破口；还可以设立生态补偿公益基金，广泛争取国内外机构、民间团体和社会各界的捐赠；依据全国主体功能区的划分对全省区域进行有效布局；支持和加强西部地区生态补偿理论、标准、方式以及管理模式的科学研究；加强思想、观念的调整和体制机制的创新，坚持生态保护与经济发展双赢；开展生态省、生态市、生态县、生态村等示范活动；制定符合本地实际的生态省指标体系，体现发展的高效性、和谐性、可持续性；水资源的高效、循环利用重点通过市场价格的调节以及制度层面来实现；大气污染防治要改进以煤炭占主导地位的能源消费结构。结合西部地区区情和地区差异，必须充分考虑科技的劳动替代效应和就业压力大的情况，可以在发展循环经济相关的领域中培育出新兴产业，既缓解就业压力，又实现了科学发展。

六、树立一张蓝图绘到底的决心

循环经济的发展既是一场攻坚战，又是一场持久战，绝非一朝一夕所能完成的。因为它涉及生产要素的重新调整，这种调整牵涉到区域经济的重新布局，区域经济的重新布局背后是部门利益的重新配置。因此也会导致部门利益和全局利益之间的冲突。这就决定了发展循环经济的艰巨性。循环经济还涉及眼前利益和长远利益的冲突，虽然从长远看有利于企业和地方经济的发展，但在短期内却可能带来经济损失。同时，循环经济发展也是一个复杂的系统工程，涉及经济和社会发展的方方面面。从主体上看，它涉及企业、政府和社会。从区域看，它小到一个社区、企业，大到一个国家，直至整个世界。从保障措施看，它涉及经济、法律、行政等各种领域。这就决定了发展循环经济绝非一朝一夕之功，而是有一个长期的过程，宜整体布局，系统推进，稳步发展。

参考文献

[1] 北京市发改委. 节能管理与新机制篇 [M]. 北京：中国环境科学出版社，2008.
[2] 刘思华. 循环经济大国·绿色经济强国·生态文明富国 [R]. 2009 年全国生态经济建设理论与实践研讨会开幕词，2009-07-24.
[3] 冯之浚，郭强，张伟. 循环经济干部读本 [M]. 北京：中国党史出版社，2005.
[4] 黄爱宝. 生态型政府初探 [J]. 南京社会科学，2006，1.
[5] 黄爱宝. 生态型政府构建与生态 NGO 发展的互动分析 [J]. 探索，2007，1.
[6] 成伟. 基于循环经济的产业集群生态化研究 [J]. 开发研究，2006，5.
[7] 国务院办公厅关于应对国际金融危机保持西部地区经济平稳较快发展的意见. 国办发 [2009] 55 号，2009-09-30.

以循环经济理念指引食品产业的发展

韩　涛　孙容芳

（北京农学院食品科学系　北京　102206）

摘　要　循环经济的发展对人类生活带来重要影响，特别是作为人类基本需要的食物消费。食品产业是引领这种发展的主要推手，也承担着环境保护和生态友好的重要责任。本文从循环经济理念结合食品产业的具体情况出发，探讨了循环经济基本原则下的食品生产以及科技进步的方向，为同行及全社会都来推动我国循环经济的发展提供某些思路和借鉴。

关键词　循环经济　食品产业　减量化　资源化

《中华人民共和国循环经济促进法》自2009年1月1日起开始施行。该法对"循环经济"作了定义，其指在生产、流通和消费等过程中进行的减量化、再利用、资源化活动的总称；减量化（Reduce）指在生产、流通和消费等过程中减少资源消耗和废物产生；再利用（Reuse）指将废物直接作为产品或者经修复、翻新、再制造后继续作为产品使用，或者将废物的全部或者部分作为其他产品的部件予以使用；资源化（Recycle）指将废物直接作为原料进行利用或者对废物进行再生利用。

民以食为天。在人们的日常活动中，食物消费是最基本的生存需要。随着社会发展和科技进步，人们对食物的需要由粗放型向精细型转变，由吃饱向吃好转变，新鲜、营养、安全的食品是人们共同的选择。我国食品工业为满足这种需要，正在由农产品的初级加工向精深加工方向发展。

循环经济与低碳经济时代的到来，要求食品的生产与科学研究、技术开发向减少资源消耗和废物产生（减量化）、包装物能够再制造后继续作为产品使用（再利用）方向倾斜或转变。

我国是人口大国，自然也是消费大国。随着我国农产品加工业的快速发展，人民对食品需求的不断提高，在保证食品安全的前提下，食品工业必须融入循环经济与低碳经济的大潮，这也是造福子孙的必由之路，食品研发与生产应该是这一潮流的引领者和推动者。本文勾画了食品工业发展循环经济的基本思路和主要领域，为全行业尽快和加快发展步伐提供参考。

一、减少资源消耗和废物产生

循环经济中的减量化在农产品加工及食品工业上主要体现在资源消耗数量的减少以及产生废弃物数量的减少两个方面，前者包括能源（煤、电、气）和自然资源（动植物），后者包括废水、废气、废渣等。

（一）减少资源消耗

食品加工过程中通常需要大量热能，用于原料的预处理、脱水、浓缩、杀菌等，特别是杀菌，对保持产品安全性和品质至关重要。

随着物理技术的发展，其在各领域的应用也得到重视。采用短时高电压脉冲在较低温度下杀灭液体和黏性食品中的微生物、钝化酶活性、保持食品品质，可以克服传统高温杀菌方法容易破坏食品原有风味和维生素的缺点，同时节省了能源的消耗。其他的物理冷杀菌技术还有超高压杀菌、脉冲电场杀菌、脉冲磁场杀菌、电子射线杀菌、强光脉冲杀菌等。目前对物理冷杀菌机理的认识较多，相关设备的开发和应用无疑具有广阔的前景。

食品、香料和中药材原料中天然活性物质的提取、分离、富集等通常需要溶剂、能源消耗以及溶剂回收与处理、污染治理等。超临界流体萃取技术以 CO_2 为溶媒，在较低温度下实现理想萃取，且具选择性好、无有机溶剂残留、对环境无污染等优点。超声波技术借助其“空化效应”原理，在成分萃取过程中使得提取介质中的微小气泡压缩、爆裂，破碎被提取原料和细胞壁，加速了天然原料中有效成分的溶出；同时借助超声波的“机械振动”和“热效应”可进一步强化溶出成分的扩散，因此超声强化技术可大大缩短提取时间，降低提取温度，提高提取效率（王静等，2006）。

果蔬变温压差膨化干燥技术是根据原料的物理性质，通过改变环境的物理条件，生产得到果蔬膨化干燥食品，实现了相对低温、短时的非油炸节能干燥工艺，特点是加工过程中用水量少、能耗少、污染少、废弃物产生少等，使以纯净天然、味道鲜美、口感酥脆、色泽鲜艳、营养丰富的膨化果蔬脆片的生产迈上新的台阶。

辐照技术在食品工业中的应用已经有了一定的基础，特别是其良好的杀菌性能，对减少食品热杀菌所需的能源消耗有巨大的节约潜力，且有助于产品保存期的延长和品质的保持。未来，在保证食品安全、保持食品品质的前提下，开发辐照技术是食品工业节能减耗的途径之一。

此外，在物料的输送、浸渍、脱水、油炸、干燥、冷却、浓缩等工艺过程中，采用真空技术，可降低所需温度、缩短过程时间、节约能耗，应用潜力很大。

噬菌体的利用为人类的食品安全、食品加工技术、食品加工过程中的节能减排提供了独特的机会，极具发展潜力（Lu et al.，2003）。

（二）减少废物产生

以农产品为原料的食品加工，通常会产生一定数量的废弃物或下脚料。近年来，我国的果蔬加工业取得了长足发展，同时伴随了一些问题的出现，特别是资源浪费和环境污染。资料表明，加工 1 t 果蔬原料，平均可产生 0.35 t 下脚料。按照我国加工果蔬的数量计算，每年产生果蔬加工废弃物的量也十分可观。目前，虽然有小部分果蔬加工废弃物经过粗加工后用作饲料，但饲养效果不佳；这些资源大都作为废弃物丢弃，严重浪费资源和污染环境。因此，从科学研究、技术开发、产品生产等方面致力果蔬资源有效利用和减少废弃物排放也是相当迫切的，基本思路是果蔬加工下脚料提取多酚类物质或其他生物活性物质、生产膳食纤维等（Bocco et al.，1998；Hagerman et al.，1998；Hollman，2001）。

对农产品原料进行全利用的食品加工，是循环经济中减少废物排放最为理想的。利用现代工艺技术和设备，开发生产的全豆豆腐和全豆豆浆制品，包含了传统豆制品加工所产生的豆渣，但豆渣的结构粗糙、口感和组织状态差、豆腥味重等缺点被改善，产品与不含豆渣的传统产品相比几乎没有区别，从经济效益上来看，全豆产品生产工艺能够使大豆的出品率提高 20% 以上。这一技术无疑为其他农产品全加工提供了一个良好范例和思路。

水是食品与饮料工业的重要资源。除了饮料外，水也是某些食品的原料之一。在食品加工过程中，水不仅起清洁作用，还起到介质作用，包括加热和冷却等，以及工厂内部原料的输送、某些物料的切分等。改进加工工艺或采用新技术对减少水资源消耗、以水为主的废物产生和水的再利用大有可为（肖敏和刘宇明，2008）。

二、包装材料及技术的减量化或再制造后继续使用方向的开发

食品包装是人们生活垃圾的重要组成部分。资料显示，发达国家食品包装垃圾年人均 100kg。我国城镇居民的食品包装垃圾也在快速增长。

随着科学技术的进步及人类环境保护意识的增强，开发卫生、安生、方便实用、有益环保和可持续发展的新型食品包装已经成为食品科技工作者正在和亟待开展的工作。

在确保食品安全的前提下，循环经济的“3R”原则可指导在食品包装选择方面开展以下的工作。

（一）包装材料和技术能够为冷藏食品提供低温替代，节约加工后食品保藏的能源消耗

低温是一些加工后食品保藏、保鲜、食用安全的基本需要，因此要消耗许多能源，有些产品冷链的能源消耗支出甚至超过产品本身的价值。开发低温替代的包装产品或技术能够促进循环经济的发展。

充气包装是在去除空气、充入二氧化碳或其他气体包装食品的技术，可延长食品保质期甚至替代低温。国外利用充气包装保存土豆、苹果、牛肉、蘑菇等食品，在室温下保质250天，在贮运、销售过程中不需再冷藏，与冷冻食品、罐头食品相比，可减少能耗45%。蔬菜装入带有瓷性纸的薄膜袋，经抽真空除掉袋内空气，再充入惰性气体，包装袋密封后，瓷性纸不断放射出无害的长波红外辐射，从而限制水分子中细菌的活动，同时也能吸收少量乙烯，延长了蔬菜保鲜时间，亦可替代低温用于蔬菜的短期保存。日本一家公司开发的先将纸浸入于含2%琥珀酸、33%琥珀酸钠和0.07%山梨酸的乙醇溶液中，后经干燥制成食品包装用纸，用来包装食品可在38℃下存放3周，不变质。将纳米微粒加入纸、塑料及复合材料中用于包装食品，可提高包装食品的货架寿命。

（二）大力开发“吃干灭净”的包装材料

可食包装是利用大豆蛋白质、糖与淀粉、海藻、果蔬、农产品加工废弃物等天然原料加工制成的包装膜，既可用来包装食品，也可直接食用。大豆蛋白质经添加酶和其他处理，制成大豆蛋白质包装薄膜，具有保持食物水分、阻止氧气进入的功用，也可以与食品一起蒸煮食用。采用菠菜、甘蓝、冬瓜、胡萝卜、香菇、海带、木耳、菠萝、香蕉、橘子、苹果、茶叶等果蔬和豆腐渣、酒糟、米糟等原料加工制成各种用途的可食食品包装纸，可用来包装食品，助推食品包装、食品健康消费、环保意识的新理念。

可降解包装是利用生物质原料加工成的包装材料，具有与化工材料类似的强度、透气透湿等特性，但废弃后可被降解。以玉米为原料，经过分离淀粉、塑化或变性等加工过程制成的“玉米淀粉树脂”，可以被昆虫吃食、微生物或生化分解和燃烧产能等方式无残留化处理完全。可降解包装是环境友好型社会发展的必然趋势。

（三）保护性包装材料更有利于再生利用

食品的外包装或保护性包装材料在符合相关食品容器及包装材料卫生标准的前提下，按照环保要求和有利回收利用原则，应选择可降解、易回收、方便重复利用的材料。对环境及社会有责任感的企业，应探索在生产区与超市之间使用可再利用的包装箱和容器，不仅能够减少包装材料的使用量，而且能够降低企业自身生产成本。

同时，在包装设计上，应符合《限制商品过度包装通则》的规定，不过度包装。这样才有利于减少资源消耗，减少废弃物或再生利用物总量，实践循环经济与低碳经济。

三、农产品加工废物的资源化开发

农产品加工业废弃物来源于所加工农产品的原料，从成分上看仍然含有大量的有机质、功能性化学物质等。采用微生物技术或化学、生物工程对这些废弃物进行再利用，生产、富集、转化为人类有用的产品，不仅可以缓解某些资源不足的矛盾，而且可以帮助解决环境污染问题（Wang et al.，2005）。

淀粉生产过程中会产生大量的含高难度有机物的废液和废渣，直接排放不仅严重污染环境，而且造成资源的极大浪费。利用淀粉加工废弃物生产酵母单细胞蛋白是既有利于环境保护，又能够给企业带来良好效益的资源利用方式。以玉米淀粉生产的废渣和废液为原料，采用自然发酵法，产生单细胞蛋白，是生产较高价值菌体蛋白饲料的又一重要资源。毕赤酵母属（Pichia）是生产单细胞蛋白饲料的优良菌种（邹莉等，2005）。菌种改良及其他附加值更高的利用途径仍有

探索的空间。

啤酒酿制过程中的废弃物主要是啤酒糟和废酵母，在食品工业可以用于生产酵母浸膏、营养调味品、胞壁多糖、面包饼干等营养食品；在饲料工业上可以作为鱼虾饲料，生产发酵饲料及粗酶制剂；在医药上可作为提取 SOD、FDP、RNA、葡聚糖及制取酒花素和复合磷酸酯酶等物质，具有较好的经济效益和促进循环经济的社会效益（田玲等，2007）。

以屠宰废弃物，特别是猪、牛等哺乳动物的皮肤和骨为原料，利用可食用的酸如柠檬酸、醋酸等为提取剂，高效提取胶原蛋白；以鱼鳞、鱼鳍等水产废弃物，利用蛋白水解酶和柠檬酸为处理剂，提取水产胶原蛋白，与哺乳动物胶原蛋白相比具有许多更好的生物特性和营养价值。从牛皮中提取的硫酸软骨素（Dermatan Sulfate）是一种酸性黏多糖类物质，是构成细胞间质的主要成分，对维持细胞环境的相对稳定性和正常功能具有重要作用。这些胶原蛋白及活性多肽在医药、化妆品、保健品等高附加值产品中得到广泛应用，可显著提高这类产品的性能和价值。

研究表明，果蔬膳食纤维中高活性纤维的比例远大于谷物纤维；同时，果蔬废渣中蛋白、淀粉等物质的含量较低，使膳食纤维加工提取工艺简单化，更易得到高纯度纤维产品，资源消耗和生产成本较低。

笔者认为，随着生物技术和其他高新技术的发展，各类食品加工副产物的资源化利用具有广阔的发展空间，会给企业带来更高的附加值。

四、结　论

我国的食品工业与发达国家相比存在明显的差距，在全球的竞争力也不强。循环经济与低碳经济给我国的食品工业带来新的发展机遇，促使我们在减少资源消耗和废物产生（减量化）、变下脚料或废弃物为资源（资源化）、促包装物再制造使用（再利用）各方面挖掘科学潜力，通过技术进步，使全行业上新台阶，全面提高经济效益和社会效益，从而带来我国食品工业的世界竞争力。

参考文献

[1] Bocco A, et al. Antioxidant activity and phenolic composition of citrus peel and seed extracts [J]. J Agric Food Chem, 1998, 46: 2123 - 2129.

[2] Hagerman A E, et al. High molecular weight plant polyphenolics (tannins) as biological antioxidants [J]. J Agric Food Chem, 1998, 46: 1887 - 1892.

[3] Hollman P C H. Evidence for health benefits of plant phenols local or systemic effects [J]. J Sci Food Agric, 2001, 81: 842 - 852.

[4] Lu, Z, Breidt, F, Plengvidhya, V, and Fleming, H P. Bacteriophage ecology in commercial sauerkraut fermentations. Appl. Environ. Microbiol, 2003, 69: 3192.

[5] Wang, L K, Hung, Y T, Lo, H H, Yapijakis, C. Waste Treatment in the Food Processing Industry. CRC Publisher, 2005.

[6] 田玲，王华，张颖，等．啤酒酿造过程中废弃物的综合利用［J］．农业工程技术（农产品加工），2007，5：29 - 33.

[7] 王静，韩涛，李丽萍．超声波的生物效应及其在食品工业中的应用［J］．北京农学院学报，2006，21（1）：56 - 64.

[8] 肖敏，刘宇明．食品加工业污染预防技术［J］．资源与环境，2008，7：165 - 166.

[9] 邹莉，朱万强，陈立明，等．利用玉米淀粉工业废弃物生产单细胞蛋白饲料优良菌种的选育［J］．东北林业大学学报，2005，33（4）：52 - 53.

大型钢铁联合企业低碳排放循环经济发展模式的构建

李会泉[1,2] 关 雪[1,2] 包炜军[1,2] 柳海涛[1,2] 张 辉[1,2]

(1. 中国科学院过程工程研究所湿法冶金国家工程实验室 北京;
2. 中国科学院过程工程研究循环经济技术中心 北京)

摘 要 我国钢铁产业规模巨大，产业影响力大，在发展循环经济、低碳经济方面承担着巨大的产业节能降耗、减污增效的清洁低碳发展压力。作者所在研究小组从循环经济理论和产业生态学研究方法入手，通过企业层次物质流代谢分析方法为基础的物质流和能量流代谢分析方法，解析物质能量在复杂钢铁冶金系统的流动代谢规律，分析构建了含五条循环经济产业链的低碳运行的我国大型传统钢铁联合企业循环经济发展新模式，为我国钢铁企业发展循环经济提供了良好的示范作用。

关键词 传统钢铁企业 物质流能量流分析 循环经济模式 低碳

钢铁工业是国民经济的重要基础产业，是我国工业体系的重要组成部分。近10多年来，由于我国经济的快速发展，钢铁产品需求迅猛，我国已经连续多年钢产量占世界第一位。随着国民经济的快速发展，全社会对钢铁产品的需求将在相当长时间内保持在较高水平。然而钢铁生产过程生产规模与资源操作巨大、工艺流程高度复杂、物流/能流密集，如以高炉—转炉流程的传统钢铁联合企业为例，生产1t钢将消耗0.7～0.8t标准煤、1.5～1.65t铁矿石、3～8t新水、排放2t左右气体（CO、CO_2、SO_2、NO_x 等）、0.5～0.8t的固体废弃物。钢铁生产过程是资源、能源消耗大户，同时也是污染物排放大户。随着我国经济高速发展，为应对国际经济形势以及能源资源形势的剧烈变化，保持钢铁产业的长期可持续发展，我国各钢铁企业都在积极发展循环经济[1]、低碳经济，探索适合各类型钢铁行业发展的循环经济模式，如莱钢的“四四”循环经济模式[2]、以鞍钢为主构建的混合型钢铁生态工业园的循环经济发展模式[3]等，都为我国钢铁行业发展循环经济起到了重要的借鉴作用。

本研究主要针对钢铁企业发展循环经济的迫切需求，结合其生产特点，构建大型钢铁联合企业低碳排放循环经济发展模式。

一、构建大型钢铁联合企业低碳排放循环经济发展模式的基本思路

本研究工作围绕大型传统钢铁企业生态化转型的发展趋势，积极拓展和完善大型传统钢铁企业三大功能，即铁素流运行的功能——钢铁产品制造功能，能量流运行的功能——能源转换功能以及与剩余能源相关的废弃物消纳、处理功能，铁素流、能量流相互作用过程的功能——实现过程工艺目标以及与此相应的废弃物消纳、处理功能；依靠企业发展观念创新、企业文化创新、管理创新、技术创新、国家法律法规和政策以及实体化技术研发平台六个支撑体系，建立铁资源高效转化与利用、余热余能梯级利用、水资源高效及循环利用、企业内部“三废”资源综合利用、大宗社会废弃物消纳五条循环经济产业链，围绕五条循环经济产业链，形成一个钢铁—电力—建材—煤化工—社会等产业共生系统，实现钢铁企业资源—能源利用效率、经济—环境—社会效益、产品水平与企业市场竞争力等提高的大型传统钢铁联合企业低碳排放循环经济发展模式。

二、大型传统钢铁联合企业循环经济产业链构建

本研究结合某大型传统钢铁企业生产特点，通过冶金流程系统的、流程物质代谢的分析和能量代谢分析，识别钢铁冶金过程中物质能量代谢波动引起的高能耗、高污染的系统原因，通过系统的评估和功能重建，全面发挥钢铁企业钢铁制造功能、能源转化功能、社会废弃物消纳功能。

围绕相关的铁资源高效转化与利用、余热余能的高效回收与梯级利用、水资源的高效循环与利用、企业内部“三废”减排与污染物集成控制以及大宗社会废弃物消纳等方面，从发展循环经济的技术研发现状及技术关联度分析出发，分别建立了五条循环经济产业链，即铁资源高效转化与利用循环经济产业链、余热余能梯级利用循环经济产业链、水资源梯级利用循环经济产业链、企业内部“三废”综合利用循环经济产业链、大宗社会废弃物消纳循环经济产业链。

（一）铁资源高效转化与利用循环经济产业链

铁元素是钢铁产品的主体，也是钢铁企业发展循环经济中进行资源回收循环利用的主角。对钢铁主体生产流程进行铁素流分析、各工序的铁资源效率分析，确定影响铁素流损失的主要原因是生产过程中的含铁废弃物。针对大型传统钢铁联合企业发展循环经济的迫切需求以及企业铁资源高效转化与利用技术研发现状，采用循环经济产业链设计理论和方法，建立了大型传统钢铁联合企业铁资源高效转化与利用循环经济产业链，产业链构建包含铁生产各工序含铁废弃物的减量化、含铁废弃物的回收与循环利用、含铁废弃物再资源化产品链延伸、钢材产品的高性能化与深加工4个方面，集成高性能钢材产品开发技术、先进钢材产品轧制技术、钢坯高温动态防氧化技术等自主研发技术，有效地提高大型传统钢铁企业铁资源利用效率。铁资源高效转化与利用循环经济产业链如图1所示。

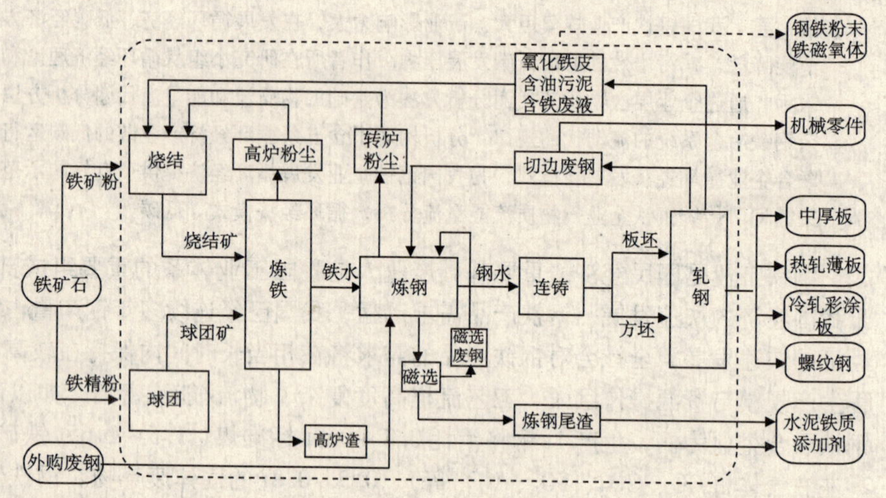

图1　铁资源高效转化与利用循环经济产业链

（二）余热余能梯级利用循环经济产业链

能源是钢铁生产的大动脉，钢铁生产过程产生的余热余能是钢铁企业发展循环经济中能源回收利用的重点[4]。基于企业现场调研数据，进行了主体生产流程的能量流分析，如图2所示。传统钢铁生产过程中有效使用的能量仅占28.3%，而所产生的各种余热余能资源占全部生产能耗的71.7%，并且主要以废气、高温物料和产品显热的形式消耗。

在传统钢铁生产流程中，碳素流是能量流中的主要形式，钢铁生产过程实质是铁碳元素交织代谢的物理化学过程。碳元素在其中承担了原料（还原剂）和燃料的双重作用，在物质流分析中需要结合能量流网络的分析。图3为碳元素物质代谢分析，其中突出以线条走向表示物质流向，以线条的粗细表示物质流动通量。

钢铁生产流程的复杂性使得各种余热余能资源分别具有自身特点，这些余热余能资源难以采取很大规模、统一集中的方式进行回收利用，必须改变传统的将余热余能回收为低压蒸汽或热水的低效方法，需要有针对性地采取按照用值高效回收的技术方案对不同种类的余热余能分别进行高效回收利用。针对大型传统钢铁企业实现节能减排，促进循环经济发展，采用循环经济技术产业链设计理论和方法，建立了大型传统钢铁企业余热余能梯级利用循环经济产业链。按照余热余

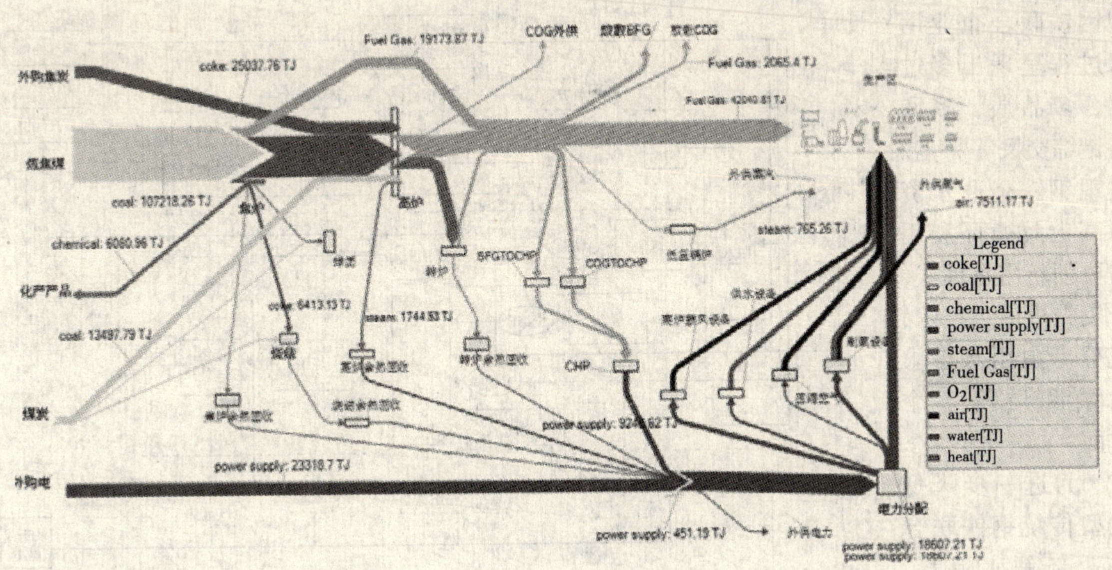

图 2　企业能量系统图

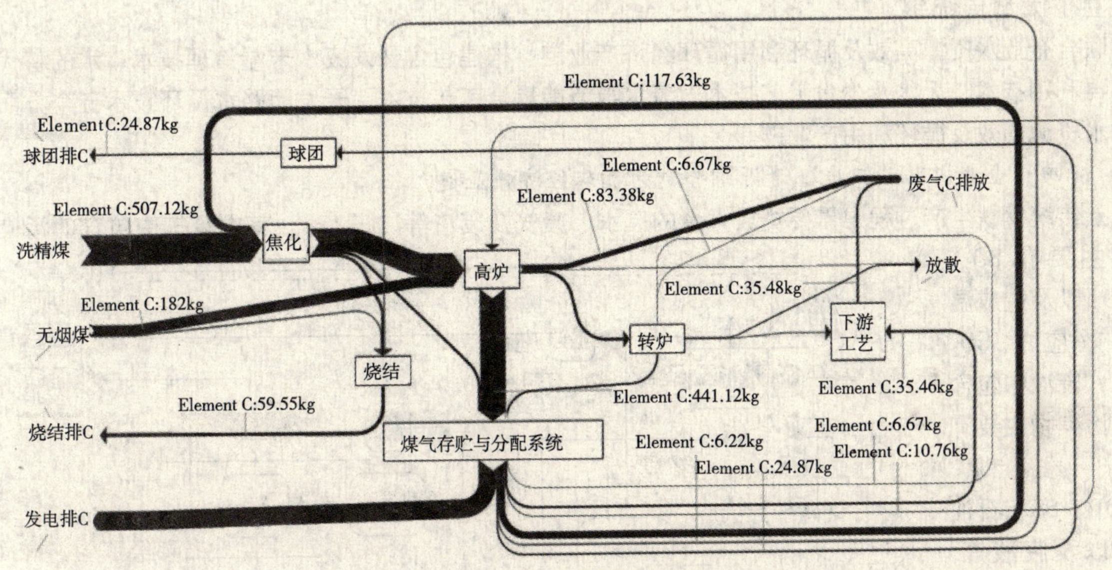

图 3　碳元素物质代谢图

能就近回收以及能量品质实现余热余能高效回收及利用原则，该循环经济产业链主要包括高品位的余热余能实现高效电力转化、中品位的余热余能就近实现高效物料预热、低品位及难利用余热余能实现余热余能回收利用产业链延伸、就近用能实现余热余能高效回收四个方面，研发并集成烧结矿余热高效回收发电技术、炼钢转炉烟道废气余热高效回收发电技术、高温高压自循环干熄焦发电技术、大型高炉干式 TRT 发电技术、燃用低热值冶金混合煤气的燃气—蒸汽联合循环发电技术等若干技术，实现钢铁生产过程余热余能的有效回收，大规模减少 CO_2 排放。余热余能梯级利用循环经济产业链如图 4 所示。

（三）水资源高效及循环利用循环经济产业链

钢铁工业是耗水大户，也是水环境污染重户。为缓解我国水资源短缺的状况，保护水环境，实现国民经济的可持续发展，必须加强钢铁企业特别是大型传统钢铁联合企业水资源利用的管理与革新，以及技术创新，达到节水减排的目的。分析钢铁工业水资源利用及水循环情况表明，大型钢铁联合企业用水过程呈现出多过程、多品质、多回路错综交叉等特点。实现钢铁企业水资源高效及循环利用需要创新用水模式，开发先进用水技术，充分考虑用水需求的量和质等多个方面。

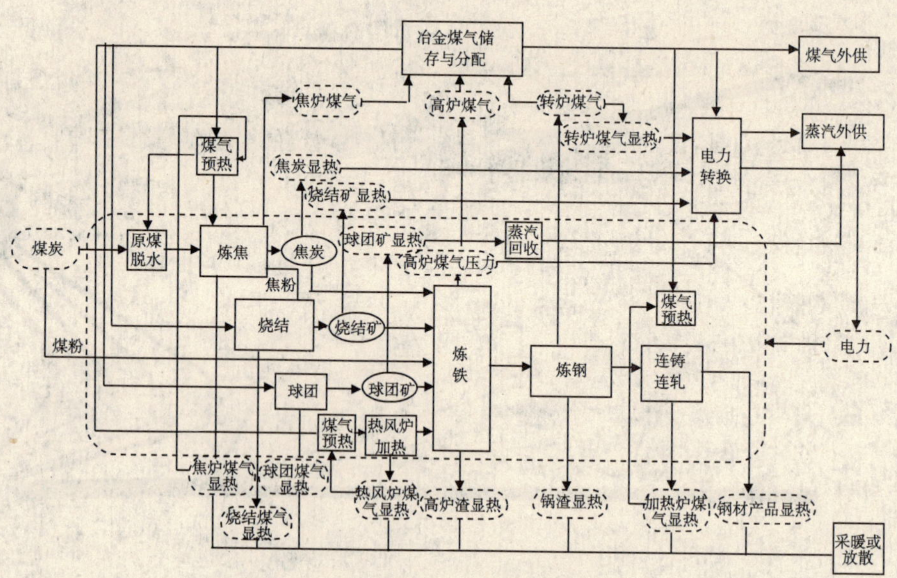

图 4　余热余能梯级利用循环经济产业链

为进一步降低大型传统钢铁联合企业新鲜水消耗，从分布式用水角度，建立了大型传统钢铁联合企业水资源高效及循环利用循环经济产业链。构建包含开发废水末端治理技术、水的替代和再利用技术、无水及少水工艺技术、节水与节能耦合工艺技术、开发闭路水循环技术五个方面的水资源高效及循环利用产业链。

（四）企业内部“三废”资源综合利用循环经济产业链

传统钢铁生产过程中需要排放大量的废水、废气及废渣等“三废”，其中废气中包含的污染物主要有 SO_x、NO_x 以及造成温室效应的 CO_2 等，废液中包含的污染物主要有酚、氨氮、COD、SS、石油类以及废酸等，废渣中包含的污染物主要有重金属元素铬、铅、钡、镉等。量化分析钢铁生产各工序的“三废”排放情况，通过废弃物高效再利用的技术筛选以及技术之间的衔接，建立了大型传统钢铁企业内部“三废”资源综合利用循环经济产业链，集成了焦化废水资源化利用技术、脱硫废液提盐技术、烧结烟气脱硫及硫资源技术、炼焦污泥生产型煤技术、高炉矿渣微粉生产技术、污泥粉尘综合利用等技术，实现企业内部生产产生的废水、废气、废渣的污染集成控制与资源化利用。企业内部“三废”资源综合利用循环经济产业链如图 5 所示。

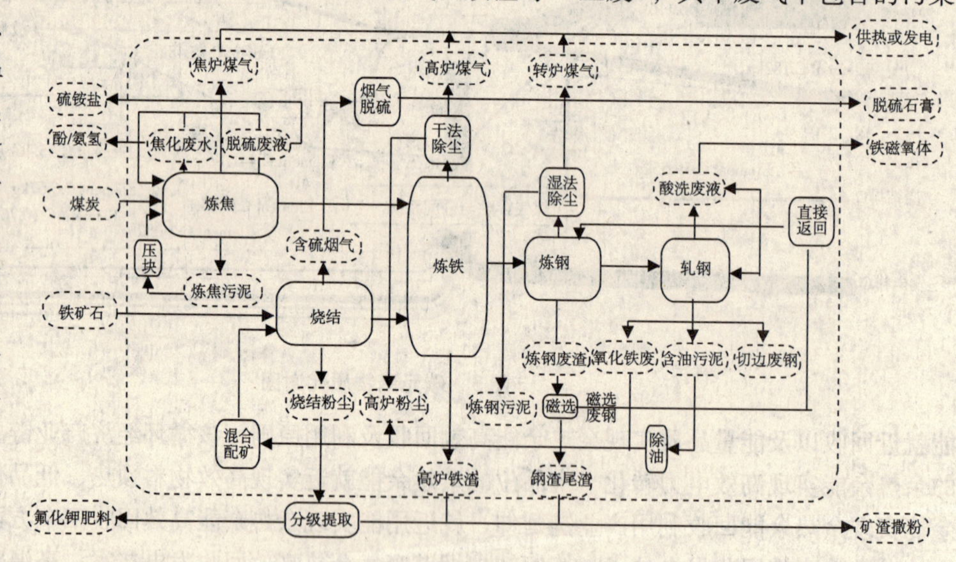

图 5　企业内部“三废”综合利用循环经济产业链

（五）大宗社会废弃物消纳循环经济产业链

传统钢铁生产过程采用高炉—转炉长流程工艺，主要是铁、碳、水元素以及其他微量元素的转换与转化过程，同时具有高温还原气氛环境和物料吞吐量大等特点。因此，某些富含铁、碳、水元素以及其他微量元素的大宗社会废弃物可以作为大型传统钢铁企业进行消纳处理的主要对象。为拓展钢铁生产过程的社会废弃物消纳功能，建立大型传统钢铁企业大宗社会废弃物循环经济产业链，重点研发并集成了赤泥铁元素分级提取与资源化利用技术、钢铁流程消纳社区生活废水及矿井水综合技术、烧结工序环保处置铬渣工艺技术等，实现含铁、含碳、含水以及其他有毒有害大宗社会废弃物消纳，实现钢铁企业更大的社会服务功能。大宗社会废弃物消纳循环经济产业链如图6所示。

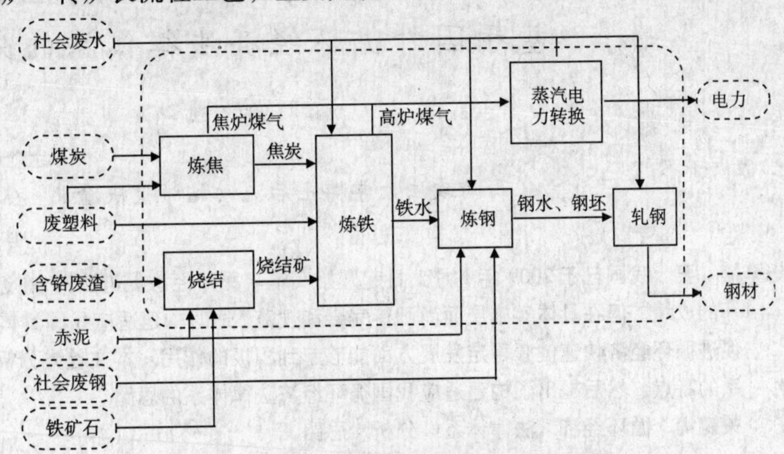

图6　大宗社会废弃物消纳循环经济产业链

三、大型钢铁联合企业低碳排放循环经济发展模式构建效益分析

1. 通过大型钢铁联合企业低碳排放循环经济发展模式的构建，在资源高效利用、节能减排、污染物集成控制等方面产生了良好的效果，使企业吨钢综合能耗降低了38%，实现减排$CO_2$160万t，减排$SO_2$1.51万t。不仅为企业创造了巨大的经济效益和环境效益，提升了企业的核心竞争力，而且具有巨大的社会效益。

2. 大型传统钢铁企业实现节能、减污、资源高效利用、环境保护，必须走循环经济发展之路。本研究所构建的大型钢铁联合企业低碳排放循环经济发展模式充分考虑了资源、能源、环境瓶颈问题以及社会、生态和谐问题，为我国大型传统钢铁企业构建资源节约型、环境友好型企业提供了良好的示范作用。

参考文献

[1] Huiquan Li, Yi Zhang, Weijun Bao, et al. Energy conservation and circular economy in China's process industries. Energy, doi: 10.1016/j.energy. 2009, 4: 21.

[2] 刘伟民．莱钢对“四四”循环经济模式的探索与实践［J］．冶金经济与管理，2009，4：28－29.

[3] 曹辉，王焱，孙树臣，等．鞍山钢铁工业循环经济发展模式选择［J］．冶金能源，2006，25（15）：3－6.

[4] Hui Zhang, Huiquan Li, Qing Tang, et al. Conceptual design and simulation analysis of thermal behaviors of TGR blast furnace and oxygen blast furnace [J]. Sci China Tech Sci, 2010, 53: 85－92.

论如何完善我国循环经济法律体系
——基于国外循环经济法律体系的分析和借鉴

马　江

（西南政法大学博士后流动站　重庆渝北　401120）

摘　要　我国已于2009年1月1日起开始实施《循环经济促进法》，在近一年的推进过程中取得了不菲的成绩，但在具体实施层面尚亟待完善和规范。适时构建适应我国具体国情的循环经济法律体系在促进循环经济快速健康稳定发展方面能够起到积极的作用。本文首先分析了目前国外循环经济法律体系的特点，然后提出了构建适应我国循环经济法律体系的思路。

关键词　循环经济　法律体系　分析　思路

“循环经济作为一场变革传统生产、消费方式和管理范式的可持续发展的实践模式，需要一个明确的导向系统，一个可靠的支撑系统。法律因其自身固有的规范性和强制性的特点可以对循环经济进行观念表达、价值判断和行为规范”[1]。我国已于2009年1月1日起开始实施《循环经济促进法》，在近一年的推进过程中取得了不菲的成绩，但在具体实施层面尚亟待完善和规范。由于国外的循环经济法律体系较为完善，有值得借鉴之处，故本文首先深入分析国外发达国家的循环经济法律体系，然后提出构建适应我国国情的循环经济法律体系的思路和建议。

一、国外循环经济法律体系的概要

通过立法促进循环经济发展，是国际社会通行的做法。国外的循环经济法律体系建设大致可分为以下三个层面：

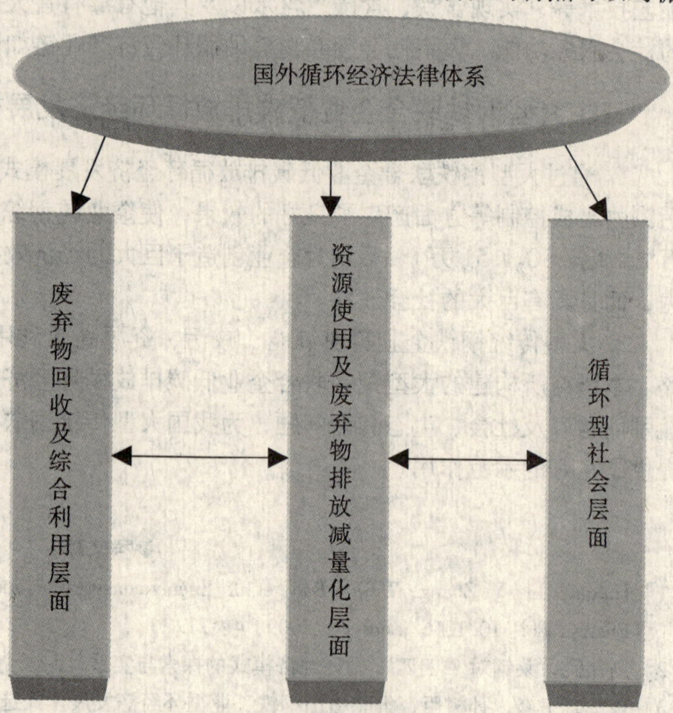

图1　国外循环经济法律体系概要图

（一）废弃物回收及综合利用层面

德国、日本等发达国家经过多年的高速经济发展，产生了大量废弃物，使得废弃物的处理成为了这些国家迫在眉睫的问题，因此产业废弃物和生活废弃物的回收和综合利用也便成为这些国家循环经济法律体系建设中优先考虑的问题。对废弃物的回收及综合利用是德国、日本等发达国家通过立法促进循环经济发展的侧重点。

1. 德国

德国于1972年颁布了《废弃物处理法》，目的是关闭管理不善的垃圾堆放场，建造地区负责管理的垃圾中心处理站。1986 年，德国颁布了《废弃物限制处理法》，强调了避免垃圾产生和循环利用垃圾。并在其基础上制定了联邦一般管理规定，于 1991 年颁布《有害垃圾技术管理规定》和 1993 年颁布《居住区垃圾技术规定》。规定自 1995 年 7 月 1 日起，玻璃、马口铁、铝、纸板和塑料等包装材料的回收率要达到 80%。并于 1991 年颁布了《包装废弃物处理法》，近年来，德国的废弃物回收及综合利用已取得初步但却明显的成效。

2. 日本

众所周知日本国土面积狭小，大量的废弃物使日本在 20 世纪 80 年代起相继出台了《固体废弃物管理法（修订）》、《建筑材料回收法》、《食品回收法》、《家用电器回收法》、《容器包装与回收法》等多项法律以促进废弃物回收及综合利用。1991 年日本对废弃物管理法进行了修改，并出台了《促进可循环资源利用法》。此法旨在促进工业副产品的再利用，提出了一些关于日常用品如纸张和玻璃回收利用的具体措施。1996 年又出台了《容器包装回收利用法》，旨在尽量减少使用及回收利用容器和包装。它要求消费者对垃圾进行分类，生产者通过给指定的机构交纳一定的费用来实现对其产品一定比例的回收。1998 年日本又制定了《家电回收利用法》，主要对包括电视、冰箱、空调、洗衣机在内的家电进行强制回收利用，家电生产企业承担回收和利用废弃家电的义务。通过以上各项法律的实施，日本的废弃物回收及综合利用成绩显著。

（二）资源使用及废弃物排放减量化层面

1. 德国

德国于 1996 年颁布的《循环经济和废物管理法》已成为德国建设循环经济的总的法律。该法把资源闭路循环的循环经济思想推广到所有生产部门，规定对废物问题的优先顺序是避免产生循环使用最终处置。即在生产过程和使用产品时首先是减少污染物的产生量，其次在产品使用完后可以重新利用或者其处理不会对环境产生消极影响。最后只有那些不能利用的废弃物，才允许进行最终的无害化处置。这一制度也成为德国循环经济的基础。生产者在开发和设计新产品时，要尽可能地节省材料；在生产过程中，避免产生更多的垃圾；在产品使用完后，还要保证垃圾处理符合环保要求[3]。

2. 日本

日本于 1999 年制定了 2010 年废弃物减少的目标。目标包括：居民固体废物回收率从 1996 年的 10% 增加至 2010 年的 24%；末端处理的废弃物从 1300 万 t 减少到 650 万 t；末端处理废弃物量从 6000 万 t 减至 3100 万 t。有关资料表明，2000 年日本总的物质循环利用率达到 10% 左右，所循环利用的大都是资源短缺或价值较高的废旧物质，如废钢、废铝、废塑料等。但是，大量的物质在目前的经济、技术水平上还是没有得到很好循环利用或根本无法循环利用。

（三）循环型社会层面

1. 德国

德国是世界上最早实施循环经济的国家之一，其社会层面的循环经济法律体系建设也走在世界的前列。德国从社会整体循环的角度大力发展资源回收产业（或称为社会静脉产业），在整个社会的范围内形成“自然资源—生产—消费—二次资源”的双元制回收系统（DSD）是一个成功的代表。DSD 是一个专门对包装废弃物进行回收利用的公司，它接受有关企业的委托，组织收运者对他们的包装废弃物进行回收和分类，然后送至相应的资源再利用厂家进行循环利用，能直接回用的包装废弃物则送返制造商。DSD 系统的建立大大地促进了德国包装废弃物的回收利用。德国通过立法巩固 DSD 的合法地位，有效地保护了原材料资源，将整个消费和生产环节变革成为统一的循环经济系统。

2. 日本

日本是发达国家中循环经济立法最全面的国家，立法的目标是建立一个资源“循环型社会”。目前已经颁布了：《促进建立循环社会基本法》、《资源有效利用法（修订）》、《固体废弃物管理法（修订）》、《家用电器再利用法》、《建筑材料回收法》、《环保食品购买法》、《绿色消费法》和《容器再利用法》等法律。共同形成了较为完善的循环型社会的法律保障体系。

（四）特点

1. 德国

德国的循环经济法律体系共三个层次：法律、条例和指南。除上文所及的法律、条例外，还有农业和自然保护法、污水污泥管理条例、废旧汽车处理条例、废电池处理条例、有机物处理条例、电子废物和电力设备处理条例、废木材处理条例、废物管理技术指南、城市固体废物管理技术指南等。在立法方法上，通常采取先对个别领域立法，再制定统一规范的立法方式[2]。

2. 日本

日本十分重视循环经济法律体系的建设。这些法律法规的制定和贯彻实施，对合理有效地利用资源、能源，减少环境污染起到了巨大的保障作用。日本循环经济法律体系的构建将国家、地方公共团体、事业者和国民视为环境法律关系的主体，认为建立循环型社会，必须依靠上述主体的共同努力，为此，《推进循环型社会基本法》中规定了上述主体应当承担的责任，主要有确立排放者责任原则和扩大生产者责任原则[2]。

二、构建适应我国国情的循环经济法律体系的思路

目前我国循环经济的发展仍处于初级阶段中期（概念引进阶段向试点推进阶段过渡），作为推进循环经济发展的重要支撑要素——法律体系还没有成功构建，限制着我国循环经济的进一步发展。

（一）构建循环经济法律体系的必要性

虽然我国已经颁布并实施了《循环经济促进法》，但是必须看到我国的循环经济法律体系还很不健全，亟待完善。主要表现在：第一，在基本的法律制度建设方面，我国已有的资源环境制度主要侧重于环境污染的治理方面，生态保护和资源利用方面的制度仍不健全；至今仍没有探索出有利于循环经济发展的资源合理利用方面的系统的制度安排。第二，我们仍然侧重于计划经济时代的“命令式”控制，或用计划经济时代的补贴方式来控制对环境的破坏，较少采用市场机制。资源价格扭曲未能有效改正，要素价格扭曲的现象依然存在，导致以自然为基础的原材料价格过低，助长了资源的过度开采和浪费。同时，这种制度安排削弱了行政控制的经济基础，容易造成人们的思想误解，把资源循环利用和环境保护看成是非经济活动，认为它仅仅是政府的责任，而不是经济活动主体的责任，因而加剧了政府环境管理部门与企业的对立，使资源环境管理不力、效率低下。

法律和法规作为一种强制手段可以有效地推动循环经济的发展，也是所有发达国家普遍采用的重要手段。目前我国还没有完善的循环经济法律体系，现行环保法律还局限在“污染治理”的思维模式上。循环经济的发展离不开相关制度的支持，但要建立有利于循环经济发展的制度并非只是制定和完善个别的法律和政策，而是应该建立起一套完整的循环经济制度体系。这一制度体系是国家为促进循环经济的发展，针对生产、流通、消费及社会活动各个环节的行为而建立起的一系列规范、控制、管理、调节规则的总和。法律制度是各种制度中约束力最强的制度。建立循环经济法律制度体系的基本宗旨是根据可持续发展的要求，协调和规范建立循环型社会过程中所产生的各种社会关系。与循环经济相关的法律制度不仅指专门为促进循环经济发展的法律制度，也包括符合可持续发展的内在要求、有利于规范和协调人们正确处理自然、环境和发展问题的其他法律制度。

（二）构建循环经济法律体系的思路

我国自 1979 年制定了第一部环境保护法《中华人民共和国环境保护法》以来，相继颁布了一系列环境保护法律、法规。这些法律、法规内容丰富，涉及生产和生活的各个方面，其中有许多法律、法规坚持了预防为主的原则，体现了循环经济的基本思想。近年来，随着我国对循环经济认识的逐步加深，有关循环经济的法律、法规正在逐步建立健全。2002 年，全国人大分别颁布了《清洁生产促进法》和《环境影响评价法》。2008 年 8 月又颁布了《循环经济促进法》，在实施近一年的实践中对遏制我国资源环境问题的进一步恶化起到了积极的作用，但当务之急在于，要对循环经济促进法进行适当完善，各地需要尽快制定循环经济促进法实施细则，加大推行和实施力度。同时，加快制定促进循环经济的单项法规，如废旧包装容器、废旧家电和废旧汽车的回收法等[4]。建立循环经济法律法规的目的，在于全面明确消费者、企业和各级政府在循环经济方面的义务和责任，确保资源的高效利用和生态环境不被破坏。目前，各国关于循环经济的法律法规多以“污染者付费、利用者补偿、开发者养护、破坏者恢复”等为原则，此外，还逐渐发展出诸如“消费者最终承担、受益者负担”和电子产品的生产、经销者负责回收等原则[5]。

法律法规制度由于具有强制约束力和较高的稳定性特征，因而成为发展循环经济的最基本的保障。我国已经具备较完善的环境污染防治法律法规体系和环境保护管理体系，可以在此基础上逐步修改和制定循环经济的必要法律法规，为循环经济的建设和实施提供完备的法律体系。笔者认为我国循环经济法律法规体系的健全，可以分成三个层面：第一层面为基础层，构建促进建立循环社会，发展循环经济的基本法；第二层面是综合性法律，如与固体废弃物管理和公共清洁管理、促进资源有效利用、环境保护等方面；第三层面是根据各种产品的性质制定相应的法律法规，制定绿色消费、绿色采购法律法规，着手构建容器与包装、家用电器、建筑材料、食品等分类回收法规，建立健全废物回收制度。

参考文献

［1］范连颖．中国发展循环经济可借鉴的日本经验［J］．贵州社会科学，2004（5）：30－31.

［2］孙佑海．循环经济立法问题研究［J］．环境保护，2005（1）：18－24.

［3］冯之浚．循环经济导论［M］．北京：人民出版社，2004：277－278.

［4］樊根耀，芮夕捷，吴磊．我国的循环经济及其制度创新［J］．西安电子科技大学学报（社会科学版）．2005（3）：33－37.

［5］常纪文，陈明剑．环境法总论［M］．北京：中国时代经济出版社，2003：144－164.

［6］马江．国外循环经济法律体系的系统分析［J］．价格理论与实践，2006（3）：68－69.

天津空港经济区发展循环经济的SWOT分析

崔培培　李慧明　崔晓莹

（南开大学循环经济研究中心　天津　300071）

摘　要　发展循环经济是推动区域经济可持续发展的有力途径。本文以天津空港经济区为例，应用SWOT分析方法，系统分析影响其发展循环经济的内部因素与外部条件，全面剖析其优势、劣势、机遇、挑战，在此基础上提出推动空港经济区循环经济发展的战略建议。

关键词　SWOT分析　空港经济区　循环经济

天津空港经济区于2002年10月设立，地处天津滨海国际机场东北侧，是滨海新区九大功能之一，以加工制造、保税仓储、物流配送、科技研发、国际贸易为功能定位，是高度开放的外向型经济区域。目前，空港加工区还处于发展的起步阶段，随着未来经济规模的日益壮大，未来空港经济区必然成为拉动天津滨海新区和天津市经济快速发展的巨大引擎。空港经济区如何又好又快发展，值得深入研究。

一、空港经济区发展循环经济的必要性

传统的经济发展模式带来严重的资源环境问题，如何协调资源、环境和社会的可持续发展，是世界各国广泛关注并努力探索的热点问题。实践证明，循环经济、低碳发展模式是解决问题的有效途径。循环经济是以资源高效利用和循环利用为核心的、符合可持续发展理念的经济发展模式[1,2]。空港经济区要充分利用国内外经济形势和滨海新区开发开放要求，高效利用资源实现区域经济环境的协调发展，大力发展循环经济，结合本区域的发展基础、发展特点、技术经济条件、资源环境条件制定发展战略及规划。

二、SWOT分析模型的建立

SWOT分析法又称态势分析法[3,4]，最早是由美国哈佛商学院的教授K. J. 安德鲁斯提出来的。该方法通过全面分析企业内、外部环境，明确：S（Strengths）—优势；W（Weakness）—劣势；O（Opportunities）—机遇；T（Threats）—挑战，从而寻找到理论上正确、实际上可行的战略组合[5-8]。将SWOT分析方法应用于空港经济区发展循环经济、低碳经济的分析研究中，有利于明确区域发展循环经济的优势、劣势、机遇和挑战，提出具有科学性、针对性、适宜性、有效性“四性”特点的发展战略及建议。

在应用SWOT分析法制定地区发展循环经济、低碳经济战略决策时需把握以下原则：

1. 把协调资源、环境、经济可持续发展作为SWOT分析的核心；
2. 把循环经济、低碳经济相关理念作为解决问题的切入点；
3. 把目标区域的实际情况作为SWOT分析的根本出发点；
4. 对提出的战略决策要进行检验并持续不断地改进。

基于上述思考，提出SWOT分析模型与技术路线图（见图1）。

与传统的SWOT分析方法相比，本文提出的技术路线图增加了两方面内容：第一，在规定时间跨度内，对预期成效进行检验，即按照地区发展循环经济或低碳经济的评价指标体系中各指标的完成情况进行量化评分，从而评估出战略成效及存在的问题；第二，对战略决策进行持续性的修改与完善。这也体现了循环经济、低碳经济的发展模式持续性、高效性内涵。

三、空港经济区发展循环经济的 SWOT 分析

(一) 优势 (S) 分析

1. 具有海陆空三港合一的良好区位优势

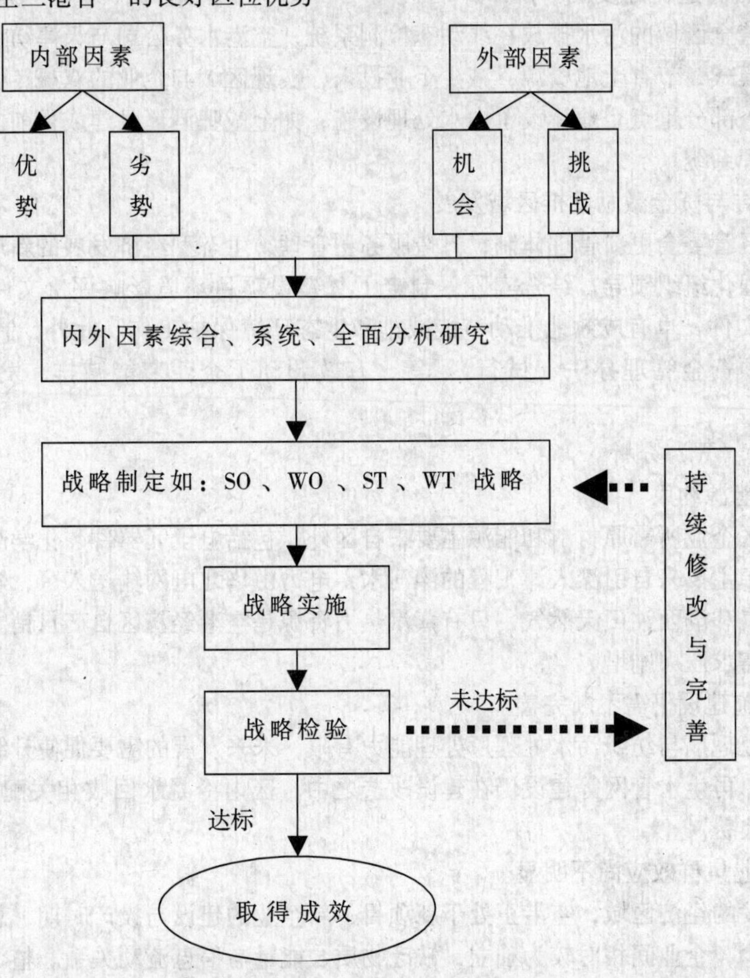

图1　SWOT 分析模型与技术路线图

背靠京津两大城市，地处环渤海地区的中心位置，位于天津滨海国际机场东北侧，与天津铁路北环线，京津唐、津滨、唐津等高速公路直通，海陆空联运便捷，区位优势得天独厚。

2. 产业生态化集群发展态势凸显

空港经济区在建设过程中深入贯彻落实经济发展与环境保护并重的发展理念，致力于构建“三区域、九组团、六亮点”的创新发展模式，初步形成产业布局优化升级、产业集聚规模发展的良好态势。航空、电子信息、汽车、高新纺织产业集聚及规模化发展体系逐步建立，形成以航空产业带动区域产业集群协同发展的创新局面。

3. 绿色招商优势实现高端化发展

空港投资环境“硬环境”实现“九通一平”，“软环境”与国际接轨。创新招商理念，引进高新企业，绿色招商优势凸显，全力打造高新产业区、研发转化区及商贸服务区的特色区域组团，构筑高端化、高质化、高新化的高技术产业体系。

4. 低碳化能源体系初具规模

目前区内已形成浅层土壤源热泵、浅层水源热泵、污水源热泵、尾水源热泵和地热井等地热

综合利用系统，实现能量梯级开发、尾水完全回灌，能源利用效率大幅提升，最大限度地减少了“三废”排放，有效保护生态环境；齐信太阳能、南开大学太阳能电池等新能源利用装备项目正在加紧建设。

5. 基础设施打造良好发展平台

建设了覆盖全区域的污水排放在线动态检测系统；空港水务公司与天津纺织工业园合作创新污水集中处理模式，节省土地资源，减少企业投入，实现区域与企业的双赢；再生水回用一期工程建成试运行，部分重点企业建设了中水处理设施，如金威啤酒厂已建成目前国内啤酒行业最高标准的污水处理系统。

6. 政策引导与资金激励助推区域发展

空港经济区管委会更新管理体制，打造服务型管理，生态型经济发展的新局面，成立循环经济领导机构，强化组织领导。结合实际，制定了《建设项目环境影响评价文件审批意见办理指南》等规范性文件，卓有成效地推动节能减排和生态环境保护工作。此外，制定了《天津保税区节能减排专项资金管理办法（试行）》等，有效调动了企业节能减排、发展循环经济的积极性。

（二）劣势（W）分析

1. 资源、能源约束

空港经济区企业所需原材料和能源主要来自区外，包括电子元器件、化学品、医药原料、原煤等；淡水资源主要来自引滦入津工程的滦河水，电力由华北电网输送入区，燃气主要通过管道引入陕北天然气和渤西油田天然气，只有蒸汽热力资源是空港经济区自产自销。经济快速增长使得资源、能源需求压力剧增。

2. 基础设施建设仍需不断完善

市政污水处理厂与纺织污水处理厂处理能力有限，未来发展的需要促使升级改造工作必须进行。园区中水、再生水管网等建设仍在建设改造之中。区内冷凝水回收相关配套设施尚未完善，造成水资源的浪费。

3. 主导产业集群效应尚不明显

作为新开发的经济区域，空港正处于新项目、新企业的建设与投产时期，总体来看，区内投产企业数量较少，企业间相对较为独立，缺乏物质、能量与信息流动关系。整个经济区尚未形成横向与纵向的产业链接共生合作关系，整个园区产业发展的集群效应不明显。

4. 政策供给与企业发展循环经济的需求存在脱节现象

区内企业对循环经济政策的需求与政府对循环经济政策的供给之间存在脱节现象。财政支持能力不足，用于节能减排及循环经济项目的支持、补贴及奖励资金额度有限，很难满足经济区循环经济规模化发展的需求。

5. 相关标准滞后

当前形势下，节能减排、低碳经济、绿色经济等方面的新概念、新产品、新技术层出不穷，而相关标准却跟不上改革的步伐，存在空白或滞后的现象。例如建筑节能方面尚缺乏统一的评价指标，经济区管委会难以进行系统规范和指导。

6. 人力资源瓶颈

空港经济区处于快速发展阶段，各部门、各行业对循环经济专业人力资源的需求迅速增长，相关人才储备较为薄弱、产学研一体化作用难以发挥。

（三）机遇（O）分析

1. 顺应国际、国内发展需要

空港经济区已进入以国际化和国家级新区的标准、建设一个临空产业化、现代化、城市化的新城区的全新发展阶段，未来经济区也将成为一个集临空产业发展区、航空产业聚集区、总部经济聚集区、会展经济蓬勃区、制造业发达区、生物医药研发转化基地和高科技研发转化基地多种形态为一体的高速发展区域。

2. 新建企业具有发展循环经济的“后发优势”

区域正处于新项目、新企业的大规模建设与投产时期，具有明显的“后发优势”，即充分利用其他企业发展循环经济的成果和经验，吸取最新的科技成果，大大提高发展起点，增强竞争实力以较少的资源投入和较低的风险实现超常规发展。

3. 建筑节能与绿色 CBD 的建设为循环经济发展带来广阔空间

大型公共建筑堪称“能耗黑洞”，其单位建筑面积的年能耗相当于普通建筑的 10 倍以上，建筑用能的增加对全国的温室气体排放“贡献率”已经达到了 25%。区内各种工业生产建筑、商用建筑、生活住宅等均施行“绿色建筑”设计标准，中心商务区的建设秉承绿色理念，为循环经济和低碳化发展奠定了很好的基础。

4. 外企先进的管理理念为区域发展注入不竭动力

与国内企业相比，外资企业普遍具有较高的环保意识与先进的管理理念，公司从高层领导到普通操作工均定期学习清洁生产与节能减排方面的规章制度和技能，及时引入国际先进理念与经验，对空港经济区其他企业的发展起到很好的引领作用，促进区域循环经济发展水平不断提升。

（四）挑战（T）分析

1. 产业结构性矛盾

经济区产业结构以第二产业为主，物流、商务贸易等现代服务产业经济发展总量较低、发展速度较慢，特别是金融、保险、信息、会计等高附加值、知识密集型服务中介机构相对缺乏，不能满足企业发展的需要，现代服务业发展滞后。

2. 环境容量挑战

当前经济区还处于发展的起步阶段，区域建设对生态环境尚未产生明显影响，但未来经济规模的日益壮大，经济增长对资源供给、区域生态环境的压力也将与日俱增。在此背景下，高效利用资源、合理分配有限环境容量、实现区域经济环境的协调发展，是经济区发展循环经济过程中必须面对的重要问题。

3. 临空经济区循环经济发展道路处于探索阶段

空港经济区作为依托天津滨海国际机场兴建的新型综合经济区域，临空经济特点突出。临空经济就是依托大型枢纽机场的综合优势，发展具有航空指向性的产业集群，促使资本、技术、人力等生产要素在机场周边集聚的新型经济形态，具有现代服务性特征和新经济时代特征[9]。目前，对于临空经济区，国内外尚无可借鉴的成功的循环经济发展模式，探索未来发展道路面临严重挑战。

四、空港经济区发展循环经济战略建议

结合以上对空港经济区发展循环经济内部的优势、劣势和外部的机遇、挑战的分析，本着最大限度地利用其优势和机遇，并使劣势和挑战最小化的原则，提出以下战略建议。

1. 优化产业结构，强化航空等高新技术产业的主导作用。优化产业结构，调整二、三产业的比例，强化航空、电子信息等高新技术产业在全区产业体系中的主导作用。适当限制纺织业、食品业等传统“三高”产业的发展规模，提升产品层次，提高附加值。

2. 构建产业共生体系，增强产业链的纵向延伸与横向耦合发展。重点发挥民用航空主导产业的核心带动与辐射性作用，纵向延伸产业链条。统筹区内产业，建设横向废弃物再生利用产业链条。推动动脉产业与静脉产业的协调互动发展，提高资源循环利用率和废弃物综合利用率。

表1　基于SWOT分析的区域循环经济发展战略建议

SO 战略	WO 战略
把握国内外发展的有利时机，强化航空等高新技术产业的主导作用；充分利用外资，优化产业布局，发挥更强大的产业集聚发展力量	充分发挥“后发优势”加大资金扶持力度，吸引高素质人才，助推经济发展
加强政策导向作用，开拓区域循环经济发展的新局面	大力发展清洁能源，加强技术创新，缓解区内能、资源紧缺的严峻形势；与毗邻区域建立分工合作和产业扶植机制，实现区域整体的多赢
ST 战略	WT 战略

3. 大力发展清洁能源。加快低碳能源的开发和产业化，提高地热、太阳能等可再生能源的使用比例，提高地热能、太阳能利用的经济效益。适当开发风能、生物能等其他清洁能源，缓解区内能源紧缺的严峻形势。

4. 循环经济政策保障体系进一步完善。完善循环经济政策保障体系，制定配套规章和政策，颁布强制性资源综合利用生产和使用标准，实现资源综合利用工作的规范化、标准化管理；建立和完善资源节约与综合利用的监督机制；加强政府与企业间的沟通，保证政策供给最大限度地满足企业的需求。

5. 引入专业人才，搭建信息平台，强化支撑体系。增强人才储备、推进产学研一体化进程；搭建高效完备的循环经济信息平台，在循环经济信息的搜集、宣传、建立信息库以及促进企业间交流方面发挥有效作用。强化支撑体系建设，有利于循环经济工作的顺利开展。

6. 增加公众参与的积极性。倡导公众实现节约型生活方式与绿色消费方式，完善循环经济公众参与体系。构建循环型低碳社区，推动社会层面循环经济深入发展；依托社区健全经济区生活垃圾的再生回收网络；建立公众信息交流渠道和平台。

目前，战略决策的有效性尚无法进行检验，须在适宜时间段，进一步深入研究。

参考文献

[1] Zhou Guomei. The development pattern and policy framework of circular economy in China [J]. Proceedings Fourth International Symposium on Environmentally Conscious Design and Inverse Manufacturing, Eco Design, 2003, 5: 7-16.

[2] 尹建中，初丽霞. 循环经济理论及其在中国实践研究 [J]. 中国人口·资源与环境，2003，13（2）：28-33.

[3] SMITH G A, CHRISTENSEN R C. Suggestions to Instructors on Policy Formulation [M]. Chicago: Richard D Irwin, 1951: 3-4.

[4] ANDREWS K R. The Concept of Corporate Strategy [M]. Homewood: Irwin Professional Publishing, Ⅲ, 1971: 23.

[5] Kotler, P. Marketing Management: Analysis, Planning, Implementation, and Control 6th edn [J]. Printice-Hall International Edition, 1988.

[6] Mikko Kurtila, Mauno Pesonen, Jyrki Kangas. Utilizing the analytic hierarchy process (AHP) in SWOT analysis-a hubrid method and its application to forest-certification case [J]. Forest Policy and Economics, 2000, 1: 41-52.

[7] 王秉安，甘键圣. SWOT营销战略分析模型 [J]. 系统工程理论与实践，1995，12：34-40.

[8] 李兴旺. SWOT战略决策模型的改进与应用 [J]. 决策借鉴，2001，4：5-7.

[9] 临空经济发展战略研究课题组. 临空经济理论与实践探索 [M]. 北京：中国经济出版社，2006.

白酒行业循环经济模式研究

李　红

（五粮液集团有限公司环境保护监督部　四川宜宾市岷江西路　644007）

摘　要　通过对白酒生产的物流和能流分析，明确了白酒行业发展循环经济的重点环节。通过对白酒行业发展循环经济要素的分析，明确了白酒行业发展循环经济应建设三大支撑体系，即循环经济评价指标体系、组织保障体系及技术支撑体系。并以实例说明了白酒行业发展循环经济的具体方法和步骤，验证了白酒行业发展循环经济对于企业可持续发展可能带来的裨益。为白酒行业发展循环经济提供了可行的实现模式。

一、发展循环经济是白酒行业必然选择

改革开放以来，我国酿酒行业有了很大发展，白酒年产量约800万t，产生大量酿酒丢弃酒糟、酿酒有机废水等污染物，仅酿酒丢弃酒糟每年的产生量就达1500万t。如不进行有效治理或综合利用，一方面需要侵占大量的土地堆放酿酒丢弃酒糟，还会滋生虫害、污染土地、污染地下水等安全隐患；另一方面，酿酒仅利用了部分淀粉资源，酿酒废弃物中蕴涵的淀粉、蛋白质、脂肪、纤维等宝贵的资源白白浪费了。此外酿酒生产所需燃煤、粮食等资源大量消耗，致使资源、环境与行业发展的矛盾日益突出，严重制约了我国酿酒行业的发展。因此，减少和预防污染是我国酿酒行业当前亟须解决的问题。

循环经济是企业推进可持续发展的一种实践模式，它将传统的“资源—产品—废弃物排放”的开环式经济转变为“资源—产品—废弃物—再生资源”的闭环式经济，实现经济活动的生态化，做到生产和消费“污染排放最小化、废物资源化和无害化”，以最小的成本获得最大的经济效益和环境效益，从而实现经济增长与社会进步的协调持续发展。因此，酿酒行业发展循环经济，对于行业的健康稳定发展，具有十分重要的意义。

二、白酒行业循环经济的支撑体系

为了促进白酒行业发展循环经济，必须建立和完善发展循环经济的支撑体系，主要包括评价指标体系、组织保障体系和技术支撑体系。

（一）白酒行业循环经济的评价指标体系

为了推进白酒行业循环经济的发展，有必要建立一套科学的评价指标体系，以量化的指标表述白酒行业的循环经济发展水平，并通过经科学分类的量化指标的对比，引导、促进白酒企业加快经济方式的转变，缩短发展循环经济的进程。

1. 白酒生产的工艺流程

2. 白酒生产的能源分析

从白酒生产工艺流程图可知，白酒生产的耗电环节主要在锅炉、制曲、摊晾、风机、包装等环节；蒸汽消耗主要在蒸馏环节；煤的消耗主要用于锅炉燃烧；水的消耗主要用于包装洗瓶、蒸馏、冷凝等。

3. 白酒生产的物流分析

从图1可知，粮食主要用于酿酒发酵，小麦主要用于制曲，产生的固体废物主要是丢糟；固态酒生产的废水主要来自白酒生产的蒸馏工序（图1中的上甑蒸馏工序）排放的底锅水。此外，还需要打扫卫生，所以部分污水是生产场地的清洁卫生排水。产生的废气主要是锅炉烟气。

4. 白酒行业循环经济评价指标体系

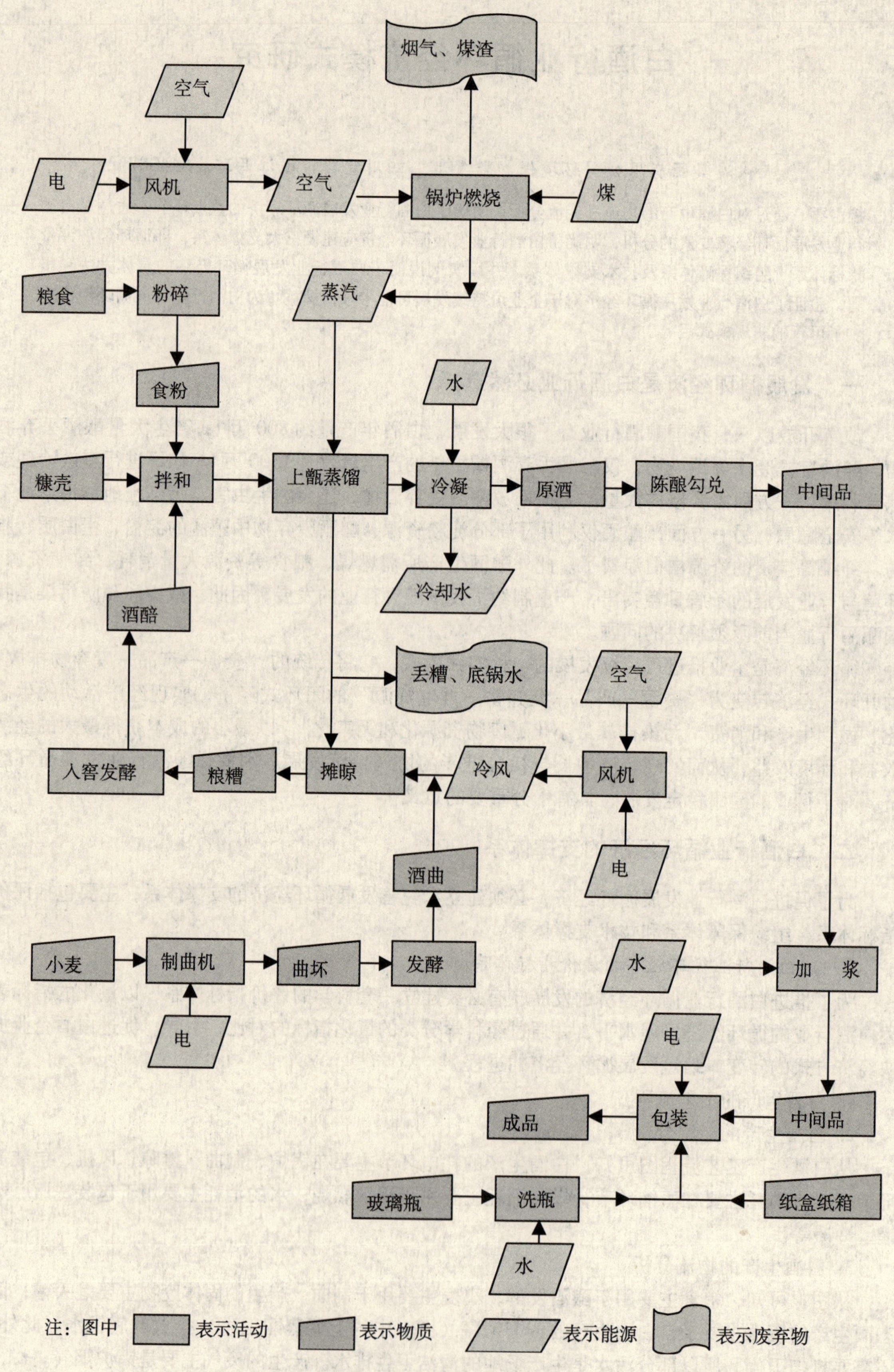

图1　白酒工艺生产流程图

（1）第一类指标——资源产出率

白酒生产资源产出率指标即是指淀粉出酒率。但是，由于白酒生产均是采用淀粉质原料而非纯淀粉，而且白酒生产采用粮食做原料，采用淀粉出酒率反而不太利于测定和考核，因此，循环经济指标体系中不设淀粉出酒率指标。

（2）第二类指标——单位产品的能源及原辅材料消耗指标

单位产品能源消耗指标：分设吨酒耗标煤、吨酒耗电、吨酒耗水、冷却水循环利用率4项能源指标。

原辅材料消耗指标：为便于考核测定，采用吨酒耗粮（多粮配方者可采用混合粮）指标，吨酒耗曲指标、吨酒耗糠指标。

（3）第三类指标——废弃物排放及资源综合利用指标

固体废弃物指标设置吨酒丢糟排放量指标。废水及污染物指标分别设吨酒废水排放量指标、吨酒COD排放量指标、以COD计资源化率指标、循环用水率指标。污染物产生指标：吨酒废水产生量、吨酒COD产生量、吨酒BOD产生量指标。废物回收利用指标：黄浆水综合利用率、锅底水综合利用率、炉渣综合利用率、丢糟综合利用量指标、丢糟综合利用率指标。

（二）白酒行业发展循环经济的组织体系

发展循环经济是一项系统工程，涉及各行各业、方方面面，必须加强领导、协调行动，在充分发挥市场配置资源基础性作用的同时，强化企业在推动循环经济发展方面的综合协调职能。发展循环经济的组织体系主要包括四个方面的内容：一是把推动循环经济发展列入重要议事日程，建立促进规划实施的综合决策与管理体制。例如，可以成立以最高管理者为组长的循环经济领导小组，负责研究解决推进循环经济发展的热点、难点问题。二是应确定一个部门可以是环保部门、生产部门，也可以是规划部门，具体牵头落实循环经济工作，制定相应的制度和措施。三是生产管理部门、环境保护部门、能源部门、设备部门、技术部门等相关职能部门和机构要参与循环经济的相关工作。四是强化监督管理，坚决制止一切浪费资源的行为。建立资源节约制度、资源循环制度，促进企业改进工作，堵塞浪费资源的漏洞。

（三）白酒行业发展循环经济的技术支撑体系

1. 技术平台体系

循环经济的发展必须依赖关键的支撑技术，而支撑技术的开发必须依靠强有力的技术平台作保障。首先必须组建功能齐全的技术中心，技术中心应该具有充足的科研人才队伍，配备先进的科研仪器、科研基础设施。酿酒企业技术中心主要的科研仪器包括：VECTOR22/N近红外光谱仪、BIOLOG自动菌种鉴定系统、PE3110原子吸收光谱仪、Angilent5973N色质联用仪、Angilent1100高效液相色谱仪器、CO_2超临界萃取仪、VARIAN300紫外分光光度仪、X衍射仪、全自动在线控制发酵罐等。其次，还可以与科研院所、大学等企业外部科研机构进行合作研究，利用科研院所、大学的科技人才优势共同突破关键技术。第三，还必须加大科技投入，为技术创新提供保证。

2. 白酒行业循环经济支撑技术

白酒行业循环经济支撑技术主要包括减量化技术、资源化技术、无害化技术。

（1）减量化技术

减量化技术主要包括锅炉节能技术、电机节能技术、余热利用技术等节能技术，以及清洁工艺技术。

（2）资源化技术

①酒糟资源化技术

②黄水资源化技术

③沼气利用技术

包括沼气直接燃烧利用技术、沼气发电技术、沼气燃料电池技术、沼气原料化学合成甲醇或二甲醚技术，还有沼气锅炉助燃技术。四川省宜宾五粮液集团有限公司开发的煤沼气混烧技术，在燃煤锅炉内增设沼气燃烧器，实现煤与沼气混烧。

④其他资源化技术

酿酒行业资源化技术很多，除了前述几类外，还有软锰矿脱硫生产硫酸锰技术等资源化技术。

（3）无害化技术

无害化技术主要是废水无害化技术和烟气无害化技术。酿酒废水无害化技术主要包括废水厌氧处理技术、好氧处理技术等。

废气无害化技术主要就是烟气脱硫除尘技术，可分为干法脱硫除尘技术和湿法脱硫除尘技术两大类。

三、白酒行业循环经济的实践模式

（一）树立循环经济建设的新观念，确定总体发展战略

五粮液集团有限公司明确提出了"'三废'是放错位置的资源"，"污染治理要讲求经济效益"等具有前瞻性的先进环保理念，融合循环经济的"3R"原则，制定了环境方针"节省资源，循环利用，达标减排，环境生态"。以此为指导制定了发展循环经济的总体战略：第一步，采用减量化原则优化管理和工艺，尽可能降低资源消耗，削减污染物产生量，点燃循环经济的星星之火。第二步，在减量化基础上，对生产过程中的"三废"充分进行再利用，研究开发出酿酒废弃物资源化配套技术，并初步完成工业化应用，形成循环经济雏形。第三步，扩大酿酒废弃物资源化成果，进一步完善酿酒废弃物资源化产业链条，基本形成循环经济模式。第四步，综合运用减量化、资源化、再利用"3R"原则，进一步优化管理和工艺装备，形成完备的白酒企业循环经济模式。

（二）构建循环经济建设组织体系

为了推进循环经济，五粮液集团有限公司成立了以公司董事长为组长，分管环保、能源、技改工作领导担任副组长，相关单位负责人为成员的循环经济领导小组，具体负责循环经济的推进、实施和规划工作。在领导小组的领导下，由环境保护部门牵头落实循环经济工作，环境保护部门、能源设备部门、技术改造实施部门、技术部门、生产管理部门等相关职能部门，按照各自的分工，负责推进循环经济工作的相关工作，形成了协调联动的工作机制。

（三）开展技术创新，自主开发循环经济支撑技术

五粮液集团有限公司以技术中心为依托，整合生产、技术、能源设备及环境保护等相关技术人员的技术力量，并与科研院所及大专院校开展产学研合作，不断加大科技投入，开发了一系列循环经济支撑技术。

1. 减量化技术

开发了聚酯包装技术、过滤机清洁清洗技术、现场机械清洁技术等减量技术。

2. 资源化技术

开发了丢弃酒糟生产复糟酒、废弃丢糟送至锅炉房产蒸汽、丢糟灰生产白炭黑的酒糟资源链式开发利用技术，底锅水生产乳酸技术，黄水萃取食品添加剂技术，煤沼气混烧技术，锰矿脱硫生产硫酸锰技术等资源化技术。

（四）逐步推进循环经济建设

五粮液集团有限公司根据循环经济建设的总体战略部署，分四个发展阶段推进企业循环经济建设。

1. 循环经济起步阶段

循环经济起步阶段主要特点是：实施定额管理，控制原辅材料消耗；以“三废”的末端治理为主，对部分废物进行简单综合利用发展循环经济的首要任务，就是贯彻“减量化”原则，优化工艺装备，加强生产管理，降低资源能源消耗。为此，五粮液集团有限公司制定了“优质、高产、低耗、均衡、安全”的生产十字方针，作为一切生产活动的行动指南。并在白酒行业率先实行定额消耗管理，每年年初下达酿酒粮、曲、糠消耗及水电汽能耗定额，年底按各单位消耗情况严格奖惩；并在全行业率先实行产品质量目标管理，根据质量目标任务完成情况进行奖惩。针对老式手工包装劳动生产率低下，资源损耗高等问题，对包装生产设施进行优化，投资建设了现代化的包装流水线，有效地提高白酒包装的劳动生产率，降低了包装洗瓶废水的使用量、白酒包装损耗及破碎玻璃渣排放量。

2. 循环经济持续推进阶段

循环经济持续推进阶段主要特点是：工艺装备进一步优化，废弃物资源化程度进一步提高，末端治理作为“三废”达标的辅助措施。

在这一阶段，五粮液集团有限公司提出了“‘三废’是放错位置的资源”、“污染治理要讲求经济效益”等先进理念。并综合运用减量化、再利用及资源化原则，实施了将501车间传统燃煤灶全部改为天然气灶、应用PET瓶包装技术与设备，在全国白酒行业率先以聚酯瓶替代玻璃瓶作为低档白酒的包装、建设以酿酒丢糟为原料生产复糟酒的复糟一期工程、建设以废糟为燃料生产蒸汽的环保锅炉一期工程、建设以稻壳灰为原料生产白炭黑的白炭黑工程等一系列循环经济措施，取得了显著的效果。推动公司循环经济从萌芽阶段进入雏形阶段。

3. 循环经济初步建成阶段

循环经济初步建成阶段主要特点是：工艺装备和管理深度优化，废弃物深度资源化，末端治理仅为辅助手段；资源化、再利用等循环经济观念已一定程度的深入人心。这期间，五粮液集团有限公司一方面更进一步对旧有落后的生产工艺及设备进行优化，采取了打扫酿酒生产现场卫生不采用水冲，而是只采用机械力清扫、采用压力气体清洗过滤机、过滤桶、蒸馏一次水补充及二次水恒温控制技术改造等措施，从源头削减污染物的排放。另一方面进一步深入开展废物循环利用和资源化利用，建设了丢糟为原料生产复糟酒的复糟二、三期工程、以废糟为燃料生产蒸汽的环保锅炉二、三期工程、同时对废糟烘干系统进行改造，提高烘干系统效率。通过上述措施，进一步提高了资源利用效率，减少了“废物”的产生。

4. 循环经济深入发展阶段

以作为国家循环经济试点单位为开端，五粮液集团有限公司进入了全面发展循环经济阶段。通过宣传和培训使循环经济理念在全体员工思想上扎根，并自觉落实到日常工作中，综合运用“3R”原则，深入贯彻公司环境方针，不断优化工艺装备和管理，进一步提高资源利用效率，力争真正实现“废物”零排放，促进企业经济效益稳步提高，带动行业和地方循环经济工作不断深入发展。主要采取的措施有：锅炉烟气软锰矿脱硫副产硫酸锰、506车间制冷系统改造、锅炉除尘或脱硫用水经沉淀或中和沉淀处理后回用作除尘、脱硫除尘用水、建设超临界二氧化碳流体萃取乳酸结晶母液生产酒用香源项目等。

经过四个阶段10余年的发展，五粮液集团有限公司发展循环经济累计投入8亿余元，已形成了年处理丢糟50万t、每年增产原酒15000多t、年产90万t蒸汽、年产白炭黑5000 t的酒糟资源化能力，形成了年处理高浓度底锅水60000 t、年产乳酸1800 t及乳酸钙300 t的底锅水资源化能力，形成了年利用酿酒资源液2000 t、提取酒用香源120 t黄水资源化能力，形成了日处理高浓度有机废水12000 t、日产沼气约10万m^3的废水资源化无害化能力。每年资源综合利用产品实现销售收入2亿余元，利税近亿元。形成了比较完善的白酒循环经济产业模式（详见图2）。

（五）五粮液发展循环经济取得成效

1. 企业各项消耗指标明显改善

循环经济体系建设并运行后，公司吨酒消耗逐年降低、循环水利用率大大提高，多项生产、技术指标达到了同行业先进水平。2007 年与 2004 年相比，吨酒耗标煤下降 28.0%，吨酒耗电下降 6.9%，吨酒耗水下降 14.1%，吨酒耗粮下降 12.6%，远低于同期国内同行业平均值，特别是吨酒耗粮指标，为国内同行业平均值的 69.0%。

2. 污染减排与资源综合利用效果显著

五粮液集团有限公司建设循环经济以来，先后实施了一系列废物资源化项目，污染减排与资源综合利用效果十分显著。截至 2008 年底，累计减排固体废弃物 211 万 t、减排二氧化硫 12037t、减排有机污染物 40 多万 t，资源综合利用累计实现销售收入 13.3677 亿元。

3. 企业经济效益显著增加，品牌价值逐步攀升

2009 年实现销售收入 350.3 亿元，实现利税 70 亿元；五粮液品牌价值达到 472.06 亿元，连续 15 年稳居行业第一，位居全国最有价值品牌第四。

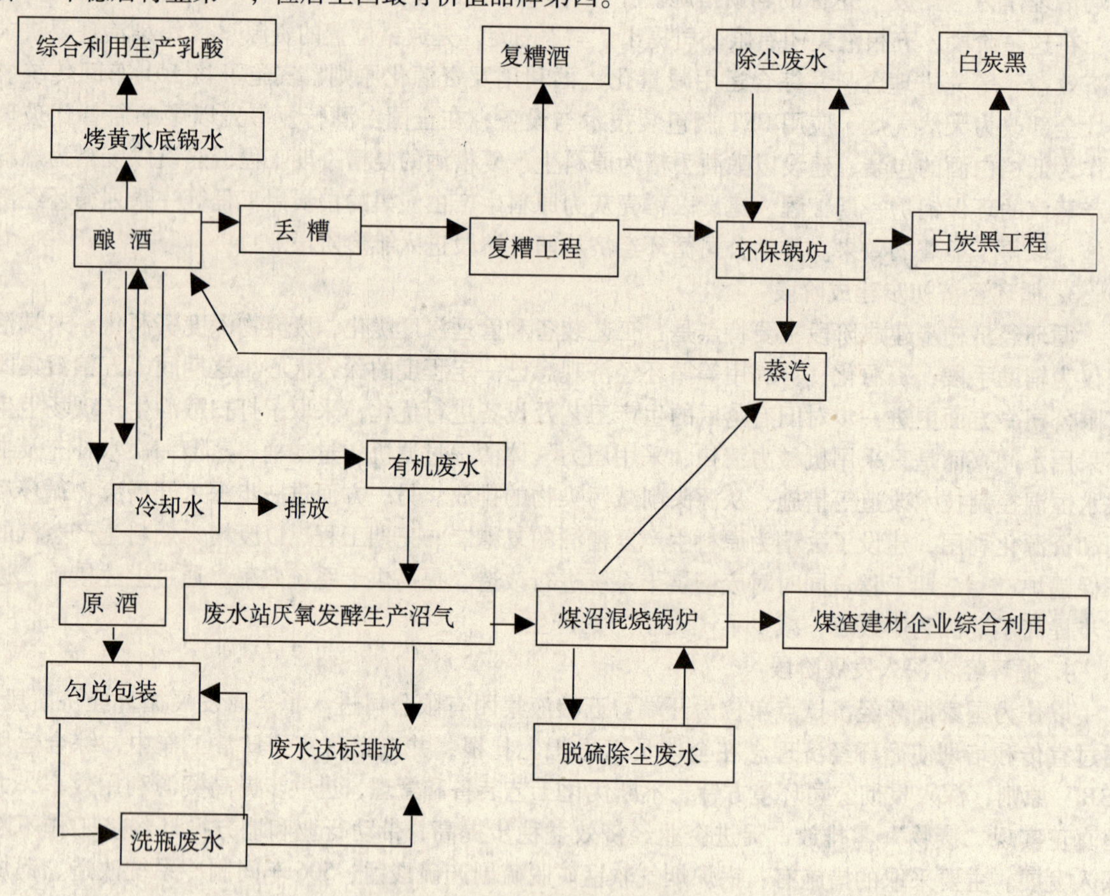

图 2　循环经济产业模式图

四、结束语

当前，发展循环经济，走新型工业化道路已成为全球发展经济的共同趋势。作为全国白酒行业龙头企业的五粮液集团公司，多年来，通过实施循环经济，不断引进高新清洁生产技术，革新和改进传统工艺技术，开发资源综合利用，其示范效应和积累的经验，必将促进全行业在发展循环经济过程中起推广作用，引导行业循环经济的发展，从而促进白酒行业经济增长模式的转变，实现全行业的可持续发展。

构建创新技术体系　实施循环农业战略

刘玉升

（山东农业大学环境生物与昆虫资源研究所　山东　泰安　271018）

摘　要　本文以大农业观为指导，以资源观为基础，在大农业领域引入循环经济概念，研讨了大农业循环经济理论体系，提出大农业发展应遵循生态系统的循环原则、对等开发生食物链和腐屑食物链、全面发掘动植物和微生物的资源功能，实施农业产业化、推行产业绿色化、构建农业产业链，实现数量生产、质量生产与生态环境保护之间的和谐发展，实现高效生产与绿色经济之间的统筹，对于达到农业生产的效益最大化与有害最小化的目标起到指导作用。

关键词　大农业观　循环经济　理论体系

农业是开发利用自然界生物资源、农业生物资源，或者可以理解为所有光合作用产物利用的一个产业部门，农业生产的对象包括可再生生物资源——动、植物和微生物[1]。农业的产生和发展导致了人类和社会制度的革命性变化，也为人类社会文明发展奠定了基石。因此，从根本上来说农业是人类社会发展进步的永恒主题。但是，自工业文明特征的18～20世纪、特别是20世纪70～90年代人类工业高速发展以来，随着世界人口的爆炸，粮食、能源、环境等危机日益加剧，产业结构不健全、产业内部循环联系不密切的传统农业难以应对新的发展形势，因而陷入了困境[2,3]。

美国著名的未来学家阿尔温·托夫勒在其专著中指出：21世纪是世界农业大变革的时代，将出现全球范围的“第三次浪潮农业”[4]。

一、大农业观

我国著名科学家钱学森院士是举世公认的“中国火箭之父”、“中国导弹之父”，同样，钱学森院士提出的大农业观对于现代农业也具有重要的指导意义。

钱学森将迄今为止人类社会的产业革命划分为五次，第一次是原始农业革命，第二次是手工业革命，第三次是大工业革命，第四次是商品国际化革命，第五次是信息革命。钱学森认为大农业理论一旦付诸实践，将是第六次产业革命的开始，并明确提出“21世纪30年代，人类社会将进入第六次产业革命，即现代生物科学技术革命，主战场在大农业”[5-11]。

包建中提出“三色农业”理论，将微生物资源产业化称之为“白色农业”[12,13]；刘玉升以生态学的腐食食物链理论为基础，提出“构建腐屑生态体系、开辟农业生产新战场”的观点[14]；并论述了大农业的构成[15]。大农业观由三色农业体系与腐屑生态体系构成，各组成部分相互依存、相互渗透、互为资源、互为条件，有时也存在重叠或交叉重叠的复杂关系。

以大农业理论为指导，全面开发生食食物链和腐屑食物链，使大农业资源体系中提供经济产品的每一环节所辅产的非经济产品均成为下一环节的利用“原料”，形成范围大小不同、层次高低不同的循环利用途径，最大限度地获取符合人类利益要求的经济产品，将排除“废弃物”所导致的“环境污染”。大农业理论全面指导人们不但对由三大生物资源构成的生食食物链，而且应对以腐屑为链端的腐食食物链进行全面开发，同时充分发掘其生态循环转化功能，促进生物质资源的再生和可持续利用。我国许多专家学者对现代化农业的发展浪潮发表观点，分析现代农业发展的困境并提出积极的对策[16-20]。

二、大农业与循环经济

循环经济的概念出现于20世纪90年代后期的工业化国家，它是相对于传统经济而言的一种经济形态，代表了一个新的发展趋势，源于环境科学领域的范畴。其基本含义是指：通过废弃物或废旧物资的循环再生发展经济，使生产和消费过程中投入的自然资源最少，向环境中排放的废弃物最少，对环境的危害或破坏最小，即实现低投入、高效率和低排放的经济发展。

循环经济，既是人类对难以为继的传统发展模式反思后的创新，又是社会进步的必然产物；既是废弃物管理战略转变的需要，也是产业链的有机延伸。循环经济的理念核心是把传统“资源—产品—污染排放”的“单向单环式”的线性经济，改造成“资源—产品—再生资源—产品—再生资源”的“多向多环式”与“多向循环式”相结合的反馈经济及循环经济的综合模式。

循环经济所倡导的以生态学理论基础的经济发展模式对人类经济活动与生态环境的融合起到了指导作用。循环经济理论是经济发展与生态环保“双赢”的理论，它改变了经济增长只能靠消耗和枯竭生态环境资源和资源、能源不间断地变成废物来换取经济发展的传统模式，提出了一个资源和生态环境融合发展的新经济模式。在大农业生产领域中引入循环经济的理念，必将促进农业生产与生态环保的融合，优化农业生态环境，真正实现农业的可持续发展。

（一）大农业循环经济理论基础

大农业循环经济的理论基础是生态学原理。从生态学角度分析，自然界生态系统中包含一个循环原则，两条食物链，三大生物资源。

一个循环原则就是自然界中的各类生物依据生产—利用—分解转化功能之间的关系，生生不息，无限循环。生态学上将来自植物的食物能转化为一连串重复取食与被取食的有机体，称作食物链，每一次转化，大部分的潜能（80% ~90%）化为热消失了。在已有几十亿年历史的地球上，大自然经过长期的淘汰和适应，已为每一个物种规定了其食物和不可逾越的行为规范，形成了“正规的食物链”，通过生物小循环和地质大循环而往复永续。正常的食物链顺序中的梯级或环节的数目是有限度的，通常为4 ~5 级。食物链越短（或者有机体越靠近链的开端），可用的能量就越大。食物链分为两种基本类型，放牧（生食）食物链（qrazing food Chain），以绿色植物为基础到食草动物（即以活的植物为食的动物）进而到食肉动物（即以动物为食），这条食物链是人们获取蛋白质的传统途径；腐屑食物链（detritus food Chain），从死的有机物到微生物，接着到摄食腐屑生物及它们的捕食者。在成熟的生态系统中，缓慢地消耗腐屑是异养生物利用初级生产的主要途径[17]。因此，人类通过开发腐屑食物链，能够从自然系统中获取相当可观的收获，应视之为与生食食物链相并行的农业生产途径，这样做对生态系统的改变并不大，而且具有补充和调节的价值。构建腐屑生态系统，开发腐屑食物链，开辟人们将各种废弃物资源化的技术途径，是促进大农业循环经济发展的重要理论与技术领域。我国古代对食物链的认识及其在农业上的应用已有相当高的水平[21,22]。

（二）大农业循环经济理论的目标

大农业循环经济理论的目标是将循环经济理论引入大农业领域、指导组织农业生产，实现大农业生产的效益最大化与危害最小化，达到生产和生态环境保护相容的理想状态。目的是从根本上降低经济活动对生态环境的破坏，保护并改善农业生态环境。通过对资源的再使用（Reuse）和再循环利用（Recycle）促使污染或废弃物减量化（Reduce），以实现经济的可持续发展。

从生产形式与产出角度分析，高度集约化农业生态科技园追求的环境目标应是“零排放”，即在现有技术经济条件下，将有利用价值的废物都作为“资源”利用起来。从投入角度分析，农业生态园追求“减材料化”（Dematerialization，或称非物化），即在产出数量和质量不变的条件下减少农业生态系统外部投入（特别是化学农药、化肥、植物或动物生长调节剂等），同时不影响产品的质量。

传统农业的生产对策目标单一、一步到位、浪费过程资源，是违背生态学规则、以生态环境破坏为代价、掠夺式的生产方式；在现代农业生产形势下，应该将“单向单环式”的农业生产对策改变为“单向单环式”、“单向多环式”、“多向多环式”与“多向循环式”相结合的综合模式，采用绿色经济型、资源可再生利用的、促进循环经济发展的生产对策。实现农业产业化，产业多元化，由农业产业链构成产业网，使能量流、物质流循环、稳定、动态地流转，促进大农业循环经济的发展。

三、大农业循环经济的资源观

（一）资源与生物资源的概念

资源（Resources）的最一般的释义就是资财的来源或者是财源，是指自然界及人类社会中一切能够形成资财的要素。可以理解为，资源是指在一定的社会经济技术条件下，人们所发现的有用且稀缺的物质、能量及其功能的总和，它们往往以原始（自然）状态进入生产过程或直接进入消费过程以提高人类当前或未来的福利。资源所具有的属性：①有用性即使用价值；②稀缺性；③动态性；④天然性。

生物资源是资源存在的形态之一，由植物、动物、微生物等要素构成，根据其可更新特征可认为其是可再生性资源。生物资源可以自己再生产，但其再生或恢复存在着临界点。动、植物资源的部分种类已被人类开发转化为以种植业和畜牧业为中心内容的传统农业，微生物资源是至今尚未被人类充分开发利用的生物资源宝库，微生物的生态转化功能具有比资源价值本身更重要的作用，具有极大的开发价值[23]。

（二）腐屑资源

“腐屑”（或称碎屑），在此指工农业生产有机废弃物资源，在经济学意义上称为传统农业生产过程的非经济产品。该词引借自地质学，地质学上用以表示岩石分化后的产物，在农业生产过程中采用“腐屑”这个术语意指死亡有机体分解过程中的全部有机物质颗粒，对于农业生产系统来讲，也扩大至所有农业生产物的死亡有机废弃物资源。腐屑是用于生物界与无机界之间这个重要环节的现有术语中最为合适的（Odum and La Gui，1963）名词[15]。腐屑资源非常丰富，例如农作物秸秆、锯木屑、棉籽壳、甘蔗渣、糖渣、甜菜渣、沼气渣、造纸厂废浆渣、棉纺工业废短绒、各种酿造工业的下脚料、畜禽粪尿和褥草、屠宰场内肉类加工厂的废物、水产业的废物以及不同品种的食用菌栽培后的废弃基质等。在工农业生产过程中，有机废弃物的形成是一个必然的结果，关键在于寻求开发和利用腐屑资源的理论与技术体系[24]。

大农业循环经济需要形成全新的资源观，将人类盯在传统农业资源上的眼光挪开，开拓可资利用的农业生物资源范围，不断发掘新资源，二次资源利用，构建资源新结构，推进生物资源的循环利用。在充分发掘农业生物资源功能的同时，产业化实现其生态转化功能。

（三）现代农业资源开发利用

传统农业必须向工业型农业发展，资源耗费型农业必须向资源循环利用型农业转化，单一开发“生食食物链”的单线型农业必须同“生食食物链”与“腐屑食物链”对等开发的综合型农业转化，农业生产对策必须由“单向单环式”向“单向单环式”、“单向多环式”、“多向多环式”与“多向循环式”相结合的综合模式转变。

四、大农业循环经济的技术支撑

依据环境科学循环经济理论的理念，大农业循环经济的技术途径应是农业的清洁生产和绿色制造（产后加工）。清洁生产是将污染预防战略持续地应用于生产过程、产品和服务之中，通过技术进步不断提高管理水平，提高资源的利用效率，减少污染物的产生及其对环境和人类的危害。所谓绿色生产是指综合考虑资源的优化利用和环境影响的加工系统，使农业产品从生产设计、生产过程、采获、加工、包装、运输、使用到废弃处理的整个生命周期对环境影响最小，不损害人体健康与环境，资源的利用效率最高。

（一）“工业型农业”——农业园区

“工业型农业”的含义是指在现代农业生产条件下，推进农业产业化，采取工业生产或工程管理的方式来组织引导并协调农业生产和经营；或者把农业作为一个工程，借鉴运用工程项目论证、立项、设计、施工、评估等办法，以市场为导向，优化资源配置，保证农业生产增产、提质、增效。“工业型农业”从管理上把农业当作工商企业一样的产业来对待，是对农业产业本质的一种认识论上的升华。生态农业科技园区是“工业型农业”的集中体现[25-28]。

（二）虫菌复合技术体系

将以农业有机废弃物资源为主体的生物质资源，采用祛味腐解菌剂处理加工成昆虫饲料，通过腐食性昆虫生产的方式，产生昆虫源蛋白和虫粪基生物强化有机肥等产品。如此，实现全物质利用，拓宽农业增效途径；同时，压低虫病源，奠定绿色植保的基础[29-32]。

五、大农业循环经济生产模式，导致农业生产对策大改变

农业生产对策的改变由“一步到位的单向单环式”的生产对策扩展为与“双向延伸生产对策”和“反向生产对策”并存的多元对策模式。现代农业生产对策的基础是选择生长迅速的、可食用蛋白质含量高的植物，即以单产和总产提升为追求目标。从植物保护科学原理分析，这也正是使这种农业很易于受昆虫和病害袭击的原因，而且还会受制于作物极限产量的限制。因此，我们越是选择多汁且生长迅速的植物，就越需要更多的投资进行病虫害防治工作，这种努力，反过来又增加了使农业经济产品中毒的可能性，进而危及人类本身。由此，我们可以实践延伸的或反向的对策，延伸的对策即为利用具有生态转化功能的微小生物（昆虫和微生物最为理想）或生物化学及分子生物学技术将传统农业生产的非经济产品再次转化为经济产品采用延伸的对策，对生物资源的利用方式，由一次性利用、一步到位的方式转变为多次利用、多层次循环利用的方式。相反的对策即选择对害虫基本上是不可口的，或者在生长过程中自身能产生系统的杀虫物质的栽培植物，然后把这些净生产在加工厂中用昆虫、微生物或化学的方法，使其成为营养丰富而可食的产品，推行绿色化学化和化学绿色化。将低质的粗饲料经过发酵生产青贮饲料就是已经广泛应用的反向对策的实例；利用虫菌复合技术体系或生物系统技术转化农业生产有机废弃物资源为虫粉蛋白和高效有机肥即是延伸对策的实例。

传统农业的生产对策是目标单一、一步到位、浪费过程资源的，在新的农业生产形势下，由于农业产业结构调整的力度加大，农业产业化的全面推进，应该将“单向单环式”的农业生产对策改变为“单向单环式”、“单向多环式”、“多向多环式”与“多向循环式”相结合的综合模式。

（一）“三全利用”对策

“三全利用”对策的含义是指全物质利用、全空间利用、全过程利用。

全物质利用是将现代农业理解为开发利用自然界生物、农业生物甚或所有光合作用产物的基础产业部门。在这种理念指导下，现代农业是没有有机废弃物存在可能性的。

全空间利用是指对于空间资源的开发利用，传统的间作模式，现代设施农业、立体生态农业都是全空间利用的表现形式。

全过程利用是指时间序列上的农业生产，传统的轮作模式、现代农业的先期育苗移栽等技术充分体现了全生产过程的产业利用。

（二）大农业循环经济是解决中国农业产业链断裂问题的对策

1. 中国农业产业链断裂现状

中国是一个农业大国，千百年来形成了一条虽然效率低下但十分完整的传统农业产业链，保

证了中国人生衍不息，成为一个人口大国。在人居、生产与自然环境三者一体化的世代，由于资源贫乏，任何物质都被视为资源。传统上，农作物收割以后，秸秆要被随即保存起来作为牲畜饲料原料，养殖的发展提供了有机肥，牲畜粪便有机肥与秸秆、杂草、落叶等混杂物又被返还农田，改善农田的墒情、肥力等条件。随着生活条件的改善、农业产业化推进和社会分工的精细化、技术的进步和劳动力结构的变化等因素，人居、生产与自然环境三者分离，而且这种趋势越来越严重。农作物秸秆等资源得不到充分利用，形成大量积压、腐烂，既不做饲料，又不用作肥料，形成了实质性的农业产业链断裂。

2. 中国现代农业产业链的构建

目前农业产业链断裂的现实已经成为现代农业发展的重要制约瓶颈，如何再次衔接农业产业链，就是实践现代农业的关键问题。为此，我们提出构建现代农业产业链的“三链合一”原则。“三链合一”就是“物质链、产业链、经济链”实现统一。

物质链，实质上就是生物链或食物链。农业生产是开发利用农业生物甚或光合作用产物的产业部门，物质链是农业产业化发展的基础。

产业链，即是在实现农业产业化过程中，将物质链中的某一个环节实现产业化，顺序的排列就构成产业链，形成以物质链为基础的农业产业结构。在大农业循环经济理论指导下进行农业产业化生产，必须具有系统观，将这一过程视为一个连续的产业工程，即使生产的每一环节全部产业化，使每一环节都具备良好的后备环节，形成一个良性运转的“产业链”。即农业产业化的实现不能以单项产业成功为目标，必须向“产业链”或“产业网”的目标实现迈进，农业“产业链”或“产业网”的形成有主动延展和被动拉开两种动力，无论是延展还是拉动，都必须以生态系统能流和物质流的流向作为形成农业产业链、产业网的依据。实现农业产业化，产业多元化，由农业产业链构成产业网，才可以保证使能流、物质流稳定、动态地循环流转。

经济链，就是将经济管理的理念体现在农业产业运行过程中，保证农业产业化推进过程符合经济学原则。

“三链合一”即“物质链、产业链、经济链”的统一，充分表达了农业生产是自然再生产和经济再生产的结合。

六、结论与讨论

大农业循环经济理论与技术体系的发展和完善，是由工业文明时代向生态文明时代推进的必然结果，大农业循环经济是绿色经济的重要形式之一，要求我们重新评价传统农业经济学的理论及其价值，从更高的层次上去认识人类社会的经济发展与生态社会建设的相互协调关系，建立正确的生产和消费模式。从目前绿色环保型农业、食品安全性要求、“工业型农业”的社会经济发展来看，当务之急是提高全民生态环境保护与资源意识，重新审视大量（多）生产、大量（高）消费、大量废弃的消费观点，提倡节约资源、保护生态环境，创立生态循环经济园区，建立循环型社会经济发展模式。运用循环经济理论，建立与经营适应市场化投资及运营机制的理念，建立和完善“废物”回收和管理、利用通道；减少排放和正确处理/处置日益增长的生活垃圾和产业废物，提高生产过程中废物循环利用水平，将废物的最终处理量降至最低。在大农业生产过程中大力推广清洁生产，实现生产过程的“3R”化，即污染减量化（Reduce），资源的再使用（Reuse）和再循环利用（Recycle），在大农业循环经济园区的基础上，建设区域性大农业循环经济圈。

大农业循环经济生产模式，更加深刻地揭示了农业生产的最根本特征，即以所有光合作用产物为资源对象，通过“三链合一”的运行，实现经济再生产过程与自然再生产过程的有机交织。人类对自然再生产过程的干预必须符合生物生长发育的自然规律，大农业循环经济生产又要求符合生态循环的自然规律，同时符合社会经济再生产的客观规律。

参考文献

[1] 翟虎渠．农业概论［M］．北京：高等教育出版社，1999.

[2] 梁鹰．中国能养活自己吗?［M］．北京：经济科学出版社，1996.

[3] 郑易生，钱薏红．中国问题报告：深度忧患——当代中国的可持续发展问题［M］．北京：今日中国出版社，1998.

[4] 刘林森．第三次浪潮农业［N］．科技日报，1999-3-30.

[5] 郑雄．钱学森给包建中写信——预言第六次产业革命将在中国发起［N］．世界信息报，1996-4-15（11）.

[6] 孙明泉．第六次产业革命是否已曙光初现［N］．光明日报，2003（B2）.

[7] 刘玉升．大农业循环经济理论探讨［J］．农业现代化研究，2003，24（专刊）：3-5.

[8] 霍玲．大农业理论指导下的循环经济［J］．地质技术经济管理，2003（3）：53-55.

[9] 孙明泉．积极迎接第六次产业革命的战略机遇［J］．经济学家，2004（3）：30-36.

[10] 程恩富，陶友之，孙明泉．第六次产业革命“预见”的内核、意义与不足［J］．经济学家，2004（6）：24-32.

[11] 钱学敏．钱学森的“大农业”观——建立农业型知识密集产业［J］．西安交通大学学报（社会科学版），2005，25（1）：51-56.

[12] 包建中．21世纪中国农业前景探讨［J］．中外科技政策与管理，1995，6：42-45.

[13] 包建中．中国的白色农业［M］．北京：中国农业出版社，1999：1-14.

[14] 刘玉升．构建腐屑生态体系开辟农业生产新战场［J］．农业系统科学与综合研究，2000，16（1）：57-59.

[15] 刘玉升．大农业——第六次产业革命的主战场［J］．山东农业大学学报（社会科学版），2000，2（1）：51-54.

[16] 刘玉升，包建中，周长路，等．“三色农业”与生物资源的可持续利用［J］．现代化农业研究，1999，20（增刊）：17-19.

[17] Wei Ling. “Three color” Revolution in Agriculture. 中国新闻周刊，1999，42（5）：8-11.

[18] 刘玉升，包建中，等．“三色农业”的系统观［J］．农业系统科学与综合研究，1999，15（4）：269-272.

[19] 王惜纯．席卷全球的农业新科技革命［J］．半月谈，1998（6）：52-53.

[20] 李伟．农业循环经济理论与发展生态农业的探讨［J］．江西农业学报，2007，19（4）：141-143.

[21] 游修龄．中国古代对食物链的认识及其在农业上的应用综述．农史研究文集［M］．北京：中国农业出版社，1999：419-428.

[22] 游修龄．传统农业向现代农业转化的历史启示——中国与日本的比较．农史研究文集［M］．北京：中国农业出版社，1999：249-261.

[23] 曲福田．资源经济学［M］．北京：中国农业出版社，2001.

[24]［美］Eugene P. Odum. 生态学基础［M］．北京：人民教育出版社，1981.

[25] 卞有生．生态农业中废弃物的处理与再生利用（第二版）［M］．北京：化学工业出版社，2005.

[26] 聂华林，高新才，张贡生．论工程农业［J］．农业现代化研究，1998，19（2）：89-92.

[27] 邓南圣，吴峰．工业生态学——理论与应用［M］．北京：化学工业出版社，2002.

[28]［美］劳爱乐．工业生态学和生态工业园［M］．北京：化学工业出版社，2002.

[29] 刘玉升，何凤琴．蝎子/家蝇［M］．北京：中国农业出版社，2003.

[30] 刘玉升．东亚飞蝗肠道细菌的研究［J］．中国微生态学，2007，19（1）：34-36，39.

[31] 刘玉升．蝗虫高效生产养殖与综合利用技术［M］．北京：中国农业出版社，2008.

[32] 刘玉升．黄粉虫生产与综合应用技术［M］．北京：中国农业出版社，2008.

基于循环经济的产业集群生态化研究
——以柴达木循环经济试验区为例

李　婷　段东平

（中国科学院过程工程研究所　北京市海淀区中关村北二条1号　100190）

摘　要　基于循环经济和生态系统思想，结合柴达木循环经济试验区的资源与经济现状，提出了产业集群生态化设计模式，最终从企业、集群、制度等层面提出实现产业集群生态化发展的实施策略。

关键词　循环经济　产业集群　生态化　柴达木

一、产业集群生态化的内涵

（一）生态化的定义

"生态化"意指将生态学原则渗透到人类的全部活动范围中，用人与自然协调发展的观点去思考问题，并根据社会和自然的具体可能性，最优地处理人与自然的关系。这一表述包含3层含义：生态化的根本目的是发展的可持续性；发展可持续性目的的实现需要生态化的全面性，即全面借鉴生态学中的有益部分；实现人类活动与自然系统的协调是生态化的重要方面。随后所提出的企业生态化、产业生态化等相关概念，针对经济发展中日益突出的生态环境问题，多强调模拟和借鉴生态系统中的物质能量循环链构建循环体系，以实现企业或产业体系中资源利用高效化、废弃物排放最少化、生态环境损害最小化，从而达到社会、经济和环境效益的最大化。

（二）产业集群的定义

1990年迈克·波特在《国家竞争优势》一书首先提出用产业集群一词对集群现象的分析。波特通过对10个工业化国家的考察发现，产业集群是工业化过程中的普遍现象。产业集群是指在特定区域中，具有竞争与合作关系，且在地理上集中，有交互关联性的企业、专业化供应商、服务供应商、金融机构、相关产业的厂商及其他相关机构等组成的群体。不同产业集群的纵深程度和复杂性相异，代表着介于市场和等级制之间的一种新的空间经济组织形式。

（三）产业集群的发展历程

从世界产业集群的发展变化来看，产业集群的发展轨迹表现为资源型（传统型）→产业型→网络型和生态型产业集群模式的演变趋势。随着经济发展阶段的演进，传统产业集群会逐渐显出持续发展动力不足的问题。目前我国传统产业集群由于缺乏科学的发展观念指导，忽视升级与转型，对资源开发采取"有水快流"政策，致使资源提前枯竭，导致各种经济、环境和社会等矛盾聚集爆发，这主要是由下列缺陷造成。

首先，传统的集群发展未考虑集群环境的负载容量和适宜密度，盲目扩大集群规模给环境带来了很大压力。其次，集群的产业链过于单一，生产者和消费者数量多，而分解者数量有限，集群生态系统稳定性较差。再次，集群内未引入循环经济观念，资源利用率低，浪费严重，且对生态环境造成严重损害，影响集群的可持续发展。最后，集群发展未考虑到集群内企业共生的关系。集群内个体缺乏整体的战略眼光，各自为政，集群内竞争效益逐渐大过协同效益。

传统的产业集群固然能使某些地区因区域经济的快速增长而带来物质和财富上的富足，但毫无节制地消耗自然资源的生产方式，已经使经济社会的发展面临着极大的瓶颈。可见，为了长远的经济成本和环境考虑，产业集群很有必要由线性经济向循环经济过渡，进行生态化改造，这对于区域实现经济又好又快发展，加速新型工业化进程有深远的战略意义。

（四）产业集群生态化的定义

从已有的文献来看，对产业集群生态化概念的阐述主要强调产业集群内物质能量循环体系的构建。这是产业集群发展中所面临的生态环境问题日益凸显的必然结果，有其重要意义。但综合考虑生态化概念的完整内涵、产业集群所体现的丰富生态属性及其可持续发展中面临的双重问题（自然资源环境方面的挑战，以及集群内部竞争、市场需求转变等方面的挑战），单从产业集群与环境间协调发展方面阐述产业集群生态化显得不够完善和全面。

笔者认为，产业集群生态化是指产业集群内的主导产业和相关产业甚至包括最终消费者，以“供应商—客户”关系通过“信任和承诺”或契约方式进行的基于资源高效利用的动态化合作过程，其运作的物质基础是生产和消费中产生的产品、副产品、待资源化物质和废弃物。这些夹带着生态化信息的物质以企业内部的清洁生产为契机，在专业分工链条上的生态协作和竞争的作用下，承担了主导产业的生态化职能；同时，它们在不同层次关联产业间的流通也实现了主导产业和关联产业间的生态绑定，促进了产业集群内生态架构体系效率的提升。在此基础上，产业集群凭借在区域发展中的辐射效应和扩散效应，将生态化的理念融入区域的经济体系和文化体系中，从而有利于形成“企业—主导产业—关联产业—产业集群—区域”的生态网络，也有利于产业集群自身的升级和区域竞争优势的培养。表现为在宏观上优化了产业结构，促进了生态化所赖以维系的物质流、信息流、能量流和价值流的合理运转；在微观上通过综合运用清洁生产、环境设计、绿色技术研发、资源循环利用和污染控制等手段，大幅提高产业资源能源利用效率，降低产业物耗水平、能耗水平和污染物排放水平。

此外，产业集群生态化在自然生态系统的规律和产业集群的组织构架相结合的同时，还要与当地的自然和社会基础条件相融合，发掘产业群落所产生的内生资源，建立良性循环的产业集群生态化过程。在生态化过程中，产业的发展以自然系统承载能力为限，对特定空间上的集群产业系统、自然系统和社会系统进行耦合优化，以实现特定区位上经济、社会、生态三者之间的整体协调与和谐发展。

（五）产业集群生态化与循环经济的关系

虽然循环经济和产业集群生态化属于不同层次的范畴，但两者之间却有内在的联系，即都以维系自然生态系统平衡为原则，来实现资源的有效利用和经济的可持续发展。循环经济与产业集群的耦合点是产业集群的生态化。辩证地来说，产业集群生态化是发展循环经济的组织依托和载体，循环经济是产业集群生态化的前提和基础，两者相互渗透，相互发展。并且，循环经济能够赋予产业集群生态化发展新的理念和特质，使产业集群生态化因循环经济而显示出强大的生命力和竞争力。同时，循环经济本质上是一种生态经济，是产业集群生态化的基本原则和理念，决定产业集群生态化的组织模式和目标，而产业集群生态化是循环经济得以实现的重要微观基础。

在产业集群的基础上发展循环经济，实质上是在原有专业化分工基础上引入新的分工角色。在集群中完成生产者、消费者、分解者的专业化分工，克服集群内物质循环缺陷和生态缺位，打通集群参与者的物质、能量、信息的流通渠道，建立企业间的合作共生机制，延长物质相互使用链条，优化整个集群内的循环经济网络结构，促使产业集群生态化升级和产业集群生态系统的建立。产业集群生态化不仅可以减少物质投入总量、提高资源利用效率、减少最终废弃物排放量，还可以发挥集群的协同效应，依靠协同进化机制来维护集群的稳定。

二、案例分析——柴达木循环经济试验区的产业集群生态化设计

柴达木循环经济试验区地处青藏高原北部，位于青海省海西蒙古族藏族自治州（简称海西州）境内。2005 年 10 月，经国务院批准，国家发改委等六部委批准将柴达木地区列为全国首批 13 个循环经济试点园区之一。柴达木地区地域辽阔，矿产资源丰富，在 20 多万平方公里的土地

上覆盖着密切关联的一些资源类型，比如石油天然气资源、盐湖资源、有色金属资源、煤炭以及其他非金属资源等。柴达木地区资源类型全、品位高、品种组合好、产业关联度高，相互间的融合性较强。资源的密集性和关联性，是产业集群生态化发展的基础。在发展循环经济的过程中，通过企业间的物质集成、能量集成和信息集成，很容易形成产业间的代谢和共生耦合关系。

目前，试验区内的电力、石油天然气化工、盐湖化工、煤化工、有色金属、建材等产业已横向链接起来，初步构建起了循环型产业链，如“油气—盐化工”产业链、“煤—焦—盐化工”产业链、“有色金属—天然气—盐化工”产业链和“铁矿—焦炭—钢铁”产业链，以便最大限度地做到“吃干榨尽，物尽其用”。目前，入驻柴达木循环经济试验区的许多大、中型企业已经能够对企业废弃物进行有效处理，加工再利用，在未造成生态环境大破坏的基础上取得了较好的效益。为了尽快实现柴达木循环经济试验区的产业集群生态化，更好地发挥试验区在国内众多循环经济产业园和工业园区中的科学示范作用，今后试验区的开发建设还需继续拓宽和加深产业网络的广度与深度。下一步需要充分利用天然气资源优势，就地转化为能源产品及化工原料，扩大生产规模，建设天然气能源、化工原料生产和供应基地，提高产品的附加值，构建起天然气—盐化工循环体系，促进各产业间融合，加快区域经济的发展。加大煤炭资源开发，以重点矿区为中心，以现代化矿井建设为目标，建设煤炭加工基地，从而构建煤—焦—化工和煤—盐—化工两条产业链。利用丰富的天然气资源发展综合利用产业，将盐湖化工产业与天然气化工及有色金属工业结合捆绑联产，利用天然气处理氯碱、有色行业的副产品，联产 PVC，钾肥与天然气化工产品尿素结合生产复合肥产品等。通过采取先进生产工艺和设备，充分利用和回收热能，节约能源，降低成本，在能源利用上进行循环利用。通过产业“链接”，形成多产业横向扩展和资源精深加工纵向延伸相结合的循环型产业链，以及副产物和废弃物资源相结合的资源循环圈，实现产业链接和生产要素的合理、有效配置，提高试验区资源的综合利用水平，以产业集群生态化来提升特色优势产业的整体竞争力。柴达木循环经济试验区的产业集群生态化设计方案见图 1。

三、柴达木循环经济试验区产业集群生态化实施建议

产业集群生态化改造过程是一个多方利益相关者共同参与的过程，就是要在集群内构建企业小循环、产业（区域）中循环、社会大循环的生态化共生网络，减少污染排放和能源损耗，缓解资源供求矛盾。这需要宏观、中观、微观的多层次推进和技术、制度、政策的多层面保障。

（一）企业层面

要实现生态化，必须树立经济与环境共同发展、资源永续利用的观念，从末端治理转变为源头控制，切实通过体制改革和科技进步，实现经济增长方式由粗放型向集约型转变。因此，产业集群生态化，首先应该在企业层面上实现清洁生产，即根据生态效率的理念，研发并推广清洁生产技术，减少产品和服务中物料能源的使用量，减少污染物排放，从全方位、多角度的途径实现生产过程节约资源与改善环境并行。其次，要对企业实行 ISO 14000 认证。反映企业环保意识的重要指标是企业能否通过 ISO 14000 认证。ISO 14000 环境管理系列标准对企业的清洁生产、产品生命周期评价、环境标志产品、企业环境管理体系加以审核，要求企业建立完备的环境管理体系，并且通过经常的检查和评审，使环境质量有持续的改善。

（二）集群层面

在集群层面，试验区政府需要通过招商引资或者出资帮助等方式，以达到现有集群生态化的目的。具体可通过以下两种操作方式实现：第一，通过贸易方式将产业集群内产生的废弃物和副产品变为其他企业的原料，或招募能吸纳集群中核心企业所产生“三废”的企业入围。以核心企业为中心，建设或吸收那些能将集群中企业所产生的废物或副产品作为自己原料的企业，即延伸产业集群的生态产业链条。以循环经济的思想为指导，扩展产业集群，改良其结构，形成一个

闭合的物质循环与能量交换系统。第二，建立虚拟的生态产业园，由不同地区同一生态链上的企业构成松散的合作关系，或由邻近地域的企业构成共生网络。柴达木地区地广人稀，由于地域的限制，可相互利用废料或副产品的企业可能不容易被规划于同一个集群内。那么，可通过各个地域的中介服务机构负责集中回收、交换它们所产生的废料。集群内企业可与集群外企业或相近的其他集群的企业之间耦合形成生态产业体系。

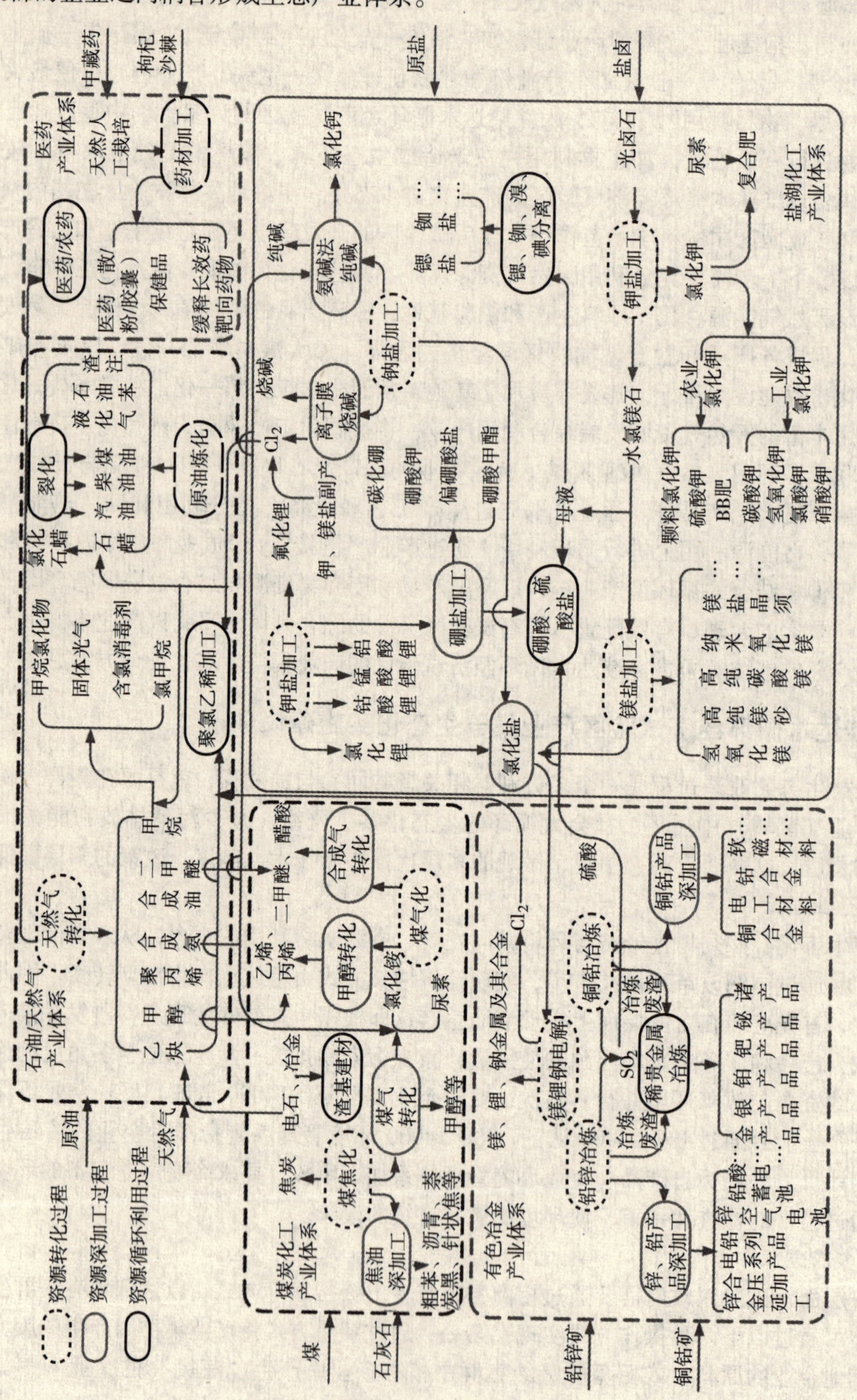

图1　柴达木循环经济试验区的产业集群生态化设计方案

此外，在引进新项目时，要求集群内企业必须保持一定的差异性，在集群规划中采取差异化战略。具体来说，就是要保持企业间产品和生产效率的差异性，避免因同质化导致恶性竞争而破坏集群产业生态平衡，政府可以通过鼓励创新、保护知识产权、加强质量监督等措施来实现。

政府组织工作应有重点的突破，合理选择重点领域工作，规划、实施示范项目，抓好循环经济示范企业，建设具有产业集群生态化性质的生态园区、废物处理区、节能示范区和废水回收区，推进工业和生活废物的回收产业体系。紧紧围绕抓骨干、高耗能企业，抓重点城市和抓重点区域来推进整个循环经济试验区的产业集群生态化发展进程。

（三）制度层面

要实现产业集群生态化需要政府通过体制、机制创新，为整个社会营造适宜的制度环境。只有将产业集群生态化实践活动置于市场经济体制中，遵从经济规律，按照市场化原则来运作和实施，才能使政府的主导推动力与企业的内在驱动力相结合，形成有利于产业集群生态化发展的合力。政府主要从三个方面对市场行为主体进行引导：

一是建立规范经济当事人行为的政策法规制度。具体来说，就是政府通过强制性的环境法规和环境标准等制度安排为市场经济活动划定边界，制订绿色评价标准，完善绿色管理体制，制定清洁生产标准，采用绿色 GDP 衡量指标。试验区政府可以运用清洁生产审计、环境管理体系、产品生态设计、生命周期评价等环境管理工具，依法对集群参与者的经营活动进行环境影响评价，加强对产业集群参与者的监督和测评，引导他们走上循环经济的轨道。

二是通过激励性、扶持性的政策措施和手段来引导经济活动向着产业集群生态化的目标发展。具体表现为，通过对产业集群生态化项目给予财税、投资、土地、信贷、价格等方面的财政补贴或税收优惠等经济手段，建立产业集群生态化发展的利益驱动机制和政策环境。

三是提供信息、技术与资金等方面的服务。首先要引入产业集群中介机构。在产业集群内实现循环经济，不可避免地带来了交易费用（主要是搜寻成本）的增加。在产业集群生态化的过程中，需要在集群内部建立信息中心、鉴证机构等中介组织，降低企业搜寻谈判的成本，同时建立监督机构，来降低企业之间执行合约的费用和违约带来的风险。另外，政府还可以统筹设立产业废物交换信息系统，促进集群参与者交流产业废物信息，使循环经济的“减量化、再利用、资源化”得以切实施行。其次，政府通过建立发达的专业技术市场，构建集群企业间分工合作的平台。为了满足集群与外界的物质信息交流，政府可以引进有创新能力的人才，建立专业化的产品交易市场、贸易洽谈会等，组织群内企业和研究机构与国际一流企业和科研机构形成“技术联盟”，通过联盟在集群内部实现知识的溢出效应，通过知识转移和知识共享，各企业吸收对其有用的知识后就有利于提高其自身竞争能力。

参考文献

[1] 王辑慈．创新的空间——企业集群与区域发展［M］．北京：北京大学出版社，2001.

[2] 成娟，张克让．产业集群生态化及其发展对策［J］．经济与社会发展，2006（1）：102－105.

[3] 李慧明，左晓利，王磊．产业生态化及其实施路径选择——我国生态文明建设的重要内容［J］．南开大学学报（哲学社会科学版），2009（3）：34－42.

[4] 陆辉，陈晓峰．基于循环经济理念的传统产业集群生态化研究——以江苏省南通市为例的分析［J］．生态经济，2009（10）：123－126.

[5] 吴飞美．基于循环经济视角的产业集群生态化探析［J］．东南学术，2008（6）：151－156.

[6] 吴松强．产业集群生态化发展策略：基于循环经济的视角［J］．科技管理研究，2009（7）：400－402.

[7] 武春友，吴荻．产业集群生态化的发展模式研究——以山东新汶产业集群为例［J］．管理学报，2009（8）：1066－1071.

稻壳综合利用在实现循环经济与节能减排中所起的作用

成如山

（湖南宁乡亮之星米业有限公司 湖南益阳市 410600）

摘 要 我国年产稻谷2亿多t，可得稻壳4000多万t，过去都是一烧了之，其CO_2排量达6000万t，还造成500多万t高品质SiO_2的浪费和污染。但若在全国推广我们研发的具有原创性完全自主知识产权的“稻壳综合利用技术”，每年不仅能生产800万t活性炭和500万tSiO_2及1000万t煤气，从而实现了稻米加工的完整生产链，既可减排$CO_2$3600万t，又可节约生产同样多活性炭和SiO_2所消耗的2000万t优质煤，还可减排$CO_2$3100万t。

一、稻壳的构造成分与其产品的优势

（一）经大量试验检测，自然、干燥、纯净稻壳内所含各成分的重量百分比

表1 稻壳构造成分的重量百分比

成分	碳	SiO_2	有机物	植物水	微量元素：钾、钠、钙、镁、锰、铁、磷、铝
重量比/%	20	14	30	34	2

由表1可知，从理论上讲，将1t稻壳缺氧闷烧（炭化与活化），能得到200kg活性炭、140kgSiO_2、300kg煤气、340kg植物水，但实际生产中只能得到这些产品的70%～90%。由表1又可知，用稻壳生产的活性炭、SiO_2等所有产品中，不含对人体和环境有毒有害的物质。稻壳活性炭的质量可与世界上最好的椰壳活性炭相媲美。

（二）稻壳过去都是一烧了之，如果在大气中焚烧，其中的碳与有机可燃性气体（如甲烷CH_4），都将生成CO_2而排放至空中

按下列燃烧方程：

$$C+O_2 \rightarrow CO_2\uparrow \tag{1}$$

$$CH_4+2O_2 \rightarrow CO_2\uparrow +HO_2 \tag{2}$$

$$2CO+O_2 \rightarrow 2CO_2\uparrow \tag{3}$$

可算出燃烧1t稻壳，可排放出CO_2：

$$X=44/12\times 0.18+44/16\times 0.30=1.48\ (t)$$

由此可知，全国每年焚烧稻壳的CO_2排放量达6000万t，浪费的SiO_2和植物水分别为500万t和1200万t。散落在大地上的SiO_2还会污染环境。

我们发明的具有原创性完全自主知识产权的“稻壳综合利用技术”（已申请了国家发明专利和国际专利，申请号分别为2009100437864和PTC），可将稻壳一次性制成活性炭、硅酸钾（钠）水玻璃或SiO_2或磷酸硅、煤气、无菌植物水（能止痒止痛治病），排放到大气中的只是少量水蒸气（煤气的余热几乎都被利用了）。这就能使每年减排CO_2 3600万t。

此外，目前国内90%以上的活性炭和几乎100%的SiO_2都是用煤烧制成的，所以，如果这些稻壳活性炭和稻壳SiO_2用煤来烧制，因烧制1t煤质活性炭要1t煤作为原料，还要烧掉0.6t煤，则每年要耗煤1280万t，其中烧掉480万t，产生$CO_2$1700万t；烧制SiO_2要烧掉煤500×0.8=400万t，产生$CO_2$1440万t。所以，用稻壳制活性炭和SiO_2取代用煤烧制活性炭和SiO_2，不仅提高了两者的品质和降低了两者的成本，还使CO_2减排了3000多万t，同时，每年还节约了作为不可再生能源的煤800万t。

由以上可知，本发明真正实现了稻米加工的完整生产链，达到了循环经济的要求。完全符合建立节约型和环保型的和谐社会的科学发展观的要求。

二、生产流程与设备

（一）技术流程路线

稻壳→除杂净化→提升入炉→炭化与活化→入酸或碱池浸泡或入反应釜煮洗→第一次过滤

→渣水洗干燥→入釜与碱煮反应→第二次过滤→渣水洗→干燥→磷酸煮

液（保存重复用）

液：水玻璃→SiO_2，

→第三次过滤→渣水洗→干燥→粉碎→包装

液（可重复用）

包装→入库

详细流程见图1。

（二）主要设备

1. 主要设备

（1）炭化与活化炉：自行设计与建造，已申请了国家发明专利和国际专利PTC。

（2）反应釜：购置与改进。

（3）真空过滤（固液分离）机，除真空泵外，其余自行设计制造。

（4）干燥与活化炉：自行设计与建造，已申请了国家发明专利。

（5）粉碎机：购置与改造相结合。

2. 炭化与活化炉

这是本技术能否成功的核心设备，具有原创性完全自主知识产权。

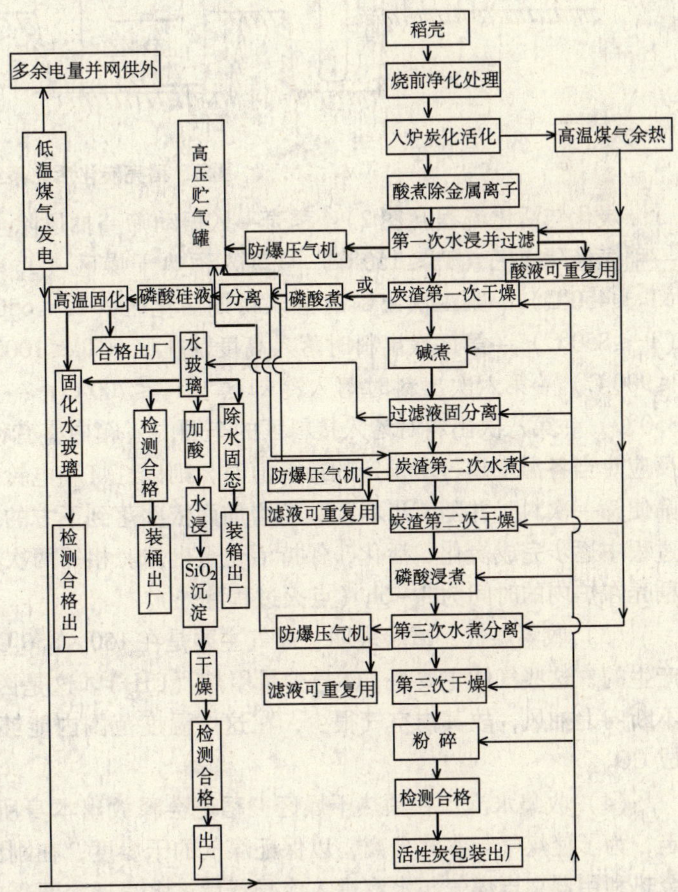

图1　稻壳综合利用——生产活性炭水玻璃二氧化硅磷酸硅及煤气发电流程图

（1）对炉体的主要要求：①炉膛能耐1200℃以上的高温，且炉的外表温度不能超过50℃；②除设计建造的通风口外，其余须密封良好；③炉体坚固，能耐振动筛的长期振动；④进料与出料及时顺畅；⑤炉内各温度应能用抽风量与振动筛来控制；⑥各区域温度应显示准确、正常；⑦各部分炭化与活化温度都均匀；⑧操作安全不起火、不爆炸、稳定、可靠；⑨出了问题应能及时发现与排除。

（2）炉的结构（图3）与各区域的功能及温度。

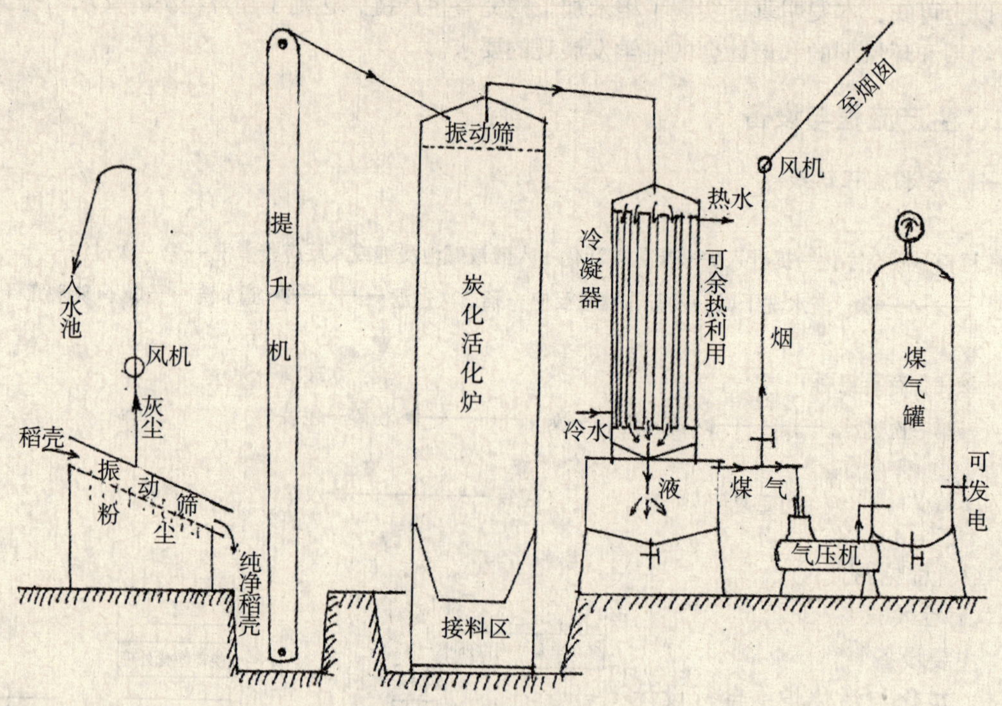

图2　稻壳炭化活化系统

炭化与活化流程（图2）：稻壳→入振动筛→抽风除尘过滤→提升入炉顶加料区→开振动筛→稻壳经隔离区（$T_9 \leqslant 150℃$）→落入预热干燥区（$T_8 \leqslant 250℃$）→第一次出料时落入炭化区（$T_7 \leqslant 450℃$）→第二次出料时落入初期活化区（$T_6 \leqslant 650℃$）→第三次出料时落入中度活化区（$T_5 \leqslant 850℃$）→第四次出料时落入高度活化区（$T_4 \leqslant 1000℃$）→第五次出料时落入保温区（$T_3 \leqslant 900℃$）→第六次出料时落入冷却区（$T_2 \leqslant 700℃$）→第七次出料时落入点火出料区（$T_1 \leqslant 350℃$）→第八次出料时落入接料区的车厢内（箱内盛有稀盐酸溶液）→入酸池浸泡搅拌或入釜反应。当各温度超过所预定的最高值时，则以红灯和电铃提出警告，每出一次料，加料区的振动筛便筛一次料，并随着出料次数的增加而依次落到下方的区域受热升温或放热降温，在相继下落过程中逐步完成炭化、活化，保持活化至出炉。相邻两次出料之间相隔的时间为20～50min，即稻壳在炉内的时间为3～6h（点火过程除外）。

（3）收集煤气：试验表明：煤气主要是在150～850℃（即干燥中区与炭化区及活化区）间产生的，这些气体主要是CO与少量甲烷（CH_4）。这是因为在这些区域盖有很厚的稻壳，又在不断向上抽风，故其内空气很少，在这个温度范围内能够而且只能够生成CO，而CO又无法生成CO_2。

（4）收集水汽：在预热干燥区，稻壳会释放出本身所存有的水分，与煤气一起被排烟机抽走，为了使煤气与水汽分离，以保证煤气的干燥度，在刚出炉顶的排烟管道部位安装了冷凝器或余热利用器，当煤气与水汽进入冷凝器后，水汽遇冷便凝成水而落入冷凝器下方的桶内，而含水量大为减少的煤，被压缩机吸走并压入煤气贮存罐内待用（如用来发电）。

3. 酸池

池内一般放置稀盐酸，当加入炭料后开始搅拌，目的是除去炭渣中的金属离子（变成表1中那些金属的氯酸盐，当过滤时被液体带走）。有时为了加速除去这些金属离子，也可将出炉的炭料和盐酸入釜进行加热反应。酸洗后用水洗至中性，再进行干燥。

4. 碱煮以收集水玻璃

碱可用 KOH 或 NaOH 或 Na_2CO_3 或 Na_2HCO_3，其用量由下列反应方程决定：

$$2KOH + 3.5SiO_2 \rightarrow K_2O \cdot 3.5SiO_2 + H_2O \quad (4)$$

1t 稻壳含 $SiO_2$140kg，由式（4）算出 1t 稻壳需要 KOH75kg，水溶液浓度约 15%。

$$2NaOH + 3.5SiO_2 \rightarrow Na_2O \cdot 3.5SiO_2 + H_2O \quad (5)$$

$$Na_2CO_3 + 3.5SiO_2 \rightarrow Na_2O \cdot 3.5SiO_2 + CO_2 \quad (6)$$

$$2NaHCO_3 + 3.5SiO_2 \rightarrow Na_2O \cdot 3.5SiO_2 + 2CO_2 + H_2O \quad (7)$$

分离 1t 稻壳中的 SiO_2，由式（5）、式（6）、式（7）可算出需要 NaOH 或 Na_2CO_3 或 $NaHCO_3$ 分别为 54kg、71kg、112kg，其水溶液浓度为 10% ~20%。

注入反应釜内搅拌并加热，反应后将其流放至真空过滤分离器内，将液（水玻璃）—固（活性炭渣）分离。液体再沉淀—真空过滤—脱色—高模数水玻璃。亦可在液固分离后加入盐酸使其生成白色沉淀物（SiO_2），再液固分离而得到高品质 SiO_2。

如果不生产水玻璃或 SiO_2，也可加磷酸铵生产水玻璃固化剂——磷酸硅。

$$4H_3PO_4 + 3SiO_2 \rightarrow Si_3(PO_4)_4 + 6H_2O \quad (8)$$

5. 生产活性炭

将上述炭渣水洗至中性，进行第二次干燥，再用稀磷酸水溶液入反应釜浸煮，其目的是第一，使炭渣中尚未与碱反应的 SiO_2 与 H_3PO_4 反应生成磷酸硅 $Si_3(PO_4)_4$，以提高活性类的纯度与吸附值；第二，利用 H_3PO_4 的强扩散力将炭粒上微孔、中孔、大孔内的堵塞物（固态、气态、杂质）清洗掉，以增加其比表面积，提高吸附值。煮洗完成后，流放至真空过滤器进行液固分离。其液体贮存以重复使用；炭渣再水洗至中性，进行第三次干燥活化，出炉后依需要决定是否粉碎或粉碎的粒度，包装入库。

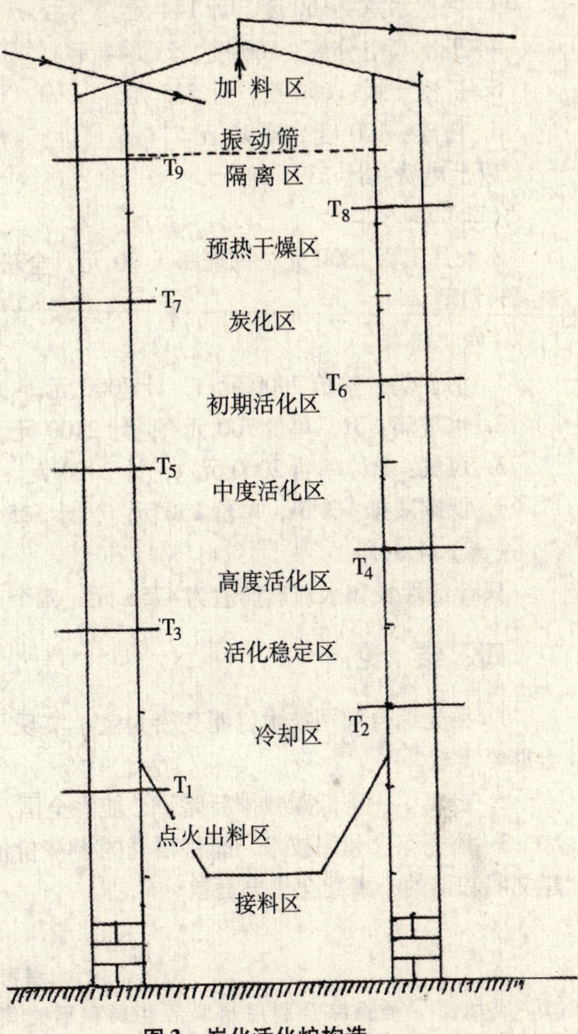

图 3　炭化活化炉构造

如果是用来压制稻壳活性炭型材，则在碱煮后不再水洗，让其中含有适量比例的水玻璃作为黏胶剂以便成型；用 H_3PO_4 煮后也不再水洗，让其中含有适量的磷酸硅 $Si_3(PO_4)_4$，使成型干燥活化后的型材不再被水解而损坏。这是因为 $Si_3(PO_4)_4$ 是水玻璃胶的最好固化剂。

三、成本与利润

以每个班（8 小时）生产 1t 活性炭（同时产 3t 水玻璃与 1t 煤气）进行概算。

（一）原材料成本

1. 稻壳：生产 1t 活性炭需 5.5t 稻壳，以单价 250 元/t 吨计算需要 1375 元。
2. 盐酸：需浓度 30% 的盐酸 200kg，单价 700 元/t，需 140 元，可重复用 3 次，计 50 元。
3. NaOH：需纯度 98% 者 320kg，单价 2500 元/t，计 800 元。

4. H_3PO_4：需浓度85%者80kg，单价5500元/t，需440元，可重复用3次，计150元。

5. 水：需10t，计15元。

以上原材料成本共计2340元。

（二）电费：平均电费以0.9元/度计算

1. 炭化与活化除尘、排烟：压缩机120度，计108元。

2. 两次反应釜：360度，计324元。

3. 两次水煮：160度，计144元。

4. 五次真空分离：160度，计144元。

5. 三次干燥：650度，计585元。

6. 粉碎：100度，计90元。

以上电费共计1395元。

（三）工人工资

8人月工资1800元，每班每人70元，全班560元。管理费、房屋设备折旧、税收除外，共耗4345元。

（四）产值

1. 活性炭：单价7000元/t，计7000元。

2. 水玻璃：3t，单价700元/t，计2100元。

3. 煤气：1t，单价2000元/t，计2000元。

4. 低碳减排：3.5t，单价150元/t，计525元。

（五）毛利润

只计活性炭和水玻璃产值为4755元。四个产品产值都计算共计7255元。

四、结　论

1. 稻壳综合利用技术，能变废为宝，实现了稻米加工的完整生产链，可为实现循环经济作出重要贡献。

2. 走出了一条低碳减排新路子，能为全国乃至全球创建节约型、环保型社会作出巨大贡献。

3. 稻壳综合利用技术，能将稻壳的经济价值提高数十倍，又能增加不少就业岗位，能为创建文明和谐的小康社会作出贡献。

参考资料

[1] 成如山．稻壳综合利用制取活性炭和稻壳焦油并联产水玻璃或磷酸硅的方法，发明专利公示号CN200910043786.4.

[2] 成如山．稻壳制取煤气、高档活性炭、水玻璃和磷酸硅的方法，发明专利，申请号201010253539.X.

[3] 成如山．稻壳炭中碳与硅的分离方法．发明专利．申请号201010253538.5.

[4] 成如山．一种用稻壳炭工业化生产磷酸硅的方法．申请号201010253317.8.

[5] 制取无定型炭黑和活性炭新工艺［P］．ZL93103043.9.

[6] 苛化煮解稻壳灰制备的高活性炭及其制备方法［P］．ZL99811256.9.

[7] 王刚，等．新型水玻璃耐水固化剂的合成研究［J］．哈尔滨师范大学自然科学学报，1993，13（3）.

[8] 活性炭标准　化学工业标准汇编　无机化工．北京：中国标准出版社，2003：245－286.

实施清洁生产，推动企业走资源节约、环境友好发展之路

彭晓成　郭庭正　路庆斌　杨俊峰

（中国环境科学研究院　环保部清洁生产中心　北京　100012）

摘　要　针对当前我国出现的资源环境问题，本文指出了企业实施清洁生产可以实现的目标，并提出了企业走资源节约、环境友好发展之路的具体实施途径。

关键词　清洁生产　资源节约　环境友好

一、实施清洁生产，有利于企业节约资源、保护环境

清洁生产是在长期工业污染防治进程中，人类社会对资源、环境与发展问题的认识水平不断深化中形成的一种综合性预防的环境战略，主要内容包括清洁的原料和能源、清洁的生产和服务过程、清洁的产品，其核心和目的就是要提高资源利用效率，减少和避免污染物产生，保护和改善环境，保障人体健康，促进经济与社会可持续发展[1-3]。

（一）实施清洁生产，有利于企业节约资源

清洁生产以减量化、再利用、资源化为原则，通过原辅料的提纯、稀缺资源的替代、物料的高效转化、副产物的回收与循环利用等措施实现资源的合理高效利用，可以帮助企业实现节约资源的目的，节省可观的生产和运行成本，促进企业集约增长[2,3]。2004 年，“国家环境友好企业”宝钢股份在推行清洁生产过程中，通过干熄焦余热发电、烧结烟气余热利用、高炉煤气发电等技术，回收余能总量折标准煤 93.98 万 t，占宝钢能源总使用量的 11.7%[4]。

（二）实施清洁生产，有利于企业保护环境

清洁生产以污染预防和全过程控制为原则，通过源头削减、过程减排和末端处理等措施减少污染物的产生和排放、减轻污染物的毒性，可以帮助企业实现保护环境的目的[3]，减少企业生产活动对周边生态环境的影响。东海粮油工业有限公司通过推行清洁生产，改进中和工艺，大幅度降低了生产过程中有机污染物排放量，和国内同行业的其他企业相比，企业中和废水 COD 浓度低 80% 左右，同时通过工艺参数的严格控制，减少溶剂排放 50% 以上。

二、企业实施清洁生产的具体途径和内容

20 多年来全球的研究和实践充分证明了清洁生产是有效利用资源、保护环境的根本措施，是实现企业可持续发展的重要手段和工具，也是 21 世纪工业生产发展的主要方向。围绕节约资源和保护环境，企业实施清洁生产的具体途径和内容主要有以下几方面。

（一）定期开展清洁生产审核，形成持续清洁生产能力

结合企业的实际情况，按照程序对企业进行清洁生产审核，通过对生产过程的调查和诊断，找出能耗高、物耗高、污染重的原因，并筛选和实施相应技术和经济可行的清洁生产方案[6,7]。在清洁生产审核中，通过边审核，边实施，企业可以及时取得成效，有利于企业建立清洁生产长效机制，形成持续清洁生产能力。清洁生产审核以企业自行开展为主，同时也可以委托专业咨询服务机构。

（二）应用生态设计的理论和方法，开发环境友好产品

在新产品开发及现有产品改良中，将生态环境因子作为产品设计的重要指标，应用生态设计

（绿色设计、生命周期设计等）的理论和方法，设计开发既能满足人类生产和消费需求，同时在整个生命周期过程中对环境影响又最小的产品，也即绿色产品[2]。目前，国内外已经成立了许多生态设计公司，相关国际组织和机构也制定了相应的技术文件和标准。

（三）采用先进、适用的工艺技术和设备，提高生产效率

采用流程简洁合理、工序衔接顺畅、反应条件温和的先进工艺技术，同时配套相应自动化程度高、运行稳定性和可靠性好的设备，提高企业生产效率，减少原材料的消耗和“三废”的产生和排放[3]。国家发改委等有关部门也发布了相关技术规范、名录和指南等，如《国家重点行业清洁生产技术指南》、《国家环境保护适用技术及示范工程汇编》，以指导企业选择先进、适用的工艺技术和设备。

（四）优化工艺参数，加强过程控制

结合企业现有工艺技术路线和设备等的实际情况，优化工艺参数，加强重点过程或环节的控制，如反应原辅材料的精准加入，反应温度、压力等条件的智能反馈控制，提高物料的转化效率，减少污染物的产生和排放[2,3]。在一些典型行业，过程控制投入占的比例非常大，如化工行业在25%左右。通过耦合在线监测、人工智能、信息化等技术，选择精密监测和控制设备，可以为企业构建先进的工艺控制系统，强化过程优化控制。

（五）完善环境管理体系，强化管理

借鉴先进管理理论和经验，完善企业环境管理体系，将环境管理落实到企业中的各个层次，分解到生产过程的各个环节，贯穿于企业的全部经济活动之中，与企业的计划管理、生产管理、财务管理、建设管理等专业管理紧密结合起来，提升企业的管理水平，保障企业取得更佳的环境绩效[6]。通过实施ISO 14000等可以帮助企业建立完善的环境管理体系。

三、结　语

面对当前我国资源短缺和环境污染的严峻形势，我们必须要清楚地认识到可持续发展的重要性，只有积极实施清洁生产，推动企业走“资源消耗低、环境污染少、经济效益好”的绿色发展之路，通过综合应用技术和管理措施最大限度地提高生产过程中资源的利用率，减少污染物的产生和排放，才能实现企业节约资源和保护环境的目的，才能保障企业基本的发展机会和发展能力[7,8]。

参考文献

[1] 中华人民共和国清洁生产促进法．主席令第72号．
[2] 奚旦立．清洁生产与循环经济［M］．北京：化学工业出版社，2005.
[3] 韩明汉，金涌．绿色工程原理与应用［M］．北京：清华大学出版社，2005.
[4] 中国清洁生产网：http：//www. cncpn. org. cn.
[5] 张天柱．从清洁生产到循环经济［J］．中国人口·资源与环境，2006，16（6）：169－174.
[6] 熊文强，郭孝菊，洪卫．绿色环保与清洁生产概论［M］．北京：化学工业出版社，2002：50－64.
[7] 左铁镛．科学把握循环经济内涵、促进人与自然和谐发展［J］．高等教育研究，2005，4（21）：3－7.
[8] 曹新．可持续发展的理论与对策［M］．北京：中央党校出版社，2004.

开展清洁生产是企业发展必由之路

——对某水泥企业清洁生产案例分析

喻　杰

（江西省环境保护科学研究院　南昌市江大南路280号　330029）

摘　要　阐述了清洁生产与末端治理的区别，并通过某水泥厂的清洁生产工艺分析及与国内其他同类规模水泥厂进行对比，体现了开展清洁生产的优势，证实了开展清洁生产是企业发展的必由之路。

关键词　清洁生产　末端治理　环保效益

一、清洁生产与传统污染治理方式的区别

清洁生产是在回顾和总结工业化实践的基础上，提出的关于产品和生产过程预防污染的一种全新战略。它综合考虑了生产和消费过程的环境风险（资源和环境容量）、成本和经济效益，是社会经济发展和环境保护对策演变到一定阶段的必然结果。与以往不同的是，清洁生产突破了过去以末端治理为主的环境保护对策的局限，将污染预防纳入到产品设计、生产过程和所提供的服务之中，是实现经济与环境协调发展的重要手段。国内外的实践表明，清洁生产作为污染预防的环境战略，是对传统的末端治理手段的根本变革，是污染防治的最佳模式。传统的末端治理与生产过程相脱节，即“先污染，后治理”，侧重点是“治”；清洁生产从产品设计开始，到生产过程的各个环节，通过不断地加强管理和技术进步，提高资源利用率，减少乃至消除污染物的产生，侧重点是“防”。传统的末端治理不仅投入多、治理难度大、运行成本高，而且往往只有环境效益，没有经济效益，企业没有积极性；清洁生产从源头抓起，实行生产全过程控制，污染物最大限度地消除在生产过程之中，不仅环境状况从根本上得到改善，而且能源、原材料和生产成本降低，经济效益提高，竞争力增强，能够实现经济与环境的“双赢”。清洁生产与传统的末端治理的最大不同是找到了环境效益与经济效益相统一的结合点，能够调动企业防治工业污染的积极性。

我国和其他工业国家一样，环境保护工作都经历过点源治理→综合防治、末端治理→全过程控制这样一个漫长的转变过程，这种转变付出了高昂而沉重的代价，而且治理效果并不理想。中国现行环境保护法律、法规体系和环境管理体系的重点是在生产、生活与环境的交互界面上，把保护环境的人力、物力、财力大多放在了生产过程的末端污染处置上。中国污染控制政策的主体，是以排放标准为依据的排污收费制度，尽管实践证明这一政策体系是有一定效果的，但在我国工业环境管理的实践中却面临越来越严峻的挑战。

清洁生产是要引起全社会对于产品生产及使用全过程对环境影响的关注。使污染物产生量、流失量和处置量达到最小，资源得以充分利用，是一种积极、主动的态度，是关于产品和产品生产过程的一种新的、持续的、创造性的思维，它是指对产品和生产过程持续运用整体性的预防战略。

从环境保护的角度，末端治理与清洁生产两者并非互不相容，也就是说推行清洁生产还需要末端治理。这是由于：工业生产无法完全避免污染的产生，最先进的生产工艺也不能避免产生污染物；用过的产品还必须进行最终处理、处置。因此，完全否定末端治理是不现实的，清洁生产和末端治理是并存的。只有不断努力，实施生产全过程和治理污染过程的双控制才能保证最终环境目标的实现。

二、某水泥厂清洁生产工艺分析

（一）先进的生产工艺技术

在工程设计中采用新工艺、新技术、新设备是实现清洁生产的基础，该水泥厂生产线采用的

窑外分解干法水泥生产工艺，是目前国内先进的水泥生产工艺，该工艺的先进性主要体现在以下几个方面：

1. 在工程设计中始终贯彻清洁生产的指导思想，选用“无废”、“少废”的工艺、技术及设备，加强能源、资源的综合利用。污染治理采取预防为主、防治结合的原则，最大限度地控制污染物的产生。

2. 从工艺设计开始，尽量减少生产过程中的扬尘环节，选择扬尘少的设备，生产中粉状物料输送采用管道、螺旋输送机、空气输送斜槽等密闭式输送设备，对需胶带机输送的物料，尽量降低物料落差，加强密闭，杜绝粉尘外逸；粉状物料储存采用密闭圆库，对煤、石膏、矿渣等物料的装卸、倒运及露天堆场等处考虑喷水增湿，并采用负压料仓，减少粉尘外泄。

3. 由于本工程选用预分解窑，物料与气体在窑内充分接触，有利于二氧化硫的吸收，根据瑞金一期工程和万年4JHJ窑扩建工程及类似工程的实测结果，预分解窑的吸硫率约为98%，经计算二氧化硫的排放量为6.19kg/h，分解窑吨产品二氧化硫的排放量仅为0.074kg/t。与类比调查企业的二氧化硫排放量5.74kg/h基本相当。

4. 本工程采用窑外分解技术，把50%～60%的燃料从窑内高温带转移到温度较低的分解炉内燃烧，因而NO_x气体的生成量比其他窑型低，据资料介绍，窑外分解窑（DD炉）废气排放的NO_x浓度为428.6mg/m^3，NO_x排放量为126kg/h，吨产品NO_x排放量为1.51kg/t。与类比调查企业的二氧化硫排放量166.8kg/h略有降低。

5. 本项目的生产用水采用自成循环排水系统，使水循环利用率得到提高，其中冷却水的循环率达到96%以上，本项目生产废水排放量仅为300m^3/d，单位产品废水排放量为0.15m^3/t，大大减少了水的消耗，节约了水资源，降低了工程对水环境的影响。

6. 石灰石的破碎就近设在矿区，减少了噪声及粉尘对人群的影响，尤其是采用皮带将破碎好的石灰石输送到厂区，并采用负压输送系统，不仅减轻了汽车运输时产生的扬尘，而且也避免了物料的飞撒，既降低了空气污染，又减轻了噪声对沿途声环境的破坏。

（二）能源、资源的综合利用

节约能源是我国国民经济发展的长期基本国策，作为单位产品能源消耗较大的水泥制造业，对合理利用与节约能源消耗将显得更为重要。本工程本着成熟可靠、先进合理的原则，采用节能与节电的生产工艺和高效低耗的装备，具体体现在以下几个方面：

1. 采用低热耗的窑型，本工程生产工艺核心——熟料煅烧系统，设计采用了单系列低压损型五级旋风预热器带离线喷腾管道式分解炉组成的新型干法窑，其单位熟料热耗在本项目仅为3052.86kJ/kg，这一低热耗指标，已优于当前国内众多水泥企业实际生产水平。

2. 综合利用生产过程中的废气余热是新型干法水泥生产技术的一大特点，本项目在设计中，一是充分利用窑尾预热器排出的大约340℃废气作为原料粉磨的烘干热源和冷却机排出的废气作为煤粉制备的烘干热源；二是采用新型控制气流篦式冷却机，可有效回收出窑熟料的热量，并大大提高二次风与三次风的温度，冷却机的热回收效率可达73%。

3. 精确控制燃煤量和改善燃烧条件，对于窑及分解炉的用煤选用精度高、运转可靠的转子式计量秤准确地称量，可根据生产操作要求而随需及时、准确地调节，确保喂煤的均匀，从而有效地控制住熟料煅烧热耗。

4. 减少设备及管道的表面散热损失，采用高效、优质的内保温与外保温材料，尽可能减少设备及管道的表面散热损失。

5. 五级旋风预热器采用低压损技术，其旋风筒的主要结构特征表现为大蜗壳、短柱体，同时又设了导流板、整流器等，因而系统阻力大大减低，这与传统技术的预热器相比预热风机的电耗可降低15%～20%。

6. 熟料冷却选用了新型控制气流篦式冷却机，其多余的废气量将比第二代篦式冷却机减少了0.4～0.5Nm^3/kg熟料，因而废气排风机的电耗可降低25%～28%。

另外，预分解窑、立窑、湿法窑以及干法中空窑等主要能耗指标对比情况见表1。

表1　各种窑型主要能耗指标对比情况分析

窑　型	熟料烧成热耗/（kJ/kg）	水泥综合电耗/（kWh/t）	劳动生产率/（t/人·a）
立　窑	＞950×4.18	～90	＜400
湿法窑	＞1400×4.18	～95	～500
干法中空窑	＞1300×4.18	～95	～400
预分解窑2000t/d级	～830×4.18	～100	＞2000
预分解窑4000t/d级	～740×4.18	～95	＞3500

（三）污染物排放水平分析

水泥生产过程中的各排尘点的原始产尘量一般占水泥产量的20%～30%，当采取妥善、合理有效的收尘措施后，排放的粉尘浓度一般均能符合排放标准的规定，目前我国水泥工业中，排放的粉尘量占水泥产量的0.05%～0.15%之间属较为先进的水平，江西省该水泥厂2条水泥生产线的排尘量分别为390.7t/a和379.2t/a，以设计规模年产水泥2×66万t的产量考虑，则该工程排放的粉尘量占水泥产量的0.059%（1JHJ线）和0.057%（2JHJ线），与国内同类企业相比较，处于先进水平，国内其他水泥企业排尘情况调研比较见表2。

表2　该工程与国内水泥企业排尘情况对比一览表

项目企业名称		水泥产量（万t/a）	窑型、工艺	排尘量占水泥产量的百分比/%
江西省某水泥厂	1#线工程	66	窑外分解	0.059
	2#线工程	66	窑外分解	0.057
江西万年青公司万年水泥厂	老生产线	110	湿法工艺＋窑外分解	0.20
	4#窑	71.74	窑外分解	0.12
冀东水泥厂	老生产线	129	窑外分解	0.06
	新建生产线	129	窑外分解	0.05
唐山启新水泥厂		74	窑外分解中空回转窑	0.21
某旋窑水泥厂		25	旋窑预分解窑	0.20

由表2可见，该水泥厂的2条窑外分解工艺水泥生产线粉尘排放量处于国内同类企业排放状况的先进水平。

另外就立窑与预分解窑对比而言，两者排放废气中主要污染物的排放状况对比情况见表3。

表3　立窑与预分解窑废气污染物排放状况对比表

	粉尘（g/kg熟料）	NO_x（mg/m^3）	SO_2（mg/m^3）
立　窑	1～2	1200～1500	50～200
预分解窑	0.1～0.2	400～700	10～40

三、开展清洁生产所带来的环境经济效益

本项目通过对相应的粉尘污染源进行治理，能有效地削减污染物的排放量，使污染物排放浓度和吨产品污染物排放量均能达到国家相应的排放标准，同时熟料生产线排放粉尘由治理前的1 110. 10t/d 下降到 1 104kg/d，下降了 99. 9%，水泥粉磨生产线排放粉尘由治理前的 312. 95t/d 下降到481. 85kg/d，下降了99. 85%，通过实施清洁生产工艺技术，使 SO_2 的排放量减少了98%以上，从而大大减轻了项目对周围环境空气的影响，具有明显的环境效益。

本项目环保投资经济效益主要来源于除尘器所收集物料返回各自相应的工序产生的直接经济收益。此外，由于采取了环保措施，保证了各污染源的达标排放，从而免交超标排污罚款等间接经济效益。两条生产线环保投资直接经济效益见表4。

表4　环保投资直接经济效益表

序号	污染源名称	收集物料名称	物料收集量/（t/a）	物料单价/（元/t）	物料价值/（万元/a）
1	石灰石输送	石灰石	2380. 45	12	2. 86
2	原料配料站	石灰石等	1845. 42	12	2. 21
3	原料粉磨	石灰石等	133910. 7	12	160. 69
4	生料均化	石灰石等	1194. 27	13	1. 55
5	生料入窑	石灰石等	2982. 25	13	3. 88
6	烧成窑头	熟料	17914. 48	127	227. 51
7	熟料储存及输送	熟料	3063. 87	127	38. 90
8	煤粉制备及输送	煤炭	17761. 94	230	408. 50
9	熟料散装	熟料	2877. 92	127	36. 55
10	水泥配料	熟料	1790. 73	127	22. 73
11	水泥粉磨	水泥	66778. 02	200	1335. 56
12	水泥输送及储存	水泥	10882. 79	200	217. 66
13	水泥包装及袋装水泥堆存	水泥	3573. 66	200	71. 47
14	水泥散装	水泥	6956. 70	200	139. 13
15	石膏、混合材破碎	混合材	994. 98	727. 16	
16	石膏、混合材储存	混合材	921. 96	726. 64	
17	矿渣烘干及输送	矿渣	5023. 19	17. 5	8. 79
合　计		280 853. 33		2 691. 79	

由表4 可以看出，本项目通过环保投资所产生的效益为 2 691. 79 万元，而熟料生产线全年的利润总额才 2 216. 35 万元，可以这么说，如果没有环保的投入，不光是环保通不过，就是经济上也是不可行的。

参考文献

国家环境保护总局科技标准司．清洁生产审计培训教材［M］．北京：中国环境科学出版社，2001.

Profibus 现场总线技术
资源循环利用自动控制系统的研究和应用

余晓林

（湖北稻花香酒业股份有限公司 宜昌市夷陵区龙泉镇 443112）

摘 要 “Profibus”是一种国际化、开放式不依赖于设备生产商的现场总线标准，湖北稻花香酒业股份有限公司与中船重工集团七一〇研究所联合研发，将“Profibus 现场总线”技术成功运用到白酒行业，研发经济适用的“资源循环利用自动控制系统”，实现资源循环利用和节能减排目标。

关键词 总线技术 资源利用 研究与应用

一、前 言

我国资源总量虽然较多，但人均占有量少。人均淡水资源量为 2 200m^3，仅为世界人均占有量的四分之一；人均耕地只有 1.4 亩，不到世界水平的 40%；人均森林面积为 1.9 亩，仅为世界人均占有量的五分之一；45 种矿产资源人均占有量不到世界平均水平的一半。节约能源资源，大力促进能源资源的高效利用和循环利用，是缓解能源资源约束矛盾的根本出路，是实现可持续发展的重要战略目标。国务院关于加强节能工作的决定指出：“必须把节能工作作为当前的紧迫任务。近几年，由于经济增长方式转变滞后、高耗能行业增长过快，单位国内生产总值能耗上升，能源消耗增长仍然快于经济增长，节能工作面临更大压力，形势十分严峻。充分认识节能工作的紧迫性，增强忧患意识和危机意识，增强历史责任感和使命感。”

实现企业经济的持续、快速、协调健康发展，必须把工作的重点放到优化经济结构、提高经济增长的质量和效益上来，切实改变高投入高消耗、高污染、低效率的增长方式，依靠科技进步和创新，构建资源节约的技术支撑体系，加大对资源节约和循环利用关键技术的攻关力度。推广应用节约资源的新技术、新工艺、新设备和新材料。大力支持资源节约和发展循环经济的重大项目建设，努力走出一条科技含量高、经济效益好、资源消耗低、环境污染少，实现清洁生产，达标减排的目标。取得最佳经济效益和社会效益。走新型工业化道路，实施可持续发展战略，促进经济、资源和环境协调发展。

湖北稻花香酒业股份有限公司与中船重工集团七一〇研究所联合研发的“稻花香白酒生产管理自动控制系统”将“Profibus 现场总线”技术成功应用到白酒生产自动控制管理和节能减排、资源循环利用自动控制管理系统，使大规模生产自动控制和资源循环利用自动控制成为现实，并解决了行业内许多历史上无法解决的难题，推动整个行业技术进步。

二、现场总线技术特点[1]

“Profibus 现场总线”是目前国际上通用的现场总线标准之一，以其独特的技术特点、严格的认证规范、开放的标准、众多厂商的支持和不断发展的应用行规，已成为最重要的和应用最广泛的现场总线标准。其特点是：开放性好。是一个完全开放，与制造厂商无关、无知识产权保护障碍的现场总线标准。

“Profibus 现场总线”安装在制造或过程区域的现场设备与控制室内的自控装置之间的数字式、串行和多点通信的数据总线称为现场总线。由于现场总线技术的出现，推动了现场智能设备和智能仪表的发展，促进了传统 DCS 系统和 PLC 系统的融合，并推动了 FCS（以现场设备为基础形成的网络集成式全分布控制系统）的出现、发展和广泛应用。

自现场总线概念提出以来，全球各大知名自控和仪表公司开发了数十种现场总线，目前在全球范围内被广泛认可的现场总线系统包括：PROFIBUS、FF、ControlNet、PROFINET、PNET 等十大总线系统。

稻花香酒业公司“资源循环利用自动控制系统”采用 Profibus 现场总线和西门子的主控设备，是安装在生产过程区域的现场设备/仪表与控制室内的自动控制装置/系统之间的一种串行、数字式、多点、双向通信的数据总线，是以分散的数字、智能化的控制设备作为网络节点，用数据总线相连接，实现相互交换信息，完成白酒生产自动控制系统研发并成功应用到资源循环利用自动控制功能的网络系统与控制系统。

资源循环利用自动控制系统 Profibus 总线结构，由现场级、控制级、操作和监视级、管理级四个层次构成。

（1）现场级主要由 11 个现场 I/O 站构成，每个现场子站的 I/O 模块连接该子系统的 I/O 设备。同时通过通信模块 EM200 连接至 Profibus 总线。现场站主要完成数据和设备的输出控制。

（2）控制级由西门子的 PLS（可编程控制器）315－2DP 构成。PLS 是控制的核心，控制算法的实现，数据的双向通信及总线的诊断等功能都由 PLS 来实现。

（3）操作与监视层包括现场触摸屏操作站、监控站和工程师站，是控制系统及控制子系统实现数据监视和设备操作的平台。触摸屏操作站主要分布在现场用于监控和操作本地设备；监控操作站是管理部门用于监控本部门或整个系统的设备；工程师站用于系统维护。

（4）管理级主要由控制系统数据库服务器构成。该服务器连接在以太网上，主要将控制级的数据向管理级传送，并加以分析整理，与企业管理信息系统连接，使控制系统信息作为管理信息系统信息的一部分，为企业的决策提供依据。

三、现场总线在资源循环利用自动控制系统中的应用

（一）余热综合利用[2]

稻花香酒业公司有 4 个酿酒车间，设有 4 个离子交换及总管网控制 I/O 站。I/O 站主要用于对离子交换设备的自动控制以及总管网流量及管网压力控制。通过自动循环加热和保温控制提高热效能，最大限度地降低锅炉燃煤用量。在锅炉节水管网中，将锅炉用水通过阴、阳离子交换器输送到酒甑冷却器对酿酒过程进行冷却，冷却过程中进行热交换，通过锅炉储水罐将生产班组的冷却水收集起来，提高到 60～80℃，提供给锅炉使用，提高了锅炉进水温度。I/O 站对水罐温度和余量进行实时检测，并根据锅炉车间的需要及时将热水通过保温管道输送到锅炉车间储水罐，同时自动记录输送给锅炉车间热水总量。该站通过 Profibus 总线实时向工程师站传送该站各种数据，并接收工程师站指令完成各种控制。

锅炉车间 I/O 站主要完成锅炉和除尘用水的补给和计量，并完成对输送各个酿造车间蒸汽的计量。正常运行时，锅炉用水主要依靠酿造车间的冷却余水，系统自动根据锅炉的用水量向酿造一车间和二车间 I/O 站发出用水请求保证锅炉用水，当冷却余水不能维持锅炉用水时，系统自动开启锅炉车间离子交换设备，向锅炉补水。运行过程中自动记录锅炉消耗冷却水和自来水的用量，并通过 Profibus 总线向工程师站实时传递报表数据和设备运行状态。操作人员也可在工程师站通过 Profibus 总线对该站设备进行操作控制。该现场站设备还可通过安装在控制柜的触摸屏就地控制，同时在触摸屏上显示本站的各种运行数据，如自来水用量、锅炉好水量、节水总量等数据。

稻花香酒业公司余热综合利用系统采用现场总线技术后，酿酒车间水源以车间本身的冷却水为主要水源，自来水为补充水源，酿酒车间冷却水经过各种过滤杀菌处理后，通过恒压供水方式供给 4 个酿酒车间循环使用，既节约了自来水用量，也降低燃煤用量。

（二）工业废水循环利用[2]

稻花香酒业公司有3个包装车间，车间洗瓶水日排放量为2 400t左右，占工业废水排放量的80%，排放的洗瓶水中污染物COD浓度为180mg/L。通过对洗瓶机进行改造升级，改直接排放为循环使用。系统第一次和第二次洗瓶水采用循环水，第三次用新鲜自来水，确保洗瓶质量，并将循环水集中回收净化消毒等处理继续循环使用，最大限度地提高工业废水利用率。

洗瓶水循环利用控制系统，共设4个功能相同的现场I/O站，每个I/O站主要用来完成控制该车间每台洗瓶机自动水循环和车间洗瓶水自动循环控制，系统自动记录每个生产车间及每条灌装线耗水量。工程师站运行在32位的Windows NT/ Windows 2000平台上，实现全系统的组态及监控功能，通过Profibus总线对所有现场I/O站设备进行控制并完成数据采集，对全系统设备的工作状态及工艺流程进行监控，并向用户提供各种数据报表。

除菌及包装车间循环水池I/O站，主要完成包装车间回收的洗瓶水除菌净化及沉淀自动处理，自动完成处理过程中自动加药等过程。经过除菌、净化处理达标的洗瓶水根据管网压力通过变频技术衡压向包装车间供水，实现循环利用。

Profibus现场总线技术在稻花香酒业公司应用，取得了良好的社会效益和经济效益。根据该公司资源消耗统计数据显示，2008年，公司节约燃煤20%，年节煤1200多t；包装车间洗瓶废水循环利用率达到64.28%，新鲜用水由140万t降低到50万t，年节约用水90万t，同时实现了年减排化学需氧量798t，单位产值能耗（t标煤/万元）降低4%，减少SO_2和烟尘排放量分别为19.31t、4.82t，达到了资源循环利用和节能减排的目标。

四、现场总线技术在实践中的应用及结论

在白酒行业，随着市场竞争的日益激烈，一些发展迅速的企业，迫切需要通过管理和技术的革新，使企业的规模和竞争力更上一个新台阶。稻花香酒业公司为了大规模提高产量、保证质量、提高生产效率，同时降低运行和管理成本、减少设备检修维护成本、缩短维护周期、实行状态检修，需要对设备状态进行监视，并将各工艺段自动化系统整合在一起。该公司采用的现场总线技术，不但使白酒勾兑的自动控制成为现实，并彻底解决了现场控制自动化孤岛问题和管理与生产的信息脱节问题。

稻花香与七一〇研究所应用“Profibus现场总线”技术联合研发的“稻花香白酒生产管理自动控制系统”获“湖北省重大科学技术成果”（湖北省科学技术厅2007.5登记号EK070574）。并获得7项国家“发明专利”和5项“实用新型专利”，该项技术填补了我国白酒生产行业应用中的空白[3]。

目前，全国大型白酒企业都在进行大规模的扩建和技术改造，“Profibus现场总线”技术具有极高的应用价值和推广价值，稻花香酒业公司将该技术成功应用到白酒食品行业，使大规模生产自动控制成为现实，将进一步促进行业实现现代化管理和经济的发展，同时，该公司采用“Profibus现场总线”技术研发的资源循环利用自动控制系统，对整个行业的生产自动化控制管理、节能减排及环境保护都有重要的意义。

参考文献

[1] 陈月婷，何芳．济南大学学报（自然科学版），2007（3）.

[2] 杜帮云，谢永文．稻花香白酒生产管理自动控制系统．2007.4.

[3] 中国科学技术信息研究所．科技查新报告《Profibus现场总线技术在白酒生产中的应用》．2007.3.30．编号：20071100100108.

从畜禽粪便环境污染浅析循环经济

陶建东　王修川

（吉林省固体废物管理中心　吉林　长春　130051）

摘　要　循环经济理论是治理畜禽排泄物环境污染的科学理论，畜禽粪便减量化、资源化、无害化的措施，对于缓解农村能源紧张状况、改善农作物质量品质、提高畜产品质量、优化人们生活环境、增强人民身体健康、促进农业可持续发展有着重大意义。

关键词　畜禽粪便　污染治理　循环经济

一、畜禽养殖业环境污染状况

据2007年的调查资料[1]表明：吉林省全年畜禽排泄物总量18 493.8万t，大部分规模化畜禽养殖场没有污水、固体废弃物处理设施，没有进行干、湿分离，管理粗放，畜禽粪便随意排放，臭味四溢，污水横流，既浪费了有机肥，又对环境造成了污染。

（一）污染水源

畜禽养殖场未经处理的污水中含有大量的污染物质，其污染负荷很高，高浓度畜禽养殖污水排入江河湖泊中，由于含N、P量高，造成水质不断恶化，导致水体严重富营养化；大量畜禽粪便污水排入鱼塘及河流中，使部分水生生物逐渐死亡，严重的将导致鱼塘及河流丧失使用功能。而且畜禽粪便污水中有毒、有害成分一旦进入地下水中，可使地下水溶解氧含量减少，水体中有毒成分增多，严重时使水体发黑、变臭，造成持久性的有机污染，造成原有水体丧失使用功能，极难治理、恢复。

（二）污染大气

畜禽养殖过程会产生大量的恶臭气体，还有粪污在堆放过程中有机物的腐败分解产生甲烷、有机酸、氨、醇类等200多种有毒有害成分，污染养殖场及周围空气。这些污染物除引起不快、产生厌恶感外，对人和动物有刺激性和毒性。有的物质还会损害肝脏、肾脏、长时间吸入恶臭物质可改变神经内分泌功能，降低代谢机能和免疫功能，使生产力下降，发病率和死亡率升高。同时恶臭气体严重影响养殖场员工的生活质量和工作效率。有的畜禽养殖场离居民生活区较近，由于恶臭污染问题，导致养殖场与周围群众关系十分紧张，有的引发社会矛盾。

（三）传播病菌

畜禽粪便中的污染物含有大量的病原微生物、寄生虫卵以及滋生的蚊蝇，使环境中病原种类增多，病原菌和寄生虫大量繁殖，造成人、畜传染病的蔓延。尤其人畜共患病时，会导致疫情发生，给人畜带来灾难性危害。“人畜共患病”是指那些由共同病原体引起的人类与脊椎动物之间互相传染的疾病。

（四）危害农田

高浓度的畜禽养殖污水长期用于灌溉，会使作物徒长、倒伏、晚熟或不熟，造成减产，甚至毒害作物出现大面积腐烂。此外，高浓度污水可导致土壤空隙堵塞，造成土壤透气、透水性下降及板结，严重影响土壤质量[2]。

二、循环经济理论与畜禽粪便环境污染

（一）循环经济的意义

循环经济以可循环资源为来源，以环境友好的方式利用资源，把清洁生产、资源综合利用、

生态设计和可持续消费等融为一体，并运用生态学规律指导人类社会的经济活动。

循环经济发端于传统经济，是对传统经济的反思、否定、创新。与传统经济相比，循环经济具有更多的优点，是一种更高级更先进的经济形态。

传统经济是一种以“资源—产品—污染排放”所构成的物质单向流动的经济，人们通过持续的、高强度的把资源转化成废弃物来换取经济的数量型增长，其特征是高开采、低利用、高排放。循环经济则是一种建立在物质不断循环利用基础上的经济发展模式，它要求把经济活动按照自然生态系统的模式组织成一个“资源—产品—再生资源”的反馈式流程，所有的物质和能量要在这个不断进行的经济循环中得到合理和持久的利用，从而把经济活动对自然环境的影响降低到尽可能小的程度，其特征是低开采、高利用、低排放，是一种与环境和谐的经济发展模式。它能从根本上消解长期以来环境与发展之间的尖锐冲突，实现经济和环境发展的“双赢”[3]。

（二）循环经济的原则

循环经济模式是可持续的生产和消费模式，遵循“减量化（Reduce）、再利用（Reuse）、再循环（Recycle）”（称为“3R”原则）的基本原则。

第一，减量化原则就是要将物质流和能量流在达到等效服务的情况下减到最少。由于技术的进步，使得生产出重量较轻或体积较小的产品成为可能，从而使这些小巧轻便产品为人们提供更好的服务，同时减少了物质和能量的使用。

第二，再利用原则要求物品以最初的形式被多次使用，通过再使用，可以使物品不过早地成为垃圾。它要求生产者将产品设计得更为合理，使之能够被反复使用，再利用原则还要求生产者尽可能延长产品的寿命。

第三，再循环原则要求产品在完成使用功能后能够变成可利用的资源。按照循环经济理论，生产者生产出来产品只是完成了一半的任务，还要能够提供产品使用完如何处理的设计。再循环有两种情况：一是原级再循环，即废品被再用来生产同样的新产品；二是次级再循环，即将废物资源转化为生产其他产品的原料。由于原级再循环在减少原料消耗方面比次级再循环高得多，因而是循环经济追求的理想境界。

“3R”原则构成了循环经济的灵魂，循环经济要求避免废物产生为优先目标。减量化原则是循环经济的第一法则，再使用原则和再循环原则只是所使用的方式方法的问题。因此，“3R”原则的顺序应是“减量化—再使用—再循环”[4]。

（三）畜禽粪便资源化在循环经济系统中的运作流程

畜禽粪便资源化的利用在参与畜禽养殖与生态环境链条中循环流动时，延缓了对生态环境的输出过程，对畜禽养殖与生态环境链条中所输出的畜禽粪便进行环境无害化处理，使之以生态环境能够容纳的形态重新流回生态环境系统中。畜禽粪便在资源化利用链条中与生态环境系统之间的循环流动，是一种深层次的循环，这种系统与系统之间的物质循环，实际上体现了畜禽粪便在循环经济过程中的减量化、再利用、无害化的原则。它将畜禽粪便资源化利用链条作为子系统和谐地纳入生态环境系统中，促进两个系统的协调共生。这种方式能够减少对自然资源的索取，更有效地利用畜禽粪便，化为可以继续利用的资源，形成“资源—产品—再生资源—再生产品”的物质流动闭合回路，最终顺畅地进入生态环境系统中，降低畜禽粪便对生态环境的影响，为生态环境减轻负担，并且提供自我恢复的空间。

（四）畜禽粪便减量化、资源化措施

1. 提高畜禽粪便饲料化

（1）提高饲料的利用率　我国畜禽饲料生产技术与发达国家相比存在差距，大量的饲料未被畜禽消化吸收而排出体外，既浪费了饲料又污染了环境。因此提高饲料的利用率，研制先进的生态营养饲料，达到卫生、安全、营养的效果，降低畜禽单位生长量的物质和能源的消耗，降低生产成本，减少粪尿等废弃物的产生量，对畜禽养殖业的源头进行污染控制。

（2）粪便用作饲料　畜禽粪便中的鸡粪较为适合加工成牛饲料。鸡粪中的粗蛋白含量、氨基酸含量不低于玉米等谷物饲料，此外还含有丰富的微量元素和一些未被识别的营养因子。

（3）使用绿色饲料　长期使用高剂量的铜和锌，大量的重金属随粪便排出体外，对生态环境存在着一种潜在的污染影响，应该尽量使用不含高铜、高锌的绿色饲料。另外，在饲料中添加丝兰属植物提取物时，可明显减少粪中的氨气及硫化氢等臭气的产生，减少量达 40% ~60%，大大减轻了养殖场周围的恶臭味[5]。

2. 提高畜禽粪便肥料化

畜禽粪便是一种有价值的资源，它包含农作物所必需的氮、磷、钾、有机物和蛋白质等多种营养成分，经过处理后可作为肥料和饲料，具有很大的经济价值。畜禽粪便和废水含有很高浓度的有机物，易于进行生物厌氧处理，回收具有能源价值的沼气，经处理后的排水可用于农业灌溉和生产杂用[6]。

3. 提高畜禽粪便资源化

厌氧发酵产沼：厌氧发酵主要分为液化、产酸和产甲烷 3 个阶段进行。厌氧发酵工艺是微生物在厌氧条件下，将有机质通过分解代谢，最终产生沼气和污泥的过程。厌氧发酵处理高浓度猪场污水，自身耗能少，运行费用低，而且沼气是极好的无污染的燃料，有一定的经济效益[7]。

三、畜禽粪便资源利用存在的问题

（一）缺乏可操作性的法律法规

环保部先后于 2001 年、2002 年分别出台了《畜禽养殖污染防治管理办法》和《畜禽养殖污染排放标准》，但对限制排放和鼓励治理的可操作性不强，况且实行达标排放在生产实践中很难做到。吉林省尚未有可供操作的规章制度和实施办法。

（二）缺乏污染治理的鼓励措施

税收、信贷、用地、用电、补偿等方面没有相应的优惠扶持政策，从而导致商品有机肥价格居高不下。

（三）缺乏合理规划与布局

畜禽养殖业发展和污染治理缺乏全局性规划和布局，畜禽规模养殖场（户）的建设发展尚未完全纳入统一的审批管理，致使农村生态环境较脆弱，污染容量较小的地区盲目发展了畜禽规模养殖项目，部分饮用水源保护区域亦发展了规模畜禽养殖场，给水源地和周边环境带来严重影响[8]。

（四）投入不足，技术研究滞后

畜禽养殖污染排放量大、浓度高，如果依赖于工业化达标排放处理既不经济，也不符合目前农村实际条件。因此，只能走资源化利用的路子。但是投入不足，经费匮乏，致使污染治理基础设施缺乏规模，技术研究严重滞后，农艺、工程措施研究示范规模较小，示范推广力度不够。

四、减少环境污染源促进吉林省畜禽排泄物资源化的几点建议

（1）制定符合吉林省实际情况的地方法规或规章，深入宣传，积极引导，提高养殖者对污染治理工作重要性的认识。利用电台、电视、报纸、网络等宣传媒体，对养殖污染的危害、《畜禽养殖业污染物排放标准》、《畜禽养殖污染防治管理办法》、《畜禽养殖业污染防治技术规范》、沼气工程建设效益等加大宣传力度，使治理畜禽污染精神深入人心。

（2）税收、信贷、用地、用电、补偿等方面应有相关的优惠扶持政策，建立激励机制，对自觉治污的养殖场（户）给予更多的优惠和补助，对污染严重而又拒不采取治理措施的业主予

以处罚，以确保整治目标的实现。

（3）畜禽养殖业发展要有全局性规划和布局，加强管理，实施种、养区域平衡一体化政策。在发达国家，畜禽业发展绝大多数属于既畜养又种植的模式，他们有充足的土地可以消化畜禽粪便。如荷兰全国只有4个大型农场，整个农业、畜禽业分散在全国13.7万个家庭农场中，产生的废弃物可自己消化。

（4）加强在技术上进行革新和注重终端产物的利用

①利用畜禽粪养殖蚯蚓

蚯蚓养殖的方法很多，有简易养殖法、肥堆养殖、塑料大棚养殖（工厂化养殖）、越冬养殖、田间养殖、垃圾处理养殖、立体多层箱养殖等。简易养殖适合于农村集体或个体养殖，可充分利用房前屋后、庭院空地及木箱、筐、罐、盆、池等容器；肥堆养殖主要利用果园、桑园、饲料园、菜园、大田等园地，有条件、规模较大的企业可以进行大棚工厂化养殖提高效率。

②采用好气或嫌气生物活性系统及在农田撒施等方法处理畜禽粪尿。欧洲已应用生物处理法，一些大饲养场开始修建蓄水池，截留暴雨溢流，并将清洗畜栏后的废水集中蓄入，经过沉淀、曝气等作用后，用泵打入喷灌系统，灌溉农田、草坪（地）和牧场。畜禽粪尿中含有大量粗纤维、蛋白质、糖类和脂肪类物质，其成分与人工合成的废物明显不同。它们在自然界易于分解，并参与物质再循环过程，充分利用这些循环途径，既能利用粪尿中的营养物质又免予对环境的危害。

③利用沼气池处理畜禽粪便，是小规模化养殖业处理畜禽废弃物的好办法，也是对无害化进行处理和综合利用的有效途径。如年出栏500头生猪规模的养殖户可建30 m^3 体积的沼气池，按每立方米造价450元计算，投入3万元即可处理年出栏500头猪的粪便，所产沼气可作燃料、照明、发电等，且清洁、卫生、无污染。

④畜禽生长的过程所需营养物质是由原料转化而来的，家畜粪便中所含的N是由日粮蛋白质转化而来的。畜禽粪便中的重金属元素，如铜、锌主要由日粮中铜、锌添加剂转化而来。一般来说，畜禽排泄物的成分与畜禽机体状态、营养平衡情况、营养物质可利用率有关。为了减少畜禽排放物中的N、P质量分数，应依据环境营养学和生态营养学的“环保配方”知识，将其应用于畜禽营养领域，以提高饲料转化率[9]。

（5）明确农业部门和环保部门之间的职能，加强各部门协调和职能部门监管力度，积极推进畜禽养殖污染治理和资源化利用。

参考文献

[1]《吉林省畜禽粪便污染环境状况调查与对策报告》吉林省2008年科研成果．

[2] 李建华．畜禽养殖业的清洁生产和污染防治对策研究［J］．浙江大学学报，2004.7.

[3] 刘红侠，陶建国，王建芳，等．畜禽养殖业污染与循环经济［J］．污染防治技术，2003，16（3）．

[4] 潘涌璋．面向循环经济的畜禽养殖发展思路［J］．家畜生态，2004，25（4）．

[5] 曾正清，孙振钧，THEOVAN KEMPEN. 牛粪和蚯蚓对猪排泄物中臭气化合物产量的影响［J］．中国农业大学学报，2003，8（3）．

[6] 彭里．畜禽粪便环境污染的产生及危害［J］．家畜生态学报，2005，26（4）．

[7] 钱午巧．包武．陈彪．利用厌氧发酵技术综合治理畜牧业污染的探讨［J］．福建能源开发与节约，2003（3）．

[8] 孙胜龙．高龙君．隋延婷，等．吉林省畜禽养殖业的环境问题及防治技术［J］．生态环境资源，2004，13（3）．

[9] 相俊红．胡伟．我国畜禽粪便废弃物资源化利用现状［J］．现代农业装备，2006（2）．

生态文明新理念

许振成[1]　张修玉[1,2]　胡习邦[1,2]　赵晓光[1,3]

（1. 环境保护部华南环境科学研究所　广州　510655；
2. 中国科学院广州地球化学研究所　广州　510640；
3. 中国环境科学研究院　北京　100012）

摘　要　建设生态文明，是全面建设小康社会的重要目标，是中国特色社会主义建设过程中的重大理论与实践课题。本文综合论述了“科学发展观”与“和谐社会”理念深入人心背景下生态文明的战略目标、道路选择与研究范畴，旨在为引导深入建设生态文明提供理论指导。

关键词　生态文明　科学发展　和谐社会

生态，本义指生物体在自然环境中生存繁衍的状态。近年生态一词哲理化，大量用来指人类行为的可持续性、人与自然环境的协调性和人用物品出自于自然[1]。文明，本义指人类社会发展进步的状况，泛指惠及人类生活各方面的创新成果、得到社会认可的行为准则与思维方式[2]。党的十七大将发展经济、社会公平、政治进步、文化创新与生态文明并列为新时期国家的发展目标，其中的生态文明是指经济社会发展与生态环境平衡处于可持续的协调状态。这种状态是人类主动改变经济社会发展的模式和行为方式，以自身的文明与进步不断拟合生态环境平衡的规律而逐步形成的，是人类由必然王国走向自由王国的标志。

生态文明概念的提出，是中国共产党人以马列主义、毛泽东思想为指导，以历史唯物论全面深入剖析人类发展历史的基本规律；以唯物辩证法剖析人类发展新阶段的新特征；以邓小平理论和“三个代表”重要思想为破解新难题的指导，深入贯彻落实科学发展观，坚持实事求是，面对现实、面向未来，坚持与时俱进，以理论创新解决发展中的环境短板、突出难题的重大决策；也是对人类文明发展理念的新发展。它不但要求我们统筹有关环境保护各方面的工作，而且需要全面推进发展布局、国际合作、生产方式、生活方式与价值观念等方面的变革，进而持续促进社会形态、政治状况、精神面貌、财富结构等方面的重大进步。总之，生态文明的建设将通过多种渠道对人类社会的生存和发展进行全面的引导和调整，从而不断充实与完善我国社会主义特色的科学发展道路。

一、生态文明战略目标

党的十七大政治报告中提出，“建设生态文明，基本形成节约能源资源和保护生态环境的产业结构、增长方式、消费模式。循环经济形成较大规模，可再生能源比重显著上升。主要污染物排放得到有效控制，生态环境质量明显改善，生态文明观念在全社会牢固树立[3]”，初次为现阶段我国生态文明建设明确了基本任务。“建设生态文明”更是中国共产党领导的中国人民向全人类所做出的郑重承诺：中国在和平崛起和现代化建设中，绝不以损害人类共同家园为代价；中华民族将在世界民族之林中努力探索一条同时实现物质丰富、社会稳定、政治平等、文化繁荣、生态文明的中国特色社会主义的新型文明之路。

基金项目：国家发展和改革委员会“十二五”规划前期重大问题研究项目“生态文明建设战略研究”。

二、生态文明是社会科学发展的必然选择

（一）人与自然的关系进入和谐新时期

在哲学的意义上，人与自然的关系是地球作为宇宙中特殊的天体演变发展过程中的一段。人类源自于自然、对抗于自然、驾驭于自然，最终必然融合回归于自然。人类与自然之间的关系贯穿人类由必然王国走向自由王国的全过程，本研究认为这全过程包括“奴隶”、对抗、和谐三个发展时期（如图1所示）。

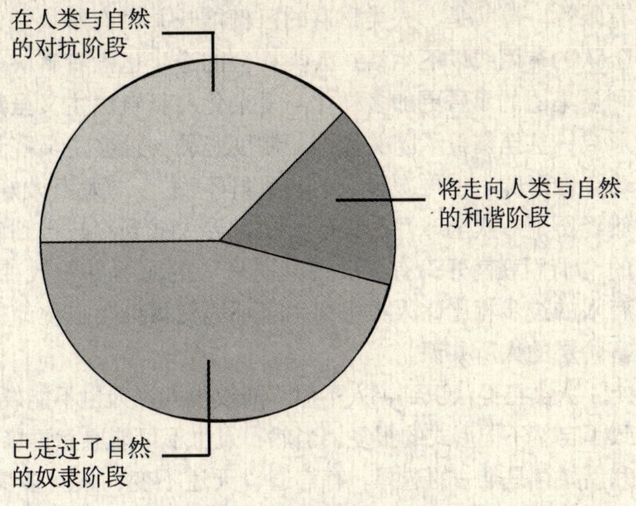

图1　人类与自然的关系的演变

在人与自然对抗时期，人类经历了四个阶段的人与自然抗争，即使用工具猎采的“操戈抗争”、农耕文明的“守阵抗争”、工业文明全面开发自然资源的“掠夺抗争”，以及城市化以来人类不得不在自己建设的家园内与自己造成污染对抗的“同城抗争”。当前，全球越来越多的人往城市里挤，希望及早尽多地享受到物质文明，而在城里的人们又忧心忡忡于生态环境的破坏，力图重建新的生态平衡。显然，这种人类社会发展的势态预示着工业化在全球的扩展与普及将推动人与自然对抗走向末期。如何进入人与自然关系的和谐新时期是人类社会面对的共同话题，更是居后而上、高速发展中的中国必须优先探索的课题。

（二）人类必然主动和谐于自然

现代人虽然已经能登月潜海，然而，与浩瀚的宇宙大自然相比，人类活动的范围还是有限的，如我们既不能登日也不能潜入地核。在讨论人与自然的关系时，为更切合实际，我们可将人类活动所能直接或间接涉及的自然范围定义为生态环境，也即涉及人与其他生物的自然环境。事实上，生态文明所追求的只能是经济社会发展与生态环境平衡处于可持续发展的协调状态。这种状态是人类主动改变经济社会发展的模式，以自身的文明与进步不断拟合生态环境平衡的规律而逐步形成的。

经济社会发展不只是人类自身最具活力的现象，而且也奠定了人类在已知宇宙中独一无二的特殊地位，但是，生态环境平衡及其循环演变依然只服从于自然规律。虽然人们已经认识并利用了大量的自然规律为自身的发展服务，然而，目前及以后可预见的一个相当长时期内，人类还面对着更多未知的生态环境平衡规律需要探索和认识，没有能力去彻底改变生态环境平衡的根本规律。因此，人类若干个世纪内的发展，仍然只能是不断深化认识必然王国的规律，更巧妙地利用这些规律以走向不断改变人类生活的自由王国。

在地球生物进化的漫长历史中，人类长期以来是大自然的奴隶。在数百万年前，尽管人类的祖先已学会了使用工具，进入狩猎文明时代，但这只增强了人类对抗其他物种，维持生存的能力。而经历近一万年的农耕文明，虽然人类的经济活动与社会结构的发展使人彻底区别于动物，形成了人类社会与生态环境二元结构，但人对自然仍然只能是顶礼膜拜。近二百年来，人类创造了工业文明，经济社会的活动能力以几何级增长，以至于干扰到地球生态平衡过程，于是人类不但千方百计要挣脱受奴役于自然的境地，而且，人类以对抗的形态对待自然，将其视为外部事物，将其摆在人类经济社会的对立面，对自然资源进行掠夺式的开发，对生态环境以自己的意愿

为中心进行改造，将经济社会活动产生的废物随意抛回环境，如此，人类发展的欲望得到了很大的满足，2008 年，人口超过了 66 亿，GDP 超过了 54 万亿美元[4]，人造的材料与物品更像是火山爆发所喷出的灰尘数不胜数，飘遍全球每个角落，人们往返于全球每个角度已胜似闲庭信步。

然而近年来，人类终于逐步意识到这种人类企图以主人公恣意奴役生态环境发展模式的极其有限性。事实是，人类财富的巨额增长并没有解决好人们的温饱问题，全世界尚有近九亿人还在公认的贫困线以下生活；人类社会的进步也没有解决好社会的公平问题，国家间、区域间与各种利益集团的矛盾更加多样化与复杂化；新自由主义虽然带旺了三十余年来世界经济一体化雏形的形成，甚至摧毁了闭关锁国、制度坚硬的社会主义阵营，但起源于次贷等不诚实行为所引发的全球金融海啸，也再次证实了“无奸不商”、“大商大奸”的中国古训——资本主义的物欲主义显然经历了一次全球性的失败。从世界大战到冷战再到商战，人类的政治确实文明了很多，但传统的“衙门朝南开，有理没钱莫进来”的陋习并没改变——当今的世界还是富人说了算。与这些有限的进步相比，人类生存生态环境受污染与退化却极为明显，且为全球不同意识形态、不同贫富阶层的人所共识。

人类已经认识到，人不但不能奴役人，人也不能奴役自然，前人对自然的每次胜利，确实都招致了自然不同形式的报复。当然，人也不可能愿意再接受自然的奴役，人与人和谐共存，人与自然和谐共存是唯一的选择。有言道“天道不变，人间多情”，在人与自然的关系中，人是主动方面，是主要矛盾，和谐关系只能是由人类创造。生态环境既是包括人类和社会本身的主体，又是人类经济社会作用的客体；人类活跃的经济社会活动作用于生态环境，既体现为人对主体的索取，又体现为对客体的服务。无疑，人类是自然的公仆，生态环境是人与自然相互作用的公共平台。

因此，生态文明的提出是人类由“与自然对抗”主动走向“与自然和谐”发展的历史性理念转变，它将是继原始文明、农业文明、工业文明之后人类文明发展的一个新时期[5]。生态文明以人与生态环境协调发展作为人类活动行为准则，在改造客观物质世界过程的同时不断改变人的主观世界，从而不断减少经济社会活动对生态环境的负面效应，积极改善和优化人与生态环境的关系，逐步建立起有序的生态运行机制，实现经济、社会、生态环境的可持续发展，同时，人与生态环境保持着和谐、共生的协调状态。

（三）和谐社会背景下的生态文明研究范畴

依系统论观点，人类经济社会与生态环境是个复杂的二元结构巨系统，在这一巨系统中，生态环境依然是服从自然规律的长周期变量，经济社会诸要素反映了人的行为，是人类智慧可能调控的短周期变量。人类能主动的作用于生态环境是人与自然关系的内因、主变量与可控变量。而经济社会与生态环境本身就是多元多维复杂巨系统，人类社会本身的发展虽由人类所控制，却又是服从于灰色理论的旋转式结构系统，生态环境的演替虽有其固有规律，但人类只识别了已发生的规律，对未来的进展也尚难预测，因而，对于经济社会与生态环境复合系统的控制的总体规律人类显然尚未系统掌握。但是，由于人类当前已掌握了诸多经济社会活动与生态环境之间存在着的单维或单要素的相互关系，以及至少在特定阶段上的可制导性，因此，人类必须也完全可能及时行动，从现在开始改善人类与生态环境的关系，而不能在等待中无所作为。同时，我们也必须进一步明确，生态文明建设是一个既需要人类不断探索发现，更需要人类不失时机地实践的过程。

生态文明建设主要处理经济社会发展与自然生态的相互关系，它必然涉及人类活动已波及的地球的岩石、土壤、水、生物、大气各圈层（如图 2 所示）。因此必须在不断深化掌握各圈层自身的变化规律、圈层之间的相互作用规律以及人类活动对这些圈层自然规律的综合扰动的基础上，进行经济和社会发展对圈层影响的分析以及公众认可判别，才能提出不同发展阶段的趋利避害决策与行动。

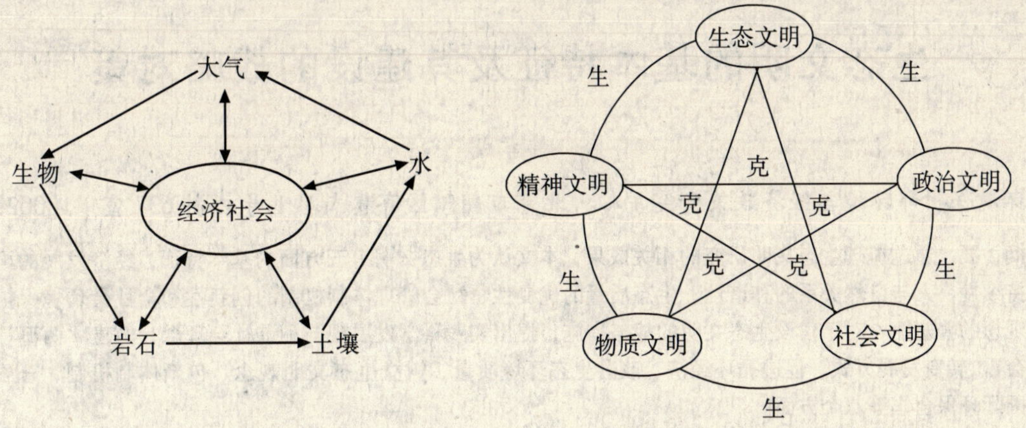

图 2 经济社会与生态环境的多元关系　　**图 3 生态文明与其他文明之间的关系**

党的十七大将生态文明建设与经济建设（物质文明）、文化建设（精神文明）、政治建设（政治文明）、社会建设（社会文明）并列为中国特色完善小康社会五大目标，可见，生态文明建设与经济社会的方方面面存在着不可分割的相互作用、相互支撑与相互矛盾。它和其他几种文明建设是彼此相依、互为表里和协同作用的统一整体（如图 3 所示）。生态文明既是构建其他文明的物质基础，又是引导实现其他文明的上层建筑，这种独特的地位决定了进行生态文明战略建设，不但必须将这些相互关系包含在其总体框架之内，而且必须创新各学科的系统研究方法。

三、结　语

总而言之，生态文明建设是一个复杂的社会系统建构进程，生态文明建设的研究和开展不能仅仅局限于经济活动生态化的范畴。因为生态文明不仅体现人与自然的关系，不仅涉及人的经济活动，同时也涉及人与人的关系，包括政治、文化和社会等各个领域以及价值观、生产和生活方式、消费模式等。因此，生态文明不可能通过某一个技术、某一个产业或者某一个制度和政策措施就可以实现。生态文明的建设是一个经济、技术、社会和文化价值观上的整体性转变和变革过程，需要在经济、技术、政治、法律、道德等各个层次上共同推进。

参考文献

［1］陈建成，程宝栋，印中华．生态文明与中国林业可持续发展研究［J］．中国人口·资源与环境，2008，18（6）：139－142.
［2］王如松，胡聃．弘扬生态文明，深化学科建设［J］．生态学报，2009，29（3）：1055－1067.
［3］胡锦涛．高举中国特色社会主义伟大旗帜　为夺取全面建设小康社会新胜利而奋斗——在中国共产党第十七次全国代表大会上的报告（2007.10.15）［M］．北京：人民出版社，2007.
［4］http：//unstats. un. org/unsd/demographic/products.
［5］姬振海．生态文明论［M］．北京：人民出版社，2007.

生态文明的基本特征及其建设的战略对策

韩孝成

（环境保护部环境与经济政策研究中心　北京市朝阳区育慧南路1号A栋637室　100029）

摘　要　通过梳理生态文明研究的相关成果，本文认为生态文明有五方面的基本特征：经济发展的可持续性、人与自然关系的和谐性、生态质量的优良性、社会管理体制机制的创新性和全社会环境保护观念的普遍性。对于建设生态文明的战略措施，提出实践科学发展观与和谐社会理念、构建“两型社会”、转变发展方式、促进循环经济、改善生态环境质量、树立生态文明观念、创新体制机制、开展国际环保合作等八个方面。

关键词　生态文明　基本特征　战略对策

一部人类社会历史就是一部文明不断演进的历史。迄今为止，人类经历了原始文明、农耕文明、工业文明。随着全球性环境问题不断涌现，经济社会发展与资源环境的矛盾日益突出，同时人类对经济、社会与资源环境之间关系的认识逐步深化，在全球化、信息化、新型工业化条件下，一种人类文明转型和升华的新的文明形态——生态文明开始登上人类历史舞台。生态文明是由资源环境问题引起，以可持续发展理念为基础，从人类社会文明形态演替的角度，以中国传统文化为背景，站在国家执政理念的高度，对人与自然、人与人及人与社会之间本质关系的认识过程形成的理论成果。某种程度上，生态文明是中华传统生态智慧与现代社会需求相融合的产物。

目前，生态文明已经成为指导我国经济、政治、社会、文化、外交等领域的一个重要的治国理政理念。认识和分析生态文明的基本特征及其建设的战略对策，对于顺利实现2020年全面建设小康社会的生态文明建设新目标和新要求，对于逐步建立符合生态文明建设要求的产业结构、增长方式、消费模式，加快推进循环经济，对于全社会牢固树立生态文明观念，改善生态环境质量都将具有重要的现实意义。

一、生态文明的基本特征

党的“十七大”之前，学者们从不同角度对生态文明的特征进行过概括。2004年李景源等学者从思想、经济模式和社会制度角度提出，生态文明包含三个特征：较高的环保意识，可持续的经济发展模式，更加合理的社会制度[1]。有学者从人类文明演进的角度认为，生态文明具有独立性、整体性、相对性、反思性和过程性等特征。第一，独立性。生态文明是独立于物质文明、精神文明和政治文明的。第二，整体性。人们在处理人与自然的关系时要把人置于整个自然系统中来认识，从自然的整体性出发，把握人与自然、人与人的关系。第三，相对性。生态文明是相对于物质文明、精神文明和政治文明的一种新型的文明形态。第四，反思性。生态文明是人类在工业文明时代面临生态危机后对人与自然关系进行反思而提出、形成与发展的一种文明形态，是人类迄今为止最高的一种形态。第五，过程性。生态文明代表着人与自然的和谐程度，代表着人类的文明程度，以及进步和发展状况，生态文明建设是一个持续不断的过程[2]。

2007年胡锦涛总书记在党的“十七大”报告中指出，生态文明建设是2020年实现全面建设小康社会奋斗目标的新要求和新目标，要基本形成节约能源资源和保护生态环境的产业结构、增长方式、消费模式；循环经济形成较大规模，可再生能源比重显著上升；主要污染物排放得到有效控制，生态环境质量明显改善；生态文明观念在全社会牢固树立。生态文明建设第一次历史性地写入了党代会的报告，上升为党指导并处理人与自然关系的意识形态和战略思想。这标志着我们党对人类发展规律、社会主义现代化建设规律的认识达到新的高度，是我们党对人类文明的重要贡献。

此后，社会各界对生态文明的研究空前高涨，对生态文明特征的认识更加深入。

从实践和可操作的角度，周生贤认为，生态文明建设应该具有四个显著的特征：一是从生产领域看，要立足于以第二产业为主体、农业人口占多数的现实，坚持以信息化带动工业化，以生态化改造工业化，建立高效的生态工业体系和集约型的生态农业体系。二是从消费领域看，要坚决反对奢侈消费，提倡适度消费和绿色消费。三是从城市化发展看，要以节水、节能、节地、节约资源和生态系统良性循环为前提，建立紧凑型的城市和城镇体系。四是从空间布局看，要根据东、中、西三大地带、大江大河西水东流、多丘陵山地和西部地区生态脆弱的环境特征，建立维护全国环境安全的产业空间布局体系[3]。

从相对理论性的角度，有学者把生态文明的特征概括为三个：首先，平等性是生态文明最根本的特征。其次，多元化共存是生态文明最基本的特征。第三，循环再生是生态文明最显著的特征[4]。有学者认为，生态文明具有四个基本特征：第一，全面性，是指生态文明存在和发展的对象是整个地球生态系统。第二，和谐性，是指生态文明注重人—环境—社会的相互关系，协调人与自然、人与社会、发展与环境的关系是生态文明的核心内容。第三，高效性，是指在各行业、部门间建立起协调、共生的网络化系统，使物质、能量、信息在这个整个系统中得到循环利用。第四，持续性，是指生态文明以生态系统为中心，以自然、社会、经济复合系统为对象，以各个系统相互协调共生为基础，以生态系统承载能力为依据，以人类可持续发展为总目标[5]。也有学者认为，生态文明具有六个特征：自然性与自律性、和谐性与公平性、基础性与可持续性、整体性与多样性、开放性与循环性、伦理性与文化性[6]。

从生态文明与传统文明和现代工业文明相对比的角度，有学者认为，生态文明具有三个基本特征：第一，生态文明是对传统农业文明和现代工业文明的“扬弃”。第二，生态文明强调人与自然的和谐相处。第三，生态文明强调生态系统的生态价值、经济价值和精神价值的统一和共同实现[7]。

上述专家学者从各个角度对生态文明的特征进行了概括和总结，对生态文明的多维度、多元化的内在特征皆有触及，在理论和实践上都有很好的启发意义。

这里主要从“十七大”报告对生态文明建设的阐述出发，借鉴上述学者对这个领域的相关研究成果，立足推进我国建设生态文明的实践，把生态文明的基本特征概括为：经济发展的可持续性、人与自然关系的和谐性、生态质量的优良性、社会管理体制机制的创新性、全社会环境保护观念的普遍性。生态文明的这些特征表现出来就是：经济与人口、资源、环境协调发展；生产发展，生活富裕，生态良好；人与人、人与自然和谐相处。

（一）经济发展的可持续性

所谓经济发展的可持续性，就是使我国经济增长建立在资源环境能够承受的范围内，达到经济、资源、环境的优化匹配，实现经济的永续发展、可持续发展。按照“十七大”报告的要求，我国今后经济增长要实现三个转变：由主要依靠投资、出口拉动向依靠消费、投资、出口协调拉动转变；由主要依靠第二产业带动向依靠第一、第二、第三产业协同带动转变；由主要依靠增加物质资源消耗向主要依靠科技进步、劳动者素质提高、管理创新转变。实现这三个转变最终将使我国经济增长实现可持续。这就要求我国经济发展与人口资源环境相协调，稳定人口低生育水平，形成节约能源资源和保护生态环境的产业结构、增长方式、消费模式，促进循环经济发展，可再生能源比重显著上升，推广清洁生产，淘汰落后工艺技术和生产能力，从源头上控制环境污染，走中国特色新型工业化道路，切实推动经济发展转入科学发展的轨道。

（二）人与自然关系的和谐性

人与自然关系背后其实是人与人的关系。人与自然关系的和谐以人与人关系和谐为前提和保障，而人与人关系的和谐又有赖于人与自然关系的和谐。社会和谐是中国特色社会主义的本质属性。社会和谐人人有责，和谐社会人人共享。生态文明建设本质上就要实现人与人、人与社会、人与自然之间关系的和谐相处，促进人与自然和谐发展，以解决危害人民群众健康和影响可持续发展的环境问题为重点，把建设资源节约型、环境友好型社会放在工业化、现代化发展战略的突出位置，落实到每个单位、每个家庭，最大限度地增加和谐因素，最大限度地减少不和谐因素，不断促进社会和谐。

（三）生态环境质量的优良性

良好的生态环境是社会生产力持续发展和人们生存质量不断提高的重要基础。主要污染物排放得到有效控制，生态环境质量明显改善是建设生态文明的内在要求。保护自然就是保护人类，建设自然就是造福人类。在促进全面建设小康社会的历史进程中，我们不仅要关注经济指标，而且要关注人文指标、资源指标和环境指标，让祖国的山更绿，水更清，天更蓝。

（四）社会管理体制机制的创新性

立足生态文明建设要求，创新现有法律、经济、文化、科技、民主管理、对外交往等方面的体制机制，完善相关政策。例如，实行有利于科学发展的财税制度，建立健全资源有偿使用制度和生态环境补偿机制。完善反映资源稀缺程度、环境损害成本的生产要素和资源价格形成机制。完善有利于节约能源资源和保护生态环境的法律和政策，加快形成可持续发展的体制机制。

（五）全社会环境保护观念的普遍性

建设生态文明需要全社会的共同努力。每个家庭、每个成员要从思想上真正并牢固树立生态文明的观念，构建环境文化，大力弘扬人与自然和谐相处的价值观，提倡从我做起，倡导绿色生产、绿色消费、适度消费。牢固树立生态文明观念，形成全社会普遍热爱环境、保护环境的良好氛围，努力提升全民环境伦理道德水准，自觉节能减排、珍惜能源和资源，从而提升社会的生态文明程度，生态文明才能从宏伟蓝图变为生动的现实。

二、生态文明建设的战略对策

明确了生态文明的基本特征，有利于我们在实践中更好地建设生态文明。我们也要充分认识，我国经济社会发展中面临着两大矛盾：一是不发达的经济与人们日益增长的物质文化需要的矛盾，这将是长期的主要矛盾，解决这个矛盾要靠发展。另一个是经济社会发展与人口资源环境压力加大的矛盾，这个矛盾越来越突出，解决这个矛盾靠科学发展[8]。科学发展是好中求快、又好又快的发展，是速度与结构、质量、效益相统一的发展，是长期、稳定、可持续的发展。未来十几年，我国工业化、城市化程度还将提高，如果一般性地在政策上做些小的调整，或在原有的政策框架内加大力度，很难彻底解决日益严重的资源环境问题。我们必须从建设生态文明、促进可持续发展的战略高度，通过产业结构、增长方式、消费模式的根本性调整，大力提高资源环境利用效率，大幅度降低污染排放强度，努力实现废物减量化、资源化、无害化，力争以较低的资源和环境代价，支撑和实现我国国民经济又好又快发展。

归结起来，我国生态文明建设的战略对策应该是：

（一）科学发展观、和谐社会理念是建设生态文明的根本指南

科学发展观是统领我国经济社会建设与发展的最高纲领和重大战略思想。科学发展观的提出意味着我国改变了以 GDP 为核心价值的发展理念，追求经济社会各个方面（包括资源环境）的全面发展、平衡发展、永续健康发展。战略上看，我国积极贯彻落实科学发展观，对内就是要构建社会主义和谐社会，走新型工业化道路，科学发展；对外就是要推动建设和谐世界，走和平发展道路，共同发展。现阶段这两者有机统一于中国特色社会主义 2020 年实现全面建设小康社会奋斗目标的历史进程中。实现 2020 年全面建设小康社会奋斗目标的战略措施就是以经济建设、

政治建设、社会建设、文化建设以及生态文明建设，整体推进，坚持走中国特色自主创新道路、走中国特色新型工业化道路、走中国特色农业现代化道路、走中国特色城镇化道路、走中国特色政治发展道路，主要采取的政策措施是：建设创新型国家、进行经济结构战略性调整、开展全国生态功能区划、建设社会主义新农村、实施科教兴国战略、人才强国战略、可持续发展战略。

党的“十七大”提出建设生态文明的新要求，为全社会节约资源、保护生态环境提供了理论和价值观基础，为进一步提高我们党的执政能力开辟了新的领域，为有效推进国家可持续发展带来了机遇。建设生态文明，其最终体现就是资源节约型、环境友好型社会（简称“两型社会”)。宏观上看，建设生态文明对内就是要加快环境保护历史性转变，实现又好又快发展；对外就是要坚持“相互帮助、协力推进，共同呵护”方针，树立负责任大国形象。在国家层面，以五年为一个周期的国家环境保护规划和国民经济五年规划及中长期建设规划的方式，从宏观战略上推进建设生态文明。建设生态文明的措施主要有：促进循环经济、在国家中长期规划中明确设立环境保护约束性指标、建立完善环境经济政策、实施国家应对气候变化方案、设立“两型社会”改革试验区等。

科学发展观、和谐社会为生态文明建设指明了方向，是基础；建设生态文明，为贯彻落实科学发展观、构建和谐社会提供了手段，是支撑。前一个层次统领后一个层次，后一个层次支撑前一个层次，相辅相成。科学发展观、和谐社会、和谐世界、生态文明等战略思想和理念的提出，充分表明了我国政府在应对资源环境问题上的决心和态度，体现出我国作为一个负责任大国的国际形象。

（二）资源节约型、环境友好型社会是建设生态文明的目标

建设生态文明就要发展循环经济，实现速度和结构质量效益相统一、经济发展与人口资源环境相协调，保护修复自然生态，加大环境保护力度，强化资源管理，合理利用海洋和气候资源，使人民在良好生态环境中生产生活，实现经济社会永续发展。建设生态文明，实质上就是要建设以资源环境承载力为基础、以自然规律为准则、以可持续发展为目标的资源节约型、环境友好型社会。

（三）转变发展方式是建设生态文明的根本途径

生态文明建设主要内容是协调经济与环境的关系，努力形成符合生态文明建设要求的生产方式和消费模式，改变高消耗、高污染、低效率的发展方式，主动选择低消耗、少污染、高效率的生产生活方式，努力把经济开发活动控制在环境可承载的范围内，促进人与自然的和谐发展。转变经济发展方式，推动产业结构优化升级，是关系国民经济全局的重大战略任务。

如果不从根本上转变经济增长方式，我国能源资源将难以为继，生态环境将不堪重负。我们不仅无法向人民交待，也无法向历史、向子孙交待。这就要求我们要按照科学发展观的要求，加快从重经济增长轻环境保护向保护环境与经济增长并重转变，从环境保护滞后经济发展向保护环境与经济发展同步转变，走新型工业化道路，以此引导政策层面的调整。

（四）发展循环经济是建设生态文明的新抓手

党的“十七大”报告对建设生态文明、推动循环经济形成较大规模做出了战略部署。发展循环经济成为推进生态文明建设的新抓手。

循环经济是在生产、流通和消费等过程中进行的减量化、再利用、资源化活动的总称。发展循环经济，坚持开发节约并重、节约优先，按照减量化、再利用、资源化的原则，大力推进节能节水节地节材，加强资源综合利用，完善再生资源回收利用体系，全面推行清洁生产，形成低投入、低消耗、低排放和高效率的节约型增长方式，在资源开采、生产消耗、废物产生、消费等环节，逐步建立全社会的资源循环利用体系。2009 年我国已经开始实施《中华人民共和国循环经济促进法》，这是确保实现党中央提出的实现循环经济形成较大规模发展战略目标的重要举措。

（五）保护和改善生态环境是建设生态文明的基本要求和任务

党的“十七大”报告明确指出，生态文明建设要实现生态环境质量明显改善这个基本要求和任务。可以说，提升生态环境质量，是建设生态文明的重要目的和落脚点之一。保护和改善生态环境，推动生态文明建设，不仅是13亿人民的福祉所在，也是我国对全球可持续发展的重要贡献。

建设生态文明，要坚持保护优先，开发有序，以控制不合理的资源开发活动为重点，强化对水源、土地、森林、草原、海洋等自然资源的生态保护。要爱护和保护生态环境，尊重自然规律。

（六）牢固树立人与自然相和谐、节约能源资源、保护生态环境的观念是建设生态文明的社会基础

美国学者莱斯特·布朗曾经指出，没有个人着重点和价值观的转变，就不会出现永续社会的演进[9]。自然界是包括人类在内的一切生物的摇篮，是人类赖以生存和发展的基本条件。人与自然关系相和谐，才能保证自然环境更大限度、持续地变为现实的生产力，人类才可能更好地借助自然界，满足自身的发展需要，经济才能稳定持续发展。人类和自然环境之间的物质转化规律是人类生存和发展必须遵守的客观规律。人们只能认识规律，而不能消灭规律。经济发展是人类生活水平高低的问题，保护自然环境则是能否生存的问题。

从当前和今后我国发展趋势看，加强能源资源保护和生态环境保护，是我国建设生态文明必须着力抓好的战略任务，在全社会树立人与自然相和谐、节约资源能源和保护生态环境的观念显得尤其迫切。

（七）体制机制创新是建设生态文明的重要保障

生态文明对产业结构、增长方式、消费方式、经济发展模式、文化观念、公众参与方式、科技发展等方面提出了全新的要求，必须创新体制机制才能符合建设生态文明的要求，保障建设生态文明战略部署的实现。

大力推进可持续发展的体制机制建设，一要明确地方政府对环境质量负责的责任主体地位和中央职能部门的监管职责，划清责任界限，明确考核指标的要求，建立责权利合一机制。二要加强环境保护行政主管部门与相关部门的协调配合，建立部门协调配合机制。三要打破行政界限的常规思维，把区域看作一个整体来研究和管理，确保重点地区和城市大气环境质量的改善，建立区域联防机制。四要创新环境科技机制，制订并实施环境科技体制改革、环境科技创新和人才队伍建设三大战略规划，力争在应对气候变化、臭氧层破坏、区域跨界环境污染等重大环境问题的基础研究和前瞻性研究方面取得突破。此外，还要完善有利于节约资源和保护环境的管理体制机制。

坚持以改革的办法解决环境问题，在履行好政府环保职责的同时，注重运用市场机制促进污染治理和生态建设。抓紧理顺重要能源资源产品的价格关系，建立能够反映市场供求关系、资源稀缺程度、环境损害成本的价格形成机制，健全和落实资源有偿使用制度，逐步建立健全生态补偿机制，促进企业和全社会降低消耗、减少排放、保护环境。

（八）积极开展国际环保合作是建设生态文明的客观要求

从更宽广的视野看，人类生活的这个唯一的地球就是一个互相联系、互相影响的生态系统。生态文明建设内在要求世界各国必须在全球层面上共同合作，共同分享发展机遇，共同应对各种挑战。我国作为一个负责任的发展中大国，在对外方面坚持独立自主的和平外交政策，坚持和谐世界理念，在环保上坚持相互帮助、协力推进，共同呵护人类赖以生存的地球家园的基本原则。环境问题无国界，需要各国共同努力。譬如，气候变化就是国际社会普遍关心的重大全球性问题。积极开展国际环保合作成为在国际层面建设生态文明的客观要求。

三、结 语

通过对相关学者对生态文明特征研究的梳理，本文认为生态文明有五方面的基本特征：经济发展的可持续性、人与自然关系的和谐性、生态质量的优良性、社会管理体制机制的创新性、全社会环境保护观念的普遍性。对于建设生态文明，本文提出实践科学发展观与和谐社会理念、构建“两型”社会、转变发展方式、促进循环经济、改善生态环境质量、树立生态文明观念、创新体制机制、开展国际环保合作等八个方面的战略对策。

参考文献

[1] 李景源，杨通进，余涌．论生态文明［N］．光明日报，2004-04-30.
[2] 丁开杰，刘英，王勇兵．生态文明建设：伦理、经济与治理［M］．上海：华东师范大学出版社，2007：55-56.
[3] 周生贤．落实科学发展观探索环保新道路［N］．中国环境报，2007-11-27.
[4] 张敏．论生态文明及其当代价值［D］．北京：中共中央党校，2008.
[5] 郭镭，张华．生态文明及其发展对策［M］．北京：人民出版社，2007，4.
[6] 张光义．生态文明的概念、特征与基本内容［N］．黄河报，2009-07-10.
[7] 严耕，杨志华．生态文明的理论与系统建构［M］．北京：中央编译出版社，2009：175-181.
[8] 国家环境保护总局．第六次全国环境保护大会文件汇编［C］．北京：中国环境科学出版社，2006：3-4.
[9]［美］丹尼尔·科尔曼．生态政治：建设一个绿色社会［M］．上海：上海世纪出版集团，2006：95.

以促进生态文明的方式推进广东“双转移”工作

陈庆秋　郑李子

（华南理工大学经济与贸易学院　广州　510006）

摘　要　“双转移”战略作为一项政府驱动的生产要素空间配置活动，“双转移”在促进生态文明建设方面可以发挥重要作用。本文认为，“双转移”的主要目标应具体体现生态文明建设内容，它对广东生态文明建设有诸多潜在推动效力，应把环境绩效列为其工作的核心考评内容，并防范环境治理成本的比较优势差异驱动的产业转移，同时将资源环境领域的跨地区外部性问题寓于区域产业重构过程去解决。

关键词　“双转移”　生态文明　环境治理　外部性

一、引　言

2008年广东省委省政府着眼破解广东发展的现实难题，提出了“双转移”战略。该战略跳出“就经济抓经济”的传统思维定式，谋求通过经济活动的空间合理布局，提升广东社会经济发展的速度和质量，促进广东区域之间和城乡之间的均衡协调发展。作为一项政府驱动的生产要素空间配置活动，“双转移”在促进生态文明建设方面可以发挥重要作用。在实施“双转移”的过程中如何促进生态文明建设？这是个颇有探讨价值的现实问题，本文拟对这一问题提出几点个人管见。

二、“双转移”促进生态文明建设的思路

“双转移”战略作为经济活动的区域空间布局重构，其隐含考量应包括了环境要素的最优利用，这与我国倡导的生态文明建设是一致的。体现促进生态文明建设思路的“双转移”战略对于广东经济社会可持续发展具有极为重要的现实意义。我们认为，“双转移”战略促进生态文明建设的思路包括以下几个重要方面：

（一）用物质文明、政治文明和生态文明的复合理念主导“双转移”工作，“双转移”的主要目标应该具体体现生态文明建设内容

我们在推动社会进步过程中大体涉及物质文明、精神文明、政治文明和生态文明四个方面。“双转移”战略主体上讲是一项经济发展战略，但是这项战略不仅能够有力促进广东的物质文明建设，而且对广东的政治文明和生态文明建设也能够产生深远的推动作用。通过生产要素的空间合理配置，“双转移”工作能够提升生产要素的生产率，进而促进广东的物质文明建设；能够缩小地区之间和城乡之间的发展差距，进而促进广东的政治文明建设；能够实现生产规模与环境容量的空间合理匹配以及提升产业部门的环境绩效，进而促进广东的生态文明建设。在“双转移”战略的实施过程中，仅仅关注物质文明和政治文明的社会建设理念而忽略生态文明视角的建设理念是一种缺憾。目前有关单位把“双转移”的主要目标确定为：“力争到2012年，珠三角地区功能水平显著提高、产业结构明显优化，东西两翼和粤北山区在办好现有产业转移工业园基础上，形成一批布局合理、产业特色鲜明、集聚效应明显的产业转移集群，推动广东省产业竞争力位居全国前列。人力资源得到充分开发，劳动力素质整体提升，就业结构整体优化，本省劳动力就业比重提高，农村劳动力在城镇就业以及向第二、第三产业转移成效显著。力争做到三年初见成效，五年大见成效。”这一目标存在仅偏重物质文明的倾向，建议把“珠三角经济系统的环境负荷明显减轻（或环境负荷增长的趋势得到有效遏制）”和“东西两翼和粤北山区经济系统的环

境绩效得到大力提升"之类的目标列为"双转移"的主要目标之一。

（二）科学认识"双转移"对广东生态文明建设的潜在推动效力

环境问题与经济结构及地区发展不平衡等问题一样，也是当前广东经济发展所面临的一个突出问题。经过近几十年经济的高速增长，广东在物质文明方面取得了举世瞩目的成绩，但是其生态文明建设远远滞后于物质文明建设。完全由市场机制驱动的生产要素空间配置被利润最大化这只无形的手所引导，在生态文明建设方面常常是无能为力。但由政府主导的生产要素空间配置能够遵循社会福利最大化的原则，对生态文明的建设有巨大的推动效力。目前在实施"双转移"过程中，对环境问题的关注往往仅着眼产业转移可能导致的污染转移，仅仅着眼产业转移可能导致的环境负效应，而对产业转移的潜在环境正效应缺少应有的关注。其实，"双转移"对广东生态文明建设有诸多潜在推动效力。首先，"双转移"将有效减轻珠三角的资源环境压力，为珠三角打破经济增长与环境污染的正相关关系提供了一个契机。其次，"双转移"可以形成规模经济效应，规模经济不仅能够降低生产成本，也能够提高环境要素的利用效率，降低企业的污染治理成本。再次，"双转移"通过经济活动的空间重构，将一些经济活动从环境容量超限利用地区转移到环境容量富裕地区，可以充分利用自然生态系统纳污自净能力。最后，在发达地区已经培养起的先进环保意识和环境管理经验的企业迁移到经济欠发达地区，能够发挥环保示范效应，带动欠发达地区同类企业的环保工作，甚至替换欠发达地区环保绩效差的同类企业。

（三）将环境绩效列为"双转移"工作的核心考评内容

经济增长、扩大就业以及地区发展差距的缩小都是考评"双转移"工作的核心指标，但在环境问题已成为了人类社会当前最为关注的热点问题的背景下，应该立足广东资源环境问题仍较为突出的省情，把环境绩效列为"双转移"工作的核心考评内容。浏览当下为"双转移"唱赞歌的新闻报道，要么从企业层面说到"双转移"如何如何降低了一些企业的生产成本，要么从区域层面说到"双转移"如何如何推动了一些欠发达地区的经济增长，但很少从环境角度说到"双转移"，即使提及也仅仅是称赞"双转移"的工业园区如何满足或遵循环保要求。其实，从生态文明建设的视角看，"双转移"最主要的社会效益是促成珠三角地区建立绿色的社会经济系统，推动珠三角单位人口和单位GDP的资源消耗和污染排放实现显著降低。此外，"双转移"也可望推动广东东西两翼和粤北山区的单位GDP的资源消耗和污染排放实现明显降低。建议有关部门建立一套环境绩效考评指标，系统跟踪评估"双转移"对广东生态文明建设的推动效应。

（四）在实施"双转移"战略过程中应该坚决关闭高污染、高资源消耗的企业

地区之间生产要素比较优势差异是产业转移的重要驱动力，发达地区与欠发达地区之间环境意识与环境管治政策的差异往往能够形成地区之间环境治理成本的比较优势差异，由这种比较优势驱动的产业转移只能够增加企业的利润，不能够增加社会福利。广东在"双转移"过程中应该防范环境治理成本的比较优势差异驱动的产业转移，防止东西两翼和粤北山区演变为珠三角污染产业的避难所。佛山市委书记林元和曾经说了如下有社会责任感的话："我们鼓励'走出去'，但对一些污染严重的企业，要坚决关闭，不要出去害人。"珠三角其他城市的负责人在推进"双转移"工作时，也应该像佛山市委书记一样有社会责任感，对高污染、高资源消耗的企业，尤其是出口导向型的高污染、高资源消耗的企业，应该让它们就地死亡，千万不能够让这样的企业借"双转移"的东风在异地繁荣壮大。建议有关部门针对环境影响大的行业和企业出台一个"双转移"的技术指引，具体规定哪些类型的产业与企业必须就地逐步关停，哪些类型的产业与企业原则上不鼓励转移，只有达到什么样的经济规模和技术要求时才允许转移。靠环境成本外部化获得竞争力的行业与企业应该坚决逐步地使其消亡，而不是从珠江三角洲转移到其他地区。

（五）依托"双转移"战略解决区域之间的环境外部性问题

地处珠江下游入海口的珠三角地区的供水水质状况对广东东西两翼和粤北山区的水环境保护

活动有非常大的依赖。在近几十年经济高速增长过程中，广东区域经济活动所产生的跨区环境外部性问题越来越严重，区域之间的环境外部性问题一直是环境保护工作中的“老大难”问题。“双转移”战略的提出，为广东解决区域之间的环境外部性问题提供了一个政策抓手，使广东可以跳出“就环境谈环保”的模式，将资源环境领域的跨地区外部性问题寓于区域产业重构过程中去解决。模仿“债务自然交换机制”（Debt - for - Nature Swaps），广东可以依托“双转移”战略建立一种“发展机会与环境责任交换的生态补偿机制”，去推动东西两翼和粤北山区等经济相对欠发达地区认真履行区域环境责任。“双转移”战略一方面给珠三角地区“腾笼换鸟”，另一方面则给东西两翼和粤北山区营造了发展机会。通过制度创新，可以将“双转移”战略给东西两翼和粤北山区营造的发展机会与珠三角地区对这些地区的水环境保护要求进行捆绑，依托区域发展机会去影响区域权益主体的环境保护行为，进而解决珠三角地区与东西两翼及粤北山区之间长期存在的环境保护外部性问题。

三、结 论

“双转移”战略对于广东经济社会可持续发展具有重大的现实意义，在促进生态文明建设方面也是极好的契机。本文提出在推进“双转移”战略过程中促进生态文明建设的五个思路，为在区域产业重构过程统筹解决跨地区外部性问题提供了较为具体可行的方案。明确“双转移”战略促进生态文明建设的目标，实现生产规模与环境容量的空间合理匹配以及提升产业部门的环境绩效，积极发挥“双转移”对广东生态文明建设潜在推动效力，促成珠三角地区建立绿色的社会经济系统，防范环境治理成本的比较优势差异驱动的产业转移，在区域产业重构过程中解决资源环境领域的跨地区外部性问题，这些措施可作为广东在实施“双转移”过程中促进建设生态文明的具体思路。在区域产业重构过程中促进生态文明建设的思路也可作为我国其它区域统筹经济社会全面发展的参考，促进区域经济社会与环境可持续发展。

参考文献

[1] 新华网．“双转移”战略：打造广东转型新引擎［EB/OL］. http：//gd. xinhuanet. com/zt08/shzhyi/，2008 - 06 - 24/2009 - 10 - 03.

[2] 陈庆秋．节水减污工业结构调整研究——以珠江三角洲地区为例［J］．生态经济，2006，31（9）：112 - 116.

[3] 杨春南，蔡国兆．广东“双转移”推动“二元结构”大破题［EB/OL］. http：//news. xinhuanet. com/fortune/2009 - 06 - 21/content_ 11576735. htm，2009 - 06 - 21/2009 - 10 - 03.

中国古代生态哲学思想对当今社会生态文明建设的启示

张修玉[1,2]，许振成[1]，胡习邦[1,2]，赵晓光[1]

（1. 环境保护部华南环境科学研究所　广东　广州　510655；
2. 中国科学院广州地球化学研究所　广东　广州　510640）

摘　要　党的十七大提出了建设生态文明的重大战略，将调整产业结构，转变发展方式，加强环境保护作为关系全局的重大任务，使生态文明的理论成为中国特色社会主义理论的重要内容。本文审视了中国古代生态哲学思想的内涵，探讨了当今社会生态文明建设与中国古代生态哲学思想的理论渊源，提出了中国古代生态哲学思想是当今社会生态文明建设的理论依据，阐明了中国古代生态哲学思想对当今社会生态文明建设的启示。

关键词　生态哲学思想　生态文明建设　科学发展观　和谐社会　可持续发展

一、中国当今社会生态文明建设与古代生态哲学思想的理论渊源

（一）“阴阳五行说”、“天人合一”与“元气论”

中国古人用“阴阳五行”学说解释处理自然界的奥秘以及人与自然之间的关系。“金木水火土”反映了古人对自然界组成和自然界各种物质与事物相互之间相生相克关系的认识。同时，中国古代的生态伦理思想与传统自然观有着不可分割的密切关系，它们都以整体观、联系观和动态观来观察和解释世界，主张“天人合一”或“天人相参”。中华民族在漫长的发展历程中，始终遵循着这种朴素的系统生态观，并以全面、整体和联系的耦合观点来协调社会与自然的关系，逐渐形成和完善与生产力水平和环境条件相适应的社会系统及其支持体系，从而成功地支持着中华民族生态文明建设的持续发展。

《庄子·知北游》认为天下万物都是由“气”组成的，“故万物一也，是其美者为神奇，其所恶者为臭腐，臭腐化为神奇，神奇化为臭腐，故曰：通天下一气耳”。南宋杨万里《诚斋易传》进一步把“五行说”也纳入“元气论”的系统之中，认为“太极者，一气之太初也；一气者，二气之祖也；二气者，五行之母也”。又说“一气即太极，一气生二气，二气生五行。二气散杂，化生万物”。明代刘宗周在《圣学宗要》中说：“太极之妙，生生不臭而已矣，生阴生阳，而生水火木金土，而生万物，皆一气自然之变化”。总而言之，他们都把世界万物看做是统一的，互相联系和不断发展变化的，这种联系观、变化观和整体观，对中国社会的生态文明建设具有深远的影响。

（二）“三才论”

中国古代的“三才”思想是指“天、地、人”的和谐、统一思想，认为“天时地利人和”的配合是取得成功、维持繁荣的重要因素。《周易》通过研究生命现象来探讨自然和社会现象，有“有天道焉，有人道焉，有地道焉”的记载。长期以来，我国是一个以农业为主的传统农业国，“靠天吃饭、靠地立身”的思想深深植根于人们的心中，“天、地、人合一”的人与自然和谐相处的生态伦理思想是几千年来中国社会的主流思想，历久弥新至今仍具有重要意义，对当代社会的生态文明建设仍具有重要的启迪作用。

社会生产离不开“天”（气候、季节等）、“地”（土壤、地形等）、“人”（从事生产的主体，

基金项目：国家发展和改革委员会“十二五”规划前期重大问题研究项目“生态文明建设战略研究”。

包括人的劳动和经营等）等因素，中国历史文明正是通过长期的生产实践，在逐步加深对上述诸因素认识的过程中建立和发展起来的。注重生物、自然环境等各种因素之间的相互关系，从而使人和自然之间比较协调，使社会生产能够持续发展，这与今天生态文明建设中强调“整体协调、循环再生、区域分异”的原则是一致的。事实上，数千年的中华文明之所以能够从不间断地持续发展，其基本原因也在于此。

“三才论”可以说是贯穿于我国生态文明发展的始终。《管子·禁藏》说：“顺天之时，约地之宜，忠人之和，故风雨时，五谷实，草木美多，六畜蕃息，国富兵强”。《管子·富国篇》说：“上得天时，下得地利，中得人和，则财货浑浑如泉源，仿仿如河海，暴暴如丘山”。反之，如果“上失天时，下失地利，中失人和”就会“天下敖然，若烧若焦”。这些都是把“三才论”与生产实践和财富的创造直接联系起来的论述。强调要尊重自然规律，处理好人和自然的关系，也就是说要处理好自然再生产和经济再生产的关系。

（三）儒家思想的生态哲学观

儒家生态哲学思想是中国传统文化的精华之一，儒家传统生态伦理观是“‘天—地—人’合一”生态伦理思想的典型代表。儒家思想认为这些因素均属自然，具有相通相融相合之处，即以天、地、人的协调一致为基本出发点，主张天道与人道、自然与人类的相通、相类和统一，认为人是天地所生，人与天地的关系是部分与全体的关系，而不是敌对关系，人与万物是共生同处的关系，应该和谐相处，人类作为全球生态系统中一个具有高度智慧的生物种群，与其它生物和环境要素一样，仅仅是其中的一个组成部分，如果生态系统破坏了，人类又谈何生存和发展，这与生态学上生态系统的基本理论是吻合的，也与今天所说的尊重自然、顺应自然，追求人与自然和谐、生物与环境协同进化的生态学观点是一致的，从而与人类无所不能、人类利益至上的“人类生态中心论”生态伦理观，以及人类“无能”与“无为”的“生态中心论”形成了鲜明对照。

儒家的生态伦理思想主旨是唤醒人们的道德自律，要求人们应该有宽广的胸怀，不仅要爱人，“老吾老以及人之老，幼吾幼以及人之幼”，而且要爱物，人不仅不能破坏自然，而且在管理和利用自然资源时，应该使它们按各自固有的方式自由发展，并把自然保护作为“爱物”的落脚点，如《荀子》提出：“草木荣华滋硕之时，则斧斤不入山林，不夭其生，不绝其长也；鼋鼍鱼鳖鳅鳝孕别之时，网罟毒药不入泽，不夭其生，不绝其长也。春耕夏耘秋收冬藏四者不失时，故五谷不绝，而百姓有余食也；汙池渊沼川泽，谨其时禁，故鱼鳖尤多而百姓有余用也；斩伐养长不失其时，故山林不童而百姓有余材也。”荀子的“爱物”思想明显地表现出可持续发展的思想。荀子的论述包含了自然资源的可持续性和人类经济和社会的可持续性，指出了自然资源的可持续性是经济和社会的可持续的基础，对自然资源的可持续性提出了代际公平的问题，这也是我们当今建设生态文明与和谐社会的理论依据。

儒家传统思想还提出了尊重生命的生态伦理原则。“天地是万物之母”、“与天地合其德”、“天地合气，万物自生”，认为万物相生是自然生态的自身功能，人自身是自然界的一部分，人类也是天地的产物即自然的产物，人应该“乐天知命”，发挥德行的作用，约束自己与自然对抗的思想和行为，使人与自然生态合而生生不息与合而生生日新。为了维持自然界的正常运转特别是生物的再生和可持续利用，儒家提出了一系列禁止人类破坏自然和生态行为的主张，如禁止从根本上违背生态季节律的行为，以便维护生物的可持续性生存等。因此，人类在改造自然的过程中，应该尊重生物“生存权利”，尊重自然界生物相互作用、优胜劣汰的权利，按照生物自主原则，尽量地顺应自然、利用自然，维护生物多样性，保护生态系统的良性循环，促进人类社会与生态环境的和谐与协调发展。

（四）道家思想的生态哲学观

关于传统自然观，《老子》作了具有代表性的表述："道生一，一生二，二生三，三生万物。万物负阴而抱阳，冲气以为和。"其中的"一"就是元气；由元气生出阴阳二气，谓之"一生二"；由阴阳二气化生出天地人，谓之"二生三"；再由天地人化生出万物，谓之"三生万物"。"冲气以为和"，就是阴阳二气在运动中的对立统一。

中国传统道家还提出了"道法自然"的生态伦理观和生态行为准则，其本质也是把自然（天、地）与人以及它们的相互作用作为一个统一的整体考虑，强调建立一个和谐协调的统一体，认为应该让自然万物以自己固有的方式生存和发展，不能将人类自己的主观价值尺度强加于自然，让自然万物自由地发展，这也是道家"无为"的态度。道家的老子将一切有悖于"道"或"自然"的行为都列入禁止的范围。他们从自然主义的立场出发，要求人们禁止破坏生态和自然的行为，提出了一些具有自然保护价值的对策，这对今天实施可持续发展战略与生态文明建设仍具有重要的启迪作用。

二、中国古代生态哲学思想对生态文明建设的启示

在过去的几个世纪中，欧洲文化在推动世界各地现代化进程中的确起到了不可替代的重大作用，包括东亚国家在由农耕经济向工业文明的转变中，都不同程度受到了以欧洲为主的西方文化的广泛影响。然而，西方文化中心主义强调"人类中心说"，即人们为了自己的物欲追求，在改造自然和利用自然的过程中，忽视自然界固有的规律性和自然生态环境的价值，造成人类对自然的无限制的掠夺，使人类面临越来越严重的生态失衡。随着全世界现代化的发展，人类既不断征服自然，又不断破坏自然，如生物多样性减少与环境污染等，已经严重威胁到人类自身的生存。传统的经济发展观带来的负面效果让我们开始反思各自的民族文化遗产和历史传统，尤其近年来对中国古代生态哲学思想的研究让我们意识到生态文明建设的重要性。无疑，生态文明建设应坚持科学发展观并从保护生态环境开始。

（一）坚持科学发展观

科学发展观最重要内容就是可持续发展，即处理好经济增长与环境保护的关系。第一，良好的生态环境和充足的自然资源是经济增长的基础和条件。经济增长的最终目的是提高人民的生活水平，良好的环境是高质量生活的必要条件，而环境污染和生态破坏有悖于促进经济增长的初衷，严重的环境污染和资源短缺反过来会制约经济的增长，甚至制约一些产业的发展，影响经济增长的质量和效益。第二，经济增长不足或增长方式不当是造成环境污染、资源枯竭、生态破坏的重要原因。贫困地区毁林开荒、草原过牧、陡坡种粮等是造成水土流失、土地荒漠化的主要原因。粗放式的经济发展方式把环境成本外部化，不考虑资源更新的速度及生态服务价值，低成本的工业扩张是造成环境严重污染和资源浪费短缺的根源所在。第三，发展经济要有可持续性。我们不仅要考虑当代人发展的需要，也要考虑子孙后代发展的需要，给后代人留下良好的环境条件是我们必须负起的历史责任。第四，环境问题是发展带来的也只有通过发展才能加以解决。没有必要的经济增长，缺乏改善环境的条件和资金的支持，保护环境难以奏效。环境问题的产生和解决与经济发展阶段和技术进步程度密切相关，只有在发展经济的同时，重视环境保护问题，才能使问题得到妥善解决。因此，从中国古代生态哲学思想的角度出发，保护和改善环境应该是生态文明建设的目标之一，即解决今天的生态环境问题不是不要发展，而是在保护生态环境资源的前提下实行可持续发展。

（二）保护生态环境

1. 解决环境问题应从经济发展入手

要加快经济增长方式的转变，明确发展经济的根本目的。我国现阶段经济增长很大程度上是

靠高投入、高消耗、高排放来实现的，这不仅制约经济持续增长，也带来严重的环境问题。转变经济增长方式，一要转变观念，充分认识到经济增长必须建立在资源、环境承载能力的基础上。二要转变体制和机制，经济体制的转变既要符合市场经济的规律，又要符合生态环境的规律，GDP 是否增长，还应考核环境质量变化的指标和环保法规执行的情况。三要制定有利于增长方式转变的经济政策，包括各种资源能源节约的政策，资源回收和综合利用的鼓励政策，排污收费制度等。

大力发展循环经济。循环经济是一种新的经济发展模式，即从传统的工业经济发展模式：资源—产品—消费—废弃物，转到新的资源循环利用发展模式：资源—产品—消费—再生资源。循环经济强调的原则是：资源减量化、再使用、可循环。从国内和国际一些试点的经验看，在企业层次可通过开展清洁生产审计，大幅度减少生产中原材料的消耗，不用或少用有毒有害的原材料，不排或少排废弃物。通过建立生态工业园或把不同企业联合起来，相互利用生产的废弃物，从而减少向环境排放的污染物，提高资源利用效率。深化生态省、生态市和生态示范区建设，并扩展到消费领域，建立循环型社会。建立绿色国民经济核算体系，国家发展有四类资本：人力资本、金融资本、加工资本（实物）和自然资本。如果在经济增长中其他资本增加了，而自然资本减少了，总资本量可能不是增加而是减少。如果单纯用 GDP 来衡量一个地区的经济社会发展水平，就可能导致不计代价片面追求 GDP 增长速度，忽视经济的结构、质量和效益，忽视环境保护和社会进步。

2. 环境保护坚持以人为本

维护人民群众的环境权益以人为本是科学发展观的核心，要把维护最广大人民的根本利益作为一切工作的出发点和落脚点，努力实现在良好的环境中生产生活，做到环境信息公开：公开发布国家和各地区的大气和水环境质量状况，公开政府在环保方面采取的措施。让人民群众了解当前我国严峻的环境形势和政府为此做出的努力，还要依法公开企业排污行为，发动广大群众和社会舆论进行监督。要鼓励公众参与环境保护，环境保护事业涉及千家万户，广大群众的支持和参与是推动环保事业最强大的力量。要发动群众为环保献计献策，鼓励群众对违法排污企业检举报告。要支持绿色社区、绿色学校创建活动，支持和引导环保社团和环保志愿者开展的各种宣传教育活动。倡导和鼓励绿色消费，关注并采取措施解决老百姓关心的食品安全，饮用水安全，室内污染和白色污染等问题。要制定相关的政策、法规和标准，发展环保标志产品和环境管理体系（ISO 14000）认证工作，推广有机食品和绿色食品，政府要带头制定绿色采购政策，扶持有利于环境的产品占领市场。

3. 依靠科学技术进步，实现环境保护

严重的环境污染在一定意义上也是一种资源的浪费，我们不能再走发达国家工业化初期严重污染环境，后来再治理恢复的路子。如何走出一条新路子，实现环保跨越式发展？一靠机制、体制创新，二靠科学技术进步。今后技术进步应更加重视资源利用率的提高，这既有利于缓解资源不足，又有利于环境保护。建立一个节约型社会是当前非常紧迫的问题，由于管理和技术水平的落后，我国工业生产无论是单位产品还是单位产值所消耗的能源、水资源和一些原材料都远远高于世界平均水平，甚至高于许多发展中国家。目前我国 GDP 占世界的3%左右，而每年消耗的钢材、水泥分别占到世界的25%和50%，建立节约型社会，除了要加强宣传，提高认识，制定法律和各项经济政策，确定合理的资源价格外，更重要的是大力开发和推广节约能源和资源及资源综合利用，回收利用的技术，发展集约型企业。

4. 增加政府投入，开展国际合作

政府在推进可持续发展中是起主导作用的，增加对环境保护投入是非常关键的措施。这一方面是政府实施公共财政的需要，另一方面是因为环境问题往往表现为外部的不经济性。对追求利润最大化的企业来说，尽可能减少在环境方面的投入是其自发倾向，政府为维持公平的市场竞争环境，必须加大法治力度，严格要求企业达到国家污染物排放标准。同时政府自身也应加大投入，起到引导促进作用，解决集中产生的环境问题，特别是国家为民族长远利益建立的各类自然保护区和珍稀物种保护、环境执法能力建设等，都需要政府的投入。除了政府增加投入外，要通过各项政策措施调动各方面的社会资本投入环境保护，推动污染治理的市场化。

许多环境问题是全球性的，国际社会为解决这些全球环境问题制定了几十个环境公约和议定书。我们应该积极参加这些公约和议定书的谈判和相关项目的合作，一方面维护我国和其他发展中国家合法的环境权益；另一方面对外介绍我国的环保工作，消除中国环境威胁论的影响，努力为解决全球环境问题作出我们应有的贡献。国际交往中需要处理好环境与贸易的关系，我国不少产品特别是农牧产品，由于环境污染或产品不符合对方的环境标准而被发达国家限制进口，这一方面需要提高我国产品的环境质量要求；另一方面也要通过外交手段，消除发达国家有意设置的绿色贸易壁垒。树立科学的发展观，促进生态环境保护，实质上是要处理好眼前和长远利益、局部和全局利益的关系。

三、结　语

目前，中国正处于社会主义发展的生态文明建设与和谐社会建设时期，坚持科学发展观，构建社会主义生态文明的和谐社会，既符合我国社会现阶段的国情，又适应社会可持续发展的规律。重新审视并借鉴中国古代生态哲学思想，无疑对当今社会生态文明建设的可持续发展有着重要的现实意义。实行生态文明建设的可持续发展，要求人类在发展中摒弃传统的以大量能源和资源消耗、以环境破坏为代价的发展，选择人口、环境、经济、社会可持续协调发展的战略。生态文明建设作为一种新的发展观，它强调发展的持续性、公平性与和谐性，追求生态、社会、经济和环境协调发展。作为新的发展观，生态文明建设需要新的哲学理论作为它的指导思想，中国古代生态哲学思想可以为生态文明建设提供理论支持，促使人们反思现行的社会体系，并通过生态哲学对生态文明建设的理论进行探讨，促使人们从根本上改变自己的生活方式，促使人们思维方式的转变，引发人们更多的理性思考，从而尽量减少人类实践活动中的负面效应，达到人类与自然和谐共处的目的。毋庸置疑，剖析中国古代生态哲学思想的内涵让我们深刻认识到：中国当今社会生态文明建设的可持续发展将是顺应全球可持续发展趋势而又切合建设人与自然生态和谐社会的必然选择与正确道路。

参考文献

[1] 罗尔斯顿．哲学走向荒野［M］．长春：吉林人民出版社，2000.
[2] 余谋昌．生态哲学［M］．西安：陕西人民教育出版社，2000.
[3] 余谋昌．生态哲学：可持续发展的哲学诠释［J］．中国人口·资源与环境，2001，11（3）：1－5.
[4] 大卫·雷·格里芬．后现代科学——科学魅力的再现［M］．北京：中央编译出版社，1998.
[5] 张凤帆，李东松．循环经济的生态哲学意蕴探析［J］．自然辩证法研究，2006，22（8）：9－13.
[6] 骆世明，陈聿华，严斧．农业生态学［M］．长沙：湖南科学技术出版社，1987.
[7] 许照红．论中国传统生态哲学思想的现代价值［J］．科学社会论坛，2006，8：22－25.
[8] 叶平．生态哲学视野中的“循环型经济”［J］．中国人民大学学报，2006，3：10－14.
[9] 解振华．循环经济知识读本［M］．北京：中国环境科学出版社，2005.
[10] 巴里·康芒纳．封闭的循环：自然、人和技术［M］．长春：吉林人民出版社，1997.
[11] 星野芳郎．未来文明的原点［M］．哈尔滨：哈尔滨工业大学出版社，1985.

基于生态文明视角的民族地区可再生能源利用研究

史锦华

（中央民族大学经济学院　北京　100081）

摘　要　生态文明是人类对工业文明后果的深刻反思，是人类能源利用和消费观的进步。我国民族地区生态环境的现实状况和发展态势相当严峻，产业结构不合理，能源消耗量大；农村生活水平低下，主要靠生物质燃料直接燃烧，效率低下。可再生能源利用是民族地区生态文明建设的巨大推动力，不仅对民族地区发展具有重要战略意义，而且可以推动循环经济的发展，促进社会主义新农村建设。

关键词　生态文明　民族地区　能源消费　可再生能源

改革开放以来，伴随着中国经济的长足发展和工业化进程的加快，能源消费大幅度增长，从而使能源紧缺和环境污染凸显，成为严重制约我国社会经济发展的巨大难题。因此，改变现有以化石能源为主的能源结构，建立充足、清洁、经济、安全的可再生能源结构，成为未来国家能源发展战略的重点。对于西部广大民族地区来说，随着西部大开发和“西气东输”等能源工程建设，这里必将成为我国的主要能源供应基地；但是，特有的区域环境和生态特点，决定其在发展过程中必须充分考虑资源和环境的承载能力，走生态文明发展之路。党的十七大报告指出：“建设生态文明，基本形成节约能源资源和保护生态环境的产业结构、增长方式、消费模式”。可再生能源在民族地区不仅分布广泛，而且可开发利用前景好，大力发展可再生能源，对民族地区发展具有特殊重要意义。

一、生态文明：人类能源利用和消费观的进步

迄今为止，人类文明已经经历了原始文明、农业文明和工业文明，目前正处于工业文明向生态文明过渡阶段。从一定程度上看，生态文明是基于人类对资源枯竭、环境污染和气候变化等工业文明后果深刻反思的结果，是人类文明形态和文明发展理念、道路和模式的重大进步。生态文明的核心是人类与自然的相互关系和作用，即既要顾及人类，也要顾及自然，在二者和谐中求得共荣与发展。生态文明的具体表现为人与自然的相互依存，并在相互博弈中获得双赢，实现社会效益、环境效益、经济效益的兼顾与协调。

19 世纪 60 年代，以英国发生工业革命为标志，人类文明由农业文明跨入工业文明。工业革命以前，人们主要从植物、动物那里获得能源，人类所获得的总能量有 80% ~85% 来自植物、畜力和人力。工业革命后不知疲倦的机器代替了人力和畜力，不可再生的化石能源取代了可再生的有机能源[1]，拉开了现代经济增长的大幕。这个时期，煤的开发和使用迅速增加，直线上升，到 1900 年，世界煤炭产量达到 7.73 亿吨，比 1860 年增加了 4.5 倍。19 世纪 70 年代以后，随着发电机、电动机和内燃机的发明，以大量消耗石油和电能为基础的能源应用，推动了第二次产业革命的形成和深入发展，把工业增长推入了新的阶段。2006 年，世界能源消费达到 108 亿吨油当量，比 1900 年增加了大约 13 倍，其中，石油消费量 38.9 亿吨，煤炭消费量 30.9 亿吨油当量，天然气消费量 25.7 亿吨油当量［BP 世界能源统计，2007（6）］。

经济增长给人类带来了巨大物质财富，极大地提高了人们的生活水平。有人计算过，今天的世界在 17 天里就可以生产出 1900 年用全年时间才能生产的总产值。但是，这种经济增长是以自然资源的逐渐枯竭为特征的，这种发展模式突出表现为化石能源的高度消费量和高污染的排放量。根据日本、欧盟等能源机构预计，以石油、煤炭和天然气为代表的化石能源开采量在2020—2030 年出现峰值后，相继会在本世纪内开采殆尽。据统计，随着化石能源的大规模开发利用，

目前全球工业排放物、汽车尾气和家庭燃料每年导致270多万人死亡，由于气候变化和灾害强度加大，每年对世界经济带来的成本将达到550亿美元[2]。

能源是经济发展的动力，人类文明的每一次重大进步都伴随着能源的大量消耗和更替。煤炭和石油等化石能源经过200多年的大规模开采和消费，使人类获得了巨大的物质财富和生活水平的提高，但是，也对人类和生态环境带来了一系列越来越重危害，大气污染、气候变暖、物种灭绝、冰川融化和海面上升等种种难题摆在了人类面前。20世纪80年代以后，由于认识到人口、资源、环境和发展等重大问题都与能源资源及其开发利用密切相关，尤其石油价格飞涨和世界能源危机的出现对各国经济造成了消极影响，如何制定正确的能源发展战略，树立正确的能源消费观，实现能源的永续利用及经济的可持续发展，逐渐成为国际社会研究的热点与前沿问题。

二、民族地区生态文明建设与能源消费现状

我国民族自治地方的面积占全国国土总面积的64%左右，大多处于边疆或接近边疆地区。民族地区既是我国自然资源最丰富、生态环境比较脆弱的地区，又是经济社会相对落后、贫困人口集中分布的西部地区。作为一个长期历史积淀与诸多因素动态作用结果——民族地区生态环境的现实状况和发展态势相当严峻，民族地区生态文明建设不仅涉及资源环境与生态问题，而且涉及社会经济和政治问题。

（一）民族地区生态环境

随着民族地区经济的快速发展，其面临的生态环境问题越来越严重，突出表现在三个方面：①水土流失愈演愈烈。目前全国水土流失面积360多万平方公里，西部占80%；②耕地、林地和草场退化、盐碱化、荒漠化现象日渐严重。全国每年新增荒漠化面积约2400平方公里，80%集中在西部；另外，由于植被破坏，降水稀少，荒漠化严重，西北地区成为我国沙尘暴的发源地；③植被遭受严重破坏，生物多样化大大降低，生态系统的功能受到了极大的损害，致使我国洪、涝、旱等自然灾害逐年增多。据有关资料统计，由于生态环境恶化和自然灾害引起的生态破坏，我国每年经济损失高达2830亿元。

西部民族地区是我国生态环境安全的屏障，其生态环境状况不仅影响着民族地区的发展，而且对全国的生态安全和可持续发展产生重大影响，这成为整个国家必须面对和解决的问题。近年来，虽然国家不断加大对民族地区的支持力度，有力地促进了民族地区生态环境的改善和经济发展，但其整体状况和全国其他地区相比，除云南和广西排名稍靠前外，其他地区仍有相当差距（见表1）。

表1　民族地区生态水平

样本地区	区域生态水平			区域生态水平平均值	区域生态水平在全国的排名
	地理脆弱指数	气候变异指数	土壤侵蚀指数		
内蒙古	22.54	45.04	40.92	26	
宁夏	20.40	30.01	27.97	31	
新疆	8.07	57.38	34.18	29	
青海	10.37	48.67	38.77	28	
西藏	9.39	55.30	48.11	23	
云南	1.92	78.77	54.62	19	
广西	22.94	72.76	63.85	11	

资料来源：张巨勇，马林．民族地区生态环境建设论［M］．北京：民族出版社，2007：51－52.

（二）民族地区的产业结构与能源消耗

在不同的区域范围内，产业结构的特征和由此决定的工业生产方式在影响区域经济发展的同时，也给自然资源和能源资源的消耗赋予了不同的区域特点。

表2 2006年全国和民族地区产业构成、能源消耗及人均地区生产总值

地区	第一产业比重/%	第二产业比重/%	第三产业比重/%	单位GDP能耗/（吨标准煤/万元）	单位GDP电耗/（千瓦时/万元）	单位工业增加值能耗/（吨标准煤/万元）	人均GDP/元
全国	11.7	48.9	39.4	1.168	1355.7	3.19	16084
内蒙古	13.6	48.6	37.8	2.413	1913.1	5.37	20053
宁夏	11.2	49.2	39.6	4.099	5528.2	8.68	11847
新疆	17.3	48.0	34.7	2.092	1232.3	2.91	15000
青海	10.9	51.6	37.5	3.121	4007.9	3.64	11762
西藏	17.5	27.5	55.0	—	—	—	10430
云南	18.7	42.8	38.5	1.708	1660.8	3.40	8970
广西	21.4	38.9	39.7	1.191	1252.0	2.88	10296

资料来源：中华人民共和国国家统计局编．中国统计年鉴2007［M］．北京：中国统计出版社，2007.

粗略分析得出，民族地区大部分省区第一、二产业和全国相比比例偏高，能源消耗水平也偏高。但是，人均GDP除内蒙古以外，均低于全国平均水平。说明民族地区的高能耗并没有带来高的经济增长，相反，高度的、粗放式的能源耗费势必会对生态环境造成更严重的压力。我国能源发展“十一五”规划提出要加大西部能源基地和“西气东输”、“西电东送”等重点工程建设，民族地区应抓住区位和能源优势，加速产业结构调整，优化产业结构。值得关注的是，在区域经济发展中，绝不能仅靠继续大量耗费能源和环境，走粗放式工业化发展的道路，而应该主要依靠节约能源、创新技术来支持产业结构转变升级。因此，在民族地区产业结构调整和生态系统的对接过程中，其明智的选择是走生态文明之路，节能减排，提高能源利用效率，力争以最少的能源、土地、水和其他资源，创造尽可能多的经济效益，并不断提高就业水平，提高当地人民的生活质量和水平。

（三）民族地区农村生活和用能结构

民族地区农村地广人稀，经济发展落后于中、东部地区，各民族大杂居、小群居，生活水平比较低下，从2007年统计数据来看（见图1），民族地区农村的人均纯收入和消费水平均低于全国平均水平。如果用“二元经济”来描述中国的城乡差距，再叠加东、中、西部发展水平差距，那么民族地区农村的经济状况可以用“双重差距”来形容了。

民族地区农村大部分比较偏远，电力基础设施缺乏，生产、生活用能还大量局限在直接燃烧作物秸秆（如广大农区）或砍挖树木、柴草等薪柴（如偏僻山区），或者甚至燃烧牛、羊粪（如草原牧区）等生物质燃料直接利用方式，这种方式不仅效率低下，而且产生大量二氧化碳。广大农牧区长期燃烧使用生物质燃料，破坏了生态，污染了环境，而环境的恶化又与原有的贫困以及其他社会问题交织在一起，形成了一个“贫穷—破坏—再贫穷—再破坏”的怪圈，严重限制和阻碍了农村经济和社会的发展。

现在，随着社会主义新农村建设的推进，农村能源状况有所改善。自2003年以来，农村户用沼气建设被列入国债项目，中央财政资金年投入规模超过10亿元。政府大力推行的沼气进村入户项目，各地积极探索发展起“三位一体”（养猪和沼气及种果树等相结合）、“四位一体”

(典型模式为猪、沼、蔬菜、日光温室）为代表的农村户用沼气发展模式（见表3)。按照《全国农村沼气工程建设规划（2006—2010年)》显示，西部地区是农村户用沼气国家扶持重点建设地区，到2010年底全区农村户用沼气总量达到2003万户，占总农户数的26.51%，占适宜农户的36.18%。同时，2006年中国已经启动了村落供电计划，到2015年，包括太阳能光伏发电、小水电和部分风电在内的可再生能源将为1万个村落的350万户居民供电，到时候，少数民族无电地区的用能状况将大大改善。西部民族地区农村能源状况的改善，必然会极大地提高农村的生活质量和改善环境条件。

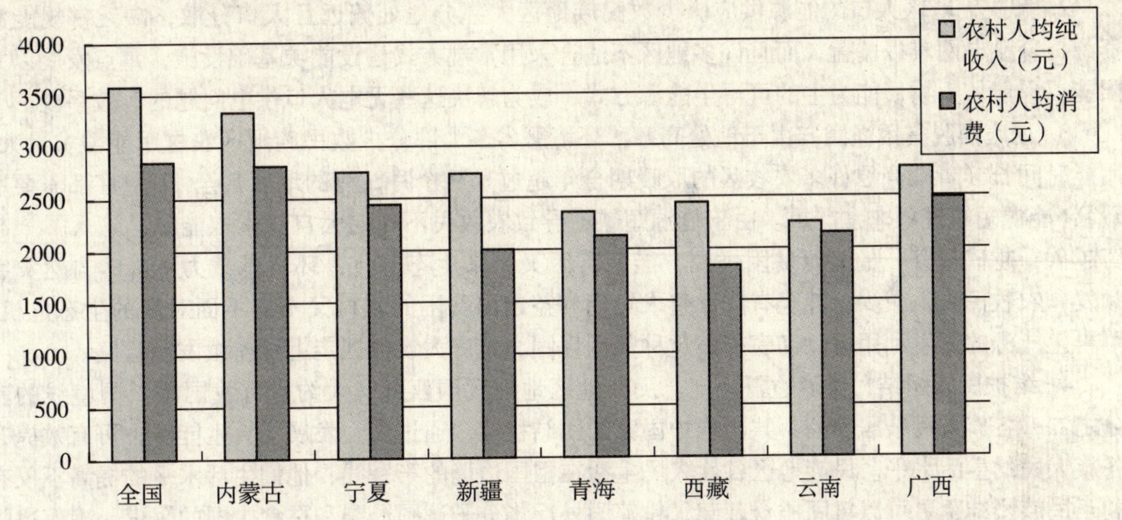

图1　2006年全国和民族地区农村居民收入及消费情况表（中国统计年鉴2007）

表3　2001—2005年中央支持民族地区农村沼气建设情况

区域布局	中央投资/万元	户用沼气布局及规模		大中型沼气工程（处）
		县数（次、个）	户	
合计	353270	2402	3575665	120
内蒙古	7020.93	55	56213	2
广西	22862.05	122	233839	0
云南	17920.00	96	183140	0
西藏	553.45	13	919	0
青海	7009.71	46	57797	0
宁夏	9328.89	54	74406	1
新疆（包括新疆生产建设兵团）	13722.12	94	102621	3
合计	78417.15	480	708935	6

三、可再生能源：民族地区生态文明建设的巨大推动力

可再生能源包括水能、风能、太阳能、生物质能、地热能和海洋能等，其主要特点是资源潜力大，环境污染低，可永续利用，有利于人与自然和谐发展。目前，世界上许多国家都把可再生能源列为本国实现能源多样化、应付气候变化和实现可持续发展的重要替代能源。我国一直十分重视可再生能源的开发利用，尤其是“十五”期间到现在，可再生能源快速发展，风电、太阳

能热水器和小水电等一些可再生能源技术和产业已经走在世界的前列。据统计，2007 年我国可再生能源利用量折合 2.2 亿吨标准煤，相对于一次能源消费总量的 8.5%，为实现 2010 年可再生能源占全国一次能源的比例 10% 的战略目标走出了坚实的一步。

（一）可再生能源对民族地区发展的战略意义

1. 发挥资源优势，促进经济发展。西部民族地区地域辽阔，水力、风力、太阳光、生物质能源等资源丰富，具有明显的可再生能源开发优势；再生能源的开发和利用，既有利于优化产业结构、增加能源供应，又有利于保护生态环境，促进区域经济的快速发展。

2. 解决无电区人口的能源供应。少数民族地区大部分地处偏远且人口分散，缺乏常规能源资源，基础电网难以覆盖，而且许多地区不适合采用常规方式建设能源基础设施，重点发展以太阳能、风能、生物质能为主的可再生能源方式，成为解决这些无电人口供电问题的有效手段。

3. 彻底摆脱贫困怪圈。由于地处高寒，环境恶劣，大部分少数民族地区农村用能需求量大，用能时间长（青藏高原许多农牧区的取暖期全年超过了 9 个月，有的地区甚至 12 个月都需要取暖），能源短缺现象非常严重。由于能源短缺，导致农牧民不断向大自然索取能源，陷入了“越穷越砍，越砍越穷”的能源贫困怪圈，能源贫困又带来生态退化，环境承载力下降，自然灾害频发，农牧民收入减少，甚至有些靠追求短期利益走出贫困的农村又不得不面对新的生态危机。可再生能源的开发利用可以彻底打破这种贫困怪圈，使广大农牧区走上可持续发展道路。

4. 维护民族团结，保障边疆稳定。民族地区地处我国西部，大约占有我国漫长国境线的三分之二，各族人民杂居相处，共同维护国家的团结稳定。通过大力发展可再生能源，可有效提升各族人民的生活水平。民族地区各族人民生活在祖国边境的第一线，他们生活水平的提高不仅有利于民族团结，更可以巩固群众基础，粉碎国外反华分子试图分裂和蚕食中国的阴谋，确保边疆的长治久安。

（二）可再生能源促进民族地区循环经济的发展

循环经济是一种以资源的高效利用和循环利用为核心，以减量化、再利用、资源化为原则，以低消耗、低排放、高效率为基本特征的经济增长模式，其目的是保护生态环境，实现经济的可持续增长。传统经济是一种由“资源—产品—污染排放”所构成了物质单向流动，其特征是高开采、低利用、高排放，而循环经济则建立在物质不断循环利用的基础上，它要求经济活动按照自然生态系统的模式，组织成为一个“资源—产品—再生资源”的物质反复循环流动的过程，以达到经济、社会与自然生态的和谐。

20 世纪 80 年代开始，世界许多国家开始把发展循环经济作为发展重点，日本、德国、美国为此专门立法，并积极研发和推广资源再利用技术，利用可再生能源以达到节能、环保，实现零排放。20 世纪 90 年代，我国开始正式引入循环经济的概念，党和政府提出了科学发展观、“五个统筹”、和谐社会等重要思想，提出了大力发展循环经济，建立资源节约型、环境友好型社会的理念。2002 年颁布了《清洁生产促进法》，政府有关部分和地方政府也相应编制了发展规划和地方性法规，循环经济开始全面推广。

实践证明，可再生能源开发利用能有效促进循环经济的发展，尤其是对自然资源存量小，环境承载力弱的我国民族地区，利用风能、光能和生物质能源等可再生能源，从源头上减少化石能源的投入，减少污染物和温室气体排放，并减少水资源消耗和生态破坏。例如，水力发电、风力发电、太阳能发电、太阳能热利用不排放污染物和温室气体，也相应减少化石能源开采的生态破坏和化石能源发电的水资源消耗；生物质发电排放的二氧化硫、氮氧化物和烟尘等污染物远少于燃煤发电。2006 年我国正式实施了《可再生能源法》，2007 年编制了《可再生能源中长期发展规划》，为民族地区可再生能源发展提供了法律支持和政策引导。据了解，新疆、内蒙古、青海、云南等民族省、区都相继进行了风能、太阳能、生物质能、水能等开发评价，制定了有关的可再生能源开发利用第十一个五年规划，把可再生能源列为产业支持发展重点，以此缓解能源资源与经济发展的矛盾，推动循环经济发展。

（三）可再生能源促进社会主义新农村建设

社会主义新农村建设的目标为：生产发展、生活宽裕、乡风文明、村容整洁、管理民主，而合理开发利用农村可再生能源，加强农村能源建设，不仅能够有效缓解农村能源短缺，增加农民收入，提高生活质量，而且有利于治理农业污染，优化农村环境，促进农村经济社会可持续发展。可见，发展可再生能源与新农村建设是完全契合的。

1. 有利于培育清洁、高效、可靠、经济的农村能源体系，保证民族地区农村能源供应。随着西部大开发和边远民族地区扶贫工作开展，预测在“十一五”期间西部农村人均用电量将以17%的平均增长幅度发展，到2010年人均用电达到318千瓦，充分利用我国民族地区广大农村丰富的可再生能源资源（小水电、生物质发电、太阳能发电、风力发电等），满足农村不断增加的能源需求，让农民成为绿色电力的生产者和消费者。

2. 改善农村生活条件，提升生活质量和水平。随着以户用沼气、小水电、小型风力发电、太阳能光伏发电和太阳能热利用等为主的农村可再生能源技术应用推广，改变了农民用能结构，降低劳动强度，基本实现做饭用气，洗衣、洗澡用热水，庭院净化无垃圾，厕所和畜舍无蚊蝇，从而使农村彻底改变“柴草堆满间，煮饭满屋烟，蚊蝇到处飞，灰尘扫不完”的落后条件。据统计，户用沼气的推广，可以使农户平均每户人家每天可减少炊事劳动时间5～6小时，同时实现了人畜分离和粪便处理的清洁化，更重要的是，农村妇女可以走出厨房，学习文化提高技能，走向生产领域，提升妇女的家庭地位和社会地位。

3. 有效解决民族偏远地区的能源供应。在我国制定的可再生能中长期发展规划中，确定可再生能源的总目标之一就是解决偏远地区无电人口用电问题和农村生活燃料短缺问题。民族偏远农村地区能源需求量大，公共设施缺乏，如果用常规能源供应，不仅难以满足需求，而且往往需要大量的资金投入，资金利用效率也不高；相反，发挥可再生能源利用小型化、多样化的特点，需要的投入较少，易于为农牧民所享受。

4. 增加农民收入，推动农业产业化发展。大力发展可再生能源，能够充分发掘农村资源的价值和潜力，变废为宝，综合利用，增进经济效益，增加农民收入，增强农村经济发展的后劲和可持续性。与此同时，可再生能源的开发和使用，还会直接推动农业产业结构乃至整个农村产业结构的调整和优化升级，例如，以沼气为起点可以带动种植和养殖业发展，发展生态农业，增加农业效益。民族地区地广人稀，利用荒山或废弃用地可以种植木薯、小桐籽等能源作物，用于生产生物柴油、生物乙醇等生物能源，形成新的产业链，促进农民增收。

参考文献

[1] 齐波拉．世界人口经济史［M］．北京：商务印书馆，1993.
[2] 托马斯，等．增长的质量［M］．北京：中国财政经济出版社，2001：78－82.
[3] 张巨勇，马林．民族地区生态环境建设论［M］．北京：民族出版社，2007.
[4] 马胜红，董文娟．我国农村大力发展可再生能源电力的必要性和建议［J］．中国能源，2008（2）.
[5] 师连枝．农村可再生能源发展与新农村建设［J］．西南民族大学学报（人文社科版），2007（3）.
[6] 侯丽清，郝爱萍．论少数民族地区生态文明建设［J］．包头职业技术学院学报，2008（6）.

建设生态文明　推进经济增长方式的转变

吴玉树

（云南大学生命科学学院　昆明　650091）

文明是反映人类社会发展程度的概念，它表征着人类社会或一个国家、一个民族的经济、社会和文化的发展水平与整体面貌，是指社会的进步状态。

一、生态文明的产生

人类文明的发展经历了原始文明、农业文明和工业文明三个阶段。

200 多年前，工业革命开始席卷西方世界，工业文明迅速成为据支配地位的文明形态。工业文明以人类征服自然为主要特征。在工业文明时代，人类是征服自然、改造自然的主体，通过各种技术手段创造了高的生产力，而人与自然的关系则成为利用与被利用的主客关系、对立关系。随着科技的高度发达和人类日益增长的物质需求，人类对自然界资源进行着粗放式、掠夺性的开发利用，人类对自然资源的索取能力大大超过了自然界的承载力和再生增殖能力，人类排入环境的废弃物也大大超过了环境的容量。在工业文明时代，人类虽然取得了前所未有的辉煌成就，创造了空前巨大的物质财富，促进了人类社会的进步与发展，但同时也带来了严重的生态破坏和环境污染，最终导致了前所未有的全球性生态危机，从社会文明发展的视角来看，就是现代工业文明危机，它给人类社会带来的一系列生存发展问题，引发了人类深刻的反思。

生态文明是在对工业文明以人类中心观及其不可持续的经济发展模式和经济行为的深刻反思的过程中逐渐成熟的，顺应了人类社会文明发展的潮流。

作为一种文明形态，生态文明是继工业文明之后的更高阶段、更为进步的文明形态，是人类文明发展的一个新的阶段，是人类文明的延续、发展和进步。

二、生态文明的内涵

（一）认识人与自然关系的生态学实质

在人与自然的关系上，生态文明认为人是自然人与社会人的统一，作为自然人，人的内在价值是自然的内在价值的一部分，人与自然是内在的统一；人依靠自然，所有其他生命也都依靠自然，强调以人为主体的所有生命与其环境间相互关系的协调发展；人与其他生命共享一个地球，因而人类要尊重生命和自然界，强调人与自然的相互依存、相互促进、共处共融；人类不应把自然放在自身利益的对立面，而应在与自然和谐相处并在保护、补偿自然的基础上开发利用自然，从而达到人与自然的可持续发展。

人类发展离不开自然，人类要实现可持续发展必须与自然和谐共处。

（二）树立人与自然的平等观

生态文明认为人是主体；人有价值，自然也有价值，人是价值的中心，但不是自然的主宰；地球上每个物种都有其存在的价值，因而生态文明要求摒弃人类中心主义，强调人类与其他生物、与生态系统存在的权利是平等的，而且是相互依存、协调共生的。强调人与自然之间的共生和公平性原则。

（三）树立人与自然和谐的发展观

在经济社会发展中，生态文明注重经济发展的方式，强调经济发展的效率和效益，要求发展的速度、强度和规模必须以环境资源的承载力为基础，以环境容量为前提。此外，要求产业布局必须以区域生态功能为依据，科学划分重点开发、优化开发、限制开发和禁止开发区域等。也就是把人和自然、经济、社会各个子系统整合成一个复合生态经济系统来考虑发展问题。生态系统决定了经济系统发展的可能性，也决定了一个社会发展的最大限度。

综上可见，生态文明的核心是统筹人与自然的和谐发展，反映的是人与自然关系的一种全新状态，它标志着人类不断克服改造客观物质世界过程中的负面影响，积极改善和优化人与自然的关系，体现了人类处理自身活动与自然界关系的进步和所达到的文明程度。人与自然关系的和谐是人与人、人与社会关系协调的重要基础。

生态文明注重经济建设与生态保护之间的相互关系和协调发展，把二者紧密联系起来，在保护生态的前提下发展，在发展的基础上改善生态环境，强调发展的整体性、平稳性与和谐性，所以生态文明是一种可持续发展的文明形态。

生态文明也是一个人与自然、人性与生态性全面统一的社会形态，讲生态文明的社会应是一个经济高效、社会和谐、生态优美相统一的社会，要求达到三者的整体谐同。所以生态文明是人类社会高度发展进步的一个新的阶段，也是人类社会进步的标志。

生态文明从本质上来讲是一种基本价值理念，即是把社会物质生产以人为中心的价值取向，转到人、社会、生态的协调发展的价值取向上；生态文明也是一种生态伦理观，是指人与自然、人与人、人与社会和谐发展的文化伦理形态，用于指导全社会处理人与自然关系的意识形态。

三、生态文明推进经济发展模式的转变

从工业文明到生态文明的转型将使社会经济体制、经济发展模式和经济行为发生变革。

生态文明要改变工业文明传统的建立在资源扩张型基础上的高物耗、高污染型的经济发展模式，要求树立经济、社会与生态环境协调发展的观念，把生态环境保护与推进经济增长方式的转变结合起来，运用生态经济学原理和生态学整体、协调的原则来重新调整生产、生活方式、消费方式和行为导向。

1. 在生产方式上——以维护生态环境为前提，在开发利用自然的过程中，以自然规律为准则，以生态系统的承载能力为基础，不损害生态系统的结构和功能，维持生态系统的动态平衡，从资源掠夺型向保育再生型转变；在生产过程中，改变生产方式，发展循环经济，从源头上减少资源浪费和环境污染，实现对资源的高效循环利用，提高生产效率和综合经济效益；在排放废弃物的过程中以环境容量和环境自净能力为限度。

这样的生产方式所形成的社会生产力就不再是人类征服自然、改造自然的能力，而是利用自然生产力，协调自然、经济和社会的能力，这样的生产方式可以减轻工业文明对环境、资源的压力，缓解生态危机。

2. 在生活方式上——生态文明是把人与自然放在同等的地位上来思考人们的生活方式和消费观的。生态文明不追求对物质财富的过度享受，不追求高消费，不鼓励以奢侈浪费来维持生产规模，而是以实用节约为原则，以适度消费为特征，追求既满足自身需要又不损害自然生态的生活。崇尚健康文明的生活方式、崇尚精神和文化的享受。这是一种既能保持生活质量的提高又有利于生态环境改善、缓解资源短缺的生活和消费方式，使人们的生活、消费行为从高消费、高能耗、负影响向适度消费、低能耗、正影响过渡。

可见，生态文明的生产和生活方式都是有别于工业文明的，是向工业文明传统的生产方式、生活方式、价值观念挑战的新人类文明形态，它将改变工业文明所导致的人与自然之间的对立、征服、破坏性关系向和谐、协调、生态型关系的转变，以构造全面协调经济、社会、生态可持续发展的和谐社会。

改革开放以来，我国用了近30年的时间走过西方国家100多年的工业化过程，这种在薄弱

基础上的快速发展，使生态环境承受了极大的压力，我国经济从1990—2006年的平均增长速度达到9.7%，经济总量从1990年全球第11位上升到2006年的第3位，这表明在过去的20年中，中国是世界上经济增长最快的国家之一。但是，我国经济增长中的相当一部分是通过自然资源的超常消耗、生态的严重退化和环境的严重污染作为代价换来的，因为我国长期以来沿袭高消耗、高污染、低效率的粗放发展模式，使环境问题和生态危机日益突出，发展的资源环境成本越来越高（我国资源和能源利用率远远低于世界平均水平，而投资率比发达国家平均水平高近20个百分点）。这使人们逐渐认识到以牺牲环境、破坏生态为代价所得来的经济增长留下的是长远的危害和隐患，是不可持续的，且已严重影响到我国当前和今后经济社会的发展。

以西部而言，近数十年来，在以经济增长为中心的发展战略指导下，西部资源环境超常消耗，受到了极大的破坏，而经济社会发展水平并未得到相应的提高。经过长期的反思与探索，现在实施的西部大开发战略要把生态环境保护和建设作为实施西部大开发的根本切入点。这一发展思路和战略是历史性的转折，即由工业文明以经济增长为中心的发展转变为环境、经济、社会的协调、可持续发展。

历史的教训和现实的警示都让我们充分了解生态环境对发展经济的重要性和促进作用，要求我们把经济发展与生态环境保护以及人的全面发展结合起来。十七大报告中提出要“建设生态文明”，这是在客观分析中国所面临的严峻的资源、环境形势后，对中国未来发展模式的界定。我国的现代化建设必须转向生态建设与经济建设同步进行、协调发展的新的历史时期。走生态文明之路是当今社会生存和发展的必由之路，建设生态文明是我国实现可持续发展的内在需求。

参考文献

[1] 潘岳．社会主义与生态文明［N］．中国环境报，2007-10-19.

[2] 李文华．建设生态文明实现人与自然和谐发展．2007-10-19.

[3] 万本太．以生态保护工作的实际行动积极推动生态文明建设［N］．中国环境报，2007-12-21.

[4] 潘岳．生态文明将促进中国特色社会主义的建设［J］．《瞭望》周刊，2007，10.

[5] 姬振海．生态文明的产生是历史必然［N］．中国环境报，2007-10-19.

[6] 南方都市报社论．生态理性取代经济理性实现质的变革［N］．中国环境报，2007-10-26.

[7] 张连国．敏锐把握人类文明发展趋势［N］．中国环境报，2007-10-24.

[8] 姬振海．对建设中国特色生态文明的若干思考［EB/OL］．光明网，2007.

[9] 边延．加快转变经济发展方式［J］．云南支部生活，2008，2.

南宁市建设生态文明城市研究

郑　雄　李媛媛　陈红路　何志云

（南宁市环境保护科学研究所　广西　南宁　530022）

摘　要　生态文明是“十二五”时期的重要建设内容。本文在深入了解生态文明的基本内涵和特征的基础上，深刻剖析了南宁市当前建设生态文明城市面临的形势，结合南宁市的发展实际，相应的提出了一些措施、对策和近期工作建议，为南宁市的生态文明建设及“十二五”相关工作提供科学依据和技术支撑。

关键词　南宁市　生态文明　建设

党的“十七大”明确提出了生态文明理念，该理念的提出对城市的建设管理和发展提出了新任务、新要求。南宁市对生态文明建设高度重视：2008 年，在南宁市“两会”的政府工作报告上，市委、市政府明确提出了高品位、高标准打造国家生态文明城市的任务；在《中共南宁市委关于实施科学发展三年计划的决定》中，明确提出“牢固树立生态文明观念，发展生态经济，倡导生态文化，形成促进生态文明、人与自然和谐发展的良好环境”的目标。

南宁市建设生态文明城市研究迫在眉睫，它的开展将为积极推进南宁市的生态文明建设，进一步巩固“联合国人居奖城市”的创建成果，促进人与自然和谐相处，经济与环境协调发展，率先把南宁建成广西生态文明示范区、区域性国际城市提供科学依据和技术支撑。

一、生态文明的基本内涵和特征

（一）基本内涵

从广义角度来看，生态文明是以人与自然协调发展作为行为准则，建立健康有序的生态机制，实现经济、社会、自然环境的可持续发展。从狭义角度来看，生态文明是与物质文明、政治文明和精神文明相并列的现实文明形式之一，着重强调人类在处理与自然关系时所达到的文明程度。

生态文明具有丰富的内容。就其内涵而言，主要包括生态意识文明、生态制度文明和生态行为文明三个方面：

一是生态意识文明。它是人们正确对待生态问题的一种进步的观念形态，包括进步的生态意识、进步的生态心理、进步的生态道德以及体现人与自然平等、和谐的价值取向。

二是生态制度文明。它是人们正确对待生态问题的一种进步的制度形态，包括生态制度、法律和规范。其中，特别强调健全和完善与生态文明建设标准相关的法制体系，重点突出强制性生态技术法制的地位和作用。

三是生态行为文明。它是在一定的生态文明观和生态文明意识指导下，人们在生产生活实践中推动生态文明进步发展的活动，包括清洁生产、循环经济、环保产业、绿化建设以及一切具有生态文明意义的参与和管理活动，同时还包括人们的生态意识和行为能力的培育。

（二）基本特征

作为人类文明的一种高级形态，作为中国特色社会主义事业总体布局的组成部分，生态文明建设涵盖先进的生态伦理观念、发达的生态经济、完善的生态制度、基本的生态安全、良好的生态环境等。具有以下四个鲜明特征：

一是在价值观念上，生态文明强调给自然环境以平等态度和人文关怀。

二是在实践途径上，生态文明体现为自觉自律的生产生活方式。

三是在社会关系上，生态文明推动社会走向和谐。

四是在时间跨度上，生态文明是长期艰巨的建设过程。

总之，生态文明是一种先进的社会发展形态，它主张遵循自然规律，尊重资源环境承载力，倡导资源节约和环境保护理念，寻求经济、社会和环境的可持续发展以及人、自然、社会的和谐共处。实质上，建设以资源环境承载力为基础、以自然规律为准则、以可持续发展为目标的资源节约型、环境友好型社会，是我国建设生态文明必须着力抓好的战略任务。

二、当前南宁市建设生态文明城市面临的形势

（一）建设条件和基础

1. 独特的区位优势给南宁城市发展带来了前所未有的机遇

南宁市正处在中国—东盟自由贸易区、泛北部湾经济合作、大湄公河次区域合作、泛珠三角区域合作等多个区域合作交汇点的核心，是多区域合作地缘经济的中心。独特的区位优势为南宁市的城市发展带来了前所未有的机遇，极大地推进了南宁市经济、贸易、投资、科技、文化、旅游等领域的发展，为南宁市创建生态文明城市提供了良好的“软环境”。

2. 优越的自然禀赋为南宁市的生态文明建设提供了优厚的地利条件

南宁市地处北回归线以南，属亚热带季风气候，阳光充足，雨量充沛，气候温和，年平均气温21.7℃，年平均降雨量1300mm，全年无霜期345～360d，有“草经冬而不枯，花非春仍奔放”之说。优越的气候条件孕育了南宁市丰富的水资源、矿产资源、农副产品资源、动植物资源、中草药资源和旅游资源等，特别是水资源，南宁市辖区内多年平均水资源总量约139.9亿m^3。辖区内水系发达，河流水库众多丰富的水资源为南宁市的生态文明建设提供了优厚而独具特色的生态环境基础。

3. 浓郁和谐的民族大团结氛围和全民生态文明意识的逐步增强为南宁市的生态文明建设提供了人和条件

南宁市是一个以壮族为主的多民族聚居城市，聚居着壮、汉、瑶、回、苗、侗、毛南、京、仫佬等35个少数民族，其中壮族约占全市总人数的56.3%。长期以来，全市各族人民和睦共处，民族大团结氛围浓郁和谐，良好的民族关系和稳定的社会局面为南宁经济社会发展奠定了根基。全民生态文明意识的逐步增加为建设生态文明示范区提供了有利的人和条件。

4. 系列创城活动为南宁市的生态文明建设奠定了有力的建设基础

近年来，南宁市大力推出“森林城市”、“生态城市”、“文明城市”、“环保模范城市”、“园林城市”、“卫生城市”、“生态园林城市”、“水城”等系列创城建设活动。各类创城活动的开展，极大地推动了南宁市的城市建设和可持续发展，为南宁市的生态文明建设奠定了有力的建设基础。特别是在2009年7月，中共南宁市委又做出了《关于加快建设区域性国际城市和广西“首善之区”的决定》，区域性国际城市的建设更为南宁市生态文明城市建设带来了良好的契机。

5. “联合国人居奖”为南宁市打开了走向世界的窗口

2007年，南宁市荣获“联合国人居奖”，标志着南宁市在建设区域性国际城市的进程中又迈出了重要的一步，是南宁市经济社会发展、综合经济实力增强和人居环境不断改善的综合体现，为南宁积极主动融入北部湾经济区开放开发，建设中国—东盟区域性物流基地、商贸基地、加工制造业基地和信息交流中心、交通枢纽中心、金融中心提供了难得的契机，必将进一步激发全市人民的机遇意识、发展意识和主人翁意识，不断探索人居环境建设的新理念、新途径、新方法，进一步推进人居环境建设，为南宁市的生态文明建设提供了良好的先决条件。

（二）存在问题

虽然南宁市建设生态文明城市具有一定的基础和条件，但不可否认的是也面临一些问题和不

足，主要体现在：缺乏系统的生态文明城市建设规划和指标体系；粗放型的经济发展方式还没有从根本上转变，三次产业的生态化进程还比较缓慢，产业结构仍需进一步调整优化；生态恶化趋势仍未得到有效遏制，生态环境安全还存在一定隐患；城市基础设施建设仍有待进一步加快完善；民生保障体系仍不够健全；生态文化有待进一步培育、提升；绝大多数市民仍未能在思想意识上牢固树立生态文明观念，文明、健康、科学、和谐的生活方式还没有普遍形成；生态文明建设尚缺乏一套健全、完善的保障机制。

（三）南宁市生态文明建设水平总体评价

目前，由于缺乏系统、全面的生态文明建设总体规划指导，南宁市的生态文明建设还未能算真正意义上的正式起步，仅处于初期阶段，各生态文明要素的发展（如生态经济、资源管理、生态保护与建设、基础设施建设、民生改善、生态文化与教育、机制保障等）还较为零散、杂碎，存在许多问题和不足。但由于具有一定的生态文明建设基础和水平，目前南宁市的生态文明建设又犹如强弩上之箭，一旦施以动力，将势不可挡。亟待全面正式启动生态文明城市建设工作，用生态文明理念系统地整合、指导城市各领域的发展，以进一步提升南宁市的生态文明水平。

三、南宁市建设生态文明城市的措施与对策

基于生态文明的内涵及特征要求，结合南宁市的发展实际，针对南宁市建设生态文明城市，现提出以下 9 大方面的措施与对策。

（一）做好城市规划是龙头——着力用生态文明理念谋划全局发展

建设生态文明城市必须坚持规划先行，着力用生态文明理念谋划全局发展。准确把握生态文明建设的内在要求和客观规律，科学分析南宁生态文明建设的基础和条件、面临的机遇和挑战，充分借鉴国内外先进理念和成功经验，坚持以人为本，将生态意识文明、生态行为文明、生态制度文明、生态环境文明和生态人居文明等融入规划建设中，高起点、高标准、高水平制定《南宁市生态文明城市建设规划》。在内容上，生态文明城市建设规划不仅要有具体的指标体系，还需建立与规划实施相配套的组织机构和运行机制，制定详细的规划实施方案。此外，应把生态文明理念作为一项指导思想贯穿到城乡总体规划、分区规划、详细规划中，落实到城市空间布局、基础设施、产业发展、人口发展、环境保护等各个专项规划，渗透到城市道路、建筑、景观、住宅小区等城市设计的各个环节中。

（二）发展生态经济是基础——优化产业结构，着力培育生态经济

要将建设生态文明与优化经济发展方式紧密结合，坚持走新型工业化道路，着力培育生态经济。以发展循环经济、低碳经济、生态产业为突破口，以节约资源、综合利用、清洁生产为重点，加快南宁市产业结构的调整与优化，大力发展生态工业、生态农业、生态服务业、生态林业、生态畜牧业、生态旅游业，打造渗透生态文明理念、具有南宁特色的现代产业新体系。进一步优化工业布局，创建循环型产业、企业和工业园区。

（三）资源节约是要务——强化城市资源管理，着力打造资源节约型城市

强化水资源的节约和利用，积极开展雨洪资源、再生水资源、地下水资源的科学利用，加快建设全市统一、集约高效的水资源调度配置系统、节水管理系统、雨洪资源收集利用系统、再生水利用系统和城市排水管理系统。提高能源资源综合利用效率，加大工业节能和建筑节能力度，促进废物资源化利用，鼓励垃圾焚烧发电和供热、填埋气体发电，积极推进城乡垃圾无害化处理，实现垃圾减量化、资源化和无害化。推进工业、农业和建筑废弃物的综合利用。提高土地资源集约利用水平，实行最严格的耕地保护制度和节约集约用地制度。大力加强森林资源保护管理，依法实行采伐限额制度，加大集体林权制度改革的力度，严格控制森林资源过量消耗。引导和促进矿山企业节约和综合利用矿产资源，重点推进共伴生矿、矿山尾矿、难选冶矿、贫矿的综

合回收利用。积极开发和利用生物质能、太阳能、风能、地热能等可再生能源和清洁能源，优化调整能源结构，提高可再生能源在能源结构中的比重。

（四）生态环境保护与建设是重点——推进生态环境保护与建设，着力维护生态安全

坚持整治和建设并举，重点推进生态环境保护与建设，打造生态宜居城市环境和优美洁净的农村环境，构建优美宜居的城乡环境安全体系，着力维护统筹城乡的生态安全。以创建国家环保模范城市、生态城市、生态园林城市、森林城市等活动为载体，打造生态宜居城市环境，全面提升城市建设质量和水平。加强城区及周边天然林地、草地、湿地等生态系统和自然景观保护，构建以涵养水源为主的江河绿色长廊和湖泊、水库绿色环带，建设沿市区各主要交通道路的护路林网，构建以自然保护区、森林公园、城市公园为主的城市核心绿肺组团，构建多层次的城市生态屏障体系。以保障人民群众饮水安全重点，加大水污染治理力度，推进重点流域环境综合整治和城市内河、内湖环境综合整治，恢复其生态和景观功能，实现城市水系河道“水畅、水清、岸绿、景美”。以新农村建设为契机，重点围绕饮用水安全、农村生活污染、农业面源污染、水土流失等突出环境问题，积极开展农村环境综合整治。

（五）基础设施建设是支撑——狠抓城市基础设施建设，着力完善生态文明城市功能

不断加大城市基础设施建设力度，为建设生态文明城市做好支撑。抓好交通基础设施建设，坚持以人为本、公交优先原则，打造“和谐公交”，进一步提高南宁市的公共交通服务能力，扎实推进“畅通工程”。重点推进环境保护基础设施建设，加快污水处理设施及配套污水管网、生活垃圾处理设施、一般工业固体废物处理设施、危险废物处置设施、禽畜尸体无害化处置中心、餐厨垃圾处置场、污泥处置场等项目建设。加强文化基础设施建设，建立市、县（区）、乡镇（街道）、行政村（社区）四级设施完备，布局合理、功能完善的公共文化设施体系，实施南宁文化信息资源共享工程，积极开辟户外文化娱乐休闲广场。加快信息基础建设，打造现代“数字南宁”。加大农村基础设施建设力度，以生态文明村建设为载体，积极推进农村交通、水利、能源、环保、公共设施建设。

（六）解决民生问题是根本——保障和改善民生，着力提高居民生活满意度

坚持以人为本，积极改善民生，着力提高居民生活满意度。编制民生保障规划，重点围绕农民增收、基础教育、全民医保、社会保障、创业就业、保障性住房、公共服务、社会稳定和人居环境等方面提出具体的保障措施和项目建设。强力推进“为民办实事工程”，致力于实现“学有所教”、“劳有所得”、“病有所医”、“老有所养”、“住有所居”、“居有所安”、“活有所乐”。以推进基本公共服务均等化为导向，建立健全公共财政体制，调整优化支出结构，集中财力办民生实事。建立群众的利益表达机制，落实信访工作责任制，拓宽和疏通民意表达渠道。建立、健全群众对地方政府工作和干部政绩的经常性的评价机制，把解决民生问题纳入评价指标。

（七）生态文化建设是灵魂——培育生态文化，着力弘扬城市精神

充分挖掘、保护和弘扬本地传统、特色文化，围绕树文化、水文化、壮乡文化、东盟国际文化四大文化推进生态文化创新，促进生态文化传播，加强生态文化载体建设。以创建国家森林城市为抓手，实施“以点带面、以线带面、以城带乡、以乡促进”的绿化方针，加快实施新一轮绿化，深化做好“树的文章”，力争实现一个村庄一座绿岛，一座城市一片森林，提升“绿文化”。以打造中国水城为载体，围绕“让江河湖泊休养生息”的水文化理念，继续推进四江（左江、右江、邕江、郁江）流域的综合整治，加强对受污染河道的综合整治和生态恢复，构建水系河道“水畅、水清、岸绿、景美”，江河湖泊水景观交相辉映、蓝天碧水与绿水青山相互融合、人水和谐的魅力水文化。根据区域特点，整合民族资源优势，激活民族文化中的魅力元素、时尚元素、生态元素、趣味元素，把民族文化的美灵活巧妙地糅入城市绿化建设、水系整治、房屋、桥梁、道路、市政设施设计中，融合到商贸、美食、旅游、娱乐等项目的开发里，打造独具

一格的民族生态文化。要紧紧抓住举办东盟博览会的契机，积极促进与东盟各国的文化交流，举办各种丰富多彩的节目盛宴（如东盟美食节、艺术节、水果节、商贸节、民俗文化节等），致力于打造一条具有广西特色的“东盟文化链”。

（八）生态教育是途径——加强生态教育，着力鼓励全民参与

研究制定并实施生态文明道德规范，在全市牢固树立先进的生态文明理念，不断提高干部群众的生态文明意识和素养。将生态文明内容纳入国民教育体系和各级党校、行政学院教学计划。广泛开展生态文明“进单位、进学校、进社区、进乡村”活动和绿色机关、绿色学校、绿色医院、绿色企业、绿色社区等“绿色系列”创建活动，使崇尚自然、善待生命、保护环境、节约资源成为社会风尚和道德规范，让先进生态文明理念、生态文明行为方式和生态文明道德规范渗透到每个单位、每个家庭、每个公民，形成人人自觉投身生态文明建设实践活动的社会氛围。规划建设自然保护区、森林公园、湿地公园、植物园、动物园、民族生态博物馆、自然博物馆、地质博物馆、文化遗址公园等一批生态文明宣传教育基地。充分发挥广播、电视、报刊、互联网等媒体的舆论作用，开展多形式的生态文明宣传和教育，在全社会形成一种良好的舆论氛围。

（九）创新机制是保障——注重统筹协调，着力创建生态文明保障机制

推进机制创新，建立健全生态文明城市建设在组织、政策、资金、技术等方面的长效机制，着力构建科学、高效、稳定的生态文明保障体系。建立组织保障机制，加强领导与协调。完善政策法规保障机制，提升依法行政效能。构建资金保障机制，确保资金落实。建立技术保障机制，加强科技支撑。健全社会保障机制，鼓励全民参与。

四、结论和建议

南宁市建设生态文明城市具有一定的基础和条件，如能经过系统地规划和科学地部署，扎实全面地推进城市规划建设、生态经济发展、资源保护与管理、生态环境保护、城市基础设施建设、民生改善、生态文化培育、生态教育发展、机制保障9大方面的建设，南宁市的生态文明建设水平将得到极大的提高，城市品位不断提升，实现生态意识文明、生态行为文明、生态制度文明、生态环境文明和生态人居文明。

近期南宁市的生态文明建设，建议应抓好以下几个方面的工作：一是尽快成立生态文明城市建设领导工作机构；二是加快确定建设目标和工作方案：编制《南宁市生态文明城市建设规划》、建立《南宁市生态文明城市建设指标体系》、制定《南宁市生态文明城市建设工作方案》；三是以系列创城活动作为载体，推进南宁市的生态文明建设；四是抓住“绿城”和“水城”两个品牌，做好“树”和“水”两篇文章；五是积极组织开展生态文明建设试点、示范活动，精心构建五象新区生态文明典范家园，倾力打造邕江沿岸生态文明精品长廊；六是多渠道筹措南宁市生态文明建设资金；七是加强生态文明宣传力度，鼓励全民参与。

参考文献

[1] 南宁市政协，南宁市环境保护局．以构建区域性国际城市为契机，推进生态文明建设［R］．2009，6．
[2] 中共广西壮族自治区委员会，广西壮族自治区人民政府．关于推进生态文明示范区建设的决定桂发［2010］4号，2010－01－26．
[3] 中共中央编译局与厦门市委、市政府．建设社会主义生态文明：厦门的实践［R］．2008，7．
[4] 中共贵阳市委．关于建设生态文明城市的决定筑党发［2008］1号．
[5] 深圳市人民政府．关于印发深圳生态文明建设行动纲领（2008—2010）和九个配套文件及生态文明建设系列工程的通知．深府［2008］42号．
[6] 环境保护部．关于推进生态文明建设的指导意见．环发［2008］126号．
[7] 邓跃星．建设生态文明城市的几点认识［J］．贵阳市委党校学报，2008（2）：23－24．

低碳经济及其国内外的新进展

黄国勤[1] 黄依南[2]

（1. 江西农业大学生态科学研究中心 南昌 33045；
2. 中国药科大学生命科学与技术学院 南京 211198）

摘 要 低碳经济是在全球气候变暖和能源资源匮乏的背景下提出来的。本文首先简述了低碳经济提出的背景及其主要特征，并简要分析了国外低碳经济的发展概况，最后，比较全面地论述了中国低碳经济的实践与进展。文章对各地正在探索中的低碳经济的发展具有一定的参考价值。

关键词 低碳经济 全球气候变化 能源安全 可持续发展

一、低碳经济的提出及其主要特征

低碳经济是在全球气候日益变暖和能源资源日趋紧张的背景下提出来的。

由于大量温室气体的排放，造成严重的“温室效应”，致使全球气候变暖，已成事实；由于不可再生能源资源的大量使用，已造成世界能源资源日趋短缺，难以逆转。这两方面的问题已引起世界各国的高度关注。气候变暖已经（或即将）给地球的生态环境造成严重影响，对人类的生存、生活和生产带来难以想象的“不良后果”甚至是“灾难性后果”；能源资源的枯竭已对全人类的可持续带来严重威胁。

为应对气候变化，减缓气候变暖；同时，节约能源资源，保护生态环境，世界各国都在积极探索保护人类共同的家园——地球的有效对策和措施。

2003 年，英国政府率先在能源白皮书《我们能源的未来：创建低碳经济》中明确提出了“低碳经济”的概念。作为第一次工业革命的先驱和资源并不丰富的岛国，英国充分意识到了能源安全和气候变化的威胁，它正从自给自足的能源供应走向主要依靠进口的时代，按目前的消费模式，预计 2020 年英国 80% 的能源都必须进口。同时，气候变化的影响已经迫在眉睫。

自英国提出“低碳经济”的概念之后，美国、德国、法国、澳大利亚、加拿大、日本、俄罗斯等国纷纷响应，并提出了各自的应对策略。

所谓低碳经济，是以低能耗、低排放、低污染为基础，其实质是能源高效利用、清洁能源开发、追求绿色 GDP，其核心是实现能源技术和减排技术创新、产业结构和制度创新以及人类生存发展观念的根本性转变。低碳经济的理想形态是充分发展“阳光经济”、“风能经济”、“氢能经济”、“生物质能经济”。发展低碳经济是当今世界各国应对气候变化采取的重大战略措施，也是我国实现经济社会全面、协调、可持续发展的必然选择。

二、国外低碳经济的发展

发展低碳经济是应对全球气候变化、缓解能源危机，实现经济社会全面协调可持续发展的必然选择。自 2003 年英国首次提出“低碳经济”的概念以来，世界各国正在不断积极探索发展低碳经济、应对气候变化、确保能源安全的目标、途径、模式和技术体系等。

英国为应对能源紧张和气候变化，前不久又提出到 2050 年减少 CO_2 排放量（比 1990 年）60% 左右，建立低碳经济的发展模式。

美国参议院于 2007 年 7 月提出了《低碳经济法案》，表明低碳经济的发展道路有望成为美国未来的重要战略选择；美国在 2009 年 12 月召开的“哥本哈根气候变化”大会上承诺 2020 年温室气体排放量在 2005 年的基础上减少 17%，并致力于走“低碳之路”。

德国政府于2005年更新了国家气候变化方案，制定了新目标，即到2020年减少40%的排放量，促进低碳经济发展。

澳大利亚在2007年新政府成立之后，批准了《京都协定书》，于2008年发布了酝酿已久的《减少碳排放计划》政策绿皮书，提出了减碳计划的三大目标：减少温室气体排放，立即采取措施适应不可避免的气候变化，推动全球实施减排措施。

澳大利亚政府长期减排目标是2050年达到2000年气体排放的40%，并计划于2009年出台具体法规，2010年正式实施。

日本是一个资源稀缺的国家，历来重视节能减排。在2004年，日本环境省发起的“面向2050年的日本低碳社会情景”研究计划，其目标是为2050年实现低碳社会目标而提出的具体的对策。2008年5月，该研究小组发布了《面向低碳社会的12大行动》，对住宅、工业、交通、能源转换、交叉部门等都提出了预期减排目标，并提出有相应的技术与制度支撑。2008年6月，日本首相福田康夫以政府的名义提出日本新的防止全球气候变暖的对策，即著名的“福田蓝图”，这是日本低碳战略形成的正式标志，它包括应对低碳发展的技术创新、制度变革及生活方式的转变，其中提出了日本温室气体减排的长期目标是：到2050年日本的温室气体排放量比目前减少60%~80%。

三、中国低碳经济的实践与进展

自2003年英国提出“低碳经济”的概念以来，中国就十分重视发展低碳经济。近年来，为维护能源安全和应对气候变化，全国各地为推动低碳经济发展进行了不断地实践和探索，并已取得积极进展。具体表现如下：

（一）领导重视

中国国家领导人十分重视发展低碳经济。2007年9月8日，国家主席胡锦涛在亚太经合组织（APEC）第15次领导人会议上，本着对人类、对未来的高度负责态度，对事关中国人民、亚太地区人民乃至全世界人民福祉的大事，郑重提出了四项建议，明确主张“发展低碳经济”，令世人瞩目。他在这次重要讲话中，一共说了4回“碳”：“发展低碳经济”、研发和推广“低碳能源技术”、“增加碳汇”、“促进碳吸收技术发展”。

2009年11月26日，我国政府宣布控制温室气体排放的行动目标，到2020年单位国内生产总值CO_2排放比2005年下降40%~45%。

2009年12月16~18日，国务院总理温家宝出席了哥本哈根气候变化会议，发表了重要演讲，宣示了中国政府的一贯主张，并呼吁各方凝聚共识、加强合作，共同推进应对气候变化的历史进程。

2010年2月22日，胡锦涛在主持中央政治局第十九次集体学习时发表了讲话，指出：全球气候变化深刻影响人类生存和发展，是各国共同面临的重大挑战。妥善应对气候变化，事关我国经济社会发展全局，事关我国人民根本利益，事关世界各国人民福祉。长期以来，我们本着对我国人民和世界各国人民负责的态度，始终高度重视气候变化问题，签署《联合国气候变化框架公约》，实施《应对气候变化国家方案》，提出2005—2010年降低单位国内生产总值能耗、主要污染物排放和提高森林覆盖率等有约束力的国家指标，大力推进节能减排，认真做好应对气候变化各项工作，取得显著成效。

（二）建立试验与示范区

进入新世纪以来，为适应世界发展的新形势，我国各地广泛开展低碳经济的研究与实践，在建立低碳经济试验与示范区方面取得积极进展和显著成效。

2007年3月，广东提出试办“低碳经济示范区”。2008年，上海即着手建立“低碳经济实践区”，2010 年 1 月开始正全力打造崇明岛、临港新城和虹桥枢纽三大低碳经济实践区。2009 年 12 月 12 日，国务院批复《鄱阳湖生态经济区规划》，拟将鄱阳湖生态经济区建设成为“低碳与生态经济的试验场、示范区”。2009 年 12 月 17 日，海南省在召开的全省经济工作会议上，根据海南是个岛屿省份、经济发展正处于上升期、产业发展处于培育阶段和太阳能、风能、生物质等资源丰富的得天独厚的自然条件和生态环境优势，提出“争做低碳经济试验示范区”，并抓紧建设 6 万吨生物柴油、东方风电、海口光伏发电等“低碳经济”项目。2010 年 1 月 15 日，为科学指导我国低碳城市建设试点工作，引入国际低碳城市建设的先进理念与技术，科技部、中国科学院、中国 21 世纪议程管理中心与英国研究理事会、伦敦大学和南安普敦大学等部门在中国联合开展了“中英低碳城市建设试点与示范合作项目”，广州市、上海市闵行区、西安市和南阳市的西峡县，成为全国首批中英低碳城市建设试点。

（三）搭建研究机构与交流平台

搭建低碳经济研究机构与交流平台，对于推进我国低碳经济研究具有十分重要的作用。

2008 年新年伊始，“清华大学低碳能源实验室”正式成立。该实验室的成立是清华大学瞄准国家战略需求和世界科技前沿，围绕低碳能源技术、发展战略和技术路线的研究，整合资源、凝练方向、发挥学科优势，在解决能源短缺、改善全球气候环境方面为中国和世界作贡献的一项重要举措。实验室将成为全球有影响力的低碳能源战略思想库，国际一流的低碳能源知识和技术创新中心，对国家有重要贡献的低碳能源国家级产学研合作平台。

据《东方网—文汇报》（2008 年 6 月 16 日）报道，为更好地进行低碳经济领域研究，清华大学正式成立“低碳经济研究院”，将重点围绕我国经济发展方式的转变、能源安全、资源能源利用效率、城镇化模式以及全球及区域环境保护等经济和社会的可持续发展问题，开展跨学科研究。

2009 年 9 月 19 日，“湖南大学低碳经济与社会发展研究所”揭牌，这是湖南省目前首个以低碳经济发展为专题的研究机构，它的成立将为湖南省产业升级提供智力支持。2009 年 11 月 7 日，“陕西低碳经济发展研究会”在陕西师范大学成立，这是继 2008 年清华大学成立低碳经济研究院之后，全国高校再次成立的以低碳经济为重要研究方向的研究机构。

据《华西都市报》（2009 年 12 月 11 日）报道，全球气候变暖，人类生存环境受到威胁，人们开始关注 CO_2 等温室气体的排放问题。尤其是哥本哈根会议的举行，让“低碳经济”成为世界瞩目焦点。

2009 年 12 月 10 日，四川大学宣布成立“四川大学低碳技术与经济研究中心”，谢和平院士担任中心主任、首席科学家。该校七八个学院的 50 多位教授加盟中心，专攻低碳技术，研究如何“减碳”。事实上，四川大学早已开展了诸如太阳能薄膜电池、多晶硅、单晶硅、生物能源技术、脱硫技术、污水排放、二氧化碳封存技术等方面的研究与开发，并取得多项研究成果，形成了较成熟的技术。

据新浪网 2010 年 1 月 13 日报道，“山东财政学院低碳经济与环境政策研究中心”正式揭牌。该研究中心将为山东低碳经济发展提供智力支持和决策咨询。

又据《重庆日报》（2010 年 2 月 26 日）报道，重庆市科学院将与英国合作，成立“重庆低碳研究所”，双方将在可替代能源与节能减排等项目上展开研究与合作。这将是西南地区第一个研究低碳经济的专业机构。据透露，双方将会签订谅解备忘录，英方将投入数百万元，推动重庆向低碳经济转型的研究。双方将建立包括太阳能、海洋潮汐能、生物能源等再生能源开发利用的合作平台。

（四）召开学术会议

近几年，我国举办了各种有关低碳经济的学术研讨会，积极开展低碳经济的学术交流与研讨。如2009年9月23日，“中美低碳经济会议”在美国纽约召开，本次会议的主题是“中美气候变化、新能源与环境合作：技术、资金与市场”；2009年12月15日，由中国人民大学“能源与气候经济学项目”与联合国开发计划署联合举办的“中国低碳经济发展道路”高层研讨会在哥本哈根成功举办；2010年1月21日，以“发展低碳经济、共建低碳中国”为主题的低碳中国论坛首届年会在北京召开，等等。

（五）开展科学研究

据新浪网（2010年1月13日）报道，济南市低碳经济战略研究规划项目启动。该规划项目是在中英两国政府战略合作框架下实施的，项目由牛津大学环境变化研究所执行，山东省和贵州省参与项目实施。此次项目共选山东省济南、东营和贵州省贵阳、遵义为试点城市。项目在山东省济南市启动后，将结合济南经济和社会发展规划，与政府、企业和社区一起制定城市低碳发展计划，识别和设计低碳经济示范项目。低碳发展行动计划包括低碳减战略、活动、有限发展技术项目等。低碳经济项目将与济南市政府规划对接，预计2010年底完成。

中国农业大学与英国洛桑实验站积极开展低碳农业项目的研究与合作，已经和正在合作研究的项目有“Improving livelihoods on Shaanxi farms by reducing non - point N pollution through improved nutrient management”和“Improved Nutrient Management in Agriculture - A Key Contribution to Low Carbon Economy”等，该项研究在中国氮肥生产及施用的生命周期评价（LCA）、氮素管理中运用LCA为温室气体减排提供政策支持、提高化学氮肥利用率的技术、提高有机氮肥施用的技术、通过工业生产及农业生产配合提高氮素管理水平的新技术，以及借鉴其他国家的氮素管理经验，尽快建立我国相关政策等方面取得丰硕成果。

（六）出版研究著作

近几年，国内已出版多部“低碳经济”方面的研究专著。2007年，《低碳经济：气候变化背景下中国的发展之路》（庄贵阳著）由气象出版社出版。2008年，《低碳经济论》（张坤民等）由中国环境科学出版社出版。2009年3月，中国科学院可持续发展战略研究组编著的《2009中国可持续发展战略报告——探索中国特色的低碳道路》一书由科学出版社公开出版。该书从全球气候变化趋势的角度，对低碳经济提出的背景、发展的现状、未来的走向、国外的经验，以及中国的战略对策与措施等进行了全面、深入的研究和分析，对全国各地开展低碳经济的研究与实践具有重要参考价值。

（七）发表学术论文

2010年2月27日，以“低碳经济”为题名，通过“中国知网”的中国学术期刊网络出版总库、中国年鉴网络出版总库、中国专利全文数据库、国家科技成果数据库、中国标准数据库、国外标准数据库、中国博士学位论文全文数据库、中国优秀硕士学位论文全文数据库、中国重要会议论文全文数据库、中国重要报纸全文数据库、德国Springer期刊数据库、中国图书全文数据库、英国Taylor&Francis期刊数据库共13个数据库检索，共检索文献（论文、成果等）计1517条。一般而言，在“发表”的文献中，约有近1/2由于各种原因不能进入数据库的检索系统中，由此可以认为发表的有关“低碳经济”的论文文献资料约为3000条。可见，有关低碳经济研究的文献之丰富、成果之丰硕。

（八）加强学术研究

综观我国近年低碳经济的学术研究，可以看出其主要集中在以下领域：

1. 低碳经济的概念、内涵与特征；低碳经济与循环经济、绿色经济的区别与联系等。

2. 国外发展低碳经济的经验、模式与政策体系。如郭印、王敏洁对英国、德国、意大利等国发展低碳经济的经验及其对我国的启示进行了归纳和分析（见《改革与战略》2009年第10期）。

3. 中国发展低碳经济的必要性、重要性、紧迫性，发展低碳经济的优势、劣势，以及对策和措施等。张坤民在“低碳世界中的中国：地位、挑战与战略”一文中（见《中国人口·资源与环境》2008 年第 3 期）分析了中国发展低碳经济的重要性和紧迫性，提出了中国发展低碳经济战略和措施；赵建军对我国发展低碳经济面临的五大挑战进行了分析，同时提出了建立低碳经济可持续发展实验区的对策和设想（见《科技成果纵横》2009 年第 5 期）；李友华、王虹分析了中国低碳经济面临的问题，提出了科学发展低碳经济的对策。

4. 发展低碳经济的机制和途径。李鹤鹏提出以科技创新推动工程机械行业向低碳经济转型（见《工程机械》2009 年 11 月第 40 卷）；李建建、马晓飞对步入低碳经济时代的中国低碳之路进行了探索，分析了发展中国碳交易的战略意义，提出了发展中国碳交易的途径和技术路线（见《广东社会科学》2009 年第 6 期）。赵其国等在“低碳经济与农业发展思考”一文中，研究了农业由高碳经济向低碳转变途径、方式及机制。

5. 区域低碳经济的模式与实践。程燕婉在分析了浙江省社会经济发展存在的问题，尤其是“能耗”方面存在的问题之后，提出了浙江发展低碳经济的思路与建议；王小李、郑丽、郭婷婷等分析了云南发展低碳经济客观必要性，从产业结构调整、低碳经济技术和政策等方面，提出了在云南发展低碳经济的建议（见《中国软科学》2009 年第 2 期）。陈双溪分析了江西发展低碳经济面临的机遇与挑战，提出了江西节能减排、发展低碳能源、建立低碳与生态工业园区、整治农村生态环境和支持科技创新的模式和具体技术，等等。

四、结束语

当今世界，正面临着气候变暖、能源匮乏、资源枯竭、环境污染等一系列重大问题，要从根本上解决上述问题，大力发展低碳经济是其必然选择——这也正是低碳经济正在世界悄然升起且“越升越旺”、“越来越火”的重要原因所在。

由于低碳经济是一“新东西”，刚刚出来不久，人们对它的认识、熟悉还有个过程，对它的研究，尤其是深入研究则还需要一定时间。但只要我们坚持不懈、锲而不舍，就一定能在低碳经济研究领域占有一席之地，为中国低碳经济的发展作出贡献，同时，为世界各国低碳经济的发展提供借鉴和参考，从而为确保中国和世界各国的能源安全，为缓解全球气候变暖作出有益贡献。

参考文献

[1] 中国科学院可持续发展战略研究组编著．2009 中国可持续发展战略报告——探索中国特色的低碳道路[M]．北京：科学出版社，2009，3.

[2] 张坤明．低碳世界中的中国：地位、挑战与战略［J］．中国人口·资源与环境，2008，18（3）：158－161.

[3] 冯之浚，等．关于推行低碳经济促进科学发展的若干思考［N］．光明日报，2009－04－21.

[4] 徐冬青．发达国家发展低碳经济的做法与经验借鉴［J］．世界经济与政治论坛，2009（6）：112－116.

[5] 郭印，王敏洁．国际低碳经济发展经验及对中国的启示［J］．改革与战略，2009（10）：176－179.

[6] 王文军．低碳经济：国外的经验启示与中国的发展［J］．西北农林科技大学学报（社会科学版），2009，9（6）：73－77.

[7] 林宏．国内外低碳经济发展情况研究及对我省的建议［J］．经济丛刊，2009（5）：17－18.

[8] 李建建，马晓飞．中国步入低碳经济时代——探索中国特色的低碳之路［J］．广东社会科学，2009（6）：43－49.

[9] 赵其国，钱海燕．低碳经济与农业发展思考［J］．生态环境学报，2009，18（5）：1609－1614.

[10] 李友华，王虹．中国低碳经济发展对策研究［J］．哈尔滨商业大学学报（社会科学版），2009（6）：3－6.

[11] 徐成刚，向云．对中国低碳经济发展的思考［J］．科技经济市场·经济研究，2009（10）：51-52.

[12] 李鹤鹏．以科技创新推动工程机械行业向低碳经济转型［J］．工程机械，2009，40（11）：73-76.

[13] 程燕婉．发展浙江低碳经济的思路．商务部网站，2010-01-21.

[14] 黄国勤．生态文明建设的实践与探索［M］．北京：中国环境科学出版社，2009，7.

[15] 黄国勤．发展中的江西生态经济［M］．北京：中国环境科学出版社，2009，12.

[16] Karr JR, Fausch KD, Angermeier PL, et al. Assessing Biological Integrity in Running Waters: A Method and its Rationale. Champaign: Illino is Natural History Survey, Special Publication 5, 1986.

[17] Jorgensen SE. Exergy and Ecological Buffer Capacities as Measures of Ecosystem Health. Ecosystem Health, 1995, 1 (3): 150-160.

[18] Xu FL. Ecosystem health assessment for Lake Chao, a shallow eutrophic Chinese lake. Lakes & Reservoirs: Research & Management, 1996, 2: 101-109.

[19] Xu F L, Jǿ rgensen SE and Tao S. Ecological indicators for assessing freshwater ecosystem health. Ecol. Model., 1999, 116 (1): 77-106.

[20] Xu F L, Tao S, Daw son RW, et al. Lake ecosystem health assessment: indicators and methods. Wat. Res., 2007, 35 (13): 3157-3167.

[21] Xu F L, Dawson RW & Tao S. A method for lake ecosystem health assessment: an Ecological Modeling Method and its application. Hydrobiologica, 2001, 443 (1-3): 159-175.

[22] Ulgiati S, Brown M T. Monitiring Pattern Sustainability in National and Man-made Ecosystems. Eeologieal Modelling, 1998, 108.

[23] Stern N. The Economics of Climate Change: The Stern Review. Cambridge University Press. 2006.

[24] McKinsey & Company. A Case Curve for Greenhouse Gas Reduction. The McKinsey Quarterly. February 2007.

[25] WWF. Climate Solutions: The WWF Vision for 2050. http://www.wwf.fr. 2007.

[26] Koji, et al. Developing a long-term local society design methodology towards a low - carbon economy: An application to Shiga [27] Prefecture in Japan. Energy Policy, 2007, 35: 4688-4703.

[27] Stern N. Key Elements of a Global Deal on Climate Change. The London School of Economics and Political Science (LSE). April 30, 2008.

[28] Pew Center on Global Climate Change. A Look at Emission Targets. http://www.pewclimate.org/what_ s_ being_ done/targets. 2008.

[29] Zhuang G. Role of China in Global Carbon Market. China & World Economy, 2006, (5): 93-104.

[30] U. S. Department of States. Major Economics Process on Energy Security and Climate Change. Washington, DC. http://www.state.gov. 2007.

[31] Marchellini, N, Panzieri, M., Niccolucci, V, etc. Sustainability indicators for environmental perfor manceand sustainability assessment of the productions of four fine Italian wroes. International Journal of sustainable Development and World Ecology, 2003, 10 (3): 275-282.

[32] IEA. World Energy, Technology and Climate Policy Outlook 2030. Paris: IEA. 2007.

[33] Intergovernmental Panel on Climate Change. Climate Change 2007: Mitigation of climate change. Contribution of working group Ⅲ to the forth assessment report of the intergovernmental panel on climate change. Cambridge. London: Cambridge University Press, 2007: 63-67.

第二章

低碳经济的理论与实践

我国绿色新政下的低碳经济思考

朱国伟　龚　洁　张　瑜　沈　萍

（南京师范大学环境科学研究所　南京　210097）

摘　要　本文针对在我国实施绿色新政的背景下，如何对低碳经济进行技术边界、最优消费等边界条件设定，更好地在有力的保障措施下，实现我国的可持续发展。重点在民生部门、产业部门和运输部门，重点改善低碳经济，采取有效的低碳经济实施手段。

关键词　绿色新政　低碳经济　最优消费　技术边界

自从全球在 Green New Deal（绿色新政）推行下，环保行业的发展，尤其是涉及节能减排行业的迅速发展，包括回收行业（处于循环经济末端），均在目前大的宏观经济背景下有了新的开拓领域。2009 年 G8 领导人已经发表声明，到 2050 年将全球温室气体排放量至少减少 50%，因此，如何既要减少对环境的损害，又要保持人们正常的日常生产生活，而且不减少对人们的福利思考，显得尤为紧迫，使我国真正实现绿色经济，持续不断地增加人们的福利水平。

在未来的 3～5 年之内，摆脱短暂的金融危机，总体上全球相对地会减少消费倾向，导致实体消费量减少，从而潜在地减少对环境、资源的消耗，绿色新政基础上，每个国家和地区扩大消费，主要侧重低碳低成本低消耗的经济复苏，增加基础设施建设，但某种程度上会加速资源消耗，反而增加对环境的压力。

为了扩大投资和内需，经济运行中就会恢复原来使用的常规能源，辩证地看，处于恢复期的经济使得石油用量不大，体现为低油价，但过低的油价说明汽车制造行业减少使用石油，看起来保护了环境，然而只是短暂的，因为低油价促使发展中国家尤其是中国等经济体过量使用汽车，增加了碳的排放，政府采取措施保护环境，又让机动车的使用频率减少，这样环境和能源使用碳排放又会循环下去。

因此，绿色新政和低碳经济之间就有很多边界需要考虑到，发达国家和发展中国家的不同义务、不同经济体的生产技术边界、不同国家目前最优消费的边界等都摆在了政策制定者、科学研究人员和普通老百姓的面前。

一、技术边界

不同的国家和地区目前的技术发展水平不一样，如何实现真正意义上的节能减排，技术边界首先得要考虑，体现共同但有区别的责任原则。尤其是发达国家地区与发展中国家之间技术差别很大，例如污水处理技术，在德国、日本和美国等已经很先进成熟，但中国大部分还处于达标排放的基本要求。德国很多城市早在 20 世纪就实现污水接管率 100%，但我国很多开发区还没有污水处理厂，即使城市现有的集中污水处理厂运行也不足，这就是阶段差距。这种技术边界显示不同的时期、阶段、水平、交流程度等都会影响国家的整体战略考虑。

发达国家技术的发展领先于发展中国家，比如污水处理技术领域，然而这种发展过程并不持续，政治经济事件对污水处理发展影响甚至造成停滞一段时期。一个例子是第一次世界大战和随之而来的经济危机就造成大约 10 年的停顿。另外一个例子是 20 世纪 30 年代经济危机，紧接着国家社会主义统治和第二次世界大战，这次停顿了 15 年。

技术本身并不是一个接着一个，而是几乎平行地发展着的线形。经常过时的方法又重新得到利用。一个例子是沉淀池。第一次是方形，接着是更深更圆的像 Imhoff 池，一直到自动刮泥机，重新应用到方形池。另外一个是自然生物处理法。在灌溉田地形式中是第一种污水处理，然而在污水厂被人工法代替，但是在国家社会主义统治时期，竟然又被在农业上应用了一小段时期。而现在，新型小型化生物处理又与生态住宅和污水集中处理联系起来了。

技术一直稳步地迎合污水处理要求。然而，在技术发展过程中，其应用何种技术经常随着不同技术方法变成放弃还是改进而变化。污水处理技术经常是改进，修改，进化后又重新出现。

差距最大的不在研究领域的开放程度和研究领域的深度，就在很多细节上，以我国目前的污水处理技术和正常运行来说，这其中差距较大。

第一是污水处理的基本建设设施，德国主要欧洲发达国家早在1900年就已经考虑全部下水大管道集中收集，然后进入污水处理厂处理，而我国某市污水处理厂，建设后一直有运行问题，主要原因竟然是收集器网不配套。

第二是关于污水处理装置，发达国家已达到城市污水二级和三级处理，而我国许多城市才达到二级处理，其中许多还是初级处理（格栅去除大颗粒），无法达标。

第三是关于污水处理厂的污泥处置，扬子石化，仪征化纤，南京啤酒厂以及很多市政污水处理厂，一般污泥脱水后考虑是怎么进入农业或填埋，而科学技术的思考是让很多人觉得跟不上，但发达国家已经将污泥作为燃料发电和气化发电投入运营了，不是简单停留在实验室研究可能性和小实验阶段，而一个成功的污泥发电或气化发电厂的投资是非常巨大的，这在我国可能是30年以后的事情了。

第四是差距在科研技术环境，发达国家严谨的法规和制度和思维一直就是在一个研究方向上慢慢积累和深化，而作为我国的很多科技工作者，在评定职称和升级上的原因，简单发点论文和短期研究结束立即转向另外一个不很熟悉的领域，这样日复一日地，全国科技工作者抱着的是短期收益和立即见效的科研态度，很多研究就显得肤浅和容易断裂。

二、发达国家和我国最优消费边界的比较

居民消费和政府支出、外贸出口一样，适当增加消费对一国的国民生产总值的增长有着乘数效应，适度的消费也确实有利于经济的发展；况且经济的增长、生产的发展其最终目的也是改善人民大众的生活。消费是有边界的，首先，消费对经济的增长的最优效应是建立在需求约束型经济的基础上的，而非在资源约束型经济的边界范围之内。

我国是一个近13亿人口的大国，在人口问题未得到有效解决以前，中国经济将是个资源约束型经济。假如中国人的消费观念真赶上美国人的话，是会造成可怕的后果；其次，建立在资源约束型经济基础上的中国经济其最有效的增长应是企业投资引致的增长。拉动经济增长的方式，但还有最重要的一种方式是厂商投资。政府应努力引导企业投资结构的调整，这才是经济实现持续有效增长的根本。单靠消费拉动的增长是不可能持久的，从我国金融业目前的状况来说，这种过度提倡超前消费的做法也可能使本因不良资产比例过大而已困难重重的金融业雪上加霜。

根据田卫民对中国1978—2006年期间29年的经验数据，得到中国消费率的最优值为66.46%，因此我国扩大消费扩大内需还有空间。

由于消费方面，人们的需求和欲望是无止境的，但金融危机阶段政府采取相关措施，以恢复信心，包括消费信心时，更需要政府的加速环保，增加对环境的责任，尤其是加速修复已被污染过的或承载力超标的环境，这是最佳机遇，并立即制定符合经济危机阶段的最优政策，经济危机拯救期间对最优消费边界的思考，对环保行业的底线。

不同国家地区人们的消费方式不同，最大的不同应该是考虑人们的生活习惯。每天每月，一个中国人在德国消费多少？每月每天，中国人按照自己的饮食习惯消费多少算够？比较起来，食物体积和数量不如中国的多、大和丰盛，但典型的是中国是以米面和素菜以及少量肉为主，而发达国家以德国为例主食以土豆和面食，以及大量的肉、奶等动物性食物为主，加少量的素菜

色拉。

而从整个国家来看，饮食和食物支出在中国人的比例中占到30% ~50%以上，甚至在2004年公布的，由中国商业联合会、中国烹饪协会和中华全国商业信息中心最新调查数据显示：2003年全国餐饮业营业额突破6 000亿元大关，同比增长11.6%。而相对发达国家德国，他们人均在消费食物类支出仅占居民收入为8.65% ~14.64%之间，明显小于中国的比例。

德国居民食物，饮料，烟草制品占总收入比例（见表1）：

表1　2003年德国居民食物消费占月收入比例　单位：欧元

	单身女人	单身男人	夫妻（无孩）	夫妻（一个小孩）	夫妻（两个以上小孩）	单身父（母）亲
可支配月收入	1458	1780	2993	3098	3703	1755
最终消费支出	1242	1333	2337	2378	2776	1542
包括租房支出	462	459	719	702	847	516
食物类总支出	152	154	313	368	447	257
交通支出	103	193	332	359	386	150
储蓄百分比/%	6.1	12.8	10.3	13.2	14.9	7.3
人均食物类支出	152	154	167	122	112	129
食物支出占人均收入比例/%	10.43	8.65	10.46	11.88	12.07	14.64

由于中国人的饮食习惯，比如火锅类是高碳排放饮食，每天在制作饮食上费的心思和能源肯定比德国等欧洲国家的多，其中尤其是用化石燃料做能源，从而导致大气环境的污染。而发达国家是用电炉，因此废气的排放是微乎其微的。

由此可见，中国人现在每人每天在食物类上的消费是粗放型的，因而间接导致环境资源的消耗和环境质量的下降。

因此，消费和环境质量是密切相关的，消费多而粗放，造成环境自净化能力或者是环境承载容量超负荷，导致环境质量的急剧下降，尤其是水体、城市空气和城市环境噪声，中国就与德国等国家之间有巨大的差别。

更由于人口的激增和人对未来生活的追求，大量的高消费和高消耗导致中国在大搞基础建设，很多违反以人为本的生活的事情如辐射增加和大量的开发区圈地行为导致环境质量的进一步下降。

食物消费的主要矛盾在于中国消费食物的数量和体积的大量增加，也许是人的消费习惯或结构问题，建立在植物性基础上的食物在体积上确实占主导环境消费因子主要地位，虽然可能有海洋产品，而德国以肉食（虽然有大量的素食主义者）、面食、罐头和马铃薯为主要食物来源。当然按照各国餐饮企业的数量和规模来看，中国的比德国要大得多和多得多。

消费中必不可少的饮料方面尤其是啤酒、白酒和红葡萄酒、香槟等比较，各国各有特色，但仅仅德国的一小瓶的押金是0.25欧元，而啤酒价格仅仅0.3欧元不到，国内的啤酒瓶的价格是0.1 ~0.2元人民币，而啤酒的价格却相对来说是押金的15 ~30倍，因此建立在市场调节基础上的西方国家确实在资源回收技术利用方面有很多值得借鉴的方面。

三、低碳经济的比较

2008年全世界GDP前三名国家中，按人均CO_2排放量计算，中国在发展中国家中位于中等排放水平，远小于发达国家人均10吨平均水平，但大于印度近几年人均年排放CO_2大概1t（见

表2）。

表2　美国、日本、中国人均 CO_2 排放量

单位：t/人·a

年份	美国	日本	中国
2000	21.1	9.9	2.64
2001	20.6		2.69
2002	20.7		2.83
2003	20.4	9.1	3.3
2004	20.6		3.86
2005	19.6	10.1	3.9
2006	19		

注：各国统计数字中，如日本2003年全国人均为9.13t，而北海道则人均为13.2t，每个国家也都有这种发展不均衡的情况。

根据日本政府为实现低碳社会开展的环保示范城市的 CO_2 排放组成中，五大部分为能源转换部门、产业部门（农业、林业、矿业、建筑业、制造业、给排水等）、民生部门（家庭部门、事业部门）、运输部门（汽车、铁道）、废弃物部门（清扫、下水道粪便处理），其中民生部门占每年 CO_2 排放量接近50%，产业部门占近19%，运输部门占近30%，其他两个部门占有比例不足2%，但日本在民用航空方面没有计算。

与日本的比较是很明显的，而与德国的比较中，不管在德国的大城市和中城市，电气化交通采用是电动机动力，而汽车虽然普及率高，但使用的频率低，因为外出成本是非常高的，尤其是停车费，一般1小时要1欧元。中国是以自行车为主，但目前各大城市都在大搞基础建设，尤其是地铁和公共交通设施方面，相当多的人选择的自行车也慢慢在减少，取而代之的是具有巨大消费潜力的家用汽车方向。德国的精品路线体现在衣服的高价上，但同时也具有良好的捐助系统，很多居民点都有捐赠衣服的箱子，既节约能源又帮了贫穷人，做到了循环经济的目标。

总之，体现在重点领域，如民生部门上，第三产业的低碳经济实现与发达国家相比有很长一段路要走，需要引起政府制定相应政策法规。

四、实现低碳经济的保障措施

全球目前面临着温室效应，节能减排的措施运动中，尤其是发展低碳经济和低碳社会，采取切实保障措施，非常重要。

（一）实现城市市民生活的二氧化碳排放零增长

住宅、饮食、取暖、沐浴等过程中使用化石燃料是市民在日常生活中二氧化碳产生的主要方式。我国政府可以就如何在保障居民现有的生活消费水平情况下，做到二氧化碳排放的零增长制定相应的法规措施。

（二）促进电动汽车（油电混用）技术的研发和应用推广

电动汽车被公认是“未来汽车”的发展方向，分为纯电动汽车、燃料电池电动汽车和混合动力电动汽车三种形式。由于燃料电池或氢动力技术在未来10年内很难实现商业化，内燃机与电动机双驱动的混合动力技术，将成为一段时间内清洁燃料汽车商业化的主导。从电动汽车入手，逐步掌握清洁燃料技术，是我国这个拥有庞大汽车市场的国家的切实选择。我国可以借鉴国外经验，尽快在电池技术上取得突破，提高电机、整车设计水平，千方百计地降低成本、提前进行相关设施及政策的研究。

(三) 无碳能源有效利用，尤其是太阳能的使用

无碳能源包括水能、核能、风能、太阳能、地热能等。其中太阳能的有效利用是最优的发展方向，因为它不仅是可再生能源、清洁能源，而且就人类而言，它是取之不尽用之不竭的。在太阳能的有效利用当中，太阳能光电利用是发展最快、最具活力的研究领域。我国可借鉴国外技术制得硅条带作为多晶硅薄膜太阳能电池的基片，从而达到降低成本，进一步推广太阳能的目的。

(四) 建立环保示范城市，提高公众参与度

从制定低碳经济政策、推动低碳社会成本计算、引导碳足迹思维方式等方面入手来建设低碳城市试点、低碳科技馆，普及低碳技术科普知识。发展低碳经济作为一种总体战略，需要综合性的、国家整体力量的动员。我们可以多研究、多宣传，用一些政策措施鼓励全社会控制排放和减少排放，例如在公众中倡导低碳化生活，宣传节能知识，鼓励绿色出行，进行道德教育等。由于发达国家和发展中国家的结构不同，难以采取跳跃式的技术应用于低碳经济，要充分制定未来的低碳战略，一步一个脚印地实现低碳社会。

(五) 积极参与国际交流，促进环保技术进步

发展中国家获取能源新技术的主要途径是通过国际低碳方面的技术交流。我国应积极参与国际能源技术市场和碳交易市场，通过各种激励机制来促进可持续发展，并为低碳技术、低碳产品的出口提供一定的激励措施。在污水处理、废物再回收利用、大气净化、绿色建筑和城市农村的绿化等方面实现社会的低碳化。

突破我国城市、农村的经济消费边界，对实现现代服务业、现代农业具有重大意义，我国若能利用这次绿色新政和实现低碳经济机遇，努力实现我国的可持续发展战略，世界上巨大经济体良性发展，对于减少全球温室气体，保护我国环境，都有重大的意义。

参考文献

[1] 夏光．动员国家力量发展低碳经济 [J]．绿叶，2009 (5)：39-43.

[2] 谢军安，等．我国发展低碳经济的思路与对策 [J]．当代经济管理，2008 (12)：1-7.

[3] 艾伦·杜宁．多少算够 [M]．长春：吉林人民出版社，1997.

[4] 田卫民．基于经济增长的中国最优消费规模：1978—2006 [J]．财贸研究，2008 (6)：1-7.

关于低碳经济的环境政治经济分析

朱留财

（环境保护部环境保护对外合作中心　北京市西城区西直门内后英房胡同5号　100035）

摘　要　本文从环境政治经济视角，分析低碳经济发展路径问题。认为发达国家率先提出低碳经济等概念的背后隐含着重大的政治图谋，突破气候变化公约的“共同但有区别的责任”原则，引导建立利己的全球环境政治经济新秩序。中国等发展中国家发展低碳经济，应结合本国环境状况和经济发展等国情，科学选择低碳经济路径，谨防发达国家政治图谋。同时，应联手应对美欧等国提出碳关税措施，维护广大发展中国家公民的环境政治经济权益。

关键词　气候变化　低碳经济　绿色经济　环境政治

一、低碳经济与全球环境政治新秩序

众所周知，低碳经济理念起源于发达国家，发展于发达国家，也输出于发达国家。发达国家率先提出低碳经济以及低碳社会、低碳发展路径等概念，并强势将其输出给发展中国家，其背后隐含着重大的政治图谋，否定《联合国气候变化框架公约气候变化公约》（以下简称公约）中关于发达国家与发展中国家在应对气候变化问题中“共同但有区别的责任”原则，主导气候博弈，并引领全球环境政治新秩序。

低碳经济概念2003年源于英国，其后这一概念在英国、日本、美国、德国等主要发达国家大行其道。到目前为止，很多发达国家通过国内气候法案或能源法案，大力倡导发展低碳经济、创建低碳社会、迈向低碳发展路径等。但其目的并非是其履行公约责任和义务，帮助发展中国家应对气候变化，而是以发展低碳经济应对气候变化为美丽的借口，建立有利自己可持续发展的全球环境政治经济新秩序。同时，转嫁温室效应的历史责任，以创新的理念展示“负责任的”国际形象，抢占道义的制高点。这一点，美国政府的实际行动最具代表性。第一，在克林顿时期，美国加入了《京都议定书》（以下简称《议定书》），但是在2001年小布什政府入主白宫不久，就宣布退出《议定书》。作为无论是人均累积温室气体排放还是时下年度新增排放均为世界第一的政治经济强国，如果美国是一个对气候变化负责任的国家，就不会如此冒天下之大不韪。第二，2009年6月，美国众议院通过了《美国清洁能源安全法案》，其中包括了饱受争议的“碳关税”条款。正式向世界发出了环境政治经济秩序信号（“碳”是环境问题，“关”是国际政治问题，“税”是经济问题，“碳关税”则是环境政治经济问题）。第三，在2009年12月哥本哈根气候变化大会上，美国政府在谈判进入最后时刻坚持到2020年在2005年温室气体排放水平基础上减少17%的“减排”目标。在“可比性”原则下，这一目标仅比《议定书》缔约方中的发达国家1990年水平上减排不足4%。所以，与其说是中期“减排”目标，不如说是其长期“增排”目标。第四，在履行供资义务上，政府代表在大会即将结束、无望达成有约束力条约、供资来源未名时，仍为“画饼充饥”的供资方案提出苛刻条件：其一，哥本哈根大会必须有一个强有力的协议（a strong accord）；其二，主要经济体（major economy）必须参与其中；其三，发展中国家自主减缓行动必须具有一定的国际透明度（transparency）。其政治经济意愿，昭然若揭。

全球环境新秩序的核心要素就是对包括低碳经济、低碳社会、低碳发展路径等的环境话语权和价值观。事实表明，发达国家对低碳价值观的“传销”可以说是比较成功的。以被广泛“注意到”的《哥本哈根协议》（以下简称《协议》）为例，美国等主要发达国家本应具有的大幅度量化减排指标、显著增加对发展中国家履约提供公共资金以及在技术转让、能力建设等方面的支持，《协议》并没有清晰锁定。相反，发展中国家自愿减排行动的“透明度”却被当作一种潜在的“义务”突破性地写入《协议》。换言之，“共同但有区别的责任”原则几乎变成“区别但共同有的责任”原则。

全球环境新秩序的政治绩效之一就是在气候变化谈判进程中，发达国家以低碳经济、低碳发展路径等理念为“抓手”，分化和瓦解发展中国家阵营。事实上，从2008—2009年迈向哥本哈根的谈判进程来看，发达国家已经千方百计鼓动最不发达国家、小岛屿国家等在77国集团内部发出不同的“噪声”，迫使发展中大国和“先进的发展中国家”承担发达国家一样的责任和义务。

二、低碳经济与环境经济发展新阶段

低碳经济的发展路径与一国的环境经济发展阶段、发展质量和环境水平密切相关。总体而言，发达国家因其在资金、技术、能力和综合实力等方面的比较优势，发展低碳经济的机遇大于挑战；发展中国家因资金、技术、能力建设和综合实力等的相对劣势，挑战大于机遇。

步入21世纪的第一个10年后，伴随经济全球化进程，人类社会也进入环境全球化和环境、经济一体化的新阶段。英美等发达国家，率先开启了人类工业文明的先河，率先步入工业文明时代，也率先遭遇并逐步解决传统环境污染问题，步入后工业文明阶段。就其本国环境问题而言，传统的环境污染问题（如河流水域污染、固体废弃物、噪声、生态系统保护等）基本解决，其唯一突出的就是温室气体等“新兴污染物”问题。这既是国内环境问题的主要矛盾，也是全球环境矛盾问题的主要方面。因此，低碳经济、低碳社会和低碳发展路径问题既是国内问题，也是国际问题。大力提倡低碳经济理念，不仅“利己”，更可以通过“利人”的宣传实现更加“利己”的目的。对大多数发展中国家而言，则并不具备发展的位势优势，不仅面临传统的环境污染物问题，而且面临严峻的新兴环境污染问题挑战。由于温室气体排放空间的稀缺性、新兴环境问题与传统环境问题交织并存的复杂性、发展位势的低层次性、传统发展路径的依赖性等，将长期面临发展的滞后性挑战。只有通过观念创新、技术创新、体制创新，才可能化危机为机遇、转压力为动力，逐步摆脱传统发展模式的“路径依赖”，实现跨越式发展。

当前，全球金融危机、经济危机和以气候变化为代表的全球环境危机交叉并存，相互交织，正是21世纪第二个10年的全球环境经济发展新时代特征。为此，继2008年秋季联合国环境规划署提出“全球绿色新政”理念之后，美国奥巴马政府2009年提出以发展清洁能源、推进低碳经济、实现绿色就业为核心内容的美式“绿色新政”。英国、日本、德国等发达国家也推出了包括低碳经济在内的刺激计划。发达国家发展低碳经济的举措或路径，对发展中国家具有重要的启示作用。其关键点在于，结合本国国情，因地制宜，实事求是，并力求创新，迈向包括低碳经济理念在内的环境与经济协调发展的绿色经济发展路径，切忌因被发达国家“忽悠”而“跑偏”发展方向。

三、低碳经济与中国科学发展新战略

中国如何发展低碳经济？这是一个非常现实的问题。笔者看来，中国早已启动了具有中国特色的“绿色新政”，探索绿色经济和低碳经济发展之路。这就是展示中央政府强大政治经济意愿、始于2006年“十一五”发展规划的“节能减排”工作。尽管这里“节能”的核心目标不仅限于二氧化碳排放，但若五年规划目标实现后将减少排放二氧化碳约15亿t；尽管“减排”本意不是温室气体，但是在减排二氧化硫和化学需氧量的过程中，通过环境意识的提高，特别是在类似电厂脱硫的措施中，具有很好的减少温室气体的协同效应。更进一步地说，2009年11月26日，中国政府宣布了“十二五”和“十三五”期间单位GDP二氧化碳强度减排40%～45%的指标，等于间接地宣布了强化“节能减排”绿色新政的新内涵、新战略，并更进一步展示出执政党发展绿色经济、低碳经济更加强大的政治意愿。从环境政治经济分析视角看，发展低碳经济需要结合中国国情，科学认识低碳经济发展模式的内涵，逐步实现低碳经济发展理念的变革、政治体制的变革，并主动应对国际环境政治经济秩序的变革。

（一）科学认识低碳经济发展模式的内涵

在科学发展观的指导下，特别是在加快转变发展模式的特殊历史时期，中国的低碳经济发展模式不能脱离本国环境国情和经济发展阶段，应体现基本国情、环境主要矛盾和矛盾主要方面的客观现实。

1. 低碳经济不仅仅是低“碳”的经济模式。《议定书》中界定了6种温室气体，中国在其他5种温室气体排放量中具有一定规模。因此，低碳经济应是针对全部温室气体在内的经济发展模式。

2. 低碳经济不仅仅是“控制排放”的经济发展模式。森林、草原和碳储存技术等具有重要的二氧化碳等温室气体的生物储存或物理储存功能，必须大力鼓励植树造林、草原生态保护、研发碳封存与碳储存技术等。

3. 低碳经济不应仅仅是减缓气候变化的经济发展模式。减缓气候变化是应对气候变化的一个方面，更重要的是适应气候变化。因为温室气体大量历史排放所产生的温室效应必将长久存在，减缓是相对的，适应是绝对的。因此必须同时提高适应和减缓气候变化的能力。

4. 低碳经济不应仅仅是温室气体低排放的经济发展模式。控制温室气体等新兴污染物的排放与控制传统污染物具有同源性和协同控制的“范围经济”和“协同效应”，宜统筹兼顾，协同应对。

5. 低碳经济不仅仅是控制污染物的经济发展模式。保护生物多样性，减缓生态系统的脆弱性，提高生态系统服务功能和生态承载力，是发展低碳经济和绿色经济的出发点和归宿点。

（二）加快大部门环境行政体制的变革

从部门政治体制上看，发展低碳经济需要对传统污染物和新兴污染物进行统筹兼顾、协调控制，改革现有环境行政体制，探索中国特色的环境行政新道路。气候问题是环境问题，也是发展问题，归根结底是环境发展问题。现有的气候行政体制无论是发展部门还是环境保护部门，均不是最佳做法。最佳做法是借鉴国际经验，进一步加大环境行政体制改革，在深化大部门环境体制改革的过程中，设立环境发展部或环境发展委员会，将气候变化与其他领域的环境发展问题进行统筹兼顾，合理匹配行政资源，形成对内、对外都比较强势的力量，减少部门间的内耗，增大合力。

（三）主动应对国际环境政治经济秩序的变革

从全球视野来看，发展低碳经济需要高度重视美欧国家已经释放出“碳关税”的政治信号，适时联合其他发展中国家，制定防御“碳关税”的反制措施，维护广大发展中国家公民的环境政治经济权益。中国与“77国集团”或“基础四国”（BASIC，指代巴西、南非、印度和中国）等新兴环境政治力量有着良好的合作基础。在过去的几年里，“基础四国”在气候变化等全球环境履约谈判中成功开展了合作，也取得了积极的成果和影响。在应对包括全球低碳经济在内的全球绿色经济问题上，仍可以发挥更大的作用。其中，在制定防御性碳关税政策中，可以考虑通过单边立法或多边条约，针对那些温室气体排放负有历史责任却“不作为”甚至乱作为的国家，针对某一或任何产品或服务设立防御性碳关税或防御性环境关税措施，未雨绸缪，防患于未然；在遭受来自其“碳关税”或环境关税壁垒不公平待遇时，适时征收惩罚性碳关税或惩罚性环境关税，“以其人之道，还治其人之身”。

日本区域低碳社会建设规划研究

闫 勇 杨 娜

（南开大学循环经济研究中心 天津市南开区卫津路94号 300071）

摘 要 2009年哥本哈根气候变化大会，中国制定了2020年的碳减排目标，如何实现如此大的减排量是摆在我们面前的一个艰巨任务。要想实现这个目标，首先制定科学合理的碳减排规划无疑是至关重要的，但是在我国，还缺少低碳社会建设的具体实践。本文以日本滋贺县为例介绍了日本区域低碳社会建设方案的设计，并提出了对中国的借鉴意义。

关键词 气候变化 低碳社会建设规划 节能减排

一、引 言

当今，全球气候变暖已经是一个不争的事实。2007年IPCC（联合国政府间气候变化专门委员会）第四次科学评估报告发表以后，尤其是“巴厘路线图”达成以后，人类必须迅速采取行动应对气候变化挑战国际社会的主流话语，而发展低碳经济则成为世界经济发展的大势所趋，并逐渐成为各国各级决策者的共识[1]。

低碳经济是为应对全球气候变化而发起的社会变革运动，开始成为世界各国可持续发展的基本原则，其核心是能源利用的技术创新、产业结构和制度的创新以及人类发展观念的根本性转变，建立以低能耗、低污染、低排放为基础的经济模式[2]。

如何建设低碳社会在国内和国际上得到广泛的研究和实践，碳减排目标和碳减排措施已经成为全球讨论的热点问题。这些年来，许多城市和地区制定了自己的碳减排目标和规划，如表1[3]所示。日本滋贺县根据自身的社会、经济、环境条件，制定了建设区域低碳社会的目标：在保证地方经济年增长率1%～2%的前提下，到2030年减排量要达到1990年的30%～50%，并提出了符合自身发展特点的具体可行的实施方案。

我国现在处于经济高速发展的时期，资源能源需求量大，碳减排压力无疑也是巨大的，如何实现哥本哈根气候大会碳减排目标是我们面临的一个崭新的、艰巨的任务。如今，中国还缺少有关区域低碳经济建设的案例，如何制定科学的低碳经济建设规划是开展低碳经济建设应该首先要解决的问题。日本滋贺县低碳社会建设规划的制定方法为我们提供了借鉴意义。

表1 不同地区的碳减排目标

地 区	目 标	基准年	目标年份
伦 敦	-20%	1990	2010
	-60%	2000	2050
慕尼黑	-50%	1987	2030
新英格兰	-10%	1990	2020
	-75%～-80%	2005	长期
加利福尼亚	0	1990	2020
	-80%	1990	2050
新墨西哥	-10%	2000	2020

二、日本滋贺县低碳社会建设规划简介

滋贺县位于日本中部，面积达 4 017 平方千米，人口为 130 万，约占日本的 1%，并且一直呈上升趋势。滋贺县的第二产业在整个产业结构中所占的比例最大，约为 46%，在 2000 年，温室气体达到 1 270 万吨当量 CO_2，从 1990 年以来，平均每年增加 1.05%，其中在温室气体中，CO_2 占到 96.9%。

为了遏制 CO_2 的排放，适应全球低碳经济革命，滋贺县依据自身的特点设计制定了符合自身社会经济发展情况的碳减排方案。设计者的主要思路是：首先设置两种发展模型，一是按照现有的情形发展下去的参照模型，二是在低碳政策干预下的发展模型；其次分析参照模型的发展趋势，从产业结构、能源效率、能源需求、交通、新能源利用情况 5 个方面出发，制定具体的减排目标并针对每一个减排目标制定切实可行的减排措施，最后提出规划顺利实施的保障条件。

如表 2 所示，设计者分别从产业结构、能源效率、家庭和商业部门能源需求、交通、新能源利用 5 个方面提出了宏观的减排措施和预定目标，为了实现这些目标，设计者制定了一系列更加具体的政策、措施和关键技术，如表 3[4] 所示。

在方案评估过程中利用了一组统计分析工具包括：整体经济变化、工业结构变化、客运和货运的交通需求变化、家庭和商业能源需求变化、能源供给系统选择的统计和分析工具，以及能源供给量和需求量、二氧化碳排放量的统计工具。未来滋贺县经济状况用宏观经济模型来评估，未来人口变化情况由日本人口与社会安全机构来进行评估。

表 2　方案实施的设想和最终目标

	参照方案	低碳政策干预型方案
人口	2030 年比 2000 年增加 13%	2030 年比 2000 年增加 13%
产业结构	服务业在产业结构中的比重有所提高	服务业在产业结构中的比重由 37% 到 44%
能源效率提高	0（2000 年水平）	0.88%/年
家庭能源需求（每个家庭）	2000 年水平	通过生活方式的转变，减少 7%
商业部门能源需求（每个楼层）	2000 年水平	通过行为方式的转变，减少 22%
乘客交通需求（每人）	2000 年水平	通过土地利用规划的改变减少交通距离，减少 18%
货物运输需求（每单位产品）	2000 年水平	通过分配方式的转变减少运输距离，减少 10%
交通方式的转变	—	7% 的汽车运输转变为自行车运输，23% 的汽车运输转变为火车运输，18% 的货车运输转变为火车运输
新能源的利用	太阳能光伏发电（新建筑中约有 20% 运用）	太阳能光伏发电（新建筑中有 50% 运用）

在参考方案中，除了利用现在已经开始进行的一些正常减排措施外没有利用其他额外的手段来减少二氧化碳排放，能源利用设备的工作效率仍旧保持在 2000 年的水平，结果，二氧化碳的排放量在 2030 年增加了 21%。

而在低碳政策干预型方案中，设计者分别对提高碳强度、能源技术革新、新能源的利用、生活方式的转变、土地利用的合理规划、交通运输方式的转变等措施和技术手段在减排过程中的效果和实施条件进行了分析，最终得出的结果表明在保证经济平稳增长的前提下 CO_2 减排量达到 30% ~50% 是可以实现的。

表3　方案的主要政策措施和技术方法

部　门	政策和措施	措施强度	单　位	措施类型
能源部门	降低碳强度	238	CO_2g/kWh	降低碳强度
产业部门	高效锅炉	50%	安装率	技术革新
	高效熔炉	100%	安装率	技术革新
	高效机车	100%	安装率	技术革新
	变换控制器	100%	安装率	技术革新
家庭	房屋隔热措施	100%	新标准的比率	技术革新
	家庭能源控制系统	100%	普及率	技术革新
	空调效率的提高	7	2000年=2.5	技术革新
	天然气热泵效率的提高	90%	2000的加热效率为80%	技术革新
	煤油加热器效率的提高	90%	2000的加热效率为80%	技术革新
	做饭工具导热效率的提高	90%	2000的加热效率为85%	技术革新
	煤气炉效率的提高	55%	2000的加热效率为40%	技术革新
	生物燃料炉的利用	3%	普及率	新能源
	太阳能热水器的普及	32%	普及率	新能源
	其他家用电器效率的提高	33%	能源消费减少量（2000年为0%）	技术革新
商业部门	夏天清凉工作装的普及	100%	普及率	生活方式
	冬天保暖工作装的普及	100%	普及率	生活方式
	房屋隔热效率	100%	新标准比率	技术革新
	商业能源管理系统的运用	100%	普及率	技术革新
	商用锅炉效率的提高	95%	加热效率（2000年为85%）	技术革新
	燃油水加热器的效率的提高	90%	加热效率（2000年为85%）	技术革新
	太阳能发电站的建设（2000年为基准年）	50%	普及率	新能源
	混合动力车的普及	50%	普及率	技术革新
	汽油发动机的改善	1.2	2000年=1	技术革新
商业部门	燃料效率的提高（铁路）	1.1	2000年=1	技术革新
	燃料效率的提高（公共汽车）	1.1	2000年=1	技术革新
	从汽车到自行车的转变	7%	比率	交通方式
	从汽车到火车的转变	23%	比率	交通方式
	改造城市结构使之更紧凑	31%	运输距离的缩短	土地利用规划的改变
货物运输	燃料效率的提高（卡车）	1.1	2000年=1	技术革新
	燃料效率的提高（铁路）	1.1	2000年=1	技术革新
	燃料效率的提高（水路）	1.1	2000年=1	技术革新
	燃料效率的提高（空运）	1.1	2000年=1	技术革新
	由卡车转变为火车运输	18%	比率	运输方式的转变
	由卡车转变为水路运输	1%	比率	运输方式的转变
	工厂、产业组成和物流设备的再布置	10%	缩短运输距离	土地利用变化

三、低碳建设规划方案剖析

根据日本学者茅阳一的 Kaya 公式，一个国家或地区碳排放的推动力主要有 4 个因素：碳排放量 = 人口 × 人均 GDP × 单位 GDP 的能源用量（能源强度） × 单位能源用量的碳排放量（碳强度）[5]，滋贺县人口是一直呈上升趋势的，这和我国大部分地区类似，人均 GDP 反映生活水平，人们当然希望它越高越好，因此，减少碳排放量主要是在降低单位 GDP 的能源用量和单位能源用量的碳排放量上下工夫。而滋贺县低碳经济建设规划也正是从这两方面着手进行的。

（一）降低单位 GDP 的能源用量的主要途径在于改善产业结构，提高能源利用率和节约能源

由于滋贺县第二产业在整个产业部门所占的比例很大，因此方案设计者将改善能源结构作为碳减排的一个重要方面，积极提高第三产业在产业结构的比重，并制定了到 2030 年将第三产业从现在的 37% 提高到 44% 的目标。据推算，如果第三产业增加值比重提高 1 个百分点，第二产业中工业增加值比重相应降低 1 个百分点，而冶金、建材、化工等高耗能行业比重相应下降 1 个百分点，万元 GDP 能耗可相应降低 1.3 个百分点[6]。

技术革新是提高能源利用率的重要手段，也是整个日本政府最为重视的一种减排措施，日本滋贺县积极响应国家政策大力推进环境科技的研发和引用，为引进新技术提供各种激励政策，分别在产业部门、家庭生活、商业活动和交通运输等方面进行能源技术革新，如表 4 所示，在产业部门大力推广高效设备在各个部门的装配；在家庭生活和商业活动方面突出建筑节能和各种生活、工作设备的工作效率的提高，在交通运输方面通过改善燃油机的工作效率来提高能源的利用率。这些高效节能技术的广泛运用能够实现较大的减排量。

日本向来很重视培养公众的环保意识，为了实现向低碳社会的转型，日本更是加强了节能减排教育力度，通过转变民众消费观念，形成一种富足而俭约的社会风气。滋贺县根据自身情况，在节约能源方面主要采取如下措施：由于本地人均汽车拥有量相对较大，因此规划将节能重点放在公众交通方式的转变上，通过推广混合动力汽车，鼓励公众乘公共交通工具、骑车、步行等出行方式，改善城市道路规划、减少出行距离等措施，遏制石油动力型汽车使用量的增加，其次在日常生活中，当地政府和环保部门积极组织环保宣传，强化公众的节水、节电意识，分析结果表明，这些做法在节能减排上都起到了很大的作用。

（二）大力推广太阳能的开发和使用是滋贺县降低碳强度所采取的最重要的一种方式

现在，风能在日本很多地区得到了广泛的应用并取得了可观的经济效益，滋贺县依据自身的自然特性，并没有盲目地跟风去开发风能，而是选择了太阳能光伏发电作为重点的新能源开发对象，并规划到 2030 年太阳能光伏发电能在居民建筑和商用建筑上得到普及，从而达到可观的减排量，2008 年 7 月，日本内阁会议通过了“低碳社会行动计划”，阐述了在未来三五年内将家用太阳能发电系统的成本减少一半等多项有关减排的措施，其重要内容都与开发新能源有关[7]，这也为滋贺县发展太阳能提供有力的政策支持。

最后，规划指出低碳经济改革是一个长期的改革过程，地方政府应综合分析本身的地域特色和发展状况，找出减排潜力最大的方面，制定合理的减排措施和配套的辅助体制来实现减排目标。但是仅靠地方政府的努力来贯彻这些措施还是不够的，目标的实现还需要国家的支持与帮助，只有这样才能推动减排措施的顺利开展。

四、对我国低碳社会建设规划编制的借鉴意义

（一）积极编制区域低碳经济建设规划，开展区域低碳经济建设

在全球气候变化的大背景下，各个国家都提出了自己的减排目标，在节能减排的过程中，区

域行动是非常必要的，不同的地区应根据各自的地域特点制定自己的减排目标和措施，减排量越高，则需要越多的地方性措施，例如公共交通的改革、新能源供给的加强、紧凑的城市结构和生态意识的提高等，这都需要大量的投资和较长的时间来显现成效，为了实现这种社会改革，所有涉及者都必须认识到节能减排的具体目标并且要加强互相合作，而地方政府的任务是建立一个对话和合作平台，来整合土地利用改革政策、交通和城市规划政策、产业政策等，提供使用低碳技术的激励措施。

当今低碳经济在我国发展并逐渐成熟起来，但仍缺少有关区域低碳社会建设的实践，因此各地方政府应积极响应国家的低碳政策，编制低碳经济建设规划，开展区域低碳经济建设。

（二）综合分析，突出规划重点

根据 Kaya 公式，一个国家和地区的碳排放总量主要是由人口数、人均 GDP、能源强度和碳强度四个因素决定，根据我国的实际情况来看：人口因素，虽然现在我国的人口自然增长率低于世界平均水平，但是我国 13 亿的庞大人口基数决定了人口因素在未来将是我国碳排放的重要贡献者之一；人均 GDP，我国正处于工业化的加速阶段，实现经济增长和人民生活水平的提高是我国当前的第一要务，因此，中国不会以牺牲经济增长来实现碳减排；碳强度，我国现在出于经济高速增长时期，对能源的需求非常迫切，这就决定了我国以煤、石油为主的能源结构在相当一段时期内不会改变，所以，我国实现碳减排最重要的途径应在于降低单位 GDP 的能耗即降低能源强度。一些专家已经证实，中国在改善能源使用效率方面存在很大的潜力，中国的能源节约效果将相当于美国的五倍，日本的十倍。因此，笔者认为，我国在制定低碳建设规划时，应将与降低单位 GDP 能耗有关的措施作为重中之重来考虑，包括调整产业结构、改善城市布局、交通和建筑节能等措施，不同的区域应根据自身的特点，编制符合自身实际情况的低碳社会建设规划。

（三）强调公众参与

低碳经济作为新的工业革命[8]，不仅要实现社会、经济发展方式的变革，而且要实现人类意识的变革。鼓励公众积极参与规划编制，有利于加强对节能减排的宣传作用。低碳社会的建设离不开公众参与，人们的生活能耗是社会总能耗的重要组成部分，加强节能环保宣传，提高公众的生态意识，转变公众的生活方式对节能减排目标的实现具有非常重要的现实意义。

五、结　语

在哥本哈根气候变化大会，中国正式对外宣布控制温室气体排放的行动目标，决定到 2020 年单位国内生产总值二氧化碳排放比 2005 年下降 40% ~45%，所以，不同的地区应该积极配合国家政策，依据自身的特点组织和开展区域低碳经济建设规划工作，推动节能减排目标的实现。

参考文献

[1] 庄贵阳．中国发展低碳经济的障碍与困难分析 [J]．江西社会科学，2009.

[2] 万宇艳，苏瑜．基于 MFA 分析下的低碳经济发展战略 [J]．低碳经济，2009.

[3 -4] Kei Gomi，Koji Shimada，Yuzuru Matsuoka，Masaaki Naito. Scenario study for a regional low - carbon society [J]．Sustain Sci，2007，2：121 - 131.

[5] Kaya，Yoichi. Impacts of carbon dioxide emission control on GDP growth：Interpretation of proposed scenarios. paper presented at IPCC Energy and Industry Subgroup Response Strategies Working Group，Paris，France，1990.

[6] 刘传江，冯碧梅．低碳经济对武汉城市圈建设"两型社会"的启示 [J]．中国人口·资源与环境，2009 (5)．

[7] 日本发展低碳经济有侧重 [J]．节能与环保，2009 (9)．

[8] 郭万达．低碳经济：未来四十年我国面临的机遇与挑战 [J]．开放导报，2009 (4)．

结构节能：中国低碳经济发展的基本路径选择

张　雷[1]　李艳梅[2]

（1. 中国科学院区域可持续发展分析与模拟重点实验室　中国科学院地理科学与资源研究所　北京　100101；2. 北京工业大学循环经济研究院　北京　100124）

摘　要　本文在对结构节能减排基本认识的基础上，构建了产业结构－能源关联、产业结构－单位能耗关联和能源结构－碳排放关联三个基本评价模型，解析中国能源消费和碳排放的行为特征。分析结果表明：第一，产业结构演进决定着一次能源消费的增长趋势，1952—2007 年呈现出先增速后减速的影响效应；第二，产业结构演进对单位能耗的影响同样呈现先增速后减速的变化效应，但是其推动作用不够强烈；第三，能源结构演进与碳排放的相关系数较低，原因在于受到国家长期以煤为主能源供应格局的影响。产业结构和能源供应结构的改善在未来 20 ~ 30 年国家低碳经济发展中作用甚大，两者的贡献度可能达到 70% 以上。其中，产业结构低碳化演进的贡献度大体在 60%、能源供应结构低碳化改善的贡献度大体在 10%。因此，加快产业结构演进速率以及改善一次能源供应结构，实现结构节能，是中国低碳经济发展的基本路径选择。

关键词　低碳经济　产业结构演进　能源消费　能源结构

一、基本认识与判断方法

（一）基本认识

全球实践表明，目前国家或地区低碳经济发展主要通过能源消费和供给 2 个渠道来实现（见图 1）。

首先是能源消费。现代能源消费是一种社会公共行为。能源消费的低碳发展大体可以通过以下三种方式来实现：第一是产业结构低碳发展。这种方式主要表现在国家和地区层面上。它是通过产业结构的优化演进来改善社会总体能源投入产出效率，实现低碳发展；第二是技术低碳发展。这种方式主要发生在生产企业层面上，或可称为社会生产低碳发展。它是通过提高具体产品生产的综合能源使用效率实现低碳发展；第三是社会生活低碳发展。这种方式主要通过家庭、个人乃至社会群体的产品消费行为来实现低碳发展，或可称为社会消费低碳发展。在上述三种节能方式中，结构低碳发展是集社会生产和生活于一体的低碳发展集合行为，而技术与生活低碳发展则是结构低碳发展的具体体现。换言之，产业结构的优化演进和良好发育是实现国家和地区低碳发展的最基本途径和方式。

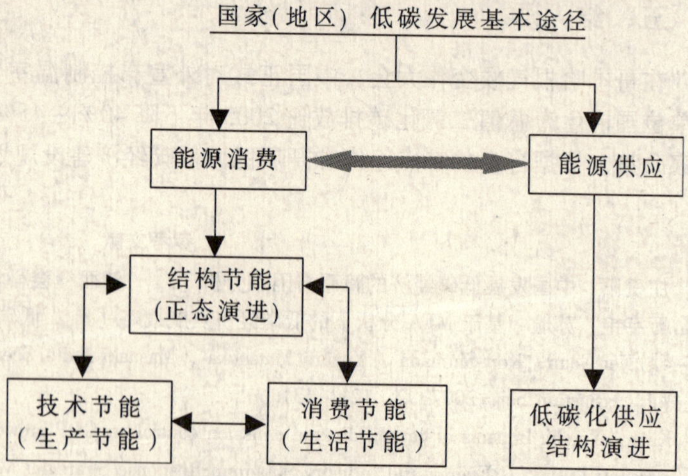

图 1　国家（地区）低碳发展基本途径示意

其次是供给。现代能源供应不仅表现在总量增长方面，而且表现在质量提高方面。对于后者而言，低碳能源产品（如天然气、可再生能源及其他绿色能源产品）快速取代高碳能源产品正在成为现代能源供应新的目标追求。因此，从节能减排的角度看，能源供应的低碳发展除了总量控制外，一个重要任务就是供应结构的高效低碳化演进。

发生于上述消费与供给方面的结构低碳发展正是探讨中国低碳经济建设问题的中心所在。

(二) 判断方法

为了探讨国家低碳经济发展基本途径选择的可行性，这里提出产业结构演进－能源消费关联、产业结构演进－单位能耗关联和能源结构－碳排放关联三个基本模型，以此揭示国家（地区）一次能源消费总量、单位产出能耗和碳排放变化的相互关系及作用。

1. 产业结构演进－能源消费关联模型

这是建立在国家或地区产业结构演进与一次能源消费总量变化相关分析上的一种模型。模型建立的目的在于揭示产业结构演进与一次能源消费总量变化两者运动的轨迹，以便从整体上揭示国家或地区社会经济发展过程一次能源消费变化的基本特征。其模型的数学表达方式为：

$$EEI = EU/ESD \quad (1)$$

式中：EU 为地区一次能源消费；ESD 为地区产业结构多元化演进程度（结构演进状态值）。ESD 的计算公式为：

$$ESD = \sum (P/P, S/P, T/P)(1 \to \infty) \quad (2)$$

式中：P 为第一产业产出；S 为第二产业产出；T 为第三产业产出。产业结构多元化的值域可以从 1 到无穷大。

2. 产业结构演进－单位能耗关联模型

这是一种有关国家或地区产业结构演进与单位 GDP 能耗变化的相关分析模型。其目的在于认识国家或地区产业结构演进的节能效果和变化趋势。其模型的数学表达方式为：

$$EEE = EE/ESD \quad (3)$$

式中：EE 为地区单位一次能耗系数；ESD 为地区产业结构多元化演进程度。

$$EE = EC/GDP \quad (4)$$

式中：EC 为一次能源消费总量；GDP 为地区国内生产总值。

3. 能源消费结构－碳排放关联模型

这一模型的功能在于揭示区域一次能源消费与碳排放两者相互作用，其数学表达方式为：

$$CEEI = COE/EUSD \quad (5)$$

式中：COE 为地区年碳排放总量；EUSD 为地区一次能源消费结构变化状态。EUSD 的计算公式为：

$$EUSD = \sum (C/C, O/C, G/C, H/C)(1 \to \infty) \quad (6)$$

式中：C 为煤炭消费；O 为石油消费；G 为天然气消费；H 为水力、核能及太阳能等电力消费。

二、中国产业结构演进及能源消费增长

(一) 中国产业结构演进过程

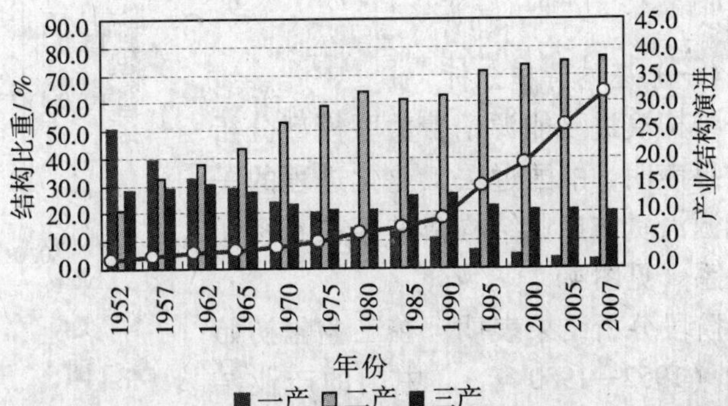

图 2　中国产业结构演进（1952—2007 年）（1952 年价）

在中国 50 多年的工业化发展过程中，第二产业的快速发展对 GDP 增长作出了巨大的贡献。1952—2007 年间，第二产业对 GDP 的贡献度年均增长 1 个百分点，2007 年达到 76.33%（1952 年不变价，下同）。而第三产业发育迟缓，对 GDP 的贡献度一直未超过 30%，而且 20 世纪 90 年

代以来，还出现了下降趋势（见图2）。因此，中国产业结构演进的最突出特征是二产一枝独秀、三产严重滞后。

纵观中国50多年的工业化发展历史，中国产业结构演进过程大体经历了以下3个阶段：第一，产业结构演进的初期（1952—1980年）。呈现工业化初期的典型特征，第一产业比重大幅下降，20多年间下降了35.99%；第二产业比重快速上升，提高了43.14%。第三产业比重有所下降。因此，产业结构多元化进程比较缓慢，产业结构多元化演进系数变化不大；第二，产业结构的稳定演进阶段（1981—1990年）。第二产业在经济发展中占据绝对主导地位，其在GDP中的比重超过了60%；第一产业比重继续下降，1990年时为10.71%。第三产业比重上升了6%。究其原因，在于此阶段开始重视生活服务的发展。因此该阶段产业结构多元化进程加快，产业结构多元化演进系数提高；第三，产业结构演进的转型时期（1991—2007年）。进入20世纪90年代以后，中国的第二产业仍在快速发展，在GDP中所占比重继续上升；第一产业比重也在继续下降；而第三产业比重不像上一阶段那样上升，却反而出现下降趋势。不过在第二产业产出快速增长的带动下，产业结构多元化演进系数进一步提高。

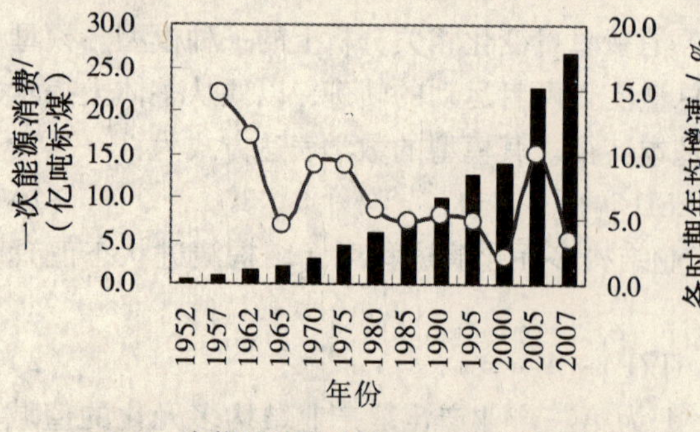

图3　中国一次能源消费总量变化（1952—2007年）

（二）一次能源消费增长

在过去50多年的工业化发展历史中，随着经济的发展和产业结构的演进，中国的一次能源消费大体经历了下述3个基本发育阶段（见图3）：第一，初始发育阶段（1952—1980年）。该阶段一次能源消费总量的变化特点是快速增长，期间一次能源消费总量增长了5.54亿吨标煤，年均增速9.40%；第二，相对稳定发育阶段（1981—1990年）。该阶段中国能源消费变化的特点是：消费增速趋于平稳。1981—2000年，中国一次能源消费总量增长3.90亿吨标煤，年递增速为5.35%；第三，转型发育阶段（1991—2007年）。该阶段能源消费变化的特点是：能源消费总量反弹增长，增速变化有些曲折。期间中国一次能源消费总量增长16.78亿吨标煤，年递增速为5.15%。

三、中国能源消费的行为特征

为了深入了解中国低碳经济发展潜力，有必要对其能源消费行为特征进行分析。

（一）基本特征分析

结构演进－能源消费关联模型分析的结果表明，中国过去工业化进程的一次能源消费与产业结构演进存在着密切的关系（见图4）。

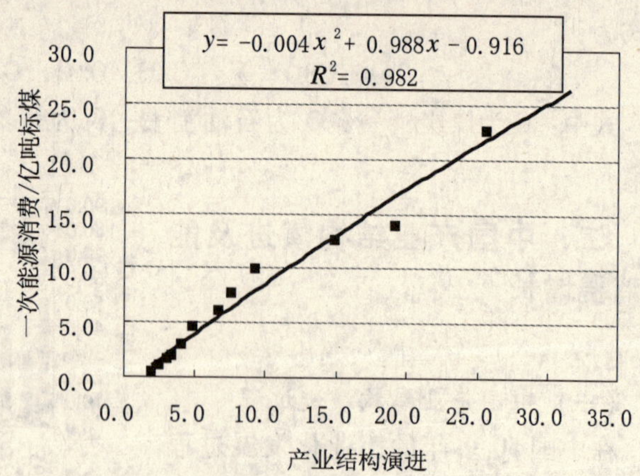

图4　中国结构演进－能源消费模型总体分析（1952—2007年）

阶段分析结果表明：在工业化初始阶段（1952—1980年），中国的产业结构演进表现出明显的能源消费增长需求（见图5a），这是工业化初期的典型特征，可称为结构演进的增速效应；进入稳定发育和转型阶段后（1981—2007年），起初，国家产业结构多元化进程中能源消费增长表现出减速效应；然而，当工业化进入转型时期后，情况发生逆转，能源消费增长的增速效应成为了这一时期产业结构演进的主宰（见图5b）。

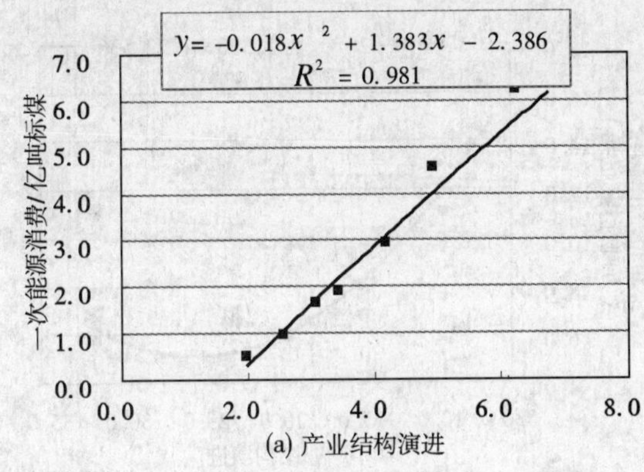

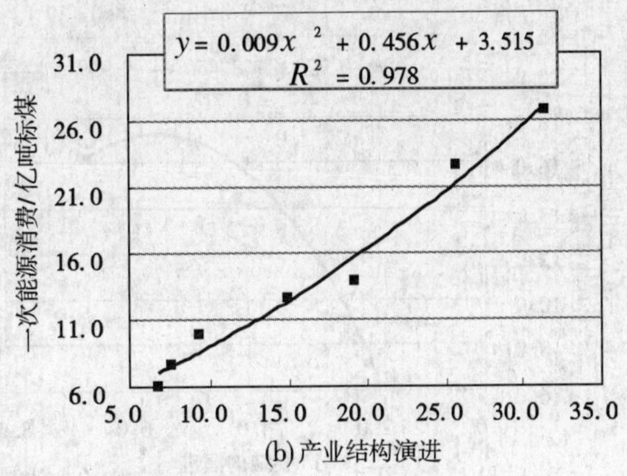

图5　中国结构演进-能源消费模型阶段分析

（二）单位产出能耗变化

与中国一次能源消费总量变化趋势相对应，单位产出能耗的变化也可分为3个阶段：第一，初始发育阶段（1952—1980年）。该阶段单位产出能耗提高与一次能源消费总量增长保持同步。1952—1980年，单位产出（GDP，按1952年不变价计算，下同）能耗增加9.06万吨标煤/亿元，增幅超过1倍（见图6）；第二，相对稳定发育阶段（1981—1990年）。该阶段中国单位产出能耗变化的特点是：在消费增速趋于平稳的同时，单位能耗也呈现出明显下降趋势。1981—1990年，单位产出的能耗水平大幅下降，年均降幅达0.51万吨标煤/亿元；第三，转型发育阶段（1991—2007年）。该阶段单位产出能耗变化的总体特点是下降，但是后期有所波动。1991—2000年单位产出能耗年均下降0.51万吨标煤/亿元，但2001—2005年期间有所反弹上升，此后又开始下降。

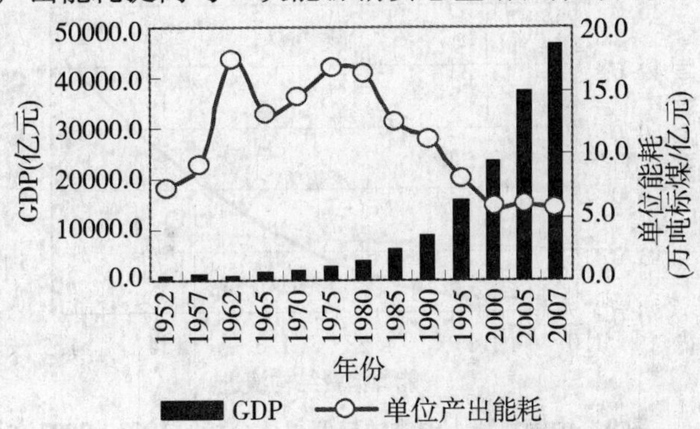

图6　中国单位产出能耗的变化（1952—2007年）

结构演进-单位能耗模型的分析结果显示，随着国家产业结构的演进，中国的单位产出能耗呈现出明显下降态势，但是相关系数较低（$R^2=0.453$，见图7），表明在过去50多年的工业化过程中，中国产业结构演进对单位产出能耗下降的推动作用不够强烈。

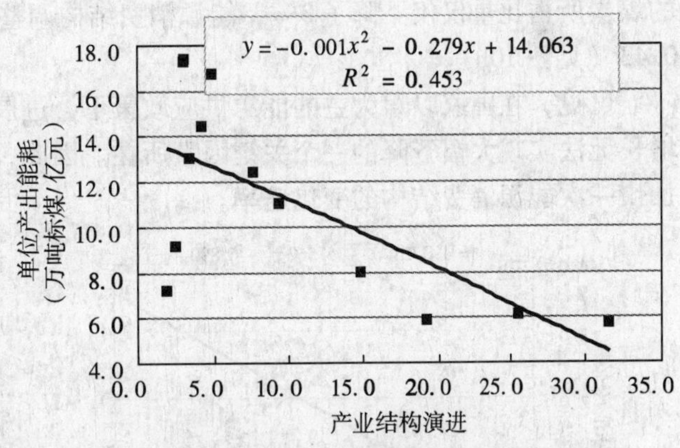

图7　中国结构演进-单位能耗模型总体分析（1952—2007年）

阶段分析结果表明：在1952—1980年国家工业化初始阶段，由于强调建立国家重工业基础，全国单位产出能耗上升，可见这一时期产业结构演进表现出明显的单位能耗增速效应（见图8a）；进入稳定发育阶段和转型阶段后（1981—2007年），由于国家实施产业与部门的多元化发展，中国的单位产出能耗开始出现大幅下降，与初始阶段相比，这一时期国家产业结构的演进则展现出明显的单位能耗减速效应；但是后期受一次能源消费快速增长的影响，中国产业结构演进的单位产出能耗减速效应出现逆转上扬（见图8b）。

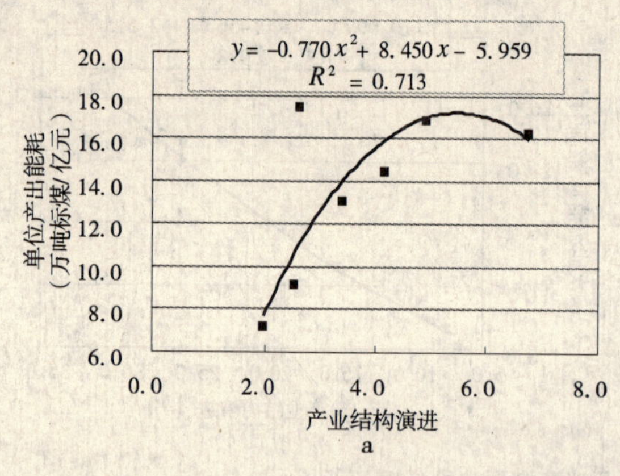

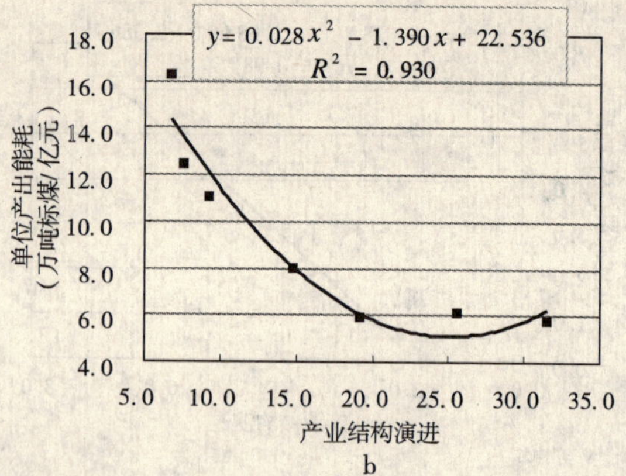

图8 中国结构演进－单位能耗模型阶段分析

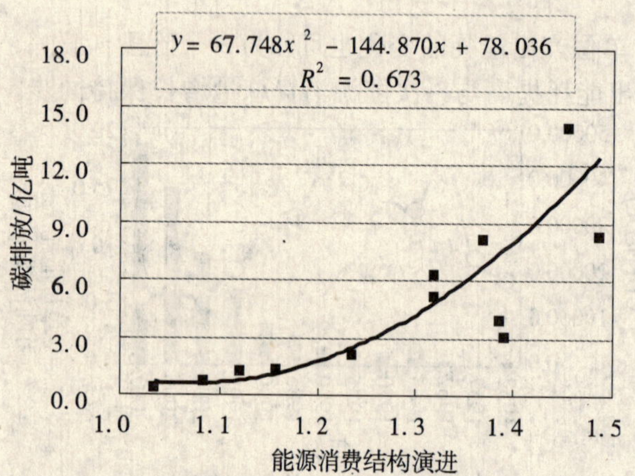

图9 中国能源－碳排放模型总体分析（1952—2007年）

（三）碳排放分析

能源－碳排放关联模型分析结果显示，与结构－能源关联特征相比，能源－碳排放关联的最大特征在于其相关性低了许多，1952—2007年期间，能源－碳排放关联相关系数只有0.67（见图9）。此种情况与一次能源消费与碳排放的高相关特征相距甚大。显然，这是受到国家长期以煤为主能源供应格局影响的必然结果。

阶段分析结果则表明：在1952—1980年国家工业化初始阶段，由于煤炭在一次能源消费中所占比重下降了25%，因此能源－碳排放关联相关系数高达0.96（见图10a）；1981—2007年间，中国一次能源消费中的煤炭所占比重仅仅下降了3%，能源消费结构调整缓慢，导致能源－碳排放关联相关系数只有0.43（见图10b）。

可见，在国家以煤为主的能源供应政策下，进展迟缓的一次能源消费结构变化是造成碳排放增长无法实现大幅下降的一个关键因素所在。因此，要控制碳排放的增长，一个重要的措施就是加快一次能源消费结构的变化速率。

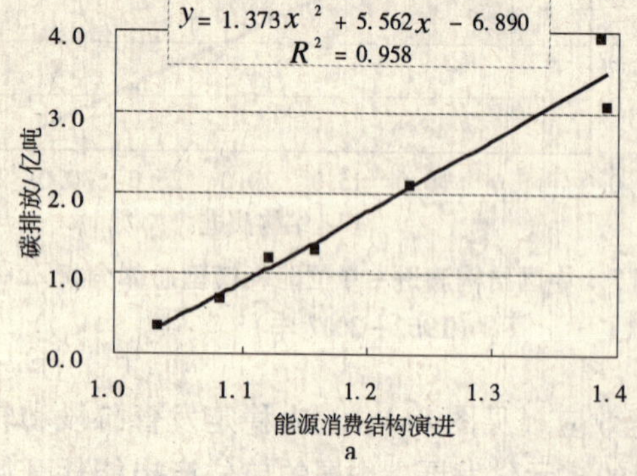

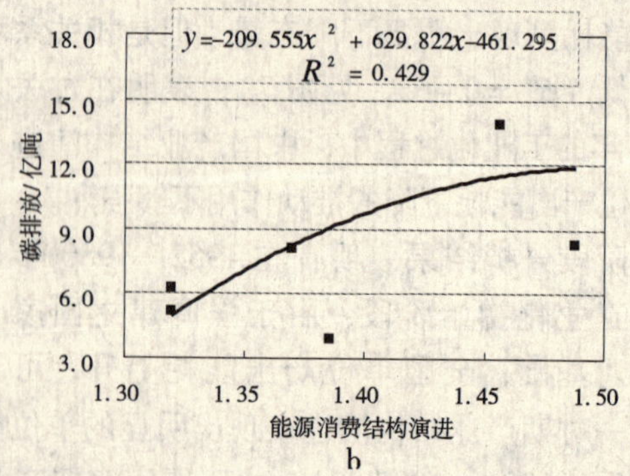

图10 中国能源－碳排放模型阶段分析

（四）国际比较

与美国、日本和德国3个发达国家及印度和巴西2个发展中国家所做比较显示，无论是单位财富产出的能耗，还是单位财富产出的碳排放，中国的水平均为最高。2005年，中国的单位财富产出的能耗为9.1吨标油/万美元（1990年美元），除了印度外（中国高出印度0.77倍），高出其他国家的2~3倍。同样，中国的单位能耗碳排放为8.9吨/吨标油，除了印度外（中国高出印度0.79倍），高出其他发达国家及巴西4~8倍（图11）。

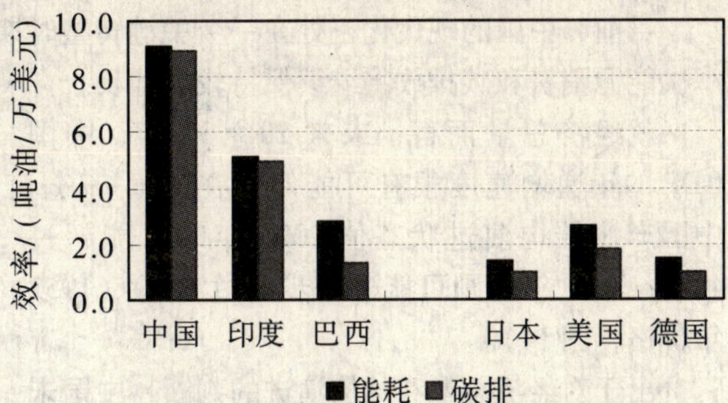

图11 单位产出能耗及碳排放国际比较（2005年）（1990年美元计）

进一步的分析表明，造成中国单位能耗居高不下的一个重要原因是二产、特别是工业在国家财富产出中一股独大，从而形成中国特有的产业结构逆向演进所致。数据分析显示，2005年，中国的产业结构演进状态为26.4，其中二产所占比重高达75.3%（按1990年美元计），三产比重仅为21.0%。相应的，中国单位财富产出的能耗为9.1吨标油/万美元。与之相比，虽然印度和巴西的产业结构演进状态分别为5.3和12.7，远不及中国。但在产业结构正态的演进下，二产比重低于30%，三产比重则在50%~70%，两个发展中国家的单位财富产出能耗则远低于中国。至于美国、日本和德国等发达国家，产业结构演进状态已经达到很高水准，其中，二产在国家财富积累中的作用一般只有30%，三产则近乎在70%，国家单位GDP的能耗一般只有中国的1/4（图12）。

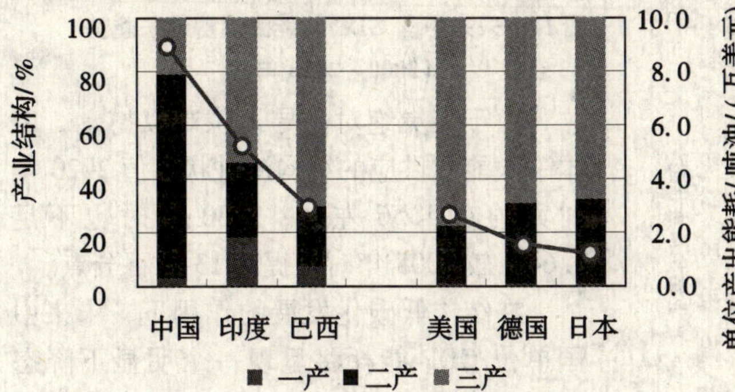

图12 产业结构及单位产出能耗国际比较（2005年）（1990年美元计）

严重的问题还在于中国能源供应质量的低下。由于高碳燃料——煤炭在国家一次能源供应中的比重在70%，2005年中国单位能耗的碳排放达到了“吨油吨碳”的高污染指标。由于能源供应的质量与中国大致相同，煤炭比重占67.0%，因此印度的单位能耗碳排放也达到近乎“吨油吨碳”的高污染指标（图13）。

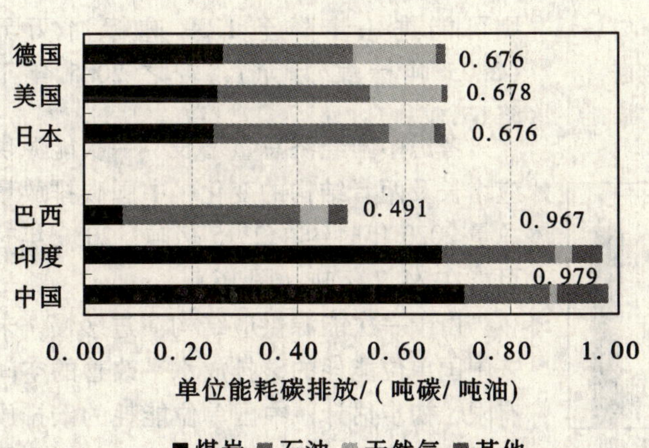

图13 单位能耗碳排放及构成的国际比较（2005年）

作为发展中的大国之一，巴西单位能耗低碳排放的良好表现完全归功于该国燃料供应的结构多元化，特别是油气、水电和生物质能源方面的发展。至于美国、日本和德国等发达国家，因其能源供应结构的多元化发展已经达到很高程度，煤炭供应所占比重均不足25%，故这些国家的单位能耗能够表现出较为明显的低碳排放特征。

四、中国结构低碳发展潜力分析

目前，中国的现代化正处在一个关键转型时期。在保持经济适度发展的情况下，中国未来的一次能源消费和碳排放将继续保持较大增长。

就经济总量而言，未来 20～30 年，中国 GDP 的年递增速度很有可能保持在 6%～7%。中国产业结构演进状态值 2020 年时可能超过 40.0；2030 年时则可能进一步超过 53.0（1952 年价格，图 14）。

出于对经济总量和结构演进的判断，中国未来 20～30 年的一次能源消费年递增速率可能在 3%左右。以此预计，中国一次能源消费 2020 年有可能接近 26.0 亿吨标油（约 36 亿吨标煤）；2030 年时则有可能接近 28.0 亿吨标油（约 40 亿吨标煤，图 15）。

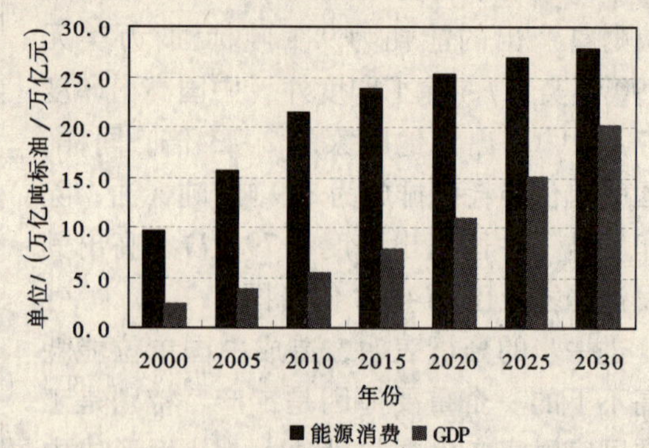

图 14 未来中国 GDP 及能源消费增长趋势（2000—2030 年）

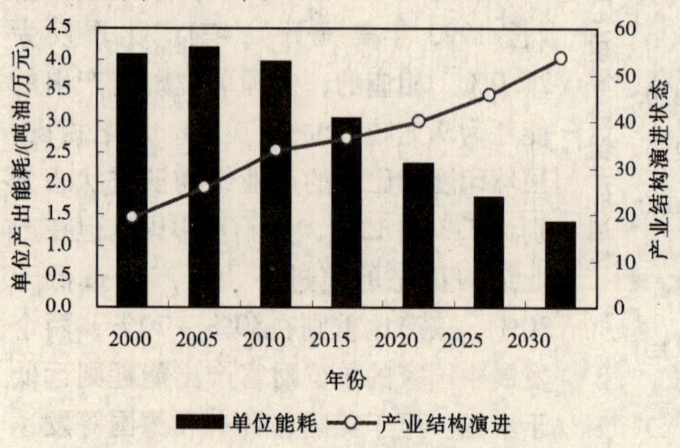

图 15 中国单位能耗及产业结构变化趋势判断（2000—2030 年）

由于煤炭绝对主导地位难以撼动，中国一次能源供应的结构演进状态值 2020 年时大约在 1.56 左右；2030 年时也不足 1.64，较 2005 年时仅提高 13 个百分点。

在结构低碳化发展的作用下，未来中国单位 GDP 能耗将呈现一个明显下降态势。2020 年时中国单位产出能耗有可能降至 2.3 吨标油/万元以下（3.3 吨标煤/万元），较之 2005 年下降 45.0%；2030 年时则可能进一步降至 1.39 吨标油/万元（2.05 吨标煤/万元），较之 2005 年下降 67.0%。

考虑中国经济总量增长、一次能源供应增长及两者结构的变化，中国碳排放量总量 2020 年时约在 23.5 亿吨；2030 年时可能在 24.7 亿吨（图 16）。

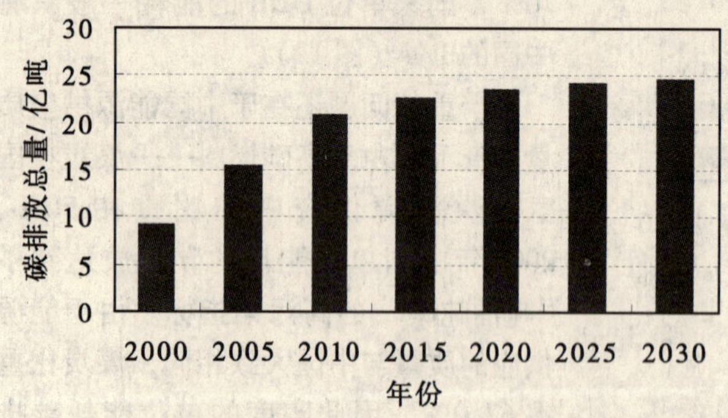

图 16 中国碳排放增长趋势判断（2000—2030 年）

由于一次能源供应结构演进缓慢，未来中国单位能耗的碳排放水平改善的空间有限，初步估计，中国单位能耗的碳排放 2020 年时 0.87 吨碳/吨油；2030 年时则可能降至 0.86 吨碳/吨油，较之 2005 年时下降 12.4 个百分点（图 17）。

无论对国家还是地区而言，未来节能减排目标实现的关键均在于产业结构演进节能效应的发挥，为此建议：

第一，继续坚持严格的人口控制政策，这是控制能源消费总量的前提；

第二，提高对结构节能的认识，将结构节能置于整个社会节能的首位，以最大限度地发挥结构节能减排的效应；

第三，加大第三产业的发展力度，逐步改变目前第二产业一枝独秀的局面，这样才能使得结构演进的节能减排效果发挥出来；

第四，逐步调整国家财富分配格局，为实现产业结构的正态演进提供一个良好的发育环境；

第五，增大科技和教育投入，为三产的顺利发展提供有力系统支撑。

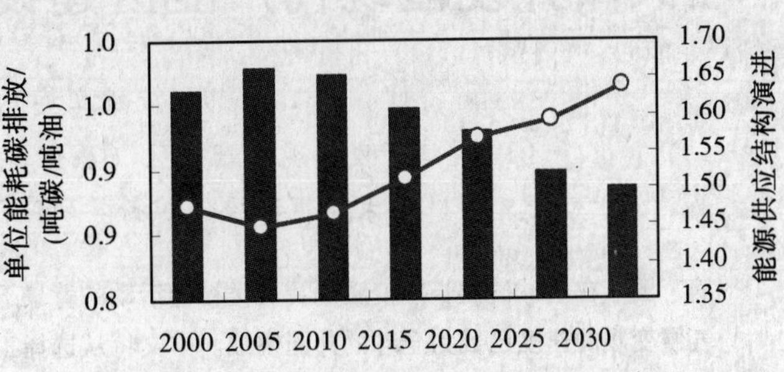

图17　中国单位能耗碳排放变化趋势判断（2000—2030年）

五、结　论

鉴于现代社会发展对能源消费依赖程度日益提高，认识和把握国家能源消费行为规律及其变化趋势已经成为国家及地区低碳经济发展的一个必要前提和基本条件。

中国是世界上最大的发展中国家。为了尽早实现国家现代化，中国采取了赶超式发展模式——工业化、特别是重工业发展优先的产业倾斜发展战略。经过长期的艰苦努力，中国的现代化发展取得了举世公认的成就。然而，这种倾斜发展模式在造就了国家整体经济实力大幅提升的同时，也推动了中国能源消费需求和温室气体排放的快速增长。目前，中国已经成为全球第二大能源消费国和第一大碳排放国（2008年）。

进入21世纪以来，处在转型时期的中国现代化建设遇到了较之以往更为严峻的挑战。这种挑战不仅来自本国日趋脆弱的资源环境基础，而且也来自不断增长的国际贸易竞争和全球环境恶化的压力。此种背景下，未来中国现代化的进程已经无力延续传统的产业结构和能源供应结构演进方式。

初步判断，中国未来20~30年的经济总量有可能继续保持良好的发展态势。由于长期的粗放发展，未来中国低碳经济发展的空间巨大。若判断得当，实施得法，产业结构和能源供应结构两者的改善在未来国家低碳经济发展中贡献极有可能达到70%以上，其中，产业结构低碳演进的贡献度有望达到60%（或为整个结构减排总量的约85%）；与之相比，国家能源供应结构的低碳化演进则将依然举步维艰。但是，若能充分利用国内市场的巨大增长潜力和合理利用全球能源供应市场的有限空间，中国能源供应结构的低碳化改善仍可取得一定进步，在国家节能低碳经济发展中的贡献度也有望超过10%（或为整个结构减排总量的约15%）。

参考文献

[1] 张雷．矿产资源与国家工业化［M］．北京：商务印书馆，2004.

[2] 张雷．经济发展对碳排放的影响［J］．地理学报，2003，58（4）：629－637.

[3] W. Rostow. The Stages of Economic Growth［M］. Cambridge University Press，Cambridge，1966：178.

[4] Maddison. A. The World Economy：A Millennial Perspective［M］. Development Centre OECD，Paris. 2001：383.

[5] Jonathan E. Sinton. What goes up：recent trends in China's energy consumption［J］. Energy Policy，2000，28（10）：671－687.

[6] US Embassy in China. The Controversy over China's Reported Falling Energy Use. Washington Post，2001，14 August.

[7] 能源战略研究小组，中国科学院地理科学与资源研究所．中国区域结构节能潜力分析［M］．北京：科学出版社，2007.

[8] 张雷，黄园淅．中国产业结构节能潜力分析［J］．中国软科学，2008（5）：27－34.

在天津开发区现代产业区建设低碳产业示范区的构想

刘　凤[1]　姚立英[2]　董　鑫[1]

（1. 天津开发区现代产业区（原化学工业区）总公司　300480；

2. 天津市环境保护科学研究院　天津　300191）

摘　要　在全球气候长期变暖危及人类社会活动的背景下，如何有效削减温室气体排放，控制和延缓气候变暖的速度已成为全球的共同挑战。本文将从选择工业区内构建低碳产业示范区作为试点，推进低碳实践，突出低碳节能特色，以绿色发展为核心，吸引具有世界一流水平的科研机构和国内外高校，采取多种国际合作模式，共同进行低碳技术及其产品开发推广，高起步领跑全国低碳产业，同时搭建一个低碳技术、产品、服务、管理、投资方式交流、交易平台，建立起全国第一个资源能源节约集约的低碳产业示范区。

关键词　低碳产业　低碳节能　温室效应　碳减排　滨海新区

自2003年英国政府在能源白皮书《我们能源的未来：创建低碳经济》中首次提出低碳经济解决方案以来，针对低碳经济的内涵和外延，社会各界展开了热烈的探讨和积极的尝试。2008年6月胡锦涛总书记在“全球气候变化和我国加强应对气候变化能力建设”会议上部署的工作重点的第一条，就包括“强化能源节约和高效利用，积极发展循环经济、低碳经济”。

2006年滨海新区开发开放被纳入国家战略后，新区针对全区进行了功能区统筹规划布局，逐步发展成为先进制造业和高水平研发转化基地，滨海新区的创新型科技新园、循环经济先导区。本文将提出在工业区内构建国家级低碳产业示范区的构想。此低碳产业示范区将突出低碳节能特色，以绿色发展为核心，共同进行低碳技术及其产品开发推广，高起步领跑全国低碳产业，建立起一个资源能源节约集约的低碳产业示范区。发展低碳产业，开发低碳技术，建设低碳社会。

一、低碳产业区

国内低碳产业区建设的帷幕刚刚拉开，各省市的经济区、开发区瞄准“低碳”，将其作为新的经济增长点，2009年9月环境保护部、科技部、商务部联合专家组通过了《张江高科技园区国家生态工业示范园区创建规划》，根据该规划要用10～15年时间把张江园区建设成为低碳新兴产业示范区，到2020年，低碳产业对园区增加值的贡献率将达到70%。着力打造的低碳产业是新能源、光伏、清洁能源等。2010年1月，江苏省常熟高新技术产业园低碳产业发展规划日前通过专家评审。重点发展风电、太阳能、燃料电池等新能源产业，预计到2013年，这家高新园区将形成600亿～800亿元产值的低碳产业，并带动一批关联产业的发展。2009年环保部《关于在国家生态工业示范园区中加强发展低碳经济的通知》旨在通过国家生态工业示范园区试点工作，积极探索园区和工业集聚区减少碳排的有效途径。2010年北京经开投资开发股份有限公司和北京大学合作的“北京低碳高端园区发展研究中心”正式成立，将出台中国首个低碳产业园区的评估体系。

《关于在国家生态工业示范园区中加强发展低碳经济的通知》中指出低碳产业区以低能耗、低排放、低污染为基础，通过产业优化、技术创新、管理升级等措施，不断提高能源利用效率和改善能源结构；低碳产业区建设主要从低碳产业、低碳生产、低碳产品、低碳生活等方面着手减少碳排的有效途径。

二、天津经济技术开发区汉沽现代产业区

天津经济技术开发区汉沽现代产业区位于天津市汉沽区南部，东起汉蔡路，西至蓟运河，北起大丰路，南至海滨大道，规划用地面积27.68km^2。其发展定位为先进制造业和高水平研发转化基地，滨海新区创新型科技新园、循环经济先导区。形成以新能源、新材料、生物制药、机械制造等先进制造业和高新技术产业为支柱产业，以研发、商务商贸等第三产业为支撑产业，互为促进，联动发展的综合性现代产业区。至2020年，泰达汉沽现代产业区就业人口达到15万人，产业区内居住人口约为2.6万人。

（一）低碳产业区的主旨

打造一个利用最新型技能环保技术实现二氧化碳等温室气体低排放的低碳特征区域。在滨海新区先试先行的政策背景下，争取国家及国际政策和资金的支持。园区规划、建设、运营将坚持低碳节能和绿色发展两大核心，建设成为未来中国最具实力的低碳产业研发中心、技术推广中心、生产中心和国家低碳产业示范基地。

（二）低碳产业区的目标

从园区基础配套设施建设入手，吸引低排放的企业和碳减排技术的生产、研发机构入区，逐步形成一整套基于区域的二氧化碳减排及相关的计量、平衡核算系统。项目可根据计量限定指标进行企业间的碳排放量交易，已达到碳的置换、抵消以至区域平衡。

（三）低碳产业区的职能

1. 低碳技术转化试验平台：综合实验室研发工作站测试中心信息中心；
2. 低碳产业孵化器：低碳产业创业中心综合试验中心研发中心；
3. 低碳技术设施生产基地：节能设备新材料再生能源及新能源机械物流交通；
4. 高附加值咨询认证服务中心：技术信息交流共享设备公共服务技术培训技术咨询多元融资服务第三方认证；
5. 低碳产业生产示范区：电力节能建筑建材节能机电节能；
6. 碳交易市场：区域内企业间碳排放量交易平台及审核机构。

三、低碳产业区建设方案

园区规划建设从公用工程循环经济体系入手，建立以区域环境治理、清洁生产、污染物总量削减为目标的生态环保控制体系，最终实现资源化、减量化、无害化，废水零排放。

（一）产业低碳化

推动园区产业结构向低碳方向发展。按照增加碳汇减少碳源的原则，限制落后的高能耗、高污染产业发展，在原有的产业中开展技术革新、管理创新，实现生产过程节能减排，促进能源结构的改善，同时积极引入低能耗、低排放的新兴产业，使区域产业结构向低能耗、低污染、低碳排放的方向发展。

1. 生产低碳设施型低排放项目：促进具有低碳经济特征的新兴产业群吸引拥有世界目前先进技术的生产型企业，如风力叶片，太阳能板，清洁汽车，节能建筑建材、节能机电设备等项目，再生能源及新能源等高新技术项目；
2. 负碳项目：二氧化碳捕获与封存等固碳领域开发的有效控制温室气体排放的新技术项目；风能和太阳能发电，清洁能源，废弃物再利用等项目；
3. 有排放需求的生产型项目：吸引有排放的项目，帮助其降低甚至无排放；
4. 低碳技术科研项目：能效技术、可再生能源技术和温室气体减排技术的开发项目；太阳能、风力、水力、生物质能、海洋温差、潮汐、海浪、燃料电池等新能源技术的研发及其电力转

换研发项目；能源效率和碳捕获研发项目；研发工作站等；依托园区研发转化基地建设低碳技术孵化器，重点致力于可再生能源、装备制造过程中低碳技术的研发和转化；

5. 与低碳产业相关的第三产业：第三方认证机构，节能减排技术支持服务咨询公司，综合实验室，测试、信息交流和培训机构清洁生产审核机构。

（二）基础设施低碳化

通过工业节能、交通节能、建筑节能、新能源、资源循环利用、生态碳等方面进行组织分类等措施达到指标要求。

1. 水系统：完善区域水系统环境，采用雨污分流回用系统，提高污水再生回用比例，配套人工湿地或生态渠廊，逐步减少水资源外供依赖程度，提高自给水平。

雨水采集通过绿色屋面、绿化滤水、道路边沟、透水性地砖、区内水域、截污绿化带等全方位雨水收集体系，经收集和一定处理后，除用于土地入渗补充地下水，还可用于景观环境、绿化、洗车场用水、道路冲洗。厂房雨水可根据生产工艺需要，将雨水进行适当处理后用于补充部分生产用水。

工业污水和少量生活用水经污水处理厂处理后可用于生态补水、景观补水、绿化用水、道路冲洗、冲厕等。

2. 电：输配电系统中使用 SF6 低碳替代型、SF6 强化密封型产品，减少 SF6 气体泄漏进入大气层。

利用可再生能源发电是最有效的能源综合利用方式，并将可再生能源发电单元与储能装置、负荷等一起组成微网的形式接入到大电网并网运行，以实现可再生能源的有效利用及与大电网的互为支撑，目前微网技术已成为实现可再生能源综合利用的关键。

同时道路照明可采用风光互补路灯，现在技术相对比较成熟，成本也较低。办公区采用能效更高的照明设备（特别是袖珍型荧光灯），建立更高的电器能效标准准入制度等。

使用电网传感器更高效地监控配电情况以减少损耗，输电和配电损耗可降低 15%。

3. 热力系统：强化集中供热系统，锅炉热利用效率提升至 85% ~90% 甚至更高，同时将废弃生物质（如干化生物污泥、食堂厨余残渣等）按照合理比例混入煤或油作混合燃料。优化漏损检测，减少园区蒸汽输配管网热损耗。企业余热回收利用。大力采用利用太阳能、地热泵进行生活采暖及热水等节能措施。

4. 燃气系统：燃气输配系统采用中压 A 级 0.4MPa 一级输配系统，避免了同一道路上同时敷设两条不同压力级制的中、低压管道，可减少市政管网密度，节约管道投资 20% 左右。强化天然气输送管道、压缩站密闭性能，加强检漏技术及措施，采用先进的高分子管道材料替换旧的铁管来减少分配系统的减漏。

5. 交通系统：大力提倡绿色交通，园区内公共交通系统采用液化天然气、电动电瓶车、太阳能驱动车以替代传统燃料车，实现公共交通环节低碳/无碳排放等绿色交通工具，以达到节约能源，减少排放污染气体的目的。使用包括复杂卡车物流管理技术在内的智能运输系统，能有效降低商业车队运输系统的碳排放量。

6. 公建设施：倡导智能型节能建筑，采用太阳能照明及热温控计量等技术强化建筑物自身节能，统一采用建筑节能新技术、新材料，如维护结构保温隔热、门窗幕墙节能、建筑采光与照明、暖通空调系统、建筑节水、太阳能与建筑一体化、智能建筑与节能控制技术等。

（三）生活低碳化

营造低碳生活方式：通过宣传引导社会公众从身边事做起，节约办公、综合利用废物、绿色消费，开展倡导绿色出行活动，来提高居民的环境素养，提升社区的环境品质，塑造低碳生活方式。

在“低碳社会规划”中，通过发展低碳经济、改变和完善规划区内企业及群众的活动模式，使相关个人、家庭、企业单位、政府部门等达到资源和能源的最优化配置和合理利用，以降低温室气体的排放。在交通方面，优化园区生活区布局，鼓励企业员工步行或骑自行车上下班。在建筑方面，推广安装能效控制系统，使建筑能耗大幅度降低，实现建筑的低碳化。在社区低碳化建设中，使硬件设施符合环保节能要求，依照绿色建筑标准，在新建社区推广绿色建筑和节能装置。通过分散式处理方式对生活污水、生活垃圾及其他固体废弃物分别处理，循环利用，减少社区活动造成的温室气体排放。同时，合理设计碳吸收绿地，在园区社区内设置“碳补偿树林”，鼓励居民通过植树进行“碳补偿”，打造碳中性社区。

（四）管理低碳化

1. 政策支持平台：在滨海新区先试先行的综合配套改革环境下，争取法律、税收、信贷等方面相对宽松和优惠的政策。与排放权交易所和大学与资源管理研究院等科研机构合作，为区内项目申请国家各级能源、环保部门对低碳产业项目的补贴和支持，并且帮助企业充分运用国家政策和鼓励机制。

2. 技术交流培训平台：充分利用这个平台发挥信息融合功能、资源汇聚功能、知识辐射功能，建立起区内与区外的技术学术交流。

3. 认证服务平台：通过相关认证机构建立合作关系，建立与碳减排交易相配套的减排量核证等第三方产业，加速和简化区内项目的减排量认证程序，形成减排量认证的绿色通道，使企业获得为减排而进行的投入补偿。

4. 市场交易平台：逐步建立碳交易市场机制。目前买方以中介和基金等为主，缺乏商务规范，缺乏交易人才和市场环境，不同于其他减排直接交易的特点，碳减排要求采用更加灵活的方式。碳交易不论在资源减排市场，还是在《京都议定书》机制下，都将会发展成为一个现货和期货的市场。

四、总　结

综上所述，现阶段低碳产业是一个全新概念，目前没有成熟的经验可以学习和借鉴，现有政策更多倾向于终端项目，本文作者认为可以经过构建低碳示范区开展技术推动和完善推广，同时争取国家、地方相关部门及国际政策和有关配套基金的支持，通过可复制的模式探索，最终实现整个社会的低碳发展。

参考文献

[1] 中国城市科学研究会．中国低碳生态城市发展战略．2009.
[2] 潘家华．低碳发展的社会经济与技术分析．2005.
[3] 中国科学院能源战略研究组．中国能源可持续发展战略专题研究．2006.

风能发电的环境效益分析

刘　荣[1]　丁卫颂[2]　王天龙[3]

（1. 广东省气候中心　广州市福今路6号大院　510080；
2. 广州市南沙区水务和环境保护局　广州市南沙区政府办公楼　510000；
3. 广东省清远市气象局　清远市新城区半环北路　511515）

摘　要　本文通过风能发电与燃煤发电对环境影响的对比分析表明，风能发电可以避免燃煤发电在煤炭开采、运输、燃烧发电和废气脱硫除氮及除尘整个过程的每个环节产生温室气体和二氧化硫、氮氧化物等有害气体排放，减少大气污染。风能发电可以节约不可再生资源，缓解能源短缺问题，除建设期对环境存在负面影响外，运营期无明显的负面环境影响。

关键词　风能　发电　环境　效益

一、国内外风能发电现状

开发和使用可再生无污染的能源刻不容缓，利用风能发电不消耗不可再生的煤炭等资源，可以避免燃煤开采、运输、发电各个环节产生的污染，是减缓不可再生资源的消耗，减少二氧化碳和二氧化硫、氮氧化物、一氧化碳和粉尘等污染物排放有效方法。

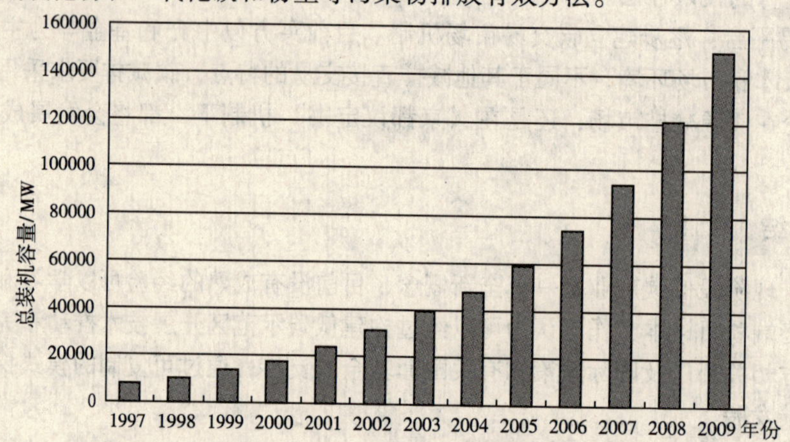

图1　1997—2009 年全球风电总装机容量变化

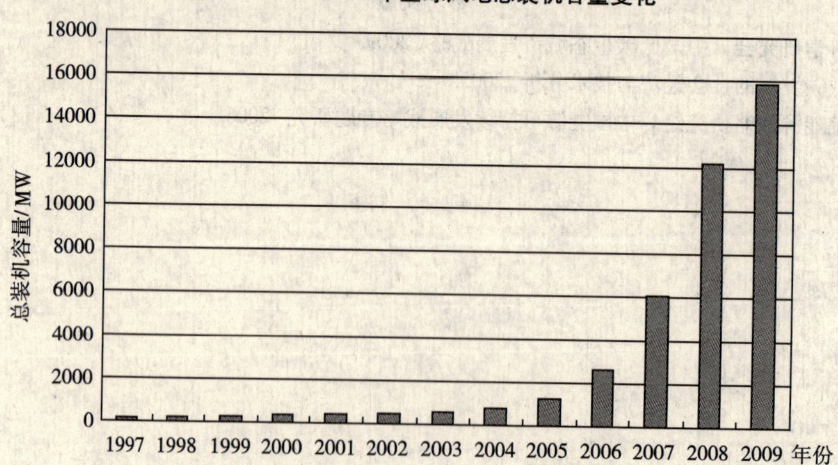

图2　1997—2009 年中国风电总装机容量变化

根据世界观察研究所（Worldwatch Institute）公布，2008 年全球风能发电总装机容量达到 120 798MW，全球风能发电总装机容量增长速度达到 28.8%，2008 年中国总装机容量超过 12 200MW，约占全球总装机容量的 10%。2008 年年底全球的总装机容量相当于每年产生发电量约 2600 亿 kW·h（图 1）。

1997 年，我国风能发电总装机容量仅为 176MW，约占全球总装机容量的 2.2%；此后，由于国外风能发电总装机容量大幅度增加，2003 年我国总装机容量占全球总装机容量的百分比下降为 1.4%；2004 年我国风能发电总装机容量占全球总装机容量百分比又开始上升，2009 年我国总装机容量已占全球总装机容量的 10.6%（图 2、图 3）。

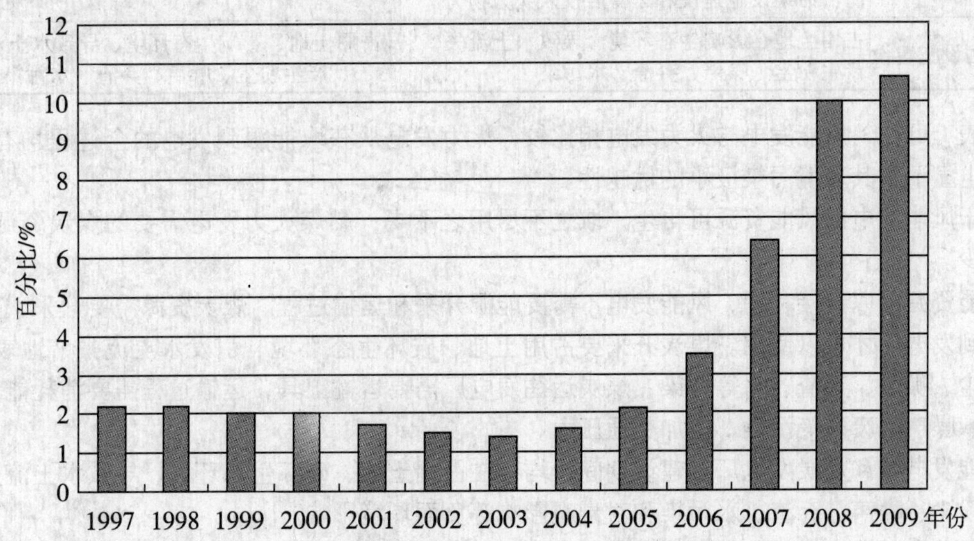

图 3　1997—2009 年中国占全球风电总装机容量百分比变化

二、风能发电与燃煤发电环境影响对比

（一）风能发电与燃煤发电污染物排放对比

表 1 是风能发电与燃煤发电对环境影响的相比，两者对环境的影响差别如表 1 所示。

表 1　风能发电与燃煤发电对环境影响对比分析

项目	不同发电方式对环境的影响	
	燃煤发电	风能发电
资源需求	每千瓦时耗煤（标准煤）约 355g[1]	可再生自然风能
资源开采	开采煤炭占用土地、影响生态环境、引发水土流失、地表塌陷，产生粉尘、噪声、弃渣、水污染，消耗不可再生资源	无需开采
运输	需要运输煤炭的工具，消耗能量，产生扬尘、噪声、废气等	无需运输
建设期污染	占用土地、影响生态环境、导致水土流失，产生粉尘、噪声、弃渣、水污染	占用土地、影响生态环境、导致水土流失，产生粉尘、噪声、弃渣、水污染

项目	不同发电方式对环境的影响	
	燃煤发电	风能发电
运营工艺污染	大气污染物：二氧化硫、氮氧化物、烟尘、一氧化碳、二氧化碳、苯并芘等 水污染物：COD、硫化物、石油类、高温水等 固体废物：粉煤灰、炉渣、脱硫废物等 电机噪声：>100dB（A）	电机噪声：<100 dB（A） 光影：对近距离居民感觉影响
工艺污染防治	需建设脱硫、除氮、除尘及污水处理等设施；防治污染设施建设和运营需投入人力物力	少量投入人力物力防治噪声等污染
输送电力设施建设	占用土地、影响生态环境、导致水土流失，产生粉尘、噪声、弃渣、水污染	占用土地、影响生态环境、导致水土流失，产生粉尘、噪声、弃渣、水污染

由表1可见，风能发电与火力发电相比较，火力发电从获取能源到发电的全过程均有污染，风能发电显示了其环境污染极小的优越性。

用于风能发电的风能资源可再生，取之不尽用之不竭；燃煤火力发电需要的煤炭资源有限，越采越少。

风能资源可以直接利用，风能发电不需要能源开采和运输过程。煤炭资源需要开采，并且需要运送到发电厂才可以使用。煤炭开采要占用土地、破坏生态环境、引发水土流失、地表塌陷，产生粉尘、噪声、弃渣、水等污染，煤炭运往发电厂需要运输工具，运输过程需要消耗能量，产生扬尘、噪声、废气等污染，增加交通压力。

风能发电场和煤炭发电厂在建设期间，均存在占用土地、破坏生态环境、导致水土流失，产生建设粉尘、噪声、弃渣、水污染和对景观影响等负面环境影响。

在运营发电期，风能发电运营内容非常简单，可再生的自然风能推动风能发电机发电，不需要购买和使用不可再生能源用于发电。风能发电过程不排放大气和水等污染物；仅有风能发电机转动噪声对200m内的居民有负面影响。

在运营发电期，煤炭发电除了煤炭开采、运输产生污染外，燃烧发电会产生大量的大气污染物：二氧化碳、二氧化硫、氮氧化物、烟尘、一氧化碳、二氧化碳、苯并芘等；水污染物：COD、硫化物、石油类、高温水等；固体废物：粉煤灰、炉渣、脱硫废物等；也产生电机噪声污染。

燃煤火力发电厂需建设脱硫、除氮和除尘等设施或工艺治理污染；防治污染设施建设及运营（达不到100%去除污染）需投入大量人力物力，处理设施产生的废物有二次污染产生，煤炭发电污染治理贯穿发电全过程；风能发电场不需要工艺治理污染费用，运营费用较小。

风能发电与燃煤发电的电力输送设施建设，同样存在占用土地、影响生态环境、导致水土流失，产生粉尘、噪声、弃渣、水污染等问题。

风电场对景观正面或负面影响因人因地而异，有些风电场被开发为观光科普景点，使它在景观方面发挥正面影响。

由以上分析可见，火电厂需要不断消耗不可再生燃料，燃料开采、运输、发电整个过程、每个环节都在产生环境污染，发电过程的燃料燃烧、污染治理都需要不断投入人力、资金；而且污染治理也只是减少污染物排放，一般做不到零排放；污染治理中产生的污染物还可能产生二次污染。风能发电场建成后，可再生的自然风能推动风能发电机发电，生产工艺做到零排放。

（二）风能发电与燃煤发电投入对比

在风电场和火电厂建设过程，每千瓦装机容量造价有一定差别，以总装机容量达600万kW的广东阳西火力发电厂和同规模的湛江兴建的火力发电厂为例，均耗资300亿元人民币，每千瓦装机容量投资约5000元；以瑞丰文昌会文风电场为例，风能发电机购买和安装每千瓦容量投入约10000元左右，可见，每千瓦装机容量，风电场建设投资是火电厂的2倍。

在火电厂运营过程，每千瓦发电耗355g标准煤，火力发电厂需要购买煤炭发电；风电场不需要投入资金购买燃料，自然风推动风能发电机发电，风能取之不尽，运营管理简单，运营投入小。

（三）风能发电与燃煤发电治理污染设施投入

火电厂需要安装脱硫除氮和除尘设备。由于脱硫除氮和除尘设备技术和效果不同，安装脱硫设备每千瓦装机价格各不相同，以循环流化床脱硫技术为例，装机每千瓦需要500元左右的脱硫设备建设投入，还需要占用土地，建设周期约两年。另外，建成脱硫除氮和除尘设施后，需要人力物力投入运行；以脱硫为例，脱硫1t需要1300～3800元的运行成本。污染治理设施需要占用土地，施工期也会产生污染，治理设施运行费很高，需要治理污染的工作人员，治理过程产生的废物需要治理，需要不断地投入人力物力，整个脱硫治理资金投入巨大。即使如此，治理设施投入使用后，也不可能达到百分之百污染治理，仍然有部分污染物排放；还可能出现二次污染。风电场不需要大型的治理污染设备，不需要不断地投入人力物力治理污染。

（四）风能发电效益

按照国家发改委在《能源发展“十一五”规划》中提出的能源行业指标，火电供电标准煤耗如果按每千瓦时355g，即1t标准煤可以发约2817kW·h的电。据2000年台湾能源委员会统计，每单位火力发电量（千瓦）的CO_2排放量为0.829kg。以此为依据可见，我们以355g标准煤/千瓦时为标准，假设要建设一个年上网电量10000万kW·h的火电厂，按照火电项目发电煤耗355g标准煤/kW·h和含硫1%计算，年上网电量10000万kW·h的火电厂，每年要使用相当于3.55万t标准煤，向大气排放二氧化碳82.9t。如果建设同样规模的风能发电场，相当于每年可以减少使用3.55万t标准煤，减少向大气排放二氧化碳82.9t，同时减少了氮氧化物、烟尘、一氧化碳、苯并芘，以及粉煤灰、炉渣、脱硫废物等污染物排放；也避免了煤电开采煤炭占用土地、破坏生态环境、产生粉尘、噪声、弃渣、水污染和煤炭运输产生扬尘、噪声、废气及增加交通压力的负面过程。可见，风能发电厂增加发电量，不耗费不可再生资源，不增加污染，相对减少环境污染，环境、经济和社会效益明显。

三、小　结

（1）煤炭等化石能源不可再生，燃料开采、运输、发电整个过程每个环节都存在产生环境污染，发电过程污染治理需要不断投入人力、资金；而且污染治理也只是减少污染物排放，不能做到零排放；污染治理中产生的污染物还可能产生二次污染。

（2）风能可再生，取之不尽用之不竭，除了风电场建设期存在环境污染外，风能发电过程对环境的负面影响很小，不存在类似化石燃料开采、运输和使用过程的污染。

（3）风能发电厂增加发电量，不耗费不可再生资源，不增加污染，相对减少环境污染，环境、经济和社会效益明显。

（4）目前风能发电机组每千瓦装机容量造价高于火电机组，但风能发电机组建成后运营所需人力物力远小于火电厂。

参考文献

[1]《2008年全国环境统计公报》，2009.

[2]《Worldwatch Institute》，2009.

[3] 刘荣，丁卫颂．减轻环境污染的一种有效途径．中国环境科学学会学术年会优秀论文集（2006）．北京：中国环境科学出版社，2006.

工业园能源利用“低碳”发展途径研究

白文娟[1]　刘　凤[2]　姚立英[2]

（1. 天津市环境保护科学研究院　天津市南开区复康路17号411室　300191；
2. 天津经济技术开发区汉沽现代产业区总公司　天津市汉沽区汉北路18号　300480）

摘　要　低碳经济是以低能耗、低污染、低排放为基础的经济模式，是人类社会继农业文明、工业文明之后的又一次重大进步。工业园可通过节能、提高能源利用率、采用清洁能源、可再生能源等方式实现能源利用“低碳”发展，取得良好的经济效益和社会效益，并实现工业的可持续发展。

关键词　低碳经济　工业园　节能　可再生能源

“低碳经济”的概念首先由英国在其2003年的能源白皮书《我们未来的能源——创建低碳经济》中提出[1]：低碳经济是通过更少的自然资源消耗和更少的环境污染，获得更多的经济产出；低碳经济是创造更高的生活标准和更好的生活质量的途径和机会，也为发展、应用和输出先进技术创造了机会，同时也能创造新的商机和更多的就业机会。由于全球气候变暖、能源短缺等问题的出现，无论是企业还是政府，都对低碳经济给予极高的关注度。

发达国家把建设生态工业园作为实现低碳经济的重要途径。生态工业园区是依据循环经济理念、工业生态学原理和清洁生产要求而建设的一种新型工业园区；它通过园区企业间副产物和废物的交换、能量和废水的逐级利用，实现经济和环境协调发展。截止到2009年1月，环境保护部已批准建设33个国家生态工业示范园区。

目前，世界各国实现低碳经济大多采用两种途径：一是提高能源利用效率，节约利用能源，控制能耗总量；二是采用清洁能源、可再生能源替代二氧化碳产生量大的石化能源。

工业园能源利用实现“低碳经济”也应从上述两个方面入手。

一、提高能源利用效率，节约能源

对于工业园来说，提高能效，节约用能，可以从建筑节能、工业节能和管理节能方面进行。

（一）建筑节能

建筑节能是指在建筑物的规划、设计、新建、改建和使用过程中，执行建筑节能标准，采用新型建筑材料和建筑节能新技术、新工艺等提高建筑围护结构的保温隔热性能和建筑物用能系统效率，在保证建筑物室内热环境质量的前提下，减少供热采暖、照明、热水供应的能耗，并与可再生能源利用、保护生态平衡和改善人居环境紧密结合[2]。工业园可通过推广节能建筑实现节能。

工业园内有大量的办公楼、工业厂房等建筑，在这些建筑内大力推广绿色节能建筑，按照严格的环保节能、节水要求设计、建设或改造。节能建筑所体现的是将整个建筑与环境融合起来，使其成为一个绿色的整体，通过大自然最大限度地满足整个大楼的需求。它所涉及的领域很多，主要是墙体、窗户、地板、屋顶4个地方。例如，利用开窗设计与遮阳导光效果设计，将太阳光导入室内，但不将太阳光热量带入室内，有效降低室内所需照明密度，降低照明能耗；通过确定合适的窗墙面积比例、合理设计窗户遮阳、充分利用保温隔热性能好的玻璃窗、单层玻璃采用贴膜技术、在屋顶和墙面喷涂保温涂料等方法改善建筑隔热性能以直接有效地减少建筑物的冷负荷；建造太阳能板以满足部分建筑能源需求等。

节能建筑的建设成本比普通建筑成本要高，但在投入使用之后，其能量利用效率远比普通建筑要高，能源节约所带来的使用成本降低可在一定年限内收回建设投资费用。而且在节能收益和节能投资平衡后，节能建筑就进入了纯收益期，在生命周期内可节约大量费用，经济效益非常可观。另外，从环境保护的角度讲，节能建筑使用可减少资源需求和二氧化碳排放量，减轻建筑对环境污染和温室效应的不利影响。

（二）工业节能

工业节能应从利用工业余热、提高生产能效等途径入手。

1. 工业余热利用

工业余热是指工业生产中各种热能装置所排出的气体、液体、固体物质所载有的热量。余热属于二次能源，是燃料燃烧过程所发出的热量在完成某一工艺过程后所剩余的热量[3]。这种热量若不加以回收利用，立即排放到大气和江河中，不仅浪费能源，而且还会污染环境。天津经济技术开发区汉沽现代产业区内企业卡博特化工利用炭黑生产尾气建设 2 台 60t/h 余热锅炉，不仅为企业自身的生产提供热源，同时为园区提供蒸汽 50t/h，节约了能源，提高了能源利用效率。

2. 提高生产能效

提高工业园的生产能效，可通过大力推广清洁生产，促进企业调整产品结构，生产低能耗、低污染的产品，加大技术改造力度，改进生产工艺，逐步淘汰升级落后的主要耗能设备，降低企业能源消耗率，提高能源综合利用率，从而实现节能目的，控制能耗总量。

（三）管理节能

工业园可以通过引导区内企业、办公楼等实施能源审计、加强能源管理等措施来实现提高能效、节约能源的目的。

1. 能源审计

能源审计是指能源审计机构依据国家有关节能法规和标准，对企业和其他用能单位能源利用的物理过程和财务过程进行的检验、核查和分析评价。能源审计是一套集企业能源系统审核分析、用能机制考察和企业能源利用状况核算评价为一体的科学方法，它科学规范地对用能单位能源利用状况进行定量分析，对用能单位能源利用效率、消耗水平、能源经济与环境效果进行审计、监测、诊断和评价，从而寻求节能潜力与机会[4]。

开展能源审计，一方面可以使管理部门准确合理地掌握园区能源利用状况和水平，以实现对企业能源消耗情况的监督管理，保证能源的合理配置使用；另一方面，使企业及时分析掌握企业能源管理水平及用能状况，排查问题和薄弱环节，挖掘节能潜力，寻找节能方向，降低能源消耗和生产成本，提高经济效益。

2. 合同能源管理

合同能源管理是指节能服务公司（EMCo—Energy Management Company）通过与客户签订能源服务合同，为客户提供包括能源审计、项目设计、项目融资、设备采购、工程施工、设备安装调试、人员培训、节能量确认和保证等一整套的节能服务，并从客户在节能改造后获得的节能效益中收回投资和取得利润的一种商业运作模式。节能服务公司服务的客户不需要承担节能实施的资金，技术及风险，并且可以更快地降低能源成本，获得实施节能后带来的效益，并可以获得节能服务公司提供的设备[5]。

合同能源管理是一种比较特殊的产业，它不是销售产品或技术，而是综合的节能服务，为客户提供节能项目，实质是 EMCo 为客户提供节能量。根据现有实践效果，开展能源管理后的项目节能率一般在 10% ~30%，最高可达 50%；项目投资回收期短，平均为一年；客户零投资，容易开展；客户和节能服务公司共享项目实施后产生的节能效益，并获得利润。实施合同能源管理项目均取得了良好的经济效益和社会效益。

二、充分利用清洁能源、可再生能源

目前，工业园使用较多的清洁能源——天然气，其主要成分为 CH_4，碳氢比为 1:4，而一般煤炭的碳氢比大于1:1，每燃烧1立方米天然气，可产生38931kJ的热量，燃烧12000万立方米的天然气所产生的热量相当于燃烧19.6万吨煤炭产生的热量。在产生同样热值的情况下，燃用天然气可比燃烧煤炭少排放大量的二氧化碳。

提高可再生能源和核能利用率。可再生能源泛指多种取之不竭的能源，严格来说，是人类历史时期内都不会耗尽的能源，包括水能、风能、太阳能、生物质能、地热能和海洋能等非化石能源。可再生资源潜力大，环境污染低，可永续利用，是有利于人与自然和谐发展的重要能源。由于风能、水能、海洋能等对园区所处气象环境、地理位置等有特殊的要求，因此，工业园常涉及的、实际开发利用较多的是太阳能和地热能。

（一）太阳能

太阳能照明主要是通过晶硅太阳能电池板在白天把接收到的太阳能转化为电能，储存在蓄电池里，到了晚上，蓄电池自动放电亮灯，目前应用最多的是太阳能路灯。太阳能热泵同其他类型的热泵一样也具有“一机多用”的优点，即冬季可供暖，夏季可制冷，全年可提供生活热水。太阳能热泵夏季制冷运行，只需消耗少量的电能，就可以在空气中吸收大量的热量，与单纯耗电设备相比，可节省电力65%；太阳能热泵冬季采暖，较常规能源的热水系统可至少节能85%以上。

工业园可通过建设太阳能路灯和办公照明系统，宣传推广太阳能热泵、太阳能热水器等的应用，开发利用太阳能，减少煤炭的使用量和用电量，从而达到减少二氧化碳排放的目的。

（二）浅层地热能

浅层地热能是指地表以下一定深度范围内（一般为恒温带至200米埋深），温度低于25℃，在当前技术经济条件下具备开发利用价值的地球内部的热能资源。浅层地热能是地热资源的一部分，相对深层地热能，具有分布广泛、储量巨大、再生迅速、采集方便、开发利用价值大等特点。浅层地热能的应用，不但可以满足供暖（冷）的需求，同时还可以实现供暖（冷）区域的零污染排放，直接改善本区域的大气质量。截至2009年6月，我国应用浅层地热能供暖制冷的建筑项目共2236个，建筑面积近8000万平方米，其中80%集中在京津冀辽等华北和东北南部地区。其中，北京市有1500万平方米的建筑利用浅层地热能供暖制冷，沈阳市则超过2000万平方米。2008年，我国通过开发利用浅层地热能，实现二氧化碳减排1987万吨。

目前，我国主要通过地源热泵技术采集浅层低温地热能。地源热泵是一种利用地下深层土壤热资源（也称地能，包括地下水、土壤或地表水等）的热转换装置，既可供热又可制冷的高效节能系统。地源热泵利用地热一年四季地下土壤温度稳定的特性，冬季把地热作为热泵供暖的热源，夏季把地热作为空调制冷的冷源。地源热泵空调系统比传统的风冷热泵空调节能40%，比电采暖节能70%。将地源热泵技术推广应用于工业园，使园区企业在取得经济效益的同时，也可间接地减少因使用化石燃料而产生的环境污染问题。

总之，工业园通过节能、提高能源利用率、采用清洁能源、可再生能源等方式实现能源利用“低碳”发展，取得良好的经济效益和社会效益，并实现工业的可持续发展，为我国“减排”作出贡献。

参考文献

[1] 贾凤兰．什么是低碳经济［J］．求是，2009（19）：50.
[2] 李富友，孙浩．北方地区建筑节能的措施及效益分析［J］．黑龙江科技信息，2009（28）：299.
[3] 李金玉．工业余热的回收利用［J］．节能技术，1986（3）：43.
[4] 曾新宇．节能之关键——能源审计与能源计量［J］．节能减排，2008（8）：38.
[5] 赵才土，周献军，王国华．合同能源管理在水泥余热电厂的应用实例分析［J］．新世纪水泥导报，2009（6）：24-25.

关于以垃圾分类收集促进低碳经济发展的探讨

史云娣[1]　王　军[1,2]

（1. 青岛理工大学　环境与市政工程学院　山东　青岛　266033；
2. 青岛市环境保护局　山东　青岛　266003）

摘　要　发展低碳经济是我国实现经济可持续发展的重要途径。本文在分析我国垃圾处理处置典型案例的基础上，阐述了垃圾分类收集的意义，并总结日本名古屋市垃圾分类收集的做法及其经验，提出了适合我国实施垃圾分类收集促进碳减排的对策，推动低碳经济发展。

关键词　垃圾分类收集　低碳经济　对策

近年来，资源短缺和环境污染已成为世界范围的焦点问题，有效合理的垃圾处理处置方式是保障环境安全，减少资源消耗，促进碳减排，推动低碳经济发展的重要途径之一。据统计，2008年我国城市垃圾产生量约1.55亿吨，并正以每年10%的速度持续增长，面对日益增长的垃圾产量和环境状况恶化的局面，垃圾的有效处置不仅是环境问题，更是公众对政府的信任问题。

一、我国垃圾处理处置现状

目前，我国主要选择卫生填埋和混合焚烧的方式处理/处置垃圾。然而，垃圾填埋的费用较高，处理一吨垃圾的费用约为200~300元，此外，垃圾填埋占地面积大，资源可回收利用率低，渗滤液处置不当会严重污染土壤和地下水源，焚烧垃圾一度被认为是更成熟、更环保的垃圾处理方式。但是由于焚烧垃圾要消耗煤、油等助燃能源，排放气体污染物，近几年备受争议。

据报道，广州市番禺区目前日产垃圾2000吨，远远超过了番禺区垃圾填埋场的原设计能力（400~500吨/天）。由于混合填埋的垃圾量太大，番禺区的所有垃圾填埋场将在两年内被填满，为此，2009年2月4日广州市政府发布通告，决定在番禺区大石街会江村与钟村镇谢村交界处，建立日处理2000吨的垃圾焚烧发电厂。与垃圾填埋相比，垃圾焚烧发电厂在处理率方面有了很大提高，不仅可以将之前填埋的部分垃圾挖出来进行焚烧，减量之余净化周边环境，同时还能进行焚烧发电，符合循环经济减量化的原则。然而，此举遭到番禺近30万居民的反对，居民普遍认为焚烧会产生二恶英、臭味、重金属等污染。

目前，南京市日产生活垃圾已达4500吨，并以每年8%的速度递增。南京市现有的3个垃圾填埋场已经使用了15~20年，按照设计，其中的两个填埋场将分别于2011年和2016年达到饱和。因此，南京市政府规划在江北区建设垃圾焚烧发电厂。然而，该规划引起了市民的广泛争议。主要争论的焦点有：①二次污染（大气污染、水污染等）问题；②焚烧场址选择不合理影响居民生活；③若场址较远，垃圾运输成本增加；④垃圾未经分类，直接焚烧，浪费了可再生资源等。

从以上典型案例可见，我国仍然依靠末端治理的方式处理处置垃圾，尚未实施二恶英实时监控技术，也没有充分实施垃圾分类收集，各种成分的垃圾特别是含氯塑料混合焚烧，极易产生二恶英。相比之下，目前日本有垃圾焚烧厂约1800座，垃圾焚烧是在垃圾分类的前提下，将含氯成分的垃圾分类后进行焚烧，在有效实现垃圾减量化、无害化和资源化的同时，减少了二恶英的产生，减缓了大气污染。

二、日本名古屋市垃圾分类及其效果

日本自1984年开始实施垃圾分类收集，结合不同地区的经济水平和生活方式制定相应的垃圾分类收集制度，垃圾分类种类最多达34种。实施垃圾分类的26年以来，先后颁布实施了《二恶英特别措施法》、《家电回收法》、《食品回收法》和《包装法》等法律法规，严格了二恶英的排放标准，有效促进了垃圾减量化。其中以名古屋市实施垃圾分类及其效果最为典型。

名古屋市是日本第四大城市，受“大量生产、大量消费、大量废弃”发展方式的影响，城市垃圾最终处置量增长速度很快，1985年为74万吨，到1998年增加到102万吨，导致垃圾填埋场趋于饱和，迫切需要建设新的填埋设施。名古屋市政府决定用藤前海滩湿地来建设新填埋场。但在环境影响评价市民公示环节，遭到了市民的强烈反对，在市民保护海滩生态环境的强烈呼吁下，名古屋市政府于1999年取消了藤前海滩填埋场计划，市长发表《垃圾紧急事态宣言》，名古屋市开始转变垃圾管理政策，制定了严格执行垃圾分类收集的制度，强化市民和企业进行垃圾分类收集的措施，加快了垃圾减量化的进程。据名古屋市环境局统计，1998—2005年名古屋市人均废物排放量由1258克/天降至867克/天，约削减31.1%，填埋量约削减60.7%，资源回收量约增加160%，极大地提高了资源利用率，减少了废物最终处置量。2005年名古屋市人均资源回收量为489克/天，远高于日本全国的平均水平，经济效益显著。由于废物焚烧量减少，1998—2001年名古屋市二氧化碳排放量削减了10.7%，氮氧化物削减了6.8%，颗粒物削减了10.2%，二恶英类削减了90.3%，碳排放的减少有效促进了低碳经济的发展。同时由于填埋量的降低减少了对地下水及生态环境的破坏，环境效益显著。

垃圾分类收集是对垃圾收集传统方式的改革，是对垃圾进行有效处置的一种科学治理方法。实施垃圾分类收集具有如下优点：①有效实现垃圾减量化、无害化和资源化，促进资源再利用，将垃圾中可回收利用的成分变废为宝；②提高垃圾中可燃成分的比例，提高燃烧效率；③减少垃圾焚烧量，降低碳排放，有效推动低碳经济发展。因此，应当改变目前单纯依赖垃圾末端处置的状态，大力实施垃圾分类收集，以建设资源节约型、环境友好型社会为目标，推动社会经济朝着低碳方向转型。日本在垃圾分类收集、促进碳排放方面的经验做法，对我国同类城市加快完善垃圾分类回收体系建设，提高资源利用率，促进污染减排，改善区域环境质量、实现低碳经济发展都具有非常重要的借鉴作用。

三、实施垃圾分类收集促进低碳经济的对策

2009年12月7日，哥本哈根气候会议将实施碳减排作为日后应对气候变化的首要任务，把低碳经济的发展提升到战略高度，我国正在大力推动低碳经济发展，基于垃圾分类收集能够有效促进碳减排的优点，通过借鉴国外的先进经验，应在“十二五”期间全面推广碳减排，在各城市开展垃圾分类收集处理/处置试点工作，以点带面，以实施垃圾分类收集转变我国末端治理的垃圾处置方式，促进碳减排工作的顺利进行。

（一）强化政策引导

加快完善国家层面垃圾管理的法律法规体系，结合各地实际情况制定相应的垃圾分类制度，使垃圾的分类收集、中转、运输、资源化利用、最终处理等各个环节纳入依法管理的轨道。制定促进垃圾减量化的政策，依法促进垃圾分类收集的良性循环。强化《中华人民共和国节约能源法》、《中华人民共和国清洁生产促进法》等法律法规的实施，推进生产者责任制度，加大清洁生产审核力度，限制过度包装，减少一次性产品的生产制造及使用，鼓励全社会积极参与垃圾分类收集、可再生资源回收工作，减少垃圾的产生量及最终处置量，推动城市进步和低碳经济的发展。

（二）加强组织领导

垃圾分类收集是促进减少垃圾最终处置量和碳减排的前提，各地方人民政府要更新理念、以减量化为前提制定垃圾处置规划；要做到目标明确，方案具体，措施可行，注重实效。责任部门

应当逐步建立和完善城市垃圾分类收集系统，规范城市垃圾资源化管理工作，对农村垃圾采取就地分类收集、就地处理/处置的方式。鼓励企业加大废物循环利用的力度，提高垃圾资源化利用率，减少垃圾焚烧量，促进碳减排。

（三）加大研发能力

实施垃圾分类收集，垃圾运输、再利用、处理处置设施的研发是必不可少的。通过科技进步可以增加资源再生利用深度，促进低碳经济发展。应当加大投入力度，提高自主创新能力，大力借鉴国外先进技术，结合现有的资源化技术和低碳技术，促进高能效、低碳排放技术的研发和推广应用，为促进碳减排提供科技支撑。

（四）实行考核制度

对从事城市垃圾分类收集工作的企业实行资质认定和定期考核制度，将垃圾分类收集作为重要指标列入"文明单位"等评比方案的考核范围内，并按照各考核方案的评分标准，对没有完成分类收集率指标或未开展分类收集工作的部门加大考核力度，对超额完成分类收集率指标的部门给予奖励，对分类收集工作中成绩显著的单位和个人给予表彰和奖励，对财政投资购买的分类收、运、处理设备实行减免税政策，提高分类收集能力和资源利用水平，减少垃圾焚烧量和最终处置量，促进碳减排。

（五）广泛发动宣传

全民参与意识的提高既是垃圾分类收集得以落实的重要基础，也是促进消费层面碳减排的有力保障措施之一。我国尚未建立引导公众积极参与垃圾分类收集的宣传、科普、培训等长效机制，公众的低碳消费意识淡薄。各级政府应通过制定相关政策来促进垃圾分类，并推广低碳经济相关科学知识的宣传、教育及培训工作，强化 NGO、媒体、新闻工作者等的宣传作用。提高公众参与垃圾分类收集、碳减排的意识和能力，使垃圾分类收集、废物减量化、碳减排等环保意识和资源循环的理念深入人心，增强全社会参与垃圾减排的积极性和主动性，形成全社会支持垃圾减排的良好氛围并落到实处，保障低碳经济发展顺利进行。

四、结　语

实施垃圾分类收集和发展低碳经济的目的是一致的，二者的理念是一脉相承的，其发展手段也是相辅相成、互相促进的。垃圾分类收集是城市层面上促进碳减排的有效途径之一，实施垃圾分类收集必须以保障环境安全为前提，以垃圾减量化、无害化和资源化原则为主线。应紧紧抓住垃圾分类处置和低碳这两个关键点，在生产、生活、消费各领域全面推行低碳经济发展战略，促进经济发展模式由"黑色发展模式"向"绿色发展模式"转变，从依靠物资消耗和要素投入向依靠技术进步和结构优化转变。

参考文献

[1] 吴晓青．以生态省建设为载体　大力推进生态文明建设［J］．环境保护，2008（23）：7-9.

[2] 王军．垃圾焚烧产生的二恶英污染排放及其控制［J］．中国人口·资源与环境，2003，13（68）：165-168.

[3] 张坤民，等．低碳发展论［M］．北京：中国环境科学出版社，2009．

[4] 王军．循环经济的理论与研究方法［M］．北京：经济日报出版社，2007.

[5] 柳下正治．总结名古屋市的废弃物减量化措施［J］．生活与环境，2003（12）．

[6] 王军，刘金华，郭启民．循环经济与包装废物回收利用展望［J］．山东环境，2003（1）：14-16.

[7] http：//www. env. go. jp.

环境监测在气候变化与低碳经济中的应用

耿　炜　穆　岩　靳睿杰　董　钰　曹立强

（河北省环境监测中心站　河北省石家庄市裕华西路106号　050051）

摘　要　在气候变化备受关注的国际大背景下，发展低碳经济已经成为当前的全球性共识。本文主要介绍了环境监测在低碳经济中的重要作用和具体应用。

关键词　环境监测　气候变化　低碳经济　应用

随着温室气体不断增多，全球气候逐渐变暖，由此产生的极端天气与灾害使人类越来越清楚地意识到为了人类今后的生存发展，我们必须推行节能减排，实行低碳经济。而环境监测作为推行低碳经济中的“度量衡”，是至关重要的衡量尺度。

一、我国气候变化趋势

在温室效应日益显著、全球气候变暖的大背景下，我国的气候也发生了明显变化。

1. 我国是全球气候变暖特征最显著的国家之一。近百年，我国气温上升了0.4～0.5℃，1986—2006年，我国连续出现了21个全国性暖冬，特别是2006年，中国平均气温9.92℃，成为1951年以来创纪录的暖年。

2. 中国年均降水量变化趋势不明显，但区域降水变化波动较大，如华北大部分地区每10年减少20～40毫米，而华南与西南地区每10年增加20～60毫米。

3. 近50年，中国沿海平面年平均上升速率约为2.5毫米，略高于全球平均水平。

4. 我国极端天气、气候事件与灾害的频率和强度明显增大、经济和社会损失增加。华北和东北地区干旱趋重，长江中下游地区和东南地区洪涝加重。

二、发展低碳经济是应对气候变化的现实选择

在气候问题备受关注的国际大背景下，发展低碳经济已经成为当前的全球性共识，推行低碳经济被认为是避免气候发生灾难性变化、保持人类可持续发展的有效方法之一，是我国当前和未来发展的必然选择。

低碳经济是以低能耗、低污染、低排放为基础的经济模式，是人类社会继农业文明、工业文明之后的又一次重大进步。低碳经济的实质是能源高效利用、清洁能源开发，核心是能源技术和减排技术创新、产业结构和制度创新以及人类生存发展观念的根本性转变。节能减排，促进低碳经济发展，既是救治全球气候变暖的关键性方案，也是践行科学发展观的重要手段。

三、环境监测在低碳经济中的重要作用

2010年全国环境保护工作会议上，环境保护部部长周生贤强调，新的一年，全国环保系统要坚决贯彻党的十七大、十七届三中、四中全会和中央经济工作会议精神，把环境保护与推动发展方式转变、经济结构战略性调整、保障和改善民生更加有机地结合起来，以解决危害群众健康和影响可持续发展的突出环境问题为重点，以圆满完成“十一五”减排任务为目标，努力推动环境保护事业在探索中国环保新道路的征程中不断前进，为建设生态文明、促进经济社会全面协调可持续发展作出更大贡献。这就要求我们重视节能减排工作，努力推行低碳经济。

环境监测工作是环境污染控制、节能减排的眼睛，是推行低碳经济的度量衡。它能及时、准

确、全面地反映环境质量和污染源现状及发展趋势，为环境管理、规划和污染防治提供依据，是研究环境质量变化趋势的重要手段，是环境保护的基础。如果环境监测跟不上，对污染控制、节能减排、环境执法和管理就失去了尺度和方向，节能减排和低碳经济的推行将无准确科学依据。

四、环境监测在低碳经济中的应用

（一）建立以环境监测为依据的低碳经济税收政策

发展低碳经济是人类与自然和谐发展的必然选择，为充分发挥全社会各企事业单位在节能减排方面的积极主动性，大力支持发展低碳经济，就需要我们制定以环境监测为科学依据的奖惩共存的低碳经济税收政策。

奖罚分明是低碳经济税收政策的显著特征之一，通过税收优惠、财政补贴、政府鼓励等方式，鼓励企业提高能源利用效率、采用清洁能源、减少污染物排放；同时，通过提高税点、增加税收等惩罚措施，对企业能源利用和污染排放超过规定限额部分进行惩罚，以此提高企业的节能、环保意识，推动企业进行清洁生产。

低碳经济税收政策要实现奖罚分明的前提条件是必须以环境监测为科学依据进行奖惩考评。这就要求环境监测数据必须准确可靠，在此基础上我们以准确的环境监测数据为科学依据对各企业进行税收考评。环境监测是低碳经济税收政策的度量衡，是准确把握低碳经济税收政策的依据，更是实现低碳经济的基础技术力量。

（二）环境质量监测在低碳经济中的应用

环境质量监测是环境监测工作的重要内容之一，主要监测环境中污染物的分布和浓度，以确定环境质量状况，定时、定点的环境质量监测历史数据，可以为环境质量评价和环境影响评价提供必不可少的依据，也为污染物迁移转化规律的科学研究提供基础数据。

通过环境质量监测，我们可以从总体上掌握和评价环境质量状况及其变化趋势。在实行低碳经济体系下，这将为我们制定环境保护目标、污染物减排目标等具体管理目标和办法指明正确方向，并为我们提供科学依据。环境质量监测为我们实行低碳经济提供宏观科学指导，起到方向指引的作用，属于面的把握。

（三）污染源监测在低碳经济中的应用

污染源监测主要用环境监测手段确定污染物的排放来源、排放浓度、污染物种类等，为控制污染源排放和环境影响评价提供依据，同时也是解决污染纠纷的主要依据。通过污染源监测，我们可以从个体上掌握和评价单个污染源的污染物排放情况，对个体排污状况进行跟踪和管理，这将为我们实行污染控制和节能减排工作提供科学数据和衡量尺度。污染源监测为我们实行低碳经济提供具体控制依据和尺度，属于点的掌控。

（四）自动监测技术在低碳经济中的应用

随着科技的不断发展，环境监测技术也在不断前进，自动监测的出现使环境监测技术迈上了一个新的台阶。自动监控技术在环境监测中的应用可划分为三种类型：空气质量自动监测系统、水质自动监测系统、污染源自动监控系统。自动监测技术主要包括自动化技术、计算机自动控制、远程传输、大型数据库、统计分析、基于网络技术及多媒体技术的发布系统，这些技术构建一个较为完整的环境自动监测系统。随着自动监测技术的不断成熟，自动监测在低碳经济中的应用将越来越广泛，发挥的作用将越来越大，主要运营在环境质量监测和污染源监测两方面。通过自动监测技术，人们可以对环境质量或污染物排放进行实时监控，更好地发挥了环境监测在低碳经济中对环境质量和污染排放的监管，同时起到了环境预警的作用。

总之，发展低碳经济是救治全球气候变暖的关键性方案，更是践行科学发展观的重要手段，而环境监测是低碳经济下对污染控制的衡量尺度和方向，是必不可少的技术手段和科学支撑。

环境信息技术在
低碳经济与节能减排中起到的积极作用

牛雪莹

（青岛市四方区环境科学学会　青岛市环境保护局四方分局
青岛市四方区鞍山二路46号　266031）

摘　要　近年来，“节能减排”与“低碳经济”已经成为了我国社会各界非常关心的问题，国家为此也出台了一系列政策措施，必须注意的是我国目前仍然面临着较大的节能减排压力，如何选择发展路径，处理好节约能源资源、保护环境与促进经济发展之间的关系仍然是我国在经济发展中必须面对的一个重要问题。

关键词　节能减排　低碳经济　信息技术　能源利用　科学技术

20世纪中后期的信息技术革命是迄今为止人类历史上最为壮观的科学技术革命，它以无比强劲的冲击力、扩散力和渗透力在短短几十年里迅速改变了世界。进入21世纪，信息化浪潮席卷全球。随着信息采集、存储、处理、加工、传输等信息技术手段的更新换代，人类文明由工业时代进入了以“信息”为显著特征的信息时代。

目前，信息技术在我国各领域中的应用已取得实质进展。信息化正在向更深更广发展，这对于调整优化经济结构和节能减排工作来说，是难得的历史发展机遇。

一、我国能源现状

由于我国人口众多，人均能源占有量远低于世界平均水平。根据我国《能源发展“十一五”规划》分析，我国石油、天然气人均资源量仅为世界平均水平的7.7%和7.1%。但另一方面，我国能源利用率却仍然较低。尽管中国依靠技术进步，已经大大降低了能源消费弹性系数，但中国能源工业的技术和管理水平仍然不高，能源平均利用率仅为30%，较发达国家低10%。中国产品单位能耗较高，与发达国家的差距较大。如单位产值能耗是发达国家的3~4倍，主要工业产品能耗是发达国家的1.4倍。我国目前正处于工业化中期阶段，工业化特征非常明显，这意味着我国工业在较长时间内不可避免地要产生污染物。我国的能源消费结构以煤炭和石油为主，是世界上最大的煤炭和石油消费国，目前的二氧化碳排放总量居世界第二位，甲烷、二氧化亚氮等温室气体的排放量也居世界前列。预计到2025年，我国的二氧化碳排放总量将超过美国居世界第一位。

二、大力推进节能减排及如何推进节能减排

大力推进节能减排可优化我国产业结构，并为产业结构调整指明方向。在当前的经济环境下，如果不注意把握投资方向、引导产业结构调整，就有可能使我国的产业结构继续向高污染、高耗能的重化工业倾斜，有可能导致高污染、高耗能项目加快由沿海向内地、由城市向农村转移，阻碍产业结构优化升级和技术进步，制约服务业的发展。

通过节能减排，有利于提升产业的竞争力。由于受国际金融危机的影响，环境保护、节能减排双目标能否如期实现，仍然任重道远。2009年以来，国际经济危机日益加剧，全球经济形势发生明显逆转，我国工业经济受到严重冲击。尤其是2009年下半年，工业增长放缓，下行压力加大，钢铁、有色金属、石化等部分主要工业产品大幅下降，价格大幅波动，部分产品存货增

加、出口持续萎缩，部分行业亏损面增加，不少企业陷入经营困难。在这样的严峻形势下，长期以来形成的增长方式粗放、自主创新能力差、产业集中度低、能耗物耗高、部分行业产能过剩等问题更为凸显，这使我国实现“十一五”节能减排的目标更加艰难。在此情况下，如何推进节能减排？

第一，要把全面推动工业节能减排与“保增长、扩内需、调结构”紧密结合，通过规划，大力推进结构调整，加快淘汰落后产能，遏制“两高”行业过快增长；通过技术标准和产业政策，进一步加强重点行业节能减排分类指导和准入管理，狠抓重点企业节能降耗和污染减排；通过企业技术改造，支持一批节能减排项目，鼓励企业使用新工艺、新材料、新技术、新装备，特别是电子信息技术，降低能耗物耗，提高生产经营水平；通过自主创新，加快先进技术的开发，加大重点节能减排技术产业化示范工程实施力度，用系统论方法大力发展循环经济，推进区域经济发展，加快推行清洁生产，加强工业“三废”污染防治。

第二，信息技术助推绿色制造，需要相关标准的护航。“绿色制造”目前尚无严格的可供遵循的行业标准，但在市场层面上对“绿色制造”和“绿色产品”有如下的共识：一是产品在生产过程中用少量能源和资源且不污染环境；二是产品在使用过程中极少污染环境且能耗低；三是产品在使用后易于拆卸、回收和翻新，或能够安全废置并长期无害。绿色制造标准化工作对象包括产品的设计、原材料采购、产品的生产、产品的包装运输、产品的使用和废弃全过程。需要注意的是，产品的环境因素必须与其他因素（如用途、性能、安全、健康、成本、可销售性、质量等）综合考虑，取得平衡。

三、当前信息技术在各个行业的节能减排工作中所起到的积极作用

《国民经济和社会发展第十一个五年规划纲要》提出了在“十一五”期间单位GDP能耗降低20%，主要污染物排放总量减少10%的目标。从目前情况来看，我国节能减排工作任重道远。随着电子信息技术的飞速发展，信息化为我国节能减排工作提供了新的手段。作为一个典型的应用领域，信息技术也被广泛地应用到企业的节能降耗减排工作中，它的应用不仅涉及生产、输送、分配、监控，以及减排当中，而且全面覆盖能源的计划、统计、分析、预测、评估，还有企业的日常管理。下面介绍信息化在钢铁、石油、煤炭、建材、电力等高耗能、高污染行业中的应用。

（一）信息技术在钢铁行业节能减排中的作用

在炼铁、炼钢、轧钢等工艺中，利用计算机控制技术，可以实现自动化、精确化生产作业，减少能源、原材料的消耗和污染物排放。例如，通过研究建立高炉、转炉、精炼、连铸、初轧、热轧、冷轧、中厚板、管材、线材等整个钢铁工艺流程数学模型，开发相应的计算机控制系统、计算机仿真系统等。

（二）信息技术在石油行业节能减排中的作用

利用信息技术提高石油勘探开发和油田服务水平，不但可以提高石油产量，还可以节能减排。

石油炼化过程的能源和原材料消耗与石油炼化装置的工艺水平、操作模式及监控技术是密切相关的。石油炼化过程模拟软件可以用来分析石油炼化装置的工艺过程、操作状况及操作参数之间的关系，可以根据原材料变化、产品及质量需求等寻找最佳运行条件，使能源消耗最少化。利用石油炼化过程模拟软件分析整个炼化流程，可以找出节能的关键环节。例如，中石油辽阳石化分公司通过应用艾斯苯HYSYS动态模拟系统，重点对芳烃分馏、歧化单元进行了优化，每年可节约燃料油几千吨。

（三）信息技术在电力行业节能减排中的作用

在发电、输电、配电、售电等环节采用电子信息技术，可以促进电力行业的节能减排。例如，在火力发电厂，利用计算机仿真技术对燃料掺烧比例、煤种、灰分等进行优化配置，可以使煤炭燃烧最充分，减少煤炭消耗，减少污染气体排放。利用计算机控制技术，使设备运行自动化、最优化，以达到节电的目的。利用信息技术使电网优化运行，可以减少电力网损。利用电能计量管理系统，可以提高电能计量的准确性，提高电能计量设备管理水平。通过建立计算机远程电力监控信息系统，可以实时监测各单位、各地区的电力消耗，对电力进行优化调度。信息技术可望大力推动节能减排。

不久前落幕的联合国气候变化会议令低碳成为2009年底全世界最关注的焦点话题。惠普公司也参加了此次的哥本哈根会议议程，积极致力于推动谈判各方利用创新和技术，推进低碳经济的转换。日前，惠普公司更是做出明确呼吁，“越早采用信息技术解决气候改变问题，就能做得更好。”

四、信息技术如何助力于低碳经济

“信息技术产业所产生的温室气体排放占全球的大约2%。作为一个产业，我们力求减少自己的碳排放。然而更大的机会在于利用IT技术可以更好地解决另外98%碳排放的问题。”这是一份来自麦肯锡的报告数据，该报告预测，到2020年，信息和通信技术具有让来自商业用途的全球温室气体排放减少15%的潜力，并同时节省超过9000亿美元。而这些数据只是基于现有技术，未来的创新会带来更多的可持续发展方面的好处。

信息技术正处于一个革命性的创新浪潮中，计算能力已经摆脱了大型机的束缚，今天的硬件带给个人消费者、企业、政府、医院、公用事业公司和行业先进的通信工具，以及支持大量自动化计算过程的技术。每项高级IT服务都存在节能减排的可能性，无论是通过降低能源使用、减少运输，或建立更有效的流程，使得IT技术可以为整个人类的节能减排作出贡献。

五、信息技术推动节能减排前景展望

国际非政府组织“全球电子可持续发展倡议”近日公布了题为《节能化2020年：在信息时代推动低碳经济》的报告。报告认为，如果将信息技术充分用于节能减排，那么在2020年全球温室气体排放量可能比不充分采用该技术减少15%，所节约能源的总价值近9000亿美元。这一研究得到了联合国环境规划署的支持，是全球首次对信息技术产业在节能减排领域的作用进行全面评估。联合国副秘书长、联合国环境规划署执行主任阿希姆·施泰纳说：“这一评估表明，全球可以实现绿色经济，实现向低碳经济的转变。”

研究表明，如果按目前趋势发展下去，信息通信产业排放的温室气体占全球总排放量的比例将由现在的2%增加至2020年的约4%。但如果将信息通信技术充分应用于各行业的节能减排，到2020年全球温室气体的年排放量有望比一直不充分采用该技术减少15%，即78亿t二氧化碳。

信息技术对于节能减排的重要意义主要体现在两个方面。一方面，信息产业自身的发展有助于减少社会经济活动对部分物资的消耗，从而减少生产这些物资的能源消耗。另一方面，将信息技术应用于其他产业可以带来更大的节能效果，尤其在以下几个领域：

1. 实现工业用发动机和工业自动化设备的节能化。如果从现在开始充分借助信息通信技术进行技术改造，提高工业设备的能源使用效率，那么全球到2020年有望减少9.7亿t二氧化碳排放，所节约能源的价值达1 072亿美元。

2. 实现物流业的节能化。此举到2020年有望减少15.2亿t二氧化碳排放，所节约能源的价值达3266亿美元。在欧洲，估计物流业在2002—2020年间将增长23%。借助信息通信技术提高货物运输和存储过程中的能源使用效率，欧洲可以减少二氧化碳排放量约2.25亿t。

3. 建筑业是全球仅次于工业的第二大能源消耗产业，实现建筑技术的节能化有望到2020年减少16.8亿t二氧化碳排放，所节约能源的价值达3408亿美元。例如，如果将信息通信技术用于改善北美洲的建筑设计、建造和管理，有可能减少15%的温室气体排放。

4. 实现电网的节能化。此举到2020年有望减少20.3亿t二氧化碳排放，所节约能源的价值达1246亿美元。在印度，目前约有30%的电能在传输过程中损耗。如果采用信息通信技术加强对电网的监控管理，可望使传输中损耗的电能减少30%。

综上所述，信息技术产业的兴起与技术的进步使其在推动节能减排、倡导低碳经济方面的作用日益突出，通过建立科学规范的环境管理体系，开展技术与运营模式创新，将节能减排作为企业经营的重要组成部分之一，能够取得显著的节能减排效果，为实现国家节能减排目标、推动经济可持续发展作出贡献。

进一步增强利用技术创新推动节能减排的意识，在日常工作中大力采用信息技术手段，抓紧各种基于信息技术的节能减排应用项目的开发和应用，积极地为这类项目的应用创造条件。充分利用信息技术推动节能减排的工作，坚持用技术创新的方式开展企业的节能减排工作，不仅不会给企业增加负担，而且由于采用了先进的技术，还可以节约资源，降低企业的建设成本和经营成本。

参考文献

国民经济和社会发展第十一个五年规划纲要——节能化2020年：在信息时代推动低碳经济.

农业低碳经济构建与发展途径初探研究

陈云进

（昆明市环境监测中心　云南省昆明市滇池路彰家楼　650228）

摘　要　通过研究国家有关发展低碳经济的战略与政策，结合目前昆明市西山区新农村建设工作实际，探讨了农业低碳经济构建与发展的途径，提出了以加强农业和农村节能减排工作为推手，促进农业低碳经济构建与发展的思路。

关键词　农业农村　节能减排　低碳经济　构建与发展

一、概　述

2009 年 12 月 19 日闭幕的哥本哈根会议揭开了全世界发展低碳经济的宏伟序幕。许多国家公布了其碳减排目标，我国政府也承诺到 2020 年单位 GDP 碳排放比 2005 年减少 40% ~45%，发展低碳经济的路线图已初现端倪。

（一）低碳经济定义

所谓低碳经济，是指在可持续发展理念指导下，通过技术创新、制度创新、产业转型、新能源开发等多种手段，尽可能地减少煤炭石油等高碳能源消耗，减少温室气体排放，达到经济社会发展与生态环境保护双赢的一种经济发展形态。发展低碳经济，一方面是积极承担环境保护责任，完成国家节能降耗指标的要求；另一方面是调整经济结构，提高能源利用效益，发展新兴工业，建设生态文明。这是摒弃以往先污染后治理、先低端后高端、先粗放后集约的发展模式的现实途径，是实现经济发展与资源环境保护双赢的必然选择。

（二）低碳经济内涵

低碳经济是一种正在兴起的经济形态和发展模式，它以能源高效利用和清洁开发为基础，以低能耗、低污染、低排放为基本特征，包含低碳产业、低碳技术、低碳城市、低碳生活等一系列新内容。它通过大幅度提高能源利用效率，大规模使用可再生能源与低碳能源，大范围研发温室气体减排技术，建设低碳社会，维护生态平衡。

低碳经济与我国坚持节约资源、保护环境的基本国策，建设资源节约型、环境友好型社会，走新型工业化道路是一致的。低碳经济的发展模式，为节能减排、发展循环经济、构建和谐社会提供了操作性诠释，是落实科学发展观、建设节约型社会的综合创新与实践。

（三）发展低碳经济的必要性

2009 年《哥本哈根协议》的形成，标志着全球应对气候变化进程取得了新的进展，全球应对气候变化的国际合作行动将更为迫切。同年 9 月 22 日，国家主席胡锦涛在联合国气候变化峰会开幕式上，发表了题为《携手应对气候变化挑战》的重要讲话，明确表示中国“将继续坚定不移为应对气候变化作出切实努力”，同时强调中国将进一步采取四项强有力的措施应对气候变化，其中之一就是“积极发展低碳经济”。

发展低碳经济，是我国统筹经济发展与应对气候变化的根本途径和战略选择，既是一场涉及生产方式、生活方式、价值观念、国家权益和人类命运的全球性革命，又是全球经济不得不从高碳能源转向低碳能源的一个必然选择。

当前，我国经济和社会发展已受到国内能源资源保障和区域环境容量的严重制约，节约能源、优化能源结构，转变经济发展方式，走低碳发展道路，既是应对气候变化、减缓二氧化碳排放的核心对策，也是我国突破资源环境的瓶颈性制约，实现可持续发展的内在需求，两者具有协同效应。

（四）低碳经济发展途径

“低碳经济”的理想形态是充分发展“阳光经济”、“风能经济”、“氢能经济”、“生物质能经济”。但现阶段太阳能发电的成本是煤电水电的5～10倍，一些地区风能发电价格高于煤电水电；作为二次能源的氢能，目前距利用风能、太阳能等清洁能源提取的商业化目标还很远；以大量消耗粮食和油料作物为代价的生物燃料开发，一定程度上引发了粮食、肉类、食用油价格的上涨。从世界范围看，预计到2030年太阳能发电也只达到世界电力供应的10%，而全球已探明的石油、天然气和煤炭储量将分别在今后40年、60年和100年左右耗尽。所以，在“碳素燃料文明时代”向“太阳能文明时代”（风能、生物质能都是太阳能的转换形态）过渡的未来几十年里，“低碳经济”的重要含义之一，就是节约化石能源的消耗，为新能源的普及利用提供时间保障。特别是从中国能源结构看，低碳意味节能，低碳经济就是以低能耗低污染为基础的经济。

因此，现阶段在我国发展低碳经济的重要途径，就是彻底摒弃大量消耗能源、大量排放温室气体、高污染、高排放的经济发展模式，构建以能源高效利用和清洁开发为基础，以低能耗、低污染、低排放为基本特征的经济发展模式。

二、我国农业低碳经济构建与发展途径研究

（一）大力加强农业和农村节能减排工作是构建发展农业低碳经济的最佳途径

我国开展多年的农业和农村节能减排工作经验表明：农村既是能源消费者，更是可再生能源生产者，推进农业和农村节能减排，可优化能源结构，缓解国家能源压力，同时降低农业面源污染，减轻环境压力，并有利于转变农业发展方式，加快发展现代农业。

因此，在我国社会主义新农村建设中，构建与发展农业低碳经济的最佳途径应为：认真贯彻落实农业部《关于加强农业和农村节能减排工作的意见》指示精神，大力加强农业农村节能减排工作，以此为推手，深入推进农业能源结构优化，降低农业面源污染，加快农业发展方式转变。由此构建能源高效利用、低能耗、低污染、低排放的农业发展模式，促进农业低碳经济发展。

（二）全国农业和农村节能减排工作的主要目标

力争到2010年，全国通过农村生产生活节能和生物质能、太阳能、风能、微水电等开发，新增能源节约和开发能力5000万吨标准煤以上。使用清洁可再生能源的农户普及率达到30%，农村户用沼气发展到4000万户，畜禽养殖场大中型沼气工程达到4700处，太阳热水器使用量达到5000万平方米；积极推广节约型农业技术，重点区域化肥利用率提高3个百分点，农药利用率提高3～5个百分点，农业用水效率提高5%；淘汰一批高耗能老旧农业机械和渔业船舶；逐步建立一批循环农业示范区，示范区畜禽粪便、生活垃圾和污水、农作物秸秆资源化利用率达到90%以上。

（三）农业和农村节能减排工作的重点

构建发展农业低碳经济时，开展农业和农村节能减排工作的重点为：因地制宜地推广应用农业部发布的，包括畜禽粪便综合利用技术、秸秆能源利用技术、太阳能综合利用技术、农村小型电源利用技术、能源作物开发利用技术、农村省柴节煤炉灶（炕）技术、耕作制度节能技术、农业主要投入品节约技术、农村生活污水处理技术和农机与渔船节能技术等“农业和农村节能减排十大技术”。并在下述：大力开发农村可再生能源；大力推进农村生产生活节能；深入开展农业清洁生产3个重点领域深入开展农业和农村节能减排工作。

1. 大力开发农村可再生能源

（1）加强农村沼气建设。全面落实《全国农村沼气工程建设规划（2006—2010年）》，加快实施农村沼气国债项目，建设户用沼气池，带动农户改厨、改厕、改圈，因地制宜推广北方

“四位一体”和南方“猪—沼—果”等能源生态模式，促进循环农业发展。自2007年起到2010年，全国每年新增户用沼气450万户以上。

（2）推进秸秆气化、固化。加强技术研发，解决秸秆气化集中供气的“一高一低一差”（焦油含量高、热值低、气化机组整体性能差）的技术瓶颈。在粮食主产区，尤其是机场周边、高速公路沿线等地，稳步推进秸秆气化点建设。

（3）适度发展能源作物。联合大型能源企业，按照企业 + 基地 + 农户的模式，利用荒山荒丘、滩涂、盐碱地等不宜生产粮食作物的土地和冬闲田，适度发展甜高粱、木薯、冬季油菜等能源作物种植。

（4）开发太阳能、风能和微水电。在农村地区推广应用太阳能、风能、微水电等可再生能源技术和产品，鼓励农民使用太阳热水器、太阳灶，因地制宜发展光伏发电。在适宜地区，积极发展利用风能。在微水电资源丰富的山区，大力发展微水电。

2. 大力推进农村生产生活节能

（1）推进农业机械节能。加强节能农业机械和农产品加工设备技术的推广应用。加快高耗能落后农业机械和渔船及其装备的更新换代，研究淘汰高耗能老旧农机、渔船的经济补偿方式。推广节能型船用柴油机、燃油添加剂和主机余热利用、燃用重油等节能技术产品，降低农业机械单位能耗。

（2）推进畜禽养殖节能。改进畜禽舍设计，采用新材料、新技术发展装配式畜禽舍，充分利用太阳能和地热资源调节畜禽舍温度，推广节能养殖模式，降低畜禽舍加温和保温能耗。大力推进秸秆养畜，加快品种改良，降低饲料和能源消耗。

（3）推进农村生活节能。实现生产节煤炉灶的商品化，完善产业和服务体系。加快省柴灶、节能炕和节能炉升级换代，推广高效低排省柴节煤炉具（炕），不断拓展其使用功能，热效率提高5个百分点，平均达到30%。在太阳能丰富地区，引导农民建造太阳房。

（4）推进耕作制度节能。积极推进农业耕作制度改革，改革不合理的耕作方式，因地制宜调整种植结构，大力推广保护性耕作，建立高效的耕作制度，发展生态农业。

（5）推进乡镇企业节能。会同有关部门和当地政府依法关闭高耗、低质，污染严重、不具备安全生产条件的乡镇企业，进一步淘汰土焦、小立窑水泥、黏土实心砖、小冲天炉等落后的技术、工艺和设备。在水泥企业推广纯低温余热发电技术、立窑水泥节能节电技术；在炼焦企业推广清洁型回收余热发电、炉门密封等技术；在铸造企业推广新型熔炼技术、新型成型技术；在制砖企业推广空心砖、新型节能型转窑、窑炉密封技术、节能风机等技术；在农产品加工企业推广清洁生产技术，减少污染物排放。

3. 深入开展农业清洁生产

（1）推广节肥节药节水技术。推广化肥机械化深施、精准化施肥、诊断施肥和水肥一体化等技术，大力推进农家肥、畜禽粪便等有机肥料资源的综合利用，提高肥料利用率。到2010年，在粮食作物上全面推广测土配方施肥技术。禁止销售和使用甲胺磷等5种高毒有机磷农药，推广应用高效、低毒、低残留农药新品种，淘汰“跑、冒、滴、漏”的植保机械，加快高效节药机械研发，推广低容量喷雾技术，提高农药利用率。大力发展旱作节水农业。

（2）发展生态型畜牧业。积极推进畜禽适度规模养殖，加强畜禽养殖排泄物治理，在粪污相对集中的规模化养殖场或养殖小区，重点实施畜禽粪污能源利用工程，建设粪肥处理中心，补贴养殖户建设粪污利用设施，推广雨污分流、干湿分离和设施化处理技术。推进标准化畜禽生态养殖小区建设。

（3）推进水产科学养殖。制定和完善水产养殖环境技术标准，强化监督管理。根据环境容量，合理调整养殖布局，科学确定养殖密度，优化养殖生产结构。积极探索传统与现代相结合的生态养殖模式，建立健康养殖和生态养殖示范区，积极发展健康和生态养殖，推广养殖用水循环使用、废水处理技术，减少污染。

三、昆明西山区通过加强农村节能减排工作构建发展农业低碳经济的实践

（一）西山区农村节能减排工作重点与主要成果

昆明市西山区在通过加强农村节能减排工作来构建发展农业低碳经济的工作中，主要以因地制宜地大力开发农村可再生能源为工作重点：积极推广农用沼气、节能灶和太阳能。

西山区全区农村山区、半山区农户共计20705户，2005年以前全区累计建沼气池1067口。按省、市农村能源环保“十一五”的规划，到2010年使用清洁可再生能源的农户普及率达到30%，即户用沼气达到5467户以上的要求，西山区农村能源建设计划到2010年年底至少要新建户用沼气4400户。

区农业局结合全区承担的“十一五”全国农村能源综合建设项目，2006年至2009年在全区已新建户用沼气3433户，实施农村能源沼气一池三改“五配套”工程项目4500户；改单一建沼气池为沼气池、畜厩、厕所共同建设；同时配套耐压塑胶管，脱硫脱水综合开关、沼气饭煲、蒸（炒）锅、电子点火灶。所建沼气、畜厩、厕所达到当年建设、当年使用的省市标准。见下表：

西山区2006—2010年农村沼气池建设规划与完成情况统计

年份 数量	2006	2007	2008	2009	2010	总计
计划新建数/户	500	1000	900	1000	1000	4400
实际完成数/户	518	1007	906	1002	未到时间	3433
超额完成数/户	18	7	6	2	未到时间	33

到2009年年底，全区拥有沼气池的农户数已占农户总数的21.73%；同时还配套推广了“绿燃”牌节能气化灶或进行节柴改灶，共计推广各类节能灶1.55万眼，占全区农户总数的74.86%；引进新型塑料沼气池6口和玻璃钢沼气池2口进行实验示范；此外，还自行研制了专利产品“绿燃”牌节能环保气化灶和大棚加温器；全区建设沼气精品示范村2个，在部分地区推广了沼气灯和沼气饭煲，在团结镇永靖村委会组建了1个沼气池村级服务队。全区还投资大约532万元，在乡村公路安装了756盏太阳能路灯；2010年将计划投资350万元，在区乡村公路新安装至少500盏太阳能路灯。

（二）节能减排效益与构建发展农业低碳经济的有效性

仅就农用沼气推广而言，按一个8～10m^3的农村户用沼气池，一年可相应减排二氧化碳1.5吨计：西山区目前建成使用的4500口户用沼气池，每年可为全区减排二氧化碳6750吨，减少尿素施用量4500吨。

上述实践成果表明：昆明市西山区以加强农业和农村节能减排工作为推手，促进农业低碳经济构建与发展的思路，是可行和有效的。

参考文献

[1] 国务院关于印发节能减排综合性工作方案的通知．2007－6－3.
[2] 农业部．关于加强农业和农村节能减排工作的意见．2007－7－6.
[3] 张榕林，等．沼气实用技术［M］．北京：化学工业出版社，2004.
[4] 陈云进．昆明地区节能减排综合对策措施研究［C］．中国环境科学学会学术年会优秀论文集（2008），北京：中国环境科学出版社，2008.

浅谈发展低碳经济的必要性与现代化钢铁企业发展的新趋势

李春梅　王　静

（河北省张家口市环保局监测站）

摘　要　本文从发展低碳经济必要性的角度出发，结合国内钢铁企业实践经验，探讨了现代钢铁企业走“生态循环型”发展之路，突出强调低碳经济正在成为新的发展趋势。

一、中国发展低碳经济的必要性

2008 年中国的基本能源消费总量为 28.5 亿吨标准煤，比上年增长 4.0%。占世界总消费量的 10.4%，仅次于美国，居世界第二位。同期，中国进口原油 1.7888 亿吨，比上年增长 9.6%，价值 1293 亿美元，比上年增长 62%。进口成品油 3885 万吨，比上年增长 15%，价值 300 亿美元，比上年增长 82.7%。据行业统计，全年石油消费对外依存度达到 49.8%，比上年提高 1.4 个百分点。可见，中国已经成为一个能源消费大国，而且对外依存度不断提高。

伴随着能源的大量消费，温室气体的排放不可避免地快速增长，成为环境污染的最大来源。虽然，2008 年中国人均温室气体的排放量仅为 4.1 吨，低于世界平均水平的 4.3 吨，更远远低于美国的人均 19 吨，但庞大的总量，成为紧随美国其后，全球温室气体的主要排放国。而且随着中国经济的不断发展，人民消费水平的不断提高和消费观念的变化，大有赶超美国之势。

中国政府也看到了能源和环境的危机，在“十一五”规划明确提出并郑重承诺，到 2010 年，中国单位 GDP 能源消耗比 2005 年降低 20%，主要污染物排放总量要减少 10%。

二、现代化钢铁企业发展的新趋势

最近，世界上“气候正义”理念兴起，钢企生产钢铁的二氧化碳排放量问题遽然进入公众的视野，引起人们的密切关注。中国是拥有 13 亿人口的发展中大国，到 2050 年前都处于工业化、城镇化的进程中，对钢铁的需求将长期维持在一个较高的水平上。从全球统计数据来看，钢铁工业排放的 CO_2 占人类总排放的 5%，而在中国要占到近 12%。荷兰研究机构“荷兰环境评估局”称，在 21 世纪前 8 年的全球 CO_2 排放量中，有 2/3 来自中国。

面对国内钢铁行业的种种隐忧，如何遏制钢铁行业产能过剩所产生的二氧化碳等污染物排放？未来中国钢铁企业发展有哪些大趋势呢？

第一，钢铁工业已成为当前国人关注的焦点，其原因不外乎现有钢铁企业的工艺、设备还不够先进，产品质量未能普遍达到世界先进水平，而其能耗却占到全国总能耗的 12% 左右，污染物排放则近于总排放的 16%（含 CO_2、SO_2、COD 及固体废弃物），被列为国家节能减排的重点行业。故而中国钢铁工业要生存、发展，满足国民经济与社会发展的首要前提，已从经济规模与效益转为能否建成资源节约型与环境友好型的钢铁工业。

中国作为一个负责任的大国，推进“低碳”社会建设是义不容辞的责任和转变发展方式的重大战略。21 世纪初，由中国工程院组织钢铁冶金院士和专家集体酝酿、研究提出的新一代钢铁生产流程，就是这一趋势的具体工程化方案。其核心内容是把钢铁企业由过去单纯生产优质钢材的功能拓展为具有充分回收、高效利用各种余热、烟气进行发电或提取清洁能源（氢或甲醇）的转化功能，同时又要具有吸纳废塑料、废钢铁等社会废弃物的功能，充分利用炉渣等可再生固体废弃物取代宝贵的自然资源生产建筑材料。除此以外，还应采用干熄焦，高炉、转炉煤气干法除尘，铁水三脱，少渣吹炼，炉渣成分控制，冷却造粒后作为水泥熟料等。这一流程的工程方案，已在曹妃甸首钢京唐钢铁厂的建设中得到体现。

第二，随着我国工业化的进程，社会钢铁的积蓄量正在快速增加，预计到2015年后，高排放汽车、使用10年以上的家电将陆续被淘汰，从而使废钢供应量增加，价格相对下降。同时为应对全球气候变化及CO_2减排的需要，在钢铁工业的生产流程中，短流程（废钢—电炉—连铸—连轧）的比重将逐步提高，从现在的不到15%，提高到30%～40%。与此同时，长流程中的还原工序，也会因减少焦炭消耗、熔融还原技术的成熟和完善，而逐渐扩大直接还原、熔融还原的比重，以减少碳的排放。这将是中国钢铁发展的一个大趋势。

第三，循环经济是中国钢铁发展的另一个趋势。

目前，一方面是电力紧张、原燃料紧张；另一方面是众多钢铁企业在生产过程中产生的焦炉煤气、高炉煤气、转炉煤气等二次能源被白白浪费。在钢铁企业内部，能源消耗和CO_2排放主要集中在冶炼环节。在钢铁生产过程中，有大约47%的能源被转化为焦炉煤气、高炉煤气、转炉煤气形式的二次能源，若能将这部分能源充分利用，其价值不可估量。

为了进一步减少排放，保护生态环境，促进“低碳”经济发展，近年来，不少钢铁企业又积极引入循环经济理念，加大了变“废气”为宝的力度。近年来，钢铁企业为降低电耗扩大自发电量，积极利用二次能源，循环再利用已成为节约能源、降低成本的最有效措施。目前钢铁企业的二次能源发电主要有三类，一是回收的可燃气体，主要是焦炉、转炉和高炉煤气；二是余热，各工序用于设备、产品冷却的余热及加热炉产生的高热烟气、废气等，如烧结余热、焦炭余热、加热炉烟气余热等；三是余压，如高炉炉顶余压等。从目前情况看，重点大中型钢铁企业二次能源综合利用水平和自发电比例不断提高，2005年重点大中型钢铁企业自发电量约占企业总用电量的25%，2008年上升到28%左右。据估算，每提高1个百分点的循环自发电比例可节省外购电量约21亿千瓦时，减少外购电力成本约15亿元，发展循环经济社会效益和经济效益都非常明显。如攀钢先后启动了高炉TRT发电项目和全烧煤气发电项目，以充分利用钢铁生产过程中产生的焦炉煤气、高炉煤气、转炉煤气。据统计，2008年以来，攀钢累计投入30多亿元用于环保节能。

第四，通过洁净钢生产技术和凝固、轧制、冷却过程控制技术，生产洁净度和均匀度高、晶粒细化、相变强化的钢，从而节省或少用合金资源，生产出高强度、超高强度的资源节约型钢材，这是中国钢铁工业品种、质量发展的新趋势。

此外，尽管我国钢铁产量已连续10多年居世界第一位，但钢铁工业的集中度较低，产能占前五位的大型企业，在全国产出中所占的份额不足20%。这与发达国家有很大差距。产能分散就很难避免重复建设、结构雷同。今后将通过市场的力量和政策导向，推动有实力的大钢铁集团兼并、重组不同地区的中型骨干企业，形成5～6个大集团，并拥有全国50%以上的总产能。这是中国钢铁工业由大到强的必由之路，是客观经济形势下，增强企业综合竞争力的大趋势。

当哥本哈根全球气候会议将“低碳”一词的热度推高到空前地步时，发展低碳经济便显得十分迫切和必要。兰格信息研究中心张琳指出：低碳经济是中国钢企长期发展的不二选择，钢铁企业应该从各工序着手，尽可能采用先进技术、工艺和先进设备及新材料，挖掘潜能，减少用能量，提高能源的重复利用率，创建具有国际水平和全球竞争力的绿色钢铁产业。中国钢铁工业必须在科学发展观的指导下，淘汰落后产能，认真进行结构调整，真正建成资源节约型和环境友好型钢铁工业，为全面建设小康社会、到21世纪中叶把中国建设成中等发达国家作出贡献！

参考文献

[1] 中国清洁发展机制网，http://www.cdm.ccchina.gov.cn.

[2] 张一鹏．低碳经济与低碳生活［J］．中外能源，2009（4）．

新型槽式太阳能集热器的中高温利用

张　华　朱跃钊　廖传华　丁杨惠勤　马　雷

（南京工业大学　江苏　南京　210009）

摘　要　采用新型导热介质，着重对槽式跟踪太阳能集热器集热性能进行了研究及分析，通过对槽式跟踪热管真空管集热器理论与试验值的比较，结果表明：利用导热油强化传热技术结合热管技术，使槽式跟踪太阳能集热器具有较高的集热效率，可产压力2MPa，温度达200℃以上的饱和蒸汽。

关键词　槽式集热器　太阳能　试验研究　中高温利用

目前太阳能利用的研究除了少量用于太阳能发电外，大部分利用都在加热方面，如供暖、提供生活用水等。现有的太阳能热水器是非聚焦型，其只能提供100℃以下的热水，而且使用范围较小，一般适用于家庭或小单元。抛物面型集热器可提供中高温热水和蒸汽，应用于建筑采暖供冷相对于非聚焦型热水器将大大提供集热效率，也可用于工业生产。研究抛物面型太阳能集热器，提高集热器集热效率，应用于大型公共建筑或社区的采暖供冷，对减少电能消耗，实现能源多样化应用具有重要意义。研究发现，太阳能空调的应用极具优势[1]：夏季太阳辐射越强、天气越热，建筑负荷越大，太阳能空调的制冷效果越好。而采用太阳能作为主要驱动能源、采用氨或水或其他自然物质作为工质的太阳能空调技术正是符合节能和环保要求的技术。一方面，使用太阳能驱动制冷空调装置以及采暖装置，可以节省对常规能源的消耗，也减轻了采用常规能源带来的对环境的压力；另一方面，采用对环境友好的工质，也消除了由于采用氟利昂等人工合成工质而引发的对地球温室效应的加剧和对大气臭氧层的破坏。

一、新型槽式集热器试验装置

槽式真空管热管集热器的试验台结构示意图如图1所示。该类型的槽式聚光集热装置与以往的聚光集热装置的主要区别在于：①采用抛物面型聚光结构，通过对聚光性能分析及聚光面的优化可很大程度地提高集热装置的集热性能和太阳能利用效率；②采用新型导热介质，可大大提高集热器的集热效果，减少太阳能传递过程中的热损失，为太阳能集热装置的优化与利用提供重要参考[2]。

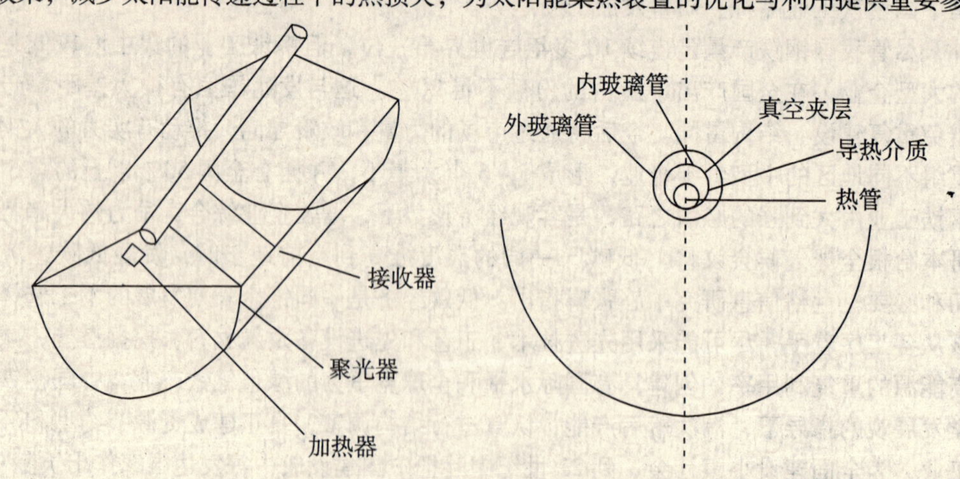

图1　槽式热管真空管集热器结构示意图

槽式热管式真空管太阳能集热器的试验测试系统如图2所示，测试过程中槽式集热器采用南北放置，即集热器集热面朝南，适当地让聚光器转轴朝南布置有一倾斜角，能够提高聚光器的光学性能[3]。水平方向上的夹角可通过手动调节集热器转轴实现，以集热器的集热面在真空管底部产生的光斑为一条直线为准，此时集热器的集热面刚好与太阳直射辐射光线处于垂直状态。真空集热管具有选择性涂层，即太阳光谱透射率高，红外光谱透射率低，从而形成温室效应[2]。

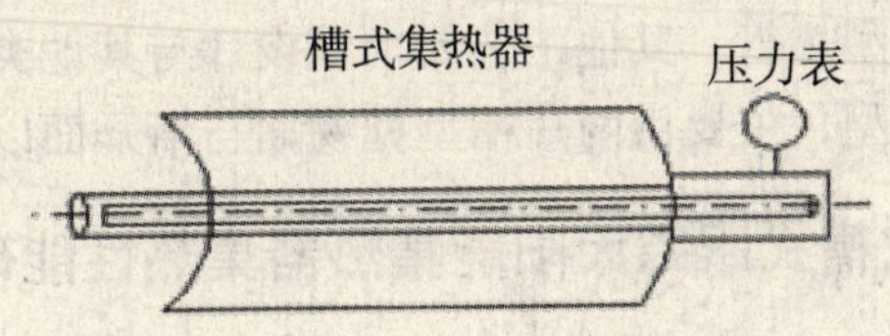

图2　槽式跟踪热管真空管太阳能集热器的试验系统示意图

二、热管及强化传热技术的应用

近年来，将热管技术与真空玻璃技术结合，应用于太阳能集热器[4]，即现在所说的太阳能真空管热管集热器，它具有热损失小、热容量小、热二极性、宽工作范围等优点，同时为了改善非聚焦型热管式真空管太阳能集热器的太阳能流辐射密度低的不足和满足中高温热源的要求。

由于工作介质与被加热的水不相通，因此承压性能好，启动快、耐冻、保温好，耐冷热冲击，运行安全可靠，易于安装维修，适用于太阳能热水系统和其他太阳能热利用系统。

太阳光一部分直接穿过真空管外管汇聚到真空管内管表面涂层上，一部分照射到聚光面上，聚光面把太阳光经过一次或多次反射透过真空管外管汇聚到真空管内管表面涂层上。真空管内管与热管间通过导热油传导热量。热管的蒸发段吸收热量后，其内部工质受热蒸发，将热量传递到热管冷凝段，再将冷凝段的热量传递给加热汽包中的工质（水），而热管内部工质此时冷凝为液体，依靠重力沿热管内壁面流回热管蒸发段[4]。通过这一过程的不断重复，就加热了集热器水夹套中的水，同时集热器不可避免地向周围散发热量损失。当水夹套中水的温度达到设定值就会自动流到到蓄热装置中，再通过一套循环装置对水夹套中的工质进行补充。

图3a～图3b结构的主要不同在于真空管内管与热管之间的连接问题，它们分别通过肋板或翅片、导热介质进行热量传递[5]。通过热力学分析很容易发现利用真空型集热器的集热效率要低，因固体与液态的导热性都要好。对两者进行比较可发现，肋板或翅片型集热器具有如下问题：①金属肋板或翅片的热胀冷缩效应，因而在设计中肋板或翅片与真空管内管之间的接触精度以及金属变形量调整等都将大大提高集热器的设计精度，提高集热器的生产与维修成本；②玻璃-金属焊接工艺对热管与真空管端口进行密封，以目前技术实现效果很差。以铜和玻璃焊接为例，若工作温度在室温与400℃之间波动，其只能使用几百次，无法长时间使用。

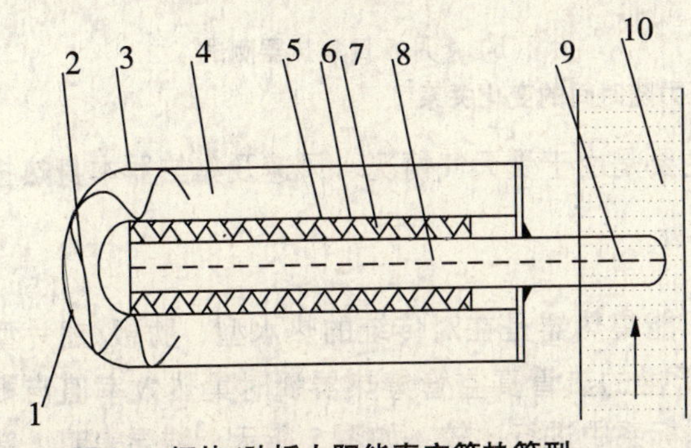

图3a　翅片/肋板太阳能真空管热管型

1. 吸气剂 2. 支撑件 3. 外玻璃管 4. 真空夹层 5. 内玻璃管 6. 涂层 7. 肋板 8. 热管 9. 热管冷凝端 10. 导热介质（水）

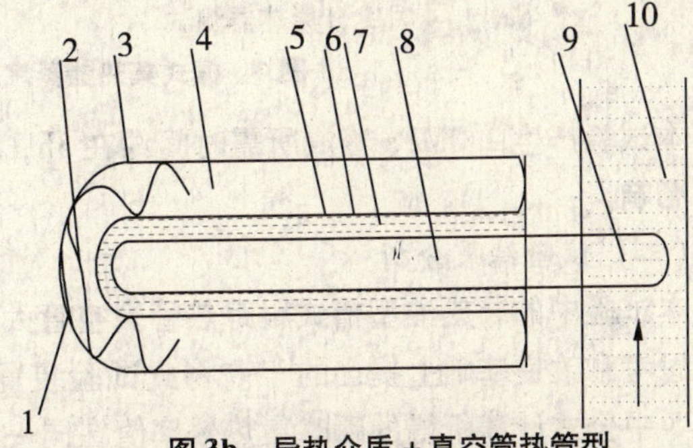

图3b　导热介质+真空管热管型

1. 吸气剂 2. 支撑件 3. 外玻璃管 4. 真空夹层 5. 内玻璃管 6. 涂层 7. 导热介质 8. 热管 9. 热管冷凝端 10. 导热介质（水）

本装置为导热介质＋热管式真空管型槽式集热器。导热介质采用导热油为材料，热管采用常用的重力型热管，其他工艺要求及设计与其他类型集热装置基本一致。槽式热管真空管集热器采用外聚焦型，主要由两片槽型抛物面与渐开面以及位于渐开线顶部的接收器两部分组成。

三、槽式跟踪太阳能集热器集热性能研究及结果分析

为了探讨新型槽式单轴跟踪太阳能集热器的综合性能及导热油对其集热效率的影响，并分析其与传统的热水型或肋板型集热装置的差异，本试验对所使用的新型槽式单轴跟踪集热器进行了理论分析和试验检验[3]。

（一）集热器出口温度的变化情况

采用压力表作为间接测温度元件时，压力表在0.1MPa以上才能显示读数，因而本试验中所获的温度值是从水被加热到100℃以上时进行计量的。图4显示了试验测得的导热油型槽式真空管热管集热器出口压力随太阳时间间隔的变化关系。从图4（a）中可以发现从试验开始至90min的时间内，图4（b）中86min之前压力没有变化，这是因为在这一时间段内，加热气包内水正处于被加热阶段，压力还没达到0.1MPa，在压力表上也就没有显示。在随后的测量时间内，由于太阳光辐射强度不断升高，集热装置的出口温度也在不断升高，这主要是因为集热器所采集的热量在不断积累，光照强度的升高，使得集热器单位时间内所获得的热量增多，集热器所产生的有用能增多，集热器出口温度上升。

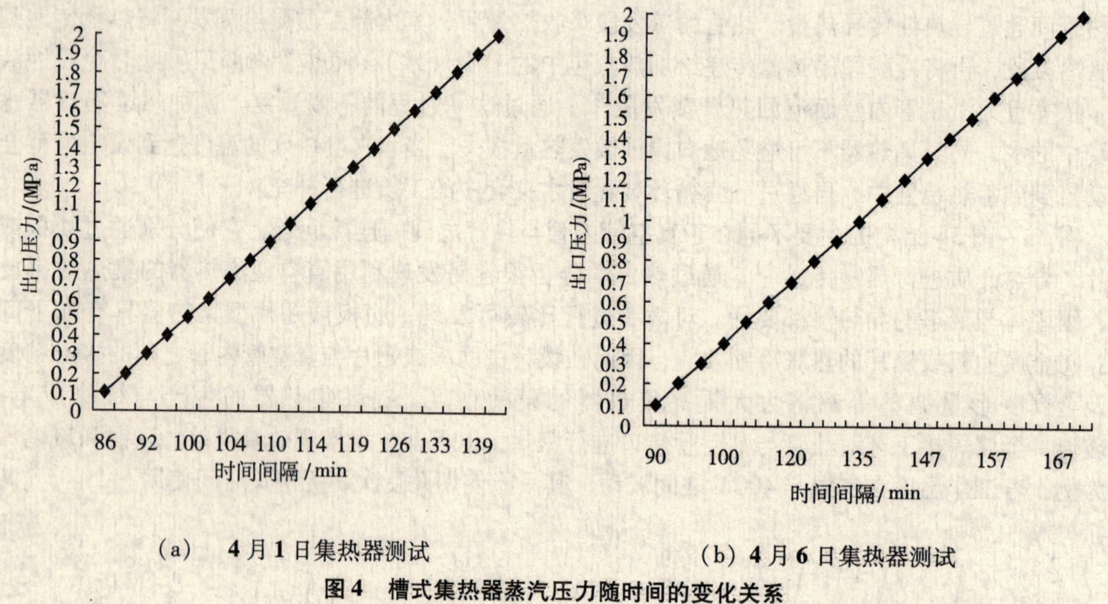

（a）　**4**月**1**日集热器测试　　　（b）**4**月**6**日集热器测试

图4　槽式集热器蒸汽压力随时间的变化关系

本试验产生2.0MPa蒸汽所需时间约在3h，主要是由于受天气情况、风速及集热器本身热损失的影响。

（二）试验结果分析

本试验中的导热油型槽式跟踪热管真空管太阳能集热器是在对传统的热水型、肋板/翅片型进行思考和改良基础上提出的[6]。将此试验装置所得的热管真空管集热器瞬时集热效率值与根据图5中公式计算所得的瞬时集热效率值在同一坐标系中进行比较，如图5所示。结果表明，新型槽式跟踪太阳能集热器瞬时集热效率理论值与实际值能够很好地吻合。

四、结　论

（1）采用导热油作为真空管内导热介质，可在很大程度上降低集热器的热损失及加工维护

成本，对于提高传统的肋板型或热水型太阳能集热器的总集热效率具有重要意义。

(2) 导热油型槽式跟踪聚焦集热器集热体结构简单、制作方便、成本低，无需肋板及翅片类跟踪聚焦集热器较高的加工精度要求，适用于诸多大型公共建筑的集中采暖与供冷系统。

(3) 该类型集热器在标准天的天气情况下经约3h的加热，可产压力2MPa的蒸汽，约212℃，这在获得高品位能方面具有重要意义。

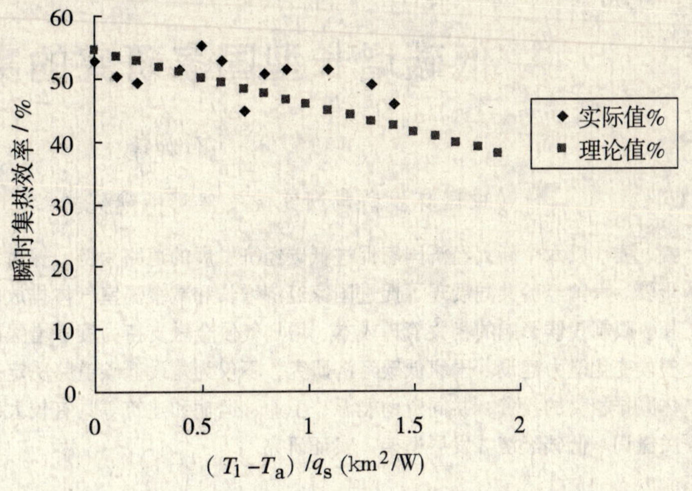

图5　槽式单轴跟踪热管式真空管集热器瞬时集热效率曲线

(4) 导热油强化传热技术及热管技术的结合，使得槽式跟踪太阳能集热器具有较高的集热效率，集热效率46%～60%，这是传统的热水型及真空管型所无法达到的。

它与传统的平板式太阳能集热器相比，能够获得更高的热源温度，具有更高的集热效率，可用于大型公共建筑的集中供能和工业生产的热利用，而且该系统与建筑的一体化[7]，不仅能够最有效地进行集热，同时还可以从建筑设计的角度充分满足艺术要求，实现太阳能与建筑结构的有效结合，并可广泛应用于工业、农业等各大领域。

参考文献

[1] 旷玉辉，王如竹．太阳能热利用技术在我国建筑节能中的应用与展望［J］．制冷与空调，2001，1（4）：27－34.

[2] 徐吉富．太阳能与生物质能耦合供能系统中关键技术的试验研究［D］．南京：南京工业大学，2008.

[3] Riffat S B, Zhao X, Doherty P S. Developing a theoretical model to investigate thermal performance of a thin membrane heat－pipe solar collector［J］. Applied Thermal Engineering, 2005, 25（5－6）：899－915.

[4] 赵玉兰．CPC热管式真空管太阳能集热器传热特性的研究［D］．南京：南京工业大学，2006.

[5] 徐丽霜，李明，魏生贤．太阳能槽式聚光反射镜自动跟踪装置［J］．云南师范大学学报，2006，26（1）：30－33.

[6] 朱跃钊，蒋金柱．槽式聚光型热管式太阳能锅炉装置［P］．中国：200610040139.4，2007－11－14.

[7] 张军杰，高辉，刘元琦．住宅建筑太阳能一体化构造设计［D］．天津：天津大学，2006.

低碳增长型国家研究的实证分析

付加锋

（中国环境科学研究院气候影响研究中心　北京　100012）

摘　要　以六个新兴经济国家促进低碳经济发展的道路为例，探讨了构建低碳增长型国家研究的一般步骤。六国经验共同展现了促进国家经济增长和减缓温室气体排放的收益，表现在可持续性的低碳增长、限制气候影响的相关管理成本、增加气候金融支持力度、增强国家绿色竞争力以及利于区域应对气候变化能力建设。国家低碳经济研究，不仅为建设低碳道路奠定基础，而且进一步带动了与温室气体减排相关的投资，共同资助能源、工业、运输和建筑等具有较大碳减排潜力的部门。

关键词　低碳经济　发展框架　实证研究

在低碳经济发展热潮中，六个新兴的经济国家（巴西、中国、印度、印度尼西亚、墨西哥和南非）正积极寻求低碳发展的机遇，确定相关金融、技术和政策要求，探索低碳增长道路。在相关管理项目支持下，六国政府已经启动了针对性具体研究，借以评估低碳经济发展目标和发展重点，以及温室气体（GHG）减排的可能性，并研究低碳增长的成本和效益。本文基于上述国家促进低碳经济发展的共同经验，探讨构建低碳增长型国家的一般步骤，为国家低碳经济发展的规划和政策框架体系提供服务。

一、国家低碳研究的努力与效果

自“低碳经济”概念提出后，已引进国际社会的普遍关注，许多国家高度重视并采取措施使低碳经济的共识纳入决策之中。上述新兴六国为避免较高的未来成本，纷纷进行研究和采取措施促进国家低碳经济的发展，以确保能源安全和避免被锁定在碳密集型投资中。巴西使用详细的部门研究方法，跨部门和公共领域内的信息共享得到提高，技术研究团体、相应政府部门和机构之间的联系更加紧密，技术效果已经明显显现。中国在可再生能源发展和能源效率的提高方面为低碳增长提供了政策支持。印度虽然能源强度和碳排放强度相对较低，且人均排放量属世界较低水平，但在减少输变电损失、改造或关闭低效率的燃煤发电厂、强制实施家用电器能源效率标准、提高车辆的燃油效率以及减少对私人运输的依赖等方面取得的减排效果仍非常可观。印度尼西亚的研究提供了关于加速向低碳经济转变的财政和金融政策工具，以及税收和消费政策的信息。墨西哥提供了一个关于预期低碳经济的知识体系、具体的低碳项目和持续的政策改革，热电联产和工业能源效率的提高促进了能源节约，同时也加强了林业部门的减排潜力开发。南非为促进低碳发展提出了长期减排方案，为提高能源效率和需求管理营造了适宜环境。

经过最近两年的研究与发展，六国构建低碳增长型国家的举措产生的效果不断显现。在可再生能源、能源效率、土地利用、交通运输、财政金融、政策和能力建设方面采取了一定措施，并呈现了良好的效果。具体如表 1 所示。

二、构建低碳增长型国家的一般步骤

综述六国在促进低碳经济发展过程中的研究经验，形成了建立低碳增长型国家的一般研究步骤，以及在此基础上形成的国家温室气体排放和减排成本非常有用的知识和数据组。图 1 阐明了低碳增长国家研究过程框架和温室气体排放选择综合评估的步骤，强调了在研究过程中与利益相关方保持持续沟通的重要性。

表1　六国构建低碳增长型国家研究措施及效果

主题	显现的效果
可再生能源	可再生能源对促进低碳发展具有极大潜力。印度大规模扩大太阳能比例，大力提升可再生能源比例；墨西哥已在风力发电部门进行了可观投入；巴西的乙醇出口促进了碳的减排；中国力求在2008—2020年期间将可再生能源比例从8%扩大到15%，在水电、风电、太阳能方面具有较大的开发潜力；南非力求在2050年之前实现电力部门的无碳化，并已采取措施扩大可再生能源比例，政府目标是到2013年，4%的电力需求由可再生能源资源满足，此外，南非支持可再生能源的上网电价制度
能源效率与能效管理	所有国家均具有提高能源供应和需求效率的极大潜力，并且经济可行。墨西哥认为提高能源效率是一项比投资建设新的发电能力更便宜的选择，并且管理居民和非居民需求具有潜在的净效益；在中国，改善后的电力输送可以减少对中小型热力发电的需求；印度通过减少输变电损失使对供应方能源效率的管理取得了重大成就，强制性的能源标准大幅节省了居民和非居民建筑部分的用电。印度尼西亚采用财政激励机制支持重点行业提高设备能源效率
土地利用变化	提高农业生产力和畜牧管理的措施促使巴西减少森林采伐。墨西哥的林业部门具有尚待开发的减排潜力；印度尼西亚采取可持续的林业经营和财政管理机制，减少了森林采伐和土地退化，以避免碳汇的流失
交通运输	交通运输部门具有低成本减排潜力，并且可以通过多种措施实现减排，例如改进运输规划和交通需求管理（印度尼西亚）、发展并优化城市公共交通（中国、印度、墨西哥）、改善汽车保养并/或提高燃料效率标准（印度、印度尼西亚、中国），并引入相关服务，例如快速公交（墨西哥、中国）
政策执行	支持低碳发展道路的政策措施是贯穿低碳增长型国家研究的共同主题。中国从价格、财政和市场机制监督方面支持，以鼓励“绿色”技术的创新、生产和出口；南非实施“国家能源效率战略”；印度尼西亚将气候问题整合到国家发展规划，开发减少制造业排放的方法，确定电力和化石燃料价格调整；墨西哥强制执行能源效率标准和协调政府跨部门效率管理方法
财政金融	所有国家在低碳发展的财政金融政策方面既是一种挑战，也是一次机遇。例如，为考察能源效率的金融机制，支持南非在2015年之前能源效率提高15%的资金支持是一项巨大的挑战，技术支持通过研究提供；相反，印度尼西亚将减少森林采伐视为一项林业部门的金融刺激和林业部门低碳发展的一次机遇
能力建设	为支持技术、跨部门政策分析和政策执行，能力建设和知识转移的需求巨大。印度需要新的从下至上的规划工具（以持续评估减排潜力）开发方面的支持。南非需要加强以执行能源效率为目标的现有机构或建设新机构方面的支持。印度尼西亚需要政策开发方面的支持，印度尼西亚政策开发希望将环境和气候变化问题整合到年度工作计划、预算和中期开发过程中

（一）支持国家目标

低碳增长型国家研究是政策制定者和其他利益相关方就低碳发展道路建立共识的一个过程。国家经济发展重点和目标将决定以所有排放部门和利益区域为研究对象。通过确定减排的可能性、减排成本和减排效益，应用于部门规划，为适用政策提供支持。研究通过技术、金融和能力建设吸引新的资源，以降低低碳增长增加的成本。这一步骤既为适宜的全国减排行动提供了基础，也为测量、报告和核查温室气体排放提供了框架。

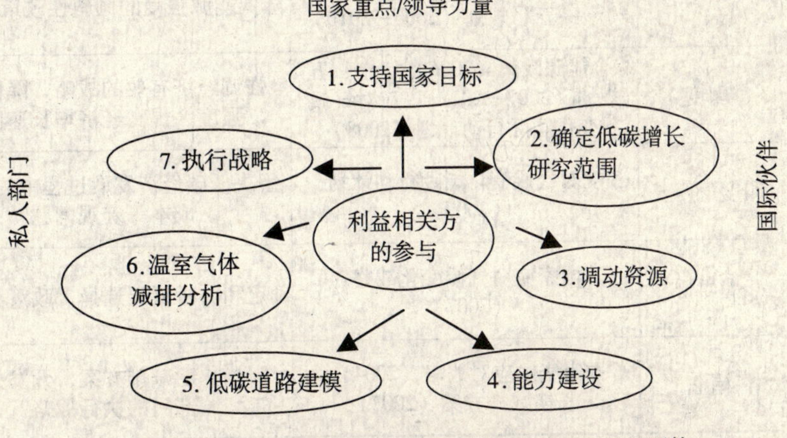

图1　低碳增长型国家研究框架

但是，由于各国的研究过程由国家政府和当地的利益相关方决定，并且是建立在本国经济基础之上。从而使得国家政策、经济增长和温室气体减排间的巨大差异影响了各国的研究范围和幅度。

（二）确定低碳增长研究范围

1. 建立具有号召力的管理体制

随着国家对减排机会和相关金融、技术和政策要求的探索，国家级的协调管理机构作为研究成败的关键因素的作用开始显现。来自规划委员会、财政部、环境部、外事部等的代表成为研究过程的焦点，并且提供了一个与国内的协调机构连接的平台（表2）。

表2　低碳增长国家研究的国家参与机构

国家	领导机构	协调机构
巴西	外事部、环境部、科技部	气候变化部际委员会（1999）
中国	国家发展和改革委员会	应对气候变化司
印度	规划委员会、环境和林业部、能源部	气候变化总理委员会（2007）
印度尼西亚	财政部、国家气候变化委员会	国家气候变化委员会（2008）
墨西哥	能源、环境和财政部际委员会	环境变化秘书处兼委员会（2005）
南非	环境和旅游部、能源部、Eskom、国家能源效率机构	环境和旅游部

2. 使研究范围和目的与国家气候变化政策一致

根据气候变化研究进展、经济增长和行业发展等国家政策文件确定研究目的和范围，并通过低碳增长对话展开应对气候变化以及相关部门和跨部门温室气体减排活动。跨部门分析包括能源、工业过程和产品使用、交通运输、土地利用变化和废弃物管理等过程，虽然这一过程很难，但对综合评估温室气体减排潜力至关重要（表3）。

表3　低碳增长国家研究范围和重点

国别	国家政策文件	低碳增长国家研究的范围	研究重点
巴西	气候变化国家规划（2008）	评估发展过程中碳减排潜力	土地利用变化
中国	国家气候变化规划（2007）；“十一五”规划（2006—2010）	降低能源强度的倾斜性政策/战略	可再生能源和能源效率
印度	综合能源政策（2006）；“十一五”规划（2007—2012）；应对气候变化国际行动计划（2008）	强调经济有效的战略，降低碳强度、提高经济增长速度	对具体部门自下而上建模，以及能力建设
印度尼西亚	应对气候变化国际行动计划（2007）	解决低碳经济发展过程中的经济成本等宏观问题	发展战略选择
墨西哥	国家应对气候变化战略（2007）	确定和分析低碳选择、政策和战略	综合低碳项目
南非	国家气候应对战略（2004）；长期减排方案（2007）	审核长期减排方案，开发关键部门的执行战略	能源效率的提升

3. 规划初期的关键利益方合作

研究中的政府部门利益方包括能源部、环境部、工业部和财政部等一线政府部门，以及其他负责温室气体排放部门的机构。公共和私人机构、民间的领导者和推进经济跨部门行动的团体也会参与研究过程，同时非政府组织和各种媒体也支持与参与针对气候变化的综合应对行动。相关方的早期参与主要包括研究目的、目标和成功标准；可以利用的国家经验，以及实现研究目标所需的国际投入；时间框架和研究边界；基础和参考开发方案假设；分析的目标部门（一般涉及能源、运输、工业、林业、土地使用和居民中的部分或全部部门）；人力、财政和技术资源需求。因此，为了保持交流、展示初步的成果，并获得反馈，定期召开有政府相关人员参与的会议是非常重要的。

（三）调动资源

1. 确定时间需求

研究过程鼓励各方参与，尽管时间成本具有一定的负面影响，但能充分保证重要利益相关方的参与，建立透明的可持续研究过程等。例如，墨西哥研究的第一年集中在寻求研究目的和范围的共识、组建研究成员上；第二年的时间集中在研究分析和成果交付上。而巴西和印度分别投入了大量时间制作土地使用和能源规划分析模型。很多研究的众多基金流管理和复杂的研究管理、报告和交付等也需要额外时间。

2. 打造强势小组

收集数据、进行分析，保持利益相关方在整个过程和执行中的参与，这对于小组组成非常重要，也是研究取得令人满意的成果展现、剖析国际差距的重要环节。印度政府利用国际经验补充了当时的低碳增长评估方法。巴西政府非常重视专家才能的发挥。研究小组主要由跨部门的当地专家组成，相互协调，整合成果。

（四）能力建设

能力建设主要指建立跨部门的组织能力建设，跨部门沟通为低碳增长综合研究提供了支持。在构建低碳增长型国家研究中，政府部门、公共部门和其他机构等相关方寻求技术和战略方面的合作，以便就低碳政策和减排战略进行跨部门、超越传统边界的对话与思考。小组成员、政府部门、专家和利益相关方之间定期进行的有组织的互动和为跨部门讨论提供的研讨会和会议促进了这样的能力建设需求。这样，低碳增长研究将对气候变化的讨论从一个部门扩展到政府的其他部分，尤其是财政部门和碳减排与碳捕获潜力巨大的部门。地区和国际会议进一步促使全球经验分享，例如，巴西参与了南非长期减排方案的同行评审，印度尼西亚和巴西采用了印度的运输规划模型。双边和多边机构组织和赞助了气候培训和技术合作。

（五）低碳经济评价建模

为综合反映低碳经济发展状态，需要对其进行定量分析，开发或引用相关低碳发展和排放模型，具体包括四个步骤：设计低碳发展情景、界定和量化低碳指标、评价低碳发展成本、确立低碳发展方案。这四步的背后是一系列反映不同研究目标的假设、部门分析或建模方法，以及低碳建模的基准日期和目标日期。多数国家研究开发了本国的基准和低碳增长方案，并选用具有国际通用性、适合部门需求和国家目标的建模工具。根据部门研究范围和资源数据的可获得性，案例中六国选择了不同的建模工具（表4）。

表4　低碳增长国家研究的模型选择

国家	模　型	制作者	评　论
巴西	专为土地使用、土地使用变化和林业部门设计的局部均衡和宏观经济模型	由研究小组制作	能源、运输和废物部门采用的其他现有模型
中国	引用 CGE 和 AIM 模型	由研究小组制作	侧重能源部门碳排放分析
印度	基于 Excel/Visual Basic 开发设计的模型	由研究小组制作	低成本持续使用、更新和预测简易
印度尼西亚	在现有的 CGE 建模工作上进行	使用现有模型	

国家	模 型	制作者	评 论
墨西哥	LEAP－斯德哥尔摩环境研究院为长期能源替代规划制定的投入/产出、自下而上的模型	使用现有模型	将 LEAP 的结果整合到墨西哥 CGE 模型中
南非	以国家能源模型 Markal 框架为基础	由研究小组制作	分析国家温室其他排放的含义

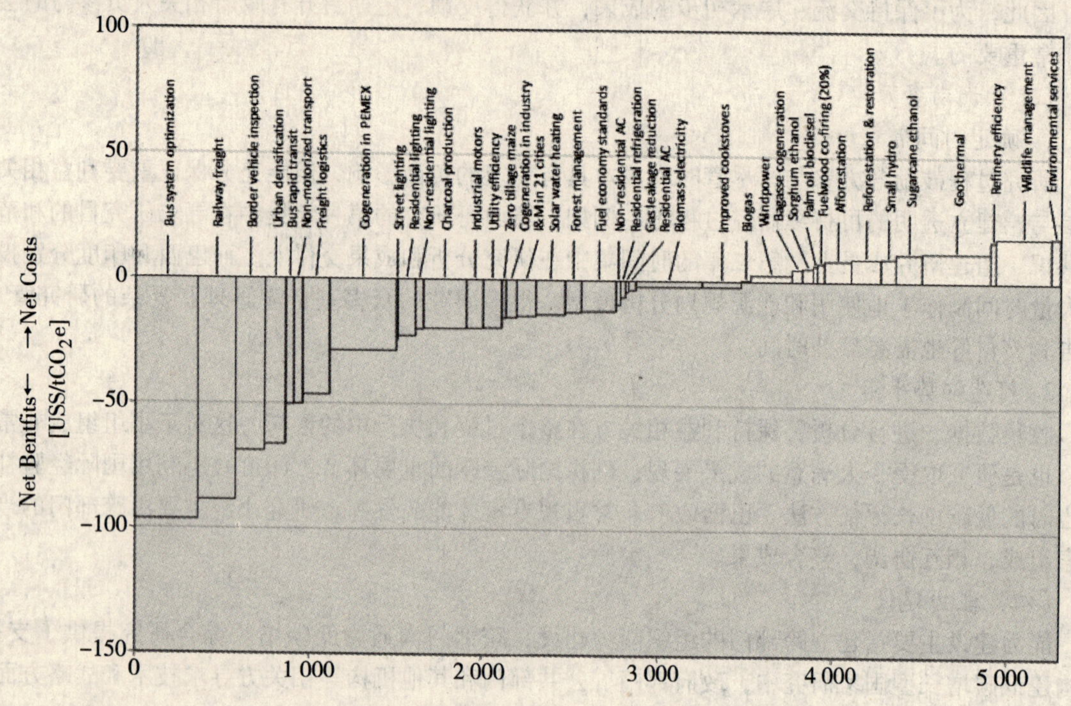

图 2　墨西哥低碳增长研究中的边际减排成本曲线

（六）温室气体减排分析

根据建模结果，进行成本效益/敏感性分析，以此确定重点减排措施。对 CO_2 减排潜力和执行成本的分析，多数研究均采用了边际减排成本曲线［绘出 CO_2 减排潜力和减排成本（美元/tCO_2）］帮助确定重点减排措施的选择（图 2）。该方法的主要局限是只关注技术成本，而对其他执行成本的分析，例如制定政策和监管措施、处理执行障碍，以及金融激励措施，需要通过市场体制改革和政策框架进行必要的补充。

（七）执行低碳发展战略

在上述确立低碳发展方案基础上，需要建立推动低碳发展的执行机制。各国面临的主要挑战是如何建立跨部门的制度框架和政策规定，如何提供前期费用，以及建立其他部门的参与机制。

1. 营造有利的环境

向低碳经济转型需要制定新政策或修改现有政策，以加速推动低碳战略执行。为完善执行战略、计划和相关措施安排，需要政府政策提供有力支持，以便营造良好环境。随着其他研究进入执行阶段，对政策和监管措施以及执行制度安排、能力建设和财政金融机制等的需求会不断增加。

2. 评估财政需求

诸多低碳措施具有正效益，但巨大的前期投资仍需要雄厚的财力支持。多数研究都将额外投资需求与国家投资计划进行对比，凸显了增加公共和私人投资的重要性。研究发现，私人投资对运输、工业和电力等部门尤其重要。

3. 建立执行伙伴关系

低碳研究的参与制有助于建立国家和国际伙伴关系，促进国家和国际合作，推进政策实施，以及应对执行挑战和资金约束。参与制可以推动与面临类似挑战和资源约束的其他新兴国家的知识交流。例如，中国、印度和南非三国均严重依赖煤炭，三国都需要通过低碳道路，执行大规模的新能源扩张战略。南非相关咨询机构将协助政府制订重点减排措施的部门执行计划，例如能源效率标准服务方法，作为低碳研究的一项增值内容。

三、结论与启示

通过对六国构建低碳增长型国家的研究，可以看出，所有六个国家都存在低碳经济发展的机遇，在电力、交通、农林牧业、工业等部门都具有可观的温室气体减排潜力。基于具体国家的研究有助于确定全球建模工作中可能忽视的低成本减排措施选择。但减排战略执行面临着能力、市场和制度性障碍，要充分重视来自不同部门（包括公共和私人部门、学术界和民间团体）的利益相关方。保证低碳发展可持续性和国际合作的支持。

虽然各国之间的温室气体减排潜力大不相同，但是低碳发展的现有国家研究凸显出了较为普遍的经验可以借鉴，包括完善低碳经济评估步骤，促进跨部门合作，选择低碳经济研究方法，加强能力建设与投资，保证低碳经济研究的可持续性。

参考文献

[1] World Bank. Low Carbon Growth Country Studies: Emerging Lessons and Results. Washington, DC, 2009 - 09 - 10.

[2] World Bank. Low Carbon Development for Mexico. Washington, DC, 2009.

[3] World Bank. Low Carbon Growth Planning: Issues & Challenges. Washington, DC, 2009 - 09 - 10.

[4] World Bank. Low Carbon Growth Country Studies Program: Mitigation climate change through development. Washington, DC, 2009 - 09 - 10.

[5] 付加锋．低碳经济的概念辨识及衡量指标体系 [J]．研究与发展，2009（6）．

[6] 国家发改委能源所．中国 2050 年低碳发展之路：能源需求及碳排放情景分析 [M]．北京：科学出版社，2009.

新能源光伏产业的示范效应分析与发展对策
——以保定英利新能源有限公司为例

王　军[1]　陈龙珠[1]　崔秀丽[2]　张国锋[2]

（1. 河北农业大学商学院　河北　保定　071001；2. 保定市环保局　保定　071000）

摘　要　发展新能源光伏产业是缓解全球变暖和发展低碳经济的重要途径，新能源光伏产业具有较强的示范效应，表现为：提高企业的生态效率，产业的贡献率、关联程度、社会贡献率、资本产出率、劳动生产率、新产品产值率，本文通过对保定英利新能源有限公司的调研，借鉴保定市政府在推动新能源产业的一些措施，针对我国新能源光伏产业存在的主要问题，提出了以下对策：政府引导，加大政策、技术和人才支持；改变观念、使新能源产品进入生产和生活；提高生态效率、促进企业节能减排；明确思路、谋求产业群系统发展；优化环境、扩大融资和适度发展。

关键词　示范效应　新能源光伏产业　保定英利公司

新能源产业指从事开发利用或正在积极研究、有待推广的能源，如太阳能、地热能、风能、海洋能、生物质能和核聚变能的企业。光伏发电以其无污染、无排放、无噪声等优点，成为最具可持续发展特征的可再生能源技术。光伏电池包括晶体硅太阳能电池、薄膜太阳能电池和其他特种太阳能电池（比如多结聚光电池）3 类。近 10 年来，面对日益突出的能源危机[1]，新能源产业以平均每年 30% 以上的速度增长。目前，光伏产业在我国强大的财政补贴支持下发展迅速[2]。随着光电转换效率日渐提高，新一代太阳能电池涌现，生产和应用成本大幅度降低，光伏发电正从补充性新能源向替代性新能源转变。而光伏产业作为新兴产业以何种规模和速度发展成为主导或支柱产业，对区域产业结构如何产生何种作用，会有何产业效应，政策支持到何种力度，对其研究具有重要意义。

一、新能源产业的示范效应

（一）产业示范效应的内涵

示范效应是指某企业的生产经营运行的经济模式、运行机制、管理模式等能被其他企业效仿，并带动其他企业提高收益作用，对经济和社会发展产生积极影响力的过程。示范内容包括企业的体制、组织管理模式、财务管理模式和经济效益等。本文认为示范效应的基本内容是企业的生态效率、贡献率、产业的关联程度、社会贡献率、资本产出率、劳动生产率和新产品产值率。

示范效应指的是新能源产业所能产生的一种带动和影响作用，对经济和社会发展的影响力。扩散效应的带动原理在于：第一，投入效应，主导产业高速增长，对各种要素产生新的投入要求，从而刺激这些投入品的发展；第二，旁侧效应，主导产业的兴起会影响当地经济、社会的发展，如制度建设、国民经济结构、基础设施、人口素质等；第三，前向效应，主导产业能够诱发新的经济活动或派生新的产业部门，甚至为下一个重要的主导产业建立起新的平台。新能源产业具有强大的扩散效应而促使其迅速成为主导产业。

（二）产业示范效应的计算

1. 示范效应应体现企业的生态效率

生态效率是指经济社会发展的价值量（GDP 总量）和资源环境消耗的实物量比值，它表示经济增长与环境压力的分离关系。

计算公式：生态效率（资源生产率）＝经济社会发展（价值量）/ 资源环境消耗（实物量）

生态效率反映经济发展与资源消耗和环境影响的指标：单位能耗的 GDP[2]（能源生产力）、

单位土地的GDP（土地生产力）、单位水耗的GDP（水生产力）和单位物耗的GDP（物质生产力）；而与环境生产率相关的指标是：单位废水的GDP（废水排放生产力）、单位废气的GDP（废气排放生产力）和单位固体废物的GDP（固废排放生产力）。

2. 示范效应应体现贡献率

贡献率可以分析某企业在其领域产生的影响。贡献率是分析经济效益的一个指标，它是有效或有用成果数量与资源消耗及占用量之比，即产出量与投入量之比或所得量与所费量之比。

贡献率（%）＝贡献量（产出量，所得量）/投入量（消耗量，占用量）×100%

3. 示范效应应体现产业的关联程度

关联效应是指当某一产业的生产活动发生变化时，就会通过“前向关联”和“后向关联”影响其他产业部门。产业链越长表明影响越大，产业链越短则影响越小。

产业关联的种类：

按产业间供给与需求联系分：前向关联和后向关联。

按产业间技术工艺的方向和特点分：单向关联和多项循环关联。

按产业间的依赖程度分：直接联系和间接联系。

关联效应可以采用乘数效应来体现。乘数效应是一个变量的变化以乘数加速度方式引起最终量的增加，每年以同等的产销率销售自己的产品，经过一段时间的连续产销过程之后，累计总额达到初始投资的数倍。

产销率：$m = \Delta S/\Delta P$（ΔP 为产生新增全部产品，ΔS 为新增全部产品销售出产品）

投资乘数：$K = \Delta GSP/\Delta I$ 或 $\Delta GSP = \Delta I \cdot K$（$\Delta I$ 为新增投资，ΔGSP 为新增产品销售量）

投资乘数越大，关联效应就越大，反之则投资乘数越小。

4. 示范效应应体现社会贡献率

某企业发展效益对社会的贡献即每增加一产值，对职工的就业人数、工资的变化的影响。企业解决就业的能力收入效应越强则示范性就越大。

每产值增加人数＝年员工增加人数/年销售产值增长率

每产值增加工资＝年工资增长额/年销售产值增长率

5. 示范效应应体现资本产出率

资本产出率即投入单位资本能够得到的产出额，这里产出额用总产值表示。其计算公式为：

某行业资本产出率＝该行业总产值（元）/该行业实收资本（元）×100%

与处于同一发展阶段的其他行业相比，主导行业应具有较高的资本产出率，以保证其有较快的增长速度，尽快发展成为优势行业。

6. 示范效应应体现劳动生产率

与处于同一发展阶段的其他行业相比，主导行业也应具有较高的劳动生产率，其计算公式为：

某行业劳动生产率＝该行业营业收入（千元）/该行业从业人数（人）

7. 示范效应应体现新产品产值率

新产品是行业发展、销售增长的动力源，是企业活力和竞争力的体现。计算公式为：

某行业新产品产值率＝（该行业新产品产值/该行业总产值）×100%

二、以保定英利新能源有限公司为例的示范效应与分析

保定中国电谷、国家新能源产业基地品牌的重点企业——保定市英利新能源有限公司是国内唯一具有完整产业链的多晶硅太阳能光伏产品生产企业，产品和服务涵盖了从多晶硅铸锭、硅片、光伏电池片、光伏电池组件的生产到系统安装的整个光伏行业产业链。为德国、西班牙等世界多个市场的光伏系统集成安装商和经销商提供高品质的光伏组件产品。企业发展比较迅速，在

保定市工业中的比重迅速增加，见表 1。

表 1 英利公司总产值与保定市工业总产值 2003—2006 年关系表

年份	2003	2004	2005	2006
英利公司/亿元	0. 1	1. 24	5. 3	20
保定市/亿元	374. 43	459. 36	435. 55	493. 44
比率/%	0. 03	0. 27	1. 22	4. 05

资料来源：河北省统计局，http：//www. hetj. gov. cn/col1/col69/index. html1？id = 69。

（一）保定英利新能源有限公司的贡献率计算

企业内部贡献率（%）= 总产值/初始投入成本

表 2 英利公司内部 2003—2006 年贡献率表

年份	2003	2004	2006
总产值	1000 万元	1. 24 亿元	20 亿元
初始投入成本	1. 57 亿元	4 亿元	33 亿元
贡献率/%	6. 3	31	60. 6

资料来源：根据实地调查和英利公司财务报表的素材。

从表 2 中的数据变化趋势分析，企业贡献率在几年间成倍地增长，为新能源产业自身的发展带来了巨大的经济效益。从表 1 中英利公司总产值占保定市工业总产值的比率来看，也呈明显的上升趋势，说明新能源产业对保定地区经济的增长具有一定的带动作用。

（二）英利公司的关联程度

英利公司采用垂直整合业务模式，其产品与服务覆盖了从多晶硅锭、硅片、电池、组件制造到光伏系统及光伏系统整合的整个光伏行业价值链，见图 1。

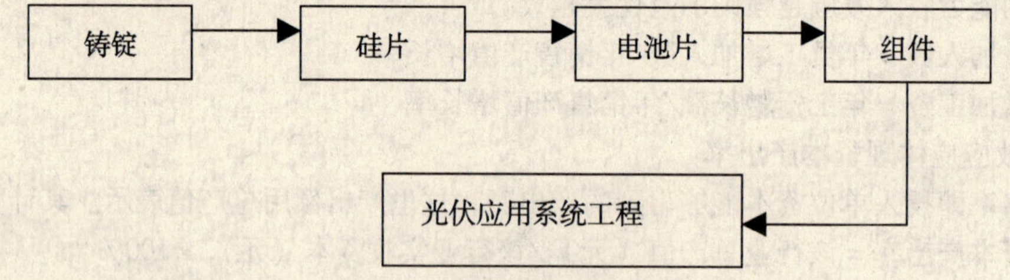

图 1 英利公司生产链图

资料来源：http：//www. yinglisolar. com。

英利集团正在建设六九硅业，此项目是主要生产高纯多晶硅原材料，解决进口原料问题，加强产业一体化。当建成使用后，其产业链将扩展到 6 个环节，它们分别是硅料、多晶硅锭、硅片、电池、组件制造和光伏应用系统。英利以向德国、西班牙、意大利等地的系统集成商与经销商销售太阳能组件。

表 3 英利公司 2004—2008 年新增产销量表 单位：MW

年份	2004	2005	2006	2007	2008
新增产出产品数量（ΔP）	4. 5	8	43	90	135
新增售出产品数量（ΔS）	4. 5	8	43	90	135
产销率/%	100	100	100	100	100

资料来源：英利公司财务资料。

从表3中的产销率结果来看，英利公司处于供不应求的状态，证明新能源市场的潜力是无限的，它所带来的投资乘数效应很大。

（三）英利公司的生态效率

英利公司具有废水回收系统：其设计处理量120m³/h，设计出水量：80m³/h（见图2）。

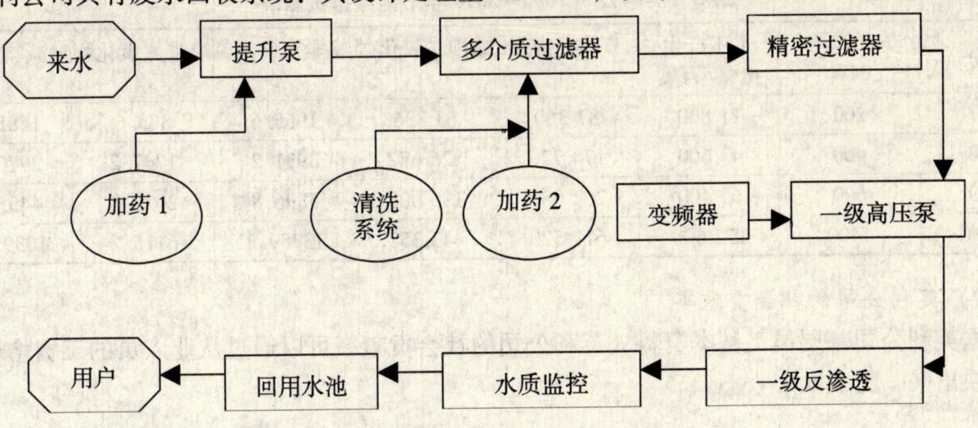

图2 废水回用系统流程图（资料来源：英利公司废水回收资料表）

经处理后达到纯水站一级反渗透的标准，纯水制备的自来水利用率高达75%，该套系统每年减少自来水用量约为64万t。中水回用系统：设计处理量40m³/h，设计出水量：30m³/h。该系统每年减少废水排放量24万t，见图3。

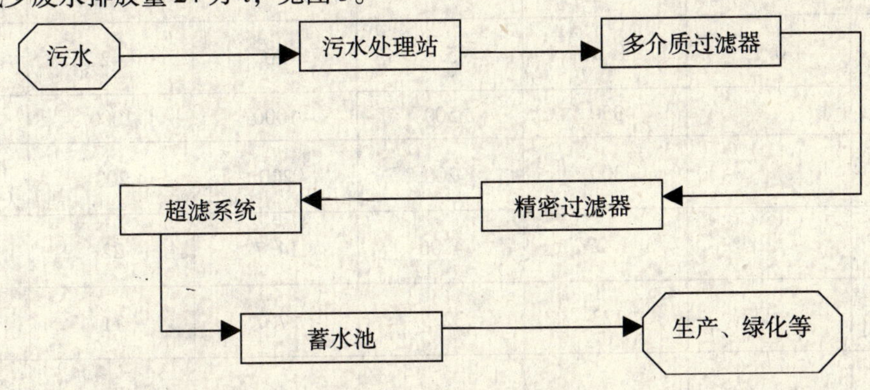

图3 中水处理系统流程图（资料来源：英利公司中水回收资料表）

英利公司通过采用新生产设备，实施多种节水、节电措施，其单位产品耗水、耗电量明显下降。

表4 英利公司2006—2008年水电耗用表

年份	组件产量/（MW）	总用水量/t	总用电量/（kWh）	单位产量水消耗/（t/kW组件）	单位产量电消耗/（kWh/kW组件）
2006	54.88	460 352	7 6035 160	8.388	552.04
2007	145.98	921 445	76 035 160	6.312	520.83
2008	291.72	1 304 506	145 920 918	4.472	500.2

资料来源：英利公司水电耗用资料表。

从表4的单位用量来看，水消耗、电消耗逐年呈下降趋势，证明在水循环回收利用和用电设备改进等方面颇有成效，不但达到环保要求而且也为企业减少资金的浪费。从表5看出英利公司每年在节能减排方面的贡献巨大，不仅为城市供应大量绿色能源，同时也为城市的环保绿化作出巨大的贡献。

表5 英利公司2006—2010年节能减排贡献表

年份	英利能源/MW	每年产生电量/万度	节约标准煤/t	减排二氧化碳/t	减排二氧化硫/t	减排氮氧化物/t	减排烟尘/t
2007	200	21 800	87 360	63 336	1965.6	873.6	1485.12
2008	400	43 600	174 720	126 672	3931.2	1747.2	2970.24
2009	600	65 400	262 080	190 008	5896.8	2620.8	4455.36
2010	1400	152 600	611 520	443 352	13759.2	6115.2	10395.84

（四）英利公司的社会贡献率

根据英利公司基层员工基本资料，英利公司的社会贡献率可以通过从业人员的工资增长率等指标反映出来，见表6。

表6 英利公司基本情况表

年份	2003	2004	2005	2006	2007	2008
基层从业人员人数/人	150	500	1000	2000	3000	4500
基层员工工资范围/元	600～800	800～1200	1000～1400	1200～1600	1400～1800	1600～2000
销售产值/亿元	0.1	1.24	5.3	20	42	85
增长人数/人		350	500	1000	1000	1500
工资增长额/元		300	200	200	200	200
销售产值增长额/亿元		1.23	4.06	14.7	22	43
销售产值增长率（10个百分点）		123	32.7	27.7	11	10.2
人/单位产值增长率		2	15	36	90	147
元/单位产值增长率		2.4	6.1	7.2	18.2	19.6

资料来源：英利公司员工基本情况调查表。

从表6中看出，2005年单位产值增长人数为2004年的7.5倍，2005年的单位产值增长人数为2004年的18倍，2007年则是其45倍到2008年单位产值增长人数高达2004年的73.5倍，产值每增长10个百分点就业人数增长幅度翻倍的增加，由此可以看出，新能源企业发展迅速，对人员需求量大，从而大幅度提高就业人数，缓解就业压力。从2005年到2008年各年单位产值工资增长额度分别是2004年的2.5倍、3倍、7.6倍、8.2倍，工资这种一直呈现上升的利好趋势，新能源企业在社会贡献非常显著。

三、推动新能源光伏产业示范效应的对策建议

（一）政府支持、扩大融资、推动企业集团化、园区化和产学研一体化

省、市级政府应积极为新能源产业争取国家财政性投入扶持和企业大力发展上市融资的同

时，积极发行新能源企业债券等金融衍生品，吸纳社会资金参与新能源重点工程项目。扩大以核心技术研发为核心的匹配的龙头企业生产规模，发展配套企业，延伸产业链，推动集团化发展。拓展新能源龙头企业及其产业链上的其他低碳型配套产业布局集中，形成低碳产业经济区。在低碳经济区内还可开发特色工业旅游项目带动服务业发展吸纳更多的就业岗位。采取财政补贴方式扩大节能产品的开发利用，增强自主研发低碳技术、开发低碳产品的水平。鼓励国内外与当地高校及研究机构合作，进行低碳技术和科研交流，发展职业教育，培养低碳经济复合型人才，提升产学研一体化，提升产业核心竞争力。

（二）实施财政补贴，使新能源产品进入生产和生活

政府采取新能源生产消费补贴政策，提升低碳产业在产业结构中的比重，推动清洁生产和循环经济的技术改造。建立低碳经济教育基地，鼓励居民参观低碳工业园区，大力宣传低碳经济政策和常识。大力提倡乘公车、自行车、步行方式出行。建设低碳示范企业、低碳酒店（例如保定市锦江国际光伏大厦）、低碳示范小区，引导低碳产品的消费理念，提高新能源产品在城市基础设施中的应用和普及率[5]。例如保定市打造“太阳能之城”工程，城区的八大中心广场、公园，两段主干街道，19个居民社区已经用上太阳能光电照明，此外交通信号灯、临街建筑轮廓亮化照明和部分小街巷路灯照明的太阳能改造工程也正在全速推进。

（三）促进企业节能减排，提高生态效率

太阳能光伏产业在生产过程中工艺有一定的污染，为提高清洁生产和产业循环能力，企业应加强污染治理，加大对废水的治理力度和污水管网建设，提升中水的利用率。重视光伏产业的环境影响评价，建立和完善节能减排审计制度，加强环境监管力度。研发或引进国外符合生态指标的技术和设备，减少生产过程中的能耗和污染量，提高企业生态效率，实现边际企业收益与边际环境损害成本相等时的最优污染水平。

（四）优化投资环境和政策环境，减少区域竞争

为扩大新能源产业的融资渠道，应抓好政策环境、法制环境、市场环境和服务环境建设，对现有政策和制度进行“废、改、立”；维护市场秩序，保护投资者权益，创造诚信品牌，抓好信用建设；推进政务公开、减少审批环节、提高办事效率，为社会各界投资新能源产业集群提供财税的优惠支持，降低投资进入门槛。坚持生态建设产业化、生态化、科技化，严格控制新能源产业的二次能耗和物耗，走清洁生产和环境友好型道路。鉴于新能源丰厚的利润和政府补贴，政府应根据区域发展基础，从国家层面进行适度调控，以确保光伏电池产业的合理布局，减少行政区域间竞争下的“小、散、乱”现象。

参考文献

[1] 于群. 新能源产业发展的最终目的是要惠及人民［EB/OL］. 商务部，2007－03－31.

[2] 我国新能源产业现状与前景. 中国能源信息网，2009－04－24.

[3] 中国新能源产业存在技术瓶颈［N］. 北京商报，2009－09－07.

[4] 保定市打造“太阳能之城”工程进展迅速［EB/OL］. 石家庄新闻网，2007－05－15.

[5] 于群. 实施电谷战略构想构建河北发展增长级为中国新能源实业发展作贡献［EB/OL］. 中国保定网，2006－06.

[6] 国家统计局. 2007年全国年度统计公报［M］. 2008.

[7] 河北省统计局. 2006年河北经济年鉴［M］. 2007.

[8] 英利公司. 节能降耗情况简述［M］. 2008.

[9] Merrian C Fuller, Stephen Compagni Portis, Daniel M Kammen. Toward a Low－Carbon Economy［J］. Environment, Jan/Feb 2009, 51 (1): 22, 11.

[10] 索彦峰，陈继明. 当代经济科学［J］. 中国货币政策的区域效应研究，2008－02－21.

发展低碳经济与铁路行业节能减排对策建议探讨

韩美清[1]　刘利生[2]　韩灵灵[3]

（1. 中国铁道科学研究院节能环保劳卫研究所　北京市大柳树路2号　100081；
2. 铁道部工程质量安全监督总站　北京市复兴路10号　100844；
3. 中交第四航务工程局第一工程有限公司　广州市沙河先烈东路316号　510500）

摘　要　在分析低碳经济概念及意义的基础上，阐明铁路建设是发展低碳经济的重要组成部分，详细论述了铁路行业节能减排的显著效果，提出了铁路行业节能减排、发展低碳经济的对策建议。

关键词　低碳经济　铁路行业　节能减排　对策建议

一、低碳经济概念及意义

低碳经济是指在可持续发展理念指导下，通过技术创新、制度创新、产业转型、新能源开发等多种手段，尽可能地减少煤炭石油等高碳能源消耗，减少温室气体排放，达到经济社会发展与生态环境保护双赢的一种经济发展形态。它是以低能耗、低污染、低排放为基础的经济模式，是人类社会继农业文明、工业文明之后的又一次重大进步，其实质是能源高效利用、清洁能源开发、追求绿色GDP的问题，核心是能源技术和减排技术创新、产业结构和制度创新以及人类生存发展观念的根本性转变，最终目的是实现世界经济的可持续发展。

日常生活可以用“碳”来计算：乘飞机旅行2000km排放278kg的二氧化碳，使用100度电排放78.5kg二氧化碳，自驾车消耗100L汽油排放270kg二氧化碳……人类活动导致地球大气层中的温室气体不断增多是导致全球变暖的主要原因，二氧化碳是最主要的温室气体，其“生命力”很顽强，一旦排放到大气中，少则50年、最长约200年都不会消失。因此，推行低碳经济是避免气候发生灾难性变化、保持人类可持续发展的有效方法。发展低碳经济，一方面是积极承担环境保护责任，完成国家节能降耗指标的要求；另一方面是调整经济结构，提高能源利用效益，发展新兴工业，建设生态文明。这是摒弃以往先污染后治理、先低端后高端、先粗放后集约的发展模式的现实途径，是实现经济发展与资源环境保护双赢的必然选择。

二、铁路建设是发展低碳经济的重要组成部分

据欧洲的研究数据，运输业的二氧化碳排放贡献度在30%以上。2005年，全球公路运输的温室气体排放量占运输业总排放量的73%，航空运输占11%，铁路运输仅占2%。英国铁路运输每人每公里的二氧化碳排放量是公路运输的1/2，是国内短途航空的1/4；1995年以来，铁路运输的单位二氧化碳排放量下降了22%，公路运输下降了8%，短途航空运输则上升了5%。

铁路是国家重要基础设施、国民经济大动脉和大众化交通工具，具有运力强大、节约资源、有利于环保、运价低廉的优势。目前，铁路行业紧抓我国铁路建设的黄金机遇期，大力加快铁路发展，充分发挥铁路在节约资源、保护环境中的优势，承担了促进经济社会科学发展的重大使命。据统计，国家铁路单位运输工作量能耗约为公路的10.3%、民航的7.1%、管道的16.7%，与水运基本持平。双线高速铁路与6车道高速公路相比，铁路占用土地约为公路的1/3。铁路完成单位运输量所占用的土地面积约为公路的1/10。2008年铁路运输总能耗1820.9万t标准煤，占交通运输业用能总量的10%，完成了国内运输33.3%的旅客周转量和44.2%的货物周转量。因此，在全球经济追求低碳背景下，将污染成本与运输价格综合考虑，铁路运输这种节能、环保型的运输方式必将得到更大的发展，铁路建设必将成为发展低碳经济的重要组成部分。

三、铁路行业节能减排效果显著

铁路行业认真贯彻国家节能减排决定，印发《铁路做好建设节能型社会和加快发展循环经济的实施意见》和《关于加强铁路节能工作的实施意见》，发布《铁路工程节能设计规范》，落实《铁路“十一五”规划》、《铁路“十一五”环境保护规划》和《铁路“十一五”节能和资源综合利用规划》对铁路节能减排的各项要求，以科学发展观为指导，加强日常管理和完善规章标准体系，强化责任考核，健全激励政策和工作机制，使行业节能减排各项措施落到实处，为低碳经济建设作出了贡献。

（一）铁路运输能耗逐年下降

在客货运量大幅度增长、列车运行速度提高、客运舒适度改善的情况下，铁路能源消耗得到有效控制。2008 年，国家铁路单位运输工作量能耗比 2003 年降低 23.5%，运输机车单位能耗为 3.472t 标准煤/百万换算吨公里，单位工作量辅助能耗为 2.128t 标准煤/百万换算吨公里，节能减排效果显著，单位能耗逐年下降。

（二）铁路运输效率显著提高

我国铁路以占世界铁路 6% 的营业里程完成了世界铁路 25% 的工作量，运输效率居世界第一。充分利用六次大面积提速带来的技术进步，实施了铁路局直接管理站段的改革，对运输生产力布局进行了全面调整，极大地提高了管理效率，优化了运力资源配置。大力创新运输组织，推行长交路、车循环、轮乘制，最大限度地挖掘路网整体能力。2008 年，铁路发运煤炭 17.45 亿 t，全国铁路客运量、货运量、总换算周转量分别达到 14.6 亿人、33 亿 t、32860 亿换算吨公里，比 2002 年分别增长 38.2%、61.6%、59.3%。货车周转时间压缩到 4.73 天，比 2002 年压缩了 6.7%，相当于每年增加货车 4.6 万辆。研究、开发了运煤列车防尘技术，使煤层表面形成固态膜，抑制了煤粉尘的抛洒，减少了煤炭运输中的损失和环境污染。如大秦铁路使用该防尘技术，每年可减少煤炭损失 150 万 t 以上。

（三）各种车型节能效果明显

批量投入运营的国产化和谐型动车组采用交直交传动、再生制动等先进节能技术，以流线型车型减少运行阻力，以轻型车体减少自重，大大降低了能耗。和谐号动车组重量比一般客车轻 30% 以上，其降低能耗效果明显。时速 350km 动车组功率 8800kW，人均耗电 15kW，北京到天津人均耗电仅 7.5kW，是陆路运输方式中最节省能源的。

功率大、效率高的国产化和谐型电力机车批量投入运营，安装使用电力机车智能耗电记录仪，研制推广计算机智能操作节电优化系统，加强机车乘务员用电计量考核，促使操纵优化，促进机车牵引节电。

电气化铁路能力大、效率高、噪声低、零排放。2003 年以来，我国加快发展电气化铁路，实现以电代油，通过新线建设和既有线改造，电气化铁路由 1.81 万 km 增加到 2008 年的 2.76 万 km，电气化铁路承担工作量比重由 41.1% 增加到 51.2%。到 2008 年，实现以电代油 630 万 t，减少二氧化硫排放 2.02 万 t，减少氮氧化物排放 12 万 t，减少烟尘排放 9.6 万 t。

建立燃油配送计算机管理系统，优化内燃机车检修保养，改进机车热力技术性能，提高机车效率，采用柴油添加剂、柴油低烧、柴油机减磨、机车冬季打温等技术，优化机车节油操纵等措施，最大限度降低能耗。2003—2008 年，内燃机车累计节省 137 万 t 柴油。

（四）重载运输发展与青藏铁路建设

大秦铁路是我国重要的煤炭运输通道，通过自主创新和扩能改造，运输能力大幅增加，为缓解煤电油运紧张局面，促进国民经济又好又快发展作出了贡献。2003 年以来，年运量逐年大幅度增长，2008 年实现了煤炭运量 3.4 亿 t，是原设计能力的 3.4 倍。青藏铁路采用大功率、高效率的内燃机车，运用增压技术，提高了机车在高原缺氧地区的燃烧效率。沿线30个无人值守车站安装太阳能光伏发电系统，每站容量13kWp，全线光伏发电容量共390kWp，占地3450m^2，年发电量32500kW·h。

（五）铁路站段节能技术应用广泛

铁路站段采取了节能管理和技术措施，推广新能源，使运输辅助能源消耗比重逐年下降，由2003年的45%下降到2008年的38%。“十一五”以来，全路已使用十余万台太阳能热水器，较好地解决了沿线站段、工区、公寓等职工生活热水供应，节约了燃煤、燃油使用量，减少了烟尘排放。沿线车站和站房采用地源、水源、污水源、海水源热泵技术采暖、制冷和提供生活热水，沈阳铁路局职工培训中心2000年实施地源热泵示范工程后，该技术迅速在全路推广应用，目前已推广到沈阳、武汉、北京、上海、济南、成都、西安、南昌等铁路局及烟大轮渡、朔黄、邯济铁路，收到了显著的经济效益和社会效益。实施国家组织的绿色照明工程，在铁路车站、站场推广使用高效光源、灯具及照明智能控制技术，节约了照明用电，提高了车站照明质量，改善了照明环境。北京南站采用热、电、冷三联供技术，污水源热泵技术，太阳能光伏发电技术。北京南站、天津站均设计了超大面积的玻璃穹顶，各层地面做了透光处理，充分利用自然光照明。

四、对策建议

（一）将低碳经济融入“十二五”规划

总结“十一五”铁路节能环保规划实施情况，结合国务院《节能中长期专项规划》和《中长期铁路网规划》（2008年调整），将低碳经济发展理念和发展目标纳入《铁路“十二五”规划》、《铁路“十二五”环境保护规划》和《铁路“十二五”节能和资源综合利用规划》中，研究制定《铁路行业发展低碳经济指导意见》，制定促进低碳经济发展的激励政策。

（二）完善行业节能政策法规实施细则

逐步清理、修订与《节约能源法》不相适应的既有铁路节能减排行政法规、规章，编辑整理新的铁路节能环保管理办法，规范铁路行业节能行为，完善铁路行业节能环保规章制度建设，完成《铁路实施节能法细则》和《铁路节能技术政策》等规章的修订工作。

（三）强化节能减排目标责任评价考核

全面落实节能减排综合性工作方案，强化目标责任评价考核。继续强化对全路用能、污染物排放的指标考核，将考核指标层层分解落实到铁路基层站段，逐级考核，加强监督。按照“突出重点、分类指导、全面推进”的原则，抓好重点用能单位和重点排污单位的节能减排工作，加强对非重点单位用能、排污总量的控制，确保全面实现节能减排目标。

（四）促进节能减排技术转化和发展

建设铁路节能减排技术服务体系，组织开展技术信息发布、技术交流、技术推广等活动，研究探索铁路节能减排技术政策的有效实施机制。紧紧围绕增收节支、节能降耗为中心，加大对投资少、见效快、效益效果明显的节能减排技术改造项目的支持力度，做好节能减排推广示范项目，促进节能减排技术转化和发展。重点落实燃油低烧一号工程，推广内燃机车冬季打温、牵引变电所改造等技术，深入开展铁路绿色照明工程，开展地源热泵试点及太阳能、客车上水推广工作，大力推广运煤列车扬尘覆盖技术，深化铁路减振降噪、提速线路节能技术研究。

（五）提倡低碳生活和消费

加强节能环保宣传和教育培训，着力强化行业节能减排责任意识，提升相关人员的节能减排工作素质。积极配合国家《节能减排全民行动》公益宣传活动，依托铁路车站和旅客列车，广泛宣传国家节能政策、节能要求和节能技术，提高公众对铁路节能减排的认知度。组织开展创建节能型工程、企业、机关等活动，在全路推广绿色、低碳生活方式和消费模式。

向碳减排行动建一言

王景龙

（山西省环境治理协会　山西省太原市旱西门街5号中保大厦　030002）

摘　要　实现碳减排应当找到同一起跑线才能形成人类的共同行动。要从深层次的变革解决问题：①变革消费方式，设立人均碳足迹标准和最高消费标准，并进行相关核算核查。②将资源环境作为经济体收益分配要素，参与盈利分配，以抑制赤资源环境损耗获取暴利的行为。③对资源环境要素的利用实行统筹安排。④对传统经济理论、人权思想价值观进行扬弃，扫清变革阻力。

哥本哈根世界气候大会上，围绕碳减排的两种观点激烈交锋。一种观点是发达国家，不顾自己在发展时期向环境排放了大量的碳和长期以来的高碳足迹消费方式，要求正在发展中、尚未进入高碳消费的国家承担同样的减碳责任；另一种观点是发展中国家，目前正处于发展阶段，并且努力向发达国家现代化的生产方式、生活方式看齐，他们不愿也不可能与发达国家承担同样的减碳责任。显然，由于没有找到一条共同的起跑线，仅围绕减少碳的产生和排放这一有着历史差别的环节，是难以找出一条人类共同行动的道路的。

共同行动应有共同的起跑线，解决因碳排放形成的气候变化问题及其他资源环境与经济发展的矛盾，必须在更深层次、更广阔的领域发生变革，找到共同的起跑线。正如历史长河中环境的变迁促进了生物进化和人类的发展，此次由人类自己造成的环境变化也将迫使人类社会发生一系列的深刻变革。这些变革主要针对工业革命200来年的那些“进步”。正是这些“进步”形成对资源环境的无所顾忌的消耗、掠夺与破坏。这些变革几乎涉及消费方式、生产方式、经济模式，涉及资源环境的占有、分配、享用的社会制度。碳减排及其他的资源环境问题应抓住这些主要环节的变革来推进。

一、变革消费方式

消费引领市场，市场牵引生产，生产影响环境。这里所说的消费，既包括个人、家庭的生活消费，也包括群体、国家的军事、政治消费。要遏制住对资源环境的大量损耗，包括遏制过量的碳排放，必须首先变革消费方式，要以控制消费量为主要手段，建立人均消费量指标，实行超量征费，低量补足，过量禁止的管理方式。

全球减碳行动中，要建立全球性的人均消费碳足迹标准和最高限制标准，对消费超量的人群，征收累进的税费，收到的税费用于补偿消费不足的人群和环境治理、新能源开发等。对超过最高限额的，除征收超额累进税费之外，还可以罚做减碳行为，如植树等，也可将其投入到限制其自由消费的地方，期限以超量数核算。在国际间，对各个国家以人均碳足迹限量和人口数为基数核算、核查其碳排放，超过的部分征收的超额累进税费补偿碳足迹消费不足的国家，这样才能体现人人平等的神圣理念，使各国都处在同一起跑线上共同行动。

200年前到现在，人类的生活消费品一直沿着由增加、丰富到奢侈的方向发展，而且是在无止境的发展并恶性攀比赶超。有人测算过，如果全世界都达到美国那样的生活方式，需要5个地球的资源，达到英国那样的生活方式，需要3个地球的资源。有人在一个发达国家做过一个课题，结果是，年收入20万美元的人群向往年收入50万美元的生活方式，年收入50万美元的向往年收入100万美元的生活方式。而发展中国家，又在以发达国家的现代化为目标奋力追赶，这样走下去，必然对资源环境造成巨大的压力。另外发达国家把高能耗、高污染的产业转移到落后国家或发展中国家，污染留在这个国家而享受却在另一些国家，所以把碳排放简单地记在生产国头上是不公平的，也是不能从根本上解决问题的。

对于军事政治的消费，也应该纳入一个国家的包括碳足迹在内的资源环境消费总量中进行计量核查。哪个国家在这方面消耗大，那么留给其国民个人的消费就相应减少。一枚导弹从生产到爆炸，要消耗多少资源、对环境造成多大影响？航空母舰在全球转悠，要形成多少碳足迹？这些都不能视而不见。要把这些资源环境损耗加入到所在国的碳排放总量中核算核查。

对哪些资源环境要素的消耗纳入消费总量控制，要根据不同历史阶段的资源环境要素的供给能力、承载能力来定，比如当前碳就是全球范围内首要的控制对象。

二、变革收益分配方式

收益是经济体追求的根本目的，收益分配是参与者以所作贡献得到合理回报的结果，它引导着生产方式的方向，正是在收益分配这个环节出了偏差，导向了过量消耗资源、破坏环境的生产方式。

当今经济体的收益分配要素，是按生产要素及其贡献确定的。其分配要素是：①投资；②劳动；③科技成果。其分配份额是按这三种要素的贡献而体现数额。投资以红利形式得到收益，劳动以工资、奖金、福利等形式得到收益，科技成果或以股权得到收益，或以包含在商品形式得到收益。我们从实际情况考察一下，就会发现其中缺失了一项经济增值必不可少的生产要素，自然也未成为分配要素，这就是资源环境。

现实中，任何的生产经营活动，都需要环境空间提供生产经营场所；提供道路包括（空中、陆上、水体）；提供原料；提供空气、光线以及信息传递等各种各样的物质条件；提供接纳、消化其产生的污染物的条件。离开了资源环境，其生产经营活动是不可能的，其增长、增收更是不可能的。因而资源环境是必不可少的生产要素，自然就应是收益分配要素。资源环境的所有权人，即公众，就应该是这一经济体的合伙股东之一。但是长期以来，由于环境资源的博大和无主状态，人们对其的不在意，将其生产要素、分配要素的功能忽略了。这个股东光作贡献不收回报，他应得的那一块利益让其他股东拿了，因而对其他股东形成了暴利，对以追逐收益为目的的其他股东来说，岂不是多多益善？这个不经意间的收益分配缺位，引导经济体为了追求更高的经济利益，大量消耗资源，污染破坏环境，这是造成当今矿物能源过量消耗、超量碳排放、森林植被锐减、气候变暖的原因之一。同时，资源环境作为社会共有资产，应该分到的作为公共收益的那一块却被少数人拿走了，经济体“合伙人”之间的不公平，实质上是得利的少数人与全体公众之间的社会不公平。

要改变这种不合理状态，就要还资源环境的生产要素和分配要素的本来功能，也就是在生产经营实体的利益分配时，资源环境要作为分配要素分一块利。这既不是税，也不是费，而是实实在在的股权分利。

资源环境占股权多少，即收益分配占比例多少，要根据资源环境要素的稀缺性和对环境的影响性来确定。越是对经济社会可持续发展影响大，对资源环境影响大的产业，资源环境所占的收益分配份额就越大，反之就越少。这样精明的经营者们是不会干那种赚不到钱的傻事的。

三、变革资源利用方式

市场需要什么，就生产什么，生产需要什么，就从资源环境索取什么。这已是目前市场—生产—资源环境这个链条（市场背后还有消费）运转的定律。而正是这个定律，造成了不顾资源环境的可供给、可承载能力来开发利用资源环境。由过度的索取，形成了过度的损耗，带来了类似气候变暖这样诸多的环境问题和走向增长极限的风险。因此，这个链条的运转方式必须变革。

变革资源环境利用方式就是变“需要什么就给什么”为“可供什么给什么”、“可供多少给多少”，变无序开发利用为按可再生、可恢复、可接替、可承载能力来统筹安排资源环境的开发利用。

按可再生能力安排利用，就是对那些可再生资源（如森林、野生动物等生态资源）的采伐、捕猎限度要以不破坏这一生态环境及物种的繁衍生殖、种群数量为前提而合理安排利用。

按可恢复能力安排利用，就是对那些受到一定影响或损伤后可自行恢复原状的资源环境要素，如河流水体、空气等，将对其的利用，控制在不影响、不破坏环境的自我净化、恢复能力的限度内。

按可接替能力的利用安排，就是对那些不可再生的资源，如石油、天然气、煤炭等矿物能源，在新的接替能源的开发利用技术尚未成熟、达不到普遍利用条件的时候，就不能三天的饭一顿吃光，而要长流水不断线，节约利用，合理安排，使其延续到接替能源接上来的那一天。控制碳排放行动，就应按照这个原则，结合消费量控制安排每年可开发利用的矿物能源数量。

按可承载力开发利用，包括两个方面：一是按环境容量安排可向环境中排放的污染物量。以环境功能达到质量标准为前提，既允许排入一定的污染物，给经济发展留出空间，又控制排污总量，使环境可保持其服务功能的质量。二是对土地利用，实行生态经济区划，合理布局。就是首先对国土资源划分生态环境功能区，然后对不同类型的功能区以保持其服务功能为前提，合理安排不损害其服务功能的产业，将环境服务功能的差异性、各类产业对环境影响的差异性进行合理调配，以他之长，补彼之短，使各区的经济开发利用程度限制在资源环境的可承载能力之内。这种将生态功能区划与经济区划有机统一的区划，称为生态经济区划。

四、推动变革的深层次化

现在对资源环境的占有分配、享用方式基本上是工业革命以来逐步形成的。这些方式以社会制度、经济制度、司法制度予以维护和保障，又有一系列的思想理论给予支撑、指导。要推动前述变革，必然要对涉及的这些定格的框架进行变革，否则就形成了制度、理论、思想的桎梏和阻力。

——应认识到从工业革命以来形成的经济学理论，无论是发展经济学还是增长经济学，均忽视资源环境要素，而片面强调经济发展，造成了对经济发展的误导。尤其是以刺激消费、拉动增长，听命并鼓励市场推动，最终导致的是生产、消费对资源环境过度开发利用与损耗破坏。

——应认识到传统人权思想强调的“自由”和“私有财产神圣不可侵犯”，随着历史的进展，已发展到“自由”无节制地占有、损耗环境，为了“自由”而“神圣不可侵犯”地谋取利润、集聚财富，不惜破坏环境、损害资源。还应该认识到传统人权观中环境权的缺位是导致经济发展与环境利用不平衡和少数人的财产权侵犯多数人的环境权现象的根本原因。因此，要在人权观这个最基础的思想价值观中把人的环境权摆上应有的位置。环境权是除了人的生命健康权这个核心之外的第一人权，因为这是人生存发展的第一条件。财产来源于环境，环境权比财产权更贴近人的生存发展。

——应认识到资源环境和人类共同共有的原本性质。那种靠武力、经济等优势，掠夺或用少许钱即可占有资源环境的做法是对这种原本性质的扭曲。实行对资源环境开发利用的统筹安排是以对资源环境的共同共有为前提和基础的。没有这个前提，是无法统筹的。共产主义学说中应“共产”、“公有”的应是资源环境而不是狭义的生产资料。生产资料是资源环境要素经过一定的劳动加工后的产物，这应该是市场要素。中国改革开放成功经验主要一点，就是打破了几十年来生产资料公有制的一统天下。中国特色的社会主义主要特征就是对土地、河流、草原、矿产等资源环境实行全民所有，而以生产资料进入市场运行的社会制度。

单质硅低碳冶金的熔盐电解技术

汪　新　尹华意　汪的华

（武汉大学资源与环境科学学院　430072）

摘　要　单质硅在材料、信息和能源领域中有着非常重要的应用，随着太阳能光伏产业的发展其需求不断扩大。目前生产粗硅的碳热还原法污染严重、能耗高，电解炼硅是可能取代碳热还原的低能耗低碳排放的一种炼硅方法。本文对熔盐电解法制硅的研究进行系统的评述，重点介绍了近年来发展的直接电解还原固态二氧化硅制硅新方法，对其研发前景进行了展望。

根据《新兴能源产业发展规划》推测，未来10年间，太阳能发电将增长一百倍，对原材料硅的需求也相应扩大。但是，制造太阳能电池所用原材料硅的生产却一直属于高能耗、高污染的行业。目前工业制备冶金硅（MGS）的碳热还原法能量效率低于30%，直接能耗大于12kWh/kg，生产过程中产生大量CO_2并消耗大量森林资源，增加碳源，减少了碳汇。据估计2009年世界金属硅与硅铁的总产量约1000万t、排放CO_2约6000万t、同时消耗约1000万t木炭，约需消耗600万hm^2的森林资源。而经由现行的西门子法或改良的西门子法生产太阳能级还硅须另外消耗近10倍的能源。因此，研发低能耗、低碳排放的硅生产技术具有重要意义。

在高温下采用电子而非碳作为还原剂生产金属是可以大幅减少碳排放的低碳或零碳技术。在过去100年中，熔盐电解提炼金属取得了显著的进展，如Al、Mg等金属的熔盐电解生产已经在工业上得到广泛应用。熔盐电解制备硅一直受到重视，根据所采用的方法特点可将其分为以下几种：熔盐电沉积硅、硅的熔盐电解精炼和近年来发展起来的二氧化硅熔盐阴极脱氧制硅，本文对这些低碳排放的电解制硅方法作一简单评述，重点介绍近年来京都大学和武汉大学有关熔盐电解固态二氧化硅制硅的研究工作。

一、熔盐电沉积制硅

1865年Ullik通过电解K_2SiF_6和KF的熔盐首次电沉积制备了单质硅。19世纪末，Minet在NaCl和$NaAlF_4$的熔盐中加入SiO_2和Fe、Al的氧化物得到了Fe-Si和Al-Si合金。同时，Warren通过将SiF_4溶解到酒精中，采用汞阴极电解制得了硅汞合金。到1900年，SiO_2和氟硅酸盐已被证实为电沉积硅的理想溶质，而碱土金属卤化物为理想溶剂，20世纪30年代开始对硅的电沉积进行系统研究。用于电沉积的熔盐体系主要有三类，一类是SiO_2与冰晶石体系，一类是（氟）硅酸盐与氟化物体系，一类是硅的氧化物体系。近年来，也有从室温熔盐（离子液体）中电沉积硅的薄膜的报道。

（一）SiO_2/Na_3AlF_6体系

冰晶石Na_3AlF_6高温下对氧化物有良好的溶解性，已成功应用于Hall-Heroult工艺提炼铝。Grjotheim及其合作者研究了将SiO_2溶于该体系电解沉积了Al-Si合金。Monnier和其合作者[1,2]对SiO_2/Na_3AlF_6体系进行了实验室研究以及中试规模的试验，使用石墨阳极在相当高的电流密度下从SiO_2/Na_3AlF_6中获得了99.9%～99.99%的纯硅。1996年，Stubergh等[3]在970℃的倍长石-冰晶石熔盐中电沉积制得99.79%～99.98%纯度的硅。但因为沉积物为导电性不佳的固态产物导致沉积速率过于缓慢，难以实现连续化生产。

科技部国际科技合作专项经费资助（项目号：2009DFA62190）。

（二）（氟）硅酸盐与氟化物体系

在20世纪70年代，Stanford大学材料研究中心开始利用K_2SiF_6进行硅薄膜的沉积。通过研究，发现只有LiF－KF和LiF－KF－NaF熔盐体系能够达到期望的沉积质量。Rao等[4,5]在745℃的K_2SiF_6熔盐中成功电沉积出3mm的致密硅膜。在早期的研究中，Cohen[6]从LiF－KF熔盐和K_2SiF_6的混合物中电沉积单晶外延层，并且通过使用可溶的硅阳极电精炼达到连续生产薄膜。后期研究了LiF－KF－NaF三元低共溶混合物。在恒流或恒压条件下电解2～4天得到附着力良好、连续一致的硅层，硅粒大小可达250μm，电流效率高达80%。Boen和Bouteillon[7]使用HF对LiF－NaF－KF混盐进行预处理，并提出将混盐用作电沉积硅的基底物质，采用脉冲电流电解得到均匀一致的硅层，将电沉积与电精炼结合，改进了电沉积的形态和硅的纯度（杂质小于1ppm）。但是由于K_2SiF_6原料成本较高，并且熔盐体系蒸汽压较高，商业化困难。

（三）硅氧化物体系

为了便于实现连续生产，Stanford大学在1978—1981年间探索了在高于硅的熔点的温度下的熔盐电沉积硅。在热力学计算的基础上，DeMattei等[8]认为采用BaO/SiO_2为主的体系是最理想的制备液态硅的体系，为了降低熔盐的黏度和提高电导率，采用99.95%纯度的原材料在高于硅的熔点的温度下（1450℃），于$BaO/SiO_2/BaF_2$体系中制得了99.97%的纯硅。但由于电解温度过高，氟化物挥发和腐蚀性强，仍然难以工业化。

（四）室温熔盐电沉积制备纳米硅膜

因硅的沉积电位较负，故硅很难在水溶液电解质中被沉积出来。而由大的有机阳离子和阴离子团组成的室温熔盐（离子液体）具有4～5V的电化学窗口，近年来被用作电化学体系的电解液。Endres等[9,10]首次报道了从$SiCl_4$饱和的室温熔盐中在高取向热解石墨和Au（111）面上电沉积了纳米硅膜，现场扫描隧道显微镜测得的带宽分别为1.0±0.2eV和1.1±0.2eV，证明得到了硅半导体。离子液体中沉积硅薄膜的研究刚刚起步，尚处于实验室基础研究阶段。

二、硅的熔盐电解精炼

如前所述，从冶金硅制备太阳能和电子工业所需高纯硅的西门子法能耗巨大，硅的熔盐电解精炼是硅提纯的有效方法，依电解时电解的形态和电解槽结构又有传统的固态电解精炼和三层液电解精炼。

（一）传统的冶金硅电解精炼

电解精炼是利用不同元素的阳极溶解和阴极析出难易程度的差异而提纯金属的技术。冶金硅熔盐电解精炼选用Si或者Si合金作为电解的阳极，含硅的熔盐为电解质。在电解精炼过程中，硅在阳极溶解，在阴极还原。通过控制合理的阴、阳极电位，比硅电负性更负的杂质会优先从阳极溶解，但不会在阴极沉积；比硅电负性正的杂质不会从阳极溶解，从而使冶金硅得到提纯。Olson等人利用固态铜硅合金为阳极，对冶金硅的精炼过程进行了详细的探讨，分析了电解精炼过程中杂质的阳极行为。Cohen[6]对冶金硅熔盐电解精炼的过程和机理进行了详细的研究，以可溶硅做阳极，研究了750℃下$K_2SiF_6/KF/LiF$体系的循环伏安行为，并提出可以通过脉冲电解来实现硅的沉积形貌和纯度的改进。Sharma等提出了一个半连续工艺，用来从冶金硅中生产99.99%纯度的硅粉。Monnier等[1,2]不但进行了冶金硅的电解精炼研究，更对该电解精炼过程进行了扩大化生产。选用SiO_2/Na_3AlF_6体系作电解质，电解过程的电流密度最高可达800mA/cm^2，沉积的晶体硅厚度为1.3mm，纯度为99.9%～99.99%甚至更高。

（二）冶金硅三层液电解精炼

传统的电解精炼由于电解的产物是固相导致沉积速度慢、电流效率低等问题。中南大学[11]将“三层液精炼铝”的思想引入到硅的电解精炼中。将冶金硅和M_1配制成M_1－Si合金，将其作为电解精炼的阳极，高纯金属 M_2 为电解精炼的阴极，含硅氟化物的熔体作电解精炼的电解质。三层液电解精炼与传统电解精炼的原理相同，但采用的阴极是液态金属 M_2，阳极是硅的液态合金，改善了精炼产物的形态，便于产物的分离和提纯。闫剑锋等[12]在对冶金硅熔盐电解精炼三层液体系进行设计基础上，较系统地研究了电解参数及电解质成分对精炼的影响。总体上，三层液电解精炼所得硅的纯度显著提高，但距太阳能电池要求的纯度尚有较大的距离。

三、熔盐电解还原固态二氧化硅制硅

20 世纪 90 年代末，剑桥大学[13,14]提出了在氯化钙熔盐中以固态金属氧化物为阴极、在低于金属熔点的温度和低于熔盐分解电压下电解从而使阴极金属氧化物被直接还原为金属，其中的氧离子进入熔盐并迁移到阳极放电的提炼金属的新方法，被称为 FFC – 剑桥法。2000 年，他们在 Nature 杂志报道了在 900℃左右的氯化钙熔盐中电化学还原电解固态二氧化钛制钛的研究结果，据称该法可将钛提炼成本降至现行方法的四分之一，引起了工业界和学术界的极大关注。FFC 法在电解过程中氧化物不溶于电解质内而是以固态存在，避免了液相电解时多种价态离子在阴阳极间的循环还原氧化，提高了电流效率。电解过程中，阳极析出气体为 O_2（惰性阳极），或 CO 和 CO_2 的混合气体（石墨阳极），避免了传统炼钛的 Kroll 法中氯化工艺和电解再生 Mg、Cl 过程中的污染，是一种环境友好的生产工艺。当时认为，该法在提炼钛的过程中当阴极二氧化钛脱除部分氧后整个阴极即具较好的导电性，故而反应可以较快地进行。

2003 年京都大学 Nohira 和 Ito 等[15]在 Nature Materials 首次报道了在 $CaCl_2$ 基熔盐中电解绝缘的固态石英制备了单质硅。他们采用钼丝点接触电极和钼丝缠绕电极分别实现了固态石英的点还原和大块石英的还原，提供了一种提炼单质硅的全新的思路。他们的研究还发现[16-19]，二氧化硅可以在熔盐中钙沉积之前还原，还原温度可以低至 500℃。二氧化硅的固态还原时因无可变价离子在阴阳极之间循环反应，可望获得较高的电流效率。之后他们在还原机理和直接采用该法制备高纯度的太阳能级硅方面进行了较深入的研究。发现 SiO_2 电解还原首先生成无定形的单质硅，并很快发生相变互相结合形成六边形柱状晶体硅。通过采用含有一定量硅的二氧化硅作为前驱物电解，发现能增加反应界面，可加快反应速度。为了采用该法获得高纯硅，他们将待还原的石英片夹在两片单晶硅片中作为阴极，从而避免了钼集流体对产物纯度的影响。继而通过真空熔炼在 1500℃下得到纯度为 99.80% 的硅锭，发现其中 B 和 P 含量很低，在此基础上提出了先采用化学方法对石英砂进行提纯、再固态电解还原、再对产物进行化学清洗和物理提纯的制备太阳能级硅的思路。

几乎与京都大学同步，武汉大学[20-26]在制备用于氯化钙熔盐中的石英密封的 W 微盘电极时观察到固态石英可被直接电化学还原，进而采用 SiO_2 粉末压制成片作为阴极在熔盐中电解得到了硅和硅合金粉，因这一方法可以大幅减少传统炼硅的碳排放，被国际学术媒体称为环境友好的绿色炼硅工艺。课题组采用自行设计的 W/SiO_2 微电极和全密封高温 Ag/AgCl 参比电极对二氧化硅的还原机理进行了深入研究，发现二氧化硅的还原是一个四电子反应，在没有浓度极化和欧姆极化的情况下，固态二氧化硅的还原速度很快，还原电流高达 $80A/cm^2$；在阴极电化学扫描过程中，二氧化硅首先还原为单质硅，继而熔盐中的钙离子在硅上发生欠电势沉积生成硅钙合金，因硅钙合金影响产品纯度和后续产物的处理、降低电流效率，因而精确控制阴极电位是提高产物纯度和电流效率的有效手段。研究人员根据固态（绝缘）氧化物试片的电解还原过程是金属集流体/固态化合物/熔盐电解液三相相交的反应区在固态阴极表面和内部不断扩展的过程的认识，提出动态固/固/液三相界线电化学的概念，建立了描述三相界线沿表面（二维）扩展的薄层模型（Thin layer model）和向体相（一维）扩展的纵深模型（Penetration model），并以经典的 Ag/AgCl/KCl 水溶液体系为例分别设计了研究界线向平面发展的固态电活性物质薄膜涂层以及向纵深发展的致密电活性物层和多孔电活性物层的三相电极，对三相界域还原反应电流、三相界线长度的变化速度、极化电位进行动力学方程的拟合，验证了上述模型。并可经由理论模型结合实验测量获得反应的交换电流密度、电荷传递系数、多孔层的电阻率和有关离子在多孔层中扩散系数等反应参数。研究发现二氧化硅试片电化学还原时，深度方向的还原是二氧化硅体相还原的速控步骤。这是由于深度方向上，在生成的多孔硅层内存在氧离子传质的浓度极化以及电流经过多孔层内的单质固体以及液相电解液是存在欧姆极化的影响。在此基础上对二氧化硅试片阴极的还原动力学进行了优化，获得了试片还原速度和电极电位、电流效率的关系，实验室条件下电流效率可高于85%，产物纯度接近99%。目前实验室正从提高产物纯度、加快反应速度、提高电流效率和发展该体系的析氧惰性阳极几方面入手，研究将该技术发展为直接制备太阳能级硅的新技术的途径。

利用固态电解二氧化硅的方法还可制备出特殊形态的单质硅，京都大学和我们在电解过程中均观察到纳米硅产物。最近，北京有色院报道了熔盐电解多孔纳米 SiO_2 粉末压片制得了 Si 纳米线，并提出了 Si 纳米线生长过程和机理。亦有在 LiCl 熔盐中电解固态二氧化硅制硅的报道。

四、结 语

太阳能光伏产业是低碳经济的关键内容之一，传统的碳热还原炼硅方法能耗高、二氧化碳排放多、消耗大量森林，电解炼硅是低能耗、少排放的低碳技术。近年来发展起来的熔盐电解固态二氧化硅新方法制得纯度达到 2 个 9 的低硼、磷含量的硅，电流效率大于 85%，能耗小于 13kWh/kg - Si，碳排放低，采用惰性阳极时将接近零排放。该工艺有着潜在的经济和环保优势，若能在杂质净化、反应速度等方面取得突破，通过工艺的优化和电解池的设计，可望达到工业化的水平，从而替代当前高能耗、高污染的硅生产工艺。

参考文献

[1] R. Monnier, D. Barakat, Helvetica Chimica Acta, 1957, 40 (7): 2041 - 2045.
[2] R. Monnier, J. C. Giacometti, Helvetica Chimica Acta, 1964, 47 (2): 345 - 353.
[3] J. R. Stubergh, Zhonghua Liu, Metallurgical and Materials Transactions B, 1996, 27 (12): 895 - 900.
[4] G. M. Rao, D. Elwell, R. S. Feigelson, J. Electrochem. Soc, 1980, 127 (9): 1940 - 1946.
[5] D. Elwell, G. M. Rao, Jounal of Applied Electrochemistry, 1988, 18: 15 - 22.
[6] Uri Cohen, Journal of Electronic Materials, 1977, 6 (6): 607 - 643.
[7] R. Boen, J. Bouteillon, Journal of Applied Electrochemistry, 1983, 13: 277 - 288.
[8] R. C. DeMattei, D. Elwell, R. S. Feigelson, J. Electrochem. Soc, 1981, 128 (8): 1712 - 1714.
[9] S. Zein El Abedin, N. Borissenko, F. Endres, Electrochem. Comm. 2004, 6: 510.
[10] N. Borisenko, S. Zein El Abedin, and F. Endres, J. Phys. Chem. B 2006, 110: 6250.
[11] 赖延清，等. 一种熔盐电解法制备太阳级硅材料的方法 [P]. 中国专利：200710034619，2007 - 11 - 14.
[12] 伊继光. 三层液熔盐电解制备太阳级硅用氟化物电解质熔体预电解净化 [D]. 长沙：中南大学，2009.
[13] G. Z. Chen, D. J. Fray, T. W. Farthing, Nature, 2000, 47: 361.
[14] Derek J. Fray, JOM, 2001, 10: 26 - 31.
[15] T. Nohira, K. Yasuda, Y. Ito, Nat. Mater. 2003, 2: 397 - 401.
[16] K. Yasuda, T. Nohira, Y. Ito, J. Phys. Chem. Solids. 2005, 66: 443 - 447.
[17] K. Yasuda, T. Nohira, K. Amezawa, Y. H. Ogata, Y. Ito, J. Electrochem. Soc. 2005, 152 (4): D69 - D74.
[18] K. Yasuda, T. Nohira, Y. H. Ogata, Y. Ito, J. Electrochem. Soc. 2005, 152 (12): D232 - D237.
[19] K. Yasuda, T. Nohira, R. Hagiwara, Y. H. Ogata, Electrochim. Acta. 2007, 53: 106 - 110.
[20] X. B. Jin, P. Gao, D. H. Wang, X. H. Hu, G. Z. Chen, Angew. Chem. Int. Ed. 2004, 43: 733 - 736.
[21] Y. Deng, D. H. Wang, W. Xiao, X. B. Jin, X. H. Hu, G. Z. Chen, J. Phys. Chem. B 2005, 109: 14043 - 14051.
[22] W. Xiao, X. B. Jin, Y. Deng, D. H. Wang, X. H. Hu, G. Z. Chen, Chem Phys Chem 2006, 7: 1750 - 1758.

公路行业中的低碳技术

刘 颖 刘 明

（山东省公路工程技术研究中心 山东 济南 250200）

摘 要 本文分析了公路工程中的污染和能耗的来源，并有针对性地介绍了三种低碳技术：温拌沥青混合料技术、沥青路面再生技术和废旧轮胎橡胶粉筑路技术。

关键词 低碳 公路 温拌 再生 橡胶粉 沥青

引 言

截至2008年底，我国公路总里程已达373万km，其中高速公路里程60302km，继续居世界第二位。但相对于发达国家，我国的高速公路人均里程偏低，目前我国的公路建设还处于快速建设和发展时期。我国的高速公路建设历史较短，公路建设长期滞后，且受建设资金制约，许多公路建设仅以通达为目标，粗放式的施工方式使得公路建设的生产和产品（建成公路）属高耗能类型。

目前环境污染和能源枯竭已得到全球范围的关注。为保护生存环境，世界各国都对温室气体、有害气体以及固体粉尘等排放进行严格限制。在全球对环境和能源保护要求越来越高的前提下，低碳技术已经成为公路界关注的重点。

一、公路工程中的污染和能耗

在公路建设和养护的过程中，对于环境的污染和能源的消耗主要集中在：公路项目建设期间施工机具将消耗大量的燃油和电能等；沥青混合料成产过程中除了消耗的大量燃油和电能外，还产生大量的污染气体；公路养护过程中产生的大量废旧沥青混合料的堆放对环境造成了严重的污染。

（一）建设机械

目前我国机械制造业的水平较低，我国生产的内燃发动机设计和制造水平比世界先进水平落后15~20年，燃油经济水平比欧洲低25%，比日本低20%，比美国总体水平低10%，平均能源利用率比世界先进水平低1/4~1/3。我国施工机械设备的管理和维修保养水平偏低，也影响了我国公路建设和养护过程中的节能减排。我国大部分国产内燃机的施工机械运行4万km或两年后，各系统开始逐渐失衡，运行8万km后能耗增加和污染排放超标，无法长期稳定的维持标准要求的能耗和排放。另外，我国对机械设备管理人员、机械设备维修人员和机械设备操作人员的管理滞后，也制约了我国施工机械的管理和维修保养水平[1]。

（二）沥青混合料加热

目前我国沥青路面建设采用热拌沥青混合料，出料温度一般在150~180℃，有研究资料显示生产每吨混合料需要消耗柴油6~8kg，消耗了大量的能源。而温拌沥青混合料可比相应的热拌沥青混合料节能22.9%，改性的温拌沥青混合料可比相应的改性热拌沥青混合料节能28.7%。虽然温拌沥青混合料是我国公路研究的热点，但由于技术和成本问题，目前还只停留在试验路阶段。

根据国外资料，沥青混合料在拌和、摊铺过程中会产生二氧化碳、二氧化硫、氧化氮类有害气体以及沥青烟。其中，前3类气体直接影响到空气质量，二氧化碳和氧化氮类中的氧化亚氮是温室气体；另外，沥青烟中含有一定量的苯并芘及苯可溶物等有害物质。沥青混合料在摊铺碾压过程中，大量释放出来的沥青烟会刺激施工人员的呼吸系统。可以说，在混合料拌和及铺筑过程中排放的沥青烟及其他有害气体涉及公共利益和工程人员的身体健康，采用温拌技术在环保方面的改善毋庸置疑，国外已有相关测试，但是不够系统、全面。另外，针对我国的工程现状，对于不同拌和温度混合料的排放情况更是缺乏定量、权威的分析评定。

（三）废旧沥青混合料

2008 年底，我国一级以上公路总里程已达 11 多万 km，在这些高等级公路中沥青路面占 80%，而且随着沥青路面技术的发展，沥青路面所占的比重将越来越大。我国每年产生多少废旧沥青混合料，尚无统计部门对这一问题进行专门的详细统计，以至不同资料得出不同的统计数字。假设每年道路路面维修、翻修和改建率为 1%，我国每年废旧沥青混合料发生量达到 4500 多万 t。而实际上，每年公路和城市道路翻修率高于 1%，则废旧沥青混合料发生量可能达到 1 亿 t 左右。早期的废旧沥青混合料成分复杂，再生利用价值相对较低，同时人们对环境保护的意识较差，对再生资源的利用也缺乏足够的认识，大量的废旧沥青混合料被随意堆放，占用了大量的土地，并造成了固体废物的环境污染。另外，在 1 亿多 t 的废旧沥青混合料中，含有约 300 万～400 万 t 的老化沥青，5000 万～6000 万 t 的碎石，3000 万～4000 万 t 的砂，其经济价值据粗略估算可达 10 亿元以上[2]。目前我国再生混合料一般被用来铺筑一些低等级路段或修补坑槽，在高等级道路路面中，再生混合料一般用于基层或底基层，造成了大量的资源浪费。

目前我国在交通材料节约与循环利用的观念、技术、标准、政策等方面与世界发达国家相比有较大差距，交通材料循环利用水平较低；在公路建设和养护过程中产生的环境污染重视程度不够。

二、公路工程中的低碳技术

为了改进上述问题，打造公路行业的低碳经济，公路人开始了公路行业中低碳技术的研究。其中主要有：针对节能减排的温拌技术，针对废料循环利用的再生技术和橡胶粉改性沥青技术。

（一）温拌沥青混合料技术

温拌沥青混合料（Warm Mix Asphalt，WMA），是一类拌和温度介于热拌沥青混合料（150～180℃）和冷拌沥青混合料（10～40℃）之间，性能达到（或接近）热拌沥青混合料的节能环保型沥青混合料。德国研究数据表明，每生产 1t 热拌沥青混凝土需消耗 8L 燃料油。如拌和温度降低 30～35℃，可节约燃料油 2.4L/t，并可减少 30% 以上的 CO_2 等气体粉尘的排放[3]。“温拌沥青在道路建设与养护工程中的应用技术”被列入了国家发展和改革委员会 2009 年 12 月发布的《国家重点节能技术推广目录》（第二批）的节能技术中，并预计到 2015 年温拌沥青能在行业中推广到 60%，目前使用量仅有 3%，是一很有发展潜力的低碳技术。

其优点主要有：①节约能源。沥青混合料拌和温度从 160～170℃降至 120℃，可降低能源消耗 30% 左右；②保护环境。较低的生产温度可大大减少拌和站与铺筑现场周围有害气体、烟雾及粉尘等的产生；③较低的生产设备损耗。由于生产温度降低，沥青混合料在生产过程中对钢铁制生产设备的损耗也相应降低；④可以延长施工季节；⑤减少沥青老化，提高了沥青的耐久性，延长路面使用寿命；⑥温拌沥青混合料的拌和、摊铺及碾压等设备与热拌沥青混合料基本相同，不需要进行大的改造；⑦利于施工组织，低排放利于搅拌场的设置，同时运输距离允许更长；⑧适用范围广，不仅适用于密级配沥青混凝土（AC）、沥青玛蹄脂碎石（SMA）、开级配排水式沥青磨耗层（OGFC）等类型的沥青混合料，对于再生沥青混合料、橡胶沥青混合料、浇注式沥青混凝土、高模量沥青混凝土等也能适用[4]。

我国温拌沥青混合料技术还处于起步阶段，虽然对温拌沥青混合料进行了一些试验路的铺筑，但是国外核心技术很难得到，温拌混合料抗水损害性能和低温性能路劣化、降温效果随外界因素变化较大等问题没有得到很好解决。目前国内对温拌技术的研究主要集中在采用 Sasobit 改性技术和 Evotherm 乳化技术两个方面，并且推广应用还有很大的局限性。

（二）沥青路面再生技术

沥青路面再生技术是将需要翻修或者废弃的旧沥青路面，经过翻挖、回收、破碎、筛分，再和新集料、新沥青材料适当配合，重新拌和，形成具有一定路用性能的再生沥青混合料，用于铺筑路面面层或基层的整套工艺技术。沥青路面再生利用技术按施工温度分为热拌再生法和冷拌再生法；按废旧料拌和场地不同可分为集中厂拌再生法和现场再生法。所以沥青路面再生利用技术可分为现场冷再生、现场热再生、厂拌冷再生、厂拌热再生四种施工方法。

冷再生技术将回收料全部当作骨料使用，不但浪费了混合料中的沥青，而且再生质量不能达到沥青路面面层的质量标准，大部分只能用于基层。利用热式再生工艺，可以最佳的方式使再生料质量达到最佳，受到了人们的普遍关注。但由于现场热再生存在以下缺点：处理厚度小，对需进行结构性再生的路面大修无能为力；无法有效调整配合比，对表面层集料级配不满足要求的路面不适用；对层厚不均匀或质量状况变化大的路面难以保证质量要求；暂无法处理采用改性沥青铺筑的表面层；首期设备投资大，加拿大厂商的报价达 350 万美元。因此厂拌热再生技术是目前我国较为关注的沥青混合料回收利用技术。

厂拌热再生技术以一种实用、灵活、简便而又能保证质量的沥青路面再生技术，其生产工艺如图 1 所示[5]。

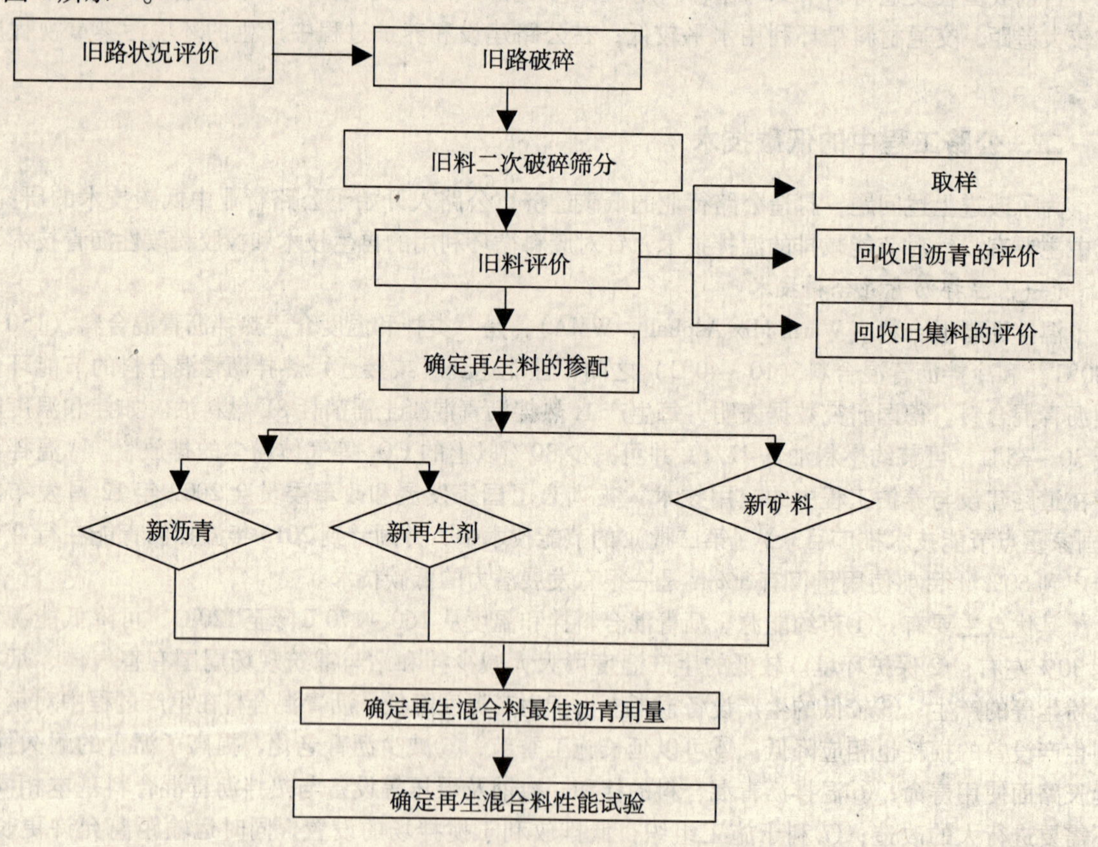

图 1　厂拌热再生工艺

热再生技术主要用于恢复老化沥青的黏结性能，重新发挥沥青的胶结料作用，将沥青资源再生使用。热再生技术实现了材料的 100% 再生利用，符合循环经济中的“减量化”、“再利用”和“资源化”的原则，延长了道路的使用寿命。该技术工序简单、流程紧凑，其施工效率高于铣刨机铣刨的传统施工方法，更是远远高于人工挖补重铺的维修方法。而且，热再生施工时只需要封闭一个车道，最大限度地减少了路面维修给交通带来的干扰和影响。

（三）废旧轮胎橡胶粉筑路技术

利用废旧轮胎生产橡胶改性沥青铺设公路，在全面提高路面质量的同时又是一个解决废旧橡胶轮胎固体污染的有效途径。橡胶沥青混合料铺筑的路面，在降低路面噪声、延缓反射裂缝、减薄沥青路面厚度、延长路面使用寿命、减轻行车噪声等方面都有明显的优势，是解决我国当前面临的重载交通、早期损坏问题的有效途径之一。另外，铺设橡胶沥青公路还可以节约建设投资，是我国当前在有限的财力和物力下，修建优质沥青路面的一种很好的可选方案，具有良好的应用前景。

湖北、陕西、重庆、四川等省市先后开展橡胶沥青及混凝土在高速公路上应用的科技示范工程。北京、河北、广东、辽宁、云南、江苏、浙江等地交通部门也积极推广该项技术，修筑了大量的试验路段和实体工程，其中有新建工程也有养护改建工程。可以说，一套适合于我国复杂的交通环境和独特的地质气候条件的橡胶沥青及混凝土应用技术已逐渐形成。为保证废胎胶粉在公路行业中得到合理应用，需要严格加强施工质量的管理和控制。从行业管理和工程技术角度，当前急需制定相关的行业技术标准和规范，确保该项技术的可持续发展。

三、结 语

当前，我国道路工程建设正处于快速发展期，我国将要建大量的公路、高等级公路、城市道路和桥梁，每年新建和翻修的工程量比世界上任何一个国家都要多得多。但从我国公路设计、建设、养护和运营等环节来看，公路建设仍采用粗放式管理，产品（建成公路）仍属高耗能类型。低碳技术能够使我国的公路建设走上绿色的可持续发展的道路，可以带来巨大的社会经济效益。但是目前我国各种低碳技术还未得到推广应用，尚处于试验路研究阶段，有必要在国家相应的政策扶持和经济补偿的前提下，加快研究步伐，加大推广力度。

参考文献

[1] 林金华. 公路工程与节能工艺［J］. 交通世界，1996（4）.

[2] 张金喜，李娟. 我国废旧沥青混合料再生利用的现状和课题［J］. 市政技术，2005，11.

[3] 李德超. 温拌沥青混合料技术综述［J］. 石油沥青，2008，22（5）：1-5.

[4] 刘至飞，吴少鹏，陈美祝，等. 温拌沥青混合料现状及存在问题［J］. 武汉理工大学学报，2009，31（4）：170-173.

[5] 任拴哲. 沥青路面厂拌热再生及其设备关键技术研究［D］. 西安：长安大学，2008.

如何发展低碳经济

穆 岩 耿 炜

（河北省环境监测中心站　河北省石家庄市裕华西路106号　050051）

摘　要　发展低碳经济是应对全球变暖的气候问题的正确选择，更是城市实现持续发展的战略性选择，这已经成为当前的全球性共识。本文主要介绍了发展低碳经济中的必要性和如何发展低碳经济。

关键词　低碳经济　可持续发展　环境保护

随着全球人口和经济规模的不断增长，能源使用和人类生产产生的环境问题及其诱因不断为人们所认识，大气中二氧化碳（CO_2）浓度升高带来的全球气候变化已是不争的事实。在全球气候变暖对人类生存和发展产生威胁的国际大背景下，以低能耗、低污染、低排放为基础的“低碳经济”成为全球热点，日益受到世界各国的关注。

一、什么是低碳经济

低碳经济是以低能耗、低污染、低排放为基础的经济模式，是以低碳产业、低碳技术、低碳能源、低碳生活、低碳城市等为表征的一种正在兴起的经济形态和发展模式，是人类社会继农业文明、工业文明之后的又一次重大进步。低碳经济实质是高能源利用效率和清洁能源结构问题，核心是能源技术创新、制度创新和人类生存发展观念的根本性转变。低碳经济不仅是一场大规模的环境革命，更是一场深刻的经济和制度的变革。

二、发展低碳经济的必要性

（一）发展低碳经济是实现可持续发展的战略要求

我国人均能源资源拥有量不高，探明量仅相当于世界人均水平的51%。这种先天不足再加上后天的粗放利用，客观上要求我们发展低碳经济。此外，我国在工业化和城市化进程中，碳排放强度偏高，而能源用量还将继续增长，碳排放空间不会很大，应该积极发展低碳经济。随着人口的不断增长，产品和资源需求日益增长，如果不发展低碳经济，实现可持续发展将成为空谈。

（二）发展低碳经济有利于加快转变经济发展方式，推动产业结构优化升级

有一种误解认为，要发展低碳经济就要抛弃钢铁、建材等高耗能的产业，因而不能发展低碳经济。但我国处于快速工业化和城市化阶段，大规模的基础设施建设需要钢材、水泥、电力等的供应保证，这些“高碳”产业是新一轮经济增长的带动产业，也无法通过国际市场满足国内的巨大需求，这些产业的发展有其合理性。要通过发展低碳经济，提高资源、能源的利用效率，降低经济的碳强度，促进我国经济结构和工业结构优化升级。

（三）发展低碳经济有利于节约能源

我国人均能源不足，能源结构不合理。煤多油少气不足的资源条件，决定了我国在未来相当长一段时间内，煤炭仍将是主要一次性能源。煤炭属于“高碳”能源，我国也没有廉价利用国际油气等“低碳”能源的条件。发展低碳经济，提高可再生能源比重，大力推广清洁能源的使用，可以有效地降低一次性能源消费的碳排放。

（四）发展低碳经济有利于保护环境

工业生产必然会产生较高的碳排放强度，从而影响到城市的空气质量和生态环境。为保护人类环境，提高城市空气环境质量和生态环境质量，必须要求减少污染物排放，因此发展低碳经济

在环境保护工作中的地位不用动摇。

三、如何发展低碳经济

清华大学国情研究中心主任胡鞍钢认为，气候变暖也可能会对中国带来一个巨大的机会，它将强有力地促进中国从黑色发展模式向绿色发展模式转变，从高碳经济向低碳经济转变。应此我国应该勇敢地迎接这个挑战，把握机遇，大力推行低碳经济。

（一）制定优惠政策和奖励机制，鼓励企业大力进行“节能减排”，推行企业清洁生产

发展低碳经济、循环经济，重点应抓好工业节能减排，将减量化放在优先位置，从减少生产环节入手，推进资源能源的循环利用和高效利用，持续推进节能减排，当前的重点应放在工业节能减排上，这是由我国发展阶段和工业能耗所占比例决定的。控制高耗能高排放行业过快增长，加快淘汰落后生产能力；控制建筑和交通能耗的快速增长；加强制度建设，强化目标责任制的落实和评价考核，切实完成“十一五”规划提出的约束性指标。

另外，政府对于企业主动开展节能技术改造，实行清洁生产工作的要给予相应的资金补助，金融机构也对实行节能减排的企业给予融资上的支持。对于有利于节能减排的一些技术、一些产业，我们也在价格、税收、财政方面给予支持。对一些企业实行废物综合利用的，给予免税、减税的政策。

（二）优化结构，构建低碳产业支撑体系

加快结构调整、优化升级是实现低碳经济发展的主要途径。一是要调整优化产业结构。要加大调整一、二、三类产业的格局，加快发展现代装备制造业、现代物流业、服务业及高新技术产业，提高第三产业在地区生产总值中的比重，减少经济发展对工业增长的过度依赖，从而相对控制对能源消费总量的过度需求。二是调整优化工业内部的产业结构。要继续压缩黑色金属冶炼、压延加工、石油加工及炼焦、电力热力生产和供应等高耗能行业，重点支持核电装备、风力发电机组、新能源汽车、半导体发光、新材料、生态农业、生物制药等绿色产业。三是调整优化能源结构，提高能源效率和效益，减少二氧化碳排放。大力开发利用风能、太阳能、核能、氢能等新型洁净能源，降低对煤炭等高碳能源的依赖和消耗，逐步改变我市的能源结构，向低碳化、洁净化、生态化转变和发展。在注重开发新能源的同时，应该把能源结构的调整与提高能源效率的方法相结合，采用低碳技术、节能技术和减排技术，努力提高现有能源体系的整体效率。

（三）加快低碳技术开发与应用

低碳技术是低碳经济的重要支撑，没有低碳技术的创新，低碳经济就没有发展的源泉和动力。目前世界有关低碳经济发展的关键性技术还没有取得突破，但一些实用技术已具雏形。一是要加大对低碳技术的投入，增强自主创新能力，鼓励企业开发低碳技术和低碳产品。二是加强低碳技术及产品的推广应用。推广一批先进成熟适用的低碳技术及产品，加快科技成果转化。要特别注意降低碳技术的使用成本，减少技术推广的阻碍。三是积极引进国外已有的成熟的低碳技术。

（四）大力开展低碳宣传，提高公众的节约意识

不断加大宣传的强度和范围，在宣传的内容和形式上要不断进行创意创新，使人们认识到，能源问题涉及千家万户，与人人有关，必须开展全民行动。节约能源，人人要出力，人人也都能用上力。要扩大低碳理念的普及推广，加强对社会公众的宣传教育。使广大公众了解低碳经济发展的好处，增强公众节能减排、低碳消费的理念，自觉采取低碳生活消费方式，营造出全民参与的浓厚氛围，为发展低碳经济、建设低碳大连作出应有的贡献。

铁路对发展我国低碳经济的影响和效应研究

谢汉生[1]　黄　茵[1]　史立新[2]　马　龙[1]

（1. 中国铁道科学研究院节能环保劳卫研究所　北京　100081；
2. 国家发改委经济体制与管理研究所　北京　100035）

摘　要　铁路是我国综合运输体系的骨干，对经济社会发展具有基础支撑作用。2008 年铁路运输总能耗 1820.9 万 t 标准煤，占交通运输业用能总量的 10%，完成了国内运输 33.3% 的旅客周转量和 44.2% 的货物周转量。通过铁路、公路、民航和水运等交通运输方式能耗的比较，铁路单位换算周转量能耗较低（仅比水运高）；通过分析全路机车牵引综合能耗情况，以及往年内燃机车、电力机车能耗情况，说明了铁路牵引动力结构的变化使能源利用效率得到了提高；从铁路对公路替代的节能效应、铁路电气化节能效应、铁路对公路替代的节油效应、铁路电气化的节油效应、铁路能效提高的节能效应 5 个方面分析了铁路的节能效应，并且在此基础上进一步分析了“十一五”铁路 CO_2 减排效应。结果表明“十一五”头三年铁路行业内部节能减排取得明显的成效，共节约能源 315.1 万 t 标准煤，减排二氧化碳 774.1 万 t，对实现我国低碳经济作出了重大的贡献。

关键词　铁路　低碳经济　能源利用效率　节能减排

目前我国交通行业能源消费量约占全国总用能量的 10%，交通运输行业除了消耗大量的汽油、柴油和煤油外，而且还排放大量 CO_2 及其他大气污染物。能源消费是碳排放的主要来源，据统计，中国使用能源排放的 CO_2 约占各种温室气体总排放量的 80%[1]。国内外的经验表明，鼓励铁路发展、发挥铁路在节能降耗中的独特优势，已成为提高交通运输业能源利用效率、降低能耗增幅、减轻对石油依赖度的一个重要途径，而且也是实施我国能源安全战略的出发点和突破口[2]。

当今 CO_2 的大量排放，导致全球气候变暖，恶劣天气不断发生，特别是全球气候变暖对人类生存和发展提出了严峻的挑战。在这个大背景下，“低碳经济”呼之欲出，低碳经济是以低能耗、低污染、低排放为基础的经济模式，实质是能源高效利用、清洁能源开发、追求绿色 GDP 的问题，核心是能源技术和减排技术创新、产业结构和制度创新以及人类生存发展观念的根本性转变[3]。2009 年哥本哈根联合国气候大会上，中国政府宣布控制温室气体排放的行动目标，到 2020 年单位国内生产总值二氧化碳排放比 2005 年下降 40% ~45%。低碳经济实现方式可概括为两种：一是改变能源使用结构，二是提高能源使用效率，而在交通运输方式中能同时实现这两方面的就是铁路。因为铁路是低碳经济成本最小、最容易的实现方式，电气化铁路建设，用铁路运输部分取代公路、航空，减少石油消耗，减少排放，本质上构成了节能减排和低碳运输。

一、铁路与公路、民航、水运等交通运输方式能耗的比较及节能减排效应分析

（一）各种运输方式能耗现状

中国、美国、日本等国家不同运输方式单位客货运输周转量能源消耗比较见表 1。

为了便于比较，可以把各类能耗值转换成统一的换算单位（千克标准煤/万吨公里）后再进行比较，这里以我国“十五”期间的 2004 年和“十一五”期间的 2007 年这两年的主要运输方式的能耗进行比较，来反映近几年各类交通方式的能耗情况[3]，具体见表 2 和图 1。

（二）数据分析

1. 从表 1 可以看出，在客运方面，铁路与公路之间的能耗比较中国、日本更具代表性，2005 年中国、日本经营性汽车客运的单位能耗分别是铁路的 3.7 倍和 3.5 倍。如果以铁路替代

经营性汽车，每万人公里中国可节约标准煤162.1kg，日本可节约175.7kg，两者平均铁路对经营性汽车的节能替代效应约为169千克标准煤/万人公里，即每万人公里减少 CO_2 排放0.42t[4]（注：国家发改委能源研究所推荐的我国综合碳排放系数是0.67，即每消耗1t标准煤，产生0.67tC当量或者是2.457tCO_2当量的温室气体）。

表1　我国与美国、日本不同时期不同运输方式单位运输周转量能源消耗比较

年份	中国		美国			日本		
	2000	2005	1990	2000	2007	1985	1995	2005
一、旅客运输								
1. 道路机动车								
A. 小汽车/（kcal/车·km）（kcal/人·km）	—	950	966	891	864.1	—	—	—
	—		604	565	535	522	560	600
B. 营业性汽车/巴士/（kcal/人·km）	—	155	151	146	675.8	124	155	172
2. 铁路客运/（kcal/人·km）	—	41.5	409	526	405	46	49	49
3. 民航客运/（kcal/人·km）	535	481	763	619	486	705	569	563
二、货物运输								
1. 道路机动车/（kcal/t·km）	—	1060	—	—	825.3	941	949	785
（kcal/车·km）	—	—	3570	3671	—	—	—	—
2. 铁路货运/（kcal/t·km）	—	68.1	65.8	55.1	55.2	91	61	60
3. 水路货运/（kcal/t·km）	91.8	71.4	60.6	74.1	98.6	232	159	240
4. 航空货运/（kcal/t·km）	7190	5388	—	—	—	6688	5662	5179

注：a. 美国的营业性汽车选择城际巴士；b. 美国的铁路客运选择城间客运；c. 日本的营业性汽车选择巴士。

资料来源：中国数据见李连成、吴文化《我国交通运输业能源利用效率及发展趋势》，载《综合运输》，2008（3）；美国数据为《美国交通能源数据手册（第27版）》；日本数据为《日本能源经济统计（2007年）》。

表2　各种运输方式能耗比较　　单位：千克标准煤/万吨公里

交通方式	年份	
	2004	2007
公路	559	608
铁路	127	125
民航	6071	5112
水运	62	52
管道	501	281

在货运方面，中国、美国更具代表性，两国公路货运单位能耗分别是铁路的15.6倍和15.0倍。如果以铁路替代公路货运，每万吨公里中国可节约标准煤1417kg，美国可节约标准煤1100kg，两者平均铁路对公路货运的节能替代效应约1259千克标准煤/万吨公里，即每万吨公里减少 CO_2 排放3.09t。

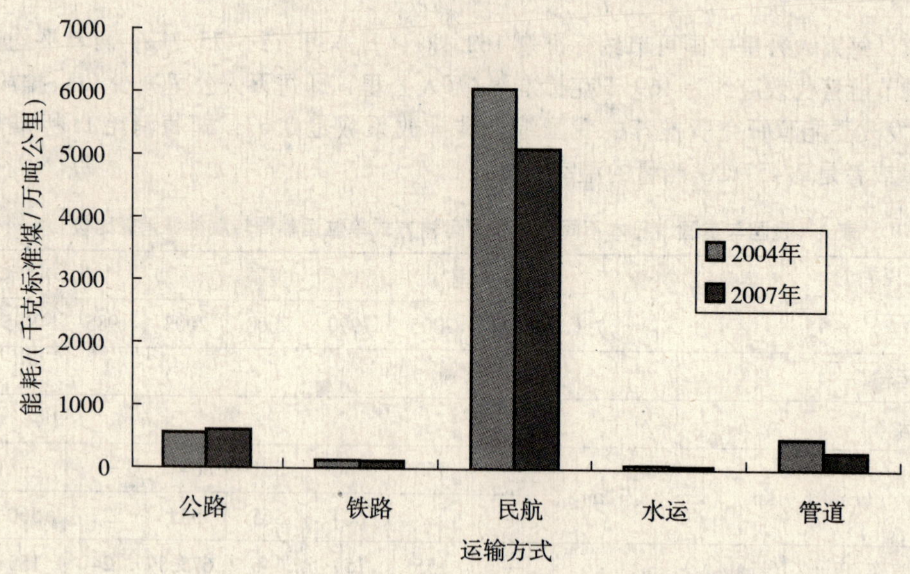

图1　不同年份我国各类运输方式单位周转量能耗比较图

2. 从表1可以看出，在客运方面，我国铁路客运单耗目前的水平低于日本约20%，说明我国铁路客运具有较高的能源利用效率。值得注意的是，随着中国铁路客运速度和舒适度提高，以及客运专线建成后采取动车组牵引方式，铁路客运单位运输能耗水平将会上升。

在货运方面，目前中国铁路单位货运能耗水平大约比美国高23.4%，比日本高11.6%，还存在一定的差距。随着未来中国铁路电气化水平的提高以及货运重载化、专业化运输比重的增加，铁路能源利用效率还有提高的潜力。

3. 从表2和图1可以看出，在铁路、公路、水运、航空及管道5种主要运输方式中，航空运输的单位能耗是最高的，从2004年每万吨公里消耗标准煤6071kg到2007年5112kg，其次是管道运输和公路运输，2004年每万吨公里消耗标准煤分别为501kg和559kg，2007年则分别为281kg和608kg。单位周转量管道运输虽然有大幅度下降，但仍高于铁路运输，比铁路运输高出1倍以上。铁路运输每万吨公里消耗标准煤2004年为127kg，2007年为125kg。水路运输每万吨公里消耗标准煤2004年为62kg，2007年为52kg，是5种主要运输方式中最低的。

2007年公路单位运输量能耗约是铁路的5倍，每万吨公里多消耗483kg标准煤，每万吨公里多排放CO_2约1.19t；航空单位运输量能耗约是铁路的41倍，每万吨公里多消耗4987kg标准煤，每万吨公里多排放CO_2约12.25t；管道单位运输量能耗约是铁路的2.25倍，每万吨公里多消耗156kg标准煤，每万吨公里多排放CO_2约0.38t。

二、我国铁路能源利用效率分析

（一）我国铁路能源消费总量和运输总能耗分析

我国铁路能源消费指标（1980—2005年）见表3和图2、图3。

表3　1980—2005年我国铁路能源消费指标

年份	能源消费总量①	运输工作量总能耗②	年份	能源消费总量①	运输工作量总能耗②	年份	能源消费总量①	运输工作量总能耗②
1980	2239.0	29.08	1989	2428.0	16.14	1998	1847.7	11.58
1981	2122.0	27.25	1990	2121.6	16.06	1999	1829.9	10.96

年份	能源消费总量①	运输工作量总能耗②	年份	能源消费总量①	运输工作量总能耗②	年份	能源消费总量①	运输工作量总能耗②
1982	2264.0	26.96	1991	2095.4	15.21	2000	1859.5	10.41
1983	2383.0	25.92	1992	2063.7	14.05	2001	1916.9	10.09
1984	2455.0	23.82	1993	2021.3	13.10	2002	1992.2	9.95
1985	2574.0	21.83	1994	2026.2	12.62	2003	2030.7	9.63
1986	2506.0	19.89	1995	2009.2	12.27	2004	2155.9	9.06
1987	2495.0	17.90	1996	2008.4	12.35	2005	2247.5	8.85
1988	2450.0	16.63	1997	1985.0	11.95			

资料来源：《全国铁路历史统计资料汇编》。由于从2006年开始，国家统计局规定电力折算标准煤系统从4.04调整为1.229，故统计分析数据选至2005年。

注：①单位为：万吨标准煤；②单位为：吨标煤/百万换算吨公里。

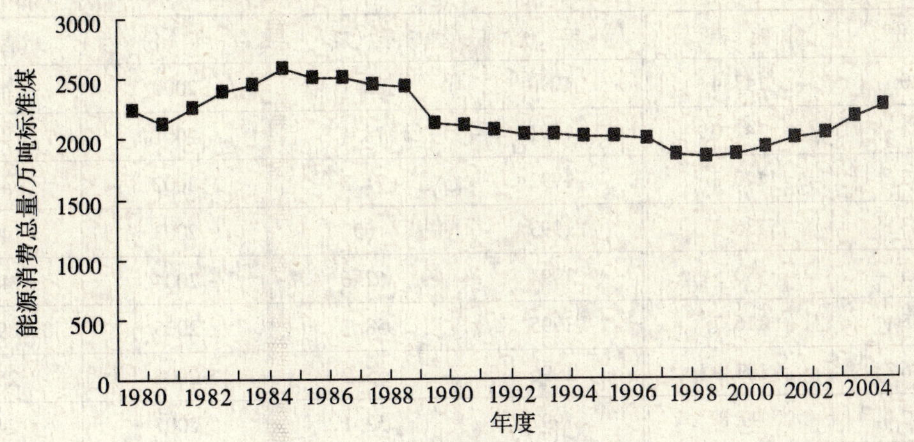

图2　我国铁路能源消费总量变化图

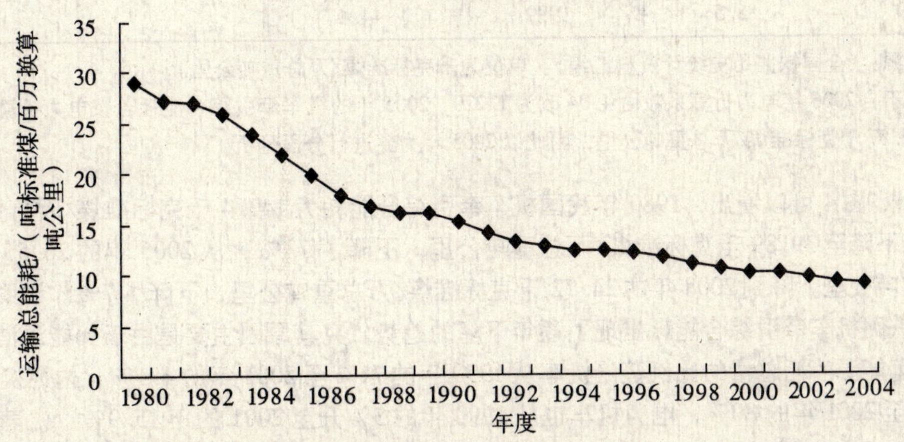

图3　我国铁路运输总能耗变化情况图

从表3和图2可以看出，铁路能源消费总量变化时升时降，从1990年的2121.6万吨标准煤至2005年的2247.5万吨标准煤，期间出现三个“拐点”。在铁路总运输量大幅度增长的同时总能耗水平并未大幅度增长，近10多年来基本维持在每年2000万吨标准煤左右的水平，主要是由于近年来逐步淘汰了能耗量比较大的蒸汽机车，内燃机车与电力机车比重大幅度的提高的原因。

从表3和图3可以看出，我国铁路能源利用效率（可用运输工作量总能耗来反映）已得到大大提高。我国铁路运输工作量总能耗水平从 1990 年的 16.06 吨标准煤/百万换算吨公里下降到 2005 年的 8.85 吨标准煤/百万换算吨公里，运输总能耗呈明显下降趋势，下降了近 50%。其中主要是由于中国铁路近几十年来致力于牵引动力结构改革，从过去以蒸汽机车为主转变为以内燃、电力机车并重。铁路牵引动力结构的变化使能源利用效率得到提高，已由过去以煤为主发展到目前以电和用油为主。从能源转换效率上看，蒸汽机车的终端能源利用效率一般在 5% ~9%，而内燃机车的终端能源利用效率达到 25% ~26%，传统直流传动电力机车的能源利用效率可达到 30% 左右，大功率交流传动电力机车效率可达到 32% 以上。因此，内燃机车特别是电力机车比重的上升会加快提高能源利用效率。下面从全路机车单位牵引工作量综合能耗情况、历年内燃机车、电力机车能源单耗情况两个方面来分析铁路机车能耗及能源利用效率问题。

（二）全路机车单位牵引工作量综合能耗情况分析

1980 年以来，我国全路机车单位牵引工作量综合能耗变化较大，牵引方式的变化降低了机车综合能耗，具体见表 4、图 4。

表 4　1980—2008 年我国机车单位牵引工作量综合能耗变化情况表

年　份	能　耗	年　份	能　耗	年　份	能　耗
1980	147.4	1990	86.1	2000	42.6
1981	142.0	1991	78.4	2001	41.6
1982	140.3	1992	71.3	2002	40.7
1983	136.1	1993	65	2003	40.1
1984	130.5	1994	62.6	2004	40.4
1985	116.7	1995	58.7	2005	39.89/26.57
1986	107.9	1996	55.9	2006	25.77
1987	99.8	1997	52.1	2007	24.95
1988	94.1	1998	48.1	2008	24.72
1989	88.5	1999	44.4		

资料来源：《全国铁路历史统计资料汇编》。单位为千克标准煤/万总重吨公里。

注：由于自 2006 年电力折算系数由 4.04 改为 1.229，2005 年的机车牵引综合能耗若按电力折算系数 1.229 计算则为 26.57 千克标准煤/万总重吨公里，因此以 2005 年为界进行分段分析。

从表 4、图 4 可以看出，1980 年我国机车牵引综合能耗为 147.4 千克标准煤/万总重吨公里，到 2005 年下降至 39.89 千克标准煤/万总重吨公里，下降了 73%；从 2005 年的 26.57 千克标准煤/万总重吨公里下降到 2008 年的 24.72 千克标准煤/万总重吨公里，下降了 7%。说明随着铁路的发展，铁路机车牵引综合能耗出现了逐年下降的趋势。究其原因主要是由于：能源消耗量占我国铁路机车能源消耗总量的比例蒸汽机车从 1990 年的 71% 至 2001 年的 4.1%，内燃机车从 1990 年的 26% 至 2001 年的 80%，电力机车也从 1990 年的 3% 升至 2001 的年 15.9%[5]。蒸汽机车的能源消耗比重快速降低，而内燃机车和电力机车的比重越来越大，能源利用效率得到了提高，致使我国铁路机车总耗能呈降低态势，使得我国铁路行业在客货运输量不断增大的情况下取得了“运输量增加，能耗量降低”的态势。为减少我国交通运输业的能源消费作出了重大的贡献。

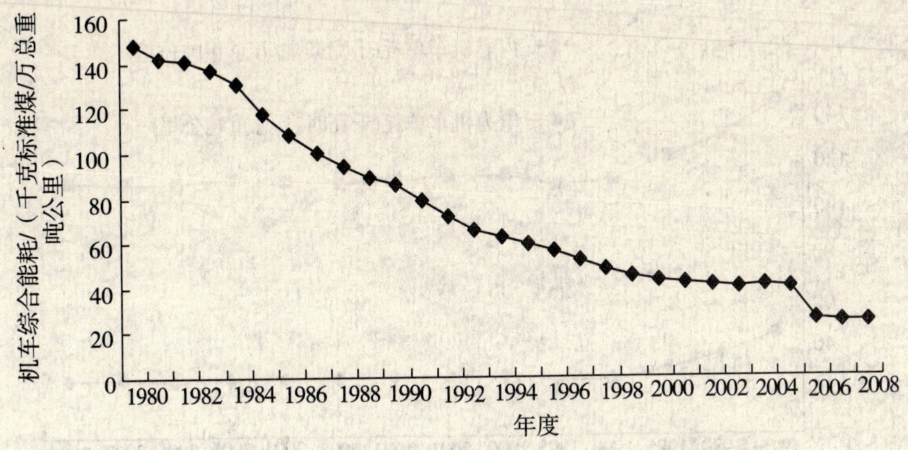

图4　我国铁路机车牵引综合能耗变化趋势图

（三）历年内燃机车、电力机车能源单耗情况分析

历年内燃机车、电车机车能耗情况见表5、图5。

表5　1975—2008年我国内燃机车、电力机车能源单耗

年　份	内燃机车单耗①	电力机车单耗②	年　份	内燃机车单耗①	电力机车单耗②
1975	44.0	145.3	2003	25.4	110.0
1980	35.0	129.8	2004	25.0	111.2
1985	28.8	121.5	2005	24.6	111.8
1990	24.4	111.0	2006	24.3	110.0
1995	24.2	109.4	2007	24.6	109.9
2000	25.8	113.2	2008	24.9	111.4
2001	25.7	113.1	年均	27.3	115.6
2002	25.9	110.8			

资料来源：《铁路统计指标手册（至2008年）》。

注：①单位为：千克柴油/万总重吨公里；②单位为：千瓦时/万总重吨公里。

从表5、图5可以看出，1975年以来内燃机车和电力机车能源单耗总体上呈现了下降趋势，比较而言，电力机车下降的趋势比较明显。内燃机车单耗从1975年的44.0千克柴油/万总重吨公里下降至2008年的24.9千克柴油/万总重吨公里，下降了43%；电力机车从1975年的145.3千瓦时/万总重吨公里下降至2008年的111.4千瓦时/万总重吨公里，下降了24%。

机车用能单耗降低对大幅降低铁路总能耗作用巨大，虽然单耗降低的幅度比较小，但联系到全路所有机车以及所完成的工作量就是一笔很大的数字[6]。以2006年为例，2006年内燃机车单耗为24.3千克柴油/万总重吨公里，比2005年的24.6千克柴油/万总重吨公里降低了0.3千克柴油/万总重吨公里，2006年内燃机车完成的运输工作量为213360000万吨公里，可节省柴油约6.4万t，减少CO_2排放22.87万t。

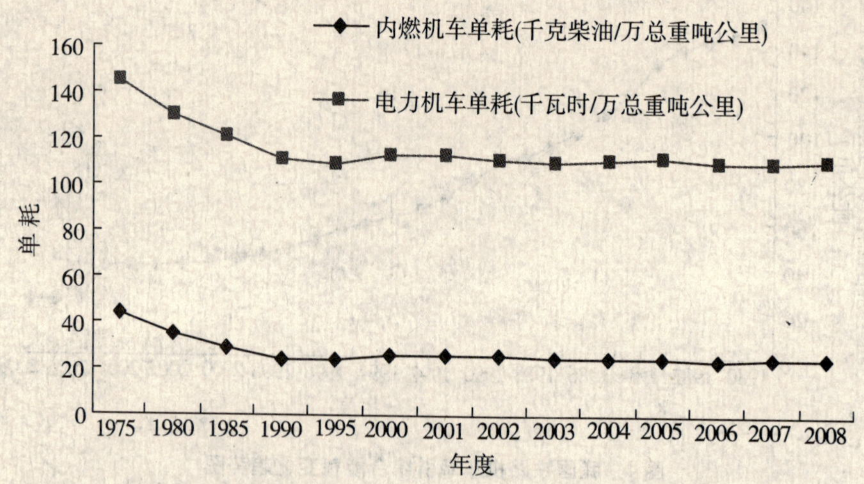

图 5　我国内燃机车、电力机车单耗变化趋势图

从表 5 可以看出，这 14 年中内燃机车的年均单耗为 27.3 千克柴油/万总重吨公里，电力机车的单耗为 115.6 千瓦时/万总重吨公里，折合标煤分别为：39.7 千克标煤/万总重吨公里和 14.2 千克标煤/万总重吨公里，另据统计资料分析，蒸汽机车的年均单耗为 272.2 千克标煤/万总重吨公里，由此可见，内燃机车的单耗只有蒸汽机车的 15%，电力机车的单耗是蒸汽机车单耗的 5%、是内燃机车单耗的 36%。

然而，有些专家认为从终端能源消耗比较电力和燃油消耗的能耗水平不太科学，提出应该将电力折算为一次能源消费，并考虑电力结构的影响。以 2007 年为例，铁路内燃机车的牵引单耗为 24.6 千克柴油/万总重吨公里，折合 35.84 千克标准煤/万总重吨公里，电力机车终端用能单耗为 109.9 千瓦时/万总重吨公里，折合 13.45 千克标准煤/万总重吨公里，如果折合一次能源消耗量为 34.83 千克标准煤/万总重吨公里[7]，虽然折合一次能源后单位周转量内燃机车能耗与电力机车能耗的差距大大缩小，但用电能效仍然高于用油能效，这表明了电力机车具有最高的能源利用效率，而且还避免了蒸汽机车和内燃机车带来的排放污染。因此，在我国铁路运输量不断增长的情形下，加快铁路电气化的建设和提高电力机车的牵引比重是降低我国铁路行业能源消耗和提高能源利用效率的重要途径。

三、“十一五”铁路节能效应分析

国内外研究表明，铁路在能耗有明显的比较优势，电气化铁路既节能又能替代石油。铁路的节能不仅在于自身能源利用效率，而更在于替代其他运输方式的节能和改善能源结构效应[8]。因此，分析铁路节能效应，需要从两个视角展开：一是外部效应，包括节能效应和节油效应。其中，外部节能效应是指用铁路替代其他运输方式所产生的节能量，外部节油效应是指铁路用电力牵引替代内燃牵引或者用铁路替代其他运输方式所产生的节油量。二是内部效应，是指铁路因能效改善所直接产生的节能量，主要体现在铁路单位运输量的能耗变化。

（一）铁路对公路替代的节能效应

1. 铁路对公路的结构替代节能效应

是指因铁路运输市场份额提高或降低而实现的节能量，反映了铁路发展所导致运输结构变化而产生的节能效应。在我国主要考虑铁路与公路之间的替代，即假设铁路市场份额的变化全部转移到公路运输。其计算公式为：

$$\Delta T_i = Q_i(r_{i-1} - r_i)(n_{i-1} - d_{i-1}) \tag{1}$$

式中：ΔT_i 为铁路对公路的结构替代节能量；Q_i 为全社会运输周转量；r_i 为铁路占全社会周转量比例；n_i 和 d_i 分别表示公路、铁路的单位周转量能耗；i 表示年份。鉴于 $n_i > d_i$，ΔT_i 为正数表示因公路比例上升而导致的能源浪费，负数相反。按此计算，2006—2008 年铁路市场份额下降，公路替代铁路而导致的能源“浪费”达 17207 万吨标准煤。其中，客运 40 万 t，货运 17167 万 t。

2. 铁路对公路的增量替代节能效应

是指因铁路运输量增加而实现的节能量。即在假设铁路运输周转量不增长前提下，如果用公路来满足铁路运输增量需求所导致的能耗变化。其计算公式为：

$$\Delta T_i = \Delta Q_{Ti}(n_{i-1} - d_{i-1}) \tag{2}$$

式中：ΔT_i 为铁路对公路的增量替代节能量；ΔQ_{Ti} 表示铁路运输周转量的增加量；其他符号含义同式（1）。正数表示节能，负号相反。按此计算，2006—2008 年由于铁路对公路的增量替代节能量为 6485 万吨标准煤。其中，客运 278 万 t，货运 6207 万 t。

3. 铁路对公路的完全替代节能效应

是指如果由公路全部承担铁路实际运输量而多消耗的能源数量。其计算公式为：

$$\Delta T_i = Q_{Ti}(n_i - d_i) \tag{3}$$

式中：ΔT_i 为铁路对公路的完全替代节能量；Q_{Ti} 为铁路运输周转量；其他符号含义同式（1）。正数表示公路完全替代铁路所带来的能耗增加量，负号相反。按此计算，2006—2008 年如果完全由公路来完成铁路实际运输量需要多消耗能源 92831 万吨标准煤，其中客运 3652 万 t，货运 89179 万 t。

（二）铁路电气化节能效应

目前国铁的机车牵引只有电力和内燃两种形式，两者之间是替代关系。铁路电气化的替代节能效应是指因电力牵引替代内燃牵引而产生的节能效果。按表 6 对两种牵引方式单位运输量能耗的测算，电力牵引较内燃牵引更节能。而且，随着电力工业的技术进步，我国发电煤耗、厂自用电率、线损率等能效指标逐年改善，电气化铁路在节能方面的替代效应更加明显[9]。2008 年铁路单位运输工作量的能耗，电力牵引较内燃牵引低 5.4 千克标煤/万总重吨公里。

表 6　2006—2008 年国铁内燃、电力牵引的单位能耗

年　份	内燃牵引			电力牵引		
	单位油耗/（kg/万 t·km）	折算系数	单位标准煤耗/（kg/万 t·km）	单位电耗/（kWh/万 t·km）	折算系数/（g/kWh）	单位标准煤耗/（kg/万 t·km）
2006	24.3	1.4571	35.4	110.0	306.5	33.7
2007	24.6	1.4571	35.8	109.5	297.1	32.5
2008	24.9	1.4571	36.3	110.6	279.2	30.9

注：铁路单位运输工作量为国铁客货牵引总重吨公里。2008 年电耗折算标准煤系数按 2007 年计算。

资料来源：电力、内燃牵引能耗来源于相关年份的《全国铁路统计资料汇编》，电力折算系数按照中电联等有关部门的统计数据测算。

1. 铁路电气化的结构替代节能效应

是指因铁路电力牵引占机车牵引的比例提高而实现的节能，反映了铁路电气化所导致牵引结构变化而产生的节能效应。其计算原理与式（1）相同。按此计算，2006—2008 年铁路电气化实现结构替代节能 7.6 万吨标煤。

2. 铁路电气化的增量替代节能效应

是指因铁路电力牵引的总重吨公里增加而实现的节能量，即如果用内燃牵引来满足电力牵引总重吨公里增量所导致的能耗增加。其计算原理与式（2）相同。按此计算，2006—2008 年铁路电气化实现增量替代节能 21.7 万吨标煤。

3. 铁路电气化的完全替代节能效应

是指如果内燃完全替代电力牵引而多消耗的能源数量。其计算原理与式（3）相同。按此计算，2006—2008 年铁路电气化实现完全替代节能 212.6 万吨标煤。

（三）铁路电气化的节油效应

我国电力以煤电为主，铁路电气化不仅可以节能，而且还能通过“煤代油”取得节油效应[10]。

1. 铁路电气化的结构替代节油效应

是指因铁路电力牵引占比例提高而节约的燃油消耗量。其计算公式为：

$$\Delta E_i = Z_i(r_{i-1} - r_i)k_i \tag{4}$$

式中：ΔE_i 为铁路电气化的结构替代节油量；Z_i 为机车牵引总重吨公里；r_i 为内燃牵引占总重吨公里的比例；k_i 为内燃牵引的单位总重吨公里耗油量，i 表示年份。据此计算，2006—2008 年铁路电气化实现结构替代节油（柴油）85.2 万 t。

2. 铁路电气化的增量替代节油效应

是指因铁路电力牵引的总重吨公里增加而实现的节油量，即如果用内燃牵引满足电力牵引总重吨公里增量所需要的油耗。其计算公式如下：

$$\Delta E_i = (Z_{di} - Z_{d(i-1)})k_i \tag{5}$$

式中：ΔE_i 为铁路电气化的增量替代节油效应；Z_{di} 为铁路电力牵引总重吨公里，其他符号含义同式（4）。按此计算，2006—2008 年铁路电气化实现增量替代节油（柴油）152.6 万 t。

3. 铁路电气化的完全替代节能效应

是指如果由内燃牵引全部承担电力牵引实际运输量而多消耗的油料。其计算公式为：

$$\Delta E_i = Z_{di} \times k_i \tag{6}$$

式中：ΔE_i 为铁路电气化的完全替代节油效应；其他符号含义同式（4）。按此计算，2006—2008 年铁路电气化实现完全替代节油（柴油）1446.4 万 t。

（四）铁路对公路替代的节油效应

是指由公路全部承担铁路的实际运输量而多消耗的油料数量。其计算公式为：

$$\Delta G_i = Q_{ni}(y_i - t_i) + Q_{di}y_i \tag{7}$$

式中：ΔG_i 为铁路对公路替代的节油效应；Q_{ni} 和 Q_{di} 分别为铁路内燃和电力牵引的运输周转量；y_i 为公路的单位运输周转量油耗；t_i 为铁路内燃牵引的单位运输周转量油耗，i 为年份。由于客货单位周转量的差异很大，因此应按式（7）分别对客运和货运进行测算，然后加总得出铁路对公路替代的总节油量。

鉴于从目前的统计口径无法得到公式（7）需要的参数，因此只能采用简单粗略的办法进行初步匡算。其计算公式为：

$$\Delta G_i = TK_i \times C_{ki} + TH_i \times C_{hi} - NC_i \tag{8}$$

式中：ΔG_i 为铁路对公路替代的节油效应；TK_i 和 TH_i 分别为铁路客货运输周转量；C_{ki} 和 C_{hi} 分别为公路与铁路客货单位运输周转量的油耗量的差额；NC_i 为铁路内燃牵引的耗油量；i 为年份。假设最近几年公路与铁路单位运输量能耗没有发生变化，根据铁路、公路运输单位能耗，2006—2008 年铁路对公路替代节油为 65276.6 万 t（柴油）。

（五）铁路综合能效提高的节能效应

铁路能效是指单位运输周转量的能耗对各种运输方式或同一种运输方式内的各种运输工具而言，客运和货运的能效都有很大差异，因此国际上普遍对客货运输能效单独进行统计和分析。鉴于目前缺乏我国铁路客货能效的基础数据，这里采用换算运输周转量来反映铁路能效变化及其节能效应。其计算公式为：

$$\Delta TE_i = TZ_i(p_{i-1} - p_i) \tag{9}$$

式中：ΔTE_i 为铁路能效提高而实现的节能量（正值为节能，负值相反）；TZ_i 为铁路换算周转量；p_i 为铁路单位换算周转量能耗量，i 表示年份。

铁路综合能效是指基于铁路行业总能耗计算的单位换算周转量能耗，即单位换算周转量综合能耗，可分为单位换算周转量牵引能耗和非牵引能耗。铁路综合能效提高而实现的节能量，反映了铁路行业内部节能效应的总体水平。按照上述公式计算，2006—2008 年铁路因综合能效提高而节能 315.1 万吨标煤，年均节能 5.9%；其中牵引部分节能 135.5 万吨标煤，年均节能 4.2%；非牵引部分节能 179.6 万吨标煤，年均节能 8.4%。与 2005 年相比，2008 年铁路单位换算周转量综合能耗降低 16.7%，牵引部分单位换算周转量能耗降低 12.2%，非牵引部分降低 23.2%。

四、“十一五”铁路 CO_2 减排效应分析

交通运输领域的 CO_2 排放主要源于化石能源燃烧，节能就是减排。化石能源产生 CO_2 排放的计算公式为：

$$QEC_i = (\sum_{j=1}^{n} E_j \times A_j \times B_j \times R_j) \times 44/12 = E_i \times \beta_i \times 44/12 \tag{10}$$

式中：QEC_i 表示 CO_2 排放量；E_j 为 j 类燃料消耗量；A_j 为 j 类燃料的单位能源热值，B_j 为 j 类燃料的碳排放因子，R_j 为 j 类燃料的氧化率，β_i 为 i 类燃料的碳排放系数，i 为年份。目前普遍采用 IPCC（联合国政府间气候变化专门委员会）提供的各类燃料热值、碳排放因子和氧化率等参数进行测算。鉴于燃料种类很多，为简化计算过程，通常引入综合碳排放系数（β 值）估测化石能源燃烧的 CO_2 排放量。β 值是指在一定能源消费结构下，每消耗单位当量能源（如标准煤）而产生的 CO_2 排放量。国家发改委能源研究所推荐的我国综合碳排放系数是 0.67（tC/tce），即每消耗 1 吨标准煤，产生 0.67tC 当量或者是 2.457tCO_2当量的温室气体。这里，我们基于前面对铁路节能效应的分析结果，按照简化算法来估测“十一五”铁路 CO_2 减排效应[11]。

（一）铁路对公路替代的 CO_2 减排效应

在 2006—2008 年的 3 年间，由于铁路占运输市场份额下降（被公路替代了一部分），多排放 CO_2 达 42272 万 t；由于铁路周转量的增加，减少 CO_2 排放 15932 万 t。如果铁路的运输量全部由公路承担，这三年的 CO_2 排放量要多 228054 万 t。

（二）铁路内部节能的 CO_2 减排效应

2006—2008 年由于铁路能效提高而减少 CO_2 排放 774 万吨。其中，牵引部分减排 333 万吨，非牵引部分减排 441 万 t。

五、结论和建议

1. 通过铁路、公路、民航、水运等运输方式能耗的比较，铁路单位换算周转量能耗较低（仅比水运高），公路单位运输量能耗约是铁路的 5 倍，航空单位运输量能耗约是铁路的 41 倍，管道单位运输量能耗约是铁路的 2.25 倍。

2. 通过分析全路机车牵引综合能耗情况，以及往年内燃机车、电力机车能耗情况，铁路牵引动力结构的变化使能源利用效率得到了提高，内燃机车特别是电力机车比重的上升会加快提高铁路能源利用效率。

3. 铁路节能减排效应主要体现在外部，即铁路借助其在能效方面的比较优势，通过替代其

他运输方式（主要是公路）而达到节能减排和节油的目的。“十一五”头三年铁路行业内部节能减排取得明显的成效，共节约能源 315.1 万吨标准煤，减排二氧化碳 774.1 万 t。

4. 铁路由于其单位换算周转量能耗较低、能源利用效率逐年得到提高，并且具有明显的节能减排效应，因此，通过发展铁路建设，用铁路运输部分取代公路、航空，减少石油消耗，减少排放，对我国发展低碳经济具有明显的作用。

参考文献

[1] Roberta Quadrelli, Sierra Peterson. The energy - climate challenge: Recent trends in CO_2 emissions from fuel combustion [J]. Energy Policy, 2007, 8 (35): 593 - 595.

[2] 周新军. 论铁路运输在国家能源安全中的战略地位 [J]. 综合运输, 2008 (7): 13 - 15.

[3] 耿勤, 佘湘耘, 朱虹, 等. 我国交通运输能源消费的初步分析与探讨 [J]. 中国能源, 2009, 31 (10): 28 - 29, 34.

[4] 中国铁道科学研究院. 中国铁道科学研究院 60 周年学术论文集 [M]. 北京: 中国铁道出版社, 2010: 665 - 668.

[5] 何吉成, 黄茵, 徐雨晴. 1990—2005 年中国铁路机车的耗能分析 [J]. 中国能源, 2009, 31 (7): 31 - 33, 37.

[6] 周新军. 我国铁路能源消耗和节能现状 [J]. 中外能源, 2009, 14 (3): 87 - 92.

[7] 铁道第三勘察设计院集团有限公司. AFD 赠款用于中国铁路能效研究最终报告 [R]. 2009: 95 - 97.

[8] 黄民. 铁路“十一五”发展战略研究 [M]. 北京: 中国铁道出版社, 2008.

[9] 王天宁, 丁巍. 电力机车的节能减排成效 [J]. 节能与环保, 2009 (7): 30 - 32.

[10] 周新军. 铁路系统节能技术路径与措施 [J]. 中国能源, 2009, 31 (7): 34 - 37.

[11] 科技促进节能减排, 铁路行业在行动 [J]. 中国铁路, 2009 (4): 30 - 32.

低碳经济和可持续发展

郑志洋　武桂桃

（河北省环境监测中心站　石家庄市裕华西路106号　050051）

摘　要　低碳经济，是指在可持续发展理念指导下，通过技术创新、制度创新、产业转型、新能源开发等多种手段，尽可能地减少煤炭石油等高碳能源消耗，减少温室气体排放，达到经济社会发展与生态环境保护双赢的一种经济发展形态。发展低碳经济，一方面是积极承担环境保护责任，完成国家节能降耗指标的要求；另一方面是调整经济结构，提高能源利用效益，发展新兴工业，建设生态文明，是实现经济发展与资源环境保护双赢的必然选择。

关键词　环境保护　低碳经济　低碳生活

一、低碳经济的提出背景

“低碳经济”一词最早出现于2003年2月24日的英国能源白皮书《我们能源的未来：创建低碳经济》这一政府文件。18世纪从英国发起的技术革命是技术发展史上的一次巨大革命，它开创了以机器代替手工工具的时代。这不仅是一次技术改革，更是一场深刻的社会变革。英国作为第一次工业革命的先驱和资源量并不丰富的岛国，充分意识到了能源安全和气候变化等方面的威胁，相关能源的供应方式正从自给自足走向主要依靠进口。依英国目前的消费模式，到了2020年全国80%的能源都必须进口。

气候变化的影响已经到了令全球人都应当注意的关键期。受人类活动影响，全球大气CO_2、CH_4及N_2O的浓度自1750年起急剧上升，现在的浓度已大幅超越工业革命前数千年的浓度水平，全球CO_2的增加主要是由于使用化石燃料及改变土地用途，至于CH_4及N_2O的增加则与农业有关。低碳经济是以低能耗、低污染、低排放为基础的经济模式，是人类社会继农业文明、工业文明之后的又一次重大进步。能源高效利用、清洁能源开发、追求绿色GDP正是低碳经济追求的目标，低碳经济的核心是新能源技术、节能减排技术创新、产业结构和制度创新以及人类生存发展观念的根本性转变。

在此背景下，“低碳经济”“低碳发展”“低碳生活方式”“低碳社会”“低碳城市”“低碳世界”“低碳住宅”等一系列新概念、新政策应运而生。而能源与经济以及价值观实行大变革的结果，可能将为逐步迈向生态文明走出一条新路，摒弃20世纪传统的经济增长模式，应用新世纪的创新技术与创新机制，通过低碳经济模式与低碳生活方式，实现社会可持续发展。

2009年6月，中国社会科学院在北京发布的《城市蓝皮书：中国城市发展报告（No.2）》中也指出，在全球气候变化的大背景下，发展低碳经济正成为各级部门决策者的共识。救治全球气候变暖的关键在于节能减排，促进低碳经济发展，也是践行科学发展观的重要手段。

2010年3月，生态环保、可持续发展成为两会的主题，九三学社中央提交的“关于推动我国低碳经济发展的提案”，被列为全国政协十一届三次会议的一号提案。从去年开始，“应对全球气候变化，发展低碳经济”，就成为九三学社确定的一项长期跟踪调研的重大战略课题，并多次组织专家学者赴全国各地调研。中国国务院总理温家宝在十一届全国人大三次会议上作政府工作报告——中国在2010年要重点抓好8个方面工作中指出：转变经济发展方式刻不容缓，并首次将发展低碳经济列为政府今年的重点工作。《报告》提出“要努力建设以低碳排放为特征的产业体系和消费模式”，“大力开发低碳技术，推广高效节能技术，积极发展新能源和可再生能源”。国际金融危机正在催生新的科技革命和产业革命，发展战略性新兴产业，抢占经济科技制高点，决定国家的未来，必须抓住机遇、明确重点、有所作为。要大力发展新能源、新材料、节能环保、生物医药、信息网络和高端制造产业。

二、低碳经济的新时代

哥本哈根气候会议之后，“低碳”迅速成为全球流行语，低碳生活、低碳经济正逐渐成为人类社会自觉的追求。低碳经济可分两大块，一块叫低碳生产，而生产产品出来了要进行消费，所以第二块叫低碳消费。低碳消费和低碳生产完整构成我们低碳经济一个体系。

在低碳经济问题上，需澄清一些人们在认识上的误区。第一，低碳不等于贫困，贫困不是低碳经济，低碳经济的目标是低碳高增长；第二，发展低碳经济不会限制高能耗产业的引进和发展，只要这些产业的技术水平领先，就符合低碳经济发展需求；第三，低碳经济不一定成本很高，温室气体减排甚至会帮助节省成本，并且不需要很高的技术，但需要克服一些政策上的障碍；第四，低碳经济并不是未来需要做的事情，而是应从现在做起；第五，发展低碳经济是关乎每个人的事情，应对全球变暖，关乎地球上每个国家和地区，关乎每一个人。

建设低碳城市，需要加快以集群经济为核心，推进产业结构创新；以循环经济为核心，推进节能减排创新；以知识经济为核心，推进内涵发展创新。

作为一个高能耗国家，我们需要从节能减排、低碳发展的内在规律出发，找到中国巨大社会浪费和环境污染的本源。必须摒弃只关注诸如建筑节能、煤的高效利用等“用”的层面的具体技术问题，而忽视“体”的层面存在的痼疾，比如消费拉动经济增长理论的负面影响，城乡空间布局、国民生活方式等方面存在的巨大浪费等。因此，创新思维、改变观念，坚持体用结合，从全局观、系统论的角度出发，才能正确认识并加快低碳经济发展。

三、低碳经济带来的机遇和挑战

到 2020 年，我国单位 GDP 的碳排放比 2005 年下降 40% ~45%，作为约束性指标纳入国民经济和社会发展中长期规划，并制定相应的国内统计、监测、考核办法。据摩根士丹利预测，中国潜在的节能市场规模达 8000 亿元。

长期以来，我国不少地区一直单纯强调 GDP 的增长，如今减排目标公布后，这种局面就需要在短时间内得到有效控制，由此也需要新能源行业更快地发展与成熟。

现在国家正在制定新能源行业的振兴规划。规划将全面提升和发展新能源行业，包括创新能力，产业应用。中国已经形成了比较完整的风电、太阳能产业链，形成了产业的群体，比如，光伏电池从最前端的硅材料，到生产多晶硅的原料，到铸锭、切片，生产电池，到生产组件，到建立电站，有完整的产业群，通过政府宏观政策推动和市场机制的导向下，我们的基础力量已经开始形成了。但是，与此相对应，传统行业的既有发展模式将遭到严峻挑战。除了传统的钢铁、水泥、电力、铝业等排放大户外，航空业也将可能遭受挑战。因此，我们需要要打造新的低碳产业链来解决这一问题，目前我国产业链的价值分布是向资源型企业倾斜的，低碳经济的发展将改变这一分布。

首先是缩短能源、汽车、钢铁、交通、化工、建材等高碳产业所引申出来的产业链条，把这些产业的上、下游产业“低碳化”；其次是调整高碳产业结构，逐步降低高碳产业特别是“重化工业”在整个国民经济中的比重，推进产业和产品向利润曲线两端延伸：向前端延伸，从生态设计入手形成自主知识产权；向后端延伸，形成品牌与销售网络，提高核心竞争力，最终使国民经济的产业结构逐步趋向低碳经济的标准。

同时，要推进全球碳交易市场的发展。历史经验已经表明，如果没有市场机制的引入，仅仅通过企业和个人的自愿或强制行为是无法达到减排目标的。碳交易市场从资本的层面入手，通过划分环境容量，对温室气体排放权进行定义，延伸出碳资产这一新型的资本类型，而碳市场的存在则为碳资产的定价和流通创造了条件。

碳交易将金融资本和实体经济连通起来，通过金融资本的力量引导实体经济的发展，因此它本质上是发展低碳经济的动力机制和运行机制，是虚拟经济与实体经济的有机结合，代表了未来世界经济的发展方向。

四、低碳经济的探索

河北省保定市正以建设“太阳能之城”为载体，努力做好低碳经济的“加减法”。一方面积极开展节能减排，实施“蓝天行动”、“碧水计划”和“绿荫行动”，另一方面大力发展新能源产业，推动新能源技术的创新与应用。

2007 年以前，在保定城西北角，有一片 2300 多亩的空地，这里集中存放着热电厂产生的 2000 多万 m^3 粉煤灰，每到冬春多风季节，西北风卷着黑煤灰直扑市区。

如今，这个被市民称为“黑风口”的地方，正成为保定风电产业的“绿风口”，一个研发、制造零部件、原材料配套的风电产业园已经初具规模，首期 10 个项目入园建设，预计投产后可实现产值百亿元。经过治理改造，困扰居民多年的污染也得到了彻底根治，附近西廉粮村村民高兴地说：“过去一刮风，被子衣服都不敢拿出来晒，现在不落灰了，心里甭提多亮堂!”

新能源产业的迅速发展、新能源综合应用、节能减排措施的有效实施，为保定市建设低碳城市奠定了坚实的基础。因成绩突出，2008 年保定市被科技部授予“国家综合利用太阳能示范城市”称号，在建设低碳城市的目标上，保定又前进了一步。

在此基础上，保定市还从城市生态环境建设、低碳社区建设、低碳化城市交通体系建设等方面入手，创新、完善低碳管理，促进低碳规划的有效实施。由国内低碳领域知名专家学者任顾问、保定市主要领导参与发起的“保定市低碳城市研究会”也即将挂牌成立。

从传统的制造加工业到新兴的新能源产业，从培育、壮大低碳产业到低碳城市建设，保定经历了一个从不自觉到自觉、从陌生到不断深化认识的过程，一个由政府推动、企业实施、全社会共同参与的低碳发展格局正在保定逐步形成。

五、结　论

节能环保、新能源产业必将是未来各国产业发展的主要方向和新的利润增长点。我们必须通过各方面的不断努力，向低碳经济迈进。

我们既要从产业结构、能源结构调整入手，转变高碳经济发展模式；也要从产业链的各个环节上，产品设计、生产、消费的全过程中寻求节能途径，推广节能技术；大力开发可再生能源，大力发展低碳产业、低碳技术、低碳农业、低碳工业、低碳建筑、低碳交通等，把低碳经济的理念渗透到社会各个领域，形成良好的发展低碳经济的社会氛围和舆论环境。

参考文献

[1] 国新办．中国的能源状况与政策．
[2] 李旸．低碳经济：城市发展道路选择．
[3] 何建坤．在可持续发展框架下应对全球气候变化．
[4] 夏堃堡．发展低碳经济，实现城市可持续发展．
[5] 徐华清．气候变化问题的实质与中国的努力．

运城市发展低碳经济的思考

薛晓光

（山西运城市环境保护局　山西　运城　044000）

摘　要　根据运城市的基本情况、能源结构和面临的能源消费持续增长、特殊的资源条件、产业能源构成、科技水平等主要问题，提出了运城市调整碳产业结构，发展煤炭洁净化燃烧技术；发展风电和太阳能；发展生物质能源；合理利用水资源和地热能源的发展低碳经济的重要途径。

关键词　运城市　发展　低碳经济　思考

低碳经济，是指在可持续发展理念指导下，通过技术创新、制度创新、产业转型、新能源开发等多种手段，尽可能地减少煤炭石油等高碳能源消耗，减少温室气体排放，达到经济社会发展与生态环境保护双赢的一种经济发展形态。发展低碳经济，一方面是积极承担环境保护责任，完成国家节能降耗指标的要求；另一方面是调整经济结构，提高能源利用效益，发展新兴工业，建设生态文明。这是摒弃以往先污染后治理、先低端后高端、先粗放后集约的发展模式的现实途径，是实现经济发展与资源环境保护双赢的必然选择。

一、运城市的基本情况

运城市是一个农业大市。近年来，在市委、市政府的正确领导下，经过全社会的共同努力，经济发展很快，成为农、工、商、旅并举的组合大市。环境质量总体趋于稳定，污染物排放增长势头得到初步遏制。但环境形势仍然相当严峻，资源短缺、生态脆弱，区域经济发展不平衡，粗放型经济增长方式还没有根本改变，环境问题突出。

根据污染源普查数据，结合运城市社会经济统计数据和环境质量数据资料分析，运城市大多数企业都是高耗能、高污染、资源利用率低的“两高一低”企业，尤其是有色金属冶炼及压延加工业、黑色金属冶炼及压延加工业、电力热力的生产和供应业、化学原料及制品等行业能耗较高，废气排放量较大，主要集中在河津、闻喜、永济、盐湖等区域，企业规模大，强度密集，尤其是河津燃煤量大、烟尘产生量大，占全市的61.1%。环境承载力较差。

全市共有废水污染源6861家，其中工业源2723家，生活源4119家，集中式污染治理设施19个，农业源6755个。工业源主要集中在盐湖、河津、永济、新绛、稷山、闻喜等县（市、区），用水量、排水量都占全市的绝对多数，按受纳水体分布在黄河、汾河、涑水河流域。工业源废水产生分行业情况为氮肥制造、火力发电、炼钢、铝冶炼、无机碱制造和机制纸及纸板等几个行业的用水量占到全市用水量的86.6%；其中氮肥制造行业用水量占到全市用水总量的51.28%。主要污染物为化学需氧量、氨氮、石油类、挥发酚。对企业所在地周边的地表水环境和浅层地下水环境产生了较为严重的威胁，污染水处理机制尚未健全；各城镇生活污水处理量较小，直接排放对地表水环境造成一定压力，特别是汾河、涑水河流域，水环境压力较大，多个断面为地表水环境质量劣Ⅴ类水质。

固体废物主要来源于有色金属矿采选业、有色金属冶炼及压延加工业、电力、燃气及水的生产和供应业、黑色金属冶炼及压延加工业、煤炭开采和洗选业、石油加工、炼焦及核燃料加工业、黑色金属矿采选业和生活垃圾。这几个行业占到固体废物产生量的94.92%；有色金属矿采选业和有色金属冶炼及压延加工业两个行业占到45.53%。工业固废的处置利用率较高，丢弃量较少；但是各县区生活垃圾均是简易填埋，达不到无害化处理要求，渗滤液处理设施未配套，给周边地下水环境造成一定威胁；农村生活垃圾难于妥善处理，直接影响农村的生态环境。

二、运城市的能源结构

运城市生产和生活用燃料主要是煤炭、焦煤油、液化气、天然气等，燃料以煤炭为主。运城市的能源消费利用构成仍以煤炭为主，能源消费总量为1659.7万t标准煤，其中燃料煤耗量为1507.1万t标准煤，占能源消费的90.8%以上。运城市能源消费结构情况列于表1。从煤炭消费和工业废气排放的年际变化情况看（表2），煤炭消费随工业总产值的增长呈逐年递增趋势。

表1 运城市能源消费结构情况表

能源结构	煤炭消费/（万t）			燃料油/（万t）			天然气/万t	秸秆树枝/万t
	总量	燃料煤	原料煤	总量	重油	柴油		
数 量	3188.0	1565.0	1623.0	3.2	2.6	0.5	0.526	14.6
折标煤		1565.0		4.3	3.6	0.7	141.0	7.3
占比	90.8			0.26			8.50	0.44

表2 运城市煤炭消费/三废排放年际变化情况表

年度	1996	1997	1998	1999	2000	2001	2002	2003	2004	2005	2006	2007	2008
工业总产值/亿元	51.3	83.9	107.2	151.6	107.7	193.0	285.0	240.0	282.0	415.2	1120.2	839.1	680.2
煤炭消费总量/万t	262.0	540.7	1415.3	1645.4	1654.0	1294.6	1992.3	2540.0	2715.1	2413.9	3529.4	3622.0	3188.0
燃料煤/万t	212.2	423.0	435.2	528.2	487.3	687.6	767.9	948.5	914.8	1126.8	1507.1	2783.0	1565.0
原料煤/万t	49.7	117.7	980.1	1117.2	1166.7	607.0	1224.4	1591.4	1800.3	1287.3	2018.3	839.0	1623.0
工业废气排放总量/亿标m^3	357.0	724.6	900.8	686.2	718.9	1052.4	1645.4	2142.2	2137.0	2156.8	3121.8	4117.7	3455.2
燃烧废气排放总量/亿标m^3	315.0	414.7	394.1	360.8	302.0	434.8	786.1	724.9	1396.9	—	1810.7	2679.3	1842.5
工艺废气排放总量/亿标m^3	42.0	310.0	506.7	325.4	417.0	617.6	859.3	1417.5	740.1	—	1311.2	1438.4	1612.7
工业废水排放总量/万t	3514	13515	14946	8027	4414	4463	5088	4129	5047	4159	15556	10736	12754
工业固废排放总量/万t	0.43	1.90	14.6	20.7	8.82	9.29	9.78	10.00	6.67	8.63	7.90	2.57	2.54

表3 运城市工业企业万元产值耗煤量/耗水量/三废排放量统计表

年 度	1996	1997	1998	1999	2000	2001	2002	2003	2004	2005	2006	2007	2008
万元产值耗煤量/t	5.11	6.44	13.2	10.85	15.36	6.71	6.99	10.58	9.62	5.81	3.15	4.32	4.69
万元产值耗水量/t	1643.2	1216.4	1018.1	654.8	662.5	522.5	1056.2	1273.8	419.9	305.3	222.7	127.9	—
万元产值废气排放量/万标m^3	6.96	8.64	8.40	4.53	6.68	5.45	5.77	8.93	7.58	5.19	2.79	4.91	5.08
万元产值废水排放量/t	68.50	161.09	139.43	52.95	40.98	23.12	17.85	17.21	19.18	10.02	13.89	12.79	18.76
万元产值固废排放量/kg	83.8	226.5	1361.9	1365.4	818.9	481.3	343.2	416.7	239.7	207.9	70.5	30.6	37.3

在煤炭的利用方式上，居民的采暖几乎全部采用煤炭。城镇居民的做饭炉灶90%以上用天

然气、液化石油气。广大农村地区的生活用煤仍以散煤为主。边远山区有部分农民仍以柴草、树枝为燃料。热能利用率较低，资源浪费较大，环境污染较重 。从能源利用的情况看（表3），万元产值耗煤量、万元产值废气排放量居高不下，是导致运城市环境问题不可忽视的重要因子。

三、面临的问题

在全球气候变暖的背景下，以低能耗、低污染为基础的"低碳经济"成为全球热点。欧美发达国家大力推进以高能效、低排放为核心的低碳技术，并对产业、能源、技术、贸易等政策进行重大调整。

（一）能源消费持续增长

随着经济的发展，运城也同全国一样，工业化、城市化、现代化加快推进，大规模基础设施建设，改善和提高了人民的生活水平和生活质量，同时也带来能源消费的持续增长。突出的特征是发展中污染物的排量迅速增加，成为可持续发展的一大制约因素。如何既确保人民生活水平不断提高，又不重复西方发达国家以牺牲环境为代价的发展老路，是当前必须面对的难题。

（二）特殊的资源条件

富煤少气缺油是运城的特点，便利的煤炭资源，决定了其能源结构以煤为主，高碳占绝对的统治地位，低碳能源资源的开发利用十分有限。

（三）产业能源构成

运城经济的主体是第二产业，决定了能源消费主要是工业，而工业生产技术水平落后，又加重了经济的高碳特征。据调查，1996—2008 年，工业能源煤炭消费年均增长 82.1%，其中燃料煤增长 61.0%，原料煤消费年均增长 197.0%，工业能源消费占能源消费总量 90% 以上。采掘、冶炼、建材水泥、电力等高耗能工业行业的能源消费量占了工业能源消费的 70%。调整经济结构，提升工业生产技术和能源利用水平，是一个重大课题。

（四）科技水平低

发展低碳经济，要在推进产业结构创新、推进节能减排创新、推进内涵发展创新和发展循环经济上下工夫。煤洁净化燃烧技术与创新、风电和太阳能发展现状及创新、生物质能源发展现状及创新、水资源和地热能源的应用与创新是急需开发利用的低碳经济的好项目。但运城市的整体科技水平落后，资金投入不足，缺乏技术研发能力。

四、运城市发展低碳经济的重要途径

发展低碳经济正在成为各级部门决策者的共识。国家主席胡锦涛在亚太经合组织（APEC）第 15 次领导人会议上，郑重提出了"发展低碳经济"、研发和推广"低碳能源技术"、"增加碳汇"、"促进碳吸收技术发展"。对全国人民发出了号召，提出了新的要求和期待。节能减排，促进低碳经济发展，是践行科学发展观的重要手段。

低碳不等于贫困，贫困不是低碳经济，低碳经济的目标是低碳高增长。发展低碳经济不会限制高能耗产业的引进和发展。低碳经济不一定成本很高。低碳经济应从现在做起，而不是以后需要做的事情。

在目前乃至以后相当长的时期内，煤炭仍是运城市的主要能源构成。万元产值耗煤量高达 3.15t，需要大大降低工业企业的煤炭消耗。需要统筹安排，合理布局，积极做好产业结构的调整，引进先进技术，改革生产工艺，最大限度地发展低碳经济。既不能为了发展而牺牲环境，也不能为了保护环境而放弃发展。在这两个重大选择面前，运城市必须在工业文明和生态文明之间开辟一条绿色通道。发展以能源节约、新能源推广应用和碳排放降低为主要标志的低碳模式。走既切合实际又具备潜力的低碳发展之路。

（一）调整高碳产业结构，煤炭洁净化燃烧技术与创新

发展循环经济型社会要求在充分利用资源、优化利用能源和保护环境的前提下，实现效率和利润的最大化。循环经济的支撑技术体系由替代技术、减量技术、再利用技术、再资源化技术、系统优化技术和共生链接技术构成。

调整高碳产业结构，逐步降低高碳产业在整个国民经济中的比重，推进产业和产品向利润曲线两端延伸，最终使国民经济的产业结构逐步趋向低碳经济的标准。戒除以高耗能源为代价的便利消费。运城市闻喜县宏富镁业有限公司的蓄热式还原炉代替反烧式炉窑，使金属镁行业用煤气作为燃气还原炉燃料，并在工艺技术上改造为蓄热式还原炉，从根本上节约能源，消除污染，加速皮江法炼镁工艺和装备的技术进步，实现节能和清洁化生产。对金属镁行业的健康发展起到了积极的作用。实践证实了是目前金属镁生产低碳消耗 ，节约能源，减少污染的有效途径。

（二）发展风电和太阳能

运城市有丰富的风力资源，属风能资源丰富地区之一。风力发电产业是一个新兴的新能源产业。风力发电项目符合安全发展、转型发展、和谐发展、低碳经济的要求，目前平陆凯迪风力发电公司在平陆张店镇风口村兴建的风力发电机组。装机容量100MW，投产后，年发电量为1.0亿kWh。相对火力发电，每年可节约标煤约3.46万t，相应减排燃煤所产生的二氧化硫约352t，减排一氧化碳约10t，减排碳氢化合物4t，减排温室效应气体二氧化碳约7.3万t，减排烟尘约480t，减少灰渣排放量约0.9万t等。是发展低碳经济的好项目，应大力推广。

（三）发展生物质能源

生物质能是蕴藏在生物质中的能量，是人类赖以生存的重要能源，仅次于煤炭、石油和天然气，在整个能源系统中占有重要地位。生物质能是清洁能源，已成为世界重大热门课题之一，许多国家生物质能源的开发利用占有相当的比重。

运城市是山西省乃至全国优质的粮、棉、果品生产基地，开发利用生物质能有着得天独厚的优越条件，运城市生物质利用情况主要有沼气、秸秆发电、秸秆造纸、秸秆直燃、秸秆直接还田等利用方式，2000年以来，我市沼气建设一直处于健康发展的态势。沼气技术的发展和利用处在全国的前列，还创造出了直接利用秸秆产生沼气的好方法。将“四位一体”能源生态模式，将植物生产、动物转化、微生物还原的生态原理运用到农业生产中，将生物质转化为高效、清洁、方便的可燃气的技术也已初见成效，临猗县临晋镇中代庄建成了用果树修剪的废弃枝条，气化制取民用燃气，供乡镇居民使用烧水做饭的集中供气系统。“一人烧火，全村做饭”，用气户每月送上一车柴，就可全月免费使用秸秆气，气站只需一个人，每月仅干3天活，气就能供全村用。但现在的生物质利用率较低，应积极发展。

参考文献

[1] 张坤民，潘家华，崔大鹏．低碳经济论［M］．北京：中国环境科学出版社，2008.

[2] 运城市统计局．运城市“十五”经济社会发展概览（内部资料）［R］．

[3] 薛晓光．中部地区发展生物质能的思考——以山西运城市为例［C］．第十届中国科协年会论文集，中国科学技术协会声像中心出版，2008.

[4] 薛晓光．金属镁行业发展的战略问题［C］．中国科学技术协会，安徽省人民政府，《科技创新 支持发展——2008年促进中部崛起专家论坛文集》，北京：中国科学技术出版社，2008.

我国低碳发展的承载
——生物产业及其竞争力评价模型探讨

吴　楠[1,2]　陈　健[2]

（1. 湖北工业大学管理学院　武汉　430068；2. 北京师范大学珠海分校　珠海　519085）

摘　要　发展生物产业是我国兑现哥本哈根会议低碳发展的重要承载之一，实施的关键是提升我国生物产业的竞争力。但相关研究在现有文献中尚未发现。本文交叉运用经济学、管理学和生物技术相关理论和方法，从分析生物产业及其特点入手，研究了生物产业竞争力的范畴、决定因素，构建了生物产业竞争力模型，并对我国对生物产业竞争力进行了初步实证研究。

全球日益激烈的生物产业竞争，使生物产业竞争力成为国内外政府、学术界、产业界乃至整个世界关注的焦点，从而使生物产业竞争力的提出和研究的必要性、紧迫性日趋增强。

一、生物产业竞争力

根据对产业国际竞争力和生物产业技术经济特点的研究，我们认为：

（一）生物产业竞争力

是指属地生物产业的比较优势和它的一般市场绝对竞争优势的总和，是在国际自由贸易条件下（或在排除了贸易壁垒因素的假设条件下），一国（地区）生物产业以其相对于他国的更高生产力，向国际市场提供符合消费者或购买者需求的更多生物技术产品和服务，并持续地获得盈利的能力[1]。本质上，生物产业国际竞争力就是各国同产业或同类企业之间相互比较的生产力。

这一定义包含了两个核心内容：生物产业生产力和市场力（“盈利的能力”）。因竞争范围不同，生物产业竞争力有产业国际竞争力和国内区域产业竞争力之分，我们所讨论的是指生物产业国际竞争力。

生物产业竞争力概念包含五个基本含义：一是生物产业市场具有竞争性和开放性；二是其实质是一国与他国相比较的生物产业生产率（或工作效率）；三是竞争力体现在消费者价值（市场占有和消费者满意）和企业自身利益（盈利和发展）；四是生物产业竞争力具有持续性和非偶然性特点；五是生物产业竞争力的决定因素具有多重性综合性质[2]。

（二）生物产业竞争力和生物企业竞争力、国家竞争力关系

生物产业竞争力既和生物企业竞争力紧密相连，又和国家竞争力有着密不可分的联系，是联系企业竞争力和国家竞争力的纽带。生物产业竞争力增强的基础是国家或地区内生物企业竞争力的增强，而以生物产业为主导的众多

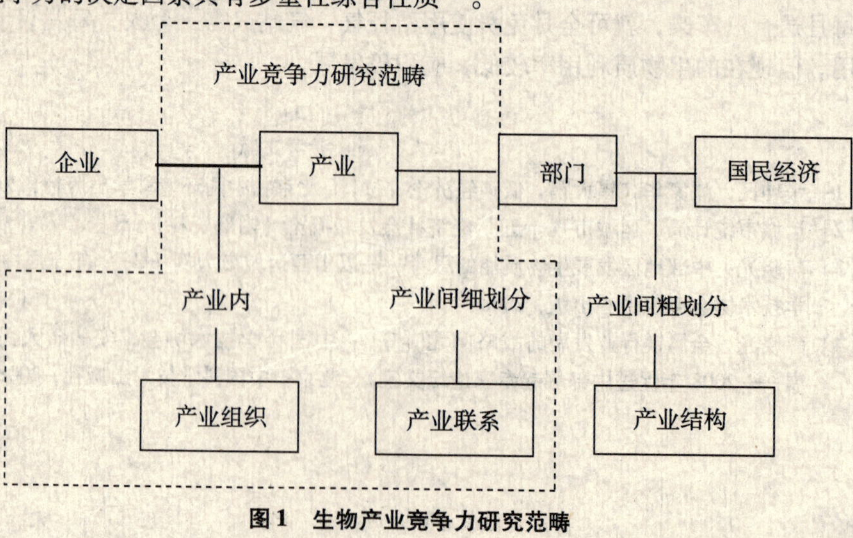

图1　生物产业竞争力研究范畴

产业竞争力的增强则可提升国家竞争力。通过对生物产业竞争力研究可以为提高生物企业竞争力和国家竞争力提供有益借鉴和参考，见图1。

二、生物产业竞争力的决定因素和构成要素模型

在现实经济中，一国的生物产业竞争力受到许多因素的影响，而从经济学理论上看，所有这些都可以归纳为两类根本因素[3]：比较优势和竞争优势；并可进一步具体化为生物产业竞争力构成要素“钻石模型”；并依据相关理论进一步细化为可量化评价的指标体系。

（一）决定生物产业竞争力的根本因素：比较优势和竞争优势

1. 概念

（1）生物产业比较优势（Bioindustry Comparative Advantage），是指某一国（地区）生物产业在生产要素及管理要素占有方面与其他国家（地区）生物产业相比较所具有的优势。比较优势理论包含的生产要素，是从自然资源到生产技术、从静态比较到动态差异的变化发展概念。

（2）生物产业竞争优势（Bioindustry Competitive Advantage），是指一国（地区）生物产业在市场竞争中比他国（地区）生物产业所具有的更强的开拓市场的能力。是评价产业竞争力的一项重要指标。评价市场开拓能力的指标有贸易专业化指数（Trade Specialization Coefficient）、相对出口绩效（Relative Export Performance）指数和劳埃德－格鲁贝尔（P. J. Lloyd & Herbert Grubel）指数等。上述指数都是按区位商原理进行计算，侧重于产业的国际贸易[4]。

2. 关系

比较优势和竞争优势关系密切，两者既有明显差别，又紧密联系。首先，竞争优势和比较优势存在明显差别：比较优势强调的是产业在生产和管理要素占有上的差别，而竞争优势强调的是产业在市场竞争中的表现，前者从要素投入的角度进行比较，而后者从产出的角度进行比较。其次，比较优势与竞争优势联系密切，往往可以相互转化：一是比较优势在一定条件下可以转化为竞争优势，即比较优势是竞争优势形成的基础，具有比较优势的产业易于形成较强的竞争力；二是产业的竞争优势可以强化比较优势，具有竞争优势的产业，可以对外部的生产和管理要素，特别是高级生产要素产生较强的吸引力，从而使本地区的比较优势进一步加强，两者相辅相成。

从比较优势转化为竞争优势，中间的产业组织和管理起到至关重要的作用，合理组织管理产业，可以发挥当地的比较优势，促使其转变为竞争优势，见图2。

（二）生物产业竞争力的构成要素

目前国内外大多数学者都认同迈克尔·波特的“钻石模型”，有的学者在此基础上作了一些发展。波特教授经过对许多国家产业的国际竞争力研究，得出结论，一国的特定产业是否具有国际竞争力取决于生产要素，需求条件，相关和支持性产业，企业战略、结构和同业竞争，机遇，政府6个要素（波特，1990年）[5]。1993年英国学者邓宁（J. Dunning）对波特的“钻石模型”进行了批评与补充，将跨国公司商务活动作为另一个外生变量引入“钻石模型”中，这一理论后来被学术界称为波特－邓宁模型。我国有学者在“钻石模型”中，加上一个“对外开放”因素，提出了对外开放与产业国际竞争力模型。厉无畏教授提出产业竞争优势模型，即产业的竞争力是由产业的竞争优势因素（产业组织效率、投入要素的数量和质

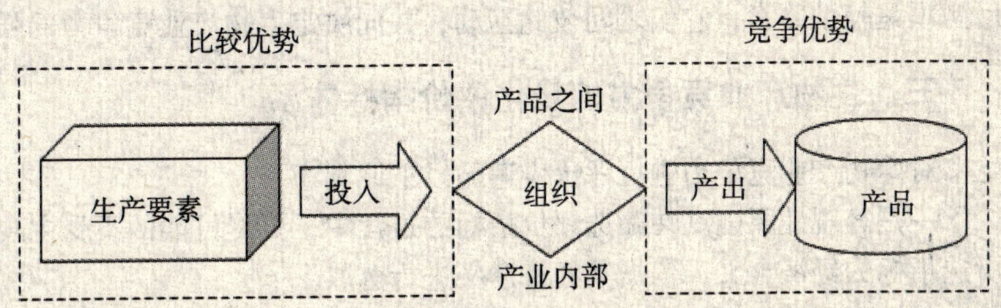

图2　比较优势和竞争优势的关系

量、学习和创新能力、合作的效率、文化力量以及产业政策的作用等）决定的。“钻石模型”及其发展，本质上是比较优势和竞争优势的综合体现和具体化，可作为生物产业竞争力分析的范式依据。

据此，结合生物产业发展和竞争特点，将生物产业的比较优势和竞争优势具体化，可抽象归纳出决定生物产业竞争力的构成要素：生物产业竞争力“钻石模型”。

1. 生产要素　包括与生物产业相关的人力资源、自然资源、知识资源、资本资源、基础设施等，其中，特别强调的是“要素创造”（Factor creation）而不是一般的要素禀赋。主要涉及生物资源的开发和保护、人才的培养和作用以及生物产业创新体系的形成和运作等。

2. 需求条件　包括生物产品和服务市场需求的量和质（需求结构、消费者的行为特点等）。国内外生物产品和服务的现有和潜在需求非常巨大，以需求拉动生物产业发展的关键，是将潜在需求转化为有效需求。

3. 相关与支持产业的状况　与生物产业相关的上游产业（如生物资源、相关生产资料产业等）和下游产业（生物技术产品应用、配套、服务业等），与其共同构成相互支撑、互为依托的有机的生物产业链体系及生物产业集群，其协调共生性十分重要。

4. 企业策略、结构与竞争对手　生物企业的发展竞争策略，产业结构，同业对手的竞争活动，生物产业集群的良性互动，都会影响该产业的整体竞争力。生物产业园等生物企业集群的协调互补尤为重要。

5. 政府行为　政府生物产业战略及重视度，组织协调，产业政策，资金支持，税收政策，人才政策，国际合作以及相关扶持政策，综合体现政府的协调推动作用。

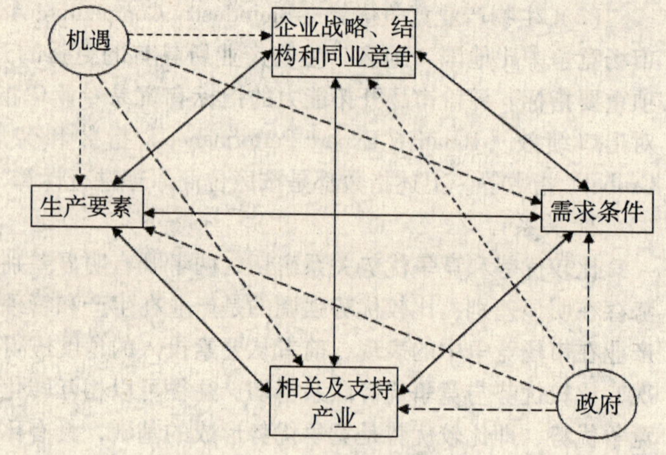

图3　生物产业竞争力钻石模型

6. 机遇　现代生物产业目前处于成长期，全球垄断格局尚未形成，跨越式发展空间、国际合作以及与传统产业连动构成巨大发展机遇。

这6个要素构成生物产业国际竞争力“钻石模型”[5]（见图3）。其中前四项是关键要素，后两项是辅助要素，它们之间彼此互动，共同决定生物产业竞争力的强弱。

三、生物产业竞争力的量化评价指标体系

对生物产业竞争力进行评价应遵循以下原则[6]：

一是客观性原则。在筛选评价指标的过程中，要尽可能的不受主观因素的影响，客观地分析所选指标的经济含义，依据其经济意义进行选取。

二是可行性原则。尽可能采用有数据支撑的指标，对数据不可能的指标则舍弃。

三是可比性原则。对于不同地区的生物产业的同一指标计算口径保持一致。

依据以上原则，结合生物产业竞争力的相关理论，在协同理论及生物产业内外竞争力变量划分理论的指导下，根据生物产业内外竞争力要素和环境的分析，构建一套生物产业竞争力评价变量的要素指标体系，见表1。

（一）生物产业投入

一个产业要获得发展，必须有投入。生物产业是一种高投入、高产出、高智力的产业，提高

生物产业竞争力要有大量资金、人才的投入，尤其是生物技术 R&D（研发）资源的投入。R&D 活动是为了增强知识，以及利用这些知识去开创新的用途而进行的系统的创造性工作，是整个科技活动的核心。以科学技术为支撑的生物产业要赢得市场的竞争，必须在生物产业竞争力形成和提高的每一过程都投入大量 R&D 资金和人才[7]。

（二）生物产业产出指标

衡量一个生物产业是否具有高的竞争力，最终是体现在其产出的量和质上是否具有很强的市场竞争实力，如生物产业产出的规模、增长速度，生物产品和服务的市场竞争力或市场占有率、附加价值等都能反映一个国家或地区生物产业竞争力现状。

（三）生物产业技术创新能力指标

科学技术发展过程是一个不断创新的过程，以科学技术密集为特征的生物产业，成长过程不仅要把市场因素考虑在内，更是一个生物技术创新能力不断提高的过程。生物技术创新能力是生物企业投入产出的中间枢纽。生物企业技术创新能力的提高，必须要有生物企业内外部资金、设备的投入、人才的培训和引进、生物科技与市场信息的利用作为基础和动力。

（四）生物产业政策环境的指标

不论是发达国家还是发展中国家，生物产业无不是在国家大力扶持的产业政策的支持下成长起来的。生物产业是一种高风险、高投入，但又是高经济效益、高社会效益的产业，国家只有在科研资金的投入、税收、信贷、风险资金等政策上给予生物产业发展提供优惠的条件，才能吸引社会各方面资源投入到生物产业领域，提高生物产业的竞争力，发挥生物产业的战略作用[8]。在以下的分析中，我们把生物产业政策环境主要归结为政府对产业的优惠扶植政策。

（五）生物产业技术支持环境指标

生物产业是知识密集、技术密集、高智力群的产业，社会要储备大量的知识，培养为数众多的高素质人才，组建一大批以生物科技研发为专业的高等院校相关院系和科研机构，为生物产业提供知识信息、高素质的人力资源、高价值的科研成果，从技术上全方位支持生物产业的发展。

表 1　生物产业竞争力指标体系

生物产业竞争力	生物产业投入	生物产业 R&D 经费（X_1）/（万元人民币）
		生物产业 R&D 人员（X_2）/（人数）
	生物产业产出	生物产业增加值（X_3）/（亿元人民币）
		生物产业产值（X_4）/（亿元人民币）
		生物产品出口额（X_5）
		生物产业产值占 GDP 的比重（X_6）
		生物产业利润（X_7）/（亿元人民币）
	生物产业技术创新能力	新生物产品销售率（X_8）/（%）
		新生物产品出口销售率（X_9）/（%）
		生物企业拥有专利数（X_{10}）/（件）
	生物产业政策环境	生物技术 R&D 经费占 GDP 的比重（X_{11}）/（%）
		政府生物技术 R&D 的经费投入占经费总额的比重（X_{12}）/（%）
	生物技术支持环境	生物技术 R&D 人员数占科研活动人员的比重（X_{13}）/（%）
		生物技术科研活动人员占生物企业从业人员的比重（X_{14}）/（%）

四、实证分析

现使用 SPSS 统计软件对我国 30 个省、自治区、直辖市的生物产业竞争力进行主成分分析。首先得到相关系数矩阵（$R = XTX$），并得到 R 的特征值、主成分的贡献率和累计贡献率。见表 2。

表 2 主成分贡献率及累计贡献率

主要成分	特征值	贡献率/%	累计贡献率/%
F_1	6.212	44.373	44.373
F_2	4.309	30.779	75.152
F_3	1.898	13.558	88.710

3 个主成分从不同的方面刻画了生物产业的发展水平，累计贡献率为 88.710%。因此用其对各地区生物产业竞争力进行排序和评价是合适的[9]。对 3 个主成分计算因子得分，并且，为综合各地区生物产业竞争力，以主成分的贡献率的加权均值为权数，求得综合得分值 F：

$$F = 0.5002F_1 + 0.3470\ F_2 + 0.1528\ F_3$$

各省直辖市综合生物产业竞争力按计算结果排序如表 3 所示。

表 3 各省直辖市综合生物产业竞争力比较

位次	1	2	3	4	5	6
地区	上海	北京	广东	江苏	浙江	天津
位次	7	8	9	10	11	12
地区	湖北	山东	四川	福建	陕西	江西
位次	13	14	15	16	17	18
地区	重庆	辽宁	海南	黑龙江	山西	安徽
位次	19	20	21	22	23	24
地区	湖南	广西	河北	河南	吉林	云南
位次	25	26	27	28	29	30
地区	宁夏	甘肃	贵州	青海	内蒙古	新疆

从表 3 看出，我国生物产业竞争力由强至弱呈现明显的东、中、西分布，生物产业竞争力从东部沿海依次向中、西部内地递减；位于东部沿海的省市是我国经济发展最为迅速的地区，其生物产业也得到迅速发展，各省市都加大了对生物产业发展的政策力度使其生物产业持续不断地向更高的水平发展；中西部除了湖北、四川、陕西 3 省和重庆市外，生物产业竞争力都明显的偏低，这与我国目前生物产业发展以及经济发展的现状是分不开的。我国中西部地区经济发展缓慢，由于生物产业自身的发展特点，使中西部地区缺乏生物产业发展的空间，使其与东部地区的差距在逐步加大。中西部地区应充分把握世界生物产业发展的大好机遇，充分利用农业和生物资源丰富的比较优势，以及国家相关优惠政策，并依靠生物科技创新和制度创新，加大人才和资金投入，骨干企业带动和集群化双轮驱动，促使其生物产业实现跨越式发展。

参考文献

[1] 吴楠，陈健．金融危机下珠三角可持续发展的战略实施［J］．生态经济，2009（8）．

[2] 谢章澍，等．高技术产业竞争力评价指标体系的构建［J］．科研管理，2001，5.

[3] 龚奇峰，等．产业竞争力评价方法及其应用［J］．中国软科学，2001（9）．

[4] POTER M. E . The Competitive Advantage of Nations［M］．New York：Free Press，1990.

[5] 贾若祥．地区产业竞争力评价方法及其应用［J］．中国科学院研究生院学报，2002（6）．

[6] 吴楠，陈健．生物产业竞争力与中国的战略对策研究［M］．北京：现代教育出版社，2009，4.

[7] 辜胜阻，李永周．论高技术产业的机制创新［J］．2001（6）．

[8] 金碚．中国工业国际竞争力——理论、方法与实证研究［M］．北京：经济管理出版社，1997.

[9] 国家发展改革委员会高技术产业司，中国生物工程学会．中国生物技术产业发展报告 2005［M］．北京：化学工业出版社，现代生物技术与医药科技出版中心，2006，1.

[10] JAMES D. Gaisford，Jill E. Hobbs，William A. Kerr，Nicholas Perdikis，Marni D. Plunkett . The Economics of Biotechnology［M］．Copyright（c）2001 by Edward Elgar Publishing，Inc. .

[11] DONNE Szaro. The Report of Global Biotechnology Industry Development［R］. Ernst &Young，2004.

无锡发展低碳经济战略探究

任洪艳[1,2]　冯小平[1,2]　张云霞[2,3]　阮文权[1,2]

（1. 江南大学环境与土木工程学院；2. 无锡低碳城市发展研究中心；
3. 江南大学法政学院　无锡　214122）

摘　要　当前，无锡市正处于经济转型发展的重要阶段。转变经济发展方式，提高经济运行质量和效益是无锡突破生态环境瓶颈约束、实现更好更快发展的客观需要，以低能耗、低污染为基础的低碳经济将成为实现可持续发展的具体路径和必由之路。热电联产企业、建筑、交通、新能源将成为无锡发展低碳经济的重中之重，这几方面的转型、规划和产业新技术的开发应用，无疑为工业化城市（无锡）改变高消耗、高排放、低效益的社会经济发展模式提供了难得的机遇。

关键词　无锡　低碳经济　交通　建筑　热电联产

无锡是历史文化名城，也是长三角地区的重要经济中心城市，城市化进程和城市综合竞争力位居全国城市前列。但是无锡也面临着资源和能源比较匮乏、环境容量严重不足的严峻挑战。要消除传统工业化、城市化带来的积弊，使无锡市的工业化、城市化走上资源共享、可持续发展的道路，其意义将随时间的推移而日显重要，而低碳之路无疑为其可持续发展提供了一条新途径。根据发达国家建设低碳城市的经验，发展低碳经济的路径主要包括：发展新的清洁技术、清洁能源；推行可持续发展型设计和建筑；建设高效的交通运输规划；倡导资源回收利用和绿色消费[1]。为此，本文主要从热电联产行业、建筑、交通、新能源等几方面探析无锡市的低碳发展形势。

一、热电联产企业的转型发展

无锡市在市委市政府的正确领导和支持下，在江苏省乃至全国范围内较早地推行了热电联产。大力发展城市集中供热，逐步取代城区原有的一大批高污染、低效率的企事业单位燃煤、燃油小锅炉，对减少城市和地区污染起到了不可估量的重要作用。由于热电联产企业既是二次能源的生产大户，也是一次能源的消耗大户，经过近年来持续不断的技术改造，行业内热电机组的热电比、热效率、能耗排放等主要技术指标已不断提高和改善，但与低碳城市的要求相比还存在一定差距。为此，节能减排、整合资源、提升产业发展层次，是无锡青山绿水生态环境和率先建成高水平全面小康社会的必然选择。

无锡地区集中供热事业在20世纪80年代中后期逐步发展起来，主要对工业用户集中供应生产用的蒸汽，对少数几个居住小区实现集中供热水。目前，无锡市区共有8家城市集中供热电厂：无锡协联热电有限公司、无锡市热电厂、无锡市双河尖热电厂、无锡能达热电有限公司、无锡益多环保热电有限公司、无锡友联热电有限公司、无锡惠联热电有限公司、无锡惠联垃圾热电有限公司。热电行业存在的主要问题为：①现有的城市热力工程规划与新的城市总体规划不尽配套。②热源点布局的合理性有待商议和提高。③全行业装备的热电机组单机容量较小，效率较低。高效率的高温高压机组所占比例较小，综合热效率不高。④热电联产行业和供热管网发展规划滞后于地区经济发展，无法保持与社会供热量的需求均衡同步发展。

因此，立足实际对热电行业进行转型具有十分重要的科学发展意义。

首先，是热电行业自身发展的要求。通过合理规划、完善体制、提高管理水平，优化产业结构，合理进行资源配置和布局，贯彻绿色、环保、节约的观念。且热电行业的转型有助于进一步提高行业的生产效率，减少污染物的排放，促进行业的可持续发展。

其次，是城市发展的要求。热电联产行业在城市经济建设中的重要地位无可替代，是贯彻国家能源综合利用政策和提高能源综合利用效率的较好形式。热电行业转型发展不仅有利于行业的发展，更有利于城市经济的腾飞和低碳城市的建设。

再者是环境保护的要求。热电联产具有节约能源、减少城市污染、提高供热质量和增加电力供应等行业优势，是贯彻国家能源综合利用政策和提高能源综合利用效率的较好形式。热电厂锅炉容量大、除尘效果好、烟囱高，还可实现炉内脱硫除硝，相比于小锅炉、火电厂，热电联产机组在城市环保、节能和科学发展等方面有着迥然不同的本质区别，节能减排效果明显，环保意义重大。

二、“低碳建筑”的规划建设

低碳城市发展是指城市在经济高速发展的前提下，保持能源消耗和 CO_2 排放处于较低水平[2]。其中，推行可持续发展型设计和建筑是低碳城市发展的重要内容之一。目前，中国城市既有建筑约430亿 m^2[3]，而且以每年40亿 m^2 的速度增加，据统计，建筑面积每增加 1 m^2，CO_2 排放将增加574 kg，建筑碳排放成为温室效应的第一帮手。

建筑对能源的消耗主要发生在建筑建造和建筑使用两个阶段。我国建材生产和建筑使用过程中能耗占全社会终端能耗的44.2%，其中建筑材料的生产能耗占16.7%，建筑使用过程中能耗占27.5%[4]。在建筑建造过程中的特点表现为：建筑材料消耗高、土地资源消耗和浪费严重；而在建筑使用过程中表现为：能源消耗量巨大、建筑用能效率低等特点。大量的实践表明，开展建筑节能，推广绿色建筑，选择低能耗、超低能耗技术即低碳建筑建设，是低碳城市建设的必由之路和重中之重。

根据我国《节能中长期专项规划》确定的建筑节能总体目标和建筑节能工程，结合无锡建筑节能的实际情况，作者认为可从“新建建筑节能”、“既有建筑节能改造”、“可再生能源建筑规模化应用和产业化”等方面进行相关示范和配套措施建设。

首先，提升新建建筑的节能水准：①新建建筑全面执行节能50%的设计标准，率先实施节能率为65%的建筑节能标准。②选择一批具有示范意义的项目进行低能耗、超低能耗和绿色建筑的示范。低能耗、超低能耗建筑示范建筑建设以住宅和公共建筑的各种建筑节能技术和可再生能源利用集成的综合示范为重点；绿色建筑示范工程以挖掘节能、节水、节地、节材的潜力示范内容为重点。③在一定范围内推动低能耗、超低能耗建筑、绿色建筑标准的实施和低能耗、超低能耗建筑、绿色建筑的认证标识。

其次，对既有建筑实施节能改造。我国建筑能源消费大部分为电力，其中，空调、照明和动力设备是主要耗能设备，占建筑能耗的80%左右，空调系统占35%以上，用于补偿围护结构传热耗能、处理新风、空调设备等。造成高能耗的直接原因：①外部存在建筑的外围护构件缺乏适当的保温隔热措施，如大面积的玻璃幕墙和采光玻璃屋顶，墙体屋面的保温隔热性能低，建筑的门窗气密性能差等。②空调设备设计选型不合理，如制冷机配置容量过大的问题。③公共建筑自控水平很低，大多数建筑都没有BAS（楼宇自动化系统）系统，同时空调末端风系统和水系统自动调节能力差，容易造成室内冷热不均的情况。④管理人员的运行管理水平同样不高，尤其是空调方面的管理人员，大多数人根本不具备必要的制冷空调知识，只是机械地根据一些操作“规程”或“手册”来操作制冷系统。⑤公众的节能意识普遍不强。因此，对既有大型公共建筑进行全面的节能改造，从源头上避免能源浪费，应是目前节能工作的重要内容。

再次，实现可再生能源建筑规模化应用和产业化。加强太阳能、地热能、风能、生物能的转换技术在建筑改造上的应用，利用各种可再生的自然能源和电能形成复合型的能源系统是建筑节能发展的必然趋势。目前，我国建筑节能的技术研发得到了很大的发展，如低耗能建筑节能技术、太阳能、地热能和风能利用技术，建筑智能控制技术和“热泵”技术等成了重点研发的科技攻关项目。在新建建筑和建筑节能改造中，应充分利用已有的科研成果和成熟的产品，推动可再生能源在建筑中的规模化应用。具体内容包括：①推动太阳能光热与建筑的一体化建设。使其大规模推广和应用。②推动被动太阳能建筑设计技术；单体建筑太阳能通风降温关键技术；太阳能除湿降温技术和太阳能建筑热回收通风空调技术在建筑中的应用；③开展光伏太阳能建筑一体化技术研究与示范，研发高效率、高可靠、高安全的太阳能光电系统并网技术。④推广无锡百万平方米“太阳能屋顶”计划，实施“屋顶并网发电工程”、“建筑一体化并网发电工程”，推进无锡屋顶和建筑一体化光伏电站建设，并纳入到城市规划和重点地区城市设计。⑤推进地源热泵技术在建筑中规模化应用。重点开展地表水、污水水源热泵和土壤源热泵技术在无锡地区的示范和应用。无锡市政府也提出了实现建筑节能的总量目标以及具体的扶持政策。相信这些政策的实施必将大大促进建筑节能工作的开展和节能目标的实现。

三、“低碳交通”的发展规划建议

中国城市化正在遭遇城市无序蔓延扩张、交通拥堵等问题，发展低碳生态城市成为推进中国可持续城镇化的必然选择。而其中的发展低碳交通显得极为重要。尤其要在交通行业迅速发展的同时，实现碳排放水平逐年下降，任重而道远。据此，在对无锡交通现状调研的基础上提出以下建议：

1. 建成低碳化城市交通路网系统。即建成铁路、公路、航道、道路各种交通方式协调发展的低碳化交通路网系统。提高通行能力，达到通行的经济速度，提高通达性，减少绕行，降低污染。

2. 建成到发、中转、仓储、通关各种运输功能完整配套的低碳化运输站场系统，提高无锡市区域性客运、货运交通枢纽地位。在规模效应的基础上多点设置运输场站。

3. 坚持科技兴交，以科技创新推动低碳交通发展，重点关注新材料、新工艺、新装备的研究应用，大力推进交通节能技术进步，积极应用高新节能运输工具。

（1）加快运输工具的改造，严格执行机动车尾气检测制度和排放合格证管理制度，所有车辆必须达到国Ⅲ以上排放标准。淘汰耗能高、排放多的车辆、船舶，严格执行车辆报废制度。对旧车进行改造，对新车要求符合环保标准，实行准入制度。

（2）发展清洁能源运输工具，大力发展天然气汽车，增加加气站。

（3）对于城市公交车，引进档次高、排放低的新车型。

4. 加强运输组织建设，发展第三方物流，建立统一、规范的货运信息中心。

5. 在我市航空业快速发展的同时，确保单位旅客能耗保持每年2%的节能水平。

6. 在我市市区试行自行车租赁制度，减少私家车的年行驶里程数，减少其对环境的污染。

四、新能源产业方面

能源与环境是我国乃至全球范围内的两大问题。近年来，我国经济高速稳定发展，但这种经济成果的获取相当程度上是靠高投入、高消耗、粗放经营换来的，甚至牺牲了生态资源，经济增长付出的代价很大。眼下，能源短缺已成为我国社会经济发展的“软肋”。而新能源具有资源丰富、无污染、安全、发电运行无燃料等特点，近年来新能源产业已成为全球发展最快的新兴产业之一。无锡市的新能源产业也发展迅速，在一些关键领域取得突破，研发和自主创新能力不断提高，尤其是光伏产业已成为无锡市的优势产业，规模国内最大，风电装备产业发展加快，一批骨干和龙头企业快速成长，呈现出良好的发展势头。

此外，江南大学在生物能源、废弃物资源化方面也取得了喜人的研究进展。因为在人口集中的城市，每天都有大量的生活垃圾产生，如餐厨废弃物等。而城市生活垃圾（如餐厨废弃物）中含有大量可发酵的有机质，在北京、上海、天津、深圳这样的大城市，每年的可发酵垃圾量已达几十万吨。这些有机垃圾经厌氧处理后能产生洁净生物能源——沼气。沼气用于城镇居民日常生活，可减少对不可再生的煤或天然气的需求，缓解能源短缺带来的诸多问题。城市生活垃圾，来自于千家万户的日常生活，并且不断产生，总量很大，不会枯竭。比如一个三口之家，每年可产生1.5t左右的生活垃圾，研究表明，如果这1t垃圾全部发酵后，所产生的沼气气体量约为450m^3[5]，而每立方米的沼气能够发一度半电，这就是说，每1t生活垃圾实际上可以给我们提供近700度的电能，这个数量，基本上相当于一个三口之家半年的生活用电量。中国每年产生上亿吨的生活垃圾，如其厌氧发酵产生的沼气都转为电能，那么就相当于几个葛州坝电厂的发电总量。

沼气生产剩余的沼渣可作为高效的肥料，为农业、城市绿化所用。如此综合利用，既解决了垃圾的处置问题，又得到了能源和肥料，是一个符合生态的过程。据此，阮文权教授等研究城市有机生活垃圾的厌氧处理技术，着眼于有机生活垃圾高含固率水解液化过程的微生态与环境条件优化；城市有机生活垃圾厌氧生产沼气要素和规模化生产过程，建立城市有机生活垃圾资源化处理技术集成的示范工程。此研究和实施有助于促进我国人口、资源、环境与经济社会可持续发展，加快建设资源节约型社会。

最后，还要培养全民意识，倡导全民参与。发展低碳经济、建设低碳城市不仅仅是政府的职责，也不只是企业的责任，它需要每个公民的参与和努力。我们应采用多种形式和手段，培养公众的低碳生活意识，倡导公民养成低碳生活方式，营造全民应对气候变化的良好环境，使公众真正参与进来。只要每个人在日常生活中从我做起，从小事做起，降低些微碳排放，就会产生显著的经济、社会和环境效益。

五、结　语

气候变化、碳排放与城市化进程相交织，低碳城市遂成为遏制全球变暖的首要选择。推行低碳理念，发展低碳经济，建设低碳城市，把低碳理念融入经济发展、城市建设和人民生活之中，有助于带动产业升级，提高资源利用，控制环境恶化，缓解生态压力，建设资源节约型、环境友好型社会，促进人与自然的和谐发展。因此，无锡市低碳发展研究中心在市政府各级领导的高度重视和支持下，在综合考虑城市自然资源禀赋和社会经济发展特点的基础上，进行融合低碳理念的规划，建立多方合作的治理机制，重视和发挥市场和企业的作用，重视低碳理念的普及和教育，通过居民消费理念的改变推动城市的社会低碳化。并通过产业技术升级辅导、产业结构调整，以及对低碳产业的鼓励，带动低碳经济的发展，力争将无锡率先建成低碳城市。

参考文献

[1] 尤建新. 发展“低碳经济”[J]. 沪港经济，2008，5：21.

[2] 戴亦欣. 中国低碳城市发展的必要性和治理模式分析［J］. 中国人口·资源与环境，2009，19（3）：12-17.

[3] 潘振，刘月莉，祖雅君，等. 唐山既有居住建筑节能改造基础数据调查［J］. 建设科技（建设部），2008，6：103-105.

[4] 安新华. 建筑节能发展与技术要求［J］. 河南农业，2009，7：48，28.

[5] 汤少华. 太原市沼气发展模式［J］. 山西农业，2006，12：39.

“低碳社会”需要创新的环境教育

王景宪　冯　涛

（河北省邯郸市峰峰矿区环保局　邯郸　056200）

摘　要　提高公众社会的环保意识，引导更多群众积极参加到环境保护中来，是政府环保主管部门开展环境社会宣传的主要内容。在当今积极构建“低碳社会”的形势下，需要进一步创新环境社会宣传教育工作，深化“绿色创建”、“圆桌对话”、“环境志愿者”等行之有效的活动。

温室气体引发的温室效应，把人类社会推到了应对全球变暖的十字路口，发展“低碳经济”，推动“低碳生活”，构建“低碳社会”，是我们面临的重要抉择。在“低碳社会”这个庞大的系统中，各级政府的环境宣传工作，是有效推进“低碳社会”发展的重要方面之一。积极创新“低碳社会”需要的环境教育，是环境教育工作者面临的重大课题。

一、“低碳社会”是人类的唯一选择

胡锦涛主席在APEC第十五次领导人会议上，以对人类未来高度负责的态度明确主张：“低碳经济”、“研发和推广低碳能源”、“促进碳吸收技术”和“增加碳汇”，这是构建“低碳社会”蓝图建设性的行动纲领。近年来众多的自然科学、社会科学专家、学者，在新能源开发、资源利用、新型材料、治污技术、生态保护、环境气象等诸多方面做了大量的研究，纷纷在战略层面、政策层面、技术层面、社会层面，提出了发展“低碳经济”、推动“低碳生活”、构建“低碳社会”的研究成果。

亟待构建“低碳经济”社会体系的缘由，归纳起来可以有3个方面：①近百余年来，尤其是近几十年，地球气温陡然升高。地球平均气温的陡然升高，引发着超乎想象的负面效应，以至于可能产生重大局部环境灾难，甚至会严重影响全球的生态环境。②地球大气中的二氧化碳气体显著增加。目前经过亿万年形成的煤炭、石油、天然气等一次性能源的消费已经过半，伴随而来是这些能源消费产生的废气，打破了地球大气成分的原有平衡。虽然还没有确切的证据证明，这种失衡是由于地球自然规律还是由人类活动使然，但可以确定，人类的生产生活活动确实有着越来越严重的影响。③公众社会的消费观念缺乏足够的理智。以满足人们不断增长的物质、文化需要为目标的经济建设，刺激了盲目消费的膨胀，对能源、资源越来越奢侈的消费，导致地球环境生态持续遭到无知的破坏。

科学的理性告诉我们：在应对全球变暖的十字路口，人类社会不是在“低碳社会”的正确取舍中发展，就是在继续奢侈的消费中消亡。选择“低碳生活”是人类社会的必然选择。

二、目前环境社会教育面临的主要问题

从20世纪二三十年代起，世界上主要工业国家先后发生了严重的环境污染事件，作为亡羊补牢的措施，环境科研、污染治理、环境法制、生态保护等，在公众社会的强烈呼吁中，逐渐得到了发展和完善，他们经历的是“由下而上”的“先污染，后治理”的历程。我国对待环境的保护，则采用了“由上而下”的“未雨绸缪”战略。早在改革开放、经济社会开始步入蓬勃发展之前，中国的环境保护事业就已经在政府的主导下起步，并在30多年的经济高速增长中快速发展起来。然而正是由于没有经历大规模的“先污染，后治理”经济发展过程，公众社会难以深刻的体会，环境污染带来的那些透骨的痛楚，对环境和环境问题的基本理解，认识肤浅，难以

深入；也由于环境保护和环境保护宣传教育工作的“自上而下”中存在的问题，公众社会对环境和环境问题普遍存在着“期望多于行动”，“言密而行疏”的现象，对环境生态的保护也缺少足够科学的方法，以至于在环境生态、城乡环境问题上，重发展、轻保护，重经济、轻环境的现象，不时显现媒体。究其原因，除了环境保护行政、法制工作方面的问题以外，基层宣传工作的方式方法，也存在着这样或那样的问题。譬如：①宣传形式程式化。各级环境保护主管部门开展的环境宣传活动，都是按照上级要求的规定主题和形式，按部就班地进行；在“六五”世界环境日的宣传中，往往年复一年地采用张贴标语、发放传单、出动宣传车、召开座谈会，行政首长电视讲话、地方报刊发表文章等宣传的方法；在社区、企业、机关、学校和居民家庭中开展的“绿色创建”工作，在取得了较好成绩的同时，也缺乏积极的深入；大多数群众的环境保护意识和基本的科学知识水平不够，对环保也是只知其然而不知所以然。②环境宣传的受众范围狭窄。城乡环境生态状况的优劣，除了环境科研、环保技术、治污资金的支撑，法制、行政政策的导向和严格的监督管理以外，环境宣传工作一直起着唤起理性，深化认识，推动参与的作用。环境宣传对象是社会公众，国家公务员队伍、企业界的管理层，以及机关干部、学校教师、社区工作人员，应该是社会公众中最不可忽视的部分，而这个层面恰恰被重视不够。环境宣传工作中存在的系统性、协调性、连续性、实用性等方面的问题，大多与此有关。③宣传工作缺乏持续性。基层环境宣传工作，每年的宣传工作计划，往往是围绕当年地方环境工作中心，阶段性的开展一些宣传活动，重点在“6·5世界环境日”搞好大型的环境宣传，其他时间的宣传工作，往往会因为人力、资金、项目等问题，受各种因素的制约而显得较少。④环境宣传自身建设和投人不足。长期以来，基层环境宣传力量薄弱一直是工作难以深入的瓶颈问题。许多基层环保单位的宣教工作或归属其他部门，或工作人员身兼多职，或配备的人员素质低，难以胜任日常的环境社会宣传需要，使宣传工作效果大打折扣；其次是环保宣传经费投人不足，很多基层单位的环保宣教设备和器材不能达到规定配置。固然这与地区财政状况和环保业务经费不足有关，但也确与对环境宣传工作的重视程度有着密切的关系。

三、创新的环境教育与“低碳生活”

“低碳生活”就在社会公众的身边，各类媒体已经发布了各种各样形式的“低碳生活”的方式方法。从根本上说，就是摒弃奢侈的消费观念，按照建设节约型社会的原则，把“低碳生活”的具体行动，贯穿到机关、学校、企业、社区和城乡居民家庭中去。

持续地推进节能减排工作，无疑是最大的“减碳”举措。但使广大的公众社会，主动地采用“低碳”的生产、生活方法，并可以通过方便的渠道，不断学习和了解环境污染的内在影响和环境经济的外在性，“低碳消费”必然引导经济发展趋向于“低碳经济”。所以，笔者认为：实现“低碳社会”的必要途径，是发展“低碳经济”和推行“低碳生活”。发展“低碳经济”涉及大量的科技和资金支撑；推行“低碳生活”则主要是态度，调节这个态度的最主要的是环境道德，环境道德的规范与调整，则主要靠宣传。环境宣传在亟须“减碳”的形势下，正在面临新一轮的发展和创新。

构建“低碳社会”需要更优化的环保宣传队伍和机制。我国环境保护实行的是“自上而下”模式：政府主导，社会各界积极参与，环境主管部门依法管理，集中科技、资金优势推进，突出重点促进改进和调整，这种模式是在社会主义市场经济条件下，具有中国特色的保护环境的模式，环境宣传教育工作也一直是在这种特定的模式下进行的。在积极构建“低碳社会”的要求下，环境社会宣传应该与之相适应的改进：①加大环境宣传教育的投人。设置“环境宣传教育项目专用经费”，按照要求配备各级环境教育的工作人员、办公环境和所需设备、器材，进一步提高环境宣传教育队伍素养和装备能力。②整合环境教育资源。建立省域内跨地区、跨县市的环境宣传教育工作协调机制，整合开展环境教育和活动需要的所有元素，包括人力资源、互联网、环境教育资料、风景区和生态景区资源，甚至现代化的低碳企业、有特色的农村生态经济等，为公众社会提供良好的环境教育平台。③大力广泛地开展类似“环境保护志愿者”和2009年国家环保部组织的“中小学太阳能项目”，使环境社会宣传教育，有抓手、有内容、可持续，吸引最广大的社会公众身体力行地参加到环境保护和“低碳社会”中来的凝聚力。

发展“低碳经济”需要最新的环境保护意识。充分重视政府机关“创建节约型社会”的示范作用，对国家各级领导干部，公务员队伍、企业界的管理层、各有关机关的干部、学校教师、社区工作人员，开展最新的环境保护“低碳社会”知识的培训。就像温总理亲自指示“空调温度控制在26℃”一样，把最新的环境保护意识和思想转化为行动，贯穿到社会的方方面面。①充分整合“低碳社会”的环保社会宣传教育资源，使政府各个部门、机关学校、企业社区，都吹“低碳”号，都唱“减碳”的调。②运用各种行政举措推进“节约型社会”和“低碳社会”建设工作，把“低碳环境指标”列入政府、企业的政绩指标考核体系。这对公众社会来说，是最大的“低碳社会”和“低碳生活”的“身教”，也是构建“低碳社会”不可忽视的重要内容。

推进“低碳生活”需要更广泛的环境保护行动。长期的环保社会宣传经验和许多公众环境意识的调查结果分析表明：虽然社会公众对环境和环境问题普遍表现出“期望多于行动”，“言密而行疏”，对环境生态的保护也缺少足够科学的方法，但是另一方面，也存在着广泛的崇尚勤俭美德和追求健康互助的热情。之所以出现如此相悖的现象，就是缺少贴合身边生活的环境保护的行动和创造引导社会公众积极参与环境保护行动的社会氛围，使相当的群众产生了“保护环境非常重要，但那是政府的事，是企业的事，与老百姓关系不大”的偏见。身边的生活既是公众社会关注的焦点，也是到处存在着“低碳生活”方式的地方，把企业的生产消费和社会公众的生活消费方式，从“非低碳”引导到“低碳”方面，有组织地引导社会公众，经常学习、了解“低碳生活”的知识，经常参加“低碳社会”的行动，比程式化的宣传形式更加有效。创新的“低碳生活”宣传工作，需要把突击性、阶段性的环境宣传教育活动，优化为具有广泛性、持久性的“项目化”工作。譬如：进一步深化、完善“绿色创建”活动；推广“环境圆桌对话”项目；建设更具参与效能的“青少年环境教育基地”和广泛生活层面的“环境志愿者”活动等，以在广泛的社会层面，开展深入的“低碳生活”行动。

组成人员涉及机关干部、中小学教师、医务人员、青年学生、企业职工、退休人员的“邯郸峰峰环保志愿者大队”自成立以来，先后由环保局组织或自行组织，不断开展着举办环境知识讲座、开展助学助残、徒步考察环境生态、骑自行车巡游宣传，深入企业发放环保资料、义务植树等各种各样的保护环境活动，在发动广泛的社会力量，参加到建设“资源节约型”、“环境友好型”和谐社会方面，取得了积极的经验。

细水雾降温技术在实现城市低碳化过程中的应用分析

王军锋　王贞涛　屠欣丞　黄继伟

（江苏大学能源与动力工程学院　江苏　镇江　212013）

摘　要　喷雾降温是一种适用于城市公共开放环境调节的低碳技术。本文从夏季城市空调能耗现状出发，对典型城市居民小区的空调能耗进行研究分析，表明城市家庭空调节能空间巨大。市民在户外通过体育健身来减少空调的使用时间，并且采用低碳技术对室外环境进行调节，实现城市居民生活环境的节能减排。提出适用于城市社区环境的细水雾大空间局域环境调节技术，计算分析了喷雾调节系统的能耗和减碳量，为该技术在城市公共开放环境调节领域的推广提供了理论依据。通过总结目前的应用推广情况，为实现城市化发展阶段的“低碳城市”模式提供了现实依据。

关键词　细水雾降温　能耗　减碳量　低碳技术　计算分析

本文从夏季城市空调的能耗现状出发，通过计算典型居民小区的空调使用时间，证明居民社区空调节能空间巨大。基于细水雾蒸发吸热原理，提出一种细水雾大空间局域环境调节技术，将该技术应用于城市居民社区公共环境的降温调节，部分取代空调来实现节能减排。通过对该技术的能耗与减碳量进行分析计算，为实现城市化发展阶段的“低碳城市”模式提供一种途径[1,2]。

一、夏季城市空调的能耗现状及碳排量分析

由于热岛效应的影响，空调已经成为城市生活中的一种必需品。1997 年每百户家庭空调普及率北京为 35%，上海为 50%，广州为 55%，到 2001 年家庭空调普及率北京为 90%，广州为 100%，上海 100%，南方大城市的空调普及率基本达到 100%。

空调普及率的升高使得城市居民家庭用电峰谷差更加明显，用电高峰负荷、用电量连年攀升。根据科技日报报道，2005 年，全国夏季各地空调的用电高峰负荷在 5000 万千瓦以上，差不多相当于 3 个三峡电站；到 2010 年和 2020 年，这一数字将分别相当于 5 个和 10 个三峡电站。中国节能协会发布的《节能空调未来发展趋势报告》显示，2002 年我国空调的耗电量是 800 多亿度，到 5 年后的 2007 年这个数字变成了 1600 亿度，5 年时间我国的空调用电量上升了 1 倍。重庆市 2006 年高温季节的空调用电量已超过全市总量的 50%。2007 年 8 月，上海市城市居民家庭人均电费支出达到 58 元，是当年月平均值的 1.8 倍，而 2002 年，这个倍数为 1.6 倍。

空调耗电量的增长对夏季城市电力供应系统提出了严峻的考验，导致温室气体排放逐年增加；长时间使用空调对身体健康也有影响[3]。以一个规模为 3000 户的典型城市居民社区为例，平均每百户空调拥有量为 120 台，1.5 匹的空调每小时耗电 1.0kWh，每天工作 10 个小时，每年夏季工作 2 个月，则整个居民社区夏季空调耗电量约为：

$1 \times 10 \times 60 \times 3000 \times 120 \div 100 = 216$ 万千瓦时

以中国 2007 年全年发电标准煤耗 334g/kWh 为单位进行计算，一个夏季空调用于降温共消耗标准燃煤：

$334g/kWh \times 2160000kWh = 721.44$ 吨

以平均每度电价为 0.5 元计算，该居民社区夏季空调电费为：

216 万千瓦时 $\times 0.5 = 108$ 万元

以每发电 1kWh 排放的二氧化碳量约为 638g 计算，二氧化碳的排放总量为：

216 万千瓦时 $\times 638g = 1378$ 吨

如果该社区的居民每天到户外进行体育健身 2 个小时，则每天空调使用时间减少 2 个小时，

耗电量将减少 43.2 万千瓦时，节省电费 21.6 万元，二氧化碳减少排放 275.6 吨，节约标准燃煤 144 吨。

二、细水雾大空间局域环境调节技术

细水雾大空间局域环境调节技术是根据液滴蒸发吸热降温的原理，借助风送技术将细水雾以气雾两相射流的形式弥散于环境气体中，细水雾蒸发吸收环境热量而实现降温的目的[4]（系统装置图如图 1 所示）。研究表明：风送技术所产生的射流卷吸作用延长了细水雾在空气中运动和蒸发的时间，解决了细水雾大空间输运的问题，同时又将地面的高温空气卷吸到射流中，使细水雾与环境气体充分混合，达到高效降温的目的；采用细水雾室外环境降温后，空间内的温度降幅在 4 ~ 7℃之间，降温效果明显；在相对湿度为 60% 的环境中，降温空间内的相对湿度基本在 70% 以下，相对湿度最大值在 69% 左右，由于细水雾液滴粒径较小，蒸发时间短，在射流核心段可以基本蒸发完全，因此增湿效果并不明显，细水雾两相射流下游空间的相对湿度基本在 3% ~5% 以内变化[5]。在半室外环境喷雾降温过程中，可通过设定配风量和降温终端的工作频率将环境度控制一定范围内。细水雾大空间局域环境调节对室外环境的热舒适性有明显改善，人体舒适度指数明显降低，人体舒适感增强。除了在降温方面效果明显以外，细水雾两相流动也可在除尘领域发挥功效[6,7]，细水雾除尘技术可应用于采矿掘进工作面的掘进机降尘，爆破后的喷雾降尘，转载点喷雾以及巷道净化水幕等方面，降尘效率可以达到 80% ~90% 以上。

细水雾环境调节系统所需的电力可以采用太阳能进行供电，实现二氧化碳的零排放。由于该技术产品的节能性与环保性，在全球气候变暖，夏季酷热高温天气增多的背景下，可对广场、街道和居民小区等城市公共开放环境进行局域降温，减少了空调的使用时间，对于节约能源、减少碳排量，保护环境具有重要作用，推广及应用前景十分广阔。

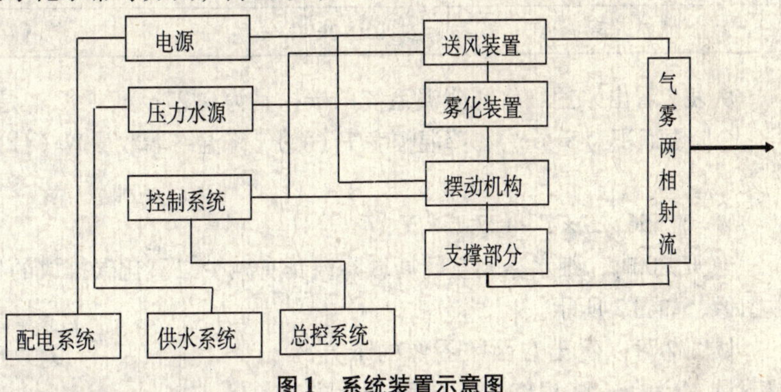

图 1 系统装置示意图

（一）能耗计算与分析

细水雾蒸发吸热降温可以通过高压喷雾降温和两相流低压雾化降温两种方式实现[8]。高压喷雾降温的工作压力在 5MPa 以上，雾滴粒径小于 30μm。两相流低压雾化降温的工作压力为 0.3 ~ 1MPa，雾滴粒径尺寸在 30μm 以上。将两种细水雾蒸发降温方式与城市洒水降温的能耗参数进行对比，如表 1 所示。

表 1 降温能耗参数对比

序号	项目	高压喷雾降温	两相流低压雾化降温	洒水降温
1	耗水量	0.3 ~ 0.48L/h · m²	0.24L/h · m²	20L/h · m²
2	耗电量	12 ~ 20WH/L	0.7 ~ 1.0WH/L	
3	雾化能耗	2W/L	0.42 ~ 0.92W/L	

从表 1 可以看出，在耗水量方面，细水雾蒸发吸热降温的耗水量小于城市洒水耗水量的 2.5%。高压雾化所产生的液滴粒径相对于低压雾化来说较小，液滴寿命和漂移距离较短，因此，

在单位面积和单位时间上，高压雾化降温的耗水量要大于低压雾化降温。在耗电量及雾化能耗方面，高压雾化降温的工作压力高于低压雾化降温的工作压力，因此在能耗上，高压雾化要消耗更多的电能。从节能角度来说，两相流低压雾化降温更符合节能的要求。

（二）减碳量计算分析

细水雾蒸发吸热降温相对空调来说，其最大的优点就在于减少了二氧化碳的排放。在 $1m^2$ 的室内空间，环境温度降低 1℃需要消耗空调功率 12W，喷雾降温系统的单机功率为 200W。

假设降温空间温度降幅3℃，降温影响区域半径为10m，送风摆幅180°，降温面积为 $157m^2$，单台降温系统 1 小时的减碳量为：

$7.656 \times 157 \times 3 - 127.6 = 3.5$kg

以平均一天工作 5 小时，一年夏季工作 50 天计算，单台降温系统 1 年的减碳量为：

$3.5 \times 5 \times 50 = 875$kg

从以上的计算可以得出雾化降温终端的碳排量，并与空调的碳排量进行对比，如表 2 所示。

表 2　细水雾蒸发吸热降温的减碳量参数计算

对比项目	1 小时耗（发）电量	二氧化碳排放量
火电厂	1kWh	638g
雾化降温终端	0.2kWh	$0.2 \times 638 \div 3 \div 157 = 0.27g/m^2 \cdot ℃$
空　调	$0.012kWh/m^2 \cdot ℃$	$0.012 \times 638 = 7.656g/m^2 \cdot ℃$

从表 2 看出采用细水雾降温系统的碳排量为 $0.27g/m^2 \cdot ℃$，是空调系统碳排量的 3.5%。

令降温面积为 S（m^2），降温幅度 T（℃），降温终端数量 N（台）。则该系统每小时的净减碳量 M 为：

$$M = 7.656 \times S \times T - 127.6 \times N$$

当 $M > 0$ 时，细水雾大空间局域降温具有减少二氧化碳排放的作用，根据上式绘制相应的函数图像，如图 2 所示。

从图 2 可以看出在函数图像的下方，减碳量 M 为负，降温终端运转所产生的二氧化碳排放大于其减碳量，降温终端并没有起到减少二氧化碳排放的作用。而在函数图像上方区域，喷雾降温系统的工作性能处于减碳量为正的区域，证明降温终端实现了节能减排的目的。

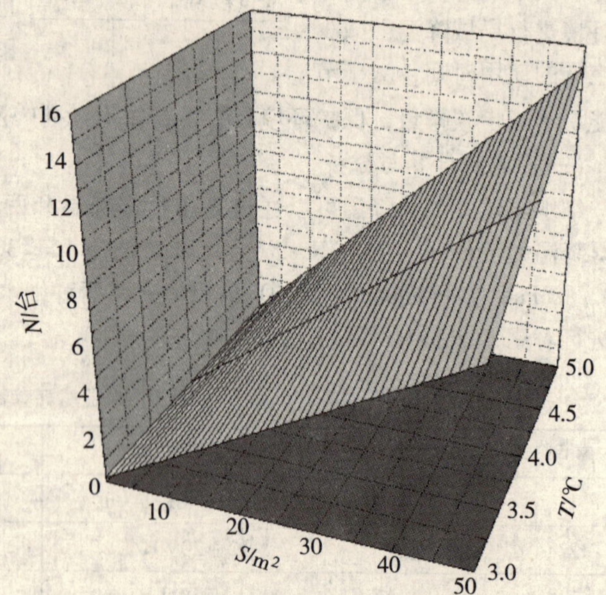

图 2　系统净减碳量 M 的函数图像

按城市居民社区人均公共空间面积 $9m^2$ 计算，3000 户规模的居民小区人口在 9000 人左右，公共面积为 $81000m^2$，将城市社区公共面积的 5% 开辟为环境降温调节区域，需要安装的细水雾环境调节系统的数量为：

$81000 \times 5\% \div 157 = 25$ 台

雾化降温系统的净减碳量 $M = 7.656 \times 157 \times 25 \times 4 - 127.6 \times 25 = 117\text{kg} > 0$，实现节能减排。

系统每天工作 2 个小时，一年工作时间 2 个月。该小区一年使用细水雾环境调节系统所带来的总减排量为：

$275.6t - 127.6g \times 25 \times 2 \times 30 \div 10^6 = 275.4t$

相当于节约电量：

275.4t ÷ 638g/kWh = 43 万 kWh

一个夏季可以节约标准燃煤：

43 万 kWh × 334g/kWh = 144t

（三）细水雾大空间局域环境调节技术的推广

细水雾室外环境调节技术及系统适用于大空间局域环境的降温调节，具有低能耗、无污染、易维护的特点，雾化质量高、雾滴细微、弥散分布均匀、覆盖面积大、无积水，降温效果明显。目前已在高温环境下的建筑施工现场及大型活动中使用。

为保证高温季节施工的水利工程或建筑工程的施工质量，在三峡大坝及围堰施工中为确保混凝土浇筑质量，监理部门将该项目技术的使用列为高温环境施工必须采用的保障措施（图 3）[9]，有效解决了大型建筑工程质量严重受高温环境影响的难题。在后来的龙滩水电站等大型建筑工程中也被普遍采用，为公路、桥梁等建设中保障混凝土碾压工程质量提供了可靠技术及装备。

图 3　舱面喷雾降温机装置图

在高温环境下的大型活动（如运动会、博览会等）开展中为确保作业者与参与者的安全健康，采用细水雾大空间局域环境调节系统能有效改善人体舒适度，满足社会经济发展对节能环保型大空间降温技术和设备的需求，该技术及设备已成功应用于 2008 年北京奥运沙滩排球比赛场馆（图 4），降温效果明显（平均降温 3～5℃）。1 万余平方米的场馆配电负荷 <20kW，节能效果显著，受到了奥组委和国际排联的好评，保证了奥运会的顺利举行，社会效益显著。

图 4　2008 年北京奥运沙滩排球比赛场馆的喷雾降温系统

世博会主要展出时间在炎热的季节，大量观众在阳光下行走以及排队等候参观，为了抵挡露天的日晒，除很多地方设遮阳篷外，还采用喷雾冷却装置。在 2005 年爱知世博会上，在

“环球走道”（宽21m）上的遮阳篷休息区附近，离地约3.5m的高度处装有喷雾设施，雾滴粒径16μm，由于蒸发冷却，喷雾区内的温度比周边低1~2℃，其舒适评价为观众所认可[10]。（图5）在举行2010年上海世博会期间，该项目技术和设备也将用于世博轴与世博园区的降温。

图5　2005年爱知世博会上的喷雾降温

三、总　结

喷雾降温是一种适用于城市公共开放环境调节的低碳技术。该技术减少了空调的使用时间，实现了城市居民生活环境的节能减排，改善了城市公共开放环境质量，明显提高人体舒适度。对细水雾大空间局域环境调节系统的能耗及减碳量的计算，为该低碳技术在城市公共开放环境调节领域的推广提供了理论依据。通过分析总结目前该技术的工程应用推广现状，为实现城市化发展阶段的“低碳城市”模式提供了现实依据。

参考文献

[1] 顾朝林，谭纵波，刘宛，等．气候变化、碳排放与低碳城市规划研究进展［J］．城市规划学刊，2009，3：38-45.

[2] 陈飞，诸大建．低碳城市研究的理论方法与上海实证分析［J］．城市发展研究，2009，10：71-79.

[3] 李兆坚，江亿，雷毅．对空调舒适性的伦理学思考［J］．暖通空调，2008，38（5）：38-43.

[4] 王军锋，屠欣丞，黄俏梅，等．细水雾室外环境降温效果的数值模拟［J］．江苏大学学报（自然科学版），2009，30（6）：591-595.

[5] Wang Jun feng，Tu Xin cheng. Experimental Study and Numerical Simulation on Evaporative Cooling of Fine Water Mist in Outdoor Environment［J］. International Conference on Energy and Environment Technology，2009，156-159.

[6] 曹绍龙．高压喷雾除尘技术及其应用［J］．陕西煤炭，2008，1：96-97.

[7] 樊志斌，王蓬，张设计．玉华煤矿综合防尘技术及其效果［J］．矿业安全与环保，2004，31（2）：59-60.

[8] 王军锋，屠欣丞，黄俏梅，等．半室外环境两相流低压雾化降温数值分析［J］．排灌机械，2009，27（4）：255-260.

[9] 王军锋，闻建龙，罗惕乾，等．三峡围堰夏季施工舱面喷雾降温系统的研究［J］．江苏理工大学学报（自然科学版），2000，21（5）：22-25.

[10] Hideki Yamada，Gyuyoung Yoon，Masaya Okumiya et al. Study of Cooling System with Water Mist Sprayers：Fundamental Examination of Particle Size Distribution and Cooling Effects［J］. Build Simul，2008，1：214-222.

长株潭城市群发展低碳经济的思考

刘 丽[1] 赵 敏[2] 秦普丰[1] 雷 鸣[1] 李细红[1]

（1. 湖南农业大学资源环境学院 湖南 长沙 410128；
2. 株洲市环境监测中心站 湖南 株洲 412000）

摘 要 在全球气候变暖的大背景下，未来的发展道路应该而且必须走低碳与经济紧密结合的模式。发展低碳经济，必须坚持科学发展观，彻底转变经济增长方式，调整产业结构，从而在真正意义上实现人与自然和谐相处。为此，作为“两型社会”改革试验区的长株潭城市群应该结合自身实际，从战略高度布局低碳经济建设；坚持教育与惩戒并重，提升全社会的低碳意识；大力发展低碳经济，构建节约环保型社会；充分发挥自身优势，发展具有长株潭特色的低碳经济。

关键词 低碳经济 两型社会 可持续发展 长株潭城市群

探索低碳经济的现代发展模式，是对传统发展模式的创新，是转变发展方式的重要方面，是新一轮经济周期提升区域发展能力的重要途径。作为中国“两型社会”改革实验区，湖南应率先进行探索，力争有新突破。发展低碳经济，是实现湖南省科学跨越，培育新的经济增长点，抢占战略制高点的需要；是“两型社会”的着力点和突破口。长株潭城市群发展低碳经济，不仅仅是能源消费方式、经济发展方式的改变，而是涉及人类生活方式的一次全新变革。

一、长株潭城市群发展低碳经济的必要性

（一）全球气候变暖，气候灾变的紧迫性

全球变暖已经导致全球41%干旱地区土地不断退化和沙漠化。我国西部82%的冰川正在退缩，使西部地区更为干旱化、荒漠化。另外，由于全球气候变暖的关系，引起了台风、低温冰雪极端天气、农业减产等灾害，对人类的生活、生产有很大的影响。随着全球工业化进程的不断加快，人类活动造成的大气中温室气体浓度的升高给全球的气候、生态、经济等各方面带来显著影响，受到世界各国政府、科学家和社会公众的普遍重视[1-3]。

许多学者都认为二氧化碳是温室效应的罪魁祸首，其对温室效应的贡献率为60%。据统计，中国使用能源排放的CO_2，约占各种温室气体总排放量的80%[4]。通过表1可知，产生相同的发热量时，原煤排放CO_2量最大。湖南省的能源消费仍以化石燃料为主，且各种化石燃料以煤炭为主，煤炭在全省产生碳排放的一次能源消费中的比例大于70%[5]。“低碳经济”是国际社会应对人类大量消耗化石能源、大量排放二氧化碳等温室气体引起环境污染和全球气候灾害性变化而提出的新概念。

表1 不同燃料单位发热量的CO_2排放量

能源种类	原 煤	天然气	柴油生物质（干基、平均值）	
CO_2排放量 $kgCO_2/MJ$	0.117	0.049	0.085	0.0925

（二）长株潭城市群试验区的示范作用

2007年12月，长株潭城市群获准为全国资源节约型和环境友好型社会（简称“两型社

会”）建设综合配套改革实验区，有利于长株潭城市群通过资源的节约和生态环境的保护来解决发展中的资源与环境瓶颈，促进长株潭城市群的协调发展。作为中国“两型社会”改革实验区之一的长株潭城市群应率先对发展低碳经济进行探索，以便发挥其示范作用。

（三）长株潭城市群发展低碳经济存在的问题

1. 产业结构的不合理，造成资源浪费

覃子龙等[6]以长株潭城市群的地区生产总值为参考序列，三次产业的产值为比较序列，运用灰色关联分析法对长株潭城市群1997—2007年间的产业结构进行了分析，研究表明长株潭城市群的产业结构总体上处于升级优化阶段，对经济增长贡献的大小依次为第二、三、一产业。中等和中等偏下的产业占制造业的半壁江山，一直没有摆脱资源消耗型的传统发展模式，致使资源消耗过大，尤其是水资源、土地资源及矿产资源不足的问题越来越突出，资源供给趋紧导致生产要素成本上升，粗放型发展模式已难以支撑经济的长期可持续发展[7]。

2. 能耗问题以及能源缺乏

长株潭城市群作为国家老工业基地，钢铁、有色、化工等传统重化工业占有较大比重。传统重化工业是典型的高能耗、高污染行业。据张亚斌[8]报道，2007年，株洲、湘潭、岳阳、娄底的单位GDP能耗（吨标准煤/万元）分别为1.467、1.969、1.452、2.703，其中单位规模工业增加值能耗分别高达2.47、3.60、2.64、5.67，连益阳都高达3.47；能耗标准虽比2006年有显著的下降，但仍高于全省的平均水平，也大大高于全国的平均水平。

能源是经济发展的主要动力来源，它推动着经济的发展，并对经济发展的规模和速度起到举足轻重的作用。长株潭是一个典型的缺能地区[9]，煤炭储量仅占全国总储量的0.2%，电力仅能满足自身需求的55%，天然气勘探暂无，90%以上的能源资源需从外地调入。此外，随着经济社会的快速发展，能源需求日趋旺盛，以煤为主的能源结构又可能让环境污染雪上加霜。

二、长株潭发展低碳经济的优势分析

（一）科技创新能力比较强

长株潭三市聚集了湖南省90%以上的科研人员和80%以上的科研成果，高新技术产品产值占全省的3/4，是湖南经济发展的精华所在。长沙和湘潭聚集了湖南的大部分著名的大学，科技实力雄厚。发展最为成功的是岳麓区的高新技术企业集群，到2003年上半年止，已有67家科技企业加入岳麓山国家大学科技园。利用现有科研优势重点培育电子信息、新材料、生物工程、环境保护、人口与健康技术等，重点扶持CPU南方设计中心、光机电一体化技术柔性联合研究开发中心、动力电池材料工程中心、软件测评中心等科研基地的建设，可以形成一批有自主知识产权的高水平创新成果，形成产业优势，确立湖南省在全国知识创新体系中的地位[10]。

（二）地理位置交通优势

长沙、株洲、湘潭三市构成的“长株潭”城市群则是长江中游地区次级中心和我国“中部崛起”的“南引擎”。在地理位置上，长株潭3市毗邻，呈三角状、“品”字形分布，中心区两两相距仅45km，形成一个联系紧密的城市群。境内交通十分方便，有京广、浙赣、湘黔铁路以及武广高铁通过，107、309、320国道、京珠高速公路和上瑞高速公路从此过，三市环线和长潭、长株等高速公路，构成一条完整的公路环线，而且长株潭公交一体化线路已开通。黄花机场已架起湖南至全国各大中城市的桥梁，交通便捷。刘炬[11]报道称，长株潭城际铁路预计4月底动工，全线设有21个站，计划2014年底前建成通车。

（三）长株潭被列入旅游综合改革试点

2010年国家旅游局为了推进旅游综合改革试点，以区域带动推进旅游业的改革创新，将长株潭与广东、天津等列入先行先试的地区。长株潭低碳旅游试验区将考虑到酒店的节能减排、城市建设以及老百姓的节能减排等问题。

（四）长株潭具有一定的低碳基础

根据长沙市工作报告（2008—2010年）可知，长沙市单位地区生产总值综合能耗年均降低4%。而第三产业的比重在不断增长，且高新技术产业产值不断增加。株洲市在节能减排方面做了大量的工作，使得万元GDP能耗下降较快，2008年关停18家污染严重的企业。株洲市出台了《株洲市公交车电动化三年行动计划纲要（2009—2011年)》，实现公交低碳化。湘潭市引导企业结合技术改造、工艺结构调整以及设备更新，加大对工业废气、废水、废渣以及高炉余压余热综合利用的力度，单位GDP能耗保持连年下降态势。

三、长株潭城市群实施低碳经济的对策建议

（一）发挥政府的主导作用，制定低碳经济相关发展规划

制定相关低碳经济的规划，比如《低碳产业发展规划》、《节能规划》、《节能与新能源汽车产业中长期发展和推广试点规划》、《新能源和可再生能源规划》等。

（二）调整产业结构，大力扶持低碳产业，逐步淘汰高能耗、高污染的企业

加大对低碳产业的扶持力度，把财政专项资金向新能源汽车、可再生能源、节能产业、低碳技术研发、重大节能工程倾斜，打造一批低碳经济龙头产业和样板工程。比如说长沙将以大河西先导区作为“能评”工作的试验田，为“能评”全面铺开做出样板示范。把工业项目作为“能评”重点，实行“能评”制度与淘汰落后产能有机结合，淘汰高能耗、高污染、低效益的企业和生产工艺，坚决遏制高耗能项目建设。

（三）调整优化能源结构

优化能源结构，必须实行能源多元化、清洁化发展，大力改善和调整能源结构，有效保障能源供给。加快发展核电，大力发展风电等可再生能源，积极开发水电，加强新能源和替代能源的研发应用，促进煤炭清洁高效利用，大力加强国际能源合作。

（四）加大教育力度，加强地方立法，提升全社会的低碳经济意识

当社会上缺乏低碳经济意识时，政府投入再多、计划再详尽，也只会付之东流，所以应加强公众的低碳意识。一是要广泛宣传低碳经济观念。以大型宣传教育造成声势，推动各级领导和广大群众树立低碳环保观念，明确低碳经济建设的义务和责任。二是鼓励民间社团和群众参与，不断壮大低碳经济的建设力量。定期举行低碳活动，譬如，建议设立“低碳经济日”、开展“地球一小时低碳生活周”、节能宣传周、能源紧缺体验、低碳知识竞赛等全民活动，开展低碳社区、低碳机关、低碳学校创建活动，以活动带动全民低碳行动。另外，在各级学校的教育机构积极开展低碳经济观念教育，使低碳经济观念深入人心。三是要加强低碳经济立法。长株潭城市群立法，可以采取多样形式，实现不同的立法目的。一方面是把国家和省级立法具体化和地方化，并有所创新，以弥补国家和省级立法的空白，先行一步；另一方面，可以解决地方特有的可持续发展问题，通过地方立法予以调整，或者将国家和省推行的某些制度和措施，通过地方立法予以完善。

（五）发挥自身优势，发展具有湖南特色的低碳经济

发展低碳经济，构建长株潭“两型社会”，必须结合自身实际，发挥自身优势，加强对外合作，实现资源互补。一是要发挥科技创新优势。发展自主创新技术，提高能源效率，同时加大对新能源与可再生能源的研究。二是要发挥湖南省旅游业优势。旅游业是最具生态意义的产业之一，它不仅具有环境和资源代价小、产值高的特点，而且还能增加就业。尤其是长株潭红色旅游，长株潭的红色旅游对区域旅游经济的贡献较大。为满足旅游者的多元化需求，长株潭应整合旅游资源，在红色旅游的基础上，不断开发休闲度假旅游，生态旅游，民俗旅游等，使红、绿、

蓝、俗、古等旅游共同发展，实现优势互补[12]。三是要发挥长株潭的地理位置优势。长株潭城市群作为湖南省的增长极，对湖南省具有极大的辐射和集中优势，低碳经济的发展可以带动湖南其他城市的发展并且可以为国内其他城市提供借鉴。

参考文献

[1] International Panel on Climate Change. Climate Change 2007：the Physical Science Basis. Cambridge：Cambridge University Press，2007.

[2] World Meteorological Organization. The State of Greenhouse Gases in the Atmosphere Using Global Observations through 2006. In：World Meteorological Organization. Greenhouse Gas Bulletin，2007.

[3] Komhyr W D，Gammon R H，Harris T B，et al. Global atmospheric CO_2 distribution and variations from 1968 - 1982）NOAA/GMCC CO_2 flask sample data. J Geophys Res，1985，90：5567 - 5596.

[4] Roberta Quadrelli，Sierra Peterson. The energy - climate challenge：Recent trends in CO_2 emissions from fuel combustion［J］. Energy Policy，2007，8（35）：593 - 595.

[5] 李志强，刘春梅．碳足迹及其影响因素分析——基于中部六省的实证［M］. 2009 年南昌大学中国中部经济发展研究中心学术年会暨“贯彻国务院《促进中部地区崛起规划》”研讨会论文集．

[6] 覃子龙，袁晓文．长株潭城市群产业结构的灰色关联分析［J］．中国经贸，2009（18）：95.

[7] 欧阳涛，吴金明．长株潭产业一体化的 SWOT 分析［J］．经济地理，2006（3）：400 - 404.

[8] 张亚斌，艾洪山．两型社会建设与新型产业体系的构建［J］．湖南大学学报（社会科学版），2009，23（4）：135 - 140.

[9] 陈立平．长株潭循环经济发展现状及对策研究［J］．湖南商学院学报（双月刊），2009，16（5）：62 - 64.

[10] 黄勇．基于产业集聚的长株潭一体化研究［A］．湖南师范大学，2004，4：59 - 60.

[11] 刘矩．长株潭城铁湘潭设 4 站［OL］，2010 - 03 - 16. http：//news. qq. com /a/20100316/ 000814. html.

[12] 袁亚忠，杜荣凤．“两型社会”背景下长株潭红色旅游集群发展研究［J］．湖南工程学院报，2009，12，19（4）：9 - 12.

探讨公众参与在低碳经济发展中的应用

于　清　王　洪

（重庆工商大学环境保护研究所　重庆市渝中区长江一路1号中华广场22－2　400015）

摘　要　简述低碳经济和公众参与现状，以及在低碳经济中引入公众参与的必要性，主要探讨如何将现有的公众参与形式与低碳经济发展相结合。

关键词　公众参与　低碳经济　应用

一、低碳经济和公众参与现状

（一）低碳经济概念

随着全球人口和经济规模的不断增长，能源使用带来的环境问题及其诱因不断地为人们所认识，不止是烟雾、光化学烟雾和酸雨等的危害，大气中二氧化碳（CO_2）浓度升高带来的全球气候变化已被确认为不争的事实。在此背景下，“碳足迹”、“低碳经济”、“低碳技术”、“低碳发展”、“低碳生活方式”、“低碳社会”、“低碳城市”、“低碳世界”等一系列新概念、新政策应运而生。

所谓低碳经济，是指在可持续发展理念指导下，通过技术创新、制度创新、产业转型、新能源开发等多种手段，尽可能地减少煤炭石油等高碳能源消耗，减少温室气体排放，达到经济社会发展与生态环境保护双赢的一种经济发展形态。发展低碳经济，一方面是积极承担环境保护责任，完成国家节能降耗指标的要求；另一方面是调整经济结构，提高能源利用效率，发展新兴工业，建设生态文明[1]。

（二）低碳经济现状

“低碳经济”最早见诸于政府文件是在2003年的英国能源白皮书《我们能源的未来：创建低碳经济》。2007年9月8日，国家主席胡锦涛在亚太经合组织（APEC）第15次领导人会议上，明确主张“发展低碳经济”，令世人瞩目。他还提出：“开展全民气候变化宣传教育，提高公众节能减排意识，让每个公民自觉为减缓和适应气候变化做出努力。”

（三）公众参与概念

公众参与（public participation），从社会学角度来看，指社会群体、社会组织、单位或个人作为主体在权利和义务范围内从事的有目的的社会行为。世界银行对公众参与中的公众定义包括以下几个方面：①直接受影响人群：预期要获得收益的人、承担风险的团体、利益相关团体，他们大多位于项目范围或位于项目的影响范围内。②受影响的公共代表：国家和省政府的代表、地方官员、传统的当局人员、地方机构、私有行业代表。③其他感兴趣的团体：包括听取项目所在地区人民代表、政协委员、群众团体、学术团体或居委会代表的建议和意见，征询受影响地区公众的意见。

（四）公众参与现状

20世纪90年代以来，随着我国社会主义市场经济体制的不断发展，公众参与决策和管理的呼声日益高涨，随着“以人为本”、“民主参与”等现代理念的逐步融入，我国人民民主专政的本质和社会主义市场经济体制的不断完善和发展为公众参与提供了政治和经济基础。人民有知情权、参与权和决策权。我国《宪法》规定：“中华人民共和国的一切权力属于人民……人民依照法律规定，通过各种途径和方式，管理国家事务，管理经济和建设事业，管理社会事务。”但目前我国公众参与处于起步阶段，尚未真正落到实处，还停留在“我制定，你执行”的阶段；缺乏普及和宣传，公众对自身权益的认识还不够高，影响了参与的热情；公众参与缺乏真正的决策权和相应的制度和法律保障。另外，我国的公众参与还明显地因各地的经济发展水平而异，在经济较发达的地区，公众参与程度较高，而在中西部一些比较落后及边远偏僻地区，公众参与程度较低[2-4]。

二、在低碳经济中引入公众参与的必要性

（一）发展低碳经济的必要性和紧迫性

根据清华大学的研究，如果实施清洁能源、工业结构调整、能源效率提高、绿色交通等协同控制政策，到2010年，北京可减少18.5万t二氧化硫排放、41.5万t氮氧化物排放、2590万t标煤的能源需求及1050万t二氧化碳排放。

从世界范围看，预计到2030年太阳能发电也只达到世界电力供给的10%，而全球已探明的石油、天然气和煤炭储量将分别在今后40年、60年和100年左右耗尽。因此，在“碳素燃料文明时代”向“太阳能文明时代”（风能、生物质能都是太阳能的转换形态）过渡的未来几十年里，“低碳经济”的重要含义之一，就是节约石化能源的消耗，为新能源的普及利用提供时间保障[5,6]。

由此可见，发展低碳经济，是我国应对气候变化、建设生态文明的必然选择。

（二）在低碳经济中引入公众参与的必要性

公众参与是提高社会经济发展的一个非常有价值的附加手段，也是避免决策失误的有效工具。公众参与也体现了有关部门对公众利益和权利的尊重。因此在低碳经济中引入公众参与有利于减少决策的失误概率，少走弯路，同时也是公众合法利益和权利的体现。这里所说的参与不是被要求做什么，而是主动地加入。

三、探讨如何将现有的公众参与形式与低碳经济相结合

（一）成立相应的政府主管机构

低碳经济是一个新生事物，推介低碳经济是个系统工程，需要建立一个以市场为基础，以政府为主导，以企业和民众为主体的互动体系[7]。针对我国的碳减排目标——到2020年，中国单位国内生产总值二氧化碳排放比2005年下降40%～45%。笔者强烈呼吁成立一个相应的政府主管机构，发挥政府的主导作用，建立一个信息互动平台，将企业、民众、低碳经济有机结合起来，大力推动低碳经济发展。

1. 建立健全低碳经济发展的法律法规

建立健全低碳经济发展的法律法规，并将公众参与纳入其中，重点包括公众的范畴、公众参与低碳经济规划的时间，参与时有哪些权利、什么情况下必须召开听证会、如果较大争议政府不采纳是否可以采取公益诉讼等，使公众参与低碳经济达到法制化、规范化，从而为公众参与低碳经济发展提供制度保障。

2. 组织公众参与编制低碳经济发展总体规划

公众参与应贯穿低碳经济发展总体规划前期到规划出台全程，并得到制度性保证。若在规划编制过程中没有按照法规来实施公众参与，应该设立问责制和行政诉讼；若由于没有公众参与而造成不良后果的，应引入公益诉讼机制，使相关责任方承担法律后果。

3. 为公众参与提供交流平台

信息的公开是公众参与低碳经济的前提，没有相应的信息作为基础，公众参与就无法进行，公众即使参与也是盲目的参与，甚至仅仅是一些情绪的发泄。因此建立一个开放的互通的信息渠道，使所有利益各方可以进行有效的协商、对话，以提高公众参与积极性。

在我国，由于没有情报公开法，因而如何公开信息没有法律依据。但我们在实践中可以借鉴其他国家或地区和世界银行的方法，可以通过发布公告，利用报纸、电视、广播、互联网发布见报或信息、利用信息发布会散发工程相关内容的书面材料。公开的信息应该全面、清楚（规定保密的资料除外）。同时应设立信息收集和信息反馈系统，对公众提出建议和要求进行汇总，对合理建议和要求应进行采纳，对暂不采纳的建议和要求要进行反馈说明情况。通过接受公众提出的合理建议和要求来鼓励公众参与的热情，并促进公众参与。

（二）建立和发展更多的非政府社团

我国目前非政府社团还比较薄弱，但在全国各地，有相当多热心于社会经济发展和环境保护的人，特别是一些青年人和已退休的干部、知识分子，他们都有成立非政府环境保护社会团体的要求或计划。如果他们能够组织起来，以各种形式参与低碳经济发展中问题的讨论和解决，可进一步发挥公众参与的作用。

（三）提高公众参与的意识和能力

受传统观念的影响，公众习惯了听从，对参与决策表示怀疑与不相信，有些政府人员也习惯了发号施令，影响公众参与热情。因此，应提高公众的权利意识，鼓励公众以各种形式参与低碳经济发展。对我国中小学生来说，应通过社会实践和科普教育，从小养成良好的低碳生活习惯；对于大中专学生来说，在增强低碳经济知识的同时，还应加强他们分析问题和解决问题的能力；对党政和企业领导干部的低碳教育，则以国内外的环境形势为重点，提高对低碳经济的综合决策能力。对普通大众来说，可采用大众传播媒介，如报纸、杂志、书籍等印刷媒介和广播、电视、电影等电子媒介，理论文章、文艺演出、新闻报道等宣传手段了解低碳经济发展，提高自身参与低碳经济发展能力。

四、结　语

对我国来说，公众参与起步稍晚，在研究的深度和广度上与西方发达国家相比存在一定的差距，并且在实际执行中，还存在种种问题，影响了公众参与有效性的发挥。而且人们对“低碳经济”更全面的了解基本上还处于初始阶段，如何展开实施也才刚刚开始。因此，我们应在总结经验教训的基础上，探索和健全各种适合我国国情的公众参与，使其融入到低碳经济发展中。

参考文献

[1] 低碳经济——从城市应用开始．南昌新闻网．

[2] 郑兵．浅谈公众参与在加强水资源管理中的作用．

[3] 蒋宏国，刘勇．环境影响评价中的公众参与［J］．环境科学动态，2003（1）：8－9.

[4] 李艳芳．公众参与环境影响评价制度研究［M］．北京：中国人民大学出版社，2004：126－132.

[5] 我国发展低碳经济面临的主要困难与现实意义．

[6] 走有中国特色低碳经济之路．

[7] 陈永昌．发展低碳经济的思路和对策．

古今气候论

水 涛

（浙江省杭州湾资源和环境研究会 浙江 杭州 310000）

摘 要 自2009年入冬以来北半球经受了创纪录的严寒侵袭，联合国IPCC报告的权威性受到置疑。地球气候变化趋向陷入纷争的境地。作者认为：从地质学和考古学的视角，以更长的时间周期去认识和了解气候变化规律和成因机制，或许对将来气候的长期预报有所启示。地球在漫长的演化史中经历了以千万年计的“地质气候旋回”、千百年计的“史前气候周期”；以及近现代以百年计的“世纪气候波动”。不同级次的周期均为内在自然因素所制约，CO_2含量在地球演化史中趋于波动下降过程，当代的CO_2浓度和气温均处于地质史的低点。但人类活动可能在百年尺度内存在对气候和生态环境的影响。自20世纪初开始至今近百年升温趋向中，令人关注的是在中国曾有1941年、1969年、2009—2010年之交极度低温的出现，“低温节点”时距为30～40年，似与海洋存在数十年为一寒暖变化周期之说相近。由此引发对人为因素导致持续增温一说的质疑。2009年入冬以来的严寒是否为近百年升温波动周期的终结抑或只是次级的突变因素所致，尚有待观察。但自然因素主导的周期波动规律不可逆转，人为因素的干扰应予严重关注，但是不宜夸大炒作。减排节能、实现低碳经济，是人类生活、生产方式改变的需要，是历史的进步和跨越，但中国必须依自身的条件，在实现低碳经济的道路上，不为未经实证而被夸大了的“人为因素”所左右。

关键词 气候变化 地质气候旋回 史前气候周期 世纪气候波动 低碳经济

一、地球气候变化趋向的争议

自2009年12月以来北半球经受了创纪录的冰雪严寒，持续的暴风雪横扫北美、欧亚，并延伸到朝鲜半岛，甚至逼近北回归线，袭击了美国佛罗里达半岛迈阿密市。我国新疆因强降雪侵袭，雪崩、冻害造成百万余人受灾，十万余牲畜死伤；大兴安岭出现罕见的-50.1℃极低温，黄渤海冰封千里，51%海面被冻结……

北半球的持续急剧降温，使联合国政府间气候变化研究小组（IPCC）报告的权威性和可信度受到了质疑。IPCC第四次评估报告以其最新和最详尽的证据，向世界各国发出警告：由人为因素造成的全球气候系统正在逐年变暖，并已经影响到全球自然灾害的严重程度和发生频率[1,2]。媒体据此而描绘了不久将来，南极冰融、北极雪崩、汪洋肆虐、岛国沉沦、亚洲大陆干涸……世界似乎已在走向末日。哥本哈根气候峰会是在各国对IPCC报告一致认同的背景下召开，目的为促进各国减排和发展低碳经济，遏止地球变暖的进程。但是对全球气候系统变暖和气候变化的原因并非没有异议，不同声音始终存在。

近来联合国气候专家对2007年IPCC指称大部分喜马拉雅山冰川将会在2035年前消失的说法，正式表示更正。由此说还曾推测亚洲10条主要大河将在50年内干涸；但另有监测发现：2007年以来北极圈夏季海洋冰层面积扩增，升幅达25.6%，这一事实被普遍认同，但在IPCC报告中并未提及。全球暖化政策基金会帕泽博士指出：IPCC已多次显示他们提交报告的过程缺乏透明度和有欠审慎。IPCC的可信性受损，这使得几乎无果而终的哥本哈根峰会，重启气候对话的前景更不明朗。

数年前和斯坦福大学任教的张之孟博士交谈，他认为影响地球气候的是海洋，这是由于海水的热容量远大于空气。他告知大西洋海流正在变冷，因而深信地球气候变暖的趋势是短暂的。近来一些气象领域的专家也都认为海洋自有冷暖周期，海洋自然循环决定气候模式，大致以20～

30年或50年为一循环。近又有报道称，德国的一位气候学家领导的团队，在对海面下914m处，海水发生深层冷暖循环的地方进行测温研究，结论认为全球将进入“微型冰河世纪”。

地球气候的变化趋向如何？似乎已陷入莫衷一是，纷争不已的境地。

对于地球气候系统变化趋势和原因，以往大多是从事大气与海洋学科专家所关注和研究的问题。但是否还可以从地质学和考古学的视角，从更长的时间周期中去认识和了解气候变化规律和成因机制，或对将来气候的长期预报有所补益和启示呢？

二、地质时期的古气候

地质学家从地球演化的研究中发现，高温和雪球事件在地球史中曾经更迭再现，大气成分也有剧烈变化。仅以中生代而言，大气中氧含量仅相当现代的20%～25%，CO_2的浓度则高于当今数至十数倍，整个中生代，地球几乎都是在浓密的CO_2包裹之中，其时的地球气温约波动在17～19℃，高于现在的平均温度。在此期孕育和诞生了恐龙和原始哺乳动物，同时出现了最早的开花植物，成煤热带森林繁茂兴盛；地球上也曾多次出现大幅度降温，最近一次的“冰室”事件发生在新生代的晚期，约始于前1600万年，至前300万年加剧变冷，北半球冰川作用开始并形成北极冰帽。而人类的出现和进化，其漫长的历程几乎一直处在不时遭遇寒冻袭来的环境。近来《自然》杂志报道：埃塞俄比亚发现了最早原始人，命之为“阿尔迪”，年龄已经440万岁，她应该是在地球的冬季所诞生的人类最古老的祖母。

地球演化中碳循环系统一再处于平衡－失衡－再平衡的过程中，每当CO_2浓度下降至接近当代平均值时，常引发低温冰雪周期的到来，于此前后并时会发生全球生物的重大绝灭事件，而随即CO_2又会再富集而致再升温。此如地史上的石碳－二叠纪（距今约3.5亿年）随CO_2浓度剧降而导致冰雪事件（低温平均10℃）以及二叠纪末60%海洋和陆地生物的消亡；继后在中生代CO_2的浓度迅速回升，高温（19℃）也随之到来，而于末期（约0.7亿年），CO_2浓度又复降至现今2倍，地球均温也波动下降至16℃，其时发生了大型海洋爬行动物绝灭。但是在地质史中也偶有气温和CO_2浓度呈非正相关系，如在奥陶纪末（约前4.5亿年），气温和CO_2浓度负相波动交变，并导致50%海洋生物的绝灭。故至今对于地史过程中的气温、碳循环、生物圈的关联性仍不尽了然，尚有待继续鉴证和探索。

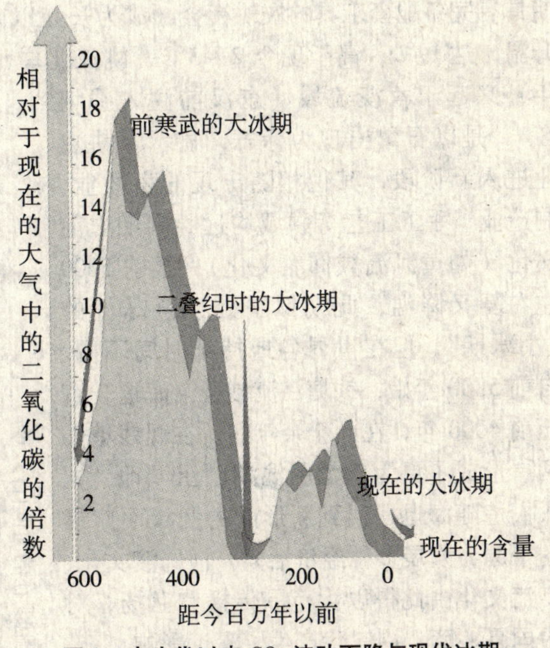

图1　古生代以来CO_2波动下降与现代冰期

（据周新民提供作修改）

但可确认的基本事实是：自古生代以来，大气中CO_2浓度在总体上趋于波动下降，现代的均值接近地史的最低点（图1）；地质时期的历次冰期，长则逾亿年，短则也达数千万年，而第四纪冰期仅千余万年，至今南、北极冰盖保留依旧，如同300万年前形成之初。因此据地质时代的低温气候周期以及CO_2低值与气温下降的相关性判断：当代人类仍处于1600万年以来冰期延续的低温期，只是时有较低级序的周期性波动叠置（图2）。西方学者和媒体预测21世纪温度将上升2～4.5℃（英国《独立报》2007－1－29），意味着人类将重新回到一亿数千万年前恐龙生存繁衍的中生代高温期，但是从地质气候旋回周期的视角，如此大幅度的剧变跳跃，实在匪夷所思。

三、考古时期的古气候

近年浙江地质部门及考古专家[2,3]对钱塘江流域全新世（10000年至近3000年）以来多处沉积层（包括古文化遗址沉积）所保存的古植物孢粉，进行了系统的鉴定研究，并辅以沉积矿物的地球化学测温，同时又运用C14和氧同位素方法进行定年。由于植物对于生存环境反应敏锐，其滞后期为10～100年，所以通过植物群演化历史研究，可以了解到自然环境变迁，尤其是气候的变化。因此利用古植物孢粉，推断得出钱塘江流域万年来古气候变化趋势，应该是可信的。

植物群落组成和沉积矿物显示：距今一万年始至八千年，天气系统已经从此前的全球性冰河期，进入短暂的“间冰期”，全流域处于偏温热环境，年均气温为24.2℃左右，高于现今7～8℃，由于气温每升高一度，会增加100mm的雨量，所以其时的湿热可与现今的海南岛相比。在此期间诞生了浦江上山文化和嵊州小黄山文化，先人们走出洞穴，采撷狩猎，并先于长江流域诸地，开始了早期的稻作农业；而至前8000年，气温曾剧降至11.9℃，低于现今3～4℃。钱江流域大规模海退，先人追逐大海，迁址萧湘（跨湖桥文化：8000～7000年），后又随即升温（7900～6500年），在温暖湿润的环境中定居千余年，从事农耕渔猎，创造了新的文明，独木舟的发明、制作更成为东亚之最。后终因海面上升，整个区域没于海潮之下，至今未明去向；稍后年代，先人们出现在姚江北岸（河姆渡文化：7000～5300年），筑室掘井、定居垦拓，形成了早期具有完备配套工具的农耕社会，成为长江以南以至东亚最灿烂的古文化；6500～5800年复又升温，达19℃，高于现今2～3℃，姚江北岸沦没水下。此值马家滨－良渚文化（6000～5300年）兴起于苕溪流域（东汉前注入钱塘江），是以石犁出现为标志，显示犁耕农业进入新阶段，其他相随出现的畜牧业、制造业、手工工艺等领域均远胜同期史前文化（如黄河流域仰韶文化）；至前5000左右复又降温，此期似乎处于全球性的“小冰期”，但在世界各地持续时间不同。自前5800年始，钱塘江流域逐渐海退，直至前4000年，在此千余年间，在现钱塘江两岸形成了更为广泛的潟湖型沼泽地，先人们追随海退，回到新形成的肥沃而广袤的平原，发展多种经济活动。河姆渡文化、良渚文化由此得以大范围传播和弘扬，对中国夏、商、周三代产生了深远影响。

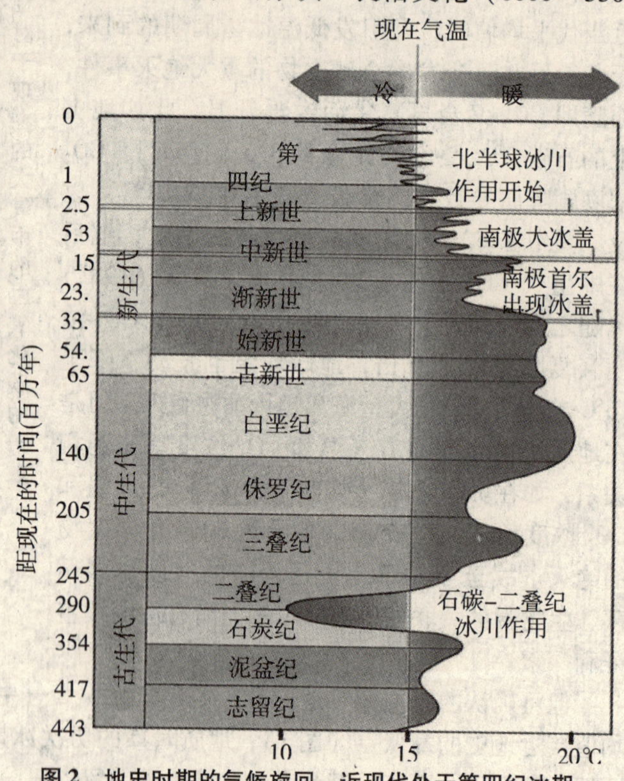

图2　地史时期的气候旋回，近现代处于第四纪冰期

（据周新民提供作修改）

钱塘江流域近万年的古气候波动频繁，并引致多期次海水进退[3]。在前5000～1万年间，总体上处于高于现今2～3℃的气候环境，唯在前8000年左右曾有低温干旱的波动期，持续时间约数百年。此5000年的古气候有利于人类耜耕农业的发展，从而也促进了畜牧、渔猎及与垦殖配套工业的出现，创造了独立于黄河流域的早期文明。其时气候波动的长周期以千年计，温度振幅多大在现今的2～3℃上下，在极端气候之下可高达7～8℃。

四、物候学和方志记录的古气候

近5000年的物候学和方志研究同样显示气候变化的波动性和周期性。竺可桢以异常的冬季气温，作为判断一个时期气候变动的指标，据此而区划若干温寒波动期[4]。物候学研究认为5000年以来的前2000年我国的气温偏高，距今3000年后转入寒冷期；在殷、汉、唐时代温度高于现代，唐代以后低于现代。从他所列述的16—19世纪的500年历史中，比较清晰地反映了古气候的周期性变化。如作分组排列：寒冷冬季出现在1470—1520年，1620—1720年和1840—1890年（此期或应延续至1910年前后）；温暖冬季出现在1550—1600年间和1720—1830年间。从中可以梳理出以下的波动周期：其一，历史上温暖期持续时间为50～110年、寒冷连续期为50～100年，两者几近一致；而两个温暖期出现间隔为120年，两个寒冷期间隔为100年，也几近一致。从有限的人类历史段落，所获得初步认识是：温寒变化和周期波动史已有之，今后也将如此；更迭变化周期约为120年；每一暖周期或冷周期连续时间约50～110年。

竺可桢的研究结果大致可以和万年来的挪威雪线变化相对照，尤其是比较格陵兰1700年以来冰层氧同素测定所示温度变化曲线[5]，存在相似的波动周期和幅度，比如12世纪以来800年间温暖期与寒冷期的波峰/波谷时距，也是在100～150年，这曾经让竺可桢感到惊讶和欣慰，因为相距万里之遥、纬度异甚大的地区竟然有可类比的波动周期，表明气候变化在全球近于同步，只是因大陆性与海洋性环境差异，所受到的大气环流影响不同，而存在超前、滞后及延续期的不同。

五、结论和启示

地质史所揭示的气候系统变化周期以数千万年计，或可称之为“地质气候旋回”，而引致气候系统（包括大气组成）旋回变化的原因，主要是海陆变迁、造山运动等源自地球内部动力学因素的重大地质事件。如在前500万～350万年发生了南北美洲相连、特提斯海关闭及青藏高原抬升等系列事件，引起海洋和大气环流的改变，使亚洲加速干旱并降温，促成了冰期的到来。

考古学所显示的大致是以千年、数千年计的周期变化，或可为“史前气候周期”。据当前有限的资料推测，或与岩石圈板块缓慢运动和相互作用、地壳差异升降、区域性海水进退等表壳地质事件相关。物候学、方志学揭示了100～120年的更迭周期，暂称为“世纪气候波动周期”，当与今日人类生态环境变迁休戚相关。推断可能是大气圈、水圈与太阳辐射交互反馈的影响作用，导致了气候的波动。

人类的孕育和进化是在寒冷的地质气候旋回中，而古文化的诞生和发展是在地球变暖的史前气候周期中；万年以来的考古史证明，人类文明发展的脚步在史前特殊高温与大幅波动期也从未驻足停滞。

纵观地球气候演化史，不难得出这样的结论，气候变化主要受自然的因素，即为地球系统科学所制约，物候学和方志记载所示气候周期波动现象是可以被直接感受和证明的，气候系统变化的内在规律，今后还必将一再重现。

六、质疑IPCC

据IPCC报告，自1750年工业革命以来，人类排放的温室气体远远超过北极冰芯几千年间记录的浓度值，并认为近百年来地球气温持续上升与CO_2排放量呈同步趋势[1]。然而①1750年之后的一段时间，正处于1720—1830年自然升温波动期，而其后自1840—1890年却转入了降温波动期，还可能一直延续到20世纪初；②据IPCC提供的地表气温逐年变化曲线，大致在20世纪20年代之后始出现波动升温的趋势，但其间在我国曾有1941年大兴安岭－52.3C的空前低温、

1969 年黄渤海的特大冰封事件；以及 2009—2010 年之交，北方的灾难性严寒。近百年间，中国低温波动节点出现时距似约 30 ~ 40 年。如是，则 IPCC 报告所述：由于人类活动排放的温室气体致地球持续变暖的结论，以及地球温度上升不可逆转的结论，不由得令人疑惑。

自 20 世纪初以来“温暖周期”延续至今已近百年。如以“世纪波动周期”度量，似乎已及“周期”变换临界点。但人为因素在百年尺度里对波动周期是否存在干扰，或致不可逆转？“低温节点”和“海洋冷暖周期”是否存在，其间及与“世纪波动周期”的相关性如何？……对于未来气候判断与预测，无疑涉及地球科学巨系统问题，自 20 世纪 80 年代以来 IPCC 组织作了大量的、有重大意义的调查和监测，但大多限于现代海洋、大气与部分生物学领域，不待言更兼存在监测地域的局限性、取样的随机性、数据的代表性和关键数据的缺乏及不确性等，而难免予人“以偏概全”之虑，而对气侯变暖的后果及与自然灾害联系的推断也予人以夸大炒作之嫌。故此以为须清醒并审慎面对 IPCC 的结论和警示。全球气候系统变化问题已成为世界关注的焦点，在当前建立地球系统多学科国际合作，构筑更为广泛的交流平台已是当务之急。

七、对策和建言

人类对气候系统存在的扰动作用，值得严重关注[6,7]，虽不宜夸大炒作，然而控制矿物能源、推进低碳经济，最终实现能源体系的更新，这应该是全球实现生产和生活方式进步的要求，也将是有利于自然系统碳循环的平衡，从而保护人类自身和生物圈生态的安全。

但是地球持续变暖之说及 CO_2、450ppm 为控制增温的极限量之说，尚存在不确定性，有待继续观察和实证。由此推导而得中国“应承担”的“减排指标”，自然也待进一步的认证。对中国而言履行“指标”，毕竟要克服许多瓶颈约束，投入大量的社会成本，甚而不得不将有限的社会资源从诸多至关重要领域转移到引导低碳经济的发展，以致不堪重负。为此在实现低碳经济的道路上，应避免以外加“减排指标”“倒逼”的方式推动经济，而宜立足国情“循序渐进”，通过我国自身经济发展方式的转变以及全民低碳生活方式的推行，逐步实现减排目标。

鉴于我国在全球气候变化领域的研究处于滞后状态，在 IPCC 报告中少有国人的独立贡献，因此，从地球系统科学的视角，组织和加强对气候变化研究的力度，形成具有自主知识产权并为国际学界认可的研究成果，为我国制定应对气候变化的内政、外交政策提供科技支撑，这已是当今中国政策制定者和科学工作者所必须正视的历史职责。

参考文献

[1] IPCC summary for policymakers of the synthesis report of the IPCC Fouth Assessment Report, Cambridge, UK: Cambridge University press, 2007.

[2] 秦大河，罗勇，等. 气候变化科学的最新进展 IPCC 第四次评估综合报告评析气候变化研究进展［J］. 2007，(6).

[3] 李长江，等. 浙江省国土资源遥感调查及综合研究［M］. 北京：地质出版社，2004.

[4] 竺可桢. 中国近五千年来气候变迁的初步研究［J］. 考古学报，1972（1）.

[5] W. Dansgard et al., One thousand centuries of Climate Record from Camp Century on the Greenland Ice Sheet Science, 1969, 17: 378.

[6] Valerio Lucarini, Sandro Calmanti Intercomparison of the northern hemisphere winter mid – latitude atomspherie rariability of th IPCC modle Cli Dyn, 2007, 28: 829 – 848.

[7] R, H, Kripalani J, H, Oh and H, S. Chandhari Response of the East Asian summer monsoon to doubled atomspheric CO_2; Coupled climate modle simulations and projections underIPCC AR4 Theor Appl, Climatol, 2007, 87: 1 – 28.

发展二氧化碳的绿色高新精细化工产业链 建设低碳生态产业园

田恒水　李　峰　陆文龙　何国锋　丁同梅　赵贺猛　王旭涛　魏永梅　朱云峰　王贺玲

（华东理工大学化工学院　上海　200237）

摘　要　介绍了华东理工大学从烯烃生产环氧烷烃，二氧化碳合成碳酸二甲酯联产二元醇，以绿色化学原料碳酸二甲酯代替剧毒的光气，开发了碳酸甲乙酯、二乙酯、二丙酯、二丁酯、二苯酯、呋喃唑酮、碳酰肼、苯胺基甲酸甲酯、苄胺基甲酸甲酯、对苯二胺二甲酸甲酯、间羟苯胺基甲酸甲酯、间甲苯胺基甲酸甲酯、二胺基甲酸甲酯二苯甲烷、己二胺二甲酸甲酯、烷基胺甲酸甲酯、肼基甲酸甲酯、异氰酸酯、聚氨酯、聚碳酸酯、嘧黄隆、甲黄隆、氯黄隆等一系列绿色清洁生产新工艺。华东理工大学开发的新成果间接实现了二氧化碳替代剧毒的光气，形成了具有中国特色的二氧化碳的绿色高新精细化工产业链，可促进产业结构优化节能减排。

关键词　二氧化碳　碳酸二甲酯　氨基甲酸酯　清洁生产　绿色化工产业链

随着社会经济的发展和人民生活水平的提高，对能源的需求量不断增长，据2000年联合国环境署报告：在过去的20年里，全世界能源消费增长了50%；到2050年，全球能源消费还将增长50%～100%，化石能源资源的有限性成为世界经济发展的瓶颈。随之而来的是石油资源的逐渐匮乏、石油价格不断攀升，有害物质的“三废”排放污染加剧，全球气候变暖，人类赖以生存的地球已经变得千疮百孔，我们居住的环境日趋恶化，节能减排构建新时代的人与自然的和谐生态，急需要求广大的科技工作者为发烧的地球开出一贴清凉的药方。

因此，大力发展二氧化碳的绿色化利用技术，发展绿色高新精细化工产业链，提高产品的附加值，降低能源消耗率，从源头上根除或大幅度减少“三废”污染势在必行，由此，人们向往的低碳经济时代呼之欲来。

一、烯烃制环氧烷烃为二氧化碳的绿色化利用提供原料保障

环氧乙烷（EO）是乙烯工业衍生物中仅次于聚乙烯和聚氯乙烯的重要有机化工产品。环氧乙烷用于生产其他多元醇，例如二乙二醇、三乙二醇和多乙二醇，还用于生产洗涤剂乙氧基化合物、乙醇醚、乙二醇醚、熏蒸剂和药物的消毒剂等。是增稠剂、乳化剂、黏结剂、纸张上浆剂、饲料添加剂、纺织纤维处理剂、溶纤剂、防火增塑剂、消毒剂、熏蒸剂、防酸剂、防冻剂、火箭和喷气燃料、表面活性剂、增韧剂、香料、农药和医药中间体的重要原料及溶剂。

我国的绝大部分乙烯是生产聚乙烯，小乙烯装置大部分经营时间处于亏损的边缘，而环氧乙烷近20年处于供不应求的状态，其利润是小聚乙烯的5～10倍，进一步深加工成精细化工产品利润率更高。

二、二氧化碳与甲醇生产碳酸二甲酯联产二元醇

碳酸二甲酯（Dimethyl Carbonate，DMC）是一种用途非常广泛的绿色化学品，重要的有机合成中间体，含有羰基甲氧基、甲氧基、羰基、甲基，能与多种醇、酚、胺及氨基醇等反应，从DMC出发可合成聚碳酸酯，异氰酸酯、氨基甲酸酯、丙二酸酯、丙二尿烷等许多化工产品。因此，它在制取高性能树脂、溶剂、染料中间体、药物、增香剂、食品防腐剂、润滑油添

基金项目：国家自然科学基金资助项目（20376024）；国家863计划资助项目（2006AA030204）。

加剂、汽油添加剂等领域的应用越来越广泛。因而，DMC已被称为当今有机合成的“新基石”。

DMC是一种很好的甲基化剂和羰基化剂。众所周知，硫酸二甲酯是目前使用很广的甲基化剂，但它极毒！又是致癌物质；光气是一种使用广泛的羰基化剂，但它是剧毒物质。因而用低毒或无毒物质取代它们已是迫切需要解决的问题。DMC无毒，无污染，是一种新的环保调和型绿色化学品，是一种理想的替代物质。在国外已成为一种新的低污染泛用基础绿色化学原料，对于环境保护具有重大意义。

二元醇是重要的有机化工原料，如乙二醇可广泛用于制备表面活性剂、乳化剂、破乳剂、润滑剂、防霉剂、脱水剂及聚酯、聚醚树脂、不饱和聚酯树脂，还可以作油脂、石蜡、树脂、染料和香料的溶剂以及热载体、防冻剂等，我国乙二醇2002年进口量146余万t，2003年进口251.61万t，2004年进口339.1万t，2005年进口393万t，2006年进口406.13万t，产能167万t，近年来年均增长25%以上。20余年供不应求，市场前景广阔。

用二氧化碳与环氧烷烃合成环状碳酸烷基酯，再与甲醇酯交换法生产DMC，本工艺特点是利用了国内价廉易得的工业废气二氧化碳和甲醇为原料生产DMC，环氧烷烃作为载体联产生成二元醇。为了克服酯交换转化率低的矛盾，采用了催化反应精馏新技术，提高了反应的转化率，可以达到99%以上。具有工艺简单、流程短、设备投资小（是甲醇氧化羰基化法的1/5～1/3）、见效快、成本低（比羰基化法低约1/3）、过程无“三废”等特点，是目前国内外最具竞争力的生产工艺。该技术填补了国内空白，达到了国际先进水平；先后获得上海第三届科技博览会金奖、1998香港世界华人发明博览会银奖、1999年上海市科技进步三等奖、2001年中国高校科技进步二等奖，关键技术之一碳酸丙（乙）烯酯清洁生产技术2004年获上海市科技进步二等奖。

表1　年产1万t DMC投资及生产成本比较　　单位：万元

	德士古酯交换法	气相羰基化法	液相羰基化法	国内羰基化法	华东理工大学反应精馏酯交换法	
界区内投资	15330	11240	11180	10950	2530	DMC和乙二醇两个产品的投资，小于现在生产乙二醇的投资；单独对DMC（扣除乙二醇）是没有投资
界区外投资	5146	6942	5883	6717	1700	
设备总投资	20476	18182	17063	17667	4230	
生产成本	0.7837	0.6736	0.7077	0.6500	0.2162	

注：甲醇成本均以十年均价1500元为基准，投资均以2001年可比价计算。

将碳酸二甲酯和二元醇联产，其投资比单独生产二元醇还小，节约能耗57%，生产成本低，具有很强的市场竞争力。这是一条具有中国特色的、资源与能源利用最合理的工艺路线。大力发展绿色化工原料碳酸二甲酯，才能为精细化工中间体的绿色合成提供原料保障。

三、碳酸二甲酯（二氧化碳）可以替代剧毒的光气合成聚碳酸酯的中间体碳酸二苯酯

聚碳酸酯（PC）是一种非晶型、热塑性、高抗击的透明塑料，能在135～145℃下连续使用。聚碳酸酯具有优良的电绝缘性、延伸性、尺寸稳定性及耐化学腐蚀性；还具有自熄、易增强、阻燃、无毒、卫生、能着色的性能；此外，它是唯一的具有良好透明性能的工程塑料，其耐冲击性能在工程塑料中也是最好的。近年来，聚碳酸酯需求增长迅速，2001年世界需求量超过200万t，居5大通用工程塑料首位。这与聚碳酸酯本身固有的性能和新的应用领域的开拓密切相关。聚碳酸酯广泛应用于笔记本电脑、手机、光学媒体、汽车、安全玻璃、灯具等领域。用作光盘的

基础材料、用作眼镜的透镜材料、用于照明灯具和器材、用作汽车零部件材料、用作交通工具窗玻璃、用于建筑物玻璃制造。平均年增长率达13%。

2000年全球生产能力约为185万t，2001年为220万t，2002年265万t，2003年275万t，2004年增加到290万t，2005年预计达到325万t，年均增长率约为12%。

我国经济的持续高速增长推动了聚碳酸酯消费市场迅猛发展，成为全球聚碳酸酯需求增长最快的国家。2000年我国聚碳酸酯消费量为10万t，2001年猛涨至21万t，2002年又增加到34.3万t，2009年表观消费量达到105万t。由于国内年产量只有10余万t，严重不足，主要依赖进口。预计未来几年我国聚碳酸酯仍将保持15%～20%的高速增长。

目前，国内外工业生产主要为光气法，光气为剧毒化学品，会给环境造成严重污染与危害。每吨产品消耗氯气368kg、烧碱415kg、一氧化碳145kg，产生7.84t废水。碳酸二甲酯与苯酚酯交换法合成碳酸二苯酯生产聚碳酸酯，节约社会资源原材料928kg，回收利用二氧化碳废气224kg，生产过程无“三废”，是一条绿色清洁工艺路线，正越来越引起国内外的高度重视。以2007年进口105万t聚碳酸酯计，新工艺每年节约社会资源原材料97.65万t，减少废水排放823.2万t，回收利用二氧化碳废气23.52万t，社会经济效益显著。

四、碳酸二甲酯（二氧化碳）绿色合成异氰酸酯、聚氨酯

异氰酸酯是重要的精细化工有机合成的中间体，在农药、染料、涂料、皮革上光剂、黏合剂、人造革、聚氨酯防水材料、罐封材料、软硬泡沫、弹性体以及丙烯酸氨基甲酸酯等高分子材料的合成中有着广泛的应用。异氰酸酯的生产引起了世界各发达国家的广泛重视，其产量逐年增长。其中，聚氨酯等塑料制品的应用程度，已成为衡量一个国家的综合国力和现代化程度的标志之一。聚氨酯及其制品的发展与异氰酸酯原料开发息息相关，所以，我国异氰酸酯聚氨酯工业的研究与开发具有极其重要的战略意义。

传统合成聚氨酯主要是以光气法为主，以胺和光气为原料先合成异氰酸酯，继而异氰酸酯与多元醇反应得到聚氨酯，反应中涉及的光气以及异氰酸酯都有很强的毒性，尤其是光气。

据我国聚氨酯工业协会预测，2007年我国异氰酸酯消费量达110万t，其中MDI消费量为78万t，TDI为40万t。“十五”期间异氰酸酯的需求增长20%以上，在“十一五”期间，需求将增长19%。预计到2010年我国异氰酸酯需求量达187万t左右。聚氨酯大中华地区有1000余万t，这是一个十分庞大的市场。

绿色工艺：

1）碳酸二甲酯代替光气合成氨基甲酸酯、热分解生成异氰酸酯、再合成聚氨酯。

2）氨基甲酸酯直接聚合成聚氨酯（华东理工大学原始创新），避开了光气和异氰酸酯这两个剧毒的原料环节。

其质均分子量为49500～105000，拉伸强度：15.96MPa（一般12～20），拉伸伸长率：723.22%～1000%（一般600），硬度：97～>100（一般80），拉伸强度和拉伸伸长率已经达到普通软性聚氨酯弹性体水平，而硬度则超过许多。

五、碳酸二甲酯（二氧化碳）替代光气的系列医药农药中间体绿色合成工艺

通过碳酸二甲酯替代光气绿色合成3-氨基恶唑烷酮、呋喃唑酮、碳酰肼、碳酸甲乙酯、二乙酯、碳酸二（正、异）丙酯、碳酸二丁酯（正、仲、叔）、苯胺基甲酸甲酯、苄胺基甲酸甲酯、烷基（R=C2～C6）胺基甲酸甲酯；以碳酸二甲酯代替光气绿色合成黄酰脲类除草剂：磺草灵、嘧黄隆、甲黄隆、异丙隆、苄嘧黄隆、胺苯磺隆、吡嘧黄隆、噻黄隆等；绿色合成氨基甲酸酯类杀虫剂：速灭威、混灭威、异丙威、仲丁威、残杀威、抗芽威、丁硫克百威、乙硫苯威、

灭幼脲、除虫脲、氟铃脲、杀铃脲、卡巴多、西维因、呋喃丹等；过程绿色清洁、无污染，合成过程释放出甲醇，再去合成碳酸二甲酯，消耗的是二氧化碳，实现了二氧化碳对光气的取代，变废为宝，消除了光气的污染和安全隐患。

1.3－氨基恶唑烷酮、呋喃唑酮等：3－氨基恶唑烷酮是广谱抗菌药呋喃唑酮的中间体。目前，国内3－氨基恶唑烷酮的合成方法主要采用以下工艺：乙醇胺、尿素路线：将原料乙醇胺、尿素按一定比例混合，升温反应缩合成羟乙基脲，经亚硝化、环合成3－恶唑酮－2，再经亚硝化、铁粉还原成3－氨基恶唑烷酮的盐酸盐溶液（还原液）。缺点：首先，路线冗长、原料利用率较低，产生大量废液（每吨产品产生40余t废水）；其次，生产过程的两次亚硝化产生大量的一氧化氮和二氧化氮废气，直接放空；最后，还原后的废铁粉也难以处理，严重污染环境。设备利用率低。

采用碳酸二甲酯羰基化合成3－氨基恶唑烷酮，即以DMC与β－羟乙基肼直接反应合成3－氨基恶唑烷酮，则反应路线短、条件温和、操作简易，而且整个过程基本无“三废”、收率也得到了较大幅度的提高。

采用反应精馏技术，将反应生成的甲醇不断移走，3－氨基恶唑烷酮的单程收率可比简单反应条件下提高10%以上。

2. 碳酰肼：原生产工艺有①联氨与光气反应制得；②氯甲酸甲酯同水合肼在盐酸催化下反应制得；③异氰脲酸与水合肼反应制取；④尿素与过量的联氨反应合成。①②要使用剧毒的光气做原料，异氰脲酸本身毒性较大，而且都是通过剧毒的起始原料光气所制得，因此这两种方法本身可以说对环境危害较大；而方法④同样需使用极具爆炸性，而且来源不易的联氨作为原料。用碳酸二甲酯直接同水合肼反应生产碳酰肼，则十分方便、安全。其单程转化率达95%以上，而选择性几乎100%，并且设备简单，反应条件温和，生产过程无“三废”环境友好。

3. 肼基甲酸甲酯：老工艺要使用极具爆炸性的联氨和剧毒的光气做原料，或者以氯甲酸甲酯及异氰脲酸为原料，毒性大，对环境危害较大。用DMC同水合肼反应生产碳酰肼，则十分方便、安全。其转化率达95%以上，而选择性几乎100%，并且设备简单，反应条件温和，过程绿色清洁。

4. 碳酸甲乙酯、碳酸二乙酯等：碳酸甲乙酯、碳酸二乙酯是一种用途广泛的有机化合物，可用作溶剂和有机合成中间体，广泛应用于电池中非水溶性电解质的溶剂，能提高电池的放电性能，如提高电池的能量密度和放电容量，提高安全性能和增长使用寿命等。以往是用光气法生产，新工艺是在催化剂作用下，碳酸二甲酯与乙醇发生酯交换，该合成路线反应条件较温和，反应物无毒性，过程绿色清洁。

5. 碳酸二（正、异）丙酯的绿色合成：碳酸二甲酯与丙醇反应生成碳酸二丙酯，老工艺要使用极具爆炸性的联氨和剧毒的光气做原料，或者以氯甲酸甲酯为原料，毒性大，对环境危害较大。用DMC同丙醇反应生产碳酸二丙酯，则十分方便、安全。其转化率达99.9%以上，而选择性可大范围任意调控，并且设备简单，反应条件温和。

同样的方法可以生产碳酸二丁酯、二戊酯、二己酯、二辛酯等，过程绿色清洁。

6. 苯胺基甲酸甲酯的绿色合成：苯胺与碳酸二甲酯在有机锌、有机锰等催化剂作用下，在100～120℃下反应10～30h，苯胺的转化率近100%、选择性大于96%；在锌、铜、铅等有机金属化合物等复合催化作用下，选择性可以达到99.5%。

7. 苄胺基甲酸甲酯的绿色合成：苄胺与碳酸二甲酯在有机锌、有机锰等催化剂作用下，在100～120℃下反应4～6h，苄胺的转化率达99.5%以上、选择性大于97%；在锌、铜、铅等有机金属化合物等复合催化作用下，选择性可以达到99.5%。

8. 烷基胺基甲酸甲酯的绿色合成：烷基胺（R＝C2～C12）与碳酸二甲酯在90～140℃，以铅、锌、锡、锰等金属有机化合物及其氧化物为催化剂合成烷基胺甲酸甲酯，其产率可以达到99.6%。

9. 对苯二氨二甲酸甲酯的绿色合成：碳酸二甲酯代替光气与对苯二胺在金属有机化合物及其碳酸盐等复合催化剂作用下，在100～120℃下反应10～30h，苯胺的转化率99.9%，选择性大于99%。

10. 间羟苯氨基甲酸甲酯的绿色合成：碳酸二甲酯代替光气与间羟基苯胺反应，以碱金属醇盐等为催化剂，在70～120℃下反应3h，间羟苯氨基甲酸甲酯的产率可达90%。间羟苯氨基甲酸甲酯与间甲苯异氰酸酯反应可以合成除草剂甜菜宁。

11. 间甲苯氨基甲酸甲酯的绿色合成：碳酸二甲酯与间甲苯胺反应生成间甲苯氨基甲酸甲酯，进一步热解反应可以生成间甲苯异氰酸酯，再与间羟苯氨基甲酸甲酯反应可以合成除草剂甜菜宁。

12. 甲苯二异氰酸酯的绿色合成：以甲基邻二苯胺与碳酸二甲酯为原料，可以清洁地合成甲苯二氨基甲酸甲酯，进一步热解可以得到用途非常广泛的甲苯二异氰酸酯（TDI）。

13. 二氨基甲酸甲酯二苯甲烷的绿色合成：二氨基二苯甲烷与碳酸二甲酯反应，生成二氨基甲酸甲酯二苯甲烷，进一步热解可以得到非常有用的二苯甲烷二异氰酸酯（MDI）。

14. 己二氨基二甲酸甲酯的绿色合成：己二胺与碳酸二甲酯，在碱金属醇盐、金属有机化合物等催化作用下，40～70℃反应1～2h，己二氨基二甲酸甲酯的产率可以达到90%以上。再在200～300℃热解，可以得到国内非常紧俏的己二氨二异氰酸酯（HDI）。

15. 异丙隆的绿色合成：对异丙基苯胺与碳酸二甲酯反应，生成对异丙苯胺甲酸甲酯，再与二甲胺反应生成N－4－异丙基苯基－N'，N' －二甲基脲，即异丙隆。

16. 甲黄隆的绿色合成：2－氨基磺酰基苯甲酸甲酯与碳酸二甲酯反应，再与2－氨基－4－甲基－6－甲氧基均三嗪反应生成甲黄隆，即2－［3－（4－甲氧基－6－甲基－1，3，5－三嗪－2－基）脲基磺酰基］苯甲酸甲酯。

17. 苄嘧黄隆的绿色合成：2－甲氧基羰基苄磺酰胺与碳酸二甲酯反应生成2－甲氧基羰基苄磺酰基甲酸甲酯，再与2－氨基－4，6－二甲基嘧啶反应生成苄嘧黄隆，即2－［［［［［（4，6－二甲氧基嘧啶－2）氨基］羰基］氨基］磺酰基］甲基］苯甲酸甲酯苄黄隆，又称为威农、农得时。

18. 磺草灵的绿色合成：对氨基苯磺酰胺与碳酸二甲酯反应，合成除草剂磺草灵。

19. 嘧黄隆的绿色合成：2－氨基磺酰基苯甲酸甲酯与碳酸二甲酯反应，再与2－氨基－4，6－二甲基嘧啶反应生成2－（4，6－二甲基嘧啶－2－基氨基甲酰氨基磺酰基）苯甲酸甲酯，即嘧黄隆。

20. 吡嘧黄隆的绿色合成：由甲基肼和氰基乙酸乙酯、原甲酸三乙酯反应，生成1－甲基－5－氨基－4－甲酸乙酯吡唑，再经二氧化硫磺化、氨化，得到1－甲基－4－乙氧羰基－5－磺酰胺基吡唑，再与碳酸二甲酯反应生成1－甲基－4－乙氧羰基－5－磺酰胺甲酸甲酯基吡唑，最后与2－氨基－4，6－二甲氧基嘧啶反应生成5－［3－（4，6－二甲氧基嘧啶－2－基）脲基磺酰基］－1－甲基吡唑－4－羧酸乙酯，即吡嘧黄隆。

21. 西维因：以往西维因都是采用2－萘酚同光气或异氰酸酯反应生产制得，但这两种路线均存在较大危险性。而改用DMC与2－萘酚为原料生产，过程十分安全。

22. 仲丁威：邻仲丁基苯酚与碳酸二甲酯、甲胺绿色合成仲丁威。

23. 异丙威：邻异丙基苯酚与碳酸二甲酯、甲胺绿色合成异丙威。

24. 克百威：碳酸二甲酯替代光气合成克百威（2，3－二氢－2，2二甲基－7－苯并呋喃基－甲基氨基甲酸甲酯），过程绿色清洁。

25. 速灭威：碳酸二甲酯替代光气与间甲基苯酚合成速灭威（间甲苯基 - N - 甲基氨基甲酸甲酯），过程绿色清洁。

26. 混灭威：碳酸二甲酯替代光气与混合二甲酚合成混灭威，过程绿色清洁。

磺酰脲类除草剂具有安全、高效、广谱、低毒、低残留、无公害等许多优点；以往的合成工艺都是以光气为原料，污染危害环境；上述碳酸二甲酯取代光气的绿色合成工艺，其反应条件温和，转化率、产率都很高，对设备无腐蚀，基本无“三废”排放，环境友好，符合当前绿色化工发展方向，符合当今世界及我国化学工业可持续发展方向。

六、碳酸二甲酯复配清洁甲醇燃料

为了解决车用燃料的问题，我国早在几年前就已确定传统燃油汽车清洁化与多种能源汽车并举的方针。发展燃料甲醇和甲醇汽车产业化工程，可以实现有效替代石油、保障国家能源安全、保护环境的功效，对我国经济和社会发展，有重大的战略意义。

（一）乙醇等生物质燃料引发争议

美国康奈尔大学 David Pimentel 教授和加州大学伯克利分校 Tad W. Patzek 教授研究显示：由玉米生产乙醇过程中所需的化石能量比玉米生成乙醇燃料后所能产生的能量多出 29%，木材生物质则多出 57%。大豆生产生物柴油过程中所需的能量比大豆生成生物柴油后所能产生的能量多出 27%，而向日葵的这种比率更是要多出 118%。从农作物来生产乙醇和生物柴油并不是一种可再生的能源资源也不是一种经济的燃料，这些发展生物燃料的战略是不可持续的。

利用玉米、木薯等淀粉质原料发酵制乙醇的反应机理：

$$(C_6H_{10}O_5)_2 + n\ H_2O \xrightarrow{\text{糖化}} nC_6H_{12}O_6$$

$$C_6H_{12}O_6 \longrightarrow 2C_2H_5OH + 2CO_2$$

由上式可知，在乙醇生产过程中，每生成一分子的乙醇，就有一分子的二氧化碳生成，两者质量比为 23:22，即 1:0.9565。实际调查结果是：工业生产实际 0.995 ~ 1.046；乙醇生物质燃料是不清洁的！目前广为宣传的是乙醇生物质燃料燃烧减少 30% 以上的 CO_2 排放，比燃烧汽油清洁；事实上这个观点是彻底错误的，事实上燃烧乙醇要多排放 CO_2。

生物柴油是清洁的可再生能源，它以大豆和油菜籽等油料作物、动物油脂、废餐饮油等为原料，是优质的石油柴油代用品。具有优良的环保特性，硫化物的排放减少约 30%，不含芳香族烷烃，因而废气对人体损害低于柴油。可降低 90% 的空气毒性，降低 94% 的患癌率；一氧化碳的排放与柴油相比减少约 10%；生物降解性高。具有较好的低温启动性能、润滑性能、安全性能、可再生性能，无须改动柴油机，可直接添加使用，以一定比例与石化柴油调和使用，可以降低油耗、提高动力性。满足目前的欧洲Ⅱ号标准，甚至满足欧洲Ⅲ号排放标准。而且由于生物柴油燃烧时排放的二氧化碳远低于该植物生长过程中所吸收的二氧化碳，因而生物柴油是一种真正的绿色柴油。但目前不具备经济性。

我国每年消耗植物油 1200 万 t，直接产生下脚酸化油 250 万 t，大中城市餐饮业的发展也产生地沟油达 500 万 t。目前，这些垃圾油一般都作为废物处理，还有一些经过地下作坊重新流入餐桌，直接造成污染。利用地沟油及废植物油生产生物柴油，既可以减少环境污染，又可以废物再利用，经济可行，利国利民。

目前只有马来西亚的棕榈油生产生物柴油经济和能量都是可行的。

煤制油与甲醇燃料当量油比成本高 2 ~4 倍、投资大 2.2 ~4.6 倍、资源消耗大 1.4 ~3.5 倍。1t 车用乙醇约需 3t 粮食和 2.5t 煤转换，成本比成品油约高 50%，推行乙醇燃料需财政长期补贴，价格上对石油燃料没有竞争力，经济上不合理。

又有人强调植物生长吸收了二氧化碳，同样的植物不生产乙醇，可以生产附加值高5～20倍的聚乳酸、1、3－丙二醇、生物制药等，而不应把煤和粮食在无附加值的乙醇上浪费了。

植物秸秆发酵合成乙醇的收率只有18%，82%以上为废弃物，严重污染环境。即使将来发明了好的菌种，提高收率，最终的极限是24%，还有固体废弃物，每吨乙醇产生0.956～1.046t的二氧化碳废气。最佳利用途径是气化，变为CO和H_2，合成甲醇、烯烃、二甲醚等，或者发电。草木灰还田解决钾肥紧缺的问题，产生的“三废”最少、生产成本最低/单位当量能源，生态平衡。

（二）DMC复配甲醇汽油

华东理工大学顺应市场需求，以甲醇为主要原料，与碳酸二甲酯（DMC）等复配出一种新型HGT系列清洁甲醇燃油添加剂。该添加剂与燃油的添加比例为1∶4～1∶25。这种添加剂弥补了上述甲醇汽油的缺点，使甲醇汽油的广泛应用成为可能，主要表现在如下几个方面：

1. DMC是绿色化工产品，无毒，使燃料油燃烧更清洁；

2. 发动机及其喷嘴不需要改动，只要更换耐甲醇和碳酸二甲酯的橡胶垫片即可，在原汽油机上和汽油一样使用；

3. 可以大量减少尾气排放中的有害污染物，CO可减少15%～43.5%，HC减少36.1%～39%；

4. 辛烷值高，能显著增加燃油的抗爆性能，未添加时，汽油混合辛烷值中研究法辛烷值为85～105，较理想的为90～98，马达法辛烷值为75～95，较理想的为80～88，以10%（V）加入该添加剂后，混合辛烷值中，研究法辛烷值提高到106～125，马达法辛烷值提高到96～106。

5. 添加量小，可显著增加动力，节省燃油，节油率达3%～5%；

该添加剂还可在含醇汽油中防止分层，增加互溶性，溶解燃烧产生的黏性物质，使之作为燃料参与燃烧，提高燃烧效率并减少积炭；无腐蚀性，便于运输和贮存等。

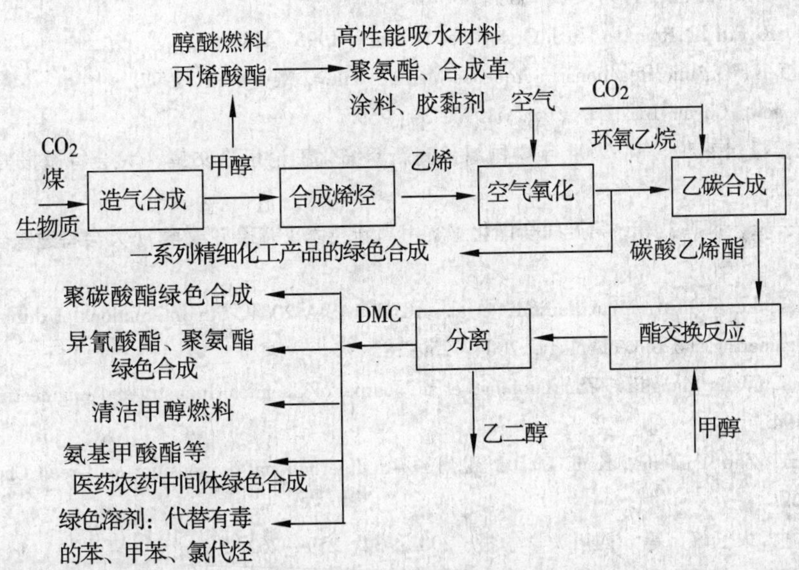

甲醇燃料的经济性好，比石油燃料的成本低，在山西、内蒙古、新疆等2t煤可制取1t甲醇，每吨成本1200～1400元，在东部地区每吨成本约1800元。按我国现有甲醇燃料技术水平，1.6t甲醇可替代1t成品油，而甲醇的热值只有汽油的一半，甲醇的热效率比汽油提高约20%；M10～25甲醇的汽油替代比是0.8～1.1，热效率提高90%～125%。能量利用合理、经济性好，二氧化碳排放减少54.5%。

这种清洁燃油添加剂的研究开发将具有广阔的市场前景和显著的社会效益。

复配清洁甲醇柴油、甲醇燃料油，同样具有节能、环保、经济性好等优势。

石油资源的日渐短缺，石油价格的居高不下和环保要求的日益严格，都促使新型甲醇车用燃料和添加剂的快速发展。低廉的价格、良好的燃烧性能和高效清洁的环保特点，自然使新型甲醇车用燃料和添加剂的研究开发具有巨大的发展潜力，具有极为广阔的市场前景和显著的社会经济效益，将成为汽车代用燃料发展的新方向。

因此，以煤（或生物质）制甲醇、合成烯烃（或清油裂解）、环氧化、联产碳酸二甲酯和二元醇，以绿色原料碳酸二甲酯替代剧毒光气等原料的聚碳酸酯、异氰酸酯、聚氨酯、氨基甲酸酯等农药、医药中间体系列产品的绿色合成，复配清洁甲醇汽油、甲醇柴油等，实现了二氧化碳的间接替代光气等的绿色化利用，形成具有中国特色的、具有强大市场竞争力的绿色高新精细化工产业链，可以建设成为国际首个二氧化碳绿色化利用低碳生态产业园。将二氧化碳的减排与绿色化利用有机地结合，降低单位 GDP 的能源消耗率，提高社会、经济效益，促进化学工业的安全、高效、绿色可持续发展，又很好地符合我国的能源安全战略，具有非常重大的社会经济意义，又有非常深远的历史意义和重要的战略意义。

参考文献

[1] Trost B M, Science, 1991, 254: 1471.

[2] Sheldon R A, Chemtech., 1994, 24 (3): 38.

[3] Illman D L, C&EN, 1993, 71 (36): 26.

[4] Anastas P T, Farris C A, Benign by Design—Alternative Synthetic Design for Polution Control, ACS Symposium Series, JHJ577, American Chemical Society, Washington D C, 1994.

[5] Anastas P T, Williamson T C, Green Chemistry—Designing Chemistry for the Environment, ACS Symposium Series, JHJ626, American Chemical Society, Washington D C, 1996.

[6] Stern M K, J. Org. Chem., 1993, 58: 6883.

[7] Delledonne D, Rivetti F, Romano U, J. Organomet. Chem., 1995: 488, C15.

[8] Li C J, Chan T H, Organic Reactions in Aqueous Media, Wiley, New York, 1997.

[9] Trost B M, Angew. Chem. Int. Ed. Engl., 1995, 34: 259.

[10] 田恒水，朱云峰，郝晔，等. 2004 年中国绿色高新精细化工论坛论文集（大会特邀报告）[C]. 2004: 17－34.

[11] 田恒水，朱云峰，郝晔，等. 第五届全国化工实用高新技术交流会论文集（大会特邀报告）[C]. 2004: 1－17.

[12] Tian Hengshui, Luan Qitao, Miao Jianjun, et al. ACHEMASIA 2004, 6th International Exhibition－Congress on Chemical Engineering and Biotechnology. 2004: 25－28.

[13] Tian Hengshui, Wang Xiangtian, Zhu Yunfeng, et al. Journal of Chemical Industry and Engineering (China) 2002, 53: 192－194.

[14] Tian Hengshui, Zhu Yunfeng, Kong Li, et al. The 4th International Symposium on Green Chemistry in China. 2001: 57－62.

[15] 田恒水，孔立，朱云峰，等. 四川大学学报，2002，34: 259－262.

[16] 田恒水，朱云峰，郝晔，等. 第二届上海国际精细化工发展研讨会论文集 [C]. 2004: 1－19.

[17] 田恒水，朱云峰，郝晔. 2004 年中国氮肥高层论坛会论文集 [C]. 2004: 465－466.

[18] 陶昭才，田恒水，张茂润，等. 合肥工业大学学报，2004，27 (5): 570－574.

[19] 朱云峰，田恒水，郝晔. 现代化工，2004，24 (5): 58－61.

[20] 田恒水，孔立，朱云峰，等. 四川大学学报，2002，34 (Supp): 259－262.

[21] 孔立，田恒水，朱云峰，等. 四川大学学报，2002，34 (Supp): 166－168.

[22] 田恒水，朱云峰，王贺玲，等．发展 CO_2 的绿色化工产业链保障化工能源安全可持续发展［C］．第四届中欧国际化工产学研项目合作大会论文集（大会特邀报告）．2007，10：12－13.
[23] 丁同梅，田恒水，朱云峰．清洁甲醇柴油助溶剂的研究［J］．氮肥与甲醇，2007，2（1）：87－89.
[24] 张李伟，田恒水，朱云峰，等．酯交换法碳酸二苯酯绿色合成分离技术研究进展［J］．氮肥与甲醇，2007，2（1）：93－96.
[25] 田恒水，朱云峰，郝晔，等．走中国特色的精细化工中间体的绿色合成之路（大会特邀报告）［C］．第三届全国化学工程与生物化工年会邀请报告，2006：32－43.
[26] 田恒水，朱云峰．我国碳酸二甲酯生产技术与产业形势分析［C］．2008 中国煤化工产业发展研讨会论文集（大会特邀报告），2008，4：21－22.
[27] 田恒水，朱云峰，王贺玲．发展中国特色的绿色高新精细化工产业链．首届全国精细化工清洁生产工艺与技术经济发展研讨会论文集（大会特邀报告），2008，5：16－19.
[28] 田恒水．发展绿色化工产业链，保障清洁安全可持续发展［C］．石油化工清洁生产技术创新应用与环境安全国际研讨会（大会特邀报告），2008，3：7.
[29] 王贺玲，王杲，何鑫凯，等．DMC 与苯胺合成苯胺基甲酸甲酯的热力学分析［J］．天然气化工，2008，33（1）：70－74.
[30] 田恒水，朱云峰，王贺玲．新能源开发的策略研究［C］．第十七届全国化肥－甲醇技术年会论文集（大会特邀报告），2008，3：12－16.
[31] 李晶，田恒水，朱云峰．反应精馏合成聚碳酸酯预聚体的研究［C］．2007 年全国有机和精细化工中间体学术交流会论文集，2007：87－90.
[32] 田恒水，朱云峰，郝晔，等．高油价时代甲醇下游产品的开发策略［C］．第十六届全国化肥－甲醇技术年会论文集，2007－03－18：43－57.

第三章

“十二五”环境保护规划与政策探讨

“十二五”期间北京市低碳经济发展的基本思路与主要任务

彭应登[1] 田 刚[1] 张中华[1] 张 漫[1] 罗 宏[2] 钟 良[3] 李 鹏[3]

(1. 北京市环境保护科学研究院 北京市西城区北营房中街59号 100037；
2. 中国环境科学研究院 北京市朝阳区安外北苑大羊坊8号 100012；
3. 北京节能环保中心 北京市朝阳区安外小关东里甲2号 100029)

摘 要 本文浅析了北京发展低碳经济的必要性，并提出“十二五”期间北京低碳经济发展的基本思路与发展低碳经济的主要任务。

关键词 低碳经济 “十二五”规划 基本思路 主要任务 环境影响评价

一、北京发展低碳经济的必要性

应对气候变化已经成为世界各国在战略层面上关注的重要问题，低碳经济和低碳技术成为21世纪战略竞争的制高点。在全球一致应对气候变化和降低化石能源消耗的大背景下，发达国家和发展中国家都在通过提高能效和节能、利用先进技术和管理手段降低碳排放强度，低碳经济理念正成为国际社会的共识，并开始对各国经济结构，投资和生产生活产生重要影响。我国政府高度重视节能减排和应对气候变化工作，在“十一五”期间提出单位GDP能耗降低20%、提高能源有效使用的目标，对二氧化碳减排作出了明确的承诺。在此基础上，我国政府又于2009年11月宣布了温室气体减排的清晰量化指标的目标。可见，“十二五”期间，中国政府在节能减排方面将采取更加强有力的政策措施和行动，积极推进低碳经济的发展。

北京2008年人均GDP和能源消费量仅为9 000美元和3.8t标煤左右，人均CO_2已接近9吨，与欧洲发达国家基本相当。北京是一个特大型资源消费城市，随着北京市逐步迈入工业化发展后期，以机械化、电气化、电子化、信息化于一体的新型工业特征将伴随更加集中高强度的能源消耗，带动全市能源消费稳步上升。同时城市化的快速推进带动基础设施建设不断加快，特别是随着社会财富的不断积累，家用电器、汽车等高能耗消费品的刚性需求增长势必带动能源消费增长的不断加快，商业、生活部门能源消费总量将持续攀升，若未在产业结构、能源结构及技术研发方面采取积极应对措施，二氧化碳排放必将保持正比例增长，降低经济发展质量。当前，全社会能源节约的理念尚未形成，特别是目前大多数机构高度关注产业节能，对生活节能重视不够，生活中过度消费能源的现象依然普遍存在。北京作为中国的首善之区，需要站在全球的高度，树立起低碳发展的新标杆，在全社会加快树立节约型消费习惯和理念，调动各方面的节能减排的积极性，建立节能减排型社会。

奥运会筹备和举办使得北京的国际地位得到不断提升，国际交往持续加快，现代化国际大都市的轮廓初步成型，更多的跨国公司总部、外资研发中心、国内大企业入驻北京国际会议、文化交流和商务活动不断增加，推动了城市产业加快向高端化发展。此外，随着国际企业与机构逐步进入北京市节能、低碳市场，节能领域的技术溢出效应不断加强，节能服务产业不断壮大，合同能源管理等新型市场化机制得到充足发展，为城市低碳发展输入了更先进的管理理念和管理模式。与此同时，现代化国际大都市的建设也在市民素质、国际意识、政策环境、服务能力和生态环境等软环境建设方面对北京提出了更高的要求。由上可知，北京发展低碳经济不仅具有十分紧迫的现实必要性，而且面临巨大的历史机遇和广阔的发展前景。

二、北京低碳经济发展的基本思路

北京低碳经济发展的指导思想是全面贯彻落实科学发展观，坚持节约资源和保护环境的基本国策，把推广应用低碳能源、发展壮大低碳产业和建立低碳基础设施体系作为建设低碳城市的突破口，以控制温室气体排放、增强可持续发展能力为目标，建立健全减缓温室气体排放的宏观管理体系和政策机制，大力推进低碳技术研发和创新，以建设温室气体监管体系为支撑，促进社会生活和消费方式的转变，探索一条符合首都发展实际的绿色低碳的发展之路。

北京低碳经济发展的基本原则是统筹已有措施，协调发展。在已有可持续发展、绿色经济、循环经济、生态经济、清洁生产等相关政策措施的基础上，统筹政策设计和减排效果上的协同效应，加强在发展低碳经济方面的协调与配合。加强基础与能力建设。加强低碳相关基础科学研究、温室气体减排与低碳技术研发，加快温室气体监管制度等方面的能力建设，构建统一、协调、高效的温室气体监管体制。创新低碳科技。加大科学研究和低碳经济研发，加强发展低碳经济的科技支撑能力；充分发挥政府、企业、社会各自优势，健全以政府为主导、企业为主体的市场化低碳发展模式，促进群众参与。加强低碳经济的宣传教育，提高公众意识；加强政策引导，鼓励低碳消费，促进全民参与。

发展的宏观目标是加强节能力度，降低二氧化碳排放，大力发展可再生能源和新能源，增加森林碳汇，初步建立起发展低碳经济的机制、框架和法律保障体系，构建低碳经济相关指标体系，创新低碳技术，进一步提高低碳社会意识，建成若干低碳经济的示范区域，争取在国内率先建成具有示范意义的低碳城市。与 2005 年相比，力争到 2015 年实现单位 GDP 能耗比 2005 年下降 40%、单位 GDP 二氧化碳排放强度降低 30% 以上、可再生能源占能源消费比重的 5%、优质能源占能源消费总量的比重达到 75%。

三、北京低碳经济发展的主要任务

（一）建立碳排放强度考核制度与监管体系

制定碳排放强度作为约束性指标的配套政策措施。建立健全促进低碳经济发展的法律法规和政策体系。参照污染物减排与节能降耗指标分配方案，依据能源、经济增长与人口等因素，制定北京各区温室气体排放强度考核目标，逐步形成未来限控二氧化碳等温室气体排放的统计、监测、考核等的管理机制和体系。同时，建立碳排放强度评估体系，构建公开、公正、公平的碳排放强度评估体系，将碳排放强度指标纳入政府工作考核评估体系中。

建立监管体系。完善环境监测制度，规范信息发布，确立数据共享机制，实现温室气体的动态监测通过建立多部门参与的低碳经济决策协调机制，形成企业、公众广泛参与的低碳经济发展体制和机制。构建技术可靠、方法科学的碳排放监测技术方法和装备体系，保障碳排放监管体系的建立。环境保护部已决定在 2010 年开展对二氧化碳等温室气体排放的试点监测，北京市被选为 2010 年温室气体试点监测的唯一试点城市。温室气体的监测内容包括二氧化碳和甲烷等。

（二）构建低碳经济发展政策体系

制定“低碳北京”建设战略规划，以低排放、高能效、高效率为特征来进行规划设计与建设，努力将北京率先建成在国内具有示范意义的低碳城市。完善低碳经济政策，发挥市场配置资源作用。灵活利用补贴政策，鼓励发展低碳工业并对低碳技术实行补贴政策，支援低碳消费者或生产者；以北京环境交易所为依托，积极构建碳权与碳市场，开展国内自愿性的碳排放交易机制；另外，还要建立碳基金、碳汇生态补偿机制、投融资机制等。

充分利用节能减排与低碳经济发展之间的协同关系，加快研究有利于低碳发展的环保政策措施。切实增强自主创新能力，不断加大对低碳技术与产品开发的支持力度。

（三）探索“低碳北京”建设模式

准确把握首都特色和功能定位，强化节能减排，继续调整产业结构，加快建立低碳经济体系。确定产业结构调整的战略方向，分析基于碳减排的产业结构变化趋势。完善低碳经济政策，发挥市场配置资源作用。灵活利用补贴政策，鼓励发展低碳工业并对低碳技术实行补贴政策，支援低碳消费者或生产者；以北京环境交易所为依托，积极构建碳权与碳市场，开展国内自愿性的碳排放交易机制；另外，还要建立碳基金、碳汇生态补偿机制等。

构建低碳工业、农业、服务业产业链。开展低碳工业、低碳农业、低碳服务业发展的保障体系，加快发展生产性服务业、文化创意产业、旅游、高技术产业和高端制造业、金融和物流等现代服务业发展，推进低碳工业化进程。开展北京市重点碳排放行业的减排行动方案，加强电力、工业、建筑、交通运输等行业的能耗管理；建立并严格执行相关行业温室气体的排放标准，开展低碳产品认证；大力发展循环经济和清洁生产，提高资源综合利用水平。

（四）优化能源结构与提高能效

建立低碳能源结构。结合北京市资源禀赋和能源消费结构的现状，逐步降低煤炭的消费比例。鼓励支持新能源和可再生能源的开发和利用，逐步提高天然气和可再生能源在一次能源消费中的比重。积极发展新能源，推进太阳能利用，开展生物质能示范项目建设，适度发展地热能，鼓励发展小水电，适度发展本地风力发电，推进水电、风电、太阳能光伏发电的商业化进程，探索低碳能源的规模化、产业化和商业化发展模式。

提高能源利用效率。重点加强煤炭的集约、清洁和高效利用，严格控制煤炭消费的过快增长，切实提高煤炭资源的综合利用效率。大力发展高技术、高效益、低消耗的产业，推进技术改造和设备更新。通过技术创新、管理创新、组织创新等措施，提高资源和原材料的利用效率，降低能源消耗水平。

（五）实现大气污染物与二氧化碳的协同控制

从环境保护的角度看，污染物和温室气体主要源于化石燃料的燃烧，两者具有一定的同源性，其控制手段也有一定的一致性，能源和产业结构调整是两者协同控制的主要渠道。研究表明，以二氧化硫为主的污染物减排对温室气体减排有明显协同作用。推进污染物减排，可促进污染物与二氧化碳的协同控制。近年来，各级环保部门切实加强环境监管，实施了管理减排、结构减排和工程减排三大措施，我国的主要污染物减排工作取得了突破性进展。发挥污染减排与温室气体减排的协同效应，大力发展循环经济和清洁生产，提高资源综合利用水平，可实现传统污染物与温室气体间的协同控制作为减少碳排放与发展低碳经济的有效途径。

因此，在污染物减排的指标体系中考虑增设温室气体控制的间接目标，加强电力、钢铁、化工、冶金、水泥等工业生产部门传统污染物与温室气体协同减排的技术研发，建立温室气体与局地污染物从源头控制、过程削减到末端治理的全过程联动协调管理机制，能够充分发挥环境保护与发展低碳经济的协同放大效应。

（六）推进城市碳汇建设

以增强碳汇潜力作为控制温室气体排放的重要途径，深入开展北京森林生态系统碳储量和碳汇功能相关的基础理论研究，开发相应的森林增汇调控技术体系和相关技术标准，不断提高森林质量和健康水平。进一步强化植树造林、天然林资源保护、农林复合体系建设、森林管理、发展生物质能等工作，有效增加北京市森林的碳汇功能、保护碳贮存和减少碳释放。同时，借鉴国际碳汇发展经验，积极引进先进技术和资金，逐步完善现行森林生态效益补偿体系。加强宣传引导，积极引导和鼓励社会各界自愿捐资植树造林，增加森林碳汇，“参与碳补偿，消除碳足迹”，展现企业社会责任，促进低碳经济和低碳生活。

（七）加强低碳社会建设

加大宣教力度，鼓励公众参与。制订宣传教育计划和行动，加强政府的引导和示范作用，积极引导企业与居民，实现政府同企业和居民三方通力合作，各部门共同参与，使得低碳产品、低碳技术、低碳服务市场化，建立良好的公共参与机制。

制定政府“低碳采购”政策，通过行政干预各级政府的购买行为，促进在政府采购中优用对环境负面影响较小的低碳环境标志产品。增强公民低碳消费意识，改变传统的消费观念，引导和建立有利于应对气候变化的可持续低碳消费模式。

（八）提高低碳经济能力建设

加强机构和队伍建设。建立北京市碳排放监控系统，基于现有的环境监测、统计和考核体系，开展温室气体监测、统计与核算，完善相关考核制度，提升自动监控能力。加强人工监督建设，开展并完善低碳标准认证。

强化低碳科技支撑。开展低碳经济的科学问题和控制温室气体排放技术研究能力建设，建立低碳技术研发中心与重点实验室，重点加强温室气体统计、政策措施、决策服务、人才培养等工作。制定鼓励低碳技术创新相关政策。大力开发低碳技术，发展等离子技术、电子束技术、超临界技术、二氧化碳的捕捉与埋藏技术，积极研究并大力推广清洁燃烧技术、洁净煤技术、热泵技术等先进技术。

（九）积极开展试点示范

总结已有低碳经济发展的经验与教训，根据低碳经济发展的不同内容和目标先行试点，开展低碳经济重点行业、典型区域试点示范。开展低碳政府机关示范、企业低碳技术创新示范、低碳产品认证和低碳社区示范，推动温室气体与其他污染物协同控制的研究试点。

在行业战略上，大力发展公共交通系统，加强建筑节能和能源管理，制订重点行业温室气体减排技术试点方案。

推行低碳社区、产业园区的规划示范，构建表达全面协调可持续发展的绿色 GDP 和整体实现低碳经济模式的世界级示范区。依托已经开展的北京 CBD 低碳行动计划以及石景山五里坨低碳生态社区，借鉴国内保定、上海低碳试点经验，探索建立低碳经济区域示范以及技术示范的可行性，以及低碳经济产业孵化区的可行性及方案等，推进低碳区域试点工作。

参考文献

[1] 2050 中国能源和碳排放研究课题组．2050 中国能源和碳排放报告［R］．2009.

[2] 付允，马永欢，刘怡君，等．低碳经济的发展模式研究［J］．中国人口·资源与环境，2008，18（3）：14－19.

[3] 何建坤．发展低碳经济关键在于低碳技术创新［J］．绿叶，2009（1）：46－50.

[4] 姜克隽，胡秀莲，庄幸，等．中国 2050 年低碳情景和低碳发展之路［J］．中外能源，2009（6）．

“十二五”规划时期我国环境经济政策探索

陈 雁 王玉婧

（天津商业大学经济学院 天津 300134）

摘 要 为了促进经济增长和环境保护的协调发展，有必要建立完善的环境经济政策体系，环境经济政策在降低环境保护成本、提高行政效率、减少政府补贴、扩大财政收入以及提高公众环境意识诸多方面具有行政命令手段所不具备的显著优点，对于环境友好型社会的构建具有重要作用。本文对环境问题以及国内外环境经济政策的讨论，提出了“十二五”规划期间构建环境经济政策体系的对策。

关键词 环境经济政策 发展现状 政策思考

伴随着经济的高速发展以及城市现代化进程的加速，人们将注意力从温饱解决转向了更高层面，生活水平的提升带动了人们意识的提升，人们对生活质量、品位及生态环境意识逐步提高，生态环境问题已成为人们时刻关注的热点。一项民意测验显示，10.2%的中国民众将环境问题列为国家面临的首要问题，名列第四位，排在其前面的分别是健康、就业和收入差距。根据这次调查，中国人对环境问题的重视要远远高于腐败、社会安全、房价及教育成本[1]。

“十一五”规划期间我国顺利加速了中心城市及其周边地区的经济发展，取得全面建设小康社会的重要阶段性进展。在迈入2010年后，作为开启“十二五”规划的重要一年，经济体制的改革已非重要的问题，而能源战略、环境污染已成为更加迫切需要解决的问题，这些问题的解决程度也决定了我国未来的发展状况。

一、环境问题

环境问题是随着人类社会和经济的发展而发展的。随着人类生产力的提高，人口数量也迅速增长，人口的增长又反过来要求生产力的进一步提高，如此循环作用，直至现代，环境问题发展到十分尖锐的地步。环境问题是多方面的，但大致可分为两类：原生环境问题和次生环境问题。由自然力引起的为原生环境问题，也称第一环境问题，如火山喷发、地震、洪涝、干旱、滑坡等等引起的环境问题。由于人类的生产和生活活动引起生态系统破坏和环境污染，反过来又危及人类自身的生存和发展的现象为次生环境问题，也叫第二环境问题。次生环境问题包括生态破坏、环境污染和资源浪费等方面。目前人们所说的环境问题一般是指次生环境问题[2]。

资源的浪费与枯竭，环境的破坏和恶化，使得资源环境问题成为我国经济社会发展过程中的最大困惑。经济的快速发展一方面带来总产出和国民收入的增加；另一方面也导致资源需求压力不断加大，环境恶化程度日趋严重，反过来，又制约了我国经济的进一步发展，客观上将对我国重化工业的发展和经济结构升级造成明显的需求约束，为我国经济的可持续发展埋下了隐患。通过解决环境问题的实践，可以认识到环境问题的根本是经济问题。它们是同一个过程的两个方面。作为人类社会生产活动基础的生态环境既受社会经济发展的影响，又反馈于社会经济活动，制约经济效益。人们正在进行生产活动的生态环境乃是以往生产活动的结果之一，此次生产活动作用后的生态环境，将成为下次生产活动的基础。我们不能通过停止经济发展来解决环境问题，而只能通过经济发展来解决环境问题。

基金项目：本文为天津市高等学校人文社会科学研究项目（20082411）和国家“十一五”科技支撑重点项目（2006BAC18B02）阶段性成果。

二、环境经济政策分析与思考

在过去我国环境保护工作过度依赖和使用行政手段，市场手段不健全，经济政策手段不成体系，政策调控能力薄弱；技术研究落后，技术管理粗放，技术手段十分滞后。同时传统的行政手段很难准确地对污染的程度和治理难度进行平衡，结果是在不能杜绝污染发生的情况下，难以有效地治理污染。

环境经济政策是环境保护发展到一定阶段后才实施的，环境经济政策是指按照价值规律的要求，运用价格、税收、信贷、收费、保险等经济手段，调节或影响市场主体行为，以实现经济建设与环境保护的协调发展。环境经济政策与传统行政管制措施相比具有促进环保技术创新、增强市场竞争力、降低环境治理与行政监控成本等优点，环境经济政策的发展也是环境民主的进步和发展。温家宝总理指出，解决环境问题必须实现“历史性转变”，即“从主要用行政办法保护环境转变为综合运用法律、经济、技术和必要的行政办法解决环境问题”。“必要的行政办法”指的便是“区域限批”这类手段，而经济手段则指的是全新的环境经济政策体系[3]。

（一）国外环境经济政策的借鉴

发达国家一直大力提倡使用功能完善的市场手段，尤其是应用合适的价格政策和有效的环境管理手段及其策略，从而达到环境改善的目标。目前，世界各国总结出来的环境经济政策主要基于两类理论：

第一类是基于新制度经济学观点，即“科斯手段”，认为明晰产权对环境问题非常重要。

第二类是基于福利经济学观点，即“庇古手段”，认为税收收费制度非常重要。

总体来说，各国的环境经济政策都具有几个共性：①政府的间接宏观调控作用。利用市场手段影响污染者的经济利益，调动污染者治污的积极性，使污染者自觉承担改善环境的责任。②根据“污染者付费”原则，利用税收、价格、信贷等经济手段来引导企业将污染成本内部化，从而达到事前不得不自愿减少污染的目的。③政府部门间在环境问题上的政策协调越来越紧密，都倾向一种混合的管理制度。随着环境政策纳入能源、交通、工业、农业部门的政策中，环境政策与部门宏观发展政策一体化的趋势越来越明显，客观上把经济手段与行政监管更有效地结合起来。④全程监管系统的实施。这种措施使得某些类型的经济手段，如产品收费、注册管理费、清洁技术开发的补贴和押金制度等能够发挥更大的作用。

（二）我国环境经济政策的发展现状

我国目前实行的环境经济政策的基本思路主要是基于福利经济学观点，即主要通过征收税费的办法把环境代价转化成企业成本的方法。

1. 排污收费政策

它是“污染者负担原则”在污染防治领域的具体化，是中国环境管理制度和经济刺激手段中最核心的组成部分。现行的排污收费已覆盖废水、废气、废渣、噪声、放射性五大领域和113个收费项目。

2. 征收资源税的政策

包括超额使用地下水的收费、征收矿产资源税、征收土地税和实行土地许可证制度等。

3. 奖励综合利用的政策

包括对开展综合利用有显著成绩和贡献的单位及个人给予表扬奖励、对开展综合利用的生产建设项目实行奖励和优惠、对开展综合利用生产的产品实行优惠。

4. 环境保护经济优惠政策

包括税收优惠政策、价格优惠政策、财政援助政策（国家拨款和财政补贴）、银行贷款等。

5. 关于环保资金渠道的政策

虽然我国环境经济政策对生态环境问题的解决起到了很大的作用，但与发达国家环境政策体系相比，我国的环境经济政策发展至少滞后十几年。我国将要实行的新的环境经济政策体系包括运用价格、税收、财政、信贷、收费、保险等经济手段影响市场主体行为，具体包括七个方面：绿色税收、环境收费、绿色信贷、生态补偿、排污权交易、绿色贸易和绿色保险[4]。这为我国环境经济政策体系基本框架的建立提供了比较清晰的思路。

(1) 绿色税收。绿色税收也称环境税收，是以保护环境、合理开发利用自然资源，推进绿色生产和消费为目的，建立开征以保护环境的生态税收的“绿色”税制，从而保持人类的可持续发展。到目前为止，关于绿色税收组成问题的讨论还未达成共识，但现有的定义至少都包括以下内容：根据排放量和对环境的损害程度来决定税率以计算排放税；对生产出来能危害环境的商品或使用这种商品的消费者征税，如对汽油征收的消费税；对于能够节约能源或减少污染的设备和生产方法给予可以采用加速折旧备抵法或降低税率的优惠。

(2) 环境收费。我国环境管理的基本政策之一是“污染者付费”。基于这一政策，国家为保护自然环境和维护生态平衡，制定了向排放污水、废气、固体废物、噪声、放射性污染物以及破坏生态环境者征收一定的环境费（包括排污费、生态补偿费、环境赔偿费、罚款等费用）的制度。

(3) 绿色信贷。绿色信贷是指在间接融资领域推行“绿色信贷”或称“绿色政策性贷款”。绿色信贷的本质在于正确处理金融业与可持续发展的关系。其主要表现形式为：生态保护、生态建设和绿色产业融资，构建新的金融体系和完善金融工具。

(4) 生态补偿。生态补偿机制的建立是以内部化外部成本为原则，以改善或恢复生态环境功能为目的，以调整保护或破坏环境的相关利益者的利益分配关系为对象，具有经济激励作用的一种制度。生态补偿应包括以下几方面主要内容：一是对生态系统本身保护（恢复）或破坏的成本进行补偿；二是通过经济手段将经济效益的外部性内部化；三是对个人或区域保护生态系统和环境的投入或放弃发展机会的损失的经济补偿；四是对具有重大生态价值的区域或对象进行保护性投入。

(5) 排污权交易。排污权交易是利用市场力量实现环境保护目标和优化环境容量资源的一种环境经济政策。排污权交易的主要思想就是建立合法的污染物排放权利即排污权，并允许这种权利像商品那样在特定的市场被买入和卖出，以此进行污染物的排放控制。

(6) 绿色贸易。绿色贸易是指为保护人类健康、保障生态安全和促进自然资源的合理利用而采取的，实现自由贸易与环境保护协调发展的国际贸易与环境管理的制度安排。

(7) 绿色保险。绿色保险又被称为环境责任保险。一般认为环境责任保险是以被保险人因玷污或污染水、土地或空气，依法应承担的赔偿责任作为保险对象的保险。我国是世界上受污染最严重的国家之一，环境污染已经直接影响广大人民的生命健康，与环境污染有关的疾病在许多地区明显增加。面对愈发严重的环境污染，环境保护绝非单纯是政府和环保部门的事情，需要全社会的参与，环境责任保险通过解决环境纠纷、分散风险、为环境侵权人提供风险监控等为环境保护提供服务[5]。

(三)“十二五”规划时期对我国环境政策的思考

虽然我国对环境资源保护的认识程度逐年加深，环保投资规模逐年增长，环保投资占 GDP 的比例显著提高，但还要清醒地看到我国现行的环境经济政策体系总体上仍处于较低层次水平，很多环境经济政策的内容仍处于研究阶段，如资源税、环境生态补偿费、排污权交易、污染责任保险等仍处于理论研究和试点起步阶段，没有形成较为成熟和完善的政策系统。许多环境经济政策没有相应的配套措施，不能起到应有的作用。因此有必要从以下几个方面加以改进：

1. 完善法律保障体系。市场经济就是法制经济，依法办事是一项基本准则。实施环境经济政策也需要法律保障。目前，我国环境经济政策的法制缺位严重，不利于环境经济政策的良性发展和稳步实施。要充分发挥环境经济政策的引导和制约作用，就必须从完善法律保障体系下手，这也是充分发挥环境经济政策效力的最基本条件。

2. 环境经济政策必须与市场经济体制改革的要求相呼应。在社会主义市场经济体制下，经济协调手段应从传统的计划手段转向主要依靠市场手段。环境经济政策符合市场经济体制的要求，是解决环境问题的有效办法，因此，应尽快建立一套市场规则，包括市场准入规则、市场竞争规则和市场交易原则。同时经济结构的调整要求环境经济政策也必须做出适当的调整，使其更适合调整后的新目标群体或作用对象[6]。

3. 加强对环境经济政策的研究，进一步完善中国的环境经济政策体系。完善资源税费征收办法，使其体现资源稀缺性。应税的矿产品包括：原油、天然气、煤炭、金属矿产品、其他非金属矿产品和盐等；税额高低（如煤炭）主要取决于资源的稀缺程度和开采条件。矿产资源开发要坚持“谁开发、谁保护，谁利用、谁补偿”的原则。

4. 促进科学的定价机制形成，用价格杠杆调节资源的利用。目前不合理的水价是阻碍水资源基础产业深化改革的重要因素，不合理的水价导致了水资源的大量浪费。因此要进一步深化初始水权和水价改革，研究落实有关的价格和收费政策，形成有利于节水的价格机制。抑制高耗能行业盲目发展，减少电力的浪费式消费。对高耗能行业中国家明令淘汰类和限制类项目，继续实行差别电价。研究形成煤电热价格联动机制。改革天然气价格形成机制，理顺天然气与其他产品的比价关系。运用价格机制调控土地利用，提高土地使用效率。

5. 推进开展排污权有偿取得和交易制度改革。进一步明确污染物总量控制制度，使之成为我国污染物排放管理的基本原则。改变目前的超标排污费制度为总量排污收费制度、超标排放加倍收费并予以处罚的制度，也即凡是向环境中排放污染物的单位和个人均按政府规定的收费标准，根据其所排放污染物的种类、数量、浓度和危害性等缴纳排污费；超标排污视为违法行为，除加倍收费外，给予相应的行政处罚。让排污企业承担起保护环境的社会成本，使企业在利益驱动下，珍惜有限的排污权，减少污染物的排放，并从减排中获利。

6. 从战略和全局的高度科学编制各类发展规划，引导产业结构优化升级和转变经济增长方式。探索绿色 GDP 核算的环境经济综合核算体系，不断完善环境评价标准，加强政策引导。

三、结束语

2010 年作为开启“十二五”规划的重要一年，我国环境经济政策实践的春天已经来临，抓住机遇继续推进环境经济政策领域大胆探索实践，进一步提升环境经济政策在我国环境管理中的作用和地位，使之成为建设环境友好型社会的重要政策和制度保障。这不仅对我国环保事业有重大意义，也为我国科学发展观与行政体制改革提供了坚实的制度支撑。

参考文献

[1] http：//www. china. huanqiu. com/eyes_ on_ china/2008 - 04/86540. html.
[2] 周俐萍．环境经济政策实施的必然性分析［J］．商业时代，2009（7）．
[3] 法晓红．环境经济政策浅析［J］．商业环境，2009（5）．
[4] 潘岳．中国的环保经济政策［Z］．第十二届“绿色中国论坛”，2007.
[5] 赵际红．试论我国的环境经济政策体系及其构建［J］．经济问题，2009（5）．
[6] 宋明磊．环境经济政策的国际经验及启示借鉴［J］．理论与改革，2008（1）．

北京市“十二五”期间声环境保护规划研究

李 霞 姚 琨

（北京市环境保护科学研究院 北京市阜外大街北营房中街59号 100037）

摘 要 本文首先对“十一五”声环境保护规划的成效和不足之处进行了回顾和总结，接下来分析北京市声环境现状并对“十二五”期间的发展趋势进行预测，最后，根据声环境保护的预期目标，提出了管理、技术、经济、法律等方面的对策。

关键词 声环境 保护 规划

引 言

“十一五”期间，北京市积极探索噪声污染防治机制，加大投入，环境噪声污染防治工作得到进一步加强，主要建成区声环境并没有随着城市建设和经济的快速发展而显著下降。然而，对于北京市这个居住人口已超过2 200万的人口密集的国际化大都市而言，城市发展与经济活动的规模、速度和深度都是空前的，噪声污染防治工作无疑遇到了前所未有的挑战。

一、“十一五”规划实施的成效与不足

（一）规划实施经验与成果

“十一五”期间北京市噪声污染防治工作的投入是空前的，通过制定法规、出标准、成立专门的职能部门、积极协调各部门、建立合作机制、落实资金等一系列举措，道路交通噪声治理、飞机噪声治理、固定源设备噪声治理、社会生活噪声的监管以及有关职能部门的分工合作呈现了可喜的局面，同时，对科研的投入、政府的重视程度和民众的自律意识也达到了前所未有的高度。“十一五”期间规划实施的经验总结如下。

1. 采取各种举措，力保声环境达到绿色奥运的要求

在奥运前期努力的前提下，为确保绿色奥运期间绿色的声环境，奥运特殊期间采取了各种常规和非常规措施，仅道路交通噪声一项就下降了1～3dB。一方面，实现了声环境达到“绿色奥运”的承诺；另一方面，也为今后采取的降噪措施进行了成功的尝试。

2. 完善噪声法规，协助国家制定新的标准

北京市于2007年1月1日实施了《北京市环境噪声污染防治管理办法》地方政府规章。该法规结合实际情况对国家噪声法进行了补充和创新，此外，我市充分发挥人才、管理和监测方面的优势，协助国家修订3个噪声控制标准，推进了噪声管理法规和标准的系统化进程。

3. 强化新建项目的规划防噪作用，发挥环境影响评价作用

“十一五”时期更加注重通过规划措施保障良好的声环境，合理规划道路和噪声敏感建筑集中区之间的防护距离，将交通噪声控制措施投资纳入工程预算。加强了对新建项目噪声影响评估的审批力度，规划措施更加完善还体现在建设项目噪声污染管理关口前移上，例如部分新建道路建设以及首都第二机场的选址问题。事实证明，这种变被动为主动、相关部门认真履行自身职责的举措取得了良好的效果。

4. 交通噪声污染控制

“十一五”期间北京市交通噪声治理取得了长足的进展，既缓解了当前的噪声扰民问题，还为今后建立交通噪声防治的长效机制奠定了基础。

截至2009年底，具体完成了莲石路、京承高速路、朝阳北路、机场高速、五环路等道路交

通噪声降噪治理，西黄线铁路、泡子河社区铁路噪声污染搬迁，岗山、回民营、枯柳树三个村受飞机噪声影响搬迁、首都机场小区降噪治理，以及其他受影响的几十处噪声敏感点降噪治理，投资数十亿元，极大地提高了几十万户人口的声环境质量。

5. 开展新技术示范工程项目

选择典型地区和最新可行技术开展了多项科研示范工程应用项目。例如，牛街水泵噪声治理，沥青混凝土低噪声路面示范工程，部分路段铺筑初期噪声降低 3～5dB。此举发挥了环保部门在各部门的合作机制中的技术指导职能和优势，同时推动了环保技术成果的转化。

6. 开展大量监测调查工作并完成声环境自动监测系统建设工作

7. 开展污染专项整治及例行专项检查工作

为了配合常规的噪声污染防治工作，在一些特殊期间或者急需解决群众关注的热点问题时，开展专项整治工作和定期不定期的专项检查工作，对于提升我市阶段性声环境质量起到了立竿见影的效果，对长远的声环境建设也具有一定的价值。

（二）“十一五”期间声环境目标实现情况喜忧参半

“十一五”期间，虽然环境噪声污染防治取得了上述成就，但是声环境质量的数值距离预期目标仍有较大的差距。中心城区和远郊区县的区域环境噪声质量和道路交通噪声等效声级均分别超过“十一五”规划预期的 52dB 和 68dB，超量甚至达 2dB。相关标准和监测结果见表 1 和表 2。声环境质量没有达到预期目标，这与局部地区污染较为严重导致总体水平较高有关，也与当时规划制定时低估了北京市的发展速度而制定目标过严、现实情况制约以及监测与评价方法是否合理等因素有关。

表 1　城市区域环境噪声质量等级划分　　单位：dB（A）

类　别	好	较好	轻度污染	中度污染	重度污染	“十一五”目标
城市区域环境噪声	≤50	＞50～55	＞55～60	60～65	＞65	≤52
道路交通噪声	≤68	＞68～70	＞70～72	＞72～74	＞74	≤68

表 2　“十一五”期间噪声监测结果及分析

项　目	2005 年	2006 年	2007 年	2008 年	2009 年
城八区区域环境噪声平均值/dB（A）	53.2	53.9	54.0	53.6	54.1
城八区道路交通噪声平均值/dB（A）	69.5	69.7	69.9	69.6	69.7

但是进一步分析可见，“十一五”期间仍取得了相当大的成效：大部分区县声环境质量比较稳定甚至逐年好转，全市声环境总体情况保持较好，城市区域声环境最高为 2009 年 54.1dB，其余年份均在 54dB 以下，未出现较大的波动，建成区道路交通噪声基本保持稳定，全市道路交通噪声平均值数据低于 70dB，在质量等级中均属于“较好”级别（参见表 1）。2008 年较之于前两年城八区暴露在等效声级 55dB 以上的人口和面积分别占总量的百分比下降了几个百分点，群众的有效投诉逐步减少，由于噪声扰民引起的过激行为和群体事件逐年递减，体现了以人为本的理念和噪声污染防治工作思路的转变。

二、北京市声环境现状分析

（一）声环境质量未见明显滑坡

就总体情况而言，北京市噪声污染呈现综合型、密集型特征，综合型，即各类污染源都存在，特别是交通噪声和社会生活噪声影响相当大，密集型，即哪里人群密集、活动强度高，哪里污染就严重。

1. 区域环境噪声

2009年区域环境噪声平均值为54.1dB（A），比2008年升高0.5dB（A）。

2009年各远郊区县区域环境噪声平均值为53.6dB（A），与2008年基本持平。其中少部分噪声值高的远郊区县对平均声级贡献量较大，但总体上远郊区县还是低于市区。

2. 道路交通噪声

2009年道路交通噪声平均值为69.7dB（A），与2008年基本持平。其中首都功能核心区路段平均值为68.0dB（A），城市功能拓展区路段平均值为70.5dB（A），城市功能拓展区明显高于首都功能核心区，这与道路上车型种类、密度和行驶速度等有关。

2009年各远郊区县道路交通噪声，平均值为68.4dB（A），与2008年相比保持稳定。其中大兴区和房山区较高，大于70 dB（A）。远郊区县仍低于城八区。

（二）北京市四类噪声源分析

见图1，“十一五”期间，工业生产噪声呈现明显的逐年降低趋势，2008年已经降低至0.7%，影响较小，这与减少污染物排放迎接“绿色奥运”，一些工厂停产或搬迁有关；建筑施工噪声在“十一五”初期由于建设奥运工程贡献量较大，2007年之后开始降低；交通运输噪声贡献量逐年升高，直至2008年随着各种交通管制措施以及限行措施的有效实施而出现低值；社会生活噪声随着有效监管逐年降低，但是2008年又出现升高。社会生活噪声和交通噪声一直是首要噪声源。

（三）噪声污染投诉情况分析

在一定程度上，群众对噪声投诉是噪声污染防治管理工作方向的“晴雨表”。参见图2，北京市噪声投诉空间分布总体上呈现以长安街东西向延伸为长轴的“纺锤形”，即主要分布在以四环路为界的城八区内，并向北部扩散。城八区受到各类噪声的多重影响，其中噪声投诉“大户”朝阳、海淀、丰台和石景山四个区县各区内也是靠近城市中心部分处分布密集。六环以外远郊区县受影响较小。可见，人口密集活动频繁的地区污染依然严重。

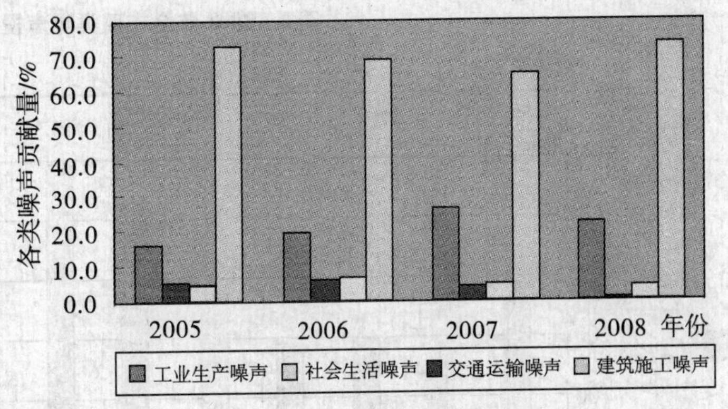

图1　“十一五”期间各年四类噪声贡献量

社会生活噪声影响逐步加重，基本上遍布了北京市全部区县，且突破了一贯的城八区影响严重的局面，随着通州区居民活动的增多，影响也在加剧。飞机噪声顺义区较为严重，轨道交通噪声基本上是沿着路轨延伸，道路交通噪声分布范围广泛。施工噪声以五环内为主，逐渐向远郊区县扩展。

对于噪声的时段分布而言，见图3，噪声投诉以6~8月份最为严重，5月、9月、10月份其次，值得注意的是，噪声扰民程度与是否开窗等因素有直接关系，1月份由于节日活动的原因投诉量也较多。可见，对于同样的噪声污染，加强对人的防护是非常直接的手段。

（四）噪声污染防治存在的主要问题

简言之，有如下几方面：《北京市环境噪声污染防治办法》需要补充和完善；缺乏科学完整的标准体系，标准适用性差；环境噪声管理体制不顺，职责不清，缺乏长效合作机制；历史欠账较多，新老问题并存，缺乏有效的资金渠道；规划重视不够，预防过少，治理艰难；环境影响评价、“三同时”等制度要作为环保的抓手；其他问题，包括意识上的重视、科技支撑和自身能力建设等。

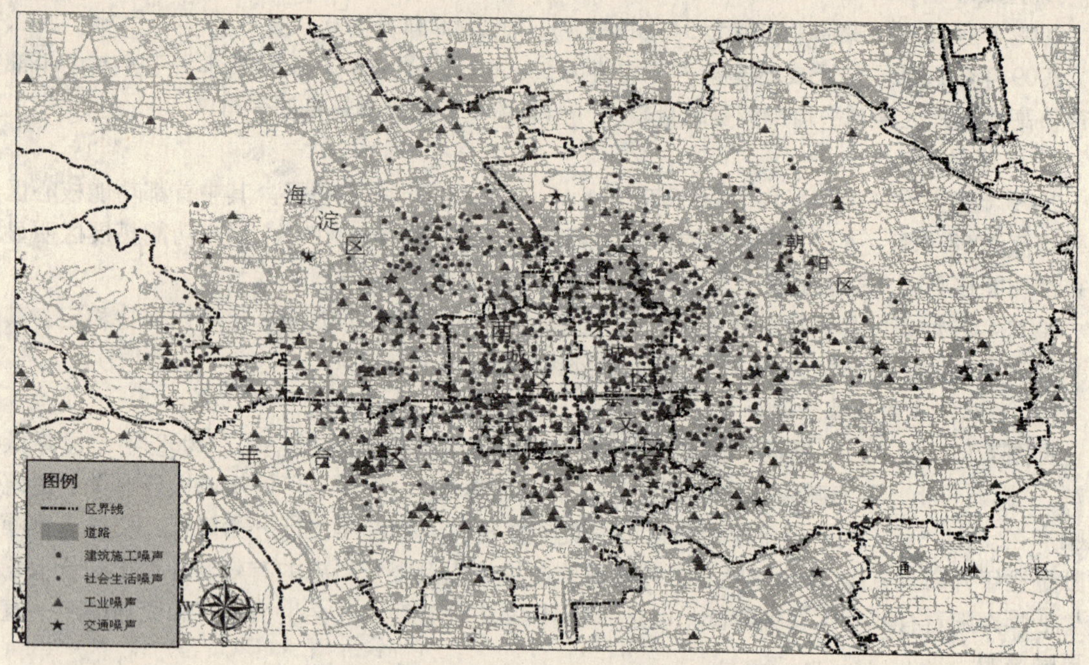

图 2　2008 年全市四类噪声投诉分布图

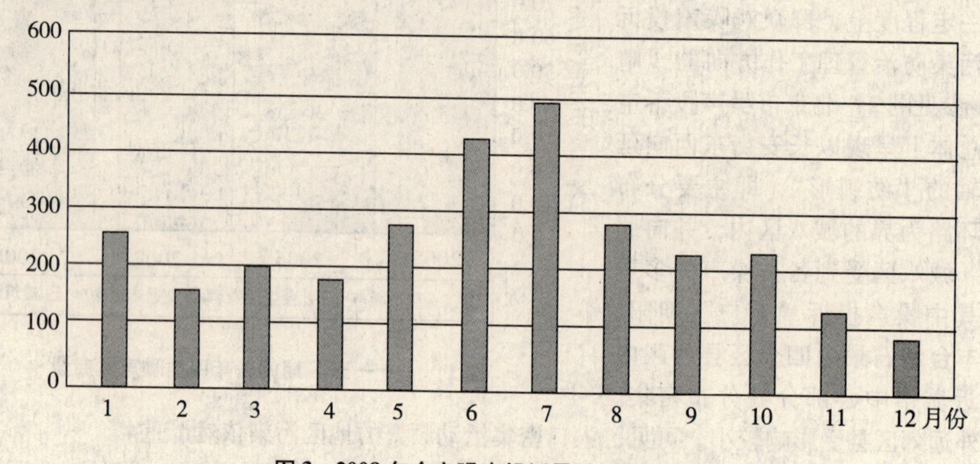

图 3　2008 年全市噪声投诉量随时间分布图

三、声环境发展趋势

“十二五”期间城市区域环境噪声总体状况不存在大幅上升的趋势压力。但总体声环境形势不容乐观。城市功能拓展区的影响不容忽视。受北京市人口数量持续快速增长，郊区县顺义、通州、亦庄作为重点新城将在“十二五”期间全面推行区域开发建设，由此可能带来该区域环境噪声水平的上升。

（一）交通噪声

相对于城市区域环境噪声总体较平稳的趋势而言，交通干线噪声受机动车总量持续快速增长，道路、公路建设里程不断延伸的因素影响，上升趋势显著，机动车实际保有量见图 4，预计

“十二五”期间每年仍将增长约50万辆，势必造成噪声升高。同时，“十二五”期间城市轨道建设呈井喷式发展，见图5（2015年北京市地铁交通图），预计2015年全市轨道交通日均客运量达1 000万人次以上，承担公共交通总客运量50%，轨道交通噪声和振动问题将会凸显。铁路和飞机噪声的影响也将变得更加严重。

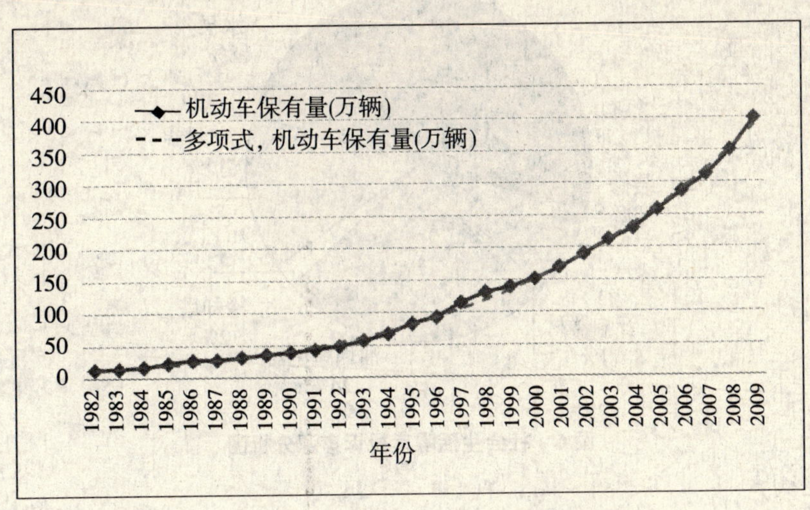

图4 1982—2009年北京市机动车保有量统计

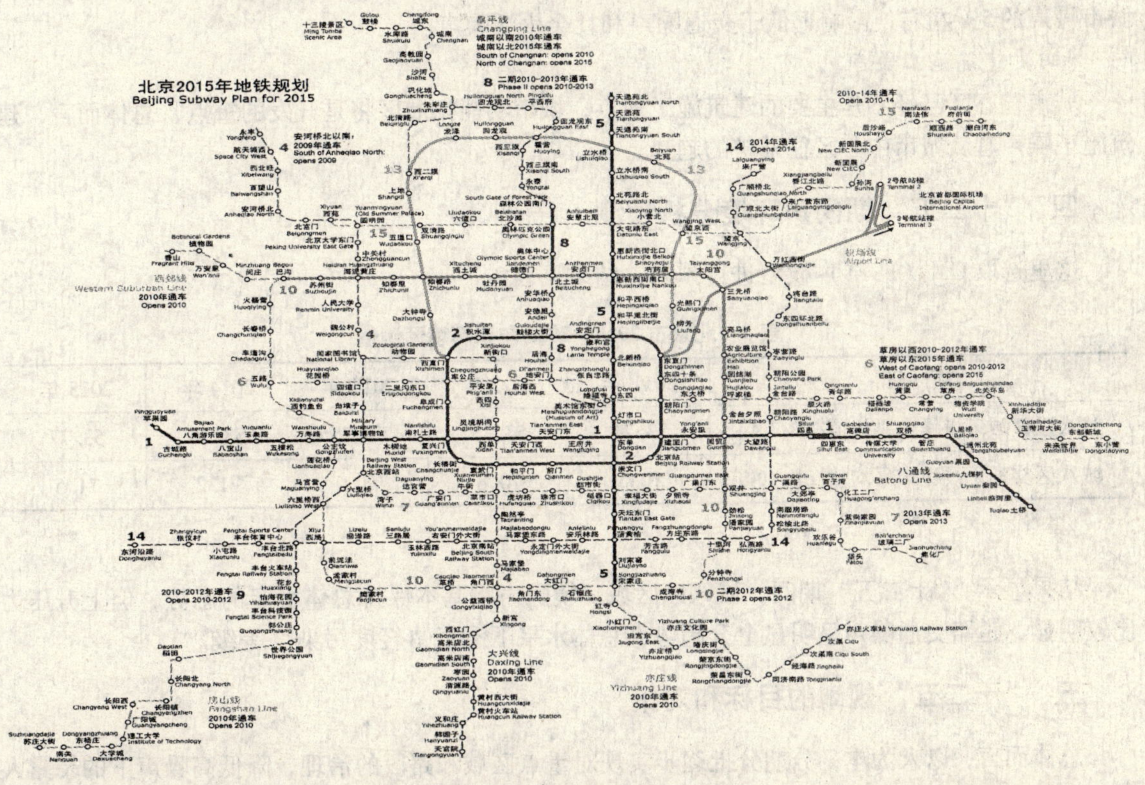

图5 北京市2015年地铁规划图

（二）社会生活噪声

社会生活噪声特点为组成门类复杂，源头众多，分布广，日益成为群众投诉的重点。其包括的声源种类和区域分布分别见图6和图2，其中图6中“其他”包括经营场所、邻里、宠物、小区活动等引起的多种声源。北京市在城市区域功能调整中，将逐步实现区域功能的集中、优化，商业经营类社会生活噪声将形成一定程度上的集中，声源种类和分布区域将会有增无减，对居民工作和生活的声环境保护会造成压力。

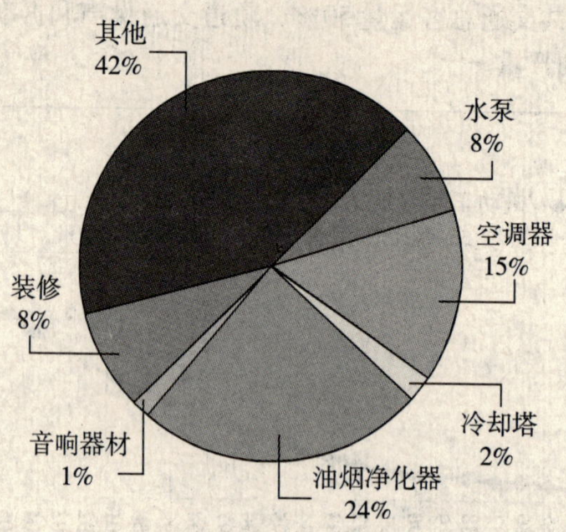

图6　社会生活噪声投诉声源分析图

（三）工业噪声

由于北京城市布局和经济结构的改变，很多高污染企业已逐渐搬迁远离市区，市郊形成了相对集中的经济开发区和工业园区，噪声源治理也基本达标，已不再是市区内的主要噪声源，仅占城市噪声的5%左右，影响远低于交通噪声和社会生活噪声。

（四）建筑施工噪声

城市核心区已经不是主要的建筑施工地点，城市功能拓展区将是开发的重点，总体而言，建筑施工噪声有从城市中心区往外扩的趋势。

四、“十二五”期间声环境分析预测

这里选取GM（1，N）模型进行预测，结果见表3。

表3　北京市2010—2015年声环境预测值

项　目	2011年	2012年	2013年	2014年	2015年
城八区区域环境噪声平均值/dB（A）	53.74	53.75	53.75	53.76	53.77
城八区交通干线噪声平均值/dB（A）	70.5	70.8	71.0	71.2	71.5

结果显示，“十二五”期间，城八区区域环境噪声将基本保持总体稳定的态势，但上升压力比较明显。道路交通噪声呈明显上升趋势，总体水平下滑至“轻度污染”等级。

五、“十二五”规划的目标和对策

总体而言，以人为本，分期分批逐步实现对重点区域和路段的治理，降低高噪声下的暴露人口，严格把关新建项目的噪声污染防治问题。使全市声环境总体水平保持稳定，城市区域环境噪声保持在54dB（A）以下，将受交通噪声严重影响区域的暴露声级降低到预定值。

根据以上目标，结合北京市的实际情况，提出了如下对策。

表4 北京市“十二五”期间噪声污染防治对策和任务简表

手段	项目名称	内涵
技术	“十二五”期间主要噪声技术研究	（一）噪声防治技术
		1. 发动机后置公交车降噪研究
		2. 低噪声路面开发推广技术研究，并制定设计和检验规范
		3. 城市轨道交通噪声防治技术研究
		4. 机场飞机噪声防治
		5. 社会生活噪声技术及管理细则制定
		6. 工业和施工噪声防治研究
		（二）噪声检测和验收技术
		1. 在用高噪声车辆定置检测
		2. 声屏障验收技术规范
		3. 建筑防护外窗（隔声窗）监测技术
		4. 建立机场噪声检测网络
		（三）噪声评价技术
		1. 城市轨道交通噪声后评价体系与应用研究
		2. 构建北京市环境噪声评价体系
		（四）噪声管理技术
		1. 北京市声环境功能区划（包括机场）
		2. 噪声地图技术研究及推广应用
		3. 兼顾城市环境噪声的城市规划研究
		（五）噪声与人身心健康技术
法律	补充和修订《北京市环境噪声污染防治办法》（以下简称《办法》）	提升《办法》的地位和效力 完善有关条款并补充实施细则 调整执行效率不高的条款 补充法律责任，明确罚则 明确统一和具体监管的关系，落实各部门职责
经济	北京市环境噪声管理的经济手段研究	1. 严格执行“排污收费”制度，实行飞机噪声排污费
		2. 建立既有轨道交通噪声治理资金落实机制
		3. “噪声黄标车”政策研究
		4. 建立环保绿色财政制度和绿色信贷制度，研究首要领导作用机制，环评审批，“三同时”制度，限期治理制度完善等

参考文献

[1] 北京市“十一五”期间声环境保护规划报告.

[2]《声环境质量评价方法技术规定》，中国环境监测总站物字［2003］52号文.

吉林省“十二五”水污染防治政策及对策措施研究

吴　兵　包丽艳　刘艳君

（吉林省环境科学研究院　长春市红旗街1547号　130012）

摘　要　基于吉林省“十一五”水污染防治政策及对策措施存在的主要问题，分析新时期水环境保护政策框架，提出了“持续实施水污染物排放总量控制对策、继续推进流域水污染防治工作、进一步加强饮用水水源地水质保护、利用结构调整继续加强工业污染削减、大力推进城市污水处理和污水资源化进程、加大面源污染的综合防治力度”六方面对策措施。

一、水污染防治政策及对策措施回顾

（一）水污染防治法制体系逐步完善

中国的水污染防治已经形成以管制手段为主，以市场手段为辅，清洁生产等自愿手段和信息手段在流域内得到应用的政策格局。先后颁布了水资源与水环境方面的法律法规及部门规章，地方性法规、省级政府规章及规范性文件，一个比较科学和完善的水的法规体系正在形成。在水环境管理制度方面，我国相继建立了环境标准，环境影响评价、“三同时”、排污收费、总量控制、排污许可证、淘汰落后产业、限期治理、目标责任制等制度。这些管理制度对水环境保护起到了一定的作用。

吉林省在执行国家环保法规和标准的同时，不断加强地方环境法制建设，完善管理机制，强化环境监理职能。为加强境内松花江流域的水污染防治工作，保障人民群众生产、生活用水安全，吉林省出台《松花江流域水污染防治条例》，并于2008年8月起施行，将松花江流域水污染防治工作纳入法制轨道，有利于改善全省重点流域水体水质，促进水环境质量管理工作向前发展。

（二）流域管理与行政区域管理相结合的水环境管理体制已形成

目前，我国的水环境管理是流域管理与行政区域管理相结合的管理体制。大量的水环境保护和管理工作集中在中央政府和地方政府的有关部门，环保部门代表政府主要负责水环境管理和政策实施，对水环境保护统一规划、统一监督、统一发布信息，同时水利、建设、农业、国土资源等部门根据国家的相关法律要求，行使相应的水环境保护管理的职责。随着水污染日趋严重，流域水环境管理工作得到新的发展。目前，我国中央直属的流域管理机构有两大类，第一大类是水利部所属的流域水行政管理机构，为水利部的派出机构，代表水利部行使所在流域的水行政主管职能；第二大类是国家环境保护部和水利部共同管理的流域水资源保护机构，管理范围与水利部直属流域机构相同。

（三）制定流域水污染防治政策措施并取得进展

吉林省自“九五”时期即开始制定《辽河流域水污染防治规划》，“十一五”期间，积极争取将松花江流域纳入了全国“十一五”重点流域治理规划，优先启动了《松花江流域水污染防治规划（2006—2010年）》。吉林省省委、省政府高度重视松花江流域水污染防治工作，认真落实让松花江休养生息的各项政策，加强领导，强化措施，加大工作力度，省领导亲自部署、亲自调度，狠抓薄弱环节，解决实际问题，推进力度大，成效显著。尤其是工业企业防污治污力度加大，治污水平上个新台阶，工业污染防治项目完成率较高。

（四）确定主要水污染物总量减排政策措施

吉林省各级政府高度重视污染减排工作，切实加强领导，落实责任和措施。各级环保部门强化监管，污染物减排按计划顺利实施。省、市、县三级政府都成立减排工作领导小组，制订了《全省年度主要污染物总量减排计划》，层层签订了年度减排责任书。从结构减排、工程减排和管理减排三个方面，狠抓各项措施的落实。“十一五”期间，国家确定吉林省减排指标为COD由40.7万t削减到36.5万t，比2005年40.7万t下降10.3%。2007年全省实现了指标下降，超额完成了年度主要污染物的削减任务，减排结果列东三省之首。2008年化学需氧量比2007年下降6.42%，在全国排名第4位，预计到2010年可以实现36.5万t的规划目标。

（五）建立健全水污染防治各项政策措施

针对饮用水水源地管理，2006—2008年吉林省各级政府建立健全了饮用水水源保护的相关规章制度，建立了饮用水水源的污染来源预警、水质安全应急处理和水厂应急处理三位一体的饮用水水源应急保障体系，制订了饮用水水源地水质达标实施方案。全省大部分饮用水水源保护区从供水水厂防护、供水管网抢修任务分工及人员配置、抢修物资储备、管网抢修应急、供水水质监测应急、供水设备及电气线路应急和供水调度紧急事件处理等方面制定了饮用水水源突发事件应急预案。

加强城市污水处理厂建设，促进城市污水处理产业化。全省各级政府加强了城市污水处理设施建设，研究提出城镇污水处理厂的BOT形式，鼓励专业化公司承担污染治理设施的建设或运营。省政府颁发了《吉林省城市污水处理特许经营暂行办法》、《吉林省污水处理收费暂行办法》，省发改委等四部门制定下发了《吉林省松辽流域污水处理及再生利用设施建设项目管理办法（试行）》，有力地促进了城市污水处理产业化。

排污单位通过减少用水量，减少废水和污染物排放量，努力实现稳定达标排放，政府明令关停单位按时关停，限期治理单位认真落实整改措施，实施清洁生产单位按同行业高标准严格执行，存在污染隐患单位及时采取了防范措施，重点行业、污染大户得到有效整治。

二、存在的主要问题及原因分析

（一）水环境管理体制缺乏统一协调

由于水资源既具有经济价值，又具有环境价值，我国水资源立法也采取了分立模式，并相应地建立了双重管理体制，即水污染防治由环境保护部门主管，水资源由水行政管理部门主管的管理体制。随着社会的发展，出现了不少问题。水环境管理体制的主要机构性问题是水资源管理与水污染控制的分离，及有关国家与地方部门的条块分割，特别是行政上的划分将一个完整的流域人为分开。水利水电部门负责水量水能的管理，国家环保部门负责水环境的保护与管理，市政部门负责城市的给水与排水管理，这样使得责权交叉过多，难以统一规划和协调。

（二）水环境经济政策比较缺乏

由于我国环境经济学的发展还不普及和深入，一些环境经济政策缺乏严格的法律基础和法律依据，这为执行政策造成了困难。法律依据的缺乏主要表现在：没有相应的法律条款，例如排污权交易、生态补偿；虽然有法律条款，但缺乏明确规定。环境经济政策的协调和执行能力比较薄弱，目前我国各级政府在执行政策时普遍存在资金不足、人员缺乏、信息失真、技术手段落后等问题，使得已有的经济政策也无法得到有效执行。

（三）水环境投融资难以满足污染防治需求

投资不能满足水污染防治的需求。长期以来，投资总量不足是困扰环境保护工作的问题。据《松花江流域水污染防治规划（2006—2010）中期评估》报告，“十一五”期间吉林省松花江流域水污染治理投资计划为50.39亿元。截至2008年3月底，总计到位资金近21.79亿元（其中国家资金到位约6.36亿元，地方自筹资金到位约15.43亿元），占规划总投资43.24%。规划30个污水处理及再生利用项目完成率较低，主要原因是国投和省内资金不能及时落实，地方财政自筹治理资金难度较大，不能及时解决项目配套资金。

三、“十二五”水污染防治政策创新思路

（一）改革水环境管理体制

充分考虑水环境保护、水资源管理和水污染防治三者的依存关系，体现“政府调控、市场推进、分步实施、注重协调”的原则，重构国家及地方水环境管理职能。建议进一步理清各部门在水污染防治方面的职责，包括水质管理与监测、水环境功能区划、与流域机构的关系等。建议各部门的配合应加强协调与沟通，由于水污染防治牵涉许多部门，因此这种协调与沟通尤为重要，协调包括部门之间、同一部门上下级单位之间和部门内部之间的协调。

（二）推进多污染物协同减排

“十二五”期间，将采取以总量控制为主，同时加大质量控制切入的模式，大力推进水环境质量改善。总量控制因子、控制对象、技术路线应尽可能与质量改善进一步紧密结合，指标的选择应尽可能与区域环境质量主要问题密切相关，着力解决水质黑臭劣V类问题，解决环境质量评价体系与老百姓感觉不一致的问题，建议继续实施全国性的COD总量减排，氨氮作为全国指标进行总量控制，总氮总磷在湖库等封闭式水体、重金属等指标在严重超标地区实行区域控制。区域总量控制由专项规划和地方规划确定，国家实施评估制度 。

（三）创新水环境管理思路

创新水环境管理思路，按照流域—控制区—控制单元体系，优化国控断面布设，将区域与水质关联、与国控断面对应、兼顾水资源三级区套地市的控制单元作为总量和质量关联响应的单元，在控制单元内部强化污染源—入河排污口—断面水质输入响应关系，促进总量—质量—投资的关联。

（四）建立水污染防治投融资体系

增加环保投入首先应该增加环保支出在国家财政预算中的比例。出台相关政策，引导民间资本投入。发挥政府的主导作用。根据环境事权的划分，政府主要是制定规章制度和行使监督管理职能，同时承担一些公益性很强的环境基础设施建设、跨地区的污染综合治理，促进污染企业加大治污投资。在市场经济条件下，按照“污染者付费原则”，污染企业必须承担相应的治污责任。通过适当的奖惩机制促使企业加大水污染治理投资，确保治理设施的有效运行。在污水处理方面，在政府起主导作用的同时，应鼓励企业和社会民间资本投资于环境保护。

四、“十二五”水污染防治对策及措施

（一）持续实施水污染物排放总量控制对策

“十一五”以来，COD排放总量控制作为国家经济社会发展规划的约束性指标，污染减排得到各级政府的高度重视。“十二五”期间，吉林省COD减排空间将逐渐减少，实施难度将明显加大，总量目标制定应更多考虑可能性和技术经济可行性因素，总量控制目标确定和削减方案的制订应按照环境质量响应、技术可达可控、经济可承受三个方面进行分析论证，需要更多地考虑地区差异、现状治理水平、环境质量状况、经济发展水平、污染排放强度、环境容量等因素进行分配，以工程保障、立法政策、政府预算等为主要实施计划内容，编制基础条件具备、保障措施可行、全面可达的总量控制实施规划。

（二）继续推进流域水污染防治工作

要继续强化辽河、松花江重点流域水污染防治工作，常抓不懈，力争到2015年，松花江流域水污染防治工作取得显著成效，辽河污染负荷大幅度下降，水质有所好转。加大图们江、鸭绿江跨国界河流污染防治力度。通过生态补偿等政策加强流域内重要江河源头的水质保护及水量维

护，在中下游经济相对发达的地区重点提高水污染治理水平、水资源利用水平、城镇污水处理设施建设和管理水平。

（三）进一步加强饮用水水源地水质保护

以人为本，防治城市和农村集中式水源地的环境污染，保障群众的饮用水安全。流域统筹，实现饮用水环境保护与流域水污染防治的结合。加大水源地水质全分析工作，建立饮用水水源地水质和饮水水质公告制度。重点解决水源地受高藻、高氨氮、高有机污染和石油类、重金属、痕量内分泌干扰物等特征污染物威胁问题，逐步解决开放性水源地给水、排水交错的格局性问题。

（四）利用结构调整继续加强工业污染削减

加强汇水区工业污染源有毒有害物质管控，将一类污染物产生、排放严格管理、优先控制，取代目前以常规污染物为主的准入和达标体系，逐步完善氨氮的管控制度。以石化、化工、造纸、食品加工、纺织为主，对工业企业提高氨氮的排放标准。

（五）大力推进城市污水处理和污水资源化进程

采取有效措施，实施污水处理厂从建设到运营的转变。全面启动县级城市污水处理厂建设工作，把管网、污泥、再生水利用作为污水处理设施的系统内容和“十二五”的工作重点。根据流域水质情况，以老污水处理厂增设生物填料为主，在城市污水处理厂中增加脱氮除磷的功能，增强运行控制手段。

（六）加大面源污染的综合防治力度

吉林省农业面源污染所造成的水体富营养化逐年加剧，农业面源污染不容忽视。充分利用农业污染源普查工作成果，着力提高农业面源污染的监测能力，加快完善农业环境监控体系建设，搞好污灌区农灌水的跟踪监测，逐步形成流域内市、县、镇上下贯通，左右相连的农业环境监控体系。在粮食主产区推广生态农业建设、农业废弃物综合利用、人畜粪便无害化处理等示范工程。开展流域面源污染防治和综合治理技术研究，加大科技投入，集中开展农业节能减排的关键和共性技术研发。

浙江省水环境保护“十二五”管理思路与对策研究

牛少凤[1]　李春晖[2]　张　明[1]　吴一君[3]

（1. 浙江省环境保护科学设计研究院　310007；2. 北京师范大学环境学院　100875；
3. 浙江省永康市环境保护局　321300）

摘　要　本论文在分析浙江省水环境污染防治存在的问题及未来发展趋势的基础上，按照新时期环境保护要求，建议在“十二五”水污染防治期间，实施六大战略对策，确保水环境管理目标的实现；针对目前水环境管理中总量控制与行政区划分割等问题，提出浙江省“十二五”期间水环境管理思路。

关键词　浙江省　环境保护　“十二五”　管理

一、引　言

在经济快速发展和人口急剧增长的情况下，保护水环境质量，满足不同功能区需求是世界上许多国家面临的一个共同难题。由于粗放型经济增长和城市环境基础设施严重不足带来的水污染反过来又加剧了水资源的稀缺程度。我国从20世纪70年代开始水污染治理，建立水污染防治和水环境保护的机构，实施了一系列的环境政策和管理手段。在过去30多年的环境保护工作中，工业污染防治管理一直是重点，并逐步过渡到工业污染与城市污染并重。然而，水环境质量的改善程度仍难以满足社会经济发展的日益需求。

美国政府的流域水环境治理开始于1975年，其流域治理的计划相当庞大，计划在2010年前恢复受损河流64万条，湖泊67万 hm^2，湿地400万 hm^2。该计划主要是通过TMDL（最大日排放总量）实施，即利用污染物最大日排放总量控制进行流域的水质、非点污染源控制、栖息地保护和其他的水资源保护和恢复活动。该计划的实施，使Illinois、Willimmute、Kentucky和Tualatin River等河流的水质有了很大改善，曾经消失的鱼类又重新回到河中。随着点源污染治理工作的不断深入，面源污染的严重性显得更为突出，流域治理由“以点为主”转向“点面结合”，治理对象由单一的河流、湖泊转向从全流域角度开展水环境的保护和治理工作。

“十五”期间国家共投入2.1亿元用于太湖流域的治理工作，成立了题为“太湖水污染治理的技术研究与开发及示范工程”的国家重大科技专项，同时配套实施相应的依托工程。项目采用了前置库技术、河网水质净化技术、水体修复技术、河口污染控制技术、农药化肥污染控制技术、畜禽养殖污染控制技术和农村生活垃圾污染控制技术7项主要的技术，选择五里湖、梅梁湾等典型区域，开展工程规模的综合示范。

综观国内外流域治理的经验和教训可以发现，流域的环境容量是前提，政策法规和管理是保障，而点源、面源污染控制实施是流域治理的关键。

从发展趋势上看，国内外的水环境管理经历了污染－防治－保护－生态系统管理的阶段，目前已从污染防治转移到生态系统的恢复与保护。美国以水生态分区作为管理基础，采用流域水环境保护的方法，综合考虑水生态资源和人类干扰，实现水资源与水环境质量的综合管理。流域水环境保护的管理方法具有以下特点：①将流域作为基本的管理单元，强调流域的生态完整性；②强调水环境的所有方面，包括化学、物理、栖息地、人和生态系统的健康、生物多样性等；③识别需优先解决的水环境问题和需优先采取管理行动的流域；④促进有关特定流域的机构、团体和个人参与流域水环境保护，利用多学科专家和多机构的专业技能、资源和权力综合解决水环境问题。

二、浙江省水环境总体特征与问题分析

（一）浙江省水环境概况与特征分析

浙江省河流除苕溪、京杭运河水系和分别流入江西省和水河属长度水系之外，其余均属“东南沿海诸河”，这些河流均流入东海。全省流域面积在 1 500km^2 以上的重要水系有 8 条。河流水文特征是水量丰富，含沙量少，水位变幅大和入海河口都受潮汐影响。全省主要河流，除钱塘江发源于安徽省休宁县外，苕溪、甬江、椒江、瓯江、飞云江和鳌江均发源于本省境内。河流上中游属山溪性河流，山洪暴涨暴落，下游受潮汐影响。

浙江省大部分河流具有以下特点：①汛期洪水峰高量大；主要河流比降 2‰～10‰，大多在 4‰以上，汇流速度快，水位涨幅大，防汛任务十分艰巨。②枯水期流量小；由于河流的集水面积相对较小，河流枯水流量较少，遇到特殊干旱年份，中、小、河流甚至断流。③潮汐影响大，7 条入海河流受潮汐影响的河段长度，平均占了 38%，潮差大，潮区界距离长，对防潮、防洪和淡水资源的利用极为不利。

（二）水环境存在的主要问题

1. 主要干流水质良好，部分支流污染未能得到有效遏制

流域的污染问题也是我省水环境面临的最大问题之一。2007 年浙江省八大水系、运河共设的 139 个省控监测断面中，1～3 类水质占 66.2%，4 类水质占 11.5%，5 类和劣 5 类水质占 22.3%，流经城市河段普遍受到污染。

交界断面水质较差，2007 年，全省共设 117 个交界断面，有 52.8% 的断面水质不能满足水域功能区要求，其中 5 类和劣 5 类水质占 40.3%，越境污染严重。

河网水质较差，2007 年水质主要为 5 类和劣 5 类，所有断面均不能满足功能区要求，主要超标因子有氨氮、总磷、溶解氧、生化需氧量、高锰酸盐指数和挥发酚。

2. 湖泊、水库水体富营养化突出

2007 年，19 个省控湖库营养状况以中营养为主的 13 个，占 68.4%；富营养化湖库有 4 个，占 21.1%，具体情况为：南湖、鉴湖重度富营养化，西湖、青山水库轻度富营养。

3. 饮用水源地安全问题

一是水源地污染呈区域性特征明显。如嘉兴市 8 个水源地水质全部不达标，超标项目主要为溶解氧、高锰酸盐指数、五日生化需氧量、氨氮、总磷、粪大肠菌群。二是水源地水生生态状况呈恶化趋势，饮用水水源地藻类水华发生频率与程度呈逐步上升的态势。根据 2007 年全省 101 个主要饮用水水源地有机污染物监测结果，约 25% 的水库型水源地中有微囊藻毒素检出；从钱塘江直接引水的 7 个水源地有 3 个检出微囊藻毒素。三是新型复合污染加剧饮用水源地安全风险性。全省 101 个主要饮用水水源地中 11 个水库型水源地检出草甘膦农药等；从钱塘江直接引水的 7 个水源地检出苯并［α］芘和草甘膦农药的各 5 个；嘉兴市 8 个水源地均检出草甘膦农药，且有 5 个检出苯并［α］芘。

4. 近海海域富营养化严重

2007 年浙江省近岸海域受有机氮、活性磷酸盐超标的影响，监测的 47 539km^2 近岸海域中 42.7% 为劣 4 类海水，近岸海域环境功能区水质达标率仅为 5.3%。水体富营养化程度严重，全域属中度富营养化状态。海域水质主要超标指标为无机氮、活性磷酸盐、溶解氧、化学需氧量、砷等。

5. 流域生态用水量无法保障

由于不合理的社会经济活动及水资源的过度开发，水资源紧缺与用水浪费、低效率并存、河流遭受严重污染，水资源开发与生态用水冲突，从而使生态用水被大量挤占，进而加剧了河流干

枯和湿地退化，造成生物多样性减少，河流水生态系统受到严重破坏，入海水量减少、河口淤积。

水污染原因分析：一是水环境保护滞后于社会经济发展，由于经济的快速增长，产业结构调整和污染治理设施建设不能满足水环境保护的要求。二是工业污染源治理水平低。三是产业结构影响。四是城市基础设施建设滞后于社会经济发展。五是环境监测与环保执法监管能力不足。

三、“十二五”期间未来水环境形势分析与战略对策

浙江省经济快速发展与环境容量有限的矛盾长期存在，随着全省建设小康社会和社会主义现代化建设的加快推进，到2015年，全省经济总量达37 000亿元，城镇化率达61%以上，基本跨入高收入地区行列。浙江省未来社会经济的快速发展必将给水环境保护带来巨大压力：一是水资源需求的持续上升，二是水污染治理任务相当艰巨。据预测，2015年全省水资源总需求量为253.4亿m^3，全省COD预计排放量为72.65万t，氨氮为6.74万t，相比2007年排放量增长近30%。

根据国家环保部编写的《国家环境保护“十二五”规划思路》的推断，未来5~10年，环境保护的工作重点为削减总量、改善环境质量、防范环境风险。思路中明确提出了“十二五”规划目标与远景目标，2015年，主要污染物排放得到基本控制，常规（传统）因子环境质量得到基本改善，环境安全得到基本保障；2020年，主要污染物排放得到有效控制，水生态环境质量明显改善。为了实现上述目标，建议在未来5~10年水污染防治中，实施下列六大战略对策。

（一）休养生息战略

让河流、湖泊休养生息，必须尊重自然发展规律，充分发挥水生态系统的自我修复能力，逐步改变环境恶化状况。在经济社会建设过程中时刻坚持让河流、湖泊休养生息的战略思想，把握河流、湖泊的生态功能和特性，做好生态功能区划，统筹人与自然和谐发展。根据水资源与环境承载能力、现有开发密度和发展潜力，确定区域主体功能定位，明确开发方向和产业种类，控制开发强度和产业规模，规范开发秩序，完善开发政策，逐步形成人口、经济、资源环境相协调的空间开发格局，避免布局性环境风险，推动经济社会与生态环境保护协调、健康发展。

（二）科学合理实施总量控制战略

科学实施水污染物排放总量控制，水污染物排放总量以流域规划和水环境功能区划为基础，依据流域水环境容量，合理确定允许排污量和水资源开发利用总量，建立以重点污染源有效控制与环境质量改善相应的污染物控制排放体系。

（三）确保城乡饮用水源地环境安全战略

饮用水水源保护问题是关系民生的重大问题，确保城乡饮用水安全，让人民群众喝上放心水，是保障人民群众基本生活和生命健康的必然要求，是各级政府必须履行好的重要职能。

（四）以产业转型升级来带动污染源削减战略

浙江省“十二五”发展理念是“发展、转型、改革、创新”，浙江转型升级是发展主线，也为进一步的水环境污染物总量控制与减排提供了空间。真正解决环境污染问题，从长远来看，还要依靠产业结构调整、转型升级和发展方式转变来实现减排。

（五）保证重要水域水体的生态用水战略

全社会应建立“生产用水、生活用水和生态用水统筹兼顾”的水资源观，对水环境恶化区域进行重点研究，确定其生态用水量或生态流量，并在流域水资源调配中加以保证与实施。

（六）资源节约战略

节约用水不仅可以缓解目前水资源短缺，同时也是减轻水污染的根本途径。节约用水不仅可以降低用水成本，还可以降低水污染治理成本，是防治水污染的“双赢”战略。在农业、工业、

生活用水中提高用水效率，从源头降低污染排放量，建立节水型社会。

四、浙江省水环境管理总体思路与设计

（一）水环境管理中存在的主要问题

1. 总量控制中的问题

一是目前主要采用目标总量控制，存在两个方面不合理性：①存在地区间分配的不合理性，经济欠发达地区目标容量值偏低；②和水质的关系不是非常明确。二是总量控制的污染因子单一，只有 COD 一项。三是总量控制的污染源主要是工业污染源和城镇生活污染源，减排空间较小。

2. 水环境管理以行政区为主，与流域管理不统一

流域是水系的一个完整的单元，以往工作中流域水环境管理的思路没有得到充分体现，多是各个行政区各自为政。目前各地均在关注边界水功能区水质达标问题，但由于行政交界断面处的水质目标不能衔接，造成矛盾难以有效解决。这些问题合理有效的解决，必须要从流域角度整体考虑水环境管理问题。

现有管理体制存在的主要问题：一是部门间水环境管理交叉严重，水利部门与环保部门之间的职能交叉重叠，易造成不同的政府声音。例如钱塘江流域管理局，是水利部门机构，仅侧重于水资源与河道管理，与环保部门关系不明确。二是水资源的开发与水污染防治在实际管理中被割裂，各行其政。在现有的管理体系下，环保部门实际职责定位是监督与执法部门，不是水环境的综合管理部门；水利部门定位是水行政主管部门，但对水质（水环境质量）却无能为力。

（二）水环境管理思路设计

水环境问题的长期性、复杂性、系统性和社会性，决定了水环境管理面对的主要矛盾不是水资源保护与调控本身，而是经济发展与水环境保护目标之间的协调与平衡。水环境管理首先体现为对人的管理、经济发展战略、区域发展规划、项目环境影响、生产活动污染控制等都需要进行不同层次的环境影响的评价，制定防治对策。为了实现水环境质量与公众健康双保障，水环境管理要针对具体水域，按水环境功能区进行分类管理，对污染源分级控制。在每一个具体的水环境功能区内，水环境管理决策的内容由两个优化分配来体现：①在流域范围内，优化分配包括流量的环境容量资源，对流域水污染物排放总量进行控制，建立以水环境容量为基础的总量控制管理体系，实现从浓度控制、目标总量向容量总量控制的转变；②在区域范围内，优化分配技术和经济投入。水环境管理决策的实施按照流域管理与行政区域管理相结合的管理体制执行，水环境管理目标为水质水量统管，保证生态流量和水资源优化调配。

五、结　论

本文在分析浙江省水环境总体特征基础上，提出浙江省水环境“十二五”管理的基本思路和对策，认为浙江省应该实施六大战略对策，即休养生息战略；科学合理总量控制战略；确保城乡饮用水源地环境安全战略；以产业转型升级来带动污染源削减战略；保证重要水域水体的生态用水战略；资源节约战略，最后提出管理思路。

参考文献

[1] 孟伟．流域水污染物总量控制技术与示范［M］．北京：中国环境科学出版社，2008.

[2] 黄秀清．象山港海洋环境容量及污染物总量控制研究［M］．北京：海洋出版社，2008.

[3] 杨桂山，于秀波，李恒鹏，高俊峰．流域综合管理导论［M］．北京：科学出版社，2004.

[4] 蔡载昌．环境污染总量控制［M］．北京：中国环境科学出版社，1991.

发展低碳经济应成为“十二五”环境保护规划的目标导向

黄　宇　朱志超　李　琳

（武汉市环境保护科学研究院　湖北　武汉　430015）

摘　要　当前，低碳经济正在成为新一轮世界经济的增长点和各国竞争的焦点，我国必须积极研究对策，努力占领低碳发展的先机和制高点。本文分析了目前我国发展低碳经济的压力与挑战，并就“十二五”期间如何应对低碳时代的到来，做了详尽的策略分析，并提出了加大节能减排力度，用好清洁生产机制，完善碳交易市场，设立碳税和碳基金，加大科研和宣传力度等措施。

关键词　低碳经济　碳减排　“十二五”　环保规划

当前，低碳经济正在成为新一轮世界经济的增长点和各国竞争的焦点。不管将面临何种困难和风险，一个不争的事实是：全球性的低碳时代已经开始了。我国必须积极研究对策，努力占领低碳发展的先机和制高点。当前，优化资源能源结构，倡导低碳消费方式，减少温室气体排放，促进低碳经济发展已成为不可动摇的国际大趋势。“十二五”期间恰好是我国落实科学发展观、全面建设小康社会的关键时期，因此，我国应认真做好“十二五”环保规划，突出发展低碳经济的重要作用，制定发展低碳经济的专项规划，与经济社会发展规划、能源规划、循环经济规划、节能减排规划、科技规划和环境保护规划相衔接，统筹安排，形成一个发展低碳经济的蓝图。

一、“十二五”发展低碳经济的必要性

（一）实现哥本哈根承诺

哥本哈根联合国气候变化大会近日来成为全球瞩目的焦点。在这次大会上，中国作为近年来全球减排力度最大的国家，承诺到2020年单位国内生产总值 CO_2 排放比2005年下降40%～45%，这标志着低碳发展不再是一种设想，我国将正式进入碳总量控制时代。为实现这一目标，中国需要付出艰苦努力。如何科学处理好环境与经济协调发展的关系，构建低碳发展模式，建设低碳城市，已成为迫在眉睫的工作。

（二）我国碳排放总量已位居全球第一

根据国际能源机构（IEA）公布的2007年各国 CO_2 排放量数据，中国是2007年最大的 CO_2 排放国，比美国高出约14%，已占全球 CO_2 排放份额的1/4（24%），美国是第二大 CO_2 排放国，占全球 CO_2 排放份额的21%[1]。在未来的相当长时期内，中国经济仍将保持快速增长，能源需求和二氧化碳排放量不可避免地还将继续增加，如果按照GDP8%的增长速度，我们15年的累计减排量相当于全世界两年的碳排放量[2]，这个数字意味着中国要走低碳城市的发展道路是非常艰难的。从长远来看，这种状况也使我国经济发展与环境保护面临巨大压力，如果我们不能主动应对气候变化的挑战，将严重损害我国在国际社会的形象和地位。另外，如不尽快对我国的碳排放加以控制，在将来受到国际公约具体减排指标约束时，很多行业将会受到冲击，不得不花费巨资向排放量较小的国家购买排放权，从而影响我国经济社会的全面发展。

（三）发达国家要求发展中国家参与温室气体减排或限排承诺的压力与日俱增

尽管根据“共同但有区别的责任”原则，《京都议定书》第一阶段只为发达国家规定了具体减排义务，但由于发展中国家温室气体排放数量的快速增长，发达国家要求发展中国家参与温室气体减排或限排承诺的压力与日俱增。2007年2月，在第2届G8＋5气候变化会议论坛上发达

国家明确提出2012年以后，发达国家和发展中的大国都应承担减排义务。八国集团领导人于2008年7月8日发表声明，宣布就温室气体长期减排目标达成一致，即八国寻求实现2050年将全球温室气体排放量减少至少一半的长期目标。美国还强调把中期减排的“重任”压给发展中国家。气候变化在全世界受到前所未有的重视和关注，同时给包括中国在内的发展中国家的减排压力将日益增加。

二、“十二五”发展低碳经济的挑战与机遇

发展低碳经济将推动能源结构的变革，为新能源产业的发展提供良好的机遇，创造新的就业机会，促进自主创新能力的提高，而且还能够在国际金融危机的情况下增强企业竞争力，促进节能减排。可以说，推进低碳经济是实现科学发展的重要突破口，然而，我们面临的挑战也是不言而喻的。

（一）以煤为主能源消费结构使我国面临巨大减排压力

中国是世界上少数几个以煤为主要能源的国家，在2005年全球一次能源消费构成中，煤炭仅占27.8%，而中国高达68.9%。与石油、天然气等燃料相比，单位热量燃煤引起的CO_2排放比使用石油、天然气分别高出约36%和61%[3]。我国的资源结构制约了能源结构的快速调整，以煤为主的能源资源和消费结构在未来相当长的一段时间将不会发生根本性的改变，经济发展又使碳排放绝对量增长较快。提高能源利用效率是减少碳排放首选的直接、有效、持久的手段，而我国目前的能源开采、供应与转换以及其他能源终端使用技术与发达国家相比均有较大差距，重点行业落后工艺、落后产能在整个产业结构中所占比重仍然较高。先进技术的匮乏与落后工艺技术的大量并存，使中国的产品单位能耗、能源利用效率远低于国际先进水平，从而使我国在应对全球气候变化，减少温室气体排放大趋势中面临严峻挑战。

（二）高耗型工业结构短期内难以改变

在中国的全社会能源消耗中，工业占了70%，其中钢铁、建材、化工、石油加工、有色金属5大行业能耗又占全国工业能耗的69%。钢材、水泥、化肥等众多工业产品，生产规模和产量已连续多年居世界第一位，且主要产品的单位产量能耗都高于国际先进水平，如我国的吨钢能耗比国际先进水平要高15%～20%[4]。此外，中国仍处于重化工快速发展的阶段，从现在起到2020年仍将是中国工业较快发展的时期，因此这种高耗能的工业结构仍将持续很长一段时间。

（三）机动车保有量持续快速增长，交通业碳减排压力加大

2009年初，奥斯陆气候和环境国际研究中心发表的一份研究报告称，汽车、轮船、飞机和火车等交通工具所使用燃料释放的气体是目前造成全球变暖的主要原因之一。报告指出，过去10年全球二氧化碳排放总量增加了13%，而源自交通工具的碳排放增长率就达25%。欧盟大部分工业领域都做到了成功减排，但交通工具碳排放却在过去10年增长了21%。亚洲发展银行预计在未来的25年内，全球交通源二氧化碳排放将增加57%，而由于发展中国家的汽车行业发展迅速，其排放增长将占到80%。亚洲发展银行最近呼吁包括中国在内的亚洲地区借贷国进行系统改造建设，以缓解二氧化碳排放迅速增长的局面。然而，据不完全统计，截至2009年年底，我国机动车保有量已超过1.86亿辆。从最近召开的中央经济工作会议释放的信息来看，扶持汽车产业的宏观政策没有大的变化。这就意味着，我国的汽车产销总量还会保持增速发展，交通业碳减排压力将与日俱增。

三、“十二五”发展低碳经济的措施与建议

关于CO_2排放问题，日本的卡亚教授提出了一个著名的卡亚公式，即一个国家或地区CO_2排放量的增长，主要取决于4个方面的因素：人口、人均GDP、单位GDP能耗和能源结构。中

国人口基数很大，中期发展需求的压力不可避免；中国人均 GDP 远低于世界平均水平。因此，中国 CO_2 减排将主要从单位 GDP 能耗和能源结构两个方面入手[5]。

（一）继续加大节能减排力度

“十一五”期间我国积极推进工程减排、结构减排和管理减排，认真落实减排目标责任制，据初步测算，2009 年全国 COD 和 SO_2 排放量继续保持双下降态势，SO_2“十一五”减排目标提前一年完成[6]。节能减排与控制温室气体排放有很大的协同性，据估算，削减 1t 二氧化硫的同时可以削减 38t 的二氧化碳，因此，节能减排是中国发展低碳经济的最重要手段。“十二五”期间，我国应将工业节能减排的战线从脱硫、脱硝扩展到减碳，强化能源、汽车、钢铁、交通、化工、建材 6 大高耗能产业和重点企业发展低碳经济的责任。

（二）完善国内碳排放交易市场

建立碳排放权交易市场可以为市场参与者提供市场服务信息和交易的平台，调节不合理的价格交易制度，维护市场秩序，在创造市场交易机制和弥补市场失灵方面发挥积极作用。2008 年以来，北京环境交易所、上海能源环境交易所和天津排放权交易所相继建立，表明我国在建立碳交易市场方面已迈步向前。“十二五”期间应探索东部地区补偿中西部地区的机制，在规定总量既定的碳排放前提下，中西部地区低排放企业可以通过市场机制出售排放权给东部地区高排放企业，在科学评估交易绩效后，适时开展碳排放权市场交易。

（三）加大对碳减排问题的科研力度

碳减排问题表面上是环境问题，但其实质涉及各国经济政治等方面的重大利益，已经演变成为一个包括科学、社会、经济、外交、法律等多方面的综合性问题。为了给我国政府进行相关国际谈判提供重要依据，建议科技主管部门与高等院校、科研院所及早开展碳减排方面的研究，研究课题包括制定碳交易相关法律法规和优惠扶持政策、征收碳税的可行性分析、碳减排的效果分析以及碳减排定量与定价研究等方面。此外，还应针对发展低碳经济的关键核心技术进行科技攻关，推动建立以企业为主体、产学研用相结合的低碳技术创新与成果转化体系。

（四）运用清洁发展机制，获得减少温室气体排放的技术与资金支持

中国在 2012 年以前不需要承担具体的减排义务，因此，应在《京都议定书》的第一个承诺期（2008—2012 年）充分利用清洁生产机制（CDM），在《清洁发展机制项目运行管理办法》基础上进一步制定有效的减排政策，加快我国 CDM 项目开发进程。一是要加强对我国 CDM 潜在领域管理部门和企业的培训，增进对气候变化、二氧化碳减排行动和清洁发展机制相关科学知识与技术的普及，避免在 CDM 项目开发中与国外买方、经营实体和项目开发咨询机构的信息不对称；二是要培养中介市场。中介市场是开展 CDM 机制的关键，应鼓励民间机构和金融机构进入，重视金融机构作为资金中介和交易中介的作用，允许金融中介购买或者与项目业主联合开发 CDM 项目；三是扩大潜在 CDM 项目的挖掘范围，避免合格的潜在 CDM 项目流失，扩大项目开发与咨询能力建设的覆盖区域和部门；四是要加强对 CDM 项目开发工作的协调管理，引导 CDM 项目开发的总体方向，避免项目开发的无序竞争和不合理利益分配，保障国家和企业的应得利益；五是要加大科研投入，对妨碍我国 CDM 项目开发进度和数量的关键问题进行深入研究。

（五）继续推动中国绿色碳基金，发展“森林碳汇”

发展低碳经济不仅要从“碳源”上有效的遏制，减少“碳源”的排放，还应该在“碳汇”上下工夫。森林是陆地最大的储碳库和最经济的吸碳器。据联合国政府间气候变化专门委员会（IPCC）估算，全球陆地生态系统中储存了 2. 48 万亿 t 碳，其中 1. 15 万亿 t 碳储存在森林生态系统中。科学研究表明：林木每生长 $1m^3$，平均约吸收 1. 83t 二氧化碳[7]。目前，国际社会对森林吸收二氧化碳的汇聚作用越来越重视。《波恩政治协议》、《马拉喀什协定》将造林、再造林等林业活动纳入《京都议定书》确立的清洁发展机制，鼓励各国通过绿化、造林来抵消一部分工

业源二氧化碳的排放，并将造林、再造林作为清洁发展机制项目。“十二五”期间，中国应继续尝试通过京都机制创造森林碳汇来解决气候问题。此外，还应在国内广泛推广“中国绿色碳基金”，多渠道筹集资金。据报道，中国绿色碳基金是目前国内第一个以支持“碳汇林”事业发展和应对气候变化行动而特别发起的公募性基金，进入这一基金的资金主要用于开展以增加“碳汇”为目的的植树造林等相关工作，为企业提供自愿减排的平台，也为林业提供生态效益市场化的机会。

（六）深入宣传，引导公众“低碳”消费

消费领域的节能与人们的生活模式密切相关，因此需要对全民进行宣传教育，通过媒体、非政府组织、学校等对政府官员、普通百姓和学生加强“低碳生活方式”的教育，在全社会形成良好的节约能源为荣，浪费能源为耻的社会风气。

参考文献

[1] CO_2 Emissions from fuel combustion. International Energy Agency. 2009 Edition.
[2] 低碳生活就从现在开始［N］. 新民晚报，2009－12－27.
[3] 相震. 碳减排问题刍议［J］. 环境科技，2009（2）：75－78.
[4] 王维兴. 2008年中国钢铁工业能耗分析［J］. 钢铁，2009（9）：1－6.
[5] 季昆森. 协同发展循环经济与低碳经济［N］. 中国环境报，2010－01－28（2）.
[6] 周生贤在全国环境保护工作会议上的讲话［N］. 中国环境报，2010－01－26（1）.
[7] 苏州政协委员花千元做“买碳翁”［N］. 中国环境报，2010－01－27（3）.

关于重庆市“十二五”大气污染物减排的思考

周志恩[1] 张 灿[1] 向 霆[2]

（1. 重庆市环境科学研究院 重庆市渝北区冉家坝旗山路252号 401147；
2. 重庆市环境保护局 重庆市渝北区冉家坝旗山路252号 401147）

摘 要 节能减排作为实现经济发展和保护环境双赢的有效途径，不仅是我国全面贯彻落实科学发展观，促进经济又好又快发展，实现可持续发展的内在要求，也是为全球减缓气候变化做出的重要贡献。本文主要从能源消耗和污染物排放特征两个方面，分析了重庆市目前的减排形势，并针对大气污染物减排提出几点建议。

关键词 “十二五” 重庆市 大气污染物 减排

一、完成国内减排目标，应对国际气候变化

依据“十一五”规划中的减排目标，2010年重庆市二氧化硫（SO_2）排放总量必须控制在73.7万吨以内，比2005年净削减10万吨，减排率（静态削减率）为11.9%，年均削减2.4%。其中电力行业二氧化硫排放量控制在17.6万吨之内，比2005年净削减15.1万吨，减排率为46.2%，年均削减9.2%。由于火电的超常规发展，这意味着2007—2010年二氧化硫动态削减量不能低于24.1万吨。另外，颗粒物污染也成为制约重庆市发展的因素之一，2008年重庆市颗粒物年均浓度尚超出国家二级标准6%。从能源结构看，重庆市以煤炭为主的能源结构近几年不会发生变化，而本地产出的原煤又大多是高硫煤。因此，如何解决减排与发展的矛盾，重庆市“十二五”大气污染物减排将面临更加严峻的考验。

从国际上看，《京都议定书》规定，2008—2012年期间发展中国家不承担温室气体减排义务。目前，中国是仅次于美国的第二大温室气体排放国，尽管我国人均排放大大低于发达国家，但已接近世界平均水平，欧盟已将减排的矛头指向中国、印度等暂时不必承担减排责任的发展中大国。各种迹象表明，“后京都时代”已经提前来临。在2009年哥本哈根气候变化大会前夕，中国向世界做出了负责任的承诺：到2020年我国单位国内生产总值二氧化碳排放比2005年下降40%～45%。因此，从国家到地方，如何应对气候变化以及碳排放将成为一项重要课题，碳减排将成为国内各省市的目标任务。根据重庆市温室气体控制纲要，2007年，重庆市温室气体排放总量为17046.9万吨二氧化碳（CO_2）当量。根据气象部门的判断，近20年（1986—2007年），重庆地区年平均气温大约升高了0.68℃；预计21世纪前期（2011—2040年）年平均气温可能升高0.9～1.0℃，中期（2041—2070年）年平均气温可能升高1.6～2.3℃，后期（2071—2099年）年平均气温可能升高2.2～3.7℃，气候变暖将对全市的农业、水资源、林业以及生物多样性等领域产生不利影响。

二、重庆市能源消耗和污染物排放特征以及原因分析

（一）能源消费特征

重庆市没有石油资源，一次能源资源主要是煤炭，其次为天然气和水电。以煤炭为主的能源消费结构仍将持续，比重也将维持在65%左右。如表1所示，2000—2008年，煤炭消费量在能源消费总量中的比例在逐年递减，但基本维持在64%～65%，油料消耗量呈上升趋势，从2000年的8.7%上升到11.8%；电力和天然气消耗量所占的比例稳中有降。各个能源所占的比例基本保持不变，这说明重庆市以煤炭为主的能源结构短期内不会改变。

表1　2000—2008年重庆市能源消费结构变化

年份	煤炭比例/%	天然气比例/%	油料比例/%	电力比例/%
2000	65.2	13.4	8.7	12.7
2001	64.6	13.1	8.4	14.0
2002	65.1	12.9	8.3	13.6
2003	66.0	12.8	8.1	13.2
2004	63.3	12.7	12.0	12.0
2005	66.2	12.2	10.6	11.0
2006	64.6	12.6	11.1	11.8
2007	64.9	12.1	11.5	11.5
2008	63.7	12.7	11.8	11.7

重庆市万元能耗呈下降趋势，但是能源消费弹性系数低于全国平均水平，能源利用效率仍然较低。第二产业是三次产业中最主要的能源消费者，而工业则是第二产业中最主要的能源消费部门，其历年消耗的能源占全市消费总量的比重均超过70%。从1998年开始，第二产业在三产业中的比重逐渐上升，其中的制造业耗能最多，2008年占到规模以上工业总能耗的66.7%。从万元产值能耗来看，能耗最高为电力、燃气及水的生产和供应业，见表2。

表2　2008年规模以上工业按行业的能耗及污染物排放量

行业	综合能源消费量/万吨标准煤	工业总产值/亿元*	产值能耗/（吨标准煤/万元）	工业二氧化硫排放量/万吨
采矿业	285.6	134.5	0.93	2.02
制造业	1841.1	3894.0	0.36	25.66
电力、燃气及水的生产和供应业	631.6	334.7	1.63	30.3
其他				0.18
总量	2758.3	4363.2	0.48	58.16

*2007年数据。

（二）污染物排放特征

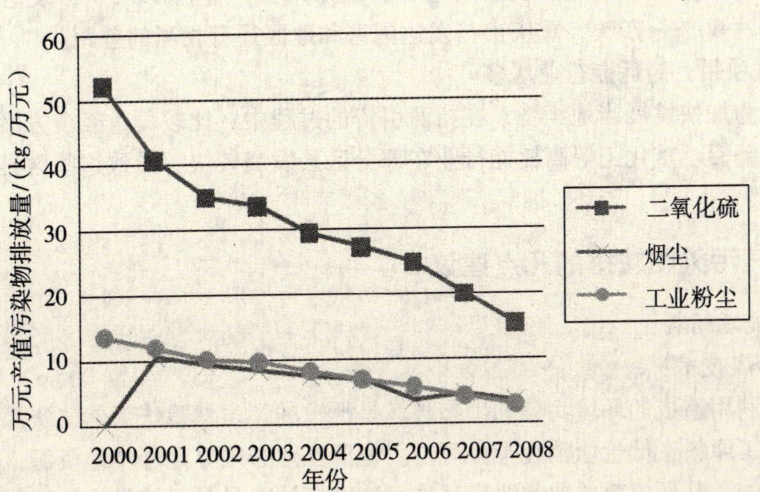

在规模以上工业中，电力、燃气及水的生产和供应业产生的二氧化硫最多，占到总产生量的52.1%，而其中的电力、热力的生产和供应业是主要的耗能排污行业。这说明在电力、燃气及水的生产和供应业的大气污染物处理效率还有待提高。

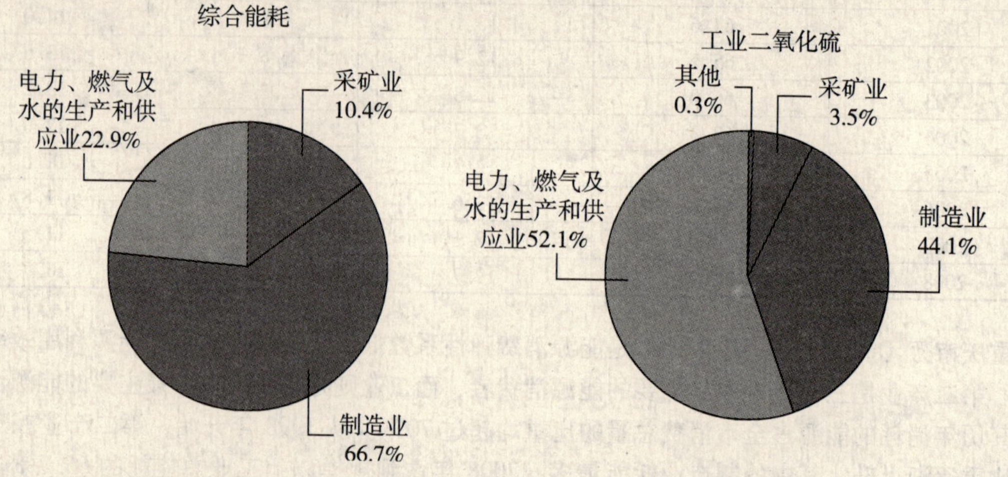

（三）原因分析

1. 重庆市资源禀赋差，煤炭利用效率亟待提高

辖区煤炭、天然气和铝土矿等均含高硫，优质煤相对短缺，需从市外调运。煤炭平均含硫量大于3.5%，是全国平均水平4倍以上。2009年第一季度对全市火力发电厂和相关企业的电煤进行了监督抽查，抽查量共计433个批次，含硫量最高达到9.87%，平均值为3.16%；灰分最高为73.97%，平均值为38.35%。

2. 经济拉动能源消费快速增长

直辖以来，重庆经济迅猛发展，生产总值从2000年的1603.16亿元增加至2007年的4122.51亿元，增长了1.46倍。经济的快速发展，拉动了能源消费的快速增长。从2000年的2330.82万吨标煤增加至2007年的4782.36万吨标煤，增长了1.05倍。

3. 产业结构不合理，高耗能行业增速过快

一般情况下，三类产业中，第二产业的比重大，产值能耗较高。1997—2008年，重庆三类产业结构发生了较大变化。第一产业所占比重持续下降，第二产业比重则持续上升，第三产业比重持续上升，但2002年后略有下降。2008年重庆三次产业结构比例为11.3:47.7:41.0，而有资料称，2005年上海第三产业比重已经占50.5%，北京第三产业占69.1%，发达国家第三产业占生产总值的比重达60%~70%，重庆市与发达国家和地区还有相当的差距。

4. 区县引进项目，高耗能行业居多

重庆市区县为加快发展当地经济，在招商引资的过程中，比较偏重经济方面的因素，造成了火电、水泥、电解铝、重化工等高耗能行业在部分区县发展较快，导致这些区县能耗强度也快速增长。

三、对大气污染物减排的几点建议

（一）调整能源结构

1. 发展洁净煤技术

煤炭开发和利用造成的环境污染和生态破坏是严重的，虽然重庆天然气资源丰富，但是天然气属于宝贵的化工原料，低价值消耗十分可惜。能源工业必须立足于本地资源，大部分的洁净煤在技术上是可行的，其环境效益非常明显，推行洁净煤技术是最经济最有效地解决煤炭利用中低

效率、高污染、节约煤炭和替代宝贵能源的有效途径。针对重庆市特点，提出如下建议：

（1）鼓励煤炭洗选和配煤。提高电煤洗选比例，改造和建设选煤厂，大中型煤矿要有配套的选煤厂，小型煤矿要依托大矿的选煤厂或建设群矿集中选煤厂。形成产、配、销、送及售后服务一条龙体系。

（2）在乡镇推广型煤。重庆市主城区的气化率已经达到90%，全市平均气化率为70%，因此，在区县乡镇推广型煤具有较大的潜力。可采取由型煤厂生产型煤原料、在棚户区附近压制型煤的办法，建立型煤配送站，这样既节省了运费和运输时间，又可以避免型煤因破碎而造成的损耗。鼓励型煤生产、加工和炉具制造企业研制开发和生产安全、节能、实用、高效、价格适中的型煤炉具，由于型煤的价格比原煤高，因此需要政府从经济上给予补助和扶持。

（3）发展高效洁净燃烧和发电技术。“整体煤气化联合循环发电技术”（IGCC）及装置作为21世纪最具有实用性和发展前景的洁净煤发电技术，由于IGCC系统中的关键设备如气化炉、燃气轮机、煤气净化装置的大型化及商业化，以及较高的转换效率和低污染特点，使整体煤气化联合循环发电技术成为可供重庆选择的一项重要的清洁高效能源技术。由于重庆市煤炭大多通过发电转换用于终端消费，应大力发展30万千瓦及以上高容量高效率机组；采用高效、洁净发电技术，改造在运火电机组，提高机组发电效率；实施“以大代小”、“上大压小”和小机组淘汰退役，提高单机容量；发展热电联产、热电冷联产和热电煤气多联供等技术，提高煤炭利用效率。

（4）综合利用煤矸石。比如用于沸腾炉燃烧来供热、发电；用于生产矸石砖，避免因大量取土烧砖而减少耕地；把煤矸石作为生产水泥的原料；从煤矸石中回收硫，生产硫酸等化工产品；利用煤矸石生产石棉及其制品；利用煤矸石充填塌陷区、修路等。

2. 开展对外能源合作

由于重庆市本地煤炭禀赋差，因此要积极加强与陕西、贵州、甘肃、新疆等地的能源合作。推动“输煤输电”并举，在点对网输电的同时向重庆市输煤，增强网内火电机组电煤保障能力。支持市能投集团在贵州、陕西、新疆等周边省区参与煤炭开采，主要向重庆供给，提高外来煤炭供给的比重。

3. 加强能源质量的监管

应该加强对煤炭质量的监管力度，尤其是电煤和高耗能企业的用量质量，对于用煤质量较差的企业实行惩罚并公开曝光。另外，油料消耗在全市能源消耗总量中的比重也在10%以上，一方面应加强对油品质量的日常监管和质量抽查，对不合格油品依法查处，公开曝光并追根溯源。另一方面，业内公认现代柴油乘用车在降低二氧化碳等有害物质排放方面有突出的作用，在二氧化碳减排方面的作用是汽油车难以比拟的。但是，目前我国燃油质量尚不能满足要求，柴油品质已经成为拖节能减排后腿的重要因素，因此，从国际国内形势的大局出发，提高柴油燃油品质也是必然的选择。

4. 开发其他清洁能源

从长远看，太阳能、风能和生物能是化石能源的未来替代能量资源，应该更多地利用可再生无公害自然资源。除了发展洁净煤技术外，重庆市应在今后一段时间内小幅度提高油、气在能源消费中的比例，同时根据各个地区的特点，发展风能、生物能和水电等清洁能源。

专家称，风速大于5m/s的地区就具备风力发电的条件，重庆市整体风能资源并不丰富，但在部分区县，如巫溪、巫山、武隆、秀山、黔江等9个地区资源相对富裕。目前重庆市风能总储量为2250万千瓦，可开发的风能发电装机为10万~50万千瓦。

重庆地处西部，有丰富的水利资源，且已规划要积极发展有调峰库容的水电，因地制宜发展小型水电，因此水电技术在重庆市有广阔的应用前景。

在国家整体框架内适当发展核电，这是改善能源结构的有效途径。

（二）加快产业结构调整和技术进步

加快发展能耗较低的先进制造业和现代服务业。工业生产方面，加快推进制造业优化升级，大力发展高技术、高效益、低消耗、低污染的“两高两低”产业。严格控制高耗能行业过快增长，在建设之前予以充分论证。减排工作应纳入地区经济发展规划中统筹考虑，在产业结构规划时，要注重发展能耗较低的支柱产业。

积极发展循环经济和清洁生产，强制开展电力企业“脱硝（氮）”技术改造，开辟资源综合利用、反复使用的新途径，把发展经济与节约资源、保护环境结合起来。继续推动并参与国际合作，引进先进的清洁生产和污染治理技术，推进清洁发展机制、技术转让等方面的国际合作。另外，应充分发挥自主科技创新在减排中的重要作用，在此方面给予政策和经济上的激励。

（三）引入市场机制

应学习和借鉴发达国家为合理消费能源，减少污染气体排放和加强环境保护而采用的经济激励手段。“排污权交易”于20世纪70年代由美国经济学家提出，其中二氧化硫排污权交易取得的成绩尤为突出。借助一定的经济激励手段，对二氧化硫减排行为而付出的成本给予补偿，则会有效调动各电厂的积极性，引发对各项脱硫和低硫技术研发和使用的动力。

积极参与CDM（清洁发展机制）项目，建立以减少温室气体排放（减少CO_2排放量）为目的的碳排放交易机制。实行排放配额制，建立排放配额交易市场。

科学制定和贯彻实施节能减排方面的财税激励政策措施，不断完善有利于节能减排的财税政策体系，实现节能、减排者受益，高耗能、高排放者受罚的体制机制。对重点节能工程给予支持，采取按企业节能技术改造后实际取得的节能量给予奖励，多节能，多奖励；建立落后产能推出机制，支持关闭淘汰高耗能和高污染企业。进一步加大财政基本建设投资向节能环保项目的倾斜力度，特别是加大对电力企业“脱硝（氮）”技术改造的财政税收优惠制度。

（四）开展复合型大气污染研究和区域协同

目前的大气污染不是单一的，而是在我国城市群大气污染中出现了煤烟型与机动车尾气污染共存的特殊大气复合污染的类型，尽管为控制环境污染做了大量工作，使一次污染得到一定控制，但目前区域整体的环境质量却呈恶化趋势，大气灰霾、光化学烟雾和酸沉降污染频繁发生，大气环境形势总体上进入大范围生态退化和复合性环境污染的阶段，存在环境灾变的隐忧。因此，遏制、缓解最终解决区域大气复合污染蔓延问题，亟须建立区域的立体监测体系，区域性的控制体系，进一步强化大气污染防治工作的区域协同。

（五）制定严格的大气污染物环境质量、排放标准，以及环境健康评价指标

学习和借鉴美国的做法，制定严格的大气污染物环境质量和排放标准。随着经济发展以及多年来环境质量改善措施的有效执行，重庆市突出的环境问题也有所变化。例如，重庆市主城可吸入颗粒物（PM_{10}）浓度已在下降，但灰霾出现的天数并没有减少，主要是因为灰霾组分中大部分为细粒子（$PM_{2.5}$），而目前颗粒物控制着重在粗颗粒物上。目前我国还没有$PM_{2.5}$的环境质量标准，也尚未建立统一的臭氧和VOC标准溯源和监测质量控制和保障体系，因此，建议以环境科研为技术支撑，如颗粒物源解析、灰霾、光化学烟雾等基础研究工作，制定$PM_{2.5}$、O_3和VOC的控制标准，以及环境健康评价指标等。

（六）完善舆论监督与导向机制

应充分发挥政府的主导作用，把节能减排作为政府调节经济运行的重要抓手。通过完善体制，把节能减排工作的成效列为评价和使用干部的重要依据，建立健全节能减排工作责任制和问责制。建立健全节能监管监察体制，开展减排专项执法检查，加强对重点耗能企业的日常监督检查，建立重点耗能企业的动态跟踪机制，同时为政府推动节能工作提供技术支持。对违反节能法律法规的单位公开曝光，依法查处，进一步加大处罚力度，公开曝光违法行为。

此外，应加强舆论宣传，提高民众减排意识，通过各种形式积极开展全民节能减排、气候变化宣传教育，让每个公民自觉为节能减排、减缓和适应气候变化做出努力，鼓励节能减排从身边小事做起。

参考文献

[1] 重庆市二氧化硫总量削减实施方案 . 2007.
[2] 重庆市主城区大气污染控制行动计划研究——重庆市主城“蓝天行动”实施方案 . 2007.
[3] 重庆市环境保护“十一五”规划中期评估报告 . 2009.
[4] 重庆市环境质量公报 . 重庆市环境保护局，2000—2008.
[5] 重庆市温室气体排放及控制对策研究技术报告 . 2009.
[6] 重庆市人民政府关于印发重庆市中长期电力保障方案（2009—2020 年）的通知（渝府发［2009］50 号）.
[7] 重庆市电力发展领导小组第十一次会议纪要 .
[8] 重庆市统计年鉴 . 2008.
[9] 肖溪 . 日本节能减排的启示与借鉴［J］. 城市住宅，2008（3）：90 - 91.
[10] 方灏，马中 . 美国 SO_2 排污权交易的实践对我国的启示［J］. 南昌大学学报（人文社会科学版），2009，39（5）：72 - 76.
[11] 周军英，汪云岗，等 . 美国大气污染物排放标准体系综述［J］. 农村生态环境，1999，15（1）：53 - 58.
[12] 欧盟的节能减排战略［N］. 学习时报，2008.
[13] 胡毓娟，林乐，等 . 我国节能减排工作中存在的主要问题和对策措施［J］. 河北金融，2008（2）：20 - 24.

流域水污染总量控制现状及“十二五”实施建议

赵　娟

（中国环境科学研究院　北京市朝阳区安外北苑大羊坊8号　100012）

摘　要　水是自然界的基本要素，是人类和生物赖以生存的基本条件。目前，我国正在实施跨越式经济发展战略，面对更为巨大的社会发展压力，如何从根本上解决我国流域水污染控制问题，是影响我国未来发展能否成功的关键因素。污染物排放总量控制是环境污染控制行之有效的手段，它不仅是对环境管理政策的改革，也是对环境法律制度的突破。在未来很长一段时间内，污染物总量控制方法和实践都将是环境管理中的重点工作。

一、引　言

流域是国民经济发展、社会进步和实践生态文明的基本单元，伴随着社会经济发展，中国流域的环境问题发生了重大转变。由于高速经济增长和消费水平的升级，对资源环境的压力不断增加，环境问题不断积累和扩大，跨界的流域性问题日益突出，环境问题正在从局部演变成全流域性问题；同时，流域内利益集团日益多元化，各利益相关方开始对流域发展所涉及的资源开发和环境保护等问题提出不同的诉求，引发各种流域性矛盾冲突。解决流域性环境问题已经成为实现中国社会经济可持续发展的重大挑战。

由于流域自然体系与行政体系之间的复杂关系，很难在水环境要求与社会技术、经济条件之间寻求到最佳结合点，往往形成保护自己、牺牲邻区的局面，从而引发上下游、左右岸、邻省或邻区的水环境问题纠纷。流域水污染物的总量控制，可以使相邻区域在水环境质量允许的范围内，实行污染物排放总量的有偿交换，使污染物削减总量也成为一种商品，这不但有利于调动全流域各沿江城镇治理水污染的积极性，而且还能大大提高和改善现有水环境质量。世界上一些著名流域，如：英国泰晤士河、法国塞纳河、日本琵琶湖、加拿大的圣劳伦斯河和欧洲的莱茵河等，以河流流域为单位进行管理的模式，在涉及水资源、地表水和地下水以及跨区、跨国境水域等问题时，其管理的有效性尤为显著。

因此，以流域为单元，依据系统论原理，从宏观到微观，从区域到流域，系统研究水污染物排放与接纳污染物的水体质量间的定量关系，统筹考虑污染物总量的削减与控制，这是我国水环境污染控制管理的自我完善，也是符合当前国情的科学性选择，对促进江河水系内社会、经济的全面发展有着极其重要的意义。

二、流域水污染防治的发展与回顾

随着社会经济的发展，特别是20世纪八九十年代粗放型经济的快速增长——高能耗、高污染、高消费企业排污对水环境造成的压力不断增大，全国七大水系受到不同程度的污染；重点流域水污染事故频发，流域内工农业生产和城乡居民用水安全受到了严重威胁。面对水环境污染的严峻形势，《国民经济和社会发展“九五”计划和2010年远景目标纲要》将环境保护问题提到了重要位置，大规模的流域性水污染防治工作在“三河三湖”等重点流域全面展开。作为流域水污染防治工作的基础，《中华人民共和国水污染防治法》（1996年修订）明确提出防治水污染应当按流域或者区域进行统一规划，水污染防治规划是防治水污染的基本依据。

重点流域“九五”水污染防治计划按照“质量、总量、项目、投资”四位一体的思路，从流域水环境质量改善出发，反推水污染物总量控制目标，估算水污染治理项目和治理投资。在计划编制过程中，将各流域细划为数十个到上百个控制单元，分别确定水质目标和总量控制目标，并将总量目标分解到各省和各地市。重点流域水污染防治"十五"计划，除了在规划范围和规划目标、规划项目等具体内容上略有调整外，规划思路和规划体系基本是"九五"计划的延续。

经过"九五"、"十五"计划的实施，尽管我国地表水污染加重的趋势得到遏制，"三河、三湖"水质改善较为明显，但非重点流域如黄河、松花江等流域的水质开始恶化，水环境保护形势不容乐观。"十一五"规划提出了以科学发展观为指导的规划思想，注重目标与指标的可达性。以水环境质量改善为目标，分析流域水环境容量，核实现状排污量数据，预测规划目标年排污增量，论证达到水质目标所需的社会经济成本，依据流域的发展水平和技术经济可达性，提出阶段性水质改善目标，合理确定"十一五"期间可实现的污染治理任务。

2008 年第十届全国人大常委会第三十二次会议 2 月 28 日全票通过了修订后的《中华人民共和国水污染防治法》，新法规定国家对重点水污染物排放实施总量控制制度和排污许可证制度，各级人民政府应当按照国务院的规定削减和控制本行政区域的重点水污染物排放总量，并将重点水污染物排放总量控制指标分解落实到排污单位。同时，水利部门根据《水法》有关规定，参考水体纳污总量，发布了"重要江河湖泊限制排污总量意见"。

三、流域总量控制存在的问题

实施污染物排放总量控制，是保护和恢复中国流域水环境质量的根本措施之一。目前，国内已经形成了以污染物目标总量控制技术为主的规划技术体系，并针对确定的污染物总量控制指标，制定实施了重点流域水污染防治规划。但是国内水污染物总量控制仍存在问题：统计数据不全面，总量基数不准确；质量目标与环境监管相脱节；浓度标准管理与总量控制相脱节；污染控制与水生态保护相脱节；以行政区为基础的环境功能区划分与流域水污染调控相脱节等。

总量控制是对环境管理政策的改革，也是对环境法律制度的突破。建立总量控制法律法规保障体系是实现总量控制目标的重要保证，也是总量控制体系运行模式的组成部分。尽管针对流域污染物总量控制已有相关法律规定，但实际上对受污染水体并未严格地执行，除一些重点流域外，原国家环境保护总局也没有制定明确的实施细则和具体行动计划。在 2008 年修订的《水污染防治法》中也没有规定流域总量控制方面的内容，如第 18 条规定："省、自治区、直辖市人民政府应当按照国务院的规定削减和控制本行政区域的重点水污染物排放总量。"新法没有充分发挥流域管理机构在水污染防治方面的作用，这是今后立法需要进一步完善的地方。

四、完善流域总量控制的几点建议

总量控制的发展是一个涉及面很广，需要技术、经济、政策等诸多方面研究的配合，因此还有很多问题需要解决。在技术方面，实施污染物排放总量控制给环境监测提出了很高的要求，它要求监测的数据能够较为准确、及时地反映污染源污染物排放量和环境质量的变化情况，甚至还要求能反映污染物排放量与环境质量的响应关系，而现有基于浓度控制的环境监测手段将不能满足总量控制的需要。因此，为适应总量控制的要求，必须加强环境监测网络和环境监测能力建设，包括环境监测站的标准化建设，环境监测人员的技术培训，应用现代网络技术、实时在线监测监控系统、利用地理信息系统技术实现总量控制数据信息管理的系统化、可视化等。

在行政、法规框架方面，中国的总量控制思路主要来源于美国的 TMDL 框架。TMDL 计划在美国的实施表明，该计划无论在点源还是非点源的污染综合控制方面成效显著。中国可以更多地借鉴美国 TMDL 计划制定和实施经验，开发研究与中国污染物总量控制制度相结合的 TMDL 计划，科学合理地在点源与非点源、各个污染单位之间分配污染物允许排放量。

在经济方面，对地方行政主管单位来说，最容易接受并且最乐于推行的总量控制方案应该是对 GDP 的影响尽可能小（甚至能增大绿色 GDP 的）、管理手段最简单的、效果相对比较明显的那种方案。因此，在进行总量分配的时候，如恶化兼顾公平和效率，以最小的成本获得最大的减排效果，还需要更深入的研究。

此外污染控制的目标不能一蹴而就，需要以流域水生态安全为最终目标，根据经济技术发展水平，分别制定近期、中期和远期的目标并提出分阶段的污染实施方案，有利于政府针对性地采取措施，保障水污染防治与社会经济发展的协调。

中国在未来一段时间内，将仍以污染防治为主要任务，但全国经济社会的发展对水资源开发、水生态环境保护提出了更高的要求。实施污染物总量控制，将促进结构优化、技术进步和资源节约，有利于实现环境资源的合理配置，有利于贯彻国家产业政策，有利于提高治理污染的积极性，有利于推动经济增长方式的根本转变。在未来很长一段时间内，污染物总量控制方法和实践都将是环境管理中的重点工作，对总量控制的研究更需要易于实践，使总量控制的环境规划与区域当地的国民发展规划更好地结合。

参考文献

[1] 孟伟．重点流域的“重点”水污染防治［N］．中国水利报，2008－10－23（3）．

[2] 王东．“十二五”水环境保护思路及任务［N］．黄河报，2009－01－26（3）．

[3] 孟伟．中国流域水环境污染综合防治战略［J］．中国环境科学，2007，27（5）：712－716．

[4] 王毅．流域性环境问题变化与转型期流域政策取向［J］．科技导报，2008，26（17）：19－23．

[5] 孔逊．小流域水污染治理方法研究［J］．污染防治技术，2009，22（5）：97－99．

[6] 张远，张明，王西琴．中国流域水污染防治规划问题与对策研究［J］．环境污染与防治，2007，29（11）：870－875．

[7] 雷放．新《水污染防治法》的十大亮点［J］．环境经济，2008（52）：48－53．

[8] 陈方，盛东，高怡，等．太湖流域用水总量控制体系研究［J］．水资源保护，2009，25（3）：37－40．

[9] 陈羿汀．浅析我国污染物总量控制制度的缺陷与完善——以太湖水污染为例［J］．四川行政学院学报，2008（2）：98－100．

成都市低碳经济发展与“十二五”环境保护规划新思路

贾滨洋[1,2] 唐 亚[1] 杨 芸[2] 刘 宜[2] 李 晶[2] 余 丽[2]

（1. 四川大学建筑与环境学院环境系 成都 610065；
2. 成都市环境科学保护研究院 成都 610072）

摘 要 2011年将进入我国第十二个五年计划。目前《成都市环境保护第十二个五年规划》正处于筹备阶段，该规划将是“十二五”期间成都市开展环境保护工作的指导性和目标性文件。根据成都市战略发展的新定位以及生态市建设的要求，在“十二五”期间，成都的经济方式向低碳转型是必然，本文设想在《成都市环境保护第十二个五年规划》增加低碳考核体系，为成都市向环境友好型发展、向可持续型发展提供新思路。

关键词 低碳经济 “十二五” 环境保护规划

一、前 言

成都是国务院确定的西南地区科技中心、商贸中心、金融中心、交通枢纽和通讯枢纽。从1991年起，成都市GDP连续多年以两位数字增长。在经济高速发展的同时，成都市一贯重视环保与城市建设，1998年曾因府南河综合整治工程获世界人居奖、2009年度荣获“低碳中国贡献城市”和“最具竞争力的低碳产业基地城市”荣誉称号。

2009年成都市正式确立建设新定位——“世界现代田园城市”，核心内涵就是人与环境的协调发展。田园城市（Garden City）作为一个专业概念源自西方，是对城市化理想模式的一种经典表达范式之一，其四要素为：世界级、现代化、超大型、田园式。“田园城市”的意象，是自然的意象、和谐的意象、健康的意象、幸福的意象和创新的意象。对于世界田园城市的实现，成都确定了“三步走”的战略：第一步，用5~8年，建成为中国西部地区创业环境最优、人居环境最佳、综合竞争力最强的现代特大中心城市的“新三最”城市；第二步，用20年时间，进入世界三级城市行列；第三步，用30~50年成为世界二级城市。

2011年将迈入第十二个五年计划，目前《成都市环境保护第十二个五年规划》正处于筹备阶段，该规划将是“十二五”期间成都市开展环境保护工作的指导性和目标性文件。“十二五”期间，是实现建设全面小康社会奋斗目标承上启下的关键时期，是深入贯彻落实科学发展观、构建社会主义和谐社会的重要时期，也是需要环境保护规划着力解决重大问题的战略机遇期。同时建设园林城市第一步发展所用的时间和“十二五”规划的时间重叠。因此，做好《成都市环境保护第十二个五年规划》显得十分关键。

二、低碳经济与国内外研究现状

（一）低碳经济

随着世界工业经济的发展、人口的剧增，温室气体的排放量愈来愈大，世界气候面临越来越严重的问题，甚至已经严重危害到人类的生存环境和健康安全。2009年12月7-18日，哥本哈根世界气候大会于丹麦首都哥本哈根召开，来自192个国家的谈判代表在会上商讨2012年至2020年的全球减排协议。低碳，已成为极为重要的世界议题。

要想真正减缓和适应气候变化，必须从根本上转变对化石燃料的依赖，也就是要实现生产方式、生活方式、消费方式以及全球资产（包括产业、技术、资金、资源等）的配置与转移方式全面向低碳转型。可以预测，未来50年里，气候变化及其应对的主题将贯穿全球经济社会的发展进程。碳减排不仅是义务和责任，也是对人类的生存环境和健康安全负责。

低碳经济，是以低能耗、低污染、低排放为基础的经济模式，是在世界工业经济的发展、人口的剧增，温室气体的排放量愈来愈大，世界气候面临越来越严重的问题，甚至已经严重危害到人类的生存环境和健康安全的背景下，提出的新的经济发展方式。就我国而言，走低碳发展道路，必须结合国内优先的战略发展目标和不同区域的自身特点，把握关键的低碳重点行业和领域，以尽可能低的经济成本和碳排放，获取最大的共同利益，逐步实现整个国民经济的“低碳化”。

前世界银行首席经济学家尼古拉斯·斯特恩，在其2006年的重要报告中指出，按照当前的发展模式，气候变化将造成全球经济下挫5%～10%。如果把环境和健康等一些额外的因素考虑进来，气候变化总成本的增加量相当于每人的福利削减20%。如果我们立即采取行动，到2050年，减排经济成本大概是GWP的1%左右（－1%～3.5%）如果减排工作拖延下来，减排的成本会更高[1]。经济发展方式向低碳转型，不仅来自于环境压力，更是迫于经济压力。将低碳与经济结合，强调二者的统筹兼顾，被提升到了人类历史上前所未有的高度。

（二）低碳经济的国外研究进程

《我们能源的未来：创建低碳经济》[2]第一次从国家层面上肯定了低碳经济发展道路。2006年，斯特恩在《斯特恩报告》中指出，如果长期坚持向低碳型社会转型，每年可获利25000亿美元[1]。Johnston等学者探讨了英国大量减少住房二氧化碳排放的技术可行性，认为利用现有技术到本世纪中叶实现1990年基础上减排80%是可能的[3]。Treffers等学者探讨了德国在2050年实现1990年基础上减少GHG排放80%的可能性，认为通过采用相关政策措施，经济的强劲增长和GHG排放的减少的共同实现是可能的[4]。Kawase等学者回顾和描绘了长期气候稳定的情景，将排放变化分解为三个因素：二氧化碳强度、能源效率和经济活动等，指出为实现60%～80%的减排目标，总的能源强度改进速度和二氧化碳强度减少速度必须比以前40年的历史变化速度快2～3倍[5]。Shimada等学者构建了一种描述城市尺度低碳经济长期发展情景的方法。并将此方法应用到日本滋贺地区[6]。气候集团在发布的报告《赢余：低碳经济的成长》中介绍了低碳经济的概念、回顾了市场的发展并分析了低碳经济道路带来的收益，表明低碳经济具有更高的投资回报率。能够显著地增加产量、缩短生产周期、提高生产可靠性、改善产品质量、改善工作环境并鼓舞员工士气，在新增就业方面具有出色的潜力，其增长速度也大于其它经济形态[7]。

（三）中国低碳研究的发展

国际能源机构（IEA）的预测数据表明，中国2005年、2015年、2030年的温室气体排放总量预测值分别为5101、8632、11449（单位：百万吨CO_2），分别占世界排放总量的19%、25%、27%[1]。可见，中国的碳排放问题不容忽视。

2006年底，科技部、中国气象局、发改委、国家环保总局等六部委联合发布了我国第一部《气候变化国家评估报告》。2007年4月，低碳经济和中国能源与环境政策研讨会在北京举行。2007年8月，国家发改委发布《可再生能源中长期发展规划》，可再生能源占能源消费总量的比例将从目前的7%大幅增加到2010年的10%和2020年的15%；优先开发水力和风力作为可再生能源。2008年1月清华大学低碳能源实验室在京成立。同月，国家发改委和WWF（世界自然基金会）共同选定了上海和保定作为低碳城市发展项目试点。2008年3月，SEE与TCG举办“中国企业与低碳经济”论坛，探讨中国企业在低碳经济发展的作用。

在对低碳经济的研究方面，我国学者庄贵阳认为，低碳经济的实质是能源效率和清洁能源结构问题；核心是能源技术创新和制度创新；目标是减缓气候变化和促进人类的可持续发展[8]；他认为，对低碳经济中低碳的理解可分为三种情形：第一种情形是温室气体排放的增长速度小于国内生产总值的增长速度；第二种情形是零排放；第三种情形是绝对排放量的减少[9]。潘家华研究员认为，低碳经济（发展），重点在低碳，目的在发展，是要寻求全球水平、长时间尺度的发展[10]。付允、马永欢等从宏观、中观和微观三个层次论证了低碳经济发展模式的发展方向、发展方式和发展方法，即以低碳发展为发展方向，以节能减排为发展方式，以碳中和技术为发展方法[11]。

对于低碳城市的内涵，夏堃堡认为低碳城市就是在城市实行低碳经济，包括低碳生产和低碳消费，建立资源节约型、环境友好型社会，建设一个良性的可持续的能源生态体系[12]。金石认为，低碳城市发展是指城市在经济高速发展的前提下，保持能源消耗和二氧化碳排放处于较低水平[13]。顾朝林等以黄河三角洲低碳生态产业园的设计为具体案例，从城市规划角度探讨低碳生态城市规划的问题[14]。另外，也有学者认为，低碳城市指以低碳经济为发展模式及方向、市民以低碳生活为理念和行为特征、政府公务管理层以低碳社会为建设标本和蓝图的城市[15]。

三、成都市环境保护第十一个五年规划实施成效及环境形势

（一）成都市环境保护第十一个五年规划及实施成效

成都市“十一五”环保规划以努力让人民群众喝上干净的水、呼吸清洁的空气、吃上放心的食物，在良好有环境中生产生活为指导思想，以至2010年，重点流域、区域的环境质量得到明显改善，生态环境进一步优化。主要污染物排放总量得到有效削减，重点行业主要污染物排放强度明显下降；城市环境空气质量、地表水环境质量和声学环境质量按照功能区全面达标等为目标，提出了37项规划指标，这些指标大部分为量化指标，涉及经济社会、环境质量、污染防治、主要污染物排放总量控制、生态保护与建设、环境管理和环境保护投资等七个方面的内容。规划包括水污染防治、大气污染防治、噪声污染防治、固体废物污染防治、电磁辐射污染控制和放射性管理、生态环境保护与建设、工业污染防治、农村污染防治、循环经济和环保系统自身能力建设等10项分规划，投资估算为378.7815亿元。

“十一五”期间，成都市以创建国家环境保护模范城市和生态市为突破口，在环境整治和生态建设方面取得了显著成绩。2007年，全市完成限期治理项目78项，总投资1.34亿元。废气治理完成投资4139万元，废水治理完成投资10123万元，关停并转企业325个，建设项目环境影响评价制度执行率100%。全年空气质量优良率达87.4%，较上年上升4.9个百分点；综合污染指数下降0.16，城区区域环境噪声平均值54.2分贝，城区交通干线噪声平均值70.0分贝，集中式饮用水水源地水质达标率97.68%。城区新增绿地面积152公顷，绿化覆盖率为37.5%，绿地率36.4%，人均公共绿地面积达到10.7平方米，荣获“国家森林城市”称号。

（二）面临的主要环境问题[16]

1. 主要污染物尤其是水污染物排放总量大，环境污染依然较严重

2008年，成都市工业废水排放总量20698万吨；工业废气排放总量1968亿标立方米，其中工艺过程放量993亿立方米；工业烟尘排放量3.59万吨；工业粉尘排放量0.43万吨；工业固体废物产生量725万吨，其中综合利用量713万吨，贮存量3.64万吨，处置量8.44万吨；污水排放总量47448万立方米（约130万立方米每天），污水处理厂每天的处理能力约为149万吨[17]。

2. 工业化过程中对环境造成的压力仍将继续

成都市主要污染行业为轻工（造纸、食品、制革、纺织）、化工、制药、建材、火电和冶金，一段时间内，这些行业仍将是成都市的排污大户，经济结构的战略性调整和经济增长方式的根本性转变需要较长的时间。以煤为主的能源结构将继续存在，水资源消耗量巨大，二氧化硫、氮氧化物、烟尘、粉尘、化学需氧量、氨氮、石油类等污染物治理任务仍然艰巨。

3. 城市化进程加快致使生态压力增大

城市人口持续增加，建成区面积不断扩大，城市生活污水和生活垃圾产生量大幅度增加。同

时，城市机动车数量及污染物排放量也将持续增加，人口密集区空气质量的改善难度加大。

4. 农村环境污染加重，管理难度大

随着农村经济的发展和城市工业向农村转移，农产品安全保障和农村生态环境保护问题更加突出，畜禽养殖、水产养殖及农药、化肥等农村环境污染已成为水环境的主要污染来源，农村面源污染短期内难以得到有效遏制，还将进一步加剧水体、土壤的污染和生态系统的退化，威胁农产品安全。

5. 过去未引起重视的环境问题逐步显现

转基因产品、新化学物质等技术和新产品将对环境带来潜在风险；持久性有机污染物危害加重；放射性污染及电磁辐射污染日益显现；电子废弃物等各类新污染急剧增加。

6. 环境问题制约经济社会发展

环境污染在造成经济损失的同时还会危害人民群众身心健康和公共安全，影响和谐社会的建设。

“十二五”期间，成都市仍然处于工业化中后期，随着人口增长和经济总量规模持续扩张，资源消耗量、污染物排放量可能将大幅度增长，资源和环境承载力将面临巨大挑战。

四、成都市低碳经济和环境保护第十二个五年规划的一些思考

（一）成都市建设低碳城市工作方案

在哥本哈根会议后，2009年12月25日成都市政府第56次常务会议审议通过了《成都市建设低碳城市工作方案》（成府发［2010］4号），并于2010年1月14日正式生效。

方案提出的总体思路和目标为：“……发展低碳经济、强化低碳管理、倡导低碳生活……探索一条符合成都实际的低碳城市建设发展之路……到“十二五”末，非化石能源消费占全市能源总消费的比重达到30%以上；森林覆盖率提高到38%以上；“十二五”万元GDP二氧化碳排放量降至1.15吨以下（2010年的万元GDP二氧化碳排放量为1.4吨），确保在中西部地区处于领先水平。”

方案提出的重点任务及分工包括：

（1）统筹规划，全面推进。包括：申报国家发展低碳经济试点城市、编制《成都市建设低碳城市规划》和制定《成都市建设低碳城市实施意见》。

（2）促进结构调整，发展低碳经济。包括：大力发展低碳排放产业、建设新能源产业基地、推进再生能源利用、抓好秸秆发电项目和加强技术创新。

（3）强化节能减排，减少碳消耗。包括：强化工业企业节能减排、推进能源审计一条龙服务、推进建筑节能、强化交通运输节能减排、强化公共机构节能、加大节能照明产品推广力度、完善节能监管体系、积极推行合同能源管理。

（4）树立低碳理念，建设低碳社会。包括：加大低碳理念宣传力度、举办中国低碳经济发展（成都）论坛、推进城市低碳化建设、推进植树造林活动和倡导低碳生活。

（5）开展试验示范，带动低碳发展。包括：设立低碳示范区（市）县、建设零碳农业产业示范园区、建设零碳旅游产业示范园区、实施绿色照明工程、申报可再生能源建筑应用示范城市、开展“免费自行车”行动。

（6）创新体制机制，促进低碳城市建设。包括：完善成都市能源消耗统计监测体系、加快实施成都市单位GDP能耗、流域污染物排放考核奖惩办法、落实公益林补偿办法、建立西南环境交易所。

方案明确提出要加强组织保障、加强资金保障和纳入目标管理，在近期开展好申报国家低碳城市试点、编制《成都市建设低碳城市规划》、设立低碳示范区、示范产业园和确定示范建筑、

推进合同能源管理和开展“免费自行车”行动等重点工作。

（二）成都市环境保护第十二个五年规划新设想

《成都市环境保护第十二个五年规划》承接《成都市环境保护第十一个五年规划》。在成都市的新战略定位、生态市建设和国际碳减排的背景下，加入新的目标和考核体系是必然。

本文建议在《成都市环境保护第十二个五年规划》中制定一套具体的碳考核办法、减排办法与实施方法，为“十二 五”期间的环境保护做好基础性和前瞻性的工作，以促进城市经济向低碳转型。

1. 设想的工作思路

（1）温室气体排放状况调研

选择具有较大减排机会的部门及行业，对各行业温室气体的排放情况进行调研，包括历史累计排放总量、各行业的减排机会与减排技术的应用等，获取全面详尽的各行业基础温室气体排放状况数据。

同时，进行温室气体排放的影响因素分析，包括经济（经济发展水平、产业结构）和社会（人口、土地利用方式、消费方式、政策）等因素，为各行业减排对策的提出提供基础的理论依据与参考。

（2）成都市各行业温室气体减排潜力估算

通过对各个部门的减排机会的分析研究，建立一套模型，并模拟分析全体行动、现有发展情形模式、不同行业不同减排成功率 3 种不同情景模式下的各行业未来 30 年的 CO_2 排放情况，获取最大减排潜力的估计值，并对执行减排机会的 3 种不同情形模式进行逐个分析研究，建立各行业不同情形模式减排潜力数据库。

（3）各行业减排对策分析

根据各行业不同情形模式减排潜力，结合温室气体排放的影响因素，初步得出各行业减排对策，再按照从低成本到高成本的严格顺序进行排序，选择较低成本的技术性减排方式进行筛选，研究得出各行业有针对性、可操作性的减排对策措施。

（4）计算减排成本及排放轨迹

通过评估计算 CO_2 减排成本及减排贡献率，计算 30 年后这些减排机会理论上的平均成本，实现整个成本曲线的总成本计算和 30 年后每年全部减排潜力所节省的净利润费用。

根据各行业 3 种不同情形模式（即全体行动、现有发展情形模式、不同行业不同减排成功率）的减排潜力数据库，计算从某一规定的就近年限开始至 30 年后的全市温室气体排放量，并分别绘制 30 年的排放轨迹曲线。

（5）构建成都市低碳经济评价指标体系

综合对 CO_2 排放的主要来源、影响 CO_2 排放的主要因素及和国际上衡量低碳经济发展水平的各种可能指标：包括人均碳排放水平、碳生产力水平、技术标准、清洁能源占一次能源消费比例、碳排放弹性以及进出口贸易等指标为基础，构建低碳经济评价指标体系。

（6）温室气体减排对其他污染物的协同减排效果分析

污染物总量控制与温室气体减排存在较强的关联性，协同减排是解决大气污染物和温室气体双重环境问题的新途径。分析协同减排效果、研究协同减排政策框架，提供污染减排及碳减排强度的建议目标。

（7）成都市低碳经济发展对策与方向

围绕成都市各行业低碳经济研究，提出成都市低碳经济发展对策，制定成都市低碳经济发展战略，编制成都市低碳推广应用手册，鼓励高排放企业开发低碳、减排先进技术等一系列措施，并构建“低碳经济发展区”，进行相关试点。

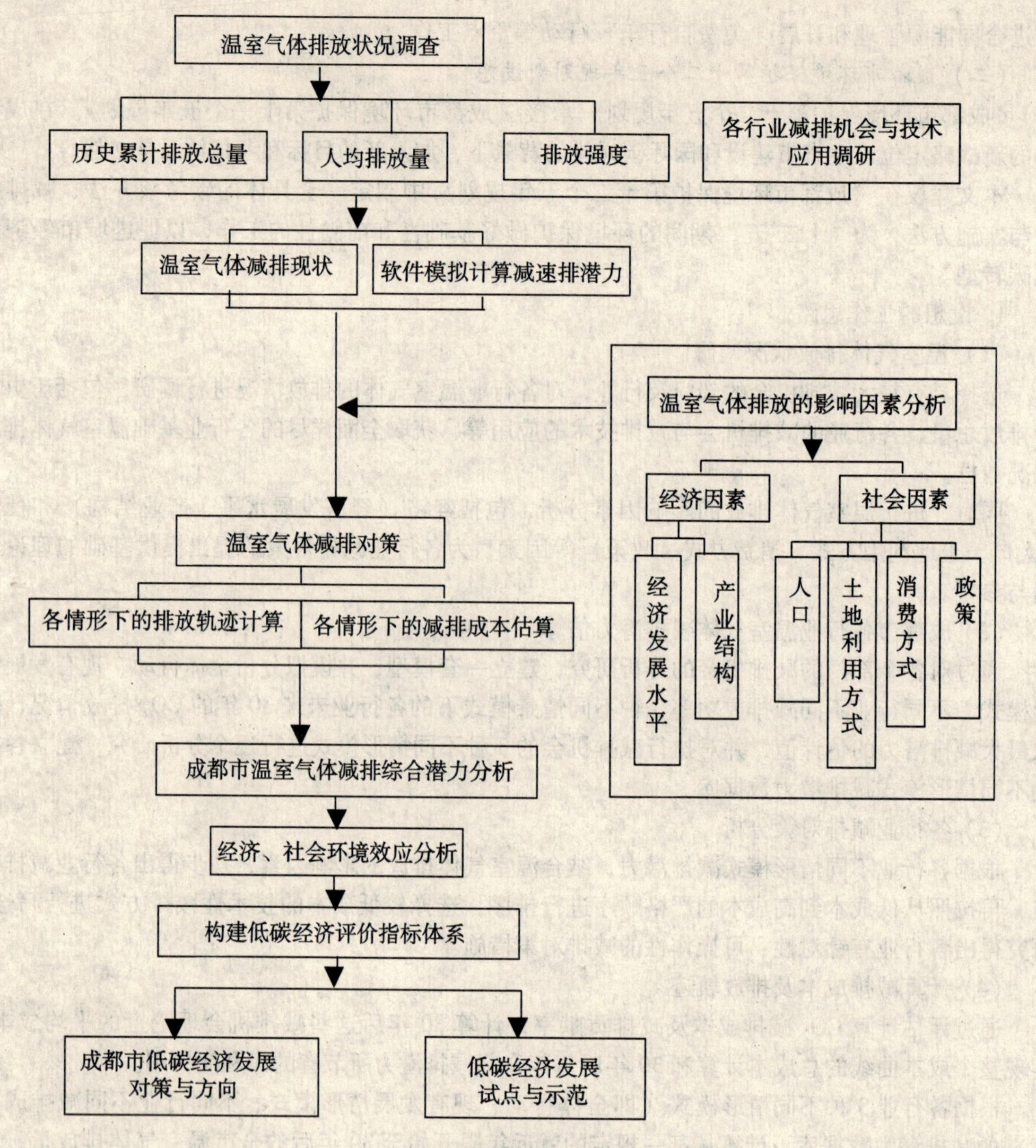

图 1　设想的技术路线

2. 主要的技术难点

（1）全体行动、现有发展情形模式、不同行业不同减排成功率 3 种情景温室气体排放情况的模拟分析模型的构建。

（2）低碳经济评价指标体系的构建。

3. 预期成果

通过对成都市建筑业、钢铁行业、水泥行业、交通运输业、石油和化工行业、电力行业以及农业等各行业的温室气体累积排放量和减排机会进行广泛调研，建立模型计算分析各行业的减排潜力，研究成都市温室气体减排对策，确定低碳经济指标体系，分析成都市减排综合潜力状况以及成都市低碳经济的发展对策与方向，为其他地区低碳经济的发展提供借鉴和理论基础。

五、总　结

碳减排不止是成都的课题，更是全国乃至世界的课题。在“十二五”期间，成都的经济方式向低碳转型是必然。根据成都市战略发展的新定位以及生态市建设的要求，在“十二五”规划中增加低碳考核体系，应是《成都市环境保护第十二个五年规划》制定的新重点。

低碳成都的打造是成都市生态市建设与世界田园城市建设的迫切需要，也是树立成都城市形象和城市地位的需要，更是成都可持续发展的需要。

参考文献

[1] 樊纲．走向低碳发展：中国与世界：中国经济学家的建议［M］．北京：中国经济出版社，2010.

[2] 2003 年英国政府能源白皮书（UK Government 2003）.

[3] Johnston，D，Lowe，R，Bell，M. An Exploration of the Technical Feasibility of Achieving CO_2 Emission Reductions in Excess of 60% Within the UK Housing Stock by the Year 2050［J］. Energy Policy，2005，(33)：1643-1659.

[4] Treffers，T，Faaij，APC，Sparkman，J，Seebregts，A. Exploring the Possibilities for Setting up Sustainable Energy Systems for the Long Term：Two Visions for the Dutch Energy System in 2050［J］. Energy Policy，2005，(33)：1723-1743.

[5] Kawase，R，Matsuoka，Y，Fujino，J. Decomposition Analysis of CO_2 Emission in Long-term Climate Stabilization Scenarios［J］. Energy Policy，2006，(34)：2113-2122.

[6] Koji Shimada，Yoshitaka Tanaka，Kei Gomi，Yuzuru Matsuoka. Developing a long-term local society design methodology towards a low-carbon economy：An application to Shiga Prefecture in Japan. Energy Policy，2007 (35)：4688-4703.

[7] 苏瑾，赢余．低碳经济的成长［J］．世界环境，2007，(4)：32-34.

[8] 庄贵阳．中国经济低碳发展的途径与潜力分析［J］．国际技术经济研究，2005，8 (3)：79-87.

[9] 庄贵阳．低碳经济：气候变化背景下中国的发展之路［M］．北京：气象出版社，2007，11.

[10] 潘家华．低碳发展的社会经济与技术分析［R］．可持续发展的理念、制度与政策［M］．北京：社会科学文献出版社．2004：223-262.

[11] 付允，马永欢，刘怡君，等．低碳经济的发展模式［J］．中国人口．资源与环境，2008 (3)：14-23.

[12] 夏堃堡．发展低碳经济，实现城市可持续发展［J］．环境保护，2008 (2A)：33-35.

[13] 金石．WWF 启动中国低碳城市发展项目［J］．环境保护，2008 (2A)：22.

[14] 顾朝林，谭纵波，韩春强，等．气候变化与低碳城市规划［M］．南京：东南大学出版社，2009.

[15] 付允，汪云林，李丁．低碳城市的发展路径研究［J］．科学对社会的影响，2008 (2)：5-9.

[16] 资料来源：成都市环境保护局．

[17] 资料来源：成都市 2009 年统计年鉴．

关于用综合集成思想和方法编制危险废物污染防治“十二五”专项规划的思考

郑　洋　孙绍锋

（环境保护部固体废物管理中心　北京市朝阳区育慧南路1号　100029）

摘　要　本文在简要分析环境规划的基本内涵和根本要求的基础上，运用系统科学的基本原理，提出应在规划体系、规划过程和规划方法三个层面运用综合集成思想和方法开展“十二五”危险废物污染防治规划编制工作，并从具体实施的角度，对如何在规划过程中进行综合集成提出了建议。

关键词　危险废物　规划　综合集成

一、目的和意义

近年来，我国固体废物环境管理工作逐步从被动应对向主动防控、系统筹划、统一安排、全面推进的方向转变。“十一五”环保规划在重点领域和主要任务中，提出了“控制固体废物污染，推进其资源化和无害化”的三项任务。2006年全国固体废物环境管理工作会议又提出了“十一五”期间固体废物管理的指导思想、工作目标、任务和要求。

2009年，环境保护部开始启动编制国家环境保护“十二五”规划及各项专项规划的准备工作。周生贤部长在2009年全国环境保护工作会议上明确指出：要用探索环境保护新道路统领“十二五”环保规划编制工作，动员各方力量，积极研究环境保护新道路涉及的重大问题，丰富拓宽“十二五”环保规划思路和领域。《2009—2010年全国污染防治工作要点》提出：要开展全国环境形势分析评估。开展“十二五”污染防治规划前期准备和编制工作。评估重点流域、海域、酸雨和危险废物等“十一五”污染防治专项规划实施情况。研究“十二五”规划编制思路和程序。

编制危险废物污染防治“十二五”专项规划（以下简称“十二五”危废专项规划），是在此前工作基础上，我国首次在固体废物管理领域编制全国性专项规划。该项工作是在探索环境保护新道路统领下，丰富拓宽“十二五”环保规划领域的具体创新，是危险废物污染防治纳入国家环境保护战略方针与政策的重要体现，对推进全国固体废物环境管理工作具有重要的意义。

通过该项工作，将首次对全国危险废物污染防治形势进行全面、深入的分析评估，总结经验，找准症结；将研究制定未来一个时期的目标、任务、投资重点和政策措施，统一认识，明确权责，系统指导全国危险废物污染防治工作。

二、环境规划的基本内涵及其根本要求

20世纪60年代以来，随着环境问题的日益突出以及人们认识的深化，美国、日本、英国、德国、法国等先后采取了一系列行动，在全国、州、城市、工业区等不同层面开始制定和实施环境规划。我国对环境规划理论方法的研究和运用则始于20世纪70年代末。目前，常用的环境规划方法有线性规划方法、多目标规划方法、不确定性多目标规划方法、动态规划方法等。

一般而言，环境规划是人类为使环境与经济社会协调发展而对自身活动和环境所做的时间和空间的合理安排，是为协调人与自然的关系，达到人与自然的和谐而采取的主动行动。编制环境规划的目的是调控人类自身的活动，保护人类社会稳定发展所依赖的环境，最终实现可持续发展。

但是，有的环境规划脱离了经济社会条件，只对具体的环境要素进行静态地、割裂地模拟，

有的环境规划虽然意识到环境保护与经济社会的关系，但是只能基于“加和原理”，对经济社会要素和环境要素进行简单拼装，并不能正确反映经济社会环境复合系统各要素间的非线性相关关系。这些脱离环境规划基本内涵的做法，难以满足环境规划的整体性、系统性、综合性要求，达不到协调环境与经济社会关系的目的。

环境保护部周生贤部长在《中国特色环境保护新道路的哲学思考》一文中指出，“从普遍联系的观点看，环境保护不仅存在与经济、政治、文化、社会等方面普遍联系，也存在环境治理过程中，中央与地方、各部门之间的多层次联系，以及水体、大气、土壤、固废等各项治理工程和管理工作之间的复杂联系。因此环境保护是一个多层次、多维度、多因素、非线性的复杂问题。它绝不是简单的污染防治问题，应该说它本质上是一个发展方式问题、经济结构问题和消费方式问题。”同时，“科学发展本质上是经济、环境保护、资源的对立统一体”，这个矛盾统一体在协调环境与经济关系的条件下，可以互相转化、互相贯通，向良性发展。对经济发展与环境保护关系的根本性调整，是环境保护根本方式的转变。

鉴于此，旨在协调环境与经济社会发展关系的环境规划，不能脱离经济社会而纯粹地将环境要素作为规划的全部，也不能采用机械还原论来肢解和采用单一学科理论进行各要素规划的简单拼装，而是必须以科学发展观为统领，以系统科学的基本原理为指导，从经济社会与环境综合协同发展的角度，对规划对象的发生和演化机制进行全面分析，进而运用综合集成的理论和方法体系，研究提出经济和社会活动的有效控制、发展需求的不断满足以及生态环境的良好保护和建设方案，其基本特征是整体性、复合性、区域性、动态性。

三、用综合集成思想和方法编制危险废物污染防治环境规划

固体废物污染防治与经济社会发展状态、体制机制、技术水平、管理能力息息相关，同时，作为各环境要素管理工作的重要落脚点，还与水污染防治、大气污染防治、土壤污染防治存在千丝万缕的联系。全国性危险废物污染防治规划所针对的对象规模巨大、结构复杂、变量众多。因此，需要在规划的全过程当中切实贯彻综合集成思想，以准确把握系统发展规律和趋势，进而制订出科学的发展方案和对策措施。具体而言，包括“规划体系的综合集成”、“规划过程的综合集成”和“规划方法的综合集成”。

规划体系的综合集成，就是将“十二五”危废专项规划与国民经济和社会发展“十二五”规划以及“十二五”环保规划集成起来，不仅研究危险废物污染防治本身，而且重视危险废物污染防治与经济社会系统发展和环境保护之间的关系，以及与各环境要素管理之间的关联互动作用，使“十二五”环保规划与国民经济和社会发展规划联系起来，并且在“十二五”环保规划内部使各项环保专项规划联系起来，发挥整个规划体系的整体突现性质和功能。

规划过程和方法的综合集成，就是将经验与理论相结合、定性与定量相结合、综合与解析相结合、人脑与电脑相结合、规划设计与建设管理、规划目标与实施措施相结合，在从设计到实施的整个过程中理为一贯、融为一体。主要包括系统诊断与功能评价、发展战略研究、规划内容设计、政策保障措施管理与动态考核和改善等几个阶段，每个阶段又涉及相关研究方法的综合集成。

以上三大集成中，规划体系的综合集成层次最高，需要在国家层面对“十二五”国民经济和社会发展规划进行统一部署，由各参加单位分工配合，联合实施；规划过程的综合集成可以由特定规划的主管部门和具体编制单位共同开展；规划方法的综合集成则主要由具体编制单位承担。在此，仅对“十二五”危废专项规划过程的综合集成，即如何组织编制工作提出建议：

（一）加强组织工作，强化主管部门的领导和指导

为确保“十二五”危废专项规划符合实际，具有较高的可操作性，能够服务于未来一个时

期危险废物管理工作需要，有必要在编制的全过程加强领导和组织。主管部门作为“十二五”危废专项规划的需求方和具体实施单位，必须对全国危险废物污染防治总体形势有准确的判断，对未来一个时期的工作方向和规划的定位有清楚的认识。这种总体把握，需要主管部门和编制单位共同努力，在编制过程中反复综合和分解，才可能得到更符合实际情况的结论。

因此，建议建立以主管部门为核心、编制单位参加的规划编制领导小组，负责总体把握全国危险废物污染防治形势和未来一个时期的发展方向，加强对规划编制工作的领导和组织，统筹协调相关工作资源，以及对规划成果进行审核把关。其中，主管部门侧重于总体把握规划编制方向，并调动各地环保部门参加相关工作，编制单位侧重于组织具体的编制工作，也包括对参与各方的成果进行综合集成。

（二）动员各方力量，充分利用多种资源

“十二五”危废专项规划不仅覆盖危险废物污染防治的方方面面，而且要考虑多个外部因素，对任何一个单一的编制单位而言，囿于其相对专业的研究领域，难以胜任所有的工作任务。因此，建议分别建立以编制单位为核心的规划编制工作小组和相关领域专家参与的专家支持库，甚至公开听取企业和公众意见。

工作小组负责调研、数据收集与分析、规划设计、规划技术报告和规划文本编写工作。专家支持库负责规划特定领域的技术咨询，也可参与调研、分析、规划设计和规划技术报告编写工作。

（三）加强沟通协调，提高规划的针对性、可操作性和执行力

在规划编制全过程中，领导小组和工作小组应当定期进行调度，确定各个阶段的目标和任务，及时对各阶段工作成果进行评估，并根据需要进行调整。

“十二五”浙江省环保产业需求及推动发展的措施

杨建军[1] 肖燕风[1] 高峰莲[1] 陈德全[2] 谭 林[2]

（1. 浙江省环境保护科学设计研究院 浙江 杭州 310007；
2. 浙江省环保产业协会 浙江 杭州 310012）

摘 要 环保产业是环境保护的物质基础和技术装备保障，也是扩内需、保增长、调结构的重要方面。本文在2009年浙江省环保产业现状调研的基础上，提出了环保产业发展的需求，最后分析了推进浙江省环保产业发展应该采取的对策。

关键词 环保产业 环保服务业 需求

近几年，浙江省围绕生态省建设、“811”环保行动计划、主要污染物减排等工作，加强环境污染治理设施建设，加强环保专项规划及环保科技投入，我省环境保护产业获得了极大的发展。

环保产业的推动发展一方面通过政策引导和市场机制有效需求拉动，另一方面环保产业需要企业通过自身的技术革新、规模发展来满足市场需求结构。因此推动我省环保产业发展需要分析环保产业的需求和供给关系，解决资金制约性瓶颈。

一、浙江省环保产业发展需求分析

据2009年对浙江省环保产业发展的一项调查，浙江省环保产业继续得到快速发展，年收入总额由2004年的645亿元增加到2008年的1452.9亿元，年均增长率达到22%。目前浙江环保工作进入了以保护环境优化经济增长的新阶段。随着生态省建设和污染减排等工作的推进，有限的环境容量与经济发展的矛盾日益突出，污染减排的强制性与环境管理机制创新等，将产生巨大的环保需求。本文以生态省建设、污染减排和新“811”污染整治对环保产业的需求为依据，重点分析当前及“十二五”浙江省优先发展的环保产业重点领域如大气污染防治、废水治理、固废污染防治、农村环境保护、环保产品生产和环保服务等领域产业发展的现实需求。

（一）水体主要污染物控制与减排

水污染治理产业是环保产业的重要组成部分，已经得到了较快的发展。目前水污染治理产业的重点是重污染行业有机污染治理、污水处理厂脱氮除磷升级改造、印染造纸等行业废水深度处理回用等，因此要加快推进难处理废水主要污染物COD减排与控制、氮磷控制与污水回用产业的发展。

（二）大气主要污染物控制与减排

我省一次能源以煤为主的结构不会发生变化，因此燃煤锅炉烟气SO_2控制与减排仍是重点，并逐步防治氮氧化物和可吸入颗粒物的污染。目前脱硝关键催化剂试制处在研究攻关阶段，已有企业着手催化剂国产化，但脱硝产业化进程还有一段漫长过程。“十二五”期间氮氧化物防治可能上升到国家减排战略，因此脱硝产业需要加强引导与市场化培育。

（三）固体废弃物污染控制与减排

污水处理厂污泥处理处置随着国家三部委城镇污水处理厂污泥产业政策的联合发布及我省污水厂污泥处理处置指导意见的出台，污泥处理处置政策日益严格，我省污泥处置设施将于“十一五”期末“十二五”期间集中开工建设，污泥处置同时COD同步削减，带来正效益，因此要加快推进污泥处理处置向产业化方向发展。

城市生活垃圾资源化综合利用我省大部分城市经济发达，特别是沿海地区，产生的垃圾热值较高，经济承受能力较强，再加上土地资源紧缺，迫切需要采用焚烧技术来处理所产生的城市垃圾。

（四）农村生态环境保护

2009年，我省将实施《浙江省农村环境保护规划》，加强农村环境保护工作，农村环境保护将打开崭新的局面。畜禽养殖污染防治、农村生活污水治理与农村生活垃圾处置产业未来几年将得到比较大的发展。

（五）环保产品生产

我省环保产品制造业龙头骨干企业总体供给仍不足，虽然在电除尘与膜处理领域集聚能力凸显，但处于产业链的中端。在工业废水和城镇污水治理领域、有机废气领域、固废焚烧处置领域环保成套装备技术能力仍满足不了污染防治与减排需求。总体环保产品装备技术含量不高，具有核心自主知识产权的环保产品不多。产品链单一，具有装备生产、技术服务等产业上下游一体化大型环保产业集团缺乏。

（六）环保服务体系

目前我省环保服务业处于起步阶段，占环保产业的比重偏低，地域发展不平衡、中小型企业占环境服务企业数的主体，行业集中度较低。

未来几年我国环境资源基础设施建设将达到高潮，随后环保产业逐步向环境服务业过渡，服务业市场需求规模的比重日益增大。随着环保服务业的快速发展，能为企业提供从环保可行方案设计、环评、工程设计与施工、技术评估、工程监理、污染设施运营、环境认证、清洁生产审核等环保服务一条链的供给不足。因此需要重点发展能提供环保一条龙服务的综合性环保服务公司，打造全方位的环保服务链。

二、推动我省环保产业发展的基本思路

（一）指导思想

贯彻落实科学发展观，深入实施“创业富民、创新强省”总战略，全面落实生态文明建设，以市场为导向，以经济效益、社会效益和生态效益为中心，以企业为主体，以资产为纽带，以科技创新和制度创新为动力，加强政策引导和监督管理，加快环境保护产业化和市场化进程，全面提高我省环保产业的综合竞争力，使环保产业成为我省新的经济增长点，促进资源节约型、环境友好型社会建设。

（二）主要目标

到2015年，浙江省环保产业发展的主要目标是：

1. 产业规模不断扩大。力争实现环保产业营业收入4 800亿元以上，年均增长20%左右，形成100家左右综合竞争力强、市场占有率高的龙头企业，产业规模继续位居全国前列。

2. 技术水平明显提升。大气污染治理、水污染治理、固体废物处置、环境监测仪器仪表制造等领域的若干核心技术处于国内领先并达到国际先进水平。建设完善20家国家级、省级环保科技研发机构创新服务平台。

3. 结构布局更趋合理。环保装备和产品、环保工程、环保服务占全省环保产业营业收入的比重大幅提高，全省形成6大环保产业集聚区和基地，建成10个资源综合利用示范基地，产业集聚度明显提高，产业空间布局和产品结构进一步优化。

4. 产业体系更加完善。形成比较完善的环保产业生产运营体系、管理服务体系、研发创新体系和政策标准体系，我省环保产业在国内市场的优势地位得到进一步巩固，在国际市场上占有一席之地。

三、推动我省环保产业发展的主要措施

（一）加大环保投资，强化环境管理，确保对环保产业的有效需求

环保产品生产与环保服务业直接受环保投资力度的影响，发展环保产业必须通过加大环保投资力度来驱动，由于目前政府仍是环保投资的主体，因此尤其要加大政府环保投资的力度。为确保环保资金的投入，一方面，政府应担当主要责职，从政策上保证政府投资向环保产业倾斜；另一方面，还应运用财政金融政策拓宽融资渠道，健全投资机制。

1. 加强环境经济政策研究。以建立和完善环境有偿使用制度为核心，加快制定环境经济政策。健全生态补偿机制，积极推进排污权有偿使用及交易制度，研究和建立绿色金融、环境责任保险、上市公司环境绩效评估制度，促进资本市场的绿色化进程，保障环境治理主体的“治污收益”。研究出台固废处置设施、污水厂运营的扶持政策，完善脱硫电价审核制度。充分借鉴上海市政府制定的城镇污水处理厂 COD 超量削减补贴政策，达到管理减排的目标。运用成本补偿机制和价格激励机制，鼓励再生水使用。

2. 研究产业的市场化推动机制。通过界定环境资源的产权、环境税等促使环境成本内部化，使目前对环保产业的需求主要靠政府来推动这一现状逐步过渡到通过环境成本内部化，主要由市场来推动。

积极探索环保投融资和产业化发展机制，组建环保产业投资基金，利用资本市场进行融资；大力引导社会资本进入环保基础设施建设领域；研究出台新财税体制下环保投资政策。

3. 制定企业优惠扶持政策。加快对用于污染治理、节能减排等方面的企业设备允许增值税进项抵扣或者按一定比率实施所得税税额抵免，对企业在治污项目贷款额度、贷款利率、还贷条件等方面给予优惠，制定和实行治污项目用地供应、用电价格、加速折旧等扶持政策。

4. 加大环保督政管理。积极探索强化我省环保统一监督管理的机制体制，加大环保执法监督力度，通过环保法律法规的强制性和规范约束，拉动环保产业实现市场需求。

（二）强化环保产业的技术创新，夯实环保产业发展的基础

1. 增强环保产业的技术竞争力。环保技术属于高新技术，环保产业的竞争归根结底是环保技术的竞争。提升环保产业的竞争力，制定环保科技发展战略或计划，提高环保科研开发的资金投入，推进环保技术进步，不断增强自身的开发能力。积极组织高等院校、科研院所对重大环境问题和关键技术进行攻关，加快科技创新平台建设。加大优秀科研项目成果转化力度，鼓励企业加大新产品开发力度，加速环保科技成果产业化转化。

2. 加强环保科技人才队伍建设。认真选拔、培养环保学科带头人、工程技术、科技管理和环保产业经营等方面的人才和专家，注重引进科技人才。进一步健全全省环保科技人才库，对科技人员实行分类管理，完善环保科技工作激励政策。

（三）突出环保服务业发展重点，增强环保产业的集聚辐射

1. 大力发展环保服务业。环保服务业的发展有利于改善城市经济的环境品质，有利于环保产业结构的优化升级，有利于转变经济增长方式和提高经济的技术档次，大力发展环保服务业符合当前浙江省加快发展服务业的要求，具有重要的战略意义。

一是制定环保服务业发展的战略，完善各类环保技术政策、标准体系和规范；二是推进环保咨询服务业的发展。积极培育和发展工程环境监理机构，全面推进工程环境监理；全面推进规划环评；积极推进工业园区的生态化建设与改造；积极推进重点企业强制性清洁生产审核；逐步推进农村环境保护；三是加强环境技术服务，强化科研院所与企业的环保技术支撑能力、工程服务能力与环保监测分析能力；四是大力推进污水处理厂、污泥处置设施、生活垃圾焚烧处置设施、自动在线监测装置等污染设施社会化运营；五是加强环境信息与统计能力建设，建立健全环境信

息网络系统、统计业务管理系统和数据综合分析系统。

同时积极探索环保服务业管理体制的改革，逐步推进由政府行政管理向市场监管的转变。坚持环保服务业产业化、市场化、社会化方向，加强政策扶植力度，制定和完善扶持环保服务业的财政、税收、金融、科技等优惠政策，加快推进环保服务业产业化进程。

2. 强化优势环保产品制造业的集聚辐射。一要充分发挥环保产品制造龙头企业的作用，实施企业集团品牌发展战略，通过上市、兼并、联合、重组等市场机制作用，形成一批拥有自主知识产权，核心能力强的大企业和企业集团，提高产业的规模效益和市场竞争力。二要发挥优势骨干企业的集聚效应，形成行业内适度集中，大、中、小企业协调发展的格局。

3. 整合资源，打造涵盖环保产品生产与环保服务全方位的环保产业链。充分借鉴宜兴国际环保城的做法，按产业链整合环保资源，成立浙江省环保产业联盟，加快搭建环保资源整合平台与环保产业公共服务平台。

参考文献

[1] 陈加元副省长在全省环保工作会议上的讲话．2009 年 1 月 8 日．

[2] 徐震局长在全省环保工作会议上的报告．2009 年 1 月 8 日．

[3] 关于印发 2009 年全省环保工作要点的通知．浙环发［2009］1 号．

[4] 徐震．浙江省环境保护制度框架体系建设．

[5] 浙江省环保局监科处，浙江省环科院，浙江省环保产业协会．浙江省环保产业专题调研报告．2008 年 12 月．

[6] 环境与发展国际合作委员会．实现“十一五”环境目标政策机制研究．

[7] 浙江省人民政府关于加快推进环保产业发展的意见，浙政发［2009］76 号．

广州市水环境问题及“十二五”水污染防治对策

李志琴 游江峰 张娅兰 杨 倩 李明光

（广州市环境保护科学研究院 广州市天河南一路24号 510620）

摘 要 广州市是珠江三角洲地区特大城市，复杂的河网和快速的经济发展使其水环境问题尤为复杂，文章基于污染源普查数据分析了广州市水环境现状、问题及原因，提出了“十二五”期间水污染防治对策建议。

关键词 广州市 水环境问题 “十二五”水污染防治对策

前 言

广州市是华南中心城市，面积为7434.4km^2。2007年常住人口1004.58万，地区生产总值达到7109.2亿元，工业总产值达到9875.8亿元[1]。地处珠江三角洲，北部以山区河流为主，南部为三角洲网河区，河涌众多。区域水资源利用主要为过境水量，目前水质性缺水正威胁着广州，需要从市域外调饮用水。

“十一五”规划实施以来，广州市围绕“适宜创业发展和适宜生活居住”的“山、水、城、田、海”为一体的城市建设目标，积极推进“青山绿地”、“蓝天碧水”工程，取得了显著成效。但是广州市水环境问题较为复杂，全国第一次污染源普查数据反映出广州市的水环境保护面临的形势仍然严峻，本文从中分析研究水环境保护的难点和问题，提出“十二五”期间水环境保护的对策建议。

一、广州市的水环境现状与主要问题

（一）水环境质量总体情况

广州市经过十多年珠江综合整治的努力，水环境质量总体上保持平稳，没有随着经济的快速发展而出现恶化，珠江主干河段的景观得到美化，水质初步好转，见图1。但是水质总体上仍不令人满意，北部山区上游水库、河流水质最好，东江北干流的水质较好，中心城区河道、河涌、人工湖的整体水质不理想，南部珠江河口区水质有所改善。有两个方面的问题较为突出：一个是复合污染已经凸显，饮用水源地水质堪忧，二是城区河涌水质污染严重。

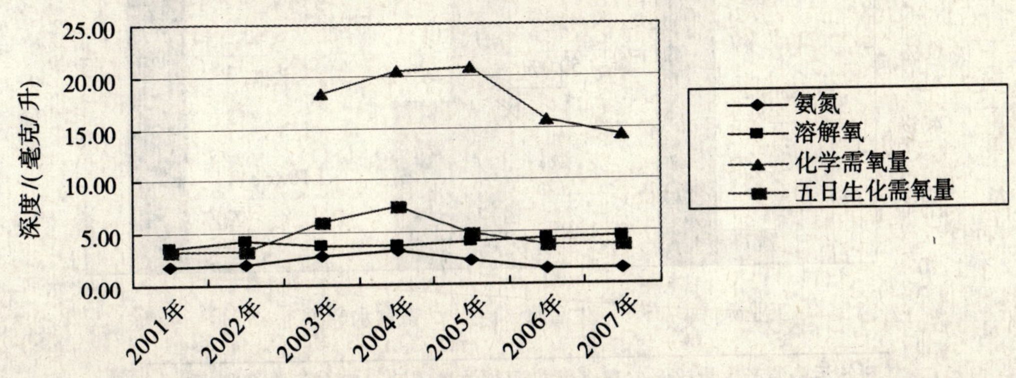

注：数据来自广州市2001—2007年环境统计手册[3]。

图1 近年来广州市水环境主要污染物年均值变化

珠江广州河段大部分水质监测指标达到Ⅲ类水质标准，但由于受到是生化需氧量、氨氮、溶解氧、粪大肠菌群、石油类等指标超标的影响，整体水质受有机污染。2007 年饮用水源地水质达标率只有 75.99%。

据调查，中心城区二百多条河涌中大部分水质污染严重，以细菌类污染和有机污染为主，超标指标主要是粪大肠菌群、氨氮，溶解氧，个别河涌还有重金属和有机挥发物超标，呈工业污染特征。水体出现水体富营养化现象，甚至发黑发臭。据研究，其主要原因是水体中氨氮太多，大量消耗水中的溶解氧所致[2]。污染的河涌水对饮用水源水质构成了威胁。

（二）水环境污染物排放

1. 水环境污染物总体排放

广州市全国第一次污染源普查调查共普查了工业源、生活源、农业源 7 万多个[4]。

从图 2 可见，工业源、生活源及畜禽水产源的化学需氧量产生量相当，排放量分别占总排放量 41 万 t 的 10.7%、45.2% 和 31.1%，由于生活源和畜禽水产源化学需氧量削减力度相对较小，生活源及畜禽水产源的排放量所占比例较大，合计占排放总量的 89.3%。

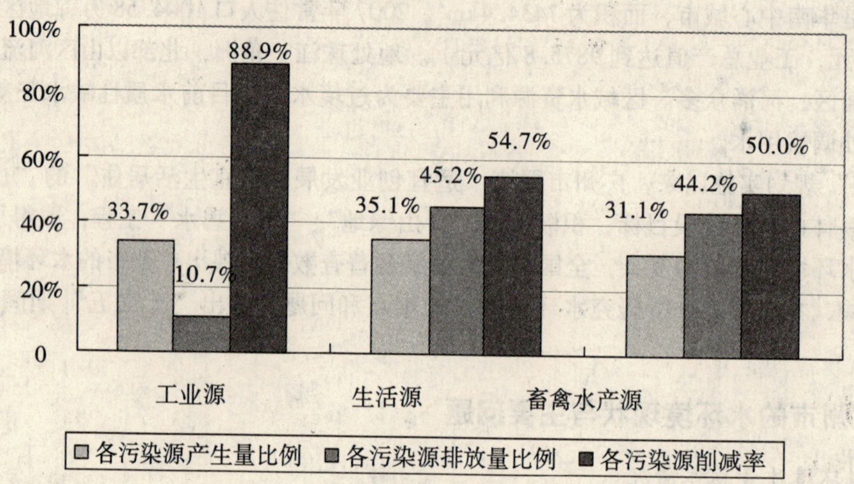

图 2　广州市工业源、生活源和畜禽水产源的 COD 排放情况

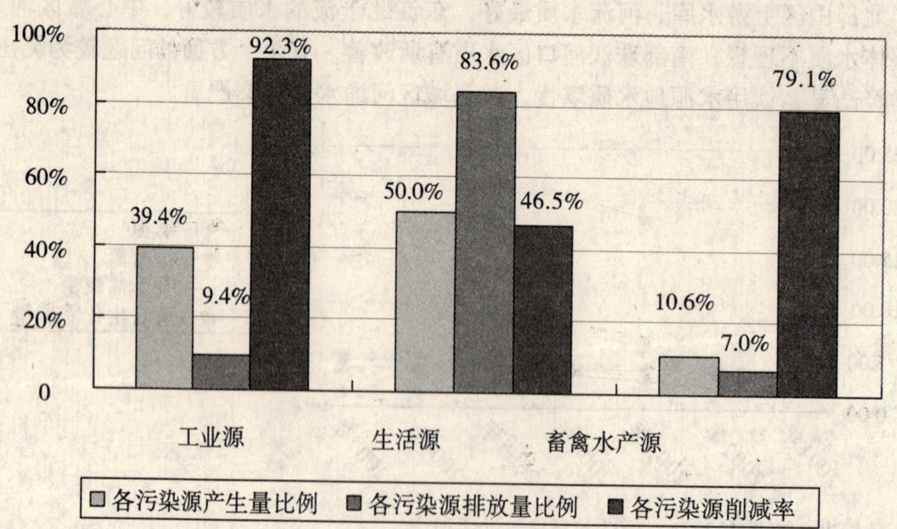

图 3　广州市工业源、生活源和畜禽水产源的氨氮排放情况

从图 3 可见，工业源和生活源氨氮产生量较大，占氨氮产生总量的 89.4%；工业源、生活源和畜禽水产源的氨氮排放量为2万多吨。由于生活源削减力度相对较小，生活源是氨氮排放的主要来源，占排放总量的83.6%。

2. 工业污染源排放

工业源化学需氧量、氨氮排放量分别为3.3万t、0.18万t，削减率达到88.9%、92.3%以上。

化学需氧量主要排放区域为东部增城市、南部番禺区、中心区海珠区，排放量占排放总量的51.96%。氨氮主要排放区域为海珠区、东部黄埔区、增城市和番禺区，排放量占排放总量的73.66%。

化学需氧量排放量最大的行业是纺织业，占全市排放总量的28.67%；其次是造纸及纸制品制造业，纺织服装、鞋、帽制造业，化学原料及化学品制造业，食品制造业，五个排放量较大的行业排放量之和占全市排放总量的63.43%。氨氮排放量较大的行业是纺织业，化学原料及化学制品制造业和食品制造业，三个行业的排放量占总排放量的56.75%。

3. 畜禽水产污染源排放

畜禽水产污染源的化学需氧量、氨氮排放量分别为13.7万t，1349.7t，其中，畜禽污染源化学需氧量、氨氮排放量较大，分别占畜禽水产污染源总排放量的87.33%、86.14%。

增城市、番禺区、花都区和白云区畜禽污染源化学需氧量排放量较大，占全市畜禽源化学需氧量排放总量的82.36%。

4. 生活污染源排放

生活源化学需氧量的排放量为14.0万t，削减率接近55%；氨氮的排放为1.6万t，削减率接近47%。生活源化学需氧量、氨氮排放主要来自城镇居民生活污水，分别占总排放量的76.43%、96.55%，其次是餐饮业，分别占19.44%、1.71%。

生活源化学需氧量和氨氮排放主要来自海珠区、白云区、天河区、番禺区、越秀区、荔湾区等市区，这六个区占总排放量的78%以上。

二、广州市水环境问题的主要原因

（一）污染源众多，水环境污染控制形势严峻

普查数据显示广州市在产业结构上呈现重型化趋势、污染企业数量多、规模小等特点。

广州市纳入普查的各类源的数量达7万多家，工业企业主要是以纺织服装、鞋、帽制造业、皮革、毛皮、羽毛及其制品业、金属制品业、纺织业、塑料制品业为主。

广州市近年来重工业增长尤为迅猛，2007年工业总产值中重工业比例达到62.32%[4]。重工业的资源利用、能源消费和环境影响的规模与强度都显著超过轻工业，重工业的加速发展给广州市环境带来很大压力。根据污染源普查数据，重工业企业数量占普查工业企业总数的34.6%，产值占总量的64.8%，用水量占90.7%（单位产值用水量是轻工业的5.34倍）。

工业污染源户均产值2729.7万元。数量最多的行业户均产值均低于全市平均值，例如纺织、服装、鞋、帽制造业，有4600多家，占16.6%，产值却仅占1.9%，户均产值仅313万元，而废水排放量占到11.0%；又如纺织业2300多家，产值仅占2.5%，户均产值仅800万元，废水排放量占到28.5%。企业规模偏小，制约着企业工艺技术水平，也制约着企业污染控制和环境管理水平的进一步提高；企业数量多，分布散，环境影响范围广，也给环境监管带来较大困难。

（二）产业布局未能与环境容量分布相匹配

普查工业源密度达到每平方公里3.75个，数量大、分布广泛而分散，各区工业污染源数量都不少，产业布局呈现“点多面广”的特点，但总体上未能充分合理利用环境容量。

中心城区污染源密集，普查密度达到每平方公里12.7个，特别是荔湾区和海珠区密度较高，

海珠区和荔湾区工业废水排放量合计仍占全市的 14.9%。废水单位面积排放强度较大的是荔湾区、海珠区和黄埔区，排放强度达到 22 万 t/km^2 以上。

中部地区人口、建筑密集，西村水厂水源位于中心城区西航道，使该区域环境敏感性较高，同时，由于水体交换能力较低，环境容量已不宜大规模利用；而东南部地区，包括番禺区、南沙区等地水体交换能力强，本底环境容量较大，但尚未能充分利用，番禺区与南沙区合计的工业废水排放量仅占全市的 20.4%，南沙区普查密度仅为 0.61 个/km^2。

虽然近年来广州市实施“退二进三”，工业源虽有向外围聚集扩散的趋势，但中心城区密集的产业使得市域承受的环境压力仍然很大，产业布局仍然需要大力调整。

（三）环境保护基础设施建设滞后，结构性矛盾突出，生活污水排放量大

广州市生活污水及其污染物排放量大，给水环境造成巨大压力。生活污水排放量达 6.52 亿吨，是工业废水排放量的 2.1 倍。

生活源化学需氧量和氨氮产生量与工业源产生量相差不大，但由于生活污水处理率较低，生活源排放化学需氧量、氨氮分别是工业源的 3.95 倍、9.1 倍。据环境统计，2007 年广州市生活污水集中处理率仅为 74.1%。

环境保护基础设施建设结构性问题较为严重，区与区之间的治理能力存在较大差异，外围城区的设施建设普遍落后于中心城区；相对于工业和生活污染物，农业面源污染的处置率和回用率相对较低。

（四）工业企业清洁生产水平低，工业废水排放量大，污染源治理力度有待提高

目前较多工业企业尚未牢固树立清洁生产与循环经济理念，清洁生产水平较低，政府对清洁生产相关的鼓励政策还比较欠缺。规模化企业实施清洁生产审核的比例极低。近年来工业用水总量虽逐年有所下降，但 2007 年工业用水仍接近总用水量的三分之二。工业用水重复利用率为 37.1%，与国内 50% ~60% 的平均水平和国际先进水平相比有较大差距，电力、热力的生产和供应业、纺织业等很多行业都有很大的提升空间。

工业废水排放量较大，工业污染源治理与监管力度不足，很多行业未充分利用已建成的废水治理设施的处理能力，未能做到全面稳定达标排放。

（五）农业源污染排放占相当比例

广州市农业污染源的排放占了相当的比重，其中绝大部分来自畜禽养殖业排放，规模化养殖场的废水和粪便相当部分未经沼气厌氧无害化处理，养殖专业户数量也大，其外排污水对农村生态环境造成一定的危害。

（六）跨界污染问题不容忽视

珠江三角洲是世界上水系最复杂的三角洲之一，区内网河纵横分布，受潮汐作用的影响，污染物在河道反复回荡，不断积累，造成河段内污染严重，水环境承载力不断下降。珠三角地区潮汐回荡的距离可达 10 公里，由于城镇密集，使城镇之间取水排水相互交叠。

快速的工业化、城市化使区域环境污染负荷快速增加，广州地处珠江流域的下游河口区，承接了邻近城市境外来水。由于周边区域环境保护设施长期滞后，境外河涌来水污染严重（V 类），使珠江广州河段西航道鸦岗、硬颈海、黄沙断面和平洲水道入境断面水质受到影响。因此，要解决珠江广州河段水污染问题，还须从流域整体考虑，上下游城市共同规划、共同治理、共同保护。

三、“十二五”水环境污染防治对策

（一）加快城镇污水处理系统建设，提升集中治理水平和监管力度

“十二五”期间要全面改善水质，防止水体富营养化，必须加大力度削减生活污水中的有机

污染物排放，除了化学需氧量外，还要重点控制氨氮和总磷的排放，珠江水体藻类增长与氮、磷浓度密切相关，目前广州河段氨氮浓度高，磷是水体富营养化的限制因素[5]。

对于已建成的中心城区污水集中处理系统，完善管网系统，提高污水管网覆盖率，改造提升污水处理工艺，重点提高出水除磷脱氮效率。

对于中心城区外围区域，包括白云区、花都区、番禺区、南沙区、增城市、从化市等，应改造优化城镇排水体制，全力推进污水集中处理系统，优先建设中心镇及万人以上镇污水集中处理系统，要采用二级以上生化处理工艺。

城镇污水处理厂要加强运营管理，全部实现在线监测，扩大监控的水质项目，建立监控网络系统，实现排污的实时、动态、全面的监管。

鼓励城市污水处理设施建设投资多元化、运营市场化、设施标准化和监控自动化的方向发展，推行运行和服务的市场化、规模化和专业化。

（二）优先保护饮用水源，保障水源安全

对流溪河、东江北干流、沙湾水道等重要饮用水源地、水环境敏感区进行重点保护。设置饮用水源保护区保护界限标志，予以公示明确。继续严格执行国家、广东省和广州市出台的各项饮用水源保护区管理规定，依法清理饮用水源保护区内的排污口、畜禽养殖场和其他污染水源的项目。

加强流域污染控制，重点是对流入饮用水源保护区的主要河涌沿岸的各类污染源的整治，加强水源涵养林建设，控制农业面源污染。

以保护交界水域饮用水源为契机，建立区域合作机制，与周边城市开展区域水源保护的协作。

实行水质自动在线监测，建立健全饮用水源安全应急预警制度，形成饮用水源安全预警体系。到2015年，集中式饮用水源水质达标率100%。

（三）建立节水减污型绿色产业体系，建设节水型城市

要根据国家和广东省发布的产业结构调整指导目录，调整优化产业结构，建设现代产业体系。对水污染重点排放行业严格实行用水定额、循环用水定额和节水标准，降低单位产值和产品的用水量和废水排放量，到2015年工业重复用水率达到60%。对于火电生产业（小火电）、非金属矿物制品业、黑色金属冶炼及压延加工业、造纸及纸制品业、纺织业、木材加工及木、竹、藤、棕、草制品业和纺织服装、鞋、帽制造业等行业，应重点限制和淘汰其落后生产工艺技术和落后产能，加快产业升级，提高环境效益。

（四）优化产业布局，合理利用水环境容量

根据水环境容量分布特点，结合生态功能区划，调整优化产业的空间布局，合理利用水环境容量，大力提高产业的空间集聚度，推动实施产业转移，使污染行业重点向东南部，包括萝岗区、增城市、番禺区及南沙区等环境容量较大的区域转移，推动形成专业化产业集聚区，减少产业用地与生活用地、生态用地的混杂现象。重点是按照《关于推进市区产业“退二进三”工作的意见》和相关文件要求推进“十二五”期间产业布局调整工作。

发展生态化工业园区，对资源和环境容量进行集约利用，建设集中式污染治理设施并加强环境监管。重污染行业实行基地化布局、园区化管理。

（五）完善污染物排放总量控制

进一步理顺总量控制管理工作，深化完善企业排污许可证制度和污染物总量控制制度，推进排污许可证制度的全面实施，禁止超总量排污、超标排污和无证排污。

所有新增项目的总量指标必须通过流域内企业“点对点”清退削减获得，实现“增产减污”的控制目标。建议将氨氮指标纳入总量控制范围中。

将总量控制与主体功能区划结合起来，不同主体功能区按其发展政策分配污染物排放总量。推行区域和行业总量控制，对超过排污总量或环境质量恶化的区域或行业在情况改善前实施限批。

加强工业企业排污申报登记、审核、许可证发放与管理。扩大排污申报企业覆盖面，参考清洁生产审核结果发放排污许可证。推行区域或行业总量控制下的排污权交易，充分利用市场经济手段减少污染物排放量。积极探索应用环境收费、绿色税收、绿色信贷、绿色保险、环境合同等新型环境政策手段。

加强减排基础能力建设。加快推进污染物减排统计、监测、考核三大体系建设。做好重点污染源排污数据的采集和核定工作，建立重点工业污染源和新建项目数据库以及主要污染物排污总量控制台账，及时掌握新老污染增减动态变化情况。加强各级环境监控中心建设，提高数据储存、传输和共享等信息化水平。

（六）加强环境监管，实施综合整治

禁止工业废水未经处理或处理后未达标直接排放，重点加强对主要废水排放行业的监管。

推进工业废水集中处理。①位于城镇污水处理系统集污范围内的工业废水预处理达标后，排入城镇污水处理系统集中处理后排放；②鼓励现有及新建工业企业进入专业化工业园区，鼓励工业园区内适宜进行集中处理的工业废水引入园区污水处理厂站进行集中处理。

严格执行“三同时”制度，强化废水治理设施建设和运行，限期治理废水超标企业。

实施清洁生产改造，减少废水排放。对工业用水重复利用率的排水大户限期进行清洁生产改造，重点是电力业、石油加工业、化工业、纺织服装业、造纸业、电子业等行业企业。

实施重点工业污染源排放口在线监控，到2015年水污染重点源排放口在线监测率达到95%以上。

根据污染源普查，针对不同的污染物控制指标，研究制订重点控制的行业、地区和企业“十二五”工业废水综合整治方案。

（七）发展生态农业，加强农业环境保护

发展生态农业，减少农业面源。①发展生态农业，实行标准化生产。通过开发绿色、无公害、有机农业，实现农作物生态全过程规范化操作，控制化肥和农药的用量，减少农业面源污染。②推广科学施肥，加强农药的安全使用监管，减少农田化肥、农药的流失。

重点控制畜禽养殖业污水的排放。①从水体污染消纳能力来考虑控制畜禽养殖规模；②合理布局畜禽养殖业；③规模化养殖场要建成完善的污水处理设施；④加强对养殖专业户的宣传教育和技术传播，引导养殖业向废弃物资源化综合利用的方面发展，走生态养殖道路。

参考文献

[1] 广州市统计年鉴2008.

[2] 罗家海．珠江广州河段局部水体溶解氧低的主要原因分析［J］．环境科学研究，2002，15（2）：8-11.

[3] 广州市2001—2007年环境统计手册．

[4] 广州市第一次全国污染源普查技术报告．

[5] 罗家海，莫珠成，等．广州市感潮河段西航道水源水体富营养化限制因素的研究［J］．广州环境科学，2005，20（3）：1-3.

湖北省“十二五”环境保护与生态建设基本思路

沈晓鲤

（湖北省环境科学研究院 武汉市八一路338号 430072）

摘 要 中部地区的湖北省，经济社会还处于转型期，资源、能源与环境矛盾集中。未来的五年到十年我省将仍处于人口、城镇化、资源与能源消耗的高峰，环境压力还将持续存在。本文提出了“十二五”环保规划前期研究的任务，包括宏观经济形势预测与环境保护面临的挑战、基于主体功能区的环境功能区划及其管理对策、实施湖北省生态文明战略、生态和农村环境保护目标设置和任务措施，以及大气、水、固废的污染防治和应对全球气候变化其他领域环境问题等。

一、湖北省环境保护和生态建设概况

（一）环保和生态建设

“十一五”以来湖北省环保工作取得了明显成效。全省环境质量在连续多年经济快速发展压力下，保持了水环境、城市环境空气质量的总体基本稳定，生态恶化的趋势得到了初步遏制。全省范围在重点流域区域环境治理，在城镇环境基础设施建设（城市污水、垃圾处理）、自然保护区建设和农村环保建设等方面认真落实《“十一五”湖北省环境保护规划》，取得了一定成绩。

（二）主要环境问题

1. 环境形势依然严峻。环境污染问题依然突出。长期形成的粗放型经济增长方式尚未根本转变，工业企业的达标率不高、城镇污染治理设施建设滞后以及农村生态环境的恶化等，表明我省环保工作薄弱环节还比较多。①长期积累的环境问题，尤为突出的是水环境方面，面临点面源污染共存、生活污染叠加、新旧污染交织的局面。部分水域污染严重，近年来汉江、三峡库区部分支流还连续出现“水华”，饮用水安全受到威胁，水环境问题已经成为危害群众健康、影响社会稳定、制约经济社会又好又快发展的瓶颈。②环境空气方面，“十一五”节能与减排（二氧化硫）虽取得一定成效，但主要城市环境空气质量恶化未得到遏制，氮氧化物与颗粒物的污染日显突出。我省在全国城市环境综合整治定量考核中（2007年），空气污染指数（API）项明显落后，武汉在109个城市中排第103位。③生态持续恶化形势未能遏制，表现在：水土流失面积占全省国土面积的30%以上，部分地区水土流失严重，雨季的泥石流、滑坡等灾害频发；环境污染向农业地区的扩展、农村（农药化肥、畜禽水产养殖等）的面源污染，已构成对农村生态环境的严重威胁，加之农村环境基础设施十分落后，我省农业的可持续发展难以为继；湖泊湿地资源破坏仍在持续，多年来的侵占和无序开发并未得到充分遏制，我省湖泊湿地资源总体恶化，素有“千湖之省”的湖泊数量（100亩以上）已锐减至574个；质量上，富营养化与水质污染较严重、生物多样性下降——水葫芦、水花生疯长，藻类“水华”频频发生。

2. 城镇环境基础设施建设滞后。我省城市环境设施建设的滞后局面在“十一五”以来已有较大改观，但多年欠账多，落后局面难以扭转。污水集中处理率、生活垃圾无害化处理率、医疗危险废物集中处置率等指标上处于落后地位。在全国城市环境综合整治定量考核中（2007年），109个城市，我省的武汉、宜昌、荆州三市排名（除武汉市在污水集中处理率、医疗危险废物集中处置率两项）居前50位外，其余项目（特别是生活垃圾与医疗危险废物处置）都近乎处于末位。除此之外，已建的污水、垃圾处理设施的运行率低下、巨额投资的治污设施不能发挥环境效益。国家环保部最近公布的2008年有关考核结果，其中点名十堰市：因城市污水处理厂“长期处于低负荷运行及无故不运行”被责令整改。造成这些问题的原因，一方面是由于我省大部分市县城市的市政配套设施，如污水收集系统、管网建设能力不足、资金严重短缺；另一方面是因为运行体制、机制不健全，与国家要求的产业化、市场化运作机制差距很大。

3. 农村生态环境问题亟待解决。农药、化肥不合理使用、养殖业无序发展、工业污染不断向农村转移等问题在我省相当突出。水体、土壤的污染和生态系统的退化；农村生活垃圾和污水排放产生的环境污染长期以来未得到有效解决，乡村的饮用水安全受到日益严重的威胁，这些已成为危害群众健康、影响社会安定，制约我省农业经济与农村社会发展的瓶颈。

二、“十一五”后期及“十二五”期间环境形势分析

（一）环保要求与压力

“十一五”后期及“十二五”期间乃至更长一段时间内，作为中部地区的湖北省，经济社会还将处于转型期，经济发展态势存在较多不确定的因素，例如资源、能源消耗趋势、城镇化速度、重化工业进程、产业结构调整力度等。另外，人们的环境保护意识和环境维权要求的不断提高，相应的环境质量标准、污染控制标准也会进一步严格，环境保护工作面临的压力将越来越大。

1. 资源、能源与环境矛盾的集中期。未来的五年到十年我省将仍处于人口、城镇化、资源与能源消耗的高峰，环境压力还将持续存在。全省经济发展仍处于工业化中期阶段过渡时期，经济增长的主要动力来自第二产业的增长，处主导地位的依然为重化型的产业结构。经济增长与生态环境保护之间的矛盾仍将十分突出。

2. 环境污染事件的高发期。我省“十五”以来连续多年的经济快速增长，但是增长方式及以“两高”型产业为主导的粗放型经济格局基本未变。加之，污染防治长期投入不够、欠债较多，环境问题以复合型、压缩性为特点，表现为近年来的突发性环境污染事件呈上升势头。

3. 国内外的环境新问题、新挑战。① 来自国内的环境问题挑战；② 全球性环境问题：气候变化、臭氧层等全球环境问题的加剧。

4. 武汉市要成为全国“两型”社会建设的典型示范区。这一奋斗目标对我省的环境保护工作提出了更高的要求，环境保护与生态建设任务更加繁重。

（二）应对压力与挑战

1. 国际金融危机是挑战也是难得的机遇，其形成的倒逼机制促进调整和优化经济结构，促进经济发展方式转变。

2. 金融危机中国家的拉动内需的投资计划，对环境保护是一个机遇，将对过去欠账较多的环境基础设施和环境监管能力建设有一个很大的提升。一系列环境保护的激励性政策措施，而且还专门设立了节能减排、环保能力建设的专项资金，在产业结构调整、城市环境整治等方面投入了巨大的力量。

3. 城市圈“两型”社会建设将大大增强全省应对未来环境压力与挑战的能力。省政府的“武汉城市圈‘两型’社会建设综合配套改革试验总体方案”中列出的重点：① 创新资源节约的体制机制：节能减排的激励约束机制、资源节约的市场机制、加快循环经济发展、探索资源综合利用新途径；② 创新环境保护的体制机制：健全生态建设和环境保护管理体制、完善环境保护的市场机制、探索建立生态环境补偿的长效机制等。

三、“十二五”环境保护和生态建设战略研究的主要内容

（一）指导思想

在依然严峻的环境形势下，应对不断增长的环保要求与环境压力，湖北省在开展“十二五”规划前期战略研究中要遵循的指导思想：

1. 改善环境质量。将环境保护提高到民生问题来认识，坚持以人为本，从公众对环境的基本需求出发，以改善环境质量为核心目标，“十二五”环境规划在规划的思路、理念和政策上要体现创新。

2. 优化经济发展。继续开展并扩大（“十一五”）节能减排的战果，在当前全球金融危机的形势下，以“节能减排”促进我省产业结构的优化调整。

3. 保障环境安全。研究全面提升我省环保监管能力，防范重大污染事故以及社会经济持续发展的资源基础和环境承载力，以区域性环境功能区划为导向，以规划任务落实为基础，确定环境保护对策和措施。

（二）“十二五”预期目标

在具体目标的确定上，要以“十一五”环境状况为出发点，在充分掌握全省“十一五”环境质量和污染控制现状的基础上（以“十一五”环保规划中期评估为依据），根据日益增长的环保要求，制定切实可行的目标。在目标制定过程中，要将质量目标与总量目标，区域目标与整体目标有机结合，为实现2020年全面建设小康社会的环境目标奠定基础。

环境质量控制目标体系的建立应与污染物的总量控制紧密联系，在总量控制的基础上确定不同区域和不同类型的环境质量控制体系。改变以往环境质量和排放总量脱节的弊病，逐步建立两者相联系的环境目标控制体系。“十二五”规划前期研究，将以2007年为规划的数据基准年；以2015年和2020年为两个规划目标年，并应重点研究2015年的环保目标。

（三）主要任务

1. 宏观经济形势预测与环境保护面临的挑战。环境目标的确定，环境变化的趋势与经济发展水平有密切关系。如何建立经济与环境的关系，预测环境变化的趋势，分析环境面临的压力，是“十二五”环保规划的基础。

2. 基于主体功能区的环境功能区划及其管理对策。根据优化开发区、重点开发区、限制开发区、禁止开发区等4大主体发展功能区，充分借鉴相关部门、相关领域区划和规划成果，提出一套分区管理、分类指导的环境保护目标指标和政策框架，明确各区域环保的重点，为环保工作分区控制、分类指导奠定坚实基础，为引导国民经济科学、合理、有序发展提供依据。

3. 实施我省生态文明战略。优化产业发展布局、推进产业结构调整：继续将“节能减排”作为调整产业结构、转变发展方式的重要抓手；着力发展循环经济，积极推行清洁生产；推进新型工业化进程，着力培育市场前景广阔、具有持续发展优势可再生能源和新能源等节能环保产业。

4. 生态和农村环境保护目标设置和任务措施。生态和农村环境保护涉及多个部门，需要进行深入的研究。结合典型调查，设计生态保护与农村环境保护评估与考核指标体系，提出“十二五”我省生态保护与农村环境保护的总体思路；重点工程项目和投资需求分析。

5. 大气污染防治规划及实施。提出我省“十二五”大气环境管理思路，制定新的大气污染防治目标指标体系、规划体系；在“十一五”大气污染物的总量控制指标基础上，重点研究氮氧化物的污染现状，防治思路及总量控制机制等。

6. 水污染防治规划及实施。提出我省“十二五”水环境管理思路：重点流域水环境管理、典型河流水污染防治与环境管理的综合试点。湖泊、水库与部分河流为我省富营养化问题控制的重点。

7. 提出我省“十二五”固体废物污染防治规划体系，分项研究生活垃圾（包括农村生活垃圾）、城市污水处理厂污泥、电子垃圾、危险废物与医疗废物、工业废弃物的处置与管理的新思路，明确各自重点和政策措施需求。

8. 应对全球气候变化其他领域环境问题。国务院（常务会议）最近提出“降低二氧化碳排放强度”纳入国民经济和社会发展规划的要求，这就对“十二五”环境保护规划提出了新要求。为此应增加我省应对控制温室气体排放、发展以低碳排放为特征的节能环保产业等政策的研究。

（四）重点项目

1. 城镇污水处理。重点规划中小城镇的污水集中处理设施建设；已建污水处理厂的升级改造、提高处理能力，例如在尾水达标的基础上提高脱氮能力。

2. 重点流域水污染防治。确保国家三峡库区和丹江口库区的污染防治工程的实施；落实汉江、府河与清江流域的污染治理项目；加强对“四湖”地区及洪湖、梁子湖的水污染防治规划中工程项目的落实。

3. 湖泊水库富营养化防治。规划主要城市内湖的富营养化治理与湖泊生态系统恢复工程、重点湖库的富营养化防治工程。

4. 继续加强生活垃圾（含渗滤液处理）、危险废物和医疗废物处理设施建设；按照国家对生活垃圾、危废和医疗废物的无害化处理率要求落实工程建设项目。根据新形势要求，“十二五”还应重点开展城市污水处理厂污泥处置的示范工程与推广工作、规划电子垃圾回收处理、利用系统的建设。

5. 大气防治工程。继续强化燃煤电厂机组烟气脱硫重点项目等工程项目、推进脱硝工程措施建设，并着力推进其他行业的脱硫工程（尤其是黑色/有色冶金行业）的脱硫项目；根据国家对氮氧化物污染防治、温室气体减排与低碳排放的政策要求，系统研究治理对策与工程措施。

6. 生态建设工程。《湖北省自然保护区发展规划（2008—2020 年）》项目的实施，重点实施“武汉城市圈‘两型’社会建设生态环境规划”中的湿地保护和修复工程，重点突出梁子湖、龙感湖、沉湖等湿地群保护与生态修复。

7. 农村环保工程。主要包括三个方面：重点防治土壤污染；开展农村环境综合整治（主要针对生活污水和垃圾处理）；抓好以四湖地区为示范的农村面源污染防治项目。

8. 饮用水安全工程。重点落实全省城市集中饮用水源地保护区的建设规划的项目，确保饮用水合格率达标；协同水利、农业主管部门，加强农村地区生活饮用水源的安全保障，重点落实点面源污染治理工程。

9. 环境监管能力建设工程。继续加强全省，尤其是市县（三级）环境监测与监管能力建设。落实环境监测（污染源、环境质量）网络、环保执法能力、全省重点污染源自动在线监控系统、突发性环境事故应急系统、环境综合评估体系等有关项目的资金渠道与建设。

（五）政策机制

完善环境保护与生态建设政策措施，应建立相应的机制：

1. 生态补偿机制。以武汉“两型”社会城市圈建设为试点，对圈内自然保护区、重要生态功能区等环境敏感区及矿产资源开发和流域水环境等领域探索多样化的生态补偿方法、模式，建立试点区域生态环境共建共享的长效机制。

2. 武汉城市圈环境经济政策和环境管理体制机制。①排污权交易：重点在武汉城市圈内推行，对初始排污权问题、二级市场交易问题等重点研究；②绿色资本市场；③绿色保险。

3. 基于环境容量控制的环境管理体系。重点在水环境容量：在全省水功能区划基础上，重新核定重点流域水环境容量；流域与区域的污染物总量控制与容量研究结果挂钩，建立科学的水环境管理体系。

4. 规划实施保障措施。①健全保障机制；②强化资金保障：继续探索和推进污染治理市场化，以政府主导、市场为主、公众参与的原则，建立多元化投入机制；③加大科技支撑：提高科技创新能力，加快高新技术在环保中的应用，增加环境监管的科技支撑能力，用科技进步支撑环保规划实施。

深圳市人居环境保护与建设“十二五”规划总体思路研究

谢林伸 车秀珍 陈晓丹 袁 博

(深圳市环境科学研究院 广东 深圳 518001)

摘 要 “十二五”时期是应对国内外环境发展重大变化的五年，是深入实践科学发展观、全面落实十七大提出的战略目标的五年，是珠江三角洲推行区域经济一体化的五年，也是深圳推进经济转型升级、创建生态文明示范市的关键五年，科学制定和实施好“十二五”环境保护规划具有十分重要的意义。总体思路及规划框架的确立是科学制定“十二五”规划的基石，本文在分析“十二五”期间深圳所面临形势与问题的基础上，明确了规划的定位，并提出规划编制的总体思路及工作思路。

关键词 “十二五” 规划总体思路 人居环境保护与建设 深圳

引 言

“十二五”时期，是深圳市在新的历史起点上深入实践科学发展观、全面落实党的十七大提出的战略目标的重要时期，是积极应对国内外发展环境重大变化，加快推进经济转型升级、加快宜居城市建设，推动人居环境发展的关键时期，同时也是深化重要领域和关键环节改革的攻坚期[1]。谋划好这个阶段的人居环境发展战略、发展思路、发展目标和发展重点，制定相应的政策措施，对于全面优化提升深圳的人居环境质量，促进经济社会、城市建设与人口、资源、环境协调发展具有重要意义。

一、背景分析

深圳用了30年的时间走完了发达国家需要上百年才能走完的城市发展历程，实现了从一个小渔村到一个现代化城市的巨变。但短时间高强度的开发建设，使其他城市分阶段缓释出来的资源环境问题，在深圳集中显现，资源环境对于经济社会发展的瓶颈制约不断加剧，“四个难以为继”[2]的矛盾日益突出。“十二五”期间，随着社会经济的进一步发展，矛盾与压力将愈发突出，该阶段不但是深圳经济社会发展的转型期、资源能源环境矛盾集中期、环境需求与压力的凸显期、新型环境问题出现的频繁期，同时也是需要环境保护着力解决重大问题的关键时期，因此需要从战略高度看待深圳的环境保护问题，超前谋划，统筹兼顾，为“十二五”乃至2020年期间深圳环境保护工作进行总体设计，奠定良好的基础。

面对“十二五”经济社会发展态势的诸多不确定因素，首先要对深圳“十一五”及“十二五”期间环境保护工作的形势变化做对比分析，其差异变化主要体现在以下3个方面。

(一) 污染特征变化

污染特征的变化主要体现在由传统型污染向复合型污染过渡。随着社会经济的发展，深圳市环境污染特征也发生了显著的变化，除传统型特征的水环境污染、大气环境污染、固体废弃物污染等其他污染类型外，还增加了电磁辐射污染、微电子污染、持久性有机污染物污染等类型污染；城市化、工业化的进一步发展必将催生出更多的新型环境问题[3]，未来随着消费转型、经济全球化和科技发展还将给环境保护带来新的挑战和新的问题。电器、房屋和汽车等消费品增长，建筑废弃材料、废旧电器、报废汽车和轮胎等回收与安全处置将成为未来一段时期内重要的环境问题[4]。

(二) 治理理念变化

治理理念的变化主要体现在由传统意义上的环境治理向多元化治理模式的过渡。“十二五”

期间将是深圳经济社会发展的关键时期。也就是说，深圳将进入城市成长的关键期，同时也是城市病的多发期和爆发期[5]，这一阶段的环境问题将呈现复合型特点，单纯依靠传统意义的环境治理措施难以解决问题，因此就必须依靠新思路，新理念，用创新型的方式方法对待“十二五”出现的新问题。“十一五”以来，环境治理的诸多方法路径均陆续被提出，如生态文明、循环经济、节能减排、低碳经济等，如何将这些理念科学地应用到深圳“十二五”人居环境保护与建设规划中，将是下一阶段所必须明晰的任务。

（三）政府职能变化

深圳市政府职能变化主要体现在由过去的环保局主持环境保护工作向人居环境委员会大部制改革推进人居环境改善与发展的过渡。为进一步提升政府工作效能，根据《深圳市人民政府机构改革方案》的要求，深圳市设立人居环境委员会。该机构是在原环保局的行政职能基础上，联合住房与建设、水务、气象等部门组成的新的职能机构。深圳市人居环境委员会的成立，在一定程度上加速了深圳“大环保”的工作格局，为今后深圳市人居环境的改善与发展奠定了良好的基础。因此，在“十二五”人居环境保护与建设规划中，要充分考虑这一变化，将新纳入的职能进行统筹规划，以环境保护为基础，将人居环境的内涵及外延做适当拓展和延伸。

二、规划定位

在背景分析的基础上，明确规划定位为：“1 条主线，2 大范畴，4 个层面，4 点原则”。

1 条主线——全面优化提升深圳的人居环境质量，促进经济社会、城市建设与人口、资源、环境协调发展；

2 大范畴——传统生态环境保护与建设工作和人居环境委员会工作职能拓展两大范畴：

传统生态环境保护与建设工作范畴：节能减排、优化提升环境质量，保障生态安全。准确把握当前形势，找准突出的环境问题（包括水环境、大气环境、土壤污染等），防范新的环境问题（电子废弃物、POPs、VOC 等），促进自然生态恢复受侵占生态用地腾退，关键性生态廊道建设，构建“四带六廊”生态安全网络格局、连通大型生态用地，提升自然生态体系服务功能价值。

人居环境委员会工作职能拓展任务范畴：推进生态文明建设进程、构建绿色经济发展体系、人居环境保障（住房保障与标准化）体系和人居环境管理体系。

4 个层面——政府、企业、社会和市民，即在继续加强政府工作的同时，注重发挥企业、社会组织和市民的责任，全社会共同参与，推进人居环境建设。

4 点原则——一是既要保持规划在一定程度上的连续性，又要有一定前瞻性；二是全面规划、重点突出；三是建管并举，重在管理；四是突出实效，注重操作性。

三、总体思路

通过回顾总结“十一五”时期的人居环境工作取得的主要成就与存在的问题，把握当前阶段性特征和环境形势，分析未来经济增长、人口增加、城市化、能源消耗等活动可能产生的环境问题，按照科学发展观和实现人居环境一体化发展目标要求，提出“十二五”人居环境规划的主要目标（指标）、重点任务、重点建设项目、保障措施及政策取向等，总体思路如图 1 所示。

四、工作思路

具体的工作思路将本着循序渐进的原则，按照工作的逻辑次序关系分步骤进行。核心内容包括三个层次：①回顾分析；②目标分析；③重点分析。具体工作思路见图 2。

第一层次——回顾分析：开展深圳市中长期环境保护战略研究，回顾、总结经济、社会和环保发展历史，研究、分析、判断深圳市社会经济发展趋势，评估深圳环保工作现状和“十一五”

规划实施情况，研究较长一段时期内，深圳市的环境保护工作定位和战略重点，提出深圳市中长期环保工作发展的内涵和主要模式，提出中长远目标和分阶段目标，主要的实施途径和推进路线图，为政府宏观决策提供支撑。

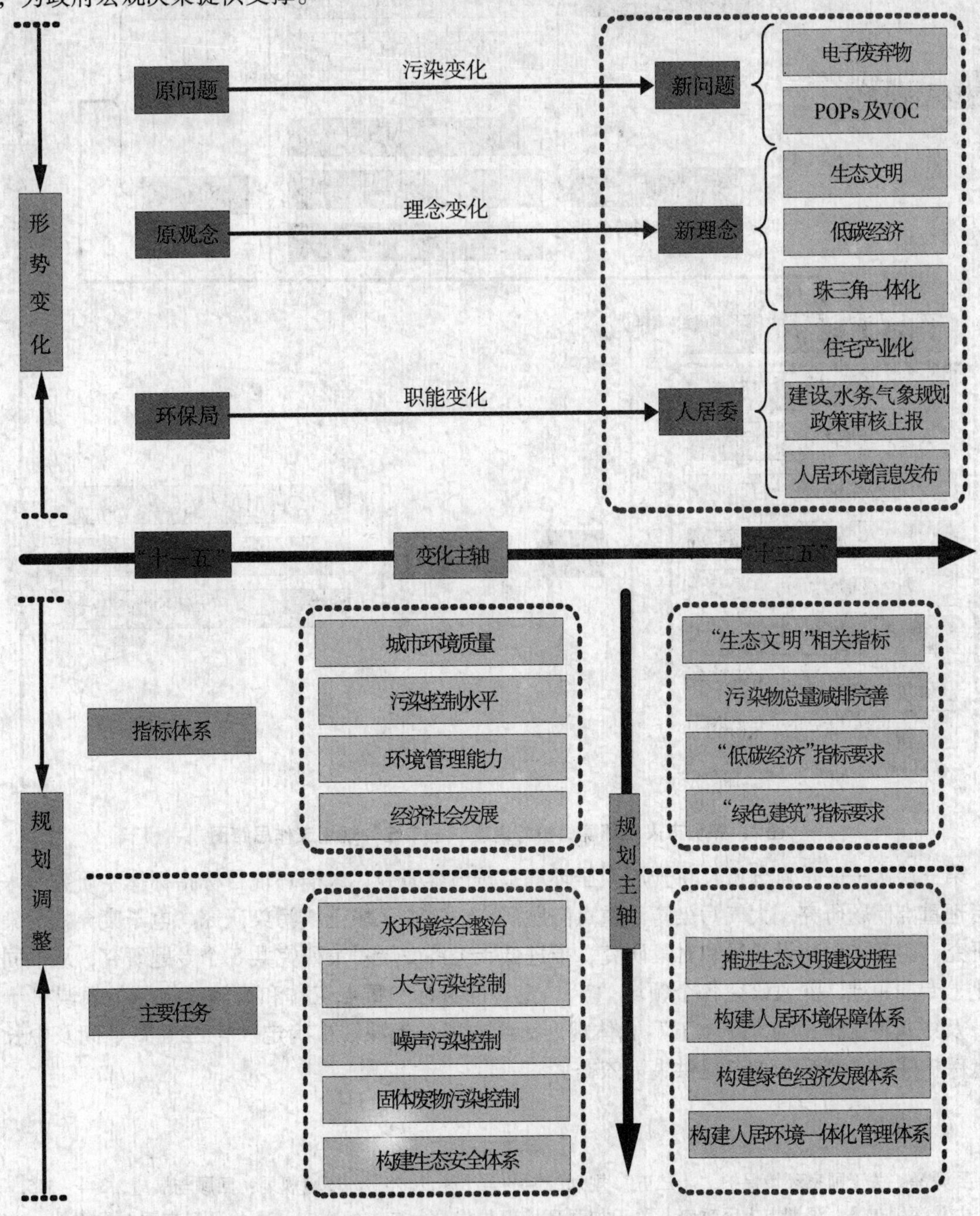

图1 深圳市人居环境保护与建设“十二五”规划总体思路图

第二层次——目标分析：整合深圳市环境保护和建设工作中各个领域专项规划，理顺关系、整合资源，提出深圳市环境保护和建设工作“十二五”目标、重点工作、对策和措施、保障体系；揭示当前存在问题和需在“十二五”重点解决的问题；研究并提出2015年后各领域的总体战略、重点工作方向和安排。

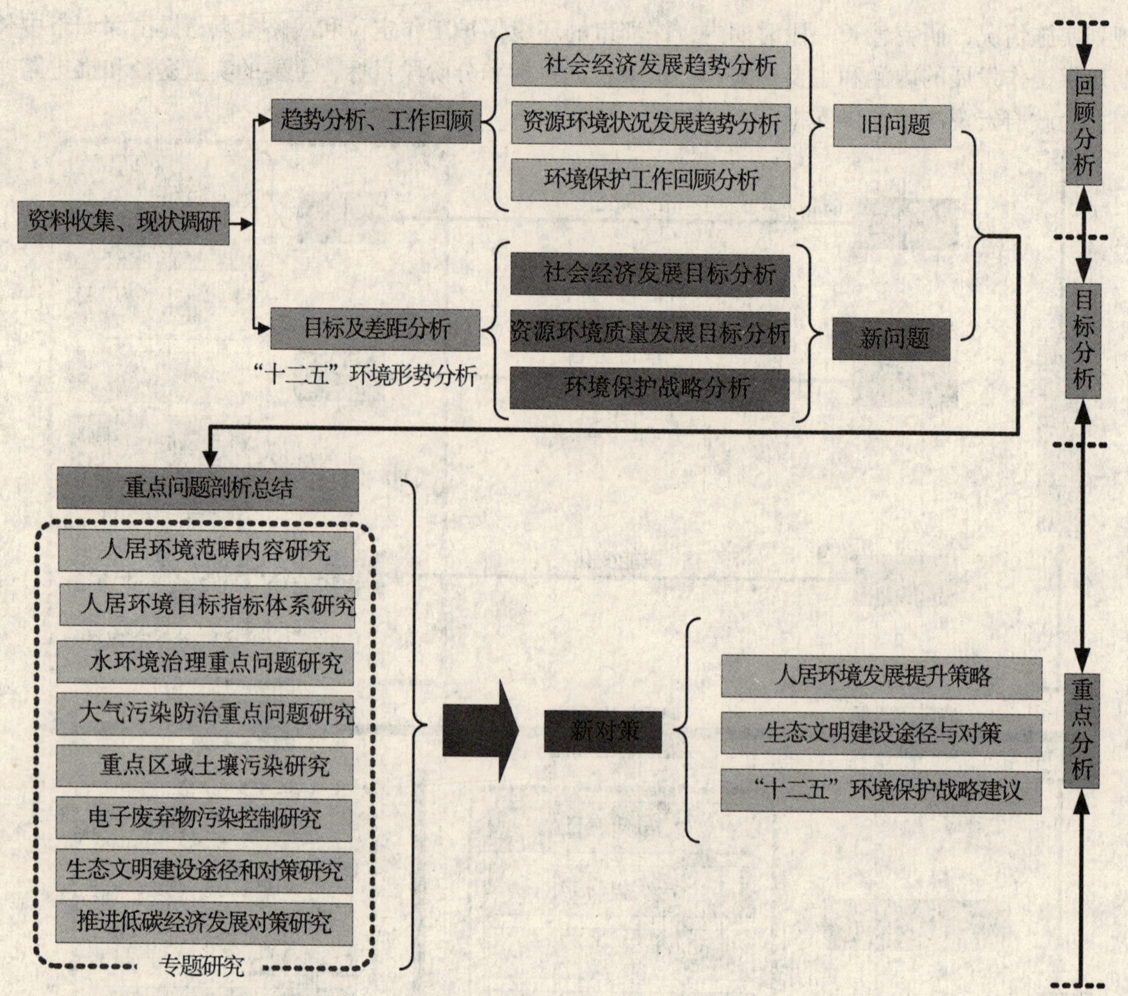

图2　深圳市人居环境保护与建设“十二五”规划工作思路图

第三层次——重点分析：将开展人居环境范畴内容研究、人居环境目标指标体系研究、水环境治理重点问题研究、大气污染防治重点问题研究、重点区域土壤污染研究、电子废弃物污染控制研究、生态文明建设途径和对策研究、推进低碳经济发展对策研究共8个专题研究，从不同的专业、专项领域，深入研究各个领域“十二五”的目标、重点工作和措施，指导各领域“十二五”及中长期工作，为“十二五”总体规划提供支撑，为深圳市确定“十二五”期间及中长期环境保护战略、政策和重点提供决策依据。

参考文献

[1] 吴舜泽．关于国家环境保护“十二五”规划编制的若干建议［J］．环境规划：回顾与展望，344－345.
[2] 中共深圳市委、深圳市人民政府．关于加强环境保护建设生态市的决定．中共深圳市委1号文件，2007，1－2.
[3] 贾生元，任文，等．中国城市化环境问题思考［J］．环境与开发，1996，11（1）：7－9.
[4] Mathew E. Kahn. Green Cities Urban Growth and the Environment，2008，118－124.
[5] 中国城市“十二五”新规划新战略［J］．领导决策信息，2009，41（10）：4－6.

台州市“十二五”规划土壤污染防治重点及对策研究

周 纯 牟义军 陈 涛 陶志华

（台州市环境监测中心站 浙江省台州市经济开发区白云山南路108号 318000）

摘 要 根据台州市土壤污染防治现状以及“十二五”期间的环境保护总体规划目标体系，确定该市土壤污染防治目标及重点，从而提出“十二五”期间该市的土壤污染防治措施和保障措施。

土壤是构成生态系统的基本环境要素，是人类赖以生存和发展的物质基础。土壤污染和大气、水质、噪声等环境要素污染一样，直接对生态环境、食品安全和人身健康构成威胁。与大气、水质、噪声等环境要素相比，土壤污染的危害性甚至更为严重。空气和水可以流动，而土壤却不行，而且土壤可以接纳各种污染，是所有污染的最终归属，一旦遭到污染修复难度极大[1]。

目前，我国土壤污染的总体形势不容乐观：部分地区土壤污染严重，污染类型多样，呈现出新老污染物并存、无机有机复合污染的局面；土壤污染途径多，控制难度大；土壤环境监管体系不健全，土壤污染防治投入不足；全社会土壤污染防治的意识不强；由土壤污染引发的农产品质量安全问题和群体性事件逐年增多，成为影响群众身体健康和社会稳定的重要因素[2]。

党的十七大报告提出，要重点加强水、大气、土壤等污染防治，改善城乡人居环境。2008年1月8日，国家环保总局在北京召开第一次全国土壤污染防治工作会议[3]。环保总局局长周生贤在会议上强调，当前和今后一个时期，土壤污染防治工作要紧紧围绕改善土壤环境质量、保障农产品质量安全和建设良好人居环境的总体目标，坚持预防为主、防治结合，梯次推进、重点突破的基本原则，切实解决当前突出的土壤环境问题。

一、台州市土壤污染防治现状

固废拆解和医化产业一直是台州市经济的支柱产业，也是该市的特色产业，但是它们在给该市带来巨大经济效益的同时带来了巨大环境压力，土壤作为环境指标之一也深受其害。台州市的土壤污染的总体形势不容乐观，部分地区土壤污染严重，呈现出无机重金属污染和持久性有机污染物复合污染的局面。结合台州市土壤污染的具体特点，浙江省人民政府发布的《关于印发“811”环境保护新三年行动实施方案的通知》（浙政发［2008］7号）中就将“台州固废拆解业土壤污染问题”作为第一批省级督办的11个重点环境问题之一。同时在两个环境保护三年行动计划中台州市整治搬迁了一批医化企业，搬迁后的土壤污染及修复问题也日益受到关注。

由于土壤污染的隐蔽性，我国对土壤污染的防治工作比大气、水质污染防治工作滞后了十几年。2006年，全国土壤污染状况调查全面启动。在2008年1月8日，国家环保总局在北京召开第一次全国土壤污染防治工作会议，才正式在全国范围内将土壤污染防治工作提上日程。台州市在2008年9月《台州市固废拆解业整治与土壤生态修复规划》通过评审并获批复后第一次开展重点区域土壤污染调查，之后就是2009年的黄岩区王西、外东浦区域的土壤污染调查活动。虽然台州市响应号召，积极并紧锣密鼓地开展了土壤调查活动，但是相对于大气、水环境的监测活动，土壤污染调查活动仅仅是一个开始中的开始。因此存在调查范围窄，只能先筛选重点污染区域调查，未能覆盖全市范围，使得我们未能对全市土壤污染的空间分布特征有一个全面的了解；同时，针对所调查的重点区域而言，由于只有一轮的调查，不能对其进行纵向的比较，也就未能对整个污染的历史从污染物的背景值到随着时间的推移，土壤污染的变化趋势，有数量上的判断，也就无法制定具体的指标体系。同时像土壤环境监督管理体系不健全，土壤污染防治投入不足，全社会土壤污染防治的意识不强等也是该市土壤污染防治工作中存在的不容忽视的问题。

二、土壤污染防治目标及重点

针对台州市土壤污染日益加剧的特点，土壤污染的防治必须以防为主，除对已经污染的土壤采取有效措施加以修复外，还需进一步加强土壤污染综合防治与环境管理。根据《台州生态区建设规划》指标体系，其中涉及土壤为在经济发展指标中有退化土地恢复治理率到 2012 年达 90%，到 2020 年达 95%，因此“十二五”期末，即到 2015 年，受污染土壤的恢复治理率定为 92%。根据该市的产业布局，固废拆解业和医化产业属于该市的支柱产业；同时，根据目前该市土壤污染防治的现状和所处的阶段及固废拆解业土壤和医化企业旧址土壤污染的现状和存在问题，以及国家或省市控制目标和标准，为了保证台州市居民拥有健康的身体和良好的居住环境，确定台州市“十二五”期间土壤污染防治及修复的重点为固废拆解业和医化企业区域。

三、土壤污染防治措施

针对目前台州市土壤污染防治现状，分析该市土壤污染防治工作中存在的不足之处，结合“十二五”期间土壤污染防治工作的目标和重点，为保证土壤污染防治目标的实现并切实优化土壤污染防治和修复重点区域的土壤环境，台州市的土壤污染防治工作主要从以下几个方面着手：

（一）继续做好土壤调查工作

土壤污染调查是土壤污染防治的必要一环[3]，作为污染土壤防治的数据基础。摸清家底应该成为土壤污染防治的第一步。台州市的土壤污染分布比较集中，局部地区突出，只有调查清楚全市土壤污染的现状，才能知道究竟会带来多大的危害，才能找出原因并提出针对性措施，同时从高风险地区开始由点到面进行治理。

在调查范围上，争取覆盖全市范围，至少要对每个县（市、区）完成 1～2 个重点区域的土壤污染调查工作。调查区域土壤污染状况和污染程度，对土壤环境质量进行评价和分级，确定区域污染物的排放量、允许的种类、数量和浓度。

在调查深度上，一方面，对已调查区域的调查也要开展回访性调查，检查其是否存在污染加重现象，有进行综合治理的区域检查其污染治理成效如何，以了解各区块的土壤污染变化趋势；另一方面，在监测项目上，除了监测一些常规的项目外，还应根据当地的污染特征进行特征因子的监测，做到调查有目标性和针对性。

（二）加强土壤污染整治力度

针对台州市部分区域土壤污染情况严重，对居民身体存在健康风险的状况，应尽快采取措施或加大整治力度修复该区域土壤污染问题。同时，由于台州市的土壤污染具有明显的区域特征，与该区块原有的土地使用类型有较大的关联，例如：路桥区土壤存在较为严重的多氯联苯、多环芳烃、二恶英等有机物及重金属污染；而温岭市拆解业比较集中的泽国镇与温峤镇，土壤主要污染物为重金属，因此，应根据具体区块的土壤污染状况尽快采取针对性强的修复。在“十二五”期间争取完成 5 个以上典型区块的土壤污染治理工作，使得该区域的土壤尽快达到相关功能区要求，得到开发利用。

（三）做好土壤污染预防工作

与其他环境污染状况类似，由于土壤修复或净化的代价巨大，预防工作的重要性和优越性远远大于“先污染后治理”的模式。做好土壤预防工作就是要从源头控制，使污染治理由被动向主动行为转化。对于暂时还未受到污染的土壤或处于受污染边缘的土壤环境，环境保护行政主管部门可通过各种行政的或经济的手段，鼓励各个企业通过生产结构的调整或技术更新，淘汰落后的生产设备，使用清洁的生产原（辅）材料，提高资源能源的利用率，减少“三废”的产生，积极开展循环经济和清洁生产，从源头上减少污染物的产生。

四、保障措施

为确保土壤污染防治重点及对策的实施，保证目标的实现，建议从以下4个方面加以保障：

（一）土壤污染防治的经济保证

无论是土壤环境污染状况的调查还是土壤污染的整治和预防，都离不开经济的支撑，缺乏这一基础性的保障，其他一切均无从谈起[4,5]。因此首先必须拓宽土壤污染防治资金投入渠道。建立国家、地方和企业为主的多元化投入机制，引导社会资金投入土壤污染治理项目。按照“谁污染、谁治理，谁投资、谁受益”的原则，促进企业对污染场地进行综合治理。那么如何确保这一资金来源呢？参照国外的一些做法，可从以下两个渠道获得：

1. 污染付费原则　美国污染防治体系的法律基础《综合环境污染响应、赔偿和责任认定法案》（Comprehensive Environmental Response，Compensation and Liability Act）》中规定，政府有权要求造成污染事故的责任方治理土壤污染，或者支付土壤污染治理的费用。拒绝支付费用者，政府可以要求其支付应付费用3倍以内的罚款[7]。

2. 税收政策　同时，美国政府为给这一法律体系提供一定的资金支持，设立了一个名为“超级基金（Superfund）”的信托基金[7]。该基金的来源主要有2个：对特定的化学制品（每吨征收0.22~4.87美元）、石油及其制品的生产或进口（每桶征收0.79美元）征收环境税，这部分占整个资金来源的86%，剩余14%的资金由美国政府提供。美国环保局将这些资金用于支付环境责任难以认定的土地环境污染事故的修复费用。

（二）土壤污染防治的行政措施

土壤污染防治工作仅仅依靠经济支持是不够的，还需要相应的行政措施来支持和保障，行政措施是实现土壤污染防治目标的重要保障，因此必须从行政政策方面健全相关机制或制度，实现土壤污染防治保护体系的完善。

1. 明确土壤环境污染的法律责任　土壤污染防治立法，旨在建立“谁污染谁负责”的土壤环境污染责任体系，土地污染者对其污染行为具有不可推卸的责任，且这种责任的追溯期永久。通过土壤污染防治立法，可避免土壤环境污染纠纷无章可循、污染责任无法鉴定及土地修复责任无人承担的局面，改变目前在土壤污染方面对企业几乎无任何约束的现状。

2. 完善土壤污染治理基金管理制度　建立专门的土壤污染整治基金，是各国土壤整治的重要内容。资金保障是进行土壤污染调查工作、治理工作的生命线和基石，制定完善的资金筹措、管理、使用制度是决定土壤污染防治法能够得以有效实施并达到最终目的的根本保障。污染防治基金制度应当包括基金筹集方法及来源、基金管理方法、基金使用制度等一系列与基金的筹集、管理、使用相关的各项规则体系，确保专款专用，让有限的资金发挥最大效用，让资金使用后取得最好的效果。

3. 建立预防机制，体现防治结合的原则　从台州市土壤污染防治的现状和实际需要来看，主张台州市现阶段的土壤污染防治，应从防和治两个方面加以规定为宜，可侧重于治，但防不能偏废。台州市目前土壤污染的状况之所以比较严重，其中一个重要的原因，是与我们过去不注重土壤污染的预防有关。因此，“十二五”期间台州市的土壤污染防治工作，还是应当兼顾防和治两个方面。同时由于土壤被污染后便具有不可逆转性，对其治理和修复也非常的困难，因此对土壤的保护应该坚持预防为主的原则，在必需的条件下，如可能造成大面积土壤重金属沉积或土壤污染与退化时，应该引入土地保护预警制度。在实际工作中，环境保护行政主管部门应该会同其他部门定期对土壤质量进行监测，以便及时了解土壤污染的程度，采取措施防止污染的进一步扩展，土壤的利用者对检测活动应该予以配合。

4. 加强土壤污染的监测和预警工作　土壤污染的过程是一个链式累积的过程，从污染物进入土壤到爆发危害需要经过一定的周期，因此，必须对土壤及其生态环境进行长期监测，建立监测和预警制度。通过监测，不仅可以广泛了解各种土壤的物理化学生物性质、污染状况等，还有利于日后的修复治理工作，同时实现信息共享，有利于协调统一各部门的防治工作。预警是在监测的基础上，对土壤污染情况及其产生的危害而发出的警报，及时提醒监督管理机构和社会公众采取治理措施，将这种危害消灭在萌芽状态。监测部门、专业人员以及社会公众一旦发现违法排放污染物的行为、土壤环境恶化、动植物生长异化或出现其他污染情况，都应立即向有关部门反映。相关部门接到报告后应及时进行调查研究，快速展开分析评估，对污染严重的区域先行发出警报，并上报国家相关政府部门制定防治措施，污染监测和预警两项制度紧密相连，二者是预防土壤污染切实有效的制度。

（三）土壤污染防治的技术支撑

近年来，世界各国都开始重视污染土壤的防治技术的研究。土壤的防治技术研究已成为国内外环保研究的热点。目前各种土壤污染修复方案还存在着一些技术难题[8]。因此，今后应该增加有关的科研和治理投入，积极开展国内外合作与交流，向先进的土壤污染防治案例学习，重点开发污染土壤修复的实用技术，同时将已有的研究成果，尽快应用于污染土壤的实际修复中。结合台州市的土壤污染的实际情况和《方案》中的研究结果：台州市固废拆解业土壤污染区块中，山后区块建议采用原位生物修复－生物堆制的处理方案，肖谢区块建议采用原位生物堆制的处理方案，桐山区块建议采用原位生物修复－固化/稳定化的处理方案。其他区域的土壤污染治理措施应根据具体的土壤污染调查结果，进行小区块示范区的试验后选取最佳的修复方案再进行较大规模的修复。

（四）土壤污染防治的舆论支持

土壤污染和大气、水质、噪声等环境要素污染一样，直接对生态环境、食品安全和人身健康构成威胁。与大气、水质、噪声等环境要素相比，土壤污染的危害性甚至更为严重。土壤可以接纳各种污染，空气和水可以流动，而土壤却不行，是所有污染的最终归属，一旦遭到污染修复难度极大。我国对土壤污染的防治工作比大气、水质污染防治工作滞后了十几年，人们对土壤污染危害认识不足，因此必须进行广泛的宣传教育。通过多种媒介如电视和广播的环境节目开展宣传教育，提高全民对土壤污染危害的认识，使防治土壤污染成为一种自觉行为。

参考文献

[1] 林强．我国的土壤污染现状及其防治对策［J］．福建水土保持，2004（1）：28－31.

[2] 刘秋艳．我国的土壤污染及其防治对策［J］．现代农业科学，2009，16（4）：176，179.

[3] Aslund MLW，Zeeb BA. 2007. Insitu phytoextraction of poly－chlorinated biphenyl－（PCB）contaminated soil. Science of the Total Environment，2007，374（1）：1－12.

[4] 霍洪宝．国外发达国家土壤污染防治立法及对我国的启示［J］．法制与经济，2009，4（201）：54－56.

[5] 王虹，马娜，叶露，等．国外土壤污染防治进展及对我国土壤保护的启示［J］．环境监测管理与技术，2006，18（5）：51－53.

[6] 叶露，董丽娴，郑晓云，等．美国的土壤污染防治体系分析与思考［J］．江苏环境科技，2007，20（1）：59－61.

[7] 高翔云，汤志云，李建和，等，国内土壤环境污染现状与防治措施［J］．污染控制，2006，2（B）：50－53.

江苏“十二五”氨氮及氮氧化物减排战略研究

王惠中　黄　娟　吴云波　焦　涛

（江苏省环境科学研究院　南京　210036）

摘　要　文章分析了江苏省氨氮及氮氧化物的减排形势，提出“十二五”期间这两项指标的减排途径，并提出氨氮及氮氧化物减排的配套政策措施建议。

关键词　江苏　氨氮　氮氧化物　减排

一、江苏氨氮及氮氧化物减排形势分析

（一）江苏氨氮减排形势

“十一五”期间，江苏省在COD排放总量下降的同时，淮河流域和太湖流域主要断面的高锰酸盐指数总体下降，但氨氮成为影响功能区水质达标的主要因素。

以江苏省太湖流域为例，跨界断面和重点水质监控断面的氨氮达标情况远差于COD的达标情况。2007年水质目标考核断面中有21个断面达到水质目标要求，达标率为39.6%，其中主要考核指标高锰酸盐指数、总磷和氨氮达标率分别为67.9%、60.4%和56.6%，可以看出影响断面水质达标的污染项目主要为氨氮。与2008年底目标相比，只有氨氮达标率未达到目标要求，其余的2项指标达标率均达到目标要求。太湖流域的15条入湖河流的40个监测断面水质评价结果表明高锰酸盐指数全部达到Ⅳ类水标准，氨氮70%的断面达不到Ⅳ类水标准，入湖河流的主要污染因子为氨氮。氨氮的来源主要包括集中排放的城镇生活污水，铁合金业、石化业、食品和饮料制造业、造纸业等工业行业，以及农业生产中使用的化肥、农药流失，家畜养殖场、牧场中畜禽的废弃物和排泄物等。以江苏省太湖流域重点行业和城镇污水处理厂提标改造为例，若所有污水厂均提标改造到位，与2007年相比，氨氮削减率可达16.8%；现有企业执行并达到《太湖地区城镇污水处理厂及重点工业行业主要水污染物排放限值（DB 32/1072—2007）》后，氨氮削减率可达40.2%。

（二）江苏氮氧化物减排形势

近年来江苏省由于汽车保有量、交通运输公路里程数以及工业排放的氮氧化物不断增加，大部分城市NO_2监测浓度也呈现出明显增加的趋势。根据中国环境监测总站提供的数据，全国2007年的氮氧化物排放量为1643.4万吨，其中工业氮氧化物排放量为1261.3万吨，而电力行业占整个工业行业氮氧化物排放量的64.3%，占全国总量的45.5%。从区域分布来看，电力行业氮氧化物排放量最大的省份依次为贵州、江苏、山东、广东、河南、内蒙古、河北、浙江、辽宁、山西等，占电力行业排放总量的68.3%。可以看出江苏省为氮氧化物的重点排放区域。

相关调研结果显示，目前除了电力企业外，多数企业对氮氧化物的重视程度不够，环保局对氮氧化物排放的监管不足，企业、环保局对氮氧化物的底数不清。已建成的脱硝装置，除少数电厂能坚持运行外，多数电厂均是时开时停，没有连续投入运行。随着火力发电和机动车保有量的进一步增长，氮氧化物在这两个行业集中排放的现象将进一步凸显。

二、氨氮及氮氧化物减排的重点途径

建议在“十二五”期间，所有新建、改建、扩建和已建的城市污水处理设施，都应分阶段完成配套脱氮除磷设施的建设和升级改造。对石化业、食品和饮料制造业等氨氮排放的重点行业加强综合治理，逐步提高控制要求，严格执行污水排放标准的浓度控制基础上逐步过渡到对氨氮实现总量控制。对集约化养殖场严格要求，实现氨氮稳定达标排放。对散养式畜禽养殖场推广畜

禽粪便生物处理技术，发展生态农业。

建议在“十二五”期间，我省氮氧化物排放的控制重点将首先是燃煤火电厂的氮氧化物排放控制。具体包括：①针对江苏省的具体情况，对于锅炉烟气的处理，不应片面追求高脱除率，而应采用投资低、占地少、不造成二次污染，并且容易实施的脱除设备或技术。对于新建的火力发电机组，要求全面安装低氮燃烧器及采用分级燃烧技术，按照“三同时”的要求配套建设烟气脱硝装置，保证氮氧化物的脱除效率在70%以上；对于已建、在建300MW以上的火力发电机组，均要采取烟气脱硝措施，保证氮氧化物的脱除效率在50%以上。有条件的大型火电厂应采用低氮燃烧技术和选择性催化还原技术或选择性非催化还原技术配合使用，以达到更高的氮氧化物去除效率；对于已建、在建300MW以下的火力发电机组可进行低氮燃烧技术改造和采取其他有效的氮氧化物减排措施，使氮氧化物的脱除效率在30%～50%，甚至更高。②建设烟气脱硝工程示范。中国电厂锅炉烟气脱硝技术研究及应用刚刚起步，SCR、SNCR等先进的烟气脱硝技术尚未实现国产化。因此，我省有关部门应结合技术引进，积极组织人力和物力开展烟气脱硝技术的相关基础及应用研究，开展电站锅炉SCR、SNCR以及联合脱硫、脱硝等烟气脱硝装置的试点，推进烟气脱销产业的国产化进程。③制订并实施统一的氮氧化物排放控制规划和相关政策。与氮氧化物控制相比，我国对燃煤电厂氮氧化物的排放还缺乏统一的控制规划和政策推动。建议尽快出台氮氧化物排放控制的统一规划和实施进度，并制定氮氧化物排放的总量控制政策和鼓励排放削减的经济政策，实施烟气脱硝电价政策，对企业运行脱硝装置给予经济补贴。

另外，交通运输排放的氮氧化物已超过全国排放总量的30%，而且随着我省机动车保有量快速增长，其比例还将继续上升。制定严格的排放标准，控制城市机动车氮氧化物排放对改善中国大中城市的环境空气质量至关重要。建议“十二五”期间，所有轻型机动车实施欧Ⅳ标准。

三、氨氮及氮氧化物减排的配套政策措施建议

（一）建立污染物总量控制及节能减排长效机制

污染物总量控制及减排必须与经济政策挂钩，以“谁污染、谁治理，谁投资、谁收益”的环境价格机制为原则，以激励—约束—补偿体系为主线，以经济发展模式转变为前提，建立资源能源消费、污染物产生到污染物排放的全过程减排机制，实现节能、降耗、技术进步、治污、监管、激励、增效等环节系统推进与集成。“十二五”期间，建议在以下几方面建立相关机制。

1. 设立减排经济补偿与援助专项基金，提高环境准入门槛，鼓励淘汰落后产能与工艺，按照污染物削减成本对关停落后产能的企业实行经济补偿。对区域限批的地区的贷款结构进行调整，对未完成减排任务、违法排污的企业，取消优惠税收政策、减少补贴。

2. 采用低息贷款、减免税费等方式鼓励落后产能转型，并在立项、土地审批等方面予以一系列政策优惠。将节能减排和环境行为作为政策优惠、贷款发放的重要前提条件；对超额完成减排任务、环境行为良好的企业，给予适当形式的奖励和表彰。

3. 建立企业家报酬绿色化机制。在企业现有环境管理体系的基础上，将企业社会责任纳入企业家的综合贡献中，对企业家的报酬核算应该是在扣除污染治理成本后进行。

4. 实施区域限批制度，对一些污染物排放总量超过控制指标和重点减排工程建设滞后的地区，进行区域限批。对产业政策确定的限制类项目，其新增COD和二氧化硫总量必须通过老企业减排的两倍总量来平衡，实施“减二增一”。对城市污水处理设施严重滞后、未落实收费制度、污水处理设施运行不正常的区域实施区域限批。

5. 进一步推进资源环境价格税费改革。建立水资源和煤炭资源全成本价格形成机制。对重污染行业，如医药、化工、造纸等，效仿电厂脱硫的做法，实行差别电价、阶梯水价政策。提高排污收费标准，扩宽征收面，加大征收力度。将高污染、高能耗产品纳入消费税征收范围。

6. 深化环境资源价格改革。积极开展排污指标有偿取得和排污权交易试点，逐步推广排污权交易；推进排污收费改革，提高污染物收费标准，逐步使排污费征收水平超过污染治理成本，扭转部分企业宁愿交费、不愿治污的状况；进一步调整污水处理收费标准，通过提高收费标准筹集城市污水处理厂建设及运营资金，推动污水处理厂的建设及正常运营。

7. 加大政府投资力度，完善多元投入机制，推进环保基础设施建设管理模式改革，提高减排能力。探索建立“政府引导、市场推进、社会参与”的减排投入机制。把污染减排作为公共财政支出的重点，大幅增加财政的直接投入。设立专项资金用于支持重点减排工程建设、流域污染治理和饮用水源保护。按照“投资主体多元化、运营主体企业化、运行管理市场化”的要求，鼓励各类资本投资、经营城市污水处理事业。

8. 建立政府引导、激励与考核机制。污染物总量控制落实于环境管理的环节，还必须强调政府的引导作用。在涉及环境管理的各环节（生产、消费、流通），制订生产、消费、流通的全系统减排方案，必须强调政府的引导作用。尤其需要强化以结构调整为主的前端减排和技术进步为主的中端减排。在源头污染物增量环节多做“减法”，这比在治理的末端减排环节做“加法”更有效率。污染减排的优先顺序应是先控制新增量后削减存量。

污染物总量控制及节能减排的关键在于政府，将节能减排指标的完成情况纳入经济社会发展综合评价体系中，实行行政问责制和一票否决制，将减排责任和成效纳入各级政府、各个部门目标责任制和领导班子综合考核评价中，与政绩挂钩、与领导干部任免提拔挂钩，改变各级政府“重经济、轻环保”的思想意识。

9. 落实奖励政策。设立节能减排专项引导资金，根据氨氮和氮氧化物减排量等环境绩效对重点减排工程给予奖励；对在污染减排工作中作出贡献的单位和个人给予奖励；设立“以奖代补”资金，用于鼓励企业的提标改造升级；与减排目标责任状挂钩，建立减排保证金制度。

（二）强化监管和综合能力，确保设施发挥减排效益

1. 严格在线监测设备运行监管，确保治理设施稳定运行。将治污设施运行作为环境监管的重要内容，以监管促设施稳定运行。强化在线监测设备管理，建立和完善在线监测检定、认可、验收、联网、数据使用等规范和标准体系。加强在线设备准入，进一步规范在线监测产品市场环境，建立在线监测设备的市场化运营管理机制，推行“第三方运行”。将自动在线监测设备质量、投运率和联网管理纳入污水处理厂和燃煤电厂生产管理考核体系，促进在线监测有效地发挥其监控基础性作用。

2. 强化污染减排数据的整合和动态管理。要特别重视污染减排对环境管理的调整要求，要以削减量为中心，强化数据整合，实现系统管理、量化管理和理性管理。建立稳定可比的重点污染源污染物排放量数据库和重点污染源的台账系统。加强污染减排工程项目调度，及时准确地掌握老污染削减存量和新污染源增量动态变化情况。排污许可证管理做到程序和实体的统一，实施点对点的量化管理，将总量尤其是削减量适时分解到污染源。

参考文献

[1] 实现“十一五”环境目标政策机制课题组．中国污染减排战略与政策［M］．北京：中国环境科学出版社，2008.

[2] 孟伟，等．流域水污染物总量控制技术与示范［M］．北京：中国环境科学出版社，2008.

[3] 陈罕立，王金南．关于我国氮氧化物排放总量控制的探讨［J］．环境科学研究，2005，17（5），107－110.

[4] 舒惠芬，李晓芸．国内外火电厂氮氧化物控制措施［G］．中国环境科学学会．全国氮氧化物污染控制研讨会论文集．北京：中国环境科学出版社，2004：38.

扬州市“十二五”期间污染物总量控制动态化管理技术与应用的研究

华迎春　陈卫兵

（扬州市环境监测中心站　扬州　225002；扬州市环境保护局　扬州　225002）

摘　要　为策应扬州生态市建设和绿色 GDP，及早实现环境保护参与社会经济发展综合决策和提升环保管理水平的目标，本文在对近 10 年扬州社会经济环境方面，几十个指标上万个数据进行科学分析的基础上，揭示出污染物总量控制与社会、经济、环境建设和发展的密切关联性，有较强的综合性和宏观性，可纳入各级政府和相关部门行政首长政绩考核之中。首次研究并建立区域污染物总量控制考核指标体系，水平等级的评定模式，为扬州市“十二五”期间污染物总量控制动态化管理提供依据，并对江苏省乃至全国的区域污染物动态管理有所启示。

关键词　“十二五”　区域总量控制　指标体系　动态管理研究

根据节能减排总体要求，我们就如何开展“污染物总量控制动态管理”这一摆在环保人面前，被社会关注的热点、难点问题，在对扬州市污染物总量控制跟踪长达 10 年研究的基础上，又结合国家、省、市关于节能减排的具体要求，对全市所辖 7 个县（市、区）城乡工业、农业、渔业、畜禽养殖业、生活主要污染物排放，企业、工业集中区污染物总量控制管理等情况进行了专项调研。通过数据核查、对采集信息进行科学分析看到，由于统计方法、手段和管理水平的局限，目前污染源统计数据“底数不清”、“影响动态调控”。建立污染物总量绩效考核指标体系和严格的动态管理，是解决这一问题的理想办法。

一、“十五”及“十一五”城乡污染物总量控制管理及排放基本情况

（一）污染物总量控制

污染物总量控制工作，从环保管理角度大致分为以下三个阶段。即：（1987—1997 年）从污染物浓度控制转向目标总量控制；第二阶段（1998—2005 年）从污染物目标总量控制转向环境容量控制；第三阶段（2006—2010 年）从目标总量控制向环境容量控制转向两者嵌型总量控制。扬州市和全国绝大多数城市一样，污染物总量控制工作，从 20 世纪 80 年代末开始至今已近 20 多个年头，现处在第三阶段。

“十五”期间，扬州市污染物总量控制管理，努力实现从目标控制向环境容量控制的转变，并根据实际情况向环境容量和目标总量控制嵌型管理过渡。全市年均去除化学需氧量、二氧化硫分别为 3.17 万 t（不含面源）、1.25 万 t。主要污染物 COD、SO_2 单位国土面积排放强度分别为：9.41t/km^2、13.63t/km^2，与省长江三角洲平均水平相比分别为：65.01%、67.71%，好于平均水平。但单位 GDP 污染物 COD、SO_2 排放强度劣于全省及省长江三角洲平均水平。

2005 年主要污染物 COD、SO_2 分别排放为 6.24 万 t、10 万 t，单位 GDP 排放强度分别为 6.77kg/万元、10.84kg/万元，比 2000 年分别下降 3.5kg/万元、2.64kg/万元，低于 GDP 的年均增长幅度 4 ~5 个百分点。但较往年有所增加，并高于生态市考核标准（环保考核统计口径不含面源）。

（二）城乡企业污染物排放及管理

2005 年扬州市企业 11718 家，工业总产值 536.3 亿元，COD 排放 3.72 万 t，废水排放 18630 万 t，废水达标率 88.4%，废气排放 9604064 万标/m^3，SO_2 排放 11.24 万 t。其中：纳入排污申报的企业 3129 家，COD 排放总量 2.39 万 t，废水排放量 12615 万 t，废水达标率 98%。废气排

放量8177569万标/m^3，SO_2排放9.57万t。COD和SO_2污染物排放量分别占全市企业排污总量的60%、85%。有30家重点企业实现了污染物在线联网监控。未纳入排污申报的8587家企业，企业数、COD和SO_2污染物排放量分别占全市企业总数及排污总量的73%、40%、15%。各县（市、区）情况略。

（三）工业集中区污染物管理

根据本次调查，全市至2005年共有工业集中区60个（不含省级以上各类开发区），其中重点园区37个。规划面积140 km^2，目前实际面积65km^2。总产值354亿元，占乡镇工业总产值75%。根据《环境影响评价法》目前已完成园区规划环评的有16个，正在进行的废气和固体废弃物均有治理和处置处理措施计划。但还有35个工业集中区没有做规划环评，23个没有废水治理措施。目前工业集中区废水绝大部分排放在附近河流。区内污染物总量管理大都没有能力。

（四）农业、渔业、畜禽养殖污染物排放

2005年全市农田面积429.4万亩，按照农田源强COD 10kg/亩·年，入河系数0.3计算，全年COD入河1.3万t。畜禽养殖量折合猪共439万头，按COD 50g/头猪·天产生量计算，全年排放COD 9615t。渔业产量30万t，按不同产品计算，全年饵料COD入水量2万t。各县（市、区）详细信息略。

（五）全市主要污染物排放

“九五”、“十五”包括“十一五”期间，污染物总量统计和削减任务的基数中，只含城镇非农人口生活和列统企业排放的污染物量，而农业、渔业、畜禽养殖业、农村生活和非列统企业的排污量不在其中。本次调查包含了以上所有方面。2005年共排放COD 12.57万t，其中工业3.96万t、农业1.3万t、渔业2万t、畜禽养殖业0.96万t、城镇生活2.5万t、农村生活1.85万t。SO_2排放12.3万t，其中工业11.2万t，生活及其他1.1万t。单位GDP COD、SO_2排放强度分别为13.6kg/万元、13.3kg/万元，比环保考核统计口径分别高出1倍和0.23倍。

（六）城乡环境质量

2005年，受控河、湖、库62个，其中河流57条、湖泊4个、水库1个，水质监测断面共109个。2005年全市46条主要河流水质达标率为62.25%。在对其中18条重点河流评价中，完全符合功能要求的有4条，达标率54.3%。与2000年相比，全市46条主要河流水质达标率提高8.4个百分点，多数河道水污染物浓度呈下降趋势，但扬州市河流绝大多数仍然受到不同程度的污染。

全市城市空气环境质量在二级标准，SO_2和NO_x年均值低于二级标准限值，PM_{10}年均值略超。但根据“十五”年度变化趋势分析，SO_2显著上升。全市范围降水pH均值为5.36，pH值每年下降，酸雨出现频率每年升高。

二、主要结果与分析

（一）污染物控制指标体系单一且滞后

扬州市污染物总量控制，在1996—2005年污染物控制指标确定为14项，前几年调整为9项，近年改为4项，目前又定为化学需氧量、二氧化硫2项。根据本次对2项污染物排放量调查、测算和分析：2000—2005年以来，单位GDP排放强度及超标排放强度对国内生产总值的贡献率，就COD而言，2000年单位GDP COD排放强度为20.05kg/万元，2005年为13.6kg/万元，超标排放强度对国内生产总值的贡献率分别是75%、64%。其中面源单位GDP COD排放强度分别为6.5kg/万元、6.6 kg/万元，超标强度对国内生产总值的贡献率分别为42%、76%。结果表明：列统企业超标排放强度对国内生产总值的贡献率从“九五”末到“十五”末降低11个百分点，污染发展势态得到遏制。而非列统企业的污染物排放量明显增加。因此，建立综合污染物总量控制绩效考核指标体系，使污染物总量控制不仅相对独立，且与社会、经济、环境的发展有着密切的关联，与之匹配的动态管理是解决这一问题的理想办法。

（二）在工业集中区规划、工业建设项目环评和后续管理中，污染物总量控制管理形同虚设现象严重

《环境影响评价法》、《清洁生产促进法》等相关法律法规，均站在不同的角度对污染物总量控制及管理作了强制性的、明确的规定。从对全市 60 个工业集中区、11718 个企业和农业、渔业、畜禽养殖业的调查情况中得到：污染物总量控制，在凡是进行工业集中区环评的均有体现。但到目前有 75% 没有建污水集中处理设施，90% 污水接入管网没有建设到位。建设项目环境管理针对单一项目进行的情况普遍存在，县、区表现得更为突出。大部分建设项目、工业集中区在“三同时”验收和后续的污染物总量控制管理上产生空洞，没有能够实现实际意义上的污染物总量控制做到分解落实到区域企业、削减方案落实到重点建设项目、减排措施落实到工程、考核办法落实到责任人。至于农业、渔业和畜禽养殖业的建设项目污染物总量控制管理更是形同虚设，甚至没有明确的认识，别谈后续管理。

（三）环保污染源监督监测没有覆盖宏观意义上的污染物总量控制监测，统计机制的不顺影响基础数据可靠性

根据单位 GDP 污染物排放强度的要求，污染物总量监测的概念应该是包含一、二、三产业等所有产生污染的源头。污染物总量监测是动态调控手段的基础。但目前扬州污染物总量监测主体在工业。全市排污申报的 3129 家企业中，有 30 家重点排污单位安装了污染自动监控系统，同时对部分企业实行污染源例行监测。全市企业 COD 排放量占总排量的 32%、生活占 34. 5%（其中城镇占 20%）、农业渔业畜禽养殖业占 33. 5%。而列统企业排污量只占企业总排量的 60%，重点企业排污量又是列统企业排污量的 60%。因此，仅仅对部分污染源和排污大户进行监测、监控，不能代表污染物排放总量的全部。污染源监督监测与宏观意义上的污染物总量控制已经脱节。数据互相不衔接现象普遍，统计机制严重不顺，导致基础数据难以满足形势的需要。

三、解决问题的对策措施

（一）建立区域污染物总量控制绩效考核指标体系

污染物总量控制工作一直都是各级政府环保工作的主要部分，并作为一项重要指标列入党政主要领导环保目标责任状。总量控制本身具有宏观性，可以为调整优化经济结构和综合决策提供重要依据。因此，本次调研以区域污染物总量宏观控制理念为指导，本着科学、先进、合理、易操作的原则，依据国家生态市（区）建设、国家环保模范城、小康建设等考核指标，结合本地区国民经济发展、生态市建设规划目标和行政首长环保目标责任状任务，建立了区域污染物总量控制绩效考核指标体系和动态管理应用系统。目标体系共分 3 大类 28 项指标。3 大类包括：资源利用、环境质量、污染控制。每一大类分别包括 8 项、7 项、13 项。考核等次共分 4 档，具体包括优秀、良好、合格、不合格。每个档次都有目标值。目标值可根据具体情况修订，一般 5 ~ 10 年修订一次。体系见附表。

（二）动态管理技术与应用系统

区域污染物总量控制绩效考核和动态管理应用是相辅相成、缺一不可的完整系统。该系统不仅可以帮助各级政府和部门，指导本地区用科学发展观进行资源合理开发利用、产业结构调整、城市建设规划布局、污染总量控制管理和社会经济环境的可续发展。同时，使从事生产服务活动的单位以及从事相关管理活动的部门，有计划、规范的组织实施污染物总量控制。确保污染物总量控制目标落到实处，减排任务圆满完成。

污染物总量绩效考核等级的评判是一个较为复杂的问题，本研究认为利用物元分析方法可建

立多指标性能参数的质量评定模型，并能以定量的数值表示评定结果，从而能较完整地反映执行的实际综合水平，且易于使用电子计算机进行规范化评定和动态管理。规范设计的动态管理应用系统软件可以共享。技术路线为：确定质量等级的物元集合→确定待评年度关于各等级的关联度→质量等级的评定。

（三）建立以总量控制为核心的各类园区、企业和建设项目环境管理

我市污染物总量控制管理形同虚设现象存在的主要原因之一，是总量控制法律依据和制度不足。在国家还没有建立健全的情况下，我们认为：建立以污染物总量控制为核心的各类园区和建设项目全过程环境管理，是改变现状、提高资源利用率、减少和预防污染的应急措施与保证。根据国家、省、市“区域集中、产业集聚、开发集约、能量集合”的原则，把全面实施总量控制宏观的理念，贯穿到每个园区、每个重点建设项目、每个重点工程和每个重点排污企业环境管理的全过程。

市、县（市、区）政府、各部门要根据不同情况，认真研究和应用污染物总量绩效考核指标体系和严格的动态管理模式，并积极对各类园区、企业和建设项目进行贯彻、落实，以改变目前总量控制应付、被动或难操作的局面。

（四）加强污染源监督监测，加大信息开发力度，牢固确立总量控制基础

总量控制的宏观管理指标体系和模式前面已经确立，那么污染源监测就是这种动态调控手段的基础。本次调研认为：全市各相关部门，特别是各类园区、工业集中区和排污企业，应高度重视本部门监测人员和能力建设的配备，特别是在线监测监控能力的建设。

全面提高污染物总量控制，需要建立健全一整套较完善的污染源监测管理体系，层层落实污染源动态监控的组织形式和监测范围，牢固确立总量控制基础。同时要加大监测、监控、信息的开发及自身能力建设方面的投入，强化技能和业务水平，随时为各级政府、相关部门、单位及时掌握本区域内污染排放动态变化，准确提供可靠的科学依据。

污染物总量控制管理信息化是解决总量控制动态化管理的基础。我们认为总量控制工作应是滚动的，在为决策提供依据的同时，使大量的资源、环境质量、污染控制和社会、经济等方面的基础数据，及时收集、存贮、转换和加工，否则难以使门类众多的繁杂数据系统化、直观化、动态化。

附表　区域污染物总量控制动态考核指标

类别	序号	指标名称	单位	考核等级及指标标准				
				目标值	优（Ⅰ）	良（Ⅱ）	合格Ⅲ	不合格
资源利用	1	绿色 GDP 占 GDP 比例	%	≥90	≥85	≥75	≥60	≥32
	2	人均粮食产量	kg/人·年	≥500	≥450	≥420	≥390	≥380
	3	人均耕地面积	hm^2/人·年	≥0.083	≥0.08	≥0.077	≥0.073	≥0.068
	4	国土产出效率	万元/km^2	≥3500	≥2900	≥1850	≥1000	≥520
	5	单位 GDP 能耗	吨标煤/万元	≤1.10	≤1.2	≤1.25	≤1.3	≤1.35
	6	单位 GDP 水耗	t/万元	≤150	≤200	≤400	≤650	≤1050
	7	应实施清洁生产企业比例	%	≥95	≥80	≥65	≥35	≥5
	8	环保投资比例	%	≥4	≥3.5	≥2.5	≥1.9	≥0.2

类别	序号	指标名称	单位	考核等级及指标标准				
				目标值	优（Ⅰ）	良（Ⅱ）	合格Ⅲ	不合格
环境质量	9	好于或等于二级天数占年度比例	%	≥95	≥90	≥85	≥75	≥65
	10	主要水体水质达标率	%	100	≥95	≥90	≥70	≥53
	11	噪声达标区覆盖率	%	≥90	≥85	≥80	≥75	≥55
	12	集中饮用水水源地水质达标率	%	100	≥99	≥98	≥97	≥96
	13	城镇人均公共绿地面积	m^2/人	≥20	≥15	≥11	≥6.5	≥6
	14	建成区绿化覆盖率	%	≥40	≥39	≥37	≥35	≥32
	15	森林覆盖率	%	≥30	≥25	≥20	≥15	≥12
污染控制	16	城（镇）生活污水集中处理率	%	≥95	≥90	≥80	≥70	≥15
	17	城（镇）生活垃圾无害化处理率	%	100	≥99	≥90	≥80	≥50
	18	工业二氧化硫排放达标率	%	100	≥99.5	≥98.5	≥97.5	≥80
	19	工业烟尘排放达标率	%	100	≥99	≥98	≥95	≥82
	20	工业固废综合（处置）利用率	%	100	≥98	≥97	≥95	≥78
	21	工业废水排放达标率	%	100	≥99	≥98	≥96	≥72
	22	单位耕地化肥施用强度	纯·kg/hm^2	≤260	≤280	≤300	≤320	≤590
	23	单位耕地农药施用强度	纯·kg/hm^2	≤2.3	≤2.5	≤2.7	≤3.05	≤4
	24	畜禽粪便资源化率	%	≥95	≥80	≥65	≥50	≥30
	25	饵料利用率	%	≥90	≥85	≥75	≥65	≥55
	26	COD 污染排放强度	kg/万元	≤3.0	≤3.5	≤4.3	≤5.0	≤30
	27	二氧化硫污染排放强度	kg/万元	≤4	≤4.3	≤4.5	≤5.0	≤30
	28	污染物总量超计划项目比例	%	0	≤5	≤10	≤15	≤51

参考文献

[1] 托马斯·思德纳．环境与自然资源管理的政策工具［M］．2005.

[2] 蔡文，等．物元分析［M］．广州：广东高等教育出版社．

[3] 黄光宇，陈勇，等．生态城市理论与规划设计方法．2002，8.

[4] 方如康，等．环境学词典［M］．北京：科学出版社，2003.

[5] 华迎春，陈卫兵，华常春，等．环境污染与防治．2006，28（7）：544－547.

[6] 孙志军，季建业，王如松，等．扬州生态市建设规划．江苏扬州市人民政府，2003.

[7] 刘青松，等．循环经济资料新编［M］．北京：中国环境科学出版社，2003：1－157.

[8] 万秀英，刘网华，等．扬州统计年鉴．扬州市统计局，1997—2004.

[9] 华迎春，陈卫兵，朱勇岭，等．污染防治技术．2007，20（4）：21－24.

关于“十二五”主要污染物排放总量控制的一点思考

马召坤[1] 王新国[1] 贾杰林[2] 王海勇[1]

（1. 济南市环境保护规划设计研究院 济南 250100；
2. 环境保护部环境规划院 北京 100012）

摘 要 尽管“十一五”污染减排取得了前所未有的成绩，但依然存在不少问题。主要表现在总量减排目标与质量改善的关系不对应，环境管理还难以完全适应量化管理要求，治污工程的可持续减排能力不强，减排可持续机制没有得到根本解决，与市场机制结合不够五个方面，针对存在的问题，提出“十二五”期间主要污染物总量减排工作建议。

关键词 污染减排 五个转变 重点单元 “十二五”规划

一、总量减排指标单薄，建议建立总量减排指标支撑体系

由于所处环保历史时期等原因，环境保护利用总量减排作为主要抓手和着力点，促进了各项环保工作的开展，但是总量减排管理仍然为单指标模糊控制，存在管理缺陷。这种管理方式极易掩盖主要问题和矛盾，使主要工作浮在表面，不能深入到环保工作的实质。污染物总量减排指标有其自身支撑指标体系，由环境质量、污染物监测、环境基础能力建设和环保基础设施建设等指标共同支撑，如果在“十二五”污染物总量控制工作中能将此类指标纳入或部分纳入污染减排指标体系，进行综合考核或考虑，发挥各指标的支撑作用，对于丰富总量减排指标体系，改善总量减排的模糊控制方式，使减排数据趋于更准确、更精确，将具有十分重要的意义。

由此，为保证总量减排指标的准确实现，建议建立总量减排支撑指标体系，指标支撑体系的建设并不限于平行体系的建设，还包括其下层次的支撑体系建设。当前所提“三大体系”建设中，“准确的减排监测体系”、“严格的减排考核体系”均作为“科学的减排指标体系”保障内容提出，是平行支撑体系建设内容。其中“科学的减排指标体系”要求改进统计方法，完善统计制度，实现重点污染源排污数据的统一采集、统一核定、统一公布，及时掌握新老污染增减动态变化情况；“准确的减排监测体系”要求提高污染源现场采样监测专用仪器设备的装备水平，保证环境监测数据准确、可靠、有效，提升环保部门监督性监测和自动在线监测数据传输能力；“严格的减排考核体系”要求强化政府责任，严格数据公布制度和责任追究制度，接受社会和公众的监督。在“十二五”规划中，总量减排应该更加注重实施多指标协同减排，但是，协同减排仅是建立在平行层面的共同效应，就单个指标而言，其下延还是孤立的，所以总量减排指标体系建设还应包括支撑指标体系的建设，并且，支撑指标体系建设应建立在准确理清实现污染物总量减排的需求，能够切实作为支撑的基础上建立，以实现准确的为总量指标服务。

二、上延下扩，丰富减排方式，明确总量减排指标各层次及指向

中国环境规划院建议“十二五”期间全国排放总量控制实施应体现“五个转变”的污染减排新战略，推进环境保护的模糊控制向精确控制的转变。具体为：一是从单纯注重排放总量减排向总量减排与环境质量改善相结合转变；二是从过分偏重重点行业减排向全面污染削减转变；三是从单一污染物的总量控制向多种污染物协同控制转变；四是从关注落实减排工程能力向关注减排工程质量和减排实际效果转变；五是从依赖行政手段向更多地利用市场经济手段转变。

上述“五个转变”的减排新战略充分体现我国环境保护工作思路的上延下扩内容，一是在

现有总量减排控制方式上扩展，其中，从排放总量减排向排放总量与环境质量改善结合转变、从依赖行政手段向更多地利用市场经济手段转变为上延内容，从单一指标控制向多种污染物系统控制为平行指标建设内容，二是实现减排战略的下扩，即从过分偏重重点行业减排向全面污染削减转变、从关注落实减排工程能力向关注减排工程质量和减排实际效果转变。“五个转变”的实施将使控制方式更多样化、丰富化、准确化。在实施“五个转变”的过程中应明确各转变所针对的控制方向和目标，针对各个转变内容所对应的主要问题进行实施。其中，第一个转变针对污染减排与环境质量不对应的问题，在实施总量减排的过程中逐步实现污染减排与环境质量改善的相应，并在实施过程中逐步改变目前存在的环境基数不准确、环境容量不明确等问题，但是如何准确确定污染减排和环境质量指标是转变的难题；第二个转变针对污染减排行业单一的问题，二氧化硫减排将从电力行业减排向电力行业、非电燃煤锅炉和烧结机等共同减排转变，化学需氧量减排将从生活污水减排和重点工业企业减排向面源污染控制和工业企业全面减排转变；第三个转变针对单一指标控制的不合理性和部分区域及流域特征污染问题，在“十二五”期间将控制多种大气和水环境的主要污染物，并根据污染物产生和控制机理，加强多污染物的协同控制和协同减排。同时，部门区域和流域可根据区域污染特点，制定特征污染物总量减排计划；第四个转变针对目前污染减排工程运行效果较差的问题，“十一五”期间，建设不少减排工程运行效果不理想，部分工程“竣工之日”即是“系统改造”之日，污水处理厂运行效果不理想，配套管网建设跟不上，这些都极大地制约了减排工程充分发挥效益。“十二五”时期要从重建设向重建设和强管理并重的方向转变，加强投运工程的运行监管，向管理要减排效益；第五个转变针对目前主要减排工程由政府主导投资的问题，在“十二五”期间应建立多层次、全方位的减排投资渠道，充分发挥市场经济的调节作用，政府投资合理介入，综合利用行政、法律、经济和财税等手段，共同促进减排工程市场化。

三、尽快实施重点单元总量减排，在实现环境质量改善的同时突破主要技术

由于目前技术支撑能力的限制，目前的总量控制模式没有建立在环境容量的基础上，同时，由于我国部分环境基础数据不实，因此很难将总量控制与环境质量挂钩，即使总量指标在层层考核过程中被分配到县，仍然不能实现其有效对应，所以，在“十二五”期间，在紧抓污染减排和改善环境质量，努力实现其对应关系的同时，还应解决部分环境基础技术问题，如环境基础数据、环境容量和面源污染等。从目前国内国外的部分实施经验及研究成果看，将总量指标分解，划分重点区域、流域和行业分别进行总量控制是可行的，并且在单个单元内实现环境基础数据、环境容量和面源污染等基础技术的突破。

区域排放总量控制模式。区域排放总量控制是指满足特定区域给定环境质量目标下允许的最大排放总量，或者分阶段达到允许最大排放总量的目标排放总量。这实际上就是区域环境容量下的排放总量控制，简称容量总量控制，比较适合地方环保部门采用。区域可以是城市、流域、行政辖区甚至就是划定的区域。建议“十二五”期间，特定城市、特定江河、特定湖库都可以采用“一市一总量”、“一河一总量”和“一湖一总量”，实现比较科学的区域总量控制。在充分考虑区域排放总量控制模式的同时，建议同时考虑行业排放总量控制模式，由于行业排放总量控制模式无考核对象和主体，具体实施较为困难，但是行业总量控制模式是将污染物总量减排细分，能够使控制更精细化，故不能放弃，所以，建议将其作为我国主要污染物总量减排工作的重要参考，根据需要制定能够为污染减排自身服务的重点行业减排目标，共同推进总量减排工作。

四、末端工程减排仍是主要手段，要不断推进向源头控制转变

工程减排、结构减排、监督管理减排是实现总量减排的 3 个主要技术措施，“十一五”前 3

年来污染减排措施和未来两年污染减排计划表明，工程减排是污染减排的主要手段，结构减排占主要污染物减排量的比例相对较低。2007 年，COD 结构减排仅占全部减排量的四分之一左右，SO_2 结构减排比例为30%左右。随着减排工作的深入开展，城镇污水处理设施和燃煤电力脱硫设施纷纷投产，未来两年工程减排空间逐步减小，难度加大，必须要充分重视结构减排在实现污染减排目标中的作用。应充分把握经济调整期，推动产业结构优化和经济发展方式转变取得实质性的进展。但是还应清醒认识到，“十二五”期间，还不能实现由末端工程减排为主向源头控制为主的转变，完成现有污染源的大量技术改造还不具备条件，特别是经济条件，所以在“十二五”时期，工程减排仍是减排的主要手段。

目前，转变经济发展方式，加快推进产业结构调整是摆在我们面前的重大战略任务，在2009 年经济危机中，在工业发展最困难的时候，党中央、国务院提出加强经济发展方式转变和产业调整升级。围绕这一战略部署，国家编制出台了 10 大产业调整和振兴规划，提出了 165 项实施细则并逐项推动落实，主要要求着力发挥企业技术改造的突出作用，着力培育战略性新兴产业，着力改善中小企业发展环境，增强发展活力，着力兼并重组、淘汰落后和节能减排等要求，其中，兼并重组、淘汰落后产能和节能减排要求：淘汰炼钢、炼铁、水泥、平板玻璃、电解铝、焦炭等行业的落后产能，降低化学需氧量和二氧化硫排放量。

所以，在经济结构大调整的战略机遇期，环境保护应提出要求，综合利用环境影响评价制度、清洁生产审核制度，控制污染物新增量，着力推动环境污染治理从末端工程减排向源头控制转变，实现环境保护的历史性转变。

五、总量减排考核方式简单，建议推进总量减排支撑系统的共同考核，并建立总量减排考核支撑技术体系

目前我国的环境保护控制指标，可分为四个层次：第一层次是环境质量指标，第二层次为污染物总量减排指标，第三层次为行业污染治理指标、城镇基础设施建设指标、保障体系指标和基础能力建设指标，第四层次为具体工程任务指标，即为分解落实到具体污染物排放源的治理及减排指标。目前所抓的第二层次污染物总量减排指标由第三、第四层次的指标作为基础指标共同组织完成。第三、第四层次指标均为总量减排指标的支撑指标，由具体指标逐步落实，最终形成总量减排指标，由于在目前总量减排体系中，仅重视第二层次指标的考核，其他三个层次的指标未考核或不重视考核，建议建立总量减排支撑指标体系，并进行分解综合考核。

如今，我国污染物总量控制工作真正落实已走过四年，四年时间里，通过全面落实《节能减排综合性工作方案》和《主要污染物总量减排统计监测考核办法》，建立了减排管理体系。颁布实施了比较系统的总量减排核查核算办法及减排计划编制备案、季度调度、督察核查、数据审定、通报预警等配套制度。在财政、价格、金融、税收和贸易等保障政策方面取得了突破，如制定并实施了《燃煤发电机组脱硫设施运行及电价管理办法》、《中央财政主要污染物减排专项资金管理暂行办法》和《城镇污水处理设施配套管网以奖代补资金管理暂行办法》等。配合有关部门制订了高耗能高污染行业淘汰落后产能计划和企业名单公告制度，启动了太湖流域及天津市排污权有偿使用和交易试点工作，修订了制浆造纸等 17 项国家污染物排放标准。但是，在实施过程中也发现了目前总量减排核查核算体系的一些问题，本文仅针对主要污染物总量减排核查核算过程中的技术问题提出建议，作为总量减排核查的技术依据，建议建立总量减排考核的技术支撑体系，将核查中遇到的主要问题规范化，以技术为基础，如监测技术体系，包括监测方法，在线监测系统安装、调试、运行和维修技术；治理技术体系、包括污水处理技术、大气污染治理技术、重点行业清洁生产技术和污染治理技术、特种废水处理技术等。

武昌区“十二五”环境保护规划基本思路研究

杨志 佟颖 陈静 李军 周炜

（武昌区环境保护局 湖北 武汉 430061）

摘 要 分析了武昌区“十二五”环境规划编制的背景，在此基础上确定规划编制的指导思想及总体目标，依照先进性、完整性、代表性、适量性、易得性原则初步拟定了环境规划的指标体系，提出规划编制的基本原则，并提出保障规划实施的5项保障措施。

关键词 武昌区 “十二五” 环境规划

武昌区具有得天独厚的山水自然生态环境、省会之区的区位优势、发达的路网通信媒体、丰富的科教和旅游资源、辐射广泛的区域金融中心、闻名遐迩的历史文化名城等自然和社会物质文化基础。“十一五”期间武昌区加大了“一城（武昌古城）”、“两带（蛇山—洪山—珞珈山东湖风景带、长江武昌段沿江风景带）”和“四个历史街区（辛亥首义文化区、昙华林历史文化街区、督府堤近现代革命风貌区、长春观—宝通禅寺宗教文化区）”的建设，城市生态环境面貌大为改观。在社会经济飞速发展的同时，城区环境质量有所改善。但是“十一五”中期评估及2009年环境质量数据显示，武昌区生态环境质量仍然存在差距，湖泊水质超标、空气环境质量达不到二级标准、噪声扰民、城市生活污水处理、垃圾无害化处理等基础设施滞后。

制定特大城市区一级的环境规划，武昌区还是第一次，也没有现成的规律可循，所能参照的是市一级的城市环境规划，或是县一级的小城镇环境规划，两种规划的编制方法和内容都不能完全适应武昌区环境规划实际需求。本文试图根据一般规划编制原则，结合武昌区实际情况，探索一条适合武昌区情的规划编制思路，对同类型规划编制也可以起到一定的参考作用。

一、目标与指标体系

（一）总体目标

以建设生态宜居武昌，促进全区经济社会又好又快发展为目标。以创建国家环保模范城市、扩展污染减排领域为中心工作，开展城市环境综合整治，加快城市环境基础设施建设和生态建设与修复。到“十二五”期末，全区环境质量得到持续改善，部分区域生态环境得到修复；重要水体环境质量稳定达到功能区标准；环境空气质量及声环境的主要指标达到国家标准；危险废物得到妥善处置；单位GDP能耗降低，主要污染物排放总量削减达到全市领先水平。

（二）指标体系

在深入评估武昌区“十一五”环境目标完成情况的基础上，参照国家环境保护模范城市指标体系，结合武昌区社会经济发展总体目标要求，依照先进性、完整性、代表性、适量性、易得性原则确定指标体系。

武昌区“十二五”生态环境保护指标体系

一级指标	序号	二级指标	“十二五”保护目标
经济发展	1	人均GDP	国内大城市中心城区前列
	2	城市居民实际可支配收入	国内大城市中心城区前列
	3	单位GDP能耗	达到国内大城市中心城区先进水平

一级指标	序号	二级指标	“十二五”保护目标
环境质量	4	全年空气污染指数小于100的天数比例	≥85%
	5	地表水按水域功能类别水质达标率	城区主要水体（巡司河、沙湖、紫阳湖、四美塘）达到水体功能类别（IV类水体）水质达标率为100%
	6	城市集中式饮用水源地水质达标率	100%
	7	区域环境噪声平均值 dB（A）	<55
	8	城市污水集中处理率	100%
环境保护	9	城市清洁能源使用率	达到国内大城市中心城区先进水平
	10	重点工业企业污染物排放达标率	废水100%；废气100%
	11	工业固体废物处置利用率	100%
	12	生活垃圾无害化处理率	100%
	13	生活垃圾分类收集率	达到国内大城市中心城区先进水平
	14	机动车尾气达标率	90%
	15	单位工业增加值主要工业污染物排放强度	<全国平均水平
	16	绿地率	≥35%
环境生态建设	17	山体保护	大部分山体基本恢复自然风貌，具较美景观山体及周边无与山体风貌不协调的建筑
	18	水景建设	完成巡司河水体治理和生态建设任务完成六湖连通和港渠生态景观建设
社会环境意识	19	中小学环境教育普及率	100%
	20	公众对城市环境保护的满意率	≥85%
	21	绿色社区占社区总比例	达到国内大城市中心城区先进水平
	22	环境友好型企业（环境保护先进企业）	达到国内大城市中心城区先进水平

二、基本原则

（一）突出以人为本、民生为重的理念

坚持把维护群众的环境权益作为环保工作的出发点和落脚点。以改善环境质量为核心目标，以城区空气环境质量改善、饮用水水源安全保障、宜居城市建设推进武昌古城保护与复兴等环境要素规划为主线建立规划目标指标体系。

（二）优化经济发展

充分体现环境与经济的协调发展，促进循环经济、低碳经济、绿色经济，推进产业结构和空间布局优化调整，工业由中心城区向远城区转移、由分散布局向工业园区集中。服务向高科技生态经济产业园区发展。使规划目标与社会经济发展挂钩。

（三）保障环境安全

充分考虑环保监督管理能力、防范重大污染事故以及社会经济持续发展的环保保障条件，为规划任务落实，确定环境保护对策和措施。

（四）规划协调一致

“十二五”环保规划作为武昌区社会经济发展总体规划的一部分，必须与总体规划同步进行编制，把环保规划纳入社会经济“十二五”规划的重要内容中去。同时，在规划编制过程中必须与省、市环境保护规划相一致。

（五）突出特点创新

结合武昌区自然环境特点和环保工作难点，探讨综合治理解决城市建设过程中带来的空气污染、油烟、噪声、异味扰民、水环境污染控制方法。在机制体制方面突出创新特点。

（六）规划编制简洁易行

区级环境规划应以目标明确、方案可行、简洁明了、通俗易懂为原则，利用现有的监测数据，以达到高效、快速、准确的目的。

三、保障措施

（一）强化和落实环境与发展综合决策体系

一是完善武昌区建设环境友好型社会协调工作机制。构建武昌区环境建设协调工作机制，协调规划、发改委、环保、城管、水务、园林、城建等各相关职能部门密切合作，实现环境建设“一盘棋”；二是构建武昌区环境执法协调工作机制，强化环保执法执行手段，组织城市扬尘污染治理、油烟噪声扰民治理、汽车尾气治理等专项执法治理工作。三是建立环保信息沟通机制。四是建立健全环境友好型的决策监督机制，将环保“一票否决”权具体化。五是建立健全减排工作机制。建议提高排污收费标准和超标排污处罚标准，并对超标排污企业给予通报公示，责令其限期整改。

（二）创建环保模范城

充分发挥武昌区环委会的作用，积极协调政府各职能部门，认真落实清洁空气、显山透绿、水体修复各项工作任务，继续深入开展“创模”宣传工作，发动社会各界和群众广泛参与，防治污染，保护家园，提高居民群众环保满意度。积极争取人大监督支持，学会借助环保世纪行“三个监督一体化”的强大动力，推进环保工作。

（三）加强环境保护能力建设

要进一步加强环境保护能力建设，提高环境污染事故应急反应、污染源监控、环境监测、环境信息等方面的能力。要按照数据准确、方法科学、传输及时的要求，进一步完善环境质量监测网络，扩大和完善重点污染源自动监控系统，建设先进的环境监测预警体系，区环境质量监测站达到国家三级站标准。要加强环境监察机构建设，提高执法装备水平，达到国家二级标准。加强环保队伍建设，要选派政治觉悟高、业务素质强的领导干部充实环保部门。要严格执行国家定员定额标准，确保环保行政管理、监察、监测、信息、宣教等行政和事业经费支出。规范环保人员管理，强化培训，提高素质，建设一支思想好、作风正、懂业务、会管理的环保队伍。

（四）环保宣教提高全民环境意识

组织开展系列绿色创建活动。督促更新和扩大废电池回收箱（环保宣传栏）建设，普及环保科技知识，倡导“绿色环保、健康生活”，发动社区群众参与环保自治，建设、管理好自己的绿色家园。积极协调区教育局推进创建绿色学校，实现绿色学校创建工作“扫盲”，在扩面的基础上提档升级，合理布点推进创建国家级绿色学校，研究探索创建“绿色大学”试点工作。不断提高公众对环保工作的满意度。

（五）环境安全体系建设

建立环境安全防控、预警、应急处置及后勤保障体系，确保辖区不发生环境安全事故。一是严格控制有对环境隐患的建设项目，拒批不符合国家环保法规和产业政策的项目，依法审批建设项目环境影响评价报告，把好准入点；二是建立完善的应急预警及处置机制；三是加强环境应急能力建设，建立一支过硬的应急处置队伍；四是加强对辖区环境风险企业的管理，排查安全隐患，督促整改，将环境风险降至最低；五是实施环境安全责任追究制度。

化学品环境管理现状与问题及“十二五”规划的对策建议

梁维华[1] 魏彤宇[1] 王冬梅[1] 韩 丽[2]

（1. 天津市固体废物及有毒化学品管理中心；
2. 天津市环保局 天津市南开区复康路17号 300191）

摘 要 作者根据天津市化学品环境管理的实际情况，总结了化学品环境管理的现状与问题，阐述了目前国际化学品环境管理的战略和行动，提出了“十二五”环境保护专项规划的建议。

一、引 言

化学品的生产和使用，极大地丰富了人类的物质生活。进入20世纪以来，化学工业迅猛发展，已经成为世界经济活动的重要组成部分，1998年全球化学工业总产值已达15032亿美元，分别占全球GDP的7%和世界贸易总额的9%。在我国，近年发展迅速，其中石油化工行业已经成为世界第二大生产国和消费国，仅以石油化工行业为例，2008年的总产值达到53320亿元，实现利润5300亿元，分别是1978年的70.1倍和31.2倍。2009年规模以上企业3.46万家，实现总产值6.63亿元，占全国规模以上企业工业总产值的12.13%。

在为提高人类生活水平作出贡献的同时，化学品的生产和使用也给人类带来了严重的环境污染，甚至危害到人类生存，如持久性有机污染物问题、内分泌干扰物质问题、臭氧层消耗物质问题、危险化学品泄漏事故问题、新化学物质环境污染问题以及有毒化学品进出口贸易问题等。于是，国际社会纷纷采取措施，开始了有别于水、气常规污染物治理的化学品环境管理行动，相继提出并通过了一系列法制变革、国际公约和全球战略，化学品环境管理成为当今世界各国环境保护的重要主题。

2008年，环境保护部成立化学品管理处，标志着我国化学品环境管理开始了一个新的时期，也说明化学品环境管理工作的重要和迫切。1999年，天津市作为原国家环保总局的试点城市，在全国率先开展了化学品环境管理工作，本文根据天津市化学品环境管理工作的实际情况，说明我国化学品环境管理的现状和问题，提出“十二五”规划的对策建议。

二、化学品环境管理现状

我市化学品环境管理涉及的内容主要包括履约、应急、新化学物质环境管理、有毒化学品进出口环境管理和废弃化学品处理处置的监督管理等几个方面。

（一）履约

化学品环境管理领域涉及我国已经签署的国际公约有《关于在国际贸易中对某些危险化学品和农药采取事先知情同意程序的鹿特丹公约》（简称鹿特丹公约或PIC公约）和《关于持久性有机污染物的斯德哥尔摩公约》（简称POPs公约）。

履行鹿特丹公约，主要控制有毒化学品进出口，在知情同意的情况下进行贸易，防范环境风险，防止环境污染，我国由原国家环境保护局、对外贸易经济合作部、海关总署于1994年5月1日联合发布了《化学品首次进口和有毒化学品进出口的环境管理规定》，在这个规定中，明确了列入《中国严格限制进出口的有毒化学品目录》中的物质，进出口时必须向环境保护行政管理部门进行登记，2009年，环保部发出《关于加强有毒化学品进出口登记管理的通知》，要求加强地方环保局的监管。

履行 POPs 公约，主要是对列入公约目录的 12 种 POPs 物质（二恶英类 POPs、杀虫剂类 POPs 和多氯联苯）进行淘汰和削减，这是一个有明确时间表、要求强制减排的公约。2007 年 7 月，我国政府宣布了《中华人民共和国关于实施〈关于持久性有机污染物的斯德哥尔摩公约〉的国家实施计划》（简称 NIP），按照我国政府的承诺，需要减排二恶英；停止生产与使用、停止进出口杀虫剂类 POPs；停止使用含多氯联苯的电力设备；处理废物；无害化管理污染场地。2009 年 5 月我国发布了《禁止生产、流通、使用和进出口滴滴涕、氯丹，灭蚁灵及六氯苯的公告》，同时国家有关部门也颁布了个别行业控制二恶英排放的环境标准。对于减排二恶英目前的问题是新源增加迅速，现有源老（历史长）、旧（工艺、设备）、差（更新能力、管理水平），强制减排缺少相关产业政策，缺少资金和技术；对于废物和污染场地目前的问题是底数不清，已知的也缺少资金和技术处置；管理方面，监管能力整体不足。

（二）参与环境污染事故应急

目前环境污染事故应急，主要依据国务院 2002 年颁布的《危险化学品安全管理条例》，它包含了各行政管理部门的职责和对企业的规定，明确了环境保护行政管理部门的职责是：有毒化学品事故现场的环境监测、废弃化学品的处理处置以及生态破坏事件的调查；同时，强调了企业防范危险化学品事故的责任和义务，以及事故发生后应该立即采取的行动和措施。目前发现的问题是政府管理部门之间职能未界定清楚，彼此之间信息沟通不畅，缺少合作；企业应急预案重点在事故救援的演练上，缺少事故前防范和检查、缺少对环境污染的应急措施、缺少对周围公众的信息公开和应急防范；目前的安全评价与环境风险评价和应急措施尚未结合起来；应急的社会力量和公共资源未得到充分利用和开发。

（三）新化学物质环境管理

中国加入 WTO 之后，原国家环境保护总局于 2003 年制定颁布了《新化学物质环境管理办法》，2009 年进行了修订，目的是加强对新化学物质的环境管理，防止新化学物质污染环境，从源头控制化学品风险。其基本内容是对中国境内从事生产和进口新化学物质实行生产前和进口前申报登记的环境管理制度。地方环保局负责生产和进口后的监督管理。目前存在的问题是一方面宣传不够，另一方面是违法难以取证，同时监管能力薄弱和监管手段欠缺。

（四）废弃危险化学品的环境管理

废弃危险化学品环境管理主要依据国家环保总局《废弃危险化学品污染环境防治办法》，该办法明确了危险化学品生产、储存、使用单位关停并转后，应进行环境风险评估报告，对场地造成污染的应进行环境恢复。但由于企业关停并转之后的过程不经过环保部门，加之缺少相应的标准和具体规定，缺少资金、技术和处置能力的支持，这一规定一直难以执行。

三、国际化学品环境管理的战略和行动

（一）全球化学品统一分类和标签制度

随着人们对化学品危害性认识的扩展，尤其是对化学品的慢性、潜在的健康危害和生态环境危害性方面认识，意识到对化学品的健康环境危害必须加以考虑。1992 年环境与发展大会上，建立“全球化学品统一分类和标签制度（简称 GHS）”成为国际化学品环境管理战略中的一项重要内容。2003 年，GHS 终于得以完成并发布。2008 年，国际社会在全世界推广 GHS，将其作为国际化学品管理行动的一项基本战略目标，使之成为世界各国未来普遍遵循的统一的化学品危害性分类制度，并极大地推动国际化学品环境管理进程。

（二）化学品环境管理的国际公约（POPs 公约与 PIC 公约）

国际社会 1998 年通过了鹿特丹公约；2001 年通过了 POPs 公约；国际机构目前正积极开展全球范围内汞和内分泌干扰物质的评估活动。国际公约已经成为全球化学品管理的一个重要手

段，也成为国际社会政治、外交的一个重要方面。

（三）国际化学品管理战略方针——SAICM

2002年的世界可持续发展首脑会议（WSSD）通过了为实现《21世纪议程》可持续发展目标而敦促世界各国进行统一和实际行动的《执行计划》。《执行计划》设定了实现化学品环境无害化管理的一项具有时限性的战略目标"为了实现化学品整个生命周期内的无害化管理，到2020年，实现化学品生产、使用对人类健康和环境不利影响的最小化"。

2006年2月，国际化学品安全战略方针（简称SAICM）在国际化学品管理大会和全球环境部长会议获得一致通过，国际化学品管理战略是：制定国际化学品公约和协定，建立化学品管理的国际合作机制，实行化学品风险评价与风险管理，鼓励公众知情与参与。

四、化学品环境管理所面临的问题

（一）我国化学品环境污染问题严峻

我国是世界化学品生产和消费大国，现有化学品品种繁多，应用广泛；现有物质大约有4.5万种，每年还在新申报100多种；随着我国经济的快速增长，化学工业年增长率在13%以上，然而作为一个发展中国家，我国的化学品工业目前存在着产业结构不合理、规模小而分散、产业技术和污染控制技术水平低等问题；持久性有机污染物问题、汞污染问题、危险化学品泄漏和事故造成的环境污染问题、有毒化学品进出口贸易的环境污染问题、大量医药电子行业研发生产带来的新化学物质环境污染问题等，越来越明显，越来越突出。

除了化学品固有性质产生的问题，有毒有害物质的生产、销售、经营、使用直至废弃等过程的管理水平低，历史原因造成的安全、环保等方面欠债太多，以及对化学品风险认识不足等原因，造成环境风险隐患很大，尤其是近几年重大危险化学品事故不断，社会影响巨大，所以我国化学品环境污染问题形势严峻。

（二）面临的国际压力巨大

在当今全球化时代，化学品的全球贸易和化学品环境污染的全球迁移，使化学品环境问题成为国际社会普遍关注的全球性环境问题。国际社会除了制定各种控制化学品环境风险的国际公约和协定、开展多种国际活动外，发达国家还在不断采取立法及各种管理措施，推进全球化学品环境管理进程，最大限度地减少有毒化学品的环境风险。相对于国际社会提出的化学品管理目标，我国存在很大差距，政府面临巨大压力。

（三）化学品环境管理有别于现行的环境管理

现行的环境管理是针对环境要素进行管理的，如对水体、大气、土壤等环境要素进行管理，而化学品污染的既可能是水、也可能是大气或土壤，不是单一的环境要素，而是综合的；通常，环境管理的环节是从排放开始的，通过安装污染防治设施、建立污染物排放控制环境标准、进行环境监测和监督管理达到控制排放浓度和排放总量的目的，而化学品管理，如持久性有机污染物显然不能通过上述方法来达到目的，而是涉及化学品整个生命周期的管理；而且，化学品由于其环境和健康危害性通常是不确定的，它所面对的是有可能发生但不确定危害后果的风险问题。

目前国际化学品环境管理的目标是识别、评价与控制化学品的环境风险。由于化学品的危害性质及风险的不确定性，以及其种类繁多，生产、存储、销售、运输、使用以及作为废物处置的整个生命周期过程十分复杂，管理环节多、管理部门多等原因，传统的通过建立环境标准、加强环境监测和强制配套污染控制设施等手段无法控制其生命周期中都可能出现的环境排放、人体暴露及环境风险问题。所以，化学品环境管理的思想和理念与水、气管理的思想理念有所不同，管理的方法也不同，这也给化学品环境管理体系的建立带来难度。

（四）我国化学品环境管理能力薄弱

目前，化学品环境管理的法律法规体系不健全，各级环保部门管理人员缺乏；执法监督能力不足，缺少管理支撑体系。化学品环境管理在国家层面也只是刚刚成立机构，地方环保局还不具备足够的监管能力。同时，由于化学品环境管理对专业技术要求很高，比较水、气等方面的环境管理而言，技术支持力量薄弱、缺少宣传、缺少培训、缺少配套的可执行或可操作的规范或标准，也没有对应的监测能力。另外，目前化学品环境管理的职能界定还不甚清晰，在政府各管理部门之间还有混淆，在环保系统内部也有混淆。所以，目前的化学品环境管理体系远远不能满足实现化学品管理目标的需求。

五、“十二五”专项规划的对策建议

综上所述，目前国际化学品环境管理日趋加强，而我国化学品环境污染问题严重、化学品环境管理刚刚起步，无论法律法规、标准规范，还是管理能力、支撑体系都明显不足，不能满足解决我国化学品环境污染问题，应对国际社会化学品管理形势的要求，政府面临着巨大的国际压力。因此，迫切需要加强我国的化学品环境管理工作。

正值编制“十二五”环境规划阶段，针对我国目前化学品环境管理的现状，建议如下：

1. 研究国际化学品环境管理的战略、方针和实践经验，明确我国化学品环境管理的职能和目标，结合我国实际情况，尽快制定我国化学品环境管理的战略。有条件的地区或环境敏感地区应制定区域化学品环境管理战略，应对国际化学品环境管理的形势和要求。

2. 加快制定我国的化学品环境管理法律、法规；修订目前已有的法律法规；建立相关的标准、规范和管理办法，使化学品管理目标更明确，方法手段更有力，操作实施更规范。

3. 加强化学品环境管理的能力建设，建立与职责相匹配的管理机构，综合管理防控化学品风险。加强部门与部门之间沟通与合作，共享信息，共同推动化学品环境管理工作。

4. 在二恶英减排方面，加快制定产业政策，设立行业准入条件，控制新源排放的增长，同时建立资金机制，淘汰、更新改造现有源，并对 POPs 废物和污染场地开展调查。

5. 对进出口有毒化学品开展风险评估，并试行污染物排放转移登记制度（PRTR）。

6. 对新化学物质，借鉴 REACH 方法，进行风险评估，控制环境风险。

7. 加强技术支持，尤其是社会科研力量和科技成果。

8. 加强公众参与，提高全民化学品环境风险意识。

9. 加强国际合作，推动我国化学品环境管理进程。

参考文献

[1] 李政禹．国际化学品安全管理战略［M］．北京：化学工业出版社，2006.
[2] 刘建国．化学品环境管理［M］．北京：中国环境科学出版社，2008.
[3] 张宝莉，徐玉新．环境管理与规划［M］．北京：中国环境科学出版社，2004.

北京市“十二五”水环境保护指标体系研究

刘桂中　范　清　孙长虹

（北京市环境保护科学研究院　北京市西城区北营房中街59号　100037）

摘　要　北京市“十二五”水环境保护指标体系是水环境保护方向引导、评估、考核的基础，本文在分析“十一五”水环境指标体系的基础上，结合国外指标框架，针对目前存在的水环境问题和“十二五”水环境保护工作重点，研究并提出了构建北京市“十二五”水环境指标体系的总体思路，初步形成了指标体系构架，包括目标、目的、任务措施3个层次，共28项指标。指标体系的研究为北京市“十二五”水环境保护规划提供重要的参考和依据。

关键词　水环境　指标　“十二五”　北京

“十二五”水环境保护指标体系是“十二五”水环境保护规划的重要组成部分。《北京城市总体规划（2004—2020）》中确定2010—2020年为“生态城市”的成型阶段，但经济快速发展，人口持续增加，水资源却严重匮缺，北京市“十二五”时期的水环境保护工作将面临前所未有的挑战。把握“十二五”北京市水环境保护规划思路，提出规划指标，是北京市“十二五”规划前期研究迫切需要解决的问题，这对于指导“十二五”水环境保护规划工作具有重要意义。

一、水环境保护指标

（一）国家层面“十一五”水环境保护指标

《国家环境保护“十一五”规划》总体规划提出了全国环境保护总体目标、具体指标。具体指标从3方面提出，一是COD总量减排，二是水质指标，三是任务措施指标，分别为污水处理率、处理能力和处理负荷指标。国家层面同时编制一系列流域水污染防治规划，针对北京市的专项规划主要是《海河流域水污染防治规划（2006—2010年）》，框架和国家规划基本一致。

（二）北京市“十一五”水环境保护指标

《北京市“十一五”时期环境保护和生态建设规划》由总体目标和具体指标两部分组成。总体目标对大气、水等环境要素提出了总体环境质量要求，具有高度概括性。具体指标则分别对各环境要素提出了目标要求。针对水环境要素，规划按照“环境质量—总量控制—任务与措施—保障政策”的逻辑关系，从目标层次（环境质量）、目的层次（总量控制）、任务措施层次（各项污染防治措施和监管措施）3个层次提出了具体的规划指标，共14项指标。北京市“十一五”水环境保护规划指标具体见表1。

二、美国规划指标体系对北京市的启示

美国环保局（EPA）水环境指标体系[1]包括目标层、子目标层和任务措施层3个层次。与我国相比，指标侧重点有所区别。主要表现在：①EPA没有总量控制指标，重视水质控制；②EPA水质指标侧重供水饮用水和流域水质；③EPA制定了鱼和贝类食用安全、娱乐用水、海洋水质控制指标。2009—2014年EPA水环境规划已发布意见稿，具体指标层次如表2所示。结合北京市发展要求，流域水质控制思路可在“十二五”中探索，初步建立流域水环境管理机制。

三、北京市“十二五”期间水环境保护指标构建

（一）总体思路

以《国家“十二五”环境保护规划基本思路》、《北京城市总体规划（2004—2020）》为总

体指导，在认真分析《国家“十一五”环境保护规划》、《海河流域水污染防治规划（2006—2010）》、《北京市“十一五”时期环境保护规划》指标体系的基础上，结合创模标准、城考标准、“绿色北京”重点建设指标等内容，立足“十二五”时期北京市的水环境保护工作重点，构建北京市“十二五”水环境保护指标体系。

表1　北京市“十一五”水环境保护规划指标

序号	类别	指标名称
	目标层次	
1	环境质量	主要地表饮用水源水质（密云水库、怀柔水库、官厅水库）
2	环境质量	平原地区地下水水质
3	环境质量	中心城和新城城市水系水质
4	环境质量	
	目的层次	
5	污染减排	COD 总量
	任务措施层次	
6	水污染防治	中心城污水处理率
7	水污染防治	新城水处理率
8	水污染防治	郊区污水处理率
9	水污染防治	中心城再生水回用率
10	水污染防治	新城再生水回用率
11	环境监控	地表水自动监测站建设
12	环境监控	重点地下水源水质监测系统建设
13	环境监控	重点污染源自动监控系统建设
14	环境监控	重点污染源排污许可证管理

（二）“十二五”水环境保护指标体系构建

“十一五”期间，北京市 COD 排放量逐年下降，水环境质量逐年改善，“十一五”指标起到了非常重要的指导和约束作用。“十二五”水环境保护指标将在“十一五”构架的基础上搭建，指标体系仍从目标层次、目的层次、任务措施层次等方面展开。

1. 目标层（水环境质量指标）

水环境从分类上可分为地表水与地下水环境。

对于地表水环境，一是保留饮用水源地指标。目前北京市 3 个重要地表饮用水源地密云水库、怀柔水库连年达标，官厅水库水质仍为Ⅳ类，可继续作为“十二五”控制指标，保证北京市 3 个重要地表饮用水源水质。

二是调整一般水体水质指标。“十一五”规划要求 2010 年中心城和新城城市水系水质平水年基本达标，由于近年来北京市一直为枯水年，因此该项指标实际难以考核。参考创模标准、生态市标准关于该类指标的定义，并考虑到河流、湖泊、水库的不同特性，可调整为 3 项指标：河流水质达标率、湖泊水质达标率、水库水质达标率。

三是新增国控断面、出境断面相关指标。海河规划、国家“十一五”等规划已提出地表水国控断面劣Ⅴ类水质比例、海河水系国控断面好于Ⅲ类比例、拒马河、北运河和泃河三个跨省出境断面水质3项断面指标。3项指标应在“十二五”中加以借鉴，为流域管理机制打下基础。

表2 2009—2014年EPA水环境指标体系

目标层	子目标层	任务措施层
保护人类健康	饮用水安全	符合饮用水标准的社区供水服务人口比例
		达到饮用水标准的社区供水系统比例 饮用水达标的社区供水能力
		印第安社区供水符合饮用水标准的服务人口比例
		社区供水系统和服务人口风险减低比率
		不能得到安全饮用水的部族家庭的改善率
	鱼和贝类食用安全	血汞含量超过关注度的育龄妇女人口的改善率
		维持或改善受到人为因素污染的贝类生长的区域比例
	游泳用水安全	5年内游泳或接触娱乐性水域暴发疾病的次数
		游泳季节的安全天数
水质保护	流域水质改善	改善受污染水体使水质达标的个数
		受污染原因得到评估的水体个数
		受污染水体水质改善个数
		保持溪流水质功能
		印第安地区监测水体水质改善的监测站个数
		无法获得基础卫生设施的部落家庭的改善率
	改善海岸和海洋水质	保持水体海岸水生生态系统健康等级
		保持东北、西南、西海岸等区域 水生生态系统健康等级
		达到环境可接受水平的海洋倾倒点个数
科学研究	饮用水研究	保护人类健康，防止饮用水污染风险研究
	水质研究	保护水生生态系统，防止娱乐用水健康风险

对于地下水环境，应调整平原地区地下水水质指标，增加其可考核性，可采用“集中式地下水水源地水质达标率”作为地下饮用水源水质的控制指标。

2. 目的层（总量控制指标）

COD总量作为“十一五”总量控制指标，只统计了生活和工业排放，没有把排放比例较大的农业源[2]统计在内，另外没有控制其他污染物排放。根据国家“十二五”基本思路，北京市在“十二五”期间应增加如下指标：

一是增加非点源（目前主要是农业源）总量控制指标。农业源包括畜禽养殖、水产养殖和种植业污染源，污染物排放量较大，国家“十二五”环境保护规划思路中已将农业源列为重点关注的对象，应增加农业源的总量控制指标。

二是增加氨氮等其他污染物总量控制指标。除COD外，氨氮、总磷、总氮等指标也是影响水环境质量的重要指标，特别是地表水富营养化的主要贡献指标[3]。目前国家“十二五”环境保护规划思路中已将氨氮列入全国污染物总量控制目标，并将重金属、总氮、总磷列为区域性总量控制目标。结合北京市实际，应考虑先将氨氮列入总量控制目标。

3. 任务措施层（污染防治措施和监管措施指标）

（1）水污染防治指标

“十二五”面临的主要环境问题集中在污水处理、农业水污染、工业用水3个方面。

第一，污水处理率是指导、衡量污水处理程度的重要指标。“十一五”规划按中心城、新城、郊区三个层面分别设置污水处理率指标。中心城、新城污水处理率较高，可继续作为“十二五”控制指标，以应对不断增大的人口压力，保持中心城、新城高处理水平。相比城市，乡镇污水处理没有得到充分重视，乡镇污水处理率尚未达到50%，应继续作为“十二五”指标以加强乡镇污水处理水平。

在集中处理设施方面，随着北京市污水处理设施建设加快，污泥产生量也有较大增长，目前全市每年大约产生100多万吨污泥，但污泥无害化处理率只有约17%，污泥处置问题相当严峻[4]。建议增加城市污水处理厂污泥无害化处理率的控制指标。

第二，农业污染控制主要包括畜禽养殖和种植业，“十一五”生态规划中已采用规模化畜禽养殖场粪便综合治理率指标，水环境规划暂时无需重复。种植业可用化肥施用强度和农药施用强度两项指标加以控制，但由于操作性差，并涉及“三农”问题，“十二五”期间暂不设立控制指标。

第三，工业一直是北京市水污染防治工作的重点对象，近年来工业用水重复利用率保持在96%左右，工业废水排放达标率保持在98%左右，国控重点企业废水排放达标率已达100%，提升空间非常有限，“十二五”期间可不设工业水污染防治指标。

（2）生态用水保障指标

北京是一个水资源严重短缺的城市，用水量大于可用水资源总量，生态用水缺乏是北京市水环境质量没有得到根本改善的主要原因之一，生态用水保障将成为“十二五”期间水环境质量改善的关键因素。“十二五”期间要加大生态用水量，提高再生水利用率。利用河湖环境用水量作为一项控制指标确保城市河湖的生态用水量。同时把城市再生水利用率作为强化再生水利用、保障水资源的重要指标之一，采用中心城再生水回用率和新城再生水回用率两项指标分别加以控制。

（3）水环境监管指标

“十一五”水环境监管指标包括两个方面，一是环境监测监控，二是管理机制。

在环境监测监控方面，地表水环境质量自动监测站建设、重点地区地下水源水质监测系统建设作为反映北京市水环境监测能力建设的2项重要指标，应予以保留。重点污染源自动监控系统由于设施管理、数据传输等方面缺乏技术要求，而且没有要求同步安装水量在线计量装置，使污染源排放监测、统计、污染物排放总量的核定工作有一定难度，应继续作为监管指标。另外为加强对污水处理厂污泥的控制，应建立污泥监测监控系统。

在管理机制方面，继续完善排污许可证制度。并根据“十二五”时期流域管理的新要求，增加流域管理指标，建立流域水环境管理机制，具体包括建立流域污染物总量控制制度、基于流域的水环境保护目标责任制和考核评价制度、流域断面交接与补偿机制。

综上，“十二五”水环境保护规划指标构建情况见表3。

参考文献

[1] U. S. EPA. 2009—2014 EPA Strategic Plan Change Document. 2008，9.

[2] 荆红卫．北京市地表水污染原因分析与防治对策［J］．城市环境与城市生态，2006，19（4）：17－19.

[3] 荆红卫，华蕾，孙成华，等．北京城市湖泊富营养化评价与分析［J］．湖泊科学，2008，20（3）：357－363.

[4] 张辉，赵珊，周军，等．北京污水厂污泥处置现状［J］．建设科技，2009，7：54－55.

表3 “十二五”水环境保护指标构建

序号	类别	指标名称	
目标层			
1	环境质量	河流水质达标率	
2		湖泊水质达标率	
3		水库水质达标率	
4		集中式地下饮用水源地水质达标率	
5		国控断面中劣V类水质断面的比例	
6		海河水系国控断面好于III类水质断面的比例	
7		3个出境断面水质	拒马河
8			北运河
9			泃河
10		密云、怀柔水库水质	
11		官厅水库水质	
目的层			
12	总量控制	COD排放总量	
13		氨氮排放总量	
任务措施层			
14	水污染防治	中心城污水处理率	
15		新城污水处理率	
16		郊区乡镇污水处理率	
17		城市污水处理厂污泥无害化处理率	
18	生态用水保障	河湖环境用水量	
19		中心城再生水回用率	
20		新城再生水回用率	
21	环境管理	自动监测站建设	
22		重点地区地下水源水质监测系统建设	
23		污染源自动监控系统	
24		城市污水处理厂污泥监控系统	
25		排污许可证管理	
26		流域污染物总量控制制度建立	
27		流域目标责任制和考核评价制度建立	
28		流域断面交接与补偿机制建立	

青岛市“十二五”环境保护展望

左 华 朱 磊 付 会

（青岛市环境保护科学研究院）

摘　要　本文在回顾分析青岛市“十一五”环境保护规划和深入剖析“十二五”期间环保形势及问题分析的基础上，提出了青岛市“十二五”环境保护规划的总体要求和目标、主要任务以及工作保障措施。未来五年青岛市环保主要任务包括污染减排、推进“环湾保护”战略、大气环境保护、水环境保护、生态与农村环境保护、固体废物污染防治和核与辐射及环境安全等，并将通过政策、资金投入、环境监管、环境科技等多项措施为环境保护工作提供保障，为深入进行青岛市“十二五”环境保护规划指明了方向、奠定了基础。

关键词　青岛市　“十二五”　环境保护　目标　主要任务

青岛素以环境优美著称于世，碧海蓝天、山海城浑然一体成为鲜明的城市特色和宝贵的自然资源。保持青岛的碧海蓝天、青山绿水，塑造最适宜人居住的城市环境，始终是环保工作追求的目标。“十一五”期间，青岛市环境保护事业快速发展，生态环境建设取得新成就，在全国率先建成国家环保模范城市群。在全市经济快速增长，工业化、城市化进程加快的背景下，主要污染物排放量得到控制，预计二氧化硫和化学需氧量排放量分别下降 26.3% 和 18% 以上，顺利完成“十一五”减排目标，总体环境质量保持良好水平，市区环境空气质量优良率达到 91%，城市饮用水源安全、核与辐射及环境安全得到保障。环境监管能力得到加强，环境管理水平不断提升，圆满完成奥帆赛、残奥帆赛的环境保障任务。

一、“十二五”环境保护总体要求和目标

2015 年，预计青岛市常住人口将达到 1000 万，旅客总量达 6500 万人次，全市生产总值达到 1 万亿，城镇化水平达到 72%，快速发展必然带来资源能源需求的持续增长，给环境带来巨大的压力。“十二五”环境保护工作的总体要求：以邓小平理论和“三个代表”重要思想为指导，深入贯彻落实科学发展观，大力推进生态文明建设，紧扣“环湾保护、拥湾发展”战略的实施和蓝色经济区建设，继续削减主要污染物排放总量，保障以胶州湾为核心的生态环境安全，初步形成有利于节约能源资源和环境保护的产业结构、增长方式和消费模式。生态环境质量进一步改善，生态环境状况指数继续位居全国前列，形成青山绿水、碧海蓝天的宜居环境。

主要目标：继续强化主要污染物减排，化学需氧量、二氧化硫排放量在“十一五”末的基础上再削减 5%，新增废气氮氧化物、废水氨氮排放的总量控制，完成国家和省下达的总量控制指标任务。城市空气保持良好水平，优良天数稳定达到 330 天以上。主要河流水质得到全面改善，水环境功能区达标率达到 90%，城市污水集中处理率达到 100 %；近岸海域保持优良水质，胶州湾整体水质恢复良好水平。

二、“十二五”环境保护主要任务

（一）继续实施污染减排

在“十一五”化学需氧量和二氧化硫“双下降”的基础上扩大污染减排范围，将氨氮和氮氧化物纳入减排和总量控制体系。加快淘汰小锅炉、关停小火电，继续推进燃煤锅炉脱硫设施建设，烟气脱硫设施运行率不低于 90%；电力行业全面推行低氮燃烧技术，燃煤电厂 30 万千瓦以上现役机组实施烟气脱硝技术改造，供热、钢铁等行业开展低氮燃烧和脱硝示范。工业固体废

物、危险废物处置利用率分别达到99%和100%，城市污水处理厂污泥实现无害化处置。

（二）大力推进“环湾保护”战略

划定胶州湾湿地保护线、围海填地控制线，严禁胶州湾周边填海造地，保护胶州湾自然生态岸线。划定入湾河道控制线及生态间隔区，确保胶州湾水质功能区达标率90%。加快胶州湾入湾河流的生态恢复，以大沽河河口、洋河河口区及胶州少海新城、李沧白泥公园海域为重点，推进国家湿地保护工程项目建设。加快推进环湾区域内重点污染企业的搬迁，优化布局。落实董家口港区、鳌山湾港区规划及环评要求。综合整治碱厂白泥和太原路原有垃圾堆放场。

（三）大气环境保护

加快能源结构改变，积极引进区外来电和发展风能、生物质能等清洁能源项目，降低煤炭在一次能源中的比例。大力推广公共交通，倡导绿色出行。全面提升机动车污染防治水平，推动车用燃油升级，深化机动车合格标志制度，鼓励老旧机动车淘汰，2011年提前实施“国Ⅳ”排放标准，2015年全市机动车尾气达标率达到95%。以可吸入颗粒物、二氧化硫和氮氧化物污染控制为重点，加强对燃煤、机动车、扬尘的复合型大气污染防治。采取积极措施防控挥发性有机物、臭氧和细颗粒物污染，减少灰霾天气发生。

（四）水环境保护

加强崂山水库、产芝水库、大沽河等重点饮用水源地环境保护，取缔、关闭饮用水源保护区内的排污口及违建项目，调整完善水源保护区划，提高水源保护规范化管理水平，确保水源安全。以海泊河、李村河、楼山河、张村河、崂山水库上游、墨水河等10个流域污染综合整治为重点，全面推进流域污染治理工作，从根本上解决河道“脏、乱、黑、臭”问题。深入推进中水回用，全市中水回用率不低于30%，利用中水恢复河道生态功能，使河道两岸环境质量得到质的提升，水环境功能区达标率达到90%，实现有水有鱼的目标。

加快污水管网配套建设，市区污水管网收集率达到100%，完成团岛污水处理厂、海泊河污水处理厂、李村河污水处理厂、楼山河污水处理厂等各流域污水处理厂的升级改造，城市污水处理率达到100%，污水处理厂处理标准达到一级标准，排放达标率达到95%。

完善海岸线功能区划，削减污染物入海总量，近岸海域保持优良水质。

（五）生态与农村环境保护

加强生态系统保护与建设。实施严格的“绿线”管理制度，完成太平山中央公园等7个生态公园建设，全面完成观海山等10个山头公园的综合整治。加强自然保护区、湿地保护区、森林公园建设和保护，防止外来有害物种入侵，保护生物多样性。2015年，人均公园绿地面积达15m^2，中心城区绿地率达40%，绿化覆盖率达45%。深入贯彻落实“以奖促治、以奖代补”政策，大力推进农村垃圾、污水、土壤、农药等污染治理，加大农村沼气、秸秆综合利用等清洁能源工程。人口在2万以上的重点镇建设相应规模的污水集中处理设施，重点水源地上游的村庄建设分散式污水处理设施，农村人居环境和生态状况明显改善。

（六）固体废物污染防治

加强固体废物综合利用，重点加强生活垃圾、电子废物和危险废物的监督管理。完成黄岛区、胶南市垃圾无害化处理设施建设；完善小涧西垃圾综合处置场、填埋场二期工程、堆肥处理场和垃圾焚烧厂建设；新建大型密闭垃圾转运站一座。2015年，城市生活垃圾、粪便无害化处理率达到100%，资源化处理率达到70%以上。加快城市污水处理厂污泥和含油、含重金属、含有毒有机物工业污泥的安全处置，全面提升危险废物处置产业化水平。

（七）核与辐射及环境安全

加强核与辐射安全许可管理，配备完善辐射安全和放射性污染的评估和检测手段，提高检测能力，有效防御放射性危害。有效防范和妥善应对突发环境事件，保护人员、社会和环境安全。

三、“十二五”环境保护工作保障措施

（一）实施环境与发展综合决策机制，完善环境保护政策体系

坚持环保规划先行，增强环保规划与各领域规划间的协调统一。编制重点区域、流域环境保护规划，强化环境保护规划在综合决策中的引导和约束作用。贯彻《规划环境影响评价条例》，出台我市规划环评实施办法，开展区域规划、行业规划等专项规划的环境影响评价，从决策源头防止环境污染和生态破坏。严格环境准入条件，扩大环境信息公开和公众参与，监督环境法律和管理制度的贯彻落实。坚持环境优先，推进绿色经济、循环经济、低碳经济快速发展的政策研究与政策、技术创新，支持和鼓励有利于环境保护的技术应用和产业发展，把环境容量作为区域发展的决策前提条件，以环境保护优化经济社会发展。

（二）发挥政府主导作用，多渠道增加环保投入

强化政府环保投入的主体地位，不断提高财政预算中环保投入比重，加强政府融资平台建设，采取多方式、利用多渠道筹措环保资金，构建环保支出与 GDP、财政收入增长的联动机制，制定有利于企业环境保护投资的税费政策，引导和鼓励银行、企业和社会投资，保持环境保护投资强度稳步提升，保障环保事业健康发展。

（三）提升环境监管能力，确保环保政策法规得到贯彻落实

建立与新时期环境保护任务需求相匹配的环境监管能力体系，进一步推进环境监测、监察机构标准化建设，实现市、县两级监测和监察能力建设全面达标。完善大气、河流、近岸海域、饮用水源等环境质量监测和污染源监督监测网络，提升监测预警、重点污染源自动监控和环境监管信息化水平。完善突发性环境事件应急响应体系和污染减排的监测、统计和考核体系。适应农村环境保护的需要，加强农村环保机构和人员装备建设，改善农村环境监管能力薄弱的状况。强化环境目标责任制和违法追究等管理制度，严厉打击违法行为，确保环保法规的贯彻落实。

（四）完善环境经济政策，运用综合手段推进环境保护

加强环境与经济内在机制的研究，建立完善环境形势分析部门会商机制、专家座谈机制，提出符合发展趋势、切实可行的环境经济政策。完善生态补偿政策，重点开展饮用水源和重点生态功能区的生态补偿工作。开展排污权交易试点。继续推进绿色信贷。

（五）强化环境科技工作，发挥科技支撑作用

加大环境保护和生态建设科研投入，充分发挥环境科技对环保工作的引领、支撑和保障作用。针对我市的环境特点和环境管理的需求，重点开展环境保护体制、机制、环境经济政策、区域和流域环境容量和环境承载力、河流和海域生态修复、大气灰霾天气的成因和防治、机动车污染控制等领域的科学研究和技术应用。积极开展以环境影响评价、环境技术研发与咨询、环境工程服务、环境风险管理为重点的环境科技咨询服务，带动我市环境保护科技服务业发展。

参考文献

[1] 青岛市环境保护局．青岛市“十一五”生态建设和环境保护规划［R］．2006.

[2] 唐晓燕，胡孟春，等．关于“十二五”环境保护规划农村环境保护目标和指标设计的思考［R］．中国环境科学学会学术年会论文集，2009：1083－1086.

[3] 余向勇，吴舜泽，等．“十二五”环境保护规划框架思考［R］．中国环境科学学会学术年会论文集，2009：1025－1029.

[4] 赵秀春，初曰邦，等．青岛市水环境污染及其防治对策［J］．海岸工程，2002，21（3）：50－54.

[5] 李悦．沈阳市典型农村生活垃圾状况调查及污染防治研究［J］．安徽农业科学，2007，35（12）：3626－3647.

沿淮城市"十二五"环境保护与经济发展方式转变研究

张 强

（安徽省蚌埠市环境科学研究所 蚌埠市胜利东路1166号7楼 233040）

摘 要 本研究通过分析以蚌埠市为例的沿淮城市"十一五"环境保护与经济发展的特征，指出了存在的问题，并从可持续发展的角度，提出了沿淮城市"十二五"时期更新发展理念和环境保护与经济发展方式转变的战略设想，为以蚌埠市为例的沿淮城市制定"十二五"规划，促进经济社会科学发展，增强综合竞争力和建设和谐社会提供参考。

关键词 经济发展 环境保护 对策

蚌埠市作为淮河第一大港和皖北中心城市，在沿淮城市群中具有显著代表性，只有把环境保护放在经济社会发展的全局中去统一规划，统一实施，才能避免先污染后治理的老路，遏制环境污染和生态恶化的趋势；才能抢抓"合芜蚌自主创新综合配套改革试验区"建设和安徽省委、省政府加快皖北地区和"两淮一蚌"沿淮城市群发展机遇，加快转变经济发展方式，更好地融入长三角经济圈的分工与合作，更快地承接国内外产业转移，加大争先崛起的步伐，增进发展动力，努力在"十二五"时期将蚌埠市建设成为宜业、宜居、宜游的大城市。如何在新的形势下促进经济发展方式加快转变，提高蚌埠市经济发展的稳定性、协调性和可持续性，作者通过以蚌埠市为例，分析了沿淮城市"十一五"环境保护与经济发展的特征，指出了存在的问题，并从可持续发展的角度，提出了沿淮城市"十二五"时期更新发展理念和环境保护与经济发展方式转变的战略设想，为以蚌埠市为例的沿淮城市制定"十二五"规划，促进经济社会科学发展，增强综合竞争力和建设和谐社会提供参考。

一、"十一五"环境保护与经济发展现状及存在的主要问题

1. "十一五"以来，蚌埠市以争先崛起、跨越式发展为目标，坚持优先抓工业、关键抓项目、重点抓招商、全民抓创业、着力抓环境，经济社会保持了持续平稳较快发展。但是，蚌埠市国民经济和社会发展中仍然存在着一定的困难和难题，如：发展速度还不够快，与实现赶超先进水平的要求、与跨越式发展的要求，还有差距；经济结构还不够优，农业产业化进程不够快，工业主导作用还没有充分发挥，骨干企业数量较少；经济增长方式还比较粗放，经济效益还不高，结构型污染问题仍然突出；加快发展与节约资源、保护环境的矛盾比较突出；发展后劲和活力不强，带动全市发展的重大产业项目不多等。"十一五"期间，虽然蚌埠市环境保护在经济较快发展，资源、能源需求大幅增加，人口年均增长较快的情况下取得了积极进展，但全市总体上污染负荷较高，经济发展面临的环境压力大。

2. 转变发展方式的压力大。蚌埠市历史负担较重，随着社会经济转型加速，社会经济发展正越来越多地面临绿色增长的压力。主要表现在：一是城镇化水平较低，县域经济发展不快，就业和社会保障、城乡统筹、公共服务以及和谐社会建设压力仍然较大。二是单位工业增加值能耗高；三是发展环境成本高；四是劳动生产率低；五是单位土地投资强度低，化工产业比重偏高，社会"低碳"意识淡薄。

3. 节能减排任务艰巨。蚌埠市单位工业增加值的能耗逐年降低，在2008年低于全国平均水平和安徽省的平均水平，但蚌埠工业单位产值的能耗仍为全国平均水平的1.75倍，因此在蚌埠工业发展过程中，节能仍是重点。目前全市6个省级工业园区的环境污染处理状况（废水、废渣）较为粗放，一些工业园区内没有建成污水处理设施。随着工业企业陆续入园，将会产生较

大的环境压力和污染，工业污染形势依然严峻，工业单位产值 COD、氨氮、SO_2、烟尘明显高于全国平均水平，表明蚌埠市工业生产较为粗放，节能减排任务艰巨。国务院关于扩大内需促进经济增长十条措施中提出节能减排是落实科学发展观，转变经济增长方式，从根本上缓解资源约束，减轻环境压力，实现全面建设小康社会目标和经济可持续发展的必然选择。在当前金融危机的背景下，转变经济发展方式就更要以此为契机，淘汰高投入、高污染、高耗能等落后生产方式企业，引导企业采取环境友好的生产方式。

4. 全市环境质量和生态系统质量不高。规模化养殖和农药、化肥、农膜使用等造成的农村生态环境问题及矿产资源开发带来的生态破坏日渐严重，土壤污染带来的不利影响逐渐显现，农村居住环境脏乱差问题亟待解决；自然保护区管护能力较弱。环境基础设施薄弱，城市污水处理厂及配套管网建设滞后，建设资金地方配套能力弱，收费机制不完善，仍有大量城市生活污水未经处理直接排入河流；城市垃圾无害化处理率低于全国平均水平，快速发展的化工、建材、有色金属等行业危险及固体废物产生量大，处置设施不配套。

5. 环境监管能力严重不足，与日益繁重的环保任务不相适应。虽然经过长期努力，蚌埠市各级环保机构监管能力得到不同程度提高，但与承担的职责和任务相比还严重不符，机构不够健全、队伍不够齐全、监管手段和应急能力落后，监管所需经费缺乏的问题还没有从根本上解决。

二、“十二五”时期沿淮城市环境保护与社会经济发展趋势和目标

1. 发展趋势：“十二五”时期是我国全面实现小康社会的关键历史阶段，有效治理环境污染，积极改善生态环境等将对全面落实科学发展观、建设小康社会起到关键作用。“十二五”时期，沿淮城市社会经济的快速发展将导致主要污染物排放总量控制目标与环境容量间的矛盾将更加突出，污染防治任务更加艰巨。

2. 发展目标：以提高人民群众生活质量和全面改善环境质量为目标，坚持人与自然和谐发展的科学发展观，充分体现区域性、宏观性、调控性和系统性，建立政府主导、市场推进、公众参与的环保新机制，全面推进环境保护与社会经济的协调发展，构建经济高效、资源节约、环境友好的和谐社会。

三、沿淮城市环境保护与经济发展方式转变的战略设想

1. 进一步更新经济发展理念，优化发展环境。要把经济发展的理念从重经济增长轻环境保护转变为保护环境与经济增长并重；要从环境保护滞后于经济发展转变为环境保护和经济发展同步，做到不欠新账，多还旧账，改变先污染后治理、边治理边破坏的状况；要从主要用行政办法保护环境转变为综合运用法律、经济、技术和必要的行政办法解决环境问题；要通过分析城市资源优势和环境特征，研究资源与资源的组合、资源与资本、资源与技术的结合，寻找一条依托蚌埠市资源优势，发展壮大支柱、优势和特色产业，推动产业聚集，形成产业集群的路子。

2. 科学引资，守住环保底线。目前，发达地区的产业正在更新换代，加上当地环境容量不大甚至透支，一部分产业要转移到内地，沿淮城市既要积极承接，更要冷静分析，既要招商引资，更要招商选资，决策失误，就是招商引祸。目前，沿淮城市县域经济增长中高消耗、高污染、低水平、低效益的“二高两低”问题也依然存在，因此，县域经济发展要加快转变经济发展方式，推进新型工业化，重点处理好产业转型与加快发展的关系、加快经济增长速度与提高发展质量的关系、追求当前利益与谋划长远发展的关系，绝不能走浪费资源、污染环境、先污染后治理的老路。要着力引进那些科技含量高，环境污染少、资源消耗低、经济效益好的产业，绝不能饥不择食，宁可发展不快，也不能发展不当。

3. 严格产业承接准入标准。要把区域资源承载力和生态环境容量作为产业承接和布局的重

要依据。承接产业必须执行国家产业政策，认真执行环境影响评价制度和“三同时”制度。严格控制高污染、高能耗产业准入，防止产业转移中的污染向沿淮城市转移。优化沿淮城市承接产业布局，促进高耗水产业向淮河干流及其主要支流附近集中，高排放产业向沿淮城市工业园区集中，资源向优势区域和优势产业集中。

4. 加强污染防治和污染减排。进一步加大沿淮城市污染减排力度，采取有力措施，切实降低污染物排放量，保障产业承接环境容量需求。加强环境执法，督促工业企业污染物稳定达标排放，提高沿淮城市污水处理厂运行负荷率。加大园区污染集中治理；加快重点行业技术改造，对沿淮城市涉及技术改造、扩建等项目严格执行清洁生产审核制度，从源头减少废物的产生，没有通过清洁生产审核验收的技术改造、扩建项目，沿淮城市要制定地方法规一律不应批准建设。大力淘汰落后工艺和产能，关闭污染严重、不能稳定达标排放的企业和生产线。

5. 大力发展循环经济。按照“减量化、再利用、资源化”原则，加快发展沿淮城市群的循环经济，努力提高资源节约和环境保护水平，积极创建国家和省级循环经济示范区、循环经济企业。鼓励园区企业通过共享资源、废弃物利用发展循环经济。

6. 大力发展环保产业和推进环境科技创新。环保产业已逐渐成为改善经济运行质量、促进经济增长、提高经济技术档次的产业。沿淮其他城市可以参考蚌埠市作为全省环保产业基地建设的模式，并紧紧作为抓手，尝试建立“环境保护投资控股有限公司”，拓宽投融资渠道，将大气污染防治、水污染防治、工业固废、资源综合利用、环境服务、环保材料确定为沿淮城市环保投资的6大发展重点。制定沿淮城市促进环保产业发展的战略、政策、标准及环境技术管理体系。加快环境科技创新，推动以企业为主体、市场为导向、产学研相结合的技术创新体系建设，建立省级环境工程技术中心和重点实验室，提升环保技术水平。成立“环保产业协会”，规范产业市场管理，建立统一、开放、公平、有序的产业市场。

7. 强化环境监管。严禁对排污单位采取所谓的重点保护、挂牌保护，随意减免应依法征收的排污费等。沿淮城市要深入开展“打击违法排污企业、保障群众健康”专项行动，逐步形成以集中式执法检查活动为推动，以日常监督执法为基础，以环境监察执法稽查为保证，以公众和舆论监督为支持的现场监督执法工作体系，保障群众环境权益，维护社会稳定。

转变发展方式、调整经济结构的目的，是以最小的资源环境代价换取最大的经济和社会效益，实现又好又快发展。李克强副总理2009年12月8日在主持召开环境保护工作座谈会时关于“要把环境保护作为转变经济发展方式的重要抓手”的重要讲话，进一步阐明了环境保护在转变经济发展方式、推动产业结构调整、实现科学发展和可持续发展中的基础性、导向性和关键性作用。科学发展看环保，和谐社会看民生，把环境保护作为加快转变发展方式的重要抓手，是沿淮城市经济社会又好又快发展，增强综合竞争力的现实需要，要通过进一步加强环境保护，加快发展方式转变，优化和调整经济结构，由传统粗放型经济发展方式向绿色经济、低碳经济、循环经济转变，为科学发展提供动力，为建设和谐社会提供保障。

参考文献

[1] 舒庆. 浅析历史性转变与经济发展方式的转变 [J]. 环境保护，2008 (1)：4.
[2] 曲格平，李金昌. 转变生产方式，发展循环经济是实现环境保护目标的关键 [J]. 北方经济，2006 (1).
[3] 王迪. 中国发展循环经济的政府行为研究 [J]. 现代经济信息，2009 (3)：120-121.
[4] 王圣宏. 发展循环经济与政府职能转变 [J]. 商业研究，2009 (9)：66-68.

废水氮减排的控制要素研究
——“十二五”期间氮减排控制指标分析

郑　雄　李媛媛　陈红路　何志云

（广西南宁市环境保护科学研究所　广西　南宁　530022）

摘　要　随着城市地表水体富营养化问题的日益突出，氮污染控制越来越受到重视，成为当前及今后一个时期水污染控制工作的重要任务。本文针对目前争论较多的两项氮减排控制指标——氨氮和总氮，探索性地从技术、经济、支撑体系和环境效益上比较分析两者的减排差异。经综合比较分析，认为：实施氨氮减排比总氮减排更切合“十二五”环境保护工作实际。建议“十二五”期间应推进氨氮全面减排，同时做好总氮减排的准备工作，探索推进重点流域、重点行业总氮减排。

关键词　“十二五”　氨氮　总氮　减排

近年来我国的城市地表水体富营养化问题日益严重，国内许多湖泊如太湖、滇池、巢湖、洞庭湖等均出现了不同程度的富营养化现象。研究表明，氮是引起水体富营养化的主要元素之一，欲控制水体富营养化，必须严格控制氮污染物的排放。然而，环境中的氮包括多种形态多项要素，究竟以什么指标作为氮减排的控制要素更切合当前环境保护实际呢？目前国内出现两种不同看法：一是建议以氨氮作为指标；二是建议以总氮作为指标。针对此问题出现的两种不同看法，本文将就氨氮和总氮的减排差异进行探索性地分析研究，以科学选取出较为切合环境保护工作实际的氮减排指标，为“十二五”污染减排工作提供参考性建议。

一、环境中的氮

（一）氮循环

如图1所示为自然界中的氮在大气圈、水圈、生物圈和土壤圈之间形成物质循环。由氮循环的过程可以看到，动植物的残屑体是人为可控的氮循环入口。广义上来说，工农业活动中的废物、城镇居民和禽畜排泄物均属于动植物残屑体范畴。

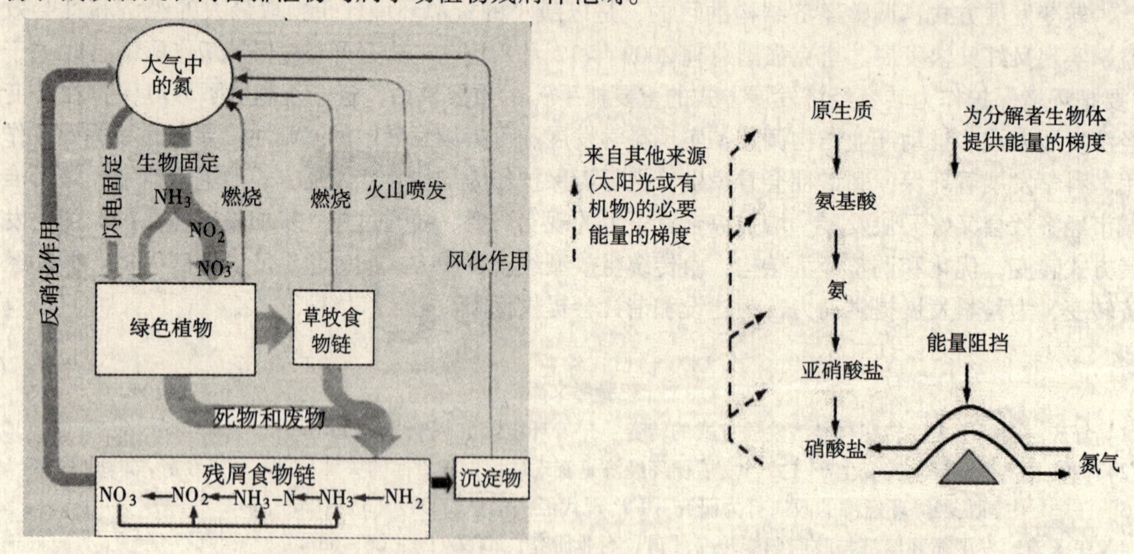

图1　自然界中的氮循环　　　图2　氮能量梯度

（二）存在关系

总氮（TN）是指水中有机氮、氨氮（NH_3-N）、亚硝酸盐氮、硝酸盐氮的总和[1]。氨氮是总氮（TN）的重要组成部分，总氮（TN）包含氨氮。废水中氨氮的含量占总氮的比例因水质类别的不同而不同。对于生活废水：在新鲜的生活废水中，氨氮约占总氮的40%；对于工业废水：氨氮与总氮的比例关系较为复杂，不同的行业其氨氮占总氮的比例各有不同，一般在40%～70%之间变动。

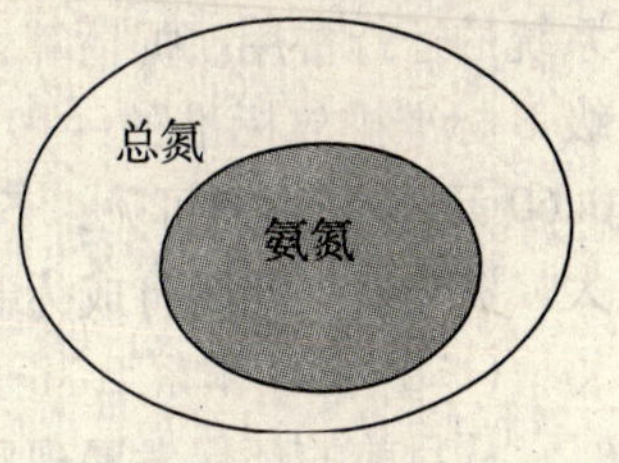

图3　总氮和氨氮的关系

（三）主要来源

氨氮和总氮的主要来源基本一致，主要来自人和动物的排泄物、工业生产（主要为化肥、焦化、石油化工、洗毛、制革、印染、食品与肉类加工、制药等行业）、农业生产（农田使用的肥料通过地表径流进入水体）3大块。

二、脱氮机理

废水脱氮的方法主要有化学法和生物法两大类，其中生物法最为常用。生物脱氮是在微生物的作用下，将有机氮和氨态氮转化为N_2和N_xO气体的过程。其中包括硝化和反硝化两个反应过程：

硝化反应：是在好氧条件下，将NH_4^+转化为NO_2^-和NO_3^-的过程。

总反应式为：$NH_4^+ + 2O_2 \xrightarrow{\text{硝化细菌}} NO_3^- + 2H^+ + H_2O$

反硝化反应：是在无氧条件下，将NO_2^-和NO_3^-还原为氮气的过程。

总反应式为：$6NO_3^- + 5CH_3OH \xrightarrow{\text{反硝化菌}} 3N_2 + 5CO_2 + 7H_2O + 6OH^-$

由生物脱氮的硝化与反硝化反应机理可知：氨氮的去除只要在硝化过程中就可以实现，而总氮的去除还需要经过进一步的反硝化才可以实现，硝化过程仅是将氨氮转化为另一种氮形态而已，此过程废水中总氮的含量是不变的。

三、减排可行性比较

（一）技术上

从目前的脱氮技术水平来看，由于氨氮的去除工序较总氮简单些，不管是从操作性、处理效果，还是从成熟度等方面进行比较，氨氮去除都要比总氮略胜一筹。氨氮的去除率一般可达到80%以上，有些工艺甚至可以达到95%以上；总氮的去除率一般可达到60%以上，某些先进工艺可以达到90%以上。不同的脱氮工艺，其氨氮和总氮的去除效果有所不同。

表1　一些常见水处理工艺的氨氮和总氮去除效果比较表[2-6]

序号	水处理工艺	氨氮去除率	总氮去除率
1	传统活性污泥法	60%～70%	10%～30%
2	A/O	>80	30%～50%
3	A2/O微曝氧化沟	80%～95%	40%～60%
4	MSBR法	>90%	60%～70%
5	SBR工艺	85%～95%	70%～80%
6	人工湿地	60%～80%	50%～70%
7	立体循环一体式氧化沟	>99%	>90%
8	厌氧氨氧化-UASB工艺	>99%	>90%
9	短程硝化-反硝化工艺	>95%	>90%

（二）经济上

由于提高总氮去除率需增加反硝化工序，故总氮减排在工程投资上（占地面积、设备、构筑物增加）要比氨氮减排的高。另外，基于反硝化过程的反应特点，需维持较为充足的碳源和保证合适的碱度，当废水中的碳源不足、pH 过低时需要外加碳源和碱液，这样一来将增加整个系统的运行费用。据估算，增加反硝化工序将提高一倍的运行费用，约 0.50 元/m^3（对实施一级 B 标准排放标准的一般中低浓度城镇污水处理工艺，整个系统的运行费用一般也不会超过 0.60 元/t）。由此可见，不管是从工程投资上还是运行费用上，总氮减排都要比氨氮减排投资大。资金投入问题将成为制约总氮减排实施的一项重要因素。

（三）支撑体系上

从目前的环保发展现状来看，实施氨氮减排的支撑体系相对要比实施总氮减排的完善。氨氮减排在支撑体系上有如下几个方面的优势：

1. 有环境统计和污普调查基础。

2. 有较全面的环境标准体系。从现行的水污染物排放标准体系来看，现有的 35 项水污染物排放标准中，有 26 项都规定了氨氮的排放控制标准值，其余的 9 项为不产生氨氮污染物的行业[7]。而目前对总氮指标排放限值做出要求的水环境保护标准还较少。目前只有《城镇污水处理厂污染物排放标准》（GB 18918—2002）及 2008 年新修订的几项行业排放标准如《制浆造纸工业水污染物排放标准》（GB 3544—2008）、《制糖工业水污染物排放标准》（GB 21909—2008）、《合成革与人造革工业污染物排放标准》（GB 21902—2008）、《化学合成类制药工业水污染物排放标准》（GB 21904—2008）等对总氮指标限值做出了要求。

3. 有一定的氨氮减排经验和相关研究成果。“十一五”期间一些重点流域（如淮河、滇池）已将氨氮列入总量控制目标，积累了一定的氨氮减排经验。国家和一些省市也相继开展了氨氮污染控制相关课题研究，如 2009 年 5 月，国家环境保护部科技标准司召开了“水体氨氮污染控制技术研讨会”；广西环境保护厅开展了“氨氮污染现状与控制技术研究”课题研究等。

（四）环境效益上

由生物脱氮机理可看出：氨氮的去除过程仅是将其转化为另一种氮形态而已，实质上并未能达到大规模削减氮污染物排放的目的。由此可见，推行总氮减排对于保护水环境更具实际意义。

表 2　氨氮和总氮减排差异比较一览表

<table>
<tr><th>序号</th><th colspan="2">类别</th><th>氨氮</th><th>总氮</th></tr>
<tr><td rowspan="4">1</td><td rowspan="4">技术</td><td>工艺复杂性</td><td>较简单</td><td>较复杂（需增加反硝化工序）</td></tr>
<tr><td>操作性</td><td>较容易</td><td>较难（工艺参数较多难调节）</td></tr>
<tr><td>处理效果</td><td>较高</td><td>较低</td></tr>
<tr><td>成熟度</td><td>较成熟</td><td>还不够成熟（还需不断改进）</td></tr>
<tr><td rowspan="2">2</td><td rowspan="2">经济</td><td>工程投资</td><td>较低</td><td>较高（需增加占地、设备和构筑物）</td></tr>
<tr><td>运行费用</td><td>较低</td><td>较高（需外加碳源和碱液；费用多出一倍）</td></tr>
<tr><td rowspan="3">3</td><td rowspan="3">支撑体系</td><td>统计体系</td><td>有环境统计和污普调查基础</td><td>无</td></tr>
<tr><td>环境标准体系</td><td>较全面。现有的 35 项水污染物排放标准中，有 26 项都规定了氨氮的排放控制标准值，其余的 9 项为不产生氨氮污染物的行业</td><td>刚开始起步。只有《城镇污水处理厂污染物排放标准》（GB 18918—2002）及 2008 年新修订的几项行业排放标准对总氮指标限值做出了要求</td></tr>
<tr><td>相关研究成果</td><td>“十一五”一些重点流域（如淮河、滇池）已推行氨氮减排，具有一定的经验；国家和地方一些省市开展了氨氮污染控制研究</td><td>无</td></tr>
<tr><td>4</td><td colspan="2">环境效益</td><td>较小</td><td>较大</td></tr>
</table>

四、结论与建议

由表2可看到：总氮减排虽然在环境效益上优于氨氮减排，但在技术、经济和支撑体系上却逊于氨氮减排。综合比较分析得出：当前实施氨氮减排要比总氮减排更具可行性。建议“十二五”期间应以氨氮作为污染物排放总量控制指标，全面推进氨氮减排。与此同时，应充分认识总氮控制的紧迫性和必要性，做好总氮减排的准备工作，探索重点流域、重点行业总氮减排。

（一）推进氨氮全面减排

1. 以城镇居民生活源为氨氮减排重点，加快推进市、县污水处理设施及配套污水管网建设，推进农村分散式污水处理，提高污水处理设施的运行负荷率。加强推进污水再生水厂和管网建设，进一步减少氨氮排放量。强化新建污水处理设施脱氮除磷工艺的选取，优化升级老污水处理厂的脱氮工艺，可增设生物填料，提高其脱氮能力。

2. 积极推动面源污染防治，建立示范工程，试点实施面源削减与点源削减的抵扣政策。大力发展生态农业，推广测土施肥的方法，减少农业生产中化肥、农药施用量。进一步推进集中式规模化禽畜养殖污染治理。

3. 加大工业污染源监管力度，狠抓工业废水达标排放，着力提高工业废水排放达标率。

4. 逐步健全完善氨氮的管控体系，强化氨氮排放标准的引导作用，适当提高重点行业（如石化、化工、造纸、食品加工、纺织）的氨氮排放标准。

（二）做好总氮减排准备工作

1. 完善氮污染物排放统计和监测体系，开展总氮污染源普查，启动总氮排污数据统计工作。

2. 健全总氮环保标准管理体系，为推进重点行业、重点流域的总氮减排提供法制政策保障。尽快完成合成氨等行业排放标准的修订工作，严格重点行业排放标准。将总氮纳入重点流域（如“三湖”和淮河流域）的水污染防治规划总量控制体系。

3. 强化重点行业排污督察，狠抓污水达标排放。按照已颁布的总氮相关行业排放标准，对相关行业（制药、造纸、制革、制糖等）开展排污督察，对达不到相应排放标准的行业，督促其对污水处理设施进行脱氮升级改造。

4. 推广应用一批适合国内实际的先进高效的脱氮工艺，开展示范工程建设。

参考文献

[1] 高廷耀，顾国维．水污染控制工程［M］．北京：高等教育出版社，1999.

[2] 沈耀良，王宝贞．废水生物处理新技术（第二版）［M］．北京：中国环境科学出版社，2006.

[3] 肖社明，张永祥，丰锴斌．A/O工艺生物脱氮效果研究［J］．山西科学，2008，34（16）：20－21.

[4] 何文远，杨海真．城市污水脱氮除磷工艺的比较分析［J］．华中科技大学学报（城市科学版），2003，20（1）：85－87.

[5] 朱明石，等．高浓度含氮废水生物脱氮新工艺研究［J］．环境保护科学，2008，34（1）：4－8.

[6] 陈旭．生物膜法短程硝化反硝化脱氮的研究［D］．南京：南京理工大学，2008.

[7] 国家环境保护厅科技标准司．水体氨氮污染控制技术研讨会总结报告［R］．北京：国家环境保护部，2009.

第四章

城市环境问题及其对策

北京市垃圾填埋场甲烷排放及利用对策

李 铮 刘春兰 陈操操 王海华

（北京市环境保护科学研究院 北京市西城区北营房中街59号 100037）

摘 要 垃圾填埋场甲烷排放是北京市最主要的甲烷排放源。本文介绍了北京市垃圾填埋场现状，基于北京市垃圾填埋场实测数据，利用IPCC推荐的一阶衰减法计算了北京市垃圾填埋场甲烷排放量。分析了北京市垃圾填埋场填埋气的利用潜力及可行的利用方式。结果表明，北京市填埋场填埋气合理利用及控制对北京市减少温室气体排放和改善环境有重大意义。

一、北京市垃圾填埋场甲烷排放现状

（一）北京市垃圾填埋场现状

北京市垃圾填埋处理起步于20世纪70年代末，1978年最早在亮马桥成立了垃圾无害化处理试验场，1981年成立了环境卫生科研所，专门从事城市垃圾、粪便处理的研究，并利用自己的研究成果和国内的技术和设备，于1991年建成了董村日处理垃圾100t的机械化堆肥厂和石景山日处理垃圾100t的普及式垃圾堆肥厂[1]。随着北京经济高速发展和人们环境意识的加强，北京市垃圾处理问题更得到相关部门的重视，并加大了垃圾处理场的建设力度，以解决垃圾量猛增与垃圾处理场数量不足之间的矛盾。至2009年，北京市运行的垃圾填埋场共有15个，焚烧厂2个，堆肥场2个，其中填埋占总处理量的95%左右。虽然近几年大力推进焚烧、堆肥处理设施的建设，但总处理量仍然不高。

北京市2000—2008年垃圾清运量见表1，部分填埋场、堆肥场位置见图1。

表1 北京市2000—2008年垃圾清运量和生活垃圾产生量

年份	生活垃圾产生量/万t	生活垃圾清运量/万t	无害化处理率/%	无害化处理量/万t	填埋量/万t	垃圾填埋场数量/个	垃圾堆肥场/个
2000	—	451.5	70.0	316.0	309.7	10	1
2001	—	452.6	70.0	316.8	310.5	11	1
2002	—	453.3	70.0	317.3	311.0	11	1
2003	—	454.5	73.6	334.5	327.8	11	1
2004	496	491.0	80.0	392.8	384.9	13	2
2005	537	510.2	81.2	436.0	414.2	13	2
2006	585.1	538.2	92.5	497.7	472.8	13	2
2007	619.5	600.9	95.7	575.1	546.3	14	2
2008	672.8	656.6	97.7	641.6	609.5	15	2

注：以上数据来源于中国统计年鉴、北京统计年鉴。

为更准确计算垃圾填埋量，2000年以前填埋量按无害化处理量计算，2000—2004年按照无害化处理量的98%计算，2005年以后垃圾填埋量按照无害化处理量的95%计算。

图1　北京市部分填埋场、垃圾场位置图

（二）垃圾填埋场甲烷产生原理

填埋气是由垃圾中微生物的生化降解产生的，生化降解分为好氧和厌氧两个阶段[2]。填埋初期，垃圾中的有机物进行好氧分解，时间可能持续数天，此阶段特征气体产物为二氧化碳和氨气[3]。当填埋区内氧被耗尽，生化反应进入厌氧阶段。厌氧分解生成的气体为甲烷、二氧化碳和氨气[4]。分解旺盛期主要产物为甲烷和二氧化碳，甲烷占30%～70%，二氧化碳占15%～30%。厌氧分解阶段是垃圾填埋场主要的分解过程。对六里屯垃圾填埋场填埋气监测数据显示，填埋气中甲烷占30%～65%，最后比较稳定地维持在50%左右[5]。

（三）垃圾填埋场填埋气甲烷控制

北京市现有垃圾填埋场15个，其中市政管委下属分公司垃圾填埋场3个，区、县所属有12个。随着北京市政基础设施建设的逐渐完善，垃圾填埋场的日常运行和管理也日趋规范。市政管委、环保局等相关职能部门先后制定了多个关于垃圾填埋场的管理规范，比如作业面积与填埋量比值不能高于1:1，不作业时垃圾必须覆盖不能暴露等。特别是负责消纳城八区垃圾的填埋场，距离人口密集区域较近，为了最大限度地减少垃圾恶臭对周边居民的影响，都采取了严格的控制填埋气逃逸的措施，采取的主要措施见表2。

表2　控制填埋气逃逸采取的主要方法

序　号	方　法	填埋气收集效果	填埋气收集贡献率/%
1	管理规范：按照设计标准严格控制填埋量	相应配套设施可正常工作	5
2	填埋方式：逐层、分段填埋，减少填埋作业面积	及时封场防止填埋气逃逸	10
3	密封措施：垃圾表面采用黏土、塑料膜覆盖	防止填埋气逃逸	10
4	集气井：负压收集，增加集气井数量	提高收集效率	20
5	辅助措施：定时定点监测，喷洒恶臭降价剂	无	0

表2中前4种方法能有效控制填埋气的逃逸，但填埋场是一个开阔的场所，填埋气无法做到100%收集。根据对填埋场的调研，在现有管理水平和技术条件下，未封场的垃圾填埋场最多可收集产气量的45%，封场的填埋场可收集产生量的60%。因此在估算填埋场甲烷排放时，应评估其收集能力，按实施方法累加计算填埋气收集率。

（四）垃圾填埋场甲烷排放量计算

垃圾填埋场甲烷排放量计算方法选用《IPCC清单指南2006》推荐“一阶衰减（FOD）法”。此方法假设：废弃物中的可降解有机成分（可降解有机碳，DOC）衰减很慢。如果条件恒定，CH_4 产生率完全取决于废弃物的含碳量[6]。在沉积之后的最初若干年里，在处置场沉积的废弃物产生的 CH_4 排放量最高，随着废弃物中可降解有机碳被消耗（造成衰减），该排放量也逐渐下降[7]。具体计算方法及参数注解见表3。

垃圾填埋场填埋气回收利用率很难准确估算，即使设施再完善，填埋气逃逸也无法避免。在参数选取时，如果是已经封场的填埋场，采取了表2中1～4的方法，认为填埋气收集率为60%，如果还未封场，填埋气收集率为45%，如未实施所列出方法，减去填埋气收集贡献率的相应值。

表3　IPCC FOD方法

年份	垃圾量	MCF	可降解有机物量	未反应可降解有机物量	当年填埋垃圾降解有机物量	各年份累计量	当年降解有机物量	当年 CH_4 产生量
	W	MCF	$D=W\cdot DOC\cdot DOC_f\cdot MCF$	$B=D\cdot \exp$	$C=D\cdot(1-\exp)$	$H=B+(H\text{last year}\cdot \exp)$	$E=C+H\text{last year}\cdot(1-\exp)$	$Q=E\cdot 16/12\cdot F$
1995								
……								
2004								
……								

表中：MCF——甲烷修正因子；$DOC(x)$——某年(x)的可降解有机碳含量比例($G_g\,C/G_g$废弃物)，是指废弃物中容易被生物化学分解的有机碳，表示为每 G_g 废弃物中的 $G_{g碳}$，它以废弃物的成分为基础，可以通过废弃物流中各类成分的加权平均计算 $DOC=0.4A+0.17B+0.15C+0.3D$。$A$——城市固体废弃物中纸张和纺织品所占的比例，$B$——城市固体废弃物中花园废弃物公园废弃物或其他非食品有机物易腐烂物质所占的比例，C——城市固体废弃物中食品废弃物所占的比例，D——城市固体废弃物中木材或秸秆所占的比例[11]；DOC_F——经过异化的可降解有机碳所占的比例，是一个最终从固体废弃物处理场分解和释放出来的碳的比例估计值，它表明某些有机碳在固体废弃物处理场中并不一定分解或分解很慢；F——甲烷在垃圾填埋气体中所占的体积比；K——甲烷产生率常数 $K=\ln 2/T_{1/2}$，具体参数详解见《IPCC清单指南2006》。

在填埋气计算过程中，最准确的做法是以填埋场为单位，以填埋场特点选取参数逐一计算。

根据北京市垃圾填埋场特点，按照填埋场管理水平和填埋气处理水平把北京市垃圾填埋场分为两类，第一类垃圾填埋场管理规范，填埋气收集设施完善，填埋气处理率在2008年可达到40%左右。这一类（A类）垃圾填埋场主要负责东城、西城、崇文、宣武、朝阳、海淀、丰台、石景山、顺义、昌平、怀柔、大兴区和密云县的垃圾。A类垃圾填埋场填埋气排放量呈逐年递减形势，2000年以前填埋气排放量按照产生量计算，2000—2004年排放量按照产生量的80%计算，2005—2006年排放量按照产生量的70%计算，2007—2008年排放量按照产生量的60%计算。第二类（B类）填埋场管理比较规范，但填埋气收集设施不够完善，填埋气处理设施应用相对滞后，填埋气排放量按照产生量计算。第二类填埋场主要消纳房山、通州、门头沟、平谷区和延庆县垃圾。这两类垃圾场填埋量比例约为5∶1（根据第一类和第二类垃圾填埋场负责消纳地区的人口比例），1991—2008年北京市垃圾填埋场甲烷排放量见表4。

垃圾填埋场甲烷排放量计算过程中影响准确率的参数主要为：垃圾成分、甲烷在填埋气中比例、甲烷产生率常数等。垃圾成分组成是影响甲烷排放量大小、速率的最主要因素。计算中该参数取值是六里屯垃圾填埋场多年对进场垃圾成分分析结果。

表4　1991—2008年北京市垃圾填埋场甲烷排放量　　单位：万t

年份	A类垃圾场			B类垃圾场			产生总量	排放总量	处理率/%
	垃圾量	当年 CH_4 产生量	当年 CH_4 排放量	垃圾量	当年 CH_4 产生量	当年 CH_4 排放量			
1991	211.8	0.36	0.36	42.4	0.07	0.07	0.430	0.430	0
1992	231.0	0.74	0.74	46.2	0.15	0.15	0.890	0.890	0
1993	239.2	1.11	1.11	47.8	0.22	0.22	1.330	1.330	0
1994	247.9	1.48	1.48	49.6	0.3	0.3	1.780	1.780	0
1995	256.7	1.85	1.85	51.3	0.37	0.37	2.220	2.220	0
1996	259.6	2.2	2.20	51.9	0.44	0.44	2.640	2.640	0
1997	259.5	2.54	2.54	51.9	0.51	0.51	3.050	3.050	0
1998	259.4	2.86	2.86	51.9	0.57	0.57	3.430	3.430	0
1999	262.2	3.17	3.17	52.4	0.63	0.63	3.800	3.800	0
2000	258.1	3.45	2.76	51.6	0.69	0.69	4.140	3.450	17
2001	258.8	3.73	2.98	51.8	0.75	0.75	4.480	3.734	17
2002	259.2	3.99	3.19	51.8	0.8	0.8	4.790	3.992	17
2003	273.2	4.26	3.41	54.6	0.85	0.85	5.110	4.258	17
2004	320.8	4.6	3.68	64.2	0.92	0.92	5.520	4.600	17
2005	345.2	5.01	3.51	69	1	1	6.010	4.507	25
2006	394.0	5.53	3.87	78.8	1.11	1.11	6.640	4.981	25
2007	455.3	6.14	3.68	91.1	1.23	1.23	7.370	4.914	33
2008	507.9	6.83	4.10	101.6	1.37	1.37	8.200	5.468	33

注：数据来源于《北京市统计年鉴1992—2009》，由于2000年之前垃圾清运量计量方式以估算为主，误差较大，部分数据经过处理校正。

由表4计算可知，至2008年底，北京市垃圾填埋场产生甲烷8.2万t，无组织排放逃逸5.47万t，处理量为2.73万t，甲烷处理率约为33%，处理方式主要为火炬焚烧、发电，甲烷发电约占处理量的20%，占总产生量的6.6%。

二、北京市垃圾填埋场填埋气利用现状

（一）填埋气利用现状

目前北京市填埋气的处置方法比较单一，大多采用火炬焚烧，少数垃圾场利用填埋气进行发电，部分垃圾填埋场运行情况见表5，填埋场填埋气收集情况见表6。

北京市垃圾填埋场填埋气收集利用起步较晚，最初收集焚烧也是以控制填埋气污染物的扩散为目的进行的。2000年后，随着北京市能源日趋紧张，个别垃圾场开始尝试利用填埋气进行发电，特别是2002年北京申奥成功后，为兑现绿色奥运的承诺，改善填埋场周边环境质量，加大了填埋气治理力度[9]。至2008年底，北京市所有的垃圾填埋场都建设了填埋气焚烧处理设施，已有6个垃圾场填埋气发电机组成功运转，其中阿苏卫垃圾填埋场已实现并网发电，设计总装机能力8MW，年上网发电0.21亿kW·h[10]（北京高井电厂2008年总装机能力是60MW，年发电35亿kW·h），其余填埋场发电自用。除了填埋气用于发电外，安定垃圾填埋场还将收集的填埋气作为燃料，在一个渗滤液蒸发器中把渗滤液蒸发掉，处理高浓度渗滤液，以保护周围大气和地下水[11]。

可以看到，北京市垃圾填埋场正在努力开拓填埋气利用市场，正在从单一的污染物治理为目的的简单处理向市场化、能源化多元模式方向转变，这是一个积极切实可行的发展方向，也是成为新型低碳城市一个重要标志。但是，北京市填埋气利用还处于起步的初级阶段，还存在以下几点问题：①填埋气收集技术、利用经验欠缺，较国外垃圾成分、填埋场产气速率、产气周期、产气量、收集方式等研究相对滞后[12]。②填埋气利用还没有形成产业化模式，缺少商业化、市场化运作成功模板。③填埋气利用手段、方式单一，目前只有焚烧发电、处理渗滤液两种方式。④缺少政府有效、可操作、稳定的扶植政策。⑤CDM项目是高效处理填埋气处理方式，但政府申请手续烦琐，周期长，实施困难[13]。

表5 部分垃圾填埋场运行情况

名称	所属单位	建厂时间	垃圾来源	设计使用年限/a	设计填埋总量/$\times10^4$ m^3	已填埋总量/$\times10^4$ m^3	设计日填埋量/t	实际日填埋量/t
海淀六里屯	区属	1999.10	海淀昌平	18	1200	800	2000	2600
丰台永合庄	区属	2008.4	丰台	3	195	120	2000	2200
朝阳高安屯	区属	2002.12	朝阳	13	892	600	1000	1000(2008年3000)
通州区北神树	市属	1996	大兴朝阳部分垃圾和崇文全部垃圾	13	464.7	430	980	300
昌平阿苏卫	市属	1994	东城、西城、昌平的全部垃圾和朝阳区的部分垃圾	13	1200	800	2000	4000
通州西田阳	区属	2000	通州	13	500	200	800	500

表 6　填埋场填埋气收集情况

名　称	填埋气收集量或收集率	是否有膜覆盖	土覆盖厚度/m	填埋气是否负压收集	集齐井间距/m	火炬数量及规格	火炬规格/m^3/h	收集及发电用气量	发电装置情况
海淀六里屯	2005 年 20% 2009 年 40%	是	0.2 ~0.4	是	50	2005 年一台 2009 年三台	1000	无	一台 500kW · h 直流发电机（未用）
丰台永合庄	2009 年 6 月 30%	是	0.2	是	30	2009 年两台	300 480	无	一台 500kW · h 直流发电机（未用）
朝阳高安屯	2005 年开始收集 40%	是	0.2	是	25	2009 年大型火炬 5 个，小型火炬 8 个	1500 700	填埋气收集量为 $7000m^3/h$ 发电用气约为 800 ~ 1000 m^3/h	两台 500kW · h 直流发电机，厂区自用
通州北神树	2000 年收集 2002 年发电收集率达到 50%	是	0.2	是	50	2000 年开始收集，2002 年发电，单体火炬 10 个，大型火炬 1 个，移动火炬 2 个		填埋场产气量约为 $1500m^3/h$，目前收集量为 800 ~ 1000 m^3/h。部分用于发电	发电机最大发电量 510 kW · h厂区自用
昌平阿苏卫	阿苏卫垃圾填埋场 1999 年开始对填埋气进行收集，焚烧收集率达到 40%	是	0.2	是	30	1999 年开始对填埋气进行收集焚烧		目前填埋气收集量约为 $2500m^3/h$，年收集量为 1600 万 m^3	2007 年并网发电，年发电量为 2100 万 kW · h
通州西田阳	2009 年开始收集 30%	无	0.1	是	50	2009 年开始收集点火焚烧	750	无	无

（二）填埋气利用潜力

（1）填埋气经济效益初步核算

北京市垃圾填埋场 2008 年底产生甲烷约 8.2 万 t，利用发电的量约占产生量的 6.6%（处理率为 33%，其中 26.4% 直接焚烧处理），还不到总产生量的十分之一，利用率非常低。初步估算，0.02t 填埋气甲烷可发电 100kW · h，那么北京市填埋气甲烷全部利用可发电约 4 亿 kW · h，相当于北京市 2008 年总用电量的 0.5%。如果按现在电价 0.48 元计算，可产生利润 1.92 亿元。如果按 CDM 机制进行出售，按二氧化碳市场价 18 美元/t（由于经济危机，市场价较低），可收入 0.31 亿美元[14]。可见，北京市填埋气市场巨大，有很好的市场前景和减排潜力。

（2）填埋气利用方式

参考国外垃圾填埋场甲烷利用的成功经验，供热、供冷、发电以及大力推行清洁发展机制是今后北京市最可行的利用方式（见表 7）。

表 7　填埋气利用方式

利用方式	国外利用情况	北京市利用可行性
提纯进入供气管网	提纯后可获得高浓度甲烷，可直接送入供热管网，是国外主要利用手段，经济效益明显	提纯填埋气技术复杂，前期投入较大，需要政府政策和财政大力支持，从北京市填埋场规模看，填埋气稳定产气时间应该在 15 年左右，不太适合建设利用

利用方式	国外利用情况	北京市利用可行性
热、冷、电	发电、供热、制冷是国外主要利用手段	北京市已有部分填埋场具备发电能力，也是填埋气利用主要方向和方式，但需要政府政策大力支持，应大力发展
火炬燃烧	填埋气最直接的处理手段，国外大多用于尾气辅助处理	是目前北京市主要处理手段，可作为能源的填埋气直接焚烧比较浪费，不应作为今后的处理手段
化工产品	国外采用此方法很少	不适合北京市，经济效益差
清洁发展机制	全世界约有 70 个注册填埋气利用的 CDM 项目	北京市安定填埋场成功注册了 CDM 项目，是很好的减排和填埋利用方式

三、结　语

垃圾处理是目前大城市普遍面临的严峻挑战。近 10 年来，北京市垃圾产生量年均增长 8%，垃圾的高速增长，使垃圾处理、处置日趋困难，成为北京市越来越严重的环境问题。至 2009 年，北京市运行的垃圾填埋场共有 15 个，焚烧厂 2 个，堆肥场 2 个，其中填埋占总处理量的 95% 左右。垃圾填埋场甲烷排放是北京市最主要的甲烷排放源。基于北京市垃圾填埋场实测数据，利用 IPCC 推荐的一阶衰减法计算了北京市垃圾填埋场甲烷排放量。结果表明：至 2008 年底，北京市垃圾填埋场产生甲烷 8.2 万 t，无组织排放逃逸 5.47 万 t，处理量为 2.73 万 t，甲烷处理率约为 33%，处理方式主要为火炬焚烧、发电，甲烷发电约占处理量的 20%，占总产生量的 6.6%。北京市填埋气利用还处于起步阶段，参考国外垃圾填埋场甲烷利用的成功经验，结合北京实际，供热、供冷、发电以及大力推行清洁发展机制是今后北京市最可行的利用方式。北京市垃圾填埋场甲烷合理利用及控制对北京市减少温室气体排放和改善环境有重大意义。

参考文献

[1] 国家气候变化对策协调小组办公室，国家发展和改革委员会能源研究所．中国温室气体清单研究［M］．北京：中国环境科学出版社，2007.

[2] 谢焰．城市生活垃圾产气性试验研究［J］．环保科技，2007.

[3] 房怀阳，吴长振．城市生活垃圾填埋甲烷气资源的产量估算及利用［J］．资源开发与市场，1995.

[4] 刘富强，唐薇．城市生活垃圾填埋场气体的产生、控制及利用综述［J］．重庆环境科学，2000.

[5] 侍倩，柳利霞．生活垃圾卫生填埋场产气规律及污染［J］．环境科学与技术，2005.

[6] 高庆先，杜吴鹏，等．中国城市固体废弃物甲烷排放研究［J］．气候变化研究进展，2006.

[7] 高庆先，杜吴鹏，等．中国典型城市固体废弃物可降解有机碳含量的测定与研究［J］．环境科学与研究，2007.

[8] 黄文雄．垃圾填埋气产生过程与产气量预测模型的研究［D］．重庆：重庆大学，2002.

[9] 魏宁，李小春，等．城市垃圾填埋场甲烷资源量与利用前景［J］．岩土力学，2009.

[10] 胡永生，孙玉东．城市垃圾发电前景探析［J］．百科论坛，2009.

[11] 黄凯，刘克锋，王红利，等．北京城市垃圾处理与管理对策［J］．北京农学院学报，2002.

[12] 王进安，杜巍，刘学建，等．垃圾填埋场填埋气回收处理与利用［J］．环境科学研究，2006.

[13] 张茂林，尤建新．中国 CDM 项目的结构分析与对策［J］．中国行政管理，2008.

[14] 黄耀．中国的温室气体排放、减排措施与对策［J］．第四纪研究，2006.

长治市主城区环境空气质量变化趋势分析

郭文涛　赵富强　常海林

（长治市环境监测站　山西　长治　046000）

摘　要　通过分析长治市环境空气28年的监测资料，研究了长治市主城区环境空气质量变化趋势及影响因素。结果表明：环境空气质量随着城市人口经济的发展、国家环境保护政策变化而不断变化，通过严格的环境管理、能源结构调整、机动车尾气治理及城市生态绿化等促进了环境空气质量不断好转。

关键词　环境空气质量　变化趋势　研究

一、城市空气质量监测布点分布

长治市环境空气质量监测自1982年开始，随着城市的发展和监测的需要，经过多次变化，从2000年过渡到现在的4个全自动日报监测点。这些监测点分布在城区的各个功能区，其数据基本能反映市区大气环境质量状况。

二、数据处理

由于国家环境空气质量标准及分析方法的变化，监测项目除SO_2和降尘外，NO_x变为NO_2，总悬浮颗粒物变为可吸入颗粒物，为保持监测数据的可比性和连续性，本文采用了相应的转换系数进行了转换：NO_2与NO_x的转换采用了杨金林等在《湖南有色金属》第15卷第6期《环境空气中NO_2与NO_x的相关性试验》中转换系数，可吸入颗粒物和总悬浮颗粒物转换采用了原国家环境保护局审批的换算系数，换算系数为1.747。

三、分析方法

使用Daniel趋势检验方法（又名Spearman秩相关系数法）分析长治市空气污染物的变化趋势及其统计学显著性特征，公式为：

$$r_s = 1 - [6\sum_{i=1}^{n}(x_i - y_i)2] / [n^3 - n]$$

式中：r_s为秩相关系数；n为时间周期数；x_i为年均值从小到大排列的序数；y_i为年先后排列序数。

r_s值的正负分别表示污染的增长和下降，其绝对值的大小表示变化的强度。将秩相关系数r_s的绝对值与Spearman秩相关系数统计表中的临界值W_p进行比较。如果$|r_s| \geq W_p$，则表明变化趋势有显著意义。

根据长治市城区空气污染浓度总体变化态势，本文用Daniel趋势检验分析各污染物28年来变化趋势。

四、结果

（一）空气污染浓度总体变化态势

使用Daniel趋势检验方法分析各污染物年度变化趋势，结果表明不同的污染物表现出不同的变化特征，通过分析得出：长治市环境空气污染变化趋势除总悬浮颗粒物（降尘）外可以分为两个阶段，即1982—1999年各类污染物总体表现为上升阶段，环境空气质量下降，1999年以后各类污染物呈下降趋势，环境空气质量逐步改善；SO_2则在2004年前总体表现为上升阶段，

2004 年以后呈明显下降趋势。

近 28 年来降尘（$r_s = -0.598$，$W_{0.01} = 0.465$）呈总体显著下降趋势，年度主要分布在 1982—1991 年和 1999 年以后，在 1991—1999 年其他污染物处在上升阶段，降尘浓度基本没有变化。

总悬浮颗粒物呈总体下降趋势，年度主要分布在 1982—1991 年和 1999 年以后（$r_s = -0.952$，$W_{0.01} = 0.746$）呈显著下降趋势，在 1991—1999 年处在缓慢上升阶段。

SO_2 在 1982—2004 年以前（$r_s = -0.999$，$W_{0.01} = 0.601$）呈显著上升趋势，从 2004 年以后（$r_s = -1$，$W_{0.01} = 1$）开始呈显著下降。

NO_x 在 1982—1999 年以前（$r_s = -0.955$，$W_{0.01} = 0.712$）呈显著上升趋势，从 1999 年以后（$r_s = -0.830$，$W_{0.01} = 0.746$）开始呈显著下降。

（二）采暖期和非采暖期污染物浓度的比较

每年的 11 月至次年的 3 月底为长治市的供暖期。近 28 年来长治市 SO_2、NO_x、TSP、降尘采暖期和非采暖期浓度比较可以看出各污染物采暖期浓度均高于非采暖期浓度，其中 SO_2 的采暖期浓度与非采暖期浓度相差最大，采暖期浓度是非采暖期浓度的 3.26 倍；总悬浮颗粒物的采暖期浓度与非采暖期浓度相差最小，采暖期浓度是非采暖期浓度的 1.09 倍。污染物采暖期浓度均高于非采暖期浓度与冬季采暖以煤为主的能源结构有着直接的关系，冬季 SO_2 浓度高、污染重，体现煤烟型污染特征。

（三）环境空气质量变化趋势分析

长治市是山西省能源重化工基地的重要组成部分，环境空气质量随着城市人口经济的发展、国家环境保护政策变化而不断变化。长治市多年来通过严格的环境管理、能源结构调整、机动车尾气治理及城市生态绿化等促进了环境空气质量不断好转。

1. 严格的环境管理　长治市的环保工作是在 20 世纪 70 年代逐渐展开的，当时大家的环保意识较低，环境管理处于起步阶段，各种污染源的环保设施安装率较低，致使当时的环境空气污染主要表现为高颗粒物（降尘）低 SO_2、NO_x 的污染形态。随着环境管理的不断加强，各种污染源实现达标排放，环境空气质量趋于相对稳定。1995 年以后经济快速发展，环境空气污染源增加的压力越来越大，原来主要依靠污染源末端治理的手段已不能适应公众对环境质量的要求，长治市加强了城市环境综合整治，把环境质量、污染物排放总量、蓝天碧水工程等生态环境保护指标的考核与 GDP 考核置于同等重要的位置，纳入长治市经济社会发展评价体系。制定了《长治市城市扬尘污染防治管理办法》，配置喷雾降尘车，控制城市扬尘污染，抑制了环境空气恶化的势头，并在 1999 年以后实现环境空气质量逐年好转。1982 年统计，市区年消耗原煤 150 万 t，在用锅炉 400 台，由于安装除尘设施锅炉占总台数的 38.9%（占总吨位的 61%），除尘设施以除尘效率低的旋风除尘器为主，环境空气污染主要污染物为颗粒物，通过实施严格环境管理，实现了重点污染源全面达标，2008 年在用锅炉 1 000 余台但总悬浮颗粒物仅为 1982 年的 1/4.6。长治市在国家 113 个重点城市年度考核中，由 2004 年的 105 位前移到 2008 年的 23 位，净移了 83 位，稳定达到国家二级标准。连续四年成为山西省空气质量最好的城市。

2. 能源结构调整　合理利用能源，改革能源构成，改进燃烧设备，是控制大气污染和节约能源的重要途径。长治市能源结构以煤为主，城市燃气从 20 世纪 90 年代起步，至 2008 年已形成了以人工煤气为主，液化石油气、天然气为补充的格局，城市气化率达到 91% 以上。对餐饮洗浴锅炉实施燃气改造。冬季采暖采用集中供热，2008 年市区集中供热率达到 50%，停用或拆除燃煤锅炉 282 台，每年减少燃煤 10 万余 t，削减烟尘排放量 2920t、二氧化硫排放量 740t。

3. 机动车尾气治理　长治市主城区汽车保有量由 1982 年的 2.6×10^3 辆增至 2008 年的 1.4×10^5 辆。随着全市机动车保有量的快速增长，机动车排气污染已成为影响长治市空气环境质量的主要因素之一。为有效遏制机动车排气污染，先后对13万余辆机动车进行了检测，对7 000余辆尾气不合格的车辆进行了治理。推广清洁能源，全面启动了“油”改“气”工作，先后对1 000余辆出租车，70余辆环卫车进行燃料改造，并更新了60辆双燃料公交车。通过以上措施大幅度地减轻了机动车尾气污染，随着机动车增加氮氧化物年均值2008年比2004年下降了约53%。

4. 城市生态绿化 城市绿化可以有效地改善空气质量和生态环境，植物对于一定浓度范围内的大气污染物，不仅有一定的抵抗能力，而且也有相当程度的吸收净化能力。植物叶片提供了大量暴露在大气中的过滤和反应表面，为植物吸收、积累、转化大气污染物提供了物质条件，植物细胞通过吸收和生化反应及生长代谢、定期的叶片脱落吸收气体污染物，对重要的空气污染物HF、SO_2、NO_2、O_3、Cl_2、PAN能进行较快的吸收。据《太原市城市中心区大气污染物垂直分布情况及其对应的绿化研究》（太原市环境科学研究设计院，2003年，山西省科技进步二等奖）课题，国槐枝条韧皮部和叶片都有吸收与积累二氧化硫的作用，其中叶片含硫量是枝条韧皮部的2.7~5.2倍，在生长季节以叶片为主要吸收器官，在冬季则以韧皮部吸收。绿化植物还能够阻挡、过滤和吸附空气中的灰尘。长治市自2001年以来，连续多年大搞城市园林绿化建设，种植了市树国槐、桧柏、银杏、珙桐、金丝楸等乔木，各种花灌木及草坪，建成区绿化覆盖率由2001年的16.2%提高到2008年的46.8%，同期长治市环境空气质量持续好转，二级天数由93天增加到346天。

五、结 论

1. 长治市环境空气污染变化趋势除总悬浮颗粒物（降尘）可以分为两个阶段：1982—1999年各类污染物总体表现为上升阶段，环境空气质量下降，1999年以后各类污染物呈下降趋势，环境空气质量逐步改善；SO_2则在2004年各总体表现为上升阶段，2004年以后呈现下降趋势。总悬浮颗粒物（降尘）呈总体下降趋势，年度主要分布在1982—1991年和1999年以后（$r_s = -0.952$，$W_{0.01} = 0.746$）呈显著下降趋势。各污染物采暖期浓度均高于非采暖期浓度，其中SO_2的采暖期浓度与非采暖期浓度相差最大，采暖期浓度是非采暖期浓度的3.26倍；总悬浮颗粒物的采暖期浓度与非采暖期浓度相差最小，采暖期浓度是非采暖期浓度的1.09倍。污染物采暖期浓度均高于非采暖期浓度，这与冬季采暖以煤为主的能源结构有着直接的关系，冬季SO_2浓度高、污染重，体现煤烟型污染特征。

2. 环境空气质量随着城市人口经济的发展、国家环境保护政策变化而不断变化。长治市多年来通过严格的环境管理、能源结构调整、机动车尾气治理及城市生态绿化等促进了环境空气质量不断好转。

参考文献

[1] 杨金林，曾光明，宁枫．环境空气中NO_2与NO_x的相关性试验［J］．湖南有色金属，2002，18（6）：37-38.

[2] 吴鹏鸣，等．环境空气监测质量保证手册［M］．北京：中国环境科学出版社，1989：421-422.

[3] 张德强，陆耀东，等．园林绿化植物对大气二氧化硫和氟化物污染的净化能力及修复功能［J］．热带亚热带植物学报，2003，11（4）：336-340.

[4] J. B马德 T. T. 科兹洛夫斯基．植物对空气污染的反应［M］．北京：科学出版社，1984：242-244.

[5] 张菊，苗鸿，欧阳志云，等．近20年北京市城近郊区环境空气质量变化及其影响因素分析［J］．环境科学学报，2006，26（11）：1886-1891.

[6] 马广大，等．大气污染控制工程［M］．北京：中国环境科学出版社，1986：12-16.

关于黄石市生态城市建设的思考

曹　阳

（湖北省黄石环境监测站　湖北省黄石市团城山开发区苏州路26号　435000）

摘　要　黄石市位于湖北省东南部，重要的老工业基地和港口城市，2009年黄石也被列为第二批资源枯竭城市，促进产业转型，建设生态城市，发展循环经济是推进黄石建设的一个重要举措。本文对黄石市的生态环境现状进行了简要分析，提出了城市生态环境建设的目标及相应的对策，对今后开展相关工作有一定的指导意义。

关键词　黄石　生态城市　建设

黄石市位于湖北省东南部，是湖北省乃至全国重要的老工业基地和港口城市，为湖北省第二大城市。2008年大冶被国务院列为第一批资源枯竭城市，2009年黄石也被列为第二批资源枯竭城市，促进产业转型，建设生态城市，发展循环经济是推进黄石建设的一个重要举措。

一、黄石市生态城市的建设

生态城市是联合国教科文组织发起的“人与生物圈（MAB）”计划研究过程中提出的一个概念，是城市生态化发展的结果；是社会和谐、经济高效、生态良性循环的人类居住形式，是自然、城市与人融合为一个有机整体所形成的互惠共生结构。简而言之，生态城市是一类生态健康的城市。主要有和谐性、高效性、可持续性、整体性、区域性几大特点。

（一）目前的城市状况

“九五”期间是环境保护大发展的五年，集中体现在：市委、市政府高度重视环境保护、全民族环境意识普遍提高、环保措施力度加大、环保投入大幅增加、环境质量有所改善。但是环境污染依然严重，生态恶化的趋势没有得到有效遏制。水环境污染相当严重，位于城区的磁湖、青山湖、大冶湖的水质受到一定程度的点状和面状污染，水质超标严重；局部区域大气污染十分突出；固体废物、城市垃圾、“白色污染”仍然严重；城市垃圾真正达到无害化处理的还不到总量的20%；城市噪声扰民普遍，2008年监测区域内56.4%的区域噪声处于轻度以上污染。

（二）生态环境建设的起步

我市自20世纪90年代开始生态环境建设的探索。先后编制了《黄石市生态环境调查报告》、《黄石市生态建设环境保护规划》等多个工作报告，开展了黄荆山开山塘口的综合整治、磁湖的生态修复、磁湖截污、城市污水处理设施的建设等多个环保项目的建设，同时大力开展绿化工作，先后建成了多个大型绿化广场，提出建设山水园林城市和生态城市的奋斗目标。生态城市的建设将对黄石城市建设与发展以及人居环境的改善起到积极的指导作用。

二、黄石进行生态城市建设的思考

（一）生态城市建设的指导思想和目标

生态城市建设的指导思想是：以城市生态学和环境经济学为理论指导，以可持续发展为主题，以城市规划为蓝本，以环境保护为重点，以城市管理为手段，建立政府主导、市场推进、执法监督、公众参与的新机制，建设经济、社会、生态三者保持高度和谐的城市。

生态城市建设的目标是：创建清洁、优美、安静的城市，全面实现可持续发展。建设高效生态产业、和谐生态文化与功能相整合的生态景观，实现自然、农业和人居环境的有机结合。

（二）生态城市建设的对策

生态城市建设是人类文明进步的标志，是城市发展的必然方向。它不仅涉及城市物质环境的生态建设、生态恢复，还涉及价值观念、生活方式、政策法规等方面。黄石是中部城市，综合实力、科技水平、人口素质、意识观念与发达地区相比有较大差距。针对环境亟待改善、经济实力不强、人口素质不高的市情，应提出合理的生态城市建设对策。

1. 转变思想，提高环保和生态意识

从不可持续发展思想向可持续发展思想转变。其内涵包括：从追求近期的直接经济效果转向追求长期的间接经济效果；从追求单一的经济高效率转向追求经济、生态合并的高效率。这是生态城市建设的思想基础，对决策者和企业家尤为重要。因为决策者的思想影响一片，企业家影响一个企业，企业往往是环境污染大户。我国目前的干部制度是任期制，任期内的绩效考核主要还是经济绩效。这很容易使干部产生急功近利的思想。要完成这种思想转变必须把干部任期内对环境和生态保护的功与过作为绩效考核内容之一。

提高公众的生态意识，就是使人们认识到自己在自然中所处的位置和应负的环境责任，尊重历史文化，改变传统的消费方式，增强自我调节能力，维持城市生态系统的高质量运行。提高公众的生态意识除了用各种形式加强宣传和教育外，还应：①让市民亲身感受到环境和生态保护带来的好处；②使市民形成“向自然资源索取是有代价的，污染是要付费的”的概念；③营造社会公德大环境，规范那些不规范的环境行为。

2. 加快理论研究，制定生态城市指标体系

现在可持续发展到处都在讲。但是，如果没有能够指导可持续发展实践的经济理论和具体的评价指标，又如何知道决策和实践是有利于可持续发展的呢？长期以来，城市建设的理论和政策都是重资源开发，以发展国民经济为主线兼顾市民的基本生活要求。因此，必须针对我市市情建立一套适用于生态城市建设的科学理论和指标体系。

（1）生态城市应采用整体的系统理论和方法全面系统地理解城市环境、经济、政治、社会和文化间的相互作用关系。以环境经济学和城市生态学指导生态城市建设，同时指导国民经济发展。这是一个机遇，黄石应该走在湖北前列。

（2）生态城市建设的目标是多元化的。分解为人口、经济、社会、环境、生态目标、结构优化目标以及效率公平目标。这些目标又应按生态城市建设的阶段（初级、过渡、高级阶段）分解为阶段性的目标，形成评价指标体系。用它在建设的各个阶段来衡量城市生态化速度与变化态势、能力和协调度。设计的指标应灵敏度高、综合性强，既有持续性指标、协调性指标，又有监测预警指标。选择指标的原则应注意因子的综合性、代表性、层次性、合理性、现实性。在生态城市评价指标体系的指导下来编制城市规划条例、城市建设条例和城市管理条例。

3. 建立生态城市环境保护新机制

环境质量是生态城市建设的基础和条件。环境保护是城市生态建设、生态恢复和生态平衡维持的重要而直接的手段。建立政府主导、市场推进、执法监督、公众参与的环境保护新机制是生态城市建设的保障。

城市政府的主要职责是规划好、建设好、管理好城市。应该集中力量做好城市的规划、建设和管理。加强各种公用设施的建设、进行环境的综合治理。从社会主体角度看，社会行为可分为政府行为、企业行为与公众行为。这三种行为决定着人类社会的发展状况。而不可持续发展或可持续发展都决定于这三种行为。在过去的发展模式中政府、企业、公众的行为都没有考虑到自然环境的有限性及其对经济活动的制约，没有把自然环境纳入到经济系统中，致使人类对生态环境的影响深度与广度不断增大。

政府应成为生态城市建设的主导力量，应加大力度，有效地引导、规定、维护、激励整个社

会保护和建设生态环境的行为：①应提升环保部门的职能和地位。实质性地参与经济决策活动，重大项目从初步方案拟订应征求环保部门的意见；②加强生态环境保护监督队伍的建设，完善体系、加强力量、提高人员素质和敬业精神；③设置生态城市建设和管理的协调机构，负责政府各部门间管理职能的协调和监控，以推动生态城市建设计划的实施；④强调政府在生态环境保护的社会行为中的地位和责任。制定和实施生态城市建设的相关政策。

环境保护引入价值观念，建立和推广市场机制。通过税、费和环境产权的手段明确人与自然的关系、企业与自然的关系，配合宣传教育提高公众和企业的环保意识和契约意识，以达到遏制环境滥用，促进公众和企业认识环境的使用价值、自然的生态价值和生命支持功能，降低资源消耗和减少污染的目的。但政府应通过政策调控市场价格，既要达到环境保护的目的，又要照顾到公众的承受力。

在公众环境意识普遍不高、企业急功近利的思想还普遍存在的情况下，只依靠宣传教育难以遏制“边建设、边破坏”、“边治理、边污染”的情况发生，政府应该强化执法监督。有效执法监督的前提是：有一套完整、严密、可操作的适应城市生态化发展的法律综合体系，使城市生态化发展法律化、制度化；有一支素质高、责任心强、公正廉洁的执法队伍。

公众参与环境保护和生态化建设是法律赋予公民的权利，这在西方国家法律上有明确规定。而且公民环境权的内容随着社会的发展不断充实，现已包括环境知情权、环境议政权和环境索赔权。《中华人民共和国环境保护法》第六条规定“一切单位和个人都有保护环境的义务，并有权对污染和破坏环境的单位和个人进行检举和控告”。随着环境法学理论的不断完善和公众环境意识的不断提高，公众参与环境保护和生态建设将既有理论依据，又有法律依据，更有群众基础。这是历史的必然趋势。

公众参与，应体现在环境决策参与、环境监督参与、环境投资参与和个人环境行为等方面。要真正做到公众参与，必须：①宣传法律，明确公民的环境权，使公民明白自己的法律权利和法律义务；②透明决策程序，使公众在决策过程中有参与环节；③培育与生态城市建设相适应的社会机制。

4. 把握关键环节——生态城市建设规划

生态城市总体规划应全面地从城市的经济、社会、生态环境各方面进行综合研究。以人为本制定战略性的、能指导和控制生态城市建设与发展的蓝图与计划。它必须具备科学性、综合性、预见性和可操作性。生态城市总体规划应把生态建设、生态恢复、生态平衡作为强制性内容。生态城市建设规划一旦批准，必须具有法律的权威性，任何改变都必须严格地按照程序进行。

为搞好生态城市规划应采取以下对策：①做好城市规划。充分体现城市可持续发展的思想。②改进城市规划管理机制，改变建设项目提出者、计划者、决定者、运作者同属一个体系的状况，使每个环节都能有效地得到控制。③建立新的城市规划过程程序，做到真正意义上的综合全局的观点。④强调专家论证的科学性和独立性，以避免“拍脑袋工程”、“政绩工程”和“长官意志”。⑤建立公众参与的正常渠道，以提高公共决策的正确性。代表市民的最大利益和生态建设的社会公平。

生态城市规划除了常规内容外，还应重点考虑以下问题：

（1）建设生态城市首先应确定城市人口承载力，人口承载力不是指城市最大容量，而是指在满足人们健康发育及生态良性循环前提下人口的最大限量。既要考虑人口未来增长的可能性，又要考虑满足一定生活质量的人口规模合理性；既要考虑固定静态人口的分布规律，又要考虑周期性往返于城市—乡村—城市之间和城市商业区和居住区之间动态人口分布和涨落规律。

（2）景观格局是景观元素空间布局，是城市生态系统的一个重要组成部分。城市景观规划应遵循以下原则：①整体优化原则；②功能分区原则；③景观稳定性原则；④可持续发展原则；

⑤活化边缘原则。

（3）城市的产业结构决定了城市的职能和性质以及城市的基本活动方向、内容、形式及空间分布。因地制宜地按照生态学中的“共生”原理，通过企业之间以及工业、居民与生态亚系统之间的物质、能源的输入和输出进行产业结构优化，实现物质、能量的综合平衡。

（4）提高资源合理利用效率，加快资源开发及再生利用的研究和推广，在城市区域内建立高效和谐的物流、能源供应网，实现物流的“闭路再循环”，重新确定“废物”的价值，减少污染产生。

5. 突出城市个性特点，树立城市生态风尚

每个城市都有自己特有的地理环境、历史文化和建设条件，要尊重、研究、发扬自身的特点，根据自己的特点因地制宜、扬长避短，从一个或几个侧面，抓住优势，体现个性。制订实际的、具有自己特色的生态城市建设方案。融“山水城市”、“园林城市”、“花园城市”、“田园城市”、“森林城市”、“卫生城市”、“健康城市”、“绿色城市”于一体。既体现生态城市建设的优势，又给人们一个醒目的形象。

为有利于生态城市的建设及其成果的保护，管理者应建立制度，提倡良好的公众环境行为，形成生态城市的规矩和风尚。如：①限制甚至拒绝摩托车进入主城区；②限制汽车数量增长、提倡公交车、使用环保车；③提倡以自行车作为上、下班交通工具，或者以步代车；④提倡使用布袋子、菜篮子、饭盒子，拒绝“白色污染”；⑤提倡“绿色旅馆”、“绿色饭店”，禁止旅馆业提供一次性用品；⑥提倡商店与厂家结合对商品实行全程绿色服务；⑦提倡绿色生活、绿色消费、绿色家庭；⑧有条件的城市应限制建筑高度，提倡使用洁净能源。

6. 重视城市间、区域间的合作

城市是区域的核心，区域是城市的基础。两者相互依存、互相促进。城市间，区域间不断地在进行着物质、能量、信息的交换。城市越发展，这种交换就越频繁，相互作用就越强。黄石生态城市的建设要结合武汉城市圈建设的特点，特别要强调城市间、区域间的分工协作、协调发展。不仅要注重自身的繁荣，还要确保城市自身的活动不损害其他城市的利益。

三、结　语

黄石市生态城市建设发展的思路和主要任务是以国家环境保护“十一五”计划和2010年远景目标为依据，全面提升城市生态环境质量，积极建设生态黄石、推进黄石市经济发展。

如果我们逐步实现了思想的转变、意识提高、观念更新、理论深化、标准统一，就有了扎实的思想和理论基础；再通过实施明确目标、科学规划、完善体系、协调监控、推进市场、公众参与、营造风尚、城区合作等有力措施，生态城市建设将会稳健有序地进行。尽管任重道远，面对挑战，只要我们坚持不懈地努力，一个繁荣和谐的生态城市将会出现在黄石人的面前。

参考文献

[1] 王爱兰．加快我国生态城市建设的思考［J］．城市，2008（4）．

[2] 李亚斌．浅析生态城市规划［J］．山西建筑，2008（35）．

[3] 杜延军，等．资源型城市生态经济建设问题研究——以甘肃省资源型城市为例［J］．生态经济，2006（5）．

黄石市大气污染源的地区和行业分布研究

周建平　徐江焱　冯　浩　乐　静

摘　要　弄清黄石市主要污染源的地区和行业分布，分析不同地区污染源的现状和特点，有针对性地分别提出了解决问题的办法及建议。

关键词　大气污染源　污染物　行业分布　排放总量

一、黄石市主要污染物分布

从图1我们不难看出，黄石市各辖区、县（市）主要污染物对本市的影响是不同的。根据图1的数据，铁山区的污染物排放总量对我市的影响最小；黄石港区除了 NO_x 排放量占18%，烟（粉）尘和 SO_2 排放量都比较低；阳新县的污染物排放总量除了 NO_x 外，烟（粉）尘和 SO_2 也在较低水平；西塞山区、下陆区和大冶市可以说是我市的污染大户，除了下陆区的 NO_x 外，单一污染物排放总量占全市总量最低的为14.8%，最高则达到47.7%。

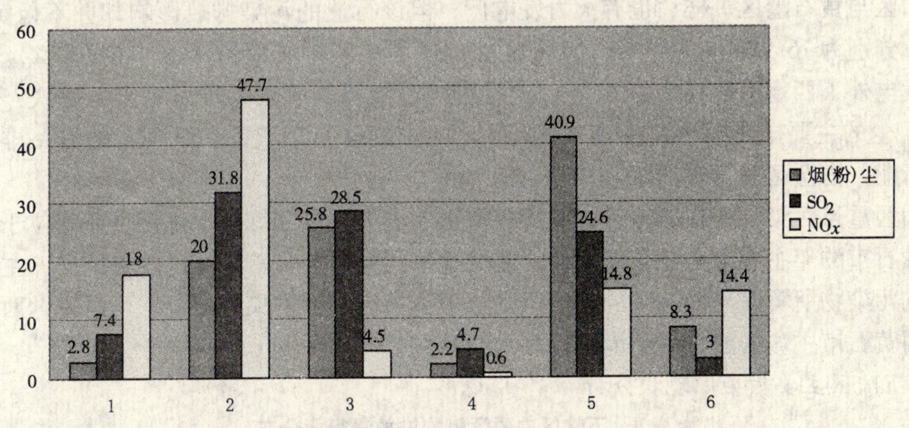

图1　黄石市各辖区、县（市）主要污染物排放情况（%）

注：1. 黄石港区；2. 西塞山区；3. 下陆区；4. 铁山区；5. 大冶市；6. 阳新县

二、各辖区、县（市）主要污染源行业分布及现状分析

综观表1至表6，黄石市各辖区、县（市）主要污染物的行业分布是不同的。分析各种污染物的来源，研究主要污染物在各行业的分布状况及特点，对我们研究治污对策，采取正确防控措施是有益处的。

（一）黄石港区主要污染源现状分析

表1　黄石港区主要污染物排放量行业分布

行业类别	污染物名称		
	烟（粉）尘/%	SO_2/%	NO_x/%
火力发电	96.3	95.1	98.9
钢铁铸件制造	—	1.2	0.2
纺织印染	1.0	1.0	0.2
黏土砖及砌块制造	1.0	0.7	—
其他	1.7	2.0	0.7

虽然黄石港区的主要污染物排放量在全市排位比较靠后（见图1），但由表1可以看出，黄石港区的火力发电企业对该区的污染排放影响最大，无论是烟（粉）尘、SO_2 还是 NO_x 都是第一位的。该区的火力发电行业仅有一个老厂，已有几十年的历史。除了火力发电行业外，黄石港区再无较大的污染源。不过，该区火力发电厂所在的位置非常特殊，位于主城区的交通要道上，其影响不可低估。

（二）西塞山区主要污染源现状分析

表2　西塞山区主要污染物排放量行业分布（%）

行业类别	污染物名称		
	烟（粉）尘/%	SO_2/%	NO_x/%
炼铁、炼钢	68.5	15.7	6.2
火力发电	9.3	76.9	60.8
水泥制造	6.5	—	23.4
其　他	15.7	7.5	9.6

西塞山区与黄石港区一样，也有火力发电厂，但该行业的污染排放影响却并不像黄石港区，SO_2 和 NO_x 分别为76.9%和60.8%，烟（粉）尘仅占该区排放量的9.3%（见表2）。这说明，除了火力发电外，西塞山区还另有重点烟（粉）尘污染源。从表2可以看出，炼铁、炼钢是该区烟（粉）尘的主要排放源，占68.5%，其 SO_2 的排放也占15.7%。而 NO_x 的另一排放源则是水泥制造行业，占全区总排量的23.4%。

西塞山区重点污染源所在的地理位置比较特别，火力发电和炼铁、炼钢企业都位于市区的东南部，而黄石市的年主导风向是东南风，因此，这些污染源恰巧落在城区的上风向，主城区正好被其排出的污染物所覆盖。而该区的水泥厂则位于主城区靠近中央的位置。可以说，西塞山区重点污染源对黄石市主城区的大气环境影响非常明显。

（三）下陆区主要污染源现状分析

表3　下陆区主要污染物排放量行业分布

行业类别	污染物名称		
	烟（粉）尘/%	SO_2/%	NO_x/%
炼　铁	93.0	21.8	58.0
铜铅锌冶炼	2.6	73.0	—
锻件及粉末冶金制造	—	—	22.2
其　他	4.6	5.1	19.9

表3显示，下陆区烟（粉）尘的主要污染源来自炼铁行业，占全区烟（粉）尘总排量的93.0%，该行业 NO_x 排放量也在全区的首位，为58.0%。SO_2 排放量则由铜、铅、锌冶炼行业为首，占73.0%，炼铁业排在第二，为21.8%。锻件及粉末冶金制造业的 NO_x 排放量占22.2%。

下陆区的炼铁和铜、铅、锌冶炼行业以几个老厂为主要排放源。经过多年努力，这几个老厂在污染治理上有了显著的改善，但从污染排放总量上看仍然占据较大比重。

（四）铁山区主要污染源现状分析

表4　铁山区主要污染物排放量行业分布

行业类别	污染物名称		
	烟（粉）尘/%	SO_2/%	NO_x/%
铁矿采选	57.9	95.5	57.5
水泥制造	37.7	3.9	33.2
其　他	4.4	0.5	9.2

根据表4，铁山区的烟（粉）尘主要来自铁矿采选和水泥制造，分别占57.9%和37.7%，NO_x 也主要由这两个行业产生，分别是57.5%，33.2%。95.5%的 SO_2 则由铁矿采选产生。

铁山区是一个老矿区，该区因铁矿而得名。由于铁矿资源已基本枯竭，老企业面临生存压力，所以，铁矿采选行业污染治理有一定难度。水泥制造行业由乡镇企业发展起来，近年一直在设备的更新换代上下工夫。根据其目前污染排放总量，这项工作还得继续做下去。

（五）大冶市主要污染源现状分析

表5　大冶市主要污染物排放量行业分布

行业类别	污染物名称		
	烟（粉）尘/%	SO_2/%	NO_x/%
石灰石膏制造	34.5	—	10.7
石灰石膏开采	20.7	—	—
炼铁、炼钢	16.6	10.3	7.6
金属冶炼	—	52.5	—
火力发电	—	10.1	13.5
钢压延加工	—	7.8	—
水泥制造	—	—	29.6
玻璃、陶瓷制品	—	—	20.6
其　他	28.3	19.3	18.1

大冶市的污染排放源比较分散，烟（粉）尘排放量石灰石膏制造和开采分别占了34.5%和20.7%，炼铁、炼钢占了16.6%，其他行业也占了28.3%。SO_2 的排放源主要是金属冶炼行业，占了52.5%，炼铁、炼钢为10.3%，火力发电10.1%，其他行业19.3%。NO_x 的排放源主要是水泥制造和玻璃、陶瓷制品，分别为29.6%和20.6%，火力发电和石灰石膏制造各占13.5%和10.7%，炼铁、炼钢为7.6%，其他行业占18.1%。

大冶市的中小企业比较多，有不少是近20年发展起来的。该市的炼铁、炼钢企业有19家，石灰石膏制造也有19家，石灰石膏开采有27家，而金属冶炼则有35家。企业布局分散，产能落后，污染大是该市要重点解决的问题。

（六）阳新县主要污染源现状分析

表6　阳新县主要污染物排放量行业分布

行业类别	污染物名称		
	烟（粉）尘/%	SO_2/%	NO_x/%
铝冶炼	55.7	—	—
水泥制造	26.7	—	94.4
黏土砖及砌块制造	6.1	19.1	5.0

行业类别	污染物名称		
	烟（粉）尘/%	SO_2/%	NO_x/%
有色金属冶炼	—	49.5	—
化肥、化工、无机盐	—	13.0	—
其　他	11.4	18.5	0.6

阳新县的烟（粉）尘排放量主要集中在铝冶炼和水泥制造行业，分别占55.7%和26.7%。SO_2 排放源相对比较分散，有色金属冶炼占了49.5%，黏土砖及砌块制造、化肥、化工、无机盐占了13.0%，其他行业则为18.5%。NO_x 排放源则主要集中在水泥制造行业，为94.4%。

阳新县的情况与大冶市有相同之处，也是中小企业比较多。该县仅黏土砖及砌块制造就有74家。因此，阳新县存在的问题与大冶市基本相同。

三、建　议

经过以上分析，我们不难看出，黄石港区的治污重点应该是火力发电厂，而且，主要是上马 SO_2 和 NO_x 的治理设施，降低其排放总量。而西塞山区、下陆区和铁山区应根据资源环境承载能力，立足传统产业新型化为发展方向，逐步控制其火力发电、黑色和有色金属冶炼、矿山、水泥等高污染、高能耗行业的总量规模。优化第一、第二和第三产业的比重，大力支持符合循环经济要求的重大项目和技术开发，形成支撑经济社会可持续发展的新型主导产业体系，从根本上改善其结构型污染状况。

而大冶市和阳新县则应把重点放在整合中小企业，提升技术装备，推进产业升级，以集群发展和规模效益提高资源利用效率。推进节能、节水、节材，加强资源综合利用，真正做到节能，降耗，减污，增效。

以保护和改善大气环境质量为重点，以生产工艺全过程控制为指导思想，完善环保措施，开展对全市重点污染源的全方位治理（包括原料选择，工艺技术改造，过程控制，强化管理等多个方面），使全市的工业污染治理模式从末端治理向源头削减，全过程控制转变，切实减少全市大气污染物排放总量。

黄石市环保局关于黄石市环境保护工作的发展思路是："根据资源禀赋、环境容量、生态状况、进一步明确不同区域的功能定位和发展方向，市中心城区以优化开发为主，重点发展现代服务业、商贸业、金融业和高新技术产业，严禁新上传统工业项目。黄金山新区以重点开发为主，在严格控制污染物排放总量的前提下，重点发展深加工、劳动密集型企业及现代制造业和高新技术类项目。农业及生态发展区以限制开发为主，坚持保护优先，重点发展生态农业。磁湖、青山湖、保安湖、仙岛湖、网湖等风景区，除发展现代旅游业外，一律不准进行任何不符合规划布局的商业开发活动"[1]。我们要围绕这一思路，做好各项工作，把黄石市建设成一个美丽的山水园林城市。

参考文献

[1]"黄石转型该怎么干?"[N]. 中国环境报，2009-2.

经济转型下的天津市环境保护战略分析

姚立英[1,2]　尹立峰[1]　吕立新[3]

(1. 天津市环境保护科学研究院　300191；2. 河北工业大学　1300130；
3. 天津市蓟县环境保护局　301900)

摘　要　中国面临着经济转型的关键时期，实现经济又好又快发展，环境保护与经济发展的矛盾史无前例的突出，在这样的背景下环境保护工作要转变管理模式和管理体制，形成经济环境综合决策的机制，从政策角度加强资源环境的调控。

关键词　经济转型　环境保护　规划　环境经济政策

随着滨海新区列入国家发展战略，天津市经济发展速度以超过10%的高速挺进，国家在2009年投入4万亿元保增长，很多基础性项目、工业项目纷纷上马，环境保护工作也面临着艰巨的考验。在这样的形势下，为了更好地贯彻落实科学发展观，加快经济发展方式的转变，构筑“生态宜居高地”，全力打好“五个攻坚战”，第一，调整规划体系，加强环保规划的引导作用；第二，强化环境保护制度建设；第三，深化环境经济政策改革；第四，构建完善的地方环境保护法规标准体系；第五，推进清洁生产、循环经济和低碳经济。

一、调整规划体系，加强环保规划引导作用

环境保护是一项综合性的管理工作，环境质量的转变与区域开发、项目建设、农业生产、居民生活等经济活动密切相关，涉及国民经济的各行各业，与各行政职能部门有着千丝万缕的联系，所以环境是大家的环境，保护环境也是政府各职能部门的责任。环境保护是政府的一项基本职能，环境保护规划是环境保护工作的纲领性文件，是天津市“十二五”规划的重要组成部分。天津市处于发展的关键时期，滨海新区纳入国家发展战略，“十五”、“十一五”经济指标超额完成，总体规划中的城市规模与用地限制等不能满足发展需要，提前进行了规划的修编工作，在这样的发展形势下，环境保护规划应跳出环保、站在社会进步经济发展全局的角度审视环保问题，增强弹性和有效性。

环保规划应由环保部门牵头、天津市各职能部门参与完成，环保局代表天津市提出环境保护的目标、指标，落实到天津市的各专项规划中，由包括环保局在内的天津市各委办局共同组织实施，形成各职能部门全防全控、齐抓共管的良好局面。

二、强化环境保护制度建设

(一) 制定环境分区管理办法，强化区域开发的宏观调控

结合主体功能区区划的要求，在天津市划定优化开发、重点开发、限制开发、禁止开发区，并制定天津市环境分区管理办法。在优化开发区域，坚持环境优先，优化产业结构和布局，大力发展高新技术，加快传统产业技术升级，实行严格的建设项目环境准入制度，率先完成排污总量削减任务，做到增产减污，解决一批突出的环境问题，改善环境质量。在重点开发区域，坚持环境与经济协调发展，科学合理利用环境承载力，推进工业化和城镇化，加快环保基础设施建设，严格控制污染物排放总量，做到增产不增污，基本遏制环境恶化趋势。在限制开发区域，坚持保护为主，合理选择发展方向，发展特色优势产业，加快建设重点生态功能保护区，确保生态功能的恢复与保育，逐步恢复生态平衡。在禁止开发区域，坚持强制性保护，依据法律法规和相关规

划严格监管，严禁不符合主体功能定位的开发活动，控制人为因素对自然生态的干扰和破坏[2]。

（二）深化规划环境影响评价制度

加强区域、流域规划环境影响评价，注重生态系统的整体性、长期性环境影响；提高城市规划环评质量，在编制城市总体规划及有关建设规划时及早开展规划环境影响评价；做好交通等重要基础设施规划环境影响评价，协调规划布局与重要生态环境敏感区的关系；严格规范产业集聚区、各类开发区及工业园区规划环境影响评价，提高园区布局、产业结构和重要环保基础设施建设方案的环境合理性。对市里编制专项规划，要同步开展规划环境影响评价工作，有针对性地解决规划实施过程中的突出环境问题，避免产能过剩、重复建设引发新的区域性环境问题。

切实加强对规划环境影响评价工作的组织协调，环保部门要依法加强对规划环境影响评价工作的协调指导，各规划编制、审批机关在编制规划、开展规划环境影响评价、审批规划、组织实施规划的过程中，要加强与环保等相关部门的沟通配合，建立规划环境影响评价齐抓共管机制。

近几年天津市落实国家政策，注重规划环评，但规划环评工作分散在多家环评单位完成，技术水平参差不齐，各个规划的环评工作相对独立，缺少衔接与信息沟通，不能从市域空间、历史发展趋势角度综合考虑整体环境问题，虽然每个规划环评的结论都是合理的，但是所有的规划实施起来，问题就出现了，因此专业规划环评队伍建设就很必要。由环保部门联合规划、产业、土地、资源等部门，依托环境保护科研单位组建一支专业的规划环评队伍，建立规划环评信息库，作为各项规划的环保智囊团，高效、高水平完成各项规划环评任务。

（三）推动排污权交易制度，提高环境容量的总体配置效率

“十一五”期间，天津市开展了排污权交易研究和排污权交易试点。在“十二五”期间，大幅度推动二氧化硫排污权交易，逐步建立能够反映污染治理成本的排污价格和收费机制，推动COD等排污权交易，实现环境成本内部化，促进企业减少排污，提高环境污染治理效果。

（四）建立污染设施稳定运行制度

天津市环保局会同发改委、水务局等部门联合制定促进火电企业和污水处理厂稳定运行的指导性文件，明确发电企业和污水处理厂的责任以及污染治理设施的运行和管理要求，指导、督促企业加强规范化管理，确保脱硫设施和污水处理设施稳定运行并发挥减排效益。

（五）完善绿色信贷制度

要加快建立并完善“绿色信贷”信息体系，逐步将节能环保信息纳入银行企业征信系统，搭建有“绿色信贷”需求的企业与金融机构之间的信息对接平台，健全“绿色信贷”的担保体系等措施，发挥政策性金融支持经济结构调整的作用，切实支持节能减排产业和技术，大力挖掘具有商业可持续性的节能减排项目。深入调研和总结节能减排的信贷需求，加强“绿色信贷”管理模式创新，研发适合节能减排的信贷产品。

（六）逐步推动绿色保险制度

研究建立环境污染责任保险制度，对生产、经营、储存、运输、使用危险化学品企业、易发生污染事故的石油化工企业和危险废物处置企业推动开展环境污染责任保险的试点工作，其他类型的企业和行业也可自愿试行。

三、深化环境经济政策改革

（一）探索生态补偿政策

天津市政府牵头出台跨界断面目标考核和生态补偿管理办法，环保部门组织执行，强化地方政府的责任，遏制上游向下游排污。跨界污染生态补偿政策是一项综合的环境管理手段，天津市政府制定管理办法，市环保局组织实施，目的是倒逼各区（县）加大污染治理力度，政府切实负起防治污染的“第一责任”，实现“谁污染、谁治理，谁污染、谁补偿”。

（二）减免污水处理费政策

制定中水、再生水和“零排放”企业减免污水处理费政策，实行行政区域用水总量控制和行业产品用水定额管理，落实建设项目节水“三同时”和节水评估制度，建立用水效率、效益评价与考核指标体系。

（三）产业准入政策

区域经济的发展要严把准入关，根据天津市产业基础、发展目标、环境水平，研究有利于天津市产业向纵深发展、向高端挺进的产业政策。结合产业政策指导名录，从环境方面制定对应的环境标准、法规，严格环境准入制度。

（四）农村环境保护政策

由政府管制性的环境政策向引导性的环境政策转变，使农民自觉采取有利于环境的行为。在农村适合的引导性环境政策有：绿色或有机食品标志；农村生产、生活废物的综合利用；农村经济结构及种养结构的调整；自然资源保护政策由保护向保护和补偿机制并重转变，施行一种补偿机制对于有利于资源的行为给予补偿并能较长期保障其利益，如进行植树造林活动，给予其林木收益权，并适当给予由于植树造林所带来的生态环境改善的社会受益补偿，这样的机制更有益于资源的保护和环境的改善。

（五）实施环保奖励政策

为调动各区（县）抓好污染减排和环境改善工作的积极性，推进各区（县）污染减排和环境改善工作，由环保部门和财政部门共同研究环保奖励政策，根据国（市）控重点企业和城镇污水处理厂综合达标率、重点河流水质改善情况、空气质量良好天数及综合污染指数、主要污染物减排完成情况等指标位于区县排名前列的给予奖励，奖金要专项用于污染防治、环境监测和执法能力建设。

发改委会同市财政局、市税务局、市环保局制定化学需氧量超量削减补贴政策和二氧化硫超量削减奖励政策，挖掘企业减排潜力。对出水浓度明显低于排放标准、各项考核满足政策要求、且无违法行为的污水处理厂给予运行补贴；对综合脱硫效率和脱硫设施投运率明显高于国家标准的脱硫电厂给予奖励。

（六）制定高污染高排放行业的差别排污收费政策

对大气和水污染物高排放的行业实行差额排污收费制度。参考天津市统计局、天津市经委发布的《天津市产业能耗指南》及天津市各项规划中产业能耗、水耗指标，依据天津市环境统计数据库，确定实施差别排污费的行业，由物价局与环保部门协商制定差额排污费征收水平，最终实现抑制高耗能企业盲目投资和低水平重复建设，促进现有高耗能企业进行节能降耗技术改造，逐步淘汰落后生产能力，提高高耗能产业的整体技术装备水平和竞争能力，实现资源优化配置。

四、构建完善地方环境保护法规标准体系

（一）环保法规体系建设

加强环保立法，健全环保管理制度，修订《天津市环境保护条例》、《天津市大气污染防治条例》、《天津市引滦水源污染防治管理条例》和《天津市〈声环境质量标准〉适用区域划分》，同时做好《天津市环境教育条例》的相关立法工作；规范环保信息发布，完善企业污染信息披露制度，强化重大决策和建设项目公众参与。

（二）标准体系建设

随着国家经济社会和环境保护事业的发展，环境标准的地位和作用日益突出，国家和地方环境标准进入快速发展阶段。天津市应不断提高标准体系的科学性、系统性、适用性建设。将环保工作逐步由行政手段向更有利、更长效的法律手段和经济调控手段转化，利用法律法规和标准等

控制污染物成本。

初步建立天津市地方环保标准体系，同时将环境保护政策法规一并纳入地标体系中统筹考虑。逐步将污染物排放标准与环境质量目标挂钩，排放标准的制定以环境质量目标为基础；分阶段逐步取消高污染行业“排污特权”。形成天津市特色的环境标准体系框架，包括以大气、水、固体废物、环境噪声与振动、污染物排放与控制5个领域为重点开展工作。

五、推动清洁生产、循环经济、低碳经济

（一）积极发展清洁生产、循环经济和低碳经济

把发展循环经济作为节能减排的治本之策和转变发展方式的重要途径，继续推进开发区、临港工业区、北疆电厂等作为国家循环经济试点单位的循环经济发展模式探索和资源循环利用机制建立工作，进一步发挥研究示范推广的功能作用；大力推动中新天津生态城循环低碳的产业体系、循环高效的资源能源利用体系、安全健康的生态环境体系、优美自然的城市景观体系、兼具碳汇功能的园林绿化体系、方便快捷的绿色交通体系、节能低碳的绿色建筑体系、宜居友好的生态社区模式的构建，为可持续的城市发展途径提供典范。

落实环保部《关于在国家生态工业示范园区中加强发展低碳经济的通知》（环办函［2009］1359号）文件精神，以化工产业园区为切入点发展低碳经济，建立和完善低碳经济政策，应研究制定推行低碳财政税收融资等优惠政策：政府可以从提高能源使用效率、促进节能的角度出发，逐步建立起低碳财政税收优惠政策体系。通过融资优惠、税收优惠等机制，来推动低碳经济的发展。

（二）加快节能减排技术的开发与产业化

结合现有的各项环保政策和产业基础，加紧制定天津市环保产业规划，确定环保产业发展的中长期路线图，明确发展思路、主要目标、重点任务和政策措施。建设能源替代、高效燃煤锅炉、清洁燃料汽车等科技开发项目，通过优化技术创新与转化的政策环境，加快节能减排新技术、新工艺的成果应用与推广。建设节能减排技术支撑平台，建设以企业为主体、产学研相结合的节能减排技术产业化体系。加快市政公用事业改革，鼓励各类企业参与环保基础设施建设和运营，推进污染治理市场化。

（三）以抓好钢铁、化工、电力等重点行业的节能降耗工作带动天津市重要产业的升级改造

以发展循环经济、低碳经济为切入点，以清洁生产为手段，以主要污染物减排为目标，制定钢铁、化工、电力等重点行业的节能降耗实施方案。化工、冶金、电力占天津市工业能耗的65%以上，比工业能耗平均水平高出2～3倍。但是这些行业有着不同的生产方式、发展阶段和技术模式，掌握节能降耗核心技术建立与之相适应的生产方式很难，实际上很多设备、很多技术、控制系统都是从国外引进的。这些技术研发成本很高，没有政策支持，企业难以靠自己的财力实现技术转型。天津市要抓住滨海新区的改革示范区的优势，从制度上、政策上、资金上为突破产业转型升级的关键技术创新提供发展的基石和保障，促进新技术的研发和转化。

（四）增加清洁能源在我市能源结构中的比例

积极稳妥的发展风电设备研发制造，推动风力发电等在我市的发展；大力推广沼气使用，提高农村地区生活用能燃气比例，并把生物质气化技术作为解决农村废弃物和工业有机废弃物环境治理的重要措施；推广太阳能发电，在公益性建筑物上应用，建设与建筑物一体化的屋顶太阳能并网光伏发电设施，同时在道路、公园、车站等公共设施照明中推广使用光伏电源，推广普及太阳能一体化建筑、太阳能集中供热水工程，并建设太阳能采暖和制冷示范工程，在农村和小城镇推广户用太阳能热水器、太阳房和太阳灶；合理开发地热资源，推广地热回灌技术与梯级利用技术应用，努力提高地热资源的循环利用能力和可持续发展程度。

九江市ODS生产使用现状及污染控制

毛　烨　汪爱元

（九江市环境监控中心　浔阳东路135号　332000）

摘　要　臭氧层破坏已成为当今全球突出的环境问题之一，实现ODS完全淘汰的任务仍十分艰巨。在充分调查研究的基层上，剖析九江市ODS生产使用现状及问题，探讨ODS生产使用的污染控制措施。

关键词　消耗臭氧层物质　生产使用　污染控制

“消耗臭氧层物质”（ozone depleting substances，ODS）。臭氧层破坏已成为当今全球突出的环境问题之一。联合国环境规划署自1976年起陆续通过了一系列保护臭氧层的决议，在全球范围内限制并逐步淘汰ODS。中国政府相继签署加入《保护臭氧层维也纳公约》和《关于消耗臭氧层物质的蒙特利尔议定书》，一直积极参与保护臭氧层的国际合作。我国作为ODS的生产和消费大国，正不断地研究探索保护臭氧层的方法。自2007年起，有关方面对九江市ODS的生产制造、使用消耗和经营流通情况进行较全面的调查。结果表明家电维修行业、汽车空调维修、报废汽车拆解行业的情况复杂，ODS生产使用存在一定问题。本文就此进行分析探讨，提出ODS生产使用的污染控制措施。

一、九江市消耗臭氧层物质（ODS）现状

为了掌握九江市ODS的基本情况，完成淘汰ODS工作，2007年起对辖区内ODS的生产制造、使用消耗和经营流通情况进行较全面的调查。其中，在生产领域的调查重点为涉及哈龙、CFCS、TCA、MeBr等物质的生产企业和以ODS为生产原料的工业企业；在使用领域的调查重点为：农业、粮食仓储和其他行业甲基溴的使用，消防行业哈龙灭火剂的使用，制冷行业、清洗行业的ODS的使用，对家电维修、汽车维修和拆解行业的ODS的使用和回收进行了重点调查。

（一）国内消耗臭氧层物质（ODS）现状

全氯氟烃、全溴氟烃等物质被释放并上升到平流层时，受到强烈的太阳紫外线UV－C的照射，分解出Cl自由基和Br自由基，这些自由基很快地与臭氧进行连锁反应，破坏大气臭氧层。《蒙特利尔议定书》规定要淘汰的ODS物质中，在我国生产和消费的ODS包括六类共94种，这六类物质是：氯氟烃（CFCS）、哈龙、四氯化碳（CTC）、甲基氯仿（TCA）、甲基溴（MeBr）、氢氟氯碳化物（HFCS）。在94种ODS中，我国目前主要生产和使用的有10种，它们是：CFC－11、CFC－12、CFC－113、哈龙－1211、哈龙－1301、1，1，1－三氯乙烷、四氯化碳、HCFC－22、HCFC－141b和甲基溴。其余的ODS在我国的生产量和消费量很小。2007年7月1日，我国全面停止了除必要用途外的CFCS和哈龙的生产和进口，比议定书提前两年半完成履约目标，但实现ODS完全淘汰的任务仍十分艰巨，加强各地方ODS淘汰尤为紧迫。

（二）九江市ODS生产制造现状调查

经过ODS生产制造的调查，辖区内没有生产哈龙灭火器、全氯氟烃（CFCs）、四氯化碳（CTC）、甲基氯仿（TCA）、甲基溴（MeBr）、氢氟氯碳化物（HFCs）等消耗臭氧层物质（ODS）的工业企业，也没有新建、改建、扩建或引进该类建设项目。仅有一家使用CTC为化工生产原料的企业某精细化工有限公司。该公司生产原料CTC在生产过程中被转化为不破坏臭氧层的物质BIT，属于公约允许继续使用的范畴，已取得国家环保总局对外经济合作领导小组办公室颁发的原料配额证。年度最高使用许可量150t。该公司已从2008年1月起停产，进行生产线

改造，用四氯乙烯为替代原料。改建将力求减少 ODS 消耗量甚至彻底不使用，从而有利于环境保护。

（三）九江市 ODS 使用消耗现状调查

1. 甲基溴（MeBr）消耗的调查

甲基溴（MeBr）主要用于烟草育苗、粮储以及农业种植熏蒸除虫害，近年来也有在粮食加工、木制品、草坪及工艺品害虫熏蒸中使用。从 2007 年 1 月 1 日起，粮食仓储中已经禁止使用甲基溴。甲基溴的用途广泛，用户分散。通过对农业部门的植保站和粮食部门的仓储科等单位进行调查，以及对农户进行抽样调查。辖区内各植保站在 2007 年没有甲基溴杀虫剂的销售，在市郊和鄱阳湖重点商品粮基地抽样调查的 50 家农户在 2007 年没有使用甲基溴杀虫剂，现在所使用的杀虫剂主要为克百威、谷虫净和杀虫霜等。调查表明 2007 年开始都未曾销售、使用甲基溴杀虫剂。

通过对粮食部门及 50 家农户抽样调查，辖区内规模以上粮食储存点 2007 年开始就未使用过甲基溴熏蒸粮食仓库，目前各粮食储备仓所采用的杀虫药剂主要为片状的磷化铝和水剂的防虫磷等。抽样调查的 50 家农户粮食储存是短期储存，不使用任何防虫药剂。

通过对工业企业的排查，辖区内没有生产甲基溴的厂家，也没有甲基溴销售网点，其他行业也没有发现甲基溴的使用。甲基溴在辖区内已经全面淘汰，没有继续使用的现象。

2. 哈龙灭火剂淘汰现状调查

通过对辖区内的工业企业的排查，以及消防部门的调查，没有生产、销售哈龙消防器材的厂家及维修点，辖区内消防系统严格执行了在非必要场所不再配置哈龙 1211 灭火器及哈龙 1301 消防灭火系统的规定。自 2004 年以来，各大型计算机房、电力控制中心、银行、学校及企事业单位等需要配置灭火器材的场所，全部实现了哈龙灭火器的替代。现在辖区内的消防器材主要是 ABC 干粉灭火器、二氧化碳和水成膜泡沫灭火器等。

3. 清洗行业 ODS 淘汰现状调查

辖区内没有大、中型清洗企业，唯有几家小型的服装干洗店和一家小型的家用清洗店。所用清洗剂分别是四氯乙烯、石油溶剂 D－40、氨基类酸、表面活性剂等。基本上没有 ODS 清洗剂的使用，也没有生产和经营 ODS 清洗剂的厂家。

4. 小型商业制冷和家用制冷设备 ODS 淘汰现状调查

辖区内比较大型的超市所用的食品冷冻、保鲜展示柜的品牌主要有以下几种：哈斯曼立式分体冷藏柜，制冷剂为 R22，金宝莱岛式制冷陈列柜，制冷剂为 R12，制冷装入量 270 克；青岛澳柯玛体冷冻岛式柜室内机，制冷剂为 R12，制冷装入量 110g；星星牌冷柜，制冷剂为 R12，制冷装入量为 42g；海尔立式冷冻柜，制冷剂为 R134a，制冷装入量为 350g；白雪牌冷柜，制冷剂为 R12，制冷装入量为 80g，调查表明小型商业制冷有些仍在使用 R12 冰柜的现象。

辖区内销售的家用制冷设备品牌主要有海尔、海信、美的、LG、华日、格力、科隆等。所用的制冷剂目前一般为 R600a，发泡剂为环戊烷、R134a 等，另外还有某些品牌的个别型号使用 R406A，发泡材料主要成分为聚醚多元醇十异氰酸脂（如长岭）等，没有违禁的家电产品在市场上销售。

5. 家电维修行业 ODS 淘汰现状调查

辖区内没有提供家电维修制冷剂的经销店。在所调查的 6 家家电维修点上使用的制冷剂为 R22 瓶装 10kg、R600a 瓶装 100g、R134a 瓶装 100g 这几种型号，辖区内一个小型维修点的制冷剂的年消耗量 R22 约为 10kg、R134a 为 100kg。现在大多数维修点已备有压缩机和回收罐将制冷剂进行回收再利用。

6. 汽车空调维修、拆解行业 ODS 现状调查辖区内目前汽车保有量10万多辆，汽车维修点有100多家，汽车报废点一家，报废汽车回收拆解中心一家。

辖区内汽车维修点汽车空调维修仅是以灌注补充冷媒为主，维修点基本没有专门的空调维修人员，通常委托具有灌注汽车冷媒技术的人员完成，所用的汽车灌注冷媒为R12、R134a。1997年后生产的汽车进行空调维修时使用R134a制冷剂，由于充灌设备简单，操作人员的流动性大，难以管理。维修所需要的制冷剂的来源多样，没有统一的进货渠道，辖区内没有汽车空调制冷剂供应商，基本来源于外地。辖区内汽车冷媒R12的年需求量为100kg左右，R134a的年需求量为200kg左右。

报废汽车回收拆解中心是一家资质齐全的报废汽车回收拆解单位。配有一套汽车空调制冷剂回收设备，设备运行正常。2007年，共回收拆解汽车620辆，其中90%的汽车在进中心前，空调压缩机损坏严重或已被拆除，没有ODS回收问题。中心回收了40多辆报废汽车的制冷剂，共回收制冷剂约15kg。调查发现，2007年淘汰汽车近4 000辆，大部分没有经过正规渠道报废拆解，一部分流入农村市场经改装成黑车，一部分被私自报废拆解。

二、结论及问题

（一）ODS生产使用结论

通过对ODS生产使用的行业、商业领域进行全面、细致的调研，掌握了消耗臭氧层物质（ODS）生产、销售企业和消费者的基本信息，以及各行业消耗臭氧层物质淘汰情况。涉及的消防行业、泡沫行业、制冷行业、农业、粮食仓储和其他行业甲基溴的使用，清洗行业、气雾剂行业、消耗臭氧层物质助剂和原料使用等行业ODS使用淘汰及产品替代情况。

1. 辖区内没有生产、销售ODS的企业，甲基溴、哈龙灭火器和ODS清洗剂等已全面淘汰。

2. 市场上没有以CFCs为冷媒的家电销售，以CFCs为冷媒的家电已逐步被淘汰。

3. 辖区内没有家电维修和汽车空调维修制冷剂的经销店，小型家电维修点的制冷剂的年消耗量R22约为10kg；R134a为100kg。大多数家电维修点已备有压缩机和回收罐将制冷剂进行回收再利用。

4. 报废汽车回收拆解中心资质齐全，配有一套汽车空调制冷剂回收设备，设备运行正常。

（二）ODS生产使用存在问题

1. 小型商业制冷有些仍在使用ODS。

2. 大部分报废汽车没有经过正规渠道报废拆解，被私自报废拆解，报废汽车空调制冷剂回收存在问题。

3. 汽车空调维修时使用R134a制冷剂，由于充灌设备简单，操作人员的流动性大，维修所需要的制冷剂的来源多样，没有统一的进货渠道，难以管理。

4. 大多数家电维修点备有压缩机和回收罐将制冷剂进行回收再利用。但是仍然有少数家电维修点无制冷剂回收罐。回收再利用存在一定问题。

5. 小型商业制冷有些仍在使用R12冰柜的现象。

三、对策和建议

鉴于家电维修行业，汽车空调维修、报废汽车拆解行业的复杂情况建议：

1. 以科学发展观为指导，以建设资源节约型和环境友好型生态环境为目标，认真贯彻落实国家消耗臭氧层物质淘汰政策、法规，建立淘汰ODS的长效机制，全面完成履约任务。

2. 建立ODS生产和使用数据库及企业信息系统；加强管理，建立健全ODS申报登记、核查和监管制度；加大执法检查力度，打击违法违规行为，保障履约目标实现。

3. 建立维修、原料、必要用途 ODS 使用的申报登记和监管制度。对家电和汽车维修点购买的制冷剂种类、剂量、进货途径等登记备案，加强监管。加强对销售制冷剂的商家进行监督管理，对氟利昂的销售源头加以控制，从源头上严格把关，控制好 ODS 制冷剂在市场上流通；对于以 ODS 为原料的使用单位进行定期检查，加强对 ODS 使用的监管，积极促进 ODS 生产原料的替代工艺推行；加强报废汽车回收拆解行业的监管，使报废汽车都能按国家规定的方式回收拆解，保障 ODS 制冷剂的回收再利用。

4. 加大宣传力度，开展多种形式宣传培训，提高地方政府、相关部门和公众保护臭氧层的环保意识；培养建立一支素质高、能力强的履约队伍，形成协调配合的工作机制。

5. 完善地方配套政策，建立监督管理机制，严格执法，打击各种违法违规行为。

参考文献

[1] 黄凡. 我国保护臭氧层的立法对策与措施 [J]. 能源与环境，2005（4）：42－44.

浅谈城市热岛效应的危害和改善方法

刘际超　李国庆
（河北农业大学城乡建设学院　河北省保定市灵雨寺街　071000）

摘　要　严重的城市热岛效应不但影响了人们正常的生活和工作，还成为人们生活质量进一步提高和城市进一步发展的制约因素。因此，研究削减城市热岛效应的技术方法，采取各种措施缓解热岛效应的影响，对于提高人们的生活质量，维持城市可持续发展具有重要的意义。本文通过查阅资料，认识城市热岛效应的产生和危害，并从绿化、规划等方面总结归纳了预防和改善城市热岛效应的方法和措施。

关键词　热岛效应　绿化　规划　建筑

城市热岛效应（Urban heat island effect）是指城市中的气温明显高于外围郊区的现象。在近地面温度图上，郊区气温变化很小，而城区则是一个高温区，就像突出海面的岛屿，由于这种岛屿代表高温的城市区域，所以就被形象地称为城市热岛。城市热岛效应使城市年平均气温比郊区高出1℃，甚至更多。夏季，城市局部地区的气温有时甚至比郊区高出6℃以上。此外，城市密集高大的建筑物阻碍气流通行，使城市风速减小。由于城市热岛效应，城市与郊区形成了一个昼夜相反的热力环流。

一、城市热岛的形成原因

气候条件是造成城市热岛效应的外部因素，而城市化才是热岛形成的内因。一般认为热岛成因有：

1. 城市与郊区地表面性质不同，热力性质差异较大。城区大量的建筑物和道路构成以砖石、水泥和沥青等材料为主的下垫层，这些材料热容量、导热率比郊区自然界的下垫层要大得多，而对太阳光的反射率低、吸收率大；因此在白天，城市下垫层表面温度远远高于气温，其中沥青路面和屋顶温度可高出气温8～17℃。此时下垫层的热量主要以湍流形式传导，推动周围大气上升流动，形成“涌泉风”，并使城区气温升高；在夜间城市下垫面层主要通过长波辐射，使近地面大气层温度上升。城区反射率小，吸收热量多，蒸发耗热少，热量传导较快，而辐射散失热量较慢，郊区恰相反。

2. 由于城区下垫层保水性差，水分蒸发散耗的热量少（地面每蒸发1g水，下垫层失去2.5kJ的潜热），所以城区潜热大，温度也高。

3. 城区排放的人为热量比郊区大，城市内拥有大量锅炉、加热器等耗能装置以及各种机动车辆。这些机器和人类生活活动都消耗大量能量，大部分以热能形式传给城市大气空间。

4. 城区大气污染物浓度大，气溶胶微粒多，在一定程度上起了保温作用。城市大气污染使得城区空气质量下降，烟尘、SO_2、NO_x、CO含量增加，这些物质都是红外辐射的良好吸收者，致使城市大气吸收较多的红外辐射而升温。

5. 大气污染在城市热岛效应中起着相当复杂特殊的作用。来自工业生产、交通运输以及日常生活中的大气污染物在城区浓度特别大，它像一张厚厚的毯子覆盖在城市上空，白天它大大地削弱了太阳直接辐射，城区升温减缓，有时可在城市产生“冷岛”效应。夜间它将大大减少城区地表有效长波辐射所造成的热量损耗，起到保温作用，使城市比郊区“冷却”得慢，形成夜间热岛现象。

6. 城市建筑物密度和负荷。高密度的建筑物增加了太阳辐射的直接吸收和太阳辐射反弹吸收，增强了热岛效应；建筑负荷与城市热岛效应呈正相关。

二、热岛效应的危害

热岛效应对城市整体带来的危害越来越引起人们的重视，在“热岛效应”的影响下，城市上空的云、雾会增加，使有害气体、烟尘在市区上空累积，形成严重的大气污染，进而城市的环境质量及市民健康产生相当程度的影响，同时亦给城市生活带来相当大的经济负担。另外，热岛效应产生于城市本身，并促使城市生活多方面用于空气调节的耗能量加剧，从而导致温室气体排放大量增加，温室气体排放又直接加速全球变暖，气温进一步上升反过来又加重了热岛效应。由于城市热岛的存在，在市区和郊区之间形成了局地环流：空气在市区受热膨胀上升，而在郊区收缩下沉，郊区下沉的冷空气又重新沿着气压梯度的方向回到城市近地面，因此加剧了城市污染[1]。

三、如何防止“热岛效应”

（一）城市生态环境建设

城市绿地是城市中的主要自然因素，通过大量地增加城市绿地来增加自然下垫面，因此大力发展城市绿化，是减轻热岛效应的关键措施。

1. 从大的景观格局出发，①强化整体山水格局的连续性；②保护和建立多样化的乡土生境系统[2]；③维护和恢复河流和海岸的自然形态；④保护和恢复湿地系统；⑤将城郊防护林体系与城市绿地系统相结合；⑥建立无汽车绿色通道；⑦开放专用绿地；⑧溶解公园，使其成为城市的生命基质；⑨溶解城市，保护和利用高产农田作为城市的有机组成部分；⑩建立乡土植物苗圃基地。通过这些景观战略，建立大地绿脉，成为城市可持续发展的生态基础设施[3]。在建设中，要依照城市林业、森林生态学及景观生态学的相关原理，形成平面绿化和空间绿化相结合、公共绿地和小区绿化相配套、外围绿化与市区绿化相协调发展的综合绿化体系。

2. 加强通道绿化建设。由于道路路面本身的强大吸热特性和车辆所带来的严重空气污染，使得道路成为了城市热岛效应的一大热源。进行高质量的通道绿化，不仅可以提高城市品位，更重要的是能够形成包围城市、贯穿市区、分割屏障的林网结构。这种结构，可以有效地改善道路小气候。如果配以农田防护林网，与市区形成空气对流，减缓城市热岛效应的作用会更加明显。

3. 开展立体绿化。立体绿化是相对于平面绿化而言的。由于城市用地紧张，可进行绿化的面积不足，因此必须把城市绿化由平面转向立体、由地面绿化转向屋顶绿化[5]。目前，日本和德国在屋顶绿化方面都做得比较成功，日本是采取建筑面超过一定的面积，强制业主必须对屋顶进行绿化，而德国则采取政府补贴的方式，推动屋顶绿化。他们的做法和经验值得我国借鉴，这对于有效缓解城市热岛效应和解决城市基础设施建设与绿化用地之间的矛盾都能起到很好的作用。在绿化材料的选择上，主要是选择抗逆性强，根须发达的植物，以景天科为主型。屋顶绿化是美化城市环境，削减城市热岛效应的有力措施。太原市有大量的城市建筑，通过合理的规划进行屋顶绿化，不仅可以节约宝贵的土地资源，还可以成倍地增加城市绿地，形成相对比较集中的大片绿地。

大力发展垂直绿化，凡是有条件的地方，要栽种爬山虎、常春藤等攀缘植物。通过对建筑物墙面、道路护坡进行绿化，可以有效地吸收地面、建筑物的长波辐射和机动车辆产生的热量、污染物，最大限度地缓解城市热岛效应。总之，应以城市各干道为纽带连接各绿地公园，并以垂直绿化、屋顶绿化为突破，逐步形成立体绿化、综合绿化的新格局，将城市热岛效应控制在最低限度。

（二）合理规划城市

1. 选择通气流畅的地形进行城市建设

因地制宜，对城市的各个功能区进行合理布局，尤其是工业园区和商业带的布局；调整和完善旧城区的建设与布局；控制建筑物的高度和密度，尤其是在城市的顺风口和逆风口，应避免高大建筑物和高密度建筑物对风的阻挡而导致大量热量和温室气体滞留；有江、河、湖、海分布的城市，要充分利用江河湖海的风以及水能降温增湿特点，在它们的沿岸留出足够的空间，让风和水汽能进入城市；主干道路的走向应与城市主导风向一致，同时还应对大量交通进行有层次的划分，对车辆进行分流，这样风可以迅速将城市大量集聚的热量、温室气体以及悬浮颗粒物分散，减少尘罩作用，降低热岛效应。

2. 加强城市色彩的管理

城市色彩，是指城市公共空间中所有裸露物体外部被感知的色彩总和，由自然色和人工色两部分构成。城市热岛效应与城市色彩的相互关系主要通过色彩的反射率来体现，这是因为不同颜色的物体对光的反射率不一致，从而导致城市的热平衡不一致。城市下垫面颜色深，反射率低，吸收的太阳辐射热大，吸收的太阳辐射能又通过长波辐射的形式释放到表面大气，使表面大气升温，热岛效应增强。集聚的城市混凝土建筑物和沥青柏油路面具有明显的增温效应，浅色的建筑材料和地面铺张材料能够有效地降低热岛效应[6]。深色的建筑物吸收大量热量的同时，增加了室内空调的能耗，也导致热岛效应加剧。因此，在城市色彩规划中，除了考虑城市的文脉与和谐美观外，还应考虑色彩与城市热岛效应的关系，尽量用浅色的材料和涂料。

3. 合理调整能源结构

在制定城市总体规划阶段的工作中，合理制定城市的能源规划并由此引导出相应的能源政策是一个关键的环节。现代城市过于依赖石油等化石燃料类能源的弊端越来越明显，除了大量消耗化石燃料会直接产生温室气体外，对宝贵的自然资源无所节制地耗费与可持续发展观念之间的矛盾也日益成为人类社会关注的焦点[4]。在第十二届科博会中国能源战略高层论坛上，国家能源局综合司司长周喜安表示，国际金融危机为我国能源产业转变发展方式提供了契机，我国将抓住当前经济增长放缓、能源供需形势相对缓和的时机，推进能源发展方式转变，大力发展新能源和可再生能源。

调整能源结构，积极探索和推广新能源利于技术，如地源热泵技术，它通过循环液在封闭地下埋管中流动，实现系统与大地之间的传热，它是一种可持续发展的节能新技术。减少化石燃料的燃烧，积极发展绿色节能的技术，将排放温室气体和热量减小到最低。

积极发展低碳建筑，从我国现行的建筑节能设计标准可知，无论是居住建筑还是公共建筑的节能设计都是通过控制建筑外围护结构的传热系数、窗墙面积比以及建筑的体形系数等途径来达到节能降耗的目的。

4. 城市化进程中的可持续开发建设模式

由于我国经济持续的快速增长，城市化进程不断加快。在这一过程当中，如何采用合理有效的开发建设模式将是一个关键性的问题。由于规划引导力度的不够，目前许多城市的新城区开发建设正呈现一种外延式的遍地开花现象，市区范围无序扩张，规划严重失控。而基础设施和公共设施在建设过程及投入运转之后所带来的能源耗费均与温室气体排放量的增减息息相关。与此相对，目前在国际上，以“紧凑城市”（CompacCity）为代表的紧凑合理的城市开发建设模式所具备的优势越来越引起城市规划专业领域及有关社会各界的重视。针对我国人口众多而自然资源相对贫乏这一具体条件，几乎可以肯定地说，紧凑合理的城市开发建设模式在许多方面均比外延式的无序扩张要更为贴近可持续发展的原则[7]。紧凑合理的中高密度及适度的土地利用混合开发，再加上与此相配合的城市基础设施和公共设施的规划和建设，将大大有利于降低城市运转的能源消耗，从而达到减缓温室效应，使城市环境健康发展。

四、结　语

城市热岛效应对人类的影响和危害是巨大的，但不是不可以避免的，只要我们综合利用各种先进技术，统筹兼顾，合理规划，严格控制城市的建设和发展，积极提倡并去实践低碳生活，注意节电、节油、节气，从点滴做起，城市热岛效应的危害就会降低，我们的生活环境也会停止恶化，变得越来越好。

参考文献

[1] 彭少麟，周凯，叶有华，等．城市热岛效应研究进展［J］．生态环境，2005，14（4）：574-579.

[2] 李迪华，俞孔坚，黄国平，等．从改善北京市总体环境质量看北京城市园林绿化建设［A］．面向2049年北京城市园林绿化展望与对策论文集，2000.

[3] 俞孔坚，李迪华，潮洛蒙．城市生态基础设施建设的十大景观战略［J］．规划师，2001（6）.

[4] 赵俊华．城市热岛的遥感研究［J］．城市环境与城市生态，1994（4）.

[5] 李积全．基于建筑表皮的城市热岛效应改善技术研究［J］．工业建筑，2008，38（6）.

[6] 但尚铭，许辉熙，叶强，等．我国城市热岛效应研究方法综述［J］．四川环境，2008（4）.

[7] 张科平．改善上海城市热岛效应的对策研究［J］．上海铁道大学学报，1998，19（8）：49-53.

浅谈循环型城市的建设与管理

王毅超 李国庆

（河北农业大学城乡建设学院 河北省保定市灵雨寺街 071000）

摘 要 城市化进程的加快和水平的提高，在为人类的城市生活带来舒适和便利的同时，也使许多城市面临空间短缺、资源匮乏和环境恶化的问题，严重影响着城市的健康发展。本文在解读循环经济基本理论和生态城市规划的基础上提出循环型城市的建设与管理，即将循环经济、生态和环境规划与城市规划结合起来，从根本上解决当前城市发展面临的主要问题，实现城市的和谐、可持续发展。

关键词 循环经济 生态城市规划 循环城市

自19世纪以来，由于科学和技术的飞跃，人类社会在各个领域取得了空前的发展，但在取得巨大物质财富的同时，亦付出了惨痛的环境代价。自1987年世界环境与发展委员会在《我们的未来》这一报告中，第一次正式提出“可持续发展”的思路以来，已经有整整20年时间过去了。在这20年间，人们做了各种致力于人与自然和谐相处的努力，虽然走了一些弯路，但也获得了不少经验。相对而言，我国在环境保护方面的起步较晚，许多城市正面临空间短缺、资源匮乏和环境恶化的问题。中国科学院可持续发展研究中心首席科学家牛文元说，要从根本上解决“城市病”问题，必须在区域概念下重新进行城市规划，改善城市发展格局，转变城市建设局限于一个个小区内的封闭做法，要形成辐射，形成大中小城市和小城市协调发展的格局，使城市的居住、生产、流通之间更加有序。

因此，实现城市可持续发展的重要抓手——循环经济与生态规划，将循环经济的理念、生态规划的思想与城市规划相结合，实现城市的循环发展。

一、循环经济的基本理论

“物质闭环流动型经济”是循环经济的语义渊源，目前，我国普遍接受国家发展与改革委员会给的循环经济定义：“循环经济是一种以资源的高效利用和循环利用为核心，以‘减量化、再利用、资源化’为原则，以低消耗、低排放、高效率为基本特征，符合可持续发展理念的经济增长模式，是对‘大量生产、大量消费、大量废弃’的传统增长模式的根本变革。”即循环经济是将物质流动方式由单向（资源—产品—废弃物）线型模式转变为闭合（资源—产品—废弃物—再生资源）循环型模式，以新思维实现经济效益、生态效益和社会效益有机的结合，为人类发展提供一个注重与环境相协调的全新的发展观。

循环经济主要倡导：①新的环境模式。循环经济是一种新的环境污染治理模式。从城市文明发展的历程来看，环境问题根植于城市经济发展方式。循环经济倡导自然资源的节约、保护和循环利用，并以系统论和生态学作为理论指导，要求最大限度地将废弃物转化为资源，降低废弃物的产生量和排放量，这个过程相应减少了污染治理资金的投入。②新的发展方式。与工业经济对资源的一次性使用、生产增长依赖资源净消耗的线性增加相比较，循环经济是一种新的经济增长方式，它要求对同一资源多次使用，提高资源利用效率，变废为宝，循环利用，依靠这种新的方式来促进经济增长。循环经济的生产要素不仅包括劳动力、资本，还应包括资源、环境、科学技术和各种智力资本。它的增长不仅注重量的增加，而且注重质的提高，让“循环”和“经济”双赢。

中国国情要求加快转变经济增长方式，将循环经济的发展理念贯穿到区域经济发展、城乡建设和产品生产中，把建设资源节约型和环境友好型社会列为基本方略。因此，中国发展循环经济是产业生态化与污染治理产业化、高新技术产业与传统产业的有机协调发展，通过综合性战略措施来解决复合型生态环境问题。

二、生态规划思想

生态学强调资源的循环再生，各个系统之间的和谐共生以及系统的持续内生。循环型城市作为一个大的系统，它的建设正是建立在生态学理论的基础之上的。

城市的不断发展进步，使人们认识到传统的规划理论、规划观念已不再适应当前城市发展的需要。建立以可持续发展为目标的全新的城市生态规划理论体系，是建设高效、和谐、可持续发展的循环城市的基础和客观需要。麦克哈格在《设计结合自然》一书中认为，利用生态学原理而制定的符合生态学要求的土地利用规划称为生态规划。随着生态学的迅速发展，我们认识到生态规划已不仅仅局限于空间结构布局、土地利用等方面的内容，而已渗入到经济、人口、资源、环境等诸方面。

以可持续发展为目标的生态规划实质上是从城市生态学的基本思想出发，把人与自然看作一个整体，以整体优先和自然生态优先原则来协调人与自然的关系。它使生态观念贯穿规划整个体系，贯穿全过程，渗透各层次，强调经济社会与生态环境协调发展。生态规划提出资源的合理开发利用、环境保护和生态建设的规划，它与总体规划和环境规划紧密结合、相互渗透，并采取行政立法、科学技术等手段，促进城市向更有序、稳定、协调的方向发展。其最终目标是建设宜人的人居环境，实现人、自然、城市的和谐共生。

三、循环城市建设与管理

（一）循环型城市的定义

循环，就是一种无障碍的流通状态。在资源短缺、环境承载力差的严峻现实面前，使城市在向资源节约型、环境友好型城市进发的征程中，将目光投向了循环型城市这一概念。循环型城市，不仅是实现物质流、能量流和水资源的闭合循环利用，通过综合利用资源，竭力让废弃物散发最后一丝“余热”，而且是循环经济与循环社会的载体，从而实现资源节约和环境友好双赢的目标。

（二）循环型城市建设的原则

1. 统筹兼顾、循序渐进

建设循环型城市，不仅意味着要建立循环型工业体系，也意味着要建立循环型社区和绿色消费体系，同时还要保证循环经济建立和发展的各项社会基础设施和基本制度都必须得到相应的发展。因此，我国建设循环型城市必须坚持统筹兼顾、循序渐进的原则。

2. 因地制宜，突出地方特色

我国不同城市的自然、经济、社会条件有明显的差异，每个城市都有特殊的区域性生态系统。这就决定了不同城市的循环发展处于不同的阶段，因此建设循环型城市，必须根据城市的自然环境条件、循环经济发展所处阶段以及社会的制约因素等，科学制定适合本地区的循环型城市发展战略和具体措施，并且要结合本地区的实际将国家环境法律、经济政策、法律法规具体化，做到切实可行。

（三）循环型城市规划建设的具体措施

1. 循环型城市规划的基本要求

随着两型社会的提出，传统的城市形态必须被打破，与时俱进的循环型城市规划理念将大展拳脚。循环型城市是以循环经济理念和生态规划为指导的城市规划，它有助于缓解人类社会、经济发展与生态系统之间的矛盾，重建城市发展的平衡。具体而言：

（1）合理控制城市规模和密度。

在预测城市规模时，应将环境承载力作为重要的依据，控制人口膨胀速度和对资源的需求量。充分提高资源的利用效率，在同等总量的前提下适当增加人居密度。

（2）注重土地利用和空间规划。

减少土地利用规划中的随意性，重视基地分析中的生态因素，通过对建设用地的生态适宜性评价等相对量化的方式为土地规划提供依据，使资源的核心价值得以延伸。合理设置公共设施的规模和位置，充分开放公共空间，鼓励交通模式的公共化和集体化。合理利用地下空间，在保证可持续发展的前提下增加环境的使用维度。

（3）加强资源管理、更新基础设施规划。

对能源结构进行调整，增加可再生能源的比例，是减量化的体现。建立城市再生资源的回收利用体系，开发利用中水资源，建设中水管网，让原本被丢弃的、利用率低的资源重新回到物质循环系统中。改造公共基础设施或控制降低能耗，如在小区内部建设小型水循环系统、提倡垃圾分类、大力宣传低碳思想、倡导低碳生活模式等。

（4）加强企业和产业园区规划。

企业根据循环经济的思想，按照清洁生产的要求，采用新的技术和设备，设计和改造生产工艺流程，形成无废、少废的生态工艺，使上游产品所产生的“废物”成为下游产品的原料，在企业内部实现物质的闭路循环和高效利用，减轻甚至避免环境污染，节约资源和能源，实现经济增长和环境保护的双重效益。

建立生态工业园区是实现企业之间循环经济的重要途径。生态工业园区是根据循环经济理论和工业生态学原理而设计成的新型的工业组织形式，通过模拟自然生态系统来设计工业园区的物流和能量流。园内企业通过产业链的合理构建使一个企业产生的废料或副产品可以成为另一个企业的原材料，从而实现物质的闭路循环和能量的多级利用，达到物质能量的最大化和废物排放的最小化。

根据不同城市的生态特点，循环型城市的产业规划也有所差别和侧重。粗略而言，主要分为工业与资源区位型产业、农业区位型产业、市场区位型产业、地域交通区位型产业、旅游区位型产业。

（5）加大生态和环境保护规划力度

制定合理的环境管理和舒缓措施，并对一些特殊的对象进行环境风险预测，完善预警机制。

（6）建设循环型城市社会空间，提高城市宜居水平。

宜居城市是一个融合了物质、空间、行为、交往、文化、心理等要素形成的“循环链”的有机系统。宜居城市最终表现为一种循环型城市社会体系，一个可以获得全面、可持续发展的人类生活的有机综合系统。循环型城市社会的空间环境首先在形象上要具有吸引力，宜居空间是流畅的，各个部分的构成是和谐的。其次它还要满足一定的功能要求，空间布局在做到有序、实用、科学、生态的基础上持续发展。再次，因为人是空间环境的主体，扮演着创造者和受用者的双重角色。所以循环型城市要既为人们提供事业发展的空间而又负有工业、商业、行政、居住、娱乐布局的职责，同时也为延续城市文脉传递文明而担负保存城市记忆的责任。因此，从循环型城市社会的空间环境的建造精神上来说，它应该是人文的，是关怀人的空间，是现代气息与传统风格亲密结合的空间，也是因地制宜表现出自己的气质和个性的空间。

2. 循环型城市的管理措施

（1）更新城市决策层观念

建设循环型城市，城市决策者必须具有循环意识。决策者要从根本上协调环保、经济和社会发展的关系，彻底转变先污染后治理的观念，树立预防在先、环保和经济社会发展共赢的循环发展理念。

（2）加强公共民主意识，加快循环经济法制建设

政府决策必须依照民主原则，尊重、听取公民意见，同时需兼顾社会公平，通过税收或补贴等形式规范企业行为，并以规划指引和政策法规等形式明确权责和奖惩制度。此外，我国是一个法治社会，结合我国实际，应尽快制定有关建设循环型城市的综合性法律，以推进循环型城市的建设。

（3）制定政策，鼓励资源循环利用

建设循环型城市，政府必须有积极有效的政策扶持，用于调动企业、社会组织和公众广泛参与。针对我国城市严重的环境问题和环保产业、企业治污以及城市居民消费等现实情况，政府要从资源消耗、利用、再生、技术等各个层面，尽快考虑制定符合我国国情的资源综合利用的财税政策。针对循环型城市产业建设，政府应多吸纳具有相同或相近角色的企业进入生态工业园区，从而增强产业链的抗干扰能力。同时，生态工业园区要完善组织领导机构、加快政策法规体系建设（如对园区实施一系列优惠政策）以及加强投融资机制建设，以保证园区的稳定和可持续发展。

总体而言，循环型城市是从粗放的、资源消耗型与环境掠夺型的城市发展模式向人与自然和谐发展方式的转变，是可持续发展和循环经济理论在城市系统各个组成部分的应用实践，进而促进城市综合竞争力的提高，为居民提供宜居的生活环境。

参考文献

[1] 唐晓岚．生态型城市与循环型城市的建设［J］．科技与经济，2002（1）：38－40.
[2] 黄光宇，陈勇．生态城市概念及其规划设计方法研究［J］．城市规划，1997（6）：17－20.
[3] 黄光宇，陈勇．论城市生态化与生态城市［J］．城市环境与城市生态，1999（12）：28－31.
[4] 陈吉宁．环境友好型社会的核心内涵是可持续发展．
[5] 谢晶莹．环境友好型社会构建和谐社会的重要前提［J］．
[6] 刘茂松．论资源节约型和环境友好型社会的经济构建［J］．湖南社会科学，2008（5）：89－95.
[7] 王海燕．浅谈生态城市新发展［J］．现代农业科技，2008（10）：232－234.
[8] 顾瑞珍．循环经济是建设环境友好型社会的重要途径［J］．改革与发展．
[9] 蒋珏珮．循环型城市建设的理论与实践［D］．南京：南京师范大学，2006.

低碳经济城市评价指标体系研究的设想

王红宇　陈　璐　白文娟　张丽娜　刘冠飞

（天津市环境保护科学研究院　天津　300191）

摘　要　目前对低碳问题的研究已成为全世界范围内的热点问题，但以往的研究主要从各个领域多角度地进行分析，对低碳经济的评价指标研究较少。设想通过研究低碳经济的核心要素，对 CO_2 排放的主要来源、影响 CO_2 排放的主要因素进行考察，参照国际能源署2009年二氧化碳排放报告，并以国际上衡量低碳经济发展水平的各种可能指标为基础，构建低碳经济发展水平的衡量指标体系。

关键词　低碳经济　低碳城市　评价指标　体系

一、低碳经济和低碳经济城市

（一）低碳经济及其基本特征

低碳经济是继蒸汽机、电气、原子能空间技术和新能源之后的第五次产业革命，也是未来生态文明社会的游戏规则，必将深刻影响当今社会的生产方式和生活方式。“低碳经济”是人类应对国际社会大量消耗化石能源、大量排放二氧化碳引起全球气候灾害性变化而提出的新发展方式和经济形态，是以低能耗、低污染、低排放、低碳含量和高效能、高效率、高效益、优环境为基本特征的经济发展模式。即通过低碳技术和能源技术创新和制度创新，优化能源结构，节约能源，提高能效，开发低碳产品，从根本上转变生产、消费和生存观念。相对于高碳经济，低碳经济要求摒弃传统经济发展模式，实施高碳经济向低碳经济转型，即以低碳发展为发展方向，以节能减排为发展方式，以碳中和技术为发展方法的绿色经济发展模式。同时，改变传统消费模式和生活方式，充分发掘消费和生活领域节能减排的巨大潜力。在全球气候变化和能源危机推动下，低碳经济是一个逐渐优化的过程，表现为 CO_2 排放的增长速度低于GDP增长速度、CO_2 绝对排放量减少、实现零排放、空气中 CO_2 含量降低。

低碳经济的基本特征有：①以生态发展为目标：通过减少碳排放，保证全球气温上升不影响人类的生存和发展、全球可持续发展，从而实现人与自然的协调发展；②以技术开发和交流为动力：通过低碳技术促进电力、交通、建筑等部门低排放和能源技术、CO_2 捕集与埋存技术等开发和推广，同时加强国际技术合作，提高能源使用效率，进而降低 CO_2 等温室气体的排放强度；③以社会利益为原则：在发展低碳经济过程中排放最少的温室气体，获得整个社会最大的产出，按照市场经济的原则和机制发展的同时，促使人们的生活条件和福利水平同步提高。

（二）低碳经济城市内涵

低碳经济城市的发展是以科学发展观为统领，建构多中心、紧凑型、网络化的城市空间格局，发展公共交通和轨道交通，提倡低碳建筑和公共住宅，转变居民消费观念，促进科技创新能力，提高城市能源的使用效率，增加可再生能源比例，实现人口、资源、经济、环境和社会的协调可持续发展，最终建立以低能耗、低污染、低排放和高效能、高效率、高效益为特征的低碳城市。对中国而言，低碳发展模式是经济新的增长点、转折点和可持续发展新动力，低碳城市是建立资源节约型、环境友好型、能源可持续利用的理想范式，对解决全球的资源环境问题具有重要现实意义。

二、我国建立低碳经济城市指标的重要性

全球气候变化已成为当前国际社会普遍关注的重大问题。我国作为发展中国家，如果像发达国家那样减排温室气体，将可能严重制约我国能源工业和国民经济的发展，我国经济和社会发展

的长期目标将受到严重挑战。因此，我国要发展的唯一出路就是发展低碳经济。发展低碳经济有助于缓解我国面临的温室气体减排压力和保护资源环境，规避可能出现的“气候壁垒”对我国经济造成的实质损害，实现气候变化背景下我国可持续发展的战略目标。

但目前我国发展低碳经济却面临着诸多挑战：①以煤为主的能源结构是我国向低碳发展模式转变的制约因素；②我国目前所处的发展阶段与发展低碳经济之间存在着比较尖锐的矛盾；③总体技术水平落后则是制约我国发展低碳经济的严重障碍。虽然我国发展低碳经济面临着一些困难，但同时我国在提高能源使用效率和节能、优化能源结构、调整产业结构、增加碳汇、提升科技创新能力、改进消费方式等方面具有很大的发展潜力。目前我国还处于发展低碳经济的起步阶段，但发展低碳经济和推广低碳技术是我国城市建设的必然选择；有效利用能源，实施节能减排，推广低碳技术是低碳城市发展的核心内容；制定城市低碳经济发展战略，促进可持续发展是低碳城市的发展方向。这就要求进行科学的城市规划，发展低碳经济，高效利用土地、能源、资源，保护生态环境，实现工业布局低碳化、循环化。因此，目前应当尽快建立低碳城市评价指标体系，并大力推广 CO_2 减排技术，指导低碳城市的发展。

三、国内外低碳经济城市的发展趋势

（一）发达国家以气候变暖为契机，引领全球进入“后工业革命”时代

英国是最早提出“低碳”概念并积极倡导低碳经济的国家。2003 年，英国政府在《能源白皮书》中提出了温室气体减排目标，计划到 2010 年二氧化碳排放量在 1990 年水平上减少 20%，到 2050 年减少 60%，到 2050 年建立低碳经济社会。2008 年 5 月 31 日至 6 月 8 日，英国伯明翰举办了第一届国家气候变化节，发布了《气候变化战略》，提出了“后碳时代城市”目标，明确提出到 2026 年减少排放 60% 的二氧化碳、人均排放从 6.6t 下降到 2.8t 等。

欧盟承诺到 2020 年将可再生能源占能源消耗总量的比例提高到 20%，将煤炭、石油、天然气等一次能源的消耗量减少 20%，将生物燃料在交通能耗中所占的比例提高到 10%。此外，欧盟单方面承诺到 2020 年将温室气体排放量在 1990 年的基础上减少 20%，从而带动欧盟经济向高能效、低排放的方向转型，并以此引领全球进入“后工业革命”时代。“后工业革命”时代的特征就是发展低碳经济，构建绿色体系。

日本 2008 年提出了新的防止全球变暖对策——“福田蓝图”，其减排的长期目标是到 2050 年温室气体排放量比目前减少 60% ~80%。与此同时，日本一直重视能源多样化，并在提高能源使用效率方面做出了很多努力。

美国白宫于 2009 年 1 月 25 日发布了一份奥巴马总统论述“美国经济恢复和再投资计划”的报告，提出美国已将能源、教育、健康和基础设施建设列为最重要的领域。在能源方面，美国在未来 3 年内将把风能、太阳能和生物燃料等可再生能源的生产能力再提高 1 倍，将开始建造新的长达 4800km 的传输电网，以方便传输这种新的能源；未来 10 年，政府将投入 1500 亿美元资助替代能源研究，风能、太阳能和其他替代能源公司将有可能获得更多的政府资助；到 2012 年，美国发电量的 10% 将来自可再生能源（这个指标到 2025 年将达到 25%）；汽车方面，将加大对混合动力汽车、电动车等新能源技术的投资力度，减少石油消费量；在新能源技术方面，政府将大量投资绿色能源——风能、新型沙漠太阳能和绝缘材料等；在建筑方面，将大规模改造联邦政府办公楼，推行绿色建筑，对全国公共建筑进行节能改造。

（二）我国以节能减排为切入点，推进低碳经济的发展

我国 CO_2 人均排放量比较低，但排放总量已居世界第一。预计 2050 年，我国能源消耗将占世界能源总消耗的 60% 左右。正因为如此，发达国家要求中国等发展中国家承诺减排温室气体的呼声越来越高。面对国际减排压力和国内经济可持续增长、能源安全、环境保护多方面的要

求，CO_2 减排已经是我们必须对待并且十分紧迫的问题。

《中华人民共和国国民经济和社会发展第十一个五年规划纲要》提出了“十一五”期间单位国内生产总值能耗降低 20% 左右，主要污染物排放总量减少 10% 的约束性指标。2007 年 6 月 3 日，中国公布了应对气候变化的国家方案——《中国应对气候变化国家方案》，规定了应对气候变化的指导思想、原则和目标。2007 年 9 月 8 日，胡锦涛主席在亚太经合组织第十五次领导人会议上发表重要讲话，强调气候变化是全球性问题，需要各国联手应对，发达国家应该正视自己的历史责任和当前人均排放高的现实，严格履行《京都议定书》确定的减排目标，并在 2012 年后继续率先减排，发展中国家应该根据自身情况采取相应措施，特别是要注重引进、消化、吸收先进清洁技术，为应对气候变化作出力所能及的贡献。

“十一五”期间，电力、交通、建筑、冶金、石化等部门、可再生能源及新能源、煤的清洁高效利用、油气资源和煤层气的勘探开发等领域在完成节能减排目标的同时，低碳技术也获得了长足的进步。

四、低碳经济城市评价指标体系构建设想

（一）评价指标体系构建原则

低碳经济的评价指体系是对低碳经济发展程度的客观评价与反映，因此，构建评价指标体系不仅要遵循构建指标体系的一般原则，还要根据影响低碳经济的主要影响因素建立低碳经济的评价指标构建的特殊原则。

（二）评价指标选取的方法和依据

由于碳排放的来源渠道不同，它不仅来源于产业运行过程，也来源于社会消费过程，不仅受到生产过程中生产技术、生产企业、产业链条耦合度的影响，还受到人们的低碳意识和外部政策等因素的影响。因此，评价指标的选取既要从产业链入手确定各环节的影响，又要考虑科学技术、政策法规等外部因素。

（三）评价指标选取领域的依据

CO_2 作为最主要的一种温室气体，主要来源于化石燃料的燃烧，其产生与能源生产和利用密切相关。评价指标选取领域的主要依据是中国的能源比重的相关统计数据和国际能源署（IEA）2009 年二氧化碳排放报告（CO_2Emissions from Fuel Combustion Highlights 2009 Edition Page13）中提到的全球 CO_2 排放源。

（四）评价指标体系的构建

以往关于低碳的研究主要是从各个领域、多角度地进行分析，对低碳经济的评价指标研究较少，笔者设想通过研究低碳经济的核心要素，对 CO_2 排放的主要来源、影响 CO_2 排放的主要因素进行考察，参照国际能源署 2009 年二氧化碳排放报告，并以国际上衡量低碳经济发展水平的各种可能指标（包括人均碳排放水平、碳生产力水平、技术标准、清洁能源占一次能源消费比例、碳排放弹性以及进出口贸易等）为基础，构建低碳经济发展水平的衡量指标体系。将低碳经济评价指标体系分为目标层、准则层和指标层三个层次。第一层目标层为低碳经济社会发展水平，第二层准则层由能源利用结构、产业经济、农业发展、科学技术、建筑、交通、消费方式和政策法规等方面构成，第三层指标层在准则层核心要素项下设立若干个评价目标，最终构成完整的终极指标体系。

五、低碳经济城市的评价方法

（一）统计指标的正向化和无量纲化处理

在建立的评价指标中，由于各指标的产生方法不同、量纲不同，不能进行简单的综合运算，

需要对其进行标准化处理。由于有些指标是正向指标，有些是逆向指标，同时各个指标之间的量纲不同，如果直接运用这些指标对低碳经济进行评价就存在不合理性，因此，有必要对这些指标进行正向化和无量纲化处理。

（二）评价指标权重的确定

评价指标的权重是对各个评价指标在整个评价指标体系中相对重要性的数量表示，权重确定的科学合理对综合评价结果和评价工作质量具有决定性的影响。因此，权重的确定过程是综合评价工程中的核心环节。由于各评价指标系统中的重要程度不同，需要根据各指标对目标层的影响程度赋予其权重。

（三）指标值的综合合成方法

利用线性加权法、乘法合成法等方法对评价指标值进行合成。

（四）结果判断

在参考国内外相关碳排放资料的基础上咨询专家，建立起低碳经济评价等级标准。根据指标值综合合成方法计算出评价值，再与评价等级标准相比较，判断低碳经济的发展水平。

六、结　语

在全球气候变化异常和能源危机的背景下，发展低碳经济，建设低碳经济城市是我国实现可持续发展的必由之路，即通过低碳技术、能源技术创新及制度创新，优化能源结构，节约能源，提高能效，开发低碳产品，从根本上转变生产、消费和生存观念。我国走低碳发展道路亟须建立一套适合中国国情的低碳经济城市评价指标体系，用于评价低碳经济城市的发展水平，并引领我国经济发展不断走向良性循环。

参考文献

[1] 庄贵阳．中国经济低碳发展面临的机遇和挑战．中国环境与发展评论第三卷［M］．北京：社会科学文献出版社，2007，335－345.

[2] 张坤民．低碳世界中的中国：地位、挑战与战略［J］．中国人口·资源与环境，2008，18（3）：1－7.

[3] 庄贵阳．中国经济低碳发展的途径与潜力分析［J］．国际技术经济研究，2005，8（3）：8－12.

[4] 中国科学院可持续发展战略研究组．2009年中国可持续发展战略报告［M］．北京：科学出版社，2009.

[5] 付允，等．低碳经济的发展模式研究［J］．中国人口·资源与环境，2008（3）.

沈阳市水环境整治现状及对策

张嘉治　翟佳赢　徐景阳

（沈阳市环境监测中心站　沈阳　110016）

摘　要　通过总结沈阳市水综合整治方面的成功经验和失败教训，综合分析存在问题，提出相应对策和建议，为下阶段水环境整治提供参考建议和理论依据，为实现沈阳市生态治理、生态城市建设和实施长效管理提供支持和帮助。

关键词　水环境　综合理治　生态城市

一、沈阳市水环境污染及综合整治现状

随着社会经济的迅猛发展，沈阳市水环境污染也在逐步加剧。沈阳市作为东北老工业基地，大型工业企业发展迅速，人口增长较快，工业、生活污水排放迅速增加，导致水体遭受严重污染，地表水河流中80%为劣Ⅴ类水质，其中超标污染物主要是氨氮和总磷。

为了尽快推进沈阳市全国环境样板城市建设，打造生态型城市，保持城市资源与环境的可持续发展，沈阳市从水环境综合整治入手，构建城市生态大格局，布置了新的城市环境规划，并加大污水治理、固废处理、企业监管整治力度，城市水环境质量显著改善，为生态城市建设奠定了基础。

（一）城市环境重新规划，构建生态格局

沈阳市制订了产业调整计划、森林城市规划、水系建设规划等多项可持续发展规划为自身发展构筑了生态大平台。

一是城市空间布局上进行了重新规划和调整。铁西工业区，在经历了对150多户企业实施“东搬西建”的战略后，工业增幅高达40%以上，同时结束了重度污染的历史。

二是城市延续和完善山水城林、和谐共生的生态格局，建设“城林相依、水绿相映”的可持续发展的生态城市。在城市的东部、北部、东北部、西北部、西南部，建设5处大型楔形绿地；在三环范围内，依托自然山水，秉承历史文脉，以浑河自然水体，即“蓝带”为主脉，连动水域网络，构筑城市用水发展的空间格局。确定城市水系结构为“一轴、两环、四城、九湖”。

（二）加大治污减排力度，全力推进城镇污水处理厂建设

为实现创建国家生态城市和总量减排目标，大力实施污水处理厂建设。在城区建成沈水湾、仙女河、满堂河等不同规模的9座城市污水处理厂，实际日污水处理量为117万t[1]，污水处理率由2002年的13%上升为75%。沈阳市确定在2010年建成25座城区、郊区、县的污水处理厂，同时再建105座乡镇污水处理设施。全部建成运行后，可以从根本上改变辽河、浑河、北沙河及其支流的污染，消灭劣Ⅴ类水体，改善水质。

（三）进一步完善城镇垃圾无害化处理，防治水体面源污染

沈阳市采取一系列措施加强城镇垃圾无害化处理收效显著，其中城市生活垃圾设计日处理能力由1 000t增加到3 500t，处理率提高到100%，从而结束了沈阳没有生活垃圾无害化处理场的历史。此外，沈阳市进一步完善固废处理设施，投资2 800万元，采取反渗透膜技术分别对老虎冲、大辛垃圾处理场渗滤液处理设施进行了建设和完善；改造完成了日处理能力15t的医疗废物焚烧厂，实现了医疗垃圾安全处置；2008年以来，东陵、沈北、苏家屯、于洪四个郊区新建了20个乡镇垃圾中转站，购置了垃圾收集压缩车和运输车，覆盖了30多个乡镇的340多个村屯，

垃圾处理率达到95%以上，基本形成了“村收集、乡镇中转、集中处理”的垃圾收运处体系。基本建成了康平、新民、大民屯垃圾无害化填埋场，法库、辽中的垃圾无害化填埋场也开始启动建设，20个乡镇以上的大部分村屯建设了垃圾收集箱和集中收集贮存房，垃圾收集、运处体系开始运作，防止工业废渣、生活垃圾等固体废弃物中的有毒有害物质污染水体。

（四）开展河流环境整治，改善浑河干流水质

2002—2007年，沈阳市先后投资50多亿元，将浑河治理作为辽河环境整治的突破口，通过实施河道清淤疏浚、污水截流、水质生态恢复、绿化景观建设、兴建水利设施等工程，对浑河两岸进行全方位的亮化、绿化和美化，全面恢复了浑河生态功能，形成浑河城区段景观带、水源补给带和生态带绿廊。

（五）促进产业结构调整，从源头控制污染

2002年以来，全市共关停、搬迁装备落后、污染严重和效益低下的工业企业达600多家，合并、重组和改造企业达300多家，拆除锅炉房93座。与此同时，环保部门还针对化工、制药、食品等行业的187家企业实施治理整顿，关停搬迁城区内制药、啤酒、化工等污染严重企业31家，使企业在搬迁改造中通过技术升级实现总量减排。

二、沈阳市水生态建设效益分析

近年来，沈阳市通过不懈努力，加大了对水环境的综合整治，取得了巨大的环境效益、社会效益和经济效益。

（一）环境效益

在辽宁省2007年污染减排工作综合排名中，沈阳市位居第一，沈阳市水主要污染物化学需氧量减排量为14 246.4t，比2006年下降17.98%，同时，污染减排有效推动了城市环境建设和环境质量改善[2]。沈阳市城市污水处理率已由2004年的69%提高到2008年的75%[3]。水环境质量显著改善，2009年上半年辽河流域沈阳地区的各条河流化学需氧量浓度普遍显著下降，王河、柳河、长河、拉马河达到国家地表水Ⅳ类水质要求；浑河沈阳段由重污染级达到污染级，浑河城区段消除了恶臭，水质明显改善。水质超标项目由2001年的6项，减少到2项，浑河主要污染物化学需氧量浓度值明显降低，2008年丰水期，首次达Ⅱ类水体（如图1、图2所示）。

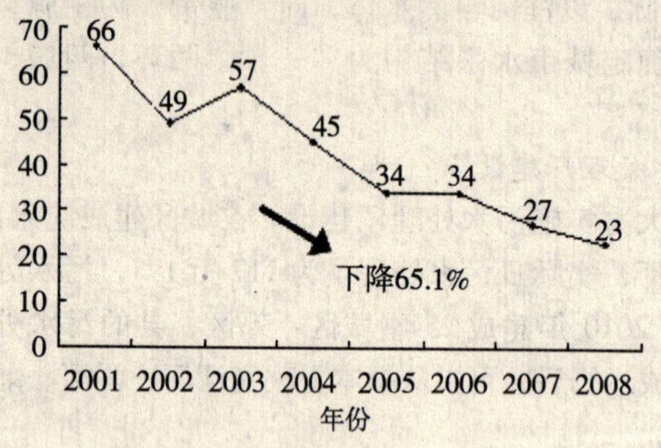

图1　浑河化学需氧量年际变化趋势图

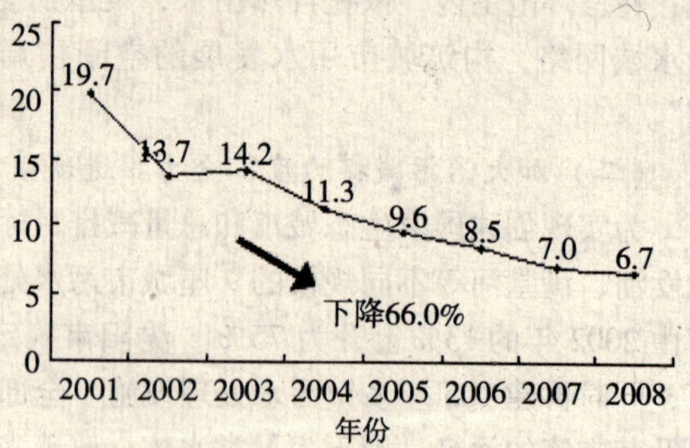

图2　浑河综合污染指数年际变化趋势图

（二）社会经济效益

1. 促进了沈阳经济的持续快速增长。目前，沈阳在全国百强城市综合竞争实力排名第九位；固定资产投资增幅连续两年全国15个副省级城市第一位。

2. 促进了城市增值和绿色产业发展。平均地产价格比三年前每平方米增长了52%；浑河两岸的“生态银带”建设已正式启动，签约项目达16亿美元。

3. 促进了对外开放和招商引资。美国通用、日本丰田、美国百事、德国西门子、韩国SK等世界500强企业先后在沈阳投资兴办了7家企业，至此已有44家世界500强企业落户沈阳，共兴办企业63家，沈阳市新批准外商投资企业已达771家。

4. 促进了城市人气的提升。“北京奥运会”、“韩国周”、“制博会”、APEC劳动保障会议等重大国际活动的承办，提升了沈阳市的国际地位，同时，展示了老工业基地振兴过程中环境建设的成果。

三、沈阳市水环境建设对策

通过总结近几年沈阳市水环境综合整治的成功经验和存在问题，为加速推动沈阳市水环境建设进程，提出以下对策：

1. 全面实施绿色发展规划。制定和完善环境保护与绿色生态建设规划，严格执行生态分级控制，优化区域空间布局。以环境承载力为基础，在主体功能区规划中落实环保规划确定的严格控制区、有限开发区和集约利用区。严禁在严格控制区范围内开发建设，重建和恢复已破坏的重要生态系统，合理开发有限开发区和集约利用区，确保不导致环境质量下降和生态功能损害。

2. 加强环境审批监管力度。环保审批部门要加大审批建设项目环境影响报告力度，确保环境影响评价制度落到实处，同时，提高对化工、制药、造纸等重污染行业的审批门槛，严格控制环境生态资源高耗型单位的生产活动和社会行为。此外，环境监察部门要实施监督抽查，全面实行“3×6+1”执法新模式，进一步加大环境执法力度，对排放高强度水污染物运营的企业严格限制或关停，以确保污染达标排放。

3. 加强水资源保护利用。对全市主要河流、湖泊、水库的水域进行了水功能区划。依法加强取水许可、水功能区和入河排污口监督管理。开展辽河、浑河水域生态综合治理、提高污水回用率、大伙房水库引水及加强水资源的统一调度等一系列生态环境修复与治理，基本保障沈阳市水资源供应需求。

4. 加大城镇污水处理建设及现有技术升级。重点启动72个村镇污水处理设施建设，建成13个区县污水处理厂，解决80%乡镇污水污染问题，改变农村地区污水处理薄弱状态。同时，加强城镇现有污水处理厂处理工艺升级，要求其必须安装高效脱氮除磷设施，确保污水达标排放。

5. 加强郊区县环境整治。针对沈阳市郊区县环境感官较差、基础设施薄弱等问题，在苏家屯区、于洪区、辽中县、新民市、法库县、康平县、浑南新区的村镇广泛开展清理“三堆”、绿化、修补道路、建设排水沟、亮化、美化等项工作，近郊区村屯整治数量20%，远郊县（市）村屯整治数量10%，促进区容镇貌环境的改观。

6. 大力实施农村地区改水工程，农村饮水安全得到有效保障。因地制宜划定农村地区饮用水保护区范围，树立标识，逐步清理保护区内违法建筑和污染源。

7. 加强生态屏障建设。切实抓好林业重点生态工程、自然保护区、风景名胜区、生态核心区建设，突出抓好辽河、浑河流域和中小型水库的水源涵养林和水土保持林建设。推进铁路、国道、省道、高速公路等沿路绿化，提高绿色通道、生态功能等级。

参考文献

[1] 荆治严，等. 河流恶臭治理及水质综合改善技术［J］. 环境保护科学，2004.

[2] 王振宇. 浑河环境保护与地下水资源质量的改善［J］. 环境保护科学，2004，30（5）.

[3] 沈阳市地表水手册［M］.

[4] 沈阳市环境质量报告书［M］. 2004—2008.

[5] 沈阳市环境统计手册［M］.

城市生活垃圾无害化处理技术方案

冯向鹏[1]　崔金印[1]　杨婷婷[1]　吴朝锋[1]　刘　波[1,2]　余广炜[1,2]　廖洪强[1]

（1. 首钢总公司环保产业事业部　北京　100041；
2. 北京首科兴业工程技术有限公司）

摘　要　本文结合我国实际情况，详细阐述了现阶段垃圾处理技术的选取原则与整体方案定位，并重点提出了适用于不同规模处理厂的垃圾处理技术配置方案：基于成熟＋先进的炉排炉＋气化熔融炉技术方案、基于垃圾综合处理的筛上物气化熔融技术方案。

关键词　生活垃圾　焚烧　无害化

一、焚烧发电已成为垃圾处理的主流技术

在众多的生活垃圾处理技术中，由于在垃圾处理无害化、减量化和资源化方面的独特优势，同时随着填埋场地资源的日益紧缺，垃圾焚烧发电已成为垃圾处理的主流技术。

2008年，北京市生活垃圾产生量1.84万t/d，垃圾处理设施总设计处理能力为1.04万t/d，实际处理垃圾1.74万t/d，其中填埋、焚烧、堆肥的比例分别为90%、2%、8%。随着北京垃圾填埋场地资源的日益匮乏，北京市规划将大力提高垃圾焚烧处理的比例。在北京城市总体规划（2004—2020）第134条明确规定："生活垃圾处理工艺以焚烧处理为主，填埋处理为最终保证措施，混合垃圾不再进入填埋场。2020年全市生活垃圾处理设施总处理能力达到21 650t/d，其中垃圾焚烧9 300t/d、卫生填埋8 800t/d、综合处理3 550t/d"。

作为一类能够实现垃圾高效、大宗处理的技术，垃圾焚烧技术在其处理过程中容易产生二次污染问题，如挥发性有机物污染，尤其是芳香烃类（PAH）、多氯联苯类（PCBs）和二恶英呋喃类（PCDD/Fs），Cd、Hg、Pb等重金属污染，以及焚烧烟气中的HCl、SO_2、HF、NO_x等酸性气体的污染和危害性灰渣的排放等。为了避免垃圾焚烧过程中的二次污染，自20世纪70年代以来，焚烧技术得到了迅速发展。经历了简易焚烧处理、以固定床式、机械炉排式、回转窑式和流化床式垃圾焚烧技术为代表的传统垃圾焚烧技术后，已发展为无害化垃圾气化熔融焚烧技术[1,2]。

二、主要垃圾焚烧技术对比分析

截至2007年6月，我国72座焚烧厂中，采用的焚烧炉型主要有机械炉排炉、流化床焚烧炉、热解炉3种，如表1所示。其中，机械炉排炉为47座，占焚烧厂总数的64%；流化床焚烧炉22座，占32%；热解炉3座，占4%。

表1　国内垃圾焚烧厂炉型分类统计

类　型		数　量	规模/（t/d）	比例/%
炉排炉	引进设备焚烧厂	30	31 235	45
	引进技术焚烧厂	7	6 050	9
	国产炉排焚烧厂	10	6 685	10
流化床	流化床焚烧厂	25	24 570	32
热解炉	热解炉厂	3	—	4
合计		72	68 540	100

（一）机械炉排焚烧炉

作为世界范围内的比较成熟的技术，机械炉排焚烧炉运行可靠度较高，燃烬度好，在国际上约占有80%的市场份额。根据炉排型式主要分为顺推或逆推式往复炉排炉及滚动炉排炉两大类。其中，往复炉排炉可使垃圾在焚烧过程中有效翻转、搅拌，可实现垃圾完全燃烧；滚动炉排炉由于排气孔容易堵塞，维修工作量相对较大，因此使用率较往复炉排炉低。

机械炉排焚烧炉的优点在于：①运行可靠，故障率低；②单台处理能力大；③烟气含尘量低，烟气量少；④受热面磨损小；⑤无需混煤燃烧。缺点在于：①炉排材质要求高，以进口炉排炉为主，投资高；②垃圾水分和热值变化易造成运行控制不稳定；③与流化床比较，由于其炉床负荷较低，故炉子体积大，占地面积大；④垃圾热值较低时（低于1 200kcal/kg），需要助燃，运行费用较高。

（二）循环流化床焚烧炉

循环流化床燃烧技术基本特征在于：在炉膛下部布置有耐高温的布风板，板上装有载热的惰性颗粒，通过床下布风，使惰性颗粒呈沸腾状，形成流化床段，在流化床段上方设有足够高的燃尽段（悬浮段）。一般物料投入流化床后，颗粒与气体之间传热和传质速率很高，物料在床层内几乎呈完全混合状态，投向床层的垃圾能迅速分散均匀。由于载热体存有大量的热量，投料时炉温不会产生急剧变化，床温温度保持稳定。

循环流化床的优点在于：①操作方便，对垃圾热值适应性较强；②与炉排炉相比体积小，投资低；③垃圾焚烧彻底，灰渣热灼减率较低。缺点在于：①对垃圾的给料有粒度要求，一般需要设置分拣、破碎等预处理系统；②需要补加部分燃料；③排渣及床料返回系统磨损严重，易造成焚烧间内扬灰，环境较差；④飞灰产量大；⑤动力消耗量大；⑥可靠性较差，一般国内中小型循环流化床锅炉年运行小时数均小于7 000h。

总而言之，经过多年的发展，上述两类垃圾焚烧技术成熟、可靠，在国内外市场上具有较高的市场占有率。但是两种工艺主要存在的问题为：减容减量化程度较低，能源化利用效率较低，容易导致二恶英类剧毒物质的产生，焚烧气氛为氧化气氛，渣中易含有重金属。

（三）气化熔融炉

垃圾气化熔融处理技术是在焚烧法基础上发展起来的、结合了热解气化和熔融固化的一种新型清洁能源化垃圾处置方法，实现了彻底的无害化、显著的减容性、广泛的物料适应性和高效的能源与物资回收。作为新一代垃圾处理技术，发展潜力巨大。

气化熔融技术是先将垃圾在450～600℃的还原气氛下气化，产生可燃气体和易于铁、铝等金属回收的残留物，再将残留物在1 350～1 400℃条件下熔融，整个过程将低温气化和高温熔融有机地结合起来。根据工艺的不同，可分为两步气化熔融技术和一步气化熔融技术。所谓两步气化熔融技术是指垃圾的气化和熔融过程分别在两个反应器中完成，而一步气化熔融技术是指垃圾的热处理全部在一个反应器中完成的直接气化熔融焚烧技术[3]。

美国Texaco公司、Sheel石油公司、JFE、新日铁、三菱重工以及欧洲等国都对垃圾气化熔融技术进行了研究开发，相继出现了回转窑气化熔融系统、流化床气化熔融炉、高炉型直接气化熔融炉等方式。其中，最典型的气化熔融技术是在高炉技术基础上开发而成的高炉式气化熔融焚烧炉，主要设备由进料斗、供料机、气化熔融炉、燃烧室等构成。垃圾在经干燥、热分解和熔融三个阶段后，热分解产生的气体在二次燃烧室内燃烧用于发电。

高炉型生活垃圾气化熔融焚烧炉熔融渣主要成分SiO_2、CaO和Al_2O_3的含量与炼铁高炉炉渣大致相同，熔融渣的重金属等毒性物含量符合环保标准。该炉烟气中二恶英的排放量可以控制在0.01ngTEQ/m^3左右，远低于欧盟和我国二恶英排放的相关标准[4]。

目前，由日本新日铁和JFE公司分别研制的高炉型气化熔融炉得到了很好的市场化和产业化，仅新日铁工艺就已经在日本国内完成20余家焚烧电厂的建设工作。但该工艺在我国还没有产业化实施，关键设备需要进口，前期投资较大，运行费用较高。

三、现阶段垃圾焚烧技术方案选定

（一）工艺方案选取原则与整体定位

垃圾焚烧处理可解决城市生活垃圾无地可埋之急，扩大城市生活垃圾的处理能力，节约土地，回收垃圾中的热量资源，可实现生活垃圾处理的资源化、减量化、无害化，利于城市的可持续发展。但在垃圾焚烧能源化利用技术选择时，应综合考虑"成熟度、先进性、投资、成本、效益、环境"等主要因素，选取原则如下：①垃圾处理能力大，具有长期稳定处理能力，能够快速、彻底、长期、稳定地解决城市区域垃圾问题；②资源化和能源化程度最大化、二次污染程度最小化；③彻底杜绝垃圾扰民问题和危害北京社会稳定问题；④投资和运行成本较低，产出效益较高，有利于长期、稳定、达标运行；⑤工艺技术成熟、先进、适用。

我国垃圾焚烧厂一般服役年限为25～30年。因此，在垃圾工艺方案选择时，既要立足于现在实际情况，又要综合考虑未来20年的垃圾产生与环境标准控制要求情况，在处理工艺方案定位中要综合考虑如下几个方面：①原生垃圾分选和预处理（均质化处理）；②垃圾清洁能源化稳定处理（炉排炉＋气化熔融焚烧发电）；③尾气全面深度净化（脱硝＋脱酸＋活性炭吸附＋布袋除尘）；④尾气净化副产物和飞灰高温无害化处理（气化熔融高温液化＋玻璃态化）。

（二）基于成熟先进的垃圾处理工艺技术方案

针对目前我国垃圾产生量日益增加以及环保要求日益严格的现实情况，现阶段在选择垃圾处理技术方案时，可考虑采用如下两种工艺配置模式。

1. 基于成熟＋先进的炉排炉＋气化熔融炉技术方案（适宜于规模较大的垃圾处理厂）

以选择成熟的炉排炉为主，保证实现处理垃圾稳定可靠和规模化的要求，体现工艺技术的成熟可靠性；同时以先进的气化熔融炉为辅，保证将垃圾焚烧污染物降到最低，炉渣和飞灰填埋量减到最小，体现工艺技术先进性。

作为世界范围内的主导技术，炉排炉处理量大、工艺技术成熟、设备稳定运行；而作为近二十年兴起的先进处理技术，气化熔融炉具有垃圾减容减量化彻底、危险固废产生量少、有效控制二恶英剧毒物质产生等显著特点。在工艺方案设计时，若以处理能力大且稳定成熟的炉排炉为主，以技术先进、能够有效控制二恶英产生的气化熔融炉技术为辅，则不但能够快速、彻底、长期、稳定地解决北京垃圾问题，而且还可实现垃圾处理的资源和能源程度最大化、二次污染程度最小化，同时彻底杜绝垃圾扰民问题和危害社会稳定问题。因此，对于处理规模较大的垃圾处理厂，可考虑采用炉排炉＋气化熔融炉工艺方案。

以5 000t/d的垃圾焚烧处理规模为例，本着"成熟＋先进"的原则，可采用"6＋1"配置模式，即6台处理能力为750t/d的炉排炉加1台处理能力为400t/d的气化熔融炉。其中，炉排炉用于焚烧生活垃圾，而气化熔融炉则以焚烧生活垃圾为主，同时还可实现对由炉排炉和气化熔融炉焚烧过程中产生的飞灰实现熔融处理。这不但可保证大宗、稳定地处理城市垃圾，而且由于气化熔融炉熔融液化水淬后的矿渣呈玻璃体状态，可将有害离子最大限度地固化在玻璃体内，从而实现垃圾焚烧处理二次污染程度的最小化。

2. 基于垃圾综合处理的筛上物气化熔融技术方案（适宜于规模较小的垃圾处理厂）

对于处理规模较小的垃圾处理厂，可考虑采用气化熔融炉工艺方案。原生垃圾经过分选预处理后，大部分的无机物和含水量较高的碳水化合物将被筛除。由于筛上物具有较高热值，适宜气化熔融，这不仅能够减少辅助燃料消耗，而且也能减少空气量，具有很大的节能潜力；筛下物则通过填埋、堆肥等技术实现综合处理。

基于垃圾综合无害化处理的工艺流程如图1所示。

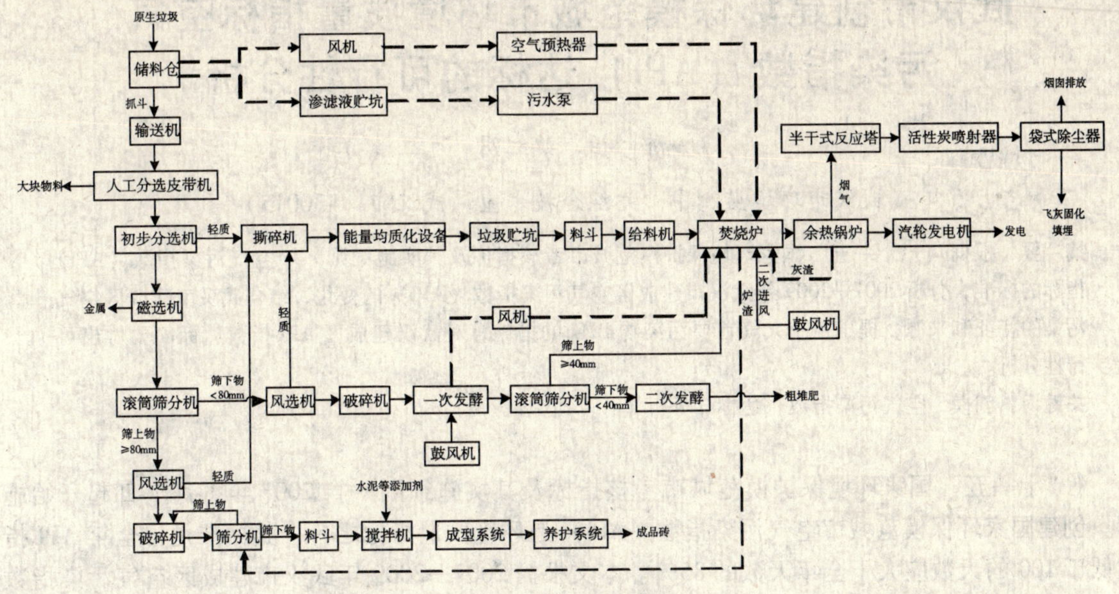

图1 垃圾综合无害化处理工艺流程

由于从布袋除尘器排放出的飞灰中含有较多的重金属、二恶英等有害物质，属于危险废物，为避免填埋时渗出，可采用螯合剂+水泥稳定化技术，水泥作为固化基材，配以螯合剂与水泥混合后对飞灰中有害物质进行稳定化。而从其他部位排放出的飞灰，由于其含有有害物质相对较少，则可通过再回炉内熔化处理，以炉渣形式排出。由于炉渣已经过高温无害化处理，在经过磁选分离出黑色金属后，可用于铺路或节能建材制备。

四、结　语

气化熔融焚烧技术大大降低了垃圾焚烧污染物的排放量（尤其是飞灰量）、提高了垃圾利用效率（燃料利用率、燃烧效率）和增加了垃圾固体灰渣的附加值（可直接用于建筑原料，替代沙石），具有良好的环保特性逐渐受到各国青睐。但目前，该技术还存在设备系统投资和运行成本较高，需要添加辅助燃料，单台设备垃圾处理能力相对较低等问题。

在结合我国实际情况，实现垃圾气化熔融处理的低成本、大型化后，垃圾气化熔融技术必将在生活垃圾无害化处理中发挥重要作用。就现阶段而言，针对于不同规模的垃圾处理厂，可考虑采用下述两种配置方案：基于成熟+先进的炉排炉+气化熔融炉技术方案、基于垃圾综合处理的筛上物气化熔融技术方案。

参考文献

[1] 郭广寨，朱建斌，陆正明．国内外城市生活垃圾处理处置技术及发展趋势［J］．环境卫生工程，2005，13（4）：19－23.

[2] 邹莲龙，龙燕，曹学新．21世纪城市生活垃圾生态化处理展望［J］．城市环境与城市生态，2001，14（3）：57－60.

[3] 阎常锋，林伯川，陈恩鉴，等．城市生活垃圾焚烧灰渣熔融的物理化学特性［J］．工程热物理学报，2002，23（6）：773－775.

[4] 肖睿，金保升，仲兆平，等．基于低温气化和高温熔融焚烧方法处理城市生活垃圾［J］．能源研究与利用，2001，（3）：25－30.

武汉市创建环保模范城市环境质量指标空气污染指数（API）达标的可行性分析

陈 怡 魏红明

（武汉市环境监测中心站综合技术室 武汉市 430015）

摘 要 根据《“十一五”国家环境保护模范城市考核指标及其实施细则》中空气污染指数（API）指标的标准，分析2007—2009年武汉市建成区空气污染指数（API）的变化，结合武汉市建成区空气污染的特征和来源，提出控制大气首要污染物 PM_{10} 的措施，对武汉建成区API指数达标简要做出可行性分析。

关键词 创模 空气污染指数 达标 分析

《“十一五”国家环境保护模范城市考核指标及其实施细则》自2007年1月1日起开始施行。创建国家环保模范城市空气污染指数（API）是环境质量指标之一，其标准是：全年API指数低于100的天数应大于全年天数的85%。本文根据2007—2009年武汉市建成区空气污染指数（API）的变化，结合武汉市建成区空气污染的特征和来源，提出控制大气首要污染物 PM_{10} 的措施，对武汉建成区API指数达标简要做出可行性分析。

一、2007—2009年武汉市环境空气质量逐年变化趋势分析

（一）武汉市建成区年平均空气污染指数变化趋势

2007—2009年武汉市城区API指数总体趋势呈现下降变化的趋势，见图1。

（二）武汉市城区年空气质量优良率变化趋势

2007—2009年武汉市建成区空气质量优良率总体呈现上升的变化趋势，见图2。

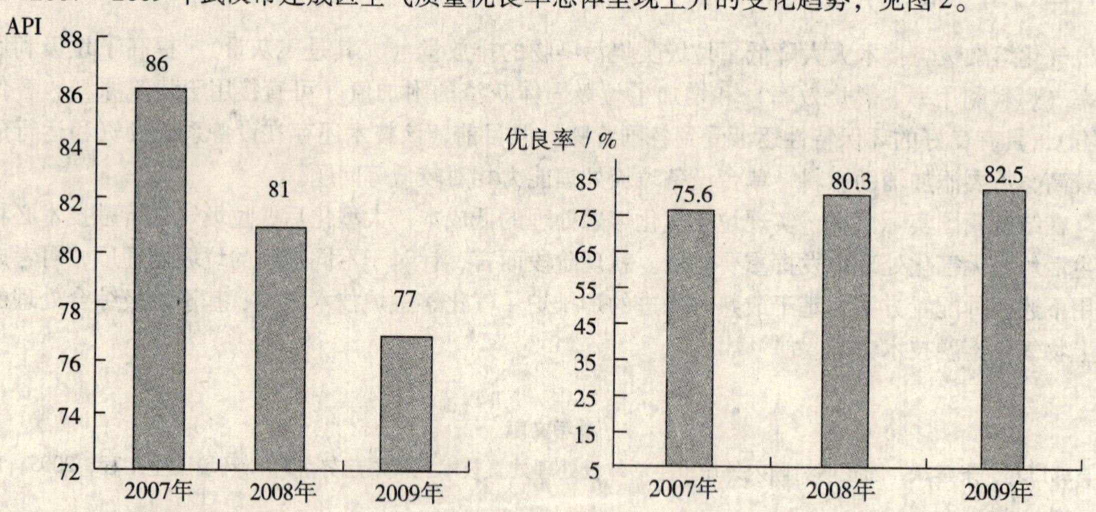

图1 武汉市建成区API的年均值变化趋势

图2 武汉市建成区API的年均值变化趋势

（三）武汉市城区 PM_{10}、SO_2、NO_2 浓度年均值变化趋势

从年际变化情况分析，2007—2009年建成区可吸入颗粒物年均值总体呈下降趋势，最高年均值为2007年的0.123mg/m^3，超过二级标准0.23倍，最低为2009年的0.105mg/m^3，超过二级标准0.05倍，见图3。武汉市建成区环境空气以可吸入颗粒物污染为主，可吸入颗粒物是影响建成区环境空气质量状况的首要污染物。

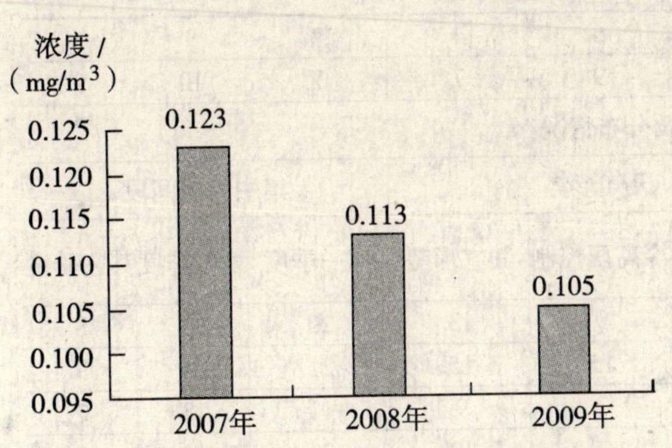

图3　武汉市建成区 API 的年均值变化趋势

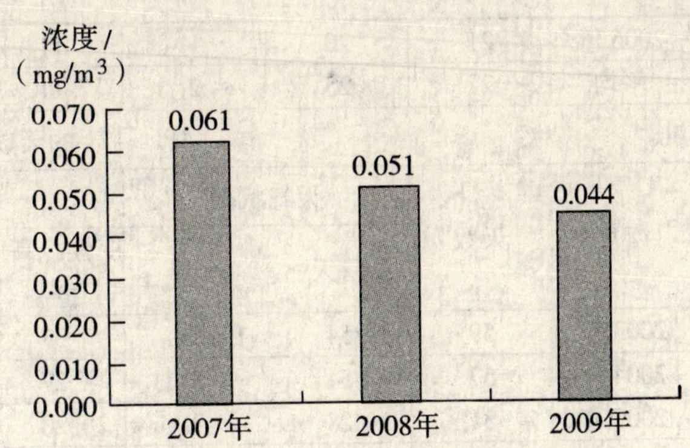

图4　武汉市建成区 API 的年均值变化趋势

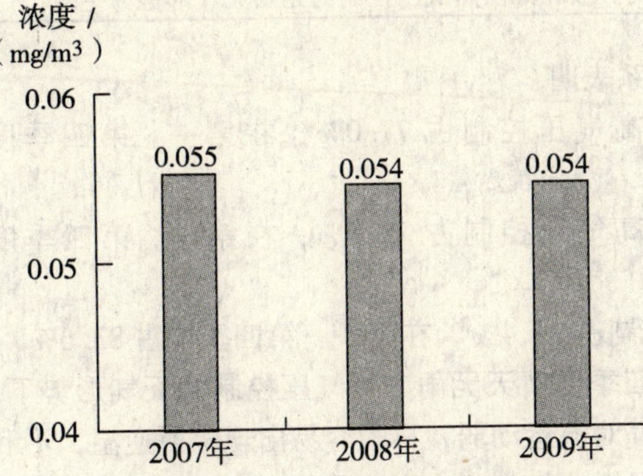

图5　武汉市建成区 API 的年均值变化趋势

从年际变化情况分析，2007—2009 年建成区二氧化硫年均值逐年下降，从 2007 年的 0.061mg/m^3 下降到 2009 年的 0.044 mg/m^3，见图 4。2007—2009 年二氧化硫成为首要污染物的统计情况分析表明二氧化硫成为首要污染物的天数，从 2007 年的 2 天增加至 2009 年的 4 天，呈增加的趋势。

从年际变化情况分析，2007—2009 年建成区二氧化氮年均值浓度变化较稳定，最高年均值为 2007 年的 0.055mg/m^3，2008 年和 2009 年均为 0.054mg/m^3，见图 5。

（四）武汉市城区空气污染的气候特征

表1　2003—2006 年武汉市城区空气污染与天气的关系统计表

101≤API≤110 的天数及分布情况/d									
年度	天数	天气状况		天气形势			集中的时间段		
		晴天	雨天	变性冷高压控制	冷高压控制	其它形势	第一季度	第四季度	其它季度
2003 年	36	32	4	20	11	5	8	13	15
2004 年	31	23	8	14	4	13	12	6	13
2005 年	32	26	6	13	14	5	4	16	12
2006 年	23	20	3	16	2	5	6	10	7
平均	31	25	5	16	8	7	8	11	12
111≤API≤120 的天数及分布情况/d									
年度	天数	天气状况		天气形势			集中的时间段		
		晴天	雨天	变性冷高压控制	冷高压控制	其它形势	第一季度	第四季度	其它季度
2003 年	24	22	2	8	10	6	5	8	9
2004 年	31	29	2	13	8	10	7	18	6
2005 年	31	30	1	11	11	9	8	6	17

2006 年	21	20	1	11	6	4	7	9	5
平均	27	25	2	11	9	7	7	10	9

API≥121 的天数及分布情况/d

年度	天数	天气状况		天气形势			集中的时间段		
		晴天	雨天	变性冷高压控制	冷高压控制	其它形势	第一季度	第四季度	其它季度
2003 年	59	54	5	37	9	13	20	31	8
2004 年	57	54	3	27	15	15	21	24	9
2005 年	31	28	3	20	2	9	11	13	7
2006 年	48	44	4	25	10	13	24	19	5
平均	49	45	4	27	9	13	19	22	7
备注	天气形势中“其它形势”主要以弱冷空气扩散和锋前热低压控制的无雨天气形势为主								

2003—2006 年武汉市城区空气污染与天气的关系表明：

101≤API≤110 的天数中，晴天占 82.8%，高气压控制占 77.0%，在第一、第四季度占 61.5%。

111≤API≤120 的天数中，晴天占 94.4%，高气压控制占 72.9%，在第一、第四季度占 63.6%。

API≥121 的天数中，晴天占 92.3%，高气压控制占 74.4%，在第一、第四季度占 83.6%。

空气污染指数较高的情况主要出现在第一、第四季度晴天无雨、高气压控制的天气形势下。该季节当没有强冷空气影响时，大气比较稳定，空气对流运动弱，早晚容易出现辐射逆温，不利于污染物的扩散，空气污染相对较重，空气质量以轻微污染为主。当该季节当有强冷空气影响武汉地区时，空气质量可以从轻度污染转变为良好。

空气污染指数较低的情况主要出现在第二、第三季度，该季节处于春夏之交，冷空气活动频繁，空气对流运动较强。特别梅雨季节后期，副热带高压加强北跃，辐合带向江北推移到黄淮流域，长江流域梅雨结束，开始进入盛夏。武汉处在副高北侧，由于黄淮流域空气强烈上升促使长江流域气压梯度加大，江南高温气流迅速向北输送，武汉出现高温、低湿，中午前后吹较大的偏南风天气，俗称“南洋风”。这有利于白天污染物的扩散。夏季武汉还受太平洋副热带高压影响。尤其盛夏季节，武汉地区在副高控制之下，出现高温、晴旱天气。副高控制虽然天晴、风小，有时因日辐射强、气温垂直梯度大、热对流强，所以有利于污染物垂直扩散。盛夏台风活动频繁，台风虽对湖北省和武汉地区直接影响很少，但间接作用仍较明显。当台风在沿海登陆后西伸北上，深入内陆，能直接影响武汉地区，产生大风和降水天气，对污染物的扩散也很有利，空气质量以良为主。

二、影响武汉市空气质量的主要因素

自武汉市开展空气质量日报工作 9 年来，PM_{10}一直是城区和各监测子站的首要污染物。通过对武汉市 PM_{10}源解析和点源调查结果进行分析可以看出，影响武汉市空气质量的主要因素为：

（1）地方的区域源贡献，外来气团（包括来自中国西北部沙漠、戈壁和黄土区的沙尘和东南亚烟尘）输入影响相对较少。

（2）武汉市 PM_{10}成分构成以地壳源组分为主，PM_{10}中的地壳源组分在 PM_{10}所占比例总体随平均日 PM_{10}水平增高而增高。其次为次生无机化合物（SO_4^{2-}，NO_3^-，NH_4^+，Cl^-），有机物和元素碳对 PM_{10}的贡献相对较少。

（3）武汉市 PM_{10}中大部分的地壳源来源于人类活动，如燃煤所产生的飞灰、建筑扬尘、交通二次扬尘、水泥工业、冶炼工业等无组织排放逸尘；次生无机化合物来源于被污染的气团和原始气团所形成的次生气溶胶，在大气滞留一段时间转化为次生颗粒，因此其水平在工业站点和市区背景点相似；有机物和元素碳来源于交通车辆尾气排放和部分油烟。

三、降低武汉市首要污染物 PM_{10} 污染的控制措施分析

根据武汉市 PM_{10} 源解析和点源调查结果，针对 PM_{10} 中不同组分的来源提出以下控制措施。

（一）降低 PM_{10} 中地壳源组分的控制措施

武汉市 PM_{10} 的首要成分来自地壳源组分，包括建筑尘、交通二次扬尘、燃煤飞灰排放、水泥厂和钢铁冶炼粉尘等。这些粉尘在相对长的无雨和扩散差的条件下，易于造成 PM_{10} 的浓度升高。根据武汉市的具体情况，特提出下列建议：

1. 加快城市能源结构的调整

（1）以国家西气东输、西电东送为契机，加快城市能源结构调整；通过规定高污染燃料禁燃区，推广电、天然气、液化气等清洁能源的使用，减少城市原煤的消费量，推广洁净煤技术；促进热电联产和集中供热的发展，有效控制煤烟型污染。

（2）继续做好中小锅炉改燃工作。按照武汉有关文件要求，逐步完成中环线禁燃区内燃煤锅炉改用气、电、油等清洁能源的改燃工作，削减烟尘排放总量。对于老城区内人口密集区贫困人群、小摊贩、烧烤点使用小煤炉等取暖做饭，使烟尘低空无组织排放所造成的大气污染，要加大扶贫力度，加强组织管理，进一步扩大气化率，取缔路边无证经营的烧烤、餐饮等。

2. 推行清洁生产，从源头控制污染

（1）通过产业结构调整，采取关停并转措施，淘汰技术落后、能耗高、污染环境的企业；加快以节能降耗、综合利用和污染治理为主要内容的技术改造，控制工业污染；鼓励企业建立环境管理体系，在有条件的企业推广 ISO 14000 环境管理体系认证。

（2）完善大型锅炉的除尘设施，目前大型锅炉（如电厂）基本采用的静电除尘受锅炉运行工况、煤种、粉尘的物理及化学性能等影响，使除尘效率远低于设计水平。在当前供煤困难，煤种变化大的情况下，应采用改造投资少、运行费用低、除尘效率高、不受场地限制的静电布袋式复合除尘器。三环线以内的供电供热锅炉要尽快改造除尘装置。

（3）青山和洪山区建有多座水泥厂，其现有的立窑采用旋风、湿法等传统除尘技术达不到《水泥工业大气污染物排放标准》（GB 4915—2004）新标准的要求。从控制尘污染出发，关闭小规模的水泥厂，大规模水泥厂严格新工艺生产法。提倡采用布袋除尘法。

3. 加大城市建设的综合管理力度，减少扬尘污染

（1）在建筑和拆迁施工中实施粉尘排放控制工程，应采用密封管道式或湿水是处理拆迁垃圾，建筑和拆迁完工后应尽快处理施工现场，防止建筑扬尘。参加城市建设的施工队在招标中必须将文明施工，环保施工的费用纳入项目中，由专门的监管部门负责实施和监督。

（2）所有参加武汉城市建设的施工队必须进行城市环保培训，明确文明施工的方法和步骤。

（3）所有建设中裸露地面应采用塑料布覆盖，禁止运送建筑垃圾和建筑起尘材料的车辆无覆盖运输，尽量减少扬尘。非施工性的裸露地面要植树种草，防止地面扬尘。

（4）有关公共建设部门应尽早开展联合办公，力争在道路和小区的建设中一次完成道路、排水、煤气、通讯、电力等施工项目，减少路面反复开挖。

（5）空气质量自动监测站的监测数据显示，每天的 7—9 时、16—20 时是 PM_{10} 较高的时间，环卫洒水车应在这个时段提前洒水，降低道路扬尘。

（6）建立空气质量预测预警系统，以空气污染指数（API）等于 100 作为预警临界值。若预

测显示，连续三天内空气污染指数将接近临界值和/或出现干燥、无风、逆温等易产生扬尘、不利于污染物扩散等气象条件，应启动一级应急预案，增加道路、建筑和拆迁工地的洒水频次，停止部分大规模的开挖、拆迁工程的施工；若上述情况持续三天以上，应启动二级应急方案，在落实一级应急预案的基础上，停止全部建筑和拆迁工地的施工，降低由此产生的扬尘污染。

（二）降低次生无机化合物的控制措施

次生无机化合物（SO_4^{2-}，NO_3^-，NH_4^+，Cl^-）是武汉市 PM_{10} 中重要组成成分，它们是由矿物气溶胶与来自人类活动的硫、氮等气体成分反应形成的增生产物。次生无机化合物中能监测的指标主要是二氧化硫。“十一五”期间武汉市能源结构仍以煤炭为主，多种能源互补的能源结构。空气质量自动监测数据显示，“十一五”期间武汉市建成区二氧化硫成为首要污染物呈现增加趋势。究其原因既有全市用煤量的绝对值提高，也有因煤供应紧张，煤含硫量增加的原因。

根据次生无机化合物的形成特点，特提出下列建议：

1. 制定和控制进入武汉市工业和民用煤的硫含量标准。燃煤电厂和工业锅炉必须增加脱硫设施，必须配备时时在线监控系统。

2. 改善能源结构，加大气化率，关停城区中心燃煤锅炉，加快煤改气的能源结构调整。减少燃煤的分散使用。

3. 中心城区人口密度大，要完善居民气化率的普及。政府要加大扶贫和改造力度，尽可能地在居民生活中和小餐饮限制使用蜂窝煤，减少二氧化硫的无组织排放。

4. 青山工业区应杜绝和关停具有高硫排放的冶炼和生产活动。

（三）降低有机物和元素碳的控制措施

有机物和元素碳多数以气溶胶、炭微粒形式存在，来源于城市汽车尾气、油烟及部分工厂污染排放，其中炭微粒很多是来源于柴油车的尾气排放。研究结果表明中心城区有机物和元素碳对 PM_{10} 的贡献要大于郊区和工业区。

武汉市有机动车约 80 余万辆，而且每年以 10 万辆以上的速度增长。二氧化氮并没有随着车辆的增长而加大，基本保持平稳，2005 年以来全市 95% 以上的汽油车使用了乙醇汽油，明显降低了建成区的二氧化氮。

但汽车尾气和油烟排放治理仍是不可放松的工作，降低排放对控制次生无机物的形成起一定作用，因此，特提出如下建议：

1. 加大尾气治理力度，严禁冒黑烟车辆、尾气超标排放车辆上路行驶。逐步淘汰达不到“欧Ⅱ”排放标准及使用化油器车辆。环保和交管联合制定分级管理条例，对达到“欧Ⅱ”排放标准以上的新车开始两年监测一次尾气，第三年开始每年检测尾气一次。对其他车辆每年检测一次尾气，对超标排放的车辆查到一次，维修后半年复检一次。同时设立奖惩条例，鼓励车辆及时更新。由于公交车辆是公共设施设计市民出行的公众事业，往往监管不力。但公交车却又在主城区主干道上行驶频繁，且柴油车多，是尾气排放大户，应制定相关政策，对公交车也要严格尾气排放标准，达标排放的车辆才能上路。

2. 积极推广和引进生物质能源，可有效降低尾气污染。从 2005 年 4 月 1 日起武汉市开始使用乙醇汽油，现城区 95% 的汽油车辆全部是用乙醇汽油。据检测，汽油加入 10% 的变性燃料乙醇后可使辛烷值提高 3%，含氧量增加 3.5%，有害尾气排放总量减少 33% 以上，大大改善了汽油的使用性能，使汽油燃烧更彻底。

3. 提倡并给予政策鼓励使用电力车辆，液化气车辆或混合动力车辆，以减少尾气的排放量。并可制定奖惩制度，鼓励车主自觉控制尾气排放。

4. 控制餐饮的油烟排放。随着人民生活水平的提高，餐饮业也日渐红火，油烟排放也日趋严重。目前共有各类宾馆、饭店、酒家 1 600 多家和近 4 万家餐饮，其中，还有大量有证、无证占道经营的餐饮和烧烤摊点。要加强对餐饮业油烟污染的监督管理，确保油烟净化设施的安装、正常运行、定期维护和餐馆油烟的稳定达标排放。不仅对大中型宾馆、饭店、酒家进行油烟治理，建立油烟污染控制的例行执法检查，而且要进一步加大对小型餐馆、无证烧烤摊点油烟治理的力度。

四、创建环保模范城市空气污染指数（API）达标的可行性分析

2009 年全年有 301d 首要污染物为可吸入颗粒物，可吸入颗粒物是影响城区环境空气质量的首要污染物。《武汉市 PM_{10}源解析及其控制对策研究》表明：武汉市城区可吸入颗粒物中大部分来源于人类活动。建筑和拆迁扬尘占可吸入颗粒物质量的 34%；交通道路二次扬尘、机动车尾气排放占可吸入颗粒物质量的 21%；燃煤、水泥制造排放占可吸入颗粒物质量的 20%；钢铁制造、冶炼占可吸入颗粒物质量的 15%；餐饮油烟排放等占可吸入颗粒物质量的 5%；其他占可吸入颗粒物质量的 5%。

近年来，武汉市通过规定高污染燃料禁燃区，推广天然气等清洁能源的使用，改善能源结构，加大气化率，关停中心城区燃煤锅炉，减少燃煤的分散使用，在一定程度上减少了可吸入颗粒物向建成区环境空气中的排放量。空气质量优良的天数逐年增加，由 2007 年的 276d 上升到 2009 年的 301d。创建国家环保模范城市，环境空气质量优良天数每年必须达到 310d 以上。

上述分析表明，城市建设工程施工期产生的飘尘对城区 PM_{10}的贡献明显，由于建筑施工引起 PM_{10}浓度的增加幅度均超过了 10%。由此可见，如果在城市建设工程施工期，尤其是在空气污染指数（API）接近临界值（100）时，及时使减少扬尘污染的各项措施落实到位，将对降低武汉市建成区 PM_{10}的污染水平，提高空气质量优良率起到积极的作用。

五、结　论

监测数据表明：2007—2009 年空气污染指数（API）在 101～110 的平均天数为 23d，对于这种空气污染指数略高于临界值（100）的轻微污染状况，若各相关部门加大管理力度，全面落实上述针对 PM_{10}的各种防治措施，降低其污染水平，比较容易实现空气污染指数（API）降至 100 以下，从而使空气质量优良率提高 6.3%。通过对建成区大气环境的综合整治，以及各类建筑工程项目的竣工，不进行大面积的拆迁和建筑施工，城区绿化、交通、各类环保设施健全，市民的环保意识得到增强，城市的整体环境得到全面改善，到 2010 年底建成区环境空气质量优良率在 2009 年 82.5% 的基础上有望达到 85%。

参考文献

[1] 武汉市环境保护局. 2001—2005 年武汉市环境质量报告书.
[2] 武汉市环境保护局. 2006 年、2007 年、2008 年武汉市环境质量报告书.
[3] 中国地质大学（武汉），武汉市环境监中心站. 武汉市 PM_{10}源解析及其控制对策研究.

城市湖泊型风景区的开发与居民休闲活动

——以“北方百湖之城”大庆为例

薛　丹

（北京第二外国语学院　北京　100024）

摘　要　本文选取处于城市湖泊开发初期的大庆市作为研究对象，认为现阶段大庆对城市湖泊开发存在着开发程度低、水平差、配套设施不全、重复建设过多等问题，并针对这些问题提出了建议，即：以保护生态环境作为开发城市湖泊型风景区的前提，加强有针对性的宣传、推广，并且结合大庆市新的城市口号，在各个城市湖泊风景区之间形成整合统一又各具特色的旅游形象。

关键词　休闲　城市湖泊型风景区　大庆　开发策略

一、引　言

大庆市被松花江和嫩江两江环抱，这里散布着大小湖泊150个之多，其中市区内有黎明湖、滨洲湖、兰德湖、北湖、萨北湖、乘风湖等若干个较大的水面，拥有扎龙和龙凤两大湿地，总面积120万公顷，占大庆总面积的五分之三，其中龙凤湿地是亚洲最大、保存最完整的城市湿地。在大庆众多的湖泊和广阔的湿地水域中，栖息着249多种鸟类，这里是丹顶鹤、白枕鹤、雁鸥等珍贵鸟类的最佳栖息地。

湖泊旅游是利用湖泊富于变化的水文形态、生动的自然景观、良好的生态环境、丰富的人文积淀和相关的游乐设备设施，向旅游者提供的全方位的服务产品。湖泊旅游是以体验湖泊特殊景观环境和进行以湖泊为依托的各种活动为目的的旅游经历[1]。湖泊旅游包括3个层次上的内容：核心层是湖面旅游或称湖上旅游，是在湖泊的核心水域上进行的旅游活动，包括在湖中岛屿上的观景活动，在水上进行的康乐体育活动（游艇、帆板等）和水上农业观光；周边层是湖滨观光和休闲运动，包括观赏候鸟、水族馆、湖滨浴场等；扩散层是环湖观光带，包括依托湖泊而存在的更大范围内的所有观光、休闲、疗养、会议和考察活动的区域[2]。

二、城市湖泊型风景区

（一）城市湖泊旅游

湖泊的分类方法很多，可以从成因、位置、水质等方面来区分不同类型的湖泊。从水质来区分，可以分为淡水湖、咸水湖、盐湖；从湖泊所处的位置来说可分为城市园林湖泊、平原湖泊和高原湖泊等。湖泊旅游的开发模式与湖泊资源的类型密切相关，湖泊旅游主要开展的旅游项目包括观光游览、水上运动、休闲垂钓、餐饮美食、游船休闲、湖滨度假。城市湖泊旅游通常是指以城市园林湖泊为旅游吸引物所开展的旅游活动。

城市湖泊旅游，由于其旅游吸引物所处的特殊的地理位置，对所开展的旅游休闲项目有着极高的要求。由于湖泊属于遍在性旅游资源，具有共性大、独特性小、空间竞争替代性强的特点，城市湖泊旅游主要是以本地居民为主要旅游者而开展的休闲活动，并且具有明显的当地人文特性，比如充满江南“鱼米水乡”温婉气质的绍兴，代表北方皇家宏伟特质的北京前海和后海。

（二）城市湖泊型风景区

城市湖泊型风景区位于城市内部或者城市边缘，以浅水湖泊为主，由于其与城市的密切接触，具备人为化和脆弱性两个特点。人为化是指城市湖泊型风景区具有很强的人为雕琢痕迹，有的城市湖泊型风景区为人造湖泊或者人工水库；脆弱性是指由于城市湖泊位于人类生活的范围之内，受人们日常生活影响严重，它既担负着承载城市生活，也担负着生态服务功能，因此它的生态系统会受到人为的干扰。

城市湖泊型风景区是开展居民休闲活动的重要场所，由于水具有形、影、声、色、甘、奇六个方面的美学特色而具有很大的吸引力，更重要的是水与生物、水与气候、水与建筑物等，通过互相结合，交融渗透，会形成许多奇妙的雅致胜景，同时在生活节奏加快的今天，城市湖泊型风景区作为可以提高居民生活幸福程度的重要休闲地区逐渐引起人们的重视。

（三）国内外城市湖泊旅游型风景区开发成功案例

在我国，由于地理位置、自然条件的限制，南方的城市湖泊型风景区开发较早，其中，杭州西湖是我国城市湖泊风景区的开发典范。西湖以园林湖泊赏玩为主要功能定位，讲求从不同季节、不同时段、不同角度欣赏其美。西湖景区利用苏堤和白堤进行水面的黄金分割，并将这两条堤建成最适合悠闲散步、欣赏风景，和西湖亲近的载体，配合湖心三岛的景致，形成了静态的点与线的美景展示模式，而湖中穿梭的游船和空中飞翔的水鸟，更增添了西湖的动感和生机。

美国是世界上开展生态旅游较早的国家[3]，在城市湖泊旅游的开发管理上进行了很多有益的探索，其中尚普兰湖是极富代表性的城郊湖泊景区。美国的尚普兰湖位于美加两国边界，是美国第六大淡水湖，凭借着与周边大都市的近距离优势和本身美丽的生态环境，这里成为了著名的城市湖泊景区。观鸟是尚普兰湖知名度颇高的生态旅游项目，加上当地管理政府精心策划宣传尚普兰湖的形象，并且独出心裁地根据当地传说举办尚普兰湖水怪节，使得尚普兰湖“优美奇特”的形象深入人心[4]。

无论是西湖风景区还是尚普兰湖风景区，其能够长盛不衰的原因有以下几个共同因素：

（1）无论是旅游开发还是日常生活，政府、企业、居民都注意保护湖泊环境质量。这里的环境质量不仅仅包括湖泊的生态环境，还包括湖泊附近的景致环境，前两年被紧急叫停的西湖别墅正是当地政府对湖泊环境质量重视的一个体现。

（2）成功的城市湖泊型风景区并不是仅以自然资源为主，当地的文化环境、民俗风情是景区的另一个承载主体，只有结合城市本身特点，经过长期发展，才能形成成熟的城市湖泊型风景区，而不是短期内大规模开发建设就能成功的。江南水乡近千年的盛名才成就了西湖如今的中外驰名，北京北海依靠皇家的根基才形成了如今的规模，如何使城市湖泊型风景区具备独特性是景区成功发展的重要因素。

（3）成功的城市湖泊型风景区已经成为当地文体活动的载体，结合当地居民的习惯、民俗文化而开发的各种主题活动、节庆活动，既增加了游客的度假内容，也提高了景区的知名度。

三、城市湖泊型风景区的发展与居民休闲

（一）城市休闲旅游

休闲经济已经成为经济学的一个重要分支，人们的生活水平也开始用幸福指数来衡量，休闲成为现代学者的重要研究课题，休闲活动也对现代的景区建设提出了自己的要求。从一般意义上来讲，旅游是休闲活动的重要组成部分，而休闲旅游则是旅游活动的一种新型产品形式，休闲旅游是人们回归自然的要求，其中又以双休日的休闲旅游产品开发为一种主要的趋势。

各地区的“国民休闲计划”先于国家总体计划的推出，说明了各地政府对当地休闲活动对本地经济发展能够起到的作用的充分认识，城市公共休闲空间的设立，休闲城市的形象塑造，城市休闲旅游已经成为推动各大城市经济结构调整的动力。

城市休闲旅游系统取决于两大体系——核心要素体系和支撑要素体系。核心要素体系是休闲旅游作为产业运行的基础，包括城市休闲旅游的旅游资源的素质和旅游服务的素质；支撑要素体系是指城市发展的宏观环境和休闲旅游的经营管理。因此，城市休闲旅游发展的最核心要素即

为：资源、服务、环境、管理系统[5]。

资源是旅游活动的基础，没有作为承载休闲旅游吸引物的载体的资源，就无法开展休闲旅游，休闲旅游资源是休闲旅游产品的外在表现形式，是吸引休闲人流和资金流的基础条件，也是产生休闲旅游的基础条件。服务的质量决定了休闲旅游的经济效益，由于休闲旅游的近距离的特性，休闲者对休闲服务的质量要求要高于普通旅游者。环境及包括城市的经济环境、文化环境，也包括城市的生态环境，城市的经济环境决定了各地发展休闲活动的可能性，根据国际各城市的休闲活动分析，只有当地经济发展达到一定水平，休闲活动才有迅速开展的可能；文化环境是休闲活动开展的必然性，由于休闲活动与当地人文活动的紧密联系，城市的文化环境决定了休闲活动开展的形式；城市的生态环境以及城市基础设施建设则是休闲活动的物质条件。管理系统是指休闲活动的管理因素，有效的组织、管理系统是所有产业所必需的，城市休闲旅游也需要在统一规划的基础上，进行有效管理。

（二）城市湖泊风景区与城市居民休憩活动的关系

城市湖泊一直是与居民的休憩活动紧密联系的，无论是湖面上的泛舟、湖畔垂钓，还是娱乐游湖，都是居民休闲活动的一种。城市湖泊型风景区虽然存在着难以打响知名度的不足，但是能够随时成为居民休闲的场所这一优点是它能够壮大发展的主要原因。

从竞争角度来说，湖泊型风景区和滨海风景区的相似性较多，在旅游地空间竞争中，湖泊型风景区容易被滨海风景区所取代。湖泊型风景区尤其是城市湖泊型风景区中除了十几个湖泊具有较高的知名度外，景区之间的替代性都非常强，这使得城市湖泊型风景区的对外吸引力较弱，旅游者多为当地居民。因此，发展城市湖泊型风景区就要与城市居民的休闲活动紧密联系起来。

由于我国的休假制度导致居民休息时间较为集中，且短期内带薪假期难以得到大规模普及，而造成在假期集中时，旅游区游客超载现象严重，旅游质量大为下降；同时由于国际经济衰退的大环境，近年来居民的旅游活动已经转向短线旅游，城市湖泊风景区是居民休憩活动的首选。

四、大庆的城市湖泊景区开发

（一）大庆城市湖泊景区的区位背景和开发现状

大庆市这座资源型城市在建国之后的三次“工业学大庆”的活动中名扬全国，石油是这里永恒的话题，现在的大庆除了红色的石油工人的制服夺人眼目之外，还有绿色的烟波浩渺的百湖。大庆市位于松嫩平原，被松花江和嫩江两江环抱，著名的扎龙湿地的2/3位于大庆市，20世纪70年代，大庆市遍地是沼泽、湖泊，如今的大庆拥有1 000多万亩草原、970多万亩湿地、150多个湖泊。大庆除了有较多的湖泊与沼泽之外，还有与之共存的草原、自然次生林、人工林等，大庆的壮美景观是北方城市特有的气质。

曾经石油是大庆的唯一名牌，现在油城的九大水体景观是大庆市新的城市名片：

1. 龙凤湿地是目前亚洲最大、保存最完整的城中湿地，也是生态和景观保存最完整的一块城中湿地。湿地地处扎龙国家级自然保护区腹地，总面积57万亩。据考证，是目前亚洲已知仅有的两块原生态湿地之一。现在仍然保持着完整的原始风貌。大庆市上百个湖泊基本是缘于这片湿地的赐予。

2. 黑鱼湖是东北荷花面积最大的赏莲湿地。树木葱笼，绿草如茵，周边湿地环绕、芦苇丛生、鸥鸟成群。这里是夏季市民赏花、度夏的首选，同时黑鱼湖冬季的冬季捕鱼也是远近闻名的一大特色。

3. 黎明湖是“绿色油化之都、天然百湖之城”大庆众多湖泊中的一处，也是城市景观的亮点之一。黎明湖位处大庆市区的中心地带，环湖有文化气息浓郁的大学城和生活气息浓厚的生活区，黎明湖畔是市民休闲的最佳场所。

4. 鹤鸣湖是大庆百湖之中最大的自然湖，拥有优美的自然风光与浓厚的乡土气息。除了打鱼、摸鱼、垂钓、乘船、骑马等传统旅游项目，富有浓厚乡土韵味的二人转也是这里吸引游客的主要条件。

5. 肇源莲花湖总面积1 800亩，景区分布有莲花湖、双榆寺、玉皇辇、敖木台战迹地、望海屯古城等景点，是大庆上百个湖泊中最具有历史积淀的湖泊，同时这里还有天然温泉，是冬季游客主要的休闲场所。

6. 杜蒙连环湖是松嫩平原上的一个久负盛名的大型浅水湖泊，湖区范围内陆地地势低平，总面积达840多km^2，湖泊的平均深度只有半米，最深处也仅为2m，是我国第一个国际水禽狩猎场，湖泊中心有一个面积约1平方公里的湖心小岛，盛产当地土特产。

7. 乘风湖是油城含金量最高的名片之一，它与黎明湖、黑鱼湖、莲花湖等百个姊妹湖泊组合在一起，形成一个浩瀚的湖泊兵团，沿湖岸边随处可见的俗称“磕头机”的抽油机体现了大庆油城的特征。

8. 新新湖是嫩江自流形成的天然浴场，它像一颗璀璨耀眼的明珠，镶嵌在蜿蜒起伏、绿树环绕的敖包山的臂弯里，每年这里举办的敖包会虽然在规模上与内蒙古的敖包会稍显逊色，但是当地居民仍然会尽情地享受这一盛会。

9. 新华湖被称之为“北方不冻湖”，是大庆中南部最具开发潜力的综合性旅游景区。根据大庆市城市规划，这里将要在2020年建成一个北方最大的梦幻游乐园[6]。

（二）大庆城市湖泊型风景区开发的问题

虽然大庆市政府在城市湖泊型风景区的建设上做了很大的努力，并取得了一定的成果，但是仍然存在一定的问题。

1. 管理机制混乱。大庆市众多湖泊分属不同地方行政区范围，有的湖泊还地跨几处，环保部门权限不大，无法有力打击破坏生态环境的活动，城市湖泊型风景区处于有人收费、无人管理的局面；同时，由于部分湖泊被承包给了个人，被承包者过度开发，造成了生态环境的超负荷。以鹤鸣湖为例，承包者在对风景区的开发上并没有总体规划，基础建设设施投入匮乏，城市湖泊型风景区只是在经过简单的整理，具有必要的生活设施之后就开始对外宣传，使得游客虽然对景区风景赞不绝口，但是对景区内设施的不足之处都颇有微词。

2. 开发层次低、重复建设多。大庆城市湖泊型风景区的建设还处于初级阶段，由于国民休闲计划的推行，城市内大小湖泊没有经过仔细规划就开工建设，有的在基础设施尚未成形时就开始接待游客，因此很多城市湖泊型风景区的旅游休闲项目单一、重复、没有吸引力。大庆城市上百个湖泊中，已经开发建设、对外营业的城市湖泊型风景区超过30个，但是景区之间具有鲜明特色的很少，因此只能以价格作为吸引游客的主要手段，景区之间的恶性价格竞争制约了城市湖泊型景区的进一步发展，同时，景区的管理者缺乏资金对景区进行进一步发展、形成自己的优势，因此城市湖泊型景区陷入了恶性循环中。

3. 缺乏鲜明的旅游主题。大庆城市湖泊型风景区已经开发建设的有30个左右，但是各景区之间缺乏整体规划，仅从自己的角度出发，并没有借助大庆这个具有重要历史意义的城市的文化，分散的广告宣传会引起游客的注意力的分散，不利于打造大庆“百湖之城”的城市形象。

4. 旅游市场和发展定位不明确。大庆位于中国北方，并不是传统意义上的旅游城市，外地游客到大庆所进行的旅游活动多为工业旅游；同时，大庆市地处哈尔滨和齐齐哈尔两个北方主要的旅游城市之间，容易被游客忽略；大庆的城市湖泊型风景区对外地游客并没有很强的吸引力，所以景区需要明确自己的目标市场，以本地游客为主要群体，开展休闲活动。

（三）大庆城市型湖泊风景区的开发建议

生态环境是湖泊旅游的生命线，保护生态环境、避免湖泊萎缩、防止“竭泽而渔”的现象发生，是城市湖泊型风景区开发的重中之重。此外，大庆市城市型湖泊风景区的开发还可以采用以下几点建议。

1. 首先要建立成熟高效的管理体制。湖泊景区的完善管理是景区发展的前提条件，景区管理机构健全、隶属关系明确、协调各方利益以减少行政阻碍、提高办事效率。在城市湖泊型风景区的建设过程中，应充分强化并发挥政府的主导、政策性引导作用。应该坚持政府的统一规划，可以建立一个大庆市城市湖泊型风景区管理处，联合公安、环保、建设、旅游等各职能部门，集中办公、联合执法。

景区基础设施可以由政府、企业、承包人三方筹资，加强基础建设，政府可以提高本地居民休闲活动的基础建设；企业可以根据自身产品，通过协助景区基础建设的配套进行企业宣传；承包者在承担部分投入的条件下就可以增强景区的吸引力，是三方皆赢的方法。

2. 项目设置求差异、求创新。由于城市型湖泊风景区地处城市内部或者城市边缘，对城市居民缺少新奇感这一旅游吸引力，所以景区开发的思路不能过于单一，急于求成的开发模式会造成景区之间的互相制约。各个湖区可以分别从各自特色入手，打造儿童娱乐湖区、情侣郊游湖区、生态教育湖区、乡村风情湖区等相互区别的城市湖泊型风景区。

3. 找准亮点、打造品牌。大庆城市型湖泊风景区的各个湖泊有各自的特色，可以相互区别，同时又可以采取统一规划、设计，采取统一标识，以打响景区知名度。首先将大庆“百湖之城”形成一个易于宣传、重点突出、特色鲜明的标识，不仅使当地居民、也使外地游客能够充分认识到大庆城市型湖泊风景区的整体特色，避免游客注意力的分散。大庆虽然已经将油城和湖泊联系起来，形成“绿色油化之城、天然百湖之都”的城市口号，但是城市区分力度并不强，需要加强城市定位和城市宣传，打造城市品牌。

4. 注重文化内涵。大庆的“铁人精神”和“石油精神”是城市的主要文化，是城市灵魂的所在，只有把城市文化融入景区建设中，景区发展才会经久不衰。全国在不同时期开展的 3 次“工业学大庆”活动使得“大庆文化”深入人心，大庆城市湖泊型风景区要充分利用这一免费的广告，提炼大庆的城市精神、城市文化，将其融入大庆市城市湖泊型风景区。

参考文献

[1] 李景奇. 我国湖泊旅游资源研究 [J]. 中国园林，1997，13（1）：50－51.

[2] 周玲强，林巧. 湖泊旅游开发模式与21世纪发展趋势研究 [J]. 经济地理，2003，23（1）：139－143.

[3] 许纯桢. 西方经济学 [M]. 北京：高等教育出版社，1999.

[4] 韩忠. 美国城郊型湖泊生态旅游开发的成功与启示——以尚普兰湖为例 [J]. 产业观察，2006，12（4）：194－200.

[5] 王琳，杜小平. 论城市休闲旅游的旅游要素及运行机制 [J]. 天津行政学院学报，2007，9（3）：68－71.

[6] 黑龙江新闻网.

[7] 车震宇，唐雪琼. 我国中小型湖泊旅游度假区现状分析 [J]. 旅游学刊，2004，12（2）：45－49.

[8] 王建国，吕志鹏. 世界城市滨水区开发建设的历史进程及其经验[J]. 城市规划，2001，25(7)：41－46.

[9] 胡远东，许大为，缪丹. 大庆市湿地生态旅游资源的保护与开发对策 [J]. 国土与自然资源研究，2005（1）：65－66.

[10] 唐代剑，文军. 旅游开发地生态风险评价与对策研究 [M]. 杭州：浙江大学出版社，2003.

[11] 徐峰. 可持续旅游开发多中心管理模式研究——以湖泊旅游为例 [J]. 旅游学刊，2006，21（10）：39－44.

[12] [美] 米切尔·J. 沃尔夫，黄伟光，邓盛华，译. 娱乐经济 [M]. 北京：光明日报出版社，2001.

[13] 卜菁华，王洋. 伦敦湿地公园运作模式与设计概念 [J]. 华中建筑，2005（2）：103－105.

[14] 德国欧洲旅游研究所. 玉溪市抚仙湖总体规划 [R]. 2000.

城市垃圾填埋处置若干问题的研究

崔树军　张庆甫

（河南工程学院资源与环境工程系　郑州　451191）

摘　要　随着城市化进程的加快，城市垃圾处置问题日益突出。做好填埋场的地质条件研究，对填埋场选址及建设甚为重要。本文对垃圾填埋场选址的地质条件、填埋及后期管理过程中的污染控制措施以及填埋场生态恢复等问题进行了探讨。

关键词　垃圾填埋场　地质条件　生态恢复

垃圾卫生填埋处置是一项涉及工程技术、环境、社会、经济和法律在内的综合性系统工程，必须在综合考虑地质、水文、自然环境和社会环境因素的前提下，选择合适的作为垃圾储存的永久场所。填埋场需要占用大片土地，以满足填埋容量和服务年限，而且要符合特定要求的地质条件，其建造对生态环境影响也很大，引发地形、地貌和景观的变迁、植被的破坏、环境污染、水文地质和地球化学条件的变化，甚至局部微小气候发生变化。因此，做好填埋场选择、污染控制及封场后生态恢复等方面长期而复杂的工作非常重要。

一、垃圾填埋场立地条件

垃圾填埋要利用地形或人工修筑形成的空间作为填埋场地，一般是天然洼地、沟壑、峡谷、废坑等土地资源开发利用程度低的城市近郊区域，经济运距为20km左右为宜。这一区域位于农业特征的陆生生态系统向城市生态系统的过渡带，生态环境脆弱，开发活动也有渐强之势。要依据《生活垃圾填埋污染控制标准》、《城市生活垃圾卫生填埋技术规范》、《城市生活垃圾卫生填埋处理工程项目建设标准》等相关法规，满足其容量、位置、人居环境等要求，还更应当具有适宜的地质环境条件[3]。

（一）地形地貌

填埋场址选择首先考虑不同地质作用条件下形成的地形特征、地貌单元、海拔高度等，其中直观的影响因素有地形的坡度、起伏、沟谷发育程度等。应充分利用自然条件，因地制宜，尽力降低土方量，利用自然洼地和谷地；场地自然坡度应有利于填埋场施工和其他建筑设施的布置，一般边坡高度小于15m；应便于监测系统的布置，尽可能使监测方便。

（二）岩土条件

基岩完整，抗溶蚀能力强，覆盖层越厚越好填埋。不同岩性的土渗透性不同。一般含细小颗粒较多的土渗透性较弱，而颗粒较粗的土渗透性较强。基岩的渗透性和强度还与沉积岩的胶结程度有关，胶结程度越好，渗透性越小，强度越高，对场地选择越有利。岩浆岩的颗粒大小和石英的含量可以影响岩浆岩的强度，但未风化的岩浆岩渗透性很小，完全适合填埋场建设的要求。变质岩地区的构造复杂，应尽量避免在变质岩地区选择场地。

岩石的风化程度和风化类型对填埋场选址的影响很大，易发生化学风化的基岩地区如岩溶区，是不适合选为厂址的。填埋场选在未风化或风化微弱的基岩地区较好。

（三）工程地质条件

场址应选在工程地质条件有利的坚硬密实的岩石之上，填埋场附近不应有活动断裂，且应离较大活动断裂有一定的距离。避开地震活动带、构造破碎带、褶皱变化带、废弃矿井、滑塌区、岩溶

项目来源：河南工程学院工程技术研究中心建设项目资助（ETR CHNIE）（2009ETR CHNIE02）。

洞穴、火山岩地块、基岩裂隙带、含矿带或矿产分布区、石油和天然气勘探和开发的钻井等；用于天然防渗层和覆盖层的黏土及用于排水层的砾石等应有充足的可采量和质量来保证能达到施工要求；黏土的 pH 和离子交换能力越大越好，同时要求土壤易于压实，有充分的防渗能力。

二、填埋场污染控制技术

垃圾填埋处置的主要技术特点是有效地把有害废物与人们的生活、生产环境相隔离，避免其对大气、水体（包括地表水、地下水、海洋等）、土壤等生态环境造成二次污染，除上述处置场选择考虑的因素外，还必须对危及生态环境安全的诸多关键技术进行讨论[4]。

（一）防渗处理与地下水环境控制

大气降水、地面径流是处置场的主要补给水源，它们可使废物受到浸泡，废物中的有害成分随之淋溶迁移到水中形成浸出液，若防渗层设计不周或浸出液处理不及时，会造成地下水污染。防渗衬里可以是单一的黏土层，其渗透系数不大于 10^{-7}cm/s，厚度至少要 1m，也可以是复合衬里，即在黏土层上铺设弹性防渗膜。目前，中原乙烯工程中的废渣处置场使用的是约 3mm 厚的高密度乙烯膜作为弹性防渗膜。为有效保护弹性防渗膜和收集浸出液，在弹性防渗膜上部自下而上要求铺设垫土层（质地细小均匀的黏土，不小于 10cm）、砾石层（通常不小于 20cm）、沙石层（通常不小于 20cm）。根据美国环保署（EPA）建议在要求比较严格的情况下，在填埋处置场设计中，应采用双层防渗衬里和相应的浸出液收集系统。其中主浸出液收集系统在顶层衬里（弹性防渗膜）上并组成主衬里系统，备用浸出液收集系统在两层衬里中间，并与底层衬里（包括低渗透性土壤层以及上铺的弹性防渗膜）构成备用衬里系统。通过备用衬里系统可以监测主衬里系统是否破裂，并在主衬里遭到破坏后继续保护水体不受浸出液的污染。

（二）地表水环境控制

处置区地表径流主要是指河流及大气降水形成的片流，若不采取疏导工程，其下渗进入处置场，并沿水力下坡方向渗流，携带有害的溶出成分使污染扩散。地表径流的控制，首先是在土工构筑中及时覆盖土壤层，压实稳化，减少侵蚀冲刷，其次在处置场四周挖掘导流渠或修筑导流坝，形成通畅的排水道，最后把渗透到表面覆盖层中的雨水通过排水层进入收集系统排放。

（三）降解气的控制

处置场气体中含有大量 CH_4、CO_2 及其他微量成分，一方面若不采取适当收排系统进行收排处理，则会在处置场累积，并通过覆盖层或侧壁向场外释放，影响大气环境质量，成为气候变暖的贡献者；另一方面，此类气体也是一种能源，尤其是城市垃圾处置场的降解气具有回收利用的价值。从工程技术角度来说，处场降解气控制可采用布设易透气的砾石充气排气道（渗透法）或布设透气性差的阻挡层排气系统（密封法）加以控制。

（四）封场控制

封场是安全填埋处置的最后一环。建造一个与下部处置场配套的顶部覆盖系统，实现对处置废物的封闭，并减少地面侵蚀和地表水的渗入，封场操作很关键。封场系统一般由五个组成部分：废物之上由黏土（厚 60cm 以上）和高密度聚乙烯等构成顶部防渗覆盖层其上为沙、砾石（厚 30cm）构成排水层；排水层之上为无纺布过滤层；其上为 60cm 的土壤，最上部为植被。据报道，国外有关安全处置场设计标准规定，在封场后 20 年内要保持原设计标准。对于处置放射性废物及有害废物的场地，封场后不得开发建造公共设施。

（五）环境监测评价

填埋场环境监测主要包括地下水监测、地表水监测、气体检测。

地下水监测采取监测井的方式进行，有充气区和饱和区监测井之分，前者是在土壤层中的监测井，检查发现有无浸出液泄漏；后者是为了了解地下水水质变化情况，其设置可选用场地地质勘探时的水文钻孔，按水力上坡区、下坡区分设，主要监测因子有 COD、BOD_5、氨氮、TP、SS、挥发酚、CN 和重金属等，可根据处置垃圾的种类、性质进行选择。

地表水监测一般是对处置场附近可能受污染的河流、湖泊等水域进行取样分析，一旦发现水质受到污染，应及时进行诊断，并采取补救措施。监测因子参照地下水监测因子。

大气监测包括处置场排出气的监测及周围大气环境监测，进一步了解释放气体的特征和大气环境质量。监测指标主要有 CO_2、CH_4、SO_2、NO_x 等。

三、填埋场土壤改良和生态恢复

（一）土壤改良

填埋场复垦工程是利用人工添加新土的肥力，恢复作物的生产能力，是实现填埋场地农业再利用的关键环节。复垦工程技术的主要内容是土壤改良、植被品种筛选、土壤的侵蚀控制和垃圾坝（或副坝）边坡的稳定。土壤改良主要通过绿肥或有机肥料，增加土壤有机质含量，改善理化性状。复垦中土壤侵蚀控制可利用“侵蚀被”（如木屑、聚丙烯纤维、稻草、麦秆等编制成），铺设在土壤表面，植被自然穿越“侵蚀被”生长。填埋场边坡在复垦时注意的是利用塑料三维栅格铺设在易侵蚀的边坡地带，控制水土流失，有效抑制滑坡等灾害发生。

（二）植被恢复

填埋场多为土地利用程度低的生荒地，绿化是其生态重建的重要技术。植物是制造氧气的工厂，具有美化环境、保持水土、调节气候的作用，同时还能净化空气、净化污水、减少噪声，以及吸滞沙尘和监测污染的功能。

绿化的植物选择，依地形地质、气候条件、土质状况及大气、水土污染物来源正确确定树草、种类，以乡土植物为宜。一般先通过实验室模拟种植试验、现场种植试验、经验类比等方法筛选确定，筛选的品种应生长快、产量高、适应性好、抗逆性好、耐贫瘠，尽量选用优良的当地品种。条件适宜时可引进外来速生品种。在渗沥水调节池、处理站、沼气处理设施等污染物浓度高的地段周围，选择有较强抗性、较好净化空气能力的树木。在道路两旁则选用树形高大美观、生长迅速、易管理并有一定吸污能力的树种；在行政生活福利区可选择树形美观，有观赏价值的乔木或灌木，同时可栽培一些抗性弱和敏感性强的监测植物。为防止水土冲刷，营造隔离林带及边坡防护林、沟道防护林，达到蓄水保土、降低地表径流、减少泥沙流入填埋场，最大限度地减少或避免垃圾填埋时对周围环境的不良影响，改善填埋场的环境质量，改良填埋后的土地性状。

四、小　结

城市垃圾卫生填埋处置，是一项十分复杂的工作。在选址阶段，我们需要做好环境调查、地质勘测和相应的环境影响评价；在封场后管理阶段，我们应做好废物成分和构成分析，场地地下水、地表水、气体监测，并采取相应的措施进行污染控制；在生态修复阶段，通过地貌重塑、土体再生、植被恢复、排蓄水设计等过程，复垦造地，宜林则林，宜草则草，宜田则田，建立安全、卫生、美观的生态填埋场。

参考文献

[1] 高文武，任建锋．城市生活垃圾处理、处置方法的比较［J］．黑龙江环境通报，2003（4）：90－92．

[2] 杨青．城市生活垃圾的综合处理方法［J］．山西科技，2002（3）：39－40．

[3] 王旺盛，彭社琴．城市固体垃圾填埋场选址的地质条件评价［J］．地质学报，2009（2）．

[4] 黄晓夏，等．垃圾填埋场的结构设计及渗漏分析［J］．环境卫生工程，2009（10）．

城市人居环境空气微生物污染评价指标的比较分析与研究

潘立勇 孙 菱 杨 靖 李 勇 付 红

（徐州市环境监测中心站 江苏 徐州 221006）

摘 要 依据江苏省重点城市空气中细菌和霉菌的监测结果，对城市人居环境空气微生物污染评价指标进行比较分析与研究。研究结果认为，通过大气微生物评价分级标准所列相关指标进行评价，空气中细菌总数和霉菌总数处于“清洁”和“中污染”之间及“清洁”和“严重污染”之间，评价结果的涵盖范围基本可行。至于微生物总数这一指标，由于微生物的种类繁多，要监测所有种类是一件几乎不可能完成的工作，所以不可能在基层单位作为一种评价指标进行应用。而多样性指数则是将微生物的多样性作为环境的保护目标，既考虑到生物种群的丰富度，也考虑到均匀度，其灵敏度要明显高于大气微生物评价分级标准。多样性指数评价对霉菌来说，具有特别重要的意义。本研究为今后制定空气微生物的全国性标准打下基础。

关键词 城市人居环境 空气微生物 污染 评价指标

一、引 言

空气微生物是指空气中细菌、霉菌和放线菌等有生命的活体，它主要来源于土壤、水体、动植物和人类，此外污水处理、动物饲养、发酵过程和农业活动等也是空气微生物的主要来源。空气微生物与城市空气污染、城市环境质量和人体健康密切相关，空气中微生物浓度过高会导致各种疾病的发生。近年来随着“非典”（SARS）、禽流感和甲型H1N1流感在我国乃至世界的传播和危害，使人们越来越重视微生物所带来的污染，已成为世界广大学者关注和研究的热点。传统地单纯依靠少数理化指标（如TSP、PM_{10}、SO_2、NO_x等）来评价环境空气质量的优劣已远满足不了现代保护环境和人体健康的要求，因此对空气中的微生物进行监测就显得尤为重要。2004年以来，江苏省率先在全省范围内开展了空气微生物监测，其中徐州市环境监测中心站于2007—2008年进行了三个不同功能区（工业区-铜兽院、居民区-环保所和风景区-淮塔）微生物种类组成的监测与分析，对城市人居环境空气微生物（细菌总数和霉菌总数）污染评价指标进行比较与研究。

二、江苏省境内空气微生物监测结果与分析

我们选择全省具有代表性的徐州市（北部）、南京市（中南部）、苏州市和常州市（南部）四家环境监测中心站2005年空气微生物监测结果进行分析。

（一）空气中细菌总数的监测结果与分析

我省四家环境监测中心站2005年细菌总数的监测结果见表1和图1。

通过表1和图1可见，苏州市空气中细菌总数的监测值最低，变化幅度为11～1 334cfu/m^3之间。其次是徐州市，空气中细菌总数的监测值变化幅度为180～1 467cfu/m^3之间，变幅相对较小。而常州市和南京市空气中细菌总数的监测值变化幅度分别为12～12 000cfu/m^3之间和149～11 402cfu/m^3之间，变幅都很大，最大值甚至是最小值的1 000倍。从空气中细菌总数全年平均值看，南京市>常州市>徐州市>苏州市；从空气中细菌总数最大值出现月份看，徐州市为4月，苏州市为11月，常州市为9月，南京市也为9月；从空气中细菌总数最小值出现月份看，徐州市为1月，苏州市为6月，常州市为4月，南京市为2月。通过分析可以基本认定，江苏省

北部（徐州市）春季空气中细菌总数最多，污染最重。而江苏省中、南部（南京市、常州市和苏州市）秋季空气中细菌总数最多，污染最重。

表1　四家环境监测中心站2005年度细菌总数的监测结果　　单位：cfu/m³

采样月份		徐州市	苏州市	常州市	南京市
1	范围	180～417		293～777	
	均值	316	—	444	—
2	范围	417～657		250～540	149～1 350
	均值	501	—	338	672
3	范围	738～1 277		380～770	
	均值	993	—	558	—
4	范围	680～1 378	125～361	12～460	
	均值	1 037	210	238	—
5	范围	382～1 467	11～1 040	300～1 000	393～2 254
	均值	949	403	585	1 090
6	范围	292～742	40～275	160～880	157～5 976
	均值	525	109	480	1 842
7	范围	221～777	144～709	130～1 000	315～10 064
	均值	429	325	540	2 190
8	范围	340～767	133～331	310～1 000	1 022～7 392
	均值	465	228	668	3 179
9	范围	262～1 064	16～213	790～12 000	550～11 402
	均值	729	129	3 838	4 403
10	范围	318～1 028	69～330	330～1 801	393～5 898
	均值	601	150	1 065	2 146
11	范围	389～753	96～1 334	960～1 400	393～2 831
	均值	560	454	1 115	1 674
12	范围	505～887	67～408	340～810	708～3 539
	均值	730	217	510	1 595
平均值		653	247	865	2 088

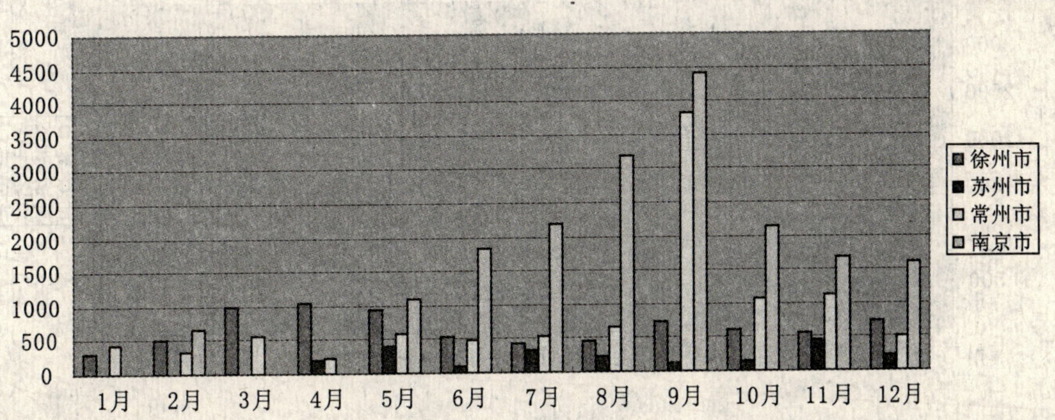

图1　四家环境监测中心站2005年度细菌总数的监测结果对比图

（二）空气中霉菌总数的监测结果与分析

我省四家环境监测中心站2005年霉菌总数的监测结果见表2和图2。

表 2　四家环境监测中心站 2005 年度霉菌总数的监测结果　　单位：cfu/m^3

采样月份		徐州市	苏州市	常州市	南京市
1	范围	184 ~ 371		163 ~ 375	
	均值	280	—	228	—
2	范围	209 ~ 315		110 ~ 220	15 ~ 194
	均值	271	—	160	93
3	范围	310 ~ 733		310 ~ 1 000	
	均值	487	—	458	—
4	范围	420 ~ 906	26 ~ 60	47 ~ 300	
	均值	650	40	152	—
5	范围	610 ~ 1 272	57 ~ 510	130 ~ 570	130 ~ 491
	均值	870	362	370	296
6	范围	318 ~ 548	8 ~ 541	110 ~ 1 600	118 ~ 1 769
	均值	436	232	770	517
7	范围	230 ~ 437	434 ~ 1 280	170 ~ 590	472 ~ 4 796
	均值	346	903	355	2 112
8	范围	230 ~ 473	16 ~ 458	140 ~ 630	944 ~ 9 593
	均值	355	193	338	2 887
9	范围	329 ~ 509	16 ~ 414	590 ~ 2 000	236 ~ 4 954
	均值	410	202	1 173	2 101
10	范围	106 ~ 318	27 ~ 817	290 ~ 720	236 ~ 3 774
	均值	202	333	500	1 348
11	范围	152 ~ 313	8 ~ 641	720 ~ 1 100	157 ~ 786
	均值	244	268	975	539
12	范围	155 ~ 403	222 ~ 613	150 ~ 290	236 ~ 3 145
	均值	296	370	210	1 123
平均值		404	323	474	1 224

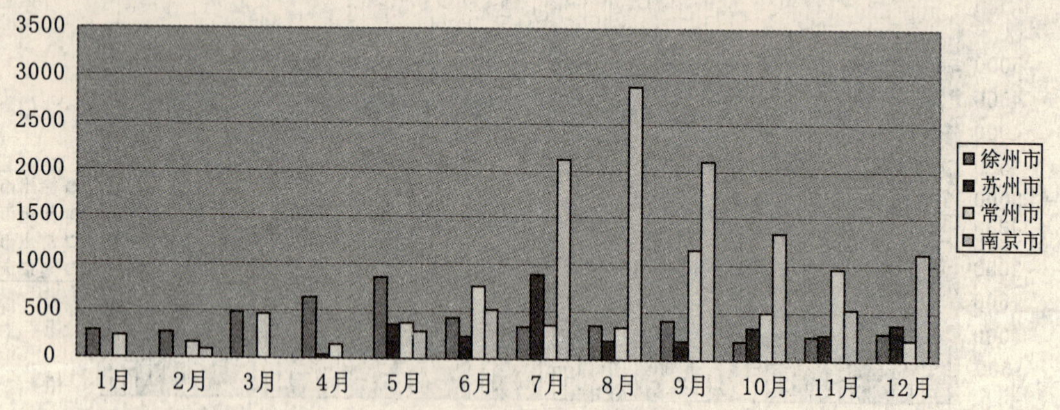

图 2　四家环境监测中心站 2005 年度霉菌总数的监测结果对比图

通过表 2 和图 2 可见，苏州市空气中霉菌总数的监测值最低，变化幅度为 8 ~ 1 280cfu/m^3。其次是徐州市和常州市，空气中霉菌总数的监测值变化幅度为分别为106 ~ 1 272cfu/m^3之间和 47 ~ 2 000cfu/m^3 之间，变幅相对较小。而南京市空气中霉菌总数的监测值变化幅度为 15 ~ 9 593

cfu/m³，变幅都很大，最大值甚至是最小值的近640倍。从空气中霉菌总数全年平均值看，南京市>常州市>徐州市>苏州市；从空气中霉菌总数最大值出现月份看，徐州市为5月，苏州市为7月，常州市为9月，南京市为8月；从空气中霉菌总数最小值出现月份看，徐州市为10月，苏州市为4月，常州市为4月，南京市为2月。通过分析可以基本认定，江苏省北部（徐州市）春季空气中霉菌总数最多，污染最重。而江苏省中、南部（南京市、常州市和苏州市）夏、秋季空气中霉菌总数最多，污染最重。

三、评价指标的比较与选择

环境的改变不但会影响生物总量的消涨，也会改变生物的群落结构。为此，我们对中科院生态研究中心推荐的大气微生物评价分级标准和生物多样性指标进行了应用分析，得出了可行性结论。

（一）大气微生物评价分级标准的应用可行性分析

评价标准值为中科院生态研究中心发布的大气微生物评价分级标准，这类评价标准值也是我省目前正在应用的指标，见表3。

通过表1、图1、表2和图2可见，江苏省空气中细菌总数和霉菌总数监测值的变化范围分别在11～12 000cfu/m³之间和8～9 593cfu/m³之间，依据表3所列指标进行评价，空气中细菌总数和霉菌总数处于“清洁”和“中污染”之间及“清洁”和“严重污染”之间。评价结果的涵盖范围基本可行。

表3　大气微生物评价分级标准（中科院生态研究中心）　　单位：cfu/m³

级　别	细菌	霉菌	耐渗透压霉菌	微生物总数
清　洁	<1 000	<500	<300	<3 000
较清洁	1 000～2 500	500～750	300～500	3 000～5 000
轻微污染	2 500～5 000	750～1 000	500～1 000	5 000～10 000
污　染	5 000～10 000	1 000～2 500	1 000～2 000	10 000～15 000
中污染	10 000～20 000	2 500～6 000	2 000～5 000	15 000～30 000
严重污染	20 000～45 000	6 000～20 000	5 000～15 000	30 000～60 000
极严重污染	>45 000	>20 000	>15 000	>60 000

（二）生物多样性指标的应用及两种指标的对比分析

众所周知，环境变化必然会导致生物的群落结构改变，作为响应，反过来生物的群落结构又可以成为环境变化的指示指标，通过生物群落的丰富度和均匀度可以判别环境的优劣，因此，我们在这里引用生物多样性指标，即Shannon－Wiener多样性指数（H'）与大气微生物评价分级标准进行对比分析来评价环境状况。

Shannon－Wiener多样性指数的评价采用该公式为

$$H' = -\sum_{i=1}^{s}\left(\frac{n_i}{n}\right)\log_2\left(\frac{n_i}{n}\right)$$

式中：s为样品中的种类数；n_i为样品中第i种生物的个体数；n为样品中生物总个体数。

为了使两种指标有对等关系，现将多样性指数也分为七个级差，环境优劣程度评价分级标准及与污染程度对应关系，见表4。

表4　Shannon－Wiener 指数环境优劣程度分级标准

Shannon－Wiener 指数（H'）	$0.5<H'$	$0.5<H'\leqslant 1$	$1<H'\leqslant 1.5$	$1.5<H'\leqslant 2$	$2<H'\leqslant 2.5$	$2.5<H'\leqslant 3$	$H'>3$
环境优劣程度（污染程度）	极差	很差	差	一般	良	优良	优
	极严重污染	严重污染	中污染	污染	轻微污染	较清洁	清洁

现以徐州市2007—2008年不同环境功能区空气中细菌和霉菌为例（参见表5和表6），用两种指标进行评价，其结果对比见表7。

1. 徐州市不同环境功能区空气中细菌的组成变化

徐州市环境监测中心站于2008年2月26日至2月28日和2008年5月13日至5月15日每天分四个时段分别对三个不同环境功能区进行同步采样监测，经分类、鉴定和统计，对三个不同环境功能区的细菌种类分别取平均值，结果见表5。

表5　不同环境功能区同步采样细菌组成统计表　　单位：cfu/m³

采样地点	芽孢杆菌	棒状杆菌	微球菌	金黄色葡萄球菌	木糖葡萄球菌	枯草杆菌	放线菌	其他	总计
铜兽院	9	103	126	105	0	1	7	93	444
淮　塔	11	43	86	13	15	15	16	32	231
环保所	21	63	132	41	38	9	12	43	359
平　均	14	70	115	53	18	8	12	56	346

2. 徐州市不同环境功能区空气中霉菌的组成变化

徐州市环境监测中心站于2007年11月14日至11月15日、2008年2月27日至2月28日和2008年5月14日至5月15日每天分四个时段分别对三个不同环境功能区进行同步采样监测，经分类、鉴定和统计，对三个不同环境功能区的霉菌种类分别取平均值，结果见表6。

表6　不同环境功能区同步采样霉菌组成采样统计　　单位：cfu/m³

采样地点	黄曲霉	黑曲霉	棕曲霉	灰曲霉	米曲霉	常见青霉	扩展青霉	齿状梳霉	木霉属	根霉属	毛霉属	笄霉属	镰刀霉属	头珠霉属	交链孢属	葡萄孢属	其他	总数
铜兽院	30	4	0	5	6	42	19	0	2	0	21	0	0	0	224	69	56	478
淮　塔	16	1	2	7	1	25	8	0	29	8	9	3	0	16	174	117	53	469
环保所	21	6	0	0	4	53	17	1	56	0	13	3	1	7	200	54	32	468
平均值	22	4	1	4	4	40	15	0	29	3	14	2	0	8	199	80	47	472

表7　两种指标的评价结果对比表

采样地点	铜兽院		淮　塔		环保所	
菌　类	细菌	霉菌	细菌	霉菌	细菌	霉菌
总数/（cfu/m³）	444	478	231	469	359	468
分级标准评价结果	清洁	清洁	清洁	清洁	清洁	清洁
Shannon－Wiener 指数/H'	2.20	2.46	2.60	2.71	2.58	2.70

<table>
<tr><td>采样地点</td><td colspan="2">铜兽院</td><td colspan="2">淮 塔</td><td colspan="2">环保所</td></tr>
<tr><td rowspan="2">多样性指数评价结果</td><td>良</td><td>良</td><td>优良</td><td>优良</td><td>优良</td><td>优良</td></tr>
<tr><td>轻微污染</td><td>轻微污染</td><td>较清洁</td><td>较清洁</td><td>较清洁</td><td>较清洁</td></tr>
</table>

表7可见，采用不同的指标，其评价结果是有差异的。用中科院生态研究中心发布的大气微生物评价分级标准进行评价，结果均为“清洁”。而经 Shannon - Wiener 多样性指数（H'）评价，结果为：铜兽院“良”或者“轻微污染”，淮塔和环保所“优良”或者“较清洁”。事实上，大气微生物评价分级标准是将微生物看做一种污染物，没有考虑到生物种群的均匀度，而多样性指数则是将微生物的多样性作为环境的保护目标，既考虑到生物种群的丰富度，也考虑到均匀度，其灵敏度要明显高于大气微生物评价分级标准。

四、空气微生物评价指标的研究结论与讨论

1. 依据江苏省空气中细菌总数和霉菌总数监测值的变化范围，对照中科院生态研究中心推荐的大气微生物评价分级标准所列相关指标进行评价，空气中细菌总数和霉菌总数处于“清洁”和“中污染”之间及“清洁”和“严重污染”之间。评价结果的涵盖范围基本可行。至于微生物总数这一指标，由于微生物的种类繁多，要监测所有种类是一件几乎不可能完成的工作，所以不可能在基层单位作为一种评价指标进行应用。

2. 多样性指数则是将微生物的多样性作为环境的保护目标，既考虑到生物种群的丰富度，也考虑到均匀度，其灵敏度要明显高于大气微生物评价分级标准。用多样性指数评价的主要难点是需要对微生物进行分类鉴定（主要是区别不同的种类，不一定要确定为哪一种），要有一定的技术支撑作保证。其中细菌鉴定的难度较大，而且细菌大多附着在大气颗粒物上，与大气颗粒物关系密切。但空气中的霉菌一般可以孢子形式存在，与大气颗粒物关系并不十分密切，通过在普通显微镜下观察有性或无性的孢子的形态结构特征便可完成分类鉴定，所以多样性指数评价对霉菌来说，具有特别重要的意义。

城市污水厂能耗分布及消化液单独处理技术初探

孟春霖[1]　常　江[1]　张树军[1,2]　杨岸明[1,2]

（1. 北京排水集团有限公司研发中心　北京　100124；
2. 北京工业大学　北京市水质科学与水环境恢复工程重点实验室　北京　100022）

摘　要　城市污水处理厂作为能源密集型行业，研究其全流程的节能降耗技术十分重要。本文对城市污水处理厂进行了全流程能耗分析，明确了曝气系统和污泥处理系统的能耗特点。污泥厌氧消化技术因可开发利用甲烷，成为公认的可持续的城市污泥处理技术，但厌氧消化产生的污泥消化液直接回流到主流区对污水厂节能降耗的影响常被忽视。本文主要分析了单独处理污泥消化液对城市污水处理厂的作用，结果表明，单独处理污泥消化液不仅工艺稳定可行，在对整个处理系统的节能降耗方面的贡献也非常明显。

关键词　污泥消化液　单独处理　厌氧消化　生物脱氮　碳源

目前我国政府提出到2020年，我国单位GDP的碳排放比2005年下降40%～50%，并作为约束性指标纳入国民经济和社会发展中长期规划。节能减排的艰巨任务必然涉及污水处理行业，城市污水处理是能源密集型的产业。能耗大、运行费用高，在一定程度上阻碍了我国城市污水处理厂的建设以及正常运行，能耗问题已经逐步成为城市污水处理的瓶颈，“十一五”期末，我国城市污水厂总数将达3000个，污水处理设计规模将超过5000万m^3/d，能耗总量巨大，并且随着城市污水处理厂上游产业的节能减排的快速发展，作为以减轻环境负担、削减污染物排放、改善水环境为目的的城市污水处理厂的节能减排尤为重要。对于城市污水处理厂，工艺能量密集的过程和操作主要集中于生物处理单元，特别是曝气系统和污泥处理处置系统，国内外的研究也以这两个领域为主[1]。污泥处理处置过程中产生的消化气体的有效利用对于降低能耗有着重要意义，目前国外有城市污水厂通过污泥沼气发电，可满足其自用电力的50%以上[2]，而在此过程中的污泥厌氧消化产生的消化液处理逐步成为污水处理厂节能降耗技术研究的关注点。

一、城市污水处理厂的能耗构成

城市污水处理厂的能耗主要包括直接能耗和间接能耗，直接能耗包括污水提升泵、曝气系统、污泥回流、污泥脱水等的电耗以及污泥消化消耗热能等，间接能耗包括絮凝剂、外加碳源、加氯等一系列外加耗材，生产电耗一般占运行成本的30%以上，其中污水提升及预处理（主要为污水提升）占10%～20%，污水二级生物处理（主要用于曝气供氧）占50%～70%，污泥处理占10%～25%，三者能耗之和占总直接能耗的70%以上，图1为北京某污水处理厂能耗情况统计，其二级生物处理及污泥处理能耗占82.05%。

二、城市污水处理厂水区节能优化

典型城市污水处理厂可分为水区及泥区两大处理单元，其中水区的主要能耗为预处理单元的进水提升泵及二级生物处理单元的曝气能耗。图2为北京某污水处理厂水区电耗情况统计，其曝

“十一五”国家科技支撑计划重点项目（2006BAC 19B01）；北京市科委资助重大科技项目——北京城市污水处理及再生水质提高关键技术研究及工程示范（D07050601500000）；国家水专项——北京城市再生水水质提高关键技术研究与集成示范（2008ZX 07314－008）。

气鼓风机及进水泵电耗占水区总电耗的83%，通过有效控制进水提升泵和曝气系统的能耗，必将降低整个水区能耗。

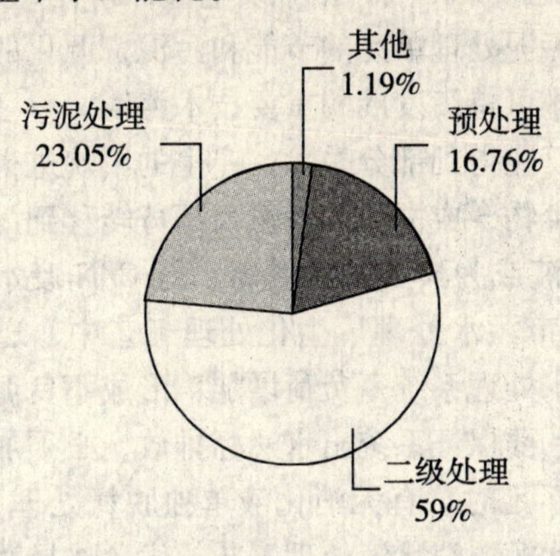

图1　北京某污水处理厂能耗统计

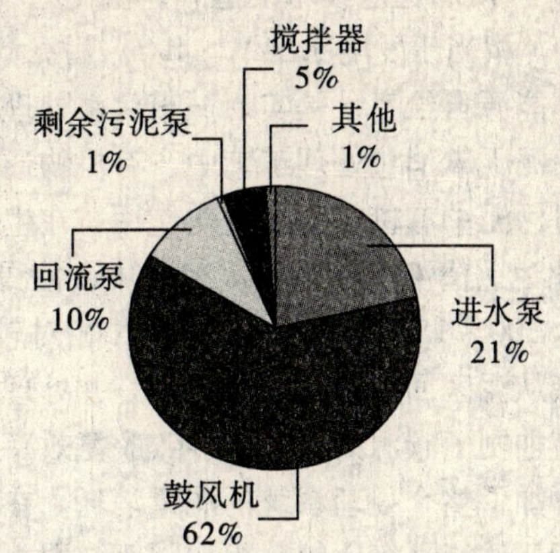

图2　北京某污水处理厂水区电耗统计

提升泵的节能应首先从设计入手，正确科学地选泵，让水泵工作在高效段，同时合理利用地形并合理布置各构筑物高程，减少污水的提升高度均是有效的节能措施。曝气系统能耗能效的研究一般涉及两个方面：第一方面为工艺控制节能方面：通过工艺上精确的控制曝气流量来降低曝气系统电耗是可行的，精确曝气可以通过自动智能控制系统实现，该系统包括溶解氧控制、出水氨氮浓度控制、鼓风机调节和空气流量分配等控制模块，为曝气系统提供自动化、精确化的曝气解决方案，可以根据不同工况实现间歇曝气、微量曝气、正常曝气、溶解氧分布控制、好氧体积的动态控制等，并最终达到节能的目的；第二方面为曝气设备的改造和革新。曝气设备基本可划分为2类：一是采用淹没式的扩散头或空气喷嘴将氧气传递进水中的方法，二是采用机械搅拌使大气中的氧溶于水的方法。表1为各种曝气设备性能情况。微孔曝气因其具有传氧效率高、可有效节约风量的特点，各国实践均已证明其可节约电耗20%以上。

表1　各种曝气设备的性能[3,4]曝气设备充氧能力

曝气设备		充氧能力/（$kg/m^3 \cdot h$）	氧利用率/%	动力效率/（kg/kW·h）	
				标准状态	处理现场
扩散系统	小气泡	0.04～0.06	10～30	1.2～2.0	0.7～1.4
	中气泡	0.02～0.03	6～15	1.0～1.6	0.6～1.0
	大气泡	0.01～0.02	4～8	0.6～1.2	0.3～0.9
射流曝气器		0.01～0.12	10～25	1.2～2.4	0.7～1.4
低速表面曝气器		0.01～0.09		1.2～2.4	0.7～1.3
转刷曝气器				1.2～2.4	0.7～1.3
高速浮动曝气器				1.2～2.4	0.7～1.3

三、城市污水处理厂污泥处理处置节能优化

在城市污水处理过程中，会产生大量的初沉污泥和剩余活性污泥。在能源日趋紧张的今天，目前有两种回收途径：一是污泥厌氧消化气利用，二是污泥焚烧后热能的利用。将污泥中的有机质通过厌氧消化产生沼气，利用沼气发电机组并网发电在国内外已有应用实例，是大型污水处理厂的沼气综合利用的可行途径，也是节能减排可持续发展的污泥处置方法。北京高碑店污水厂是

目前国内污泥厌氧消化处理系统比较完善的一座大型污水厂，日处理污水 100 万 m^3，日处理污泥 4000m^3，该厂通过技术改造和调整工艺，最大限度地收集沼气，沼气发电量保持在 3 万 kW·h/d 左右（相当于发电 7.5kW·h/m^3 污泥）[5]。结合污泥处理单元的节能和污泥资源化的回收利用，提高能源自给率，是实现城市污水处理厂节能减排可持续发展的重要技术路线。

在污泥厌氧消化处理工艺中，有机物通过产甲烷反应得到部分去除，产生的甲烷进行回收利用，同时污泥中有机氮发生氨化作用，在生化系统中生物合成去除的氨氮大部分转移到污泥消化液（消化池上清液和污泥脱水液）中，使得污泥消化液成为典型的高氨氮、低 C/N 废水，其氨氮浓度为 300～1500mg/L，其中 C/N 相对较低。在城市污水处理厂生化处理工艺中，通常将污泥消化液从泥区回流到水区和原水一并处理，造成污水处理系统氮负荷增加，形成不良循环。消化液回流加剧了碳源的缺乏，导致脱氮效率难以提高，要保证系统出水达标排放，必须加大碳源投加，增加了整个处理系统的能量消耗。在原水碳源不足时，有无消化液单独脱氮处理系统时，污水处理厂的氮平衡比较分析如图 3 与图 4 所示。因此污泥消化液处理工艺的优化选择对于城市污水处理工艺的节能降耗有重要意义，其中污泥消化液的单独处理已经得到了国内外的重视，逐步成为污水处理系统全流程节能降耗的关注点之一。

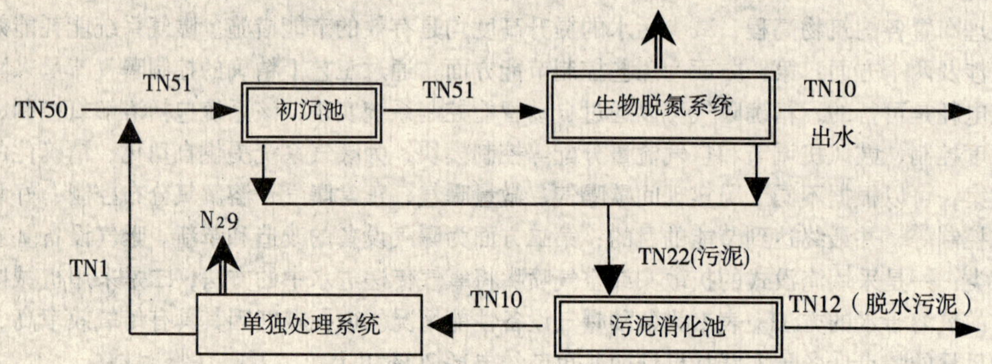

图 3　设置消化液单独处理系统时污水处理厂的氮平衡

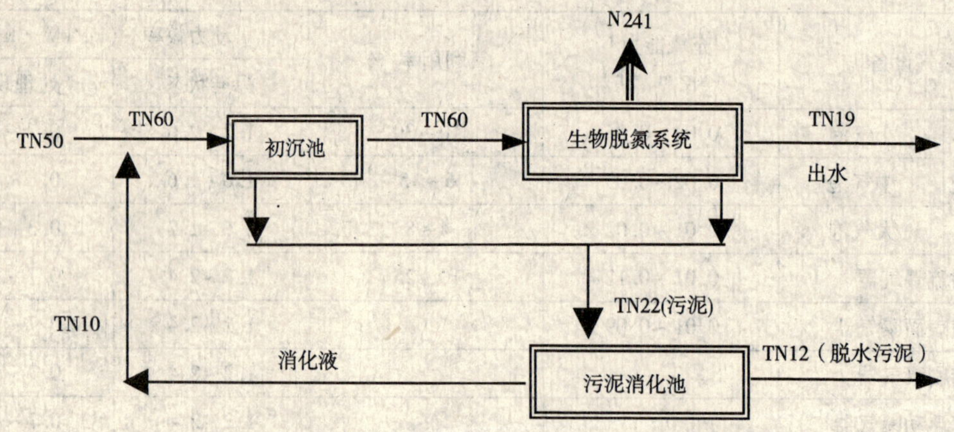

图 4　未设置消化液单独处理系统时污水处理厂的氮平衡

（一）污泥消化液单独处理可以节省基建投资，提高脱氮效率

虽然污泥消化液水量仅占城市污水厂总水量的 1%～2%，但所含氨氮却占污水处理厂氮负荷的 15%～25%[6]。污泥消化液氨氮浓度高，水量小，单独处理与回流到反应区相比，节省占地面积，减少基建投资，更加经济高效。另外如图 3 和图 4 所示，根据污水厂的氮元素平衡，单独处理污泥消化液可以减少主处理区 10%～20% 的氨氮负荷，有利于出水水质的提高。按传统方法将消化液回流到主处理区，氨氮负荷增加，碳源不足的问题进一步突出。为使得出水水质达

标，新建污水处理厂，必须增加曝气池的体积，延长硝化时间，投资成本显著增加；对于现有污水处理厂需要升级改造，而靠近城区的污水处理厂，由于土地限制，改建和扩建都有很大困难。

（二）污泥消化液单独处理可以降低能耗，节约能源

污泥消化液的温度可达30～35℃，适宜的温度可以提高微生物的活性，加快污染物的降解速率。污泥消化液单独处理还可以利用高温和底物抑制作用实现稳定的短程硝化。短程硝化反硝化脱氮工艺可以节省外加碳源和部分曝气量，降低运行费用。污泥消化液回流到主处理区与生活污水混合后进行处理，高温和形成短程硝化等有利条件将不存在。为充分降解增加的进水氨氮，需要延长曝气时间或加大曝气量。在有机碳源不存在或者浓度很低的情况下继续曝气，微生物内源呼吸作用的增强，大量消耗合成的有机物。因此消化液直接回流影响后续污泥厌氧消化工艺回收能量。由于底物含有的VSS下降，污泥厌氧消化系统产生的CH_4或H_2等生物气体量减少，回收的能量也随之减少。

（三）污泥消化液单独处理工艺

全程自养生物脱氮技术是污泥消化液单独处理的首选工艺，自养生物脱氮系统由短程硝化与厌氧氨氧化组合而成。厌氧氨氧化的基本原理是在厌氧条件下，微生物直接以NH_4^+为电子供体，以NO_2^-为电子受体，将氨直接转化为氮。厌氧氨氧化工艺与传统的硝化反硝化工艺相比，不需要外加有机碳源进行反硝化，碳源节省100%。曝气量降低62.5%[7-8]，节省了大量的运行费用；不需要酸碱中和剂，避免二次污染。污泥消化液温度高，可稳定实现短程硝化；氨氮和碱度的比例合适，可控制只有50%的氨氮硝化，其水质特点适合厌氧氨氧化工艺。目前已有荷兰Dokhaven污水厂成功将厌氧氨氧化工艺应用到污泥消化液处理中，系统稳定运行的同时节约能耗的效果明显。

四、结论和展望

城市污水处理厂是高能耗产业，其中又以曝气系统和污泥处理处置单元能耗最为集中，在能源日趋紧张的今天，通过污泥厌氧消化产生沼气进行能源回收的方式越来越被重视，是污水处理厂节能降耗产业的重要组成部分和发展方向。由此，污泥消化液的单独处理技术也必然受到关注，选择适宜的污泥消化液处理工艺对城市污水处理厂节能降耗的实现影响明显，我们应加大对其处理工艺的研究、生产性应用和经济分析，科学全面地评价该类工艺技术。

参考文献

[1] 高旭，龙腾锐，郭劲松．城市污水处理能耗能效研究进展［J］．重庆大学学报（自然科学版），2002，25（6）：143－146.

[2] 赵庆良，胡凯．城市污水处理厂污泥处理的能耗分析［J］．给排水动态，2009（4）：15－20.

[3] 高廷耀，顾国维．水污染控制工程［M］．北京：高等教育出版社，1999.

[4] 贝拉G·利普泰克．环境工程师手册［M］．北京：中国建筑工业出版社，1986.

[5] 曹冬梅，刘坤．城市污泥厌氧消化产沼气资源化研究［J］．工业安全与环保，2006，32（11）.

[6] M. Janus H. and Roest H F v d. Dont reject the idea of treating reject water［J］. Water Science and Technology，1997，35（10）：27－34.

[7] Mulder A，van de Graaf A A，Robertson LA，et al. Anaerobic ammonium oxidation discovered in a denitrifying fluidized bed reactor［J］. FEMS Microbiology Ecology，1995，16（3）：177－183.

[8] Jetten MSM，Marc Strous，Katinka T，et al. The anaerobic ammonium oxidation of ammonium［J］. FEMS Microbiology Review，1999，22（5）：421－437.

城市污水处理厂污泥制备活性炭的研究

李依丽　田　婧　钱文娇

（北京工业大学环境与能源工程学院　北京　100124）

摘　要　以城市污水厂污泥为原料，氯化锌为活化剂，采用化学活化法制备污泥活性炭，以 BET 分析测试方法，表征所制备的活性炭品质。实验研究了活化温度、活化时间及活化剂浓度等因素对污泥活性炭的影响。通过正交实验及单因素分析，确定了最佳工艺参数。结果表明，采用浓度为 3mol/L 的氯化锌为活化剂，活化时间 30min，活化温度 450℃ 时制得的活性炭品质最佳，其 BET 为 286.9m^2/g。

关键词　污泥　活性炭　资源化

目前，国内城市污水处理厂的污泥一般采用露天堆放、填埋、直接作肥料三种处理方法[1]。这些方法可以处置大量污泥，但其中也存在着诸多问题。污泥中的大量重金属氧化物，不但可以作为吸附剂，同时也是良好的催化剂；而且污泥中含有的有机物和腐殖质等是可再利用物质，通过一定的方法热解处理，能将污泥转化成含碳吸附剂[2]，不但成本低，而且实现了污泥的资源化利用。国内外在利用污泥制备活性炭方面已作过一些研究[3-12]。本实验以炭含量较高的二沉池剩余污泥为原料制备活性炭，探讨了化学活化法制备工艺条件对污泥活性炭性能的影响因素。

一、实验部分

（一）实验材料

污泥来自北京市高碑店污水处理厂，取自污泥房中经带式压滤机脱水的泥饼。高碑店污水处理厂是北京市最大的污水处理厂，也是目前我国最大的污水处理厂。一期和二期工程日处理污水均为 50 万 m^3，采用传统活性污泥法二级处理工艺。污泥处理采用中温两级消化工艺，消化后经脱水的泥饼输送到污泥房进行机械脱水处理。

污泥含水率、灰分测定分别依据 GB 7702·1—1997 和 GB 7702·15—1997。测定结果如表 1 所示。

表 1　污泥性质

含水率/%	挥发分（干基）/%	灰分（干基）/%
82.5	62.7	35.6

（二）污泥活性炭制备工艺流程

污泥制备活性炭的工艺流程如图 1 所示。

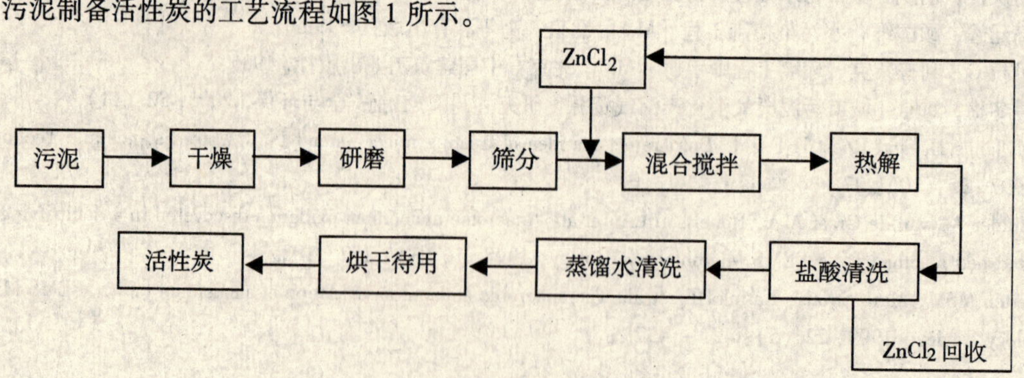

图 1　污泥制活性炭工艺流程

污泥经干燥、研磨、筛分后与一定浓度的氯化锌溶液混合，以氮气为保护气，采用一定的程序升温条件进行解热，热解产物经稀盐酸、蒸馏水漂洗后烘干即为成品活性炭。污泥碳化活化中产生的尾气用 NaOH 溶液吸收；活性炭洗涤过程中产生的废液回收利用。

（三）污泥活性炭评价指标

采用比表面积和孔结构分析来评价所制备的活性炭品质。比表面积及孔结构的测定采用美国麦克仪器公司 Geminiv 比表面积与孔径测定仪测定，比表面积的计算采用 BET 法，孔体积计算采用 BJH 法。

二、结果与讨论

污泥活性炭制备的最佳工艺条件

选取活化剂氯化锌溶液浓度、活化温度及活化时间这三个影响因素，设计 3 因素 3 水平 L9（33）正交实验，由污泥制备出 9 组活性炭样品，制成的污泥活性炭通过其比表面积的测定来确定其最佳的工艺条件。3 因素是：活化温度 T、活化时间 t 和活化剂浓度 c，3 水平是：活化温度 450℃、550℃、650℃；活化时间 30min、60min、90min；活化剂浓度 2mol/L、3mol/L、4mol/L，试验设计及结果见表 2，污泥与活化剂的固液比为 1∶2.5。

表 2　污泥制活性炭正交试验设计和结果

序号	A 活化剂/（mol/L）	B 活化时间/min	C 活化温度/℃	BET/（m^2/g）
1	2	30	450	259.5054
2	2	60	550	148.1145
3	2	90	650	68.0444
4	3	60	450	268.3438
5	3	90	550	145.1785
6	3	30	650	125.4767
7	4	90	450	106.6715
8	4	30	550	201.3155
9	4	60	650	106.6789
K_1	475.66	634.52	586.30	
K_2	539.00	494.61	523.14	
K_3	414.67	300.20	319.89	
R	41.44	111.44	88.80	

由表 2 可看出，$K_2^A > K_1^A > K_3^A$，$K_1^B > K_2^B > K_3^B$，$K_1^C > K_2^C > K_3^C$，可以得出活化剂浓度为 3mol/L，活化温度越低，活化时间越短，制备的活性炭的 BET 值最大。所以，理论上活化剂浓度 3mol/L、活化温度 450℃且活化时间 30min 下的污泥活性炭比表面积最大，效果最好。又由 $R^B > R^C > R^A$ 可知三个因素对污泥制作活性炭的影响大小为：活化温度 > 活化时间 > 活化剂浓度。

1. 活化温度的影响

在活化剂浓度为 3mol/L，固液比为 1∶2.5，活化时间为 30min 条件下，研究了活化温度对产物 BET 值的影响，结果如图 2 所示。

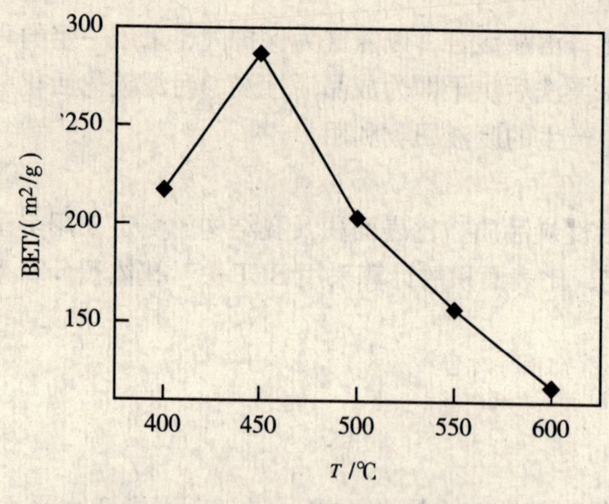

图 2　活化温度对 BET 值的影响

图 3　活化时间对比表面积的影响

由图 2 可知，当活化温度低于 450℃时，污泥活性炭的比表面积随着活化温度的升高而增加；在 450℃时达到最大值 286.9m^2/g。当温度高于 450℃后，比表面积随着活化温度的升高反而下降。分析其原因，当温度低于 450℃时污泥不能被充分活化，不能形成最佳的孔隙结构，因此比表面积较小。当温度超过 450℃，使得 $ZnCl_2$ 蒸气压较高，活化剂有所损失，起实际作用的 $ZnCl_2$ 减少，使其活化不够充分。另外，污泥原料本身的含碳量有限，高温使原本就少的炭素有所损失，热解后露出了吸附性能差的灰分，使比表面积下降。适当的温度有利于提高活化剂的利用率，同时也利于污泥的活化，本研究所得最佳活化温度为 450℃。

2. 活化时间的影响

在活化温度 450℃，固液比 1∶2.5，活化剂浓度 3mol/L 的条件下，研究活化时间对污泥活性炭比表面积的影响，结果如图 3 所示。

由图 3 可知，比表面积随着活化时间的增加而增加，在 30min 时达到最大，30min 后，比表面积下降。结果表明，活化时间较短时，活化程度不充分，以开孔为主；当活化时间充足时，活化反应得以完全进行，开孔过程减少，扩孔程度增加，比表面积可达到最大；继续延长活化时间，微孔数目不再增加，部分微孔和中孔在扩孔过程中遭到破坏，转变为中孔或大孔，使得比表面积降低，比表面积下降。本研究所得最佳活化时间为 30min。

3. $ZnCl_2$ 浓度的影响

在活化温度为 450℃，固液比为 1∶2.5，活化时间为 30min 的条件下，研究了 $ZnCl_2$ 浓度对产物比表面积的影响，结果如图 4 所示。

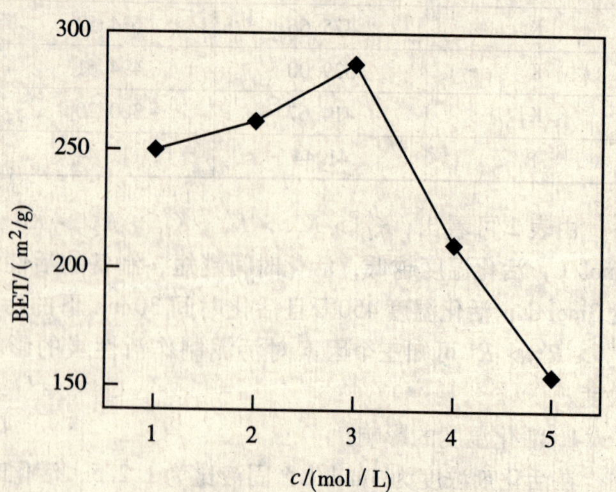

图 4　活化剂浓度对比表面积的影响

由图 4 可知，比表面积随着 $ZnCl_2$ 浓度的增加逐渐增加，浓度为 3mol/L 时达到最大，当浓度超过 3mol/L，比表面积有所下降。活化剂 $ZnCl_2$ 的主要作用是通过脱水、缩合和润涨等作用形成孔隙结构，使含碳化合物缩合成不挥发的缩聚碳，从而制备出孔隙结构发达的活性炭。$ZnCl_2$ 浓度不同，制备出的活性炭孔隙结构不同。$ZnCl_2$ 浓度高，脱水缩合作用大，产生活性炭的孔隙结构发达，吸附性能好。但浓度太高，会造成过度活化，生成以大孔径过度孔和大孔为主的活性炭，从而使吸附能力下降，本研究所得最佳 $ZnCl_2$ 浓度为 3mol/L。

通过正交试验和单因素影响的分析，确定污泥制备活性炭的最佳工艺条件为：浓度为 3mol/L 的氯化锌溶液为活化剂、活化时间 30min、活化温度 450℃，制备出的活性炭比表面积为 286.9m^2/g。与一些研究[13,14]相比，本实验制备的污泥活性炭比表面积较高，具有良好的吸附性能及应用前景。

三、结　论

1. 本实验采用化学活化法制备污泥活性炭，以氯化锌为活化剂。正交试验和单因素影响结果表明活化温度 450℃，活化剂氯化锌浓度 3mol/L，活化时间 30min 时为本实验污泥活性炭的最佳工艺条件。

2. 本实验制备的污泥活性炭与国内一些研究相比，比表面积较高，具有良好的吸附性能。在最佳工艺条件下，制备的活性炭比表面积为 286.9m^2/g。

3. 通过污泥成分分析、污泥活性炭最佳工艺探讨、污泥活性炭比表面测定，以城市污泥为主要原料制备的活性炭具有较高的比表面积，具有良好的应用前景，对污泥资源化及综合利用有一定指导意义。

参考文献

[1] 马那，陈玲，熊飞．我国城市污泥的处理与利用［J］．生态环境，2003，12（1）：92－95.

[2] Xiao Ge Chen, S. Jeyaseelan, N. Graham. Physical and chemical properties study of the activated carbon made from sewage sludge［J］. Waste Management, 2002, 22,（7）：755－760.

[3] Bashkova S, Bagreev A, Locke D C, et al.. Adsorption of SO_2 on Sewage Sludge－Derived Materials［J］. Environ. Sci. Technol, 2001, 35（15）：3263－3269.

[4] Tsai Jiun－Horng, Chiang Hsiu－Mei, Huang Guan－Yinag. Adsorption characteristics of acetone, chloroform and acetonitrile on sludge－derived adsorbent, commercial granular activated carbon and activated carbon fibers［J］. Journal of Hazardous Materials, 2008, 154（1－3）：1183－1191.

[5] Wenzhong Shen, Qingjie Guo, Xiangping Yang. Adsorption of methylene blue in acoustic and magnetic fields by porous carbon derived from sewage sludge［J］. Wenzhong Shen et al. /Adsorption Science & Technology, 2006, 24（5）：433－437.

[6] 刘涛．污泥基 NO_x 催化剂的制备及性能表征［D］．湖南大学，2007.

[7] E. Gutiérrez－Segura, A. Colín－Cruz, C. Fall. Comparison of Cd－Pb adsorption on commercial activated carbon and carbonaceous material from pyrolysed sewage sludge in column system［J］. Environmental Technology, 2009, 30（5）：455－461.

[8] Robert Pietrzak, Teresa J. Bandosz. Reactive adsorption of NO_2 at dry conditions on sewage sludge－derived materials［J］. Environ. Sci. Technol, 2007, 41（21）：7516－7522.

[9] 任爱玲，王启山，郭斌．污泥活性炭的制备、结构表征及吸附特性［J］．哈尔滨工业大学学报，2007，39（6）：993－996.

[10] S. Rio, C. Faur－Brasquet, L. Le Coq. Structure characterization and adsorption properties of pyrolyzed sewage sludge［J］. Environ. Sci. Technol, 2005, 39（11）：4249－4257.

[11] Ryota Ochiai, Md. Azhar Uddin, Eiji Sasaoka. Effects of HCl and SO_2 concentration on mercury removal by activated carbon sorbents in coal－derived flue gas［J］. Energy Fuels, 2009, 23：4734－4739.

[12] 普红平，梅向阳，马文会．微波法制污泥含碳吸附剂吸附性能研究［J］．非金属矿，2009，32（1）：73－76.

[13] 余兰兰，钟秦．活性炭污泥吸附剂的制备研究［J］．环境化学，2005，24（4）：401－404.

[14] 杨丽君，蒋文举．微波法污水厂污泥制备活性炭的研究［J］．环境污染治理技术与设备，2006，7（11）：92－94.

全球升温背景下苏州市气温变化特征及对应方案

王　跃　伍燕南　史守正　陈德超

（苏州科技学院环境学院　江苏　苏州　215011）

摘　要　在全球升温背景下，苏州市气温自1986年以来出现明显上升，且近10年来上升加速。苏州市气温上升是全球升温与本市热岛效应共同作用的结果，且后者的作用要大于前者。对于全球升温，和许多城市一样，苏州市既是一个CO_2源，也是一个热源。所有城市都对自身这两种源进行控制，全球升温的趋势就会得到明显缓解。气温上升从自然生态和社会经济两方面对苏州市发展产生影响。只要采取恰当的环境措施，就能减轻升温对苏州这一古城的危害。

关键词　全球升温　苏州市　CO_2　城市热岛

全球升温是当前每个国家所面临的环境问题，升温已得到证明与共识，近50年全球升温的速率为0.13°C/10a，中国则为0.22°C/10a。气象记录显示苏州市气温上升也是十分肯定的。温室气体特别是人类使用化石燃料产生的CO_2排放是造成地球温度上升的主要祸首。鉴于升温将给人类造成种种不利影响，要解决这一人类自身造成的环境问题还需地球上每个国家、地区、城市及每个地球公民的理解与参与。

由于地理位置不同，各个国家、地区及城市因气温上升所造成的环境与社会经济问题也会不同，高纬以及低海拔沿海地区似乎受影响更为严重，对全球升温问题的解决也呼声更高些，有些地区也许会因升温和雨量上升而更有利于农业生产。由于还存在许多不确定性，升温造成的环境效应各地不同且难以准确预测，但大多环境与气象学家根据现有数据分析认为，升温对全球来讲是弊大于利，而且中国是受危害较重的国家之一。由于区域差异的存在，全球升温的环境与社会效应还有许多尚待研究的问题[1]。鉴于此，本文以苏州市为例，从地球表面这一有限区域入手，分析在全球气温上升的背景下，苏州城市气温变化的特点、原因、影响以及对应措施。在对应全球升温的行动中，每个城市若找准自己的行动方案，而不是踏着别人的脚印前进，这场人类保护地球家园的共同行动才会见到成效。

一、苏州市近期气温变化特点与原因

苏州市自1951年开始有连续的气象记录，记录显示前25年年平均气温变化不明显，自1986年开始出现较明显上升，其变化趋势与全国气温变化总趋势相同[2,3]，90年代以来年平均气温均位于正距平，且上升速率逐渐加快。1951—2007年的56年来，苏州市气温均值为15.9°C，而最近10年来的气温均值为17.3°C，上升了1.4°C（表1、图1）。

表1　苏州市气温均值变化　单位：℃

	春季	夏季	秋季	冬季	全年
56年来气温均值	14.5	26.5	17.7	4.9	15.9
近10年气温均值	16.1	27.6	19.3	6.2	17.3
近10年增温	1.6	1.1	1.6	1.3	1.4

基金项目：江苏省高校自然科学基金项目（07KJD170191），苏州市哲学社会科学研究项目（09－C－29）。

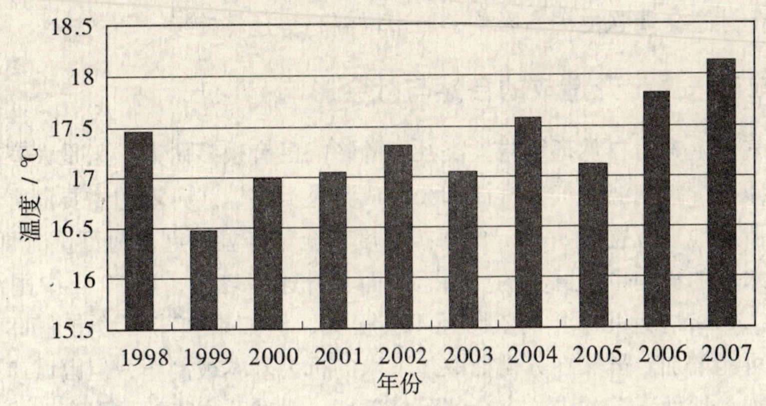

图1 苏州市近10年来气温年均值变化柱状图与移动平均趋势线

由图1和表1可知，苏州市近期气温增加趋势明显。造成苏州市近年来气温上升的原因，一是全球气温上升的影响，全球气温出现上升，苏州作为地球表面的一部分，处于温室气体造成的增温效应下，但苏州市气温上升的幅度要大于全球平均状态。其中应该还有另外因素，这就是城市化原因。由气象与环境卫星观测显示，城市区域的温度要高于郊区和农村[4]（图2），城市规模越大，植被与水体所占面积比例越小，城市热岛效应就越强。城区气温一般要高于郊区2～3℃。对城市区域，城市化所导致的热岛效应要强于全球温室气体增加所造成的增温效应[5]。

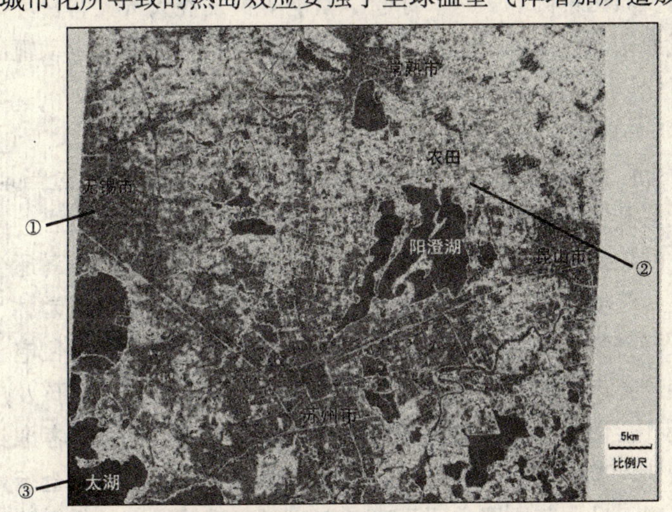

图2 环境卫星图像所反映苏州市及邻近城市的城市热岛高温区（①）和农田、森林（②）中温区以及水体（③）低温区

苏州以工业园区和高新技术区建设为标志的城市迅速扩张始于20世纪90年代后期，自此苏州市城市热岛效应也进入凸显时期。随着苏州城市建成区的不断扩大，并与吴江市建成区相连，连片的建成区面积如今已达622km^2，相当于44个苏州古城区面积，共容纳了500万人，车辆约36万辆，城市热岛范围不断增大，户籍人口每年增加4万，城区增温也逐年加剧。

造成城市热岛效应的热能主要来自城区大面积硬化地面及墙面、屋顶对太阳辐射的吸收转化；众多密集的楼房建筑对气流的阻挡，热量无法迅速散去；每日市民的烹饪、空调等生活用能向空气散失；以及城区道路越来越多的行驶车辆的热能排放；城区许多工厂、服务企业的生产用能也以热量形式不断加热近地面空气。随着城市的扩张、人口的增加和GDP的迅速增长，城市气温整年都受到上述逐年增强的因素影响，城市增温趋势还将持续。

二、苏州城市气温上升造成的自然与社会影响

全球和区域气温上升对自然环境与人类社会的影响已有很多研究，正是大家普遍认识到它的严重危害，节能减排、控制温室气体排放如今才成为人类共识。升温的主要危害在各地表现有所不同。对于苏州所处地理位置和3～4m的海拔高度，全球升温引起的海面上升即便是几十厘米，对苏州这一东方水城的影响也是巨大的。由于海面上升速率较慢，近50年中国沿海海平面年平均上升速率约为2.5mm，近几十年的威胁还不会很大，但如果和苏州城市地面下沉因素结合的话，洪涝灾害有可能增加。虽然在苏州抽取地下水的行为基本被制止，但因城市建设造成的地面建筑负荷不断增加，地面下沉并未被完全消除。近期，全球和本市两种因素造成的气温上升对苏州市的主要影响表现为：

（一）对自然生态系统的影响

苏州西部大片山地如灵岩山、东山等有大量自然林与果园、茶园，为苏州市的生态环境、旅游景观与农产品提供方面发挥着重要作用。冬季气温上升可使植被害虫容易越冬，导致来年虫害加剧以及果林、茶园、菜田农药用量增加，最终造成环境、经济与市民健康的损失。夏季较高的温度将会使城区众多水体以及太湖水体的藻类等有机污染加剧，增加水体污染治理开支并威胁城市供水安全，而水污染的化学治理又会造成后续环境问题。城市热岛势力较强时还容易导致局部天气系统不稳定，引发城区暴雨、大风、冰雹、雷电等突发性天气灾害。苏州市近年来在气温和降水指标方面屡居气象记录以来之最，我国许多城市的气象指标如今也动辄出现几十年或百年一遇记录，这都与城市化以及城市热岛效应的增加有关。

（二）对社会经济的影响

这方面的影响十分广泛和复杂，主要影响有：夏季增温使气温超过当地市民已经适应的温度，人体舒适度降低，开空调时间增长，由此导致城市电力消耗的增加，电力线路事故次数上升。制冷电器运行时的热能排放又会使城市热岛效应火上浇油。城市热岛还会导致城区近地面污浊空气向城中心聚集，使城区主体空气质量下降，苏州城市中心是古典园林、世界遗产与旅游资源主要分布区，是人口密集区和学校、医院、政府机关、商业中心、老住宅主要分布区，这里空气质量的下降会直接危害市民健康，特别是这一区域的年老体弱者、小孩及户外工作者。

城区冬季气温上升会使人感到舒适，还可减少取暖电能的消耗，但考虑到由此造成的空气质量下降、致病人数增加，总体衡量，冬季的升温仍是弊大于利。国外调查统计发现，暖冬时期城市市民的死亡率会出现上升，其原因主要是暖冬有利于流感等传染性病毒的滋生与传播[6]。

前述提到增温会导致城市局部天气过程异常，所造成的突发性天气灾害也会在城市社会经济方面造成灾害链，如造成城市交通中断或者保险业的损失[7]。

三、苏州市抑制气温上升的对应方案

经以上分析看出，苏州市气温上升的事实是明确的，对苏州市自然和社会经济方面的影响是弊大于利。为了苏州园林城市、健康城市以及生态城市的建设目标，为了苏州“人间天堂”这一盛名，苏州应积极参与到全球对抗气温上升的行动中来，为克服温室气体增加和城市热岛效应的增加作出贡献。

由于全球气温上升的主要原因有温室气体排放和城市热岛效应两个方面，每个城市都应该针对这两方面制定切实可行、对本城市市民和全体人类有责任感的行动方案。为此，苏州市需要认真考虑的方面有：

（一）CO_2 减排

CO_2 减排是阻止气温上升的釜底抽薪方法，苏州市经过近几年的努力，在燃煤 CO_2 的减排方面取得了明显效果。如今，城内 CO_2 主要来源是众多的城市车辆，城区车辆太多，这从城市停车难、行车难以及城市机动车尾气与噪声污染问题突出、市内交通事故多发就可得到反映，目前城区机动车数量还在快速增加。车辆销售增加了内需和 GDP，也给人们一时的出行方便，但也成为继燃煤之后，城市又一个主要 CO_2 排放源。所以从 CO_2 减排考虑，减少市内行驶车辆势在必行。否则 CO_2 减排就是一句空话，苏州就会在生态文明发展上与发达国家城市永远慢半拍。欧洲一些城市如哥本哈根温室气体零排放的发展目标与方案值得苏州参考。

限制城市车辆有许多可行方法，最有效的是大力发展城市公交，国外一些城市的公交不仅便利、绿色，甚至免费。高效的城市公交系统发展不起来，城市车辆的数量就减不下来，城市 CO_2 排放和一系列由车辆引起的交通、环境、用地紧张等城市病就会高居不下。苏州市目前虽然有较多的城市公交车辆，城市轻轨也在建设之中，但公交服务现状距市民及外来游客的满意度还有差距，否则市民也不会出现大量购置私家车的意愿。

此外还可参考国外城市的做法，加大车辆购置与能源消费税收、征收车辆环保费、积极发展城市非机动车道路等措施来促进车辆减排。苏州在城市自行车专用车道的建设上目前还未起步，还未见朝这一方向发展的行动计划，城市交通建设被机动车裹挟，不仅现有自行车道，人行道的安全空间也不断受到机动车道的排挤。

（二）城市生态规划与建设

为了抵消城市水泥、柏油等固化表面对城市热岛效应的增加，应在生态规划的基础上尽量扩大城市绿地和水体的面积。经遥感卫星影像测定，苏州市建成区的植被覆盖度为 8.7%，并不太高。而且绿化率并不是城市生态建设的唯一指标，相同的城市绿地率，如果绿地位置、单体面积、形状与类型、空间配置不同，在城市降温等生态效益上的效果也会不同。城市绿地应在消除热岛效应、增进生态效益最大化的生态模拟分析基础上进行规划布局。绿地、水体这些生态用地之间要有较高的连通性，绿地建设要以本地乔灌木为主要绿化植物，而苏州市仍存在用大片草坪进行绿化的现象。城市绿化生态效益好坏的简单评价指标应该是，看绿化树木上是否有当地鸟类的巢穴，灌木和草地中有多少本地的野生动物。苏州市绿化效益离这一目标还差得很远，希望“月落乌啼”的美好景观能从书画中回到现实苏州。

城市生态绿地和水体的建设可参考环境卫星提供的地面温度图像，在地面升温的主要部位进行着力建设，从而实现城市的科学绿化、在生态学理论指导下的绿化，提高绿化效益。

（三）城市规模与人口的控制

苏州市建成区在南部已与吴江市相连，东西方向正在向昆山、无锡建成区靠拢。与苏州市发展势头类似，长三角的所有城市都在不断扩张，城市热岛的规模也在不断加强与合并，热岛效应势力越来越强（图 2）。其后果不仅使这一地区本身越来越热，还会与全球气温上升效应叠加，抵消 CO_2 减排效果，给全球增温环境问题的解决增加难度。

为避免这种结局的出现，应对苏州市当前这种缺乏科学含量，摊大饼式的城市扩展模式进行生态反思，如果采取多中心式的发展模式（图 3c），城市热岛效应以及当前许多城市病就可减轻很多。补救的方法是进行城市生态廊道与结点的大力扩建，用农田、绿化地和水体对已形成的大规模热岛进行分解，向城市内部引入郊区生物和清风，这样才能从根本上改善苏州市的生态环境。要进行这样的城市建设思路调整，前提是市政府在追求 GDP 和生态文明之间向后者倾斜。同时，要对城市人口进行积极控制，将外来务工人员的工作与生活尽量安排在远离市中心的卫星工业区，减轻市中心特别是古城区的人口与环境压力，减轻市区范围的各种能源消耗，给城市生态用地留出更多空间。只有通过城市规模、形态和人口的生态学调整，苏州市才能在 CO_2 减排、有效抑制城市热岛效应方面取得明显进展，这些工作也是保护好苏州园林特色与文化古城特色的必要措施。此外，市政府出台购房补贴政策，鼓励市民在购置改善性住房时，向更加靠近自己工作单位的区域迁移，也能减轻城市交通压力和减少 CO_2 排放。

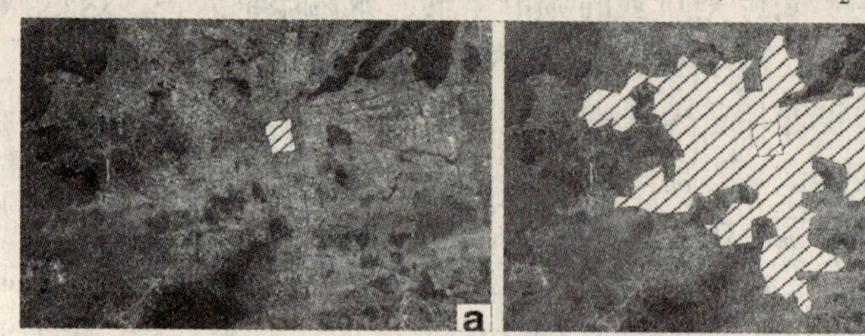
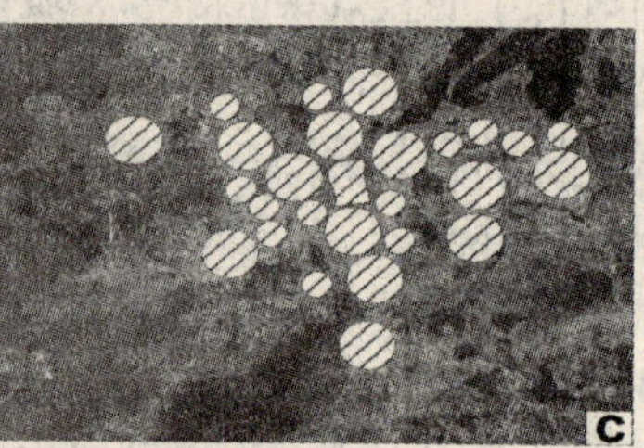

图 3　遥感影像上的阴影部位分别为苏州古城区 a，苏州现代建成区 b，生态文明理念下的苏州建成区 c

（四）环境教育

温室气体减排和城市热岛效应的减弱，是一场全民参与的工作。要使这项有利于苏州市、有利于更广区域人类社会的环境工作长久持续下去，应结合城市青少年的环境素质教育。发达国家均将此作为对应全球升温的重要措施。对于其他市民则可利用平面媒体或依靠居委会、工作单位进行环境知识宣传。苏州市各大学的环境专业师生可积极参与到此项活动中来，让更多市民了解全球增温知识，使更多市民参与到对抗全球升温这场人类自救中来，这样，一个生态新苏州的建设才能不断坚持下去并见到成效。

四、小　结

苏州市 56 年的气温记录显示，城市气温增加明显且近期增温有所加速。苏州市气温上升的原因一是全球气温背景值上升，二是本市城市热岛效应增强，且热岛效应的升温“贡献”大于全球升温。气温上升对苏州市的影响体现在自然生态和社会经济两方面。为了将苏州市建设成为健康城市、生态城市，为了对苏州园林城市、历史文化名城的保护，以及为了对生态文明的追求，苏州市应该对本市 CO_2 排放和城市热岛效应进行积极干预，从而成为对本城市和全人类发展负责任的城市。

城市生态建设、现代公交体系建设、非机动车道建设、卫星城建设、人口布局调控、购房补贴政策以及城市管理者与市民的环境教育均是苏州市参与全球减排行动、控制本市热岛效应可采取的措施。

参考文献

[1] 中国科学技术协会学会学术部．未来几十年气候变化研究向何处去［M］．北京：中国科学技术出版社，2007.

[2] 张海东，孙照渤．气候变化对我国取暖和降温耗能的影响及优化研究［M］．北京：气象出版社，2008：344.

[3] 丁一汇．中国气候变化［M］．北京：中国环境科学出版社，2009：88－94.

[4] 王跃，陈德超．苏州古城区地面温度分析及在城市规划中的作用［J］．苏州科技学院学报，2009，26（4）：75－80.

[5] M. Allaby．马晶 译．气候变化［M］．上海：上海科学技术文献出版社，2006：157－162.

[6] 王五一，杨林生．全球环境变化与健康［M］．北京：气象出版社，2009：88.

[7] 王卉彤．应对全球气候变化的金融创新［M］．北京：中国财政经济出版社，2008：36－38.

城市垃圾填埋初期物质转化的光谱学特性研究

何小松[1,2] 席北斗[2] 刘学建[3] 王进安[3]

（1. 北京师范大学环境学院 北京 100875；
2. 中国环境科学研究院水环境系统工程研究室 北京 100012；
3. 北京环卫工程集团有限公司四清分公司阿苏卫垃圾卫生填埋场 北京 100101）

摘 要 采用三维荧光光谱和紫外吸收光谱，对填埋1~3年垃圾浸提液水溶性有机物（DOM）的研究显示：填埋垃圾DOM主要成分为类酪氨酸物质、类色氨酸物质及结构简单的类腐殖质物质，在垃圾填埋过程中，类色氨酸物质和类腐殖质物质均发生降解，其苯环结构含量不断减少，苯环结构上的脂肪类取代基不断降解成羧基和羰基，分子量降低，填埋1~2年垃圾的降解速度大于填埋2~3年的降解速度。分析结果表明：三维荧光光谱和紫外吸收光谱能有效揭示填埋垃圾物质转化特性。

关键词 填埋垃圾 水溶性有机物 三维荧光光谱 紫外吸收光谱

随着社会经济的增长、城市规模的扩大以及人民生活水平的不断提高，城市垃圾排放量与日俱增，每年以5%~8%的速率急剧增加[1]。目前国内外广泛采用的垃圾处理方式主要有卫生填埋、高温堆肥及焚烧等，在这些处理方式中，卫生填埋因技术成熟、操作简单、处理费用低，成为我国目前最主要的垃圾处理方式，占总处理量的85%以上[2]。

垃圾填埋后，其中的各种有机组分不断发生降解，产生渗滤液和填埋气，使填埋场发生下沉。垃圾的降解过程大体上可分为5个阶段[3]：初始调整阶段、过渡阶段、酸化阶段、甲烷发酵阶段和成熟阶段。垃圾填埋初期是有机质发生降解最为剧烈的时期，在这一时期，蛋白质、淀粉及脂肪等易降解组分快速发生分解，产生高浓度渗滤液，同时填埋场快速下层。Shalini等[4]对模拟填埋柱的研究显示，填埋垃圾中的各种组分指标（C、N及挥发性有机物等）在填埋初期变化最为剧烈，并且垃圾填埋后可发生22%~67%的沉降，其中绝大部分发生在第二阶段；杨军等[5]对垃圾填埋降解规律的研究显示，在垃圾填埋后较短时期内（1~3年），有机质迅速发生降解，各项组分指标变化较大，而在3年后，各项指标随时间变化梯度较小。因此，对填埋初期垃圾物质降解特性的研究，对于选择合适的渗滤液处理工艺、填埋场的科学有效管理及环境风险评价都具有重要的意义。

研究填埋垃圾的物质降解特性可选取物质有填埋垃圾和渗滤液。一般而言，填埋场所采集到的渗滤液是整个填埋单元内部各时期填埋垃圾体所产生渗滤液的混合体，其分析仅可反映场内一定区域的混合垃圾体的变化状况，不能真实反映垃圾组分随填埋时间的动态变化[5]，比较而言，不同时期填埋垃圾的组成分析更能代表填埋体内物质降解特性。已有的研究显示[6]，有机质的生物降解主要发生在其颗粒表面一层薄薄的液态膜中，水溶性有机物（Dissolved Organic Matter，DOM）的变化比固相垃圾更能反映填埋垃圾的生物降解。基于此，本研究采集填埋初期（1~3年）三个不同年限的填埋垃圾，用水浸提取其中的水溶性有机物，并采用先进高效的荧光光谱和紫外光谱分析技术，对其DOM组成及变化特性进行分析，以其为填埋场的科学管理和渗滤液的处理处置工艺选取提供依据。

一、材料与方法

（一）样品采集与预处理

于阿苏卫卫生填埋场打井采样，分别采集填埋1年、2年及3年样品各5~10kg，手拣挑出其中金属、石块、砖砾、玻璃等无机硬废物和橡胶、塑料类等难降解的有机废物后各自混匀，四分法取一定质量有代表性的垃圾进行分析。

（二）DOM提取及浓度测定

称取一定重量混匀垃圾样，干物质重与双蒸水体积为1∶10［W（g）/V（ml）］加入超纯水，在室温条件下，于200r/min水平振荡提取16h，然后在4℃，12 000rpm下离心20min，上清液过0.45μm的滤膜，滤液中的有机物即为DOM。在德国耶拿公司生产的multi N/C 2100型TOC仪上测定滤液中DOM的浓度（以水溶性有机碳DOC表示）。然后将所有样品调DOC = 6mg/L，备用。

（三）光谱学分析

1. 荧光光谱测定

荧光光谱测定采用仪器为日本日立公司生产的Hitachi F-4500型荧光光度计，样品测定时仪器参数设置如下：激发光源：150-W氙弧灯；PMT电压：700V；信噪比>110；狭缝宽带：Ex = 10nm；Em = 10nm；响应时间：自动。三维荧光光谱测定时激发波长 E_{ex} = 200～450nm，发射波长 E_{em} = 280～550nm。

2. 紫外光谱分析

紫外光谱测定为日本岛津公司生产的UV1700紫外—可见分光光度计，扫描波长范围为200～400nm，此外，测定样品280nm下的吸光度，将其除以DOC浓度，记为 $SUVA_{280}$，测定样品253nm与203nm下的吸光度，计算其比值 E_{253}/E_{203}。

二、结果与讨论

（一）三维荧光光谱

三维荧光法是近20多年发展起来的一门新的荧光分析技术，该技术能够获得激发波长与发射波长或其他变量同时变化时的荧光强度信息[7]，揭示分析样品的有机物组成种类和含量。图1A～C是不同年限填埋垃圾浸提液DOM的三维荧光光谱图，根据已有的研究报道可知[8-12]，四个荧光峰 B_1、B_2、T_1 及 T_2 均为类蛋白荧光，来自填埋垃圾DOM中游离或结合态的芳香氨基酸及其降解物或结构类似物，其中 B_1、B_2 分别为高、低激发波长下的类酪氨酸荧光，T_1、T_2 分别为高、低激发波长下的类色氨酸荧光。天然芳香氨基酸主要包括苯丙氨酸、酪氨酸及色氨酸，它们的相对荧光强度分别为0.5、9和100，当它们共同存在一个蛋白质分子中时，由于荧光共振能量转移作用，苯丙氨酸和酪氨酸的荧光强度会更低，一般只出现色氨酸荧光[8,11]。因此，填埋垃圾DOM中类酪氨酸荧光的存在显示其组分中类酪酸物质和类色氨酸物质存在不同的蛋白质物质中，或存在游离的类酪酸物质。填埋1年垃圾DOM还出现了另外两个荧光峰，荧光峰A和C，其最大峰分别大约在281/390nm及232/390nm附近，根据已有的报道可知[12,13]，该峰为类腐殖质荧光峰，其中荧光峰C为类胡敏酸荧光峰，而荧光峰A为类富里酸荧光峰，相对于Shao等[14]报道的垃圾稳定化处理时浸提液DOM的类胡敏酸荧光峰和类富里酸荧光峰（最初荧光峰位置分别为288/455nm及236/460nm），这两个荧光峰的最大峰位置发生了明显的转移，显示填埋初期垃圾中类腐殖质物质结构简单，易于微生物利用降解。

图1A～C显示，随着垃圾填埋时间的延伸，相同浓度DOC的荧光强度不断降低，并且类腐殖质荧光峰消失了，显示垃圾填埋初期物质主要发生的是降解作用。不同年限荧光谱图之差可以反映出随着填埋年限的延伸填埋垃圾DOM中有机质的转化情况，图1D为填埋1年与2年垃圾DOM三维荧光光谱图之差，出现的荧光峰为类色氨酸荧光峰和类腐殖质荧光峰，图1E为填埋2年与填埋3年垃圾DOM的三维荧光光谱图之差，出现的荧光峰为类色氨酸荧光峰，因此可以知道，在垃圾填埋的1～3年，类色氨酸物质和类腐殖质物质均发生了降解，而类酪

氨酸物质几乎没发生变化，在垃圾填埋的1～2年，DOM三维荧光图荧光强度迅速下降，有机组分降解迅速，而在垃圾填埋的2～3年，DOM三维荧光图荧光强度下降幅度较小，有机质降解缓慢。

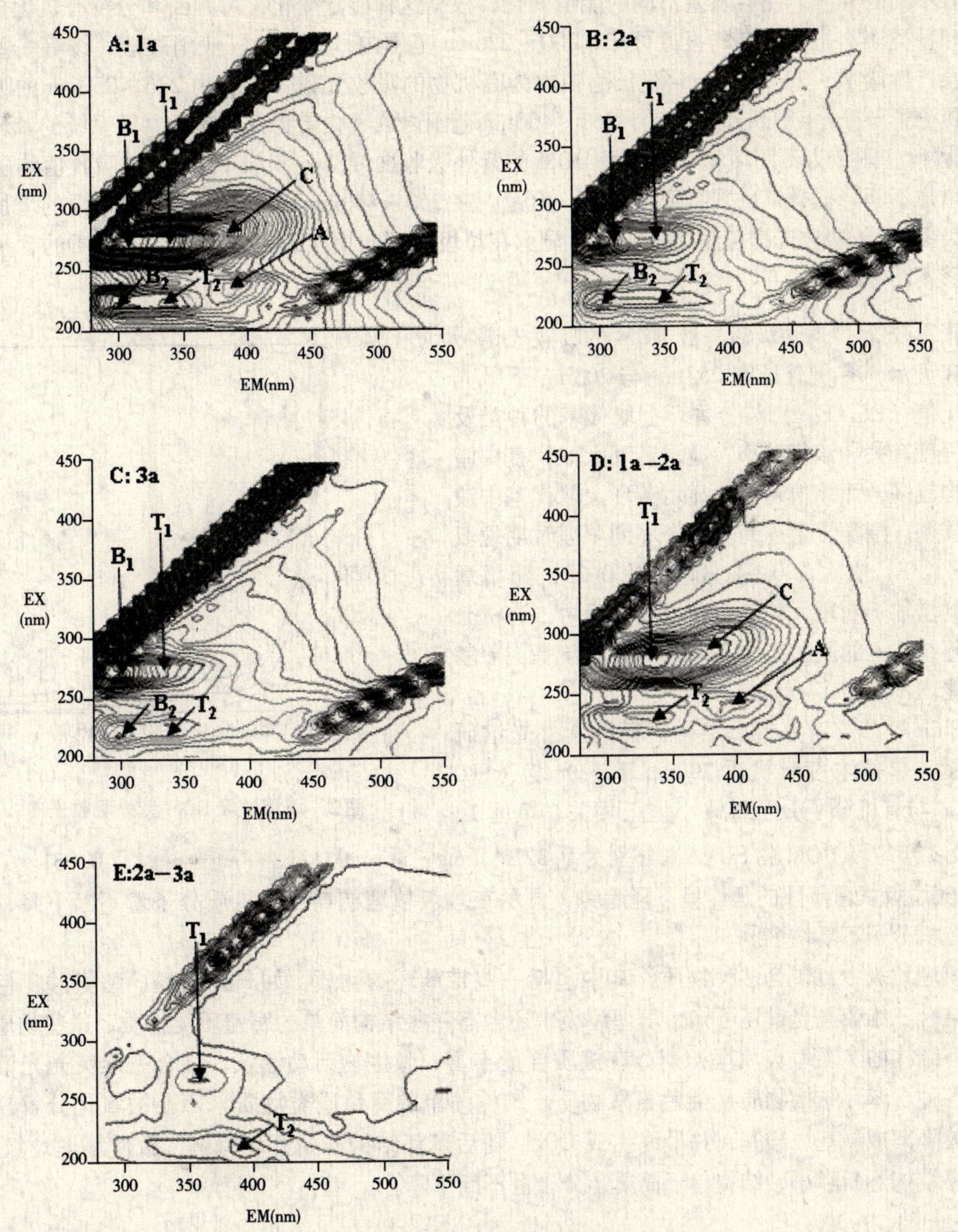

图1　填埋垃圾DOM三维荧光光谱

垃圾填埋后，有机质主要发生两个微生物转化过程，降解和腐殖化，降解导致结构复杂的有机质趋于简单和减少，而腐殖化导致腐殖质物质的增多和结构的复杂化。填埋1～3年垃圾DOM的三维荧光光谱图显示，该填埋时期垃圾主要发生的是降解作用，不但降解了蛋白质、多肽、氨基酸等易降解物质，一些结构简单的腐殖质物质也被降解了。荧光图1D和图1E还表明，垃圾填埋初期（1～2年）比后期（2～3年）荧光强度下降更为迅速，物质降解更快。一般而言，垃圾填埋初期，填埋垃圾携带有大量的氧气，有机质主要发生的是好氧降解，随后在过渡阶段，氧气降低直至耗尽，有机质进行的为厌氧降解，有机质降解缓慢。

（二）紫外吸收光谱

当分子吸收特定波长的电磁波时，可使电子从基态跃迁至激发态，产生吸收光谱。有机物分子吸收不同的光波，便会发生不同的能量变化，根据这种能量变化，可判断和分辨有机化合物的结构和种类[7]。根据已有的报道可知，200~226nm 范围内，硝酸盐、亚硝酸盐、铵等一些无机离子会产生吸收，226~400nm 波长范围内为有机物的吸收光谱带，其中 226~250nm 的吸收带为有机分子 π-π* 结跃迁所产生，260~400nm 范围内的吸收带为具有多个共轭系统的苯环结构所产生[15]。图 2 为不同填埋时期垃圾 DOM 的紫外吸收曲线，各年限 DOM 紫外吸收值均随着波长的增加不断降低，未出现特征吸收峰。但是，在 260~400nm 吸收波段内，随年限的增加，填埋垃圾 DOM 的吸收光谱值呈下降趋势，显示在垃圾填埋初期，各种带苯环结构物质的含量随时间推移不断下降。

张军政等[16]对垃圾渗滤液 DOM 的吸收光谱特效研究显示，有机分子在 253nm 与 203nm 下吸光度的比值（E_{253}/E_{203}）与芳香环上取代基的种类及取代程度有关。该值越小，显示芳环上取代基中脂肪结构越多，而该值越大，显示芳环上取代基中羧基、羰基、酯类含量越高。三个不同填埋时期垃圾 DOME_{253}/E_{203}依次为 0.04、0.17 及 0.23，随填埋年限的增加不断增大，表明在填埋过程中，有机分子苯环结构上的脂肪结构不断减少，而羰基、羧基等官能团不断增多。

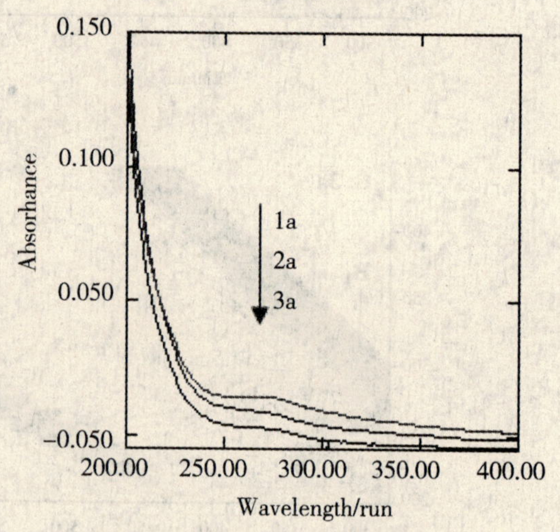

图 2　填埋垃圾 DOM 紫外吸收光谱

Chin 等[17,18]对有机质结构特征的紫外光谱研究显示，单位浓度有机质 280nm 下吸光度（$SUVA_{280}$）与有机分子分子量大小呈正相关。填埋 1、2 年及 3 年垃圾 DOM 的 $SUVA_{280}$分别为 0.22L/（mg·m）、0.12L/（mg·m）及 0.03L/（mg·m），随垃圾填埋年限的延伸呈下降趋势，显示在垃圾填埋初期，有机质分子量不断下降，小分子量有机分子不断增多。

填埋垃圾中，包含多种物质，其中包括一些带苯环的物质，如苯丙氨酸、酪氨酸、色氨酸等，结合三维荧光光谱还可知，填埋垃圾中还含有一些结构简单的腐殖质类物质，这些物质也是带苯环结构的。在垃圾填埋初期，有机质含量丰富、微生物活动活跃。结合三维荧光光谱图可知，各种含苯环结构物质（类色氨酸物质、结构简单的腐殖质类物质）不断被氧化分解，脂肪结构被降解成羰基、羧基，并最终生成 CO_2，随后苯环结构开始开环降解，致使填埋垃圾 DOM 中苯环结构不断降小，结构趋于简单，分子量不断下降。

三、结　论

采用三维荧光光谱和紫外吸收光谱，对填埋初期垃圾 DOM 的研究表明：

1. 垃圾填埋初期有机质主要成分为类蛋白物质和结构简单的类腐殖质物质，随着填埋时间的延伸类色氨酸物质和类腐殖质物质均被降解，且在填埋 1~2 年的降解速度大于 2~3 年的降解速度。

2. 随着填埋年限的增加，填埋垃圾 DOM 中带苯环结构物质含量不断减少，苯环结构上的脂肪类取代基不断被降解成羰基、羧基等官能团，分子量降低。

参考文献

[1] 陈海滨，郭朋恒．采用水消费系数法收缴生活垃圾费用的研究［J］．环境卫生工程，2005，13（5）：28－30.

[2] 郝永俊，王云龙，孙华，等．城市生活垃圾分类收集对填埋初期物流的影响［J］．科技通报，2008，24（5）：700－705.

[3] 邹庐泉，何品晶，邵立明，等．垃圾填埋初期渗滤液循环对其产生量的影响［J］．上海交通大学学报，2003，27（11）：1784－1787.

[4] Shalini S. S.，Karthikeyan O. P.，Joseph K. Biological stability of municipal solid waste from simulated landfills under tropical environment［J］. Bioresource Technology，2010，101（3）：845－852.

[5] 杨军，黄涛，曹江英．垃圾填埋场降解规律研究［J］．环境监测管理与技术，2007，19（2）：41－43.

[6] 席北斗，何小松，赵越，等．填埋垃圾稳定化进程的光谱学特性表征［J］．光谱学与光谱分析，2009，29（9）：2475－2479.

[7] 李卫华．废水生物处理过程的紫外与分光光谱解析［D］．中国科学技术大学博士学位论文，2008，11－12.

[8] Yamashita Y. H.，Eiichiro Tanoue. Chemical characterization of protein－like fluorophores in DOM in relation to aromatic amino acids［J］. Marine Chemistry，2003，82：255 － 271.

[9] Hudson N.，Baker A.，Wardb D.，et al. Can fluorescence spectrometry be used as a surrogate for the Biochemical Oxygen Demand（BOD）test in water quality assessment? An example from South West England［J］. Science of the Total Environment，391，149－158.

[10] Coble P. G. Characterization of marine and terrestrial DOM in seawater using excitation emission matrix spectroscopy［J］. Marine Chemistry，1996，51：325 － 346.

[11] Mayer L. M.，Schik L. L.，Loder T. C.. Dissolved protein fulouresce in two Maine estuaries［J］. Marine Chemistry，1999，64：171－179.

[12] 蒋凤华．渤海和胶州湾海域溶解有机物荧光及其在环境溯源中的应用［D］．中国海洋大学博士学位论文，2006，15－17.

[13] Chen W.，Westerhoff P.，Leenheer J. A.. Fluorescence excitation － emission matrix regional integration to quantify spectra for dissolved organic matter［J］. Environmental Science & Technology，37：5701－5710.

[14] Shao Z. H.，He P. J.，Zhang D. Q.，et al. Characterization of water－extractable organic matter during the biostabilization of municipal solid waste［J］. Journal of Hazardous Materials，2009，164：1191－1197.

[15] 郝瑞霞，曹可心，赵钢，等．用紫外光谱参数表征污水中溶解性有机污染物［J］．北京工业大学学报，2006，32（12）：1062－1066.

[16] 张军政，杨谦，席北斗，等．垃圾填埋渗滤液溶解性有机物组分的光谱学特性研究［J］．光谱学与光谱分析，2008，28（11）：2583－2587.

[17] Chin Y P，Aiken G R，O`Loughlin E，. Molecular weight，polydispersity，and spectroscopic properties of aquatic humic substances［J］. Environmental Science and Technology，1994，28（11）：1853 － 1858.

[18] Wang L. Y.，Wu F. C.，Zhang R. Y.，et al. Characterization of dissolved organic matter fractions from Lake Hongfeng，Southwestern China Plateau［J］. Journal of Environmental Sciences，2009，21，581 － 588.

城市水环境综合整治与生态城市建设初探

——以沈阳市生态城市建设为例

李建熹　徐景阳

（沈阳市环境监测中心站　沈阳　110016）

摘　要　本文论述了水环境综合整治在生态城市建设中起到的重要作用、存在的主要问题及水环境与水生态建设措施，并以沈阳市生态城市建设为例进行了简要分析。

关键词　水环境　生态城市　沈阳市

一、水环境在生态城市建设中的作用

在城市快速发展过程中，水环境作为至关重要的生态环境因素融入其中，起到了关系城市生存、制约城市发展、影响城市风格和美化城市环境的重要作用。

水资源的主要使用功能是可以作为饮用水和景观用水。而其生态功能主要是改善气候和生物多样性，因此，水资源的状况，也就是水环境的质量已成为城市发展的前提。生态城市的建设对水环境的质量也提出了更严更高的要求，见表1。

表1　生态城市建设对水环境的要求标准

分　类	名　称	单　位	指　标
经济发展	单位GDP水耗	m^3/万元	≤150
环境保护	城市水功能区水质达标率 近岸海域水环境质量达标率	%	100，且城市无超4类水体
	COD排放强度	kg/万元（GDP）	<5.0，不超过国家主要污染物排放总量控制指标
	集中式饮用水源水质达标率 城镇生活污水集中处理率 工业用水重复率	%	100 ≥70 ≥50

二、目前水环境存在的主要问题

（一）水污染处理系统滞后，影响城市水环境质量

截至2008年6月，我国已建成的污水处理厂约有1 400座，这些污水处理厂的建设，极大地提高了城市污水的处理水平，但处理量的增加仍远远滞后于污水排放量的增长。据了解，我国有近1/3的污水处理厂未能正常运行，还有部分新建污水处理厂或是以调试为名长期闲置，只是作为“样子工程”应付检查，有的甚至对进污水不加处理就直接外排。城市垃圾无害化处理不达标也加剧了水污染。

（二）重污染企业布局不合理，水污染事故频繁发生

现仍有不少化工、石化等重污染企业建在大江大河沿岸、城市饮用水水源地附近和人口密集区，各类水污染事故频繁发生，甚至影响到城市间乃至国家间的水环境质量。

（三）水资源开发利用过度

目前我国淮河、辽河水资源开发利用率超过60%，海河超过90%，明显超出国际上30%～40%的水生态警戒线。并且，部分城市由于地下水长期超采，还引发了地面下沉、管网漏损率增加等问题。此外，城市供水安全存在隐患、城市用水效率偏低、城市水生态系统退化严重、管理体制机制不完善等，都是城市水环境所要解决的问题。

三、城市水环境与水生态建设措施

（一）水资源建设措施

控制提高资源使用效率，有效减少水体纳污负荷。通过开展环境审计，控制环境生态资源高耗能型单位的生产活动，降低污染物排放；实行监督抽查，限制或取缔排放高强度水污染物单位的污染物排放；提高审批门槛，排污负荷分配至所在地区的总量指标中；完善污水管网，实行污水管网与城市排水管网分行；分散处理污水，有效削减集中污水处理覆盖区外围的水污染负荷，并加快治污进程，清理排入或存于自然水体中的污染物；严格执行水源管理，清除水源保护区内的一切生产和生活行为。

（二）保障水体自然生态环境措施

保护水体自然风貌，保障生物生存条件。通过保护入河口的湿地生态功能，增强水源地防治污染影响的能力；增设污水处理厂出水管网，利用回用水作为枯水期城市环境生态用水；恢复性修复重点河段生态堤岸，提供水生生物栖息繁衍的生存条件；清理河流两岸违规用地，构建滨河水生生态系统；建立河口湿地滩涂带，改善入河口水环境质量和生态环境。

（三）构建水环境监管机制措施

停止对重要水环境与水生态资源的持续使用和开发。制定水环境与水生态保护管理条例，为纠正破坏水环境与水生态行为及监管审核排放水污染物的行为提供法律依据；对用水者实行使用水管理，通过核发用水和排水许可证，采取对用水者按水量、水质分级收取供水、排水费用；完善水环境与水生态保护管理机制，增加环境主管部门、水务工程及条件保障等相关部门的职能；研发水环境与水生态系统修复技术，引进、推广国内外先进的管理方法和应用技术；研究环境的新问题及解决问题的新方法；加强水环境与水生态系统的监测能力建设，补充和完善水环境与水生态质量的监测项目、控制标准、技术手段和评估手段。

（四）饮用水源建设措施

完善水源保护区内的管理措施、清理水源保护区内违法活动；封闭所有进入水库河流上游的污水排放口、健全河口面源污染防护湿地；安全清除或有效封闭水库淤积区污染底泥、提高水库水体氧含量；实施小流域水资源与水环境综合整治工程、增强汇水区的水源涵养防护；合理调整水源保护区周边地区的产业发展方向、严格控制占用水源保护区的用地。

四、城市水环境综合整治与生态城市建设——以沈阳市为例

沈阳是全国著名的重工业城市，历史上环境污染十分严重，曾被列入世界十大污染城市的“黑名单”。近年来，经过大规模的城市建设和旧城区改造，沈阳市合理调整城市布局、工业结构和产业结构，进行了大面积城市绿化和水系建设。为了尽快推进生态型城市，保持城市资源与环境的可持续发展，沈阳市从水环境综合整治入手，构建城市生态大格局，布置了新的城市环境规划，并加大生态系统建设、污水治理、固废处理、企业监管整治力度，城市水环境质量显著改善，为生态城市建设奠定了坚实的基础。

（一）空间布局重新规划

沈阳的铁西工业区是历史形成的重工业区，工业布局面临着艰巨的调整任务。这里的工业用地已由建设初期的城市边缘地区演变到城市核心地区。由于土地区位价值的日益提高，老工业区蕴涵着巨大的土地开发价值，同时大部分优势产业、污染严重的企业也聚集在这块区域中，铁西工业区面临着加快发展和产业升级的艰巨任务。在经历了对150多户企业实施“东搬西建”的重大规划调整后，工业增幅高达40%以上，同时也结束了沈阳重度污染的历史。

（二）生态布局趋于完善

沈阳市初步形成了东部青山半入城和西部森林环抱、城内绿化成网的绿化体系。城市延续和

完善山水城林、和谐共生的生态格局。在城市的东部、北部，东北、西北、西南部，建成5处大型楔形绿地。在三环范围内，依托自然山水，秉承历史文脉，以浑河自然水体，即“蓝带”为主脉，联动水域网络，构筑城市拥水发展的空间格局，形成沈阳城市水系布局结构，即：“一轴、两环、四城、九湖”。

在加强原有自然保护区域的环境保护外，进一步扩大保护地区的数量、面积和范围。新增建了沈阳东部自然物种与水源涵养生态功能保护区和33个重要生态保护地，重要生态区域面积扩大了1 198平方公里，有90%以上具有重要保护价值的生物物种和生物资源控制在保护范围内。目前，沈阳市受保护地区面积已达3 906.98平方公里，占全市国土面积的30.9%，高出生态市标准13%，在全国已经成为受保护地面积占国土面积高比例城市。

（三）城市基础设施全面改造

为实现创建国家生态城市和总量减排目标，大力实施污水处理厂建设。全市集中污水处理厂由2个增至9个，在城区建成沈水湾、仙女河、满堂河等不同规模的城市污水处理厂，实际日污水处理量为117万吨，污水处理率由2002年的13%上升为75%。从根本上改善了沈阳水环境质量。按照城市污水处理及利用规划，沈阳市在东部地区（浑河上游）建设了满堂河生态型污水处理厂。该工程是沈阳地区第一座采用人工湿地技术进行污水生态处理的示范工程，彻底改善了沿岸生态环境。城市生活垃圾日处理能力由1 000吨增加到3 500吨，处理率提高到100%，从而结束了沈阳没有生活垃圾无害化处理场的历史。同时，进一步完善固废处理设施，投资2 800万元，采取反渗透膜技术分别对老虎冲、大辛垃圾处理场渗滤液处理设施进行了建设和完善，改造完成了日处理能力15吨的医疗废物焚烧厂，实现了医疗垃圾安全处置。

（四）综合整治重点城市河流

河流流域综合整治方面，实施污水收集系统建设，彻底改善浑河干流水质。2002年以来，沈阳逐步完善了城市污水排放和收集系统，实施直排浑河污水截流工程，城区向浑河直排污水的5个排污口全部截流，关闭了五里河、工农泵站、龙王庙和罗士圈子4个城市污水集中排放口，建成2.2米×2.4米双孔排污暗渠10余公里长，使污水全部得到收集，并截流至沈水湾污水处理厂处理。同时还开展了辽河、浑河主干河流和蒲河、白塔堡河、满堂河、长河、左小河、八家子河等支流河综合整治，辽河、浑河水质同比得到进一步提升，化学需氧量排放量大幅下降。浑河沈阳段由重污染级达到污染级，浑河城区段消除了恶臭，水质明显改善。水质超标项目由2001年的6项，减少到2项，浑河主要污染物化学需氧量浓度值明显降低，2008年丰水期，首次达Ⅱ类水体。

（五）开展支流河环境整治

2002年起对浑河支流河白塔堡河干流进行了疏浚。2003年，实施了白塔堡河流域综合治理工程，该工程集防洪、排涝、蓄水、绿化、生态环保和观赏为一体。同年，又对浑河支流河满堂河10公里城区段进行了环境综合整治。2005年，全面开展了细河综合整治工程。通过采取污水厂建设、河道清淤、两岸绿化等措施，使细河水质得到了明显改善，主要污染指标下降了80%，生态环境得到逐步恢复。

（六）开展污染源综合整治

全市共关停、搬迁装备落后、污染严重和效益低下的工业企业达600多家，合并、重组和改造企业达300多家，有效减少了污染物排放，降低了对城市环境的影响。

通过上述措施对城市水环境的综合整治，对生态城市的建设起到了决定性的作用。城市综合环境质量得到有效提高，居民生活环境也进一步改善，产业升级、经济腾飞，环境建设为沈阳的快速可持续发展奠定了坚实可靠的基础，同时，也创建了一个和谐的人文社会环境。生态城市建设是一项长期的、复杂的、艰苦的工作，只要坚持不懈地努力，我们的目标就会达到。

福州市酸性降水现状研究

赵卫红

（福建省环境监测中心站　福州　350003）

摘　要　以近年来降水监测数据为基础，对福州市酸性降水的变化趋势和区域分布特征进行分析，并从环境空气质量、致酸污染物及气象条件等方面探讨了酸性降水的主要影响因素，认为福州市降水出现一定酸化，春季降水酸化较严重，福州市降水中主要阴离子为硫酸根，酸雨为硫酸型，但近年来硝酸根对酸性降水的贡献较大，酸雨污染逐步从硫酸型向硫酸硝酸混合型转变。

关键词　酸性降水　变化趋势　分布特征

福州市是福建省政治、经济、科教和文化中心，位于我国东南沿海，属于国家酸雨控制区。20 世纪 80 年代初建立了降水常规监测网，对酸雨进行较全面的监测。福州市属于二氧化硫低排放区，环境空气质量较好，二氧化硫、二氧化氮和可吸入颗粒物年均值均达到国家环境空气质量二级标准，酸雨污染程度在全省不是最严重的，但“十五”以来，福州市降水酸度略有增强，且酸雨出现频率也呈上升趋势，表明酸雨污染程度未得到明显减轻[1]。

一、点位布设与监测频次

福州市 20 世纪 80 年代初建立了降水常规监测网，对酸雨进行较全面的监测。共布设鼓山、紫阳、金鸡山和师大 4 个降水监测点，其中鼓山为郊区点位，其余 3 个为城区点位；降水 pH 值和电导率逢雨必测。降水离子全组分 SO_4^{2-}、NO_3^-、F^-、Cl^-、NH_4^+、Ca^{2+}、Mg^{2+}、Na^+、K^+ 等，每月监测一次。每年约取得 200 多个降水样本数。

根据环流形势、天气过程和要素变化的特点，福建省一年四季的划分标准为：春季（3 ~ 6 月）、夏季（7 ~ 9 月）、秋季（10 ~ 11 月）和冬季（12 月 ~ 来年 2 月）。

二、福州市降水现状及变化趋势

（一）年际变化

“十五”以来，福州市降水出现一定酸化，2001—2008 年上半年降水 pH 平均值在 4.79 ~ 5.70 之间，酸雨出现频率在 11.9% ~ 76.1% 之间；与厦门、泉州、邵武等酸雨污染严重的城市相比，福州市的降水酸度和酸雨出现频率有所不及，酸雨污染程度在全省 23 个城市中属于中等水平，但图 1 显示降水酸度总体呈增强趋势，即降水 pH 年平均值逐年降低，酸雨出现频率呈上升趋势，但这一趋势是缓慢的和振荡式的；2001 年和 2002 年，福州市的降水 pH 平均值均 > 5.6，属非酸雨区（pH 年平均值 ≥ 5.6），2003—2005 年降水 pH 平均值在 5.23 ~ 5.58 范围之间，属轻酸雨区（5.0 ≤ pH 年平均值 < 5.6），2006 年降水 pH 平均值又升至 5.66，2007 年起降水酸度明显增强，2008 年上半年福州市降水 pH 平均值为 4.79，是近几年同期的最低值，属于中酸雨区（4.5 ≤ pH 年平均值 < 5.0）；酸雨出现频率达 76.1%，是近几年同期的最高值，表明酸雨污染呈加重趋势。

（二）年内变化

表 2 列出福州市近年来降水 pH 均值及酸雨出现频率月变化，显示出较明显的季节变化，春季是福州市降水酸化较严重的季节，尤其是每年的 3 月份降水 pH 月均值都是 12 个月中最低的，且都低于 5.6，酸雨出现频率也相应较高；冬、夏两季次之，秋季相对较轻；但不同年度月变化规律略有差别，2004 年和 2005 年春季和冬季降水酸化程度高于其他 2 个季节，2006 年和 2007

年则是春季和夏季降水酸化程度较高。

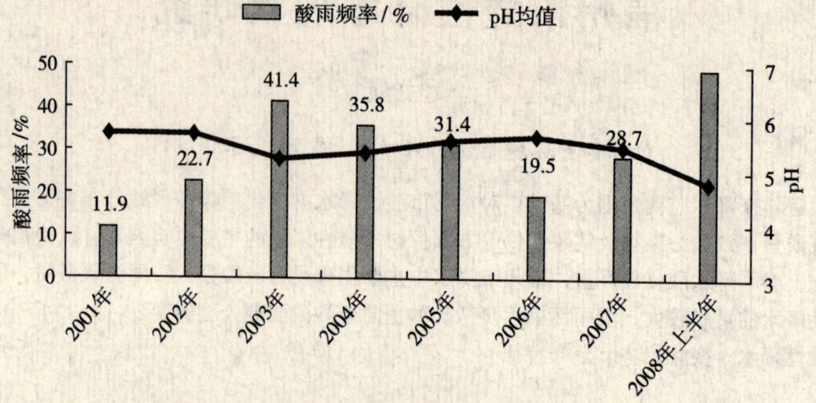

图1　福州市酸性降水变化趋势

表1　福州市降水 pH 均值及酸雨出现频率月变化

年度	指标	1	2	3	4	5	6	7	8	9	10	11	12
2004	pH 月均值	5.36	5.45	5.14	5.92	5.47	6.07	5.91	5.43	5.56	—	5.57	5.75
	酸雨频率/%	22.7	41.7	57.1	14.3	51.5	0	21.7	34.5	52.8	—	10	14.3
2005	pH 月均值	6.16	5.15	5.23	5.36	5.57	5.79	5.64	5.69	5.96	5.94	5.87	6.27
	酸雨频率/%	0	48.6	48.6	36.8	35.3	24.2	25	12.5	25	0	10	0
2006	pH 月均值	6.01	5.97	5.51	5.82	5.74	5.54	5.81	5.59	5.56	—	5.66	5.94
	酸雨频率/%	0	9.1	34	18.2	22.2	22.4	12.5	25	21.1	—	14.3	5.3
2007	pH 月均值	5.91	5.86	5.57	5.6	5.75	5.19	5.24	5.42	5.76	5.83	5.72	5.6
	酸雨频率/%	4.2	15.6	25	31.3	15	56.3	100	32.5	18.8	12.5	25	25

三、酸雨分布特征

福州市酸性降水具有明显的地域性，酸化最严重的是郊区点鼓山，近年来，降水 pH 均值均低于5.6，酸雨出现频率在67.9～83.7之间，城区点位紫阳、金鸡山、师大降水酸化程度相对较轻，降水 pH 均值均大于5.6，酸雨出现频率在3.5～20.9之间；但从变化趋势看，福州市各点位降水 pH 均值逐年降低，酸度有所增强（见表2），2008年上半年，紫阳、金鸡山、师大降水 pH 均值均低于5.0，属于中酸雨区，鼓山降水 pH 均值低于4.5，属于重酸雨区，其降水 pH 最低值为3.82，是几年来的最低值。从降水分布看，各点位每年上半年约取得50个的降水样本数，每年降水的次数差别不大；2005年上半年至2008年上半年，福州市降雨量分别为764.1mm、1128.2mm、642mm和848mm，除2006年上半年降雨量较大外，其余年份降雨量差别在100～200mm之间，但2008年上半年各点位酸雨出现频率却大幅上升，尤其是鼓山点位高达100%，成为逢雨必酸的点位。

四、降水化学组成

（一）福州市降水化学组成分析

降水中各项离子所占的当量比例见图3。福州市降水中主要阴离子为硫酸根，占离子总当量的比在9.27%～20.44%之间；其次为硝酸根离子和氯离子，占离子总当量的比分别在5.57%～

11.67%和3.22%~5.48%之间；降水中的主要阳离子为钙离子和铵离子，占离子总当量的比分别在40.31%~49.07%和13.04%~25.76%之间。

表2 各监测点位降水pH均值及酸雨出现频率

	鼓山		紫阳		金鸡山		师大	
	pH	酸雨频率/%	pH	酸雨频率/%	pH	酸雨频率/%	pH	酸雨频率/%
2005年	5.02	83.7	5.82	19.4	5.78	20.6	5.7	20.9
2006年	4.99	67.9	5.88	3.5	5.88	4.7	5.88	4.7
2007年	4.83	74.3	5.63	13.5	5.68	13.5	5.69	13.5
2008年上半年	4.35	100	4.96	68.1	4.94	68.1	4.92	68.1

（二）主要致酸离子的比例变化

降水中主要致酸阴离子为硫酸根和硝酸根，对降水酸度有缓冲作用的主要碱性离子为钙离子和铵离子，硫酸根和硝酸根离子总当量越高，越容易形成酸雨，钙离子和铵离子总量越高，对酸雨的缓冲能力越强。用硫酸根和硝酸根离子的总当量与钙离子和铵离子的总当量的比值可作为判断降水是否容易酸化的指标[2]；2006年上半年至2008年上半年，福州市降水中硫酸根和硝酸根离子的总当量与钙离子和铵离子的总当量的比值在0.27~0.68之间，呈逐年上升趋势，降水酸度增强（见表3）。

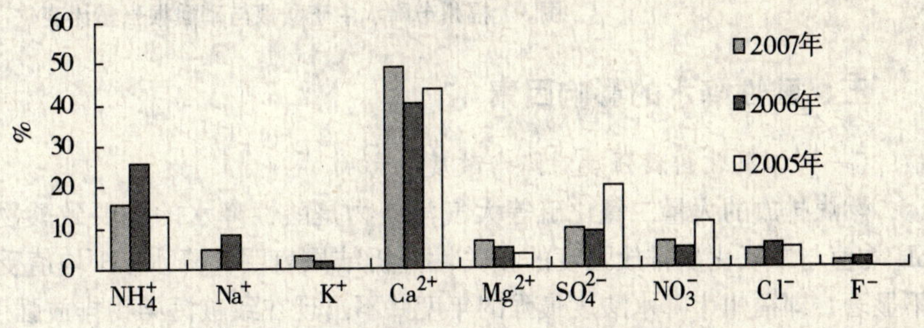

图2 福州市降水中各项离子所占的当量比例

在降水离子总量基本不变的情况下，主要致酸离子的比值发生变化，降水酸度也随之改变。2008年上半年降水离子总量与2007年上半年基本持平，但主要致酸离子所占的当量比却发生改变，降水中SO_4^{2-}和NO_3^-所占的当量比分别较2007年上半年上升10.5个和5.4个百分点，而Ca^{2+}的当量比则下降21.96个百分点，硫酸根和硝酸根离子的总当量与钙离子和铵离子的总当量的比值明显升高，由于致酸阴离子上升，碱性离子下降，对降水酸化的缓冲作用减轻，使得福州市2008年上半年降水酸度增强，酸雨污染加重。因此，降水中致酸阴离子与碱性离子的比值是影响酸雨形成的主要因素。

表3 福州降水中主要致酸离子所占的当量比例/%

	NH_4^+	Na^+	K^+	Ca^{2+}	Mg^{2+}	SO_4^{2-}	NO_3^-	Cl^-	F^-	$(SO_4^{2-}+NO_3^-)/(Ca^{2+}+NH_4^+)$	pH值
2006年上半年	28.48	7.89	0.98	35.18	4.75	9.94	7.46	3.05	2.26	0.27	5.63
2007年上半年	17.47	5.01	3.11	43.46	6.09	12.94	5.30	4.82	1.81	0.30	5.44
2008年上半年	28.70	3.60	2.60	21.50	1.90	23.40	10.70	7.50	0.20	0.68	4.79

福州市降水中SO_4^{2-}和NO_3^-的当量比范围在1.51~1.75之间，平均为1.64，表明降水中的酸性物质是以硫酸盐为主。但近年来福州市降水阴离子中，SO_4^{2-}/NO_3^-的平均当量比值逐年降低（见图6），2007年为1.51，明显低于福建省平均水平（3.57），表明NO_3^-对酸性降水的贡献较

大，酸雨污染逐步从硫酸型向硫酸硝酸混合型转变。这与城市机动车保有量的增加和二氧化氮浓度的上升密切相关。

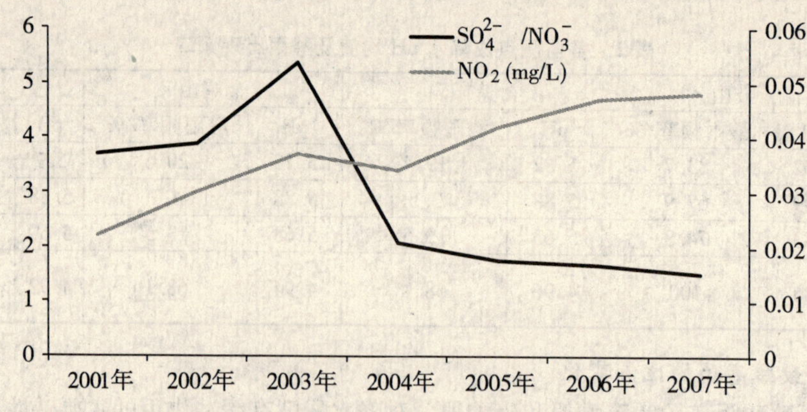

图3 福州市降水中硫酸根与硝酸根当量比变化

五、酸性降水的影响因素

（一）二氧化排放强度对降水酸度的影响

燃煤排放的大量二氧化硫等大气污染物是酸性降水的主要致酸物质，对福州市历年来降水pH均值与二氧化硫排放强度的相关性分析结果表明，降水pH均值受二氧化硫排放强度的影响不显著，即福州市降水酸度最强的年度并不出现在致酸污染物排放强度最大的年度。与上海、南京、徐州、苏州、杭州和广州等周边城市比较，福州市为二氧化硫的低排放区（见表4），环境空气质量总体较好，二氧化硫、二氧化氮和可吸入颗粒物年均值均优于国家环境空气质量二级标准；但降水酸化程度福州却比武汉、徐州和南京等城市严重，表明福州市酸性降水不仅是本地致酸污染物引起的，还与周边地区污染物的输送有关。酸性污染物及其变化产物长距离传输是导致区域性酸性降水的主要原因，一个城市的酸性降水受局地和外来致酸污染物的同时影响，福建省地处东亚酸雨区，是受异地污染影响较为强烈的地域，受区域二氧化硫和氮氧化物等致酸前体物的排放影响较大，研究表明，福建省硫酸根沉降量中绝大多数来自邻近省份的远距离输送[3]；一年4个季节中，60%以上的硫酸根沉降量来自外省的输送，春夏季福建省西边的省份向其输送的沉降量偏多，秋冬季北边的省份输送量偏多，这与各个季节的风场条件相一致。

表4 2006年福州市与周边城市二氧化硫排放量比较 单位：万 t/a

福州市	杭州市	广州市	武汉市	南京市	徐州市	苏州市
10.15	12.12	12.48	13.26	14.63	17.77	23.20

（二）二氧化氮对降水酸度的影响

氮氧化物是降水酸化的另一原因，主要来源于石化燃料的高温燃烧。近年来，福州市降水阴离子中NO_3^-的含量逐年上升，酸雨污染逐步从硫酸型向硫酸硝酸混合型转变。这种现象的出现与城市机动车保有量的增加和二氧化氮浓度的上升密切相关。2007年，福州市公路交通氮氧化物排放量2.6万吨，较2006年上升8.3%，造成空气中二氧化氮浓度也呈逐年上升趋势，在全省23个城市中福州市空气中二氧化氮浓度一直是最高的，在氧化性较强的大气中氧化生成硝酸进入雨水中，使得降水中NO_3^-总量增加，促进降水酸化。

（三）颗粒物对降水酸度的影响

大气颗粒物的酸碱性和化学性质对酸雨形成也起着重要作用，福州市4个点位受区域致酸污染物的影响应该是一致的，但郊区点位和城区点位的降水酸化程度却不同，主要与各点位所处地理位置和局地污染源有关，鼓山地处福州郊外，海拔969米，四周是山地森林，空气中尘类污染物少，对降水酸度有缓冲作用的主要碱性离子钙离子和铵离子的含量较低，对酸雨缓冲能力较小，降水酸化较严重；而城区点位人为活动的干扰较多，工业粉尘、建筑施工扬尘、道路扬尘等碱性颗粒物对酸性降水起到缓冲作用。

（四）气象条件对降水酸度的影响

福州市酸雨的季节性变化与本地气象条件的季节性变化特征密切相关，在污染源排放污染物相对平衡的情况下，城市污染气象条件决定了大气对污染物的输送和扩散能力。研究表明850hPa高度上为大气污染物的主要输运高度，采用850hPa天气图的风场资料，对全省沿海等城市在不同风向下酸雨分布进行分析表明，850hPa上空风向的变化对各个城市酸雨污染产生一定程度的影响，在偏南风、偏西风和西北风影响下酸雨出现机会相对比其他风向多。福州市春季降水特点是阴雨连绵，受入海高压后部影响，低空常有西南急流出现，有利于两广地区致酸污染物的长途输运，加上春季大气层结稳定，极易在低空形成逆温，使得局地污染物出现堆集，对城市降水酸度产生不同程度的影响。冬季受冷高压控制时，存在下沉气流且热力对流弱，常伴有强的辐射逆温，不利于局地污染物扩散，降水主要受北方冷空气南下影响，过程雨量不大，在此期间，正是北方各省采暖季节，燃煤量大，二氧化硫排放强度高，北方邻近省份的污染物可随北风南下，形成大面积的酸性降雨。夏季主要受副热带高压控制，热力对流强，降水多数由台风和局地强对流活动引发，雨水丰富，有利于空气污染物的扩散及洗消；但由于夏季降水量非常大，所以酸的总沉降量并不低，因此某些年份夏季降水也出现酸化。秋季降水较少，大气和云水中碱性物质较多，降水酸化相对较轻。

六、结　论

1. 多年降水监测数据表明，福州市降水出现一定酸化，降水pH年平均值逐年降低，酸雨出现频率总体呈上升趋势，但这一趋势是缓慢的和振荡式的。

2. 福州市酸性降水具有明显的地域性，郊区点位鼓山降水酸化程度重于城区各点位；从季节变化看，春季降水酸化较严重，冬、夏两季次之，秋季相对较轻，与本地气象条件的季节性变化特征密切相关。

3. 降水中主要阴离子为硫酸根，但近年来硫酸根和硝酸根离子的平均当量比值逐年降低，硝酸根对酸性降水的贡献较大，酸雨污染逐步从硫酸型向硫酸硝酸混合型转变。因此，控制酸雨污染的发展，限制二氧化硫排放的同时，也要重视二氧化氮对降水酸化的影响。

4. 降水中的主要阳离子为钙离子和铵离子，城区点位钙离子和铵离子的含量高于郊区点位，对酸性降水起到一定缓冲作用。

5. 福州市为二氧化硫的低排放区，环境空气质量总体较好，二氧化硫、二氧化氮和可吸入颗粒物年均值均优于国家环境空气质量二级标准；降水pH均值受二氧化硫排放强度的影响不显著，表明福州市酸性降水不仅是本地致酸污染物引起的，还与周边地区污染物的输送有关。

参考文献

[1] 林长城，林祥明，邹燕，等．福州气象条件与酸雨的关系研究［J］．热带气象学报，2005，21（3），330－336.

[2] 赵卫红．福建省主要城市降水离子特征及沉降量现状分析［J］．亚热带资源与环境学报，2008，22（4）：405－410.

[3] 屈玉，肖辉，王振会，等．福建省硫沉降量变化的分析与比较［J］．气候与环境研究，2006，11（2）：186－193.

东莞市酸性降水研究

吴对林　李美敏　罗晓虹

（广东省东莞市环境保护监测站　广东省东莞市南城体育路15号　523009）

摘　要　根据东莞市2003—2007年大气降水监测数据，对酸雨污染特征、酸雨变化趋势及酸雨成因进行了分析。结果表明东莞市的降水以酸性居多，酸雨污染较为严重。SO_4^{2-}、NO_3^-、Ca^{2+}和NH_4^+是组成降水的主要阴阳离子，酸雨污染呈逐年下降趋势。影响降水酸度的因素既有本地的固定排放源和流动排放源，也与进入大气中的微粒含量及气象条件等因素有关。

关键词　降水　酸雨　pH值　化学组成监测分析

酸雨即酸性的大气降水，包括酸性雨、雪、雾、露等沉降，通常是指pH低于5.6的降水[1]。酸雨已成为严重威胁世界环境的十大问题之一[2]。东莞市自1987年开始进行降水监测，1992年起设立了城东、城西两个常规监测点，并开始对降水进行较全面系统的监测，监测项目包括降水量、电导率、pH值、硫酸根、硝酸根、氟离子、氯离子、铵离子、钙离子、镁离子、钠离子、钾离子12项。分析指标、分析方法及仪器见表1。

表1　东莞市降水监测项目及分析方法

监测项目	分析方法	分析仪器
pH、电导率	电极法	pH计、电导仪
SO_4^{2-}、NO_3^-、F^-、Cl	离子色谱法	DX-100离子色谱仪
NH_4^+	纳氏试剂比色法（仪器型号：722S）	DX-100离子色谱仪
Ca^{2+}、Mg^{2+}、Na^+、K^+	原子吸收火焰法	AA-240Z原子吸收

本文根据2003—2007年的降水监测数据，对降水酸度的现状、季变化和化学成分、酸雨形成的机制和原因、酸雨的发展趋势，作了初步分析，并提出相应的对策措施，为今后酸雨的防治提供参考。

一、东莞市酸性降水现状及特征

（一）酸雨现状

2003—2007年的降水监测统计结果见表2。5年共采集降水样品925个，其中酸雨样本数549个，酸雨频率为59.4%，酸雨量占采集雨量的70.5%；降水pH最小值为3.57，最大值为7.59；降水pH年平均值的变化范围为4.07~5.21，均小于5.60，表明东莞市区的降水以酸性居多，酸雨污染较为严重。

表2　东莞市区2003—2007年酸雨频率和pH值

年份	总样本数/个	酸雨样本数/个	酸雨频率/%	酸雨pH值		降水pH平均值
				平均值	最小值	
2003	172	104	60.5	4.44	3.78	4.55
2004	171	119	69.6	4.41	3.72	4.47
2005	175	115	65.7	4.00	3.57	4.07

年份	总样本数/个	酸雨样本数/个	酸雨频率/%	酸雨 pH 值 平均值	酸雨 pH 值 最小值	降水 pH 平均值
2006	228	114	50.0	4.35	3.57	4.70
2007	179	97	54.2	5.03	4.36	5.21

（二）酸雨的时间分布特征

将2003—2007年的酸雨出现频率按月进行统计，结果见图1。结果表明：酸雨频率出现较高的是4~8月，达到60%以上，酸雨频率最低的是12月，酸雨频率为0，其余几个月的酸雨频率处于26.9%~52.4%。

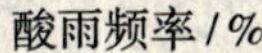

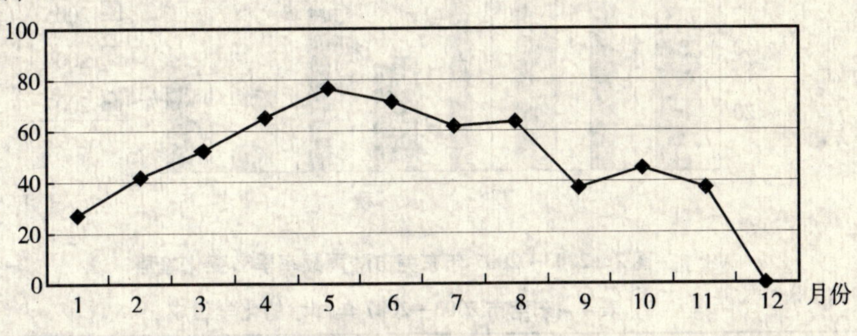

图1　2003—2007年东莞市各月酸雨频率分布

东莞市地处亚热带，冬短夏长，四季差别不明显，因此可将全年12个月按实际气温划分为春季2-4月、夏季5-9月、秋季10-11月、冬季12至翌年1月[3]。将2003—2007年降水酸度指标按季统计（见表3、图2）。结果表明降水越多，酸雨频率越高。夏季是东莞市降水较为充沛的季节，夏季的降水酸化也较严重，酸雨频率高达到64.1%，2004年夏季的酸雨频率甚至达到了82.9%；冬季的降水较少，降水的质量也明显好转，酸雨频率低于19.4%。

表3　2003—2007年东莞市降水酸度按季统计结果

季节	春（2-4月）		夏（5-9月）		秋（10-11月）		冬（12至翌年月）	
	酸雨频率	酸雨量占降水量	酸雨频率	酸雨量占降水量	酸雨频率	酸雨量占降水量	酸雨频率	酸雨量占降水量
2003	50.0	54.7	67.8	75.3	35.3	66.8	25.0	59.2
2004	57.8	63.4	82.9	86.1	33.3	56.0	8.3	7.4
2005	63.2	50.4	69.5	71.0	0.0	0.0	0.0	0.0
2006	59.6	58.1	48.0	39.8	50.0	36.5	30.0	25.8
2007	52.1	60.5	56.2	59.4	50.0	50.0	33.3	19.4
平均	55.9	57.4	64.1	66.3	40.2	41.9	19.4	22.4
降水 pH 范围	3.57~6.93		3.66~7.59		4.23~7.12		4.56~6.58	
酸雨 pH 均值	4.49		4.54		4.79		5.11	

（三）降水的化学组成

2003—2007年东莞市降水中的化学成分及其年均值（表4）统计结果表明，降水中阴离子

的主要成分是 SO_4^{2-}、NO_3^- 和 Cl^-，分别占阴阳离子总数的 47.0%、19.1% 和 7.1%；降水中含量相对较高的阳离子主要是 NH_4^+、Ca^{2+}，分别占阴阳离子总数的 11.7% 和 9.2%，而 Na^+、Mg^{2+}、K^+ 分别只占所测阴阳离子总数的 2.3%、0.5% 和 1.7%。上述结果显示，SO_4^{2-}、NO_3^-、Cl^-、Ca^{2+} 和 NH_4^+ 是决定东莞市区降水酸度的关键因素。其中 SO_4^{2-} 与 NO_3^- 是降水化学组成中比重最大的阴离子，而 SO_4^{2-} 与 NO_3^- 之比分别为 2.24、2.12、2.70、3.54、2.00，表明 SO_4^{2-} 仍是降水酸度的主要贡献者，但 NO_3^- 对降水酸度的影响有逐渐增大的趋势。

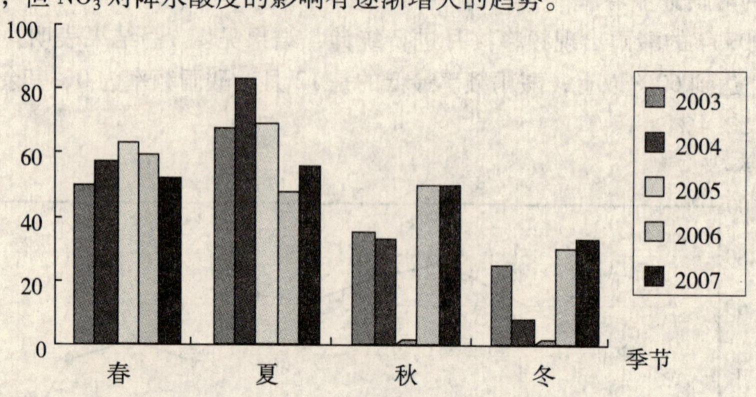

图 2　2003—2007 年东莞市酸雨频率季节变化趋势

表 4　东莞市 2003—2007 年降水的化学组成　　单位：mg/L

年份	电导率	SO_4^{2-}	NO_3^-	F^-	Cl^-	NH_4^+	Ca^{2+}	Mg^{2+}	Na^+	K^+
2003	43.0	5.25	2.34	0.22	1.19	1.89	1.36	0.09	0.45	0.21
2004	40.2	5.73	2.70	0.28	1.06	1.62	1.15	0.09	0.30	0.20
2005	39.5	7.54	2.79	0.17	0.78	1.11	1.03	0.06	0.24	0.37
2006	34.5	5.95	1.68	0.10	0.65	1.33	1.17	0.05	0.26	0.14
2007	37.0	4.48	2.24	0.12	0.71	1.27	0.95	0.05	0.16	0.14

二、酸雨成因分析

（一）酸雨形成机制[4]

酸雨的形成是一个复杂的过程，主要是由人为排放的 SO_2 和 NO_x 转化生成 H_2SO_4 和 HNO_3 的过程。

大气中的 SO_2 通过其自身的氧化气相或液相反应，能生成 H_2SO_4，它们的化学反应过程十分复杂。大气颗粒物中的铁、铜、镁等是呈酸反应的催化剂，大气光化学反应生成的臭氧和过氧化氢等又是 SO_2 氧化的氧化剂，而 SO_2 也可直接被氧化生成 SO_3 后溶于水生成 H_2SO_4；SO_3 直接与水蒸气生成 H_2SO_4。氮的氧化物在大气中的一些微粒催化下发生反应，和水蒸气结合生成 HNO_3。

反应式如下：

$$2SO_2 + 2H_2O + O_2 \text{——催化剂金属盐——} H_2SO_4$$

$$2SO_2^+ + O_2 \text{——微粒——} 2SO_3$$

$$H_2SO_4 \text{——微粒——} H^+ + HSO_4^-$$

$$HSO_4 \text{——微粒水——} H^+ + HSO_4^{2-}$$

$$SO_2 + H_2O^+ \text{——} H_2SO_3$$

$$H_2SO_3 \text{——微粒水——} H^+ + HSO_3^-$$

$$HSO_3^- \text{——微粒水——} H^+ + HSO_3^{2-}$$

$$NO + H_2O + O_2 \text{——催化剂——} HNO_3$$

$$NO_2 + H_2O + O_2 \text{——} HNO_3$$

$$HNO_3 \text{——微粒水——} H^+ + NO_3$$

（二）酸雨的成因分析

1. 大气颗粒物对酸雨形成的影响

进入大气中颗粒物的碱性物质含量越高，对酸性降水的中和缓冲能力越强。大气中的颗粒物40% ~65%来自土壤[2]，酸雨的形成与土壤的酸碱性有关，由于北方土壤的碱性物质含量高，因此南方多酸雨在一定程度上也是由于南北方土壤性质差异所造成的[5]。4 -9 月为东莞的多雨季节，此时光照长，气候温暖，植物茂盛，进入大气中的颗粒物含量相对较少，因此，夏季成为东莞酸雨的高发季节。

2. 排放源及排放特征对酸雨形成的影响

雨水中 SO_4^{2-} 和 NO_3^- 主要来自工业和交通污染；表 5 是 2003—2007 年东莞市大气固定污染源及流动污染源与部分降水指标统计结果，可以看出：虽然近年来 SO_2 排放量明显减少，但大气中的 SO_2 含量和酸雨的趋势并没有显著地减少，说明东莞市酸雨形成的原因较复杂，虽然降水酸化的主要成分——硫酸是由人为排放的二氧化硫转化而成，但它们可以是当地排放，也可以从远距离迁移而来[4]；另一方面从［SO_4^{2-}］/［NO_3^-］的比值来看，除 2006 年的比值大于 3 外，其他年份的比值较为接近，说明流动源对酸雨形成的贡献维持在一个相对稳定的水平，因此在减轻 SO_2 污染的同时，应加强对 NO_x 污染的控制。

表 5　2003—2007 年东莞市 SO_2 排放量、大气中 SO_2 含量、车流量与酸雨频率、酸雨量统计

年　份	2003	2004	2005	2006	2007
全市 SO_2 排放量/万 t	19.14	19.75	17.7	14	9.9
SO_2 年均值/（mg/m^3）	0.055	0.037	0.039	0.048	0.041
汽车流量/（辆/h）	3121	2961	2628	2709	2817
酸雨频率/%	60.5	69.6	65.7	50.0	54.2
酸雨量占降水量/%	77.2	87.5	86.2	42.4	59.2
降水 pH 年均值	4.55	4.47	4.07	4.70	5.21

三、酸雨的发展趋势与防治对策

（一）酸雨发展趋势分析

酸雨的发展趋势分析采用 Spearman 秩相关系数来评价，秩相关系数按下式计算：

$$R_S = 1 - 6\{d_i^2\}/(N^3 - N)$$

式中：$d_i = X_i - Y_i$；X_i 为监测周期内按浓度值从小到大排列的序号；Y_i 为监测周期内按时间排列的序号；N 为监测周期。计算结果见表 6。

利用 Daniel 趋势检验，用 Spearman 秩相关系数进行变化趋势分析，将秩相关系数 R_S 的绝对值与 Spearman 秩相关系数统计表中的临界值 W_P 比较，若 $|R_S| > W_P$ 则表明变化趋势有显著意义，R_S 是正值，表明为上升趋势，R_S 是负值，表明为下降趋势。

表6　降水 Spearman 秩相关系数计算结果年度

年份	Y_i	酸雨 pH			降水 pH		
		均值	X_i	d_i	均值	X_i	d_i
2003	1	4.44	2	1	4.55	3	2
2004	2	4.41	3	-1	4.47	4	2
2005	3	4.00	5	-2	4.07	5	2
2006	4	4.35	4	0	4.70	2	-2
2007	5	5.03	1	4	5.21	1	-4
R_S		-0.1			-0.6		

查 Spearman 秩相关系数表，当 $N=5$ 时临界值 W_P 为0.9。R_S 为负值，且绝对值小于 W_P，表明酸雨污染呈逐年下降趋势，但无显著意义。

（二）酸雨的防治对策

1. 调整产业结构和能源结构

淘汰能耗高、污染重的落后生产工艺和设备，推广高效节能的清洁生产技术；开发和推广使用清洁能源，优化能源质量，提高能源利用效率。

2. 加强大气污染防治，严格控制大气污染物排放

按照国务院节能减排目标，严格控制 SO_2 的排放，研究开发 SO_2 治理技术和设备；改善交通环境，加强机动车尾气检测，减少机动车的污染物排放。

3. 植树造林，加强绿化，净化空气，减少污染

参考文献

[1] 李铁锋．环境地学概论［M］．北京：中国环境科学出版社，1996：56-57.

[2] 冯砚青．中国酸雨状况和自然成因综述及防治对策研究［J］．云南地理环境研究，2004，16（1）：25-28.

[3] 罗晓虹．东莞市区酸雨污染特征分析及控制［J］．广东环保科技，2005，15（4）：7-9.

[4] 邓焕广，陈振楼，姚春霞．上海酸雨变化及对策［J］．云南地理环境研究，2004，16（1）：29-32.

[5] 杨昂，孙波，赵其国．中国酸雨的分布、成因及其对土壤环境的影响［J］．土壤，1999（1）：13-19.

浅析我国生态型小城镇建设的机遇与挑战

陈胜男　冯　蕊

（南开大学战略环境影响评价中心　天津　300071）

摘　要　建设生态型小城镇是贯彻城乡统筹方针、落实生态文明理念、实现可持续发展战略的重要途径。本文结合当前国家有关小城镇发展、生态文明建设、“两型”社会构建等政策背景，根据生态型小城镇的本质特点，分析当前建设生态型小城镇面临的机遇和挑战，为指导小城镇健康发展、推动城乡一体化进程提供一定参考和借鉴。

关键词　生态型小城镇　机遇　挑战

引　言

党中央国务院非常关注和重视小城镇发展，明确提出发展小城镇是带动农村经济和社会发展的一个大的战略。十七大报告指出：“建设生态文明，基本形成节约能源资源和保护生态环境的产业结构、增长方式、消费模式。”“要走中国特色城镇化道路，按照统筹城乡、布局合理、节约土地、功能完善、以大带小的原则，促进大中小城市和小城镇协调发展。”从而明确了小城镇发展方向：必须实施社会经济与生态环境协调的可持续发展战略，在资源、环境和生态能承受的条件下，建设小城镇，发展小城镇经济，实现经济与环境双赢[1]。

一、生态型小城镇的内涵

生态型小城镇是一个人与自然和谐共处的“社会—经济—环境”复合生态系统，它是以社会、经济、环境协调发展为价值取向，在建设过程中坚持可持续发展的原则，运用生态学和生态经济学原理来指导城镇发展，统一规划、综合建设，促进社会、经济、环境效益相统一，实现城镇生态良性循环，社会经济全面、健康、持续发展[2]。

具体说来，生态型小城镇与传统的小城镇相比有以下几个特点：

1. 和谐性。生态型小城镇的和谐性，不仅反映在人与自然的关系、自然与人共生、人回归自然等方面，更重要的是反映在人与人的关系上。

2. 高效性。即提高一切资源的利用效率，使物质、能量得到多层次分级利用，废弃物循环再生，使各行业、各部门之间共生关系得以协调。

3. 整体性。生态型小城镇不是单纯追求环境的优美或自身的繁荣，而是兼顾社会、经济和环境三者的整体效益，不仅重视经济发展与生态环境的协调，更注重对人类生活质量的提高，是在整体协调的秩序下寻求发展。

4. 可持续性。生态型小城镇是以可持续发展思想为指导的，同时兼顾不同时间、空间，合理配置资源。

我国学者季昆森认为：“生态型小城镇建设的核心是构建四大生态环保体系：一是循环经济产业体系，二是城镇基础设施体系，三是生态环保体系，四是社会事业体系。”[3]其中，循环经济体系涉及生态工业、生态农业、生态服务业三大产业；城镇基础设施体系重点是水、能源、交通和建筑系统；生态环保体系包括生态建设、环境污染治理、自然灾害预防；社会事业体系则注重全面提高人民的物质生活、文化生活和健康水平。

二、我国进行生态型小城镇建设的必要性

小城镇作为社会政治经济文化发展的产物，在推动社会进步，繁荣民族发展方面发挥着重要

作用。自从“小城镇、大战略”的提出，城镇化建设已经成为我国的国家发展战略。改革开放以来，我国小城镇建设取得了举世瞩目的成就，农村城市化水平迅速提高。但与此同时也带来了诸多问题，如城镇资源的无序开发，城镇基础设施的短缺，城镇环境的恶化等，威胁着小城镇的持续发展。在这种背景下，建设生态型小城镇，成为引导小城镇健康发展的必然选择。

（一）建设生态型小城镇是落实生态文明理念的重要途径

生态文明是以尊重和维护自然为前提，以人与人、人与自然、人与社会和谐共生为宗旨，以建立可持续的生产方式和消费方式为内涵，引导人们走上持续和谐的发展道路[4]。小城镇作为我国的重要行政单元，对于生态城市建设的重要性不容忽视，是实施生态文明战略的重要载体，其能否健康发展将影响到我国生态文明战略的贯彻落实。而生态型小城镇的建设理念与生态文明思想一脉相承，都强调社会、经济、环境协调发展，人与自然的和谐共处。可见，建设生态型小城镇是落实生态文明理念的必由之路。

（二）建设生态型小城镇有利于统筹城乡经济社会发展

党的十七大报告在阐述社会主义新农村建设任务时明确提出我国统筹城乡发展的新方针，形成城乡经济社会发展一体化的新格局，强调城乡规划、基础设施建设、公共服务等方面要实现一体化。小城镇介于城乡之间，作为农业和农村区域服务中心而存在，是联系城市和农村的关键环节[5]，是统筹城乡协调发展、缩小城乡差距的重要途径。生态型小城镇的建设遵循科学布局、合理规划、协调发展等原则，以较低的资源代价和环境代价换取较高的经济发展速度，从根本上解决小城镇环境、资源、人口与经济的协调发展，有利于形成资源节约、环境友好、经济高效、社会和谐的城镇发展新格局。

（三）建设生态型小城镇有助于实现环境保护与经济发展的双赢

当前我国小城镇在建设和发展中存在一系列问题，如资源利用率不高、土地浪费比较普遍、乡镇企业环境污染、生活垃圾处理率低等，导致小城镇资源浪费、经济效益低，严重制约着小城镇的健康稳定发展。而生态型小城镇建设的核心思想是循环经济[6]，其强调资源的高效利用和循环利用，以低消耗、低排放、高效率为基本特征，从而避免和解决上述问题，在资源环境不退化甚至得到改善的情况下，促进经济快速增长。可见，建设生态型小城镇，有利于实现可持续发展所要求的环境与经济双赢，促进我国构建环境友好型和资源节约型社会。

三、我国生态型小城镇建设的机遇与挑战

随着我国对小城镇健康、协调、可持续发展的日益重视，在科学发展观的指导下，生态文明建设、“两型”社会构建的等一系列国家战略为建设生态型小城镇带来重大的机遇，具体表现在以下几个方面：

（一）环境优美乡镇评比活动为建设生态型小城镇奠定了工作基础

我国为了促进小城镇环境建设，推动农村环境保护工作，不断深化全国创建环境优美乡镇活动，2002 年 5 月原国家环保总局、建设部印发了《小城镇环境规划编制导则（试行)》。2002 年 7 月原国家环保总局颁发了《关于深入开展创建全国环境优美乡镇活动的通知》，同时颁发了《全国环境优美乡镇考核验收规定（试行)》、《全国环境优美乡镇考核标准（试行)》[7]。生态型小城镇比环境优美乡镇更注重经济可持续发展，对生态环境的要求更为严格，但其建设理念与环境优美乡镇有相通之处。通过环境优美乡镇评比活动的开展，不仅美化了村容镇貌，改善了生态环境，同时也普及了环保知识，增强了人们的环境意识，这些都为下一步进行生态型小城镇建设提供了经验，奠定了工作基础，有利于生态型小城镇建设活动的顺利进行。

（二）生态城市的创建为生态型小城镇提供了发展环境

作为生态文明建设的重要内容，各地积极开展生态城市建设活动。而小城镇是城市的组成部

分，其产业结构和布局、经济发展战略、生态环境建设及社会保障体系建设等行为的选择会对整个城市产生重要影响，可见，小城镇对生态城市建设的重要性不容忽视，这就对小城镇建设工作提出更高的要求。生态城市的相关政策文件对各地进行生态型小城镇建设形成政策引导，提供了发展环境，从而推动了生态型小城镇建设的开展。

（三）清洁生产、节能等技术为生态型小城镇建设提供技术支撑

生态型小城镇的重要建设内容之一是形成以循环经济为特色的生态工业、生态农业、生态服务业三大产业，提高资源利用率，降低能耗，实现环境与经济协调发展。这就需要节能、节水、清洁生产、资源综合利用等技术在工业、农业上的推广应用。我国循环经济近年来迅速发展，逐年增大相关的科技投入，在循环经济相关技术研究方面取得了一定成就，这将为生态型小城镇建设实践提供了切实可行的技术支撑。

但是，由于当前全国生态型小城镇的规划与建设仍处于初始阶段，有关生态小城镇的理论、规划的思路，设计的方法和管理的机制都还远远不成熟，我国生态型小城镇的建设也面临着一些挑战，如：

1. 与生态省（市）、生态县、生态村的创建相比，国家在生态城镇创建方面的文件和机制缺失，生态城镇建设缺乏相应的标准、指标体系、考核机制，使广大城镇在创建生态城镇中缺乏必要的方向和动力。

2. 只有提高居民素质，加强生态文明教育，增强环保意识，让百姓明白合理利用自然资源、绝不能以牺牲环境降低生态质量为代价的道理，帮助其养成讲究卫生，保护环境的良好习惯[8]，才能从根本上实现生态型小城镇的“生态”。但是意识的形成不是一蹴而就的，如何形成促进生态型小城镇建设的长效机制成为当前面临的挑战之一。

3. 作为生态小城镇建设的依据，其建设规划如何体现“因地制宜”，即不同功能定位的小城镇，发展理念不同，如何规划才能在体现生态型小城镇的内涵下，不失去自己的特色，发挥自身优势：如中心城郊区的小城镇已逐渐融入城市中，工业化进程较快，旨在服务大城市，它的规划与远离城市的小城镇如何区别。

综上所述可知，建设生态型小城镇是贯彻城乡统筹方针、落实生态文明理念、实现可持续发展战略的重要途径，当前的政策环境、科技推广为生态型小城镇的发展提供了契机，但是生态型小城镇的建设是一项系统工程，涉及经济、技术、文化等各领域，在建设动力、科学规划、生态意识培养等方面仍旧面临一些挑战。

参考文献

[1] 周晓农．以生态城镇为目标，推进小城镇建设［J］．贵阳学院学报（社会科学版），2008（4）．
[2] 左继林，陈忠．用生态学理念建设小城镇［J］．江西林业科技，2005（4）．
[3] 涂志华，袁中金．试论我国生态型城镇的创建［J］．资源开发与市场，2007（5）．
[4] 周生贤．生态文明建设：环境保护工作的基础和灵魂［J］．求是，2008（4）．
[5] 张金慧，王志芳，等．城乡统筹下的城市近郊小城镇发展思路初探［J］．小城镇建设，2009（2）．
[6] 季昆森．循环经济与生态型城镇建设［J］．乡镇经济，2003（11）．
[7] 赵恩超．天津市生态小城镇建设研究［D］．河北工业大学．
[8] 汪海燕．建设生态型小城镇［J］．现代经济信息，2009（13）．

水环境容量核算在城市发展模式比选中的应用

陈金毅　李　念　李宛怡　海婷婷　李　薇

（武汉工程大学环境与城市建设学院　湖北　武汉　430073）

摘　要　将水环境容量理论运用于城市发展模式比选，通过对我国未来城市发展的两种模式——山水园林城市、生态园林城市标准及对水环境容量影响因素的分析，比较不同模式下水环境容量核算结果，为城市发展模式的选择提供重要依据。

关键词　水环境容量　山水园林城市　生态园林城市

一、引　言

在现代城市建设进程中，各种有关如何实现城市发展的城市理念和标准应运而生，山水园林城市、生态园林城市是其中比较重要的两种城市建设类型[1]。而作为城市环境中最活跃、最敏感的因素——水环境容量，在很大程度上影响和决定城市发展方向和可能性。依据不同模式对水环境质量的标准和要求，通过对其水环境容量核算的比较研究，为城市因地制宜进行环境规划，选择合适的城市发展模式，充分发挥自身资源优势，进行有特色的城市建设提供重要依据。

二、水环境容量

（一）水环境容量的概念

水环境容量是指在给定水域范围和水文条件，规定排污方式和水质目标的前提下，单位时间内该水域最大允许纳污量[2]。水环境容量既反映流域的自然属性（水文特性），同时反映人类对环境的需求（水质目标），水环境容量将随着水资源情况的不断变化和人们环境需求的不断提高而不断发生变化。

水环境容量是基于对流域水文特征、排污方式、污染物迁移转化规律进行充分科学研究的基础上，在不同区划水域水质目标要求下，通过建立污染源－水环境质量的输入响应关系，通过模型正向模拟，得到全河段的水环境容量，结合环境管理需求确定的管理控制目标。它不仅为管理提供科学基础和技术平台，而且为总量分解奠定基础，为制定水环境保护各专业规划提供依据。

（二）水环境容量的计算模型

水环境容量的计算模型一般有零维模型、一维模型、二维模型等，本文将以某一城市的具体河流为例来说明不同城市模式对水环境容量核算的影响以及核算结果对城市模式选择的意义，因此，在此重点介绍一维模型[2]。

一维稳态情况下有机物的降解过程可用托马斯（Thomas）模型表述（忽略弥散）：

$U\frac{\partial C}{\partial x} = -kC$ 积分得：

$C(x) = C \times e^{Kx/86.4 \times u} = C_i + \frac{W_i/31.54}{Q_i + Q_j}$ 将以上公式代入模型，得到一维模型水环境容量的计算公式为：

$$W_i = 31.54 \times (C \times e^{Kx/86.4 \times u} - C_i) \times (Q_i + Q_j)$$

式中：W_i 为第 i 个排污口允许排放量，t/a；C_i 为河段第 i 个节点处的水质本底浓度，mg/L；C 为沿程浓度，mg/L；Q_i 为河道节点后流量，m^3/s；Q_j 为第 i 节点处废水入河量，m^3/s；u 为第 i 个河段的设计流速，m/s；x 为计算点到第 i 节点的距离，m。

从以上计算模型中可以看出，水环境容量主要由以下几个因素决定：

1. 河流的水文特性，例如河流的流量、流速及河长、污染物的降解系数，它们将决定污水中污染物的迁移转化速率及污染物的沿程浓度。

2. 功能区的水质标准，其由水体功能区类别决定。功能区的水质标准决定和影响监测点浓度的设定，同时也是河长达标率的判断标准。

3. 排污口的污水浓度。因以上公式是用反推法即在达标的情况下河流允许的纳污总量，在河流的水质参数、排污口的位置及排放量一定的情况下，通过对污水水质的反复调整，得到满足各限制条件下的污染物的排放总量之和。

4. 河长达标率，为水功能区达标河长与水功能区总评价河长的比值，由不同水质目标及要求决定，不同的河长达标率对应不同的水环境容量，河长达标率越高，水环境容量越小。

对于同一个城市某一具体的河流而言，以上几个因素中河流的水文特性对于不同的发展模式是基本固定的，因此，在水环境容量核算中主要考虑不同城市发展模式在其他三个方面的差异，来确定水环境容量核算的具体方法。

三、城市发展模式对水环境质量的要求

不同城市发展模式对水环境的要求主要有以下几个方面：①制定具体的有针对性的水环境质量新标准；②提高水环境质量功能区的达标率；③对污水处理率有更高的要求。在此，将以山水园林城市和生态园林城市为例来具体说明不同的发展模式在上述几个方面有哪些具体的规定。

（一）山水园林城市

山水园林城市是“山水城市”和“园林城市”的有机融合。它是当今世界“生态城市”理论在中国的应用和发展[1]。《国家园林城市标准》对水环境做出了较为严格的规定：城市地表水环境质量标准达到Ⅲ类以上；城市环境综合治理工作扎实开展，效果明显，污水处理率达55%以上[3]。因此在山水园林城市作为分析目标时，水环境容量核算过程中，应充分考虑以下几点：

1. 地表水质量标准达到Ⅲ类以上，设定的监测断面的控制浓度应不大于Ⅲ类标准对应的水质标准。若河流的功能区划在Ⅲ类以上，则水质标准按将功能区对应的水质标准进行核算；若河流的功能区划为Ⅳ类或Ⅴ类，则水质标准按Ⅲ类水功能区对应的标准进行核算。

2. 污水处理率达55%以上，处理的污水水质按《城镇污水处理厂污染物排放标准》（GB 18918—2002）或《污水综合排放标准》（GB 8978—1996）来确定，未处理的污水水质直接由排污单位排污口监测浓度而定。

3. 河长达标率。若水域特性参数、排污口的设计参数、控制断面的浓度的参数通过水环境容量计算模型使得监测点的浓度达标和污染物的河长达标率在60%以上，即得到正值E，则该值即为该水域的环境容量的值；否则应调整排污口污染物的浓度值，使得监测点的污染物浓度达标和河长达标率在60%以上，得到环境容量。

（二）生态园林城市

生态园林城市是城市发展的趋势和时代的要求，利用环境生态学原理来规划、建设、管理城市，能够有效地防止和减少污染物的产生和排放。根据《国家级生态园林城市标准（暂行）》对城市生活环境指标的规定，在国家级生态园林城市控制目标下，对地表水环境质量标准并没有更高的要求，而是要求城市水环境功能区水质达标率必须达到100%；城市污水处理率（%）≥70；再生水利用率（%）≥30[4]。因此在生态园林城市作为分析目标时，水环境容量核算过程中，应充分考虑以下几点：

1. 水环境功能区划为城市规划中规定的相应标准。

2. 城市污水处理率不小于70%，且处理后的水满足《城镇污水处理厂污染物排放标准》

（GB 18918—2002）或《污水综合排放标准》（GB 8978—1996）；未处理的污水则按排污口的实测排水量及水质计。

3. 在环境容量计算中，城市水环境功能区水质达标率必须达到100%，而不是60%以上即可。若水域特性参数、排污口的设计参数、控制断面的浓度的参数通过水环境容量计算模型使得监测点的浓度达标和污染物的河长达标率在100%，即得到正值E，则该值即为该水域的环境容量的值；否则应调整排污口污染物的浓度值，使得监测点的污染物浓度达标和河长达标率在100%，得到环境容量。

由此可见，不同城市发展模式对水环境质量的要求各有侧重。山水园林城市对城市水体功能区类要求较为严格，而河长达标率则没有明确规定，因此一般以达到60%以上即可；生态园林城市则对河长达标率要求较为严格，明确提出河长达标率要达到100%，而对水环境功能区类别没有专门规定。不同发展模式对水环境质量的要求如何通过水环境容量核算来量化，是城市环境规划要解决的一个主要课题。下面将以具体的河流为例来分析比较各种发展模式下水环境容量的核算方法，从而为模式比选提供依据。

四、不同城市发展模式下的水环境容量核算的实例分析

若河流功能区划为Ⅲ类以上时，三种情况的功能区水质标准和对应的排污口的出水水质标准相同，而生态园林城市目标的河长达标率更为严格，环境容量应比现状情况和山水园林城市更小，但若最大允许排放浓度已经使得河长达标率为100%，此刻环境容量相同。

若河流功能区划为Ⅲ类以下时，不同城市模型在水环境容量核算时，需要根据其对功能区划的具体规定来进行调整，以下以具体的例子进行分析说明。

例：假设某河流水功能区划为Ⅳ类，全长46.9km，河流最枯月平均流量为2.7m^3/s，平均流速为0.18 m/s，环境容量计算背景值采用背景规定基准年监测平均值 $C_{(COD_{Cr})}=17$mg/L、$C_{(NH_3-N)}=0.762$ mg/L，污染物降解系数采用 $K_{COD}=0.19$（1/d）、$K_{NH_3-N}=0.38$（1/d）。主要接纳某生活污水处理厂的出水，污水处理厂的位置距下游监测断面的距离为10.94 km，出水量为0.03 m^3/s，流速为2 m/s。

现状情况下功能区水质标准采用GB 3838—2002地表水Ⅳ类标准，即 $C_{(COD_{Cr})}=30$ mg/L，$C_{(NH_3-N)}=1.5$ mg/L；排污口最大允许排放浓度为GB 18918—2002中规定的排入GB 3838地表水Ⅳ类功能区水域执行的二级标准，即 $C_{(COD_{Cr})}=100$ mg/L，$C_{(NH_3-N)}=25$mg/L；河长达标率达到60%以上。

山水园林城市控制目标下采用GB 3838—2002地表水Ⅲ类标准作为控制标准，即 $C_{(COD_{Cr})}=20$ mg/L，$C_{(NH_3-N)}=1$ mg/L；排污口最大允许排放浓度为GB 18918—2002中规定的排入GB 3838地表水Ⅳ类功能区水域执行的二级标准，即 $C_{(COD_{Cr})}=60$ mg/L，$C_{(NH_3-N)}=8$ mg/L；河长达标率达到60%以上。

生态园林城市控制目标下功能区水质标准采用GB 3838—2002地表水Ⅳ类标准，即 $C_{(COD_{Cr})}=30$ mg/l，$C_{(NH_3-N)}=1.5$ mg/L；排污口最大允许排放浓度为GB 18918—2002中规定的排入GB 3838地表水Ⅳ类功能区水域执行的二级标准，即 $C_{(COD_{Cr})}=100$ mg/l，$C_{(NH_3-N)}=25$ mg/L；河长达标率按100%计。

经计算，现状情况下COD水环境容量为58 t/a，氨氮水环境容量为15 t/a；山水园林城市控制目标的COD水环境容量为35 t/a，氨氮水环境容量为5 t/a；而生态园林城市控制目标下的环境容量为58 t/a，氨氮水环境容量为15 t/a，结果见表1。

由以上计算结果可以看出，在河流功能区划低于Ⅲ类的情况下，现状情况和生态园林城市目

标的功能区水质标准相同，出水最高允许浓度相同，生态园林城市的河长达标率要求更为严格，环境容量应比现状情况小，但若最大允许排放浓度已经使得河长达标率为100%，此刻现状情况和生态园林城市目标的环境容量相同；然而山水园林城市目标下环境容量的计算时，应将河流功能区划调整为Ⅲ类，功能区水质标准和对应的排污口的出水水质标准更为严格，环境容量应较现状情况更小。

表1　不同情况下两种城市发展模式水环境容量的比较

河流	城市模型	出水水质标准/（mg/L）		水功能区要求	水功能区水质标准		河长达标率/%	环境容量/（t/a）	
		COD	NH_3-N		COD	NH_3-N		COD	NH_3-N
水功能区类别为Ⅳ类	现状情况	100	25	Ⅳ	30	1.5	100（≥60）	58	15
	山水园林城市	60	8	Ⅲ	20	1	≥60	35	5
	生态园林城市	100	25	Ⅳ	30	1.5	100	58	15

五、结　论

本文从水环境容量的角度出发，根据不同城市发展模式对水环境质量的标准和要求，对其水环境容量核算进行了比较研究，结果表明，不同城市发展模式对水功能区划、污水处理率和河长达标率等方面的规定和要求使其水环境容量存在很大差异。因此，水环境容量核算可以从环境规划的角度为城市发展模式的比选提供直观量化的参考依据。

参考文献

[1] 汪海．三种生态型城市的比较［J］．山西建筑，2008，34：31－32.
[2] 全国水环境容量核定技术指南．中国环境规划院，2003，9.
[3] 国家园林城市标准．建城［2000］106号.
[4] 中华人民共和国建设部．国家生态园林城市标准（暂行）．2004－06－15.

城市河流污染治理与原位修复技术探讨

李晓粤[1]　奚　健[2]

（1. 河北工程技术高等专科学校　河北　沧州　061001；
2. 上海巨景生物科技有限公司　上海　201702）

摘　要　随着城市的经济发展和人口的增长，大量的生活污水和工业废水排入河道，污染了城市水环境，产生了巨大危害性，日益引起社会关注。目前所采取的传统河流治理方法耗资巨大，污染容易复发，是典型的资金推动型治理措施，而原位生物修复技术是河流水质治理领域中非常具有生命力的技术。本文重点介绍了生物复合酶污水净化剂的作用机理及工程实践。

关键词　城市河流　污染治理　原位生物修复　生物复合酶

城市河流是我国水环境的重要组成部分，是广大城市居民生活生产的水资源基础，也在社会经济发展中发挥着巨大的作用。由于人类的工农业生产及生活产生的大量废水和固体废弃物等随处堆放、任意排入城市河道中，严重污染河流水质，超过河流的环境容量，污染的河流反过来影响着人们的身体健康和生产生活供水。目前，城市河流问题突出表现为水质恶化乃至黑臭、水生态严重退化甚至破坏、堤岸人工化、河流形态几何化、城市水灾频发、河流景观受到极大伤害，成为我国水环境污染中的重灾区。对受污染的河流进行修复，已成为社会经济发展及生态环境建设的迫切需要。

城市河流往往是整条河流的某一河段，作为自然流域的一部分，它参与整个水文循环过程。城市河流的污染源以点污染为主，但由于污染源数量多、密度高，彼此既相独立，又互联成网，虽以点污染形式出现，实际上形成与河系相应的网络状面污染。与非城市化地区相比，城市河流的污染十分严重。我国目前所采取的传统河流治理方法耗资巨大，污染容易复发，是典型的资金推动型治理措施，大量的投资都花在工程建设上，很少带动起新的高科技环保技术的诞生。而生物修复技术则是最具发展前景的主体修复技术。生物修复技术是利用特定的生物（植物、微生物或原生动物）吸收、转化、清除或降解环境污染物，实现环境净化、生态效应恢复[1,2]。目前，生物修复技术被划分原位生物修复和异位生物修复两种。原位生物修复技术是在受污染区域直接进行污染水体的原位处理，不需要搬运或输送污染水体（包括底泥和岸边受污染的土壤），直接采用微生物、酶与载体的自固定化技术对污染水体就地处理的净化处理。此类技术在保证原有水体功能的同时实现了水质的净化处理，为被污染的水体提供了一个可靠的、卓有成效的修复方法，具有治理费用低、环境无影响、最大限度地降解污染等特点。异位生物修复则需把污染介质（土壤、水体）搬动或输送到其它处进行生物修复处理[3]。针对城市河流污染的特点和治理技术工程实施的可行性，采用原位生物修复技术更具经济和技术合理性。本文将重点介绍生物复合酶污水净化剂在城市河流污染治理及原位生物修复技术领域的开发及应用。

一、生物复合酶污水净化剂作用机理

（一）生物复合酶污水净化剂产品特征

生物复合酶污水净化剂是一种含多种生物酶、表面活性剂以及多种营养元素的液态修复剂，在美国去除河流黑臭中应用很多。上海巨景生物科技有限公司在引进美国高科技公司研发生产的生物复合酶技术产品基础上，自主研发了相关的应用技术及配套设施，从而在中国形成了一流的水环境保护生物修复治理技术体系。该技术可以克服传统治理的诸多不足，采用“原位修复、标本兼治”的治理方法，不但可以使水质迅速达标而且同时还使被治理过的水质可以不断自检并保持清洁的功能。此项技术的主要产品包括：

1. 生物复合酶（BZ）

生物复合酶是一种结合多种酶类、非离子型表面活化剂、蛋白质和无机营养物的生物激活剂，它通过激活和提高土著微生物种群的生理活性，增强水体的自净能力，促进水环境良性生态系统的建立，从而改善水体。由于它不含任何菌体，是生物酶的组合体，所以具有以下特点：

（1）一步脱去氨氮、亚硝基氮、硝基氮。

（2）分解不溶入水的油性污染物和其他水溶性物质中的碳。

（3）原位处理，迅速降低 COD、BOD_5、氨氮等污染指标，恢复水生生物多样性。

（4）快速有效地促进污染水体由黑臭缺氧状态向良性富氧的生态系统转变。

（5）治理成本较低。

（6）无毒、无公害、绿色环保，不产生二次污染和污染物转移等环境问题。

2. 生物水净化剂（WCA）

生物水净化剂是一种含 99% 的芽孢杆菌的粉粒状微生物制剂，是一种无公害、无污染、无激素的绿色环保产品，它含有六种不同的细菌小种，能发挥氧化、氨化、硝化等作用，能将河道中的污秽物如有机污染物、过量氨氮等，进行生物性降解，消解有机废物，净化水质。该产品具有以下特点：

（1）消耗水藻生长所需氮源，抑制水藻形成，提高水体能见度。

（2）降解有机物，消除河道底部污泥、消除异味。

（3）将水中含氮有机物经分解及氮素的转化等反应使氨态氮、硝态氮减少，达到无臭味，提高水体自身净化能力。

（二）生物复合酶污水净化剂工作原理

生物复合酶污水净化剂能刺激加速微生物的反应，促进污水中的大分子化合物分解成小分子化合物，同时释放出结合氧，增强水体复氧功能，这些简单化合物又很容易被微生物所利用，在有机物被降解的同时，又有利于细菌的多样性，提高细菌的活性和繁殖能力，达到一种微生态平衡。

在大多数环境中存在着许多土著微生物进行的自然净化过程，但该进程很慢，其原因是溶解氧（或其他电子受体）、营养盐的缺乏，而另一个限制因子是有效微生物常常生长缓慢。生物复合酶可有效地刺激和加速自然的生物反应，激发土著微生物的活性，加速微生物的生长和繁殖，同时对浮游生物和环境无害。从而可以快速有效地促进受污染水体向良性生态系统演替，使得水体中的 DO 得以恢复，COD、BOD_5、NH_3-N 等污染指标迅速下降，水体的黑臭、异味现象得以快速消除。生物复合酶还可有效地促进有机物在水体中乳化和溶解，直接攻击水体中污染物。生物复合酶不仅能够应用于好氧环境，也可应用于厌氧环境，水体中无机还原性物质主要有 H_2S、HS^-、FeS_2 等，在生物复合酶的催化作用下，硫细菌将还原性物质氧化，从氧化中获取能量。

（三）生物复合酶污水净化剂治理目标及适用条件

采用生物复合酶污水净化剂对污染水体进行原位生物修复的方法是：根据污水库容量和污染物总量以及外源生活污水和工业废水的排放量确定生物复合酶的投加剂量和投加方式，其工作流程包括：考察污染水体，分析污水库容量和污染物总量，制订修复计划、确定生物复合酶投加剂量和投加方式的工作流程；建立操作平台，确定进入修复强化期、修复巩固期和修复维护期的工作流程。该技术分期治理目标为：

1. 第一年修复强化期。消除水体黑臭，清除水体油污，根除水体富营养化，通过治理的原水体可以用于城市景观用水、工业用水和农业用水。同时消除河道底泥黑臭，快速培养底栖生物群，恢复生物多样化，为底泥恢复其活性打下了基础。使河道的水质主要指标达到Ⅲ～Ⅳ类水标准。

修复强化期分三个阶段来实施：①强化治理阶段，需持续工作2～3个月的时间，根据水质污染程度不同，每天投加生物复合酶，加速降解河道水体及底泥中有机物的分解，转化无机营养盐；在此基础上，对水体进一步修复；②调整修复阶段，需持续工作3～4个月的时间，每周投加生物水净化剂；③平稳修复阶段，需持续工作6个月的时间，根据水体的变化不定时地投加生物复合酶与生物水净化剂，投加量根据水质变化的实际情况控制其用量。维护底泥及水体中微生物的活性及有效生物量。

2. 第二年修复巩固期。使底泥恢复活性，达到河道自净能力。在治理水体中培养了大量的原始生物，使水体进入了一个良性循环状态。无须人为地种植水生动植物。

3. 第三年修复维护期。巩固上述各项成果，维护好上述各项指标。

该公司研发的生物复合酶污水净化剂产品的优点是：通过恢复水体的自净能力来治理污水，恢复自然生态环境；由于生物复合酶不含微生物，对水体无毒，因而生态风险低；修复中无须人工曝气，无须再调配修复剂，现场操作简单，无需复杂昂贵的仪器；综合治理费用低，适合于城市缓流型、封闭型黑臭河道或富营养化河道，以及大面积受污染水域的环境治理。

二、生物复合酶在城市河流污染治理及修复中的应用

从2003年开始上海巨景生物科技有限公司采用生物复合酶技术先后对全国数十个省市黑臭、富营养化、蓝藻暴发河流进行了生物治理，连续五年对北京城市河流，奥运主要场所水环境进行修复，均得到当地政府，专家一致好评，取得了较好的效果。

（一）北京市小月河生物修复治理工程

北京市小月河横贯通往2008年奥运场馆的多条主干道，小月河的水质好坏将关系国际形象。小月河治理段河道长5880m，正常库容7.3万m^3，最大水域面积11万m^2，此河段平时无清水汇入，水体流动性较差，水质一般为劣Ⅴ类，氨氮达到65.6，高锰酸盐指数达到35.6。上游段暗沟出口水体呈黑、灰色，异味较重。

经过90天的生物治理后，黑臭消除，水质指标恢复——氨氮降为0.23，高锰酸盐指数降为6.9；治理后河流黑臭消除、能见度提高，表观恢复。小月河治理前后水质变化情况见表1。

表1 小月河水质报告 单位：mg/L

	监测项目	治理前（2007.6.14）	治理后（2007.9.6）
1	pH值	7.7	9.1
2	氨氮	65.6	0.23
3	高锰酸盐指数	35.6	6.9
4	总磷	6.59	0.36
5	总氮	70.4	12.0
6	叶绿素	0.2184	0.03276

（二）北京市西护城河（二热闸—大观园）生物修复治理工程

北京市西护城河（二热闸—大观园）河段全长约3688m，水域面积12.9万m^2，水体容量13万m^3。治理前，水体呈现严重黑臭现象，每天有一定量的生活污水排入该段河道，白纸坊桥中游COD最高达906mg/L。

经过40多天的治理，水体黑臭现象基本消除，水质改善明显，白纸坊桥中游COD降低至109mg/L，河道的生态系统结构显著改善。西护城河治理前后水质变化情况见表2。

表2　西护城河水质报告　单位：mg/L

	监测项目	治理前（2005.6.17）	治理后（2005.8.1）
1	pH值	7.4	7.3
2	COD	906	109
3	氨氮	4.33	11.5
4	总磷	5.11	1.25
5	叶绿素	0.31668	0.01638

（三）北京市西土城河生物治理水体修复底泥治理项目

西土城河段全长约3800m，水域面积5.7万m^2，水体容量9.52万m^3，最大容量11.1万m^3。该河段上游污水较多，污染物长期的超负荷排放，使得水体呈黑灰色，淤泥疏松呈黑色，并伴有恶臭，治理后底泥恢复活性呈灰白色。

2005年北京水务专家委员会对该公司采用生物复合酶污水净化剂治理北京黑臭水体与防止水华的技术进行了鉴定，会上对该项成果经济效益（每立方米治理价）的论证结论是：在北京用传统的治水方法（把黑臭水抽掉，污泥挖掉填埋，再补清水）每吨水的治理费126元人民币，而采用该公司该项治理技术，每吨水治理费用比传统治理方法要节约90%以上。

三、结　论

中国目前所采取的传统河流治理方法耗资巨大，而且污染容易复发，应加强城市河流原位生物修复技术的科研和实践工作，并敦促河道管理部门积极实践和采用生物修复的新技术，摆脱高投入低效益的现状，使城市河流迅速走出污染困境具有重要的意义。

利用生物复合酶污水净化剂治理污染的城市河流，由于生物修复作用，治理后河流中的有益细菌大量繁殖，有机物含量逐渐降低，藻类逐渐增多，以细菌和藻类为饵料原生动物也大量繁殖，食物链中各种生物与它们的生存环境之间通过能量转移和物质循环，保持生态平衡。同时复合酶激活了土著微生物，内循环供氧系统机能得到了有效开发和利用，溶氧随着紫外光线的强弱和时间的变化而增加或减少，为河流的自净提供了必要的保障，有效地促进了受污染河流向良性生态系统的演替。

生物复合酶作为辅助手段甚至核心技术在黑臭河流的治理和底泥修复中的推广应用前景广阔，而且在河流的藻类控制、水产养殖、污染底泥原位修复的应用中有很好的效果。利用生物复合酶污水净化剂对已严重污染的河道进行原位生物修复是安全、经济、合理和长效的，并且符合我国的国情和国力。

参考文献

[1] 周怀东，彭文启．水污染与水环境修复［M］．北京：化学工业出版社，2005：185－191.
[2] 张甲耀，等．生物修复技术研究进展［J］．应用与环境生物学报，1996，2（2）：193－196.
[3] 孙铁珩，周启星．污水生态处理技术体系与展望［J］．院士论坛，24（4）．
[4] 董哲仁，曾向辉．受污染水体的生物——生态修复技术［J］．水利水电技术，2002，33（2）：1－3.
[5] ranald MlAtlas. Bioremediation of petroleum biodegradation［J］. Bio. Sci. 1995，45（5）：332－338.

城市生活垃圾焚烧处理中有害物质控制技术研究

尹连庆　郭静娟

（华北电力大学环境科学与工程学院　保定　071003）

摘　要　由安全性、经济性与可行性原则的要求，根据垃圾的热值、有害性和可回收利用特性，在焚烧前对垃圾进行分选，把分选后的垃圾进行分别处理是十分必要的，城市垃圾成分复杂，在其焚烧处理过程中会产生多种污染物，不仅会产生PCDD/PCDF等对环境造成严重危害的微量污染物，而且还会产生HCl、NO_x、SO_2、CO、粒状物、重金属等污染物，掌握污染物产生机理和控制措施，对控制焚烧过程中污染物的排放具有重要意义。

关键词　垃圾焚烧　热值　可回收利用　污染物生成与控制

一、引　言

随着城市化水平和人民生活水平的不断提高，城市垃圾产生量与日俱增。目前，城市生活垃圾的处理方法，主要有卫生填埋、堆肥和焚烧三种。三种方法相比，焚烧法具有资源化、减量化和无害化的特点，符合垃圾处理的原则，但垃圾在焚烧过程中，城市垃圾成分复杂，焚烧处理过程中会产生多种污染物，如PCDD/PCDF、HCl、NO_x、SO_2、CO、粒状物、重金属等污染物，它们会对环境产生严重危害。因此，对城市生活垃圾焚烧过程中有害物质的控制技术研究是十分必要的。

二、垃圾焚烧污染物控制

一般垃圾焚烧工艺流程由供料、焚烧、余热利用、烟气净化组成，具体见图1。

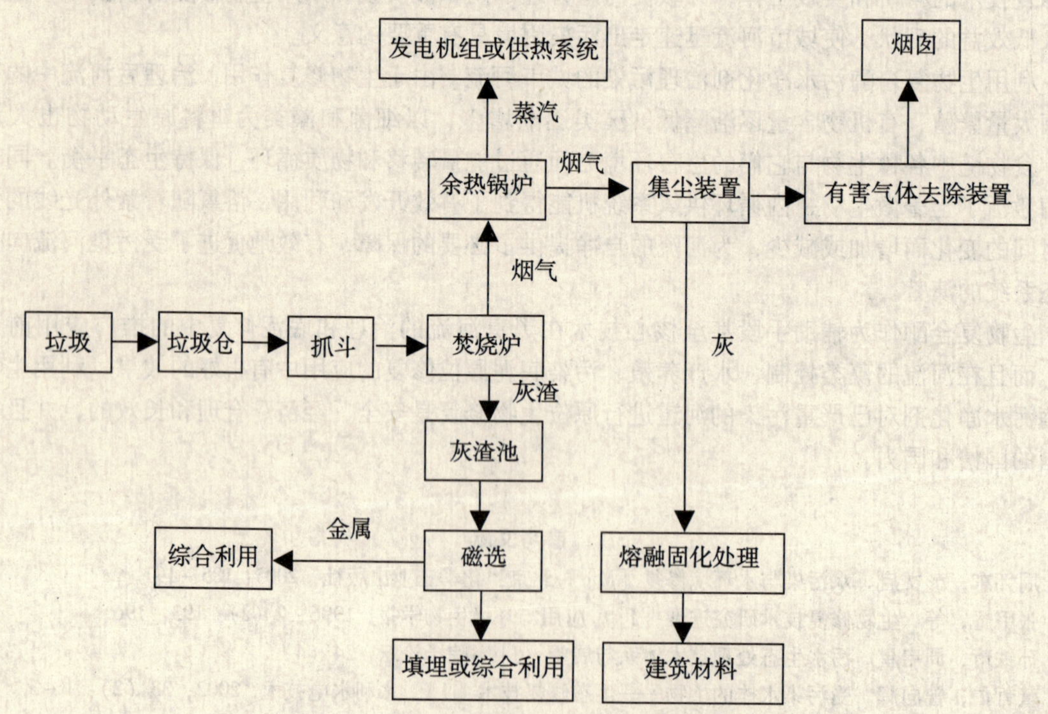

图1　城市生活垃圾焚烧处理工艺流程示意图

城市生活垃圾焚烧的影响因素包括生活垃圾的性质、停留时间、温度、湍流度、空气过量系数及其他因素，其中停留时间、温度、湍流度和空气过量系数是影响焚烧炉性能的主要指标。

对垃圾焚烧所产生的污染物进行控制，一是应在焚烧前对垃圾进行处理；二是在焚烧过程中采取一系列的控制技术，避免和减少污染物的产生。

（一）焚烧前处理

对垃圾进行焚烧前处理，主要是基于并不是所有的废物都适合焚烧。

首先，如果垃圾本身或燃烧后具有有害性，燃烧中或燃烧后对周围环境产生更大危害，则不适于焚烧处理；其次，从节约能源和经济效益的角度出发，把适于回收利用的垃圾重新利用，变废为宝，是最为理想的垃圾处理办法；再者，焚烧对垃圾的热值要求高，能否采用焚烧技术处理城市垃圾，以及在使用焚烧技术处理城市垃圾时应该采用何种焚烧炉，主要取决于垃圾的3种成分（水分、灰分、可燃分）和低位热值，要使垃圾维持燃烧，就要求其燃烧释放出来的热量足以使进炉的废物达到燃烧温度所需要的热量和发生燃烧反应所必需的活化能，否则，需要消耗辅助燃料才能维持燃烧焚烧，其成本消耗大大增加，此类垃圾从经济性角度考虑也不宜进行焚烧处理。

所以，城市垃圾进入焚烧炉之前，应根据垃圾的热值、垃圾焚烧的有害性和可回收利用性而对垃圾进行分选处理。一般而言，有机成分甚少的废物、易爆废物、放射性废物（受低水平放射性污染的衣服、闪烁液、某些医院废物等除外）等不能采用焚烧法处理。

明确适于焚烧的垃圾种类和条件之后，最重要的一步就是进行垃圾分选。垃圾分选的工艺流程如图2所示。

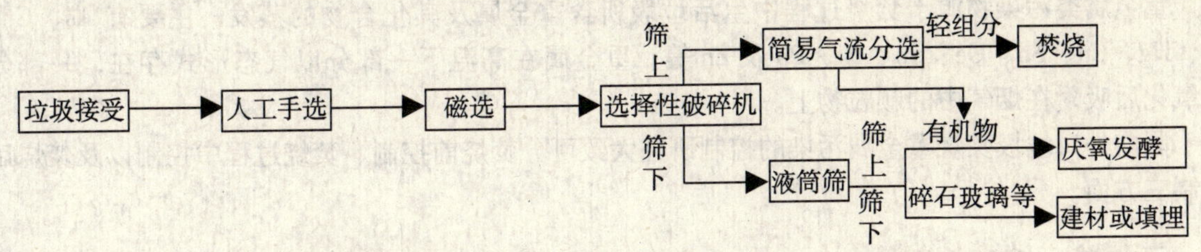

图2 简易分选法工艺流程示意图

（二）焚烧过程中污染物的产生与控制

1. 有机氯的污染与防治

垃圾焚烧产生的有机氯污染主要有二恶英（PCDD/Fs）、多环芳烃（PAC）等。

目前各国常用的污染防治措施主要是：源头治理、降低污染。采用的主要技术措施有：①改进燃烧技术；②废气处理技术；③灰渣熔融处理技术。

2. HCl的产生与控制

烟气中HCl的主要有两种来源：①有机氯化物如PVC、塑料等的燃烧所产生的；②垃圾中的无机氯如NaCl，一般认为城市固体废弃物中的NaCl与其他物质反应生成HCl是垃圾焚烧烟气HCl的一个主要来源。

HCl与SO_2等酸性气态污染物的去除机理是酸碱中和，可采用抑制燃烧时HCl的生成量和采用HCl烟气处理装置方法。

3. NO_x和SO_2的产生与控制

燃料型NO_x是指氧和燃料中的氮发生反应生成。而热力型NO_x是指空气中的N_2和O_2在高温下直接反应的生成物。SO_2通常是垃圾中的含硫化合物焚烧氧化产生。

目前，控制NO_x措施主要有：①燃烧控制；②燃烧后尾气处理措施。对SO_2的控制主要是采用碱性介质吸收法，最常用的吸收剂为消石灰，常用的方法有湿法、干法和半干法三种，处理装置与 HCl 烟气处理装置相同。

4. CO 的产生与控制

CO 是由于生活垃圾中的可燃物不完全燃烧产生的，它是碳氢燃料和氧发生的化学反应的中间产物。

循环流化床技术使垃圾被包围在沸腾状的床砂中，强化了炉内燃烧，使物料充分地与氧反应，同时通过提高二次风压，保证其有很大的穿透深度，使燃烧更充分完全，从而降低 CO 的排放。

5. 粒状物、重金属的产生与控制

（1）粒状物的产生与控制

生活垃圾在焚烧过程中，由于高温热分解、氧化的作用，燃烧物及其产物的体积和粒度减小，其中的不可燃物大部分滞留在焚烧炉炉排上以炉渣的形式排出，一部分质小体轻的物质在气流携带及热泳力的作用下，与焚烧炉产生的高温气体一起在炉膛内上升，经过与锅炉的热交换后从锅炉出口排出，形成含有颗粒物即飞灰的烟气流。

垃圾焚烧的粒状物的控制主要有静电分离、过滤、离心沉降及湿法洗涤。常用的设备有布袋除尘器、静电除尘器及文丘里除尘器。布袋除尘器对烟尘、重金属、二恶英等有机物类污染物有较好的除尘效果。国外研究表明，静电除尘器可使颗粒物的浓度控制在 $45mg/m^3$ 以下；文丘里除尘器虽然有很高的除尘效果，但对其后续废水的处理费用过高。

（2）重金属的排放与控制

重金属类污染物源于焚烧过程中生活垃圾所含重金属及其化合物的蒸发。主要有 As、Cd、Cr、Hg、Cu、Sb、Ge、Sn、Ni、Pb 及 Zn 等。重金属在高温下一部分以气态形式存在，一部分被氧化后吸附在烟气中的颗粒物上。

国内外对垃圾焚烧重金属污染的控制研究大致可分焚烧前控制、焚烧过程中控制以及焚烧后控制三方面。

三、总　结

对城市生活垃圾进行焚烧前处理和在焚烧过程中采取一系列的控制技术，虽然可以避免和减少污染物的产生，但为了更好地减少污染物的产生和排放，需要加强立法，制定垃圾焚烧处理技术标准和设备规范，实现垃圾焚烧处理的规范化管理，此外，还需积极开发新型废气处理装置，力求使焚烧处理达到无害化的要求。

参考文献

[1] 孙宏．生活垃圾焚烧过程中二恶英的生成及控制［J］．环境卫生工程，2006，14（2）：12-14.

[2] 辛美静，仲兆平，金保升，等．城市生活垃圾焚烧处理中重金属污染的形成与控制［J］．能源研究与利用，2002（5）：14-17.

[3] 李香排，蒋旭光，池涌，等．城市生活垃圾焚烧时 HCl 排放及脱除研究［J］．电站系统工程，2003，19（5）：40-44.

[4] 赵由才，牛冬杰，柴晓利，等．固体废物处理与资源化［M］．北京：化学工业出版社，2006.

[5] 聂永丰．三废处理工程技术手册［M］．北京：化学工业出版社，2000.

[6] 张乃斌．垃圾焚化厂系统工程规划与设计［M］．台湾：新雅出版社，1998.

[7] G. Mascolo，L. Spinosa，V. Lotito，et al. Labscale evaluations on formation of products of incomplete combustion in hazardous waste incineration：inf luence of process variables［J］. Water Sci. Tech. 1997，36（11）：219 - 226.

鄂尔多斯市水资源承载力评价

佟长福　李和平

（水利部牧区水利科学研究所　内蒙古　呼和浩特市　010020）

摘　要　水资源承载力是进行区域生态环境建设和确定社会经济发展方向的基础。本文以鄂尔多斯市水资源承载力为研究对象，选取了水资源开发利用率、地表水控制率、耕地灌溉率、工业用水重复利用率、人均水资源可利用量、人均供水量、排污率、供水模数和生态用水率9个主要因素作为评价因素，应用灰色关联度分析法对鄂尔多斯市及各分区水资源承载力进行了评价，结果表明：目前水资源开发利用已经达到相当规模，在现有经济技术条件下，该地区的水资源承载潜力已相对较小，水资源供需矛盾突出。从社会、经济的进一步发展和保护生态环境出发，通过调整产业结构、节水工程建设、增加非常规水利用量、水权转换工程和节水型社会制度建设等措施提高水资源承载能力，合理利用本地水资源。

关键词　灰色关联度分析法　鄂尔多斯市　水资源承载力　评价

水资源不仅是一种控制生态环境的基础自然资源和一切社会发展的物质基础，而且是一种战略性的经济资源，是一个国家综合国力的有机组成部分。随着社会经济的发展、人口的增长以及工业化、城市化进程的不断推进，对水的需求量不断增加，水资源供需矛盾日益突出，水资源短缺已逐渐成为制约社会经济可持续发展的“瓶颈”。目前，区域水资源承载力研究是21世纪区域水资源安全战略研究中的一个基础课题，而且水资源承载力已经是衡量区域可持续发展的一项重要指标。因此，本文运用灰色关联度分析法建立了综合评价模型，评价区域水资源的承载力，对合理充分地利用水资源以及促进区域社会经济的可持续发展具有重要的现实意义[1]。

一、灰色关联分析模型

灰色关联评价系统根据所给出的评价标准或比较序列，通过计算参考序列与各评价标准或比较序列的关联度大小，判断该参考序列与哪级比较序列的接近程度来评定该参考序列的等级[2-3]。灰色关联评价系统模型建模包括4个步骤。

（一）确定参考序列和比较序列

设实测样本序列数即参考序列有 m 个，包含 n 个评价指标，则有第 i 实测样本序列：

$$X_i = \{x_i(1), x_i(2), \cdots, x_i(n)\} \qquad 其中：i=1，2，\cdots，m$$

设分级标准作为比较序列，共分 s 级，因此有第 j 级标准的比较序列：

$$Y_j = \{y_j(1), y_j(2), \cdots, y_j(n)\} \qquad 其中：j=1，2，\cdots，s$$

（二）数据的无量纲化处理

由于评价指标体系的量纲、功能各不相同，并且指标间数量差异较大，使得不同指标间在量上不能直接进行比较，因此，需对指标进行无量纲化处理：

$$X = \frac{X_{实际} - X_{\min}}{X_{\max} - X_{\min}} \tag{1}$$

式中：$X_{\max} = \max\ (X_{实际值})$；$X_{\min} = \min\ (X_{实际值})$。

（三）关联系数

$$\eta(k) = \frac{\min_j \min_k \Delta_{ij}(k) + \rho \max_j \max_k \Delta_{ij}(k)}{\Delta_{ij}(k) + \rho \max_j \max_k \Delta_{ij}(k)} \tag{2}$$

式中：$\Delta_{ij}(k) = |x_i(k) - y_i(k)|$ 为 $\{x_i(k)\}$ 与 $\{y_i(k)\}$ 在第 i 点第 k 项的绝对差；$\min_j \min_k \Delta_{ij}(k)$ 为二级最小差；$\max_j \max_k \Delta_{ij}(k)$ 为二级最大差；

ρ 为分辨系数（$0 < \rho < 1$），一般取 $\rho = 0.5$。$k = 1, 2, \cdots, n$。

由于评价标准并非一具体数值，而是一个区间，故定义 $y_{j(k)} = [a_j(k), b_j(k)]$，则

$$\Delta_{ij}(k)\begin{cases} a_j(k) - x_i(k) & x_i(k) < a_j(k) \\ 0 & a_j(k) \leqslant x_i(k) \leqslant b_j(k) \\ x_i(k) - a_j(k) & x_i(k) > a_j(k) \end{cases} \tag{3}$$

式中：$a_j(k), b_j(k)$ 分别表示指标 k 第 j 个级别的上限与下限。

（四）关联度排序

采用加权法，关联度计算为：

$$\gamma_{ij} = \sum_{k=1}^{n} w(k)\eta(k) \tag{4}$$

式中：$w(k)$ 表示第 k 指标权重，$k = 1, 2, \cdots, n$。

关联度分析实质上是对序列数据进行空间几何关系比较，通过对两序列关联度大小的比较，得到 $\gamma_{\max}$，即可确定该实测评价样本所属的等级。然后根据不同实测评价样本序列与比较序列即标准序列比较所得的 $\gamma_{\max}$，即可以对评价样本进行排序，从而实现排序和等级分类。

二、变异系数法确定权重[4]

变异系数法是根据指标数据求指标权重，反映了指标数据变化的客观信息，是一种客观的求权重的方法。

设有 M 个比较对象，评价指标为 N 个，每个对象的评价指标值用向量表示，记作 $X_i = (x_{i1}, x_{i2}, x_{i3}, \cdots, x_{iN}, i = 1, 2, 3 \cdots M)$，从而得到原始的评价矩阵 $X = (x_{ij})_{M \times N}$。变异系数法计算指标权重的基本步骤为：

数据处理采用公式（1），消除量纲的影响。

$$\overline{X_j} = \frac{1}{M}\sum_{i=1}^{M} x_{ij}, \ \sigma = \sqrt[2]{\frac{1}{M-1}\sum_{i=1}^{M}(x_{ij} - \overline{x_{ij}})^2} \ (j = 1, 2, 3, \cdots, N) \tag{5}$$

$$E_j = \frac{\sigma_j}{\overline{X}} \ (j = 1, 2, 3, \cdots, N) \tag{6}$$

$$w_j = \frac{E_j}{\sum_{j=1}^{N} E_j} \ (j = 1, 2, 3, \cdots, N) \tag{7}$$

三、实例分析

（一）评价指标的确定

水资源承载能力受诸多因素影响，涉及水资源系统的各个方面，根据具体区域的社会发展要求选定特定的指标体系，能反映“社会—经济—自然复合生态系统”的发展规模与质量、水资源供需关系以及开发利用状况。

通过对区域水资源系统及各影响因素的综合分析，参照全国水资源供需分析中的指标体系，在充分考虑不同区域水资源自然储存量的差异及开发利用方式不同的基础上，选用以下 9 个指标作为评价因素，各因素的含义如下：① X_1 水资源开发利用率（%）：现状水平年 75% 保证率的供水量与可利用的水资源总量之比；② X_2 灌溉率（%）：灌溉面积与耕地面积之比；③ X_3 地表

水控制率（%）：当地地表水蓄水工程入库水量与当地地表水资源量之比；④X_4工业用水重复利用率（%）：工业重复利用水量与总用水量之比；⑤X_5人均水资源可利用量（m^3/人）：可供水资源量与总人口数之比；⑥X_6人均供水量（m^3/人）：现状水平年75%保证率的供水量与总人口数之比；⑦X_7排污率（%）：污水排放量与总用水量之比；⑧X_8供水量模数（万m^3/km^2）：供水量与土地面积之比；⑨X_9生态用水率（%）：生态用水总量与总需水量之比[5-6]。

（二）评价标准分级

水资源系统是自然和社会交互的动态系统，其开发利用程度随着社会需求的增长和经济技术水平的提高而不断增加。根据评价因素对区域水资源承载力的影响程度，将9个因素对水资源承载能力影响程度划分为3个等级：①等级Ⅰ：表示水资源有较大的承载能力，其开发利用程度和发展规模都较小，工农业及整个经济都处于用水低效型，水资源综合管理水平较低，因而区域国民经济发展对水资源的需求是有保障的；②等级Ⅱ：表示水资源开发已具有相当的规模，经济类型由用水低效型逐步向用水高效型过渡，并开始重视水资源综合管理，水资源开发仍具有一定的潜力，区域国民经济发展对水资源供给需求有一定的保证；③等级Ⅲ：表示水资源承载能力处于饱和值，水资源开发利用程度接近极限，工农业及整个经济处于用水高效型，水资源综合管理达到相当水平，水资源的进一步开发潜力较小，水资源将制约国民经济发展，这时应采取相应的对策[7-9]。其综合评价指标的分级值，见表1。

表1　综合评价指标的分级值

等级	X_1	X_2	X_3	X_4	X_5	X_6	X_7	X_8	X_9
Ⅰ	<50	<15	<5	<50	>2000	>1500	<10	<10	>4
Ⅱ	50~75	15~50	5~25	50~80	1500~2000	950~1500	10~15	10~15	4~2
Ⅲ	>75	>50	>25	>80	<1500	<950	>15	>15	<2

（三）水资源承载力评价

本文以鄂尔多斯市及其各行政分区为研究对象进行研究，该区域的原始指标数值，见表2。

表2　鄂尔多斯市各评价因素原始数据表

行政分区	X_1	X_2	X_3	X_4	X_5	X_6	X_7	X_8	X_9
鄂尔多斯市	90.06	2.31	38.55	66.70	1239.44	1116.24	10.40	2.09	2.41
东胜区	242.94	2.87	17.02	61.50	136.26	331.02	28.57	5.21	8.37
达拉特旗	127.59	8.23	7.15	77.50	1139.37	1453.76	6.98	6.18	0.05
准格尔旗	131.08	1.87	19.61	65.90	427.74	560.68	23.50	2.34	0.11
鄂托克前旗	89.62	1.37	35.90	53.20	1866.76	2378.83	3.17	1.42	1.85
鄂托克旗	75.61	0.58	38.53	62.10	1774.33	1341.50	16.88	0.63	3.47
杭锦旗	47.42	2.14	16.96	65.80	4301.45	2039.56	2.32	1.49	2.99
乌审旗	48.55	2.22	53.21	57.50	4354.16	2113.79	5.89	1.83	3.60
伊金霍洛旗	220.55	3.07	68.81	53.90	585.52	1291.36	13.86	3.70	1.26

根据公式（5）~（7）计算各指标权重，结果如下：

$w=[0.1210, 0.1089, 0.0926, 0.0919, 0.1346, 0.0979, 0.1126, 0.1174, 0.1232]$

根据灰色关联评价模型的计算步骤，首先将鄂尔多斯市各行政分区作为参考序列，评价标准作为比较序列，然后对评价标准和各行政分区的实测资料进行归一化处理。根据上述步骤计算鄂尔多斯市各行政分区关联度结果见表3。

表3　关联度计算结果表

行政分区		鄂尔多斯市	东胜区	达拉特旗	准格尔旗	鄂托克前旗	鄂托克旗	杭锦旗	乌审旗	伊金霍洛旗
关联度	γ_{11}	0.6022	0.5672	0.6036	0.5433	0.6261	0.7174	0.8503	0.8931	0.5377
	γ_{12}	0.7785	0.5722	0.6871	0.5938	0.7037	0.7717	0.6646	0.6593	0.6814
	γ_{13}	0.5112	0.8014	0.7155	0.7901	0.6329	0.5572	0.3362	0.3956	0.6913
等级		Ⅱ	Ⅲ	Ⅲ	Ⅲ	Ⅱ	Ⅱ	Ⅰ	Ⅰ	Ⅲ

（四）评价结果及解决措施

根据表3可知：鄂尔多斯市各级评价标准的关联度 γ_{12} 最大，则鄂尔多斯市水资源开发利用程度属于等级Ⅱ。从整体上看，鄂尔多斯市水资源开发尚处于发展阶段，已经具有一定的规模，仍具有一定的潜力，但局部地区水资源承载力已接近饱和。

在各行政分区中，东胜区、达拉特旗、准格尔旗和伊金霍洛旗水资源开发利用程度属于等级Ⅲ，水资源开发已经具有相当规模，地下水超采，水资源承载力相对较小，水资源供需矛盾突出。从社会经济的进一步发展和保护生态环境出发，各行政分区应加强地下水管理，实行取水审批制度，严格控制超采、滥采地下水。严格限制高耗水、高污染项目的审批，加速淘汰浪费水资源、污染水环境的落后生产工艺、技术、设备和产品。全面推行清洁生产，大力发展循环经济。实施水资源替代战略，大力推广城市污水处理回用、疏干水和雨洪水利用技术。此外，达拉特旗和准格尔旗正在实施二期水权转换工程，将农业节约的水量置换给工业，满足工业用水需求。

鄂托克前旗和鄂托克旗水资源开发利用程度属于等级Ⅱ，水资源开发已经具有一定规模，仍具有一定的潜力。通过节水型社会的建设和水权转换工程的实施，水资源基本满足社会经济发展对水资源的需求。

杭锦旗和乌审旗属于等级Ⅰ，水资源开发利用程度较低，具有较大的承载能力。

鄂尔多斯市水资源空间分布不均，除了采取上述各项措施外，实施跨区域调水工程，解决区域水资源紧缺的问题，提高水资源利用率，保障鄂尔多斯市社会经济的可持续发展。

参考文献

[1] 邵金花，刘贤赵．区域水资源承载力的主成分分析——以陕西省西安市为例［J］．安徽农业科学，2006，34（19）：5017－5018，5021.

[2] 邓聚龙．灰色系统理论教程［M］．武汉：华中理工大学出版社，1990，33－63.

[3] 徐国祥．统计预测和决策［M］．上海：上海财经大学出版社，2005，205－208.

[4] 赵宏，马立彦，贾青．基于变异系数法的灰色关联分析模型及其应用［J］．黑龙江水利科技，2007，2（35）：26－27.

[5] 王群，张和喜．区域水资源承载力的研究进展［J］．农业网络信息，2008，7：118－123.

[6] 周波，贾晓红，于凤存．模糊综合评价在区域水资源承载力研究中的应用［J］．水利科技与经济，2007，10（13）：739－741.

[7] 谷红梅，郭文献，等．区域水资源开发利用程度的灰色关联分析评价［J］．人民黄河，2006，1（28）：47－48，51.

[8] 徐建新，郭文献，卢双宝．区域雨水资源开发利用潜力的灰色关联分析与评价［J］．灌溉排水学报，2005，3（24）：50－52.

[9] 闵庆文，余卫东，张建新．区域水资源承载力的模糊综合评价分析方法及应用［J］．水土保持研究，2004，3（11）：14－15，129.

大连市烟气在线连续监测系统状况调查

邢　军　马　骏

（大连市环境监测中心　116023）

摘　要　根据《污染源自动监控管理办法》（国家环境保护总局令28号）的要求，大连市环境监测中心对全市所有烟气在线连续监测系统完成验收监测并每季度进行比对监测，通常对在线监测系统的调查和比较，掌握了全市烟气在线监测系统的现状及存在问题，并提出相应的对策和建议。

关键词　烟气在线监测　采样方式　测量技术　性能比较

根据《污染源自动监控管理办法》（国家环境保护总局令28号）的要求，大连市环保局于2006年起要求全市重点污染企业安装废水、废气连续监测系统，截止到2009年底全市共14家企业安装废气在线连续监测系统39套，其中有机废气在线连续监测系统1套，均正常运行。按照大连市环境保护局要求，大连市环境监测中心每季度均对烟气连续监测设备比对监测一次。

一、废气连续监测系统概述

（一）CEMS的概念

烟气连续排放监测系统（Continuous emission monitoring systems for flus gas CEMS），测定污染源颗粒物和气态污染物或排放速率所需的全部设备。它是由采样、测试、数据采集和处理三个子系统组成的监测体系。

采样系统：采集、输送烟气或延期与测试系统隔离。

测试系统：检测污染物，显示物理量或污染物浓度。

数据采集、处理系统：采集并处理数据，生产图谱、报表。

（二）CEMS组成和描述

烟气CEMS是由颗粒物CEMS和气态污染物CEMS（含O_2或CO）、烟气参数测量子系统、数据采集处理子系统组成（图1）。通过采样方式和非采样方式，测定烟气中污染物浓度，同时测量烟气温度、烟气压力、流速、流量、烟气含氧量、烟气含湿量（或输入含湿量）；计算烟气污染物排放率、排放量；显示和打印各种参数、图表并通过数据图文传输系统传输至管理部门。

（三）CEMS的分类及测试技术

1. CEMS的分类。烟气CEMS是由颗粒物CEMS按测量方式分可分为三类：抽取式监测系统、现场监测系统和遥测系统。

2. CEMS采用分析技术。按取样方式和检测原理而分，目前，国内主要采用的技术见表1。

（四）CEMS主要技术要求

烟气连续监测系统主要技术要求包括：外观要求、环境条件、供电电压、安全要求、校准、净化、数据采集等。

（五）CEMS检测质量保证

分为安装时的质量保证、校准时的质量保证和复检时的质量保证三个方面。上述具体内容请参考HJ/T 76—2001国家环保总局《固定污染源排放烟气连续监测系统技术要求及检测方法》。

二、大连市烟气连续监测系统采用的测量技术现状和发展趋势

（一）气态污染物测量技术现状和发展

气态污染物测量技术按取样方式可分为直接抽取法、稀释抽取法和直接测量法，而直接抽取

式又可分为冷干法和热湿法。冷干法是直接抽取式的测量结果为干基浓度，热湿法是直接抽取式的测量结果为湿基浓度，稀释抽取式目前国内所采用的技术其测量结果均为湿基浓度，直接测量式也为湿基浓度。由于我国的排放限值是在干基浓度基础上的折算浓度，因此湿基浓度的结果无法回避湿度的测量。

表1　CEMS 的基本技术分类

分类		二氧化硫	氮氧化物	颗粒物	流速	含氧量	湿度
直接抽取式	冷干	非分散红外 非分散紫外 DOAS GFC 电化学	非分散红外 非分散紫外 DOAS GFC 电化学	β 射线法		氧化锆 电化学 顺磁氧	干湿氧
	热湿	DOAS 傅立叶红外	DOAS 傅立叶红外				
稀释抽取式		紫外荧光	化学发光				
直接测量式		DOAS 非分散紫外	DOAS 非分散紫外	浊度法 散射法 光闪烁	S 形皮托管 热丝法 超声波法	氧化锆	电容法

1. 直接抽取法。这种方法是最传统的烟气连续分析方法，他将被测烟气连续地进行抽取，经过采样探头过滤、加热保温、冷凝脱水和细过滤，进入气体分析仪。这种方法在欧洲最为流行，但预处理系统复杂、维护工作量大、总体价格较高。

2. 稀释抽取法。稀释抽取法是在抽取的基础上，用干净的空气将抽取的烟气进行确定倍数的稀释（如 100 倍）。这样可避免直接抽取方法中复杂的样品预处理系统，同时由于无需除水，因而是带湿测量的，这也是美国环保局（EPA）的优选方法，在美国甚为流行。但这种方法要求高精度稀释头（设计制造相当困难），同时稀释头也需要定期更换过滤装置。

3. 直接测量法。现场直接测量法是目前为止最为简明的方式，免去了复杂的取样管道及预处理系统，维护工作量小，几乎没有消耗品，其难点是在线标定，同时探头和分析仪直接置于现场，防护要求较高。

目前大连市安装的连续监测系统气态污染物测量技术主要以直接抽取法中电化学法和稀释抽取法中紫外荧光法为主。而通过大量的比对监测数据可以看出，虽然这两种方法在准确度方面均比较令人满意，可是电化学法对前处理要求比较高，在仪器的维护校准方面需要花费更大的力气。所以目前发达国家电化学原理的 CEMS，已较少使用了。

就测量技术而言，目前国外发达国家有的，我国目前也均在使用，任何一项连续自动监测技术，不可能适用于所有的场合，有其利必有其弊。而如何选择适用本地区的监测技术就需要更深入的研究。美国主要选用了稀释抽取式有其历史的原因，也是其法律法规促成的结果。直接将环境空气中连续自动监测的质控措施应用于污染源连续自动监测，方便了许多使用者的维护，同时美国的法规接受湿基浓度，则促进了稀释抽取式的发展。我国由于对干基浓度的要求，则不可避免地首先选择了直接抽取式。以后，随湿度监测技术的成熟，并伴随法律法规要求连续自动监测污染因子的增多，取样方式似有向直接测量式发展的趋势，进而向遥测方式发展。分析技术则以光学技术为主导，向全谱分析和线状光谱技术方向发展。测量范围则逐渐向低浓度发展，追求更高的准确度和精密度。

（二）颗粒物测量技术现状和发展

由于不易获得较好的稳定性和重复性的标准颗粒物浓度，与气态污染物的监测相比，颗粒物的连续自动监测更不被看好。正因为如此，法规中对颗粒物 CEMS 准确性的要求则更为宽泛。

1. 不透明光度法。当一束光通过含有烟尘的烟气时，光强因烟尘的吸收和散射作用而衰弱，并遵循 Lambert－Beer 定律：$I = I_0 \exp(-aL)$

式中：I_0 为入射光辐射强度：I 为出射光辐射强度：a 为入射光波长、烟尘粒子半径、烟尘浓度相关的衰弱系数；L 为光束透过烟气层的距离，即光程。

测量仪器主要由激光发射端、激光接受端组成。激光发射端、激光接受端均为法兰安装形式，留有反吹气接口、电源及信号线缆连接插座。

2. β 射线衰减法。使用等速采样设备对烟气进行等速采样，烟气通过滤带过滤后烟尘集于样品滤带上，通过 β 射线对空白和样品滤带的比对测量，从而得出颗粒物的精确质量。

3. 电荷转移监测仪法。电荷法监测设备是利用探测各项颗粒物与探针之间所产生的静电荷，经过放大分析和处理，转换成一种电信号并传送进监测系统。利用“摩擦生电”原理来获取信号的烟尘排放监测设备称为“直流耦合”技术；利用“电荷感应”原理来信号的烟尘排放监测设备称为“交流耦合”技术。颗粒物排放量与“交流耦合”技术监测探头感应信号具有线性关系。

目前大连市安装的连续监测系统颗粒物测量技术主要以散射法为主。监测技术的发展直接受法律法规的影响，颗粒物的连续自动监测发展非常明显地体现了这一点。“十一五”之前由于颗粒物的排放浓度较高，因此 2005 年前，我国主要安装的颗粒物 CEMS 基本为适合测量高浓度的浊度法，近些年，颗粒物的排放浓度逐渐降低，尤其是这几年，大型火电厂逐步安装湿法脱硫设备，导致许多颗粒物浓度也越来越低，所以更为适合测量低浓度的散射法正逐步占据主导地位。以后，随环保法律法规进一步严格，散射法的应用将更多。

（三）烟气参数测量技术现状和发展

1. 烟气氧量。烟气氧量作为判断烟气是否被稀释的一个重要参数，是污染物浓度监测中的必测项目。过程自动控制领域氧气的测量是较为成熟的技术，应用于 CEMS 监测，存在的问题不多。大连市烟气连接监测系统也均采用直接测量法中氧化锆法测量氧气含量。

2. 烟气流速。各种流速 CEMS 性能比较见表 2。

表 2　流速 CEMS 性能比较表

测量方法	测量方式	优　点	缺　点
压差传感法	点测量要用速度场系数校准	结构简单，安装方便，易于维护，运行可靠	要用高压气体定时反吹
靶式流量计法	点测量要用速度场系数校准	结构简单，安装方便，易于维护，运行可靠，成本低	当垂直于气流的靶面积发生改变时影响流量测定的准确性
热平衡法	点测量要用速度场系数校准	结构简单，安装方便，易于维护，运行可靠，不需要测量烟气温度、压力	质量流量与烟气密度有关，由于是直接插入烟道测量，要防止烟气对热丝的污染
超声波法	线测量	与气体密度、温度压力无关，测量断面排气平均流速	安装要求高，价格贵

烟气流速的测量，除 S 形皮托管基本为国内生产，热平衡法和超声波法则基本进口。皮托管法和热平衡法为点式测量，超声波法为线式测量，三者均为湿基流速。

大连市烟气连接监测系统均为 S 形皮托管法，其优势主要在于结构简单，安装方便，易于维护，运行可靠。皮托管流速测量技术需要解决的是在线的校准问题以及在直管段不能充分满足要求的情况下，如何客观反映现实。

3. 烟气湿度。湿度在干基浓度的二氧化硫和氮氧化物测量中，由于流速为湿基流速，仅在总量的计算中需要，而在湿基浓度的测量中，湿度则用于向干基浓度的转换。目前，在CEMS的技术规范中，湿度的连续自动监测并非强制要求，可以采用手工测量并输入的方法。

三、大连市烟气连续监测系统的应用及问题分析

根据《污染源自动监控管理办法》（国家环境保护总局令28号）大连市废气污染物排放大户均对重点排放源安装了烟气在线连续监测系统。截止到2008年底全市14家企业共安装烟气在线连续监测系统39套，其中有机废气在线连续监测系统1套，并全部通过验收。

根据大连市环境保护局污染减排工作的要求，大连市环境监测中心每季度对全市重点企业安装的烟气在线连续监测进行一次比对监测。

（一）问题分析

通过验收监测和比对监测发现的问题如下：

1. 企业自身承担设备日常运营。部分企业自身承担设备的日常校准和维护，其自身能力有限，而后期设备的运营、维护都需要大量的资金和专业的人员设备保证。所以企业自身的维护、校准、维修、质量保证和质量控制工作不能满足要求，致使仪器准确度下降。

2. 因受现场条件限制，大部分企业的CEMS系统安装位置不符合规范要求。大部分烟气CEMS安装在烟道的平直段，但距烟道弯头部的距离太近；有的安装在汇总烟道处，距离烟道汇总口的距离太近，造成监测数据的系统误差较大。

3. 烟气在线监测设备只有在负荷平稳时准确率较高，如果负荷变化较快，须每次重新制定标准曲线。如标准曲线制定不及时，可能影响在线监测设备的合理率。

4. 监测数据无法为管理服务。由于现阶段没有法律、法规的依据，在线连续监测系统每日产生的大量监测数据，只能为管理部门提供参考的依据，不能作为处罚或行政管理的依据。

（二）建议

1. 从源头做起。企业在选购在线设备时，行政部门应给予相应的分析指导，通过分析不同废气排放大户产生的废气中温度、湿度、污染物浓度等因素的不同，指导企业选取符合其自身特点的在线监测仪器，从而为以后验收监测、比对监测顺利通过增加砝码。

2. 将在线监测设备的后期维护推向市场，迫使市场形成独立的专业的后期维护公司。因为在线监测设备的后期运行需要大量资金和专业化的维护队伍，仅以安装在线装置企业自身实力无法满足专业化的维护需要和保证数据的质量。而专业的维护队伍和定期的维护，对被测企业一次性通过环保验收和日常仪器维护、标准曲线建设都是至关重要的。

3. 由于过去废气排放大户未预留安装烟气在线连续监测装置的位置，增大了监测数据的相对误差，建议新建重点废气排放企业均要给烟气在线连续监测设备留有安装位置，保证监测数据的准确性。

4. 建议尽快出台有效的法律、法规，保障监测数据可以为行政执法服务。

参考文献

[1] 火电厂大气污染物排放标准（GB 13223—2003）.

[2] 固定污染源排放烟气连续监测系统技术要求及检验方法（HJ/T 76—2001）.

[3] 固定污染源排气中颗粒物测定与气态污染物采样方法（GB/T 16157—1996）.

[4] 董雪峰，蒋文军．火电厂烟气在线监测系统主要存在的问题及解决方法［J］．河南电力，2007（1）.

[5] 余剑明，姚唯建，汤龙华．火电厂烟气连续监测系统评述［J］．电力环境保护，2000（2）.

鹰潭市生态环境现状调查及对策浅析

占涛金[1] 黄王君[2]

（1. 鹰潭市环保局；2. 鹰潭市环境监察支队 335000）

摘 要 国务院2000年11月26日印发了《全国生态环境保护纲要》，要求各地区、各有关部门制定本地区、本部门的生态环境保护规划，积极采取措施，加大生态环境保护工作力度，扭转生态环境恶化趋势。生态环境现状调查是做好生态功能区划和生态环境保护规划的基础工作，是中东部地区经济结构战略性调整和重大建设项目科学布局的决策依据。本文对鹰潭市的生态环境现状进行全面、系统的调查的基础上，全面分析了鹰潭市的生态环境现状及发展趋势，对该市生态环境退化成因进行了分析，并提出了相应的生态环境保护对策。

关键词 生态环境 现状调查 对策

一、鹰潭市生态保护情况

（一）自然生态保护

1. 森林保护 鹰潭市林业历史悠久，森林资源相当丰富。新中国成立以来，各级党政领导十分重视林业工作，通过全市人民年复一年的共同奋战，消灭了宜林荒山。至2000年底，全市有林地面积、森林蓄积量、森林覆盖率大幅度增长，绿化程度达61.6%，生态环境明显好转。

2. 草地保护 鹰潭市少量草地多与森林、农田交错分布。全市现有草地较少。

3. 湿地保护 全市现有湿地90491hm^2，其中人工湿地83093.8hm^2。

4. 水资源保护 为了保护好水资源，该市重点加强了对信江流域水环境的综合整治，对水系污染状况进行了调查，并拟定了治理方案。市政府领导也非常重视，多次召集有关部门进行督促检查，并严格控制了沿江污染的企业。排入信江流域的污染物总量有所削减，信江基本达到国家地表水标准Ⅱ级标准。

5. 矿产资源开发生态保护 我市开发矿产资源历史悠久，建国后尤其是改革开放以来，矿产资源开发利用取得了巨大的成就。为了遵循“在开发中保护、在保护中开发”的原则，加强了矿产资源的规划、管理、保护和合理利用。

6. 生态示范区建设 通过贯彻污染防治与生态保护并重的方针，该市加大了生态示范区的建设力度，全市生态环境建设取得良好进展。

（二）生物多样性保护

1. 珍稀濒危物种保护 鹰潭市是一个动植物资源十分丰富的地区。据调查，全市共有植被类型7个、101科、250属，468种，属国家一级保护物种的有红豆杉、银杏、伯乐树等；属国家二级保护物种的有金钱松、福建柏、香樟等；陆生野生动物有珍贵的娃娃鱼、江豚、水鹿、豹等。

2. 自然保护区建设与管理 自然保护区是保护自然生态，拯救濒危动植物种，进行科学研究的重要基地，是当代环境保护和生物基因库的一种集中表现。

（三）农村生态保护

1. 农药、化肥、农膜控制与替代 该市积极发展复合肥，实现平衡施肥，不断推广施用有机肥，探索生物肥，改变以往“重大化肥，轻复合肥；重氮肥，轻磷钾肥；重化肥，轻有机肥”的做法。

2. 畜禽污染控制与畜禽粪便资源化 随着城市化进程的加快，人们生活水平的不断提高，畜禽类便污染呈逐年加重趋势。

3. 秸秆禁烧与能源结构调整　由于实施了封山育林，禁止乱砍滥伐，我市的秸秆主要用做牲畜饲料和还田。

4. 小城镇建设环境保护　在全市乡镇范围内广泛开展的以“小城镇规划设计、园林绿化、基础设施建设”为主要内容的争先创优活动，有效地促进了小城镇建设上档次、上水平，道路、水电、环卫等基础设施建设步伐日益加快。

5. 有机食品、绿色食品发展　大力发展有机食品、绿色食品，有利于解决现代农业造成的环境污染、土地退化、水土流失、生物多样性减少等问题，也有助于提高产品的市场竞争力，推进农业产业化，增加农民收入。

二、生态环境现状及发展趋势

（一）土地利用与土地退化现状与发展趋势

1. 土地利用现状与动态变化　1986 年全市土地总面积 353290.4hm^2。2000 年土地总面积 355677.9hm^2。2000 年全市有水浇地 0.36 万 hm^2；旱地 0.76 万 hm^2，比 1986 年增加 0.30 万 hm^2。基本农田面积 4.4 万 hm^2。2000 年非农业占用耕地累计面积 0.35 万 hm^2。污水灌溉面积 135hm^2，比 1986 年增加 129hm^2。截至 2000 年，全市退耕还林面积 34hm^2。

2. 土地退化现状与动态变化

（1）水土流失现状与动态变化分析　鹰潭市的水土流失基本上都属于林地流失，少量耕地流失和草地流失。2000 年全市水土流失总面积 9.06 万 hm^2，比 1986 年增加 0.35 万 hm^2。总的来说，鹰潭的水土流失呈逐年下降趋势。

（2）土地沙漠化现状与动态变化分析　鹰潭市不存在土地沙漠化问题。

（3）土壤盐碱化现状与动态变化分析　鹰潭市基本上不存在土地盐渍化问题。

（4）土地退化成因及危害　由于特殊的地质条件和过去战争、贫困等人为因素，导致矿山开采、乱砍滥伐现象严重，我市的林草植被遭到了严重破坏，植被面积锐减，全市 3 个县（市、区）都存在不同程度的土地退化和水土流失。同时，还造成了一系列生态、经济、社会问题，成为制约我市社会和经济发展的重要因素。

（二）植被状况及其动态变化

1. 森林覆盖率变化、主要林种构成变化　据全市第三次和第五次森林清查统计，全市的森林覆盖率分别为 57.0% 和 61.6%，10 年间森林覆盖率增长了 4.6 个百分点。

2. 林地面积动态变化分析　据全市第三次和第五次森林清查统计，全市林业用地面积分别为 18.74 万 hm^2、20.27 万 hm^2，10 年间林业用地面积减少 1.53 万 hm^2。

（三）水生态现状及变化

1. 地表水资源利用现状与污染状况

（1）地表水资源及其利用现状　2000 年全市水资源多年平均总量和地表水平均资源量分别为 66.2 亿 m^3、6.39 亿 m^3，分别比 1986 年增加 0.2 亿 m^3 和 0.98 亿 m^3。2000 年全市地表水年用水总量 1.73 亿 m^3，比 1986 年增加 0.05 亿 m^3。

2000 年境内水库、堤坝设计总库容和境内水库、堤坝年末蓄水量分别为 4.685 亿 m^3、0.978 亿 m^3，分别比 1997 年增加 0.339 亿 m^3、0.386 亿 m^3。境内水库淤积库容总量 0.785 亿 m^3，比 1986 年增加 0.008 亿 m^3。主要水系干流闸坝数量从 1986 的 78 座增加到 79 座。

全市 1986 年有（小一型以上）水库 26 个，面积为 0.238 万 hm^2，到 2000 年没有改变。

（2）地表水资源污染状况　鹰潭境内有 1 条水系：信江水系，地表水污染类型属以高锰酸钾指数、石油类为代表的有机污染加无机氮污染型。

鹰潭境内的河流和水库都不存在富营养化问题。

（3）江河断流、湖泊萎缩状况　鹰潭不存在江河断流及湖泊萎缩情况。

（4）地表水资源水质状况　由于我市重点加强了对信江流域水环境的综合整治，目前我市地表水库、省控断面年平均值属Ⅱ类断面的占大多数，水质状况良好。

（5）地表水资源利用中存在的主要问题　随着我市工业化进程的加快和人口数量的增多，虽然全市工业废水及污染排放量不断增加，加上生活废水及污染物排放量则呈上升趋势，并且未经处理，直接排放信江，对信江造成了污染。

2. 地下水资源及其利用状况

（1）地下水资源及其利用现状　1986 年和 1999 年全市地下水年平均资源量均为 3.47 亿 m^3,地下水允许开采量为 2.22 亿 m^3。地下水实际开采量 0.296 亿 m^3，比 1986 年减少了 0.0025 亿 m^3：其中农牧业用水量 0.0025 亿 m^3；工业用水量 0.2098 亿 m^3，比 1986 年减少 0.003 亿 m^3；生活用水量 0.0837 亿 m^3，比 1997 年增加 0.006 亿 m^3。

（2）地下水利用引起的生态变化　我市基本上不存在地下水位下降问题。

3. 湿地生态状况

（1）湿地面积动态变化情况　2000 年全市湿地总面积分别为 90491.37hm^2，比 1986 年减少 6005.91hm^2。

（2）湿地动态变化成因分析　湿地面积减少主要是因为建设用地等，所以 2000 年全市湿地总面积较 1986 年有所减少。

三、生态环境退化成因分析

（一）自然因素

1. 气候因素　全市年均降水量较多，暴雨引起的径流造成水土流失。

2. 土壤因素　主要是土壤的透水性、抗蚀性、抗冲性较差，易发生流失。

3. 地形因素　全市地形以丘陵为主，其坡度大部分在 5～15。地形的坡度和坡长对水土流失的影响甚大。土壤冲刷量随坡度的增加而增加。

4. 地质因素　对境内水土流失影响最大的是岩石的风化性。岩石的风化，是引起山塘、水库、河道淤塞的重要原因。

5. 植被因素　这是对水土流失发生、发展起决定作用的因素。境内山地林草分布不均。郊区只有连片草场 3 万亩，仅占山地面积的 6% 左右。全市森林植被覆盖率虽接近 50%，但在森林植被中，主要是以马尾松纯林为主，多分布在海拔 150～300m 的丘陵地带。土壤严重灰化，林下杂草、灌木很少，难以起到植被控制水土流失的作用。

（二）人为因素

人为因素是造成水土流失的主导因素。主要是乱砍滥伐，尤其是“大跃进”年代的大炼钢铁、大办公共食堂；文化大革命时期对森林的乱砍滥伐；在陡坡地区乱开荒地，在丘陵山地铲草皮、烧火土灰，以及不合理的“大跃进”行为和复垦方式，破坏地面植被；乱挖滥采，建厂、筑路、挖渠道、修山塘和水库时，对开挖面和弃土等未作妥善处理，导致水土流失。

四、生态环境保护对策

（一）加强领导，强化宣传教育

要建立和完善领导干部生态环境保护工作目标责任制，做到目标明确，责任清楚，措施落实到位。要把生态环境保护纳入各级领导干部政绩考核的重要内容，建立严格的考核、奖惩制度。要加强对生态环境保护的宣传教育，各级政府和宣传部门应充分发挥报纸、报社、广播等各种渠道，行之有效、广泛深入地开展有关生态环境保护的法律、法规、方针、政策的宣传教育。同时还要不断提高全民生态环境保护意识和社会公德意识，明确保护环境，维护生态平衡，就是保护人类自己。

（二）加强法制建设，强化生态保护监管力度

大力宣传我国有关环境保护的法律法规，同时尽快制定“江西省生态环境保护监督管理条例”，确定生态环境保护的工作内容，明确各职能部门对生态环境保护的责任。做到有法必依、执法必严、违法必究。

（三）加大科研支持能力，完善生态环境监测体系

加强生态环境的科学研究和技术推广，加大科技投入，培养生态环境保护科研人才，大力发展高科技产业，逐步形成生态产业规模。对生态脆弱区实行抢救性保护，对一些濒危物种组织开展全面调查，以查清其种群、分布和生态环境等状况，为今后开展保护管理提供依据。完善生态环境监测网的建设，做到随时掌握生态环境变化的新动向。

（四）制定和实施生态保护行动计划和生态保护规划

尽快制定我市生态保护规划，贯彻落实《全国生态环境保护纲要》。抓住我市被列为第二批“全国生态示范区”的机遇，邀请有关专家制订我市生态功能区划，重点在东江源头和章江源头建设一批生态功能保护区。扩大公益林保护面积，并对生态功能保护区内的产业布局作出明确规定，以促进全市经济、社会环境协调发展。

（五）开展国际合作

广泛开展国际交流与国际合作，采取“走出去，请进来”的方式，学习国外的先进经验和好的做法，有计划、有目的地分批出去考察学习。

（六）完善环境经济政策，增加生态保护投入

要按照价值规律和“谁利用，谁补偿”的原则，完善有关经济政策，建立生态环境补偿机制。要以政府投入为主，努力增加生态环境保护的资金投入，逐步设立生态环境补偿基金，纳入财政管理，实现专款专用。对资源开发造成的生态破坏，坚持“谁破坏，谁恢复”的原则，实行国家、地方、企业、集体、个人共同参与，多形式、多渠道、多层次筹集生态环境保护资金机制，用于恢复、改善和保护我市的自然生态环境资源。

大连市重大化学品危险源污染监控防范系统建设方案研究与设计

王　威[1]　李文霞[2]　刘亮亮[1]　黄建辉[2]　张兴文[1]

（1. 大连理工大学环境学院　大连　116024；2. 大连春兴环境工程有限公司　大连　116023）

摘　要　通过分析我国环境信息化建设的现状，提出当前环境信息化管理中存在的问题，结合大连市作为一个典型的石油、化工工业城市的实际情况，依据重大化学品危险源企业及相关政府职能部门的供需要求，对大连市重大化学品危险源污染监控防范系统建设方案进行研究，并在此基础上进行系统设计，实现了大连市“数字全域”和重大化学品危险源的动态管理，提出中国今后开展重大化学品危险源管理研究的建议。

关键词　重大化学品危险源　监控防范　化学品管理　大连市

引　言

随着经济发展与社会的进步，人们在满足于物质财富和精神财富的同时，越来越关注公共卫生与安全问题，重大化学品危险源以其突发事故频率高、影响范围广、潜在危害性大，引起了人们的注意。重大化学品危险源是指工业活动中危险化学品物质或能量等于或超过国家标准中限定的相应临界量的单元[1]。大连作为东北亚重要的工业城市，化工行业在其工业体系中占有较大比重，形成了相当大的一部分重大化学品危险源，且由于早期缺乏城市规划，很多危险源位于城市中心，一旦发生火灾、爆炸、毒物泄漏等意外就会对人身健康、社会安定和生态环境造成重大危害，后果十分严重。

长期以来，大连市强调安全生产和环保信息化，研发了一些具备初等功能的环境管理信息系统，但是由于没有对目前化学品行业现状进行定性定位分析，传统的管理信息系统功能过于单一，主要偏重于事故后的应急，没有把化学品管理链条纳入监控防范，没有实现对化学品由“坟墓”到“摇篮”的管理，最终使得这些系统不具备通用性和时效性，而变成“华而不实”的摆设。因此建立一个全方位的、开放的重大化学品危险源监控防范系统，实现环保数字化，是本课题需要探讨的问题。

一、我国化学品危险源管理信息化建设现状及问题

我国的环境管理信息化工作起步于20世纪80年代中期，20多年来，环境信息化工作取得了显著成效：基本形成了国家、省、市三级环境信息机构；信息网络基础设施不断发展，初步建成了涵盖全国各环保厅（局）的广域网系统；组织开发了环境质量监测、污染源监控、环境应急管理等一批业务应用系统。可喜成果的背后，存在许多问题：

1. 信息化建设与企业管理模式、企业发展现状不匹配[2]，致使系统建成后不能正常运转或根本无法运行，无法体现信息化对增强企业核心竞争力的作用。

2. 信息化建设“重建设轻维护”、“重硬件轻软件”、“重技术轻管理”，存在很大的盲目性，过分追求先进性，脱离实际。

3. 当前的化学品危险源管理信息系统，功能过于单一，主要偏重于事故后的应急，而忽略了纳入化学品管理链条的管理。

4. 信息化建设没有解决好在不同地域的通用性与时效性之间的关系，信息共享存在一定困难。

二、系统设计思路与原则

（一）设计思路

针对现行环境管理信息系统功能单一、仅仅针对应急或环境管理的某一方面的问题，同时区别与其他系统的设计思路，本系统将重大化学品危险源的监管按照仿效应急流程的思想分为三部分：事前、事中和事后控制。

事前控制包括对危险源进行登记、申报、监测、化学品信息和预案管理等；事中控制即现行的应急救援管理，包括发生事故时或出现事故征兆时，通过对危险源空间属性的查询、分析、定位，进行紧急人员疏散，同时通知相关监测人员、监察人员就近第一时间救援，进一步查询专业领域内的专家，为现场应急救援提供决策支持等；事后控制包括突发事故原因调查、备案，监察处罚和案例管理，为日后高效应急提供经验。

事前的重大化学品危险源信息采集工作主要分为两部分：企业自主申报和危险源普查，即包括自动和半自动两种方式。建立相应数据库，最终实现企业基本信息、空间属性信息和化学品危险源信息的入库，同时实现重大危险源判别与等级划分。这样可以有效地提高政府相应职能部门的办事效率，实现了企业危险源信息的实时监管。

事中的应急救援，是在重大危险源信息采集工作基础上，通过引入环境 GIS、GPS、RS，拿到第一手应急信息，利用模型评价结果和专家小组的建议，给现场救援、监测人员提供指导，节省了大量救援时间，实现了应急救援部门的权责明晰。

事后的管理主要是采集危险源企业的应急预案，通过对事发企业的应急救援，进一步掌握现场资料保证了信息的时效性。突发事故事后调查与总结将会以案例形式收录，同时对事发企业备案，参与突发事故统计分析。

通过对事前、事中和事后流程与功能的分析，保证了从化学品危险源源头的管理到最终的突发事故应急，从而实现了化学品管理从应急到预防的转变。

（二）设计原则

1. 实用性与通用性

最大限度地满足大连市政府职能机构与化工行业的业务需求，为环境管理人员及企业经营人员提供有效的实用工具。

2. 标准性和完整性

系统的信息编码以及采集通信信息遵循标准化、统一化的原则，从而确保了系统的标准性；系统设计依据对大连市化学品危险源监管调研需求进行功能设计，从而确保功能的完整，使系统真正成为一个完整的统一有机体。

3. 动态性

系统要兼顾环境信息时效性的特点，能够适应数据的及时更新；同时也要能根据政策、时代发展的需要进行功能扩展和优化。

4. 简单性

在达到预定的目标、具备所需要的功能前提下，系统应尽量简单，这样可减少处理费用，提高系统效益，便于实现和管理。

三、系统设计

（一）系统总体框架设计

本系统的设计采用 SuperMap GIS 2008 平台和基于 . NET 的 N 层架构；在数据库选择上，大连市现有相关系统使用的是 SQL Server 2005，考虑到对现有资源的整合利用和系统性能的要求，选用 SQL Server 数据库，SuperMap 的空间数据库引擎能够很好地支持 SQL Server 数据源；在系统部署上采取了分布式部署，将空间信息数据和业务数据分开部署以保证系统的性能。

根据系统的设计思路，将事前、事中和事后各环节进行细化，将系统分为三个子系统：综合业务管理子系统、重大化学品危险源污染监控子系统和重大化学品污染应急处理系统（如图 1 所示）。

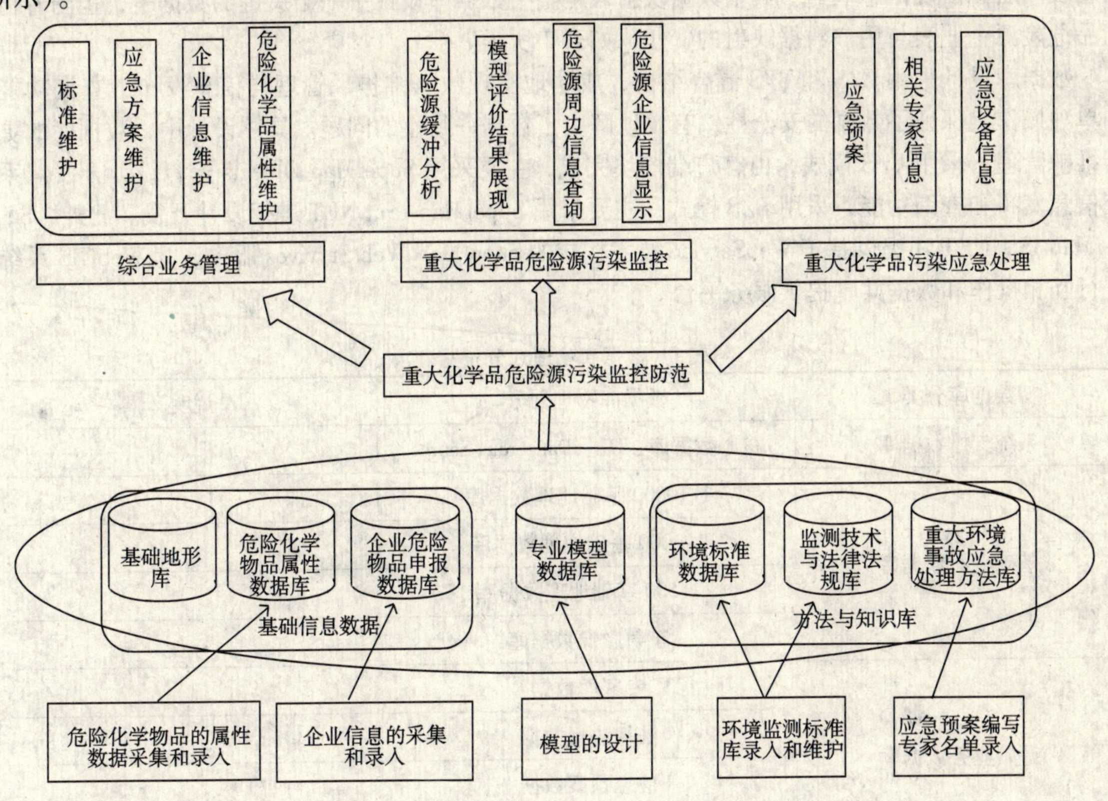

图 1　重大化学品危险源污染监控防范系统架构

1. 综合业务管理子系统

包括标准维护、应急方案维护、企业信息维护与危险化学品属性维护四个功能模块。化学品属性维护，提供危险化学品信息数据的增加、删减和更新；企业信息维护，管理危险化学品危险源企业属性信息更改与更新、权限设置以及企业申报等；应急方案维护和标准维护，提供相应更改与更新功能。

2. 重大化学品危险源污染监控子系统

包括危险源企业信息显示、危险源周边信息查询、模型评价结果展现和危险源缓冲分析等功能模块。通过查询相应化学品危险源，定位于地图上，动态挂接每个化学品危险源企业的属性信息，从而直观反映出该处的详细情况；勾选相应敏感区（如学校、住宅、自然保护区等）和设定要查询的范围，即可以显示出该危险源为圆心、一定半径范围内的敏感区信息；模型评价和危险源缓冲分析，能够通过导入气候参数、化学品储量等相关变量，经过模型评价计算进行危险源缓冲分析，为突发事故的应急救援提供决策支持。

3. 重大化学品污染应急处理子系统

包括应急预案、相关专家信息和应急设备信息三个功能模块。提供政府、企业应急预案查询、某专业领域相关专家查询以及某企业设备信息，对于整个系统起到很好的补充作用。

（二）数据库设计

数据库物理设计以 SQL Server 2005 作为数据库管理系统（DBMS），整个系统采用同一个数据库实例（Instance）。数据库分为基础信息数据库、专业模型数据库和方法与知识库三大部分。其中数据源的建立与发布、数据集与图层的编辑、地图的制作等工作都是在 SuperMap Deskpro 中完成的。数据库物理划分如表 1 所示，另外分别设计了化学品危险源企业空间表、环境安全隐患表、安全风险防范措施及落实情况表、化学品指标数据表、系统用户数据表、数据映射表、专家信息表和法律法规信息表等。其中数据映射表是整个数据库设计中一个关键的数据表，担当着化学品危险源企业表与用户数据映射的责任，如表 2 所示。

数据库设计采用 C/S 和 B/S 混合结构，成功地实现数据维护、管理与信息发布、查询功能的单独操作，保证了数据的安全性，有效地解决了数据一致性的问题。具体设计中，数据库的更新维护管理，采用 C/S 模式，由客户端模块完成，主要采用 SuperMap Objects 进行设计开发。系统信息发布和查询功能，采用 B/S 模式，主要采用 SuperMap IS . NET 进行设计开发。此外，SuperMap IS . NET 还提供基于 WebService 技术构成的 SuperMap Web Servives 服务，为 WebGIS 系统进行互相操作和数据共享提供服务平台[3]。

表 1　数据库物理划分一览表

数据库分类	数据库物理划分	说明
系统支撑数据库	核心数据库：DL_ Dangerous Source	
基础空间数据库	1:10000 基础地理数据库	
	1:2000 基础地理数据库	
	1:500 基础地理数据库	
	正射影像数据库	
原始业务数据库	专家库数据	
	法律法规数据	
	应急预案数据	
	化学品危险源企业空间数据、属性数据	

表 2　数据映射表

ENTERPRISE_ INDEX_ MAPPING
ENTERPRISE_ ID　NUMBER（10）
ENTERPRISE_ TYPE　NUMBER（10）
PKID　　NUMBER（19）

四、系统功能概述

（一）企业申报

企业申报实现了政府职能机构与化学品危险源企业之间的数字化沟通和现代化办公，大大提高了政府职能部门的办事效率，避免了部门之间的权责不清，增加了企业的透明度，保证了化工行业公平、有序的竞争和监察部门的监察力度，实现了政府对重大化学品危险源企业的实时监控，反过来也有利于企业对政府机构的监督，是一种双赢。

（二）专题图层、影像图、三维环视与漫游

在大连市基础图层基础上，叠加多种功能图层如学校、住宅、交通路线、医院等，形成各种专题图。专题图层是对系统综合功能的支持，能够满足诸多部门对该系统的需求，具备推广

价值。

对于某些大型化学品危险源，电子地图精度无法满足对其监控与应急的要求，本系统结合大连市的实际情况，提供了区域影像图、局部影像图和三维环视与漫游。灵活的地图搭配，是对用户需求的体现，处处彰显了系统的设计“以人为本”，是系统通用性的有力支撑。

影像图能够满足全方位、多视角地直观反映危险源的实际场景；视图中所有内容需规范制作，美观、整洁。提供相关的接口，能够集成到地理信息平台中，通过该接口能够对视图进行维护、调阅；三维环视及漫游以实现照片、现场采集、视频等为依据，通过运用一定的技术，实现虚拟现实。三维场景的实时显示可以适时在三维视景中漫游，从不同的视点、视角对环境进行观察，为突发事故致使断电而无法进入厂区内部时提供了另一种全新的应急指挥手段，具有很大的实用意义。

（三）事故分析

比如选择某个化学品危险源点，输入扩散模型计算出爆炸半径，选定化学品名称，给出影响区域，系统自动给出危险源周边影响半径范围内有哪些敏感目标等资源，为应急决策者提供决策支持。

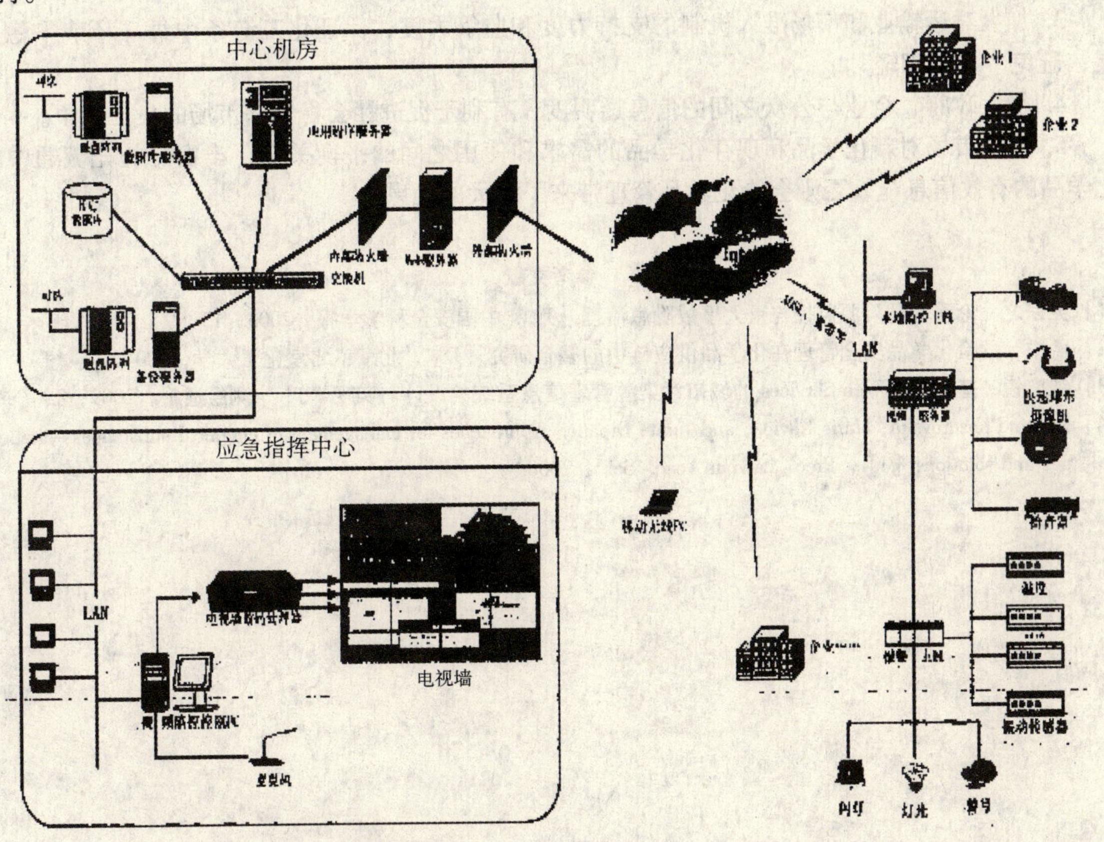

图2 系统预警响应流程

（四）事故预警响应流程

重大化学品危险源发生突发事故时，首先由事故现场的监控设备（摄像机）将信号由Internet反馈到中心机房，中心机房将现场信号转移到应急指挥中心，实现了应急决策者及应急专家遥控现场应急救援，保证了事故在第一时间被发现，提高了应急效率，如图2所示。

（五）后台管理

包括用户管理、专家库维护和法律法规库维护三部分，是保证系统能及时更新的重要支撑体系。用户管理通过对所有用户的查询、添加、删除、修改和浏览，进行权限和状态的更新；专家库维护包括添加、删除专家及联系方式、专业领域、所在单位等功能，进行信息维护和修改；法律法规库维护包括添加、删除、查询法律法规。

五、建　议

重大化学品危险源管理信息系统，不能从根本上解决我国化学品的管理问题，只是提供一种便捷的方法来弥补各种不足，但是考虑到全国各地信息化建设程度不同，期望用这种方式来扭转当前化学品管理的局面既耗时又耗财，这与社会可持续发展的要求相违背。重大化学品危险源的管理非一朝一夕能彻底解决的，需要全社会的共同努力。

1. 建立比较完善的、适合我国国情的法律法规，即对国有、跨国化工企业和中小型企业采取分别立法，既适当保障企业的生存发展，又不过分偏袒，彻底摆脱“有法不依”的局面，提高公共素质与企业安全生产意识。

2. 加快城市规划，对城区中的化工企业搬迁，建立化工园区，形成园区化工链；同时实施园区化工企业准入制度，严格考核安全生产。

3. 加大对运输业和市场准入机制的支持力度和监管力度，保证化工链条中每一环节平稳发展，避免“头重脚轻”。

4. 加大政府、企业与公众之间的信息透明度，有利于促进社会稳定和市场的良性竞争。

5. 明确市场对新化学品和现存化学品的需求和使用之间的平衡关系，丰富、补充流通中的化学品的有效信息[4]，否则会给化学品管理带来了很大的隐患。

参考文献

[1] 吴宗之．论重大危险源监控与重大事故隐患治理［J］．中国安全科学学报，2003，13（9）．

[2] 孟中．危险化学品安全管理在化学品供应链中的整合研究［D］．北京：北京化工大学，2004.

[3] 钟广锐．基于 GIS Web Services 的城市污染源管理信息系统的设计与实现［J］．测绘通报，2009，8.

[4] Kristîne Kazerovska，Maris Kaviòõ，and Judîte Dipãne. Approaches for management of chemical substances：challenges and solutions［J］．Proc. Latvian Acad. Sci.，2008.

城市空气质量管理满意度评估方法及案例研究

宋国君　傅毅明　郭美瑜

（中国人民大学环境学院　100872）

摘　要　公民是城市空气质量的直接感受者，其对于空气质量、污染源控制和政府环境管理的满意度是影响公共环境决策的重要指标。针对现行城市空气质量管理评估中存在的问题，依据认识论与社会学调查方法论的理论结合，设计了公众满意度调查问卷。在抚顺市，采用随机抽样方法，抽取样本1000份。结果表明，城市空气质量满意度可以作为城市空气质量状况和政府环境保护工作绩效的一种新型评估方法；满意度对人们可感知的环境质量评估结果与科学监测数据一致；不同群体满意度差异较大，应制定有针对性的环境保护政策，提高政策效率；满意度评估方法作为对科学监测评估方法的补充，广泛适用于各城市的环境质量管理评估。

关键词　环境质量报告书　空气质量管理评估　满意度

在评估城市空气质量管理的过程中，人们通常仅依赖于科学监测数据的结果，而很少关注公众对空气质量的切实感受，其管理目标仅局限于污染物排放量的降低和空气质量数据的改善，而未能体现以人为本让市民满意的更高目标。虽然每个人对其周围环境的主观认识各不相同，但对一定的人群集团来说，其统计效果却总有一定的规律性[1]。因此，研究者完全可以应用社会学的方法，通过统计公众对于环境的满意度，发现其内在的规律与联系，对人群所处一定范围内的环境质量以及政府的管理绩效进行评估，为政府的管理决策服务。

一、城市空气质量管理评估现存问题分析

（一）信息独立分散、缺乏系统性

环境质量报告书和统计年鉴中所提供的环境质量信息较少，受体影响的调查资料没有被反映出来。其中，且所供信息往往独立、分散，信息接收者很难建立信息之间的联系，缺乏对环境质量整体性的理解，导致评估困难。通过对公众环境满意度的调查来建立污染物排放与人体感受之间的联系，以及空气质量与管理行动之间的联系，从受体的角度，系统性地反映空气质量状况，可使环境质量管理评估体系更加完善。

（二）监控数据质量不高且缺乏有效的核查措施

由于监测人员配置不足、设备维护不利、监测资金不能按时到位等问题，城市空气质量监控的数据质量往往不高。此外，许多城市对于监控数据质量的核查缺乏有效的措施和方法，仅限于监测单位内部的质量控制或向上级递交报告的形式，这些都使得监测数据的质量得不到有效的保证。引入公众满意度作为外部的评价指标，既能够对科学监测数据进行一定程度的检验，又能够补充不足的环境信息，提高空气质量数据有效性和完整性。

（三）缺乏多部门的有效协作

目前，我国的城市空气质量评估基本局限于环保系统内部，而忽略了人群健康程度、居民环境感受等方面的信息。地区的空气环境质量改善理论上可以减轻人群呼吸系统疾病的发病率[2]，公众对其生活环境的主观感受能够从侧面反映出该地区的环境状况以及公众理想中的环境状况[3]，因此，应用社会学的调查方法，城市环境保护部门应扩大空气质量评估的监测范围，积极与医疗部门、社区管理等部门合作，完善评估机制。

（四）代表性不足，改善决策的能力有限

环境质量报告书或环境公报中的空气质量数据均由城市所设监测点监测得出，但由于监测点的

数量极其有限，往往不能准确地反映出全市的空气质量状况，代表性不足。环境满意度评估法的使用，由于人的活动范围大、时间分布广，根据其满意度评估的城市空气质量具有高的代表性。

二、满意度评估方法

（一）满意度评估方法的发展

满意度的评估最早源于瑞典1989年建立起的顾客满意度指数模型，该方法将顾客满意度的数学运算方法与顾客购买产品或服务的心理感知结合起来，用于评价市场上产品或服务的质量。

我国的顾客满意度指数测评体系还处于建立的初期，仅涉及了钢铁、煤炭等少数几个行业。但笔者认为，随着市场经济的发展，满意度评价的方法将渗透到国计民生的各个方面，从消费者、使用者的角度对各类商品或服务进行评价，其中也包括政府提供的服务和公众所共同拥有的环境物品等。

（二）环境质量满意度评估的理论基础

认识论（Epistemology）是探讨人类认识的本质、结构，认识与客观实在的关系及其发生、发展的过程以及规律等问题的哲学学说[4]。根据公众满意度来评估空气质量的方法充分符合辩证唯物主义认识论的观点。

列宁说："从生动的直观到抽象的思维，并从抽象的思维到实践，这就是认识真理、认识客观实在的辩证途径。"[5]这是列宁对于认识基本规律的一种表述，人类正是认识的主体，而客体就是"客观实在"，引申到环境问题中，可以理解为客观存在的空气污染。

首先，人类对环境质量的认识始于人类自身生活于其中的直观感受，眼见的尘和刺鼻的气味都是其对于周围空气质量的第一感受，可谓"生动的直观"；其次，空气质量满意度是人类直观感受的充分表达，将公众感受换算成相应的满意度值，经过数据处理、分析，使"感性认识"上升为"理性思维"，得到空气质量的充分信息，认识到环境管理的问题所在；最后，由"理性思维"指导实践，充分利用所得满意度结果，为环保部门的管理决策服务，有效指导城市空气污染治理和质量改善的实践活动。综上表明，采用公众满意度调查方法来评估城市的空气质量是对辩证唯物主义认识论的实际应用。

（三）评估的一般步骤

根据不同城市的实际情况，城市空气质量满意度评估应各具特点，但一般来说，可总结归纳为以下步骤：确定评估对象、收集相关资料、走访当地环保部门、设计抽样方式、设计问卷、试填问卷并征集意见、修改问卷、发放并收集调查问卷、数据整理分析、结合科学监测数据撰写调查报告等。

三、案例研究

（一）研究对象

抚顺市位于中国辽宁省的东部，全市辖四区（新抚区、望花区、东洲区、顺城区）三县。抚顺市总面积为11272.1km^2，其中市区面积为713.6km^2。目前全市总人口227万人，其中市区人员140万人，是全国31个特大城市之一。作为国家老工业基地，抚顺素有"煤都"之称。

（二）该调查设计的特点

1. 统计的科学性

该调查根据公众对其周围环境的感应特点，针对城市空气质量、污染源控制、政府管理三个方面，对抚顺市4个城区的居民以分层抽样的方式进行随机抽样调查。这样使得所得样本的代表性好，且抽样误差小，更能准确地反映出总体的实际情况。

2. 满意度的创新性

结合“环境质量”商品的独特性，“城市环境满意度”被定义为公民在城市生活中对城市环境保护状况的累积感受[6]。本研究将其引用到具体的城市空气质量领域，调查抚顺市市民的城市空气质量满意度。科学地运用此种方法，并使之与科学的监测数据结合起来，对监测数据的科学性和代表性加以验证。

3. 问卷的人性化

首先，问卷采用标准的李克特量表（Likert scale），即备选项是对称的，这样便于给备选项赋值，如“非常满意=5、满意=4、说不清楚=3、不满意=2、非常不满意=1”，不仅使得被调查者能够更加准确地选择与自身感受相对应的选项，增加调查的精确度，而且，以此结果计算出的满意度分值使得数据的分析与比较更加方便和直观。其次，问卷的问题都是针对被调查者的特点而设计的，将艰深的专业术语转化为浅显易懂的日常词汇，如将询问空气中二氧化硫含量是否过高的问题转化为询问“您能否感觉到抚顺市空气对您的眼睛或呼吸道等造成的刺激?”等。在实际的调查过程中，被调查者均没有表现出因对问题不理解而造成回答问题困难的情况。

4. 定量分析的准确性

本研究采用层次分析法（AHP）确定权重，整个分析过程要经过以下5个步骤：①建立层次结构模型；②构造判断矩阵；③层次单排序；④层次总排序；⑤一致性检验。其中后三个步骤在整个过程中需要逐层地进行[7]。运用该法，同时结合专家意见，笔者确定了本研究中二级指标的权重，即w=（0.143，0.429，0.429），并且，在一致性检验中，$CR=0.000<0.1$，表明结果通过了检验。

5. 完善的指标体系

本调查将城市空气质量满意度指标体系设计为3个级别，第一级为空气质量总满意度；第二级为城市空气质量满意度指数评价项目层；第三级指标是由第二级指标具体展开而得到的，共有22个，为评价因子层，展开后形成空气质量满意度的调查问卷。见表1。

因此，本研究针对城市空气质量改善过程的各个方面，从“源”到“末端”，构建了城市空气质量指标体系，从空气质量的调查研究到对污染源排放控制的调查研究，最后延伸至政府管理人行为以及对公众参与的调查研究，体现出调查结果的系统性与完整性。

（三）抽样方案设计

调查由抚顺市统计局直属调查队调查，采用随机分层抽样的方法，分别在抚顺市4个区：望花区（36.9万人）、新抚区（29.2万人）、东洲区（34.4万人）、顺城区（40.2万人），进行随机抽样调查。调查对象为抚顺市抽样样本住户的1名18~70周岁的城区居民。根据城市空气质量研究调查要求，结合抚顺市2005年人口统计数据（市区总人口140.7万人），此次抽样调查的样本数设定为1000份。

（四）调查的信度与效度分析

信度与效度均是监测测量工具，如调查问卷等，在除去可能影响测量结果因素后的准确程度。其中效度（validity）是指研究结果反映研究对象的真实程度；信度（reliability）是指所获得的分数在不同被调查者与不同题目之间的一致性。说明应用社会学方法于城市空气质量评估之中的可行性时，信度与效度都是其很好的证明。

使用专业统计软件对本研究中的问卷结果进行检验，得到了城市空气质量、污染源控制、政府环保管理这三个方面变量的Cronbach alpha信度，以及效度检验中的方差贡献率，结果表明三个二级指标的信度均在可接受的范围之内，同时，三组变量也拥有很好的内部结果效度。

（五）调查结果分析

根据环境满意度指数（*SEI*）计算公式：

$SEI = W_i R_i$（W_i 表示第 i 个变量的权重，R_i 表示第 i 个变量的评价）

表 1　问卷指标设计

一级指标	二级指标	三级指标
城市空气质量总满意度（R）	城市空气质量（R_1）	整体的空气质量状况（R_{11}）
		居住区周围的空气质量状况（R_{12}）
		能见度水平（R_{13}）
		空气中烟尘含量（R_{14}）
		异味（R_{15}）
		刺激性气味（R_{16}）
	污染源的控制（R_2）	工业烟尘排放控制的效果（R_{21}）
		企业露天料厂扬尘的控制效果（R_{22}）
		建筑施工工地扬尘控制的效果（R_{23}）
		交通道路扬尘控制的效果（R_{24}）
		交通汽车尾气排放的控制效果（R_{25}）
		餐饮业油烟污染的控制效果（R_{26}）
		裸露地面的控制改善效果（R_{27}）
		矸石山的污染控制效果（R_{28}）
	政府管理行为（R_3）	政府对城市空气质量改善所做的工作（R_{31}）
		空气环境保护信息的公开程度（R_{32}）
		空气质量信息公开的及时性（R_{33}）
		空气环境质量方面的信息可信度（R_{34}）
		空气污染排放方面的数据可信度（R_{35}）
		环境空气控制行动方面的信息可信度（R_{36}）
		工业企业污染的监管力度（R_{37}）
		空气环境保护的决策透明度（R_{38}）

结合抚顺市问卷调查的所得数据，计算出城市空气质量的总体满意度为 2.97，没有达到满意，处于中立态度稍偏下。其中的二级指标——城市空气质量满意度为 2.73，城市污染源控制满意度为 2.79，政府环保管理满意度为 3.23。由此表明，抚顺市的空气质量还未达到令市民满意的水平，城市空气污染源的控制效果不佳，但相较之下，政府的环境保护管理工作得到了市民的肯定。

1. 空气质量满意度

在三项二级指标的对比中，空气质量满意度最低。说明与污染源控制效果及政府环保管理相较，市民对现有的空气质量水平最为不满意。因此，立即采取有效措施改善城市空气质量是抚顺市政府的当务之急。

4 个城区的横向对比中，望花区的满意度最低，仅为 2.50。望花区被喻为“老工业基地缩影的底片”，煤、油、电、钢、铝产业齐全，且许多企业没有通过环保审批手续，对周围空气造成了严重污染。公众对环境的切实感受与实际情况完全相符。

2. 污染源控制效果满意度

第二项二级指标为污染源控制效果满意度，经过统计计算，4 个城区中满意度最高为东洲区 2.92，仍未达到 3 的中立水平。这说明，从市民感受的角度来说，城市空气污染源控制的效果并不理想，与市民的满意水平还相距较远。在几项污染源的调查中，汽车尾气、餐饮业油烟以及工业烟尘三项排在满意度的最低位置，这些都能够清晰地反映出抚顺市城市空气质量的问题所在，结合公众满意程度的表达，将为政府环保部门的下一步工作指明方向。

3. 政府环保管理满意度

在三项二级指标中，政府环保管理满意度最高，且超过了 3 的中立水平，说明抚顺市民对于抚顺市政府环保管理给予了肯定的态度。但是3.23的满意度仍没有达到“比较满意”的水平，政府在城市空气质量改善方面的工作需要进一步加强。

在各项三级指标中，“环保部门对于工业企业污染的监管力度”一项的满意度最低，仅为2.88，而其他几项均高于3，说明政府工作需要在该方面有针对性地改进。

（六）与环境质量报告书的对比分析

通过综合分析，采用满意度评估方法所得的调查结果与利用自然科学监测方法所得的空气质量结果有大量的相同之处，起到了其对空气质量监测数据重要的验证作用。此外，满意度评估方法还向管理者提供了大量其他环境相关信息，成本低廉，却能有效补充普通监测方法的不足。

1. 根据抚顺市2007年的环境质量报告书，抚顺市环境空气自动站共监测365天，空气质量达到优良的天数为306天，达标率为83.8%，其中，空气质量优17天，良好289天，轻度污染58天，中度污染1天；问卷分析结果中二级指标空气质量满意度全市平均为2.73，说明现有的空气质量没有达到令市民的满意水平。

2. 通过2007年的空气污染物浓度的监测，以及各区的达标天数比较，4个城区的空气质量由好到差依次是：东洲区、顺城区、新抚区、望花区，与问卷调查结果满意度的排序完全一致。

3. 现有的空气环境质量报告中对污染的空间尺度考虑的不多。分析结果往往代表性较差，城市居民往往不能得到所需的环境质量信息。问卷中污染源分析结果的公布，可以很好地弥补这个信息不足。

4. 近3年，抚顺市的城市空气质量有所好转，二级天数存在明显上升趋势；问卷调查的结果表明，市民对于城市空气质量改进程度的满意度是3.54，即有一定的改进。说明市民通过自身的生活感受完全可以评估空气质量的改进情况，也说明抚顺市近3年空气质量虽有一定的改进，但还不能令市民十分满意。

四、结论及建议

现有的自然科学方法在城市空气质量的监测中存在诸多问题与不足，环境质量报告书等评估依据提供信息的质量和数量均不能达到有效评估环境质量管理的要求，造成环境信息不对称，对政府环保部门工作的指导性不强等问题。满意度评估方法应用于城市空气质量管理的评估中，不仅可以补充现有方法的缺憾，还可以大大节省实施成本，在验证监测数据的同时，充分了解公众的切身感受，将调查信息与管理行动相结合，实现建立服务型政府的目标；同时该方法也具有充分的理论基础，符合认识论的基本观点。因此，应考虑广泛应用。

针对利用满意度评估方法，并结合案例调查结果，提出以下建议：

1. 针对不同城市的地理区位、空气污染程度、产业结构和经济发展水平的不同特点，在尽可能全面地了解满意度信息的前提下，制定有针对性的满意度调查问卷，具体问题具体分析。

2. 对于城市空气质量的监测与评价，无论是科学监测数据，还是社会学调查结果，都应及时向社会公布，做到信息公开，接受公众监督；建立城市空气质量监测报表系统、城市空气质量满意度测评系统、城市空气质量管理评估与发布系统等。

3. 通过对满意度评估方法进一步地验证与实施经验总结，由相关政府机关出台评估规范，由第三方机构进行评估，将评估制度化。

从“世界城市”建设看北京市生态环境发展

康 鹏 徐琳瑜

（北京师范大学环境学院 环境模拟与污染控制国家重点联合实验室
北京市新街口外大街19号 100875）

摘 要 世界城市是国际城市的高端形态，是城市国际化水平的高端标志。2008年奥运会成功举办后，北京市在应对后奥运时期发展需求的同时，提出建设世界城市具有积极而深远的意义。本文从综合经济实力、生态环境、基础设施等方面将北京市与世界城市标准进行初步比较，并提出应从提高城市综合实力、加强生态环境建设、提升城市形象、发展城市特色文化几方面全面建设北京市，从更高更广的角度思考北京市未来发展战略。

关键词 世界城市 北京 综合经济实力 生态环境

北京市的城市定位是北京市生态环境发展战略规划需要解决的首要问题。1993年6月，国务院在对北京城市总体规划的批复中提出“将北京建成经济繁荣、社会安定和各项公共服务设施、基础设施及生态环境达到世界一流水平的历史文化名城和现代化国际城市”。跨入21世纪，全球化势头有增无减，并进一步向深度和广度推进。2005年1月，在国务院常务会议上，《北京城市总体规划（2004—2020年）》指出：以建设世界城市为努力目标，不断提高北京在世界城市体系中的地位和作用，充分发挥首都在国家经济管理、科技创新、信息、交通、旅游等方面的优势，进一步发展首都经济，不断增强城市的综合辐射带动能力。在北京城市发展史上，首次明确提出了建设世界城市的宏伟目标[1]。

同时，北京作为中国的首都和国际化大都市，一直代表着中国积极参加世界政治、经济、文化建设和发展的舞台，并且作为中国的信息中心向全世界传递着中国的信息，所以建设世界城市是其必然的选择。本文通过分析世界城市的内涵与特征，从生态环境及其相关综合经济实力、基础设施等几方面将北京市与公认的世界城市进行比较分析，以期为北京市生态环境发展战略提供具有前瞻性和导向性的建议。

一、世界城市内涵与特征

世界城市是当今城市发展的最高形式，是众多城市的发展目标。对世界城市的研究是城市科学的一项重要内容，对中国创建世界城市的研究已经成为中国城市发展的迫切需要。1915年，西方城市与区域规划学家，英国人盖德斯在其所著的《进化中的城市》一书中最先提出了“世界城市”这一概念，将其定义为“世界最重要的商务活动的绝大部分都需在其中的那些城市”。20世纪80年代以后，美国区域与城市研究资深学者约翰·弗里德曼与美国芝加哥大学教授沙森等人将世界城市的研究向前推进了一大步，主要延伸了空间结构思想，研究了世界城市的等级层次结构，并对世界城市进行了分类，有关论断迄今仍然是研究世界城市的重要基础。沙森强调，世界城市不仅是协调过程的节点，而且还是特殊的生产基地[2]。根据沙森的研究，纽约、伦敦和东京是全球城市体系中顶级的世界城市。1991年，伦敦规划咨询委员会提出了一个充满活力的世界城市应当拥有良好的基础设施，并同时拥有来自国际贸易和投资的强劲的财富创造力、服务国际劳动市场的就业和收入增长力以及满足国际文化和社会环境需求的高生活质量的吸引力。20世纪初，卡斯蒂尔斯从全球流动空间的角度，把世界城市描述为世界范围内“最具直接影响力”的点以及中心。

尽管学者们在概念界定存在差异，但世界城市的基本内涵还是比较清楚的，一般而言：世界城市具有很强的综合实力，不是仅在某一个方面对国际社会具有控制、辐射作用，而是从多方面产生综合影响力；世界城市在商贸、金融和资本等经济领域，具有世界中心的地位和国际控制力；世界城市依靠发达、便捷的交通通信网络条件，在全球交通通信网络中处于枢纽地位。另外世界城市作为世界城市体系中金融与商业服务控制中心，在生态环境、社会文化和基础设施等方面都有高水平。

二、北京市与世界城市的比较分析

奥运会的成功举办奠定了北京市建设世界城市的坚实基础。北京的城市现代化水平得到显著提高，在改善城市生态环境、发展城市基础设施、提升城市文化等方面取得了新的成就[3]。在继承发扬奥运财产的同时，“绿色奥运、科技奥运、人文奥运”三大理念转化为“人文北京、科技北京、绿色北京”三大发展战略，成为北京建设世界城市的基本内涵和鲜明特色。北京具备了建设世界城市的有利时机和条件。下面将北京市与所公认的世界城市如纽约、巴黎、东京等城市在城市生态环境及其相关的指标进行比较分析。

（一）城市综合经济实力比较分析

经济发展与生态环境的质量是不可分割的，一方面，经济发展依赖于健康良好的生态环境；另一方面，没有经济的繁荣，也很难实现生态的良性循环。在经济总量方面，2007 年北京 GDP 总量为9006.2 亿元，按北京常住人口1633 万人计算，人均 GDP 达到56044 元，按年平均汇率折合成美元7370 美元[4]。其量仅相当于纽约、伦敦、东京等世界城市的人均 GDP 发展水平的 1/8 ~1/3。在产业结构方面，北京市三次产业结构由 2001 年 3.3:37.8:58.9 变化为2007 年的 1.1:27.5:71.4。由于第三产业的单位增加值能耗仅为第二产业的 1/4，产业结构的调整对北京市单位 GDP 能耗、水耗下降和温室气体减排发挥了重要作用，但第三产业的比重仅达到日本（68%）和德国（70%）的水平。提高综合经济实力与水平，将是北京建设世界城市一个重要而艰巨的任务。

（二）城市生态环境比较分析

城市生态环境是衡量一个城市居民生活质量的重要指标，也是影响世界城市可持续发展的重要因素。世界城市强调其所处的国际经济、文化中心地位的同时，也十分关注建设空气清新、水质良好、绿树成荫的生态环境。奥运期间北京向世界承诺“绿色奥运”，主要内涵是大幅度提高首都环境质量，建设生态良好的城市，为奥运会创造优美环境，取得了良好的效果。北京市下大力气改善空气质量，在煤烟型污染治理、机动车污染控制和工业污染控制等方面实施了多项有力措施。2008 年市区空气质量达到二级和好于二级的天数为 274 天，占全年总天数 74.19%[5]。2009 年上半年北京好于二级的天数达到 80.7%，空气质量达到了有历史记录以来的最好水平。但大气一些主要污染物的控制方面，如二氧化硫、氮氧化物浓度高于世界城市的浓度，特别在可吸入颗粒物浓度值高于国家标准值20%，与世界城市标准值存在较明显的差距。

城市绿化是城市生态环境的重要组成部分，对改善城市生态环境质量、美化城市景观等方面具有积极意义。世界城市在经济高速发展与用地紧张的同时，也十分重视绿色环境建设，将绿色大自然融入城市中。就绿化方面，2008 年，北京市树木绿化率达到 52.1% ，山区树木绿化率达到 70.49%，城市中心区绿化覆盖率达到 43.5%，从成功申办奥运到举办盛会的 7 年时间，全市林木绿化率提高 9.7%[5]。但从人均占有绿地面积分析，现代化世界城市人均占有公共绿地面积一般在 $30m^2$ 以上，而目前北京不足 $15m^2$。在城市绿化方面存在绿地系统布局不合理，整体森林资源量不足，绿化整体景观效果差等问题。

资源数量方面来看，北京市社会经济发展快，人口规模增长也极为迅速，水资源和土地资源可能成为其建设世界城市的“瓶颈”。目前北京水资源拥有量不足40亿m^3，这就意味着北京市1700万人口，人均水资源拥有量不足300m^3，只有全国水平的1/8，世界水平的1/30，远远低于国际公认1700m^3的水平[6]。北京空间增长主要源于人口增加对土地的需求，这必然导致住房和商业等建成区不断增加，城区内对休闲、交通和其他功能用地的需求也在增加。上述分析看来：北京在城市环境质量、资源规划利用和生态建设等方面，与现代化世界城市的差距仍然存在较明显的差距。

（三）城市基础设施建设比较分析

城市基础设施的好坏反映了城市中人流、物流、能流、信息流的畅通程度，基础设施的完善有利于提高城市生态位，为生态环境建设创造优化宜居条件。近年来北京的基础设施虽有较大发展，但与现代化世界城市的差距仍十分明显。在道路交通方面，以地铁为例，现代化世界城市地铁线总长度一般在100km以上，纽约地铁线总长度高达1179km，承担了全纽约65%的客运任务。目前北京地铁总长度不到300km，日运客载量500万人次，不到全市客运总量20%。交通拥挤和堵塞已经成为市民日常出行的最大问题，严重影响了城市的正常运行和市民的社会经济活动。在航运方面，世界城市国际机场的国际航线旅客吞吐量通常在1000万人次以上，货邮吞吐量在100多万t以上。许多城市还拥有2~3个国际机场。目前，北京只有一个国际机场，旅客吞吐量不及现代化世界城市的一半，国际航线旅客吞吐量更低，只有现代化世界城市的1/3左右。

（四）城市文化社会服务比较分析

城市作为一种文化形态，可以使人感受到不同的城市文化韵味。不同城市的建筑、广场以及布局体现着不同城市的文化韵味，并在城市的演进中日益积淀为城市历史文化的一部分，而其本身就属于城市环境的特有部分。城市的历史文化伴随着城市现代化不断推进，世界城市更重视其人文价值[7]。当今世界城市都是人文城市，都关注自己的人文品位、人文魅力。如纽约、巴黎等，都是人文城市，有着巨大的文化流通量。北京经过人文奥运之后，具有较强的国际交流能力和国际文化影响力，但是应清醒地看到：在拥有国际组织数量、接待国际游客数量、常住外籍人士占总人口比重等指标方面，距离世界城市还存在一定差距。

三、北京市生态环境发展战略建议

虽然近年来，北京在综合经济实力、生态环境、国际化程度等方面都有了长足的发展，但通过与当今世界城市生态环境相关几个基本指标的比较分析，还存在较明显的差距。从这个角度，北京市应从以下几方面开展其战略规划。

（一）大力优化产业结构，提升城市综合经济实力

根据世界城市功能的要求，结合北京的产业结构特点，大力发展高新技术产业，以提升自主创新能力和整体产业竞争力为核心；调整产业结构和产业升级，以打造绿色北京为契机，以技术进步、制度创新为动力，深入推进节能减排，积极开展低碳经济探索，全力打造绿色生产体系；提高整体经济竞争实力，为北京城市的经济功能奠定坚实基础。

（二）全面建设绿色北京，整体改善城市生态环境

以改善人居环境为目标，合理开发和利用城市水资源和土地资源；整体改善城市生态环境，“山区绿屏、平原绿网、城市绿景”三大生态屏障不断优化，生态服务功能及碳汇能力全面增强；大气污染防治各项措施深化落实，空气质量持续改善；以永定河、北运河等为重点的水生态系统进一步完善，城市水源水质显著改善；加强生态环境建设，“绿色北京”行动将巩固奥运成果，让“绿色奥运”的制度延续下去。

（三）加快城市建设步伐，提升城市形象

北京加快建设世界城市，必须以北京为中心，围绕京津两核形成一个功能完善的城市区域，

分别依靠北京与周边城市的经济交通资源互补，并以此构建一个密切互动的京津冀经济圈一体化发展格局。另外信息化是城市建设中的重要过程。应当结合“数字奥运”建设，充分依托现代化信息技术，用数字化、网络化的手段来处理、分析城市建设中的问题，确保城市的人流、物流、资金流、信息流、交通流高效运转，提高城市发展质量和居民生活水平。

（四）与奥运特色相结合积极发展城市文化

北京既具有历史文化遗迹，又具有奥运特色的现代人文景观，形成北京文化体系鲜明的空间格局、品位和总体特色。这些文化遗产和现代人文景观在世界范围内具有独特性，是北京地区特有的经济文化，在世界范围内能够创造出巨大的经济效益和社会效益、环境效益，使其成为一个非常有利于塑造高端世界城市文化的条件。

四、结　论

世界城市是国际城市的高端形态，是城市国际化水平的高端标志。在成功举办了一届有特色、高水平的奥运会后，站在新的历史阶段的北京将发展定位瞄准建设国际城市的高端形态——世界城市。北京得天独厚的政治、经济、地理位置、深厚的历史文化底蕴，以及极强的集聚吸引扩散能力和实力强大的科技、智力人才资源，使其具有建设成国际一流水平世界城市的有利条件。与此同时，北京建设世界城市和后奥运时代的生态环境建设发展成为关注的焦点。尽管北京生态环境在筹备奥运期间得到极大改善提升，与当今世界城市仍存在较大的差距，其世界城市生态环境建设与提出的建设人文北京、科技北京、绿色北京结合同步，为建设世界城市北京创造优越的生态环境条件，走全面建设世界城市发展之路。

参考文献

[1] 周佳雷．北京建设世界城市的对策研究［J］．中国特色社会主义研究，2007（3）：106－110.
[2] 谢守红，宁越敏．世界城市研究综述［J］．地理科学进展，2004，（23）5：56－65.
[3] 袁懋栓．“绿色北京”：文明城市建设的新实践［J］．城市问题，2009（12）：92－96.
[4] 北京统计年鉴［Z］．2007.
[5] 2008年北京市环境状况公报［Z］．2008.
[6] 赵慧英．北京市水资源与人口规模探析［J］．中国城市经济，2008（4）：50－52.
[7] 饶会林．城市文化与文明研究［M］．北京：高等教育出版社，2005.

论城市节能减碳规划一般模式

宋国君

（中国人民大学环境政策与环境规划研究所　北京　100872）

一、节能减碳规划内涵

本文将城市节能减碳规划定义为："城市政府根据相关的法律、法规制定的城市一定时期内提高能效、优化能源结构、减少碳排放的行动计划。"

首先，该定义强调的是规划编制的主体是城市政府。由于节能通过市场力量对实现节能潜力的贡献率只有20%。能源问题如同环境保护问题一样，政府必须起主导作用。

其次，该定义要求节能减碳规划工作要严格遵从现有的节能法律、法规的规定进行。

最后，该定义还明确了节能减碳规划的目标。由于现代意义的节约能源已不是减少使用能源，降低生活品质，而是提高能效，降低能源的消耗，也就是"该用则用、能省则省"。这要求城市政府一方面要大力推动技术革新，引进并推广应用节能技术，在保证经济发展的前提下，优化城市产业结构，进而促使城市能源供应系统革新。其具体表现为新能源与可再生能源的利用比率得到提高，从而降低城市对传统化石能源的依赖程度，有效地降低二氧化碳等温室气体的排放，使碳排放增长率与经济增长率脱钩，最终实现低碳经济的发展水平的提升。另一方面，城市政府需要加强节能宣传，引导公民选择节能低碳的生活工作方式，并加强能源需求管理，利用现代信息技术，实现能源相关统计信息的整合与公开，并成为节能减碳规划的实施与监督平台，最终促使城市的发展向低碳型社会发展转变。

二、节能减碳规划一般模式

本文在传统的自上而下的节能减碳指标分解的基础上，为提高规划编制的信息水平、决策水平和可实施水平，引入参与式规划理念，开发了节能减碳规划的一般模式。

规划框架包括6部分内容，即干系人（Stakeholders）确认、问题识别、目标确定、方案筛选、实施计划制定、实施控制和评估。这6大部分并不是彼此独立的，而是紧密联系的，它们组合成一个有机整体，构成进行参与式规划的一般模式。首先，由政府邀请规划师进行规划准备工作，并识别考察问题的种类和程度；其次，由政府组织所有干系人（或其代表）参与确定规划所要解决的问题，统一干系人对问题的理解；再次，对问题的重要性排序，根据排序结果确定优先处理的问题。接下来根据干系人所确定的需要解决的问题，由政府组织所有干系人（或其代表）参与确定规划的总目标（包括定性与定量指标）。总目标确定之后要做两件事情：①由规划师根据技术、经济、管理可行性将总目标分解为具体目标；②根据总目标列出方案，即不同的行动方案。根据方案的费用效果分析，选出符合要求的最优行动方案清单。根据最优行动方案清单，结合具体目标，在所有干系人（或其代表）共同参与的情况下确定具体的行动方案。根据具体的行动方案进一步确定实施计划，实施计划包括时间表、控制指标和风险管理三个方面的内容。实施计划制定之后，接下来就是规划的文本输出、申请批准、颁布与实施。在实施过程中需要进行控制和评估。根据控制和评估的结果，不断对总目标进行修正和调整。然后进一步对方案、具体行动和实施计划进行调整。这样可以动态地优化规划，使其更加具有效率。见图1。

（一）干系人分析

干系人也叫利益相关者，是指在某项事务中所涉及的所有既定利益者，该项事务的发生将会使得干系人的利益发生损益。一般来说，节能减碳规划涉及的干系人大体可以划分为三类：城市政府、规划师（研究人员）、用能单位（能源消费部门进行划分）。

政府：政府是城市节能减碳规划最主要的决策者和推动实施者。政府在节能减碳规划中的主要职责有：主持制订规划，组织实施规划，监督规划实施，提出和监督具有明显外部性的重大工程，为其他利益相关者提供决策信息。

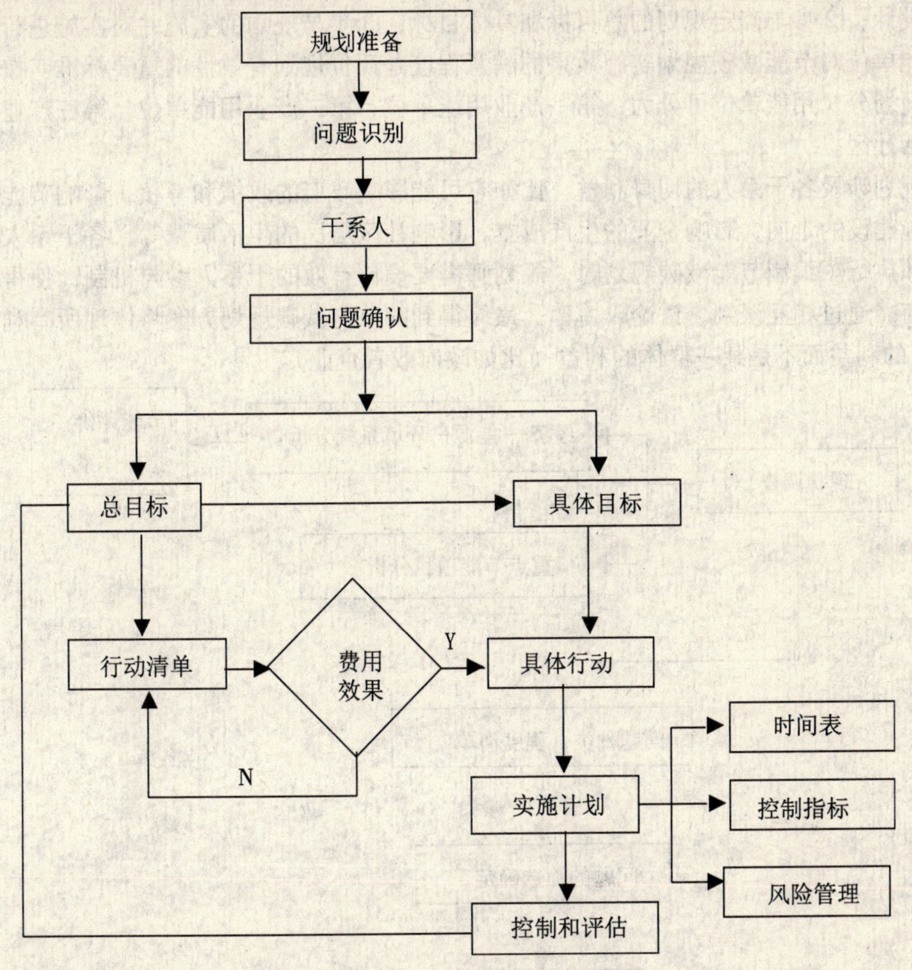

图 1　城市节能减碳规划的一般模式

规划师：规划师为城市节能减碳规划工作提供强有力的智力支持，是城市节能减碳规划工作重要的干系人。规划师在城市节能减碳规划中的具体任务是：

1. 参与而不是决定对目前问题的界定和对未来做出规划设计。规划师与所有干系人共同进行问题的识别，并根据自己的知识和经验提出解决问题的方案以供所有的干系人讨论，直到达成一个所有人都能够接受的方案为止；

2. 搜集、处理和公布信息，以增加决策的科学性。一般而言，决策中都存在信息不对称现象，信息不对称就会导致决策偏误。在节能减碳规划中，规划师一般拥有较多的信息，为了尽量使决策偏误减少，他们需要尽可能地将自己掌握的信息公开化；

3. 尽量促进公众参与。在规划的制定与实施过程中，要尽可能听取用能单位代表、政府代表、各种机构、社会团体和学术上有不同见解的专家所发表的建议和意见，采纳合理建议。这样做的目的是尽可能地使决策科学化，增加规划的可接受性，以利于规划的顺利实施；

4. 在对各方都认可的几个规划方案进行综合的费用效益分析之后，选出最终的也是最优的规划方案，并输出环境规划文本；

5. 控制与评估规划的实施以及进行规划方案的改进。

用能单位：用能单位是节能减碳规划方案的最终执行者，同时也是节能减碳规划的最终受益者。在编制节能减碳规划时应当吸收各用能单位参与决策，以利益为驱动，激励其主动参与节能减碳规划，增强规划的可实施性。各用能单位的具体任务为：①参与对目前问题的界定和对未来做出规划设计；②参与确定规划的总目标和具体目标；③参与规划的实施并对实施进行监督。另外，各用能单位对节能减碳规划实施效果的满意程度是评价规划有效性的重要标准。按照终端能源消费部门划分，用能单位可分为：第一产业用能单位，第二产业用能单位，第三产业用能单位及居民生活社区。

因为规划涉及各干系人的切身利益，比如它可能影响政府的政绩和考核，影响节能投资与节能基础设施建设的走向，影响企业的生产成本，影响社区居民的生活质量等，各干系人都关心规划的制定和执行。编制节能减碳规划时，规划师需要设计有效的干系人参与机制，使得各利益集团有效参与，通过相互谈判、讨论、博弈，最终得到的节能减碳规划方案将体现所有利益相关者（干系人）的利益而不是某一群体的利益（比如政府或者企业）。

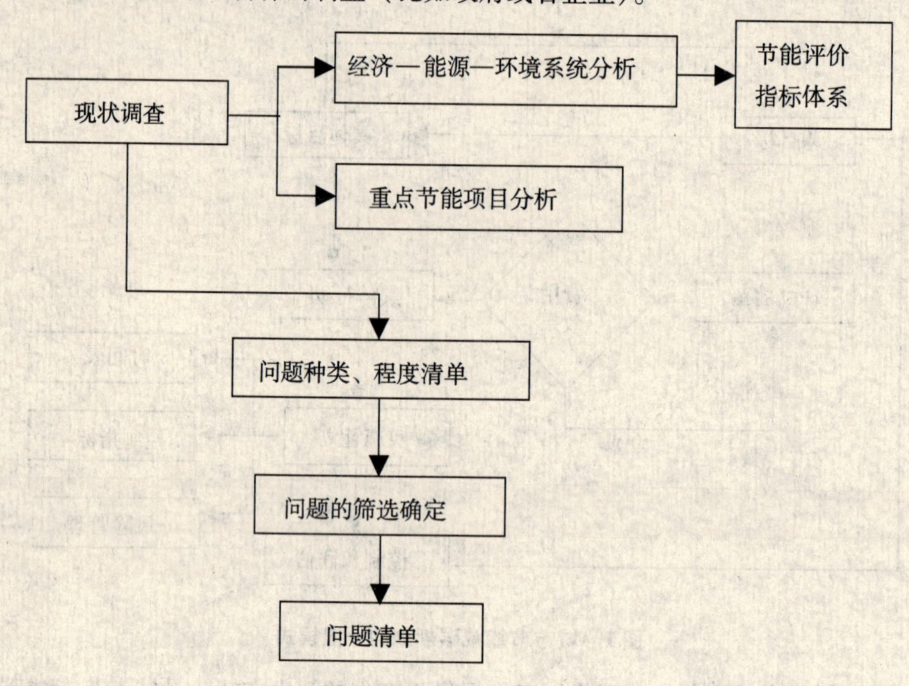

图 2　问题识别流程图

（二）问题识别

节能减碳规划问题识别的基本流程，如图 2 所示，首先，由政府邀请规划师进行规划准备工作，包括：对规划区域特定时间范围内经济—能源—环境系统的现状分析、规划区域内重点节能项目调查分析，并识别考察问题的种类和程度；其次，由政府组织所有干系人（或其代表）参与确定节能减碳规划所要解决的问题，统一干系人对问题的理解；最后，确定优先处理的问题。

1. 指标体系

在节能减碳规划中，指标是用来揭示和反映能源变化趋势的工具，包括能源总量、能源利用效率、能源结构及产业结构等方面。节能减碳规划指标体系是反映规划区域经济—能源—环境系统的历史情况及现状的多个指标构成的相互联系、相互依存的统计指标群。

城市节能减碳规划指标体系设计从国家的节能减碳政策出发，涵盖能源、经济、环境三大主题，从城市能流与碳排放的总量、结构、效率三个属性来界定指标的内容（见表1）。

利用城市节能减碳指标体系，规划师能够评估城市节能减碳工作的状态以及特点。规划师还可以通过与国内外先进水平进行对标分析发现城市在节能减碳工作中的问题所在，进而提出解决方案和努力方向。

表1 城市节能减碳指标体系主题

主题 维度	能源	经济	环境
总量	城市年综合能源消费量 城市年节能量 城市节能潜力	城市年节能投资额	城市 SO_2 年排放量 城市 CO_2 年排放量 城市 CO_2 减排量
结构	城市可再生能源消费比例 城市清洁能源消费比例 城市能源回收比例 城市能源自给率	城市节能投资中政府投入比重 城市高耗能行业产值比例	
效率	城市单位 GDP 能耗 城市单位 GDP 能耗年降低率 城市人均能耗 城市人均生活能耗 城市综合能耗指数	城市单位节能投资额节能量 城市能源消费弹性系数 城市节能意识调查指数	城市万元产值 SO_2 排放量 城市万元产值 CO_2 排放量 城市单位能耗 SO_2 排放量 城市单位能耗 CO_2 排放量

2. 能源平衡与能流分析

对于城市的能源平衡分析和能流分析是检验地区能源统计工作与节能管理是否全面与完善的重要手段。为了提高相关统计调查数据的一致性，建立数据之间的相关性，需要开展能源平衡与能流分析。基于与指标体系的耦合，城市能流分析模型如图3所示。

3. 重点项目分析

节能减碳重点项目是针对有关能源生产、输送、转换、消费各环节中存在的问题，为实现特定节能减碳目标，设计、安排并具体实施的综合措施总称，包括政策安排、技术改造、管理制度制定完善等内容。规划最终任务就是要通过分析研究，设计并施行相关的节能减碳项目。

由于在进行节能减碳规划之前，规划城市内可能已经实施了或拟定即将实施一批节能项目，如国家出台的“十大重点节能项目”、各工业企业节能技术改造、建筑节能改造、新能源开发利用、社区节能减碳规划等，规划师有必要对这些现有的节能项目进行分析评价，了解现有节能项目所涉及的领域，项目预期达到的节能目标以及项目的实施情况，为进一步制定节能减碳规划提供参考依据。

（三）目标体系确定

节能减碳规划的目标体系是指干系人共同期望的结果，是对规划对象未来某一阶段能源发展方向和发展水平所做的规定。其作用和价值在于它是干系人相互理解和合作的基础，并且充分体现了规划的意图，也为节能管理工作指明了方向。规划目标的确定是否合理和科学，将会直接影响节能减碳规划的可操作性和实施效果。

节能减碳规划目标体系应当根据基于自然趋势与城市发展规划和相关部门规划相融合的城市能耗与碳排放情境分析与预测综合制定。设计城市节能减碳预测模型，评估城市能源消费与 CO_2 排放的自然增长趋势，以及评估相关政策规划与工程项目对城市能源消费与 CO_2 排放的预期影响，作为判断城市节能减碳目标是否可以实现，以及评价相关规划项目预期效果的工具。

本文认为，节能减碳规划目标的确定机制，应当由自上而下的行政分配手段和自下而上的自愿协议手段共同构成，既考虑到国家的要求，又要从规划区自身的实际出发。

在确定目标时，建议成立“节能减碳合作委员会”，由政府、企业、公众、专家团队、投资商、银行等干系人组成，通过广泛的调研与磋商，签订“节能减碳合作框架协议”，就各个干系人的责任和权利达成共识。

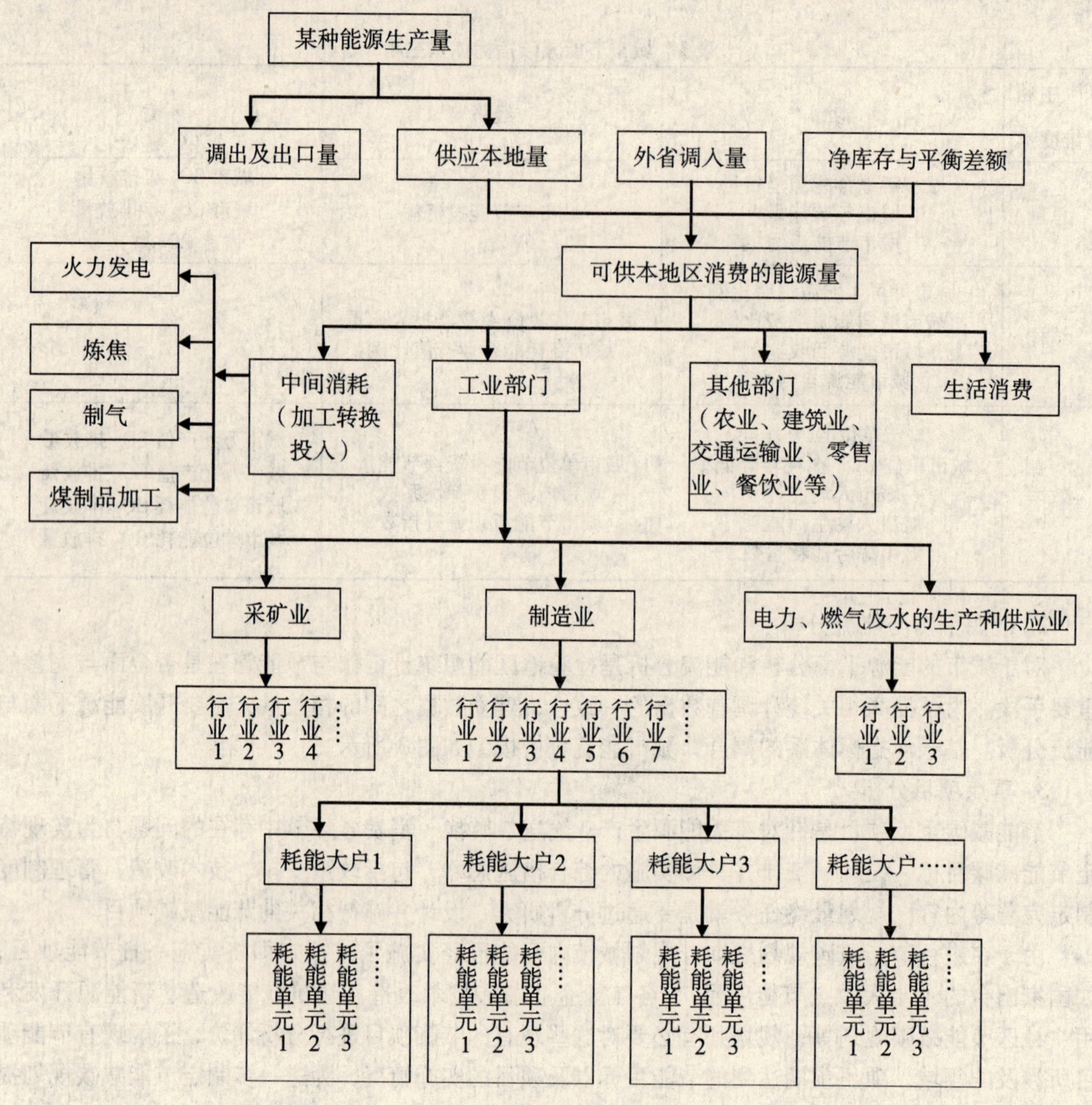

图3　城市能流分析

合作委员会负责节能减碳目标的制定、信息公开、监督、定期评估与调整。目标体系应当包括分阶段实现的总体目标及具体目标。

（四）方案筛选优选

制定节能减碳规划的方案措施是规划的主体，在目标与现实之间要通过措施的采用才能解决。重要的是运用各种方法制定针对性强的措施和对策，如现有建筑节能改造、新建建筑节能建设等。

节能减碳规划的方案是指为达到预定目标而需要采取的所有行动和措施的总和。主要是节能减碳规划的细化和具体化的任务，除了要明确规定每项行动的责任者（单位）外，还要说明行动实施的保证条件，行动完成进度的衡量指标，以及当指标未完成时的替代和补救行动及措施，最后说明验收的时间、程序和验收标准。同时要求所有的行动安排必须符合现实的法律和政策，或者说，规划中安排的行动必须是法律允许的。

本文建议方案筛选优化采用以下标准：①政治可行性，即方案被政府认可、接受和支持；②合法性，即要求方案上的所有行动和措施都必须是合法的，要有法律依据；③费用有效性，即经过费用效益分析，所选行动和措施的费用效益最优；④预测结果有效性，即经过对行动和措施基于情境的预测，所选方案在各方案中预测结果最优；⑤干系人满意，即规划方案体现各方干系人的利益，干系人对规划方案满意，并积极参与规划的执行。

（五）规划的实施与管理

规划实施是规划方案的时空分解，是实施节能减碳规划行动的计划时间表，反映何人（或何部门）何时何地把何指标完成到何种程度。这就要求在规划实施中必须明确规定某项行动的负责实施的单位、负责监督的单位、遵守规划的单位和机构（排污者、资源开发利用企事业机构、社区）。实施就像按照一个既定的模式去进行的过程，这个模式规定了何人应该在何时、何地、花费多长时间和多少资金，如何做某事的过程。实施是城市节能减碳规划的关键环节，直接关系到城市节能规划的实施效果。

为了保证规划的实施，必须制定一套“管理”战略以达到规划期的目标。管理的内容包括投资规划的实施、规划的组织措施以及各部门规划的协调、价格管理和非价格管理（定量分配、能源审计、宣传等）。

本文认为设计节能减碳规划信息平台是执行规划、管理实施的有效手段。通过节能减碳信息平台，政府可以有效地宣传节能减碳相关知识，引导公众积极参与节能减碳规划的制定与实施。政府借助信息平台实现节能减碳工作信息公开，引入公众监督机制，加强了对规划实施的管理。政府通过建设节能减碳信息平台，实现了节能减碳规划工作的信息化，便于各部门间的信息共享、协调合作、相互监督，便于部门内部的在线监测以及在线考核。这大大降低了规划实施的管理成本。另外，节能减碳规划所涉及的所有信息、数据以及案例，可以汇总到信息平台的数据库中，方便工作人员查询，也为今后的节能减碳规划工作打下坚实的基础。

三、结　语

本文根据参与式规划理论设计城市节能减碳规划的一般模式，其特点是本设计针对目前“自上而下”的规划编制思路提出了改进方案，强调“自下而上”的自愿协议，具有广泛的接受性和可实施性，但是组织成本较高。这需要规划师团队在参与式规划理论与实践上有较丰富的经验，能够为节能规划提供智力与技术支撑；同时需要城市政府基于自身的迫切需求积极参与并提供大力支持。参与式规划开发的核心是让干系人发挥主体作用，协助干系人界定问题、分析问题与解决问题，这在实际的工作中，是亟待解决的难题。除此以外，在实际工作中，仍有许多工作需要研究与解决，例如方案的筛选方法、目标达成程度评价等，这将成为今后研究工作的重点。

城市能源活动碳足迹初探
——以广州市为例

周　杨[1,2]　许振成[2]　简　韬[1]　王俊能[1,2]

（1. 湖南农业大学　湖南　长沙　410128；2. 环境保护部华南环境研究所　广东　广州　510655）

摘　要　城市碳足迹概念的引入旨在将碳责任落实于整个城市，从每个城市的发展定位和生活方式上考虑，提出有利于该地区二氧化碳减排的措施和政策。对城市二氧化碳减排具有重要的现实意义。本文以广州为例，根据联合国气候变化专门委员会（IPCC）2006 年碳排放系数缺省值，计算了广州市 1999—2007 年由能源活动产生的碳足迹，结果表明：自 1999 年起广州能源碳足迹年均增长 10.45%，单位 GDP 碳足迹年均下降 3.43%。人均碳足迹呈上升趋势，从 1999 年的 1.71 t/a 增加到了 2007 年的 3.35t/a，处于全国较低水平。单位 GDP 碳强度由 0.55 t/万元下降到了 0.42 t/万元。明显低于全国水平。给出了降低广州城市碳足迹的建议。

关键词　碳足迹　碳排放系数　能源　城市

研究能源活动中二氧化碳排放规律和趋势，对我国开展节能减排有重要作用。哥本哈根会议中中国政府提出了控制温室气体排放的行动目标——到 2020 年全国单位国内生产总值二氧化碳排放比 2005 年下降 40% ~45%。目前开展城市能源活动碳排放定量的研究并不多。上海市曾开展过类似的研究，赵敏等[1]对上海市历年能源消费碳排放进行了分析；钱杰等[2]通过美国橡树岭国家实验室的化石燃料二氧化碳排放计算方法对上海市化石燃料燃烧和水泥生产二氧化碳贡献量进行研究；李志琴等[3]也用同样的方法对广州市进行了相似的二氧化碳排放量的估算。参考谢振华提出的试行碳排放强度考核制度，二氧化碳减排可能会参照降低 GDP 能耗的方法将指标分解到几大主要工业部门和省市，进行行政令式的强制减排[4]。以此来看分区域的二氧化碳排放量估算方法是必要的。

广州市无论是在经济发展领域还是环境保护领域都体现了其前瞻性和示范性，为国家、为广东省作出了巨大的贡献。本文以广州市为例，深入分析以广州为代表的城市碳足迹情况，提出相应的减少碳足迹的措施。城市碳足迹的研究必然能够积极推进低碳生活的形成和我国低碳城市的建立。

一、城市碳足迹及其计算

（一）城市碳足迹

碳足迹是随着低碳生活而来的新概念，它表示个人或者团体的“碳耗用量”。其中“碳”，就是石油、煤炭、木材等由碳元素构成的自然资源。碳足迹是一种用来测量某个公司、家庭或个人因每日消能源而产生的二氧化碳排放对环境影响的新指标。“碳”耗用得多，排放的使地球暖化的二氧化碳也多，碳足迹就大，反之碳足迹就小。一个人的碳足迹可以分为第一碳足迹和第二碳足迹。第一碳足迹是因使用化石能源而直接排放的二氧化碳，第二碳足迹是因使用各种产品而间接排放的二氧化碳。

碳足迹提出的目的更多的是针对单位或个人这种小团体对二氧化碳的贡献量，增强在节能减排中小部分群体应该承担的环保意识，用于评价个人的能源意识和行为对环境造成什么样的影响，其意义在于将人们引导向低碳生活。2008 年世界环境日的主题为：“戒除碳嗜好！面向低碳经济”。它提醒我们转向低碳经济不仅仅是发展新能源和淘汰高能耗、高污染的落后生产力，更多的应该在日常生活中反思，自觉戒除那些浪费能源、高碳排放的不良生活习惯。目前碳足迹的计算还停留在以家庭或者企业为单位的阶段。现行的碳足迹计算器的计算方法实质上是通过消耗掉的碳素能源为基准通过一定的换算来进行估算的。其需要输入的信息一般都是最基本的生活方式。其名目包括：家庭（电力、天然气、液化气、用水）；交通里程（飞机、轿车、摩托车、公交和火车、电梯等）以及一些日常生活中的二级能源消耗。碳足迹计算器大致上能表明一个家庭、单位、个人二氧化碳排放量的相对多少，用一个并不精确的具体数字来增强其个人节能减排的意识和倡导一种温室效应的责任理念，是推行低碳生活的指南。

研究表明，城市人均耗能是农村地区的3.5倍，超过75%的温室气体是从城市产生的[5]。目前我国城市化率已经达到了45.68%，大量农村人口转移到城市，增加了城市能耗的同时也增大了城市碳足迹。城市成为平衡经济发展与环境保护的焦点所在，必然也应成为低碳研究的着手点。城市碳足迹是对整个城市碳足迹的计算，其研究范围更广，将责任明确于单个城市。其计算依据是整个城市的能源消耗量，与个人碳足迹的计算相比，它的优势在于数据的初始性和完备性。从能源消耗的始端开始，完整地概括一个地区能源活动大致的碳贡献量。城市的类别繁多，特点各异，研究分析各城市在现代化进程中的碳足迹变化规律对于低碳城市的建立显得尤为重要。城市碳足迹的计算有利于全国范围内城市之间低碳化的对比。参考城市竞争力评价指标体系[6]可考虑将单位GDP碳足迹列入城市竞争力评价指标体系中，体现城市实力和发展潜力。城市碳足迹的研究能为低碳城市的发展提供必要的数据基础和科学合理的依据。而目前还没有针对整个城市碳足迹的系统研究。

（二）碳足迹计算方法

能源活动主要包括能源的生产、能源的加工转换、能源的储运分配、能源的终端使用等能流过程，以及用于工业原料的非能源利用。从理论上讲，碳足迹的计算应该对每个部分的CO_2排放量进行计算，但结合IPCC国家温室气体清单编制方法，考虑我国能源活动数据和排放系数的可获得性，本文是基于化石燃料的消费量和含碳量等信息上的，通过物料平衡的原理计算出CO_2的排放量。碳足迹的研究排除了除CO_2以外的温室气体，原因有两点：首先，碳足迹的定义明确于CO_2的排放；其次，与化石燃料CO_2排放不同，其他温室气体的排放取决于燃烧条件和技术而不是燃料的性质（含碳量）[7]。且有研究表明矿物燃料燃烧是中国CO_2的最大排放源，占总排放的90%以上[8]。

城市碳足迹的计算是基于一个城市化石燃料的消费量（煤炭、石油、天然气、液化石油气等），合理分析能源加工转化过程和终端能源消费等环节，尽量避免了能源消耗的重复计算和遗漏。通过相应的能源排放因子，对一个城市能源消耗过程中排入大气中的CO_2进行估算。计算环节考虑了能源的加工转换消耗和终端使用两个部分，将损失量排除在外。

根据能源平衡表中能源消费总量及其核算分列方法可以推出以下等式：

能源实际消费总量=能源消费总量－能源损失量=终端能源消费+能源加工转换投入量－能源加工转换产出=二次能源直接消耗量+ 一次能源加工转化投入量+ 一次能源终端消费量

通过分析将能源消耗划分成一次能源终端消耗量、一次能源加工转换消耗量、二次能源直接消耗量（进口或者原有储备，非本地能源加工转换而生产的二次能源）。以下是城市能源消耗的碳足迹计算路线：

虚线内为计入城市碳足迹计算中的能源数据。基本原则是：终端为本地消耗、抓主要和始端。

1. 煤炭、石油、天然气作为一次能源，在加工转换过程中产生的二次能源，如汽油、柴油、燃料油、液化石油气、热力、电力等最后都会在终端消耗掉。为了避免重复计算，本文选取初级阶段的一次能源作为计算基准，在本地加工转化产生的二次能源将不计入计算。

2. 电力和热力是在加工转换过程中直接产生的二次能源，其本身没有二氧化碳排放量。由于其初级一次能源已经计入计算，所以电力、热力不再计入碳足迹计算中。

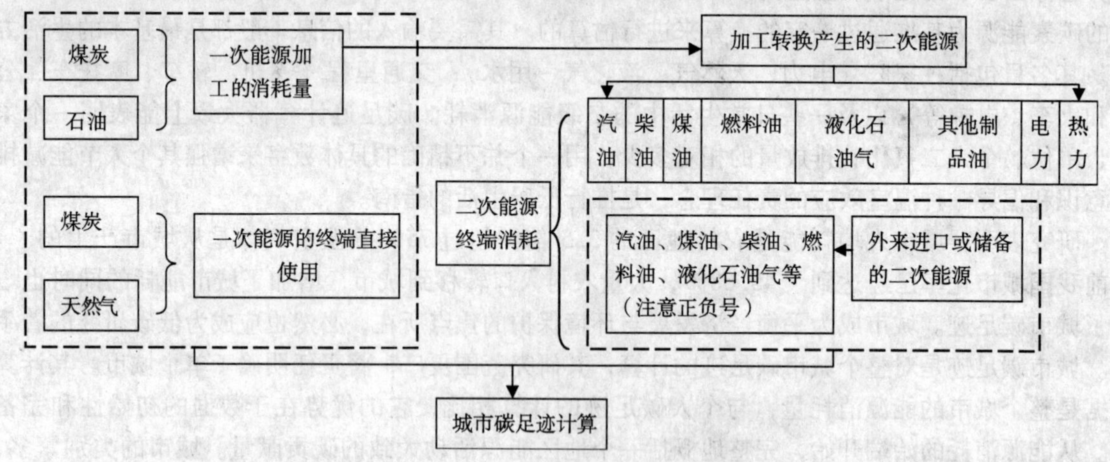

图1　城市能源碳足迹计算路线

3. 其中煤炭、天然气这两项一次能源在终端消费中有直接消耗。计入计算中。

4. 非本地能源加工转换产生的进口或上年末储存的二次能源量直接计入碳足迹计算中。

当前国际上 CO_2 排放量的计算中，以 CO_2 中的碳含量计算的，不含在燃烧过程中吸收的空气中的氧[9]。选用的是 IPCC2006 年的碳排放系数。能源消费量以吨标煤（tce）表示，可以由下式计算其 CO_2 排放量：

CO_2 排放量 = 燃料消费量 × 热值转换系数 × 碳排放系数 × 氧化率

其中热值转换系数是标准煤的热值 29.308MJ。

表1　IPCC2006 年化石燃料 CO_2 排放系数表

燃料类别	碳排放系数	单位	碳氧化因子/%
原煤（洗精煤）	25.8	kgC/GJ	90
焦炭	29.2	kgC/GJ	90
原油	20.0	kgC/GJ	98
煤油	19.6	kgC/GJ	98
柴油	20.2	kgC/GJ	98
车用汽油	18.9	kgC/GJ	98
燃料油	21.1	kgC/GJ	98
液化石油气	17.2	kgC/GJ	98
其他油品	20.0	kgC/GJ	98
其他非化石燃料	27.3	kgC/GJ	85
天然气	15.3	kgC/GJ	99

资料来源：IPCC2006 年数据及国家气候变化协调小组第三工作组[8]和 IPCC2006 年化石燃料碳排放系数。

二、广州碳足迹分析

参照广州 1999—2007 年统计年鉴，广州市自 2006 年以来才正式启动天然气利用工程项目，所以在 2006 年以前，关于天然气的消耗数据并不齐全和完善。用上述方法计算得到广州市

1999—2007 年碳足迹总量，并可以算出人均碳足迹、单位 GDP 碳足迹，见表 2。

表 2　广州市碳足迹情况

年份	1999	2000	2001	2002	2003	2004	2005	2006	2007
碳足迹总量/（万 t）	1168.04	1601	1353	1447.308	1684.65	2134.7	2239.29	2359.28	2587.99
总人口/（人）	6850024	7006896	7125979	7206229	7251888	7376720	7505322	7607220	7734787
地区生产总值/（万元）	21391758	24215470	27290835	30893225	35588995	40927344	46206972	53045604	60949399
人均碳足迹/（t/人）	1.71	2.28	1.90	2.01	2.32	2.89	2.98	3.10	3.35
单位 GDP 碳足迹/（t/万元）	0.55	0.66	0.50	0.47	0.47	0.52	0.48	0.44	0.42

注：碳排放强度等于碳排放量与 GDP 的比值[10]，考虑到经济发展中价格不断变化的因素，以现价 GDP 计算的单位碳排放量不能直接对比，故根据年鉴中指数采用当年的 GDP 可比价。资料来源于《广州统计年鉴》。人口按照年末户籍统计的总人口。

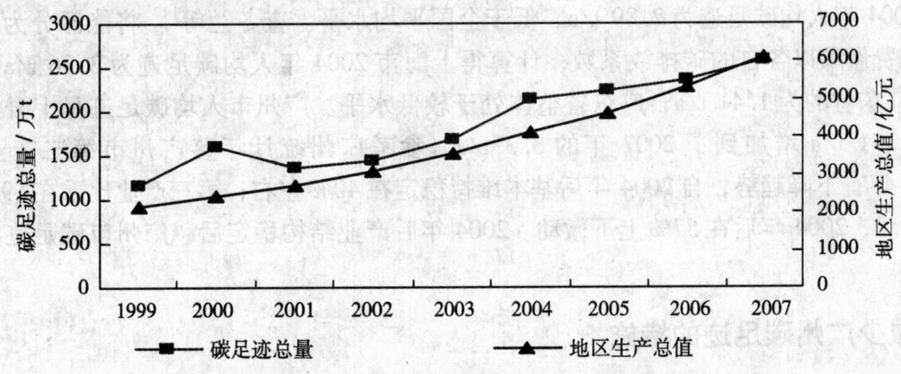

图 2　广州市历年碳足迹总量和 GDP 情况

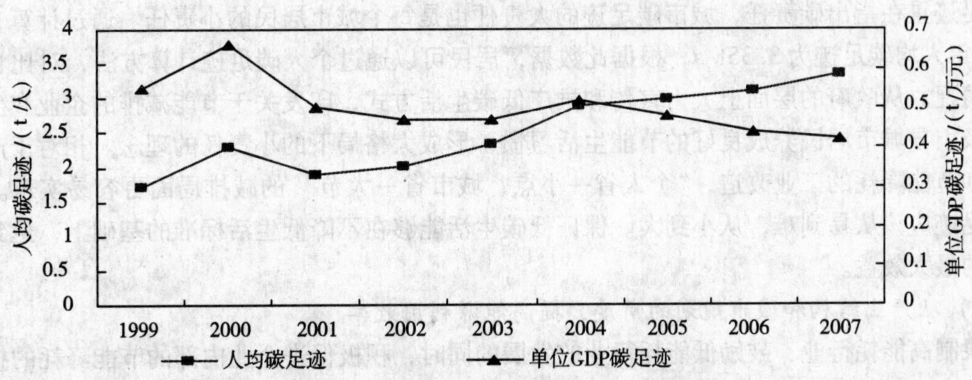

图 3　广州市历年人均碳足迹和单位 GDP 碳强度

广州市 GDP 年增长率达到 14%，而碳足迹增长率为 10.45%。低于 GDP 的增长速率。且碳足迹总量在 1999—2007 年总体呈上升趋势。且自 2004 年起增长速度有所减缓。这与广州市政府自 2004 年起，加大力度促进经济结构调整，推动经济体制改革，转变经济增长方式，推广环保产业，淘汰高耗能产业，切实推进了产业结构调整有关。这些行动对碳足迹的增长起到了一定的减缓作用。碳足迹的年增长速度有所下降。

何建坤等[10]的研究认为，当碳排放强度的下降率大于 GDP 的增长率时才能实现 CO_2的绝对减排。广州的 GDP 年增长速率为 14%，而单位 GDP 碳足迹强度年下降率仅为 3. 43%。没有实现碳绝对减排。

有研究发现，中国区域排放总量呈由东部沿海向中部和西部地区递减的趋势，而排放强度则表现出西北和西南地区高，而中东部地区低的特征，东南 - 华南沿海一线的排放强度明显处于全国较低的水平。2006 年中国各省区人均二氧化碳排放量（排放量/ 人口数量）处于前五位的是内蒙古、宁夏、上海、天津和辽宁，其中内蒙古的人均排放量为 11. 95t，而海南省的人均排放量仅为 0. 93t[11]。由此看来广州人均碳足迹处于较低的水平。

表 3　若干国家人均碳足迹

单位：t/a

年份	美国	加拿大	俄国	日本	英国	法国	中国	巴西	印度
1990	19. 3	15. 0	13. 4	8. 7	10. 0	6. 4	2. 1	1. 4	0. 8
2004	20. 6	20. 0	10. 6	9. 9	9. 8	6. 0	3. 8	1. 8	1. 2

来源：UNDP，2007/2008 年人类发展报告。

由联合国开发计划（UNDP）人类发展报告中我国 2004 年人均碳足迹为 3. 8 t/a，本文计算得广州市 2004 年人均碳足迹为 2. 89 t/a，低于全国平均水平。查冬兰等[12]将能源分为 9 类，以各类能源消费量乘以各自的碳排放系数，计算得上海市 2004 年人均碳足迹为 3. 36 t/a，北京为 2. 35 t/a，广东省的为 1. 41 t/a，广东省整体处于较低水平。广州市人均碳足迹呈上升趋势，从 1999 年的 1. 71 t/a 增加到了 2007 年的 3. 35t/a。参考广州统计年鉴广州市第二产业比重在 1999—2002 年有下降趋势，自 2004 年后基本维持稳定在 40% 左右；第三产业比重在 1999—2002 年呈上升趋势，2004 年后在 57% 上下微动。2004 年后产业结构稳定后，广州市碳足迹的增长率也趋于稳定。

三、减少广州碳足迹的措施

（一）低碳生活的推行

碳足迹重在指出碳责任，城市碳足迹的大责任也是每个城市居民的小责任。通过计算，广州市 2007 年人均碳足迹为 3. 35t/a，根据此数据，居民可以通过个人碳足迹计算方法，对比自己的碳足迹情况。从政府的层面上大力宣传和推广低碳生活方式，印发关于节能减排的企业和生活守则，积极引导城市居民养成良好的节能生活习惯，形成大格局下的小责任的理念。相对于产业结构调整和节能降耗的工业改造，“个人省一小点，城市省一大节”的减排局面更容易实现。减少城市碳足迹应该从易到难，从小到大。保证低碳生活能够在不降低生活标准的基础上，达到环境和经济的最大效益。

（二）从产业结构和城市规划的角度，提高能源利用效率

在限制高能耗行业，鼓励低能耗行业的发展的同时，积极促进企业内部的节能降耗的技术改造。在城市未来规划上，要大力发展循环经济工业园区，统筹园区的基础设施和公用工程建设，通过热电联供、余热余压回收等上下游企业能源互供措施，将能源利用效率提高到最大[3]，形成公共用能的城市布局。

（三）调整能源结构，发展清洁能源

广州市 2003—2005 年珠江电厂燃气（LNG）联合循环工程，年耗燃料 LNG40 万 t。2006 年投资达 23 亿元的广州市天然气利用工程运行，正式开启了广州市天然气时代。天然气属于高能

量低碳量的优质能源，广州市能源结构的调整有利于整个城市碳足迹的降低。燃烧每吨煤炭、石油和天然气的 CO_2 排放量分别为0.7 t、0.54 t和0.39 t。合理调整能源结构可有效地降低 CO_2 排放[14]。注重发展清洁能源和引进外来能源，降低煤炭消耗比例，缓解能源活动中碳排放的压力。广州属亚热带季风气候，由于背山面海，具有温暖多雨、光热充足、夏季长、霜期短等自然条件特征有利于使用太阳能利用系统，政府在推广太阳能清洁能源的应用中起到主要的引导作用。

（四）二氧化碳回收和固定技术的研究和应用

CO_2是一种重要的工业气体，CO_2 及其衍生产品应用广泛、前景广阔。回收的 CO_2 可以广泛用于制造碳酸饮料、烟丝膨化处理、金属保护焊接、合成有机化合物、灭火、制冷等，也可用于强化石油开采（EOR）和强化煤层气开采（ECBM）。正是由于 CO_2 的危害性和其需求性，CO_2 的回收利用和固定技术得到了国家重大科研项目的支持，近年来开展的项目有：国家“十一五”计划“863”项目“二氧化碳的吸收法捕集技术”；中澳国际合作项目“先进能源系统中 CO_2 捕获技术研究”；中欧碳捕集与封存合作项目（COACH）等。我国华能集团开发研制的燃煤电厂 CO_2 捕集试验示范装置试运行成功，并进入连续的考核运行。

广州作为我国经济发展的中心城市，在控制 CO_2 排放上有着义不容辞的责任。在 CO_2 减排的道路上，参与 CO_2 的吸收和固定工程，必能够对广州市 CO_2 的减排起到积极的促进作用。

四、结 语

作为制定国家减排任务的重要数据支持的碳足迹的计算目前还处于起步阶段，特别是在针对城市和行业开展的碳足迹计算在国内尚未有公开报道。因此本文针对广州市开展的城市能源活动碳足迹计算不仅说明了1999—2004年的城市碳足迹，分析了行业规律和GDP、人均碳足迹，并对以后的减排潜力和任务进行展望，为广州的“十二五”规划和城市发展、低碳生活的推行以及城市碳足迹研究提供了科学合理的数据支撑和理论基础。

参考文献

[1] 赵敏，张卫国，俞立中．上海市能源消费碳排放分析［J］．环境科学研究，22（8）：984－989.

[2] 钱杰，俞立中．上海市化石燃料排放二氧化碳贡献量的研究［J］．2003，22：836－839.

[3] 李志琴，罗家海，等．广州市化石燃料燃烧与水泥生产排放二氧化碳的估算［C］．中国环境科学学会学术年会论文集，2009，934－939.

[4] 本刊编辑部．创新科技［J］．2009，9：5.

[5] 戴亦欣．中国低碳城市发展的必要性和治理模式分析［J］．中国人口·资源与环境，19（3）：12－17.

[6] 中国城市竞争力研究会．中国城市竞争力年鉴2007［M］．香港：《中国城市竞争力年鉴》编辑部，2007.

[7] 薛新民．我国能源活动二氧化碳排放量的计算及其国际比较［J］．环境保护，1998，4：27－28.

[8] 张仁健，王明星．中国二氧化碳排放源现状分析［J］．气候与环境研究，6（3）：321－327.

[9] 刘滨．世行项目：循环经济指标体系研究——中国2000—2004年物质流核算与核算指南编制［R］．2006.

[10] 何建坤，刘滨．作为温室气体排放衡量指标的碳排放强度分析［J］．清华大学学报：自然科学版，2004，44（6）：740－743.

[11] 本刊编辑部．中国各区域二氧化碳排放量差异显著［J］．节能环保，2009，2：10.

[12] 查冬兰，周德群．地区能源效率与二氧化碳排放的差异性：基于Kaya因素分解［J］．系统工程，2007，25（11）：65－71.

[13] 黄耀．中国的温室气体排放、减排措施与对策［J］．第四纪研究，2006，26（5）：722－731.

生物质废物中有机质和有机碳的关系及其测定方法研究

邹德勋[1]　潘斯亮[2]　汪群慧[1,2]

（1. 哈尔滨工业大学市政环境工程学院　哈尔滨市南岗区海河路202号　150090；
2. 北京科技大学土木与环境工程学院　北京市海淀区学院路30号　100083）

摘　要　选取8种典型的生物质废物，分别用灼烧法、重铬酸钾容量法和元素分析仪测定了其在不同灼烧温度下的烧失量、可氧化有机碳（OXC）和总有机碳（TOC）的含量，通过方差分析和线性回归方法确定了测定有机质（OM）含量的最佳灼烧温度，并比较了OM、OXC和TOC之间的关系。结果表明：500℃下的烧失量最能代表生物质废物有机质含量，重铬酸钾容量法所测得的OXC含量仅占总TOC含量的77.77%～91.23%，OM与TOC之间可以通过方程 OM = 1.911 × TOC − 0.477（R^2 = 0.953）进行换算。

关键词　餐厨　堆肥　木屑　菌糠　秸秆　有机碳

有机质和有机碳含量是生物质废物重要的基本特性之一。在对生物质废物资源化利用研究及生产实践过程中，常常要对其有机质和有机碳的含量进行分析测定。例如，在对生物质废物进行堆肥化处理时，必须要首先测定物料中有机碳的含量，进而通过计算C/N来确定堆肥物料的组成配方[1]；并且堆肥结束后也需要测定有机质含量，以评价其是否满足有机肥料标准[2]。此外，有机质和有机碳的变化也是评价堆肥速度和腐熟程度的重要指标之一[3]。

当前，有机质和有机碳的测定方法主要有重铬酸钾氧化法、元素分析仪法和高温灼烧法等[6]。重铬酸钾氧化法是测定土壤有机碳含量的经典方法[7]，也是我国农业领域测定有机质含量的权威方法。但重铬酸钾氧化法氧化率较低（77%左右），一般要用校正系数进行校正，而在利用有机碳换算有机质含量时，由于样品的不同换算系数的差异也较大，在我国通常采用1.724来作为土壤有机碳与有机质的换算系数[8]。同时该方法操作步骤较为繁琐，对试验者要求较高，而且需要消耗大量的硫酸、重铬酸钾等药品，易造成环境的污染。元素分析仪法目前被认为是最准确的碳元素分析方法，该方法是在高温下将碳全部以二氧化碳的形式释放，通过测定二氧化碳的量来确定全碳或总有机碳。但是，元素分析仪较为昂贵的价格，限制了它的广泛应用。

高温灼烧法是通过灼烧失重来计算有机质含量的，也是一种经典的有机质分析方法，但该方法可能导致碳酸盐和部分矿物结构水的损失，而使结果偏高。因此灼烧温度的控制十分重要，不同的研究者根据样品的差异采用了不同的灼烧温度，多数在400～600℃之间[9-12]。这进一步说明了灼烧法比较适用于含碳酸盐类及矿物结构水较少的生物质废物中有机质的测定。该方法在测定过程中不消耗硫酸等，环境污染少，并且设备便宜、易于操作、可同时进行大量样品分析等，非常适用于对生物质废物资源化利用研究及生产中的常规分析。

然而，目前还没有一个统一标准的灼烧温度，灼烧温度的范围过大可能导致不同研究者所测定结果不具备可比性，而不必要过高的灼烧温度也浪费了能源，因此，确定一个具有广泛代表性的灼烧温度十分重要。另外，目前广泛采用的有机物与有机质的换算系数是基于土壤的性质特点而确立的，也并不十分适合用于生物质废物中。

一、材料与方法

（一）供试材料

选取8种常见的典型生物质废物，包括餐厨垃圾（KW）、菌糠（SMS）、混合木屑（MS）、玉米秸秆（CS）、稻壳（RH）、麦麸（WB）、牛粪（CD）和腐熟堆肥（MC）。所用样品均经去除杂质、风干、粉碎和过筛（1mm）处理，处理后的样品保存于干燥器中备用。其中餐厨垃圾取自北京科技大学学生食堂，菌糠的初始原料为玉米芯和棉籽壳，腐熟堆肥的初始原料为餐厨垃圾和菌糠。

（二）分析方法

含水量的测定采用105℃烘干法，称取5g样品（精确至0.001g）于坩埚中，放于105℃烘箱中烘干6h后称重计算。有机质（OM）的测定采用马弗炉灼烧法，称取5g样品（精确至0.001g）于坩埚中，分别放于400℃、450℃、500℃、550℃和600℃的马弗炉中，灼烧6h后称重计算。氧化性有机碳（OXC）测定采用重铬酸钾容量法[8]。总有机碳（TOC）采用Elementar-TOC分析仪测定。各样品的每个测定项目均作3次重复。

（三）统计方法

利用SPSS统计软件进行单因素方差分析和线性回归分析。

二、结果与分析

（一）不同灼烧温度对有机质测定的影响

不同灼烧温度下各生物质废物的烧失量（有机质）含量变化如表1所示。生物质废弃物有机物含量高，各样品的烧失量均大于70%。随着灼烧温度的升高，烧失量也均略有增加。在以往的研究中，不同研究者所选用的灼烧温度差异较大，但大多数人认为400~600℃是较为合适的，可以减少碳酸盐类和矿物结构水的损失等。但是，这仍然是个较大的范围，并不利于标准化的操作。因此，有必要通过比较不同温度下烧失量的差异性，优选出具有代表性的温度，进一步减少非必要高温灼烧而浪费的能源。

表1 不同灼烧温度下各生物质废物烧失量（有机质）平均含量和方差分析比较/%

样品	400℃	450℃	500℃	550℃	600℃
餐厨垃圾	91.43a	91.51ab	91.57ab	91.60ab	91.66b
菌糠	82.97a	83.20ab	84.14ab	84.22ab	85.28b
玉米秸秆	92.03a	92.34a	92.56a	92.51a	92.76a
混合木屑	98.17a	98.29a	98.51b	98.63b	98.66b
稻壳	79.29a	79.40a	79.51a	79.56a	79.62a
麦麸	91.44a	91.57a	91.66a	91.68a	91.68a
牛粪	73.05a	73.85a	74.12a	74.13a	74.16a
腐熟堆肥	72.72a	73.24a	74.57ab	75.60b	76.48b

分别对各样品在不同温度下的烧失量进行了单因素方差分析，结果如表1。结果表明，玉米秸秆、稻壳、麦麸和牛粪在各温度下所测定的结果间并没有显著性差异，而餐厨垃圾、菌糠、混合木屑和腐熟堆肥样品在不同的温度下所测定的结果呈现出一定的差异。这应该与样品的纯度和物质组成等有关。对比各样品在不同温度下所进行的显著性差异比较可知，在500℃下所获得的灼烧量具有比较广泛的代表性，与其他温度下所获得的结果基本没有显著性差异。因此，可以认为500℃是一个较为理想的测定有机质含量的灼烧温度。本研究以下所涉及的有机质（OM）即为该温度下的烧失量。

（二）OXC与TOC的关系

各样品所测得的OXC和TOC结果的平均值如表2所示。TOC的数值均要高于OXC，说明重铬酸钾容量法仅能氧化部分的有机碳。样品OXC含量占TOC含量的77.77%~91.23%，TOC/OXC平均为1.21，不同样品间差异较大（C.V. >5%），餐厨垃圾和牛粪中有机碳的可氧化性要高于其他富含木质纤维素的物质。

对 OXC 与 TOC 的平均值进行了线性回归分析，两者具有一定的相关性，但相关性较低。结果见表 3。

重铬酸钾容量法一直是测定土壤有机质的经典方法，尽管该方法仅能氧化部分的有机碳，但可用不同土壤的校正系数加以校正。然而生物质废物中所含的有机质要远高于土壤，且成分存在较大差异，因此其有机质的氧化特性与土壤的会有很大不同。在本例中，各生物质废物中有机质的可氧化有机碳的比例要高于土壤，这也表明不宜将原有的土壤有机碳测定方法及有机质和有机碳换算公式等直接应用于生物质废物的测定中。

表 2　各生物质废物 OXC、TOC 和 OM 的平均含量和比例关系/%

样品	OXC	TOC	OM	TOC/OXC	OM/TOC	OM/OXC
餐厨垃圾	43.47	47.65	91.57	1.10	1.92	2.11
菌糠	36.75	44.31	84.14	1.21	1.90	2.29
玉米秸秆	40.33	48.56	92.56	1.20	1.91	2.29
混合木屑	40.18	50.79	98.51	1.26	1.94	2.45
稻壳	33.78	43.44	79.51	1.29	1.83	2.35
麦麸	39.41	48.77	91.66	1.24	1.88	2.33
牛粪	33.18	37.42	74.12	1.13	1.98	2.23
腐熟堆肥	32.09	40.15	74.57	1.25	1.86	2.32
平均值				1.21	1.90	2.30

表 3　OXC、TOC 和 OM 之间线性回归关系

x	y	R^2	回归方程
OXC	TOC	0.737	$y=0.976x+8.620$
OXC	OM	0.814	$y=2.010x-10.645$
TOC	OM	0.953	$y=1.911x-0.477$

（三）OM 与 TOC、OXC 的关系

采用 $y=ax+b$ 一元线性回归分析 OM 分别于 TOC 和 OXC 的关系，结果如表 3 所示。OM 与 TOC、OXC 均有一定的相关性，其中 OM 与 TOC 的相关程度较高（$R^2=0.953$）。说明利用 OM 含量可以精确地计算出生物质废物中 TOC 含量，反之亦然。

可通过一元回归方程 OM = 1.911 × TOC − 0.477 进行 OM 与 TOC 之间的换算（如图 1 所示）。各样品 TOC 占 OM 的比例 50.49% ~ 54.63%（平均 52.58%），该值略低于土壤中 TOC 所占 OM 的比例（58%），这与 Jimenez 等的研究结果相似，他们的研究结果是城市废物中 TOC 占 OM 的比例为 51% ~ 58% 之间（平均 54%）[13]。

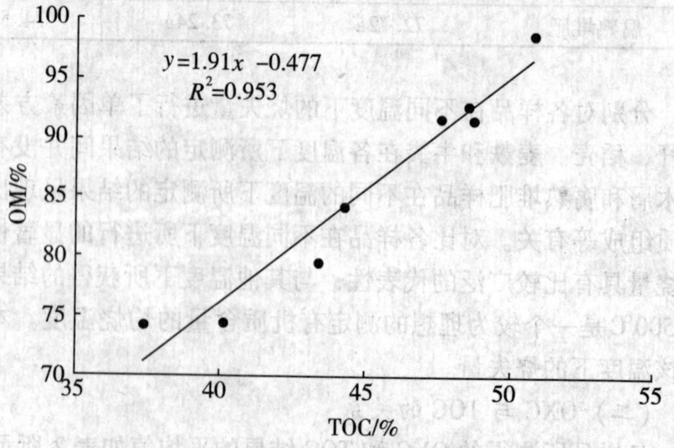

图 1　OM 与 TOC 的相关关系

在对生物质废物资源化研究和生产实践中，经常涉及有机碳和有机质的换算。国内采用最多换算系数是1.724，即 OM = 1.724 × TOC，但是该系数对生物质废物来说是很低的。例如，Navarro 等对38种有机废物的 OM 和 TOC 含量分析表明，OM = 1.96 × TOC - 0.94 是较为理想的转换公式[14]，而 Jimenez 等对城市废物和堆肥分析后认为 TOM = 1.803 × TOC + 1.135 是合适的换算公式[13]。这些研究结论与本研究相似，也表明了原有换算系数并不适用于生物质废物。

三、结　论

1. 通过分析8种典型生物质废物在不同灼烧温度下烧失量的差异性，判定在500℃的烧失量可较好代表有机质的含量。

2. OXC 与 TOC 具有一定的相关性，但由于样品氧化性能的差异而使该相关性的差异较大。

3. TOC 与 OM 具有良好的相关性，利用换算公式 OM = 1.911 × TOC - 0.477 可以方便地进行转换和计算。

参考文献

[1] 李季，彭生平．堆肥工程实用手册［M］．北京：化学工业出版社，2005.

[2] 中华人民共和国农业部．有机肥料［S］．2002.

[3] 曾光明，黄和中，袁兴中，等．堆肥环境生物与控制［M］．北京：科学出版社，2006：364 - 366.

[4] 中华人民共和国建设部．城市生活垃圾有机质的测定（灼烧法）［S］．中华人民共和国城镇建设行业标准，1999.

[5] 中华人民共和国农业部．有机肥料有机物总量的测定［S］．1995.

[6] 牛永绮，陈兰生．土壤有机质测定方法的进展［J］．干旱环境监测，1998，12（2）：97 - 100.

[7] Walkley A, Black I A. An Examination of the Degtjareff Method for Determining Soil Organic Matter, and A Proposed Modification of the Chromic Acid Titration Method［J］. Soil Science, 1934, 37（1）：29 - 38.

[8] 鲍士旦．土壤农化分析（第三版）［M］．北京：中国农业出版社，2000：25 - 38.

[9] Craft C B, Seneca E D, Broome S W. Loss on ignition and kjeldahl digestion for estimating organic carbon and total nitrogen in estuarine marsh soils：Calibration with dry combustion［J］. Estuaries and Coasts, 1991, 14（2）：175 - 179.

[10] Heiri O, Lotter A F, Lemcke G. Loss on ignition as a method for estimating organic and carbonate content in sediments：reproducibility and comparability of results［J］. Journal of Paleolimnology, 2001, 25（1）：101 - 110.

[11] Jimenez E I, Garcia V P. Relationships between organic carbon and total organic matter in municipal solid wastes and city refuse composts［J］. Bioresource Technology, 1992, 41（3）：265 - 272.

[12] Navarro A F, Cegarra J, Roig A, et al. Relationships between organic matter and carbon contents of organic wastes［J］. Bioresource Technology, 1993, 44（3）：203 - 207.

[13] Jimenez E I, Garcia V P. Relationships between organic carbon and total organic matter in municipal solid wastes and city refuse composts［J］. Bioresource Technology, 1992, 41（3）：265 - 272.

[14] Navarro A F, Cegarra J, Roig A, et al. Relationships between organic matter and carbon contents of organic wastes［J］. Bioresource Technology, 1993, 44（3）：203 - 207.

上海市中心城区典型分流制泵站旱天水质特征

康丽娟[1] 孙从军[1] 赵 振[1] 李小平[2]

（1. 上海市环境科学研究院 上海 200233；2. 华东师范大学 上海 330854）

摘 要 通过对上海市中心城区典型分流制系统水质水量分析，在调查系统服务区特点和泵站运行的基础上，得出Z排水系统混接严重，旱天放江水量大且旱天放江具有显著的季节特征，7月旱流放江水量最大，12月旱流放江水量最小；雨季放江水质较旱季放江水质差，基本接近合流制系统旱天溢流水质。雨季，预抽空反应过度是导致旱天放江的主要原因；旱季，旱天放江的主导因素为系统混接。

关键词 分流制排水系统 混接 旱天水质 水量

上海市的中心城区是一个由旧租界发展起来的老城，市政基础设施建设较早。新中国成立后，特别是进入20世纪80年代后，经过近三十年的发展，大批重大市政工程相断建设，城市排水设施建设得到不断完善，目前中心城区排水设施基本形成了以污水外排系统和城市强排雨水排水系统为主的较为完善的排水设施体系。受历史的原因，上海市排水体制是合流制与分流制并存。截止到2008年，中心城区已建雨水排水系统325个，其中261个为分流制排水系统，约占已建排水系统面积的66%左右。部分分流制排水系统由于混接严重，单位面积的混接污水量达到3140m^3/（$km^2 \cdot d$）[1]。

分流制排水系统混接使得系统汛期污水量增加，增加了污水处理厂处理压力；同时造成污水溢流，随雨水直接进入水体，污染环境，抵消了分流的作用。由于受纳河道水环境容量有限，沿岸泵站放江引起的河道间歇性黑臭现象普遍存在。目前，相关城市主要通过在雨水系统出口增设截流设施以控制旱流污水的污染。本研究选取上海市中心城区混接严重的分流制排水系统，通过对其旱天放江水质水量的分析，初步探讨中心城区分流制泵站污染控制的对策。

一、材料与方法

（一）研究系统

分流制系统Z设计重现期1年，设计流量13.8 m^3/s，截污能力1240.56 m^3/h。泵站服务范围主要为老式居住区，不透水面积近90%，人口密度约为39 900人/km^2，属于上海市典型的高密度居民区，因此研究Z系统排江水质具有一定的代表性和实际意义。

（二）研究方法

本研究监测点位于所选定代表性泵站前池，由自动采样器采集水样。按照计算事件平均浓度EMC（Event Mean Concentration）与掌握出流规律的要求，自排江开始到结束，按一定时间间隔采集水质过程线样品。

水质分析参数包括COD、SS、氨氮、硫化物，测定方法采用国家标准方法。

二、结果与分析

（一）水量分析

2007年Z排水系统总排出水量1 926万t，其中放江水量1 296万t。在放江水量中28.7%为旱流放江水量，为372万t。2008年Z排水系统总排出水量2 140万t，其中放江水量1 078万t，在放江水量中32.3%为旱流放江水量。Z排水系统每个月平均有近30万t旱流水量放江。如图1所示，7月份旱流放江水量最大，12月份旱流放江水量最小。

表 1　Z 排水系统放降水量

	降雨量/mm	降雨放江水量/万 t	截流水量/万 t	旱流放江水量/万 t
2007 年	1277	924	630	372
2008 年	1412	1078	714	348

根据上海市水资源普查办提供的不同种类用地单位面积土地污染估算系数，Z 排水系统服务区不透水路面比例高，径流系数取 0.7，以 2008 年为例，2008 年径流量约为 287.7 万 t，泵站降雨放江水量 1 077 万 t，径流量仅为降雨放江水量的 27%。2008 年 Z 排水系统旱流放江 348 万 t，截流水量 713 万 t。即为年径流量的 7.4 倍。说明大量的包括生活污水、外系统雨水或者地下水及河道水等进入 Z 排水系统，增加了 Z 排水系统的排水压力，使得泵站降雨放江水量较大。

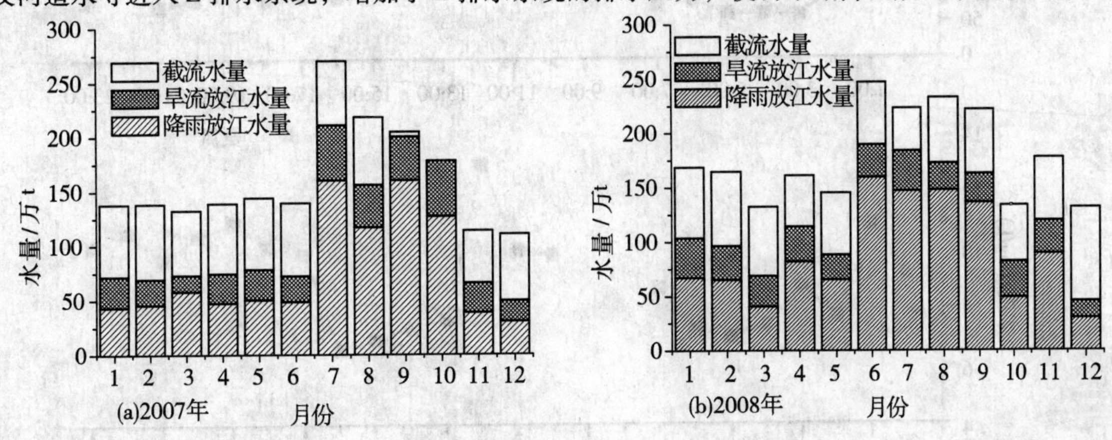

图 1　排水系统逐月放江水量组成

根据 Z 排水系统 2007 年与 2008 年日放江记录，该系统旱天运行水位较高。旱天基本上每天 1 台截流泵 24 小时连续运行，雨季，除截流外，一般在上午 9 点以后或者下午 16 点放江约 1 小时。

（二）雨季旱天水质

8 月份，在旱天对泵站前池水质进行全天监测。取样当天及前一天与后一天均无降雨，但是 Z 排水系统在取样期间 15:30 至 19:30 放江 4 小时，放江水量 6.2 万 t，放江过程如图 2 所示。

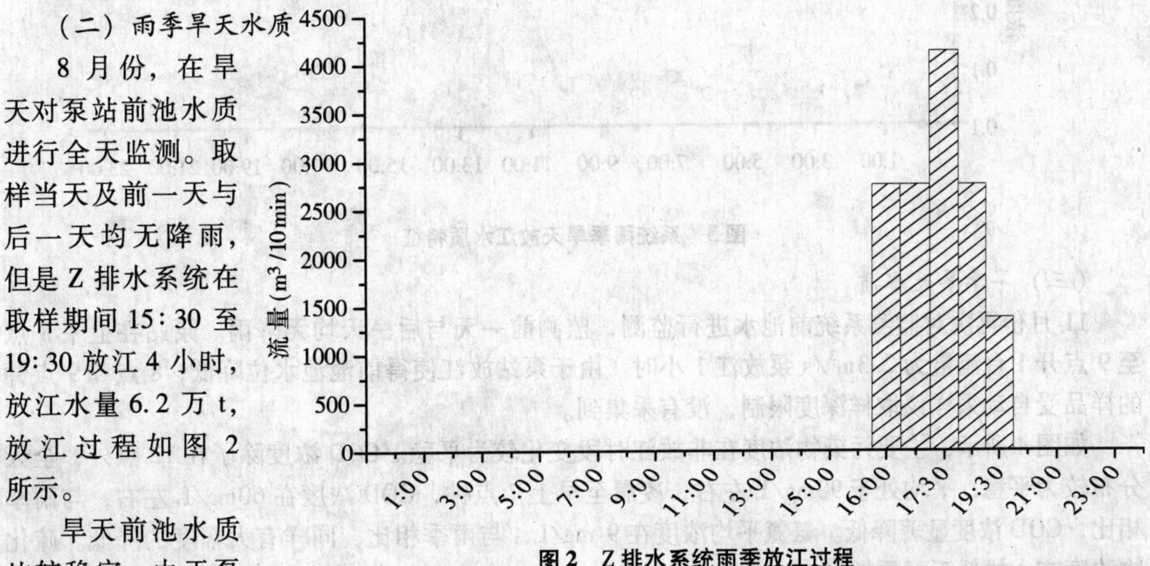

图 2　Z 排水系统雨季放江过程

旱天前池水质比较稳定，由于泵站开泵放江，前池水受到扰动，沉积物重悬浮，在此时段内，污染物浓度剧增，停泵后前池污染物浓度下降。全天放江 COD 平均浓度为 124mg/L，在系统放江期间由于系统扰动，浓度达到 500mg/L 以上。由于该系统混接严重，该峰值可能是系统混接生活污水由于管道系统的缓冲作用，在近中午的时段到达泵站前池，由于水量的补充，在11点至12点的时段内，氨氮浓度相对降低。硫化物在厌氧沉积物中产生，由于放江开泵对水体的扰动，硫化物浓度在放江时段内浓度达到最大值1.0mg/L。

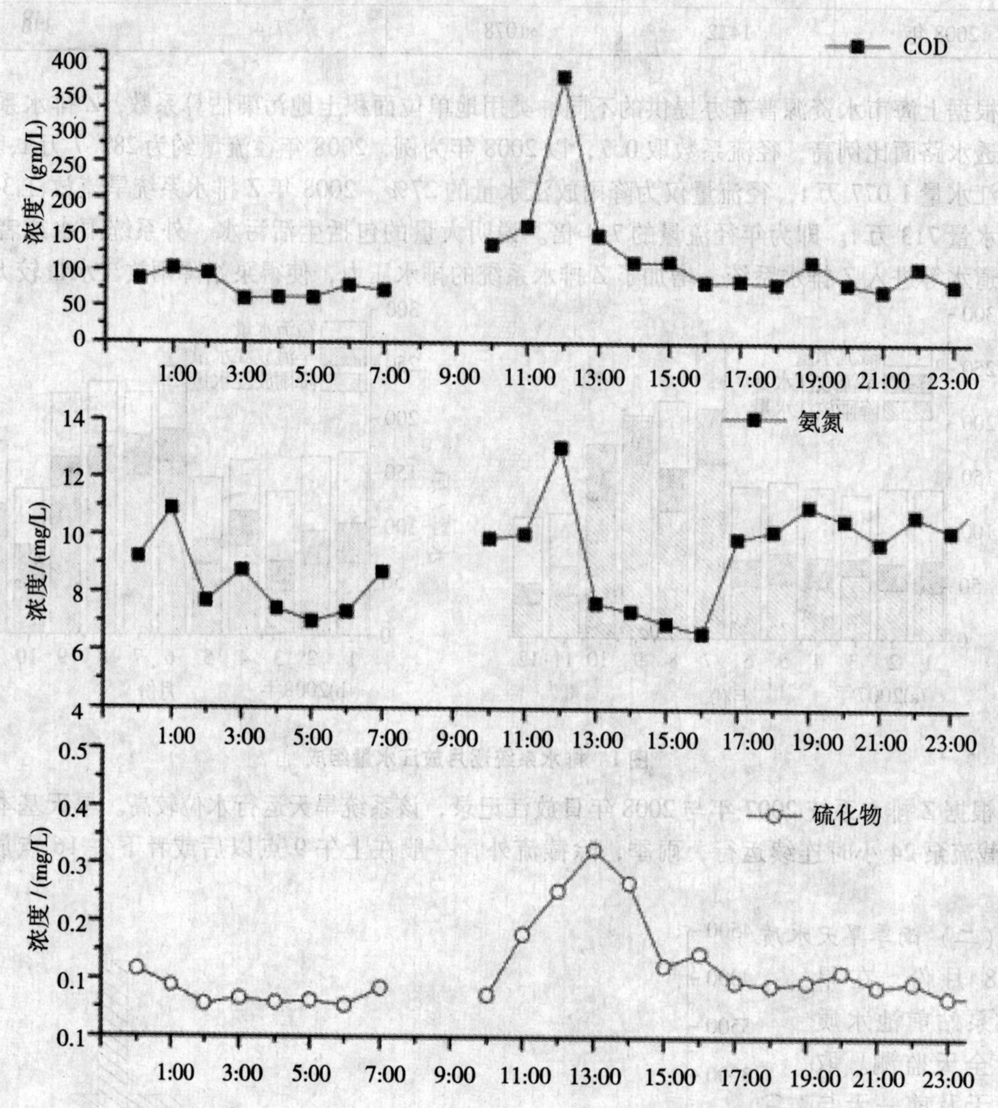

图3　系统雨季旱天放江水质特征

（三）旱季旱天水质

11月份再次对监测系统前池水进行监测，监测前一天与后一天均无降雨。泵站在上午8点至9点开1台流量为2.3m^3/s泵放江1小时。由于泵站放江使得前池池水位降低，8点和9点钟的样品受自动采样仪取样深度限制，没有采集到。

如图4所示，主要污染物浓度在非放江时段变化较为平稳。COD浓度除了在12点外，全天分布较为平稳，平均处于90mg/L左右，凌晨至早上7点钟，COD浓度在60mg/L左右，与雨季相比，COD浓度显著降低。氨氮平均浓度在9 mg/L，与雨季相比，同样有大幅度的降低。硫化物浓度亦大幅低于雨季期间。

三、讨　论

在本研究中，Z排水系统旱流放江水量大，旱流放江存在明显的季节特征，雨季、旱流放江时间长、水量大。2007年与2008年均为7月旱流放江水量最大，12月旱流放江水量最小。雨季旱流放江主要污染物浓度高于旱季。雨季COD、氨氮、硫化物平均浓度为124mg/L、12.3 mg/L与0.23 mg/L。受放江影响，雨季COD、氨氮、硫化物旱流放江最高浓度可达531mg/L、17.7 mg/L与0.91 mg/L。

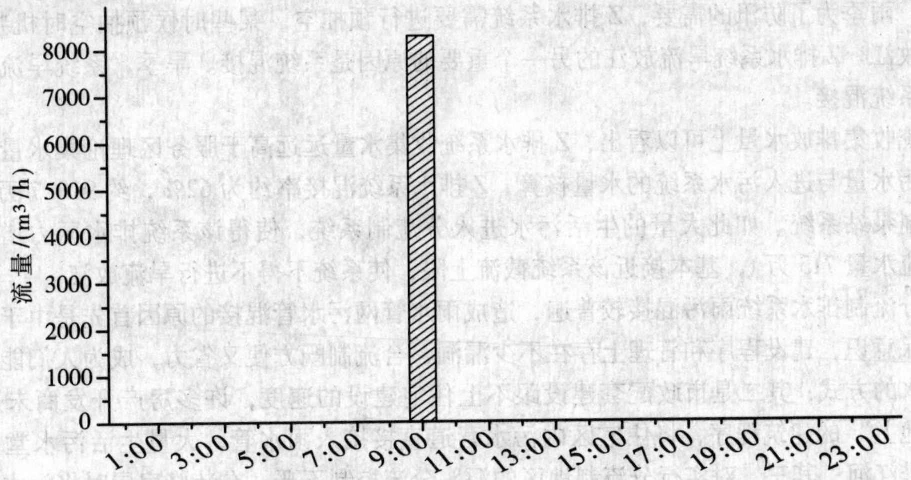

图4　Z排水系统旱季放江过程

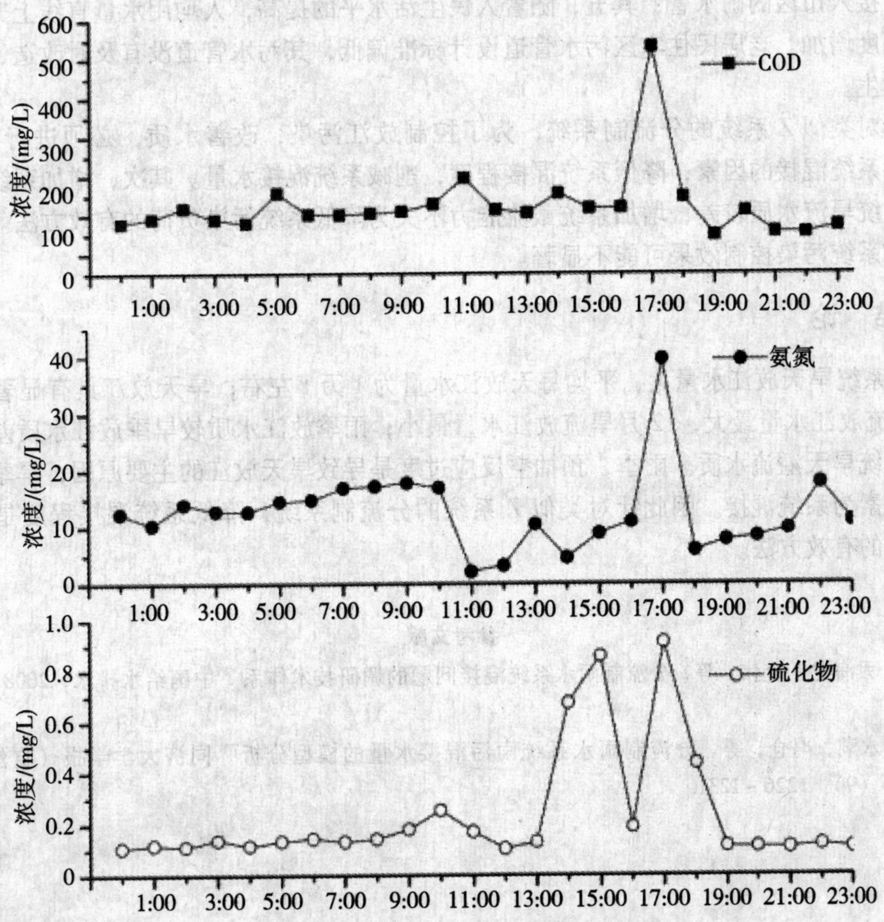

图5　系统旱季旱天放江水质特征

旱季，COD、氨氮、硫化物平均浓度为107mg/L、9.2 mg/L与0.12 mg/L，显著低于雨季旱流放江浓度。受放江影响，旱 COD、氨氮、硫化物旱流放江最高浓度也低于雨季，分别为 369mg/L、13.1 mg/L 与 0.33 mg/L。与李田[2]等研究的结果相比，Z 排水系统旱流放江水质基本接近合流制排水系统旱天溢流水质。

预抽空反应过度是雨季旱流放江的主要之一，受 Z 排水系统设计条件限制级系统的混接程度的影响，雨季为了防汛的需要，Z 排水系统需要进行预抽空。某些时候预抽空时机判断失误，导致旱流放江。Z 排水系统旱流放江的另一个重要的原因是系统混接。旱季，系统旱流放江的主导因素为系统混接。

从系统收集排放水量上可以看出，Z 排水系统收集水量远远高于服务区理论集水量。按照片区内生活污水量与进入污水系统的水量核算，Z 排水系统混接率约为 62%，约 910.7 万 t 污水进入该分流制泵站系统。如此大量的生活污水进入分流制系统，使得该系统排水压力增大，2008 年全年截流水量 713 万 t，基本接近该系统截流上限，使系统不得不进行旱流放江。

目前分流制排水系统雨污混接较普遍，造成雨水管网污水管混接的原因首先是由于长期来人们缺乏环保意识，建设程序和管理上存在不少漏洞，合流制既方便又省力，成为人们能接受的城市处理污水的方式；其二是市政配套建设跟不上住宅建设的速度，许多房产开发商未遵循“先地下，后地上”的建筑程序，将住宅区内污水营道直接接入雨水管，大量生活污水堂而皇之经雨水管直排江河；其三，对实行分流制地区的源头分流控制不严，在装修房屋时将污水管接入房屋的雨水管道，导致生活污水流入雨水管网；其四，许多企业不愿承担污水处理费用，擅自将企业的污水管接入市区的雨水管；其五，随着人民生活水平的提高，人均用水量直线上升，污水排放量也大幅度增加。老居民住宅区污水管道设计标准偏低，其污水管道没有及时改造，污水冒溢情况时有发生。

因此针对类似 Z 系统的分流制系统，为了控制放江污染，改善水质，必须进行系统改造，首先是消除系统混接的因素，降低系统混接程度，削减系统混接水量。其次，增加系统的截流能力，由于系统旱流水质较差，增加系统截流能力不失为降低系统污染负荷的有效方法。初期雨水的截流对该系统污染控制效果可能不显著。

四、结　论

Z 排水系统旱天放江水量大，平均每天放江水量为 1 万 t 左右；旱天放江具有显著的季节特征，7 月旱流放江水量最大，12 月旱流放江水量最小；雨季放江水质较旱季放江水质差，基本接近合流制系统旱天溢流水质。雨季，预抽空反应过度是导致旱天放江的主要原因；旱季，旱天放江的主导因素为系统混接。因此针对类似 Z 系统的分流制系统，降低系统混接程度是削减该系统污染负荷的有效方法。

参考文献

[1] 张厚强，尹海龙，金伟，等．分流制雨水系统混接问题的调研技术体系．中国给水排水，2008，24（14）：95－98.

[2] 李田，周永潮，冯仓，等．分流制雨水系统雨污混接水量的模型分析．同济大学学报（自然科学版），2008，36（9）：1226－1231.

新型人工湿地处理城市降雨径流的研究

舒朝会　马邕文　万金泉　王　艳

（华南理工大学环境科学与工程学院　广州　51006）

摘　要　在东莞市同沙水库集水区的典型道路和屋面布置了监测断面，对6场降雨径流过程中的水质、水量进行连续监测，以获得的降雨径流污染数据为基础，本文分析了东莞市的降雨径流水质水量特征，并模拟该径流水质采用改进的人工湿地进行运行处理，考察其除污效果，以期为由降雨径流带来的城市面源污染的生态处理方式提供参考。处理后各污染物的去除率分别为 COD：79.3%；TN：80.3%；TP：82.1%；NH_3-N：76.7%，结果表明，该人工湿地系统可以有效地处理城市降雨径流，对改善水质和恢复生态系统具有重要意义。

关键词　人工湿地　城市降雨径流　面源污染

一、概　述

在点源污染已经得到初步控制的情况下，由于城市降雨径流所带来的面源污染导致的城市周围水体水质恶化的现象越来越突出。随着东江流域经济社会的迅速发展，东莞市作为东江下游城市化、工业化迅猛发展的城市之一，其城市化区域非点源污染日益严重，东莞市同沙水库作为备用水源区的水质也受到一定程度的影响。为了保护备用水源的安全性，本文基于城市降雨径流的水质水量特征，研究了处理该降雨径流的人工湿地的运行特性和除污效果，以期为类似控制和治理城市降雨径流污染的人工湿地的设计与运行管理提供参考。

二、研究区概况

东莞市大岭山镇地处北回归线以南，属亚热带湿润季风性气候，历年平均降雨量为1790 mm，受季风和台风影响，降雨量年内分布不均，4～9月份降雨量占全年平均降雨量的80%以上，冬春季雨量较少。

（一）研究区水质及水量

由于土地利用类型对径流污染物的种类和数量有较大影响，为了能全面客观地研究降雨径流污染，需选择有代表性的地点取样。根据城市功能区的划分，在东莞市大岭山镇的商业区、居民区和交通区内的雨水口（汇合处）选择采样点，采样点的位置如表1所示。

表1　采样点及其特点

功能区	商业区	交通区	居民区	
采样地点	府前大道	连马污水处理厂前道路（X983）	教育路某民居屋面	大沙村某民居屋面
环境特点	商业繁华地段	重要交通干道、污水处理厂的汇水口	中等密度居住区	郊区小密度居住区

2009年4月—2010年1月，在采样点的道路雨水口分别设立径流监测点，当降雨径流开始时采集径流水样检测污染物，采样间隔视径流流量的变化确定为5～30min，每场降雨采集降雨全过程水样，并监测降雨量。同时采集雨水样用于对比研究。所采集的水样保存时间在24h内，采用国家环境监测的标准方法测定雨水中主要污染物的含量。

表2是选取所监测的具有较强代表性的6场降雨的水量、水质情况。

由于前期晴天累计数和降雨量是影响城市径流污染物负荷的重要参数，同时与各地的气候特征、大气污染程度、下垫面状况及人类活动方式和强度一起，对雨时径流水质的变化产生较为复杂的影响。因此，干期长度与降雨特征、下垫面状况等对径流污染的耦合作用有待进一步研究。由表 2 可知，该集水区降雨径流的水质总体较好，SS、有机污染物及氮、磷等营养物的浓度均较低，但若直接排放对受纳水体的水质将会产生较大影响。

表 2　同沙水库集水区水量、水质的实测结果

项目	2009 - 04 - 15	2009 - 06 - 28	2009 - 09 - 15	2009 - 10 - 17	2009 - 11 - 12	2010 - 01 - 02
总降雨量/mm	10.5	17.7	4.6	2.6	3.5	3.7
晴天累计数/d	1	9	23	17	25	2
COD/（mg/L）	46.58	93.43	108.93	98.54	159.62	53.64
SS/（mg/L）	98.31	137.62	206.06	146.58	253.24	109.22
NH_3-N/（mg/L）	2.75	2.36	3.05	2.37	3.83	2.29
TN/（mg/L）	3.92	3.52	3.37	3.98	4.92	3.36
TP/（mg/L）	0.59	0.75	1.96	0.93	1.16	0.65

注：表中数据为商业区府前大道点的监测数据，其中污染物指标均为平均值。

（二）研究区单场径流水质特征

分析 2009 年 9 月 15 日此次降雨全过程水质采样监测结果，其径流峰值时间集中在产流后 20～40 min。降雨径流的 SS、COD、TP、TN 浓度变化见图1～图5，由各图可知，城区降雨径流污染物在输出过程中随降雨历时的变化有明显的特征与规律，初期径流中的 SS、COD 浓度上升迅速并很快达到峰值，随着降雨历时的延长则其浓度逐渐下降并趋于稳定；在初期径流中 TP 浓度的上升没有 SS 与 COD 的明显，而且很快下降并趋于稳定；TN 和 NH_3-N 含量在屋面径流中总是高于商业区和交通区，而且初期径流中的 TN 水平具明显的下降特征，在径流流量达到峰值时 TN 浓度最低，之后随径流的消退 TN 浓度逐渐上扬恢复，初步判断分析由于屋面材质、屋顶鸟类活动所产生的鸟类粪便和农家秸

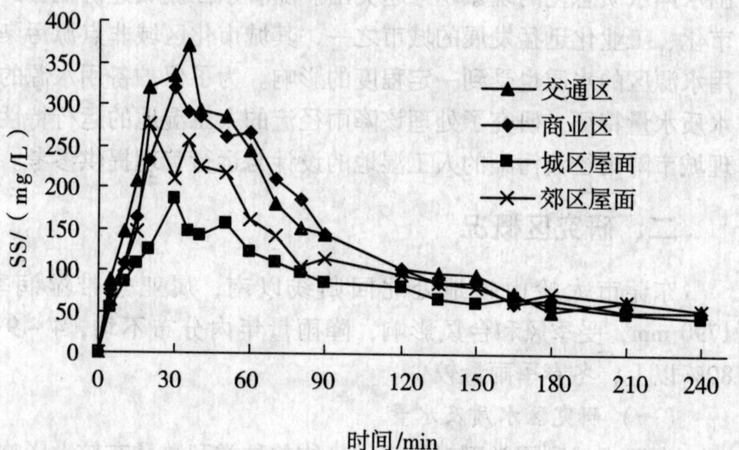

图 1　径流中 SS 浓度随时间的变化

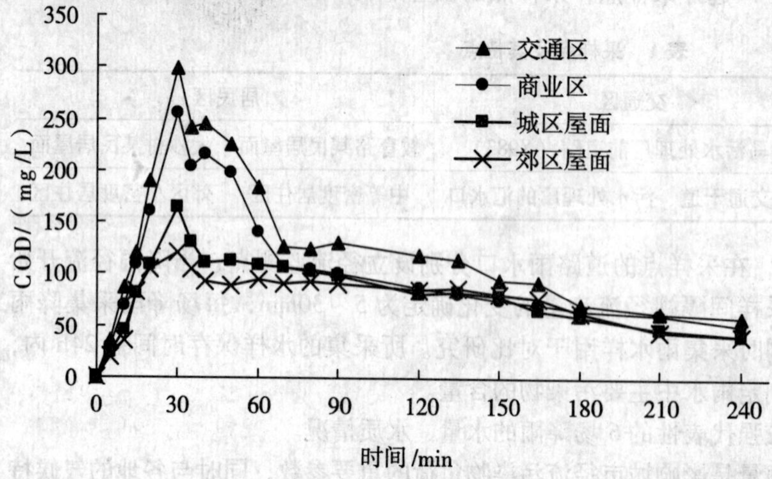

图 2　径流中 COD 浓度随时间的变化

秆类物质燃烧等因素有关。总体而言，交通区及商业区的污染水平在初期径流形成期均高出其他区域，但同时其污染水平也下降较快。可见，初期径流的污染较重，城市降雨径流在雨后短时间内会使地表水质迅速恶化。

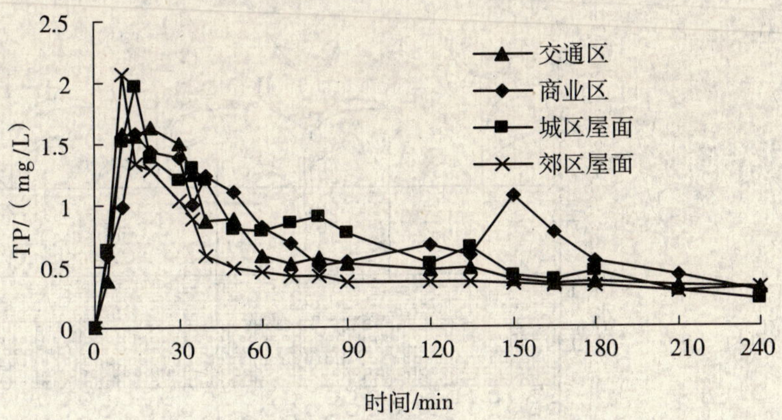

图3　径流中 TP 浓度随时间的变化

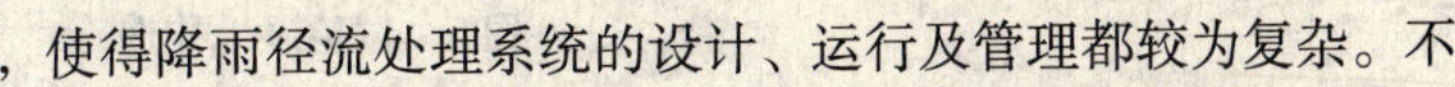

三、人工湿地处理效果

由于降雨径流的水质及水量具有随机性和不稳定性的特点，使得降雨径流处理系统的设计、运行及管理都较为复杂。不但不同降雨事件的流量、污染物平均浓度有较大差异，即使同一场降雨中不同历时的流量、污染物浓度也相差很大。因此，针对降雨径流这一特性，我们选择既有景观效果，又有生态处理效果的人工湿地进行处理系统的设计和运行。本研究采用上下折流式水流方式构建小型人工湿地，探讨该湿地对径流主要污染物的处理效果，以期为大型人工湿地的构建与改进提供理论基础。

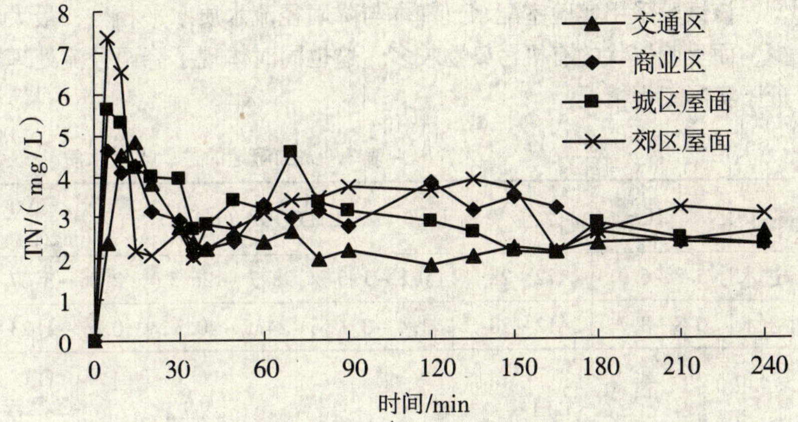

图4　径流中 TN 浓度随时间的变化

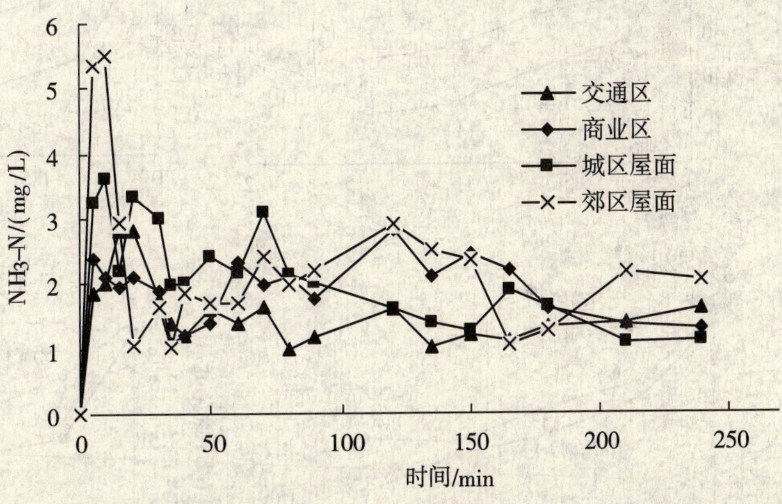

图5　径流中 NH_3-N 浓度随时间的变化

（一）湿地装置与运行

折流式人工湿地试验系统（图6）采用有机玻璃制作，分为四个串联的小单元床，每个床体容积为 0.48 m^3（1.5 m × 0.4 m × 0.8 m，坡度1%）。湿地内部铺设四层基质，从上到下分别为土壤层、细砂层、石灰石和高炉渣混合层、碎石层。分别在各单元床体的底部设置取样口，以研究湿地水质的空间分布规律。试验过程分为无植物空白床和春芋湿地床进行对比研究，试验后期种植春芋（Philodendron Selloum），种植密度为 10 株/m^2。

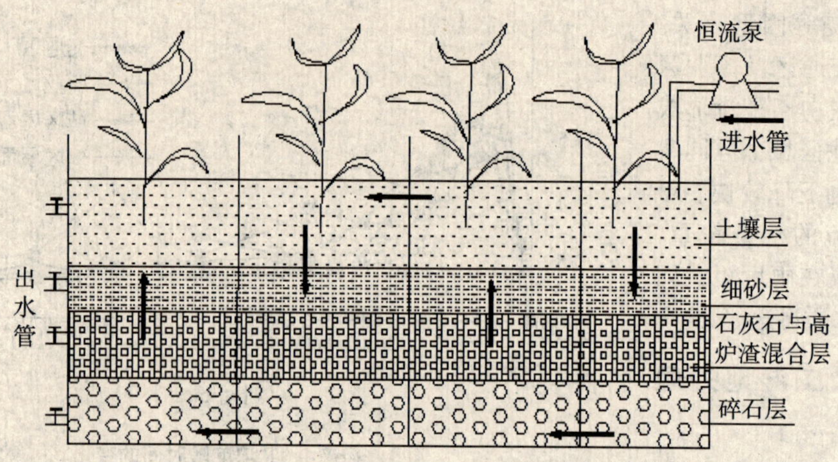

图 6　试验湿地构造

该试验采用实验室配水，基本与降雨径流水质水平相当，最大的不同是粒径大的无机颗粒较少，而呈胶体状的有机污染物较多，这也同时体现了降雨径流处理构筑物调蓄池的沉淀功能，接近于实际工程情况。

表 3　人工湿地的进、出水水质

	pH	水温/℃	DO/（mg/L）	COD/（mg/L）	NH_3-N /（mg/L）	TP/（mg/L）	TN/（mg/L）
进水	5.8～6.9	12～28	0.8～1.6	98.7～126.5	2.06～3.67	0.49～0.58	4.36～5.97
出水	6.8～8.7	12～28	1.4～3.1	24.5～40.3	0.67～1.23	0.09～0.21	0.96～1.95

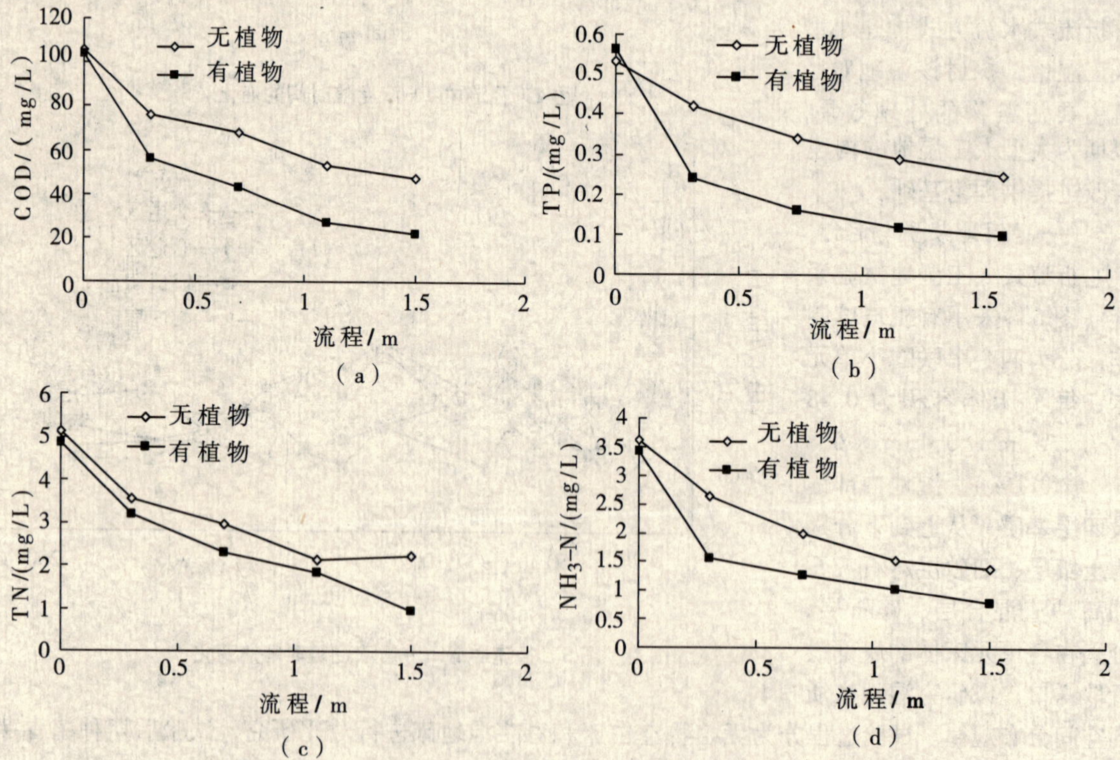

图 7　无植物和有植物条件下，湿地内各污染物浓度沿湿地流程的变化

试验采用连续运行方式，进水流量为150 L/d，通过恒流泵（BT 100 -2J）控制，理论水力停留时间（HRT）为26 h，运行时间为2009年11月—2010年3月。当人工湿地运行稳定后，对其一系列水质指标进行了监测，由表3可知，经过人工湿地处理后，由于基质及植物的吸附、降解功能，有效地净化了污水，保证了出水水质。由于试验阶段受到冬季温度降低的影响，微生物活性降低，植物的生长也趋于缓慢，最终导致了低温期间各污染物去除率的偏低。

（二）稳定运行条件下各阶段的处理效果对比

人工湿地进入稳定运行阶段后，分别于无植物期和种植春芋稳定期在湿地内的沿程取样点每1~2 d取样一次，进行相关指标的分析，分析结果如图7所示。人工湿地在污水处理过程中，主要通过微生物的吸附降解、植物的拦截吸收、土壤的吸附过滤和污染物的自然沉降等来达到去除污染物的目的。由图中可知，无论是在无植物期或春芋生长稳定后，随着湿地沿程的推进，两个阶段对各污染物的去除率都有明显提高并趋于一稳定值；而且当湿地内种植春芋后，各污染物的浓度下降都比较明显，均比单纯的基质降解效率高，并且对TP的去除率最高时达到了82%。由此说明春芋作为湿地植物不仅能起到美化景观的作用，而且对污染物的降解具有较高的效率。

四、结　论

1. 城市降雨径流中，主要污染物为SS和COD，污染物浓度的峰值一般提前或同步于径流量的峰值，初期径流污染较重。

2. 污染物含量在不同功能区之间显示出较大的区别，交通区明显高于其他区域，其次为商业区，居民区情况较好，但由于人为活动的影响，其氮含量较高。

3. 该折流式人工湿地能够有效地用于对城市降雨径流的污染降解，春芋植物床的脱氮除磷效果明显优于无植物床，可以有效地改善水质和恢复生态系统，具有较强的适用性。

参考文献

[1] 卓慕宁，吴志峰，王继增，等. 珠海城区降雨径流污染特征初步研究. 土壤学报，2003，40（5）：775 -778.

[2] Lee Haejin, Lau Sim - Lin, Masoud Kayhanian, et al. Seasonal first flush phenomenon of urban stormwater discharges [J]. Water Res, 2004, 38 (19): 4153 - 4163.

[3] S. Terzakis, M. S. Foutoulakis, I. Georgaki, et al. Constructed wetlands treating highway runoff in the central Mediterranean region [J]. Chemosphere, 2008, 72: 141 -149.

[4] 肖海文，翟俊，邓荣森，等. 处理生态住宅区雨水径流的人工湿地运行特性研究 [J]. 中国给水排水，2008，24（11）：34 -38.

[5] 李立青，尹澄清，何庆慈，等. 武汉汉阳地区城市集水区尺度降雨径流污染过程与排放特征 [J]. 环境污染治理技术与设备，2002，3（1）：33 -37.

[6] 边博. 前期晴天时间对城市降雨径流污染水质的影响 [J]. 环境科学，2009，30（12）：3521 -3526.

[7] 尹炜，李培军，可欣，等. 城市地表径流人工湿地生态处理工程 [J]. 辽宁工程技术大学学报，2006，25（4）：614 -617.

南宁市区大气臭氧浓度变化规律及污染水平研究

唐利利

（南宁市环境保护监测站 广西 南宁 530012）

摘 要 利用2009年7月—2010年1月南宁市区大气 O_3 连续监测资料，研究南宁市区地面 O_3 浓度的时空分布及其变化特征，结果表明：O_3 浓度有明显的季节变化，夏季高、冬季低；O_3 浓度具有明显的日变化特征，8:00－19:00为其峰值变化过程；O_3 浓度较高点位主要位于城市的工业区、交通繁华区或者城市的常年盛行风向的下风向区。

关键词 臭氧浓度 时空分布规律 超标率

本文通过对2009年南宁市8个监测点位从 O_3 日平均浓度和最大小时浓度两方面来分析污染水平，并结合地理空间位置分析 O_3 的时空变化规律与特点。

一、仪器及监测点位状况

南宁市环保监测站利用赛默飞世尔i系列49i型 O_3 分析仪（紫外光度法）、Dasibi1000系统1008型 O_3 分析仪（紫外分光光度法）、OPSIS DOAS AR500型空气自动监测系统（长光程差分吸收光谱法），自2009年起对南宁主城区8个环境空气国控点位 O_3 进行监测，在观测过程中严格按照国家环境保护部《环境空气质量自动监测技术规范》（HJ/T 19322005）利用配套校准系统对仪器进行定期标定和校准。主城区内的8个国控点位分别是振宁花园（工业区）、北湖（工业区）、市监测站（商住混合区）、区农校（文化区）、英华嘉园（工业区）、大自然花园（商住混合区）、沙井街道办（工业区）和仙葫（清洁对照点）。在监测过程中由于停电、仪器故障及天气原因（如湿度大、水汽多）等受明显外界干扰的无效数据予以剔除，按技术规范（HJ/T 1932—2005）进行有效统计，各点位有效数据获取率有所不同，但均在90.0%～99.2%之间。

二、臭氧浓度变化特征与趋势

（一）O_3 日最大小时浓度和日平均浓度季节变化

比较2009年7月—2010年1月的主城区 O_3 日最大小时浓度与各点日平均浓度可以看到（图1），主城区 O_3 日平均浓度和日最大小时浓度趋势变化均具有明显的季节变化，且从大到小的排序都相同，夏季浓度（2009年7—10月）高于冬季（2009年11月—2010年1月）。且夏季日最大小时浓度比日平均浓度高出较多，冬季二者浓度则相对比较接近。

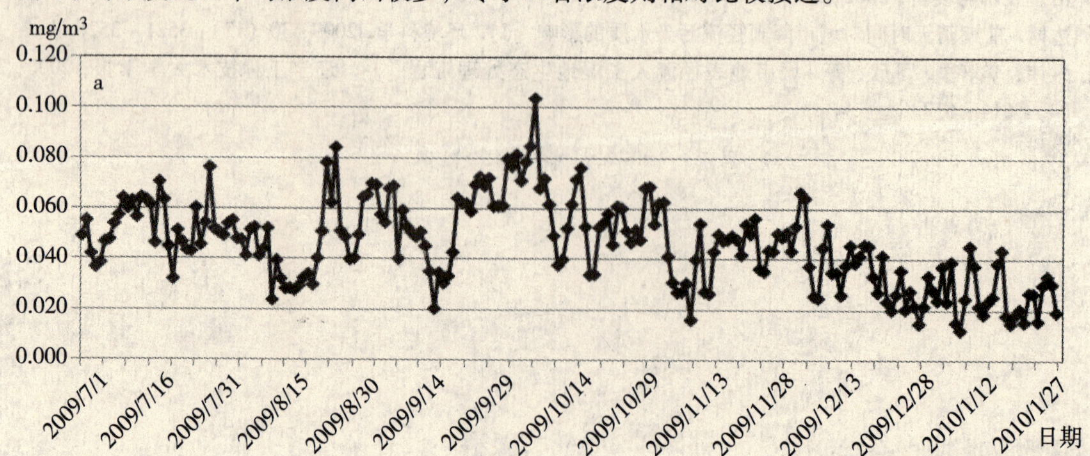

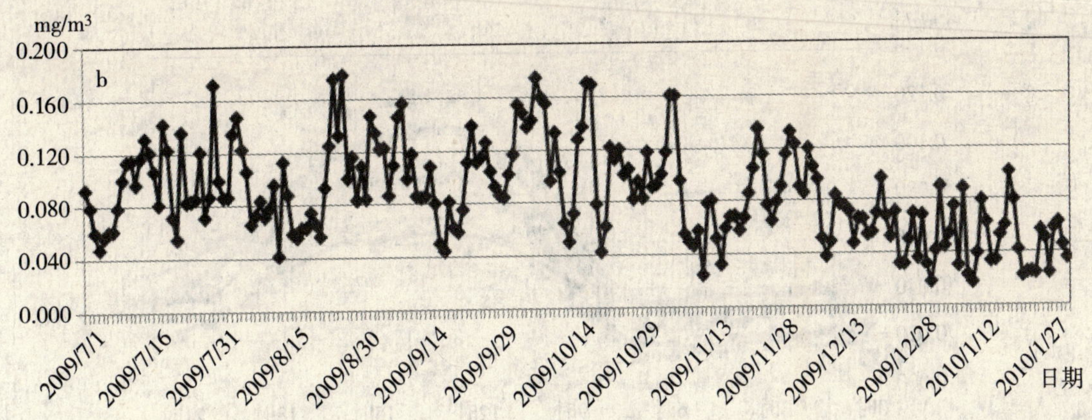

图1　2009 年 7 月—2010 年 1 月 O_3 日平均浓度（a）和日最大小时浓度（b）

此外，从图 1 还可以看到，O_3 日平均浓度及最大小时浓度在 8 月期间有一段时间的低值，在我国的东部地区也观测到类似现象[2,3]。主要是因为夏季为北部湾地区台风高发季节，地面风速较大，降雨天气频繁，天空云量也较多，到达地面的太阳辐射较弱，这样的气象条件十分不利于 O_3 的形成和积累，因而导致这段时间的日平均浓度和日最大小时浓度相对较低，使得 O_3 浓度曲线上出现低值。

（二）不同季节日变化

从 2009 年 8 月—2010 年 1 月的监测结果来看（图 2），夏、冬季节 O_3 浓度日变化有较大的差异。夏季：O_3 浓度在 20∶00（北京时间）—次日 7∶00 是个平缓变化过程，07∶00 为谷值，各点位谷值浓度变化范围为 0.012～0.035mg/m^3，变化幅度较小；08∶00—19∶00 是个峰值过程，其中 13∶00—15∶00 是最高浓度时段，各点位峰值浓度范围为 0.062～0.123mg/m^3，变化幅度较大。峰值过程各点位的浓度大小排序依次是英华嘉园 > 振宁花园 > 区农校 > 大自然花园 > 北湖 > 仙葫 > 沙井街道办 > 市监测站。

冬季的 O_3 浓度变化与夏季节相仿，但其峰值浓度要比夏季低得多，各点位峰值浓度在 0.047～0.116mg/m^3 之间，峰值过程各点位的浓度大小排序依次是区农校 > 仙葫 > 英华嘉园 > 振宁花园 > 大自然花园 > 沙井街道办 > 市监测站 > 北湖。

比较不同季节不同点位 O_3 浓度峰值变化和谷值变化均可看出，夏季峰谷值相差幅度要比冬季大。例如振宁花园点位，夏季峰值为 0.110mg/m^3，谷值为 0.025mg/m^3，相差幅度为 0.085mg/m^3；冬季峰值为 0.102mg/m^3，冬季谷值为 0.028mg/m^3，相差幅度则为 0.074mg/m^3。各点位中英华嘉园、大自然花园、振宁花园等大气 O_3 浓度较高的点位，峰值和谷值之间浓度变化幅度较大。而其他浓度较低点位，峰谷值浓度变化幅度较小，如市监测站、沙井街道办点位等。这些峰谷值的季节变化与大气中光化学反应的活性以及气象条件特别是湿度的影响和水汽输送的季节差异有关[4-6]。

（三）不同季节的空间变化

比较不同点位在不同季节的浓度变化：夏季 O_3 浓度较大的前四位为区农校、英华嘉园、大自然花园、振宁花园，日平均浓度分别为 0.070mg/m^3、0.065mg/m^3、0.064mg/m^3、0.057mg/m^3。冬季 O_3 浓度较大的前四位也是此四个点位，但总体冬季各监测点位浓度差别相对不大。

总的来说，浓度较高的点位主要是位于城市的工业区、交通繁华区（例如英华嘉园、振宁花园、大自然花园），因为氮氧化物、挥发性有机物等前体有机物的积累影响了二次污染物 O_3 的形成；或者位于城市的下风向（如区农校），由于城市产生的一次污染物受市区盛行风向的影响大多易在此点位上累积导致二次污染物 O_3 浓度的升高[1,7]。

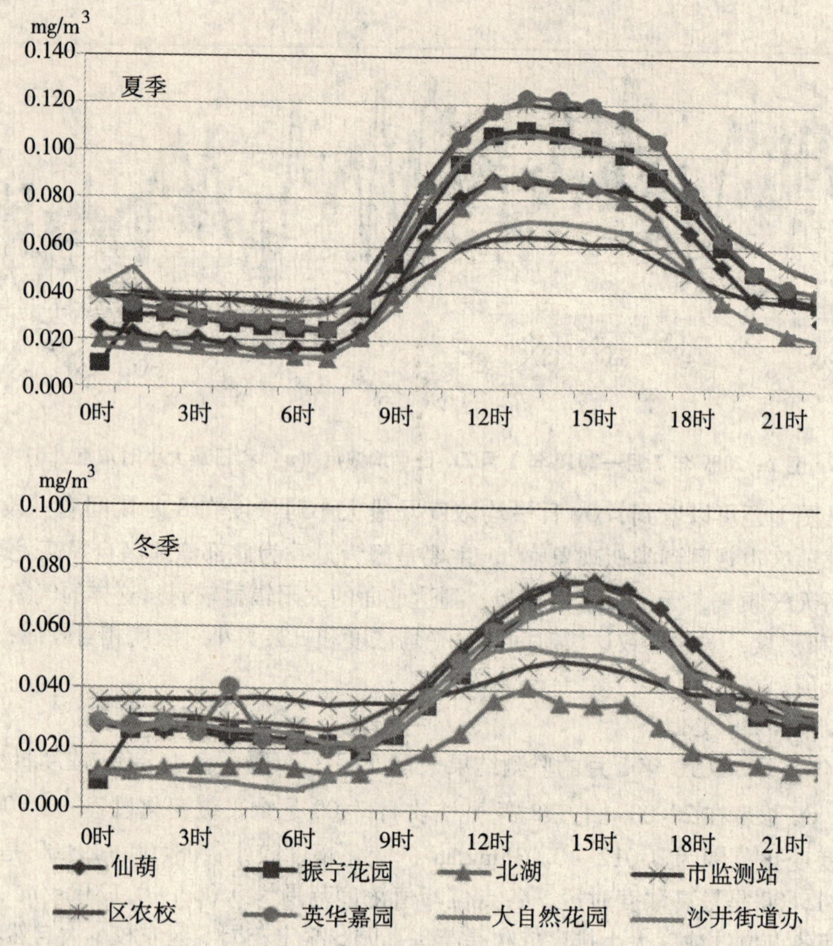

图 2　2009 年 7 月—2010 年 1 月不同点位夏、冬季 O_3 平均浓度日分布曲线

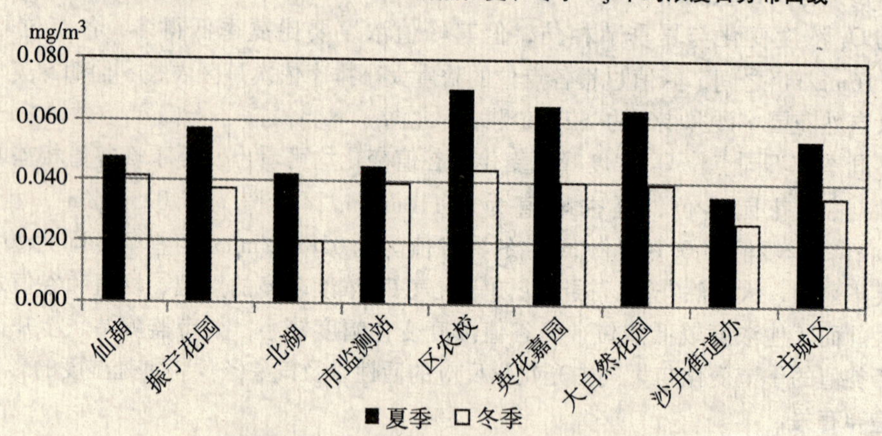

图 3　不同点位在不同季节的 O_3 浓度变化

三、臭氧浓度超标情况及与国内比较

（一）臭氧浓度超标状况

监测数据表明：超标天数主要出现在夏季，即 2009 年 7—11 月，超标天数占总超标天数的 84%。各点位按超标率大小依次为区农校 > 英华嘉园 > 振宁花园 > 大自然花园 > 仙葫 > 市监测站。其中北湖及沙井街道办点位没有超标现象出现。

表1　各监测点位超标率统计

超标率	仙葫	振宁花园	北湖	市监测站	区农校	英华嘉园	大自然花园	沙井街道办	全市
夏季	0	0.69%	0	0.09%	1.81%	1.62%	0.44%	0	0.59%
冬季	0.12%	0.16%	0	0	0.33%	0.04%	0.08%	0	0.10%
夏季+冬季	0.07%	0.41%	0	0.04%	1.02%	0.78%	0.25%	0	0.33%

（二）臭氧浓度超标情况与国内同类城市比较情况

据珠三角区域空气监控网络公布的监测报告[1]，2008 年广州 O_3 最大小时浓度出现 0.394mg/m³，超标率达 3.65%；珠海是 0.378mg/m³，超标率达 3.36%；中国香港为 0.444mg/m³，超标率为 0.76%。珠三角区域的其他许多城市，都监测到 0.300mg/m³ 以上的高浓度，而且全年皆有超标现象，没有明显的季节变化，表明珠三角已经成为我国 O_3 污染最严重的地区之一。南宁市 O_3 浓度高值季节超标率为 0.59%，相对于同处亚热带的珠三角地区 O_3 污染要小得多。

四、结　论

1. 南宁市大气 O_3 浓度变化有明显的季节性，日平均浓度、最大小时浓度和超标现象主要集中在夏季。

2. 大气 O_3 浓度具有明显的日变化特征，其峰值变化一般出现在 8∶00－19∶00，但各监测点位峰值浓度夏季要比冬季高得多；20∶00－次日 7∶00 O_3 浓度是平缓变化期，各监测点位夏季、冬季 O_3 浓度平缓期季节变化不大。夏季各点位峰值 O_3 浓度以英华嘉园最高，冬季则以区农校最高。

3. O_3 浓度较大的前四位主要位于城市的工业区、交通繁华区的点位，例如英华嘉园、振宁花园、大自然花园，主要原因是此类监测点位更易累积生成臭氧的一次性前体污染物；或者位于城市的下风向，如区农校，主要原因是城市上风向污染向下风向扩散所造成。

参考文献

[1] 广东省环境保护监测中心站，香港特别行政区环境保护署．粤港珠江三角洲区域空气监控网络 2008 年监测结果报告．http：//www. epd. gov. hk/epd/tc _ chi/resources _ pub/pub－lications /files/PRD _ 2008 _ report _ sc. pdf.

[2] Wang T，Cheung T F，Li Y S. Ozone and related gaseous pol－lutants in the boundary layer of eastern China：Overview of the rcent measurement s at a rural site. Geophys Res L et t，2001，28：237322376.

[3] Xu X，Lin W，Wang T，et al．Long－term reend of surface ozone at a regional background station in eastern China 1991—2006：Enhanced variability. A tmos Chem Phys，2008，8：259522067.

[4] 马一琳，张远航．北京市大气光化学氧化剂污染研究［J］．环境科学研究，2000，13（1）：14－17.

[5] 王淑兰，柴发合．北京市 O_3 污染的区域特征分析［J］．地理科学，2002，22（3）：360－364.

[6] 洪盛茂，焦荔，何曦，等．杭州市区大气臭氧浓度变化及气象要素影响［J］．应用气象学报，2009，20（5）．

[7] 王雪梅，韩志伟，雷孝恩．广州地区臭氧浓度变化规律研究［J］．中山大学学报（自然科学版），2003，42（4）．

南宁市南湖水质状况及治理对策探讨

刘　传

（南宁市环境保护监测站　南宁　530012）

摘　要　以南宁市南湖 2009 年水质监测资料为依据，采用综合营养状态指数法评价南湖的富营养化程度，对其水质状况进行分析，并对南湖补水量合理性进行初步探讨。

关键词　南湖　水质　富营养化　湖泊治理

南湖位于南宁市中心城区东部，面积约 $1km^2$，是南宁市区最大的湖泊，它属浅水湖泊，呈东北－西南狭长形，全长约 3.8km，宽 0.25～0.38km，平均水深 1.7m，最大水深 2.0m，容积为 $2.1\times10^6m^3$，流域面积 $5.1km^2$。南湖全湖由南湖拱桥和南湖大桥从西向东分为上湖、中湖和下湖三部分，水通过桥孔相连，最后经下湖闸门流入邕江内河竹排冲。南湖水主要由降雨及降雨形成的地表径流和凌铁水厂取水泵房抽取邕江水补水三部分补给。南湖水质改善工程补水子工程于 2009 年 9 月启动，工程启动后南湖补水量大幅增加。流入南湖的污水口共有四个，主要集中在南湖西部（上湖），近年正采取措施防止城市生活污水未经处理直接流入南湖，但降水量较大时仍有污水流入。南湖已呈富营养化，治理南湖刻不容缓。

一、南湖水质现状

（一）水质类别和综合营养指数

表 1　南湖水质每月变化表

时间	2009 年												2010 年	
	1 月	2 月	3 月	4 月	5 月	6 月	7 月	8 月	9 月	10 月	11 月	12 月	1 月	2 月
水质类别	Ⅴ	Ⅴ	Ⅴ	Ⅴ	劣Ⅴ	劣Ⅴ	劣Ⅴ	Ⅴ	Ⅴ	Ⅴ	Ⅴ	Ⅳ	Ⅳ	Ⅴ
主要污染项目	总磷	总磷	总磷	总磷	总氮	总磷	总氮	总氮 总磷	总磷	总氮 总磷	总氮	—	—	总氮

据南宁市环境保护监测站对南湖水质的监测结果，2009 年 1 月至 2010 年 2 月，南湖水质为Ⅳ类至劣Ⅴ类（见表 1）。采用中国环境监测总站推荐的综合营养状态指数法评价，结果见图 1。南湖的综合营养状态指数在 2009 年 7 月和 8 月出现极大值（见图 1），均为 64.6，极小值出现在 2010 年 1 月，为 55.2。南湖在 2009 年 2 月—3 月、2009 年 11 月—2010 年 2 月为轻度富营养状态，其余月份均为中度富营养。南湖在冬季气温较低时富营养化程度较轻，在夏季时，气温较高，藻类生长繁殖加快，富营养化程度加重。

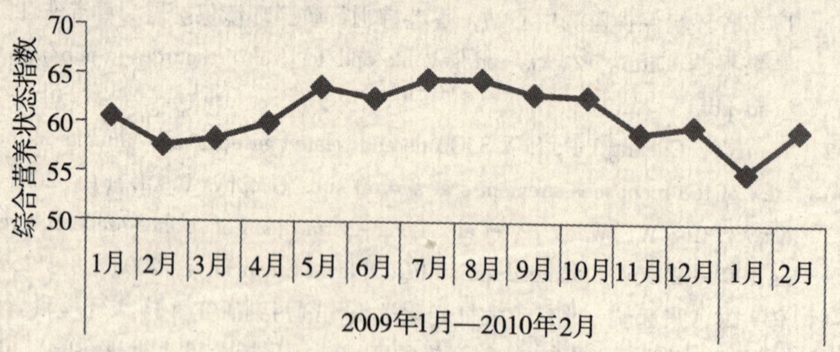

图 1　南湖综合营养状态指数月度变化图

（二）各水质指标

1. 透明度

南湖透明度检出值范围为 0.20～0.37m，均值仅为 0.26m，表明南湖湖水感官状况较差，已呈严重富营养化。

2. pH

南湖 pH 值检出值范围为 7.82～8.63，显微碱性，这是富营养化湖泊的特征。

3. 溶解氧和高锰酸盐指数

南湖溶解氧检出值范围为 5.4～9.8mg/L，均值为 7.3mg/L。由于水质采样点位于湖表面，南湖属于浅水湖泊，大气复氧和光合作用增氧使湖水表面溶解氧较为充沛。而由于湖水透明度较低，水中光强度随着湖水深度增加而迅速减弱，南湖水层中下部溶解氧指标长期维持较低水平。南湖高锰酸盐指数检出值范围为 4.2～8.0mg/L，均值为 5.8mg/L，超Ⅲ类率为 50%，但均未超Ⅳ类，可见此指标不是南湖水质的主要影响因子。

4. 总氮和总磷

氮、磷指标是影响湖泊富营养化的主要因子，从表 1 和图 2 可知，南湖总氮、总磷浓度都很高，在Ⅴ类水质标准上上下波动，是影响南湖水质的主要因子。一般可以用氮和磷的浓度比来确定限制性营养盐（见表 2）。由图 3 和表 2 知，除了 2009 年 6 月因总氮指标较低而导致氮磷比偏低外，其余月份均大于 7，可知磷是南湖可能的限制性营养盐。

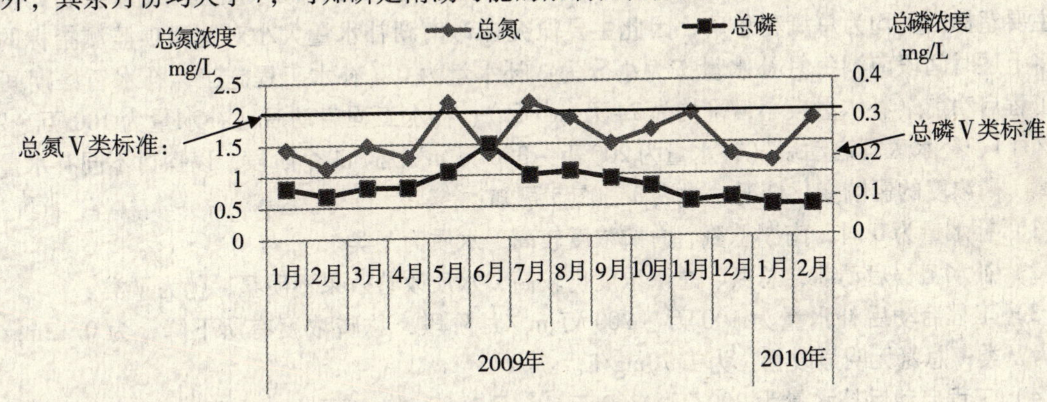

图 2　南湖总氮、总磷月度变化图

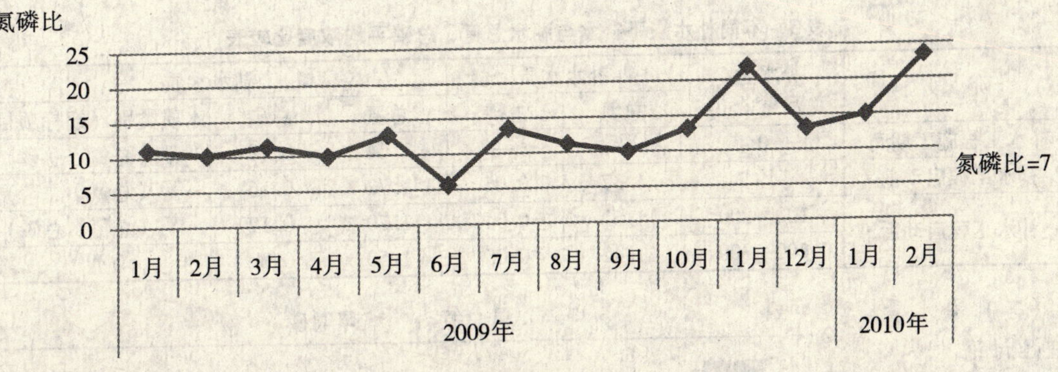

图 3　南湖氮磷比月度变化图

5. 叶绿素 a

叶绿素 a 的含量直接反映湖泊中藻类的生物量大小，是富营养化评价的重要指标。南湖叶绿素 a 的平均值为 21.0mg/m^3，最大值为 31.0mg/m^3，出现在 2009 年 1 月，按照 seirgensew 在 1980 年提出的营养型判定标准中富营

表 2　通过氮磷比确定限制性营养盐

氮磷比	意　义
<7	氮是可能的限制性营养盐
>7	磷是可能的限制性营养盐
接近 7	氮磷均可能是限制性营养盐

养化湖泊叶绿素含量在 10 ~ 500mg/m³ 之间，可见南湖已呈富营养化。

二、南湖补水量合理性探讨

（一）不同补水量对南湖水质总氮、总磷浓度的影响

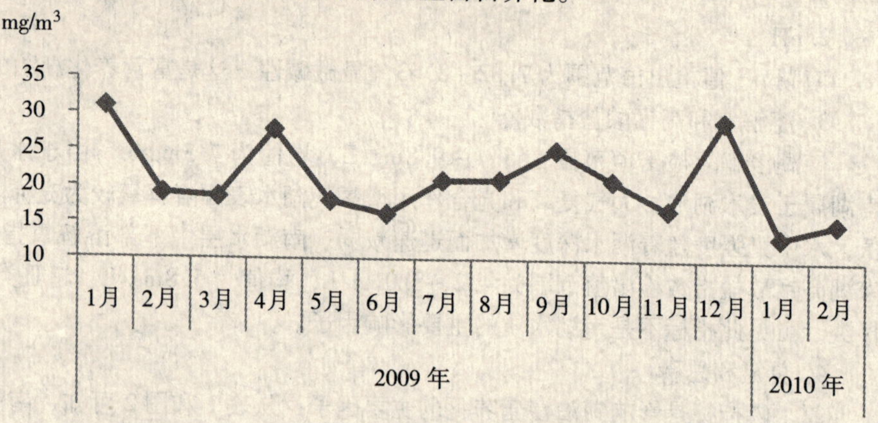

图 4　南湖叶绿素 a 指标月度变化图

2009 年 9 月 14 日，南湖补水工程启动，启动后南湖补水量由原来的 50 万 ~ 100 万 m³/月增加至 100 万 ~ 300 万 m³/月。现根据 2009 年 1 月至 2010 年 2 月南湖水质监测结果分析，南湖水质主要超标因子均为总氮和总磷，因此主要研究探讨南湖补水量大小对这两项监测指标的影响。将上述时间段南湖每月补水量按大小分为：补水量为 0（补水工程施工，补水暂停期间）、补水工程启动前（补水量较小，平均为 74 万 m³/月）、补水工程启动后（补水量为 100 万 ~ 200 万 m³/月）、补水工程启动后（补水量为 200 万 ~ 300 万 m³/月）4 个阶段，以探讨不同补水量对湖水氮、磷浓度的影响变化情况。由表 3 和图 5 可知：

（1）补水量为 0 时，南湖总氮、总磷浓度较高，水质为Ⅴ类。

（2）补水工程启动前，总氮、总磷浓度仍较高，水质改善效果不明显，仍为Ⅴ类。

（3）工程启动后补水量为 100 万 ~ 200 万 m³/月阶段，总磷浓度有所下降，为 0.12mg/L，但仍为Ⅴ类；总氮无明显改善，为 1.70mg/L。

（4）工程启动后补水量为 200 万 ~ 300 万 m³/月阶段，总氮平均浓度降至 1.50mg/L，总磷更是下降至 0.09mg/L，二者均刚好达到Ⅳ类。

表 3　不同补水量下补水与湖水总氮、总磷平均浓度比较表

阶　段	补水量/（万 m³/月）	补水水质		湖水水质		
		总氮	总磷	总氮	总磷	水质类别（超标项目）
补水工程施工期间	0	—	—	1.64	0.18	Ⅴ（总氮、总磷）
补水工程启动前	平均 74	1.37	0.06	1.72	0.16	Ⅴ（总氮、总磷）
补水工程启动后	100 ~ 200	1.52	0.04	1.70	0.12	Ⅴ（总氮、总磷）
	200 ~ 300	1.42	0.05	1.50	0.09	Ⅳ

（二）补水量合理性讨论

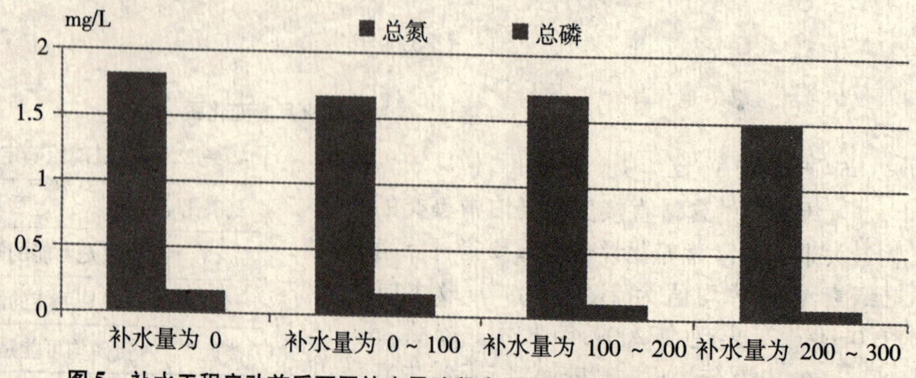

图 5　补水工程启动前后不同补水量阶段南湖水质总氮总磷浓度变化趋势图

综上所述，补水量在 200 万 m³/月以下时，南湖水质改善并不明显，总氮和总磷浓度仍然较高；在补水量为 200 万 ~ 300 万 m³/月时，水质开

始有所改善，该阶段内总氮和总磷的均值刚好能达到Ⅳ类水质。因此，保持南湖补水水量大于200万~300万 m^3/月是保证南湖能在正常情况下达到Ⅳ类水质的重要条件之一。此外，在补水水质较好的前提下，可在一定程度上增强南湖水体的流动性和自净能力，降低湖水的耗氧性有机物浓度和改善湖水的透明度。

三、南湖治理的对策建议

针对南湖的自然特征及污染原因，必须采取一系列措施对南湖进行综合整治。

（一）合理补水

近几年，南湖水质改善主要通过邕江补水。2009年，南湖全年的补水量为1400万 m^3，日均换水量为3.8万 m^3，年均换水次数为8.5次。补水量较低，湖水更换十分缓慢，加之补水中总氮浓度偏高，水质改善效果不够明显。建议通过采取适当措施，确保邕江水质良好，以保证补水水质；并选取大于200万~300万 m^3/月的标准进行补水。

（二）污水截流

每当降雨量较大时，南湖周围部分排污口有一定量生活污水排入湖内。应科学规划建设雨污分流制的管网，逐步将排污管网改成雨污分流制，最大限度地截流城市污水。环南湖进入城市排污管网的污水应截流到已建或拟建的城市污水处理厂集中处理。

（三）推广无磷洗涤剂

磷是南湖的限制性营养盐，控制磷是改善南湖水质的关键，在雨污截留目标达到之前，如果能有效控制生活污水中的磷含量，将有助于改善南湖水质。建议市政府制定推广使用无磷洗涤剂的公告，并首先在机关、事业单位和宾馆、酒店等服务型行业进行推广使用。

（四）生态修复

生态修复包括水环境的综合修复和保证湖内生物种类的多样化，需要长期保持。首先可以通过在必要的区域进行底泥清淤，将湖内富含营养盐的底泥清出，直接、有效地减少内源。其次，重建南湖生态系统，利用适合南湖湖体环境的水生植物及其共生的微环境，来去除水中的污染物。再次，可以在湖中放养适当的水生动物，去除水中富余的营养物质。但在养殖水生动植物时，要防止产生二次污染。

四、结　论

南湖水质为Ⅳ类至劣Ⅴ类，呈轻度至中度富营养化，为改善其水质，可通过合理补水、雨污分流、污水截留、推广无磷洗涤剂和生态修复等措施对南湖进行综合整治。湖泊整治方法很多，选用时应考虑投资、处理效果和社会影响等。

参考文献

[1] 荆卫红，华蕾，孙成华，等．北京城市湖泊富营养化评价与分析［J］．湖泊科学，2006，20（3）：357-363.

[2] 王明翠，刘雪琴，张建辉．湖泊富营养化评价方法及分级标准［J］．中国环境监测，2002，18（5）：47-49.

[3] 杨娅．中国生态文明建设中的问题与对策研究—以云南淡水湖泊的治理为例［J］．南京林业大学学报，2008，8（3）：159-163.

[4] 李大成，李锡武，纪荣平．受污染湖泊的生态修复［J］．电力环境保护，2006，22（2）：47-49.

城市绿色发展指标设定的实践与思考
——以中新天津生态城指标体系为例

冯真真　李　燃

（天津市环境保护科学研究院　天津南开区复康路17号　300191）

摘　要　绿色发展是当今世界各国城市发展的总体趋势。中新天津生态城的建设正是对城市实现绿色发展的一次有意义的探索与实践。而作为中新天津生态城发展重要依据的指标体系在建立的过程中，也力争突出“绿色发展”的理念，并且对中新天津生态城的发展建设发挥了巨大指导作用。本文以中新天津生态城指标体系为例，对城市绿色发展指标的设立方法以及在城市发展过程中的指导作用进行了论述。

关键词　绿色发展　生态城指标

近年来，随着我国城市化进程不断推进，城市发展带来的环境污染、交通拥挤、住房保障等问题不断凸显出来。而2009年底哥本哈根举行的世界气候变化大会之后，低碳发展、绿色发展更是引起各界前所未有的关注。绿色发展已不仅是保持城市健康可持续发展的创新，更是顺应国际发展趋势的必然选择。中新天津生态城以指标体系为突破口，在城市绿色发展方面做出了很多有益探索与尝试。

一、选址背景简介

中新天津生态城是中国与新加坡政府共同建设项目，其目的是在应对全球气候变化、加强环境保护、节约资源能源、建设和谐社会等方面开展合作，共同建设一个“资源节约、环境友好、经济蓬勃、社会和谐”的生态城市，为中国其他同类地区提供借鉴和参考。

中新天津生态城的选址位于滨海新区北部，占地约30km^2。区域现状用地约三分之一是废弃的盐田、三分之一是盐碱荒地、三分之一是受污染水面，自然条件较差，属于水质性缺水地区。选址于此的目的主要是为了体现在资源约束条件下，特别是以土地和水资源缺乏为特征的地区建设生态城市的示范意义，同时可以充分利用新加坡在水资源利用、绿色建筑等领域的科技成果，实现中新两国优势互补。

二、中新天津生态城指标体系

科学的生态城指标体系有助于准确把握发展方向、确保目标实现，并其规划、建设和管理提供科学的依据和指导。中新天津生态城指标体系，在认真借鉴新加坡等先进国家和地区成功经验，并结合选址当地实际条件的基础上，围绕生态环境健康、社会和谐进步、经济蓬勃高效和区域协调融合四个方面，确立了22项控制性指标和4项引导性指标（见表1）。

三、指标设定对城市绿色发展的启示

中新天津生态城指标体系是对城市绿色发展理念的一次有益而且成功的探索和研究，为城市绿色发展建立了新的标准，对现阶段城市绿色发展提出了新要求。

（一）通过“绿色”控制指标对城市发展提出约束性要求

中新天津生态城指标体系中直接采用了“绿色建筑比例”和“绿色出行所占比例”两个“绿色”控制性指标，以定量的方式对城市发展过程中建筑与交通两项重要内容提出严格约束。

1. “绿色建筑比例”

“绿色建筑比例”指标要求区内所有建筑物均应达到绿色建筑相关评价标准的要求，在其全寿命之期内，最大限度地节约和利用再生能源、资源，保护环境、减少污染，提供健康、舒适、高效的空间，并与自然和谐共存。

表1 中新天津生态城考核指标

	指标层	二级指标	单位	指标值
生态环境健康	自然环境良好	区内城市空气质量	天数	好于等于二级标准的天数≥310天/年
			天数	SO_2 和 NO_x 好于等于一级标准的天数≥155天/年
		区内水体环境质量		达到《地表水环境质量标准》（GB 3838）最新标准Ⅳ类水体水质要求
		水喉水达标率	%	100
		功能区噪声达标率	%	100
		单位GDP碳排放强度	t碳/百万美元	150
		自然湿地净损失	%	0
	人工环境协调	绿色建筑比例	%	100
		本地植物指数		≥0.7
		人均公共绿地	m^2/人	≥12
和谐进步	生活模式健康	日人均生活水耗	L/人·d	≤120
		日人均垃圾产生量	kg/人·d	≤0.8
		绿色出行所占比例	%	≥30
				≥90
	基础设施完善	垃圾回收利用率	%	≥60
		步行500米范围有免费文体设施的居住区比例	%	100
		危废与生活垃圾（无害化）处理率	%	100
		无障碍设施率	%	100
		市政管网普及率	%	100
	管理机制健全	经济适用房、廉租房等占本区住宅总量的比例	%	≥20
经济蓬勃高效	经济发展持续	可再生能源使用率	%	≥15
		非传统水源利用率	%	≥50
	科技创新活跃	每万劳动力中科研人员和工程师全时当量	人/年	≥50
	就业综合平衡	就业住房平衡指数	%	≥50

引导性指标			
	指标层	指标	指标描述
协调融合	自然生态协调	生态安全健康、倡导绿色消费低碳运行	本区内要求从区域资源、能源以及环境承载力合理利用角度出发，保持区域生态一体化格局，强化生态安全，建立健全区域生态保障体系
	区域政策协调	创新政策先行、联合治污政策到位	积极参与并推动区域合作，贯彻公共服务均等化原则；实行分类管理的区域政策，保障区域政策的协调一致性。建立区域政策制度，保证周边区域的环境改善
	社会文化协调	河口文化特征突出	城市规划和建筑设计延续历史，传承文化，突出特色，保护民族、文化遗产和风景名胜资源；安全生产和社会治安均有保障
	区域经济协调	循环产业互补	健全市场机制，打破行政区划的局限，带动周边地区合理发展，促进区域职能分工合理、市场有序，经济发展水平相对均衡

从各国的能源消耗中可以发现，建筑能耗所占的比例很大。绿色建筑可以在保障健康舒适的前提下，最大限度地节约资源能源，减少对环境的污染。这一指标的制定可以有效避免我国多数城市在发展进程中片面追求建筑物的奢华，只重数量不重质量的不良现象，同时通过吸取新加坡在绿色建筑领域的先进经验，促进我国城市建筑总体水平的提高。

2. “绿色出行所占比例”

“绿色出行所占比例”指标要求生态城内每天采用乘坐公交车、地铁等公共交通工具，或骑自行车、步行等节约能源、提高能效、减少污染、益于健康、兼顾效率的绿色出行方式的人次占总出行人次的比例不低于90%。

交通问题已经日益成为当今世界城市发展的瓶颈，如何解决交通带来的环境污染与道路堵塞等问题是世界上大城市所普遍遇到的难题。绿色出行指标充分发挥中新天津生态城作为新建城市的优势，提出保障城市居民绿色出行为主的要求，从而在随后道路规划，城市开发强度等各个领域都要采取相应措施予以配合，这是在城市交通发展模式上的创新性探索。

同时“步行500米范围内有免费文体设施的居住区比例”、“就业住房平衡指数”等指标也将对提高生态城绿色出行比例产生积极的影响。

（二）提出“低碳”概念

低碳发展是城市绿色发展链条上重要的一环。中新天津生态城指标体系在低碳发展研究上先行一步，设立单位GDP碳排放强度指标，对城市低碳发展提出约束性目标。同时，指标体系中可再生能源使用率等指标与此相呼应，引导城市走低碳发展道路。

该指标的设定，对城市的产业结构设定、城市布局规划都提出很高要求。为实现此目标，中新天津生态城在总体规划中对区域采暖等主要耗能方案、生态绿地等碳汇建设、能源结构及利用方式、主导产业设计等工作中都进行了深入研究与相应调整。同时在中新天津生态城具体项目建设前期可研、环评过程中均对工程碳排放、碳减排内容作出了核算。通过该指标，中新天津生态城成功将“低碳”理念贯彻落实到具体工作中，在控制城市碳排放强度方面初见成果。

（三）引入了“绿色消费”的引导性指标

绿色消费是近年来逐渐走进人们视野的新理念，不仅包括绿色产品，还包括物资的回收利用、能源的有效使用、对生存环境和物种的保护等。由于绿色消费涵盖了生产行为、消费行为的方方面面，涉及面广，至今较难量化，因此在指标体系中作为引导性指标加以要求。随着中新天津生态城的逐步建成，可以考虑通过“绿色商店”、“绿色饭店”、“绿色账户”等方式，从销售、宣传等方面普及绿色消费理念，并以中新天津生态城为试点，尝试开展绿色消费的量化研究。同时，“日人均生活耗水量”、“日人均垃圾产生量”“垃圾回收利用率”等指标也可以从侧面体现出生态城的“绿色消费”水平。

（四）集成了“绿色生态”、“绿色经济”等控制性指标

指标体系中虽然明确提出“绿色生态”、“绿色经济”等指标，但从各单项指标的内涵中可以看出，每一项指标均是绿色发展理念的体现。如“区内环境空气质量”、“区内地表水环境质量”、“功能区噪声达标率”、“自然湿地净损失”、“本地植物指数”、“人均公共绿地”等指标均是对“绿色生态”的体现；“单位 GDP 碳排放强度”、“可再生能源使用率”、“非传统水资源利用率”、“每万劳动力中科研人员和工程师全时当量”等指标均是对“绿色经济”的体现。

四、小 结

中新天津生态城的指标体系研究是对城市绿色发展指标的一次有意义的探索与实践，指标体系在城市发展过程中的绿色建筑、绿色出行、低碳发展、绿色消费、绿色生态等领域，均提出了创新性要求。我国其他城市在推进绿色发展过程中同样可以参考中新天津生态城指标体系的范例，在城市规划等工作前期提出绿色发展指标，从而为各项后续工作确定基本方向，保障城市的健康可持续发展。

参考文献

[1] 高翠琳，王明浩．浅议生态城市建设的4个环节［J］．城市环境与城市生态，2009，10.

[2] 黄光宇，陈勇．生态城市概念及其规划设计方法研究［J］．城市规划，1996（6）：17－20.

城市热岛缓减思路与规划对策

王伟武　姜方鑫

（浙江大学城市规划工程与信息技术研究所　浙江大学紫金港校区安中大楼 B610 室　310058）

摘　要　总结了当前城市热岛产生与影响机制、城市热岛缓减策略等方面的研究，提出了我国应该加强从不同空间尺度和城市规划设计的角度研究城市热岛缓解对策，完善规划理念，为我国城市科学的规划设计及建设节能型城市提供科学依据。

关键词　城市热岛　产生与影响机制　缓减对策

一、城市热岛产生与影响机制

城市热岛的形成及强度与城市特征（如城市建筑物平均高度及密度、街区天空可视因子、街区走向、城市规模、人口密度、人为热的排放量等）以及气象环境都有密切关系（Oke，1973）。Rizwan 等（2008）概括了影响城市热岛产生的因素及其相互影响关系，如图 1 所示。概括来讲，影响城市热岛产生的因素大体可以分为三大类，即气象气候等自然条件、城市下垫面的热物理性质与人为释放热，并且这些因素通常是交叉相互影响的。

影响城市热岛的气象与气候条件包括太阳辐射、云层、降水、季节、风速、昼间变化等。在香港，季节变化对城市热岛的影响通常比地理特征因素的影响更大（R. Giridharan，2007）。据 Qihao Weng 等（2004）对广州的研究表明，城市热岛的季节变化与昼间变化同样明显，通常，城市热岛在秋季与冬季（9—12 月）比较明显，而在春季（2 月、3 月）则比较弱。较厚的云层能够减少太阳辐射及来自地球表面的辐射，使城市区域的温室气体效应相对减弱，从而降低了地表温度（Qihao Weng 等，2004）。Yuangao Wen 和 Zhiwei Lian（2009）研究了风对武汉城市热环境的影响，在无风条件下，由于室内空调释放的热量而升高的大气温度是有风条件下的 12.8 倍。

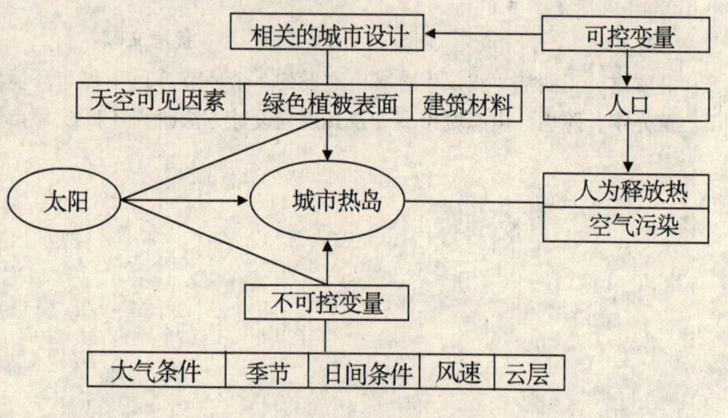

图 1　城市热岛的产生机制

城市热岛的产生与城市下垫面的热物理性质有着密切的关系。由于城市与乡村地区的地表覆盖不同，导致两者的热环境属性有着明显的差别（Qihao Weng 等，2004；Brian Stone，2006）。城市的扩张及发展是热岛产生的主要原因（Qihao Weng 等，2004；Xu Hanqiu 等，2004；Song Youngbae，2005）。城市土地利用/覆盖直接影响城市地表的反照率，相比周边地区，通常城市核心区拥有较低的地表反照率和地表蒸发率，这也是引起日间温度升高的主要因素（Taha H，1997）。Song Youngbae（2005）研究在 Bundang 城镇中的各类土地利用中，森林的地表温度最低，居住和商业地区的地表温度比森林高 4.5℃，而交通设施用地紧跟其后。Qihao Weng 等（2004）对广州城市热岛研究中，发现工业用地的地表温度比居住和商业用地高，即使是高密度的居住与商业区。除了大尺度的土地利用/覆盖对城市的热环境产生影响外，R. Giridharan（2004，2007）等研究了城市设计变量对香港居住区日间与夜间的城市热岛的影响，研究表明，在晴朗的夏季日，风速、表面反照率、高度、高于1m的植被覆盖、位置商、高度与占地面积的比率分别提高10%将会使沿海居住区的日间城市热岛强度分别降低3%、0.8%、1.5%、1.2%、0.3%和1.8%。

另外，城市热岛效应实质是一种人类活动引起的热环境污染，诸如交通、空调、空气污染等人类活动释放出大量的热能。其中，空调的使用向室外释放出大量的热而加剧城市热岛（Yuangao Wen等，2009）。城市中人类活动不但直接释放热能，同时也一定程度地造成空气污染，而空气污染物浓度增加10倍，温度平均提高2℃。

二、城市热岛的缓减思路

意识到城市热岛对人类生存环境带来的潜在危害，各国学者已经开始通过研究提出降低城市热岛强度的方法，根据目前的研究，城市热岛的缓减措施可以分为四类：①增加表面反照率（屋顶、路面等）；②增加植被覆盖（屋顶绿化、城市公园、街道绿化等）；③减少人为热量的释放（空调、小汽车等）；④优化城市结构和土地利用（城市规划和城市设计、建筑设计等）。表1总结了不同学者提出的主要热岛缓减策略。在研究的空间尺度上，涉及建筑、街区及整个城市，而大部分研究仍集中在建筑尺度，并且除个别国家（日本、美国）开展了系统的缓减城市热岛计划或项目外，这些缓减策略大多停留在研究领域，并未应用到实践中。

Sasaki等（2008）通过模拟城市中心的热平衡机制，识别导致温度升高的不同因素，从而有针对性地选择有效的缓减措施。Synnefa等（2006）对比了14种反射性涂料的热属性，表明使用反射性涂料可以使白色混凝土瓦的表面温度在夏季的日间降低4℃，夜间降低2℃。Ihara等（2008）模拟出通过增加建筑表面的湿度和反照率，可以每年减少60个超过30℃的小时数。采用绿色屋顶，增加植被覆盖也是缓减热岛效应的有效措施。Ondimu等（2007）采用活的生物材料进行屋顶绿化以使热岛获得缓减。Giridharan等（2007）研究将树木覆盖从25%增加到40%，可以使香港沿海居住区日间城市热岛强度降低0.51℃。Qihao Weng等（2004）认为要有效缓减城市热岛，需要种植更多的树木，而不是草地和灌木。有学者对综合的热岛缓减策略进行了研究。Rosenfeld等（1997）采用低温屋顶和路面及11m高的遮阳树木能够使洛杉矶市的城市热岛强度降低3℃，预计每年可节省5亿美元。Akbari等（2001）研究城市树木和高反照率表面使空调能耗减少20%，并能提高空气质量。Rosenfeld（1995）从建筑及城市尺度研究了提高表面反照率和植被覆盖率能够每年节约100亿美元的能源和设备消耗，减少2700万t的CO_2释放量。虽然屋顶绿化、外墙绿化、固水路面及高反照率路面等热岛缓减措施能够暂时降低城市温度，但它们不是解决城市热岛的长期措施，而需要区域性的解决措施，Yamamoto（2006）从区域的城市规划角度解决热岛问题。Stone等（2006）提出居住区土地利用规划作为热岛缓减的主要措施。另外，还有学者从城市设计、建筑设计角度缓减城市热岛。

三、城市热岛的规划缓减对策

城市热岛现象的产生存在空间尺度上的差异，即随着城市空间由大到小，与城市热岛现象相关联的地表特征和相关因子也有所不同。因此，为缓解城市热岛或改善城市热环境，在不同空间尺度适宜采用不同的对策方案。

（一）城市尺度下城市热岛规划缓减对策

1. 选择紧凑型多中心城市发展模式，构造通畅的空间结构

紧凑与多中心的开发模式应当体现城市规划与设计方案编制、规划管理与实施的各个环节中。首先，要限制城市区域盲目扩展，科学划定城市发展边界线，控制城市用地规模。其次，在某些用地区域中，应当采取激励措施，在不妨碍公共利益的前提下，鼓励适当中高密度的土地混

合开发，使城市的功能紧凑，将大大有利于降低城市运转的能源消耗。

表1 缓减城市热岛的主要措施

缓减措施分类	具体缓减措施	空间尺度	参考文献
增加表面反照率	反射性表面	建筑	Synnefa 等，2006
	提高湿度和反照率	建筑	Ihara 等，2007
	使用浅色翻新屋顶和路面	城市	Rosenfeld 等，1997
	高反照率表面	建筑	Akbari 等，2001
	高反照率表面	街区	Solecki 等，2005
	浅色表面	建筑、城市	Rosenfeld，1995
	高反射屋顶	建筑	Takebayashi，2007
增加植被覆盖	使用生物材料进行屋顶绿化	建筑	Ondimu 等，2007
	种植遮阳树木	城市	Rosenfeld 等，1997
	遮阳树木	城市	Akbari 等，2001
	提高树木覆盖	居住区	Giridharan 等，2007
	增加树木种植	城市	Qihao Weng 等，2004
	提高植被覆盖	街区	Solecki 等，2005
	增加城市植被	城市	Rosenfeld，1995
	屋顶绿化	建筑	Takebayashi，2007
减少人为热量释放	减少机动车行驶	城市	Yamamoto，2006
	减少人为活动释放的热	城市	Kikegawa 等，2006
	减少空调使用	街区	Kikegawa 等，2003
优化城市结构和土地利用	景观设计	城市	Qihao Weng 等，2004
	风道设计、城市规划	城市	Yamamoto，2006
	建筑降温设计	建筑	Kolokotroni 等，2007
	土地利用规划	居住区	Stone 等，2006
	城市设计因素	居住区	Giridharan 等，2007

在城市空间布局结构上，在保证交通便利的条件下，城市主干道尽量与夏季盛行风向一致，有江、河、湖、海分布的城市，要充分利用江河湖海的风及水体降温增湿特点，在沿岸留出足够的空间，形成“风道”，让风和水汽通过“空中走廊”进入城市；同时，要特别控制城市上风向的建筑高度和密度，防止因建筑过高和过密对风的阻挡导致大量热量和温室气体的滞留。形成易于通风、散热的城市空间结构，将不仅有利于热岛的缓解，还有利于城市污染物的扩散。

2. 开展合理的城市能源规划，推进城市节能减排

现代城市生活、生产过于依赖石油等化石燃料类等不可生能源，释放大量的热，是导致城市热岛效应的主要原因。在制定城市总体规划阶段的工作中，合理制定城市的能源规划及相应的能源政策是降低城市热岛效应的关键环节。在进行能源优化过程中，应积极推进用风能、太阳能等来逐步取代煤、石油等化石燃料，开发利用新型高效环保能源。

3. 在城市色彩规划中纳入对热岛效应考量

对城市热环境改善的考虑应纳入到色彩规划的每一个步骤中。首先，城市色彩规划分区的依据除了考虑城区的整体功能外，应将城市热环境分布状况纳入其中。其次，在确定区块主题色彩时主要考虑体现不同功能区块的特色。比如，使用多种透明度较高的色彩体现商业区的现代化气息，如在商业区内规划较深的颜色，就很容易造成热环境的进一步恶化。因此，在确定城市街区的主题色彩时，应当与城市热环境的改善目标结合在一起。再次，在对大体量标志性构筑物和建筑进行色彩规划时，应当对色彩造成的建筑物内外的热环境影响做出判断，结合建筑周边环境的色彩及建筑物的功能对材质、颜色范围进行规划。

4. 提高城市绿地规划的热环境改善效应

植被减少是城市热岛形成的首要贡献因子。在提高平均城市绿地覆盖率的基础上，根据不同下垫面进行针对性的植被规划。例如，在工业区，针对其排热量大的特点，沿道路、给热管道以及热源厂区的屋顶、墙壁、地面构建多层次立体植被覆盖层；在商务区或密集住宅区，以种植行道林荫树为主，鼓励垂直绿化和屋顶绿化。均衡布置绿地斑块，协同周边乡村绿地构筑绿地网络。城市绿化方式应改集中为均匀，布局在城市化推进地带。应当尽量减少绿地间的距离，并将市区中的绿地与郊区的天然林地、湿地、农田等结合成环形、楔形等插入城市内部，形成绿化廊道。乔、灌、草合理搭配代替大面积草坪。

（二）街区或建筑单体尺度下城市热岛规划缓减对策

1. 采用低温和高反照率的街区表面铺装材料

地面覆盖低温材料或是提高表面反照率，能够大大降低城市热岛效应。首先，根据表面材质的反照率进行分等定级，通过分等定级了解表面材质的不同热属性，避免在使用材料铺装的一些误区。例如，浅色表面不一定是低温的，反之亦然。其次，要采取激励措施，鼓励人们采用高反照率的表面铺装材料。最后，对于建成区，可以在维修或翻新时，采用新的高反照率材料。

2. 创造街区开敞空间，合理处理道路、街谷与建筑平面关系

对于街区表面温度较低的覆盖类型，在规划中应尽可能地加以保护，如水塘和植被。因为它们不仅表现在自身的表面温度较低，同时也为街区提供了开敞空间，有利于区域气温的降低；开敞空间的布置应结合风向。例如，仔细考虑建筑物周围空间的高度、结构，通过减少面向夏季盛行风向建筑面的垂直投影面积，创造开敞、通风空间；在布局道路、街谷与两侧建筑时，东、西临街的建筑不宜采用多层或高层条式，这样不但住宅单体的朝向不好，而且影响进风，宜采用点式或条式低层作为商业网点等非居住用途；周边式布局不利于夏季通风，如将东、西和南面的条式建筑底层架空，可起到一定的弥补作用；街谷两侧建筑表面粗糙程度对街谷热环境影响较大，应注重建筑立面的处理，避免一味地追求建筑美观，而在建筑立面上作太多的起伏，对建筑的室内外环境以及建筑能耗都是不利的。

3. 优化树木种植位置，为街区提供遮阳空间

树木种植的位置应当考虑尽量使建筑物处于树木的阴影下，应当将树木种植在建筑物的南侧和西侧太阳辐射强烈的地方；街道树木的阴影应当能够遮蔽高温的街道表面和人行道，妥善处理建筑的后退距离；加强利用城市中大量的水泥或混凝土屋顶、墙体、立交和边坡进行立体绿化；在地块的规划中，除规定绿地率，还应当明确树木种植的数目、树龄、位置、树种等。

4. 建筑形体、保温隔热的围护结构设计应兼顾建筑热环境的舒适

建筑体形适宜控制在0.3以下。一般来说，控制或降低体形系数的方法有：减少建筑面宽，加大建筑进深；增加建筑物的层数；加大建筑物的长度或增加组合等。在建筑设计中，可以设置底层架空柱、遮篷等，由此提供更多的阴影面积，降低人行空间内的温度。应努力开发新型节能墙体材料，提高围护结构建筑物本身的热工性能；对于门窗要提高门窗材料的热阻，选用导热系数较小的塑窗框以减少通过窗框部分的热耗，并选用合适的玻璃品种，加强窗的气密性。其次，设置可调节的活动遮阳，如遮阳棚、窗盖板、窗帘、百叶、热反射帘或自动卷帘等。对于屋顶保温层不宜选用密度较大、导热系数较高的保温材料，不宜选用吸水率较大的保温材料。选用吸水率较高的保温材料时应设置排气孔以排除保温层内不易排出的水分等。

5. 进一步完善强制性建筑节能政策体系

建立绿色建筑评价体系，推进建筑用能产品能效分级认证和能效标识管理制度等；鼓励各地大批量建造各种类型的有代表性的绿色节能示范建筑；制定各类财政税收优惠政策激励建筑节能。对于采用高反照率的屋顶材质和采用保温隔热的围护构建以达到建筑节能目的措施，以及屋

顶绿化的措施，应当制定强制性的标准和评价体系，对于不执行标准的单位，应当予以不同程度的处罚。对于建筑节能设计，应当将其纳入规划师和建筑师的注册资格考核之中，从源头考虑建筑设计与自然环境的和谐。

参考文献

[1] Oke T R. City size and the urban heat island [J]. Atmos. Environ, 1973 (7): 769 - 779.

[2] Rizwan A. M, Dennis Y. C. L, Chunho L. A review on the generation, determination and mitigation of Urban Heat Island [J]. Journal of Environmental Sciences, 2008, 20: 120 - 128.

[3] Giridharan R, Lau S. S. Y, Ganesan S, Givoni B. Urban design factors influencing heat island intensity in high - rise high - density environments of Hong Kong [J]. Building and Environment, 2007, 42 (10): 3669 - 3684.

[4] Qihao W, Shihong Y. Managing the adverse thermal effects of urban development in a densely populated Chinese city [J]. Journal of Environmental Management, 2004, 70: 145 - 156.

[5] Yuangao W, Zhiwei L. Influence of air conditioners utilization on urban thermal environment [J]. Applied Thermal Engineering, 2009, 29 (4): 670 - 675.

[6] Qihao W, Dengsheng L, Jacquelyn S. Estimation of land surface temperature - vegetation abundance relationship for urban heat island [J]. Remote Sensing of Environment studies, 2004, 89: 467 - 483.

[7] Brian S, Michael O. Urban form and thermal efficiency - how the design of cities influences the urban heat island effect [J]. Journal of the American Planning Association, 2001, 67 (2): 186 - 198.

[8] Hanqiu X, Benqing C. Remote Sensing of The Heat Island and its Changes in Xiamen City of Se China [J]. Journal of Environmental Sciences, 2004, 16 (2): 276 - 281.

[9] Youngbae S. Influence of new town development on the urban heat island - The case of the Bundang area [J]. Journal of Environmental Sciences, 2005, 17 (4): 641 - 645.

[10] Taha H. Urban climates and heat islands: Albedo, evapotranspiration, and anthropogenic heat [J]. Energy and Buildings, 1997, 25 (2): 99 - 103.

[11] Giridharan R, Ganesan S, Lau S. S. Y. Daytime urban heat island effect in high - rise and high - density residential developments in Hong Kong [J]. Energy and Buildings, 2004, 36 (6): 525 - 534.

[12] Brain S, John M. N. Land use planning and surface heat is land for mation: A parcel - based radiation flux app reach [J]. Atmospheric Environment, 2006, 40 (19); 3561 - 3573.

[13] Kiyoshi Sasaki, Akashi Mochida, Hiroshi Yoshino. A new method to select appropriate countermeasures against heat - island effects according to the regional characteristics of heat balance mechanism [J]. Journal of Wind Engineering and Industrial Aerodynamics, 2008, 02 (35): 1629 - 1639.

[14] Synnefa A, Santamouris M, Livada I. A study of the thermal performance of reflective coatings for the urban environment [J]. Solar Energy, 2006, 80: 968 - 981.

[15] Ihara T, Kikegawa Y, Asahi K. Changes in year round air temperature and annual energy consumption in office building areas by urban heat - island countermeasures and energy saving measures [J]. Applied Energy, 2008, 85 (1): 12 - 25.

[16] Rosenfeld A, Romm J. 1997. Painting the Town White and Green. Berkeley, CA: Lawrence Berkeley National Laboratory. Available: http: //eetd. lbl. gov/HeatIsland/PUBS/PAINTING/ [accessed 13 October 2006].

[17] S. N. Ondimu; H. Murase. Combining galerkin methods and neural network analysis to inversely determine thermal conductivity of living green roofmaterials [J]. Biosystems engineering, 2007, 96 (4): 541 - 550.

[18] Akbari H, Pomerantz M, Taha H. Cool Surfaces And Shade Trees To Reduce Energy Use And Improve Air Quality In Urban Areas [J]. Solar Energy, 2001, 70 (3): 295 - 310.

[19] Arthur H. Rosenfeld, Hashem A, Sarah B, Beth L. et al. Mitigation of urban heat islands: materials, utility programs, updates [J]. Energy and Buildings, 1995, 22: 255 - 265.

[20] Yamamota Y. Measures to mitigate urban heat islands [J]. Retrieved 10 Sept 2007. www. nistep. go. jp/achiev/ftx/eng/stfc/stt018e/qr18pdf/STTqr1806. pdf.

南京市产业结构变化及其生态环境效应研究

于忠华　刘海滨　卢宁川

（南京市环境保护科学研究院　江苏　南京　210013）

摘　要　利用1995—2008年南京市产业经济和环境保护资料，分析了南京市产业结构演进轨迹以及不同产业的生态环境影响，利用不同产业的生态环境影响指数（*ISE*）定量计算了南京市产业结构变动的生态环境效应。结果表明，研究时段内南京市产业结构经历了3次产业结构转型；产业结构的生态环境影响总体处于中等水平；产业转型轨迹与其变动引起的生态环境效应轨迹具有趋势一致性；产业结构变动对生态环境的影响具有滞后效应。

关键词　产业结构变动　生态环境效应　南京市

许多学者对我国不同地区产业发展的生态环境效应开展了卓有成效的研究[1-9]。但是，当前在这方面的研究仍显薄弱，缺乏系统性。在研究内容上，多集中于单一产业发展对生态环境的影响，而缺少产业结构对生态环境影响的综合评价；在研究区域上，多关注城市产业发展对生态环境的影响，而对区域产业结构的生态环境影响关注较少；在研究方法上，多定性、相关分析，少定量评价[4]。本文定性分析了南京市产业结构演进轨迹以及三次产业的不同生态环境影响，依据《国民经济行业分类》（GB/T 4754—2002）对其三次产业内部细分并确定比重，定量评价了南京市1995年以来产业结构变动的生态环境效应。

一、南京市产业结构变动轨迹

（一）三次产业演进轨迹

1995年以来是南京市社会经济发展最为迅速的时期，全市GDP从1995年的585亿元，迅速增长到2008年的3775亿元，年均增长率为15.4%，三次产业的年均增长率分别为5.9%、14.8%和17.1%。

1. 研究时段内南京市产业结构变动经历了三次大的转型。第一阶段为1995—1999年的“二、三、一”结构形态，第二阶段2000—2003年的产业结构表现为“三、二、一”，第三阶段为2004-2007年再次形成了“二、三、一”的产业结构，2008年的产业结构则重新调整为“三、二、一”的形态，与第二阶段的“三、二、一”结构形态相比，产业结构更进一步的优化升级（图1）。

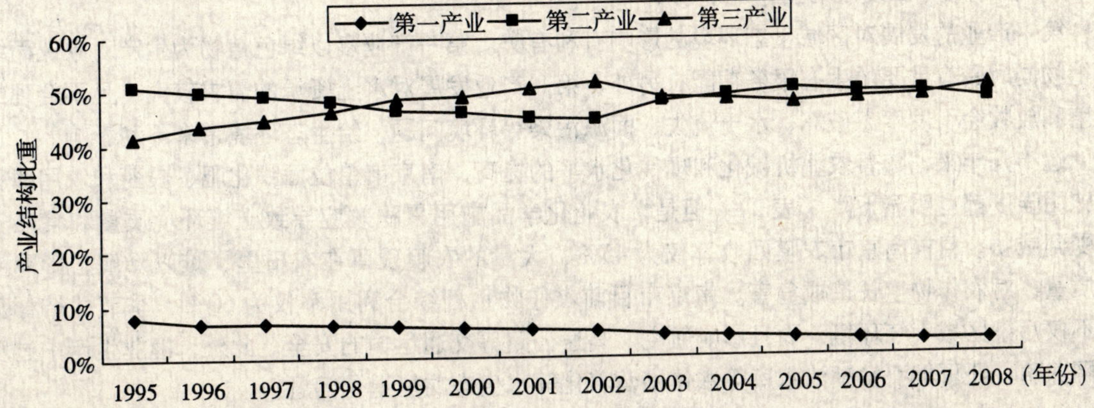

图1　1995—2008年南京市三次产业比重演变趋势

说明：资料来源于南京市统计年鉴（1996-2009），以下图表相同。

2. 研究时段内南京市第一产业在 GDP 中占比呈现逐年下降趋势，第二产业自 1995—2002 年在 GDP 中的占比先呈现逐年下降趋势，但第二产业仍然是南京经济的主导产业，对全市经济发展还起着决定性的支撑作用；第三产业与第二产业结构变动趋势基本相反，这与南京市三次产业发展速度不均衡导致此消彼长有关（表 1）。

表 1　1995—2008 年南京市产业结构比重构成

类别＼年份	1995	1998	2000	2002	2005	2008
种植业	0.037	0.030	0.027	0.024	0.015	0.011
林业	0.001	0.001	0.002	0.002	0.000	0.000
畜牧业	0.016	0.016	0.014	0.012	0.007	0.005
渔业	0.007	0.008	0.007	0.008	0.006	0.005
建筑业	0.059	0.088	0.076	0.081	0.065	0.043
轻工业	0.071	0.100	0.081	0.088	0.064	0.067
重工业	0.267	0.295	0.303	0.274	0.369	0.345
交通运输业	0.050	0.064	0.071	0.069	0.059	0.052
其他行业	0.492	0.398	0.419	0.441	0.415	0.472

（二）产业内部演进特征

1. 1995 年以来，南京市第一产业产值比重下降幅度很大。从产业内部分析，南京市第一产业内部的种植业、林业、牧业、渔业的比重虽有一定波动，但种植业 > 畜牧业 > 渔业 > 林业的顺序没有发生根本性变化。1995—2008 年，南京市种植业的比重稳定在 50% 以上。截至 2008 年，种植业、林业、牧业、渔业比重调整为 52.5:1.6:21.9:24.0。

2. 南京长期以来存在着轻重工业发展不协调的现象，具体表现在重工业在整个工业总产值中的比重较高。1995 年，南京重工业在工业总产值中的比重为 79.0%，截至 2008 年这一比重上升至 83.8%，即使同其他城市相比，南京的轻重工业差距在同类城市中也是较高的[10]。20 世纪 90 年代中后期，南京市场经济培育进一步完善后，资源逐渐按照市场原则进行流动配置，促进了第三产业的快速发展，2008 年第三产业在 GDP 中占比达到 50%。

二、不同产业发展的生态环境影响

（一）第一产业发展的生态环境影响

第一产业的发展对区域生态环境的影响有利有弊。第一产业多以绿色植物为生产对象，而绿色植物同时具有重要的生态服务功能；另外，第一产业发展对水土资源的需求较大，且不合理的垦殖和放牧会引发生态破坏、水土流失、面源污染等环境问题，给生态环境带来不利影响。

近十几年来，随着农业机械化和现代化水平的提高，南京市单位面积化肥、农药和农用薄膜的施用强度都有明显下降（表 2）。但是，农业化学品施用累积效应导致土壤环境质量和食品安全受到威胁。目前南京市农膜回收率仅为 45%，大量的农膜残留在农田里，难以降解，影响土壤质量，对农作物生长造成危害。南京市目前农作物秸秆综合利用率仅为 60%，季节性秸秆焚烧不仅污染区域大气环境，而且影响航空、高速公路等交通运输的安全。此外，渔业生产中过度围网养殖，还可能引发湖泊水库等水体富营养化等水生态功能退化问题。

（二）第二产业发展的生态环境影响

第二产业对城市生态环境的影响是三次产业中最大的。第二产业是建立在大量消耗资源、能源等不可再生资源的基础上的，其生产特点决定了能耗、物耗水平以及污染物的产生和排放水平要远远大于第一产业和第三产业。在第二产业内部，资金密集型行业的能耗、物耗和污染要大于劳动密集型或技术密集型行业（表3）。

表2　1995—2008 年南京市耕地农业化学品使用水平　单位：kg/km^2

	1995	1998	2000	2002	2005	2007
化肥施用强度（折纯）	645.27	553.94	573.41	210.95	203.42	167.30
农药施用强度	18.84	19.84	17.34	8.21	11.16	5.09
农膜使用强度	6.64	5.91	6.27	2.49	3.19	3.69

注：农业化学品施用强度数据为郊县施用量，2002 年南京市经区划调整，浦口、六合两县划为市辖区管理。

南京市已形成以电子信息、石油化工、汽车制造、钢铁四大产业为支柱的工业产业结构体系。2008 年，在工业总产值中，石化和钢铁产业合计占比达 41.4%，在资源和能源消耗中，石化和钢铁两大产业耗水和耗煤分别占工业用水和工业煤炭消耗总量的 83.5% 和 54.6%，石化和钢铁两大产业排放的 COD、SO_2 和固体废物分别占工业 COD、工业 SO_2 和工业固体废物排放总量的 56.8%、61.2% 和 74.1%。

表3　1995—2008 年南京市工业发展的资源环境利用效率

年　份	1995	1998	2000	2005	2008
工业经济密度 /（万元/km^2）	299.77	510.00	625.99	1584.90	2362.50
工业废水排放强度/（t/万元）	344.64	198.70	157.51	45.05	24.24
工业废气强度/（m^3/元）	8.18	5.22	5.23	3.60	2.81
工业 COD 排放强度/（kg/万元）	29.90	17.34	8.76	2.90	1.65
工业 SO_2 排放强度/（kg/万元）	87.78	50.35	32.11	14.29	8.85
工业固废排放强度/（kg/万元）	280	187	158	111	89

（三）第三产业发展的生态环境影响

由于第三产业对环境资源的依赖性小，产业发展对环境的影响相对于第一产业、第二产业较小，但交通运输业、旅游业、餐饮业等行业的发展仍对生态环境产生影响。目前，南京市对生态环境影响最大的第三产业是交通运输业。2008 年南京市机动车保有量已达 94.24 万辆，由于南京市正处于消费升级换代期，未来机动车数量还将持续增加。交通运输线路不仅占用了耕地、林地等土地资源，影响生物多样性保护、耕地保护及农业生产，对涉及范围内的原有植被的破坏、土壤的扰动、野生动物及土壤生物生境的干扰具有不可恢复性，其阻隔作用使得生态系统无法有机连接；而且机动车运行中发出的噪声和振动形成噪声污染，排放的 NO_x、CO 等形成大气污染，南京市城市大气污染目前已呈煤烟、交通混合型特征，城市灰霾天气比重逐年上升，交通运输业的蓬勃发展贡献较大。

三、产业结构变动的生态环境效应

（一）评价方法

由于各产业发展对生态环境影响的方式与程度不同，因此，在评价时依据《国民经济行业分类》（GB/T4754—2002），将南京市产业结构进行细分：第一产业分为种植业、林业、畜牧业和渔业，第二产业分为轻工业、重工业、建筑业，第三产业分为交通运输业和其他产业。

1. 建立产业结构与生态环境的关联。以上述不同产业发展对南京市生态环境影响幅度与深度的差异为依据，衡量各类型产业发展对生态环境影响的相对强度，在 $[1,5]$ 区间内对不同产业类型的生态环境影响赋值，确定不同产业类型的生态环境影响指数，以此来反映各产业单位产值比重的生态环境影响之间的比例关系[4]，生态环境影响指数越大，表明该产业对生态环境的负面影响越大（表4）。

表4　不同产业类型的生态环境影响系数

产业名称	种植业	林业	畜牧业	渔业	建筑业	轻工业	重工业	交通运输业	其他产业
影响系数	3	2	2	2	3	4	5	4	1

2. 计算产业结构的生态环境影响指数。依据各产业类型相应的生态环境影响指数对其产值比例进行加权求和，得到区域产业结构的总体生态环境影响指数，以表征一定产业结构对区域生态环境的总体影响和干扰状况（表5）[2]。其公式为：

$$ISE = \sum_{i=1}^{9} IS_i \times E_i$$

式中：ISE 为区域产业结构的生态环境影响指数；IS 为 i 产业的产值比例；E 为 i 产 业的生态环境影响指数。

表5　产业结构生态环境影响指数分级

生态环境影响指数	1～1.5	1.5～2.5	2.5～3.5	3.5～4.5	4.5～5.5
分级	弱	较弱	中等	较重	严重

（二）评价结果

根据 ISE 指数计算方法，利用1995—2008年南京市产业经济和环境保护资料，计算出不同时期南京市 ISE 指数（图2），结合 ISE 指数分级标准，评价南京市1995年来产业结构的生态环境效应。由图3可以看出，研究时段内南京市 ISE 指数总体属于中等水平，演变轨迹基本呈M形，形成两个相对波峰分别出现在1998年（$ISE=2.63$）和2005年（$ISE=3.08$），波谷出现在2002年（$ISE=2.88$）。南京市产业结构的生态环境效应可以划分为四个阶段，第一阶段为1995—1998年，此时南京市 ISE 由2.71上升至3.02；第二阶段为1998—2002年，此时南京市 ISE 由3.02下降至2.88；第三阶段为2002—2005年，此时南京市 ISE 由2.88上升至3.08；第四阶段为2005—2008年，此时南京市 ISE 由3.08下降至2.90。

南京市生态环境影响指数演变呈现以下特征：①产业变动轨迹与产业转型引起的生态环境效应轨迹在变化趋势上存在着一致性，都呈明显的“波浪形”；②产业变动引起的生态环境变化要滞后于产业结构转型，1995年以来第一次产业转型出现在1999年，第二次产业转型出现在2004年，而转型所引起的生态环境效应的波峰、波谷却分别出现在2002年和2005年；③产业结构变动的生态环境影响波动周期较稳定，近期波动幅度趋于增大；④产业结构对生态环境的影响有周期性反弹趋势，产业结构调整任务艰巨。

四、结论与建议

本文以南京市为例，构建区域产业结构的总体生态环境影响指数，定量评价1995年以来产业结构变化的生态环境效应。研究结果表明：

1. 研究时段内全市产业结构变动较大，经历了三次产业结构转型，产业结构由1995年的“二、三、一”结构形态，调整为2008年的“三、二、一”结构形态。第一产业产值比例持续下降，第二产业产值占比以2002年为转折先下降后上升，第三产业产值占比与第二产业结构变动趋势基本相反。从产业内部变化来看，研究时段内第一产业内部产值比重由大到小顺序为种植业、畜牧业、渔业、林业相对稳定。第二产业内部存在轻重工业比例失衡现象，轻重比基本维持在1∶4左右。受产业政策影响，近年来第三产业比重呈明显上升势头。

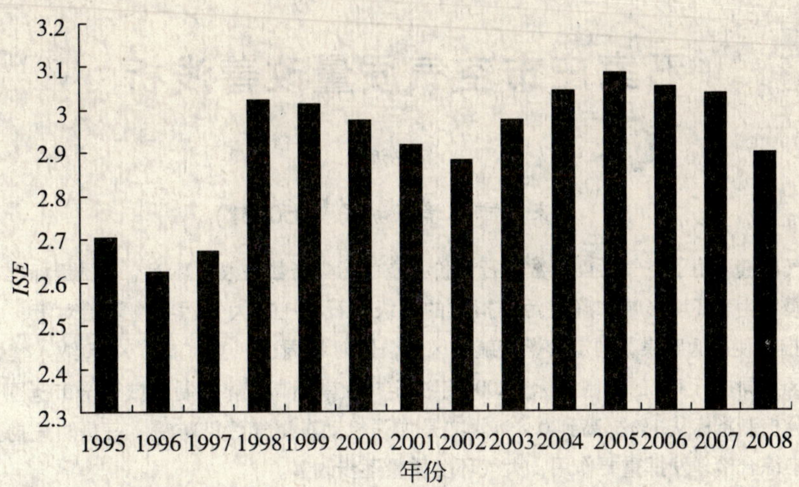

图 2　1995—2008 年南京市产业结构的生态环境效应变化

2. 全市产业结构生态环境影响属于中等，*ISE* 指数呈现 M 形变化，1995 年以来出现四次大的变化。产业转型轨迹与产业结构变动引起的生态环境效应轨迹中在变化趋势上具有一致性；产业结构变动对生态环境的影响具有滞后效应。

区域产业结构变化生态环境效应的提升，其对策核心应着眼于强调内涵式发展，积极探索生态环境影响系数低的新型经济发展模式。在能耗高、污染重的典型行业开展低碳经济试点，积极构建“低碳经济示范区”，加强生态碳汇的保护与建设。进一步优化调整产业结构，编制区域产业指导目录，提高产业的环境准入门槛。加强循环经济建设，依据各产业间的前后向联系，通过不同类型产业在空间上的合理配置，形成产业链、产品链，实现废弃物的资源化，减少各类产业单位产品资源损耗和环境污染。重点培育和延伸石化生态产业链和钢铁生态产业链，大力发展绿色餐饮，合理布局物流产业，提高无公害、绿色、有机食品基地比重，加强循环型农业示范区建设。通过一系列产业政策措施，构建生态产业集群，从而降低产业经济发展的整体生态环境影响程度。

参考文献

[1] 李双成，赵志强，王仰麟．中国城市化过程及其资源与生态环境效应机制［J］．地理科学进展，2009，28（1）：63－70.

[2] 赵雪雁．甘肃省产业转型及其生态环境效应研究［J］．地域研究与开发，2007，26（2）：102－106.

[3] 王宜虎，崔旭，陈雯．南京市经济发展与环境污染关系的实证研究［J］．长江流域资源与环境，2006，15（2）：142－146.

[4] 彭建，王仰麟，叶敏婷，等．区域产业结构变化及其生态环境效应［J］．地理学报，2005，60（5）：798－806.

[5] 赵海霞，曲福田，褚培新．江苏省工业化进程中的环境效应分析［J］．中国人口·资源与环境，2005，15（4）：57－62.

[6] 王西琴，李芬．天津市经济增长与环境污染水平关系［J］．地理研究，2005，24（6）：834－842.

[7] 郑锋，阎小培．产业活动对生态环境的影响与政策调控［J］．热带地理，2004，24（1）：42－45.

[8] 任建兰，张淑敏，周鹏．山东省产业结构生态评价与循环经济模式构建思路研究［J］．地理科学，2004，24（6）：648－653.

[9] 王丽娟，陈兴鹏．产业结构对城市生态环境影响的实证研究［J］．甘肃省经济管理干部学院学报，2003，16（4）：22－24.

[10] 黄南．改革开放以来南京产业结构的演进与现状分析［J］．南京社会科学，2009（1）：121－127.

石家庄市空气质量改善浅析

梅中海

（石家庄市环境保护局 050021）

摘 要 空气质量采用了空气污染指数进行评价。空气污染指数是根据环境空气质量标准和各项污染物对人体健康和生态环境影响来确定污染指数的分级。石家庄市大气污染物防治对策，一是我市从2000年开始推广使用低硫煤，划定禁燃高硫煤区域，同时将周边四县（市）一起纳入禁燃高硫煤区域，与主城区共同执行1%的控制指标。2006年决定扩大禁燃高硫煤控制区域至全市范围，并进一步将煤炭含硫分控制指标从1%提高到0.8%。二是加强机动车尾气污染防治。三是防止扬尘污染。近几年大气污染综合治理发挥重要作用，大气环境质量逐步改善。

关键词 空气质量 污染指数（API） 生态建设 综合治理

2009年我市以污染减排为主线，以大气污染治理为重点，先后开展了大气环境综合整治月、省会“洗城净天”全民大会战等大气环境综合整治行动，城市空气环境质量得到了持续改善。城市面貌日新月异，大规模的拆迁、施工、建设，造成市区内建筑工地、市政工地、拆迁工地密布，由此产生的施工扬尘对大气环境产生一些影响。2005年空气质量与2001年相比，年日均二氧化硫浓度由0.243 mg/m^3 降到了0.054 mg/m^3，达到了国家二类区环境质量标准。近几年统计数据，“十五”期间、“十一五”期间2006年287天，2007年实现了289天，2008年为301天，2009年实现了317天的好成绩，创出近年来最高水平。空气质量监测评价专家组将进一步加强同北京周边五省市的同步监测、区域监测和预报，从各个角度做好大气环境质量的监测、预报，空气质量及影响情况进行综合评价。

表1 石家庄市蓝天数对比统计

年份	年度有效监测天数	目标蓝天数	Ⅰ级天数	实际蓝天数	占本年度百分比	占目标蓝天数百分比	年度蓝天数最多的月份
2006	365	280	8	287	78.63%	102.5%	7
2007	366	290	25	289	79.23%	99.7%	8
2008	366	300	32	301	82.24%	100.3%	8
2009	365	306	43	317	86.8%	103.6%	8

一、环境空气质量标准

空气质量采用了空气污染指数进行评价。空气污染指数是根据环境空气质量标准和各项污染物对人体健康和生态环境影响来确定污染指数的分级及相应的污染物浓度值。

（一）空气污染指数（API）

空气污染指数（API——Air Pollution Index的英文缩写）是一种反映和评价空气质量的方法，将不易理解的污染物浓度简化成单一的概念性数值形式，便于直观表征空气质量状况和空气污染的程度。空气污染指数（API）的分级标准为：

一级，API <50，空气质量优。此时空气清洁，应多参加户外活动，呼吸清新空气；

二级，API 51~100，空气质量良好。此时对人体无不良影响，可正常进行户外活动；

三级，API 101~150，为轻微污染；API 151~200，为轻度污染。此时心脏病和呼吸系统疾病的患者应适当减少体力消耗和户外活动，但对健康人无明显影响；

四级，API 201～300，为中度污染。此时老年人和心肺病患者应尽量留在室内，健康人也应适当减少户外活动；

五级，API 大于300，为重污染。此时除特殊需要，应尽量避免留在户外。

（二）大气污染影响人类健康及主要环境危害

大气污染已成为影响人类健康的主要环境危害因素之一，在各种大气污染成分中，颗粒物（PM）尤其是可吸入颗粒物（PM_{10}）和细颗粒物（$PM_{2.5}$）最受关注。有关资料表明 PM_{10}上升 10mg/m^{3}每日人口总死亡率上升1%，呼吸系统疾病上升3.4%，心血管病上升1.4%，哮喘上升3%，肺功能下降0.1%。二氧化硫对眼、鼻、咽喉和呼吸道有强烈刺激作用；对肝、肾和心脏有害。能使嗅觉和味觉减退，产生萎缩性鼻炎、慢性支气管炎、眼结膜炎和胃炎。急性中毒则可出现喉头水肿，肺水肿以致窒息死亡。二氧化硫常与粉尘，水蒸气一直危害环境。美国多诺拉事件、英国伦敦烟雾事件、日本四日市事件等，都是与二氧化硫分不开的。对于特别敏感的人来说，空气中二氧化硫的浓度达到4mg/L 即可觉察出来。即使千万分之一浓度的二氧化硫，对棉花、小麦、大麦等也有明显的作用。二氧化硫的防治措施包括：①城市的生活及工业用燃料低硫化，有条件的要逐步推广低硫煤、油和煤气、天然气，甚至以电为能源。②燃料脱硫。如加强洗煤，煤的液化。③烟气脱硫。如用石灰或石灰石洗涤烟气；以石灰或白云石掺煤作锅炉燃料等。④高烟囱排放。⑤改革工艺，综合利用。如硫酸厂以二转二吸代替一转一吸；回收有色冶金尾气中高浓度的二氧化硫制硫酸，等等。

二、石家庄市主城区的生态建设

根据不同生态域的抑尘作用划分生态域等级，水域属于优级生态域，林地、屋顶属于良级生态域，草地和农田属于中级生态域，裸地和道路属于差级生态域。

（一）石家庄市主城区，优良级生态域所占比例偏小，中差级生态域所占比例偏大

在这种生态域的比例的条件下，石家庄市区的环境空气质量较差。石家庄市主城区的小生态建设以绿地建设规划为主，近期（2005年）绿地总量达到39km^2，绿地率达30%以上，远期（2010年）绿地总量达到54km^2，绿地率达35%以上。各项规划指标超过国家标准。主要绿化的工程项目包括新建、扩建公园、增绿地、生产和防护绿地，居住和庭院绿地等。在此基础上又提出了近期的10大绿化工程计划。绿化建设项目的投资为112亿元，其中近期绿地建设费18亿元，远期17.8亿元。

（二）森林对于人类至关重要

主要表现在：森林提供了供人和动物呼吸的氧气，吸收工业和生活排放的二氧化碳；森林调节地表径流，涵养水源，避免水土流失；森林减低风速、吸附尘埃，吸收硫化物等有毒气体；城市绿化带消纳噪声，降低噪声污染，森林是地球上生命最为活跃的保护生物多样性的重要地区。然而，森林正在迅速消失。如果失去森林，地球生态系统就会崩溃，人类就将无法生存。我国现有森林1.34亿hm^2，居世界第5位，但森林覆盖率仅为14%，远低于世界平均水平的27%，居世界第104位，属于森林资源贫乏的国家之一。另外，我国森林质量不高，中幼龄树比重大，约占全国林场面积的71%，人工林中的中幼龄树比重高达87%；森林资源分布不均，西南、东南、东北多，西北、华北少；森林资源破坏严重，乱砍滥伐屡禁不止；森林灾害频繁，如虫害、风沙等。我们离不开森林，让我们认识到现实的严峻，从重复利用纸张、拒绝使用方便筷开始，保护我们的森林。

（三）利用箱模型评估绿化生态建设方案的环境效益的方法以及生态效能、生态功能和公益价值的一整套绿化生态建设方案的评估技术

本研究提出乔、灌、草按 3:1:1 建立植物群落的设想，并采用上述评估技术评价了环境效益和生态效益，长成后的植物群落的减尘量可达 8.3 万～11.5 万 t，TSP 的浓度削减率可达 39%，减尘作用明显。植物群落长成后的公益价值每年可达 10 亿元，生态效益巨大。本研究针对石家庄绿地规划中的问题，提出了纠正绿地亏、绿量亏以及氧亏的三亏问题，并提出了解决的办法。

（四）滹沱河石家庄市区段划分

将滹沱河石家庄市区段划分为中心保护区、绿色缓冲区和生态过渡区三个生态功能分区；制定了生态恢复和生态重建两个规划方案，主要包括：生态浸润和蓝色滹沱的两种输水方案，测算了两个方案所需的最低水量为 0.3 亿～0.9 亿 m^3，以及可能的输水水源和储水工程方案。“一心、二带”的植被恢复方案以及建设 5 个特色生态区的方案。滹沱河生态建设二期规划中提出了河道生态处理系统即河道断面处理方案，护岸处理方案，河道平面处理方案和河岸规划方案。滹沱河治理为 23 亿元。

（五）滹沱河石家庄市区段的生态建设方案

滹沱河石家庄市区段的生态建设方案的环境效益明显，减少起尘面积 190km^2，最高减尘量可达 25 万 t/a，TSP 最高削减浓度 0.472mg/m^3，削减率最高可达 69%。届时滹沱河市区段地区的 TSP 浓度为 0.215mg/m^3，环境空气质量大为改善。绿化生态建设所产生的年均公益价值最高可达 14 亿元，公益价值极其可观。

（六）西部山区绿色屏障

西部山区绿色屏障建设分三期进行，到规划期末可以造林 320 万亩。需造林费 15.5 亿元，对于阻挡西、西北部的风沙尘暴具有重大作用，公益价值可达 480 亿元。

（七）农田林网建设

农田林网建设按 400 亩地为一方阵进行农田林网建设，石家庄市东部的农业平原区的林网面积大约 4200hm^2，合计种树 22 万棵，需要投资 86 万元。西部山区的林网面积大约 2200hm^2，供不应求种树 12 万棵，需要投资 46 万元。可以有效地降低风速，减少农田的起尘量，降低主城区的外来尘影响。其公益价值可达 14.4 亿元/a。

生态村镇建设规划，东部 6 县 4 市新增林地面积 3250hm^2，投资 4300 万元；西部 6 县 1 市 1 区新增林地面积 1819hm^2，投资 2400 万元，总计：6751.99 万元；公益价值可达 11. 41 亿元。

三、大气污染综合治理

我市制定《石家庄市大气污染防治条例》，将组团城市与主城区统一执行煤炭含硫分不超过 1% 的控制指标写入条例；2006 年重新修订该条例，又将控制指标提高到 0.8%。一是通过立法为低硫煤推广工作构建地方法规支撑，统一执法尺度。二是目标考核层面。以年度环境保护工作目标考核为切入点，抓住省考市的主要考核指标，逐步向组团城市渗透，在市考县个性指标部分完成二者的统一。

（一）地面扬尘

地面扬尘是造成石家庄城区大气中 TSP 污染的一个重要因素，在冬春季地面扬尘对大气中 TSP 的贡献值占 40%，夏秋季占 60%。因此仅靠控制有组织排放源的办法来减少扬尘污染是不够的，还需要通过植树造林。增加绿地以及绿化城市和市郊来减少扬尘将会起到重要作用。

（二）主要污染问题

空气污染是困扰我市的一个主要污染问题，随着经济的发展和城市化进程的加快，燃煤二氧化硫排放量逐年增多，严重影响大气环境质量。为从源头上减少二氧化硫排放量，我市从 2000 年开始推广使用低硫煤，从控制燃煤含硫分入手，划定禁燃高硫煤区域，规定燃煤含硫分不超过 1%。考虑到大气污染要素的流动性、飘散性特征，同时将周边四县（市）一起纳入禁燃高硫煤区域，与主城区共同执行1%的控制指标。随着环境管理目标的逐年提高和大气污染防治工作任务的逐渐加剧，2006年我市决定扩大禁燃高硫煤控制区域至全市范围，并进一步将煤炭含硫分控制指标从1%提高到0.8%。

（三）城市绿地

保留和扩大城市绿地。在新区开发和旧区改造时，要注意保留和扩大城市绿地，建设防护林带，扩大水面面积，对环绕市区的人工生态河“民心河”进行美化、绿化，力争市区绿化、绿地率要达到35%以上。城市道路绿化。对现有街道两侧未绿化区域进行绿化，根据具体情况植花和种草皮。在城市老街道改造和新建城市道路时，留足绿化空间，采用乔灌草三层结构，宽度最好在40 m左右，减轻扬尘污染和其他有害气体污染。

（四）公共交通

公共交通具有人均占用道路面积小，有利于减少交通总量，从而降低能源消耗和污染排放的优点，因此提高居民公交出行比例，是改善城市交通状况，减少交通污染最为有效的办法。城市建设中应逐步加大对公交的投入，积极改善公交服务水平，增强公交对居民的吸引力；然而，公交优先并不排斥交通需求的多样性，小汽车虽然具有能耗多，污染严重，但作为现代文明的标志，在未来城市交通中其出行比例还会有较大幅度的增长；作为传统的交通工具的自行车因其方便、无污染、低成本等特点，还将长期存在于城市交通之中。所以，要改善城市交通状况，提高运输系统的整体效率，必须充分重视各种交通方式的发展，努力协调好道路容量、环境容量与交通发展的关系。

参考文献

[1] 石家庄市2001—2005年环境质量报告书.

[2] 石家庄市环境监测中心. 石家庄市主城区大气污染现状、成因与控制对策研究.2008.

石家庄市生态系统服务价值动态评估

郑贵鸿

（石家庄市环境科学研究院　河北　石家庄　050022）

摘　要　本文以石家庄市 2000 年和 2008 年生态系统遥感数据为基础，利用中国不同生态系统单位面积生态服务价值表对石家庄市生态系统服务价值进行了动态分析。结果表明：石家庄市生态系统服务价值由 2000 年的 1.15×10^6 万元增加到 2008 年的 1.27×10^6 万元，变化幅度为 10.5%。查明了石家庄市生态系统各类型的面积及空间分布状况，分析了它们的动态变化原因，即森林、湿地及河湖面积的增加是该区生态系统服务功能增加的最主要原因。

关键词　生态系统　服务价值　遥感　动态分析

一、引　言

生态系统及整个生物圈是地球的生命支持系统，是人类赖以生存和发展的物质基础。生态系统服务不仅为人类的生产生活提供必需的生态产品，而且为生命系统提供必需的自然条件和效用。但是，在目前的市场经济中，人们往往只注重生态系统作为自然资源所提供的直接消费价值，而忽略了难以货币化的生态系统服务功能价值。生态系统提供的大多数服务具有公用特征。为了真正改善生态环境，实现人类的可持续发展，必须开展生态系统服务价值的评估，在生态系统服务与市场价值体系之间建立桥梁。

近年来，随着世界范围的资源、环境和人口问题日益加剧，生态系统服务功能效益评估引起了世界各国的普遍关注。生态系统服务及其价值评估已成为当今生态学、生态经济学发展的一个重要分支。国内外许多专家、学者、政府部门和国际组织都致力于此问题的研究，开展了对生态系统服务效益的价值评估，并试图将其纳入国民经济核算体系，取得了一系列的研究成果。

生态系统服务价值是指生态系统提供的商品和服务，包括自然资本的物流、能流和信息流，它们和人造资本及人力资本结合在一起构成了人类的福利。定量评价生态系统服务是将其纳入社会经济体系和市场化的基础。然而，目前国内外有关生态系统服务价值估算方面的研究成果，基本上是利用单位面积价值对量的表态估算，对生态系统类型、质量状况的时空差异缺乏考虑，估算结果难以反映生态系统服务价值在空间分布上的真空状况。本文利用遥感技术，结合生态学、生态经济学的原理和方法，在对石家庄市生态系统类型分类的基础上，结合前人的研究成果，选取 Contanza 等（1997）和谢高地等（2003）的生态系统服务价值计算方法，动态估算石家庄市 2000 年、2008 年的生态系统服务价值，针对区域典型生态系统，评价生态系统服务功能的综合特征，其目的是明确区域各类生态系统的生态服务功能及其对区域可持续发展的作用和重要性，为《石家庄生态市建设》和石家庄市的生态环境保护和恢复提供科学依据。

二、研究内容及方法

（一）研究内容

本次研究采用 2000 年和 2008 年两个时相的 Landsat TM/ETM + 图像为数据源，以遥感技术为主要手段，分析石家庄市生态系统服务价值的动态变化。

1. 遥感图像的分类是生态系统变化信息提取的基础和关键：经过对两期遥感图像的预处理和图像增强等一系列操作，建立分类体系和解译标志，采用最大似然法的监督分类完成对两个时相各生态系统类型的测量，通过分类后人工修改和精度评价，为下一步变化检测打下基础。

2. 生态系统类型与结构：应用生态学和生态经济学的原理与方法，对该区生态系统类型进行划分，并研究其结构特征。

3. 生态系统类型变化分析：对2000年、2008年生态系统类型进行动态分析。

（二）主要研究方法

生态服务功能价值评估方法有三类，分别是能值分析法、物质量评估法和价值量评估法，在此采用价值量评估法进行估算，具体分为三步：首先，根据一定的标准，如人类对土地的开发利用方式或生态或生态系统的自然状况，将研究区域内的生态系统进行分类；然后，在分析本地生态系统状况的基础上，选取 Contanza 等（1997）和谢高地等（2003）给出的单位生态系统价值参数中适合本地的参数。将各类生态系统在气候调节、水土保持、涵养水源等九个方面的生态服务功能货币化，计算各种类型生态系统服务的单位面积资本；最后，计算总资本，汇总得到总资本结构表1。

表1　中国不同生态系统单位面积生态服务价值　单位：元/hm²

服务功能	农田	森林	湿地	草地	水体	荒漠
气体调节	442.4	3097.0	1592.7	707.9	0.0	0.0
气候调节	787.5	2389.1	15130.9	796.4	407.0	0.0
水源涵养	530.9	2831.5	13715.2	707.9	18033.2	26.5
土壤形成与保护	1291.9	3450.9	1513.1	1725.5	8.8	17.7
废物处理	1451.2	1159.2	16086.6	1159.2	16086.6	8.8
生物多样性保护	628.2	2884.6	2212.2	964.5	2203.3	300.8
食物生产	884.9	88.5	265.5	265.5	88.5	8.8
原材料	88.5	2300.6	61.9	44.2	8.8	0.0
娱乐文化	8.8	1132.6	4910.9	35.4	3840.2	8.8

三、遥感数据处理

本次研究采用 Landsat TM/ETM + 卫星遥感图像作为基础信息源，分两个时相（2000年和2008年）对石家庄市生态系统类型变化进行研究。

本次采用的 Landsat TM/ETM + 图像已在中国遥感卫星地面站进行过辐射校正和几何粗校正，所以只需进行以地面控制点（Ground Control Polnt，GCP）为依据的几何精校正和配准，再利用遥感图像镶嵌、遥感图像增强处理等技术进行处理，实现遥感与地理信息系统集成，从而提高对图像的解译和分析能力。

（一）生态系统类型分类

利用遥感卫星资料对石家庄市域生态系统进行分类，并根据石家庄市的土地利用现状，按照不同的组分，将石家庄市的生态系统划分为6个主要生态系统类型：森林生态系统、河湖生态系统、湿地生态系统、农田生态系统、草地生态系统、城市生态系统。

（二）遥感影像解译

在遥感影像解译过程中，本着边解译边检验的原则，以确保分类精度。本文的解译过程应用分类误差矩阵和精度评估。分类误差矩阵大于90%，分类精度评估达到90%以上的有耕地、水体和居工地，小于80%的有草地，裸岩沙地，精度较低的原因是它们的光谱特征与其他类型十分相似。分类结果的总评价精度为88.3%，满足相关精度要求。

2000年、2008年石家庄市遥感影像解译结果见图1。

利用遥感卫星资料对区域生态系统进行分类，并根据石家庄市的土地利用现状，按照不同的组分，将石家庄市的生态系统划分为 6 个主要的生态系统类型，并分别计算其面积。

1. 森林生态系统：2008 年石家庄市林地面积 187752.8hm²，占全市总面积的 13.36%，分为有林地、灌木林地、疏林地、未成林造林地、采伐迹地和苗圃 6 种类型。其中有林地面积 96932.7hm²，主要是用材林和防护林；灌木林地 24347.2hm²，主要分布在山区和平原河滩地；疏林地 30946.0hm²，主要分布于有林地外缘或山地阳坡，沟谷坡麓和洪冲积扇上均有零星分布；未成林造林地 33717.7hm²，这类林地一般不满 3～5 年，集中分布在平山、赞皇、井陉三县；采伐迹地 462.2hm²，是林地中面积最小的利用类型，集中分布于平山、赞皇、行唐三县；苗圃为人工林培育幼苗基地，面积 1347.0hm²，主要苗种有速生杨、洋槐等。林地分布很不平衡，主要分布在西部山区，占全市林地总面积的 95.31%。

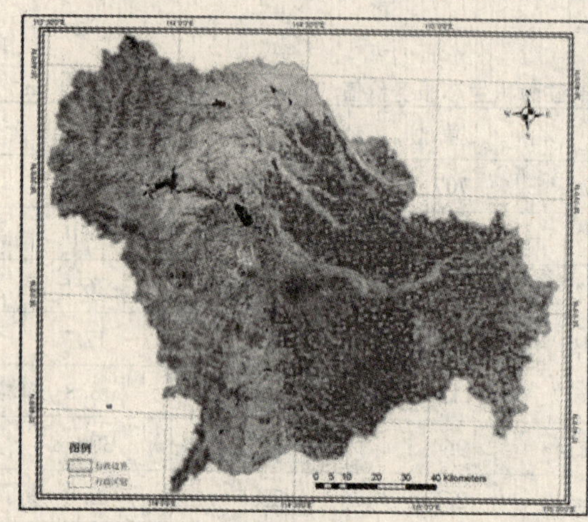

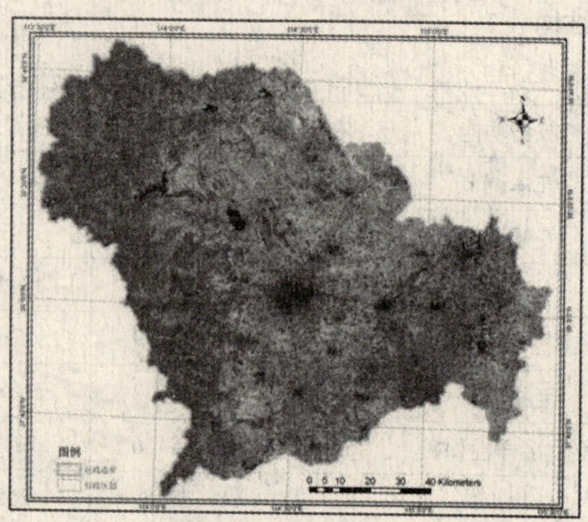

图 1　2000 年、2008 年石家庄市遥感影像解译图

2. 河湖生态系统：河湖生态系统包括河流和水库。2008 年总面积为 35590hm²，占全市总面积的 2.53%。河湖生态系统属于淡水生态系统。浮游植物是该生态系统初级生产力的重要组成部分，它们通过光合作用产生有机物成为多种水生动物生存所必需的能量来源。鱼类和浮游动物是这个生态系统中的重要类群。

3. 湿地生态系统：湿地是指“天然或人工、长久或暂时的沼泽地、湿原、泥炭，或水域地带，带有或静止或流动，或为淡水、半咸水或咸水水体者，包括低潮时水深不超过 6 米的水域”（湿地国际，1997）。湿地生态系统由湿生、沼生和水生植物、动物、微生物及与上述生命形态有关的非生命的水、光、热、无机盐等组成。石家庄市的湿地生态系统包括芦苇沼泽、苇田滩涂。2008 年总面积为 17311.1hm²，占总面积的 1.23%。

4. 农田生态系统：农田是一个单种栽培的人工生态系统。和其他自然生态系统相比，其结构较简单，农作物种群生长整齐，生活周期一致，对于光、水、营养物质和空间等各种环境条件要求相同，竞争趋向最大化。农田凭借土地资源和光热水汽等自然资源，通过植物转化，积累太阳能和各种物质，为该生态系统提供能量和物质基础，同时也是人类社会赖以生存与发展的物质基础。石家庄市农田总面积为 588920.0hm²，占总面积的 41.90%，是以生产蔬菜和粮食为主的人工生态系统。鼠类、土壤动物、昆虫是这个生态系统的重要组成部分。

5. 草地生态系统：包括牧草地和荒草地。2008 年总面积仅为 39.1hm²。

6. 城市生态系统：城市生态系统是一个典型的、开放的人工生态系统。稳定性极差，非常脆弱。由于不属于自然的生态系统，而且它的功能和结构比较复杂，因此该生态系统在后边的研究中都不予考虑。

四、生态系统服务价值评估

根据石家庄市地面覆被类型，将石家庄市生态系统划分为森林生态系统、河湖生态系统、湿地生态系统、农田生态系统、草地生态系统、城市生态系统6个类型进行生态服务价值评估：其中，森林生态系统主要提供大气调节、水土保持、净化空气、营养元素循环、原材料生产等功能；湿地生态系统主要提供水文调蓄、水供应、废物处理等功能；河流生态系统主要提供水土保持、污染物处置、食物生产、休闲娱乐等服务功能；农田生态系统主要提供食物生产、生物防治和传粉功能；城市生态系统主要生态服务功能小，且对其他生态系统服务功能有负面影响，其价值可忽略不计。计算得出石家庄市2000年（表2）、2008年（表3）各类生态系统服务功能价值如下。

表2　2000年石家庄生态系统服务功能价值（万元）

服务功能	农田生态系统	森林生态系统	草地生态系统	河湖生态系统	湿地生态系统
气体调节	27034.8	51512.1	27642.1	0	4786.8
气候调节	48123.6	39737.7	31097.9	372.7	45475.0
水源涵养	32442.9	47096.1	27642.1	16511.8	41220.2
土壤形成与保护	78947.1	57398.5	67377.4	8.1	4547.5
废物处理	88681.8	19280.9	45264.5	14729.5	48347.3
生物多样性保护	38388.9	47979.3	37661.9	2017.4	6648.6
食物生产	54075.6	1472.0	10367.3	81.0	797.9
原材料	5408.2	38265.6	1725.9	8.1	186.0
娱乐文化	537.8	18838.4	1382.3	3516.2	14759.4
总　计	373640.7	321580.6	250161.4	37244.8	166768.7

表3　2008年石家庄生态系统服务功能价值（万元）

服务功能	农田生态系统	森林生态系统	草地生态系统	河湖生态系统	湿地生态系统
气体调节	24879.5	67054.1	27014.3	0	6173.0
气候调节	44287.1	51727.1	30391.5	480.6	58644.2
水源涵养	29856.6	61305.7	27014.3	21293.6	53157.3
土壤形成与保护	72653.4	74716.5	65847.0	10.4	5864.5
废物处理	81612.0	25098.2	44236.4	18995.0	62348.3
生物多样性保护	35328.5	62455.3	36806.4	2601.7	8574.0
食物生产	49764.7	1916.1	10131.8	104.5	1029.0
原材料	4977.0	49811.0	1686.7	10.4	239.9
娱乐文化	494.9	24522.3	1350.9	4534.5	19033.6
总　计	343853.7	418606.3	244479.3	48030.7	215063.8

根据以上结果，计算各生态系统类型两年间的服务功能价值比例和面积比例，结果见表4。

表 4　2000 年、2008 年各生态系统类型生态服务功能价值评估

生态系统类型	2000 年			2008 年		
	生态服务价值/万元	面积比例/%	价值比例/%	生态服务价值/万元	面积比例/%	价值比例/%
森林生态系统	321580.6	11.8	28.0	418606.3	15.2	33.0
农田生态系统	373640.7	43.3	32.5	343853.7	39.8	27.1
河湖生态系统	37244.8	0.6	3.2	48030.7	0.8	3.8
湿地生态系统	166768.7	2.2	14.5	215063.8	2.8	16.9
草地生态系统	250161.4	27.6	21.8	244479.3	27.2	19.2
总　计	1149396.2	—	100	1270033.8	—	100

从表 4 分析可以看出，2000—2008 年间，石家庄市总的生态系统服务价值提高了约 10.5%，提高的主要原因是森林、湿地及河湖面积的增加。这与石家庄市近年实施的造林等工程密切相关。2000—2008 年间，石家庄市森林及河湖生态服务功能价值分别提高了 30.17%、29.0%，而农田和草地生态系统服务功能则分别下降了 7.97%、2.27%。森林生态系统与河湖生态系统的所占区域面积比例虽然很低，但是对整个石家庄市生态系统的贡献十分显著。湿地生态系统单位面积的服务功能最高，虽然面积仅占全市面积的 2% 左右，但其生态服务功能价值接近总服务功能价值的 1/4。而对于水资源比较缺乏的石家庄市，水资源的保护至为重要。因此对这三种类型的生态系统应加强保护，使其生态服务功能维持现有水平，并逐年能够有所提高。这也是维持石家庄市生态安全的重要保证。

从遥感图像资料可知，2000—2008 年间，森林、湿地及河湖水域在保持现状增长趋势的条件下，石家庄市整体生态系统服务功能价值是增加的。在《石家庄生态市建设规划》实施过程中，建议加大造林力度，加强水源涵养及保护，尤其重点要保护现有湿地用地不被占用和破坏，至少维持现状面积不变。同时对草地自然景观的保护也不容忽视。

五、小　结

目前，国内外在生态系统服务价值评估方面的研究仍然处于探索阶段，本文利用遥感技术结合生态学和生态经济学的原理和方法，参考前人的研究成果，对石家庄市 2000 年、2008 年的生态系统服务价值进行了动态评估。

生态系统服务价值的这种生态遥感技术方法，可以反映生态系统本身的质量状况；同时，采用的遥感技术克服了传统的生态系统统计方法以点带面的缺点，部分解决了生态学上的尺度扩张问题，测量结果更加客观地反映了石家庄市生态系统服务价值及其空间分布情况。但是生态遥感技术方法本身也存在一些不确定性：①对生态系统服务价值评估指标体系的研究还不够，本文只选择了 5 项比较常见且影响较大的指标，而实际上生态系统的服务功能远不止这些，仍需作进一步的研究；②遥感技术本身也存在精度问题，如遥感数据获取等。因此，本文对石家庄市生态系统服务功能及其价值的评估只是保守和粗略的估计，所得结果也不可能是一个完全绝对的值。

参考文献

[1] 郑贵鸿，罗晓，等．石家庄生态市建设规划研究报告（2008—2020 年）．

[2] 何浩、潘耀忠，等．中国陆地生态系统服务价值测量［J］．应用生态学报，2005，16（6）：1122－1127.

[3] 杜加强、王金生，等．重庆市生态系统服务价值动态评估［J］．生态学，2008，27（7）：1187－1192.

[4] 王建，祁元，等．基于遥感技术的生态系统服务价值动态评估模型研究［J］．冰川冻土，2006（5）.

青岛地铁地源热泵技术综合应用可行性分析

陈友媛[1] 韩亚军[1] 李文伟[2] 邹元霖[2] 李瑞霞[2] 贾永刚[1]

(1. 中国海洋大学环境科学与工程学院 山东 青岛 266100;
2. 北京市华清地热开发有限责任公司 北京 100012)

摘 要 中国正处于调整经济结构，改善环境质量的转型时期。低碳经济已成为全球发展趋势，推广地源热泵技术是促进国民经济健康均衡发展的有效途径之一。针对青岛即将建设的地铁项目，结合地铁车站的具体情况分别探讨了不同地源热泵技术综合应用的可行性。如根据沿海车站附近构造发育条件、地层结构及地下水文地质条件，评估了断层渗透海水及直接利用海水（傍海取水）源热泵技术的可行性；根据地层岩性及其热物性参数，评估了中心区车站利用隧道热能的地埋管热泵技术的可行性；根据河西地铁站通过张村河水源地，评估了水源地的地下水源热泵技术的可行性。得出除了取断层渗透海水，可能存在涌水量不足而不可行外，其他地源热泵技术在技术上都可行的结论。

关键词 青岛地铁 地源热泵 海水源热泵 地下水源热泵 地埋管热泵

一、引 言

从刚刚结束的哥本哈根气候变化大会（2009 年 12 月 7—19 日）可知，中国依据“巴厘行动计划”，为了积极促进《联合国气候变化框架公约》全面、有效和可持续实施，郑重地做出承诺，我国到 2020 年单位国内生产总值二氧化碳排放比 2005 年下降 40% ~45%，为世界气候变化作出自己应有的贡献。从长远来看，低碳经济也是世界经济发展的一个趋势，因此，我们要抓住绿色机遇，推动再生能源、绿色技术、节能建筑的发展与应用，促进国民经济健康均衡发展。

中国是以煤为主的能源消耗大国，从 1990—2001 年，我国二氧化碳排放量净增 8.23 亿 t，占世界同期增加量的 27%。预测表明，到 2025 年前后，我国的二氧化碳排放总量很可能超过美国，居世界第一。中国能源消耗中，建筑能耗占全国总能耗的 30% 以上，而在建筑能耗中，用于暖通空调的能耗又占建筑能耗的 40% ~50%[1]。每年夏天都会出现由于空调用电量的大量增加造成供电紧张，供需矛盾突出问题。面对这种严峻形势，国内学者指出加快可再生能源和新能源在空调技术上的应用是一条重要的途径。

地源热泵系统是通过输入少量的高位能（如电），将浅层地能从低温环境转移到高温环境的技术，并主要用于建筑供暖（供冷）及制取生活热水。根据地热能交换系统形式的不同，地源热泵系统分为地埋管地源热泵系统、地下水地源热泵系统和地表水（江河湖海、污水）地源热泵系统。

虽然地源热泵技术已很成熟，且覆盖面广，各种建筑类型都有应用[2]，而在地铁项目中的综合应用尚属首例。青岛市地铁一期工程跨越了不同的水源、水文地质条件，如何根据不同的自然条件，利用海水源、地下水源和地埋管等热泵技术，到达节能环保具有实际应用和推广价值。

二、青岛地铁的概况

（一）气象水文

青岛受海洋影响，空气湿润，气候温和，冬无严寒，夏无酷暑，光照充足，具有明显的海洋性气候特征。年平均气温为 13.2℃、极端最高气温为 38.9℃、极端最低气温为 -10.9℃。最大年平均风速为 21.8m/s。最大年降水量为 1353.2mm，最小年降水量为 407mm，多年平均降水量为 755.6mm，多集中在 6—9 月。

青岛沿岸海区主要受黄海潮波控制，潮流类型属正规半日潮流。一般每天有 2 次涨潮流和 2 次落潮流，平均海平面为 2.42m，平均高潮为 3.80m，平均低潮为 1.02m，平均潮差 2.78m。潮流属往复流型，涨潮流为 SW 向，落潮流为 NE 向，平均潮流速度为 1.5 ~ 1.6m/s。最大浪高 1.90m，年平均波高不超过 0.40m。

（二）地质

青岛所处构造为新华夏隆起带次级构造单元——胶南隆起区东北缘和胶莱凹陷区中南部。区内缺失整个古生界地层及部分中生代地层，但白垩系青山组火山岩层发育充分，在本市出露十分广泛。岩浆以元古代胶南期月季式片麻状花岗岩及中生代燕山晚期的艾山式花岗闪长岩和崂山式花岗岩，市区全部坐落于该类花岗岩之上，建筑地基条件优良，构造以断裂构造为主。

（三）地铁沿线

青岛地铁一期工程位于青岛主城中心地带的一条半环线，是连接南北的轨道交通干线，将整个城市中部与南北两个火车站、前海风景区、北部中心区相连。总体呈“西—东—北—西”走向，全长约 24.9km，设车站 22 座（见图 1）。

三、地源热泵技术可行性分析

（一）海水源热泵技术

海洋是一个巨大的可再生能源库，进入海洋中的太阳辐射能除一部分转变为海流的动能外，更多的是以热能的形式储存在海水中。与空气相比，海水更适合作为热源使用，因为海水的比热容比较大，为 3996kJ/（m^3 · ℃），而空气只有 1.28kJ（m^3 · ℃）。另外，黄、渤海地区夏季海水表层温度不高于 26℃，非常适合作为冷却水使用。虽然浅层海水温度是随季节变化的，但是在一定深度下海水温度常年维持相对稳定，因此在特定的条件下海水又适合直接作为天然冷源使用。青岛有着丰富的海水资源，拥有近岸海域约 1.3 × 10^4km^2，海岸线长约 730km。如何充分利用海岸资源，一直是国内外研究的重要课题。

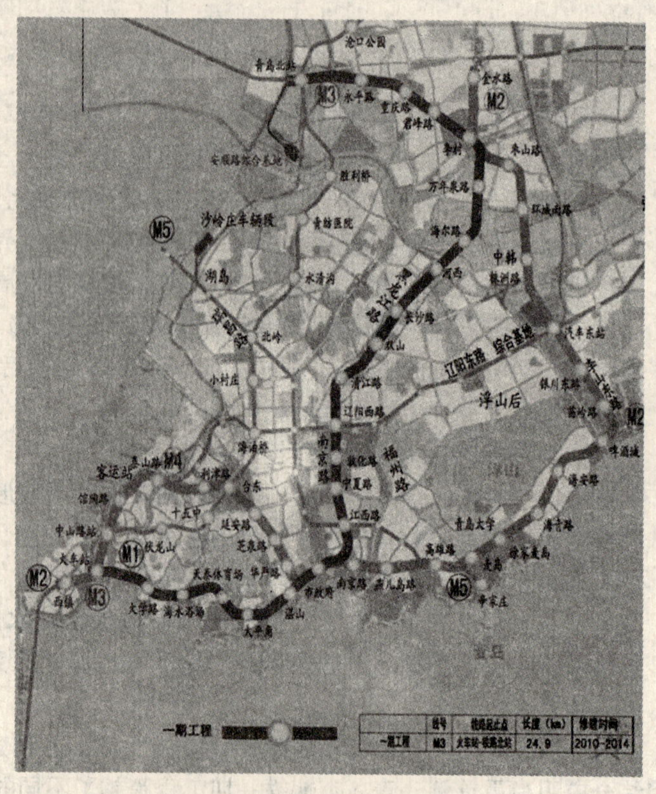

图 1 青岛地铁一期工程示意图

在青岛地铁一期工程中，青岛火车站 - 湛山路站以及终点铁路青岛北站共 7 个车站，站位均离海比较近（见图 1）。针对这种环境条件，采用海水源热泵机组作为车站冷源，在夏天为车站供冷应能达到较好的节能环保效果。

青岛沿海海水温度参照青岛发电厂海水检测温度，由于地铁站只需要夏季制冷，2007 年供冷季期间每月平均海水温度见表 1。根据青岛市发电厂职工食堂项目和青岛奥帆中心媒体中心的海水源热泵系统，海水夏季温度可满足建筑物的制冷需求。

目前海水源热泵机组技术方面是相对成熟的，而海水取水问题是海水源热泵技术的关键。水温过高或过低都将增加热泵的运行功率和运行成本，而可提取的水量也将直接影响到热泵系统运用的可行性。因此，提出 2 种海水取水方式。

表1 2007 年供冷季节海水月平均温度（℃）

6月	7月	8月	9月
19.8	23.6	25.9	25.3

1. 断裂带处凿深井取深层海水

青岛地铁有 7 个车站站位均距海约 100 ~ 400m。在近海区域的岩土体通常存在一些地质断裂带，使得距离海岸线一定范围内的断裂带岩土体内充满海水。通过研究沿海车站附近地质结构，在断裂带发育处设置深井，如果水量较大，水温也很稳定，水质容易得到保证，这更有利于机组稳定、高效运行，还缩短了海水取水路径，相当于就地取水，可以节省部分管道投资以及海水构筑物的投资。

经过地质勘探可得，从火车站到江西路站之间分布着 10 条断裂带，断裂均为 NE 走向的贯穿断裂带，其中最大断裂带为 NE25°走向的五四广场站附近的 F8 断裂带，宽 18m，影响范围为 30m，最小断裂带为 NE65°走向的大学路站附近的 F3 断裂带，宽度小于 3m，影响范围约为 10m。这 10 个断裂带均为低速破碎带，与海洋的连同程度不高。通过勘探井的抽水试验得出，第一海水浴场站附近的深井（井径 200mm）涌水量最大，约为 0.16m^3/h，水温 15.42℃。若设计井深为 100m，井径 200mm 则涌水量为 16m^3/h。地铁站冷负荷约为 1590kW，设海水进出口温差为 5℃，则所需水量为 238.5m^3/h。深井的涌水量远远不能满足车站的需冷量，故此方案不可行。另参考青岛胶州湾隧道断层最大涌水量，也不能满足车站的需冷量。

2. 直接取用海水技术

青岛海岸为山基岩岸、山地港湾泥质粉砂岸及基岩沙砾质海岸等 3 种基本类型。由于表层海水受沙、鱼、海草和海藻等因素影响，加之海水一般在 20m 左右保持相对稳定的温度（12 ~ 14℃）[3]，宜采用海岸井取水系统。沿海车站夏季把这部分海水取上来在热交换器中与冷却水回水进行热交换，制备温度足够低的冷却水供地铁车站使用。

由于车站多位于海域开阔的海岸带，极易造成热流的短流。故排水口应尽量位于表层，以最少的排放动力将冷却冷凝器的水排放到海洋的表面，形成温度分层的热羽流，使具有相对较大的表面积和较少的底面积，降低对微生物和环境的影响。考虑到青岛沿海车站是旅游观光胜地，海水热泵系统的取排水管道铺设应不影响沿海风景，即海水退潮时，排水口不应漏出水面。综合以上分析直接取用海水的海水源热泵技术是可行的。

（二）地埋管地源热泵技术

地埋管地源热泵技术的工作原理是传热介质在密闭的地埋管（竖直或水平）中循环，利用传热介质与地下岩土层之间的温差进行热交换，达到利用浅层地能的目的，并进而通过热泵技术实现对建筑物的供暖和制冷。青岛地区所处大地构造位置为华北地台，为稳固的花岗岩岩基，以深成相似斑状中粗粒黑云母花岗岩为主要组成岩石。岩石坚硬，不适宜水平地埋管地源热泵。竖直地埋管系统埋管深度一般在 50 ~ 150m 之间，以 100m 左右深度的钻孔居多，钻孔口径一般在 120 ~ 150mm 之间。青岛地铁隧道设计深度约为 13 ~ 18m，处于变温层下层，恒温层上层，温度相对恒定，且隧道面积较大，可以减少竖直地埋管的开挖深度和工程量。从技术角度看，地埋管地源热泵技术可以应用到青岛地铁项目。

考虑到地铁站只进行夏季制冷，全年向地下总排热量和总去热量不相等，造成地下热环境污染。长此以往，不仅直接影响到热泵系统的运行效率，而且会因热量积聚导致夏季机组停机，还会改变当地的地质条件和生态环境[4]。针对地铁站的热量失衡问题现提出三种解决方案：

1. 重庆路站北侧设有老虎山车辆段，且老虎山车辆段需要冬季供暖，在两站点处共设一套热泵系统。按照冬季的工况选择地埋管换热器、热泵机组的型号等，夏季高出冬季的那部分冷负荷通过辅助制冷——冷却塔的方式来补充。

2. 设计按照夏季最大需冷量进行，夏季系统运行为地铁站供冷，冬季热泵系统运行并入市政供暖管道，为地铁站周围的商业或居民建筑供暖。

3. 采用带冷凝热回收的地源热泵系统。冷凝热回收装置的地源热泵系统是在热泵系统的压缩机与冷凝器之间加装板式换热器。压缩机排出的高温高压制冷剂气体经板式换热器将热量传给换热器中的水，水被加热后为地铁站和周围建筑物供应生活热水[5]。

（三）地下水源热泵技术

青岛地铁沿线的中心区河西站距离张村河约200m，因此有必要分析张村河地表、地下水源热泵技术的可行性。张村河起源于北宅街道的峪夼村东北，经枯桃、大南韩，过河东村，与李村河汇合，最后入胶州湾。张村河2009年可利用水量为80.17万m^3，因张村河宽深较小，河水温度受天气的影响较大，故地表水不适宜做热泵热源。地下水可开采量519.71万m^3，张村河含水层为双层结构的第四系孔隙水，上伏砂质黏土层厚4～7m，下部沙砾石层厚约4～8m，地下水水位埋深1～3m。抽水试验得出：渗透系数$K=17\sim30m/d$；单井涌水量约为1000m^3/d，水温为15.65℃。河西站冷负荷为1418kW，设水源供回水温差为5℃，则所需地下水量为199.7m^3/h。因此，地下水源热泵技术可行。

地下水源热泵技术在取水时应注意，井距控制在制冷期间不产生地下水井相互干扰，井深要大于变温带深度，以保证冬季水源温度大于8℃。为了防止回灌井堵塞，确保水源系统长期稳定供水，抽水井和回灌井要互相切换使用。因此，要求各个井的井深和井身结构相近。回灌量大小与水文地质条件，管井质量和回灌方法等有关，其中水文地质条件是影响回灌量的主要因素。在粗砂含水层中，单位回灌量约为单位出水量的50%～70%；中细砂含水层中，单位回灌量约为单位出水量的30%～50%[6]。

四、结　论

1. 利用断裂带凿深井取海水的热泵技术，由于受涌水量的限制，技术上不可行。

2. 青岛沿海区有丰富的海水资源，在一定深度海水温度和水质满足热泵系统的需要，因此沿海车站直接取海水的热泵技术可行。

3. 中心区地铁车站距离海边较远，可采用地埋管地源热泵技术。由于地铁站只进行夏季制冷，会造成热量的堆积影响热泵的效率，应对热量失衡问题结合站点考虑不同的解决方案。

4. 青岛地铁沿线的河西站经张村河地下水水源地，从车站制冷需要的地下水开采量上能够满足地下水源热泵技术要求。

参考文献

[1] 李惠，韩敏霞，刘伟．地源热泵技术在沿海港口项目的应用［J］．中国住宅设施，2009，(6)：35－37.
[2] 徐伟．中国地源热泵发展研究报告（2008）［M］．北京：中国建筑工业出版社，2008.
[3] 冯士筰，李凤岐，李少菁．海洋科学导论［M］．北京：高等教育出版社，1999.
[4] 李浩．地埋管地源热泵系统建设中若干问题的讨论［J］．河北工程技术高等专科学校学报，2009，(3)：41－43.
[5] 姚灵锋，蔡龙俊．地源热泵热平衡问题的研究及工程应用［J］．节能技术，2009，27（154）：140－144.
[6] 胡永利．水源热泵系统设计及施工中应注意的问题［J］．山西建筑，2009，35（27）：190－191.

石家庄生态市规划实施效益分析

唐小坤

（石家庄市环境信息中心 河北 石家庄 050021）

摘 要 本文介绍了石家庄生态市规划方案的投资分析，以及通过该方案的实施最终将促进石家庄市经济、社会和生态环境的协调发展，增强可持续发展能力，最终实现区域可持续发展。

关键词 生态市 规划 投资分析 效益分析

一、前 言

21世纪是人与自然走向和谐发展的世纪。实践表明，开展生态市建设是坚持可持续发展战略，发展生态型效益经济，实现人与自然和谐发展的必然要求；是发挥后发优势，生态现代化、实现社会文明进步的必然选择。河北省委、省政府为加强环境保护和生态建设，正全力推进河北生态省建设，《河北生态省建设规划纲要》已经开始实施，为河北省经济社会环境持续、全面发展指明了方向和目标。2006年，石家庄人民政府成立石家庄生态市建设规划编制领导小组，负责编写了《石家庄生态市建设规划》。此规划力求把握规律性，增强预见性，解析城市生态症结，把握社会发展方向，保护和改善城市生态环境，争取尽早把石家庄建设成为经济发达，社会闻名、生态良好的燕赵“宜居兴业”的生态市。

二、规划方案投资分析

生态市建设是一项庞大的系统工程，涉及资金、设备、资源、技术和劳动力等多方面的投入。为保障生态市建设的资金投入需要，必须广开门路，多方面、多形式、多渠道筹措生态市建设所需资金。结合石家庄市实际情况，资金筹措以自筹资金和银行贷款为主，积极争取国家、河北省生态建设、环境保护等方面的国家投入的专项资金，广泛引进外来资金共同开发建设。

明确政府、企业和个人在生态市建设中的事权和投资重点：政府主要投资具有社会效益和环境效益的公益性项目；企业主要投资污染防治项目和有一定经济回报的生态建设项目，通过经济活动，收回成本或获取收益，补偿其污染防治和生态建设的投入；个人依据受益者付费原则，通过缴纳有关税费，承担部分公益性项目建设和运行费用。

（一）加大投入，加强公益性项目

政府预算，包括石家庄市公共预算，中央和省政府的转移支付和拨款，以及通过收费所获得的专项资金（如排污费、城维费、污水处理费等），主要用于管理机构能力建设、生态保护和市政府设施建设等。

实行自然资源有偿使用。自然资源、包括海域、水资源、矿产资源等属国家所有，应实行国有资源有偿使用制度，对开发利用自然资源的单位和个人依法足额收取资源费。

多方增加生态保护投入。采取向国家和省争取一块，由地方政府财政拨一块、银行贷一块、向开发利用自然资源受益的单位和个人收一块、项目单位自筹一块等方式，多渠道筹措资金，搞好生态环境保护与建设。

积极引进外资。加大环境保护项目招商引资的工作力度，积极吸引境外大财团、大公司参与环保产业的开发与建设。积极争取国际金融组织和外国政府贷款，加强生态环境保护产业建设。

充分利用国债资金，支持生态市建设。学习先进国家发行市政债券经验，探讨利用发行城市建设债券筹措生态市建设资金的可能。

（二）理清收费体系，规范市场，吸收企业和社会资本参与生态市建设

提高城市生活污水和垃圾收费标准，收费资金用于城市污水处理厂和垃圾处理厂的运营和维护。利用BOT（建设－运营－转移）和TOT等形式，促进环保设施企业化运营，吸引企业资本和外资进入。鼓励企业发行企业债券或通过股市进行融资，筹措资金，投入生态市建设。按照“谁投资、谁经营、谁受益”的原则，鼓励本市和外地的单位和个人跨行业、跨地区投资，从事生态环境保护与建设，特别要注重争取和吸引中央直属企业和外地大型企业集团来石家庄投资。

在资金运作方面，政府一是要加大生态市建设的资金投入，完善城市功能；二是要积极调动企业和社会组织的积极性，争取社会资金尽快进入生态市建设领域；三是要创造良好的政策环境和公共服务，充分发挥经济杠杆作用，引导、鼓励生态市建设向市场化、产业化方向发展。

三、规划方案绩效分析

石家庄市生态市规划的制定与实施，最终将促进石家庄市经济、社会和生态环境的协调发展，增强可持续发展能力，最终实现区域可持续发展。

（一）经济效益

生态市建设通过大力发展生态产业，可以加速经济发展速度，提高经济效益，促进GDP持续稳定增长。通过合理调整产业结构和布局，不仅使石家庄市经济发展走向良性循环，经济实力稳步提高，而且资源使用效率提高，排污强度降低，改善当地投资环境，提高城市综合竞争力。

到2010年，石家庄市经济和社会发展将转到提高质量和效益的轨道上来，经济增长速度保护在适度合理的区间。全市国内生产总值年均增长12%左右，2010年达到3265亿元，人均生产总值达到3万元以上。全部财政收入年均增长13%以上（其中，地方一般预算收入增长14%以上），年人均财政收入达3289元。传统产业得到进一步改造和提升，到2010年全市服务业增加值达到1200亿元左右，服务业增加值占地区生产总值和就业人员占全社会就业人员的比重分别提高5个百分点和9个百分点，第三产业占GDP比例达到40%。全社会固定资产投资年均增长15%以上。研究与试验发展经费占地区生产总值的比重达到2.2%。经济运行质量和效益大幅度提高，GDP能耗和水耗逐年下降。

到2015年，国民经济健康稳定发展。国内生产总值年均增长10%，经济结构进一步优化，第三产业占GDP的比重提高到43%，经济发展方式得到根本性转变，高新技术产业成为经济发展的主导力量。市场对资源配置起基础性作用，区域综合竞争力显著提高。

到2020年，经济发展能力处于可持续状态，经济发展质量稳步提高，经济结构实现基本优化，第三产业占GDP的比重提高到46%，人均国民生产总值和人均财政收入分别达到7.79万元和0.976万元，城镇居民年人均可支配收入达3.18万元，企业全部实施清洁生产，规模化企业通过ISO 14000认证比率达到25%。经济发展目标基本实现。

（二）环境效益

通过实施河道生态恢复及整治、城区绿地系统和生态型社区建设等生态工程，将进一步形成城市外围的自然生态保障体系，使生态脆弱地区形成较好的生态系统，全面提升石家庄市生态环境质量，逐步形成生态良性循环的居住环境。

到2010年，城市二级以上天数达到300天，集中式饮用水源地水质达标率、旅游区环境达标率、城镇人均公共绿地面积、工业用水重复率、工业固体废物处置利用率、城镇垃圾无害化处理率达到生态市建设指标，城镇生活污水集中处理率达到55%，噪声达标区覆盖率达到82.4%，主要污染物排放强度有所下降，森林覆盖率进一步提高，退化土地得到恢复。农业产业化水平、生态化水平得到提高，农药、化肥施用量基本控制在国家标准以内。人居环境更加舒适和适宜，城乡居民居住条件得到明显改善。

到2015年，生态环境基本实现良性循环，城镇生活污水集中处理率达到73%，受保护地区占国土面积比例达到17%，退化土地恢复率达到88%，生态系统的抗干扰能力增强，森林水源涵养和水土保持能力明显提高，城市减灾防灾能力显著增强，生物多样性保护工作明显加强。

到2020年，全市水功能区水质稳定达到水功能区要求，山区、丘陵、平原区森林覆盖率全面达标，噪声达标区覆盖率达到95%。90%以上的生态建设和环境保护指标达到国家生态市标准，城乡生态环境达到可持续发展状态。

（三）社会效益

通过生态市建设，将全面提高城乡居民的生活品质，在自然环境与居住条件、生活出行与公共安全、社会福利与医疗健康、教育与文化娱乐、社会参与与社会公平方面全面提升，完善"以人为本"的社会服务设施和基础设施，提高百姓生活幸福指数。逐步把石家庄建设成生态系统良性循环的经济高效、环境和谐、社会文明的新型生态市。到2010年，社会事业全面进步。城市集中供热率达到85%，城市生命线系统完好率达到90%，城市化水平达到50%，环境保护宣传教育普及率达到88%，城镇居民恩格尔系数33%，农村居民恩格尔系数35%，基尼系数为0.33。农村和城镇面貌得到改变，住区结构、布局合理，基础设施完善，综合服务功能较强。城乡居民传统生产、生活方式及价值观念向环境友好、资源高效、系统和谐、社会融洽的生态文化转型，形成健康、文明的生产消费方式，社会救济、社会福利和社会医疗等保障体系逐渐完善，贫富差距逐步缩小；城乡结构、城镇布局日趋合理。到2015年，城市化水平达到56.5%，城镇居民恩格尔系数30%，农村居民恩格尔系数32%，高等教育入学率、公众对环境的满意率达到国家标准。到2020年，全市城乡居民实现全面小康社会，城乡人居环境过渡到生态化，区域可持续发展能力达到较高水平。

利用北京城市再生水修复麋鹿苑的湿地环境

张林源　陈　颀

（北京麋鹿生态实验中心　北京　100076）

摘　要　麋鹿（Elaphurus davidianus）是国家一级保护动物，湿地生态环境中的大型哺乳动物。北京南海子麋鹿苑为营造适宜麋鹿生存的环境，于2006年起实施利用再生水修复湿地工程。通过对湿地修复工程前后麋鹿苑环境、水质的对比，得出湿地环境已基本恢复的结论；通过对2006—2009年麋鹿出生、死亡情况分析，指出麋鹿生存状况好转，利用再生水修复湿地环境对保护麋鹿已取得初步成效。

关键词　人工湿地　再生水　麋鹿

麋鹿是中国特产鹿科动物。从元朝开始，麋鹿就是专为皇帝狩猎之用而放养在南海子皇家猎苑中。19世纪末的战争与自然灾害，使麋鹿彻底地在中国消失，最后一批麋鹿种群在北京南海子灭绝。被西方各国运到欧洲的部分麋鹿保存下来。为了在中国重新建立麋鹿种群，1985年，又在麋鹿的最后灭绝地——南海子原皇家猎苑的中心部位建立了麋鹿苑。

现在的麋鹿苑是原南海子皇家猎苑的一个称作“三海子”的湖沼，1985年建立之时，还是一片较优美的自然景观，树木郁郁葱葱，水中芦苇一望无际，鸥鸟翔集，适宜的环境使得麋鹿健康的生活和繁衍，20多年来，已繁殖了数百只，并向全国近20处保护地进行输送，建立了野生自然种群，成为中国目前物种重新引进工作中最成功的一例。

一、历史上的湿地环境

昔日皇家猎苑210km^{2}范围内的湖沼大部分是由㶟水主流南移后，古河道内部洼地逐渐演变而成的，由于地势低洼，又正好处在永定河背脊、冲积扇前缘地下水溢出带上，因此这些洼地便逐渐形成了湖泊沼泽。其中也有少量属于人工开挖而成的湖泊，镶嵌在河流上的面积不同、形状各异的泉眼、湖沼有25处，总面积有6km^2，常年流淌而不干枯。苑内河流、小溪纵横交错，地下泉眼、池塘众多，草木生长茂盛，为野生动物创造了良好的生存和繁衍条件。1890年的洪水以及1900年外国列强的入侵彻底毁灭了皇家猎苑，大型野生动物也随之消失，只有小型兽类还较丰富，由于有天然的湖沼和水生植物，仍能为迁徙和繁殖的鸟类提供食物和隐蔽条件，其中二海子、三海子等几个湿地还生长着大片的芦苇，水中的鱼虾很丰富，每年春秋季节鸟类迁徙时，芦苇丛中、水面上鸟鸣嘈杂，天空中成群的鸥鸟遮天蔽日，20世纪50年代有记录的鸟类104种，其中，湿地鸟类39种，平原地区鸟类66种。

二、生物多样性的丧失

1949年新中国成立后，永定河上游修建了水库，地下水不能被补充，造成泉眼干枯、小河断流，许多湖沼被开垦成稻田和养鱼池，昔日皇家猎苑的自然景观已形成粮食种植、家畜养殖的农业区，只剩下团河源、头海子、二海子、三海子、苇塘泡子等几个水面，总面积约为1.3km^2，凉水河、凤河变成城市排污水河，只有小龙河比较清澈。20世纪80年代以后，河流全部被污染，头海子、二海子、三海子、四海子几近干枯，水生植物所剩无几，失去了水鸟繁衍的必要条件；三海子由于1985年为了迎接麋鹿的回归而变成麋鹿苑，由于自然降水减少以及人类对环境的破坏等影响，昔日流向麋鹿苑的小龙河已被上游的生活污水所污染，周围又多被挖沙、添埋垃圾所用，没有净水的补充，麋鹿苑的水面逐渐干枯而成为一个干旱的环境，昔日水草肥美的自然景观如今已面目全非。1987—2000 年的 10 余年之间，只记录到 53 种鸟类，其中，湿地鸟类 10 种，平原地区鸟类 43 种；湿地水鸟种类减少 64%，平原鸟种类减少 35%。只有少量绿头鸭、鹭类迁徙时做短暂停留；小型兽类还较常见，如：黄鼬、野兔、豹猫、刺猬等；现在的南海子地区已没有了自然水面，鱼虾绝迹，水生植物荡然无存，只偶见迷途的迁徙性鸟类，兽类中只有数量很少的野兔和刺猬，南海子作为北京最后被人类开发的自然景观，其野生动物的减少和消失速度是惊人的。

三、为麋鹿的生存而寻找解决途径

麋鹿苑作为物种繁育基地，在近 64hm^2 面积内保持散养 150 只麋鹿的基础种群，由于每年都有新的生命诞生，加上容纳量有限，经常向外部输送，近 10 年来，由于环境的迅速恶化，地下水位下降，自然降水减少，麋鹿所需的湿地环境荡然无存，已不是麋鹿理想的栖息环境。为了满足麋鹿对湿地环境的需要，从 2004 年开始，就一直积极寻找人工改善的途径。

2004 年，北京市林业局在制定北京地区湿地保护规划时，曾组织专家到麋鹿苑实地考察，从历史、自然、社会、经济等多方面综合论证认为：在北京市郊建立国家湿地公园是一项改善北京市生态环境、重塑首都形象和我国湿地对外窗口的重要战略工程。国家湿地公园的建设将为 2008 年奥运会创造良好的生态环境，弥补北京市湿地不足的缺陷，有利于蓄积降雨、调节洪水、补充地下水、利用湿地的生物净化功能再净化北京市的中水，改善区域生态环境，并为广大北京市民以及国内外旅游者提供一处新的旅游地。新建的国家湿地公园还将成为中国北方城市一处湿地研究基地，还有利于抑制北京市郊的潜在荒漠化，调节北京市的局部气候环境。

麋鹿苑是湿地动物——麋鹿的模式标本采集地，也是麋鹿在中国的最后灭绝地点和重新引进地，具有文化和自然的双重价值，已经在湿地修复方面开展了有关的科学实验，附近还建立了两处大型的污水处理设施，为未来的湿地公园提供水源，认为南海子地区应以人工规划恢复湿地景观、建设国家湿地公园。

按照专家的意见，北京麋鹿生态实验中心积极寻找改善环境的办法，在北京市科学技术研究院的指导下，在北京市水务局和北京市财政局的支持下，从 2006—2008 年的三年期间，共投资 2000 多万元，实施了麋鹿苑利用再生水修复湿地工程。

四、再生水修复湿地工程

麋鹿苑湿地恢复总面积为 33 万 m^2，其中，表流湿地面积为 10 万 m^2，潜流湿地 1 万 m^2，其余为湿地植物和牧草地。主要方法是将再生水初步混凝澄清消毒后，引入潜流湿地，再注入表流湿地，形成湿地景观，供麋鹿洗浴和水鸟栖息，表流湿地的水还用于牧草地的浇灌。

麋鹿苑修复湿地工程用水的水源来自小红门污水处理厂处理后的再生水，经过总长 7km 的凉凤灌渠至与姜凤支渠连接处，再经管道通到麋鹿苑西门。水处理工程即位于麋鹿苑西门，其功能主要在于处理原水，为麋鹿苑提供水源，同时向游人展示先进的水处理工艺，其方法是：采用混凝澄清技术作为人工湿地系统的预处理，原水依靠管道引入调节池，入池前通过格栅滤去其中粒径较大的悬浮物后，再进入混凝澄清系统，经紫外消毒后通过集水管道到达潜流湿地区。

潜流湿地也称渗滤湿地，该 1 万 m^2 区域主要是对来水进行进一步处理净化，污水在湿地床的内部流动，水位较深，利用填料表面生长的生物膜、丰富的植物根系及表层土和填料截留的作用来净化污水，由于水流在地表以下流动，其填料表面生长了许多微生物，形成大量的生物膜，植物根系密布，当池中污水流经时，其中悬浮物被填料及植物根系阻拦截留，有机物质通过微生物的同化吸收和异化分解得以去除。在湿地床层中，由于植物根系对氧的传递释放，使其周围的微环境中依次呈现出好氧、缺氧及厌氧状态。所以污水中的氮、磷不仅能被植物及微生物作为营养成分直接加以吸收，而且还可以通过硝化、反硝化作用及微生物对磷的过量积累作用，而得以从污水中去除，水质和感观上得到进一步提高的水流入表流湿地区域。

表流湿地也叫景观水面，有 10 万 m^2，该区域主要为游人提供观赏水面，为动物提供活动场所，湖内种植水生植物，如芦苇、香蒲、水葱、荷花等，在地表流湿地系统中，再生水在湿地表面流动，水位较浅，它与自然湿地最为接近，污水中大部分的有机物是靠生长在浅水中的植物水下部分的茎、秆上的生物膜来完成。提高了可观赏性，又起到净化水体、保持水质的作用，吸引了大量的绿头鸭、苍鹭、白鹭、夜鹭等水鸟，出现了成群的家燕在水面翻飞捕捉飞虫的景观。

牧草区面积为 22 万 m^2，由于麋鹿的多年践踏和啃食，植物退化，加上干旱少雨，自然生长的植物只能供给麋鹿 7 ~ 9 个月的需要，每年要人工补充饲料，结合湿地环境改善，有充足的人工水源的有利条件，另外，再生水主要来自北京城区的生活废水，随着不断地蒸发、蒸腾，如果没有盐碱排除系统，湿地水中的钾、钠等离子浓度越来越高，因此利用湿地的水喷灌草地也是必要的。在完成湿地水面工程后，又将 22 万 m^2 的麋鹿散放区混合种植了苜蓿、早熟禾、高羊茅、黑麦草等牧草，用净化后的湿地中的再生水喷灌，起到了良好的效果，草地绿期和麋鹿的采食期由 4 个月延长到 7 个月，也为参观者提供了美的享受，生态效益和社会效益非常显著，恢复了昔日皇家猎苑荻化瑟瑟、鹭鸟翔集、麋鹿成群的美景。

五、湿地生态系统修复前后水质情况分析

北京麋鹿苑湿地生态系统修复前，麋鹿散放活动区湿地已经严重退化，仅余东湖、西湖、南湖三处小水面供麋鹿饮水、休憩使用。三处水面面积分别为 10625m^2、4112m^2、2641m^2，依靠地下水、自然降水补充水量。湿地修复后，修建潜流湿地 11800m^2，恢复表流湿地面积 1000050m^2，水源来自小红门污水处理厂处理后的再生水，每日补充 1000m^3，经预处理、潜流湿地净水后流入表流湿地——麋鹿活动区。人工湿地生态系统修复前后水质情况及原水水质情况见表 1。

表 1　麋鹿苑人工湿地水质检测结果

检测指标	小红门污水处理原水	湿地修复前			湿地修复后	
		东湖	西湖	南湖	东区	西区
总磷/（mg/L）	3.26	0.27	0.14	0.14	0.37	0.12
总氮/（mg/L）	5.56	3.38	1.70	2.84	4.19	3.87
悬浮物/（mg/L）	6.0				38	14
化学需氧量（COD）/（mg/L）	29.8	101	65.4	91.2	83.0	15.2
总大肠菌群/（MPn/100ml）	2400	230	230	230	240	240

从表 1 中可以看出：

1. 原水氮磷含量偏高，经人工湿地预处理、潜流湿地对原水一系列物理、化学作用后，有效降低了水中氮磷含量；

2. 再生水引入对麋鹿健康潜藏一定风险，对总大肠菌群的控制将有效保障麋鹿的饮水安全。原水中大肠菌群严重超标，经人工湿地净化后降低为原水大肠杆菌含量的十分之一，与湿地恢复前该指标检测基本持平，达到麋鹿饮用水的安全标准。

3. 湿地恢复前 COD 检测明显偏高，有机污染较严重，这与水面面积较小、水体不流动、麋鹿集中活动有关，湿地恢复后，增大水面面积，且水体在循环流动过程中具有一定的自净功能，降低了 COD 含量，减轻水体受有机物污染的程度。

4. 湿地修复前后，水质检测数据略有不同，这主要与麋鹿活动对水体影响有关：大群麋鹿

活动将搅浑水体、排泄物也会污染水质，造成水中悬浮物、COD 等指标偏高。这一特点应考虑在数据分析当中。

六、动物生存状况分析

（一）麋鹿生存状况

麋鹿苑自然湿地退化后，已经不是麋鹿理想的栖息环境。牧草区由于供水不足、动物啃食践踏等原因，自然生长量只能供给麋鹿 7~9 个月采食需要，每年需要人工补充饲料，食物结构单一使麋鹿患病率、死亡率升高；湿地恢复后，麋鹿栖息生境得到有效恢复，为喜水的麋鹿提供了适宜的自然条件，结合地下喷灌系统，满足牧草生长的需求，为麋鹿提供充足的食物，麋鹿生存状况有了极大的改观。结合 2006—2009 年散养麋鹿出生、死亡情况（图 1、图 2），分析表明湿地修复以后（2009 年），出生率有小幅度提高，而麋鹿的死亡率明显降低，麋鹿种群健康发展。

（二）鸟类种群变化情况

湿地生态系统修复之后，生物多样性明显增加，尤其是迁徙鸟类，统计数据表明，迁徙鸟类全年达 63 种，较湿地修复前（53 种）增加了近 10 种；由于水体扩大、水质改善，环境美化，黑天鹅等鸟类成功的进行了繁殖，而绿头鸭、苍鹭、夜鹭等常见迁徙鸟类种群数量明显增加，甚至出现冬季迁徙鸟类逗留不走的现象。

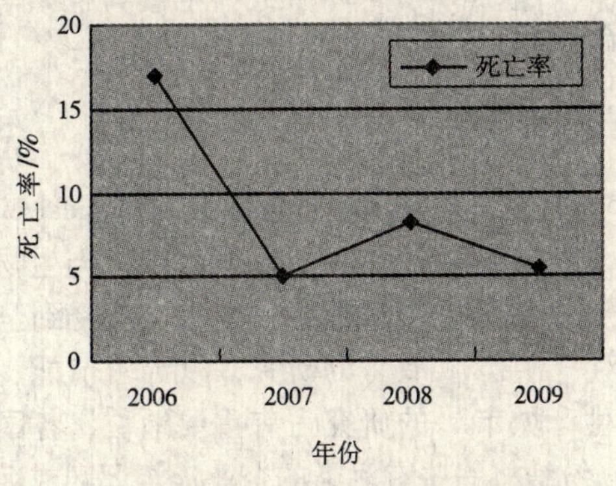

图 1　2006—2009 年麋鹿死亡率

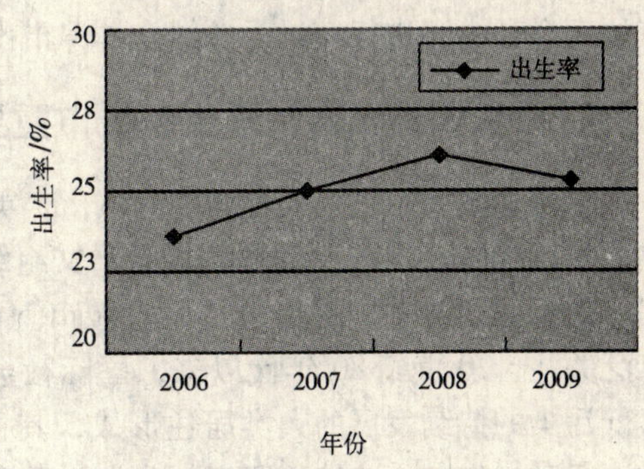

图 2　2006—2009 年麋鹿出生率

参考文献

[1] 杨戎生．麋鹿回归自然与湿地生态系统的保护［J］．河北大学学报（自然科学版），1996，16：62-65.

[2] 张林源，夏经世，张振松，等．北京南海子地区环境变化对动植物的影响及生态公园建设设想［J］．北京野生动物保护论文集，2004，(12)：67-70.

[3] 刘静玲，张凤玲，张林源，等．城市湿地保护与恢复——以北京市南海子麋鹿苑湿地为例麋鹿还家二十周年国际学术交流研讨会论文集，2005，82-87.

[4] 仇付国，王小昌．污水再生利用的健康风险评价方法［J］．环境污染与防治，2003，25（1）：49-51，56.

[5] 陈秀荣，张杰，陈旭．污水再生回用方向及其水质标准的探讨［J］．中国给水排水，2003，19（1）：92-94.

[6] 仇付国．城市污水再生利用健康风险评价理论与方法研究［D］．西安：西安建筑科技大学，2004.

[7] He P J，Phan L，GuG W. Reclaimed municipal wasterwater—a potential water resource in China［J］. Water Science and Technology，2001，43（10）：53-59.

[8] W. H. Liu，J. Z. Zhao，Z. Y. Ouyang，et al. Impacts of Sewage Irriga-tion on Heavy Metal Distribution and Contamination in Beijing，China. Environment International，2005，31：805-812.

安徽省蚌埠市建设山水园林城市的思考

周和平

（安徽省蚌埠市环境监测站　安徽省蚌埠市胜利东路1166#　233000）

摘　要　山水园林城市，从广义上讲即生态城市，它是人类文明和进步的标志，是21世纪的城市建设模式。本文介绍了安徽省蚌埠市山水园林城市的未来发展，探讨了山水园林城市的理念和内涵，结合蚌埠的实际，对该市山水园林城市的建设提出一些对策。

关键词　蚌埠　山水园林城市　对策

城市是人类聚居的主要载体之一，是人类政治、经济和文化活动的中心，随着经济发展和社会进步，城市在一个国家或地区的现代化建设中所起的主导作用将愈来愈重要，城市化尤其是山水园林化是一个国家走向现代化的必由之路。但城市化发展的同时也带来了一系列严重的生态环境问题，给社会经济的发展造成极大的障碍。因此，在进行城市发展和建设时，必须注重和加强城市的生态建设，促进城市的可持续发展。山水园林城市，是生态城市的一种重要模式，是人类文明和进步的标志，是21世纪的城市发展和建设的需要，本文将对安徽省蚌埠市拟建山水园林城市的理念和内涵进行探讨，并结合蚌埠市山水园林城市的建设实际，提出一些见解。

一、山水园林城市，即生态城市重要的模式内涵

山水园林城市，也有人称为生态城市，英文为ecopolis或ecocity或ecoville或ecological city，也称为生态社区。1971年，联合国教科文组织发起了“人与生物圈计划”，在此后“人与生物圈计划”的研究过程中，提出了“生态城市”的概念。这一崭新的城市概念一提出，就受到全球的广泛关注，20世纪80年代以来，国际社会开展了对“生态城市”的研究，以寻求节能、高效、低污染的持续发展的人类居住形成，其中关于“生态城市”的研究占有重要地位，各国相继付诸行动，如在一些发达国家，非常注重环境保护，纷纷将一些有污染的企业迁至郊区或远离城市的地方，而将城市建成一个供人们工作、生活和学习的清洁、舒适、文明的花园，即山水园林城市。

但是有关山水园林城市的论述还没有给出一个完整清晰的概念，相信随着山水园林城市建设的实践深入，它将得到不断完善和充实。我们可以从以下几个层面来理解山水园林城市。

1. 从生态哲学层：山水园林城市的实质是实现人与人、人与自然的和谐，在和谐的基础上实现自身的发展。

2. 从生态经济学层：山水园林城市的经济不仅是量的增长，更注重质的发展。在知识经济时代，城市建设不仅要提高物质性资源的利用效率和再生能力，而且非物质性的知识、信息的利用将成为经济的主要增长点。

3. 从生态文化层：山水园林城市崇尚健康、公正、平等、民主等伦理道德，倡导绿色文明，在建设中保持地域特色和文化艺术品位。

4. 从生态技术层：以信息、新能源、新材料、生物等新技术为核心，使物流、能流、信息流、生物流高效利用。

总之，可从不同层面来理解山水园林城市的内涵，对蚌埠市而言，由于它的自然环境特征及社会经济发展状况有自己的特点，因此它的指标体系也不尽相同，山水园林城市不应该是一种统一模式，它是城市建设和发展的目标，各个城市应针对自身的特点、条件、发展来制定相应的城市发展目标和对策。

如我国的上海、大连、长沙、南宁等也提出建设山水园林城市的设想，并积极采取步骤加以实施，山水园林城市的建设已发展成为我国当前城市建设的主流。

二、蚌埠市建设山水园林城市的对策和展望

蚌埠市自然山水条件得天独厚，城区由五水（淮河、龙子湖、席家沟至张公山大塘、八里沟、天河），十山（曹山、涂山至黑虎山、雪华山、锥子山、张公山、小黄山、虎山至燕山和陶山、东芦山、西芦山、老山）穿插环绕。

规划形成城外有省级风景名胜区——荆涂山风景名胜区，市内有国家级水利龙湖风景区、国家级4A风景区张公山城市公园、老虎山森林公园及锥子山、南山、小黄山、文艺、戴湖和淮堤公园点缀的园林地网络系统。至规划期末，城市绿地率35%，人均公共绿地面积达11.5m^2，建设贴近自然生态，绿地系统完善的山水城市。

1. 严格保护，稳步开发省级荆涂山风景名胜区，该风景区划分为荆山、涂山、黑虎山、蚌埠闸和天河四个景区，总面积92.5m^2，景区内荆涂二山夹淮而峙，相望成峡，涡淮二水，宛若天降，更有名胜古迹禹王宫、白乳泉、圣泉和灵泉、卞和洞、启母石等27处，风景区内禁止盲目开山采石、砍树、造坟，对景区山体、景点、植被加以保护，景区开发规划主要通过充实完善荆山、涂山、黑虎山和蚌埠闸景区，使景区内外的交通运输和游览网络全面完善，完成天河度假村和水上活动中心建设，森林覆盖率达75%，规划引导景区内人口，居民点分布使之按规划形成新的与景区相协调的村镇体系。

2. 近期重点建设市区的龙子湖风景名胜区、张公山公园、虎山及锥子山森林公园。

3. 建设完善现有张公山公园、南山儿童公园。并随着城区建设逐步开发配套建设淮堤公园，高新技术开发区的黄山公园和利用机场苗圃园地建设文艺、戴湖公园。

4. 建设席家沟岸线、铁路，尤其是高速公路两侧，城市主要道路两侧及城建边角地为绿化防护林带，城市外缘及工业居住区交界处设置防护林带。

5. 积极开展单位庭院绿化工作，全市现有“全国绿化先进单位”2个，“省级部门绿化先进单位”17个，“省级花园式单位”22个，“省级园林式单位”22个，“市级花园式单位”86个，“市级园林式单位”27个，“市级花园式生活区”、“市级绿化管理先进小区”15个。

三、促进公众参与城市管理

在以往传统的城市管理模式中，政府通常被认为是城市管理的唯一主体。由于政府在城市管理中孤军作战，结果往往出现管不好、管不了的情况，而山水园林城市涉及社会、经济、人口、环境、资源等方方面面，从社会系统工程的角度出发，要求城市中包括政府机构在内的各类组织和社会成员都发挥管理主体作用，为此，应当建立起以政府为主导，有营利性企业、非营利性组织或非政府组织、社会公众等多元主体参加的城市管理主体模式，在多元主体管理中，政府依然是城市管理不可替代的组织者和指挥者，营利性企业和非政府组织的介入可以克服政府包揽管理事务的传统弊端，提高城市生态管理的效率和效益，社会公众则是山水园林城市管理主体中的基础细胞，他们的参与使城市生态管理机制从被动转化为主动，市民文明程度对于城市文明程度具有正相关关系，没有广大市民对山水园林城市建设的理解、支持、参与和监督，山水园林城市建设是不可能搞好的，因此，要运用各种手段加强宣传教育，使有关山水园林城市的理念和知识能授教于家庭、学校和社会，提高社会公众参与管理的主体意识和实际能力。

四、调整工业布局和结构，形成合理的生态工业链

工业布局与结构调整是城市生态环境建设中很重要的环节。调整改善老城区产业布局，搞好

新城区产业的合理布局，是改善城市生态结构、防治污染的重要措施。蚌埠市工业的合理布局实质上是城市工业生产力系统同城市生态系统在空间上合理结合的问题。因此，城市工业合理布局必须既要遵循经济规律，又要遵循生态规律。产业结构的不同比例对环境质量有着很大的影响，在拓展工业经济规模的基础上，更要注意环境保护。

五、建立蚌埠市山水园林城市的指标体系

蚌埠市山水园林城市建设需要建立包含经济、社会、环境、文化和管理诸方面内容一体化的综合指标体系，它可以用来明晰山水园林城市的内涵，评估山水城市建设的状况，为城市的建设和管理的科学化、制度化提供依据。建立一个适合蚌埠市情况发展的参照标准体系，所制定的参照标准必须与蚌埠市经济、社会发展和生态环境保护水平和特点相适应，考虑21世纪蚌埠城市发展总体的功能定位。

六、加强山水园林城市建设的立法工作

要建立适应山水园林城市建设的法律和法规综合体系，使山水园林城市建设法律化、制度化，做到依法建设、依法管理、依法监督，另一方面，要强化有关执法机构和执法队伍能力建设，提高执法人员素质，进一步加强执法力度，使生态城市管理真正纳入法制轨道。

七、结　语

山水园林城市的建设是人类社会文明进化的必然趋势，是走可持续发展的必由之路，它也是一个由人到自然协调和谐的进化过程，人类将会不断地探索和实践，努力塑造绿色文明空间——山水园林化城市！

城市污泥在钢铁冶金中的“资源化”利用可行性分析

廖洪强[1]　岳昌盛[1,2]　佘广炜[1,2]　赵　鹏[1]　许晓杰[1]　付建华[1,2]

（1. 首钢总公司环保产业事业部；2. 北京首科兴业工程技术有限公司
北京石景山区石景山路68号　100041）

摘　要　城市污泥含有大量有害成分，污染环境，城市污泥的有效利用方式是同时实现其减量化和资源化利用。进入21世纪，钢铁冶金行业在产能扩张的同时，在节能环保领域也取得了很大进步，其固、气废弃物处理方式逐步成熟。本文分析了城市污泥在钢铁工业中利用的前景，讨论了城市污泥在炼焦和烧结领域中同时进行无害化处理和资源化利用的可行性。

关键词　城市污泥　资源化利用　钢铁工业　可行性

城市污泥是城市污水处理过程中的产物，一部分由污水直接分离产生，另一部分在污水处理过程中产生。“十一五”期间，我国将“节能减排COD”纳入约束性指标，城市污水处理发展迅速，城市污泥产生总量快速增加。按照“十一五”规划，2010年所有城市都要建设污水处理设施，污水处理率不低于70%，预计全国污水处理能力一天超过1亿t，每年城市污泥的产生量将达到3000多万t。

大量城市污泥需经及时处理，减少污泥堆放量，避免环境污染。近年来，国家对城市的污泥问题愈来愈重视，2009年2月，住房和城乡建设部、环境保护部、科学技术部三部门联合发布了《城镇污水处理厂污泥处理处置及污染物防治技术政策（试行）》（建城［2009］23号），规定：“污泥处理处置的目标是实现污泥的减量化、稳定化和无害化；鼓励回收和利用污泥中的能源和资源。坚持在安全、环保和经济的前提下实现污泥的处理处置和综合利用，达到节能减排和发展循环经济的目的。”

钢铁冶金行业是国家重工业的基础，进入21世纪，中国钢铁在产能快速扩张的同时也取得了节能环保领域的巨大进步[1,2]，其固、气废弃物处理方式日臻成熟，如烧结和焦化车间配备的除尘和脱硫设备。因此采用合适方式将城市污泥的减量化、稳定化、无害化和资源化利用在钢铁冶金流程中进行，将在解决污泥难题的同时充分体现现代化钢铁企业的绿色冶金和环保功能。

一、城市污泥的特点和危害

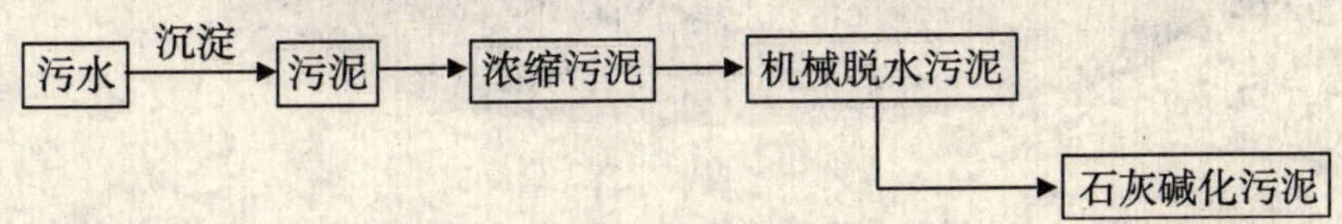

图1　污泥产生、处理工艺流程

（一）城市污泥的特点

图1为典型污水处理厂的污泥产生、处理工艺流程。

城市污泥的特点是：

1. 含水率高。不同处理阶段污泥具有不同的含水率，其中重力浓缩污泥含水率约98%，机械脱水污泥含水率约80%，污泥中的自由水可以被机械力去除，非自由水很难通过机械方式进一步去除。高含水污泥在运送和填埋过程中较为困难，并且增大了垃圾填埋场对垃圾渗滤液的处理负荷，一般要求运输中含水率不大于40%。

2. 有机质含量高。大量有机物的存在使污泥具有较高的发热量。

3. 臭气污染物多，易产生恶臭气体。污泥散发大量臭气和其他有害污染物，主要是有机物分解的副产物，如脂肪酸、胺、硫化物和硫醇等。

（二）城市污泥的危害

城市产生的大量城市污泥需要经过及时处理处置[3-5]，这是由于：

1. 城市污泥中含有大量的有机质、病菌、寄生虫等有害物质，伴有恶臭，处理不当将污染环境和水源。以北京市为例，人均占有水量为世界1/30，属重度缺水地区，目前北京市污泥年产量接近100万t，若不能有效处理，不仅污染环境，还将降低水质量，进一步加剧城市缺水问题。

2. 城市污水处理率和污泥产生量显著提高，为避免影响污水处理装置正常运行，污泥需经及时处理排放。

3. 污泥大量外排堆放，在占用大量城市郊区土地的同时也频繁引发环境纠纷，甚至刑事案件。2009年9月，曾任污水处理厂技术员的何涛等5人，被控将污泥倾倒进门头沟区永定镇上岸村的大沙坑，造成当地空气被严重污染，地下水保护受到严重威胁，经评估污染损失达上亿元。何涛等5人因涉嫌重大污染事故罪在门头沟法院受审。

二、城市污泥“资源化”利用技术

（一）城市污泥的利用方式

传统处理污泥的方法为填埋法、堆肥法和焚烧法。填埋法占用土地，堆肥法利用存在风险，焚烧法成本高，且易产生尾气[6,7]。近年来，对城市污泥的处理、处置和资源化利用的探索研究较多，形成了许多独特的技术[5-9]，如图2所示。

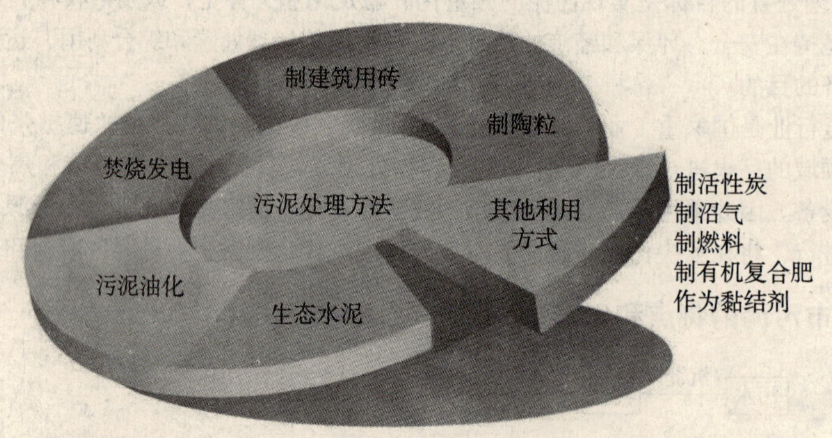

图2 污泥的处理处置技术示意图

（二）城市污泥“资源化”利用的技术关键

根据污泥特征，实现污泥“减量化、稳定化、无害化”和“资源化”利用的技术关键是：

1. 显著降低污泥水含量，利于运输。可采用物理方法（如与干粉料进行混合，降低含水率）和化学方法［如添加可与水反应的物质消耗水，如加入生石灰，$CaO + H_2O = Ca(OH)_2$］。

2. 降低污染程度，加入可以有效杀菌，或吸附污泥恶臭气体的物质，生石灰可有效杀死致病微生物。

3. 有效利用污泥中的有机质，污泥中的热值范围可达10～20MJ/kg。

4. 高温方式处理可将污泥中有害物质彻底消除，但需避免处理过程排放烟尘、烟气污染物。

根据污泥物相组成，可将其作为原、燃料引入火电行业、水泥行业和钢铁行业等现有高温工业领域，在保证环保排放的前提下，实现污泥的“减量化、稳定化、无害化”和“资源化”利用。

三、污泥制型煤和污泥石灰碱化处理

（一）污泥制型煤技术

型煤是以粉煤为主要原料，经机械加工压制成型的具有一定强度和尺寸的煤成品。污泥含有大量有机物，同时具有一定的热值和黏结性，以其为黏合剂将煤粉加工成型煤，低温时黏合剂污泥可以提供型煤的冷强度，满足运输、贮存的需要，高温燃烧时污泥热值得到充分利用[10-12]。但型煤堆积、燃烧过程中有残余臭气排放，影响环境，很难满足客户的心理要求，制约了污泥型煤的推广利用。

（二）污泥石灰碱化处理技术

在多种降低污泥含水率的方式中，石灰碱化处理技术具有高效、经济、运行费用低的优势，可避免渗滤液泄漏，显著降低含水率等优点，被广泛使用。其工作原理是：将生石灰加入污泥后，一方面与水反应生成消石灰消耗水；另一方面反应放热促使水分蒸发，使污泥含水量降低。另外，生石灰的加入还能有效杀死污泥中的致病微生物，降低对环境的二次污染。

石灰碱化处理已成为污泥处理的一种重要方式，目前，北京市80%的城市污泥采用石灰碱化处理，石灰碱化污泥产量巨大。

四、城市污泥在钢铁冶金行业中的“资源化”利用分析

根据以上分析，可以认为，在钢铁企业中合理“资源化”利用城市污泥应基于以下两个方面：①在现有高温设备（处理温度应在850℃以上）中进行污泥的处理，并有效利用污泥的主要组成，如有机质燃料、石灰成分等，降低污泥的高温焚烧处理成本；②利用设备必须有良好的烟气除尘装置，避免污泥焚烧过程中对环境的污染。

基于以上分析，我们认为，钢铁冶金行业中的焦化车间和烧结车间同时具备污泥无害处理和“资源化”利用两种功能，并且焦炭和烧结矿产量巨大，将污泥配入其中进行利用将前景广阔。

（一）脱水污泥制型煤炼焦

型煤炼焦技术是将炼焦原料煤中的一部分进行压块成型，再按一定比例和粉煤配合为装炉煤去炼焦。采用此工艺能提高装炉煤的堆密度，从而改善煤料的炼焦条件，增大煤料塑性温度区间，促进煤粒间的黏结，最终提高焦炭质量。钢铁行业是焦炭消费的主要客户，采用成型煤工艺能有力地保证焦炭的强度。

基于污泥制型煤直接利用的缺陷，污泥制型煤炼焦技术具有更好的利用前景。其工艺流程是：通过脱水污泥与煤粉在合适比例下制备型煤，再将型煤与粉煤按合适比例配合，进入焦化生产制取焦炭。

采用污泥型煤炼焦技术利用污泥的优势如下：

（1）焦炉处理温度高（950～1050℃），可有效处理污泥有害成分；

（2）焦化过程可有效利用污泥中的有机质热值；

（3）污泥制型煤成型率高，无需另外添加黏结剂；

（4）焦炉附属有脱硫装置，可有效避免硫排放带来的环境污染；

（5）脱水污泥灰分低，对焦炭质量影响较小。

（二）石灰碱化污泥用于烧结

烧结是将各种粉状含铁原料，配入燃料和熔剂，加入适量水，经混合、造球后在烧结设备上烧结的过程。我国烧结原料中细精矿比例高，其直接配入烧结时料层透气性差，产量偏低，能耗

偏高，烧结矿质量差。钢铁企业在生产过程中产生了大量含铁粉尘，如瓦斯灰、干法除尘灰、转炉OG泥、轧钢铁鳞等。目前，我国的钢铁产量已经超过5亿t，产生的冶金尘泥总量已达5000万t以上，一方面尘泥含有有价元素如Fe、C等，另一方面铁矿石进口价格高，因此尘泥的回收再利用受到了国家和行业的广泛重视[15]。但冶金尘泥直接配入烧结混合料时，存在以下缺点：尘泥粒度细，在运输、混合和烧结过程中容易产生二次污染；在烧结过程中，较细且含水量较高的尘泥将恶化烧结层透气性，影响烧结生产技术指标，使得烧结矿质量下降，导致产量降低。

可以看出，细粉料直接利用不利于烧结生产，采用合适的方法进行混料、造粒将有助于改善细粉料的利用。石灰碱化污泥具有一定的黏性，其含有的石灰组成可作为烧结原料的熔剂，有机质可替代烧结中的部分燃料，加之污泥可以提供造粒过程需要的部分水分，因此可充分利用其组成，将其引入烧结工艺中“资源化”利用。研究认为，改善精粉配入时烧结料层透气性差的较好方式是采用小球烧结法[13-14]，小球烧结法即精料烧结法，可有效解决高品位精矿制粒难的问题，制得的小球粒度均匀、强度好、燃耗低，从而使得烧结料层气流阻力减少，故可显著改善烧结料层透气性。因此，可采用三种方式配入污泥，其配入流程如图3所示。

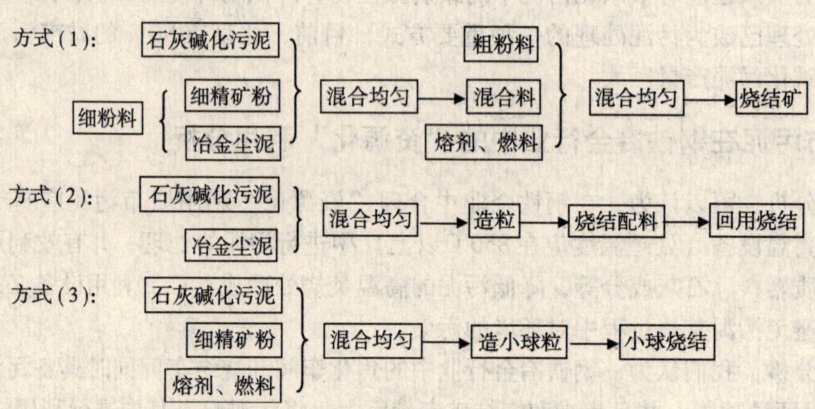

图3　石灰碱化污泥不同方式下配入烧结的流程

石灰碱化污泥在烧结中利用的优势在于：

（1）烧结过程中温度超过1200℃，可有效处理污泥有害成分；

（2）烧结过程中有机质燃烧放热，可降低烧结过程配碳量；

（3）污泥具有黏结性，有利于细粉造粒，含水率高，可以不配水或少配水；

（4）制备成分均匀、颗粒适度的颗粒料，可以解决细粉直接配入烧结时易产生透气性差、烧结矿指标降低的不足之处，降低烧结除尘的负荷，有利于环境保护；

（5）石灰碱化污泥中含有的石灰组成还可作为烧结原料，减少烧结原料中的石灰加入量，相当于减少CO_2气体的排放量；

（6）烧结车间附属有除尘和脱硫设备，可有效避免粉尘和硫分带来的环境污染。

五、结　论

城市污泥水分、有害组分含量高，同时散发恶臭气体、污染环境，因此需要及时进行处理。污泥处理处置的目标是实现污泥的减量化、稳定化和无害化，并且鼓励回收和利用污泥中的能源和资源。

进入21世纪，钢铁冶金行业在产能扩张的同时，在节能环保领域也取得了很大进步，其固、气废弃物处理方式日臻成熟。根据城市污泥的相组成，污泥中含有的有机质可以作为燃料在高温中利用，处理过程中添加的石灰可以作为钢铁生产原料。基于污泥的相组成，采用机械脱水后的污泥可以用于污泥制型煤炼焦领域，采用石灰处理后的石灰碱化污泥可以用于烧结原料领域。

同传统城市污泥处理方式相比，在钢铁冶金流程中处理、利用城市污泥具有良好的发展前景，可以将污泥进行高温无害化处理，有效利用污泥中的有用组分，不仅降低污泥处理成本，甚至有可能变废为宝，创造新的经济效益，充分体现现代化钢铁企业的绿色冶金和环保功能。

参考文献

[1] 廖洪强，钱凯，赵民革．首钢发展循环经济技术实践与战略思考［C］．2005年中国钢铁年会论文集，545-548.

[2] 廖洪强，姜林，余广炜，等．钢铁工业发展循环经济新模式——建设循环经济产业园［C］．2008年冶金循环经济发展论坛论文集，57-58.

[3] 余杰，田宁宁，王凯军，等．中国城市污水处理厂污泥处理、处置问题探讨分析［J］．环境工程学报，2007，1（1）：82-86.

[4] 尹军，谭学军，廖国盘，等．我国城市污水污泥的特性与处置现状［J］．中国给水排水，2003，19（13）：21-24.

[5] 房井新，汪文生，张仁鹏．浅谈城市污水厂污泥的处置［J］．中国资源综合利用，2009，27（3）：28-29.

[6] 刘常青，黄游，张江山，等．污泥土地利用的风险评价探讨［J］．环境科学与管理，2006，31（4）：188-191.

[7] 普大华，吴学伟，李洁．城市污泥处理处置技术对比［J］．中国水运，2007，7（2）：73-74.

[8] 刘海燕，张璐．城市污水厂污泥处理技术进展［J］．水工业市场，2009，4：29-32.

[9] 朱建平，常钧，芦令超，等．利用城市垃圾、污泥烧制生态水泥［J］．硅酸盐通报，2003，2：57-61.

[10] 谢建麟，段泽琪，张新，等．城市污水厂污泥制型煤的研究［J］．武汉城市建设学院学报，1992，9（1-2）：105-110.

[11] 段泽琪，谢建麟．城市污水厂污泥制型煤固硫研究［J］．武汉城市建设学院学报，1992，9（3-4）：78-82.

[12] 田福军，李海滨，吴创之，等．污泥型煤技术处理污泥的基础研究Ⅰ．制备废水污泥型煤工艺条件的研究［J］．燃料化学学报，2000，28（5）：449-453.

[13] 容敬铭．关于小球烧结法的探讨［J］．烧结球团，1980，6：39-45.

[14] 单继国，郑信，刘淑桂．小球烧结的研究与应用［J］．钢铁，1996，31（10）：1-5.

[15] 廖洪强，余广炜，包向军，等．钢铁冶金含铁尘泥高效循环利用技术思路与工艺集成［J］．冶金环境保护，2007，6：17-20.

第五章

区域环境问题与生态环境保护

关于生态建设区发展战略与生态补偿的若干思考

许振成[1] 张修玉[1,2] 胡习邦[1,2] 赵晓光[1]

(1. 环境保护部华南环境科学研究所 广州 510655；
2. 中国科学院广州地球化学研究所 广州 510640)

摘 要 生态建设区的发展及其生态补偿是生态文明建设的重要内容。本文基于目前全球经济与国际社会发展形势，对生态建设区的发展战略与生态补偿的制度设计进行了深入分析，提出了生态建设区的发展应该：①转变理念，少求财，多求福；②积极鼓励人口迁出，减少生态建设区的实际常住人口；③建设宜居城乡体系；④打造天地人相融合的度假旅游产业；⑤实现生物质产业的生态化；⑥集约发展特色工业产业园区；⑦加强生态环境基础设施建设与运营管理。

关键词 生态建设 生态补偿 制度设计 战略研究

一、战略背景

(一) 世界经济形式变化趋势

20 世纪 90 年代以来，随着冷战的结束，世贸组织的建立，信息技术的发展，世界经济加快了由集团化、区域化朝全球化发展的趋势，使资本运动的国际化上了新台阶。资本力求冲破任何对它的限制，建立世界市场和各民族的相互依存关系。经济全球化和一体化已成为当今全球经济不可逆转的发展趋势和不可阻挡的历史潮流。

根据联合国的统计，2007 年全球 207 个国家和地区中，总的国土面积约为 14233.39 万 km^2，总人口约为 66.65 亿人，共创造 GDP 约 542558.99 亿美元。若以人均 GDP 为标准，可将全球分为富裕、小康、脱贫和贫困共 4 大世界。其中，富裕世界又可分为极富有、富足 2 个世界（表 1）。处于富裕世界的国家及地区共有 69 个（包括极富有世界 36 个与富足世界 33 个）；处于小康世界的国家及地区有 51 个；处于脱贫世界的国家及地区有 46 个；处于贫困世界的国家及地区有 41 个。

中国经济的快速发展对正在发展中的小康与脱贫世界影响巨大。考虑中国的实际购买力及 2008 年中国的人均 GDP 汇率值已超 3266 美元，我们将中国划入小康世界。如此，2007 年小康世界拥有国家及地区数则为 52 个，总人口约 24.66 亿人，约占世界总人口的 37.01%，创造 GDP 约 105198.96 亿美元，约占世界 GDP 的 19.39%；脱贫世界拥有国家及地区数则为 55 个，总人口约 22.74 亿人，约占世界总人口的 34.12%，创造 GDP 约 27768.85 亿美元，占世界 GDP 的 5.12%。可见，1995 年至 2007 年间，世界经济整体得到重大发展，世界贫困和脱贫的人口得到迅速减少，富裕世界（含富足与极富有世界）、小康世界得到巨大扩展，世界经济形态已经逐渐开始发生变化。

表 1 四大世界类型划分标准

世界类型		划分标准
富裕世界	极富有世界	人均 GDP≥30000 美元以上
	富足世界	10000 美元≤人均 GDP≤29999 美元
小康世界		3000 美元≤人均 GDP≤9999 美元
脱贫世界		800 美元≤人均 GDP≤2999 美元
贫困世界		人均 GDP≤799 美元

（二）国际社会发展趋势

目前世界人口年增长率1.33%，尽管人口增长率有所下降，但世界每年净增人口7800万左右。发展中国家15岁至24岁的年轻人约10亿。由于生育率的降低和寿命的延长，人口的老龄化成为一个普遍问题。到2015年，60岁和60岁以上人口将占世界总人口的13%。

同时，城市化进程加快，全球城市人口所占比重迅速增长。1800年世界城市人口比例不过1%，1900年迅速增加到13.6%，1950年剧升到28.4%，1980年又增到40.9%，1998年世界人口的47%住在城市地区。进入21世纪，世界人口城市化水平进一步提高。2007年世界城市人口占总人口的比重达到49.4%，约33亿（图1）。从世界各区域的人口城市化水平来看，较发达地区>欠发达地区>最不发达地区。

另外，世界多极化的趋势加快。两极格局结束后，世界加速向多极化发展。除了美国这个超级大国之外，在政治上、经济上逐渐形成了具有不同程度影响世界的新的力量或力量中心——欧洲、俄罗斯、日本和中国等。目前，多极化还只是一种趋势，还并没有能成为一种稳定的、基本的格局，世界仍处于“一超多强”的态势。当前世界竞争大格局更多是处于美国独霸一超，一些大国强国正努力争取成为世界的一极。

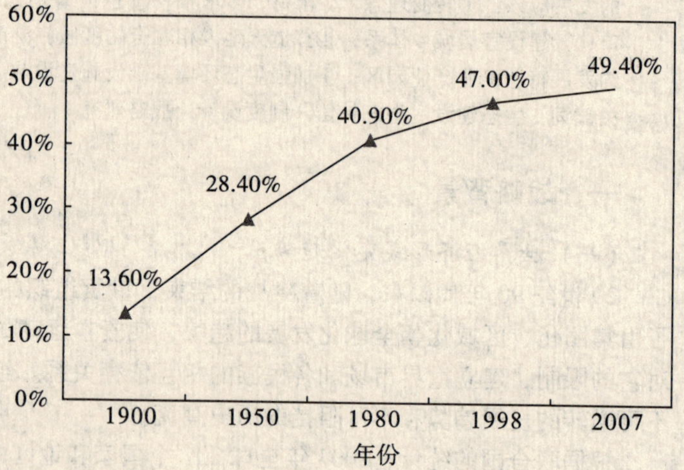

图1　1900—2007年世界城市人口比例变化趋势

多极化是一种客观现象，是任何国际势力也阻挡不了的。多极化趋势的发展在更大程度上反映了广大发展中国家的利益需求，必然导致联合国作用的增强。看到多极化趋势，可以恰当地衡量超级大国（无论是当年的“两超”还是后来的“一超”）究竟拥有多大能量，也便于清醒地估计本国在世界上的地位。既不应否认美国的优势地位和特殊作用，又不能因为仅存“一超”而漠视多极化。当今世界，多极化的趋势不可逆转，经济、政治、军事、意识形态都将先后走向多极世界。然而，国际上尚不存在一个统一的制度或规范约束这些要素以平衡多级世界之间的矛盾，协调多极世界行动的准则将可能出现真空。

二、生态文明建设战略研究

（一）战略框架

本研究在系统分析资源禀赋、经济社会发展与生态环境压力的基础上，从转变发展导向，创新文化技术，保护生态环境等层面，提出生态文明战略建设的基础框架（如图2所示）。

在战略框架中，转变发展导向是核心战略，是指导各行业实施生态文明建设的纲，其中改变发展布局居于转变发展导向的首要位置；创新理念技术是实现生态文明建设的基础，其中创新理念文化促进各行业是科学技术进步的先导位置；保护生态环境是体现生态文明状况的直接手段，其中编制环境功能区划居于全社会保护生态环境的引领地位。而作为一个战略体系，框架中各个战略措施都是相互联系，相互依存，协同作用的。

（二）战略行动

1. 转变发展导向

生态文明建设的实质，是转变我国依赖高投入、高消耗、低技术、低产出的发展模式。为实现发展战略的根本转变，建议实施如下重大战略行动：

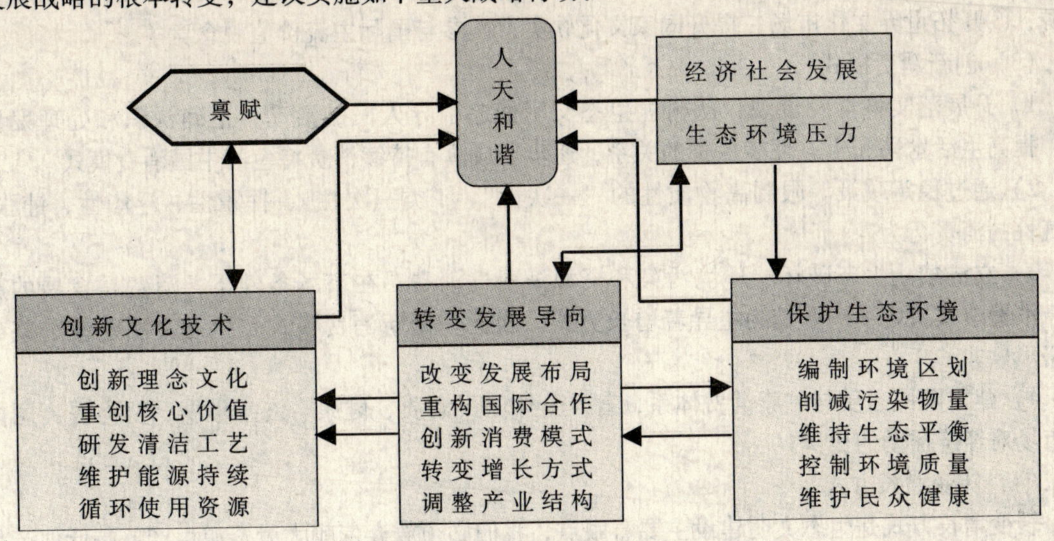

图2　生态文明战略框架图

（1）改变发展布局

我国对内改革的核心是在党中央强有力领导下，毫不动摇地将工作重点转移到以经济建设为中心上来，并成功充分调动了中央与地方两个积极性，层层分解发展目标，形成了全民动手、全国动土搞建设的局面。历经30年发展，社会资产已有相当规模后，若仍然维持这种发展势态，各地就很难避免低端产品的重复生产和对资源环境的掠夺式开发。因此，改变发展布局是转变发展模式的根本，必须采取一切可能的行政、法规、政策等一切手段，调整好国家发展布局，中华民族的生态环境才能维护可持续利用的平衡。

本研究认为，国家发展布局的总体要求为：在2020年，全国85%的人口、90%的GDP将聚集在占国土6%的集约发展区，引导限制发展区占全国土地34%人口与GDP分别为12%与8%，而在不受干扰地区的人口与GDP将不超过3%与1%占有国土不少于60%。为实现上述目标，本研究建议：①由环境保护部牵头，全国各部门开展“全国环境功能区划”工作；②发改委在“十一五”牵头开展的“全国主体功能区划”工作转为“全国生态环境发展规划”工作。

（2）重构国际合作格局

为了应对快速发展中的世界形势，30年来我国坚持对外开放不动摇，跟上了世界发展的潮流，使我国人民生活进入了小康水平，经济总量已居世界前三位。然而，我们应该清楚地认识到，过去的对外开放，在世界经济一体化的分工中我们只能顺着富人的市场末端需求，充当“世界工厂”。这种分工必然形成全国各地掠夺式的开发资源，全球性的污染环境，破坏生态。若不能及时改变这种国际合作格局，以我们现在的实力，这将出现在全球搜刮资源，从而将全球污染引入境内，将市场矛盾洒向世界的更加被动局面。因此，重构目标合作格局，引领我国经济逐步走向一体化市场的主端，并进而参与目标市场导向，既是我国经济发展的核心战略，也是生态文明建设的核心战略。为实现生态文明目标，本研究建议采取如下重大行动：

1）改变长期贸易顺差状况。30年来，我国依赖量大价低产品长期维持国际贸易大顺差，掌握全球第一的巨额美元储备，这显然为我们争得了在世界发展上的语话权，但这是以我们的生态环境代价和民族的不合理付出换来的。以当前我国具有的综合实力，已没有必要再以原有的方式来维持这种状况，我们应当从维持生态平衡，提高国家实力，改善国民生活等三个方面按贸易平衡或小额逆差的原则重构我国国际合作格局。

2）若干具体建议。①严格限制资源输出，全面谋求资源输入；②控制低端产品输出，限制奢侈品输入；③积极引进先进技术，全面提升产业水平；④积极投入生物质能开发，拓展能源新来源；⑤开拓世界文化市场，提升国家文化软实力，参与国际主流价值观念竞争。

（3）创新消费模式

1）开展落实科学发展观，从树立生态文明做起引导人民的活动，正确认识和处理发展经济、提高生活水平和生态环境保护的关系，逐步形成具有持续消费特色的中国消费模式。

2）通过稳定政策等限制高物质性的“一次性”、“类一次性”、挥霍性、浮华性、铺张性、阔气性的消费行为。

3）立法禁止生态破坏、环境污染和资源浪费性消费。在市场条件下，消费是发展的原动力，消费模式决定了产业结构主导着增长方式。因此，创新消费模式是生态文明建设的基础性战略。

4）建立国民素质与健康消费体系，普及全体国民素质、健康、终生消费，努力提高国内消费市场对经济摇动的比例。

（4）转变增长方式

转变增长方式是生态文明建设主要着眼点，我们必须放弃依赖大量资源生产低端低值产品的生产方式，放弃过度依赖国外低端市场的挣钱方式，禁止不顾生态环境为代价的增长方式。建议：

1）构建可持续发展的、以国民优质生活为导向的、以国内市场为依托的国家经济增长方式。

2）扭转重物轻人的发展观念，建立以人的全面发展为核心的经济增长方式。

3）制定领先于已有技术水平的单位变量能耗、物耗约束性的经济增长方式。

4）通过市场定价与税收等手段，制定单位能耗、物耗市场最低附加值指标体系。

5）依自然资本理论，按生态环境可持续利用的需求筹划设计取代流转税的国家能源资源税体系。

（5）调整产业结构

产业结构调整是生态文明建设从价值理念探讨向落实于经济社会建设领域行动的首选突破口，是我国在工业化进程中建设生态文明的关键切入点。实现生态文明建设的目标依靠于产业结构调整的具体落实，就是为建设生态文明而调整产业结构，其着眼点在于“节约能源资源和保护生态环境的产业结构”，这不同于传统的产业结构调整，仅着眼于增高发展速度或经济效益，因而，这需要在目标、对象、政策手段及政策性质等方面不断进行探索。本研究建议：

1）以行政与财税政策等措施为动力持续推进三产比例的持续调整。以提高国民日常生活消费能力，提高民众幸福感为目标，迅速提高第三产业的比例，尤其在后进地区与中小城市乡镇，要突破由一产至三产依次增大的传统产品结构调整惯例，直接加强维持民生的基础产业与体现人民幸福的第三产业的发展引导。

2）强化政府对种养林果生态大农业产业的引导，加强对生态农业品种、生产工艺、产地组合布局优化、产品流通指导、农资保障等方面的科学研究与财政投入，提高生态农产品的产值。按“十二五”示范，“十三五”普及，“十四五”完善的总体布置，完成我国农业生态化体系建设，以确保民众的健康饮食，保障占国土约34%的农林产区生态环境安全。

3）遵照保持国内生态环境可持续利用，合理使用全球资源的原则，以国内市场要素为基础，以国际市场为纵深，由国务院直接组织系统制定国家产业发展，以求从根本上解决为了利益在条条上行业“来龙”，恣意掠夺资源，垄断市场，在块块上“地虎”，画地为牢，浪费资源的产业发展混乱局面。

2. 创新文化技术

建设生态文明标志着人类发展一个新时期的到来，需要理念上的创新，文化上的发展与沉淀，更需要技术上的突破与推进。

（1）创新理念文化

生态文明是新的指导思想，有关这方面的理念研究还很薄弱，各地的实践刚开始，有不少地方，还只是将生态文明当成环境保护的新提法来执行，不少部门则教条地按党的十七大报告的目标来布置产业投资，这都是有所偏颇的。建议：

1）成立生态文明研究会，组织全国实践生态文明的同行加强理论研究，创新理念。

2）以生态文明新理念系统创新生态环境科学新体系，使其成为横跨自然科学与社会科学的第三大科学体系。

3）在全社会倡导生态文明文化，以民众喜闻乐见的形式使生态文明理念与知识形成社会文化沉淀。

4）建立国家生态文明教育体系开展生态文明建设，还必须建立起国家生态文明教育体系，树立全民节约能源资源和保护生态环境的社会气氛，不仅要为生态产业发展提供思想基础，而且要从消费终端上引导产业结构向节约能源资源和保护生态环境方向发展。一是在全社会宣传发展消费观、绿色消费观，大力倡导实用消费、节约消费和适度消费观，引导公众追求基本生活需要的满足、崇尚精神和文化的享受；二是加强生态环境教育，特别是要加强青少年环保教育，将环境保护列入素质教育的内容，同时强化农村环保教育；三是加强对领导干部、重点企业负责人的环保培训；四是开展丰富多彩的全民环保科普宣传，提高全民保护环境的自觉性。

（2）重创核心价值

近二百年来工业革命引领世界发展的核心价值是物质财富，英国人教会了世人将矿物造成各种物品财富，而美国人教会全球以拥有工业物品为荣耀。当前，选择西方核心价值体系正舶向全球，引发全球生态环境灾难的正是这种核心价值观。复兴的中国应当为人类作出较大的贡献。应该是以生态环境可持续利用约束下享受幸福的东方核心价值观影响全人类，建议国家设专职机构研究与传播“人天共享”的核心价值观。

（3）研发清洁工艺

我国当前的主要生产工艺都远远落后于发达国家，国家的科学技术发展规划不能再只是“自娱自乐”式的模仿人家的“高科技”，而必须制定出具体的跨越式追赶国际先进水平生产线规划，建议通过引进消化与集成创新，争取用十五年左右的时间（目标是“十二五”示范，“十三五”普及，“十四五”完善），使我国95%以上的生产工艺的能耗产品质量、市场价值处于国际前沿水平，争取有30%的生产工艺能引领世界先进水平。

（4）维护国家能源持续与安全

国家能源安全包括两个方面：第一，能源供应的稳定性（经济安全性），是指满足国家生存与发展正常需求的能源供应保障的稳定程度；第二，能源使用的安全性，是指能源消费及使用不应对人类自身的生存与发展环境构成任何威胁。各国的实践表明，能源及其使用安全两者间存在着一种互动演进的关系。能源供应保障是国家能源安全的基本目标所在，而能源使用的安全则是国家能源安全更高目标的追求。

我国能源开发利用的技术水平薄弱，以往主要通过进口技术设备，这不利于我国中长期的能源发展规划，我们必须立足于资源现状、加大科技投人和新能源研发，实施清洁生产，从源头上减少对环境的破坏；提倡能源的合理消费，提高能源的综合利用率；积极开发可再生能源，推进能源结构的“绿色化”。

（5）循环使用资源

循环经济要达到较大规模是生态文明建设的指标之一。但当前各行业在实施循环经济中存在教条主义倾向，或者片面追求工业产品制造链上的不间歇循环，或者孤立强调“静脉产业”的废品回收率。其实，循环经济要求高技术的全面支撑、大资本的高强度投入和密集的市场维持且任一环节的因为任一原因而断链，都可能危及整个系统崩溃。因此，在现阶段我国更加应该强调：

1）循环使用一切可以经济实用循环的资源，要建立资源循环使用的消费理念、价值观念、产品设计规范，生产流程与流通规则，形成国家资源循环使用体系。

2）系统提高我国各类资源的使用效率。

3）在循环使用资源中必须同时考虑能源消耗的合理性。

3. 保护生态环境

保护生态环境是处于可持续利用的平衡状态，是生态文明建设的最终落脚点。我国环境保护工作多年来一直处于被动于经济社会发展的状况，生态文明理念的提出为环境保护工作主动引导经济社会发展的历史转变提供了理论基础与前进方向。

（1）编制环境区划

环境功能区划不只是环境实现科学管理的一项基本工作，更是改变国家发展布局的约束性指导，是实现以生态环境引导经济社会发展环境战略转变的最主要举措。

我国各地都曾各自独立地划分了水、气、声等环境介质的功能区，其不足是既没有覆盖全域又不能反映各环境介质之间的相互关系，更少顾及经济社会的发展需求。在“十一五”国务院从科学发展的角度推出了主体功能区划，在空间上将国土划为了优化、重点、限制与禁止开发区，但却不能反映环境支撑与指导发展的基本功能。而要实现环境主动引导发展的战略，就需要实施环境综合功能区划，引导国土环境与经济协调布局。

环境综合功能区划以划定环境介质功能的形式在空间与时间上给出国家的环境中、长期目标。在保障国家生态环境系统可持续利用的前提下，综合考虑经济社会与环境的诸多因素，按各区域的自然生态环境主要功能划出连续并覆盖全部国土的“维持自然状况区、限制干扰区与集约发展区”等三类环境功能区，再在此基础上，引导各类环境功能区，在区内按适度的比例划出社会经济发展分类区。

环境综合功能区划在空间上连续地覆盖全域，以环境单元的完整性为原则跨政界区分；省一级的区划以国家级的区划为基础，市级以下各政区主要以国家、省级区划为基础，进行区内的发展功能分类；发展功能分类在空间上不连续，各地功能分类可以因需而异，各功能区与执行的环境介质质量标准相对应。

环境综合功能区划与分类不但需要综合确定水、气、声、土、生物等环境介质或要素在时间与空间上的质量指标，以维持生态环境的完整性，建立适应人类需求的新的生态环境平衡；而且要综合考虑自然环境特殊性，经济社会发展的多变性，因此是个多层面、众多要素的复杂系统。因此环境综合功能区划与分类是长期性的顶层环境规划，其目标应为30～50年，可以每十年有必要的少量调整。

环境功能区划所规定的环境质量以维持整体生态环境平衡为原则；发展功能分区内划定的环境介质质量以保障人的健康和满足社会经济发展需求为原则；环境功能分区的环境质量监控以国家网点为主，发展功能区的质量状况以地方监测为主，国家执行监督与执行。

环境功能区划的初步建议为，2020年目标是：维持自然区，面积约为576万km^2，占全国面积的60%以上，人口占全国的1%以下，GDP占全国的3%以下；限制干扰区，主要为农、林、牧、渔用地，面积约为324万km^2，占全国国土面积的34%左右，人口约占全国的15%，GDP约占全国的7%；集约建设区，主要为城市与工业建成区，控制在约60km^2，占全国国土面积的6.3%左右，人口占全国的84%左右，GDP占全国的92%左右。即三类土地面积比例约为6:

3.4∶0.6，人口比例为1∶15∶84，GDP比例约为1∶7∶92。

（2）削减污染物国家行动规划

以削减污染物的产生与排放量为重要抓手，科学调整基数，将控制面扩大到工、农、生活等人类活动，将控制过程重点推到“污染物产生量”的源头控制，将控制行为分配到发改委、农业、城建、工信部等政府部门；谨增全国性控制指标，强化区域性特征指标等。

1）进一步核实认定污染物产生排放总量。逐步建立一整套完整、可信及动态的污染物总量减排档案。

2）建立和完善科学的污染物削减指标体系。改进统计方法，完善统计制度，着力做好重点污染源排污数据的统一采集、统一核定、统一公布。建立污染物控制总量控制台账，及时掌握老污染源削减和新污染源增加动态变化情况，为采取针对性的措施奠定基础。

3）建立和完善准确的污染物产生与排放监测体系。确定国控重点污染源，并向社会公布具体名单。所有国控重点污染源必须安装自动监测设备。各省、自治区、直辖市、市（地）、县（市）也要分层次确定各自监测的重点污染源。

4）建立和完善严格的污染物削减考核体系。把强化政府责任作为实现污染减排目标的关键环节，对因工作不力没有按期完成任务的采取相应的惩罚措施；同时要配合有关部门建立问责制度，追究有关人员的责任。

5）坚持每半年公布一次全国及各省、自治区、直辖市主要污染物的产生与排放情况，接受社会监督。未经国家核准，各省、自治区、直辖市不得自行公布减排数据。

（3）建立国家生态与环境质量保障行动规划

建立国家生态环境质量保障行动中长期规划，统筹兼顾经济发展与生态环境的需求。以维持国家生态平衡为目标，全面部署发展布局、产业结构、生活方式、增长方式、国际合作及创新文化技术的指导性意见与必要的约束性指标。如给出开发国土面积的单位产出值，人均享受资源与环境损耗值等。同时必须细化经济社会活动在单位空间上所允许的污染物产生量与排放量，以维持环境单元区域性生态稳定、完整。系统提出在各种可能的发展情景下，为达到生态环境可持续利用最佳的污染物削减工程体系，确定实施体系所需要的空间、技术、资金及实施主体等。

（4）维护民众健康

维护民众健康必须作为“十二五”生态环境保护工作的总纲；切实遏制当前及今后环境质量下降的现状。当前与今后一段时间有越来越多的国民生活在环境质量下降区域，而我国的经济总体上已经走过了“要钱不要命”的阶段，当前国内的主要矛盾是享受发展成果的差异在持续扩大。因此，我们有必要，有能力、有手段高举起“维护民众健康”的大旗。“十二五”及以后环境工作的落脚点不能只是“总量、质量与风险”了，而应是人们是否感受到“生活的环境在变好”。

（三）政策导向

建设生态文明，要求人类通过有节制的人口发展，明智的技术开发，谨慎合理的生产和消费活动，去调节控制人类活动对自然生态系统的影响，达到和谐共存的目标。要实现向生态文明的过渡，需要我们政府在政策的制定和实施上做出一定的调整和引导。

1. 调整政府绩效考核制度

长期以来，由于不科学的政绩观和考核制度作祟，一些人简单地把发展等同于增长，许多地方简单地以增长率作为干部政绩的主要考核标准，为了追求一时的经济增长速度，不惜违背经济规律和自然规律，导致经济增长的数字上去了，但生态环境却遭到严重破坏，可持续发展受到损害。而保护环境、建设生态文明很重要的一条，就是各级领导干部一定要树立符合科学发展观要求的“环境政绩观”，这需要我们调整政府绩效考核标准，完善政府的社会责任考核与追责制度，建立政府的节约与生态环境责任考核制度以及政府干部节约与生态环境培训制度，切实将环境和生态保护作为考核政府业绩的一项重要内容。

2. 调整人口政策

努力实现人口良性发展，强化惠及全民的计生优生鼓励政策，突出优质的前置保障政策到位，确保新生儿缺陷率持续下降。废止区域差异的计生人口政策，全民鼓励一胎，允许二胎，严格限制三胎，禁止四胎。严格禁止人口迁入禁止开发区，实施“女孩希望工程”与“希望母亲工程”，制定提升育龄妇女素质优惠政策。贯彻优生优育的方针，控制人口增长，提高人口素质，把沉重的人口负担转变为人口资源优势。

3. 调整社会保障政策

在建立全民社保制度的基础上，全部国土实行全民所有，国家统管，按总体功能需求使用，形成60∶34∶6的禁止、限制、集约开发使用国土格局；改变诸侯经济的旧格局，形成对应于禁止、限制、集约区人口分布为1∶9∶90的国家社会发展新布局；制定不同功能区的单位面积、产出考核制度，形成对应于禁止、限制、集约区GDP产出为0∶6∶94的国家经济新格局；制定不同功能区的生态环境保护考核制度及考核体系。

4. 建立生态经济政策

首先，根据资源和生态环境可持续发展利用规划及经济社会发展战略，制定有利于资源和生态环境可持续利用和发展的产业政策体系。该体系包括产业结构、布局、规模、经济发展模式和产业扶持政策等。

其次，按照市场经济规律的要求，运用价格、税收、财政、信贷、收费、保险等多种经济手段，进一步完善生态文明经济政策体系。该体系包括绿色税收、环境收费、资本市场、生态补偿、排污权交易、绿色贸易、绿色保险等。形成科学合理的资源和生态环境的投入机制、补偿机制、产权和使用权交易及绿色产出和绿色消费等良性循环机制，加快形成可持续发展体制机制。

三、生态补偿策略研究

（一）生态补偿策略研究的理论创新

1. 环境质量稀缺是现代社会的基本特征

人类在认识到污染问题时，还未意识到环境质量也需作为一种资源来使用，更未意识到要将环境介质作为一种资本来计价有偿使用。工业化和城市化为主要标志的现代社会对环境的需求更多地表现在其质量方面。现代社会对环境介质质量高强度、高聚集的使用，使环境质量发生了“物质性”稀缺，现代人们对生活环境高质量的需求，在物质性稀缺的基础上叠加了“经济性”稀缺。

2. 环境质量资源的资本特性

环境质量稀缺也服从马克思所阐述的价值论：存在稀缺即存在支付，存在支付就意味着商品；存在商品就必须导致流通；存在流通就自然产生市场；存在市场就会衍生资本。开始的环境资本运营主要发生在人工恢复环境质量，接着便发生先占有环境质量资源作为资本流通。

3. 环境质量资本的需求特性

环境质量的社会需求是多方面的。生存的基本需求，消费者从良好的环境质量中获得更多的满足或效用，厂商使用清洁的环境可以减少它们的经营成本等。环境质量可以作为一种资本在经济活动中产生效益，并不只限于受到污染的环境，而是普遍存在于社会经济活动中。环境质量很难通过有形的市场交换，难以确定市场价格和市场均衡供需数量。需求对环境质量的市场将不能直接发生作用，不能通过一般的市场观察到环境质量的市场均衡价格和均衡数量。

4. 环境质量的有偿使用

生态补偿已成为环境经济学中通用的一个概念与最主要的手段，随着经济手段在生态文明建设中越来越广泛地应用，生态补偿概念越来越显得含义过窄，它所反映的主权不清，计价依据不足，使用支付渠道不顺，获益方用途不明，有必要从理论与实施机制上理顺。首先在现代社会中优质的环境质量是稀缺的，需要付出才能维持，它是有价的、可计量的；其次，天然的环境质量是有主的；其三，环境质量作为资本核计入产品成本可使“环境质量”随产品流通，实现“增值法”的绿色 GDP 核算；其四，在现代社会中不核计环境质量成本有助于强势团体更多地占有公众资源，既加剧社会不和谐，也加剧人与自然不和谐；其五，核计环境质量资本及其资本增值，可以合理增加国家公共财政来源，有助解决我国日益加剧的贫富“剪刀差”扩大问题。

（二）环境质量有偿使用的制度设计

1. 环境质量资源的所有权

依宪法环境质量资源属国家所有，即全民所有。有偿使用的收入应该由国家统一收取管理并由国家进行统一转移支付，其他任何单位和个人无权收取或支付。采取资源有偿使用的方式能够确保稀缺资源的使用方为消耗的资源付费，同时资源的保护方得到了应得的报酬。环境质量所具有不可替代的特殊性，决定了它在社会经济生活中不可或缺、不可替代的地位。因而，其使用域可覆盖整个经济领域。

2. 环境质量有偿使用收支主体的确定原则

向资源使用和保护方收支的过程中可能会出现多个需求收支的主体，需要设计相关的细则以确保收支主体的合理性。收取费用的对象是环境资源的使用者，支付的对象应是直接为环境质量再生和保护作出贡献的群体。收支主体的确定必须坚持以下几个原则：

（1）有利于维持资源的再生产；

（2）有助于社会公平、和谐；

（3）有利于经济效益、社会效益最大化。

3. 需方支付制度设计

环境质量资本进入社会经济内部成本核算，首先是因为在现代社会中优质的环境质量是稀缺的，需要付出才能维持；其次，天然的环境质量是公有的，在现代社会中，国家是公众物品的管理者，因而它是有主的；第三，将环境质量资源作为资本核计入产品成本可使优质的“环境质量”随产品流通，实现用“增值法”将环境损耗列入 GDP 核算，而达到上述最有效的手段是国家征收环境质量税，这种环境税是解决污染控制、生态保护所需公共财政缺口的根本出路，更是解决区域发展公平机会，实现全民保障的根本出路。

4. 供方获益制度设计

环境质量的获益方，无疑应是为供应优质环境作出贡献的利益相关方，而从全民可持续使用环境资源考虑，供方获益形式应为：

（1）环境质量获益方下一代的教育，并外向就业、城市就业；

（2）环境质量获益方人口有序转移向产水区外；

（3）环境质量获益方的社会保障；

（4）环境质量获益方产业的升级换代，或养息停业；

（5）环境质量获益方生态公益的维护；

（6）环境质量获益方的污染防治；

（7）环境质量获益方保护水源的科技进步。

5. 国家监管体制设计

国家监管体制设计应坚持以下原则：

（1）政府是环境质量有偿使用体制的核心；

（2）中央政府统筹全国环境质量有偿使用，地方政府对其共同下级负责；

（3）统一收取，统筹安排，相互支撑，形成合力；

（4）严格监管，定量考核，形成制度，持之以恒。

6. 制度设计的目标

（1）追求的是人人具有平等的发展权利和共享发展成果的权利，而不是政区间同等的GDP量；

（2）追求的是社会公正，而不是同地域的功能相同。

（三）推动生态补偿向环境质量有偿方向过渡

1. 建立激励生态保护和建设的财政转移支付制度

（1）在目前财政转移支付中增设生态补偿科目，支付现已确立的公益林等生态补偿；

（2）在国家与省基本建设预算对生态保护和建设进行投资。

2. 推进建立环境质量的有偿使用机制，逐渐推动从“补偿”向“有偿使用”的过渡

（1）由上一级财政全额承担生态建设区原住民的社会保险、医疗保险、高中和职高的全程教育费（政策内人口）；

（2）上一级财政审批投资生态区的社会基本建设；

（3）以特许经营权方式，吸引充足的社会商业资金投资于生态建设区鼓励产生的高标准建设，形成优势；

（4）继续探索完善异地开发政策，一是根据异地开发模式的阶段性在不同条件下建立不同的异地开发方式，二是建立双向性的异地开发模式；

（5）探索自然保护区配额交易模式按照公平原则确定各地市应该拥有的自然保护区面积比例，作为自然保护区建设配额，面积不够的地市需要向富裕的地区购买。

3. 关于生态建设区发展战略的思考

（1）转变理念，少求财，多求福

1）生态建设区不以GDP总量为考核指标，只考核人均GDP与人均可支配收入。上级财政转移支付额列入人均GDP与人均可支配收入。

2）建立新的生态建设区发展状况评估体系，以人的发展为主要指标，探索中国现代幸福生活方式，让生态建设区人民在幸福中生活。

（2）积极鼓励人口迁出，减少生态建设区的实际常住人口

1）鼓励分散山地居民自由流向乡镇集中居民点，鼓励本地居民向本行政区城镇流动，鼓励本区居民向行政区外的非生态建设区流动，严格限制行政区外非紧缺专业人员流入生态建设区。

2）尽快普及生态建设区适龄青少年职高以上免费教育，介绍往区外就业。

3）建立全民职业技能终生教育体系，持续提高本区居民外向就业能力，鼓励外出就业。

4）优先普及女孩的教育与外向就业，优先保障育龄母亲的职能再教育与外向择业。

（3）建设宜居城乡体系

1）大力建设面向本地居民的新的住宅体系，鼓励城镇化集中居住，优化乡村住局。

2）新建城镇园林化，新建乡村果田园化，空心（废弃）农村森林化，以体现出生态建设区人们的生态文明与幸福感。

3）适度建设面向本籍人士的还乡度假建筑体系，适量发展面向成功人员的生态园林休假别墅体系，以多种方式营销生态区的度假体系，形成支柱产业之一。

（4）打造天地人相融合的度假旅游产业

1）充分利用独特于别处，尤其是区别于近处都市的自然条件，充分挖掘别具一格的地形、地质、地貌、地物和文化历史，编辑时间纵向、地域横向的旅游主线。

2）凝练本地风格，体现主人关怀的旅游人文关怀，如体现出宾至如归是旅游业永远的魄力

所在。

3）营造度假休闲，寻求健康的旅游主题。吸引周边三百公里以内的周末休游人群，全国大假游人龙，争取世界上的特色游人脉。

4）以政府打造基础设施为引导，吸引社会商业资金建设适宜客游需求与爱好的旅游设施。

5）大力发展旅游文化与旅游体育，实现旅游筹划信息化，网络化；建设快捷多样的旅游交通网络，提高服务软实力。

（5）实现生物质产业的生态化

1）面向未来市场需求，以生态化为原则，系统制定跨产业的区域性生物质生产布局规划，合理配置各种生物质产量，努力实现生物质生产中能量、营养物质的闭路循环，逐步持续减少生物质生产中的工业品输入。

2）全面提升食品产品的品质，杜绝食品产品含超标毒害物风险，确保产品安全；树立区域生态食品品牌，以质优价高量适度为经营理念，持续提高效益。

3）以维护区域生态平衡、保护生物多样性为原则，适量发展工业原料性生物质，保持一定面积的多年生多样性生物质群落，营造一定面积的多年生珍贵生物群落。

（6）集约发展特色工业产业园区

1）发展依托本地特有资源产品，要争取财政的产业转移资金与特许经营政策，通过市场资金组合，将特有资源产业链延伸到市场末端，提高产业的附加值，尽快改变卖资源、造初级产品的被动局面。引进高新技术与资金，实现资源的全面回收利用。

2）发展依托本域市场的特色加工业，要引进先进的设计理念与制造工艺，将本地销售产品的品位提高到国家或国际特色，以配备旅游市场的购物需求，让本地商品成为本地的广告。

3）通过技术引进与专业公司的介入经营，将本地工业相关水平提高到国内领先，国际先进水平，全面实现清洁生产。

4）本地工业主要招收本域员工，除了专业人才，严格限制招收外来务工人员。

（7）加强生态环境基础设施建设与运营管理

1）对生态建设区的垃圾进行全域清理收集，实行适宜的集中处理。

2）人为活动废污水因地制宜采用集中与分散相结合的适宜工艺与设施处理。排水不得影响受纳水体的使用功能，不得影响生态平衡。

3）严格控制人为毒害污染物，对化学毒害物实行区域源头管制，并对可能携带排放的环境介质实行毒性检测。

4）控制大气污染，排放废气的影响范围不得超出制定的开发区范围，不得对区域空气的本底质量造成影响。

5）对区域的生态状况开展调研观测，定量维护区域生态平衡的可控性。

宕口资源的生态恢复及其可持续利用途径

牟子平　于德珍　史　绮

（苏州科技大学环境学院　江苏省苏州市高新区滨河路1701号　215011）

摘　要　对苏州高新区典型宕口的植被恢复状况进行了初步研究，结果表明，自2002年底全面停止开山采石以后，关闭的矿山废弃地环境恢复整治示范工程已初见成效，各个宕口的绿色植被在逐渐恢复。道砟型宕口地力条件好，土壤水分、养分适宜，植被生长良好，植被覆盖率较高；花岗岩型宕口地力条件差，植被恢复难度大，宕口植被覆盖率相对较低。借鉴宕口修复的成功范例，提出了宕口资源开发利用的多种途径。

关键词　宕口　生态恢复　开发利用模式　苏州高新区

苏州地处长江三角洲，是全国文明城市，也是城市化进程最快的城市之一，目前城市化率约为70%。城市扩张加剧了对石材的需求，形成了许多宕口，这些开山采石废弃地表层土壤已不存在，自然恢复极为困难，严重破坏了森林资源和自然景观；尾矿的堆积不仅有碍观瞻，其干涸后较强的流动性，更加深了对自然景观的破坏；废弃物堆场在大雨后形成的浊流，也不利于自然景观的维护。因此，宕口环境综合整治已经成为区域经济社会发展迫切需要解决的问题。本文以宕口资源比较集中的苏州高新区为例，选择几处典型的宕口资源为研究对象，对其四五年来的人工恢复状况进行调查分析，并提出开发利用建议。

一、宕口资源现状

采石业曾经是苏州高新区西部几个乡镇经济收入的主要来源之一，然而，开山采石后留下的破碎山体、挖废的水塘、裸露的岩石比比皆是，大煞风景，严重影响生态环境，特别是城市向西部延伸、绕城高速和太湖大道等通车后，越来越多的宕口暴露在人们的视野中，人们引以为傲的“真山真水园中城”中的山已是千疮百孔，满目疮痍。更有甚者，有的自然山体是历史文化信息的载体，拥有自然景观和人文景观，若从城市地图上和城市发展历史上抹掉，将成为历史的遗憾。鉴于此，根据《苏州市禁止开山采石条例》，高新区于2002年底全面停止开山采石。

苏州高新区共有山体面积2 800hm^2，主要是上方山、横山、狮子山、何山和大阳山。据统计，高新区因开山采石形成的宕口共有95个，总面积411.0 hm^2，挖废山体面积573.0 hm^2。2002年12月31日，涉及6个镇27个行政村的宕口全面实现禁采，共关闭宕口60余个，约占宕口总数的2/3，停用轧石机115台，占轧石机总数的31.6%，分流从业人员8 800多人，占开山采石从业人员总数的38.3%。当年高新区财政支付停采补贴1 100多万元，主要用于解决各镇停止开山采石后财政缺额、残疾人员的善后处理以及经济的滚动发展等。目前，高新区内的所有宕口已全部停采，正陆续进行山体的复绿恢复工程。从2003年起，以统一规划为前提，对所有宕口分期分批实施综合整治，到2004年底，全区共投入整治资金2亿多元，完成了26个宕口的整治和综合利用工程，占宕口总数的27.4%，其中由高新区管委会完成了8个宕口的综合整治，由各镇（街道、分区）实施了18个宕口的综合整治，复垦山体266.7 hm^2。2005年又启动了通安青山、东渚龙山宕口的修复，同时计划实施通安阳山宕口、太湖大道北白鹤山宕口和太湖大道南团山宕口的整治、复绿工程，3个宕口整治工程总投入超过2 500万元。2006年，恢复高新区辖区内100多个荒山的自然植被被列为当年苏州市重点实事工程项目。

二、宕口资源的生态恢复案例

苏州高新区的采石宕口大体可分为两种类型，一种是以枫桥、浒墅关两个镇为主的花岗岩石型，整治难度较大；另一种是以通安、东渚、镇湖三个镇为主的道砟型，整治相对容易。本研究选择道砟型的五龙山宕口、花岗岩型的高景山宕口及新区公园宕口为案例，对其植被恢复状况进行调查、分析与评价。

（一）宕口简介

道砟型的五龙山宕口和岩石型的高景山宕口分别位于高新区的东渚镇和枫桥镇，2003 年开始实施综合整治。五龙山宕口总面积 8.4 hm^2，其中采石场地 6.5 hm^2，挖废山体面积 3.4 hm^2，总投资 375 万元，主要通过陡坡喷播、斜坡种植和底部覆土种植等方式实现山体复绿。高景山宕口总面积 58.5 hm^2，其中采石场地 21.7 hm^2，挖废山体面积 9.4 hm^2，是市政府 2003 年实施的重点工程之一。特邀请具有较好设计理念的上海交大锦添科技有限公司制订施工方案，利用露岩喷播技术，采取自然台阶式绿化，利用网格保护，防止雨水冲刷、泥土流失。2004 年 7 月，投资1 500万元，占地 16.0 hm^2 的高景山一期工程顺利通过验收，并被列为国土资源部整治试点项目。新区公园宕口位于枫桥镇，2004 年投入 1 亿多元，规划建设了新区公园，目前该公园是苏州市最大的开放式公园，占地约 40hm^2，其中水面约 10hm^2、绿地约 25hm^2、广场铺地 5hm^2，已成为周边市民理想的休憩活动场所。

表 1 调查样地基本情况

宕口	恢复时长/年	地力条件	基质结构	持水保肥能力	母岩
高景山	4	较差	一般	较差	花岗岩
五龙山	4	一般较好	一般	较好	道砟
新区公园	4	较好	较好	较强	道砟

（二）宕口的植被恢复

根据各个宕口及其周围山体的地质地貌状况，以及植被恢复状况设置样方，高景山 1m×1m 9 个样方，五龙山 5m×5m 9 个样方，新区公园 5m×5m 5 个样方。调查中记录样方内植物的种类、株数、胸径、覆盖度、生物量、生长状况等内容。

高景山宕口为花岗岩石型，停采后植被恢复难度大，其人工复绿是对宕口露岩局部喷浆播种进行复绿，通过水泵将河水提升到山顶，浇灌喷浆的区域，使草种得以生长。高景山宕口植被为结构简单的草本植物群落，以集群形式分布在坡面凹陷或稍缓有土壤聚集处，基本为耐旱的植物，主要植物种类有类芦、红毛草、狗牙根、三叶鬼针草、牛筋草和蕨类植物等，间或有少量灌木类植物斑块状分布在立地条件较好的区域，包括马樱丹、岗松等。就群落垂直结构而言，类芦（80~150cm）构成了群落的第 1 层，第 2 层主要为红毛草 + 牛筋草（30~80cm），狗牙根和蕨类植物（<30cm）则构成了群落的第 3 层。

表 2 高景山宕口植被恢复状况

种类	株高/cm	生物量/鲜重%	生长状况
类芦	80~150	22.2	较好
红毛草	45~100	10.6	较好
牛筋草	30~70	47.2	旺盛
狗牙根	10~20	10.5	较好
蕨类植物	5~20	9.5	较好

东渚镇五龙山宕口为道砟型宕口，通过平整、填土，种植香樟、银杏、青枫、铁甲松等实现山体复绿，除了采石形成的比较陡的坡以外，各种植物几乎分布于整个山体，植物生长情况良好，但植被种类组成较为简单。就群落垂直结构而言，香樟、银杏、青枫、铁甲松构成了群落的第 1 层，第 2 层主要为草本植物群落，主要有类芦、三叶鬼针草、牛筋草等。

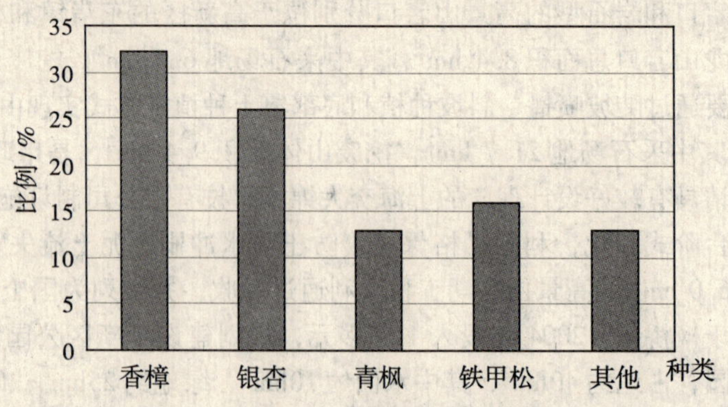

图 1　五龙山宕口植物种类及其数量比例

新区公园主要是人工种植的各种植物，种类较多，而且有人工管理，植被生长很好。主要有香樟、银杏、冬青、龙柏、青枫、铁甲松、梧桐、枇杷、枫杨、马尾松、合欢、十大功劳、金边黄杨、芙蓉、金叶女贞、金叶榆等，其中以香樟、银杏、金边黄杨、龙柏为主。

表 3　新区公园植被恢复状况

种类	株高/m	胸径/cm
香樟	7.5	9.0
银杏	6.0	8.0
冬青	6.5	8.0
龙柏	4.0	7.0
青枫	3.3	6.0
铁甲松	2.5	6.5
梧桐	6.5	8.0
枇杷	5.5	8.5
枫杨	7.0	8.0
马尾松	5.0	6.0
合欢	6.0	6.0
芙蓉	6.0	6.5
金叶女贞	0.7	0.4
金边黄杨	0.5	0.3

（三）宕口的生态恢复效果评价

通过对高景山宕口、五龙山宕口以及新区公园的调查，可以看出，对矿山废弃地进行人工植被恢复是切实可行的。自 2002 年底全面关闭采石场以后，经过近 5 年的复绿整治工程，宕口的生态恢复已取得了初步成效，但是由于各个宕口特点不同，恢复情况各异。在其他条件相同的情况下，植物的种类和数量与土壤地力条件的好坏有着直接的关系[1]，地力条件好，土壤水分、养分适宜，植被的种类和数量就多，而且生长良好；地力条件差，土壤水分、养分不易保持，植物种类和数量少。

（1）高景山的植被恢复比较困难，因为它的地力比较差，整个山体都属于花岗岩型，土壤稀少，几乎都是裸露的岩石，植物生长不易，人工植被修复亦很困难，且需花费高昂的费用。高景山从2002年停止开采，2003年人工对露岩局部喷浆播种，但所喷浆的土壤仅仅在岩石的表面，而且只是很薄的一层，植被恢复较难，现有植被覆盖率10%～20%，而且植被种类简单，主要以草本植物为主。

（2）五龙山宕口属于道砟型宕口，植被恢复相对较花岗岩型山体容易，山体以道砟为主，土壤相对较多而且松散，人工平整、填土后比较适合地被物生长，人工种植的各种树种都生长良好，而且地被物种类较高景山多，植被覆盖率在60%～75%。但在山体坡度较陡的区域，人工复绿困难，山体石壁依然裸露。

（3）新区公园自2004年实施综合整治以来，人工改造工程很大，宕口低洼地修建成湖泊，平坦区域修建成道路、绿地及其他构筑物，绿地上种植了种类丰富的植物，有专人进行施肥、灌溉等管理，植被生长旺盛，短短4年时间，已经丝毫看不出原来的宕口痕迹，完全成了一个绿树成荫、鸟语花香的生态公园。

三、宕口资源的开发利用途径

不同的宕口资源，其地质、地貌、地形特点差异很大，在开发利用过程中，应坚持因地制宜、生态优先的原则，运用现代生态学原理，采取不同的技术模式进行生态和景观恢复，使恢复后的宕口能自然地融入当地生态环境，并产生良好的生态、经济与社会效益。

（1）生态公园建设。对于区位条件好，自然景观和人文景观密集的区域，或人口集中居住区，并有较大开发利用价值的宕口资源，应合理利用，因势造型，开发建设成生态公园。在苏州高新区境内区位条件优越的宕口还有很多，可以借鉴苏州新区公园、太湖牛仔乡村俱乐部、苏州白马涧生态园等成功的经验进行合理的开发利用。

（2）生态住宅建设。对于无保留价值、存在灾害隐患的残留山体，可采取削平陡立宕口、平整场地等工程措施，消除灾害隐患，增加新的土地资源，建成生态环境优美的居民住宅小区、生态型宾馆或公园、休闲用地[2]，或者因势造型，建设景观型宾馆。苏州高新区科技城中的青山度假山庄，就是利用废弃的宕口，在山坡地带建造的一座融入自然生态的准五星级度假山庄，总建筑面积2.3万m^2，设有150套各式山景房，取势依山而上，错落有致，每个房间都有独特的角度欣赏景致。

（3）循环经济模式。转变矿产资源开发利用旧观念，将开山采石作为资源的第一次开发，对废弃宕口的利用作为资源的第二次开发，宜农造田、宜渔开塘、宜林植树、宜牧养殖、宜工建厂[3,4]。据统计，苏州高新区宕口沿山各村利用荒山荒坡、废弃山体种植苗木、果树、茶叶150多公顷，同时结合森林防火在隔离带种植茶树等经济作物，每年效益达350万元，不仅保护了山体资源，改善了环境，控制了森林火源，而且增加了镇、村和当地农民收入。

（4）生态墓葬建设。生态墓葬是指将骨灰埋入地下，地面只留一块平碑，其周围植树木、花草等的一种墓葬形式，俗称树葬、花葬、草坪葬等[5]。浙江省杭州市利用废弃采石场建成占地4 000m^2的半山生态墓地，不仅节约了殡葬用地，改善了废弃采石场的生态功能，而且还减少了丧葬成本。苏州殡葬违章事件时有发生，既然堵不了，便可尝试疏的方式，推行生态墓葬。

（5）科学复绿。对于经济利用价值不大的宕口实行科学复绿。不同山体，复绿方法不同，山坡较陡的，采用喷播办法，种植草本植物；山坡较缓的，种植草本、灌木和藤本植物；宕口底部，采用覆土的方法，种植生态林、经济林。植物配置以乡土植物为复绿的主体材料，同时注重植物的多样性。植物选择考虑耐干旱、耐瘠薄、根系发达、覆盖率好、易于成活、便于管理、兼顾景观效果的植物，如爬山虎、高羊茅、黑麦草、弯叶画眉草、狗牙根、百喜草、白三叶、胡枝子、紫穗槐、刺槐、马棘、沙打旺、紫花苜蓿等藤草灌品种。通过精心挑选植物和合理的配置，实现裸露山石的植被恢复。

宕口资源的生态恢复是一项长期而艰巨的工作，目前，高新区宕口的整治主要集中在道路两旁，对于远离人们活动区的宕口投入相对较少。政府及相关管理部门应加强对每个宕口的调查分析，因山制宜地制订不同的整治方案和实施计划，有重点分阶段逐步实施整治。在资金筹措上，除了政府、集体经济组织等出资外，可以尝试公开向社会招标，吸引外资或民间资本进行投资建设。苏州太湖牛仔乡村俱乐部就是在废弃宕口上，由台商独资兴建的生态休闲度假村，俱乐部陆地面积40多 hm^2，水域面积约15 hm^2，集吃、住、游、乐于一体，为华东地区少见的综合性大型活动场所之一，其成功经验值得借鉴。

参考文献

[1] 陈志彪，涂宏章，等. 采矿迹地生态重建研究实例［J］. 水土保持研究，2002，9（4）：31－35.

[2] 黄敬军. 江苏省矿山环境保护和矿业废弃地环境恢复整治示范模式［J］. 中国地质灾害与防治学报，2003，14（4）：62－66.

[3] 郭巍. 抚顺西露天采场植物修复的研究［J］. 能源环境保护，2006，20（3）：27－29，32.

[4] 刘国恩，康政虹，周晓明. 南京市露采矿山存在的环境问题与整治建议［J］. 江苏地质，2005，29（2）：112－115.

[5] 黄敬军. 废弃采石场岩质边坡绿化技术及废弃地开发利用探讨［J］. 中国地质灾害与防治学报，2006，17（3）：69－72.

广西电解锰行业环境整治情况探讨

蒙美福 冯前雁 张 晶

（广西环境监察总队 广西 南宁 530022）

摘 要 本文概括了广西锰矿资源储量和资源利用现状，总结了广西电解锰行业专项整治工作取得的成效，使利用锰矿资源生产产生环境污染的电解锰行业环境问题得到了基本解决，同时指出整治过程中存在的不足，并提出电解锰行业治理和整治的下一步对策和建议。

关键词 电解锰 环境保护 整治 监察

一、广西锰业发展现状

中国锰矿资源较多，分布广泛，在全国21个省（区）均有产出。我区锰矿资源保有储量2.2亿t，占全国的37%，锰矿储量及产量居全国首位。中国唯一的一个超亿吨的大型锰矿是广西的下雷锰矿床。不难看出，广西的锰矿资源优势十分明显。十多年来，锰矿年产量保持在100万~150万t，占全国的20%~25%[1]。

广西锰矿分布广泛，但目前保有储量主要集中于桂西南。仅大新县锰矿就占全区资源储量一半以上，为51.19%，其次为靖西10.96%，天等6.4%，桂平4.49%。从矿床规模上看，资源储量主要集中在大中型矿床中，其中大型矿床占67.26%，中型矿床占25.79%，小型矿床和小小矿、零星分散矿点加起来不足7%[2]。这种资源高度集中的特点是广西锰业发展、规范管理、发挥主导矿山作用的一个十分有利的条件。

为充分利用丰富的锰矿资源，广西“十一五”期间，锰业着力打造四条产业链：锰矿石—锰系铁合金—中低碳锰铁合金，锰矿石—硫酸锰—电解金属锰—四氧化三锰—锰锌软磁铁氧体—各种电器元件，锰矿石—电解二氧化锰—无汞碱锰电池、锂锰电池，锰矿石—电解金属锰—200不锈钢系列—不锈钢制品[1]。

广西锰矿资源利用水平，随矿山规模不同差别较大。一般大型矿山资源的回收利用比中小型矿山好，个体经营的小矿山普遍较低，回收率如表1所示。

表1 广西矿山资源回收率情况

矿山规模	采矿回采率	矿石贫化率	选矿回收率
大型矿山	77.99%	8.12%	74.91%
中型矿山	85.5%	8.6%	72.7%
小型矿山	70.0%	10.85%	60.0%

广西大规模锰系铁合金和锰深加工企业的生产具备较好基础，骨干企业规模大，技术装备、单位电耗在全国处于先进水平，效益高于全国平均水平[1]。广西锰业在高速发展的同时，锰矿资源开采还普遍存在不按资源利用方案开采、采富弃贫、资源浪费严重等现象，由此带来了十分严重的环境污染和生态破坏问题，付出了沉重的代价[3]。同时，锰代镍生产不锈钢工艺突破后，电解金属锰的需求量猛增。95%以上的电解锰生产企业是用碳酸锰矿为原料，采用酸浸、复盐电解制锰工艺，在电解锰生产过程中会产生大量的废水，其主要废水污染源是钝化废水、洗板废水、车间地面冲洗废水、滤布清洗废水、板框清洗废水、清槽废水、渣库渗滤液、厂区地表径流和电解槽冷却水等，有的企业因管理不善，治污水平低，产生的污染对环境造成了较大的危害。

二、广西电解锰行业整治现状

为了遏制涉锰行业无序发展，解决涉锰行业环境污染问题，根据国家要求，2008 年广西在全区范围内对由市县人民政府确定的锰矿开采、锰矿洗选、锰矿粉加工、电解锰、锰铁合金等涉锰企业进行整治[4]。在 2008 年基本完成锰矿开采、洗选及铁合金整治基础后，2009 年重点抓电解锰行业环境整治工作，对全区现有 35 家电解锰企业进行全面整治。经过半年的整治，目前全区电解锰生产企业已基本完成环境整治工作任务。

广西通过不断地摸索和总结，通过精心组织，加强领导，严查督办，外出取经，制定操作性强、具有针对性的相关文件，投入专项资金进行奖励，实行通报制度等方式规范加强专项整治工作，全面推进整治工作，突出创造性地完成了以下整治工作：

1. 提出了建设初期雨水收集池和外排废水储存池的办法，即企业所有车间或工段都要设置污水收集沟，将收集污水送污水处理站处理或送车间使用，一个企业只允许建设一个规范的废水排放口，需要排放的废水，须经处理达标后，先排入废水储存池（容积 $20m^3$ 以上），再向外环境排放。

2. 企业须设置一条满足收集厂区原料、生产和产品区域雨水的沟渠和初期雨水收集池（容积按能够收集超过当地近五年年平均最大降雨量收集前半小时雨水量的 20% 要求建设），收集的初期雨水须回用或经处理达标后排放。

3. 废水排放储存池安装六价铬、总锰、pH、氨氮、悬浮物在线监测仪器，含铬污水处理站安装六价铬在线监测仪器。

4. 废水储存池设置排污口，排污口按规范建设，安装流量装置。在废水储存池安装在线监测仪器，使采样合理、更具代表性，降低了企业作弊的可能性，有效监控企业违法排污行为，提高了环保部门的监管能力。

此项整治工作得到了环保部电解锰行业环境整治工作督查组的充分肯定，认为广西对电解锰企业的厂区初期雨水进行收集处理后排放，建设外排废水储存池，解决了电解锰行业在线监测装置采样代表性的难题，这是一项创新工作。

通过整治工作，进一步提高了各级政府的环保意识，环保部门执法能力得到了加强，电解锰行业相关产业政策得到落实，电解锰市场公平性环境有保障，企业形象得到提升，提高了清洁生产水平，增加了经济效益。如中信大锰矿业有限责任公司大新分公司通过采取循环经济方式，矿区内建成的 20 万 t/a 硫黄制酸项目采用较先进的两次转化、两次吸收的清洁生产工艺，二氧化硫总转化率达到 99.97%，尾气中 SO_2 排放量降低到 30×10^{-6}。利用硫黄生产硫酸，既降低了硫酸锰生产采用锅炉烧煤的 SO_2 排放，又充分利用了硫酸生产蒸气，硫黄制酸项目产生的蒸汽供分公司的硫酸锰项目以及电解二氧化锰项目生产使用。蒸汽的综合使用，使公司每年减少 3 万 t 左右的标煤消耗、减少了 1 220t 左右 SO_2 排放量；投入 300 万元购入 11 台水泥罐车采取封闭加料的办法在电解锰、电解二氧化锰生产的化合工序添加锰粉，充分利用了化合工序需要的锰粉、减少了化合车间产生的环境污染；投入 2230 余万元完善废水治理工程，采取了清污分离、雨污分流的治理办法，对“清”的部分，冷却水经处理后回用，专门建设初期雨水收集处理系统，经处理达标后排放；对“污”的部分，含铬、含锰的废水分类分级处理后回收利用，使得整个电解金属锰、电解二氧化锰污水产生的所有废水实现零排放。整改前吨产品使用新鲜水量 6t，整改后不到 3t，相当于年节约水量 15 万 t 以上；整改前经压滤机压滤后废渣含水率 30% 左右，整改后小于 28%，相当于年增加锰金属回收 300t，增加效益 360 万元左右，取得了显著的经济效益和环境效益。

三、广西电解锰行业环保整治存在的问题

广西环保专项行动领导小组办公室检查组对全区电解锰环境问题整治工作进行检查，从检查情况来看，仍存在一些问题：

1. 由于一些地方政府领导的环保意识不高，对环保工作不够重视。特别是有些地方出台与环保法律法规相悖的“招商引资政策”，存在行政干预环境执法的现象。

2. 有的企业对电解锰行业环境保护工作认识不足，重视不够，不惜以牺牲环境为代价换取经济利益，为降低生产成本，忽视环境保护，应该配套的环保设施没有配套到位。

3. 受世界金融危机影响，近两年电解金属锰产品市场价格持续走低，大部分企业亏损严重，企业拿不出更多的资金投入治理，使得部分电解锰生产企业环保整治工作进展相对缓慢。

4. 国家目前还没有关于电解锰企业废水中一些特征污染物如总锰、六价铬、悬浮物等在线监测系统验收的技术规范，因而对电解锰企业水污染在线监测系统的验收缺乏足够的依据。

四、对策与建议

电解锰企业环境问题在本质上是一个经济发展道路问题、经济结构问题、增长方式问题、消费模式问题，不是简单的污染治理。将经济发展、社会和谐与环境保护统筹考虑，把电解锰企业污染防治与结构升级、技术提升、产业空间布局、区域环境管理全面规划，才能找到解决电解锰资源优势地区环境问题的根本出路。在下一步工作当中，我们应当努力做好以下几点：

1. 严格履行审批制度。对不符合国家产业政策的企业，严格把关，坚决不予审批。

2. 不断提高各级政府领导环保意识和执行环保法律的自觉性，重视和支持环保工作，减少行政干预环境执法的现象，形成良好的执法环境。

3. 各地环保部门加强对在线监测系统的监管，确保正常运行，防止企业的违法排污行为，对超标排放企业严格按相关法律法规进行处罚。

4. 加大宣传，提高企业自主治污积极性，提升企业管理水平，引导企业从“要我治污”到“我要治污”观念的转变，履行好社会责任。

5. 建议国家相关部门尽快出台电解锰企业废水中一些特征污染物如总锰、六价铬、悬浮物等在线监测系统验收的技术规范，为电解锰企业水污染在线监测系统的验收提供充足的依据。

6. 要努力巩固已取得的电解锰行业环境问题整治工作成果，加强日常管理工作，建立完善长效管理机制，督促各电解锰企业进一步完善环保设施，加强环保设施的正常运行，确保各项污染物稳定达标排放。

7. 进一步完善企业环境突发事故应急预案及措施，保障企业在生产过程中出现生产故障及污染事故时能够起到应急作用，最大限度地减少对周边环境的影响。

8. 积极推行能源消耗低、环境污染少、资源综合利用率高的锰加工业清洁生产工艺，从源头上治理环境污染，努力实现有害污染物排放的最小化。

电解锰行业环境问题的整治是综合性的整治工作，需要相关部门、各级政府多方面的协助配合，这样才能使我们在发展经济的同时保护好我们的环境，真正走上可持续发展的道路。

参考文献

[1] 广西工业重点产业发展“十一五”规划. 自治区发展改革委.

[2] 范娜，田凤鸣. 广西锰矿资源的可供性分析［J］. 中国矿业，2009，18（6）：90－92.

[3] 陈义旷，吴仲雄，刘新全. 广西锰矿资源最优开采策略研究［J］. 中国锰业，2006（4）：15－17.

[4] 广西涉锰行业环境问题整治工作方案. 广西环保专项行动领导小组办公室.

合理利用地热水资源　积极构建节约型社会

——浅议河北省地热水资源及其开发利用

胡景鹏[1]　李东海[2]　王　策[3]　封晨辉[3]

（1. 衡水水文水资源勘测局　衡水市　053000；2. 邢台水文水资源勘测局　邢台市　054000；3. 河北省水资源开发中心　石家庄市　050011）

摘　要　地热水可广泛应用于工业、农业温室种养、采暖、保健医疗等方面。地热水资源开发利用，对缓解能源压力，优化能源结构，改善环境，具有十分突出的意义。本文针对河北省目前存在的地热水利用率低、开发利用不科学、资源浪费等问题，提出了几点建议。

关键词　地热水　开发利用　建议

一、引　言

地热水，是温度显著高于当地年平均气温，或者高于观测深度的围岩温度的地下水。地热水不仅是宝贵的地下水资源，而且是珍贵的清洁能源。这种清洁能源，因能满足资源节约、环境友好型社会的发展，正在河北省逐步推广。河北省有着丰富的地热水资源，已探明的深层地热水资源和浅层地热水资源，相当于标准煤500亿t，地热储藏量仅次于西藏和云南，在全国位居第三，开发利用具有广阔的前景。开发利用地热特别是浅层地热能，对增加能源供应，改善能源结构，保障能源安全，保护环境具有重要作用，同时也是发展低碳经济，建设资源节约、环境友好型社会的要求。

二、河北省地热水资源状况及存在的问题

（一）开发利用现状

河北省地热水资源开发利用历史悠久，早在2000多年以前，人们就利用温泉进行洗浴和治疗疾病。近年来，利用地热水资源开展养殖、种植、采暖、烘干、洗浴等发展趋势有所加快。截至2006年底，全省地热水资源年开采量为4 191万m^3，相当于标准煤22.63万t，总产值8亿元；供暖面积449万m^2，养殖面积379.49亩，种植面积5 925亩，年洗浴人数786.219万人次。目前，全省地热水资源的利用方式主要以供暖、洗浴、养殖及温泉疗养为主，平原已开发利用地热井210眼，山区开发利用地热井77眼，山区温泉47处。例如，在邢台的临西、清河、南宫、新河、宁晋等地，地热水利用发展较快，已取得了良好效果，既节约了常规能源，又减少了环境污染。

（二）存在的主要问题

1. 地热水资源利用率偏低，资源浪费较严重

目前河北省地热水资源开发利用规模化、产业化、商品化水平不高，利用方式粗放、利用率偏低，资源浪费情况比较严重。据调查，全省山区有大约1/3的温泉和地热井未得到利用，如赤城县塘子庙温泉水温达64℃，没有得到任何利用而白白流失；隆化县小庙村地热井水温高达90℃，也没有得到利用，造成资源的闲置浪费。

2. 地热水回收率低，利用方式单一

由于对地热水的能源性质缺乏认识，导致地热水梯级开发综合利用项目较少，地热水回收率低，利用方式单一。据调查，在一些采取直供、直排供暖方式的单位，其地热水热能利用率仅为20%左右。由于长期盲目开采，造成使用不合理，综合利用低，浪费严重。

3. 地热水水位下降

一些地区由于缺乏管理和规划，造成布井不合理、密度太大，过量开采现象严重，只采不补，造成地下热水位大幅度下降，严重影响地热资源的可持续利用，局部地区还出现地面沉降等问题。如邢台临西轴承大世界2003年刚打成地热井时，热水自流喷出地面1.5m高，随着开采井和开采量的增加。不但不自喷，而且热水位逐年下降，到2009年热水井地下水位已降到地面以下12m左右，平均下降速率大于2m/a。

4. 地热水带来水污染

地热水中溶解性总固体含量高，有的地热水中某些组分含量超过排放标准。河北大部分的地下热水中氟化物5mg/L以上、含盐量7g/L以上，氯化物3g/L以上，它们都大大地超过了饮用水卫生标准。大量地热水利用后的随意排放，也造成地表水和地下淡水的污染。

三、地热水资源开发利用研究的意义

（一）节能减排，改善大气质量

据有关统计，河北平原区已查明地热水资源区主要包括牛驼镇、沧州、黄骅、宁晋、新河、安平、深州等地区，面积共9 240km^2。地热可开采量为8.35×10^{16}kJ，折合标准煤2.85×10^{9}t，折合石油2.0×10^{9}t。地热水资源可应用在供热采暖、医疗洗浴、种植与养殖等多种领域，具有占地少、开发方便等诸多优势，地热水资源通过有效的补给、循环利用，可以说是取之不尽，用之不竭的。开发利用地热水资源，无废渣、粉尘污染，相对和燃煤、燃气、燃油相比，在大气中的排放可以说很小。且用后的弃（尾）水既可综合利用，又可回注到地下储层，对空气、土壤等环境影响较小。地热水资源的开发利用有着突出的经济效益、社会效益和生态环境效益。

（二）改变能源消耗方式，改善能源结构

传统能源的消耗方式为采掘资源—消耗资源—排放废弃物—污染环境。地层新能源技术实现能源消耗方式是采掘资源—利用资源—资源再生（资源保护）—保护环境—资源再利用。

地热的开发利用在调整全省能源结构和保障能源安全、减少煤炭资源过度开采，弥补石油和天然气资源短缺、增加能源总量、缓解能源供应压力，减少污染排放、保护环境、实现可持续发展等方面，开始发挥日益重要的作用。

四、地热水资源开发的几点建议

（一）加强地热水资源保护，实现可持续开发

河北省政府于2006年颁布实施《河北省地热资源管理条例》，要严格执行《条例》规定，对地热水资源开发利用进行依法管理，改变粗放利用地热水资源的方式，使得全省地热开发行为得到规范，逐步提高地热综合利用和节约利用水平。

地热水资源是可再生的能源资源，同时又是有限的资源，其补给过程是极其缓慢的。在地热水资源的开发利用中，要加强管理、采取限量打井、限制开采量等措施，合理开采、有效保证，加强地热水资源的管理和综合利用，大力推进地热回灌。制定统一的发展规划，细化措施，高起点、高标准、高质量的开发利用地热资源，使地热资源开发与保护逐步科学化、规范化，地热资源的开发与利用要保持环境和经济效益的协调一致，保护生态平衡，走可持续发展之路。

（二）加强地热水资源的利用研究

地热水是集热、矿、水于一体的宝贵资源，开发利用必须充分考虑综合利用这三个方面的资源，避免对地热资源开发利用的单一化趋势。地热水资源开发利用属“资源+技术”型产业，技术性突出，是一项涉及多学科和多行业的体系。河北省要建立和完善这个体系，必须重视将高新技术不断地向传统行业扩散、渗透，要尽快制定系统的技术规程、规范和技术标准。宜以有关

院校和科研单位为技术依托，引进应用相应科研成果和先进实用的技术与设备（如热泵），大力推广梯级利用和综合利用，形成资源集约型的生产体系和消费体系，提高地热水资源利用率，物尽其用。建议按不同温度开展地热水资源的梯级利用，因地制宜，发挥资源优势，减少浪费，提高地热利用率。

要从加快转变经济发展方式，推动产业结构优化升级的高度，积极探索合理开发和科学利用地热水资源的方式。既要把地热水资源作为一种新能源加以合理开发利用，也要把它作为一种特色旅游资源加以深入研究和分析，探索一条依托地热水资源大力发展旅游业的新路子。

（三）加强地热水资源政策研究

地热水资源属国家所有，地热水资源开发利用宜尽快纳入政府管理序列，建立专门机构，行使地热水资源勘探评估、规划设计、组织实施、监测检查、政策制定、督导服务等职能。结合河北省城市经济发展的需要，进一步研究、调整有效保护和合理开发地热水资源的相关政策。建立地热开发市场的信用体系，加大地热开发管理的监管力度，通过公告、公示等方式及时公开地热开发利用的相关信息，规范地热开发行为。

（四）加强地热水资源利用对环境的影响研究

地热水资源的开发利用将对环境将造成一定影响。因此，在开发利用过程中，在加强管理的同时，必须建立水环境监测体系，对开采、使用、排放和回注的各个环节都要进行水质各项指标的监测，研究不同使用地热资源系统对环境造成的影响，进而确定地热水资源的采、用、排的最佳方案。

（五）加强节约利用地热水资源的宣传

努力加大节约利用宣传力度，要通过节约利用宣传，使大家理解资源的宝贵与重要，提高对节约利用地热水资源的重视，形成节约意识，自觉做好节约工作，从而有效地保护地热水资源。

五、结　论

河北省地热水资源较丰富，分布广泛，地热水资源作为一项清洁、绿色、可再生的能源资源，在保护环境、建设生态文明中有着巨大的作用，应该在全省范围内大力提倡，科学合理地利用，做到利用与保护相结合，使地热资源长期造福于人民。

参考文献

[1] 陈望和．河北地下水．河北地质矿产勘察开发局．

[2] 邢台水文局．邢台市地温空调技术应用及地热开发利用对策建议．

京津冀北地区应尽快建立常规型生态补偿机制

孙景亮　孙　晓

（河北省水利水电勘测设计研究院　天津　300250）

摘　要　京津冀北地区同处于海河北系一个大的流域系统，冀北地区为京津二市及下游地区无偿提供着生态服务，造成上下游之间发展机会不均等，使上游地区经济仍欠发达，不利于生态文明建设和社会经济的可持续发展，在京津冀北地区建立常规型生态补偿机制非常之必要并十分迫切。

关键词　京津冀北地区　生态补偿　机制

京津冀北地区同处于海河北系一个大的流域系统，冀北地区在上游要为京津二市及下游地区提供涵养水源、调节水量、保护环境、改善气候、促进生物多样性等多种生态服务。但目前上游地区提供的生态服务基本上是无偿性的，上游地区一方面要为保护生态环境付出巨大的发展代价；另一方面自身的经济发展却受到制约，使上游地区经济仍欠发达，已经成为在特大城市周边贫困程度最严重的地区。因此，加剧了地区间的贫富差距，不利于生态文明建设和社会经济的可持续发展，更不符合和谐社会的建设要求。

一、生态补偿是生态文明建设的重要举措

我国可持续发展战略的根本点是实现经济社会发展与人口、资源、环境相协调，核心是实现生态环境与经济社会的协调发展。在市场经济条件下，建立生态环境补偿机制是运用经济手段保护生态环境的重要措施，是实施可持续发展战略的需要。

关于生态补偿（eco－compensation）的内涵目前国内尚没有明确的和比较公认的定义。在国外，通常用生态服务付费（payment for ecosystem services，PES）或生态效益付费（payment for ecological benefit，PEB）来表达这一概念，这与国外发达的市场经济观念有关，而中国对于生态补偿的认识和实践是一个逐步深入的过程。在20世纪90年代前期的研究中，生态补偿通常是对于生态环境破坏所付出的赔偿，突出表现为自20世纪80年代以来就开始征收的生态环境补偿费，而90年代后期，生态补偿更多地是指调动生态建设积极性、促进环境保护的利益驱动机制、激励机制和协调机制。到了今天，生态补偿已经不是单纯意义上指对生态破坏行为的一种收费，或者是对环境保护行为的一种激励等短期性行为，它涉及对环境生态系统本身存在及可持续发展能力的保护、对因保护环境而付出的机会成本的补偿、对具有重大生态价值的区域或对象进行的保护性投入等长期性的决策和过程。从这个角度上来说，生态补偿是一个包括政策、规划、生态保护等多个方面的相互联系的体系，生态补偿机制的建立也是一项复杂而长期的系统工程。

生态补偿是与生态环境保护密切相关的一种经济手段。我国还缺失通过调整相关主体环境利益及经济利益分配关系，从而达到激励生态保护行为的生态补偿机制。我国生态补偿探索起步于20世纪90年代初期，从2001年开始试点的森林生态效益补偿和退耕还林政策，是我国建立生态补偿机制的成功实践。近年来，针对生态补偿各地也展开了探索性的尝试，如北京市从2006年起，每年给河北省承德、张家口两地投入2 000万元专项补偿资金用于保持密云水库、官厅水库上游地区的水环境。但是，从总体上来看，由于机制不完善，法规不健全等原因，使得生态环境补偿机制未能全面普及和推广，多数生态补偿仍是由中央相关部委推动，以国家政策形式实施为主，其生态保护区付出的代价和生态受保护区付出的生态补偿仍比例失调。仅以张家口市的赤城县为例：“京城一杯水，半杯源赤城”。总面积5 287km^2 的赤城县，65%在北京水源保护区内，境内黑、白、红三条河全部流入北京白河堡水库和密云水库，每年为北京供水3.47亿m^3，供水

量占密云水库进水量的一半。境内的云州水库近一个时期以来，每年秋季为北京送水 1 700 万 m^3。长期以来，赤城县人民为保护首都水源地作出了巨大贡献，相继实施了京津风沙源治理、退耕还林、塞北林场等旨在涵养水源的多项工程建设。目的就在于保护水资源和水环境安全，最大限度地向北京增加供水量，缓解北京的用水困难。据赤城县方面介绍："为了保护北京水源地，赤城作出了巨大牺牲。包括水稻种植面积减少，一些企业项目不能上马等。如果不受水源地保护区的影响，全县的经济增长速度要比现在提高 30% 以上"。

为了节水，赤城县改变了农作物种植结构，水稻种植面积由原来的 5 万多亩，降到了 5 000 多亩，压缩了 90%；为避免水资源污染，近年来关停、压缩了 59 个企业，年经济损失近 5 000 万元；禁牧和舍饲养殖政策的实施，则使全县农户养羊数量由 2000 年的 56 万只羊锐减至 5 万只，农民年收入减少 5 000 万元以上；长期以来，赤城县作为国家级贫困县，在保护水源地环境的同时也加重了自身的财政负担。而从 1996 年以来，全县因环保问题的限制没有上马的矿业项目 21 个、加工工业项目 30 个，影响工业产值分别为 9 000 万元和 25 000 万元。由于财力所限，全县污水处理率仍不足 10%。此外，境内的水源工程云州水库上游还有几万农民待搬迁，安置经费一直捉襟见肘。

生态补偿涉及诸如：人们无价的环境意识、难以货币化的生态价值、纠缠不清的补偿对象、势单力薄的弱势群体等一些社会深层次的问题。在人类社会发展之初，人们把环境资源看作是一种取之不尽、用之不竭、可供无偿使用的无价公共资源；一些地方领导普遍存在单纯追求 GDP 的冲动，以牺牲环境为代价，换取短期的经济增长。生态价值确实存在，但它是一个相对的概念，不同的地点、不同的时间、不同的角度和不同的立场会有不同的说法；目前，环境生态补偿观念已为大多数人认同，但上游地区认为下游地区应该补偿上游地区的水源涵养付出，而河流的下游地区却认为上游地区污染了下游的水质，环境得益者会提出种种理由而不情愿承担生态保护和治理环境的成本；需要得到生态补偿的大多数为弱势群体，是欠发达地区的山区居民或农村居民，而要面对的则是政府、企业、城市或大城市居民。弱势群体受自身条件所限，其话语权往往得不到应有的重视。

上述原因的存在，致使现行的生态补偿具有一定的局限性，现有生态补偿政策普遍带有较强烈的部门色彩；缺乏长期有效的政策支持；政策制定过程又缺乏广泛参与；生态补偿标准普遍过低等。造成在实践中难以发挥其应有的生态调节功能，不能完成制定者赋予它的任务，还不足以缓解目前生态环境造成的压力。

二、京津冀北地区应尽快建立生态补偿机制

北京市人均水资源占有量为 $300m^3$，是全国人均占有量的 1/8；天津市人均水资源占有量仅 $180m^3$，为全国人均占有量的 1/17，远远低于世界公认的人均占有量 1 $000m^3$ 的缺水警戒线，均属重度缺水地区。北京市西北方向邻近河北省张家口市境内永定河流域以及承德市境内的潮白河流域上游，从地理位置和自然资源流向的角度考虑，理所当然地成为首都重要的水源保护区。天津市自 1983 年引滦入津工程建成通水以来，累计向天津城市安全供水 189 亿 m^3，从根本上扭转了天津缺水的紧张局面，地处河北省唐山市、承德市境内的潘家口、大黑汀水库上游的滦河流域也理所当然地成为天津市重要的水源保护区。冀北地区地处京津水源地上游并居上风头，为了保护京津水源地和生态环境，不仅投入了大量的财力、人力和物力，而且由于下游地区对生态环境质量要求较高，限制了当地经济的发展。永定河上游的洋河、桑干河是张家口市的工业带，其工业产值占到全市的 90%，自加大京津水源和环境保护力度以来，为保证官厅水库水质，大量项目因环保而下马、关停。为了给京津涵养更多水源，坝上地区大规模减少水浇地，而国家在该地区实施的"京津风沙源治理工程"、"退耕还林还草工程"补偿难以弥补农民的损失，特别是这

些工程的实施导致了区域畜牧业生产成本的提高，严重地打击了农民发展畜牧业的积极性，造成当地曾经辉煌的畜牧业严重滑坡。

受益者无偿或低成本占有环境利益，保护者却得不到相应的经济补偿，就缺乏保护的工作积极性。这种表现在环境问题上的冲突和不公平，是对经济利益关系的扭曲。也不仅是京津冀北地区，在全国不少地方都面临着类似的矛盾。保护者与受益者的矛盾使区域生态保护面临困境，同时也影响着地区间和不同人群间的和谐关系。则解决这一问题的有效途径就是尽快建立常规型的生态补偿机制。

生态补偿机制是建立在环境资源价值理论、环境经济学与循环经济理论基础上的一种合理的制度模式。自然资源有偿使用是生态补偿机制的核心内容，即把自然资源当作一种特殊商品，让自然资源使用人、生态受益人在合法利用自然资源的过程中，对自然资源所有权者、对生态保护付出代价者支付相应费用，即使环境污染的外部性内部化。生态补偿机制，就是用计划、立法、市场等手段解决下游地区对上游地区、开发地区对保护地区、受益地区对受损地区的利益补偿。即把保护生态环境的责任和利益进行分割，获益方对为保护流域生态环境做出牺牲的一方进行补偿协调，以维持“义务与权益”的平衡。其目的是促进流域间与地区间共同地发展，体现生态保护的经济价值和市场价值。

三、生态补偿的主体对象、遵循原则与依据标准

生态补偿主体应根据利益相关者在特定生态保护、破坏事件中的责任和地位加以确定。生态补偿实施的前提应首先要明确生态补偿的主体与对象，一是生态补偿的区域，二是生态补偿的服务类型，即对哪些区域的哪些生态服务进行补偿。

生态补偿主体：生态产品作为公共物品，其效益具有非竞争性和非商品性，理应由公共财政来提供。可建立中央财政为主、地方财政为辅，政府为主、社会参与为辅，政府、社会、市场相结合的生态补偿专项基金。

生态补偿对象：生态补偿的对象有两个，一是地方政府，二是生态系统产权所有人。生态补偿弥补的是因为保护生态环境而增加的机会成本。按照公平原则对付出生态保护代价的两个重要主体给予补偿。一要补偿地方政府发展机会受限而减少的财政收入，二要补偿生态系统产权所有人经济活动受限的经济损失，产权所有人中，国有产权所有人一般是企事业单位；集体产权所有人一般随着农村改革落实到了农户。但生态补偿的最终受益者还是生态系统，但只有经过中间受益人才能实现，这个中间受益人就是生态系统所在地的地方政府和生态系统产权所有人。因为当生态保护区所在地政府和产权所有人获得生态补偿后，将通过限制自身生产活动减少和降低对生态环境影响，最终体现在对生态系统和功能的补偿。

生态补偿遵循的原则：主要是以人为本，尊重人民群众生存权和发展权原则；人与自然和谐发展和区域协调发展的原则；“谁受益、谁补偿，谁损失、补偿谁”的公平正义和平等交换原则；以政府主导公共财政投入补偿为主的原则；中央和地方、政府和社会主辅结合，共同参与的原则；生态补偿与加快发展，“输血”与“造血”补偿相结合的原则；突出重点、先易后难，连续补偿、循序渐进的原则。

生态补偿依据和标准：正确评估生态补偿的数量是保持生态补偿机制持续性，理顺各利益相关者关系的关键。生态补偿的实质是补助发展机会损失。因此，发展机会损失是生态补偿测算的重要依据。生态补偿标准的考虑依据的是生态功能区可砍伐森林（木材）、可开发矿产资源、可开发水资源、可开发草场资源等生态和自然资源，因生态保护禁止和限制开发给直接受益主体造成的现实经济损失。具体标准应综合考虑国家和地区的实际情况，特别是经济社会发展水平，平均利税率、平均 GDP 增速，保护者与其他地区生活水平的差别，通过充分调研论证来确定，最

终确定为单位面积补偿标准。可考虑确定基础标准逐步递增，也可考虑按分类型定标准。需要强调的是国有和集体产权的生态林地、湿地、草地，因产权性质和承载人口生存压力不一样，补偿标准应有大的区别。

生态补偿标准确定的具体依据有两个：

一是提供生态服务的成本。包括建设成本和机会成本，主要包括上游地区涵养水源、环境污染综合整治、农业非点源污染治理、城镇污水处理设施建设、修建水利设施，以及进一步改善流域水质和水量而新建流域水环境保护设施、水利设施、新上环境污染综合整治项目等方面投资和节水的投入、移民安置的投入；以及上游地区为水质水量达标所丧失的发展机会的损失以及限制产业发展的损失等。

二是生态服务的价值。其反映了生态服务对于某一社会所具有的全部潜在的经济价值。但此计量还很困难。关于生态服务价值的计量方法有三种：市场价值法、替代市场价值法、意愿调查法。目前生态补偿的计量还是以市场价值法为主，后两种方法作为参考，用做定性判断。

四、结　语

冀北地区为京津二市及下游地区提供了涵养水源、调节水量、改善气候、促进生物多样性等多种生态服务，致使上游地区的经济发展受到了限制，由于冀北地区为保护上游地区生态环境付出了巨大的发展代价，致使经济仍欠发达，已经成为在京津两特大城市周边地区存在严重贫困的问题，造成了地区间贫富差距越来越大。由于在传统发展模式中生态环境价值往往未被考虑，尽管生态保护能产生巨大的社会效益，但目前上游地区提供的生态保护基本是无偿性的，保护者一般不能从市场上自动获得经济效益和补偿，受益区的经济发展又未考虑应承担的上游环境保护成本，导致“环境无价、资源廉价、商品高价”。而因生态环境保护工作艰难，地区经济欠发达，社会矛盾激化，致使社会、经济的冲突向生态领域不断扩散、转移和蓄积，又反作用于损害地区资源环境，同时也恶化了环境问题的人文社会背景。如果上游地区经济欠发达、群众的基本生活问题得不到相应解决，生态文明建设的成果和生态保护的积极性就难以持续地保持下去，而且由于上下游之间发展机会不均等，将使城乡协调发展的社会主义优越性无法体现。因此，在京津冀北地区建立生态补偿机制非常之必要并十分迫切。

参考文献

[1] 王星，陈泽伟．生态补偿破解环境冲突［J］．瞭望，2007，32（60）．
[2] 许永兵．建立生态补偿机制促进可持续发展［N］．河北日报，2007－11－3（4）．
[3] 陈廷榔．构建京津冀北流域生态补偿市场机制［N］．中国环境报，2005－12－15（10）．
[4] 王金南．庄国泰，等．生态补偿机制与政策设计［M］．北京：中国环境科学出版社，2006.1.
[5] 郭亨孝．建立生态补偿机制促进生态文明建设［R］．中国林业新闻网，2010－1－6.

九江市区水体中氡浓度调查与分析

邹　敏

（江西省九江市环境监测站　九江　332000）

摘　要　本文介绍了九江市水体中氡浓度的分布状况及其规律，对水中氡的来源进行调查、分析与评价，得出九江市水体中氡浓度偏高不是水中镭引起的，而是与九江的地质结构有关，并对调查结果提出了建议。

关键词　九江市区　水体　氡浓度　调查

一、引　言

水中氡浓度的含量是水体放射性环境质量的主要标志之一。因此，与人类息息相关的水环境，若其氡浓度过高，不管饮用与否，对人体健康都会造成危害。九江市环境监测站与有关院校合作开展了对九江市区水体中氡浓度的调查，为今后全面开展放射性环境管理和监测提供科学依据。

二、水体中氡浓度调查与监测情况

（一）地表水氡浓度监测情况

地表水中放射性氡浓度的调查主要分布在长江九江段、龙开河、甘棠湖、琵琶湖、赛城湖、白水湖、八里湖7个江河、湖泊，共设测点32个，其中长江九江段20个、甘棠湖4个、龙开河、八里湖、白水湖各2个，其余均为1个。长江九江段20个测点分别布设在长江九江段的姚港（6个）、炼油厂（6个）、新港（4个）、梅家州（4个），监测结果见表1。

表1　九江市区地表水氡浓度监测结果

名　称	布点数/个	采样数/个	水类型	Rn浓度/（Bq/L）	
				范围	均值
长江九江段	20	20	江水	0.202～1.085	0.761
龙开河	2	2	河水	0.806～1.095	0.950
白水湖	2	2	湖泊水	0.534～0.812	0.673
甘棠湖	4	4	湖泊水	0.610～1.224	0.952
琵琶湖	1	1	湖泊水	1.552	1.552
赛城湖	1	1	湖泊水	0.607	0.607
八里湖	2	2	湖泊水	0.582～1.154	0.860
标　准	3.7Bq/L		总平均值	0.708Bq/L	

从表1可看出九江市区地表水中氡浓度最高值为琵琶湖测点1.552 Bq/L，最低为长江九江段新港口右下测点0.202 Bq/L。

（二）地下水氡浓度监测情况

根据九江市区地下水井的分布特点，共选取了23口水井进行水中氡浓度调查，这23口水井分布在市区各处，包括居民集中区、学校、干休所、医院、工厂等，具有代表性，基本上能反映出九江市区地下水中氡浓度的情况，监测结果见表2。

表2 九江市区地下水中氡浓度监测结果

名 称	布点数/个	采样数/个	水类型	Rn 浓度/（Bq/L）	
				范围	均值
九江维科股份公司	4	4	井水	20.02～27.01	21.05
九江师范学校	2	2	井水	14.66～16.27	15.45
九江市财校	1	1	井水	16.76	16.76
九江广播电视台	1	1	井水	16.57	16.57
171 医院	1	1	井水	25.25	25.25
肉联厂	1	1	井水	34.92	34.92
九江马狮商厦	1	1	井水	32.82	32.82
锁江楼发电厂	2	2	井水	34.41～50.52	42.47
庐山啤酒厂	1	1	井水	37.23	37.23
九江化工厂	1	1	井水	34.14	34.14
5727 厂	3	3	井水	19.06～31.05	23.79
九江仪表厂	1	1	井水	11.61	11.61
船管处	1	1	井水	2.96	2.96
九江新华印刷厂	2	2	井水	8.21～9.31	8.76
九江军分区第一干休所	1	1	井水	24.65	24.65
标 准	37Bq/L		总平均值	23.21Bq/L	

从表2中可看出：九江市区地下水中氡浓度值相差较大，有不少井水中氡的浓度偏高，最高为锁江楼发电厂1号井50.52 Bq/L，其次为庐山啤酒厂37.23 Bq/L，最低为九江船管处2.96Bq/L，均值为23.21 Bq/L，偏高点占测点数的17.4%（见表3。）。

表3 九江市区地下水中氡浓度偏高点情况

测点位置	锁江楼发电厂1#	锁江楼发电厂2#	庐山啤酒厂	肉联厂
氡测量值/（Bq/L）	50.52	34.41	37.23	34.92

在监测中对水中氡浓度进行质量检查，主要为地下水，共复检6个点，占地下水样的26%，检查结果见表4。

表4 九江市区地下水中氡浓度检查结果

测点位置	肉联厂	锁江楼发电厂1#	锁江楼发电厂2#	庐山啤酒厂	5727 厂	九江师范学校
测量值/（Bq/L）	34.92	50.52	34.41	37.23	23.79	15.45
检查值/（Bq/L）	35.35	46.62	35.39	38.11	22.89	14.98
相对误差/%	2.1	7.7	2.8	4.4	3.8	3.1

由表4可知，相对误差最大为7.7%，小于±10%的要求，符合野外氡测量检查要求。

三、九江市水体中氡的来源及分析

1. 针对九江市区地下水中氡浓度偏高且偏高点较多的原因，对水中含氡来源进行分析。氡浓度偏高，有两种可能：一种为水中镭含量高而导致氡浓度偏高，另一种只有氡含量高。若水中镭含量偏高，应绝对禁用，这是因为镭的半衰期很长（1602 年），所以饮用这类水对人体造成的危害性极大。而氡的半衰期只有 3.825 天，因此氡含量偏高，只有控制在国家允许范围内，采取好的有效措施，是可以饮用的。

为确定九江市区水体中氡的来源，在氡浓度偏高的几个点采集水样，密封一段时间后再进行测量。如锁江楼发电厂1JHJ 井，在现场测量水中氡浓度为50.52Bq/L，4 天后测量水样，其氡浓度为26.78Bq/L，15 天后测量氡浓度为3.88Bq/L，按其衰变公式：

$$N = N_0 . e^{-0.6931} \times t/T \qquad (T = 3.825 \text{ 天})$$

算得4 天后水中的氡浓度为26.00 Bq/L，15 天后为3.54 Bq/L，这与现场所测结果很接近。因此得出九江市地下水中氡浓度偏高不是水中镭引起的，而是与九江的地质结构有关。

2. 九江位于淮阳山字形构造的前孤地带，土壤形成过程以脱硅富铝化为主，偏酸性，而岩石中的氡随岩石酸性的增加而增加，当地下水从井壁四周渗入井内时，会把沿途溶解在土壤岩石裂隙中的氡带入井水中，造成地下水中氡浓度偏高。

3. 水体中氡的释放与暴露于空气中的表面积等有关，地表水与空气接触面广，加之一些自然力等因素使水不断在晃动或流动，有利于氡浓度的释放，使地表水中氡浓度低于地下水中的氡浓度。

四、结　论

1. 九江市区水体中氡主要来源于土壤、岩石中，而不是由镭引起的。地下水中的氡浓度高于地表水中的氡浓度，这是因为地下水主要受到土壤、岩石中氡的影响，导致地下水氡浓度偏高。

2. 九江市区地表水中氡浓度较低，均值为0.708 Bq/L，各测点均低于国家允许标准。长江作为九江市区居民饮用水水源地是比较安全的，对人体不会造成辐射危害。九江市区地下水中氡浓度偏高，其中有2 个测点的井水超过国家允许标准，分别为锁江楼电厂1 号水井（50.52 Bq/L）、庐山啤酒厂水井（37.23 Bq/L），应禁止使用，否则对人体会产生辐射危害。

3. 在市区监测的23 口水井中氡浓度偏高的几口井附近，发现不少居民仍饮用井水，建议有关部门要对氡浓度偏高的水井进行关闭，对肉联厂、马狮商厦、化工厂等老井应进行封闭或采取有效措施来降低水中的氡浓度，饮用还是安全的。在未采取有效措施之前，附近居民要尽量饮用自来水以减少辐射对人体健康造成的危害。

参考文献

[1] 赵亚民，等．环境中氡来源及危害［M］．北京：中国环境科学出版社．

[2] 潘自强，等．环境本底辐射测量和剂量评价［M］．北京：中国环境科学出版社，1986.2，169－198.

[3] 国家环保局编．环境辐射监测分析方法及管理标准汇编［M］．北京：中国标准出版社，1992.4，142－153.

科学构建中国山地生态安全屏障体系
确保国家生态环境安全

钟祥浩　刘淑珍

（中国科学院水利部成都山地灾害与环境研究所　成都市人民南路四段九号　610041）

摘　要　中国是山地大国，山地是国家可持续发展支撑体系的重要组成部分，在保障国家生态环境安全与可持续发展的作用巨大。通过构建我国山地生态安全屏障重要性和必要性的分析，首先从宏观尺度上，对我国大陆地势三级阶梯山地生态安全屏障体系的构建及其发展战略进行了讨论。在此基础上，从中观尺度上对我国山地生态安全屏障进行了分区，其中，屏障区45个，屏障亚区65个。最后，为保证山地生态安全屏障区功能作用的有效发挥，提出近期亟待研究的主要科学问题。

关键词　中国山地　生态安全屏障　生态环境安全　可持续发展

目前国内外有关山地的定义有多种[1]，但迄今没有统一的认识。我们认为，拥有一定海拔高度、相对高度和坡度的高地及其相伴谷地、山岭（或山顶面）所组成的地域称为山地。可见，山地是由多种地貌要素、形态和类型有机组合的一种特殊地貌域，该定义强调了山地自然属性的一面。实际上该地域内一般都有人居住或不同程度地受到人类活动的影响，具有明显的社会属性。因此，可以说，山地是具有明显不同于平原的自然和人文属性的一种特殊地域，这与山区概念类同。

按此理解，我国是山地大国，山地地域系统的健康与可持续性，关系到国家的生态环境安全和可持续发展。

一、生态安全屏障概念内涵

生态屏障一词已被广泛使用，有关的文章众多，但其内容多为区域性生态屏障保护与建设方面的论述[2~4]，强调了以植被为主的生态保护与建设，忽视了对屏障的结构、布局与功能尺度效应的研究。我们认为，生态屏障本身必须是结构与功能良好的安全屏障，由此才能对其下游环境起到安全保障作用。基于这种认识，我们提出生态安全屏障概念：在特定地域条件下的生态系统结构与生态过程处于不受破坏或少受破坏与威胁状态，在空间上形成多层次、有序化的稳定格局，既与区域自然环境相协调，又与区域人文环境相和谐，能为区域人类生存和发展提供可持续的生态服务，并对邻近环境乃至更大尺度环境的安全起到保障作用。该概念内涵的要点：①强调特定地域，一般指上水上风的高地，本研究的特定地域是指山地。山地本身是一种地形屏障，其屏障作用表现为对物流和能流的阻挡、阻滞与分流。发育于该地形基础上的生态系统对物流和能流的储存、缓冲与过滤等的屏障功能对周边区域的生态环境安全起着重要的调节与保障作用。②生态安全屏障功能区域差异明显，不同山地地域上的生态系统服务功能与其所在地域自然环境条件相适应，即不同山地生态安全屏障功能及其安全水平是不一样的。如青藏高原高寒干旱荒漠生态系统生态安全屏障功能明显不同于南岭山地亚热带常绿阔叶林生态系统生态安全屏障功能。

二、构建中国山地生态安全屏障的重要性和必要性

（一）中国是多山国家，山地对全国环境与发展的作用巨大

中国山地面积占陆地国土面积的70%，是中国可持续发展支撑体系的重要组成部分，其中

东西向、东北西南向、南北向山系，特别是青藏高原山地对中国环境与发展的影响作用十分巨大，在维系我国人类生存与发展以及改善全国人民生存环境质量起着非常重要的作用。它们不仅控制着全国陆地表层水土过程，而且对我国乃至东亚气候系统产生深刻影响，形成了我国西北干旱、东部湿润和青藏高原寒冷的三大自然区的地理环境格局。

（二）山地环境系统的特殊性与脆弱性

山地具有能量梯变性特点，表现为势能、动能和热能随山体高度升高而递变。山体越高，坡度越大，能量变化越强烈。高能量的山地斜坡环境，决定了山地物流能流具有以输出为主的特点，由此形成了山地环境具有脆弱性特性，表现为对外力作用的敏感性和以崩塌、滑坡、泥石流、山洪等山地灾害的易发性。

（三）山地“水塔”功能作用突出

山地是空气中水汽汇聚的中心，因而成为大江大河的发源地，其“水塔”功能作用突出。我国低、中山山地，森林植被发育，具有重要的水源涵养功能作用；在高山高寒区，分布大面积的冻土、冰川和积雪，中国山地冰川和永久积雪面积达6.87万km^2，总储水量为5万亿m^3[5]，被誉为“亚洲水塔”的青藏高原水资源总量高达4 482亿m^3，对江河水资源水环境起着重要的调节作用。

（四）应对全球变化碳汇功能重要性

我国的森林植被主要分布于山地，拥有各种森林植被类型。据有关资料[6]，2008年年底，中国森林面积约为1.95亿hm^2，占全世界的4.5%，森林植被碳储量为59亿～62亿t碳。最近20年来，中国森林起着CO_2汇的作用，平均每年吸收0.022Pg的CO_2[7]。目前，我国山地林多为自然次生林，低效林面积大，通过天然林保护与抚育和森林覆盖面积的增大，碳汇功能将会显著提高。

（五）山地在减轻低地自然灾害方面发挥着重要作用

山地在减轻低地自然灾害的功能作用主要表现在如下方面：通过山地生态系统服务功能作用的发挥，可以减轻山地洪涝灾害的威胁和损失；增加干季河流水源的补给；减轻干旱灾害的损失；减少泥沙对水利水电等工程的危害。

（六）山地是我国生物多样性宝库

山地生态系统垂直分异性和多层性特点，为生物多样性的维系和发育提供了良好的条件。我国山地拥有从热带到寒带的各种生物物种，其中珍稀、濒危和特有物种尤为丰富，是我国生物多样性和遗传基因多样性宝库。

（七）山地生态安全屏障功能退化及相应的生态环境问题日趋突出

由于长期受粗放式传统农牧业影响，我国多数山地原始森林、草地植被遭受到严重破坏。近二三十年来，通过多项生态工程的实施，山地森林植被覆盖度有所增加，但是其生态服务功能还相当低。在边远的穷困山区，特别是喀斯特地区和陡坡山区，山地石漠化面积仍处于有增无减的状态，重度退化山地生态系统分布面积大，脆弱生态与贫困并存的局面，迄今没有多大改变。山地生态安全屏障功能很弱，以致出现中下游地区洪水灾害危害性增大，河流湖库泥沙淤积加重，西北干旱区绿洲退化以及北方不少地方河流和水库水资源减少。

三、中国山地生态安全屏障的宏观构架

（一）中国大陆地势三级阶梯特点及其国土开发的巨大差异

1. 三级阶梯特点

中国大陆地势从东往西逐步升高，呈明显的三级阶梯，各阶梯海拔高程和相对高差及其面积见表1。

表 1　三级阶梯海拔与相对高程表

级别	三级阶梯名称	海拔高程/m	相对高程/m	面积百分比
三	东部平原丘陵区	<500	<200	海拔 0 ~ 100m，占全国陆地面积 10.2%；海拔 101 ~ 500m，占全国陆地面积 17.3%
二	中部和西北部山地区	500 ~ 3 000	200 ~ 2 000	海拔 501 ~ 1 000m，占全国陆地面积 16.1%；海拔 1 001 ~ 3 000m，占全国陆地面积 30.5%
一	青藏高原区	>3 000	边缘 >2 000m 内部 2 000m 左右	海拔 3 001m 以上，占全国陆地面积 25.6%

2. 三级阶梯国土开发的巨大差异

由于中国大陆地势三级阶梯自然环境条件的巨大差异，带来国土开发强度和社会经济效益的显著差别（见表 2）。

表 2　三级阶梯国土开发的差异对比

级别	三级阶梯名称	面积占全国的/%	人口占全国的/%	GDP 占全国的/%	工业产值占全国的/%	粮食产量占全国的/%	地级以上城镇占全国的/%
三	东部平原丘陵区	27.5	71.0	70*	84*	42*	76.07
二	中部和西北部山地区	46.6	28.2	<30	<16	<52	23.97
一	青藏高原区	25.9	0.8				0.96

* 主要为海拔 100m 以下 2005 年的国土开发统计值。

从表 2 看出，三级阶梯的东部平原区是我国人口密集分布区，是工业化乃至城镇集聚度最高的区域，在中国经济社会发展中占有举足轻重的地位。目前这个区域人口与经济社会发展主要指标占全国的比例与 20 世纪 30 年代相比基本吻合；二级阶梯的中部和西北部山地区和一级阶梯的青藏高原区，主要经济社会指标占全国的比例很低，这与 20 世纪 30 年代的比例，没有明显变化，呈现出生态脆弱与贫困的高度耦合。一、二级阶梯今后如何发展？我们认为不能再走以资源开发为主的传统的发展模式。近年来实施西部大开发战略，自然环境条件较好的局部地区确实得到了较快的发展，但是生态脆弱与贫困耦合的总体格局没有发生根本的改变。我们认为，这种格局的改变过去不可能，现在也没有，推测将来也不可能。为此，一、二级阶梯今后如何发展，需要有新的思路，要树立提供生态产品（生态服务）也是发展的新理念，要立足于人与自然和谐和构建国家生态安全大格局的高度，研究山地生态安全屏障功能作用与区域差异和山地生态安全屏障体系的构建，为生态补偿机制的建立和社会长治久安提供支撑。

（二）基于大陆地势三级阶梯环境特点的发展战略思考

1. 青藏高原区

高原平均海拔 4 000m 以上，气候寒冷、干燥、缺氧，高原周边地区山体高大陡峻，地表物质稳定性差。可见，青藏高原生态环境具有整体脆弱的特点，对全球气候变化和人类活动响应极为敏感。然而，高原生态地位极为重要，它不仅是我国乃至东亚气候系统稳定的重要屏障，而且是我国乃至亚洲大江大河水源区，对我国和周边国家水资源安全有重大影响，同时又是全球高寒生物物种基因库和生物多样性重要区域。

基于高原生态环境和生态系统的特有性、特殊性、脆弱性、敏感性和生态安全的重要性，我们提出该地区环境与发展战略对策：科学地划分出禁止开发和限制开发区域的空间范围及其可进行适度开发和重点开发的区域，通过不同功能区保护与建设政策的实施，使高原“水塔”功能、防土地沙化和土壤保持功能、大气和气体调节功能以及生物多样性保护功能得以正常发挥，最终建成对区域和国家生态环境安全起保障作用的高原生态安全屏障。

2. 中部和西北部区

该区地处三级与一级阶梯的过渡带，既是生态环境脆弱带，又是风沙和水土灾害多发区，对东部平原的生态环境安全威胁危害大。

秦岭山脉以北地区，从东往西为半湿润→半干旱→干旱气候，其中半干旱和干旱区面积很大，既有生态环境极脆弱的农牧交错带和水土流失严重的黄土高原区，又有沙漠化、荒漠化易发区和沙尘暴多发区。

秦岭山脉以南地区，虽为亚热带—热带湿润区，但是以山高谷深为背景的山地水土流失和山地灾害十分严重，此外，还有我国乃至世界上面积最大的滇桂黔喀斯特生态脆弱区。

该区占我国面积46.4%，生态地位重要，主要表现在如下方面：①中国的重要水源地，我国著名河流长江和黄河流经该区，还有东部重要河流——嫩江、辽河、滦河、海河和淮河以及珠江都源于该区，是东部河流的重要水源地；②生物多样性极为丰富，有多条东西向、南北向山脉以及湿润热带、亚热带山地为多样性生物栖息繁衍提供了有利条件。拥有秦岭、神农架、龙门山和西双版纳等生物多样性关键区域；③山地生态屏障作用突出，对中国大半壁自然环境格局与过程产生重大影响。

该地区生态环境问题突出，我国水土流失最严重的黄土高原和长江上游分布于该区，而且还有农牧交错带的大面积土地退化和沙化严重区，以及内蒙古、甘肃、新疆沙漠化与沙尘暴灾害多发区。生态脆弱与贫困高度耦合，是我国贫困县和贫困人口分布最多最集中的地区。

基于该地区山地生态环境脆弱性、生态环境问题严重性及其对我国东部生态环境安全的危害性，提出该区环境与发展战略对策：国土空间开发格局应为绝大部分区域为限制开发区和局部地区为重点开发区，加大生态环境保护和退化生态系统的治理力度；减轻土地沙化、荒漠化和水土流失与山地灾害的危害，最终建成使中国东部平原生态环境安全和可持续发展能力得到保障的山地生态安全屏障。

3. 东部平原丘陵区

该区处于我国大陆地势最低、平原面积最大的湿润季风区，拥有优越的水热条件和对外交流的区位优势。区内低山丘陵面积占该区国土面积约60%，它是东部平原城镇的重要生态安全屏障，在保障平原城镇农村用水和洪水灾害的减轻发挥着重要的作用。同时，这些丘陵山地水热条件优越，特别是南方丘陵山地是我国山地潜力所在、希望所在。

目前该区的主要生态环境问题：生态与生产功能低下的退化丘陵山地面积大，特别是南方红壤侵蚀尚未得到有效遏制和为平原城镇清洁饮用水水源的保障度不高等。

基于该区国土开发密度高以及水热条件和对外流通条件优越，提出该区环境与发展战略对策：在确定国土空间开发功能以优化开发和重点开发为主的前提下，作为该区内的丘陵山地应为上述功能作用的发挥提供生态服务与环境安全保障，最终建成我国东部丘陵生态安全屏障。

四、中国山地生态安全屏障中观构架

在明确中国山地生态安全屏障宏观构架的基础上，对以三级阶梯为基础的山地生态安全屏障作进一步的屏障功能分区，分区的原则：对区域乃至中国生态环境有重大影响的山系的整体性及其屏障功能重要性和生态环境问题相似性。依据该原则，将中国主要山地划分出45个山地生态安全屏障类型区，其中：青藏高原区11个，中部和西北部山地区22个，东部平原丘陵区12个。在此基础上，依据温度和水分条件组合特征相似性（揭示自然垂直带谱结构相似性），作出中国湿润类型区图。然后将该类型区图与前述山地生态安全屏障类型区图叠加，得出中国山地生态安全屏障亚区，共计65个。在划分亚区基础上，依据亚区内植被生态系统类型与结构的相似性、保护与利用方向一致性进一步划分功能小区（微观构架）。由于受篇幅的限制，中国山地生态安全屏障体系的三级分区详细名录及相关图件略。

五、有待深入研究的主要科学问题

针对我国不同山地生态安全屏障区功能定位，在深入分析全球变化和人为因素影响的基础上，研究不同屏障功能区功能形成机制与演化过程，预测不同屏障功能区生态系统服务功能变化趋势，探讨自然生态系统保护与资源开发利用相互关系，提出生态安全屏障保护与建设的对策与措施，近期内，结合我国国民经济建设与社会发展目标，提出急需研究的主要科学问题如下：

（一）山地生态安全屏障功能评估体系

包括评估指标体系和监测技术体系，评估指标体系包括生态系统结构与生态系统服务功能指标以及生态安全屏障评估指标安全预警值（阈值）和安全目标值（接近顶极态值）。

（二）山地生态安全屏障功能与生态安全

重点研究如下内容：不同山地生态安全屏障区生态系统结构—过程—服务功能的相互作用机理；不同山地生态安全屏障区生态系统服务功能的尺度特征与多尺度关联；山地生态系统服务功能综合集成评估模型；人类活动影响下的山地生态系统服务功能与生态安全关系的定量评估；生态补偿标准测算和补偿范围界定方法；全球变化下的山地生态安全屏障保护与建设的适应性对策。

参考文献

[1] 钟祥浩，余大富，郑霖．山地学概论与中国山地研究［M］．北京：科学出版社：2000，1-327.

[2] 刘兴良，杨冬生，刘世荣，等．长江上游绿色生态屏障建设的基本途径及其生态对策［J］．四川林业科技，26（1）：1-8.

[3] 朱天开，黄崇祥．努力把四川建成长江上游生态屏障［J］．国土资源与环境，2001（2）：23-30.

[4] 崔国君．再造河北秀美山川构筑京津生态屏障［J］．中国林业，2000（5）：18.

[5] 吴传钧．中国土地利用［M］．北京：科学出版社，1994：50-164.

[6] 于贵瑞，李轩然．《科学时报》（A2—A3版），2009-12-21.

[7] 方精云，陈安平．中国森林植被碳库的动态变化及其意义［J］．植物学报，2001，43（9）：967-973.

基于 IPCC 的区域森林碳汇潜力评估

张修玉[1,2]　许振成[1]　胡习邦[1,2]　赵晓光[1]

(1. 环境保护部华南环境科学研究所　广州　510655；
2. 中国科学院广州地球化学研究所　广州　510640)

摘　要　科学评估区域森林碳汇潜力对陆地碳循环具有重要的意义。本文基于 IPCC 的方法，对广州区域森林碳汇潜力进行了评估。结果表明，广州区域森林生态系统总体碳库储量 1989—2003 年间呈上升趋势，其中，针叶林生态系统碳库储量呈下降趋势，而针阔混交林与阔叶林生态系统均呈增长趋势。三个时期三种区域森林生态系统碳库储量均表现为土壤碳库 > 活生物质碳库 > 死生物质碳库。

关键词　森林生物量　森林碳储量　土壤有机碳　区域碳循环

一、引　言

森林生态系统作为大气 CO_2 最大的碳库，在全球碳循环中占主导地位，其碳汇功能对全球碳收支平衡起着不可替代的作用（Lal, 2004）。然而，大面积的森林砍伐造成了 2.24Pg C/a 的碳排放，其中 94% 发生在热带亚热带地区，森林面积减少尤其是热带雨林的破坏已成为继化石燃烧之后大气 CO_2 浓度增加的第二大人为排放来源（FAO, 2001；Houghton, 2002；Matamala, 2003）。在全球减排温室气体的《京都议定书》与 IPCC 报告中，将提高森林植被覆被面积作为一种重要的陆地碳增汇措施，近年来，准确评估森林生态系统碳元素增汇潜力已成为碳循环研究中的重要课题之一。

过去对森林碳循环的研究主要集中在全球范围或国家大尺度的森林生态系统（Lal, 2005；Wang et al., 2007；Woodbury et al., 2007；Blackard et al., 2008；Nabuurs et al., 2008；Woodall et al., 2008；Nicolas et al., 2008），但由于区域小尺度上森林生态系统的多样性和复杂性，加上不同学者使用的方法或样地不尽相同，对全球范围或国家大尺度的森林生态系统碳汇潜力的评估结果往往差异较大。目前，对森林生态系统碳汇潜力的评估研究越来越向区域小尺度方向发展。本文以广州三种区域森林生态系统为研究对象，对其固碳潜力进行了深入评估，旨在为研究陆地碳循环提供基础资料，同时也为全球变暖背景下制定减排增汇的相关区域环境决策提供参考。

二、研究地区与方法

（一）研究地区概况

广州市（东经 112°57′~114°3′，北纬 22°26′~23°56′），为南亚热带季风海洋性气候，年平均气温 21.4~21.8℃，年降雨量 1 689~1 876 mm，土壤为赤红壤。目前，广州区域典型森林主要为以马尾松（Pinus massonianai）为主的针叶林、常绿阔叶林和针阔混交林。

（二）研究方法

1. 森林生态系统总体碳储量估算方法

森林生态系统总体碳库储量包括植被部分和土壤部分的有机碳储量，参照 IPCC 的 LULUCF 报告（Watson, 2000；陈泮勤等, 2008），计算公式（1）如下：

$$C_{ff}=C_{ff_{LB}}+C_{ff_{DOM}}+C_{ff_{Soil}} \tag{1}$$

式中：C_{ff}、$C_{ff_{LB}}$、$C_{ff_{DOM}}$和 $C_{ff_{Soil}}$ 分别为森林生态系统、活生物质、死生物质和土壤有机质碳库

基金项目：环境保护部华南环境科学研究所热带亚热带退化生态研究项目（ZX-200912-04）.

储量，t/hm^2。

2. 活生物质碳储量估算方法

活生物质是指生态系统中的立地植被生物量部分，其碳库储量可以用材积源－生物量法估算，见下式：

$$C_{ff_{LB}} = (V \times D \times BEF) \times (1 + R) \times CF \tag{2}$$

式中：$C_{ff_{LB}}$为活生物质碳库储量，V为林木蓄积量（m^3），D 为林木密度（$t \cdot m^{-3}$），BEF 为蓄积量与林木地上生物量间的转换因子，R 为地下与地上生物量的比例，CF 为干物质的含碳量(0.5)。鉴于广州区域森林林下植被比较丰富，本文森林生物量的估算采用杨昆与管东生修正的森林生物量（包括林下植被）与蓄积量之间的估算模型（杨昆，等.2007），以提高活生物质碳库储量的估算精度，具体见表1。

表1　生物量与蓄积量的回归方程

森林类型	方　程	相关系数
A	$y = 0.6876x + 15.4263$	0.994
B	$y = 0.7420x + 15.1333$	0.995
C	$y = 0.7437x + 30.5245$	0.998

A：针叶林，B：针阔混交林，C：阔叶林；y 为生物量，x 为蓄积量。

3. 死生物质碳储量估算方法

死生物质碳储量的估算可采用公式（3）：

$$C_{ff_{DOM}} = C_{ff_{DW}} + C_{ff_{LT}} \tag{3}$$

式中：$C_{ff_{DW}}$和 $C_{ff_{LT}}$分别为粗死木质残体和凋落物的碳库储量。其中，粗死木质残体与凋落物的碳库储量估算分别见式（4）与式（5）：

$$C_{ff_{DW}} = B_{ff_{DW}} \times C_F \tag{4}$$

$$C_{ff_{LT}} = B_{ff_{LT}} \times C_F \tag{5}$$

式（4）与式（5）中：$B_{ff_{DW}}$与 $B_{ff_{LT}}$分别为粗死木质残体和凋落物的生物量，它们的碳含量CF 分别为0.45 和0.37。

4. 土壤碳库储量估算方法

土壤有机碳储量可以采用式（6）估算：

$$C_{ff_{Soil}} = A_{ff} \times S_{OCd} \tag{6}$$

式中：A_{ff}为森林面积，S_{OCd}为该类型森林土壤有机碳密度。

5. 资料来源

广州不同时期区域森林面积与蓄积量来源于广州市森林清查资料。

三、结果与分析

（一）不同时期不同类型区域森林碳库储量与分配特征

1989—2003 年间，广州区域森林活生物质碳库储量呈上升趋势（表2）。其中，1989—1993 年间活生物质碳库储量为54.09×10^5 t，1994—1998 年与1999—2003 年间分别为56.30×10^5 t 与59.29×10^5 t，即分别比1989—1993 年间增长了4.09% 与9.61%。而且，除针叶林活生物质碳库储量为先增长后下降外，针阔混交林与阔叶林在三个时期均呈增长趋势，阔叶林活生物质碳库储量增长尤为明显，1994—1998 年与1999—2003 年间分别比1989—1993 年间增长了5.39% 与18.30%。

表 2　不同时期不同类型区域森林活生物质碳储量

时　期	类　型	面　积/ $\times 10^4$ hm^2	蓄积量/ $\times 10^5$ m^3	生物量/ $\times 10^5$ t	活生物质碳库 $C_{ffLB}/\times 10^5$ t
1989—1993	A	12.59	33.56	38.50	19.25
	B	3.31	11.06	23.34	11.67
	C	8.05	21.25	46.33	23.17
	合计	23.95	65.86	108.17	54.09
1994—1998	A	11.95	35.44	39.79	19.90
	B	3.35	11.92	23.98	11.99
	C	8.56	24.62	48.83	24.42
	合计	23.86	71.98	112.60	56.30
1999—2003	A	9.71	34.29	39.00	19.50
	B	3.34	12.97	24.76	12.38
	C	9.92	32.66	54.81	27.41
	合计	22.97	79.92	118.57	59.29

A：针叶林，B：针阔混交林，C：阔叶林，同下表。

广州区域森林死生物质碳库储量 1989—2003 年间也呈上升趋势（表 3），但同期碳库储量增长幅度要低于活生物质碳库储量增长幅度。其中，1989—1993 年间死生物质碳库储量为 7.77×10^5 t，1994—1998 年与 1999—2003 年间分别为 7.89×10^5 t 与 8.06×10^5 t，即分别比 1989—1993 年间增长了 1.54% 与 3.73%。而且，除针叶林死生物质碳库储量为先增长后下降外，针阔混交林与阔叶林在三个时期均呈增长趋势，阔叶林死生物质碳库储量增长尤为明显，1994—1998 年与 1999—2003 年间分别比 1989—1993 年间增长了 2.44% 与 8.36%。

表 3　不同时期不同类型区域森林死生物质与土壤碳储量

时　期	类　型	面　积/ $\times 10^4$ hm^2	死生物质碳库 $C_{ffDOM}/\times 10^5$ t	土壤碳库 $C_{ffSoil}/\times 10^5$ t
1989—1993	A	12.59	2.66	72.83
	B	3.31	2.24	22.14
	C	8.05	2.87	84.48
	合计	23.95	7.77	179.45
1994—1998	A	11.95	2.69	69.50
	B	3.35	2.26	22.68
	C	8.56	2.94	92.43
	合计	23.86	7.89	184.61
1999—2003	A	9.71	2.67	57.37
	B	3.34	2.28	23.03
	C	9.92	3.11	107.43
	合计	22.97	8.06	187.83

土壤碳库储量1989—2003年间也呈上升趋势。其中，1989—1993年间土壤碳库储量为179.45×10^5 t，1994—1998年与1999—2003年间分别为184.61×10^5 t与187.83×10^5 t，即分别比1989—1993年间增长了2.88%与4.67%。而且，除针叶林土壤碳库储量呈下降趋势外，针阔混交林与阔叶林在三个时期均呈增长趋势。

广州区域森林生态系统碳库储量1989—2003年间呈上升趋势（图1）。其中，针叶林生态系统碳库储量呈下降趋势，而针阔混交林与阔叶林生态系统均呈增长趋势，以阔叶林生态系统增长尤为明显，由1989—1993年间的110.52×10^5t分别上升到1994—1998年与1999—2003年间的119.79×10^5t与137.95×10^5t。

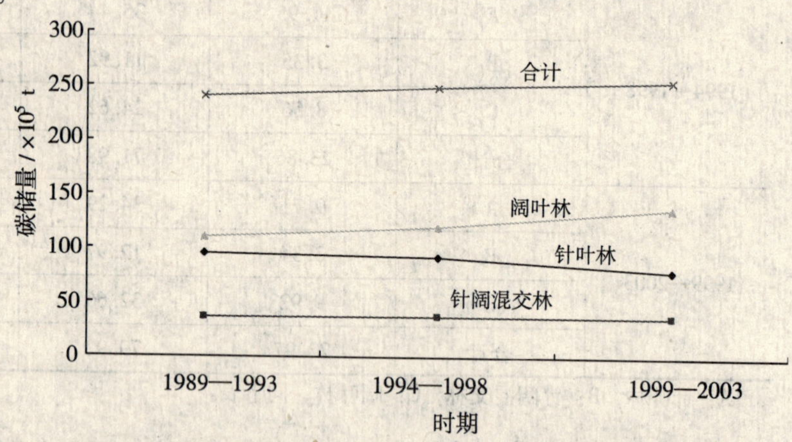

图1　不同时期不同类型区域森林生态系统碳储量

在不同时期不同类型区域森林生态系统碳库分配比例方面（表4），三个时期三种区域森林生态系统碳库储量均表现为土壤碳库＞活生物质碳库＞死生物质碳库。其中，活生物质碳库分配比例方面，针叶林、针阔混交林与三种森林总储量在三个时期呈增长趋势，阔叶林呈下降趋势；死生物质碳库分配比例方面，针叶林在三个时期呈增长趋势，而针阔混交林、阔叶林与三种森林总储量在三个时期呈下降趋势；土壤碳库分配比例方面，阔叶林在三个时期呈增长趋势，而针叶林、针阔混交林与三种森林总储量在三个时期呈下降趋势。

（二）不同时期不同龄级区域森林碳库储量与分配特征

幼龄林活生物质碳库储量在1989—2003年间也呈下降趋势（表5），由1989—1993年间的19.40×10^5 t分别下降到1994—1998年间的15.45×10^5 t与1999—2003年间的13.95×10^5 t。而中龄林与成龄林活生物质碳库储量均呈增长趋势，以成龄林增长尤为明显，1994—1998年间与1999—2003年间分别比1989—1993年间增长了38.51%与106.02%。

表4　不同时期不同类型区域森林生态系统碳储量

时　期	类　型	活生物质碳库比例/%	死生物质碳库比例/%	土壤碳库比例/%
1989—1993	A	20.32	2.81	76.87
	B	32.37	6.21	61.41
	C	20.96	2.60	76.44
	合计	22.42	3.22	74.36
1994—1998	A	21.61	2.92	75.47
	B	32.47	6.12	61.41
	C	20.39	2.45	77.16
	合计	22.63	3.17	74.20
1999—2003	A	24.52	3.36	72.13
	B	32.85	6.05	61.10
	C	19.87	2.25	77.88
	合计	23.23	3.16	73.61

表 5　不同时期不同龄级区域森林活生物质碳储量

时　期	类　型	面　积/ $\times 10^4$ hm^2	蓄积量/ $\times 10^5$ m^3	生物量/ $\times 10^5$ t	活生物质碳库/ $\times 10^5$ t
1989—1993	a	10.36	1.27	71.73	
	b	11.86	5.26	86.85	
	c	1.73	1.24	20.87	
	合计	23.95	7.77	179.45	
1994—1998	a	8.90	1.24	62.85	
	b	12.77	5.29	95.86	
	c	2.19	1.36	25.90	
	合计	23.86	7.89	184.61	
1999—2003	a	7.76	0.72	58.24	
	b	12.06	5.31	95.48	
	c	3.15	2.03	34.11	
	合计	22.97	8.06	187.83	

a：幼龄林，b：中龄林，c：成龄林，同下表。

幼龄林死生物质碳库储量在 1989—2003 年间也呈下降趋势（表 6），由 1989—1993 年间的 1.27×10^5 t 分别下降到 1994—1998 年间的 1.24×10^5 t 与 1999—2003 年间的 0.72×10^5 t。而中龄林与成龄林死生物质碳库储量均呈增长趋势，以成龄林增长尤为明显，1994—1998 年间与 1999—2003 年间分别比 1989—1993 年间增长了 9.68% 与 63.71%。

幼龄林土壤碳库储量在 1989—2003 年间也呈下降趋势，由 1989—1993 年间的 71.73×10^5 t 分别下降到 1994—1998 年间的 62.85×10^5 t 与 1999—2003 年间的 58.24×10^5 t。中龄林土壤碳库储量先增长后降低。而成龄林土壤碳库储量在三个时期呈增长趋势，1994—1998 年间与 1999—2003 年间分别比 1989—1993 年间增长了 24.10% 与 63.44%。

在 1989—2003 年间（图 2），幼龄林生态系统碳库储量呈下降趋势，中龄林生态系统碳库储量先上升后下降，成龄林生态系统碳库储量呈上升趋势，由 1989—1993 年间的 28.42×10^5 t 分别上升到 1994—1998 年间的 36.00×10^5 t 与 1999—2003 年间的 49.14×10^5 t。

表 6　不同时期不同龄级区域森林死生物质与土壤碳储量

时　期	类　型	面　积/ $\times 10^4$ hm^2	死生物质碳库/ $\times 10^5$ t	土壤碳库/ $\times 10^5$ t
1989—1993	a	10.36	1.27	71.73
	b	11.86	5.26	86.85
	c	1.73	1.24	20.87
	合计	23.95	7.77	179.45
1994—1998	a	8.90	1.24	62.85
	b	12.77	5.29	95.86
	c	2.19	1.36	25.90
	合计	23.86	7.89	184.61

时　期	类　型	面　积/ $\times10^4$ hm²	死生物质碳库/ $\times10^5$ t	土壤碳库/ $\times10^5$ t
1999—2003	a	7.76	0.72	58.24
	b	12.06	5.31	95.48
	c	3.15	2.03	34.11
	合计	22.97	8.06	187.83

在不同时期不同龄级区域森林碳库分配比例方面（表7），三个时期三种龄级森林生态系统碳库储量均表现为土壤碳库＞活生物质碳库＞死生物质碳库。其中，活生物质碳库分配比例方面，中龄林、成龄林与三种龄级森林总储量在三个时期呈增长趋势，幼龄林呈下降趋势；死生物质碳库分配比例方面，幼龄林先上升后下降，中龄林与成龄林先下降后上升，而三种龄级森林总储量在三个时期呈下降趋势；土壤碳库分配比例方面，幼龄林在三个时期呈增长趋势，而中龄林、成龄林与三种龄级森林总储量在三个时期呈下降趋势。

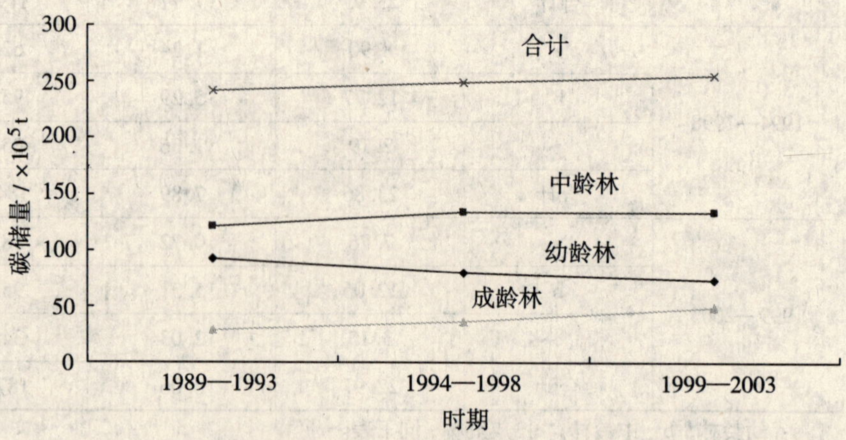

图2　不同时期不同区域典型森林生态系统碳储量

表7　不同时期不同龄级区域森林生态系统碳储量

时　期	类　型	活生物质碳库比例/%	死生物质碳库比例/%	土壤碳库比例/%
1989—1993	a	21.00	1.37	77.63
	b	23.55	4.37	72.08
	c	22.20	4.36	73.43
	合计	22.42	3.22	74.36
1994—1998	a	19.42	1.56	79.02
	b	24.10	3.97	71.93
	c	24.28	3.78	71.94
	合计	22.63	3.17	74.20
1999—2003	a	19.13	0.99	79.88
	b	24.29	3.99	71.72
	c	26.46	4.13	69.41
	合计	23.23	3.16	73.61

四、结　论

1. 不同时期不同类型森林生态系统碳库储量与分配特征

广州典型森林生态系统碳库储量1989—2003年间呈上升趋势，其中，针叶林生态系统碳库储量呈下降趋势，而针阔混交林与阔叶林生态系统均呈增长趋势。在不同时期不同类型典型森林生态系统碳库分配比例方面，三个时期三种典型森林生态系统碳库储量均表现为土壤碳库 > 活生物质碳库 > 死生物质碳库。

2. 不同时期不同龄级森林生态系统碳库储量与分配特征

在1989—2003年间，幼龄林生态系统碳库储量呈下降趋势，中龄林生态系统碳库储量先上升后下降。在不同时期不同龄级典型森林生态系统碳库分配比例方面，三个时期三种龄级森林生态系统碳库储量均表现为土壤碳库 > 活生物质碳库 > 死生物质碳库。

参考文献

[1] 陈泮勤，王效科，王礼茂．中国陆地生态系统碳收支与增汇对策［M］．北京：科学出版社，2008.

[2] 杨昆，管东生．珠江三角洲地区森林生物量及其动态［J］．应用生态学报，2007，18（4）：705－712.

[3] Blackard J A, Finco M V, Helmer E H, et al. Mapping U. S. forest biomass using nationwide forest inventory data and moderate resolution information. Remote Sensing of Environment, 2008, 112: 1658－1677.

[4] FAO. Global Forest Resources Assessment 2000, Main Report. FAO Forestry Paper 140. FAO, Rome, 2001.

[5] Houghton R A. Magnitude, distribution and causes of terrestrial carbon sinks and some implications for policy. Climate Policy, 2002, 2: 71－88.

[6] Lal R. Forest soils and carbon sequestration. Forest ecology and management, 2005, 220: 242－258.

[7] Lal R. Soil carbon sequestration to mitigate climate change. Geoderma, 2004, 123: 1－22.

[8] Matamala R, Gonzalez－Meler M A, Jastrow J D, et al. Impacets of fine root turnover on forest NPP and soil C sequestration potential. Sience, 2003, 302: 1385－1387.

[9] Nabuurs G J, Schelhaas M J, Mohren G M J, et al. Temporal evolution of the European forest sector carbon sink from1950 to 1999. Global Change Biology, 2003, 9 (2): 152－160.

[10] Nicolas B, Bradley D P. Carbon sequestration, vegetation dynamics and soil development in the Boreal Transition ecoregion of Saskatchewan during the Holocene. Catena, 2008, 74: 65－72.

[11] Wang Q K, Wang S L. Soil organic matter under different forest types in Southern China. Geoderma, 2007, 142: 349－356.

[12] Watson R T, Noble I R, Bolin B, et al. 2000. Land Use, Land－Use Change, and Forestry. Cambridge: Cambridge University Press.

[13] Woodall C W, Heath L S, Smith J E. National inventories of down and dead woody material forest carbon stocks in the United States: Challenges and opportunities. Forest Ecology and Management, 2008, 256: 221－228.

[14] Woodbury P B, Smith J E., Heath L S. Carbon sequestration in the U. S. forest sector from 1990 to 2010. Forest Ecology and Management, 2007, 241: 14－27.

三峡库区农村垃圾处理与可持续发展SWOT分析

牟新利　祁俊生　李　军　李仁婷　曾祥云

（重庆三峡学院化学与环境工程学院　重庆　万州　404100）

摘　要　随着经济的发展，三峡库区农村垃圾的数量和品种逐步增加，本文应用SWOT分析法对于三峡库区农村垃圾处理的优势、劣势、机遇、威胁进行了分析，并给出了农村垃圾处理的建议和对策，以期望促进三峡库区可持续发展。

关键词　三峡库区　农村　垃圾　SWOT分析

一、引　言

三峡库区包括湖北省宜昌市的夷陵区、秭归县、兴山县，恩施自治州的巴东县；重庆市的巫山县、巫溪县、奉节县、云阳县、万州区、开县、忠县、石柱县、丰都县、涪陵区、武隆县、长寿区、渝北区、巴南区、江津区，共计19个区县，总面积5.6万平方公里。随着经济的发展、人口增加和城市化进程加快，特别是三峡工程水库淹没与移民安置，也对生态环境带来巨大压力。

影响三峡库区生态环境的一个重要因素是垃圾，现阶段三峡库区垃圾研究热点集中在城市和城镇垃圾的处理上，而忽视了占有大量地理分布与人口数量的农村垃圾处理，因此本文采用SWOT分析三峡库区农村生活垃圾处理与可持续发展。

二、三峡库区农村垃圾处理SWOT分析

（一）SWOT分析简介

SWOT分析法是战略规划研究的一种分析技术，在20世纪60年代，由哈佛大学商学院的企业战略决策教授安德鲁斯提出来。SWOT分析法又称为态势分析法，分别代表优势（Strength）、劣势（Weakness）、机遇（Opportunity）、威胁（Threat），是现代营销学中对研究对象在进行营销策划时将对象放在环境中从上述4个方面进行针对性分析的常用方法，能客观、准确地分析和研究一个单位的现实情况[1]。其中，优势、劣势侧重于内部的分析，机会、威胁侧重于外部环境的分析。SWOT分析法在环境规划中的应用很广泛，作为区域可持续发展中的基础分析工作，对区域可持续发展具有重要的指导作用。

（二）优势分析

农村垃圾主要有生活废弃物和产业废弃物构成。生活废弃物指农村居民在日常生活中产生的固体废弃物，又称农村生活垃圾，其主要包括煤渣、厨余物、废纸、废塑料、废织物、废金属、废玻璃、陶瓷碎片、废旧电池、废旧家用电器等。产业废弃物主要指工业、农林业、畜牧业、医疗卫生业等生产或执业过程中产生的废弃物[2]。

三峡库区农村生活垃圾成分结构较好，有研究证实中等收入农村家庭生活垃圾中的有机物含量为59.19%，灰土类垃圾为24.03%，塑料类垃圾占2.86%，纸类占1.96%，纺织类、玻璃类所占比例很小，主要有害物质为一次性电池[3]。这里面有机物主要是动植物的残骸碎片等，对环境污染较小，灰土类垃圾可以直接填满，对环境的影响也不会太大。产业废弃物方面，三峡库区农村垃圾主要以农林畜牧业产生的为主，工业垃圾较少，这与本地区产业结构及经济发展落后有关。因此可以看出，三峡库区农村垃圾整体上来讲对环境污染较小，具有优势，便于处理。

（三）劣势分析

首先，由于传统粗放的农村经济发展模式根深蒂固的影响，农民对环境的认识还没有得到根

本的转变，许多地方垃圾随意堆积，以万州区偏远的地宝土家族自治乡为例，小溪旁边就有大量的包装袋等塑料垃圾。第二，农村不像城镇那样具有环卫部门，基本上没有垃圾的收集系统，资金的匮乏使三峡库区农村垃圾基本无处理的设备，即便是一些乡镇集聚地有这些设备，运营的成本也较高。垃圾处理基本只能简单堆积，没有实现垃圾的减量化、资源化、无害化处理。这些都是三峡库区农村垃圾处理的劣势。

（四）机遇分析

自1993年以来，党和国家把生态环境保护作为一项基本国策，投入巨资加强环保工作，确保库区生态环境向良性转化及可持续发展。1994年国务院三建委批准的《长江三峡工程水库淹没处理及移民安置规划大纲》中，明确列出了水土保持等环境保护内容及经费。库区各县的移民安置规划中也专门编制了移民环境保护行动计划。1999年后，国务院提出了“两个防治”（三峡库区地质灾害防治和水污染防治）政策。“两个防治”政策的制定和落实是党和国家综合考虑库区移民、经济、社会和生态环境的协调可持续发展作出的重大决策，对加强三峡库区水土保持工作，保证移民安置和生态环境安全，确保三峡库区成为“青山、绿水、蓝天”起了重要的作用。与此同时，2001年，国家批准了《三峡库区地质灾害防治总体规划》与《三峡库区及上游水污染防治规划》，指导和促进三峡生态环境保护工作[4]。同时党和国家领导人多次来三峡库区视察，提出生态环境保护的重要性，要促进库区经济社会发展。重庆市列入《三峡库区及其上游水污染防治规划》中的47座城市污水处理厂和34座城市垃圾处理场全部获得国家批准，总投资超过115亿元。这为三峡库区农村生活垃圾处理提供了良好的机遇。

（五）威胁分析

三峡库区虽然经济发展落后，但人口数量较大，因而农村垃圾总量较大。仅以农村生活垃圾为例，取全国农村生活垃圾人均垃圾量均值1.07kg/d[5]，三峡库区农业人口1 163.69万人计算，[6]每天就有生活垃圾12 451t，塑料类的垃圾就有356t。这还是以中等收入农村家庭的情况计算的结果。随着经济的发展，农村生活水平的提高，垃圾的构成也在发生着变化，较高收入农村家庭生活垃圾中的塑料类垃圾、电子产品的垃圾也将初步增多。同时，由于三峡库区现在加大经济发展力度，一些乡镇企业加大引资和技术，但是存在一种不好的倾向，即东部一些高污染高能耗的小企业在三峡库区落户，这会逐步增加三峡库区的产业废弃物数量和危害性，这给三峡库区垃圾处理加大了难度，是推进可持续发展的一大威胁。

三、三峡库区农村垃圾处理可持续发展对策

1. 应该加强三峡库区农村居民的环保教育，使他们认识到垃圾对自己及子孙后代生活环境的危害性，从而在垃圾产生的源头上进行控制。能够做到不乱扔生活和生产垃圾。

2. 加大垃圾分类，建议在村一级单位展开。在分类的同时进行初步处理，如食物残渣、农作物秸秆等可以在村里进行沼气发酵，积极开展“一池三改”（建沼气池，改厨、改厕、改圈）建设。对于不易处理的垃圾，应转移到乡镇一级处理。

3. 加强三峡库区小城镇垃圾处理设施的建设。结合我国垃圾实际情况，在乡镇一级建议大部分垃圾采用高温堆肥法处理。其他垃圾可以根据分类，如玻璃、塑料等进行回收利用。

4. 建立三峡库区农村居民垃圾收费制度，根据“污染者付费”原则，垃圾的回收费用由垃圾的产生者负担，这不仅仅可以约束垃圾产生者的数量，也可以扶助垃圾回收产业。在重庆市范围内，城市已经实施这项制度，且根据城市居民用水量的不同进行分级收费，农村收费的形式还应进一步研究。

5. 强化企业回收责任。对于某些垃圾，如矿泉水瓶等可以直接利用的，通过市场手段回收到企业生产部门。而食品包装袋、家电产品等应建立强制回收，由生产企业处理，这也会督促企

业建立产品的生命周期评价，减少这些物品对农村环境的危害，促进三峡库区可持续发展。

参考文献

[1] 王睿，蒋远胜．蜂桶寨国家级自然保护区生态旅游开发的SWOT分析［J］．资源开发与市场，2008（2）：177－179.

[2] 张赟，陈玉成．新农村建设中的农村垃圾问题［J］．安徽农业科学，2007（4）：1152－1153.

[3] 魏星，彭绪亚．贾传兴，等．三峡库区农村生活垃圾污染特征分析［J］．安徽农业科学，2009（16）：7610－7612.

[4] 梁福庆．三峡库区生态环境保护回顾与思考［J］．重庆三峡学院学报，2009（2）：17－20.

[5] 谢冬明，王科，王绍先，等．我国农村生活垃圾问题探析［J］．安徽农业科学，2009（2）：786－788.

[6] 重庆市统计局．重庆统计年鉴2009［M］．北京：中国统计出版社，2009：525.

四川省畜禽养殖业“能环工程”和有机肥料开发的发展前景

吴香尧　吴世闽

（成都理工大学　北京大学）

摘　要　本文根据四川省畜禽养殖业主要是散养专业户和小规模养殖场的特点，尚有相当数量的规模化养殖场，开发以厌氧消化制沼和好氧发酵制肥相结合的经济实用工艺技术，来实现畜禽粪便无害化、资源化目标；探讨畜禽粪便能环工程和堆肥化制肥工程的发展前景，达到畜禽粪便污染治理“零排放”效果。

关键词　畜禽粪便　厌氧消化　好氧发酵　有机肥料　污染治理

一、四川省畜禽养殖业“能环工程”发展前景

四川省是畜禽养殖大省，据不完全统计，我省农业区牛、猪、鸡、鸭、鹅等畜禽养殖业的牲畜尿液和生产废水产生量年达5 155.58万t左右，这是一笔宝贵的再生资源，如果通过厌氧消化制沼实施能源环境工程建设，并使“能环工程”产业化，这既治理粪便污染，保护生态环境，又开发利用新的清洁再生能源。

四川省有条件利用农业区养殖业丰富的畜禽生产废水和牲畜尿液开展大型工业化沼气生产和利用，更有条件开展常规小型的沼气生产和利用，为四川省能源结构调整提供技术支撑和应用示范。

现将四川省各市、区、县养殖业畜禽粪污厌氧消化制沼生产沼气的潜在资源量列于表1和表2。

表1　成都市所辖10个市、区、县沼气潜在资源量

地区	温江	新都	郫县	大邑	双流	新津	彭州	崇州	邛崃	都江堰
粪便量/（t/d）	644.37	5 560.22	1 516.75	1 098.8	671.11	73.42	183.96	1 366.9	551.68	65.03
平均TS/%	25	25	25	25	25	25	25	25	25	25
平均产气率/（m^3/kg·TS）	0.36	0.36	0.36	0.36	0.36	0.36	0.36	0.36	0.36	0.36
产气量/（万m^3/d）	5.8	50.04	13.65	9.89	6.04	0.66	1.66	12.30	4.97	0.58

从表1统计可见成都周边10个市、区、县养殖业畜禽粪污厌氧消化制沼，每天可生产潜在沼气量达105.5万m^3，每年可达38540.35万m^3。照此计算，各地级市所属市、区、县沼气潜在总资源量列于表2。

表2　四川省地级市沼气潜在总资源量　单位：万m^3/d

市名	内江市	资阳市	自贡市	泸州市	宜宾	遂宁	攀枝花	西昌
沼气总量	61.20	96.88	0.50	23.87	1.51	19.23	0.31	79.12
市名	南充市	广安市	德阳市	绵阳市	广元市	巴中	达州市	
沼气总量	232.03	1.34	39.06	106.49	138.5	182.22	227.88	

从以上统计数据来看，四川省畜禽粪污再生能源潜在资源量蕴藏达 1364.49 万 m^3/d，即每年可达 49.8 亿 m^3。这也可看出再生能源对我国能源结构调整将起重要作用，它在四川能源中所占比例将越来越大。如果将牲畜尿液及生产废水也列入再生能源计算，则全省畜禽粪污再生能源量则更大。

（一）小型“能环工程”的必要性和实用性

小型“能环工程”是指一家农户利用畜禽粪便、尿、废水及作物秸秆等为原料，进行沼气发酵，所产出的沼气供一户一日三餐燃料用。四川省农村利用沼气发酵产出的沼气供烧饭、菜及照明已有相当久的历史，只不过现在小型“能环工程”对沼气池设计更规范、池容产生率更高、普及率更广而已。

四川省畜禽养殖业以散养户/专业户和小型养殖场为主，他们产生的畜禽粪便量所占比例也最大，为了全面治理散养户/专业户和小型畜禽养殖场粪便污染环境问题，非常有必要推行小型“能环工程”，这既可解决畜禽粪便污染环境，又可获得再生能源供农户一日三餐燃料和日常照明用，是一项经济实用的工程，容易普及。

现以一家三口农户为例，如果这家农户仅供一日三餐烧饭菜用，则 $1m^3$ 沼气量就够了。$1m^3$ 沼气热值为 4 776 ~ 6 925kcal/m^3，它相当于 10kg 秸秆，7.5kg 木柴和 3kg 原煤。$1m^3$ 沼气只要养 5 头猪排泄的尿及废水进行沼气发酵就可以达到所需求量，因为 5 头生猪的粪便排泄量 7.85kg/d，尿 8.995kg/d，冲粪水 37.5kg/d，猪粪便沤肥还田，尿和废水共 46.51kg/d 进入沼气池厌氧消化制沼，料液 TS = 8%，产气率为 0.35m^3/kg · TS，则 5 头猪的尿和废水沼气发酵产生的沼气量为 $46.5 \times 0.08 \times 0.35 = 1.302$（$m^3/d$），可供一家三口一日三餐的燃料。

（二）中型和大型“能环工程”的可行性和应用前景

中型和大型“能环工程”是指利用规模化养殖场畜禽粪便及牲畜尿液和生产废水为原料进行高效厌氧消化制沼的工业性加工转化生产沼气的一种新兴再生能源产业。畜禽粪便及牲畜尿液是循环再生的生物质资源，只要畜牧业存在，就有这种生物质资源；畜牧业规模越大，这种生物质资源量也就越丰富，生产再生能源的原料也就越充足。

四川省大型规模的牛、猪等牲畜养殖场数目不多，约为 6% ~ 7%；中型规模的牛、猪等养殖场数目大致占 10%，但是家禽类养殖场以中型规模为主，其比例大约 40%。

大型和中型能环工程可采用高效厌氧消化制沼工艺，其工艺流程见图 1：

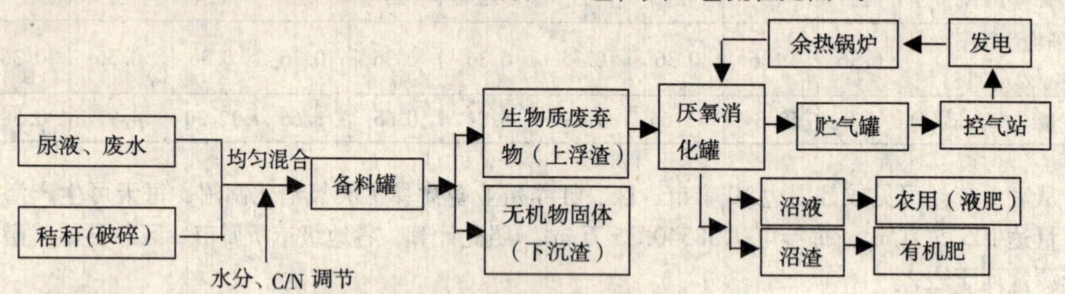

图 1　高效厌氧消化制沼工艺流程

现以双流县中型“能环工程”为例，该县以正兴镇为中心的周围相对集中的 7 个镇，其牛、猪、鸡等畜禽粪便总计 163.14t/d，牲畜尿 89.22t/d，冲洗污水 383.6t/d，采用湿式厌氧消化制沼，其集中处理总规模 636t/d，含水率 91%，含固率 8.35%，双流县 8 个镇畜禽养殖场粪便集中厌氧消化制沼产生的沼气量见表 3。

表3　双流县8个镇畜禽粪便和污水厌氧消化处理的沼气产生量

项目	粪便量/（t/d）	含固率/%	30℃产气率/（m^3/kg. TS）	产气量/（m^3/d）
猪粪	24.2	20	0.42	2032.8
牛粪	110.68	25	0.30	8310.0
鸡粪	28.26	30	0.49	4155.2
尿	89.22	5	0.35	1561.0
污水	383.61	2	0.30	2301.0
总量				18360

双流县以正兴镇为中心的8个镇畜禽养殖场粪便集中收集进行厌氧消化制沼气，每天可生产沼气1.836万m^3，年产达670.14万m^3，如果用来发电，小发电厂每天可产2.448万kW·h电。如果沼气供民用，即出售甲烷气，因沼气中含60% CH_4，则上述沼气量可产甲烷气11 016m^3/d（即年产402.084万m^3），每1立方米甲烷气售价1.2元，那么双流县正兴镇"能环工程"年产值达400.43万元。总之，大、中型规模化养殖场畜禽粪便的"能环工程"是可行的，而且具相当可观的经济效益，也具明显的社会效益和环境效益，应用前景广阔。

二、四川养殖业畜禽粪便生产有机肥的发展前景

根据这次调研不完全统计，全省农业区畜禽养殖业每年粪便产生量达5 155.58万t，畜禽粪便平均含水率67.23%，经好氧发酵制成的有机粉肥含水率为30%，失水37.23%，则全省畜禽粪便好氧发酵生产的有机粉肥为3 236.16万t/a。如果按表4所列畜禽粪便中可利用的N、P、K含量计算，四川省畜禽粪便生产的有机肥中含可用氮达14.16万t/a，可用磷达34.14万t/a，可用钾达27.10万t/a。

表4　畜禽粪便含水率和主要可利用成分（平均值）

项目	含水率/%	可用氮/（kg/t）	可用磷/（kg/t）	可用钾/（kg/t）	有机肥生产率/%
畜禽粪便	67.23	4.375	10.55	8.375	62

四川省是农业大省，全省农作物总播种面积941.69万hm^2，如果按耕地每公顷施用氮肥232.5kg。磷肥量21.75kg。钾肥量7.95kg进行计算，则全省耕地需氮肥量218.94万t，需磷肥20.48万t，需钾肥7.49万t。对照四川省畜禽粪便可用的N、P、K量与全省耕地需要N、P、K肥料量，可见除氮肥外，磷肥和钾肥完全可由粪肥供给，如果市场开拓顺利，可能会出现供不应求的局面，不过施用量必须以农作物生长所需为限。

此外，畜禽粪便堆肥产值较高，按每吨粉状有机肥售价200元计，则全省畜禽粪便每年生产3236.16万t粉状有机肥的产值达64.72亿元。总之，四川省养殖业畜禽粪便好氧堆肥生产有机肥的前景是广阔的，问题在于政府强有力支持和企业的市场开拓是否到位，能否冲出化肥一统天下的困境。目前有机肥的市场欠佳，这是不可思议的。

河北省低碳经济发展优势与对策研究

孙丽欣

（石家庄经济学院经贸学院　石家庄市槐安东路136号　050031）

摘　要　河北省地处京津冀环渤海都市圈，作为一个以钢铁、电力、煤炭和制药等行业为支柱产业的经济大省，同时也是一个能耗大省。在当前全球积极应对气候变化，发展低碳经济的潮流下，面临着诸多挑战。与此同时，河北省又在开发利用新能源方面具有独特的区位优势。本文围绕河北省的经济发展如何实现在经济增长的同时降低能耗，减少污染，充分发挥自己的区位优势，发展低碳经济提出了相应的对策建议。

关键词　河北省　低碳经济　优势　对策

一、应对气候变化，河北面临的挑战

（一）能源需求加速增长，以煤为主的能源结构难以改变

河北省作为我国东部沿海地区经济发展较快的省份，改革开放以来，经济始终保持了较高的增长速度，2008年全省GDP为16188.6亿元，人均GDP 23239元（合3400多美元），高于全国平均水平（2008年中国人均GDP22640元人民币，约为3313美元）。随着河北省工业化进程的加快，重工业比重“九五”以来持续上升，由此导致对资源尤其是能源的消耗强度不断加大，能源消费总量也从1995年的8990万吨标准煤上升为2006年的2.17亿吨标准煤，居全国第2位（见表1）。

表1　河北省能源消费情况

年份	GDP/亿元	能源消费总量/万吨标准煤
1990	896.33	6124
1995	2849.52	8990
2000	5043.96	11196
2001	5577.78	12301
2002	6076.6	13405
2003	7095.4	15298
2004	8836.9	17348
2005	10096.1	19745
2006	11660.4	21690
2007	13863.5	23799

数据来源：① 中国统计信息网；② 中国科学院可持续发展战略研究组，2008中国可持续发展战略报告。

在能源消耗不断增长的过程中，河北省的能源消费还表现出突出的特征：能源结构不合理、结构性矛盾十分突出。据统计，发达国家煤炭消费比例大多不到20%；我国能源消费中，煤炭所占比重高达69.5%；而河北省能源消费结构中，煤炭占一次能源消费比例约为90%，比国外平均水平高62.1个百分点，比全国高21个百分点。由于煤炭消费比重大，二氧化碳排放强度较高，致使河北省在经济发展过程中“高碳”特征非常明显，使得河北省在降低单位能源二氧化碳排放强度方面比其他省份面临更大的困难。因此，在未来一段时期，河北省在解决环境污染和应对气候变化方面的形势非常严峻，任务也十分艰巨。

（二）伴随能源消耗的增长，碳排放量增长迅速

在化石能源中，煤的碳强度最高。研究结果表明，单位热量燃煤引起的二氧化碳排放比使用

石油、天然气分别高出约36%和61% 。本文根据《中国能源统计年鉴》(2006)、《河北经济年鉴》(2004)、《2008年中国可持续发展战略报告》等提供的能源消耗数据并加以推算，测算得出河北省近20年来碳排放量结果如图1所示。本文采用的碳排放估算公式为：

$$Et = \delta f Ef + \delta m Em + \delta n En$$

式中，Et 为碳排放量，Ef 为煤炭消耗量，δf 为煤炭消耗的碳排放转换系数；Em 为石油消耗量，δm 为石油消耗的碳排放转换系数；En 为天然气消耗量，δn 为天然气消耗的碳排放转换系数。该计算公式主要参考了徐国泉等人提出并改进的碳排放量分解模型中的算法，其各类能源的碳排放系数分别为0.7329、0.5574、0.4226。

（三）河北省经济发展阶段水平较低，产业结构调整落后

同全国多数地区一样，河北省仍处于工业化和城镇化发展的中期阶段。一是重工业比重较大，2008年，河北省的三次产业结构为12.6∶54.2∶33.2；第二产业比重高于全国5.6个百分点；第三产业的比重低于全国6.9个百分点。二是技术装备相对落后。重点耗能行业落后生产能力仍占一定比重，如建材行业中新型干法水泥生产能力仅占30%，而质量不稳定、浪费能源、污染环境的立窑水泥约占70%；通用耗能设备效率较低，燃煤工业锅炉平均运行效率低于国际平均水平17~22个百分点，风机、水泵平均运行效率低于国际平均水平20个百分点。能源利用效率低、污染排放高的问题对减少温室气体排放带来一定困难。三是目前河北省城镇化水平不高，全省城镇化率只有41.9%，低于全国45.7%的水平，更远低于世界的水平。随着河北省城市人口比例的不断增加，从而使生活能源的需求持续增长，进而导致能源总量的消耗及碳排放量进一步增加。

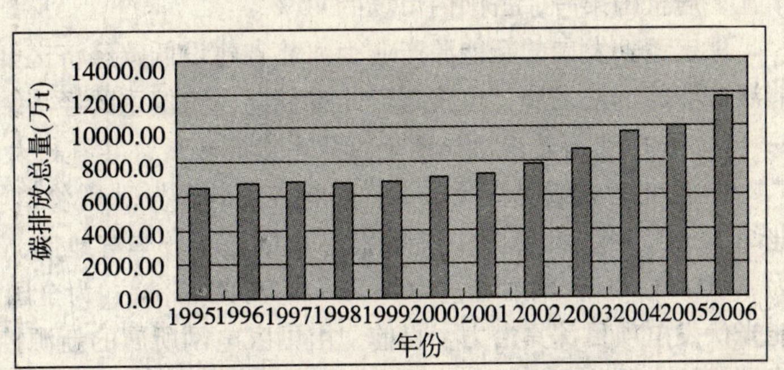

图1　河北省碳排放总量增长情况

（四）能源利用效率低，单位能耗偏高

由于重工业比例高，河北省的能源利用效率较低，从2005—2008年，万元GDP能耗始终高于全国平均水平（见表2)，在全国30个省市自治区（除西藏外）由低到高排名23位。可见，河北省经济增长高投入、高消耗、高排放、低效率的特征仍很突出，节能减排的形势非常严峻。

表2　河北省2005—2008年单位GDP能耗　　单位：t标准煤/万元

单位GDP能耗	2005年	2006年	2007年	2008年
全　国	1.226	1.204	1.160	1.102
河北省	1.96	1.895	1.843	1.727

数据来源：国家统计局、国家发展和改革委员会、国家能源局：2005—2008各年《各省、自治区、直辖市单位GDP能耗等指标公报》，中国能源信息网。

二、河北省发展低碳经济的优势分析

如上所述，在能源消费量持续增长和能源消费以煤炭为主的背景下，河北省经济的进一步发展必然导致能源消耗和温室气体排放的持续增长，从而使河北面临着巨大的节能减排压力。而且近年来，河北全省一次能源自给率逐年下降，目前已不足50%。这意味着河北能源对外依存度

在上升，能源约束局势十分严峻。

低碳经济是以能源高效利用和清洁开发为基础，以低能耗、低污染、低排放为基本特征的经济发展模式。节约能源、优化能源结构，转变经济发展方式，走低碳发展道路，既是应对气候变化、减缓二氧化碳排放的核心对策，也是突破资源环境的瓶颈性制约，实现可持续发展的内在需求。为此，河北省只有抓住机遇，积极发展低碳经济，促进先进能源技术创新，促进产业结构的调整和升级，从而促进发展方式的根本性转变，实现可持续的经济发展。

（一）河北省作为在环渤海经济区域中具有重要地位的经济大省，新能源产业发展迅速

硅太阳能光伏电池、太阳能硅片、风电叶片等产量跻身国内前茅，成为国内重要的光伏电池制造基地。有统计显示，2008 年，有“中国电谷”之称的河北保定市生产的太阳能硅片、电池及组件产量达282 兆瓦，占全国总量的15. 7%，居国内第二、世界第六；风电叶片产量达274 万千瓦，居全国第一，占国内市场的40%。

保定蓬勃发展的新能源产业为河北省建设低碳经济区开辟了一条最快捷的“绿色通道”。新能源产业的迅速发展，也将对河北省长期以来偏重的经济结构产生巨大影响。

（二）河北省是清洁能源资源较丰富的地区，具有较大的发展低碳经济的潜力

1. 河北省太阳能资源丰富，具有较大的开发利用价值。河北省地处东经 113°27′~119°50′、北纬 36°03′~42°40′，太阳能资源在全国处于较丰富地带，其中张家口、承德大部分年日照时数为 3000~3200h，辐射总量为 5852~6680 兆焦/m^2，为全国太阳能资源二类地区，对于开展太阳能光伏发电项目深具潜力。目前，由国家电网所属的新源控股有限公司计划投资的全国第一个风光储能综合示范项目已与张北县正式签订项目合作协议书。丰富的风能和光照资源成为当地取之不尽用之不竭的自然资源。

2. 河北省坝上及沿海地区风能资源非常丰富，适宜开发风力发电项目，总储量可达 7 400 万 kW。目前，张家口、承德已建成张北长城、围场红松、尚义满井、康保卧龙图山等五个风电场。而张家口尚义县风能发电总装机容量 2009 年就达到 15. 15 万 kW，成为河北第一风能发电大县。

3. 河北省作为农业大省，生物质资源也十分丰富。其中秸秆总量为 3600 万 t，人畜粪便 15000 万 t（折干物质 2960 万 t），可开发能源折合量 2977 万吨标准煤。

（三）河北省的二氧化碳年均排放量占全国总排放量的7%左右，温室气体减排潜力非常巨大

受产业结构偏重、产品结构偏低、能源结构不合理等因素影响，河北省能源利用效率较低，能源消耗量及二氧化碳排放量较大。按照河北省政府出台的《国民经济和社会发展“十一五”规划纲要》和《河北省政府关于加强节能工作的决定》中提出的“十一五”期间单位 GDP 能耗降低 20% 的目标要求。有关部门量化出“十一五”期间全省的减排潜力为 10882. 69 万吨二氧化碳。由于河北省工业中电力、钢铁两大行业的能源消耗量约占全省工业能源消耗量的 71%，占全省能源消耗总量的 52%。通过对两大行业的节能技术的使用以及产品结构、技术结构的调整，提高能源利用效率，可量化得出两大行业的减排总量分别为电力行业为 236 万吨二氧化碳，约占河北省二氧化碳减排总量的 29. 74%；钢铁行业为 1 170. 3 万吨二氧化碳，约占河北省二氧化碳减排总量的 10. 75%。

三、促进河北省低碳经济发展的对策建议

（一）继续推行“双三十”节能减排工程，加大节能减排的工作力度

为全面推进河北省节能减排工作，河北省委、省政府于 2008 年初推进、实施了“双三十”节能减排攻坚战，在全省选择 30 个重点县（市、区）和 30 个重点企业，在省十一届人大一次会议上向代表作出承诺 3 年内必须完成节能减排目标任务，未完成目标的县（市、区）主要负

责人责令引咎辞职、国有企业法人代表就地免职，民营企业依法责令停产整治。经过两年多的实施，取得了显著成效。2008 年“双三十”单位完成减排项目 1333 项，削减化学需氧量 4.06 万 t、二氧化硫 6.66 万 t，分别占全省减排量的 64.8% 和 45.1%；竣工节能项目 338 项，形成年节能能力 310 万吨标准煤，有力地推动了全省节能降耗工作。2009 年，全省污染减排工作继续取得突破进展，化学需氧量比上年削减 3.47 万 t，削减率列全国第二位。二氧化硫削减 9.15 万 t，削减率列全国第五位。全省规模以上工业多数行业能源消耗比上年下降，单位工业增加值能耗持续降低。为此，河北省应继续将上述经验在全省范围推广和普及，强化节能政策措施的落实；建立节能目标责任制和评价考核制度，通过节能减排目标的落实，真正实现以低能耗、低污染、低排放为基本特征的低碳经济发展模式。

（二）加强制度创新，建立节能减排的长效机制，为低碳经济发展提供良好的政策支撑环境

发展低碳经济，制度创新是关键的保障因素。当前，河北省节能减排工作仍然主要由政府主导和以行政手段为主依靠节能减排指标的层层分解来约束地方政府和企业，缺少长效机制，没有转化为企业的自觉行动，企业缺乏加大投入的内在动力和外在压力。为此，必须探索建立有利于节约能源和保护环境与气候的长效机制和政策措施，从政府和企业两个层面推动社会经济的低碳转型。积极采取强有力的经济政策手段，实现从行政手段向市场化的方式过渡，为低碳经济发展提供政策支撑环境。

今后，河北省应重点研究低碳经济模式下的财政、税收、产业政策体系。通过经济手段和市场化机制引导重工业降碳，并积极抓住国际碳金融发展契机，积极尝试建立省内的碳交易市场、推行清洁发展机制项目的开展；加强财政和金融的政策支持力度，推动低碳经济的发展。

（三）积极开展低碳技术创新，制定清洁、低碳能源开发利用的鼓励政策

低碳经济的重点在于改造传统高碳产业，加强低碳技术创新。低碳技术是低碳经济发展的动力和核心，要积极组织力量开展有关低碳经济关键技术的科技攻关，并制定长远的发展规划，优先开发新型的、高效的低碳技术，鼓励企业积极投入低碳技术的开发、设备制造和低碳能源的生产。重点开发和推广煤的清洁高效开发和利用技术、油气资源勘探开发利用技术、可再生能源技术、输配电和电网安全技术，促进能源结构优化，减缓由能源生产和转换过程产生的温室气体排放。

为此，需要加快推进我国能源体制改革，建立有助于实现能源结构调整和可持续发展的价格体系；推动我国可再生能源发展的机制建设，培育持续稳定增长的可再生能源市场，改善健全可再生能源发展的市场环境与制度创新。

参考文献

[1] 河北省统计局．河北省国民经济和社会发展统计公报（各年度）．
[2] 国家统计局．中国能源统计年鉴（各年度）．
[3] 国家统计局．2008 年中国国民经济和社会发展统计公报．
[4] 谭丹，黄贤金．我国东、中、西部地区经济发展与碳排放的关联分析及比较［J］．中国人口·资源与环境，2008（3）．
[5] 姬振海．低碳经济与清洁发展机制［J］．中国环境管理干部学院学报，2008（6）．
[6] 河北省环保局．2008 年河北省环境状况公报．

黑龙江省农业生态环境态势与对策

孟　凯

（黑龙江大学农业资源与环境学院　哈尔滨　150080）

摘　要　黑龙江省是我国主要商品粮基地，近几年过度的利用，出现了一系列的生态环境问题，耕地质量下降；水土流失严重，土地沙化与盐渍化面积仍在扩展；水资源短缺，干旱加剧；水、土污染初现；农业固体废物排放数量在不断增加。应采取加大对生态环境研究科技投入力度，制订长期有效的污染防治与环境质量保护研究计划；建立起适合黑龙江省省情的生态环境领域完整的理论体系和技术体系等措施，改善黑龙江省农业生态环境。

关键词　黑龙江省　农业　生态环境　问题　对策

黑龙江省位于中国东北部，是中国位置最北、纬度最高的省份，东西跨14个经度，南北跨10个纬度。北、东部与俄罗斯为界，西部与内蒙古自治区相邻，南部与吉林省接壤。黑龙江省土地总面积47.3万平方公里（含加格达奇和松岭区），占全国土地总面积的4.9%。根据2007年土地利用变更调查结果，全省农用地面积3958.3万公顷，占全省土地总面积的83.69%。建设用地155.8万公顷，占全省土地总面积的3.3%。未利用地615.5万公顷，占全省土地总面积的13.01%。黑龙江省属温带，寒温带大陆性季风气候。四季分明，夏季雨热同季，冬季漫长，全省年平均气温在-4~5℃。全省年平均降水量多介于400~650毫米。中部山区最多，东部次之，西部和北部最少。5~9月生长季降水量可占全年总量的80%~90%。全省湿润系数在0.7~1.3之间，西南部地区低于0.7，属半干旱地区。黑龙江省是地处我国东北部的边缘省份，幅员辽阔，自然资源丰富，曾经为我国的经济发展和社会建设提供了大量的木材、石油和煤炭等资源。随着经济的发展和人类活动的加剧，黑龙江省的生态环境也不断遭到破坏，从而引发了一系列生态环境问题。

一、黑龙江省农业生态环境问题

黑龙江省是我国重要的商品粮、畜产品生产基地。粮豆年总产从解放初期的700万吨，增加到目前的3000万吨，其中大豆产量占全国的30%左右；牛奶产量达到300万吨，占全国的1/4。黑龙江省还是重要的木材、原煤和石油生产基地。解放以来，为国家的粮食安全和经济建设做出重大贡献。但是资源的过度消耗和对陆地生态系统的强烈干预，使农业生态环境遭到严重破坏。

（一）耕地质量下降，黑土尤为严重

20世纪80年代全省第二次土壤普查统计，有机质含量大于4%的耕地有627万公顷，到2009年已减少到358万公顷，减少了43%。由于土壤侵蚀和用养失调，黑土肥力明显下降。有机质含量由垦前的8%~11%下降到2%~5%，土壤容重由垦前平均1.1g/cm^{3}增至1.29g/cm^3。我们的研究结果表明，黑土耕层全氮含量从1982年的2.15g/kg下降到2004年的1.96g/kg，11年不施氮肥的土壤氮素自然供给力由92%下降到50%~60%。

（二）水土流失严重

水土流失严重，不仅破坏生态环境，降低土壤肥力，还形成严重的面污染源。由于丰水期降雨后，大量泥沙、化肥和其他地表物质随雨水注入河流，造成对河流的污染，汛期一过，水质变好。据黑龙江省水保部门的调查，黑龙江省水蚀面积约112559.79km^2，推算坡耕地每年流失氮磷7.2亿~9.6亿kg，钾14.4亿~19.2亿kg。松花江年平均输沙量有逐年增加的趋势，江桥站1961—1970年平均输沙量为145万t，1991—1997年输沙量增至229万t。佳木斯测站1961—

1970年输沙量为1157万t，1991—1997年为1937万t。水土流失不仅造成了河流水质污染，还造成了河道淤积，破坏水利工程设施，引发其他的环境问题。目前黑龙江省水土流失面积1119万公顷，占黑龙江省土地总面积的24.6%，其中水蚀面积870万公顷，占水土流失总面积的78%，主要集中在齐齐哈尔、哈尔滨、绥化、牡丹江等市，黑土带尤为严重。全省水蚀耕地面积280万公顷，占总耕地的29%，其中黑土耕地水蚀面积150万公顷，占全部水蚀面积的54%。黑龙江省黑土耕地黑土层厚度由开垦初期的50~60厘米，下降到目前的20~30厘米。水土流失严重的地块，黑土层已丧失殆尽，变成了"破皮黄"瘠薄之地。

（三）土地沙化与盐渍化面积仍在扩展

目前黑龙江省土地沙区面积已达到275万公顷，其中沙漠化面积38万公顷，主要分布于齐齐哈尔和大庆地区，其中杜蒙县最为严重，沙区面积61万公顷，沙漠化面积17万公顷。据有关资料，1986年黑龙江省沙化总面积为102万公顷，其中沙化耕地37万公顷，沙化草地30万公顷，到2000年，沙化总面积扩展到275万公顷，其中沙化耕地扩展到111万公顷，沙化草地扩展到62万公顷，14年间分别扩大了1.7倍、2.0倍和1.1倍。

目前黑龙江省土壤盐渍化面积为57.1万公顷，其中耕地盐渍化面积17.3万公顷，草地盐渍化面积34.6万公顷，主要分布于松嫩平原西部。据调查，黑龙江省土地盐渍化面积仍在扩展，年扩展速率为2.6%。

（四）水资源短缺，干旱加剧

黑龙江省人均水资源量约占全国人均水量的50%，耕地水量占全国耕地平均水量的20%左右，年降雨量300~600毫米，但时空分布不均。随着国民经济快速发展，工农业用水和城镇居民用水急剧增加，水资源态势不容乐观。黑龙江省水利工程基础薄弱，地表水资源利用率低，现有引用地表水工程设计供水能力仅为地表水多年平均量的29%，水库控制性工程水资源利用率仅5%，大多数水量均因缺少工程而未能加以利用，导致因水资源不足而制约工、农业大幅度发展的局面。此外，许多灌区水源不足，随着作物产量的提高，需水量将相应加大，干旱减产程度加剧，灌溉要求更为迫切。国民经济的发展使农业需水量不断增加，水资源将会进一步短缺。目前，黑龙江省水稻面积就达160万公顷，而且80%是井灌稻，地下水开采失调，局部地区已形成地下漏斗。更为严重的是全球气候变暖对黑龙江省气候的影响是显而易见的。

（五）水、土污染初见端倪

目前黑龙江省氮肥用量增加很快，虽低于全国平均水平，但仍是世界氮肥平均用量的3.8倍，硝酸盐在土壤中逐年积累，导致水体富营养化现象愈来愈重。由于大量施用化肥、农药，致使地下水污染，土壤农药残留超标。重金属的污染也相当严重。以哈尔滨市环保局对7区12县土壤抽样调查，全部耕地都不同程度地遭受汞、镉、铅、砷、铬等重金属污染，但主要分布在大中城市郊区。此外，近年来随着黑龙江省畜牧业的快速发展，牲畜粪便大量堆积，随处可见，到处流失，严重污染了水土环境。

地表水体污染严重，江河水质不断恶化，不少河流的水质达不到水体功能的要求，加剧了水资源短缺的程度。黑龙江省年排污量约10×10^8t，从水质现状评价可知，黑龙江省Ⅲ类水质河流很少，仅占监测河流的21.7%，Ⅳ类以上水质河流约占78.3%，其中Ⅳ类水质河流约占26.1%，Ⅴ类水质河流占26.1%，超Ⅴ类水质河流约占26.1%。除了松花江、嫩江沿岸重点城市河段污染较严重外，松花江流域的某些支流，如汤旺河、阿什河以及乌苏里江流域的穆棱河污染严重，许多河段为超Ⅴ类水体，满足不了工农业生产及人民生活的水质要求。

（六）农业固体废物排放数量在不断增加

黑龙江省农业固体废弃物按其积制和开发利用方式，大体可划为以下2大类。

1. 农作物秸秆：黑龙江省常年农作物播种面积约800万hm^2，年产作物秸秆4136多万t。农作物除有机质外，还含有氮（N）0.5%、磷（P_2O_5）0.3%、钾（K_2O）2%，全部秸秆可折算为尿素44.9万t、过磷酸钙103.4万t、钾肥137.8万t，此外还含有钙、镁、铜、锌、钼、硼等多种矿物质元素。大量的生产实践证明，秸秆直接还田，具有显著的培肥地力、保温、保墒等功效。从总体来看，黑龙江省秸秆利用率较低，利用率仅30%左右。利用方式主要是直接还田、堆沤和过腹还田，秸秆直接还田主要是麦秸和稻秸，过腹还田主要是玉米秸。不同地区的秸秆利用率差异较大，利用率高的达到60%，利用率低的仅10%，小麦和水稻秸秆利用问题则较为严重，55%以上的秸秆基本上就地焚烧，不仅造成资源的极大浪费，也严重污染环境。

2. 牲畜粪便：根据统计数据，奶牛的数量为117.6万头，肉牛为506.8万头，羊为1029.5万只，猪为1326.4万头，按这个数量计算，大约年产粪便3785.5万吨（不包括人粪尿和家禽粪便）。随着黑龙江省畜牧业的进一步发展，这一数字还将继续扩大。但就黑龙江省的现状来看，牲畜粪便的利用率不到60%，随着畜牧业的继续发展，还会有更多的粪便排放，很容易淋失或流失，并造成水资源、农产品、农田和环境的污染，危害农村与城镇卫生环境和人民身心健康。

二、改善生态环境的对策

（一）加大对生态环境研究科技投入力度，制订长期有效的污染防治与环境质量研究计划

针对生态环境的区域性、复杂性与长期性，就区域环境保护利用急需解决的重大综合性问题和应用前景广阔的高新技术，组织若干重大项目，开展联合攻关，并进行大规模成果示范推广。做到应用基础性研究、应用技术研究与开发研究有机结合，大尺度宏观研究与局部微观研究紧密配合，各级领导与科技人员协同作战，务实地推动学科发展、技术创新。

（二）完善生态环境全面教育体系和公众参与机制

实现持续高效发展目标，急需全民生态环境意识的不断提高，接受可持续发展、高效生态农业、生态环境保护等理念。为此，要建立生态环境的全民教育体系和公共参与机制，树立与可持续发展相适应的生产模式、生活消费模式和科学的管理体系。生态环境教育要围绕干部教育、公民教育和专业教育形成多层次、全方位的体系，通过运用多种教育手段和大众传媒工具，广泛宣传科学知识和基本省情，弘扬优良传统，倡导正确的生态环境保护与可持续发展的观念。

（三）建立起适合黑龙江省省情的生态环境领域完整的理论体系和技术体系

1. 研究流域尺度不同空间、不同扰动强度的主要生态系统的生态过程，退化驱动因子和机制，主要物质（C、N、P、水和有机物质等）在各生态系统之间的迁移转化规律及生态风险。

2. 针对流域生态系统退化特征，建立多元的生态修复途径与技术体系，修复、调控不同类型的退化生态系统，降低区域生态风险，形成具有区域特色的生态修复理论。

3. 基于生态—资源承载力的区域生态安全格局，流域生态、资源对不同功能、不同发展阶段的综合承载能力，建立适应于此能力基础上的流域生态—资源保护与利用及区域生态安全格局，改善和提高流域资源、环境、经济、社会协调发展能力。

（四）加强法制宣传、法规建设

根据我国现有的相关法律、法规继续开展与持续发展有关的立法研究，协调现有法律、法规的关系，重点是对环境、资源、能源等产业领域的立法进行审查、强化生态环境保护和资源管理的立法，逐步建立起符合黑龙江省可持续发展原则的法律、法规体系。

参考文献

[1] 韩守江，彭卉，邓国立，等．黑龙江省水环境问题及水环境保护对策［J］．哈尔滨师范大学自然科学学报，2000，16（4）：105－107.

[2] 孟凯．黑龙江省耕地质量的态势与对策［J］．农业系统科学与综合研究，2009，25（4）：490－493.

典型牧区湖泊湿地生态服务价值量化评估

郝伟罡[1,2]　魏永富[1]　郭中小[1]　张　生[2,3]

（1. 水利部牧区水利科学研究所　呼和浩特　010020；2. 内蒙古农业大学水利与土木建筑工程学院　呼和浩特　010018；3. 英国谢菲尔德大学建筑系　谢菲尔德　S1 3JD，UK）

摘　要　本文以典型牧区湖泊湿地——呼伦湖湿地为研究区，针对呼伦湖湿地资源的特点，运用资源经济学和生态经济学的理论和方法，对呼伦湖湿地生态服务价值进行了量化评估。评估结果表明呼伦湖湿地生态系统间接使用价值为 91.01×10^8 元，其中调蓄水资源的价值为 798640×10^4 元，气体调节价值为 $25\ 210.01\times10^4$ 元，净化水质的价值为 311.03×10^4 元，生物多样性维持价值为 $85\ 957.07\times10^4$ 元。只有合理开发呼伦湖湿地资源，保护好这一对区域环境具有重要意义的湿地生态系统，才能实现呼伦湖湿地资源的可持续利用，保证湖区经济的可持续发展。

关键词　湿地资源　生态服务　价值评估　呼伦湖

湿地是指不论其为天然或人工、长久或暂时之沼泽地、湿原、泥炭地或水域地带，带有或静止或流动或为淡水、半咸水或咸水水体者，包括低潮时水深不超过 6m 的水域[1,2]。湿地是地球上最具生产力的生态系统，被称为“自然之肾”，因为它具有水文和化学功能等效益。具体表现在湿地可均化洪水、调节气候、滞留沉积物和营养物，保持水质、巩固堤岸、补给地下水、提供动植物产品，是生物多样性最丰富的地区之一，具有极高的社会、经济和文化价值。生态服务价值也称为不可提取的使用价值或功能性价值，主要指生态系统的功能价值或环境的服务功能价值，为人类社会提供间接有益价值，国外常称之为“环境的公益效能”，具体表现为：蓄水、调节水量平衡、保护水源、维持局部水平衡、维持营养物质循环、调节气候、降解、清除污染、固碳制氧、促进生态演替顺利进行等。对湿地的生态服务价值进行科学的量化评估，可以提高其经济效益，辅助决策和推动生态系统的保护[3]。

一、研究区概况

呼伦湖地处呼伦贝尔草原中部新巴尔虎左旗、新巴尔虎右旗和满洲里市之间，东经117°00′10″～117°41′40″，北纬48°30′40″～49°20′40″。呼伦湖也称达赉湖，是“中国第五大淡水湖”，也是东北地区第一大湖，它具有大型多功能湖泊的多种特性，同时也是牧区湖泊的典型代表。当湖水位在 545.55m 时，蓄水量约 138 亿 m^3，水面约 $2339km^2$，最大水深 8m，平均水深 5.7m。湖面呈不规则的斜长形，湖面长 93km，最大宽度 41km，平均宽度 25km。呼伦湖及周边 $7400km^2$ 于 1990 年被划定为自治区级保护区，1992 年被批准为国家级自然保护区，2002 年 1 月被列入国际重要湿地名录，2002 年 11 月被联合国教科文组织人与生物圈计划吸收为世界生物圈保护区网络成员。

其水系由呼伦湖、哈拉哈河、贝尔湖、乌尔逊河、克鲁伦河、新开湖及连通于呼伦湖与额尔古纳河的达兰鄂罗木河（新开河）等组成，其来水主要源于境外，其泄水排于中俄界河——额尔古纳河，因此，呼伦湖水系属于国际河流。呼伦湖及其周边湿地被称为呼伦“贝尔草原的肾”，也因此被列入国际重要湿地名录，其水域与湿地为呼伦贝尔草原的生态保护和地区社会与经济发展，发挥着不可替代的重要作用。

基金项目：中国水利水电科学研究院科研专项基金资助项目。

呼伦湖作为内蒙古十大旅游景点之一，兼有丰富的水产资源，成为内蒙古最大的商品鱼基地和绿色食品基地。据统计，湖区共有鱼类 33 种；浮游植物 8 门 21 目 38 科，共 187 种属；浮游动物 59 种；野生植物 74 科 292 属 653 种，占呼盟野生植物总数的 48.3%；鸟类 17 目 40 科 241 种，其中，属国家一级 5 种，二级 14 种，占重点保护鸟类的 19.6%[4]。

二、呼伦湖湿地生态服务价值构成分析及评估技术

湿地地处水域和陆地的过渡地带，具有许多对人类有重要作用的功能价值，如直接价值、服务价值和选择价值等。其使用价值分为直接使用价值与生态服务价值两方面，其中直接价值是传统意义上人们对湿地使用价值的理解，它并不是湿地使用价值的主要组成部分[5]。生态服务价值分为生态功能价值与环境功能价值，给人类带来巨大的经济效益和社会效益[6-8]。湿地生态服务价值及相应评估技术见图 1。

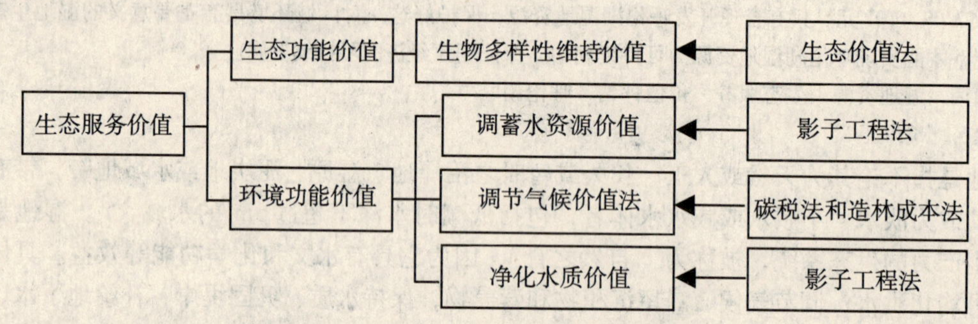

图 1　湿地生态服务价值构成及评估技术

三、呼伦湖湿地生态服务价值评估

（一）调蓄水资源的价值

涵养水源是湿地重要生态功能之一，从而这方面的价值在其生态服务价值中占有重要地位。涵养水源的价值主要表现在增加有效水储量、调节径流量。国内外涵养水源价值估算采用的方法一般为影子工程法，即建立能够储存同样数量水源的水库所需要的花费。采用此种方法需要重点解决两个问题，即湿地自然保护区涵养水源的量的计算和水库建设投资的价格确定。涵养水源的价值为二者的乘积。根据呼伦湖湿地库容 119.2 亿 m^3 和水库蓄水成本 0.67 元/m^3[9]（1990 年不变价）计算这项功能的价值。

调蓄水资源的价值 = 单位水库蓄水成本 × 湿地库容 = 798 640 万元

（二）气体调节价值

根据光合作用反应方程式：

$$CO_2\ (264g) + H_2O\ (108g) \rightarrow C_6H_{12}O_6\ (108g) + O_2\ (193g) \rightarrow \text{多糖}\ (162g)$$

生态系统每生产 1.00g 植物干物质能固定 1.63g CO_2，释放 1.20g O_2。呼伦湖芦苇平均生物量为 10.92t/hm^2（干重）[10]，根据呼伦湖芦苇区面积为 3.13 万 hm^2[11]，可知每年新增干物质 34.216 ×10^4 t。所以，固定的 CO_2 为 55.772 ×10^4t/a，折合纯碳为 15.211 ×10^4 t/a，释放的 O_2 为 41.059 ×10^4 t/a。根据目前国际上通用的碳税率标准和我国的实际情况，采用我国的造林成本 250 元/t 和国际碳税标准 150 美元/t 的平均值 641.15 元/t（以 100 美元兑换人民币 688.2 元计）[12,13]作为碳税标准。用造林成本 352.93 元/ t O_2 和氧气工业成本 0.4 元/kg O_2 的均值 376.47 元/t O_2[14]计算释放 O_2 的能力。

经计算，呼伦湖湿地气体调节价值为 25 210.01 万元。

表1 呼伦湖湿地气体调节价值

面积/hm²	生物量/(t/hm²)		物质量/(t/a)	单位均价/(元/t)	价值量/万元	合计/万元
3.13×10^4	10.92	固定 CO_2	15.211×10^4	641.15	9 752.53	25 210.01
		释放 O_2	41.059×10^4	376.47	15 457.48	

（三）净化水质的价值

湖泊的氮、磷净化功能可按生活污水处理成本氮1.5元/千克、磷2.5元/千克[15]进行估算，呼伦湖去除的N、P量分别为1 148.07t/a和555.28t/a[11]。这样呼伦湖净化N、P价值为：

表2 呼伦湖湿地净化水质价值

污染物	物质量/（t/a）	单位均价/（元/t）	价值量/万元	合计/万元
N	1 148.07	1 500	172.21	311.03
P	555.28	2 500	138.82	

经计算，呼伦湖湿地净化水质的价值为311.03万元。

（四）生物多样性维持价值

为野生生物提供生境，被认为是湿地最重要的服务功能[16]。根据全球生态系统评估时的湿地作为野生动物避难所的价值和呼伦湖的湿地面积进行估算。根据Costanza等人的研究结果[17]，这一服务功能的年生态效益是439美元/hm²，折合人民币3 021.2元/hm²（以100美元兑换人民币688.2元计）。

生物多样性维持价值 =3 021.2元/hm² × 284 513hm² = 85 957.07万元

（五）生态服务价值总量计算结果

呼伦湖湿地总的生态服务价值为上述各项功能价值之和，即：

总生态服务价值＝调蓄水资源的价值＋气体调节价值＋净化水质的价值＋生物多样性维持价值＝798 640万元＋25 210.01万元＋311.03万元＋85 957.07万元＝910 118.11万元

四、呼伦湖湿地生态服务价值评价结果分析

呼伦湖湿地生态系统各项生态服务价值的价值量排序为：调蓄水资源的价值 > 生物多样性维持价值 > 气体调节价值 > 净化水质的价值。其中调蓄水资源的价值量最大，占到价值总量的87.75%。主要是由于呼伦湖是“中国第五大淡水湖”，蓄水量较大。

呼伦湖的气体调节价值占总价值量的2.77%，相对于较大的蓄水量，呼伦湖调节大气组分的作用仍能占到一定比例，说明野生芦苇湿地对区域大气组分有较强的调节能力。

对N、P的净化功能仅占总价值量的0.03%，近年来呼伦湖湿地萎缩，水体富营养化程度加剧，当污染超过湿地的自净能力的时候，不仅使水质恶化，而且影响其他生态系统功能的发挥，导致渔业和美学等功能衰退，服务功能价值因此降低。

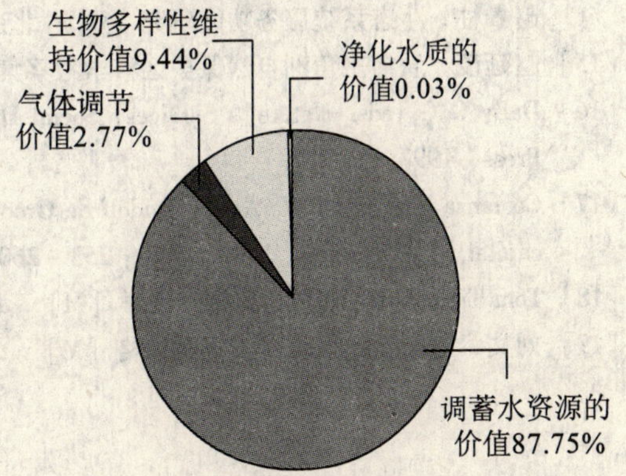

图2 呼伦湖湿地生态服务价值比例图

五、结 语

生态系统服务功能是地球生命系统的支持系统，是人类赖以生存的物质基础，区域生态系统是区域社会经济与环境可持续发展的基本要素。文中几种生态功能价值只是呼伦湖湿地生态系统所有生态服务功能

价值的一部分，尚有许多类型的生态服务价值由于计算的复杂性和技术上的困难难以评估，但它们无疑也是不能忽视的。

如前所述，呼伦湖是东北地区第一大湖，也是牧区湖泊的典型代表。呼伦湖及其湿地被称为"呼伦贝尔草原的肾"，其水域与湿地为呼伦贝尔草原乃至整个东北地区的生态保护和地区社会与经济发展，发挥着不可替代的重要作用。然而在人类对自然利用和改造过程中，往往只注重自然资源的直接消费价值，而忽略了生态系统的生态功能服务效益价值。近年来呼伦湖水量不断减少，湿地萎缩，水体富营养化程度加剧，呼伦湖湿地面临着前所未有的挑战。因此，在湿地资源管理和开发利用的过程中，应注意湿地生态系统的脆弱性和承载力，遵循湿地的生态学规律，坚持保护性开发原则，实行湿地资源资产化管理，保护呼伦湖湿地生态系统，合理地开发湿地资源；不能只顾眼前的经济利益，而忽视长久持续的社会、经济、生态效益[18]。只有这样才能有效地保护湿地生态环境，才能实现湿地资源的可持续利用，促进区域经济的可持续发展。

参考文献

[1] 谢炳庚，李晓青，程伟民．湿地景观生态学理论和方法研究［M］．长沙：中南工大出版社，1998：21－27.

[2] 苏玉明，赵勇胜．湿地保护范围的量化确定方法［J］．水利学报，2004（7）：70－73.

[3] 王浩，秦大庸，王研，等．西北内陆干旱区生态环境及其演变趋势［J］．水利学报，2004（8）：8－14.

[4] 韩向红，杨持．呼伦湖自净功能及其在区域环境保护中的作用分析［J］．自然资源学报，2002，17（6）：684－690.

[5] 郝伟罡，李畅游，魏永富，等．干旱区草型湖泊湿地价值量化评估［J］．中国水利水电科学研究院学报，2007，5（4）：274－280.

[6] 张志强，徐中民，程国栋．生态系统服务与自然资本价值评估［J］．生态学报，2001（11）：1918－1926.

[7] Shanshin Ton A，Howard T. Odum B，Joseph J. Delfino，Ecological －economic Evaluation of Wetland Management Alternatives［J］．Ecological Engineering，1998（11）：291－302.

[8] Pearce D W，Moran D. The Economic Value of Biodiversity. IUCN，Cambridge，1994：47－82.

[9] 李金昌．生态价值论［M］．重庆：重庆大学出版社，1999.

[10] 马巍，李翀，彭静，等．呼伦湖水资源配置及水环境治理工程环境影响报告书［M］．北京：中国水利水电科学研究院，2005.

[11] 金相灿．中国湖泊环境［M］．北京：海洋出版社，1995.

[12] 辛琨，肖笃宁．盘锦地区湿地生态系统服务功能价值估算［J］．生态学报，2002，22（8）：1345－1349.

[13] Richard T. Woodward，Yong － Suhk Wui，The Economic Value of Wetland Services：a Meta － analysis［J］．Ecological Economics，2001（37）：257－270.

[14] 欧阳志云，肖寒，赵景柱，等．海南岛生态系统服务功能及其生态价值研究［A］．见李文华，欧阳志云，赵景柱．生态系统服务功能研究［C］．北京：气象出版社，2002：157－191.

[15] 赵延茂．黄河三角洲自然保护区科学考察集［M］．北京：中国林业出版社，1995.

[16] Daliy G C，eds. Nature's Services：Social Dependence on Natural Ecosystems［M］．Washington D. C. Island Press，1997.

[17] Costanza R，Ralph d'Arge，Rudolf de Groot，et al．The value of the world's ecosystem services and natural capital［J］．Nature，1997，387：253－260.

[18] Tom Tietenberg. 环境与资源经济学［M］．北京：清华大学出版社，2001：86－100.

[19] 刘文，王炎庠，张敦富．资源价格［M］．北京：商务印书馆，1996：71－103.

京沪高速铁路安徽凤阳段环保选线与明皇陵保护有关问题研究

黄　盾

（中铁第四勘察设计院集团有限公司环境工程设计研究处　湖北　武汉　430063）

摘　要　研究目的：介绍京沪高速铁路安徽凤阳段环保选线过程中如何正确处理好铁路线位与全国重点文物保护单位——明皇陵的关系情况，并就如何处理好铁路建设与各类保护区、古迹、文物等的相关关系进行一些探讨。研究结论：在铁路选线过程中工程技术人员要熟悉法规、更新理念；要将环保选线理念贯彻到选线的全过程；环保专业人员要早期介入选线过程。

关键词　铁路　选线　明皇陵　保护

京沪高速铁路的建设是我国现代化建设的又一个标志性工程。与其他重大的国家建设项目一样，京沪高速铁路在建设过程中不可避免地要与各类保护区、古迹、文物等发生矛盾和冲突。如何正确地处理好这些问题，达到既保证建设工程的顺利推进，又能依法切实有效地做好保护工作，是参与建设的各方所面临的全新课题。本文介绍了京沪高速铁路在安徽省凤阳段铁路选线过程中如何正确处理好铁路线位与全国重点文物保护单位——明皇陵的关系，合理避绕明皇陵所做的探索性的工作，并就如何处理好铁路建设与各类保护区、古迹、文物等的相关关系进行一些研究。

一、铁路相关线位简介

京沪高速铁路位于我国东部，北起北京，南至上海，线路全长约1318km。京沪高速铁路是我国首条现代化高速铁路和未来高速铁路网的南北向主骨架，从北向南连接着环渤海和长江三角洲两大经济带。沿线地区不仅是我国东部地区带动中西部地区经济发展的龙头，也是我国经济对外开放、参与国际经济竞争的前沿阵地，在整个国民经济和社会发展中具有重要的战略地位。京沪高速铁路的建设将环渤海及长江三角洲经济区域紧密连接起来，大大缩短了城市间的时空距离，对促进我国经济社会发展尤其是东部地区发展意义重大。

京沪高速铁路线位在安徽段由江苏省的徐州进入宿州市、蚌埠市、滁州市，再进入江苏省境内。在蚌埠市凤阳县境内，线位在全国重点文物保护单位——明皇陵附近经过。原具体线位见图1。

二、明皇陵文物价值及文物行政主管部门的保护要求

明皇陵位于凤阳县城南七公里处，是明太祖朱元璋父母陵墓，初建于吴王时期元至正二十六年（1366年），明洪武二年后又两次大规模修建，明洪武十二年（1379年）竣工。陵园占地2万余亩。当时有城垣三重，周长二十八里，其内“宫阙殿宇，壮丽森严”。明皇陵是明太祖朱元璋历经13年在家乡为其父母修建的帝王陵墓，规模宏大的石像生，壮丽森严的都城式布局，刻工最精细的皇家陵园石刻在我国的建筑史上都独一无二，被誉为“明代第一陵”。1982年，明中都皇故城和皇陵石刻（以下简称明皇陵）被国务院列为全国重点文物保护单位。

明太祖朱元璋即帝位以后，建都南京，而以临濠（今凤阳）为中都。由于兴建和使用的时间短暂，没有形成政治中心，但它在城市规划上的某些布局思想，包括城内的宫殿布局，却影响了明北京城的规划。明皇陵的总体格局基本形式，外有城垣，内有护所、祭祀设施；又在陵前竖起高大的皇陵碑和成双成对的石像生。

在陵墓的外围，有3道城垣，形成3城包裹陵墓的平面布局。由于皇陵地处明中都城的西南，为了使皇陵与中都城连为一体，所以皇陵的3道城门都是以北门为正门，而皇陵也因此是坐南朝北，神道与神路置于陵墓之北。皇城平面长方形，它改变了过去帝陵内城平面方形的做法，为了将神道石像生移置城里，突出陵前享殿的地位，因此改为南北纵长的形状。皇陵的3道城中轴线两旁，建设了不少祭祀、护卫、住所建筑，形成规模宏大，森严壮观的皇陵建筑群。经过精心的设计、规划、施工，建成后的皇陵，气象巍峨，被誉为“重门列戟园陵肃”，“壮哉斯陵从古无”。

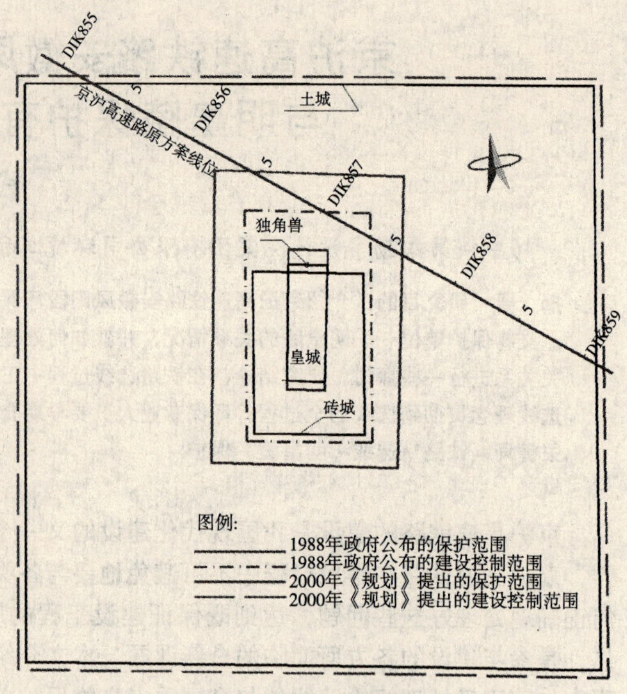

图1　明皇陵保护范围图

陵墓南侧的东西两边各竖立一块大碑，东为无字碑，西为皇陵碑。两碑分别各由螭龙碑首、碑身、龟趺三部分组成。皇陵碑额篆有“大明皇陵之碑”6个大字，因碑文系朱元璋亲自撰写，又名“御制皇陵碑”。朱元璋为了让子孙后代了解艰辛家世和开创江山的艰难，秉笔直书，历述家世实情与戎马生涯，一改历代帝陵碑刻粉饰夸功、谀墓不实的恶习。皇皇大著，堪称一绝。碑文长达1105字，是研究朱元璋家史与元末明初历史的珍贵史料。

陵前北部的金水桥向北有神道，两旁对称排列着雕琢精美的32对石像生。这些石像生是目前所知明代最早、数量最多、刻工最精细的皇家陵园石刻，具有很高的石刻艺术价值。不仅数量居历代帝王陵墓之冠，而且雕刻技艺上也有独到之处。均用整块石料雕琢，无论是人像，还是动物，均造型生动，刻琢精细，具有高超的技艺和强烈的艺术感染力。它们是宋元石刻艺术发展的最早产物，对明清的石刻造型艺术发展产生了深远影响。

历史上明皇陵历经磨难。明朝末年，张献忠起义军攻占凤阳，火烧皇陵、享殿等建筑为之涂炭，之后又屡遭毁坏。抗日战争时期，侵华日军大肆砍伐陵园松柏，使郁郁葱葱的陵园变成光秃秃的土堆，荒芜不堪。只有在新中国成立后，才得到真正有效的保护。国家在明皇陵遗址设立了文物管理机构，经过努力，明皇陵周围的环境得到了治理，现有文物古迹也得到了妥善保护。1998年安徽省人民政府公布的明皇陵保护范围为：神道中轴线以东170m至新公路，西170m至小路，陵墓以南100m至小路，独角兽以北至100m处。建设控制地带为：东、南、西、北各500m以内。2000年《安徽省凤阳县明皇陵规划》提出了：“政府已公布的皇陵保护范围……但是，考虑到皇陵的文物价值，尽可能体现整体意象，上述保护范围显然是不足的。为此，皇陵的环境规划重新拟定绝对保护范围及建设控制地带。……按照这一考虑，应以砖城遗址外东、西、南三面50m，北面400m范围内划定为绝对保护范围；由此范围延伸至外土城以外50m为建设控制地带。在绝对保护范围内，严禁取土、拆墙、深层耕地和非文物建筑的建设，景观质量较差的管理用房及其它违章建筑应逐步拆除。在建设控制地带，应优先发展经济林木或花卉种植等环境景观效益、生态效益及经济效益较高的产业；在规划控制下，可适度建设低层居住、旅游等用房，但应严格杜绝叠压文物遗址”。国家文物局2000年对上述《规划》进行了批复。详见图2。

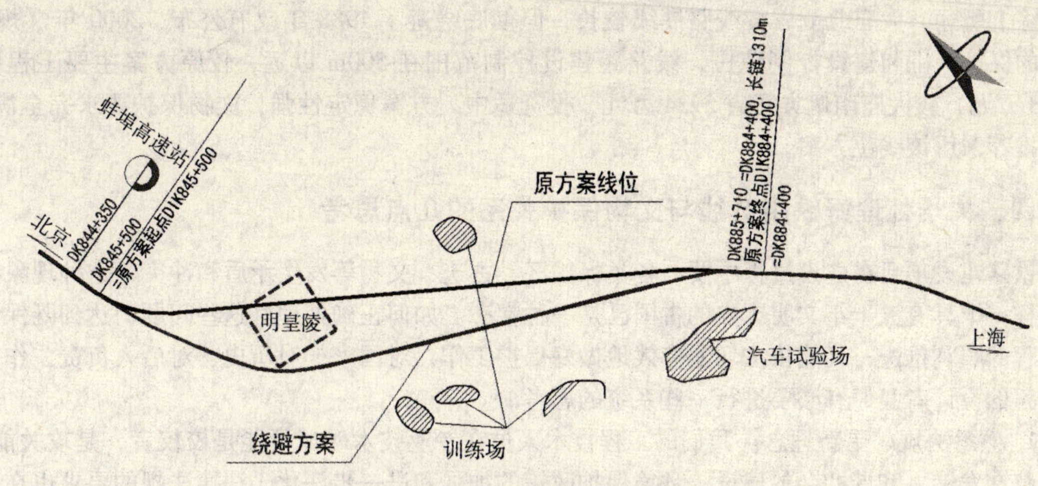

图2　避绕明皇陵线路方案示意图

三、铁路线位对明皇陵的影响及避绕方案研究

根据《中华人民共和国文物保护法》的相关要求，我们对京沪高速铁路线位对明皇陵的影响及避绕方案进行了深入的分析研究，在保证铁路建设标准且技术经济合理的前提下，尽量避绕明皇陵的控制范围，取得了满意的结果。

京沪高速铁路原线位方案位于明皇陵北侧，明中都城南侧。线位略微侵入1988年政府公布的建设控制范围（没有侵入保护范围内）、2000年《规划》提出的绝对保护范围，对2000年《规划》提出的建设控制范围侵入较多。从文物保护和保存历史风貌的角度看，高速铁路从明中都城和皇陵间狭窄地带穿过，不仅会使整个景区的历史风貌和环境风貌毁坏殆尽，打破中都城与皇陵历史设计格局的整体性，高路堤和桥梁构筑物难以和文物景观观赏环境相协调，列车高噪声排放扰乱了文物欣赏的外界环境，而且这些不利影响将是长期不可逆的影响。

为了避绕明皇陵的控制范围，在补充勘测和征求文物部门意见的基础上，我们研究了大庙北侧、大庙南侧两个方案，两方案均完全避绕了1988年政府公布的保护范围和建设控制范围、2000年《规划》提出的保护范围和建设控制范围（见图1）。大庙北侧、南侧方案比原方案线路分别展长约1310m。大庙北侧较原方案经过的河流、水库多，桥梁长度增加约5931m，隧道增加285m，主要工程费增加23078万元；大庙南侧方案经过了一些低山丘陵区，地质条件较为复杂，时有断层分布，工程较为艰巨，较原方案隧道增长2740m，桥梁增长3515m，主要工程费增加29002万元，且线路靠近殷涧南、凤阳山水库一带的某军事单位的水上训练场和随后的总装备部汽车试验场，方案稳定性差且影响行车安全。

表1　避绕明皇陵线路方案比较表

项目		单位	原方案	推荐避绕方案
线路长度		km	66.1	67.41
路基土石方	填方	10^4m^3	665.99	611.01
	挖方	10^4m^3	74.06	65.9
桥涵	大中桥	延米	19460	25390
隧道	双线隧道	延米	0	220
主要工程费		万元	230028	253106

综上所述，大庙北侧方案线路展线较长，但彻底绕避了1988年政府公布、2000年《规划》提出的保护范围和建设控制范围，线路距建设控制范围在500m以远，较原方案主要工程费多23078万元，较大庙南侧方案省5924万元，投资适中，方案稳定性强，文物保护要求完全满足。我们推荐采用该线位方案。

四、关于处理好铁路选线与文物保护关系的几点思考

铁路建设项目在建设过程中要与各类保护区、古迹、文物等发生矛盾和冲突，这种现象在我国这样一个具有五千年文明历史的古国已是一种常态。如何正确处理好这些问题，达到既保证建设工程的顺利推进，又能依法切实有效地做好保护工作，对国家、对历史、对后人负责，作为铁路工程的设计者我们有必要进行一些系统的思考。

1. 熟悉法规、更新理念。我们的工程技术人员在专业技术领域可能是佼佼者，是攻关能手。但形势在发展，和谐社会的建设，环境保护政策的加强和进一步深化，法律法规的要求也在变化和提升，在这样的大背景下，满足于技术精、专业强的单一理念，已很难适应当前工程建设的要求。因此，我们必须要不断地学习新知识、新法规，特别是环境保护方面的新要求，熟悉它、理解它，并将其贯彻到实际的选线过程中去。不能仅仅停留在地形选线、地质选线上，要更加强调环保选线、文物选线。

2. 将环保选线理念贯彻到选线的全过程。有一种错误的认识，认为环保选线是环保专业人员的事，在技术人员中，特别是在我们的各级技术负责人中，这种认识普遍存在，这是一种误解。我们知道，选线是一个过程，而且有些项目的选线是一个漫长的过程，比如京沪高速铁路的选线就十分漫长，前后历经十多年，直至今日，选线过程也还在进行，它是集政治、经济、军事、文化、社会、领导、部门、地方、公众、地形、地质、环保、文物等各项因素与全过程的一个庞大的系统工程，需要选线者综合各方因素，系统考虑问题。就环保的角度而言，就应该把环保相关的理念贯彻到选线的全过程中去，而不能仅仅根据环保专业人员提供的保护区范围躲开即可，因为环保不仅仅是保护区和重点文物保护单位的保护，对于铁路这样的线状工程，它还包括沿线的振动、噪声、电磁干扰、生态、景观等方面的保护要求。因此，为避免选线过程走更多的弯路，我们主体专业人员必须牢固地树立环保选线理念，并尽可能多地掌握环保知识，以便选出各方满意、环保可行的线位。而环保专业人员只能提供相关的专业支持，而不能替代。

3. 环保专业人员早期介入选线过程。我们不仅要强调主体专业人员必须牢固地树立环保选线理念，并尽可能多地掌握环保知识，将环保选线理念贯彻到选线的全过程，同时我们也强调环保专业人员早期介入选线过程，而且越早越好。环保专业人员在早期收集沿线大量的保护区、文物、古迹等相关的资料，充分发挥专业优势，并尽可能地与属地相关行政管理部门取得联系、进行沟通、征求各相关方意见，必要时请主体专业牵头带队，请属地人民政府协调，同时及时将工作成果转化为主体专业选线时的设计输入，使整个选线过程科学、高效、有序、输入充分，增加选线的环境可行性，尽早促使线路方案的稳定，为建设方决策最终线路方案打下良好的基础。

海南生态省建设现状与对策研究

金 羽[1,2] 符丽宾[2]

(1. 海南省国土环境资源厅；2. 海南生态省建设联席会议办公室 海口 570203)

摘 要 建设生态省是实施区域可持续发展的一种有效组织形式，是运用系统学、生态学、经济学和社会学基本原理来综合规划、设计和组织经济社会活动，实现经济、社会和环境的全面、协调、可持续发展。本文就海南提出建设生态省的内涵，通过数据比较分析生态省建设10年前后的环境变化情况，总结海南生态省建设的经验和做法，提出在全国加强生态文明建设的新形势下海南生态省建设的举措。

关键词 生态省 建设 对策 研究

前 言

生态省是社会经济和生态环境协调发展，各个领域符合可持续发展要求的省级行政区域，是生态建设的最高形式，是生态文明示范区建设的基础工程。自1972年首次人类环境会议之后，环境问题越来越受到全球的关注，一系列国际环境公约、协定纷纷出台，要求各国、各地区在发展中履行保护环境的义务。我国作为负责任的大国，积极参与环境保护的国际行动，签署了几乎所有的国际环保公约和协定，并率先制定了国家“21世纪议程”。海南省生态环境良好、自然资源丰富，但生态环境脆弱，承受不起传统“先污染，后治理，先破坏，后重建”的粗放型发展模式带来的“以牺牲环境为代价发展经济”的生态灾难，迫切需要建设生态省，以最小的生态环境代价获得最大的社会经济效益，构建资源节约型、环境友好型社会，以达到“生产发展、生活富裕、生态良好”的长远目标。

一、海南生态省建设的背景和内涵

(一) 海南生态省建设的背景

海南省是一个热带岛屿省份，优良的生态环境和独特的自然资源是海南最大的优势，但海南经济总量不大、城市化及工业化水平较低、经济相对落后。随着全球经济发展加快，世界范围内环境压力越来越大，海南的生态环境更显得十分珍贵。但相对独立的岛屿生态体系又十分脆弱，如果不能正确处理好保护环境与经济建设的关系，将会对海南长远的发展造成灾难性的影响。因此，海南历届省委、省政府都十分注意对生态环境的保护和建设，紧紧围绕人与自然和谐相处、经济与社会协调推进的目标进行了积极探索，并于1999年2月作出建设生态省的决定。继海南之后，全国又有吉林、黑龙江、浙江等13个省区开展生态省建设。

(二) 海南生态省建设的内涵

从《海南生态省建设规划纲要》可以看出：海南生态省建设的实质，就是“以科学发展观为指导，以加快经济发展为主题，以协调发展为根本要求，以提高人民群众生活环境质量和生活水平为出发点，以改革创新为动力，努力打造体制、产业和环境三大优势，加快发展生态经济体系，在发展中解决环境问题，统筹人与自然和谐发展，处理好经济建设、人口增长与资源利用、生态环境保护的关系，促进全省走上生产发展、生活富裕、生态良好的文明发展道路，实现经济社会全面、协调、可持续发展。”

生态省建设的本质是运用生态学原理和系统工程方法，在培育和发展生态产业的进程中，将社会经济发展中出现的环境问题消化在发展之中，最终实现经济效益、资源效益、社会效益与环境效益的统一。海南生态省的内涵包括以下几个方面：一是大力培育生态产业；二是弘扬生态文化，从根本上改变人们的生产方式和生活方式；三是建设和改善人居环境，提高人民的生活水平和生活质量；四是进一步加强生态环境保护与建设，实施节能减排工程，防治环境污染，确保生态安全。

二、海南生态省建设现状

（一）海南生态省建设10年促进海南和谐发展，取得环境与经济“双赢”

通过对海南生态省建设10年来的数据（表1）分析表明：建设生态省10年来，海南省在生态环境质量继续保持全国领先水平的同时，经济得到较快的发展，产业结构得到优化，生态环境得到了恢复和改善，环境污染得到有效控制。生态旅游业呈现突飞猛进势头，2008年接待游客达到2060万人次。工业在全省生产总值中比重增加了8.64个百分点，并呈现较快的发展趋势。

表1　海南生态省建设10年前后经济和环境数据比较一览表

指　标	1998年	2008年	增长率/%	备注
全省人口数/万人	733.31	854.18	16.5	
全省GDP/亿元	442.13	1459.23	230	年均增长12.8%
全省人均生产总值/元	5912	17175	191	增长了1.9倍
人均地方财政收入/元	491	2704	451	增长了4.5倍
农业增加值/亿元	159	437.61	175	增长了1.7倍
全省工业增加值/亿元	59.10	321.18	443	增长了4.4倍
旅游总收入/亿元	66.96	192.33	187	增长了1.9倍
森林覆盖率/%	51.5	58.5	增加7个百分点	
主要城市空气质量	一级	一级	持平	
全省万元工业增加值COD排放量（kg/万元）	58.3	3.4	-94.2	
全省万元工业增加值SO_2排放量（kg/万元）	36.2	6.6	-81.8	
城市（镇）污水处理率（%）	23	43.4	增加20.4个百分点	
城市（镇）生活垃圾无害化处理率（%）	0	52.2	增加52.2个百分点	

（二）生态省建设统筹城乡发展，改善了城乡人居环境

城乡人居环境也得到明显改善。海口市、三亚市先后获得国家园林城市和中国优秀旅游城市以及中国人居环境奖，海口市获得国家环保模范城市，三亚市获得全国卫生先进城市。此外，还有琼中县湾岭镇和琼海市博鳌镇荣获全国环境优美乡镇，琼海市长坡镇文屯村获得国家生态村称号。至2009年底，海南省共创建了5个省级生态文明集镇和65个小康环保示范村，建成文明生态村10501个，占自然村总数的45%。海南文明生态村，不仅带动当地经济发展，而且改善了生态环境，提高了人民的文明程度，成为生态省建设的主要成效之一。

三、经验与做法

（一）坚持生态立省战略，建立和完善生态省建设机制，促进环境与经济协调发展

一是以地方立法形式确定生态省建设。1999年7月海南省人大以地方法规的形式审议通过了《海南生态省建设规划纲要》，保证生态省建设不因换届和领导班子变动而受影响。二是健全生态省建设法规体系。建设生态省10年来，海南省先后制定或修订了50多项与生态省建设有关

的法规，确保生态省建设规范有序、健康发展。三是完善生态省建设落实机制。建立了由省委、省政府主要领导任召集人，由省委宣传部、省人大人口环境资源委员会、省政府直属各厅局、省政协人口资源环境委员会、省妇联、团省委等32个成员单位组成的海南生态省建设联席会议制度，下设海南生态省建设联席会议办公室，由国土环境资源、发展与改革等部门主要领导担任办公室主任，为生态省建设提供有力体制和组织保障。

（二）坚持“生态优先”，探索以生态环境优势转化为经济优势，发展生态经济和循环经济

一是加快发展生态型高效农业产业发展。我省大力发展绿色农业、生态农业。通过无公害农产品生态基地、农业标准化示范基地和无规定动物疫病区的建设，按照“分区分类”的原则，在不同的生态圈（区），因地制宜发展对环境影响小、附加值高的无公害农产品、高科技农产品、绿色食品和有机食品，农业综合效益大大提高。如我省中部山区是核心生态保护区，环境容量极为有限，我省在建立生态补偿机制、加大对中部山区财政转移支付的同时，根据中部山区环境和资源特点，探索发展依托热带森林和生物资源的复合林产业，在林下发展花卉、南药、竹藤、畜禽养殖等特色种植业以及加工业，在不影响自然生态环境的情况下突破了经济发展的瓶颈。二是坚持“三不”、“三控”原则促进新兴工业发展。在“不破坏资源，不污染环境，不搞低水平重复建设”的前提下按照污染物排放“浓度控制、总量控制、区域控制”的要求发展新型工业，实施大企业进入、大项目带动、高科技支撑、高标准、严要求审批工业项目，引导企业开展循环经济建设，提高资源能源利用效率，实现经济发展与环境保护“双赢”。如海南华盛天涯水泥有限公司率先投入6000万元建设余热发电站，每年回收1万多吨CO_2用于发电，生产电耗从以前的每吨67度降到35度，节约成本2500多万元，每年综合利用工业垃圾50多万吨。中海石油化学股份有限公司以天然气作为原料和燃料，投产设计能力食品级二氧化碳26000吨/年、干冰1600吨/年的食品CO_2项目和年产3000吨CO_2可降解泡沫塑料（PPC）项目。三是高标准建设生态大旅游产业。按照高水平规划、高标准、高效能管理的要求，实施大旅游带动大开发、大开发带动大发展的旅游产业发展战略，在保护良好生态环境的同时提高了旅游产业的综合效益。已建成三亚南山、亚龙湾、万宁兴隆热带花园、琼海博鳌、保亭呀诺达等一批生态旅游区。

（三）以保护环境资源为立足点，促进人与自然协调发展

我省大力实施天然林、水边路边城边（“三边”）防护林、椰林、退耕还林、浆纸林等森林保护与林业建设工程，加强采空矿区的生态恢复建设和水土流失治理等。对新建工业项目严格实行“三同时”制度，加大污染治理投入，加快城镇污水、垃圾处理设施建设，确保了我省生态环境优势继续保护良好状态，为实现绿色发展提供了保障。

（四）以生态文明系列创建为载体，推进城乡协调发展

我省积极推进城乡生态创建工程，在城市和城镇，开展园林城市、卫生城市、生态住宅小区、环境优美乡镇创建，在农村创建生态文明村、小康环保村等。通过系列创建，来推动城乡人居环境的改善，提高居民的文明程度。

四、对策与措施

生态省建设是一项庞大的系统工程，同时也是一项崭新的事业。我省实施生态省建设是适合省情，符合时代潮流。在新的发展形势下，必须切实抓好生态环境、生态经济、生态文化和生态人居建设，努力走出一条科技含量高、经济效益好、资源消耗低、环境污染少、人力资源优势得到充分发挥的生态省建设道路，实现全面协调可持续发展。

（一）科学规划布局，实施差异化建设和保护

一方面，根据《海南生态省建设规划纲要（2005年修编）》和《海南省生态功能区划（2005）》中划分的海洋生态圈、海岸生态圈、沿海台地生态圈和中部山地生态区“三圈一区”

不同生态功能区的自然资源和生态功能特点，因地制宜科学合理地规划全省主体功能区，实现合理保护、科学利用、优势互补、相互促进、共同发展的目标；另一方面，根据不同生态功能（区）的生态环境与资源特点和保障生态安全的需要，分区推进生态保护工作。按照各区的主导功能，明确生态环境保护与恢复治理的重点，科学确定不同区域的环境容量和合理分配污染物排放总量控制指标，确保环境污染得到严格控制，生态环境得到恢复。重点保护中部热带天然林和沿海防护林（含红树林）两大生态保障体系，提高生态服务功能。重点防治工业污染、控制生活污染、削减农业污染，处置医疗与危险废物，加强城镇污水和垃圾处理等环境基础设施建设，保护好饮用水源地，切实做到“在发展中保护，在保护中发展”，确保海南生态环境质量在经济快速发展中没有明显退化，继续保持全国领先水平。

（二）充分利用生态环境优势，发展生态产业，健全生态经济体系

进一步完善生态补偿机制，加大对保护区域群众的生态补偿，引导保护地区经济向生态化转型。制定生态产业发展优惠政策和符合海南省情的生态产业标准，推动生态产业快速健康发展。积极发展热带特色的现代农业、集约发展新型工业，大力发展以旅游业为龙头的现代服务业，重视发展高新技术产业和海洋经济，建设一批循环型企业、生态工业园区，科学规划全省产业链，通过连接和闭合产业链，形成企业之间、园区之间、区域之间共生互动的生态产业体系，逐步建立起以循环经济为核心的经济体系。

（三）推进生态文明示范区建设，统筹城乡协调发展

科学编制并实施城乡一体化规划，出台相关资金投入和信贷优惠政策，鼓励企业投资城乡环境设施建设和生态型住宅小区建设。在财政投入上，积极实施国家“以奖代补”政策，鼓励各市县创建生态文明集镇（农场）、生态文明学校、生态文明企业、生态文明社区、生态文明乡村、生态文明家庭等示范单位。

（四）加强生态文化建设，提高人们生态环境意识

着重从以下四个方面加强生态文明建设，培育生态文化。一是在全省大专院校、中小学校开设生态环境教育课程，提高青少年生态文明意识；二是在党校和行政学院开设生态省知识教育课程，对党政领导干部进行任职培训和继续教育；三是加强对企业经营者的生态环境和生态法制知识教育，促使企业实行生态友好的生产方式；四是全面动员各类媒体，营造促进生态省建设的社会氛围。组织开展各类活动，鼓励公众参与生态文明建设。

五、结论与建议

通过生态省建设的十年实践，海南的生态环境、生态经济、生态人居和生态文化建设有了长足发展，助推了海南国际旅游岛建设。实践证明，生态省建设成为落实科学发展观、推动区域经济、社会与环境协调发展的重要载体，也是在省域建设资源节约型和环境友好型社会的有效途径。但是，海南的模式只能作为其他地区的借鉴，因自然环境要素不同，人口素质和经济发展水平有别，海南经验只能作为欠发达的海岛地区可持续发展的模式，其他地区应因地制宜地探索能发挥本地生态优势的可持续发展道路。

河北省地下水硝酸盐空间变异及分布特征

李 鹏[1] 赵同科[1] 张成军[1] 张国印[2] 刘宝存[1] 刘孟朝[2] 李新荣[1] 孙世友[2]

(1. 北京市农林科学院植物营养与资源研究所 北京市海淀区曙光花园中路9号 100097;
2. 河北省农林科学院农业资源环境研究所 河北省石家庄市和平西路598号 050051)

摘 要 为明确农业大省河北省丰枯水期地下水硝酸盐分布差异,于2006年雨季前后在该省平原区11市地采集432个地下水样进行分析。结果表明,两个时期地下水硝酸盐含量均符合对数正态分布,其对数值的空间变异函数最佳拟合模型分别为指数和球状模型,地下水硝酸盐分布具有较强烈的空间相关性,自相关范围雨季后小于雨季前。经Kriging插值可知,地下水硝酸盐在两时期都为北部高、南部低,地下水硝酸盐各级水体分布面积大小依次为:Ⅲ类>Ⅰ类>Ⅱ类>Ⅳ类>Ⅴ类。地下水硝酸盐在雨季后有所下降的区域范围小于有所升高的范围,西北部以升高为主,东北部靠近渤海湾区域以及吉龙满族自治区、武安市部分地区下降最多,普遍降幅在5mg/L以上。

关键词 地下水硝酸盐 地统计分析 空间分布 河北

随着人们对食品需求的增加,农业生产中以氮为首的营养物质投入更是受到重视,氮素大量投入对环境产生的副作用也更是日益显现,地下水硝酸盐污染问题便是其产生的主要问题,因而明确地下水污染分布情况,将为更加合理地采取措施缓解越来越严重的水危机,避免污染的进一步扩大奠定良好的基础。

一、研究区域与方法

(一)研究区域

河北省位于东经113°04′至119°53′,北纬36°01′至42°37′,地处华北,黄河下游以北,东临渤海北京周边,西为太行山地,北为燕山山地,燕山以北为张北高原,其余为河北平原,面积为18.77万km^2。河北属温带-暖温带、半湿润-半干旱大陆性季风气候,特点是冬季寒冷少雪,夏季炎热多雨;春多风沙,秋高气爽。全省年平均气温在4~13℃之间,一月-14~2℃,七月20~27℃,大体东南高西北低,各地的气温年较差、日较差都较大,全年无霜期110~220天。全省年平均降水量分布很不均匀,年变率也很大。一般的年平均降水量在400~800mm之间。燕山南麓和太行山东侧迎风坡,形成两个多雨区,张北高原偏处内陆,降水一般不足400mm。夏季降水常以暴雨形式出现,春季降水少,春旱、夏涝对农业生产威胁较大。全省的粮食播种面积占耕地总面积的80%以上,主要粮食作物有:小麦、玉米、高粱、谷子、薯类等。经济作物以棉花为主,本省是我国重要产棉基地。此外,油料、麻类、甜菜、烟叶与棉花合为本省五大经济作物。

(二)研究方法

1. 样点采集及分析

于2006年雨季前(七月)在河北省石家庄、邯郸、邢台、廊坊、保定、唐山、秦皇岛、衡水、沧州、承德、张家口等地采集227个地下水样,雨季后(十月)采集205个地下水样,记录经纬度坐标。按照国家标准(GB/T 8538—1995)运用紫外分光光度法测定水样的硝酸盐含量。

2. 数据处理及分析

地统计学是在传统统计学基础上发展起来的空间分析方法,不仅能够有效地揭示属性变量在空间上的分布、变异和相关特征,而且可以将空间格局与生态过程联系起来,有效地解释空间格局对生态过程与功能的影响[1]。由于地统计学的特点及其在格局与生态过程研究中的优越性，其应用范围已由当初的地质学领域推广到土壤学、生态学和水资源等领域[1-7]。本文数据分析采用地统计学的方法，结合地理信息系统（GIS）软件 ArcMap 进行有关图幅的生成和相关统计。

二、结果分析

（一）地下水硝酸盐的空间变异特征

对雨季前的 227 个和雨季后的 205 个地下水硝酸盐数据进行传统统计学分析及单样本柯尔莫哥洛夫－斯米诺夫（KS）检验分析可知，两个时期的取样量符合 95% 的置信度和 10% 的相对误差下的推荐取样量要求[8]，两个时期的数据符合对数正态分布，将其进行以 10 为底的对数变换后符合地统计学分析的要求。

由实测样本数据计算出雨季前后的地下水硝酸盐含量对数值的实际变异函数，如图 1、图 2 所示。根据两个时期的实际变异函数进行理论模型拟合得出如下拟合参数（表 1），由此可知，两个时期的理论变异函数中，雨季前硝酸盐对数值的指数模型的决定系数最大（0.954），残差（RSS）最小（0.0253），雨季后硝酸盐对数值的球状模型的决定系数最大（0.965），残差最小（0.0544）。雨季前硝酸盐对数值变异函数的理论模型中，高斯模型的变程最小（138600m），其次是球状模型（231000m）和指数模型（330000m），块金值是指数模型最小（0.216），其次是球状模型（0.256）和高斯模型（0.288）；雨季后硝酸盐对数值变异函数的理论模型中，高斯模型的变程最小（242176m），其次是球状模型（285076m）和指数模型（318076m），块金值是指数模型最小（0.250），其次是球状模型（0.290）和幂函数模型（0.390）。对此 5 个参数，首先考虑决定系数的大小，其次是残差，最后考虑变程和块金值的大小[3]。因此选择指数模型为雨季前硝酸盐对数值变异函数的最佳理论模型，选择球状模型为雨季后硝酸盐对数值变异函数的最佳理论模型较合适，如图 1、图 2 所示。

表 1　四种变异函数理论模型拟合参数

	C_0	C_0+C	a	RSS	R^2	C_0/C_0+C
雨季前（7 月）						
指数模型	0.216	0.929	330000	0.0253	0.954	0.232
球状模型	0.256	0.865	231000	0.0461	0.917	0.296
高斯模型	0.288	0.793	138600	0.1036	0.812	0.363
幂函数模型	0.320	—	—	0.0635	0.885	—
雨季后（10 月）						
指数模型	0.250	1.250	318076	0.2546	0.835	0.200
球状模型	0.290	1.360	285076	0.0544	0.965	0.213
高斯模型	0.410	0.915	242176	0.0697	0.955	0.448
幂函数模型	0.390	—	—	0.1843	0.881	—

地统学理论认为，描述景观空间异质性的变量可分解成两部分，即自相关部分和随机部分，可通过分析变异函数定量化。由空间自相关部分引起的空间异质性属于由变异函数定义的空间相关变程 a 的范围之内，在尺度上对应于中尺度；由随机部分引起的空间异质性出现在小尺度上，可以认为是小于分辨率尺度上的变异总和，因此它可由块金值（C_0）表示，较大的块金值表明较小尺度上的某种过程不可忽视[9]。基台值（C_0+C）表示系统属性或区域化变量最大变异，其

值越大表示总的空间异质性程度越高。但当不同的区域化变量相比较时，基台值 C_0+C 并不有效，因为基台值受自身因素和测量单位的影响较大。块金值（C_0）也不能用于比较不同变量间的随机性方面的差异，但是用块金值与基台值之比［$C_0/(C_0+C)$］来反映块金值占总空间异质性变异的大小却非常有意义[10]，该比例<25%，说明系统具有强烈的空间相关性，其空间变异主要是由土壤母质、地形、气候等非人为因素（空间自相关部分）引起的；比例在25%~75%之间，表明系统具有中等相关性；比例>75%，说明系统相关性很弱，其空间变异主要是由人类活动引起的。

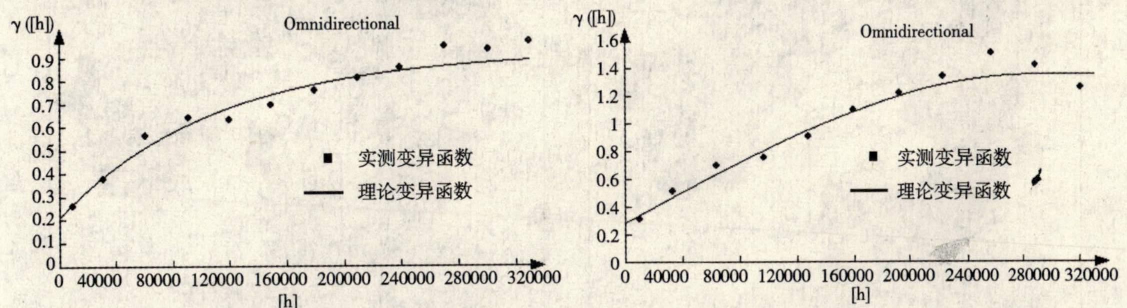

图1　雨季前地下水对数硝酸盐变异函数指数模型　　图2　雨季后地下水对数硝酸盐变异函数球状模型

雨季期前后地下水硝酸盐对数值变异函数模型中块金值与基台值之比分别为23.2%和21.3%，具有较强烈的空间相关性，同时具有块金效应，表明河北地下水硝酸盐在29km以下小尺度上的随机变异虽然较小但仍然存在，还可认为研究区域内地下水硝酸盐具有的恒定变异大部分由约29~300km中尺度上的自相关部分引起，这与研究区的实际情况较为符合，地下水硝酸盐主要受区域地质构造和人类对地下水的开发利用等中尺度或大尺度因素所决定的同时，仍然存在区域上人类活动（化肥施用、耕作制度、作物种类等）的差异等小尺度的影响；雨季后较雨季前的空间相关性大，雨季前由随机部分引起的空间异质性多于雨季后，并且多出现在较小尺度上，这可以从雨季前较小尺度空间上的人类活动差异较大，各局域作物种植品种和管理方式存在差别，雨季后由于大尺度上普遍经历了降水，受其影响，一定程度地弱化了较小尺度空间上的人类活动差异因素来解释。

雨季后地下水硝酸盐的变程小于雨季前，说明研究区地下水硝酸盐的自相关范围有所减小，表明人类活动等区域因素对地下水硝酸盐的影响范围减弱了，这与实施情况相当符合，除了雨季后由于大尺度上普遍存在降水现象在一定程度上弱化了较小尺度空间上的人类活动差异外，6月、7月份正值人们对作物管理的活跃时段，大面积的小麦收获，玉米种植中底肥的施用等，且管理上在较小尺度上的差异明显，从而对地下水硝酸盐的空间变异影响较大。

（二）地下水硝酸盐空间分布特征

由实际变异函数拟合而得的最佳理论模型参数，利用Kriging方法对2006年雨季前后河北省地下水硝酸盐含量进行插值计算，得到两时期地下水硝酸盐空间分布图。由图3、图4可以看出，硝酸盐呈现出明显的空间分布趋势，总体上具有北部高、南部低的特点，其中东南部地区地下水硝酸盐质量最好，基本属于地下水水质中的Ⅰ类水，而北部地区则相对较差，符合或劣于Ⅲ类地下水水质标准，经分析两个多雨区均分布在北部，土壤中硝酸盐向地下水渗漏的驱动力较南部更大，同时北部紧邻人口密度极大的北京、天津两个直辖市，这些都是形成上述格局的可能因素。

由图5可知，两个监测时期地下水硝酸盐各等级水质所占区域大小的总体排序没有变化，Ⅲ类水分布最广，雨季前占全省面积的51.22%，雨季后占49.51%，Ⅴ类水所占面积最小，雨季前占0.12%，雨季后占2.35%，其他三类水质的分布面积由大到小依次为Ⅰ类>Ⅱ类>Ⅳ类。单从硝酸盐质量来看，除了西北和东北个别地区外，其他广大地区地下水资源皆适用于集中式生活饮用水水源及工、农业用水。

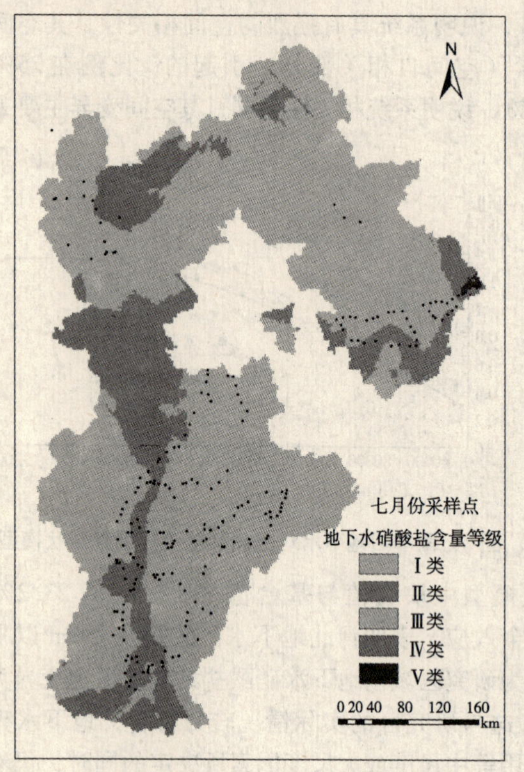

图3　雨季前地下水硝酸盐空间分布　　**图4　雨季后地下水硝酸盐空间分布**

（三）雨季前后地下水硝酸盐变化特征

分析雨季前后地下水硝酸盐含量的变化特征，2006年两个时期地下水硝酸盐含量上升幅度最高达19.67mg/L，下降幅度最高为12.74mg/L，含量下降水体所占区域面积小于含量升高的面积，两者分别占全河北省面积的46.09%和53.91%（如图6）。硝酸盐的变化趋势在整个研究区也具有较强的空间变异性，分布略显分散。地下水硝酸盐含量变化幅度在5mg/L范围内水体所占区域分布最广，占全省面积的91.55%，其中硝酸盐含量上升的区域面积比例比下降的高出0.35个百分点。西北部（康保县大部、沽源县和张北县小部）地下水硝酸盐含量升高最明显且集中，普遍在5mg/L以上，上升量最高点亦在此区域。初步分析，由于此地区生态系统稳定性差，土地荒漠化十分严重[11,12]，从而使得雨季形成的降水更易向地下渗漏，造成雨季后地下水硝酸盐含量增加明显；东北部渤海湾秦皇岛市区域以及吉龙满族自治区、武安市部分地区地下水硝酸盐含量雨季后较雨季前下降幅度最大，普遍在5mg/L以上，秦皇岛全市19.6万公顷耕地中粮食作物占了71.6%，蔬菜仅占8.5%[13]，同时部分地区实施了以滴灌、喷灌和小管出流为主的节水灌溉措

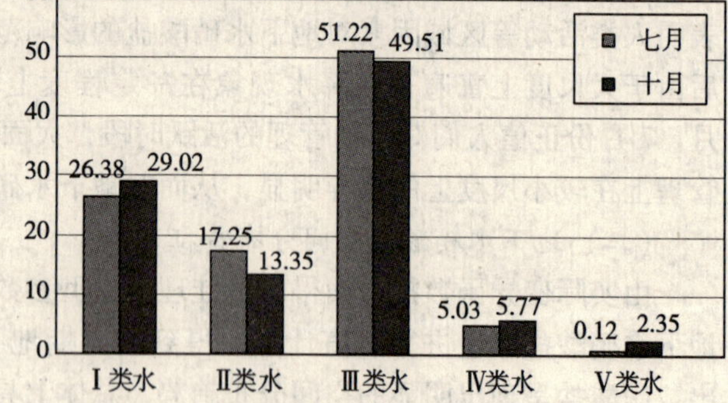

图5　雨季前后各等级水质面积所占区域面积百分比的比较

施[14]，从而可以缓解硝酸盐向地下水系统的迁移渗漏趋势。

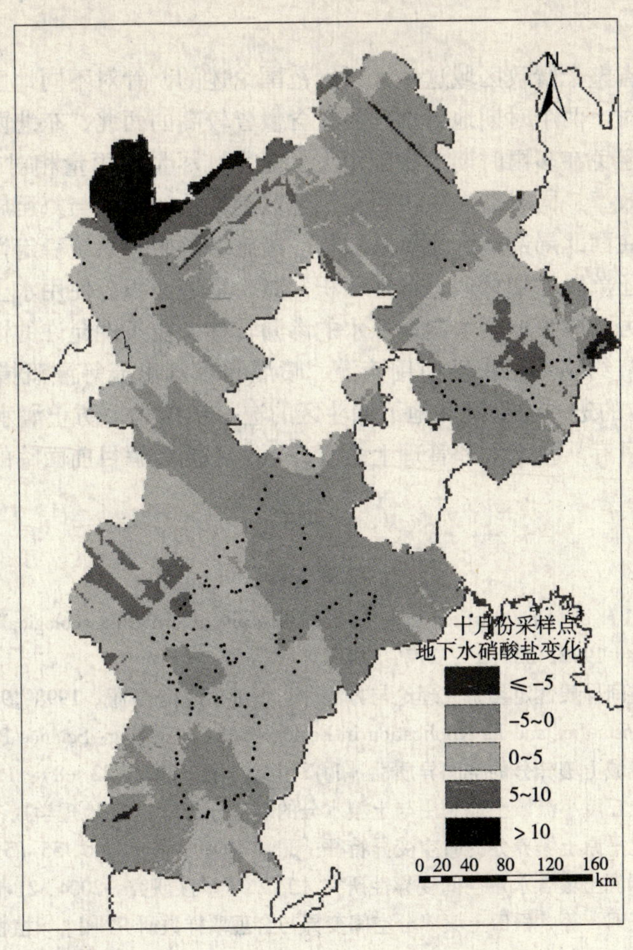

图6　雨季前后地下水硝酸盐变化的空间分布

三、结　论

河北省2006年雨季前后的地下水硝酸盐含量符合对数正态分布，其对数值的变异函数分别符合指数和球状这两个理论模型，决定系数分别为0.954和0.965。

雨季前后的地下水硝酸盐含量分布具有较强烈的空间相关性，大部分地下水硝酸盐的恒定变异由约29~300km中尺度上的自相关部分引起；研究区雨季后地下水硝酸盐的自相关范围比雨季前减小，人类活动等区域因素对地下水硝酸盐的影响范围减弱。

利用Kriging方法插值预测可知，2006年河北地下水硝酸盐含量呈现出明显的空间分布趋势，总体上两个时期都具有北部高、南部低的特点，其中东南部地区地下水硝酸盐含量基本上符合国家标准中的Ⅰ类标准，而北部地区则相对较差，符合或劣于Ⅲ类地下水水质标准，各级地下水硝酸盐水体在全省的分布面积大小依次为：Ⅲ类>Ⅰ类>Ⅱ类>Ⅳ类>Ⅴ类。

雨季后地下水硝酸盐含量较雨季前下降的区域面积小于升高的面积，全省地下水硝酸盐含量变化幅度在5mg/L范围内的区域分布最广，总计占全省面积的91.55%。变化趋势在整个研究区也具有较强的空间变异性，西北部（康保县大部、沽源县和张北县小部）地下水硝酸盐含量升高最明显且集中，普遍在5mg/L以上，东北部渤海湾秦皇岛市区域以及吉龙满族自治区、武安市部分地区地下水硝酸盐含量减小最多，减小量普遍在5mg/L以上。

四、问题讨论

本文主要从河北省整个行政区域这一大尺度范围论述的，针对不同地区，特别是范围较小的情况，还应进一步探讨。两个时期地下水硝酸盐含量皆较高的西北、东北两个局部地区要采取有效的水肥管理措施，避免在多雨时期单次施用大量氮肥，尽量在雨量相对较少的时期多次少施，提高水肥资源的利用效率；同时需进一步研究该地区硝酸盐的淋失与氮肥施用量、降雨量及灌溉用水量的密切关系。在西北局部地区还要采取相应措施缓解生态系统稳定性差、土地荒漠化严重的局面，如退耕还林还草以增加林地、草地面积，减少旱地面积，使用水土保持化学调节剂等措施以提高土壤蓄水能力，减少地表水向地下水的渗漏转移。在条件允许的情况下限制需肥量大的果蔬类产品的生产，节约用水，积极使用滴灌、喷灌和小管出流等灌溉措施，防止东北部地区（秦皇岛市）地下水位的进一步下降和地下漏斗区的进一步扩大，防止海水入侵，定期监测土壤和地下水环境质量，只有从技术上和管理上多管齐下，才能缓解目前面临的污染问题，实现农业的可持续发展。

参考文献

[1] Rossi R E, Mulla D J et al. Geostatistical tools for modeling and interpreting ecological spatial dependence [J]. Ecological Monographs, 1992, 62 (2): 277-314.

[2] 李哈滨，王政权．空间异质性定量研究理论与方法［J］．应用生态学报，1998，9（6）：651-657.

[3] Wang Zhengquan. Geostatitics and Its Application in Ecology [M]. Beijing: Science Press, 1999: 162-192.

[4] 王军．黄土高原小流域土壤养分的空间异质性［J］．生态学报，2002，22（8）：1173-1177.

[5] 王军，傅伯杰．黄土丘陵小流域土地利用与土壤水分的时空分布［J］．地理学报，2000，55（1）：84-91.

[6] 郭旭东．河北省遵化平原土壤养分的时空变异特征［J］．地理学报，2000，55（5）：555-566.

[7] 钱静．基于GIS的绿洲土壤含水量空间变异性研究［J］．干旱区研究，2004，21（1）：49-54.

[8] 许红卫，高克异，王珂，等．稻田土壤养分空间变异与合理取样数研究［J］．植物营养与肥料学报，2006，12（1）：37-43.

[9] Trangmar B B. Application of geostatistics to spatial studies of soil properties [J]. Advanced Agronomy, 1985, 38: 44-94.

[10] Li H B, Reynolds J F. On definition and quantification of heterogeneity [J]. Oikos, 1995, 73: 280-284.

[11] 王锐，王仰麟，李卫锋．半干旱地区农业景观演变研究——以河北坝上康保县为例［J］．中国农业资源与区划，2002，23（3）：38-42.

[12] 刘淼，胡远满，布仁仓，等．河北省康保县景观变化研究［J］．应用生态学报，2005，16（9）：1729-1734.

[13] 吴建华，常泽军，牛一兵，等．加快秦皇岛市绿色农产品战略的实施［J］．河北科技师范学院学报（社会科学版），2004，3（3）：34-36.

[14] 李家齐，阎晓宁．吸引城市生产要素优化城郊农业结构［J］．城郊发展，10-12.

湖南省环境空气质量现状、变化趋势及对策研究

许 晶 廖岳华

（湖南省环境监测中心站 湖南 长沙 410014）

摘 要 本文以2000—2009年湖南省主要城市环境空气监测数据为基础，对全省大气污染因子二氧化硫（SO_2）、二氧化氮（NO_2）、可吸入颗粒物（PM_{10}）近10年的监测数据进行统计，对大气环境质量状况与变化趋势进行分析，提出控制大气污染的技术、经济、管理等方面的对策措施。

关键词 环境空气 监测现状 变化趋势 对策研究

一、前 言

湖南位于长江以南，纬度偏低，为大陆性特征明显的中亚热带季风性湿润气候，风向随季节变化明显，静风频率高，平均风速小，大气稳定度高，逆温持续时间长，靠近地面产生的污染物不容易扩散，也容易产生酸雨。全省大气环境质量状态存在鲜明的冬春高、夏秋低的季节差异。空间上，经济活跃、人口密集城区污染程度更高。秋冬季节“积累型”空气严重污染出现频次多，对健康影响大，公众反映强[1]。本文按照《环境空气质量标准》（GB 3095—1996）中的Ⅱ级标准对全省大气污染因子二氧化硫（SO_2）、二氧化氮（NO_2）、可吸入颗粒物（PM_{10}）近10年的变化进行分析，并对控制大气污染的技术、经济、管理等方面的对策措施进行研究。

表1 主要大气污染物浓度划分国家标准

污染物	时间段	浓度标准/（mg/m³）		
		一级	二级	三级
SO_2	年平均	0.02	0.06	0.10
	日平均	0.05	0.15	0.25
NO_2	年平均	0.04	0.04	0.08
	日平均	0.08	0.08	0.12
TSP	年平均	0.08	0.20	0.30
	日平均	0.12	0.30	0.50
PM_{10}	年平均	0.04	0.10	0.15
	日平均	0.05	0.15	0.25

*引自环境标准汇编（1983—2004），48页。

二、全省空气自动监测概况

至2009年底，全省14个市（州）共已布设67个空气监测点位，其中自动监测点位47个（含湘潭1个对照点），手动监测点位21个（含9个对照点）。全省各级监测站对省控67个大气监测点位进行例行监测，监测项目为二氧化硫、氮氧化物、可吸入颗粒物。各城市空气监测点位数量及自动监测站布设情况见表2。

全省除长沙市配置进口仪器外，其余各市（州）配置的均为国产仪器。主要有7种品牌：安徽铜陵系列（16套）、沈阳大西比系列（10套）、澳大利亚ECOTECH＋美国安谱系列（7套）、河北先河系列（7套）、北京中晟泰科（3套）、杭州大地安科系列（2套）、武汉天虹系列

（1套）。

表2　全省环境空气质量监测空气自动监测站基本情况

城市	自动监测	分析方法			设备生产厂家	
		SO_2	NO_x	PM_{10}	SO_2、NO_x	PM_{10}
长沙	7	紫外荧光法	化学发光法	微振荡天平法	澳大利亚 ECOTECH	美国安谱公司
株洲	1	紫外荧光法	化学发光法	β射线法	沈阳东宇大西比	沈阳东宇大西比
	4	紫外荧光法	化学发光法	β射线法	河北先河	河北先河
湘潭	3	紫外荧光法	化学发光法	β射线法	沈阳东宇大西比	沈阳东宇大西比
	3	紫外荧光法	化学发光法	β射线法	北京中晟泰科	北京中晟泰科
衡阳	2	长光程差分光谱法	长光程差分光谱法	β射线法	安徽铜陵	安徽铜陵
邵阳	1	紫外荧光法	化学发光法	β射线法	杭州大地安科	杭州大地安科
	3	紫外荧光法	化学发光法	β射线法	河北先河	河北先河
岳阳	2	紫外荧光法	化学发光法	β射线法	沈阳东宇大西比	沈阳东宇大西比
	1	紫外荧光法	化学发光法	β射线法	武汉天虹	武汉天虹
常德	2	紫外荧光法	化学发光法	β射线法	沈阳东宇大西比	沈阳东宇大西比
	1	紫外荧光法	化学发光法	β射线法	杭州大地安科	杭州大地安科
张家界	2	紫外荧光法	化学发光法	β射线法	沈阳东宇大西比	沈阳东宇大西比
	1	长光程差分光谱法	长光程差分光谱法	β射线法	安徽铜陵	安徽铜陵
益阳	2	长光程差分光谱法	长光程差分光谱法	β射线法	安徽铜陵	安徽铜陵
郴州	3	长光程差分光谱法	长光程差分光谱法	β射线法	安徽铜陵	安徽铜陵
永州	2	长光程差分光谱法	长光程差分光谱法	β射线法	安徽铜陵	安徽铜陵
		紫外荧光法	化学发光法	β射线法	沈阳东宇大西比	沈阳东宇大西比
怀化	3	长光程差分光谱法	长光程差分光谱法	β射线法	安徽铜陵	安徽铜陵
娄底	2	长光程差分光谱法	长光程差分光谱法	β射线法	安徽铜陵	安徽铜陵
吉首	2	长光程差分光谱法	长光程差分光谱法	β射线法	安徽铜陵	安徽铜陵
合计	47					

全省现有品牌中，除安徽铜陵系列仪器运用长光程差分光谱分析 SO_2、NO_x 外，其余品牌仪器均运用紫外荧光法分析 SO_2，化学发光法分析 NO_x；除长沙市进口仪器采用微振荡天平法外，其余品牌均利用β射线法分析 PM_{10}。

全省各地市站按照《环境空气自动监测技术规范》和国家环境监测总站的相关要求，对空气自动监测系统制定了完善的运行、校检及维护制度，并严格执行[2]。各地市多次参加国家环境监测总站的标样考核，合格率为100%。

三、全省环境空气变化趋势

根据2000—2009年的监测结果，全省环境空气中主要污染物 SO_2 年均值范围为0.044～0.062mg/m^3，NO_2 的年均值范围为0.028～0.033mg/m^3，PM_{10} 年均值范围为0.074～0.133mg/m^3，（TSP年均值范围为：0.182～0.209mg/m^3），三项主要污染物的年均值变化很小，空气质量相对较稳定。空气质量优良率呈逐年增加趋势，空气质量稳定中有所改善（见表3）。

表3　2000—2009 年全省 SO_2、NO_2、PM_{10} 浓度监测结果比较

年份		2000	2001	2002	2003	2004	2005	2006	2007	2008	2009
SO_2	年均值/（mg/m^3）	0.054	0.058	0.061	0.062	0.059	0.051	0.050	0.053	0.051	0.044
	测点日均值超标率/%	5.77	7.91	9.60	7.09	6.69	5.04	4.08	2.94	1.91	0.74
NO_2	年均值/（mg/m^3）	0.030	0.030	0.031	0.033	0.029	0.029	0.030	0.028	0.031	0.029
	测点日均值超标率/%	0.56	0.13	0.31	1.61	0.10	0.12	0.13	0.22	0.16	0.07
PM_{10}	年均值/（mg/m^3）	0.208	0.209	0.133～0.182	0.120	0.115	0.094	0.085	0.084	0.081	0.074
	测点日均值超标率/%	16.40	16.89	25.44	22.22	24.07	15.32	12.35	12.20	9.45	6.69
综合污染指数		2.320	2.380	2.547	2.659	2.493	2.153	2.058	2.072	2.056	1.827
空气质量优良率/%		83.4	77.2	77.6	77.1	80.3	89.8	91.8	90.7	93.6	95.7

注：2001 年和 2002 年为总悬浮颗粒物监测数据；年均值为全省 14 个地市数据汇总结果。

（一）全省大气中 SO_2 变化趋势

统计结果表明，2000—2003 年湖南省 SO_2 浓度逐年上升，2003 年以后 SO_2 浓度总体出现下降，2005 年以后全省 SO_2 年均值相对稳定。测点日均值超标率范围 0.74%～9.60%，其中 2002 年超标率最高，2009 年超标率最低（见表3）。

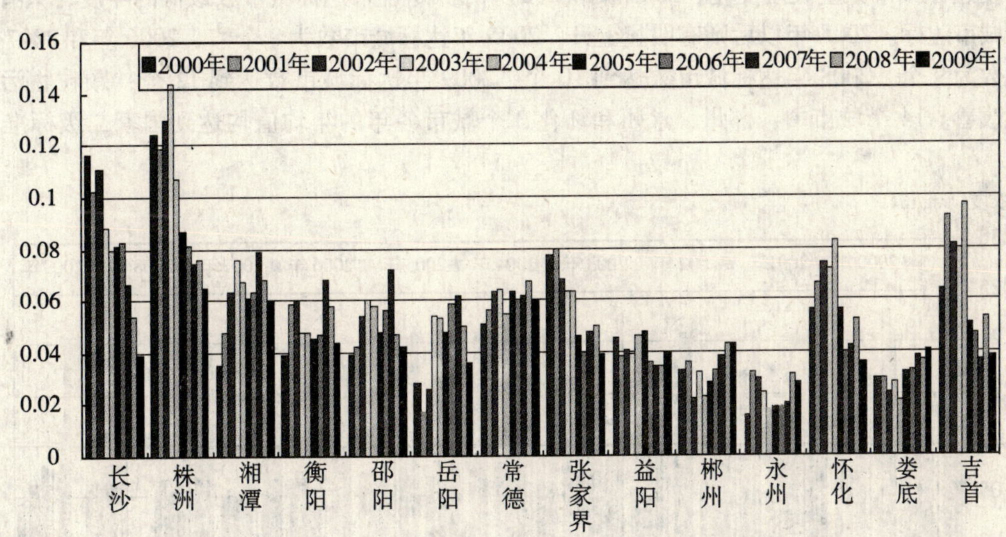

图1　2000—2009 年全省各城市 SO_2 年均浓度比较

2000—2009 年，全省城市 SO_2 年均浓度平均值除 2002 年和 2003 年略超过二级标准外，其他年份均达标；10 年间，2000—2003 年达标城市数略有下降[3]，2004—2009 年逐年略有上升；14 个城市中，岳阳、益阳、郴州、永州和娄底 5 个城市各年的年均值均达到国家二级标准；株洲 10 年的年均值则均未达标，其中长沙 2000—2002 年、株洲 2000—2004 年的年均值超过国家三级标准（见图1）。

（二）全省大气中 NO_2 变化趋势

统计结果表明，2000—2003 年全省 NO_2 浓度逐年上升，2004—2005 年持平，2006 年 NO_2 浓

度稳中有升，测点日均值超标率范围 0.07% ~1.61%，其中全省 NO_2 浓度 2002 年超标率最高，2009 年超标率最低。2005—2009 年，长沙、株洲、岳阳和张家界 4 个城市空气中 NO_2 浓度基本呈逐年持续升高趋势应引起重视（见图 2）。

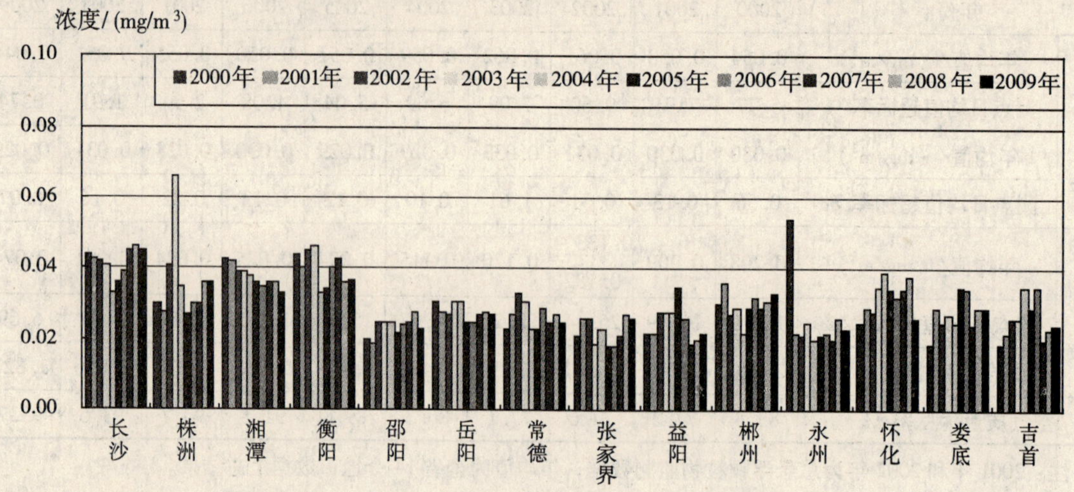

图 2　2000—2009 年全省各城市 NO_2 年均浓度比较

（三）全省大气中 PM_{10} 变化趋势

统计结果表明，2000—2009 年全省 PM_{10} 浓度逐年下降，测点日均值超标率范围 6.69% ~25.44%，其中全省 PM_{10} 浓度 2002 年超标率最高，2009 年超标率最低（见表 3）。10 年间颗粒物年均浓度达标城市数呈波动变化，2003 年和 2004 年为 10 年来达标城市数最低的年度，只有 3 个和 4 个城市达标。2005 年以后则有明显上升，2005 年达标城市数为 8 个[3]，2006 年和 2007 年达标城市数为 9 个，2008 年达标城市数达到 10 个，2009 年达标城市数达到 12 个，颗粒物污染得到有效改善。14 个城市中，郴州、永州和怀化 3 个城市各年的年均值均达到国家二级标准（见图 3）。

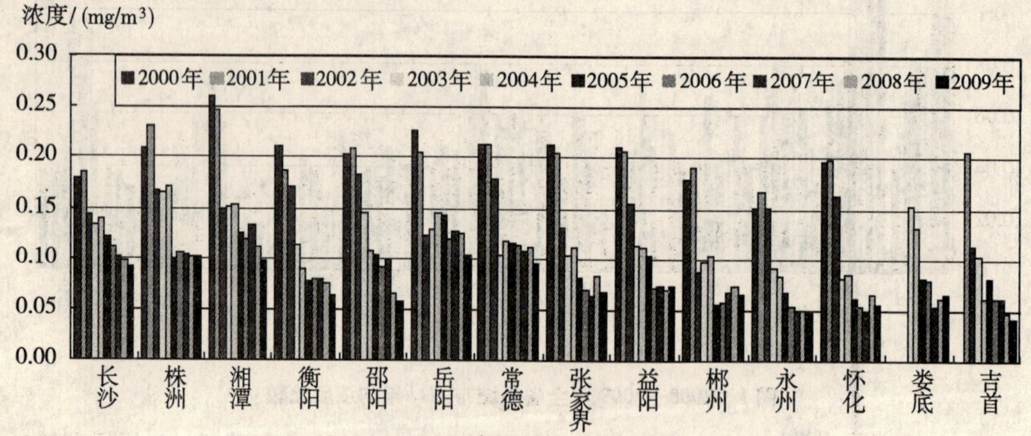

图 3　2000—2009 年全省各城市 PM_{10} 年均浓度比较

注：①2000 年和 2001 年为 TSP 数据，2003—2009 年为 PM_{10} 数据；

②2002 年衡阳、邵阳、常德、永州、怀化和娄底 6 个城市为 TSP，其他 8 个城市为 PM_{10} 数据。

四、对策研究

2000—2009 年 10 年中，全省资源、能源消耗量的迅速增加，工业化、城镇化、农业产业化进程的加快使环境保护面临着巨大的压力。环境保护管理部门以污染物排放总量控制为主线，将

SO_2和PM_{10}污染控制作为全省大气污染控制工作的重点，实施了一批重点治理项目，但在城市周边的城乡结合区域，许多路段仍为土路，过往车辆将泥土带入城区，全省城市基础设施建设、旧城改造、商业开发活动非常活跃，产生了大量的建筑扬尘，还是形成了较严重的扬尘污染。

要控制PM_{10}和SO_2的污染，必须从多方面采取综合控制的对策及措施，概括如下：

1. 不断探索增加环境容量的新路子，充分运用经济手段改变区域环境容量的分配和超容量发展经济的局面，推行容量与总量的双重控制。环境容量是一种客观存在的有价资源，它和能源、矿产、森林、土地等资源一样，是经济发展的重要支撑性资源。必须有效地管理这种资源，在减少污染物排放的基础上，还要通过管理和技术的手段有效增加城市的环境容量[4]。

2. 实行政府环境空气质量责任目标管理，将城市空气质量优良天数占全年的百分比纳入环境质量责任目标考核体系，在产业结构调整和城市规划中切实考虑环境保护的要求，将改善城市环境空气质量作为城市建设和发展的重要目标和任务，大力改善辖区环境质量。

3. 进一步抓好煤改清洁能源，公交、出租、长途客运车辆油改液化天然气和压缩天然气工作，因地制宜地开发新能源和可再生资源，改善能源结构，优化资源配置，充分利用清洁能源技术，强化扬尘治理工程，改善城市环境质量。

4. 控制扬尘污染。针对城市地区施工扬尘和道路扬尘污染较重的情况，进一步完善建设工程现场环境保护标准，防治扬尘要求更加明确，加大扬尘执法力度，对车辆遗撒、垃圾暴露等违法行为进行严厉查处，提高市区道路机扫面积和道路冲刷面积，有效降低城市空气中颗粒物的浓度。

5. 充分发挥在线监控装置的作用和效果。在线装置的安装运行，在一定程度上既提高了环境监管的效率，同时在科学管理的基础上，能够保证所监控污染物的实时排放情况。但在执行进程中要逐步完善在线装置的瞬时浓度与排放总量之间的量化计算公式和计算方法，开发出多项目、多指标的污染物在线监控装置，并加强比对、校标工作等，以保证在线监测系统出具准确的数据。同时，为保证在线装置的客观性和公正性，必须要探索一条防止人为因素影响污染物真实排放情况的技术手段和有效途径[5]。

2000—2009年，全省城市环境空气的主要污染物是PM_{10}和SO_2，监测数据显示，PM_{10}污染基本呈下降趋势，SO_2浓度呈波动式下降且基本稳定。全省大力强化结构减排，狠抓工程减排，城市空气质量优良率稳步增加，城市环境空气质量总体上有明显改善。

参考文献

[1] 邓小红，宋仲容，李晓．重庆市主城区大气环境质量变化分析及对策研究［J］．中国环境监测，2007，(3)：85-88.

[2] 黄颖彬，张家界市空气污染现状、成因及对策研究［J］．黑龙江环境通报，2008，(1)：23-25.

[3] 湖南省环境质量报告书（2001—2005年）．湖南省环境保护局．

[4] 陈魁．天津市空气质量时间变化规律及相关性分析［J］．中国环境监测，2007（2）：50-53.

[5] 梁富生．改善山西大气污染现状的对策措施初探［J］．中国环境监测，2007（4）：65-67.

基于 ADMS－Urban 的城市区域大气环境容量测算与规划

丁　洁　徐　鹤　冯晓飞

（南开大学战略环境评价研究中心　天津　300071）

摘　要　ADMS－Urban 可以模拟城市区域来自工业、民用和道路交通的污染源产生的污染物在大气中的扩散，尤其适用于对高架点源的大气扩散模拟。基于此，ADMS－Urban 已经在包括环境工程等多个领域中得到广泛应用。通过运用 ADMS－Urban 模型，以 ArcGIS 和线性规划模式为辅助，研究了某城市区域在两种不同气象条件下的环境容量的最优化分配方案，同时对不同气象条件下的 SO_2 的环境容量进行了测算与分析，并模拟出污染物的浓度分布。结果表明，气象条件对城市区域的环境容量的影响并不大，但对环境容量的优化分配方案以及污染物的浓度分布有较大影响。

关键词　ADMS－Urban　环境容量　优化分配　污染物浓度分布

一、前　言

环境容量是环境科学与工程领域里的一个基本理论问题，也是环境污染总量控制中一个极为重要的概念。开展环境容量研究，不仅可以揭示自然环境的内在属性，而且对于制定环境质量标准，开展区域环境污染的综合防治[1]，实现区域的合理开发和工业的合理布局以及开展环境质量预测评价和宏观战略分析等，都具有十分重要的意义[2,3]。

一般的大气扩散模型[4]对城市区域环境大气容量进行分析时不能达到较高的模拟准确度，而 ADMS 模式系统中的 ADMS－Urban 可以模拟城市区域来自工业、民用和道路交通的污染源产生的污染物在大气中的扩散，尤其适用于对城市高架点源的大气扩散模拟。

将 ADMS－Urban 与 ArcGIS[5]有机地连接起来，同时引入线性优化分配模式，这一独创的技术路线能够更好地满足环境容量研究的需求。

二、系统模型介绍

环境容量研究模型系统的核心部分是 ADMS－Urban 模型系统，基本系统框架见图 1。基本思路是首先建立一个虚拟城市区域，确定污染源和敏感点，通过 ArcGIS 的模拟确定区域地图以及相应的敏感点和污染源坐标；下一步查找两个不同区域的气象条件，设定背景参数以及相应的点源高度，运用 ADMS－Urban 进行模拟，将污染源设定为点源来处理，其中污染物扩散通过 ADMS－Urban 软件设定用户参数和自身缺省值得到，背景参数中的释放速率以及烟囱口温度等通过文献和经验值估算得到；最后，对模拟结果进行线性规划分析，研究出在符合环境质量标准的前提下污染物的最优化分配方案，以及相应的环境容量和污染物浓度分布。

（一）ADMS－Urban 模式简介

ADMS－Urban 模式是 ADMS 模式系统（ADMS－Screen、ADMS－Industrial、ADMS－Roads、ADMS－EIA、ADMS－Urban）中最复杂的一个。它可以模拟城市区域来自工业、民用和道路交通的污染源产生的污染物在大气中的扩散，并用点源、线源、面源、体源和网格源模型来模拟这些污染源[6]。

研究中选用 ADMS－Urban 模式主要是因为它有以下优点：①ADMS－Urban 城市应用了最新的基于边界层高度和 Monin－Obukhov 长度的边界层结构参数的物理知识，这使得随高度的变化而变化的扩散过程可以更真实地表现出来，所获得的污染物的浓度的预测结果通常就更精确、更可信。②ADMS－Urban 适用的评价范围为小于等于 50km，因此在城市区域范围内可以达到相对较高的精确水平。③ADMS－Urban 对气象数据的要求较低，只要求地面气象数据，这就解决了高空气象数据不易采集的难题。④ADMS－Urban 与一个地理信息系统如 ArcGIS 有机地连接以后就可以直接使用数字地图数据，真实而直观地设置污染问题。

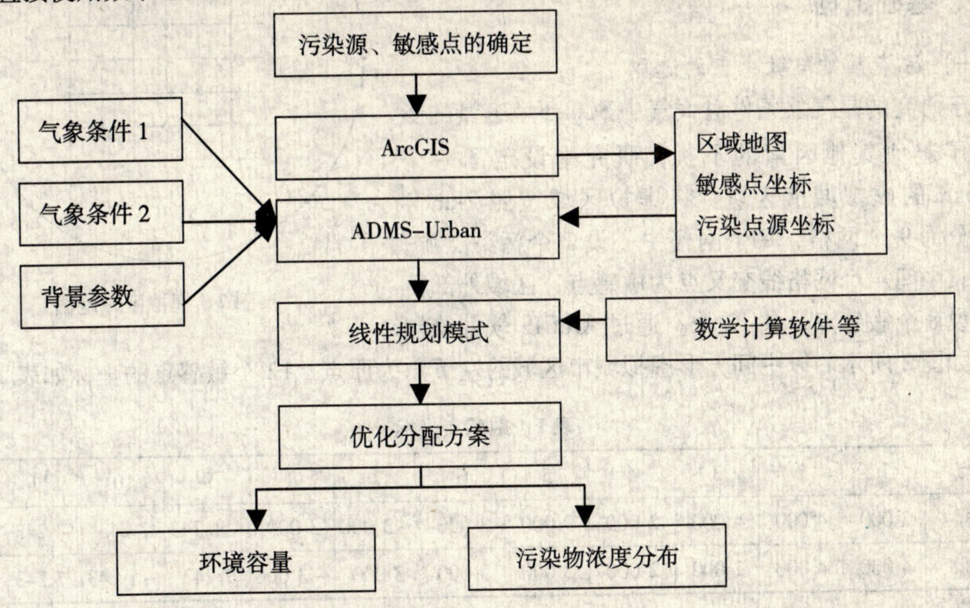

图 1　模型整合的系统框架

（二）线性优化模式

根据研究区的大气环境功能区划，确定扣除本底浓度后的各敏感点的控制目标，利用线性规划技术，以现状污染源或所有网格虚拟点源排放量的总和最大为目标，建立大气环境容量的线性优化模式[7-9]：

$$\max q = \sum_{j=1}^{n} Q_j$$

$$T \times Q \leqslant S - C_b$$

$$Q_i \geqslant 0$$

$$j = 1, 2, \cdots, n$$

式中：t 为有污染物长期扩散模式生成的传递矩阵；S 为控制点二氧化硫的环境目标（本文中虚拟区域执行二级标准），$\mu g/m^3$；C_b 为二氧化硫的环境背景浓度，mg/m^3；Q_i 为第 j 个点源的排放强度，t/a。

对于其中的传递系数矩阵 T，可以利用以下的线性累加：

$$\begin{bmatrix} C_1 \\ \vdots \\ C_n \end{bmatrix} = \begin{bmatrix} t_{11} & \cdots & t_{1n} \\ \vdots & & \vdots \\ t_{n1} & \cdots & t_{m} \end{bmatrix} \begin{bmatrix} Q_1 \\ \vdots \\ Q_n \end{bmatrix}$$

式中：C_i 为第 i 个网格的敏感点污染物浓度，$\mu g/m^3$。

在地形和气象等参数确定的情况下，点源对设定敏感点的污染物浓度贡献值与其源强成正比。传递系数矩阵包含污染物在研究区的长期平均特征信息，当污染物排放强度发生变化时，可以通过传递系数矩阵迅速得到污染物长期平均浓度分布的变化。因此，t_{ij} 反映了第 j 个排放源的单位排放量对第 i 个敏感点的影响程度：

$$t_{ij} = C_{ij}/Q_j$$

式中：C_{ij}为第j个点源在第i个敏感点产生的质量浓度，$\mu g/m^3$。

三、基础数据

（一）污染预案与敏感点的选取

由于研究的是气象条件对大气中SO_2环境容量的影响，为了避免其他因素的干扰，研究中设定了一个6km×6km的虚拟城市区域。将虚拟区域按照2km×2km划分为9个网格，每个网格中心设1个污染点源，共9个；中间4个网格线交叉点为敏感点，区域外部再均匀地设8个敏感点，共12个。通过ArcGIS软件绘制地图，如图2所示：以中间方形虚拟城市区域的左下角为原点，12个敏感点的坐标如表1所示。

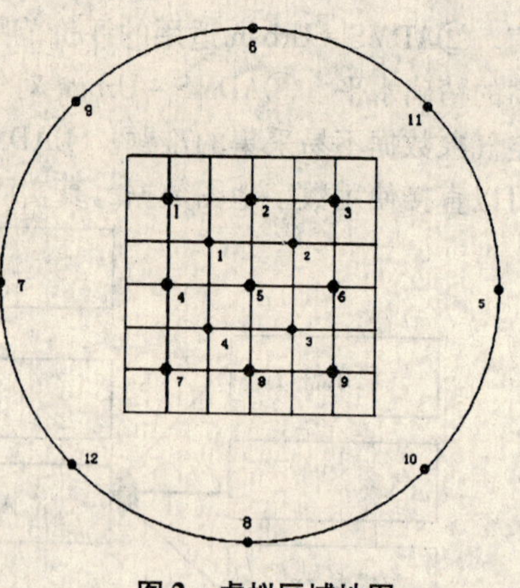

图2　虚拟区域地图

表1　敏感点坐标

敏感点	1	2	3	4	5	6	7	8	9	10	11	12
横坐标	2 000	4 000	4 000	2 000	9 000	3 000	-3 000	3 000	-1 243	7 243	7 243	-1 243
纵坐标	4 000	4 000	2 000	2 000	3 000	9 000	3 000	-3 000	7 243	-1 243	7 243	-1 243

（二）气象条件

气象条件采用的是2006年广西北海市和新疆奎屯市的气象统计资料。图3和图4分别是2006年北海市和奎屯市的风速风向统计玫瑰图。

北海市地处东经109.3°，北纬21.5°，根据北海市2006年气象资料显示，该市年平均气温为22.9℃，年均气压为994.9hPa。全年主导风向为N，次主导风向SE，年均风速为2.8m/s。

奎屯市地处东经84.9°，北纬44.4°，根据奎屯市2006年气象资料显示，该市年平均气温7.4℃，年平均气压983.0hPa。全年主导风向为NW，次主导风向为SW，年均风速为3.3m/s。

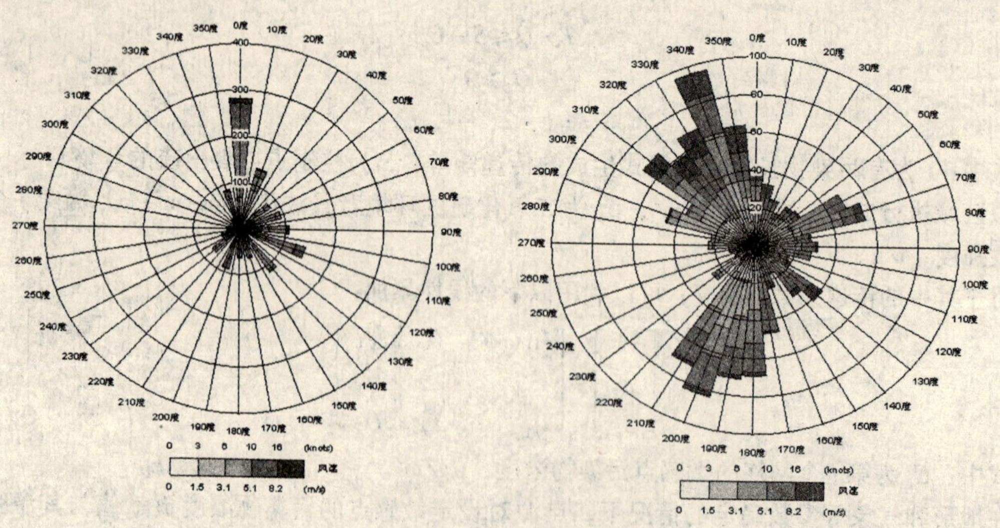

图3　北海市2006年全年风速风向统计玫瑰图　图4　奎屯市2006年全年风速风向统计玫瑰图

（三）背景参数

由于是研究不同气象条件对 SO_2 环境容量的影响，所有背景参数只需合理并保持一致即可。但考虑到点源高度对环境容量的影响比较大，所以对于每份气象数据都设计了5个不同的烟囱高度，详见表2。

表2　背景参数

污染源类型	烟囱直径/m	烟囱口温度/℃	排污速度/m/s	烟囱高度/m				
点源	1	100	10	20	40	60	80	100

四、实例分析

（一）优化分配方案

运用 ADMS - Urban 模型与线性规划模式，选择相关数学计算软件进行辅助模拟，确定特定点源高度所对应的环境容量优化方案，结果见图5、图6。优化过后，每一个确定的点源高度都对应着9个污染源优化后的排放强度，也就是说当每个点源的排放强度符合这个模拟结果时，在符合环境质量标准的情况下，整个区域的环境容量达到了最大值。

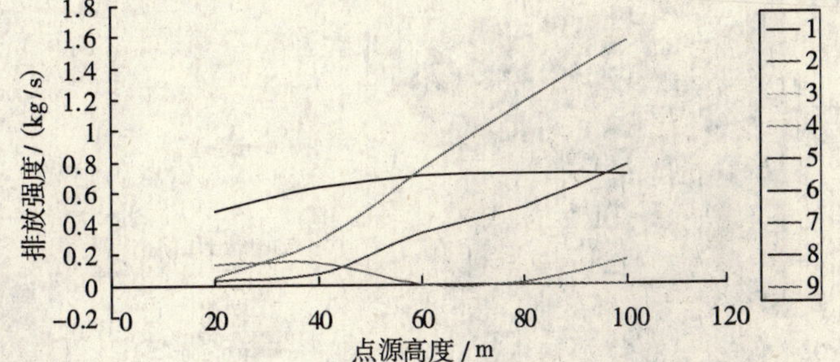

图5　北海——环境容量优化分配方案

注：1～9为各个污染点源

由图6又可以看出，两种气象条件下的环境容量优化分配方案差异非常大，随着点源高度的增加分配方案的变化各异。温度、风速、气压、云盖度等气象因素对环境容量的优化分配有着复杂的影响。

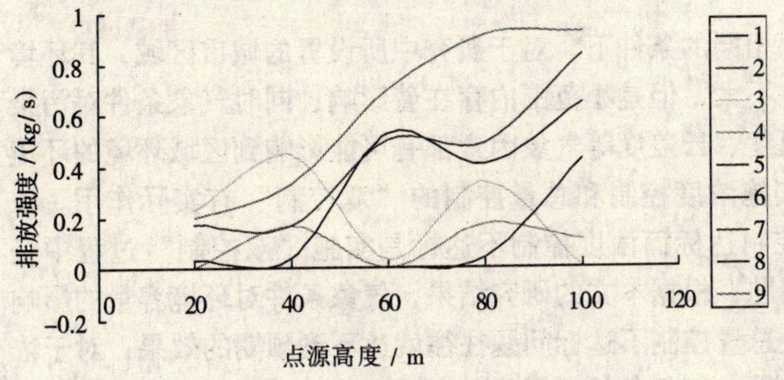

图6　奎屯——环境容量优化分配方案

注：1～9为各个污染点源

（二）环境容量测算

运用 ADMS - Urban 系统模型对两种气象条件下的 SO_2 环境容量各进行5次的分析模拟，取得两种情况下各个点源高度对应的环境容量，见图7。可以很清楚地看出，虽然研究中引进的北海市气象资料和奎屯市的气象资料有很大差异，但是如图7显示，两城市的环境容量相差不大，随着点源高度增加相应的环境容量的增加量也非常相近，即点源高度每增加20m，环境容量大约增加1800t/a左右。由此可以得出，区域环境的气象条件对该区域环境容量的影响并不大。

从图6又可看到，不论点源高度多少，北海市的环境容量总是比奎屯市的环境容量要大一些。由此可见虽然气象条件对区域环境的环境容量影响不大，但是在小范围内的影响还是存在的。

（三）污染物浓度分布

为了便于分析，可以同时选取相同点源高度（60m）的两个城市的污染物排放清单，应用

ADMS - Urban 软件模拟出虚拟区域内随机的 2 500 个点的污染物浓度，然后通过 ArcGIS 软件进行污染物浓度分布的可视化，结果见图 8 与图 9。

比较两图可以得出，虽然在不同气象条件下区域环境的环境容量差别不大，但是污染物浓度分布却有着很大差异。温度、风速、气压等气象因素在一定程度上会对污染物的浓度分布产生较大影响，在有利于污染物扩散的气象条件下，污染物浓度分布会相对分散；在不利于污染物扩散的气象条件下，污染物浓度分布就会相对集中。

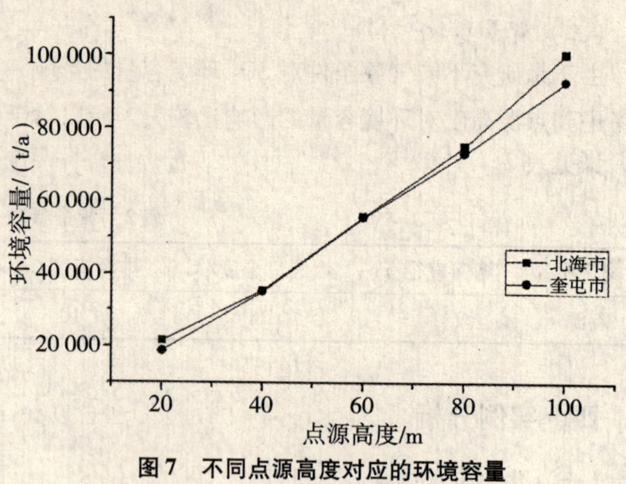

图 7　不同点源高度对应的环境容量

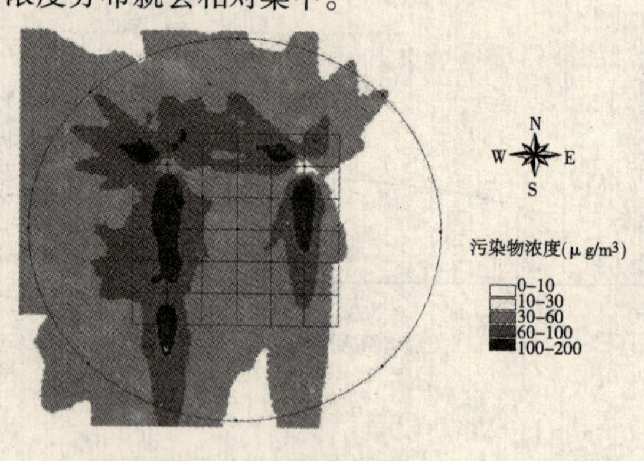

图 8　北海——虚拟区域污染物浓度分布图

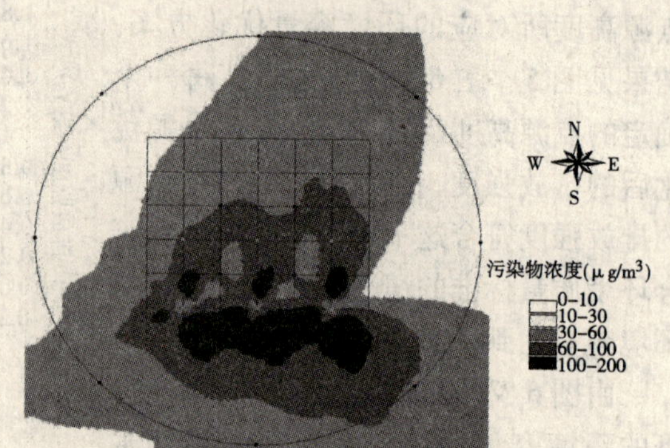

图 9　奎屯——虚拟区域污染物浓度分布图

五、结　语

结果和分析表明，在其他背景参数都相同的条件下，对于研究中所设置的城市区域，其环境的气象条件对该区域环境容量值的影响并不大，但是小范围内存在着影响；同时气象条件对污染物的浓度分布会产生较大影响。风速、温度、云盖度等气象因素都有可能影响到区域环境的环境容量和污染物的浓度分布。研究结果对实施浓度控制和总量控制的“双控制”有实际作用。浓度控制达标而总量控制不达标或者总量控制达标而浓度控制不达标是实施“双控制”过程中经常出现的问题。对于总量控制不达标的问题，根据本文的研究结果，气象条件对环境容量的影响并不大，所以利用气象条件的影响来解决总量控制不达标问题往往就达不到预期的效果；对于浓度控制不达标的问题，根据本文的研究结果，气象条件对污染物的浓度分布会产生很大的影响，针对具体的气象条件对区域内的污染源进行合理布局，合理地调整污染物的浓度分布，可以在很大程度上解决浓度控制不达标的问题[10-12]。运用 ADMS - Urban 模型与线性规划模式进行的环境容量优化分配方案研究对目标总量控制有重要的意义，在达到目标总量控制的前提下，合理采用环境容量优化分配方案，最大限度地利用环境容量。实践表明，运用 ADMS - Urban 模型，结合 ArcGIS 软件与线性规划模式，可以更准确、更系统地测算和规划区域环境的环境容量，在污染物扩散与浓度分布的分析与模拟方面具有更多的优势。

参考文献

[1] 李云生，谷清，冯银厂．城市区域大气环境容量总量控制技术指南［M］．北京：中国环境科学出版社，

2005：2－8.

［2］王宁，程林，林剑，等．环境影响评价中空气污染物环境容量计算式的研究［J］．地质地球化学，2003，31（3）：43－44.

［3］Liu Congqing. Strategic management of environmental and social economic issue［M］．Guiyang：Guizhou Science and Technology Press. 2003：19－22.

［4］聂邦胜．国内外常用的空气质量模式介绍［J］．海洋技术，2008，27（1）：118－121.

［5］王家耀．地理信息系统的发展与发展中的地理信息系统［J］．中国工程科学，2009，11（2）：10－13.

［6］S. Di Sabatino，R. Buccolieri，B. Pulvirenti，et al. Flow and Pollutant Dispersion in Street Canyons using FLUENT and ADMS－Urban［J］．Environ Model Assess，2008（13）：370－372.

［7］肖杨，毛显强，马根慧，等．基于ADMS和线性规划的区域大气环境容量测算［J］．环境科学研究，2008，21（3）：14－15.

［8］王宝民，刘辉志，王新生，等．基于单纯形优化方法的大气污染物总量控制模型［J］．气候与环境研究，2004，9（3）：521－522.

［9］高朋，冯俊文．工程网络计划的LR型模糊系数线性规划法［J］．中国工程科学，2009，11（2）：71－73.

［10］石晓枫，卢力．大气环境容量的分配与污染物总量控制方法的研究［J］．环境工程，2000，18（1）：50－52.

［11］马小明，李诗刚，栾胜基，等．大气污染总量控制方案的区域排放当量制定方法［J］．中国环境科学，1996，19（5）：350－353.

［12］郭光焕，贾丽云．天津市大气主要污染物总量控制允许排放量实施方案［J］．城市环境与城市生态，1999，12（1）：33－36.

基于 TM 遥感数据和 GIS 的无锡市生态环境状况与经济发展状况的综合评价

黄　君[1]　宋　挺[1]　金　焰[2]　张军毅[1]　魏　轲[1]　徐　水[1]

（1. 无锡市环境监测中心站　无锡市曹张新村 58 号　214023；
2. 江苏省环境监测中心　江苏　南京　210036）

摘　要　本文利用美国陆地卫星 LandsatTM5 遥感影像数据，对无锡市 2006—2008 年土地利用/覆被进行遥感解译，通过 GIS 的空间分析功能提取出生物丰度指数、植被覆盖指数、水网密度指数、土地退化指数、环境质量指数等评价信息，利用综合指数法和生态环境状况指数（EI）模型，分析无锡市 2006—2008 年生态环境发展状况，并结合无锡市 2006—2008 年社会经济发展状况，探索了以无锡市为例的城市生态环境状况与经济发展状况的综合评价研究，对区域生态环境的保护和改善以及经济可持续发展具有积极意义。

关键词　TM　遥感　GIS　生态环境评价　经济发展评价

随着人们对环境问题及其规律认识的不断深化，环境问题不再局限于排放污染物引起的健康问题，而是包括自然环境的保护、生态平衡和可持续发展的资源问题。随着经济的不断发展，除了常见的各类污染因子外，加上人为因素影响，灾害性天气增加，森林植被锐减，水土流失严重，土壤沙化加剧，洪水泛滥，沙尘暴、泥石流频发，酸沉降等，使我国本已十分脆弱的生态环境更加恶化[1]。通过遥感影像数据对区域内土地利用/覆被变化情况进行长期动态跟踪监测能够帮助我们及时准确地掌握该区域内生态环境状况变化趋势，为改善生态环境质量提供科学依据。

目前世界各国都加强了对生态环境的监测和评价。美国自 1999 年开始启动了第 2 阶段的对地观测系统（EOS）计划，它支持一系列极地轨道和低倾角卫星对地球的陆地表面、生物圈、大气和海洋进行长期观测[2,3]。其他许多国家也通过卫星遥感、地面监测网络等手段开展了生态环境的监测和评价工作[4,5]。近年来我国政府也不断加强对生态环境的监测、评价力度，全国各省、市、自治区已陆续开展生态环境监测与评价工作，MODIS、TM、ALOS 等遥感影像数据在区域生态环境状况监测评价工作中得到了很好的利用。本文利用 LandsatTM5 遥感影像数据，选取评价指标，建立评价模型，分析无锡市近几年的生态环境发展状况，并结合经济发展状况，以期探索基于 TM 遥感数据和 GIS 的城市生态环境状况与社会经济发展综合评价方法，总结生态环境状况变化与社会经济发展的矛盾与必然联系，并提出改善无锡市生态环境状况与保持社会经济可持续发展的措施建议。

一、数据来源及预处理

（一）LandsatTM5 遥感数据的选择

根据无锡市生态环境状况评价的需求，我们采用 LandsatTM5 的遥感影像数据，空间分辨率为 30m×30m。在 TM 影像中，各波段经模型演算和光谱分析表明：4、3、2 波段组合呈标准假彩色图像。近红外 4 波段绿色植被反射率高，2、3 波段强相关，TM432（RGB）植被呈现各种红色调，密集的城市地区为青灰色，适合用于各土地利用/覆被的解译区分。在时相的选择上我们选取 2006—2008 年 7 月过境的影像资料，因为夏季地表植被覆盖类型最为丰富，能够比较清晰地反映无锡市的土地利用/覆被状况。

（二）几何纠正（Geometric Correction）

在待纠影像上均匀选取 25 个左右以不易变化的地理标志物为主的大地控制点（GCP），采用

Bilinear Interpolation 重采样方法生成几何纠正后的 img 格式文件。

以下为经坐标投影转换、波段合成、几何纠正，以4、3、2波段合成的2008年无锡市30m分辨率 LandsatTM5 影像图（图1）。

二、生态环境状况评价体系的构建及其权重的确定

根据中华人民共和国环境保护行业标准《生态环境状况评价技术规范（试行）》，并结合无锡市生态环境的具体情况，选择了反映生态环境生物丰度、植被覆盖、水网密度、土地退化、环境质量五个方面的指标来评价无锡市的生态环境状况。由于生态环境质量评价的归一化系数分省级尺度和县级尺度两种，所以为了能够更准确反映无锡市各地区的生态环境质量状况，以下将对无锡市区、江阴市、宜兴市、无锡市各地区分别进行评价分析。

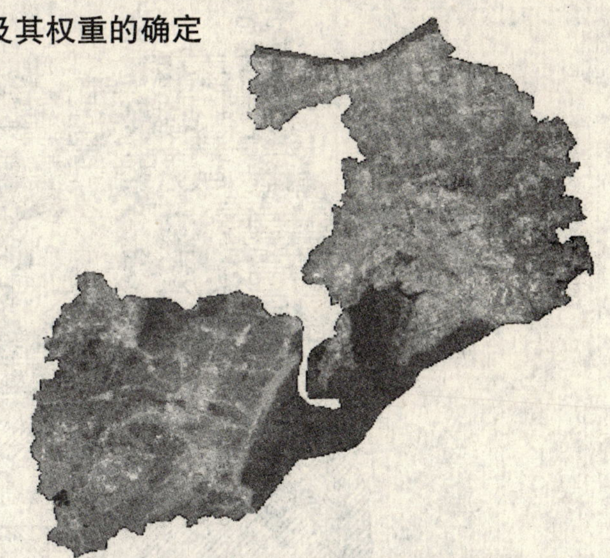

图1　2008年无锡市30m LandsatTM5 影像图

应用 Delphi 法，确定各评价指标的权重，其结果生物丰度指数权重为0.25，植被覆盖指数权重为0.2，水网密度指数权重为0.2，土地退化指数权重为0.2，环境质量指数权重为0.15。

三、基于遥感和 GIS 的生态环境评价信息提取

（一）土地利用/覆被信息的提取

根据地物的光谱特征，参照土地资源人机交互判读分析全国各区域判读标志，并在室内解译的基础上开展有针对性的野外核查工作，最终将无锡市主要土地类型分为水田、旱地、有林地、灌木林地、疏林地、其他林地、高覆盖度草地、河流、湖泊、水库—坑塘、滩地、城镇用地、农村居民用地、工交建设用地、裸岩等15类。运用 ArcCatalog 将各土地类型分类统计，并按各土地类型所占权重进行汇总，得到林地、草地、水域、建设用地、耕地、未利用地6大类。利用 GIS 的空间提取功能得到无锡市区、江阴市、宜兴市的土地利用/覆被图（以2008年为例），见图2、图3、图4。

（二）生物丰度指数和植被覆盖指数信息的提取

将上述土地利用/覆被统计信息代入生物丰度指数和植被覆盖指数模型中，得到2008年无锡市区、江阴市、宜兴市的生物丰度指数图和植被覆盖指数图。见图5、图6。

（三）水网密度指数信息的提取

根据遥感解译结果得到各地区河流长度、湖库面积、区域面积等信息，从水资源公报上查得当年本地区水资源量，将相关信息代入水网密度指数模型中，得到2008年无锡市区、江阴市、宜兴市的水网密度指数图。见图7。

（四）土地退化指数信息的提取

根据江苏省土地退化指数信息得到各地区土地退化类型面积，代入土地退化指数模型中，得到2008年无锡市区、江阴市、宜兴市的土地退化指数。

（五）环境质量指数信息的提取

环境质量指数中需要的几种污染物排放量包括 COD、SO_2 以及固体废物排放量通过环境统计

年鉴得到，年均降水量信息从当年统计年鉴[6-8]中查得，以行政区划为单元，将环境统计信息和气象信息代入环境质量指数模型中，得到无锡市区、江阴市、宜兴市的环境质量指数。如表1所示。

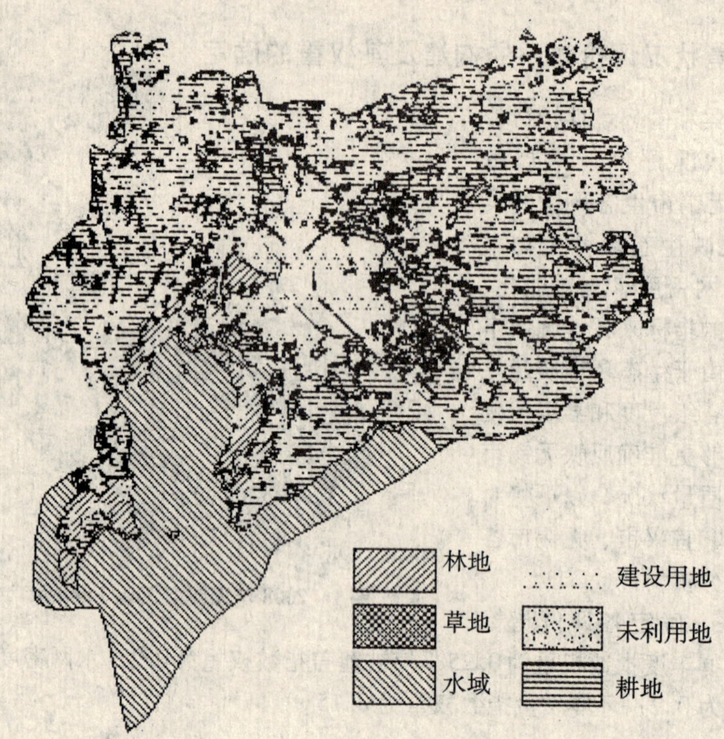

图2　2008年无锡市土地利用/覆被分类图

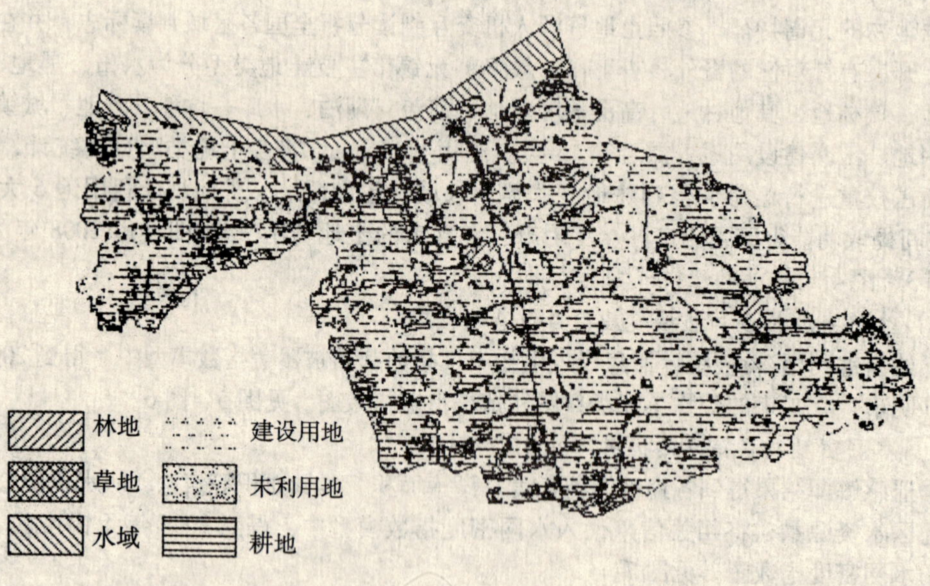

图3　2008年江阴市土地利用/覆被分类图

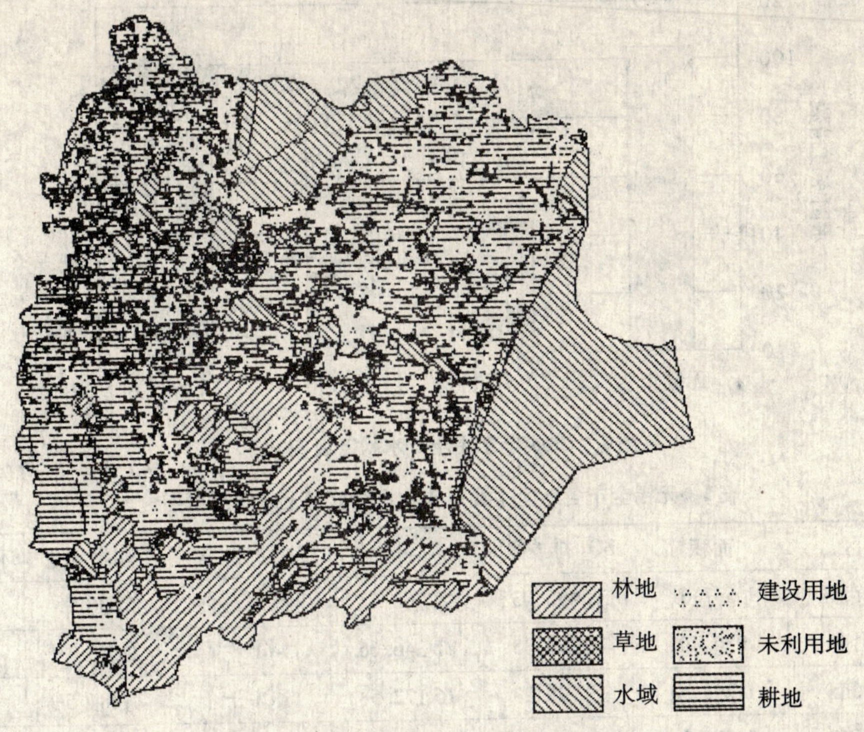

图4　2008年宜兴市土地利用/覆被分类图

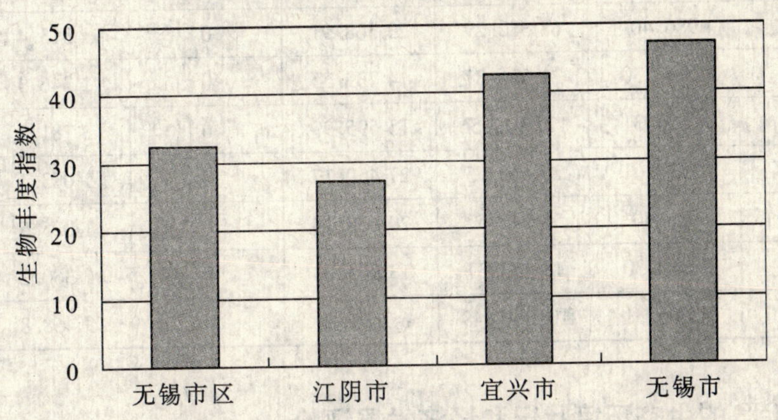

图5　2008年无锡全市生物丰度指数图

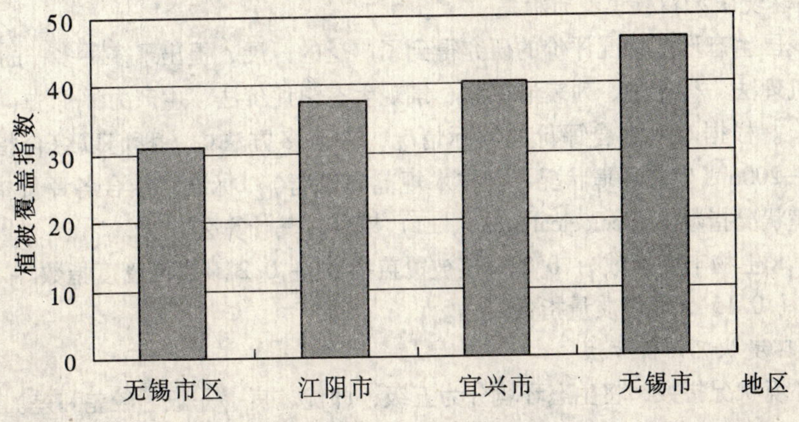

图6　2008年无锡全市植被覆盖指数图

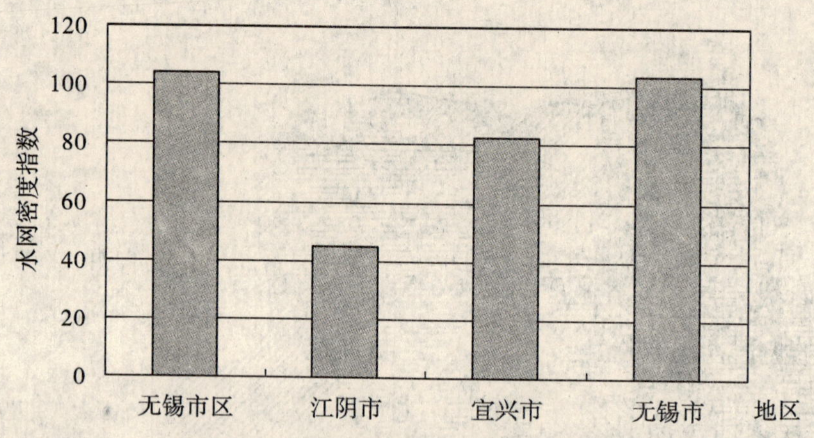

图 7　2008 年无锡全市水网密度指数图

表 1　无锡全市各地区主要污染物排放状况及环境质量指数

年份	地区	面积	SO_2 排放量	COD 排放量	固废排放量	年均降水量	环境质量指数
2006	无锡市区	1 637. 61	38 495. 03	40 268. 75	0	1 096. 9	94. 53
	江阴市	986. 40	78 396. 33	27 346. 66	0	1 090. 1	94. 64
	宜兴市	1 982. 30	33 790. 23	16 172. 58	0	1 084. 5	97. 61
	无锡市	4 606. 31	150 681. 59	83 788. 00	0	3 271. 5	77. 59
2007	无锡市区	1 637. 61	32 013. 90	37 487. 73	0	1 120. 1	95. 06
	江阴市	986. 40	68 382. 29	23 368. 91	0	1 315. 4	95. 85
	宜兴市	1 982. 30	21 526. 37	14 739. 35	0	1 346. 3	98. 27
	无锡市	4 606. 31	121 922. 56	75 595. 99	0	3 781. 8	81. 88
2008	无锡市区	1 637. 61	25 466. 55	27 450. 17	0	1 083. 1	96. 24
	江阴市	986. 40	58 242. 57	20 678. 10	0	1 025. 5	95. 80
	宜兴市	1 982. 30	18 233. 37	13 963. 03	0	1 360. 2	98. 40
	无锡市	4 606. 31	101 942. 49	6 2091. 29	0	3 468. 8	84. 82

四、基于 GIS 的生态环境状况和经济发展评价

（一）生态环境状况指数模型的构建

近年来，我国生态环境状况评价的研究得到了广泛的开展，提出了多种多样的方法，如图形叠置法、生态机理法、类比法、列表清单法、景观生态学评价法、生产力评价法、综合指数法及系统分析法等[9]。根据本次综合评价的实际情况，在诸多方法中，我们以综合指数法为基础，根据 HJ/T 192—2006《生态环境状况评价技术规范（试行）》标准，结合各评价指标及其权重，构建了生态环境状况指数（ Ecological Index，EI）模型，其计算公式为：

EI ＝0. 25 ×生物丰度指数 ＋0. 2 ×植被覆盖指数 ＋0. 2 ×水网密度指数 ＋0. 2 ×（100 －土地退化指数）＋0. 15 ×环境质量指数

（二）生态环境状况评价方法

根据生态环境状况指数，将生态环境分为五级，即优、良、一般、较差和差。生态环境状况分级见表 2[10]。

表2　生态环境状况分级

级别指数	优≥75	良55~75	一般35~55	较差20~35	差<20
状态	植被覆盖度好，生物多样性好，生态系统稳定，最适合人类生存	植被覆盖度较好，生物多样性较好，适合人类生存	植被覆盖度处于中等水平，生物多样性一般水平，较适合人类生存，但偶尔有不适人类生存的制约性因子出现	植被覆盖较差，严重干旱少雨，物种较少，存在着明显限制人类生存的因素	条件较恶劣，多属戈壁、沙漠、盐碱地、秃山或高寒山区。人类生存环境恶劣

（三）生态环境状况评价

根据生态环境状况指数模型求出各地区生态环境状况，结果显示，各地区生态环境状况有所差异，但各地区生态环境状况指数在55.84~71.61之间，生态环境状况评级为良，植被覆盖度较好，生物多样性较好，适合人类生存。各地区生态环境状况指数均有不同程度的小幅提升，分布情况见图8。其中无锡全市2006—2007年生态环境状况指数提高了0.92%，2007—2008年提高了0.65%。在2006—2008年3年内，宜兴市生态环境状况指数始终最高，其次是无锡市区，再次是江阴市。宜兴市由于地处山区，林地面积较多，植被覆盖度高，2008年宜兴市的林地面积占到宜兴市总面积的9.09%，而且宜兴濒临太湖拥有丰富的水资源，又有大型水库——横山水库，而且拥有面积不大但数量众多的天然和人工围网坑塘，2008年宜兴市的水域湿地面积也占到宜兴市总面积的7.47%，而2008年无锡市区的林地面积占到无锡市区总面积的2.85%，江阴市的林地面积仅占江阴市总面积的1.27%，2008年无锡市区的水域湿地面积占到无锡市区总面积的7.44%，略低于宜兴市，而江阴市的水域湿地面积仅占江阴市总面积的1.41%，远低于宜兴、无锡市区两地区，因此宜兴市的植被覆盖指数和生物丰度指数要大大高于其他地区，所以宜兴市生态环境状况指数在三地区内处于最高也不足为奇了。2008年无锡全市生态环境质量与评级见表3。

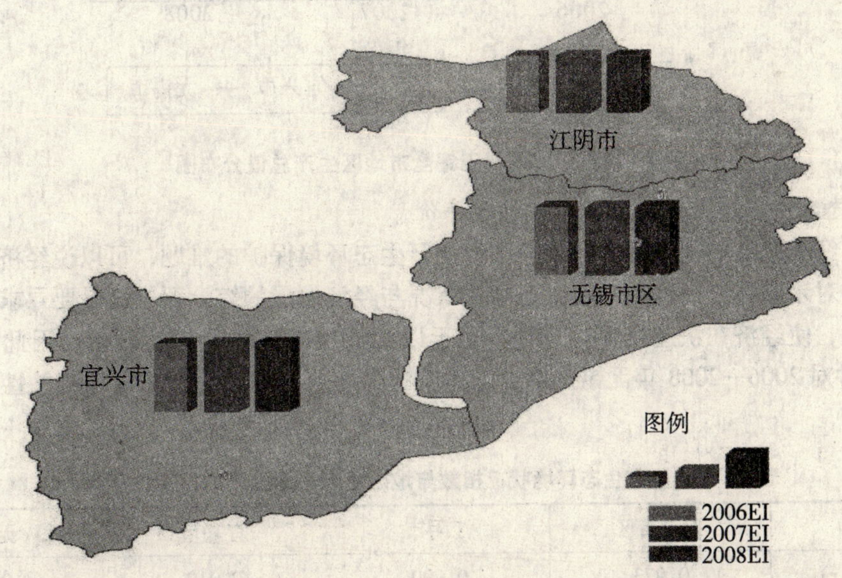

图8　无锡全市各地区生态环境状况指数分布图

表 3　2008 年无锡全市生态环境质量与评级表

地区	EI	生物丰度指数	植被覆盖指数	水网密度指数	土地退化指数	环境质量指数	级别
无锡市区	67.90	32.51	30.94	103.74	8.00	96.24	良
江阴市	56.02	27.04	37.47	44.98	8.00	95.80	良
宜兴市	68.35	42.75	40.33	82.18	8.01	98.40	良
无锡市	71.61	47.27	46.67	103.62	14.94	84.82	良

（四）经济发展状况评价

近几年无锡全市国民经济持续平稳发展。初步核算，2008 年全市实现地区生产总值4 419.50 亿元，比上年增长 14.54%。其中第一产业增加值 63.00 亿元，比上年增长 3.8%；第二产业增加值 2 546.57 亿元，比上年增长 11.7%；第三产业增加值 1 809.93 亿元，比上年增长 13.8%。2006—2008 年无锡统计年鉴显示，三年来无锡全市包括江阴、宜兴经济发展状况良好，各项经济指标均有不同程度提高。2006—2008 年无锡全市地区生产总值变化情况见图 9。

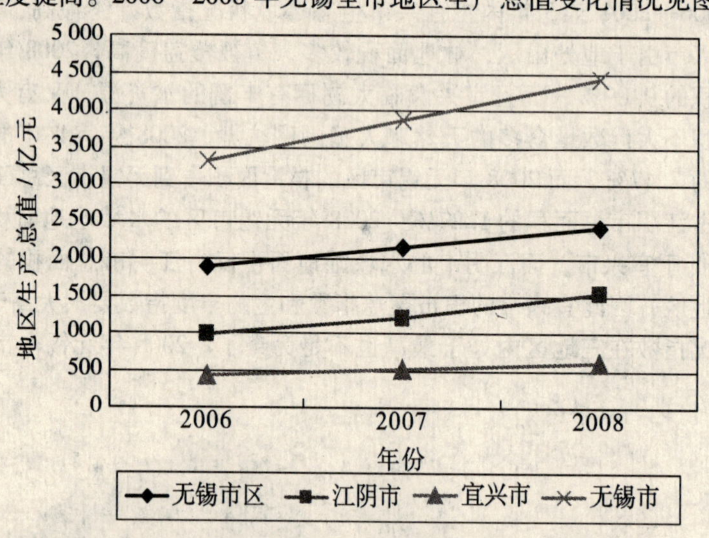

图 9　2006—2008 年无锡全市地区生产总值分布图

（五）生态环境状况与经济发展状况综合评价

在当今，经济发展的同时必然面临着如何进行生态环境保护的难题，可以说经济发展与生态环境保护是一对矛盾体，而我们开展生态环境状况与经济发展的综合评价正是要寻求两者间协同发展的平衡点，使经济在快速发展的同时不至于以牺牲生态环境保护为代价。因此，我们利用 SPSS13.0 软件对 2006—2008 年无锡全市生态环境状况指数与地区生产总值作相关性分析，分析结果见表 4。

表 4　无锡全市生态环境状况指数与地区生产总值之间的相关性分析

	无锡市区	江阴市	宜兴市	无锡市
相关系数（r）	0.973	0.990	0.910	0.995

由表 4 可知，2006—2008 年无锡全市生态环境状况指数与地区生产总值的相关性很好，说明无锡全市生态环境状况与地区经济发展取得了喜人的“双丰收”，生态环境状况进一步改善，呈小幅增长趋势，而地区生产总值的增长幅度较大，总体来说，无锡全市近几年在狠抓经济发展的同时，生态环境保护的力度也在同步加大。尤其是各地区环境质量指数增长幅度甚至高于生态

环境状况指数，其中环境质量指数的增幅最大值为2006—2007年的5.53%，生态环境状况指数增幅最大值为2006—2007年的0.92%，环境质量指数增幅远远大于生态环境状况指数增幅，说明各地区环境质量的提高对于生态环境状况的改善起到了较明显作用。2006—2008年无锡全市各地区污染负荷明显减轻，这也得益于无锡市政府推行的节能减排、控源截污等一系列污染防治工作，无锡市委市政府把生态市概括为“生态化”、“持续化”、“安全化”和“节约化”的“四化”城市，强调社会经济发展既要遵循经济规律，更要遵循自然规律，是经济效益、生态效益和社会效益协同提升的过程，努力实现生态环境保护与经济可持续发展齐头并进。

五、结 论

2006—2008年，无锡全市生态环境状况整体较好，并呈小幅增长趋势，生态环境状况评级为良，适合人类生存。同时，三年内全市地区生产总值也有较大幅度增长。但在经济快速发展的同时还是有一些问题值得我们注意：如经济增长过程中环境的承载能力，产业结构化调整、循环经济推进、城市建设与生态环境改善等一系列问题。改善无锡市生态环境状况的措施为：大力开展植树造林，进一步提高城市绿地面积，绿地系统建设要趋于合理；退渔还湖，保护水资源；大力发展生态农业，农田面积得到有效保护；加大节能减排力度，继续减少工业污染物排放量；调整产业结构，使地区经济真正实现可持续发展。

参考文献

[1] 马天，王玉杰，郝电，等．生态环境监测及其在我国的发展［J］．四川环境，2003，22（2）：19－24.

[2] 黄家洁，万幼川，刘良明．MODIS的特性及其应用［J］．地理空间信息，2003，1（4）：20－28.

[3] 刘良明，梁益同，马慧云，等．MODIS和AVHRR植被指数关系的研究［J］．武汉大学学报，2004，29（4）：307－310.

[4] Goward S. N. , Markham B. L. , Dye D. G. , et al. Normalized difference vegetation indexmeasurements from the advanced very high resolution radiometer［J］. Remote Sens Environ. , 1991, 35: 257－277.

[5] Kaufman Y. J. , Tanre D. Atmospherically resistant vegetation index (ARV I) for EOS/MODIS［J］. IEEE Trans. On Geoscience and Remote Sensing, 1992, 30: 261－270.

[6] 2007年无锡统计年鉴［M］. 北京：中国统计出版社，2007，3.

[7] 2008年无锡统计年鉴［M］. 北京：中国统计出版社，2008，3.

[8] 2009年无锡统计年鉴［M］. 北京：中国统计出版社，2009，3.

[9] 国家环境保护总局．环境影响评价技术导则——非污染生态影响（HJ/T 19—1997）［S］.

[10] 国家环境保护总局．生态环境状况评价技术规范（HJPT 192—2006）［S］．北京：中国环境科学出版社，2006，5.

胶州湾海岸带生态系统综合评价研究

王　翠[1]　王金坑[1]　张学庆[2]　孙英兰[2]

（1. 国家海洋局第三海洋研究所　厦门　361005；
2. 中国海洋大学环境科学与工程学院　青岛　266100）

摘　要　在国内外已有的研究基础上，提出了海岸带生态系统综合评价的方法体系、指标和综合评价指数，评价指标包括陆地生态系统、海域生态系统、社会经济系统和管理调控系统，并以胶州湾为例进行综合评价。结果表明1988—2007年胶州湾海岸带生态系统质量一直处于下降趋势，生态系统状况不容乐观。

关键词　生态系统　综合评价　海岸带　胶州湾

实现海岸带的生态环境与社会经济协调发展，一个很重要的问题就是决策者如何衡量海岸带社会经济和生态系统发展的状况和程度。因此，建立评价模型对海岸带生态系统的质量优劣进行量化，量化的结果可以衡量海岸带综合管理措施的效果，为制定管理策略提供科学依据，同时也便于公众参与到海岸带综合管理中。

一、生态系统评价研究进展

生态系统评价是随着社会经济的高速发展、人口的不断增加以及生态环境问题大量涌现而逐渐开展起来的一项对生态系统现状、变化和影响进行分析的评价。生态系统评价开始于20世纪60年代中期[1]，初期的生态系统评价多局限于一定的区域和对象，无从考虑对生态系统整体的影响，特别是区域未来发展所产生的潜在生态影响；又加之近年来对生态系统的结构、功能和承载力关注的深入，使得生态系统综合评价逐渐成为新的研究焦点[2]，如联合国2001年启动的千年生态系统评价[3]（millennium ecosystem assessment，MA）。MA的主要目的是评价现在的状况、预测未来的可能变化并提出为改善生态系统管理状况而应采取的对策。主要包括生态系统及其服务功能、人类福利与消除贫困、生态系统及其服务功能变化的驱动力、生态系统不同尺度间的相互作用和评估，以及生态系统的价值与评价等[4]。中国也于2001年启动了中国西部生态系统评估研究计划，采用系统模拟和地球信息科学方法体系，评价系统各类生态系统及其服务功能的现状和变化趋势，提出生态系统保护与修复的政策建议[5-6]。

二、生态系统综合评价研究方法

（一）评价步骤

生态系统综合评价要求对所评价的对象进行深入调查研究，首先必须获得可靠的生态系统基础信息（包括各因子的数量、经济价值、人类活动等状况），在对基础信息进行系统分析与特征化描述的基础上，结合管理目标，筛选出评价因子，建立指标体系，选择合适评价方法来进行综合评价，最后进行结果分析与对策讨论。

（二）评价指标的选取

建立一套科学可行的海岸带生态系统综合评价指标体系，是海岸带综合管理研究的基础和核心。评价目的是对海岸带生态系统的现状和发展进程作出判断，以便对其进行有效的管理和调控。评价指标的选取应遵循以下基本的原则：科学性、可操作性、简单易行、数据易获取、代表性强等。此外，在构建海岸带生态系统综合评价指标体系时必须体现生态系统方法管理目标的对应关系，并兼顾不同时空尺度下生态系统类型及其变化。在参考相关文献的基础上[7]，本研究提出海岸带生态系统综合评价的指标体系（见表1）。

表1　与管理目标相对应的海岸带生态系统综合评价指标体系

目标层 A	基准层 B		指标层 C		单位
海岸带生态系统综合评价指数 *IEA*	陆域生态系统	B_1	森林覆盖率	C_1	%
			生物丰度指数	C_2	—
			景观破碎化指数	C_3	—
			河流水质达标率	C_4	%
			人均耕地面积	C_5	亩/人
	海域生态系统	B_2	累计填海面积	C_6	km^2
			净化时间	C_7	天
			湿地面积变化系数	C_8	%
			海域综合水质指数	C_9	—
			沉积物重金属污染风险指数	C_{10}	—
			近岸海域功能区达标率	C_{11}	%
			生物残毒评价指数	C_{12}	—
			浮游植物生物量	C_{13}	t/km^2
			E_x	C_{14}	—
			E_{xst}	C_{15}	—
			海洋渔业捕捞量	C_{16}	万 t
	社会经济系统	B_3	人均 GDP	C_{17}	元
			第三产业占 GDP 比重	C_{18}	%
			恩格尔系数	C_{19}	%
			人口密度	C_{20}	人/km^2
	管理调控系统	B_4	水环境容量的满足程度	C_{21}	%
			优先控制污染物的削减率	C_{22}	%
			受保护地区占国土面积的比例	C_{23}	%
			环保投资比重	C_{24}	%
			城市生活污水处理率	C_{25}	%

（三）生态系统综合评价方法

海岸带生态系统综合评价指标体系是一个复杂的、包含多学科指标的体系。因此需要根据评价的指标建立综合评价体系，本文提出综合评价指数海岸带生态系统综合评价指数（*IEA*）来衡量海岸带生态系统的质量优劣，综合评价指数的计算公式如下：

$$IEA = \sum_{i=1}^{m} W_i C_i \tag{1}$$

式中：*IEA* 为海岸带生态系统综合评价指数；C_i 为第 i 个指标的归一化值，$0 \leqslant C_i \leqslant 1$；$W_i$ 为第 i 个指标的权重，可采用层次分析法[8,9]计算得到；m 为指标数量。

海岸带生态系统综合评价指数计算结果分为5个级别，见表2。

表2　海岸带生态系统综合评价指数分级

指标值	<0.2	0.2～0.4	0.4～0.6	0.6～0.8	0.8～1.0
IEA	差	较差	一般	良	优

三、胶州湾海岸带生态系统综合评价

（一）数据来源与评价时段

1. 数据来源

胶州湾海岸带生态系统综合评价所用的资料主要包括政府发布的环境公告、统计年鉴等，数据质量较高，同时参考了政府相关规划作为指导，主要包括:《青岛市海洋功能区划报告(2005—2020)》、《青岛市海洋环境保护规划（2005—2020 年)》、《青岛市胶州湾湿地保护规划(2005—2020 年)》、《胶州湾主要污染物总量控制计划（2005—2010)》、《流入胶州湾八条河流污染综合治理规划》、《青岛市国民经济和社会发展第十一个五年规划纲要》。

2. 评价时段

为反映胶州湾海岸带生态系统的变化情况，根据基础信息的分布，在此选用 1988 年、1995 年、2001 年、2003 年、2005 年和 2007 年的数据，分析评价胶州湾海岸带生态系统在 1988—2007 年的变化及驱动因素。

（二）权重确定

根据表 1 所建立的指标体系，用 Delphi 法两两比较打分，得出判断矩阵，然后计算层次单排序结果，并对计算结果进行一致性检验。表 3 为通过 Delphi 法两两比较打分所得到的判断矩阵、层次单排序计算结果和一致性检验计算结果。通过计算判断矩阵的最大特征根和进行一致性检验，可知判断矩阵具有满意的一致性。表 4 为综合评价指标的总排序计算结果和一致性检验计算结果。通过进行指标总排序的一致性检验，可知整个递阶层次结构具有满意的一致性。

表 3　指标权重判断矩阵及一致性检验

A	B_1	B_2	B_3	B_4	权系数
B_1	1	1/6	1	1/3	0.096
B_2	6	1	4	2	0.520
B_3	1	1/4	1	1/2	0.117
B_4	3	1/2	2	1	0.260

$\lambda_{max}=4.021$ CI = 0.007 CR = 0.008 < 0.1

B_1	C_1	C_2	C_3	C_4	C_5	权系数
C_1	1	1/3	1/3	1/2	1	0.097
C_2	3	1	1	3	3	0.336
C_3	3	1	1	2	3	0.309
C_4	2	1/3	1/2	1	2	0.160
C_5	1	1/3	1/3	1/2	1	0.097

$\lambda_{max}=5.0$ CI = 0.013 CR = 0.012 < 0.1

B_2	C_6	C_7	C_8	C_9	C_{10}	C_{11}	C_{12}	C_{13}	C_{14}	C_{15}	C_{16}	权系数
C_6	1	1/2	1	1/3	1/3	1/4	1/3	1/4	1/4	1/4	2	0.032
C_7	2	1	2	1/2	1/2	1/3	1/2	1/3	1/4	1/4	3	0.048
C_8	1	1/2	1	1/3	1/3	1/4	1/3	1/4	1/4	1/4	2	0.032
C_9	3	2	3	1	1	1/2	1	1/2	1/3	1/3	4	0.077
C_{10}	3	2	3	1	1	1/2	1	1/2	1/3	1/3	4	0.077
C_{11}	4	3	4	2	2	1	2	1	1/2	1/2	4	0.124
C_{12}	3	2	3	1	1	1/2	1	1/2	1/3	1/3	4	0.077
C_{13}	4	3	4	2	2	1	2	1	1/2	1/2	4	0.124
C_{14}	4	4	4	3	3	2	3	3	1	1	5	0.193
C_{15}	4	4	4	3	3	2	3	3	1	1	5	0.193

B_2	C_6	C_7	C_8	C_9	C_{10}	C_{11}	C_{12}	C_{13}	C_{14}	C_{15}	C_{16}	权系数
C_{16}	1/2	1/3	1/2	1/4	1/4	1/4	1/4	1/4	1/5	1/5	1	0.023

$\lambda_{max} = 11.416 CI = 0.042 CR = 0.028 < 0.1$

B_3	C_{17}	C_{18}	C_{19}	C_{20}	权系数
C_{17}	1	1	1/3	1/2	0.126
C_{18}	1	1	1/3	1/2	0.126
C_{19}	3	3	1	2	0.407
C_{20}	2	2	1/2	1	0.235

$\lambda_{max} = 4.010 CI = 0.003 CR = 0.004 < 0.1$

B_4	C_{21}	C_{22}	C_{23}	C_{24}	C_{25}	权系数
C_{21}	1	3	4	1	5	0.369
C_{22}	1/3	1	2	1/2	3	0.163
C_{23}	1/4	1/2	1	1/3	2	0.099
C_{24}	1	2	3	1	4	0.307
C_{25}	1/5	1/3	1/2	1/4	1	0.062

$\lambda_{max} = 5.061 CI = 0.015 CR = 0.014 < 0.1$

表4 层次总排序权重及一致性检验

A	B_1	B_2	B_3	B_4	A层总排序
0.096	0.520	0.117	0.260	权重	
C_1	0.097				0.009
C_2	0.336				0.032
C_3	0.309				0.030
C_4	0.160				0.015
C_5	0.097				0.009
C_6		0.032			0.017
C_7		0.048			0.025
C_8		0.032			0.017
C_9		0.077			0.040
C_{10}		0.077			0.040
C_{11}		0.124			0.064
C_{12}		0.077			0.040
C_{13}		0.124			0.064
C_{14}		0.193			0.101
C_{15}		0.193			0.101
C_{16}		0.023			0.012
C_{17}			0.126		0.015
C_{18}			0.126		0.015
C_{19}			0.407		0.015
C_{20}			0.235		0.015
C_{21}				0.369	0.096
C_{22}				0.163	0.042
C_{23}				0.099	0.026
C_{24}				0.307	0.080
C_{25}				0.062	0.016
CI	0.013	0.042	0.003	0.015	0.027
RI	1.12	1.51	0.9	1.12	1.289

$CR = 0.020 < 0.1$

（三）评价结果及综合分析

确定各指标权重和指标标准化值后，必须进行综合指数的计算才能评价生态系统的优劣，利用加权求和的多指标综合评价模型 $IEA = \sum_{i=1}^{m} W_i C_i$ 得到各指数值，见图 1。

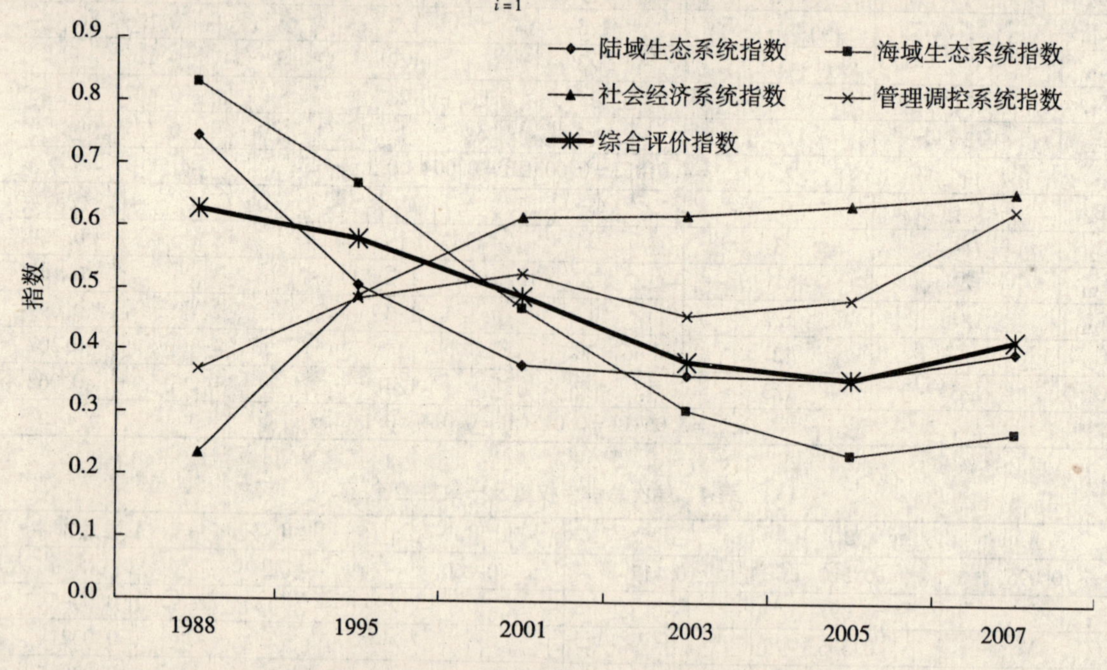

图 1　胶州湾海岸带 1988—2007 年生态系统综合评价指数

分析图 1 中四个评价子系统可知，各系统的变化趋势不同。1988—2007 年，胶州湾海岸带的海域生态系统和陆域生态系统质量处于下降状态，但是社会经济系统和管理调控系统的状态处于上升状态。下面对陆域生态系统和海域生态系统进行重点分析。

在陆域生态系统中，森林覆盖率指数和河流水质达标率呈上升趋势，这主要是由于大面积的植树造林和增大环保投资造成的，但是河流水质污染仍然比较严重。陆域的景观破碎化指数不断增大，说明人为活动造成的土地利用胁迫在增加。人均耕地面积不断减少，土地资源紧缺，人多地少的矛盾日益突出，引起生态问题与日俱增。生物丰度指数先减少后变大，主要是因为近年来耕地、林地、草地面积不断增加的结果。

随着胶州湾海岸带社会经济的发展，大规模的填海造地和海洋工程使胶州湾的面积越来越小，水交换能力减弱，污染物在海湾中的平均存留时间越来越长，湿地面积减少，鱼类等产卵栖息生境遭到严重的破坏。由于近年来青岛市政府严格控制围海造陆工程，累计填海面积、湿地面积变化系数指标对胶州湾造成的负面影响有所下降，但是管理任务仍然非常严峻。入海污染物的增加，水质和生物残毒指标不断下降，但是重金属污染有所缓解，这与近岸海域功能区达标率不断增加有关。浮游植物生物量比 1988 年有明显增加，2007 年为 1988 年的近 2 倍。在受压力或胁迫的海湾生态系统中，能质 E_x 和结构能质 E_{xst} 的变化同系统的结构和功能变化密切相关。如果能质 E_x 较大而结构能质 E_{xst} 较小，则说明生态系统处于一种相对稳定的不健康状态。由结果可知，胶州湾的 E_x 在增大，E_{xst} 在减小，而浮游植物生物量也在增大，胶州湾的生态系统逐步达到一种相对稳定的中富营养化状态，整个系统对外部资源的利用效率在降低。胶州湾的富营养化已经严重影响到了生态系统的结构和功能，并且有加重的趋势，这主要是陆源污染物不断增加造成的，因此需要对其进行重点管理。此外青岛市的渔业捕捞量不断增加，对胶州湾海域的生态系统也造成了一定的胁迫，需要关注。

从胶州湾海岸带生态系统综合评价指数来看，海岸带生态系统质量在1988—2007年一直处于下降趋势，但是下降的程度有所不同。1988年，胶州湾的生态系统状况较好；1988—2001年间，即20世纪90年代，胶州湾的海岸带生态系统质量急剧下降，等级变为一般；2001—2005年间，胶州湾海岸带的生态系统继续下降，但是下降的趋势逐渐变缓，至2005年达到最低值0.36，质量状况等级较差。随着人类社会的不断进步，管理调控能力的增加，2005—2007年，生态系统状况有变好的趋势（0.42），但仍然向等级较差的临界值（$0.2 < IEA < 0.4$）逼近，说明胶州湾的生态系统状况不容乐观。

四、结　论

从陆域生态系统、海域生态系统、社会经济系统和管理调控系统四个方面建立了胶州湾海岸带生态系统综合评价指标体系，共包括25个指标。采用层次分析法对1988年、1995年、2001年、2003年、2005年和2007年胶州湾海岸带的生态系统状况进行了评价。结果表明1988—2007年胶州湾海岸带生态系统质量一直处于下降趋势，随着人类社会的不断进步，管理调控能力的增强，下降趋势逐渐变缓，但总的生态状况不容乐观。虽然近年来胶州湾生态系统的恶化情况基本得到遏制，但是未来随着流域社会经济的不断发展，胶州湾流域生态系统状况仍然面临严峻的考验，因此需要采取有效的管理措施，改善海岸带的生态系统质量。

参考文献

[1] 田永忠，岳天祥．生态系统评价的若干问题探讨［J］．中国人口·资源与环境，2003，13（2）：17-22.

[2] 傅伯杰，刘世梁，马克明．生态系统综合评价的内容与方法［J］．生态学报，2001，21（11）：1885-1892.

[3] MA（Millennium Ecosystem Assessment）. Ecosystems and Human Well - being A Framework for Assessment［M］. Washington D. C.: Island Press, 2003.

[4] 赵士洞，张永民．生态系统评估的概念、内涵及挑战［J］．地球科学进展，1997，14（5）：650-657.

[5] 杨洪晓，卢琦．生态系统评价的回顾与展望［J］．中国人口·资源与环境，2003，13（1）：92-97.

[6] 刘纪远．中国西部生态系统综合评估［M］．北京：气象出版社，2006.

[7] 国家环境保护总局．生态环境状况评价技术规范（试行）［M］．北京：中国环境科学出版社，2006.

[8] 王莲芬．层次分析法引论［M］．北京：中国人民大学出版社，1990.

[9] 潘智慧．我国小城镇可持续发展评价指标体系研究［D］．重庆：重庆大学，2004，35-52.

辽宁沿海经济带发展战略有利于生态环境改善

王延松　赵　军

（辽宁省环境科学研究院　辽宁　沈阳　110031）

摘　要　辽宁沿海经济带发展战略是辽宁省产业布局的调整，以布局调整替代结构调整，使辽宁省在污染物排放总量维持在一定水平的情况下改善环境质量。该战略有利于原材料的集约开发与利用，缓解矿山生态破坏。同时也为人口布局调整及生态功能调整提供了机遇，减轻生态脆弱区生态压力。辽宁沿海经济带发展战略有利于保护生态环境，而且可以在根本上改善辽宁省的生态环境。

关键词　沿海经济带　生态环境　影响

国家将辽宁定位为全面振兴东北老工业基地之一，电力、冶金、石化等高能耗重污染行业，在未来相当长一段时间内仍将是辽宁省的支柱产业。辽宁沿海经济带的开发使高能耗、高污染的一些企业向沿海地区迁移，在这一过程中，企业逐步完成升级换代，按照循环经济的理念发展，使推进辽宁沿海经济带发展战略过程中，环境优先的理念在具体操作中得到体现。这将改变依靠大量占用土地、大量消耗资源和大量排放污染物、破坏生态环境质量的经济增长方式。由于种种原因，辽宁这个工业大省背负着沉重的历史生态欠账，水资源、土地矿产资源、局部地区的环境承载能力都面临极大压力。实施辽宁沿海经济带发展战略，建成以新型生态工业园区为支撑的生态经济带，将缓解这些领域的紧张局面，从而对改善辽宁省的生态环境产生积极影响。因此，辽宁沿海经济带发展战略的实施对改善全省生态状况意义重大。

一、从产业布局上控制水污染，减轻陆域水环境压力

辽宁是我国北方严重缺水的省份之一，全省地表水水资源总量为301亿立方米[1]，人均和耕地亩均占有水资源量为全国的1/3，作为传统的老工业基地，辽宁省水资源开发强度很大。辽河流域水资源开发强度超过70%，远远超过了40%的国际警戒线。

辽宁省城市集中，重化工业比重大，按照国家的产业布局这一状况将长期存在，根本性的结构调整在一定时期内难以改变。污染叠加，受高利用率等种种条件制约，水污染物成分复杂，尤其是许多河流已经为季节性河流，即使污水经过处理达到排放标准，但由于污净比过大，按照地面水质量标准衡量，依然难以改变中下游河水遭到严重污染的状况，若随着社会发展对水质的评价指标增加，辽宁陆域能够实现河流水质优良的状况难度极大。

全省范围内以布局调整替代结构调整是辽宁解决水环境问题的现实可行之路，与其在中上游利用清水后排放污水污染辽宁大地，不如让清水流淌至滨海地区再利用。辽宁沿海经济带发展战略的推进使一些重化企业向沿海地区迁移。在重化工业向沿海迁移的过程中，河流中游甚至下游的城市将享受更多的清水。钢铁、石化等在辽宁省经济中占有重要位置的产业向沿海地区迁移，将改变辽宁省以往的中部大量排放污水的比例，并为发挥集中治理污水的工业化优势创造了前提条件，这可以从根本上缓解河流污染压力，减轻地下水污染，使辽宁省主要河流恢复水生态功能成为可能。在水质得到根本性改善的前提下，目前的部分输水工程将来完全可以将管道输水改为河道输水，既节约建设及运行成本，又可增加径流量，改善水生态环境。

省域范围的布局调整也为市域尤其是中上游城市的内部结构调整创造出良好条件，可重点发展金融、信息、物流等第三产业以及节水和污染较轻的电子、机械加工与制造等产业。

特别值得指出的是，辽宁省的多条主要河流，像浑河、太子河、大辽河以及辽西的大小凌河，几乎都是从发源地到入海口在辽宁境内，辽宁的绝对经济总量和污染总量都集中产生在这些

流域，（受外部入境河流影响的主要城市在14个地级市中只有丹东、铁岭、盘锦）这对于水资源的整体开发利用和污染防控都可谓是得天独厚的条件。这样的前提条件，是国内除辽宁、福建等个别省份外都不具备的，是实施辽宁沿海经济带发展战略和实现生态省目标的非常有利因素。

可以说辽宁经济要发展，开发建设一些新的项目是必然的趋势，一些重化工业等项目若落在中上游地区，对全省环境的负面影响将是长久的，广大人民群众有一个良好环境条件的期待亦将是遥远的，辽宁沿海经济带发展战略为改变这一状况提供了契机。在全省污染物排放总量不变的情况下，由于布局的调整可使河流水质压力得到明显减轻，与此同时，布局调整也为城市环境空气质量改善创造了条件。

二、有利于原材料的集约开发与利用，缓解矿山生态破坏

从辽宁省矿产资源分布图上看[2]，海城、大石桥、岫岩一带镁矿、滑石矿区，鞍山、辽阳、本溪一带铁矿区，抚顺、阜新、北票、灯塔、凤城煤矿区，凤城、宽甸硼矿区，葫芦岛钼矿区，大连、本溪石灰石等矿区在辽宁省分布之广，留给人强烈的直观印象。而无法忽略的现实是，辽宁省矿产资源整体上对经济社会快速发展的支撑能力下降，外部输入的能源已经超过全省能源总消耗的一半。另外，矿区生态环境破坏一直较为突出，尤其是一些小规模、低水平的乱挖滥采屡禁不止，生态恢复措施难以保证。

按照辽宁沿海经济带发展战略，辽宁省沿海地区重点建设造船、石化、先进装备制造业和高加工度原材料基地、高技术产业和农业加工示范区。结合海滩、海岸资源和城市资源发展旅游、会展等产业。发挥大连港和营口港的区位优势，大力发展现代物流业。这样就会充分发挥沿海经济带资源运输费用较低，容易聚集生产要素，降低生产成本的地域优势，缓解辽宁省的资源压力，另外也提高了小矿山的运输等环节成本，便于执法监督，可有效抑制小矿山的掠夺式开采，从根本上保护土地资源，遏制土地破坏行为。

此外，辽宁省正致力于建立政府调控与市场调节相结合的矿产资源优化配置机制，贯彻国家“利用国内、国外两种资源、两个市场”的战略方针，充分利用国内外资源，保证矿产资源供需平衡，减轻辽宁省资源和环境的压力，实现矿产资源的优化配置，提高矿产资源保障水平。辽宁沿海经济带发展战略的实施使辽宁省矿产资源优化开采，提高技术水平和资源利用效率有了经济上的动力，进而使“淘汰落后工艺，禁止无序的乱挖滥采，严格限制地方性小矿山的开采规模和范围”成为可操作的具体措施。

从人才方面看，各类矿区的科技氛围、生活条件等均较为落后，很难吸引高水平的科技人才，并且也不利于他们的科技水平提高，从而也就限制了企业的技术进步。滨海地区脱离矿产等原产区，主要为再加工业等高附加值产品，并且具有便利的科技信息交流渠道与较好的生活条件，可以大大地促进人才的流入与企业技术水平的提高。从国外的发展历程与现状来看，类似产业也主要集中在滨海地区。

三、吸引超载人口逐步有序转移，减轻生态脆弱区生态压力

辽宁沿海经济带发展战略也为人口布局调整及生态功能调整提供了机遇。从统计资料上看[3]，东部山区抚顺、本溪、丹东三市乡村人口285万人，平均每平方公里82人，西部锦州、阜新、朝阳、葫芦岛四市乡村人口774万人，平均每平方公里152人，是东部的1.86倍。辽西地区农村单位面积承担的农村人口压力比辽东地区多近一倍，而生态环境状况辽西比辽东差距巨大，脆弱的生态环境已经不堪重负。

多年来，各级政府在生态环境建设上投入巨大的财力、物力、人力，并且取得了一定的成效，但辽西生态环境脆弱的状况并没有得到根本的改善，其中一个最为关键的原因在于人口压

力。放牧、砍柴、搂草等现象难以制止。根据我们的调查与研究成果，只要人为破坏与干扰少，在目前的自然环境条件下，植被可以很快得到恢复，并向正方向演替。可以认为，解决了辽西农村人口压力问题可以为辽西生态环境根本好转提供可能。

人口迁移问题是一个社会化问题，单纯的生态移民不仅投入太大，而且涉及政府安置等复杂问题，同时，许多原住民尤其是年龄较大的由于乡土情结不愿意搬迁。辽宁沿海经济带发展战略可为解决这一问题开辟一条新的途径，沿海地区具有较大的人口、生态承载力，伴随经济开发，需要大量的劳力资源，建议有关方面制定特殊的优惠政策，引导生态脆弱区的劳动力逐步有序转移，并且鼓励他们在沿海地区落户，这样经过一两代人的时间，辽西地区的人口压力可以得到根本缓解。在吸引和鼓励辽西地区农民到沿海地区寻找新的生存空间和发展机遇的同时，也促进生态功能的保育与恢复，提高区域的生态环境质量与服务功能，逐步恢复生态平衡。

四、实行生态理念的开发，保护滨海地区生态环境

在大连长兴岛、营口沿海产业基地、辽西锦州湾和丹东、庄河临港工业区等重点区域，实行组团式、串珠状开发，应避免岸线资源无序遍地开发，优化沿海经济带建设。辽宁沿海经济带发展战略的实施，要求科学合理地利用环境承载能力，强调组团式开发，制定科学的准入制度，推进工业化和城镇化，促进人口向中心村、城镇集中，工业向园区集中，住宅向社区集中，增加耕地，补充建设用地，提高土地资源的可持续利用水平。

辽宁沿海经济带发展战略启动后，通过对区位优势、资源及环境等因素的分析，确定各区域的环境承载能力和环境容量，提出开发建设过程中保护生态环境的对策和措施，引导各类开发区和工业园区建设成“生态工业园”和“循环经济园”，以求实现区域经济增长。按照这一理念，一方面是新建或搬迁企业的技术升级减少污染；另一方面是建立生态产业链减少污染，同时，园区成分稳定的污水有利于处理效率的提升，综合而言这种园区比分散的企业更有利于污染物减排。

沿海重点开发地区具有较好的发展条件和发展潜力，是未来承载经济和人口的重点区域，应坚持开发与保护并重的原则。滨海湿地是地球上仅次于热带雨林的第二大初级生物生产力高产系统，对整个生态环境质量与平衡有巨大的维护作用，应重点保护辽河口、鸭绿江口等重要湿地。应加强统一协调，要考虑沿海的自然生态特点设置发展方向，在项目安排上不搞简单的行政区域平衡。强化园区准入条件，不搞降低门槛的招商引资。从社会经济可持续发展考虑，对各类项目开发建设应提倡“近海而不占海”的发展观，还要明确一个概念，沿海经济开发不能等同于对海岸带的开发，除了港口等特殊项目外，要严格控制对现有海岸线的扰动。

不可否认，近年来滨海地区也显现出多种环境问题，随着沿海经济开发逐步实施，对滨海地区的环境压力加大。制定合理的规划，保证实施环境设施建设与生态保护措施，同时进行有效环境管理，避免盲目的项目建设与开发冲动，千万避免大范围出现海岸带人工化的生态灾难。实施科学合理开发，杜绝方向性的失误，海岸带的生态功能是可以得到保障的。

辽宁沿海经济带发展战略是促进生产方式从高消耗、高污染向资源节约型和环境友好型转变的良好机遇，也是从布局上调整产业结构，对辽宁及东北老工业基地振兴具有重要的战略意义，抓住这个契机促进辽宁生态环境的改善，也是个很有意义并充满挑战的新课题。

参考文献

[1] 辽宁省水利厅．辽宁省水资源公报．2009.

[2] 辽宁省计划经济委员会．辽宁省国土资源地图集［M］．1986.

[3] 辽宁省统计年鉴2008［M］．北京：中国统计出版社，2008.

南宁市污染源普查数据综合平台的研究与设计

范宇航　尹琦明　莫荣旭　刘　茜

（南宁市环境保护局环境信息中心　广西南宁市竹溪路33号　530022）

摘　要　全国污染源普查是一项重大的国情调查，污染源普查数据是重要的基础环境数据。文章重点分析了南宁市污染源普查数据综合平台建设的技术路线、系统框架、功能设计，提出了污染源数据分析和成果开发的解决方案。

关键词　污染源普查　数据　综合平台　研究　设计

一、引　言

近年来，我国经济持续快速发展，结构调整步伐加快，企业数量快速增加，而且变动频繁，资源能源消耗量大幅上升，人口急剧增加。新的工业污染源、农业面源和生活源污染日益严重，成为制约我国全面落实科学发展观的重要“瓶颈”之一。

仅靠现有的环境统计，难以全面掌握污染源的数量、分布和特点。开展第一次全国污染源普查工作，可弥补多年来环境保护基础工作的薄弱环节，彻底摸清“家底”。通过污染源普查可全面了解环境污染的国情，为优化经济结构、科学制定经济社会政策，建设环境友好型社会奠定基础。

南宁市污染源普查工作2008年1月正式进入入户调查登记阶段。本次污染源普查范围和对象包括工业源、农业源、生活源和集中式污染治理设施。普查内容包括：全部工业污染源中的各种生产经营单位排放的污染物及其基本情况，包括污染物的种类、数量和浓度，污染治理设施、资源利用等指标；规模化养殖场和农业面源为主的农业污染源排放的污染物，包括住宿业、餐饮业、居民服务和其他服务业、医院、机关、事业单位、城镇居民等调查对象的污染排放及相关排污设施情况；城镇污水处理厂、垃圾处理厂（场）和危险废物处置厂等集中式污染治理设施的污染排放及治理情况。普查几乎涵盖全市污染控制、环境管理的所有污染源，普查数据必将为规划的信息化系统建设提供强大的数据基础，为生态城市建设提供良好的决策支持。

为配合污染源普查数据的深入分析和成果开发利用工作，需要开展南宁市污染源普查数据综合平台项目建设。一方面赋予单调、枯燥的普查数据以空间概念，使数据更加清晰、直观，有利于决策者了解全市环境概况，正确判断全市的环境形势，科学制定环境保护政策与规划；另一方面真正发挥污染源普查数据对环境管理工作的作用，对普查数据进行深入的应用分析、管理，为污染控制工作提供坚实的信息基础。

二、建设目标

南宁市污染源普查数据综合平台项目的建设目标是：充分利用污染源普查基层表数据，按照全国污染源普查办公室提出的客观性、完整性、一致性、针对性、可行性等方面的要求，充分运用地理信息系统（GIS）技术，以普查数据为基础，建立污染源普查数据GIS查询、展示、统计、分析平台，查询显示各区域、各流域、各行业排污企业状况，按区域、流域、行业和普查性质汇总分析企业的污染源普查数据指标，绘制污染源普查数据的空间分布专题图，为污染源普查数据的空间分布提供直观的分析手段，实现4大类污染源的普查数据查询、汇总、统计功能，以全面、科学、准确、直观的手段展现南宁市的污染源及环境状况，为排污总量的削减、企业环评规划、污染治理和政策法规的制定提供依据。

三、系统体系架构

系统将利用地理信息系统（GIS）技术、DotNET 技术、数据库管理（RDBMS）技术以及计算机网络技术，采用 B/S 结构体系，实现对各类污染源普查数据的管理、数据资源共享、信息发布，数据查询、统计、历史对比分析、制图输出、报表生成、多种形式数据表现等多方面的应用。

系统体系架构图如下所示：

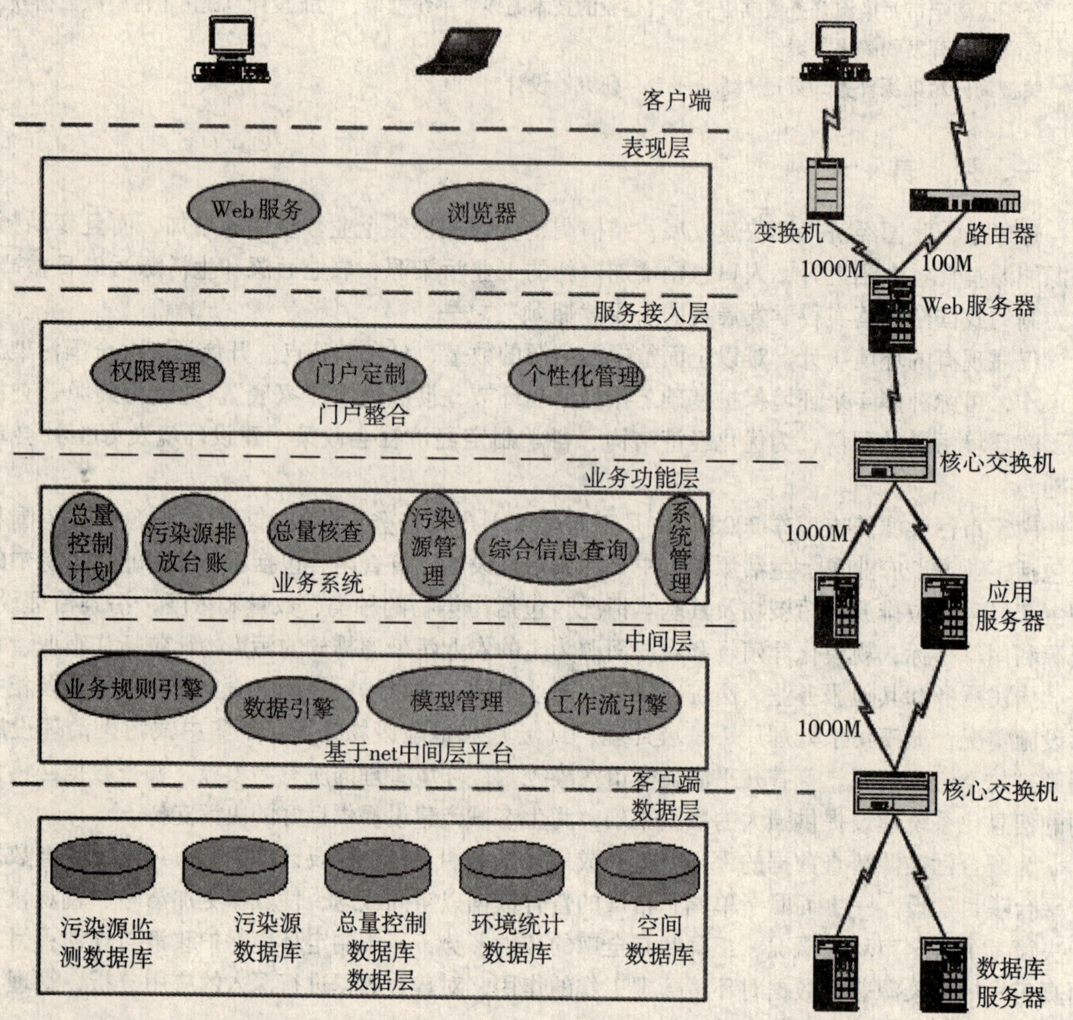

系统采用面向服务的体系架构，将业务功能按照适当粒度划分成若干个服务，便于日后功能在其他系统中重用，提高开发效率，减小资源消耗。程序结构上基于普遍的三层体系架构（数据层、业务逻辑层、表现层），做了扩展，增加了支持二次开发的中间层和用于门户集成的服务接入层。

系统采用多层构架方式，统一的业务层进行表现层和数据层的业务逻辑关联，由表现层根据用户终端不同，呈现不同的操作界面和业务约束。中间层负责基础业务支持，并通过数据引擎访问业务数据库。

各层次的软件可以部署在集群构架中，也可以根据负载状况，集中部署到 1～2 台服务器上，所以上述的分层结构应该具有良好的耦合特性。

四、系统总体架构

南宁市污染源普查数据综合平台建设将严格遵循国家环境信息化建设项目开发规范和数据标准体系要求，充分考虑到已有资源的继承和整合及未来的扩展应用。系统总体架构分为污染源普查信息查询、污染源普查数据库、环境地理信息系统、空间数据管理、系统管理五个部分，以及面向南宁市环保局相关业务系统的通用化接口服务。系统总体架构图如下所示：

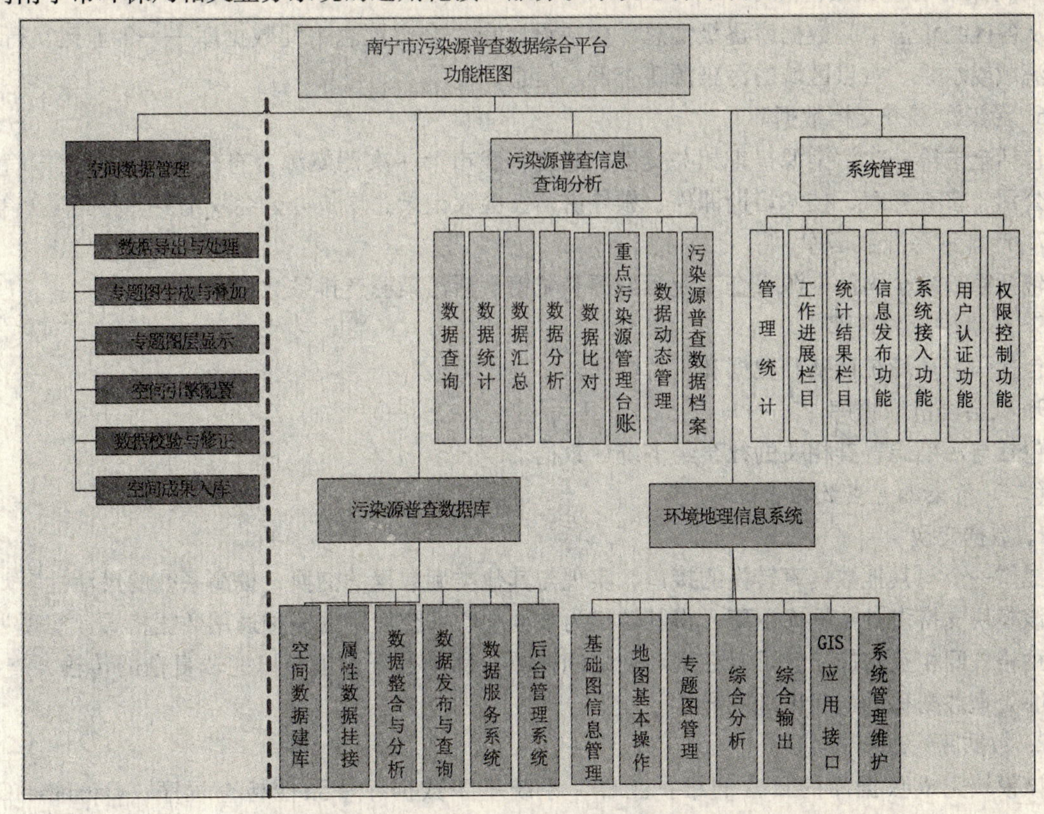

南宁市污染源普查数据综合平台总体架构图

五、系统功能设计

（一）污染源普查数据库

系统应提供污染源普查数据库功能，建设污染源普查基础数据库、污染源基础数据库、污染源普查代码库、污染源普查数据汇总库、污染源普查文档数据库、社会经济数据库和GIS空间数据库等内容。实现以下数据库管理：

1. 污染源普查基础数据库

数据来源为全市第一次污染源普查收集的普查数据，包括工业源、农业源、生活源和集中式污染治理设施。

2. 污染源普查代码库

包括行政区代码、河流代码、行业代码等污染源普查中使用的有关分类、代码及相应的标准。

3. 污染物排放标准库

包括国家颁布的综合和行业性废水、废气等各类排放标准，标准库的建设应具有较强的扩展性，以排放标准中的影响要素作为条件定制数据库结构，以灵活适应各类标准的使用。实行标准库多级离散化管理。

4. 污染源普查数据汇总中间库

包括对各类普查对象——工业源、农业源、生活源、集中式污染治理设施的普查信息，从普查最基本区域单元——区县汇总区域的汇总信息、分类信息；以及区域的污染源总数量、污染物排放总量、设施总量等。

5. 污染源普查数据汇总库

从各区县汇总中间数据库逐级汇总，生成设区市、全市汇总中间数据库——各地区、行业、重点流域或水系、重点区域的污染源普查汇总信息。

6. 污染源普查文档数据库

包括全国第一次污染源普查相关文件、制度，我市第一次污染源普查全部公文，工作简报、上网公示、普查样表、技术培训课件、领导讲话、会议记录、局长办公会议纪要、各类通知等。

7. 产排污系数数据库

包括第一次全国污染源普查工业污染源和城镇生活污染源产排系数手册。

8. 环境统计数据库

包括国家环境统计基础数据和汇总数据。

9. 社会经济数据库

包括与污染源普查相关的社会经济统计数据。

（二）污染源普查数据管理

1. 数据交换

提供一个与其他数据库转换的接口，实现与其他类型数据的交换，提高系统的灵活性。

该模块支持多种数据库引擎，将其转换为数据中心系统使用的一种通用数据格式，实现数据在两种格式间相互转换。它可以在列和列之间拷贝、移动数据，也可以完成复杂的传输、查找，并能够处理数据移动期间出现的异常。

2. 数据库管理

该模块完成数据库的日常的维护工作，系统基于数据库一致性检查程序（Database Consistecy Checker，DBCC）设计，能够修复错误的数据库，收缩相关数据库的指定数据文件或日志文件大小、检查指定数据库中的系统表内及系统表间的一致性等功能；以及记录数据库的运行状态，为提高系统的性能、改进系统功能提供参考依据。

由于环境业务具有复杂性和动态性的特点，涉及多部门、多地区和多领域，需要综合处理。系统利用面向对象技术，用户可以根据业务的需要建立业务模型，即抽象环境空间业务模型，并且通过地理数据模型抽象和扩展生成环境数据模型，这样数据的复杂性就被封装在对象中，数据的访问通过一个简单的接口实现，实现对数据的有效管理。

3. 数据安全管理

系统的数据备份主要包括数据安全备份和数据期间备份。

4. 元数据管理

建立元数据库，包含有元数据、元元数据、描述国家标准业务规则数据、描述服务接口数据、描述业务流程规则数据、描述配置数据的数据，为系统业务驱动提供全面的数据资源。

核心元数据概念，指描述更广义范围内的对象、规则的数据资源。它不仅仅包含描述数据的数据，更多地包含了描述业务规则的数据、描述元数据的数据（元元数据）、描述服务的数据等。

5. 数据动态管理

该模块完成对数据的添加、修改、删除操作。该模块包括空间数据的编辑和属性数据的编辑。

6. 数据发布

负责将业务数据在 Web 上发布，用户需要指定数据表，并且配置相应的查询条件字段，即可完成对一个业务数据表的查询发布。

为了统一管理空间数据，这里发布的空间数据是导入到数据库系统中的空间数据。用户需要选择要发布的图层，这些图层组合成一个地图，作为一个地图服务发布，给服务命名即可在浏览器上浏览该地图，可以创建多个地图服务，发布多个地图。当地图增多时，可以管理地图分类菜单，用户可以创建任意层次的地图菜单，方便地给地图分类。

（三）污染源普查信息查询

应用 GIS 系统，显示呈现全市污染源普查各类专题信息。建立 GIS 地图发布管理平台，可以建立任意级别的专题图目录，发布、删除、管理各类专题地图。

1. 基础地图信息管理

主要管理基础的地理空间信息、建筑物形体信息，包括基础图层管理、图形符号管理、污染源普查属性信息管理、污染源普查属性数据输入与维护。

要求系统可以根据用户需要通过零散输入或批量导入的方式输入污染源普查的经纬度信息和其他普查数据。

2. 通用 GIS 功能

地图发布管理：允许用户配置并发布电子地图，包括南宁市基础地图和环境专题地图，环境专题地图主要包括水环境功能区划、生态功能区划、取水口位置分布、排污口位置分布等（以上均有数据），以及重点污染源分布专题图。

地图浏览：客户端具备基本的 WEBGIS 地图操作功能（中文按钮），如放大、缩小、平移、整图、鹰眼、图层选择、标注、快速定位等。

3. 污染源专题图的生成

通过污染源普查表中的企业地理位置经纬度坐标在 GIS 平台上自动生成污染源点，并更新重点污染企业分布专题图。专题图通过关键字段动态关联到后台普查数据库。

4. 专题图的修改维护

通过客户端修改企业空间位置信息并保持图表同步。

应用 GIS 系统，显示城市地理位置图、污染源分布图。可以建任意级别的专题图目录，发布、删除或重新发布专题地图。

5. 污染源信息展示

GIS 地图上显示每一个污染源相关的信息等。可按三种方式进行查询：按地区查询、按流域查询、按行业查询。按地区、流域、行业查询方式都有一个下拉框供选择，可以查询出更具体的数据。

在查询到的企业数据中，可以使用定位功能和选择功能。定位功能可以查询该企业在地图上的具体位置，而选择功能可以查看该企业的具体信息。

（四）污染源普查数据综合分析

1. 结合 GIS 的数据统计

通过设计统计条件，按行政区划、流域、行业差别将 COD、SO_2、废水排放结果以图标、表格、饼图或直方图的形式呈现。

2. 结合 GIS 的数据汇总

通过设置汇总条件，可以按工业源、农业源、生活源、集中式污水处理设施汇总污染源普查数据，并结合地理信息系统以图标、表格、饼图或直方图的形式直观展示出来。

3. 结合 GIS 的数据分析

数据分析应采用图表（线图、柱图、饼图）的方式直观展现各产业、各行业关键指标的数据关系。

4. 结合 GIS 的数据比对

系统应提供对环境统计数据的管理功能，将污染源数据与环境统计数据进行对比，判断其指标含义是否一致，对于一致的指标对其数据进行比较分析，进而判断污染源普查数据的质量或环境统计数据的准确性、真实性等，用户可以在此基础上作出数值结果取舍判断。

六、结　语

全国污染源普查是一项重大的国情调查，是全面掌握我国环境状况的重要手段。污染源普查数据是重要的基础环境数据。普查数据综合分析与成果开发是整个普查成果的体现，通过对污染源普查数据进行全面、深入、系统的开发应用，可最大限度发挥普查数据的使用价值和社会效益。

为此，我们开展了南宁市污染源普查数据综合平台的研究与设计课题，通过将普查信息与数据库、GIS 地理信息系统、计算机网络等技术结合，查询显示各区域、各流域、各行业排污企业状况，按区域、流域、行业和普查性质汇总分析企业的污染源普查数据指标，为排污总量的削减、企业环评规划、污染治理和政策法规的制定提供依据。

我们有理由相信，南宁市污染源普查数据综合平台将为环境保护管理各方面工作发挥积极有效的作用。

区域产业布局的生态红线区划定方法研究
——以环渤海地区重点产业发展生态评价为例

刘雪华[1]　程　迁[1]　刘　琳[1]　彭　羽[2]　武鹏峰[3]　石翠玉[1]　朱洪辉[1]

（1. 清华大学环境科学与工程系　北京　100084；2. 中央民族大学生命与环境科学学院　北京　100081；3. 中国农业大学生物学院　北京　100093）

摘　要　本文以环渤海地区重点产业发展生态评价为例，针对区域重点产业发展可能对生态环境造成的危害，综合考虑了生态系统敏感性、生态系统服务功能和自然生态风险等因子，划定了产业布局的生态红线区、生态黄线区和可开发利用区。结果显示：环渤海生态红线区约占区域总面积的23.2%，生态黄线区约占37.9%，可利用区域约占38.9%。依据生态系统敏感性、生态系统服务功能和生态风险划定生态红线区的方法具有一定的合理性，在产业发展的合理布局上具有指导意义。

关键词　生态红线区　生态影响评价　产业布局　环渤海

随着人类社会经济的飞速发展，对于生态环境的破坏更加剧烈，尤其在资源过度开发利用上表现明显[1,2]，部分地区的开发利用活动已经对生态安全构成威胁，且仍有加速恶化的趋势[3]。明确区域发展的生态红线区，限制开发活动的盲目开展，指导人类活动在创造同等经济和社会价值的条件下耗费相对小的生态成本，在经济快速发展的今天具有重要意义。

生态红线区是为保障区域生态安全必须加以严格管理和维护的区域。划定生态红线区，并对生态红线区进行严格保护是有效保障重要生态区域、避免被人为活动干扰的有效方法之一。近年来在各地区的规划中，生态红线区的重要性逐步得到了多方面的肯定。

生态红线区的划定方法依据研究保护的地区和目的不同，选用的评价因子也有所差别。2005年深圳将一级水源地保护区、风景名胜区、自然保护区、基本农田保护区、森林及郊野公园、坡度大于25°的山地、林地、高地、主干河流、水库及湿地、生态廊道和绿地、岛屿和海滨陆地等生态价值较高的区域划为“基本生态控制线”[4]。而昆明市在新的土地利用总体规划修编中，将生态系统比较敏感或具有最关键生态功能的区域划定为生态红线区[5]。符娜等针对云南省土地利用规划划定的生态红线区则是以生态脆弱性和生态系统服务功能作为划定生态红线区的依据[6]。

针对生态红线区划定方法多样的现状，本文拟在环渤海地区针对重点产业的布局问题，利用GIS技术探讨区域水平生态红线区的划定方法，以期为该区域重点产业的合理布局提供依据，并为其他区域生态红线区的划定提供参考。

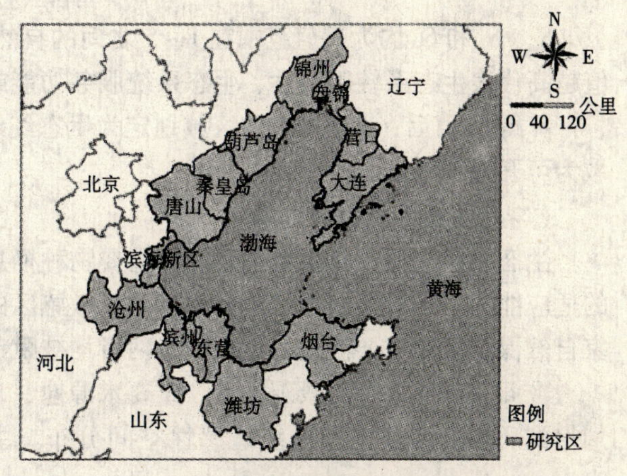

图1　环渤海区域地理位置

一、研究区概况

环渤海地处华北、东北、西北三大区域的结合部，东经115°41′～123°31′北纬35°42′～42°8′之间，由大连、营口、盘锦、锦州、葫芦岛、秦皇岛、唐山、天津滨海新区、沧州、滨州、东营、潍坊和烟台等十三个城市和地区构成（图 1）。研究区大部分属于温带大陆性气候，四季分明，雨热同期，年降水量在 500 ~ 810mm 之间，且主要集中在夏季，年均日照 2 100 ~ 3 100 小时。

环渤海区域是东北亚经济圈的中心地带，是我国面向朝鲜、韩国、日本等国家的重要口岸。该区域分布有 18 个国家级产业区和 97 个省级规划重点产业聚集区，区域内钢铁、石化、装备制造、电力、造船、建材和港口货运等产业均在我国占有重要地位。产业开发活动的迅猛开展也给该区域带来了沉重的环境负担[7]。产业发展带来的“三废排放”、人为干扰的加剧以及人口流动和新的人口聚集区的形成对区域海水入侵、地面塌陷、土壤盐渍化、水土流失、生物多样性降低、赤潮等生态问题均有不同程度的负面作用。正确引导产业区合理布局，防止生态环境的进一步恶化对于该区域的发展具有重要意义。

二、研究方法

（一）生态红线区划定方法

本研究中生态红线区划定的目的是为了环渤海区域重点产业的合理布局提供依据，因此在划定的过程中既考虑了生态系统本身的敏感性和服务功能在空间分布上的差异，也将自然环境给产业发展带来的风险作为重要因素加以引入。因此这里的生态红线区是针对产业区的发展，为保证产业和生态环境的共同安全而必须加以严格管理和维护的区域，包括生态系统敏感性极高区域、具有重要或特殊生态系统服务功能价值的区域和自然生态风险极高的区域。生态红线区内需要严格按照法律法规和相关规划实施强制性保护，严禁不符合生态环境功能定位的建设开发活动。

另外，本文对于允许开发的区域进行了进一步分级，划分了生态黄线区和可开发利用区。生态黄线区是重要性级别仅次于生态红线区的区域，其生态系统敏感性、生态系统服务功能和生态风险方面的重要性比红线区低，但是仍在生态环境保护中发挥重要的作用。开发利用这些区域，应该有目的性地限制对于环境影响较大的开发活动进入，或者在能够补偿产业所造成的生态环境影响的基础上有条件地批准开发建设活动的开展。可开发利用区是推荐未来产业进行布局的区域，在这些区域发展产业对生态环境功能的损害相对较小，是生态成本相对较低的区域，建议产业区选址或者进一步空间扩展中首先考虑这些区域。

生态红线区、生态黄线区和可开发利用区的划定以生态保护重要性等级 S_i 作为划分依据，选择的指标包括生态系统敏感性等级 S_s、生态系统服务功能等级 S_f 和生态风险等级 S_r。

S_i 的计算过程如下：

$$S_i = \max(S_s, S_f, S_r)$$

S_s、S_f 和 S_r 均为赋值范围在 1 ~ 5 之间的自然数，是依据各因子评价结果进行的再分类，数值越高代表生态系统敏感性、生态系统服务功能或者生态风险级别越高。

算得 S_i 值后，将 $S_i = 5$ 的区域划定为生态红线区；$S_i = 4$ 的区域划定为生态黄线区，其余区域为可开发利用区。

（二）生态系统敏感性确定方法

生态系统敏感性是指生态系统中重要物种栖息地对人为活动干扰的敏感程度，或对外界干扰的适应能力。环渤海整体区域的生态系统敏感区的评估采用层次分析法和加权计算，首先考虑国家自然保护区和重要湿地的重要性，两者均被赋予最高敏感性等级。

在此基础上综合了景观类型、重要水源地、自然保护区、坡度等生态因子，通过空间计算叠加得到环渤海区域生态系统敏感性空间分布。主要指标采用等权重叠加法，具体因子赋值如表 1：

表1　生态系统敏感性评价指标赋值

指标	分类	赋值
景观类型	农田	1
	草地	3
	森林	5
	建设用地	7
	湿地	9
水源地	水库区	9
	水源地保护区	5
自然保护区	国家级	9
	省级	5
坡度	大于12°	5
	8°~12°	4
	4°~8°	3
	2°~4°	2
	2°以下	1

（三）生态系统服务功能评价方法

生态系统服务功能是指生态系统与生态过程所形成及所维持的人类赖以生存的自然环境条件与效用，包括气体调节、气候调节、水源涵养、土壤形成、废物处理、生物多样性、食物生产、原材料、娱乐文化9个方面。其划定过程综合考虑了区域的土地覆被、NDVI和水源地等重要因子，并在此基础上对各生态因子进行了赋值、加权和空间叠加。各因子的赋值和权重如表2所示。

表2　生态系统服务功能指标赋值与权重

指标	分类	赋值	权重
土地覆被	建设用地	1	0.3
	农田	3	
	草地	5	
	森林	7	
	湿地	9	
NDVI	0.66以下	1	0.3
	0.66~0.73	3	
	0.73~0.76	5	
	0.76~0.80	7	
	0.8以上	9	
水源地	水源地	9	0.4
	水源涵养区	5	

（四）生态风险评价方法

生态风险评价是预测未来的生态不利影响或评估因过去某种因素导致生态变化的可能性的有效方法。生态风险可分为自然风险和人为活动给自然环境带来的风险。这里关注的主要是自然生态风险对产业区可能造成的危害，用以帮助产业区在布局和选址上规避可能的自然损害。生态风险的评价主要依据近20年来环渤海地区历史资料中记录的生态风险的强度、频度以及破坏性，运用AHP法计算得到各类风险的权重。通过空间图层的叠加计算各类风险源的综合影响等级。其计算公式如下：

$$R_k = \sum \frac{k}{i=1} F_i \times D_j \quad (i=1,\ 2,\ \cdots,\ k)$$

式中：R_k 为第 k 个风险小区的生态风险值，F_i 为第 i 种风险源的综合生态风险权重，D_j 为第 j 种生态系统类型的综合生态损失度。分别计算出每个风险小区的风险值后，进行聚类分析，将综合风险值分为5个等级，最终合成生态风险综合评价图。

三、结果与讨论

（一）生态系统敏感性评价结果

图2是环渤海地区生态系统敏感性评价结果的分级图。图中将研究区生态系统敏感性分为较敏感、敏感、中等、不敏感和极不敏感五个等级。生态系统敏感性高的区域主要分布在：大连长兴岛、大连南部临黄海海岸和北部山地地区、营口东北部山区、辽河三角洲、锦州北部医巫闾山国家保护区、葫芦岛西部、秦皇岛和唐山西北部地区、唐山和沧州海岸带、天津南部北大港保护区、滨州沿海、东营沿海、潍坊南部和烟台中部地区。陆地敏感性低的区域主要分布在天津滨海新区沿海地区、东营东南部、潍坊北部沿海和烟台局部地区。其他地区的大部分介于两者之间。

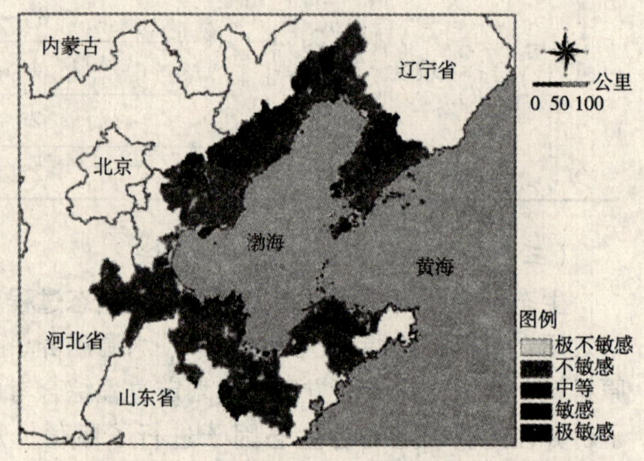

图2　环渤海生态系统敏感性分级图

（二）生态系统服务功能评价结果

环渤海地区生态系统服务功能评价结果如图3。结果显示环渤海地区生态系统服务价值分布呈现明显的北高南低的趋势。高生态系统服务价值区主要集中于大连和营口北部、盘锦辽河三角洲、锦州北部、葫芦岛西北部、秦皇岛西北部和黄河三角洲的沿海地区。其中辽河三角洲、黄河三角洲是研究区内海滨湿地分布的主要区域，植被资源丰富、动物资源繁多，分别建有双台河口和黄河三角洲两大国家级自然保护区，生物多样性保护价值极高。葫芦岛西北部、锦州北部是国家级保护区、重要风景名胜区和森林公园医巫闾山所在地，这里分布有大面积天然油松林、华北植物区系针阔混交林，具有重要生物多样性保护价值。另外奇特的自

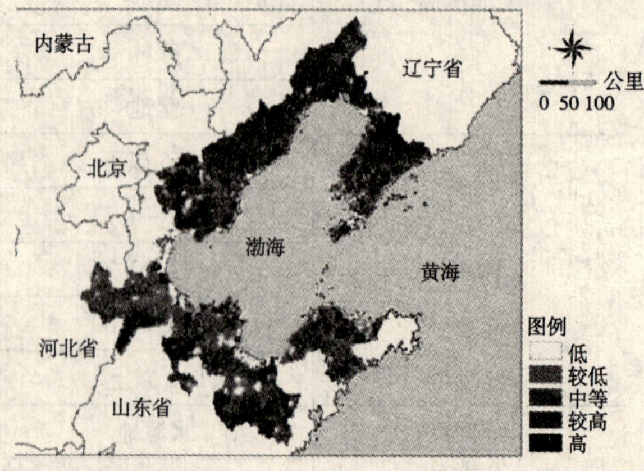

图3　环渤海生态系统服务功能分级图

然景观和良好的植被状况也使该区域在娱乐文化和气候调节方面，功能突出。大连北部和秦皇岛西北部是水源涵养功能显著的区域。大连北部分布有碧流河水库、朱家限子水库、英那河水库以及营口的玉石水库；而秦皇岛西北部不仅是柳江国家级自然保护区所在地，而且是桃林口水库、唐山潘家口水库、大黑汀水库的上游地区，此区域水源涵养功能的保护对于秦皇岛、唐山乃至天津地区的饮用水安全具有重要意义。

（三）生态系统风险评价结果

环渤海地区的自然生态风险源比较复杂，既受地质因素的影响，又受到海洋灾害性气候的作用，且两者多叠加发生，对沿海一带影响较大。主要风险类型包括水土流失、风暴潮、暴雨山洪、海水入侵以及地面沉降、泥石流等。

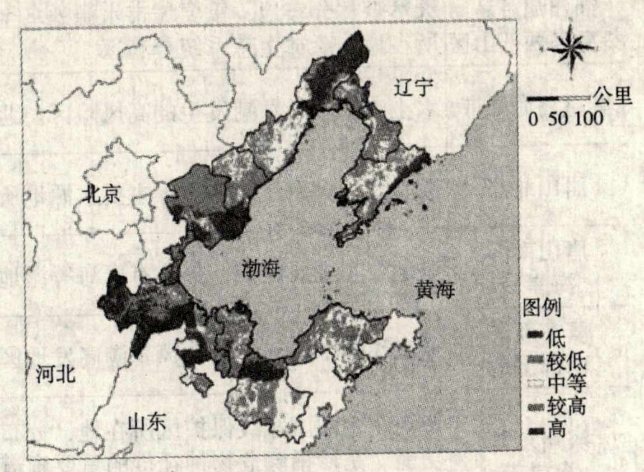

图4　环渤海生态风险分级图

图4是环渤海生态风险等级图。由图4可见研究区的生态风险集中发生于四个区域：辽东湾、渤海湾、莱州湾以及大连东岸。辽东湾的主要问题是海水入侵、风暴潮、土壤盐渍化；渤海湾的主要问题是地面沉降、风暴潮；莱州湾的水土流失和海水入侵严重；大连东部是山洪暴雨和泥石流发生相对频繁的区域。

（四）生态红线区划定结果

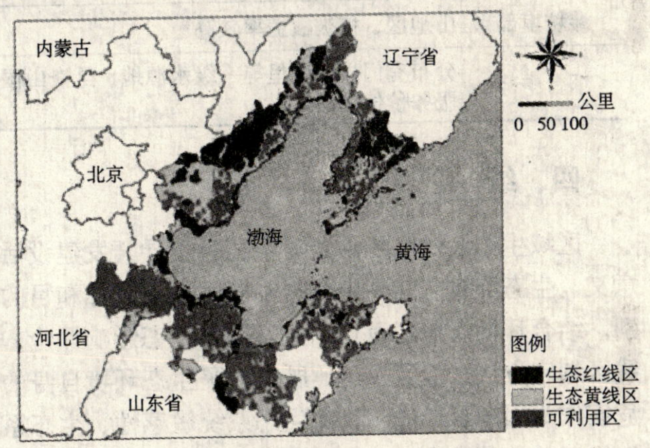

图5　环渤海生态红线区分布图

图5是生态红线区、生态黄线区和可开发利用区的空间分布，其中红线区域占整个区域的23.2%，主要分布在大连南部和大连北部的海岸带、营口东北部山区、双台河口和医巫闾山国家级自然保护区、葫芦岛中西部、唐山西北部、秦皇岛中西部、天津南部北大港湿地、滨州和东营沿海地区、潍坊南部山区。这些区域多为丘陵山地和滨岸带湿地，是研究区内水源地、保护区、湿地等分布的重点区域。生态黄线区占整个区域的37.9%，其分布较为分散，主要是生态红线区的周围。可开发利用区占整个区域的38.9%，其分布相对集中，主要在大连中部、锦州北部、唐山东部、滨州和潍坊中部以及沧州和东营的大部分地区。

将生态红线区域依据保护原因和空间位置划定为14个区域，其位置和划定原因如下表：

表3　环渤海生态红线区分布及其划定

区位	被划定在红线区内原因
大连南部海岸带	蛇岛—老铁山、城山头、大连斑海豹的国家级保护保护区、旅顺口风景名胜、金石滩森林公园等重要景观单元所在地，具有较高的生物多样性保护、休闲娱乐价值
大连东北部海岸带	风暴潮高风险区
大连营口东北部山区	碧流河水库、朱家限子水库、英那河水库等主要城市水源地所在地，植被状况良好，暴雨山洪等生态风险较高

区位	被划定在红线区内原因
盘锦辽河口湿地	双台河口国家级自然保护区所在地，也是盐渍化、海水入侵等生态风险较高区域
锦州国家级保护区	医巫闾山国家级自然保护区、国家级森林公园和风景名胜区所在地
锦州葫芦岛秦皇岛西部山区	天然森林分布地，重要城市水源地乌金塘、桃林口、洋河水库、柳江盆地国家级自然保护区所在地，森林生态系统分布区
秦皇岛海岸带	水土流失、风暴潮发生的高风险区。北戴河、山海关等高娱乐和人文价值区
唐山北部	潘家口、大黑汀、陡河等主要水源地所在地，森林分布地
唐山南部海岸带	湿地分布主要区域，分布有唐海等湿地保护区
滨海新区南部湿地	地面塌陷、海水入侵和风暴潮高发地区。分布有北大港和南大港等湿地保护区
滨州东营海岸带	黄河三角洲国家级保护区所在地，分布有大量的滩涂湿地和苇田，具有很高的生态系统服务功能，是珍稀濒危物种迁徙的重要廊道，对维护生态系统的稳定性有很高的价值，该区域还是海水入侵和风暴潮的高风险区
东营莱州湾西岸	广南、广北水库所在地
潍坊南部	山地区，植被覆盖率较高
烟台中部	分布有门楼、庵里等一级水源地、昆嵛山国家级自然保护区，并且植被状况良好，生态系统服务价值较高

四、结　论

区域生态红线区的划定对于正确引导开发建设活动的空间布局，保障区域生态安全具有重要意义。生态红线区的划定依据不同的保护目标和目的，选择的因子和划定的方法上都存在较大差别。结合环渤海地区重点产业发展的生态影响评价，本研究对重点产业发展空间布局上的生态红线区划定方法进行了探讨。既考虑了生态环境自身的属性，也将自然环境可能对产业发展造成的危害作为因子参考进来，将生态系统敏感性、生态系统服务功能和生态风险相结合，得到的生态红线区的空间分布。此方法科学、合理，可为其他研究和规划工作中生态红线区的确定提供参考。

参考文献

[1] 吕宾，王丹，安翠娟．我国自然资源消耗与绿色 GDP 核算［J］．国土与自然资源研究，2004，4：25－26.

[2] 刘燕，谢永刚．黑龙江省自然资源过度消耗与环境恶化的经济原因分析［J］．国土与自然资源研究，2005，1：48－49.

[3] 罗道成，刘俊峰．我国生态安全现状分析及保护对策研究［J］．中国安全科学学报，2007，17（3）：10－15.

[4]《深圳市基本生态控制线管理规定》解读［Z］．深圳，2005.

[5] 范学忠，李玉辉，角媛梅．昆明市生态红线区非生态用地转变前后生态效益分析［J］．水土保持研究，2008，15（4）：179－188.

[6] 符娜．土地利用规划的生态红线区的划分方法研究［D］．北京：北京师范大学，2008.

[7] 朱会义，李秀彬，何书金，等．环渤海地区土地利用的时空变化分析［J］．地理学报，2001，56（3）：253－260.

沈阳市环城水系存在的问题及对策建议

张莉娜

（沈阳市环境监测中心站 沈阳市沈河区文艺路42号 110016）

摘 要 对沈阳市环城水系目前存在问题进行了深入的分析，并提出了对策建议。

关键词 环城水系 问题 对策

沈阳市的环城水系，是由穿越城区的新开河（北运河）、南运河、卫工河三条人工河及沿河两岸绿化带构成，全长49.7公里，被称为百里运河。环城水系是沈阳市重要的景观河。掌握它的水质状况将为环境管理提供科学决策的依据。

一、沈阳市环城水系水质现状

2008年，南运河及北运河为劣Ⅴ类水质，卫工河达到国家地表水Ⅴ类水质标准。

（一）南运河

2008年，南运河水质为劣Ⅴ类水质，主要污染物为氨氮，超过国家地表水Ⅴ类水质标准0.9倍。氨氮全河段均超标。具体数据见南运河各断面主要污染物指标监测结果（表1）。

表1 2008年南运河各断面主要污染物指标监测结果 单位：mg/L

河流、湖泊名称	断面名称	溶解氧	化学需氧量	高锰酸盐指数	生化需氧量	石油类	氨氮	总磷
南运河	东塔桥	4.9	18	4.9	4	0.8	2.84	0.21
	万泉桥	5.1	16	4.9	4	0.6	2.66	0.19
	动物园桥	9.0	55	4.6	4	0.8	4.08	0.39
	万柳塘	6.7	76	7.7	3	0.2	5.82	0.43
	青年公园	6.8	40	4.8	4	0.6	4.07	0.28
	三经桥	6.1	38	3.4	4	0.3	3.94	0.29
	和平桥	6.7	38	6.9	12	0.6	3.75	0.32
	南湖公园	7.1	41	5.5	12	0.5	3.4	0.30
	河段均值	6.6	40	5.3	6	0.6	3.82	0.30
GB 3838—2002Ⅴ类标准		≥2.0	≤40	≤15	≤10	≤1.0	≤2.0	≤0.4

注：阴影部分为超标数据。

从全河段各断面水质看，上游断面水质好于下游断面水质。东塔桥至万泉桥上游段水质较好，COD、高锰酸盐指数、BOD等断面达到Ⅲ类水质标准，三经桥至南湖公园下游段水质较差，南运河化学需氧量沿程变化见图1。

（二）北运河

2008年，北运河水质为Ⅴ类水质，北陵湖为劣Ⅴ类水质。北运河氨氮年平均值超过国家地表水Ⅴ类水质标准0.2倍。北陵湖各项指标略差于北运河全河段均值。北陵湖水主要来自于北运河，同时还接纳了北陵湖北侧大二环的道路雨水，这部分道路雨水水质较差，直接影响了北陵湖水质。具体数据见北运河各断面及北陵湖主要污染物指标监测结果（表2）。

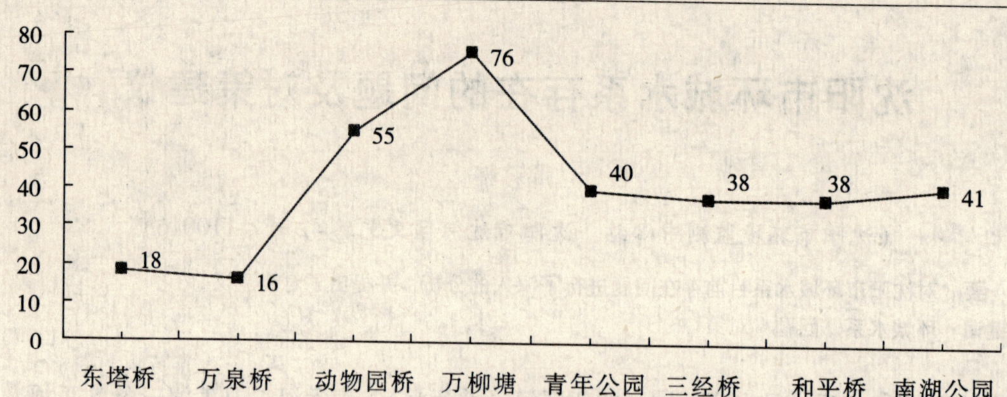

图1　2008年南运河化学需氧量年均值沿程变化

表2　2008年北运河各断面及北陵湖主要污染指标监测结果

单位：mg/L

河流、湖泊名称	断面名称	溶解氧	化学需氧量	高锰酸盐指数	生化需氧量	石油类	氨氮	总磷
北运河	上牧场桥	5.2	19	5.6	4	0.9	2.50	0.21
	小北桥	5.2	18	5.4	4	0.7	2.73	0.20
	北塔桥	6.8	15	4.1	4	0.2	2.26	0.20
	塔湾桥	6.9	16	4.2	4	0.2	2.20	0.20
	河段均值	6.0	17	4.8	4	0.5	2.42	0.20
北陵湖		8.4	38	6.5	5	0.3	2.89	0.30
GB 3838—2002 V类标准		≥2.0	≤40	≤15	≤10	≤1.0	≤2.0	≤0.4

注：阴影部分为超标数据。

从全河段各断面水质看，化学需氧量均达到国家地表水Ⅲ类水质标准。具体情况如图2所示。

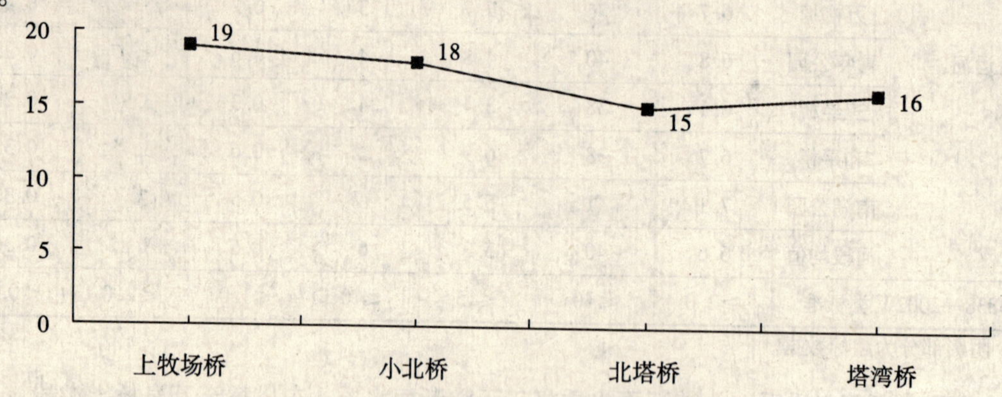

图2　2008年北运河化学需氧量年均值沿程变化

（三）卫工河

2008年，卫工河全河段为V类水体，主要污染指标均达到国家地表水V类水质标准。具体数据见卫工河各断面及卫工湖主要污染物指标监测结果（表3）。

从全河段各断面水质看，上游断面水质好于下游断面水质。卫工首闸至昆山西路桥上游段水质较好，COD、高锰酸盐指数、BOD等断面达到Ⅲ类水质标准。卫工河化学需氧量沿程变化见图3。

表3　2008年卫工河各断面主要污染物监测结果　单位：mg/L

河流、湖泊名称	断面名称	溶解氧	化学需氧量	高锰酸盐指数	生化需氧量	石油类	氨氮	总磷
卫工河	卫工首闸	7	15	4.5	4	0.2	2.24	0.21
	昆山西路桥	7.1	16	4.7	4	0.2	2.18	0.23
	北一路	4.5	35	6.5	12	0.2	0.17	0.45
	建设大路	5.2	25	5.8	8	0.2	<0.025	0.56
	十四路	5.7	19	4.7	5	0.2	0.38	0.33
	河段均值	5.9	22	5.2	7	0.2	1.24	0.36
GB 3838—2002 V类标准		≥2.0	≤40	≤15	≤10	≤1.0	≤2.0	≤0.4

注：阴影部分为超标数据。

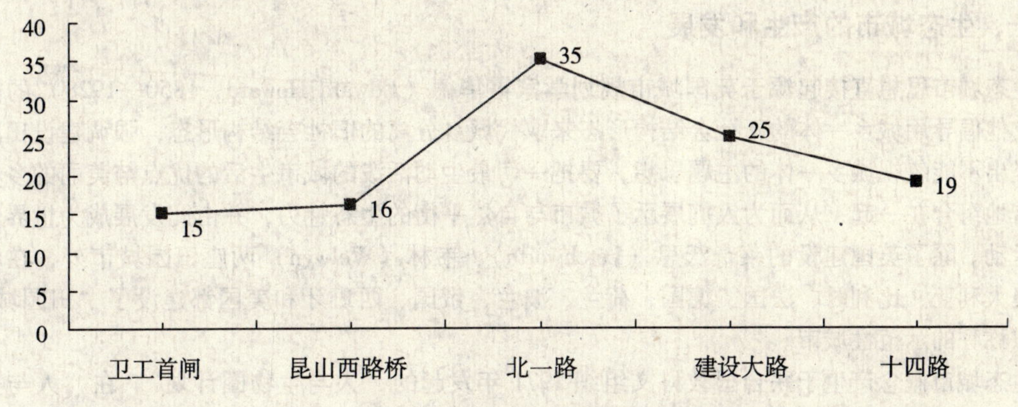

图3　2008年卫工河化学需氧量年均值沿程变化

二、沈阳市环城水系存在问题

环城水系作为城市内河，水质较差主要有三个原因：一是环境水不足，一年中大部分时间水不流动，致使水体由于滞留，导致污染；二是运河底泥多年未清理，自净能力较差，底质淤积底泥较厚，加之水不流动，致使运河水质污染进一步恶化；三是运河沿岸的部分市政污水泵站在运河河道内还留有污水溢流口，遇到停电、设备检修、雨量较大及人为因素等特殊情况时，市政污水就会从运河溢流口向运河排放，加重运河水质污染。

三、环城水系治理对策及建议

（一）定期、及时清淤

河底淤泥污染问题是环城水系水体污染的主要原因之一，如将得到解决，水质将大为改善。因此建议有关部门定期、及时清淤，以防止底泥对水体的污染。

（二）加强市政排水管网排水能力建设

目前，沈阳市排水系统还不完善，还存在污水直排的现象，是防止环城水系水质污染必须解决的问题。在保证水源的同时，更应注意保证水质。为保证水质，除了保持来水水质外，特别要防止未经处理的城市污水直接排入水系，造成水质恶化，即水系建设必须同时开展排水系统建设。

（三）定期进行水循环

为防止水质由于长期滞留而腐化变质，建议定期进行水循环。

生态城市——可持续发展的理想城市模式

康利荣

（沈阳市环境监测中心站　沈阳市沈河区文艺路42号　110016）

摘　要　本文概括论述了生态城市的产生、概念、基本特征及建设标准等相关内容，并依据国内外生态城市建设情况提出了沈阳应以可持续发展思想为指导、在坚持生态学三个基本原则的基础上以循环经济为模式建设生态城市的设想。

关键词　生态城市　可持续发展　沈阳市

一、生态城市的产生和发展

生态城市思想直接起源于英国城市规划学家霍华德（Edward Howard，1850—1928）的田园城市，他倡导用城乡一体的新社会结构形态来取代城乡分离的旧社会结构形态，强调建设田园城市，提出不能忽视城乡一体的主题思想，要把一切最生动活泼的城市生活的优点与美丽的乡村环境和谐地组合在一起，从而为人们展示了城市与自然平衡的生态魅力，并由此发展成为世界性的城市运动。除了英国建设的莱奇沃思（Letchworth）、韦林（Welwyn）两座田园城市外，在奥地利、澳大利亚、比利时、法国、德国、荷兰、波兰、俄国、西班牙和美国都建设了“田园城市”或类似称呼的示范性城市。

生态城市概念产生于联合国教科文组织1971年发起的“人与生物圈计划”。在“人与生物圈计划”的研究过程中，前苏联城市生态学家尤尼斯基提出了“生态城市”这个理想城市模式。他按生态学原理试图建立起一种经济、社会和自然三者协调发展，物质、能量和信息高效利用，生态良性循环的人类聚居地，即高效、和谐的人类栖境。生态城市理论包括城市自然生态观、城市经济生态观、城市社会生态观和复合生态观等的综合城市生态理论，并从生态学角度提出了解决城市弊病的一系列对策。

伴随着理论的发展，国际上都在探索进行生态城市的建设实践。从霍华德1903年设计的田园城市（英格兰的莱奇沃思和韦林）到近年来印度的班加罗尔、巴西的库里蒂巴和桑托斯市、丹麦的哥本哈根市、美国的伯克里等，生态城市理论和实践日益丰富。

二、生态城市的概念及其基本特征

（一）生态城市的概念

生态城市（Ecopolis或Ecocity）这一概念最早是由前苏联生态学家杨诺斯基（O. Yanitsky）1987年提出的。根据国内外研究进展，提出了多种有关生态城市的概念。我们认为，生态城市是运用生态学原理和方法，指导城乡发展而建立的空间布局合理，基础设施完善，环境整洁优美，生活安全舒适，物质、能量、信息高效利用，经济发达、社会进步、生态保护三者保持高度和谐，人与自然互惠共生的复合生态系统，是资源高效利用、环境和谐、经济高效、发展持续的，社会—自然—经济以及人与自然和谐统一的人类居住区。

生态城市是由经济、社会、自然构成的复合生态系统。其中，自然子系统是基础，经济子系统是条件，社会子系统是目标，各子系统既相互制约，又互为补充。只有使经济发达、社会繁荣、生态保护三者保持高度和谐，才能保证生态系统的结构、功能最优化，人流、物流、资金流、信息流最通畅，人对生态系统的调节、控制最自如。生态城市的内涵、特点见生态城市概念模型图（图1）。

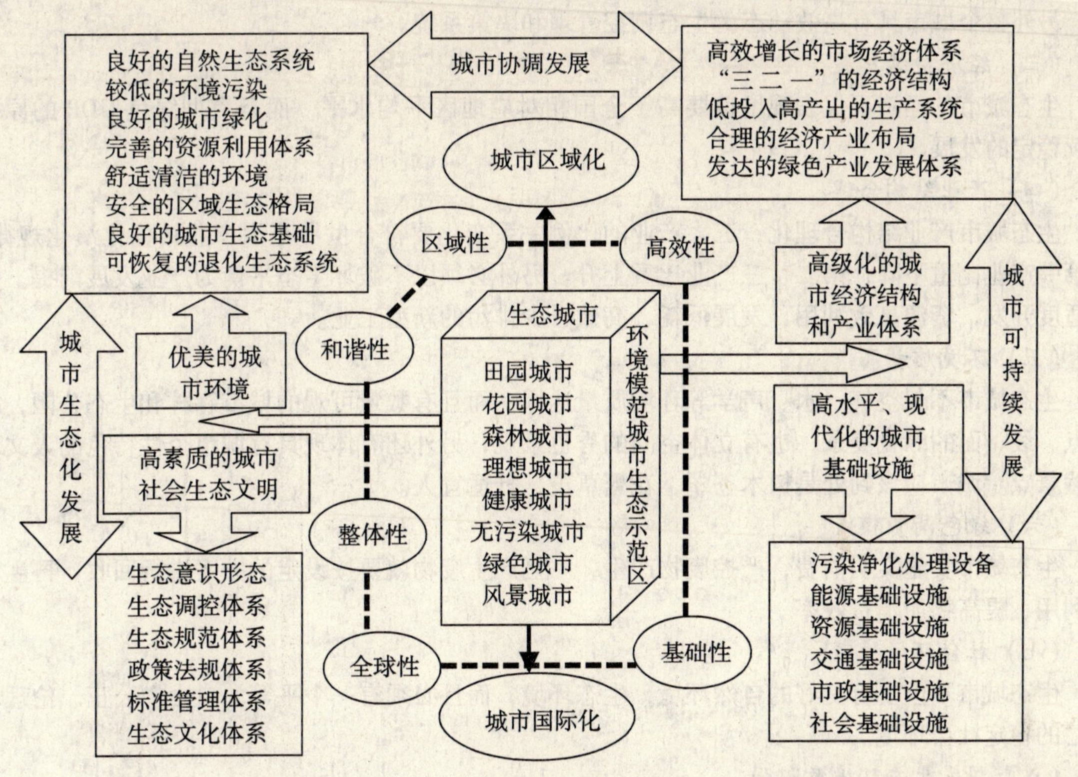

图1　生态城市概念模型

（二）生态城市的基本特征

一般说来，生态城市具有以下几个共性：

一是和谐性。和谐性是生态城市概念的核心内容，主要是体现人与自然、人与人、人工环境与自然环境、经济社会发展与自然保护之间的和谐，目的是寻求建立一种良性循环的发展新秩序。

二是高效性。生态城市将改变现代城市"高能耗"、"非循环"的运行机制，转而提高资源利用效率，物尽其用，地尽其利，人尽其才，物质、能量都能得到多层分级利用，形成循环经济。

三是持续性。生态城市以可持续发展思想为指导，公平地满足当代人与后代人在发展和环境方面的需要，保证其发展的健康、持续和稳定。

四是均衡性。生态城市是一个复合系统，是由相互依赖的经济、社会、自然生态等子系统组成，各子系统在"生态城市"这个大系统整体协调下均衡发展。

五是区域性。生态城市是在一定区域空间内人类活动和自然生态利用完美结合的产物，具有很强的区域性。生态城市同时强调与周边城市保持较强的关联度和融合关系，形成共存体，并积极参与国际经贸技术合作。

三、生态城市建设的标准

（一）布局合理

布局合理不仅城市建筑物布局上有良好宜人的空间环境和建筑物充分体现文化品位和城市个性特征；而且在产业布局上也要体现以人为本的原则。

（二）基础设施完善

生态城市不仅物流、人流、信息流等设备完备，而且文化教育、体育、卫生等设施也齐备完善。另外整个城市具有高效动态的生态调控管理和决策系统。

（三）经济持续发展

生态城市的经济不仅表现增速要高于全国相对应地区平均水平，而且贯彻绿色 GDP 的原则持续稳定的发展。

（四）产业结构合理

生态城市产业结构合理化，三大产业的比例关系变化要符合世界范围产业结构化演化规律，即第一产业比重下降，第二、三产业比重上升。另外必须以不破坏生态平衡为产业发展前提。坚持适度开发，资源高效利用、发展低耗、高效、少排污的新型工业。

（五）环境质量高

生态城市不仅空气、水、声学等环境质量达标，而且有数量可观的城市森林和生态公园，既有点、线、面的绿化美景，也有立体空间的秀色景观，另外还有体现具有城市个性特色的人文和自然景点。城市应该到处是树木苍翠，花繁草茂，舒适宜人。

（六）绿色消费模式

生态城市实施文明消费，严控废物产生，一旦产生废物就要按设定的方案进行回收、再生和再利用，提高物质消费效率。

（七）社会环境稳定

生态城市不但要有良好的自然环境，生态环境，而且必须有一个平等、自由、公正、伦理和道德的稳定社会环境。

（八）居民生态环境意识强

生态城市的居民保护环境的意识强，保护环境，倡导生态平衡，公众自觉参与环境管理率高。

四、生态城市建设与可持续发展的关系

生态城市建设与可持续发展有密切关系，在城市化进程加快的今天，生态城市建设是实现可持续发展的载体。

据联合国专家预测到 2025 年世界将有 60% 的人口居住在城市，所以城市将是资源能量的主要消耗场地，也是商品和服务的主要消耗和集散地。并且随着这种消耗的资源、能量、商品、服务的不断扩大和增加，那么资源、能量、商品、服务的供给依赖地区范围也会随之扩大，也就是说，城市的足迹早就远远超过它们的地理区域范围。

可持续发展包括资源和生态的可持续发展、经济可持续发展和社会可持续发展三个方面。要推行这一可持续发展战略，将涉及社会各层次、各领域、法律法规、组织机构、伦理道德、科学教育等内容，只有生态城市的建设才能将上述内容融于一体，才能协调发展和解决与环境问题之间矛盾和冲突。由此可见，生态城市建设是实现可持续发展战略的重要途径，或者说生态城市建设是实现可持续发展的载体。

五、沈阳生态城市建设思路

（一）以可持续发展思想为指导

自从 1992 年巴西里约热内卢的“世界环境与发展”大会后，持续发展思想便成为各国经济、社会、环境发展的指导思想，而持续发展思想的灵魂就是人与环境的和谐。过去在相当长的时间里，我国城市发展往往偏重于发展经济，而忽视了社会发展和生态环境建设，因而是城市的服务功能不健全，城市人口、住房、交通十分拥挤，环境污染比较严重。实际上还是重复发达国家过去走过的先污染后治理或边污染边治理的工业化传统发展模式。这在沈阳工业发展史上所出

现的沈阳冶炼厂排放工业污水造成张士污灌区镉污染就是一个深刻的教训。因此，生态城市建设必须抛弃唯经济发展模式，而转向兼顾人口、资源、环境的持续发展的复合生态整体效益发展模式。因此可持续发展阶段既是人类社会化的一个新的文明的历史时期，又是一个漫长而无止境的人类社会演绎的最高阶段。

（二）坚持生态学三个基本原则

我国现代生态学创始人之一，著名的生态学专家马世骏教授指出，“城市是社会—经济—自然复合生态系统”。建设生态城市必须符合生态学三个基本原则，第一是整体性，其追求的不仅仅是生态环境的达标，也不仅仅是经济、社会、环境三者一方面的交易，而是谋求经济、社会、环境三个效益的协调统一与同步发展。因此生态城市并不是单纯的多种树，多种草，或者说多上几个生态工程，多建几个污水处理厂，而必须坚持以经济建设为中心来带动社会发展和生态建设，同时又以生态建设和社会发展促进经济发展。第二是循环再生，将城市的自然资源危害减少到最低，包括土地、水、能源、生活垃圾达到最佳利用，使其对环境与人类的危害减少至最低限度。为此，在经济发展模式上要采用循环经济，实行清洁生产，使废弃物达到减量化、无害化和资源化。第三是区域分异，强调城市生态系统的多样性和区域分异性，不同地区有不同的经济、社会及环境目标和要求。

（三）以循环经济模式建设生态城市

所谓循环经济，是一种按照自然生态系统物质循环流动方式为特征的经济模式。就是要以循环经济的理念作为指导思想，把清洁生产、生态工业、生态农业等措施整合起来，形成一套系统的战略，以此来调整城市空间结构布局，调整和优化经济结构。通过城市各子系统及其内部的物质循环使用，实现“低开采、高利用、低排放”的最佳结果，把经济活动对自然环境的影响降低到最小限度。一句话，只有以循环经济模式建设生态城市，生态城市才具备可持续发展内涵。

建设循环经济生态城市，要遵循的原则是：优先减量，其次再利用，最后进行再循环。所谓减量，也就是减少进入生产和消费的物质量；再利用目的是延长产品和服务的时间强度；再循环则是通过把废弃物重新变成资源后再次循环利用。

循环经济生态城市建设绝不是短期内可以达到的目标，大体可划分为三个阶段：第一阶段属于循环经济起步打基础阶段；第二阶段属于大规模建设形成生态城市体系阶段；第三阶段属于生态城市体系完善健全阶段。其每个阶段，都不能跨越。在生态城市建设过程中，要按照循环经济理念，逐步完成工业、农业和社会生活三大循环体系的建设，以城市中的物质流、能量流和信息流将三者有机地结合起来，从而建立循环经济生态城市运行体系。在工业循环体系建设中，要贯彻优先内部循环的原则，同时要与农业和社会生活循环体系密切联系。只有三大循环体系相互联系、相互补充、相互促进，才能通过三大循环体系的交叉组合构建形成全市的完整的循环经济生态城市体系。

六、沈阳生态城市建设对策

（一）沈阳市经济发展对策

经济子系统是生态城市建设的条件，沈阳市生态城市建设的经济发展对策：

1. 产业是现代社会存在和发展的基础，也是城市发展的动力，同时还是生态系统重要的组成部分。我国目前的产业发展模式对社会、环境和资源都造成极大的浪费，虽然也可使城市经济获得迅速的发展，同时也产生了大量的环境、资源和社会问题。因此，改善产业发展模式，使产业发展“生态化”是建设生态城市的关键所在。

2. 要实现经济的可持续发展，第二产业的发展必不可少，因此，沈阳市提出“工业立市”的产业发展方针，发挥沈阳市作为中国老工业基地的优势，增加吸引投资力度，大力扶持、发展第二产业。

3. 优化农业结构，加快生态农业建设步伐，大力发展无公害农产品、绿色食品和有机食品的生产基地，提高自然资源的利用率和农副产品的市场竞争力。形成各类绿色品牌的农业产业实体。

4. 工业产业结构调整步伐，发展高科技、高附加值的产业，大力推行国际通行的 ISO 14000 环境管理体系认证，积极开展清洁生产审计工作。

（二）生态城市建设的空间发展对策

生态城市建设的总体布局规划是实现“南拓、东进、北止、西移”的城市发展构想，突出“南田、东山、北森、西水”的自然特征，构建具有温带风情和东北文化氛围的山水型沈阳市生态城市。

1. 南拓，使城市移向辽宁中部经济圈，利于城市的经济流通畅，同时南部地区农村土地肥沃，以发展田园农业为主体；

2. 东进，使城市主体由平原地带向山体接近，构成城市多起伏的空间结构，增加城市生态圈的复合层次，并使城市“嵌入”东部的森林中；

3. 北止，鉴于北部地区的生态脆弱性和生态功能重要性，不利城市北移，在城市北部的科尔沁沙漠南缘，沙化的康法脆弱生态地区，筑起绿草如茵的草原和苍莽葱郁的森林生态屏障；

4. 西移，城市向西逐步蔓延，靠近蒲河、仙子湖、辽河，真正达到亲水。整个城市的构成发生本质改变，从现有的平原单一型结构向山水田园复合型的森林城市转变。

（三）环境保护发展对策

1. 大气环境综合整治，控制环境大气污染，进一步改善沈阳城市生态环境，其一，从源头控制燃煤污染，调整能源结构，引进清洁能源和建设集中供热工程，改变落后的能源燃烧方式，以削减烟尘和二氧化硫的排放量。其二，要调整产业结构，大力发展第三产业，积极优化第二产业，稳步提高第一产业，改变沈阳在传统经济体制下的“二一三”产业结构为社会主义市场经济体制下的“三二一”结构，实现宏观产业结构根本转变。其三，加强城市重点污染源的治理，合理调整市区内的工业布局，将污染严重的企业搬迁出城市中心区。其四，要强化机动车辆及其尾气排放的管理。

2. 水环境综合整治，要解决这个问题，不能光靠开源节流，更重要的是要采取控制与管理相结合、宏观调控与污染治理相结合的措施，大力控制对水资源的污染。通过建设污水处理厂、实施河流综合整治等措施保护水环境。沈阳市污水处理厂处理能力的增加，使沈阳市百分之七十的城市污水经过处理后排放；要想有效地控制水污染，具体应做到以下几方面：①积极稳妥地实施沈阳市污染物排放总量控制。②要采取果断措施，坚决控制新老污染源，对污染严重、治理无望或根本没有治理价值，不符合事业发展方向的企业坚决实行关、停、禁、改、转。③提高沈阳市城市污水集中处理的效率。

3. 实施固体废弃物处理，通过扩大建设生活垃圾处理厂及危险固体废弃物安全处置系统的处理能力，来满足固体废物增长的需要。对于医疗垃圾及含多氯联苯等有害废物采用焚烧法进行处理，对于生活垃圾建议实行分拣，然后根据垃圾类型采取焚烧、堆肥等处理措施。另外，提高工业固体废物综合利用率，加强危险废物的管理；开展城市垃圾减量化、资源化和无害化。改变对垃圾处理的模式，采取积极的办法来处理垃圾，最大限度地向垃圾要资源。我国本来就是一个资源短缺的国家，如果能变垃圾为资源，就会大大缓解资源紧张的压力，为可持续发展奠定坚实的基础。

4. 加大绿化建设力度，以营造城市森林公园、广场绿地、水系绿化等大型绿地建设为手段，增强城市生态系统的抗逆性和抗污染性的缓冲能力，调节城市局部气候，以强化城区绿地建设为措施，全面改善城市绿化现状。逐步建立起环城绿带、绿色走廊、大型绿地与城区城郊森林相配套，单位市绿化体系，做到市区立体绿化。绿化的树种要以本地树种为主，选择抗逆性强，既有观赏价值，又有经济价值的树种。加强城市园林绿化的建设和管理，市区绿化做到片、线、点相结合，科学配置乔木、灌木和草地，形成平面绿化和立体绿化相结合的城市绿地系统，改善城市生态质量。绿化立交桥和建筑物第五立面，以扩大绿化面积。同时鼓励和引导居民绿化阳台。要通过立法和严格执法，坚决制止破坏动植物资源和侵占、蚕食绿地的违法行为。不断增强城市生态功能，提高城市自我净化能力。

（四）信息生态化及生活生态化建设

生态城市要减少传统的以纸本等为信息载体的使用量，而要向高速度、大容量、方便快捷的信息高速公路转变，充分地利用国际互联网及局域网所提供的大量的信息量。

1. 信息生态化建设

鼓励兴办各类信息服务组织，扶持和完善相关网站建设，发挥已开通的“中国有机食品网”、“中国绿色食品在线”等网络资源，宣传介绍环保产业、有机食品生产、绿色食品生产、ISO 14000 认证、生态旅游动态、收集、整理、传递国家技术经济政策、信贷金融、招商引资、国内外市场需求信息，汲取国内外生态新科技，提供相关的法律、法规、技术服务和技术支持，以信息产业推动生态产业的发展；推行无纸化办公，开展网上教学，有效地消除信息污染及视觉污染等。

2. 提倡生态文明

倡导绿色消费。绿色消费有两个方面的含义，一是消费行为要有利于人类自身的健康，二是消费行为要有利于人类生活于其中的生态环境的平衡与保护；加强宣传教育，普及和提高公众的生态意识；在日常的生活中勤俭、节约，不要过度消费。三是培养有利于生态良性循环的价值观、道德观、责任感和行为规范。四是宣传环境保护和生态建设，大力推广绿色产品和绿色消费方式，开展绿色家庭、绿色学校、生态文明社区创建活动，建立公众参与机制，充分发挥新闻媒体的舆论导向作用，在城市内部形成良好的生态环境。

随着经济全球化、城市化进程的加剧，城市发展速度越来越快，人们越来越意识到城市生态文明发展及建设生态城市的重要性和迫切性。面向 21 世纪，人类的取向和选择必然是生态文明建设，沈阳走生态文明发展道路、建设生态城市是历史发展的必然趋势。

参考文献

［1］黄光宇，陈勇．论城市生态化与生态城市［J］．城市环境与城市生态，1999（12）．

［2］陶飞．沈阳市建设生态城市指标及对策研究［J］．环境保护科学，2004（12）．

［3］向德平，牟坚．生态城市建设浅析［J］．学习与实践，2003（4）．

［4］邹亮．浅析生态城市建设［J］．江西化工，2007（4）．

石家庄市环境应急指挥系统的研发与应用

郭丽萍　李月彬

（石家庄市环境保护局　050021）

摘　要　本文介绍了石家庄市环境应急指挥中心系统的研发与应用，针对当前日益严峻的环境形势，为了提高环境应急指挥的科学决策、快速反应的全程控制能力，确保环境突发事故、举报案件得到及时、有效、顺畅的指挥控制和处置，本方案以应用研究为主，从环保部门处理环境突发事件的实际工作入手，提出创新理念，着重于平台支撑系统、关键技术及实现目标、应用前景的探索。

关键词　环境　应急指挥　研发

一、项目背景

近年来，随着社会经济不断发展，工业化进程的加快，环境污染突发事件呈现出日趋频繁和严重的特点，突发性环境污染事件造成的损失有逐渐加重的趋势。石家庄市作为全国医药、化工基地，生产、储存、销售危险化学品的单位多，同时，作为交通枢纽，危险化学品运输流通量也相当大，一旦发生突发性环境污染事故，后果不堪设想。为消除、减少突发性环境污染事故的形成，最大限度地降低环境污染事故的危害性后果，为此石家庄市亟待建立和完善环境污染事故响应与处置系统，提高政府部门应对突发性重大环境污染事件的应急决策能力和处置能力。

二、建设内容

石家庄市应急指挥中心项目建设包括硬件场地和软件应用系统两方面内容。硬件建设包括指挥中心基建及装备配套设施，包括指挥坐席、PC 机、大屏幕、照明音响等，软件系统建设主要是以下几方面：

1. 建立全市危险源分布数据库系统

建立全市危险源数据库是进行环境突发事件应急处置的基础，调查和筛选出全市危险源的种类、性质、分布、数量、潜在影响、处置方法等基础信息，建立数据信息库，并借助地理信息技术建立危险源分布基础信息查询系统。

2. 建立应急决策技术预案信息系统

建立应急预案系统规范突发性环境事故应急响应、应急管理、应急处置程序，内容包括应急监测技术预案、处置技术预案、方法库、专家库、知识库、应急人员及执法车辆信息库等基础信息系统。

3. 建立突发事件应急决策支持系统

决策支持系统包括 12369 呼叫平台、地理信息系统、GPS 车辆调度系统、应急处置效果评优系统等若干子系统，是利用现代应用计算机技术、通讯技术、GPS 卫星导航、地理信息技术等高科技技术，结合环保行业的特殊性，构建环境突发事件应急决策支持综合平台系统。

三、技术方案

（一）系统总体框架

石家庄市应急指挥中心系统总体结构由三个平台和两个保障体系构成，其框架如下图所示。

处于底层的是基础信息平台，其由信息采集、传输、存贮、信息标准与管理等部分组成；基础信息平台是环境污染应急指挥信息化工作的基础，包括基本软硬件平台、通信和网络设施、数据采集系统、数据仓库等。

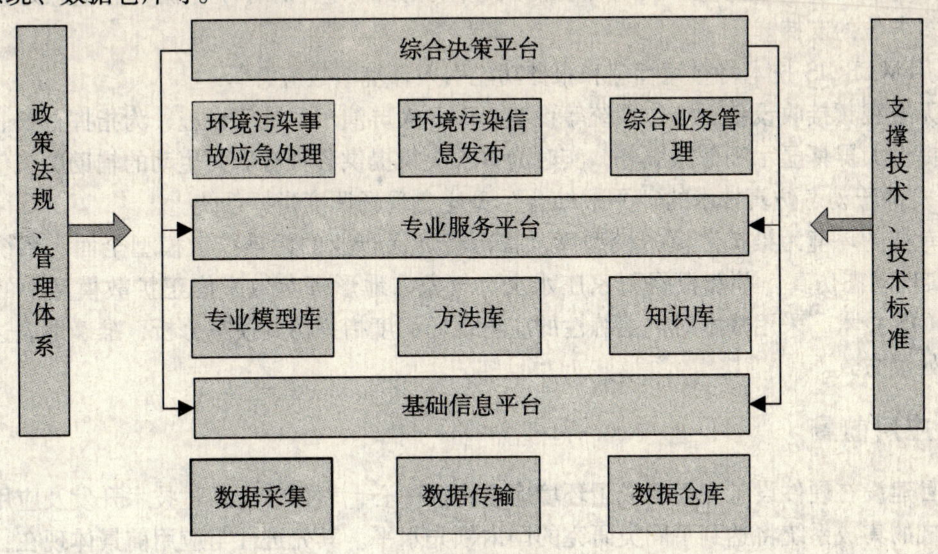

系统总体框架图

第二个是专业服务平台，其由专业分析系统、环境污染模型体系、方法库和知识库组成；服务平台是环境污染应急指挥决策支持系统的核心，是以基础信息平台为依托，采用系统科学方法、模拟技术手段，对各种环境污染事故扩散进行模型化分析，包括专业模型库、方法库和知识库。

第三个是综合决策平台，其由各类服务应用系统组成，由决策支持中心协调运行，政策法规与管理体系、支撑技术与技术标准是环境保护应急指挥信息系统实际应用的必备外部条件，亦即两个保障体系。

（二）关键技术

该项目以地理信息系统作为主要的基础支撑系统，采用基于ntranet/Internet结构、C/S模式与B/S模式相结合的体系结构，结合数据仓库技术、多源空间数据无缝集成技术、智能模型库、模型库管理系统、模型字典的应用、面向海量数据业务的镜像式数据缓存管理等技术的应用，在危险源数据库、应急处理技术、应急决策技术的基础上进行系统集成，整合开发“石家庄市环境突发事件应急指挥中心综合平台”。

采用流行的SOA框架技术，构建基于Web服务的组件功能，采用分布式数据库，利用数据挖掘及兼容各种数据类型及数据源。在技术应用上可以保持多年的先进性。

（三）功能平台

1. 12369污染举报接处警平台；

2. 危险源地理信息分布平台；

3. GPS执法车辆调度平台；

4. 应急辅助决策支持平台是应急指挥中心系统的高级平台，在其他平台的基础上运行。它从各类数据库中包括危险源库、处置方法知识库、预案库、专家库等抽取数据信息，运用数学模型、生成所需的决策，帮助决策者利用数据和模型集思广益、形成决策方案，并在地理信息系统、GPS系统等支持下，配合大屏幕显示，进行应急联动指挥，有效处置突发事件。

四、创新理念

1. 依据“预防为主”的环境管理理念，提出“全市危险源数据库”建库方案。

采用“一厂一档”的方式，实现环境污染危险源数据分类的有序存储，对应急处置决策提供全面、多方位的支持。

2. 采用 WEBGIS 技术将空间管理和服务功能引入环境事故应急管理。

利用无线视频接收设备、定位系统等设备。DLP 大屏演示系统等设施，为指挥首长、业务人员和专家提供大屏幕显示和信息服务，实时为首长决策提供各种有效而生动的辅助决策信息；

3. 开发基于动态仿真技术的“平战结合”型应急现场调度指挥系统。

建立专业的环境污染扩散模拟模型库，首次将环保行业的污染扩散模型全面、系统地通过 GIS 技术实现动态仿真，并能根据石家庄水文、气象、地形等参数来修正扩散模型中的相关参数。结合 GIS 技术，采用战术对抗演练性的应急现场调度指挥仿真模拟分析，准确地表达现场应急响应的处置方式。

五、应用前景

该项目建设在硬件设施方面建成了环境应急指挥中心，软件方面通过技术开发及应用系统的集成，完成的集成系统将达到了同类研究的国内领先水平。其先进性与应用前景体现在：

1. 实现系统集成、功能强大、高效实用的目标。以环境地理信息系统为基本支撑平台，集成环保 12369 接处报系统、GPS 车载卫星导航系统、应急决策辅助系统等于一体，健全各类基础数据库包括危险源分布库；化学品特性库；监测、处置技术方法库；专家库、执法人员、执法车辆信息库、应急预案库等。

2. 环保 12369 举报热线与应急指挥系统结合，日常执法融入应急指挥中，实现污染举报、快速查处、执法调度、及时反馈的效果。提高环境执法效率，全方位、高标准、高效率地为社会服务。

3. 成果直接应用于石家庄市突发性环境污染事故应急处置指挥决策工作中。从接报处理、确定危险源、模拟污染物扩散，从而分级别、分类别调出应急预案，到组建机构、决策调度、部门联动等各环节，系统流程高效运转，快速反应，将事故损失降到最低。

石家庄市雨水利用研究

尹建坤　耿　炜　靳睿杰　曹立强　穆　岩　董　钰

（河北省环境监测中心站　河北省石家庄市裕华西路106号　050051）

摘　要　随着城市化的发展，雨水径流污染日益严重。作为最根本、最直接、最经济的水资源，雨水对调节、补充地区水资源和改善保护生态环境起着极为关键的作用。本文通过对石家庄市54年降雨资料分析，指出实施雨水资源利用的必要性和可行性，了解到石家庄市雨水资源的潜力。对石家庄市某高校雨水水质进行了分析，并在此基础上提出了石家庄市雨水利用应采取的措施。

关键词　石家庄市　降雨　雨水利用　径流污染

一、引　言

我国的多年平均地表水资源总量是27115亿m^3，居世界第6位，但人均占有量仅有2200m^3，相当于世界人均水资源量的1/4。随着城市化水平的提高和经济的发展，使得用水需求量剧增和水资源紧缺的矛盾不断加剧，中国许多城市都面临严重缺水的问题。雨水资源是一种最根本、最直接、最经济的水资源[1]，近年来，由于人口增长、持续干旱、地表水污染、地下水超采等原因，使得人们对雨水资源的开发利用产生了极大的兴趣并进行了广泛的研究，且已初步显示出雨水资源开发利用的巨大潜力。

随着河北省人口的持续增长和国民经济的飞速发展，工农业用水、城镇居民生活用水迅速增加，水资源供求矛盾日益突出。特别是近年来降雨量偏少，地表水和地下水资源补给量大大减少，供求形势更加严峻。同时，水资源的过量超采造成了一系列严重的环境生态问题。为了缓解水资源的供求矛盾，有必要在总结我国雨水利用的基础上，深入探讨河北省雨水资源开发利用的途径。而利用雨水必须要分析其水质情况。

二、石家庄市雨水利用的可行性分析

（一）石家庄市概况

石家庄位于河北省中南部，东经113°18′~115°30′，北纬37°30′~38°40′总面积15 848km^2，地形西高东低。西部为中低山丘陵区，东部为辽阔的华北平原。属于温带大陆性季风气候，四季分明。

石家庄属于资源型缺水地区，石家庄市是全国35个严重缺水的城市之一。石家庄地区水资源总量为23.5亿m^3，需水量为32.81亿m^3，近10亿m^3的差额靠超采地下水维持，人均水资源量仅为258m^3，为全国人均水资源量的1/8，比以缺水著称的以色列还少，按国际公认的评价贫水的定量标准，属绝对贫水区。

（二）石家庄市降雨特性分析

1. 资料的选取

本文针对石家庄市城区展开研究，收集了近54（1951—2004）年来的各月降雨资料（图1）。

2. 年降水量

石家庄市的年平均降水量517mm，年最大降水量1002mm。

3. 月降雨量

石家庄市的月降水量一般是1—8月降水逐月递增，8月最多，平均为148.5mm，占全年降水量的28.9%。此后降水量逐月递减，1月最少平均为3.26mm，仅占年降水量的0.6%。

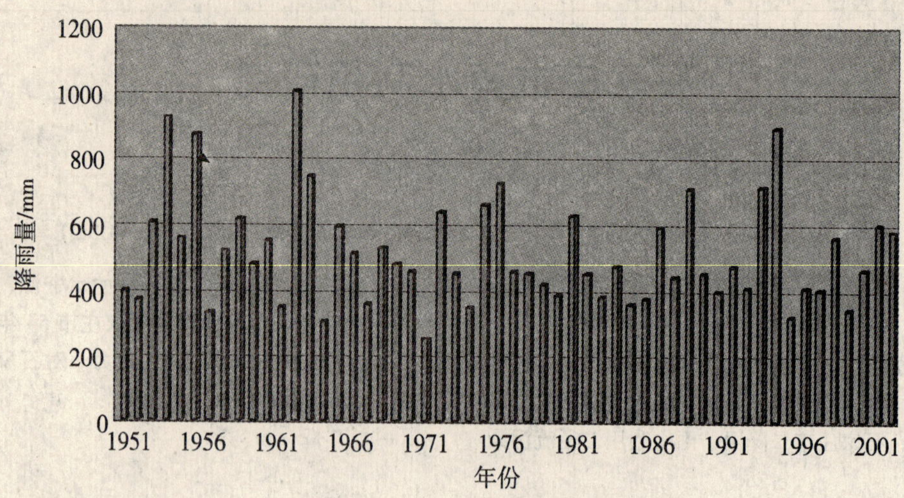

图 1 石家庄市 54 年降雨量柱状图

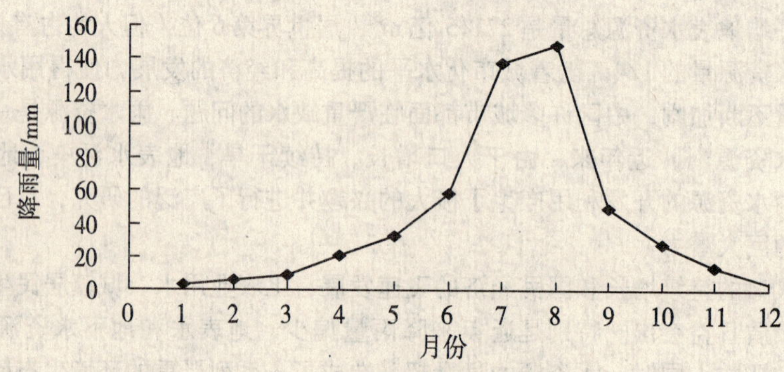

图 2 石家庄市月降雨量折线图

由图 2 我们可以看出石家庄市的降雨量主要集中在 8 月份。

4. 降水变率

降水变率是指降水量平均偏差与多年平均值的比率。石家庄市降水变率是全国变率高值区之一。年降水变率为 26%，比上海（14%）、广州（17%）等地大得多。各季降水变率都比年变率大，季变率以冬季最大，夏季最小。降水变率大，是导致旱涝的主要原因。

5. 降水变幅

石家庄市年降水量的年际变幅在 750mm 左右。1963 年的年降雨量 1002mm 是最大的，1972 年的年降雨量 251mm 是最小的。

6. 降水强度

石家庄市的平均降水强度为 7.3mm，各季降水强度以夏季最大，7 月、8 月盛夏期间降水强度达 11.6mm/d。冬季最小，只有 2.0mm/d。冬春两季最大降水强度大多为 5mm/d 左右。

石家庄市的最大日降水量 251.3mm，出现在 1954 年 7 月 12 日。

7. 地表径流

石家庄市多年平均径流深为最大径流量 100mm。

（三）石家庄市雨水利用的必要性和可行性

1. 石家庄市雨水利用必要性

石家庄市由于地下水的连年超采而得不到有效补充，造成地下水位持续下降，漏斗面积由 1980 年的 189km^2 增加到目前的 368km^2，漏斗中心地下水埋深由 21.13m 增至 42.29m。石家庄市区含水层疏干体积已达 $8.86\times10^8m^3$，疏干率达 51.2%，已超过“潜水水位最大允许降深为天然含水层的一半”这一公认的极限[2]。另外，城区水环境压力增加。石家庄市在近几年虽然陆续修建了“民心河”等城市水景观工程，但严重的补水不足造成水面面积萎缩，水质恶化，人工湖、河成了一潭死水、臭水。1980年以来，过度开采已经造成市区地下水漏斗面积增加一倍，水位下降20多米。专家估计，石家庄市的地下水如果不能有效补充和科学管理，在未来15年内就会枯竭[3]。

石家庄市水资源逐年严重短缺，1980年用水总量为$92.87\times10^4m^3/d$，1990年规划需水量为$178\times10^4m^3/d$，2000年规划需水量为$206.80\times10^4m^3/d$。目前，地下水资源十分紧张，虽投资数亿元引黄壁庄、岗南水库之水，每年引水$3\times10^8\sim4\times10^8m^3$，但是全市的年用水量达到$7\times10^8m^3$，如能将雨水资源加以利用，在一定程度上可缓解用水压力。

省会石家庄是受到人口、环境双重压力的极度资源型缺水地区。城市建筑物、道路等不透水铺装面的径流系数可达0.9，是形成城市暴雨径流的主产流区。市区每年要耗费大量资金和人力排出这些雨水，排水压力很大，雨洪灾害也不断增大。由此可见，对水资源短缺的石家庄市进行雨水资源的利用是十分必要的。

2. 石家庄市雨水利用可行性

（1）石家庄市区雨水资源的保障

石家庄主城区面积$150km^2$，石家庄市多年平均降雨量为517mm，雨量集中且强度大是石家庄暴雨的主要特征，城区降雨资源总量为6984万m^3，相当于石家庄市总用水量的14.7%（2003年的用水量计算）。主城区（按$150km^2$计算）多年平均径流量在0.72亿m^3以上。由此可见，石家庄城区的雨水资源大有潜力可挖，可以成为解决水危机的重要途径之一。

（2）技术可行性

收集雨季降雨径流，简单处理用于冲厕、冲车、绿化等；利用透水地面、生态池（坑、井）等拦蓄汛期雨水加以利用，减少暴雨径流，回补地下水，实现地表水和地下水联合调配，以丰补歉，把补源和防洪相结合，寓资源利用于灾害防范之中，协调人与自然的关系，兴利除害。这些在国内外都有丰富的经验与成熟的技术。

（3）经济可行性

雨水利用是水资源开发最早的方式，根据雨水集蓄利用技术应用的实践经验，解决降雨在300mm以上地区的人畜饮水问题，采用屋顶和庭院硬化集水、水窖蓄水，需要集流面积$120\sim150m^2$（用水泥瓦或混凝土，集雨效率按65%计算）和$30\sim40m^3$水窖一眼，总造价（包括群众投劳）不超过1500元，按河北省现行补助标准18元/m^3，总计补助540～720元/户，人均108～144元。与河北省现行的已建成的人饮工程平均每人国补投入200元相比，国家每人节省56～92元的资金，而且运行费大大降低。如雨水集蓄工程的寿命按20年计算，每立方米的水国家投入的代价不足1元，是国家补助水费的十分之一，因此雨水集蓄解决人畜饮水问题是十分经济的。

三、石家庄市某高校雨水水质分析

（一）水样采集点

（1）第一教学楼屋面

该教学楼位于学校的北面，共有六个雨水管，直接将水排到地面。其屋面是水泥砂浆抹面，比较光滑。屋面性质比较好，适于径流的产生，同时也不黏附或含有大的杂质和污染物体，其性质比较好。

（2）路面

所取路面位于学校门口附近，采样点道路旁的一个雨水排放口。其路面性质是比较整洁和干净，但是由于机动车辆排放尾气的影响，有机物质的浓度相对来说应该很高。

（二）水质实验数据分析

对三个取样点的水样分析如下：

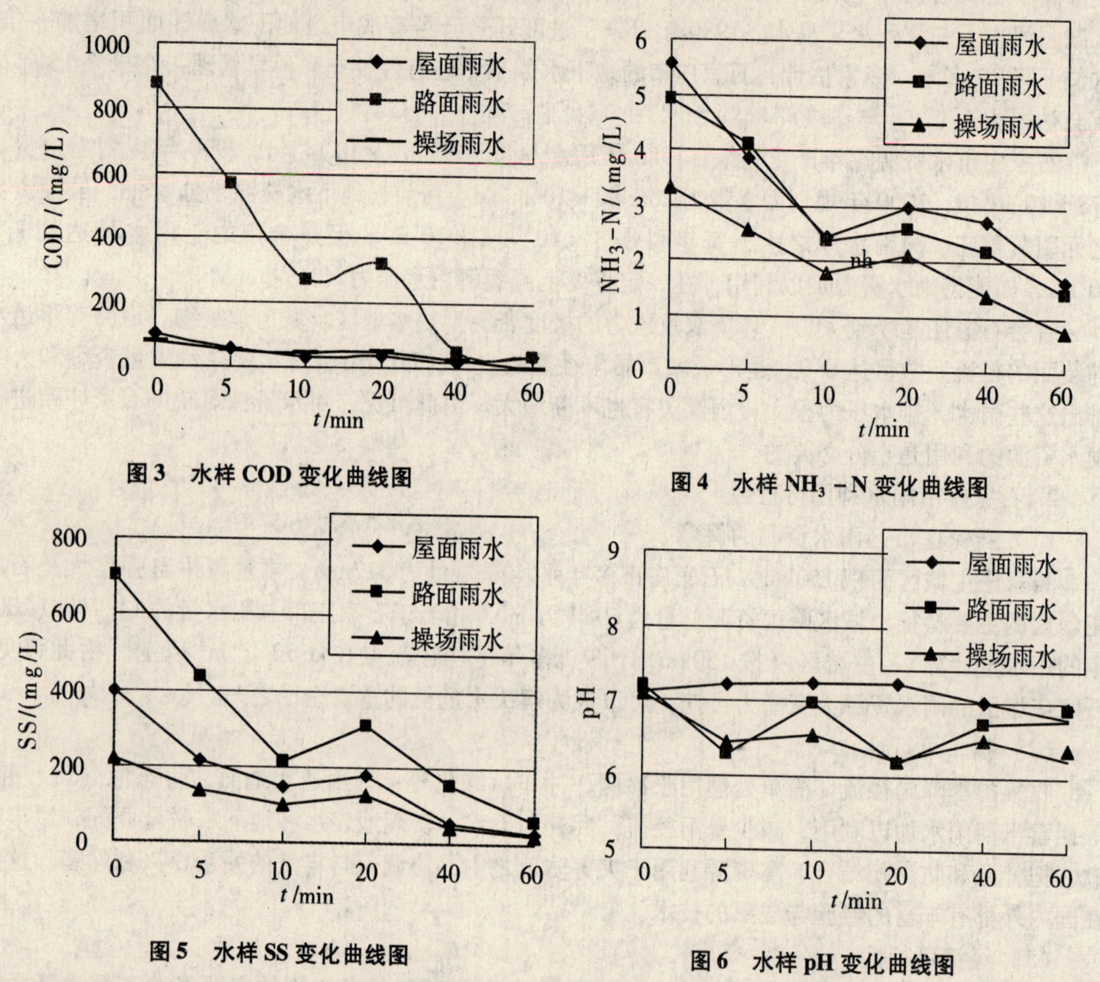

图 3　水样 COD 变化曲线图

图 4　水样 NH_3-N 变化曲线图

图 5　水样 SS 变化曲线图

图 6　水样 pH 变化曲线图

由图 3 ~ 图 6 可以看出，雨水径流中 COD、NH_3-N、SS 最高值通常出现在径流初期，并随降雨历时的延长而逐渐降低，且降雨后期逐步降低趋于平稳，pH 一般都大于 6，而维持在 7 左右，对雨水利用影响不大。随着降雨强度的增加各参数值也有一定的增加。

由图 3 ~ 图 6 还可以看出，道路上由于汽车排放尾气等因素的影响，其有机物的含量较高，而屋面和操场的水质比较好。路面上的径流雨水需要较长时间才可以收集，而屋面和操场上的雨水在 10min 左右内便可以直接收集利用。这些还和降雨量、降雨强度、降雨周期、雨水汇集面的材料、清洁程度以及汇水面积等因素有关。鉴于初期雨水径流中的各参数值较高，城市雨水的收集利用应考虑舍弃初期雨水径流，以减小对处理设施的影响，因此需要设置初期雨水弃流设施达到这种目的。

四、石家庄市雨水利用的问题及建议

（一）石家庄市雨水利用遇到的问题

城市雨水资源利用是一项复杂的系统工程，涉及城市规划、城市供水、生态系统环境保护和城市美化等多个方面。对于石家庄市雨水利用，目前尚未引起足够的重视，其瓶颈问题大致有三点：一是观念落后，人类几千年以来对雨水放任自流，已形成根深蒂固的思维定式；二是经济账不清，对城市水危机和雨水资源化认识不足，对雨水利用投入产出没有从长计议；三是缺乏政府行为，规划、立法、规范等问题亟待解决。

（二）对石家庄市雨水资源开发利用的建议

为解决石家庄市日益严峻的水问题，使雨水资源化，实现水资源的可持续利用，将石家庄市建成一个“水城和谐”的“亲水型”城市，综合国外经济发达国家和北京在城市雨水利用方面的经验，提出以下几点建议：

（1）结合石家庄市自身特点，进行统筹规划，运用新的思路，搞好城市的总体发展规划和其他专项规划，充分考虑雨水的积蓄和利用。

（2）加强城市有关雨水利用的监测和研究。

（3）开展部分雨水利用示范工程建设。

（4）建立有效和完善的水资源统一管理体制。

（5）政策法规和财政支持。

五、石家庄“三年大变样”中的雨水工程

在石家庄“三年大变样”生态环境建设过程中，关键是要合理利用水资源。加强对城市用水的保护，包括生态用水、娱乐用水、生活用水。建议要把雨水排空管道和排污管道分离开；把石家庄的水源涵养做好，切实摸清水源保护区，真正形成水源保护的规划和措施。

石家庄民心河二期工程设计中，设计人员采用了排蓄分离的办法。渠道只用来蓄水保证景观，而在渠道的两侧各建有雨水和污水管道。汛期来临时，两侧的排水管道便用来排洪，避免了一期工程时夏季每遇大雨，民心河即面临开闸泄洪，或是为保证景观而将雨水“拒之门外”的“尴尬”。

六、结　论

21世纪，大多数国家不论其发展程度如何，都面临淡水资源紧缺的问题。雨水是一种优质的自然资源，是自然界水循环系统中的重要环节，收集和使用方便，污染少，处理简单，不消耗或很少消耗能源，用于城市和生活，可缓解城乡供水不足的矛盾，用于农业可促进效益农业发展，没有负效应。雨水利用是一项典型的生态保护技术，对于水资源的优化配置，促进社会经济的可持续发展具有十分积极的意义。

参考文献

[1] 宋进喜，李怀恩，李琦．城市雨水资源化及其生态环境效益［J］．生态学杂志，2003，22（2）：32－35.

[2] 第三水源天上来．浅议城市雨水资源利用［EB/OL］．http：//www.h2o－China.com/center/bbs_ viewasp，2004：11－14.

[3] 刘佳，罗阳，许维．对石家庄市城市雨水资源利用的思考．海河水利，2005（2）．

天津滨海新区水环境保护对策分析

姚立英[1,2] 刘 凤[3] 白文娟[1] 陈 璐[1]

（1. 天津市环境保护科学研究院 天津市南开区复康路17号 300191；2. 河北工业大学 天津 300130；3. 天津经济技术开发区汉沽现代产业区总公司 300480）

摘 要 滨海新区作为我国经济发展的第三极，要建设成为经济繁荣、社会和谐、环境优美的宜居生态型新城区，水资源和水环境是滨海新区重要的制约因素，主要表现在重要区域发展淡水资源不足，地表水环境质量改善压力大、近岸水域水环境质量改善难度大、生态用水短缺等。本文针对上述问题提出了滨海新区水环境保护的对策和建议。

关键词 滨海新区 水资源 水环境

水是基础性的自然资源和战略性的经济资源，是生态环境的重要因素。尤其是对于天津，天津市是全国水资源最为紧缺的省级行政区之一，人均淡水资源量仅为160m³，是全国平均水平的1/15[1]。近20年来，在气候持续干旱和人类活动的双重作用下，水资源和水环境问题更为突出。“十一五”以来，党中央、国务院把天津滨海新区开发开放纳入国家总体战略布局，既为经济社会发展提供了难得的历史机遇，也对水资源的利用和环境保护提出了新的要求。

一、滨海新区水环境问题

（一）水资源问题

滨海新区水资源短缺，地下水超采严重，再生水回用率低，海水资源开发利用潜力较大。滨海新区大部分位于大清河淀东平原区，汉沽全区和塘沽的一部分在北四河平原，北四河平原各河流多年平均入境水量13.26亿m³，大清河淀东平原各河流除大水年有洪水入境外，其余年份基本无入境水量。地下水可开采量（矿化度<2g/L）0.57亿m³，为深层承压水，无可供开采的矿化度小于2g/L的浅层地下水，2005年地下水超采量达到0.48亿m³。因此，滨海新区2005年供水中的地表水1.42亿m³，基本是外调水，再生水回用率不足5%，海水淡化水不足1%。再用水中生产用水占78.9%，生活用水占17.6%，生态用水3.5%。滨海新区未来用水量主要是产业发展的需水量，预计2020年需水量在9亿～11亿m³之间，现有供水系统远远满足不了用水需求。

（二）水环境问题

滨海新区内地表水污染严重，水质以V类或劣V类为主，11条一级河道除蓟运河为V类水体、马场减河干涸外，其他均为劣V类水体，水质污染比较严重；8座大中型水库中北塘水库、黄港二库、东丽湖为Ⅳ类水体，大港水库、黄港一库为V类，其他达到农用水标准[2]。滨海新区饮用水以引滦水为主，供水水质保持在Ⅲ类水质以上；地下水浅层为苦咸水，深层含氟量较高。

（三）地面沉降

天津市大规模开发利用地下水资源始于1923年[2]。据对历史水准点监测资料的分析表明，伴随着地下水的开发利用，开始出现不同程度的地面沉降。目前，天津市地面沉降面积已经占全市总面积的61.24%，近年来，由于过量和集中开采地下水，引起塘沽、汉沽、大港等区较大范围的地面沉降，1994—2005年塘沽区平均沉降18mm，汉沽区平均沉降38mm，大港区平均沉降27mm[4]，其中塘沽区累计沉降值3.2m（1959—2007年）[5]。

（四）生态用水量不足

天津市的南北两大片湿地生态环境保护区均位于滨海新区，有众多的河流和坑塘洼淀，滨海新区内现有天津古海岸与湿地国家级自然保护区、天津北大港湿地自然保护区，湿地类型多、分布广、水生生物及鸟类种类较丰富，各类湿地总面积659.4km^2，占新区总面积近30%，是滨海新区重要的自然生态特征。到2020年，滨海新区城市环境需水量0.33亿m^3，北大港水库、七里海、营城水库等湿地生态需水为1.41亿m^3[3]。但大多湿地没有补充水源保障，滨海新区本身降水量比较少，上游无来水。一些河道、湿地等存在污染和生态退化的现象，由于水资源的年季不均，平水年和枯水年生态恢复用水有所不同，但生态环境恢复用水量总体上呈下降趋势，湖库坑塘水面面积缩减的同时呈现破碎化。

（五）海域保护压力增大

滨海新区位于“九河下梢”的“梢尾”，来自于天津市区、河北、北京等周边省市的污水全部经过滨海新区入海，这种天然的作为上游城市污水排海通道的地理位置，在上游来水不达标的条件下，滨海新区的城市水功能区水质达标和近岸海域水环境质量达标很难。天津的海岸线仅153km[6]，被河北省800多km的海岸线从两侧包围，尤其南侧汇集了河北省的污水入海，形成明显的污染海域。同时，渤海作为我国的内海，自身净化能力较差，因此，必须在周边省市协同进行综合污染防治达标的基础上，才能保证滨海新区的水环境功能区达标。

大沽排污河和永定新河两大排污口承接天津市绝大部分污水的排海，随着滨海新区岸线利用和布局的调整，两大排污河的排海方式如果保持现状，不利于滨海新区近岸海域水质环境改善。

（六）污水治理存在一定问题

污水收集与处理系统不完善，到2005年污水处理率不足60%。部分城区和工业区尚未建设污水集中处理厂，中小城镇污水处理能力差距较大，现有部分污水处理厂受污水管网不完善的制约，污水收集率较低，污水处理厂布局及处理规模不甚合理，农村生活污水收集系统未建立；环境基础设施运营机制不适应国家经济体制改革和市场化进程，财政倒挂、政府补助式的经营管理方式，难以维持环保设施的正常运转，不能充分发挥环境设施的社会、经济、环境效能。

二、滨海新区水环境保护对策和措施

根据滨海新区水资源的特点，提出水环境保护对策主要是：加强水资源和水环境一体化管理；建设节水型社会，提高水资源的利用效率，降低用水量；提高再生水回用率；大力发展海水直接利用和海水淡化，替代淡水资源；限制地下水开采；再生水补充生态用水，改善生态环境质量。

（一）加强水资源和水环境一体化管理

天津水资源严重短缺，加强水资源管理、实现水资源的可持续利用是解决水资源供需矛盾的根本途径之一。天津市于2009年成立了天津市水务局，整合了原市水利局职责、市建设管理委员会城市供水职责、市政公路局城市排水和有关河道堤岸管理职责。天津市水务局的成立为解决天津水资源问题，实现水资源合理开发、高效利用和有效保护奠定了有力的体制保障，实现了城乡水资源一体化管理。但是，滨海新区是资源型缺水和水质型缺水并存的城市，水环境的管理是涉水管理的另一个关键问题，环境保护局负责管理河流、湖库、景观水体的水环境质量及企业排污的检查和管理，市建委负责污水治理设施的建设和再生水的推广和利用，市发改委实施农村饮水安全工程等，市农委负责农村面源污染防治和禽蓄养殖污染治理等问题。水资源和水环境一体化管理从管理角度解决水资源使用和水环境保护问题，作为先行先试和体制改革试点的滨海新区应进行有益的探索。

（二）优化水资源的利用模式

滨海新区实施南水北调、完善引滦入新区和引岳龙地下水等外调水资源工程，合理利用本地地表水，大力发展海水淡化、海水综合利用和再生水资源综合利用。水资源配置方面外调水及海水淡化、海水直接利用供水，优先满足新区城市生活用水和工业用水需求；再生水主要用于满足城市河湖补水等生态用水、工业用水、城市生活杂用水及农业用水的部分需求，本地地表水和地下水满足农村生活用水和农业用水的需求。水资源节约利用方面从产业结构上限制发展用水效益低、耗水多的工业项目，提高工业用水重复利用率达到90%。

1. 再生水回用

进一步研究再生水经济和技术的平衡点，进一步扩大再生水回用率，减少新鲜水使用量；强化污水处理厂配套建设再生水回用系统。目前我国的城市污水再生利用水质国家标准［如《城市杂用水水质标准》（GB/T 18920—2002）、《城市污水再生利用景观环境用水水质》（GB/T 18921—2002）等］还不能保证再生水的水质生态安全，因为这些标准还未考虑病毒和寄生虫这两项卫生学指标，也缺乏对再生水使用对公共健康所带来潜在危险进行安全评价的研究，所以在加快污水再生利用工程的同时滨海新区应该先行先试，积极完善再生水利用标准。

2. 开发利用海水资源

将海水直接利用和海水淡化相结合，建立以海水梯级利用和浓缩海水再利用为重点的海水利用循环经济系统；推广海水淡化与海水循环冷却技术，重点建设大港新泉、北疆电厂和临港等海水淡化和电厂、化工厂等海水直接利用工程；海水综合利用量占新区水资源使用量的25%以上。

海水利用的方式主要有海水淡化、海水冷却、海水脱硫技术和海水源热泵技术。目前海水淡化技术主要分为蒸馏法和反渗透法两种，海水淡化作为水资源开源增量技术，技术日趋经济合理，很多沿海的大型电力、石化、化工企业，开始大量利用海水，根据全国海水利用专项规划，2020年中国海水淡化能力达到每日250万~300万t。工业冷却用水约占城市用水的50%，开发利用海水资源，代替淡水作工业冷却用水是解决沿海城市和地区淡水资源紧缺问题的重要途径之一。大连已有30多家企业利用海水作为工业冷却水，海水日用量达350多万m^3，年节约淡水资源6300多万m^3。2006年青岛已有30多家企业海水直接利用量达到240万m^3/d之多。海水脱硫技术利用天然海水去除烟气中的SO_2，深圳、漳州分别建成30万kW和60万kW燃煤机组全烟气量海水法脱硫试点工程。国外有很多应用海水作热泵冷热源的实例。如日本20世纪90年代初建成的大阪南港宇宙广场区域供热供冷工程，利用海水为23300kW的热泵提供冷热源，瑞典首都斯德哥尔摩建设了总能力为1.8×10^5kW的世界上最大的海水热泵站，用于区域供热，占城市中心网输送总量的60%。

（三）水环境综合治理

1. 区域协调，联防联控

协调河北省和北京市同步削减入海污染物的排放量，严格控制陆源污染。充分利用引黄河南水北调工程，实施生态补水和污水节流，完成南、北排污河综合整治工程，使之符合农田灌溉水质要求。

2. 建设城市湿地

应对滨海新区生态用水不足和湿地面积萎缩，在新区城市化建设过程中，将湿地引入城市和工业园区，经过工程设计，建设具有污水处理功能的城市湿地系统，以污水处理厂出水为水源，补充湿地需水量，发挥湿地污水处理的功能和生态环境效益，达到净化水环境、增加湿地面积、美化城市的效果，建设宜居生态型滨海新区。

3. 污水治理工程建设

污水处理厂应以共建共用为原则，构建城区—城镇—工业园—大型企业相结合的污水处理厂格局；统一规划，优化布局，打破行政区划和工业园区界限，形成以大型综合污水处理厂为骨干、中小型污水处理厂为补充的污水处理系统，新建污水处理厂应具备脱氮除磷和污泥无害化、资源化功能；污水处理厂主体工程与废水收集及再生水回用管网统一规划，同步建设，实现投资最优化，避免重复建设和资源浪费；创新市场化建设与运营机制，实施企业化运营，发挥污水处理和再生水利用的综合效益。

（四）建设节水型社会

由于滨海新区的主导水资源为引滦、引江水，引黄河水作为应急补充水源，城市供水水源单一，供水保证率难以保障城市安全用水的需求。而且这些外调水源都具有地区、年季分布不均匀的特点，平水年、枯水年的水资源总量有所区别，而随着滨海新区的城市建设，人口规模等的不断扩大，需水量呈现总体的增长趋势。必须要对水资源坚持“节流、开源、保护水源并重，把节约放在首位”的方针，充分考虑水资源的承载能力，加强用水总量控制，建立健全水资源综合管理制度，建立水资源梯级利用、分质供水和循环利用相结合的水资源体系。

水利部把天津市确定为全国节水型社会建设试点，滨海新区应调整产业结构，控制高耗水行业的规模，使水资源供给向高效低耗型转移；不断优化调整行业及产品用水标准，限制耗水多、用水效益低的行业发展；开展冶金、电力、石化等行业节水示范工程，形成以水资源梯级利用、分质供水和循环利用相结合的高效用水系统；大力发展节水农业，实行灌溉用水总量控制和定额管理，推行先进高效灌溉技术；加快供水管网改造，降低漏失率。将万元 GDP 用水量，提高工业用水重复利用率，增加灌溉业用水利用系数和节水灌溉面积，普及节水用具，基本建成节水型城区。

（五）保护地下水资源，实现水资源永续利用

削减地下水开采量，实施地下水环境保护工程，封填废井眼、建监测井，加强地下水监测及管理力度，利用现有水利设施拦蓄汛期洪水，经处理水质达标后，实施深层地下水回灌，解决滨海新区超采和地面沉降问题。

三、结　论

解决滨海新区水资源供应不足和水环境恶化，应注意以下几点：

1. 水资源水环境是一个动态的自然生态过程，人类生产生活对水资源的需求和污水的排放具有社会规律，因此，水资源的合理利用与水环境的保护是自然系统与社会系统的动态反馈系统，对其进行管理方式应采取一体化的管理，避免割裂规律的条块分割控制措施。

2. 改变传统的依靠外调地表水为主的供水模式，构建外调地表水、海水淡化水、再生水回用等多目标供水系统。

3. 在水环境的综合治理中，充分利用生态、水系统自身的建设能力，将湿地引入城市，优化河湖水库的生态功能，建设健康的水环境。

4. 用水需求是滨海新区水资源、环境问题的关键，从源头下手，建设节水型社会，减少用水量和污水排放量。

参考文献

[1] 冯厚军．天津海水淡化技术国内领先［N］．天津科技，2005（10）．

[2] 杨建图．天津市地面沉降现状与防治对策［G］// 第二届全国地面沉降学术研讨会论文集．2006：228－233.

[3] 李保国，王建卉．天津滨海新区水资源配置研究．海河水利，2006（6）：6－9.

[4] 朱庆川，徐冬，王森．浅谈天津市滨海新区地面沉降与开采地下水的关系及控制地面沉降的措施［G］// 第二届全国地面沉降学术研讨会论文集．2006：240－245.

[5] 黄晓明，丁尚起，王润华．浅析塘沽区地面沉降原因与控制．地下水，2009，131（1）：135－137.

[6] 刘晟呈．天津市生态小城镇区域生态建设重点及社会经济发展方向的研究．环境保护，2007（9）：52－56.

新疆地热能源的应用

黄玉英[1]　商思臣[2]

（1. 新疆乌鲁木齐水文水资源勘测局　新疆乌鲁木齐市滨河路120号　830000；
2. 新疆水文水资源局　新疆乌鲁木齐市于田街4号　830000）

摘　要　基于新疆地表水水资源紧缺，生态环境系统脆弱的现状，本文从如何减少废气的排放，减轻环境污染利用新型能源这一目标出发，以新疆特殊地理环境下几例地下水源热泵供热制冷应用的实际情况及存在的问题，希望和中东部使用成熟地区探讨交流，对水源热泵技术做更进一步的宣传、研究和总结，使其能够更好地在新疆及其他西部地区广泛应用。

新疆属于干旱、半干旱地区，水资源紧缺，生态环境系统脆弱，保证社会经济和生态环境的可持续发展更是新疆当前面临的最重要的问题。目前，全球变暖的现实正不断地向世界各国敲响警钟，大气中二氧化碳等排放量增加是造成地球气候变暖的根源之一。特别是人类生产、生活所燃烧的矿物燃料，使大气中的温室气体大量增加，造成了大气污染，并导致全球气候进一步变暖。因此，如何有效地使用可循环的新型能源，减少矿物化石的使用，减轻环境污染，遏制生态恶化趋势，成为一项当前急迫的重要任务。新疆地大物博，光热风及地下水资源丰富，但是开放利用和其他国家和地区相比还很落后。

一、新疆自然地理概况

新疆幅员辽阔，面积有165万km^2，占中国总面积的1/6。“三山夹两盆”是新疆的地貌特点，其境内从北到南高山与盆地相间。北有阿尔泰山，南盘昆仑山，而中部横卧的天山则把新疆分为南北疆，从而形成风貌迥异的塔里木盆地和准噶尔盆地。塔里木盆地，是中国第一大盆地。

新疆位于欧亚大陆腹地，四周距海洋很远，属于典型的干旱、半干旱地区，平均年降水量只有145mm，是全国平均值的23%，只相当于华北地区的1/4，长江流域的1/7。新疆因空气中水汽含量少，湿度小，近地面气温高，蒸发强，年蒸发量2 000～4 000mm，蒸发量为降水量的几倍甚至几十倍。

新疆水资源总量为884亿m^3，地下水可开采资源为252亿m^3/a，现地下水开采量达78亿m^3/a。

二、城市环境不容乐观

由于受到人类活动的影响，新疆的生态环境状况不容乐观，尤其是城市的空气污染，更是严重。如乌鲁木齐市、喀什市是我区污染的重灾区，在全国都是排在前列的。

自治区首府乌鲁木齐市是我区工业最集中的城市，空气污染十分严重。在全国47个重点城市中，乌鲁木齐市排在空气污染最严重城市的第3位，并被列为世界上空气污染严重城市之一。城市空气中悬浮颗粒物、二氧化硫、氮氧化物等主要污染物年平均值全部超标，其中悬浮颗粒物超标1.5倍，二氧化硫超标0.75倍，氮氧化物超标0.74倍。在采暖期的冬季21周中，乌鲁木齐市的空气污染指数均在101以上。其中，空气质量级别达到五级重度污染的有12周，空气质量级别达到四级中度污染的有6周；只有3周空气质量级别为三级轻度污染。上述情况说明，乌鲁木齐市大气污染状况非常严重，已到了非治理不可的地步。这种城市污染状况形成和日趋严重的原因，主要是由于城市化进程的加快，人口增加，能源消耗量显著增长带来的，特别是以直接燃用原煤为主产生的煤烟型污染，加上城市汽车数量逐年增加，以及本地区荒山裸地多，植被稀少，绿化覆盖率低，抵御自然界风沙扬尘的能力较弱等多种因素综合作用的结果，加剧了城市的大气环境状况的恶化。此外，特殊的地理条件和不利的气象特征，阻碍了大气污染物的稀释扩散，削弱了大气的自净能力。尤其是冬季，由于逆温天气发生频率高，加上降水稀少，成为冬季大气污染危害程度加重的客观原因。1998 年制定了一系列的政策法规并采取了一些措施，乌鲁木齐市治理大气污染的五年目标，即 5 年“蓝天工程”，五年内基本解决乌鲁木齐市冬季烟尘污染的要求。2010 年乌鲁木齐市计划投资 33 亿元，实施 21 项大气污染治理项目。由于受地理、气候和现实条件等诸多因素的制约和影响，乌鲁木齐市大气污染这一顽症始终未能从根本上得到解决。

北疆供暖期为 10 月 15 日至次年 4 月 15 日，达半年之久；南疆为 11 月 1 日至次年 3 月 31 日，也有五个月。仅以乌鲁木齐市计算，现有建筑物总面积约 7 000 万 m^2，其中采暖面积近 5 000万 m^2。每年冬天就要烧掉 175×10^4t 煤。可以想象全疆需要排放的废气废渣数量是多么的巨大。

三、应用地热能源的途径

在我国北方，特别在冬季几乎全部靠燃煤取暖。煤是各种能源中污染环境最严重的能源，只有减少城市地区冬季燃煤的使用，城市大气污染问题才可能得到解决。而随着国民经济的发展和人民生活水平的不断提高，建筑能耗占社会总能耗的比重越来越大，空调能耗又是建筑能耗的重要组成部分，能耗增加带来的是环境污染的加剧。当今社会，环境污染和能源紧张已成为威胁人类生存的头等大事。而从降低运行费用、节省能源、减少二氧化碳排放量，减轻环境污染，而采用地源热泵技术利用洁净的地热能源不失为一种有效的途径。

地下水源热泵技术在建筑节能和环保的双重需求下应运而生，它将地下水体作为冬季供热的热源和夏季制冷的冷源，是一种高效节能的可再生能源利用技术，有利于可持续发展。地源热泵技术是循环利用地下水量和地下水温相对稳定的特性，通过消耗电能，在冬天把低位泵系统热源中的热量转移到需要供热或加温的地方，在夏天还可以将室内的余热转移到低位热源中，达到降温或制冷的目的。地源热泵不需要人工的冷热源，可以取代锅炉或市政管网等传统的供暖方式和中央空调系统。冬季它代替锅炉从土壤、地下水或者地表水中取热，向建筑物供暖；夏季它向土壤、地下水或者地表水放热，达到给建筑物降温的目的。

四、水源热泵技术使用实例

新疆气候特征限制了地表水不适合用于水源热泵。冬季气温五个月左右在零度以下，水面结冰，河流封冻。而地下水水温恒定，在 11～18℃，水质较好，适合作为水源热泵水源，提取能量后再回灌地下，水质水量不发生变化。近两年，新疆逐渐开始在建筑业中试着使用地下水和城市污水，但是由于新疆的特殊性和没有经验，在开发使用中出现了各种问题。

（一）位于天山北坡经济带的乌苏市城东新区地下水水源热泵

乌苏市地势由东南向西北倾斜，北天山山麓地带以北 15～20km 宽的地带为冲洪积作用下形成的倾斜平原，洪积物主要由大小不一的砾石和部分砂土构成。市区南部属上更新统洪积层地质，市区北部属全新统冲积层地质，市区东部属中更新统冰碛堆积层地质。地质构造 25～30m 为卵砾石层，地下水位埋层较深，在 36～40m。

乌苏市城东新区以居住、行政办公及商业服务为主。具有承接老城功能转移、工业区生活配套及吸纳奎屯、独山子等周边地区居民等多重职能。规划占地 $6 \times 10^4 km^2$，容纳人口数量为 7.5 万人，最高日用水量 21 400m^3/d，供热面积为 $394 \times 10^4 m^2$，公共建筑用水量 3 000m^3/d。计划在东工业区新建设一座大型的热电厂装机容量为 2×300MW。

为节约能源和减少污染排放考虑，采用新型的地下水源热泵系统作为冬季供暖和部分的夏季空调。针对城东新区建设情况开展了水文地质勘察，对附近的已有机井和新井做了抽水和回灌试验，周边井出水量在 150～220m^3/h。由于地层以卵砾层为主，透水性好，100m^3/h 回灌的水位升高在 50～60cm。单井出水全部回灌到一口井中水位升高也不超过 1m。最后采用了 1∶1 抽水井和回灌井的比例。

由于地层大部分为沙砾、卵层，层厚，透水性能好，加之时间仓促，回灌试验短，做得不够彻底，没有准确测出实际回灌能力，即回灌量还可以增大，还有回灌空间。

（二）天山南坡东部水资源贫乏区的鄯善县楼兰帝王大厦水源热泵

鄯善县楼兰帝王大厦及居民活动中心建筑面积为 11×$10^4$$m^2$。该区域地下水埋深 12m 左右，周围 200～500m 之内的农业机井出水量丰富，水量在 120～200m^3/h。第一眼探采结合井，设计在离一口水量 200m^3/h 的井不足 30m 之处，但是其出水量却很小，不足 80m^3/h。后据物探勘察分析，该区恰好位于两条古河道隆起处。

由此可见，水文地质勘察论证工作不能抱侥幸的态度，有时也许会碰巧出现预想不到的结果。

（三）南疆重镇——喀什市水源热泵

喀什市位于昆仑山北坡，第四系松散沉积物巨厚，构成了优越的储水构造，克孜河是流经喀什市的最大河流，是喀什市地下水的主要补给来源，喀什市以低矿化的硫酸盐性水为主。地下水埋深较浅，含水层结构由单一潜水变为多层结构的地下水混合类型，地下水补给来源充足，水质较好。静水位埋深 1.5～2.0m。

根据对项目区探采结合井所做的抽水试验和回灌试验，并参阅喀什市相关的水文地质勘察报告，喀什市农灌井和生活工业井，机井深度在 100～120m，单井出水量在 200～250m^3/h 之间。水文地质参数：抽水试验含水层渗透系数为 K=40～45m/d，影响半径 R=151m。群井回灌试验含水层回灌渗透系数为 K=32m/d，回灌影响半径 R=56m。

喀什市大众蓝湾小区总建筑面积为 7×$10^4$$m^2$，经分析论证设计打了抽水井和回水井。通过水源热泵交换热量后的地下水通过回灌井同层回灌至地下。该在建项目水源热泵冬季最大用水量估算值为 380m^3/h。根据抽水和回灌试验分析计算，对比分析项目区机井单井出水量与项目区最大用水量、抽水井数量，并考虑出水井的水量在满足所需水量的同时，要保证有一定的充裕量的原则，根据建设项目最大需水量，若考虑实际生产井结构等特点，则单井开采量 200m^3/h，小于 Q 最大。因此根据单井开采量合理性的考虑，设计 2 眼井。考虑回灌条件下回灌水井干扰影响以及堵塞等因素，回灌量减少系数按 15.0% 计算，则单井回水量为 110m^3/h。设计回水井 4 眼。

项目区地下水位在 1.8～2m，埋深浅。在回灌试验之前分析，由于回灌空间小，估计回灌量不会太大，可能需要数倍大于抽水井的数量。通过回灌试验和计算，结果和预期的有很大出入。最后确定的抽水井数 2 眼，回灌井 4 眼，1∶2 的抽灌井比就可以满足要求。

（四）自治区首府——乌鲁木齐市水源热泵

2008 年在乌鲁木齐市仓房沟路办公住宅联合楼使用地下水热泵，这是乌鲁木齐乃至新疆都较早利用地下水循环供暖的项目，但是由于没有做前期的水文地质勘察和水资源论证，建筑面积 4×$10^4$$m^2$ 的办公住宅联合楼，打了 9 眼井，最后还要靠自来水补给才能使热泵运行。其原因是建筑单位将水源热泵整个系统，包括打井、水源热泵、供热系统的安装等都承包给了施工单位。而施工单位为了省钱，没有做水文地质勘察分析和水资源论证，甚至自己买台钻机打井，且不按照规范进行，井管周边没有下粒料，井管用钢锯锯了些条缝，最后导致水源热泵不能运行，只得借用自来水补充水源，耗水耗电。这个水源热泵应用项目是个不成功的典型例子。

乌鲁木齐在北京路主要城市污水管线处，利用城市生活污水建立了小规模的污水源泵，由于水量只进行了24h的过程观测，对长期的峰谷没有很好地掌握，限制了规模的充分利用。

五、小　结

新疆地源热泵技术应用和我国其他地区相比，起步晚，经验少，还存在着若干问题。

1. 思想认识上的问题

建筑投资方对地源热泵技术持怀疑态度，担心技术不成熟，习惯于燃煤锅炉采暖方式。就算认识到有许多优点，但由于前期投资大，如水文地质勘察、水资源论证、打井、专门的地源热泵锅炉等都比集中供暖耗资大很多，而远期效益建筑开发商方一时看不到，也就失去热情。

2. 政策支持力度不够，缺乏激励机制

我国中东部地区一些城市，对燃料供暖限制，鼓励有自然条件的一定要实行地源热泵。我区在这方面就缺乏有效的法规和鼓励机制。

3. 在水源热泵的建设和使用存在技术问题

由于新疆地源热泵起步晚，2008年才在我区开展水源热泵的摸索和使用，在具体实施过程中确实存在一些不规范的问题，一是对水文地质条件不做调查分析，盲目上水源热泵项目；二是抽灌试验简单，浪费回灌余地，或者盲目多打井；三是打井之前不作专业勘察论证，机井不作专业设计、监督，使用的材料不按照技术标准做，浪费财力物力，甚至造成失败。或者请没有专业资质经验的单位做前期勘察论证工作，分析论证东拼西凑，抽水试验和回灌试验不彻底，抽水试验和回灌试验时间短，有的只有12小时左右，给以后实施和长期运行管理埋下隐患。

无论在采用地源热泵技术利用地热能源过程中存在这样或那样的问题，但是，其效益是显著的。以喀什市一小区一栋楼为例，采取地热能源进行供暖，每平方米供暖年用煤量按35公斤计算，每年可以节约用煤542.5t，减少二氧化硫排放6.944t。由此可见，如果在全疆推广此项技术，其经济和生态效益是多么巨大。鉴于地下水源热泵技术的应用涉及地下水资源的有效利用及污染问题，而该技术在国内尤其是在我区的应用时间又相对较短，人们对它的应用状况以及相关问题尚缺乏全面系统的认识。因此，有必要对水源热泵技术做更进一步的宣传、研究和总结，使其能够广泛应用。

GIS支持下的吉林省二松流域水资源恢复力评价

晏　明

（吉林省农业资源与农业区划研究所　长春市西安大路176号　130062）

摘　要　本文阐述了与水资源系统恢复力评价相关的理论和方法，主要包括水资源系统恢复力评价的基本概念、方法、指标体系，也阐明了GIS技术在生态环境质量评价研究中的优势。由于水资源系统恢复力评价处于研究的初始阶段，本文在总结其他领域的恢复力的基础上，针对吉林省二松流域水资源的实际特点以及社会、经济的相关特点，选取吉林省二松流域水资源系统恢复力的评价指标，在GIS的支持下，利用多种来源的不同专题空间数据，建立水资源系统恢复力评价指标体系。采用空间叠加分析方法得到水资源系统恢复力评价指数，得到吉林省二松流域水资源系统恢复的分布趋势。并对评价结果进行合理性分析。

关键词　水资源系统恢复力评价　吉林省二松流域　指标体系　GIS

一、研究区概况

本文以吉林省境内的第二松花江（简称二松）作为研究区域。位于东经124°36′～128°50′、北纬41°44′～45°24′是松花江的南源，上游有两支，即头道江与二道江，皆发源于长白山脉主峰白头山。习惯上以头道江为第二松花江的主源。两源于抚松县西北两江口附近汇合，以下始称第二松花江，它从东南流向西北，经白山、吉林、长春和松原四个地区，包括抚松、桦甸等大部分地区或部分地区。第二松花江全长825.8km，流域面积73 749km^2，流域内河川发育，水流众多，总计流域面积20km^{2}以上的河流842条，主要支流有头道松花江、辉发河、饮马河和伊通河等。

第二松花江流域水资源量丰富，水资源总量为175.74亿m^3，地表水资源总量为159.18亿m^3，地下水资源总量为50.36亿m^3。二松流域内河川径流的补给主要是大气降水，所以多年平均径流量与多年平均降水量的分布基本一致（图1）。

二、评价指标体系的建立

（一）指标的选取

在选取吉林省二松流域水资源系统恢复力评价指标时，我们在遵循科学性、整体性、协调性、可操作性和独立性原则的基础上，再根据本研究区的实际特点，在众多的评价因子中选择适当的评价指标，建立生态环境评价指标体系，将参评因子分为一级指标和二级指标。一级指标包括自然条件、社会条件和经济条件指标，二级指标有水资源量、地下水资源量、年降水量、年蒸发量、水资源涵养能力、湿度（干燥度）、文盲率、人口密度、废水治理设备、道路长度、人均GDP、农业比重、工业比重等共12个因子（表1）。这12个因子从各个方面表现了研究区域的基本特征，其中多数指标是反映该研究区域的自然生态环境指标如水资源量、年降水量、年

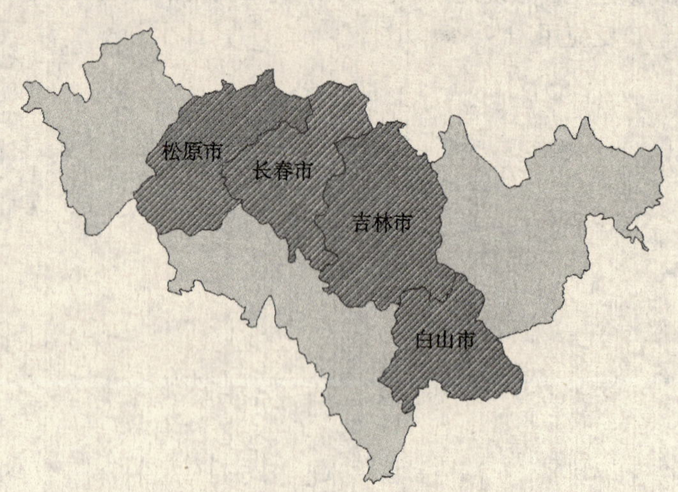

图1　研究区在吉林省的位置

蒸发量、年径流量、水资源涵养能力等；同时还有一些指标是反映该研究区域的社会、经济的指标如文盲率、人口密度、废水治理设备、道路长度、人均 GDP、农业比重等，这些指标都严重地影响着本研究区的发展。

表 1　吉林省二松流域水资源系统恢复能力评价指标体系

一级指标		二级指标	
指标名称	权重值	指标名称	权重值
自然条件	0.768	水资源量	0.132
		地下水资源量	0.107
		年降水量	0.233
		年蒸发量	0.055
		水资源涵养能力	0.130
		湿度（干燥度）	0.108
社会条件	0.080	文盲率	0.053
		人口密度	0.023
		废水治理设备	0.004
		道路长度	—
经济条件	0.152	人均 GDP	0.105
		农业比重	0.035
		工业比重	0.012

（二）数据的获取

在研究区的数据获取方面，自然维指标，如水资源量、地下水资源量、年降水量、年蒸发量、湿度（干燥度）是依据各气象测站点的测量数据；社会维（文盲率、人口密度、废水治理设备、道路长度）、经济维（人均 GDP、农业比重、工业比重）指标则来自 2007 年吉林省各地相关统计年鉴。而水资源涵养能力则是由 MODIS 数据解译与分析，利用植被指数计算公式建立的植被指数模型进行 NDVI 的计算所得。

（三）数据的标准化处理

在进行吉林省二松流域水资源系统恢复力评价的过程中，要利用 GIS 软件中的叠加分析工具对各个专题数据进行叠加运算，因此指标的量化是十分关键的。由于各个专题数据的性质和量纲都不相同，所以无论从指标的分级值还是从计量单位上看，都不具有可比性，因此需要对不同参评因子的等级区分实现统一标准下的定量化表达，使其在参与叠加计算时，保持不至于因其分级数量的不同而失去因子要素间的公平与合理性。各个参评因子数据经标准化处理后，是一组反映其属性特征的数值，其值位于 0～1。

正向相关指标（越大越好）的评分公式：

$$Y_{ij} = 100\% \times (X_i - X_{min})/(X_{max} - X_{min})$$

逆向相关指标（越小越好）的评分公式：

$$Y_{ij} = 100\% \times (X_{max} - X_i)/(X_{max} - X_{min})$$

式中：Y_{ij}为 i 县（市）第 j 指标的评价值；X_{max}为第 j 项指标最大标准值；X_{min}为第 j 项指标最小标准值[2]。经选取和标准化处理的自然维水资源恢复力评价指标、经济维水资源恢复力评价指标和社会维水资源恢复力评价指标见图 2 ~ 图 4。

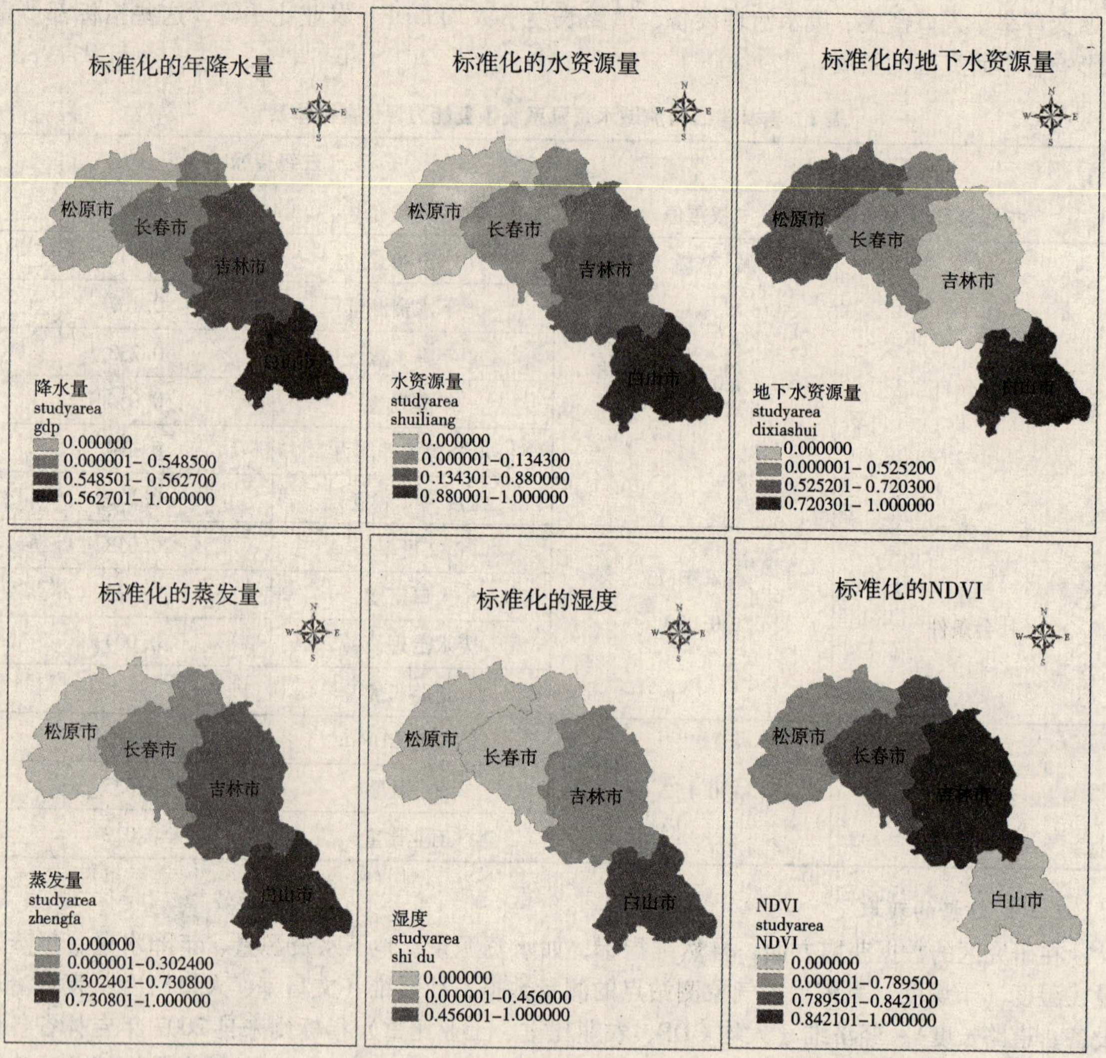

图 2　自然维水资源恢复力评价指标

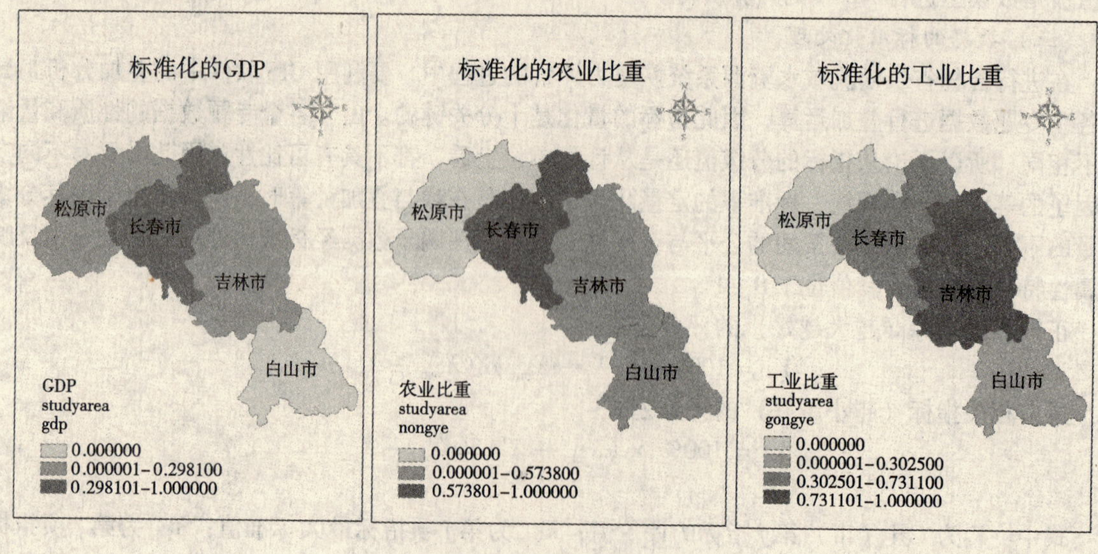

图 3　经济维水资源恢复力评价指标

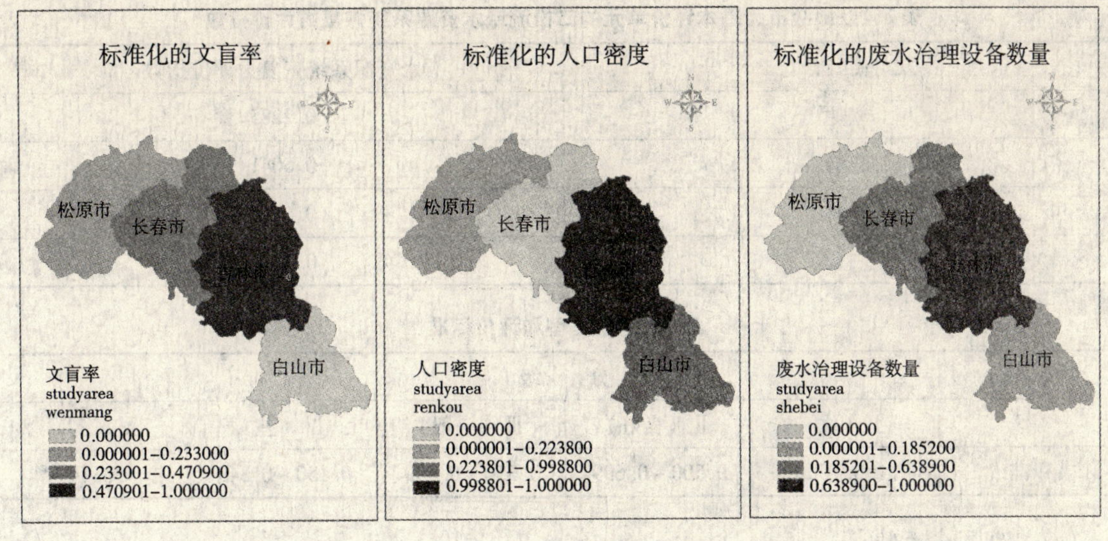

图4　社会维水资源恢复力评价指标

（四）指标权重的确定

采用多层因子分析法（AHP）确定吉林省二松流域水资源系统恢复力各评价因子的权重值（见表1）。

三、恢复力评价模型的建立

吉林省二松流域水资源系统恢复力评价选择地级市为基本评价单元。由于本文GIS技术来进行恢复力评价，因此所有的评价要素实现了定量化和空间化表达。在GIS软件Arc/ Info的支持下，利用Arc/Info中Grid模块的空间叠加功能，对进行预处理后的水资源量、年降水量、年蒸发量、年径流量、水资源涵养能力、文盲率、人口密度、废水治理设备、道路长度、人均GDP、农业比重，各个专题数据层进行叠加分析，生成水资源系统恢复力评价模型。

水资源恢复力评价指数，即利用加权相加的方法，计算每个基本单元的水资源恢复力指数。

综合评价得到的结果用下式表示：

$$P_n = \sum_{i=1}^{8} K_i \times W_i$$

式中：P_n 为第 n 个评价基本单元的水资源恢复力指数；K_i 为该评价单元标准化后的定量值；W_i 为各评价要素对水资源恢复力评价的影响重要性的权重[2]。

四、GIS支持下的评价结果及合理性分析

（一）评价结果

本次吉林省二松流域水资源系统恢复力评价以地级市为基本单位，由东南向西北依次为白山、吉林、长春和松原。每个基本评价单元都含有多个评价因子。在GIS的支持下，对每个评价单元的评价因子进行叠加分析，得出各评价基本单元的水资源系统恢复力评价指数（见表2）。评价标准采用表3[3]。

从吉林省二松流域水资源恢复力评价指数我们可以看出四个地区的水资源恢复力水平都没有达到优等水平，白山、吉林和长春三地处于良好水平，而松原地区的水资源恢复力水平尚处于差等水平。长春地区虽然处于良好水平，但通过指数我们看到它处于良好和一般的交界地区，这不得不引起我们的注意。

表 2　以地级市为基本评价单元的二松流域水资源系统恢复力评价指数

地级市	水资源系统恢复力评价指数
松原	0.2285
长春	0.5041
吉林	0.6012
白山	0.6824

表 3　分级类型和评价标准

分级					
等级	Ⅰ（优）	Ⅱ（良好）	Ⅲ（一般）	Ⅳ（差）	Ⅴ（劣）
标准	≥0.700	0.500～0.699	0.350～0.499	0.150～0.349	≤0.149

（二）空间分布特点

由吉林省二松流域水资源系统恢复能力评价指数来看，四个地级市中白山评价指数最高，为 0.6824；松原最低，为 0.2285；吉林、长春居中，依次为 0.6012、0.5041。

从空间分布上来看，吉林省二松流域水资源恢复力评价指数呈现由东南向西北递减的趋势，并且趋势比较明显（见图 5）。

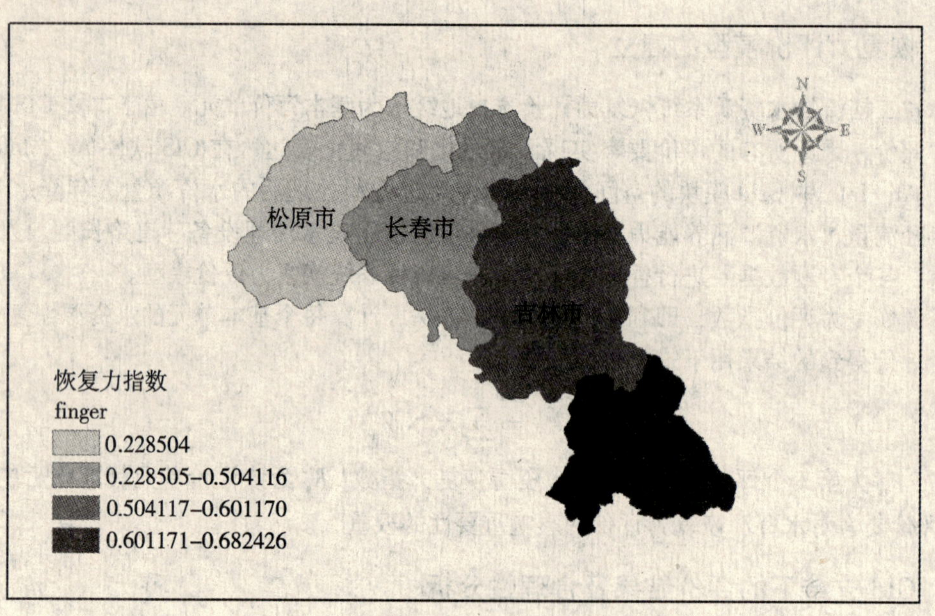

图 5　吉林省二松流域水资源恢复力评价指数

面对如此脆弱的水资源系统，我们希望有关地区负责部门能够谨慎的对待，让与我们息息相关的水资源能够真正意义上的源远流长，造福人类。

（三）合理性分析

在进行吉林省二松流域水资源系统评价时，我们发现影响水资源恢复力评价指数三维评价因子中，自然因素所占比重最大，为 76.8%。而在自然因子的评分过程中，白山市在此项评比中存在着明显的优势，均处于第一位。相反，在此项评价中松原市由于地处西部地区，自然条件较差，除地下水资源含量外均处于最后一位。吉林、长春居中，且吉林又较强于长春。

在社会因子评价中，可以看出，吉林、长春相较于白山、松原较好。其中吉林条件最好，各项指标均处于首位，进一步拉大了和长春之间的距离；而白山除文盲率外又均好于松原。

而在经济因子评价中，长春毫无悬念地占据首位，余下依次为吉林、白山、松原。通过加入经济因子缩小了长春与吉林之间的差距。

我们看到吉林省二松流域水资源系统恢复能力评价指数与最为主要的一级评价因子自然条件和二级指标年降水量之间存在着极强的一致性，这也就说明对于水资源恢复力的评价来说，自然因子或者是降水都起到了极其重要的作用。

五、结论与展望

（一）结论

1. 利用多专题空间叠加分析的方法，可以比较综合地了解吉林省二松流域水资源恢复力的整体特点及其区域差异。采用以恢复力指数的方式代表水资源恢复能力的数值分析方法，有利于实现恢复力的定量化分析，这也为进行不同空间区域和时间序列的比较研究奠定了基础。

2. 本文利用 GIS 技术手段实现了对吉林省二松流域水资源系统恢复力进行定量化评价与分析。采用数字模型的运算方法，大大降低了传统评价方法中主观性对评价结果的影响，为水资源系统恢复能力的进一步研究提供了新的研究思路和研究方法。

（二）展望

通过本文的研究我们得到了基于地级市为评价单元的吉林省二松流域水资源系统恢复力的基本情况。随着数据量的不断增加，我们可以进一步缩小评价的基本单元，进行基于县级为基本单位的水资源系统恢复力评价或者基于河流缓冲区的水资源系统恢复力评价，以谋求更深层次、更精准的研究。

随着水资源系统恢复能力评价的进一步发展，我们期待出现适合水资源恢复力评价本身评价标准的出现，为评价结果分级给出更合理的解释。

同时，我们还希望随着时间的累计，我们可以对水资源系统恢复力做一个多个时段的评价，分析各个不同时段各基本评价单位水资源系统恢复力评价指数的变化，及其在各不同时间段上评价因子影响关系的变化，以谋求对水资源系统本身随着时间变化进行更深入的解释，为人类赖以生存的水资源系统的恢复提供一个科学、有效的方案。

参考文献

[1] 郭建平，李凤霞．中国生态环境评价研究进展［J］．气象科技，2007，35（2）：227－231.
[2] 刘鲁君，叶亚平．县域生态环境质量考评方法研究［J］．环境监测管理与技术，2000，12（4）：13－17.
[3] 李新琪，刘建军，朱海涌，等．新疆环境质量综合评价研究［J］．干旱环境监测，2003，17（2）：82－85，89.

产业结构调整与水环境污染控制的协调研究
——以钦州市为例

赵海霞　董雅文

（中国科学院南京地理与湖泊研究所　江苏　南京　210008）

摘　要　产业发展是实现经济持续增长的推动力，同时也是产生环境污染的主要载体，产业结构调整与优化升级是减少污染排放、改善环境质量的重要举措。运用投入产出分析技术，将工业总产值、环境污染排放量、水资源利用量、废水污染治理费用及行业生态受损度等影响水环境的产业结构调整因子纳入模型，建立产业结构调整优化与水环境污染控制相协调的机制，以经济效益最大化、生态环境效益最优化为目标，探讨不同经济发展模式下行业结构调整对环境污染控制的影响程度及协调性，结果显示：未来钦州市按照年均13.4%的高速发展模式进行产业结构优化调整，既能保障经济实现跨越式发展，又能达到COD排放总量最小化的目标要求，为区域经济又好又快发展、环境质量明显改善提供决策依据。

关键词　产业结构调整　水环境　污染控制　投入产出分析

产业发展是实现经济持续增长的推动力，同时也是产生环境污染的主要载体，产业结构调整与优化升级是减少污染排放、改善环境质量的重要举措。进入21世纪，中国逐步加大产业结构调整步伐，相继出台产业结构调整目录。在国家政策大背景下，各地区纷纷加大产业结构调整力度，不同程度地明确了“调优、调高、调轻、调绿”的产业发展目标，旨在大力推动区域经济与环境保护的协调、可持续发展。国内外学界对产业结构与污染控制、环境保护的关联研究已有一定的基础，如运用经济计量学模型研究经济行为和环境污染的相关性[1,2]、应用投入产出法分析能源消费、资源利用和环境问题[3-5]、揭示产业转型及其结构变动内在机理及优化调整[6-9]。上述研究中经济行为多用产业或行业的结构和规模来表征，污染控制多用废水排放量及特征污染物（如COD）、污染治理费用及需水量表示，为制定产业结构优化调整以及环境保护方针政策提供了重要依据，然而关于重要生态功能保护要素对污染控制贡献的研究则较少涉及。

近年来，生态保护日益受到重视，尤其在区域经济发展中生态优先方略逐步得到体现。本文以位于东盟自由贸易区重要区位的钦州市为例，在投入产出关联分析中，特将行业生态受损度指标与产业结构调整、水环境污染控制与保护纳入模型，以经济效益最大化、生态环境效益最优化为目标，探讨不同经济发展背景下行业结构调整对环境污染控制的影响程度及协调性，为区域经济又好又快发展、环境质量明显改善提供决策依据。

一、研究区概况

钦州市位于广西壮族自治区南部沿海，南临北部湾和南中国海，背靠大西南，东邻粤港澳，面向东南亚，处于东盟自由贸易区的核心地位，区位条件好。随着城镇化、工业化的不断推进，全市经济实力不断增强，2000—2007年，地区生产总值由144.09亿元增长为303.87亿元，年均增长10%；三产比例由51.8∶18.5∶29.7调整为32.0∶37.4∶30.6，产业结构逐步优化，但层次依然较低；全市工业总产值由2000年的67.1亿元上升到2006年的247.5亿元，年均增长20.4%，对经济增长的贡献达到46.3%，逐步形成了炼油、冶金、化工、电力、制糖等重点产业，占规模以上工业总产值的55%。然而，由于钦州市的工业基础相对较为薄弱，2006年全市工业化水平

数据来自广西北部湾经济区发展规划环境影响报告书。

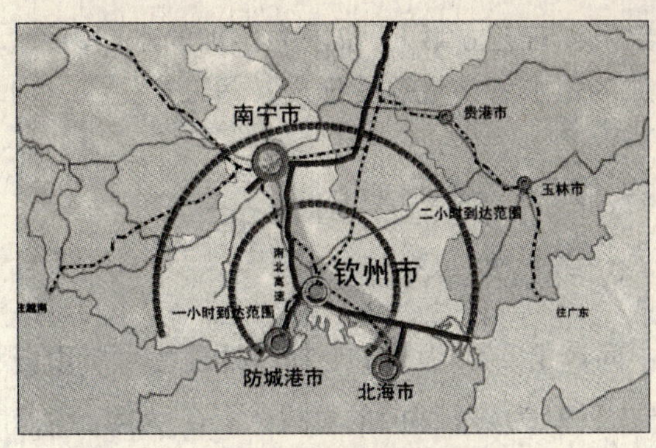

图1　钦州市区位图

仅为0.89%，只有自治区的57.4%、全国的24.3%。重工业产值占到全市规模以上工业总产值的60%以上。工业快速发展，加上产业重型化的特点，对生态环境尤其是水环境造成较为严重的影响。2007年，全市化学需氧量排放量为8.1万吨，超出“十一五”提出的2010年全市化学需氧量排放总量目标6.8万吨的19.1%。其中工业化学需氧量排放量4.8万吨，占总排放量的58.6%，大大超出钦州市地表水环境（COD）理想容量的3.22万吨/年、最大允许排放量4.62万吨/年的标准。钦州市分布有重要饮用水源保护区、牡蛎繁殖区、红树林、湿地等多种类型重要生态功能保护区，面积达1341.9km^2，占国土总面积的12.3%，生态敏感性较强，污染行业的水污染排放对其影响较大。随着北部湾经济区开放开发正式纳入国家战略，钦州市经济社会在未来一段时间内将实现跨越式发展，由此带来的人口增长、城市扩张和产业发展尤其是重化工业项目在沿海地区的聚集，将给原本就敏感的水环境带来前所未有的压力。在这种形势下，进行钦州市产业结构调整对环境污染控制的协调研究意义较大。

二、数据来源与模型构建

（一）数据来源与处理

所需数据主要包括钦州市社会经济统计数据及水资源利用、水环境污染排放及处理数据；其中的社会经济数据主要来源于《钦州市统计年鉴》、《广西壮族自治区统计年鉴》；水资源利用数据来源于《广西壮族自治区水资源公报》；水环境污染及处理数据主要来源于《钦州市环境统计资料》、《广西壮族自治区环境统计资料》；其中，对跨年度经济数据按照2007年消费价格指数作了不变价处理。

（二）模型构建

1. 基本原理

经验证明，从根本上解决水环境污染问题，不仅遵循自然规律，而且要遵循生态经济规律[10]；对水环境的改善不仅需要把水污染防治与水资源的开发利用相结合，而且要把水污染防治、生态环境保护与社会经济发展相联系，以寻求污染排放量的减少和治理资金的支持。充分利用现状及其预测状态下的经济指标、需水量、污染物排放量、废水治理费用、生态受损度等因素

表1　改进的投入产出模型

投　入	产　出					水回用量	生态重建费用	污染物排放量
	中间需求	最终需求	总产出（一）	污水处理费用	总产出			
中间投入	X_{ij}	Y	X	H	S	Q	R	
最初投入	V							
总投入（一）	X					Ⅳ		
污水处理资金投入	G							
总投入	T							
用水量	K		V					
生态受损度	L							
污染物产生量	P							

之间的相互关系，在原投入产出平衡表上增加2个象限，右上方第Ⅳ象限为增加的水回用量、污染排放量、生态重建费用，左下方第Ⅴ象限为增加的用水量、生态受损度、污染产生量，构建改进的环境－经济投入产出模型（表1）。

遵循经典的投入产出模型理论和方法，该模型主要的平衡关系[11]如下：

$$\sum_{j=1}^{n} x_{ij} + Y_i = X_i(i = 1,\cdots,n);X_i + H_i = S_i;X_j + G_j = T_j;T_j = S_i$$

式中：$\sum_{j=1}^{n} x_{ij}$为第i部门提供的供各部门使用的中间产出；H_i为第i个部门处理污水所用资金；S_i为第i部门在扣除污水处理费用后提供的总产出；X_j为第j部门的总投入；G_j为第j生产部门污水处理资金投入；T_j为第i部门在增加污水处理资金后的总投入。

2. 模型构建

利用投入产出分析技术进行模拟研究，必须明确模型中相关的目标函数、约束条件及其有关参数。

（1）目标函数

①工业废水中的COD排放量最小

$$\min COD = \sum_{j=1}^{n} b_i(t)x_i(t)$$

②经济产出最大

$$\max X = \sum_{j=1}^{n} x_i(t)$$

式中：$x_i(t)$为工业t年第i行业的产值，万元；$b_i(t)$为对应i行业t年的COD排污系数，kg/万元。

（2）约束条件

①需水量约束

$$\sum_{j=1}^{n} a_i(t)x_i(t) \leqslant R_1(t)$$

式中：$a_i(t)$为t年第i行业需水系数，m^3/万元，$R_1(t)$为t年工业需水量，m^3。

②COD排放量约束

$$\sum_{j=1}^{n} b_i(t)x_i(t) \leqslant R_2(t)$$

式中：$b_i(t)$为t年第i行业COD排污系数，kg/万元；$R_2(t)$为t年工业COD环境容量(t)，即工业水污染控制目标。

③废水治理费用约束

$$\sum_{j=1}^{n} c_i(t)x_i(t) \leqslant R_3(t)$$

式中：$c_i(t)$为t年第i行业用于治理废水的资金占其年产值的比例系数，%；$R_3(t)$为t年工业废水量治理费用限额，万元。

④行业生态受损度约束

$$\sum_{j=1}^{n} d_i(t)x_i(t) \leqslant R_4(t)$$

式中：$d_i(t)$为行业生态受损系数，为t年第i行业污染排放对重要生态功能保护要素的影响程度；$R_4(t)$为t年重要生态功能保护要素最低受损程度。

⑤工业产值约束

$$x_i(t) \geqslant 0$$

式中：$x_i(t)$ 为第 i 行业的工业生产总值，万元。

三、基于钦州的实证

（一）不同情景发展模式的设定

虽然受国家宏观战略的推动，钦州市经济社会将实现跨越式发展，但由于政策、技术等因素具有不确定性，钦州市未来的经济发展具有不可预见性。借鉴长江三角洲地区、珠江三角洲地区及环渤海湾地区主要城市经济平均增长速度经验数据，如：高速为12%～17%，中速为8%～13%，低速为5%～9%；同时参照钦州市目前的经济发展基础，设定2020—2020年钦州市高速、中速和低速三种经济发展情景，分别为高速13.4%、中速11.7%、低速8.9%。

（二）模型变量及约束值的确定

以投入产出宏观经济模型为基本出发点，建立工业经济—水环境—水生态—水资源—废水污染治理系统的结构优化模型。分别针对三种发展模式，设定相应的模型变量及约束值。

表2　不同情景下各行业有关系数的确定

模式	项目	石油	造纸	冶金	化工	制药	食品	纺织服装	能源	机械电子	其他
低速	COD排放系数/（kg/万元）	0.22	3.00	0.08	1.97	1.19	0.81	0.43	0.05	0.07	0.22
	需水系数/（m^3/万元）	31.5	114.2	66.5	118.9	66.8	37.8	35.7	37.0	16.7	31.5
	废水治理费用系数/%	1.71	3.00	2.85	3.00	2.77	1.70	3.01	1.03	1.04	1.71
	生态受损系数	0.20	0.15	0.10	0.25	0.10	0.05	0.01	0.04	0.05	0.05
中速	COD排放系数/（kg/万元）	0.12	2.88	0.07	0.97	1.03	0.61	0.41	0.07	0.06	0.12
	需水系数/（m^3/万元）	28.6	112.6	60.4	105.1	59.7	28.7	34.8	33.1	12.8	28.6
	废水治理费用系数/%	1.71	3.00	2.85	3.00	2.77	1.70	3.01	1.03	1.04	1.71
	生态受损系数	0.20	0.15	0.10	0.25	0.10	0.05	0.01	0.04	0.05	0.05
高速	COD排放系数/（kg/万元）	0.12	2.58	0.07	0.97	1.03	0.61	0.41	0.07	0.12	2.58
	需水系数/（m^3/万元）	27.5	110.2	60.5	100.9	36.8	27.8	33.7	29.0	27.5	110.2
	废水治理费用系数/%	1.71	3.00	2.85	3.00	2.77	1.70	3.01	1.03	1.71	3.00
	生态受损系数	0.20	0.15	0.10	0.25	0.10	0.05	0.01	0.04	0.05	0.05

1. 决策变量。参与优化的决策变量为各行业工业产值（X_i）。根据各行业COD排放强度大小，将全市所有工业行业归并为石油、造纸、冶金、化工、制药、食品、纺织服装、能源、机械电子及其他10个门类。

2. 所需参数及约束值。从企业清洁生产的角度考虑，以工业部门生产规模与水环境的关系作为重点，针对10个工业行业，选取需水系数、COD排放系数、废水治理费用系数以及行业生态受损系数作为参数。各系数的确定主要依据相似地区环境污染治理水平、行业污染排放特点及其对不同重要生态功能要素的破坏程度进行专家打分，具体数值如表2所示。其中，行业生态受损系数主要考虑与水污染控制、保护有关的重要生态功能要素，如江、海、湖泊、湿地、骨干河流的水源涵养区、清水通道及生物多样性保护区等受环境污染物排放的影响。根据各方案所参照城市经济发展速度、产业结构比例及环境污染排放、污染治理水平，确定三种方案的约束值如表3所示。

表3　不同情景下约束值的确定

	高速	中速	低速	备注
工业总产值/亿元	4063.48	2143.39	1448.82	借鉴2005年各项值
废水排放总量/万吨	47200.31	13488.5	12615.17	
化学需氧量/万吨	3.033504	2.403525	2.38981	
工业需水量/万吨	616290.7	239294.8	156426	
废水治理费/亿元	81.27	32.15	14.49	分别取工业总产值的2%、1.5%、1%
生态受损度/亿元	1828.57	964.53	651.97	以重污染行业石油、化工的生态受损系数之和（0.45）为限值

（三）模拟结果及分析

根据设定的模型参数及其相应的约束值，运用投入产出分析法进行模拟，三种情景的模拟结果如表4所示。

表4　2020—2025年产业结构优化方案比较

方案		石油	造纸	冶金	化工	制药	食品加工	纺织服装	能源	机械电子	其他
高速	总产值/亿元	2398.54	551.71	862.91	671.64	144.00	677.68	230.40	838.18	581.69	243.27
	COD排放量/t	2941.1	14245.5	561.4	6521.5	1479.8	4121.8	943.3	601.7	313.6	321.0
	需水量/万 m^3	65866.4	60825.5	52173.3	67743.2	5296.2	18849.8	7758.3	24303.5	3920.1	4778.3
	废水处理费/亿元	41.1	16.6	24.6	20.2	4.0	11.5	6.9	8.7	6.0	4.5
	生态受损度/亿元	479.708	82.7565	86.291	167.91	14.4	33.884	2.304	33.5272	29.0845	12.1635
中速	总产值/亿元	2286.28	525.89	822.52	640.20	137.26	645.96	219.62	798.94	554.46	231.88
	COD排放量/t	2803.4	15156.4	535.1	6216.2	1410.6	3928.9	899.1	573.6	354.4	329.1
	需水量/万 m^3	65393.5	59212.6	49693.7	67279.8	8198.1	18560.3	7651.1	26424.8	7083.9	4828.1
	废水处理费/亿元	39.2	15.8	23.5	19.2	3.8	11.0	6.6	8.3	5.7	4.2
	生态受损度/亿元	457.256	78.8835	82.252	160.05	13.726	32.298	2.1962	31.9576	27.723	11.594
低速	总产值/亿元	1837.55	422.67	661.08	514.55	110.32	519.17	176.51	642.14	445.64	186.37
	COD排放量/t	4090.7	12680.1	505.8	10141.6	1315.9	4196.1	758.0	332.6	329.4	432.3
	需水量/万 m^3	57811.2	48289.7	43937.0	61160.6	7367.1	19632.8	6296.8	23756.2	7459.6	4965.3
	废水处理费/亿元	31.5	12.7	18.9	15.4	3.1	8.8	5.3	6.6	4.6	3.4
	生态受损度/亿元	367.51	63.4005	66.108	128.637	11.032	25.9585	1.7651	25.6856	22.282	9.3185

1. 三种模拟方案的比较分析

通过三种方案模拟结果的比较分析，可得以下结论：

（1）产业结构得到不同程度的优化调整

与钦州市现状产业结构对比分析，模型模拟后的产业结构得到了一定程度的优化调整：重化工业比重由现状的60%下降为54.6%；COD排放强度较大的造纸及耗水量大的纺织服装产业受到了限制发展，其年均增长率控制在8%以内；冶金、建材、食品加工及工艺编织、建筑装饰等传统优势行业则继续保持了原有的经济增长速度；石油、化工、机械电子等有大项目带动、发展前景大的主导性行业的发展给予了较高的重视。在三种方案中，虽然各行业产值占比差距甚微，但从行业产值的绝对数量上可以看出，产业结构的优化调整在高速方案中得到了更多的体现。

（2）水环境污染得到不同程度的控制

首先，高、中、低速方案的工业COD排放量分别为32050.7吨、32206.8吨和34782.5吨，排放强度分别为0.445千克/万元、0.469千克/万元和0.631千克/万元，无论从COD的排放总量还是从排放强度上看，高速方案最有利于钦州市2020—2025年环境污染排放总量的控制；其次，从工业需水量上看，高速方案为311514.6万m^3，虽然高于低速方案的280676.3万m^3，但比中速方案的314325.9万m^3却低2811.3吨，加上高速方案的工业需水强度为43.27m^3/万元，均低于中速45.8m^3/万元和低速50.9m^3/万元，对于一个缺水城市来说，在加快经济跨越式发展的前提下，高速方案对实现水资源的节约利用意义较大。而三种方案的污染治理费用分别为144.1亿元、137.3亿元和110.3亿元，占GDP的比重都为2%，差别不大，且在生态受损度上，高速方案为942.03，高出低速方案30.5%，但仅比中速方案高出4.9%。因此，从COD排放量、工业需水量、污染治理费用及行业生态受损度四个指标的模拟结果的比较分析，高速方案更有利于水环境污染的有效控制。

2. 产业结构调整与环境污染控制的协调性分析

根据模型结果，按照高速发展方案，钦州市的产业结构优化调整与水环境污染控制的协调性较好，理由如下：

（1）综合考虑各工业行业的跨越式发展，尤其是考虑了石油工业实现一期1 000万t炼油项目和二期2×1 000万t炼油项目的上马，加上由此带动的其他石油化工项目的快速发展，高速方案2020—2025年预期工业总产值达到7200亿元，比较符合钦州市实现跨越式发展的设想。

（2）高速方案的工业产值增长及废水治理投资的实现相对其他方案更具可行性，除制药及纺织服装等行业的增长相对缓慢、COD排放强度大的造纸工业所占份额相对小外，石油、冶金、化工、食品加工、机械电子及其他行业的较快增长可为钦州市即将加快增长的人口提供就业保障。

（3）在假定高速方案的工业产业结构及工业废水中COD排放强度及城镇生活污水中COD排放强度不变的前提下，钦州市COD排放总量将达到6.1万t，没有超出污染物排放总量削减目标——到2010年钦州市化学需氧量（COD）排放总量目标控制在6.8万t以内——的要求，能够实现污染减排目标。

四、结论与讨论

利用投入产出分析技术，构建工业经济—水环境污染排放—水资源利用—废水污染治理系统优化模型，遵循经济效益最大化、生态环境污染最小化的原则，通过产业结构调整与环境污染控制之间的协调程度的分析，理性判断钦州市未来经济发展按照13.4%的速度增长较为合理，既能保障经济实现跨越式发展，又能保证环境污染减排目标的实现，可为区域经济与环境的协调、可持续发展提供决策依据。

随着经济的发展、科学技术的进步，影响产业结构调整的各种因素之间的关系也随之发生改变，对于污染控制与环境质量优化导向的产业结构也应随时进行调整，使经济发展与环境友好协调发展始终沿着最优轨道运行。因此，按线性规划模型计算的优化方案也应随着经济的发展、生态环境保护投入力度及污染治理技术的进步而发生调整；另外，区域不同产业类型组合的空间格局特征对水环境污染控制的影响评价是下一步的研究方向。

参考文献

[1] 唐建荣，马娜. 国内外环境经济投入产出研究综述［J］. 统计与决策，2007（11）：132－134.

[2] J. L. R. Proops, M. Faber, G. Wagenhals, in cooperation with S. Speck, et al. Reducing CO_2 emissions: a comparative input－output－study for Germany and the UK, New York: Springer, 1993.

[3] 李立. 试用投入产出法分析中国的能源消费和环境问题［J］. 统计研究，1994（5）：56－61.

[4] 雷明. 资源—经济—环境投入产出核算应用研究：中国能源—资源—经济—环境综合分析［J］. 数量经济技术经济研究，1998，15（11）：59－63.

[5] 黄学良. 环境经济投入产出模型的最优控制［J］. 中国管理科学，1997，5（2）：60－64.

[6] 王岳平，葛岳静. 我国产业结构的投入产出关联特征分析［J］. 管理世界，2007（2）：61－68.

[7] 李诚. 我国产业结构的投入产出关联测度及应用研究［J］. 山西财经大学学报，2009（1）：43－48.

[8] 赵雪雁. 甘肃省产业转型及其生态环境效应研究［J］. 地域研究与开发，2007，26（2）：102－106.

[9] 彭建，王仰麟，叶敏婷，等. 区域产业结构变化及其生态环境效应——以云南省丽江市为例［J］. 地理学报，2005，60（5）：798－806.

[10] 王西琴，周孝德. 区域水环境经济系统优化模型及其应用［J］. 西安理工大学学报，1999，15（4）：80－85.

[11] 陈锡康. 国际投入产出技术发展情况简介，中国投入产出理论与实践 2001［M］. 北京：中国统计出版社，2002.

基于滇池治理环湖工程的城市非点源污染控制优化对策研究

何　佳　徐晓梅　郑一新　李跃勋　张琨玲　陈　琦　张丽平

（昆明市环境科学研究院　昆明　650031）

摘　要　滇池是我国著名的高原淡水湖泊，随着周边城市的扩张，城市非点源污染日益严重。为在实现昆明跨越式发展的同时保护滇池水环境，昆明市政府提出以滇池为中心的“一湖四环”和“一湖四片”发展战略，大力实施环湖截污和环湖生态工程。本文对滇池流域非点源污染特征和治理过程中存在的问题进行了系统分析，并提出基于环湖工程的城市非点源污染治理优化与补充方案，对于发挥环湖工程最大环境效益、缓解城市扩张对滇池水环境的威胁具有重要意义。

关键词　滇池　环湖工程　城市非点源

一、概　述

滇池是我国著名的高原淡水湖泊，位于昆明主城下方，是城市污水唯一受纳水体。滇池平均水深5.3米，湖面面积309.5 km^2，湖岸线长163 km，湖容15.6亿 m^3。2008年，滇池草海处于重度富营养状态，水质为劣Ⅴ类，主要超标指标为COD、BOD、TN、TP、NH_4^+-N。

近年来，昆明市政府提出以滇池为中心，再造秀美山川，实施“一湖四环”和“一湖四片”的城市发展新思路。“一湖四环”指的是环湖公路、环湖截污、环湖生态、环湖新城。“一湖四片”是指以滇池为中心，构建以昆明主城核心区、呈贡新城区、晋城新街新城区、昆阳海口新城区4个片区组成的“大昆明城市区”。环湖截污与环湖生态构建了滇池治理的综合系统，将进一步提高滇池流域污染源的收集处理率。而对于城市非点源，由于其污染产生过程中所存在的时间与空间分布的复杂性，以及旧排水体制带来的弊端，城市非点源污染仍然难以得到较为理想的控制；另一方面，随着“一湖四片”发展战略的实施，滇池水环境所面临的城市非点源污染威胁将进一步升级。因此，必须基于“环湖工程”对城市非点源污染控制各环节进行优化和补充，以发挥“环湖工程”最大环境效益，在实现大昆明城市发展战略目标的同时，保障滇池水环境质量得到改善。

二、滇池流域城市非点源污染特征

（一）降雨特征

滇池流域年平均降雨量1035mm，5至10月份为雨季，降水占全年的近80%，其中6、7、8月集中了全年60%的降水。利用多年降雨数据对次降雨特征（降雨量大于1mm、时间间隔小于6小时即统计为一次降雨）进行统计分析，结果如图1所示，10mm以下降雨发生频率最高，达55%，但降雨量仅占全年降雨量的13.5%；10mm以上降雨虽发生频率较低，但降雨量却占全年降雨量的86.5%。

与其他区域相比，滇池流域次降雨强度、历时、雨量、间隔时间等指标均较小，总体来说具有降雨集中、降雨频繁、降雨历时短、雨峰出现较早、以小到中雨和阵雨为主的特点。这种类型降雨前期降雨强度大，容易在降雨前期形成高浓度径流，同时平均降雨强度小，对地表冲刷较弱，单次降雨难以完全冲刷干净地表污染物；降雨间隔时间短，在较短时间内地表污染物被再次冲刷，形成二次径流污染。

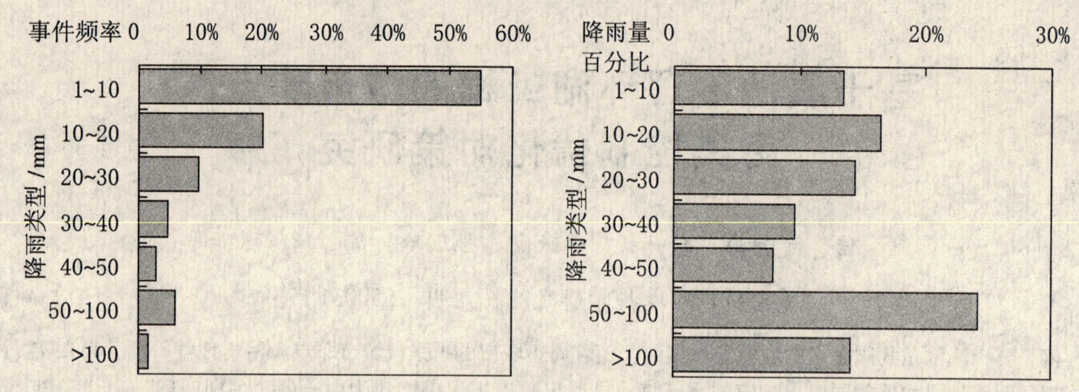

图1 滇池流域降雨特征

（二）降雨径流污染特征

城市降雨径流污染物来源于地表堆积物、空气沉降、交通活动、车辆排放以及绿化施肥等。有研究发现，城市水体中40%～80%的BOD和COD来自于城市降雨径流污染[1]。滇池流域城市降雨径流污染物浓度较高，初期径流浓度甚至远远高于企业废水和生活污水污染物浓度，成为流域主要污染源之一。滇池流域城市降雨径流污染物浓度与国内外其他城市对比见表1。初步估计，城市非点源污染负荷占流域污染负荷总量的10%～20%。其所造成的对滇池水环境的影响比人们预想的要严重得多。

表1 滇池流域和国内外其他城市降雨径流污染物浓度对比

来源	类型	污染物/（mg/L）					
		COD	TN	TP	SS	NH_3-N	NO_3-N
昆明[2]	道路	68.3～919.9	1.6～14.6	0.2～2.3	158.5～759.8		
	屋顶	22.1～63.4	3.0～7.2	0.2～0.3	13.2～42.3		
	庭院	56.1～140.0	2.1～6.7	0.4～1.3	81.3～249.9		
北京[3]	机动车路面	COD_{Mn}63.9		0.61	80	3.82	0.17
	屋顶	COD_{Mn} 66.5～130		0.3～0.5	130～435	4.04～15.6	8.4～14.9
	绿地	COD_{Mn}8.7		0.1	95	3.95	1.34
兰州[4]	屋面	23.9	4.16	0.21	239		
	街道	721.6	8.31	1.6	1072		
	小区	151.8	3.88	1.13	475		
德国[5]	屋顶	34.5～59.5	5.3～6.8	0.1～0.3			
	路面	46.6～118.5	1.3～3.0	0.3～0.8		0.6～0.9	
法国[6]	屋顶	5～318			3～304		
	庭院	34～580			22～490		
	街道	48～964			49～498		
美国[5]	综合	65	1.5	0.3	100		0.7

（三）雨水排水系统特征

位于滇池北岸的昆明主城区实际居住人口超过280万，流域内90%以上城市人口集中在这一区域，是流域重污染排水区。由于历史原因，老城区排水体系多为箱—沟—渠，是典型的合流制排水系统；而二环路以外新城区虽理论上按照分流制排水体系建设，但由于雨污管错接、混接问题的存在，导致该片区所收集的污水仍然大部分为雨污合流污水；另外，流域内8个污水处理厂中有6个直接从河道取水进行处理。统计分析发现，2007年主城六个污水处理厂雨季平均日污水处理量为旱季的1.3倍，而仍有大量合流污水溢流进入滇池，造成水体污染，这是城市面源

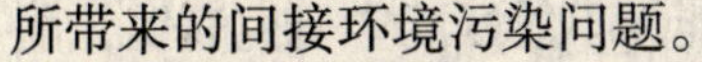
所带来的间接环境污染问题。

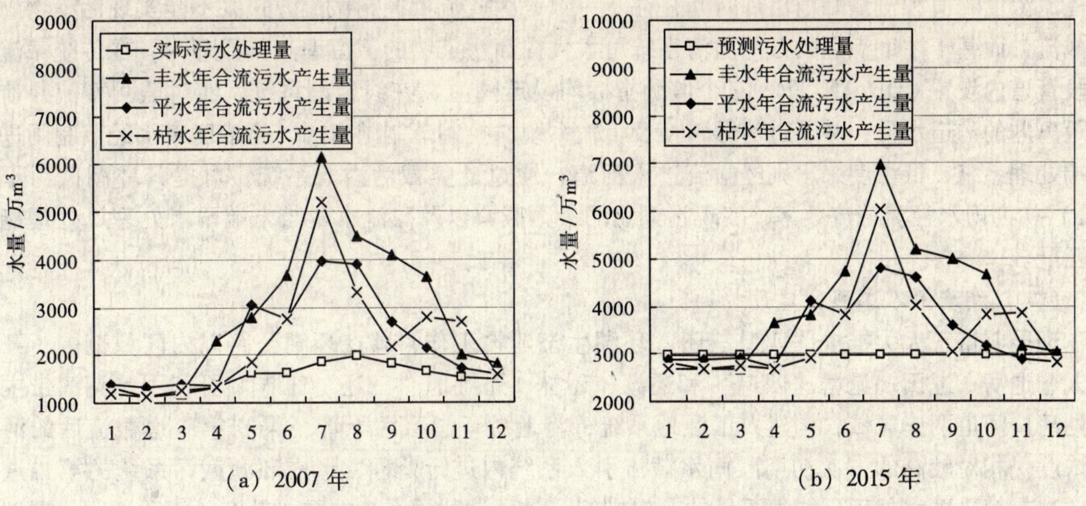

图2　昆明主城合流污水处理量与产生量对比

利用模型进行城市降雨径流产生量计算，如图2所示，由于雨污混流问题的存在，造成雨季合流污水大量溢流，据估计，年均近50%的城市点源和非点源污染物未经处理而直接溢流排入水体。

三、滇池流域城市非点源污染治理情况

1. 昆明北岸主城二环路内区域为合流制排水系统，二环路外为分流制排水系统。合流制区域内，雨水与污水一起通过合流制管道进入污水处理厂，但污水处理厂处理能力有限，雨季期间雨、污合流污水水量大增，超出污水处理厂处理能力的合流污水不经处理直接溢流排入河道进入滇池。

2. 昆明市政府提出的环湖截污工程包括片区截污、河道截污、集镇及村庄截污、干渠（管）截污和雨污分流排水管网建设五个层次，并确定片区点源、城市非点源、农村面源污水截留率分别达到90%、50%、30%的目标。为提高北岸污水收集率，控制城市非点源污染，昆明市政府制定了二环路内雨污管网改造方案，下达庭院雨污分流改造任务，并制定了市政雨、污管网改造方案，拟将实现二环路内区域完全雨污分流。

3. 滇池东岸和南岸截污干管（渠）已开始动工修建，理论上将收集东岸和南岸区域初期雨水并输送至雨水处理厂进行处理。现规划雨水处理厂共8座，设计处理规模达52.5万m^3。

4. 昆明市出台了《昆明市城市雨水收集利用若干规定》，规定昆明主城、呈贡新区、空港经济区范围内新、改、扩建建设工程项目符合一定条件者，必须同期配套建设雨水收集利用设施；同时，要求二环路内区域小区、单位雨污分流管网改造后无法接入市政管网者，必须建设雨水收集利用设施。

四、滇池流域非点源污染治理对策

（一）环湖截污干管（渠）截流优化

分析环湖干管（渠）设计截污原理，主要在入湖河道两岸雨水干管末端设置截流管，当雨水流量小于控制流量Q_0时，雨水通过跳跃井进入截流管道，再进入截污干渠被输送至雨水处理厂进行处理；当雨水流量大于Q_0时，雨水溢流至河道。然而，在一场降雨的径流过程中，污染物浓度高峰时往往伴随有溢流，并且往往溢流的污水平均浓度高于截留污水，这种传统的截流方

式不能实现污染物的有效截留，并且造成转输流量与末端最大处理能力不能匹配。研究表明，雨水径流浓度峰值和流量峰值出现时间往往不一致，因此流量控制截流方式并不能实现污染物的最大截流，而基于浓度识别的截污溢清系统可大大提高污染物的截留率。其原理为，在传统截流井前段管道内设置 COD/TN/TP（三个监测指标均设定阈值）在线监测系统，实时监测截流井前一定距离内的沟道水质，并通过信号转换及传输系统，控制节制闸启闭，高浓度来水经节制闸进入末端处理系统，低浓度来水则经撇流进入河道。通过此类截污溢清系统，可提升环湖截污干管（渠）初期雨水径流截流效率，实现污染物的最大截留以及截流水量与末端雨水处理厂处理能力的匹配。

（二）湖滨带人工湿地建设

现昆明市正大力推进“四退三还”环湖生态建设工作，即在环湖公路以内区域范围，开展退人、退房、退田、退塘“四退”和还湖、还林、还湿地“三还”工作。可利用此湖滨带主要入湖河口河道两岸区域，构建人工湿地系统，将上游环湖截污干管（渠）第一道截流后的河道内浓度仍相对较高的“次初期”雨水截流引入系统内进行处理，形成环湖截污系统的第二道防线，这是解决雨水处理厂能力不足的有效措施，是环湖截污系统的重要补充。实践证明，湿地可有效减少径流量、去除径流污染物，去除率达 60% ~85%，且投入和运行费用低[7]。

（三）合流污水截污溢清与调蓄处理

通过以上分析可知，在雨、污分流排水体制条件下，规划雨水处理厂处理能力有限，仅能削减城市部分非点源污染负荷，而由于滇池流域雨季集中的特点，新、扩建雨水处理厂缺乏经济性。现主城规划污水处理厂处理规模共达 110.5 万 m^3，超过实际污水处理需求；另一方面，由于城市建筑密度较大、地下管网分布复杂，因此现正进行的雨、污分流改造工程仍然无法实现完全分流。所以，对于无法实现完全雨、污分流，污水处理厂处理能力尚有冗余的污水处理厂纳污片区，可在合流雨污水进入污水处理厂之前设立截污溢清系统和调蓄池，实现合流污水的清污分流，高浓度合流污水导入后续的调蓄及处理终端设施，低浓度合流污水溢流进入河道等受纳水体，待暴雨过后，将调蓄池中合流污水导入污水处理厂进行处理；同时，可深度提升污水处理厂处理能力，调整雨季期间污水处理工艺，挖掘污水处理厂动态调蓄能力，可适当降低雨季污水处理厂出水标准，以实现雨季期间合流污水污染物的最大削减。

（四）道路初期径流污染源头控制

城市道路是城市地表的重要组成部分，通过研究发现，在滇池流域城市区域所有下垫面类型中，道路所占面积约为 12%，但其径流污染物浓度最高，其输出的径流污染物负荷占总城市非点源污染负荷的近 30%。因此，控制道路初期径流污染是滇池流域城市非点源污染治理行之有效的措施。道路初期径流污染控制措施主要包括植草渠道、渗渠和渗坑、多孔路面、下凹式绿地等[8]。其中，针对昆明主城交通道路状况，并结合昆明创建国家园林城市规划，本文认为下凹式绿地为近阶段道路初期径流污染控制的最佳方法。通过调整路面高程、绿地高程、雨水口高程式的关系，使路面高于绿地高程，绿地高程高于雨水口高程，这样，路面汇聚的雨水进入绿地，经绿地渗入地下，既提供绿地灌溉，又通过绿地有效过滤和净化雨水，多余的雨水再经雨水口流走。经过综合分析发现，立交桥和滨河道路可作为道路径流污染控制的优先对象。对于立交桥，由于其交通枢纽的作用，交通流量大，径流污染较大；具有独立的排水系统，改造较为容易；且桥下普遍具有较大面积绿化带，充分具备工程实施条件。另一方面，滨河道路雨水径流通常通过管道或以漫流方式直排河道，对河道水体造成污染；而现城市河道两岸普遍具有较宽河滨绿化带，通过较小的工程改造便可获得较大的环境效益。

（五）庭院雨水收集利用

滇池流域地处云贵高原地区，降雨量少，蒸发量大，水资源极度匮乏。雨水收集利用不仅可缓解城市用水压力，同时可减轻城市排水和处理系统负荷，减少城市非点源对水环境的污染。可在每幢建筑的两侧分别设置一套雨水处理装置，屋面雨水由两边的雨水管汇集处理后作为小区杂用水使用；尽量建设透水路面，并尽量将路面雨水引入附近的低势绿地，利用庭院内部分绿地下的回填土层来贮存和净化路面雨水；对超过绿地储存容量和下渗量而形成的地表降雨径流则利用地表坡度、边沟或明渠向景观湖汇集；分散的绿地贮水区或跨越路面处，用地下碎石沟连通，使净化贮存的雨水在雨后不断地向湖内渗流补水。另外，针对目前昆明市相关规定和要求实施过程中存在的推广、宣传和维护等问题，本文提出三条补充建议：①出台雨水收集利用设计技术规范，选择典型小区、广场、单位作为技术示范点，并建设雨水主题公园，为广泛对象提供参考实例；②对于已建小区、单位，可制定相关优惠政策，以鼓励已建小区、单位的雨水收集利用系统建设，并将机关、事业单位作为重点实施对象；③雨水收集利用设施的维护和持久运行是难点，应建立有效监督机制，相关部门定期检查。

五、总　结

根据以上分析，本文提出基于环湖工程的滇池流域城市非点源污染治理方案：优化环湖截污干管（渠）初期雨水径流截流效率，实现污染物的最大截留以及截流水量与末端雨水处理厂处理能力的匹配，避免二次溢流；利用环湖生态建设形成的滇池湖滨带区域设置人工湿地，进行“次初期”雨水径流处理；在无法实现完全清污分流和污水处理厂尚有处理能力冗余的区域，实施截污溢清，对高浓度合流污水进行调蓄处理；以立交桥和滨河道路为重点对象，开展初期径流污染源头治理；以新、改、扩建项目和机关、事业单位为重点对象，建设雨水收集利用设施。

本方案对于环湖工程部分环节进行了优化设计，并补充了城市非点源源头治理措施，构建出城市非点源从源到汇污染控制的综合系统，对于发挥环湖工程最大环境效益、缓解城市扩张对滇池水环境的威胁具有重要意义。

参考文献

[1] 赵剑．城市地表径流污染与控制［M］．北京：中国环境科学出版社，2002：2－3.

[2] 赵磊，杨逢乐，王俊松，等．合流制排水系统降雨径流污染物的特性及来源［J］．环境科学学报，2008，28（8）：1561－1570.

[3] 侯立柱，丁跃元，冯绍元，等．北京城区不同下垫面的雨水径流水质比较［J］．中国给水排水，2006，22（23）：35－38.

[4] 张媛．兰州市区地表金流污染初探［J］．兰州大学学报，2005：44－45.

[5] 车武，刘燕，李俊奇．国内外城市雨水水质及污染控制［J］．中国给水排水，2003，29（10）：38－41.

[6] Gromaire M. C., Garnaud S., et al. Contribution of different source to the pollution of wet weather flows in combined sewers［J］. Water Research, 2001, 35（2）: 521－533.

[7] Herricks E. E.. Stormwater runoff and receiving systems－impact, monitoring and assessment［M］. USA: Lewis Publishers, 1995: 177－186.

[8] Sansalone J. J. and Buchberger S. G.. An infiltration device as a best management practice for immobilizing heavy metal in urban highway runoff［J］. Wat. Sei. Tech., 1995, 32（1）: 119－125.

时代需要创立西藏区域碳汇功能区

王天津

（中央民族大学经济学院　北京市海淀区中关村南大街27号　100081）

摘　要　西藏自治区森林草原面积辽阔，在那里创建区域碳汇功能区，不仅具有经济、环境和藏族文化等方面的优势因素，也是中国对人类发展作出的贡献。要以中共中央、国务院第五次西藏工作座谈会精神为指导，吸收国际低碳经济的理念，制定系列对策。主要是，进行统筹规划，摸清碳汇资源分布状况，分层次建立西藏区域碳汇功能区框架。同时，要以农牧民增收推动环境保护，流转土地产权培养大林牧场长期管理者，进行国际碳排放交易，继承和发扬藏族传统优秀文化等。

减少碳排放，减缓或遏制全球升温，这是21世纪全球最重要的事情。中国向世界做出了负责任的承诺：中国2020年单位GDP碳排放比2005年下降40%～45%。尽管这是一项艰巨的任务，但是中国要对人类发展作出较大贡献。中国西部是少数民族集居地区，相对于东部地区经济发展滞后，但是在减少以二氧化碳为主的温室气体方面具有得天独厚的优势。充分发挥这个优势，建立西藏区域碳汇功能区，战略意义十分明显。

一、经济建设与环境保护业绩明显

藏族、羌族、土族和珞巴族等中国世居少数民族生活在被称作“地球第三极”的青藏高原，那片神奇的土地拥有着无垠的草原和连绵的森林，这些绿色植被在光和作用之下可以将二氧化碳转化为氧气，因此，青藏高原构成了中国境内最大的碳汇（Carbon Sink）之地，也是世界上发育江河最多的“江河源”[1]。西藏自治区辖区覆盖青藏高原主要组成部分，那里的森林和草原面积是高原最大的部分，无论是碳氧转化以调节气候，还是涵养水源以孕育江河，都有明显的规模生态效益存在[2]。2010年1月18—20日，中共中央、国务院召开了第五次西藏工作座谈会。这次会议明确指出，要建设“西藏成为重要的国家安全屏障、重要的生态安全屏障、重要的战略资源储备基地、重要的高原特色农产品基地、重要的中华民族特色文化保护地、重要的世界旅游目的地”。在当今各国兴起低碳经济之际，充分利用西藏自治区生态环境资源优势，创建区域碳汇功能区，战略意义非常重大。

（一）创建碳汇功能区需要夯实经济基础

经济社会快速发展，人民群众生活改善，这是建设良好的生态环境的基础。2009年3月28日，西藏迎来第一个“百万农奴解放日”。在纪念西藏民主改革50周年之际，藏族、汉族等各族人民通过团结奋斗，使得雪域高原社会面貌呈现出来的日新月异的变化令世人惊喜。2009年，在战胜了金融危机的严重干扰之后，西藏的国内生产总值首次突破400亿元，达到437亿元，增长12.1%，增速比上年加快两个百分点。经济发展有力地改善了农牧民的生产生活水平，2009年西藏农牧民人均纯收入达到3589元，同比增长13%，连续7年保持两位数增长。

（二）环境保护区建设业绩明显

《西藏生态安全屏障保护与建设规划（2008—2030年）》已经实施，到2010年初，已累计落实国家投资近18亿元，建设效果明显。西藏自治区已经建立各类自然保护区45个，保护区总面积占全区国土面积的34.4%，居全国首位。总面积为6.2km^2的拉鲁湿地自然保护区位于拉萨市西北部，通过光合作用，这片湿地每年吸收7.88万t二氧化碳，产生5.37万t氧气。拉萨人形象地称之为拉萨的“天然氧吧”。

（三）农牧区生态受到保护

西藏农牧区饭烧水的传统能源是木材、草皮和牛粪，但是这类燃料的粗放使用对生态良性循环的破坏作用很大。"十一五"以来，国家共投入31.4亿元实施西藏农业开发项目，比"十五"时期增长了10倍。规模空前的建设投入不仅增强了西藏农牧业发展的后劲，也有力地改变了农牧区能源结构。截至2010年2月的3年时间内，西藏在国家财力物力的支持下大力发展沼气，已经累计完成农村沼气池建设11.4万座。据测算，建成1座8～10m^3的沼气池，基本能解决3～5口之家1年间80%的生活用能。这些户用沼气池可年产沼气3360万m^3，能替代标煤23800t，减排二氧化硫945t左右，减排二氧化碳4.7万t。

二、生态良性循环存在严峻状态

由于历史、地理等因素的强度性质的约束，西藏自治区生态环境的良性循环状况目前依然严峻。

（一）青藏高原年平均气温明显上升

青藏高原的气温变化与全球的大趋势一致。在近40多年以来，青藏高原年平均气温是上升态势。监测数据显示，1998年和2003年是40多年来青藏高原平均气温最高的年份，年平均气温比1971—2000年的30年标准气候值偏高1.25摄氏度。西藏拉萨最近的增温突变点发生于1971年。青藏高原的增温率明显高于全国同期增温率，其差异的形成主要是由于高原秋、冬两季增温率明显高于全国。这就表明，整个青藏高原是中国乃至全球气候变暖的敏感区[3]。

（二）部分地区草场退化严重

西藏自治区那曲地区农牧部门的监测数据显示，全地区有4266.7万hm^2可利用草原，其中已经有3466.7万hm^2处于退化中，而且中度和重度退化的草场面积达1800万hm^2，而且那曲地区退化的草原目前还在以每年4%左右的速度扩展[4]。

草原退化之后，曾被绿草固定于土壤内的二氧化碳便会"逃离"。中国一些科研人员于2007年在青藏高原北部草原从事了1年的专题研究，科研成果证明："除5月份植被萌发期外，高寒草甸二氧化碳排放通量随退化程度的加剧而逐渐提高。与未退化和中度退化草甸相比，严重退化高寒草甸排放通量分别高出27.7%～147%和6.4%～78.9%"[5]。草地退化直接导致西藏高原草地生态系统调节气候、涵养水源功能减少，碳汇势能也随之减弱，由此带来很多负面作用。

三、创建西藏区域碳汇功能区对策

中共中央、国务院第五次西藏工作座谈会强调指出，坚持把生态保护作为西藏生态文明建设的基础，把建设资源节约型、环境友好型社会放在西藏发展的突出位置，促进生态保护和经济建设协调发展。西藏自治区位于北半球中纬度地带，这是一个行星尺度的大气交换活动剧烈的地带，那里大片的地表林草植被所具有的固碳能力和释放出来的氧数量又极其巨大，因而对中国和世界的环境变化影响力度很大。建立西藏区域碳汇功能区，就是要充分发挥高原的生态服务价值，提高群众经济收入，为中华民族和全人类文明发展进步作贡献。

（一）统筹规划建设西藏碳汇功能区

要以中共中央国务院第五次西藏工作座谈会精神为指导，以《中国应对气候变化国家方案》为行动标准，吸收国际社会发展低碳经济的经验，全面部署，稳步推进。第一，树立目标指向明确的碳汇发展指导方针。西藏拥有丰富的碳汇资源和相关的基础性经济社会要素，但是，西藏十分缺乏真正能实施碳汇市场操作的体制系统。为此，需要摒弃单纯注重有形经济劳动产品而忽视无形生态劳动产品的传统意识，吸取和创新海外的碳交易市场理论，确定发展西藏碳汇建设的总目标。第二，统筹规划碳汇建设和试点示范。突出碳汇目标的功能区建设，实施难度较之以往要大。因此，必须要制定出切合实际的总体规划，按照“政府引导，多方参与”的原则实施，首先进行试点，逐步推进，先易后难，讲究成效。第三，突出自然保护区的特色。要在已经批准建立的众多自然保护区的框架之下，根据自然环境和地理气候，特别是依据绿色植被覆盖率高这项标准，选择具有强大碳氧转换功能的地区加强自然保护区建设，为碳汇功能区建设奠定基础。

（二）摸清碳汇资源分布状况和潜力

碳汇资源与传统观念上的自然资源有所不同，需要调查和了解这个新事物。第一，设立调研管理机构。组建专门的碳汇开发办公室，设立在自治区林业厅、草原监理站和自然保护区管理机构等单位内，指导、规划和投入。在林芝林区建立首座生态定位站，收集和研究系列碳汇数据。第二，设立碳汇信息数据库。虽然现有一些权威经济统计数据表达了碳汇含义，但是多数不能反映此方面内容，需要重新建设一个数据中心，为社会提供发展低碳经济的信息服务。第三，定性、分类和度量碳汇产品。碳汇理念重新定位人工林、湿地公园、地热电厂和节能电器等众多商品，用设计新指标体系刻画这些商品的特点，并且与法定货币价格标示挂钩。诸如林芝地区 $1hm^2$ 松树林每年能够完成的碳氧转换量，即 xt/a；经济分析形式，那曲地区草原恢复与畜牧业发展的关联效应评估等。

（三）分层次建立西藏区域碳汇功能区框架

面对国内外形势造成的机遇和挑战，西藏自治区碳汇建设可以分为4大层次：第一，建立区域碳汇功能区。主要是继续实施退耕还林、禁牧育草和建设藏东南林带等项目，除了继续实现涵养水源、防风固沙等目标之外，还要奠定实现大规模碳氧转化的坚实基础。第二，建设区域碳汇产业体系。继续发展西藏自治区正在运作的林区牧区的生态产业，有力支持地热能、风力、太阳能等清洁能源生产。最关键的是将这些行业按照碳汇理念协调搭配，重新组合为一个新型碳汇产业体系。第三，设立国内碳排放许可证交易。搭建国内的碳交易市场平台，研究跨越省区的碳汇和碳源间的补偿性交易。通过东部工业地区购买西藏碳排放许可权证书，从总量上控制中国的碳减排进度。第四，经营金融碳汇商品。创造条件和规范管理，将碳排放许可证交易延伸到股票市场，探索实施较为容易的买卖活动。上述4个层次的建设是可以构成一个框架，能够由此入手不断开拓前进。

（四）以农牧民增收推动环境保护建设

西藏农牧区是人工植树造林种草工程的实施场所，农牧民是从事工程建设的主力军，而实践证明，人们从事社会经济活动的基本动力来自有效的物质激励。2008年10月，中国共产党第十七届三中全会通过了《中共中央关于推进农村改革发展若干重大问题的决定》，这个重要文献指出：“坚持以人为本，尊重农民意愿，着力解决农民最关心最直接最现实的利益问题”。第一，城乡合作发展生态农业。依靠西藏乡村良好生态环境，引进城市先进管理技术，是批量生产绿色产品的好路子。将民生改善和生态环境保护结合起来，实现乡村富裕的目标。第二，推动特色产业走向规模化。利用西藏的一些地方特色物种，通过技术和资金支持，大力发展藏羊、牦牛、藏鸡牧养，创造利润，实现好与发展好农牧民的根本利益。

（五）流转土地产权培养大林牧场长期管理者

越是在成片成带的森林与草原，那里的碳汇效益就越突出。所以，要逐步改变西藏一些地方各家农户自行植树而造就的零星分散林区，推行多种形式的流转土地承包经营权，实现适度规模经营。第一，组建大型非公有制林场。采取农牧民以土地承包经营权入股方式，将易林用地集中到龙头企业和种植大户手中，由所有人全面负责和实现林区集约化经营。或者，农牧民以地为股，经集体转让变为林区，再从中获取稳定租赁收益。由此，创新发展大面积人工林带。第二，积极建设专业合作经济组织。那曲地委、行署已经指导和组建了一些农牧业专业合作经济组织，实际运行后的效果很好。这类合作经济组织应当更多地组建，完善运行机制。这样可以方便牧民真正把产品变成商品，也就为更进一步的畜牧业的产业化奠定了基础。尝试各种合法的土地流转模式，最终将会扩大西藏碳汇势能。

（六）积极努力进行国际碳排放交易

目前国际碳汇交易市场发展势头强劲，西藏应当采取多种措施进入这个市场。第一，尝试用水电站项目实施碳交易零突破。联合国实施的清洁发展机制（CDM）项目就是一种碳汇交易，水电站项目是最符合CDM的要求。目前，西藏各地建成的历年累积完工的县级电站79座，乡村电站364座。西藏还将规划新建水电站60座，微型水电站698座。总结已建成的乡村水电站的经验，创造条件进行碳交易。第二，积极准备其他形式的碳交易。西藏一些地方的森林、草原、湿地和规划建设的地热、风能、太阳能发电站，均具有成为CDM项目的基本条件。目前需要从多个方面进行更深入和详细的准备，以便自国际碳排放交易中获利。

（七）继承和发扬藏族崇尚自然的传统优秀文化

藏族人民在自历史上传承下来一些亲近自然的生产和生活方式，十分符合当今崇尚的绿色经济发展与节约型社会建设。藏族群众喜欢青山绿水、辽阔草原，传统文化中有一些保护树木、草原与湖泊的习俗。那曲地区的草原牧民自古以来就遵循转场畜牧的规则，客观上起到发展生产和保护草场的双重作用。林芝地区的一些数百年的古树得以保存至今，也是得益于传统文化中人与自然和谐的思想。农区的一些庄落也是建设在依山傍水之地，利用天然河流灌溉。迄今为止，这类体现着优秀传统文化的做法在保护环境中依然起着重要的示范作用。第一，宣传推广环境文化。充分尊重藏族传统思想中崇尚自然的文化，正确地引导人们敬畏自然、遵从自然、保护自然。保护了环境，就是保护了自己生活的家园。第二，科学利用自然。很好地利用气候生产力，提高农牧业生产水平。不采用掠夺式的方法剥夺自然，遵循客观规律行事。

总之，建设西藏区域碳汇功能区，需要多方面努力，积极稳妥地推进。

参考文献

[1] 郑度，姚檀栋．青藏高原隆升与环境效应［M］．北京：科学出版社，2004.

[2] 周伟，钟祥浩，刘淑珍．西藏高原生态承载力研究——以山南地区为例［M］．北京：科学出版社，2008.

[3] 姜辰蓉．研究表明：青藏高原成为全球气候变暖敏感区［EB/OL］新华网，2007－03－30. hppt：//www. xinhua. org.

[4] 胡星．西藏草原：天灾人祸？不能忽视的“消失”真相［EB/OL］新华网，2008－06－05. hppt：//www. xinhua. org.

[5] 王俊峰，等．高寒生态系统退化加速青藏高原碳流失［J］．科学通报，2007（13）．

围填海导致的海岸带生态系统服务损失的货币化评估
——理论方法与案例研究

王　萱　陈伟琪

（厦门大学环境科学中心　福建　厦门　361005）

摘　要　基于海岸带生态系统服务的分类及各类服务的特点，提出海岸带生态系统服务损失货币化评估技术的选择框架，并构建相应的评估模型，进而尝试对同安湾4个围填海规划方案可能造成的海岸带生态系统服务损失进行货币化评估。结果显示，从方案1至方案4，随着围填海面积的增大，生态系统服务损失依次为13593万元/a、54392万元/a、67937万元/a和147848万元/a，单位面积损失依次为68.65元/（m^2·a）、70.36元/（m^2·a）、72.43元/（m^2·a）和76.84元/（m^2·a），显示累积性效应。基于评估结果，提出相关的政策建议。

关键词　围填海　生态系统服务　损失　货币化评估　同安湾

本文从海岸带生态系统服务的分类入手，针对各类服务的特点，提出海岸带生态系统服务损失货币化评估技术的选择框架，构建了相应的评估模型，并应用于厦门同安湾的案例研究，以期为规划方案的筛选和管理决策的制定提供依据。

一、海岸带生态系统服务的分类

近年来，国内外诸多学者对生态系统服务作了较深入的分析探讨，提出了各自的观点。千年生态系统评估（MA）认为生态系统服务是人们从生态系统中获得的效益[1]，并将其分为供给、调节、文化和支持服务4大类。MA的研究成果得到广泛认可。海岸带生态类型多样（如河口、红树林、珊瑚礁、海滩等），不仅为人类提供丰富的物质性资源以及生产生活空间，而且通过生态系统本身固有的功能属性为人类提供多样化的非物质性的服务。笔者认为可借鉴千年生态系统评估提出的概念和分类，将海岸带生态系统服务定义为人们从海岸带生态系统中获得的效益，也将其分为供给、调节、文化和支持服务4大类，每一类服务又包含若干具体的子服务（表1）。

表1　海岸带生态系统服务的分类

海岸带生态系统服务的类别	子服务
供给服务	食物；原材料；基因资源；医药资源；水供给；空间资源等
调节服务	气候调节；水调节；干扰调节；废物处理；生物控制等
文化服务	审美信息；旅游娱乐；精神宗教；科学教育；文化艺术等
支持服务	初级生产；土壤形成；养分循环；生物多样性维持等

海岸带的生态类型具有明显的地域特性。因而，在实际评估中应根据围填海的具体实施地域的生态环境特征来识别围填海对生态系统造成的损害，同时还得注意不同服务之间的相互联系及其连锁反应，以期做出全面分析。

二、海岸带生态系统服务损失的货币化评估方法

有关环境资源和生态系统服务价值的量化评估，已形成一些较公认的方法，可为海岸带生态系统服务损失的货币化评估提供借鉴。这些方法主要有三大类：①直接市场法，包括市场价格法、生产率变动法、人力资本法等；②替代市场法，包括影子工程法、防护费用法、恢复费用法、

本研究得到国家自然科学基金项目（70771098）的资助以及项目组成员的帮助。

旅行费用法（Travel Cost Method，TCM）、享乐价格法等；③假想市场法（调查评价法），该法最常用的技术是或然价值法（Contingent Value Method，CVM）。此外，还有一类近似的方法即成果参照法（亦称收益转移法）。

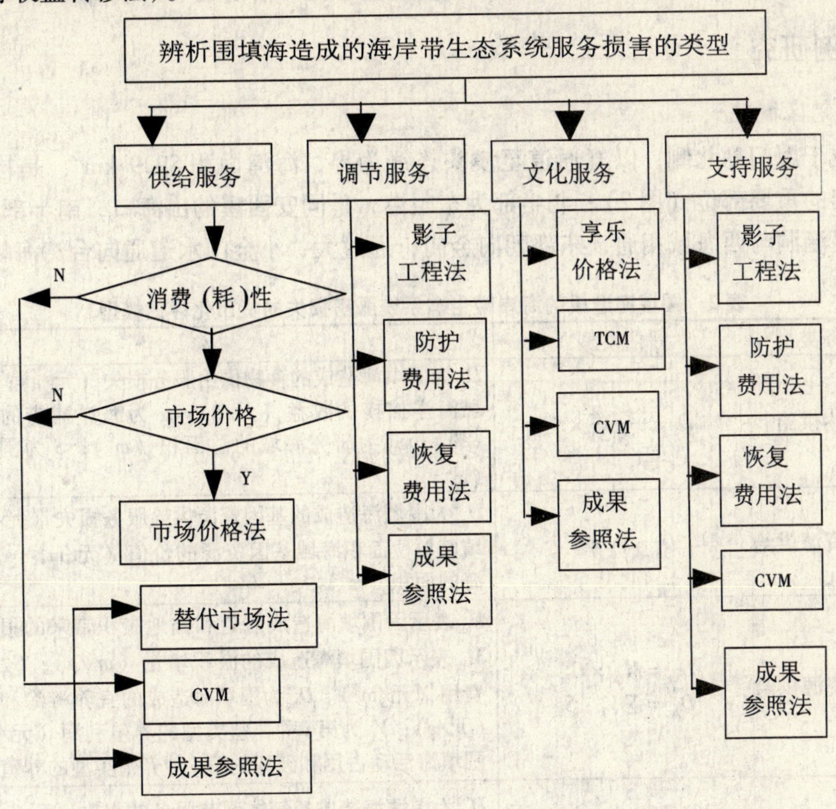

图1 围填海造成的海岸带生态系统服务损失的货币化评估技术的选择

（一）评估技术的选择

对于海岸带生态系统一些参与市场交易的供给服务，如鱼类、贝类等消费性资源，其首选的也是最简便的评估方法是市场价格法。对于未直接参与市场交易或未能在市场交易中完全体现其价格，但往往可获得间接市场信息的海岸带生态系统的各类服务（供给、调节、文化和支持服务），可采用替代市场法的相应技术进行评估。海岸带生态系统提供的某些服务（如支持服务中的维持生物多样性），不仅无市场价格，甚至难以获取间接的市场信息，此时只能借助于调查评价法（如CVM）获得评估结果。此外，在数据不足，时间和经费有限的情况下，成果参照法可作为最后的选择。围填海造成的海岸带生态系统服务损失的货币化评估技术的选择框架[2]见图1。

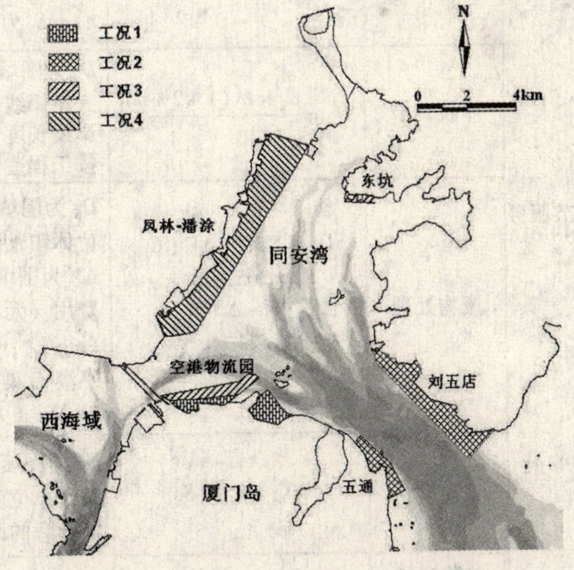

图2 同安湾各围（填）海工况位置分布

（二）评估模型的构建

在图1所示的选择货币化评估技术的基本框架下，针对海岸带生态系统的供给、调节、文化和支持4类服务（子服务）的损害，构建了相应的货币化评估模型[3]（表2）。

三、案例研究

（一）研究区概况

同安湾位于厦门岛北侧，以五通道至澳头连线为界，海湾面积89.9 km^2，是构成厦门市海湾型城市框架的重要部位（图2）。北半部为东咀港，是同安西溪的出海口，南半部称浔江海域，通过高集海堤涵洞与西海域相通，东部朝向金门，通过大、小金门水道通向台湾海峡。

表2　围填海造成的海岸带生态系统服务损失的货币化评估模型

生态系统服务类型		评估模型	备　注
供给服务	食物供给	$D_f = \frac{R_f \cdot \alpha}{S_0} \times S$	D_f 为围填海造成的食物供给服务损失（元/a）；R_f 为研究海域海洋捕捞的收益（元/a）；α 为海洋捕捞的平均利润率（%）；S_0 为研究海域的总面积（m^2）；S 为围填海的面积（m^2）。
	基因资源供给	$D_g = V_g \times S$	D_g 为围填海造成的基因资源供给服务损失（元/a）；V_g为围填区单位面积海域基因资源的价值（元/m^2·a）；S 为围填海的面积（m^2）。
	空间资源供给	$D_{dr} = M_{dr} \times C_{dr}$ $D_{br} = \sum V_i \cdot S_i$	D_{dr}表示因围填海造成航道和锚地淤积带来的损失（元/a）；M_{dr}表示因围填海造成的淤积增量（m^3/a）；C_{dr}为清淤疏浚费用（元/m^3）。D_{br}为围填海造成的宜养滩涂和浅海的损失（元/a）；V_i 为第 i 种养殖类型的养殖利润（元/亩 a）；S_i为围填海活动占用和破坏的第 i 种养殖类型的养殖面积（亩）。
调节服务	气候调节	$D_{ga} = (C_{CO_2} + 0.73 C_{O_2}) \cdot \sum P_{iCO_2} \cdot S_i \times 10^{-6}$	D_{ga}为围填海造成的气体调节服务的损失（元/a）；C_{CO_2}为固定 CO_2 的成本（元/t）；C_{O_2}为生产 O_2 的成本（元/t）；P_{iCO_2}为第 i 种生态类型单位时间单位面积固定 CO_2 的量（g/m^2·a）；S_i 为围填海破坏的第 i 种生态类型的面积（m^2）。
	干扰调节	$D_{er} = \frac{C_e \times L\ (1 + 2\% n)}{n}$	D_{er}为围填海造成的干扰调节服务的损失（万元/a）；C_e 为人工岸线的工程造价（万元/ km）；L 为围填海破坏的天然岸线长度（km）；n 为工程使用年限（a）；每年的维护成本按工程造价的2%计。
	废物处理	$D_p = \sum M_i \cdot \Delta V \cdot C_i \times 365 + \sum (\Delta N_i \cdot V - \Delta N'_i V') \cdot C_i \times \frac{24}{t} \times 365$	D_p 为围填海造成的废物处理服务的损失（元/a）；M_i 为单位体积水体污染物 i 的平均生化降解容量（g/（m^3·d））；ΔV 为围填海减少水容量（m^3）；C_i 为污染物 i 的人工处理费用（元/g）；ΔN_i 为围填海前高低平潮污染物 i 的浓度差（mg/L）；V 为围填海前纳潮量（m^3）；$\Delta N_i'$为围填海后高低平潮污染物 i 的浓度差（mg/L）；V'为围填海后纳潮量（m^3）；t 为一个潮周期的时间（h）。
	生物控制	$D_{bc} = V_{bc} \times S$	D_{bc}为围填海造成的生物控制服务的损失（元/a）；V_{bc}为围填区单位面积海域生物控制服务的价值（元/m^2·a）；S 为围填海的面积（m^2）。
文化服务	旅游娱乐	TCM、CVM	
	文化艺术、精神宗教、科研教育服务	$D_{cs} = V_{cs} \times S$	D_{cs}为围填海造成的文化艺术、精神宗教、科研教育服务的损失（元/a）；V_{cs}为围填区单位面积海域文化艺术、精神宗教、科研教育服务的价值（元/ m^2·a）；S 为围填海的面积（m^2）。

生态系统服务类型		评估模型	备 注
支持服务	初级生产	$D_{hr}=\frac{P_0E}{\delta}\sigma P\rho S\times10^{-3}$	D_{hr}为围填海造成的初级生产服务的损失（元/a）；P_0是单位面积被填海域的初级生产力（gC /m^2·a）；E为转化效率（%）；δ为贝类产品混合含碳率（%）；σ为各类软体组织鲜肉与含壳重之比；P为贝类产品平均市场价格（元/kg）；ρ为贝类产品销售利润率（%）；S为围填海的面积（m^2）。
	生物多样性维持	$D_{en}=\frac{S\cdot\sum\alpha_i\cdot WTP_i（或WTA_i）\times U_i}{S_i}$ $D_m=V_m\times S_m$	D_{en}为围填海造成的海洋珍稀物种损失（元/a）；WTP_i为人们对保护第i种珍稀物种的支付意愿（元/人·a）；WTA_i为人们对失去第i种珍稀物种的接受补偿意愿（元/人 a）；U_i为第i种珍稀物种利益相关者（人）；S_i为第i种珍稀物种的生境面积（m^2）；S为围填海面积（m^2）；α_i权重系数；D_m为围填海造成红树林损失（元/a）；V_m为单位面积红树林价值（元/ m^2·a）；S_m为围填海破坏的红树林面积（m^2）。

根据同安湾实际的用海需求和相关规划，确定了同安湾由近期到远期将陆续实施的4个围填海工况（图2）。基于这些工况的逐一累加，得到本文欲评价的4个围填海规划方案（表3）。其中，工况1即方案1，在此基础上叠加工况2即得方案2，若再叠加工况3即得方案3，以此类推。

表3 围填海规划方案的位置分布及面积

方案	位置分布及面积/km^2					
	空港物流园	五通	刘五店	东坑	凤林—潘涂	合计
1	1.98					1.98
2	1.98	1.32	4.43			7.73
3	3.37	1.32	4.43	0.26		9.38
4	3.37	1.32	4.43	0.26	9.86	19.24

（二）结果与讨论

基于已建立的评估方法和模型，对同安湾各围填海方案的生态系统服务损失进行货币化估算，结果列于表4。

表4 各围填海方案造成的海岸带生态系统服务损失的货币化评估结果

海岸带生态系统服务		围（填）海方案			
		1	2	3	4
供给服务	食品	62.94	245.74	298.19	611.64
	基因资源	8.18	31.93	38.74	79.46
	港航资源	0	0	0	15
	滩涂和浅海	629.31	2456.85	2981.28	6115.12
调节服务	气候调节	26.44	103.21	125.24	256.88
	干扰调节	45.84	126.96	137.04	246.88
	废物处理	12 281.3	48 418.6	60 706.6	132 800.1
	生物控制	5.41	21.11	25.61	52.53
文化服务	娱乐旅游	215.82	842.57	1022.42	2097.16
	科学教育	8.59	33.55	40.71	83.5
支持服务	初级生产	182.76	713.52	865.82	1775.94
	生物多样性维持	126.23	1397.96	1695.62	3713.56
总损失/（元/a）		13 593	54 392	67 937	147 848
单位面积损失/（元/（m^2·a））		68.65	70.36	72.43	76.84

从表4可见，围填海方案1～方案4造成的海岸带生态系统服务损失从13593万元/a增加到147848万元/a，单位面积损失从68.65元/（m^2·a）增加到76.84元/（m^2·a）。由于方法和数据的局限性，实际造成的损失可能比估算结果来得大。值得注意的是，从长远（100年）来看，若考虑代际公平，采用零贴现，则围填海导致的生态损失最大达7684元/m^2，这部分损应引起决策部门的关注。

有关资料显示，厦门围填海的工程成本年金为39.08元/m^2a，方案1～方案4造成的单位面积损失分别为工程成本年金的176%、180%、185%和197%，已超过工程直接成本，并呈现随围填海面积增大而增加的趋势，即显示累积性效应。显然，围填海活动伴随着显著的外部费用即生态环境损失，综合考虑各围填海方案的工程成本和外部费用，将有助于最终方案的筛选。

根据《厦门市海域使用金征收管理办法（2006）》，同安湾填海造地海域使用金征收标准为7.5～22.5元/m^2，明显偏低，并未全面反映填海造地带来的外部费用，无法起到抑制盲目填海造地、保护海洋生态环境的作用。因此，建议有关部门科学合理地制定填海造地海域使用金征收标准，使之能够贴合现阶段社会经济发展现状，成为调控围填海需求、优化管理围填海的有效经济手段。

围填海是一种永久性占用海域的行为，其对海洋生态环境的破坏是不可逆的。为了实现海岸带生态系统的可持续利用和海洋经济的可持续发展，进行围填海规划时，有必要对其可能造成的生态系统服务损失进行货币化评估，并将结果纳入工程经济分析中，为海岸带开发决策提供支撑。

四、小　结

本文将海岸带生态系统服务定义为人们从海岸带生态系统中获得的效益，并将其分为供给、调节、文化和支持服务4大类，在此基础上，对这4类服务包含的具体子服务进行识别。针对各类服务自身的特点，运用直接市场法、替代市场法、调查评价法和成果参照法，构建了围填海造成的海岸带生态系统服务损失的货币化评估的具体估算模型，尝试对同安湾4个围填海规划方案可能造成的海岸带生态系统服务损失进行货币化评估。结果显示，构建的货币化评估模型具有较强的可操作性；从方案1～方案4，随着围填海面积的增大，其导致的生态系统服务损失呈现出累加性效应，且均已超过其工程直接成本。本文提出，在进行围填海规划决策中时，除了考虑围填海的收益和直接工程成本，还有必要估算生态环境成本，并将评估结果纳入工程经济分析中，进行全面权衡比较，以保证海岸带生态系统的可持续利用；目前厦门市填海造地海域使用金征收标准并未全面反映填海造地带来的外部费用，明显偏低，应提高征收标准，使之成为调控围填海需求、优化管理围填海的有效经济手段。

参考文献

[1] Millennium Ecosystem Assessment. Ecosystems and Human Well－being：A Framework for Assessment. Washington，D C：Island Press，2003.

[2] 王萱，陈伟琪．围填海对海岸带生态系统服务的负面影响及其货币化评估技术的选择［J］．生态经济，2009（5）：48－51.

[3] 陈伟琪，王萱．围填海造成的海岸带生态系统服务损耗的货币化评估技术探讨［J］．海洋环境科学，2009.

北方城市生活垃圾的扬尘污染分析与控制措施
——以山西省太原市为例

姚俊花

（太原市环境卫生科学研究所　山西省太原市旱西关街56号　030002）

摘　要　根据北方城市气候特点、垃圾特性和环卫作业方式特点，以太原市为例，分析了造成北方城市垃圾扬尘污染严重的原因和环节，提出了多部门合作，共同治理污染控制的措施。

关键词　生活垃圾　扬尘污染　特性　控制措施　北方城市

颗粒物是我国北方城市空气质量的首要污染物[1]。太原市大气颗粒物来源解析研究表明，扬尘是造成颗粒物污染严重的主要因素。太原市环境空气中 PM_{10} 占全年 TSP 的 52%。PM_{10} 的分担率主要为：城市扬尘 27%，道路尘 20%，土壤风沙尘 10% 等[2]。

近年来，我国多数城市在治理煤烟尘、土壤风沙尘、建筑尘等方面加大了力度，但对城市生活垃圾引起的扬尘却没有引起足够重视。特别是我国北方城市，由于特殊的气候条件、垃圾特性和环卫作业方式，使得生活垃圾对大气的扬尘污染“贡献”更为突出。

一、城市生活垃圾产生源分类及构成

生活垃圾是城市人们在正常生活中产生的固体废弃物。包括居民生活垃圾、企业生活垃圾、农贸垃圾、商业垃圾、办公垃圾、街道清扫垃圾等。

表1　2008 年太原市城市生活垃圾分类产量

指　标	日产量/（t/d）	年产量/（万 t/d）	占总产量的百分比/%
居民类	1 617.11	59.02	55.94
企业类	399.22	14.57	13.81
事业类	241.09	8.80	8.34
商业类	324.63	11.85	11.23
清扫类	298.04	10.88	10.31
交通类	10.69	0.39	0.37
合　计	2 890.78	105.51	100.00

二、城市生活垃圾扬尘污染分析

由于城市生活垃圾来源广，产量大，环卫作业的特点也表现为点多、线长、面广，因此垃圾的扬尘污染存在于生活垃圾的产生、收集、运输、处理等各个环节，以及对城市道路的清扫、保洁过程中。主要污染环节表现为：

1. 垃圾收集贮存场所：太原市城市垃圾收集主要采用的垃圾池、站、点等形式。2008 年末全市共有垃圾池、站、点 2 500 余处，均匀分布于城市各大街小巷。居民每日傍晚 7 点以后将垃圾倒入指定地点，次日早晨 7 点前由环卫部门收集、运输至垃圾处理场。这部分垃圾在街道上暴露时间长，加上自然风力作用和车辆不时经过，使得垃圾在尘土中四处飞扬，从而影响环境空气中 TSP 和 PM_{10} 含量。

2. 垃圾二次收集、运输过程：太原市城市垃圾的收集、运输方式一般为三种：一是中转密闭式，占60%。主要适用于中心城区的部分居民小区，即由一级转运工人将居民区袋装的生活垃圾转运至垃圾中转站，再由密闭的集装箱运往垃圾处理场。这种方式基本上是全封闭作业，扬尘小；第二种是桶箱式，占25%。由居民、农贸、商业市场将垃圾投入街边的垃圾桶箱中，再由垃圾密封车每天定时运往垃圾处理场。第三种是落地式，占15%。即居民将垃圾定时倒入街巷指定地点，再由清运工人人工装入卡车运往垃圾场。这种作业方式是人工装车，垃圾暴露时间长，扬尘大，污染严重。如果运输车辆苫盖不严，极易造成沿途抛撒。

3. 街道清扫：太原市每日约有2 900万平方米的街道需要清扫和保洁，每日生活垃圾总量的10.31%即来自街道清扫。街道清扫方式主要为两种。一是机械清扫，即在宽阔、平坦的路面上采用不同扫路车进行清扫，占总清扫面积的48%。这种清扫方式劳动强度小，效率较高，扬尘时间缩短，但扬尘量仍较大。据北京市检测，扫路车作业时，盘刷区域中TSP含量可达3.75mg/m^3，而垃圾真空输送系统排出的气体中PM_{10}含量高达1.36mg/m^3[3]。第二种为人工清扫，占总清扫面积的52%。这种作业方式劳动强度大，作业时间长，相应的作业扬尘时间长，再加上各种车辆不断通过，二次扬尘严重。

4. 自行焚烧垃圾：部分环卫工人不遵守规定，在垃圾桶、箱、车中焚烧树叶、纸类等垃圾，造成烟尘污染。特别是秋季，此类现象更为严重。

5. 街道残余垃圾及新增垃圾引起的道路扰动扬尘：经太原市环卫科研所现场检测，不论人工清扫还是机械清扫，实际扫净率均在65%～75%，仍有约25%～35%的道路尘土残留地面；另外，园林部门在树木、花草种植过程中挖开地面，市政、电信等施工时，挖开路面，未采取有效防尘措施，造成尘土迁移、扩散，引起扬尘；交通运输车辆在行驶过程中将渣土、沙土等固体物抛撒于道路上，以及空气中沉降的其他排放源颗粒物等，经往来车辆的碾压形成道路扰动扬尘。这部分颗粒物的特点是反复扬起，反复沉降，造成重复污染。

6. 垃圾填埋场：垃圾填埋场的垃圾在作业完成后不及时覆盖，或者覆盖后不能及时种植花草树木，造成土壤裸露；加上生活垃圾中的有机物不断分解，产生大量的硫化氢、氨气、甲烷等有害气体，共同对大气造成污染。

三、城市生活垃圾扬尘污染特性与原因分析

北方城市生活垃圾的扬尘污染与南方城市相比，具有以下特点：

1. 生活垃圾扬尘污染较南方城市严重。多年的监测表明北方城市空气的首要污染物是颗粒物，其中扬尘的贡献率在50%左右。而南方城市空气则主要以酸雨污染为主，扬尘污染相对较轻[1]。这与北方城市生活垃圾特性有关。北方城市生活垃圾无机物含量高，含水率低，极易飞扬；道路清扫垃圾所占比例大，清扫方式多以人工清扫为主，清扫时间长，造成扬尘量大，持续时间长。

2. 四季污染，秋冬季节污染严重。北方城市常年气候干燥，特别是秋冬季节草木凋零，土壤裸露面积加大；加上冬季取暖，垃圾中煤灰含量增加，在强大的风力作用下，容易造成生活垃圾随风飞扬和周围尘土迁移、扩散，加上大量的大气降尘，大部分形成街道尘土垃圾，所以造成北方城市垃圾扬尘污染以秋冬季节最为严重。

3. 扬尘污染存在于垃圾处置的各个环节。垃圾的扬尘污染产生于收集、运输、处置等各个环节，其他因素影响或加重生活垃圾的扬尘污染，且与垃圾收运处置方式有关。北方城市垃圾处理以填埋为主，填埋作业后多以黄土或黏土覆盖，在取土、运输、覆盖过程中多次造成尘土飞扬，覆盖后不能及时压实、洒水，多次造成扬尘污染。

4. 在道路等级不高、道路两旁绿化不好的路面常积有大量尘土，如果环卫工人不能及时清

扫，则在路面上造成尘土飞扬。

5. 对人体危害严重。资料显示，距离地面 1.5 ~ 5 米的空气中所含污染物对人体危害最大[4]。而北方空气干燥，垃圾扬尘增大。环卫作业引进的扬尘正好在此高度，而且表现为多次重复扬尘，因此对人体危害更大。

四、对策与污染控制措施

2006 年以来，太原市政府及环卫、环保等相关部门在控制城市扬尘污染方面加大了资金投入和协作力度，取得了一定效果。但由于城市生活垃圾的特殊性，所以其扬尘治理应以环卫部门为主，同时还需要政府统筹，环保、城建、交通、园林、市政等多个部门通力合作，综合治理。

（一）环卫部门

1. 减少源头垃圾产生量：政府应把城市垃圾的系统化管理和无害化处理纳入城市建设和环境卫生的长远规划，积极采取措施，从源头减少生活垃圾的产生量，特别是采取措施，减少道路垃圾的清扫量，提高垃圾清扫效率。

2. 实行垃圾分类袋装：分类袋装使垃圾暴露时间减少，同时大部分废品可以得到回收利用，减少了垃圾清运量，从而大大减少垃圾的扬尘。

3. 减少垃圾池、站、点数量：增大投入，改造垃圾收集、贮存方式，将垃圾暴露时间较长的池、站、点改为密闭性好的垃圾房或垃圾桶。

4. 改进垃圾收运模式：采用垃圾“不落地”收运方式，大力发展中转集装箱式的垃圾清运方式，淘汰人工装车的大卡车清运。太原市自 2006 年起在城区内实行了以“桶装存放、车载收集、压缩转运”为主的垃圾清运模式，使居民生活垃圾基本实现了全封闭、不落地收运，取得了良好的效果，这种收运方式正在向城乡结合部和城中村扩展。

5. 改进环卫清扫作业方式，发展湿法机械清扫；根据不同季节、不同街道特点，实行机械喷雾、洒水、冲洗以及使用道路抑尘剂等多项降尘、抑尘措施。

2008 年太原市、区两级财政累计投入 5.3 亿元用于环卫事业，其中投入资金 8122 万元用于购置机械清洁设备，使全市 336 条、1400 万平方米的主次干道实现了“一扫四保”“一冲两洒”，机扫冲洗率达 48%，初步做到了主干道路一年四季实现机械化清扫，4 ~ 10 月份实行道路冲洗、喷雾降尘，即白天利用机械喷雾车对道路进行喷雾降尘，增大空气湿度，减轻道路扬尘；夜间冲洗马路，减少道路尘土量；对市区周边扬尘污染比较严重的路段和冬季市区街道喷洒保湿抑尘剂进行道路抑尘，取得了明显效果。据太原市环保局环境空气质量月报显示，2008 年 3 ~ 12 月，太原市区环境空气质量与 2007 年同期相比，可吸入颗粒物分别下降了 0.88%、11.21%、22.30%、25.98%、31.03%、45.63%、40.59%、持平、36.88%、15.45%[5]，其中与环卫清扫作业方式的改进具有一定的相关性。

6. 加强垃圾处理场建设和运行管理：垃圾处理场建设和运行应严格按规范进行。如对垃圾处理场设置围墙，每日填埋作业完成后及时覆盖黄土并压实洒水，垃圾场封场后及时种植植物或草皮。

7. 加强建筑垃圾管理：对建筑垃圾运输车辆、运输路线、车体苫盖等环节进行严格要求，防止沿途抛撒。

（二）环保部门

1. 加强建筑工地施工管理：对建筑物的拆除及建筑工地的挖土、施工、储沙、遮挡等环节进行严格管理，防止尘土飞扬。如太原市规定，建筑施工场所内 80% 以上面积的车行道路必须硬化；道路清扫时必须采取洒水措施；边界围挡高度不低于 1.8 米；建筑物拆除垃圾及时清运等。

2. 开征扬尘排污费，用经济手段控制城市扬尘污染。太原市自2010年3月1日起开征扬尘排污费，征收标准为0.15元/（m^2/月）。

3. 加强冬季供暖储煤场和燃烧后煤灰的管理，减少煤灰扬尘。

（三）交通部门

加强上路行驶机动车辆运输污染的整治。对具有扬尘污染性质的载货机动车、报废车、不按规定安装密闭装置、载运不封闭严密、载货机动车不按规定区域路线行驶等车辆进行严格管理。

（四）园林部门

1. 增加城市绿化面积，减少土壤裸露。

2. 对枯枝落叶，草坪、树木修剪时遗留的碎屑要及时清理，防止干燥、碾压形成颗粒物。

（五）市政、煤气、电信等部门

1. 市政、煤气、电信等部门在道路开挖施工时，要严格规划，尽量减少暴露面积，并采取有效的防尘措施，尽快施工，减少尘土迁移、扩散。

2. 扩大地面硬化和铺装面积，减少地面尘土飞扬和扩散。

五、结束语

城市生活垃圾来源广，产量大，成分复杂，对环境的污染途径多，特别是北方城市生活垃圾的扬尘污染更为突出，应引起足够重视。其扬尘污染治理应以城市环卫部门为主，同时还需要政府统筹，环保、城建、交通、园林、市政等多个部门通力合作，综合治理。

参考文献

[1] 韦洪莲．中国城市大气颗粒物源解析研究及空气质量功能区达标现状及展望［R］．国家环保总局污染控制司颗粒物源解析会议，2004.

[2] 郭光灿，吴建会，刘洁．城市道路扬尘的二重源解析方法与应用实例［J］．城市环境与城市生态，2009(2)：43－45.

[3] 崔华胜．扫路机作业对首都空气质量的影响及对策研究［J］．环境卫生工程，2010，18（1）：51.

[4] 上海第一医学院，等．环境卫生学［M］．北京：人民卫生出版社，1986：346－349.

[5] 太原市环保局．环境空气质量月报［R］．2008.

福建省能源消费主要影响因素分析及2020年能源消费预测

刘　健　王　润

（中国科学院城市环境研究所　福建省厦门市集美大道1799号　361021）

摘　要　基于《福建统计年鉴》1985—2008年的相关数据，采用协整分析的方法，对福建省影响能源消费的因素进行了研究。结果表明，GDP、每单位工业增加值能耗和工业增加值在国民经济中的比重是最主要的影响因素。同时，在进行变量情景设定时，对工业增加值在国民经济中的比重使用了灰色系统方法进行预测。最后，基于变量设定的结果，预计到2020年，福建省的能源消费总量将达到2.39万吨标煤。

关键词　能源消费　协整　GDP　灰色系统

对能源需求进行分析和预测的方法有很多，协整分析是其中很重要也是应用比较广的一种方法。采用这种方法能有效地避免“伪回归”的问题，即当根据时间序列把各种变量放在一起处理时，在有限的样本回归中会出现相关性，尽管这些变量间不存在相关的关系[1]。

一、预研究

（一）数据来源

本文所使用的数据均来自《福建统计年鉴》，期间为1985—2008年（1993年和1998年工业能耗数据缺失）。同时，为消除价格变动的影响，对GDP和工业增加值等名义数据以1985年为基准年进行了处理，转换为具有可比性的实际数据。为消除数据间的较大变动，对各因素取对数[2]，标为ln。

（二）因素选择

影响能源消费的因素有很多。通过文献的阅读以及考虑到数据的可获得性，本文首先选取了以下几个因素作为变量：*GDP*、工业增加值在国民经济中的比重（*I*）、每单位工业增加值能耗（*EI*）、人口数（*P*）、人口自然增长率（*R*）和非农人口在总人口中的比重（*F*）。

为检验变量是否对因变量有显著的影响，首先用OLS（最小二乘法）对其进行分析[3]。进行初步判定。所得等式如下：

$$\ln E = 0.848037\ln GDP + 0.972064\ln I + 0.858154\ln EI + 0.387952\ln P - 0.045914\ln R - 0.018233\ln F - 5.845742$$

$$t = (8.459741)(3.864861)(7.353901)(0.596575)(-0.475923)(-0.265609)(-1.169803)$$

$$R^2 = 0.998607 \qquad F = 1672.828 \qquad D.W. = 1.370791$$

从上面的等式可以看出模型的拟合效果很好，变量间呈高度线性[3]。但是许多变量t检验不能通过，影响不显著，应予以剔除。

采用逐步回归的方法，可以剔除人口自然增长率（*R*）、人口数（*P*）和非农人口在总人口中的比重（*F*）这些不显著的因素，最后得到：

$$\ln E = 0.894593\ln GDP + 0.805847\ln EI + 0.905258\ln I - 2.839300$$

$$t = (22.34628)(18.51764)(5.281281)(-5.580541)$$

$$R^2 = 0.998736 \qquad F = 4741.652 \qquad D.W. = 1.411544$$

在上面的等式中，各变量通过了t检验，影响显著且模型的拟合效果很好。因此，本文中选用GDP、每单位工业增加值能耗（*EI*）和工业增加值在国民经济中的比重（*I*）这三个因素对能源消费进行分析研究。

二、实证分析

（一）建立模型

根据上面对影响能源消费因素的分析，建立能源消费函数如下：

$$E=f\ (GDP,\ I,\ EI)$$

（二）平稳性检验

在具体应用协整等理论进行分析时，首先需要检验被分析序列变量是否平稳，即是否具有单位根[4]。本文采用 ADF 法对 1985—2008 年的变量数据进行检验，结果见表 1。

表 1　平稳性检验

变量	差分次数	（*C*，*T*，*K*）	*D. W.* 值	*ADF* 值	5% 临界值	1% 临界值	结论
ln*E*	2	（0，0，1）	1.865966	−4.908952	−1.959071	−2.685718	I（2）*
ln*GDP*	2	（0，0，1）	1.719434	−5.41667	−1.959071	−2.685718	I（2）*
ln*EI*	2	（0，0，1）	2.099283	−4.265098	−1.982344	−2.816740	I（2）*
ln*I*	2	（0，0，2）	1.640754	−2.684334	−1.960171	−2.692358	I（2）**

注：（*C*，*T*，*K*）表示 *ADF* 检验是否包含常数项、时间趋势项以及滞后期数。* 表示变量在差分后在 1% 的显著性水平下通过 *ADF* 检验，** 表示变量在差分后在 5% 的显著性水平下通过 *ADF* 检验。

从表 1 中可以看出，所有变量都可以在 5% 的显著水平上达到二阶平稳，因此，可以认为所有变量都是 I（2）过程，满足进行协整检验的条件[5]。

（三）协整分析

协整检验主要有两种方法：一种是 Johansen（1988）和 Juselius（1990）提出的一种以 VAR 模型为基础的检验回归系数的方法；另一种是 Engle 和 Granger（1987）提出的两阶段回归分析法，即用 OLS（Ordinary Least Squares）法对方程进行回归估计，然后对残差做 *ADF* 检验[1]。

本文选用后一种检验方法。首先对四个变量进行回归得到 1985—2008 年福建省能源消费总量与 GDP、每单位工业增加值能耗和工业增加值在国民经济中的比重的均衡关系方程：

$$\ln E=0.894593\ln GDP+0.805847\ln EI+0.905258\ln I-2.839300$$

$$t=\ (22.34628)\qquad (18.51764)\qquad (5.281281)\qquad (-5.580541)$$

$$R^2=0.998736\qquad F=4741.652\qquad D.W.=1.276926$$

从结果可以看出，R^2 很高，说明 GDP、每单位工业增加值能耗和工业增加值在国民经济中的比重对能源消费有很好的解释作用。

对残差进行平稳性检验，结果如表 2 所示。

表 2　残差的平稳性检验

ADF 统计量			*t* 统计量	概率值（*P* 值）
			−3.090242	0.0036
显著性水平	1%	检验临界值	−2.674290	
	5%		−1.957204	
	10%		−1.608175	

从表 2 中可以看出，残差在 1% 的显著性水平下平稳，即残差是 I（0）过程。因此，回归方程中的变量存在协整关系，即长期均衡关系。另外，从回归结果中可以看出，福建省能源消费的

长期收入弹性为0.894593，工业增加值在国民经济中的比重的长期弹性为0.905258，每单位工业增加值能耗的长期弹性为0.805847。

（四）历史数据检验

为检验拟合程度，将数据带入回归方程，比较拟合值和实际值。

表3 模型历史数据检验结果 单位：万吨标煤

年份	能源消费总量			
	实际值	拟合值	绝对误差	相对误差/%
1985	1043.00	1052.31	9.3	0.89
1986	1114.00	1083.30	-30.7	-2.76
1987	1215.00	1251.00	36.0	2.96
1988	1363.30	1399.62	36.3	2.66
1989	1404.00	1414.24	10.2	0.73
1990	1458.30	1467.40	9.1	0.62
1991	1530.60	1483.95	-46.6	-3.05
1992	1624.10	1557.25	-66.9	-4.12
1993	1848.00	549.73	-1298.3	-70.25
1994	1953.50	1960.83	7.3	0.38
1995	2279.90	2333.47	53.6	2.35
1996	2452.20	2354.67	-97.5	-3.98
1997	2499.10	2432.84	-66.3	-2.65
1998	2578.60	1184.28	-1394.3	-54.07
1999	2771.10	2831.44	60.3	2.18
2000	2942.60	3009.03	66.4	2.26
2001	3163.10	3190.33	27.2	0.86
2002	3615.30	3693.59	78.3	2.17
2003	4062.60	4182.67	120.1	2.96
2004	4527.80	4521.51	-6.3	-0.14
2005	6157.10	6105.17	-51.9	-0.84
2006	6811.90	6773.21	-38.7	-0.57
2007	7574.20	7537.61	-36.6	-0.48
2008	8238.40	8083.28	-155.1	-1.88

从表3中可知，除1993年和1998年因数据缺失造成较大误差外，其余各年的误差很小，平均为1.89%，拟合精度达到98.11%。

三、预 测

（一）情景设定

1. GDP

2000—2005年间，福建省国内生产总值年均增长率为10.8%。2006年、2007年和2008年这一指标更是分别达到14.8%、15.2%和13%。根据《福建省贯彻落实〈国务院关于支持福建省加快建设海峡西岸经济区的若干意见〉的实施意见》要求，到2017年，人均地区生产总值比2000年翻两番，比全国提前三年实现全面建设小康社会的目标；在2020年实现国内生产总值达到四万亿元。要实现上面要求的目标，并考虑到未来经济高速发展的可持续性，预计2009—

2020 年间国内生产总值的年平均增长率要达到 11%。

2. *EI*

我国政府宣布了到 2020 年控制温室气体排放的行动目标：到 2020 年，我国单位 GDP（国内生产总值）二氧化碳排放将比 2005 年下降 40% ~45%，并将其作为约束性指标纳入国民经济和社会发展中长期规划。未来一段时间内，以煤炭为主体的能源消费结构将不会有很大的改变，单位 GDP 二氧化碳排放的降低主要依靠单位能耗的降低。本文在这里假设到 2020 年，每万元工业增加值能耗比 2005 年下降 40%。

3. *I*

灰色系统是指部分信息已知、部分信息未知的系统[6]。影响工业增加值占国民经济比重的因素有些已知，有些未知，可以看做是灰色系统，应用 GM（1，1）模型进行预测。这里采用 1995—2008 年的数据。

第一步，构建原始序列 $x^{(0)}=(x^{(0)}(1), x^{(0)}(2), x^{(0)}(3), \cdots, x^{(0)}(k))$ $(k=1, 2, 3, \cdots, n)$

第二步，对原始序列进行累加，得到序列 $x^{(1)}=(x^{(1)}(1), x^{(1)}(2), x^{(1)}(3), \cdots, x^{(1)}(k))$

第三步，令 $B=$　$Y=$

则 $(B^TB)^{-1}B^TY=\begin{pmatrix} a \\ u \end{pmatrix}$[7]，代入数据计算可得为 −0.02394 和 52.39478

$x^{(0)}(k+1)$ 的估计值为 53.06575

$e^{0.02394k}$

第四步，对拟合结果与实际数据进行比较。

表 4　拟合值与实际值的比较结果

单位：%

年份	工业增加值在国民经济中所占比重			
	实际值	拟合值	绝对误差	相对误差
1995	54.67	54.67	0.00	0.00
1996	55.53	54.35	−1.17	−2.12
1997	56.46	55.67	−0.79	−1.40
1998	57.70	57.02	−0.68	−1.18
1999	58.58	58.40	−0.18	−0.31
2000	59.97	59.81	−0.15	−0.26
2001	61.56	61.26	−0.30	−0.48
2002	62.75	62.75	0.00	0.00
2003	65.54	64.27	−1.27	−1.94
2004	67.83	65.82	−2.01	−2.96
2005	69.95	67.42	−2.53	−3.62
2006	71.33	69.05	−2.28	−3.20
2007	72.64	70.72	−1.91	−2.63
2008	75.22	72.44	−2.78	−3.70

从表4中可知，模型预测的精度很准。

最后，进行后验检验。

经计算得原始数据 x 的方差 $S_2^2=51.57623$，残差的方差 $S_1^2=0.968828$

$c=S_1/S_2=0.137056$，$p=1$（p 为 ε 与其平均数差的绝对值小于 $0.6745S_2$ 的概率），精度为一级。

所以，可以对2020年工业增加值在国民经济中所占比重进行预测，计算得98.88%。

（二）预测结果

根据上面的设定来计算变量并将变量代入协整关系方程，得到福建省2020年能源消费的预测量。经计算，结果为2.39万吨标煤。

四、结论与建议

（1）GDP、每单位工业增加值能耗和工业增加值在国民经济中的比重是影响能源消费的最重要的因素。要降低对能源的需求量，一方面要大力发展第三产业，降低工业在国民经济中所占的比重；另一方面要加大对科研的投入力度，加快技术引进和产业升级，大力发展低能耗高附加值的产业（如软件产业），降低单位工业增加值能耗。

（2）福建省2008年的能源消费总量为8238万吨标煤，到2020年这一数字要达到2.39万吨标煤，增长近2倍。如此巨大的能源需求，对福建省的能源供应体系提出了严峻的挑战。在未来的十几年内，福建省应加大对能源基础设施的投入，积极参与国家能源储备基地建设。同时，发挥港口众多、面向东南亚的优势，积极同印度尼西亚和越南等国家展开合作，充分利用国外丰富的能源资源来发展自己。

参考文献

[1] 林伯强．结构变化效率改进与能源需求预测——以中国电力为例［J］．经济研究，2003（5）：57－65.

[2] 余妙志，尹冰．浙江省能源消费与经济增长的协整分析［J］．北方经济，2008（5）：68－69.

[3] 王金雪，韩静轩，王金亮．山东省电力消费和经济发展关系的协整分析［J］．济南大学学报（自然科学版），2008，22（4）：415－418.

[4] 汪旭晖，刘勇．中国能源消费与经济增长：基于协整分析和Granger因果检验［J］．资源科学，2007，29（5）：57－62.

[5] 刘希颖．中国电力需求预测与电力行业可持续发展［D］．厦门：厦门大学中国能源经济研究中心，2009.

[6] 谷川，张岳．GM（1，1）灰色模型改进及其应用［J］．海洋测绘，2008，28（3）：35－37.

[7] 李艳军，赵玉亮．基于灰色GM（1，1）模型的河南省能源需求量预测［J］．河南科学，2009，27（12）：1508－1511.

象山港沉积物中有机物的分布和生态风险评价

滕丽华　杨季芳

（浙江万里学院生物与环境学　浙江宁波钱湖南路8号　315100）

摘　要　采用GC－MC法对象山港7个不同地点的表层沉积物中有机物的含量、来源和分布特征进行了研究。实验结果表明，沉积物中总PAHs、苯酚、邻苯二甲酸酯类、正构烷烃类的含量范围分别为344.3～1143ng/g、750～1560mg/g、7.67～9.97ng/g、836～1009ng/g。在象山港各站点中，仅西沪港（S_{12}）表层沉积物中蒽的含量接近风险评价的低值，可能对生物产生负面影响，其他各站点的有机化合物都不存在超标现象。象山港研究区域内多环芳烃总浓度远低于风险评价的高值。

关键词　沉积物　有机物　分布　生态风险评价

有机污染物普遍存在于各种环境介质中，其中持久性有机污染物（POPs）化学性质稳定，在环境中能持久残留，成为世界公认的全球性环境公害[1-3]。20世纪80年代以来象山港海域曾先后发生赤潮[4-6]。本文以象山港中的沉积物为研究对象，初步分析象山港沉积物中有机污染物（主要是多环芳烃）的来源和分布特征，并对区域内产生的生态风险进行评价，为今后象山港生态环境规划和污染防治提供基础数据。

一、实验部分

（一）样品的采集与处理

采样点位置：根据沉积物的特点和本论文研究目的，在象山港海域设定了7个采样站点，分别为S_{02}，S_{10}，S_{12}，D_{08}，S_{17}，S_{25}，D_{03}。具体采样布点见图1。按照海洋监测规范（GB 17378.3—1998），于2008年5月1日，在象山港海域的各站点用采泥器分别采集上述各站点的表层沉积物，装入磨口玻璃瓶中，上部用各站点当地的海水覆盖，做好标记，在－4℃以下冷冻保存，带回实验室后放入冰箱中备用。临用前将沉积物样品冷冻干燥，研磨，剔除大小砾石及动植物残体等杂物，过筛，得到125～250μm粒径的沉积物样品。

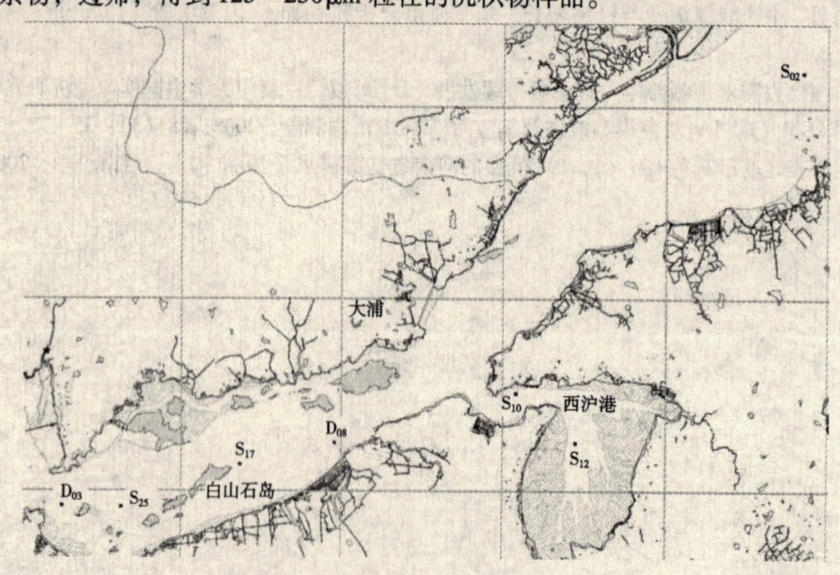

图1　象山港表层沉积物采样站位图

（二）样品分析

1. 定性、定量方法

定性分析方法：含有机物的样品定性是根据气相色谱－质谱总离子流图中的样品各组分的离子碎片质量谱图，确定样品中各个组分的保留时间，利用计算机谱库进行指认，并通过标准物质核对以确认其化学结构。

定量分析方法：本次实验中对象山港各站点样品中的多环芳烃类和有机氯农药类物质采用标准品一点定样法，其余有机物（二十烷、二十五烷、邻苯二甲酸二丁酯、邻苯二甲酸二正辛酯）采用多点校正曲线和外标法，进行浓度的定量分析。

2. 气相色谱－质谱检测条件

气相条件：PTV 进样口，温度 270℃。色谱柱初始柱温 140℃，保持 1min，然后以 4.0℃/min 的速度升温到 215℃，保持 5min，再以 2.8℃/min 的速度升温到 240℃，保持 5min。以高纯 He 为载气，流速 1.0ml/min。分流比 50:1，进样量 1μl。

质谱条件：质谱离子源 EI，温度 250℃，能量 70V，灯丝电流 100μA，转移线温度 250℃，全程扫描，质量范围 40～300amu，数据起始采集时间 2.5min。

（三）沉积物中有机物的提取

以正己烷－二氯甲烷混合溶剂（体积比为 1:1）作为有机物的萃取剂。将各站点的沉积物样品冷冻干燥后，过筛，准确称取 0.5g，并记录下称取样品的重量（精确到 0.0001g）。为防止沉积物样品漏出，取少量脱脂棉垫在滤纸包内底部，将样品小心倒入滤纸包，并在样品表面铺上一层薄薄的脱脂棉，使得萃取剂能均匀地渗入样品中，将滤纸包放入索氏提取器中。在磨口圆底烧瓶中快速倒入 200ml 萃取剂（萃取剂易挥发，倒入烧瓶后要尽快连接索氏提取管）加热提取 48 小时。停止加热，将萃取液冷却至室温。萃取液通过蒸馏减少体积（控制温度在 60℃以下），浓缩至约 10ml（测量并记录实际体积）。提取液浓缩后，使用气相色谱－质谱（GC－MS）联用仪检测。

二、结果与讨论

（一）样品的定性分析

图 2、图 3 为象山港区域中两个典型的站点的表层沉积物样品，测得的有机物组分的气相色谱－质谱总离子流图。图中横坐标为组分的保留时间，纵坐标为各组分的离子强度。从各图中可以看出，象山港表层沉积物中有机物各组分分离效果较好。但由于实验本身条件限制，仍有部分有机物出峰没有分离不完全，所以只能确定其中已独立出峰（完全分离）且匹配度较高的物质。

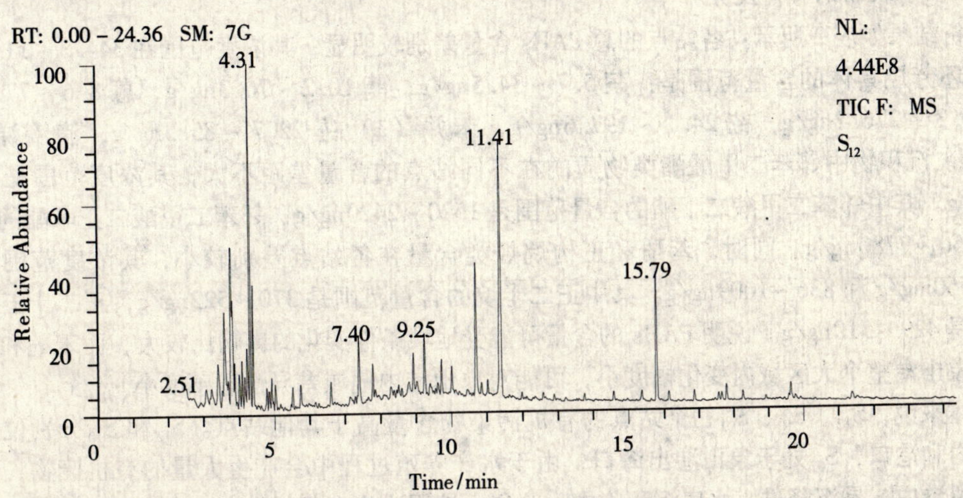

图 2　站点 S_{12} 气相色谱－质谱总离子流图

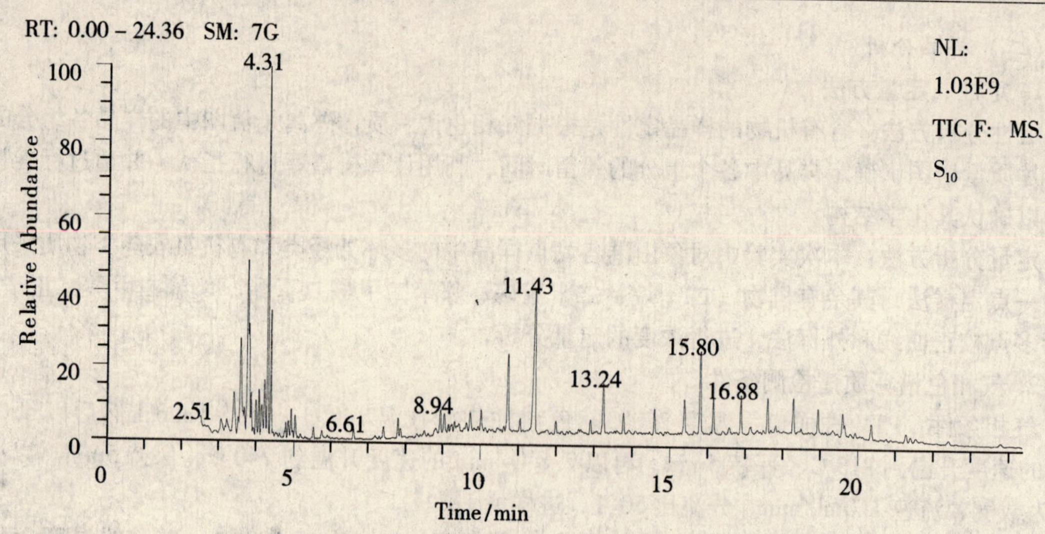

图3　站点 S_{10} 气相色谱－质谱总离子流图

分析结果显示：此次从象山港不同站点采集到的表层沉积物中，共检出的有机污染物近20种。其中具有生物毒性或潜在生物毒性的持久性有机化合物也有近10种。同时，还有部分优先污染物也在象山港沉积物的样品中被检出，如农药类的DDT及其同分异构体。16种优先检测的多环芳烃（指母体化合物，不包括其衍生物和同系物）中有6种优先检测化合物被不同程度的检出，而其同系物（各种取代化合物）的种类更多。详见表1。

表1　象山港沉积物中主要检出的有机物

类别	有机物名称					
多环芳烃类	萘	菲	蒽	芘	荧蒽	苯并（a）芘
取代苯类	苯酚	多氯联苯				
邻苯二甲酸酯类	邻苯二甲酸二丁酯	邻苯二甲酸二正辛酯	邻苯二甲酸二（2－乙基己基）酯			
农药类	滴滴涕					
正构烷烃类	正十八烷	正二十烷	正二十四烷	正二十五烷	正二十八烷	

（二）有机物的含量及分布

分析结果如表2所示：各站点的总PAHs含量差别较明显，其浓度范围在344.3～1143ng/g。各种多环芳烃具体的含量范围是：萘5.7～34.5ng/g，菲10.2～76.3ng/g，蒽8.6～77.6ng/g，荧蒽16.3～276.2ng/g，芘24.1～197.6ng/g，苯并（a）芘22.7～85.5ng/g，滴滴涕225～680ng/g。沉积物中邻苯二甲酸酯类物质的在不同站点的含量差距不大，其浓度范围是7.67～9.97ng/g。其中邻苯二甲酸二丁酯的含量范围是1520～2420ng/g，邻苯二甲酸二正辛酯的含量范围是6150～7780ng/g。同时，苯酚和正构烷烃类含量在各站点差别较小，其浓度范围分别是750～1560mg/g和836～1009ng/g。其中正二十烷的含量范围是370～522ng/g，正二十五烷的含量范围是429～510ng/g。说明PAHs的含量可能受地域条件变化的影响比较大，而苯酚和正构烷烃类在象山港整个大区域内变化幅度小，可能对象山港内地域差异性敏感度小。

总体来说，S_{12}、S_{10}、S_{02}三个站点的有机污染物含量高于其他站点。S_{12}和S_{10}分别位于在西沪港港内和港口，S_{02}处于象山港出海口，由于水产养殖过程中会产生大量的有机废物，污染物长期滞留港内，易沉降进入水底沉积物中，给象山港周边生态环境带来了一定程度的影响。

表2　象山港表层沉积物中有机物的含量分布　单位：ng/g

类别	S_{02}	S_{10}	S_{12}	S_{17}	S_{25}	D_{03}	D_{08}
萘	24.6	22.6	34.5	16.7	15	5.7	6.2
菲	56.3	55.4	65.3	30.8	23.6	10.2	11.4
蒽	53.6	54.8	77.6	27.4	14.8	8.9	8.6
荧蒽	143.8	253.9	276.2	120.5	111.4	19.5	16.3
芘	79.2	197.6	172.4	98.8	78.3	30.9	24.1
苯并（a）芘	85.5	67.3	77.6	35.1	29.6	23.5	22.7
苯酚	7.5105	1.32106	1.56106	1.03106	1.08106	8.6105	7.6105
邻苯二甲酸二丁酯	2.42103	1.87103	2.19103	1.74103	1.66103	1.52103	1.67103
邻苯二甲酸二正辛酯	6.75103	6.93103	7.78103	6.51103	6.74103	6.15103	6.57103
滴滴涕	680	400	430	370	335	270	255
正二十烷	370	522	439	508	491	403	443
正二十五烷	490	487	510	466	429	433	456

（三）有机物的来源分析

在国内外许多相关研究中，通常选择环境优先控制的16种典型PAHs含量之和（ΣPAHs）评价其污染水平[7,8]。本次实验中由于受实验条件限制，有部分有机污染物未能检出，所以本次研究仅能分析已检出的PAHs。而多环芳烃的含量之和（ΣPAHs）也仅选取已检出的各个多环芳烃之和。各站点ΣPAHs含量分布结果见图4。从区域分布看，靠近外海海区（S_{02}）的污染水平较象山港港内为高，可能因为该站点来往船舶频繁，导致该区沉积物中烃类含量偏高。其余ΣPAHs较高的海区主要集中在港内养殖区近岸点，其中以西沪港港内（S_{12}）为最高，其次是西沪港港口（S_{10}）和黄墩港港口（S_{17}）。其他站点（S_{10}、D_{03}、D_{08}）的变化幅度则明显较小。

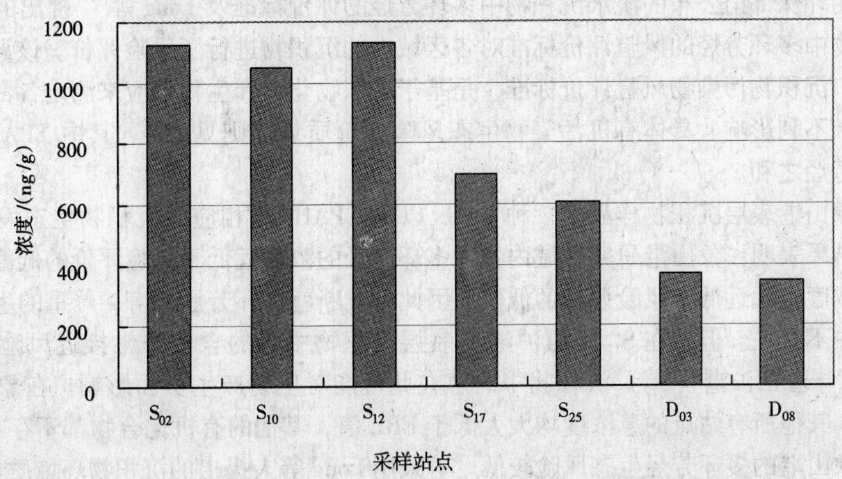

图4　各站点表层沉积物中ΣPAHs含量

环境中PAHs的来源比较复杂，不同成因的PAHs具有结构和组分差异，并且在迁移和沉积过程中保持相对稳定，因而，PAHs的组分特征可作为区分污染来源的依据。通常，低分子量/

低环 PAHs 主要来源于石油类产品、化石燃料的不完全（低至中等温度）燃烧或天然成岩过程，而高温热解主要生成高分子量/高环 PAHs[9]。

将本文涉及的 7 种 PAHs 划分为三组：2～3 环（萘、菲、蒽、DDT）、4 环（荧蒽、芘）和 5 环（苯并芘）。计算各站点表层沉积物样品中 PAHs 的组分比例，得出 2～3 环的比例相对较高，均占 ΣPAHs 的 40% 左右，表明沉积物中的 PAHs 以石油类产品和/或燃料不完全燃烧的源输入为主。目前，对于 PAHs 的溯源分析，许多研究提出利用菲/蒽、荧蒽/芘、芘/苯并（a）芘等异构体比例指数作为分子标志物来判别 PAHs 的来源[10]。Sicre 等提出当荧蒽与芘的质量浓度比值大于 1 时，PAHs 主要来自化石燃料燃烧，而比值小于 1 则指示来自石油类产品的输入[11]。此外，芘/苯并（a）芘是用于区分汽油燃烧（尾气）与燃煤污染源的重要参数之一：通常认为该比值小于 1 可归结为燃煤排放，比值介于 1～6 属于尾气排放[12]。依据实际情况，本文选用 $W_{荧蒽}/W_{芘}$ 和 $W_{芘}/W_{苯并(a)芘}$ 两组参数对象山港各站点表层沉积物样品中 PAHs 的来源特征进行比较。各点组分比例见表 3。

表 3　沉积物中 PAHs 的组分比例

比例 \ 站点	S_{02}	S_{10}	S_{12}	S_{17}	S_{25}	D_{03}	D_{08}
$W_{荧蒽}/W_{芘}$	1.82	1.28	1.6	1.22	1.42	0.63	0.68
$W_{芘}/W_{苯并(a)芘}$	0.93	2.94	2.22	2.81	2.65	1.31	1.06

由表 3 可见在站点 S_{02}：$W_{荧蒽}/W_{芘} > 1$，$W_{芘}/W_{苯并(a)芘} < 1$，表明 PAHs 输入主要来源于燃煤产物。S_{02} 站点处于象山港离外海较近的区域内，污染物来源广泛，污染源比较复杂。另外，此站点虽然在入海口，但仍处在象山港口区域，其 PAHs 可能源于近岸某些工业废水和生活污水的排放。在站点 S_{10}、S_{12}、S_{17}、S_{25}：$W_{荧蒽}/W_{芘} > 1$，$W_{芘}/W_{苯并(a)芘} > 1$，其 PAHs 污染物很可能主要来源于汽油燃烧产物。象山港的经济正在迅猛发展，港内船舶的行驶频繁使得燃料不完全燃烧所产生的污染物不断地排入象山港内。在站点 D_{03}、D_{08}：$W_{荧蒽}/W_{芘} < 1$，$W_{芘}/W_{苯并(a)芘} > 1$，可知其 PAHs 输入以石油类产品为主。这两个站点附近各有一个发电厂，分别是国华宁海电厂和大唐乌沙山电厂，可推断污染源主要来自附近发电厂排出的废水。

（四）PAHs 的生态风险评价

本文采用环保部门公布的淡水沉积物中多环芳烃的评价标准及 Long 等[13]提出的海洋和河口湾表层沉积物中多环芳烃的风险评价标准对各区域内的沉积物进行了风险评价。该评价标准常应用于国外河口沉积物污染物风险评价标准，是基于沉积物化学和生物效应来测定各污染物所造成的生物毒性和不利影响。具体有机污染物生态风险评价质量准则见表 4。其中 ΣPAHs 是已检出的几种多环芳烃之和。

本文将象山港表层沉积物样品中 7 种 PAHs 以及 ΣPAHs 与相应的沉积物生态发现标志水平进行比较，结果表明：象山港研究区域内各种多环芳烃的浓度远低于风险评价的低值，已检出的多环芳烃总浓度也远远低于风险评价的低值。因此可推断就多环芳烃而言，严重的生态风险在象山港沉积物中不存在。但是在 S_{12}（西沪港）表层沉积物中蒽的含量非常接近风险评价的低值 ERL，也就意味着西沪港（S_{12}）沉积物中的蒽在此可能对生物产生负面影响。在象山港近海表层沉积物中，其他所有站点的蒽浓度均大大低于 ERL 值，其他的有机化合物都不存在超标现象。因此，整个象山港的多环芳烃生态风险较低。若采用 Long 等人提出的沉积物环境质量基准判断，那么就多环芳烃的含量而言，象山港表层沉积物都基本表现为生态安全。

表4　沉积物中 PAHs 潜在生态风险指数

PAHs	ERL[14]/(ng/g)	ERM[14]/(ng/g)	PAHs 含量/(ng/g)						
			S_{02}	S_{10}	S_{12}	S_{17}	S_{25}	D_{03}	D_{08}
萘	160	2100	24.6	22.6	34.5	16.7	15	5.7	6.2
菲	240	1500	56.3	55.3	65.3	30.8	23.6	10.2	11.4
蒽	85	1100	53.6	54.8	77.6	27.4	14.8	8.9	8.6
荧蒽	600	5100	143.8	253.9	276.2	120.5	111.4	19.5	16.3
芘	665	2600	79.2	197.6	172.4	98.8	78.3	30.9	24.1
苯并（a）芘	261	1600	85.5	67.3	77.6	35.1	29.6	23.5	22.7
滴滴涕	—	—	680	400	430	370	335	270	255
ΣPAHs	4022	44792	1123	1051.5	1133.6	699.3	607.7	368.7	344.3

“—”为 NOAA 或 EPA 未提供参考值。

象山港表层中西沪港站点沉积物的多环芳烃总含量高于其他站点，但与其他湖泊相比，含量中等。这可能是由于西沪港除了是海水养殖区外还是锚地的缘故，船舶的进出导致了该区沉积物中有机物含量偏高。由于在西沪港港内和港口的站点存在着多环芳烃含量十分接近 ERL 的情况，而西沪港这个区域的经济仍在迅猛增长，因此相关的生态风险不容忽视。

参考文献

[1] Lee, K. T., Tanabe, S., Koh, C. H. Contamination of polychlorinated biphenyls (PCBs) in sediments from Kyeonggi Bay and nearby areas, Korea, Marine Pollution Bulletin, 2001, 42: 273 - 279.

[2] 邱志群，舒为群，曹佳．我国水中有机物及部分持久性有机物污染现状［J］．专家论坛，2007，19（3）：188 - 193.

[3] 张丽旭，蒋晓山，赵敏，等．长江口海域表层沉积物污染及其潜在生态风险评价［J］．生态环境，2007，16（2）：389 - 393.

[4] 胡文翔，陈铁熔，忻颖，等．象山港环境监测总结评价［J］．海洋环境科学，1995，14（4）：57 - 63.

[5] 郑云龙，朱红文，罗益华．象山港海域水质状况评价［J］．海洋环境科学，2000，19（1）：56 - 59.

[6] 张健，邬翱宇，施青松．象山港海水养殖及其对环境的影响［J］．东海海洋，2003，21（4）：54 - 59.

[7] 罗孝俊，陈社军，麦碧娴，等．珠江三角洲地区水体表层沉积物中多环芳烃的来源、迁移及生态风险评价［N］．生态毒理学报，2006，1（1）：17 - 24.

[8] 林秀梅，刘文新，陈江麟，等．渤海表层沉积物中多环芳烃的分布与生态风险评价［J］．环境科学学报，2005，25（1）：70 - 75.

[9] 卢宏玮，曾光明，谢更新，等．洞庭湖流域生态风险评估［J］．生态学报，2003，23（12）：2520 - 2530.

[10] 阳文锐，王如松，黄锦楼，等．生态风险评价及研究进展［N］．应用生态学报，2007，18（8）：1869 - 1876.

[11] Sicre M A, Marty J C, Saliot A, et al. Aliphatic and aromatic hydrocarbons in the Mediterranean aerosol [J]. Int J Environ Anal Chem, 1987, 29 (1): 73 - 94.

[12] 朱先磊，刘维立，卢妍妍，等．燃煤烟尘多环芳烃成分谱特征的研究［J］．环境科学研究，2001，14（5）：4 - 8.

[13] Long E R, Macdonald D D, Smith S L, et al. Incidence of adverse biological effects with ranges of chemical concentrations in marine and estuarine sediments [J]. Environ Manage, 1995, 19 (1): 81 - 97.

[14] 张路，范成新，鲜启鸣，等．太湖底泥和疏浚堆场中持久性有机污染物的分布及潜在生态风险［J］．湖泊科学，2007，19（1）：18 - 24.

北京种植业结构调整及化肥面源污染控制

宋秀杰　程大军　张　鑫　夏恒霞

（北京市环境保护科学研究院　北京市西城区北营房中街59号　100037）

摘　要　本文从北京农业种植结构入手，分析各种作物化肥施用水平对农产品品质及农田生态环境的影响，从保护农村生态环境，保障农产品安全的角度，提出了调整种植业结构、控制化肥面源污染的对策建议。

关键词　种植业结构　面源污染　污染控制

一、北京市农业种植结构

北京市的耕地主要分布在平原地带，约占全市土地总面积的14%，主要种植小麦、玉米、豆类等粮食作物，花生、棉花、饲料用玉米、牧草等经济作物，以及各类蔬菜和果树。

近年来北京市耕地面积总体上呈逐年递减趋势，由占北京市土地总面积的19.6%减少到14.1%，缩减了约28.2%。

从不同类型作物占用耕地的比例看，粮食作物所占比例先降后增，但一直居于首位，经济作物逐年递增，蔬菜和果树等则没有明显的变化趋势。

在主要粮食作物中，玉米的播种面积一直最大，其次是冬小麦，水稻种植面积则一直递减。经济作物以花生和青饲料（牧草、饲用玉米）为主，花生、青饲料的播种面积呈增长态势。各种农作物的产量相对较为稳定，不同年份间的变化幅度不大。

二、北京市化肥使用现状及污染

（一）北京市化肥使用现状

目前，北京农田施用的氮肥品种主要是尿素和碳铵，只有少量农田施用硝铵、氯铵和硫铵等，磷肥主要是过磷酸钙（普钙）等，钾肥主要有氯化钾和硫酸钾，复合肥包括氮磷复合肥、磷钾复合肥、氮磷钾复合肥等，其中以磷酸二铵为主。

根据《北京农村统计年鉴》（2005年），北京市2000—2004年的化肥施用情况见图1。单位耕地面积（hm^2）的化肥施用量以及氮肥（折成N）、磷肥（折成P_2O_5）和钾肥（折成K_2O）各自的用量，见表1。

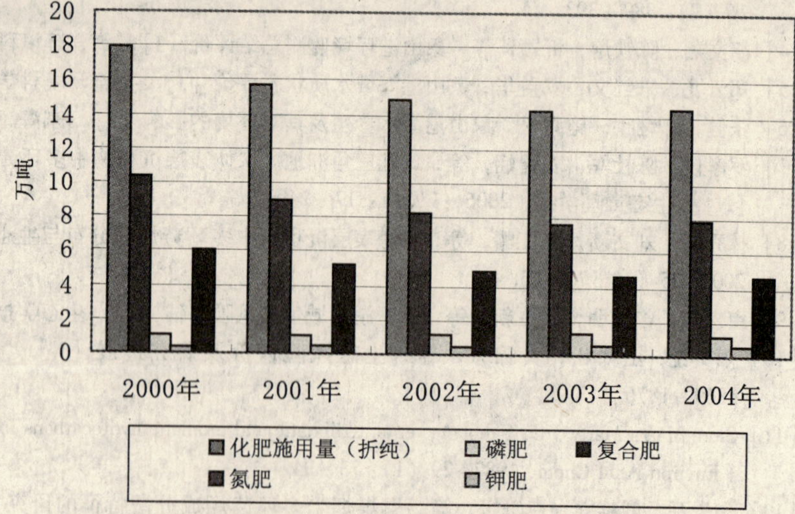

图1　北京市近5年化肥施用量及其变化趋势图

由图1可知，由于北京市的耕地面积总体呈逐年递减趋势，与之相对应，化肥总用量基本上也在不断减少，其中氮肥和复合肥用量下降较为明显，但磷肥和钾肥则有增长趋势。

表1　北京市2000—2004年化肥施用强度一览表　单位：kg/hm^2

年　份	2000	2001	2002	2003	2004
化肥施用强度（折纯）	544	522	598	550	609
氮肥（折成N）	365	345	385	344	387
磷肥（折成P_2O_5）	166	160	193	183	197
钾肥（折成K_2O）	12	17	20	23	25

由表1可知，北京市农田化肥施用量较大，化肥施用强度为522～609kg/hm^2，高于全国平均水平，更远高于国家环保总局《生态县、生态市、生态省建设指标（试行）》中规定的化肥施用强度低于250kg/hm^2的限值。

目前，发达国家农田化肥N、P、K的比例为1∶0.5∶0.5，世界平均水平是1∶0.46∶0.36，中国是1∶0.39∶0.22。就北京市而言，农田化肥N和P的比例在1∶0.5左右，较为合理，但钾肥用量明显偏少。

（二）北京市不同作物化肥施用水平

根据对郊区化肥施用状况的实地调查可知，北京市各种作物的化肥平均折纯施用强度是：在粮食作物中，水稻、小麦和玉米的施肥量较高，亩化肥折纯投入分别为33.6kg、31.5kg、27.7kg，豆类、薯类和杂粮的化肥投入较少。经济作物中棉花和饲料用玉米的化肥施用量相对较高，分别为22.2kg/亩和21.1kg/亩，其次是油料（花生），药材化肥用量最少，仅为5.1kg/亩。

各类蔬菜的化肥施用量在20.2～48.2kg/亩之间，其中茄果类（茄子、番茄、青椒等）和瓜类（西瓜、黄瓜）的化肥投入量最大，分别为48.2kg/亩和39.7kg/亩，水生蔬菜（藕、茭白等）用肥量最少，为20.2kg/亩。各类果树的施肥量差别不大，亩化肥投入量在25.4～33.3kg之间，其中葡萄施肥量最大，梨树最少。

参照粮食和经济作物、蔬菜、果树的复种指数（分别为1.42、2.22和1），总体上讲，蔬菜的单位土地面积化肥施用量最大，其次是果树和粮食作物，经济作物施肥量最小。

上述所有作物施用化肥的平均氮磷比都接近1∶0.5，施用比例较为合理，但钾肥施用量明显不足，基本上都低于氮肥用量的10%，且在实际调查中发现很多地块基本上不施钾肥。

（三）化肥污染及对农田生态环境的影响

1. 对蔬菜品质的影响[4]

根据北京市植物营养与资源研究所对北京市蔬菜不同部位及不同品种中硝酸盐含量的检测，北京市蔬菜中硝酸盐含量已严重超标。过量施用化肥造成的农产品硝酸盐污染已相当严重，北京市食用农产品质量令人担忧。

2. 对地下水环境的影响

氮肥使用不当对地下水的硝酸盐污染比较明显。在对北京西郊（丰台以北，莲花池以南地区）化学氮肥施用量与地下水硝酸盐含量进行的比较研究中发现，化学氮肥施用量与地下水硝酸盐含量呈明显的正相关。

3. 对地表水的影响

根据对北京市密云水库周边地区地表水的监测分析，地表水汛期污染占全年污染的70%～96%，本区化肥非点源污染占地表水污染负荷50%～70%。农业化肥非点源污染对本区地表水环境构成严重威胁。

三、化肥污染防治对策

（一）调整农业种植结构，扩大发展绿色产业

解决农药化肥污染的最佳途径在于调整农业种植结构，减少农作物的播种面积，发展绿色产业，为首都绿化提供植树造林和景观建设的苗木、花卉。林地具有生产有机物质、涵养水源、保持水土、调节气候、固碳制氧、防风固沙、净化空气、增加生物多样性等多种生态功能以及景观和美学价值，能明显改善北京市的生态环境。同时，植树造林可以大大减少化肥的施用量，减少化肥对环境的污染。

为园林绿化配套的苗圃化肥施用量较少，平均施用化肥 40～60kg/亩（主要是氮肥），小于主要粮食作物和蔬菜的施用强度。北京市目前的苗圃、花圃有 1770 多个，面积不足 28 万亩，占总耕地面积约 8%。随着北京奥运会的举办和生态城市的建设及城乡居民生活水平的提高，“十一五”期间北京市的绿化建设将需要大量的苗木、花卉。因此，发展绿色产业不仅解决首都园林绿化、植树造林所需苗木，也是郊区农业产业结构调整、郊区农民致富的有效途径，同时，可减少农药化肥的面源污染。

农业种植内部结构调整要根据不同农作物的化肥用量，本着将化肥污染控制在最低限度的原则，采用“源头控制”的措施降低化肥用量。在农作物中，蔬菜类的化肥用量最大，且耗水量最高。目前北京市的蔬菜种植大部分仍沿用传统的粗放管理，设施农业面积仅占蔬菜种植的 20%～30%。多次的大水灌溉和大量的化肥施用，不仅造成蔬菜产地区域地表水及地下水环境污染，而且蔬菜年总灌水量为 3.29 亿 m^3，平均亩灌水量为 506m^3，严重浪费资源。因此，从节约水资源，减轻化肥污染的角度出发，种植结构调整应优先减少粗放经营的蔬菜种植面积，扩大发展设施农业蔬菜种植，为市民提供精品、高质量蔬菜产品的同时，减少面源污染；其次应减少主要粮食作物小麦的种植，适当增加耐旱、抗病虫经济作物的种植面积。通过合理调整农业种植结构，可以达到降低整个地区的化肥总用量的目的。

（二）重要生态功能区逐步退出粮食作物生产

北京市的生态涵养发展区（门头沟区、怀柔区、平谷区、密云县、延庆县）作为北京的生态屏障和水源保护地，对保证北京可持续发展具有至关重要的作用，是农业种植结构调整的重点区域，尤其是密云水库、怀柔水库、官厅水库和京密引水渠的一二级保护区，应逐步退出粮食作物种植，大面积植树造林。植树造林时要根据因地制宜，适地适树适种源的原则，优先选用抗旱、抗病、耐瘠薄的乡土树种和生态功能强的植物，合理配置植物种类，以乔木为主，乔木、灌木和草本植物等相结合，形成多层次的复合群落结构，增强林地的生态功能。

（三）加强化肥使用的监督管理，减少化肥污染

化肥污染属于非点源污染，污染现象是由众多污染者共同造成的，在管理上往往很难划分污染者的责任；同样的行为造成的污染程度存在空间差异，但是现有的政策标准都是统一执行的，造成管理上存在困难。因此，从源头控制，加强管理，科学指导对减少农药化肥污染非常重要。

各职能部门应相互协作，从源头控制（加强化肥销售和批发商管理），加强化肥使用的监督管理，尽快制订地方性的化肥污染管理办法，建立化肥污染的监管体系，加快污染防治技术的筛选、示范、推广。北京市各区县农业优势产业分布及发展方向，要以建设国家生态示范区和创建环境优美乡镇为契机，大力发展无公害农业，生产绿色食品和有机食品，减少化肥用量。

（四）建立土壤监测体系，推行测土配方施肥

目前，国际上发达国家的化肥施用量约为 200kg/hm^2，国家环保总局《生态县、生态市、生态省建设指标（试行）》中规定生态县化肥施用强度要低于 250kg/hm^2 的限值，《黑龙江省省级生态示范区建设标准》中规定化肥施用强度（折纯）一类标准限值为 180kg/hm^2，二类为

200kg/hm²。北京市也应通过对全市土壤肥力水平的监测调查，提出不同区域化肥施用的最高限量。

（五）推广环境友好型肥料及技术，控制化肥污染

1. 调整施肥结构，推广测土平衡施肥

在继续推广平衡施肥技术的同时，要坚持因土施肥，不能盲目施肥，着重研究施肥与其他农业措施的配合，合理运筹施肥比例，科学配置肥料资源，确定化肥（特别是氮肥）适宜施用量，增加钾肥的施用量。施肥前要进行土壤肥力诊断，提倡配方施肥。

北京市农业局开始在本市郊区县中推广测土配方施肥项目，先期将在平谷、昌平、密云、房山的30万亩耕地实施。根据预计，能减少对水体污染12%～15%，产生更大的环保效益。

2. 推广缓释肥料

缓释肥料可以大幅度提高肥料的利用率，能使肥料利用率在原来30%的基础上提高10%～30%，减少肥料用量，减轻肥料对地下水、农产品等的污染，符合绿色食品和无公害产品的要求。根据北京市农林科学研究院植物资源与营养研究所对其研制的缓释氮肥的跟踪检测分析及作物生长实验可知，控释肥料对作物品质的改善和对作物的增产效果十分显著。施用控释肥料可减少化肥投入量30%～50%，降低蔬菜硝酸盐含量20%～40%，减少氮素淋溶5～6倍，减轻因肥料造成土壤、地下水的污染。

3. 大力推广无公害肥料，提倡有机无机肥料配合使用

要大力推广使用有机无机复合肥、长效复合肥、配方专用肥、沼气肥、生物肥等无公害肥料。提倡有机无机肥料配合施用，是合理利用资源，更好地保持和提高土壤肥力的施肥制度，也是土壤肥力能够长期维持，并不断提高的重要措施。

目前，北京市农田有机肥施用量较少，尤其是粮食作物，例如小麦和玉米的有机肥施用量分别为13t/hm² 和6.8t/hm²。而我国有些省份如黑龙江省规定有机肥的最低施用量不得低于24t/hm²,北京市的有机肥施用量明显偏少，应增加施用量，保证其在施肥总量中占到40%左右。

4. 推广留茬免耕和秸秆还田

秸秆还田能大幅度提高土壤中有机质含量，减少化肥使用量，平衡土壤中的营养结构。因此，要通过留茬免耕技术的推广，促进秸秆还田；通过生态农业的规划建设，推广秸秆过腹还田，提高秸秆还田利用率是增加土壤有效钾含量的重要方法，也是京郊农业持续发展的关键。

参考文献

[1] 申秀英，等. 蔬菜硝酸盐积累机制及影响因素［J］. 农业环境与发展，1998（3）.

[2] 涂书新，等. 氮肥控释的机理与应用评述［J］. 湖北农业科学，1999（5）.

[3] 刘宝存，等. 北京郊区粮田土壤养分与施肥［J］. 北京农业科学，1999（6）.

大型工程建设区退化生态系统植被恢复研究

陈奇伯　余德恒　王克勤　卢炜丽　柳小强

（西南林学院环境科学与工程系　云南　昆明　650224）

摘　要　采用样方法，对金沙江干流金安桥水电站工程弃渣场1~5年分台堆积裸露边坡自然恢复植被进行了调查，结果表明，弃渣场边坡植被恢复后的植物种类共42种，分属于18科33属，草本群落物种组成较丰富，其中菊科和豆科植物最多，占种类总数的33.33%。与原生植被类型对照，物种丰富度指数、Simpson指数和Shannon-Wiener指数的大小顺序为：原生植被>5年弃渣边坡>2年弃渣边坡，说明弃渣年限越长，植被恢复效果越好，但研究结果同时表明，均匀度指数2年弃渣边坡大于5年弃渣边坡，表明弃渣堆积年限越长，优势树草种的生长优势表现越明显。

关键词　水电站　渣场边坡　植被恢复

资源短缺和生态环境恶化是当今世界所面临的重大问题，成为社会经济持续发展的严重障碍，因此，资源开发带来的受损生态系统恢复与重建备受政府决策层和专家学者关注[1]。金沙江处在我国长江的上游，生态地位突出，是我国水能资源开发条件较好的河流之一，也是我国最重要的水电基地之一，但水电项目开发建设过程带来了许多生态环境问题，项目建设取石、取砂后残留大量废弃地，弃土、弃渣临时或永久存放形成了弃渣场，堆积物基本为大块砾石和不同粒径岩土，改变了原地貌的自然状态，地面物质、植被等遭到破坏，使当地的生态环境严重恶化，因此如何对这些人为扰动退化的弃渣场、废弃地进行整治已迫在眉睫。弃渣场整治的难点与重点在于渣场松散边坡的植被恢复。由于弃渣场坡度陡、立面高、植物生长环境极度恶劣，植被恢复难度较高，防治困难[3]。因此，对水电站工程弃渣场裸露边坡的植被恢复动态进行调查研究，分析植被群落结构及其特性，对大型工程建设区退化生态系统的植被恢复具有重要实践指导意义。

一、研究区概况

金安桥水电站位于云南省丽江市境内，是金沙江中段“一库八级”水电开发方案中的第五级电站，总投资139×10^4万元，坝高160m，装机容量2400MW，总施工期7.25年，工程总占地$634.8hm^2$。施工期存弃渣量$460\times10^4m^3$。本研究选择具有不同弃渣年限的2#、3#和五郎沟弃渣场边坡为研究对象，占地面积分别为$23.73hm^2$、$43.76hm^2$、$68.81hm^2$。工程区属亚热带季风气候区，大坝河谷区“焚风效应”明显。多年平均降水量938mm，最大日降水量127.6mm，多年平均蒸发量2200mm，多年平均气温13℃左右。土壤类型主要为红壤。自然地带性植被为暖温性针叶林和稀树灌木草丛两种类型。

二、研究方法

（一）群落调查样地选择

群落调查采取样方法，选择1~5年分台弃渣的2#、3#和五郎沟弃渣场，样地随机布设，乔木调查在有代表性的地段设$20m\times20m$大样方进行“每木检尺”，设4个重复，每个大样方中按照梅花形取样确定样方位置，进行灌木和草本的调查，灌木取$10m\times10m$的样方，共4个，记录灌木种的种类、株数、地径、高度及盖度，草本层选择4个$1m\times1m$的样方，记录草本的种类、株数、高度及盖度。

表1　群落调查样地特性表

样地号	样地名称	地理位置	群落类型	坡向	坡度	海拔	弃渣年限
Ⅰ	原生植被	坝址下游右岸2#渣场附近	稀树灌木草丛	西北坡60°	29°	1320m	原生植被
Ⅱ	2#渣场	坝址下游右岸3.5km	扭黄茅－芦苇草丛	西北坡70°	31°	1318m	3～5年
Ⅲ	3#渣场	坝址下游左岸4.9km	山黄麻－车桑子次生林	东南坡70°	35°	1530m	2～5年
Ⅳ	五郎沟渣场	金沙江左岸、五郎河口左侧山脊	戟叶酸模－茇茇草次生灌丛林	西南坡20°	36°	1554m	1～5年

（二）数据计算

1. 群落重要值特征

重要值＝（相对密度＋相对盖度＋相对频度）/3×100　（1）

式中：相对密度＝某一植物种的个体数/全部植物种的个体数×100；相对盖度（高度）＝某一植物种的盖度（高度）/群落中所有种分盖度（高度）之和×100；相对频度＝某一植物种出现的次数/所有物种频度之和×100[4]。

2. 群落物种多样性指数

根据马克平等[5]评述的植物群落多样性测度方法，选择以下4个指标进行测度：

Shannon－Wiener 多样性指数 $H=-\Sigma P_i\ln P_i$；其中 $P_i=N_i/N$　（2）

Simpson 多样性指数 $D=1-\Sigma(P_i)2$　（3）

Pielou 均匀度指数 $E=-(\Sigma P_i\ln P_i)/\ln S$　（4）

Patrick 丰富度指数 $P_a=S$　（5）

式中：P_i 为某一植物种综合特征量的重要值与样地总的重要值的比值，N 为所有物种个体总数，N_i 为某一物种的数量，S 为物种数目。

三、结果与分析

（一）群落的种类组成

植物群落的种类组成是指该群落所含有的所有植物，它是形成群落外貌和结构特征的基础。通过样方法对金安桥水电站工程选定研究渣场边坡自然恢复植被调查，其群落种类组成见表2。

由表2可知，金安桥水电站工程渣场边坡自然恢复后的植物群落片层主要有乔木层、灌木层和草本层3个主要层次，少有藤本等层间层；草本层种类较多，盖度较大，群聚度较高；灌木层次之，部分灌木种还处于幼林期；乔木层种类较少，高度较低，盖度较小，群聚度较低，部分物种仅在一两个样方内出现，且较分散。草本层主要以多年生草本为主，一年生次之；乔灌植被主要以常绿半常绿植物为主。

表2　金安桥水电站工程渣场边坡自然恢复植物种类组成

生活型	种　类	科属	频度	习性
乔木	山黄麻 *Trema orientalis*	榆科	4	常绿
	臭椿 *Ailanthus altissima*	苦木科	2	落叶
	山油麻 *Trema cannabina var. dielsiana*	梧桐科	1	常绿
	刺楸 *Kalopanax septemlobus*	五加科	1	常绿

生活型	种　类	科属	频度	习性
灌木	戟叶酸模 *Rumex hastatus*	蓼科	10	半常绿
	醉鱼草 *Buddleja lindleyana*	马钱科	4	落叶
	车桑子 *Dodonaea viscosa*	无患子科	2	半常绿
	紫茎泽兰 *Eupatorium adenophorum*	菊科	2	落叶
	山黄麻 *Trema orientalis*	榆科	2	常绿
	余甘子 *Phyllanthus emblica*	大戟科	1	常绿
	梧桐 *Firmiana platanifolia*	梧桐科	1	落叶
	山油麻 *Trema cannabina var. dielsiana*	梧桐科	1	常绿
	蓖麻 *Ricinus communis*	大戟科	1	落叶
	刺楸 *Kalopanax septemlobus*	五加科	1	常绿
	山槐 *Albizia kalkora*	豆科	1	常绿
	盐肤木 *Rhus chinensis*	漆树科	1	落叶
草本	戟叶酸模 *Rumex hadropiper*	蓼科	16	半常绿
	白花鬼针草 *Bidens pilosa var. radiata*	菊科	11	多年生
	猪屎豆 *Crotalaria pallida Aiton*	豆科	11	多年生
	牛尾蒿 *Artemisia gmelinii*	菊科	9	多年生
	扭黄茅 *HeteropgenGontor*	禾本科	8	多年生
	西方菊 *TagetesRatula*	菊科	8	一年生
	芨芨草 *Achnatherum splendens*	禾本科	7	多年生
	臭灵丹 *Laggera alata*	菊科	6	多年生
	荩草 *Arthraxon hispidus*（*Thunb.*）*Makin*	禾本科	6	一年生
	孔颖草 *Bothriochloa pertusa*	禾本科	5	多年生
	香薷 *Citronella*	唇形花科	5	一年生
	含羞草 *Mimosa pudica*	豆科	4	多年生
	金色狗尾草 *Setaria glauca*	禾本科	3	一年生
	薯蓣 *Dioscorea opposita*	薯蓣科	3	草质藤本
	野荞麦 *Fagopyrum tataricum*	蓼科	3	多年生
	芦苇 *Phragmites australis*	禾本科	3	多年生
	皱果苋 *Amaranthus viridis*	菊科	2	一年生
	黄花稔 *Sida acuta Burm. F*	锦葵科	2	多年生
	一点红 *Emilia sonchifolia*	菊科	2	多年生
	黄荆 *Vitex negundo*	马鞭草科	2	落叶
	蓖麻 *Ricinus communis*	大戟科	2	落叶
	孔雀草 *Tagetes patula*	禾本科	2	多年生
	紫茎泽兰 *Eupatorium adenophorum*	菊科	2	落叶
	地石榴 *FiassTikoua*	桑科	1	草质藤本
	截叶铁扫帚 *Clematis hexapetale*	豆科	1	半常绿
	小石枳 *Osteomeles anthyllidifolia*	蔷薇科	1	常绿

典型样地调查结果表明，渣场边坡恢复后的植物种类共42种，分属于18科33属，草本群落物种组成较丰富，主要有草本植物26种，灌木12种，乔木4种，其中种类组成较多的科有菊科7种、禾本科（Gramineae）7种、豆科（Leguminosae）4种、大戟科（Euphorbiaceae）3种和榆科（Ulmaceae）2种，其植物种类占种类总数的57.14%，其中菊科和禾本科植物最多，占33.33%，说明这些科的植物适应性强，生长情况较好，能够适应渣场边坡恶劣的立地条件。边坡植被自然恢复后，草本植物最多，以白花鬼针草分布最广，其次有猪屎豆、牛尾蒿、扭黄茅、西方菊等。灌木和乔木分布较少，大部分植物仅在一两个样方种出现。其中灌木层以戟叶酸模最为常见，乔木层主要以山黄麻出现频率最高。灌木层、草本层的种类组成较乔木层丰富，出现的次数也较多。因此，对金安桥水电站工程弃渣场进行植被恢复与重建时，应以灌草植被类型为主，优先考虑适应性强的科属物种，重视灌草植物的生态位作用。

（二）群落重要值

重要值反映群落的重要生态学特征，它是把群落作为一个整体而把各个种的重要性总结为一个合适的度量值，通过测量群落中的优势种的比重来表征群落的组成结构特征。

通过分析群落的相对密度、相对盖度和相对频度以及以这3个指数为基础的重要值指标，分别得出金安桥水电站工程渣场边坡自然恢复植被群落优势种及其重要值见表3。

表3　各样地植物群落优势种及其重要值

样地类型	优势种（重要值）
原生植被	山黄麻（5.3695）、西方菊（2.9663）、白花鬼针草（2.9383）、孔颖草（2.5153）、臭灵丹（2.3976）、戟叶酸模（1.9997）、木棉 *Bombax ceiba Linn*（1.8447）、香薷（1.6795）、黄荆（1.1996）、车桑子（1.0235）
2年弃渣边坡	戟叶酸模（24.9018）、荩草（8.9890）、白花鬼针草（7.3529）、扭黄茅（6.7140）、茇茇草（5.7992）、醉鱼草（5.0515）、芦苇（4.9470）、香薷（4.3208）、野荞麦（4.2623）、牛尾蒿（3.8141），猪屎豆（3.3648）、紫茎泽兰（1.4792）
5年弃渣边坡	戟叶酸模（17.6203）、白花鬼针草（9.1940）、茇茇草（8.9578）、扭黄茅（6.1113）、含羞草（5.8155）、芦苇（4.8878）、西方菊（4.0899）、猪屎豆（3.6326）、孔颖草（2.7482）、荩草（2.6268）

由表3可以看出，各样地类型上草本群落优势种差异不大，白花鬼针草在3个样地类型的草本群落中均作为优势种或亚优势种存在，耐干旱耐贫瘠的多年生草本植物西方菊、荩草和茇茇草在大多数样地中也表现出很强的生长优势。

根据调查结果，原生植被样地的优势种和亚优势种是乔木山黄麻和多年生草本西方菊，5年弃渣边坡以灌木戟叶酸模和多年生草本白花鬼针草作为优势种和亚优势种存在，而2年弃渣边坡植被样地类型较为特殊，调查样地内无乔木出现，其草本群落优势种为1年生荩草，灌木群落优势种为戟叶酸模，亚优势种和伴生种为醉鱼草和紫茎泽兰。这主要是由于2年弃渣松散边坡多为大砾石和块石，弃渣年限较短，其裸露于地表的渣体风化程度较低，土壤几乎无细小颗粒或团粒组成，不利于植物的生长，其乔木物种也很难在边坡上定植并生长，群落结构主要以低矮位植物为主，一年生次之。5年弃渣边坡虽含大量砾石，但弃渣年限较长，渣体风化程度较高，细小颗粒所占比例较高，基本具备低矮灌木和多年生草本植物生长所需的水、肥条件。

各样地类型土壤条件及水分要求按照2年弃渣、5年弃渣、原生植被的顺序升高，从戟叶酸模、荩草、白花鬼针草到山黄麻，这些优势种对生境及土壤水分的要求依次升高，反映了群落从旱生到中生的次生演替趋势。

（三）物种多样性与植物群落的稳定性

金安桥水电站不同弃渣年限渣场边坡自然恢复植被的物种多样性指数、均匀度指数和丰富度指数计算结果如表4所示。

表 4　各样地植被物种多样性

样地类型	层次	丰富度指数（P_a）	Simpson 指数（D）	Shannon - Wiener 指数（H）	均匀度指数（E）
原生植被	乔木	5	0.9693	0.7087	0.4403
	灌木	4	0.9981	0.2957	0.2133
	草本	15	0.9612	1.8722	0.6913
	合计	24	0.9285	2.8765	0.9051
2 年弃渣边坡	灌木	6	0.9104	0.5456	0.4777
	草本	16	0.8990	1.4154	0.7393
	合计	22	0.8094	1.9609	0.8662
5 年弃渣边坡	乔木	4	0.9994	0.1115	0.0805
	灌木	11	0.9635	0.4165	0.3548
	草本	23	0.9097	1.6080	0.6957
	合计	38	0.8730	2.0524	0.7802

分析表 4 可得，2 年弃渣边坡样地类型无乔木组成，且物种明显小于作为对照的原生植被样地类型。因此，其群落的物种多样性主要取决于草本层的发育情况。各样地植被物种丰富度、均匀度、多样性变化曲线如图 1、图 2 所示。

图 1、图 2 显示，各样地类型物种丰富度指数、Simpson 指数和 Shannon - Wiener 指数的大小顺序为：原生植被 >5 年弃渣边坡 >2 年弃渣边坡。群落结构随物种多样性指数的增大而变复杂。分析可知，原生植被样地类型是物种多样性最高的立地类型，5 年弃渣边坡的总物种数也较多，但由于群落分布不均匀，群落中偶见种较多，多样性指数并不高，低于原生植被样地 2.8765 的 0.8242。

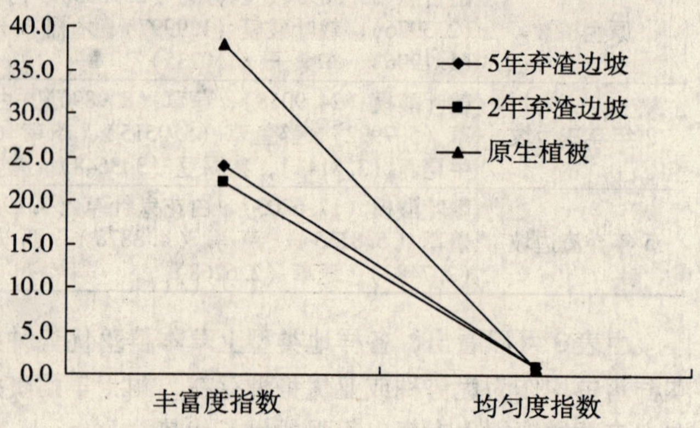

图 1　各样地物种丰富度、均匀度指数变化曲线

各样地类型物种均匀度指数的大小顺序为：原生植被 >2 年弃渣边坡 >5 年弃渣边坡。2 年弃渣边坡的立地条件比较特殊，其物种均匀度指数高于 5 年弃渣边坡。主要是由于 2 年弃渣边坡地表以块状岩石或砾石为主，土壤成分较少，有限植物生长在石隙中，影响了群落的物种多样性。因此，稳定的生境是提高群落物种多样性的必要条件。2 年弃渣边坡样地类型按照以上 3 项指数的排序均排在各样地类型的最后一位，说明该立地类型的物种多样性极低，同时也反映了其立地条件之恶劣。

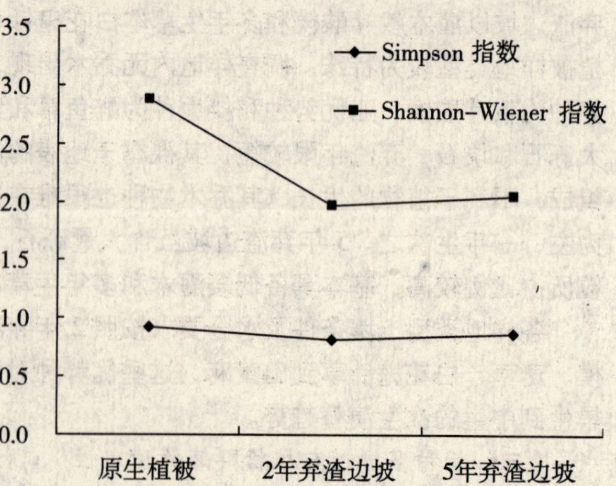

图 2　各样地物种多样性指数变化曲线

群落物种多样性越高，森林生态系统的

恢复力和抗逆性就越强，生态系统的适应能力更高，群落物种更能适应土壤水土肥微环境的改变，同时也具有较强的保水保土能力，有利于生态系统的持续发展，其生态系统就越稳定。虽然5年渣场边坡群落具有很高的多样性水平和丰富度指数。但是，组成群落的各种植物数量较少，在一个区域内，仅有少量的植株。这对于物种持续发展会有很大的不利影响。数量少的物种在种间竞争中会处于不利的地位，竞争能力较弱，加上人为干扰，不利于物种的持续生长和发展演替，从而减少物种的多样性，最终可能会出现少量物种泛滥，占据大量生存空间的现象。因此，在金沙江干流水电站建设渣场边坡生态脆弱带的植被恢复中，应以灌草植被为主，辅以人工措施，保护生态系统的稳定。

四、结 论

1. 金安桥水电站典型弃渣场1~5年分台堆积裸露边坡植被自然恢复后的植物种类共42种，分属于18科33属。草本群落物种组成较丰富，主要以多年生草本植物为主，其中种类组成较多的科有菊科（7种）、禾本科（7种）、豆科（4种）、大戟科（3种）和榆科（2种），其植物种类占调查植物种类总数的57.14%，其中菊科和豆科植物最多，占33.33%。

2. 各样地类型上草本群落优势种差异不大，白花鬼针草在3个样地类型的草本群落中均作为优势种或亚优势种存在。2年弃渣边坡较为特殊，调查样地内无乔木出现，其草本群落优势种为荩草，灌木群落优势种为戟叶酸模，亚优势种和伴生种为醉鱼草和紫茎泽兰；5年弃渣边坡以戟叶酸模和白花鬼针草作为优势种和亚优势种存在；而原生植被样地的优势种和亚优势种是乔木山黄麻和多年生草本西方菊；其各样地植被优势种和亚优势种对生境及土壤水分的要求依次升高，反映了群落从旱生到中生的演替趋势。

3. 物种多样性越高，生态系统越稳定。与原生植被类型为对照，各样地类型物种丰富度指数、Simpson指数和Shannon-Wiener指数的大小顺序为：原生植被>5年弃渣边坡>2年弃渣边坡，而均匀度指数最低的是5年弃渣边坡样地类型，表明弃渣堆积年限越长，植被恢复效果越好，同时优势树草种的生长优势表现越明显。

参考文献

[1] 吴祥云，雷泽勇，卢慧，等．樟子松固沙林采伐迹地撂荒后植被自然恢复多样性的研究［J］．水土保持学报，2007，21（1）：103-106.
[2] 黎建强，陈奇伯，王克勤，等．水电站建设项目弃渣场岩土侵蚀研究［J］．水土保持研究，2007，14（6）：41-43.
[3] 马克平．生物群落多样性的测度方法Ⅰ．α多样性的测度方法（上）［J］．生物多样性，1994，2（3）：162-168.
[4] 马克平，刘玉明．生物群落多样性的测度方法Ⅰ．α多样性的测度方法（下）［J］．生物多样性，1994，2（4）：231-239.
[5] 陈璟．废弃采石场植被自然恢复初期物种多样性的研究［J］．中国农学通报，2009，25（6）：210-214.

营区场地污染健康风险评价与治理展望

——以某部营区场地污染为例

孟庆宝　赵三平　朱勇兵　李瑞雪　王永杰

（全军环境科学研究中心　北京市1044信箱18号　102205）

摘　要　场地污染健康风险评价与治理是当前污染治理的研究热点。本文介绍了国内外场地污染评估与管理的最新进展。结合某部场地污染的情况，制定了场地污染调查与健康风险评价研究方案，可供营区场地污染研究参考。

关键词　场地污染　健康风险评价　重金属　持久性有机污染物（POPs）

一、引　言

“污染场地”是指含有较高浓度潜在有害物质的场地，包含了该场地范围内一定深度的土壤和地下水、地表水、空气以及场地上所有的建筑物和设施，但主要是指土壤和地下水。20世纪由于管理的问题，在化工厂和其他涉及有毒有害危险品的生产使用过程中，由于渗漏、事故导致大量有毒有害危险品进入土壤，造成场地土壤污染。对人体而言，场地土壤污染物主要的暴露方式包括：土壤扬尘污染；挥发性气体或重金属（As、Hg）暴露；污染地下水、地表水；食物链暴露；婴幼儿误食含有污染物的土壤。土壤污染物主要包括重金属和持久性有机污染。目前环境污染化学方面所指的重金属主要为铅、汞、镉、铬和砷，这些重金属对神经系统、泌尿系统、内分泌系统都有广泛的影响，As、Cr等重金属还具有“三致”（致癌、致畸、致突变）效应。持久性有机污染物（POPs）在环境中具有蓄积性、生物放大性、挥发性等特点，污染土壤中的POPs可以通过其挥发性缓慢释放。POPs主要健康风险为“三致”效应，其他毒性的POPs还会引起一些其他器官组织的病变，导致皮肤表现出表皮角化、色素沉着、多汗症和弹性组织病变等症状，还可能引起精神心理疾患症状，如焦虑、疲劳、易怒、忧郁等。

对耕地的保护和对土地非农业用途的控制，使得土地市场日趋缩紧，价格不断上涨。对污染土地的开发和利用，将成为一个重要的新兴产业，这也为污染土壤的“评估—治理”研究提供了机遇和挑战。

二、国内外场地污染研究与管理现状

（一）国外污染场地管理现状

欧美等发达国家对于污染场地的处理不仅在管理制度上比较成熟，而且在标准体系和技术方法方面已经做到了标准化和程序化。20世纪80年代以来，欧美国家在环境风险评价的理论基础上先后建立起了污染场地健康风险评价体系。美国环保局于1980—1988年先后颁布了《环境响应、补偿与义务综合法案》（常称为超级基金）、《超级基金修正与授权法案》和《国家石油与有毒有害物质污染应急计划》作为响应污染物排放和突发污染事件的法律性文件，并制定了一系列诸如《健康风险评价手册》、《场地治理调查和可行性分析指南》、《超级基金暴露评价手册》、《土壤污染筛选导则》等风险评价导则。欧盟16国于1994年成立欧盟污染场地公共论坛，并于1996年完成污染场地风险评价协商行动指南，加强欧盟国家污染场地调查和治理的理论指导和技术交流。16个成员国中，140多万处污染土地被列入管理名单，其中法国30万~40万处，德国约36.2万处；法国现今已拥有“土壤污染档案”，对本国国土哪里有污染，有什么污染，是否需要治理，治理到什么程度均一一记录在案。此外，发达国家纷纷制定了污染土壤修复计划，建立了国家污染场地数据库，选择其中典型的污染场地逐步开展场地污染治理（张胜田，

2007）。

美国解决污染场地问题的出发点是为了保护环境质量或公众健康，是从环保的角度出发，治理污染场地的最终目的是使得该场地变成“干净场地”，管理模式属于“整治环境质量管理模式”。而在英国，其处理污染场地问题的出发点是重新开发利用污染场地，是从行政管理的角度看问题，属于“重新开发利用管理模式”。这种管理模式在意识到污染会引起健康和环境问题的同时，更加认同以下两点：①从经济的角度将污染场地问题视为经济发展和城市开发的障碍。②借用现有的土地使用规划政策，治标而非治本地管理污染场地（于晓冬，2007）。

（二）国内场地污染调查与风险评估现状

随着我国城市化规模的不断扩大，旧城改造和污染源搬迁，留下了大量的污染场地，这些受污染场地未经风险评估和修复处理，再开发用于城市公共用地和居民住宅建设用地，将对人体健康和生态环境造成严重影响。

对常州市某厂有机污染的土壤、空气、地下水污染的研究显示，厂区人群同时遭受皮肤接触污染土壤和呼吸污染空气带来的非致癌危害（谌宏伟等，2006）。对沈阳某冶炼厂废弃厂区的人类健康风险评价研究表明，假设厂区土地用于工业用地和休闲用地的累积非致癌风险指数分别为 2.65×10^{-2} 和 3.67×10^{-2}（晁雷等，2007）。对北京市某废弃化工厂场地进行了健康风险分析，评价结果显示，该场地成人的非致癌风险指数为 15.85，儿童的非致癌风险指数为 18.17，均超过了非致癌风险指数可接受值 1.0，表明该化工厂场地对成人和儿童均有非致癌风险（臧振远等，2008）。吕喆等（2008）对某油泥堆放场地中多环芳烃的污染及其垂向分布特征进行了研究，该研究表明污染场地内 16 种 PAHs 美国环境保护局（USEPA）优控的 16 种多环芳烃的检出率为 100%。对辽宁省浑浦污灌区 8 个点位的表层土壤样品中 16 种多环芳烃（PAHs）的健康风险评价结果表明，污灌区各采样点 PAHs 的致癌风险值为 $6.5\times10^{-8}\sim9.6\times10^{-6}$（曹云者等，2008）。对葫芦岛市锌厂土壤砷的研究表明，锌厂周围存在砷污染风险（张秀武等，2008）。某典型废弃有机氯农药生产场地六六六的残留水平为 13.16～148.71mg/kg；滴滴涕残留水平为 3.02～67.42mg/kg，健康风险主要来自于两种人体暴露途径：皮肤吸收和呼吸摄入，总的风险都超过了可接受风险水平（10^{-6}）（阳文锐，2008；Yang Wenrui，2009）。对河南一工业废弃污染场地进行了健康风险评估结果，根据未来土地利用状况，在居住场景下，总石油烃会引起较高的非致癌风险，而苯会通过口腔摄入和呼吸摄入导致较高的致癌风险。长期饮用污染地区附近区域的地下水时，苯和总石油烃会给居民带来不可接受的非致癌风险，同时苯还会带来较高的致癌风险（董向阳等，2008）。

（三）国内场地污染管理和修复技术研究

张胜田等（2007）分析了中国污染场地管理面临的突出问题，提出基于风险评估基础上污染场地管理程序和污染场地管理亟待开展的工作，指出了土壤环境标准体系，污染场地管理体系和污染场地修复技术体系的三元结构的完善是破解中国污染场地管理和修复的难题的根本。易爱华等（2008）分析了我国杀虫剂类 POPs 污染场地的成因、类型、存在现状及管理现状，指出我国污染场地的管理体系整体上比较薄弱，建议从制定专门的针对污染场地管理的法律法规、制定污染场地鉴别标准、修订《土壤环境质置标准》建立相关机构、建立 POPs 污染场地管理和修复的资金机制等 5 个方面加强杀虫剂类 POPs 的管理。

污染场地修复是污染场地管理的重要环节，目前该领域在我国还处于起步阶段。蒋海燕等（2004）系统总结阐述了国内外在土壤重金属污染、微量有机物污染、生源要素污染和城市土壤污染的环境与健康风险评价等诸多方面的研究进展，并且在此基础上提出了今后有关城市土壤污染研究的发展重点与趋势。陈华等（2006）对污染场地土壤风险基准值构建与评价方法进行了探讨，选择砷和苯作为评价的目标污染物，进行风险值的量化评价，分析风险值随地下水使用点到污染场地距离的远近而发生的变化，确立土壤浓度值 14.74mg/kg 和 1.00mg/kg 作为砷和苯的土壤风险基准值。赵勇胜（2007）将地下水污染场地划分为 4 大类，15 个亚类，为制定不同地下水污染场地的管理、控制和修复规定提供了依据；对地下水污染防治规划的内容和方法技术进行了论述。谷庆宝等（2008）系统地论述了污染场地修复技术的分类方法，以美国超级基金场地修复为例，阐述了目前不同污染场地修复技术的应用状况，并对一些常用的污染场地修复技术进行了参数比较。

随着环境科学的发展和环境保护要求的提高，国家和各省市开始着手制定场地污染风险评估和土地市场准入标准，各省市即将出台场地污染风险评价导则，将场地污染纳入建设项目环境影响评估的重要范围，污染土地治理不达标，不能进行开发利用。

三、某部场地污染调查与风险评估方案

（一）某部场地污染风险评估的必要性

1. 背景情况

某部营区某地块，原化工厂搬迁后，该地块经清理后，规划用于住房建设用地。化工厂长期生产农药、化学危险品等产品，对搬迁后土壤污染情况没有进行调查。此外，该部现有部分建筑长期用于化学品储存仓库，目前经装修改造后用于办公科研或拆迁后用于其他用途。为保障广大干部职工的身体健康，保护环境，进行该场地的土壤污染风险评估和修复是非常必要的。

2. 调查与评估目的

调查该单位土壤污染情况，包括污染物的种类、范围，评估污染物的人体健康风险、对地下水污染风险等，为营区土地规划提供科学依据，为污染土地的修复治理提供依据。

（二）场地污染调查与风险评估方案

1. 总体技术方案

某部场地污染调查与风险评价的总体技术方案见图 1，主要包括现有土地利用规划、场地污染资料的收集、开展污染调查（分为初步调查和详细调查）、土壤污染风险评估、污染土壤修复方案研究等。

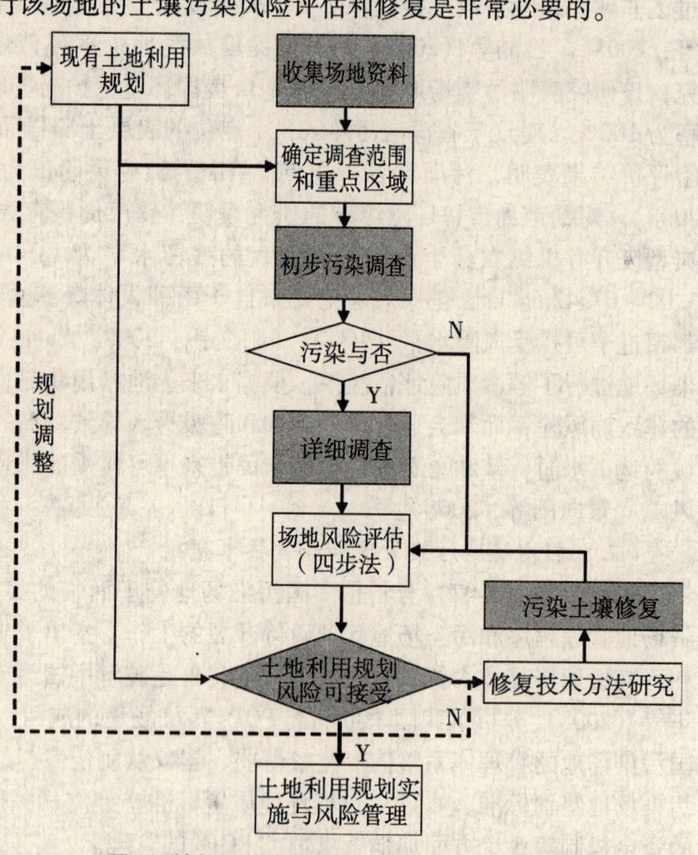

图 1　某部场地污染调查与风险评估技术路线

2. 资料收集与调查重点确认

收集的资料包括现有土地的利用规划；营区土地历史时期的污染资料，包括污染物的种类、可能位置；历史时期营区的环境监测资料，主要包括土壤、地下水、营区挥发性有机物等；区域水文地质资料，包括地下水埋深、土壤水文地质结构；长期气候气象资料。

确定调查和风险评估重点的原则是：根据历史资料，可能受到污染严重的，如原化工厂厂址、原有试剂仓库场地和现有试剂仓库场地；现有规划中用于公共设施、办公住宅用地等土地质量要求高的场地；历史监测资料表明可能已经受到污染的。重点调查的污染物为重金属和有机污

染物。

3. 土壤污染调查方法

根据采样范围和采样重点，按照土壤污染调查的标准方法，采集不同深度的土壤样品，并对样品水分、pH 值、氧化还原电位等，样品分割后，利用原样经顶空或有机提取、净化后，用气相色谱仪、气质联用测试土壤中残留有机化合物，重点为 EPA 优先控制的 16 种多环芳烃及化工厂生产涉及化合物。样品经自然干燥后，用激光粒度仪测试土壤粒度；土壤经过前处理后，用原子荧光分光光度计测试土壤中 Hg、As 含量；土壤样品经消解后，用原子吸收分光光度计测试土壤中 Cd、Pb、Cu、Zn、Ni 等重金属元素含量；用 CNS 分析仪测试土壤 C、N、S 含量。

4. 风险评估方法

人体健康风险采用美国国家环保局（EPA）四步法，即危害鉴定、剂量—反应评价、暴露评价、风险表征四步。剂量—效应根据不同的土地规划用途，采用不同的可接受风险阈值进行评估。对地下水污染的风险采用污染物在水体中渗透迁移评估的方法。

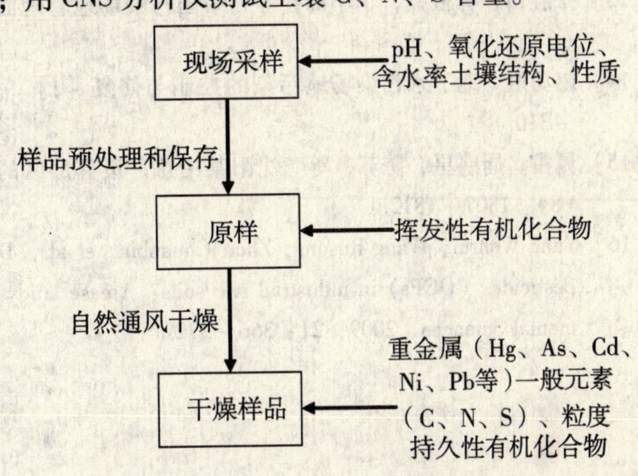

图 2　场地土壤污染监测分析技术路线图

四、结语与展望

随着城市化的扩张和人们对环境问题的重视，原郊区冶炼厂、化工厂、化工仓库、垃圾暂存场等搬迁后污染场地的开发利用，越来越受到环保工作者和政府相关部门的关注，各种规范化标准和市场准入要求即将出台，这必将带动污染场地“评估—治理—开发”这一新兴产业链的兴起。

场地污染的风险对于军队同样存在，军队大量的化工厂、化学品仓库、加油站等，各种原因会造成土壤污染。原有污染土地改作其他用途时，会造成人员污染暴露，还有可能对地下水等造成污染。在将来的一段时期，污染场地的评估与修复、开发将成为军队营区工作的重点之一。

参考文献

[1] 曹云者，施烈焰，李丽和，等. 2008 年浑蒲污灌区表层土壤中多环芳烃的健康风险评价［J］. 农业环境科学学报，27（2）：542－548.

[2] 陈华，刘志全，李广贺. 污染场地土壤风险基准值构建与评价方法研究［J］. 水文地质工程地质，2006（2）：84－88.

[3] 董向阳，李建三，吴祖煜，等. 工业废弃场地再开发的环境评估：Ⅱ健康风险评估［J］. 环境科学与管理，2008，33（1）：187－190.

[4] 谷庆宝，郭观林，周友亚. 污染场地修复技术的分类、应用与筛选方法探讨［J］. 环境科学研究，2008，21（2）：197－202.

[5] 蒋海燕，刘敏，黄沈发，等. 城市土壤污染研究现状与趋势［J］. 安全与环境学报，2004，4（5）：73－77.

[6] 吕喆，曾凡刚，薛南冬，等. 某油泥堆放场地中多环芳烃的污染及其垂向分布特征［J］. 环境科学研究，2008，21（1）：85－89.

[7] 阳文锐，王如松，李锋. 废弃工业场地有机氯农药分布及生态风险评价［J］. 生态学报，2008，28（1）：5454－5460.

[8] 易爱华，黄启飞，张增强，等. 我国杀虫剂类 POPs 污染场地的类型与污染控制对策分析［J］. 环境保护科学，2008，34（1）：57－60.

[9] 于晓冬，孙保卫．英美两国城市污染场地管理模式比较研究与镜鉴［J］．城市管理与科技，2007，2：61－63.

[10] 臧振远，赵毅，尉黎，等．北京市某废弃化工厂的人类健康风险评价［J］．生态毒理学报，2008，3（1）:48－54.

[11] 谌宏伟，陈鸿汉，刘菲，等．污染场地健康风险评价的实例研究［J］．地学前缘，2006，13（1）：230－235.

[12] 张秀武，王起超，郑冬梅，等．葫芦岛锌厂周围土壤砷污染空间格局和风险评价［J］．农业环境科学学报，2008，27（5）：1769－1773.

[13] 张胜田，林玉锁，华小梅，等．中国污染场地管理面临的问题及对策［J］．环境科学与管理，2007，32（6）：5－7.

[14] 赵勇胜．地下水污染场地污染的控制与修复［J］．吉林大学学报（地球科学版），2007，37（2）：303－310.

[15] 晁雷，周启星，陈苏，等．沈阳某冶炼厂废弃厂区的人类健康风险评价［J］．应用生态学报，2007，18（8）：1807－1812.

[16] Yang Wenrui，Wang Rusong，Zhou Chuanbin，et al. . Distribution and health risk assessment of organic chlorine pesticides（OCPs）in industrial site soils：A case study of urban renewal in Beijing，China. Journal of Environmental Sciences，2009，21：366－372.

中国西部生态环境保护与建设存在的问题及政策建议

刘金龙　张巧云

（中国人民大学农业与农村发展学院　北京　100872）

西部是我国大江大河的发源地。西部生态环境的质量，不仅会对区域内的现代化进程产生全局性和长远性的影响，而且会对东部和中部施加重大影响。西部水土流失得不到制止，长江、黄河就将日渐淤积，洪水灾害就将不断加剧，东中部就将永无宁日。所以，良好的生态环境，不仅是西部可持续发展的客观要求，也是我国可持续发展的客观要求。要满足这些要求，西部在加强生态环境建设方面的任务极其繁重。

加强生态环境建设和保护是我国西部大开发重点任务。中央和西部地区各级政府投入了大量的资金，并在财政信贷、投资、人才、教育、扶贫等方面采用了综合有效的政策措施，改善了西部的生态环境保护。西部群众和干部逐步认识到生态的重要性，把“生态”、“和谐”、“城乡统筹”等作为西部地区发展新的路标，西部生态建设取得了很大的成绩。

生态环境建设，是实施西部大开发战略的切入点。目前，在西部大开发战略中，生态建设工程项目历史罕见，全球瞩目，把改善西部生态环境，增加当地人的福利和带动经济结构调整有机地结合起来。做好这项工作的关键是树立求真务实的工作作风，不仅制订规划，而且把规划分解到具体的项目中，并在项目周期管理上重视技术的投入，重视生态治理模式的总结、研究和推广，同时转换管理机制，如实行政府采购制、经费报账制、项目监理制等，以制止生态环境建设中的各种寻租和索贿行为。必须分析西部生态环境存在的主要问题，弄清问题的症结所在，需求技术途径和策略，以及相应的政策和措施。

一、西部生态环境治理面临的总体形势

在西部大开发10年中，西部生态环境治理的成绩巨大，我们必须认识到西部生态环境建设任重道远。

1. 西部生态环境的战略地位和发展需求，与西部生态环境的现实极不对称。在国家生态环境安全保障中，西部生态环境占有重要战略地位，加强生态环境建设关系着西部大开发的成败和全国可持续发展。西部地区自然条件复杂多样，自然生态基础脆弱，人为破坏严重，当下西部生态环境的现实与其战略地位和国家整体未来的发展需求极不相称。

2. 西部生态环境呈现为“局部改善，整体恶化”的基本格局。西部生态治理的速度仍赶不上生态退化的速度，西部生态环境退化的趋势依然没有得到根本性的遏制和扭转。

3. 难以协调开发与生态环境保护的矛盾。同时，西部地区万元GDP的生态足迹是东部地区的2.1倍，说明西部地区资源的利用效率要远低于东部地区。如何在开发的同时切实保护生态环境是西部开发中面临的重大挑战。

4. 西部生态环境建设制度体系亟待完善。随着我国社会经济的快速发展，经济自由化、全球化的进一步加强，市场经济体系的进一步完善，政府管理的调整和完善，与生态环境保护和建设的相关法律进一步完善，当下一些西部生态环境建设和保护政策和措施亟须总结、修改和调整。

二、西部生态环境建设面临的问题

（一）尚难以形成全社会和各部门的合力

改革开放30年来，全社会形成了一个广泛的共识，发展才是硬道理。许多地方，特别是西

部地区，面对与东部地区经济发展的差距和当地人民对提高收入、增加就业的迫切愿望，很容易将 GDP 作为发展的唯一追求。这样，尽管中央政府积极推行可持续发展战略，把生态环境的建设作为实现和谐发展的重要措施来抓，然而，少数地方政府很难将思想统一到这个方向上来。

当下，生态环境治理追逐的就是大项目、大工程。而其背后就隐含了部门的利益。退牧还草变成了围栏建设工程，流域保护治理变成了水利工程，防治沙漠化变成了防护林建设工程，甚至连保护区管理都变成了保护区建设（盖楼修路），与国际机构合作制定的大熊猫保护管理计划也变成了工程建设，“工程建设”的背后是以“工程建设”模式运作的大笔经费，这些经费又与部门利益密切相关。“工程建设”项目实际上已经变成了一项重大的经济活动，谁能够运作争取到“工程建设”项目谁就既光彩又实惠。以至于国家（通过林业局等）对保护区的投入主要都是以基建费的形式下拨，所以才有“保护区破土动工”之说。但问题是，国家自然资源管理怎能够变成国家基本建设甚至以经济模式运作？保护区是自然生态环境，“破土动工”除了有可能威胁生态环境外，对保护区内的生物多样性又有何意义？以小流域综合治理工程为例，项目的目的是保护水土、恢复草原，但却被定性为一个“建设工程”，甚至还要采取“招投标制”和“工程监理制”，使一个生态系统修复项目变成了一项经济活动。无论在湖北、重庆和贵州，各个部门均把拿大项目、实施大工程作为部门的唯一要务。然而，在部门之间，很难形成合力。在贵州黔西县，县政府和县发展和改革委员会试图将各部门的力量结合起来，但实施效果甚微，其中一个重要的原因是部门的条块分割（见框图 1）。

（二）西部环境问题的根源依然是环境和发展的矛盾

框图 1　贵州黔西县石漠化生态治理部门合作

贵州黔西县是贵州重点石漠化治理重点县。在执行的国家和省重点项目有：①由林业部门的国家和省生态公益林项目，贵州和国家石漠化治理项目，天然林资源保护工程项目，退耕还林工程项目；②水保部门执行的“长治”水土保持工程治理项目，小流域综合治理项目；③农业部门执行的沼气项目；④畜牧部门执行的畜牧业发展项目。县政府努力推行“统一规划、集中治理、各计其工”的原则统一整合现有项目不同渠道的资金，提高投资效率，实现石漠化综合治理。

然而，实际操作的结果是部门之间难以真正将项目捆绑使用。主要原因有以下几个方面：①项目地点、技术标准和措施的选择往往在一定程度上受控于上级部门。上级部门的各部门对综合治理要求的偏好难以一致。在一个小流域中，山下适合水保部门的坡改梯工程，但在山上造林，林业部门不感兴趣，或者不符合林业部门造林要求。山腰种果树、种草，农业部门也不一定认为合适。上级部门对不同的生态治理项目技术规范要求很细，难以在一个小流域中满足各个部门的技术要求。②人的因素。这些项目均由不同部门的官员和技术人员来执行，他们均有自己特定的社会关系网。具体到小流域的那个村庄，其村领导以及所在乡镇领导不可能与县各部门间保持均衡的良好关系。认为受到薄待的部门往往不愿意把项目投入进去。涉农各个部门也不是由一个主管县长领导，主管县长间的个人恩怨对项目整合带来不利的影响。③即使能够解决技术标准问题，部门之间协调的问题，各个项目批准时间、经费到达的时间、要求完成的工期等是由上级部门决定的。如果发生冲突，项目也就不可能整合。如果不发生冲突，但若过于集中，工期又短，项目所在村庄的劳动力也难以承担，也难以将项目整合。

（资料来源：田野调查，2009 年 7 月）

古今中外，出现环境问题，无不是人口增加、开垦种粮、森林和草原植被减少、土壤荒漠化加重、水土流失加剧、生态恶化、开垦更多的粮田，就这样形成了恶性的循环。中国西部也不例外。中国西部环境恶化加速还是在建国以后，连绵不断战争后，人口快速增加十分自然，从 20

世纪50年代初到70年代末，无论是落实“以粮为纲”的方针还是实现粮食亩产上“纲要”的目标，大多是以毁林、毁草为代价的，结果造成了森林生态群落逆向演替，湿地面积急剧下降，水土流失加剧和土地沙漠化、盐碱化区域扩展，濒危物种生境缩小，种群数量减少等一系列生态环境问题。然而，由于新开垦农地的质量很差，单位土地的农产品产量最高也只能达到单位土地平均农产品产量的1/3，对粮食供给增长的贡献率十分有限，粮食供给不足问题并没有得到解决，这是这些地区普遍贫困的主要原因之一（李周，等，1997）。

在贵州省黔西县，石漠化严重的地区都处于相对贫困的社区。石漠化治理措施必须保证群众从事农活基本需求。群众面对新的品种、新的果树、新的生态技术往往不适应，难以改变群众长期以来形成的种植习惯。在黔西，推广果树往往不成功，单位面积果园的产量很低。石漠化治理工程中，造林前三年不让群众种植玉米等传统粮食作物，群众很不适应。然而高秆作物对早期林木生长影响很大。三年后，林下不适宜种植，在树木没有收益前，群众的生计就失去了保障。生态环境治理和保持群众的生计在实践中很难协调与统一。

（三）生态环境保护与利用的技术研究不足

客观地说，西部生态环境治理面临严重技术瓶颈。在所调查和研究的县，省、县各部门均讨论资金管理问题，项目管理问题，而对技术问题不感兴趣。林林总总，简而言之，给了钱，给了足够的钱，地方政府就一定能够把生态环境治理好。当下的生态环境治理技术研究部门，围绕行政官员的偏好和对生态治理美好愿望，研究和开发示范工程区。很少有人沉下心去，研究农民，研究农民的实际技术需求，而是画出来、写出来给上级部门看的或在给领导参观的海市蜃楼。西部群众没有大肆挥霍资源和故意破坏环境的偏好，所采用的都是他们知道并掌握的最优或次优技术。虽然这些技术随着特定条件的变化已不再是最优或次优技术了，但指出它们不是最优或次优技术并不能解决问题。总之，搞好生态环境利用和保护的关键是加快新技术替代现有技术的速度，把生态环境利用与保护有机地统一起来，寓生态环境保护于利用之中。本项目将三峡库区和贵州石漠化防治生态治理技术模式系列化，就是旨在为当地干部和群众提供生态环境保护和利用的技术选择空间，而不是只固定在少数模式上。

（四）“行业垄断”和缺乏参与机制

森林、草地、水与湿地等自然资源管理从管理到利用都有部门独揽，并由此形成从管理到科研再到利用的垄断利益集团，从决策依据到组织实施再到监测评估往往都是行业内部的“规划院”、“研究院”之类，外界很难参与。一片森林往往是属于“某某森工局”的，而当地执法部门森林公安局又是森工局的下属部门，森工局既是采伐利用部门又是森林管护和执法部门，森工局把整个山头剃光头了都没事，但一个当地村民偷砍了一两棵树都出现过被林场抓住判两年刑的案例，森林警察似乎更多地是为了保护本部门的利益。自然资源管理部门的“行业垄断”往往因为似乎涉及不到多大的资金量而被忽视，而实际上自然资源或生态环境是难以用金钱衡量的，也是“增值”潜力最大的“产业”。“自然资源垄断”的危害性远大于经济部门的行业垄断，因为他们管理的是整个国家的可持续发展的资源，关系到当代和子孙后代。由于自然资源的部门垄断性，以至于出现下面的现象：砍伐是政绩，伐没了再栽树保护既是政绩又可得到项目经费；治水当然是政绩，把水治没了再要经费恢复湿地还是政绩。

（五）缺乏独立的项目评审和监测评估体系

项目立项机制的不完善，“跑项目”成为业务主管部门及各级政府部门的目标。一些生态项目缺乏客观、公正、透明的论证，缺乏对问题的科学分析，盲目追求工程建设，项目的立项似乎不是为了解决生态问题而是为了工程建设。退牧还草项目则是建立在“过牧导致草场退化”的假设上，项目又落实在围栏建设上，缺乏对草场退化深层次的全面的分析。另一个典型的例子是西北干旱区荒漠草原，传统上由农业部门管理并作为草场承包给牧民，退牧还草项目还没有结束，大量的草场（植被多为 10～30cm 高的半灌木）又被划为“国家公益林项目区”被林业部门禁牧，同一片地，既是农业部门的退牧还草区又是林业部门的公益林区，所以在一些围封地区会看到有两层围栏的怪现象，两个部门双受益。

项目实施的监测与评估，不是本部门内部研究机构努力证明其丰功伟绩，就是代之以“上级检查”。与行业垄断相对应，生态项目的监测评估都是由项目主管部门（也是项目实施部门）制定评估标准并组织监测评估，外界很难有机会参与并了解真实的数据，结果总是项目成绩一片好、实际生态环境日趋恶劣的状况。制定的评估标准有利于突出政绩，但却与生态恢复和保护目标南辕北辙，如退牧还草项目不是监测草原的恢复情况，却以围栏工程质量为标准。建了多少围栏、栽了多少棵树竟然成了政绩。

三、西部生态环境建设政策建议

第一，明确各级政府和各个部门在西部生态环境建设和保护中的责任和权力；做好协调中央各部门、中央和地方、政府和企业、公民组织的知识、人力、财力、物力，真正做到“统筹规划”、“综合协调”，协同推进西部生态环境建设和保护。这其中关键的是部门间协调问题，长期来看，需要改革现行西部生态建设与保护的管理体制，积极推进国家生态功能区的规划，制定和执行出有法律约束力的西部生态保护和建设整体计划。逐步打破“分部门规划、分部门实施”的格局，遵循生态综合治理的原则，整合坡改梯、小流域综合治理、农村能源替代、退耕还林、生态移民与生态恢复、核心生态类型区保护、替代生计与替代产业开发等措施。短期来看，一个可行的路径是政府宏观决策部门调整对西部生态环境建设和保护的增量投入部分，做到“协调”、“综合”、“统筹”和各级政府和其他参与主题的责任明确。

第二，协调好生态环境建设与保护和社区发展的关系。生态恢复和重建的根本途径只能是改变人地关系，降低生态脆弱地区的人口压力，改变农业生产方式和土地资源的利用模式。在生态建设与保护工程实施区，发展替代产业，保障农户生计和粮食安全。实现生态保护和社区发展双赢的原则。

第三，明确生态环境建设与保护政策的持续性，协调好政策的连续性和局部调整的关系。西部开发 10 年来，中央和各地地方政府相继出台了许多生态环境建设和保护的政策措施，这很难避免有一些政策出台时反映了当时特殊的条件，使某些政策有一定的时效性。然而，政策一旦实施了，各个部门尽可能使政策的效用收益内部化，在一定程度上，各个部门和各级政府在实施过程中逐步“绑架”中央政府的宏观政策，难以寻求政策的退出策略。面对这样的现实，中央宏观决策部门只能采取在尽可能保持西部生态环境建设和保护政策连续性，维持和促进各个部门和各级政府对西部环境建设和保护的积极性，并对增量部门坚决调整。

第四，建立和健全对森林、湿地、草原等生态系统保护和恢复的生态补偿制度。探索分析开征生态环境保护税的可能性。

第五，加快建立西部生态环境建设和保护的科学决策机制和公众参与机制。

参考文献

[1] 李周，等．中国贫困山区开发方式和生态变化关系研究［M］．山西经济出版社，1997.

区域煤矸石综合治理规划研究

王永红　郭晓明　曾　剑

（山西省环境规划院　山西　太原　030002）

摘　要　煤炭资源的开发在为区域经济发展做出重大贡献的同时，也产生了大量的煤矸石，其储存堆放既占用大量宝贵的土地资源又污染环境，日积月累对区域生态和人居环境构成严重威胁，对其开展系统综合治理已刻不容缓。山西省作为我国重要的煤炭基地，煤矸石引发的环境问题尤为突出。本文介绍了山西省晋城市煤矸石堆放现状及产生的环境问题，并对煤矸石的综合治理与利用途径以及分阶段目标等内容进行了分析研究。

关键词　晋城　煤矸石　综合利用　规划

一、引　言

作为我国重要的煤炭基地，山西省煤矸石产生量大，相应产生的环境问题突出。2007 年国务院以国函［2007］52 号《国务院关于同意在山西省开展煤炭可持续发展政策试点措施意见的批复》将山西省列为煤炭可持续发展政策试点。而要实现煤炭可持续发展，煤炭资源开发过程中产生的大量煤矸石的综合利用和安全处置是山西省需要解决的重点问题之一。山西省已经制定“从区域性煤矸石污染治理入手解决煤炭生产跨区域生态环境恢复治理项目”政策，将煤矸石问题列为今后的工作重点拟加以解决。晋城市是我国最大的无烟煤生产基地，煤炭探明储量占山西省储量的三分之一以上，是山西主要煤炭生产大市，研究和解决该市区域煤矸石问题在山西省具有代表性和示范性。

晋城市现有大小各种类型的煤矸石山、堆场（库）446 处，其中无业主矸石山有 77 座。除少部分大型煤炭生产企业将煤矸石用于制砖或者覆土填埋外，大部分企业没有完善合理的煤矸石处理措施。长期以来，由于缺乏统一的科学管理，煤矸石堆放点大多依山坡、沟渠堆放，受震动或雨季影响极易形成小型泥石流，堵塞下游河道及冲毁农田房屋。同时，煤矸石的堆放，不仅占用土地，容易发生自燃，污染空气，而且煤矸石中各种痕量的重金属元素及硫化物，经过长期的风化、淋溶作用，形成酸性水流入河道、渗入地下，可以使地表水、地下水、土壤产生污染。煤矸石的无序处置对区域生态和居民生活环境构成威胁，迫切需要解决。

为根治煤矸石堆存带来的环境问题，减少环境污染和经济损失，改善生态环境，实现该地区社会、经济和环境的协调可持续发展，需要实行区域综合治理与利用，分阶段整体规划实施，有效治理单个企业难以解决的跨区域造成的生态环境问题，逐步解决因煤矸石堆存引起的环境问题和社会问题。

二、煤矸石堆存及利用现状

（1）堆存现状

晋城市现有矸石山 446 座，现役煤矿矸石山 369 座，无业主或灭失业主的矸石山有 77 座。晋城市煤矸石历年（截至 2007 年底）堆存量约为 6000 万吨，各县区煤矸石堆存量分布比例见图 1。堆存煤矸石中：包括现役

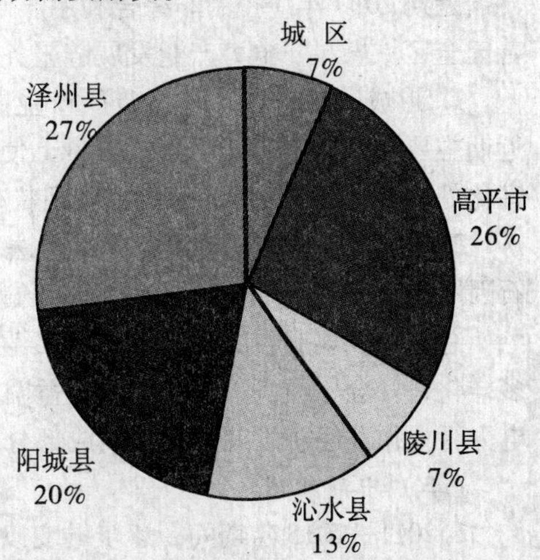

图 1　晋城市各县区煤矸石堆存比例示意图

煤矿堆放的矸石量约4000万吨，无业主（或法人灭失）的矸石堆存量约2000万吨，矸石山总占地面积约500万 m^2。

（2）处置现状

晋城市2007年煤矸石产生量约为600万吨，各县区煤矸石产生量分布比例见图2。全市范围煤矸石综合利用量约占产生量的40%；简易处置量约占产生量的58.5%；贮存量约占产生量的1%；倾倒丢弃量约占产生量的0.5%，整体煤矸石的综合利用率较低。

利用方式除回填矿井巷道、工程回填、铺设道路基层等分散利用之外，主要为制砖、砌块、混凝土等建材项目综合利用，另有少量煤矸石电厂消纳部分煤矸石。

（3）存在的主要问题

①历史堆存量大，远期增量大，形势严峻。煤矸石的产生在空间分布上相对集中，给生态环境造成很大压力，但相对集中稳定的煤矸石分布便于规划集中利用；

②现状黏土砖仍有大量生产，部分新型煤矸石的企业不能满负荷运作，产品销售价格偏低，新型墙材的发展形势严峻。综合治理产业类型单一，抗风险能力差，市场竞争力弱，亟待引导拓展；

③专项治理项目资金缺口大，引导和保障产业发展任务重；

④存在矸石山自燃现象，一方面资源浪费，另一方面严重污染环境；

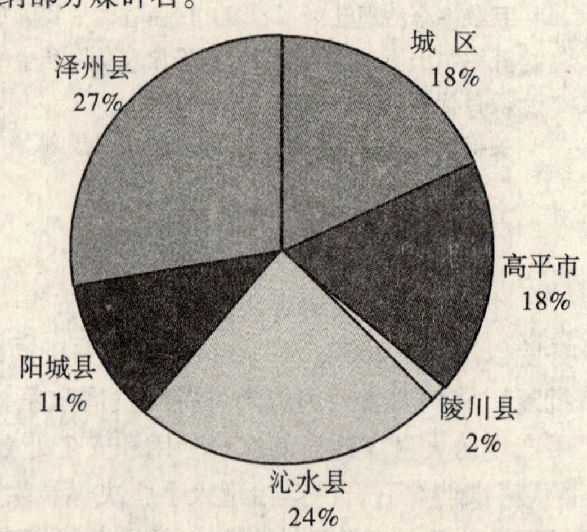

图2　晋城市各县区煤矸石产生比例示意图

⑤综合利用产业科技含量低，产业附加值少，需加大科研力度，提升产业水平；

⑥晋城市城区附近苇匠区垃圾填埋场煤矸石等废弃物自燃后散发出的有害气体直接影响了周边居民的生活环境，给晋城市城区环境管理带来压力；

⑦尚有43处灭失或无主矸石山的生态重建问题较突出，需要政府部门统一投入及时处理。

三、煤矸石治理分析

（一）近期治理

近期2010年应控制非综合利用煤矸石量急剧增加的趋势，初步形成综合利用产业规模，完善健全区域煤炭、电力产业发展链服务，同时防止固废排放成为区域经济产业发展制约因素。

1. 形成“煤矸石－矸石砖”产业链，统一规划煤矸石制砖企业建设，防治局部恶性竞争。近期主要综合利当年新增煤矸石量，使煤矸石综合利用能力达到现役煤矿新增量80%以上，无害化处置率达到100%。解决区域现状存在的煤矸石堆置引发的环境问题。

2. 在近期完成对历史堆存无主或法人消失的煤矸石山的规范化建设和治理。对历史贮存煤矸石因地制宜，选择利用条件好的贮存场进行综合利用项目开发，年综合利用贮存量50万吨以上。

总体形成煤矸石综合利用的内部循环模式，初步实现其产生量与利用量相平衡，且利用方式多样化，社会、经济、环境综合效益明显，科技含量高的新兴产业。其产业发展成为区域煤炭、电力行业循环经济发展的有机组成部分。

（二）中期治理

1. 2011—2015年期间，逐步转变以煤矸石制砖为主单一的综合利用产业模式，淘汰落后煤矸石制砖产能，资源整合，选择发展适宜地区的煤矸石电厂、综合利用水泥以及吸附剂、微孔材料等科技含量较高项目。煤矸石综合利用量达到新增量的100%。

2. 每年新增煤矸石产生量全部资源化利用，历史堆存煤矸石堆场生态修复完成并每年进行检查维护。煤矸石资源化利用的向科技含量高的产业靠拢，发挥煤矸石建材产业优势，进一步开拓省外建材市场。生态建设重点转移到矸石山绿化、植被覆盖和生态功能恢复。

3. 鼓励煤炭行业有科研实力的大型企业开展煤矸石综合利用高新技术研发，建设1~2个研发试点，一方面致力于增加现有综合利用途径的技术含量，提高产业技术水平，另一方面探索试验产出效益高、环境污染小、消耗量大和适宜本土推广的新途径，将利用领域拓展到精细化工、石油化工、污水处理防治等领域。

（三）远期展望

远期要从根本上解决煤矸石占地和引发的环境问题。随着产业集群的建设，开发途径增多，利用效益提高，消耗量上升，煤矸石堆存占地和对环境影响将逐渐控制在很有限的范围，像电厂粉煤灰处置情况一样，只需设临时堆存场，而不设永久堆场，形成产业利用链。晋城市将不会再新增大规模矸石山，现有446座矸石山也将顺应利用需要逐步作为资源库综合利用而消失。

煤矸石本身是“放错地方的资源”，其含有的元素和物质种类丰富，部分含有钛、锗等珍贵重金属元素。现今，电厂粉煤灰已经在作为资源外卖，但大多数电厂并不仅仅满足于此，更在逐步自己寻找更具效益的利用途径。而煤矸石是具备一定热值的粉煤灰，远期也必将作为资源加以利用。研究出有效分解利用途径，晋城沁源煤田特质煤燃烧后具有特殊成分与比例的产物同样可以作为提取和制备化工元素与物质的原料资源。

远期要转化规划中期科研成果，进一步提高综合利用产业技术水平，降低制砖、铺路、填充等低效利用比例。根据晋城市不同区域煤矸石特质，大力发展微量元素提取、玻璃微珠制备、化学絮凝剂生产以及作为冶金、化工原料等产业发展，提高利用技术含量，科研水平。开展结晶氯化铝，聚合氯化铝，硫酸铝，沸石等的规模化生产与利用。

建立以煤矸石为基础原料的固废综合利用产业群，构建利用煤矸石提取氧化铝、氧化硅；结晶氯化铝，聚合氯化铝，硫酸铝等化学絮凝材料；钛、锗重元素提炼等新型产业链，鼓励和带动区域充分利用资源，快速发展，综合利用煤矸石，使其产生与利用总体基本保持平衡。

（四）保障措施

煤矸石利用和治理工程涉及内容多、任务艰巨，必须有强有力的支撑保障体系才能使其贯彻落实，达到预期效果。实施保障体系应从加强制度建设、注重政策引导，将治理内容纳入相关发展规划，并建立对企业排放政策性奖惩机制；加强组织协调，明确职责，建立监督体系；加强科技研发，鼓励技术引进；加强宣传教育，提高公众认识；建立专项资金，充分利用山西省煤炭可持续发展基金，并积极引导筹措等方面对治理工程的落实提出保障要求。

四、结　语

煤矸石综合利用和治理对晋城市而言是一项关系生存发展、长治久安的民生工程、环保工程，但由于当前观念、技术和资金等条件的局限，需要经过政府引导，政策扶持，统一分阶段部署实施，才能实现煤炭综合利用和治理的健康可持续发展。本文对晋城市煤矸石问题的现状、利用途径和发展方向进行了分析，也可以为同样存在煤矸石问题的区域提供参考。

参考文献

[1]《国务院关于同意在山西省开展煤炭可持续发展政策试点措施意见的批复》，国函［2007］52号.

[2]《关于2008年煤炭可持续发展基金使用项目安排有关问题的会议纪要》，山西省人民政府办公厅［2008］44次会议纪要.

[3]《山西省煤炭开采生态环境恢复治理规划》2006年10月.

[4]《矿山生态环境保护与污染防治技术政策》，环发［2005］109号.

上海产业发展与资源环境效应回顾分析

吴　健[1,2]　胡冬雯[1]　王　敏[1]　黄宇驰[1]　邵一平[1]

（1. 上海市环境科学研究院　上海　200233；2. 华东师范大学环境科学系　上海　200062）

摘　要　改革开放以来，上海产业规模迅猛扩张，产业结构不断调整，产业布局持续优化，产业技术加快进步，在各项因素的综合作用之下，资源利用效率得到一定提升，环境污染负荷得到一定控制。然而，上海产业发展与国际先进水平相比仍存在明显差距，面临较严峻的资源环境约束，发展低碳经济和循环经济将是上海促进产业发展转型的重要手段。

关键词　上海　产业　资源　环境

产业发展与环境保护是人们长期争论的焦点。产业的粗放式扩张会消耗大量的资源，也会产生大量的污染物排放，对环境造成污染，环境的污染又制约产业发展，二者极易陷入恶性循环。作为我国的经济中心和产业高度密集的特大型城市，上海在近几十年来高速发展，产业规模迅猛扩张，产业结构不断调整，产业布局持续优化，产业技术加快进步，其产业发展特征以及相应的资源环境效应具有典型性和代表性，因而此项研究也为其他城市制定资源节约、环境友好的产业发展政策具有借鉴和参考意义。

一、上海产业发展概述

（一）产业规模扩张

上海是我国经济中心，也是我国最发达、经济增长最快的城市之一。上海产业规模增长存在明显的阶段性。1978 年十一届三中全会之后，上海经济不断复苏，工业改革逐步深化，开放不断扩大，企业摆脱传统计划经济体制的束缚走向市场，全市经济得到较快发展，1990 年上海市生产总值达到 781.7 亿元。浦东开发开放后，上海进入快速发展期，国民经济在产业结构调整的基础上保持快速健康发展。自 1992 年起至 2008 年，第三产业、六大支柱产业和高新技术产业成为新的经济增长点，上海生产总值连续 17 年保持两位数快速平稳增长，经济总量达到 1.36 万亿元。随着上海经济快速发展，经济总量不断增长，对环境效益可能产生两方面的影响：一方面，在污染系数（单位产出的污染排放强度）和产品组成（经济结构）不变的情况下，经济规模的扩大会提高自然资源的使用水平，导致污染增加，因此经济规模扩展对环境产生负效益；另一方面，随着经济规模的扩大、收入的增加，居民对环境质量的要求也随之提高，有利于降低单位产出的排放强度及制定较严厉的环境税收标准，从这个角度看，经济规模的扩大对环境有利。

（二）产业结构调整

上海的产业结构调整是与上海城市总体发展定位相适应的，改革开放前，上海在很长一段时期内一直以“工业基地”作为发展方向，第二产业在上海经济中占了绝对优势。1978 年第二产业在国民生产总值中所占的比重为 77.4%，而第三产业仅为 18.6%，产业发展呈现极不协调的畸形态势。改革开放以后，经过一段时期的调整，1990 年二者的比重分别变为 64.7% 和 30.9%，但结构不合理带来的诸多问题依然严重。进入 90 年代，按照建设“四个中心”的总体目标和“两个长期坚持”（长期坚持上海产业发展的第三、第二、第一产业发展方针，长期坚持第二产业和第三产业共同推进上海经济发展）的经济发展方针，污染相对较轻的第三产业在这一阶段得到了快速发展。1999 年，第三产业生产总值首次在国民生产总值中超过第二产业，并在此后一直维持在 50% 以上水平。上海市政府对产业结构的大幅调整，降低了国民经济对工业的依赖性，使得能耗低、污染小、产值高的第三产业迅猛发展。

（三）产业布局优化

改革开放初期，上海城市形态布局不合理，工业企业多数集中在中心城区。1984 年底，在中心城区 289km^2，仅占全市面积 4.5% 的区域范围内，工业企业单位数、职工人数和工业总产值分别占全市的 54%、66% 和 68%。这种畸形布局一方面使得中心城区的开发强度过大，污染负荷过高，另一方面工业企业与居民区密集混杂，导致厂群矛盾激烈，中心城区环境污染问题突出。1990 年以来，上海利用土地级差效应，将整个城市进行空间大置换，城市布局优化与产业结构调整同步进行，中心城区不断实施"退二进三"和"双增双减"战略，重点发展服务业，同时为城市基础设施建设腾出空间。郊区通过实施"工业向园区集中"布局战略，不但利用集聚效应，降低了生产成本，提高了生产效率，也实现了污染集中治理。至 2008 年底，中心城区工业企业数降为 1510 家，职工 25.24 万人，工业总产值 1869.2 亿元，分别只占全市工业的 8%、9% 和 7%。上海市级以上工业区的工业总产值已达 12626 亿元，占同期全市工业总产值近 50%。上海工业在空间布局上实现了全方位的战略转移，以从零散分布逐步转向集中优化。

（四）产业技术进步

技术进步在旧产业内部进行改造，使更多的原料转化为产品，提高能源利用效率。这里既包括一些将环境保护作为技术创新主要目标的技术进步，也包括一些虽然不以环境保护为目标，但客观上却起到了降低经济活动污染强度作用的技术进步。自改革开放以来，上海推进产业技术进步的力度不断加大。尤其近些年来，人们对环境质量的关注引发了环境政策的改变，而环境政策的改变促进了相关的技术进步，这些技术进步对于提高生产效率，减少污染排放发挥了重要作用。从上海研究与试验发展（R&D）经费来看，1978 年，上海 R&D 经费支出仅为 1.32 亿元，仅相当于上海市生产总值的 0.48%，而截至 2008 年，上海 R&D 经费支出已达到 364.3 亿元，相当于上海市生产总值的 2.64%。R&D 经费投入增加对推进产业升级，开发清洁技术，促进经济健康发展起到了非常重要的作用。

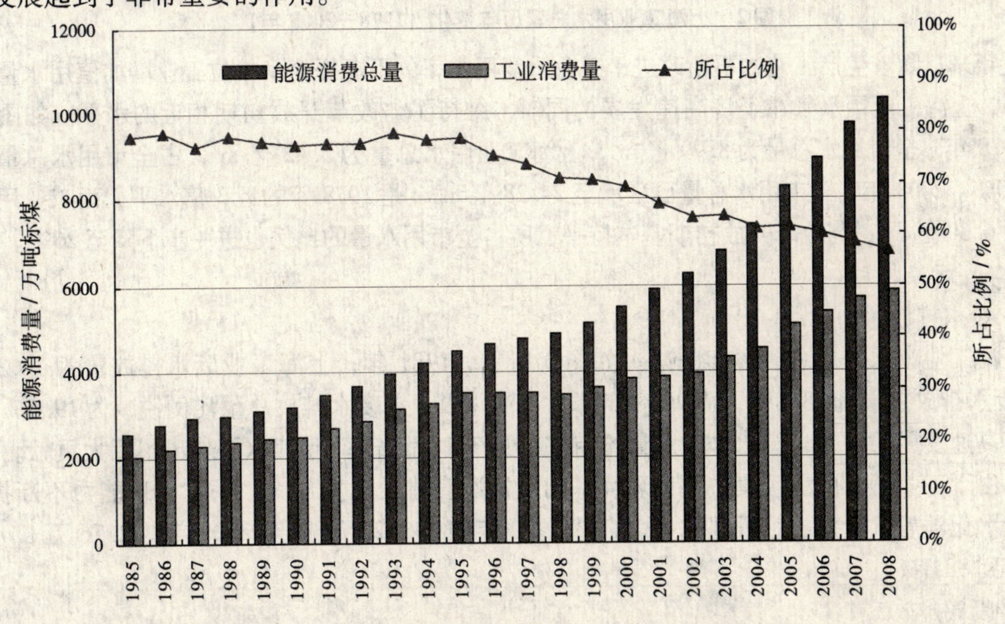

图 1　上海工业能源消费历年变化（1985—2008 年）

二、资源环境效应分析

（一）资源消耗

1. 产业能耗

由于社会经济的高速发展，上海能源消费总量节节攀升，2008 年已突破 1 亿吨标准煤。在此期间，上海积极推进产业结构调整，优先发展现代服务业和先进制造业，推动产业升级，加快形成以服务经济为主的产业结构，降低高能耗产业的比重；同时，关闭了一批落后、高能耗的企业和生产线，加大节能技术改造力度。2008 年，上海万元工业增加值能耗为 1.035 吨标准煤，比 1985 年削减了 84%。上海工业能源消费总量得到了控制，增速相对较缓，在能源消费总量中的比例也逐年下降（见图 1）。

2. 产业水耗

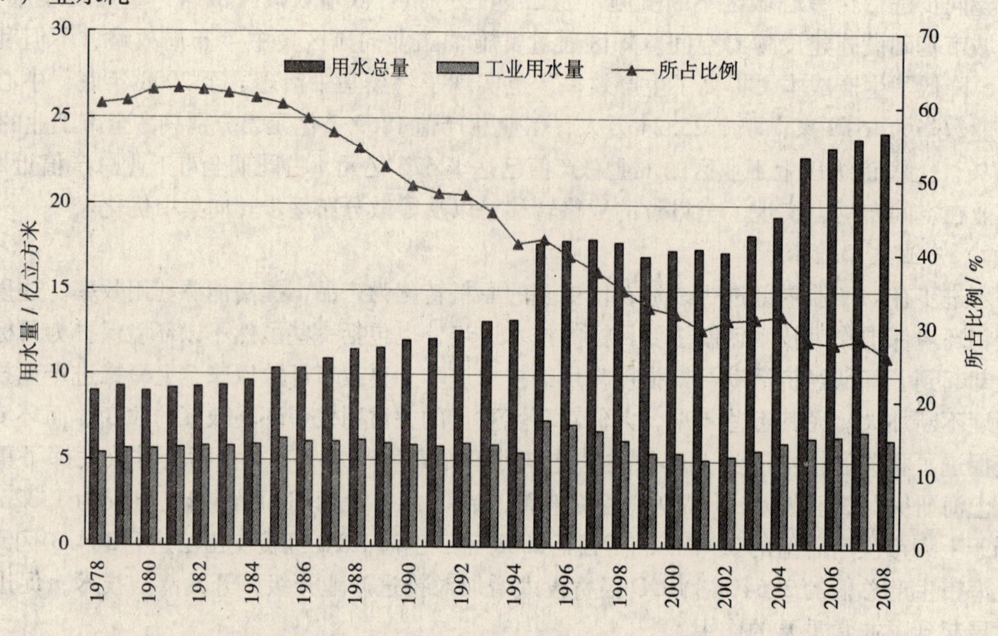

图 2　上海工业用水总量历年变化（1978—2008 年）

近年来，随着生产工艺的不断改进，工业重复用水率的不断提高，单位工业增加值用水量的不断下降，上海工业用水量在经济高速发展的同时，维持了与改革开放初期相近的水平。如图 2 所示，1978 年，全市用水总量为 8.99 亿 m^3，上海工业用水总量为 5.42 亿 m^3，占全市用水总量比例超过 60%。2008 年，全市用水总量已猛增至 24.28 亿 m^3，是 1978 年的近 3 倍水平，而工业用水总量仅为 6.30 亿 m^3，与改革开放初期基本持平，所占全市用水量的比例也进一步下降至 26%。

（二）污染排放

1. 废水排放

上海工业废水排放总量逐年削减。如图 3 所示，1981 年，上海工业废水排放量为 14.11 亿 t，占废水排放总量的 78.8%，而 2008 年降为 4.41 亿 t，占废水排放总量比例锐减为 19.5%，为在经济高速发展的同时，废水排放总量维持在接近于 20 世纪 80 年代水平作出了巨大贡献。与此同时，由于工业不断向园区集中，水环境基础设施配套建设力度加大，污水处理能力不断提高，工业废水化学需氧量排放总量削减显著，从 1990 年的 24.42 万 t 降至 2008 年的 2.76 万 t，削减幅度达到 88.7%。

2. 废气排放

虽然上海通过结构调整和技术进步降低了污染排放强度，但由于上海经济总量巨大，工业对能源依赖依然较大，上海工业废气排放仍未得到有效控制，总体呈现稳步上升趋势，如图 4 所示。由于推行燃煤电厂脱硫和清洁能源替代工艺，上海工业废气二氧化硫排放总量基本控制在 30 万 t 左右，低于 20 世纪 90 年代初水平。

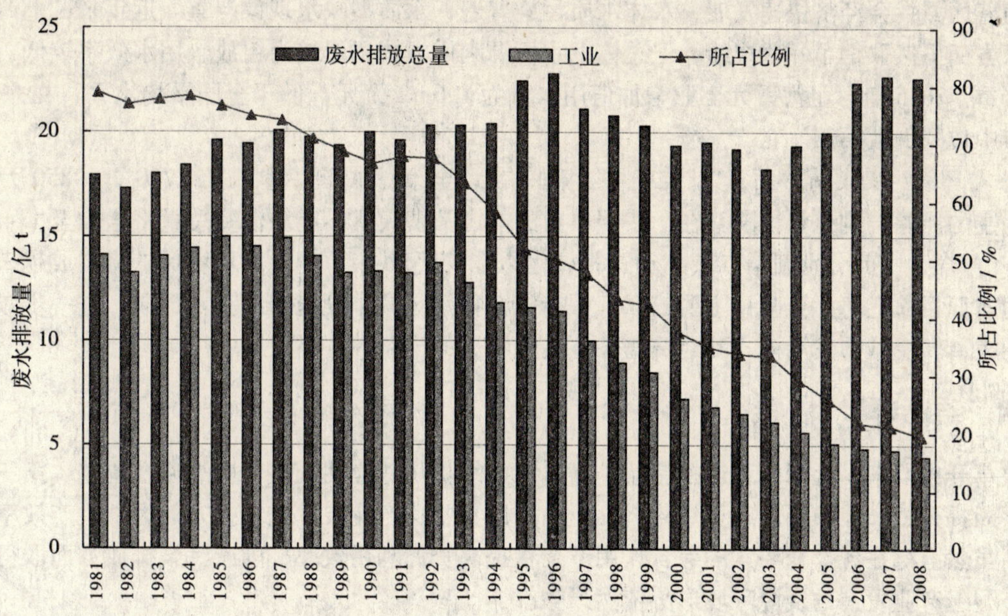

图 3　上海工业废水排放历年变化（1981—2008 年）

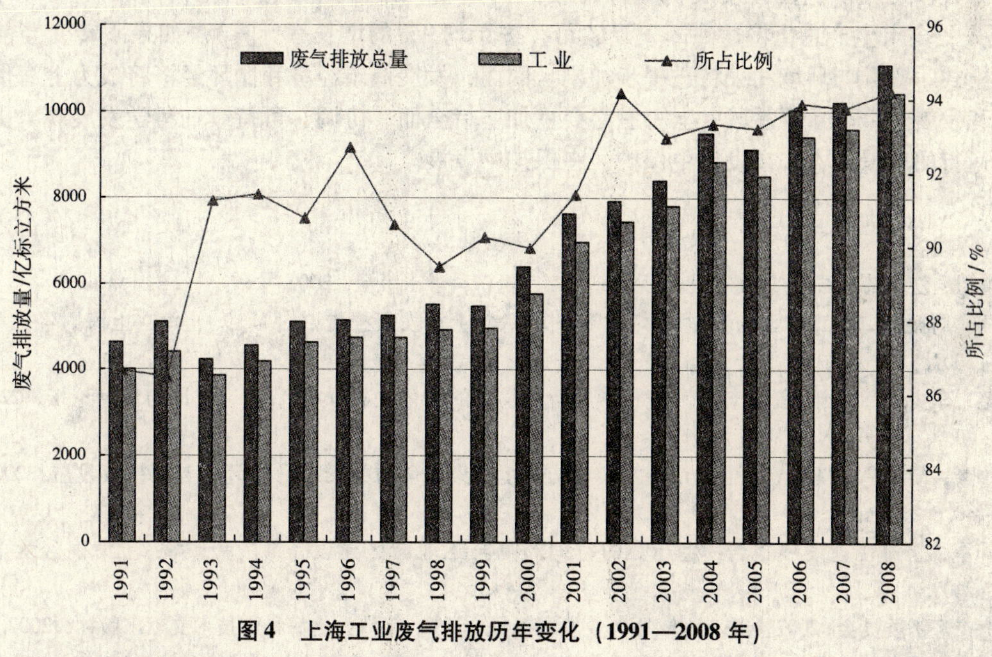

图 4　上海工业废气排放历年变化（1991—2008 年）

三、存在问题分析

在结构调整和技术进步等各项因素的综合作用之下，上海在资源消耗和污染负荷削减方面取得了一些成绩，但上海的产业发展依然面临着较为严峻的资源环境约束。

1. 在产业资源消耗方面，虽然近年来，资源利用效率不断提高，但工业能耗、水耗仍在全市占有较大比重。从能源来看，上海所需能源资源基本依靠外部输入，能源资源供应是制约上海经济社会可持续发展的重要“瓶颈”之一。近年来，上海产业能源消费增量虽然得到一定控制，但比例仍然偏高，占到全市能源消费量的 57%，尤其钢铁、化工等重化工业用能占工业能耗的 60%，而上海工业增加值单位能耗和能源利用效率与国际先进水平仍有 10% ~ 30% 的差距，具有较大的节能潜力。从水资源来看，上海地处长江三角洲平原河网地区，水资源总量较为丰富，但伴随着区域社会经济快速发展，水体水质污染普遍，水质型缺水现象严重。近年来，上海在产业节水方面虽然取得了一些成绩，但总体上水资源利用方式仍然较为粗放，用水效率较低，浪费现象严重。2005 年，上海万元工业增加值用水量为 196m^3/万元，低于全国平均水平，在东部 11 个省市中位列倒数第四。

2. 在环境污染负荷方面，“十二五”期间，预计全市污水产生量将达到 750 万～850 万 t/d；以煤为主的能源结构也将长期存在，按照目前的能源消费模式，能源消费总量将增加至 1.4 亿～1.5 亿 t 标煤，由此分别新增二氧化硫、氮氧化物排放量 20 余万吨。对环境保护将构成越来越大的压力。而目前上海污染减排主要依靠工程措施，特别是减排设施布局基本形成，进一步减排的空间不大，转变城市发展模式和经济增长方式是唯一的出路。

四、结　语

改革开放以来，上海产业规模持续扩张；产业结构从适应性调整转向战略性调整，第三产业比例不断提升；产业布局趋向于优化，工业向园区集中；产业技术进步投入加大，生产效率不断提升。虽然上海在各产业要素的综合作用下，在提高资源利用效率，削减污染排放方面取得了较大进步，但产业发展的资源环境形势依然严峻。

“十二五”时期，是上海向建设国际经济、金融、贸易、航运中心目标奋力迈进的攻坚阶段。上海人口、经济、社会发展仍将保持较高的速度，预计 2015 年，上海市常住人口将接近 2100 万人，全市生产总值将达到 2.2 万亿元（按年均 9% 的增长率计算）。如果不转变当前的产业发展模式，资源与环境约束将进一步加剧。因而，发展低碳经济和循环经济将成为上海促进结构调整和发展转型的重要手段，上海有必要更加坚持全面、协调、可持续的科学发展观，更加注重经济运行的质量效益，在发展中保护，在保护中发展。

参考文献

[1] 郭鸿懋，江曼琦．城市空间经济学［M］．北京：经济科学出版社，2002.

[2] 王战，周振华．城市转型与科学发展（2006/2007 年上海发展报告）［M］．上海：上海财经大学出版社，2007.

[3] 任彪，李少颖．中国能源消耗和环境污染与经济发展的灰色关联分析［J］．统计与信息论坛，22（1）：46－49.

[4] 韩中豪，胡雄星，张明旭．上海市经济增长与环境污染水平的关系［J］．环境与可持续发展，2007，2：46－48.

[5] 龚仰军．上海工业发展报告：生产力的空间布局与工业园区建设［M］．上海：上海财经大学出版社，2007.

[6] 上海市经济委员会．2007 上海工业、服务业发展报告［M］．上海：上海科学技术文献出版社，2007.

[7] 王云，冉圣宏，王华东．区域环境承载力与工业布局研究［J］．环境保护科学，1998，24（4）：6－9.

[8] 宁越敏．上海大都市区空间结构的重构［J］．城市规划，2006，30（S）：44－55.

[9] 李志刚，吴缚龙．转型期上海社会空间分异研究［J］．地理学报，2006，61（2）：200－211.

[10] 张水清，杜德斌．上海中心城区职能转移与城市空间结构优化［J］．城市发展研究，2001，8（6）：44－49.

[11] 杨万钟，殷为华．上海工业布局跨世纪发展研究［J］．上海城市规划，2000，16（4）：2－6.

[12] 王缉慈．创新的空间——企业集群与区域发展［M］．北京：北京大学出版社，2001.

[13] 上海市地方志办公室．上海环境保护志［M］．上海：上海社会科学院出版社，1998.

[14] 上海市统计局，国家统计局上海调查总队．光辉的六十载——上海历史统计资料汇编［M］．北京：中国统计出版社，2009.

内蒙古沙产业与生态环境建设

李富荣

（内蒙古自治区委员会党校哲学部 呼和浩特市赛罕区西把栅乡辛家营村 010070）

摘 要 内蒙古沙漠分布较大，沙漠化是影响生态环境和区域经济社会发展的重要“瓶颈”。内蒙古人以我国著名科学家钱学森提出的沙产业理论为指导，以“建设祖国北方重要生态屏障”为目标，以国家生态重点工程为依托，因地制宜，在境内各大沙漠综合治理，全力发展沙产业，在防沙、治沙、用沙方面，取得了巨大成就，初步实现了钱老“沙漠增绿，农牧民增收，企业增效的良性循环”的设想。同时，也在寻找差距，积极规划，推动沙产业持续健康发展。

关键词 沙漠化 内蒙古沙产业 生态环境 循环经济

一、沙漠化与治理阶段比较

（一）内蒙古特殊的自然气候条件决定了其生态环境的脆弱性，特殊的地理位置又赋予其生态屏障功能的重要地位

沙漠化是当今人类共同面临的一个重大环境及社会问题。内蒙古境内自西向东分布着巴丹吉林、腾格里、乌兰布和、毛乌素、库布齐五大沙漠和巴音温都尔、浑善达克、乌珠穆沁、科尔沁、呼伦贝尔五大沙地。沙区总面积占全区土地总面积的63.3%。降水量减少是内蒙古沙漠化的一个重要因素。内蒙古每人每天供水量不及全国的1/2，13亿亩草原可灌溉面积只有320万亩。同时，人们不合理开发利用土地资源，过度放牧和乱砍滥伐、乱捕滥挖，保护、建设资金投入不足，也是生态环境恶化的重要因素。一方面，生态环境问题已成为影响当地百姓生存和制约区域经济社会发展的重要瓶颈。全自治区“90%的旗县集中在沙区，60%的农田和半数以上的草牧场不同程度地风蚀沙化。”生态恶化与贫困互为因果，恶性循环。自然灾害的发生，严重影响着沙区人民的生产生活生存，制约着经济和社会发展。另一方面，内蒙古的生态环境直接影响着全国的生态安全。由于植被退化、物种减少，沙漠化加剧，内蒙古中西部成为沙尘暴的主发地，三大京津风沙源都在内蒙古。沙尘暴危害波及“三北”地区和京津周边地区，甚至危机长江流域。内蒙古的北方生态屏障地位，使生态环境保护与建设成为重大的政治任务。

（二）各治理阶段比较

为了遏制生态恶化，改善生产、生活和生存条件，沙区各族人民进行了长期不懈的艰苦探索和实践。内蒙古生态建设大致经历了三个阶段：第一阶段从新中国成立到20世纪90年代，是只有投入没有产出的阶段。生态建设越建越穷，群众生活难以为继。年年单方面号召植树造林，根本没有考虑把植树造林与发展地方经济和群众脱贫致富相结合。政府和群众的关系像猫捉老鼠，政策一来轰轰烈烈植树造林；政策一过毁林开荒。结果是“年年植树不见树，年年造林不见林”。第二阶段从20世纪90年代至2000年左右，有投入也有微弱产出的阶段。这个阶段，在市场经济的大背景下，生存意识和发展意识让群众觉醒，开始寻求生态建设与自身生存和发展结合起来的道路和方法。在生态建设的总体目标中融入了能够形成一定收益的经济林和中草药材等，其有限的产出维持着群众的基本生存。虽不能致富，但生态建设与群众生存的关系开始由“共毁”变为“共生”。第三阶段20世纪90年代末萌芽，形成于2000年以后。由于企业的介入，防沙治沙用沙产业化，实现了由纯生态型向生态经济型的重大转变。沙产业以新的视角看沙漠，沙漠变害为利，沙子变金子；沙产业以新的思维看生态建设，找到了一条“沙漠增绿，农牧民增收，企业增效，国家增税”的“共赢”之路。在内蒙古沙区，涌现出了永业集团、苁蓉集团、

盘古集团、东达集团、亿利集团、伊泰集团、天骄人造板、宏业人造板、通九物资、碧森种业等一大批沙产业龙头企业。

沙产业的兴起，促进了沙区林牧业结构调整和农牧民增收，成为农村牧区新的经济增长点。同时，也为防沙治沙注入了活力，极大地提高了生态建设的整体效益。2004 年全国第三次荒漠化沙化土地监测表明，内蒙古土地荒漠化沙化首次出现逆转，生态治理速度提高到每年 1600 多万亩，超过了每年 1000 万亩的沙化速度；森林覆盖率已经提前达到 20%；全自治区沙尘暴的发生次数已由治理前的最高每年 20 次降低到 2004 年的 10 多次。

二、开发重点与模式选择

根据钱学森的观点，沙产业是在不毛之地的戈壁沙漠上搞大农业生产，强调“绿化—转化—产业化”，在生态保护与建设的前提下，向沙漠要效益。我国沙漠化防治专家刘恕认为，“沙产业有四条标准，一要看太阳能的转化效益，二要看知识密集程度，三要看是否与市场接轨，四要看是否保护环境、坚持可持续发展。”内蒙古的沙产业必须是“沙漠增绿，农牧民增收，企业增效”，通过善待自然，造福人类，构建新的生态平衡系统。所以，严格地讲，单纯的植树造林不是沙产业，沙漠旅游不是沙产业，拉沙子去建筑工地换钱更不是沙产业。

内蒙古所处的自然环境最适合于种植牧草，与内蒙古处在相同纬度的国家和地区的草业都比较发达。内蒙古沙产业以草产业为主，有效利用了沙区内生长经过长期自然选择而保存下来的极具生命力的珍稀灌木和草，重点开发了沙棘、沙柳、有毒灌草等草产业及其延伸产业。科技人员在鄂尔多斯高原中部号称“地球癌症”的砒砂岩区种植沙棘成功，开发了一个兴旺的沙棘产业。另外，内蒙古境内的沙漠几乎都是没有人类开垦痕迹的“净土”，在这些区域种植一些极端环境下的药用植物资源，如苁蓉、甘草、麻黄等，恰好符合国际市场无污染的绿色潮流。阿拉善盟和巴彦淖尔市在梭梭木上接种肉苁蓉成功，又开发了一个兴旺的苁蓉产业。到 2007 年，全区以沙生植物为原料的加工企业已有 47 家，实现销售收入 40.48 亿元，增加值 14.5 亿元，上缴税金 1.39 亿元，直接解决和带动了 20 多万人就业，形成了具有较强竞争力的甘草、苁蓉、沙棘、沙柳、山杏等沙产业链条，初步形成了生态建设与产业发展良性互动的局面。

目前，内蒙古沙产业初步形成了“草畜工贸四结合”、“公司 + 基地 + 农牧户”的龙形生态经济模式，也初步形成了资源节约再生的循环经济、碳汇经济模式。①牧草产业链：通过固定沙地的灌木（柠条、梭梭、沙棘枝等）→高蛋白饲料颗粒→饲养肉羊、牛→牛羊肉、牛奶→富含氮、磷、钾及有机物的排泄物→沼气→渣料还田，增加沙地腐殖质，改善土壤的通透性和保水性。适宜沙地的牧草品种有紫花苜蓿、沙打旺、花棒等，还有灌木柠条、梭梭等。内蒙古年种牧草 1000 万亩，可提供干草近 300 万 t。仅小肥羊肉业有限公司年屠宰加工羔羊 100 万只，肉制品年产量可达 1 万 t。②中蒙药材产业链：固沙中蒙药植物→甘草原草、甘草饮片、甘草粉等初级产品→滴丸、软胶囊、口服液、水丸和复方甘草片、甘草合剂、甘草安胃疡等固体制剂产品→高蛋白保健精饲料等副产品。亿利资源集团在其境内的库布其沙漠、黄河南岸 242km 的区域内，种植和围封、保护了近 200 万亩以甘草、苦豆子为主的中蒙药材基地，同时，投建中蒙药材副产品高蛋白保健精饲料项目。③沙柳产业链。沙柳（优质发电燃料，经热化学性能测定，其低位热值均在 4000 大卡以上，相当于褐煤的发热量）→发电（主导产品）→二氧化碳（副产品，可生产油藻。有 4 个国家的碳基金组织已购买了毛乌素生物质热电公司二氧化碳排放权 15 万 t，价格达到每年 130 多万欧元）→灰（副产品，是很好的钾肥）。④葡萄种植产业链。种植沙地葡萄→酿酒→酒糟养殖牛羊→肥料→沼气。汉森葡萄酒业和金沙苑生态公司逐步摸索出一套沙漠种植、养殖、沼气、葡萄加工、牛羊肉冷冻加工的沙漠综合治理良性循环体系。还有沙棘产业链、苦豆产业链、山杏产业链、鸵鸟、沙鸡产业链等。在这些产业系统中，把沙产业、草产业、林果产业、畜牧业乳、肉、绒有机地结合和连接起来。从产业链条上看，是闭环式循环和永续周转的过程，也就是能量的循环利用过程，基本上符合循环经济、低碳经济规律。在这些循环经济的链条中，还可以增加科技示范园区观光业、沙漠旅游业、风能、太阳能发电等沙产业延伸产业。

三、存在的问题与发展思路

目前，沙产业在内蒙古乃至全国还是一个新生事物。尽管内蒙古努力开拓，在沙产业和草产业上给全国带了个好头，作出了榜样，但内蒙古沙产业的产业化经营仍处于初始阶段，还存在着不少问题。表现为：①沙产业在各区域发展不平衡。地方经济发展较强的鄂尔多斯市，沙产业蓬勃发展，其区域内的库布齐和毛乌素两大沙漠的产业化治理也最见成效。但在地方经济较差的锡林郭勒盟、赤峰市、通辽市等地，沙产业规模、效益还比较小，生态环境的好转只能靠国家投入和广大农牧民克服各种困难来完成。②沙产业资金投入不足。主要表现在"治沙政策性贷款落实难，贷款期限短，利率偏高。"包括鄂尔多斯沙产业龙头企业在内，都缺乏建设资金的持续性投入。设备、技术更新慢，项目实施难，新产品研发难，产品科技含量低，企业扩大规模难，也不利于带动农牧户的积极性和原料基地的永续建设。③沙产业链条短，联结机制不健全。沙产业链条的内部结构松散，龙头企业与农牧户之间没有真正形成利益共同体，企业、基地和农牧户之间缺乏规范的合同契约；市场关联度差，信息反馈慢，抵御风险的能力弱；中介组织不健全、服务不规范；产业链中各利益体间联结不稳定。总之，产业化程度还较低。④行政干预过多，各部门政令不一，也使沙产业企业成本提高，经营受到一定的影响。

这些问题的存在，使沙产业的作用还没有得到充分发挥。必须认真规划，不断完善各个环节，以促进内蒙古沙产业的进一步发展。

（一）科学制定沙产业发展规划

内蒙古已经把大力发展沙产业写入"十一五"规划。沙产业是向沙漠要绿色、要效益的系统工程。在发展沙产业的实践中，必须坚持保护优先、有序开发的原则，因地制宜搞好发展规划。一是把生态治理项目与沙产业试验示范基地建设一同规划，沙产业继续围绕生态建设重点区域，同重点生态工程项目紧密结合，互相促进。二是把生态建设与发展沙产业的后续产业一同规划。"沙产业重点开发沙棘、沙柳、山杏、麻黄、苁蓉等深加工和沙漠旅游等后续产业。"三是把资源开发与产业集群、综合利用一同规划。真正形成农工贸一体化的产业链和农牧民的致富链。

（二）积极引导、扶持各类企业投资沙产业，特别是各类企业集团、民营企业进入内蒙古沙产业

加大沙产业比重，是内蒙古调整经济结构，转变经济增长方式的有效途径。可引导一些高碳产业转投产沙产业；加强煤田复垦力度；吸引区外、国外企业到内蒙古搞沙产业等。在努力争取国家发展西部优势特色产业的政策倾斜和项目、资金支持的同时，自治区也要在税收、信贷等各个方面对发展沙产业提供优惠政策，在技术、市场等方面提供优质服务。支持沙产业开发新产品，延伸产业链，提高资源的利用效率和效益。

（三）依靠科技创新，促进沙产业发展

沙产业是应用高新技术才能取得高效益的新兴产业。在钱学森看来，"沙产业比防沙治沙难得多"，是因为沙上长草就延伸出草产业，沙上长树就延伸出林产业。只有利用科学思想和科学技术才能变自然界的生物链、食物链为效益链、价值链。因此，必须将科技支撑贯穿于沙产业的全过程；必须加强同高校和科研院所的合作，建立沙产业人才基地；普及、推广急需的沙产业应用性技术，如节水技术、无毒性可降解生态包装材料技术等；编写技术指导教材、举办技术培训班等。

目前，内蒙古生态环境属于脆弱型平衡，正处在好转与退化的相持阶段。内蒙古沙漠化土地面积大，沙漠资源丰富，合理利用沙区林草资源发展沙产业，对改善生态环境，促进农牧民增收，引导社会力量参与防沙治沙，实现区域经济社会可持续发展意义重大。

河北推动“双三十”工程的过程与思考

祝晓光

（河北省环境宣传教育中心　石家庄　050051）

节能减排首次作为约束性指标列入我国“十一五”规划，具有制约性。节能减排不是单纯的环保任务，而是上升为事关经济、社会能否健康、可持续发展的政治任务。如何破解这一难题，推动这项工作的开展？河北省创造性地提出了“双三十”节能减排示范工程，即在全省选择30个县（市、区）和30家企业，作为重点突破，来推动全省节能减排的开展，形成“以点带面、龙头示范”的工作局面。

一、提出“双三十”构想

作为一个工业大省，河北工业结构偏重；作为京畿大省，河北敏感的地理位置对环境保护提出更严格的要求；作为一个人均水资源不足全国平均水平1/7的省份，河北水环境形势格外让人揪心。按照国家的统一规划，河北省“十一五”期间化学需氧量（COD）和二氧化硫（SO_2）排放量比2005年应分别下降15.1%和15%，任务之艰巨可想而知，而起步的结果并不乐观。2006年，河北省COD和SO_2排放量比上一年分别增长4.1%和3.3%，污染物排放量不降反增，减排压力激增。而紧随其后的2007年，河北省能耗居全国第二位；SO_2排放量占全国的6.05%，COD排放量占全国的4.83%，分别居全国第3位、第7位。全省万元产值能耗、废水排放量和废气排放量分别比全国平均水平高59%、33%和88%。

形势十分严峻，只有坚定不移地推进节能减排，否则，不仅完不成“十一五”期间的任务，而且由于对传统发展模式的路径依赖的强大惯性难以改变，整个社会经济发展也会跟不上时代的步伐。为此，2007年10月底，在省委七届三次会议上省委书记谈到环境保护和节能减排工作时强调，“《环保法》就是一条高压线，任何地方、任何单位、任何人都不能与之背离。对我省来讲，环境问题更具有严峻性和紧迫性。”他创造性地提出了“双三十”的构想，即在全省选出30个左右的县（市、区）和30家左右的企业，将节能减排目标与一把手的“乌纱帽”挂上钩，任务完成的好坏，将直接关系当地一把手的政治前途，关系国有企业法人代表的去留，关系民营企业的命运。

二、启动“双三十”行动方案

“双三十”工作前所未有，无例可鉴。首先是在全省选择60个地区、单位，看易实难。既要体现省委、省政府的政策意图，对推动节能减排起到典范作用，又必须有代表性，对其他地区、单位有说服力。在时间很紧的情况下，省环保厅与省发改委研究拟定了筛选“双三十”的原则：

对于重点县（市、区），主要考虑4个因素：一是节能减排任务重。辖区内高耗能、高污染产业比重相对较大，“十一五”节能减排任务较重。二是示范带动作用强。辖区内工业企业相对密集，适宜按照“增优减劣相结合”的原则，通过结构调整和集中综合整治，达到节能降耗，减少污染物排放的目的，并且在全省能够起到示范带头作用。三是经济社会发展有一定基础。具备一定的经济实力，有一定的工作基础，具有加快城市污水处理、垃圾处理、集中供热等城市基础设施建设的能力和条件。四是市、区城市近郊和高速公路两侧的优先。

对于重点企业，也主要考虑4个因素：一是单位产品能耗高，主要污染物排放量大，节能减排任务重。二是实行清洁生产，发展循环经济的潜力大。三是属于全省支柱性行业，生产工艺改造、产品优化升级示范作用强。四是凡是确定为30个重点县（市、区）的，辖区内工业企业一般不再列入重点企业名单。

按照以上原则，筛选出的60家单位得到省委、省政府的批准。2007年12月5日，河北省"双三十"重点县（市、区）和重点企业节能减排工作动员会召开，标志着河北省"双三十"节能减排工作正式启动。"双三十"单位按照省政府印发的《河北省30个重点县（市、区）和30家重点企业节能减排目标考核实施方案》，制定自己的节能减排实施方案，分析能源利用及环境现状，明确"十一五"后三年和分年度节能减排目标，分解任务，制定措施，落实资金。

2008年初河北省十一届人民代表大会第一次会议节能减排专题审议会上，代表们对"双三十"制度进行了审议并顺利通过。被列入"双三十"之列的30个重点地区行政领导、30家重点企业法人代表用签订"军令状"的方式向人民代表作出承诺：三年期间高标准完成节能减排目标，否则县（市、区）长自动引咎辞职，国有企业负责人就地免职，民营企业停产整顿。这种非常坚决果敢几乎没有余地的作风，揭开了河北乃至全国环境保护史上非常重大的一幕。

在人大代表会上，鹿泉市市长和邯郸钢铁集团有限责任公司董事长分别代表地方政府和企业的"双三十"单位在会上郑重承诺："如果鹿泉市完不成'十一五'节能减排目标，作为市政府主要负责人，我将首先自动辞职。"市长表示，今后3年，鹿泉市每年将安排不少于5000万元专项资金，重点用于建设污水处理厂、支持企业采用节能环保新设备、新技术和关停取缔机立窑。"如果邯钢不能完成承诺目标，我将接受省委、省政府对我的任何处分。"邯钢董事长表示，正在建设的邯钢新区环保投入不下20亿元。建成后，公司将逐步淘汰落后产能和装备。

三、全省一盘棋强力推动"双三十"工程

一是强化组织领导。自"双三十"工作开展以来，从省到地方建立健全了一整套组织领导体系，制定出台了一系列工作制度和实施方案，形成了一级抓一级、层层抓落实的工作局面。仅2009年，省委、省政府领导有关"双三十"节能减排的批示达30多次，先后召开工作会议、电视电话会议、政府常务会、政府专题会，对全省节能减排和"双三十"工作进行研究部署。"双三十"各单位坚持把节能减排作为"一把手"工程，通过层层签订责任书、领导定点分包等方式，将目标责任逐级分解落实，实行一票否决，形成了层层负责、齐抓共管的推进机制和责任体系。

二是认真考核严格督办。省政府成立了"双三十"节能减排工作领导小组，领导小组采取了一系列针对性措施，特别是加强了调度督导。领导小组办公室对"双三十"工作进展情况实行每季一调度，半年一通报，年度一考核，及时解决存在的问题，确保工程项目、任务目标的落实和完成。省环保厅制定了《"双三十"重点县（市、区）和重点企业污染减排监测方案》，确定了对30个重点县（市、区）65个主要河流跨界水质断面和34个空气质量点位，实行动态监测，确保监测数据真实、准确、及时。至2009年底，领导小组共组织召开六次"双三十"工作调度会，主管副省长亲自主持调度，领导小组办公室周密部署，严格督促节能减排项目和措施的落实。

在确定"双三十"单位的同时，领导小组围绕节能减排项目落实、目标完成进展、环境质量改善和群众满意度等方面拟定考核方案，考核结果纳入对"双三十"各县（市、区）领导班子政绩考核的评价体系，并通过主要新闻媒体向社会公布。

三是淘汰落后产能，加快项目建设。强大的政策号召力、巨大的舆论氛围，连同各单位节能减排科学发展的内在要求汇集成一股激流，在各"双三十"单位形成了空前的动能，在华北大地开始了淘汰落后产能的浩大行动。

唐山市丰润区委、区政府直面巨大的财政压力和社会压力，把淘汰落后水泥产能作为节能减排攻坚“第一战役”。抚宁县从2008年6月13日县第二水泥厂实施“第一爆”，到6月28日德龙水泥厂“最后一爆”，仅用16天时间就将该县16家小水泥企业的23座机立窑、2座旋窑全部拆除，提前两年半完成国家产业政策规定的淘汰任务。水泥大市鹿泉对境内水泥机立窑于2009年3月底全部关停拆除，比原计划的2010年底提前了21个月。到2009年底，“双三十”单位累计关停落后产能项目1059项，其中火电机组14台（容量99.4万kW）、黑色金属冶炼及压延加工82项（产能1092万t）、烧结机90台（产能3129万t）、焦化焦炉16座（产能179万t）、水泥机立窑175座（产能2150万t）、玻璃生产线219条（产能5036万重量箱）、造纸142家（产能88.41万t）。

在工程建设“阵地战”中，各单位切实把每一项目标任务分解到具体单位、具体项目，做到了项目单位、项目资金、项目时限、项目责任、项目效果“五个明确”。到2009年底，“双三十”重点县累计建成城镇污水处理厂36座，日污水处理能力141.7万t，县城生活污水处理率由47%提高到80%，提前一年实现了每个县建成污水处理厂的目标。

2009年和2010年初，省“双三十”领导小组先后组织若干现场核查组，分别由“双三十”领导小组成员单位的副厅级领导任组长，听取汇报、查验资料、重点抽查、现场核实，对“双三十”单位节能减排目标完成情况进行考核，并就考核结果向省政府常务会进行了汇报，由省委、省政府发文公布考核结果，对达标的先进单位进行了表彰，对未完成目标的单位进行了通报批评，在全社会引起巨大反响。

四是突出政策创新。首先，在全国率先出台了《河北省减少污染物排放条例》，使河北省污染减排工作步入了法制化轨道。其次，针对燃煤电厂和污水处理厂两大减排重点行业运行监管问题，制发了《河北省电力企业燃煤发电机组脱硫设施运行环境监督管理实施意见》和《河北省城镇污水处理厂设施运行环境监督管理实施意见》。再次，充分发挥金融杠杆作用，推出绿色信贷评价办法，环保金融联手治污。最后，建立实施预测预警制度，按照“及时提醒、公众监督、防患未然”的原则，对减排工程进度滞后、环境质量恶化、新增量过大、因不正常运行扣减50%以上减排量的单位实施预警。2009年，对运行不正常的7家城镇污水处理厂下发了减排预警通知。

五是加大宣传力度。通过组织污染减排系列宣传报道活动，为推动全省节能减排工作营造了良好的舆论氛围。据统计，仅2009年一年，中央主要媒体报道我省污染减排工作136篇（次），其中《人民日报》12篇，《光明日报》4篇，中央电视台3条，新华社22条，《中国环境报》头版98篇；省内主要媒体报道1300多篇（不含电台、电视台）。

四、执政理念实现跨越

“节能减排，拒绝理由”已经成为全省节能减排工作中最为响亮的口号，特别是在“双三十”单位的领导中更加引起强烈震撼。节能减排作为约束性指标写入政府工作报告，列入五年规划，对于一直以来许多地方领导干部特别是基层领导干部将GDP奉为圭臬的惯性执政理念无疑是一次冲击。

在“双三十”工程开展之初，许多地方领导干部对于节能减排工作心存侥幸甚至抵触，特别是把它作为调整产业结构和转变经济增长方式的抓手，并不是完全接受。一是认识不够高。有的“双三十”单位对节能减排持单纯的任务观点，没有作为促进当地产业结构优化升级、加快经济发展方式转变的重要抓手，自觉性、主动性不够；二是决心不够大。有的单位虽然在思想上认识到了节能减排工作的长远战略意义，但囿于对地方利益的保护和对短期“阵痛”的恐惧，在遇到一些具体问题时经常陷入摇摆不定；三是办法不够多。有的单位虽然认识到了位，也有决心，但缺乏总体谋划，对新形势下节能减排的规律性研究不透，抓工程减排、结构减排和管理减排的办法不多、标准不高。

省委、省政府"壮士断腕"的勇气和决心，对"双三十"单位既是鞭策，更是对落实科学发展观执政理念的传导，使这些单位的领导从思想深处引发深刻变化。

从各基层地方政府而言，认识到要想完成任务，必须背水一战，放弃一些当前和局部利益，更多惠及长远和全局利益；从企业而言，完成任务，也是自我发展和自我超越的内在需要，忍一时之痛，成百年大计。正是在这样的思想转变下，"双三十"单位紧紧抓住全省经济转型、社会转型、市场转型的有利契机，坚持把节能减排作为一项事关当前、影响长远的政治任务，摆上战略位置进行统筹谋划，精心组织，积极实施。很多县（市、区）企业清醒认识到节能减排在经济发展中的"控制闸"作用、在产业结构调整中的"助推器"作用、在新型工业化进程中的"调节阀"作用；认识到必须坚持保护环境与经济增长并重，坚持环境保护与经济发展同步，进一步增强了各地推动科学发展的自觉性，有的提出了"既要金山银山，又要绿水青山"的发展理念，增强了保持经济与环境协调发展的信心。

五、经济转型实现加速

"双三十"制度对产业结构调整和经济增长方式的转变影响是深远的。坚持把节能减排作为推进经济结构优化升级的重要抓手，特别是抓住当前结构调整的有利时机，促进三大产业协调发展，加快建设符合河北实际的现代化产业体系，显现出了非常重要的作用。一是"两高一资"产业得到遏制。"双三十"单位结合实际，从科学发展的高度，制定优化产业发展规划，研究出台了限制"两高一资"产业发展的一系列政策意见，并采取有力措施，遏制了过去盲目投资、低水平重复建设的现象。二是一批循环经济项目脱颖而出。"双三十"单位新建成循环经济项目173个，产生经济效益17.49亿元；155家企业开展了清洁生产审核。并且，在发展循环经济、推行清洁生产、加快技术改造等方面做了大量探索，在投融资机制、生态补偿、淘汰落后产能等方面做了多方努力，为全省其他地方积累了经验，提供了借鉴。三是培育了新的经济增长点。"双三十"单位建设了一批节能循环型、生态环保型、科技进步型、农业深加工型、外向型项目，培育了新的经济增长点。"双三十"单位GDP产值占全省的27.7%，财政收入占全省的29.8%。四是抵御风险的能力明显增强。"双三十"单位由于积极提升产业内涵，在去年国家遇到经济下行形势影响的情况下，"双三十"单位稳定地挺立潮头，抵御风险的能力明显增强，在县域经济中依然呈领军之势。

六、环境质量明显改善

自2008年开展"双三十"攻坚以来，通过典型带动，河北省的节能减排工程实现了大踏步前进。2008年和2009年两年间，河北省削减化学需氧量共9.73万t、二氧化硫23.90万t，两项污染物均超额完成了年度削减任务，年度削减率均排全国前5位。截至2009年底，化学需氧量和二氧化硫分别完成"十一五"任务的91.34%和108.0%。

"双三十"节能减排带动了区域环境质量的明显改善。一是城市大气环境质量继续改善。2009年全省设区城市空气质量二级以上天数平均达到334天，比2007年增加21天；空气污染综合指数平均为1.93，比2007年下降16.9%。二氧化硫浓度平均比2008年下降了25.8%，可吸入颗粒物浓度平均比2008年下降14.4%。

重点流域水环境质量不断好转。2009年七大水系Ⅲ类和好于Ⅲ类水质的断面比例达42.4%，比2007年上升15.6个百分点；劣Ⅴ类水质断面比例为41.7%，比2007年下降7.4个百分点。主要污染物化学需氧量平均浓度比上年下降52.8%，氨氮平均浓度比上年同期下降27.4%。

辽宁清原水源地污染现状分析及评价

齐学斌[1,2] 高 青[1,2] 李 平[1,2] 胡艳玲[1,3] 乔冬梅[1,3]

（1. 中国农业科学院农田灌溉研究所 河南 新乡 453003；
2. 中国农业科学院河南新乡农业水土环境野外科学观测试验站 河南 新乡 453003；
3. 中国农业科学院农业水资源高效安全利用重点开放实验室 河南 新乡 453003）

摘 要 通过对辽宁省清原县9镇5乡的主要污染源（工业源废水、化肥和农田养分流失、生活源污水、畜禽养殖、水产养殖）进行调查，并采用等标污染率指数法进行评价。结果表明：2007年全年清原县COD_{Cr}、TN、TP和NH_3-N排放量分别为22916.470t、7566.649t、2265.055t和4506.411t，各占61.51%、20.31%、6.08%和12.10%；等标排放量分别为$1145.824\times10^6m^3$、$7566.649\times10^6m^3$、$11325.276\times10^6m^3$和$9012.823\times10^6m^3$，总等标排放量为$29050.572\times10^6m^3$，污染率指数分别为3.94%、26.05%、38.98%和31.02%，磷、氮和氨氮是该县主要污染物；总氮和氨氮主要来自化肥和农田养分流失，其次是生活污水和畜禽养殖，磷主要来自化肥和农田养分流失，其次是畜禽养殖；化肥和农田养分流失污染率指数最大，达73.15%，是清原县的主要污染源。

关键词 水源地 清原 污染源 调查 评价

前 言

据全国饮用水源调查，由于大量生产和生活废弃物未经处理排入各种水体，加之公共卫生设施跟不上发展的需要，农村饮用水源大多受到污染，农村大量人口饮用不安全卫生水。到2007年年底，农村饮用水安全达不到卫生标准的总人口近4亿人，占农村人口的44.36%。其中各类水质不安全的有2.27亿人，水量不足、取水不方便及供水保证率低的近9600万人。2.27亿水质不安全人口中，饮用水氟砷含量超标的有5370万人，饮用苦咸水的有3850万人，地表或地下饮用水源被严重污染的有9 080万人，饮用水中铁锰等超标的有4410万人。不少地区的农民饮用高氟水、高砷水和苦咸水，北方部分地区水源性缺水和东部部分发达地区水质性缺水现象共存。

清原满族自治县是辽宁省重要水源涵养基地，是辽宁中部城市群的主要水源供给地，也是浑河、清河、柴河、辉发河4条河流的发源地。清原地处抚顺市东部，位于东经124°20′6″～125°28′58″北纬41°47′52″～42°28′25″之间，全县东西长96.4km，南北宽75.3km，总面积3921km^2，辖9镇5乡，188个村委会，共计人口26万人。清原县为长白山脉西南延续部分，属低山丘陵地带，具有“八山一水一分田”的地貌特征，土壤大体可分为6类，即暗棕壤、棕壤、白浆土、草甸土、沼泽土和水稻土，全县耕地面积554564亩，粮食作物主要以水稻、大豆、玉米为主。据2000年水质现状评价，清原县河流水质超过Ⅲ类标准的污染河长302.4km，占总评价河长的57.2%，主要供水水库水质均超过Ⅲ类标准，全县地下水水质超标率达97.13%，主要污染物为化学需氧量、高锰酸盐指数、氨氮等[1]。

因此，对清原县污染源污染情况进行调查评估，明确清原县主要污染源及其污染贡献率，对于清原县水源地污染控制与治理具有重要意义。

基金项目：1. 国家科技重大专项“东北村镇地下饮用水安全保障适用技术研究与示范”课题（2008Z×07425－004）
2. “十一五”国家科技支撑计划“养殖废水资源化与安全回灌关键技术研究”（2006BAD17B02）
3. 国家863计划“再生水作物安全利用技术”课题（2006AA100205）

一、调查范围、内容及评价方法

（一）调查范围

清原县各乡镇，包括：草市镇、英额门镇、清原镇、北三家乡、南口前镇、红透山镇、土口子乡、大孤家镇、夏家堡镇、枸乃甸乡、敖家堡乡、大苏河乡、湾甸子镇、南山城镇，共计14个乡镇。

（二）调查内容

包括：工业源废水、化肥和农田养分流失、生活源污水、畜禽养殖、水产养殖等，资料主要来自于2007年国务院第一次全国污染源普查结果。

（三）评价方法

采用等标污染率指数法进行评价[2~4]。

$$p_i = Q_i / S_i$$

$$K_i = p_i / \sum p_i$$

式中：P_i 为 i 污染物的等标排放量，$10^6 m^3/a$；Q_i 为 i 污染物排入水环境的量，t/a；S_i 为 i 污染物评价标准，采用GB 3838—2002Ⅲ类水质标准[5]，即 COD_{Cr}20mg/L，总氮1.0mg/L，总磷0.2mg/L，氨氮1.0mg/L；K_i 为等标污染率指数。

二、各污染源排污量及排污系数

（一）工业源废水

工业源废水包括工业废水和处理处置固体废弃物产生的废水，见表1。

表1　工业废水污染物年排污量　　单位：t/a

	COD_{Cr}	TN	TP	NH_3-N
工业源废水	916.59	5.14	0.67	4.05

（二）化肥和农田养分流失

清原县化肥（折纯）使用总量为12640.38t，其中，氮肥9385.82t，磷肥3254.56t。化肥主要通过地表径流和地下淋溶流失，化肥和农田养分流失率见表2。

表2　化肥和农田养分流失率[6]　　单位:%

流失方式	TN	TP	NH_3-N
地表径流	31.96	50.37	39.58
地下淋溶	24.54	10.03	25.62

（三）生活源污水

生活源污水主要包括居民家庭用水和服务行业，包括生活垃圾及其处理处置产生的污水，服务行业主要包括住宿业、餐饮业、医院和洗浴洗染等其他居民服务业，清原县污水排放总量为1607.72万吨。居民家庭用水和服务行业排污系数见表3。

表3　居民家庭用水和服务行业排污系数　　单位：kg/（人·a）

污染源	COD_{Cr}	TN	TP	NH_3-N
居民家庭用水	26.94	4.89	0.36	3.79
服务行业	2.97	0.10	0.01	0.05

（四）畜禽养殖

清原县畜禽养殖主要集中在清原镇、南口前镇、草市镇和英额门镇，畜禽种类主要有猪、家禽和牛。畜禽养殖年排污系数、污染物年排放量和排放率见表4～表6。

表4　畜禽养殖年排污系数　　单位：kg/（头·a）

	猪	家禽	牛
排泄物	665.9	34.6	5555.2

表5　畜禽污染物年排放量　　单位：kg/（头·a）

	COD_{Cr}	TN	TP	NH_3-N
猪	37.70	2.54	0.54	1.07
家禽	1.96	0.13	0.03	0.05
牛	314.52	21.23	4.50	8.49

表6　畜禽污染物排放率　　单位：%

	COD_{Cr}	TN	TP	NH_3-N
排放率	27.45	32.41	34.60	37.82

（五）水产养殖

水产养殖污染物排放率见表7。

表7　水产养殖污染物排放率　　单位：%

	COD_{Cr}	TN	TP	NH_3-N
排放率	27.45	32.41	34.60	37.82

三、各污染源排放量及百分比

（一）污染物排放量及百分比

对工业源废水、化肥和农田养分流失、生活源污水、畜禽养殖和水产养殖调查结果进行计算分析，不同污染源污染物排放量及百分比结果见表8。

表8　各污染源污染物排放量及百分比

污染源	排放量/（t/a）				
	COD_{Cr}	TN	TP	NH_3-N	合　计
工业源废水	916.591	5.140	0.670	4.050	926.451
农业面源	0.000	5302.988	1965.754	3059.777	10328.520
生活源污水	7776.329	1298.491	95.211	998.202	10168.233
畜禽养殖	14222.430	959.930	203.400	444.350	15830.110
水产养殖	1.120	0.100	0.020	0.032	1.272
总　计	22916.470	7566.649	2265.055	4506.411	37254.586
百分比/%	61.51	20.31	6.08	12.10	100.00

由表8可以看出，2007年清原县污染物总排放量为37254.586t，其中，COD_{Cr}、TN、TP和NH_3-N排放量分别为22916.470t、7566.649t、2265.055t和4506.411t，占总排放量百分比分别

为61.51%、20.31%、6.08%和12.10%。可见，2007年清原县污染物排放量最大的是COD_{Cr}，其次是TN和NH_3-N，TP排放量最小。

不同的污染源污染物排放总量不同，畜禽养殖污染物排放量最大，达15830.110t，其次是化肥和农田养分流失和生活源污水，污染物排放量分别为10328.520t和10168.233t，而工业源废水污染物排放量较小，为926.451t，水产养殖污染物排放量最小，仅为1.272t。源自于畜禽养殖、化肥和农田养分流失、生活源污水、工业源废水和水产养殖的污染物占总量的比例分别为42.49%、27.72%、27.29%、2.49%和0.003%。可见，2007年清原县畜禽养殖污染物排放量最大，其次是化肥和农田养分流失、生活源污水和工业源废水，水产养殖污染物排放量最小。

（二）生活源污水来源分析

生活源污水主要来自住宿业、餐饮业、医院等居民服务业和居民家庭用水，其中，居民家庭用水污染物贡献率较大。生活源污水排放量来源情况见图1和图2。

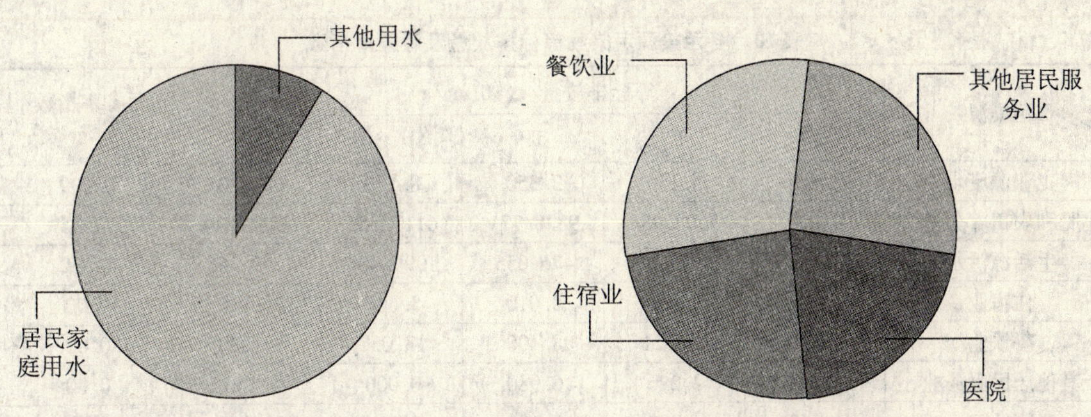

图1　居民家庭用水与其他用水排污量百分比分布情况　图2　其他用水中各个来源排污量百分比分布情况

由图1可以看出，居民家庭用水与其他用水污水排放量差别较大，居民家庭用水污水排放量达1552.6188万吨，占总排放量的96.6%，其他用水污水排放量仅54.7024万吨，占总排放量的3.4%，可见生活源污水主要来自于居民家庭用水。其他用水主要包括餐饮业、住宿业、医院和洗浴洗染等其他居民服务业，由图2可以看出，4个行业污水排放量百分比差别较小，分别为29.3%、24.2%、20.9%和25.6%。

（三）生活源污水污染物排放量及百分比

生活源污水污染物排放量及百分比见表9。

表9　生活源污水污染物排放量及百分比

污染源	排放量/（t/a）				百分比/%
	COD_{Cr}	TN	TP	NH_3-N	
生活源污水	7776.329	1298.491	95.211	998.202	100
住宿业	146.051	5.805	0.602	2.800	1.53
餐饮业	561.523	14.321	1.680	6.516	5.74
其他居民服务业	40.489	2.226	0.196	0.000	0.42
医　院	22.850	4.234	0.321	2.663	0.30
居民家庭用水	7005.416	1271.905	92.412	986.223	92.01

由表9可以看出，居民家庭用水排放的污染物占生活源污染物排放总量的92.01%，其次是餐饮业，排放的污染物占生活源污染物总量的5.74%，而其他3个行业均较小，可见，生活源污水中，居民家庭用水污染物贡献率最大。

调查结果表明：清原县排放量最大的污染物是COD_{Cr}，其次是TN和NH_3-N，TP排放量最小；畜禽养殖业污染物排放量最大，其次是化肥和农田养分流失、生活源污水和工业源废水，水产养殖业污染物排放量最小。其中，生活源污水主要来自于居民家庭用水。

四、综合评价

（一）污染物等标排放量及污染率指数

为充分了解各污染源对清原县的综合污染情况，开展对工业废水、化肥和农田养分流失、生活源污水、畜禽养殖和水产养殖5项主要污染源的综合评价工作。不同污染源污染物排放综合评价结果见表10。

表10　各污染源污染物等标排放量及污染率指数

污染源	等标排放量/（$10^6m^3/a$）					污染率指数/%
	COD_{Cr}	TN	TP	NH_3-N	合计	
工业源废水	45.830	5.140	3.350	8.100	62.420	0.209
化肥和农田养分流失	0.000	5302.988	9828.771	6119.555	21251.314	73.15
生活源污水	388.816	1298.491	476.055	1996.404	4159.766	14.32
住宿业	7.303	5.805	3.010	5.600	21.718	0.00
餐饮业	28.076	14.321	8.400	13.032	63.829	0.00
其他居民服务业	2.024	2.226	0.980	0.000	5.230	0.00
医　院	1.143	4.234	1.605	5.326	12.308	0.00
居民家庭用水	350.271	1271.905	462.060	1972.446	4056.682	13.96
畜禽养殖	711.122	959.930	1017.000	888.700	3576.752	12.31
水产养殖	0.056	0.100	0.100	0.064	0.320	0.001
总计	1145.824	7566.649	11325.276	9012.823	29050.572	100.00
污染率指数/%	3.94	26.05	38.98	31.02	100.00	

由表10可以看出，2007年清原县污染物总等标排放量为$29050.572\times10^6m^3$，其中，COD_{Cr}、TN、TP和NH_3-N等标排放量分别为1145.824×10^6、7566.649×10^6、$11325.276\times10^6m^3$和$9012.823\times10^6m^3$，污染率指数分别为3.94%、26.05%、38.98%和31.02%，可见，氮、磷和氨氮是清原县污染的主要贡献者。

各污染源污染率指数大小顺序为化肥和农田养分流失 > 生活源污水 > 畜禽养殖 > 工业源废水 > 水产养殖，等标排放量分别为21251.314×10^6、4159.766×10^6、3576.752×10^6、$62.420\times10^6m^3$和$0.320\times10^6m^3$，污染率指数分别为73.15%、14.32%、12.31%、0.209%和0.001%，可见化肥和农田养分流失是清原县的主要污染源。

（二）污染物来源分析

由图3可以看出，COD_{Cr}主要来自畜禽养殖，其次是生活源污水，来自畜禽养殖和生活源污水的COD_{Cr}等标排放量占总等标排放量的比例分别为62.06%和33.93%，生活源污水中，97.95%的COD_{Cr}来自于居民家庭用水；TN和NH_3-N主要来自化肥和农田养分流失，其次是生活污水和畜禽养殖，来自化肥和农田养分流失、生活污水和畜禽养殖的TN等标排放量占总等标排放量的70.08%、17.16%和12.69%；TP主要来自化肥和农田养分流失，其次是畜禽养殖，来自化肥和农田养分流失的 TP 等标排放量占总等标排放量的 86.79% 和 8.98%；NH_3-N 主要来自化肥和农田养分流失，其次是生活污水和畜禽养殖，等标排放量占总等标排放量的 67.90%、22.15% 和 9.86%。可见，COD_{Cr} 主要来自畜禽养殖，TN、NH_3-N 和 TP 主要都来自化肥和农田养分流失。

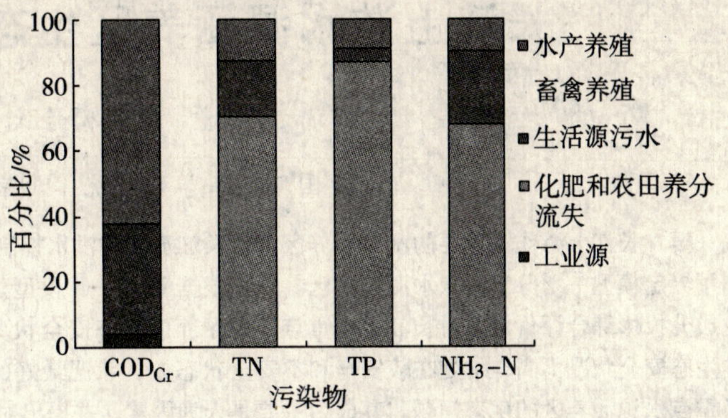

图 3　污染物不同来源百分比变化情况

综合评价表明：COD_{Cr}、TN、TP 和 NH_3-N 污染率指数分别为 3.94%、26.05%、38.98% 和 31.02%，磷、氮和氨氮是清原县污染的主要贡献者；各污染源污染率指数大小顺序为化肥和农田养分流失 > 生活源污水 > 畜禽养殖 > 工业源废水 > 水产养殖，化肥和农田养分流失是清原县的主要污染源；COD_{Cr} 主要来自畜禽养殖，其次是生活污水；TN 和 NH_3-N 主要来自化肥和农田养分流失，其次是生活污水和畜禽养殖；TP 主要来自化肥和农田养分流失，其次是畜禽养殖。

五、结论与讨论

清原水源地污染现状分析表明，清原县污染物总等标排放量为 $29050.572\times10^6m^3$，COD_{Cr}、TN、TP 和 NH_3-N 等标排放量分别为 $1145.824\times10^6m^3$、$7566.649\times10^6m^3$、$11325.276\times10^6m^3$ 和 $9012.823\times10^6m^3$，污染率指数分别为 3.94%、26.05%、38.98% 和 31.02%，TP、TN 和 NH_3-N 是清原县主要污染物质；TN 和 NH_3-N 主要来自化肥和农田养分流失，其次是生活污水和畜禽养殖，TP 主要来自化肥和农田养分流失，其次是畜禽养殖；清原县的主要污染源是化肥和农田养分流失，污染贡献率为 73.15%。

针对东北地区辽河流域农业生产上过量施用化肥、农村生活垃圾任意丢弃、生活污水未经处理任意排放等造成的村镇地下水源地污染问题，应进一步加强污染控制与治理的科学研究工作，特别是要开展村镇地下饮用水源地水质水量调控与管理技术、环境友好型地下饮用水源地污染负荷削减集成技术、无害化生活污水处理技术，以及村镇地下饮用水安全保障适用技术示范与配套管理体系，构建饮用水污染控制与安全保障管理技术体系，从而大幅度提高村镇饮用水的质量与安全性，为辽河流域以及东北地区村镇安全饮用水提供技术支撑和样板，保障农业生产和村镇居民身体健康。

参考文献

[1] 于宪林．清原县水资源［Z］．辽宁省清原县：清原县水务局，2008.

[2] 张大弟，张晓红，章家骐，等．上海市郊区非点源污染综合调查评价［J］．上海农业学报，1997，13（1）：31－36.

[3] 钱秀红，徐建民，施加春，等．杭嘉湖水网平原农业非点源污染的综合调查和评价［J］．浙江大学学报，2002，28（2）：147－150.

[4] 刘华良，王联红，王晓蓉，等．苏南河网地区小城镇水环境污染源分析研究——以丹阳市新桥镇为例［J］．农业环境科学学报，2006，25（4）：1050－1054.

[5] GB 3838—2002，中华人民共和国地表水环境质量标准［S］.

[6] 市专顾委城建环保专家组．关于磨盘山水库蓄水期水质状况与变化趋势的调查研究［EB/OL］．http：//www.hrbexperts.gov.cn/baogao/2007/07.48.htm，2007－11－26.

长江上游水源涵养区生态安全评价研究

董　伟　舒俭民

（中国环境科学研究院　北京　100012）

摘　要　长江上游作为重要的水源涵养区，对长江流域的洪水控制起着至关重要的作用。本文通过GIS的手段，利用界定模型，划分出重点水源涵养区。并且根据P—S—R模型建立指标体系，采用层次分析—向量相似度—主成分投影综合评价模型对长江上游重点水源涵养区生态安全状况进行评价。结果表明，重点水源涵养区的总体生态安全状况不高，均处在较安全和不安全状态中，状况最好的县是双流县，最差的县是巴塘县。本文探讨了重点水源涵养区的生态问题，其成因主要是人为因素，并提出对策建议。

关键词　生态安全　评价　水源涵养区　长江上游

随着全球生态的恶化和环境问题的日益严重，长江流域生态灾难频繁发生，因此长江上游的洪水控制成为生态安全乃至整个区域安全的重中之重。生态安全作为一种安全理念已经深入人心，生态安全研究也成为人们关注的焦点。生态安全研究的核心是生态系统功能，而水源涵养功能又是生态系统功能的重要功能之一，水源涵养区则是体现生态系统服务功能的重要区域，处于大江、大河源头，大型水利工程周围的地区，且长期为城市及农村发展提供稳定的给水来源，区域自身具有优越持水能力的区域都被划为水源涵养区。其主要功能在于通过林冠截留、树干截留、林下植被截留、枯落物持水和土壤贮水对大气降雨进行再分配，从而实现调节地表径流、缓洪蓄水、增加水资源的目的。

一、研究区概况

长江发源于青海省格拉丹东雪山，从源头至宜昌段为上游，长4511km，约占长江总长的70%。上游干流经青、藏、滇、川、鄂和渝6省市，流域范围涉及青、藏、滇、甘、川、陕、渝、鄂、黔9个省（市）区的363个县，流域面积$1.05\times10^6km^2$，占整个长江流域面积的58.9%。总人口1.9亿，是我国藏、羌、彝等少数民族的重要聚居区。长江上游地跨我国大地形的第一和第二级阶梯，海拔高度在400～5000m以上，相对高差超过4000m。特殊的地形地貌、复杂的气候类型、丰富的植被覆盖及多元的人地关系，构成了长江上游复杂的生态系统和社会经济格局。

二、水源涵养区的界定

（一）研究方法

本文根据确定的内、外部指标，利用界定模型和GIS技术相结合的手段对研究区进行水源涵养区的界定。在原有的内部指标林冠截留量、枯落物持水能力和土壤蓄水能力的基础上加入外部指标坡度和降雨，确定长江上游各类森林林冠层、枯落物层和土壤层3个水文生态功能指标参数，利用界定模型并结合ArcGIS技术得到长江上游水源涵养能力图，然后结合研究区降雨量，最终划分出水源涵养区。

（二）界定模型

一般来说，生态系统的蓄水能力由地上植被部分的持水和地下土壤部分的持水两部分组成，包括植被层、枯枝落叶层和土壤层截留降水的综合能力。

$$T = CI + LC + S \tag{1}$$

式中：T为单位面积水源涵养量（mm）；CI为单位面积冠层截留量（mm）；LC为单位面积

枯落物持水量（mm）；S 为单位面积土壤持水量（mm）。

（三）长江上游水源涵养区的界定结果

根据公式（1），将每层的数据输入到 ArcGIS 中，通过 ArcGIS 空间分析模块进行叠加及分级，得到长江上游水源涵养能力图（图1）；将长江上游257个气象站50年的气象站点采集数据，转入 Access 数据库经整理、检查，形成原始数据库，将得到的年降水量数据进行空间插值，得到长江上游降水量分布图（图2）。

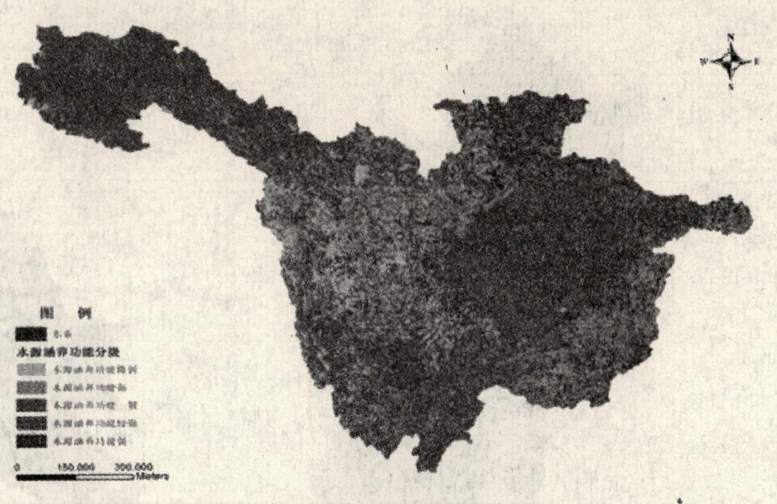

图1　长江上游水源涵养能力分布图

通过得到的上游水源涵养能力图以及参考降水量图的结果，根据水源涵养区的定义，得到长江上游重点水源涵养区（图3）。

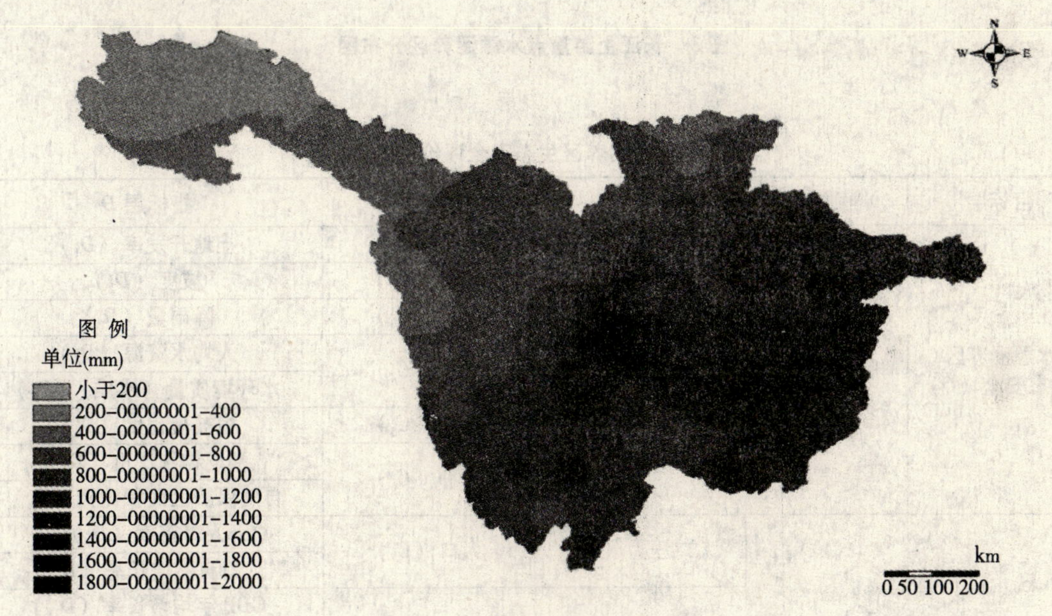

图2　长江上游降雨量分布图

三、长江上游水源涵养区生态安全评价

（一）指标体系的建立

根据“压力—状态—响应”（P－S－R）概念框架模型，从生态系统的结构与功能出发建立水源涵养区区域生态系统安全评价指标体系，以行政县界为评价单元，利用综合评价模型对水源涵养区进行综合评价，指标体系如表1所示。

（二）数据处理与赋权方法

1. 数据处理

图 3　长江上游重点水源涵养区分布图

表 1　水源涵养区生态安全评价指标体系

目标层	准则层 A	准则层 B	要素层 C	指标层 D
水源涵养区生态安全（O）	状态（A_1）	立地状态（B_1）	土地（C_1）	土地开发率（D_1）
			地形（C_2）	坡度（D_2）
			气候（C_3）	降雨量（D_3）
		资源环境状态（B_2）	资源（C_4）	人均水资源（D_4）
				水环境质量（水质）（D_5）
		生物状态（B_3）	植被（C_5）	植被覆盖度（D_6）
			物种（C_6）	濒危物种比例（D_7）
				自然保护区面积比例（D_8）
	压力（A_2）	人口压力（B_4）	人口（C_7）	人口密度（D_9）
				人口自然增长率（D_{10}）
		经济压力（B_5）	经济发展（C_8）	GDP 年均增长率（D_{11}）
				人均 GDP（D_{12}）
				工业增加值年均增长率（D_{13}）
				农业增加值年均增长率（D_{14}）
	响应（A_3）	状态响应（B_6）	生态保护（C_9）	污染治理资金投入（D_{15}）
				单位 GDP 需水量（D_{16}）
			资源保护（C_{10}）	水资源有效利用率（D_{17}）
				农业生产率（D_{18}）
		压力响应（B_7）	人类活动（C_{11}）	产业结构（D_{19}）
				公共教育支出占 GDP 比例（D_{20}）
				小学生入学率（D_{21}）

本文在评价中选取的都是成本型和效益型指标，采用极差变换法对评价矩阵进行规范化。极

差变换的思想是将最好的指标属性值规范化为1，最差的指标值规范化为0，其余的指标值均用线性插值方法得到其规范值。极差变换法可以有效地消除量纲和数量级的差异影响，将原始数据经过转换后，取值范围在［0，1］之间，且通过筛选计算可知各指标特征数 S（标准差）和 Se（标准误差）最低，而这两个特征数是衡量数据间离散程度的重要指标。

2. 指标赋权

指标权重的确定在评价过程中具有举足轻重的地位，如何科学、合理地确定指标的权重，将直接关系到评价结果的正确性与可靠性。本文采用主客观综合赋权法。主观赋权法采用层次分析法，此方法已得到广泛应用，在此不再赘述；客观赋权法采用的是向量相似度法，通过计算系统各性能指标向量与系统综合指标向量的相似度，进而确定了指标权重。由于此方法是利用系统性能指标抽样数据而确定指标权重的，因此该方法具有较强的客观性。

综合客观与主观权重，得到最终的权重 W，见表2。

表2 指标权重表

指标（D）	D_1	D_2	D_3	D_4	D_5	D_6	D_7	D_8	D_9
权重（W）	0.0269	0.0347	0.0458	0.0220	0.0421	0.0199	0.0082	0.0111	0.0515
指标（D）	D_{10}	D_{11}	D_{12}	D_{13}	D_{14}	D_{15}	D_{16}	D_{17}	D_{18}
权重（W）	0.0507	0.1453	0.0745	0.0412	0.0489	0.0376	0.0874	0.0424	0.0237
指标（D）	D_{19}	D_{20}	D_{21}						
权重（W）	0.0385	0.0255	0.0114						

（三）主成分投影法评价模型

主成分投影法的基本理论方法是把描述各评价区域的多个量纲不同的指标实际值，转化为无量纲的评价值，并将这些评价值综合成一维的评价值，从而对评价单元做出整体性评价。设有 n 个被评价单元由 m 个评价指标描述，其数学意义是将这 n 个评价区域看成树维评价指标空间 A 的 n 个点，通过无量纲化处理将空间 A 转换成另一空间 B，这样空间 B 的每一维量纲都是一致的。空间 A 上的 n 个评价点相应转换成空间 B 中的点。然后再通过适当的方法，将这 n 个点投影到一条直线上，此时 n 个点在直线上的投影就是有序的和可比较的。所以，区域生态安全评价问题，就是通过无量纲化和合成二次投影，将无序空间 A 中的点映射成直线上的有序点，从而解决被评价单元在不同时间或空间上的整体比较和排序。

1. 数据预处理

（1）评价样本矩阵的建立定义 X 为区域生态安全状况对应于 m 个评价指标与 n 个区域的样本矩阵，则

$$X = \begin{bmatrix} x_{11} & x_{12} & \cdots & x_{1m} \\ x_{21} & x_{22} & \cdots & x_{2m} \\ ? & \cdots & \cdots & ? \\ x_{n1} & x_{n2} & \cdots & x_{nm} \end{bmatrix} = [X_{ij}]_{n\times m}$$

在本文中建立的水源涵养区样本矩阵为21个评价指标与32个区域。

（2）矩阵元素标准化对于水源涵养区生态安全评价这样的多指标评价问题，由于指标之间存在着不可公度性，各指标的量纲、数量级和指标类型（如效益型、成本型等）也往往不相同，为了消除这种差异对评价结果的影响，在评价时首先要对评价样本矩阵进行规范化处理。本文采用极差变换法对样本矩阵元素进行规范化处理。对于评价矩阵 $X=(X_{ij})_{n\times m}$，设规范化矩阵为 $Y=(y_{ij})_{n\times m}$。

2. 指标赋权

根据表 2 求得的各指标的权重，对样本矩阵 Y 进行加权处理，令 $z_{ij} = w_{ij}y_{ij}$，得到加权后的样本矩阵 $Z = (z_{ij})_{n\times m}$，评价向量为

$$\overline{d_i} = (z_{i1}, z_{i2}, \cdots, z_{im}), (i = 1,2,\cdots,n) \quad (2)$$

3. 指标的正交变换

区域生态安全评价的指标较多，指标间的相关联系会造成评价信息的相互重叠、相互干扰，从而难以客观地分析各评价向量的相对地位。通过对指标值进行正交变换（使用 Matlab 软件在计算机上求解得出），过滤掉指标间的重复信息。

设 $Z'Z$ 特征值为 $\lambda_1, \lambda_2, \cdots, \lambda_m (\lambda_1 \geqslant \lambda_2 \geqslant \cdots \lambda_m \geqslant 0)$，对应的单位特征值向量分别为 $\alpha_1, \alpha_2, \cdots, \alpha_m$。令 $A = (\alpha_1, \alpha_2, \cdots, \alpha_m)$，对样本矩阵 Z 做正交变换，即 $U = ZA$，得到新的样本评价矩阵 $U = (u_{ij})_{n\times m}$，其新向量记为 $d_i = (u_{i1}, u_{i2}, \cdots, u_{im}), i = 1,2,\cdots,n$。

4. 样本投影值的计算

（1）构造理想样本将每个样本视为一个 m 维向量，记理想样本为 $d^* = (d_1, d_2, \cdots, d_m)$，其中 $d_i = \max\limits_{1\leqslant i\leqslant n}\{u_{ij}\}, j = 1,2,\cdots,m$。将 d^* 单位化得到

$$d_0^* = \frac{1}{d^*}d^* = \frac{1}{\sqrt{d_1^2 + d_2^2 + \cdots + d_m^2}}d^* \quad (3)$$

d^* = (0.1054, 0.1076, 0.0768, 0.0745, 0.0961, 0.0983, 0.0526, 0.1113, 0.0988, 0.0780, 0.0810, 0.0714, 0.0863, 0.0742, 0.0971, 0.0911, 0.1244, 0.0966, 0.1007, 0.0809, 0.0520)

d_0^* = (0.2552, 0.2605, 0.1860, 0.1804, 0.2326, 0.2380, 0.1273, 0.2695, 0.2392, 0.1890, 0.1960, 0.1729, 0.2091, 0.1798, 0.2350, 0.2206, 0.3013, 0.2339, 0.2438, 0.1958, 0.1258)

（2）计算投影值样本矩阵在理想样本上的投影值由下式得到：

$$D_i = d_i * d_0^* = \frac{1}{\sqrt{d_1^2 + d_2^2 + \cdots + d_m^2}} \sum_{j=1}^{m} d_j u_{ij}, i = 1,2,\cdots,n \quad (4)$$

D_i 如表 3 所示。

将每个指标的评价标准代入到投影值计算过程中，得到阈值表，作为评价等级标准，如表 4 所示。

表 3 投影值

区域	什邡市	绵竹市	广汉市	江油市	安县	彭州市	新都县	崇州市
D_i	0.3514	0.3627	0.3345	0.2998	0.2962	0.3299	0.3476	0.3058
区域	邛崃县	都江堰	郫县	大邑县	新津县	蒲江县	温江县	双流县
D_i	0.3236	0.3350	0.3630	0.3458	0.3749	0.3522	0.3408	0.3854
区域	彭山县	洪雅县	眉山县	青神县	丹棱县	夹江县	峨眉山	甘孜县
D_i	0.3596	0.3536	0.3270	0.3545	0.3851	0.3585	0.3313	0.2866
区域	白玉县	巴塘县	德格县	新龙县	乡城县	炉霍县	理塘县	稻城县
D_i	0.2527	0.2452	0.2484	0.2642	0.2740	0.2726	0.2712	0.2710

表 4 阈值表

等级	Ⅰ	Ⅱ	Ⅲ	Ⅳ	Ⅴ
阈值	≥0.9530	(0.5114, 0.9530)	(0.3544, 0.5114)	(0.2047, 0.3544)	<0.2047

（四）评价结果分析

根据评价模型得到研究区水源涵养区的生态安全综合评价结果，如表5及图4所示。在长江上游两个重点水源涵养区中，大部分地区处于Ⅳ等级，即较不安全状态，少部分地区处于Ⅲ等级，即较安全状态。但其中有些Ⅳ等级县的投影值接近Ⅲ等级，比如什邡市、大邑县、新都县、蒲江县、温江县、洪雅县、峨眉山市等，由于这些县市在右区当中，那总体看右区的生态安全状况还是相对稳定的，在经济发展的同时注重环境的保护和可持续发展，虽然人口相对集中，人口密度大，但是对治理环境的投入也较左区高；左区中的所有县均在Ⅳ等级，即较不安全状态。其原因是这些地区生产水平较低，主要依靠农业和旅游业发展经济，工业发展较少，虽然这些县的植被覆盖度较高，但是人们的环境保护观念较差，对压力的响应不足，而且环保投入较少。

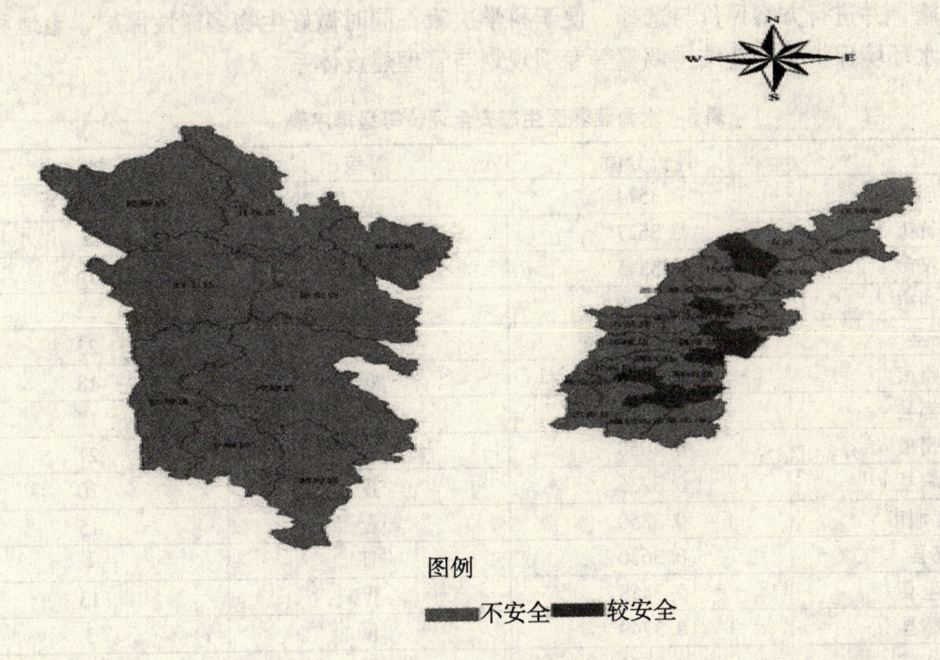

图4　评价等级图

上述问题的形成和不断积累，既有客观和自然方面的原因，也有人为的因素，但以人为因素为主。主要还是人口的增加和经济的增长对环境和资源产生了巨大的压力；由于产业和产品结构的不合理导致严重的结构性的污染；由于规划布局不当和城市化进程加快带来了一系列城市的环境问题。生态破坏和环境污染给经济社会发展和人民生活质量带来严重影响。

1. 湖泊富营养化严重，水生态平衡失调

一方面主要湖泊富营养化严重；另一方面，高原湖泊特有土著鱼种及敏感植物种群在湖泊富营养化以及人为干预下，逐年减少，有的甚至灭绝。总之，由于湖泊富营养化，高等水生生物的种类组成日趋单一化，而浮游生物的种类和数量逐年增加，使湖泊水生生物多样性遭到破坏，水生生态系统失衡。

2. 自然灾害频繁

矿产资源开发、地下水位下降、公路建设、陡坡种植等人为活动导致地质灾害频繁发生。由于植被遭到严重破坏，造成调节气候、调节径流和蓄水功能下降。森林稀少，泥沙淤积而造成洪水泛滥，洪涝灾害几乎年年都有，每年都有多县次发生洪涝灾害。

3. 局部地区污染严重

研究区的大部分县市的经济是以农业为基础，工业基础薄弱。但是在一些工业较为发达和正在发展的城市和一些局部地区，环境污染十分严重。由于快速工业化和城市化的过程，基础能源建设和乡镇企业发展迅速，使得研究区环境形势严峻。老污染源还未根治，新污染源又不断产生。

此外，一些重要生态功能区的生态破坏已由系统结构性破坏发展到系统功能性破坏，已经或将严重阻碍这些地区，甚至流域、区域经济社会的发展，对这些地区的生态环境安全构成了严重威胁。因此，对重要生态功能区的保护和恢复，关系区域、流域社会经济持续稳定发展，关系国家生态安全和民族的繁衍。

四、对策建议

（一）完善水源涵养区资源环境规划和建设管理体系

对水源涵养区的资源环境进行综合规划和专项规划，提出生态保护、恢复、重建和治理的方案及对策措施，并进行方案评价与选择，便于科学决策；同时做好生物多样性保护、土地利用调整、水资源水环境保护和产业结构调整等专项规划与管理建设体系。

表5　水源涵养区生态安全评价等级排序表

地区	评价分值	等级	排序
什邡市	0.3514	Ⅳ	11
绵竹市	0.3627	Ⅲ	5
广汉市	0.3345	Ⅳ	16
江油市	0.2998	Ⅳ	22
安县	0.2962	Ⅳ	23
彭州市	0.3299	Ⅳ	18
新都县	0.3476	Ⅳ	12
崇州市	0.3058	Ⅳ	21
邛崃县	0.3236	Ⅳ	20
都江堰市	0.3350	Ⅳ	15
郫县	0.3630	Ⅲ	4
大邑县	0.3458	Ⅳ	13
新津县	0.3749	Ⅳ	3
蒲江县	0.3522	Ⅳ	10
温江县	0.3408	Ⅳ	14
双流县	0.3854	Ⅲ	1
彭山县	0.3596	Ⅲ	6
洪雅县	0.3536	Ⅳ	9
眉山县	0.3270	Ⅳ	19
青神县	0.3545	Ⅲ	8
丹棱县	0.3851	Ⅲ	2
夹江县	0.3585	Ⅲ	7
峨眉山市	0.3313	Ⅳ	17
甘孜县	0.2866	Ⅳ	24
白玉县	0.2527	Ⅳ	30
巴塘县	0.2452	Ⅳ	32
德格县	0.2484	Ⅳ	31
新龙县	0.2642	Ⅳ	29
乡城县	0.2740	Ⅳ	25
炉霍县	0.2726	Ⅳ	26
理塘县	0.2712	Ⅳ	27
稻城县	0.2710	Ⅳ	28

（二）加强土地生态恢复和重建

对生态退化区和生态敏感脆弱区，要运用生态工程技术进行退耕还林还草和恢复重建，同时，加大自然防护林建设和保护，扩大森林等绿色植被的覆盖面积，加强自然保护区的建设与管理。

（三）发展生态农业，构建生态工程

发展生态农业，实现资源利用的最优化，提高土地产出能力，做好传统农业产业结构的调整，重点发展优势农业产业和特色农业经济，因地制宜地发展经济林果业、花卉业、药材业、生态旅游业以及其他非农特色产业，实现生态、经济协调发展。

（四）建立和完善区域生态环境补偿机制

建立全区域排污许可证制度，健全生态补偿机制，进一步完善在退耕还林和天然林保护等生态建设领域的补贴机制和资源开发与生态保护之间的补偿机制，加大对生态脆弱地区的转移支付力度。在补偿资金使用过程中，还应加强补偿资金信息系统的建设和管理。

（五）建立流域生态环境修复与治理体系

对工业污染源、城镇生活污染源、规模化畜禽养殖污染源以及非点源污染进行全面治理和控制，保障水环境安全；发挥自然生态系统的自我修复能力，植树造林，对重点生态破坏地区的生态恢复和建设应充分利用自然条件，同时，实施水体生态修复工程，维护水体生态平衡。

参考文献

[1] 康幕谊，江源．生态区评价研究的兴起与发展——以美国森林生态系统管理评价（FEMAT）研究为例［J］．第四纪研究，2001，21（4）：337－344.

[2] 左伟．基于RS、GIS和Model的区域生态环境系统安全综合评价研究——以长江三峡库区重庆市忠县为例［D］．南京：南京师范大学，2002.

[3] 左伟，周慧珍，王桥．区域生态安全评价指标体系选取的概念框架研究［J］．土壤，2003，18（1）：2－7.

[4] 熊鹰．湖南省生态安全综合评价研究［D］．长沙：湖南大学，2008.

[5] 邓春光，张晓丽，崔文超．基于“3S”技术的生态环境质量评价研究进展［J］．林业调查规划，2007，32（3）：14－17.

[6] 汪朝辉，田定湘，刘艳华．中外生态安全评价对比研究［J］．生态经济，2008，7：44－48.

[7] 潘爱华，裴雯．祁连山区生态环境质量评价指标体系的构建［J］．甘肃林业科技，2004，29（2）：11－13.

[8] 叶亚平，刘鲁军．中国省域生态环境质量评价指标体系研究［J］．环境科学研究，2000，13（3）：33－36.

[9] 左伟，王桥，王文杰，等．区域生态安全评价指标与标准研究［J］．地理学与国土研究，2002（1）：67－71.

[10] 王辉．龙河流域生态安全评价研究［D］．重庆：重庆大学，2007.

[11] 胡淑恒．巢湖流域的生态安全预警研究［D］．合肥：合肥工业大学，2004.

[12] 吴水荣．水源涵养林环境效益经济补偿研究［D］．北京：中国农业大学，2003.

高原湖泊旅游环境污染预警指标体系初步研究

杨晓云　王　虎

（西南林学院生态旅游学院　昆明　620224）

摘　要　环境因素是影响和制约旅游业发展的重要因素，也是旅游业可持续发展的重要条件。云南省拥有众多的旅游胜地，其中广布于全省各地的大小高原湖泊是重要的旅游资源和旅游目的地。这些高原湖泊有的成为大众休闲型旅游目的地，有的成为生态型旅游目的地，但都存在不同程度的环境问题，其旅游开发的环境效应总体呈现负面效应。本文着眼于云南目前已进行旅游开发的主要湖泊之一抚仙湖，应用系统科学理论、生态学原理，以湖区自然生态环境为核心，从湖区的动植物群落组成、环境污染、侵蚀、自然资源耗损和视觉景观效应等五个方面对存在的环境问题进行分析，通过对湖泊污染来源的分析和探究，建立高原湖泊旅游污染预警指标体系，才能更好地运用科学的污染预警方法，保护好高原湖泊。

关键词　高原湖泊　旅游污染　预警系统　指标体系

目前，对预警系统进行研究的较多，但对旅游预警系统、旅游环境污染预警系统进行的研究则很少。旅游景区环境承载力预警系统是一个由众多因素构成的复杂系统，它是以可持续发展理论为指导，应用一定的方法对反映景区环境承载力指标进行研究和分析，对景区环境的发展态势进行评估，以防御景区环境系统运行与发展中偏离可持续发展轨道或出现经济、社会发展与资源环境严重冲突而建立的报警和排警系统。

翁刚民等（2005）提出景区环境系统稳定性的临界点就是预警系统中需要确定的警限，即有警或无警的分界线，它是预警分析的核心和焦点。生态旅游环境承载力预警是对旅游资源开发利用的生态后果、生态环境质量的变化以及生态环境与社会经济协调发展的评价、预测和预报。

一、预警体系的构建

（一）预警体系构建的指导思想和基本原则

旅游环境污染预防体系的目标，充分发挥各级政府在保护腾冲县旅游环境中的主导地位，动员社会各方面力量，从腾冲县旅游环境的实际情况出发，在充分尊重自然规律和经济规律的前提下构建腾冲县旅游环境污染预防体系。把环境保护与经济发展紧密结合起来，处理好长远与当前、整体与局部、工程措施和非工程措施的关系，促进污染预防与社会效益、环境效益和经济效益的协调统一。

坚持“以人为本”的原则。在制定预防体系的时候应从实际的环境现状出发并以增加当地居民的收入为立足点。建立科学的预防体系，同时要发动群众保护环境，加强宣传教育，增强保护环境意识。坚持旅游景区为污染预防的主要负责人各级政府广泛参与的原则。污染防治是旅游景区维护旅游环境的重要职责，是一项对保护景区环境促进旅游业发展的重要工作。它既要有具有专业知识的专业队伍与社会人员（景区工作人员、社区居民、游客以及其他社会人员）的积极参与，同时涉及的相关部门也较多，需要有相应的政策、法规和制度进行管理和协调、调动。因此，通过行政手段确保污染防治工作的顺利开展，并实行统一管理与分级分部门管理相结合的体制。

坚持“预防为主，预防与治理相结合”的原则。实行预防为主，把消极被动的污染后治理转化为积极主动的预防，从污染的发生源开始，采取各种预防措施，有效防治污染的发生，尽可能减轻污染所带来到环境问题，并视污染的不同情况，有针对性地实施工程治理，控制污染的出现和加剧，实现污染预防与治理的协调统一。

坚持社会效益、环境效益、经济效益协调统一原则。预防体系的建立应在保证社会效益的基础上，依据污染源的存在，以非工程措施为主，工程措施和非工程措施相结合，运用行政、经济和法律手段，加强污染预防的综合管理；探索将污染预防与旅游资源的开发利用、生态环境的改善等结合起来的有效途径。坚持走社会、经济、资源和环境相互协调的可持续发展之路，实现社会效益、环境效益和经济效益的统一。

（二）预警系统的构建

预警是衡量某种状态偏离预警线的强弱程度并发出预警信号的过程，而预警系统是确定预警状态、发出监控信号的信息系统。旅游景区污染预警系统是一个由众多因素构成的复杂系统，它是以可持续发展理论为指导，应用一定的方法对反映景区环境污染指标进行研究和分析，对景区环境的发展态势进行评估，以防御景区环境系统运行与发展中偏离可持续发展轨道或出现经济、社会发展与资源环境严重冲突而建立的报警和排警系统。

旅游预警是指通过一些指标，对一定时间段、一定旅游区内的旅游动向进行预测和引导，从而使旅游的效果得到提升的过程。这里的旅游效果包括旅游者通过旅游得到的效用，也包括旅游地的生态环境得到可持续的发展和旅游经营的收益等方面。

旅游环境污染预警系统的运行过程包括明确警义、寻找警源、分析警兆和预报警度四个阶段。明确警义是景区环境污染预警研究的基础，寻找警源、分析警兆是对警情因素的定量分析，预报警度则是景区环境污染预警系统构建的目标所在。

综合考虑、协调社会价值、技术水平、制度安排、目标选择等方面的矛盾和冲突，进一步研究和建立旅游环境污染预警模型，尤其是在预警系统中充分利用计算机技术、3S 技术从而使人类的旅游活动处于生态旅游环境承载力的范围之内。系统的主要功能模块包括信息采集模块、安全监控模块、信息预报模块、导游模块、统计分析模块和景区规划模块。

二、预警系统模块构建

（一）信息采集模块的建立

资料信息迅速收集、传输和交换系统。利用现代科学技术，尤其是现代卫星遥感技术和计算机技术，把信息及必要的其他信息迅速集中到旅游景区分析预报机构，这是预警的关键。

（二）安全监控模块

建立有效的安全监控设备其重点是监控核心区的现状，有效地监测湖泊流域的受破坏程度并针对这个程度作出相应的策略。有效地监控游客及其他人的不文明的行为、对湿地有破坏的行为等，做一些既温馨又可以起到约束人们不文明行为的提示或者是挂牌。对每个景区景点实施不同的监控，像涉及游客安全的地区要特别注意，有断壁的地方要加强防护设施，警示牌要挂在明显的地方。

（三）信息预报模块

在景区建立有效的信息预报中心，在各个景点建立智能化的信息预报，每隔一段时间就更新信息。使景区管理人员在第一时间获取信息针对信息做出相应的对策，从而使景区的管理系统有序的进行。

（四）导游模块

在导游人员带领游客游玩景区的时候就由导游为游客讲解景区的预警系统。从而让游客做到更好地保护环境，同时也保护了自己的健康。

（五）统计分析模块

统计出不同时间的监测指标，根据监测指标的不同分析出其变化的规律，哪几个月游客人数最多，从而做到提前准备，更好地使游客体验到最好的服务。

（六）景区规划模块

在景区进行规划设计的时候对景区进行合理的规划。根据景区的地形设计出景区功能区划模块以便景区的管理。其大致包括如：景区服务区、游客游玩区（景点）、游道、游客止步的火灾高发区、防火站、消防通道等。

三、旅游预警指标体系的结构

指标体系结构的合理与否直接影响到指标体系的科学性和可操作性，因此，旅游预警指标体系的建立首先要确定旅游预警指标体系的结构。根据旅游系统特点和旅游预警系统的运行机理，本文建立的旅游预警指标体系的结构如下所示。

（一）目标层

目标层即构建旅游预警系统指标体系的主要目标。本指标体系的目标层就是旅游目的地旅游预警。也就是从警度得出旅游目的地系统是否处于安全稳定状态。

（二）领域层

每个目标都应包括一系列不同的领域或称子系统，而各个子系统应由若干个指标加以支持，由于旅游目的地系统是一个复杂的巨系统，其涉及自然、生态、社会等方方面面的因素，因此，这一层次中包括旅游目的地生态预警指标、旅游目的地空间预警指标、旅游目的地旅游设施预警指标和旅游目的地旅游者与社区居民的心理感应预警指标等领域。

（三）要素层

要素层是领域层各领域的组成要素，这一层次包括了组成领域层各领域的10个要素。

（四）指标层

指标层是指标体系的最基本层次，包括旅游预警的所有集体指标。所谓指标层就是建立一系列可统计、可量化的指标，来支持或者说反映准则层的要求并评价系统是否达到了目标层的目标。每个要素都应有一定数量的指标。这些指标应尽可能地使用量化数据来加以表达。

一级指标	二级指标	三级指标	四级指标
旅游目的地旅游预警指标	旅游生态预警指标	水体预警指标	水体水色；水体透明度；生化需氧量 BOD_5，mg/L；氨氮含量，mg/L
		固体垃圾预警指标	垃圾箱数量；垃圾中转站数量、位置；垃圾清理车（船）数量；环卫工人人数
		大气预警指标	总悬浮颗粒物量，mg/m^3；二氧化硫含量，mg/m^3；森林覆盖率
		生物预警指标	可游览面积，m^2；浏览长度，m
	旅游空间预警指标	水体游览预警指标	可游览面积，m^2；每日开放时间，h；游人平均游览时间，h
		陆地游览预警指标	可游览面积，m^2；每日开放时间，h；游人平均游览时间，h
	旅游设施预警指标	旅游基础设施预警指标	停车场（码头）面积，m^2；供电设施；通讯设施；给排水设施
		旅游服务设施预警指标	住宿设施；餐饮茶座设施；文化、体育、娱乐设施
	旅游者和社区居民的心理感应预警指标	游客心理感应预警指标	游客审美体验；可游览面积，m^2；游览线路长度，m；每日开放时间，h；游人平均游览时间，h
		社区居民心理感应预警指标	居民对生活方式改变的承受能力

四、旅游预警指标体系的构建

在以上旅游目的地旅游预警指标体系结构的基础上，本文考虑到指标选取的系统性和便捷性，选取了以下四级指标，建立旅游预警指标体系，如下表所示。

由于旅游资源类型的差异，旅游目的地的性质也不一样，进而在以上建立的旅游目的地旅游预警指标体系里虽然旅游目的地旅游预警系统的指标体系框架相同，即指标体系的目标层、准则层、领域层、要素层和指标层都一样，但是各个分量和各个指标的权衡是不相同的（霍松涛，2006）。

本文应用系统科学理论、生态学原理，高原湖泊自然生态环境为核心，从旅游发展中所涉及的动植物群落组成、水污染、土壤侵蚀、自然资源耗损和视觉景观效应等5个方面对存在的环境问题进行分析，通过对湖泊污染来源的分析和探究，建立高原湖泊旅游污染预警指标体系，更好地运用科学的污染预警方法，促进高原湖泊旅游中预警系统的完善。

参考文献

[1] 杜炜．关于旅游对环境影响问题的思考［J］．旅游学刊，1994（3）．

[2] 杨文龙，王文义．湖泊生态系统的结构与功能——湖泊恢复与管理基础浅析［J］．云南环境科学，1997（3）：33－36.

[3] 杨世瑜，黄楚兴．云南省旅游地质资源及可持续利用［J］．云南地理环境研究，2001，13（1）：68－71.

[4] 王虎，翁钢民．旅游环境容量超载的经济学分析［J］．地理与地理信息科学，2003，19（2）.

[5] 樊志勇．如何建立完善的旅游预警机制［J］．商业时代，2005（8）.

[6] 吴云华．抚仙湖和星云湖自然资源及综合开发利用［J］．玉溪师专学报（社科版）．

[7] COMHAPMibers，Clinatieehangesofthelast 18000 years：observationsand 口 odelsimulations. Seienee，1988.

[8] 徐福留．湖泊生态系统健康评价指标的开发与应用［A］．地理教育与学科发展——中国地理学会2002年学术年会论文摘要集［C］. 2002.

[9] 王淑英，高永胜．湖泊生态系统健康的模糊综合诊断方法［A］．中国水利学会第二届青年科技论坛论文集［C］. 2005.

[10] Nielson R P，Narhs D. A global perspective of regional vegetation and hydrologic sensiti，ides from climatic change. Journal of fegetation. Science，1991（5）：715－730.

[11] 胡志新，胡维平，张发兵，等．太湖梅梁湾生态系统健康状况周年变化的评价研究［J］．生态学杂志，2005（7）：50－54.

[12] 方建华．抚仙湖水质理状、趋势及其综合整治对策［J］．云南环境科学，1999，18.

[13] 吴志旭，张雅燕．千岛湖旅游产业对环境的影响［J］．环境与开发，2000（2）：14－15.

[14] 田军，庞云平．泸沽湖生态旅游建设［J］．云南环境科学，2001（2）．

[15] 林逢春，陆雍森．中国环境影响评价体系评估研究［J］．环境科学研究，1999（2）.

[16] 谢娟．河南省城市旅游竞争力评价及对策研究［D］．河南大学，2008.

[17] 区域可持续发展预警系统研究［J］．华侨大学学报（哲学社会科学版），2002（1）.

[18] 王壮菲．国外旅游业规划现状与发展国外地质与勘测．

[19] 李伯．控制滇池生态环境的关键［J］．水资源保护，2002（1）：18－22.

[20] 赵翌晨．天津市水污染现状及对策浅论［A］．中国环境科学学会2006年学术年会优秀论文集（上卷）［C］. 2006.

辽东湾近岸水质与沿岸GDP增长指标研究

韩 菲[1,2] 张文浩[1,2] 冷雪飞[1,2] 张 静[3]

（1. 辽宁省环境科学研究院 沈阳 110031；2. 辽宁省流域污染控制重点实验室 沈阳 110031；3. 辽宁省科学技术情报研究所 沈阳 110838）

摘 要 本文着重分析了辽东湾沿岸大连、营口、盘锦、锦州、葫芦岛5市1991—2007年海水水质及污染来源，并与相应年份近岸城市的GDP进行了比较研究，结果表明2000年以后辽东湾近岸随着经济的发展污染呈下降趋势，辽东湾具有环境潜力，但个别近岸个别污染物超标，辽东湾开发开放仍需加大环境保护力度，采取各项措施使湾区经济又好又快发展。

关键词 辽东湾 近岸水质 沿岸GDP 研究

一、引 言

辽东湾沿岸包括大连、锦州、营口、盘锦和葫芦岛5个城市。2007年沿岸五城市总人口1521.1万人，约占全省1/3；土地面积4.17万km^2，约占全省1/3；GDP总量5232.27亿元，约占全省的1/2；2001—2007年GDP平均发展速度16.2%，明显快于全省的13.1%。沿岸地区遍布钢铁、机械制造、造船、石油化工、冶金、纺织、医药、食品等行业。辽东湾及其沿岸地区是我国重要的石油、天然气能源生产基地，原油和天然气开采能力居全国第四位。铁、磷、镁、硼、金刚石、玉石等矿产资源种类多、储量大，居全国的前列。

辽东湾为半封闭海域，自净能力差。污染物通过工业直排口、河流、城市生活污水管线、海上油（气）田、船舶、养殖等途径大量排海，已经使辽东湾近岸各海域不同程度地受到富营养化、石油烃和重金属等的污染，辽东湾生态系统已经受到影响，主要表现在渔业资源日趋衰退、低质化，海水养殖生物病害增多、死亡率升高，赤潮灾害的发生日趋频繁，规模和持续时间日益扩大。

2006年2月辽宁省委省政府提出并实施沿海经济带发展战略。以辽宁省境内的大连、丹东、营口、锦州、盘锦、葫芦岛6个沿海城市为依托，由6市所辖21个市区和12个沿海县市组成，长约1400km，宽30~50km。其战略发展目标为立足辽宁，依托东北，服务全国，面向东北亚。把沿海经济带建设成为特色突出、竞争力强、国内一流的临港产业聚集带，东北亚国际海运中心和国际物流中心。实现经济增长快于全省，对外开放先于全省，人均收入高于全省，生态环境优于全省[1]。

二、辽东湾近岸海水水质

辽东湾近岸海域已经不同程度受到污染。表1列出了2001—2007年辽东湾各海域功能区水质达标率。从表1可见，2001—2007年盘锦、营口、锦州海域的污染一直较其他海域为重。

目前每年化学需氧量入海量为523876.1t、氮为57950.63t、磷为4063.14t、石油类为1388.86t、汞为1.5t、镉为17.9t、铅为115.95t。这些污染物主要来自陆源、海源和气源。每年排入辽东湾的废水量为874419万t，陆源入海废水量为754794万t，占总排放量的86.3%，陆源是入海废水量最主要的来源。不同类型陆源入海排放口污染物入海通量比例关系见表2。由表2可见，在5种陆源污染中，各类污染物基本均以河流占绝对控制地位，所以河流携带大量的污染物入海是近岸海域水质污染的主要来源。

表1　2001—2007年各海域功能区水质达标率　单位:%

年度	大连（44）	营口（4）	盘锦（3）	锦州（8）	葫芦岛（4）	辽东湾（63）
2001	80.5	0	0	12.2	83.3	54.0
2002	97.7	0	0	0	100	75.4
2003	100	0	0	0	100	76.9
2004	100	25.0	0	0	100	87.7
2005	100	75.0	33.3	37.5	100	87.7
2006	100	50	0	75	100	90.2
2007	100	33.3	66.7	75	100	95.2

注：城市括号中数字表示该城市海域功能区数量。

表2　不同类型陆源入海排放口污染物入海通量比例关系表　单位:%

排放口类型	化学需氧量	高锰酸盐指数	总氮	总磷	石油类
河　流	94.2	94.2	70.6	76.1	51.4
工业污染源直排口	0.4	0.4	0	0.5	0
市政排放口	0.6	0.6	0.9	0.7	0.6
混排口	4.7	4.7	28.5	22.7	35.9
港　口	0.1	0.1	0	0.1	12.1

大连市排污口数量最多，为20个，但是境内无大河流入海；营口、盘锦和锦州境内海域分别有大辽河、辽河、大凌河和小凌河4条河流入海，其入海径流量占辽东湾河流入海径流量的90%；葫芦岛市有工业污染源直排口、混排口和港口共计8个排放口，但没有大河流入海。

营口、盘锦、锦州近岸海区受大辽河、辽河、大凌河和小凌河4条入海河流影响，导致水质较其他2市污染严重。另外，辽东湾底部区域三面为陆地，交换条件较差，影响污染物与湾外水体的混合，不利于海水自净，这是导致营口、盘锦和锦州海区超标的另一原因。

1991—2007年大连、葫芦岛、营口、盘锦和锦州近岸海域各年度主要污染指标浓度见表3。

总的说来，1991—2007年全省近岸海域水质主要污染因子为无机氮、活性磷酸盐、石油类、化学需氧量和铅。无机氮为全省近岸海域水质首要污染物，污染范围广，持续时间长。活性磷酸盐污染也较普通。营口海域、盘锦海域水质化学需氧量和石油类污染比较严重，铅在锦州、营口等海域出现超二类现象。全省各近岸海域中营口海域、盘锦海域、锦州海域水质污染严重。葫芦岛、大连海域水质相对污染程度较轻。

大连海域：1991—2000年，二类水质占10.0%，三类水质占30.0%，四类水质占40.0%，劣四类水质占20.0%，主要污染因子为无机氮；2001年以后水质出现好转，2002—2007年，水质均为一类。

葫芦岛海域：1991—2000年，二类水质占20.0%，三类水质占50.0%，四类水质占20.0%，劣四类水质占10.0%，影响海域水质的主要污染因子为石油类及铅；2001年以后水质出现好转，2001—2007年均为一类水质。

营口海域：1991—2003年劣四类水质为100%。影响海域水质的主要污染因子为无机氮、活性磷酸盐、化学需氧量、石油类及铅；2004年水质从劣四类改善为二类，无机氮、活性磷酸盐、化学需氧量、石油类和铅浓度比2001年分别下降了81.6%、74.4%、67.9%、93.5%、95.5%；2006年以后无机氮含量明显上升，水质降为四类。

表 3　1991—2007 年辽东湾近岸各海域主要污染指标浓度　　单位：mg/L

近岸海域	年度	水质类别	无机氮	活性磷酸盐	化学需氧量	石油类	铅	汞
大连	1991	三类	0.127	0.008	2.01	0.057	0.001	—
	1992	三类	0.266	0.004	2.62	0.058	0.001	—
	1993	三类	0.315	0.010	1.68	0.06	0.001	—
	1994	四类	0.452	0.014	1.14	0.08	0.001	—
	1995	三类	0.328	0.023	1.72	0.058	0.001	—
	1996	四类	0.500	0.015	1.54	0.040	0.001	—
	1997	二类	0.285	0.019	1.44	0.029	0.001	—
	1998	三类	0.387	0.016	1.21	0.024	0.001	—
	1999	四类	0.457	0.011	1.39	0.034	0.001	—
	2000	劣四类	0.647	0.014	1.66	0.039	0.001	—
	2001	三类	0.391	0.010	0.82	0.020	0.001	0.00002
	2002	一类	0.132	0.010	0.85	0.019	0.001	0.00001
	2003	一类	0.150	0.009	0.73	0.016	0.001	0.00001
	2004	一类	0.109	0.007	1.00	0.029	0.001	0.00001
	2005	一类	0.158	0.008	0.99	0.022	0.001	0.00001
	2006	一类	0.128	0.010	0.92	—	0.0006	—
	2007	一类	0.148	0.014	1.06	—	0.0008	—
葫芦岛	1991	四类	0.095	0.002	3.10	0.030	0.015	—
	1992	三类	0.027	0.005	1.22	0.050	0.007	—
	1993	二类	0.028	0.004	0.48	0.030	0.003	—
	1994	四类	0.063	0.034	1.24	0.020	0.005	—
	1995	劣四类	0.532	0.133	1.68	0.090	0.001	—
	1996	三类	0.097	0.010	1.19	0.150	0.003	—
	1997	三类	0.053	0.006	1.17	0.110	0.005	—
	1998	三类	0.117	0.009	1.85	0.060	0.002	—
	1999	三类	0.270	0.018	2.13	0.134	0.001	—
	2000	四类	0.430	0.031	1.02	0.025	0.001	—
	2001	一类	0.119	0.009	1.13	0.025	0.001	0.00002
	2002	一类	0.071	0.005	1.03	0.040	0.001	0.00002
	2003	一类	0.106	0.011	0.78	0.023	0.002	0.00005
	2004	一类	0.094	0.009	0.86	0.035	0.001	0.00002
	2005	一类	0.100	0.016	0.77	0.012	0.001	0.00002
	2006	一类	0.087	0.011	1.27	—	0.0008	—
	2007	一类	0.113	0.009	0.84	—	0.0017	—

近岸海域	年度	水质类别	无机氮	活性磷酸盐	化学需氧量	石油类	铅	汞
营口	1991	劣四类	1.00	0.020	7.10	0.0700	0.026	—
	1992	劣四类	1.38	0.038	5.27	0.100	0.007	—
	1993	劣四类	0.777	0.080	3.70	0.140	0.005	—
	1994	劣四类	1.32	0.035	4.58	0.140	0.014	—
	1995	劣四类	0.852	0.012	3.74	0.120	0.010	—
	1996	劣四类	1.55	0.026	2.99	0.110	0.015	—
	1997	劣四类	1.07	0.035	8.19	0.090	0.010	—
	1998	劣四类	1.16	0.043	6.01	0.060	0.018	—
	1999	劣四类	1.05	0.026	5.78	0.130	0.026	—
	2000	劣四类	2.05	0.043	5.00	0.120	0.013	—
	2001	劣四类	1.53	0.078	6.63	0.399	0.022	0.00002
	2002	劣四类	1.02	0.260	6.91	0.368	0.020	0.00004
	2003	劣四类	0.826	0.038	6.68	0.416	0.011	0.00002
	2004	三类	0.372	0.017	2.09	0.033	0.002	0.00007
	2005	二类	0.281	0.020	2.13	0.026	0.001	0.00002
	2006	四类	0.428	0.025	1.66	—	0.003	—
	2007	三类	0.348	0.032	2.31	—	0.004	—
盘锦	1991	劣四类	1.20	0.002	8.99	0.060	0.004	—
	1992	劣四类	1.55	0.002	10.1	0.160	0.001	—
	1993	劣四类	0.819	0.005	13.2	0.147	0.007	—
	1994	劣四类	1.95	0.001	9.24	0.070	0.010	—
	1995	劣四类	4.26	0.001	11.6	0.180	0.013	—
	1996	劣四类	6.66	0.036	8.24	0.160	0.019	—
	1997	劣四类	5.90	0.004	3.70	0.160	0.014	—
	1998	劣四类	4.10	0.001	9.86	0.260	0.005	—
	1999	劣四类	11.8	0.001	10.8	0.440	0.005	—
	2000	劣四类	1.48	0.040	6.20	0.295	0.002	—
	2001	劣四类	2.14	0.041	5.09	0.300	0.002	0.00048
	2002	劣四类	1.49	0.091	6.69	0.054	0.002	0.00022
	2003	劣四类	0.594	0.028	2.46	0.033	0.001	0.00006
	2004	劣四类	0.526	0.027	2.25	0.010	0.001	0.00005
	2005	四类	0.329	0.035	1.50	0.017	0.001	0.00004
	2006	劣四类	0.645	0.031	2.24	—	0.0003	—
	2007	三类	0.350	0.031	2.25	—	0.0001	—

近岸海域	年度	水质类别	无机氮	活性磷酸盐	化学需氧量	石油类	铅	汞
锦州	1991	三类	0.266	0.021	3.47	0.015	0.004	—
	1992	二类	0.093	0.018	1.42	0.040	0.005	—
	1993	四类	0.049	0.044	1.62	0.028	0.009	—
	1994	劣四类	0.324	0.067	2.34	0.090	0.005	—
	1995	四类	0.379	0.042	1.66	0.020	0.002	—
	1996	劣四类	0.68	0.049	1.58	0.020	0.002	—
	1997	劣四类	0.838	0.022	1.54	0.030	0.006	—
	1998	劣四类	0.980	0.033	1.66	0.020	0.002	—
	1999	劣四类	0.664	0.020	1.59	0.020	0.004	—
	2000	劣四类	0.379	0.060	1.20	0.040	0.004	—
	2001	劣四类	0.813	0.057	2.07	0.025	0.007	0.00002
	2002	劣四类	0.876	0.044	1.64	0.033	0.006	0.00013
	2003	劣四类	0.596	0.032	0.96	0.025	0.006	0.00020
	2004	劣四类	0.553	0.025	1.37	0.013	0.004	0.00003
	2005	四类	0.414	0.012	1.37	0.021	0.005	0.00002
	2006	三类	0.374	0.006	1.53	—	0.007	—
	2007	四类	0.415	0.007	1.80	—	0.011	—

注：“—”表示未有公开数据。

盘锦海域：1991—2004年劣四类水质为100%。影响海域水质的主要污染因子为无机氮、石油类、化学需氧量及铅；2005年水质由劣四类改善为四类，无机氮、活性磷酸盐、化学需氧量、石油类和汞5项指标浓度比2001年分别下降84.6%、14.6%、70.5%、94.3%和50.0%；2006年无机氮含量明显上升，水质降为劣四类；2007年无机氮下降水质改善为四类。

锦州海域：1991—2004年二类水质、四类水质各占10.0%，劣四类水质为80.0%，影响海域水质的主要污染因子为无机氮、活性磷酸盐及铅；2005—2007年水质由劣四类改善为三类、四类，无机氮浓度较2001年下降了54%[2-5]。

三、辽东湾沿岸GDP增长指标

表4列出了1991—2007年辽东湾沿岸大连市、葫芦岛市、营口市、盘锦市、锦州市及辽东湾（5市数据总和）GDP数据[6,7]。由表4可知：①1991—2007年17年间辽东湾及近岸5市经济呈持续增长态势；②进入2000年以后，辽东湾及近岸5市GDP增长加速，拐点的时间分别为：辽东湾（5市总和）2002年、大连2002年、葫芦岛2001年、营口2003年、盘锦2003年、锦州2004年，经过拐点之后，辽东湾及各市经济增长明显加快。

表4　1991—2007年辽东湾及沿岸五市GDP数据　　　单位：人民币亿元

年份	大连市	葫芦岛市	营口市	盘锦市	锦州市	辽东湾
1991	200.9	46.2	42.5	46.8	66.7	403.1
1992	244.6	56.6	51.7	68.0	78.3	499.2
1993	325.1	71.5	64.1	110.7	98.4	669.8

年份	大连市	葫芦岛市	营口市	盘锦市	锦州市	辽东湾
1994	528.1	102.1	91.1	154.5	140.2	1016.0
1995	645.1	126.1	100.7	175.4	160.6	1207.9
1996	733.1	126.3	114.5	200.2	165.9	1339.9
1997	829.7	140.8	125.5	226.0	179.6	1501.6
1998	926.3	150.8	142.3	231.4	186.6	1637.3
1999	1003.1	151.7	154.5	251.6	186.7	1747.6
2000	1110.8	160.3	170.8	299.1	195.9	1936.9
2001	1173.0	178.5	182.7	300.9	216.5	2051.6
2002	1330.9	197.8	206.8	302.0	242.9	2280.4
2003	1543.8	225.5	240.7	330.8	281.7	2622.5
2004	1850.4	262.0	302.3	369.4	316.0	3100.1
2005	2152.2	299.5	379.6	441.3	381.9	3654.5
2006	2569.7	348.1	457.2	509.1	460.2	4344.3
2007	3130.7	417.5	570.1	562.9	551.1	5232.3

四、辽东湾沿岸 GDP 增长与各近岸海域环境污染

分别绘制 1991—2007 年大连、葫芦岛、营口、盘锦、锦州 5 市近岸海域，无机氮、活性磷酸盐、化学需氧量、石油类、铅、汞等污染物浓度随各市 GDP 年度变化曲线图，图略。结果表明：①2000 年以后辽东湾走的是经济与环境协调发展之路。2000 年以后随着各近岸 GDP 加速增长，污染并没有加剧，反而呈下降趋势，各近岸海域水质均呈现明显好转。②2000 年以后，大连、葫芦岛近岸海域各污染物有效控制在二类标准以下，但锦州、营口、盘锦近岸海域水质污染较重，个别污染物仍存在超二类达三类、四类甚至超四类水质现象，其中应重点关注锦州海域无机氮和铅的污染，以及营口和盘锦海域无机氮和活性磷酸盐的污染。

五、结　论

2000 年以后随着各近岸 GDP 加速增长，污染并没有加剧，反而呈下降趋势，辽东湾具有环境潜力。

2000 年以后，大连、葫芦岛近岸海域各污染物有效控制在二类标准以下，但锦州、营口、盘锦近岸海域水质污染较重，个别污染物仍存在超二类达三类、四类甚至超四类水质现象。辽东湾继续开发开放应注意，加大污染源控制力度、加强海岸带和湿地开发与保护研究、深化陆源污染物输入规律及河口入海通量研究、开展辽东湾环境质量的监测、评估和预警研究、制定海湾环境整治特别法等，从而避免经济发展带来环境灾害，调控湾区经济社会又好又快地发展[1,8]。

参考文献

[1] 李宇斌，韩菲，李艳．辽东湾环境与经济发展研究综述［J］．环境保护与循环经济，2008，28（12）：25-30.
[2] 辽宁省环境检测中心站．1991—2000 辽宁省环境质量报告书［Z］．沈阳：辽宁省环境检测中心站，2001.
[3] 辽宁省环境检测中心站．2001—2005 辽宁省环境质量报告书［Z］．沈阳：辽宁省环境检测中心站，2006.
[4] 辽宁省环境检测中心站．2006 辽宁省环境质量报告书［Z］．沈阳：辽宁省环境检测中心站，2007.
[5] 辽宁省环境检测中心站．2007 辽宁省环境质量报告书［Z］．沈阳：辽宁省环境检测中心站，2008.
[6] 辽宁省统计局．1991—1992 年辽宁经济统计年鉴［M］．北京：中国统计出版社，1991—1992.
[7] 辽宁省统计局．1993—2008 年辽宁统计年鉴［M］．北京：中国统计出版社，1993—2008.
[8] 韩菲．辽东湾及国内外海湾多环芳烃污染研究进展［C］．中国环境科学学会学术年会论文集［M］．北京：中国航空航天大学出版社，2009.

宁波市樟溪河环境流量分配研究

刘　中[1]　麦克·阿克曼[2]　罗　艳[1]　龚峰景[1]　陈孟荣[3]　林　霞[3]

（1. 宁波市环境保护科学研究设计院　宁波；2. 英国水文与生态研究中心　英国牛津；
3. 宁波大学生物科学系　宁波）

摘　要　本文初步研究维持河流生态系统中关键物种所需的环境流量。文中给出了满足河流生态系统不同用水需求以及宁波市社会生活用水的水分配计划。文章认为樟溪河流域的环境流量由直接需水和间接需水构成。直接需水包括工业、农业和生活用水，间接需水包括生物需水和维持水质的必要需水。月光鱼被选定为生物需水的代表性生物。在樟溪河的某些断面直接需水和间接需水是重叠的，所以环境流量有着直接需水和间接需水的双重特征。我们可以看到间接需水远大于直接需水，因此我们最终的环境流量是基于间接需水的。

关键词　环境流量　水分配　供水　水电　环境影响评估

一、流域简介

樟溪河流域位于奉化江支流鄞江的上游。它发源于宁波市附近沿海平原的四明山。

樟溪河共有 2 条支流；大皎溪长 44.9km，集雨面积 168km^2。小皎溪长 24km，集雨面积 91km^2。大皎、小皎两溪汇水于皎口水库附近的密岩村。只有从皎口水库开始至其汇入鄞江处（以建于公元 10 世纪的它山堰为标志）之间的河段称为樟溪河，这也是本文的研究范围。下游的支流包括龙观溪和横溪。下游支流分成两支，一支通过它山堰汇入鄞江，另一支通过光溪桥汇入南塘河。

二、需水评价方法

图 1 表明了定义皎口水库下游樟溪河需水的框架。分为两个主要组成部分：直接需水和间接需水。直接需水包括当地灌溉、公共及工业需水。间接需水包括维持河流生态系统及其社会、文化价值以及维持河流水质的需水总和。所有经过水库下泄的水都首先会通过涡轮机发电。有很大一部分直接需水是不产生消耗而是回到河流里的，比如生活污水、工业废水和灌溉排水（表 2），消耗的水只考虑直接用水的实际需求部分（且假定回到河流中的水质足够好可以满足其他的用水需求）。

当地居民需水根据水厂的取水记录来确定，年际间变化很小；季节性的需水改变也无关紧要。当地农业灌溉具有明显的季节性特征，作物主要在 5—9 月需水，只有这期间的需水在水资源分配计算中被考虑。工业需水也表现出一定的季节性特征，所以会根据月份来考虑其用水分配。

基于现有的科学知识和从当地居民、渔民得到的关于各种不同物种被发现时的流量状况信息，针对生态系统的不同组分的流量需求进行了分析。根据当地渔民的观察和经验，月光鱼对水质有极高的要求，且在产卵季节需要较高的流速。据报道月光鱼可在激流性河流中产卵（Guo，2008）。月光鱼（*Distoechodon tumirostris*，圆吻鲴）是樟溪河中对环境最为敏感的物种，因此它被选为生态系统健康的指示生物，估计若该生物的生境得以保护则所有河流生态系统内的生物生境都可以得到保护，分析表明这些月光鱼不同季节的流量需求具有一定特征：

产卵期（4—5 月）需要较高流量（假定流速为 1m^3/s 左右），高速紊流流过鱼体可以刺激其产卵。生长期（6—7 月）需要低流量，幼鱼的游泳能力受到限制。在台风引起的洪水期（8—

9月）需要避难场所。越冬期（10月—次年3月）需要深潭。

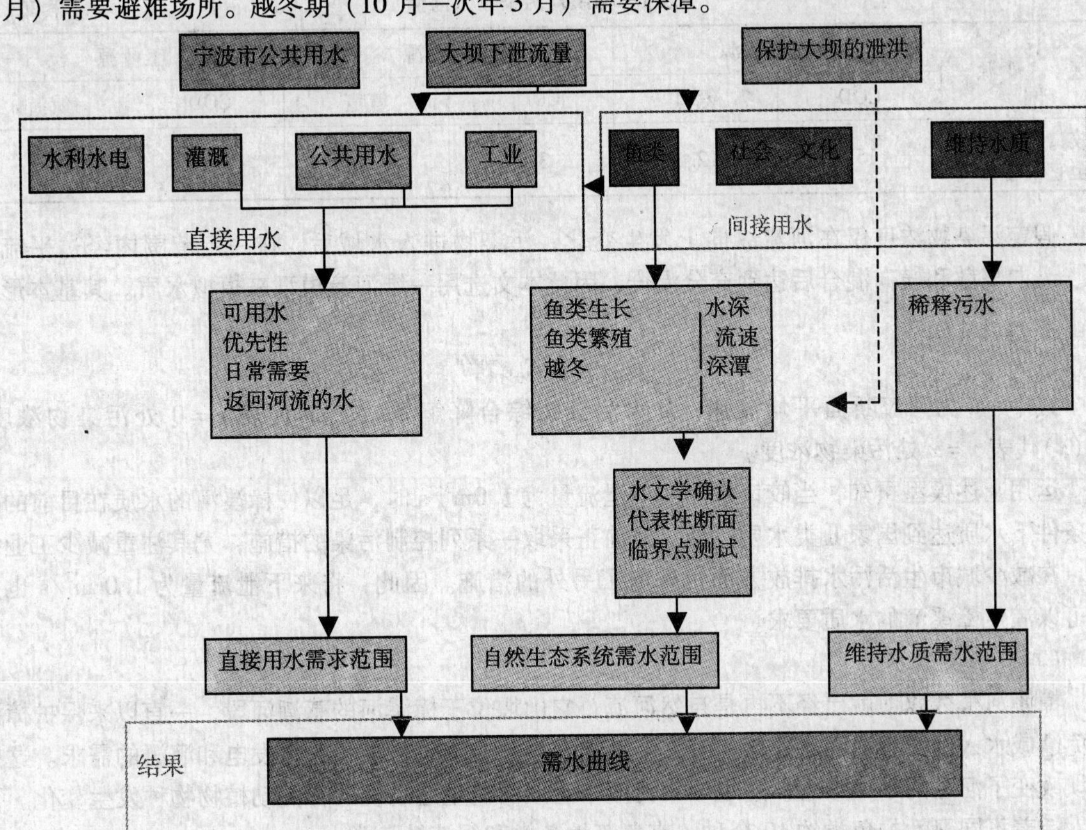

图1　需水评估方法示意图

月光鱼对栖息地河流的流量和河道形状的综合要求使其受到限制。洪水在维持河道形状尤其是河道中的深潭方面具有决定性的作用。为了验证这一假设，在皎口水库下游的研究河段选择了6个代表性的断面，测定正常流量约5m^3/s时的水深和流速以确定每个断面的水力等级关系。当地渔民认为可作为代表性点位的3个产卵地点、3个生长地点和5个越冬地点都进行了监测，以此来确定月光鱼的水文需求。这有助于确定最小流量需求，而最小流量需求可以确定水深和流速的临界值。对断面的调查表明自然条件最苛刻的断面为位于皎口水库下游处的断面，如1#断面。当该断面的流量足以提供合适的自然栖息环境，则鱼类能在樟溪河所有河段存活。因此，选择该断面作为指示断面来确定鱼类所需的最小环境流量。

三、分析与讨论

既然直接需水数据可以很容易获得，这里我们主要考虑水质需水和鱼类需水的评估。

（一）水质需水

皎口水库出口至下游它山堰区间有人口3.75万，其中城镇（主要是章水镇区和鄞江镇区）人口约2.5万。纳入樟溪河的农村污水和城镇污水有区别，排入河道的COD总量中，农村约为11t/a，城镇约为146t/a；排入河道的氨氮总量中农村约为1.1t/a，城镇约为11t/a。

该区间沿河耕地大约8600亩，均为旱地。根据宁波市甬江流域水环境容量研究报告，农田的综合排污系数按COD_{Cr}90kg/hm^2·a（6kg/亩年），氨氮4kg/hm^2·a（0.27kg/亩·年），污染物入河率为6%计算，则区间农业面源入河COD_{Cr}大约为3.1t/a，氨氮大约为0.14t/a。

表1 樟溪河污染物入河量

单位：t/a

污染源 区间	农村生活源		农田面源		工业源	
	COD	氨氮	COD_{Cr}	氨氮	COD_{Cr}	氨氮
皎口水库出口至它山堰区间	157	12.1	3.1	0.14	30	3.0

假定污染物浓度仅在河流纵向上发生变化，污染物进入水域后，在一定范围内经过平流输移、纵向离散和横向混合后达到充分混合，因此本文选用一维河流模型来模拟水质。其基本形式如下：

$$C(x) = C_0 e^{-Kx/u}$$

式中：u 为河流断面平均流速；K 为污染物综合降解系数；C_0 代表 $x=0$ 处污染物浓度；$C(x)$代表 $x=x$ 处污染物浓度。

运用上述模型可知，当皎口水库的下泄流量为 1.0m^3/s 时，足以使樟溪河的水质在目前的纳污条件下水质达到国家Ⅱ类水质标准。目前正采取一系列控制污染的措施，尤其注重减少工业排污。在减少城市生活污水排放方面也采取了另外的措施。因此，将来下泄流量为 1.0 m^3/s 也完全可以满足樟溪河的水质要求。

（二）鱼类需水

樟溪河很久以前就已经不再是自然河流，它山堰位于樟溪河的感潮河段，一直以来保护樟溪河免遭咸水入侵，樟溪河上还修筑有许多其他堰坝提升水位来满足水力发电和灌溉的需求。这些堰坝改变了河道的水力形态。这也导致河流中组成河流生态系统的自然动植物物种发生变化。目前生活着不同习性的鱼类约 10 余种，有急流性鱼类和缓流性鱼类。

在沿樟溪河的关键点位做了许多生物调查。或许最重要的物种是月光鱼，它要求水质达到Ⅱ类，流速在一年中的大多时候保持在 0～0.50m/s 之间。幼鱼没有最小环境流量要求，但因为它们的游泳能力有限所以最好是在低流速的河流中生存，如果高流速的河流中有避难场所它们也可以存活。在越冬期（10 月—次年 3 月）鱼类主要选择河流中水深处作为越冬点，尤其是一些流速低的大水潭。樟溪河有两种类型的水潭栖息地，堰坝上游的深水处和洪水期间冲刷河床沉积物形成的深潭。自从皎口水库建成后，那些自然形成的深潭的水深和数量都大幅减少，只剩下大约一半的深潭，它们的水深也从 6m 减少到 3m。根据当地渔民的观察和经验，只要水深超过 2m 大多数鱼类在冬天就能够存活。水力学分析证明，堰坝上游的水深随着流量的变化很小，而堰坝下游的水深对流速变化十分敏感，只有洪水期间才会形成较大的水深。

浅水区和深水区不同水深下低流速（<0.5 m/s）环境就可以满足月光鱼幼鱼的生长。

在繁殖期（4—5 月）雌性会在浅水区高流速（0.5～1.5 m/s）刺激下产卵。水力学分析表明当皎口水库的下泄流量最低达到 2.0m^3/s 时就可以刺激鱼类产卵；当下泄流量达到 10.0m^3/s 时则是更好的产卵场所。在产卵期（4—5 月），只要下泄流量每周有 1～2 天能达到 2～10m^3/s 就可以满足鱼类的产卵要求。

根据新安江模型的降雨资料和宁波市 7 个雨量站的观测资料来模拟自然状态下和大坝运行后樟溪河的流量状况。水库建成之前的自然流量模拟分析表明绝大多数年份都可以满足鱼类产卵所需的合适流量（2～10m^3/s）。皎口水库运行后即使在最枯的 2003 年其下泄流量也能满足产卵流量要求。由图 3 可见皎口水库建成后樟溪河的最小流量提高了，但其最大流量却减少了，这对于鱼类繁殖来说是有利的，但却不利于形成避难场所和深潭。进一步的分析确认生长期和越冬期合适的生境存在于堰坝的上游和那些不依赖于水库下泄流量的避难深潭。然而，需要大型洪水来形成深潭。周公宅水库与皎口水库可以削弱洪峰流量，但它们不能完全地消除洪水，尤其是 8—9

月份台风期因为高强度暴雨形成的洪水。

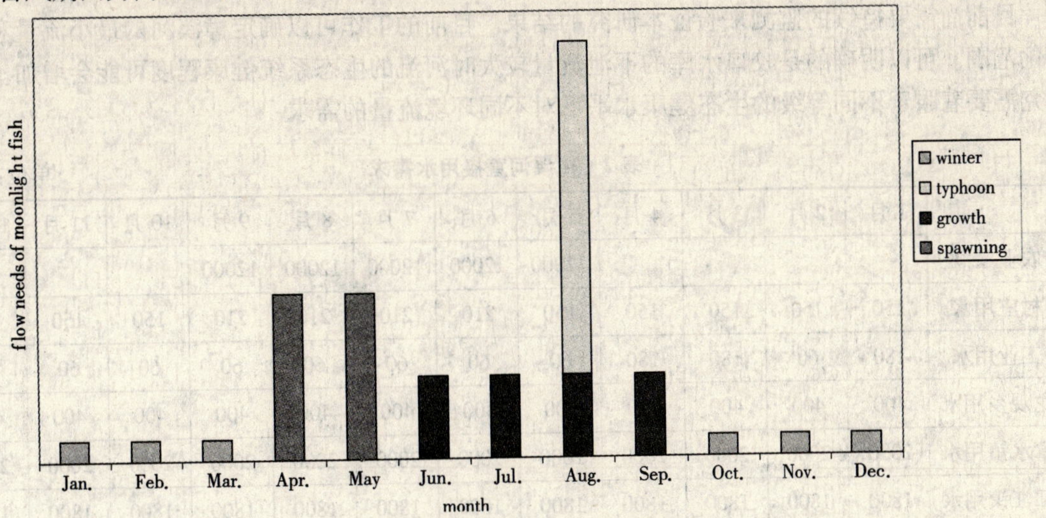

图2　月光鱼不同生长阶段流量需求

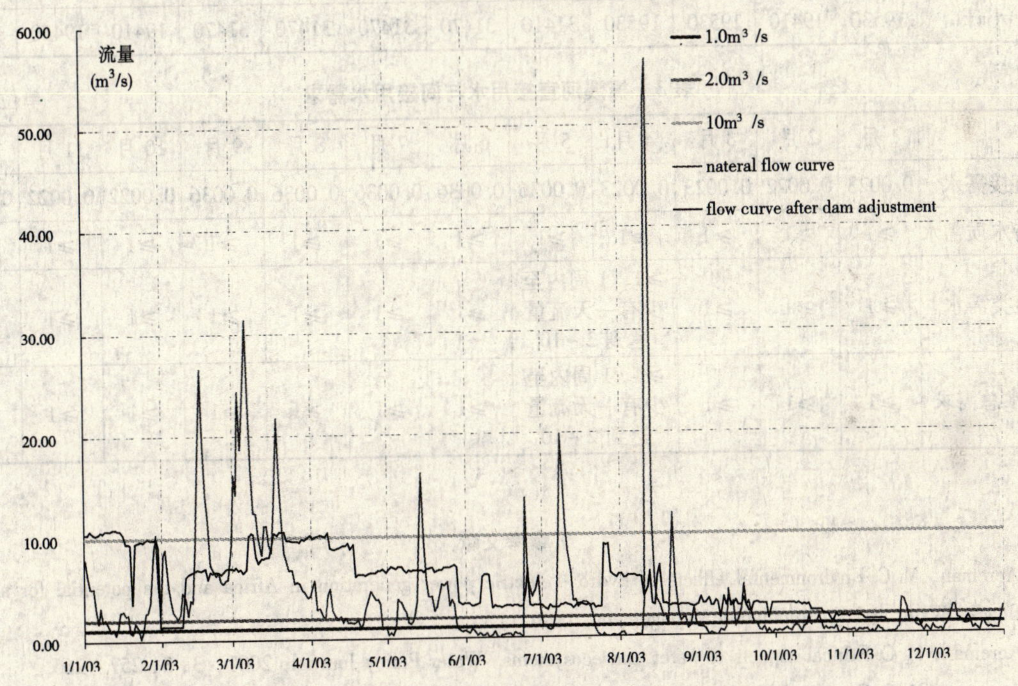

图3　樟溪河自然流量及大坝运行后的下泄流量

樟溪河中没有生物比月光鱼对流量的要求更严格。因此，可以得出结论，如果指示生物月光鱼可以在合适的环境下存活那么其他所有物种都可以存活。

四、结　论

樟溪河环境流量需求计算主要基于指示生物月光鱼的流量需求。月光鱼一年中不同时段对流量的要求超过了其他生物以及维持目标水质的流量要求。

樟溪河最小流量要求，也即皎口水库的最小下泄流量通过月光鱼的环境流量与公共需水、工农业需水相加而来。

为了确定樟溪河总的环境流量需求，需要增加形成深潭的冲刷流速所需的流量。而这部分流量目前未知，需要深入研究。

目前尚需要持续的监测来验证本研究的结果。目前的工作可以确定樟溪河的最小流量和流量变化范围。可以明确的是皎口水库的下泄流量较大时河流的生态系统健康程度可能会增加。深入研究需要着眼于不同等级的生态健康水平下对不同环境流量的需求。

表 2　樟溪河直接用水需求

单位：m^3/d

	1月	2月	3月	4月	5月	6月	7月	8月	9月	10月	11月	12月
农业灌溉					12000	12000	12000	12000	12000			
村庄用水	150	150	150	150	150	210	210	210	210	150	150	150
工业用水	180	60	180	180	60	60	60	60	60	60	60	60
龙观乡用水	400	400	400	400	400	400	400	400	400	400	400	400
章水镇用水	2000	2000	2000	2000	2000	2000	2000	2000	2000	2000	2000	2000
鄞江镇用水	1800	1800	1800	1800	1800	1800	1800	1800	1800	1800	1800	1800
镇海电厂用水	15000	15000	15000	15000	15000	15000	15000	15000	15000	15000	15000	15000
小计	19530	19410	19530	19530	31410	31470	31470	31470	31470	19410	19410	19410

表 3　樟溪河直接用水与间接用水需求

单位：m^3/s

	1月	2月	3月	4月	5月	6月	7月	8月	9月	10月	11月	12月
直接需水	0.0023	0.0022	0.0023	0.0023	0.0036	0.0036	0.0036	0.0036	0.0036	0.0022	0.0022	0.0022
维持水质需水	≥1	≥1	≥1	≥1	≥1	≥1	≥1	≥1	≥1	≥1	≥1	≥1
鱼类需水	≥1	≥1	≥1	≥1，1周内至少有一天流量达到2~10		≥1	≥1	≥1	≥1	≥1	≥1	≥1
用水总需求	≥1	≥1	≥1	≥1，1周内至少有一天流量达到2~10		≥1	≥1	≥1	≥1	≥1	≥1	≥1

参考文献

[1] Acreman, M. C. Environmental effects of hydro - electric power generation in Africa and the potential for artificial floods. Water and Environmental Management, 1996, 12.

[2] Acreman, M. C. Ethical aspects of water and ecosystems. Water Policy Journal, 2001, 3, 3, 257 - 265.

[3] Acreman, M. C. Case studies of managed flood releases. World Bank Water Resources and Environmental Technical Note C4, World Bank, Washington DC. 2003.

[4] Arthington A. H., Bunn S. E., Poff N. L. & Naiman R. J. The challenge of providing environmental flow rules to sustain river ecosystems. Ecological Applications, 2006, 16: 1311 - 1318.

[5] Biggs B. J. F., Nikora V. I. & Snelder T. H. Linking scales of flow variability to lotic ecosystem structure and function. River Research and Applications, 2005, 21: 283 - 298.

[6] Brown, C., King, J. Environmental Flows: concepts and methods. World Bank Water Resources and Environmental Technical Note C1, World Bank, Washington DC. 2003.

[7] Dyson, M., Bergkamp, G. and Scanlon, J. (Eds.). Flow: essentials of environmental flows. IUCN, Gland, Switzerland and Cambridge, UK. 2003.

[8] 刘晓燕. 黄河健康指标体系研究 [J]. 地理学报, 61 (5), 451 - 460.

[9] 吴道喜. 长江健康指标体系研究 [J]. 水利水电学报, 2007, 28 (12): 1 - 3.

[10] 李向阳，等．珠江河流健康指标体系方法初探［J］．人民珠江，2009，2：1－2.

[11] Junk W. J. , Bayley P. B. & Sparks R. E. The flood pulse concept in river－floodplain systems. Canadian Journal of Fisheries and Aquatic Sciences, 1989, 106, 110－127.

[12] Kennen J. G. , Kauffman L. J. , Ayers M. A. & Wolock D. M. Use of an integrated flow model to estimate ecologically relevant hydrologic characteristics at stream biomonitoring sites. Ecological Modelling, 2008, 211, 57－76.

[13] Li, G. The upmost goal of managing Yellow River is Keeping Yellow River Healthy (In Chinese). Journal of Yellow River, 2004, 1.

[14] International Hydropower Association. Sustainability guidelines International Hydropower Association, London, 2004.

[15] IPCC, 2007. Climate Change 2007: The Physical Science Basis. Contribution of Working Group I to the Fourth Assessment Report of the Intergovernmental Panel on Climate Change [Solomon, S. , D. Qin, M. Manning, Z. Chen, M. Marquis, K. B. Averyt, M. Tignor and H. L. Miller (eds.)]. Cambridge University Press, Cambridge, United Kingdom and New York, NY, USA, pp. 996.

[16] Millenium Ecosystem Assessment. (2005) Ecosystems and Human Well－being. Island Press, Washington DC. Available at: www. millenniumassessment. org.

[17] Nilsson C. , Reidy C. , Dynesius & M. , Revenga C. Fragmentation and flow regulation of the world's large river systems. Science, 2005, 308, 405－408.

[18] Poff N. L. , Allan J. D. , Bain M. B. , Karr J. R. , Prestegaard K. L. , Richter B. D. , Sparks R. E. & Stromberg J. C. The natural flow regime. BioScience, 1997, 47, 769－784.

[19] Richter et al. , How much water does a river need?, 1996.

[20] World Bank. Project appraisal document on the proposed loan of USMYM130 million to the People's Republic of China for the Ningbo Water and Environment Project. Report No: 31446－CHA, World Bank, Washington, D. C. , USA. 2005.

[21] World Commission on Dams. Dams and Development: A new Framework for Decision Making. Earthscan Publications. 2000.

[22] Guo Gang. Artificial reproduce technology of Plagiognathops microlepis, manual to achieve prosperity of fishery. 2008, 7.

上虞市会篁村微滤膜净水站工程介绍

程家迪[1]　刘　锐[1]　李　荧[2]　陈吕军[1,3]

（1. 浙江清华长三角研究院生态环境研究所　嘉兴　314006；2. 清华大学环境科学与工程系　北京　100084；3. 浙江双益环保科技发展有限公司　嘉兴　314006）

摘　要　上虞市会篁村饮用水净水站采用"砂滤 + 管式微滤"工艺，设计规模 140t/d，投资约为 28 万元，制水成本为 1.37 元/t。运行效果稳定，出水符合《生活饮用水卫生标准》（GB 5749—2006），为会篁村提供了清洁、干净的生活饮用水。净水站运行成本低廉，其节电运行模式每年可节约 7000 元电费，操作管理简单，适合在农村推广运用。

关键词　饮用水净水站　管式微滤膜　砂滤　微污染水源水

会篁村是上虞市长塘镇下属农村，约 425 户人家，1400 人。因位于山区，难以纳入上虞市城乡供水一体化区域，因此迄今仍以水库水为直饮水源。水库储水能力 18 万 m^3，一部分作为农户饮用水，另一部分用于管路沿线农田灌溉，全年依靠降雨平均更换 6 次。水库水深 25 m，取水口距库底约 2 m，至农村路面落差 14.7 m，采用重力流直接供水，无取水泵等设施。

采用超高分子量聚乙烯管式微滤膜为主要处理单元，设计建设管式膜农村饮用水净水站，以期为会篁村提供符合卫生要求的洁净的生活饮用水。

一、技术方案

（一）用水量调查

为估测净水站所需最大供水量，考虑夏季生活用水较多，于 2009 年 7 月 20 日采用手持式超声波流量计（TDS－100H 型，大连海峰仪器发展有限公司）测量了该村供水主管路瞬时流量的变化，结果如图 1 所示。图 1 中 21：00 至早上 4：00 断开处为夜间未进行测量阶段。用水量高峰期主要集中在早上 5：00 ~ 7：00，中午 10：30 ~ 12：30 以及晚上 18：00 ~ 20：00 三个时段。最高瞬时流量约 10.2 m^3/h，日均流量约 5.2 m^3/h。

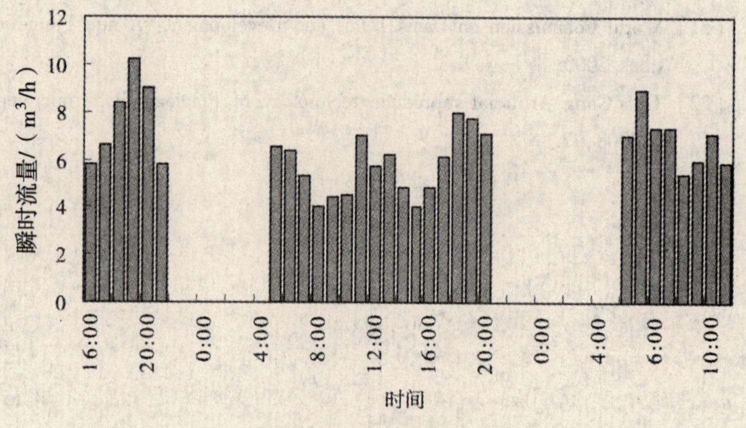

图 1　村供水管路用水量的时间变化

（二）设计规模确定

根据图 1 检测结果计算设计规模，在不同时段内取该时段流量最大值，无监测数据的22：00 到次日早上 5：00 之间按 4 m^3/h 估算，如表 1 所示，由此估算出会篁村夏季日用水量约为 121 m^3/d。设计饮用水净水站日处理规模 140 m^3/d，最大供水能力为 12 m^3/h，以保证全村高峰期供水要求。

（三）设计进、出水水质

该水库水由四周山体水沟汇聚而来，主要污染指标为浊度，特别是在雨水期，浊度会升高至 30 左右。原水和设计出水主要水质指标如表 2 所示。

表1　日用水量测算表

时　间	时间/h	监测段最大流/（m^3/h）	总流量/m^3
04：00～07：00	3	7	21
07：00～10：00	3	5	15
10：00～13：00	3	6	18
13：00～17：00	4	5	20
17：00～20：00	3	9	27
20：00～22：00	2	4	8
22：00～04：00	6	2	12
总　计	24	—	121

表2　水库水质指标

序　号	项　目	单　位	进　水	设计出水
1	COD_{Mn}	mg/L	0.3～1	≤3
2	浊　度	NTU	10～30	≤1
3	色　度	度	15～20	≤15
4	铁	mg/L	0.2	≤0.3
5	锰	mg/L	<0.1	≤0.1

（四）净水站工艺流程设计

根据水库水高浊度和低有机物、低铁锰的特点，总体采用“砂滤＋管式微滤”工艺。详细流程如图2所示。来自水库的原水由增压泵加压送入砂滤罐，过滤去除水中部分悬浮物，以减轻其后膜过滤器的污染负荷；砂滤罐出水进入管式膜过滤器，经微滤膜过滤，确保出水浊度达到饮用水标准。管式膜过滤器出水储存在高位水箱中，加缓释消毒剂消毒后，在重力作用下流入供水管网。

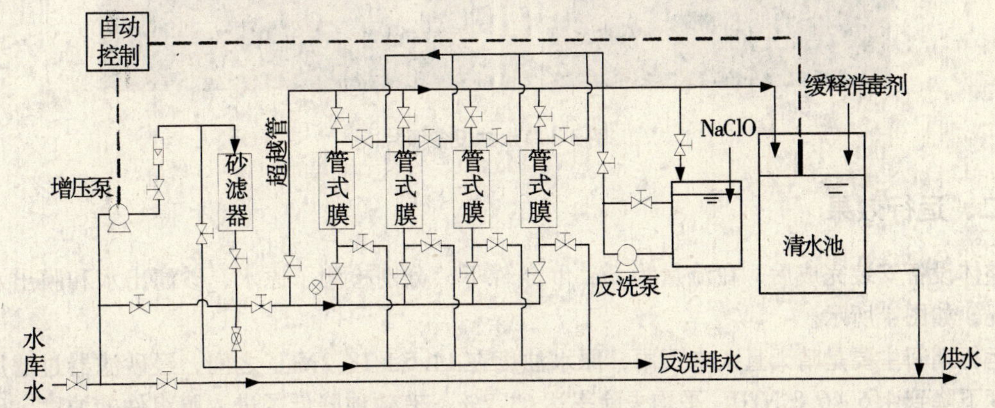

图2　示范工程工艺流程框图

1. 砂滤器

砂滤器为内装粒径0.1～0.5 cm石英砂的玻璃钢制石英砂过滤器（杭州日康净化设备有限公司，规格φ1000×H1850）。石英砂填装高度为砂滤器高度的2/3。砂滤器进水和出水都设在顶部，并由多路阀控制砂滤器的过滤、反洗和正洗。过滤时工作压力小于0.6 MPa。砂滤器设计反洗频率为每天1次，每次1 h，反洗流量为过滤流量的2~3倍。由于反洗水量较大，因此设计采用净水站原水（水库水）反冲洗。原水在石英砂层内由底部向顶部流动，使滤层松动，同时带出滤层所截留污染物，经顶部排水管排出。反洗后进行正洗，以保证反洗时未被冲洗的污染物不进入管式膜过滤器。正洗10min后进行正常过滤产水。

2. 管式膜过滤器

微滤采用自主研发制作的四个管式膜过滤器并联组成。每个管式膜过滤器内填装超高分子量聚乙烯管式微滤膜（UHMWPE）20m^2，微滤膜总面积80m^2。单根管式膜有效长度1000mm，外径9.6mm，内径5mm，膜孔径0.25μm，过滤精度0.1μm，孔隙率40.5%。具有强度高、寿命长、抗冲击负荷、化学稳定性好、清洗维护简便等特点。已研究表明UHMWPE在地下水除浊、除铁方面表现出良好的效果[1,2]。砂滤出水由管式膜过滤器底部进入，以死端过滤的形式从管式膜过滤器顶部出水。通过控制各个管式膜过滤器上的阀门可实现四个管式膜过滤器的同时运行或清洗；也可在运行某一个或两个管式膜的同时清洗剩余管式膜，实现过滤和清洗的同时进行。当管式膜过滤器过滤压力增长到0.3 MPa以上时需要进行物理反冲洗，严重时需进行化学清洗。

3. 聚乙烯储水箱

聚乙烯储水箱容积10.0m^3（D2250×H3080×δ11.5），放置在高3.5m、长宽都为3m的正方形石墩上，依靠重力作用对各用户供水。当储水箱充满水时，液位计通过自动控制系统关闭砂滤器前端增压泵，净水系统停止运行；当液位下降至设定位置（1.0m）后，自动控制系统开启增压泵启动运行。

图3　净水站设备照片

二、运行效果

整体设备安装完成后，在流量为6m^3/h条件下，分别检测了原水、砂滤出水和膜出水的浊度情况，如图4所示。

运行期间主要是晴天且久未下雨，原水浊度在11.5~18.2NTU之间，经砂滤器过滤后，出水浊度下降到4.6~6.8 NTU，平均去除率达63.2%，有效地降低了进入膜组件的浊度。砂滤出水经膜过滤后，初期出水浊度在2.0 NTU左右，随后进一步下降到1.0 NTU以下，达到设计的出水水质要求，且随着运行时间的延长，膜出水浊度有相对下降的趋势。相对砂滤出水，膜过滤的平均去除率达93.0%，系统平均总去除率达94.0%以上。

运行期间，虽然进水COD_{Mn}、铁等相关指标未超过饮用水标准，但经过系统处理后，出水COD_{Mn}、铁仍较进水有所下降，去除率在20%~50%之间。

三、投资和效益分析

该净水站基建占地面积约 $40m^2$，设备投资（整套装置含微滤膜组件、电机、水泵、管件、阀门、电器仪表等）约22万元，配套供水管及土建工程建设投资约为6万元。整套设备按5年折旧，其他以20年折旧，则该村投资制水成本约为0.92元/t。其运行费用主要有电费、药剂费和日常维护人工费组成。该工程投入运行后，按每日供水140t计。

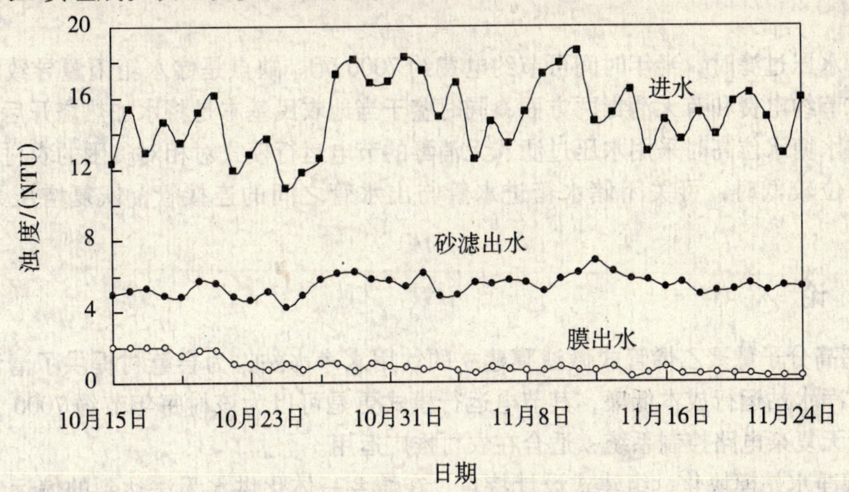

图4　净水站浊度去除效果

（一）电费

该净水站设有一备一用两台增压泵和一台反冲洗泵，功率都为2.2kW。但实际供水过程中不会满负荷运行，且储水箱满水后增压泵停止运行，因此基本不会24 h连续运行，特别是冬季用水量较少期间运转时间更少。反洗泵只在每周一次的反冲洗时运行，运行时间不超过0.5 h，进而将反洗泵能耗折算到增压泵上。因此，泵的运行按额定功率2.2kW、24 h运行计。吨水电费 W_1 为0.3元/t。

（二）药剂费

药剂费主要包括膜组件化学清洗费用和消毒费用两部分。

膜的化学清洗采用3‰～5‰（有效氯）的次氯酸钠溶液每周清洗一次。工业制次氯酸钠有效氯含量10%～12%，每吨水药剂清洗费 $M_1 = 0.015 \sim 0.018$ 元。

消毒部分采用氯精片消毒，主要成分为次氯酸钙，有效氯含量45%～55%。一次投加1瓶消毒片可持续消毒1周左右。每吨水消毒价格 $M_2 = 0.01$ 元。

综合膜组件化学清洗费用和消毒费用，每吨水药剂费用 $W_2 = M_1 + M_2 = 0.018 + 0.01 = 0.028$ 元（按0.03元/t水计）。

（三）人工管理费

人工管理费包括对设备的维护，砂滤器、管式膜过滤器的清洗等工作。按当地每月500元工资计，每吨水的人工管理费 W_3 为0.12元。

根据以上运行费用计算，每吨水费用 $W = W_1 + W_2 + W_3 = 0.3 + 0.03 + 0.12 = 0.45$ 元，另加投资费0.92元/t，即制水成本为1.37元/t水。

（四）节电运行模式

运行过程中发现，长期下雨导致水库水位不断升高，当水库水位高于设计的储水箱水位时，即使增压泵停止运行，水库水压作用仍能将水库水压入砂滤器和膜过滤器，最终进入储水池，净水系统处于不可控制的连续过滤状态。这种失控状态的连续过滤一方面导致储水池中水满溢出，造成不必要的水资源浪费，并增加砂滤和微滤膜系统负荷；另一方面，净水站增压泵停止运行，降低了制水成本。经调查发现，一年中至少有半年时间存在水库水水位高于储水箱液位状态。

为此，对建成的净水站管路进行了改造，在高位储水箱的进水管与出水管之间增设连接管路与控制阀门，使水库水位高于设计的储水箱水位时，膜过滤出水可不经过高位储水箱直接进入管网。更改后，不仅节省了增压泵运行费用，使净水系统在重力流作用下供水；而且净水水量完全根据管网用水需求自动调节，减少了砂滤和微滤膜系统负荷，以及储水箱水满溢流造成的水资源浪费。

依靠水库水压过滤时，半年时间可节约电费约 7000 元。缺点是储水箱闲置导致消毒无法进行。综合考虑节约电费和有无消毒两方面，同时鉴于当地农民基本是将水加热烧开后饮用，消除细菌污染。在水塘水位高时采用水压过滤、无消毒的节电运行模式对相对贫困的农村更为实际。

当水塘水位较低时，可关闭储水箱进水管与出水管之间的连接管，恢复增压泵和储水箱供水。

四、结　论

1. 采用超高分子量聚乙烯管式微滤膜建立的饮用水净水站，为会篁村提供了清洁、干净的生活饮用水。净水站运行成本低廉，其节电运行模式更是可以为该村每年节约 7000 元电费，操作管理简单，无复杂电路控制系统，适合在农村推广运用。

2. 微滤膜净水站模块化、组建式设计特点，在城乡一体化供水无法达到的偏远农村地区发挥了重大作用，实现了农村饮用水困难向保障农村饮用水安全转变。

参考文献

[1] 程家迪，高良敏，刘锐，等．新型超高分子量聚乙烯管式微滤膜处理高铁地下水的试验研究［J］．给水排水，2009，35：172－175.

[2] 李荧，程家迪，刘锐，等．微滤膜处理铁污染地下水的效果及膜污染控制研究［J］．中国给水排水，2010，26（1）：36－39.

南沙河中持久性有机污染物垂直分布特征

郅二铨 周岩梅 孙素霞 闫 旌

（北京交通大学土木建筑工程学院）

摘 要 本文对辽宁省鞍山市境内南沙河流域沉积物中持久性有机污染物进行监测分析。着重对有机物的空间分布特征进行分析。结果表明：沿南沙河上游到下游有机物种类总体呈上升趋势；沉积物中检出多种有机物，其中包含苯系物、多环芳烃、邻苯二甲酸酯类等污染物；表层沉积物中所含有机物的种类多于柱状样各层所含有机物，在柱状样的不同分层中，有机物含量呈现中间层少，上下层多的趋势。

关键词 沉积物 有机污染物 分布特征

南沙河属辽河水系，流经鞍山市千山区、高新技术开发区、立山区和鞍钢厂区横贯鞍山北部市区。多年来南沙河两岸的污水一直不经任何处理直接排入南沙河。

近年来，随着鞍山市经济的快速发展，市区周围的东鞍山矿、齐大山矿、眼前山矿、大孤山矿矿产资源开采量猛增，开采深度及范围不断扩大，地下水疏干排水量逐年增加；南沙河上游沿岸的高新技术开发区企业、科研院校和度假村陆续兴建，排入南沙河的污水逐年呈上升趋势。穿越城区的南沙河由于承纳工业废水和生活污水，水体受到了严重污染。南沙河属山溪型河道，枯水期流量很小，几乎没有自净能力，水环境恶化，城市水问题日益突出，严重威胁城乡饮水安全。

当前，持久性有机污染物（POPs）污染已成为越来越突出的环境问题[1]，因此也是各国政府、学术界、工业界和公众广泛关注的焦点。由于POPs能够在环境中持久存在，而且容易通过大气、水、土壤等介质在全球范围内循环，可对环境造成严重污染。POPs还能在生物体中进行累积，对生物体造成极大伤害[2-5]。

本文主要以南沙河水体和沉积物为研究对象，分别研究了南沙河水体污染状况，及在表层沉积物及柱状样中所含持久性有机污染物种类及其垂直分布特征。为了解南沙河中持久性有机污染物的分布现状提供了基础资料，同时为南沙河水体和沉积物的进一步治理提供了科学依据。

一、材料与方法

（一）仪器与试剂

FD-1A型冷冻干燥机，北京博医康实验仪器公司；ASE 300型快速溶剂萃取仪，配34ml萃取池，美国DIONEX公司；V-3003型旋转蒸发仪，上海振捷实验设备有限公司；HP 6890-5973N气相色谱/质谱联用仪，HP-5MS（30m×0.25mm×0.25μm）石英毛细管色谱柱，美国Agilent公司。

有机试剂均为色谱纯。其余实验试剂为分析纯。无水硫酸钠置于马弗炉中400℃下加热4h，冷却后装瓶保存于干燥器中备用。

（二）样品采集

沿南沙河流域从上游至下游取5个采样点，采样点分布如图1所示。每个点分别采取表层样和柱状样。

（三）样品分析检测

1. 干燥与筛分

将采集好的样品置于冷冻干燥机中干燥，96h 后将样品取出，完成对样品的干燥。将干燥好的样品进行研磨，过 200 目筛，将过筛后样品存储于玻璃瓶中。

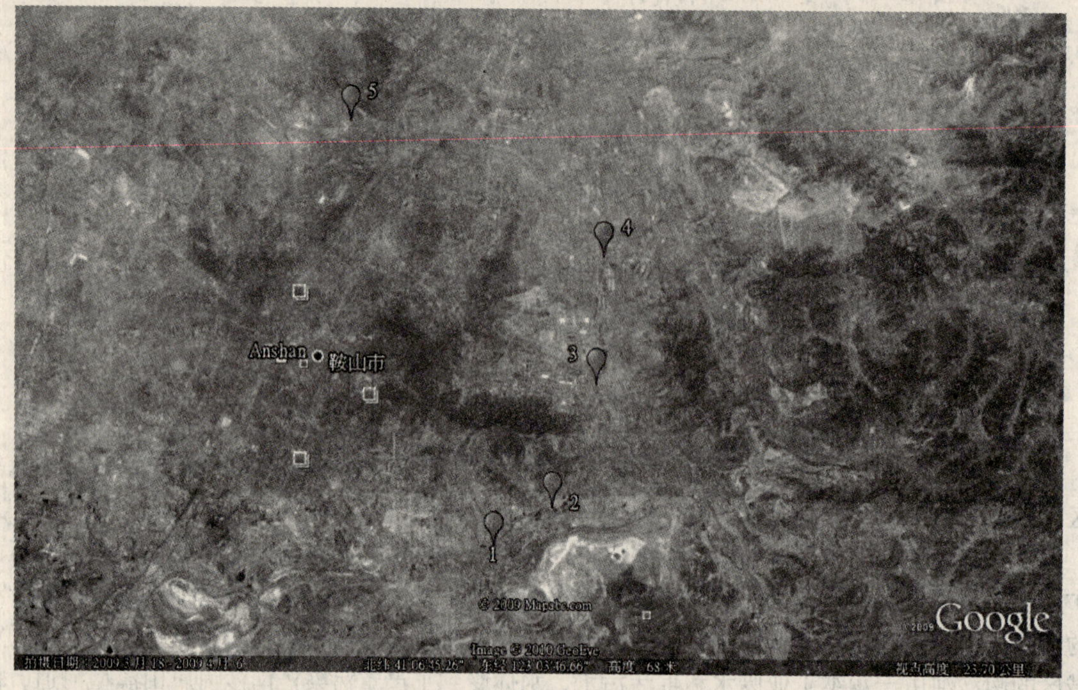

图 1　采样点地理位置图

2. 提取（固相萃取，SPE）

用 ASE 300 快速溶剂提取仪对样品进行提取[6]。分别取 10g 样品和 3g 硅藻土混合均匀后填装于 34ml 萃取池中，将萃取池悬挂于收集盘上。提取条件[4]：温度：100℃；压力：1500psi；提取时间：预加热 5min，静态提取 5min，循环 2 次；提取溶剂：二氯甲烷∶丙酮（1∶1，v/v）；提取体积：60ml。

3. 浓缩

将提取好的样品进行脱硫（EPA，3660b），脱水。并用旋转蒸发仪和氮吹仪将其浓缩，此过程中将溶剂替换为正己烷，定容至 2ml。

4. GC - MS 检测

将定容好的样品置于 GC - MS 进行检测。GC 条件：载气为高纯氦气，分流进样，分流比为 20∶1，进样量为 1μl；进样口温度 280℃；检测器温度 290℃。采用 Fullscan 模式。初始柱温 50℃，稳定 2min，程序升温 50 ~ 290℃（6℃/min），恒温 15min。

MS 条件：质谱采用 EI 离子源；离子源温度 230℃；四极杆温度 150℃；EI 电压 70eV；扫描范围 35 ~ 300u[8-11]。通过 MS 中 NIST 数据库配合保留指数来进行定性分析沉积物中所含有机物组分。

二、结果与讨论

在采样点 1 处共检出 38 种有机物，其中在表层样中含有 24 种。在柱状样中，0 ~ 10cm 处分布有 7 种有机物；10 ~ 20cm 处有 9 种有机物；20 ~ 30cm 处有 11 中有机物。该处采样点是一个排污口断面，所以虽然此处位于整条河流的上游，但是检出的有机物仍然较多。检出一些长链烷烃、苯系物以及氯代物等。

表1　采样点1所含有机污染物

物质名称	表层样	柱状样		
		0~10cm	10~20cm	20~30cm
甲基环己烷		+	+	+
4-甲基-3-戊烯-2-酮	+	+	+	+
异氰酸甲酯	+			
4-羟基-4-甲基-2-戊酮	+	+	+	+
三正丁胺	+	+	+	+
2-甲基癸烷				+
2，5-二甲基庚烷				+
4-乙基，1，3-苯二酚		+		
甲基异恶唑			+	
1-庚烯			+	
2，5-二甲基癸烷			+	
2-甲氧基-5-甲基苯酚			+	
十四酸	+			
庚醛	+			
十七烷	+			
环氧乙烷	+			
N-甲基丙烯胺	+			
N-乙基-N-苯基甲酰胺	+			
5-癸烯	+			
2，2-二甲基丁烷	+			
9-羟基，2-壬酮	+			
甘氨酰胺	+			
硬脂酸	+			
棕榈酸醋酸叔丁酯	+			
1-氯癸烷	+			
丙酰胺		+	+	+
乙醛				+
2-氟-2，4，5-三羟基-N-甲基苯甲胺				+
正十七胺				+
硬脂酸丁酯	+			
三十二烷	+			
四十三烷	+			
邻苯二甲酸二（2-乙基己）酯	+			

物质名称	表层样	柱状样		
		0 ~ 10cm	10 ~ 20cm	20 ~ 30cm
2 -（5 - 氨基已基）呋喃		+		
三十六烷	+			
3，6，9，12 - 四氮杂十四烷基 - 1，14 - 二胺				+
2，4 - 二甲基 - 2，3 - 戊二醇	+			
胆固醇	+			

表 2　采样点 2 所含有机污染物

物质名称	表层样	柱状样		
		0 ~ 20cm	20 ~ 40cm	40 ~ 60cm
1 - 溴 - 3，4 - 二甲基戊烷	+			
氮杂丁烷	+			
2，3 - 二甲基 - 2 - 戊烯			+	
1，3，5 - 环庚三烯	+			
4 - 甲基 - 3 - 戊烯 - 2 - 酮	+	+		+
2，4 - 二甲基戊烷	+			
2 - 甲基 - 1 - 戊醇			+	
4 - 甲基 - 2 - 戊酮			+	
2，5 - 二甲基庚烷	+			
4 - 羟基 - 4 - 甲基 - 2 - 戊酮	+	+		+
丙烷	+			
二甲氨基甲硼烷	+	+		+
N - 乙基 - 4 - 羟基哌啶		+		
1 - 甲基氮杂丁烷		+		+
2 - 甲基环戊酮			+	
环氧乙烷		+		+
已基戊基乙醚		+		
N - 甲基丙烯胺		+		
1，4 - 二胺 - N，N' - 二甲基 - 2 - 丁烯			+	
乙酰胺			+	
N - 甲基 - N -（1 - 甲基乙基）- 正丁胺				+
二十七烷			+	+
2 - 丁炔酸				+
4，7 - 二甲基十一烷			+	+
10 - 甲基二十烷			+	

物质名称	表层样	柱状样		
		0~20cm	20~40cm	40~60cm
氰酸乙酯			+	
2-甲基哌嗪			+	
三十二烷			+	
二十一烷			+	
二十四烷			+	
二十七烷			+	
三丁胺	+	+		+
硬脂酸三甲基硅酯	+			
二十五烷		+		
3-丁烯胺		+	+	+
2-丙烷胺	+			
十九烷		+		
乙醛		+	+	
丙酰胺	+	+	+	
7-羟基-5-甲基-1，2，4-三唑并（1，5）嘧啶	+			
2-甲基-N-甲酰苯胺	+			
4，6-2（1，1-二甲基乙基）-2-甲基苯酚		+	+	
4-羟基-2-丁炔-1-醇	+	+		
十八胺		+		
环丙酰胺	+	+		+
五乙烯六胺		+		

在采样点2处共检出46种有机物，其中表层样中含有17种有机物。在柱状样中，0~20cm处含有19种有机物，20~40cm处含有19种有机物；40~60cm处含有12种有机物。此处位于殡仪馆下游，附近有一个垃圾填埋场，沉积物中含有的有机污染物较多。检出的长链烷烃较多，同时还含有酚类物质。

表3　采样点3中所含有机污染物

物质名称	表层样	柱状样				
		0~30 cm	30~50 cm	50~60 cm	60~80 cm	80 cm以上
甲基环已烷		+	+	+	+	+
5-已烯-2-酮		+				
1，3，5-环庚三烯	+					
4-甲基-3-戊烯-2-酮	+	+	+		+	+
3-甲基庚烷	+					

物质名称	表层样	柱状样				
		0～30 cm	30～50 cm	50～60 cm	60～80 cm	80 cm 以上
2，4－二甲基戊烷	+					
2，5－二甲基庚烷	+	+			+	+
4－羟基－4－甲基－2－戊酮	+	+	+	+	+	+
2－甲氧基－5－甲基苯基异氰酸酯		+				
4－乙基－1，3－二羟基苯		+			+	
乙基环己烷		+				+
N，N－二甲基－2－氨基嘧啶		+	+			
1，4－二甲氧基苯			+			
3－甲基辛烷				+		
4－氯－4′－氟苯丁酮				+		
2－甲基哌嗪					+	
三丁胺	+	+	+	+	+	+
N，N－二甲基甲酰胺	+					
环丙烷甲酰胺	+	+	+			
丙酰胺		+				+
2－（5－氨基己基）呋喃		+	+			+
环丁酮肟	+					
1－氯癸烷					+	
5－甲基异恶唑						+
4－甲基－2－丁炔－1－醇	+					
乙氧基乙炔	+					
N－甲基丙烯胺	+					
甲基萘						+
2－丁胺					+	
五乙烯六胺			+			
正十七胺			+			+
十六酸	+					
1，6－己二醇	+					
硬脂酸	+					
三十二烷	+					
四十烷	+					
三十烷	+					
邻苯二甲酸二（2－乙基己）酯	+					

物质名称	表层样	柱状样				
		0~30 cm	30~50 cm	50~60 cm	60~80 cm	80 cm 以上
四十烷	+					
胆固醇	+					
2-甲氧基吩噻嗪	+					

在采样点 3 处含有 41 种有机物，其中表层样中含有 23 种有机物。在柱状样中，0~30cm 处含有 13 种有机物；30~50cm 处含有 10 种有机物；50~60cm 处含有 5 种有机物；60~80cm 处含有 9 种有机物；80cm 以上除含有 11 种有机物。此处为一个汇合断面，沉积物中有机物也比较多。检出了烷烃类、苯系物、邻苯二甲酸酯类等。

表 4　采样点 4 中所含有机污染物

物质名称	表层样	柱状样		
		0~10cm	10~30cm	30~40cm
甲基环己烷	+	+	+	+
2-丁烯	+			
二甲胺基甲硼烷	+			
4-甲基-3-戊烯-2-酮	+	+	+	+
1，2，3-三甲基-4-丙烯基萘		+		
二烯丙基胺	+			
4-羟基-4-甲基-2-戊酮	+	+	+	+
丙烷	+			
2，6-二甲基咔唑				+
三丁胺		+	+	+
2，5-二甲基庚烷			+	
N，N-二丁烯-3-丁烯-1-胺	+			
N，N-二甲基甲酰胺	+			
丙酰胺	+	+	+	+
4-甲氧基-2-丁炔-1-醇	+			
邻苯二甲酸二丁酯		+	+	+
1-碘十二烷	+			
5-氨基己基（呋喃）				+
环丙酰胺	+			

在采样点 4 处含有 19 种有机物，其中表层样中含有 13 种有机物。在柱状样中，0~10cm 中含有 7 种有机物；10~30cm 中含有 7 种有机物；在 30~40cm 处含有 8 种有机物。此处虽然有一个排污口，但是该点水量、流速比较大，水质相对来说也较好，所以检出有机物较少。主要检出了一些烷烃类有机物、邻苯二甲酸酯类等物质。

表5 采样点5中所含有机污染物

物质名称	表层样	柱状样				
		0~20 cm	20~30 cm	30~45 cm	45~60 cm	60 cm以上
甲基环己烷		+				
二甲胺基甲硼烷	+					
甲苯	+					+
5-己基-2-酮		+				
4-甲基-3-戊烯-2-酮				+	+	+
3-甲基-2-戊酮			+			
4-甲基-3-戊烯-2-酮	+	+	+	+	+	+
2-丁烯	+					
2，5-二甲基庚烷	+					
4-羟基-4-甲基-2-戊酮	+	+	+	+	+	+
氯丁醇		+	+			
1，4-二甲氧基苯						+
4-乙基-1，3-苯二醇			+			
4-甲氧基-3-甲基苯酚			+	+		
3，3，6-三甲基-1，5-庚二烯-4-酮			+			
萘					+	+
三丁胺	+	+	+		+	+
3-甲基-2-环己烯-1-酮			+	+		
2，6-二甲基-2，5-庚二烯-4-酮			+	+	+	+
异佛尔酮			+	+		+
苊	+					+
2-（甲基氨基）-5-硝基嘧啶	+					
芴	+		+			
4-甲氧基-2-丁炔-1-醇	+	+			+	
十七烷	+					
1-十二烷	+					
蒽					+	
三氟乙酸十七酯	+					
菲	+				+	
三十二烷	+					
庚烷	+					
十一烯-1-醇	+					
5-甲基己醛	+					

物质名称	表层样	柱状样				
		0～20 cm	20～30 cm	30～45 cm	45～60 cm	60 cm 以上
丙酰胺		+				
十七醇	+					
十八胺		+				
2－甲基蒽	+				+	+
十六酸	+					
邻苯二甲酸二丁酯		+				
四十三烷	+	+				+
荧蒽	+	+			+	+
磷酸二十八烷醇酯	+					
柠檬酸	+				+	
芘	+	+	+		+	+
三十六烷		+	+			
硬脂酸	+					
己醛	+					
1－甲基芘	+					
十六烷		+			+	
邻苯二甲酸二（2－乙基己）酯	+				+	+
胆固醇	+	+	+		+	+

在采样点5中共含有51种有机物，其中表层样中含有32种有机物。在柱状样中，0～20cm处含有16种有机物；在20～30cm处含有15种有机物；在30～45cm处有7种有机物；在45～60cm处15种有机物；在60cm以上有16种有机物。此处位于南沙河下游，沿岸工矿企业比较多，污染较为严重，检出了多种多环芳烃类物质以及苯系物，邻苯二甲酸酯类，烷烃类物质。

由以上检测结果可以看出，在所设采样点中分别检出了长链烷烃、苯系物、多环芳烃类、邻苯二甲酸酯类等物质。其中有多种物质为国家优先控制污染物。

在南沙河从上游到下游检出有机物种类的数量总体呈上升趋势。

在检出的有机物种类上，表层沉积物中所含有机物种类明显多于下层沉积物。在柱状样中接近表层的样品中所含有机污染物种类较多，中间层有机物减少，最下层有机物也比较多，这可能是由于曾经治理过，所以在中间的沉积物中有机物检出较少。

在所检出有机物中，有的可用作塑料工业的增塑剂，如在沉积物中多处检出的4－甲基－3－戊烯－2－酮、二丙酮醇；有的可用作药物、精细化工品的合成、金属清洁剂、防腐剂；还有一些物质可用作合成染料，制作杀虫剂。

三、结　论

1. 南沙河沉积物中的有机污染物沿河流从上游到下游，检出有机物种类数量总体呈上升趋势，这可能与下游工矿企业较多有关。

2. 所检出的有机物包括长链烷烃、苯系物、多环芳烃类、邻苯二甲酸酯类等，与当地不同种类行业的排污密切相关。

3. 表层沉积物中有机物种类明显多于下层沉积物。在柱状样中接近表层的样品中所含有机污染物种类较多，中间层有机物减少，最下层有机物也比较多，这可能是由于曾经治理过，所以在中间的沉积物中有机物检出较少。

参考文献

[1] 刘潇，王婷. 持久性有机污染物的现状及来源分析 [J]. 安徽农学通报，2008，14（21）：71－73.

[2] 王莉. 持久性有机污染物及其治理技术 [J]. 化工文摘，2008，3：47－49.

[3] 戴惠玲. 持久性有机污染物及其对人体健康的危害 [J]. 中国医药导报，2008，5（17）：101.

[4] Smith A G, Gangolli S D. Organochlorine chemicals in sea food occurrence and health concern [J]. Food Chen Toxicol, 2002, 40 (6): 767－769.

[5] 陈燕燕，尹颖，王晓蓉，等. 太湖表层沉积物中 PAHs 和 PCBs 的分布及风险评价 [J]. 中国环境科学，2009，29（2）：118－124.

[6] John R. Dean. Extraction Methods for Environmental Analysis [M] University of Northumbria at Newcastle, UK: 189－216.

[7] 邵永怡. 加速溶剂萃取/气质联用法测定城市污水处理厂污泥中的多环芳烃 [J]. 化学分析计量，2008，17（6）：70－72.

[8] 童宝峰，刘玲花，等. 北京玉渊潭水相、悬浮物和沉积物中的多环芳烃 [J]. 中国环境科学，2007，27（4）：450－455.

[9] 吴胜芳，王利平，刘杨岷，等. 加速溶剂萃取/气相色谱串联质谱测定菊花中的 3 种菊酯类农药残留量[J]. 分析试验室，2008，27（11）：65－67.

[10] 蒋新，许士奋，等. 长江南京段水、悬浮物及沉积物中多氯有毒有机污染物 [J]. 中国环境科学，2000，20（3）：193－197.

[11] 凌晰，刘文新，等. 黄海近岸表层沉积物中 PAHs 的分布特征与潜在风险 [J]. 环境科学学报，2008，28（7）：1394－1399.

中俄管道沿线寒区生态环境现状分析

何瑞霞　金会军　王绍令　吕兰芝

（中国科学院寒区旱区环境与工程研究所　冻土工程国家重点实验室　兰州　730000）

摘　要　近几十年，在气候转暖与人为因素叠加的影响下，本区生态系统逐渐失控，表现为以兴安落叶松占绝对优势的天然林带锐减，区域森林带北移，沼泽湿地萎缩，水土流失现象增加，多年冻土加速退化，寒区生态环境日趋恶化。本文指出在寒区生态环境演化过程中，冻土退化是主要的驱动力；并重点分析森林、沼泽湿地、森林火灾及城镇“热岛”效应等诸生态环境要素的现状及其与冻土间相互依存、彼此影响、协同发展的关系。同时也论述了中俄原油管道的修建及运营过程中，给沿线寒区生态环境带来不可避免的影响。

关键词　中俄管道沿线　寒区生态环境现状　分析

一、引　言

中俄管道穿越大兴安岭北部多年冻土区。该区冬季气候严寒且漫长，夏季极短，年平均气温均在 -5°～0℃，最冷月均温低于 -30℃，极端最低为 -52.3℃（漠河县北极村站），年降水量400～500mm。大兴安岭北部地区是中国境内唯一的寒温带针叶林景观区（50～51°N 以北），浩瀚的林海、广泛分布的多年冻土和多种类型的沼泽湿地，构成了本区特殊的冷湿寒区生态系统，近几十年来由于自然和人为因素影响，本区生态系统逐渐失控，表现为以兴安落叶松占绝对优势的天然林带锐减，整个区域森林带北移，沼泽湿地面积减小、水土流失现象增加，生物多样性减少，多年冻土加速退化等方面。寒区生态环境的不断恶化，将来必然会威胁输油管道的正常运营，所以保护有限的森林资源和生态系统，治理严重破损的冻土生态环境是当前本区开发建设的总体目标。

二、沿线冻土环境特征

中国境内的大小兴安岭多年冻土属于中高纬（又称兴安—贝加尔）型多年冻土，它是欧亚大陆多年冻土的最南突出地带。冻土分布受大小兴安岭山脉走向控制及海拔高度和纬度地带性叠加影响，同时由于山区冬季逆温层的存在以及山间洼地、沟谷阶地的苔藓和沼泽湿地的泥炭层等综合作用，造成在同一局部地段内低洼处多年冻土和地下冰最发育、地温最低、多年冻土层最厚[1-3]。

受纬度地带性制约，管道沿线自北而南年平均气温逐渐升高，由 -5.0℃升至0℃，中俄输油管道位于多年冻土区的部分（漠河—乌尔其段）长约440.73km，该区段多年冻土由片状分布逐渐过渡为岛状、稀疏岛状直至零星分布，多年冻土平面分布的连续系数由75%减至5%以下，森林覆盖率由70%减至50%，在南界附近仅为30%左右，多年冻土由不稳定逐渐变为极不稳定型。根据冻土平面分布、温度、厚度及冻土生态环境的区域性变化特征等，可将本区综合划分为四个区段（表1）。

多年冻土是寒区自然生态系统和环境的重要组成部分，在地质历史和生物演化中与其生态组成的各因子间相互依存、彼此影响、协同发展，形成完整的冻土生态环境系统。目前本区多年冻土呈区域性退化状态，它是全新世小冰期以来冻土退化的继续和加强，长时期的多年冻土变化必然会引起本区冻土生态环境的明显改变。

本区近40年来区域气候显著变暖是引起多年冻土退化的基础性因素，气温持续升高导致地温逐年升高，冻土退化速度加快。冻土退化的结果使大小兴安岭多年冻土总面积由20世纪70年代初的$39\times10^4km^2$减至目前约$29\times10^4km^2$，总面积减少了25.6%，多年冻土南界普遍北移50~120km，管道沿线冻土南界向北移约100km[4]。已有的研究结果均表明，该区冻土还发生了季节融化加深、季节冻深变浅；多年冻土厚度减薄、温度升高；融区扩大、多年冻土岛消失等一系列退化现象[4-6]。2007年的勘测也证实了该区一些冻土退化现象，如发现多处多年冻土南界附近的冻土岛消失等。

表1　沿线各区段冻土和生态特征汇总表

分区	管道所经过的长度/km	多年冻土平面分布的连续系数/%	年平均气温/℃	年平均地温/℃	多年冻土厚度/m	冻土热稳定类型	森林覆盖率/%	植被类型	分区
漠河—瓦拉干	123	漠河至瓦拉干片状多年冻土区	70~75	-2.8~-4.0	0~-1.8	0~60	以不稳定型为主	>70	以针叶林为主
瓦拉干—劲松	194	瓦拉干至劲松大片融区多年冻土区	30~70	-2.0~-3.0	0~-1.5	0~50	不稳定型和极不稳定型	60~70	山地为针叶林，河谷、盆地为针阔叶混交林

多年冻土退化程序随区段、地表覆盖状况及空间不同而有差异。对同一地区在外界影响因素大致相同的情况下，海拔高处、山坡、阳坡退化速度均快于海拔低处、谷地、阴坡[4,7-8]；从农田（或裸地）→草地→灌丛→森林→沼泽湿地，多年冻土从无到有，地温从高到低，冻土退化速度从快到慢[9,10]。区域性冻土退化速度表现为：南部大于北部、城镇大于田野、农田快于林区，皆伐林区快于原始林区[10]。

从目前冻土退化趋势分析，管道沿线岛状及零星多年冻土分布约占多年冻土区总长的30%，这一广阔区域实际上是多年冻土逐渐向季节冻土转变地段，对地表热交换条件极为敏感，是本区冻土工程地质条件及生态环境不稳定地段。

三、寒区生态环境现状分析

本区的森林、沼泽湿地和冻土是自然界经过长期演化形成的，三者相互制约、相互依存、相互影响构成本区独特的自然地理景观和寒区生态系统。与冻土环境相适应的寒区森林、沼泽湿地总是在不断地发挥它的有效功能维护着区内生态平衡，三者发展和演化的共同点是同样都受冷湿环境所制约，区内某一因素一旦发生明显变化，将造成各因素间相互影响、互相作用，最终形成新的动态平衡生态系统。在寒区生态环境演化过程中，冻土退化是主要的内驱动力，它起到推波助澜的作用。本文重点论述位于管道沿线冻土区的森林、沼泽湿地及其与其他环境因子间相互作用的关系。

（一）森林

多年冻土最发育的大兴安岭北部地区是以兴安落叶松占绝对优势的原始针叶林地带，森林是天然水库，具有保水功能，当降水时树冠可截留降水的20%，林地上枯枝落叶和杂草层截留并吸收5%~10%的水量[11]，并使雨水缓慢进入土层，由地表水转变为地下水，使土壤层保持充足水分。兴安落叶松是以冻土为生长载体的，冻土环境维系兴安落叶松的生长和延续，兴安落叶松生长地段又有利于冻土发育和保存，两者相辅相成、互相作用，才能使冻土生态环境相对稳定。

近40年来，由于林区开发建设指导思想的偏差，过多的超负荷采伐森林，严重违背了森林生态系统中能量与物质流转平衡的基本原则，致使森林生态受损和森林生产能力不断下降，森林作为保护冻土、调节生态平衡、改善生态环境的功能逐年减弱，加之毁林开荒、乱砍滥伐、开采金矿、修路、城镇不断扩大等，致使天然林资源过度消耗，植被遭到不同程度的破坏，并由此引起了林区水土流失加重、森林涵养水源能力降低、野生动植物栖息环境加剧恶化，生物多样性锐减，自然灾害频繁发生等一系列生态环境问题。过量的森林采伐，对林地破坏和扰动较大，改变了地表的热平衡条件，据本区林地观测资料表明：6~9月份月平均气温皆伐迹地比天然林区高1~2℃，而全年年平均气温皆伐迹地亦高于天然林区0.5℃；从而造成皆伐迹地50cm深度处全年平均地温升高约1.0℃，6~9月份平均高1.2℃，季节融化层含水量减少约50%，季节融化深度增加20~30cm，加速多年冻土退化，冻土退化使原来的多年冻土层的隔水作用所保留在土壤中的水分流失，导致依赖这些水分生长的兴安落叶松种群发生次生演替，迫使兴安落叶松种群的自然生长南界北移约1个纬度带[12,13]，如大杨树至加格达奇段，原始林已失去早期面貌，代之为次生林区，过去生长兴安岭落叶松地段现在只残留很少部分或根本绝迹，被内蒙古柞林、杨桦林及灌丛取代，有些变为农田和草甸。

（二）沼泽湿地

本区沼泽湿地是淡水资源的储存地，是当地江河水源的补给源泉，也是维护寒区生态环境的重要因素。

沼泽湿地具有隔热和蓄水功能，减弱冷储耗散或增加冷储[14]，在本区目前多年冻土退化过程中，它可抑制活动层的能量交换过程，使之处于低平衡状态、减缓和削弱多年冻土退化的速度和强度、使下伏多年冻土受到不同程度的保护，因此沼泽湿地往往是多年冻土最发育的部位，它主要起降低地温和减小季节融化的作用，如管道沿线北部的阿木尔地区，在沟谷内沼泽湿地处土层的年平均地温最低（-4~-2℃），季节融化深度仅1m左右，多年冻土层厚60~120m；而相邻的山坡上年平均地温比低处沼泽湿地要高1.5~4.0℃，南坡已变为季节冻土区[3]；在管道沿线岛状和零星多年冻土分布区内，绝大多数冻土岛均残留在沼泽湿地内。而多年冻土层阻止沼泽水的垂直散失，有利于沼泽化过程的连续性，低温抑制菌解过程亦有利于泥炭堆积和沼泽的生存，促使沼泽湿地生存和发展[14]。

本区农田是近40年来人类经济活动的结果，在居民点附近人类首先是砍伐森林、将林地变为灌丛草地、随之涵养水分的能力降低、致使沼泽湿地变干，然后再垦荒为农田，尤其是多年冻土南界附近很多沼泽湿地目前均变为大片农田，如加格达奇林业局境内沼泽湿地减少了30%[15]，原来以针叶林为主导的冷湿生态环境目前已面貌全非，变为农林交错区。沼泽湿地变农田后、土壤水分减少、热导率增大、地温升高，加速多年冻土退化，如加格达奇北加漠公路10km处，公路东侧的沼泽湿地为多年冻土岛，公路西测沼泽湿地已被开垦为农田后，地温升高已变为季节冻土区，据2007年夏季在该处对比观测：6~8月份0~50cm深的浅层地温农田比沼泽湿地高4~6℃，在本区最北部的漠河县北极村（年平均气温-5.0℃），近10年来气象站周围的沼泽湿地全部开垦为农田，目前该气象站内3.2m深地温年平均值为0.4℃，1月份平均地温仍为0.1℃，说明此处多年冻土退化在垂向上已造成不衔接状。

多年冻土退化后，土层的隔水功能减弱，地下水位下降，表层蓄水能力减弱、很难再维持沼泽湿地的原状，一般演化为草甸，大大削弱了对多年冻土的保护和增生作用。由此可见本区冻土与沼泽湿地的共生关系，两者对环境变化表现为同增生共存亡[16]。

（三）森林火灾

本区森林火灾频繁。火灾后灾区林木和过火林下植被的地上部分被烧死，引起地面反射率和辐射平衡的变化，改变了近地面气温、地温、水分和植被状况，从而造成冻土的变化，如本区北部1987年5月6日~6月2日的森林大火，毁林达100万顷以上、大面积原始林遭到毁灭性的破坏。1991—1992年在阿木尔火灾区进行调查研究，发现时隔4~5年后火灾对冻土水热状况和冻土生态环境仍残留着明显的破损迹象，现将当时研究成果总结如下[17]：对小气候的影响表现在大面积火灾对区域性气温具有整体升温效应；对浅层地温的影响表现在无论是在坡地或是沼泽地火烧后地温均升高；对土层含水量的影响表现在：火烧地土层含水量小于天然林地；对季节融化（冻结）深度的影响表现在：与火烧地的浅层年平均地温升高结论相吻合，即地温升高季节冻结深度随之变浅。

火灾区地温升高，土壤由酸性向中性转化，微生物活动旺盛，有利于有机质的矿质化和有效养分提高，这是对次生植被恢复有利的一面；但是也存在着对林木不利的一面，严重的森林火灾，引起冻土水热状况极大变化，加速冻土退化，冷湿的生态环境遭到破坏，非常不利于兴安落叶松的恢复。作者于2007年8月重返阿木尔地区调查发现，1987年森林大火的过火地段，经20年后火烧立木仍历历在目，在沼泽地内植被以草本植物居多，少量白桦和山杨成为过火林地天然更新的先锋树种，狭叶杜香、笃斯等灌丛群落已占优势，适应于冻土冷湿环境的兴安落叶松很难恢复原貌，失去了优势森林群落的地位，即使是人工培植的落叶松树苗亦生长缓慢。在坡地上原有的高温冻土在火烧后已经退化为季节冻土或不衔接状多年冻土，失去了多年冻土层的隔水作用，加上坡地上土层颗粒粗，水分不易保存，植被恢复很慢，仅有稀疏的次生林和草地，植被覆盖度明显减小，失去了对地表径流的调节作用，易形成地表径流，造成地面侵蚀和水土流失，个别处已发展成碎石坡。

多年冻土融化，层内释放出高浓度的CH_4、CO等可燃气体[18]，容易引起森林火灾；在火灾发生过程中上述可燃气体帮助燃烧、增加火烧强度；明火扑灭后，它有助于死灰复燃，再次引起火灾。

（四）快速城镇化

随着林区开发，大兴安岭地区总人口由20世纪60年代开发初期的约2万增长到1994年的约54万，管道沿线陆续兴建起一批城镇，城镇规模和范围在不断扩展，城镇“热岛”效应亦越来越明显。城镇是人口居住的密集区，是人类经济活动最为频繁、开发建设最集中的地段，所有对冻土退化和环境破坏的人为因素在此均有表现，如房屋、道路、给排水及供热管道、院内外耕作，加之工民业燃料消耗，垃圾废物堆放及机动车运行排放大量的热量和CO_2等致使城镇内气温高于郊外，城镇“热岛”效应强度与城镇规模成正比，规模越大，人口越密集则城镇“热岛”强度越大，对冻土生态环境破坏亦严重。城镇内特殊的下垫面（如房屋地面、路面、和砼地表）改变了原天然地表辐射条件，吸热量普遍增加，造成本区一般采暖房屋使用8～9年后，其融化盘深达8.3～9.6m[19]，并造成周边地温增高；道路修筑后3～4年，路基下冻土天然上限则开始下降。房屋和路面下融化盘继续发展最后连成一体，则使城镇内多年冻土在垂向上不衔接或完全融完变成“城镇融区”，如20世纪50年代在加格达奇、大杨树镇内均发现多年冻土，在1964年加格达奇镇内多年冻土上限为1.7m，到1974年上限深达6m以下，目前加格达奇和大杨树镇内多年冻土均退化完，但2007年7月在加格达奇东郊5km远拟建的工业园区内挖排水沟时在2.6m以下发现厚30cm地下冰层，冰层下仍为多年冻土层。目前管道沿线的松岭、大阳气、林海、新天、塔原、新林等城镇内的多年冻土已大部退化为融区，塔河、阿木尔及漠河县城内已为不衔接冻土区。大兴安岭西坡大片连续多年冻土区内的根河市和图里河镇气温和地温变化对比是有力的佐证，根河市和图里河镇两地相距约50km，均位于同高程的河谷阶地上，20世纪80年代前同为林业局址所在地，城镇规模、人口等相似，所以两气象站气温和地面温度基本相同；20世纪80年代后期，根河改为县级市以来，人口由原来的1万增至目前的7万，城市规模扩大为图里河镇的3～4倍，高楼林立，致使20世纪90年代年平均气温较图里河镇高0.6℃，21世纪前5年高0.7℃，地面年平均温均高0.8℃，5～320cm冻深，7月份月平均地温高2.1～5.0℃，最大季节冻深减少40cm，却提前近1个月将季节冻层全部融完[20]。以上结果表明近20多年来根河市“热岛效应”对气温和地温的影响程度已明显大于图里河镇。有力地说明城市规模越大、人口越密集，则“热岛”强度越大，对冻土生态环境影响亦越大，目前根河市周边2~5km范围内已无森林，全变为草地和农田。

（五）管道建设对沿线生态环境的干扰

管道工程施工期间，管沟所在范围内的植物地上部分与根系均被铲除，同时还会伤及近旁植物的根系，施工带其他部位的植被，由于平整场地，挖掘出土石的堆放，施工机械、车辆、人员的践踏，会造成地上部分破坏甚至去除。管沟回填，将破坏土壤原有表层和结构，施工期间车辆和重型机械的碾压会造成管道两侧土层过于紧实，扰动土壤并带来严重的植被破坏。同时，按照管道建设规定，管线两侧各5m范围内不允许种植深根植物，只能种植一些浅根草本植物。使得沿线植被类型发生变化。施工期间破坏的天然草本植被如靠自然恢复，在一般地段和正常年份估计需2~4年的时间。被破坏的灌丛和乔木，估计至少需要5年（灌丛）或更长（乔木）的时间，而且需要人工种植。在管道施工期及施工结束的短时间内，施工带植被尚未完全恢复，表土较松散，遇大雨可能发生水土流失。施工活动也使得森林植被群落发生变化，林木变稀，郁闭度减少。管道在穿越湿地时以大开挖施工方式为主，在局部冻土工程地质条件差的地段可能采用管堤方式。因此，施工活动将会影响湿地的水文状况，导致局部地段湿地退化。

在未来管道运行期间，若正常运行，不会对沿线的生态环境造成大的影响，一旦管道发生事故，甚至引起火灾，将会给森林生态系统带来毁灭性的破坏。同时，因事故泄漏的原油将对土壤自身的物理、化学和生物特性造成影响，破坏植被赖以生存的土壤环境，同时原油将对植被本身造成一定伤害，使得植物萎蔫，损害植被根部功能，抑制植物根部吸收营养物质，并干扰植物吸收生长所必需的营养元素[21]。同时，在运行期，管道油温对其周围和沿线冻、融土的水热状态可能产生影响，进而影响到冻、融土物理力学特性。可能会对湿地生态环境带来影响。在事故状态下，原油的泄漏会对湿地植被及土壤造成严重影响。

除上述几个主要环境因子外，区内铁路、公路、采矿、乱挖药材、掠夺性地采集野果，任意排放废水、废气等均对冻土生态环境产生不同程度的影响和破坏。由此可见区内冻土生态环境问题的产生具网络链式问题群的特点，它是由多因子组成的，并有互相联系的整体，当任何一个因子改变时所引起的变化或效应都具“一对多”的关系。

综合分析本区冻土生态环境问题是错综复杂的，目前仍很严峻，环境受损和破坏状况有些仍在发展，现状不容乐观，生态建设势在必行，其原因：

1. 冻土生态环境变化后植被类型也随之改变，促使森林植被发生次生演替，向低层次发展，恢复到原生态系统则非常困难。

2. 目前正在退化的多年冻土和在初始阶段形成和发展的多年冻土对比，无论在平面分布、冻土温度和厚度、物理化学力学性质乃至冻土生态环境方面均有明显差别，说明在两种状态下冻土演化的结果并不完全可逆。

3. 本区内生态系统内负反馈明显增强，一方面是人类经济活动逐年增强，城镇建筑面积逐年扩大，铁路、公路仍向天然林区延伸，车辆和人口增多，造成破坏作用加强；另一方面气候转暖，区域性冻土退化加剧，两种因素的叠加形成“马太效应”进一步导致森林植被演替、沼泽湿地退化，迫使生态系统进入恶性循环状态，最后造成生态系统内部的负反馈机理明显增强。

4. 冻土生态系统内诸因子不平衡发展日趋严重，如冻土退化加剧、人口增长，城镇“热岛”效应增强等已超过自然环境的自身调节作用和能力，而恢复是极其缓慢的过程，造成目前本区冻土生态环境失调。

总之，本区冻土生态环境脆弱易破损性导致生态系统在人为影响和自然环境改变下发生大面积的不同程度的破损和失调；环境变化的滞后性使未来一段时间内仍在起作用；而恢复功能的微弱和缓慢的进程决定了本区冻土生态环境建设的困难性和长期性。

参考文献

[1] 周幼吾，邱国庆，郭东信，等. 中国冻土 [M]. 北京：科学出版社，2000，173 - 176.

[2] 周幼吾，郭东信. 我国多年冻土的主要特征 [J]. 冰川冻土，1982，4 (1)：1 - 19.

[3] 戴竞波. 大兴安岭北部多年冻土地区地温特征 [J]. 冰川冻土，1982，4 (3)：53 - 62.

[4] 金会军，于少鹏，吕兰芝，等. 大小安岭多年冻土退化及其趋势初步评估 [J]. 冰川冻土，2006，28 (4)：467 - 475.

[5] 王春鹤，张宝林，刘福涛，等. 中国东北地区多年冻土退化标志和现象 [C]. 第五届全国冰川冻土学术大会论文集（下册）. 兰州：甘肃文化出版社，1996：1063 - 1070.

[6] 何瑞霞，金会军，吕兰芝. 东北北部冻土退化与寒区生态环境变化 [J]. 冰川冻土，2009，31 (3)：525 - 531.

[7] Jin H J, Sun G Y, Yu S P. Symbiosis of marshes and permafrost in the Da and Xiao Hinggan Mountains in the Northeastern China. Chinese Geographical Science, 2008, 18 (1): 62 - 69.

[8] 俞祁浩，白旸，金会军，等. 应用探地雷达研究中国小兴安岭地区黑河—北安沿线岛状多年冻土的分布及其变化 [J]. 冰川冻土，2008，30 (3)：461 - 468.

[9] 金会军，赵林，王绍令，等. 青藏公路沿线冻土的地温特征及退化方式 [J]. 中国科学，2006，34 (D11)：1009 - 1019.

[10] 金会军，王绍令，吕兰芝，等. 大兴安岭多年冻土退化特征 [J]. 地理科学，2009，29 (2)：223 - 228.

[11] 周琳. 东北气候 [M]. 北京：气象出版社，1991：312.

[12] 张汉文. 大兴安岭林区植被与冻土的关系 [C]. 第二届全国冻土学术会议论文选集. 兰州：甘肃人民出版社，1983：81 - 84.

[13] 谭俊，李秀华. 气候变暖影响大兴安岭冻土退化和兴安落叶松北移的探讨 [J]. 内蒙古林业调查设计，1995 (1)：25 - 31.

[14] 孙广友. 试论沼泽与冻土的共生机理——以中国大小兴安岭为例 [J]. 冰川冻土，2000，22 (4)：309 - 315.

[15] 周公茹，马俊莹，周琳. 大兴安岭地区湿地现状及保护 [J]. 国土与资源研究，2005 (3)：60 - 61.

[16] 周梅，余新晓，冯林，等. 大兴安岭林区冻土及湿地对生态环境的作用 [J]. 北京林业大学学报，2003，25 (6)：91 - 93.

[17] 周幼吾，梁林恒，顾仲炜，等. 大兴安岭北部森林火灾对冻土水热状况的影响 [J]. 冰川冻土，1993，15 (1)：17 - 26.

[18] 赵鹏武，郭广猛，魏江生，等. 大兴安岭北部冻土中 CO 分布研究 [J]. 冰川冻土，2008，30 (4)：590—594.

[19] 铁道部第三勘察设计院. 冻土工程 [M]. 北京：中国铁道出版社，2002：31.

[20] 何瑞霞，金会军，常晓丽. 东北北部多年冻土退化现状及原因分析 [J]. 冰川冻土，2009，31 (5)：829 - 834.

[21] 杨思忠，金会军，吉严竣，等. 冻土区石油污染物迁移及清除研究进展 [J]. 冰川冻土，2008，30 (3)：501 - 507.

从环境保护的角度看区域协调发展

刘国才

（环境保护部华东环境保护督查中心）

区域协调发展包括区域内、区域间的协调发展。区域协调发展的目标是经济增长和环境保护目标与指标均得以实现。我国区域协调发展的基本阶段可划分为不协调、半协调、全协调三步走。区域协调发展的基本途径是确定区域功能定位、确定区域环境质量标准、确定并遵循协调目标实现的主线。

一、区域协调发展的基本含义

（一）协调发展的基本含义

1. 协调发展的目标

从环境保护的角度，协调发展的目标有两项，一是实现经济增长的目标，二是实现环境保护的目标。两项目标位置上必须“并重”，目标实现上必须“同步”。

经济增长目标实现可满足老百姓的发展权，即老百姓为实现自身日益增长的物质文化需求要求政府追求 GDP 增长的权利。环境保护目标实现可满足老百姓的生存权，即老百姓为满足自身基本生命健康需求要求政府保护生态环境的权利。胡锦涛总书记明确指出，环境保护的目标就是让人民群众吃上放心的食物，喝上干净的水，呼吸上清洁的空气，在良好的生态环境下生产生活。

发展权和生存权是最基本的以人为本，是最基本的人权，是最基本的关注民生。

2. 协调发展的指标

指标是目标实现的定性和定量表征。根据国民经济和社会发展第十一个五年规划，表征经济增长目标实现的指标有国内生产总值年均增长（%）、城镇居民人均可支配收入年均增长（%）、农村居民人均纯收入年均增长（%）等。根据生态环境质量评价，表征胡锦涛总书记环境保护目标实现的指标有空气质量指标、饮用水源水质指标、土壤环境质量指标、生态环境质量指标等。

3. 协调发展的基本含义

从环境保护的角度，区域协调发展的基本含义是：经济增长目标、环境保护目标要同期设定；经济增长指标、环境保护指标要同时完成；老百姓的发展权、生存权要同步实现。

（二）区域内协调发展的基本含义

1. “区域内”含义

“区域内”是指依法划定的行政单元辖区内。“区域内”是个相对概念，既可以指省域内，又可以指市域内，也可以指县（区）域内。

2. 区域内协调发展的基本含义

理论含义。将行政单元作为一个相对独立的生态系统，运用生态学原理，综合设计区域内经济增长和环境保护的目标与指标，通过人为调控，使区域内经济增长和环境保护的结构与功能不断优化，促进整个系统向着经济增长与环境保护更高层面的协调进行演替。

实践评价。在横向上，区域内经济增长和环境保护目标与指标均得以实现。在纵向上，随着经济增长目标和指标的不断提升，环境保护的目标和指标不降低，甚至还有所改善。

（三）区域间协调发展的基本含义

1. “区域间”含义

“区域间”是指依法划定的行政单元辖区之间。“区域间”是个相对概念，既可以指省域之间，又可以指市域之间，也可以指县（区）域之间。

2. 区域间协调发展的基本含义

理论含义。将两个或以上行政单元全部辖区作为一个相对独立的生态系统，运用生态学原理，突破行政界限束缚，统筹设计区域经济增长和环境保护的目标与指标，通过人为调控，尤其是通过区域间生态与经济的补偿调控，使区域内各行政单元经济增长和环境保护的结构与功能均得以优化，实现整个系统向着经济增长与环境保护更高层面的协调进行演替。

实践评价。在横向上，全国各省域、省域内各市域、市域内各县域经济增长和环境保护目标与指标均得以实现。在纵向上，随着全国各省域、省域内每个市域、市域内每个县域经济增长目标和指标的不断提升，环境保护的目标和指标不降低，甚至还有所改善。

区域间协调发展在现实中重点表现为东中西部间、敏感区域相邻行政单元间的协调发展，更突出表现在重点流域上下游相关行政单元间的协调发展。

二、区域协调发展的基本阶段

（一）不协调阶段

不协调阶段是指区域内未实现协调发展的阶段。

区域内不协调的现实表现通常是经济增长目标和指标得以完成，环境保护目标和指标未能如期实现。区域不协调的特点是“先污染后治理”。区域不协调的后果是老百姓的生存权得不到保障，长期下去，经济增长也将失去环境支撑，发展权也将失去。

我国从“一五”到“十五”均制定了国民经济和社会发展的五年计划或规划，经济增长目标和指标通常得以完成，环境保护的目标和指标却从未如期实现过。这也是党中央、国务院提出科学发展观，将节能减排指标作为“十一五”规划约束性指标，实行问责制和一票否决制的根本原因。

“先污染，后治理”概念模糊，“先污染”污染到什么程度？“后治理”什么时间开始治理？“先污染，后治理”后果有三，一是未来的治理成本可能很高。二是许多生态破坏和环境污染是不可逆的。三是到想要治理时可能已经造成很大社会公害。

（二）半协调阶段

半协调阶段是指区域内实现协调发展，区域间未实现协调发展的阶段。

半协调表现为区域内经济增长和环境保护的目标和指标得以完成，区域间经济增长和环境保护目标和指标却未能如期实现。半协调的特点是区域内经济增长与环境保护实现“并重”、“同步”，区域间其他行政单元却直接或间接受相邻行政单元影响，环境保护目标和指标不能实现，甚至发生影响饮水安全和经济增长的环境容量的状况。半协调的后果不是区域间的“互利”而是“偏害”。

长期以来，各行政单元共同的上一级人民政府缺乏行政单元间经济增长与环境保护的区域统筹，突出表现为未科学地进行单元间功能区划定，未合理明确单元间环境质量评价标准，未出台并切实实施好单元间考核的硬约束，直接导致我国各行政单元发展定位和发展趋势自成体系，在环境资源利用上以邻为壑。比如流域上游行政单元通常将开发区、化工园区设在本行政单元流域的下游，而此“下游”恰为相邻行政单元流域的“上游”。开发区、化工园区大量废水排放，一方面造成下游行政单元经济增长的环境容量缺失，另一方面还直接危及下游行政单元老百姓的饮水安全。这种情形在我国流域各行政单元间还不鲜见。国家开展主体功能区划定、开展环境质量评价，期望能够实现区域内、区域间产业结构和布局符合主体功能区定位、排污总量满足环境质量达标要求的科学发展。

（三）全协调阶段

全协调是指区域内、区域间都能实现协调发展。

全协调表现为区域内、区域间经济增长和环境保护的目标和指标都得以完成。全协调的特点是区域内、区域间经济增长与环境保护均实现“并重”、“同步”。全协调的后果是通过区域间“共生”实现“互利”。

（四）我国所处协调阶段

我国地域广大，区域发展不平衡，不同区域资源禀赋差异很大，各地所处协调阶段各有不同。但总体来说，受国情和发展阶段影响，我国长期以来走的是一条“先污染后治理”之路，区域内、区域间偿还环境保护旧账的任务很重，实现经济增长的压力很大。中央提出科学发展观，生态文明建设，国家正在由不协调、半协调向全协调的全面发展迈进。

三、区域协调发展的基本途径

（一）确定区域功能定位

1. 划定原则

突破行政单元界限，依据区域流域资源禀赋、经济社会发展状况及预期，以实现区域内、区域间经济增长和环境保护协调为目标划定。区域功能定位及其划定、功能调整应由国家立法予以保障和约束。

目前国家区域功能定位分属不同部门牵头确定，分别有功能区划、环境功能区划、主体功能区划等，涉及水利、环保、发改委等，建议国家高度重视功能区划定重要意义，明确目标、整合资源、依法划定。

2. 划定作用

功能区一旦划定，就明确了特定区域诸如重点开发、限制开发、优化开发、禁止开发的功能定位，进而明确了特定区域产业结构、布局的调整和发展的方向。在偿还旧账，不欠新账努力下逐步实现区域内、区域间产业结构和布局符合功能区定位刚性要求。

功能区划定是国家产业结构调整不可或缺的依据，没有区域功能区划定，结构调整就陷入盲目，也必然会引发新一轮结构危机。时下区域内、区域间现存大量环境问题都与未划定功能区、功能区划定不合理、功能区执行刚性不足直接相关。功能区问题不尽快解决，在发展经济强大压力下，环境保护的后果只能是旧账未还、新账又欠，环境保护必然会陷入被动、消极、滞后、补救的局面，区域协调发展又将成为一句空话和口号。

3. 划定次序

功能区划定由上到下、从大到小进行。功能区划定应首先由中央政府划定省域间功能定位，省级政府划定所辖市域间功能定位，市级政府划定所辖县域间功能定位。依据中央政府划定的省域间功能定位，省级政府划定省辖区域功能区；依据省级政府划定的市域间功能定位，市级政府划定市辖区域功能区；依据市级政府划定的县域间功能定位，县级政府划定县辖区域功能区。

4. 功能批复及调整

市、县两级区域内、区域间功能区批复及调整要报经省级政府批准；省域、省域间功能区批复及调整要报经中央政府批准。

（二）确定区域环境质量标准

1. 确定原则

环境质量标准内容、定性和定量指标的确定要满足不同区域内和区域间功能区定位要求。环境质量标准确定、调整应由国家立法予以保障和约束。

2. 确定作用

环境质量达标是功能区作用发挥的前提和保障，环境质量达标情况是功能区环境状况的客观评判，是区域环境保护目标和指标是否实现的量化表征。环境质量标准一旦确定，就明确了特定区域诸如重点开发、限制开发、优化开发、禁止开发等区域的环境质量底线。在偿还旧账，不欠新账努力下逐步实现区域内、区域间环境质量达到功能区定位的刚性要求。

时下区域内、区域间现存大量环境问题都与环境质量标准未确定、确定不合理、标准执行刚性不足直接相关。如常见流域相邻省级政府均有权批复辖区流域水环境质量标准，上游省级政府批复的出省断面水质为三类，而下游省级政府批复的进水断面水质为二类，环境质量标准的不一致导致上下游政府的责任和权利不明晰，跨省区域纠纷协调失去了必要的前提和基础。典型的例证见于同属新安江流域的安徽、浙江，两省就跨界环境质量标准问题和流域保护问题曾被列为全国人大重点督办的议案。

3. 确定次序

环境质量标准，尤其是流域水环境质量标准（水环境目标和评价指标的类别与大小）的确定应由上到下、从大到小进行。首先由中央政府确定省域间流域水环境质量标准；省级政府确定所辖市域间流域水环境质量标准；市级政府确定所辖县域间流域水环境质量标准。依据中央政府确定的省域间流域环境质量标准，省级政府确定省辖区域内流域水环境质量标准；依据省级政府确定的市域间环境质量标准，市级政府确定市辖区域内流域水环境质量标准；依据市级政府确定的县域间环境质量标准，县级政府确定县辖区域内流域水环境质量标准。

4. 标准批复及调整。市、县两级区域内、区域间环境质量标准批复及调整要报经省级政府批准；省域、省域间环境质量标准批复及调整要报经中央政府批准。

（三）确定并遵循协调目标实现的主线

从环境保护看区域协调发展，各级政府要做好定性、定量两件事，定性是指实现产业结构布局符合功能区定位，定量是指排污总量满足环境质量达标要求。做好定性、定量两件事是区域内、区域间环境保护目标与指标实现的保障，是实现区域内、区域间协调发展的不二选择。

1. 偿还旧账

偿还区域内、区域间产业结构布局不符合功能区定位，环境质量不满足达标要求的旧账。各行政单元及各行政单元共同的上一级政府要将本区域产业结构布局不符合功能区定位，环境质量不满足达标要求的现存问题理清楚，将各牵头部门的任务列清楚，将解决问题的体制机制说清楚，通过政府目标责任制形式将偿还旧账的目标、时限、工程落实到相关行政单元和各牵头部门头上。对未完成目标任务的要实行严格的问责制和一票否决制（挂牌督办、区域限批、责任追究等），对完成目标任务的要予以政策扶持（提拔重用、资金扶持、生态补偿等）。

2. 不欠新账

新上项目要符合区域功能区定位，排污总量要满足环境质量达标要求。各行政单元及各行政单元共同的上一级政府要统筹规划，在明确未来发展的经济增长目标、指标的同时，要同步设定环境保护的目标、指标。规划实施要确保区域功能定位和各功能区环境质量达标的刚性。

3. 加快发展

在产业结构布局符合功能区定位，环境质量满足达标要求前提下追求 GDP 的最快增长。加快发展中，产业结构布局符合功能区定位，环境质量满足达标要求就是“好”，追求 GDP 的最快增长就是“快”，合起来就是“又好又快”。

四、结　语

没有规矩不成方圆。区域协调发展要成其“方圆”，也必有其“规矩”，而这种规矩的设定和执行则必须是刚性的才行。

准噶尔盆地西南缘荒漠生态林退化主要影响因素分析

于瑞德　陆亦农

（1. 中国气象局乌鲁木齐沙漠气象研究所　乌鲁木齐　830002；

2. 新疆师范大学地理科学与旅游学院　乌鲁木齐　830054）

摘　要　文章采取地面实地观测分析与遥感分析相结合，在研究区域内，对选择的 8 个样地进行林分测量，并利用 4 年时间对森林生长状况进行了动态监测，通过对林分测量、年轮细胞分析和遥感图片分析等方法进行长势状况分析，对环境因素进行了分析。结果表明该地区以胡杨为代表的荒漠生态林趋于衰败，面临着毁灭的危险。

关键词　准噶尔盆地西南缘　荒漠生态林　退化　影响

准噶尔盆地西南缘位于欧亚大陆腹地，是一个具有典型干旱半荒漠生态环境特点区域，是新疆天山北坡经济带的重要组成部分之一，它是我国内陆荒漠中为数不多的荒漠物种集中分布区之一。由于这里是蒙古植物区系与中亚植物区系的过渡区，荒漠湿地生物种群多样，生物多样性丰富，在我国内陆荒漠自然生态系统中具有典型性和较高的保护价值[1,2]。该地区对新疆乃至于全国的生态安全具有重要功能和作用。自 20 世纪 50 年代以来，由于过度开发，该地区 60% 的林木被毁坏，大片的土地被荒废，生态严重退化[1,2]。作为天山北坡地区绿洲化与荒漠化共轭演进的核心，文章研究区域包括的艾比湖流域部分地区，是目前我国四大风沙源之一[1]，荒漠化引起生态环境恶化的严重后果，比罗布泊、玛纳斯湖干涸的影响更大[4]。

一、研究内容及研究方法

（一）研究内容

选择了具有代表性的阿其克苏河流域作为研究区域，如图 1 所示，在区域内设立了 8 个样地，于 2006—2009 年分别对样地胡杨生长状况进行了动态监测和林分调查，在样地选择了 50 棵胡杨进行了年轮采样和实验室分析，通过对立木状况测量、年轮细胞分析和遥感图片分析等方法进行长势状况观测研究。同时，在研究区域建立了两个自动气象站和 4 个水位观测点，通过 4 年的气象水文观测和区域气象资料对比分析对研究区域气候水文变化进行研究。

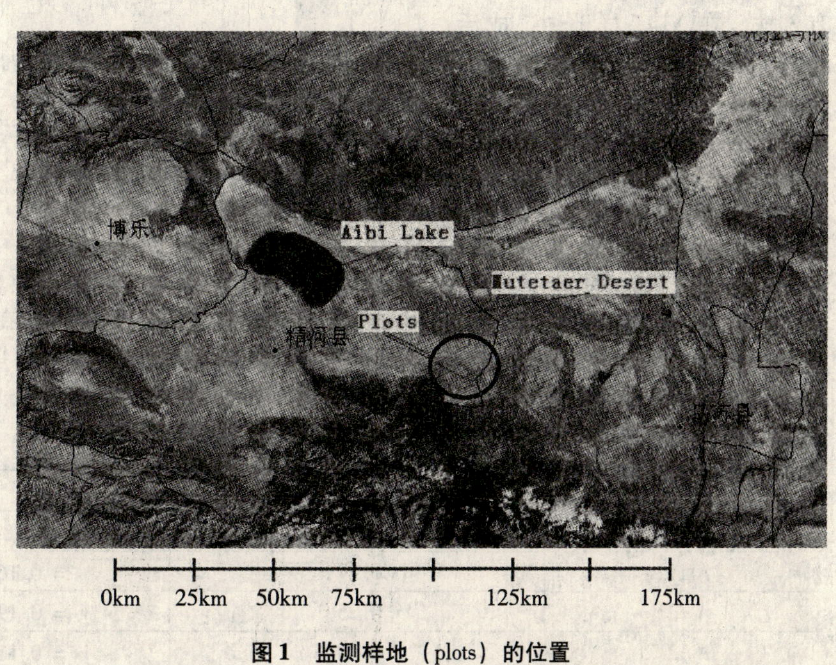

图 1　监测样地（plots）的位置

（二）研究方法

1. 野外观测

在研究区域内沿河岸和荒漠不同的植被景观选择了 8 个 100m ×100m 样地，于 2006 年 4 月—2007 年 11 月进行了样地林分调查并对样地中的所有 429 棵胸径大于 2.5cm 的胡杨，利用 MDL 激光测距仪和高精度测树尺先后 4 次对树高、胸径和冠幅生长状况进行了测量。同时，利用在研究区域建立的两个自动气象站采集了 2006—2009 年度生长季节气象数据；利用所建立的 4 个水位观测点，对 2006—2009 年度生长季节地下水位变化情况进行了每两周一次的动态监测。

2. 实验室分析

通过在研究样地采取树木年轮，对不同样地进行年轮实验室分析，同时在柏林工业大学遥感中心对研究区域 60km×60km2006 年 6 月的 QuickBird 遥感图进行判读分析，通过对年轮细胞分析和遥感图片分析进行长势状况观测研究。

3. 数据处理

通过对野外原始数据和实验室数据进行统计，进行胡杨长势状况分析；通过对 QuickBird 卫星图片判读分析，利用森林生态系统健康指数体系对准噶尔盆地西南缘荒漠区气候变化和森林生态系统的影响量化分析。

二、数据与分析

（一）样地基本情况测量结果

分析表明，在 8 个 $1hm^2$ 的监测样地中，胡杨生长缓慢，树冠的覆盖度为 0.3% ~18.7%。立木株数差异非常大，在 A102 样地中，成活胡杨有 185 株，而同样的面积，在 A131 和 A141 样地中，大部分胡杨已经死亡。A131 样地中，成活胡杨数目仅有 3 株，在 A141 样地中，成活的有 4 株。根据林分测量数据，在监测的所有 429 株成活树木中，最高的为 11m，最低的为 1.1m，不同样地高度的分布情况也有很大的差异。

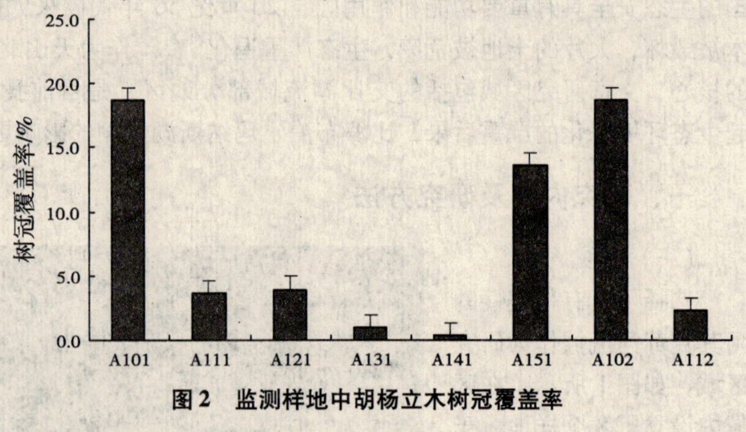

图 2　监测样地中胡杨立木树冠覆盖率

胡杨立木胸径在不同样地中，也表现出很明显的差异。数值分布在 85.24 ~2.67 之间 。由于生长条件的限制，树冠形状表现出很大的无序性，冠宽与胸径不存在明显的对应关系。在同一立木上，南北向冠宽和东西向冠宽也表现出很大不同。例如，A102 样地中 56 号立木南北向冠宽为 3.1m，东西向冠宽为 8.1m。

表 1　监测样地中胡杨高度生长情况

编号	年绝对生长量/m	回归关系式
A 101	0.08	$y=0.008x+8.42$, $R^2=0.0034$
A 111	0.27	$y=0.16x+4.03$, $R^2=0.93$
A 121	0.25	$y=0.19x+6.27$, $R^2=0.55$
A 131	0.16	$y=0.11x+6.60$, $R^2=0.73$
A 141	0.24	$y=0.19x+5.29$, $R^2=0.68$
A 151	0.26	$y=0.15x+5.04$, $R^2=0.84$
A 102	0.27	$y=0.16x+4.58$, $R^2=0.92$
A 112	0.09	$y=0.04x+3.43$, $R^2=0.51$

表2　监测样地中胡杨胸径生长情况

编号	年绝对生长量/cm	回归关系式
A 101	0.33	$y = 0.19x + 46.62$, $R^2 = 0.79$
A 111	0.22	$y = 0.13x + 26.03$, $R^2 = 0.90$
A 121	0.45	$y = 0.26x + 50.56$, $R^2 = 0.80$
A 131	0.29	$y = 0.18x + 47.10$, $R^2 = 0.90$
A 141	0.43	$y = 0.28x + 30.38$, $R^2 = 0.88$
A 151	0.37	$y = 0.23x + 18.91$, $R^2 = 0.91$
A 102	0.34	$y = 0.20x + 18.56$, $R^2 = 0.85$
A 112	0.24	$y = 0.14x + 14.56$, $R^2 = 0.87$

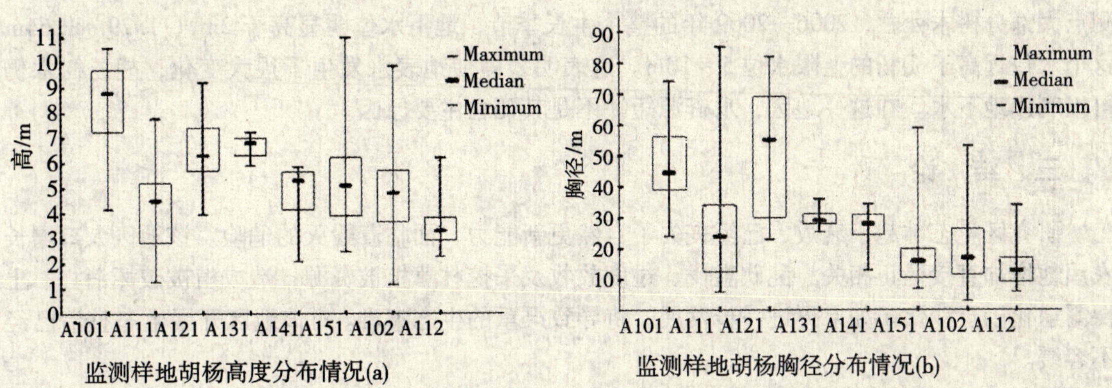

监测样地胡杨高度分布情况(a)　　监测样地胡杨胸径分布情况(b)

图3　胡杨林高度和胸径生长状况

在研究区域内，地表植被贫乏，群落结构单一，除了胡杨和为数不多的梭梭外，几乎没有其他植物生长。监测样地中胡杨立木树冠覆盖率普遍较低，最高为18.7%，树冠覆盖率最低的样地仅仅为0.3%（图1），图3，表1、表2所示胡杨高度和胸径生长状况不良。所有8个监测样地中，未发现自然更新幼苗。

以上数据表明，该地区胡杨林整体衰败，已经丧失了自然更新能力，面临着毁灭的危险。

（二）气候及地下水位影响分析

从A201、A102样地两个气象站获得的气候数据，得到研究点每两个星期的温度平均值和降水量气候数据与从精河气象站获得的数据比较表明，在过去45年温度和降水变化不显著（图4）。在这一地区99.9mm年降水量条件下，胡杨树木只有利用地下水或河流径流才能生长。在研究地，阿其克苏河已经部分干涸。

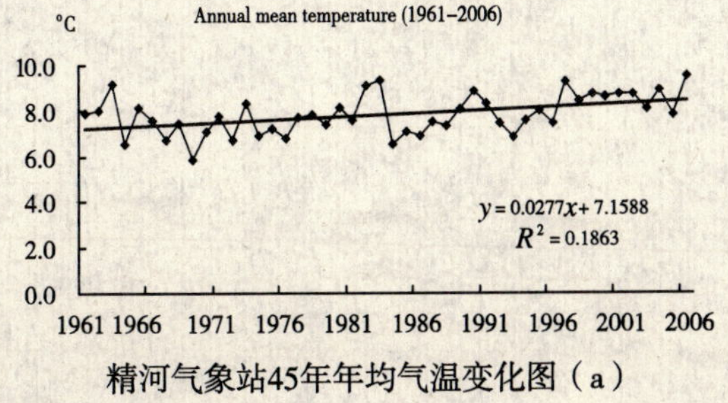

精河气象站45年年均气温变化图（a）

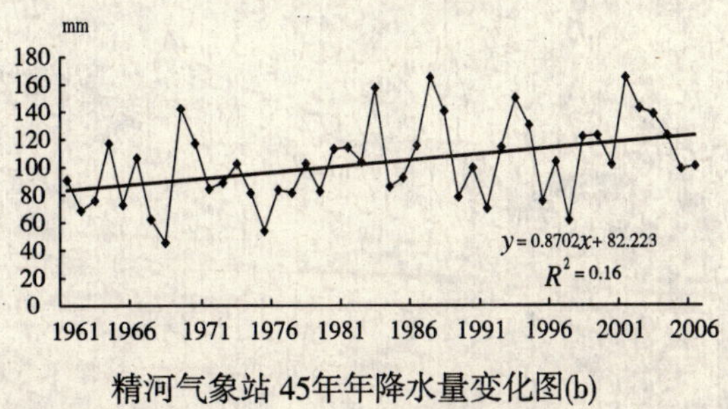

精河气象站 45年年降水量变化图(b)

图4　过去45年温度和降水变化

表3　用于观测地下水位的水井地理位置

编号	站点位置	纬度	经度	海拔高度/m
No. 1	A 101	N44°34′9. 7″	E83°44′30. 6″	346
No. 2	A 102	N44°36′1. 4″	E83°33′53″	289
No. 3	A 141	N44°36′42. 6″	E83°38′57. 9″	312
No. 4	A 112	N44°39′0. 5″	E83°35′0. 1″	288

如表3所示，地下水水位是通过打出的3口新井A141、A102和A112和一个现存的井A101测量的。2006—2009年每两个星期一次进行的测量数据表明，对所有的监测点，地下水水位在1. 11m（A141，25 /04/07）与2. 98m（ A101，22/08/06），这个水位始终高于3m。在A141监测点大部分树木死亡，2006—2009年的整个生长季节，地下水位明显高于2m（ 1. 29 ~ 1. 64m）。这个水位远高于胡杨的上限水位5 ~ 10m。这表明，即使地表水发生了很大变化，胡杨树木仍然可以利用地下水。在这一地区，水资源短缺不是其死亡主要原因。

三、结　论

研究区生态林趋于衰败，已经丧失了自然更新能力，面临着毁灭的危险。该地区人口增长和农用地增加直接呈正相关。乱砍滥伐、过度放牧及采挖林草植被资源，造成植被破坏消亡、土地裸露退化以至沙化。如果再进一步发展，将导致严重的生态灾难。对该地区开展生态整治已经刻不容缓。

参考文献

[1] 陈蜀江，侯平，李文华，等．新疆艾比湖湿地自然保护区综合科学考察［M］．乌鲁木齐：新疆科学技术出版社，2006，4.

[2] Ruide Yu，Dieter Overdieck，Daniel Ziche，Xiang Gao，2008，Impact of environmental changes on Populus euphratica forest in a semi - arid area of Xinjiang NW China?，Pflanzenleben in extremer und sich ? ndernder Umwelt - Plant life in an extreme and changing environment”，Gfö，DGL，Tharandt，Germany.

[3] 魏文寿，何清，刘明哲，等．准噶尔盆地的气候变化与荒漠环境研究［J］．中国沙漠，2003，23（2）：101 - 105.

[4] 李虎，高俊峰，王晓峰，等．新疆艾比湖湿地荒漠化动态监测研究［J］．湖泊科学，2005，1.

河北省钢铁产业现状分析及发展对策建议

马跃涛 李红彦 徐铁兵 武兰顺 孙玉艳

（河北省环境科学研究院 050051）

摘 要 钢铁产业不仅在我省国民经济发展中占有重要的地位和作用，同时对资源、环境的影响也举足轻重，是国家发布的十大产业振兴规划中的重点振兴产业之一。本文通过剖析我省钢铁产业发展和污染防治现状，提出我省钢铁产业目前存在的主要环境问题，并对今后的发展和振兴提出对策和建议。

关键词 钢铁 污染 防治现状 问题 对策建议

一、河北省钢铁产业发展现状

河北省是我国钢铁第一大省，钢铁产量连续八年居全国之首。目前全省共有钢铁企业200多家，主要分布于唐山、承德、邯郸、张家口、邢台等地。2008年，全省生铁、粗钢、钢材产量分别为11 356万t、11 589万t和11 571万t，占全国钢材产量的23.2%。产品覆盖全国20多个省、自治区、直辖市。在最新公布的2008年中国500强中，我省钢铁企业就占到9家。从对全省国民经济增长贡献率角度看，钢铁产业是我省第一主导产业、支柱产业，在全省国民经济发展中占有重要的地位和作用。

近年来，全省钢铁产业结构调整取得积极进展，重点企业联合重组取得新突破，唐钢、邯钢两大集团进一步整合为河北钢铁集团并挂牌运营。一批先进适用技术得到普遍应用，主体设备大型化步伐不断加快，邯钢新区、首钢京唐钢铁等重点工程的工艺技术装备达到世界先进水平。一大批落后产能被淘汰关停。钢材板带比达到55%，板带类钢材产品中，冷轧及涂镀层钢板等技术含量和附加值较高的产品产量增速明显高于全部钢材增速。

二、钢铁行业污染与防治现状剖析

（一）污染特征分析

钢铁行业主要为废气和废水污染。钢铁行业是目前大气污染的主要行业之一，主要包括原辅料贮运、配料废气，烧结废气，炼焦废气，高炉出铁场废气，转炉一次烟气、二次烟气等。具有废气排放量大、无组织排放源强多、气温高、治理难度大等特点。废气主要污染物为烟粉尘和SO_2等，其中烧结工序产生的烟粉尘、SO_2排放量占钢铁行业排放总量的40%～60%。

钢铁行业废水主要为焦化酚氰废水、轧钢废水和各种冷却水等。焦化酚氰废水成分复杂，是典型的有毒难降解有机废水，含有较高浓度的COD、挥发酚、氰化物、氨氮、石油类等污染物，超标排放会对周围环境造成严重污染。轧钢废水主要污染物为石油类和SS等，冷却水主要污染物为SS、盐类等。

（二）产污环节剖析

现代钢铁生产首先是将铁精粉制成炼铁所需的原料，然后在高炉中冶炼成铁水，再将铁水注入转炉或电炉冶炼成钢，最后将钢水铸成连铸坯或钢锭，经轧制等塑性变形方法加工成各种用途的钢材。一个全流程的钢铁联合企业一般包括烧结、焦化、炼铁、炼钢、轧钢、能源供应、交通运输等生产环节，是一个复杂而庞大的生产体系。

钢铁行业基本生产工艺流程见图1。

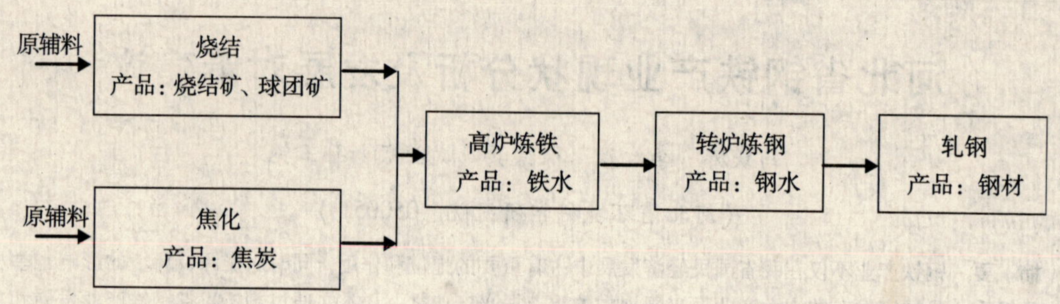

图1　钢铁行业主要生产工艺流程图

1. 废气产污环节剖析

钢铁行业主要废气产污环节包括：

（1）烧结工序

烧结工序主要废气产污环节包括以下三个方面：

①原料贮运、破碎、筛分等过程产生的废气，主要污染物为粉尘；

②烧结机机头、机尾产生的烟气，主要污染物为烟尘、SO_2；

③烧结矿在破碎、筛分过程中产生废气，主要污染物为粉尘。

（2）焦化工序

焦化工序主要废气产污环节包括以下三个方面：

①备煤系统废气，主要污染物为粉尘；

②炼焦系统废气，主要污染物为烟尘、粉尘、SO_2、NO_x、BaP、H_2S、NH_3 及 CO 等；

③煤气净化系统废气，主要污染物为烟尘、粉尘、SO_2、NO_x、NH_3 和苯等。

（3）炼铁工序

炼铁工序主要废气产污环节包括以下五个方面：

①原辅料在贮运、卸料、给料、称量、筛分等过程中产生的废气，主要成分为粉尘；

②高炉热风炉加热过程中产生的烟气，主要成分为少量的烟尘和 SO_2；

③高炉出铁场产生的烟气，主要成分为烟尘、SO_2、CO 等；

④煤制粉过程中产生的废气，主要成分为粉尘；

⑤高炉煤气点燃放散废气，主要成分为少量的烟尘和 SO_2。

（4）炼钢工序

炼钢工序主要废气产污环节包括以下四个方面：

①原辅料在贮运、卸料、给料、称量、筛分等过程中产生的废气，主要成分为粉尘；

②转炉一次烟气，主要成分为烟尘、CO；

③转炉二次烟气，主要成分为烟尘；

④混铁炉废气，主要成分为烟尘。

（5）轧钢工序

轧钢工序主要废气产污环节为热风炉烟气，主要成分为少量的烟尘和 SO_2。

2. 废水产污环节剖析

钢铁行业废水主要产污环节包括：

烧结工序废水主要为设备冷却和地面冲洗过程中产生的废水，主要污染物为 SS、COD、盐类。

焦化工序废水主要为蒸氨、煤气冷却、物料分离等过程中产生的酚氰废水，主要污染物为 COD、挥发酚、氰化物、氨氮、石油类等。

炼铁工序废水主要为设备冷却和高炉冲渣过程中产生的废水，主要污染物为SS、COD等。

炼钢工序废水主要为转炉烟气净化和连铸机喷淋冷却过程中产生的废水，主要污染物为SS、石油类等。

轧钢工序废水主要为钢材在轧机上喷淋冷却过程中产生的废水，主要污染物为SS、石油类、COD等。

3. 固体废物产污环节剖析

钢铁行业固体废物主要包括除尘器收集的除尘灰，焦化生产过程中产生的焦油渣、酸焦油，高炉冶炼过程中产生的高炉渣，煤气净化过程中产生的瓦斯灰，转炉炼钢过程中产生的钢渣，钢坯轧制过程中产生的氧化铁皮、废油和边角料等。

4. 噪声产污环节剖析

钢铁行业噪声主要为引风机、鼓风机、助燃风机、破碎机、筛分机、切割机等运转设备产生的噪声，煤气放散产生的噪声等。

（三）污染与防治现状分析

钢铁产业作为我省第一大主导产业，其污染物排放量在全省污染物排放总量中占有较大份额，对环境负荷的影响不断加重。根据我省2008年排污申报统计，全省SO_2排放量为113.88万t，其中钢铁业SO_2排放量为31.4万t，占全省SO_2排放总量的27.57%；全省工业粉尘排放量为44.64万t，其中钢铁业工业粉尘排放量为28.62万t，占全省工业粉尘排放总量的64.11%；全省COD排放量为16.78万t，其中钢铁业COD排放量为0.6万t，占全省COD排放总量的3.58%。

为全面贯彻落实污染物减排要求和国家环境保护部对我省钢铁企业进行清理整顿的要求，近年来河北省环境保护厅对全省钢铁企业污染物排放状况进行了全面减排整顿，加大了污染治理力度，提高了污染防治技术水平，目前全省钢铁企业污染防治水平有了一定的提高，采用的污染防治措施主要包括：

1. 废气治理方面

烧结机机头、机尾烟气一般采用静电除尘器，其他部位如矿槽、料仓、高炉出铁场、转炉二次烟气、混铁炉烟气等采用布袋除尘器处理，排放浓度均可控制在50 mg/m^3以下；焦炉装煤和出焦废气采用干式地面除尘站处理；转炉一次烟气采用两文一塔湿法净化；高炉荒煤气采用重力+布袋干法净化工艺，净化后的高炉煤气作为燃料使用；无组织排放粉尘采用输送系统密闭，扬尘点设吸尘罩用引风机将废气收集后送入布袋除尘器除尘。

2. 废水治理方面

通过不断加强用水管理并采用多项节水技术，吨钢耗水量和排水量均有所降低，大部分钢铁企业实现了废水循环使用、串接使用，提高了废水回用率，部分大企业还设置了全厂综合废水处理设施，采用膜深度处理技术，处理后的出水分级回用，最大限度地利用水资源。目前，普遍采用的废水处理工艺有：中和、沉淀、过滤、膜分离、生化处理等。

3. 固体废物治理方面

目前我省钢铁企业产生的大部分固体废物能够得到妥善处置和综合利用，但仍有少部分随意排放。处置和综合利用途径为：含铁尘泥作烧结矿原料使用；焦油渣和酸焦油配入炼焦煤中使用；高炉水渣外售做建材；钢渣先经破碎磁选，选出废钢做炼钢原料，渣粉用于铺路、制砖等。

4. 噪声治理方面

目前我省钢铁企业广泛采用的降噪措施包括：选用低噪声设备，建筑隔声，绿化降噪，在引风机、鼓风机、空压机进出口处安装消声器，高炉均压放散阀、冷风放散阀安装消声器等。

三、存在的主要环境问题

1. 部分小企业生产装备落后，环保治理技术水平低，且环保设施老化，运行效果差，单位产品能耗、物耗、污染物排放量均较高。

2. 产业集中度低，部分企业布局不合理，厂址所处位置环境敏感性强。

目前我省部分钢铁企业位于城市规划区内，城区与厂区之间已经没有了缓冲空间，企业周边被密集的居民生活区所包围，这些钢铁企业的发展与城市规划之间的矛盾日益突出，使得这些钢铁企业面临巨大的环保压力。

3. 我省水资源缺乏制约着钢铁企业的发展。

4. 烧结机脱硫技术目前还不成熟，且一次性投资大，运行维护费用高，目前在我省还只是处于起步阶段，没有大规模推广和使用，但烧结机烟气脱硫技术的成功推广和应用是钢铁行业 SO_2 减排的关键。

5. 部分小企业环保设施不健全，某些废气排放点未安装除尘设施，料场未设置喷水抑尘装置，上料输送系统未完全密闭，致使废气无组织排放量大；烧结机机头、机尾烟气仍采用多管除尘器处理，不能做到稳定达标排放。

四、发展对策和建议

1. 严格控制全省钢铁生产总量，加快淘汰落后产能。

2. 依托河北钢铁集团、首钢等重点骨干企业加大全省钢铁企业整合力度，提高产业集中度，鼓励钢铁企业以资本和产品为纽带，通过联合、兼并、收购、租赁、参股、合资、合作等多种方式进行战略整合，以达到增强产业国际竞争力、优化资源配置的目的。

3. 积极调整全省钢铁产业布局，抓住首钢搬迁和曹妃甸港区建设的有利时机，使我省的钢铁产业向沿海地区转移，建成曹妃甸钢铁精品基地。

4. 优化产品结构，重点发展国民经济各领域所需的关键钢材品种，提高产品质量。

5. 大力发展高炉 TRT 余压发电、高炉富氧喷煤、铁水预处理和炉外精炼等清洁生产技术。

6. 结合全省钢铁企业烧结机烟气脱硫工作的总体安排，适时提出适合我省实际情况的实用技术并加以示范、推广，以减少全省钢铁行业 SO_2 排放量。同时，在烧结机烟气脱硫工程建设过程中实施全过程的环境监理，以确保脱硫工程的整体质量。

7. 积极开发先进的节水和废水治理技术，进一步降低钢铁企业吨钢耗水量和排水量，努力实现工艺废水“零排放”，以缓解目前我省钢铁行业水资源供需矛盾的局面。

8. 建立钢铁行业污染减排指标，监测和考核体系，加大环保工作整治力度，强化环境执法监督。

参考文献

[1] 钢铁产业调整和振兴规划.
[2] 河北省环境科学研究院. 河北省重点行业资源能源消耗和污染物排放现状分析及其防治对策研究.

保护湿地的生态环境与创建和谐社会

唐　焰　任青萍

（1. 华东师范大学生命科学学院　上海市上中西路1285弄60号602室　200237；
2. 上海政法学院　上海市上中西路1285弄60号602室　200237）

摘　要　湿地是全球价值最高的生态系统之一，是地球上生物物种赖以生存的重要场所，保护湿地的生态环境对维护社会和谐健康发展、实现经济社会可持续发展具有不可估量的现实意义。对湿地保护认识不足，法律法规不完善，是我国目前湿地保护面临的主要问题。针对目前我国湿地保护的立法现状，国家应尽快制定统一的《湿地保护法》，还要重视湿地科学的基础研究工作，对湿地保护工作建立统一合作机制，还应努力提高全民的湿地保护意识。

关键词　湿地　生态环境　和谐社会

一、湿地的生态环境功能与创建和谐社会

（一）湿地的生态环境功能

我国是世界上湿地类型齐全、湿地数量较多的国家之一，占世界湿地总量11%以上，《湿地公约》划分的40类湿地在我国都存在。全国现有湿地6594万公顷（不包括江河、池塘），居亚洲第一位、世界第四位，其中天然湿地约2790万公顷。这些资源具有巨大的经济、生态和社会效益。湿地的生物多样性占有非常重要的地位。湿地的生态系统、多样的动植物群落、濒危物种等在科学研究中都有着重要价值。健康的湿地生态系统，是国家生态安全体系的重要组成部分，是实现经济社会可持续发展的重要基础。湿地不仅为人类的生产、生活提供多种资源，而且具有巨大的环境功能和效益。湿地具有涵养水源、净化水质、防洪抗旱、调节气候、控制污染、控制土壤侵蚀、维系生物多样性、美化环境等多种生态功能，被誉为“城市绿肺”和“地球之肾”。我国许多湿地是具有国际意义的珍稀水禽、鱼类的栖息地。湿地是蓄水防洪的天然“海绵”。沿海许多湿地有效地抵御、缓解了波浪和海潮的冲击，防止了风浪对海岸的侵蚀。

（二）湿地的生态环境对创建和谐社会的重要作用

2003年10月，中共中央在《关于完善社会主义市场经济体制若干问题的决定》中提出了“六个统筹”的要求，其中之一就是“统筹人与自然的和谐发展”。建设社会主义和谐社会，实现人与自然的和谐相处，要求我们把伦理的指向扩大到人与自然的关系，尊重自然，爱护环境，确立人与自然之间和谐相处的新的伦理观念。和谐有序的生态环境系统是人类社会存在和发展的前提。把自然的万物包容在和谐的伦理关系下，无疑是伦理学发展史上的一大进步。当前，人与自然的和谐共处成为法律发展的新趋势。因此，全面保护我国天然湿地，不仅是我国生态环境建设的重要任务，也是创建和谐社会的重要任务。

从20世纪70年代以来，社会安全逐渐开始关注全球生态环境变化对人类社会的冲击，由此提出了“生态环境安全”的概念。就法律的价值而言，必然要追求安全，所以，生态环境问题就是法的安全秩序的基座。为了创建和谐社会，我们要遏制生态环境的恶化趋势，保护有限的湿地资源，使湿地资源达到永续利用，与人类长期共存。

二、我国湿地保护立法现状

（一）国家湿地保护立法已有基础框架

我国高度重视湿地保护工作，已把湿地保护纳入了我国国民经济和社会发展规划，湿地保护

正在逐步纳入法制建设的轨道。到目前为止，我国已颁布了一系列有关自然资源及生态环境保护的法律法规，其中与湿地保护有关的法律主要有：《环境保护法》、《森林法》、《水污染防治法》、《土地管理法》、《野生动物保护法》、《水法》、《水土保持法》、《海洋环境保护法》、《环境影响评价法》等；与湿地保护有关的主要行政法规有：《风景名胜区管理暂行条例》、《森林法实施条例》、《河道管理条例》、《水土保持法实施条例》、《矿产资源法实施细则》、《防止船舶污染海域管理条例》、《陆生野生动物保护实施条例》、《水生野生动物保护实施条例》、《近岸海域环境功能区管理办法》、《基本农田保护条例》、《自然保护区条例》等。

1992 年 7 月 31 日我国正式加入《湿地公约》以后，湿地保护和管理工作进一步得到加强，取得了较大成绩，在积极抢救和恢复湿地资源方面做了大量卓有成效的工作。2000 年国家林业局会同 14 个部（委、局）及中科院联合编制了《我国湿地保护行动计划》。在行动计划框架下，我国全面启动了湿地保护立法进程，并逐步建立了中央政府和地方政府多部门参与、多层次运作的湿地保护管理体系。为了尽快扭转我国湿地面积减少，生态功能退化的局面，国务院批准了《全国湿地保护工程规划》，建立湿地保护区，制定湿地保护及发展规划，开展广泛的保护湿地教育，使我国的湿地生态环境得到了很大改善。2003 年，我国提出了湿地保护、湿地恢复、可持续利用示范、保护区与当地社区共管、提高保护能力建设 5 大优先工程。并分了 8 大湿地区进行分区保护，分别是东北湿地区、黄河中下游湿地区、长江中下游湿地区、滨海湿地区、东南和南部湿地区、云贵高原湿地区、西北干旱湿地区、青藏高寒湿地区。2004 年 6 月，国务院办公厅针对湿地保护管理工作中存在的问题，下发了《关于加强湿地保护管理的通知》。目前，我国《湿地保护条例》已经列入了国家的立法计划，湿地保护方面的国家立法已有基础框架。

（二）各地湿地保护立法正在加快步伐

我国各地对湿地保护工作日渐重视，并且也在积极通过立法的方式加强对湿地的保护和管理。位于西藏的拉鲁湿地是目前世界上海拔最高、面积最大的城市天然湿地。1995 年西藏自治区政府批准建立拉鲁湿地自治区级自然保护区，并全面启动了保护工程。2000 年，拉萨市出台了《拉鲁湿地自然保护区管理办法》，并编制了《拉鲁湿地自然保护区总体规划》，专门成立了保护区管理站。目前拉鲁湿地的生态系统已得到有效恢复。

2001 年 7 月，北京市《湿地保护行动计划》出台，2002 年 4 月审议通过了《北京市湿地保护工程规划（2001—2010 年）》，2003 年制定了《北京市湿地保护建设实施方案》。

2003 年 8 月，我国湿地保护方面的第一部地方法规《黑龙江省湿地保护条例》正式实施。同年 11 月，江西省为了保护我国第一大淡水湖——鄱阳湖的湿地资源，制定了《鄱阳湖湿地保护条例》。江苏省新修订的《水资源管理条例》也于 2003 年起正式施行。位于我国西部地区的甘肃省十分重视湿地保护工作，2003 年 11 月出台了《甘肃湿地保护条例》，制定了相关保护措施。

上海近年来曾先后就金山三岛、崇明东滩和浦东九段沙三个自然保护区制定了三部政府规章，特别是 2003 年底开始施行的《上海市九段沙湿地自然保护区管理办法》，一改以往湿地保护的“动态”原则，确立了九段沙静态的、绝对的保护理念，全面禁止人为开发和破坏。2004 年，浙江省《海洋环境保护条例》正式发布。杭州市政府也于 2004 年批复了《杭州市西溪湿地保护区总体规划》，使西溪这块面积超过 10km^2 的湿地终于得到保护。湖南省于 2005 年制定了《湿地保护条例》。此外，《陕西省湿地保护条例》、《广东省湿地保护条例》也已正式实施。深圳市还投资 2.5 亿元用于保护总面积共 1.5 万多公顷的湿地。

近年来，山西省在加强湿地生态系统保护方面也取得了一定成绩，《山西省湿地保护条例》的制定和出台一定会对本省的湿地保护起到有力的促进和保障作用。湖北省已在全国率先开通了“湖北省湿地保护网”，并将《湖北省湿地保护条例》的制定列入近年的工作计划中。《河南省湿地保护工程规划（2005—2030年）》已获省政府的批准并开始实施。《辽宁省湿地保护条例》也于2007年10月1日起实施。今年3月1日，《武汉市湿地自然保护区条例》开始实施。地方性法规的相继颁布和实施，使我国的湿地朝着依法保护和管理的方向迈出了重要一步，全国湿地生态环境系统保护的地方立法正在加快步伐。

三、加强我国湿地生态环境保护的建议

（一）尽快制定统一的《湿地保护法》

随着我国经济快速增长和城市化进程的加速，湿地的生态环境面临巨大压力。国家应尽快制订《湿地保护法》，把湿地的保护和开发纳入法制化轨道。在我国的三大生态系统中，森林和海洋均已通过国家立法的形式得到有效保护，唯独湿地至今没有一部单独的国家法律可以遵循。我国的宪法、刑法和民法虽然明确了资源保护与可持续利用在国家法律中的重要地位，也涉及了与湿地相关的资源类型，但“湿地”这一重要概念并未通过立法的方式予以确定。在国家已颁布的一系列有关自然资源和生态环境保护的法律法规中，有20多部法律法规的条款涉及湿地的保护，但唯独没有一部单独的《湿地保护法》。从国家和地方已出台的一些法律法规来看，有关湿地保护的相关条款和条例也比较分散，没有形成一个统一的法律体系。鉴于当前保护湿地生态安全功能的紧迫性需要，目前急需一部关于湿地资源保护和管理的国家专门法规。

建议全国人大应尽快制定《湿地保护法》。其内容应包括适用范围，湿地资源的所有权、保护的原则和措施，开发利用的审批制度、行政管理和法律责任等。只有通过国家立法的形式，才能明确对湿地的土地、水域、生物以及湿地功能和湿地生态系统的保护规定，明确湿地开发利用的方针、原则和行为规范，明确湿地主管部门和相关部门的职责和义务，明确湿地管理程序和对违法行为的处罚办法，为从事湿地保护和合理利用的管理者、利用者提供基本的行为准则，以达到全面保护湿地资源的目的。

（二）高度重视湿地科学的基础研究工作

湿地研究是国家战略层面上的一项重大和紧迫的问题。基于国家的生态安全、水安全、生存安全和可持续发展的需求，必须加强对湿地科学的基础研究工作。2002年“我国沼泽湿地数据库”在中科院东北地理与农业生态研究所建成。科研人员较好地解决了全国湿地分布动态遥感解释、沼泽湿地背景环境等数据子库等关键技术，进而建起了一套完整的我国沼泽湿地数据库。这项具有独立自主知识产权的研究成果，有助于更好地保护和深入研究我国的湿地。

虽然我国湿地研究取得了一定的成绩，但在湿地科学基础理论与方法论上和欧美等国还存在相当大的差距，束缚了我国湿地保护与恢复的工程技术方法的研究，难以实现湿地的保护和恢复，很多重要的湿地保护区仍面临着严重退化的威胁。我国湿地退化的严峻现实，已经危及我国的生态环境安全和社会经济的协调发展。开展湿地保护与恢复是我国目前生态建设的重中之重。鉴于东南亚海啸带来巨大灾难的教训，湿地退化、保护和恢复已成为当前国际湿地研究的学科前沿领域和热点问题。国家必须加强沿海湿地和红树林保护工程，加强对全球气候变化极其重要的三江源地区的湿地保护工作。此外，各级地方政府也要高度重视湿地科学的基础研究工作，不断加大对湿地科学基础研究工作的财政投入。

（三）对湿地保护工作建立统一合作机制

在我国，多年来围绕湿地保护与管理问题上的一个突出的矛盾是管理体制不顺。湿地保护管理、开发利用牵涉面广、部门多，至今尚未形成良好的协调机制。比如近海捕捞一般由渔政部门管理，滩涂植被及水产资源则由水务部门管理，而保护区管理处仅负责生态环境和鸟类保护。这种沿袭旧制度下的管理体制，不仅影响工作效率，而且容易因在湿地保护、利用和管理方面的目标不同，利益不同，影响湿地的保护和管理。因此，建议相关各部门应该进一步加强协调、综合

科学管理，把湿地保护得更好。湿地自然保护区作为一个综合生态系统，其保护和管理必然涉及多个管理部门，理顺湿地保护与管理体制，已是当务之急。应当按照生态系统管理目标，建立协调管理机制，成立合作管理机构，对湿地自然保护区自然资源和自然环境进行跨部门的综合管理。湿地自然保护区的跨部门管理不是部门行政权力的重新分配，而是部门行政权力的有效协调和整合。建议由国务院有关部门牵头，各省、市地方政府及部门积极配合，组建成立全国统一的湿地保护与管理机构，实行统一调控协作、联合行动的领导协调工作机制，有效地保护和管理湿地。

国外拥有湿地自然保护区跨部门管理的先进经验。例如，美国濒危物种及其重要栖息地保护要求联邦机构进行磋商，并进行生物学评估。各国湿地自然保护区多部门协调管理的成功经验也说明了跨部门管理的重要性。建议在制定我国的《湿地保护法》和《自然保护区法》等相关法律、法规时，应当综合考虑湿地自然保护区跨部门的管理问题，对湿地的保护和管理形成统一合作机制，做到齐抓共建。

（四）努力提高全民的湿地保护意识

宣传普及湿地知识，提高全民的湿地保护意识，是中国湿地保护管理工作的重要任务之一。各级政府和部门要深入开展湿地保护宣传教育，把提高公众的湿地保护意识作为湿地保护的基础性、前瞻性工作来抓，使湿地保护成为广大人民群众的自觉行动，形成全社会关心和支持湿地保护事业的有利局面，建立有利于社会各界广泛参与的保护机制，努力提高人们的湿地保护意识。

现在社会上比较注重生态旅游，而湿地又属于发展生态旅游的高潜能优势区。如果不顾湿地生态旅游资源的生态承载力，过度的开发和利用将会破坏湿地生态旅游资源，导致湿地生态旅游资源退化。为了湿地生态旅游资源的可持续发展，在湿地生态旅游资源开发上应坚持保护性开发原则。要在湿地生态旅游资源开发中加强湿地保护及合理利用的宣传教育工作，使广大游客在湿地旅游中增强保护湿地的自觉性，提高公众对湿地和湿地保护重大意义的认识。有关部门应依托各类湿地自然保护区，建立游客教育中心，宣传湿地保护的重要意义，使游客在游览湿地风光的同时也能受到生动教育，努力促进公众湿地保护意识的进一步提高。

我们要以《中国湿地保护行动计划》为行动指南，认真落实《关于加强湿地保护管理的通知》要求，全面实施《全国湿地保护工程规划》，保护湿地的生态环境，努力创建和谐社会。

参考文献

[1] 中国湿地保护工作成绩显著［EB/OL］. 新华网，2005－11－14.
[2] 全国湿地保护工程规划［EB/OL］. 人民网，2004－02－02.
[3] 郑少华. 生态主义法哲学［M］. 北京：法律出版社，2002，10.
[4] 联合国报告. 禽流感全球暴发破坏湿地是主因［EB/OL］. 新华网，2006－04－21.
[5] 任青萍. 重视我国的湿地保护工作——以江苏、浙江、上海湿地为例［M］. 上海：上海社会科学出版社，2005，8.
[6] 齐海山. 具有自主知识产权我国建成“沼泽湿地数据库”［EB/OL］. 新华网，2002－04－22.
[7]《湿地保护条例》已经列入了国家的立法计划［EB/OL］. 中国涉外商事海事审判网，2005－11－18.
[8] 朱建国. 中国湿地资源立法管理问题思考［J］. 中国土地科学，2000，14（1）.
[9] 张蔚文，等. 美国湿地政策的演变及其启示［J］. 国外农经，Vol. 24，Serial No. 287.
[10] 王小钢. 湿地自然保护区跨部门管理的法律问题［J］. 林业调查规划，2003，28（4）：14－17.
[11] 庄大昌，等. 我国湿地生态旅游资源保护与开发利用研究［J］. 经济地理，2003，23（4）.
[12] 朱建国，王曦，等. 中国湿地保护立法研究［M］. 北京：法律出版社，2004，7.
[13] 国家林业局. 中国湿地保护行动计划［M］. 北京：中国林业出版社，2000.
[14] 陈桂珠，兰竹虹，邓培雁. 中国湿地专题报告［M］. 广州：中山大学出版社，2005.

论洛阳湿地资源的保护与发展

秦绍玲

(洛阳市绿化工程管理处 洛阳市王城路21号 471000)

摘 要 通过对当前洛阳湿地资源现状的阐述，提出了洛阳湿地的面积不断减少，水环境恶化，物种退化等面临的亟待解决的问题，分析了造成目前局面的原因，提出了加大宣传教育，编制保护建设规划，改善湿地水域水质及建造人工湿地等保护恢复和发展洛阳湿地资源的具体措施。

关键词 洛阳 湿地 环境保护 可持续发展

湿地与海洋、森林并列为世界三大生态系统，是陆地生态系统（如森林和草地）与水生生态系统（如深水湖和海洋）的过渡带。湿地结合了陆地生态系统的属性，但又不同于二者。按照《湿地公约》对湿地的定义，湿地是指天然的或人工的，永久的或暂时的沼泽地、泥炭地、水域地带，带有静止或流动，淡水或半咸及咸水水体，包括低潮时水深不超过6m的海域。天然湿地包括多种类型，珊瑚礁、滩涂、红树林、湖泊、河流、河口、沼泽等。它们共同的特点是其表面常年或经常覆盖着水或充满了水，是介于陆地和水体之间的过渡带。《湿地公约》一般将湿地分为三类：①海洋/海岸湿地：主要有浅海水域、海口、潟湖、盐湖、滩涂；②内陆湿地：主要有河流、湖泊、沼泽、泥炭、冻土；③人工湿地：主要有水产养殖、灌溉地、盐池、污水处理池、水库等。

中国是一个湿地大国，湿地面积约6594万hm^2，占世界湿地总面积的10%，居亚洲第一、世界第四位。湿地生物种类约有8200种。1971年国际《湿地公约》在伊朗小城拉姆萨尔签订，我国于1992年加入国际《湿地公约》。

一、洛阳湿地资源现状

洛阳是我国首批公布的历史文化名城和著名古都，地处河南西部山区，是全国重要的工业城市之一。参照《湿地公约》的分类标准，根据人类是否参与城市湿地的生态过程，洛阳湿地可划分为人工湿地和远郊自然湿地。人工湿地包括水库、人工河渠、稻田等，远郊自然湿地主要是河流湿地。洛阳境内河流、水系众多，境内常年有水的干支流及沟、涧、溪约7500条，黄河、洛河、伊河、汝河纵横其间，与举世闻名的小浪底水库、西霞院水库、陆浑水库、故县水库一起，形成了洛阳独特的水系资源，孕育了多样化的湿地生态系统。尤其是2004年以来，洛阳市政府在新区建设中，投资1.8亿元，规划建设了“四干九支三湖”，利用地势高差将北洛水通过大小不同的水网与南伊水连接起来，渠道总长50多km，形成了近140hm^2的水面。目前洛阳共有湿地自然保护区4处，其中国家级1处，省级1处，县级2处，分别为洛阳黄河湿地国家自然保护区、新安县青要山省级大鲵自然保护区、栾川大鲵自然保护区、嵩县大鲵自然保护区；省级重要湿地4处，分别为小浪底库区湿地、孟津吉利黄河湿地、陆浑水库湿地、故县水库湿地。全市湿地总面积31165hm^2，其中河流湿地24160hm^2，人工湿地7005hm^2。

洛阳是湿地动植物相对丰富的城市之一。据调查，洛阳湿地生态系统多样，高等植物93科，302属，625种（含4个变种），其中苔藓植物13科，17属，27种；蕨类植物8科，9属，14种；裸子植物2科，2属，2种；被子植物70科，274属，582种（含4个变种）。动物867种，其中鸟类175种，兽类22种，昆虫437种，鱼类63种，爬行类17种，两栖类10种，其他动物143种。国家一级保护的动物有黑鹳、白鹳、金雕、白肩雕、大鸨、白头鹤、白鹤、丹顶鹤、玉带海雕、白尾海雕10种；二级保护动物有鸟类31种，兽类1种（水獭）和两栖类1种（大鲵）。鱼类中有珍贵黄河鲤鱼及一些经济价值很高的洄游鱼类如鳗鲡等。尤其是洛阳黄河湿地国家级自然保护区，常年在此居住的留鸟有苍鹭、斑嘴鸭等 6 种；春、秋路过在此歇脚的旅鸟有豆鸭、银鸥等 12 种；有夏候鸟白鹭、灰头麦鸡等 22 种；有冬候鸟灰鹤、白天鹅、黑鹳等 32 种，每年冬季栖息在保护区内的珍禽达 3 万只，其中国家一类保护珍禽达 10 多种。

二、洛阳湿地保护存在的问题及原因

（一）洛阳湿地保护存在的主要问题

1. 城市周边湿地面积不断减少，原有的景观特色不复存在，湿地生态功能日益退化。随着洛阳经济的迅猛发展和城市化进程的不断加快，致使城市周边湿地面积及质量受到严重损害。城市湿地在毒物杂质的降解沉淀中具有特殊功能。一方面通过减缓水流速度，使毒物和杂质得到沉淀和降解；另一方面，芦苇等一些湿地植物能有效地吸收有毒物质。然而洛阳城市周边湿地净化水源的作用随着湿地面积的急剧减小几乎丧失殆尽。原有的自然景观湿地，如黄河湿地自然保护区由于一些单位和个人受利益驱动，在保护区乱砍滥伐、乱捕滥猎、乱采滥挖、乱垦滥围，不断侵蚀保护区资源。2007 年 1 月 28 日，新华网以《非法挖沙不止　黄河滩堤多处塌陷》为题对我市黄河湿地存在的违法破坏湿地情况进行了图文报道。在城区河道治理和水系建设上，为了营造恢弘大气的大水面效果，筑坝蓄水、水泥护砌，忽视了自然河流和人工水系应有的“涵养水源、净化水质”的生态效益和自然景观特色，致使不少湿地生态功能日益退化。

2. 水资源匮乏，水环境恶化，物种急剧减少。湿地可以为地下蓄水层补充水源，从湿地流入到蓄水层的水可成为浅层地下水系统的一部分得以保持，浅层地下水系统可为周围地区供水，维持水位，或最终流入深层地下水系统。如果湿地受到破坏或消失，就无法为地下蓄水层供水，地下水资源就会减少。流经洛阳市区的伊河、洛河、涧河、瀍河以及中州渠等均有不同程度的污染，由于有机物的大量耗氧，致使河水中溶解氧贫乏，对湿地生态环境造成了较大影响，导致依赖水环境繁殖、栖息的两栖爬行动物急剧减少，甚至在一些地区消失。

（二）原因分析

1. 湿地保护法规不健全。目前，国家、省、市缺乏湿地保护与合理利用的专门法律、法规，导致洛阳湿地保护管理出现“盲区”。另外，执法力量薄弱，由于执法人员严重不足，缺少必要装备，影响了正常的执法工作。

2. 自然保护区建设滞后，监管能力薄弱。自然保护区建设是湿地保护的重要措施，而我市目前只有黄河湿地自然保护区建有市级管理机构，县（市）区中只有孟津、新安、吉利设有湿地保护管理机构，且由于人员和设备缺乏，也没有起到实质性的保障作用，滞后的保护区建设严重影响了全市湿地的有效管理和湿地资源的有效保护。

3. 对湿地开发利用不合理。大多数湿地均处于城乡结合部，周边社会经济复杂，挖沙、砍树、乱堆垃圾等现象十分普遍，造成整体环境恶化。一些水库湿地开展不合理的旅游开发活动，造成水体再次污染，严重干扰了候鸟的栖息环境，破坏了湿地的生物多样性。如黄河湿地保护区，滩区人为活动频繁，对湿地周围进行无序的盲目挖沙、垦殖、盗猎、乱捕等活动，导致湿地面积减少，灌草植物严重破坏，地下水位下降，风蚀加剧，土壤局部出现沙化，动植物种群和数量锐减，生态平衡失调。特别是每年隆冬，正是水鸟在黄河湿地保护区越冬的时间，应绝对禁止保护区内的人为活动，但许多群众到田里收莲藕，人声鼎沸，车水马龙，严重影响了水鸟的生存环境。这种改变天然湿地用途、占用天然湿地领域的不合理生产方式，削弱了河流湿地的生态功能，危害了湿地生物的生存空间。

4. 监测、科研和技术支撑体系落后。我市没有形成完善的湿地资源调查、监测体系，对湿地结构、功能、演替规律、价值和作用缺乏深入研究，湿地保护的基础研究十分薄弱，管理的技术手段和物资设备比较落后，缺乏现代化管理技能和手段，制约了我市湿地保护和管理工作的有效进行。

5. 湿地保护资金缺乏。资金投入不足，严重影响了湿地保护事业的健康发展。目前，我市湿地保护的资金主要来源于申报的国家项目，但非国家级湿地保护区就申请不到国家项目，没有资金搞建设。由于地方财政紧张，即便申请到的国家项目，也会因地方配套资金不到位而影响建设质量。

三、加强洛阳湿地资源保护与发展的对策

湿地被喻为“地球之肾”，具有许多特殊的生态功能，对维护地球生态平衡具有十分重要的作用。洛阳湿地的健康发展与洛阳经济社会发展息息相关。要搞好洛阳湿地保护工作，我认为要做好以下几个方面工作：

1. 开展湿地保护宣传教育工作。湿地保护是一项群众性的事业，需要社会各界的广泛参与，应大力宣传有关湿地与湿地资源可持续利用方面的知识，充分利用每年的“世界湿地日”和“世界水日”，积极开展有关湿地生态效益和经济价值方面的宣传教育活动。由河南野鸟会筹备处主办的首次洛阳市民观鸟推广活动如期举行。

2. 尽快编制我市湿地保护建设和管理规划。尽快制定有可操作性的湿地保护与利用规划，组织力量查清湿地现状，评价我市湿地功能和效益。根据湿地生态系统特性和功能，采取相应的保护拯救措施，合理开发利用湿地资源。

3. 尽快将湿地保护纳入政府公共财政支出范畴。湿地生态建设靠市场力量不可能自发解决，必须依靠政府公共财政投入，实现湿地投入的制度化。同时，应着眼湿地的经济价值，积极推进“政府组织、企业运作”的模式，吸引社会资金，推动湿地的有效保护和合理利用。如日本在对一些洪涝灾害频发的主要河道进行综合整治时，往往在河道的两侧增加大量湿地作为蓄洪区，并对这些蓄洪区进行多功能开发，即平时可以兼作高尔夫球练习场、网球场、停车场、亲水型的休闲广场和驾驶员培训学校等，这样可以解决工程建设的融资渠道问题。

4. 加大水污染防治力度，改善湿地水域水质质量。在城市发展过程中要充分认识和利用城市湿地的净化污水能力，遏制因污染而对湿地造成的损害。以生态城市的理念对洛阳工业发展规模和布局进行合理规划和调整，在工业、企业生产过程中积极采用新技术，推广清洁生产和循环经济，不断减少工业废水的排放量。严格实行排污许可证制度，在管理上也从浓度控制过渡到总量控制，在此基础上进一步强化地表水资源的规划管理和治理，对污水进行集中治理和综合控制，实现水污染治理的社会化、集中化和市场化，努力实现市委、市政府提出的节能减排目标，达不到国家排放标准的废水绝不允许直接排入城市湿地，对城区的伊河、洛河、涧河、瀍河以及中州渠进行综合整治，尽快建设新区污水和垃圾处理设施，解决近郊农村生活垃圾处理问题，改变“垃圾堆河道，清理靠洪水”的现状，从根本上改善和保护城市湿地水环境质量。同时，采用先进的技术手段对城市湿地的状况进行长期的监测，对城市湿地污染进行预警预报，有效控制和监测点源与面源污染，提高控制突发性污染事件的能力，正确指导城市湿地的恢复和保护。

5. 加大湿地自然保护区建设。建立湿地自然保护区是湿地生态建设的一项有力举措，洛阳已建立了总面积达36万亩的黄河湿地国家级自然保护区和栾川、嵩县、新安三个大鲵湿地自然保护区。目前，这些保护区亟待提高建设质量和保护效率。“效法自然”应成为湿地自然保护区的首要原则。要采取核心区居民迁移、退田还滩、取缔非法挖沙、人工恢复湿地植被等治理和修复措施，逐步恢复湿地的原有结构和功能。同时，积极在其他重要湿地恢复建立自然保护区。

6. 在洛河、伊河城市区段，启动建设一批城市湿地公园。建设湿地公园是我们国家在湿地保护中创造的一项符合我国国情的湿地保护模式。除建设湿地自然保护区，我市湿地保护和发展

的另一项急需跟进的工作是选择合适的区域分期建设一批以湿地生态功能保护为主要目的，同时又兼顾水源保护、生态旅游、康复疗养、休闲娱乐、环境教育、科学研究等社会经济发展内容的不同类型的主题湿地公园。结合洛阳实际，近期应重点建设洛河市区西段湿地生态公园、伊洛河湿地公园和伊河滩湿地候鸟公园三个湿地公园。

7. 在城市建成区积极探索建设人工湿地。洛阳现有的公园、绿地和居住小区内有大量水景，在美化环境方面起到了很好的作用。如2006年建成的占地120hm^2的隋唐城遗址植物园，从古洛渠、胜利渠引来活水沿着10km长的明渠在道路两侧蜿蜒，通向各个专类园。两条渠不仅发挥了灌溉功能，还因地势改变形成湖、溪、池、瀑等动静交错的水景，12万m^2的人工湖及30万m^2的野趣水景园成为游人最喜爱的景点。另外王城公园、西苑公园、牡丹公园、国花园等综合性或专题类公园及中泰世纪花城、国宝花园等大型社区内都有水景，这些水景有的从河渠内引水，有的完全是人工开挖建成。大部分水景特别是住宅小区的水景，由于采取水泥、石材铺砌，出现污染问题。因此，可以在现有基础上，通过建设小型人工湿地的方法加以解决。比如增加水循环设施、水体底部和岸线以自然的湿地基质的土壤沙砾代替人工砌筑，还可建立一个水与岸自然过渡的区域，种植湿地植物。这样做，可使水面与岸呈现一种生态的交接，既能加强湿地的自然调节功能，又能为鸟类、两栖爬行类动物提供生活的环境，还能充分利用湿地的渗透及过滤作用，从而带来良好的生态效应。并且从视觉效果上来说，又能带来一种丰富、自然、和谐又富有生机的景观。

8. 加强主要河流和稻田的湿地生态建设。洛阳境内的陆浑水库、故县水库农牧渔业利用强度大，不宜建立自然保护区，应采取恢复库区周边植被、加强农牧渔业综合利用、强化统筹管理的方法，达到恢复和发展湿地生态功能的目的。但在洛河、伊河、涧河、瀍河的河滩区域，应积极采取加强流域植被恢复、取缔采石挖沙、种植芦苇等湿地植物、减少人为活动等方式，恢复和改善其湿地生态环境。对伊河滩区的稻田，应尽可能地多用绿肥，少用农田化肥和农药，减少污染，多利用湿地功能保养农田，充分发挥农业湿地改善环境、保护湿地野生动物的功效。

总之，保护、恢复和发展洛阳的湿地资源，不仅可以拓展洛阳的环境容量，还可使人与自然在共享湿地生态系统服务的功能中实现和谐共生，最终推动洛阳实现打造中西部地区最佳人居环境城市的建设目标。

参考文献

[1] 河南黄河湿地自然保护区科学考察报告．河南黄河湿地自然保护区科学考察报告编辑委员会，2001，4.
[2] 河南省湿地保护工程规划（2005—2030年），2005，9.
[3] 陆健健．加强湿地生态建设　拓展环境容量［J］．湿地，2009，3.
[4] 王凌，罗述金．城市湿地景观的生态设计［J］．中国园林，2004，2.

海河流域湿地状况及生态环境保护对策

张韶季　王洪翠　崔文彦

（海河流域水环境监测中心）

摘　要　本文从湿地调查范围、湿地生态环境类型与分布对海河流域湿地资源概括做了详细介绍。海河流域湿地类型多样，据调查，全流域湿地面积 87.97 万 hm^2，占流域总面积的 2.77%。随着工农业生产的发展和城市建设的扩大，大量废污水向湿地水体排放，严重污染河湖水体，对湿地造成严重破坏。近年来，海委一直把水生态环境保护与修复作为流域治理的首要目标和工作主线，开展了了大量的湿地生态保护与修复工作，取得了一定的成效，本文针对海河流域湿地资源存在的问题，提出了湿地保护管理对策，旨在为打造“湿润海河，清洁海河”，使海河流域湿地走上可持续发展的服务道路。

一、前　言

海河流域生态环境不断恶化的问题，已成为制约流域社会经济可持续发展的重要因素。为贯彻落实海委党组提出的打造“湿润海河，清洁海河”的目标，有效保护和修复水生态环境，掌握海河流域各地区湿地资源情况，尽可能挽救或有效地遏制湿地生态环境继续恶化的现象，保护湿地、改善流域生态环境，为人民生活和社会发展创造一个和谐的环境条件，海委自 2005 年 11 月—2006 年 10 月开展了海河流域湿地调查工作。

二、调查范围

本次湿地调查的范围为：

1. 流域内面积大于 100hm^2 的湖泊、沼泽、库塘（3 年达到一次）和滨海湿地。

2. 流域内河床平均宽度大于 10m、面积大于 100hm^2 的河流。湿地面积一般按河床面积计算。对单一断面河流，湿地面积可按河道堤顶以内面积计算；对复式断面河流，湿地面积可按河道主槽面积计算。

3. 流域内其他具有特殊重要意义的湿地。

三、类型与分布

海河流域湿地类型多样，滨海、河流、湖泊、沼泽、库塘五个类型的湿地遍布于流域内各处。经调查，全流域湿地面积 87.97 万 hm^2（至少三年过水一次），占流域总面积的 2.77%，由于洪泛区类型（蓄滞洪区）湿地常年不过水，因此文安洼、宁晋泊、大陆泽、大名泛区、永定河泛区等 26 个洪泛区类型（蓄滞洪区）湿地面积不计入本次湿地调查范围。

海河流域从沿海到内陆、从平原到高原，既有海洋、滩涂，又有陆地河流、水库、湖泊和洼地，根据《全国湿地资源调查与监测技术规程》所确定的湿地分类标准，海河流域湿地包括了 5 类 16 型，类型众多，资源丰富，具有重要的保护和科研价值，主要以滨海湿地、河流湿地和库塘湿地为主（表 1）。

流域内各湿地类型个数依次为：库塘湿地 145 个，河流湿地 143 个，沼泽湿地 55 个，湖泊湿地 15 个，滨海湿地 10 个（图 1）。河流湿地面积最大，25.60 万 hm^2；其次为库塘湿地，面积为 20.21 万 hm^2；湖泊湿地面积为 7.64 万 hm^2；滨海湿地，面积为 6.28 万 hm^2；面积最小的是沼泽湿地，仅有 4.50 万 hm^2（图 2）。

（一）滨海湿地

滨海湿地共有 10 个，即浅海水域（河北、天津、山东）、七里海（河北和天津）、潮间淤泥海滩、滦河河口水域、滦河三角洲、南大港湿地和唐海湿地等，占海河流域湿地总数的 2.72%，面积为 32.12 万 hm^2，占海河流域湿地总面积的 36.52%。其中浅海水域 3 个；潮间淤泥海滩、河口水域型湿地、三角洲型湿地各 1 个；潮间盐水沼泽型湿地、海岸性淡水湖型湿地 2 个。

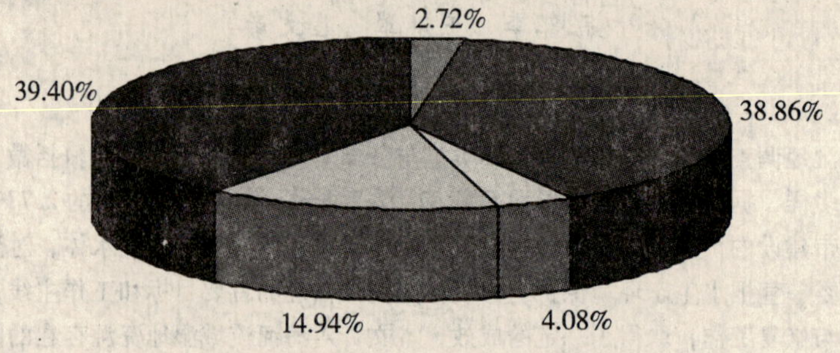

图 1　海河流域各类型湿地调查个数百分比

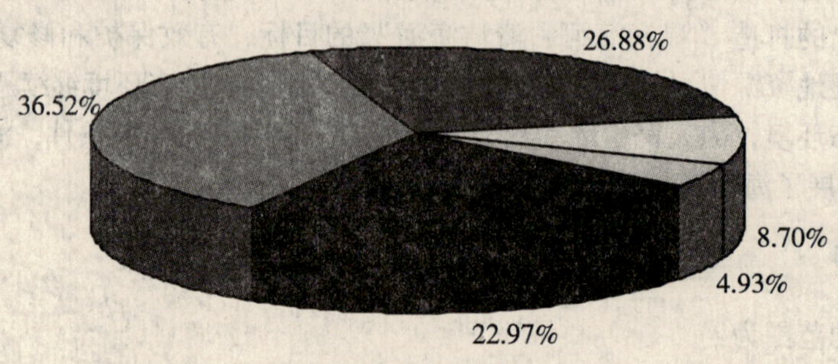

图 2　海河流域各类型湿地调查面积百分比

（二）河流湿地

河流湿地共有 143 个，占海河流域湿地总数的 38.86%，面积为 23.65 万 hm^2，占海河流域湿地总面积的 26.88%。其中①永久性河流型湿地 63 个，面积为 8.77 万 hm^2，分别占海河流域河流湿地总数的 44.06% 和 37.08%；②季节性或间歇性河流型湿地 57 个，面积为 8.61 万 hm^2，分别占海河流域河流湿地总数的 39.86% 和 36.41%；③洪泛平原湿地 2 个，面积为 0.84 万 hm^2，分别占海河流域河流湿地总数的 1.40% 和 3.55%；④混合型湿地主要集中在河北省，永久性河流湿地或季节性河流湿地与洪泛平原湿地交替出现，共 21 个，面积达 5.43 万 hm^2，分别占海河流域河流湿地总数的 14.68% 和 22.96%。

（三）湖泊湿地

湖泊湿地主要为淡水湖湿地，集中在北京、河北、山东和内蒙古等省市自治区，共有 15 个，占海河流域湿地总数的 4.08%，面积为 7.65 万 hm^2，占海河流域湿地总面积的 8.70%。其中①永久性淡水湖型湿地 9 个，包括衡水湖、安固里淖、双海湖和扎格斯台湖等，面积为 3.17 万 hm^2，分别占海河流域湖泊湿地总数的 60.00% 和 41.44%；②季节性淡水湖型湿地 5 个，包括昆明湖、野鸭湖、白洋淀等，面积为 4.46 万 hm^2，分别占海河流域湖泊湿地总数的 33.33% 和 58.30%；③永久性淡水湖型湿地 1 个，即内蒙古的鸿图淖尔湿地，面积为 0.02 万 hm^2，分别占海河流域湖泊湿地总数的 6.67% 和 0.26%。

（四）沼泽湿地

沼泽湿地共有55个湿地，主要集中在内蒙古和河北，占海河流域湿地总数的14.94%，面积为4.34万hm^2，占海河流域湿地总面积的4.93%。其中草本沼泽型湿地39个，面积为3.05万hm^2，分别占海河流域沼泽湿地总数的70.91%和70.28%；沼泽化草甸型湿地11个，面积为1.23万hm^2，分别占海河流域沼泽湿地总数的20.00%和28.34%；淡水泉或绿洲湿地5个，面积为0.06万hm^2，分别占海河流域沼泽湿地总数的9.09%和1.38%。

（五）库塘湿地

库塘湿地共有145个，包括潘家口水库、大黑汀水库、岳城水库、官厅水库、密云水库、册田水库等，遍布于海河流域境内，占海河流域湿地总数的39.40%，面积为20.21万hm^2，占海河流域湿地总面积的22.97%。

四、湿地保护工作的主要做法与经验

（一）成功实施了补水工程，特别是白洋淀和衡水湖补水工程

近年来，实施了“引岳济淀”、“引黄济淀”、“引岳入衡”等生态补水工程，有利于白洋淀、衡水湖湿地的恢复，提高了其缓洪滞沥、调节气候等生态功能，为鱼类和水生植物的发展创造了良好的生存空间，对改善湿地水质和生态环境发挥积极作用。

（二）建立了不同类型湿地开发和合理利用的示范工程

在典型地区建立综合利用示范区、湿地管护区、人工湿地高效生态模式研究示范区，开展滨海湿地养殖优化和生态养殖工程示范建设，陆续建立湿地公园示范区等。

（三）完善海河流域湿地资源科学研究和宣传教育体系

流域内各有关职能部门开展了多种形式的保护湿地活动，并大力宣传湿地的重要功能和多重效益，宣传国家有关法律法规以及相关湿地保护知识。

（四）切实加强对湿地的保护工作

加强对湿地保护工作的协调、明确分工、落实责任、密切配合、团结协作、禁止违规开发天然湿地资源，严格控制湿地污染。

（五）因地制宜，合理发展，促进社会经济的可持续发展

根据当地湿地资源的实际情况，提出具体的湿地保护和合理利用计划，例如投资建设城市湿地公园，建立污水处理厂，天然湿地区内严禁狩猎、毒杀鸟类，禁止挖沙取土和一切不利于保护湿地生态系统的人为活动等，以促进社会经济的可持续发展。

五、湿地生态环境保护管理对策

近年来，海委一直把水生态环境保护与修复作为流域治理的首要目标和工作主线，开展了白洋淀、衡水湖、北运河等重点湿地生态保护与修复工作，启动“保护白洋淀行动计划”；加强七里海、衡水湖、南大港等湿地的监测、保护和相机补水输水工作；坚持力所能及，优化调度流域有限的水资源，通过补水、输水、洪水资源化等措施，力争让平原主要干涸河道保持湿润，改善部分污染严重河道的水质。以上工作取得了一定的成效，但为打造“湿润海河，清洁海河”，合理配置流域内湿地资源，采取切实措施保护好、利用好湿地资源，仍有很多工作需要去做，为此，我们提出以下建议。

（一）采取有效措施，加强自然湿地的抢救性保护

扩大湿地保护面积，实行抢救性保护是当前湿地保护管理工作的首要任务。要从抢救性保护的紧迫性出发，对那些生态地位重要而又面临严重威胁的主要湿地，生态多样性保存较好的区域，以及珍稀物种集中分布区域，因地制宜建立各种湿地类型自然保护区，并采取各种行之有效

的对策和措施，有效遏制其生态功能的退化和生物多样性的丧失。

（二）湿地生态环境保护必须走上法制化轨道

尽快完善法制体系，出台湿地的保护与管理政策，理清职责、明确责任、划清权属，为从事湿地保护的管理者提供基本的行为准则，并将水资源综合管理、环境规划、国土利用规划、国际公约等与湿地立法协调一致，使湿地保护做到有章可循、有法可依，走上法制化的轨道，变湿地保护与管理工作多个部门各自为政为互相支持、互相督促。

（三）坚持保护与利用兼顾、保护为先的原则

湿地在开发利用的同时，应重点放在建设和保护上，坚持湿地经济发展以湿地生态保护为前提；坚持"以保护求持续发展，以发展促环境保护"的湿地发展战略。

（四）建立健全管理机制，划清责、权、利，打开行业壁垒

加强组织领导，建立有效的湿地保护协调机制，形成湿地保护合力。湿地保护是一项重要的公益性事业，各级政府、多个部门都对湿地保护和管理负有责任，这就要求必须有一个健全的管理机制，来协调各方工作。

（五）规划研究要先行，以科学技术保障湿地生态健康

必须根据湿地功能和目前导致湿地萎缩、功能退化的原因以及周围污染源的治理计划，编制流域湿地保护修复规划，并将其纳入到地方国民经济发展规划和相关的管理规划中，逐步缓解人类生产、生活和自然生态之间的用水矛盾，在保障经济社会发展需要的同时实现人与自然的和谐。

（六）推行现代绿色经济生产模式，实现可持续发展

全面开展节约用水，保证湿地生态环境用水。合理利用水资源，在湿地保护、生态建设过程中，始终把节约用水放在重要的位置。实施点源和面源污染治理，保护湿地水质，尽快调整产业布局和产业结构，协调好社会经济发展和环境的关系，增加科技投入，改革生产工艺，实现工、农业清洁生产，从源头上削减污染的产出。

（七）开展湿地生态环境保护宣传教育，夯实群众基础

大力宣传有关湿地与社会经济可持续发展联系的有关知识，提高公众对湿地和湿地保护重大意义的认识，提高广大群众保护湿地的自觉性。广泛开展多种形式的宣传教育活动，促进全民湿地保护意识和资源忧患意识，使人们对湿地生态环境保护工作由认知变为积极的行动，自觉地维护湿地权益，充分发挥群众智慧，不断提高公众参与湿地管理决策的深度和广度，在全社会形成一种爱护湿地、保护湿地，人人参与、人人有责的良好社会风气。

（八）筹集资金，专项专用，完善湿地保护基础设施

各级政府要将湿地保护工作纳入国民经济和社会发展规划，设立专项资金，并积极争取国家、市专项资金。搞好湿地利用，从湿地利用收入提取部分湿地保护资金。加快湿地保护工作必要基础设施建设，设备、仪器和各类保护器具、交通工具的购置与完善，提高湿地保护工作成效。

目前，湿地自然生态环境保护服务功能在经济社会可持续发展中的重要性虽然已逐步得到了各级党委和政府的重视，但仍面临湿地萎缩、湿地污染严重、功能下降等一系列问题。究其原因在于对湿地重要性认识不足而导致对其过度开发利用。由于水资源过度开发和不适当的土地开垦及工厂污染，海河流域的湿地生态环境，尤其是天然湿地面临着极大的挑战。在社会经济快速发展的今天，我们不应再单纯地追求湿地的经济效益，更应考虑湿地的生态效益和社会效益，加大湿地保护和修复力度，努力打造"湿润海河，清洁海河"，使海河流域湿地生态环境走上可持续发展的道路。

海南东寨港主要红树植物群落特征研究

管　伟[1]　廖宝文[1]　张留恩[1]　刘　秀[2]　陈玉军[1]　钟才荣[3]　陈元海[3]

(1. 中国林科院热带林业研究所　广州　510520；　2. 广西壮族自治区林业科学研究院　南宁；　3. 海南东寨港国家级自然保护区管理局　海口　571129)

摘　要　对海南东寨港9个红树植物群落调查得出共有植物种11种，分属5科8属。秋茄人工林群落、海莲天然林群落、木榄天然林群落和无瓣海桑人工林群落以高大乔木为主要优势种和建群种，其物种组成相对简单，发育成单层群落，林下植被发育较弱或未发育；秋茄天然林群落、木榄－桐花树半人工林群落和海桑人工林群落以高大乔木为优势种，而林下幼苗或幼树为主要建群种形成了双层群落结构；红海榄－桐花树半人工林群落和海莲－桐花树半人工林群落以灌木为主要优势种和建群种，群落组成相对丰富，外貌密集，植物数量众多，竞争激烈。各群落物种多样性指数均较小，综合各指数，其物种多样性排序为海桑人工林群落＞木榄天然林群落＞海莲－桐花树半人工林群落＞红海榄－桐花树半人工林群落＞海莲天然林群落＞木榄－桐花树半人工林群落＞秋茄天然林群落＞无瓣海桑人工林群落＞秋茄人工林群落。

关键词　东寨港　红树林　群落特征

一、引　言

海南东寨港国家级自然保护区既是我国建立的第一个红树林保护区，也是迄今我国红树林保护区中红树林资源最多、树种最丰富的自然保护区。是我国列入《国际重要湿地名录》的湿地保护区之一[1]。虽然对东寨港红树林植物种和植物群落已有较为清晰的了解，但是对红树植物群落的群落特征研究还嫌不足，需要进一步加强。因此，本文对海南东寨港红树林湿地生态系统定位研究站设置的9个固定样地红树林植物群落特征进行了调查与分析，不仅对保护区红树植物资料是一个补充与完善，而且还有利于保护区的管理和建设。

二、研究方法

（一）样地设置与群落调查

于2008年7月，对东寨港场部、竹山、山尾、三江4个地点共9个红树植物群落进行调查。分别为秋茄天然林群落、秋茄人工林群落（1987年营造）、木榄天然林群落、木榄－桐花树半人工林群落（1992年在桐花树次生灌木林内营造木榄）、红海榄－桐花树半人工林群落（1992年在桐花树次生灌木林内营造红海榄）、海莲天然林群落、海莲－桐花树半人工林群落（1992年在桐花树次生灌木林内营造海莲）、海桑人工林群落（1997年营造）和无瓣海桑人工林群落（1997年营造）。各群落分别设置面积20 m ×20 m的固定样地1个，每个固定样地各划分为4个10 m×10 m样方，分别记录乔木树种名称、株数、胸径、树高、林分郁闭度等，每个样方再各设置4个2 m×2 m小样方，分别记录林下植被名称、株数、高度、地径、盖度、频度、密度等。

（二）数值计算方法

1. 植被中物种重要值P_i的计算[3-5]：P_i =（相对密度＋相对优势度＋相对频度）/ 3　　(1)

2. 群落物种多样性的测定[3,5-7]：物种丰富度指数包括物种丰富度S、绝对丰富度指数d_G和相对丰富度指数也即Margalef指数d_M。

$$S = \text{物种数} \tag{2}$$

$$d_G = S/\ln A \tag{3}$$

$$d_M = (S-1)/\ln N \tag{4}$$

Simpson 指数 D：
$$D = 1 - \sum_{i=1}^{n} P_i^2 \tag{5}$$

$$P_i = N_i/N \tag{6}$$

Shannon - Wiener 指数 H：
$$H = -\sum_{i=1}^{n} P_i \ln P_i \tag{7}$$

均匀度指数 E：
$$E = \frac{-\sum_{i=1}^{n} P_i \ln P_i}{\ln S} \tag{8}$$

物种多样性指数和 ε：$\varepsilon = (d_G + d_M)/2 + (D+H)/2 + E$ (9)

式中：S 为物种数量；A 为样方面积；N 为所有物种个体总数（种 i 所在样方的各个重要值之和）；P_i 为物种 i 在样地中出现的概率（种 i 的相对重要值）；N_i 为种 i 的个体数（种 i 的绝对重要值）；n 是样地中物种的总数。

三、结果与分析

（一）红树植物群落植物种类

通过对海南东寨港 9 个典型红树植物群落调查（表 1）发现，在各 400 m^2 样地内共有红树植物 11 种，分属 5 科 8 属，分别为红树科木榄属的木榄（*Bruguiera gymnorrhiza*（*L.*）*Lamk.*）、海莲（*Bruguiera sexangula*（*Lour.*）*Poir.*）、尖瓣海莲（*B. sexangula*（*Lour.*）*var. rhynchopetala Ko*）；角果木属的角果木（*Ceriops tagal*（*Perr.*）*C. B. Rob.*）；秋茄属的秋茄（*Kandelia candel*（*L.*）*Druce*）和红树属的红海榄（*Rhizophora stylosa Griff*）；海桑科海桑属的无瓣海桑（*Sonneratia apetala Buch. - Ham*）和海桑（*Sonneratia cylindria*（*L.*）*Engler*）；紫金牛科桐花树属的桐花树（*Aegiceras corniculatum Blanco.*）；爵床科老鼠簕属的老鼠簕（*Acanthus ilicifolius L.*）；豆科鱼藤属的三叶鱼藤（*Derris trifoliata*）。

其中秋茄人工林群落仅有单一种秋茄，而种类最多的红海榄 - 桐花树半人工林群落，也只有 7 个种。由此可以得知，东寨港的各主要红树植物群落的红树植物组成相对简单。

表 1　各红树植物群落植被调查名录

群落编号	栽植时间	地点	树种	数量	平均高	平均直径
Ⅰ		山尾	秋茄**	129	5.50	6.8
			红海榄*	5	5.30	6.8
			木榄*	4	4.70	7.0
			秋茄	556	0.41	(0.7)
			木榄	13	0.17	(1.3)
			红海榄	6	0.60	(1.5)
Ⅱ	1987	三江	秋茄**	126	5.60	(5.8)
			秋茄	200	0.38	(0.7)
Ⅲ		山尾	木榄**	45	6.10	10.7
			海莲*	15	5.90	9.0
			尖瓣海莲*	3	8.00	17.3

群落编号	栽植时间	地点	树种	数量	平均高	平均直径
Ⅳ	1992	竹山	木榄**	75	1.90	(6.0)
			角果木	6	1.75	(6.0)
			桐花树	6013	0.86	(1.6)
			木榄	113	0.73	(1.4)
			老鼠簕	63	0.93	(1.0)
			三叶鱼藤	少量		
Ⅴ	1992	竹山	红海榄**	158	1.60	(3.4)
			桐花树	9356	0.90	(1.9)
			海莲	225	1.33	(3.6)
			角果木	163	1.41	(4.3)
			老鼠簕	38	0.90	(1.0)
			秋茄	13	1.35	(6.8)
			三叶鱼藤	少量		
Ⅵ		场部	海莲**	65	6.40	13.0
			木榄*	11	6.10	8.0
Ⅶ	1992	竹山	海莲**	191	1.40	(5.1)
			海莲	981	0.52	(0.5)
			桐花树	10 694	1.03	(1.1)
			角果木	100	1.26	(3.5)
			老鼠簕	625	1.24	(0.8)
Ⅷ	1997	三江	海桑**	49	10.60	15.6
			秋茄*	5	1.90	0.9
			桐花树*	3	2.10	0.9
			无瓣海桑*	1	3.10	2.4
			桐花树	1088	0.24	(0.4)
			海莲	119	0.35	(1.1)
			秋茄	525	0.45	(0.9)
			老鼠簕	13	0.46	(1.1)
Ⅸ	1997	三江	无瓣海桑**	24	10.80	14.6
			秋茄	81	0.60	(1.0)

注：**为群落优势乔木种，*为群落共建乔木种，其他为群落林下幼树或幼苗；（ ）内数值代表平均地径，其他为平均胸径。

（二）红树植物群落类型及其结构特点

1. 秋茄天然林群落

位于山尾的秋茄天然林群落属于双层群落，上层以秋茄为绝对优势种，而红海榄和木榄偶有出现，冠层平均高度达到5 m以上，平均胸径为6.8 cm左右，林型十分均匀（表1）。下层植被也以秋茄幼苗为主，数量众多，均高为0.41 m，平均地径较细，仅为0.7 cm，而木榄和红海榄的幼苗也散落在母树周围，数量不多，其中红海榄的幼苗相对粗壮，可达到0.60 m的高度，1.5 cm的地径。

2. 秋茄人工林群落

位于三江的秋茄人工林群落则是单一种组成，林分密度与秋茄天然林群落相近，平均高度也相近，仅平均胸径为5.8 cm，较秋茄天然林群落稍细（表1）。林下则全部为秋茄幼苗，均高0.38 m，地径平均为0.7 cm。

3. 木榄天然林群落

位于山尾的木榄天然林群落属于建群种木榄和共建种海莲、尖瓣海莲共同组成的单层群落，但建群种占优，林冠整齐，林分平均高度超过了6 m，平均胸径木榄为10.7 cm（表1）。其中3株尖瓣海莲最高，达到了8 m，胸径也比其他林木大，为17.3 cm。该群落林下未见更新幼苗，也未见其他植物种类，而是密布木榄的膝状呼吸根。

4. 木榄－桐花树半人工林群落

位于竹山的木榄－桐花树半人工林群落为双层结构的林分，上层木榄林分平均高度较低，仅为1.90 m，偶伴有角果木，均高为1.75 m，平均地径都是6.0 cm，均为人工栽植；下层植被平均高度都没有超过1.0 m，是以桐花树为主的天然群落，均高达到了0.86 m，其次是更新的木榄，均高0.73 m，老鼠簕也具有一定数量，平均地径都在1.0 cm以上。群落偶见三叶鱼藤（表1）。

5. 红海榄－桐花树半人工林群落

位于竹山的红海榄－桐花树半人工林群落是在桐花树天然林群落中人工栽植红海榄而形成的以红海榄为优势种的群落，该群落外貌致密平整为单层群落，以小乔木（或大灌木）为主，建群种桐花树数量众多，达到9356株，均高0.90 m，分枝多而树冠平整，基部常具短而密集的支柱根或矮小的板根。红海榄共158株，均高1.60 m，同时群落内还有海莲225株，角果木163株，秋茄13株，其平均高均在1.30～1.40 m之间。群落中偶见三叶鱼藤（表1）。

6. 海莲天然林群落

场部的海莲天然林群落属于建群种海莲和共建种木榄共同组成的单层乔木群落，但建群种占优，共65株，占到85%，平均树高为6.40 m，平均胸径为13.0 cm；而木榄共11株，占15%，平均树高同海莲相近，为6.10 m，平均胸径为8.0 cm（表1）。林下未见更新幼苗和其他植物种。此群落林相完整，林下荫蔽，地表密布海莲的膝状呼吸根。

7. 海莲－桐花树半人工林群落

竹山的海莲－桐花树半人工林群落相比海莲天然林群落则差别较大，该群落是在桐花树群落中人工栽植海莲而形成的以海莲为优势种群落，以小乔木（或大灌木）为主，优势种海莲共65株，平均高度为1.40 m，建群种桐花树数量众多，达到了10 694株，平均高1.0 m（表1）。群落内角果木和老鼠簕数量也较多，分别达到了100株和625株，平均高为1.25 m左右。下层遍布海莲幼苗，达到了981株，均高为0.52 m。因此，该群落形成以桐花树为主，海莲占优，并伴生角果木、老鼠簕的格局。

8. 海桑人工林群落

三江的海桑人工林群落为双层结构的群落，但仍有少量高度为2～3 m的小乔木出现其中，该群落外貌疏散，海桑占绝对优势，其均高10.60 m，胸径为15.6 cm，而桐花树、秋茄、无瓣海桑等小乔木共有9株，下层植被则主要是桐花树的幼苗占绝大多数，为1088株，秋茄的幼苗数量也不少，为525株，其次是海莲的幼苗119株，偶有老鼠簕分布，但未见海桑的幼苗（表1）。

9. 无瓣海桑人工林群落

位于三江的无瓣海桑人工林群落主要是单一树种无瓣海桑，群落外貌疏散，平均树高10.80 m，平均胸径达到了14.6 cm。林下未见无瓣海桑幼苗，却散生秋茄幼苗，因此形成了无瓣海桑－秋茄双层结构，但秋茄平均高0.60 m，平均地径仅1.0 cm（表1）。

（三）红树植物群落物种多样性特点

各红树植物群落在物种组成上具有较大差异（表2），这种差异可以通过林内红树植物多样性指标来反映。植物多样性的测度指标包括物种丰富度指数、多样性指数和均匀度指数等，各指数从不同角度反映了物种多样性的变化，而各指数之和则可以反映物种多样性的总体变化[8]。

各群落物种丰富度（S）越低，其优势种的重要值(P_i）则越高，当物种丰富度超过4时，其优势种的重要值则不足0.5（表2）。可以看到位于竹山的各半人工林群落优势种的重要值均不足0.5，主要是由于位于竹山的红树植物群落均是以桐花树作为建群种，而优势种为后来人工种植形成，其数量远远少于桐花树（表1），整个群落的外貌为密集的灌木林状，高度差别不大，因此这些群落的优势种的重要值较低。

从物种丰富程度看，物种丰富度（S）、绝对丰富度指数(d_G）和相对丰富度指数(d_M）均是位于竹山的各半人工林群落的数值较高，主要原因是该地各红树树种高度相差不大，多为单层的灌木（或小乔木）林，物种竞争激烈，同时群落较为致密，受到外界包括人为干扰较少，因此物种丰富程度更高一些。另外，以乔木为主的红树植物群落其物种丰富度均较低，这主要是群落的优势种个体高大，对林内的遮光效果显著，在对光的竞争中明显占据优势而抑制了其他植物种的生长。

各群落Simpson指数（D）和Shannon－Wiener指数(H)尽管在数值上有所差异，但趋势一致，且数值均较小：海桑人工林群落的指数值最高，D值也仅为0.526，而H值略高也未超过1；另外，木榄天然林群落和海莲－桐花树半人工林群落的指数值次高，而因秋茄人工林群落只有一个种，故指数值为0。总体上，就调查的红树植物群落来说，其多样性是比较低的，这与群落的人工恢复方式、恢复年限以及演替程度有关。

各红树植物群落的均匀度指数（E）排序为木榄天然林群落>海桑人工林群落>海莲－桐花树半人工林群落>海莲天然林群落>无瓣海桑人工林群落>秋茄天然林群落>红海榄－桐花树半人工林群落>木榄－桐花树半人工林群落>秋茄人工林群落。

综合各指数，各红树植物群落的物种多样性指数（ε）排序为海桑人工林群落>木榄天然林群落>海莲－桐花树半人工林群落>红海榄－桐花树半人工林群落>海莲天然林群落>木榄－桐花树半人工林群落>秋茄天然林群落>无瓣海桑人工林群落>秋茄人工林群落。总体上各群落的物种多样性均较低，指数最高仅为2.162。除了恶劣滩涂的适生种类较少外，各群落物种多样性指数较低同各自的群落形成以及演替阶段有关，如秋茄天然林群落、木榄天然林群落和海莲天然林群落主要是处于演替后期的乔木群落，发育较为成熟，由单一种构成单层的乔木群落，林内遮光严重，不利于其他植物种生长，故生物多样性较低；海桑人工林群落和无瓣海桑人工林群落则是由先锋树种组成的群落，群落为人工栽植，时间较短，尤其是无瓣海桑林人工群落，因为其他物种的侵入时间尚短，生物多样性也较低；而其他群落主要以桐花树为主要建群种而形成的灌木群落，虽然物种相对较多，但密集的群落也不利于其他种类的幼苗生长，总体生物多样性也较低。

表2　各红树植物群落生物多样性指数

群落编号	P_i	S	d_G	d_M	D	H	E	ε
Ⅰ	0.788	3	0.507	0.269	0.133	0.284	0.258	0.854
Ⅱ	1.000	1	0.217	0.000	0.000	0.000		0.109
Ⅲ	0.606	3	0.543	0.556	0.412	0.662	0.766	1.852
Ⅳ	0.465	5	0.923	0.440	0.094	0.226	0.156	0.998

群落编号	P_i	S	d_G	d_M	D	H	E	ε
Ⅴ	0.421	7	1.303	0.639	0.118	0.306	0.178	1.361
Ⅵ	0.760	2	0.434	0.341	0.232	0.381	0.549	1.244
Ⅶ	0.476	4	0.814	0.343	0.263	0.715	0.552	1.620
Ⅷ	0.426	6	0.977	0.573	0.526	0.959	0.645	2.162
Ⅸ	0.904	2	0.271	0.056	0.037	0.069	0.400	0.316

总体而言，较低的生物多样性并不说明该区域红树植物群落的生态功能就一定非常单一，这是与海岸潮间带的恶劣环境相适应的生态对策，在简单的红树植物群落内还有生物多样性非常高的动物群落和微生物群落，而它们组成的生物群落则发挥着重要的作用。即使单一的红树植物群落，在防风消浪、促淤固堤等方面的重要作用也是不可低估的。因此，可以通过人工的方式适当增加红树植物群落的物种多样性，使群落层次更加丰富，不仅可以发挥更大的防护效应，而且其社会和经济效益也能够得到有效提升。

四、结　论

1. 海南东寨港9个典型红树植物群落共有红树植物11种，分属5科8属，其植物种组成相对简单。

2. 以高大乔木为优势种和建群种的群落，其物种组成相对更为简单，往往发育成单层群落，林下植被发育较弱或未发育，如秋茄人工林群落、海莲天然林群落、木榄天然林群落和无瓣海桑人工林群落；以高大乔木为优势种，而林下幼苗或幼树为建群种的群落，形成了双层群落结构，如秋茄天然林群落、木榄－桐花树半人工林群落和海桑人工林群落；以小乔木或灌木为优势种和建群种的群落，其物种组成相对丰富，且群落外貌密集，植物数量众多，竞争激烈，红海榄－桐花树半人工林群落和海莲－桐花树半人工林群落均属此类型。

3. 各群落多样性指数数值均较小，综合各指数，各红树植物群落的物种多样性指数排序为海桑人工林群落＞木榄天然林群落＞海莲－桐花树半人工林群落＞红海榄－桐花树半人工林群落＞海莲天然林群落＞木榄－桐花树半人工林群落＞秋茄天然林群落＞无瓣海桑人工林群落＞秋茄人工林群落。

参考文献

[1] 方宝新，但新球．东寨港红树林保护区生物资源可持续发展与保护［J］．中南林业调查规划，2001，20（4）：26－29.

[2] 廖宝文，李玫，郑松发，等．海南岛东寨港几种红树植物种间生态位研究［J］．应用生态学报，2005，16（3）：403－407.

[3] 马克平，黄建辉，于顺利，等．北京东灵山地区植物群落多样性的研究（Ⅱ）：丰富度、均匀度和物种多样性指数［J］．生态学报，1995，15（3）：268－277.

[4] 国家环境保护总局环境工程评估中心．环境影响评价技术方法［M］．北京：中国环境科学出版社，2005：78－79.

[5] 周葆华，余世金．天柱山黄山松群落特征及其环境功能评价［J］．地理研究，2008，27（2）：257－265.

[6] 郑师章，吴千红，王海波，等．普通生态学——原理、方法和应用［M］．上海：复旦大学出版社，2000：160－163.

[7] 景丽，朱志红，王孝安，等．秦岭油松人工林与次生林群落特征比较［J］．浙江林学院学报，2008，25（6）：711－717.

[8] 刘增文，冯顺煜，段而军，等．陕北半干旱风沙区人工林下植物群落数量特征研究［J］．西北农林科技大学学报（自然科学版），2008，36（12）：129－134.

农业废弃物在废弃采石场生态恢复的应用研究

王　琼　周连碧

（北京矿冶研究总院　100044）

摘　要　为研究废弃采石场的植被恢复，以无锡雪浪山废弃采石场为例，探讨农业废弃物在废弃采石场应用的可行性，通过对雪浪山采石场开挖边坡进行调查，依据其立地因子进行分析，提出了适合雪浪山坡面的近自然生态恢复技术模式。基质的基本特性研究表明：基质的加入能增强土壤的吸水和排水能力，有效调节土壤密度和减少坡面重力荷载的作用，并且能缓解土壤贫瘠的程度，提供植物正常生长的养分。通过对工程实践的分析表明，以锯木屑、畜禽粪便、作物秸秆等在酵菌种剂作用下生产出的基质能有效地促进植物的生长，有效地控制了水土流失，可作为优质的护坡基质材料。

关键词　农业废弃物　废弃采石场　生态恢复

一、引　言

废弃采石场是在人为因素严重干扰下形成的一种极度退化的生态系统，其原有的植被因生态环境的剧变而减少、退化乃至消失，严重影响着社会与经济的可持续发展，因此废弃采石场的植被恢复成为生态恢复和景观生态研究的热点。废弃采石场植被恢复的最大特点就是从改善土壤结构和充分利用当地的林草资源入手，营造出最佳结构的“人造土壤”，使其既能保水保肥、透气、透水，适于植物生长，又能有效抵抗雨蚀和风蚀，抑制水土流失；与周围景观相协调；同时对其维护管理量较小。植被护坡中的基材，除要求其具有较好的肥力及保水性以提供植物生长所需的养分和水分外，还要具有一定的抗冲刷能力及一定的强度，以防止基材脱落和坡面浅层溜坍。因此，基材的选择直接关系到工程的质量。

农业废弃物也称农业垃圾，主要包括植物纤维性废弃物（如农作物秸秆、谷壳、果壳、树叶及甘蔗渣等）、农产品加工废弃物、畜禽粪便、农村生活垃圾、污水、人粪尿等，其数量巨大，但利用率极低，仅有1/5被利用，分布广泛，既是宝贵的可再生资源，又是农村主要的环境污染源。本研究选择牛粪、菌渣、秸秆等一些可再利用的废弃物作为原料，以开发出质优价廉的护坡基质材料，通过在废弃采石场的应用，对人工恢复植被与促进植被演替、加快生态恢复具有重要作用。农业废弃物的处理，对实现农村家居环境清洁化、资源利用高效化和农业生产无害化，消除农村脏、乱、差，推进构建和谐社会和社会主义新农村建设具有重大意义。

二、项目区概况

（一）自然地理概况

雪浪山采石场所在地区属亚热带季风气候区，四季分明，热量充足，降水丰沛，雨热同期，灾害频繁。年平均气温15.6℃，极端最高气温38.9℃，极端最低气温－12.5℃。年平均降水量1500mm。常见的气象灾害有台风、暴雨、连阴雨、干旱、寒潮、冰雹和大风等。

雪浪山位于无锡市西南部滨湖区雪浪镇，因山顶有宋代建造的雪浪庵而得名。海拔146m，是太湖七十二景之第八景观，山中有横山草堂、雪浪观枫、蒋子阁等风景优美的历史景点。西面是五浪山，南接太湖，北临鼋头渚、五里湖，东有锡南公路。项目地处锡南旅游观光区内，景观治理的要求较高。无锡市为了配合优美的太湖风景区和著名旅游景点梅园，对其进行旅游开发，于2004年11月1日至2005年6月30日对此坡面进行绿化，复绿总面积为55000m^2。

（二）现场调查分析

该坡面是采石山体开挖后形成，属硬质岩石－碎屑边坡，坡体主要由大量碎岩和矿尾石块堆弃而成。坡体岩质构成主要为白－灰白色厚层状中粗粒石英砂岩和含砾石英砂岩，夹有少量紫红色含云母的石英粉砂岩和灰色粉砂页岩，节理裂隙发育、整体的稳定性较差，且大量出现基岩解理、断面与坡面同向或近似同向的情况，常发生岩屑堆积层沿着基岩面整体下滑的现象。山体顶部基本稳定，并有零星的自然植被恢复；中部和坡脚处有部分尾矿和浮石，有大面积滑坡现象，稳定性较差，植被恢复困难。

周围植被以次生天然植被为主，常见狗尾草、结缕草、鸡叶草、芒草等暖季喜酸草本以及构树、枸骨、胡枝子、紫穗槐、盐肤木、马棘、马尾松、银杏、杜鹃、蔷薇、忍冬等木本植物。本区内植物资源丰富多样，茶叶、杨梅、桃子、橘子、毛竹等经济作物在本区内生长良好。

三、生态恢复设计

（一）基材的配比方案

以施工实际经验配比为标准，即植壤土/基质体积（m^3）比分别为2:1，详细配比见表1。

表1　植被恢复工程基质配比

项目	说明	单位	使用量
土壤	园土或肥土	m^3	0.66
基质	酵菌种剂	m^3	0.33
	锯木屑		
	畜禽粪便		
	作物秸秆		
肥料	复合肥	g	95～130
保水剂	进口	g	165～200
黏合剂	进口	g	130～170

备注：上表基质配方方案为平均值，根据具体种植方式不同而作相应调整。

畜粪、木屑

秸秆

图1　预处理

（二）植被物种的选择

废弃采石场原生植被绝迹，引入合适的植物种类是植被恢复的关键。国内从植物选择标准上进行探讨，国外从引入外来植物种类及景观等角度进行分析。结合以上经验，我们根据雪浪山采石场地质灾害工程治理后的具体情况，提出植物种类选择标准，筛选出适栽的植物种类（表2）。

表2　无锡雪浪山植被恢复被选用的植物简介

植物名称	拉丁名	生长特征
五叶地锦	*Parthenocissusquinquefoliaplanch*	落叶藤本，生长快，对氯和氯化氢抗性强，护坡能力强
胡枝子	*Lespedeza bicolor*	落叶灌木，耐干旱、耐寒冷、耐瘠薄，萌芽力强，固氮能力强，适应性极广
马棘	*Indigofera pseudotinctoria*	落叶半灌木，耐干旱、耐瘠薄，可用于护坡绿化和水土保持
紫穗槐	*Amorpha fruiticosa*	落叶灌木，抗逆性很强，耐盐、耐旱、耐涝、耐寒、耐荫、抗沙压，对土壤的选择不严
伞房决明	*Casin tora L*	半常绿灌木，出苗迅速，生长势强，生长快，花期长，花色多艳
盐肤木	*Rhus chinensis*	落叶小乔木，喜光，喜温暖湿润气候。对土壤适应性强，在酸性、中性、石灰性及瘠薄干燥的沙砾地上都能生长，能耐寒和干旱。深根性，萌蘖性强，生长快
臭椿	*Ailanthus altissima*	喜光；喜温暖，怕严寒；怕干瘠；对土壤要求不苛，中性、微酸性的沙壤土、轻壤土以及含钙质较多的黏土地均宜生长；根系深，有萌蘖能力；抗烟尘及自然灾害的能力强
刺槐	*Robinia pseudoacacia*	刺槐是固N力强的豆科树种对，土壤适应性很强
乌桕	*Sapium sebiferum*	喜光，耐寒性不强，对土壤适应性较强，能适应多种类型土壤。对二氧化硫、氟化氢抗性和吸收能力强，对氯气、氯化氢抗性较强。能耐短期积水，亦耐旱
小叶女贞	*Ligustrum quihoui Carr*	落叶或半常绿灌木，对二氧化硫的抗性强
火棘	*Pyracantha fortuneana*	常绿灌木，喜光，抗旱耐瘠，山坡、路边、灌丛、田埂均有生长。喜湿润、疏松、肥沃的壤土
海桐	*Pittosporum tobira*	常绿小乔木或灌木，喜温暖湿润的海洋性气候，喜光，亦较耐荫。对土壤要求不严，黏土、沙土、偏碱性土及中性土均能适应，萌芽力强，耐修剪
香樟	*Cinnamomum camphora*	常绿乔木，生长迅速，喜温树种，樟树耐低温，幼年耐荫，壮年喜强光，寿命长，抗风力强，病虫危害较少，萌芽力强，叶色浓绿光泽，不怕烟尘，喜温树种，樟树耐低温，幼年耐荫，壮年喜强光，寿命长
紫花苜蓿	*Medicago sativa*	紫花苜蓿主根发达，侧根多，适应性广，但较喜温暖、多晴少雨的干燥气候。耐寒性强，有较强的抗旱能力，最忌渍水
枸橘	*Poncirus*	喜光，耐荫。喜温暖气候，较耐寒，能耐-20℃低温，北京可露地栽培。略耐盐碱，在土壤干燥、瘠薄、低洼积水处生长不良。深根性，发枝力强，耐修剪，主根浅，须根多，对有害气体抗性强
高羊茅	*Fwstuc arundincea*	原产美国南方育成于北方既耐干旱又抗潮湿，是冷季草种较耐高温的草种
百喜草	*Paspalum notatum*	匍匐性草种，耐高温、干旱、根系发达，扎根深，常绿期280~300 d
狗牙根	*Cynodon dactylon*	广泛分布于欧亚大陆，喜光、抗干热，适生降雨量800~1000 mm
弯叶画眉草	*Eragrostis curvula*	生长快、抗逆性强，耐瘠薄、喜光，绿色期长，可达300 d
白三叶	*Trrifolium repens L*	多年生常绿、冷季草种，较耐瘠薄、耐高温不耐干旱，主根短，侧根发达，匍匐茎发达30~60cm，节节生根，性喜温暖湿润气候

植物选择标准：①选择抗旱、抗风、抗瘠薄的植物种类；②选择多种生活型的植物种类（草本、灌木和乔木等），适当引入外来树种，有利于加速植物的演替，建立稳定的植物群落；

③选择繁殖能力强的植物种类，它们能通过风力传播种子或通过根茎蔓延，迁入、定居到矿区岩体上；④引入豆科植物，利于改良土壤和促进其他植物的生长；⑤植物种类的选择要结合景观效果和经济效益，注意选择观赏树种和经济林木，达到综合的生态效益。

四、基质基本特性研究

基质基本特性研究主要围绕着土壤性质展开。普通植壤土在添加了基质后，土壤的营养水平、理化性质和力学特性都发生了改变，通过大量的对比实验观察结果和数据分析来了解基质的基本特性。

（一）三相分布

基质是固、液、气三相组成的多孔性复合材料。三相分布影响着基质的肥力状况和植物的生长状况。采用环刀法分别测定普通植壤土和4种基材土样的毛管吸水前后的容重和孔隙度，从而计算出三相比（固:液:气，以下相同）。三相比和容重测定结果见表3。对于自然原状土壤，合理的三相分布大体上是固体部分约占土壤总容积的1/2，水和空气各占1/4，而基质的三相分布与土壤的三相分布有着较大的区别。从实验结果中看出，加入基质后，土壤的总孔隙度明显变大，占土壤总容积的65%～67%。正是由于总孔隙度较大，使得吸水达到饱和的土壤的液相比与普通土壤相比明显较大，即基质增强了土壤的吸水能力。另外，值得注意的是，加入基质的土壤在吸水达到饱和时，仍有约占10%总孔隙度的气相分布，而普通壤土仅为2%，这说明，加入基质后的土壤比普通土壤更利于坡面排水，防止植物根系由于含水量过大而造成烂根，也减小了坡面土层积水造成的重力侵蚀隐患。从密度的对比来看，加入基质的土壤吸水前和吸水后密度都明显低于普通土壤，可见基质有调节土壤密度、减小坡面重力荷载的作用。

表3 三相比和容重对比

土样类型	吸水前		吸水后	
	固:液:气	容重/（g/cm^3）	固:液:气	容重/（g/cm^3）
普通植壤土	51:22:27	1.58	51:47:2	1.84
土样1	36:15:49	1.11	36:54:10	1.52
土样2	35:20:45	1.14	35:52:13	1.47
土样3	36:29:35	1.25	36:51:13	1.48
土样4	37:34:29	1.31	37:54:9	1.53

（二）吸水性

基质的吸水性是评价基质的重要指标之一。它反映了一定时间内基质从外界获取水分的能力。植物生长所需的水分和蒸发失散的水分都需要从基质获取，因此要求基质必须能从降水中及时迅速地吸收水分，否则，就可能产生基质的含水量不能平衡水分消耗量的情况，导致植物萎蔫、死亡。采用环刀收集土样浸于水面高度与环刀上表面平行的水中，每隔一定时间测定一次吸水后的重量，利用差值计算出吸收水分的体积作为吸水量。

从图2可以看出，在加入基质后，土壤的吸水能力得以增强，表现在如下两个方面：

（1）曲线的斜率反映了土壤在不同时间的吸水速率，从图2中可见，加入基质后土壤吸水曲线的斜率均明显大于肥沃壤土，即吸水速率显著大于肥沃壤土。

（2）总吸水量显著增加，在实验时间为24h的时候，肥沃壤土的吸水量已近饱和，表现在曲线趋于水平，吸水量达到45ml；而加入基质后，吸水量在24h时均超过50ml，而且曲线仍呈上升趋势，说明土壤吸水尚未饱和。

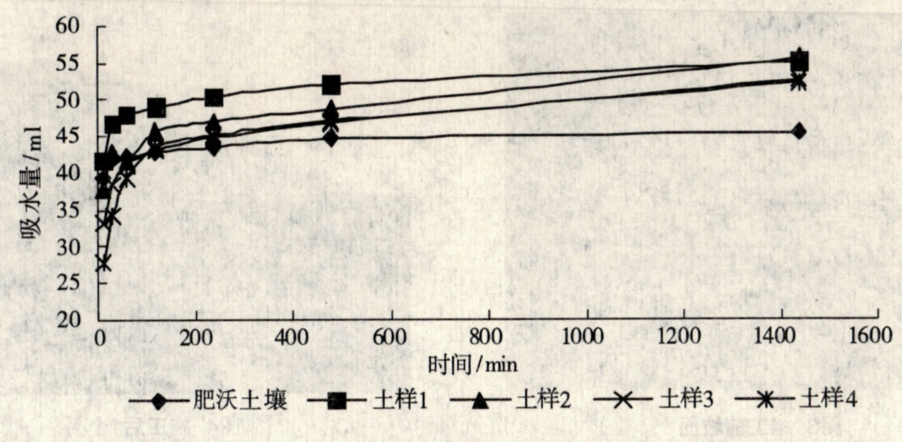

图2　吸水性能对比

基质优良的吸水性能更多地为坡面截留降水，减缓坡面径流，起到了防止坡面侵蚀的作用；同时，最大限度地利用了天然降雨，吸收水分满足植被生长的需要，降低了后期养护的成本。

（三）养分

基质必须含有植物生长所需的平衡养分，才能保证植物的正常生长。氮、磷、钾是植物生长所必需的大量元素。有机质几乎含有植物和微生物所需的各种营养元素，随着有机质的逐步矿化、分解，所含营养元素可陆续释放出来，供植物和微生物利用。

基质的养分测试主要确定基质的氨态氮、有效磷、速效钾和有机质含量。测试仪器为TFY型数字直读浓度土壤化肥速测仪（北京益农土壤分析仪器厂）。养分测试结果见表4。

表4　基质养分含量类型变化值

养分类型		氨态氮/（mg/kg）	有效磷/（mg/kg）	速效钾/（mg/kg）	有机质/（g/kg）
估算值		62.4	65.6	287	478
测试值	1周后	58.0	71.8	311	486
	1个月后	45.7	71.5	302	479
	3个月后	42.3	69.7	293	477

对于农田土壤，当全氮含量大于0.2%时土壤为富含氮素的土壤，当有效钾含量大于200mg/kg时，土壤为钾素丰富的土壤，当有效磷含量大于20mg/kg时，一般即不需要施用磷肥。由表4可知，基质中的有效磷、有效钾都高于肥沃的农田土，而氨态氮也在40mg/kg以上。因此，基质是富含植物生长所需的养分的。

五、结论与讨论

此项示范工程已被无锡市相关部门和专家审批通过，在施工中作为直接参考模式，现已经完成了工程所有工作，并已经初见成效（图3～图6），景观效果较好，得到业内人士好评。通过工程实践可以得出，使秸秆、牛粪等农业废弃物以及城市污泥等“变废为宝”，应用于矿山废弃地生态治理工程中，既减少了污染又增加了生态经济效益，应该大力推广应用。废弃采石场的植被破坏极其严重，其植被恢复也是一个长期、系统的工作。通过对雪浪山采石场生态环境治理工程进行深入探讨，得到以下几点认识：

图3 施工前坡面

图4 施工后1个月

图5 施工后2个月

图6 施工后1年

（1）基质的加入使总孔隙度占总土壤容积的65%～67%，并且在吸水饱和时仍有10%气相分布，因此，基质能同时增强土壤的吸水和排水能力，有效调节土壤密度和减少坡面重力荷载的作用。基质所提供给土壤的养分主要由畜禽粪便、作物秸秆、锯木屑及生物堆肥等组成，可以根据土壤的不同性质进行适当的调节。

（2）加快推动农业废弃物资源化利用的产业化进程，大力发展循环经济。随着社会经济发展和科学技术的进步，农业的现代化和产业化进程将势不可挡。一些规模化、集约化的农场、养殖场日益增多，伴随农业生产的产业化，其废弃物的资源化利用也必须同步走产业化的发展道路。

参考文献

[1] 陈芳清，张丽萍，谢宗强．三峡地区废弃地植被生态恢复与重建的生态学研究［J］．长江流域资源与环境，2004，5（3）：286.

[2] 陈波，包志毅．国外采石场的生态和景观恢复［J］．水土保持学报，2003，10（5）：71.

[3] 吴欢，周兴．矿山废弃地生态恢复研究［J］．广西师范学院学报（自然科学版），2003（20）（增刊）：32.

[4] 樊振辉，庞少静．试论矿山环评中的生态恢复评价问题［J］．城市环境与城市生态，2000，6（3）：15.

[5] Roman Kunmar Dutta，Madhoolika Agrawal. Restoration of opencast coal mine spoil by planting exotic tree species：a case study in dry tropical region［J］．Ecological Engineering，2003（21）：143－151.

[6] 周德培，张俊云．植被护坡工程技术［M］．北京：人民交通出版社，2003：144－146.

[7] 张颖．农业固体废弃物资源化利用［M］．北京：化学工业出版社，2005：2－8.

矿冶工业生态系统与矿业可持续发展

杨小聪　郭利杰

（北京矿冶研究总院矿山工程研究所　北京　100044）

摘　要　运用工业生态学的思想提出实现矿冶工业可持续发展最佳模式，构建矿冶工业生态系统；阐述了矿冶工业生态系统的概念及特点；提出了矿冶工业生态系统的构建理论并以此理论构建出未来矿冶工业生态系统雏形。这种以工业共生为基础的矿冶工业生态系统新模式是解决矿业环境污染、实现矿业可持续发展的最有效方法。

关键词　矿冶工业生态系统　工业生态学　矿业可持续发展　工业共生

一、引　言

矿冶（采、选、冶）工业是国民经济发展的支柱产业，也是高耗能，高污染产业。传统的矿冶工业生产模式所引发的大量环境灾害问题已经成为制约我国社会经济可持续发展的瓶颈。要综合解决好目前矿冶工业发展中面临的资源浪费和环境污染等突出问题，就必须改变过去“资源—产品—废物”的发展模式，通过“资源—产品—再生资源”的闭环反馈式流程，注重将废料作为资源重新利用，使整个矿冶生产活动基本上不产生或产生尽可能少的工业废物，从而使工业活动对自然资源和环境承载负荷的影响控制在最低限度。

这种封闭材料循环的工艺变革，并非废物“管端”处理的另一种版本，而是正在兴起的工业生态系统的一部分。所谓工业生态系统是指在一定的区域和范围内，有一批相关的工厂、企业组合在一起，它们共生共存，相互依赖，其联系纽带是废物，其中一个企业产生的废物（或副产品）是另一个或几个企业的“营养物”（原料），构成一个有机的企业“群落”（工业链）体系。这个系统的最大特点是物质和能量的最优循环，工业废物最小排放，资源利用价值最高而消耗量最小，即实现物质和能源利用的最大化和废物产量的最小化。

二、矿冶工业生态系统

（一）矿冶工业生态系统概念

传统的矿冶生产模式难以解决其环境污染问题。基于工业生态学原理所建立的矿冶工业生态系统，是针对矿产资源的开发利用过程，在一定的区域范围内规划配置以产出的废物及废物的资源化转换为联系纽带的采选冶企业和其他一系列相关配套企业以及这些企业的生产工艺，形成工业生态园区。在该园区内，人文、生态、资源和经济环境相互联系，构成有机整体。园区内的工业废物将作为内部资源被重新利用，而使矿产资源得到最大利用。这种以工业共生为基础的矿冶生产模式是解决矿业环境污染、实现矿业可持续发展的最有效方法。

矿冶工业生态系统是以矿产资源的采选冶企业为主体，实现采矿、选矿、冶金产出废物的协同资源化利用。矿产资源开发利用过程中产出的废物主要有采矿废石和矿坑废水，选矿尾矿和选厂废水，冶炼废渣和冶金废水。这些废料的产出量很大，一方面需要采用先进的开采及选冶技术从根源上减少废料产出，多产出合格产品；另一方面要求将废料再次资源化，将矿山废料作为内部资源被重新循环利用，发挥最大的资源效率并获得最大的经济效益。

（二）矿冶工业生态系统特点

矿冶工业生态系统是一种根据工业生态学原理建立的、符合生态系统环境承载力、物质和能量高效组合利用，以及工业生态功能稳定协调的新型工业组合。该系统应具有以下特点：

1. 工业共生性。工业共生是指通过不同企业之间或同一企业内部的不同生产单元之间相互利用副产品或废物的合作，共同提高企业的生存能力及获利能力，达到节约资源和保护环境的目的。因此，工业共生性的本质是企业间和企业内部的合作，这种合作是以资源循环和能量流动为纽带，以提高资源利用效率和保护环境为目标。

2. 物质循环和能量流动。矿冶工业生态系统通过建立“生产者—消费者—分解者”的“工业链”，建立一种互利共生的“废物交换俱乐部”。这种废物资源化交换过程就是物质循环和能量流动。

3. 动态演化和自适应性。矿冶工业生态系统中的“工业群落”在优胜劣汰的进化法则下具有自动态演化平衡的功能，不会因为淘汰掉一个企业单元而使废物交换系统产生障碍，新加入生态系统的企业单元能使得工业共生网络更加优化。

三、矿冶工业生态系统构建与可持续发展

目前，我国已是矿业大国，我国的采选冶技术已达到一定先进水平，有的甚至达到了国际先进水平，在废物资源化利用方面也已取得了不少成就，具有了较强的技术能力，工业生态学所要求的核心企业规模化条件也已具备，因此我国的矿产资源开发与利用，已经具备构建矿冶工业生态系统的条件。

（一）矿冶工业共生网络

我国矿冶工业要实现可持续发展，应以工业共生为基础构建矿冶工业生态系统。而要构建矿冶生态系统，首先必须确定以采选冶工业为核心的工业共生网络所涉及的相关共生工业。

1. 采矿、选矿、冶金工业核心共生。矿冶工业所包括的采矿、选矿和冶金工业可形成工业生态系统的核心共生工业。三者都是矿冶工业大宗废物产出源，井下采矿产出废石可部分在采矿工艺环节消纳，用于充填采空区，剩余废石可作为于建材工业原料。选矿工业过程产出的选矿废水可在工艺内部形成闭循环，产出的尾矿可用于充填采矿产生的采空区。采选产生的废水可以作为金属冶炼过程的冷却水。

2. 建材工业。矿冶工业和建材工业之间的共生关系十分明显。采矿过程产生大量废石经过破碎加工后，可以成为建筑用砂。冶炼过程产生的冶炼渣经破碎磨细后形成一定细度的炉渣微粉，与水泥熟料按一定比例混合，生产各种标号的硅酸盐水泥，而剩余的尾渣和尾粉是筑路、生产空心砖和步道砖非常好的原料。

3. 能源工业。金属冶炼过程也是一种能源转换过程，就是将煤炭通过冶金流程转换为热能、可燃气、氢气等能源形式的过程。目前国内最好的炼铅闪速炉生产流程也还有30%左右的能源未被充分利用，这为冶金工业与能源工业建立共生关系提供了可能。

4. 化学工业。金属冶炼过程同时还是一种化学反应过程，煤炭在炼焦、冶炼过程中产生的一氧化碳、甲烷和二氧化硫，可作为许多化工产品的生产原料；钢铁冶炼过程中产生的钢渣含有多种对农作物有利的元素，可作为生产化肥的原料。

5. 再生资源工业。冶金工业生产流程可以消纳和处理多个行业的大宗废物。例如可处理各种不同来源的废旧金属，处理大宗塑料、废轮胎等。

（二）可持续的矿冶工业生态系统构建

矿冶工业生态系统构建是从工业系统整体出发，充分考虑主体核心企业与其他相关工业企业之间以及企业内部各生产单元之间的生态关系，采用先进技术支撑体系（工业代谢分析、生命周期评价、工业生态设计、生态效益分析、先进管理方法）创造可持续的工业循环经济新模式。

矿冶工业生态系统构建，要坚持循环性、链接性、区域性、高效性的原则。矿冶工业生态系

统构建框架包括企业组成构建、系统集成、生态工业链设计、非物质化四部分，如图1所示。

1. 企业组成是构成生态工业链网络的物质基础。对于一个新构建的工业生态系统，须根据当地区域资源、产业等特色，结合相关规划、政策及市场供求等方面寻找和确定矿冶工业系统一个或几个核心采选冶企业，并围绕核心企业派生出一系列以物质或能量交换为纽带的企业，从而构建园区的工业生态系统。

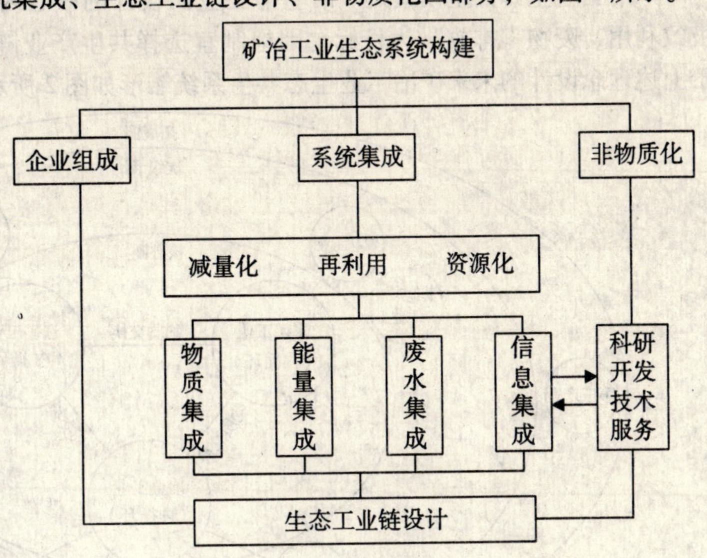

图1 矿冶工业生态系统框架设计

2. 系统集成是构建工业生态系统的关键。在系统集成中，以减量化、再利用、资源化为原则，通过在企业、园区等不同层次的物质集成、能量集成、废水集成和信息集成，以及园区产业的非物质化方向发展，达到矿冶工业生态系统内物质和能量最大限度利用和对环境最小影响。其中物质集成是矿冶工业生态系统的核心部分，即研究一个企业产生的废物如何作为另一企业的原料，在各企业间实现物质最大限度利用，使得工业生态系统对外排放的废物极少甚至实现“零排放”。

3. 生态工业链设计是指依据工业生态学的原理，对2个以上工业企业的物质和能量链接所进行的最优化组合设计或改造。

4. 非物质化设计是指通过小型化、轻型化、使用循环材料和部件以及提高产品寿命，在相同或者甚至更少的物质基础上获取最大的产品和服务，或者在获取相同的产品和服务功能时，实现物质和能量的投入最小化。

在工业共生基础上构建矿冶工业生态系统，形成以采选冶工业为中心的，资源高效利用、环境持续改善的网络型、进化型产业生态结构，将成功实现矿冶工业升级转型和促进我国矿业的可持续发展。通过构建矿冶工业生态系统，不仅为系统内的共生企业创造经济利益，而且能降低整个系统内所需资源的投入，减少对外界环境的污染破坏。这对缓解矿冶工业所在地的资源和环境压力、创建资源循环、生态环境改善、可持续的矿冶工业发展新格局大有裨益。

四、矿冶工业生态共生模式

工业共生模式是实现矿冶工业共生的关键，共生模式（也称共生关系）是指参与工业共生各个共生单元相互作用的方式或相互结合的形式。它既反映共生单元之间作用的方式，也反映作用的强度；既反映共生单元之间的物质信息交流关系，也反映共生单元之间的能量互换关系。工业生态共生模式按照某一共生单元（企业）在生态工业共生体中的地位和作用，其参与共生主要有以下4种模式：主导型工业共生、平等型工业共生、依附型工业共生和混合型工业共生。

矿冶工业生态共生模式是以采选冶企业为核心，依据“3R”原则（减量化、再利用、资源化）、工业生态学原理和清洁生产要求，以交换物质、能量、信息等资源为纽带建立相互依存，相互合作的组织关系形式。由于矿冶工业的特殊性（资源开采），矿冶共生模式又不同于传统工业生态系统模式，工业共生没有明显的种类划分，一般是由以上几种最基本的结构形态组合而成。

矿冶工业生态共生模式是矿冶生态工业园设计的核心内容。共生模式设计以“资源和能源极致利用、废物零排放”为目标，因地制宜选择共生产业链企业，实现最优循环链接方式。基于上述理念设计的未来矿冶工业生态共生系统雏形如图2所示。

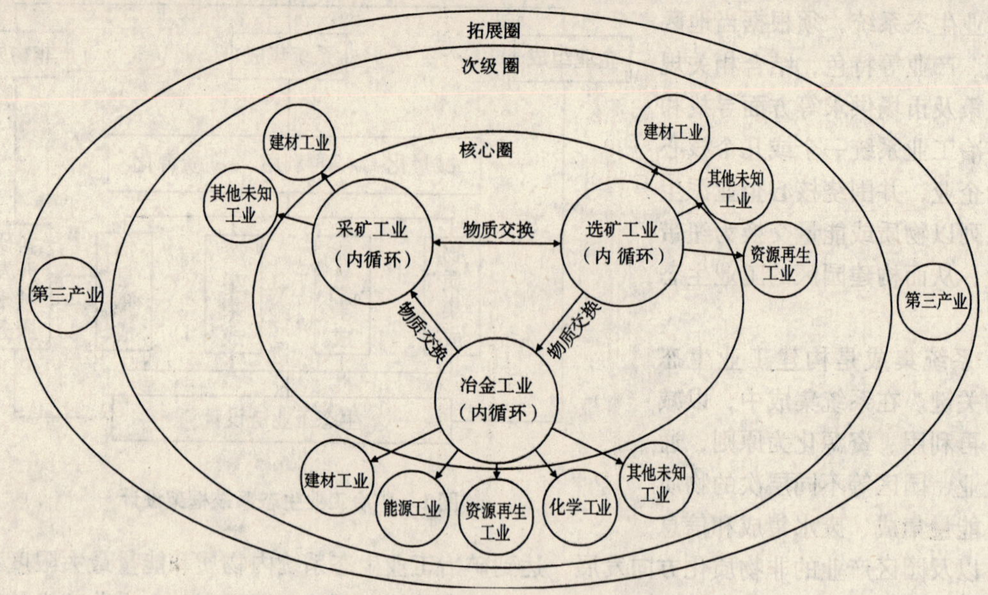

图2　矿冶工业生态共生系统雏形

五、结　语

矿冶工业生态系统是一种理想的矿冶工业组织形式，如果结构组织恰当，它们将成为最大限度减少废物、资源和能源极致利用、环境污染与破坏最小的矿业可持续发展范例。但是，目前还需要做大量研究和实践工作来澄清这种实体的最佳组织模式和经济结构。未来，国家应积极着手建立矿冶工业生态系统的技术和政策支撑体系，并通过示范工程来验证和展示矿冶工业生态共生生产模式对于防控矿业环境污染的有效性和先进性。这将对于推动我国矿业传统生产方式以及污染防治管理方式的转变，对于促进资源、经济和环境的协调发展具有重要意义。

参考文献

[1] 劳爱乐，耿勇．工业生态学和生态工业园［M］．北京：化学工业出版社，2003.
[2] 肖松文，张泾生，等．产业生态系统与矿业可持续发展［J］．矿冶工程，2001，21（1）：4－6.
[3] 马迁利，王兆华，等．工业共生视角下钢铁工业生态系统构建［J］．产业观察，2008（12）：95－96.
[4] 周爱民．基于工业生态学的矿山充填新模式［J］．中南大学学报（自然科学版），2004，35（3）：468－471.
[5] Robert Ayres. 创造工业生态系统：一种可行的管理战略［J］．产业与环境，1997，19（4）：7－13.
[6] 石磊．工业生态学的内涵与发展［J］．生态学报，2008，28（7）：3356－3364.
[7] 汤慧兰，孙德生．工业生态系统及其建设［J］．中国环保产业，2003（2）：14－16.
[8] 胡瑞霞．冶金污泥与废料资源化利用研究进展［J］．化学工程与装备，2001（1）：60－62.
[9] 朱润娥，宋彦忠．选矿尾矿与选矿废水的处理与利用［J］．甘肃有色金属，1998（2）：36－39.
[10] 郭利杰．废石尾砂胶结充填基础力学研究［D］．北京：北京矿冶研究总院，2007.

农业废弃物资源化利用的实践与思考

孔一江　许英志　袁定浩　孙　玲

（江苏省高淳县环境保护局　江苏　高淳　211300）

摘　要　农作物秸秆是高淳县的主要农业废弃物，是一种可供开发与综合利用的可再生生物资源。本文叙述了高淳农作物资源化利用的总体状况，分析了农作物秸秆各种利用模式的综合经济效益和社会效益，提出了存在的主要问题，最后，提出了解决问题的相应对策与措施。

关键词　农作物秸秆　资源化利用　模式

一、现　状

高淳县是农业大县，稻草、油菜等农作物秸秆资源十分丰富，年产农作物秸秆25万t左右，其中可收集利用的约20万t。农作物秸秆自古以来就是人们日常生活所用的主要燃料，另外还用来饲养家畜和沤制肥料。然而近年来，随着农民生活水平的提高，农村生活用能结构发生了变化，农村燃料逐渐转为煤、液化石油气、沼气等，秸秆几乎不再作为燃料使用。再者，由于粮食产量大幅度提高，秸秆数量剧增，农民又缺乏有效的利用手段，往往将其付之一炬，由此导致诸多问题：一方面，焚烧秸秆不仅浪费资源，而且所产生的大量烟雾严重污染大气，对工业生产和交通造成不利影响；另一方面，秸秆焚烧时高温使得土壤中有益虫体（如蚯蚓）与微生物无法存活，严重影响了土壤耕层生态环境的良性循环，秸秆焚烧因此成为农业污染的重要形式。

针对近年来秸秆焚烧愈演愈烈的情况，高淳县自2000年以来加强了对秸秆还田技术、秸秆养禽氨化技术、秸秆生产食用菌等农作物秸秆综合利用技术的示范推广力度，并取得了较好的效果。目前全县农作物秸秆资源化利用主要有以下几种模式。

（一）秸秆种菇模式

农作物秸秆含有丰富的纤维素和木质素等有机物，是栽培食用菌的好材料。秸秆种菇在自然界物质循环过程中起着化废为宝、平衡生态、改善环境的作用。高淳县自2000年开始选择在固城镇九龙村、花庙村进行秸秆种菇试点，利用稻草种植蘑菇，转化秸秆，生产蘑菇后，下脚料还田达到秸秆重复利用的目的。在其示范带动下，到2009年，全县蘑菇种植面积达400万 m^2，共转化水稻秸秆近8 750万kg，初步形成了苏南地区秸秆种菇的典型模式。

1. 模式的主要内容

主要原料采用水稻秸秆堆制蘑菇培养料，通过菇房处理、后发酵、菌种制作、播种、覆土、喷水、通风、保温和采收等几个主要环节，达到高产优质的效果。生产的下脚料用来还田，提高了土壤有机质含量，改善了农作物的品质。

2. 产生的效益

（1）经济效益

2009年全县推广蘑菇种植面积400万 m^2，产量4000万kg，产值14 300万元，创利润4 000万元以上，消化近17.6万亩约8 750万kg的水稻秸秆，秸秆转化收入为1 105余万元，利用畜禽粪便23 400t，可创收入936万元。

（2）社会效益

可解决50000名农村富余劳动力，增加了农民收入；丰富了城乡菜篮子工程；提高了广大农民的技术素质，提高创市场的意识；有利于高淳产业结构调整，做大做强食用菌产业。

（3）生态效益

一方面，2009 年种植蘑菇 400 万 m^2，可消化近 17.6 万亩约 8 750 万 kg 的水稻秸秆，解决了全县约 1/3 的水稻秸秆，同时利用农户和畜禽养殖场的畜禽粪便 23 400t，减少了农村环境的面源污染；另一方面，下脚料可作为有机肥料，进行还田使用，重复利用，形成秸秆—蘑菇培养基—菇渣肥田的循环经济生态模式。

实践证明，用农作物秸秆栽培食用菌不仅可以降低成本，提高效益，还能减少环境污染、促进农业生产的良性循环。利用农作物秸秆发展食用菌市场前景非常广阔。

（二）油（麦）茬套稻模式

高淳县是油菜生产大县，每年油菜种植面积在 28 万～30 万亩，是农民焚烧秸秆的主要作物。油菜秸秆含有大量的 N、P、K 和有机质。经测定，每亩秸秆还田相当于增施尿素 4.7kg，磷肥 9.5kg，钾肥 11.5kg，此外，还可以为土壤提供 300kg 有机质和大量的硅素营养以及锌、铁、锰等多种微量元素。连续三年秸秆还田的田块，可显著地改善土壤结构，地力明显提高，有利于提高后茬作物产量。

为充分利用油菜秸秆资源，有效解决油菜秸秆焚烧问题，2001 年我县开始立项研究超油茬套稻模式，2009 年全县示范推广面积达 0.5 万亩。

1. 模式的主要内容

油菜收获时留 30cm 左右的高茬，并及时脱粒腾茬，在不耕地、整地的基础上，将浸种破胸后的稻种在适宜播种期内尽早均匀撒入田内，播后把菜籽壳均匀撒开，菜籽秆全量均匀铺在垄面上或塞入沟内后上平沟水，以后按直播稻进行栽培管理。

2. 产生的效益

（1）经济效益

低成本、高效益是油茬套稻的一个重要特点，据调查，由于栽培过程中不育秧、不栽秧、不耕地、不整地，节省了人工机械费用，比常规栽培每亩可增加纯收入 40 元以上。

（2）社会效益

油茬套稻与常规水稻栽培相比可节省 2 个工日，有利于增加农民外出打工的时日，以增加工资性收入。

（3）生态效益

实现了油菜秸秆的全量还田，彻底解决了秸秆焚烧引起的环境污染及浪费可再生资源的问题。

（三）秸秆养羊模式

秸秆养羊模式是一种利用农村丰富的农作物秸秆资源，经人工处理后，提高秸秆的饲用价值，发展草食家畜的一种养殖模式。该模式具有节约粮食、降低生产成本、改良土壤、减少环境污染等多种作用。2000 年，高淳县被省农林厅、省农发办确定为省级秸秆养羊示范县以后，建立了桠溪、漆桥、东坝、定埠 4 个秸秆养羊示范镇，逐步形成了具有一定规模的区域化生产格局，以发展总量带动效益，秸秆养羊已成为高淳县畜牧生产的新亮点。

1. 模式主要内容

以秸秆为主要饲料，应用稻草氨化、微贮后喂羊，配合一定量精饲料和青饲料，羊群生长发育良好。

2. 效益分析

秸秆养羊模式的推广，使得山羊存栏、出栏和饲养量以及农作物秸秆青贮、微贮等指标，不仅数量、质量出现大幅度提高和大面积增长，而且还取得了较好的经济效益和生态效益。

（1）经济效益

2008—2009 年两年累计青贮、微贮饲料 5.76 万 t，按 5.6kg 青贮物、4kg 微贮物相当于 1kg 玉米计算，共节省粮食 1.12 万 t，折合人民币 1 120 万元。

(2) 生态效益

秸秆饲料的大量使用，使全县有机肥料投入持续增加，化肥的使用量相对减少，改良了土壤，同时由于减少秸秆焚烧，降低环境污染而取得了良好的生态效益。

总之，秸秆养畜实现了经济效益与生态效益的"双赢"。同时，秸秆养羊模式的推广，使秸秆氨化青贮、微贮、山羊品种改良，疫病防治等先进实用技术得到广泛推广和应用。

二、存在问题

在近几年的实践中，摸索了一批适合高淳县的秸秆资源化利用模式，取得了良好的环境效益和资源效益。但是由于其经济效益相对不明显，不易被人们认识和重视，使该项工作的开展受到严重制约。主要存在以下问题：

(一) 宣传力度不够，群众认识不足

秸秆资源综合利用的实施者是广大农民群众，只有他们真正理解了治理工作的意义和综合利用能给他们带来的切身利益，他们才能始终如一地将这种理解落实到自觉行动中。由于宣传力度不够，目前群众对秸秆综合利用的认识不足，积极性不高。

(二) 推广力度不足，一些技术难题尚未突破

比如，工作不平衡，秸秆养羊项目的实施重点在丘陵山区，对高淳县的水乡圩区如何开展秸秆养羊还待探讨；秸秆氨化技术掌握还不熟练，特别是在不同季节，针对不同的原料，如何灵活操作，还要认真总结；油茬套稻，播期、播量的确定，尤其是化学除草控制杂草危害的难题没有完全突破，直接制约了该技术的推广。

(三) 没有形成大规模产业化经营的格局

随着生产的发展，如何兴办龙头加工企业，走种、养、加一体化的路子，把资源优势转化为市场优势，为农业生产开拓可持续发展的环境，还有待于努力。

(四) 监督管理不强

秸秆焚烧不仅浪费了宝贵的资源，尤其带来的各种危害令人始料不及，已成为一个严重的社会问题，各级政府应出台一些焚烧秸秆的规范性文件，并加大查处力度。

(五) 无规划，投入不足

长期以来，没有一个长远的发展规划和年度建设计划，也没有配套资金。这都是由于对利用农业废弃资源、推广生物质能源技术，实施可持续发展战略的意义认识不足造成的。

三、战略思考

高淳县耕地面积56.78万亩，主产水稻、油菜，秸秆资源极为丰富，目前作为农村能源的秸秆消费利用率和利用水平还很低。通过以上分析，我们可以看出：秸秆不仅是发展食草畜禽养殖的重要原料，发展食用菌生产的培养原料，而且稻、油秸秆直接还田，对于促进土地生产良性循环、提高耕地基础地力和农业的可持续发展具有重要意义。随着科学技术的发展，其社会效益、环境效益和经济效益必将得到进一步显示。现对高淳县秸秆综合利用的发展，提出如下对策：

(一) 加大宣传，普及农业科技知识

一方面要利用广播、电视等各种新闻媒体，大力宣传秸秆综合利用的意义，培育人们"绿色消费""绿色产品"和珍爱人类生存环境的意识，使"环保、生态、绿色"的理念深入人心。另一方面大力向农民群众普及农业科技知识，帮助他们了解农业发展的正确方向，使其正确合理施用化肥、农药，掌握秸秆综合利用的新技术、新方法，为综合防治农业的污染奠定基础。

(二) 加大秸秆还田力度，提高土壤肥力

增加有机质的投入是保护和利用耕地、确保作物高产稳产的一项重要措施。目前投入的有机

肥种类较少，而能大量投入的有机物质主要靠秸秆还田，作物吸收的氮素有40%～50%在秸秆中。因此要加快研究秸秆还田的技术，确保秸秆返田质量，加大秸秆还田的力度，提高土壤肥力，促进有机物的良性循环。秸秆还田方法包括：秸秆覆盖或粉碎直接还田；利用高温发酵原理进行秸秆堆沤还田；秸秆养畜，过腹还田；利用催腐剂快速腐熟秸秆还田，在秸秆中添加一定量的生物菌剂及适量的氮肥和水，再经高温堆沤，可使秸秆腐熟时间提早15～20天。实践证明，机械化粉碎秸秆还田是广大农民易接受、可操作的秸秆综合利用的主要技术措施和手段。

（三）大力开发研究综合利用技术

1. 推广沼气发酵技术

秸秆直接作燃料的热能转化率极低。因此，要大力推广沼气发酵技术，将秸秆作为沼气池原料，转化成沼气作燃料，沼渣作肥料，使物质与能量得到充分作用。

2. 推广秸秆气化新技术，减少直接燃用秸秆

通过农作物秸秆缺氧燃烧，产出以含一氧化碳、甲烷为主要成分的可燃气体，在稍高于常压的状态下，通过PVC管道送往千家万户，使用起来有些类似于城市的管道煤气。该技术充分利用秸秆中所含的大量碳元素，经过在高温、缺氧环境中的气化还原反应制备的以CO为主要成分的可燃烧的气体。秸秆气化的目标是建立农村生活用集中供气系统。集中供气就是利用大型秸秆气化设备，集中村庄的秸秆原料，采用集中制气、集中供气的方法，相当于工厂化制气，然后通过管道将秸秆气输送到各家各户使用。据测算，一个250户的村级秸秆气化集中供气系统，需投资87万元左右，每立方米按0.17元收费，投资回收期为11年。以秸秆气化为重点的农村可再生能源建设，可满足农村对高品位能源的需求，提高了农民生活质量，适应了现代化新农村对高品位能源的需求，是一种可实现秸秆规模化处理的有效方式。

秸秆气化技术的推广应用是一项公益性很强的事业，其社会效益、环境效益十分显著，它的推广应用是一项新课题，要让广大农民群众接受和使用，就必须培植典型，搞好示范。

3. 开发对环境、对消费者无污染和安全优质的产品

利用秸秆开发符合市场需求的绿色产品——餐饮具、包装材料。产品绿色化，会促进物质资源的有效利用和环境保护。随着生态意识的增强，人们对绿色产品的需求不断增长，绿色消费已成为一种新潮流，它将逐步成为21世纪最具发展前景的消费形式。

利用秸秆纤维材料生产餐饮具、包装材料有两大好处：一是产品生命周期链缩短，对环境的损害小；二是废弃后可自然降解，对环境无危害。

（四）加强部门协作，提高科技含量

农作物秸秆的资源化利用是一项复杂的社会系统工程，涉及的部门多、学科多、层次多，需要各有关部门的协同配合。如环保部门要严格执法，加强秸秆焚烧的监督检查和焚烧期间大气环境监测，并将大气环境质量变化和焚烧检查存在的问题及时向政府反馈；农业、农机、科技部门要联合起来，进一步加大推广成熟的秸秆资源化利用技术的力度，提高秸秆综合利用率等。

（五）加大资金投入力度

秸秆养畜、秸秆气化等示范项目目前存在的最大问题就是资金短缺，这在很大程度上阻碍了示范项目在全国的迅速推广。农民缺乏足够的资金和技术支持，也使得农民在秸秆资源化利用方面显得办法不多。因此，要真正解决秸秆焚烧的痼疾，各级政府还应在资金方面加大投入。

参考文献

[1] 郑德聪，武月明，王菊霞．作物秸秆综合利用技术［M］．北京：中国社会出版社，2006：135－161.

[2] 毕于运，王道龙，高春雨，王亚静．中国秸秆资源评价与利用［M］．北京：中国农业科学技术出版社．2008：56－78.

西部大开发中水资源综合利用模式探讨

周　波　刘乃瑞　米磊磊

（西北工业大学动力与能源学院　西安市友谊西路127号　710072）

摘　要　西部大开发近十年，大部分城市面临水资源短缺和水环境污染的双重压力，水资源已经成为制约西部可持续发展重要因素之一。本文通过研究西部地区水资源分布和利用现状，通过水资源结构分析了西部地区水资源稀缺，立足于西部认识到西部人口、资源、环境与经济的关系，通过建立科学的水权制度，转化污水处理经营机制，选择适宜的水处理方法，建立西北地区和西南地区大中城市和小城镇水资源利用模式，实现水资源循环利用。

关键词　水资源　综合利用模式　水权制度

一、引　言

经过十年的发展，西部地区经济有了很大提高，基础设施显著改善，生态建设与自然环境恢复态势良好，人民生活由温饱向总体小康迈进的步伐加快。但是，同时我们也看到基础设施落后仍然是制约西部地区发展的薄弱环节，生态环境局部有所改善、总体恶化的趋势尚未扭转。经济发展造成的水污染使得水资源短缺矛盾更加突出，将是西部大开发中制约西部未来发展的瓶颈。

数千年来无数次的战乱、灾害和人为破坏，以及新中国成立以来大规模的垦殖与开发，使西部地区的自然环境不断恶化，水土流失十分严重，干旱和荒漠化问题日益突出，人类生存环境越来越恶劣，自然灾害频率不断加大[1]。西部地区要发展，最大困扰一是资金，二是水。

西部地区城市污水集中处理率平均不足8%，与实现国家规划到2010年城市污水治理率达到50%以上的要求有很大差距。对大部分中小城市和小城镇而言，资金有限按常规方法治理难以实现这一指标。另一方面，在西部人口稀少的地区，自然条件恶劣，生态环境脆弱，矿藏资源丰富。采矿带来的重金属和酸性废水造成江河湖水的严重污染，加剧水资源缺乏。经济的可持续发展是以生态的可持续发展为前提的，加强西部地区水资源的综合利用是西部大开发顺利进行的有力保障。西部大开发的第二阶段必须大力推进小城镇化，将人口集中以利于经济发展和环境保护，实现水在自然界的良性循环。

二、西部地区水资源现状

（一）西部地区水资源简介

水资源分布方面，据《中国水资源公报》统计，西北地区的水资源总量为2359.83亿m^3，占全国水资源总量的8.35%，分别比东部和中部地区低10.46个和19.71个百分点；西南地区的水资源总量为12 654.52亿m^3，占全国水资源总量的44.78%。

西部12省区水资源分布不均，与土地资源、人口及工业、城镇布局不相匹配。西北地区干旱，水资源稀缺，年均降水量和单位面积产生的年均径流量在全国都是最少的。大部分区域的年降水量在400mm以下，其中有200万km^2的年降水量不足200mm，并且西北地区水资源分布不均匀，部分地区人均占有量极低，大多地区远远低于国际公认的1700m^3/人的水资源紧张警戒线[2]。西南地区是我国重要的水资源富集区，水资源总量12735.2亿m^3，占全国水资源总量的45%，人均水资源量远远超过全国平均水平。水资源主要分布在盆地腹地及河流分水岭，水资源的分布与用水极不协调，控制性水利工程缺乏导致拥有的丰富水资源没有充分发挥其作用，水旱灾害频繁发生。

水资源利用方面，西部地区基础设施落后，管理水平相对较低，污水处理率低，这种状况加剧了紧张的水资源短缺。一些地方水资源开发利用缺乏统一管理，上游城市工业和农业灌溉分流的情况越来越多，导致河流下游断流和湖泊萎缩。

（二）西部地区水资源稀缺性分析

1. 西部地区水资源的利用结构比较

表1中我们可以看出，整个西部地区的用水结构以农业用水为主，随着经济的发展，西部各省区的用水总量呈小幅度上升。西部大开发加速了人口向城镇集中，西部地区农业水资源向非农业产业的转移，农业用水相对量和绝对占有量还会不断下降。通过调整农业生产结构，减少高耗水作物的种植面积；稳定农业水价，改革水资源管理体制；建立科学水权制度，明晰水权，开展水权交易等办法，才能满足随着城镇化不断推进而日益增长的用水量，实现水资源的可持续利用。

表1　西部五省（自治区）一些年份用水结构　　单位：亿 m^3

年份	指标＼地区	陕西	甘肃	内蒙古	青海	新疆
2000	总用水量	78.66	122.73	172.24	27.87	479.95
	农业用水量	55.80	97.42	155.13	21.23	453.21
	所占比例/%	70.94	79.38	90.07	75.82	94.43
	工业用水	12.66	17.71	8.40	3.81	10.90
	所占比例/%	16.09	14.43	4.88	13.67	2.27
	城乡生活用水	10.20	7.60	8.71	2.83	15.84
	所占比例/%	12.97	6.19	5.06	10.15	3.30
2002	总用水量	78.01	122.64	178.23	27.02	474.56
	农业用水量	54.62	97.25	158.54	20.36	448.85
	所占比例/%	70.02	79.30	88.95	75.35	94.58
	工业用水	12.46	16.87	9.43	3.93	10.19
	所占比例/%	15.97	13.76	5.29	14.54	2.15
	城乡生活用水	10.93	8.53	9.96	2.74	15.52
	所占比例/%	14.01	6.96	5.59	10.14	3.27
2004	总用水量	75.50	121.80	171.50	30.20	497.10
	农业用水量	49.70	96.70	149.4[illegible]	21.80	457.00
	所占比例/%	65.83	79.39	87.11	72.19	91.93
	工业用水	12.50	15.90	10.40	5.20	8.00
	所占比例/%	16.56	13.05	6.06	17.22	1.61
	城乡生活用水	12.60	8.90	10.90	3.00	12.30
	所占比例/%	16.69	7.31	6.36	9.93	2.47

数据来源：中国水资源公报。

2. 西部地区水资源稀缺性分析

西部地区人口和资源分布极不均衡，自然条件差异很大，生态环境脆弱。西北地区特殊的地理和气候条件，加上社会经济的迅速发展带来的人口急剧增加，导致水少土多，干旱少雨，致使西北地区水资源紧缺的矛盾日益突出，西南地区山高谷深，地形地貌复杂，土少水多且较分散，客观上加大了水利基础设施建设和水资源利用的难度。

判断一个地区的水资源短缺与否，不能由水资源的分布和经济发展水平来决定。一般来说，人均用水量能真实反映一个地区水资源稀缺状况。随着水权制度的建立，水权市场的开放，水资源成为商品，并且还是稀缺性商品[3]。

人均用水量可以作为衡量一个区域是否缺水的指标之一。从图1可以看出，西部地区人均用水量由于水资源分布不均而不同，一些省份人均用水量高于全国平均水平，人口比较集中的地区人均用水量低于全国平均水平。随着西部大开发的推进，经济增长和人口持续增长，西部地区人均拥有水量不断减少，可是每天的人均用水量却会随着人均收入提高而增长（如图2所示）。西部地区水资源的缺乏与浪费现象并存，每年都有大量的工农业和生活污水未经处理直接排入江河湖泊，引起水环境的恶化，进一步加剧水资源危机。

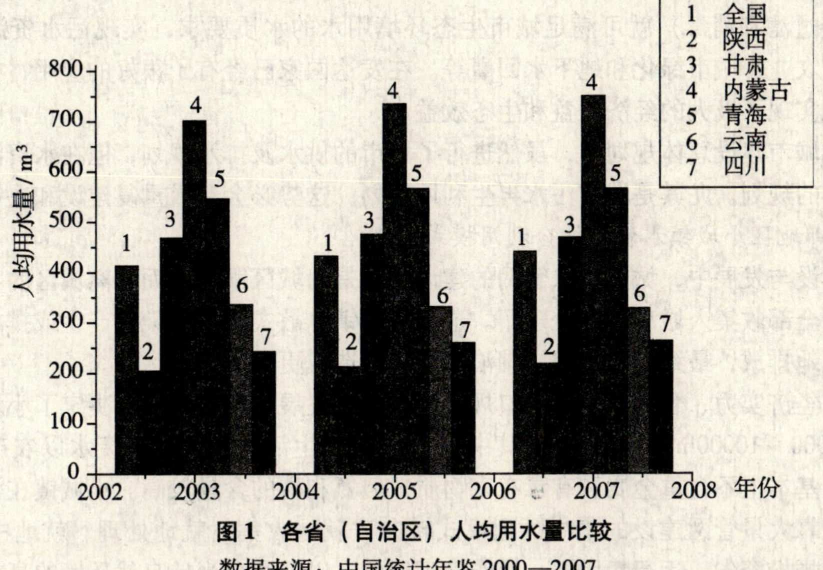

图1　各省（自治区）人均用水量比较

数据来源：中国统计年鉴2000—2007。

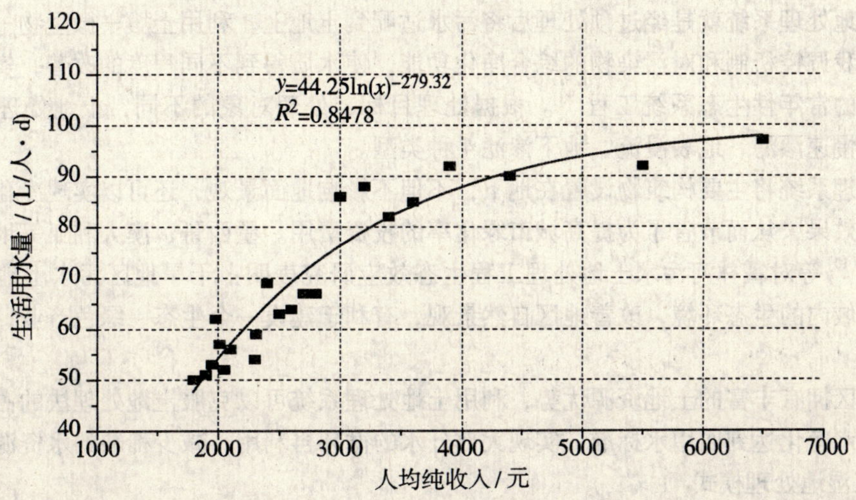

图2　人均收入与水量关系

三、西部地区水资源综合利用模式

西北和西南两地自然条件相异，多数地区经济发展水平低下，水、土资源天然配置严重失衡。西北地区是土多水少，旱灾严重，旱灾呈普遍加重趋势；西南地区是水多土少，水灾不断，洪涝灾害频繁发生。加上人为水资源利用方式不当导致西部地区水土流失和水污染严重，部分地区水资源开发利用超过当地水资源承载能力。针对大中城市和小城镇具体的条件分别采取集中或分散处理方法，实现污水的资源化。

（一）西部大中城市水资源综合利用模式

大中城市的污水处理管网是保证污水处理效率和再生水利用的基本设施，污水管线的建设中要吸取东部地区的教训，同步进行市政污水管网、污水的回用及再生水管网的建设。在旧城区，应当对已有的雨水—污水合流系统作适当的改造；在新城区，应配套建设雨水—污水分流制下水道系统。雨水可直接储存用于园林绿化、道路清洗。

目前比较适合西部大中城市的污水处理技术以常规二级处理为主，或增加一些简单的深度处理工艺（直接过滤和消毒）就可满足城市生态环境用水的水质要求，实现污水资源化。出水可以用在工业、农业、城市绿化和地下水回灌等。在发达国家已经有了很好的应用，在以色列和日本污水资源化实现了极大的经济效益和生态效益[4,5]。

目前，在城市建设总体规划中，虽然进行了城市的供水及排水规划，但在水资源的综合利用方面缺乏统一的规划。尤其是城市污水再生利用规划，这势必会造成重复建设和决策失误[6]。

（二）西部地区小城镇水资源综合利用模式

在城市建设与发展中，城市排水管网的建设主要是为城区服务，而远离城区的小城镇污水却难以也不可能全部收集入城市污水处理厂。这些小城镇分散式生活污染源产生或排放的污水未经处理，随意就地排放，最终汇入江河、湖泊等水体而造成更大面积水污染。

小城镇的经济实力、管理水平、人口规模、工农业发展的结构水平，决定了小城镇的污水排放量大都在3000～10000m^3/d范围内，其中50%以上是生活污水，工业废水以农产品加工的废水为主，水中基本上不含重金属和有毒有害物质，但氮和磷的含量较高。小城镇在污水处理方面应该从过去依靠大量管网建设的集中处理模式转向“就地收集、就地处理、就地中水回用”的分散模式，选择投资省、运行费用低、操作管理简单，以及适合当地自然环境的高效生态工艺。

1. 土地处理模式

污水土地处理系统就是经过预处理后将污水适配到土地上，利用土壤—微生物—植物陆地生态系统的自我调控机制和对污染物的综合净化功能，使水质得到不同程度的改善，实现废水资源化与无害化的常年性生态系统工程[9]。根据处理目标、处理对象的不同，土地处理系统可分为快速渗滤、慢速渗滤、地表漫流、地下渗滤4种类型。

土地处理系统将主要构筑物设置在地下，不但不影响地面景观，还可以实现净化污水、美化环境的双重效果，从而节省了为提高城市绿化率的投资费用。墨西哥、澳大利亚等地实地应用和国内台培东[10]等对霍林河污水土地处理工程生态效应研究表明：干旱地区污水土地处理系统可改变局部区域内的生态环境，改善地区自然景观，有利于建设一个生态、绿色产业，实现可持续发展。

西北地区拥有丰富的土地资源优势，利用土地处理系统可以克服土地处理法的占地面积大的劣势，使污水净化达到回用水标准，实现大部分水的循环再利用，减少稀缺的水资源浪费。

2. 人工湿地处理模式

人工湿地污水处理系统通过植物—基质—微生物的综合作用实现对污染物的去除[11]。目前对于人工湿地中植物和微生物的研究还刚开始，需要展开在各种微生物和各种水生植物对于污染物去除机理的研究。

人工湿地污水处理技术最大的一个缺点就是水力负荷低，污水处理量是随着占地面积扩大而增加的，对于拥有丰富荒、废土地资源西部小城镇来说有很大发展潜力。人工湿地用地面积的大小，取决于设计水力负荷。Brix（1994）提出人工湿地典型的水力负荷为2.5～5.0cm/d^{-1}，在此范围内，提高水力负荷将会相应地降低处理效率[12]。

西部小城镇经济欠发达，污水和雨水混合排放，生活污水浓度较国外和东部低，人工湿地设计水力负荷可大于5.0cm/d^{-1}。西南地区人口密度低，人口居住比较分散，气候湿润，利用各种荒坡、荒滩就地分散发展人工湿地生态系统很有优势。常年温度适宜有利于微生物和植物的生长和繁殖，有利于发展各种生物群落和稳定种群结构，可以充分利用各种生物去除污染。

四、西部水资源综合利用模式建立中存在的问题

西部水资源利用的复杂性，使我们必须慎重对待，而不能盲目。西部地区的水问题，应立足于西部，但又不能局限于西部。无论是资源，还是市场；无论是经济问题，还是生态问题，都应从更为宏观、更为全局的角度来思考。

（一）观念转变

西部地区由于人们缺乏环保意识，采取“先发展后治污”。部分城市把制定当地经济发展的重心放到经济指标增长上，将治理污染、保护环境放在次要或末位；企业由于环保和法治意识差，拒缴或漏缴排污费、谎报甚至瞒报排污量及偷排，这影响了污水处理行业的发展。

（二）水权制度的建立

西部各省的水权制度都受国家的宏观水权制度框架约束，没有形成适合自己实际的水权制度。目前西部各省水权制度存在问题大体有：水权混乱，水资源配置和管理混乱，缺乏完善水权交易机制。只有通过明确水权、建立水权交易市场、改革现有的水管理机制，才能更好地实现水资源的综合利用，促进经济进一步发展[13]。

（三）污水处理经营机制转换

西部地区城市基础设施建设资金不足，当前以地方政府为投资主体的城市污水处理投资体制不能满足城市污水处理的需求。西部各省应该转换污水处理企业的经营机制，发挥政府的宏观调控作用和市场的资源优化配置，实现“政府建网，企业建厂，市场化运行”模式，使污水处理的快速化、利用的最大化成为可能。

目前，中国自来水过于便宜的价格让其作为稀缺性资源的价值没有体现出来，外资看中的就是水价提升的空间。苏伊士集团、泰晤士水务、威立雅集团、柏林水务世界4大水务集团先后进入中国市场[14]。外资进入中国水务，一旦管网、基建设施建设完成，便不能更改，外资对污水处理市场将保持着绝对的垄断，城市水安全令人担忧，西部地区在引进外资的时候不能盲目。菲律宾、加拿大、南美国家曾有过这方面的教训。

（四）再生水回用

污水和雨水经过集中或者分散式处理，可以重复利用，实现水在自然界中的良性循环。雨水通过集蓄、渗透、废水再生回用等方式达到较高的利用效率，应该在有条件的地区实现雨水一污水单接，实现污水集中处理和雨水就地再利用。目前西北地区的大部分城市均面临水资源短缺和水环境污染的双重压力，污水和雨水的再生利用能弥补季节性河流、城市景观水体的水量不足；减少向水域的排污量，改善环境质量；节约新鲜水资源，解决城市生态环境用水以及其他低质用水。国内外在再生水应用于生态景观方面也有许多成功的经验可以借鉴，如日本的“清流复活”工程，将再生水注入干枯的河流水体，不仅美化了城市，还达到了景观修复和资源化利用的综合效能[15]。

西部大开发中水资源的综合利用，应该吸取历史上西部地区水资源利用方面的经验教训，认识和把握好人口、资源、环境与经济发展的辩证关系，建立一套适合西部的水权制度，以促进水资源综合利用模式建立。西部大开发应将建设节水型的经济、节水型的社会和节水型的生态环境作为一项重要目标。

参考文献

[1] 梁雯芳．浅谈西部可持续发展中的污水处理问题［J］．云南环境科学，2006（25）：8－10.

[2] 张鑫，蔡焕杰．西北生态环境建设的水问题［J］．西北林学院学报，2003，10（1）：42－45.

[3] 彭信坤，林素彬，付奇峰．浅谈水资源商品特性与开发利用管理［J］．中国农村水利水电，2006（9）：55－56.

[4] Lazarova V，Levine B，Sack J. Role of water reuse for en－hancing integrated water management in Europe and the Mediterranean countries［J］．Water Science and Technol－ogy，2001，43（10）：25－33.

[5] Aramakl T，Sugimoto R. Evaluation of appropriate system for reclaimed wastewater reuse in each area of Tokyo us－ing GIS－based water balance model［J］．Water Science and Technology，2001，43（5）：301－308.

[6] 叶雯，刘美南．我国城市污水再生利用现状与对策［J］．中国给水排水，2002，18（12）：31－33.

[7] 肖锦，陈元彩．中国西部开发和城市污水回用［J］．工业水处理，2002，22（3）：13－15.

[8] 鄢恒珍，陈向阳，何于坤，等．小城镇污水处理实用技术分析［J］．安全与环境工程，2003，10（3）：31－34.

[9] 高拯民，李宪法．城市污水土地处理利用设计手册［M］．北京：中国标准出版社，1991：1－29.

[10] 台培东，孙铁琦，李培军，等．草原地区城市生活污水土地处理工程生态效应研究［J］．中国生态农业学报，2004，12（3）：128－130.

[11] 李秋红．浅述人工湿地处理生活污水［J］．中国资源综合利用，2009，27（5）：41－42.

[12] Luederritz V，Eckert E，Martina Lange－Weber，et al. Nutrient removal efficiency and resource economics of ver－tical flow and horizontal flow constructed wetlands［J］．Ecol Eng，2001，18：157－171.

[13] 姜文来．水权及其作用探讨［J］．中国水利，2000（12）：13－15.

[14] 刘应宗．我国城市污水处理资金来源难处的破解［J］．南开大学学报，2002（1）：111－116.

[15] AsnaoT，MaedaM，TkakaiM. Wastewater reelmaation and eruse in jpana：overview and implemention examples［J］．Wat Sei Teeh，1996，34（1）：219－226.

湿地环境及其生物多样性

刘慧杰 张虎山 周冬柏 周李锋

(广州军区环境监测站 广州 510507)

摘 要 湿地是地球上陆地与水体的过渡地带，是具有特殊结构与功能的生态系统。它也是自然界生物多样性最丰富和人类社会赖以生存发展的发祥之地，既有水生的动植物，又有陆生的动植物，还有两栖动物以及种类繁多的微生物。湿地不仅具有生态效益、经济效益和社会效益，而且它还具有维护生态安全、保护生物多样性等功能。中国是世界上湿地类型多、面积大、分布广的国家之一，但我国湿地的生态环境现状令人担忧。因此，要提高全民湿地保护意识，树立新型湿地环保理念；保护多样性特色，加强湿地科学研究，促进湿地综合利用，让它在开发利用与资源保护中发挥更大的作用。

一、湿地环境特征

(一) 湿地的定义及种类

1971 年 2 月 2 日在伊朗的拉姆萨尔（RAMSAR）签署了一个全球性政府间的湿地保护公约《关于特别是作为水禽栖息地的国际重要湿地公约》(以下简称《湿地公约》)，它是当时针对一种特定生态系统的自然保护全球性公约。根据 Ramsar 会议制定的《湿地公约》的定义，湿地是指“不问其为天然或人工、长久或暂时之沼泽地、泥炭地或水域地带，带有或静止或流动，或为淡水、半咸水或咸水水体者。包括低潮时水深不超过 6m 的水域”。1996 年 10 月国际湿地公约常委会决定将每年 2 月 2 日定为世界湿地日。利用这一天，政府机构、组织和公民可以采取大大小小的行动来提高公众对湿地价值和效益的认识，特别是对湿地公约的认识。湿地对于保护生物多样性，特别是禽类的生息和迁徙有重要的作用。我国已于 1992 年 7 月 31 日正式宣布加入《湿地公约》，并将中国湿地保护与合理利用列入《中国 21 世纪议程——中国 21 世纪人口、环境与发展白皮书》和《中国生物多样性保护行动计划》优先发展领域，在 1995 年制订的《中国 21 世纪议程——林业行动计划》中，明确提出了湿地资源保护与合理利用的具体目标和行动框架[1]。

根据定义，湿地包括海岸地带地区的珊瑚滩和海草床、滩涂、红树林、河口、河流、淡水沼泽、沼泽森林、湖泊、盐沼及盐湖。所有的湿地都有一个共同特点，就是它们至少或偶尔有被水覆盖或充满了水的区域。湿地是地球上陆地与水体的过渡地带，是具有特殊结构与功能的生态系统，在《世界自然资源保护大纲》(1980) 中，湿地与森林、海洋并列为全球三大生态系统类型。具有维护生态安全、保护生物多样性等功能。是自然界生物多样性最丰富和人类社会赖以生存发展的发祥地，被科学家誉为“地球之肾”、“生命摇篮”、“鸟类的乐园”、天然水库和天然物种库的称号。

地质资源调查湿地的类别很多，但没有世界公认的湿地分类标准。湿地公约将湿地分为 3 类，其分类的基本层次如下：①海洋/海岸湿地：下分 12 类，主要有：浅海水域、河口、潟湖、盐湖、滩涂。②内陆湿地：下分 20 类，主要有：河流、湖泊、沼泽、泥炭、冻土。③人工湿地：下分 10 类，主要有：水产养殖、灌溉地、盐池、污水处理池、水库。

(二) 我国的湿地状况

我国海域辽阔，地跨热带、亚热带和温带三个气候带，有着漫长的海岸线，众多的海湾、岛屿和河流。我国沿海有着广泛的湿地分布，湿地资源极为丰富，据统计，我国的湿地面积总共约 6594 万 hm^2，占世界湿地总面积的 10%，湿地总面积约占国土面积的 7%。全国现有沿海湿地面积约为 200 万 hm^2[2]。

中国是世界上湿地类型多、面积大、分布广的国家之一，其类型可分为天然湿地和人工湿地两大类，其中，天然湿地又可进一步分为沼泽湿地、湖泊湿地、河流湿地、浅海和滩涂湿地等。天然湿地资源总面积达 25 万 km^2，占国土面积的 2.6%，其中湖泊约 12 万 km^2，沼泽约 11 万 km^2，滩涂盐沼约 2.1 万 km^2，此外尚有约 50 万 km^2 的水库池塘、稻田等人工湿地[3]。我国的人工湿地面积约 4000 万 hm^2，包括稻田、水库、精养鱼池。在我国沿海湿地中，最北的为辽宁鸭绿江河口湿地；最南的为广西钦州湾湿地。面积最大的是山东黄河三角洲及莱州湾湿地，其面积为 45 万 hm^2。我国沿海主要湿地见表 1（未包括台湾省和香港澳门地区）[2]。

表 1　我国沿海主要湿地分布（未包括台湾省和香港澳门地区）

省、区、市	主要湿地
辽宁	辽河三角洲、大连湾、鸭绿江口、辽东湾
天津	天津沿海湿地
河北	北戴河、滦河口
山东	黄河三角洲及莱州湾、胶州湾
江苏	盐城滩涂、海州湾
上海	崇明东滩、江南滩涂、奉贤滩涂
浙江	杭州湾、乐清湾、象山港、三门湾
福建	福清湾、九龙江口、泉州湾、晋江口
广东	珠江口、湛江口、广海湾、深圳湾
广西	铁山港和安铺港、钦州湾
海南	东寨港、清澜港、新疆港

与其他陆地相比，湿地具有明显的特点：一是有水域也有陆地，即有的浸在水里，有的则显露在水上，水陆相交，干湿合一。二是生物呈现多样性。既有水生的动植物，又有陆生的动植物，还有两栖动物以及种类繁多的微生物。三是水位不固定。季节的变化 + 天气的变化或潮汐的变化都会使水位发生变化，覆盖的范围也变化不定。

无论是天然湿地还是人工湿地，它的存在，对人类有积极的作用。它地势低洼，面积宽广，是防洪 + 抗旱的天然水库，特别是它水陆兼备，形成了独特的生态系统，使生物呈现多样性，尤其是对特种生物的保护和繁衍，是其他地域难以比拟的。生物的多样性既大量地降解了污染物，又有效地保护了水土。因而使环境得到了有益的保护。此外，它独有的自然特色，还为人类提供了丰富的旅游资源。

二、湿地环境生物的多样性

据估计，中国湿地包括了中国生物物种总数的 20% 以上。我国在湿地栖息的动物有 1500 种左右（不含昆虫、无脊椎动物、真菌和微生物），其中鱼类约 1040 种，其中淡水鱼 500 种左右，占世界淡水鱼类总数的 80% 以上，水禽大约 250 种，包括亚洲 57 种濒危鸟中的 31 种，如丹顶鹤、黑颈鹤、遗鸥等；湿地是迁徙鸟类和许多世界性珍稀濒危水禽的栖息地，每年约有 200 种的数千万只迁徙水禽在中国湿地或中转停息或栖息繁殖，亚洲 37 种濒危水禽中，中国就有 31 种，全世界鹤类共 25 种，中国湿地就有 10 种。在湿地中栖息繁殖的鸟类达 300 多种，约占鸟类总数的 1/3。仅在亚太地区，就有 243 种候鸟，每年沿着固定的路线迁飞，途经 57 个国家和地区。

以涉禽为例，每年春秋两季沿中亚、印度、东亚、澳大利亚、西太平洋三条线路在南北半球之间进行上万公里迁飞，途中必须在湿地停歇和补充食物。湿生植物有2760种，沼生药用植物250余种。其中湿地高等植物约156科437属1380多种。从植物生活型方面划分，有挺水型、浮叶型、沉水型和漂浮型等；有一年生或多年生植物；有的是草本，有的是木本；有的是灌木，有的是乔木。此外，尚有爬行类、两栖类和数以万计的昆虫类。因而，湿地生态系统是生物多样性保护的重要基地。

沿海湿地是海洋资源的一个重要组成部分，其在维持海洋生物多样性和海洋经济发展中起着重要的作用。沿海湿地资源是海洋资源的一个重要组成部分，也是我国海洋开发利用的重要区域。沿海湿地是重要的海陆相互作用地带，也是河流入海的重要地带。以福建省泉州湾为例，泉州湾受晋江河口径流影响很大，导致湿地生物的水平分布与盐度的分布紧密相关。泉州湾内湾、外湾和湾外的盐度、透明度及底质差别很大，各自的生物优势种或指标种也不一样（表2）[4]。

表2　泉州湾内湾和外湾环境因子及软相（泥沙）湿地生物

站位	位置	盐度	透明度/m	底质	优势或指标种
1	泉州湾内湾	11.1~15.5	<0.5	泥	三种红树植物（桐花树（*Aegiceas comiculatum*）、白骨壤（*Avicenniamarima*）、秋茄（*Kandelia candai*），互花米草（*Spartina alterniflora*），南方碱蓬（*Suaeda australis*），智利巢沙蚕（*Diopatra chiliensis*），可口革囊星虫（*Phascolosoma esculenta*），短拟沼螺（*Assimineabrevicula*），缢蛏（*Sinonoracula constricta*），光滑河蓝蛤（*Potamocorbula laevis*），招潮（*Uca arcuata*），莱氏异额蟹（*Anomalifrons lightana*），明秀大眼蟹（*Macrophthalmus japonicus*），弹涂鱼（*Periophtha lmus cantonensis*），琅虎鱼（*Taenioides cirratus*），食蟹豆齿鳗（*Pisoodonophis canerivorus*），中华乌塘鳢（*Bostrichthus sinensis*）
2		16.4~18.8	<0.5	泥	
3		17.2~23.2	<0.5	泥	
4		5.8~22.3	0.3~0.5	泥	
5		7.3~22.1	0.5~0.6	泥	
6		13.5~24.9	<0.5	泥	
7		18.5~22.6	<0.5	泥	
8		15.0~24.9	<0.5	泥	
9		18.9~31.7	0.2−0.8	泥	
10	泉州湾中部	26.2~33.0	0.4~1.1	沙泥	互花米草，匍匐苦荬菜（*Ixeris repens*），二叶红薯（*Ipomoea pescarprae*），文蛤（*Meretrix meretrix*），等边浅蛤（*Gomphina aequilatera*）
11		29.2~33.3	1.1~1.8	沙泥	彩虹明樱蛤（*Moerella iridescens*），弯六足蟹（*Hexapus amfractus*），模糊新短眼蟹（*Neoxenophtha lmus obscurus*），棘刺锚参（*Protankyra bidentata*）
12	泉州湾外湾	27.2~32.9	1.0~1.1	沙	绢毛飘拂草（*Fimbristylis sericea*），海边月见菜（*Oenothera drummondii*），老鼠夯（*Spinifex littoreus*），单叶蔓荆（*Vifer trifolia*），细毛尖锥虫（*Scoloplos gracilis*），加州齿吻沙蚕（*Nephthys oligobranchis*），痕掌沙蟹（*Ocypode stimpsoni*），韦氏毛带蟹（*Dotilla wichmanni*）
13		29.9~32.8	1.7~3.4	沙	扁平蛛网海胆（*Arachnoides placenta*），文昌鱼（*Branchiostoma belcheri*）

湿地生境的独特性决定着其中微生物的多样性及其资源的珍稀性。微生物的多样性是生物多样性的重要组成部分，具有独特特征，并与微生物资源的开发利用，人类生存环境密切相关。研究表明，不同的环境进化了生存于其中的微生物。红树林湿地（尤其是红树林土壤）的微生物长期适应潮间带的盐生生境，形成了红树林区特有的微生物类型。对红树林土壤微生物的多样性进行深入而系统的研究具有重要的理论和现实意义。

20世纪40年代以来，人们一直采用分离培养的方法来研究微生物的多样性，而事实上，多数微生物经常处于“活的非可培养状态”（VBNC），通过实验室人工培养方法已经分离和描述的微生物物种数量仅占估计数量的1% ~5%，而其余95% ~99%的微生物类群仍然未被分离和认识。因而这种方法只能反映极少数微生物的信息，难以全面地分析微生物的多样性，从而埋没了大量的具有应用价值的微生物资源。自1985年Pace等利用核酸序列的测序来研究微生物的进化问题，加之近年来基因组学的兴起和现代分子生物技术的成熟，可以绕过培养的手段来研究微生物的多样性，使得微生物多样性的研究进入了一个崭新的阶段。采用聚合酶链式反应（PCR）、16SrRNA序列分析以及ARDRA等现代分子生物学技术在基因水平上研究微生物多样性，可以克服微生物培养技术的限制，能够对样品进行比较客观的分析，较精确地揭示微生物的多样性。

湿地的生物多样性对教育与科研有重要的价值。湿地生态系统特别是动植物群落的多样性，在科研中都有重要地位，它们为教育和科学研究提供了对象、材料和试验基地。我国著名水稻专家袁隆平教授发明的杂交水稻，其中一个遗传材料是采自海南省湿地的野生稻。湿地物种十分丰富，蕴藏着丰富的遗传资源。所以湿地是全球生态系统的组成部分，任何一个国家的湿地状况都会影响全球生态环境。一些湿地中保留着过去和现在的生物、地理等方面演化进程的信息，在研究环境演化和古地理方面有极重要价值。

三、湿地环境微生物的主要属种

采用可培养方法研究红树林区土壤的微生物种类，多见于早期的文献。根据已报道的研究结果，不同红树林区土壤中，芽孢杆菌属均是细菌中在数量上占优势的细菌。如，印度南Andaman红树林凋落物及其下表面沉积物的细菌区系中，芽孢杆菌属占50%的比例[5]，胡承彪等的研究亦证实芽孢杆菌属是红树林土壤中的优势属[6]。小单胞菌和链霉菌属是红树林土壤放线菌的主要属，只是区域不同，数量上的优势属不同。目前已从红树林土壤分离到链霉菌、链轮丝菌、链孢囊菌（Streptosporangium）、小单胞菌、小多胞菌、红球菌、诺卡氏菌和游动放线菌（Antinoplanes）等属[7]。木霉、青霉、曲霉、镰孢菌（Fusarium）均是红树林土壤丝状真菌中最常见的属，不同地域的红树林土壤丝状真菌中，常见属会略显差异。红树林土壤丝状真菌中，数量上以半知菌占大多数，子囊菌和结合菌较少，鞭毛菌则更稀，几乎检测不到担子菌，是比较一致的研究结果。

近年来从红树林土壤揭示新的微生物物种的报道频频出现。Takeuchi和Hatano从日本红树林土壤分离得到genus Gordonia属的一株新菌，命名为Gordonia rhizosphera sp[8]。随后他们采用表型特征、化学分类、遗传学的方法，鉴定分离于红树林根际周围的三株细菌Agromyces luteolus sp.，Agromyces rhizospherae sp.和Agromyces bracchium sp. n为新的古细菌，通过16S rRNA基因序列分析，进化特征与甲烷八叠球菌属（genus Methanosarcina）相近，序列同源性为94% ~97%，却与本属的其他物种明显不同。Lyimo等从接种dimethylsulfide并经富集的红树林沉积物中分离到一株古细菌，呈不规则球状，无运动性，其进化特征亦与甲烷八叠球菌（genus Methanosarcina）相近[9]。Arunasri等从印度西海岸的红树林土壤中，分离到一株浅褐色细菌，经表型、生理生化，及16S rRNA基因序列分析，证实为新种，命名为Marichromatium indicum sp[10]。Tomohiko和Takeshi在研究红树林土壤放线菌的分布时，亦得到genus Asanoa[11]。王岳坤和洪葵通过对杯萼海桑土壤16S rDNA V3片段PCR产物两个DGGE条带进行分子克隆、序列测定和Blast分析，发现每个DGGE条带包含着许多不同的16S rDNA V3片段，并且其中多数为NCBI未收录的序列[12]。世界各地科学家的研究结果证实红树林土壤中存在许多未知的微生物，有待人类开发。

四、湿地环境研究的重要意义

1. 湿地所具有的生态效益——维持生物多样性。湿地的生物多样性占有非常重要的地位，依赖湿地生存、繁衍的野生动物极为丰富，天然湿地环境为鸟类、鱼类提供了丰富的食物和良好的生存繁衍空间，对物种保存和保护物种多样性发挥着重要的作用。湿地在控制洪水、调节水流方面功能十分显著，在防洪、抗旱等方面发挥着巨大的作用，湿地的微生物降解作用和化学过程可使有毒物质降解和转化。

2. 湿地所具有的经济效益——提供丰富的动植物产品。中国的鱼产量和水稻产量均居世界首位，湿地提供的莲、藕、菱芡及浅海水域的一些鱼、虾、贝、藻类都是富有营养的副食品。众多沼泽、河流、湖泊和水库在输水、储水和供水方面发挥着巨大的效益。湿地有着重要的水运价值。

3. 湿地所具有的社会效益——湿地除了具有生态效益、经济效益外，还有社会效益，具有自然风光、旅游、娱乐等美学方面的功能。中国有许多重要的旅游风景区都分布在湿地区域，同时一些湿地中保留着过去和现在的生物、地理等方面演化进程的信息，在研究环境演化、古地理方面有着重要价值[13]。

湿地是人类赖以生存和发展的资源宝库和最重要的生存环境之一，是我国可持续发展的重要内容。但我国湿地的生态环境现状令人担忧。因此，我们建议尽快制定湿地法，提高全民湿地保护意识，树立新型湿地环保理念；保护多样性特色，促进湿地综合利用；加强湿地科学研究，扩大国际合作，让湿地在微生物学领域的基础研究、开发利用与资源保护中发挥更大的作用。

参考文献

[1] 李长安．中国湿地环境现状与保护对策［J］．中国水利，2004（3）：24－26.

[2] 华泽爱，贾泓．中国沿海湿地开发利用、管理与保护［J］．海洋通报，1996，15（1）：78－83.

[3] 赵丽图．中国的湿地保护［J］．科学中国人，1999（10）：24－25.

[4] 林永源．晋江河口及泉州湾湿地生物分布特点［J］．台湾海峡，2005，24（2）：183－188.

[5] Shome R, Shome B, Mandal A, et al. Bacteral flora in mangroves of Andaman：Part 1. Isolation, identification and antibio gram studies［J］. Indian Journal of Marine Sciences, 1995, 24：97－98.

[6] 胡承彪，梁秀棠．合浦滨海海滩森林土壤微生物区系及生化活性［J］．热带林业科技，1987，1：1－7.

[7] 张银龙，林鹏．秋茄红树林土壤酶活性时空动态［J］．厦门大学学报（自然科学版），1999，38（1）：129－136.

[8] Takeuchi M, Hatano K. Agromyces luteolus sp nov., Agromyces rhizospherae sp nov and Agromyces bracchium sp nov., from the mangrove rhizosphere［J］. International Journal of Systematic and Evolutionary Microbiology, 2001, 51：1529－1537.

[9] Lyimo TJ, Pol A, den Camp HJM, et al. Methanosarcina semesiae sp nov., a dimethylsulfide－utilizing methanogen from mangrove sediment［J］. International Journal of Systematic and Evolutionary Microbiology, 2000, 50：171－178.

[10] Arunasri K, Sasikala C, Ramana CV, et al. Marichromatium indicum sp nov., a novel purple sulfur gammaproteobacterium from mangrove soil of Goa, India［J］. International Journal of Systematic and Evolutionary Microbiology, 2005, 55：673－679.

[11] Tamura T, Sakane T. Asanoa iriomotensis sp nov., isolated from mangrove soil［J］. International Journal of Systematic and Evolutionary Microbiology, 2005, 55：725－727.

[12] 王岳坤，洪葵．红树林土壤细菌群落 16SrDNAV3 片段 PCR 产物的 DGGE 分析［J］．微生物学报，2005，45（2）：201－204.

[13] 伊人．湿地，养育了我们［J］．中国林业，2005（3）：1.

生态修复的方法和程序

何艳梅

（上海政法学院经济法系　上海　201701）

摘　要　生态修复措施是指在生态环境受到损害以后，为使其恢复到原来的状态所采取的措施。生态修复措施具体可分为三种：基本修复措施、补充性修复措施和赔偿性修复措施。生态修复措施的实施大体上可分为三个阶段：评估损害；制订方案；选择方案并予以实施。经营者负有采取生态修复措施的首要责任。

关键词　生态修复措施　基本修复措施　补充性修复措施　赔偿性修复措施

生态修复措施是指在生态环境受到损害以后，为使其恢复到原来的状态所采取的措施，包括重新种植或培育植物，放养鱼类或增加野生动物等。生态修复的基本目标是恢复受损害资源的具有生态意义的重要功能，并恢复这些功能所支持的相关公共用途和舒适条件[1]。

因为难以量化对自然资源的损害，国际和国内法律和实践对生态损害的赔偿措施集中于修复措施而不是直接的金钱赔偿。这种修复措施的费用比以赔偿金形式支付的款项更易估算，而且如果已经完成了这些措施，这些措施的有效性可以得到证实。如果修复受损自然资源不可行或不充分，则允许采取赔偿性或等同性措施。

一、生态修复措施的种类和方法

生态修复措施具体可分为三种：基本修复措施、补充性修复措施和赔偿性修复措施。欧盟《关于环境损害的预防和救济的环境责任指令》（以下简称“《环境责任指令》”）分别称其为基本救济、补充性救济和赔偿性救济。各种修复措施所采取的方法也各有千秋。

（一）基本修复措施（primary restoration measures）

基本修复措施也可称为恢复性修复措施，是指将受损自然资源和/或服务恢复到基准状态的任何措施，是所有修复措施中最基本、最首要的一种。所谓“基准状态”是指损害没有发生时自然资源和服务存在的状态。基本修复措施可以采取两种修复方法：自然修复方法和直接修复方法。

1. 自然修复方法（natural recovery）

自然修复是一种没有人类干预的消极的修复方法。在某些情况下，最好的决策可能是让受损自然资源自己修复或再生。换句话说，它是一种“无为而治”的方法，完全依靠自然进程随着时间推移清洁环境，减少污染物的毒性、活性、数量或浓度，促使资源再生。这种“自然进程”包括污染物的生物降解、分散、稀释、挥发、放射性衰退、化学或生物稳定、转变或毁灭等各种物理、化学或生物进程[2]。美国的《超级基金法》和《油污法》都允许考虑采用自然修复方法。当然采用这种方法的前提是与人为的、积极的修复方法相比，自然修复更为合理。比如，如果自然资源或栖息地对重机械或其他物质干扰特别敏感或者不可接近，自然修复方法可能是更合理的。

美国负责执行《超级基金法》的专门机构——环境保护局允许“依赖自然的减弱进程，以在一个合理的时间框架内实现特定场所的救济目标。”但是这种允许“非常谨慎”，因为这种许可的获得需要满足一些条件：一是有正当的评估认为污染物能够随着时间的流逝而减少；二是有持续的监测证明，自然修复使人类健康和环境得到充分保护；三是自然修复的时间框架是合理的。依据环保局对场所清理方案的成本—效益分析的评估，75 年可能被认为是合理的时间框架[3]。

对于作为潜在责任人的污染者来说，由于人为修复费用昂贵，自然修复是一种相当吸引人的解决方法。因而在实践中，主管当局在批准污染者对自然修复方法的使用时应当相当谨慎，以防责任人为了节约修复费用而假以自然修复，却没有关于污染物是否将被真正清除，资源是否将得以再生的可靠预测材料和持续监测。即使采用自然修复方法，也不意味着责任人不承担任何赔偿责任，他们不能因为幸运地可以采用自然修复方法就免予作出赔偿，否则对那些遭遇人为修复的高额费用的责任人来说是不公平的。在笔者看来，至少，他们应为自然资源自然修复期间的临时损失进行赔偿，哪怕遭遇人为修复的责任人没有依法赔偿临时损失的义务。

2. 直接修复方法

与自然修复相对应，直接修复是一种人类干预的修复方法，它以帮助或加速受损资源的自然再生为目标。直接修复措施包括植树、种草或种灌木等。这些树、草、木等将吸引大量的动物物种共同改进生态结构。比如，在沙丘的修复中，沿岸边种植特有的草类，可以稳定生态，预防风的侵蚀。

（二）补充性修复措施（complementary restoration measures）

该措施是指在基本修复措施不能实现对受损自然资源和/或服务的充分修复的情况下，采取的重建或替代受损自然资源和/或服务的任何救济措施，以作为对基本修复措施不可行或不充分情况下的弥补，适用于生态系统完全崩溃的情况。具体来说，补充性修复措施可以采取以下修复方法：

1. 在环境受到损害的场所采取重建措施

在生态系统完全崩溃的情况下，采取措施者首先应考虑在受损场所重建生态系统，包括清理污染，代之以清洁的土壤或水质，动植物等生命形式的再度繁殖，提供与受损自然资源和/或服务相同类型、质量和数量的自然资源和/或服务，即《环境责任指令》附件二中规定的资源—资源或服务—服务等同方法。

2. 在环境受损场所以外的场所采取替代措施

如果在环境受到损害的场所采取重建措施在技术上不可行或者只有部分环境可能恢复，应考虑在环境受损场所以外的场所采取替代措施。这种替代办法的目的是养育与被破坏的自然资源等值的自然资源，以便重新建立生物多样性和自然保护的水平。根据《环境责任指令》附件二的规定，替代场所的选择应考虑该场所与受损场所在地理上的联系，并考虑到受影响人口的利益。这种在替代场所采取的措施，首先应考虑采用资源—资源或服务—服务等同方法，提供与受损自然资源和/或服务相同类型、质量和数量的自然资源和/或服务。如果这不可能，应提供替代自然资源和/或服务。如果还不可行，应当运用替代评估技术，比如金钱评估的方法，在已丧失的自然资源和/或服务的估价是可行的情况下，采用其成本与已丧失的自然资源和/或服务的被估价的金钱价值相当的救济措施，或者直接提供货币赔偿。

（三）赔偿性修复措施（compensatory restoration measures）

该措施是指为了弥补从自然资源和/或服务受损之日到完全修复期间，自然资源和/或服务的临时损失而采取的措施，或可称为“临时损失价值的赔偿”。所谓临时损失（interim losses），是指受损自然资源和/或服务从受损到完全修复期间，因为不能发挥其生态功能或向其他自然资源或公众提供服务而造成的损失。生态修复措施的目的在于使受损自然资源和/或服务恢复到基准状态，由于不论采取基本修复措施，还是采取补充性修复措施，要使损害得到完全修复，都需要持续一段时间，因此在受损环境恢复期间的自然资源和/或服务的临时损失也应得到赔偿。临时损失的赔偿不是向私人提供的，而是向对受损自然资源具有所有权、管理权和控制权的信托人或行政机构提供的，不包括对公众或公众之成员的经济补偿。

《环境责任指令》针对水损害、受保护物种或自然栖息地的损害和土地损害，规定了不同的救济措施和方法。污染者所采取的救济措施取决于损害的类型。土壤污染通常可以被清除，对水、受保护物种和栖息地的损害则需要采取更复杂的方法来修复。因此，指令规定，对于水损害、受保护物种或自然栖息地的损害，应当通过采取基本救济、补充性救济和赔偿性救济的途径，将受损生态修复到基准状态。对于土地损害的救济，则是采取必要的措施，以最低限度地确保清除、控制、阻止或消除相关污染物，以便受污染的土地不再对人类健康构成重大不利风险[4]。

二、生态修复措施的实施步骤

生态修复措施的实施大体上可分为三个阶段：评估损害；制订方案；选择方案并予以实施。

（一）评估损害

这一阶段的主要任务是确定是否存在对环境的重大损害，环境损害是否可以逆转，并对环境损害进行量化。

确定对环境损害的赔偿责任的先决性问题是重大损害的存在。如果没有产生重大损害，就没有必要采取修复措施。评估损害的起点是受损自然资源在受损之前的基准状态，包括这种资源的类型和质量，它可以提供的生态功能或“服务”，之后对污染事件对自然资源和/或服务产生的各种损害进行界定，并且予以量化。在损害评估阶段，最根本的事项是确定损害是否可以逆转，对于任何修复计划来说，这一问题都是决定性的[5]。

（二）制订方案

在确认重大损害的存在以及损害逆转的可能性之后，第二步就是制定将受损自然资源和/或服务恢复到基准状态的方案。这一方案应当确定和列举各种可能的修复措施，包括自然修复、直接修复、补充性修复、赔偿性修复等，以及各种具体的修复方法。

（三）选择方案并予以实施

在制定各种方案之后，应当对各种救济措施和方法进行评估。可以结合成本—效益分析，考虑以下各种因素，从中选择最合适的救济方法：①各种方法对公共健康和安全的影响；②实施该方法的成本；③各种方法成功的可能性；④由于实施该方法，预防进一步损害和避免附带损害的程度；⑤各方法使自然资源和/或服务的各组成部分受益的程度；⑥各方法顾及相关社会、经济和文化关注以及其他相关因素，尤其是地方性的程度；⑦使环境损害的修复发生效果的时间范围；⑧各方法实现环境损害场所修复的程度；⑨与受损场所的地理联系[6]。

选择了合适的修复方法以后，应当根据该方法实施相应的修复措施。

三、生态修复措施的实施主体

关于生态修复措施的实施主体，国际和国内法律文件有不同的规定，大致有以下几种情况：

（一）由遭受损害的缔约国的国内法确定有权采取措施者

这体现在1999年《危险废物越境转移及其处置造成损害的责任和赔偿问题议定书》（《巴塞尔议定书》）、1997年《维也纳核损害民事责任公约》（《1997年维也纳公约》）、2004年《核能领域第三方责任公约》（《2004年巴黎公约》）、2003年《工业事故的越界影响对跨界水域造成损害的民事责任和赔偿议定书》（《基辅议定书》）、1993年《关于危害环境的活动造成损害的民事责任公约》（《卢加诺公约》）等国际条约关于“修复措施”定义的条款中[7]。

（二）由经营者或主管机构采取修复措施

《环境责任指令》、美国《超级基金法》、挪威《污染控制法》等规定经营者或者主管机构都可以采取修复措施，如果是主管机构采取了措施，所发生的费用可以从经营者追偿。比如，根据《环境责任指令》的规定，如果已经发生环境损害，经营者应当根据指令附件二规定的原则和方法，确定可能的必要的救济措施，在呈请主管机构批准后实施该措施；如果经营者没有采取救济措施，或者其身份不能被认定，主管机构可以自己采取或通过第三方采取必要的救济措施，之后向经营者追索已经发生的费用[8]。《超级基金法》授权美国环境保护局对可能威胁公众健康或环境的危险物质的释放或释放威胁直接作出反应，美国环境保护局既可以命令责任方自己履行废物清除义务，也可以自行开展清除工作，然后从经营者收回费用。

（三）由经营者采取修复措施，紧急情况下由国家技术机构和经营者之外的私人实体采取修复措施

国际法研究院《环境损害责任决议》建议，环境损害责任机制应当确保经营者采取适当的修复措施；在紧急情况下，国家根据环境损害责任机制建立的技术机构，以及经营者之外的私人实体，也应当采取必要程度的修复措施。采取修复措施的国家和其他实体，有权对履行这些义务因而发生的费用向责任实体获得赔偿[9]。

综上，经营者负有采取生态修复措施的首要责任，在经营者没有采取措施的情况下或者在紧急情况下，国家主管机构或技术机构应当履行相应的职责，采取必要的修复措施，由此发生的费用可以向经营者追偿。

参考文献

[1] UNEP/CBD/ICCP/2/3, 31 July 2001, CHINESE.

[2] See Changes in Utility Infrastructure Raise NEPA Consideration, Army Law, July 1998, 84, 85 - 86.

[3] Jason J. Czarnezki and Mark L. Thomsen, Advancing the Rebirth of Environmental Common Law, 34 Boston College Environmental Affairs Law Review, 2007, 21 - 22.

[4] See Annex 2 of the Environmental Liability Directive.

[5] Jurg Busenhart, Pascal Baumann, Christine pluss - Walser, The Insurability of Ecological Damage, Swiss Reinsurance Company, Zurich, 2003, 35.

[6] 同注［4］.

[7] 参见《巴塞尔议定书》第2条第2款（d）项、《1997年维也纳公约》第1条第1款、《2004年巴黎公约》第1条（a）款、《基辅议定书》第2条第2款（g）项、《卢加诺公约》第2条第8款的规定。

[8] See Articles 6 and 8 of the Environmental Liability Directive.

[9] See Art. 14 (1) - (3) of the Resolution on Responsibility and Liability under International Law for Environmental Damage.

秦皇岛车站村农村生态环境建设探讨

李玉明

（秦皇岛职业技术学院　河北　秦皇岛　066100）

摘　要　保护和加强农村生态环境建设是实现可持续发展、落实科学发展观的重要举措，是建设社会主义新农村的有力保障。本文以车站村为研究区域，对其农村生态环境的现状进行了分析，对照新农村建设的要求和该区域生态建设目标提出了农村生态环境建设的对策与建议。

关键词　农村生态环境建设　对策与建议　车站村

一、车站村生态环境概况

秦皇岛市北戴河区的车站村东依戴河，北邻205国道，与北戴河火车站隔路相对，地理位置非常优越。该村地处中纬度暖温带，属暖温带半湿润季风型大陆性气候，受我国东部沿海季风环流的影响，海洋性特征明显，多风、湿度大、雨量适中，四季分明。村东有戴河通过，表层主要为河流沉积物，质地有沙质和壤质。

全村占地1100亩，其中村庄占地500亩，耕地面积600亩。耕地重点发展设施农业，建有50多个塑料大棚，种植蔬菜297亩，主要是青椒、豆角、西红柿、黄瓜等。粮食作物303亩，种植玉米、花生。养殖业主要是分散养殖，有猪、貉子、狐狸等。2008年村集体收入100余万元，村民年人均收入约4720元。农民收入来源以养殖、种植和旅游服务为主，村集体经济以小城镇建设和房屋租赁为主。

2003年，在火车站整体改造的契机下，该村规划建设了26000m^2的燕兴小区工程，共建设“5+1”住宅楼10栋，180户村民入住。2005年，又启动了旧村改造二期工程，建设二层住宅楼42户。2007年，该村实施西部片区“新兴小区”建设项目建设“5+1”住宅楼20栋、欧式别墅42栋。所有楼区统一供水、供暖、供电，有线电视、宽带全部接入。新民居建设大大改善了村民的居住条件。

村里铺设水泥路面5100余延长米，修建排水沟1800余延长米，进入农田灌溉区采用地下埋管的方式，方便村民灌溉，主要干线的排水沟上方用水泥板覆盖，彻底改善了村内雨天积水现象，方便了村民出行。对村内主要街道和住宅进行绿化美化，绿化苗木总计4000余株，全村绿树萦绕。村内设有垃圾转运站6座，生活垃圾全部实行集中处理。村内还建有村民活动中心和文化广场，丰富村民业余文化生活。

目前车站村居民住宅楼生活污水和临街建门市房排水污水经化粪池沉淀后直接排入戴河，村民院落的生活污水产生量较少，泼洒在院中自然蒸发。2008年该村生活垃圾产生总量为252t，清运率达100%，送至北戴河垃圾处理厂集中处理。村内无工厂，无工业废水、废物排放。

受传统农业经济发展模式的影响，该村依靠大量使用化学肥料、农药来增产增收。2008年，化肥使用强度（折纯）为450kg/hm^2，农药使用强度达17kg/hm^2，大部分农田没有施用有机肥。由于长期过量使用农用化学品，使污染物在土壤中大量残留，直接影响土壤生态系统的结构和功能，土壤生产力下降，土壤理化性质恶化，影响作物生长，造成农作物减产和农产品质量下降，对生态环境、食品安全和农业可持续发展构成威胁。

该村畜禽养殖方式以散养为主，规模小，存在污染治理能力弱、缺乏统一规划及“重养殖、轻防治”等问题。养殖户缺乏环保意识，养殖场污水的贮运和处理能力不足，大多未经有效处理直接排放。畜禽养殖污染已经对农村生态环境构成威胁。

二、生态建设目标

以新农村建设为重点，通过加强车站村环境保护工作，使该村人居环境和生态状况进一步改善，农业和农村面源污染得到有效控制，农村生态环境的保护、恢复与建设取得较大进展，农村环境质量明显好转，农村环境监管能力得到加强，农民环保意识不断提高。将车站村建设成为“清洁水源、清洁家园、清洁田园”的社会主义新农村。

三、生态环境建设对策与建议

（一）推广生态农业模式，控制农业面源污染

施肥以精制有机肥、生物有机肥、有机无机复合肥为主，辅以其它肥料；以高浓度多元专用复合肥为主，单质肥料为辅；以基肥为主，追肥为辅。限制化肥用量，不用激素类叶面肥，做到因食、因地、因天、因作物合理施肥。进一步强化测土配方施肥技术，使全村测土配方施肥面积达到100%。

对农药实行减量控害，严格执行国家有关法律法规，禁用剧毒、高毒农药，使用安全、高效、低残留的化学药物和生物药物。按照一般施药原则，进行不同类品种间的轮换、交替和混合使用，避免抗药性的迅速产生；注意在一定的条件下与常规农药的配合使用；要特别注意操作技术和质量，施药时要均匀周到，以便最大限度地发挥药剂的潜能。

防治农膜污染主要是适时揭膜，即从农艺措施入手，改作物收获后揭膜为收获前揭膜，筛选作物的最佳揭膜期，既提高地膜的回收率，又提高作物的产量；采用和推广对环境安全的可降解农用地膜。

搞好田间无机垃圾回收。田间无机垃圾主要来源于农药包装、生活用塑料袋等。每200亩地的地头建一个$1m^3$的田间有害垃圾收集池一座。本着谁的田园谁负责的原则，农户自己把有害垃圾带出田园，集中到垃圾池，由村统一回收处理。

（二）加强畜禽养殖污染治理

应尽快改变小而分散的畜禽养殖方式，结合社会主义新农村建设将各农户散养畜禽集中到一起，选择远离居民区，对环境影响较小的村南建设养殖小区，鼓励规模养殖户落户生态小区，统一免疫程序、统一饲料配方、统一对畜禽粪便及废弃物进行资源化利用，从而达到有效预防重大动物疫病发生，确保畜产品安全和保护环境的目的。在养殖小区大力推广生态养殖，促进畜禽粪便的有效无害化处理和资源化综合利用。

在养殖小区建设污水处理站，通过采取清污分流和粪尿干湿分离等措施，养殖粪便用于农肥使用，将分离出的液态排放物（尿液、污水）集中收集后，进行集中处理。处理后污水可作为农田灌溉水，或结合植物缓冲带处理和土壤渗滤处理后达标排放。

（三）防治村庄生活污染

农村生活污染治理主要包括选用洁净能源、村庄生活污水处理设施、生活垃圾收集、转运和处理设施建设等。

1. 选用洁净能源

冬季集中供暖，充分利用北戴河区城市供热系统，运用管道把温暖送到每家每户，实现冬季集中供暖，降低能耗，减少污染。日常生活用能，一般采用液化气，液化气使用率达80%以上；春夏秋三季充分利用太阳能，大力推广太阳能热水器、太阳灶，发展太阳能路灯、太阳能广告牌等，多方面开发利用太阳能资源，使太阳能入户率达50%以上。

2. 生活污水处理

车站村距离市区很近，住宅楼区全部铺设污水管网，2010年戴河镇区域污水管网工程完成

后，生活污水统一纳入城市污水管网，最终排入北戴河西部污水处理厂进行处理。

其余生活污水和雨水可就近排入养殖小区污水处理站或进戴河段进行生物处理，利用沙石组成的多孔结构和植物根系表面微生物作用以及植物本身的吸收，对污水进行生态净化，处理后的污水可作为景观用水或农田灌溉水。同时进行河道疏挖治理、填筑防洪堤、生态景观及绿化美化，在提高河道行洪能力的同时，绿化、美化、硬化两侧河岸及沿岸区域。

3. 生活垃圾污染治理

车站村现有小型垃圾转运站6座、垃圾运送车2辆、垃圾桶60个，垃圾的清理频率为每天2次，送往北戴河垃圾处理厂进行统一处理。2011年底前在村中街道每隔50m再增设垃圾箱1个，并逐步过渡到垃圾分类回收。对村内保洁人员进行培训，指导其在清运过程中对垃圾进行分类，加强对电子废弃物、有毒有害废弃物的分类、回收与处置，特别是在农村常见的废旧电池和荧光灯管等有害垃圾，必须交由专业部门进行统一处理和处置。

车站村居民楼的厕所均为水冲式卫生厕所，并入排污管网，另公厕4个，为旱厕，应尽快改为水冲式卫生公厕，2011年底前再建2~3个水冲式卫生公厕，逐步取消旱厕。

4. 开展绿化造林建设

根据车站村总体布局及水系、道路特点，以林网化为主要特色，以点、片、网、带有机组合，构建村域生态林业建设的总体构架。使全村农田网中的道路、水渠和河道旁边全部实现栽种林木。按绿化指标，依托戴河水系和村中道路，搞好沿河沿街绿化，庭院绿化，同时建设环村林，逐步达到点上成景、线上成荫、环上成带、面上成林。

2015年村庄绿化达到20%以上，住宅区院落绿化率达到40%以上。完善田间路、河边两岸绿化及环村庄20~30m宽速生杨防护林基地建设。为方便村民休息，修建休闲小公园2处，设专人负责绿化管理工作。

5. 加强北戴河河道疏浚整治

继续开展“清水河道”建设，以“水底清淤、水中清障、水面保洁和保持水系畅通”为主要内容，以“恢复河道功能，确保河道在枯水期能引水、在汛期有足够的过水断面”为目标，保护村庄现有水面，清除河道水面漂浮物、障碍物，开展河道两岸绿化建设。建立和完善河道长效保洁新机制，确保整治后河道管理经费、人员、制度、责任等落实，巩固河道整治成果，切实发挥河道整治成效。

6. 发展生态旅游业，增加农民纯收入

建设城郊型新农村，就是按照“依托城市、服务城市、致富农民”的发展思路，充分利用城郊村的区位优势、资源优势和产业优势，积极围绕休闲、生态、观光、旅游农业，以及名优农产品进行项目包装，积极开展各类相关招商活动，发展第三产业，增加农民收入。

旅游业是促进农民增收最快、最有效的途径之一。车站村应瞄准海滨游客的二次需求，搞淡水养殖，建农家旅馆，打造以农业开发为主题、集“看、吃、住、玩”为一体的大型农业旅游、休闲观光风景带。

参考文献

[1] 苏立华．新农村建设中的环境问题与对策建议［J］．农业环境与发展，2006，23（6）：25－27.

[2] 陈群元，宋玉祥．我国新农村建设中的农村生态环境问题探析［J］．生态经济，2007（3）：146－148.

[3] 刘玉琼．社会主义新农村建设的环境问题探析［J］．农业经济，2006（11）：7－9.

[4] 秦皇岛环境管理学院．秦皇岛生态县建设规划．2006，12.

珠三角地区植物中天然放射性核素水平

宋 刚 陈迪云 富英杰 岳玉美 张志强 陈永亨

（广州大学环境科学与工程学院 广州市广州大学城外环西路230号A129 510006）

摘 要 通过野外现场采集珠三角地区的植物样品，利用HPGe-γ能谱分析方法测量了样品中天然放射性核素^{238}U、^{226}Ra、^{232}Th和^{40}K的比活度。结果表明大部分植物中天然放射性核素含量较低，但是发现了芒萁（Dicranopteris dichotoma）的^{226}Ra和^{232}Th含量较高，分别达到239.7（45.6~567.1）Bq/kg和676.4（162.1~2272.9）Bq/kg（干重），计算的生物富集系数分别达到2.5（0.9~4.2）和4.2（1.1~9.2），证明芒萁是一种新的^{226}Ra和^{232}Th超富集植物。研究结果将对大面积低剂量天然放射性核素污染的土壤植物修复研究具有重要的意义。

关键词 ^{226}Ra ^{232}Th 超富集植物 芒萁

环境放射性包括天然来源和人为来源。人类长期受到的环境辐射大部分来自于地表圈、大气圈和水圈中的铀（U）系、钍（Th）系、氚、^{14}C、^{40}K和^{87}Rb等衰变产生的天然放射性。但是，随着我国核能迅猛发展以及铀（钍）矿和伴生放射性矿资源的开发利用，将会对环境造成长期的潜在的放射性污染。放射性核素污染不仅对环境造成射线辐射，而且可以通过食物链进入人体造成内照射，严重威胁人类的健康[1]。这种大面积低剂量的放射性污染难以通过物理—化学方法进行治理，近年来植物修复技术迅猛发展[2,3]，使大面积低剂量放射性污染治理有了一种新的选择[4]。

放射性污染植物修复技术（Phytoremediation）就是利用植物根系吸收水分和养分的过程来吸收、转化污染体（如土壤和水）中的放射性核素，以期达到清除核素、修复或治理目的的一种环境治理技术[3]。U、Th、^{226}Ra、^{60}Co、^{90}Sr、^{137}Cs等都是具有生态意义的放射性核素，植物修复的目的是减少环境中的这些放射性核素对生态的危害。经过多年的发展，美国、乌克兰、捷克等国家已经掌握了应用于田间试验及小规模污染修复的放射性污染植物修复技术。相对来说对放射性核素^{90}Sr、^{137}Cs研究得比较透，对氡的同位素、锕系元素、^{14}C和^{3}H等也有比较多的研究，对其他放射性核素研究较少[5]。植物提取、植物稳定技术主要用于土壤的修复，而根际过滤更多地用于废液、水体及湿地的修复。从技术运用频率看，植物提取和根际过滤技术频繁被使用，这也符合放射性污染危害的特点和环境治理的需求，表明了修复技术发展的趋势[6]。

超富集植物的筛选是植物修复技术的关键和核心，也是限制植物修复技术应用的瓶颈所在。目前国内外已发现了430多种超富集植物，其中80%是镍（Ni）的超富集植物。我国自20世纪90年代末期开始进行超富集植物的研究，现已报道了12种金属和重金属的超富集植物[7]，如镉超富集植物宝山堇菜[8]、锌超富集植物东南景天[9]、砷超富集植物大叶井口边草[10]等。但是国内外对天然放射性核素超富集植物的研究相对较少。重金属与放射性核素有相通之处，能否借鉴重金属超积累植物的定义对放射性核素的积累植物确定一般的考察标准还有待论证，但CR（指干植物中特定元素浓度与干土壤中浓度之比）值大于1的指标已经成为放射性植物筛选的共识。赵文虎等[11]研究了14科169种植物对^{90}Sr及10科28种植物对^{137}Cs的富集能力；Broadley等[12]也进行类似的筛选，这些研究表明，强烈积累放射性核素的植物往往分布在某些特定的科、属内。深入的筛选应该立足于有潜力的特定植物科属中进行。唐世荣等[13]对6种水培的苋科植物进

资助项目：国家自然科学基金重点项目（编号40930743）和面上项目（编号40872201，40502030）。

行^{134}Cs富集研究发现，籽粒苋^{134}Cs去除率较高，但考虑到土壤性质等因素影响，其富集能力还需深入研究。在田间试验中，向日葵、印度芥菜、反枝苋和扫帚苗等的应用大多也基于植物筛选的结果，这些植物在特定地域对特定放射性核素的修复效果比较理想。

放射性污染植物修复技术目前还得不到广泛应用，主要原因是缺乏具有富集能力且适应特定环境的超积累或积累植物。超积累植物的寻找首先应在自然界展开。高本底辐射区的样品具有较高的放射性比活度，各个转化环节处于平衡状态，是研究天然放射性核素环境转化模式和探讨人类与生物长期接受一定水平的辐射照射效应的理想场所。

广东省富铀、钍等放射性核素的花岗质岩石广泛发育，这些花岗岩体在构造活动、水岩作用以及风化蚀变作用中，铀、钍、镭等放射性核素不断从岩体中释放出来形成天然放射性异常。其中佛山—江门—珠海、韶关、广州—深圳地区土壤中天然放射性核素含量较高[14]。另外，广东北部（粤北）地区进行了50多年的勘探和开采活动，在燕山期花岗岩中发现了一批有经济价值的铀矿床（如下庄、南雄和诸广等矿区）和放射性伴生矿床。在勘探和开采利用的过程中大量的富铀、钍、镭等天然放射性核素的矿渣和副矿石、坑道废水排入自然环境甚至进入人类生活环境[15]，存在重大的放射性环境污染隐患，特别是退役后这些矿区的环境污染修复问题更值得引起重视[16,17]。广东省是研究天然放射性核素超富集植物筛选的理想场所，也有开展天然放射性核素污染植物修复研究的迫切需要。所以我们在珠三角地区采集多种植物样品，对其主要的天然放射性核素水平进行了初步研究。

一、采样和实验方法

（一）研究区的选择

珠江三角洲地区天然辐射背景值高于全国，与花岗岩及酸性火山岩广泛分布密切相关。这些地区的土壤因继承成土母质（花岗岩）的化学特点，铀、钍放射性元素含量高，并在一定地区形成辐射异常区。珠江三角洲地区植被景观受气候影响，发育为热带季风雨林植被。林下灌木、藤本、草本植物亦以热带种属为主，在广大台地低丘区多为常绿灌丛。植物样品采自珠江三角洲9个不同地市。

（二）样品采集与处理

采集植物样品时，采用梅花形或S形法多点随机采集多株同种植物的地上部分，组成一个混合样。样品装入布袋或尼龙网袋，并填写样品标签和采样登记表。植物样品执行《食品中放射性物质检验》（GB 14883—1994）中关于放射性核素测量的方法进行预处理和分析，按照洗涤—自然风干—烘干（80℃）—称重—研细—炭化—灰化—称重—装样进行预处理，放置4周后测量。

（三）测量分析方法

测量采用CANBERRA公司生产的S80系列低本底HPGe反康谱顿γ谱仪，其能量分辨率（对1.33MeV）为1.8keV，探测效率为32%。铅室选用CANBERRA公司研制747L型低本底铅室。标准源使用中国计量科学研究院提供的U—Ra—Th—K固体混合源。所测样品几何尺寸等尽量与标准源一致，采用相对比较法进行测量。选用的γ射线特征峰分别如下：^{226}Ra为^{214}Pb的352.1keV和214Bi的609.4keV；^{232}Th为^{208}Tl的583.1keV和228Ac的911.1keV；^{40}K为1460.8keV。用空样品盒测量实验室环境放射性本底，标准源测量6h，植物样品测量24h。放射性核素的比活度按式（1）计算。

$$Q_s = A_0 (N_s - B) / [M_s (N_0 - B)] \tag{1}$$

式中：Q_s为样品放射性核素比活度，Bq/kg；A_0为标准源同一核素的活度，Bq；N_s为样品相应放射性核素特征峰净计数；B为本底计数；M_s为样品质量，kg；N_0为标准源同一核素特征峰净计数。

二、结果与讨论

(一) 植物中的天然放射性核素的含量

通过对植物样品的测量数据进行计算、分析和统计，结果见表1。植物中核素含量均指干重计算的比活度（Bq/kg）。

表1　不同植物中天然放射性核素水平　单位：Bq/kg

^{238}U				^{226}Ra					^{232}Th				^{40}K
桉树叶	35.69	4.20	11.99	花生茎叶	51.45	2.32	22.54	100.94	6.35	51.14	159		
榕树叶	8.69	6.67	7.62	桉树叶	46.23	9.04	27.54	97.54	12.67	49.49	394.71	85	
稻谷	4.10	3.86	3.98	榕树叶	12.18	10.59	11.63	19.77	16.07	18.31	440.91	385	
竹叶	5.60	2.09	3.63	桃树叶	10.40	9.73	10.06	27.25	26.33	26.79	794		
野草	2.44			水稻秆	5.93	1.06	3.40	13.40	5.64	9.32	309.89	127	
白菜	6.89	2.34	4.18	稻谷	2.81	2.65	2.73	7.16	6.38	6.77	117.39	115.28	116.34
生菜叶	9.04	3.93	6.01	竹叶	15.88	0.99	6.40	25.38	5.69	19.12	841.56	291	
橡草	14.91	4.27	8.87	稔仔	21.96	13.28	18.98	67.29	19.13	47.53	704.99	354	
木瓜叶			6.26	橘叶	16.77	6.67	11.72	39.31	15.25	27.28	434.47	279.49	356.98
香蕉叶	15.80	2.48		桂树叶	13.86	8.08	9.81	23.31	20.34	21.63	505.19	404	
扫把草	3.22	1.23		野草	8.08	6.27	7.27	34.35	17.55	24.17	459.10	140	
松针	16.25	4.82		白菜	11.87	2.40	7.40	21.54	6.45	14.11	700.45	209	
玉米秆			40.49	生菜叶	20.42	5.94	12.95	30.36	16.98	22.79	935.13	394	
芋头叶	6.46	3.87		荷叶	34.01	11.97	20.82	31.53	12.15	22.14	665.38	135	
红薯藤	7.98	2.19		橡草	40.60	4.54	17.40						
花生茎叶				蜈蚣草	135.18	42.61	103.16	242.41	158.25	207.80	587.62	413	
荷叶				香蕉叶	26.58	1.86	11.88	27.04	8.72	18.80	971.89	226	
稔仔				扫把草	7.78	2.32	4.85	40.01	8.15	15.33	352.61	84	
芒萁				松针	21.76	1.99	10.50	95.95	6.30	37.14	473.28	112	
蜈蚣草				芋头叶	8.43	7.50	7.84						
柚子叶				芒萁	567.08	45.63	239.66	2272.94	162.13	676.36	430.55	117	
橘叶				红薯藤	18.13	1.94	8.58						
桂树叶				木薯秆	61.32	4.48	22.93						
桃树叶				淮山藤	5.60	4.18	4.90						
水稻秆				玉米秆	34.96								
木薯秆				木瓜叶	7.11								
淮山藤				柚子叶	4.02								
葛叶				葛叶	8.12								
凉薯藤				凉薯藤	24.90								

由表1可见，不同植物中天然放射性核素含量相差非常大。在所研究的29种植物中只有15种植物检出^{238}U，而且含量比较低。桉树枝叶中^{238}U含量平均值12.0（4.2～35.7）Bq/kg，虽然吸收^{238}U的能力不算很强，但由于桉树在广东是比较普遍的树种，而且生长周期短，生物量大，所以在高本底地区或天然放射性核素污染区栽种桉树将可以有效富集和提取土壤中的^{238}U。由于玉米秆样品数量比较少，所以暂时还不能确定是否能够吸收^{238}U，但从测量的结果来看，玉米秆

的^{238}U含量是比较高的，还有待进一步研究确定。

29种植物都检测到^{226}Ra和^{232}Th，其中芒萁和蜈蚣草的^{226}Ra和^{232}Th含量很高。芒萁样品中^{226}Ra含量是其他植物的6.8～88.8倍，^{232}Th含量是其他植物的5.1～99.5倍。其他27种植物中还是有木薯秆、花生茎叶、桉树叶、玉米秆等能够一定程度上吸收^{226}Ra和^{232}Th。将芒萁和蜈蚣草的数据单独成图（见图1、图2），针对这两种植物进行重点讨论和研究。

芒萁和蜈蚣草都属于蕨类植物，芒萁比蜈蚣草富集^{226}Ra和^{232}Th的能力更强。芒萁中^{226}Ra和^{232}Th的平均值分别是239.7（45.6～567.1）Bq/kg和676.4（162.1～2272.9）Bq/kg，分别是蜈蚣草的2.3倍和3.3倍。

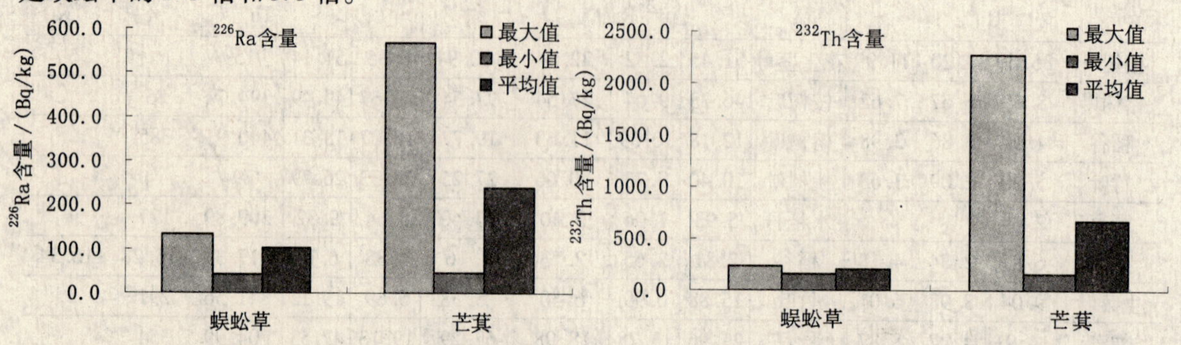

图1 蜈蚣草和芒萁中^{226}Ra的含量水平　　**图2 蜈蚣草和芒萁中^{232}Th的含量水平**

植物中^{40}K的含量与植物种类也有很大关系，稻谷中^{40}K的含量平均值最低（116.3Bq/kg），淮山藤中最高（1648.6Bq/kg）。而且经济类作物（如花生、红薯、木薯、淮山和凉薯等）普遍比较高，分析可能除了与土壤中^{40}K含量有关以外，这些经济作物在栽种过程中会施用钾肥或农家灰肥，而且这些作物生长周期比较长（一般几个月以上），所以植株中^{40}K含量相对较高。

（二）生物富集系数

植物提取的效率通常用生物富集系数（Bioaccumulation Coefficient，BC）（特定放射性核素在植物体内的比活度与在土壤中的比活度比值。土壤中放射性核素的比活度不在本文详述）来衡量。根据植物和对应点土壤中^{238}U、^{226}Ra、^{232}Th和^{40}K的比活度计算植物的生物富集系数BC。由于大部分植物对这4种核素的富集作用很小，生物富集系数也很小，所以主要讨论几种植物的生物富集系数。

芒萁对^{226}Ra、^{232}Th和^{40}K的生物富集系数BC分别是2.5（0.9～4.2）、4.2（1.1～9.2）和0.60（0.2～2.3）。很明显芒萁对^{226}Ra、^{232}Th有较高的富集系数，属于超富集植物。蜈蚣草对^{226}Ra、^{232}Th和^{40}K的生物富集系数分别是2.2（0.4～3.1）、2.8（0.6～4.3）和1.0（0.6～3.5），对^{226}Ra、^{232}Th和^{40}K也属于超富集的植物。桉树的生物富集系数比较小，相应的生物富集系数分别是0.1（0.05～0.16）、0.15（0.11～0.24）和0.28（0.08～0.42），但由于桉树的生物量比芒萁和蜈蚣草大得多，所以在环境修复中还是有一定的应用前景的。

三、结　论

对不同采样区植物样品的研究表明，29种植物中芒萁和蜈蚣草两种蕨类植物中的^{226}Ra和^{232}Th含量较高。初步筛选出芒萁和蜈蚣草作为^{226}Ra和^{232}Th超富集植物，在修复天然放射性核素污染土壤方面具有潜在应用价值。

参考文献

[1] 唐秀欢，潘孝兵．植物修复——大面积低剂量放射性污染的新治理技术［J］．环境污染与防治，2006，28（4）：275－278.

[2] Slavik Dushenkov. Trends in phytoremediation of radionuclides. Plant and Soil，2003，249：167－175.

[3] Lauria D. C.，Ribeiro F. C. A.，Conti C. C.，Loureiro F. A. Radium and uranium levels in vegetables grown using different farming management systems. Journal of Environmental Radioactivity，2009，100：176－183.

[4] Zhu Y. G.，Shaw G. Soil contamination with radionuclides and potential remediation. Chemosphere，2000，41：121－128.

[5] 董武娟，吴仁海．土壤放射性污染的来源、积累和迁移［J］．云南地理环境，2003，15（2）：83－87.

[6] 唐秀欢，潘孝兵，万俊生．放射性污染植物修复技术田间试验及前景分析［J］．环境科学与技术，2008，31（4）：63－67.

[7] 涂书新，韦朝阳．我国生物修复技术的现状与展望［J］．地理科学进展，2004，23（6）：20－32.

[8] 刘威，束文圣，蓝崇钰．宝山堇菜（Viola baoshanensis）——一种新的镉超富集植物［J］．科学通报，2003，48（19）：2046－2049.

[9] 杨肖娥，龙新宪，倪吾钟，等．东南景天（Sedum alfredii H）——一种新的锌超富集植物［J］．科学通报，2002，47（13）：1003－1006.

[10] 韦朝阳，陈同斌，黄泽春，等．大叶井口边草——一种新发现的富集砷的植物［J］．生态学报，2002，22（5）：777－778.

[11] 赵文虎，徐世明，侯兰欣，等．农作物食用部分中^{90}Sr、^{137}Cs含量的早期预报——对^{90}Sr、^{137}Cs具有高浓集植物的筛选［J］．中国核科技报告，CNIC－01021. 1995.

[12] Broadley M. R.，Willey N. J. Differences in root uptake of radiocaesium by 30 plant taxa. Environ Pollut，1997，97（1－2）：11－15.

[13] 唐世荣，郑洁敏，陈子元，等．六种水培的苋科植物对^{134}Cs的吸收和积累［J］．核农学报，2004，18（6）：474－479.

[14] Wang Z. Y. Natural radiation environment in China. International Congress Series，2002，1225：39－46.

[15] 王卫星，杨亚新，王雷明，等．广东下庄铀矿田土壤的天然放射性研究［J］．中国环境科学，2005，25（1）：120－123.

[16] 张展适，李满根，杨亚新，等．赣、粤、湘地区部分硬岩型铀矿山辐射环境污染及治理现状［J］．铀矿冶，2007，26（4）：191－196.

[17] 吴清衍，宋兰瑛．我国铀矿地质勘探工程退役后放射性废渣石治理的对策［J］．辐射防护，2001，21（4）：227－231.

第六章

农村环境保护与可持续发展

农村环境保护与可持续发展关系的研究

冉阿倩　罗清威　樊占国

（东北大学材料与冶金学院　辽宁　沈阳　110819）

摘　要　随着我国农村经济的发展，产生了一系列环境问题。本文以河北省曲阳县羊平镇西羊平村为例，说明农村经济发展中生态环境问题，并分析其产生的原因，同时针对这些问题提出了一些措施与对策，有利于保护农村环境，建设新农村，促进经济、社会的可持续发展。

关键词　农村环境保护　生态环境问题　新农村　可持续发展

河北省曲阳县位于华北平原西部，太行山东麓，处在发展中的京、津、保、唐大北京经济区的保定市境内。曲阳之所以享有盛名，更因它创造了灿烂的石雕文化。曲阳县羊平镇西羊平村西北环山，全村人口众多，人均耕地面积不足1亩，主要种植玉米。由于降水量不均匀、土地贫瘠、地下水和空气污染等因素影响，产量很低，甚至于低于投入，故许多农田荒废，浪费土地资源。俗话说“靠山吃山，靠水吃水”，全村靠雕刻这一行业维持生计。同时，这也带来了许多环境问题，再加上日常生活和生产造成的污染问题及资源的不合理利用，面对这样一个严峻的局面，切实应该考虑农村环境保护问题，尽快改善农村的生态环境，实现农村全面可持续发展[1]。

一、农村经济发展中生态环境问题

（一）工厂废水不经处理直接排放，农村地表水质逐年下降

20世纪八九十年代，西羊平村地表饮用水清甜。随着乡镇工厂企业数量的增加和规模的不断扩大，工厂企业废水排放量也在逐步增加，而废水不经处理直接排放，日积月累废水中的污染物质渗入地表水中，使地表水质变得越来越差。地表水饮用水源地受到污染，而农村饮用水全部未经处理直接饮用，使村民的健康受到严重威胁。若是长此下去，地表水中污染物经过累积而浓度变大，甚至将不能再饮用。

（二）土质下降，污染类型多样化

当前农业生产中使用的化肥、农药及农村生活垃圾的影响，均会给农业生产环境造成污染危害。

（三）农作物播种面积减少

据统计，2006年全县全年农作物播种面积609 780亩，粮食作物播种面积569 241亩，较上年的574 755亩，减少5 514亩，其中：秋收农作物播种面积380 848亩，较上年减少5 185亩，粮食产量预计减少1 556吨，减少原因是南水北调及高速公路占地所致。羊平村粮食作物主要是秋收作物玉米，且播种面积严重减少，减少的原因主要是公路和建房占地所致。

（四）其他方面

雕刻行业尤其是石雕，在生产过程中不仅仅是产生废水污染地表水，同时还会有石头粉末污染大气和产生噪声污染。另外，作物秸秆燃烧也会污染大气，造成资源浪费。

二、环境污染的原因分析

（一）农村居民保护意识缺乏，环保观念淡薄[2]

因为农村地面大，空间广，一般农民的生活垃圾如塑料制品，玻璃制品和生产用的旧农用薄膜、空农药瓶等杂物乱丢滥甩，误认为不影响什么，也不碍于大事。即使有觉悟的群众出来制

止，但农村毕竟不比城市，想制止也制止不了，更制止不好，因此在他人环境污染行为未直接损害到自身利益时一般都不是很关心。

（二）对农村环境污染后果认识不足，环境教育难以实施

相对于城市工业点源污染的集中性和易见性，农村的面源污染呈现出分散性和隐藏性；相对于城市工业污染的严重性和危害即期性，农村的面源污染呈现出相对轻微性和影响的长期性。对于那些隐性的相对轻微的污染，由于缺乏监控或难以追究责任而长期被忽视，因而出现“只污染不治理”的局面。

目前在农村，作为教育内容之一的环境教育，效果不容乐观。首先，环境教育未能引起基层政府的足够重视，环境教育管理体系不够完善。其次，由于目标不明确，渠道不畅，又缺乏有针对性的环境教育教材和环境教育资源，更因为缺乏农民的真正参与，环境教育多流于形式，效果不明显，有的农村甚至呈现空白状态。

（三）农村基层政府缺乏环境保护责任感，环境保护主管部门执法不力

乡镇企业及农村环境保护政策与法规体系不健全。由于缺少针对农村环境管理的具体措施，基层难以把握管理尺度，操作存在困难；乡镇工业环境管理力度不足，乡镇工业主要是由乡镇工业总公司管理和乡镇企业局指导的，管理力量远不及城市工业。

政府是环境行政法的制定主体，地方的经济发展情况和政府的财政状况以及地方管理队伍等因素，因而不可避免地出现政府置身法外，环境行政执法不力的局面，如环境行政执法程序缺乏规范性、针对农村污染物排放的标准欠缺；执法机构力量薄弱，机构不健全；执法经费不足、手段落后，装备器材欠缺，车辆、仪器等配备不足，给现场执法取证带来了困难。因而，完善基层环境行政法，加强农村环境执法也迫在眉睫。

（四）农村环境容量[3]有限

羊平村村庄只有几口井、一口塘、几条小沟，只能维持当地农民的基本生活和农村生产活动的需求，若出现干旱，甚至难以满足农村居民的生活用水需求，环境容量有限。

三、实现农村可持续发展的措施与对策

（一）提高农村居民环境保护意识，实现环保与可持续发展[4]

为提高全村居民环保意识，充分利用各种媒体，加强宣传力度，利用普法宣传月，“12 · 4”法律宣传周上街宣传环保法律、法规，发放材料，“六 · 五”世界环境日期间，县环保局在主要街道张贴宣传标语口号，发放宣传材料，宣传车上街宣传等。以上工作的开展，为提高全民的环保意识起到了很大的推动作用。培养农村居民生活中环保的概念，让“减少资源浪费，循环利用资源，减少垃圾和各种废物”的理念进入千家万户，环保实在是一件长久的事情，它将不断表现在社会、工作和生活的所有方面，进而可以实现农村经济社会的可持续发展。

（二）加强农村环境法制教育，建设有利于农村环境保护的村规民约

加大农村法制宣传教育力度，探索适于农民的普法教育的新形式和新模式。例如通过编写符合农民实际、通俗易懂的“三农”方面法律法规手册，发放到每个农户手中，以增强普法的实效性。此外，在广大农村，村规民约是村民自己的“法律”，具有较大的亲和力，故村规民约有着非常巨大的作用，对农村地区生态环境的恢复和保护是至关重要的。

（三）加强队伍建设，全面提高农村基层政府素质与执法能力[5]

政府部门党组始终把党风廉政建设放在重要位置来抓，强化了干部职工的公仆意识和依法行政的意识，使基层政府的文明执法水平有了明显提高，群众对其文明执法、热情服务的行风给予了充分肯定。同时，完善各项管理制度，制定健全《文明执法守则》、《一次查实下岗制》、《廉政建设责任制》、《行风建设责任制》使干部职工言行有章可循、有法可依。加强学习培训，制

定“周五学习日”制度，规定每一名监察人员都要参加，熟悉各项环保法律、法规及标准，不断完善和提高自身的执法水平，做到不说外行话，不做外行事。

为加强环保队伍的执法能力建设，在经费紧张的情况下，应多方筹措资金，购置执法车辆、取证设备、办公设备用于环境监察标准化建设，使环保队伍的管理能力更趋于科学化、规范化。

（四）保护环境资源，建设新农村

社会主义新农村包括新房舍、新设施、新环境、新农民、新风尚5方面：因地制宜地建设各具民族和地域风情的居住房，房屋建设要符合节约型社会要求；完善基础设施，道路、水电、广播、通信、电信等配套设施要俱全；生态环境良好、生活环境优美，尤其在环境卫生处理能力上要体现出新的时代特征；新农民是指有理想、有文化、有道德、有纪律的“四有农民”；新风尚就是要移风易俗，提倡科学、文明、法治的生活观，加强农村的社会主义精神文明建设。要想建设新农村，需要一步步做起：

1. 提高农业的附加值、科技含量，积极发展生态农业。实现可持续农业的途径，一要提高农业生产的科技含量，如实施种子工程、基因工程等；二要尽量减少化肥和农药的使用；三是要开展多样化种植，避免农作物种植的单一化[6]。结合羊平村的实际情况，应该实施分块承包制，这样有利于农业机械化生产。

2. 加强农作物秸秆综合利用，使其资源化。为了切实做好村中秸秆禁烧和综合利用工作，保护环境，保障人民群众身体健康，使每一位农民充分认识到焚烧农作物秸秆的危害性和综合利用的重要意义，真正实现了“不点一把火，不冒一股烟”的禁烧目标。农作物秸秆综合利用技术应用，产品市场前景、经济效益与社会效益都相当明显，对推动农村经济的发展，促进农业生态的发展具有重要意义。

3. 认真做好地表水源保护工作，加强对重污染小企业的监管。政府成立检查小组，采取月查与不定期检查相结合的方法，责任明确到人，确保了无重污染小企业反弹。建设污水处理厂，将结束生活污水和工厂污水直排的历史，对于保护地下水资源、净化水质、改善城乡居民生活环境，实现经济环境协调发展。

4. 鼓励社会各界承包荒山，支持造林大户。进一步加强森林资源管理，健全森林防火队伍，保护绿化成果。同时，这一举措还有利于保护生态环境和空气的净化。

在新的形势下，做好农村环保工作，要处理好农村经济发展与环境保护的关系，在经济发展中促进保护，在保护环境中求得发展，实现经济发展与环境保护“双赢”，从总体上全面改善环境质量。本文在参考以往学者研究成果的基础上，试图提出改善农村环境污染的对策，在环境相关法律中“农村”内容的完善，民众环保意识觉醒、国家政府的逐步重视下，新农村建设也必将出现“生产发展，生活富裕，乡风文明，村容整洁，管理民主”的局面，最终实现农村全面可持续发展，进而促进国家经济社会的可持续发展。

参考文献

[1] 胡磊．浅谈农村经济与环保［J］．山西财经大学学报（增刊），2002，12（12）.

[2] 唐银亮．浅析新农村建设中环境污染的原因分析及法律对策［M］．资源网，2008.05.

[3] 中国大百科全书（环境科学卷）［M］．北京：中国大百科全书出版社，2002.

[4] 郭小红．提高全民的环保意识是实现可持续发展的必由之路［J］．中南民族大学学报（人文社会科学版），2005，5（25）.

[5] 于海．政府在农村经济发展中的环保责任分析［J］．安徽农业科学，2006，34（18）：4748－4749，4776.

[6] 吴国玺，赵新军．基于农区开发的农村环境保护与可持续发展研究［J］．安徽农业科学，2007，35（27）：8658－8660.

新形势下北京农村生态环境保护对策研究

汤大友 杨永强

（北京市环境保护科学研究院 北京市阜成门外大街北营房中街59号 100037）

摘 要 如今北京已成为特大型城市，人口已达到1 750多万人，其经济产业结构发生了很大的改变，都市服务已成为京郊农业的主体功能，人口的剧增和城市的扩张对京郊农村环境和资源的压力不断增大。在这种新形势下，为使京郊农村环境得到有效保护，促进京郊农村社会、经济和环境的可持续发展，文章从防治都市农业产生的环境问题、提高农业用水效率、减少污水排放、保护水资源、实现农村生活垃圾处理与消纳的精细管理、加强农村新能源建设等方面进行了研究并提出了相应的对策，以促进京郊农村的环境改善和经济社会的可持续发展。

关键词 农村环保 节水农业 都市农业

一、引 言

随着北京市社会经济的快速发展和人口的增加，其经济结构和产业结构均发生了很大的改变，京郊地区的功能已从传统农业逐渐转变成为各类都市服务型农业。农业产业结构已从粮食作物为主转变为以经济作物为主，种植业向设施农业、有机农业、观光农业转变，养殖业向规模化转变。京郊广大农民的生活水平得到了全面的提高，大量人口向城镇聚集，同时农村已成为城市居民休闲的重要场所。京郊农村的这种变化与发展使农村的环境保护工作面临新的问题与挑战。在这种新形势下，如何保护好农村的生态环境，环境保护工作如何与时俱进，为京郊农村的可持续发展提供保障是北京农村环保工作面临的一项重要课题。本文对此进行了研究并提出了农村的环境保护对策。

二、规避和防治由于北京市农业主体功能转变带来的环境污染

北京是一个拥有1 750多万人口的特大型城市，城市规模大，人口高度聚集，城市化水平高。众多的城市人口为北京市农村发展各类都市型农业创造了巨大的市场空间，传统农业在很大程度上已被都市型农业取代。即使有十分之一的北京人周末到户外休闲散心，其人数也达到160多万人，因此每到节假日和周末，北京的各个旅游景点，大小山沟都人满、车堵。这种状况一方面为农民致富创造了条件，同时也带来了新的环境问题，即污染物向农村、向景区、向水源地、向一切环境清洁美好的地区转移和扩散。这些地区多数位于北京市上风上水的山区，其污水处理设施一般不完善，即使有污水处理设施也无法处理陡增剧减的污水量，其结果往往造成对地表水的污染。以生活垃圾为主的固体废弃物在假日里集中排放，一方面对当地环境和景观造成污染，同时使当地垃圾消纳处理设施难以承受。在大气环境质量方面，由于大量汽车的涌入，汽车尾气和由车辆造成的地面扬尘，加上游客的烧烤、篝火和燃放鞭炮等活动，同样对当地的大气环境质量造成影响，甚至有时造成严重影响。另外，由于道路的畅通，汽车的普及，人们可活动的范围和地方不断扩大和增多，相比之下，各种野生动物可栖息的范围和区域不断缩小和减少，使得一些动物的生活廊道和候鸟的栖息地受到人为干扰或破坏，对北京地区的生物多样性造成较严重的影响。

以上这些环境问题是由于社会经济发展，人们生活水平提高带来的新的环境问题，有些已经对环境造成影响，有的正在发展之中。随着北京市城市市政设施和环境保护设施的不断完善，城区的环境质量不断提高，而农村的环境污染问题将逐渐凸显。为此，首先应对农村出现的环境问

题和发展趋势进行研究，在此基础上制定相关的防治政策，并做好防治规划和工程项目计划，不断提高环境保护工作的科学性和有效性，促进农村社会经济和环境的健康发展。

三、提高水资源利用率积极推进农村水环境保护工作

北京市水资源严重短缺已是不争的事实，其基本情况是北京市多年平均年降水量585mm，形成当地水资源量37.4亿m^3，其中地表水资源17.7亿m^3，地下水资源25.6亿m^3，重复计算量5.9亿m^3。1999—2007年连续9年遭遇干旱，年均降水量仅455mm，形成水资源19.3亿m^3，与多年平均相比衰减近一半。官厅、密云两大水库上游同样遭遇干旱，北京市年均入境水量仅4.8亿m^3，仅为多年平均的23%。北京市人均水资源量284m^3/（人·a），远低于国际公认的人均淡水资源警戒线［1 000m^3/（人·a)］，而水源地和涵养区都分布在农村。因此，农村的环境保护工作直接关系到北京市的用水安全。要加强水资源危机的宣传，提高广大民众的节水意识，特别在广大农村，对北京市水资源的匮乏程度和潜在的危机还知之甚少，需要加大宣传力度，使节水成为广大群众的自觉行动，贯彻在生产、生活和消费之中。

造成农村水环境污染的主要污染源有养殖业排放的废水及畜禽粪便、生活污水和农药化肥。与城市及工业污染源相比，这三个主要的污染源都具有面源污染的性质。养殖业已成为农村致富的重要支柱产业，除了规模化养殖场外，一家一户小规模散养的现象在一些区县仍较普遍。北京农村大规模的自然村落很少，多数是几十户至几百户的村庄，尤其在山区很多分布广泛的小村庄，其生活污水的排放量小而分散。另外，各类旅游景区内餐饮污水的排放特征与此相仿，农药与化肥污染是典型的面源污染问题。这种状况使农村水环境保护工作更加艰巨和复杂，污染防治涉及生产方式、经济管理模式、经济活动的内容与规模等。

2008年北京奥运会极大地促进了北京市整体环境的改善，北京城区环境改善的程度远大于农村，奥运会后，农村的环境问题更加凸显，其中水源保护与水污染治理是环境保护工作的重点。大力推进农村的建设与发展、让农民富起来是我国政府今后工作的重点。加强经济建设，促进经济增长不可避免地将加大对水资源和环境的压力。北京农村经济要发展，一是靠产业结构调整和优化，发展设施农业、观光农业、精品农业等都市型农业，二是靠加大投入，向单位农田面积要效益。设施农业复种指数高，对水、化肥和农药的需求量加大，要提高单位农田的产值必然要加大水、肥的投入，其对环境造成的影响一是对水资源的压力增大，二是对地表水和地下水污染加重。另外，农村生活污水的排放量也将随着农村经济的发展，人民生活水平的提高以及农村旅游业的发展不断增加。目前，北京市绝大多数农村实现了管道供水，但是，具有污水排放管道及相关市政污水管网的却很少，加上村镇分散，人口多少不一，治理这些村庄排放的生活污水不能采取“一刀切”的方式，全部建设污水处理工程，要根据村镇所在地生态功能分区，如一级水源保护区、二级水源保护区、水源涵养区和村庄人口的多少，如500人、1000人、2000人等分别制定不同的污水处理方案，尽量采取运行费用低的处理技术，对于污水处理技术要力求最有效不求最先进，避免继续出现有钱建污水处理厂无钱运行，或污水量不够无法运行的浪费现象。

治理农业面源污染，如养殖污水及粪便、化肥、农药等，要通过调整产业结构，优化产业配置，实现以种定养，促进种植业与养殖业的协调发展，以有机肥为支撑，大力发展有机农业和绿色食品。积极推广生物、物理等无公害农业防虫技术，逐步减少农药的使用量。

四、实现农村生活垃圾处理与消纳的精细管理

北京市农村已基本健全了以维护村镇环境卫生为主的环卫队伍，并配置了较完善的环卫设施，多数村镇实现了生活垃圾的及时收集、清运与消纳。但是，对垃圾的清运与消纳仍是困扰农村环境保护工作的主要问题，随着时间的推移，这个问题将更加凸显。目前，农村生活垃圾的消

纳途径主要是送到各区县的垃圾消纳场进行卫生填埋。其突出的问题是这些垃圾没有进行必要的分选，其中有很多无毒无害的农业垃圾、生活垃圾和厨余等完全可以就地转化为有机肥用于农业生产或就地消纳。这一方面使得垃圾运输成本过高，特别是分布在广大山区的村落，同时加大了对垃圾填埋场的压力，缩短了垃圾填埋场的运行周期。如今，无论是山区还是农村，在北京市已很难再找到一块适宜建垃圾填埋场的地段，要最大限度地延长现有填埋场的运行期。为此，应以村庄为单位，对收集的垃圾进行必要的分拣，避免将无毒无害的生活垃圾和农产品的废弃物以及厨余等一起送到垃圾填埋场消纳，做到只将那些难以自然降解，对环境产生影响和污染，又无法再生利用的垃圾进行填埋。

五、加强农村新能源建设大力推广节能技术

北京市农村新能源建设与节能技术的普及工作取得了很大的成绩，例如，太阳能热水器、太阳能灯、太阳能取暖、秸秆汽化、沼气、节能灶、吊炕等都有不同的程度发展。这对保护生态环境，恢复山区自然植被，改善大气环境质量作出了重要贡献。但是，应该看到农村新能源建设和节能技术的推广普及还有很多工作要做，还有很多问题需要解决。实践表明，对于环境保护与节能效果而言，这些技术中有些属于高投入高效益，例如太阳能取暖、秸秆汽化、沼气，生物质能等，有些属于低投入效益好，例如太阳能热水器、吊炕、节能灶等，有些则属于高投入低效益，例如太阳能灯。建一盏太阳能灯要 8 000 元左右，其蓄电池的寿命两三年。可见就目前的技术而言，普及太阳能灯无论从经济效益还是从环境效益都是得不偿失的，倡导理念可以，大量普及就违背了科学发展观的要求。

目前，北京市广大农村最需解决的生活能源是冬季取暖用能源，其占生活能源的大部分，尤其在山区。可选择作为解决农村冬季取暖的新能源技术有太阳能取暖、秸秆汽化、沼气、生物质能等。具体采用哪种新能源技术，要根据地区的经济结构和自然地理条件决定。例如，平原区气温较高，也有利于施工适合发展沼气，山区大田作物种植面积大，发展秸秆汽化的原料充足，适于发展秸秆汽化等。

六、大力发展节水农业减少地下水的开采量

北京市经过多年的产业结构调整和农业节水技术的普及，节水效果明显，2007 年，全市总用水量降低到 34.8 亿 m^3，其中生活用水 14.1 亿 m^3，稳中有升；农业用水 12.6 亿 m^3，逐年下降，由总用水量的一半降低到目前的 1/3。但农业生产耗水量与其产值相比仍然过高，与世界先进的国家相比还有很大的差距。北京农业用水的 GDP 效益（第一产业增加值与当年农业用水总量的比值）同世界先进的国家，例如：与以色列、日本、荷兰、韩国、德国、意大利相比差距较大，每立方米创造增加值比上述国家低 0.39～3.32 美元，农业用水效益仅为用水效率最高的荷兰的 1/7。单位面积用水量，农业用水平均每亩超过 $390m^3/a$，比生长季炎热、干燥的以色列、意大利多 $100m^3/a$ 以上，说明农业仍有很大的节水空间。

北京市在发展农业节水灌溉技术方面已经做了大量的工作，投资较大，加大对农业节水技术的研究与技术普及力度，加大相关产业的扶持和发展，以精准农业带动节水农业，促进现代都市型农业的发展，为我国北方地区发展节水、高效农业发挥带头作用。把水资源提高到重要的战略物质高度，按“以水定需”的原则制定北京农业现代化建设和可持续发展规划。农业结构向生态环境保护型与休闲观光旅游型方向调整，向高科技、高效益方向调整，向节约用水与土地资源高效利用方向调整。继续加大农业节水投入，扩大节水灌溉面积，种植业灌溉用水占农业用水的 70%。不断更新和提高农业节水灌溉技术，利用有限的资金产生最大的节水效率。

根据水资源的供给情况、产业耗水及水体污染特点安排农业产业布局，并按区位，即山区、

浅山丘陵、平原、低洼地等不同生态经济类型，建立、推广、实施各具特点的农村节水模式。各种农作物的耗水不尽相同，而且农业耗水以地下水为主的态势，在未来相当长的时间内难以扭转，因此在布局时，耗水多的产业尽可能安排在地下水较丰富，对城市用水中心影响小的地方。农业主要污染源应远离水源保护区和城镇居民区。在城市用水中心区上游，宜集中安排牧草等节水型作物；在不影响或减少影响城市用水中心的地方，集中安排一些耗水较多的蔬菜等作物；北京市下游地区和污水处理厂出水排放区，集中安排林木苗圃、花卉等非食用农作物和水稻；在山区、浅山丘陵区及水资源极度贫乏的地区，一方面要继续退耕还林；另一方面宜保留一定规模的雨养农业。

七、结　论

未来数年是我国城市化快速发展的时期，今天北京市农村出现的环境与发展的问题也是未来我国其它大、中城市在城市化发展的进程中难以回避的问题。因此，今天研究北京市农村环境保护和社会经济发展所面临的矛盾和问题，对由于城市人口高度聚集、郊区城市化水平和工业经济成分快速提升、农业服务功能转型进程中出现的环境问题提出解决的对策，这对我国城市化高速发展中的大、中城市具有重要的借鉴作用和参考价值。

参考文献

[1] 王岩，王红瑞．北京市的水资源与产业结构优化［M］．北京：中国环境科学出版社，2007.
[2] 赵根武．推进北京都市型现代农业发展的若干思考［J］．北京农业，2009（3）.
[3] 刘冀宏，沈秀英．北京市缓解农业水紧缺的途径［J］．北京水利，2004（6）.
[4] 刘洪禄，车建明．北京市农业基水与作物种植结构的调整［J］．中国农村水利水电，2002（11）.

浅谈农村环境保护与可持续发展

刘 欣

（河北农业大学 河北 保定 071000）

摘 要 农村生态环境的保护，是关系农村经济和社会发展的大事，不仅直接影响当代人民的生活环境，而且将影响子孙后代的健康。当代资源和生态环境问题日益突出，向人类提出了严峻的挑战，因此，加强农村生态环境保护和实施可持续发展战略的决策，是我们每个人的责任和义务。

关键词 可持续发展 环境问题 可持续发展意义

一、可持续发展的概述

（一）可持续发展（sustainable development）的提出

1987年挪威首相布伦特兰夫人在她任主席的联合国世界环境与发展委员会的报告《我们共同的未来》中，把可持续发展定义为“既满足当代人的需要，又不对后代人满足其需要的能力构成危害的发展”，这一定义得到广泛的接受，并在1992年联合国环境与发展大会上取得共识。我国有的学者对这一定义作了如下补充：可持续发展是“不断提高人群生活质量和环境承载能力的、满足当代人需求又不损害子孙后代满足其需求能力的、满足一个地区或一个国家需求又未损害别的地区或国家人群满足其需求能力的发展”。

（二）可持续发展的意义

可持续发展的内涵有两个最基本的方面，即：发展与持续性，发展是前提，是基础，持续性是关键，没有发展，也就没有必要去讨论是否可持续了；没有持续性，发展就行将终止。可持续发展是一项经济和社会发展的长期战略。

当代资源和生态环境问题日益突出，向人类提出了严峻的挑战。这些问题既对科技、经济、社会发展提出了更高目标，也使日益受到人们重视的综合国力研究达到前所未有的难度。在目前情况下，任何一个国家要增强本国的综合国力，都无法回避科技、经济、资源、生态环境同社会的协调与整合。因而详细考察这些要素在综合国力系统中的功能行为及相互适应机制，进而为国家制订和实施可持续发展战略决策提供理论支撑，就显得尤为迫切和重要。

二、当前我国农村环境面临的问题

（一）畜禽养殖污染

农村畜禽养殖多为无序分散状况，而且数量较多，大量畜禽粪尿未经任何处理就直接排放，极易造成环境特别是地下水污染。在人口密集的集约化饲养场，其规模和布局没有得到有效控制，没有注意避开人口聚集区，造成畜禽粪便还田的比例低，危害直接，不仅会带来地表水的有机污染，畜禽粪便中所含病原体也对人类健康造成一定威胁。

（二）城市垃圾和污染企业向农村转移，成为农村新的污染源

随着环境保护工作的开展，不少城市将污染企业转移到环境保护薄弱的郊区或农村。同时，由于经济、技术的原因，一些乡镇企业在环保方面的投入太少，根本没有采取有力的环境保护措施，废水、废气等随意排放的现象非常普遍。即使出现被环保部门查处的企业，当地政府往往出于发展经济的考虑依然没有对其进行停产停业等治理，交点罚款则继续开业生产，造成农村水体和大气污染不断增加，环境质量不断下降。

（三）不合理地使用农药化肥造成污染

随着农村经济的发展，农民在经济观念上越来越重化肥，轻有机肥，化肥的大量使用改变了

土壤原来的结构和特征，造成土壤板结，有机质减少；化肥中过量的重金属成分被农作物吸收并沉淀，危害人体健康。近年来我国不少江河湖泊出现了不同程度的富营养化，部分地区的营养化十分严重。化肥的不合理使用还直接污染着地下水源。农药的大量使用同样对农业系统的生态平衡带来严重影响，而且对农产品和环境带来严重污染，一些有机化学药品会残留并积累在农产品中，致使人食用后在体内聚积并引发疾病。被有机化学药品污染的水难以净化，威胁人类饮用水的安全。

（四）生活垃圾、污水及养殖废水污染

随着农业产品在农民生活中不断增多，农村的生活垃圾已经由过去的菜叶、瓜果皮逐渐被塑料袋、废旧电池等所代替，垃圾中的难降解有机物迅速增加。目前在农村，并没有建立有效的垃圾清运处理系统，这些垃圾不能及时回收和有效处理，只能随意找个空地如公路旁、江河边、沟壑里等倾倒，这些垃圾长期露天堆放产生了大量的氨、硫化物等有害气体，不仅严重污染了大气，而且在堆放腐败过程中产生的大量酸性和碱性有机污染物及重金属会造成地表水和地下水的严重污染。

由于多年的生活习惯，农村的人畜粪便、各种生活污水往往是任意排放，夏季里臭气熏天、污水横流，苍蝇蚊子大量滋生，这也是造成农村传染病高发的主要原因。同时各类养殖产生的废水也是不经过处理直接排放，据统计，养殖一只猪产生的污水相当于7个人生活产生的废水，而近几年，农村许多规模大、集约化的畜禽养殖不断发展，养殖废水的污染也日益突出。

三、着力解决突出的农村环境问题

（一）切实保护好农村饮用水水源地

把保障饮用水安全作为农村环境保护工作的首要任务，依法科学划定农村饮用水水源保护区，加强饮用水水源保护区的监测和监管，坚决依法取缔水源保护区内的排污口，禁止有毒有害物质进入饮用水水源保护区，严防养殖业污染水源，严禁直接或者间接向江河湖海排放超标的工业污水。制定饮用水水源保护区应急预案，强化水污染事故的预防和应急处理，确保群众饮水安全。

（二）加大农村生活污染治理力度

因地制宜处理农村生活污水。按照农村环境保护规划的要求，采取分散与集中处理相结合的方式，处理农村生活污水。居住比较分散、不具备条件的地区可采取分散处理方式处理生活污水；人口比较集中、有条件的地区要推进生活污水集中处理。新村庄建设规划要有环境保护的内容，配套建设生活污水和垃圾污染防治设施。

逐步推广“组保洁、村收集、镇转运、县处置”的城乡统筹的垃圾处理模式，提高农村生活垃圾收集率、清运率和处理率。边远地区、海岛地区可采取资源化的就地处理方式。

优化农村生活用能结构，积极推广沼气、太阳能、风能、生物质能等清洁能源，控制散煤和劣质煤的使用，减少大气污染物的排放。

（三）严格控制农村地区工业污染

采取有效措施，提高环保准入门槛，禁止工业和城市污染向农村转移。严格执行国家产业政策和环保标准，淘汰污染严重的落后的生产能力、工艺、设备。强化限期治理制度，对不能稳定达标或超总量的排污单位实行限期治理，治理期间应予限产、限排，并不得建设增加污染物排放总量的项目；逾期未完成治理任务的，责令其停产整治。加大对各类工业开发区的环境监管力度，对达不到环境质量要求的，要限期整改。加快推动农村工业企业向园区集中，鼓励企业开展清洁生产，大力发展循环经济。

（四）加强农村自然生态保护

坚持生态保护与治理并重，重点控制不合理的资源开发活动。优先保护天然植被，坚持因地制宜，重视自然恢复。严格控制土地退化和草原沙化。保护和整治村庄现有水体，努力恢复河沟池塘生态功能，提高水体自净能力。加强对矿产资源、水资源、旅游资源和交通基础设施等开发建设项目和活动的环境监管，努力遏制新的人为破坏。做好转基因生物安全、外来有害入侵物种和病原微生物的环境安全管理，严格控制外来物种在农村的引进与推广，保护农村生物多样性。加强红树林、珊瑚礁、海草等海洋生态系统的保护和恢复，改善海洋生态环境。

（五）加强畜禽水产养殖污染防治

科学划定禁养、限养区域，改变人畜混居现象，改善农民生活环境。各地要结合实际，确定时限，限期关闭、搬迁禁养区内的畜禽养殖场。新建、改建、扩建规模化畜禽养殖场必须严格执行环境影响评价和"三同时"制度，确保污染物达标排放。对现有不能达标排放的规模化畜禽养殖场实行限期治理，逾期未完成治理任务的，责令其停产整治。鼓励生态养殖场和养殖小区建设，通过发展沼气、生产有机肥等综合利用方式，实现养殖废弃物的减量化、资源化、无害化。依据土地消纳能力，进行畜禽粪便还田。根据水质要求和水体承载能力，确定水产养殖的种类、数量，合理控制水库、湖泊网箱养殖规模，坚决禁止化肥养鱼。

四、环境保护与可持续发展战略的结合与统一

实施可持续发展战略，有利于促进生态效益、经济效益和社会效益的统一。有利于促进经济增长方式由粗放型向集约型转变，使经济发展与人口、资源、环境相协调。有利于国民经济持续、稳定、健康发展，提高人民的生活水平和质量。有利于推进新型工业化的进程；有利于农业经济结构的调整，保护生态环境，建设生态农业。

在建设社会主义新农村、加快农村现代化进程的今天，我们应当积极采取对策，把农村环境问题摆上议事日程，不走工业化"先污染、后治理"的老路，要统筹考虑各种利益关系，建立综合决策机制，把环境保护纳入社会主义新农村建设的总体规划。努力使农村向着环境与经济协调发展、人与自然和谐相处的方向发展，只有这样才能加快建设社会主义新农村的进程，实现农村的可持续发展。

保护环境是实现可持续发展的前提；也只有实现了可持续发展，生态环境才能真正得到有效的保护。无论是从全球范围，还是从我国的实际情况来看，人类文明都发展到了这样一个阶段，即保护生态环境，确保人与自然的和谐，是经济能够得到进一步发展的前提，也是人类文明得以延续的保证。

参考文献

[1] 中国21世纪议程管理中心编．论中国的可持续发展［M］．北京：海洋出版社，1994.
[2] 关伯仁，等．环境科学基础教程［M］．北京：中国环境科学出版社，1994.
[3] 张坤民，等．可持续发展论［M］．北京：中国环境科学出版社，1995.
[4] 井文涌，等．环境学导论（第二版）［M］．北京：清华大学出版社，1999.
[5] 国家计划委员会国土地区司，国家科学技术委员会社会发展科技司，中国21世纪议程管理中心编．中国21世纪议程．北京：1995.
[6] 蒋展鹏．环境工程学［M］．北京：高等教育出版社，1999.
[7] 刘培桐，等．环境科学导论［M］．北京：中国环境科学出版社，1991.
[8] 刘耀邦．可持续发展战略读本［M］．北京：中国计划出版社，1996.
[9] 刘天齐，等．环境管理［M］．北京：中国环境科学出版社，1991.

农村环境保护与可持续发展

田丽英

（大连理工大学管理学院　116024）

摘　要　本文综合分析了农村环境污染的基本状况，探讨了农村环境污染的原因，并在此基础上提出了治理农村环境污染保持可持续发展的建议。

关键词　农村环境污染　现状　可持续发展

一、农村环境污染威胁着农民的生命安全

（一）生活垃圾污染严重，生活环境恶劣

中国农村垃圾产生量每日80多万t，过去垃圾主要是有机物，可以作农肥利用，现在农村生产、生活方式转变了，农药瓶、化肥袋、塑料薄膜、食品包装、煤灰等大量有害垃圾随之产生和乱扔，导致垃圾漫山遍野。农村垃圾基本上处于无人管理状态，大部分生活垃圾未经处理直接堆放在道路两旁、水塘边、沟渠边。大量禽畜粪便未被利用，随意堆放在户外、路边和粪池内。由于畜禽粪便中的污染物含有大量的病原微生物、寄生虫和孳生的蚊蝇，会使环境中病原种类增加，菌量增大，病原体和寄生虫大量繁殖，使人、畜传染病蔓延。生活污水未经处理排入河流和水塘，直接后果就是地表水质量严重下降，农村生活用水困难，疾病传播。

（二）农产品农药残留广泛存在，农民食品安全受到威胁

在我国，农药化肥的使用是提高产量的一个重要途径，农民大量使用现代农业生产资料化肥、农药。按折纯计算，全国每年使用化肥4000多万t，农药45多万t，因此使得我国成为世界上使用化肥农药量最多的国家，化肥农药利用率低，流失率高。不仅导致农田土壤污染，还通过农田径流造成了对地表水的污染，地下水的污染，甚至造成对空气的污染。大量使用化肥，特别是氮肥用量过高，结果导致鸡、鱼、肉乏味，重金属、激素、抗生素、食品添加剂等有害物质进入食物链和食品，还会随降雨、灌溉进入河、湖、库、塘，污染了水体，造成了水体富营养化，导致水藻生长过盛，水体缺氧，鱼虾等水生生物减少甚至全部死亡。

（三）乡镇企业的异军突起加速了农村环境的污染

随着城市产业结构的调整，一些耗能高、污染重、难以治理的企业迁移到农村。乡镇企业中主要是煤炭采选、金属矿物制品、化工等重工业企业，这些企业大都是原材料生产、粗放型经营，以投入增量谋取发展增量，需要消耗大量的原料和能源。其在生产过程中产生大量的废水、废气和固体废弃物，给农村环境带来了无法估量的污染和损失；乡镇企业污染后果严重，具有潜在危害性。乡镇企业布局比较分散，污染点与农田、农村居民点交织在一起，更容易造成直接污染，而且乡镇企业周围多是蔬菜、瓜果、经济作物和粮食种植密集生产区，乡镇企业的污染会引发高密度的农业环境污染，有巨大的危害性。

（四）土地沙化、水土流失严重

水土流失以黄土高原、长江流域和南方丘陵山地最为突出，目前全国水土流失占国土总面积的37.1%，土地荒漠化、沙漠化的速度加快，现有荒漠化土地2636亿 hm^2，占国土陆地面积的28.3%，而西部地区最为严重，其荒漠化土地占全国比重为97.8%，沙漠化土地占全国比重的95.6%，我国每年因土地荒漠化和土地沙化直接经济损失高达540亿元，近4亿人受到影响。

二、农村环境污染威胁着城市的饮用水安全

以大连为例。1972年大连大旱，城市供水极度紧张，1973年大连市政府下定决心修建碧流

河水库及引碧入连供水工程，1983 年第一期“引碧入连”供水工程竣工并通水。接着 1990 年、1997 年，又搞了二期、三期“引碧入连”工程，日供水能力由 53 万 m^3，提高到 120 万 m^3。1999—2002 年大连持续干旱，城市供水主要水源地碧流河水库水量已降至多年的最低点，9 座备用水库也已无水可供。大连市采取了非常措施，关停了浴池等高耗水服务业，对工业用水大户实行限水、压水，一些居民生活用水也实行定时供应。为了缓解水荒，大连市提前一年紧急启动了“引英入连”应急供水工程。随着“引英入连”一、二期供水工程的顺利竣工和英那河水库扩建工程的完工，位于庄河境内的英那河水库、转角楼水库和朱限子水库成为继碧流河水库之后城市供水的第二大水源地，担负起城市供水的主要任务。

蛤蜊河发源于庄河步云山乡，自东北向西南横贯全区，最终汇入碧流河水库，英那河发源于丹东，流经庄河三架山，这样步云山地区、三架山地区就成了庄河北部水源保护区。

庄河北部步云山、三架山位于千山山脉南瑞，山大沟深，河流纵横，土地贫瘠，人均不到一亩地。这里的地理和气候条件适合山羊、桑蚕生存，他们祖祖辈辈以养山羊、桑蚕为主。人均不到的一亩地，大都种植苞米。

蛤蜊河源头步云山乡步云山村，它有 12 个自然屯，分别是高峰、上坎、下坎、山咀、潭堡子、井上沟、杨树沟、兴隆沟、太平沟、半截子沟、大叶沟、赵堡。最大的屯是高峰，有 61 户人家，最小的是山咀，有 20 户人家，其余的都在 20～60 户。高峰、上坎、下坎，现在有 90% 以上的农户靠贷款生活，其余的屯有 40% 以上的农户靠贷款。春贷秋还，年利率为 7.8%，秋后还不上，和信贷员通融，把利息交上，明年接着贷。这里是大连市占地面积最大的贫困村。三架山天门山村，是英那河的主要流经区，它有 9 个自然屯，分别是大河沿 1～6 队，太阳沟、韩家沟、转湘湖，其中转湘湖有 63 户人家是最大的屯，太阳沟有 16 户人家是最小的屯，其余的都在 20～60 户，这是大连最北的贫困村。他们村与全国的其他农村一样，生活垃圾、农药瓶、化肥袋、塑料薄膜、食品包装、煤灰等大量有害垃圾随处乱扔，大部分生活垃圾未经处理直接堆放在河道两旁。大量禽畜粪便未被利用，随意堆放在户外、河边。

放养山羊对山林草木的破坏是巨大的，羊是农民收入的主要来源，农民在资金、饲草、圈舍、技术等方面都准备不足情况下，他们随意散放，即使强制圈养，也是管了一时管不了永远，因为生活来源太少。

他们在大连市水源地中心地带生活，所形成的污染极大地威胁着城市的饮用水安全。

三、农村环境污染制约着可持续发展

（一）水污染影响农业生产

按照地表水国家标准，水质分五类，类别越高，水质越差。2005 年 1 月对七大水系的 175 条河流、345 个断面的监测显示：Ⅰ～Ⅲ类水质占 46.7%，其中Ⅰ类占 9.0%，Ⅱ类占 17.7%，Ⅲ类占 20.0%；Ⅳ～Ⅴ类水质占 24.9%，其中Ⅳ类占 16.2%，Ⅴ类占 8.7%；劣Ⅴ类水质占 28.4%。七大水系主要污染指标是高锰酸盐指数、氨氮和石油类。同期对全国 52 个主要湖泊评价显示，5 个受到污染，26 个受到严重污染。75% 的湖泊不同程度的富营养化，滇池、巢湖、太湖最为严重。全国 25% 的地下水体遭到污染，35% 的地下水水源不合格，平原区约有 54% 的地下水不符合生活用水水质标准。

水污染对农业生产的破坏作用非常突出，它可以导致农产品减产，甚至颗粒无收；可以降低农产品质量；可以导致渔业受损，污水所到之处，鱼虾绝迹。

（二）土壤污染农作物收成受影响

化肥农药利用率低，流失率高，导致农田土壤污染。长期过量地使用化肥，造成土壤板结、坚硬，地力下降，农作物减产。大多数农药以喷雾剂的形式喷洒与农作物上，只有 10% 左右药剂附在作物上，而大部分农药残留在土壤、水体、作物和大气中，一方面造成了对粮食、蔬菜、水体、土壤、大气的污染；另一方面增强了病虫害的抗药性，农业收成受到影响。

目前，全国1300万～1600万 hm^2 耕地受到农药污染，近1/4陆地的表层土壤受到多种有毒污染物不同程度的污染。全国约25%的土壤处于警界状况，污染比较严重的土壤占5%。

（三）农村饮用水受到污染，受病人员增加

我国近3亿农村人口饮用不合格的水，其中1.9亿人的饮用水中有害物质含量超标。一些地区的农村饮用水存在高氟、高砷、苦咸、污染及血吸虫等水质问题，严重影响农民身体健康。

中国养猪每年3亿多头，产生污水2亿 m^3，污染物排放量居所有行业之首，畜禽粪便中的污染物含有大量的病原微生物、寄生虫及孳生的蚊蝇，生活污水未经处理排入河流、水塘，其直接后果就是地表水质量严重下降，农村生活用水困难，疾病传播等。

四、加强农村环境保护推动经济可持续发展

（一）要进一步加大宣传力度，提高农民环保意识

各级有关部门应把治理工作摆上重要议事日程，使农民意识到各类污染的危害，认识到污染直接与自身的生存环境和身体健康紧密相连，使其不断提高环保意识，避免只顾追求经济效益，以“杀鸡取卵、涸泽而渔”的方式发展经济。

（二）调整产业结构，发展绿色农业

各地要充分认识搞好农村环境保护工作的重要意义，摒弃环境污染治理与否，无碍经济发展的模糊认识，真正把这项工作作为经济持续发展，造福子孙后代的大事来抓。积极引导农民发展绿色农业、绿色养殖。对受损生态进行恢复和重建，对农田、林地和草地逐步实施优化的生态—经济—社会的人工生态设计，建立防灾减灾的监测预警系统，从源头和过程防治化学、生物化学物质的污染。发展绿色养殖，实现养殖集约化。

（三）建立农村环境保护责任制和长效机制

建立和完善各级政府对辖区农村环境保护的责任制，将环境质量和环境保护工作列入各级政府领导干部政绩考核，实行严格的考核、奖罚制度。建立农村环境保护长效管理机制，把农村的环境保护和建设规划纳入当地政府的经济和社会发展年度计划和长远规划，使农村生态环境保护走上规范化、制度化轨道。

（四）城镇化是农村生态环境治理的有效措施

城镇化是农村生态环境减压的有效途径。传统农业对以土地为核心的地表自然生态系统施压过重，从而导致环境超载，引发、加重生态环境问题。区域生态环境空间的承载力是有限的，需要在地域空间上合理聚集，即农村人口向城镇转移。城镇化是治理农村环境污染的最佳选择。城镇化是非农化的必然结果，非农化必须以城镇化作为支撑。

（五）积极推行生态村镇建设推进农业集约化经营

农业集约化经营可以合理高效利用资源，保护生态环境。所谓农业集约化经营，就是在一定土地面积上投入较多的生产资料、技术措施和劳动力，精耕细作，努力从单位土地面积上产出较多的农产品，进而达到不断提高土地生产率和劳动生产率的目的。实行集约化经营，可以提高土地生产率；运用先进技术，增强人们控制自然的能力；因地制宜调整生产结构，最大限度地发展生产力，从而走出一条速度和效益并重的发展路子。

突出抓好生态示范区建设项目，抓好生态建设项目，加强对农民合理使用农药和科学施肥的技术指导，帮助农民科学利用再生能源，解决农民做饭的能源问题，在无公害农产品、绿色食品和有机农产品的生产方面提供政策、资金和技术等扶持。

我国农村生态环境现状及其保护对策

王　婷

（河北省环境科学学会　石家庄市裕华西路106号　050018）

摘　要　我国农村生态环境问题日益凸显，并已严重影响和阻碍和谐社会构建、社会主义新农村建设和现代农业发展等战略目标的实现。本文阐述了我国农村生态环境的现状、特点及带来的影响，在此基础上分析了农村生态环境破坏的原因，并提出防治农村生态环境破坏的相应对策。

关键词　生态环境　农村　污染　对策

生态环境是指由生物群落及非生物自然因素组成的各种生态系统所构成的整体，主要或完全由自然因素形成，并间接地、潜在地、长远地对人类的生存和发展产生影响。

当前我国农村环境问题日益突出，形势十分严峻，突出表现为生活污染加剧，土壤污染加重，工矿污染凸显，饮水安全存在隐患，呈现出污染从城市向农村转移的态势。农村生态环境的污染和破坏，使得自然生态系统变得更加脆弱，严重影响了中国农产品的竞争力，阻碍和制约了农业及农村经济的可持续发展，威胁到大众的身心健康。农村环境保护和生态建设是和谐社会构建、新农村建设、现代农业建设和经济社会可持续发展的重要内容。我们只有从新农村建设的大局出发，找出农村生态环境不断恶化的深层原因，进行综合治理，才能在稳定农村、发展农村的前提下，从根本上减少农村污染，保护农村生态，建设整洁乡村。

一、我国农村生态环境现状

（一）土壤污染

我国土壤污染主要表现为氮、磷肥过多，有机肥、微量元素缺少；其次塑料薄膜、购物袋等难降解白色垃圾及废电池等有毒固废随意丢弃对土地也产生了较大危害。呈现出多源、复合、量大、面广、持久、毒害的现代环境污染特征，正从常量污染物转向微量持久性毒害污染物，在经济快速发展地区尤其如此。我国农村大约有1.5亿亩耕地受到污染，其中2008年耕地面积净减少1.93万 hm^2[1]。

（二）农村生活垃圾污染

在新农村建设中，由于基础设施及管理体制落后，生活污染物一般直接排入周边环境中，造成严重的“脏乱差”现象：我国每年约有1.2亿t[1]的农村生活垃圾露天堆放。没有垃圾收集系统或装置，随意堆积垃圾于房前屋后：绝大多数村民厕所简易，无化粪池，卫生状况不佳，易生蚊蝇；畜禽多以散养为主，且人畜共屋，禽畜粪便未经处理，一部分流失于环境。

（三）农村地表水污染

受生活污水、生活垃圾、畜禽养殖和农田径流以及乡镇企业等方面的污染，农村地区的水体污染十分严重，农村地表水大都呈恶化趋势，不能作为农村饮用水源。以打井方式使用浅层地下水作为饮用水源较为普遍，由于受地表水水质的影响，浅层地下水水质不佳，简易自来水又基本无消毒处理，直接威胁了农民的饮水安全。每年产生的超过2 500万t的农村生活污水几乎全部直接排放，使农村聚居点周围的环境质量严重恶化[2]。

改革开放30年来，中央和各级地方政府积极采取措施，投入资金致力于农村饮水保障工作，累计解决了3亿多农村居民饮水问题。但到2008年底，全国还有三分之一的乡镇缺乏符合标准的供水设施，致使约2亿农村人口面临饮水困难和饮水安全问题[1]。

（四）乡镇工业污染

新农村建设强调以工业化致富农民，以产业化提升农业。随着中国农村现代化、城镇化进程的加快，农村中的乡镇企业越来越多，加之产业梯级转移和农村生产力布局调整的加速，越来越多的开发区、工业园区特别是化工园区在农村地区悄然兴起，造成城镇工业污染向农村地区转移的趋势进一步加剧。这些企业不仅占用和毁坏了大量农田，还污染和破坏了大量农田，且由于乡镇工业企业数量多、布局混乱、工艺陈旧、设备简陋、技术落后、能源消耗高，绝大部分企业没有污染防治设施，使污染危害变得非常突出，成为农村社会的最大污染源。随着新农村建设进程的推进，乡镇企业的数量也在不断地增加，排污量也会不断地增加，生态压力会随之上升。

（五）生态破坏和生态退化

在许多农村地区，人们对林木的乱砍滥伐导致植被破坏，环境自净能力降低，水土流失，河道、沟渠淤塞，水旱灾害频发；乱采滥挖破坏了当地的生态，泥石流、塌方、地陷频发，严重影响到当地人民的生命安全；过度放牧、过度开发导致沙漠化，草地荒漠化、盐碱化进一步加剧。

由于各种污染的蔓延，使当前农村的生态环境问题不断加重，已成为环境问题的重灾区，如果继续忽视这些问题，必将影响到农村的可持续发展和农村稳定，成为新农村建设的障碍。

二、农村生态环境污染特点及其对新农村建设的影响

（一）农村生态环境污染的特点

由于我国不同地区经济结构及经济发展水平存在很大差异，导致我国农村环境污染情况十分复杂，其主要污染特点有以下几方面[3]。

1. 污染来源及类型多。如农作物生产污染、农民集聚区生活污染和集约化畜禽养殖粪便污染等农村本地污染源；靠近农村的城市污染、城市周边各类企业或工业开发区污染、道路污染及污染物高空远程传输等异地污染源；扎根于农村的乡镇企业污染源。

2. 污染物种类复杂。农村污染物的来源决定了农村环境中存在的污染物比城市更为复杂，按其基本属性一般可分为生物类、无机类、有机类及有毒类4类污染物。

3. 污染途径、形式多样化。我国农村污染途径主要有大气污染、水污染和固体废弃物污染3种基本途径。

4. 污染负荷大。

5. 污染范围广。

6. 污染后果严重。每年因不合理施肥使得超过1 000多万t的氮流失到农田之外，直接经济损失约300亿元。全国每年就因重金属污染而减产粮食1 000多万t，另外被重金属污染的粮食每年也多达1 200万t，合计经济损失至少200亿元。

（二）农村生态环境破坏对新农村建设的影响

1. 农村日益恶化的生态环境导致各种疾病流行，水旱灾害多发，影响农民的生活质量，降低了农民参与新农村建设的积极性。

2. 影响农业的可持续发展。中国是一个人多地少的国家，快速的工业化、城市化又侵占了大量的优质土地，使中国的粮食安全问题更为突出。过度的树木砍伐与破坏，使中国的水土流失严重，荒漠化加速，沙尘暴频发，加之河渠淤塞，使中国的农业有效用地进一步减少，生产条件进一步恶化，水旱灾害增多。而大量的污染物对土壤、水源、空气的污染，也使许多地方的土壤板结，毒素沉积，肥力下降，导致单位土地的生产能力下降，这些都降低中国未来的粮食生产能力。

3. 影响到中国农业的国际竞争力。中国农产品农药残留超标，各种杆菌超标，重金属超标严重，已成为中国农产品进军国外的主要障碍，严重地影响了中国农产品的竞争力。

4. 在一些地区造成严重的经济损失，制造环境难民，破坏社会稳定。

农村生态环境的恶化已经严重影响到农村经济社会的正常发展，进一步拉大了城乡之间的差距。

三、农村生态环境恶化的原因及防治对策

（一）农村生态环境恶化的原因

导致农村生态环境污染恶化的原因主要有[4]：工业“三废”的污染是农业生态环境恶化的主要原因；面源污染是农业生态环境质量普遍恶化的元凶；农村小城镇基础设施建设落后、农民环护意识淡薄；农业生产结构不合理、治理技术落后。

（二）农村生态环境恶化的防治对策

实现农村经济的持续发展，必须做到农村经济建设、生态建设同步规划、同步发展，实现经济、环境和社会效益的统一，为达到这一目的，应采取必要的措施保护农村生态环境。

1. 加快环保基础设施建设

加快环保基础设施建设，是农村环境保护的重中之重，应切实有效地进行制度安排。如加快排污管网系统和垃圾清运、处理系统的建设；在将环保投资纳入经济和社会发展规划的同时，应积极利用社会资金，鼓励民间资本参与环境基础设施建设；按照“污染者付费”的原则，通过合理的价格体系，征收生活污水和垃圾处理费，多渠道加大环保投入[5]。

2. 完善环境保护的法规和法制建设

环境保护是我国的一项基本国策，严格执行环境保护政策和法规，是环境保护工作的中心环节。为此，首先应完善法律法规。我国已颁布实施的一些有关农村环境与资源保护的法律及地方法规，就整体而言体系还不完善，缺乏可操作性，在农村环境和资源保护的不少领域，我国还存在着法律上的空白。此外，严格执行环境保护政策和法规，加大环境保护执法监督的力度，从法律制度上保护农村环境不受污染。

3. 防治农村面源污染，开展土壤污染治理示范[6]

近 20 年来，我国因污染退化的土壤数量日益增加，范围不断扩大。据估计，截至 20 世纪末，中国受污染的耕地面积达 2 000 万 hm^2，约占耕地总面积的 1/5，其中工业“三废”污染面积达 1 000 万 hm^2；污水灌溉面积为 130 多万 hm^2[7]。每年因土壤污染而减产粮食 1 000 万 t；另外还有 1 200 万 t 粮食受污染而超标，二者的直接经济损失达 200 多亿元。我国目前土壤质量恶化加剧，危害更加严重，已经表现出多源、复合、量大、面广、持久、毒害的现代环境污染特征，正从常量污染物转向微量持久性毒害污染物，在经济快速发展地区尤其如此。我国土壤污染退化的总体现状已从局部蔓延到区域，从城市郊区延伸到乡村，从单一污染扩展到复合污染，从有毒有害污染发展至有毒有害污染与氮、磷营养污染的交叉，形成点源与面源污染共存，生活污染、农业污染和工业污染叠加、各种新旧污染与二次污染相互复合或混合的态势。我国土壤污染现状已经影响到全面建设小康社会和可持续发展的战略目标的实现，未来 15 年将面临更为严峻的挑战。

4. 发展农业循环经济

农业循环经济的原则：减量化原则——主要是通过提高利用率，减少使用化肥、农药、农膜以及农用能源和其他化工类农用原料，或用新型农用生产资料和技术代替常规生产资料和技术；再利用原则——主要是将农村废弃物能源化、肥料化和饲料化；再循环原则——最大限度地减少废弃物排放，力争做到排放的无害化，实现资源的再循环[8]。

5. 有效控制乡镇企业的污染

对乡镇企业排放的“三废”，统一规划、合理布局、综合治理；并按照小城镇环境保护规划

的要求，加快乡镇企业技术改造和生产技术升级换代；建设城镇污水处理设施和垃圾处理设施。

6. 完善农村环境管理体系，加大农村环保投入

新农村生态环境保护效果的好坏与环境管理手段的运用息息相关。根据我国农村的复杂情况，广泛运用各种环境管理手段，对新农村生态环境加以保护。要用行政强制手段克服环境公共产品的“外部性”效应及“搭便车”现象。同时充分利用经济手段和利益机制调动相关主体保护环境的积极性和主动性。最后，在新农村生态环境保护中，我们还可以适时利用协商手段和信息手段[9]。

7. 加大宣传教育，提高公民环保意识

要充分利用宣传、教育阵地，运用广播、电视、报纸、杂志、学校、广告牌等一切可以利用的形式，大力宣传农村环境与资源保护的方针、政策和法规。不仅应对农村广大群众进行宣传，而且应强化农村基层干部的生态和环保意识。同时，还应加大中小学生的环保教育，利用植树节、地球日、世界环境日、人口日等纪念日开展环保教育，提高学生的环境意识。

四、小　结

农村生态环境的不断恶化已严重影响到中国农产品的竞争力、农业的可持续发展、农民的生活质量、农村的稳定，农村环境在整个经济建设中有极其重要的战略意义，农村环境保护任重而道远。在我国社会主义新农村建设中，我们只有从新农村建设的大局出发，找出农村生态环境不断恶化的深层原因，进行综合治理，才能在稳定农村、发展农村的前提下，从根本上减少农村污染，保护农村生态，建设整洁乡村。努力做到“防、管、治”三管齐下，各个阶层都积极行动起来，才能在达到农村生活宽裕的同时，保住农村的绿水青山。

参考文献

[1] 中华人民共和国环境保护部．2008年中国环境状况公报．2009.

[2] 肖庆聪，张弘，张丹丹．新农村建设中的环境问题及相应对策［J］．环境与可持续发展，2008（5）：45－46.

[3] 徐亦钢，俞飞，张孝飞，等．我国农村环境污染的主要特点与成因［J］．农业环境与发展，2006（6）：37－39.

[4] 刘俊英．构建良好的农村生态环境［J］．环境保护，2008，48（394）：35－37.

[5] 张雪绸．我国农村环境污染的现状及其保护对策［J］．农村经济，2004（9）：86－88.

[6] 谭强．高度重视新农村建设中面临的生态环境保护问题［J］．决策导刊，2007（3）：21－23.

[7] 专题报道．土壤污染：尚未探明的严峻现实［J］．瞭望，2009（9）：51－53.

[8] 陈锦昌．加强农村生态环境建设的思考［J］．青海环境，2007，17（3）：125－131.

[9] 白玉泽．加强农村生态环境保护，促进新农村建设可持续发展［J］．科技创新导报，2007（31）：83.

邯郸市农村环境现状及对策的思考

王炜玮[1]　唐小坤[2]

（1. 邯郸市环境保护局　056002；　2. 石家庄市环境保护局　050021）

摘　要　随着建设社会主义新农村工作的开展，我国农村环境问题日益突出，环境污染和生态破坏已经成为制约农村社会发展的重要因素。本文简要介绍了邯郸市农村环境保护的现状、问题及对策。

关键词　新农村　生态保护　可持续　对策

一、前　言

近年来，随着建设社会主义新农村工作的开展，我国农村环境问题日益突出，环境污染和生态破坏已经成为制约农村社会发展的重要因素。这些问题如果长期得不到解决，将严重影响社会主义新农村建设，影响农村可持续发展。因此，如何遏制农村环境日益恶化的趋势，加强农村环境保护工作，值得认真思考。

二、当前我市农村环境保护存在的问题

（一）污染问题较多

我市农村部分地区污染物总量已经超过环境的自净容量，不仅“小污”迅速变“大污”，而且“小害”迅速变成“大害”，给作为弱势产业的农业和弱势群体的农民带来了显著的负面影响。

1. 现代化农业生产造成的农业面源污染

一是化肥污染。邯郸市现有耕地976.4万亩，2007年全市施用化肥总量达175万t，高于河北省和全国的平均施用水平，在省内占第4位，远远超过了为防止化肥对水体造成污染而设置的安全上限。其中氮肥和磷肥又分别占农用化肥总量的48.4%和39.4%。氮肥使用量过大，造成土壤耕层以下硝态氮含量增高，土壤养分失去平衡，并导致土壤盐渍化，成为农业面源污染和主要来源。二是农膜污染。2007年我市农用塑料薄膜使用量达13 793t，其中地膜8 370t，地膜覆盖面积206.2万亩，亩均4kg。大部分农民由于不愿意费力，将用过的农膜随意丢弃在田间，回收率不足10%。残留在土壤中的农膜，使土壤的通透性变差，地膜中有害物质的分解对农产品品质产生较大影响，薄膜碎片不易腐烂，影响土壤结构和植物根系生长。三是农药、除草剂污染。2007年我市农药使用量7 904t，使用种类也越来越多样化，其中，有机磷类数量最大，有机氯类虽然使用量减少，但复合型农药增加，农药残留期很长，对生态环境造成了极大的威胁。

2. 生活污染较为严重

小城镇和农村聚居点的生活污染物因为基础设施和管制的缺失一般直接排入周边环境中，造成严重的“脏乱差”现象。我市农村每年产生约70万t生活垃圾，绝大多数随意堆置，或倾倒在河湖沟渠岸边，上游来水冲入河道，造成更大面积的污染。据测算，我市农村人口每天生活污水排放量为11.5万t，总氮、总磷排放量分别为1.7t和0.34t，这些基本没有经过任何处理的污水直接流进河道造成了严重的水体污染。

3. 畜禽养殖污染问题突出

随着我市畜禽养殖业的迅速发展，畜禽粪便乱堆乱放，臭气污染严重。经统计，全市猪年产粪便1 000多万t，鸡年产粪便420多万t，奶牛年产粪便190万t。经粗略调查，全市通过沼气等形式年利用猪和牛粪便约35万t，仅占全市猪牛粪便总量的3%。利用鸡粪63万t，仅占到全市

鸡粪总量的15%。而大部分畜禽粪便未经处理直接排放进渠道，对环境造成了严重的污染。

"污水乱泼、垃圾乱倒、粪土乱堆、柴草乱垛、畜禽乱跑"是我市农村目前普遍存在的环境问题，而"室内现代化，室外脏乱差"则是一些先富起来地区农村生活环境的真实写照。

（二）环保意识较差

首先，长期以来，环境保护的重点大都放在了城市、工业集聚地、流域、自然保护区、风景文物保护区等，忽视了农村特别是贫困地区农村的环保问题，从而使农民法律意识淡薄。其次，没有养成良好的生活习惯，调查发现，涉及回收类环保习惯与涉及农村农业生产、家庭生活方面的环保习惯未养成。第三，大多数村庄对于环保工作基于村规民约，缺少必要的制度建设，缺少一套必要的处理环境污染和危害后果的基本应急制度，对于破坏环境的行为缺少必要的监督和适当的处罚措施。

（三）基础设施建设和环境管理滞后

随着现代化进程的加快，小城镇和农村聚居点规模迅速扩大。但在"新镇、新村、新房"建设中，规划和配套基础设施建设普遍未能跟上。大部分城镇只重视编制城镇总体建设规划，忽视了与土地、环境、产业发展等规划的有机联系，规划之间缺位或不协调，农村聚居点则缺少规划，使城镇和农村聚居点或者沿公路发展，形成马路和带状集镇，或者与工业区混杂。小城镇和农村聚居点的生活污染物则因为基础设施和管制的缺失一般直接排入周边环境中，造成严重的"脏乱差"现象。

三、当前我市农村生态环境恶化的原因分析

（一）社会重视不够

一是环保远远滞后于经济社会发展。过去，乡镇的工作大多用在了"收粮催款"，计划生育、增加收入上面，几乎无心思去关注环保问题。环保在领导心目中"排不上队，挂不上号"，把其放在与经济社会发展同等重要位置来对待就更不现实了。二是宣传教育没有把农村当成重点。县一级的宣传教育重点放在了县直部门及企业，对农村的宣传教育不到位，显得十分苍白。

（二）资金投入不足

城乡分治战略使城市和农村间存在着严重的不公平现象。农村环境义务的无限性与环境保护权益的有限性形成鲜明的反差。农村的环境资源具有一定的"公共属性"，农村环境保护本身是一项公共事业，政府必须发挥主导投资作用。

近几年，各级在环保方面虽然加大了投入，但主要用在了城市污染治理方面，真正用于农村环境污染治理及生态保护的投入是极为有限的，有的地方甚至根本没有。再加上城市环境污染向农村扩散，而农村从财政渠道却几乎得不到污染治理和环境管理能力建设资金，也难以申请到用于专项治理的排污费。这就造成了农村环保说起来重要，做起来次要，造成目前很多实际问题无法解决的状况。

（三）制度保障不力

县、乡镇村环保管理网络没有真正形成，乡镇环保机构不健全，管理链条无法向农村延伸，农村环保管理不少地方处于失控状态。少数乡镇即使有环保机构人员但职责不明确，任务不具体，经费无保障，工作难开展，效果不理想。

（四）农民法律意识淡薄，生活习惯不良

调查发现，农民群众对于什么是环境权、环境与资源保护的内容是什么知之甚少，尤其对于关乎自身利益的环境纠纷解决、诉讼、所应承担的民事责任更是不了解，在对环境纠纷的行政处理程序是什么的问题上缺乏必要的法律常识。涉及回收类环保习惯与涉及农村农业生产、家庭生活方面的环保习惯未养成。

四、我市农村环境保护的对策与措施

（一）提高宣传引导力度

一是强化环保知识宣传。要充分利用县、乡镇党校、新闻媒体等多种渠道，利用“6·5 环境宣传日”等有利时机，在乡镇及村一级干部、农民群众、中小学生中进行环保知识宣传，努力做到家喻户晓，形成人人关心环保、参与环保的良好氛围。二是强化环保法制意识。要按照“符合实际、便于操作”的原则，建立健全农村环保体系，切实做到农村环保有章可循、有法可依，对农村新建项目要进行“环境影响评价”分析，依法严格审批有关环保手续，有效控制新污染产生，要运用法律的、行政的、经济的、技术的手段，综合治理和解决各种环保问题。三是发挥农村环境综合整治的引导作用。推动“全国环境优美乡镇”、“国家级生态村”等农村生态创建活动广泛开展，以点带面，引导农村环境综合整治工作不断深入。

（二）加强农村设施建设

要充分利用国家“以奖促治”政策出台的有利时机，加快解决突出的农村环境问题；各级财政也应安排专项资金，有计划、有步骤地治理农村突出污染问题。要加强农村环保基础设施，特别是要因地制宜地建设城镇污水处理设施和垃圾处理设施，推进农村环境综合整治。新建农村集中居民点要同时抓好环保基础设施建设“三同时”，做到不欠新账，逐步还清老账。

（三）促进环保规范管理

一是严格环保目标考核。切实加强对实施行动计划工作的指导与监督，制定考核、奖励机制，将环保目标细化量化，按年度分解工作目标、任务，落实到各乡镇人民政府，签订目标责任书，并将考核结果作为干部使用的依据，年终进行工作总结考核。可采取以奖代补的方式，对在实施行动计划中表现突出的集体、个人予以表彰、奖励。同时，要建立巡回督导制度，确保建设成效。二是严格建设项目审批。农村建设项目的审批，有关部门要严格把关，把环保作为“前置”条件，认真履行职责。只要有污染，对生态有破坏，无论什么项目，一律不予审批；对批准建设的项目，也要加强全过程监管，确保“三同时”制度的落实。三是严格环境违法处罚。对农村环保违法行为，要依法严厉打击，不徇私情。加强农村环保机构和队伍建设，完善环境监管体系，农村工业企业比较集中或区域开发强度较大的村应安排专人从事环保管理工作。县及乡镇人大要加强环保执法的监督和检查，以促进农村环保工作的有序开展；县级环保部门要适度授权给乡镇环保机构，以加大环保执法力度，更好地开展环保执法工作。

（四）突出环境治理重点，不断推进环保实效化

一是突出饮用水源保护。建立水源地保护监测体系、界碑、警示围栏，明确专人定期对水源进行化验分析，发现问题及时采取对策措施。二是突出生态环境建设。要搞好农村生态环境建设与保护规划，要强化生态执法，建立生态补偿机制，依法保证生态不失衡；要大力实施退耕还林还草工程，增大绿化面积，提高绿化覆盖率，防止水土流失，要通过征收生态资源税等办法，推进生态建设，确保生态安全。三是突出打造环保品牌。要高度重视环保标志产品的生产，形成独立的环保产品品牌。在这方面，既要有品牌意识，又要有环保意识，只有两种意识有机结合，才能实施好环保产品战略。

（五）坚持村民自治参与

各行政村《村规民约》应结合本村的实际对防治污染做出具体的规定，通过倡导环境文化和生态文明，提升全社会对保护和改善农村环境重要性的认识，鼓励更多的人参与农村环保工作。如在养殖场建设问题上，可通过村民自治的形式在全村规划出禁养区、限养区、宜养区。禁养区内，各类畜禽养殖场要逐步停、转、迁；限养区内，原则上不得新建扩建各类畜禽养殖场，原有的要实现生态化改造，特殊情况再建的必须经周围邻里签字同意；宜养区内，各类畜禽养殖

场要进行统一规划，统一布局。《村规民约》把养殖污染治理的主动权交给村民，让村民构建出自己的防治污染“绿色壁垒”。

（六）加大技术创新投入

通过大力开发农村环保技术，重点开展农业废弃物（秸秆、畜禽粪便）综合利用技术、可再生能源（小水电、太阳能、风力发电）开发、农村生态卫生系统、小型污水处理系统、农业节水等方面的研究和技术推广，积极开发生物质资源，培育生物质产业等活动，从源头切断污染的产生。

农村环境保护工作是一项面宽量大、人数众多、工作难度大、见效慢的一项巨大的社会工程，需要国家和各级政府长期大量的投入、社会公众的自觉参与、媒体的大力宣传教育。通过以城带乡、示范引导等多种方式和加强生态工业经济、生态农业经济、生态商贸经济、生态文化、生态人居体系建设，经过数十年的不懈努力，才能实现广大农村经济可持续发展和村容整洁、乡风文明、大地葱绿、河水清澈、蓝天白云、鸟语花香的优美生态环境。

中部地区新农村建设中环境综合整治的思路

——以山西运城市新农村环境建设为例

张振凤[1]　薛晓光[2]

（1. 山西运城市交通运输局　山西　运城　044000；
（2. 山西运城市环境保护局　山西　运城　044000）

摘　要　本文从山西运城市农村生态环境的特征和环境问题出发，提出了统一思想、提高认识、积极开展农村环境综合整治，明确任务、理清思路、切实做好农村环境综合整治，强化措施、扎实推进、确保农村环境综合整治取得实效，着眼长远、创新机制、不断巩固农村环境综合整治成果等中部地区新农村建设中环境综合整治的一些思路。

关键词　中部地区　新农村建设　环境综合整治　思路

一、基本情况

黄河中游运城市是山西省的粮、棉、果基地，小麦、棉花、果品等诸多农产品的商品率均占全省的80%以上，农业生态环境质量不容乐观，土地利用率已达80%以上，耕垦指数为43.7%，超过全省平均水平。化学农药的大量使用，破坏了生态平衡与生物种群的稳定，1995年全市农药施用量达5794t，化肥施用量达71万t，平均亩施农药2kg，亩施化肥78.4kg，化肥农药施用极不平衡，农药残留量增多，农药中毒人数逐年增加，目前已出现部分地区的化肥危害，造成土壤板结，作物贪青晚熟，淋溶下渗流失，造成地下水质污染。

随着畜禽养殖业的快速发展，规模化、集约化的养殖场和养殖小区不断增加，畜禽的粪污排放量剧增，污染处理设施不到位，养殖污染问题已逐渐显现，已对周围环境造成污染，并诱发多种环境问题，主要问题有污染水源、污染大气和传播疫病等。超标污水的灌溉，大气降落物的污染，工业固体废弃物的堆存，污染事故的增多，使土地和农作物污染增多。

恶劣的生态环境使农业生产受到了严重的威胁和损害，农业环境污染纠纷事件逐年上升。近年来，随着工业的发展，运城市经济结构有了很大变化，已由单一农业大区发展为门类较全农工并举的组合区域。环境污染特征是以二氧化硫污染为主，烟尘和二次扬尘为副的大气污染，以有机物质和氮素为主要污染物质的水质污染，以工业固体废弃物为主的固体废物污染，且污染趋势趋于加重，并由城市向乡村蔓延扩展的势头，从而影响农业生态环境。

二、新农村建设中环境综合整治的目的

（一）新农村的环境综合整治，是构建和谐社会的必然要求

新农村建设中的环境综合整治，与解决环境问题是相互统一的。在构建和谐社会的进程中，环境问题始终是全局性、根本性的问题。构建和谐的新农村与城市不同，与新农村建设的实际紧密结合起来，把新农村建设成为经济繁荣、设施配套、功能齐全、环境优美、生态良好、文明进步的社会主义新农村。

（二）新农村的环境综合整治，是实现共同富裕的根本途径

社会公平、共同富裕是社会主义的本质要求，也是社会主义新农村建设中的环境综合整治的基本特征。新农村建设中的环境综合整治，要坚持以发展为重、发展为先，以经济建设为中心，通过加快农业产业化、农村城镇化和农业现代化的步伐，不断缩小城乡差距，从而实现农村社会由温饱到小康，由局部小康到全面小康的跨越，最终实现共同富裕的奋斗目标。

（三）新农村的环境综合整治，是农村全面发展的可靠保证

新农村的环境综合整治是一个系统工程，对农村社会经济生活的各个方面都有明确的目标和

要求，既包括物质文明建设，也包括政治文明建设、精神文明建设；既要促进农村经济发展，提高农民的生活水平，也要提高农民的科技文化素质，形成良好的社会、环境新风尚。

新农村的环境综合整治是促进农村经济、社会、环境全面发展的重大战略部署，是建设新农村的综合性措施之一，是实现全面建设小康社会目标的必然要求，是贯彻落实科学发展观和构建和谐社会的重大举措，是改变我国农村落后面貌的根本途径。

三、新农村环境综合整治的环境问题

（一）工业“三废”排放的影响

近些年来，运城市经济发展较快，企业增加较多。工业“三废”排放居高不下，呈增长趋势。2006 年全市工业废水排放总量为 15556. 1 万 t，工业废气排放总量 3121. 8 亿标 m^3。工业固体废弃物排放总量 7. 90 万 t。万元产值废气排放量 2. 79 万标 m^3，万元产值废水排放量 13. 89t，万元产值固体废弃物排放量 70. 5kg，均处于较高的排放水平。

（二）环境意识不强

全社会抓农村环境建设的意识不强，“脏、乱、差”问题十分突出。“垃圾乱倒、污水乱泼、畜禽乱跑、柴草乱堆”现象严重；农村小河道、小水沟臭气难闻；道路两侧乱搭乱建、乱丢乱弃、乱摆乱放；藏污纳垢的卫生死角常年无人清除；农村基础设施建设滞后，管理水平低下，长效管理机制尚未健全。农村环境已经成为当前农村广大群众迫切要求解决的热点和难点问题。

（三）城镇乡村基础设施滞后

城镇乡村基础设施滞后，突出体现在城镇、乡村气化率低、热化率低、绿化率低；污染物排放总量控制力度、治理资金投入较低；连片采暖少，集中供热仅有 2%；集中供气少，城镇乡村集中煤气不到 3%；目前，全市的能源消耗主要依靠煤炭，占 99. 25%，是不合理的能源结构。同时由于集中供暖建设滞后，居民取暖、做饭及餐饮业的耗煤多为直接燃烧，低空排放，大量的由煤炭消耗产生废气直接排放到大气中影响着环境质量状况。煤烟型污染仍在继续发展。

（四）农村生态环境脆弱

农村环保工作面临的形势严峻。农业投入品使用不合理，农业面源污染有增无减。伴随着养殖业的快速发展，畜禽粪便 70% 未经处理直接排放。农作物秸秆资源浪费现象较为普遍，30% 以上的秸秆没有得到资源化利用。农村生活垃圾乱堆乱放和生活污水随意排放现象突出等。

四、新农村建设中的环境综合整治内容

新农村建设的环境综合整治内容体现在五个方面。产业发展要形成“新格局”，加快建设现代农业，繁荣农村经济，提高农村生产力水平，是建设新农村的首要任务。

农民生活水平要实现“新提高”，千方百计增加农民收入，改善消费结构，提高农民生活质量，是新农村建设的根本目标。

乡风民俗要倡导“新风尚”，加强农村精神文明建设，发展农村社会事业，培养造就新型农民，是新农村建设的重要内容。

乡村面貌要呈现“新变化”，搞好乡村建设规划，加强农村基础设施建设，改善农村人居环境，是新农村建设的关键环节。

乡村治理要健全“新机制”，深化农村各项改革，加强基层民主和基层组织建设，创建平安乡村、和谐乡村，是新农村建设的有力保障。

五、新农村建设中的环境综合整治思路

以生产发展为基础，发展新产业；以提高农民素质为根本，培育新农民；以村容整洁为先导，建设新农村；以乡风文明为动力，塑造新风貌；以管理民主为保障，健全新机制，扎扎实实

推进新农村建设的环境综合整治。

淘汰落后产能的企业，发展新型的少污染、无污染的工业企业，大力开展清洁生产，推进工业经济结构调整，推进基础设施建设，改善农村基础设施。

（一）统一思想，提高认识，积极开展农村环境综合整治

农村环境综合整治是一项“民心工程”，农村环境综合整治符合中央提出的建设社会主义新农村的要求，同时又符合广大农民群众的迫切愿望。随着经济的快速发展和物质、文化生活的日益提高，广大群众对农村环境质量的要求越来越高。

新农村建设有完整的内涵、系统的目标，起步阶段工作十分繁重。要见效快、受益快、群众看得见、乐于参与的工作，有利于统一认识、增强信心，有利于推进新农村建设环境综合整治顺利实施。要通过试点村先行一步，发挥示范带动作用，促进农村面貌大改观。建设新农村的环境综合整治必须点面结合、以点带面、整体推进，促进农村环境综合整治取得全面成效。

改善农村环境条件，提高农民生活质量的迫切需要。开展农村环境综合整治直接关系到农民生活质量的提高和生产条件的改善，是新农村建设不可缺少的重要内容。搞好新农村环境综合整治，可以充分调动广大农民群众搞好生产、加快发展的积极性，也是营造良好生产和投资环境，加快农村第二、第三产业发展的重要条件。

（二）理清思路，科学规划，切实做好农村环境综合整治

农村环境综合整治是一项长期性、综合性的系统工程，必须总体规划，政策扶持，突出重点，分步实施。农村环境综合整治的基本要求是“走硬化路，喝干净水，上卫生厕，烧沼气灶，住整洁房，办文明事”，坚持治标与治本相结合，硬件建设与软件配套相结合，集中突击与建立长效机制相结合。

科学制订规划，农村要本着功能完善、布局合理、企业相对集中和节约用地的原则编制规划。重点为人畜分离，规范化、规模化畜禽养殖；沼气和生物质能的建设和利用，饮水安全、排水处理无害化、资源化；山、水、田、林、路的总体规划、绿化等，并加强日常维护与管理。

（三）强化措施，扎实推进，确保农村环境综合整治取得实效

加大组织领导力度，制订方案，签订目标责任书，将责任层层分解，对新农村的情况纳入年度考核，通过组织管理，调动干部群众的积极性，形成齐抓共管的环境综合整治新局面。

加大宣传力度，宣传农村环境综合整治的重大意义，宣传有关法律法规，动员广大民众积极参与农村环境综合整治，及时报道综合整治益处，树立典型、表扬先进、鞭策后进。以群众喜闻乐见的形式，使新农村建设中的环境综合整治家喻户晓，人人参与。

建立健全管理体制，通过发挥各职能组织的作用，实现农村环境综合整治重心下移，改善乡村容貌，提高管理水平，确实巩固环境整治成果，增强全民环境意识。

（四）着眼长远，创新机制，切实巩固农村环境综合整治成果

积极总结新农村建设的环境综合管理、科学管理的经验和教训，不断积累经验，才能巩固好农村环境综合整治，使农村环境综合整治步入制度化、科学化、规范化的轨道。

参考文献

[1] 薛晓光. 运城市环境问题的战略思考，（节能环保和谐发展2007年中国科技协年会文集）[M]. 北京：中国科学技术协会声像中心，2007，9.

[2] 牛仁亮，等. 山西改革开放30年回顾 [M]. 北京：中国统计出版社，2009，3.

农村生活污染防治刍议

叶　宏　雍　毅　陈军辉

（四川省环境保护科学研究院　四川　成都　610041）

摘　要　农村污染源已经成为主要的污染源，有报道称其污染负荷已达到60%以上。本文以四川农村污染为分析对象，在对农村生活污染现状分析的基础上，提出相应的防治对策，并对其处理方式和排放标准提出了建议。

关键词　农村生活污染　防治对策　处理方式

一、引　言

四川地处长江上游，是农业大省，农村人口占65%左右。根据四川省环境容量分析报告，农村污染负荷大，占整个污染负荷比重的40%，部分地区达到70%，农村生活污染、面源污染相当严重。目前四川省农村每年产生的10多亿吨生活污水基本上直接排放，约1100万吨生活垃圾也是随意倾倒，造成了农村水体、土壤环境恶化和耕地地力下降，农村污染已经影响到经济的可持续发展，有必要将污染防治的着力点从城市、工业逐步转向农村[1]。

农村污染主要包括农村饮用水源污染、农村面源污染、农村生活污染、农村畜禽养殖污染、农村工矿污染及农村生态破坏六大部分。本文主要针对农村生活污染方面进行初步的探讨。

二、四川省农村生活污染现状特点

农村生活污染主要包括农村生活污水、散养畜禽污水及农村生活垃圾污染等部分。从行政区域构成及人口聚居情况可分乡镇、村、联户、散户。从经济发展水平分为经济发展区域和不发达地区。四川农村生活污染及控制总体有以下特点：

1. 水质特点（见表1）。

表1　农村生活污水的水质　单位：mg/L

水质指标	灰水（不含粪便污水）	黑水（粪便冲洗水）	生活污水
COD	100～200	300～600	300
TN	10～20	100～300	20～40
氨氮	5～15	>30	15～25
TP	≤1.5	>3.5	3.0

2. 聚居程度与区域污染产生量呈对应关系，乡镇、村庄生活污染对环境水体危害大。

3. 农村生活污染治理水平总体上程度低。经济发达地区城镇污染治理程度高于落后区域，乡镇治理程度高于村、散户。

4. 平原地区治理水平高于丘陵区及山区。

5. 生态县、生态乡镇建设对农村污染防治推动明显。

（一）农村生活污水污染控制现状

四川的农村生活污水处置优化技术分为散户和联户处置、连片处置、村镇污水集中处置几方面，散户和联户处置主要是利用沼气池处理粪便，灰水部分利用无动力的沉淀、人工湿地、氧化塘等削减污染负荷，改善受纳水体水质。

连片处理、村镇污水处理根据当地经济情况和土地情况而定，对成都周边发达乡镇采用了城市污水处理厂主要工艺，如氧化沟、流化床、SBR 等技术。对大多数经济水平较差的乡镇，虽然采用了低能耗的氧化塘、人工湿地等技术，但处理效果参差不齐。

（二）农村生活垃圾处理现状

四川省年产生垃圾总量约 2000 万吨，其中农村生活垃圾量约 1100 万吨/年，城市生活垃圾处理厂垃圾处理总量 670 万吨，四川省县级城市生活垃圾处理厂已经在 2006 年完成规划布局，181 个县市目前在建和投入运行的达到 75% 以上，“十二五”期间将完成垃圾无害化处理对县城以上城市的全覆盖。目前全省总垃圾无害化处置率 33.5%，目前城市生活垃圾无害化率约 70%，附带处理乡镇生活垃圾处置率约 10%。

农村生活垃圾处理实施以“户集、村收、镇运、县处理”的为主的模式，特别是经济发达的成都市将在“十二五”期间实现对建制镇的垃圾集中收集和处置。但对于经济条件较差地区，特别是经济落后的边远乡村，实施难度很大。从目前情况看，30 公里以外乡镇垃圾收运成本较高，加之县级垃圾场收费较高，大多距离城市较远及经济不发达乡镇无力实施集中收运，采取直接倾倒或集中收集倾倒方式，部分采用简易填埋，造成河道污染，危害明显，必须进行整治。

（三）农村生活污染执行标准情况

目前，我国尚未出台专门针对农村村镇地区污水、垃圾的排放标准。一般根据排放口所处的功能类别确定排放标准，而这类标准一般要求高，使得农村生活污染防治面临较大困难。

三、四川省农村生活污染防治对策及技术研究

在农村生活污染控制方面，国外及国内一些地区已经有非常成功经验。四川省主要工作重点是在学习别人长处的基础上根据自身特点，不断探索创新，寻求适合自身不同阶段农村污染控制的路子。

四川省治理农村生活污染，按照因地制宜、分类指导的原则，根据经济发达与不发达，地形平原、丘陵、山地、高原等不同类型制定乡镇特点，在人居环境的生态规划设计、农村环境综合整治、农村污染治理、农村环境管理等多方面制订规划。“十二五”期间以城乡一体化建设、生态优美村镇建设、国家村庄污染整治“以奖代补”、“以奖促治”为抓手，在农村生活污染方面实现全面突破，在排放总量上实现较大削减。

（一）国外农村生活污染控制情况

国外在农村分散生活污水处理技术的研究和应用方面，积累了许多经验，值得学习和借鉴。目前国外处理农村生活污水和生活垃圾处理效果好的主要有以下方式[3]。

1. 国外农村生活污水处理方式

在德国，几乎所有村镇都建有排污系统，可以分为两种：混流式和分流式。绝大多数村镇采用生化处理工艺处理污水。

澳大利亚提出的“FILTER”高效、持续性污水灌溉新技术，其目的主要是利用污水进行作物灌溉，通过灌溉土地处理后，再用地下暗管将其汇集和排出。该系统可以满足污水达标及减量的要求。“FILTER”系统处理效果好，运行费用低，特别适用于土地资源丰富、可以轮作休耕的地区，或是以种植牧草为主的地区。

韩国农村的居民居住分散，兴建集中处理的污水系统造价太高，小型和简易的污水处理系统适合在农村应用。因此，研究了一种湿地污水处理系统，使污水中的污染物质经湿地过滤后或被土壤吸收，或被微生物转变成无害物。系统需要的能源少，维护的成本低。至今已广泛用于欧洲、北美、澳大利亚和新西兰等。

日本对散户推广小型地埋式污水处理装置，其体积小、成本低、操作运行简单，十分适用于

农村。一般每1000人农村人口可建立一个污水处理厂，最大的厂可处理10000人左右的污水。采用的是生物接触氧化法，属于淹没式生物滤池类。生物膜法所需要的设备简单，能源消耗低，成本和维护费用低，而处理污水的效率高，是今后发展的一个方向。

2. 国外农村生活垃圾收集与清运

国外一些农村的固体废物得到有效收集、处理，村庄环境卫生状况良好。英国在农村设立了数百座垃圾处置场，所产生的甲烷用于发电，并入全国电网，其电力约占全国电力的5%。德国萨克森州的林格镇居民的每家门口都放着纸张、玻璃、金属、有机物等七八种的垃圾分类桶。每周，承包全镇垃圾回收的环保公司会把垃圾分类运走，在垃圾处理厂进行再处理，无法再利用的则用于焚烧发电。

3. 国外农村生活污染控制标准

在美国乡村污水处理是依靠农户每一家在地下安装一个化粪罐。污水经处理后变成近乎清水，达到美国《联邦水污染防治法》规定的公共处理设施须达到二级处理水平的出水限值，然后就地排放，渗入土壤。在日本，形成了以《水质污染防治法》（1970年）等为中心的水质管理法制体系[4]。美国、日本、澳大利亚、以色列、俄罗斯和西欧等国去除率可达70%～90%。欧盟六国（德国、荷兰、法国、丹麦、意大利、瑞士）；在污水排放方面：2003年欧盟通过了新的《水体系法规》（WFD），WFD将排放标准和水质目标有机地结合在一起，将排放标准和水质标准结合起来。在瑞士，乡村生活污水处理的去除率达50%。另外，澳大利亚提出的“FILTER”系统对总磷（TP）、总氮（TN）、生物耗氧量（BOD_5）和化学耗氧量（COD_{Cr}）的去除率分别能达到97%～99%、82%～86%、93%和75%～86%。

（二）四川省农村生活污水防治对策及处理技术

四川省农村的经济发展水平和生活污水排放特点决定了污染治理不能沿用城市的污水处理模式。农村生活排水处理技术应满足有效、经济、运行稳定可靠、简单易行等要求。在标准方面，应根据经济发展水平，制定适度的排放标准。

1. 农村生活污水排水体制

根据农村居民不同的居住方式，分别采用不同的生活污水排水体制。大部分村镇污水排放源比较分散，所以如果全部集中收集、雨污分流，单位面积的排污管网密度要大于城市。显然，如果采用传统的集中式污水处理系统，村镇排污管网规模将会比城市高一个数量级，然而村镇污水的人均产生量不足城市的1/3，所以一定时间内管网单位长度的物流通量非常低，高密度的污水收集系统不适用于大部分农村。

（1）对于散户，通过对厨、厕、圈的改造，使灰水与黑水得到分离，分别进入灰水处理设施和沼气池进行处理。对于没有粪污消纳条件的农户，灰水和沼液可混合处理，也可集中收集处理。

（2）对于居住相对集中的住户，可采用居住很近的几家联户收集，每户排水方式和散户排水体制设立相同，只是两类废水收集处理可以采用集中和分散相结合，由于居住较近，可利用管道集中收集废水，一般采用雨污分流方式。

（3）对于村镇居住集中或连片的，可根据乡镇地形、经济水平和城镇建设情况，选用雨污合流或雨污分流，通常是分流与合流相结合，与集中式污水处理站进水系统相协调。

2. 农村生活污水防治技术

村镇生活污水控制方式应以分散处理为主，分散处理与集中处理相结合的原则，根据不同地区、不同经济水平确定合适的处理方式。四川省农村通常以散户和联户、连片、集中三种居住方式为主。根据《农村生活污染防治技术政策》（环发［2010］20号）规定，同时结合四川省内的具体实践确定为以下三类：

（1）散户及联户，即以单户或几户居住很近的为单元就地排放的生活污水，宜根据不同情况采用庭院式处理模式，如：灰水采用庭院式小型湿地处理、小型净化槽。粪污采用沼气池处理，结合沼液贮存池实现农牧结合土壤消纳。

（2）对于连片居住的，仍然采用分散处理模式，即将农户污水分区进行收集，根据规模的不同，采取不同方式，以无动力和低能耗水处理工艺为主。

（3）村镇废水处理根据经济水平进行区分，通常可采用以下技术。

1）常规动力水处理技术

这类技术包括活性污泥法、生物膜法相关处理工艺，如SBR、氧化沟、循环流化床等污水处理技术，这类技术处理成本较高，通常适合于经济条件好，规模较大，土地价值高的村镇。这类技术运行成本通常0.25～0.6元/吨废水。

2）低动力或无动力处理技术

这类处理技术一般是沉淀技术、人工湿地处理技术、土地处理技术、人工塘处理技术的组合。由于部分技术存在冬季受植物生长和微生物活动影响，有动力强化处理被用于与这类技术配套。这类技术成本与有无提升、是否强化处理及人工维护方面密切关联。运行成本0.05～0.2元。适合于经济条件较差的乡镇。

主要处理技术针对不同的居住方式的适用性汇总见表2。

表2　主要农村污水处理工艺的适用性分析

类型	污水处理工艺	效果	提升	动力需求	散户及联户		连片		村镇集中	
					发达	不发达	发达	不发达	发达	不发达
常规动力技术	氧化沟、接触氧化、循环流化床、SBR等	很好	需要	高动力			适用		适用	
无动力或微动力技术	沼气池粪污处理+沼液贮存粪污农田利用	好	无	无	适用	适用		适用		
	沉淀+小型人工湿地	一般	可无	可无	适用	适用	适用	适用	适用	适用
	地埋式处理罐	好	无	较高	适用		适用			
	沉淀+人工快渗（+人工湿地）	很好	需要	低			适用	适用	适用	适用
	厌氧+冬季强化好氧+人工湿地	较好	可无	较低			适用	适用	适用	适用
	厌氧+（人工湿地+）稳定塘	一般	可无	可无			适用	适用	适用	

（三）农村生活垃圾防治对策及措施

四川农村生活垃圾处理仍然将建议实施以“户集、村收、镇运、县处理”为主的模式，随着经济发展及县级垃圾无害化处理设施的完全配套，乡镇垃圾集中收运和处理程度将大大提高。

对边远农村生活垃圾采用分选或分类收集，有机物堆肥，无机物填埋，有价值物质回收方式是国家对农村相关规范推荐使用方法，在实际使用中效果不明显，主要问题是推行分类和分选难度大。由于四川农村生活垃圾热值较低，雨水丰富，加之污染危害，焚烧工艺不宜实施。简易填埋成为农村生活垃圾处理的主导技术。同时简易填埋也是我国很长一段时间处理农村垃圾的过渡方案。

简易垃圾填埋的污染控制在我国一直未得到规范，如何解决农村生活垃圾简易填埋的污染控制是关系到四川省及我国农村面源污染控制及水体改善的重大问题。四川省省委、省政府对此非常重视，四川省环保厅制定了边远乡村农村生活垃圾简易填埋建设规范性文件，要求边远山区简易填埋场必须实施统一规划，就选址、填埋场服务对象、入场垃圾组成、与城区及现场垃圾处理场距离、规模、场区污染防治和安全措施都做了严格规定。同时四川省城乡一体化建设将村镇垃圾处理纳入政府的目标考核，并将在2014年实现全省农村村镇生活垃圾处置率大于70%的目标。

（四）农村生活污染处理标准

环保标准是衡量农村环境质量的尺度，明确标准并严格执行是维护新农村环境质量的基础，是保证农民“喝上干净的水、呼吸清洁的空气、吃上放心的食物，在良好的环境中生产生活”的法律依据。

根据功能分类，农村地表水应当符合《地表水环境质量标准》（GB 3838—2002）、《生活垃圾填埋污染控制标准》（GB 16889—1997）等标准。简易填埋场执行《四川省城乡一体化乡村生活垃圾无害化处理处置意见》。

针对四川省农村的特点，建议确定以下排水标准：

1. 散户和联户的排水标准目标达到《农田灌溉水质标准》（GB 5084—2005）或达到(GB 18918—2002）三级标准；

2. 连片处理可参照《城镇污水处理厂污染物排放标准》（GB 18918—2002）三级标准实施。处理水量达到$10m^3/d$时，可以适当提高到二级以上标准，$50m^3/d$时可按一级B类标准执行。

3. 村、镇集中污水处理厂规模$500m^3/d$以下执行标准不得低于《城镇污水处理厂污染物排放标准》（GB 18918—2002）一级B类标准；大于$500m^3/d$时按《城镇污水处理厂污染物排放标准》（GB 18918—2002）发达地区及水体污染敏感地区执行一级A类标准，欠发达或不发达地区可执行一级标准B类标准。

四、问题及建议

由于污水处理有一定技术要求，而农村设备和人员条件局限，要求使用的污水处理工艺和垃圾处理方法简便易行。农村生活废水处理一定要坚持“因地制宜、量力而行”，不可过度超前的原则。

简易填埋场是边远乡村过渡性垃圾处理设施，为了减少污染应尽快配套渗沥液污染削减的技术和措施，同时避免简易填埋场的扩大化建设，严防城市垃圾“倒流”现象。

目前我国尚无专门针对农村生活排水的相关标准，需尽快制定出台符合我国实际的农村生活污水排放标准。我国的农村生活排水处理标准，不应盲目攀比发达国家和地区的排放标准，应根据各地的经济发展水平、地形气候状况等分类制定。对于我国农村来说，尽快普及农村生活污染防治措施是关键，在此基础上，建议我国农村生活污水的排放要求先达50%的去除负荷，再逐渐达到与城市相同的排放标准。

参考文献

[1] 杨雪鸿，杜明，叶扬，李国栋．我省农村环境保护的现状与对策研究［J］．中共四川省省委省级机关党校学报，2009，2（18）：16－22.

[2] 王焕升，王凯军，崔志峰，董娜．中国农村地区生活污染调查及控制模式探讨［J］．中国给水排水，2008，20（24）：20－22.

[3] 左停，鲁静芳．国外村镇建设与管理的经验及启示［J］．城乡建设，2007（3）：70－73.

[4] 李仰斌，张国华，谢崇宝．国内外农村生活排水相关标准编制概况［J］．中国水利，2009（5）：56－58.

多级表面流人工湿地系统对农村面源污染氮磷的去除

万金保[1]　兰新怡[1]　汤爱萍[1,2]　刘　峰[1]

（1. 南昌大学环境与化学工程学院　江西　南昌　330031
2. 南昌航空大学环境与化学工程学院　江西　南昌　330031）

摘　要　建成了多级表面流人工湿地和兼性塘，对农村面源污染 N 和 P，进行 8 次监测并实验研究。结果表明，湿地系统对 TN、NH_4^+ - N、NO_3^- - N、NO_2^- - N、TP 和可溶性总磷的去除率依次为 62.9%、25.7%、58.7%、54.7%、73.5% 和 54.7%。进水氮磷浓度呈季节波动，但出水 TN 和 TP 基本依次低于 0.80mg/L 和 0.05mg/L，同时因湿地系统内氮磷循环，出水总存在一定的有机氮和有机磷。TN 去除率与负荷之间相关性较差（R^2 = 0.6174），但是 TP 去除率与负荷之间相关性较强（R^2 = 0.9130）。

关键词　多级表面流人工湿地　农村面源污染　氮　磷

农村面源污染是指农村地区在农业生产和居民生活过程中产生的、未经合理处理的污染物对水体、土壤和空气及农产品造成的污染[1]。从污染源分析，农村面源污染主要包括畜牧养殖业、种植耕作业、水产养殖、农村居民生活产生的废弃物，其中以养殖、种植耕作业影响最大，包括水土流失与地表径流、化肥农药、农业秸秆、农膜等[2]。其污染物显著的特点是广域的、分散的、微量的。

农村面源污染最主要的影响就是使水体富营养化、水质变差，从而影响到生产、生活、社会与经济的发展。研究表明[3]，单农业面源污染氮污染负荷在全国流域中高达 2.55 × 10^4t/a，占水体中氮总负荷量的 50% 左右。据估计[4]，磷的流失也很严重，全世界每年有 300 ~ 400 t P_2O_5 从土壤迁移到水体中。其中 1998 年夏季洪水期间，约有 79.95 × 10^4 t N 和 8.36 × 10^4t P 从大通站向下游输送，其中溶解态无机氮（DIN）与生物有效磷（BAP）比值远高于浮游植物生长的 P 限制[5]。

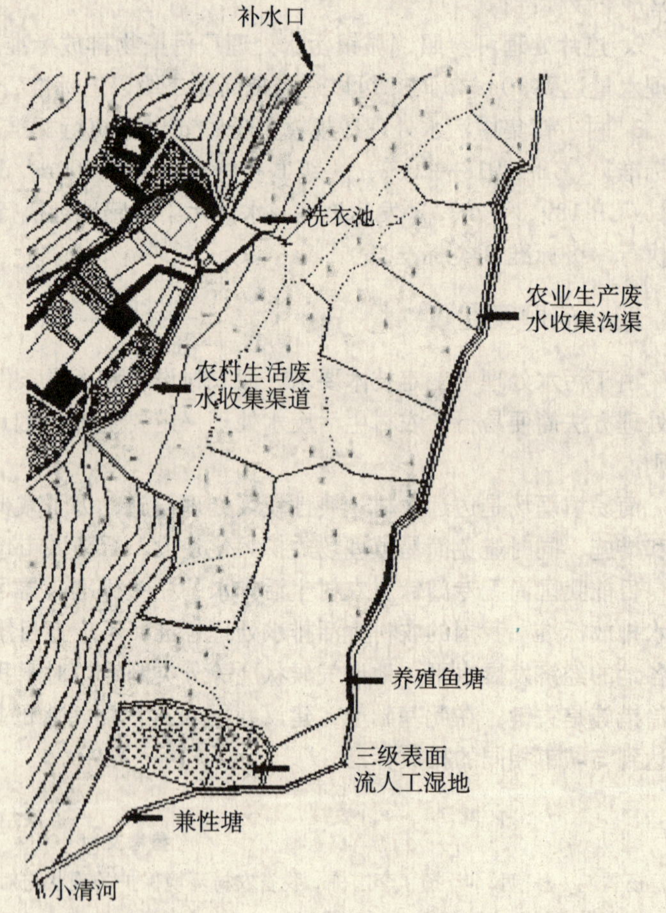

图 1　研究区域与多级表面流人工湿地系统位置图

近年来，由于农村居民生活水平

基金项目："十一五" 国家科技支撑计划项目（2007BAB23C02）。

和农业生产要求不断提高，生活物质和农业生产投入越来越大，使得农村面源污染造成的环境污染尤为突出。目前，人工湿地系统对农村面源污染的控制研究较少，而对中高浓度的生活废水和城市污水的研究较多。研究表明[6]，湿地处理技术是控制面源污染的有效方法。

本文从构建多级表面流人工湿地系统探讨对农村面源污染的氮磷控制，并对湿地系统氮磷进行分析研究。研究成果旨在为农村面源氮磷污染控制提供技术参考。

一、材料与方法

（一）人工湿地系统构建

研究区域内共8户居民，农田面积约为2hm^2，鱼塘养殖面积为1392m^2。农村生活污水、农业生产废水、鱼塘养殖废水、地表径流和补充水经沟渠或管道收集后进入多级表面流人工湿地，经兼性塘处理后进入小清河最后排入鄱阳湖。鄱阳湖为其污染负荷的最终受纳水体。研究区域与人工湿地系统位置见图1（图中整个范围为研究区域）。

设计三级表面流人工湿地，并且三级表面流人工湿地的出水设置为跌水形式。在选择植物上，充分考虑景观、生态多样化和资源化的原则。湿地按级别分别种植芦苇、菖蒲和茭白。兼性塘种植沉水植物菱角，并在塘岸边种植高粱。

经过废水收集、引水、布水、水生植物种植、人工湿地构建等一套工程措施，建成三级表面流人工湿地和兼性塘。总体工艺流程见图2，主要工艺参数见表1。

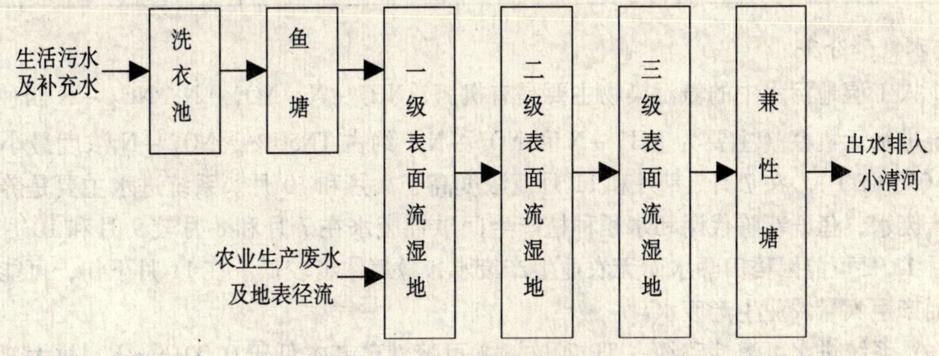

图2　总体工艺流程图

表1　主要工艺参数

设计参数	一级表面流湿地	二级表面流湿地	三级表面流湿地	兼性塘
面积/m^2	230	266	484	550
水力负荷/m^3/（m^2·d）	0.43	0.38	0.21	0.18

（二）水量水质

研究区域废水水量设计为100m^3/d，水质由于气候和季节具有一定的波动性。具体水质情况如下：TN 0.5～2.5mg/L，TP 0.03～0.2mg/L，COD 110mg/L左右；因研究区域养鱼废水和农业生产产生废水量较大，故废水中含NH_4^+－N和NO_3^-－N占TN达50%以上；另外，可溶性总磷约占总磷的20%，而可溶性磷基本低于0.001mg/L。

（三）水质监测方法

水样采集后立即进行实验分析，采用的分析方法如下：

氮素分析方法：TN的测定采用过硫酸钾－紫外分光光度法；NH_4^+－N的测定采用纳氏试剂比色法；NO_2^-－N的测定采用分光光度法；NO_3^-－N的测定采用酚二磺酸分光光度法。磷素分析方法：TP和可溶性总磷的测定采用钼酸铵分光光度法。

二、结果与分析

工程于2009年5月竣工并调试运行，分别对氮磷素进行监测分析。氮素监测共8次依次为2009年7月20日、8月1日、8月13日、9月15日、9月22日、10月16日、10月31日、11月21日；磷素也监测8次依次为2009年6月14日、7月4日、7月20日、8月1日、8月13日、8月28日、9月22日、10月16日（图3、图4、图5和图6中监测次数依次与监测日期对应）。

（一）氮磷去除率

多级表面流人工湿地系统污染物去除率见表2。研究表明[7]，人工湿地对氮的去除率差异比较大，范围在13%～98%；人工湿地对磷的范围在20%～90%。本系统 NH_4^+-N 去除率为25.7%，其他氮素去除率约为50%，去除率适中；本系统TP去除率为73.5%，去除率较好，而可溶性总磷去除率为54.7%，去除率适中。

表2　多级表面流人工湿地系统氮磷污染物去除率　　单位：%

项目	TN	NH_4^+-N	NO_3^--N	NO_2^--N	TP	可溶性总磷
去除率	62.9	25.7	58.7	54.7	73.5	54.7
标准差	2.3	1.5	2.7	1.6	5.2	1.6

（二）进水氮磷分布

一般地，人工湿地污水中的氮污染物主要是有机氮、NH_4^+-N、NO_3^--N、NO_2^--N 四种。从图3知，系统进水无机氮（主要为 NH_4^+-N 和 NO_3^--N）约占TN50%，NO_2^--N 浓度最小（范围0.008～0.056mg/L）。在7月、8月和11月氮浓度高于9月和10月。系统进水主要是养鱼废水和农业生产废水，鱼群新陈代谢和水稻种植产生间歇性废水在7月和8月较9月和10月更强更多。在8月13日可能因稻田晒水而无农业生产废水，故氮浓度较低。在11月下旬，可能因翻耕种植油菜而产生大量农业生产废水。

由图4知，系统进水可溶性磷约占TP 20%，并可溶性磷基本低于0.001mg/L，故大部分的磷为有机磷。在8月下旬、9月和10月可能因新建鱼塘底泥释放磷量大，故此时段监测磷浓度较其他时段高。

系统进水虽TN和TP呈季节性波动，但是出水浓度仍保持相对稳定，基本上分别低于0.80mg/L和0.05mg/L，表明该人工湿地系统具有一定的抗冲击负荷能力。

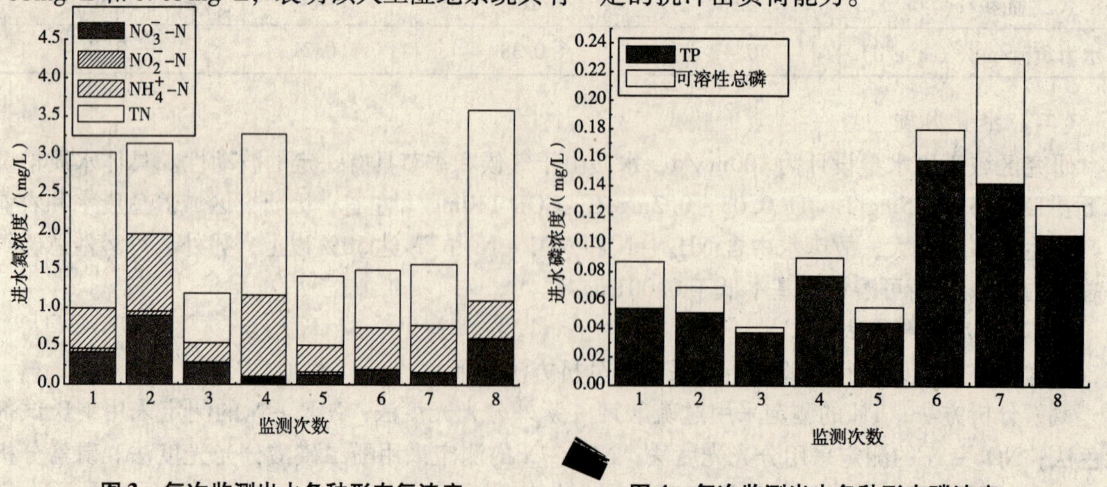

图3　每次监测出水各种形态氮浓度　　图4　每次监测出水各种形态磷浓度

（三）人工湿地系统氮磷的释放

整个实验时间段内，由知，系统出水 NH_4^+-N、NO_3^--N 和有机氮各约占 TN50%。同理，由图6知，系统出水可溶性磷和可溶性总磷约占 20%。这说明出水氮磷主要以有机氮和有机磷为主。结合图3和图4，TN 在8月和10月出水比进水浓度高 0.2～0.4mg/L，TP 在8月13日出水比进水高 0.023mg/L。说明人工湿地系统主要存在有机氮和有机磷的释放。

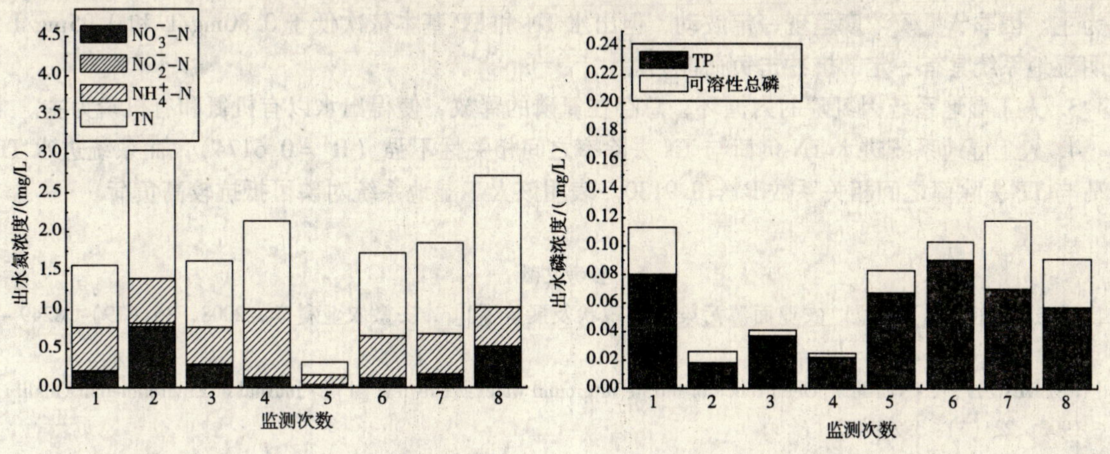

图5　每次监测出水各种形态氮浓度　　**图6　每次监测出水各种形态磷浓度**

多级表面流人工湿地系统分为四级，依次为芦苇床、菖蒲床、茭白床和菱角兼性塘。床体中的植物根系、浮游植物以及地上面的植物枯枝败叶，经腐烂后释放出一定的有机氮和有机磷进入水体。另一方面，部分有机磷由磷的内循环提供，来自湿地系统前期被微生物吸收的正磷酸盐，而后又以有机磷的形态释放至系统内部[8]。这验证了 Kadlec 等[9]研究的结论，无论湿地系统进水氮磷浓度低，出水总存在一定浓度的有机氮和有机磷。

（四）负荷与氮磷的去除关系

对监测数据选取了6对数据，考察 TN 和 TP 负荷与去除率之间的关系，如图7和图8所示。

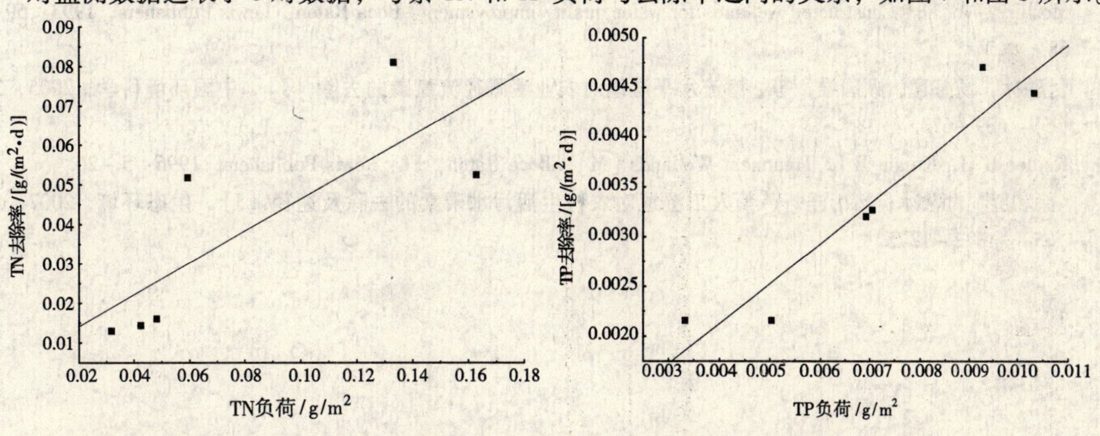

图7　总氮负荷与去除率之间关系　　**图8　总磷负荷与去除率之间关系**

由图7和图8可知，在整个试验时间段内，人工湿地系统进水 TN 负荷与 TN 去除率之间相关性不强（$R^2=0.6174$），而系统进水 TP 负荷与 TP 去除率之间相关系数 $R^2=0.9130$，这与徐和胜等[10]研究的芦苇湿地进水 TP 负荷与 TP 去除率之间线性关系（$R^2>0.91$）接近。说明该人工湿地系统对磷可以抵抗较高负荷。

三、结　论

1. 人工湿地系统对 TN、NH_4^+ - N、NO_3^- - N、NO_2^- - N、可溶性总磷的去除率依次为 62.9%、25.7%、58.7%、54.7%、54.7%，去除效果适中；对 TP 去除率为 73.5%，去除效果较好。

2. 人工湿地系统进水氮主要以 NH_4^+ - N 和 NO_3^- - N 为主，约占 TN50%；进水磷主要以有机磷为主。因季节氮磷浓度呈现一定波动，但出水 TN 和 TP 基本依次低于 0.80mg/L 和 0.05mg/L，表明湿地系统具有一定的抗冲击负荷能力。

3. 人工湿地系统因氮磷的内循环，总存在氮磷的释放，使得出水以有机氮和有机磷为主。

4. 人工湿地系统进水 TN 负荷与 TN 去除率之间相关性不强（R^2 = 0.6174），而系统进水 TP 负荷与 TP 去除率之间相关系数 R^2 = 0.9130。表明该人工湿地系统对磷可抵抗较高负荷。

参考文献

[1] 刘鸿渊，刘险峰，闫泓．农业面源污染研究现状及展望［J］．安徽农业科学，2008，36（19）：8249 - 8250，8254.

[2] PALDINGRF，EXNERME. Occurrence of nitrate in ground water：A review［J］．Journal of Environmental Quality，1993，22（3）：392 - 402.

[3] 范成新，季江，陈荷生．太湖富营养化现状、趋势及综合整治对策［J］．上海环境科学，1997，16（8）：8 - 11，21.

[4] Heckrath G，Brookes P C，Pollution P R，et al. Phosphorus leaching from soils containing different phosphorus concentrations in the Broadbalk Experiment［J］．Journal of Environmental Quality，1995，24：904 - 910.

[5] 苑韶峰，吕军，俞劲炎．氮、磷的农业非点源污染防治方法［J］．水土保持学报，2004，18（4）：122 - 125.

[6] KAO M，WU M J. Control of non - point source pollution by a nature wetland［J］．Wat. Res.，1999，20（3）：47 - 54.

[7] Bastian R K，Hammer D A. The use of constructed wet - lands for wastewater treatment and recycling［C］// Moshiri G A. ed. Constructed wetlands for water quality improvement. Boca Raton：Lewis Publishers，1993：59 - 68.

[8] 付融冰，杨海真，顾国维，等．潜流水平湿地对农业灌溉径流氮磷的去除［J］．中国环境科学，2005，25（6）：669 - 673.

[9] Kadlec R H，Knight R L. Treatment Wetlands［M］．Boca Raton，FL：Lewis Publishers，1996：5 - 20.

[10] 徐和胜，付融冰，褚衍洋．芦苇人工湿地对农村生活污水磷素的去除及途径［J］．生态环境，2007，16（5）：1372 - 1375.

农村环境典型污染源特征分析

陈　仪　夏立江

（中国农业大学资源与环境学院　北京市海淀区圆明园西路2号　100193）

摘　要　农村内源性污染主要来源于农业生产、农户生活，其中农业生产中农用化学品、畜禽养殖、作物秸秆污染尤为典型，农户生活产生的生活污水、生活垃圾污染尤为典型。农用化学品呈现使用量大，区域分布不平衡，利用率低等特征；畜禽粪便呈现产生量大，污染物浓度高，处理率低，综合利用方式不足等特征；农村生活垃圾呈现产生量大，成分多元化，处理方式简单，管理落后等特征；农村生活污水呈现产生量大，污染物成分复杂，处理方式简单等特征。

关键词　农村环境　典型　污染源特征

当前我国农村环境污染包括农业生产中化肥农药农膜、畜禽粪便、作物秸秆等带来的污染，农户生活中生活垃圾、生活污水等的污染，同时受到来自城市污染转移和农村工业化、城市化带来的双重压力。农村在装满“米袋子”、“菜篮子”的同时，各种污染与生态问题交织在一起。化肥、农药使用不合理造成的局部地区面源污染突出；畜禽养殖污染日益凸显，综合利用措施滞后；大部分垃圾未经处理，直接堆放在村头、路旁，甚至抛掷到沟渠、水塘，影响环境卫生和农村景观；绝大部分生活污水未经处理直接渗入地下或直排沟渠、水塘。据对太湖非点源污染的研究表明，农田对非点源产生的TN、TP的贡献率分别为33%、40%[1]；对淮河非点源污染研究中，农业生产对总氮、总磷的贡献率分别为66.90%、70.4%[2]。农业生产、农户生活等污染源对农村环境的影响较为显著，因此，全面分析农村环境典型污染源特征，为有效控制农村环境污染提供必要前提。

一、农业生产污染源特征

农业种植污染主要是与种植业关系密切的化肥、农药及农膜污染，以及作物秸秆污染等，农业养殖业污染主要是畜禽粪便与养殖污水产生的污染。

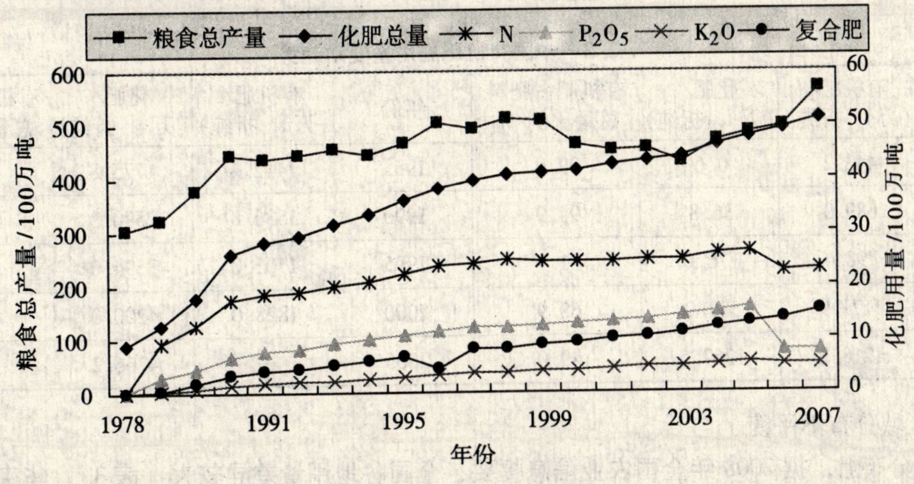

图1　我国粮食总产与化肥施用增长

（一）农用化学品

农用化学品广泛应用于农业生产，农用化学品的生产使用，大大促进了我国农业生产的发展，但同时也给环境带来了较大负荷。

1. 使用量大

为提高粮食产量，满足我国对粮食的需求，我国农田的化肥投入量逐年增加（图 1）。据 2008 年中国统计年鉴，化肥施用量从 1978 年的 884 万 t 增长到 2007 年的 5108 万 t，年均增长率 8.7%，粮食总产量从 1978 年的 30477 万 t 增长到 2007 年的 56518 万 t，年均增长率 3.0%，可见化肥增加对粮食增产效果逐渐减小。研究表明[3]，氮肥用量（以 N 计）在 120～150kg/hm^2 时每千克 N 对谷物的增产效应是 8.1～11.8kg，但是氮肥的增产效应随着施肥量的增加而降低，在很高的施氮水平下其增产效率很小甚至是负值。

据 2008 年中国统计年鉴、2008 年全国农业信息提要[4]，我国农用化学品的施用强度逐年增加（表 1）（施用面积以总播种面积计），化肥施用强度从 2001 年的 273.2kg/hm^2 增加到 2007 年的 332.8kg/hm^2，年均增长率为 3.3%；农药施用强度从 2001 年的 8.2 kg/hm^2 增加到 2007 年的 10.9 kg/hm^2，年均增长率 4.8%；农用塑料薄膜从 2001 年的 144.9 万 t 增加到 2007 年的 207.9 万 t，年均增长率 6.2%。

表 1　全国农用化学品的使用情况

年份		2001	2002	2003	2004	2005	2006	2007
化肥（折纯量）	施用量/万 t	4254.0	4339.5	4411.8	4636.8	4766.2	4928	5108
	施用强度/（kg/hm^2）	273.2	280.6	289.4	302.0	306.5	323.9	332.8
农药	施用量/万 t	127.5	131.2	132.5	138.6	146.0	—	167.2
	施用强度/（kg/hm^2）	8.2	8.5	8.7	9.0	9.4	—	10.9
农用塑料薄膜用量/万 t	合计	144.9	153.9	159.2	167.9	176.2	—	207.9
	其中地膜	78.1	84.0	85.5	93.1	95.9	—	117.8
地膜覆盖面积/万 hm^2		1096.1	1170.1	1196.7	1306.3	1351.8	—	1561.3

注：2006 年只有部分统计数据。

随着化肥的大量生产施用，传统有机肥施用量逐渐减少，从 1949 年有机肥占肥料总量的 99.9% 下降到 2000 年的 30.3%[5]，见表 2。

表 2　中国有机肥施用量变动趋势

年份	有机肥/（万 t，折纯）	化肥/（万 t，折纯）	有机肥占肥料总量比例/%	年份	有机肥/（万 t，折纯）	化肥/（万 t，折纯）	有机肥占肥料总量比例/%
1949	443.2	0.6	99.9	1985	1442.4	1775.8	44.8
1957	689.0	36.8	94.9	1990	1536.8	2590.3	37.2
1965	798.4	176.0	81.9	1995	1701.0	3594.0	32.0
1975	1171.9	537.9	68.9	2000	1828.0	4200.0	30.3
1980	1218.2	1269.5	49.0	2005	—	4766.2	—

2. 区域分布不平衡

地域分布上，据 2008 年全国农业信息提要，全国各地用量差异较大（表 3）。华南与华东地区施用强度明显高于其他地区，化肥施用强度以华南地区最高，为 412.8kg/hm^2，是全国平均水平的 1.2 倍；农药施用强度以华东地区最高，为 16.1 kg/hm^2，是全国平均水平的 1.5 倍，是施用强度最低的西北地区的 3.3 倍；单位面积地膜覆盖量以东北地区最高，为 106.0 kg/hm^2，是全国平均水平的 1.4 倍。

总体上，经济发达、农业发展较快的地区，农用化学品用量较大；经济欠发达、交通不便利的地区农用化学品用量偏少，作物产量潜力得不到挖掘。这种情况一方面造成肥料富足地区肥料的流失，形成非点源污染，另一方面使大片中低土壤不能发挥生产潜力，这也是导致我国农用化学品总体效益低下的重要原因。

表3 2007年农用化学品地区分布

	化肥（折纯）/万t	化肥施用强度/（kg/hm^2）	农药/万t	农药施用强度/（kg/hm^2）	农膜/万t	单位面积地膜覆盖量/（kg/hm^2）
全国总计	5239.2	335.3	167.2	10.7	207.9	75.4
华北	609.4	303.7	13.6	6.8	22.7	58.3
东北	473.3	227.5	15.5	7.5	22.6	106.0
华东	1483.5	393.8	60.7	16.1	65.5	74.3
华南	1647.6	412.8	56.5	14.2	34.4	65.7
西南	586.3	248.8	13.9	5.9	25.7	78.9
西北	439.1	308.3	7.0	4.9	37.0	88.7

3. 利用率低

我国目前农用化学品施用强度大，但利用率低。平均每公顷农田施用化肥量已达335.3kg，远远超出发达国家每公顷225kg的安全上限，一些蔬菜基地每公顷的化肥施用量甚至高达2000kg，2003年山东寿光蔬菜生产化肥施用强度为1966.5kg/hm^2[6]。我国每公顷施用化肥量分别是德国、美国的1.6倍和3.3倍，其中氮肥的利用率为25%～30%、磷肥利用率为10%～20%，比发达国家低20%～30%[7]。

农药平均利用率只有30%左右，仅相当于欧盟国家的一半[7]。地膜部分残留于土壤，据第一次全国污染源普查，地膜残留量达到12.1万t。据相关研究，残留率较高的地方多达90～135kg/hm^2，甚至高达270kg/hm^2[8]。

4. 氮磷钾比例不合理

经对我国土壤肥力的多年试验研究，我国土壤科学工作者提出适合我国作物生长的氮、磷、钾养分比例为1:0.4～0.45:0.25～0.30[9]。据2008年农业信息提要[6]，2007年我国化肥施用量$N:P_2O_5:K_2O$的比例为1:0.46:0.38，可见我国目前化肥施用中，氮肥偏多，钾肥偏少。

（二）作物秸秆

1. 秸秆产生量大

目前我国重要的作物秸秆就有近20种，且产量很大。据各种农作物产量以及谷草比，可估算的全国农作物秸秆产生量，2007年约为6亿多t。

2. 区域特征明显

作物秸秆区域分布与各地种植结构密切相关，秸秆分布主要集中在黑龙江、吉林、河北、河南、江苏、山东、安徽、四川等省。2007年全国农业大省河南省、山东省、河北省的秸秆产生量位居全国范围前三位，三省之和占全国总量的30%，以玉米秆、麦秸等为主。

3. 利用方式各异

我国现阶段秸秆的利用途径主要有肥料、燃料、饲料及其他用途。肥料、燃料和饲料量分别占秸秆资源的36.6%、23.7%和22.6%，其他如原料、焚烧和弃置乱堆共占17%[10]。6亿多t秸秆相当于300多万t氮肥、700多万t钾肥、70多万t磷肥，约为全国每年化肥施用量的1/4[11]。在田间焚烧，仅能利用所含钾的40%，其余氮、磷、有机质和热能全部损失。

4. 秸秆利用还存在问题

（1）秸秆燃烧技术落后，效率低，浪费严重。一部分秸秆被用作燃料，但农村的旧式炉灶热效率低，一般在10%以下，因烟尘大，还有一部分有机物散失，就地腐烂，造成环境污染。

（2）秸秆资源的开发利用技术受限，利用率低。秸秆综合开发利用主要有秸秆气化、秸秆压块成型及炭化等能源利用方式，生产可降解的包装材料、用作装饰材料如人造板等、用作工业原料生产酒精淀粉等工业应用方式等，由于受技术、资金等因素的限制，利用率并不高。

（三）畜禽粪便

我国自改革开放以来，随着“菜篮子”工程的全面展开，畜禽养殖规模和产值都发生了巨大的变化，肉类、奶类和禽蛋年产量递增率均在10%以上，由此使得畜禽养殖业由家庭副业逐步发展成为一个独立行业，畜禽场由农业区、牧区转向城镇郊区，饲养规模由分散走向集中，由此带来的畜禽粪便量日益集中，且数量逐年增大，对环境的压力也越来越大。

1. 产生量大

我国畜禽养殖量大，产生的粪污量也很大。据2008年中国统计年鉴，2007年底全国牛、猪、羊的存栏数分别达到13944.2万头、49440.7万头、36896.6万只，据原国家环保总局推荐产污系数估算（国家环境保护总局自然生态保护司编制），畜禽粪便产生量已达到约30多亿t，约是当年工业固体废物的1.8倍，比2000年增加了5.2亿t。据第一次全国污染源普查，畜禽养殖业排放COD_{Cr}为1268.26万t/a、TN为102. 48万t/a、TP为16.04万t/a，分别占相应污染物全国排放总量的41.9%、21.7%、37.9%。畜禽粪便中的污染物流入河湖水体，造成水体的严重污染，也是许多疾病的重要传播媒介。

2. 污染物浓度高

畜禽粪便中含有大量对环境造成严重影响的污染物，国家环境部南京环科所研究了太湖地区的畜禽粪便污染，测定了各种类型家畜粪便中COD_{Cr}、BOD_5、NH_4^+-N、TN及TP的含量，其中猪粪中COD含量最高52.0kg/t，鸭粪中TP、TN含量最高，分别为6.2kg/t、11.0 kg/t。

在畜牧业生产中，清洁、消毒等所产生的污水数量大大超过畜禽粪便的排放量，这些污水中含有大量的有机质、消毒剂和其他化学成分，还含有病原微生物和寄生虫卵等。据测定，猪场污水中总固体物浓度一般为15～47g/L，COD为32.5～55 g/L；牛场排出污水的COD浓度一般为14～32.8g/L，BOD为4.2～5.2g/L，总固体悬浮物为6g/L，污水中大肠杆菌数达到83万个/ml[12]。未经处理的污水进入河流、水塘、湖泊后，引起水质恶化，影响水环境。

3. 处理率低

我国畜禽粪便与养殖废水产生量大，但处理量并不与产生量成正比。在大中型畜禽养殖场中，只有一部分进行了粪便处理，主要用作堆肥或生产沼气，仍有一部分未作任何处理。据国家环保部调查显示，全国60%的规模化畜禽养殖场缺乏干湿分离这一必要的污染防治措施。全国农村畜禽粪便无害化处理率平均小于3%，由于近几年粪水量急剧增加，而无害化处理、利用能力却有限，多数未经处理任其流入水体，恶化环境，影响人畜健康和生产。

4. 综合利用方式有待改进

用作肥料。农民将畜禽粪便用作肥料，直接施用或堆制未腐熟就施用，畜禽粪便中的有毒有害物质尚存；施用上比较随意，各地都按自己的习惯来施肥，没有发挥最大效益；施用量局部偏高，造成土壤有机质过分积累，土壤呈强还原条件，无机盐含量上升，氨、磷等养分过量并引起作物徒长、贪青、倒伏等，反而造成作物减产；同时养分大量流失造成江河、湖泊面源污染。

发酵产沼气。农户用沼气池处理畜禽粪便，沼气产率低，受气温变化的影响大；目前还有大量农村地区未安装沼气装置，沼气技术的推广有待加强；大型畜禽养殖场沼气经济效益低，没有政府扶持，沼气仍难大规模推广。

用作饲料。畜禽粪便（特别是鸡粪）中的粗蛋白质含量一般高于畜禽采食的饲料粗蛋白，富含多种氨基酸、粗纤维、钙、磷以及其他矿物质元素和各种维生素等，可作为饲料。国外畜禽粪便饲料早已商品化，我国对此已开展多年，虽然积累了一定经验，但距离商品化还有一定距离，基本停留在试验探索阶段，未能广泛推广。

二、农户生活污染源特征

中国农村居民点分散、面广，因此农户生活产生的生活垃圾与生活污水有量大、分散、面广、难以收集、难以治理等特征。

（一）*农村生活垃圾*

农村生活垃圾是影响农村环境的主要污染源之一，农村生活垃圾主要有数量大、成分复杂、处理方式简单、管理落后等特征。

1. 产生量大

据卫生部开展的中国农村饮用水与环境卫生现状调查显示，平均每位农村居民每天产生0.8kg的生活垃圾，据2008年中国统计年鉴，2007年全国有7.3亿农村人口，每年产生农村生活垃圾约有2.1亿t。数量如此之大，对农村生活垃圾处理处置带来很大压力。

2. 成分多元化

农村经济的发展，现代化程度的提高，生活质量的进一步改善，致使垃圾成分也发生了明显变化。以前农村产生的垃圾一般都是有机垃圾，能通过农村原有的自净能力进行自然循环降解，不会造成二次污染，但现在垃圾中不可降解物大量增多，包装废弃物、一次性用品废弃物明显增拥，尤其是电池、磁带、光盘、玩具等在生活垃圾中的比例逐年增加。由于大部分农村集体经济薄弱，环卫基础设施严重短缺，没有能力解决垃圾处理问题，以致垃圾四处堆放，恶臭不断散发，白色污染遍地“开花”，严重地污染了农村生态环境。

3. 处理方式简单

目前农村生活垃圾处理有随意堆放、集中堆放、简单处理等方式。“千乡万村环保科普行动”调查显示，49%的村庄随意堆放或倾倒，有29%的村用来沤制农家肥，有15%的村定点集中堆放，7%的村有专人收集清运[13]。农村生活垃圾随意堆放现象较为普遍，房前屋后、田间地头、池塘沟渠、街道两旁、马路边沿、河道中随处可见。经济不发达的农村，因无人清运垃圾，多以“各扫门前雪”的方式，处理各自的生活垃圾，由于量小，多抛弃在房前屋后、街道两边或沟坎池塘内。经济较好的农村，多数是以村为单位，把村内垃圾集中到村外的河沟、池塘、路边，或简易填埋，或形成不同规模的垃圾堆、垃圾山。

4. 管理落后

目前，除我国东部沿海经济较发达地区、京郊农村等地，基本实现了“村收集、镇运输、区处理”的垃圾处理模式外，大多农村均无生活垃圾专门管理人员，不仅没有垃圾收集容器，也没有以村为单位的垃圾转运堆存设施，更没有转运车辆和无害化、标准化填埋场所。

（二）*农村生活污水*

农村生活污水是影响农村环境的又一重要生活污染源之一，目前农村生活污水普遍存在产生量大、所含污染物复杂、收集处理系统缺乏等特征。

1. 产生量大

中国农村人口数量多，据2008年中国统计年鉴，2007年有7.3亿农村人口，每人每天产生生活污水平均按26kg计算，全国农村居民年生活污水可高达69亿t。

2. 污染物成分复杂

农村生活污水多为厨房污水、洗涤污水与厕所污水混在一起，形成交叉污染，大大增加污水成分的复杂程度。厨房污水中的有机物、洗涤污水中的氮磷等再与厕所污水中病原微生物等混在一起，在厌氧细菌作用下易产生恶臭物质，如硫化氢、硫醇粪臭素等，而发生阴沟臭，增大了农村生活污水处理难度。

3. 排放途径多样

据卫生部开展的中国农村饮用水与环境卫生现状调查显示，农村生活污水有44.3%随意排放，通过沟渠排放的只占55.7%。排放的地点有河流（33.7%）、坑塘（30.7%）、农田（14.6%）、处理厂（2.7%）和其他地点（如随意泼洒等）18.3%[14]。照此计算，农村聚居点每年产生的69亿t生活污水，其中有31亿t属任意排放。

4. 处理方式简单

除我国东部沿海经济较发达地区、大城市郊区等地的农村生活污水进行管网收集进入污水处理厂处理以外，其他地区农村生活污水基本不进行集中处理，随意倒入房前屋后的菜地、路边、河流等，任其在农村环境中自由扩散。

三、结　论

通过对农村环境污染源分析，农村典型污染源主要为农业生产中农用化学品、畜禽养殖污染、作物秸秆污染，农户生活产生的生活垃圾、生活污水污染。农用化学品的特征为使用量大、区域分布不平衡、利用率低等；畜禽粪便特征为产生量大、污染物浓度高、处理率低、综合利用方式不足等；作物秸秆特征为产生量大、区域特征明显、利用方式不合理等；农村生活垃圾特征为产生量大、成分复杂、处理方式简单、管理落后等；农村生活污水特征为产生量大、污染物成分复杂、处理方式简单等。

参考文献

[1] H. Y. Guo, X. R. Wang & J. G. Zhu. Quantification and index of non-point source pollution in Taihu Lake region with GIS [J]. Environmental Geochemistry and Health, 2004 (26): 147-156.

[2] 郝芳华，杨胜天，程红光，等．大尺度区域非点源污染负荷计算方法［J］．环境科学学报，2006，26（3）：375-383.

[3] Zhu Z L. Fate and management of fertilizer nitrogen in agroecosystems [J]. In Zhu Z L, Wen Q X, Frenry J R (eds), Nitrogen in Soil of China. Kluwer Academic Publishers: Dordecht, 1997: 239-279.

[4] 全国农业信息提要．http://www.agri.gov.cn/sjzl/nongyety.htm.

[5] 王金南，田仁生，洪亚雄．中国环境政策（第一卷）［M］．北京：中国环境科学出版社，2004.

[6] 朱兆良，David Norse，孙波．中国农业面源污染控制对策［M］．北京：中国环境科学出版社，2006.

[7] 路明．我国农村环境污染现状与防治对策［J］．农业环境与发展，2008，25（3）：1-5.

[8] 杨晓涛．农膜污染的防治对策［J］．农业环境与发展，2000，17（1）：28-29.

[9] 高云宪，高贤彪．肥料施用技术与农业可持续发展［J］．中国农村经济，1999（10）：28-33.

[10] 高祥照，马文奇，马常宝，等．中国作物秸秆资源利用现状分析［J］．华中农业大学学报，2002，21（3）：242-247.

[11] 陈英旭，等．农业环境保护［M］．北京：化学工业出版社，2007.

[12] 张玉龙．农业环境保护［M］．北京：中国农业出版社，2004.

[13] 刘海林．我国农村生态与农村环境问题研究［D］．中国农业大学，2008.

[14] 魏欣，刘新亮，苏杨．农村聚居点环境污染特征及其成因分析——基于中国农村饮用水与环境卫生现状调查［J］．中国发展，2007，7（4）：92-98.

农村污水处理方法及区域模式浅谈

刘 英 郭纯青

（桂林理工大学环境科学与工程学院 广西 桂林 541004）

摘 要 随着农村经济的发展，农村生活污水所引起的污染日益严重。针对农村废水的特点，采取合适的工艺处理农村污水，并对各工艺的类型、特点、适用条件进行了探讨。本文还讨论了一些农村污水区域处理模式，使农村的水环境得到保护和改善，以达到农村经济社会和环境保护协调发展的双赢目的。

关键词 农村 污水处理 技术 模式

一、我国农村水污染现状及问题

据统计，我国约有3.6亿农村人口喝不上符合卫生标准的水，大肠杆菌超标率达86%，其中1.7亿人饮用水源受有机物污染，我国患病人群的88%、死亡人群的33%与生活饮用水不卫生有直接关系。

（一）农村污水的特点

农村污水是指农村地区居民在生活和生产过程中形成的污水。具体范围包括生产污水和生活污水两个方面。农村生活污水是指居民生活过程中厕所排放的污水、洗浴、洗衣服和厨房污水等。农村生产污水是指畜禽养殖业、水产养殖业、农产品加工等产生的高浓度有机废水[1]。

农村污水的主要特点包括：①农村污水主要为生活污水和以农产品为原料的加工污水的混合体，基本上不含重金属和有毒有害物质，含有一定量的氮和磷，可生化性好，但水质水量变化较大；②农村地区人口居住分散，大部分没有排水管网，污水集中收集处理难度较大[2]。

（二）农村污水处理难的主要原因[3]

1. 人口少，用水量标准较低，污水处理规模小，造成工程建设费及运行费用过高；

2. 污水处理工艺与技术的选择，受到当地社会、经济发展水平的制约和地方保护主义或其他人文因素的抵制；

3. 当地自然与生态条件（气温、降水、风向和土壤等）对所选择的处理工艺与处理技术有负面影响，使其不能正常发挥效力；

4. 维护管理技术人员及运行管理经验严重缺乏。

二、农村污水处理方法

目前国内外适用农村污水治理的处理技术比较多，但从工艺原理上通常可归为两类：第一类是自然处理系统。利用土壤过滤、植物吸收和微生物分解的原理，常用的有：人工湿地处理系统、地下土壤渗滤净化系统等；第二类是生物处理系统，又可分为好氧生物处理和厌氧生物处理。好氧生物处理常用的有：普通活性污泥法、AO法和SBR法等；厌氧生物处理常用的有：厌氧滤池、UASB升流式厌氧污泥床等。

（一）国外农村污水处理方法[4]

1. 澳大利亚“FILTER”（非尔脱）污水处理系统

澳大利亚科学和工业研究组织（CSIRO）的专家于最近几年提出一种“过滤、土地处理与暗管排水相结合的污水再利用系统”，称为“非尔脱”。是一种高效、持续性污水灌溉新技术，其目的主要是利用污水进行作物灌溉，通过灌溉土地处理后，再用地下暗管将其汇集和排出。该系统一方面可以满足作物对水分和养分的要求，同时降低污水中的氮、磷等元素的含量，使之达到污水排放标准。其特点是过滤后的污水都汇集到地下暗管排水系统中，并设有水泵，可以控制排水暗管以上的地下水位以及处理后污水的排出量，“非尔脱”系统对生活污水的处理效果好，其运行费用低，特别适用于土地资源丰富、可以轮作休耕的地区，或是以种植牧草为主的地区。

2. 韩国的湿地污水处理系统

韩国农村的居民分散居住，认为兴建集中处理的污水系统造价太高，小型和简易的污水处理系统适合在农村应用。因此，研究了一种湿地污水处理系统，使污水中的污染物质经湿地过滤后或被土壤吸收，或被微生物转变成无害物。这种方法需要的能源少，维护成本低。

韩国国立汉城大学农业工程系对湿地污水处理系统在田间进行了试验，主要结论：①利用处理过的污水灌溉，对水稻的生长和产量无负面影响；②利用处理过的污水灌溉，并加施肥料，水稻产量达 5 730.38 kg/hm^2，比常规对比田高约 10%。

3. 日本农村生活污水处理系统

日本农村污水处理协会研究了一系列适合于农村城镇中应用的污水处理设备。设计了 JARUS 模式的 15 种不同型号污水处理装置，主要采用物理、化学与生物措施相结合的处理过程，取得了很好效果。这 15 种不同型号的处理装置可分为两大类。一类采用生物膜法，污水通过塑料制成的滤层，上面附有微生物。通过生物膜后可使污水中的生物耗氧量下降到 20 mg/L 以下，悬浮固体物下降到 50 mg/L 以下，总氮含量在 20 mg/L 以下。另一类是采用浮游生物法，通过漂浮在污水中的微生物氧化作用，可使 BOD 下降到 10 ~ 20 mg/L，SS 下降到 15 ~ 50 mg/L，COD 下降到 15 mg/L 以下，TN 下降到 10 ~ 15 mg/L，TP 下降到 1 ~ 3 mg/L。

日本从 1977 年实行农村污水处理计划以来，至 1996 年底已建成约 2 000 座小型污水处理厂。日本农村污水处理协会设计、推广的污水处理装置体积小、成本低、操作运行简单，十分适用于农村。一般每 1 000 人农村人口可建立一个污水处理厂，最大的厂可处理 10 000 人左右的污水。处理后的污水水质稳定，大多灌溉水稻或果园，或将其排入灌排渠道，稀释后再灌溉农作物。污水中分离出来的污泥经脱水、浓缩和改良后，运至农田作肥料。

（二）我国农村污水处理方法

我国地域广阔，各个区域的地质、气候及土壤条件都各有各的特点，且各种污水处理方法都有其适用性和限制性。因此，要做到因地制宜，综合考虑当地的污水处理特点、财政能力、技术管理水平和发展规划等因素。

1. 厌氧消化处理

发展中国家中存在很多养猪场，厌氧消化可处理从这些养猪场排出的污水。厌氧消化过程中还产生了沼气，且沼气可以作为再生能源利用[5]。

2. 人工湿地

有条件的村庄，应充分利用现有的农田灌排渠道与附近的荒地、废塘、洼地和沼泽地等，建设人工湿地处理系统。人工湿地是指人工建造的、可控制的和工程化的湿地系统，其设计和建造是通过对湿地自然生态系统中的物理、化学和生物作用的优化组合来进行废水处理。人工湿地污水处理技术是 20 世纪七八十年代发展起来的一种污水生态处理技术，一般由人工基质和生长在其中的水生植物（如芦苇、香蒲等）组成，是一个独特的基质—植物—微生物组成的生态系统。当污水通过系统时，其中污染物质和营养物质被系统吸收、转化或分解，从而使水质得到净化[6]。按水流方式可分为地表流湿地、潜流湿地和垂直流湿地。

资料表明，在进水浓度较低的条件下，人工湿地对 BOD 的去除率可达 85% ~95%，对 COD 的去除率可达 80% 以上，处理出水的 BOD 浓度在 10mg/L 左右，SS 小于 20mg/L。对 N、P 的去除效果也很明显，潜流湿地中脱氮效率在30%～40%，对磷的去除率变化较大，从40%～90%；表面流系统脱氮效率大于50%，对磷的去除效果要好于潜流式，出水中的总P含量一般小于1mg/L[2]。

3. 地下土壤渗滤

分散的几户或十几户人家适合采用地下土壤渗滤净化系统。地下土壤渗滤净化系统是一种基于自然生态原理，予以工程化、实用化而创造出的一种新型小规模污水净化工艺技术，是将污水有控制地投配到经一定构造、距地面约50cm深和具有良好扩散性能的土层中，投配污水缓慢通过布水管周围的碎石和砂层，在土壤毛管作用下向附近土层中扩散。表层土壤中有大量微生物，作物根区处于好氧状态，污水中的污染物质被过滤、吸附、降解，所以地下渗滤的处理过程非常类似于污水慢速渗滤处理过程。由于负荷低，停留时间长，水质净化效果非常好，而且稳定。地下土壤渗滤净化系统建设容易、维护管理简单，基建投资少，运行费用低。整个处理装置放在地下，不损害景观，不产生臭气[7]。

4. 化粪池

化粪池又名殷夫池，是20世纪初德国人创造的，作为我国城镇生活污水主要局部处理构筑物被普遍采用，在消除病原体、减少污染等方面曾经发挥了巨大的作用。化粪池的功能是接收、贮存家庭生活污水。池内分为漂浮层、淤泥层和中间清水层三个区域。它除了能截留生活污水中的粪便、纸屑和病原虫等杂质的50%和去除BOD的20%以外，还可以减轻污水处理厂的负荷或减轻对水体的污染。沉淀下来的污泥经3～12个月的厌氧分解、酸性发酵脱水熟化后能转化为稳定状态可清掏出做肥料。目前化粪池的池型主要有旧式化粪池、改良式化粪池、立体多槽式化粪池、好氧曝气式化粪池、灭菌化粪池、集成式生物化粪池、无害化化粪池、新型生物处理化粪池等，化粪池的改造具有潜力[8]。

5. 生态塘

生态塘是以太阳能为初始能源，通过在塘中种植水生作物，进行水产和水禽养殖，形成的人工生态系统。在太阳能（日光辐射提供能量）的推动下，通过生态塘中多条食物链的物质转移、转化和能量的逐级传递、转化，将入塘污水中的有机污染物进行降解和转化，最后不仅去除污染物，而且以水生作物、水产的形式作为资源回收，净化的污水也作为再生水资源予以回收再用，使污水处理与利用结合起来，实现污水处理资源化[9]。

三、农村污水区域处理模式

（一）城乡合作带动农村科技发展

随着农村城市化进程的加快，乡镇企业迅速发展，使以小型工矿和乡镇企业为主的经济区域越来越多，这些企业中相当一部分属于效益较差、能耗较大、环境污染严重的企业，并且企业技术含量低，尤以造纸、纺织、煤炭、非金属矿制品、化工及食品加工业为主。其中，造纸业的废水排放量占总排放量的44.9%[10]。

在发展乡镇企业时，不应该引进城市落后或已不再使用的机器设备，这样很容易造成农村环境污染。加快推动城乡一体化，引进先进的生产技术和设备，建设现代化的工厂，合理规划污水管网，因地制宜地选择污水处理方法，以做到低成本、高效率处理污水。

（二）新农村规划

“十一五”规划提出了建设社会主义新农村的重大历史任务，并明确了“生产发展、生活宽裕、乡风文明、村容整洁、管理民主”的建设目标。农村地区居住相对分散，自然条件和经济条件千差万别，应该因地制宜，根据实际情况做好新农村规划。

在经济条件比较好的地区，建立统一集中生活小区、畜牧工厂等，铺设排污管网，污水集中收集。在离城市近的地区，可以输送到城市污水厂处理；在离城市较远的地区，可以集中收集后，因地制宜地选择符合当地条件的污水处理方法，处理污水。在经济条件比较差，居住比较分散的地区，可以几户人家建立生活污水厌氧净化装置，每家生产的污水经净化装置处理后达到国家二级排放标准，处理水可用于庄稼和蔬菜的灌溉或直接排放。

（三）加大环保执法力度，增强环保意识

农村环境污染的防治离不开环境执法，环境执法是实现农村环境污染防治的关键环节。环境执法是一个动态的全过程，各个执法机关必须严格遵照我国法律的要求，做到“有法必依、执法必严、违法必究”，执法过程中切不可将目光落到某一点或某一个阶段上，而应该实行全程监管，真正做到“预防为主、防治结合、全程监督”。还应该改变现在的环境执法模式，变“重事后管理”为“重事前预防”，因为前者不仅加大环境执法成本，而且收效甚微，更为重要的是，环境一旦遭到污染或破坏就很难恢复。同时，执法过程要有的放矢，鉴于重大农村环境污染事故的发生大多是工业污染的事实，环境执法机关完全可以考虑将工作重点放在发达地区工业污染向农村转移的问题上，通过对建设项目的立项、选址、审批等环节的监督，从源头上有效地防范各种工业污染事故的发生，从而实现对农村环境的保护[11]。

（四）农村建立联防联控

为了改善城市环境，部分地区采用了联防联控机制，来提高环境质量。在农村最大的特点就是地广人稀，采取区域的联防联控难度不大。水污染的主要来源是农药的使用、生活污水的随意排放。为了防止水污染面积的扩大，我们应该在重点污染区域、敏感地区，建立联防联控机制，统一发布环境信息，协调相应的管理工作；技术方面，集中收集数据、编制报告并负责监测工作的质量保证和质量控制。农村的经济发展，是我国未来发展的重点。因此我们要时刻把环境放在第一位，坚持可持续发展的道路，把经济与环境有机结合起来。目前农村污染并未引起人们的关注，但农村用水难是个不争的事实。保障农村水安全，是我们走可持续发展道路首要解决的问题。

四、结　语

随着农村经济的发展、城市化进程的推进和乡镇企业的迅速发展，农村水环境污染越来越受到人们的关注。我们应该从农村水环境自身特点入手，对症下药，找出一种低成本、高效率的技术，解决农村水污染问题，使农村的水环境得到保护和改善，以达到农村经济社会和环境保护协调发展的双赢目的。

参考文献

[1] 张克强．农村污水处理技术［M］．北京：中国农业科学技术出版社，2006.

[2] 曹群，余佳荣．农村污水处理技术综述［J］．环境科学与管理，2009（3）.

[3] 梁嘉晋，董申伟．分散式农村生活污水处理技术［J］．广东化工，2009（7）.

[4] 曾令芳．简评国外农村生活污水处理新方法［J］．中国农村水利水电，2001（9）.

[5] 王成瑞．低成本污水处理教程［M］．北京：化学工业出版社，2008.

[6] 贾滨洋，刘宜．人工湿地处理污水的机理与其应用前景［J］．四川环境，2008（2）.

[7] 何刚，霍连生，等．新农村污水治理工作的探讨［J］．北京水务，2007（6）.

[8] 杨丽英，黄跃华，等．浅析农村污水处理方式的选择［J］．科技信息，2007（7）.

[9] 鄢恒珍，陈向阳，何于坤．小城镇污水处理实用技术分析［J］．安全与环境工程，2003，10（3）：33.

[10] 万志琴．论我国农村环境污染的防治［J］．安徽农业科学，2007，35（12）：3640－3641，3659.

农村面源污染控制系统的长效运行评价体系研究

刘文英[1]　刘　坚[2]　胡正义[1,3]

（1. 中国科学院南京土壤研究所　南京　210008；2. 湖南省环境监测中心站　长沙　410004；
3. 中国科学院研究生院资源与环境学院　北京　10000）

摘　要　本文建立了长效运行的农村面源污染控制系统评价体系，并且在评价方法上首次利用评价指标与评价对象的变量的相关对应性，采用系统动力学方法将评价得分值设置为流率变量而建立长效运行得分变化量入树模型，将其与评价对象的主导模型连接，实现长效运行的动态评价和农村面源污染控制系统多方案最优化评价。这种基于 Vensim 的农村面源污染控制系统动力学仿真与其长效运行评价体系的统一不仅可作为农村面源污染控制系统研究和设计的方法和手段，更可作为国家农村面源污染控制项目立项、考核的评审方法。

关键词　长效运行　农村面源污染控制　评价体系　入树模型

一、背　景

国家已研发了许多农村面源污染控制的有效技术。但是，通过对“863”农村面源污染控制技术和工程的分析看到，目前这些有效技术却不能在农村得以广泛长期实施和应用，已完成的这类工程仅有不到10%在运行。因此，迫切需要研究具有长效运行机制和长效运行技术的农村面源污染控制系统。然而，国内外这方面的研究尚属空白。如何预先评估某个农村面源污染控制研究或示范项目在实施后的长效运行程度以减少甚至防止国家投资风险，是农村面源污染控制项目立项评估的重要依据。同时，建立农村面源污染控制系统的长效运行评价体系，也是农村面源污染控制多方案优化的手段和依据。

未能长效运行的农村面源污染控制技术的共同特点是：仅以系统污染物削减为目标，而没有经济和社会效益目标，其系统要素单一，多样性水平低下导致系统必须依赖外源输入维持，可靠度和稳定性差，一旦失去外源输入，则系统的运行低下或停止。因此，本文从社会经济环境大系统的观点出发提出长效运行的系统评估体系。

针对农村面源污染的动态复杂性，其控制系统及控制系统长效运行评价也需要具有动态复杂性方法。本文基于SD模型，研究在 Vensim 软件中评价模型与农村面源污染控制系统仿真模型的动态对接。

二、长效运行评价的对象及评价目标

农村面源污染控制系统作为评价对象，根据设计和实施的程度可分为已实施的、拟实施的、设计过程中的和国家拟立项研究的污染控制系统；根据对象系统的边界确定，也可分为单一的环保技术工程系统和区域范围内环保工程及其相关的经济要素、社会要素构成的复杂系统；根据评价对象与时间的关联，又可分为静态系统和动态系统。本研究所指的评价对象不是单一和静态的环保技术工程，而是将评价对象界定为区域范围内农村面源污染控制技术与相关的社会经济要素构成的动态系统。

长效运行的程度作为评价目标，其结果也受到区域范围内多种因素的影响。某个面源污染控制技术工程是否能长期有效地运行，不仅仅是由技术本身所控制的，还受到国家政策、相应的经济状况、劳动力、科学技术水平、环境意识等因素的控制。因此，与评价对象的界定一样，评价目标也是环境、经济和社会各要素相互作用的结果。

对动态的复杂系统的评价，首先是要界定对象系统的要素及其相互关系。本研究根据作者和前人以往的研究成果[1,2]，采用系统动力学方法确定了农村面源污染控制系统的组成要素，并用这些组成要素建立了13棵流率流位入树形成主导反馈基模以动态地模拟这些要素之间的反馈复杂性。

根据系统动力学，农村面源污染控制系统长效运行的评价对象用以下主要变量来描述：

L_1（t）：总氮排放量（t），R_1（t）：总氮排放变化量（t/a）。

L_2（t）：总磷排放量（t），R_2（t）：总磷排放变化量（t/a）。

L_3（t）：化学需氧量排放量（t），R_3（t）：化学需氧量排放变化量（t/a）。

L_4（t）：沼气产生量（m^3），R_4（t）：沼气产生量变化量（m^3/a）。

L_5（t）：杂排水排放量（t），R_5（t）：杂排水排放变化量（t/a）。

L_6（t）：生物垃圾排放量（t），R_6（t）：生物垃圾排放变化量（t/a）。

L_7（t）：面源污染控制系统带来的农民纯收入（元），R_7（t）：面源污染控制系统带来农民纯收入变化量（元/a）。

L_{8-1}（t）：水稻种植面积（hm^2），R_{8-1}（t）：水稻种植面积变化量（hm^2/a）。

L_{8-2}（t）：经济作物种植面积（hm^2），R_{8-2}（t）：经济作物种植面积变化量（hm^2/a）。

L_{9-1}（t）：养猪规模（头），R_{9-1}（t）：养猪规模变化量（头/a）。

L_{9-2}（t）：养牛规模（头），R_{9-2}（t）：养牛规模变化量（头/a）。

L_{9-3}（t）：经济动物养殖量（t），R_{9-3}（t）：经济动物养殖量变化量（t/a）。

L_{10}（t）：人口数（人），R_{10}（t）：人口数变化量（人/a）。

在这些变量中，L_1（t），L_2（t），L_3（t），L_5（t），L_6（t）是状态变量，反映了系统污染状态；R_1（t），R_2（t），R_3（t），R_5（t），R_6（t）是流率变量，反映了由于污染控制技术［L_4，R_4，L_{9-3}（t），R_{9-3}（t），L_{8-1}（t），R_{8-1}（t），L_{8-2}（t），R_{8-2}（t）的量值］和其他因素［L_7（t）、R_7（t），L_{9-1}（t）、R_{9-1}（t），L_{9-2}（t）、R_{9-2}（t），L_{10}（t）、R_{10}（t）的量值］以及劳动力数、环保意识和教育等辅助变量控制而产生的农村面源污染的变化量。本文所指的长效运行评价就是对上述变量量值动态变化的综合评价。

三、长效运行评价指标体系

农村面源污染控制是环保技术要素、经济要素和社会要素相互作用的结果，同时，农村面源污染控制技术对农村环境质量、农村经济和社会发展都有着影响。因此，长效运行的第一原则是：农村面源污染控制系统必须是环境效益、经济效益和社会效益统一体；第二原则是农村面源污染控制系统带来的农民纯收入必须大于零；第三原则是污染物源分离和利用技术与生态农业技术相结合、避免使用末端治理技术；第四原则是制定并实施与农村面源污染控制相匹配的法律法规和制度。

根据长效运行的农村面源污染控制系统定义和内涵，利用物元理论中发散—收敛的菱形思维过程[3]，首先，开拓出能够比较全面地反映被评价的面源污染控制系统信息、覆盖尽可能全的初始指标集；其次，在此基础上，根据评价目的，运用属性约简、聚类分析定量方法，对初始指标集进行筛选形成能够满足长效运行原则的核心评价指标体系。用结构树描述，见图1。

在长效运行评价体系中，对农村面源污染控制系统同时进行环境效益、经济效益和社会效益评价，并且这三者之间依据一定的权重值形成整体评价结果。环境效益是由单位运行费用总氮排放量、单位运行费用总磷排放量、单位运行费用化学需氧量排放量三个指标反映，其中运行费用反映了农民纯收入和投资积极性的特征，污染物排放量反映了农村面源污染和污染控制的状况；经济效益仅用单位运行费用的农民年纯收入一个指标来评价。因为农村面源污染控制系统是否得以运行与其给农民带来的经济纯收入高低有着重要的相关性。社会效益用单位投入的政策法规执行率和知晓率两个指标来反映社会的保障程度。

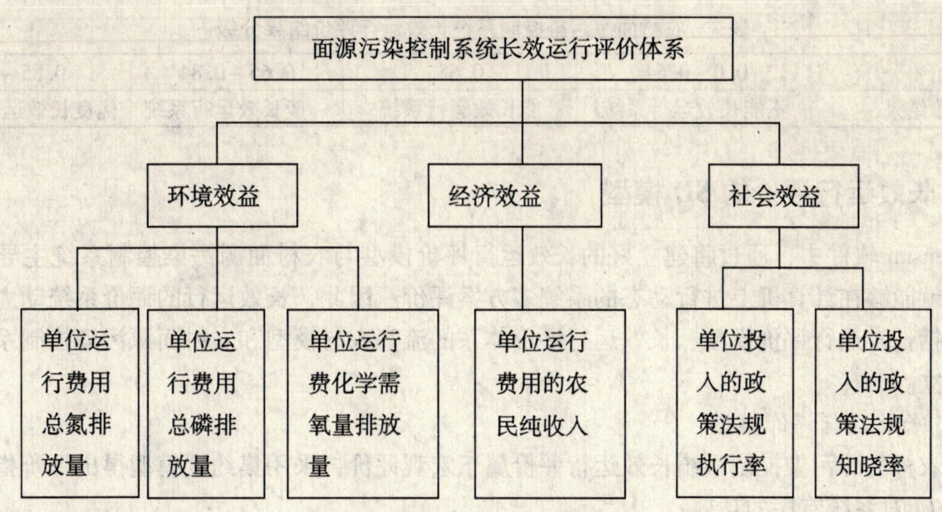

图1　长效运行评价指标结构树

四、长效运行评价指标加权系数

通过专家问卷的统计和层次分析法计算，首先确定长效运行评价体系中各指标的加权系数 K_i，其次用集约度模型和协调度函数，计算系统权重值，将其与面源污染控制系统运行评价结果分级表比对，得出评价结果。

设面源污染控制系统长效运行评价值满分为1，通过层次分析法计算，确定了长效运行评价体系中各指标的加权系数，见表1。

表1　长效运行评价体系中各指标的加权系数 K_i

评价指标	权重符号	B 对 A 的加权系数 K_i	C 对 B 的加权系数 K_i	C 对 A 的加权系数 K_i
面源污染控制系统长效运行评价	A	1		
环境效益	B_1	0.45		
经济效益	B_2	0.35		
社会效益	B_3	0.2		
单位运行费用总氮排放量	C_1		0.35	0.1575
单位运行费用总磷排放量	C_2		0.35	0.1575
单位运行费用化学需氧量排放量	C_3		0.3	0.135
单位运行费用的农民纯收入	C_4		0.35	0.35
单位投入面源污染控制的政策法规执行率	C_5		0.6	0.12
单位投入面源污染控制的政策法规知晓率	C_6		0.4	0.08

五、长效运行评价结果

农村面源污染控制系统产生的经济效益必须大于零的是系统长效运行的基本条件，这确定了长效运行评价的实际得分必须大于0.65（1 - 0.35 =0.65），以此为基准，通过专家咨询打分计算，得出农村面源污染控制系统长效运行评价结果分级，见表2。对农村面源污染控制系统在每个评价指标上的实际得分进行累加计算，得出上一级子系统直至整体系统的得分，依照表2比较得出静态评价结果。

表 2　农村面源污染控制系统长效运行评价结果分级

评价得分	0.0～0.64	0.65	0.65～0.84	0.85～1
评价结果	不能长效运行系统	能长效运行系统	一般长效运行系统	优良长效运行系统

六、长效运行评价的 SD 模型

在 Vensim 软件中，通过将建立好的长效运行评价模型与农村面源污染控制系统主导仿真基模连接，就能够在计算机上进行动态的系统多方案评价。因此，长效运行的评价系统动力学模型的建立包括长效运行评价模型、长效运行评价体系的流率入树模型和农村面源污染控制系统主导基模的建立。

（一）长效运行评价模型

本文农村面源污染控制系统长效运行评价属于宏观评价，采用集约度模型得出评价指标。

变量 U_i 对系统有序的功效：

$$\begin{cases} \dfrac{xi-bi}{ai-bi} & U_{q(ui)}\text{具正功效时} \\ \dfrac{bi-xi}{bi-ai} & U_{q(ui)}\text{具负功效时} \end{cases}$$

式中：U_i 为评价指标变量（$i=1，2，3，\cdots，n$），其值为 X_i（$i=1，2，3，\cdots，n$）；

U_q（u_i）为指标变量 U_i 对系统有序的功效；q 为系统的稳定区域（0～1）；

ai、bi 为系统稳定临界点上指标的上下限（$i=1，2，3，\cdots，n$）。

根据表 1 中每个指标加权系数 K_i，农村面源污染控制系统长效运行评价协调度函数为：

$A=0.45\times B_1+0.35\times B_2+0.2\times B_3$

$B_1=0.35\times C_1+0.35\times C_2+0.3\times C_3$

$B_2=1\times C_4$

$B_3=0.6\times C_5+0.4\times C_6$

$C_i=K_i\,U_{q(u_i)}$（$i=1，2，3，4，5，6$）

则：$A=\sum_{i=1}^{n}C_i=\sum_{i=1}^{n}K_i\,U_{q(u_i)}$

（二）长效运行评价体系流率流位入树模型

将长效运行评价模型转化为长效运行评价体系的流率入树模型就能与农村面源污染控制系统的主导基模连接而进行系统动态仿真评价。

长效运行评价体系流位流率系为：

L_{e}: 农村面源污染控制系统长效运行评价得分值

R_{e}: 农村面源污染控制系统长效运行评价得分值变化量

$R_e=[L_e(t)-L_e(t_0)]/\Delta t$

$=(0.45\times B_1+0.35\times B_2+0.2\times B_3)(t-t_o)/\Delta t$

辅助变量为：

$B_1=0.35\times C_1+0.35\times C_2+0.3\times C_3$

$B_2=0.35\times C_4$

$B_3=0.6\times C_5+0.4\times C_6$

$C_1=0.1575U_{q(u_1)}$

$C_2=0.1575U_{q(u_2)}$

$C_3=0.135U_{q(u_3)}$

$C_4 = 0.35U_{q(u_4)}$

$C_5 = 0.12U_{q(u_5)}$

$C_6 = 0.08U_{q(u_6)}$

$U_1 = L_1$/面源污染控制系统运行费用

$U_2 = L_2$/面源污染控制系统运行费用

$U_3 = L_3$/面源污染控制系统运行费用

$U_4 = L_7$/面源污染控制系统运行费用

$U_5 =$（面源污染控制政策法规执行户数/总户数/投入金额）×100%

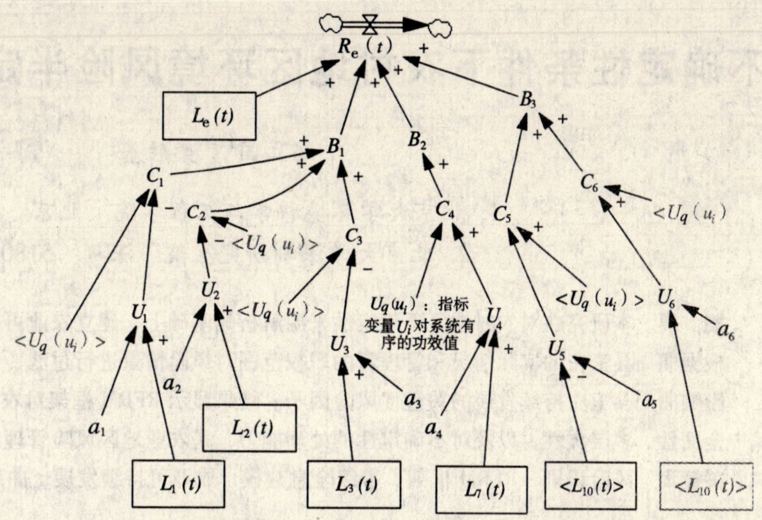

图2 长效运行评价得分值变化量 $R_e(t)$ 和树 $T_e(t)$

$U_6 =$（面源污染控制政策法规技术试卷合格人数/L_{10}/投入金额）×100%

$U_{q(ui)}$ = 变量 U_i 对系统有序的功效

增补变量、外生变量、常量：

$a_1=0$，$a_2=0$，$a_3=0$，a_4 = 面源污染控制技术系统单位运行费用农民纯收入设计最大值

a_5 = 总户数，$a_6 = L_{10}$；b_1 = 单位运行费用总氮排放量标准值，b_2 = 单位运行费用总磷排放量标准值，b_3 = 单位运行费用化学需氧量排放量标准值，$b_4=0$，$b_5=50\%$，$b_6=50\%$。

长效运行评价体系流率入树 $T_e(t)$ 见图2。

（三）基于Vensim的动态多方案最优化评价

本文建立的长效运行评价得分值变化量入树模型中，流位变量（L_1、L_2、L_3、L_7、L_{10}）和辅助变量（面源污染控制系统运行费用）与长效运行评价对象农村面源污染控制系统动力学仿真模型中的变量一一对应，因此，可基于Vensim软件使长效运行评价模型与评价对象的SD模型能够进行嵌运算，形成一个整体模型，从而实现动态的长效运行评价和多方案最优化评价。

七、结 论

本文建立了长效运行的农村面源污染控制系统评价体系，并且在评价方法上首次利用评价指标与评价对象的变量的相关对应性，采用系统动力学方法将评价得分值设置为流率变量而建立长效运行得分变化量入树模型，将其与评价对象的主导模型连接，可实现长效运行的动态评价和农村面源污染控制系统多方案最优化评价。这种基于Vensim而进行的农村面源污染控制系统动力学仿真与其长效运行评价体系的统一可作为农村面源污染控制系统研究和设计的方法和手段，更可作为国家农村面源污染控制项目立项、考核的评审方法。

参考文献

[1] 贾仁安，涂国平，邓群钊，等．“公司+农户”规模经营系统的反馈基模生成集分析［J］．系统工程理论与实践，2005（12）：107-120.

[2] 涂国平，贾仁安，王翠霞，等．基于系统动力学创建养种生物质能产业的理论应用研究［J］．系统工程理论与实践，2009（3）：1-10.

[3] 贾仁安，丁荣华．系统动力学——反馈动态性复杂分析［M］．北京：高等教育出版社，2002.

[4] 洪毅，刘深泉，陆子强，等．线性代数［M］．广州：华南理工大学出版社，2005.

不确定性条件下农村地区环境风险半定量识别技术初探

邵立国[1] 栾胜基[2]

（1. 北京大学环境科学与工程学院 北京 100871；
2. 北京大学深圳研究生院 深圳 518055）

摘 要 本研究在对农村地区不确定性来源解析的基础上，建立农业可持续发展的全息层次模型，并根据曲周县王庄的实际情况和管理者的职权范围对风险情景进行过滤、评价、排序和筛选，最终得到影响曲周县王庄持续发展的关键性风险因子。结果显示 RFRM 框架对农业可持续发展风险识别问题的全面性、多层次性，以及对不确定性的处理能力，是农业地区风险管理有力的支持工具。

关键词 风险识别 RFRM 框架 等级全息建模 农业可持续发展 曲周县

随着“农村环境综合整治”等相关政策的出台，表明我国已经进入工业反哺农业、城市反哺农村的时期，为农村地区的可持续发展提供了良好的契机和动力。但目前农村地区可持续发展仍有许多问题亟待解决，环境风险管理就是其中备受关注的课题之一。环境风险管理主要包括风险源识别、风险损失计算和风险控制和管理等过程。其中风险源识别是环境风险管理过程的基础，风险源识别的成功与否直接决定了风险计算和控制的有效性。但不确定性的广泛存在降低农村地区的环境风险识别可靠性，直接影响环境风险管理工作的成效。为解决农业风险管理复杂性中的不确定性问题，本文提出用半定量的方法识别农村地区可能存在的风险问题。首先对农村地区的不确定性来源进行解析，并建立中国农业可持续发展的全面层次模型，在此基础上将 RFRM 框架应用到河北省曲周县王庄的可持续发展的风险管理中，识别出曲周县王庄应首先处理的潜在风险问题。

一、农村环境管理中不确定性的来源解析

对于不确定性概念的定义，学术界尚没有得到同一。本文将不确定性定义为对某类知识的缺失或不完整占有的状态。这里的知识包括系统状态的属性、系统运动状态相关参数，或系统与外界环境相互作用的机理等信息。根据不确定性的来源，可以将农村地区的不确定性分为内生不确定性和外生不确定性两类。其中，内生不确定性主要包括人类对自然界认识的有限性、测量误差的决定性、农业环境过程的复杂性和农村农户行为的分散性等；外生的不确定性主要包括农村地区相关数据的缺失、模型数据的不精确性、相关政策的不确定性等。

数据的不确定性是指农村地区相关数据在收集时固有的测量的误差等，相对与数据的不精确性而言，农村地区更为显著的问题是数据的缺失，目前我国农村地区在乡镇村等层次中尚未建立完善的数据统计或环境监测机构，造成我国农村地区基础数据尤其是环境相关数据的缺失，这已经成为制约我国农村地区环境风险管理的关键问题之一。农户行为的分散性对不确定性的影响主要表现在：农户是农业生产的微观主体，而农户在生活影响空间范围与强度、农业生产投资种类选择、各类生产要素投入等方面都存在差异，而且也难于进行精确的计量或统计。

目前风险识别方法大致可分为四类：以层次分析法为代表的系统风险方法[2]；以模糊、随机理论为基础的不确定性数学方法[1]；神经网络为代表的人工智能方法和基于专家的经验判断的主观评价等[7]。由于上述各类不确定性因素对农村地区的综合作用，使得传统的故障树等风险识别技术难于在农村的风险管理中应用，而专家评判等完全定性的方法又存在主观性过强、对已有数据利用不充分等缺点。为此，本文提出采用对数据依赖较弱、而又能充分反映研究区域风

险特性的“RFRM”风险管理框架对潜在的风险源进行识别。

二、风险识别方法概述

（一）RFRM 框架概要

RFRM 框架是由 Haimes 提出[5]，目前已经在国防风险识别、软件项目管理、水资源管理等多个领域开展了应用研究[3,4,8,9]。RFRM 是一种从多个重叠的角度对大规模系统进行识别、划分优先次序、评价和管理风险情景的方法性框架，主要包括风险情景设定、情景过滤、二次过滤与评级、多准则评价、定量评级、风险管理、绩效评价和运作反馈八个阶段。其中，风险情景设定目的在于将所有可能的风险源或风险情景纳入评价与分析之中，是风险识别过程的基础，本研究采用等级全息建模的方法进行。情景过滤和二次过滤是依据所研究的区域的自然、社会、环境特征及决策者的职责和权限，对预设的各类风险情景进行过滤，以减少深入分析的风险情景数量。多准则评价与定量评级步骤是对筛选出的各类风险情景的发生概率和可能的风险损失进行深入计算与估计，用以识别出研究区域内应首先处理或防范的风险情景。风险管理、绩效评价和运作反馈等三个步骤是针对识别得到的风险情景进行系统的预防与管理，包括制定风险管理方案和措施、评估成本、性能收益和风险削减量等，并在实践过程中逐步获得经验和相关的信息，进一步对各类情景进行筛选与评价。

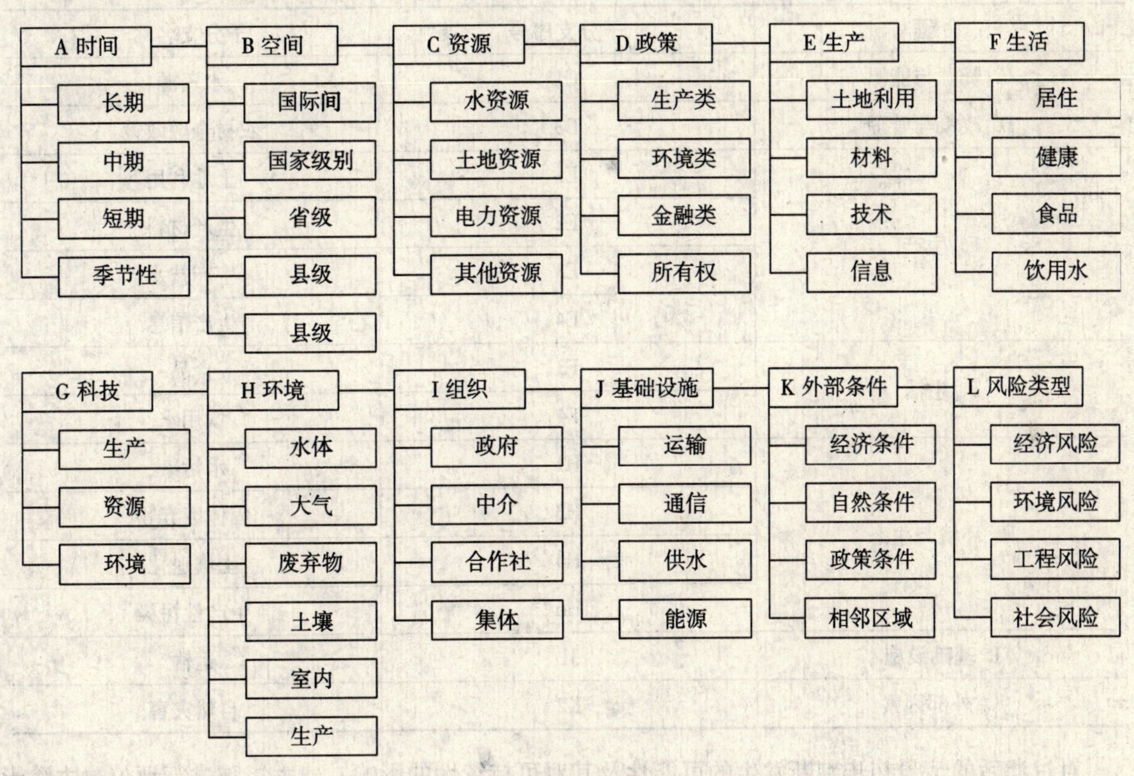

图 1　农业可持续发展的 HHM 模型

（二）等级全息模型

等级全息建模（HHM）是由 Haimes 提出的一种全面进行系统分析的思想和方法论[6,10]，其目的在于描述和展现一个系统在众多方面、视角、观点、维度和层级中的内在不同特征和本质。其中，“全息”是源自摄影学的术语，指当确定系统脆弱性或风险时，从多个不同的视角考察同一系统，课题获取到关于系统的全面真实的反映。“等级”是指要根据不同的决策等级或管理职权层次，对系统进行分解。其中，所形成的各个分支即风险情景，被称为“话题”或“分支”，其进一步分支可称为“子话题”或“子分支”。HHM 中要求尽可能全面地反映系统的各方面的特征，各个方向或者话题之间可以存在互相重复的部分，重叠部分将在情景过滤单元中进行删除。

三、案例研究

本文以河北省曲周县王庄为例进行农业可持续发展的风险识别。王庄位于曲周县四疃乡镇，东经 115°02′2. 257″和 115°04′6. 017″，北纬 36°85′569. 7″和 36°87′753. 9″之间。2007 年末有总户数 213 户，总人口 798 人，其中劳动力 401 人，辖区面积 3100 亩。经济来源以农业种植为主，主要种植小麦、玉米、棉花等。为进行王庄的风险识别，我们首先建立农业可持续发展风险的全息等级模型，并根据曲周县的实际情况和管理尺度进行风险分析。首先，以时间、空间、资源、政策、生产、生活、科技、环境、组织等 12 个方向建立农业可持续发展 HHM 模型，见图 1。

根据曲周县地区的自然资源、社会经济发展水平和管理者的职权范围，对 HHM 模型各分支或情景进行过滤，即去掉关系较小的、在管理者权限范围以外的分支或者方向。结果见表 1。可以看出，分支的数量从 50 个降到 14 个，即从一般的农业可持续发展风险问题过渡到符合王庄特征的可持续发展风险问题。

表 1　风险情景过滤结果

命题	子分支序号	子分支名称
C. 资源与能源	C1	水资源
D. 政策与管理	D3	农村金融政策
E. 生产	E1	土地利用
	E2	生产材料
	E3	生产技术
	E4	生产信息
F. 生活	F3	食品
	F4	饮用水
H. 环境与生态	H1	水污染
	H3	固体废弃物
	H4	土壤退化
	H6	生产性污染
J. 基础设施	J1	运输
K. 外部因素	K2	自然灾害

对过滤后的情景初步判断发生的可能性及其对可持续性的影响，建立矩阵进行评价，去除影响较小的情景，对各个分支和子分支进一步进行过滤。得到结果见表 2，其中，D3、E2、E3、E4 四个情景被剔除。

表 2　二次过滤结果

影响程度	不可能	较低	中等	较高	很高
不可持续		J2	F4		

影响程度	不可能	较低	中等	较高	很高
长期或较大影响			E1	H4	C1
短缺或较小影响	J1		H1	H3	
部分损失	E2	D3E4	E3	F3	H6
无明显影响					

根据系统的可恢复性选择评价标准，建立风险情景和损失的综合评价矩阵，选择对于各种情景下各种风险源对农业可持续发展的风险损失进行评估。其中，H、L、M 分别表示所属级别为高、中、低。

表 3　多标准评价结果

标准	C1	E1	F3	F4	H1	H3	H4	H6	J1	K2
不可检测	M	L	M	M	M	L	L	L	M	H
不可控制	L	M	M	L	H	M	M	L	M	H
多种故障方式	H	H	H	H	H	L	H	M	M	H
损害不可逆转	M	M	L	M	M	M	H	M	L	H
影响的持续性	M	H	M	M	M	H	H	M	M	M
多种相关损失	M	H	H	H	H	M	H	M	H	M
易损耗	M	M	M	L	L	L	H	L	M	M
复杂性和突发性	M	M	M	L	H	L	H	H	H	H

经过多准则评价步骤之后，需要计算各个情景的发生概率。这些数值可通过历史数据的统计学计算获得，对于数据缺乏地区，可采用专家估计或调查等方法获得。由此，可以得到这 10 个风险因子的发生概率和它们可能产生的风险作用，最终结果见。

表 4　定量排序结果

可能性	0.01～0.1	0.01～0.2	0.2～0.5	0.5～0.8	0.8～1
不可持续	F4	K2			
长期影响			E1	F3	C1G4
短期影响			H1	H3	H6
部分损失		J1			
影响可忽略					

根据风险定量化排序的结果，可以确定影响曲周县农业可持续发展的关键情景和风险要素为：C1 水资源短缺问题，F4 农民的饮用水安全问题，K2 由干旱引起的自然灾害问题，H4 土壤退化问题。

总体来说，集中于水资源的缺乏和土地的破坏两个方面。水资源问题来源于当地的气候与自然条件引起的水资源匮乏。饮用水短缺的问题主要来源于华北地区固有的干旱的气候条件，本地的农民饮用水都是由乡镇统一供水，因此，饮用水的风险部分来源于运水的频率、水量和水质是否满足引用标准等。而由于地表水的缺乏，使得当地的灌溉用水主要来自于地下水的抽取。由此引发的地下水超采与地下漏洞的问题，目前已经成为当地需要解决的风险问题之一。土壤破坏的问题，则主要来源于大棚薄膜的使用、农药与化肥的过量施用。

四、结　论

农业地区可持续发展的风险问题是关系到社会稳定与经济繁荣的重要课题，在中国当前具有重要的理论和实践意义。本文将 RFRM 框架应用到曲周县王庄农业地区可持续发展的风险识别与管理中。首先建立农业可持续发展的 HHM 模型，构建可能对农业可持续发展构成风险损害的各类情景，然后根据曲周县地区的实际情况和决策者的管理权限，对风险情景进行过滤、排序、筛选等，最后确定影响曲周县农业可持续发展的风险情景主要为农民的饮用水问题和土壤退化问题。

从以上过程可以初步得出 RFRM 框架的优缺点。其缺点在于分析过程步骤过于繁琐，而且，在风险情景排序上存在着主观性较强，容易受决策者的偏好影响等问题，有待进一步研究。其优势在于：适用于中国农村地区缺水数据，并且风险分析多样化、管理层次多样化的特点。总体看来，RFRM 框架适用于中国农村地区可持续发展风险识别工作，可以成为农业环境管理部门有力的支持工具。

参考文献

[1] Chang, C. S. Fuzzy rule extraction from dynamic data for voltage risk identification. IEEE Transactions on Information and Systems, 2008, E91d, (2): 277 - 285.

[2] Chen, Q. J. Risk identification of coalmine system basing on analytic hierarchy process and genetic algorithm. Progress in Safety Science and Technology, 2005, V, Pts A and B: 1460 - 1465.

[3] Chittister, C. and Y. Y. Haimes. Risk Associated with Software - Development - a Holistic Framework for Assessment and Management. IEEE Transactions on Systems Man and Cybernetics, 1993, 23 (3): 710 - 723.

[4] Chittister, C. G. and Y. Y. Haimes. Systems integration via software risk management. IEEE Transactions on Systems Man and Cybernetics Part a - Systems and Humans, 1996, 26 (5): 521 - 532.

[5] Haimes, Y. Y., S. Kaplan and J. H. Lambert. Risk filtering, ranking, and management framework using hierarchical holographic modeling. Risk Analysis, 2002, 22 (2): 383 - 397.

[6] Kaplan, S., Y. Y. Haimes and B. J. Grarrick. Fitting hierarchical holographic modeling into the theory of scenario structuring and a resulting refinement to the quantitative definition of risk. Risk Analysis, 2001, 21 (5): 807 - 819.

[7] Lai, K. K., L. Yu, W. Huang and S. Y. Wang. A novel support vector machine metamodel for business risk identification. Pricai 2006: Trends in Artificial Intelligence, Proceedings, 2006, 4099: 980 - 984.

[8] Lambert, J. H., Y. Y. Haimes, D. Li, R. M. Schooff and V. Tulsiani. Identification, ranking, and management of risks in a major system acquisition. Reliability Engineering & System Safety, 2001, 72 (3): 315 - 325.

[9] Leung, M. F., J. R. Santos and Y. Y. Haimes. Risk modeling, assessment, and management of lahar flow threat. Risk Analysis, 2003, 23 (6): 1323 - 1335.

[10] Shimodaira, T., H. Xu and T. Terano. HHM - based risk management for Business Gaming, Knowledge - Based Intelligent Information and Engineering Systems, Pt 4, Proceedings, 2005, 3684: 792 - 798.

浅述村规民约在“以奖促治”政策实施中的作用

孙　洁　李文龙　栾胜基

（北京大学环境科学与能源学院　广东　深圳　518055）

摘　要　“以奖促治”政策的实施取得了显著的成效，但仍需要进一步深化研究其实施的长效机制。本文以环保村规民约为主要探讨对象，从其特征入手，分析其环保功能，深入探讨环保村规民约的形成条件及其对各类农村环境污染的不同作用，并对如何调动村民环保积极性提出建议。

关键词　以奖促治　村民参与机制　环保村规民约

村规民约是村民自治的产物之一，兼具自治性和自律性的特征，是村民参与农村环境保护的重要渠道之一。本文即以环保村规民约为主要研究对象展开讨论。

一、“以奖促治”与村规民约

（一）“以奖促治”需要村民的广泛参与

“以奖促治”作为现阶段农村环境综合治理的一种激励机制，通过奖励的方法来促进政府和社会各界加大对农村环境保护的投入，从而使村庄的环境保护机能处于一种运转的状态。但是，这种通过资金注入的方式激发村民环保积极性的激励效果是有限的。一旦停止资金的注入，村民可能无法继续对农村环境公共物品进行有效的使用和管理，从而导致村庄的环境保护机能不能自行有效地运转。因此，目前的“以奖促治”仅具有一种短期有效性，而要想建立一种长效机制，就必须得到村民的广泛参与和积极配合，并进一步加强村民参与环境保护的能力建设。

（二）村规民约是村民参与环保的重要渠道

1. 自治性可促进村民的广泛参与

村规民约是村民在长期的农村社会生活中逐渐自然形成或经共同议定而成的生活、生产习惯、风俗和社会秩序。现代村规民约除秉承了传统村规民约教化民风的传统外，更成为村民管理村务、发展经济、执行国家政策和进行农村公益事业建设的有效手段和途径。其作为村民自治的重要产物，是村民在进行自我管理、自我教育、自我服务时流动于村民内心的“活生生”的法[1]，集中体现了村民的集体智慧，发挥了村民参与村落事务管理的积极性和主动性。村规民约的自治性决定其在农村环境管理上具有很大的主动性，往往可以针对当地的实际情况而制定，初衷多源于当地存在的各类环境问题。其制定与执行过程都充分发挥了村民参与环境保护的积极性和主动性，并在时间和空间上都具有一定的扩展性，利于“以奖促治”政策的长效实施。

2. 自律性可保障良好的环保实效

村规民约的自律性特征则使其能够不依赖外在强制力的保障而受到村民的普遍认可和遵守，因而其在没有国家强制力作为保障的情况下，仍具有很好的现实约束力和内控性。在农村这样的“熟人圈子”里，村规民约可以通过发挥“面子”、“道德”、“舆论”、“公德心”等软约束力的作用，实现对村民污染行为的规范与控制，促进乡村秩序的稳定发展。在农村社会经济发展的新形势下，建立一套与自然生态环境相协调的生活和生产行为模式成为村规民约的一项新的时代功能。一个执行良好的环保村规民约，能够在不断地倡导和实践中内化为村民的环境意识，并能直接规范、约束和管理村民的生活和生产行为，从而改善农村生活和生产环境。

二、环保村规民约的形成条件

（一）必要性条件

农村社会结构的日益分化和大量外部因素的介入与村落原有的稳定的社会秩序产生强烈碰

撞，村民传统的生活和生产经验的可靠性不断地遭受挑战和怀疑，急剧恶化的生活和生产环境让村民感到费解和不安。农村社会经济的不断发展，也使村民对良好村落环境的需求不断增加。而当农村环境的恶化已经严重损害村民的身体健康或制约当地经济发展时，村民改善农村环境的需求便更加强烈。目前涉及农村环境保护的立法存在程度不等的空白[2]，国家法律自身存在较大缺陷，供给严重不足，很难满足农村社会的新秩序需求。即便是在国家法律已然建立健全的情况下，也总存在法律无法触及和掌控的领域。也正是由于农村新社会秩序需求迫切与国家法律供给不足之间存在的矛盾，为环保村规民约提供了合理的生存空间。

（二）促成性条件

事实上，并不是所有的村落都可以满足环保村规民约的必要性条件，当村民改善农村环境的需求相对不足时，考虑到农村环境的生态承载阈值和环境改善的时间价值问题，政府可以通过一定的指引、帮助、鼓励和推动来促成环保村规民约的形成。同时，在我国一些地方已经涌现出很多可供借鉴的村落，它们通过制定环保村规民约来达到防止环境污染、改善农村环境质量的目的。例如，湖南省浏阳市金塘村通过村规民约解决养殖污染问题，规定了畜禽养殖的禁养区、限养区和宜养区，并规定新建猪场必须经周围邻里签字同意，大大减少了由养殖污染产生的邻里纠纷。浙江省衢州市衢江区九华乡下彭川村则将保护青蛙写入村规民约，取得了成功，而温州市瓯海郭溪村村规民约则要求村民做到“五不准”，以保护母亲河温瑞塘河。这些成功的案例都为广大农村地区提供了相当大的借鉴意义。政府可以以此为范例，将地方的实践经验向全国推广。

三、环保村规民约可实现的不同功能

（一）对部分污染行为的规范与控制作用

在诸如生活污染和庭院散养畜禽所导致的养殖污染等行为所涉及的村落范围内的秩序构建中，由于这些行为所产生的污染物多直接排放于村落的公共空间并影响村落区域内的公共利益，因此，村民对优质的生存环境有着较为强烈的需求，并由此具有自发形成环境友好型的新的乡村社会秩序的动力。在环保或卫生设备得以解决的前提下，村民消费理念、消费方式和生活方式的改变就成为农村生活污染和庭院养殖污染控制的关键因素，也是村规民约规范和控制的主要内容。这些规范内容多在村民以往的经验和知识范围之内，容易得到村民的价值认同和普遍遵守。因此，环保村规民约在农村生活污染和庭院养殖污染防治中能够起到较好的规范与控制作用。

（二）广泛的引导、宣传和教育作用

在养殖规模较大或养殖较为集中的地区和粮食种植区，养殖和种植污染对我国城乡饮用水水质、流域水环境质量、区域生态环境造成严重影响。然而，这些污染对村民来说却是隐蔽的、长期的，具有较强的外部性，因此，村民自发改变其生产行为的动力相对不足。政府作为代表国家利益或社会整体利益的职能机构，也具有改变我国畜禽养殖污染和种植污染现状，构建环境友好的乡村社会秩序的需求。针对目前我国既缺乏在研究层面的农业技术标准制定，又欠缺针对小农户分散经营方式的农化技术服务体系的现状[3]，考虑到我国农户具有数量多、分散广，基本素质偏低，接受信息不畅等特点，政府可以利用村规民约弥补这些不足。在通过政府农技服务部门的培训、讲解和指导后，帮助村民制定环保村规民约的生产规范部分，向村民传达国家的农业环境政策、生产要求和相应的法律法规等，保证国家的市场刺激信号、法律规制手段和行政管理措施能够被村民有效的理解和接受，引导村民向环境友好型生产方式转变。这时，环保村规民约虽无法达到直接规范和控制污染行为的作用，但仍可以发挥一定程度的引导、宣传和教育作用。

四、措施与建议

(一) 鼓励村民自发制定

村民自发型村规民约的产生多源于村民改善其自身生存环境的实际需要，往往是围绕着特定区域、特定人员的生活和生产行为进行规定，多来自于村民的日常生活经验和长期生活、劳作、交往和利益冲突中显现的“习得的知识”[4]。其制定多为村民粗议或集体讨论的结果，缺乏科学知识和立法技术的支撑，内容不够科学和严谨，但是便于村民的理解与内化。这种自发的简单的社会秩序一般产生于与村民日常的事务和劳作密切相关，而国家法运用频率却相对低下的领域或“真空”区域。其在国家法对乡村社会调控的弹性空间内，满足了特定社会区域内、特定社会人员的秩序需求，更多地维护了乡村社会中个体或群体的自我利益，能够得到多数村民的心理认可和价值认同，并能得到村民普遍的遵守。在涉及生活污染和庭院散养畜禽所导致的养殖污染等行为时较易由村民自发地制定和执行，对此，政府应予以大力的倡导和鼓励。

(二) 必要时由政府引导

如果由村民自发形成的条件不足或者涉及国家统一秩序的构建时，政府出于确保国家环境安全、控制农村环境污染、维护全社会公共利益的需要，则希望构建一套以国家强制力为后盾的统一的社会秩序，以干预和控制农村社会生活污染和生产污染行为。但是，村民自治制度确立以后，国家政权不断向上收缩，其对农村社会的控制力也不断弱化[5]。政府在对村民产污行为进行控制时，必须考虑到村民对陌生的国家法律的接纳能力和国家法律本身复杂的内化过程。现代村规民约是村民自治制度化、规范化的表现形式，也是新的历史条件下国家行政权力渗入基层社会的巧妙渠道[6]。必要时，政府可以通过对环保村规民约的制定进行一定的示范和引导，以逐步实现国家强力的外在控制向乡土自生的内在控制的转变。在环境保护这样需要大量经验及知识的秩序领域，也着实需要国家资源的支撑以及政府合理审慎地引导和推动。

五、结　论

“以奖促治”政策的有效实施需要从不同角度和侧面构建一系列长效机制，其中充分发挥村民投入农村环境保护的积极性和主动性，完善村民参与机制是很重要的理论探索之一。村规民约是村民自治的重要手段，也是村民参与机制的重要组成，其能够在潜移默化中教化民风，改变村民传统理念和生活生产行为，达到改善农村环境的目的。在转型期的中国农村，新秩序需求迫切与国家法律供给不足的矛盾为环保村规民约的形成提供了合理的生存空间，使其可以在各类农村环境问题的防治中发挥不同的重要作用。在涉及生活污染和庭院散养畜禽所导致的养殖污染等较为简单的问题时，政府应大力倡导和鼓励村民自发的制定村规民约来规范和控制污染行为。而在涉及规模养殖和种植的情况下，政府则应在必要时予以引导和推动，以充分发挥村规民约的引导、宣传和教育作用。

参考文献

[1] 苏力．法治及其本土资源［M］．北京：中国政法大学出版社，1996：14.

[3] 王社坤．农村环境：被法律遗忘的角落［J］．世界环境，2008，1：55－57.

[3] 张维理，徐爱国，冀宏杰，Kolbe H. 中国农业面源污染形势估计及控制对策Ⅲ．中国农业面源污染控制中存在问题分析［J］．中国农业科学，2004，37（7）：1026－1033.

[4] 田成有．法律社会学的学理与运用［M］．北京：中国检察出版社，2002：5.

[5] 吴思红．论村民自治与社会控制［J］．中国农村观察，2000，6：72－77.

[6] 杨建华，赵佳维．村规民约：农村社会整合的一种重要机制［J］．宁夏社会科学，2005，5：63－66.

玉溪“三湖”保护与循环型农业发展思路

王　林[1]　李荫玺[2]　李红梅[1]　刘家忠[1]　朱慧贤[1]

（1. 玉溪师范学院环境资源学院　653100；　2. 玉溪市环境科学研究所　653100）

摘　要　“三湖”是玉溪市国民经济发展的命脉，而农业生产的排泄物对湖泊水体污染已越来越严重，农业污染防治成为湖泊保护、治理的重点。本文通过对湖盆区农业生产现状进行调查分析，针对目前存在的问题，提出湖盆区实施循环型农业发展的思路，探讨生态农业园区建设模式，从源头上控制污染物流失，使农业废弃物资源化综合利用，从而达到保护湖泊水体，保障湖区国民经济可持续发展。

一、农业面源现状调查

经调查“三湖”湖盆区耕作水平高，耕地利用率（复种指数）196%，湖盆区平均化肥施用强度：通海336.5kg/亩、江川302kg/亩、华宁302kg/亩、澄江281kg/亩。农药平均施用强度：澄江2.2kg/亩、江川2.0kg/亩 、通海1.9kg/亩、华宁1.8kg/亩。

抚仙湖径流区化肥流失TN433.16t/a、TP36.10 t/a，分别占面源入湖污染物总量的61%、35%；星云湖径流区化肥流失TN368.84t/a、TP36.74 t/a，分别占面源入湖污染物总量的53%、30%；杞麓湖径流区化肥流失TN591.44t/a、TP43.35 t/a，分别占面源入湖污染物总量的65%、50%。

抚仙湖径流区畜禽粪便流失TN174.31t/a、TP40.15 t/a，分别占面源入湖污染物总量的24.6%、40%；星云湖径流区畜禽粪便流失TN226.0t/a、TP62.8 t/a，分别占面源入湖污染物总量的32%、51%；杞麓湖径流区畜禽粪便流失TN50.65t/a、TP12.9 t/a，分别占面源入湖污染物总量的6%、16%。

湖盆区蔬菜种植面积33.86万亩，年产生菜叶91.4万t，大约只有10%用于猪、鱼青饲料，其余大量废弃对湖泊水质及周围环境造成严重污染，如何利用废弃的菜叶是一大难题，已是保护湖泊的关键。

农业生产、生活的过程中产生的污染负荷量基本占入湖污染负荷总量的80%以上，控制农业面源污染是保护、治理湖泊的关键，但农业面源的治理是一大难题，只有改变农业生产模式，发展循环型农业，将农业生产、生活过程中的废弃物综合利用，资源多层次开发、多级循环利用的复合的生态模式[1]，从源头上控制农源面源的污染，才能有效保护湖泊。

二、发展循环型农业存在的问题

农业产业结构问题：农业经营规模小，自主发展能力弱；区域产业化程度低，增效幅度小；龙头企业不多，拉动能力差，竞争能力弱；农业结构不合理，种植比例过大，种植业中粮食作物、饲料作物、花卉等种植比例有待进一步提高；农副加工环节薄弱，产品单一，不能满足市场多样化的需求。

农业资源利用问题：农业生产方式大多沿用传统的粗放型发展方式，种植与养殖业脱节，养殖粪便回田利用渠道不畅，既浪费资源，又污染环境。每年产生农作物秸秆综合利用率低，大量的农作物秸秆被焚烧，不仅浪费了资源，而且污染了大气环境。通海、江川、澄江的蔬菜基地每年产生废菜叶91.4万t，已经对三湖的水质造成污染。

化肥农药施用强度过大：玉溪市化肥施用强度540kg/hm^2（折纯量），是国家生态县指标

（小于250kg/hm^2）的2.2倍。农药施用强度10.4kg/hm^2，是国家生态县指标（3.0kg/hm^2）的3.5倍。过量的化肥及农药施用，不仅增加了生产成本，而且造成湖泊、水库、河流水质污染及农产品品质下降，对人畜健康造成隐患。

目前，全市农业生产仍然依靠大量使用化肥、农药来提高农业产量，对有机肥的使用重视不够，增产潜力没有得到应有发挥，正在沿用“高投入、高产出、高废弃、高污染”的传统模式。缺乏无公害—绿色—有机产品的梯级发展规划和措施，广大农民对无公害、绿色、有机产品生产和发展趋势缺乏足够的认识，产品质量不适应国内外市场多样化、安全化、精细化的消费要求，未能形成较强的市场竞争力。

农村环境污染问题：村镇基础建设滞后，乡镇一级尚无规范的生活垃圾、污水收集系统和集中处理设施。村落污水到处横流，畜禽粪便、生活垃圾到处乱堆，村落半截厕所，简易粪坑乱建，严重污染环境，影响村民的身心健康。

农业科技创新问题：农民科技水平不高，生态农业建设及现代农业发展缓慢，农业基础设施的配套性和系统性不足，亟待加强农业技术的普及和提高。发展循环经济，必须有相关的技术支撑，特别是农业废弃物资源的综合利用技术；无公害食品、绿色食品、有机食品等生态农业建设技术；生态县、乡镇、村、户创建技术，都需要科技创新。

三、循环型农业发展思路

以“三湖一海”水资源保护为重点，结合社会主义新农村建设，发展湖滨生态农业及有机农业。利用秸秆及畜禽粪便建立有机肥厂；实施生物防治病虫害技术及太阳能杀虫技术；通过推行“沃土工程”、“测土配方施肥技术”、“人畜粪便沼气化建设”、“秸秆气化站建设”、“大型中温沼气站”等工程措施，做到从源头控制面源污染物的流失，减轻入湖污染负荷量，实现人与自然和谐发展。

以农业结构调整为主线，依靠科学技术、政策手段、市场流通，使粗放农业向节约型、集约化、标准化、清洁化农业转变。建立龙头企业+专业合作社+农户的发展模式，把农业生产、废弃物的排放等诸多环节组织成为“资源利用—现代农业—资源再生”的循环利用流程，发展农业循环经济，使农业资源在循环中得到充分合理利用，实现农业生产持续化、农产品绿色化、污染物排放量最小化、废弃物资源化、农业生态环境良性化，从而推进农业增效和农民增收，促进农业经济的可持续发展。

以培育种植、养殖大户和龙头企业为突破口，建立农民专业合作社，采用公司+基地+农户、公司+农户、协会+农户、种养殖大户（生态园区）+农户等产业模式，发展畜牧业、水果、蔬菜、优质稻和生态种养殖园区，形成一个公司、协会或种养殖园区带动一批农户进行规模化生产和标准化生产格局。

四、循环型农业发展模式

为了保护“三湖”水资源环境，“三湖”湖盆区必须实施生态农园区工程（见生态农业园区模式图1）。生态农业园（区）模式强调规模化生产，随着种植、养殖业规模化发展，利用农业产业模块之间的链接关系来实现对能量与物质的循环利用。这种模式可以具有较长的产业链接，资源循环呈现多层次的特点，特别是种植、养殖初级产品通过农副产品加工企业加工，多层次利用，使产品多次升值，提升农产品生态经济效益。该模式成为家庭循环经济模式和生态村镇循环经济模式产品输出的受体，实现较为彻底的物流、能流循环利用，是农业循环经济进一步发展的必然趋势和归宿。通海县、江川县、澄江县湖盆区逐渐向生态农业园区发展，构成了公司+农户的实施主体，内部循环的经济模式，今后随着发展逐渐把实施主体组合，加入到生态农业园

（区）的大循环之中，增加利用环节，把园区的副产物利用，达到整个园区的废物形成封闭循环利用，从源头控制面源的污染物流失，这是保护湖泊水质的必由之路。只有促使湖盆区步入农业生态循环经济之路，促进区域经济生态化、规模化、产业化经营，以生态农业、观光农业、有机农业发展为基础，农业产业循环发展，农业废物资源化循环利用，才能真正保护或改善湖泊水质。

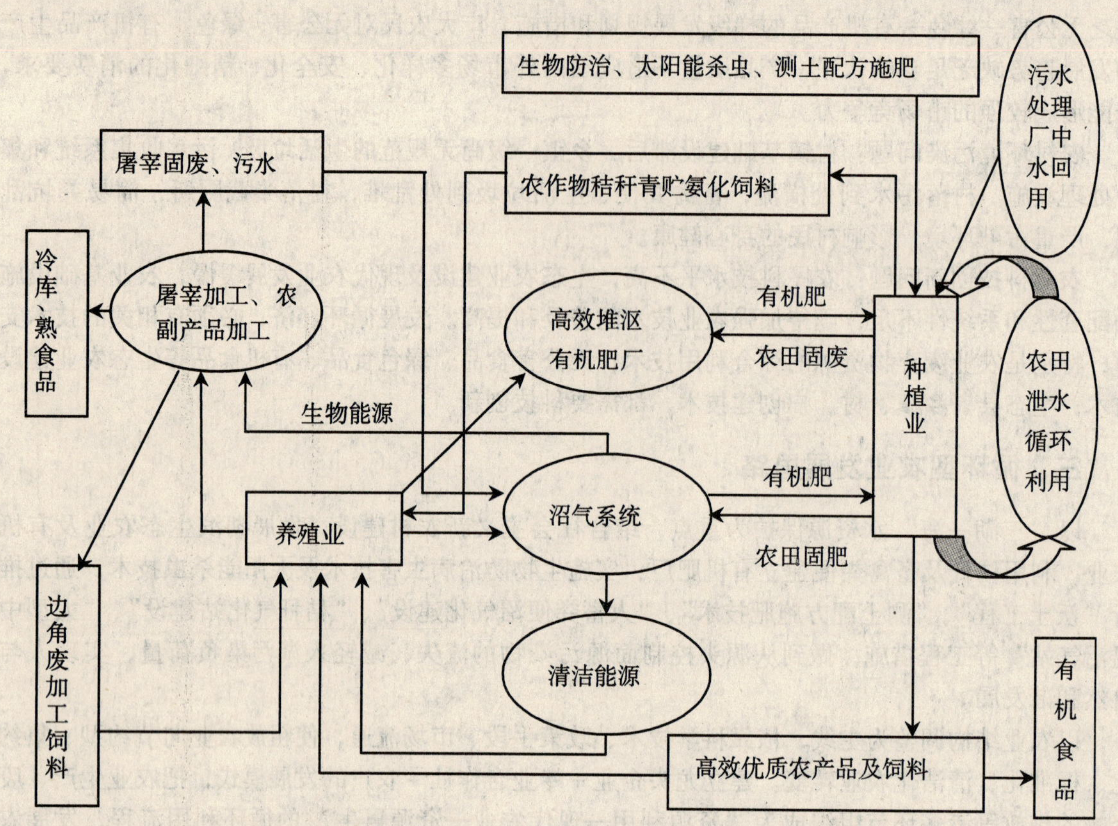

图 1　湖盆农业生态园区种—养—加工循环型产业物流模式

五、结论及建议

经调查研究分析结果：农业面源是湖泊最大的污染源，占入湖总量的 80% 以上，因此，保护湖泊的关键在于发展生态农业，走资源综合利用、生态设计、可持续消费等融为一体的经济发展模式，形成“资源—产品—再生资源”经济增长方式[2]，实现农业产业循环发展，农业产品无害化、环境生态优美化，这是保护湖泊的必由之路。

建议：在抚仙湖北岸、星云湖、杞麓湖湖盆区建设生态农业示范园区，扶持农业专业合作社或组建特色食品加工、销售公司，实现产、供、销一体化。充分利用建成的澄江、江川、通海有机肥厂，按照有机食品的要求打造有机食品品牌。

参考文献

[1] 何有光．规模化畜禽养殖业循环经济［C］．中国环境科学学会论文集，2007（上）．

[2] 李唯，宁平．云南环境研究——循环经济与环境保护［M］．昆明：云南科技出版社，2006.

复合型生物净化槽对农村生活污水净化

徐功娣[1,2,3] 张增胜[3] 占达东[1] 李 冲[2] 陈季华[3]

(1. 琼州学院 海南 三亚 572022；2. 齐齐哈尔大学化工学院
黑龙江 齐齐哈尔 161006；3. 东华大学环境科学与工程学院 上海 200051)

摘 要 本文对新型的复合型生物净化槽采用好氧预挂膜的方法成功地加速了启动，并对高含尿液的某农村生活污水的污染物质去除效果进行了研究，结果表明：复合型生物净化槽对 COD 的去除效果较明显，平均为59.62%；对 NH_4^+-N 和 TN 的平均去除率不高，去除率分别为21.7%和21.9%，但去除量较高，分别为8.58mg/L和9.12mg/L；对磷的去除效果较好，平均去除率为33.4%，说明复合型生物净化槽起到了较好的降低后续强化生态浮床负荷的作用。

关键词 复合型生物净化槽 纤维填料 高含尿液农村污水

一、绪 论

在我国很多地区，农村人口不仅数量多，而且居住比较分散，没有任何生活污水收集和处理措施，使农村生活污染源成为影响水环境的重要因素，而且随着农村生活方式的改变而加剧[1,2]。由此带来的污水出路问题以及公共卫生安全问题也逐渐为人们所关注[3]。中国农村村落的污水绝大多数是不经过任何处理，直接就近排入水体中去的，于是农村河流普遍遭到污染，还严重威胁到了地下水。因此，如何对农村村落的污水实施低成本的有效处理，是十分必要和重要的一步[4,5]。

农村生活污水可生化性一般比较好，可采用生物处理作为大部分分散污水处理的主要工艺[6,7]。复合型生物净化槽是一种利用微生物的降解作用进行污水处理的生物处理技术，目前，国内外学者对净化槽处理效果的研究报道较多，在日本，净化槽处理技术广泛应用于处理农村生活污水，处理效果较好，随着对河流湖泊等水域保护的要求提高，作为防治富营养化的一个对策，将净化槽的构造进行了改进，除了提高去除 BOD_5、COD 的外，还增加去除氮、磷的要求，诞生了深度处理净化槽[8,9]。国内对生物净化槽技术的研究虽然起步较晚，但也取得了一定的研究成果[10,11]。

随着农村居民对生活水平要求的提高将导致生活污水排放量上升，特别是农村居民点、城郊别墅区等分散式污水排放量的增长，将为净化槽在我国的推广普及带来机遇。但是目前净化槽还存在一些问题，如对氮化合物去除效果不理想，对磷的去除率不高，限制了净化槽技术成为控制水体富营养化的有效手段等需要进一步的研究。

二、实验方法与设备

(一) 生物净化槽的结构及特点

复合型生物净化槽的尺寸为：2.2m×2.0m×5.4m，有效容积7.5m³，停留时间约2.5d。如图1所示，净化槽采用一体化钢筋混凝土浇筑，并设置防渗层。槽内部为串联的三格，各格槽内底层均匀布置粒径为3~5mm的陶粒，其体积约为反应器的20%；并在槽内设生态纤维填料，呈立体式悬浮，悬浮深度为0.5m，填料的水面覆盖率约为45%。

净化槽各格之间设立连通管，设置合适的吸水深度和排水深度，使三格净化槽内具有良好的流体力学特性并保持不同的生态菌种。复合型生物净化槽反应器分成三个串联的格室，在不同的槽内可相对独立地培养适合于各槽环境的微生物群落，使得各格槽内保持不同的生态菌种，利于各类微生物的生长与繁殖，同时生长在填料及陶粒表面上的生物膜，使系统的微生物种类和数量明显增加，使污染物的去除速率、效果和抗冲击负荷得到了提高。

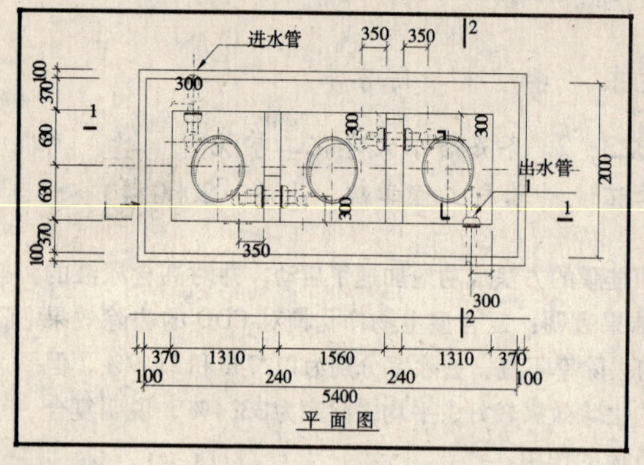

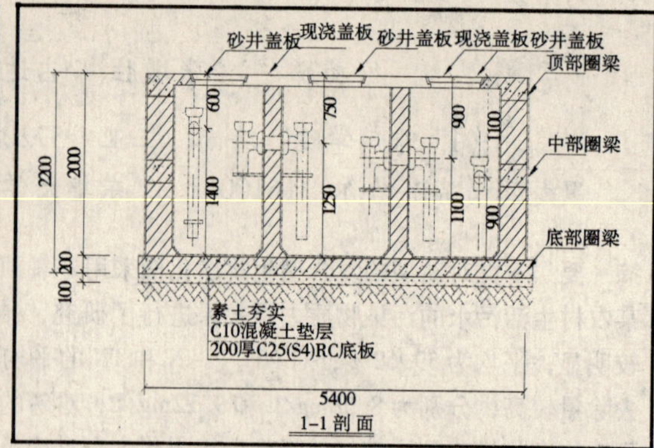

图1　复合生物净化槽结构图

（二）工艺流程及净化槽进水水质情况

上海崇明的前卫村是远近闻名的生态旅游村，每年要接待10万人次左右，一般集中在5—10月之间，一方面农户家的“农家乐”餐饮住宿业带来了污水量的增加和浓度的提高；另一方面村口的公共厕所要接纳更多的游客的粪便污水，尤其是尿液污水，从而导致COD和TP的浓度波动幅度比较大，且尿液的含量大，含N浓度高。净化槽的进水为村口厕所原化粪池出水及附近部分居民的其他生活污水。其中COD的变化范围为80.9~297.1mg/L，平均值为169.0mg/L；TP的变化范围为1.58~5.01mg/L，平均值为2.77mg/L。净化槽的出水进入其附近的生态浮床进行深度处理，然后进入河道水体。

（三）分析测试方法

水质监测试验连续进行，期间每周监测水质一次到两次，早上10点采样，常规指标当天分析完毕。主要水质分析指标的分析方法与仪器参见表1。

表1　主要水质指标测定方法与仪器

水质指标	分析方法与仪器
温度	便携式多参数水质分析仪（美国哈希；Sension－156）
溶解氧	便携式多参数水质分析仪（美国哈希；Sension－156）
pH	便携式多参数水质分析仪（美国哈希；Sension－156）
COD	重铬酸钾法[2]
TN	碱性过硫酸钾消解；紫外分光光度法[2]
NH_4^+-N	纳氏试剂比色法[2]
NO_3^--N	紫外分光光度法[2]
NO_2^--N	N－（1－萘基）－乙二胺分光光度法[2]
TP	过硫酸钾消解；钼酸铵分光光度法[2]
$PO_4^{3-}-P$	过硫酸钾消解；钼酸铵分光光度法[2]
SS	103~105℃烘干称重法

注：以上表中分光光度法均采用SHIMADZU UV－2450型紫外分光光度计；称重均采用SHIMADZU UW 220H型电子分析天平。

三、实验结果与讨论

（一）复合型生物净化槽生物膜的培养与驯化

复合型生物净化槽主要依靠生长在填料及陶粒表面上的生物膜来实现污染物的降解作用的，实验采用好氧预挂膜的方法加速复合型生物净化槽的启动，利用崇明县城桥镇污水厂回流活性污泥，按照约0.1m^3污泥/m^3污水的比例，分别从各槽的上部倒入净化槽内。污泥通过附着在填料及陶粒上面进行生长繁殖。微生物膜的培养开始于2008年5月16日，直到6月底系统趋向稳定开始用于处理农村分散式污水。从图2镜检结果可以看到，生态纤维在填料上端，而下端的填料却没有，这有可能是启动初期带入的大量复氧对生物膜中微生物的生长造成影响。纤维填料和陶粒表面微生物挂膜生长的状况均较好均有大量原生动物存在，相比较而言，纤维填料上面的生物膜在整个载体表面的分布更均匀。

复合型生物净化槽微生物膜整个培养驯化周期持续45d，在流量为0.5m^3/d，平均水温为25.7℃的条件下约10d便可培养成功。从整个培养过程来看，复合型生物净化槽微生物膜的培养简单、启动较快，利于其在农村地区普遍推广应用。

图2-a　挂膜后纤维填料表面×3000　　**图2-b　挂膜后陶粒表面×3000**

（二）复合型生物净化槽对污染物去除效果研究

1. 对有机物的去除效果

复合型生物净化槽的进出水COD变化及其去除率如图3所示：在夏季（6，7，8月），净化槽对COD的平均去除率为69.29%，秋季（9，10，11月）为60.22%，冬季（12，1，2月）为45.82%，春季（3，4，5月）为59.45%（月份的划分下同）；夏季>秋季>春季>冬季，与当地的季节性气温变化是对应的；四个季节去除率的相差不大，这是因为净化槽是地埋式结构始终保持着较高的温度，即使是在冬季气温在0℃以下时，净化槽内水温仍旧维持在6.5℃以上，微生物仍然保持着较好的活性，从而保持了较高的去除率。

随着进水COD浓度的增加，复合型生物净化槽对COD的去除率也随之增加，二者呈现出正线性相关性，相关系数R^2为0.9125，从而保证了在不同季节不同的进水COD浓度下始终保持着较低的出水COD浓度。总的来说，复合型生物净化槽对有机物有一定的去除效果，达到了减少后续强化生态浮床的有机负荷的要求。

2. 对氮的去除效果

复合型生物净化槽的进出水NH_4^+-N变化及其去除率如图4所示：在夏季，净化槽对NH_4^+-N的平均去除率为18.50%，秋季为22.01%，冬季为28.35%，春季为18.41%。复合型生物净化槽对NH_4^+-N的去除率均较低，可能是因为槽内的厌氧或兼氧环境不利于微生物硝化反应的进行。通过不同季节对比发现，其平均去除效果：冬季>秋季>夏季≈春季，即随着时间的推移，复合型净化槽内微生物的数量在逐渐增加，种类在逐渐丰富，优势菌种的作用越明显，去除率也在逐渐增加。复合型生物净化槽对 NH_4^+ −N 还是有一定的去除效果，在一定程度上起到了降低后续强化生态浮床 NH_4^+ −N 负荷的作用。

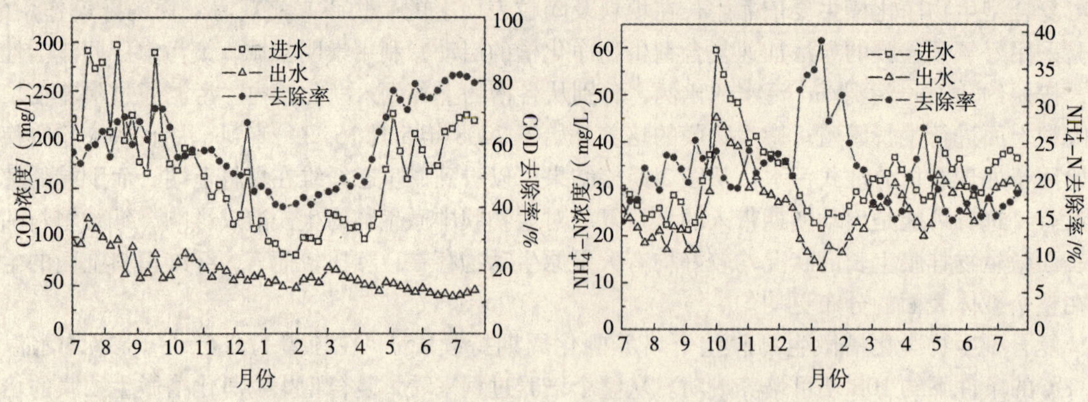

图3　复合型生物净化槽对有机物的去除效果

图4　复合型生物净化槽对氨氮的去除效果

复合型生物净化槽的进出水 TN 变化及其去除率如图 5 所示：在夏季，净化槽对 TN 的平均去除率为 17.88%，秋季为 24.43%，冬季为 27.45%，春季为 16.95%，尽管去除率相对较低，但进水与出水的平均氮质量浓度相差 8.58mg/L，即对氮的平均去除量较大，说明复合型生物净化槽内脱氮的菌种较多，其生长繁殖作用对氮的消耗量较大。从总体上分析而言，复合型生物净化槽对 TN 有一定的去除效果，能在一定程度上达到降低后续强化生态浮床 TN 负荷的要求。

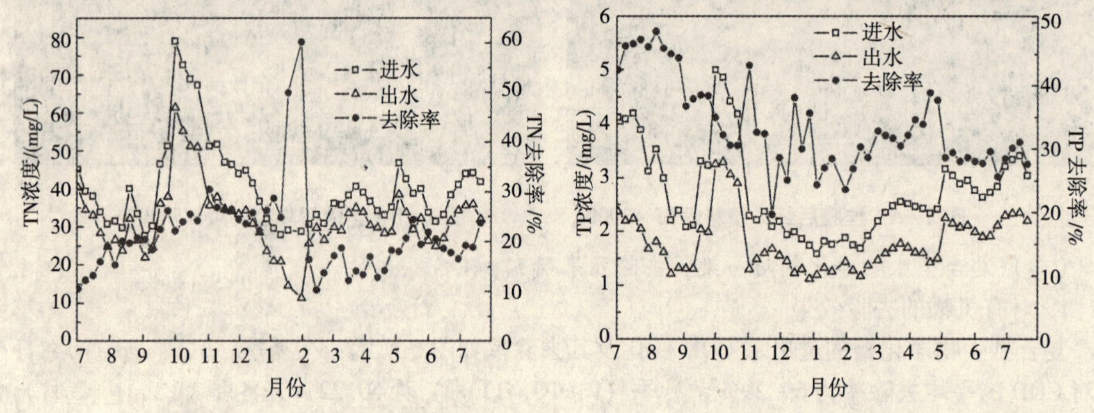

图5　复合型生物净化槽对 TN 的去除效果

图6　复合型生物净化槽对 TP 的去除效果

3. 复合型生物净化槽对磷去除效果研究

复合型生物净化槽的进出水 TP 变化及其去除率如图 6 所示：在夏季，复合型生物净化槽对 TP 的平均去除率为 37.74%，秋季为 33.58%，冬季为 28.95%，春季为 32.36%，从总体分析而言，与其对有机物的去除效果类似，对 TP 的去除效果也是夏季 > 秋季 > 春季 > 冬季，但相互之间相差不大，去除率全年分布较平均。与普通的净化槽相比，复合型生物净化槽对磷的去除率明显较高。复合型生物净化对磷的去除有以下三个方面的作用：一是悬浮的生态纤维填料对颗粒态磷有较好的拦截作用，二是附着生长在填料上的微生物对磷的同化吸收和聚磷菌对磷的过量积累作用，三是底层的陶粒对磷具有较好的吸附作用，且 PO_4^{3-} −P 与陶粒中的 Ca、Fe 和 Al 反应而沉淀。从图 3 ~ 图 6 可以看出，全年的进水 TP 浓度变化波动较大，夏、秋季明显高于春、冬季，但每个季节的出水 TP 浓度平均值均低于 2.00mg/L。从总体上分析而言，复合型生物净化槽对 TP 的去除效果明显，起到了很好的降低后续强化生态浮床 TP 负荷的作用。

四、总　结

1. 采用好氧活性污泥预挂膜的方式对复合型生物净化槽进行微生物膜的培养与驯化，约 10d 便可启动成功。

2. 复合型生物净化槽对 COD 的去除效果明显，在夏季净化槽对 COD 的平均去除率为 69.29%，秋季为 60.22%，冬季为 45.82%，春季为 59.45%。全年对 COD 去除率的相差不大，平均为 59.62%；复合型生物净化槽的地埋式结构始终保持着较高的温度，从而保持了较高的去除率。

3. 复合型生物净化槽对氮的去除率不高，对 NH_4^+ -N 的平均去除率为 21.7%；对 TN 平均去除率为 21.9%；由于进水中氮的浓度较高，其实质上对氮去除量较高，即复合型生物净化槽对 NH_4^+ -N 及 TN 的去除量效果也比较明显，在一定程度上达到降低后续强化生态浮床负荷的要求。

4. 复合型生物净化槽对磷的去除效果较好，平均去除率为 33.4%，去除率全年分布较平均，起到了很好的降低后续强化生态浮床负荷的作用。

参考文献

[1] 朱亮，张文妍．农村水污染成因及其治理对策研究［J］．水资源保护，2002，2：17-20.

[2] 李国学，李莲芳．我国小城镇和乡村水体污染及控制对策［J］．中国农业科技导报，2003，5（4）：25-31.

[3] 沈东升，贺永华．农村生活污水地埋式无动力厌氧处理技术研究［J］．农业工程学报，2005，21（7）：111-115.

[4] Maciej Dzikiewicz. Activities in nonpoint pollution in rural areas of Poland［J］. Ecol Eng, 2000, 14: 429-434.

[5] Yu Hanqing, Joo-Hwa Tay, Francis Wilson. A sustainable municipal wastewater treatment process for developing countries［J］. Wat Sci Tech, 1997, 35（9）: 191-198.

[6] 赵静，王芳．农村水环境污染及治理对策研究［J］．江苏环境科技，2005，18（3）：19-22.

[7] Joan Garcia, Rafael Mujeriego, Josep M Obis, et al. Wastewater treatment for small communities in Catalnia［J］. Water Policy, 2001, 3: 341-350.

[8] Yuhei Inamori, Toshihiro Sankai, Toshikatu Ozawa. Popularization and Development of High-performance Johkasou［M］. Tokyo: Gyosei Co. 2002.

[9] Ministry of Land, Infrastructure and Transport and Tourism of Japan. The Structure Standard of Johkasou［M］. Tokyo: the Building Center of Japan, 2005.

[10] 刘呈波，樊娟，石静，等．净化槽在农村生活污水处理中的应用前景分析［J］．环境整治，2007，16（5）：68-69.

[11] 闵毅梅．净化槽技术应用于分散型生活污水案例研究［J］．环境与可持续发展，2008，6：59-61.

后哥本哈根时代我国的农业生产方式的选择与战略对策

陈 健[1] 吴 楠[1,2]

（1. 北京师范大学珠海分校国际商学部 珠海 519085；
2. 湖北工业大学管理学院 武汉 430068）

摘 要 2009年末，由中美等大国主导的哥本哈根会议不仅宣示了全球联合应对环境危机的统一行动，也标志着传统经济增长模式的终结。我国发展绿色农业的理念是在此背景下，总结我国近代绿色农业生产方式的基础上，经过对全球半个多世纪以来各种农业发展模式的分析和研究发展起来的。本文概述了绿色农业的内涵特征及其沿革，回顾分析我国绿色食品发展的历史与现状，得出绿色农业是我国农业现代化发展的必由之路的结论，并提出应由政府主导建设我国绿色农业体系的建议。

2009年9月22日联合国气候变化峰会在纽约联合国总部举行，胡锦涛主席代表中国政府向国际社会表明了中方在气候变化问题上的原则立场，明确提出了我国应对气候变化将采取的重大举措。国务院总理温家宝11月25日主持召开国务院常务会议，研究部署应对气候变化工作，决定到2020年我国单位国内生产总值二氧化碳排放比2005年下降40%～45%，作为约束性指标纳入国民经济和社会发展中长期规划，并制定相应的国内统计、监测、考核办法，这表达了我国政府的愿望和决心。早在1996年江泽民就指出，“绝不能吃祖宗饭，断子孙路，走浪费资源和先污染后治理的路子，要根据我国国情选择有利于节约资源和保护环境的产业结构和消费方式”[1]。1994年3月，国务院通过的《中国21世纪议程》郑重地指出“只有遵循可持续发展的战略思路，才能实现国家长期稳定的发展”[2]。

然而，可持续农业模式毕竟发展时间短，经验少，各国仍在探讨中，人们根据各地不同的条件不断努力进行了许多克服石油农业模式负效应的尝试，各种各样的替代农业发展模式的思潮应运而生，如美国学者阿尔布雷奇首次提出的生态农业概念、英国豪威提出的有机农业、奥地利斯坦纳提出的生物动力农业、瑞典穆耶勒提出的生物农业、日本冈田茂吉提出的自然农业，以及后来的可持续农业、肥力农业、腐殖质农业、综合农业、生物－生态农业、科学生态农业、再生农业和保护性农业等[1]。但是各国的国情不同，我国绝大多数示范地区的农业一直处在低技术、低效益、低规模、低循环的传统的生态农业。要把生态环境优势变成产业优势就要在我国优先发展绿色农业，走具有中国特色的可持续发展之路，这是我国21世纪一个深刻的主题。

一、绿色农业概述

（一）绿色农业的概念

绿色农业的概念于1981年被我国学者首次提出，2003年10月的联合国亚太经社理事会主办的“亚太地区绿色食品与有机农业市场通道建设国际研讨会”提出了权威的概念：绿色农业是指充分运用先进科学技术、先进工业装备和先进管理理念，以促进农产品安全、生态安全、资源安全和提高农业综合经济效益的协调统一为目标，以倡导农产品标准化为手段，推动人类社会和经济全面、协调、可持续发展的农业发展模式[3]。

（二）绿色农业的内容与特征

绿色农业的基本内容包括：①保持生物的多样性；②在农业发展过程中，保持人、环境、自然与经济的和谐统一；③生产无污染、无公害的各类农产品，包括各类农业观赏品等；④采用“绿色技术”来进行生产。绿色农业不意味着是“原始农业”，要放弃先进技术，相反，绿色农业更需要现代科技的支持。所以，"绿色农业"的发展模式实际上是吸取了传统农业与现代化农业的精华，通过合理配置农业生产结构，在不断提高生产率的同时，保障生物与环境的协调发展，是高效、稳定的农业生产体系[4]。绿色农业的内容涉及种植业、林业、养殖业、新能源生产、农产品加工业、农产品流通业和观光（旅游）农业等。

绿色农业有别于传统农业及其他替代型农业的特征在于：①双重可持续性。绿色农业强调以可持续为核心，既重视自然生态平衡，又强调经济生态并重；既重视生产环境的安全性，又强调绿色农产品对人类消费的安全性；既追求人类健康而富有生产成果的生活权利，更在强调当代人在满足发展和消费的同时，承认并努力做到使自己的机会与后代人的机会平等。只有这种双重可持续才能真正实现人与自然的和谐；②跨行业综合性。作为一种多功能的复合型体系，绿色农业是由生物体（动植物、微生物）、环境（光、热、气、水、营养元素）和人类社会劳动（物质与能量的投入）三大要素组成的整体，其中任何一个要素出现非绿色问题，绿色农业就会失去存在的基础；作为一种新型的农业产业化经营模式，绿色农业涉及科技创新，绿色产业链条，绿色经营管理，绿色营销，及至绿色消费，等等。环环相扣，哪一个环节的绿色不到位，就会影响整体功能的发挥，甚至使绿色变色，成为有害环境和人类健康的产业。绿色农业不仅要实行源头控制与末端控制，还应实行过程控制，使每个环节都保持绿色。它已远远超出传统农业生产农产品的框架，将导致整个农业生产体系的结构性调整；③高科技绿色性。科技绿色性具有两方面的含义，绿色农业不仅重视技术手段，更重视技术产生的后果[5]。

二、我国绿色农业的发展

我国农业经过5000余年的发展积累了极其丰富的实践经验，特别是新中国诞生60年以来，取得了举世瞩目的成就。我国利用世界9%的耕地，生产占世界总产量25%的粮食，解决了世界上约21%的人口吃饭问题，这是我国农业对全世界作出的最伟大的贡献。

我国绿色农业的诞生来源于我国的基本国情和国内绿色食品认证的成功例证及社会对绿色食品的广泛认可度，更是为了与国际有机食品业接轨的发展需要。从发展历史看，我国绿色农业的发展的历程可以说是我国绿色食品发展的历程。

（一）我国绿色食品的起源与发展

绿色食品是指遵循可持续发展的原则，按照特定方式进行生产，经专门机构认定允许使用绿色标志的无污染的安全、优质、营养类食品，它是绿色农业的产物。1990年5月15日，我国正式宣布开始发展绿色食品，虽然与国外相比起步较晚，但是进展很快，这个历程是：提出绿色食品的科学概念→建立绿色食品生产体系和管理体系→系统组织绿色食品工程建设实施→稳步向社会化、产业化、市场化、国际化方向推进。历程可分为三个阶段：第一阶段为从农垦系统启动的基础建设阶段（1990—1993年）；第二阶段为向全社会推进的加速发展阶段（1994—1996年）；第三阶段为向社会化、市场化、国际化全面推进阶段（1997年以来）。

1989年农业部农垦司在制定农垦系统发展规划时，为提高企业经济效益提出了拳头产品、重点企业、配套攻关技术3项措施，把无公害产品作为拳头产品，并冠以"绿色食品"之名。与此同时，"绿色组织"、"绿色大合唱"、"绿色消费"、"绿色长城"等也都应运而生。此后，农业部在无污染、无公害农产品、绿色食品及农业环保技术合作方面，与100多个国家的相关政府部门、科研机构以及国际组织在质量标准、技术规范、认证管理、贸易准则等方面进行了广泛、深入的交流与合作，历经十几年的生产实践证明，绿色食品显示出旺盛的生命力，已经成为我国安全优质农产品的重要标志，并得到国际社会的广泛认可。据中国国务院新闻办公室2008年8月17日发表的《中国的食品质量安全状况》白皮书表明，中国出口的绿色食品已得到40多个贸易国的认可[8]。

（二）我国绿色食品发展现状

我国绿色食品发展中心已在全国30个省（区、市）设立了38个分支管理机构、9个部级产品质量检测机构、56个省级环境监测机构，从事绿色食品的标志认证和质量管理工作。另外，北京、上海、天津、哈尔滨、南京、西安、深圳等国内大中城市相继组建了绿色食品专业营销网点和流通渠道，从而形成了一个覆盖全国的绿色食品认证管理、技术服务和质量监督网络。

国际、国内的需求进一步拉动了我国绿色产业的发展，黑龙江、河北、山东、内蒙古等省大力发展绿色食品，现已成为稳定的AA级绿色食品出口基地。2007年我国分地区绿色食品产品认证数和企业总数排行前三位的省份分别为江苏省、山东省和湖北省。

表1　2007年绿色食品发展总体情况

指标	单位	数量
当年认证企业数	个	2371
当年认证产品数	个	6263
企业总数①	个	5740
产品总数②	个	15238
实物总量	万t	8300
年销售额	亿元	1929
出口额	亿美元	21.4
产地环境监测面积③	亿亩	2.3

注：①2007年底有效使用绿色食品标志的企业总数。②2007年底有效使用绿色食品标志的产品总数。③包括环境监测的农田、草场、水域面积。

资料来源：中国绿色食品网，2009年10月25日。

表1显示，2007年，全国有效使用绿色食品标志企业总数达到5740家，产品总数达到15238个；单是2007年一年全国新认证企业就有2371家，产品6263个，对比2006年分别增长14.9%和10.3%；实物总量8300万t；产地环境监测的农田、草场、林地、水域面积2.3亿亩，有效地保护了农业生态环境，促进了农业可持续发展。

另据绿色产业网报道：我国认证企业实力也在不断增强。通过绿色食品认证的国家级和省级农业产业化龙头企业已分别达到315家和912家，各占54.1%和24.3%。产品结构不断优化，绿色食品产品质量抽检合格率达98.3%，企业年检率达92%。在新申报产品中，具有出口竞争优势的园艺、畜禽、水产类产品有1454个，占当年申报产品总数的42.3%。基地建设规模不断扩大：全国171个县（农场）已创建绿色食品大型标准化原料生产基地219个，面积达5635万亩，另有84个县（农场）的100个基地进入创建期，面积达1945万亩。标准化基地建设走出了一条新路子，示范带动作用进一步增强。2007年，绿色食品国内年销售额达到1929亿元，出口额21.4亿美元，80%以上的企业实现了增效，并带动农户实现了增收。绿色食品标准化基地建设直接增加农民收入3.2亿元以上，户均增收50元。绿色食品、有机食品出口继续保持较快的增长速度，出口额接近23亿美元。

表2显示，2007年我国绿色食品主要产品在数量和产量方面也有了较大的增长，基础食品大米、蔬菜和鲜果排在前三名，表明2007年我国开展确保食品安全的工作初见成效。从产品结构上看，绿色食品中种植业产品占61.4%，畜牧业产品占17.2%，渔业产品占4.1%，其他产品占17.3%。主要产品产量占全国同类产品总量的比重有了进一步的提高。

表2　2007年绿色食品主要产品数量与产量

产品名称	产品数/个	年产量/万t
大米	2065	988.83
小麦粉	754	273.33
食用植物油	350	79.99
机制糖	79	258.64
蔬菜	1997	1019.13
鲜果	1224	636.26
猪肉	109	5.47
牛肉	120	4.07
羊肉	80	3.63
禽肉	253	25.95
肉食加工品	197	3.40
禽蛋	127	10.51
液体乳	217	258.25
乳制品	421	60.00
水产加工品	206	7.57
瓶（罐）装饮用水	89	246.56
精制茶	1198	12.86
啤酒	258	382.3
葡萄酒	263	10.51

资料来源：中国绿色食品网，2009年10月25日。

全国绿色食品工作取得了明显成效，主要体现在五个方面：一是总量规模稳步扩大；二是产品质量稳定可靠；三是产业水平不断提高；四是品牌影响不断扩大；五是综合效益日益明显。总体上看，全国绿色食品产业继续保持了健康良好的发展态势。

（三）我国农业生产方式必须是绿色农业

绿色食品产业的规模开发为推进绿色农业的发展、提高农民收入、增加企业效益、改善人们的膳食结构、促进贫困地区的经济振兴、实现农业可持续发展探索出了新的途径。绿色食品得到了社会的广泛认可，证明其思想理念、管理方式和标准体系是符合我国国情的。但是由于绿色食品为农业产业的终端产品，仅仅发展绿色食品工程并不能使其形成一个较为完整、系统的体系，对其理论研究和产业发展有很大的局限性，将制约绿色食品事业的进一步发展，因此，对绿色食品的内涵和外延需要进行丰富和拓展，绿色农业应运而生。在绿色食品原有事业的基础上进行总结、扩展和延伸，使其更加科学化、系统化，形成完整的基础理论体系、科学技术体系和经济管理体系，便构成了一种新的农业发展模式，这种模式被我国的学者们称为绿色农业。

三、我国发展绿色农业的战略对策

绿色农业的发展政府应起重要的引导和扶持的作用。世界银行对政府职能给予了明确的定位，认为发展离不开有效的政府，一个有效的政府是发展的必需品，而不是奢侈品。市场需要保证以尽可能低的交易成本顺畅运行的机构和准则，而这种机构和准则只能由政府提供[9]。那种认为发展战略仅是在政府与市场之间进行选择的思想是不明智的，这两者之间是紧密相连的。各国需要市场来促进增长，但它们也需要有能力的政府机构来发展市场。政府行动在为市场奠定机构基础方面具有决定性意义。因此本文就有关政府在绿色农业发展应起的作用提出4个建议。

1. 引导市场需求，加强宣传培训。广泛利用宣传媒体，开展多层次、多形式的绿色农业宣传教育活动，增强人们的生态环保意识，培育人们绿色消费观念，创造一个有利于绿色农业发展的外部环境。

2. 制定保护、扶持的各项倾斜政策。在政府统一领导下，农业行政主管部门主动组织，多行业、多部门整体配合，通过农业产业结构调整，把农业单一种养模式，调整为复合型良性循环的模式。政府在财政上对绿色农业实行资金投入倾斜政策，扶持和保护，实行税收、费用减免政策[9]。

3. 建立重奖专项基金，发挥消费者积极作用。消费者在消费后的体验及其反应对于发现假冒伪劣食品具有十分重要的意义，对此政府可以从假冒伪劣食品厂商的罚款中抽取部分资金，建立重奖举报假冒伪劣食品消费者的专项基金，发挥消费者在食品安全问题中的积极作用，同时加大对违规企业的查处力度，并将检查处理的结果及时向举报人反馈并向公众公布。

4. 建立与国际接轨的农业标准化管理体系。政府要建立和完善绿色农产品的质量认证体系，通过立法并加大执法力度来查处和打击假冒伪劣的绿色农产品，净化市场环境，提升绿色农产品的市场价值和信任度，使绿色农产品成为消费者心目中的“货真价实”产品，从而提升绿色农产品的市场需求。与国际接轨，我国应坚持鼓励企业实施 ISO 14000 系列的标准，与我国现行环境管理制度紧密结合，同时鼓励企业执行 2002 年我国正式启动的对从事危害分析与关键控制点（HACCP）体系认证机构的认可试点工作。只有在得到政府在法律、技术与制度的大力支持与保证，才能使我国绿色食品企业将产品更顺利地打入国际市场，提升绿色农业的市场竞争力。

参考文献

[1] 江泽民．中央人口资源环境工作座谈会讲话［R］．北京：新华网，http：//www. xinhuanet. com. 2008.

[2] 邵立民．我国绿色农业与绿色食品战略选择及对策研究［D］．沈阳：沈阳农业大学，2002 - 11.

[3] 王信领，等．可持续发展概论［M］．济南：山东人民出版社，1999.

[4] 刘连馥．绿色农业的由来［J］．中国报道，2007（3）.

[5] 老墨．绿色农业之于中国的未来［J］．广东科技，2003（11）.

[6] 陈健，吴楠．绿色产业的表述、特征及分类概述［J］．中国人口·资源与环境，2009（3）.

[7] 陈健，雷海章．绿色消费理念的一个实例阐释［J］．生态经济，2008（5）：83 - 86.

[8] 刘连馥．绿色农业初探［M］．北京：中国财政经济出版社，2005.

[9] 中国绿色食品网：http：//www. greenfood. org. cn，2009 - 10 - 05.

[10] 世界银行．1997 年世界发展报告：变革世界中的政府［M］．北京：中国财政经济出版社，1997.

[11] 许筱蕾．论我国绿色农业体系的构建［J］．安徽农业科学，2005（6）.

[12] Anderson，Terry L. and Leal，Donald R. Free Market Environmentalism，Westview Press，Boulder，USA，1991.

[13] Arrow，Kenneth J. and Fisher，Anthony C. Environmental preservation，uncertainty and irreversibility. Quarterly of economics，1974，88：312 - 319.

[14] Kimberley Warren - Rhodes，Albert Koenig，co - system appropriation by Hong Kong and its implications for sustainable development［J］. Ecological Economics，2001，39：347 - 359.

[15] Kverdokk. Tradeabl commission Permits：initial distribution as a justice Problem. CSERGE GEC Working Paper，1992，92 - 135.

[16] Lenzen M，Murray S A. A modified ecological footprint method and its application to Australia Ecological Economics，2001，37：229 - 255.

[17] Lowe Ernest，Moran S. Holmes. A field book for the development of eco - industrial Parks. Report for the U. S. Environmental Protection Agency. Oakland（CA）：Indigo Development. International，1995.

农村环境管理中的社会组织及其功能分析

李书舒　李文龙　栾胜基

（北京大学环境与能源学院　深圳　518055）

摘　要　本文探讨了我国农村地区近来成立的各种类型的社会组织及其特点和功能。提出了农民专业合作组织的功能和结构有助于缓解农村环境保护的压力，并针对农民专业合作组织所带来的生产形式、农民收益和环境行为的转变对农村环境状况改善的有效性分析。

关键词　农村社会组织　农民专业合作社　农村环境状况　有效性分析

一、农村社会组织

中国正在由传统的计划经济体制向市场经济体制转轨的时期，所以严格意义的专业术语都难以准确体现中国社会组织范畴。本文农村社会组织，包括政府与企业外的所有机构，具有组织性、民间性、非营利性、自治性、志愿性和公益性的特征。从主要职能上看，可以将农村社会组织划分为权利组织、服务组织、附属性组织三种基本类型。主要功能表现在，它可以在一定程度上克服政府和市场在农村地区的内在机制的不足，发挥反映农民利益诉求、实现农村社会良性沟通等作用，降低政府社会管理的成本。

（一）权利组织

村民委员会是村民自我管理、自我教育、自我服务的群众性自治组织。村民自治是一种自治的权利，而不是自治权利。因为村民自治是相对于政府管理而言的，全村村民依法有权管理与自己切身利益相关的全村的公共事务和公益事业，即本村的村务（王禹，2004）。村民自治的权利主要体现在，一是村民个人直接参与行使的权利，如选举权、监督权等；二是村民委员会、村民代表会议、村民会议行使的权利。相对于村民而言，这具有村范围内的公共权力的性质。

（二）服务组织

村经济合作社。村经济合作社并不是一个完整意义上的经济实体，主要职能是村民商务与劳务中介。经济合作社为村民农产品的出售提供咨询和中介服务，同时也为外来资金、项目、技术的进入提供一个平台和中介。专业合作组织。现有的调查表明，它在调节农村生产关系、推进农业产业化进程、提高农民进入市场组织化程度及对接国际市场等诸多方面发挥着日益显著的功能。农村专业合作组织采取会员制的方式，吸收从事同一专业的农民作为会员，由协会提供产、供、销过程中的服务，组织会员在产前、产中、产后等环节上进行合作。

（三）附属性组织

共青团支部、民兵营、妇代会、治保会等归类于附属性组织。其中，共青团支部、民兵营、妇代会主要附属于党支部；治保会主要附属于村委会。

二、农村社会组织的环境选择

从环境的角度探讨上述三种农村社会组织承担农村环境保护治理的动机和可行性。

权利组织类型。村委会是由村民参与村委会投票选举产生的，是影响当前村民参加村委会投票选举的主要因素。一是各种组织的动员，在村委会选举过程中，不管是村委会、党支部等权利组织，还是家族组织等非正式组织，都会组织动员自己的成员投票支持他们利益的候选人（肖利辉，2002）。利益共同体的共同利益也促使共同体的成员去投票支持代表本共同体利益的候选人。二是成本收益的分析，村民的投票是在权衡成本收益后做出的理性选择，也就是说，村民会投票给使得自己的收益大于成本的候选人。三是村民本身所具有的政治功效感和政治义务感。四是年龄、性别、受教育程度的影响。从上面的分析不难看出，村民所选举村委会及其附属组织的影响因素很大程度上是要保障自己的经济利益，而村委会要在任期内尽量多地保障和提升村民的经济利益，就需要把有限的资源投放到能产生直接经济效益的生产上去，显然，农村环境作为一种公共物品时被放在一个次要的地位，这一点，在农村附属组织中没有专门设立的环境保护组织就不难看出，在实际中，环境资源也经常是被牺牲来换取经济效益的。所以由这种村民直接选出的权利组织及附属组织的类型，是很难满足农村环境保护发展的需要的。

传统的服务性组织。农村经济合作社主要是根据社员的需要在地方市场上销售普通的农产品，一般都是根据现在的生产状况提供多功能的服务，如提供多种多样的农业投入，收购、加工和销售多种多样的农产品，是地方价格支持政策的拥护者。历史上，农民合作组织主要是为了增进市场竞争和投入品供给服务。是在现行生产制度生产模式下对农业提升作出数量方面的贡献，但是在分散经营规模的产量现在已达到一个瓶颈，要突破这个瓶颈，只能在提升农产品质量方面做出提升。而农民专业合作组织的一个重要标准，就是需要提升农产品的生产质量。随着经济社会的发展，消费者偏好也发生了重大变化，对环境和健康的要求越来越高，而要提升农产品的质量，必然要求对农产品的生长环境做出要求。所以，农民专业合作组织是缓解农村环境保护治理的一个重要途径。

农民专业合作组织。对于农民专业合作经济组织产生的背景，学者的观点比较一致，凡是研究、关注或涉及这一问题的人都无一例外地认为，我国农民专业合作经济组织的兴起是市场化取向改革和农业弱质性相结合的必然结果。即在市场体制和农业比较效益低的情况下，分散经营的农户经营规模偏小，很难参与激烈的市场竞争，急需进行微观经济体制创新。于是从节约交易成本角度出发，寻求交易过程中的联合与协作，使内部交易费用低于外部交易成本，于是便出现了各种形式的农民专业合作经济组织。

围绕合作经济组织的性质与功能，有学者认为，农民专业合作经济组织的兴起与发展，就整体而言，既非政府推行的强制性制度创新，也不是农民在逐利动机驱使下自发行动所能实现的诱导性创新，而是介于两者之间的政府主导性制度创新（黄祖辉，2002）；还有学者认为，在 WTO 的背景下，农民专业合作经济组织能承担起以下功能：一是成为政府制定和实施农产品行业保护政策的组织载体；二是担当起维护行业利益的主体；三是扮演行业宏观环境营造者的角色，并加强与国外相关协会与组织的联系，帮助行业开拓国际市场，拓展生存空间（叶国灿，2004）。

运用社团和社会组织的理论论述农民专业合作经济组织的代表性观点有三种：第一种观点认为，民间组织的出现是中国农村推行市场取向的经济改革的必然产物，它从根本上改变着农村的治理结构和治理状况，从根本上推进了农村的民主和善治：一是大大推进了中国农村的法治；二是有效地遏制了农村干部的腐败行为；三是有力地促进了农村公共利益的最大化（俞可平，2000）。第二种观点认为，民间社会组织的兴起为治理和善治提供了重要基础和动力，形成了多元化、多角度的社会权力运作，形成了良性互动式的新型权力制约与权利保障，从而推动了法治秩序的当代变革（马长山，2003）。第三种观点认为，一是从整体上来看，农村民间组织的发展与它广泛的社会资本的运用密切相关，也就是社会资本是通过人与人的社会关系获得的，与集体行动密切相关；二是公共产品的供给不足提供了民间组织治理的空间。目前，在中国农村中普遍存在着基层政府对农村公共物品供给不足的现象，出现一种近似真空的局面（李熠煜，2004）。

三、农民专业合作组织的环境功能扩展

农民专业合作组织本质上是个经济合作组织。在明确并逐步建立了农村基本经营制度后，1978 年农村改革和家庭承包责任制的实行使农业用地的产权形式发生了重大改变。专业合作组织在家庭

承包方式、土地产权流转、农村公共资源配置和基础设施建设中都起到了自组织管理功能。

由于土地产权不明确，土地就近乎无偿的承包使用。集体作为土地的所有者，由于经济利益没有被承认和实现，所以各级集体组织就不履行保护土地及其相关环境的职责，加上农村劳动地点相对分散，集体对土地的使用权不可能做到有效的监督，这样就形成了只关心土地和环境的直接经济利益，而不去关心所造成的环境问题。农业专业组织的出现，使得现在分散的农户利益形成了集体利益，而集体利益的出现就让农户监督土地及其周围环境的使用有了存在的基础。

我国现行土地产权制度只是改革了传统土地制度的经营权关系，实现的是集体所有制下的家庭承包制。尽管国家推行“土地使用权承包期三十年不变”以及地方实行的“生不添死不改”的政策，但是现实中由于人口不断增加和流动，土地的重新划分和分配十分普遍，农户不能形成稳定的预期收益。在这种经营权不稳定，又没有健全的监督制度下，农民很难对土地进行长期投资，反而会在承包期内尽量压榨环境和自然资源，以牺牲地力和生态环境为代价，疯狂获取眼前的经济利益。造成严重的环境问题和自然生态的破坏。农合组织形成的集体效益，让由于土地频繁更换所带来的外部成本内部化，使其土地的经营权在组织成员内部相对稳定。农民专业组织的出现，解除了农业的规模经营限制，使得土地资源和劳动力资源的优化配置和农业技术的推广和进步的渠道畅通，改变了农民经营的高成本、低效益、而成为低成本、高效益，让农民在对环境资源进行投资的状态没有后顾之忧。

在农村存在着大量没有被界定的公共物品，如河流、湖泊、水利等基础设施等。现行土地制度下，公有资源得不到有效的保护，掠夺式使用问题严重。农合组织的运作是一种集体行为，其目的是要保障组织内更多成员的利益，是让农村的纯公共物品转化成了半公共物品，让公有资源得到合理的开发和利用，而由于农合组织的集体存在，使得组织内成员的利益诉求更为集中，利用这种组织内成员对非组织成员的比较优势，缓解目前农村公共物品得不到有效保护，掠夺式开发的问题。

家庭承包经营责任制毕竟只是一种农地使用制度安排，它不可能一劳永逸地解决我国农业发展进程中的所有问题。随着我国经济社会的不断发展，现行的农地制度已经制约了农村经济和城镇化的健康有序发展。对农民生产行为特别是生态环境行为合理化方面起到了误导作用，造成农民生态环境行为的短期化和中国农业生态环境问题日趋严重。而要改善目前已经被恶化的农村生态环境就不得不在制度上进行创新，而农民专业合作组织就成为了解决困境的一个途径。

综上所述，农民专业合作组织可以在农业生产形式上对农民产生对农村环境保护治理的内在驱动，可以在提高农民收益的基础上使得农民对农村的环境保护投资提供了基础，而解决了农民对环境的短期行为，保障了农民对农村环境的治理和维护得到顺利的实施。

参考文献

[1] Hideaki Abe and Akio Ito. An Analysis of the Economic Effects of Low Input Sustainable Agricultural Policy in Japan [M]. System PIT Inc. Press, Kitami, Japan, 1996.

[2] 罗必良，温思美．山地资源与环境保护的产权经济学分析［J］．中国农村观察，1996（3）．

[3] 林卿．试论农地产权制度与生态环境［J］．生态经济通讯，1995（9）．

[4] 黄祖辉，徐旭初．农民合作组织认识误区辨析［J］．经济学家，2002（3）．

[5] 李熠煜．关系与信任：乡村民间组织生长成因分析［J］．法制与社会发展，2004（5）．

[6] 马长山．社会转型与法治根基的构筑［J］．浙江社会科学，2003（4）．

[7] 赵治辉，胡剑锋．农产品行业协会研究综述［J］．安徽农业科学，2007（19）．

[8] 徐清照．农民专业合作组织与社会主义新农村建设［J］．理论学刊，2007（2）．

[9] 李桃．农民专业合作组织的政策影响评价［J］．湖南科技学院学报，2007（3）．

[10] 李君．小议我国农民专业合作组织的发展［J］．农业科技与信息，2007（2）．

[11] 齐玉华．农民专业合作组织发展中存在问题及对策［J］．河北农业，2007（1）．

农村垃圾处理处置模式探讨

任春蕊

（北京大学深圳研究生院环境与能源学院　城市人居环境科学与技术重点实验室
深圳市西丽大学城北大校区 E211　518055）

摘　要　本文对现有农村垃圾的产生数量和处置现状进行了分析，并认为我国农村垃圾亟须治理，国家地方各级政府应在农村垃圾治理方面出台相关政策，本文针对不同类型的农村，即川西平原的农村、华北农村和长三角地区的农村、华南农村，以及中部农村，提出不同的垃圾处理模式建议。

关键词　农村垃圾　新农村建设　“十二五”规划

一、农村垃圾现状

与城市相比，农村因经济水平低、村民居住相对分散，长久以来农村垃圾的处理处置与管理一直未被高度重视。然而，随着我国农村经济结构的变化，务农人口所占的比重大幅下降，家庭养殖也越来越少。同时，由于生活水平的提高，生活垃圾产生量也在迅速增加。2007 年，全国爱卫会、卫生部联合组织开展的全国农村饮用水与环境卫生现状的调查结果显示，全国农村人均日生活垃圾量为 0.86 kg，生活垃圾的堆放方式中随意堆放占 36.72%，收集堆放占 63.28%；收集堆放的垃圾中进行填埋占 57.03%，焚烧占 14.26%，高温堆肥占 13.88%，直接再利用占 14.83%。生产性垃圾随意堆放占 16.56%，收集堆放占 83.44%；收集堆放的垃圾中进行填埋占 16.55%，焚烧占 10.85%，高温堆肥占 26.29%，直接再利用占 46.31%。生产性垃圾主要分为工业垃圾、养殖业垃圾、秸秆杂草垃圾和其他垃圾，生产性垃圾主要以养殖业垃圾和秸秆杂草垃圾为主，分别占 44.11% 和 33.36%；工业垃圾占 21.48%，其他垃圾占 1.05%。其中工业垃圾和其他垃圾主要以填埋方式处理，分别占 62.65% 和 63.86%；养殖业垃圾主要以直接再利用和高温堆肥方式处理，均约占 48%；秸秆杂草主要以直接再利用方式处理，占 58.70%（表 1）。

表 1　不同来源垃圾的堆放和处理方式的构成比

来源	人均日垃圾产量/(kg/d)	堆放方式/%		收集堆放垃圾的处理方式/%			
		随意堆放	收集堆放	填埋	焚烧	高温堆肥	直接再利用
生活	0.86	36.72	63.28	57.03	14.26	13.88	14.83
生产	2.03	16.56	83.44	16.55	10.85	26.29	46.31
工业	0.44	10.73	89.27	62.65	9.33	2.73	25.29
养殖业	0.90	18.82	81.18	2.57	1.53	47.57	48.33
秸秆杂草	0.68	18.82	81.18	3.06	24.19	14.05	58.70
其他	0.02	21.34	78.66	63.86	8.04	13.24	14.86

以上数据是中国农村垃圾现状的整体水平，从中我们可以得出结论，农村垃圾产生数量庞大，垃圾处理能力不足，垃圾随意堆放情况突出，亟须垃圾整治。而事实上，中国地域广阔，地理、气候、种植结构、土壤性质、水利条件、移民特征、文化特质的不同和经济发展的不均衡性，使不同地区的农村具有相当不同的特点，其垃圾生产的数量和种类也有很大的不同，因此，农村垃圾的治理不能“一刀切”，要根据不同地域的具体情况具体分析。

二、农村垃圾处理处置建议

（一）中国农村区域类型

中国是一个国土辽阔、经济发展不平衡、地理和文化差异颇大的大国，不同地区的中国农村，会为我们提供相当不同的理解中国农村和中国社会的启示。依据贺雪峰等人[1]的研究，我们可以划出以下五类特定的农村区域进行比较，即川西平原的农村、华北农村和长三角地区的农村、华南农村，以及我们常讨论的中部农村，典型如湖北荆门农村。

（二）针对不同农村区域对垃圾处理提出的建议

1. 华北农村

华北农村往往有规模庞大、动辄数千人的村庄，村庄内多姓杂居。华北又是中央权力所在地区，华北农村因此会受到强有力的正统儒家意识形态的影响。华北属于平原地区，交通相对比较便利，是新农村建设的主要试点地区，有政策性扶持。由于这种农村区域居住人口密集，所产生的垃圾数量庞大而集中，居民生活性垃圾是垃圾来源的主要途径。同时，垃圾成分复杂，不但含有煤渣、食品杂物，而且还包括诸如废塑料、物品包装材料等难以分解的垃圾，针对此类型农村区域，笔者提出以下几点建议：①从源头上控制资源利用，减少垃圾的产生。随着我国农村居民生活水平的不断提高，包装废物、一次性塑料制品等占生活垃圾的比重也逐渐增加。通过制定相应政策法规，控制生产厂家对产品的过度包装，防止一次性制品向农村转移，可有效减少生活垃圾总量。②鼓励村民对垃圾源头分类，将塑料包装物、建筑垃圾等从垃圾中分开，对村民进行环保教育，使他们意识到，环保是和他们的身心健康紧密地联系在一起的，只有提高自我环保意识，才能从根本上解决农村垃圾问题。③落实垃圾处理设施建设规划，倡导以“村收集、镇转运、县（市）处理”的城乡一体化的垃圾处理模式，实现城乡统筹和区域共享，合理布局垃圾收集、中转、运输和处理设施，提高设施的使用效率。保洁人员可由村民担当，既维持了村子的整洁干净，又可解决部分村民就业。④政策性补助实施，实行以奖代补，例如可用生活用品换回村民家里产生的白色垃圾等。

2. 川西平原农村

川西平原因受都江堰之惠，而开发较早且生产能力颇高，因此而有天府之国的称号。川西平原的水利相对方便，又不存在洪涝之害，使农户可以相对自由地选择离作业点较近处居住，而川西黏土所造成的交通不便，更加强化了农户分散居住的动力。由于农户居住比较分散，交通相对不够便利，将垃圾收集起来集中处理有一定的难度，耗费人力物力财力，而事实上，这种类型的农村区域，尤其是山区，往往几公里内只有几户人家居住，有时候甚至只有一户单独居住，这种情况下，自然环境本身就具有强大的自净能力，农户产生的生活垃圾比较容易被自然环境容纳，一般情况下，不需要引进大型处理设备。另外，还有些农户养殖家畜家禽，规模不大，大多数是供自身食用，由于人和牲畜家禽会产生粪便，可用于回田，也可建立沼气池，政府可以出台相关补助，例如每户补助50%，鼓励农户建立沼气池，可用于家庭用电、照明、做饭等。川西平原地区也有些村庄居住人口密集，产生垃圾数量庞大，其垃圾处理措施可参照华北农村的模式。

3. 华南农村

华南地区多丘陵和山区，雨水较多，且土地的黏性很大，土地黏性大，就使交通成为问题，居住地离作业点不能过远。尤其重要的是，因为华南农村的交通不便及递次开发，就使方言得以形成（或保留），同一县域可能有数种互相听不懂的方言，这进一步强化了华南农村的地方意识和小传统。在华南农村，宗族组织比村庄往往发挥着更为重要的作用。

华南地区经济发展严重不均衡，有原生态的村庄，也有经济发达、生活水平和生活方式逐步靠近城市地区的村庄。原生态的村庄，村民处于原始农作的生活方式，是传统的自然经济，属于自给自足型，产生的垃圾基本可以自行消化循环利用，对于这样的状况，不需要引进垃圾处理设备，但要引导村民，提高村民的环保意识，使其资源合理得到利用。而除此之外的农村地区，垃圾处理中所存在的主要问题为：

（1）垃圾中不可降解物大量增多。塑料袋、饭盒、可乐瓶、易拉罐、矿泉水瓶、破化肥袋子、烂塑料薄膜、破鞋袜等丢弃越来越普遍；

（2）垃圾数量猛增。除了日常生活垃圾外，还有众多的建筑垃圾、畜禽垃圾；

（3）垃圾来源多极化。城镇的垃圾往农村转移，使“农村垃圾”数量猛增，组分复杂化；

（4）垃圾的综合利用率大大下降，即便是具有较好肥效的草木灰也被许多农户随意倾倒而成为垃圾。

而事实上，这也是全国大部分农村所出现的实际情况，其处理模式可以参照华北农村的整治建议，大力发展循环农业经济。华南地区有良好的发展循环农业基础，生态农业在多个市县都有推行，复合型的农业耕作形式利于处理各种有机垃圾。农民可利用沼气池将易分解垃圾和人畜禽粪结合进行厌氧消化，以单个农户或集体为生产单元。将沼气池、禽畜舍、厕所、蔬菜温室进行有机组合，形成一个封闭状态下的能源生态系统，即“三位一体”或“四位一体”的农业生态模式。这样，既使人畜粪便得到了合理、有效利用，又改变了农村庭院卫生“脏、乱、差”的状况，从而促进农业的增产增效。因此，农村垃圾的处理要结合农村的特点，将垃圾处理与再生能源结合起来，使垃圾处理实现资源化。

另外，由于华南地区的特殊性，即宗族组织发挥着重要作用，政府机构可以通过与宗族组织的沟通交流，提高村民整体的环保意识。

4. 长三角地区农村

长江角地区因为存在众多河流，水运十分方便。长三角农村的以上特点，使得农户的居民点相对川西平原院子的规模要大得多（洪涝使居民选择高地居住，水运的方便又减少了运输困难）。同时，长三角一直以来是中国经济最为富庶的地区，手工业得到较大发展，具有较强的村庄意识。以前农村垃圾的成分比较单一，主要是可以自然腐烂的菜叶瓜皮等生活垃圾，依靠自然循环便可处理掉。现在由于经济发达，手工业作坊增多，垃圾种类越发复杂化，发展到塑料袋、农用膜等塑料制品、纸制品、金属制品、废电池等多种垃圾。其中许多东西无人回收，不可降解。因此，本地区需要以发展循环经济、建设资源节约型、环境友好型社会为根本理念，以改善乡村生态环境、打造生态家园为最终目标，将其纳入政府管理体系，以立法的形式从制度上规范起来，用制度促其有序运转。

首先，用严格的制度约束规范村民行为。可因镇、因村制宜，制定切合当地实际的《农村环境卫生及垃圾处理管理办法》，用制度规范村民行为，将农村环境卫生管理工作纳入制度化、规范化。同时要加大舆论宣传力度。让“保护环境，人人有责”的环保理念深入民心，切实改掉其乱扔乱倒不良习惯，共同打造生态家园。其次，用健全的户、村、镇三级垃圾处理网络及时消化处理。对垃圾的处置，可实行“户集、村收、镇（村）处理”的垃圾处置模式。最后，用市场化运作方式减轻政府管理压力，按照“谁污染、谁治理、谁付费”要求，实行环卫设施有偿服务，明确垃圾收费相关事宜，在使垃圾得到有效的减量的同时，弥补财政投入的不足。按照“谁投入、谁经营、谁收益”要求，吸引社会各种资金、社会力量、社会资源参与农村垃圾治理与环境建设，减轻政府管理压力。

5. 中部农村

所谓中部农村，这里我们且用来指那些开发时期较晚，村庄还没有经过一个成熟的成长阶段的农村地区，典型如荆湖平原（洞庭湖平原）和东北三省。开发较晚，村庄以及宗族的成长都处于扩展时期，而未有成熟的形态，其结果就是，在这些新开发地区，相对较为宽松的人地关系，使村民更多依靠家庭的努力来向自然要资源。其结果就是中部地区普遍的原始化和较少的地方性规范。中部地区既缺少大规模的村庄，又缺少强有力的宗族。正是因为中部地区的这些特点，使中部地区最容易接受自上而下、自外而内的各种政策和制度。

中部农村，经济发展相对滞后，农民生活水平普遍不高，产生的垃圾主要为厨余垃圾、家畜家禽粪便、秸秆、煤渣、玻璃、建筑垃圾等，由于传统粗放的农村经济发展模式根深蒂固的影响，农民对环境的认识还没有得到根本的转变，加之，无法与城市享受同等程度的关注，垃圾处理问题更是得不到有效的解决，农村甚至成为城市垃圾的消化地，环境不断恶化，与社会主义新农村建设提出的“村容整洁”目标相去甚远。其垃圾现状存在以下几方面问题：

第一，国家投入严重不足；

第二，地方政府挪用垃圾处理的专项基金；

第三，农业企业缺乏技术和资金支持；

第四，农户自身环境意识差。

由此可见，政府应该在农村环保工作中肩负起最为重要的职责。但是，在农村取消农业税、村级财政空白、农村吸收外资有限的前提下，政府由于受人力、资金条件限制，对农村垃圾处理等一系列环境问题所起作用有限，无法对农村环境起到扭转乾坤的作用，因此，农村应在政府的引导下，积极寻找适应自身情况的解决之道。

首先，加强农村环境保护的宣传工作；其次，政府担保，为农村垃圾资源化招商引资提供信息服务和技术支持；最后，发展龙头企业，带动农村垃圾产业化。比如说农村废衣物加工成棉被，农村秸秆饲草加工，废旧塑料加工成再生颗粒等。既解决了垃圾问题，又带动了当地经济发展，解决了部分人就业问题。

三、小　结

以上讨论还不够完备也极其粗糙，不过依据以上的讨论，我们还是可以做一些简单的小结，就是，中国农村的垃圾围村现象越来越严重，需要国家和地方政府有足够的重视，虽然从任何一个特定地区总结出来的关于中国农村性质的研究成果都有助于增加对中国农村和中国社会的理解，但这些还不够，还需要有更加广泛的对不同区域农村的深入调查，要有区域比较意识，然后针对不同区域类型，实施不同的垃圾处理措施。以上的各类型农村的垃圾整治建议，有些是可以借鉴的甚至当地已经开始实施，有些也可能因为各种原因暂时不能够实施，这里只是给大家提供一个整体的思路，具体怎样操作，也要看具体情况。笔者在这里建议，在“十二五”规划期间，将农村垃圾处理处置问题纳入重点规划项目，而要彻底解决农村垃圾问题，不但要提高农民的环保意识，更要引起各级政府的高度重视。事物之间都是相辅相成的，我们需要用一个发展的眼光看问题，用整体的眼光看事情，解决农村垃圾问题，要推广各种节能环保技术，将农村垃圾处理处置纳入农村发展的整体规划当中，将市场机制引入到垃圾处理当中，解决垃圾处理的被动局面。

参考文献

[1] 贺雪峰，南方农村和北方农村的公私差异［D］．武汉：华中科技大学，2008.

[2] 李碧方．广东新农村建设中垃圾处理现状与对策［J］．广东农业科学，2009（7）：253－256.

[3] 孙海梅，张建福，刘桂珍，等．中国农村固废资源循环利用问题探讨［J］．可持续发展，2008（6）：29－31.

[4] 王洋，曾强，刘洪亮，等．天津市农村地区垃圾与污水现状调查与对策研究［J］．环境与职业卫生，2008，35（19）：3687－3689.

三门峡市农村生态环境可持续发展问题探讨

张丹旭　王明印　董延波

（三门峡市环境保护科学研究院　河南　三门峡市　472000）

摘　要　实现可持续发展的基础是生态环境得到良好保护。三门峡市农村生态环境保护中还存在很多问题，农村生态环境还有恶化的趋势。本文从林业资源、水资源、垦荒现象、垃圾堆村、土地资源五个方面的现状进行了分析，对当前三门峡市农村生态环境保护中所面临的问题进行了深入探讨，同时提出了相应的对策建议。以此引起有关政府部门和公众对农村生态环境的关注，以改善农村区域生态环境问题，提高农村居民生活质量。

关键词　可持续发展　农村　生态环境

一、前　言

可持续发展思想开始于20世纪80年代，由于工业化迅速发展和人类对资源的无节制开采，导致全球气候变化加剧、臭氧层破坏、生物多样性减少、土地荒漠化、酸雨、淡水资源短缺等一系列环境问题日渐突出，已成为全世界共同关注的热点。我国从20世纪90年代初就开始重视可持续发展，20多年来，在可持续发展思想支配下，城市工业布局、工业结构发生了根本变化，淘汰重污染、高能耗企业，广场文化、绿地建设日新月异，城市建设已经步入小康化轨道。但广大农村对可持续发展思想缺乏认识，很多生产方式与可持续发展背道而驰，这种现象对农村生态环境影响是巨大的，而且是长期的。

二、农村生态环境可持续发展的意义

可持续发展的内涵包括两层意思：一是人类应坚持与自然相和谐的方式追求健康而富有的生活，但不能以耗竭资源、污染环境、破坏生态的方式求得发展；二是当代人在追求发展和消费时，要承认和努力做到使自己的机会和后代人机会平等，不能剥夺或破坏后代人应当享有的同等发展与消费权利。

可持续发展是一种新的发展观，是关于人类社会经济与生态环境和谐发展的一种新的战略，其核心是谋求人口、经济、社会、资源与环境协调发展。《中共中央国务院关于推进社会主义新农村建设的若干意见》明确地将"改善社会主义新农村建设的物质条件、大力加强生态建设、防治农业面源污染和加快发展循环农业"作为新农村建设的重要内容。当前和未来的20年是中国这一拥有13亿人口的发展中大国全面发展经济、建设小康社会和社会主义新农村的关键时期，不仅面临着历史机遇，同时也面临着人口、资源、环境与经济发展的巨大压力以及由此产生的各种矛盾。因此，中国的社会主义新农村建设必须认清自身的国情特点，走可持续发展道路，实现经济、人口、环境、资源协调发展的总目标。

三、三门峡市农村环境可持续发展面临的问题

（一）林业资源破坏严重

三门峡市截至2007年底，森林覆盖率46.73%，有林地面积439.72万亩，经济林200余万亩，退耕还林157万亩，保护区和森林公园6.8万 hm^2。虽然在林业保护方面取得了一定成绩，但还存在很多问题。

1. 矿山开采对林业资源的破坏

三门峡市地处豫西山区，具有丰富的矿产资源，如黄金、煤炭、铝土矿等，而矿山开采对林业资源破坏是巨大的。矿山开采要剥落植被表层建设作业区、修矿山道路等；其次，矿山开采产生大量废石，规范的建设单位建有废石场，可以使林业资源破坏控制在最小限度。多数单位废石随意倾倒，使林业资源遭受了极大的破坏。有的矿山配有选厂，尾矿库建设和使用也会对林业资源造成一定的破坏。另外，工人临时生活搭建住房、生活区的建设、燃料的使用等对林业资源也会造成破坏。而矿山开采破坏的林业资源主要是原始森林以及次生林，危害严重。

2. 农副业生产对林业资源的破坏

三门峡市农村农副业生产主要以种植业和养殖业为主。个别地方发展种植业和养殖业则处于无序状态，导致毁林现象比较严重。

种植业主要表现在苹果树和葡萄园。为了发展苹果产业，很多果农毁掉了柿子树和大枣树。据不完全统计，柿子树毁坏在80%以上，大枣树毁坏在90%以上。近几年，苹果价格低靡，柿子、大枣价格上扬，一些果农又重新种植枣树和柿子树。但要恢复到当初的规模则至少需要5～10年时间。每年春季，果树支撑、葡萄搭架都会不同程度地对林业资源造成破坏。靠近山坡的农村，果农就近砍伐一些杂木，远离山坡的农村，果农开着车到山上砍伐。由于分田到户，集体的荒山、荒坡、荒沟、林地属于两不管地带，村委认为这些荒山野沟没什么利益，农民也认为集体的林地，不用白不用，在这种意识支配下，“三荒”地带的树林越来越少，很多地方出现人进林退现象，过去的林地如今已不复存在，又引起了其他一些生态环境问题。

农村种植香菇、木耳、猴头等食用菌需要大量木渣和朽木，一些村民受利益驱动采伐树木，加工成木渣自用或出售，这种现象在卢氏山区农村比较普遍，主要毁坏的是一些次生林。

3. 畜牧业、农村建房对林业资源的影响

随着三门峡市农村产业结构的调整，畜牧养殖业得到迅速发展，除了各家各户散养的牛羊外，也出现了一些小规模的集约化养殖业。发展养殖业，就需要搭建羊圈、牛舍，为了减少投资，必然砍一些树木做成简易式棚舍。农户散养的牛、羊放牧时对幼小的树毁坏性更大。

农村建房或多或少都会用一些木料，到集体林地采伐是很多人首选途径。虽然随着农村生活水平的提高，建房主要是砖混结构，木料用量很有限，但仍有一些偏远、落后的区域农村建房大量使用木料，致使部分林业资源遭到破坏。

4. 燃料消耗对林业资源的破坏

为了满足人口增长及经济发展的需要，除了掠夺性开采矿物能源外，不得不大量砍伐树木作为燃料，除此之外，秸秆和牲畜粪便也在农村成了能源。能源的紧缺也给环境带来了巨大的压力，尤其是在越不发达的地方越明显。

5. 病虫害对林业资源的破坏

由于干旱和缺少林业护理措施，有些地方出现森林病虫害，虽然这种现象开始是局部的，但蔓延极快，破坏力很大。病虫害对森林资源的破坏现象是比较普遍的，据不完全统计，三门峡市每年都有成片松树、杨树、槐树、桐树等树种遭受害虫入侵枯死。一方面由于护林措施跟不上，另一方面环境空气污染导致酸雨，使很多地方森林树种抗害虫能力大大降低，而三门峡市近年来酸雨现象越来越严重。

（二）水资源短缺矛盾十分突出

三门峡为河南省严重缺水地区之一，气候十年九旱，2001—2002年连续遭受大旱，全市124条河流有110多条断流，其中一些河流为黄河一级支流，比如苍龙涧河、好阳河等，二级支流和三级支流的地表水干枯就更多。而20多年前，这些黄河的一级支流都曾经是一条条大河，肩负着农业灌溉的重担。而近些年河流干枯已不再是稀奇事，包括黄河近几年也出现了断流，没有水引起的后果是难以想象的。即使在没有干枯的河流中，很多河流由于水质污染也丧失了使用功能，更加剧了水资源短缺的矛盾。

水库是农业灌溉的重要水源，三门峡市经过50多年的建设，目前拥有水库85座，总库容3.14亿m^3。随着河流的不断干枯和水土流失造成的淤积，一些水库也已退化为水塘，甚至彻底干枯，完全丧失灌溉功能。而今天，开采地下水农业灌溉的迅猛发展，从另一个方面也说明了地表水的缺乏。

在三门峡不仅地表水资源短缺突出，地下水危机也日趋严重。20世纪90年代以前，三门峡饮用水全部是地下水，90年代中期地下水已不能保证城市的正常运转，三门峡市第三水厂就此应运而生的，若干年后我们不知道是否还能喝上地下水。目前在三门峡地下水开采难度相当大，由于市区地下水位普遍下降近20m，300多眼机井水源枯竭，三门峡市有近60万人吃水困难。随着经济社会的快速发展，市区水资源供求缺口也不断加大，地下水超采日益严重，形成大面积降落漏斗。从2003年开始，黄河三门峡水库冬春运用水位大幅度降低，直接造成三门峡市地下水补给量锐减。一些有地下水的丘陵地带，水的开采深度在200～400m。在一些平原地区打一眼井只需投资1万元，而在三门峡市打一眼井要投资20万～40万元。

不仅城市地下水缺乏，农村地下水同样紧张。在三门峡的一些农村还有很多人靠天吃水，能打出水的井，井深也有30m左右，而且水位以每年一米的速度下降，有的几年时间就成了枯井。另一方面，由于地表水资源严重匮乏，经济条件好的农村就利用机井灌溉，几十米一眼机井，布局很不合理，而且采用漫灌，地下水浪费现象非常突出。

（三）农村垃圾污染逐年恶化

1. 农村垃圾成分复杂

近年来，农村燃料结构发生了根本的变化，蜂窝煤和液化气逐步替代了多年来一直以薪柴为主、散煤为辅的燃烧方式，农村垃圾的主要成分也随之发生了变化。过去农村垃圾主要是草木灰、畜禽粪便、树叶、杂草、蔬菜废弃物以及尘土，有机成分较多，俗称农家肥，被广泛用于农田。如今大多数家庭已不再养猪养鸡，垃圾成分以炉灰为主，其他有树叶、废弃菜叶、塑料袋、碎玻璃、碎陶瓷、废电池、废弃衣物以及尘土等，有的家庭生活垃圾还掺杂有农药瓶。农村垃圾成分和20年前相比已发生了质的变化。

2. 垃圾处理方式随意性大

由于农村垃圾成分的变化，尤其是一些碎玻璃、碎陶瓷和塑料袋夹杂其中，不仅肥效低，而且严重影响农田耕作，对土壤破坏性很大，已不能用于农田。农村垃圾已成为名副其实的固体废物，没有利用价值。根据调查，目前三门峡市农村垃圾处理方式基本是随意堆弃。各家各户的垃圾积累到一定程度，便倾倒在居住区附近的道路两旁、水渠边、水体周围、河道等地方，在铁路和高速公路两旁也经常看到垃圾堆弃。

（四）农村垦荒现象仍需要控制

长期以来，随着农村人口的不断增加，为了解决吃饭问题不断增加耕地面积。这种“民以食为天”的思想发展到今天，仍然对广大农民生存观念产生着根深蒂固的影响。十一届三中全会以来，农村实行土地承包责任制，调动了农民种地的积极性。但有限的耕地已不能满足人们劳动致富的需求。在一些山区农村，人们把目光投向荒地，开始在“三荒”地带开垦耕地，有些地方无荒可开，就蚕食道路、水渠、河道、水塘等公共设施和国有集体土地，开荒基本处于无政府状态。根据三门峡市统计年鉴，截至2007年底，三门峡市仍有新开荒地面积201hm^2。

盲目的开荒从根本上不能改变农村的贫困，依赖土地已不是农民致富的唯一途径，最终只会陷入“越垦越穷，越穷越垦”的怪圈。农村出现垦荒现象一方面是农民思想认识狭隘；另一方面是我们的土地政策贯彻落实得不够，广大农村干部没有很好地做好引导工作，没有很好地解决农村剩余劳动力，致使农民没有摆脱完全依赖土地的思想束缚，淡化了集体财产观念，对发生垦荒现象没有有效的制止措施。

（五）耕地面积逐年减少，土壤质量严重退化

1. 耕地资源浪费现象严重

统计年鉴显示，三门峡市耕地面积由1952年的24.86万hm^2降到2007年的16.32万hm^2，2007年内减少耕地面积640hm^2，国家基建占地180hm^2，其他基建占地300hm^2。三门峡市耕地面积减少的原因除部分退耕还林、退耕还牧、农业生产种植结构调整外，主要是小城镇建设和开发区建设、工贸区、商贸小区建设占地。而集体建设占地为各类建设使用耕地总量的1/3左右，不少属于半拉子工程或半倒闭状态，圈占的土地大量荒芜闲置，杂草丛生，绝大部分很难再继续使用作耕地。而城市近郊以生产建材的砖瓦窑厂也较为突出，国道、省道公路沿线商店、饭店急剧增加，有的绵延几公里，也占用了大量耕地。

2. 土壤质量退化严重

由于水土流失严重，土壤质量退化问题凸显。我国每年流失土壤50多亿t，流失的养分几乎相当于全国年化肥总量，而三门峡市是河南省水土流失最严重地区，全市水土流失面积5474.5km^2，占总国土面积的52%，年均侵蚀模数3000～5000t，年均流失泥沙1000多万t。由于水土流失，导致土壤肥力下降。根据全国第二次土壤普查结果，耕地总面积中有59%缺磷、23%缺钾，14%磷钾俱缺，土壤板结占12%，1/3土壤遭受侵蚀，土壤有机质含量下降。

以上问题是目前三门峡市农村生态环境可持续发展中比较突出的问题，除此之外，还有一些比较普遍的问题，比如农药化肥的过度使用、农副产品的恶性发展等问题，也是影响和制约农村生态环境可持续发展的因素。

四、三门峡市农村环境可持续发展对策建议

与城市系统、严密的环境保护监督管理相比，目前农村环境保护监督管理几乎是一片空白。环境监测、环境监理和环境规划在农村难见踪影，农民的环保意识不强。因此要改变并解决农村生态环境问题，必须从城乡统筹发展的大背景、大框架来实现城乡统筹发展，同时要提高认识，加强治理，强化监管。

（一）要进一步加大宣传力度，提高农民环保意识

政府部门和环保职能部门要高度重视农村的环境保护宣传工作。通过全方位、大力度，贴近农民生产生活的宣传，使农民意识到各类污染的危害，认识到污染直接与自身的生存环境和身体健康紧密相连，使其不断提高环保意识，避免只顾追求经济效益，而忽视农村环境保护。要对农户进行有组织的环境教育，开展星级文明户、科技示范户、绿色食品生产的各种专业户和种粮大户为基础的生态文明农户建设活动，引导农民在系统学习环保知识的基础上，掌握生态农业技术，从事绿色食品开发，自觉保护生态环境。同时要以污染防治和预防为主要内容，组织乡镇企业法人学习污染防治基本知识，结合本单位实际进行整改，查找污染源，提出减污治污措施。

（二）加大对农村生态环境保护的投入，建立农村环境保护责任制和长效机制

加强农村生态环境改善，离不开增加农业生态环境保护的投入，可以说，切实增加农业生态环境保护投入是一个带有根本性的问题。近年来，在农业生态环境保护中所出现的一系列问题，比如，生态环境恶化，水旱灾害频繁，抗灾能力薄弱等，无一不与投入不足有关。增加农业生态环境保护一方面要增加政府投入，还要增加农户投入，另外要动员社会资金增加投入，与此相应的，就需要加强相关政策的制定，调整政府和农民的行为，同时改革农村金融管理体制，开辟社会筹资渠道。

结合城市环境整治工作的经验，农村生态环境可持续发展也必须实行环境保护责任制和长效机制。一是结合环境优美乡镇、生态村建设，开展区域性的农村环境污染综合治理活动；二是建

立和完善各级政府对辖区农村环境保护的责任制，将环境质量和环境保护工作列入各级政府领导干部政绩考核，实行严格的考核、奖罚制度；三是建立农村环境保护长效管理机制，把农村的环境保护和建设规划纳入当地政府的经济和社会发展年度计划和长远规划，使农村生态环境保护走上规范化、制度化轨道。

（三）统筹规划，以小城镇建设为核心，改善农村生活居住环境

做好农村发展的统筹规划，以小城镇建设为核心，彻底改善农民生存环境。要加快农村环卫设施的建设，做好人畜粪便无害化处理，垃圾回收等工作。通过大力推广清洁能源和可再生资源的利用，优化能源结构，推广普及沼气、太阳能等清洁能源技术。加快普及户用沼气，以沼气池建设推动改圈、改厕、改厨，引导和帮助群众切实解决住宅和畜禽圈舍混住问题，搞好农村污水和垃圾处理，改善生活环境，推进农村文明卫生创建工作。

（四）多途径综合治理农业面源污染

针对三门峡市农业面源污染，要采取以下措施：①充分利用农业环境本身的自净作用消除污染，如通过深翻土地、推行多施有机肥、减少化肥施用量等农业综合栽培措施来促进有机污染物的分解。②减少化学农药的使用量，在加强预测预报病虫害工作的基础上，积极推广先进的耕作制度和使用高效、低毒、低残留的新农药。③全面推进农业标准化，大力发展农村循环经济和推行清洁生产，同时积极鼓励企业创品牌和争创“绿色食品”或“有机食品”的标志，并给予相应奖励。④严格源头控制，凡新建设的规模化养殖场，都要执行环境影响评价制度，明确说明养殖场布局是否合理，畜禽粪便处理采用何种方法予以综合利用等，对于散养户，应大力提倡“一池三改”，以沼气池为纽带，改厕、改圈、改灶。⑤“以点带面”推进农村垃圾整治。针对农村地区的资源与环境条件，开发推广切实可行、因地制宜的、较低成本的生活垃圾处理技术。在现阶段应首先在有条件的村庄开展“村内道路、污水、生活垃圾”整治工作，主要做法一是推行垃圾定点倾倒制度，规划建好几处美观、实用的垃圾存放池，配备专门的保洁员实行定期清运处理，保持农村环境的洁净清新；二是因地制宜开展农村生活污水处理，从村财收入中拿出一部分钱，向上争取一些资金，由农民出劳力修建村级排污系统；三是修整、硬化道路，对村内没有硬化道路，要想方设法进行硬化。其次，通过对有条件的村庄的环境整治，以点带面，推进农村垃圾整治。⑥积极培植绿色环保产业，提高治污能力。目前，三门峡市的环保产业处于初级阶段，对工业废水、废渣和生活污水处理上能力还非常弱，在废物综合利用方面还处于起步阶段，这对经济的发展非常不利。因此，应积极培植绿色环保产业，努力推广适合的污染治理技术和生态破坏恢复技术，包括投资少、效益高的废水处理技术、固体废物的无害处理技术等，提高治理污染能力。

（五）搞好农村水资源的节约利用、合理配置与水源保护

发展农村节水产业，建立节水型社会。根据三门峡市农村水资源特点和需求趋势，必须充分利用地表水，适度开发地下水，搞好节水。应加强生活用水管理，要减少管网漏水，采用节水器具。大力推广节水灌溉，发展节水型农业。科学调度水资源；通过水利经济分析和多方案比较，对当地水、外来引水等进行科学配置。依照市场经济原则核定水价，发挥价格机制对水资源配置的调节作用。切实采取措施，搞好重要水源涵养区水环境保护；通过限量开采、更换用水水源和引水补源等措施，使地下水位回升。

（六）实施林业生态建设，加强小城镇生态绿化

实施林业生态工程，建设国土安全屏障。森林是陆地生态系统的主体。生态需求已成为社会主义新农村建设对林业的第一需求，应着力实施退耕还林工程、天然林保护工程、重点地区防护林工程、野生动植物保护及自然保护区工程和防沙治沙工程五大生态工程，建设林业生态体系。

加强小城镇绿化，建设生态城镇，以改善农村小城镇生态环境、提高城镇居民生活质量为目

标，以环城镇防护林带，道路绿化、风景片林和园林绿地为主要内容，建设高标准农村小城镇生态绿化体系，实现生态防护、绿化、美化的协调统一。尤其是在现在大力发展农村经济，改善农村居住生活环境的大背景下。

（七）做好土地保护工作，充分合理开发土地资源

要结合划定基本农田保护区，制定好村镇建设规划，做好土地保护工作。村镇建设要集中紧凑、合理布局，尽可能利用荒坡地、废弃地，不占好地。在有条件的地方，要通过村镇改造将适宜耕种的土地调整出来复垦、还耕。

在明确所有权、稳定承包权、放活使用权的前提下进行流转，可以解决人地矛盾，促进农业劳动力转移和农业结构调整，有利于人尽其能，地尽其用，有利于提高农业的劳动生产率，有利于通过适度的规模经营提高农业的比较效益。

总之，在建设社会主义新农村、加快农村现代化进程的今天，我们应当积极采取对策，把农村环境问题摆上议事日程，不走工业化“先污染、后治理”的老路，要统筹考虑各种利益关系，建立综合决策机制，把环境保护纳入社会主义新农村建设的总体规划。努力使农村向着环境与经济协调发展、人与自然和谐相处的方向发展，只有这样才能加快建设社会主义新农村的进程，实现农村的可持续发展。

五、结　论

农村生态环境是可持续发展的重要组成部分，三门峡市农村生态环境可持续发展取得了一定的成绩，但目前还存在比较突出的问题，而三门峡市农村生态环境可持续发展也代表了目前国内相当一部分农村的问题。如果农村生态环境得不到有效保护，可持续发展是不可能实现的。因此有关部门要高度重视农村生态环境的保护和建设。要全面贯彻落实《全国生态环境保护纲要》，遏制生态环境破坏，促进自然资源的合理开发利用，实现自然生态系统良性循环，确保国民经济和社会的可持续发展。

参考文献

常天朝，等．三门峡市统计年鉴（2008）［M］．北京：中国统计出版社，2008，9.

第七章

环境监督管理制度建设与探讨

一、环境管理与环境经济

全国环境功能区划的基本思路初探

许振成[1] 张修玉[1,2] 胡习邦[1,2] 赵晓光[1] 王俊能[1]
（1. 环境保护部华南环境科学研究所 广东 广州 510655；
2. 中国科学院广州地球化学研究所 广东 广州 510640）

摘 要 环境功能区划是优化我国国民经济发展格局的重要手段，是实现生态环境可持续利用的重要保障，是生态文明建设的重要内容。本文在阐述环境功能区划的概念和内涵的基础上，论证了进行全国环境功能区划的必要性和重要性，总结了环境功能区划的主要作用，提出了我国环境功能区划的基本思路和方案，以期对今后具体的划分工作起到一定的指导作用。

关键词 环境功能区划 生态文明 环境管理 环境保护

本文基于环境功能区划的研究背景与作用，提出了我国环境功能区划的基本思路和方案，旨在为今后具体的环境功能区域划分提供方法参考与技术指导。

一、环境功能区划的概念和内涵

环境功能区划是基于经济社会发展需求，面向生态环境可持续利用的环境介质质量及生态状况在空间与时间上的定量划分。其目的是在把握区域空间资源和环境承载能力的基础上，通过辨析面临的环境问题和环境保护压力，分区制定环境保护目标和明确环境保护相关政策措施，主动引导国家环境与经济社会的协调发展[3]。

环境功能区划是制定其他规划、区划的本底和基础。从宏观上看，环境功能区划以综合环境质量为约束，全面、系统、综合地考虑人口、资源、社会、经济和环境等要素，将生态环境的要求逐步渗透到发展布局、产业结构、经济政策等各项社会发展制度的制定和执行过程之中，使环境管理从经济发展的对立面跳出来，从简单的被动污染，走向主动引导经济和社会的共同发展，从而实现使环境在支撑现代经济社会发展的同时，维持自然生态系统实现新的平衡，并可持续地提供生态环境服务功能。从微观上看，环境功能区划是环境管理的科学依据之一，特别是对于环境保护的区域分工、区域目标、区域战略、区域措施的确定，环境功能区划是重要的前期工作。因此，环境功能区划是实现我国环境可持续利用的重要保障，是生态文明建设的重要内容。

二、环境功能区划的战略背景和重要性

（一）环境功能区划是总结世界形势与经验教训的科学选择

根据联合国的统计，2007 年全球 207 个国家和地区的总人口为 66.65 亿，共创造 GDP54.26 万亿美元，人口与 GDP 都处于快速增长的阶段。然而，全球财富的分布依然极不均匀。目前来看，大约 16% 人口占有着全球 75% 的财富，而 47% 的贫困及脱贫阶层的人口却只占有不到 6% 的财富，贫富差距的世界经济构架依旧存在。不过，世界范围内经济形态的增长趋势却发生了逆转，与 1995 年相比，2007 年世界经济整体得到重大发展，世界贫困和脱贫的人口得到迅速减少，世界经济形态已经并且将继续发生根本性变化。全球大多数人正处于脱贫和小康世界的工业化发展阶段，世界经济将更加沿着这种趋势迅速变化，由此将给生态环境带来前所未有的压力。

同时，人口城市化速率快于经济增长，30 年内有可能达到 65%，地球村将快速成为地球城。世界经济一体化舶向全世界的不只是商品，更主要的是追崇商品和高消费的西方思维；经济、政治、军事、意识形态都将先后走向多极世界，而协调多极世界行动的准则将可能出现真空。现实经验告诉我们，全球推进和实现工业化的过程中，没有一个国家幸免于污染，发达国家依靠转移

低端产业才减少了污染，发展落后的国家已无处可转移。

总的来讲，全球生态环境已经不足以支撑当今模式的经济社会发展，我们必须以新的视角审视我们的社会，建立环境功能划分的新格局引导社会经济新发展。

（二）环境功能区划是适应国家发展形势的必然之路

1. 我国经济社会形态的变化需要环境功能区划

自1978年改革开放以来，我国加快了国际经济一体化的进程。作为世界上人口最多的国家，我国的经济在长达30年的时间里实现了年均9.6%的高速增长。2008年我国GDP总量达到300 670亿元，是1978年GDP总量的82.48倍。目前我国的人均GDP已跨过3 000美元，是1978年的59.42倍。同时，2008年我国外储、进出口额、GDP分别位居世界第一、二、三位，这都是中国国际竞争力和国际地位提升的重要标志。通过实地抽样调查，大致可以将我国人口分布规律划分成三类：35%的人仍靠田而食，45%的在城有居（非农人口），已成为统计中的城市人口，但实际上已有65%的人离开自家田进城谋生，尚有20%的是农村户籍的人在城市中打工。由此可见，单一的靠田而食的农民越来越少，越来越多的人离开自家的田地谋生，而且占的比重越来越大，五千年农业文明古国正从以传统农业为主逐步向工业化、城市化的现代文明大步迈进。这种经济和人口发展的格局就要求我们对自然和社会资源做出相应的调整，以保证社会经济的协调发展。

2. 生态环境成为我国发展的最短板块

我国地难用、物不博、水紧缺、天多灾、生态弱、海岸浅，处于劣势的生态环境在现代化建设中先天不足。同时，超常规的快速发展造成了聚集型、复合型、再生型的中国特色污染。而现行环境统计体系低估了我国污染势态，仅部分污染严重的城区污染有所减轻，实际上污染总体趋势在加重，已不是“污染”，而是“泡染”，应急已变为常态，污染防治的战略已长期被动于发展主流。目前，环境问题不但成为规范社会秩序、促进社会文明涉及全社会的工作，而且已逐步成为全社会多重利益博弈的重要战场；我国处于快速发展利益博弈期，违法违规以损害生态环境为手段获利的行为将延续相当长一个时期。产业布局与结构不合理，对环境资源甚为不利的状况，在多重利益博弈下还在发展。同时，加之我国空间地理特征分异性极大，区域间环境承载能力和环境压力也存在极大差异，环境保护面临极大的挑战，环境问题俨然已经成为我国发展的最短板块，我国环境管理的高层关系虽没理顺，但环保部牵头制定环境功能区划，可以从基础上解决小部大责任、扛不动以及众部各一摊、拢不齐的矛盾。

（三）环境功能区划是新时期建设生态文明的基础和保障

生态文明作为人类文明的更高级形态，必然替代以索取和破坏自然为代价换取的农业文明和工业文明，这是时代发展的必然趋势。改革开放以来，我国经济社会迅猛发展，但在发展过程中也付出了巨大的生态环境代价，资源与生态环境容量已不足以支撑现在的产业结构、增长方式和消费模式长久持续下去，必须从生产方式和生活方式上进行大的转变，协调自然环境和社会发展总的关系，对生态资源进行重新部署和安排。生态文明和科学发展观对环境与经济社会的协调发展提出了更高层次的要求，单纯依靠单项的环境保护措施是无法实现该目标的，必须就我国的生态环境如何支撑经济社会的发展主动提出整体性的安排，在此基础上，方可能促进环境管理主动引导经济可持续发展，扭转环境管理疲于“末端治理”的局面。而环境功能区划除了注重空间区域的自然特征和环境特征外，还充分考虑了社会经济活动对生态系统的干扰和影响，是综合了社会、经济、环境三个方面，集结构性与功能性为一体的区划形式。为产业布局和结构调整、环境规划提供科学依据，是环境管理“由要素管理走向综合协调、由末端治理走向空间引导”的有效途径，是贯彻落实科学发展观、建设生态文明的重要手段。

三、环境功能区划的作用

1. 环境功能区划使环境管理从经济发展的对立面跳出来，从传统的被动治理走向主动引导经济、社会的协调发展，它能使环境在支撑现代经济社会发展的同时，维持自然生态系统实现新的平衡，并可持续地提供生态环境服务功能；

2. 在国家层面，环境功能区划能促进国家管理体制的根本转变，实现国家资源管理的根本转变，实现政府管理职能的根本转变；

3. 环境功能区划是环境保护部提高参与国家综合决策能力的重要支撑；

4. 环境功能区划可以体现不同区域资源环境禀赋、功能定位、突出环境问题和未来环境压力的不同，为实施“分类指导、分区推进”的环境管理战略，包括差异化的环境管理目标、差异化的环境标准、差异化的环境管理重点与差异化的环境管理措施等奠定基础。

环境功能区划将使各地发展机会、利益格局发生重大的变化，因此需要相应政策的支撑与补偿，以使功能定位不同，但应保证人的发展机会相同，各区公共服务均等化。

四、全国环境功能区划的基本思路

环境功能区划的划定主要基于一定的社会发展目标与情景设定，在此目标的控制下，分别分析水资源环境、大气环境、土壤环境与生态环境的要求与空间管理要点，并将上述要求结果转化为水资源环境功能区划、大气环境功能区划、土壤环境功能区划和生态环境功能区划四类环境功能区划。通过对上述四类环境功能区划的叠加与优化，最终确定综合环境功能区划的方案。

在保障国家生态环境系统可持续利用的前提下，综合考虑经济社会与环境的诸多因素，以环境地域分异理论和“社会—经济—自然”复合生态系统理论为理论基础，按不同区域的自然生态环境主要功能特点，初步将我国划分为“维持自然状态区”、“限制干扰区”和“集约建设区”三类，再在此基础上，引导各类环境功能区，在区内按适度的比例划出社会经济发展分类区，从而形成将人类活动嵌套在环境功能区划之中。

在主体功能区划进行经济发展分区中，每一类环境功能区划内，都可以有“禁止、限制、重点、优化”开发区，同样，林业、农业、城市等进行经济发展分区，在每一类环境功能区划也有各自不同的分区。但在不同的环境功能区内，各种经济区的比例是受约束的，且进行同一经济活动时，在不同的环境功能区内的环境保护要求与措施是不同的。这些不同的要求体现在各类功能区的数值化空间比例、环境质量要求、受纳污染物总量以及防治污染的工程设施等方面。

三类功能区的主要功能以及保护与开发要求具体见表1。

表1　各环境功能区及其发展定位

环境功能区类别	主要功能	保护与开发总体要求
维持自然状况区	环境功能极重要、生态环境极敏感，该类区域对国家整体的生态稳定性和环境质量起着决定性的作用，如果此类区域生态环境失衡则会危及全国的环境质量和安全	维持现状禁止开发
限制干扰区	环境服务功能重要或较重要、生态环境敏感或较敏感，该类区域对于维持全国生态环境安全起到重要作用。人类活动对环境的干扰限定在一定的空间和区域之内，该类区主要满足人类对生物质的需求	优先保护限制开发
集约建设区	环境敏感性为一般，生态服务功能中等或一般，产业结构与布局相对合理、资源较为丰富、经济功能较强、具有发展潜力的地区。该区域主要用来满足人类社会生产生活的需求，具有较强的环境承载力（环境容量），可以重点开发	合理布局集约开发

环境功能区划的主要目的一是为了合理布局，二是为了确定具体的环境目标，三是为了便于目标的管理和执行。具体到本研究中，各功能区的总体目标如表2。

维持自然状况区、限制干扰区和集约建设区三类环境功能区的土地面积比例应大致为60∶34∶6；人口比例大致为5∶15∶80；GDP比例大致为1∶7∶92。

表2　各环境功能区的总体目标

环境功能区类别	总体目标
维持自然状况区	面积约为576万平方公里，约占全国面积的60%，人口占全国的5%以下，GDP占全国的1%以下
限制干扰区	主要为农、林、牧、渔用地，面积约为324万平方公里，占全国国土面积的30%左右，人口约占全国的15%，GDP约占全国的7%
集约建设区	主要为城市与工业建成区，控制在约60万平方公里内，占全国国土面积的6.3%左右，人口占全国的80%左右，GDP占全国的92%左右

五、全国环境功能区划的初步方案

全国环境功能区划是一项巨大的系统工程，是长期、逐步的工作。在此，本研究只给出全国环境功能区划的思路和初步方案，以求抛砖引玉，对今后具体的划分工作起到一定的指导作用。

（一）水环境功能区划

按照目前水质质量状况划分。维持自然状况区占全国国土的面积不止60%，大概70%左右，主要包括各大江河的源头。东部沿海地区主要为集约建设区，其中也嵌套着限制干扰区和维持现状区。中部地区主要为限制干扰区（图1）。

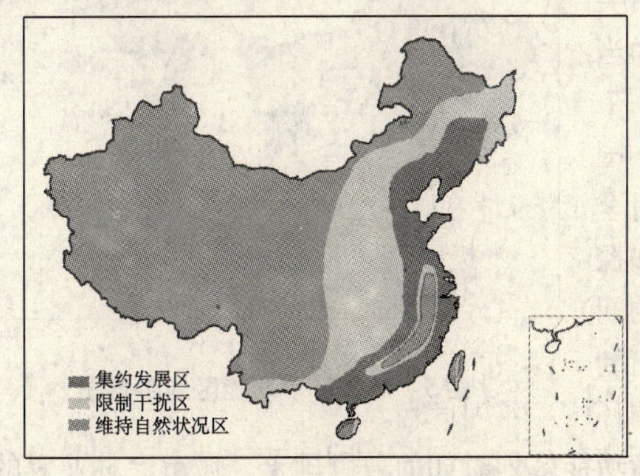

图1　水环境功能区划示意图

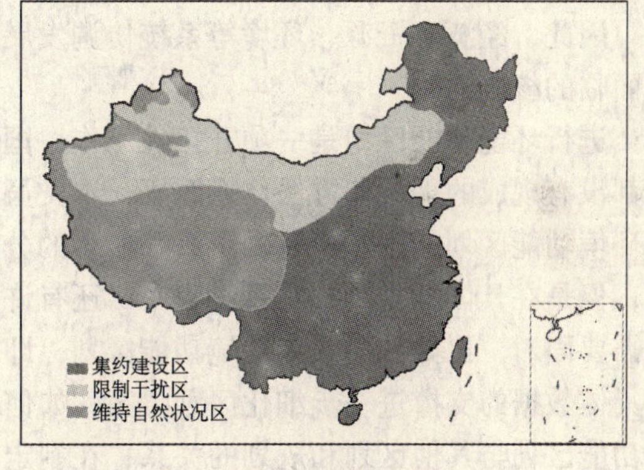

图2　大气环境功能区划示意图

（二）大气环境功能区划

主要按照气候带和地形条件划分。东部季风区主要为集约建设区、西部干旱区主要为限制干扰区、青藏高寒区主要为维持自然状况区（图2）。

（三）生态环境功能区划

主要按照生态资源特征划分。热带、亚热带生物生长速度快，生长周期短，可以集中利用，将其划为集约建设区。温带、暖温带生物生长速度较慢，生长周期较长，将其划分为限制干扰区。荒漠、高原地带生物脆弱、敏感，划分为维持自然状况区（图3）。

（四）土壤环境功能区划

主要按照土壤的敏感程度划分。华北、东北地区土壤比较肥沃，不易发生水土流失，划为集约建设区。南方地区土壤更新速度比较快，雨季时间长，易发生水土流失，划分为限制干扰区。

西北荒漠及高原地区，土壤比较贫瘠且敏感性较强，将其划分为维持自然状况区（图4）。

（五）总体环境功能区划

主要按照地形的三大阶梯划分。青藏高原地区和西部地区各项环境要素均比较敏感，将其划分为维持自然现状区。中部地区根据其人口分布与干扰现状，将其划分为限制干扰区。东部地区根据各项环境要素与经济、人口分布现状，将其划分为集约建设区（图5）。

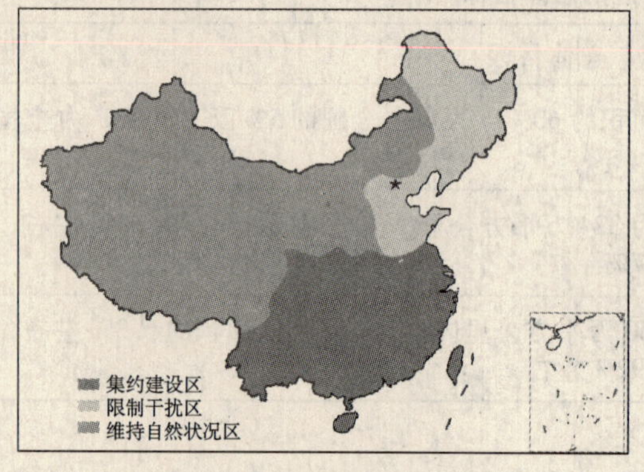

图3　生态环境功能区划示意图

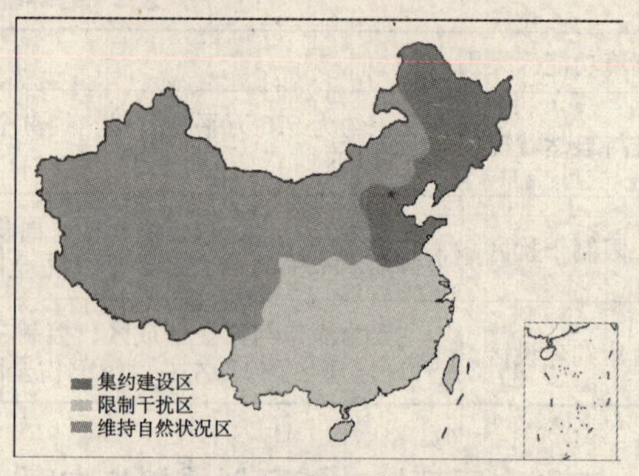

图4　土壤环境功能区划示意图

六、结　语

在生态文明战略背景下，合理的空间组织、有序的协调发展是一个国家参与世界经济循环的一个重要环节，是提升国家竞争力的要求。面对我国正处于经济发展转型期的实际国情，盲目的城市化和区域无序开发将导致环境和经济社会的矛盾更加尖锐，因此，经济、资源、环境等系统协调发展成为当前面临的核心问题。

图5　总体环境功能区划示意图

进行环境功能区划是一项开拓性工作，国际、国内都没有现成的理论和方法体系照搬。本文虽然对全国环境功能区划的基本思路做了一些初步的分析和探讨，但是在具体的落实和实践过程中，还有许多的问题需要面对，比如如何量化环境功能区划，即如何利用具体数据的支撑进一步细化区划方案；如何协调环境功能区划与其他区划和规划的关系；在制定环境功能区划时如何兼顾国土、城市、林业等的规划，如何用环境功能区划引导它们等，这些问题都很现实也很重要，有待下一步重点突破和解决。

参考文献

［1］胡锦涛．高举中国特色社会主义伟大旗帜　为夺取全面建设小康社会新胜利而奋斗——在中国共产党第十七次全国代表大会上的报告［M］．北京：人民出版社，2007：20.

［2］周生贤．坚持以建设生态文明为指导　积极探索中国特色环境保护新道路——在“六·五”世界环境日特别论坛上的讲话．中国环境报，2009-06-05.

［3］张惠远．我国环境功能区划框架体系的初步构想［J］．环境保护，2009，(12)：7-10.

环境保护规划编制体系比较分析研究

贺　涛　彭晓春　曾思远

（环境保护部华南环境科学研究所　广州　510655）

摘　要　本文分别从国家层面和地方层面，对目前我国环境保护规划编制体系进行了比较分析。分别从编制思路、编制主要内容、规划实施和规划技术方法四个方面进行了探讨，总结我国环境规划存在的主要问题，提出我国环境保护规划编制体系应以环境功能区划为基础，在环境战略规划、环境总体规划和环境要素专项规划三个层次体现编制思路、内容、技术方法和实施上的差异，形成环境保护规划的分级分类编制体系。

一、引　言

目前我国的环境规划，不仅种类繁多，而且层次复杂。因此，对环境规划进行体系化的研究是十分必要而且具有重要现实意义的，因为体系化的研究不仅可以对环境规划在国家整个规划体系中进行合理的定位，而且还能进一步揭示各环境规划之间的逻辑关系，为不同种类及不同层次环境规划之间的相互衔接和协调奠定基础[1]。

从横向上，根据《中华人民共和国环境保护法》第四条规定：国家制定的环境保护规划必须纳入国民经济和社会发展计划，在我国其他单行的环境立法中实际上大多也都有类似的规定。法律规定表明，环境规划属于国民经济和社会发展规划的范畴，从逻辑的角度来说，国民经济发展和社会发展规划是上位的属概念，而环境规划则是下位的种概念。

在国民经济与社会发展规划下位的规划系列中，与环境保护规划关系密切的领域包括土地、水、海洋、煤炭、石油、天然气等重要资源的开发保护，这其中又涉及总体规划、专项规划和区域规划的内容。为处理各级各类规划之间的效力关系设置规则，在国务院出台的《国务院关于加强国民经济和社会发展规划编制工作的若干意见》中规定：专项规划草案由编制部门送本级人民政府发展改革部门与总体规划进行衔接，送上一级人民政府有关部门与其编制的专项规划进行衔接，涉及其他领域时还应当送本级人民政府有关部门与其编制的专项规划进行衔接，同级专项规划之间衔接不能达成一致意见的，由本级人民政府协调决定。由于是同级人民政府各部门组织编制的各领域规划，与环境规划应该是并列关系，在横向上需要考虑冲突的相互协调。

从纵向上对环境规划的分类目前并没有统一的标准和法律依据，基本依照我国的行政层级进行分级，基本可以划分为国家级规划、区域环境保护规划、省（区、市）级规划、市县级规划四个层次。这四个层次与国家要求的三级有些不一致，但内容体系基本差不多，因而不过分拘泥于各种层次结构。按照环境要素可以将环境规划分为水环境保护规划、大气环境保护规划、固体废物污染控制规划、噪声污染防治规划、生态保护规划、生态工业园区规划等。

二、国家层面规划编制

（一）编制思路

总量控制和污染物削减是目前国家层面环境规划设定的主要任务目标，目前的环境保护工作也主要围绕这一目标开展，在国家环境保护“十一五”规划之中将污染防治和生态保护并重，但重点工程仍然主要是污染控制上，环境规划的编制理念仍停留在“就环境论环境”的阶段[2]，在资源优化配置、促进产业结构调整和布局优化方面起到的作用不够，环境保护规划的经济导向性和空间调控性不足。近几年虽然加强了环境优化发展的规划工作，但总体上落实比较困难，切入点比较难以找准，集中体现在我国环境规划横向上的考虑较为不充分，本质反映了环境规划理论和战略指导思想的缺陷。

（二）编制主要内容

经过几十年的发展，环境规划的内容日趋完善，包括规划区概况、环境现状调查评价、社会经济与环境压力预测、目标指标体系、环境功能区划、规划方案和实施计划等。在规划编制体例上一般按照要素进行展开，逐步通过 COD 和 SO_2 的总量控制安排重点工程建设。在这些规划编制内容中，规划目标指标是非常关键的内容，也是形成考核的约束性内容。以国家环境保护“十一五”规划为例，规划指标包括 COD 排放总量、SO_2 排放总量、地表水国控断面劣Ⅴ类水质的比例、七大水系国控断面好于Ⅲ类的比例、重点城市空气质量好于Ⅱ级标准的天数超过 292 天的比例（%）五个指标，与“十五”期间设定的 14 个指标涵盖了主要环境要素相比减少了很多，体现了在国家层面上着重对水、大气两个环境要素控制的重点要求。这些指标的变化也反映了在规划编制中主要内容的变化和侧重点的不同。现有的规划指标没有考虑我国的地区差异，“一刀切”的方式在不同地域空间分解上存在困难。

（三）规划实施

从国家环境保护“十一五”规划的实施中，主要通过总量控制和污染物削减来达到环境保护目标，这些“控制”和“削减”的措施是一种自上而下的任务下达计划，与规划实施中强调的导向性作用存在差距。这种状况发生的一个主要原因在于在国家层面的环境保护规划中，对于社会经济发展的预测和财政预算资金的拨付存在不足。

实施评估是指导当前规划调整和未来规划编制的主要依据。当前我国的环境规划体系中尚没有明确的规划评估主体，在各种规划文本中也未明确参与单位负有对环境规划事实状况进行评估的责任。这样容易造成规划实施的评估、考核和问责机制不明确，反馈效果差。一方面在这种后期评估中，规划约束性不强且由于规划文本要求的指标较少不能反映我国环境保护规划的全貌；另一方面则体现在规划的滚动实施有效性的不足。

我国环境保护规划的编制术语较多，专业化程度较高，与国外环境保护规划存在很大的不同，也限制了公众参与的效果。从我国“十一五”和“十二五”期间的规划编制过程中，公众参与的主要形式来自于规划前期的提意见和规划完成之后的公示，规划过程中的参与环节少，公众参与的动机主要凭兴趣而不是凭责任感，因而是一种被动的、初级阶段的参与而非实质性的参与。

（四）规划技术方法

目前我国在环境保护规划的编制中针对不同的内容采用了诸多技术方法，包括智能技术、最优化技术、决策支持技术、各种预测技术在内的技术体系应用到环境保护规划编制中，但是在国家层面这一级的编制中技术含量不高，这与通俗性的语言表达也是不矛盾的。由于定量化技术使用较少，在规划指标确定上存在人为因素较多，确定的指标值可达性分析上依据不充分，也限制了规划指标的分解和反馈实施的力度。

三、地方层面规划编制

（一）编制思路

与国家环境保护一般编制五年规划（计划）不同，在地方层面上则存在五年规划和中长期规划两种，其中后者无论是在编制内容还是在实施要求上都比前者丰富得多。省级层面上目前只有我国几大经济圈内编制了中长期环保规划，如珠三角环保规划、广东省环保规划等；在地市级层面上在长三角、珠三角地区则普遍编制了中长期环保规划，在东南沿海地区的县域、乡镇和农村环保规划编制工作也比较多。相比之下，在我国其他地区则主要以五年规划为主，内容也相对简单得多。

地方层面的环境保护规划原则上属于上一级层面的贯彻落实，但目前各级层面的环保规划之间都存在较大的脱节现象，尤其是一些规划指标的衔接问题，这与上一级规划在编制过程中未能有效考虑地区差异相关。在编制思路上，沿袭着国家层面的污染控制和总量削减战略，虽然在“十一五”规划中加强了循环经济和产业优化布局的内容，但偏重于形式。尤其是与省区实际结合较少，环保规划的区域性和地域性特色不能得到较好的反映。

（二）编制主要内容

各省、市、县“十一五”环保规划的篇章在“十五”、“十一五”期间基本上都是按照回顾、当前形势分析、指导思想、目标指标、规划任务和保障措施几大部分来安排的。部分省还会结合生态省建设、新城区开发等重大项目开展单独制定分规划。在规划任务中，通常也是按环境要素进行编排的，但存在城市和农村之间的一个交叉问题，在“十一五”规划中重点增加了环境管理能力建设、规划实施保障等内容。

在地方层面的中长期环境保护规划中，环境功能区划被提到了一个显著的位置，因为这是我国环境管理的主要依据，也是各级环境保护部门的主要需求。由于环境功能区划的划分需要较多的基础数据，因而在编制技术上远高于五年规划。此外在环境容量计算、规划方案选择乃至环境预测上对技术的要求都大大增加，一般要求有资质的单位来编制。同时在中长期环保规划中（一般11~20年）对于引导产业发展规划也逐步受到重视。

国家和地方层面的环境保护规划要求存在差异，因而编制内容也不可能千篇一律，有必要对各级环境保护规划编制技术指南，形成技术规范，在编制内容上提出必选要求和可选要求，强调突出区域特点。

（三）规划实施

在地方层面环境保护规划的保障体系中，与国家层面类似其公众参与程度较低，普通民众在环保规划参与决策上明显存在不足。而更突出的一个问题来自于环保规划的法律效力上，目前还没有在国家层面上制定环境规划法，地方层面也很少出台环境保护规划的条例、办法，从法律法规和制度体系上缺乏足够的保障。而县域以下层次的宣教体系也是相应层次规划编制的重要保障。

另外一个方面则是来自于环境保护基础设施建设滞后于规划期限，这在“十一五”规划中期评估中是一个突出的问题，这说明了在规划实施过程中对于资金的落实上存在困难，也充分反映了环境保护在当地社会经济中的地位提高还需要一个较长的过程，与环境保护的形势呈现不相适应的状况。

（四）规划技术方法

国内外科研机构发展规划包括智能技术、最优化技术、决策支持技术、各种预测技术在内的技术体系需要应用到环境保护规划编制中，以提高规划编制的科学性、客观性和可操作性[3]。在原国家环境保护局出版的《环境规划指南》一书中，对各种技术方法进行了详尽的描述，而现在GIS技术、智能决策技术、复杂系统技术、网络规划技术结合环境健康、TMDL方法、生态足迹方法的应用，增强了环境保护规划的技术含量。尤其是在新开发区、地市级和县域等对空间要求非常高的地区，环境规划的定量化需求必不可少。在这种背景下，规定有资质的单位进行编制是环境规划走向空间化、定量化和可实施化的重要需求。

四、发展趋势分析

从我国国家层面和地方层面环境规划的编制体系上，主要建议如下：①国家层面需要中长期环境保护规划，并以国家主体功能区划为依据，完善我国环境保护规划体系；②理清环境规划的横向和纵向衔接问题，并强调突出区域特点合理分解规划指标；③强化环境保护规划的空间导向性和引导经济发展功能；④通过制度建设加强环境规划的法律地位，建立环境规划实施评估和反馈合理模式，重视公众参与；⑤加强环境保护规划编制的定量化要求和文本通俗性要求，提出各级环保规划编制的技术规范要求；⑥加强环保规划的理论性研究。

在编制体系上，根据环境保护的特点及我国目前规划体系存在的实际情况，建议环境规划分两个层次进行，首先是进行国家环境区划，画出国家发展环境“红线”，然后在此基础上进行国家环境规划。

根据规划的性质开展，不一定要求各级政府都要开展。如五年规划，国家、省（自治区、直辖市）、市政府要做详细规划，并做好与各专项规划的衔接，而县区一级只需要做实施方案就行。中长期规划、环境战略规划也只需要做到国家、省、市三级，而县区不用做。环境保护总体规划因为牵涉环境家底的全面梳理，体现各级政府对辖区环境质量负责的精神，建议国家、省、市、县、乡镇五级政府全面开展。环境要素专项规划则只开展到县一级。其他环境专项规划则根据需要灵活开展，但在规划体系上预留空间。

参考文献

[1] 张璐．环境规划的体系和法律效力［J］．环境保护，2006，6（A）：63－67.

[2] 李娜，郭怀成，刀谞，等．国家环境规划：回顾、现状和建议［R］．中国环境科学学会环境规划专业委员会2008年学术年会论文集，北京，2008.

[3] 尚金城．城市环境规划［M］．北京：高等教育出版社，2008.

国内外环境规划的研究进展

洪鸿加[1,2]　彭晓春[1]

（1. 环境保护部华南环境科学研究所　广东　广州　510655
2. 湖南农业大学　湖南　长沙　410128）

摘　要　环境规划是组织开展环境保护工作的纲领和依据，是协调经济发展与环境保护的有效工具。本文综述了近年来国内外在环境规划基础理论和技术方法的研究进展，并对目前国内环境规划研究存在的问题和发展趋势作了讨论。研究表明：目前我国环境规划已取得很大成效，已初步形成环境规划体系，但在理论研究、衔接性、实施机制和效果评估上仍存在一定的问题。在环境规划编制规范、技术方法和决策系统等方面的研究还有待进一步深入。

关键词　环境规划　问题　发展趋势

环境规划是人类为使环境与经济社会协调发展而对自身活动和环境所做的时间和空间的合理安排，实质上是一种克服人类经济社会活动和环境保护活动盲目性和主观随意性的科学决策活动[1]。环境规划注重的就是生态环境和经济发展的综合效益，它的基本任务是依据有限的环境承载力，规定人们经济和社会活动的约束要求，并提出保护和建设环境的对策[2]。20 世纪 30—60 年代，美、英、日等国家先后发生了震惊全球的“八大公害事件”，环境问题逐渐受到人们的重视。迫于日益严重的环境压力，无论是发达国家，还是发展中国家，都不得不把环境问题作为重要而紧迫的问题加以认真研究。解决环境问题的一个重要举措就是开展环境规划，把环境规划作为国民经济规划的一个重要组成部分。目前，在全世界范围内，各国广泛开展环境规划基础理论和技术方法方面上的研究，已取得明显成效。我国环境规划于 20 世纪 70 年代开始起步，目前已初步形成环境规划体系，但作为一门新兴学科目前还存在一定的问题。

一、国外环境规划研究进展

欧美各国大规模的经济建设而导致一系列生态环境问题，使人们意识到必须对自已赖以生存的环境进行有计划的开发、保护与管理。因此从 20 世纪 60 年代以来，环境规划备受美国、日本、英国、德国等发达国家的重视。美国的环境规划研究进行十分广泛，每个州都设立了环境规划委员会。美国通过立法规划环境目标，以能源研究作为环境规划研究的基础，注重环境规划方法的研究。美国的环境规划一般以区域性的环境规划为主，近年来提出的绿色社区规划的研究已形成热点。英国把环境规划作为经济发展规划的一个有机组成部分，在新市镇规划中充分重视环境规划的内容，并实行“规划导向型”的发展规划管理机制。日本的环境规划依据环境厅颁发的“区域环境管理规划编制手册”可分为综合型、指导型、污染控制型和特定的环境目标型四大类。日本环境规划重视直接的和行政的管理，将“标准”作为基本的规划目标和规划手段，防治重点突出，保护人体健康重于经济发展。俄罗斯的环境保护规划属于协调型的环境保护规划，注重根据当地环境的特点、自然资源情况和生产力布局，合理安排区域发展规划和环境规划，环境规划的方法则采取与西方国家截然不同的“环境目标纲要法”。这些国家较早地开展环境规划的研究工作，并取得了较好的效果[3-5]。

在环境规划方法论研究上，国外许多生态学家，城市区域规划学家也作了大量探索。美国在环境规划研究中广泛采用模型预测的方法，如大气模型、水模型等，为区域环境规划提供了科学依据[6,7]；德国科学家 F. Vester 及 A. Von Hesler[8]将系统规划与生物控制论相结合，建立城市与区域规划的灵敏度模型；Mikiko Kainuma 等[9]率先开发了一套适用于环境规划的综合决策支持系统，并在日本东京湾环境规划中加以应用；Risto Lahdelma 等[10]基于实际应用经验，探讨了多目标规划方法在环境规划和决策过程中的应用；VILLA Ferdinando 等[11]研究了量化环境脆弱性的模型和框架，得到最小主观性和最大客观性的近似、标准化的环境脆弱性指标。

二、国内环境规划研究进展

我国环境规划的发展历程大体上可以按照全国的环保会议分为四个阶段。第一阶段为探索阶段（1973—1983），第一次全国环境保护会议提出了我国环保工作 32 字方针，前八个字为“全面规划、合理布局”，体现出我国政府对环境规划的重视。第二阶段为研究阶段（1983—1989），第二次全国环境保护会议提出的“三同步”方针，对我国环境规划有着深远的影响。“七五”期间开展的国家科技攻关项目——大气和水环境容量研究，为环境规划从定性分析向定量为主的跨越创造了条件。环境经济计量模型、环境经济投入产出模型、系统动力学模型和环境污染与生态破坏损失估计的研究为我国污染物排放宏观目标总量控制和环境经济损失计量打下基础。第三阶段为发展阶段（1989—1996），第三次全国环境保护会议进一步明确了环境与经济协调发展的指导思想。《中国 21 世纪议程》明确了走可持续发展之路的必要性，环境规划的指导思想上升到可持续发展的高度。1993 年，国家环保局发文要求各城市编制城市环境综合整治规划，并组织编制了《环境规划指南》。第四阶段为深化阶段（1996 年至今），1996 年召开的全国环境保护会议颁发了《关于环境保护若干问题的决定》。国家实施污染物排放总量控制和跨世纪绿色工程规划两大举措，确定“三河三湖两区”为治理重点。

（一）国家级环境规划研究进展

1. 基础理论研究概况

环境规划作为国家环境保护政策和战略的具体体现，在我国环境事业发展过程中充分受到政府和学术界的重视。很多学者针对我国目前的环境规划现状开展广泛的研究，已取得了丰硕的研究成果。我国环境规划经过近 30 年来的工作实践和发展，先后经过了一个从单纯的点源治理、局部控制到综合控制，已逐步形成了一套从宏观到微观，从理论到实践，从规划编制到实施的环境规划体系、程序和方法[12]。刘天齐等[13]认为协调发展论、可持续发展论和生态理论是制定环境规划的理论基础，但没有从系统的角度对三个理论进行综合研究，因此没有形成完整的理论基础体系；刘慧等[14]通过对荷兰环境规划体系及其保障体系的全面介绍，总结出其在权威的数据来源、NEPP 的核心作用、规划主题内容的演变和完善的保障体系四个方面对中国环境规划的借鉴意义。目前我国的环境规划编制模式基本上都是沿用以前的模式，对一些新出现的环境问题考虑不够，例如农村城镇化过程中城乡接合部的规划、近岸海域的环境保护规划等。环境规划在近几十年内的发展过程中，绝大多数是对规划方法的研究和探讨，而对规划理论的研究则相对薄弱，缺乏对环境规划体系的完整论述和高度深化，真正理论层面的成果却不多，致使理论体系尚未形成，尤其是核心理论没有形成[15]。与当前经济发展和环保工作发展的需要相比，环境规划仍存在着很大的差距，理论研究滞后于应用已成为基本现实[16]。

2. 技术方法研究概况

王金南等[16]针对中国目前高污染高消耗的发展现状，提出要制定出国家的绿色发展战略规划；曹勇宏等[17]分析了我国目前环境规划学存在的主要问题及局限性，给出了能满足 21 世纪可持续发展需要的现代环境规划学的定义及主要特征，并论述了实现环境规划学现代化所需要的外在条件与内在动力；裴洪平等[18]从环境规划体系的角度分析了我国目前环境规划中存在的问题，指出建立新的科学的环境规划新体系的必然趋势，并指出在建立新的环境规划体系过程中，应加强环境规划理论、环境规划法制建设、环境规划教育以及环境规划管理及实施等方面的研究；宋国君等[19]总结了环境规划实施的一般模式和保障机制，指出理想的环境规划的实施方法和目前我国环境规划实施亟待改进的地方；牛红义等[20]在现有环境规划理论的基础上，提出以可持续发展为战略思想和根本目标，以生态学、循环经济和区域科学理论为基本理论，以“预防—调控—治理”为思路的环境规划思想体系；卓刚[21]指出目前我国环境规划中没有声环境的专项规划，不能满足我国日益加快的城市化进程对城市噪声必要和有效的控制要求；疏友斌[22]比较了澳大利亚与我国城市规划与环境保护之间存在的区别，并总结出环境规划将来的发展方向。

（二）省级（流域）环境规划研究进展

1. 基础理论研究概况

省级环境规划和流域环境规划均属于区域环境规划，具有很强的综合性和地区性。自20世纪90年代以来，面对经济体制、社会结构和发展模式的快速转变，传统的区域规划编制与实施出现了种种不适应。在“十一五”规划中，区域规划被放在重要的位置，但其理论发展长期滞后于区域发展的现实需求[23]。我国学者针对区域环境规划存在的问题，从不同的视角对区域规划编制和实施调整展开讨论，提出了许多富有建设性的观点，有力地推动了我国区域规划理论的发展。方创琳[24]认为只有分阶段、分步骤制定规划目标，才能保证其顺利实现，因而规划目标不应是“一步锁定”，而是“分步锁定”；张京祥等[25]认为将区域规划的种种“终极合理目标”转化为具体可行的“行动过程”是关系到区域规划成败的关键，规划目标应该是有限的；姜爱林[26]选择了环境污染治理规划和生态环境建设规划作为研究对象，探讨了区域环境规划的方案编制及其编制时应注意的有关问题；高长波[27]等将循环经济的理论引入了珠江三角洲的环境保护规划，提出了更注重污染废弃物排放减量化，企业生产清洁化，工业生态化以及区域废弃物再循环利用的环境保护规划；张远等[28]分析了流域水污染防治规划制订与实施过程中存在的相关问题，提出了改进中国流域水污染防治规划制定和实施的相关对策，并分别提出了规划体系、管理体制、投资方式、监督管理、标准体系建设以及法律法规完善等方面的改善建议与对策。

2. 技术方法研究概况

技术模型的研究和应用是环境规划研究最为活跃的领域，它对提高规划的科学性、动态性和信息化程度起到了非常重要的作用。3S及VR等现代技术的应用极大地提高了环境规划信息获取的真实性、可靠性和广泛性。目前环境规划中最新出现的技术有Matlab软件，Suefer8.0软件和Arcobjects环境规划与管理软件。主要研究成果有：许晓天等[29]利用Matlab软件对上海某地区的大气环境质量的现状以及大气污染物扩散进行模拟，由此得出了能源系统优化的方案；陆志波等[30]利用Suefer8.0软件对上海某地区的大气污染物扩散模型进行模拟，模拟结果为规划制订提供依据；顾洪祥等[31]建立了上海黄浦江上游水源保护区的基于Arcobjects的环境规划与管理信息支持系统，所引入的土地利用评价模型和专家系统预留接口可以进行今后水源保护区的土地利用生态环境影响评价；邹锐等[32]提出环境规划方法框架和相应的不确定性多目标混合整数规划（IMOMIP）模型，应用于厦门海沧投资区进行环境经济系统规划研究；张雪花等[33]应用SD－MOP整合模型对秦皇岛市进行城市生态环境系统规划研究，得到了对城市可持续发展支撑水平较高的规划方案；钟锦等[34]基于群智能理论的改进PSO算法对非线性水污染控制系统动态博弈过程进行求解分析，以期实现非线性水污染控制系统规划全局最优化求解的高效性；毛锋等[35]利用系统生态学的理论和方法探讨城市生态环境规划的原理、过程和建模方法，并以广州市为例，构建了城市的生态环境综合调控模型，并借助DYNAMO语言模拟得到了广州市未来生态环境规划的优化方案。

（三）市县级环境规划研究概况

市县级规划是我国现行规划体系中的最基本单元，是实施性规划，应确保市县级规划有的放矢和切实可行。编制城镇环境规划是搞好小城镇环境保护的一项基础性工作。为指导和规范小城镇环境规划的编制工作，2002 年国家环保总局和建设部制定了《小城镇环境规划编制导则》。我国学者立足于市县级实际情况，开展了一系列的市县级环境规划研究。刘育等[36]介绍了可持续发展的城市环境规划的内容、结构框架与一些制定方法等，并对如何编制可持续发展的城市环境规划提出了建议；于亚滨[37]认为城市环境规划的编制要处理好城乡之间、人与自然之间以及国内外竞争和合作之间的关系；任志涛[38]提出选择适应的中国新农村基础设施需求进行环境规划理念创新的对策与建议；王红英[39]结合城市环境规划法律地位的不明确的特征，阐述了城市环境规划法律性质研究的重要意义、目前的研究状况等问题；彭林等[40]通过唐山市唐海县生态环境规划与建设的特点分析，总结出北方沿海地区生态环境规划与建设的一般性特点；方亚佳[41]通过对龙海市市域生态环境状况的分析，揭示出市域城镇化进程中较为共性的生态环境问题，提出了以城镇为主导的生态分区模式和市域城镇生态环境保护的对策；方芳[42]等以贵州遵义市的城市环境保护规划为例，在进行充分调研、考证的基础上总结了城市环境保护规划实施的总体思路。

三、存在问题

（一）环境规划理论方法明显滞后于规划的实践

随着社会经济的快速发展，我国的环境规划理论方法研究渐渐跟不上步伐。尽管我国的环境规划在其方法和理论体系方面的规范化工作已经取得很大的进步，但我国采用的环境规划理论大都系欧美发展的环境目标规划法，因此得出的污染物削减量及投资费用都比较大，难以为决策机构所采用。规划中给出的许多削减或建设项目目标缺乏论证说明过程，很难保证在规划期内能够完成。规划中所用的方法也都比较落后，对规划中所包含的大量不确定因素未能进行系统分析，而许多较先进的规划方法却未能得以推广。以往环境规划大多是依据已有的模式，根据一系列数学化学公式编制出来的，并且没有建立起干系人参与的机制，导致规划的可接受性和可操作性减弱。总之，我国的环境规划理论方法研究明显滞后于规划的实践，是目前环境规划体系中的薄弱环节，亟待加强。

（二）规划与规划之间的衔接性研究有待深化

环境规划作为政府国民经济和社会发展规划的一部分，是实现统筹兼顾、全面协调的一个重要载体。如何理清环境规划在国民经济与社会发展总体规划中的地位，明细环境规划与其他专项规划的关系，明确环境保护规划的层次等问题，是能否有效实现环境保护规划的指导、协调作用的前提条件。环境与经济协调型规划现已被我国乃至全世界各国所接受，但目前我国大部分环境规划还属于经济制约型规划。之所以造成这种状况，与人们对经济的传统重视程度和环境规划人员缺乏经济规划知识，又很少与经济界研究人员合作有重要关系。因此，必须加强规划之间的衔接性研究，增强规划的可行性和可操作性。

（三）环境规划的实施机制有待完善

环境规划实施过程中的责任机制、资金机制、信息流通机制和监测机制均存在一些不同程度的问题，有待完善。在环境规划实施过程中，存在各部门的职责分配不明的情况，导致问责不明，规划任务的完成情况不理想。在资金方面，应当明确中央和地方在环境规划实施中的资金投入机制。同时，中央政府要建立科学的环境保护转移支付制度和专项补贴制度，平衡地区间的差异，对经济落后、生态脆弱的地区的环境保护给予财政支持。目前环境统计部门没有建立起环境信息统一收集、处理、公开的机构，大多数环境规划的信息存在不同部门公布数据不同，数据公开程度有限等问题，应当加快建立起信息的收集、存储、流通和公开机制，使公众更好地了解环境规划实施的情况，也更有利于问责的进行。国家和地方应当尽快建立起统一的监测机制，避免目前水环境监测上水利和环保两套监测系统的情况。要加强监测的投入，实现监测的连续性，保证监测数据的代表性与准确性。

（四）环境规划实施效果评估较弱

环境规划的评估是检验规划的效果、效益和效率的基本途径。中国环境规划的评估虽然得到了不断的重视与改善，但还存在很多问题。比较典型的有：评估资源的短缺；评估信息短缺，评估的质量差；评估过程中缺乏公众参与；政策目标不明晰，缺乏量化指标。要提高环境规划评估的效果，需要从以下几个方面来完善：①加强环境规划评估的制度建设；②建立环境评估的信息管理系统：应该成立相应的信息管理机构，制订信息管理办法，建立起信息网络系统；规范评估信息的采集、加工、传输，建立评估信息披露制度，最大限度地避免信息的截留、失真，以保证评估组织能够获得真实、详尽的信息；③建立环境规划评估资金：应当在环境规划的资金中建立环境规划评估的专项资金，将其纳入规划编制中考虑。确定的环境规划评估资金要写入环境规划，资金的落实情况要作为日后对环境规划实施机构考核和问责的依据[43]。

四、结论与展望

环境规划是组织开展环境保护工作的纲领和依据，它的好坏直接影响着环境保护工作的成效。目前中国的环境规划在技术上已经日趋成熟完善，基本能满足实际的需求。随着政府职能的转换和社会主义市场经济飞速发展，环境规划工作将作为环境建设与管理工作的科学依据和先导，成为宏观调控与管理的有效手段。随着环境管理工作的深入，对环境规划也必将提出新的要求。但是环境规划本身是环境管理的一种手段，完善其管理上的职能更为重要。从环境管理的角度看，目前我国的环境规划在制订、实施和评估上还存在较大的问题。

从环境规划的内容和方法论来看，环境规划在以下几个方面还需要深入研究：①环境规划的发展离不开相关学科理论成果的借鉴和吸收，如何实现在环境规划理论内的内部重整和系统化值得进一步探索。②环境规划的方法大多是以数学逻辑对规划过程加以抽象化、简单化，其结果并非十分理想。如何使之更符合实际，具有可操作性，仍需进一步深入研究。③规划决策支持系统（PDSS）的研制工作亟待加强。目前我国已建立省级环境决策支持系统，但其实用性仍有待加强。④环境规划的制定规范、环境规划管理的法律支持、多学科交叉融合尚存在欠缺，难以统一、综合，全面协调贯彻实施环境规划，必须深入研究，使之有效结合。

参考文献

[1] 傅国伟．当代环境规划的定义、作用与特征分析［J］．中国环境科学，1999，19（1）：72－76.

[2] 易颂辉．可持续发展与区域环境规划［J］．中国环保产业，2006（9）：16－19.

[3] R B H. Antaeus and the public trust doctrine：A new approach to substantive environmental protection［J］．Boston College Environment Affairs Law Review. 1992，19（4）：749－763.

[4] De Roo G. Environmental planning in the Netherlands：too good to be true：from command－and－control planning to shared governance［M］．Ashgate，2003：386.

[5] Kenny M，Meadowcroft J. Planning sustainability［M］．London，Routledge，2002：230.

[6] Intefrated GIS and hydrologic modeling for countywide drainage study［J］．

[7] Applying SWAT for TMDL programs to a small watershed containing rice paddy fields［J］．

[8] A Ecology and Planning in Metropolitan Areas Sensitivity Model［J］．

[9] Mikiko Kainuma Y N T M. Integrated Decision Support System for Environmental Planning［J］．IEEE Transactions on Systems，Man，and Cybernetics. 1990，20（4）：777－790.

[10] Using Multicriteria Methods in Environmental Planning and Management［J］．

[11] Ferdinando V，Helena M. Environmental Vulnerability Indicators for Environmental Planning and Decision－Making［J］．Environmental Management，2002，2（29）：335－348.

[12] 罗丹．我国环境规划理论体系初探［J］．中国水运（理论版），2006，4（5）：141－143.
[13] 刘天齐．区域环境规划方法指南［M］．北京：化学工业出版社，2001：24.
[14] 刘慧，郭怀成，詹歆晔，等．荷兰环境规划及其对中国的借鉴［J］．环境保护，2008（2）．
[15] 曹勇宏，尚金城．论我国现代环境规划理论体系的构建［J］．环境科学动态，2005（4）：1－4.
[16] 王金南，曹东，陈潇君．国家绿色发展战略规划的初步构想［J］．环境保护，2006（6）：39－49.
[17] 曹勇宏，尚金城．论现代环境规划学的创生机制［J］．科学与科学技术管理，2001（9）：23－27.
[18] 裴洪平，汪勇．我国环境规划发展趋势探析［J］．重庆环境科学，2003，25（2）．
[19] 宋国君，徐莎．论环境规划实施的一般模式［J］．环境污染与防治，2007，29（5）：382－386.
[20] 牛红义，张宝春，江东鹏．我国环境规划思想体系初探［J］．环境与可持续发展，2008（2）：53－56.
[21] 卓刚．城市声环境保护规划的缺失和补救措施［J］．城市问题，2005（2）：54－57.
[22] 疏友斌．关于澳大利亚城市规划与环境保护的思考［J］．工程与建设，2006，26（3）：210－213.
[23] 李广斌，王勇，谷人旭．我国区域规划编制与实施问题研究进展［J］．地理与地理信息科学，2006，22（6）：48－54.
[24] 方创琳．中国区域发展规划编制与实施的病理分析及根治途径［J］．地理科学，2001，21（2）：97－103.
[25] 张京祥，吴启焰．试论新时期区域规划的编制与实施［J］．经济地理，2001（5）．
[26] 姜爱林．论区域环境规划［J］．理论与改革，2000（3）．
[27] 高长波，陈新庚，彭晓春，等．基于循环经济理念的珠江三角洲环境保护规划战略探讨［J］．生态经济，2006（7）．
[28] 张远，张明，王西琴．中国流域水污染防治规划问题与对策研究［J］．环境污染与防治，2007，29（11）：870－875.
[29] 许晓天，陆志波．Matlab 在区域大气环境规划中的应用［J］．同济大学学报（自然科学版），2005，33（2）：185－191.
[30] 陆志波，陆雍森．Surfer8.0 在环境评价和规划中的应用［J］．同济大学学报（自然科学版），2005，33（2）：191－196.
[31] 顾洪祥，李建忠，林燕芬，等．基于 ArcObjects 的环境规划与管理信息支持系统——以上海市黄浦江上游水源保护区为例［J］．计算机系统应用，2005（7）．
[32] 邹锐，郭怀成．经济开发区不确定性环境规划方法与应用研究［J］．环境科学学报，2001，21（1）：101－106.
[33] 张雪花，郭怀成．SD－MOP 整合模型在秦皇岛市生态环境规划中的应用研究［J］．环境科学学报，2002，22（1）：92－97.
[34] 钟锦，汪家权．基于粒子群算法的水环境规划演化博弈分析［J］．合肥工业大学学报（自然科学版），2009（2）．
[35] 毛锋，马强，邹积颖，等．城市生态环境规划的原理与模拟探析［J］．北京大学学报（自然科学版），2002（4）．
[36] 刘育，夏北成．可持续发展的城市环境规划［J］．中山大学学报论丛，2003，23（5）：254－258.
[37] 于亚滨．新时期城市总体规划修编重点的探讨［J］．城市规划，2006（8）：75－78.
[38] 任志涛．新农村基础设施建设环境规划战略思考［J］．沈阳农业大学学报（社会科学版），2008（6）．
[39] 王红英．城市环境规划的法律性质［J］．环境科学与管理，2009，34（1）：34－37.
[40] 彭林，刘征，张连秀．中国北方（华北地区）沿海地区生态环境规划与建设特点分析——以唐山市唐海县为例［J］．河北师范大学学报（自然科学版），2009，33（1）：117－124.
[41] 方亚佳．市域城镇生态环境矛盾分析与规划保护初探［J］．中国科技信息，2007（15）．
[42] 方芳，宋立．城市环境保护规划研究——以贵州省遵义市为例［J］．科技创新导报，2008（28）．
[43] 王金南，宋国君，徐莎，等．环境规划与管理学科发展研究报告［J］．2008：151－153.

环境保护总体规划的研究与实践

张　勇　阎振元　何远光

（大连市环境科学设计研究院　辽宁　大连　116023）

摘　要　环境保护总体规划是经济发展与环境保护发展到一定阶段的产物。由于当前的环境规划存在管理的法律效应不足，没有与城市规划和城市建设同步落实，缺乏可操作性等问题，影响了环保工作的进展，同时也阻碍了经济社会的快速发展。为了解决经济社会发展的瓶颈，处理好经济发展与环境保护的矛盾，环保必须参与到综合决策中，环境保护总体规划应运而生。本文以《大连市环境保护总体规划》为例，探讨环境总体规划编制的实践与应用。

关键词　环境保护　总体规划　实践

环境是人类生存的基本要素，又是经济发展的基本条件。目前，环境问题是我国许多城市所面临的共性问题，是环境累积效应的叠加，是经济发展的必经阶段。环境规划作为调控人们的各种生产、生活活动，减少污染，防止生态破坏和资源浪费，保护人类生存环境、促进经济和社会持续稳定发展所依赖的基础，本应担负起从整体上、战略上和统筹规划上综合研究、解决环境和经济的协调发展与重大环境问题的任务[1]。但由于常规环境规划分门别类项目繁多、指标抽象，难以理解、考核和执行，使得环保规划得不到地方政府重视。环境保护总体规划作为一个新兴的领域，为环境保护综合决策提供了方法论，为环境决策参与政府综合决策找到了切入点，成为提高环境保护在社会经济发展中战略地位的有力抓手。

环境保护总体规划是指在一定时期和地域内，将“社会—经济—环境”看作一个复合生态系统，依据地理系统、生态系统和社会经济系统原理，对环境保护目标和措施所做出的带有指令性的环境保护综合部署和安排，是基于环境分析预测的环境决策的产物[2]。本文以《大连市环境保护总体规划》（2008—2020）（以下简称《规划》）为例，探讨环境保护总体规划的编制，以期对大连市的经济发展和环境保护发挥现实指导作用。

一、《规划》编制背景

随着国家对环境保护历史性转变的要求不断提高，大连市对环境保护工作高度重视，坚持“环境立市”，不断提升大连市核心竞争力，在生态宜居城市的建设上取得了可喜的成绩。目前大连市正在积极推进辽宁省沿海经济带和大连市国际航运中心建设，加快率先全面振兴的步伐。大连市提出以建设资源节约型、环境友好型社会和生态宜居城市为总体目标，在建设国际化城市和东北亚国际航运中心的同时，全力推进生态文明建设，构建持续协调发展的生态经济体系、自然宜居的生态环境体系。

目前大连市正处于工业化中后期，经济面临转型阶段，城市化和工业化带来的影响日益突出，资源消耗量和污染产生量都将迅速增加，面临的环境容量和资源瓶颈的制约越来越明显。为了克服以往环境规划的不足，解决经济社会发展的瓶颈，处理好经济发展与环境保护的矛盾，环保必须参与到综合决策中，环境保护总体规划应运而生。

二、大连市自然经济社会环境概况

（一）自然概况

大连市地处欧亚大陆东岸，辽东半岛最南端。位于东经 120°58′～123°31′、北纬 38°43′～40°10′之间，东濒黄海与朝鲜对望，西临渤海与华北为邻，南与山东半岛隔海相望，北依东北平原。是东北腹地走向东北沿海和国际市场的主要通道和重要枢纽。大连市辖区的陆地面积为 12574km^2，海域面积为 29000km^2，属沿海低山丘陵地貌区。大气环流以西风带和副热带系统为主，属海洋性特点的暖温带大陆性季风气候。

（二）社会经济概况

大连工业基础雄厚，工业门类齐全，综合配套能力较强，目前已形成以港口、贸易、旅游、工业等为主的城市，城市化发展迅速。据大连市统计年鉴的统计数据，大连市地区生产总值呈逐年持续增长趋势，人均生产总值也日益增长。2008 年实现生产总值 3858.2 亿元，按可比价格计算比去年增长 16.5%，目前，大连市常住人口已超过 600 万人。

（三）环境概况

大连市环境质量总体状况良好。空气中四项污染物均值全部达到国家二级标准，空气污染指数（API）Ⅱ级以上（良好）天数 353 天，其中Ⅰ级（优）天数 108 天。近岸海域水质总体保持稳定，除大连湾、南部沿海的无机氮外，各项监测指标年均值符合国家二级海水水质标准。饮用水水源水质保持良好，符合国家地表水Ⅲ类水质标准。城市交通噪声符合国家规定标准。

目前，大连市环境存在的主要问题有：由于大连的能源利用以燃煤为主，采暖期空气污染加重；局部近岸海域环境污染压力增大，海域生态功能定位有待明晰；城市生活和面源污染负荷日趋严重。

三、环境保护总体规划的实践

为了从宏观上解决大连市的环境问题，《规划》把点源治理、区域治理和宏观控制相结合，突出生态安全体系建设，力求起到与《大连市城市总体规划》和《大连市土地利用总体规划》同等的指导作用，探索实现城市总体规划、土地利用总体规划和环境保护总体规划协调一致的规划体系[3]。以此推进大连市社会经济活动持续、有序、健康地发展，使环境保护走出一条可持续发展的新路。

《规划》对大连市的自然状况（地理位置、城市布局、气象水文等）、社会经济状况（产能结构、人口分布、国民生产总值等）进行了量化分析。论述了空气环境、水环境、声环境、固体废物、电磁辐射、土壤生态和生态现状，并对大连市环保工作进行了系统的回顾。在总结环境保护工作成果的基础上，分析目前大连市存在的主要环境问题。通过污染物排放量预测、环境容量分析、资源承载力分析、SWOT 分析以及国内外城市环境质量对比分析，建立了规划指标体系。为保障规划目标的实现，统筹规划大连市产能结构布局，环境基础设施建设等问题，《规划》全盘考虑区域、行业、流域污染物最大允许排放量和削减量，制订科学有效的治理方案，并分步骤、有重点地加以实施。提出了包括大气环境规划、水环境规划、声环境规划、固体废弃物处置规划、核与辐射污染控制规划、工业布局与结构调整规划、自然生态系统规划、农村环境保护规划、环境风险防范以及环境管理能力建设规划 10 个方面的规划。

四、环境保护总体规划特色

《规划》克服了以往环境规划协调性不强、规划措施可操作性差，以及技术体系不健全等问题，以“统筹兼顾、协调发展，自然和谐、改善环境，分类指导、突出重点，改善机制、自主创新”为规划原则，以“总结、深化、集成、创新”为规划思路，全域谋划，突出特色，针对大连市的主要环境问题和未来目标，重点提出了 10 个方面的规划措施。《规划》有以下 5 个方面的主要特色。

（一）文图结合使规划的空间可控性增强

《规划》借鉴城市规划的理念和方法，运用最新的 GIS 系统绘制了大量矢量化图鉴。图集分为《大连市保护区与环境功能区划图集》和《大连市环境保护总体规划图集》两大部分，主要内容涵盖了自然保护区、森林公园、风景名胜区、环境功能区划、环境预测、规划措施等诸多方面，提高了《规划》的空间可控性。此外，《规划》图集参照《城市规划制图标准》（CJJ/T97—2003）以及其他专业制图标准，成功解决了以往环保部门图鉴的图廓边界不一致、详略程度不一致、基础信息不一致等问题，把《规划》落实到图上，能给决策者直观、形象的空间概念，易于理解，便于操作和实施，为科学管理提供了有力的技术支持。

（二）有效协调生态保护区与经济开发区的关系

在空间上，使《规划》协调开发建设和环境保护之间的关系。大连市生态保护区包括：饮用水水源地、自然保护区、森林公园、地质公园、风景名胜区等（见图1）。在大连市生态保护区规划图中划定了生态保护区范围，在空间上规定了生态保护的范围及重点保护区域，使决策者了解环境保护规划的生态基底，制定严格的保护与控制措施。此外，根据不同区域的资源环境承载力、现有开发密度和发展潜力，将大连市划分为禁止开发区、限制开发区、优化开发区和重点开发区（见图2）。通过明确保护区范围、生态功能区划、空间管制分区及经济重点发展区域，协调了生态保护区与经济开发区的关系。

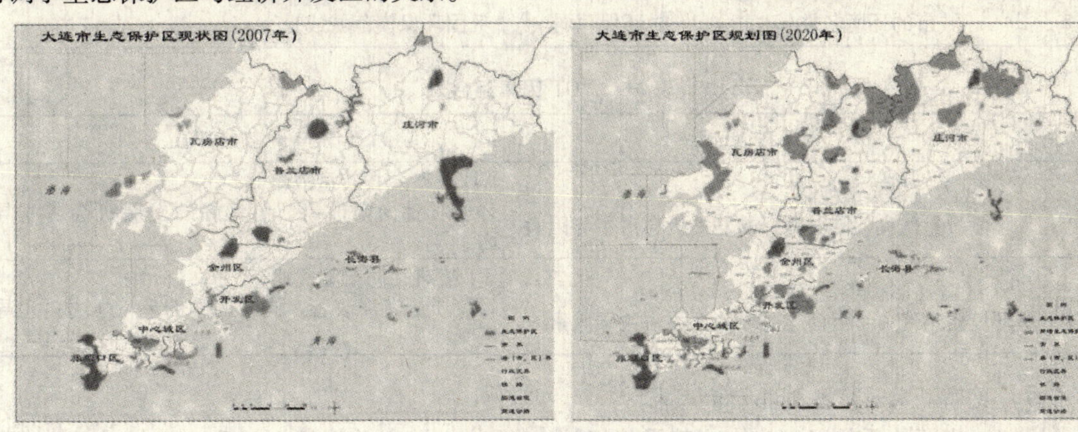

图1　大连市生态保护区现状与规划图

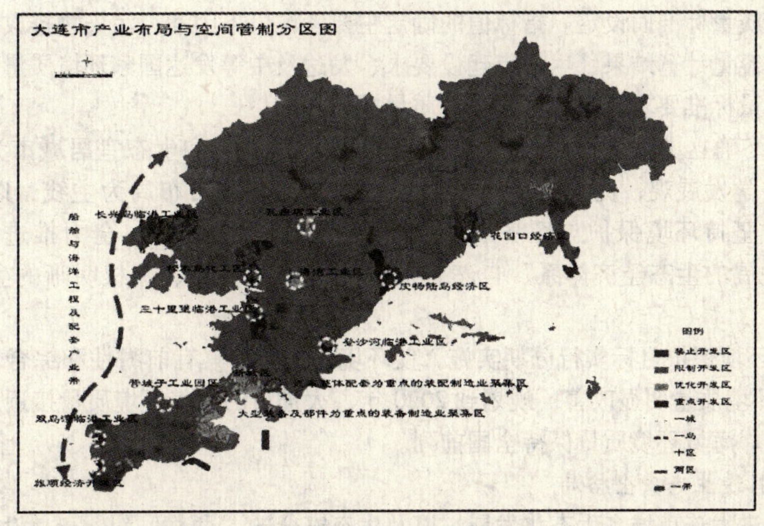

图2　大连市产业布局与空间管制分区图

（三）采用系统动态分析等创新规划方法

在《规划》中采用了数值模拟、系统分析、动态分析、生态足迹、虚拟水计算、决策分析、SWOT分析、3S等技术方法，在大气与海域环境容量、生态功能分区、环境发展战略、生态承载力等方面进行了大量理论研究。如采取 SWOT 分析进行环境战略的选择。综合考虑下面因素，（见表1），大连市选择 WO 战略（扭转型战略）较为合适（见表2）。

表1　发展趋势因素分析表

序号	优势（S）	劣势（W）	机会（O）	威胁（T）
1	经济总量增加	能源消耗增加	老工业基地振兴	经济波动影响
2	产业结构布局优化	汽车总量增加	扩大开放	化工企业风险
3	能源消耗布局调整	水量消耗增加	科学发展示范城	海洋环境污染
4	能源结构调整	人口增加	主体功能区划、政策	海洋资源过度开发
5	环保投入增加	城市化	城乡一体化	水资源、能源短缺影响
6	区域内生态环境的比较优势	工业化	生态市建设	敏感区域的生态环境破坏
7	居民环保意识提高	环境容量局限	污染物控制	跨行政区的环境风险
8	城市的环境名誉	农村环保薄弱	巩固环保模范城成果	

表2　SWOT 因素组合表

	优　势（S）	劣　势（W）
机会 O	SO 战略（增长型战略）： 环境质量优良，同时良好的发展机会占主导因素	WO 战略（扭转型战略）： 环境质量尚需改善，但良好的发展机会占主导因素
威胁 T	ST 战略（多种经营战略）： 环境质量优良，但面临的环境压力占主导因素	WT 战略（防御型战略）： 环境质量尚需改善，同时面临的环境压力占主导因素

（四）更高层次设定规划指标和目标

《规划》指标体系是以《生态市建设指标》、《大连市城市总体规划》和《大连市生态环境保护“十一五”规划》中的相关指标为基础，比较分析了发达国家主要城市的环境质量目标，综合考虑了环境质量标准而设定。指标值的确定主要考虑以下因素：污染物排放量与环境质量的预测结果、环境容量计算结果、生态市建设要求、发达及中等发达国家环境质量平均水平、世界卫生组织环境质量标准要求及我国国家环境质量标准[4]。

《规划》最终确立了以建设资源节约型、环境友好型社会和生态宜居城市为总体目标，以全面贯彻落实科学发展观，促进经济增长方式转变和优化城市布局为主线，以建立良好的生态环境为核心，坚持环境保护与经济增长并重、与经济发展同步，全力推进生态文明建设，构建持续协调发展的生态经济体系、自然宜居的生态环境体系、责权明晰的生态环境执法和保障体系。

《规划》对环境保护目标实行分期实施，使环境保护目标具有前瞻性和综合性、阶段性。规划到 2015 年，环境质量明显改善；规划到 2020 年，大连市的大气环境质量接近发达国家同等城市水平，地面水、海域环境质量保持全国前列。

（五）着力打造生态安全格局

为了构建促进大连市城乡生态化发展，以及生态安全的“两横一纵、五大生态廊道”，形成可持续发展的生态安全格局。《规划》根据生态安全格局的理论内涵与设计原则，大连市生态格局由陆地和海洋两个部分组成，在“一条绿色脊梁多个开放廊道”（见图3）的生态格局的基础上，合理发展和布局产业与人口。通过基本生态控制线的划定，明确大连市经济与城市发展中应该重点保留的生态本底。

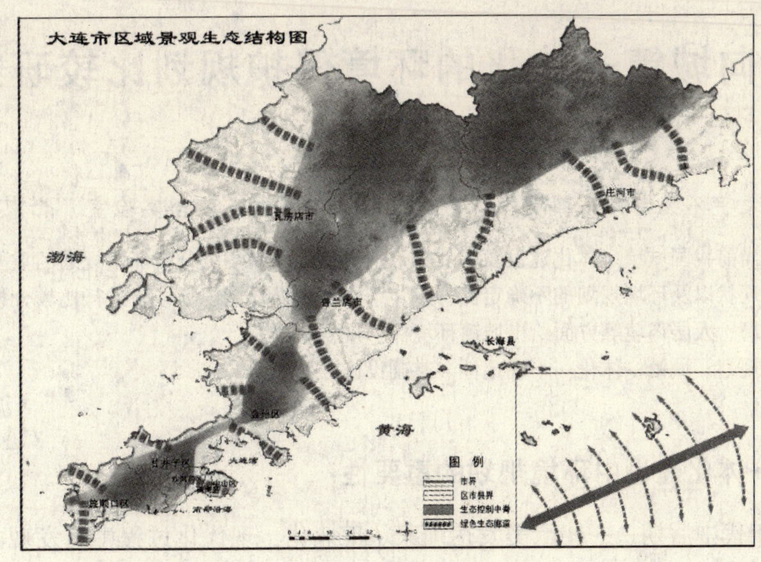

图3　大连市区域景观生态结构图

（六）实现部门间规划的有效联动

从现阶段来看，《规划》提出的环境保护目标、生态功能分区、规划措施等已融入到同期开展的《大连市城市总体规划》、《大连市土地利用总体规划》修编工作中。如《规划》中提出的生态功能分区已作为《大连市城市总体规划》的基础，纳入其主体功能区划之中。编制期间反复与《大连市城市总体规划》、《大连市土地利用总体规划》修编部门沟通，实现联动，有效保证了统一性[5]。

五、结　论

随着我国经济建设的快速发展，城镇化速度不断加快的发展趋势不可避免。环境保护总体规划作为环境规划领域的一个新的尝试，在优化配置城市环境资源和规避潜在环境风险，使城市走上可持续发展的良性轨道方面的作用凸显，真正将环境保护工作前移，成为政府综合决策的重要支撑。

《规划》针对大连市的主要环境问题和未来发展目标，全域谋划，探索性地构建了一个较为完善的环境规划体系。同时，《规划》采用了数值模拟、系统分析、动态分析、生态足迹、虚拟水计算、决策分析、SWOT分析、3S等技术方法，在大气与海域环境容量、生态功能分区、环境发展战略、生态承载力等方面进行了大量理论研究，在环境规划理论和研究方法应用方面有所创新和突破，是一项具有较强科学性、基础性和实用性的成果，对大连市未来的经济发展和环境保护具有重要的现实指导意义。目前，《规划》措施已在大连的排污口综合整治、主体功能区划、烟尘整治以及项目的控制与审批等方面得到应用，并发挥其应有作用。

参考文献

[1] 徐长久，万玉山，冯俊生．我国环境规划现状及存在问题分析［J］．煤炭技术，2007，3（26）：1－3.
[2] 董伟，张勇，何远光，等．创建环境保护总体规划在大连社会经济发展中的战略地位及实施思路［J］．环境科学研究，2010（4）：1－13.
[3] 孙彦伟．城市总体规划与土地利用总体规划协调研究［D］．武汉：华中农业大学，2005：2－3.
[4] 吴舜泽，徐毅，王倩．环境规划：回顾与展望［M］．北京：中国环境科学出版社，2009：64－67.
[5] 曹勇宏，尚金城．论我国现代环境规划理论体系的构建［J］．环境科学动态，2005（4）：1－3.

面向城镇一体化的环境保护规划比较研究

徐琳瑜　王　磊

（北京师范大学环境学院　环境模拟与污染控制国家重点联合实验室　北京　100875）

摘　要　面向当前我国城镇一体化建设发展战略，从可持续发展角度分析环境规划的重要性，针对我国城镇一体化现状以及环境规划的不确定性特点，结合国内外环境规划经验进行比较分析，并从生态理念、生态格局、人居环境等方面给出城镇环境保护规划建议。

关键词　环境规划　城镇一体化　不确定性　基础设施

一、城镇一体化建设中环境规划的重要性

20世纪80年代中后期，一些欧美发达国家从工业化、现代化过程中所发现的人与自然、人与社会的反思中意识到环境问题的严重性，着手生态环境建设，探索“生态良性循环”的发展模式，提出可持续发展理论。与其他发达国家一样，“城市化、城镇一体化”同样是中国通向现代化的必由之路。发展城镇一体化，是带动农村经济和社会发展的一个大战略。目前，我国城市化速度每年增加0.5%，其中有0.35%来自城镇。由于城镇量大面广，一旦受到生态环境破坏，其后果将不堪设想。

（一）促进环境与经济、社会可持续发展的需要

环境问题的解决必须注重预防为主，防患于未然，否则损失巨大、后果严重。城镇环境规划的重要作用就在于协调城镇环境与经济、社会的关系，预防环境问题的发生，从而满足城镇区域环境与经济、社会的可持续发展的需要。

（二）完善城镇规划与生态管理的需要

城镇环境规划研究与规划措施的调控涉及城镇区域发展中瓶颈因子识别，通过实时监控城镇区域发展中瓶颈因子，实现动态调控城镇区域中社会经济活动与生态环境之间的互动关系。同时，环境规划实施的评估结果可即时反馈于城镇规划，用以修订城镇规划，从而满足完善城镇规划与生态管理的需要。

（三）以最小的投资获得最佳的环境效益的需要

环境是人类生存的基本要素、生活的重要指标，又是经济发展的物质源泉，在有限的资源和资金条件下，特别是对发展中的小城镇来讲，如何用最小的资金，实现经济和环境的协调发展，显得十分重要。环境规划正是运用科学的方法，保障在发展经济的同时，实现以最小的投资获取最佳环境效益的需要。

（四）为环境管理目标提供基本依据的需要

城镇一体化中环境规划制定的功能区划、质量目标、控制指标和各种措施以及工程项目给人们提供了环境保护工作的方向和要求，可以指导环境建设和环境管理活动的开展，对有效实现环境科学管理起着决定性作用。城镇环境规划具体体现了国家环境保护政策和战略，其所做的宏观战略、具体措施政策规定，为实行环境目标管理提供了科学依据，是政府和环保部门开展环境保护工作的依据。

二、城镇环境规划研究分析

国内外学者对城镇一体化建设过程中的环境规划研究重点关注环境污染种类、环境管理政策、人居环境及生态城镇建设等。

（一）城镇的环境污染类型研究

国外学者对小城镇环境污染类型研究成果以 Vries 等（2001）在拉丁美洲和加勒比海区域小城镇环境特征管理问题的研究成果代表性较强。研究认为虽然城镇好像面临的环境问题压力较小，但是一个区域众多城镇的生态足迹对环境的影响可以大于一个大城市。通过问卷调查，统计分析了上述城镇固体废物、水污染、土壤污染等 20 多项指标，其中固体废物、水污染、废水及生活污水、不合格饮水、水资源缺乏 5 项指标在小城镇环境问题中最为突出。但其侧重点在于典型环境问题的剖析，没有对城镇一体化发展与环境互动机理进行系统研究。

（二）城镇的环境污染管理政策研究

城镇环境污染管理政策研究主要集中在污水处理系统对地下水质量影响、饮用水污染和疾病传染及其对策几个方面，但总体上关于城镇环境污染的主要共性特征和管理制度的建立方面研究成果较少。具有代表性的如 Paul（2002）以大肠杆菌、硝酸盐、氨水、溶解氧、pH 等共计 8 个指标研究了印第安纳州 Beverly Shores 海滨沙丘覆盖区的一个小城镇化粪排放系统对地下水污染的程度和空间范围。结果表明，这个城镇化粪系统污染的影响是存在的，污染分布于镇区的经济发达地区。统计结果显示，较高化粪系统密度、稀释剂不饱和区、使用水处理系统以及干井排放系统可以提高化粪系统区域地下水的质量。作者通过一个采样点地下水化粪系统指示参数的时空分布，还提出了针对不合理的化粪系统设计、建筑和维护的建议和对策。

（三）城镇人居环境建设研究

城镇人居环境持续发展与社会经济发展密切相关，也是城镇环境规划的重要内容之一。陈秉钊（2002）通过对上海市 13 个重点镇的调查研究，认为城镇人居环境可持续发展需建立在构建科学的级配合理的城镇体系基础上。而农业现代化和城镇一体化是提高人居环境的关键，完善城乡结构是人居环境改善的载体，人居环境质量水平应和城镇的经济水平、社会文化发展相适应。宁越敏等（2002）通过上海市 3 个郊区镇的案例研究，在评价案例的人居环境的基础上，进而归纳出了城镇人居环境发展的一般规律，城镇社会经济发展水平与人居环境质量水平密切相关，城镇人居环境与城市化进程是相互耦合的过程。

人居环境改善过程中水污染和垃圾处理成为热点问题之一。城镇环境水污染处理正在逐渐引起注意，目前研究重点集中在污水排水工程规划设计与施工方面。龚利华（2004）认为城镇因地制宜走垃圾处理产业化的可持续化道路，对于实现城镇社会经济的可持续发展具有重要意义。严素定等（2004）在分析三峡库区典型案例基础上，提出了城镇区域污水处理设施建设与运行管理的对策。辛青等（2004）综述了我国城镇污水处理工艺研究进展，对于城镇人居环境改善具有借鉴意义。

国外城镇人居环境问题研究主要集中在城镇人居环境形成、改善、政策驱动效应和居住区设计领域。Morrill（1999）调查分析了美国包含大都市、人口在 1 万 ~5 万的大城镇、人口在 2500 ~1 万的小城镇在内的城市人口在城市和非城市区域间流动问题。结果表明，上述区域类型均存在城市人口向非城市区迁移。同时迁移后的市区充实形成现实的居住形式。因此，城镇的人居环境变化在城镇人口流动方面某种程度上具有和大中城市相类似的现象。Martin（2002）认为近年来城市历史学家研究城市及其感官效应开始兴起，但研究城镇听觉声音环境较少。他通过具体剖析 18 世纪西班牙小城镇 Jaca 镇噪声环境问题，认为良好的声音环境可以起到促进城镇居民生活健康的作用，同时探讨了适合城镇的居住环境理论。而政策制定对于人居环境改善具有推动作用，如 20 世纪 50 年代英国保守党政府启动城镇私人住房政策，从而推动了城镇人居环境的改善。

在居住区环境设计方面。Sexton（1995）研究认为小城镇的建筑形式应基于当地气候条件。如美国南部地区房屋有高的天花板，以使房屋凉爽和促进空气流动。而悬空的浅色屋顶是用来减少太阳辐射。Poirier（2002）通过小城镇的真实性、共同性和绿色环境三个方面，以加利福尼亚州的 Queenstown 镇为例，研究了小城镇复兴及人居环境的建设，并提出了 Queenstown 镇在绿色人居环境建设的原则和发展战略。

（四）生态城镇建设研究

生态城镇研究主要集中为生态环境问题、规划建设的生态理念、生态环境评价、生态城镇建设的重要意义方面。归浩（1999）在宏观层面上，分析总结了中国城镇面临的生态环境问题，并针对这些问题，提出了建设生态城镇的目的和原则。周启星等（1997）通过对浙江绍兴市 6 个镇的地表水样的地表水 BOD_5 等和降水 pH 等多项指标分析，研究了乡村城镇化进程中小城镇水污染的生态风险及背景警戒值。并根据统计分析结果，推算了该地区城镇人口的背景极限值和最大允许背景密度。研究结论对于研究区域生态型小城镇规划和建设具有参考价值。汪芳（2002）通过分析经济欠发达地区适宜技术的层次性，提出了选择适宜于城镇建设生态技术。即根据城镇当地特点，因地制宜地选择各种层次的、操作简单的生态技术，来实现小城镇建设的高起点和快速发展。

三、城镇环境规划国际经验

由于城镇一体化是一个动态发展过程，其环境规划具有很大的不确定性，因此需要借鉴国际先进经验，并进行对比研究，以期获得有效环境规划方案。

（一）英国城镇环境规划

英国西北部经济委员会组织的西北部经济规划是从 20 世纪 60 年代末开始的，并已开始考虑环境问题。曾提出系列研究报告，如“烟气控制”、“废弃土地问题”等。他们所提出的环境目标是改善当地居民的生活质量，合理开发当地资源。英国在新市镇规划中，已经重视有关环境规划的研究。例如当沃林顿被提出作为新城市开发地址时，公众根据该地严重的大气污染状况，提出它不适合作为新市镇的镇址。该地卫生部门提出了烟尘、二氧化硫、沉积物等资料。

（二）美国城镇园林规划

科学合理的园林规划以及借鉴已有城镇环境规划经验和教训对于城镇持续发展也具有积极的参考价值。Conine（2004）对美国北卡罗来纳州山麓地区的城镇发展进行了研究，认为园林规划是实现该地区环境保护和经济发展平衡需要的较好途径。而 Bescherer（2002）应用考古学的方法研究了美国宾夕法尼亚州一个废弃煤矿城镇——Helvetia 镇 1891—1947 年的自然和文化景观变化。通过文献资料和调查分析，研究了煤矿生活社区、家庭和周边环境及其对自然和文化景观的影响，对于同类型城镇环境规划建设具有借鉴意义。

（三）德国莱茵—鲁尔地区城镇一体化过程中的环境规划实践经验

德国的莱茵河下游地区是工业发达、城镇密集的鲁尔区。20 世纪 30 ~ 50 年代，由于煤矿资源的大面积开采和钢铁、化工等重工业的发展，土地资源遭到严重破坏，生态环境不断恶化，莱茵河水质也遭受严重污染，河水经常发臭。但自 20 世纪 70 年代以来，当时西德的联邦政府成立了区域—城市开发联盟，采取了多种城乡共同发展的协调模式，大力改造与建设德国的重化工、钢铁、机械工业区，使原来城乡分离、城乡对立的局面得到很大的改善。近 20 年来，德国鲁尔工业、经济发达区的城镇一体化、城市建设生态化、地区发展协调化的新居民点已经出现，人居环境大为改善，公共设施也日趋现代化。

四、面向城镇一体化的环境规划建议

（一）以人为本，营造人性化的城镇环境规划

“以人为本”是城镇环境规划应遵循的最基本的首要原则。因此，城镇环境规划应充分考虑

到镇区居民和周围村庄的农民们各方面的需要，针对城镇区域中显现出的各种环境问题，从宏观到微观、从整体到局部进行全面的人性化的环境规划。

（二）突出文化内涵，塑造特色人居环境

历史文化是城镇所特有的，它是城镇特色中最内在、最具有恒久力的东西。因此，城镇人居环境建设应结合“本土文化”，塑造“地方特色”。城镇文化的涵盖面很广，除了历史文化之外，还包括民族文化、经济文化、建筑文化、自然文化、地域文化、精神文化等诸多方面。城镇人居环境建设力求做出特色、做出品牌。规划人员在对城镇人居环境进行规划设计之前，要全面地考察、掌握小城镇历史、地域、建筑、民族、产业等方面的特色，挖掘其深层次的文化内涵。

（三）强化生态理念，打造园林式景观

生态园林城镇是今后城镇发展的必然趋势。生态设计是县域城镇走生态化和可持续发展的必由之路。结合生态建设进行景观设计，使生态效益和景观效益协调统一，是建设生态园林城镇的必然选择。因此，强化生态理念、注重景观设计是新一轮的城镇环境规划必须遵循的原则。

伴随着城镇区域的快速发展，生态环境问题日益突出，城镇区域的可持续发展面临严重的考验。城镇生态环境的恶化表现在：企业、商业、居住等功能区划分不明显；城镇企业沿路展开，分布分散；城镇内部绿化面积、绿地率、人均绿地面积达不到国家标准；城镇缺少园林建设，景观设计更是匮乏；污水、雨水等地下管网缺乏科学统一的规划等。新一轮的城镇环境规划应按照建设生态园林城镇的要求，高起点、高标准地进行生态环境规划和景观设计，提高城镇的形象和品位，吸引农村人口进入城镇，加速我国城镇一体化的进程。

（四）树立超前意识，构造灵活的格局

现今，城镇化将进入快速发展时期。据有关专家预测，到2020年，我国城镇化速度平均每年增长1%，这十几年中，中国将有大约3亿农村人口转变为城镇人口。这就意味着今后几十年内，城镇的规模还会持续地增长，且随着社会经济发展水平的不断提高，城镇居民的物质文化生活水平也会逐步提高。在这种形势下进行城镇环境规划，就要树立超前意识和发展观念。

参考文献

[1] 陈秉钊．上海市郊区小城镇人居环境可持续发展研究［J］．城市规划汇刊，2002，4：19-22.

[2] 宁越敏，项鼎，魏兰．小城镇人居环境的研究——以上海市郊区一个小城镇为例［J］．城市规划汇刊，2002，10：31-35.

[3] 龚利华．小城镇生活垃圾处理产业化的探索［J］．中国环保产业，2004，12：18-19，22.

[4] 严素定，陈玉成，郊永华．三峡库区晕庆段小城镇的污水现状与处理工艺优选［J］．中国环境管理，2004，23（1）：33-35.

[5] 辛青，黄种买，陆其林．我国中小城镇污水处理适用工艺综述［J］．节能与环保，2004，9：23-25.

[6] 归浩．坚持环境与经济协调发展，建设生态城镇［J］．环境导报，1999，6：29-31.

[7] 周启星，王如松．乡村城镇化水污染的堆态风险及背景警戒值的研究［J］．应用生态学报，1997. 8（3）：309-313.

[8] 汪芳．小城镇建设生态技术适宜性的探讨［J］．城市规划，2004，2：60-62.

[9] Vries J. D., Schuster M., et al. Environmental management of small and medium sized cities in Latin Jonathan Bradshaw. Poverty: a study of town life. Bristol: The Policy Press, 2001.

[10] Paul C. C.. The influence of septic - system discharges on groundwater quality within a coastal dune complex: Beverly Shores, Porter County, Indiana. America: Indiana University, 2002.

[11] Conine A., Xiang W. N., Young J., et al. Planning for multi - purpose greenways in Concord, North Carolina. Landscape and Urban Planning. 2004, 68: 271 - 287.

[12] Bescherer M. K.. The landscape of industry and the negotiation of place: An archaeological study of worker agency in a Pennsylvania coal company town. Boston University, 2002: 1891 - 1947.

公平视野下的中国环境法律制度建构

王文革

（上海政法学院　上海）

摘　要　本文在对环境公平理论进行系统阐述的基础上，剖析了我国目前存在的环境不公现象，并且针对这些不公现象，以环境公平理论为指导，设计了相应的自然资本贮备制度、基金制度、保险制度、补偿制度等实现环境公平的制度。

关键词　环境公平　问题　对策

一、环境公平理论

（一）环境公平的提出

20 世纪 80 年代，以美国黑人为主发起了一场新的民权运动，反对把黑人和少数民族社区用作污染严重的危险化学品工厂厂址和有毒废物填埋场。1987 年《必由之路：为环境正义而战》一书，首次使用了“环境正义”来称呼这场运动，提出了环境公平问题。1990 年美国国家环保局设立了“环境公平工作组”，促使环境公平概念为公众所接受。1996 年大卫 · E. 牛顿在《环境正义——参考手册》一书中提出了环境非正义、环境不公平、环境民主、环境种族主义和环境歧视等，它表达了黑人和其他少数民族环境公平的要求，有力地推动了这场环境正义运动向纵深发展，导致了环境正义立法。环境公平概念在美国产生以后，很快在世界各国传播开来，中国也不例外，但迄今为止，环境公平理念远没有在中国环境法治中得到体现。

（二）环境公平的界定

公平的基本内涵就是社会在人和人之间分配利益问题上所坚持的一种无偏无私的原则。环境公平概念在美国产生以后，各国学者从不同角度进行了阐述。美国国家环保局为加强环境执法，将环境公平界定为：“在环境法律、法规、政策的制定、遵守和执行等方面，全体人民，不论其种族、民族、收入、原始国籍和教育程度，应得到公平对待并卓有成效地参与；公平对待是指，无论何人均不得由于政策或经济困难等原因，被迫承受不合理的负担，这些负担包括工业、市政、商业等活动以及联邦、州、地方和部族项目及政策的实施所导致的人身健康损害、污染危害和其他环境后果”[1]。一个法国环境法学家将环境公平内容概括为三个方面：“首先，它意味着在分配环境利益方面今天活着的人之间的公平；其次，它主张代际之间尤其是今天的人类与未来的人类之间的公平；最后，它引入了物种之间公平的观念，即人类与其他生物物种之间的公平”[2]。我国学者分别从伦理学、政治学、法学和经济学等视角进行了释义。笔者认为，随着法学的发展历程，环境公平概念将不断得到补充和完善。传统法学从强调个人利益的个人中心主义，发展到强调人类整体利益的人类中心主义，从而实现人的利益的协调；从强调人的利益的人类中心主义，发展到强调人与环境共同利益的人类生态系统中心主义或生态中心主义，从而实现人与自然利益的协调。从法学发展现阶段来看，环境公平是指在环境资源的使用和保护上所有主体一律平等，享有同等的权利，负有同等的义务，从事对环境有影响的活动时，负有防止对环境的损害并尽力改善环境的责任；除有法定和约定的情形，任何主体不能被人加给环境费用和环境负担，任何主体的环境权利都有可靠保障，受到侵害时能得到及时有效的救济，对任何主体违反环境义务的行为予以及时有效的纠正和处罚。这里所谓的“所有主体”，在国际范围内，是世界各国和各民族的人民；在一国范围内，包括国内各种族、各民族和各阶层的人民；在时间范围内，除当今世代，还应包含未来世代，这已为有些国际环境法文件和某些国家的司法判例所确认。从法理来看，虽然未来世代不能承受当今人类设定的法律权利和法律义务，但当今世代可以并且应当为未来世代承担法律和道德的义务，并担任他们的法定代理人，保护其环境权利。当今世代应该合理使用和努力改善环境、保护资源并将使用中获得的知识和财富尽可能完整地留给未来世代，使未来的人们得到更优美的环境资源、更丰富的物质和精神财富和更全面的发展。这里的环境权利，是权利和义务的统一体。从享有的主体来分，包括个人环境权、单位环境权、国家环境权和人类环境权。个人环境权分为清洁空气权、清洁水权、风景权、环境美学权、宁静权、眺望权、通风权、日照权等。单位环境权则是单位有享用适宜环境的权利，也有保护环境的义务；“享用适宜环境”包括依法合理开发、利用环境资源，依法享受适宜的环境条件。国家环境权是指国家有享用适宜环境的权利，也有保护环境的义务，而人类环境权是人类作为整体有享用适宜环境的权利，也有保护环境的义务。

（三）环境公平的分类

根据不同的标准，环境公平有多种分类。

其一，从时间角度，分为代内环境公平和代际环境公平。代内公平是指，处于同一代的人们和其他生命形式对来自资源开发以及享受清洁和健康的环境这两方面的利益都有同样的权利。它既体现在一个国家也体现在国际社会。在一个国家内，是指同一代的人公平地获得共有的自然资源、当地大气中的清洁的空气、国家水流和领海中的清洁的水；同时也提出了一个对私有财产的政府限制问题。在国际社会，代内公平是指公平地分配国际空气、水、海洋资源和其他公有资源。代际公平是指全人类在过去、现在和将来共同拥有这个星球的环境；当代人和后代人对其赖以生存发展的环境资源有相同的选择机会和相同的获取利益的机会；不要求当代人为后代人作出巨大牺牲，也不允许当代人的消费给后代人造成高昂的代价；当代人有权使用环境并从中受益，也有责任为后代保护环境；在人与自然的关系中，每一代人都有相同的地位，没有理由偏袒当代人而忽视后代人；人类所有成员都具有平等的权利，每一代人都希望能继承至少与他们之前的任何一代人一样良好的地球，并能同上代人一样获得地球的资源；当代人应提供健康的环境以供后代人满足他们自己的喜好和能力。代际公平体现了当代为后代代为保管、保存地球资源的观念。为了将后代人的利益与政府决策联系起来，法国已成立后代人委员会。

其二，从内容角度，环境公平包括环境权利公平、环境机会公平、环境分配公平和环境人道主义公平等内容。环境权利公平，是指每一个人都具有平等的生存权、发展权、环境权和其他环境权益，主要是指公民环境权平等。环境机会公平，是指满足人对环境资源的不同层次的需要和不同人对环境资源的不同层次的需要，以利于发挥每个人的潜能。环境分配公平，是指法律在配置环境资源时或政府在分配环境资源时，必须公平。环境人道主义公平，是指对于弱势群体、弱者，要实行照顾弱者、扶持弱者的政策，为其生存发展提供基本的环境资源条件。

其三，从空间角度，包括社会个体之间的公平、社会群体或集团之间的公平以及国家、区域之间的公平。其中区际公平包括：第一，在国际上，发达国家、地区和发展中国家、地区之间要实现公平；西方国家和东方国家之间、北方国家和南方国家之间要实现公平。第二，在国内，东部沿海地区和中、西部地区之间要实现公平；城市和乡村之间要实现公平。

其四，从要素角度，它包括资源开发利用、环境资源收益和环境保护责任的公平等问题。

其五，从伦理角度，它包括不同物种之间的公平，即人和非人类的其他自然体一样都有平等生存和发展的权利。这里的种际公平是最能体现环境公平特色的内容。

二、当代中国环境公平问题

当代中国存在着严重的环境不公平问题。主要表现个以下几个方面：

（一）国家间的环境不公平问题

首先，当今世界，在解决气候变暖、臭氧层空洞和生物多样性减少等全球性环境问题方面，发达国家不能公平地承担与其责任相称的义务，总是过多地责备发展中国家，企图靠牺牲发展中国家的经济发展来解决问题。中国作为一个发展中国家，同样面临着国际层次上的环境不公。公平地说，全球性环境危机加剧的主要责任在发达国家。发达国家在其长期的工业化过程中，向大气层中排放了太多的温室气体，并在城市化以及集约化、专业化农业的基础上，大大损害了其国土上的生物多样性，进而削弱了全球生物多样性。以二氧化碳的排放为例，在与能源有关的二氧化碳排放总量中，工业国占了60%，而在1998年，美国便占了25%。如果从人均角度看，高收入国家是低收入国家的8.2倍。

其次，发达国家对于全球其他环境问题也负有不可推卸的责任。为了维持其富足的生活方式，发达国家占用了世界资源的大部分。有关统计资料表明，发达国家与发展中国家的人均物质消费之比，化学品为8:1，木材和能源为10:1，粮食和淡水为3:1；主要欧洲国家的人均能源消费是非洲的10倍，北美则是其20倍；人口仅占世界五分之一的富裕国家，其消费量占到世界的五分之四，是发展中国家人均水平的16倍（任余，1999）。与此同时，富裕国家对自己境内不复存在的动植物产品的需求，产生了每年50亿美元的贸易额，正是这种贸易导致许多发展中国家一些物种的灭绝或濒临灭绝，例如中国的藏羚羊。

再次，发达国家借援助开发和投资之名，将大量危害环境和人体健康的生产行业转移到发展中国家，进行生态殖民。有关资料表明，1991年外商在中国投资设立的生产企业共11515家，其中，属污染密集型产业的企业高达3353家，占生产企业总数的29%（张兴杰，1998）。根据1995年第三次工业普查资料，外商投资于污染密集型产业的企业有16998家，占三资企业总数的30%以上。其中，投资于严重污染密集型产业的企业个数占三资企业总数的13%左右（夏友富，1999）。

最后，发达国家将大量生产和大量消费之后的废弃物直接输往许多发展中国家，中国也是承受这种灾难的国家之一。在20世纪80年代，这种输出活动曾经达到猖獗的程度。为了控制危险废弃物的越境转移，1989年国际社会签订了《巴塞尔公约》，但是这个公约的执行情况并不乐观。

（二）城乡间的环境不公平问题

我国在城市环境整体上有所改善的同时，环境污染向农村扩散，农村环境状况不断恶化。

自1980年以来，我国政府针对城市环境问题，制定和实施了一系列相关政策和措施。有关资料表明，90年代以后，城市环境污染排放日益得到控制，县及县以上工业企业废水处理率和排放达标率、燃烧废气消烟除尘率以及工业固体废弃物综合利用率均持续上升。与此相对，自80年代中期开始，随着“农村工业化”步伐的加快，城市工业向农村的转移以及乡村工业本身的遍地开花，却慢慢地改变着污染的格局。每年近万起农业污染事故则将广大农村的污染问题凸显在我们面前。而且，中国的环境投资几乎全部投入到工业和城市，而中国农村还有3亿多人喝不上干净的水，0.1亿hm^2耕地遭到污染，每年1.2亿t的农村生活垃圾露天堆放，农村环保设施几乎为零。

（三）区域间的环境不公平问题

区域间的环境不公平问题主要表现为东部地区与中、西部地区在获取资源利益与承担环保责任上的不协调。在东部与西部的关系上，20世纪90年代以来，我国经济一直在东迁，而工业污染一直在西迁。从1980—2003年，东部地区在全国经济总量中的比重由50%增加到59%，中西部地区所占比重却相应下降。在人均GDP方面，从1980年到2003年，西部与东部由1:1.92扩大到1:2.59，中部与东部由1:1.53扩大到1:2.03。而在工业污染方面，8年间COD和SO_2在西部地区的集中程度均增加了4%，烟尘增加了12%。

（四）流域间的环境不公平问题

例如，河流上游地区对下游地区造成污染，自身却是受益者。

（五）阶层间的环境不公平问题

目前中国社会两极分化厉害。城市和农村内部的差距也很大。阶层间的环境公平问题主要表现是社会上的富人在占有较多环境收益的同时，却不太愿意尽环境保护的义务。富人在变富的过程中，其财富来源于对自然资源和社会资源的使用和转换，这种财富具有社会性，富人在占有财富之后，应当以适当的方式对社会进行回报。在西方发达国家，这种回报甚至是强制性的，例如征收所得税和遗产税等。另外，由于财富的增加，富裕群体的消费水平提高，它所耗费的资源要比穷人多，与此同时，它向环境排放的废物也比穷人多，所以，富人群体对于环境造成的压力要比穷人的大。因此富人就应当对环境保护尽更大的责任。但是，现实生活中，富人群体在攫取财富和享受富裕生活的同时，履行环保义务的意愿却不是很强。这显然是不公平的。

三、实现中国环境公平的法律和政策建议

上述问题的存在与我国现有环境法律和政策严重偏离环境公平这一原则有关，我国要实现上述环境公平应采取如下对策。

（一）环境政策的制定过程要体现环境公平

在制定环境政策时，应弄清各不同利益主体的利益要求，然后加以系统地分析，使之进入决策者的视野。任何一项环境政策，不应该只由专家和管理者来完成，所有利益相关者都要参与公正的、有序的决策过程，有助于解决共有的问题，而不会导致不同利益群体之间的激烈冲突。公众的广泛参与是实现环境公平的基础。参与能够促进政府与公众间的对话，使政府与公众之间协同一致，这一点将在环境政策具体制定与执行中体现得更为充分。

（二）建立环境信息公开制度，确保环境知情权的实现

环境知情权是指全体社会成员包括公民、法人、其他社会组织及行政机关依法享有获取、知悉与环境问题和环境政策有关的环境信息的权利，是社会各主体参与环境保护、行使环境监督权的前提和基础。环境信息包括公共信息和个别信息，前者指有关单位向全社会发布的环境信息；后者指只有在特定主体提出要求的情况下才提供的个别信息。环境知情权不仅指公众对现行与环境保护有关的环境信息在宏观层面的知情，包括对与环境有关的政策法律法规以及政府宏观发展规划基本情况的了解和掌握，对拟制定的有关政策和法律法规及规划可能对环境造成影响的认识和了解，对所处国家、地区、区域环境状况的资料的了解等，还指公众对与自身环境权益密切相关的环境信息在微观层面的知情，包括公众对在其所处区域从事各种危害或可能危害环境的开发建设活动的了解，对各种生产经营活动可能对周边环境造成不利影响及其预防对策的资料掌握等。

（三）建立自然资本贮备制度

自然资源代际转移是实现可持续发展的根本保证。当代人是未来几代人的资源和财富的代管者，当代人应考虑后代人的需要，由当代人确定对自然资源利用的社会贴现率和私人贴现率必然不可能表达下代人的愿望，从而也不能体现资源分配的代际公平原则。针对这种情况，我们要努力借鉴发达国家的成熟技术和经验。同时还要把目光转向可再生能源，即对核能、太阳能、风能、沼气的利用，通过替代品或技术来满足后代的需求。此外，还要改变以往粗放经济模式，对于已经产生的环境废物，要循环利用，既能减少垃圾污染，又能产生经济效益，实现循环经济，促进人类与自然的协调与和谐发展。

（四）建立环境基金制度

在我国发展过程中，东部与西部、城市与农村发展的不平衡，使得东部地区和城市占有较多

的环境收益。在市场经济条件下，这些地区是不会自动将收益返还给西部地区和农村的。国家通过强制性地征收环境税费，建立环境基金，实行转移支付，不仅有助于环境收益在地区间的公平分配，而且能够有效地防止落后地区的环境破坏。在保证当代人与后代人合理占有环境收益，促进代际公平方面，环境基金也可以发挥重要作用。

建立基金，关键要解决好基金规模、来源、使用、分配、管理等问题。公益基金的规模确定需要综合考虑国家宏观的环保目标、环保投资成本和运行成本分析、可能的基金融资渠道、相关利益方的态度、对相关产业部门的影响、基金的配置使用方式、适当的规模要求等多种因素，由政府部门在综合考虑上述各种因素的基础上，与各相关利益方协商确定最终规模；基金融资渠道的选择需要综合考虑融资渠道的可行性、资金来源的稳定性、可能的集资规模、对相关产业和部门的影响等多种因素；公益基金使用模式的选择应在借鉴国际经验的基础上，结合我国的具体情况，根据基金的支持目标、基金规模、发展潜力等因素来决定；公益基金分配应特别注重应用竞争性招标方式；公益基金管理模式需要在政府和独立机构模式中总结经验，特别是需要考虑和设计一种符合我国实际情况的管理机构模式。这种管理模式应取两者之长、避两者之短，是一种既能利用政府部门宏观调控作用，又能发挥不同专业机构管理特长的模式，即这种管理模式是一个由多个机构组成的、在管理上形成互相合作又相互监督的、体现公平、高效的管理模式。

（五）建立和完善生态补偿机制

建立和完善生态补偿机制，必须认真落实科学发展观，以统筹区域协调发展为主线，以体制创新、政策创新和管理创新为动力，坚持“谁开发谁保护、谁受益谁补偿”的原则，因地制宜选择生态补偿模式，不断完善政府对生态补偿的调控手段，充分发挥市场机制作用，动员全社会积极参与，逐步建立公平公正、积极有效的生态补偿机制，逐步加大补偿力度，努力实现生态补偿的法制化、规范化，推动各个区域走上生产发展、生活富裕、生态良好的文明发展道路。

（六）建立环境责任保险制度

对现有的相关法律、法规体系进行全面评估，完善现有环境污染责任立法，切实贯彻污染者付费原则和严格责任制度，并增加环境责任保险的内容，促使污染企业积极承担赔偿责任。

（七）警惕有毒有害危险品转移，加强国际环境合作

首先，在国际交往中，我国要从维护环境安全出发，要警惕国外的“洋垃圾”打入国内，合理限制一些外商企业的活动，合理限制进口和入境外资企业，要求发达国家对敏感环境项目进行援助，让其承担治理环境污染的责任，尤其是环境政策方面要严把关，禁止污染性强的产业进入国内，要处理好经济效益和环境资源使用之间的矛盾。同时我们自身更不要过度开采自然资源以偿还巨额债务或出口创汇，造成经济发展的恶性循环。

其次，积极参与国际环境合作，争取发达国家的资金援助和技术转让。

参考文献

[1] LaBalme, Jenny. A Road to Walk: A Struggle for Environmental Justice. [M]. Durham, NC: RegulatorPress, 1987.

[2] Wenz, Peter S. Environmental Justice [M]. Albany: State University of NewYork Press, 1988.

[3] EPA Environmental Equity Workgroup. Environmental Equity: Reducing Risk for All Communities [M]. Washington: D. C. EPA, 1992.

[4] David. E. Newton. Environmental Justice: A Reference Handbook [M]. California: International Horizons Inc. 1996.

[5] [法] 亚历山大·基斯. 国际环境法 [M]. 张若思编译. 北京：法律出版社，2000.

[6] 蔡守秋. 环境资源法教程 [M]. 武汉：武汉大学出版社，2000.

[7] 文同爱. 环境效率及其与环境公平的关系 [J]. 中国人口·资源与环境，2003 (4).

[8] 约翰·罗尔斯. 正义论 [M]. 何怀宏译. 北京：中国社会科学出版社，1988.

大连市主城区燃煤区域管制空间规划

李　宏[1]　刘　毅[2]　李王锋[1]

（1. 北京清华城市规划设计研究院环境与市政所　清华大学学研大厦B座807　100084；
2. 清华大学环境科学与工程系）

摘　要　根据大连市主城区受酸雨影响范围、采暖期 SO_2 超标范围及环境空气质量功能区划，同时充分考虑现实可行性，制定大连市主城区燃煤区域管制空间规划。管制方案划分为禁止燃煤区和控制燃煤区，以利于分区、分阶段实施管制措施。

关键词　燃煤区域管制　SO_2　禁止燃煤区　控制燃煤区

一、背　景

大连市主城区包括金州区以南由中山区、沙子口区、西岗区、甘井子区4区组成的中心城区和旅顺口区，是大连市人口密集，社会经济活动频繁，受人类干扰强烈的地区。《国务院关于酸雨控制区和二氧化硫污染控制区有关问题的批复》（国函（1998）5号）确定大连市市区为二氧化硫污染控制区。大连市环境空气质量总体良好，符合国家环境空气质量相关标准。但近年主城区酸雨加重，降水pH均小于5，酸雨频率由2004年的15.5%上升至2007年的51.6%。且冬季采暖期 SO_2 均值超过国家环境空气质量二级标准（年平均）0.6倍，是最低季度夏季的5.4倍。

大连市是首批进入国家环境保护模范城市行列的城市之一，目前正积极创建生态市。主城区酸雨及冬季采暖期 SO_2 污染问题有待改善。按照国家落实科学发展观加强环境保护，和推进节能减排建设低碳城市的要求，大连市已搬迁改造主城区大部分高能耗重污染企业并着手发展天然气、核电及风电等清洁能源，有利于大连市环境空气质量的进一步优化，也为主城区进行燃煤区域管制提供了条件。

北京市是我国最早推行燃煤区域管制的城市，1998年确定了40片无燃煤区，2000年采暖期 SO_2 排放量即降低13%[1]。近年来，上海市、西安市、大同市、福州市、成都市等城市陆续划定禁煤区或清洁燃料区，SO_2 减排及空气质量改善作用显著[2~7]。

二、划定方法

基于改善主城区酸雨及冬季采暖期 SO_2 污染问题的管制目标，兼顾研究区域空气质量一般要求，根据大连市主城区受酸雨影响范围、采暖期 SO_2 超标范围及环境空气质量功能区划制定大连市主城区燃煤区域管制空间规划。

（一）受酸雨影响范围

2007年大连市主城区共采集降水样品93个，降水的pH均为4.62。降水的pH范围在3.45~7.83，最小pH出现在旅顺点位。2007年共出现酸雨（pH≤5.6）样品48个，酸雨频率为51.6%。重酸雨（pH≤4.50）样品19个，占酸雨样品总数的39.6%；中酸雨（4.50<pH≤5.00）样品18个，占酸雨样品总数的37.5%；轻酸雨（5.00<pH≤5.60）样品11个，占酸雨样品总数的22.9%（见图1）。

2004—2007年大连市主城区酸雨范围有扩大趋势。2004年只有石道街和黑石礁点位出现酸雨，2005年起4个降水点位均出现酸雨。2005年夏季开始增设的二七广场点位，2005年未出现酸雨，2006年夏季出现1次酸雨，2007年采用分段采样，共采集分段降水样品71

个，酸雨频率为 52.1%；南山气象台站点位 2005 年前未出现酸雨，2007 年（气象台采样分析）酸雨频率达到 64%。大连市主城区的酸雨范围已经由原来的老虎滩、八一路、石道街、黑石礁南部污染带扩大到东北部市区。

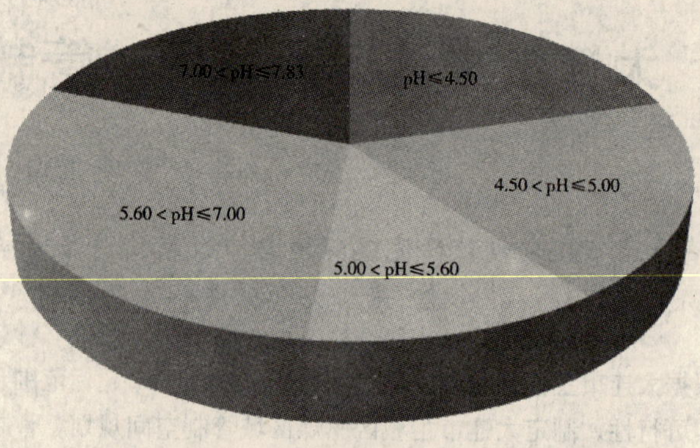

7.00 < pH ≤ 7.83
pH ≤ 4.50
4.50 < pH ≤ 5.00
5.00 < pH ≤ 5.60
5.60 < pH ≤ 7.00

图 1　2007 年大连市主城区降水 pH 值频率分布图

（二）采暖期 SO_2 超标范围

大气环境问题不仅是一个局地问题，还是一个区域问题，采暖期 SO_2 浓度模拟范围扩大至大连市市域。

1. 大连市 SO_2 排放特征

2005—2007 年大连市全市 SO_2 排放总量分别为 11.89 万 t、12.06 万 t 和 11.23 万 t。大连市大气污染以工业污染源为主，工业源 SO_2 排放量占到总排放量的 84%。这与工业大量使用煤炭作为能源直接相关。2007 年大连市耗煤 1476 万 t，其中工业企业煤炭消耗量达 930 万 t，占全年总煤耗的 63%，占工业企业能源消耗总量的 94.9%。

计算工业大气污染物排放比例或等标污染负荷比例，进行排序，排序在前面，累计排放量超过 90% 的，定义为大连市重点污染源。重点源中火电行业所占比重较大，火电行业 SO_2 排放量占工业源排放量的 60% 以上。2007 年大连市大气污染物排放主要工业企业如图 2 所示。

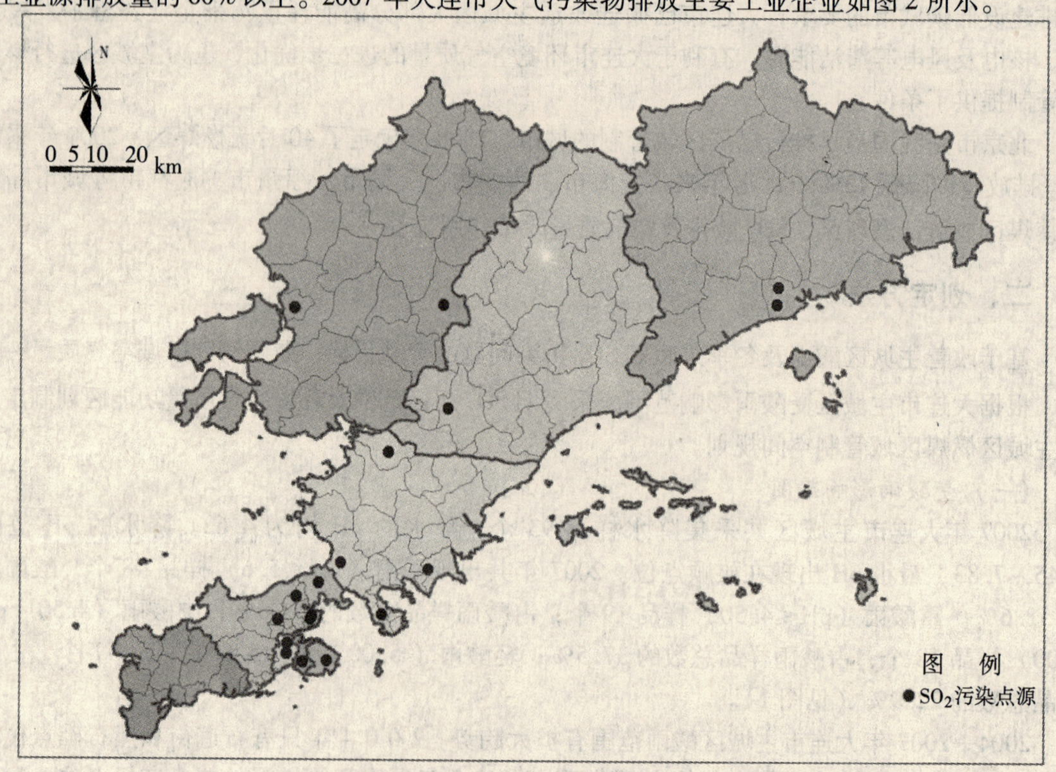

图 2　大连市 2007 年 SO_2 排放主要工业企业

模拟同时考虑生活面源和工业面源排放的 SO_2。生活面源 SO_2 排放主要集中于使用煤炭采暖的农村地区，工业面源位置则依据最新城市规划确定的用地布局而定。面源 SO_2 排放率同样参考现状排放和依据未来的经济、人口预测进行估算。

2. 采暖期 SO_2 浓度预测

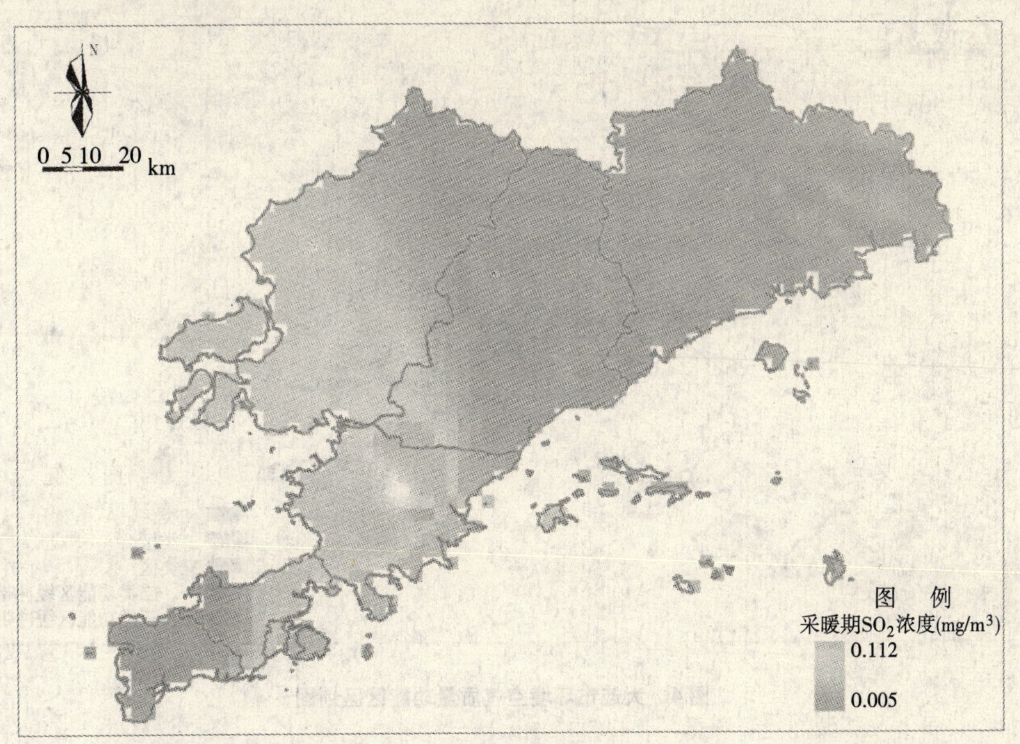

图 3　2020 年大连市采暖期 SO_2 浓度预测

大连市单位 GDP 的 SO_2 排放量 2007 年为 3.59kg/万元，低于生态市指标要求，且规划年呈进一步降低的趋势。根据大连市规划年 GDP 预测值、煤炭消耗量预测值、SO_2 去除率预测值及大连市用煤硫分，可预测 2015 年大连市单位 GDP 的 SO_2 排放量将下降至 0.70kg/万元，2020 年将下降至 0.19kg/万元。

在未采取燃煤区域管制的情况下，经过大气模型模拟，大连市 2020 年采暖期 SO_2 仍存在超标（年均值标准）现象，超标区域主要出现于中山区、沙河口区、西岗区和金州区，与该区域经济、人口集中，耗煤量大有直接关系。采暖期 SO_2 超标倍数较 2007 年的 1.6 倍有所降低，至 2020 年超标倍数降至 1.2 倍以下。

（三）环境空气质量功能区划

《大连市环境空气质量功能区区划》（大政发［2005］42 号）将大连市环境空气质量功能区划分为三类（见图 4）。

大连市主城区以环境空气质量二类区为主。其中旅顺口区沿海为一类区，具体包括蛇岛—老铁山国家级自然保护区（不含双岛湾石化加工区及旅顺经济开发区和两区中间地区）、旅顺口国家森林公园和大连海滨—旅顺口风景名胜区。主城区仍有小面积三类区，南起香炉礁港务公司，沿铁路线经广播电视转播台、香周路、香甘立交桥、西南路、华能化工厂、东海路、西南路、松江路、椒北路至甘井子公园，沿铁路线至甘井子路、甘中街、甘海路、海茂路连线以南地区；及西起水泥厂西界路、泡崖农贸市场、水泥街、泡岭街、玉秀街、玉塔街、原奶牛厂、大连风机厂往北至水泥厂铁路专线。

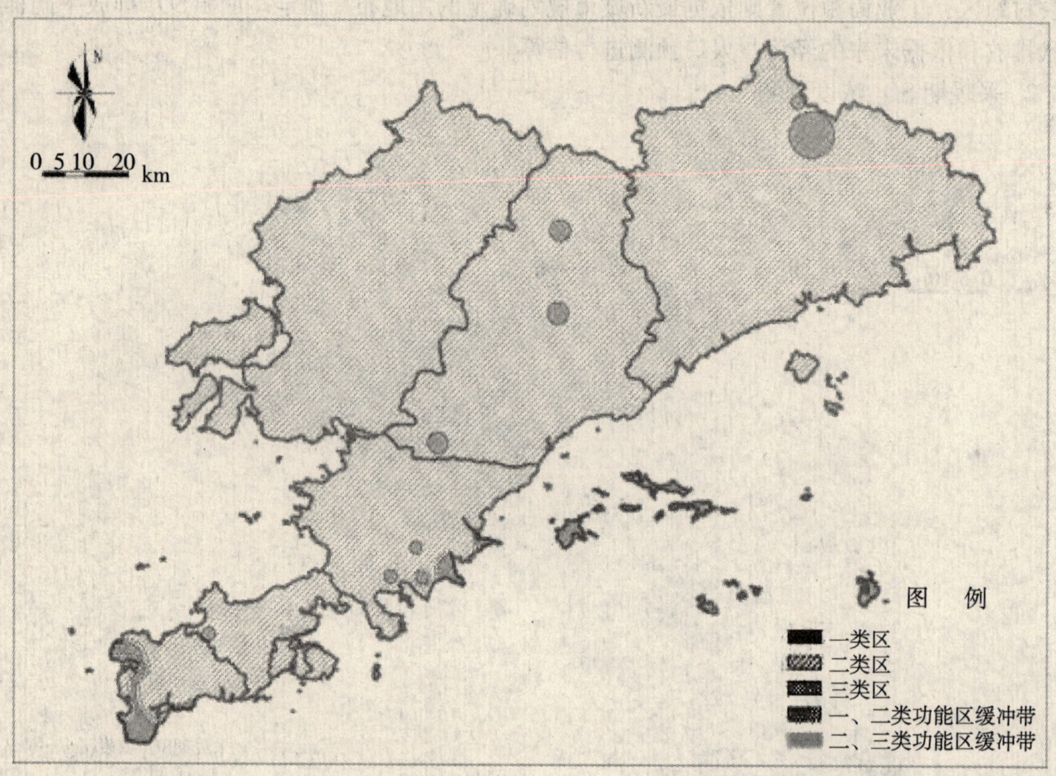

图 4　大连市环境空气质量功能区区划图

三、燃煤区域管制方案及措施

（一）燃煤区域管制方案

综合上述分析，大连市主城区范围内各区及金州区是燃煤区域管制的重点区域。考虑到燃煤管制的可行性，鉴于金州区承接主城区大量搬迁企业，确定燃煤区域管制方案适用于大连市主城区范围以及金州区政府所在地中长街道。

大连市主城区燃煤进行分级管制，即分为禁止燃煤区和控制燃煤区。为便于管理，燃煤区域管制空间规划以行政区划为界进行划分（见图 5）。禁止燃煤区包括中山区、西岗区、沙河口区各街道及机场前街道、双岛湾街道、北海街道、江西街道、铁山街道、龙王塘街道。控制燃煤区包括红旗街道、辛寨子街道、泡崖街道、兴华街道、周水子街道、椒金山街道、甘井子街道、泉水街道、中华路街道、南关岭街道、革镇堡街道、大连湾街道、凌水街道、营城子街道、长城街道、三涧堡街道、水师营街道、龙王街道和金州区中长街道。

（二）分区分期管制措施

禁止燃煤区 2012 年前居民生活用能及餐饮等服务业用能全部改用天然气等清洁能源，所有电厂 SO_2 去除率达到 90% 以上；2012 年红沿河核电站投入运行后至 2015 年逐步禁止区内所有电厂及其他工业企业燃用煤炭。

控制燃煤区停止审批任何高污染燃料项目，禁止新建、改建和扩建使用煤炭作为燃料的工程和设施。2012 年生活用能及餐饮等服务业用能全部改用天然气等清洁能源，现有工业企业若改用清洁能源有实际困难，须采用如气化煤、液化煤、水煤浆和型煤等清洁煤[8]，同时脱硫效率应提高至全市平均水平以上。

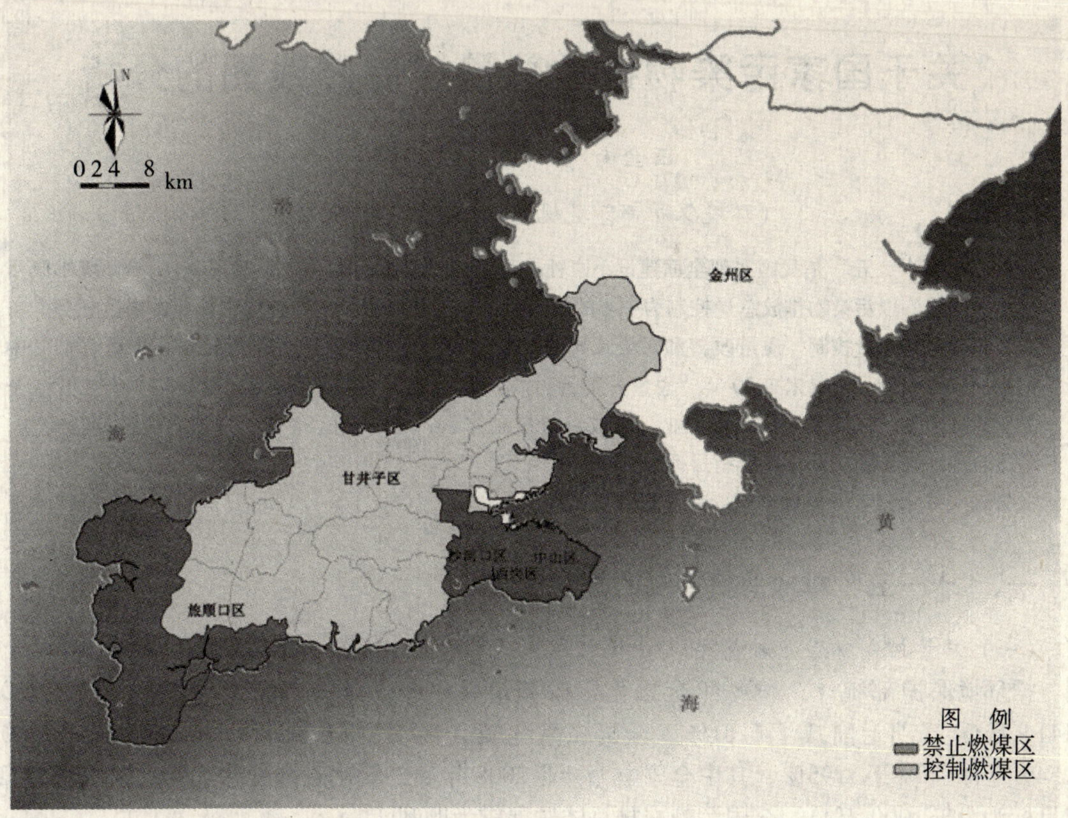

图5　大连市主城区燃煤区域管制空间规划图

参考文献

[1] 松长茂．北京市无燃煤区的建设与政策［J］．北京节能，1999（1）．

[2] 上海市创建“基本无燃煤区”［J］．环境保护，2000（4）．

[3] 董芸．西安市2006年禁煤区限煤区划定［N］．陕西日报，2006-05-06.

[4] 王玉宾．煤都大同划定原煤禁燃区［N］．山西日报，2006-07-21.

[5] 李效翔．福州建成区将划禁煤区［N］．福州日报，2008-02-02.

[6] 李效翔．马尾禁煤区划定：我市实施禁煤区工作，每年减少二氧化硫排放4136吨［N］．福州日报，2008-12-29.

[7] 吴昭华．成都公布新规力促大气污染防治［N］．中国环境报，2008-08-11.

[8] 易植刚，李贞．控制燃煤污染　建设山西清洁能源区［J］．环境保护，2000（8）．

关于国家污染物排放总量控制路线图的分析

王金南　田仁生　吴舜泽

（环境保护部环境规划院　北京　100012）

摘　要　“十二五”是我国实现全面建设小康社会目标的重要战略期，更是实现2020年环境小康目标的关键期。以污染物排放总量控制为中心的污染减排依然是中国环境保护的中长期的艰巨任务。首先要正确理解总量控制、质量改善和污染减排的关系，其次应科学设计“总量控制—质量改善”中长期国家路线图，明确未来20年“总量—质量”指标的约束性和指导性关系。建议从“十二五”开始，建立和实行“国家—区域—行业”排放总量控制体系，增加氨氮和NO_x两项总量控制污染物，科学合理地确定相应的总量控制目标。

关键词　“十二五”　污染物　总量控制

一、“十一五”排放总量控制的基本评价

（一）总量控制取得显著成效

据环境保护部统计，2008年全国化学需氧量（COD）排放总量1320.7万t，在2005年（1414万t）基础上削减了6.61%。全国二氧化硫（SO_2）排放总量2321.2万t，比2005年（2549万t）下降了8.95%，其中全国电力行业2008年底二氧化硫排放总量为1104.5万t（2010年目标为少于1000万t），全国污染减排总体进展较为顺利。

2008年，全国地表水国控断面水质平均浓度有所下降，七大水系国家监控断面中Ⅰ~Ⅲ类水质断面比例已经提前实现规划目标，以COD为主要指标的水质呈现改善的趋势。全国113个环保重点城市中，空气质量好于Ⅱ级标准的天数超过292天的城市共有108个，城市比例达到95.58%，已提前达到2010年目标（75%），但113个环保重点城市中空气质量年均值超标的比例仍高达42.5%。

总体来看，全国主要污染物COD、SO_2减排取得较好进展，以传统污染物指标衡量的水环境和大气环境质量呈现改善的趋势。全国“十一五”主要环境保护的目标有望基本完成。但是，要清醒地认识到，我国目前无论是污染物排放总量还是环境质量，都是处于高位污染状态。若在现有空气环境质量评价体系中增加O_3和$PM_{2.5}$等因子，达标城市比例将会降低20~30个百分点。因此，污染减排和环境质量改善是未来20年中国环境保护的一个长期而艰巨的任务，不能有任何掉以轻心之意。

（二）污染减排存在的主要问题分析

工程减排、结构减排、监督管理减排是实现总量减排的三个主要技术措施。“十一五”期间，以污水处理厂建设和燃煤电厂脱硫为重点的工程减排措施发挥了主导作用。污水处理厂建设运营贡献的减排量占全国COD削减量的50%以上，燃煤电厂脱硫贡献的减排量占全国SO_2削减量的60%以上。尽管“十一五”污染减排取得了前所未有的成绩，但依然存在不少问题。

1. 总量减排与质量改善的关系不对应

污染减排还难以确保环境质量同步改善，如现行的COD、SO_2总量减排政策基本上是针对点源污染的对策，而对环境质量影响较大的农村面源污染和非电燃煤锅炉（低矮面源）等未被有效纳入，这个问题是当前和未来污染减排中一个非常突出的减排绩效问题，也是我国实施排放总量控制以来一直争论的问题。

2. 环境管理还难以完全适应量化管理要求

部分政策、制度、措施与总量控制不相匹配甚至相互抵触，以总量控制为龙头的系统管理、量化管理、科学管理尚未形成，管理政策需要根据污染减排要求进行重构。另一个定量化管理的问题是对污染物新增量管理还有待改进。控制新增量是污染减排的最优先任务，污染减排目标实现的最大不确定因素主要来自于经济社会发展的不可控性。

3. 治污工程的可持续减排能力不强

“十一五”期间，污水处理厂和脱硫设施的建设都是前所未有的，但治污工程建设水平不高，部分设施没等建好就已被市场淘汰，或者是脱硫工程“竣工之日”就是“系统改造之时”，减排工程质量难以保障，绩效有待提高。在总量控制实施环节仍然存在结构性和操作性缺陷。城市污水管网建设滞后严重阻碍 COD 削减，城市污水处理污泥问题没有得到足够重视。SO_2 减排方案过分依靠火电厂脱硫工程，燃煤工业锅炉煤炭消费量难以保证不增长。

4. 减排可持续机制没有得到根本解决

目前部分省份推行的减排目标层层分解和层层考核对于小区域（县、区和镇）来说存在一定的不合理性。一些地方仍然存在上级环保部门考核下级环保部门，各部门的减排责任有待进一步落实。政府环保投入事权和强度不到位，“十一五”头三年中央政府投入也仍然没有实现每年300 亿元的目标（仅 2008 年达到 340 亿元）。污染物排放总量控制法规缺失，污染物排放标准不完善、执行率低，环境监管能力明显偏弱，“三大体系”基础薄弱，配套制度缺乏，减排缺乏准确有效的基础数据保证。

二、总量控制—质量改善—污染减排的关系分析

（一）正确借鉴发达国家排放总量控制的经验

污染物排放总量控制虽然不是中国的首创，但我们目前操作的全国意义上的污染物排放总量控制也很难在国际上找到相同的案例。发达国家的排放总量控制有如下特点：①绝大部分排放总量控制都是非常局限的、一定条件下的总量控制，如基于排污口和基于污染源的排放总量控制（如美国 EPA 的最大日负荷 TMDL）、基于特定区域环境质量下的总量控制（也就是容量总量控制）、基于特定行业、特定污染源数目下的排放总量控制。也只有这样，才能实现排放总量控制与环境质量改善挂钩。②依法实施排放总量控制。绝大部分总量控制都是在相应的水污染防治和大气污染防治法律中给予明确，甚至企业的排放配额都在法律中体现。而我国，迄今为止都没有国务院颁布的污染物排放总量控制和排污许可证管理条例。③强调减排的经济有效性，排放总量控制与市场手段相结合。美国和欧盟的排放总量控制非常强调减排的经济有效性，都引入了总量控制下的排污交易制度，提高了企业总量减排的灵活性。世界各国的实践经验表明，成功推行污染物排放总量控制的关键：一是排放总量控制有着严格的范围和科学的目标；二是具备强有力的法律依据；三是具有与排放标准相配套的先进污染治理技术；四是建立起促进污染物削减的总量控制的市场机制。

（二）科学理解“总量控制”与“污染控制”的关系

在现实工作中，控制污染的手段是多样化的，不是唯一的。不能认为污染控制就是总量控制，总量控制一控就灵，我们不能落入一种无限制扩大总量控制范围的“泛总量控制”思路。适合于全国总量控制的污染物必须满足如下条件：①区域性而非局地性的污染物；②可监测、可统计、可考核，有基础；③控制对象是一次污染物，最好也不是混合型污染物；④有治理减排途径，减排技术经济合理，经济负担可以承受。建议在“十二五”期间乃至从现在开始，全国排放总量控制应实施体现“五个转变”的污染减排新战略。具体为：一是从单纯注重排放总量减排向总量减排与环境质量改善相结合转变；二是从过分偏重重点行业减排向全面污染削减转变；三是从单一污染物的总量控制向多种污染物协同控制转变；四是从关注落实减排工程能力向关注

减排工程质量和减排实际效果转变；五是从依赖行政手段向更多地利用市场经济手段转变。

（三）科学理解“总量控制”与“质量改善”的响应关系

目前，影响城市空气质量和水体环境质量的主要污染物并不仅仅是 SO_2 和 COD。颗粒物已经成为许多城市空气质量的主要污染物，2006 年全国 33.5% 的城市颗粒物年均浓度没有达到二级标准要求。有些水域的非点源污染甚至超过了点源污染，水域中氮、磷已经上升为威胁水质的主要污染物。而目前现行的无论是 COD 还是 SO_2 的减排政策，基本上是针对点源污染的对策，尤其是 SO_2 减排主要是从控制酸雨污染出发，重点削减行业是电力行业，而对当地环境质量影响更大的非电燃煤锅炉未被纳入。因此，在考核总量控制任务完成状况时，还应考虑当地环境质量的改善情况，逐步推行污染物总量控制和环境质量改善并重的指标体系。

三、国家污染物排放总量控制路线图分析

（一）中长期“总量控制—质量改善”路线图

在 2030 年前，排放总量控制和环境质量改善是一个长期的、艰巨的、复杂的任务。根据我们的研究，建议未来 20 年“总量控制—质量改善”关系行动路线如图 1 所示。

“十一五”期间（2006—2010 年）：实施总量控制约束性模式。COD 和 SO_2 排放总量控制是“十一五”环境保护目标中最硬的两项约束性指标，环境质量目标作为预期和引导指标。这种机制安排对地方环境保护工作起到了很好的引导和约束作用。

“十二五”期间（2011—2015 年）：实施总量控制约束性、质量改善指导性模式。这期间，还不宜以单一的环境质量考核代替排放总量控制考核，也不宜对环境质量目标提出过于乐观的要求。建议总量控制污染物为 COD、氨氮、SO_2、NO_x。

“十三五”期间（2016—2020 年）：实施总量控制约束性、质量改善约束性模式，也就是“双约束”模式。考虑到“十三五”时期是中国全面小康社会目标的实现期，影响环境质量改善的主要污染物都必须严格实行排放总量控制，同时环境质量必须得到改善，与全面小康相适应的水平，也就是“环境小康”水平。

“十四五”期间（2021—2025 年）：实施质量改善约束性、总量控制指导性模式。在实现 2020 年全面建设小康社会的目标后，无论是中央还是地方政府，改善流域和城市环境质量应成为环境保护的重要约束性指标，全国性的污染物排放总量控制可以作为指导性的指标，如一些行业和区域的排放总量控制。

“十五五”期间（2026—2030 年）：实施质量改善约束性模式。这期间，COD、氨氮、SO_2、NO_x 等主要污染物排放总量已经得到全面控制，环境质量改善作为中央和地方的最大约束性指标。

（二）建立“国家—行业—区域”污染减排体系

根据国际环境政策经验、“十一五”污染减排实践以及我国的环境管理水平，建议从“十二五”开始，建立和实行“国家—区域—行业”排放总量控制体系。

1. 国家排放总量控制模式

理论上说，国家排放总量控制是一个特定污染物覆盖所有排放源下的总量控制，如目前实行的 COD 和 SO_2 排放总量控制，最终要分解到市县的重点污染源。一般情况下，由于目前技术支撑能力的限制，国家总量控制很难建立在环境容量基础上，很难与环境质量密切挂钩。建议“十二五”期间，除了 COD 和 SO_2 实施国家总量控制之外，其他污染物慎重选择国家或全国性排放总量控制模式。

2. 区域排放总量控制模式

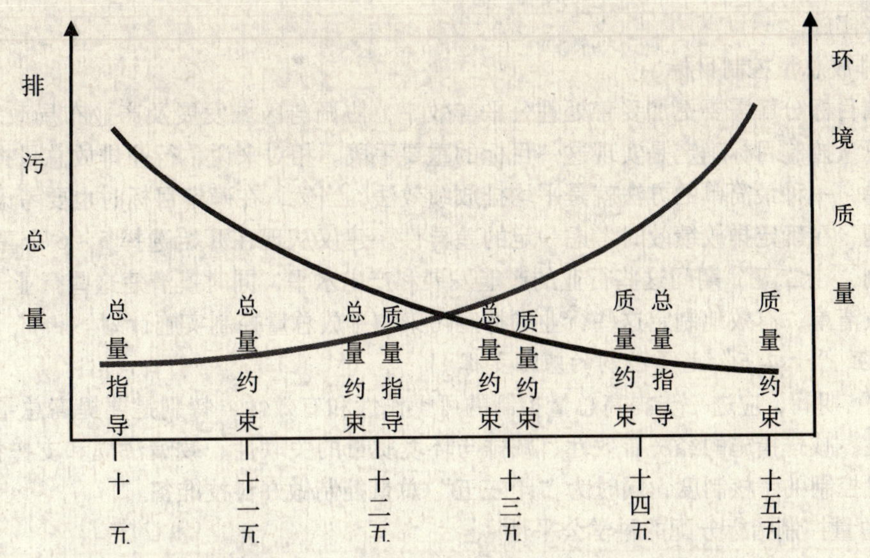

图1　未来20年“总量控制—质量改善”行动路线图

区域排放总量控制是指满足特定区域给定环境质量目标下允许的最大排放总量，或者分阶段达到允许最大排放总量的目标排放总量。这实际上就是区域环境容量下的排放总量控制，简称容量总量控制，比较适合地方环保部门采用。区域可以是城市、流域、行政辖区甚至就是划定的区域。建议“十二五”期间，特定城市、特定江河、特定湖库都可以采用“一市一总量”、“一河一总量”和“一湖一总量”，实现比较科学的区域总量控制。

3. 行业排放总量控制模式

行业排放总量控制是指一个特定行业，甚至该行业特定数量污染源范围下的，对特定污染物采用的排放总量控制。行业排放总量控制比较容易确定排放总量目标，同时也比较容易分配总量指标，如根据行业排放绩效公平合理地分配排放指标。建议“十二五”期间，对 SO_2 和 NO_x 实施行业总量控制，制定行业总量减排实施规划。

（三）科学合理地确定排放总量控制目标

排放总量控制目标确定是总量控制中一个长期争论的、没有科学结论的话题。总量控制目标确定不仅涉及科学技术的问题，重要的是与地方经济发展、企业竞争力乃至地方政府领导的升迁密切相关。“十二五”期间，应区分国家、区域、行业的排放总量控制目标确定机制，争取排放总量控制目标确定相对科学、合理、公平。

1. 国家排放总量控制目标

国家总量控制目标确定首先要选定一个相对稳定的基数年和相对准确的排放基数。“十五”和“十一五”总量控制规划目标在基数选择方面不统一，使得地方围绕基数争吵不休，甚至在基数方面“大做文章”。“十二五”期间，不能再坚持“淡化基数”的原则。建议从“十二五”开始，国家排放总量控制目标以2007年或者经普查数据平移调整的2010年的排放量为基年数，以后不能随意调整和改变。具体的削减目标，应做削减行业和削减地区潜力技术经济分析后确定。

2. 区域排放总量控制目标

区域排放总量控制目标应该根据区域环境功能分区、区域经济发展水平、区域环境质量目标等确定，而且区域排放总量控制目标是一个“自下而上”的分配累加量。“十二五”期间，要积极探索实施基于环境容量的区域总量控制，区域总量控制目标要与环境质量改善密切挂钩。对于多数区域来说，“十二五”期间完全达到环境质量目标的总量减排任务存在严重困难，建议要实事求是，分步实施。

3. 行业排放总量控制目标

总量控制目标分解需要更加妥善处理公平与效率，协调与区域发展及产业布局政策的关系，而行业排放总量控制目标确定是实现这一目标的重要手段。相对来说，行业排放总量控制目标的确定比较简单，一种最简单的方法就是平均排放绩效法，当然，在确定目标时也要考虑新老企业公平竞争问题，在确定排放绩效时考虑一定的差异性。建议从现在开始选择 5 ~ 6 个重点污染行业，研究预测“十二五”期间这些行业的产能发展和产出水平，同时摸清楚这些行业“十一五”的污染源排放清单，有效地制定这些行业的特定污染物排放总量控制实施计划。

（四）加强“十二五”总量控制的基础支撑

“十二五”期间，应进一步提高总量控制的可操作性和有效性，特别是要提高总量指标分配的科学公平性、减排措施的经济有效性、减排与环境质量的关联性、政策法规和支撑技术体系，完善排放总量控制的考核制度，同时为“十三五”总量控制做好科技准备。

1. 提高总量控制指标分配的科学公平性

总量排放指标的分配是总量控制中最棘手的问题。由于排放总量控制目标不完全是“自下而上”确定的，因此很难把总量目标“自上而下”分配到县市和重点污染源上。“十一五”期间，只是电力行业采用了行之有效、相对公平合理的排放绩效方法，建立了一套 SO_2 总量指标的分配方法。特别是 COD 排放指标的分配方法，没有抓住 COD 排放与社会经济活动强度的关联，分配方法存在着较大的分歧和争论。建议“十二五”期间，根据排放总量控制模式不同选择不同的总量指标分配方法，如综合因子分配法（CFB）、环境容量分配法（ECB）、排放绩效分配法（GPS）、排放指标有偿分配法（PUA）等。

2. 提高排放总量控制实施规划的可达性

“十一五”期间，基本解决了有总量、有控制的问题，但是总量控制计划目标随“十一五”环境保护规划一并发布，作为其可达性基础的《污染减排综合性工作方案》滞后发布，资金落实更加滞后。“十二五”期间，应改变“十一五”总量控制目标、任务、措施不衔接的局面，提前编制年度总量控制实施规划，强化实施而不是仅仅局限于总量控制目标，要以工程保障、立法明确、政府预算等为主要实施计划内容，编制基础条件具备、保障措施可行的总量控制实施方案，把自下而上的单元总量控制计划编制作为实施总量控制的基础，做到自下而上和自上而下的结合。健全以排污许可证为核心的污染减排监管体系，加快制定并颁布实施国家主要污染物排放总量控制管理条例和排污许可证管理条例。

3. 积极运用市场经济手段促进减排

“十一五”期间，经济政策对污染减排起到了很大的作用，有时甚至是关键性的作用，如电厂脱硫电价补贴政策、污水处理收费政策、污染减排专项资金、重点流域减排资金等。“十二五”期间，总体上已经进入总量控制边际成本急剧上升的阶段，应加大环境经济政策的力度，充分运用市场经济手段促进污染减排。如建立作为前端总量控制的落后产能退出经济补偿机制、推行排放指标有偿取得和排放交易制度、完善污水和垃圾处理收费政策、制定和实施脱硫脱硝的鼓励政策、建立重点流域水质生态补偿机制等。

4. 合理选择“十二五”总量控制途径

在选择“十二五”总量控制技术途径时，建议：着手开展燃煤工业锅炉二氧化硫总量减排；增加火电行业氮氧化物、重点流域和湖泊的氨氮、部分敏感湖库的总氮和总磷等污染物总量控制指标；对局部地区进行非点源总量控制的试点逐步扩大化学需氧量减排范围。在局部地区考虑试行非点源的总量控制试点，按照自下而上的思路，搞好调查研究，摸清底数，建立监测、统计方法，结合氨氮和氮磷总量控制试点，建立国家非点源污染 COD 减排策略体系。

5. 加强面向“十三五”的污染减排研究

实施污染物总量控制需要具备一定的前提条件，新环境问题的解决也并非完全依赖总量控制手段。“十二五”期间，要未雨绸缪关注新领域的污染减排问题，尤其需要对汞、POPs、温室气体等问题进行关注，把这些新显现的污染问题提到日程上来，对可以实施总量控制的污染物进行前期预研究和技术储备。在气候变化领域，可以开展自愿性的排放总量控制试点研究。

四、结　语

污染物排放总量控制是中国环境保护中长期的艰巨任务。污染减排依然是“十二五”环境保护的重点工作之一。首先要正确理解总量控制、质量改善和污染减排的关系，其次应科学设计“总量控制—质量改善”中长期国家路线图，明确未来20年“总量—质量”指标的约束性和指导性关系。建议从“十二五”开始，建立和实行“国家—区域—行业”排放总量控制体系，增加氨氮和 NO_x 两项总量控制污染物，根据经济—环境—技术—管理一体化原则，科学合理地确定相应的总量控制目标，实现排放污染减排和环境质量改善的“双赢”。

参考文献

[1] Wangjinnan, Wu shunze. China Economic Development and Environmental Trends in the Tenth Five - Years, workshop on environment financing in china and OECD countries, Nov. 2000, Beijing.

[2] The Department of Energy. On the Road to Energy Security Implementing A Comprehensive Energy Strategy: A Status Report, Aug. 14, 2006.

[3] 环境保护部环境监测司，中国环境监测总站. 近30年城市空气质量状况报告. 北京：环境保护部环境监测司，2009.

[4] 曹东，祝宝良，蒋洪强，等. 2009—2020年中国节能减排重点行业环境经济形势分析与预测. 北京：中国环境科学出版社，2009.

[5] 曹东，蒋洪强，於方，等. 2008—2020年中国环境经济形势分析与预测研究报告. 中国环境规划院《重要环境信息参考》. 2008 (8).

[6] 国合会污染减排课题组. 污染减排：战略与政策 [M]. 北京：中国环境科学出版社，2008.

[7] 王金南，杨金田，等. 中国大气汞污染防治现状及控制对策分析. 中国环境规划院《重要环境信息参考》，2009 (9).

[8] 王金南，吴舜泽，等. 环境安全管理：评估与预警 [M]. 北京：科学出版社，2007.

[9] 邹首民，王金南，等. 国家“十一五”环境保护规划研究报告 [M]. 北京：中国环境科学出版社，2006.

[10] 吴舜泽，逯元堂，王金南. 中国环境保护投资失真问题分析与建议 [J]. 中国人口、资源与环境，2007, 3.

[11] 于雷，吴舜泽，徐毅. 中国水环境容量研究应用回顾及展望 [J]. 环境保护，2007, 3B.

[12] 王金南，高树婷，杨金田，等. 排放绩效——电力减排新机制 [M]. 北京：中国环境科学出版社，2006.

[13] 吴舜泽，王金南. 全方位推进总量减排系统工程. 中国环境报前沿专刊，2007-03-09.

面源污染控制的前置库工程的长效运行与管理模式研究

高月香　张毅敏　吴晓敏　王伟民

（环境保护部南京环境科学研究所　南京　210042）

摘　要　前置库技术是面源污染控制的有效、实用技术，为了维持前置库系统的正常运行，确保治理效果发挥长效作用，本文对前置库工程的长效运行、维护和管理进行了探讨和实践。保证前置库系统达到预期的景观效果和水质净化效果的同时，探索出一套适用于面源污染控制生态工程长效运行的管理模式，为该技术未来更广泛的推广应用提供了科学依据。

关键词　前置库　面源污染控制　长效运行　管理模式

环境保护部南京环境科学研究所在国家“十五”重大科技专项“河网区面源污染控制成套技术”（2002AA601012）中，进行了“平原河网地区面源污染强化净化前置库技术与示范工程”专题研究，开发了前置库系统结构与关键技术，并在宜兴市大浦镇浦南村的浦南、厚和与河渎等3个自然村完成了强化净化前置库示范工程建设，工程实施后水质和景观得到明显改善，污染负荷得到削减。

平原河网地区前置库系统的稳定运行和良好的处理效果，充分说明其是解决平原河网地区面源污染问题的可行技术。但由于相应的后续配套资金紧缺，居民环保意识薄弱，整个项目结束后，示范工程就将处于无人管理的状态，从而将造成生物处理的二次污染严重，工程设施遭到破坏和偷盗，工程效果不能长期有效发挥的现象。为了确保前置库系统的治理效果发挥长效作用，维持并进一步推广示范工程，有必要对前置库工程进行持续的维护和管理，研究其长效运行的管理模式，为该技术未来更广泛地推广应用提供科学依据，也为平原河网地区面源污染控制生态工程的长效运行提供可借鉴的经验。

一、“863”前置库工程的概况[2]

“863”项目前置库系统结构包括5个子系统，即地表径流收集与调节子系统（生态河道）、沉降与拦截子系统、生态透水坝强化流与回用子系统。降雨径流包括农田、村镇地表径流，以及散落的未经处理的生活污水等汇入河道，经由生态河道子系统及拦截与沉降子系统，进行污染物质的初步拦截、沉降，同时调蓄水量，再经透水坝及砾石床，以渗流方式过水，保持坝前坝后的水位差，进行污染物的初步去除，然后进入生态库塘，对水体进行强化净化，处理后的水质得到明显改善，回用于农田与鱼塘。而导流系统可保证库区的水位保持设计水平，避免暴雨的影响。

前置库工程建成后基本解决了示范区内河道淤积、污水横流、水体发黑发臭等现象，大大改善了当地的农村环境。改善了入湖水流的水质，减少了入湖的污染物量。运行前该水域降雨期的水质TP为Ⅲ～劣Ⅴ，TN为劣Ⅴ。建成运行后，TP为Ⅲ～Ⅳ水质，TN为Ⅳ～Ⅴ水质。无降雨和小降雨输入期间，TN、TP、SS的平均去除率分别达到65.1%、45.3%、62.9%；强降雨初期TN、TP、SS污染物去除率分别为70.5%、84.6%、90.9%，而强降雨后期，TN、TP、SS的去除率达到91.7%、96.2%、96.8%。

二、前置库工程长效运行与维护管理

在前置库长效运行过程中，通过定期对河道、库区、坝区、湿地区植物的补种、抚育、病虫防治；秋季植物的收获、割刈、清理；生态库塘内生物浮床[3-7]系统的重新布置；按照前置库系统的运行控制要求有效控制闸站等一系列维护管理措施，使得前置库系统运行稳定，工程范围的河道畅通，河面无漂浮物，河岸和库区整洁美观，植被长势喜人，生物浮床系统运行正常，水质清澈，达到了预期的景观和水质净化效果。

前置库工程长效运行的一年周期内，前置库进出口处的各类污染物浓度及去除率见表1。

表1　前置库进出口处的各类污染物浓度及去除率

			TN	硝态氮	TP	PO_4^-
浓度/（mg/L）	进口1	范围	0.52～4.03	0.03～1.99	0.03～0.56	0.01～0.47
		平均值	1.84	0.83	0.23	0.14
	进口2	范围	0.53～4.22	0.01～1.91	0.04～0.37	0～0.35
		平均值	2.26	0.96	0.20	0.11
	出口	范围	0.46～1.97	0.02～1.55	0.02～0.27	0.01～0.15
		平均值	1.34	0.76	0.15	0.06
去除率/%	范围		8.1～66.7	6.7～58.1	10.7～76.7	14.7～80.1
	平均值		26.2	20.2	42.5	50.2

从表1可以看出，前置库系统进口处的水质TN为0.52～4.22mg/L（平均值2.05mg/L），为劣Ⅴ类，TP为0.03～0.56mg/L（平均值0.22mg/L），为Ⅳ类。前置库运行效果良好，经工程处理后的出水水质TN为0.46～1.97mg/L（平均值1.34mg/L），为Ⅳ类，TP为0.02～0.27mg/L（平均值0.15mg/L），为Ⅲ类水质，处于良好的状态。

系统保持着良好的污染物去除效果，TN、硝态氮、TP和PO_4^-的平均去除率为26.2%、20.2%、42.5%和50.2%。特别在植物生长的旺盛期（7—8月），TN、硝态氮、TP、PO_4^-的去除率为56.1%、58.1%、76.7%和80.0%，从而改变了地表径流和农村生活污水直接入湖的现象，降低了直接入湖水流的污染物浓度，改善了入湖水流的水质，减轻了入湖污染负荷。

三、前置库运行管理模式

在前置库工程长效运行管理的研究和实践中，所采用的以生态经济为基础，委托管理、群众参与，并充分发挥村委会作用的管理模式起到了较好的效果，基本达到了管理效益的最大化。

（一）委托管理，责权利明确

为了实现前置库的长效管理，运用市场经济的手段，对前置库实行委托管理，明确管理目标和责任，利益兑现。根据库区管理的要求较高，管理工作量大的特点，聘用当地工程技术能力较强、种植经验丰富、有一定的组织能力和威望的当地居民作为专职河道管理员，由其组织长效管理专业队伍。并与其签订管理合同，明确管理范围、职责和劳动报酬，使长效管理落到实处。

根据管理合同的要求，委托方的责任是提出需要河道管理员完成的工作内容及相关要求，对其工作进行指导与监督。主要包括：提出植物的栽种、恢复和更新计划，植物清除和收获的要求；提出水质采样方案以及采样规范；每个月对库区和河道的环境、水质、植物生长情况、设施的正常使用、系统运行情况等进行检查记录；在库区重要河段进行重点监控，同时根据实验方案和设计标准，针对前置库运行中出现的问题，适时提出整治措施。

根据管理合同的要求，河道管理员的任务：管理前置库区范围内所有河道及两岸的植物，使其正常生长和繁衍；负责定期清除库区河道内的杂草和废弃物，在秋、冬季负责对枯萎水生植物的收获和清理；负责保护与库区河道管理以及实验有关的材料和物品，保证其完好、不丢失；协助开展相关的现场采样和实验工作；适时记录气候变化、闸门关启情况，水位变化、水质变化、周围鱼塘向库区排放水的时间和水量等情况，以及非正常气候条件对植物的影响；遇突发情况及时通知委托方。河道管理员的责任：无植物死亡；无土地被淹；无设备损坏。被委托人的收益：根据工作量获取一定的劳动报酬；前置库系统工程的经济收益，全部归被委托人；允许被委托人在从事其他工作的同时，兼管前置库生态工程；允许被委托人在不影响工程水净化功能的前提下，适当扩大水面开发面积。

根据合同的约定，如河道管理员出现失职现象，根据责任轻重和对前置库工程正常运行的影响程度，对河道管理员提出警告，并进行一定比例的处罚（包括扣除当月工资、赔偿损失、解除聘用合同等）。

（二）贯彻生态经济思想

在平原河网区前置库强化净化系统的设计阶段，把生态经济思想贯穿方案设计的全过程。不仅将该工程作为水质强化净化系统，而且作为水生态经济的适度开发系统。在生态设计的过程中，刻意设计了河道与库区草食性鱼类食用的水草水面养殖；河岸梨、枇杷等果树栽植；湿地水生植物茭白、莲的种植；浮床水生经济作物水蕹菜的种植。

在前置库长效运行管理中，不仅要将现有生态经济系统维持下去，而且要适度扩大经济作物的种养殖品种和面积，并维护管理好，使之发挥更大的经济效益。一方面解决了人工管理的费用；另一方面又解决了生物二次污染的问题，从而做到环境效益与经济效益双赢。

（三）实现以水养库，以堤养河

根据河道和库区管理权限，对水面养殖权和捕捞权进行公开发包，将水面养殖权与运行维护责任同时落实，并与承包人签订管护合同。年终由发包方进行测评考核，达到要求的，在承包费中支付合同规定的管护费；达不到要求的，发包方按合同约定，责令限期整改，直至终止承包合同，重新发包。

按照市、县河道管理条例有关规定，在整治好的河堤、圩堤和青坎上全部栽植树木，通过公开竞拍林权，将林权竞价收益用于河道的管护，林权的所有者也可同时选作河道的管护人。

（四）群众参与管理

为了更有效地监督专职河道管理员的工作，除了根据合同的约定，对照检查河道管理员的工作外，还经常听取当地群众的反映。根据问题的普遍性和代表性，及时向河道管理员指出。

对居民点家前屋后以及自留地周边的河塘实行门前“三包”，按照“包河道无污染、包路边无乱堆放、包门前无垃圾”的标准，通过与村委会联合进行评比“五好”家庭、文明户等激励手段，并给予适当的经济奖励，推动各家各户自行负责日常保洁，达到环境优美、清洁家园的目的。

（五）发挥村（居）委会作用

与当地村（居）委会联合，通过村级民主议事会，把前置库的保洁管护作为一项重要内容，纳入村规民约，并加强宣传、教育、动员，随时将污染治理与生产相结合的方法传授给群众，使面源污染控制深入人心，从而增强村民自我管护意识，规范管护行为，提高整体素质，履行管护义务。

四、总　结

通过一年的维护管理，保证了前置库工程的正常运行，使工程处理效果得到了长期有效地发挥。植物长势喜人、河道畅通，河岸整洁、河面无漂浮物、库区美观，大大改善了当地的农村环境；对水体中的各类营养物质保持了较高的去除效率，改变了地表径流和农村生活污水直接入湖的现象，降低了直接入湖水流的污染物浓度。

在对前置库工程长效运行和维护管理的实践中，以生态经济为基础，通过选择专职河道管理员，与之签订管理合同，明确责权利，运用奖罚并举的市场经济手段，对前置库实行委托管理，并充分发挥群众和居委会的作用，使长效管理落到实处，从而摸索出一套适合于面源污染控制生态工程长效管理办法，为该技术未来更广泛的推广应用提供科学依据。

参考文献

[1] 张毅敏，张永春，左玉辉．前置库技术在太湖流域面源污染控制中的应用探讨［J］．环境污染与防治，2003，25（6）：342－344.

[2] 张永春，张毅敏，胡孟春，等．平原河网地区面源污染控制的前置库技术研究［J］．中国水利，2006，17：14－18.

[3] 周小平，王建国，薛利红，等．浮床植物系统对富营养化水体中氮、磷净化特征的初步研究［J］．应用生态学报，2005，16（11）：2199－2203.

[4] 黄婧，林惠凤，朱联东，等．浮床水培蕹菜的生物学特征及水质净化效果［J］．环境科学与管理，2008，33（12）：92－94.

[5] 顾国平，周丽燕，王森．空心菜对景观水中氮磷的去除效果研究初报［J］．安徽农学通报，2008，14（19）：111－112.

[6] 郭沛涌，朱荫湄，宋祥甫，等．浮床黑麦草去除富营养化水体总氮的试验研究［J］．华中科技大学学报（城市科学版），2007，24（2）：33－35，40.

[7] 郭沛涌，朱荫湄，宋祥甫，等．陆生植物黑麦草（*Lolium multiflorum*）对富营养化水体修复的围隔实验研究—总磷的净化效应及其动态过程［J］．浙江大学学报（理学版），2007，34（5）：560－564.

促进家电消费背景下电子产品生产者责任延伸制构建探讨

孔令锋

（上海理工大学管理学院　上海杨浦区内江二村12号1911室　200093）

摘　要　促进家电消费政策对于刺激经济复苏起到了明显效果，但废弃家电的急剧增加也将加大电子废弃物治理难度。从国际经验看，推行生产者责任制对于电子生产企业实施循环经济战略和电子废弃物的源头防治具有明显积极作用。为此，我国应充分利用促进家电消费政策继续实施的契机，通过设立回收处理基金、加强正规回收处理体系建设、推行“电子废弃物处理联单”制度、营造有利的社会环境等措施，推进电子产品生产者责任延伸制的构建。

关键词　促进家电消费　电子产品　生产者责任延伸制　回收处理

一、促进家电消费背景下电子废弃物治理问题

2008年下半年以来，为应对全球金融危机对于我国经济的巨大冲击，国家密集出台了多项促使消费的反周期举措。早在2007年12月起就已试点实施的财政补贴促进家电下乡政策，也自2009年2月1日起开始在全国范围内推广。2009年6月1日，又推出了财政补贴促进城市消费的家电以旧换新政策，北京、上海等9个试点省市于8月份正式进入实施阶段。截止到2009年12月31日，家电下乡产品的累计发货量达9 245.05多万台，发货金额1 627.53多亿元[2]；以旧换新实现的新家电销售量达360.2万台，销售额140.9亿元[1]，表明政策取得了积极效果。因此，在2009年12月9日召开的“进一步完善促进消费若干政策措施”的国务院常务会议上，决定继续实施这两项政策，并且家电下乡政策将大幅提高下乡家电产品最高限价，家电以旧换新政策将在具有拆解能力等条件的地区扩大实施范围。

但是在看到政策对于拉动内需、刺激经济复苏作用的同时，废弃家电所引发的资源环境问题也应引起高度关注。作为电子废弃物（废弃电子电气设备）的主要构成部分，废弃家电具有环境危害性与资源再生性的双重属性。其所含的大量铅、铍、六价铬等金属和溴化阻燃剂、汞、聚氯乙烯、酞酸盐等化学物，已被证明如果处理不当将对人体健康和生态环境产生明显的危害。但与此同时，其所含的金、银、铂等多种稀有贵金属又具有很高的再生利用价值，也被称为回收利用价值最高的固体废弃物种类，因而加强对其循环利用对于人均资源占有量远低于世界平均水平、环境污染较为严重的我国来说更是具有深远的战略意义。

众所周知，中国目前已成为世界家电生产与消费大国。自20世纪80年代初，电视机、洗衣机和电冰箱等传统家电产品就已进入城市家庭，21世纪以来又开始大量进入农村家庭，近年来手机、电脑等新型家电的普及率也在快速提高。但是随着电子信息技术的迅猛发展和产品更新周期的不断缩短，废弃家电的产出量也在大量增加，2004年底国内废弃家电数量已达6 977万台，2007年底进一步增至9 191万台，这也导致电子废弃物已成为增长最快的固体废弃物类型之一[3]。可以预计，随着两项政策的继续实施，废弃家电以及电子废弃物的数量近期内会急剧增加，治理任务也将变得更为艰巨。

本文研究受教育部人文社科项目“从源头防治新型污染：有限产权与多重交易下的电子废弃物再循环研究”（编号08JC790070）、上海市教委重点学科建设项目“经济系统运行与调控”（编号J50504）资助。

二、生产者责任延伸制及其在电子废弃物治理中的应用

从国际视角看，废旧家电以及电子废弃物的快速增加不是中国独有的现象。根据联合国环境规划署的统计和预测，目前全球每年产生的电子废弃物达2000万~5000万t，在欧洲它以每年3%~5%的速度增长，是固体废弃物平均增长速度的3倍，在发展中国家未来5年内也将增长3倍以上[4]。随着环保思路从末端治理向源头治理的转变，电子废弃物的再循环利用逐渐成为电子产品生产与消费水平较高的发达国家环境与资源领域最为关切的问题，清洁生产技术、产品生命周期设计等也开始应用于电子产品制造业。但是由于这些技术的应用会带来生产成本的提高和短期收益的下降，在缺乏整体性环保制度约束与引导的情况下，20世纪90年代以前大多数企业缺乏足够的应用这些环保技术的动力，电子废弃物污染增加的趋势也没有得到根本性的扭转。

1988年，瑞典环境经济学家托马斯首先提出了“生产者责任延伸”（Extended Producer Responsibility，EPR）的概念，得到了国际社会的积极回应。EPR的基本含义是指产品生产者应对产品整个生命周期的环境影响负责，特别是为了降低对环境的不利影响，应对产品的消费后阶段承担回收、循环和最终处置责任[5]。之所以这一概念提出后得到了积极回应，主要原因在于它符合激励相容的制度设计原理。因为随着工业化的推进，污染物的类型与数量在不断增加，环境监测与治理的难度也在加大。相对于生产者来说，政府以及消费者均属于产品生产系统之外的成员，不仅不拥有改善生产流程的决策权力和技术能力，而且在污染源的控制、环境影响的预测、损害赔偿的确定等方面也均处于劣势。交易费用的日趋高昂不仅使得以行政、税收等手段为主的传统治理模式面临着失灵的挑战，更重要的是难以形成源头预防的有效激励。而实施EPR将会使生产者对于产品在整个生命周期内的环境影响承担更多的责任，从而激励生产者为了降低回收利用成本，从上游阶段就考虑无害原料的使用与再循环设计，并主动参与到回收处置过程中。因此，EPR的本质是通过对产品产权及其对应的环保责任的重新界定，一种能够节约交易成本、促进循环经济发展的环保制度创新，代表着废弃物管理模式的变革趋势。

1991年德国率先将EPR理念运用于《包装物法令》的制定，通过法律确立了包装物生产者所应承担的延伸责任，此后许多发达国家将EPR引入到不同类型的废弃产品管理法规中，电子产品也是近年来应用得最为广泛的产品之一。以EPR思想为指导，日本制定并于2001年开始实施《家用电器再循环法》，该法规定零售商必须负责回收废弃家电，制造商必须负责再循环利用，消费者也应为收集、运输和再循环支付一定的费用。欧盟在2003年颁布了《关于废弃电子电气设备指令》（简称WEEE）和《关于在电子电气设备中限制使用某些有害物质的指令》（简称RoHS）两个针对电子电气产品的环保指令，其中WEEE指令针对回收、处理、处置、再循环、再使用等环节中利益相关方的环保责任与义务进行明确界定；RoHS指令主要针对电子产品的设计、制造等环节，限制使用铅、汞、镉、多溴联苯、多溴二苯醚等对环境有害的物质。

在欧盟两法令公布之后，欧洲电子贸易组织曾经估算，仅在欧洲RoHS替代所需要的研发费用就达190亿美元；而市场咨询机构Garter集团预测，2006年因执行RoHS指令将使每部PC机的成本将增加10美元[6]。这也使得家电生产商除了投资或亲自参与回收处理体系建设外，更加注重电子产品生命周期管理，通过实施循环经济发展战略，改变传统生产系统乃至商业模式来达到降低运营成本、提高企业竞争力的目的。这些战略的实施在后来的产品生产或商业模式中均有具体体现，有些已经取得了较好的社会效益和经济效益。例如，日本理光集团于2005年11月1日颁布了绿色采购标准第三版，要求供应商必须了解理光公司的环境影响因素，实施降低环境负荷的活动，并经过ISO 14000等环境认证。又如，IBM公司研究了从废弃电脑中回收可再利用零部件的网络结构，积极开展电脑租赁业务，当租赁期满后由IBM公司对用过的电脑进行检测并根据具体情况开展再利用，结果该项业务为IBM带来了巨大的经济效益。

与此同时，在回收处理环节，日本、欧盟等国也建立起由生产商等多方参与、较大规模并具有竞争性的专业化回收处理组织。在日本，主要有 A 组和 B 组两个大型组织，A 组由松下、东芝等家电生产商领衔，实施的是与已有的回收处理企业建立战略联盟的模式；B 组由日立、三菱等家电生产商领衔，实施的是自建处理工厂，与批发零售商及物流公司合作回收的模式[7]。在欧洲，各国基本上都成立了两个以上的专业化组织，这些组织结合实际既可自己组建也可利用已有的回物处理企业，而生产商则可依据成本、服务等因素选择一个组织来参与回收处理环节；而回收处理费用由政府、生产商、进口商、消费者等予以不同比例的分摊，像 WEEE 指令中规定生产商应主要负担废弃家电的回收处理费用[6]。由此可见，生产者责任延伸制的实施及其相关法规的贯彻，对于电子生产企业实施循环经济战略和电子废弃物的源头防治具有明显的积极作用。

三、利用促进家电消费的契机构建我国电子产品生产者责任延伸制

近年来我国政府对于电子废弃物治理问题也高度重视，不仅在《清洁生产促进法》、《固体废物污染环境防治法》和《循环经济促进法》等相关法律中均做出了一些原则性的规定，自 2003 年起也相继颁布了《关于加强废弃电子电气设备环境管理的公告》、《电子信息产品污染控制管理办法》、《电子废弃物污染环境防治管理办法》、《废弃电器电子产品回收处理管理条例》等多项针对电子废弃物治理的规章。其中，《电子信息产品污染控制管理办法》类似于欧盟的 RoHS 指令，主要针对电子产品的设计、制造等环节；《电子废弃物污染环境防治管理办法》、《废弃电器电子产品回收处理管理条例》等类似于 WEEE 指令，主要针对回收、处理、处置、再循环、再使用等环节，已基本覆盖了电子产品的整个生命周期，并体现了 EPR 的基本思想。

但是，之所以在有法可依的情况下电子废弃物的治理效果尚不明显，除了法规的贯彻落实存在一个时滞期、电子废弃物增速较快、地区之间存在较大差异等原因外，关键在于政府“有形之手”与市场“无形之手”尚未做到有机结合，政策法规的内在协同性与市场环境下的可操作性有待于进一步加强。因此，应充分利用促进家电消费政策继续实施、家电企业经营绩效具有明显改善的契机，探索建立适合中国国情的电子产品生产者责任延伸制。为此，可考虑从以下几个方面入手：

第一，尽快建立废弃电器电子产品回收处理基金。可在综合考虑以往经营绩效、产品市场份额、政策受益程度以及废弃家电回收处理成本的基础上，尽快建立以家电制造商作为征收主体的废弃电器电子产品处理基金并制定征收补贴的具体标准，通过试运行逐步完善基金运作模式，为财政补贴政策退出后回收处理环节仍然能够获得有力的资金支持创造条件，同时也将通过成本倒逼机制推进家电企业实施循环经济战略。

第二，通过堵疏结合推进正规回收处理体系建设。一方面，应加强对二手电子市场和废弃家电处理企业的监管，严格禁止无资质的单位从事电子废弃物的处理，加大对非法拆解与丢弃行为的处罚力度；另一方面，应通过实施土地、税收、贷款等优惠政策，大力支持现有正规回收处理企业通过资产重组、加盟合作等多种方式，实施连锁经营与跨区域经营，同时鼓励家电生产商、经销商等以自建、参股、战略联盟等形式参与到回收处理环节，通过规模化与一体化经营降低产业链的综合成本。

第三，全面推行“电子废弃物处理联单”制度。借鉴“家电以旧换新凭证”的设计，建立针对所有电子产品消费后环节的“废旧家电处理联单”制度，联单涵盖的信息主要包含电子废弃物的品类、重量、性质以及来源、去处等方面，应规定各环节当事人在回收处理废弃电子产品时必须完整地填写联单，最后联单应提交政府监管部门并输入相应的信息管理系统，作为依法监管和发放环保补贴的依据。在此基础上，可考虑该信息管理系统与电子产品生产企业产品信息管

理系统的对接，从而建立起贯穿家电产品整个生命周期的信息档案，为源头防治污染和企业实施循环经济战略提供信息支撑。

第四，营造有利于电子废弃物治理的社会环境。一方面，应加强电子废弃物及其治理的环保宣传，使广大消费者认识到废弃家电的环境危害，提高消费者将废弃家电送交正规回收商的主动性意识，逐步改变对于废弃家电回收价格的预期及其传统处置习惯；另一方面，应加强推进生产者责任延伸制的宣传，提高回收商、经销商将回收后的废弃家电送交正规处理商的法律意识，减少非法处理商的处置来源。

参考文献

[1] 家电下乡信息管理系统. 2009 年 11 月家电下乡工作进展情况通报 [EB/OL] [2010 - 02 - 11]. http: //jdxx. zhs. mofcom. gov. cn/admin/news. shtml? method = view&id = 204840111.

[2] 商务部. 家电以旧换新政策拉动家电消费突破 140 亿元 [EB/OL] [2010 - 02 - 11]. http: //jdyjhx. mofcom. gov. cn/ website/webNews! view. shtml? _ id = 15560000.

[3] 中国环境保护产业协会固体废物处理利用专业委员会. 我国固体废弃处理利用行业 2008 年发展综述 [J]. 中国环保产业, 2009 (9): 21.

[4] NSWAI ENVIS. Urban municipal solid waste management [EB/OL] [2010 - 02 - 11]. http: //www. nswai. com/images/news2006. pdf.

[5] Thomas Lindhqvist. Extended producer responsibility in cleaner production [EB/OL] [2010 - 02 - 11]. http: //www. Iiiee. lu. se/information library/publication/dissertation/2000/2. PDF.

[6] 夏志东, 史耀武, 郭福. 电子电气产品的循环经济战略及工程 [M]. 北京: 科学出版社, 2007: 57 - 88.

[7] 吉田文和. 日本的循环经济 [M]. 北京: 中国环境科学出版社, 2008: 63 - 82.

持久性有机污染物水生生态风险评价模式的建立与应用

赵 肖[1] 郭振仁[1] 周 雯[1] 段丽杰[2]

（1. 环境保护部华南环境科学研究所 广州 510655

2. 中共广州市海珠区委党校 广州 510235）

摘 要 针对目前对持久性有机污染物风险管理方面的研究不足，建立持久性有机污染物水生生态风险评价模式，分为五个阶段：风险源解析、受体评价、暴露评价、危害评价和风险综合评定。评价方法上，应用迁移模型分析污染物在不同介质中的分布，应用富集动力学分析水生生物对污染物的富集过程，应用 Leslie 矩阵模型分析污染物对种群生物量的影响，结合蒙特卡罗不确定性分析方法综合评定污染物暴露的水生生态风险。将模式应用于珠江口近岸海域滴滴涕影响带鱼种群的生态风险评价，结果表明在当前的滴滴涕水平下，95%概率对应带鱼种群一个世代 1.6913%生物量的减少，风险为可接受的。较传统的环境风险评价方法，此模式定量化程度更高，适应于水环境中污染物的生态风险研究，其结果能为我国内陆和沿海水环境生态保护决策提供更直观、有效的支撑。

关键词 持久性有机污染物 水生生态风险评价 珠江口 滴滴涕 带鱼

持久性有机污染物（persistent organic pollutants，POPs）是当前环境科学研究的热点，指通过各种环境介质（大气、水、生物体等）能够长距离迁移并长期存在于环境，进而对环境生态和人类健康造成严重危害的天然或人工合成的有机污染物质[1]。具有以下特征：①难降解，具有长期残留性，长期停留在环境中。②亲脂性，具有生物积累性。③半挥发性和长距离迁移性。④高毒性，包括致癌性、生殖毒性、神经毒性、内分泌干扰特性等。一方面，由于农用的需要，人们生产 POPs，并施用于土壤和作物中。另一方面，金属冶炼、垃圾焚烧以及五氯苯酚和多氯联苯的生产，也将 POPs 带入环境[2]。

我国作为一个化学品生产和使用大国，一些典型的 POPs 物质如多环芳烃，有机氯农药，多氯联苯等在环境中广泛分布，使我国面临 POPs 对生态环境和人体健康影响的压力与挑战。我国近年来对 POPs 已做了一些研究[3]，主要集中在：①水环境中 POPs 的分布特征及来源；②POPs 的环境行为与归趋；③多介质环境中 POPs 的迁移转化；④POPs 对生物的影响；⑤POPs 的污染治理。尽管研究已取得了一些进展，但由于我国长期以来对 POPs 污染的重视程度不够，导致相关的环境背景资料缺乏，难以实施有效地的管理。因此，根据 POPs 的本质特征及其生态危害特性，基于目前的国际国内研究成果，有必要建立一套适用于环境管理的 POPs 水生生态风险评价模式。

本研究针对目前对 POPs 风险管理方面的研究不足，应用数学模型及数值模拟方法建立 POPs 水生生态风险评价模式，并将模式应用于珠江口近岸海域。

一、水生生态风险评价程序

传统的环境风险评价程序是 1983 年美国科学院提出的风险评价四阶段法[4]，包括危害鉴定、剂量反应评估、暴露评估及风险评定四个阶段。此程序适用于健康风险评价，而水生生态风险具有自身的特点，如风险源的多样性、风险受体的生态特性、暴露方式的特殊性等，因此有必要对

基金项目：国家高技术发展计划（863）项目（2007AA06A404）

四阶段法进行改进。参照《建设项目环境风险评价技术导则》（HJ/T 169—2004），本研究将水生生态风险评价分为五个阶段：风险源解析、受体评价、暴露评价、危害评价和风险综合评定（见图1）。

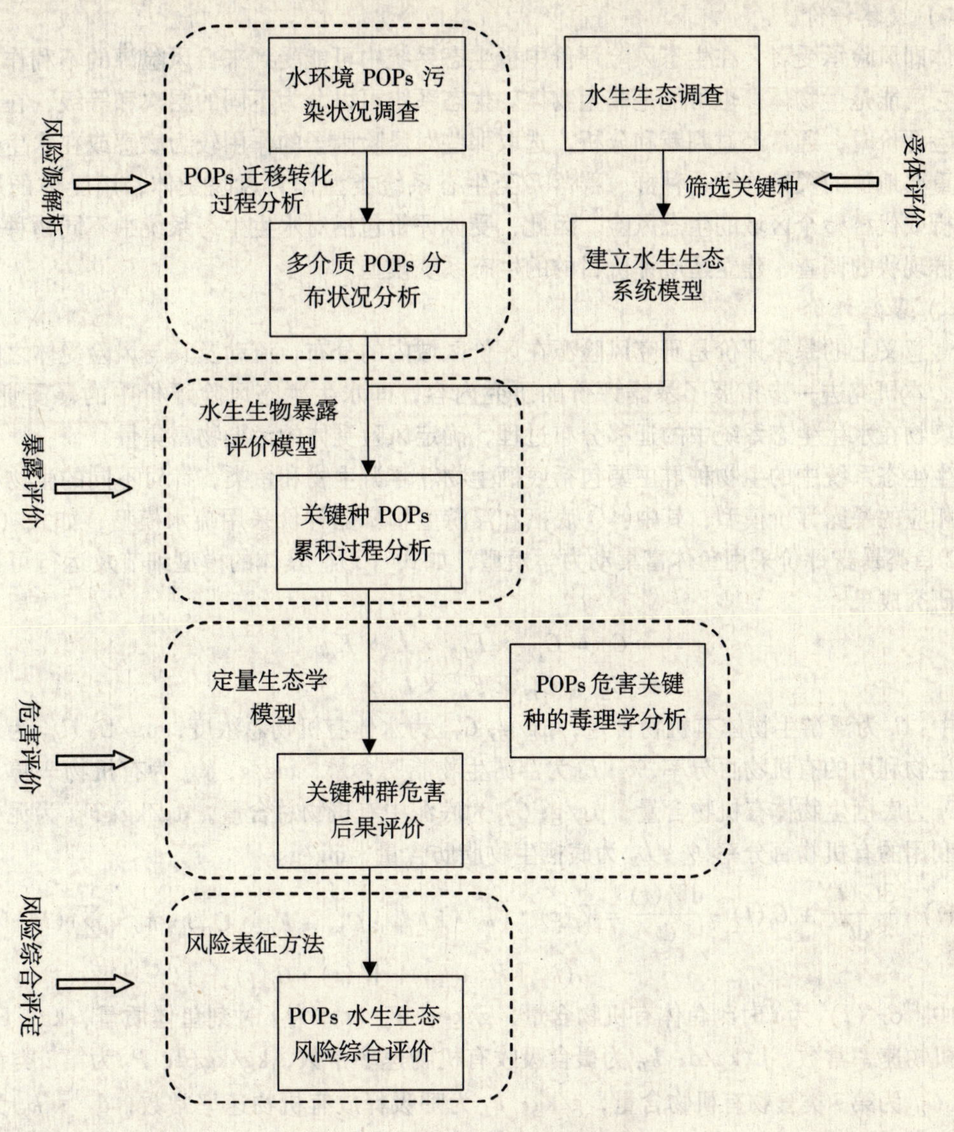

图1　水生生态风险评价程序图

二、水生生态风险评价方法

（一）风险源解析

风险源解析指对区域中可能对生态系统或其组分产生不利影响的因素进行识别、分析和度量，即调查分析研究区域内污染物在不同介质中的分布及迁移过程。POPs 在通过各种途径进入水环境后，水体和沉积物是最终归趋[5]，POPs 含量一般通过实测。

当缺乏相关资料或实测难以实施时，应用有机物在水体—沉积物间的迁移分布方程分析，如式（1）。

$$K_{oc} = C_{sc}/C_{DS} \tag{1}$$

式中：K_{oc}——有机碳吸附系数；C_{sc}——分配平衡时沉积物中单位质量有机碳吸附的污染物量，ng/g，采用式（2）分析；C_{DS}——分配平衡时沉积物中水相（孔隙水）污染物浓度，

ng/ml。

$$C_{sc} = C_{TS}/f_{oc} \tag{2}$$

式中：C_{TS} 为沉积物污染物总含量，ng/g；f_{oc} 为沉积物有机碳含量，g/g。

（二）受体评价

受体即风险承受者，在生态风险评价中指生态系统中可能受到来自风险源的不利作用的组成部分，它可能是生物体，也可能是非生物体。生态系统可以分为不同的层次和等级，在进行水生生态风险评价时，通常经过判断和分析，选取那些对风险因子的作用较为敏感或在水生生态系统中具有重要地位的关键物种、种群、群落乃至生态系统类型作为风险受体，用受体的风险来推断、分析或代替整个区域的生态风险。因此，受体评价包括对水生生态系统中不同物种的生物特性和种群现状的调查，建立适应评价目的的生态系统模型。

（三）暴露评价

通常意义上的暴露评价是研究风险源在评价区域内的分布、流动及其与风险受体之间的暴露关系[6]。本研究进一步拓展了暴露评价的研究内容，即水生生态风险评价中的暴露评价是指，分析污染物在水生生态系统中的迁移分布过程，确定风险受体的污染物富集量。

水生生态系统中的生物种群主要包括底栖生物、浮游生物和鱼类，针对不同的生物种群，需要采用相应的暴露评价模型，其中：①底栖和浮游生物暴露评价采用疏水模型，如式（3）和式（4）；②鱼类暴露评价采用鱼体富集动力学模型，如式（5）。具体的模型细节及运行可参考作者的相关研究成果[7]。

$$C_z = C_{TW} \times F_{DW} \times L_z \times K_{ow} \tag{3}$$

$$C_B = C_{TS} \times F_{DS} \times L_B \times K_{ow} \tag{4}$$

式中：C_z 为浮游生物体有机物含量，μg/g；C_{TW} 为水体有机物总浓度，μg/L；F_{DW} 为水体中可被水生生物利用的有机物百分率，%；L_z 为浮游生物脂肪含量，mg/g；K_{ow} 为有机物辛醇－水分配系数；C_B 为底栖生物体有机物含量，μg/g；C_{TS} 为底泥中有机物总含量，μg/kg；F_{DS} 为泥中可被水生生物利用的有机物百分率，%；L_B 为底栖生物脂肪含量，mg/g。

$$W_f(t) \cdot \frac{\mathrm{d}C_f(t)}{\mathrm{d}t} + C_f(t) \cdot \frac{\mathrm{d}W_f(t)}{\mathrm{d}t} = W_f(t) \cdot \left(k_1 \cdot [F_{DW} \cdot C_{TW} + F_{DS} \cdot C_{TS}] + k_D \cdot \sum (P_i \cdot C_{D,i})\right) - (k_2 + k_E + k_M) \cdot W_f(t) \cdot C_f(t) \tag{5}$$

式中：C_f（t）为 t 时刻鱼体有机物含量，g/kg；W_f（t）为 t 时刻鱼体质量，kg；k_1 为呼吸吸收有机物速率常数，L/kg/d；k_D 为摄食吸收有机物速率常数，kg/kg/d；P_i 为第 i 类食物摄食率，%；$C_{D,i}$为第 i 类食物有机物含量，g/kg；k_2 为呼吸释放有机物速率常数，d^{-1}；k_E 为排泄释放有机物速率常数，d^{-1}；k_M 为新陈代谢释放有机物速率常数，d^{-1}；k_G 为鱼体生长稀释有机物速率常数，d^{-1}。

（四）危害评价

危害评价是和暴露评价相关联的，其目的是确定风险源对风险受体的损害程度，多采用毒理实验外推技术，将实验结果与环境监测结果结合评价污染物对生物体的危害，表征采用毒理学剂量－反应关系。POPs 对水生生物的危害多为低剂量长期暴露的慢性毒性危害，对此种危害的评价应采用慢性毒性试验来分析其剂量—反应关系[8]。但由于 POPs 及水生生物种类繁多，不可能进行一一试验分析，实验室低剂量条件与实际环境之间也存在较大差异，因此实际研究多采用种间毒性及急性—慢性毒性外推方式进行[9]，此类研究目前也是环境毒理学的研究热点。EPA 推荐的水生生物种间急性毒性推导模式 ICE（Interspecies Correlation Estimations for Acute Toxicity to Aquatic Organisms and Wildlife）及急性—慢性毒性推导模式 ACE（Acute－to Chronic Estimation with Time－Concentration－Effect Models）是目前常用的危害评价模型[10]，具体评价流程如图 2 所示。

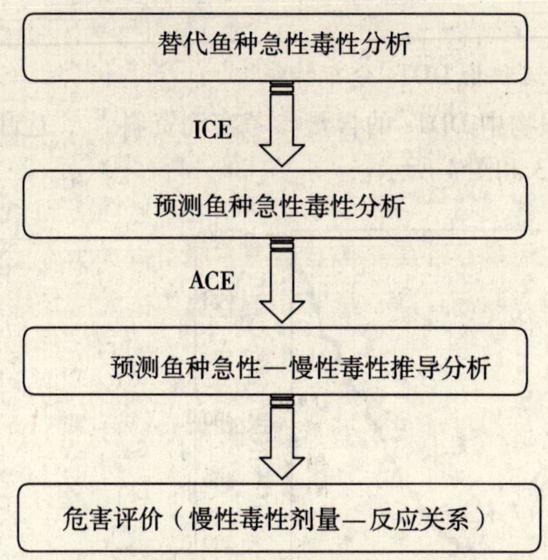

图2　水生生态风险危害评价流程

（五）风险综合评定

风险综合评定是前述评价部分的综合阶段，它结合暴露评价和危害评价的结果，考虑综合效应，评定区域综合生态风险度，并获得评价结论。水生生态风险的评定以风险受体种群生物量的变化表征风险的大小。鱼类是目前关注的重点，其生物量的分析采用 Leslie 矩阵模型[11]，如式（6）所示。

$$
\begin{bmatrix} n_{10} \\ n_2 \\ n_3 \\ ? \\ ? \\ ? \\ ? \\ n_m \end{bmatrix}^{N(t+1)} = \begin{bmatrix} S_{11} & r_2F_2 & r_3F_3 & \cdots & \cdots & \cdots & \cdots & r_mF_m \\ S_{21} & S_{22} & 0 & \cdots & \cdots & \cdots & \cdots & 0 \\ 0 & S_{32} & S_{33} & \cdots & \cdots & \cdots & \cdots & 0 \\ 0 & 0 & S_{43} & S_{44} & \cdots & \cdots & \cdots & \cdots \\ \cdots & & & & & & & \\ \cdots & \cdots & & & & & & \\ \cdots & \cdots & & & & & & \\ \cdots & \cdots & & & & & & \\ \cdots & \cdots & & & & & & \\ \cdots & \cdots & & & & & & \\ \cdots & \cdots & & & & & & \\ \cdots & \cdots & & & & & & \\ \cdots & & & & & & & \\ \cdots & \cdots & \cdots & \cdots & \cdots & \cdots & \cdots & \cdots \\ 0 & 0 & 0 & \cdots & \cdots & \cdots & S_{mm-1} & S_m \end{bmatrix} \times \begin{bmatrix} n_{1a} \\ n_2 \\ n_3 \\ ? \\ ? \\ ? \\ ? \\ n_m \end{bmatrix}^{N(t)} \qquad (6)
$$

式中：n_i（t）为 t 时刻第 i 个年龄组鱼类数量；r_i 为第 i 个年龄组鱼类性别比（雌雄比）；F_i 为第 i 个年龄组鱼类繁殖率（产卵量）；S_{ii}为第 i 个年龄组鱼类存活率；$S_{i+1,i}$为第 i 个年龄组鱼类生长进入第 $i+1$ 个年龄组的存活率。

此外，本研究采用蒙特卡罗方法分析风险评价过程中的不确定性。

三、水生生态风险评价模式的应用

选择珠江口近岸海域作为研究区域，应用建立的模式评价 DDTs 对带鱼种群影响的生态风险。

（一）研究区域水体和沉积物DDTs分布特征

珠江口近岸海域内沉积物中DDTs的含量参考实测资料[12]，应用风险源解析方程分析水体DDTs含量，分布曲线如图3和图4所示。

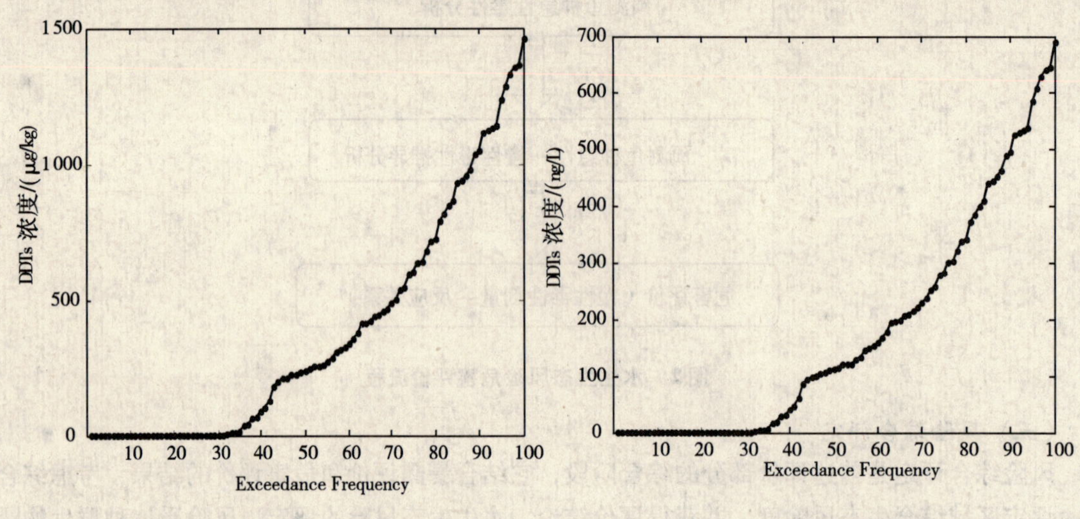

图3　沉积物DDTs含量分布曲线　　**图4　水体DDTs含量分布曲线**

（二）珠江口近海水生生态系统

根据2006年对珠江口近海渔业状况的调查资料[13]，应用Ecopath建立的水生生态系统结构如图5所示。

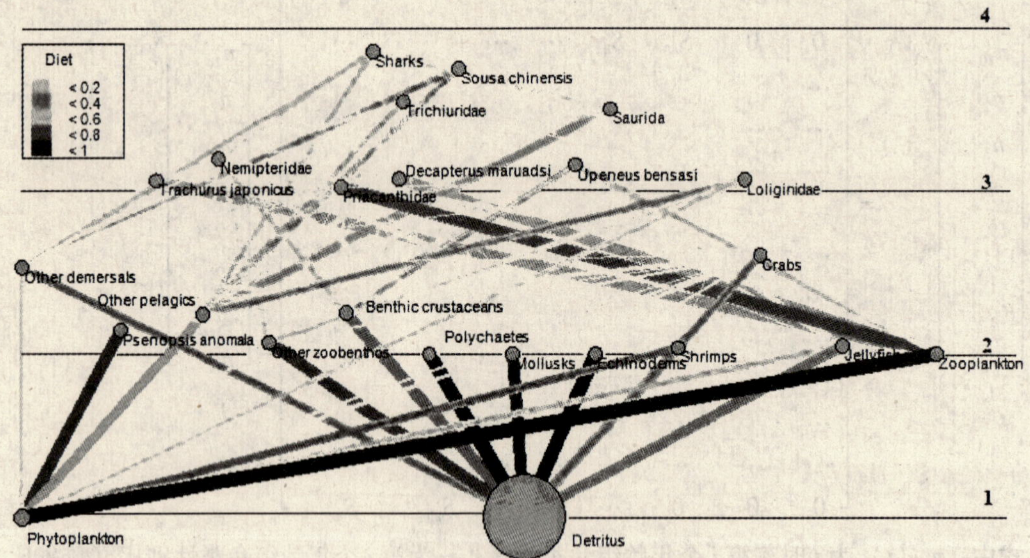

中华白海豚 Sousa chinensis；鲨鱼 Sharks；竹荚鱼 Trachurus japonicus；蓝园鲹 Decapterus maruadsi；带鱼科 Trichiuridae；蛇鲻属 Saurida；刺鲳 Psenopsis anomala；条尾绯鲤 Upeneus bensasi；金线鱼科 Nemipteridae；大眼鲷科 Priacanthidae；其他中上层鱼类 Small pelagics；其他底层鱼类 Small demersals；其他底栖类动物 Other zoobenthos；底栖甲壳类 Benthic crustaceans；多毛类 Polychaetes；软体类 Mollusks；棘皮类 Echinoderms；枪乌贼科 Loliginidae；虾类 Shrimps；蟹类 Crabs；水母 Jellyfish；浮游动物 Zooplankton；浮游植物 Phytoplankton；碎屑 Detritus

图5　珠江口近海水生生态系统

（三）带鱼富集 DDTs 动力学分析

根据带鱼的生态特性，结合 DDTs 的分布及生态系统结构，应用富集动力学模型和蒙特卡罗方法模拟分析带鱼富集 DDTs 的动力学过程，结果如图 6 所示。

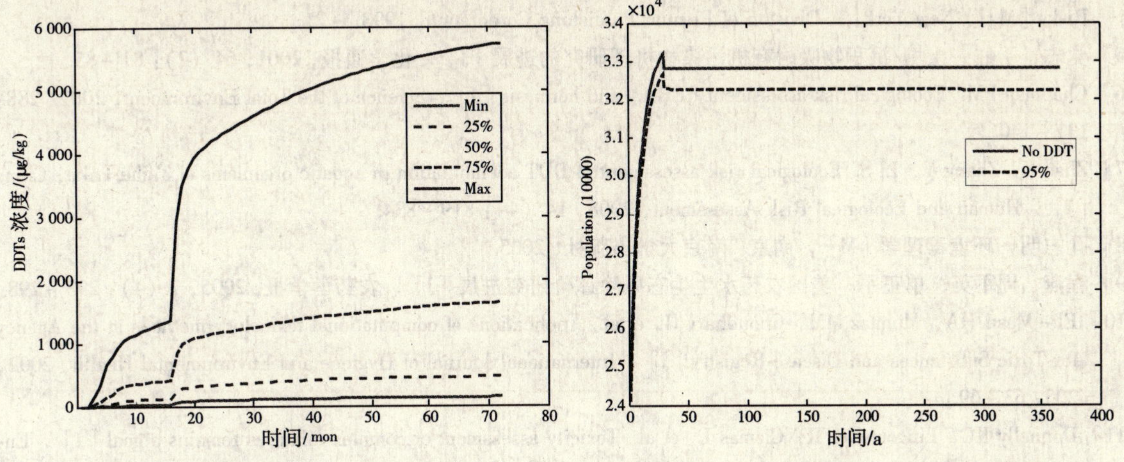

图 6　带鱼富集 DDTs 动力学过程　　图 7　DDTs 影响带鱼种群生态风险综合评定

（四）风险综合评定

DDTs 对带鱼种群的影响主要体现在生物量的变化。根据 DDTs 的毒理学性质，结合富集动力学分析结果，应用 Leslie 矩阵模型和蒙特卡罗方法模拟分析 DDTs 的存在对带鱼种群生物量的影响，结果如图 7 所示。

图 7 显示，在当前的 DDTs 水平下，95% 概率对应带鱼种群一个世代 1. 691 3% 生物量的减少。根据 EPA 标准：95% 概率对应 5% 生物量减少的风险为可接受风险。珠江口近海表层沉积物中 DDTs 危害带鱼种群的生态风险为可接受风险。

四、结　论

改革开放以来，伴随着经济的迅猛发展，我国内陆和沿海水环境遭到日益严重的污染，主要污染物包括无机氮、磷酸盐、重金属、石油类及持久性有机污染物（POPs，Persistent Organic Pollutants）。污染主要分布在湖泊、河流、河口、海湾和人口密集、工业发达的大中城市邻近海域以及排污口附近海域。以 POPs 为代表的一类低剂量、可持续和累积毒性的污染物正逐渐成为影响我国生态环境和居民健康的重要因素，如何有效地监控其现状和发展趋势是当前的研究重点。

本研究综合应用国际上 POPs 的最新研究成果，建立 POPs 水生生态风险评价模式，并将其应用于珠江口近岸海域 DDTs 影响带鱼种群的生态风险评价，结果表明在当前的 DDTs 水平下，95% 概率对应带鱼种群一个世代 1. 6913% 生物量的减少，风险为可接受的。较传统的环境风险评价方法，此模式定量化程度更高，适应于水环境中污染物的生态风险研究，其结果能为我国内陆和沿海水环境生态保护决策提供更直观、有效的支撑。

参考文献

[1] K. C. Jones，Voogt Pd. Persistent organic pollutants（POPs）：state of the science［J］. Environmental Pollution，1999，100（1－3）：209－221.

[2] Jones KC，De Voogt P. Persistent organic pollutants（POPs）：state of the science［J］. Environmental Pollution，

1999, 100（1－3）：209－221.

［3］谢武明，胡勇有，刘焕彬，等．持久性有机污染物（POPs）的环境问题与研究进展［J］．中国环境监测，2004, 20（2）：58－61.

［4］Vincent T. Covello，Merkhofer MW. Risk Assessment Methods：Approaches for Assessing Health and Environmental Risks［M］．New York：A Division of Plenum Publishing Corporation，1993.

［5］党志，于虹．土壤/沉积物吸附有机污染物机理研究的进展［J］．化学通报，2001, 64（2）：81－85.

［6］Chapman PM. Ecological risk assessment（ERA）and hormesis［J］．Science of the Total Environment，2002，288：131－140.

［7］Zhao X，Zhang Y，LI S. Ecological risk assessment of DDT accumulation in aquatic organisms of Taihu Lake，China［J］．Human and Ecological Risk Assessment，2008，14（4）：819－834.

［8］孔志明．环境毒理学［M］．南京：南京大学出版社，2005.

［9］程燕，周军英，单正军．美国农药水生生态风险评价研究进展［J］．农药学学报，2005，7（4）：293－298.

［10］El－Masri HA，Mumtaz MM，Choudhary G，et al. Applications of computational toxicology methods at the Agency for Toxic Substances and Disease Registry［J］．International Journal of Hygiene and Environmental Health，2002，205：63－69.

［11］Donnelly KC，Lingenfelter R，Cizmas L，et al. Toxicity assessment of complex mixtures remains a goal［J］．Environmental Toxicology and Pharmacology，2004，18：135－141.

［12］骆世昌，余汉生．珠江口及附近海域生物体中 BHC 和 DDT 的含量研究［J］．海洋通报，2001，20（2）：44－50.

［13］段丽杰，李适宇．基于 EwE 的珠江口渔业和近海生态系统模拟研究．环境科学与工程学院．广州．中山大学，2009.

基于CBERS－2B卫星数据的《桂林城区环境监测影像地图》研制与实践

李　维

（桂林市环境监测中心站　桂林　541002）

摘　要　本文以中巴CBERS－2B卫星影像为主，研制《桂林城区环境监测影像地图》为例，探索环境监测遥感影像专题地图的特点、方法、技术难点和需注意的一些问题。

关键词　遥感影像　环境监测　专题地图

遥感影像具有形象直观、富有立体感、地物平面精度较高、相对关系明确、细部真实易读、成图周期短等优点。环境监测部门已在监测方案制订、调查采样、综合分析、数据表达和多媒体报告等很多环节对影像地图产生需求，在环境规划、生态环境调查和污染应急监测中更是不可或缺。本文以研制《桂林城区环境监测影像地图》为例，采用2008年冬季的中国—巴西CBERS－2B影像和相关GIS数据，探讨环境监测专题地图的特点、制作方法和问题[1~6]。

一、城区环境监测对影像地图的需求

专题影像地图具有影像和地图的双重作用，以影像作基础底图，通过解译并加绘有专题要素位置、轮廓界线和少量注记制成。环境监测对影像地图要求是：①能与原有环境监测专题的GIS电子图层叠加；②能配合GPS导航定位；③能制成挂图或图集使用。针对城市这种地物密集且种类多样的区域，其需求如下：

1. 影像空间分辨率：分辨率在1～5m之间，满足1∶5 000～1∶10 000比例尺的制图要求，影像分辨率并非越细越好。因为分辨率高，这意味分幅多、文件大、成本高、处理费用高、处理时间长和软硬件配置要高。影像图斑纹理能分辨出道路、房屋、烟囱和河流等特征即可。

2. 投影坐标：图像投影坐标与GPS相同（WGS84），通过软件在电脑上GPS移动定位功能可以与影像地图连接，GPS数据可直接转入转出。供野外导航、采样、定位和应急监测时使用。影像由GIS和导航软件读取，使环境监测专题（点、线、面）要素能分层地叠加、符号化表示和注记。

3. 影像更新周期：1～2a。因城市建设更新快，必须优于Coogle Earth等网上地图的更新期。

4. 影像色彩：有同期多光谱影像，通过与高分辨率影像融合，以真彩色区别和反映出地物特点和彩色关系，如水色、农田、荒地和裸岩等纹理。

5. 纸质图件：要能满足输出打印A3图集册或A0幅面挂图，A3图方便携带和A0幅挂墙查阅。

6. 软、硬件：软、硬件选择性价比最优和系统配置合理，处理技术能够掌握。

这些要求目前都有成熟的影像产品能够实现，这里要考虑费用承受，技术难度和获取难易等，寻求最适合的产品。选择影像产品依据：①适用性原则：实用、适用、可扩充、可行性；②标准化和规范化原则：选择符合国家标准规范的产品；③成本效益优化原则：数据精度满足要求为准，软硬件配置合理化性价比高。

二、遥感影像处理

（一）遥感资料的选择

根据工作要求和经验、综合考虑数据质量、经费、时间和处理设备条件等多种因素，本次项目选择以巴西地球资源卫星 CBERS－2B 影像数据为主，中国环境小卫星和 Landsat TM5 为辅，在个别区域采用 Coogle Earth 网上地图补充。考虑是南方城市成像和以地物清晰为目的，季节上选择冬季植物落叶期和河流枯水期的图像。CBERS－2B 影像分辨率为 2.37m，结合 1∶10 000 地形图，基本满足专题影像图要求。主要指标见表 1。

表 1　中国—巴西地球资源二号卫星影像特征表平台有效载荷波段号光谱范围

平　台	有效载荷	波段号	光谱范围（μm）	空间分辨率（m）	幅　宽（km）	重访时间（d）	数传率（mbpbs）
中巴地球资源二号卫星 CBERS－2B	CCD 相机	B01 B02 B03 B04 B05	0.43～0.52 0.52～0.59 0.63～0.69 0.77～0.89 0.51～0.73	20	113×113	26	106
	高分辨率相机（HR）	B06	0.50～0.80	2.36	27×27	104	60
	宽视场成像仪（WFI）	B07 B08	0.63～0.69 0.77～0.89	258	890×890	5	1.1

本项目采用遥感和 GIS 等软件为：Erdas Imagine.9、ACRGIS.9、MAPGIS.6、MapInfo.9 等。

（二）地面控制点选择与定位

大地控制点（GCP）定位原则：根据卫星图幅范围，在区域内按沿主要道路和均匀分布控制点，利用 GPS 记录道路航迹、道路交叉和重要地物，作为地面控制点。若有 GPS 有 SBAS 信号（Satellite Based Augmentation Systems，即静止轨道卫星建立的地区性广域差分增强系统），定位精度可达 2～5m。每景影像 30～50 个，山区部分由于地形影响可适当加密。图幅接边重叠处和四角一定要有足够控制点。

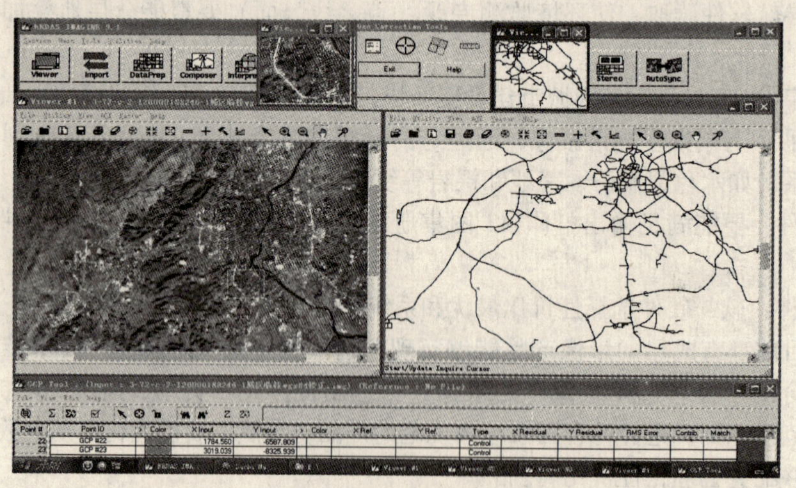

图 1　控制点与几何纠正

（三）图像投影参数的统一

由于监测部门广泛使用 GPS 定位，为了业务方便和坐标统一，本专题图采用 WGS84 坐标系统。目前 GPS 定位和 Google Earth 所得出的结果都属于 WGS84 坐标系统（UTM：UNIVERSAL TRANSVERSE MERCARTOR GRID SYSTEM（通用横墨卡托格网系统的一种）。是一种国际协议（ITRS）采用的地心坐标系。其基准面采用 WGS84 椭球体，以地心作为椭球体中心的坐标系。

WGS84 的经纬度和国家标准比例尺 1:50 000、1:250 000 地形图（及原有的环境专题 GIS 电子图层）相同经纬度偏差一般在 110～150m 之间。北京 54、西安 80 相对 WGS84 的转换参数至今没有公开，实际工作中一般利用工作区内已知的北京 54 或西安 80 坐标控制点进行与 WGS84 坐标值的转换。因为相对同一地理位置，不同的大地基准面，它们的经纬度坐标是有差异的。为了便于将来和 GPS 导航坐标一致，我们在图景四角实测已知点求平均值，将采用的原有环境专题 GIS 图层全部转换成 WGS84 坐标。

（四）几何校正与重采样方法

一般地区为 Bilinear Interpolation，polynomial order 为 2；山区部分由于地形影响可选 Cubic Convolution，polynomial 的 order 为 3，中巴 CBERS－2B HR 为 2.36×2.36m，CCD 为 20×20m，采样像元格大小都与原影像分辨率保持一致。

（五）影像融合

影像融合模型：①主成分变换融合（principle component），是基于图像统计特征基础上的多维线性变换，具有方差信息浓缩，数据量压缩，更好地揭示多波段数据结构的遥感信息，图像空间分辨率高；②HIS 彩色空间变换融合，加权融合值 R 50 / G 50 / B 50 影像融合 ERDAS 软件处理较好，层次分明，色彩损失较少。

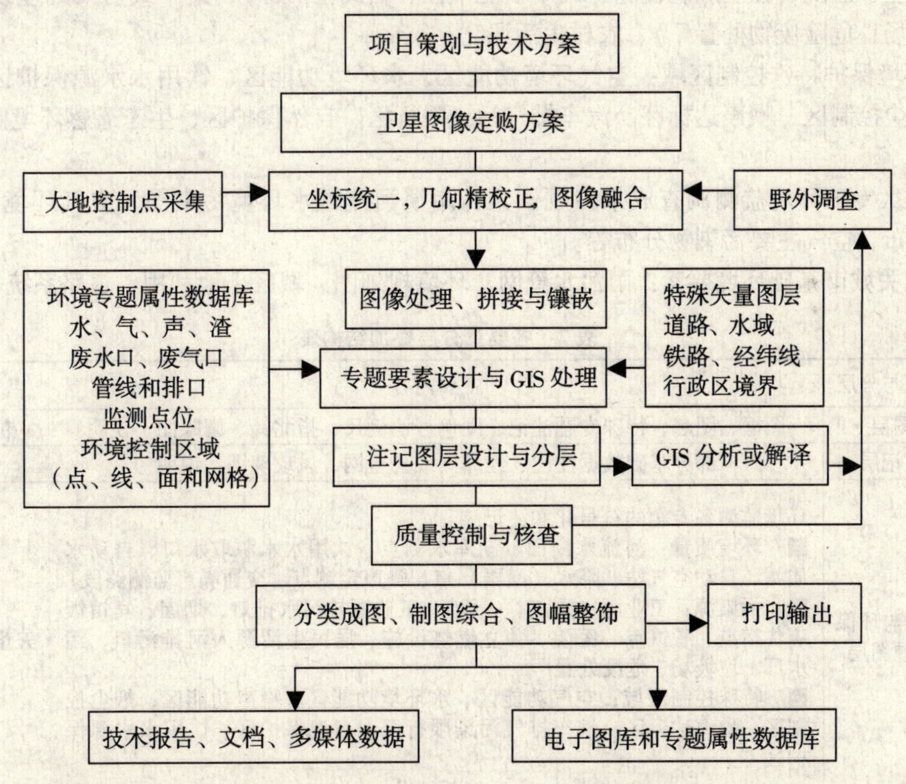

图 2　遥感图像处理及 GIS 处理技术路线

（六）图像处理

1. 影像色调还原：将原假彩色的 4、3、2 波段组合的红、绿、蓝合成图像，通过通道转换还原为真彩色绿、红、蓝三个波段的自然色彩。

2. 图像增强处理：对各波段（通道）进行影像色阶灰度拉伸，丰富影像层次。分别对色相、亮度、对比度和饱和度等进行平衡、增强、拉伸、锐化、变换等处理，进行纹理分析、归一化指数、缨帽变换等，提高相关要素（如河流植被）图像分辨率与分类。

3. 色调处理、影像拼接和镶嵌。

三、专题要素设计与 GIS 处理

环境监测专题需要利用 GIS 软件的多种分类、分层的符号化表达。根据链接相关的监测动态属性数据特征进行符号分级。根据要素形态进行图例设计。常用的 GIS 软件都能胜任专题符号化处理。

（一）环境监测专题要素

1. 环境质量监测点位专题要素（点、线、横断面、纵垂线、不规则面和网格等）：监测点位专题要素有：①地表水环境：河流水断面、湖库水垂线、饮用水水源地取水口、自动水质站取水口；②空气环境：自动空气站点位、降水（酸雨）；③声环境：交通噪声监测路段、区域环境噪声定点、噪声监测网格；④生态环境：土壤监测点和网格、生态遥感控制点等。

2. 污染点源监测（废气、废水、噪声）专题：污染源位置、废水排污口、废气排口（烟囱）位置、三产点源分布位置等。

3. 按污染源普查和环境统计专题：工业源（重点源、一般源）、三产生活源（住宿、餐饮、其他服务业、医院、独立燃烧设施、民用核能单位、居民生活源）、集中式污染处理设施（污水厂、垃圾场、危险废物处置厂）、农村生活源。

4. 环境保护特殊控制区域：空气环境功能区、水环境功能区、饮用水水源保护区、噪声功能区、烟尘控制区、噪声达标区、汽车排气污染限行区、自然保护区，生态遥感环境监测与评价分区等。

5. 重大专项环境监测调查成果专题图集：南溪河流域水环境污染图、空气环境容量分布、米粉店分布、空气主要污染物分布等。

6. 相关城市基础环境要素：雨污水管网、环境规划图、城区土地利用、道路系统等。

表 2 各要素分层叠加结构表

图层类型与分层	主要内容	备注
装饰图层	图框、图名、特殊专题注记、图例、比例尺、指北针、鹰眼图、说明	位图处理
特殊注记层	部分基础数据注记、经纬网或公里网、风玫瑰图、说明	矢量层
环境监测与环保控制专题图层	环境监测各专题的符号化和注记 ■ 环境质量：河流水断面、湖库水测点、饮用水水源取水口、自动水质站、自动空气站、降水（酸雨）点、噪声定测点、交通噪声监测路段 ■ 污染源：工业源（重点、一般）、工业源排污水排口、烟囱、宾馆饭店住宿点、餐饮点、医院、独立燃烧设施、居民生活源入河排污口、污水厂、垃圾场、危废处置厂 ■ 特殊控制区域：空气功能区、水环境功能区、噪声功能区、烟尘控制区、噪声达标区、汽车排气污染限行区、自然保护区、饮用水水源保护区	矢量多层分类
特殊处理层	道路、铁路、水域、行政区等及注记	矢量层
遥感影像层	遥感影像主要为基础地物影像	位图背景层

（二）专题要素 GIS 处理

不同的专题有符号化表达和数据分级方式，要不断比较试验对比，寻找最佳的数据分段表现方式和等级图案符号处理方案，来表现各要素位置、种类、大小、形态、结构、数量和质量的特征。如不同的工业源废水 COD 排放量作为单数值统计量，按范围值，以不同的数据分段定义符号大小；河流断面水质各项目污染分指数是计量上可以类比的多指标统计量，按多数值以统计饼图处理等。

1. 符号化分类：环境监测专题要素符号化按分类分层进行，根据制图软件提供的专题分类的点、线（纵垂线、横断面）、面（不规则面和网格）等不同属性进行处理，如根据专题的数值类型和图形方式，进行范围值、直方图、饼图、等级符号、点密度、独立值、格网等统计图和地理分布的表示，放置显要位置，以醒目色彩表示和注记、加重加大处理。

2. 数值型数据分级分段方法：因数据分布类型不同选择不同方法。通常有①等计数：每个范围大致包括相等的记录。若记录数不能被范围数整除，将余下的记录置于最合适的范围内。②等范围：每个范围上下值之间的间隔相等。③自然划分：根据下述算法划分范围——每个范围内数据值与数据的平均值之间的差距最小。这将减少误差，并且更真实地表现数据。④标准差：根据数据的平均值划分出中间范围，中间范围以上或以下的范围即是平均值上下一个标准差。⑤分位数：跨数据段（例如人口）定义变量的分布。

（三）专题要素图例设计

监测专题图例通常为点、线、不规则面和网格等形式，根据要素特征可分为：①单一图例：如污水排放口和烟囱等点状图例，网格监测等面状图例；②组合图例：如河流采样的横断面、湖库采样的纵垂线等属点线结合的组合图例；③复合图例：如土壤与生态采样，可设计表达采样点位、优势生态种群、土壤类型、地貌特点和网格范围较复杂的内容。

（四）专题要素注记

对标准设计中的涉及的专题要素和地物，分类别进行注记和符号化。在完成图集的分幅注记工作后，进行了注记归档工作。对于基础地物的根据需要分类选择性注记，生成多个注记层和注记级别。注记的资料是最新的城市的地理信息系统数据，保证了整套资料的权威性和实用性。

四、城区环境监测专题影像的应用探讨

作为城区中高分辨率影像，在环境监测上有直接和间接的应用。在城市的区域性污染调查方案制订和监测中，影像对建成区范围、建筑物分布、植被覆盖、城市热岛、线源及面源分布特征、居民生活源和水面生物污染监测等方面可提供丰富的信息；用多光谱影像可以对特殊专题污染（如水面油污和藻类分布）直接解译建模进行监测评估；在生态环境等非点源污染调查中更有成熟的方案。如利用本项目成果，桂林在如下方面取得良好应用：

1. 从影像获得城市建设重要信息：例如“建成区”是城考、创模和噪声、空气和流域污染调查必需的资料，以往城建部门提供数字，无法知晓空间分布。但利用影像可获得完整详细的位置和边界分布，极大提高环境规划决策和监测布点的科学性。

2. 在（空气、土壤和噪声等）按网格布点的监测调查采样时，利用遥感影像结合 GPS 引导，更准确地获得网格最有代表性的位置与特征数据，极大地节省时间和人力。

3. 在城区小流域污染调查中，通过影像解译建模，对流域的非点源进行监测调查评估。

4. 在交通道路噪声、尾气和船舶油污废水监测时，从影像中得到最新的道路（路段和航道）变化信息和特征，模拟噪声分布、尾气污染和航道油污。

5. 可直接获得建筑工地的分布位置和边界，对建筑噪声监测和管理提供依据。

6. 在污染定点监测、应急监测和环境质量综合分析时，结合地形地貌影像，与 GIS 图层如等值线分布叠加，为污染原因和空间特征分析，可视化表达汇报，开拓了新思路。

7. 发现了一批对城市空气有较大影响的乡村砖厂烟囱及污染影响区域。为城区空气污染和

灰霾综合分析提供重要依据。

图3　桂林城区环境监测影像地图（A0 幅挂图）

五、问题与建议

（一）环境监测需求的明确与变化

环境监测对影像图的需求，是随着环保事业发展而变化的。各城市经费投入、管理和技术水平的差异对环境监测的需求也不一样。除投影采用 WGS84 坐标较明确外，其分辨率、更新率和费用是此消彼长的关系；图太细则幅面大难处理，墙面也无法挂；够用即可，无需太精细；技术难度问题也会因人员素质提高和软件更人性化而降低。

（二）采用 WGS84 坐标与 GPS 的 SBAS 信号定位

环境监测部门广泛使用 GPS 数据，为方便和统一，建议专题图采用 WGS84 坐标系统。虽然 GPS 提供的定位精度约为 10m（有些 GPS 提供的 SBAS 信号已可实时得到 2 ~ 5m 的定位精度），虽比不上 1∶10 000 地形图的精度，但环境监测系统对地图的总体要求是相关位置分析，而不是精确定位，不需按测绘精度的要求成图。另一优点是环境监测部门可以运用 3S 技术，形成基于 WGS84 下的完善的 GIS 技术体系。从发展眼光看，定位精度将会随着我国民用卫星定位系统使用得到解决。

（三）CBERS－2B 影像资料优劣

中巴 CBERS－2B 影像数据目前是推广使用期，中国环境小卫星属环保部管理，目前都是免费使用，也能满足前述的需求，是经济适用、技术可靠而效果优良的国产卫星产品。对于 1∶5 000 ~ 1∶10 000 之间比例尺的专题影像图基本能满足要求。但数据在色差和扫描线方面有待改进。另外，我国的民用卫星目前分辨率和成像质量上仍有待提高，国外卫星如美国 QuickBird、法国 SPOT 和日本 ALOS 等数据质量较好，但都费用过高，难以大范围推广应用。

（四）环保专题图层标准化

环保数据图层和要素目前没有规范化和标准，每个要素需反复设计试验，费时费力。在项目过程中通过总结试验，制定了一些规范性表示方法，需不断总结上升到标准类的规范。

（五）道路网的细化与压盖处理

道路在环保专题地图上，既是基础要素，又是专题要素，用户不仅用于一般地图的查阅路径、路名和导航，还涉及交通噪声、汽车尾气和流动源等多个环境监测问题。道路网要专门数字化处理，对路宽归类形成分类库，通过 buffer 功能，对道路分别作线和面的处理，面用于显示，线用于标注属性。分为线和面两种图层格式分层存放和使用。在主城区上的道路尽可能详细，次核心区域的道路网也可追踪到四级公路。乡村土路在影像有清晰显示。因为是大比例尺影像地图，普通街道、高架道路和立交桥的压盖关系必须清晰无误。

（六）水域色调与纹理处理

如同道路，地表水域的意义更为重要。河流湖泊、风景湖塘、饮用水水源区、监测断面、雨污水排口等都与水域监测内容有关，水域自身的遥感影像也有丰富的水污染信息（如水深透明度、水色、叶绿素藻类、浮漂植物等）可供直接解译分析污染状况，因此水域部分要保持原始图的纹理特点，又要适当处理，更清晰地表达水域大类的整体性和水体之间的差异性。使得影像部分的水域能反映深潭、浅水、滩涂、水生植物和浮漂植物分布区。对特殊水质区的专题图，还要对细小的河沟渠道调用 GIS 矢量图层进行处理。

（七）图幅整饰与颜色调整

图幅整饰主要考虑专题应用需求调整，例如需要简易距离测量，在图上边框加上经纬坐标网格线或公里网，比只标出比例尺更实用方便。加上图框、图名、图例、比例尺、指北针和相关说明文字，必要情况下补充调整鹰眼（缩略图）附图的位置。

颜色调整需要经验、技术和审美相结合，在 Photoshop 中编辑调色，使影像达到：①纹理清晰，细节得到表现；②色调真实自然、反差适中；③色调鲜明、层次丰富、立体感强。在不损失影像纹理细节前提下，寻找风格、自然和实用的和谐。如为提升地图质量要做一些美术效果处理。如对路网进行了分层的半透明化处理和阴影处理，使得整个道路系统的表达轮廓突出，透明处理也融合了影像图层的色调，使图像显得美观统一。为了出图的需要，调色在 CMYK 模式下进行。

（八）质量控制与检查

通过抽样检查，对所选的资料以及后期处理进行检查修改。影像几何纠正、影像解译、野外核查等工作，按照各环节技术要求进行。专题图层数据是应用的核心，要全面核查位置和注记。对原有的 GIS 数据都要检查投影参数的一致。如对于部分重点污染源，如火发电厂、水泥厂、污水处理厂、危险废物处置厂等具备明显影像表示特征的，可采用 Google Earth 网上影像进行检查和准确定位。

检查过程还包括消密处理，对于城市保密单位依据保密条例的相关规定，进行消密处理。

参考文献

[1] 李杏朝，英俊世存，芦祛霖，等. CBERS－02 卫星全国影像镶嵌图制作［C］. 2007 遥感技术年会论文集，北京：科学出版社，2008：245－251.

[2] 樊贵平，杨爱民，韩兆双. 基于 CBERS 卫星数据的山西省 1:5 万数字影像数据库建设及应用［C］. 2007 遥感技术年会论文集，北京：科学出版社，2008：212－218.

[3] 何宗，李静，张泽烈. 以《重庆市主城区影像地图》为例浅谈遥感影像地图的研制［C］. 2007 遥感技术年会论文集，北京：科学出版社，2008：294－296.

[4] 基础地理信息要素数据字典第 4 部分：1:250 000，1:50 000，1:10 000 基础地理信息要素数据字典［S］.（GB/T 20258.4－2007）.

[5] 遥感影像平面制图规范［S］.（GB/T 15968－2008）.

基于灰色理论的畜禽养殖规划环境承载力研究

张 爱[1] 程 波[1] 赵 静[1] 崔玉红[2]

（1. 农业部环境保护科研监测所 天津 300191；
2. 天津市人防建筑科研设计院 天津 30040）

摘 要 畜禽养殖环境承载力的研究对实现畜禽养殖可持续发展具有重要的意义。本文以天津市某畜禽规划为例，采用系统分析模型建立了畜禽养殖规划环境承载力评价模型，并利用灰色数列预测方法对规划未实施情况下的环境承载力进行了预测。结果表明，规划方案的实施将有利于天津市畜禽养殖环境承载力的提高及缓解规划实施后环境承载力降低的趋势，但是其环境承载力总体水平较低，在规划方案的实施过程中应采取措施大力提高环境承载力。

关键词 畜禽养殖规划 环境承载力 灰色数列预测

目前，随着畜牧业的迅速发展，我国畜禽养殖业特别是集约化畜禽养殖业已成为我国环境污染的主要来源之一。据国家环保总局统计，畜禽粪污的有机污染负荷超过了工业废水和生活污水的总和[1]。高浓度的污水排人江河湖泊中，造成水质不断恶化。畜禽养殖生产所带来的大量粪便已经成为区域生态环境的重要污染源[2]。

环境承载力作为衡量环境与经济发展协调程度的概念由来已久，国内外对环境承载力的研究主要集中在区域（流域）开发中的人口承载力、水资源（地表水、地下水）、土地、大气以及旅游环境承载力等领域[3]，而目前专门针对畜禽养殖环境承载力的研究却鲜有报道。畜禽养殖环境承载力的研究对促进畜禽养殖发展与生态环境的协调、实现畜禽养殖可持续发展具有重要的意义。

本文以《天津市现代畜牧业发展规划（2007—2011 年）》为例，采用系统分析模型建立畜禽养殖规划环境承载力评价模型，并根据畜禽养殖发展的延续性，利用数列预测方法对规划未实施（“零方案”）情况下的环境承载力进行预测，从而为规划实施过程中畜禽养殖环境管理提供科学依据。

一、材料与方法

（一）指标的选取

畜禽养殖环境承载力指标体系的选取原则为实用、易于量化、反映系统本质，同时也应结合资料的可获取性及规划指标的特点。

畜禽养殖环境承载力指标可分为两类：一类是与畜禽养殖系统环境有关的变量指标，即限制类指标，描述环境资源的客观条件。另一类是人口、社会、经济活动方面的指标，即发展类指标，描述社会经济发展的规模大小[4]。

本文选择以下七项指标构成环境承载力指标体系：地表水资源量（亿 m^3）、地下水资源量（亿 m^3）、年末实有常用耕地面积（万 km^2）、牧业产值占农业总产值比重（%）、COD 产生量（t）、TN 产生量（t）、TP 产生量（t）。其中前三个指标属于限制类指标，后四个指标属于发展类指标。

限制类指标：①地表水资源量：反映区域水环境对畜禽养殖污染物的容纳能力；②年末实有耕地面积：反映区域土壤对畜禽养殖污染物的消纳能力；③地下水资源量：考虑到天津市地下水资源贫乏[5]，且畜禽养殖供水一般采用地下水的现状，该指标反映地下水资源对畜禽养殖水资源的供给能力。

发展类指标：①牧业产值占农业总产值比重：反映一定时期内牧业生产总规模和总成果以及畜禽养殖活动的发展强度在农业总规模中所占比重；②畜禽污染物的排放量一般采用排污系数法[6]，而实际排污量与畜禽污染物的产生量、污染治理水平、还田率等指标有关系。本文直接选取各类污染物的产生量，间接反映了畜禽养殖活动对水环境以及土壤环境的冲击程度。

（二）数据来源

选取《天津市统计年鉴2003—2007年》和《中国统计年鉴2003—2007年》中连续5年的数据作为原始数据，详见表1。

表1　天津市畜禽养殖规划环境承载力分析基础数据

年份	2002	2003	2004	2005	2006	2011
生猪出栏量/万头	363.36	412.94	446.61	481.45	562.84	780
肉牛出栏量/万头	27.93	32.82	33.84	37.70	35.08	51
肉鸡出栏量/万只	6 724.32	8 326.22	6 267.34	10 151.56	9 000.02	12 000
奶牛存栏量/万头	11.56	13.30	13.623	15.466 2	16.463 2	20
牧业产值占农业总产值比重/（%）	38.3	39.9	41.8	43.1	31.34	50
地表水资源总量/亿 m^3	1.85	6.2	6.8	7.1	6.6	7.38
地下水资源总量/亿 m^3	2.09	4.8	5.2	4.5	4.4	5.70
年末实有常用耕地面积/万 km^2	42.28	41.85	41.53	41.45	40.18	44.21[1]

1. 引自天津市土地利用总体规划（2006－2020）[7]。
2. 考虑到天津市外来饮用水及水资源调蓄能力的变化，本文取2011年地表水及地下水资源总量分别为《天津市节水型社会建设试点规划》中2010年75%保证率下的水资源总量。

（三）估算参数

畜禽粪便中污染物——COD、TN、TP产生量的计算采取日畜禽排泄指数法[8]。不同畜禽粪污日排泄量见表2：

表2　不同畜禽粪污日排泄量[9,10]

项目	牛	猪	鸡
粪/（kg/只·d）	20.0	2.0	0.12
尿/（kg/只·d）	10.0	3.3	—
饲养周期/（d）	365	199	210

不同畜禽粪便中污染物平均含量见表3：

表3　不同畜禽粪便中污染物平均含量[11]　单位：kg/t

项目		COD	TP	TN
牛	粪	31.0	1.18	4.37
	尿	6.0	0.40	8.0
猪	粪	52.0	3.41	5.88
	尿	9.0	0.52	3.3
鸡	粪	45.0	5.37	9.84

（四）研究方法

1. 系统分析模型[12]

综合国内外环境承载力评价模型的研究现状及天津市的实际情况和资料的可获得性，选择系统分析模型作为畜禽养殖环境承载力评价模型。

在研究畜禽养殖环境承载力的时候，针对 n 个指标给出了不同年份的畜禽养殖环境承载分量。假设此 m 个年份环境承载力为 B_j（$j=1, 2, 3, \cdots, m$），若 m 个年份畜禽养殖环境承载力又由 n 个具体指标所确定的分量组成，即有：$B_j=(B_{1j}, B_{2j}, B_{3j}, \cdots, B_{nj})$。进行规格化处理后，有 $b_j=(b_{1j}, b_{2j}, b_{3j}, \cdots, b_{nj})$，其中：

$$bj = B_{ij} / \sum_{j=1}^{m} B_{ij} \tag{1}$$

这样，第 j 个环境承载力的大小可以用归一化后的矢量的模型来表示，即

$$|b_j| = \sqrt{\sum_{1}^{n} b_j^2} \tag{2}$$

式（2）即可评价 m 个年份中第 j 条件下畜禽养殖环境承载力的大小。

2. 灰色数列预测模型

考虑到畜禽养殖发展的延续性，采用灰色数列预测模型建立预测方程，对《天津市现代畜牧业发展规划（2007—2011 年）》未实施（“零方案”）时各年份的环境承载力进行预测。

灰色数列预测是对某一指标的变化情况进行预测，其预测结果为该指标在未来某时刻的具体数值。数列预测的基础是基于累加生成数列的灰色系统基本模型——GM（1，1）模型。如果一个随机的数列 $\{x(0)(t)\}$（$t=1, 2, \cdots, M$）有所波动，其发展趋势无规律可循，然而对其进行一次累加生成处理，便可以使其随机性大大弱化，平稳程度大大增加。累加生成后的数列 $\{x(1)(t)\}$（$t=1, 2, \cdots, M$）的变化趋势可以近似用如下微分方程描述[13]：

$$\frac{dx^{(1)}}{dt} + ax^{(1)} = u \tag{3}$$

在式（3）中，a 和 u 可以通过如下最小二乘法拟合得到：

$$\begin{pmatrix} a \\ u \end{pmatrix} = (B^T B)^{-1} B^T Y_M \tag{4}$$

在式（4）中，Y_M 为列向量 $Y_M=[x(0)(2), x(0)(3), \cdots, x(0)(M)]^T$，$B$ 为构造数据矩阵：

$$B = \begin{pmatrix} -0.5[x^{(1)}(1)+x^{(1)}(2)] & 1 \\ -0.5[x^{(1)}(2)+x^{(1)}(3)] & 1 \\ \vdots & \\ -0.5[x^{(1)}(M-1)+x^{(1)}(M)] & 1 \end{pmatrix} \tag{5}$$

微分方程（1）所对应的时间响应函数为：

$$x^{(1)}(t+1) = [x^{(0)}(1) - u/a]\exp(-at) + u/a \tag{6}$$

式（6）即数列预测的基础公式，由此式得到的一次累加生成数列的预测值 $\overline{X}^{(1)}(t)$ 可以通过下式求得原始数列的还原值：

$$\overline{X}^{(0)}(t) = \overline{X}^{(1)}(t) - \overline{X}^{(1)}(t-1) \tag{7}$$

在预测公式（6）应用之前，还需通过精度检验。其检验指标有两个：一是标准差比，$c=s_2/s_1$；二是小误差频率 $p\{|\varepsilon^{(0)}(t) - \varepsilon^{(0)}| < 0.6745 s_1\}$。其中：$s_1$ 为原始数据数列方差的平方根值；s_2 为预测所得的还原值与其原始数据之间的残差值；$\varepsilon^{(0)}(t)$ 为方差的平方根值。$\varepsilon^{(0)}(t)=$

$x^{(0)}(t)-\overline{X}^{(0)}(t)$。

二、结果与分析

（一）系统分析模型计算值

根据表1～表3，并通过数据统计与分析，得出畜禽养殖环境承载力评价体系基本数据，详见表4：

表4　不同年份畜禽养殖环境承载力评价体系基本数据表

指标	2002年	2003年	2004年	2005年	2006年	2011年规划	适宜值	警戒值
牧业产值占农业总产值比重/（%）	38.3	39.9	41.8	43.1	31.34	50	50	31.34
地表水资源量/亿 m^3	1.85	6.2	6.8	7.1	6.6	7.38	5.71	2.33
地下水资源量/亿 m^3	2.09	4.8	5.2	4.5	4.4	5.70	4.2	2.09
年末实有常用耕地面积/万 hm^2	42.28	41.85	41.53	41.45	10.18	44.21	44.21	44.21
COD产生量/t	438 835.4	518 436.1	489 784.9	597 115	607 608.4	828 863.9	323 617.2	539 362
TN产生量/t	89 920.61	89 920.61	99 604.8	99 604.8	122 853.5	167 343.2	54 820.4	913 67.33
TP产生量/t	34 810.18	41 670.83	37 077.55	47 827.52	47 192.99	63 912.96	20 778.7	34 631.17

注：1. 牧业产值占农业总产值比重的警戒值取为2002—2006年比重的最低值；

2. 地表水资源量警戒值取为《天津市节水型社会建设试点规划》中2010年95%保证率下地表水资源量，适宜值取为2002—2006年地表水资源量的平均值。

3. 地下水资源量警戒值取为2002—2006年水资源量的最低值，适宜值取为2002—2006年地下水资源量的平均值。

4. COD、TN、TP产生量的适宜值和警戒值分别按照15生猪当量/hm^2、25生猪当量/hm^2进行核算[11]。

由于COD、TN、TP产生量越大对环境可能造成的影响越大，环境承载力越低。因此，COD、TN、TP三个指标承载力分量的计算应取倒数。由规格化公式（1）、公式（2）和表4可计算出不同年份天津市畜禽养殖环境承载力分量及综合值，详见表5，2002—2006年各年份畜禽养殖环境承载力综合值变化情况见图1。

表5　不同年份畜禽养殖环境承载力分量及综合值

指标分量	2002年	2003年	2004年	2005年	2006年	2011年规划值	适宜值	警戒值
牧业产值占农业总产值比重/（%）	0.118	0.122	0.128	0.132	0.096	0.153	0.153	0.096
地表水资源量/亿 m^3	0.042	0.141	0.155	0.161	0.150	0.168	0.130	0.053
地下水资源量/亿 m^3	0.048	0.109	0.118	0.102	0.100	0.130	0.096	0.048
年末实有常用耕地面积/万 hm^2	0.124	0.123	0.122	0.122	0.118	0.130	0.130	0.130
COD产生量/t	0.145	0.123	0.130	0.107	0.105	0.077	0.197	0.118

续表

指标分量	2002 年	2003 年	2004 年	2005 年	2006 年	2011 年规划值	适宜值	警戒值
TN 产生量/t	0.136	0.114	0.122	0.099	0.099	0.073	0.222	0.133
TP 产生量/t	0.134	0.112	0.126	0.098	0.099	0.073	0.224	0.135
综合值	0.301	0.320	0.342	0.315	0.294	0.319	0.452	0.285

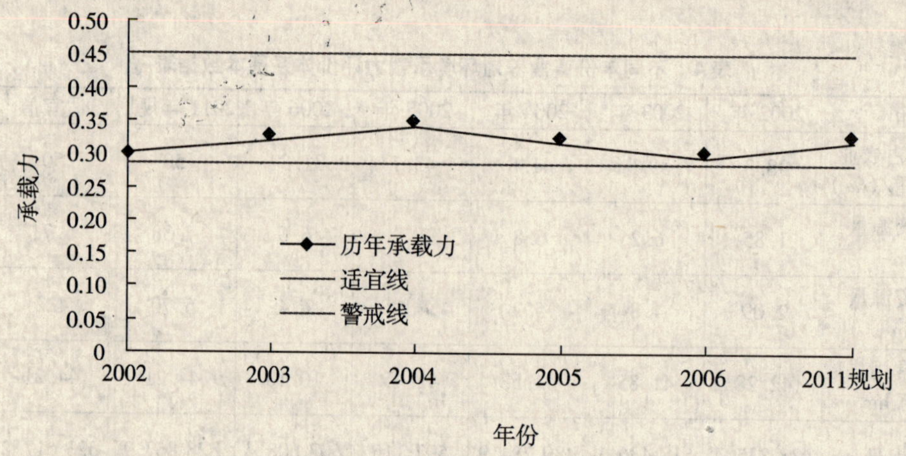

图 1　不同年份畜禽养殖环境承载力综合值变化

由图 1 可知，2002—2005 年及在《天津市现代畜牧业发展规划（2007—2011 年）》条件下 2011 年的畜禽养殖环境承载力综合值均稍高于警戒值，但远低于适宜值。说明天津市养殖环境承载力总体水平较低，在规划方案的实施过程中应采取措施大力提高环境承载力。

（二）环境承载力预测值

采用数列预测模型得出方程：$x^{(1)}(t+1) = -10.520\,76\exp(-0.032\,187\,k) + 10.821\,76$。该方程的检验指标 c 值为 0.346，表现为好；P 值为 100%，表现为好。说明此方程预测精度较高。

采用上述预测方程对规划未实施（“零方案”）时各年份的环境承载力进行预测。结果详见图 2。

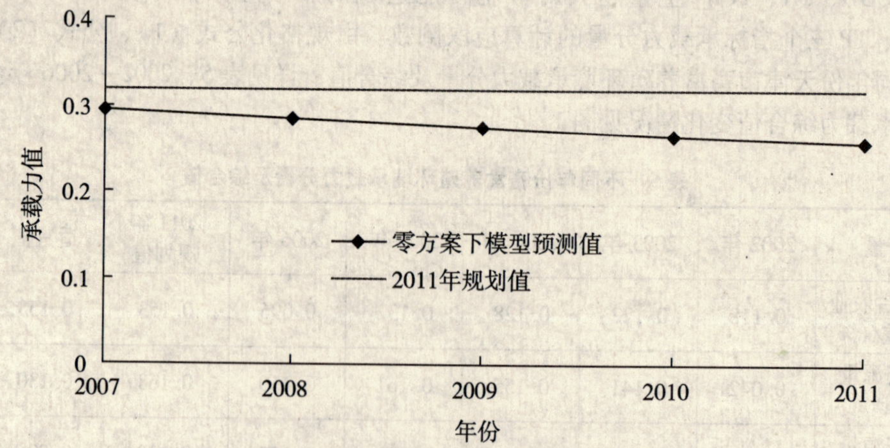

图 2　环境承载力预测值

由图 2 可知，在“零方案”的情况下，2007—2011 年的环境承载力呈逐年降低的趋势，且 2011 年的环境承载力值要低于规划实施后 2011 年的环境承载力。说明规划方案的实施将有利于环境承载力的提高；考虑到畜禽发展的延续性，规划方案的实施也将有助于缓解规划实施后环境承载力降低的趋势。

三、结　论

（1）选取牧业产值占农业总产值比重、地表水资源量、地下水资源量、年末实有常用耕地面积、COD 产生量、总 TN 产生量和总 TP 产生量七项指标构成畜禽养殖环境承载力评价指标体系，建立系统分析模型，结果表明天津市养殖环境承载力总体水平较低，在规划方案的实施过程中应采取措施大力提高环境承载力。

（2）采用数列预测模型对 2002—2006 年天津市畜禽养殖环境承载力进行模拟，结果表明灰色理论具有较好的预测效果。规划方案的实施有利于环境承载力的提高，并有助于缓解规划实施后环境承载力降低的趋势。

参考文献

[1] 李鹏，刘红梅，李刚，等．天津市畜禽粪便年排放量的估算研究［C］．第二届全国农业环境科学学术研讨会论文集，2007：833 - 836.

[2] 王晓燕，汪清平，蔡新广，等．基于灰色理论的畜禽粪便环境污染风险预测分析［J］．家畜生态学报，2007，28（6）：158 - 162.

[3] 胡雪飙．重庆市畜禽养殖区域环境承载力研究及污染防治对策［D］．重庆：重庆大学，2006.

[4] 张文国，杨志峰．基于指标体系的地下水环境承载力评价［J］．环境科学学报，2002，22（4）：541 - 544.

[5] 段永侯，王家兵，王亚斌，等．天津市地下水资源与可持续利用［J］．水文地质工程地质，2004（3）：29 - 39.

[6] 武淑霞．我国农村畜禽养殖业氮磷排放变化特征及其对农业面源污染的影响［D］．北京：中国农业科学院博士论文，2005.

[7] www. tjjngt. gov. cn/Lists/List3/DispForm. aspx？ID = 36.

[8] 王方浩，马文奇，窦争霞．中国畜禽粪便产生量估算及环境效应［J］．中国环境科学，2006，26（5）：614 - 617.

[9] 畜禽养殖业污染治理工程技术规范（HJ 497—2009）．环境保护部，2009.

[10] 段勇，张玉珍，李延风．闽江流域畜禽粪便的污染负荷及其环境风险评价［J］．生态与农村环境学报，2007，23（3）：55 - 59.

[11] 国家环保总局自然生态保护局．全国规模化畜禽养殖业污染情况调查及防治对策［M］．北京：中国环境科学出版社，2002：1 - 95.

[12] 规划环境影响评价技术导则（HJ/T 130—2003）（试行）．国家环境保护总局，2003.

[13] 徐建华．现代地理学中的数学方法［M］．北京：高等教育出版社，1996.

基于三峡地区城镇环境规划的研究

王海云[1]　王振华[2]

（1. 三峡大学环境工程系　2. 宜昌市建筑设计研究院）

摘　要　基于三峡地区城镇人类活动强烈，自然生态环境敏感脆弱的实况，采用土地生态适宜性、环境敏感性、综合效应的分析方法，指出城镇生态系统脆弱、城镇分布在江河两旁、不利的气候条件、不良的环境地质现象、环境因子敏感、工程加剧城镇变迁、环境投入严重不足、环境问题日趋严重、环境规划滞后于整体规划的是制定环境规划特色考量的重要内容。环境容量较小，生态系统脆弱的三峡地区存在着潜在的环境灾害因素，亟须经环境容量的核算编制环境规划，有效地调整产业结构，严禁发展高耗能、高污染的化工、建材、造纸行业。

关键词　三峡地区　城镇环境规划　生态系统　环境特色

本文以长江中上游三峡地区城镇环境规划为研究实例，就环境规划工作“如何使城镇环境规划在规范化的基础上体现特色、突出重点，以提高其实施效果”进行探索，抛砖引玉。

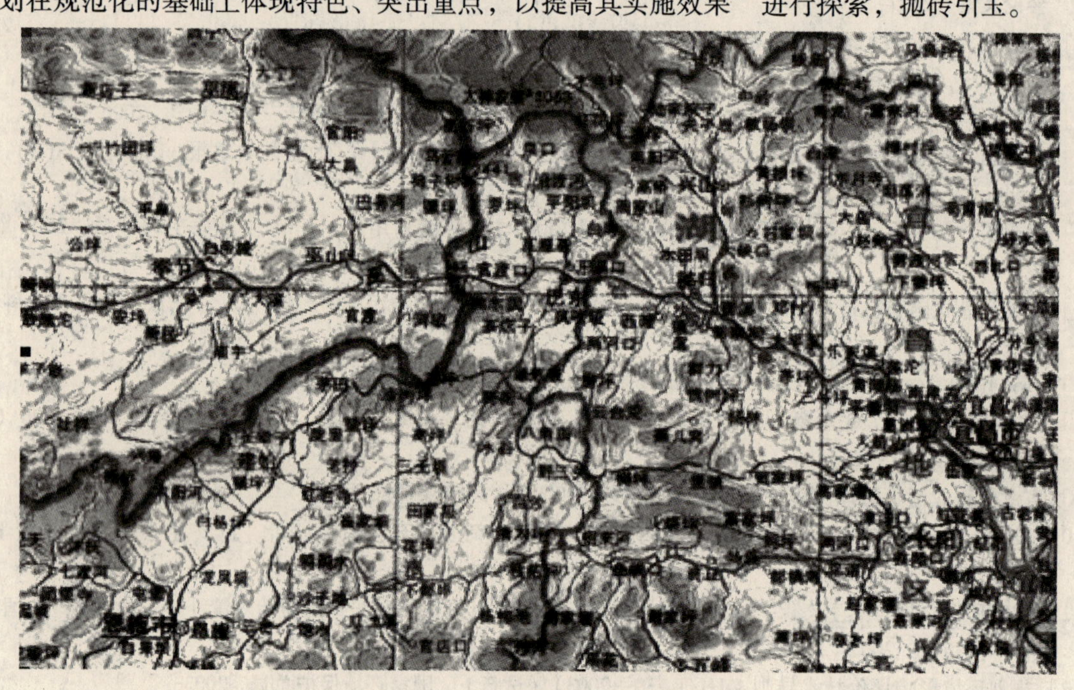

图1　三峡地区地理位置图

一、规划区基本概况

三峡地区位于大巴山及鄂西山地，北纬29°16′~31°25′，东经106°50′~110°50′，地形复杂，高差悬殊，山高坡陡，河谷深切，水低田高，河谷平坝地仅占总面积的4.3%，丘陵占21.7%，山地占74%。行政区划包括湖北省的宜昌、归县、兴山、巴东县，重庆市的万州、涪陵、黔江、长寿、梁平、城口、丰都19个区县，面积78 242km^2，见图1。

二、区内环境规划的特色

（一）环境生态系统

1. 生态系统脆弱[2]

由于历史因素造成的移民活动和不合理的农耕开发，使三峡库区的生态环境遭受严重的破坏。尤其是20世纪80年代后，随着人口的猛增、不合理经济开发的加剧，森林资源遭到毁灭性的砍伐，20世纪80年代末，森林覆盖率已下降至10%，野生动物大量消失，水土流失面积已达60%以上，泥石流、危岩崩塌等地质灾害频繁，生态环境已变得十分脆弱。

2. 城镇多分布在江河两旁

三峡地区起伏多变的中低山地貌，形成纵横交错的河流、山脉、丘岗、指状支脉、陡坡、冲沟、滑坡等不适于城镇建设，人们依托江河的自然条件，将城镇插于江河两旁的平衡地带，增大了环境灾害风险的概率。

3. 不利的气候条件

三峡地区属于山地丘陵地貌，沟谷纵横，城镇气候不仅体现出一定地理纬度的大气候特征，还表现出由于地形、海拔高度的变化而出现气候迥然不同的地域小气候特征。城镇由于气候因素常形成“逆温”，热岛效应显著，易形成空气污染的区域、山洪行洪区以及因山洪并发地质灾害的区域。

4. 不良的环境地质现象

三峡地区系滑坡、坍塌和岩崩多发区，由于人类活动的影响，加剧了滑坡、崩塌活动，大型滑坡体近20年来出现了新的活动高潮，2008年三峡地区因地质灾害造成的直接经济损失达7亿多元。

5. 生态环境因子敏感

对三峡地区城镇发展用地具有共性且影响较大的独立生态环境因子主要是，地形地貌、河流水系、地质、小气候特征，然而这些环境因子目前处在敏感、复杂而又十分脆弱状况中，城镇发展与自然演进的时空过程相互适宜与平衡具有很大的难度，必须合理地遵循自然生态演进的规律。

（二）人文物流系统

1. 三峡工程加剧城镇变迁

三峡水利工程的建设是人类大规模地改造自然环境的空前壮举，区内近百个城镇不同程度地受到工程直接、间接的影响而地形变迁，城镇急剧扩展，自然土壤的结构和性能改变，山丘夷为平地，泄洪冲沟填成实地，以满足城镇用地需求，大地景观分割成碎片，自然景观的原始形态和结构破损，从而破坏了生态系统自然调节机能，加剧了城市生态系统的脆弱性。

2. 环境问题日趋严重

区内城镇的产业结构普遍层次比较低，高能耗、高污染、劳动密集型的“夕阳工业”占有相当比例。工业分布分散，工业区竞相上马，在地形较封闭的区域设置污染性工业或进行高密度建设缺乏系统的环境规划，导致污染源分散，污染物控制难度大。

3. 环境建设投入严重不足，环境问题日趋严重，环境规划滞后于整体规划

面对城镇基础设施建设以道路、通信、交通、电力、房地产、商业等服务于经济发展的基础设施为主的现实，环境基础设施顾及不多，导致环境保护投资严重不足，很大一部分城镇环境基础设施几乎处于空白状态，环境基础设施严重滞后于城镇经济。

4. 环境规划滞后于整体规划

区内普遍存在不重视城镇规划，更谈不上环境规划，使环保工作没有完善的、系统的中长期计划。城镇工业、生活、商业功能区混杂，布局不合理，工厂、民居、学校为邻，形成“你中有我，我中有你”的格局，人居环境质量低下，环境污染得不到有效治理。

三、环境规划的对策与建议

（一）规划原则

1. 综合分析原则

造成区内城镇生态环境敏感的原因不仅是自然环境自身的特性，与三峡工程建设过程中的人为干预直接相关，并且各生态环境要素之间总是综合地起着作用。因此，要综合考虑各城镇用地的生态承载力、环境容量阈值以及人类活动影响等诸多因素，将其全部或局部所体现出来的“集体效应”作为生态环境敏感区评定的标准。在综合研究和评价各城镇生态环境特点的同时，也要找出其中主导因子构成。

2. 功能完整性原则

规划生态环境敏感区应与生态体系内的其他生态因素综合考虑，以满足自然生态系统运作的基本需求。各城镇生态功能的发挥，应保持相应地理区域内的生态功能完整性，如与人工绿化环境进行衔接与互补，通过一定的结构把自然空间联结为整体，成为完整的功能区。

3. 保护与利用结合原则

突破由于平地、缓坡少对生态用地“消极”保护的方法，对生态环境敏感区的规划利用本着“积极”的指导思想，强调生态用地建设的积极意义，充分体现生态环境敏感区的自然生态基础价值，必须采取有效措施，通过工程技术措施维持和提高其生态效益以及共享性，最大限度地“保护”自然生态环境，在保护的基础上“提高和完善”。

4. 综合高效性原则

规划过程中，必须强调生态环境敏感区的功能综合性和开发利用的多元化、高效性，坚持自然、人文资源开发利用相结合，充分发挥其生态保护功能、生产服务功能和景观游憩功能。

（二）生态环境敏感区的确认

环境规划中生态环境敏感区的认定是保证正确划定环境功能区的关键[3]。三峡地区城镇中生态环境敏感区的认定，应通过生态分析的方法得出，其中包括土地生态适宜性分析、环境敏感性分析、综合效应分析。

1. 土地生态适宜性分析[4]

（1）评价因子

区内城镇的建设受到了各种自然、人文生态因子的交叉、综合影响，根据生态因子的限制规律，应根据当地生态环境敏感区保护和用地扩展需要，选择对城镇生态环境敏感区规划建设具有主导性、代表性的独立因子作为生态适宜性分析的评价因子，同时考虑研究过程中对基础资料占有的完备程度，选取有据可查、数据齐全、可操作性和可测性强的生态因子做评价因子。

（2）单因子生态评价

针对三峡地区生态系统特殊性和脆弱性的特点，选取地面高程、坡度、小气候条件、河流沟谷、湿地系统、植被绿地、地质灾害、景观价值、历史文脉作为评价单因子，确定权重，并对各因子逐一进行现状及相关资料、时空分布的数据量化处理，评述该因子对规划区的影响与作用。

2. 环境敏感性分析

环境敏感性是指在不损失或不降低环境质量的情况下，环境因子对外界压力或外界干扰适应的能力。三峡地区各城镇的自然生态系统具有各自本身的特点，需结合各自的实际，从气象、地质灾害、土地利用的合理程度以及水土流失四大类入手，采用层次分析法进行环境敏感性分析，划出生态环境敏感性分区，形成合理的环境功能布局，为环境规划的合理制定提供科学的依据。

3. 对生态环境系统的复建

因大型水利工程、采矿、工业引发的生态环境的破坏，对区内城镇中潜在的或已表现出来需进行恢复的生态环境进行现状、成因、破坏程度等的考察，确定不合理的开发利用方式及解决或控制的方法，考虑如何进行必要的生态环境敏感区修复和复建。

4. 空气污染敏感区

区内城镇多处山间盆地，地形较封闭，大气容量小，加之人口众多、经济与生活活动密度大，建筑密集，森林覆盖率低，城镇废气易因排散速度缓慢而滞留，从而加剧城镇的大气污染，并有可能危害其周边甚至整个区域的生态气候环境区域。为此，应注重通风廊道的建设和城镇风场的引导，并且对区域的建筑、人口密度或者入驻的工业企业性质、排污标准采取一定的限制。

（三）环境规划与总体规划的相容性

1. 协调总规

区内城镇正处于经济快速上升期，经济与环境的矛盾十分突出和复杂，城镇快速扩张，未来发展的可变性很不确定，因此，环境规划必须以区域总体规划为主线，合理地将环境保护目标融入总体规划之中。

2. 产业定位服从环境容量

目前区内城镇产业结构偏重资源型、高耗能、高污染的产业，对本来环境容量较小，生态系统脆弱的三峡地区来说存在着潜在的环境灾害因素，急需通过环境容量的核算有效地调整产业结构，严禁发展高耗能、高污染的化工、建材、造纸、纺织行业。

3. 围绕环境核心目标

围绕城镇环境保护核心目标，选择对环境起最佳作用的方案，通过检验规划产生的所有可能的环境影响，根据环境效应的强度和发生背景确定所有环境影响的性质和重要程度，在充分、有效地利用有限的资源，尽可能地降低费用或成本的条件下，科学、合理地对规划被选方案加以筛选，并确定最佳方案。

四、结　论

三峡地区城镇生态系统脆弱、城镇分布在江河两旁、不利的气候条件、不良的环境地质现象、生态环境因子敏感、三峡工程加剧城镇变迁、环境建设投入严重不足、环境问题日趋严重、环境规划滞后于整体规划是制定环境规划特色考量的重要内容，必须认真分析，合理规划。

三峡地区环境规划的原则是：综合分析原则，功能完整性原则，保护与利用结合原则，综合高效性原则。生态环境敏感区的确认宜采用土地生态适宜性分析、环境敏感性分析、综合效应分析的方法。

生态系统脆弱的三峡地区城镇，存在着潜在的环境灾害风险，急需环境容量的核算，编制环境规划有效地调整产业结构，严禁发展高耗能、高污染的化工、建材、造纸行业。

参考文献

[1] 李巍，谢德嫦，张杰．景观生态学方法在规划环境影响评价中的应用［J］．中国环境科学，2009，29（6）：605－610.

[2] 杜榕桓，等．长江三峡水土流失对生态与环境的影响［M］．北京：科学技术出版社，1994.

[3] Guo，Huaicheng；Huang，Guohe；Yin，Yongyuan；Zhang，Baiyu，An interval fuzzy multiobjective environmental planning model for urban systems，Civil Engineering and Environmental Systems，2008，25（2）：99－125.

[4] Handley，John F.；Ennos，A. Roland；Pauleit，Stephan；Theuray，Nicolas；Lindley，Sarah J. Characterising the urban environment of UK cities and towns：A template for landscape planning Landscape and Urban Planning，2008，87（3），210－222.

[5] Li，Feng Comprehensive concept planning of urban greening based on ecological principles：A case study in Beijing，China，Landscape and Urban Planning，2005，72（4），325－336.

开发车(船)载净化设备　加强污染事故应急处理能力

邓杰帆

（东莞市环境科学学会　广东　东莞　523000）

摘　要　通过车（船）载一体化污水净化设备的开发，使车（船）分别配备针对重金属、有机溶剂、漂浮物的净化器及集成系统。通过车（船）运输使其迅速到达污染事故现场并修复受污染水体，最大限度地防止污染物质扩散。同时，探讨该设备的后续使用和保障措施，增强政府及企业污染事故应急处理能力。

关键词　车（船）载污水净化设备　污染事故　应急处理

我国目前处于高速发展阶段，发达国家上百年工业化过程分阶段出现的系统问题，在我国20多年来的发展中集中出现，多区域、多方面、多形式的环境风险相对集中爆发，近年来明显出现突发环境污染事件高发态势[1]，在突发环境污染事件中又以水污染最突出。当前各地政府及企业在针对水污染事故的应急处理中，缺少环境应急专业人才和必要的应急监测、防治设备[2]，所用的处理方法较为单一和肤浅，处理效果差强人意，以致受污染水体未能得到快速有效的修复，既造成了持续的环境污染，又造成了地方和民众的经济损失，甚至诱发群体性上访或暴动事件。因此，开发一种有效的快速污水处理设备就显得极其重要，笔者针对当前常见的水污染事故中的污染特征，提出使用车（船）载一体化污水净化设备作应急处理，并对其使用和保障措施做深入探讨，供各级政府应急处置部门及高危污染企业作决策参考。

一、车（船）载污水净化设备工作原理

目前我国已有一些企业开发了车（船）载一体化水净化设备，如用于制饮用水的吉普车（卡车、拖车等）载高浊度水净化纯化设备、用于浇灌的车载式固体水生产设备等，其原理较简单、处理能力较低，而用于处理量大、原理较复杂的污染事故应急处理的车（船）载一体化水净化设备暂未见。当前环境污染事故产生的污染物主要有重金属和有机溶剂两类，前者进入水体后主要以溶解的金属离子状态存在，后者多以漂浮或不完全混合状态存在。不论在封闭水体还是流动水体中，污染物均能较快速地扩散，这将导致后续处理成本增加，且效果不佳。因此，净化设备应首先配置防扩散的设施（如针对漏油要配围油栏和吸油毡之类），通过人工尽量撇捞漂浮污染物，与此同时开启一体化污水净化设备。

对于重金属污染物，目前常见的处理方法有化学沉淀法、氧化还原法、电化学法、离子交换法、膜分离法等[3]，上述方法工艺成熟，均已得到广泛的应用。考虑到要快速净化污水且操作要简便易行，笔者认为首选离子交换法而非采用常见的化学沉淀法，因后者需配溶液搅拌、沉淀分离等诸多设备，而且相同处理能力下设备体积过大，要实现车（船）载不太现实。其他像氧化还原法、电化学法、膜分离法也存在类似的问题，而且操作复杂、成本甚高。而离子交换法工艺成熟可靠，简单易行，只需要配置一个阳离子交换树脂塔，即能快速吸附各种金属离子。当选用性能更佳、可回收再生的大孔径阳离子交换树脂时，将会有更好的处理效果。当吸附饱和后，对于低级的树脂可送焚烧处理，回收其中的金属，对于高级的树脂应作再生处理。

对于有机溶剂类，在尽量撇捞漂浮污染物的同时，应采用常见的活性炭（或活性炭纤维、沸石等）吸附法，因此需有一套活性炭吸附塔，其他诸如化学反应、膜分离、生化处理等方法在此时显然也不太适用。活性炭吸附饱和后送焚烧处理或交专业公司进行再生处理。

考虑到活性炭吸附容量有限，为减少不必要的浪费和降低处理成本，污水在进活性炭吸附塔

之前应先进入一套预处理设备中，预处理设备视情况可填充廉价易得的树皮、木屑、果壳、吸油毡、毛发等物质，起到截留吸附一部分污染物的作用。

为降低建造成本和减轻自身重量，上述三塔可采用玻璃钢作设备材料，塔的最少处理能力应大于 30t/h。

二、车（船）载污水净化设备的系统集成

除上述 3 个主要净化塔外，尚需如下一系列配套设施：

1. 水泵：鉴于污染物进入水体后得到一定程度的稀释，一般不会呈现强酸（碱）性和腐蚀性，因此只需配置两台污水泵，一用一备，或考虑一大一小配置。

2. 小型发电机：因水泵等设备工作耗电，而目前暂无大功率车（船）载发电设备，应配置一台小型（约 10kW）发电机。相应对车（船）吸油泵输出管作改装，增设一条输油管接入发电机。

3. 管网系统：设备之间的管道连接应采用 ABS 材料，也可考虑用 UPVC 或 A3 钢材质。水泵吸管应为可移动的大口径软管，可人工移至需吸取的水面。离子交换塔和活性吸附塔的出口也采用可移动式软管，管长均应超过 10 米。

4. 监测系统：包括在线监测系统和人工化验系统。前者包括在离子交换塔出水管装配在线金属离子检测仪，后者则在活性炭吸附塔出水处装红外或紫外—可见光检测仪。当两者分别验出重金属浓度超标或出现较强吸收峰时，则指示系统吸附趋于饱和，需更换树脂（或活性炭等）。若为了节省成本，也可另行配置人工检测设备，如原子吸收分光光度计和气相色谱等，甚至考虑用纯粹的人工化学实验方法而配置必要的玻瓶仪器。

5. 控制系统：应设置控制柜，完善电线布置，以手动控制为主。

上述系统整合在一个铁皮柜内，装载于汽车或船上，柜内平面布置如下图所示：

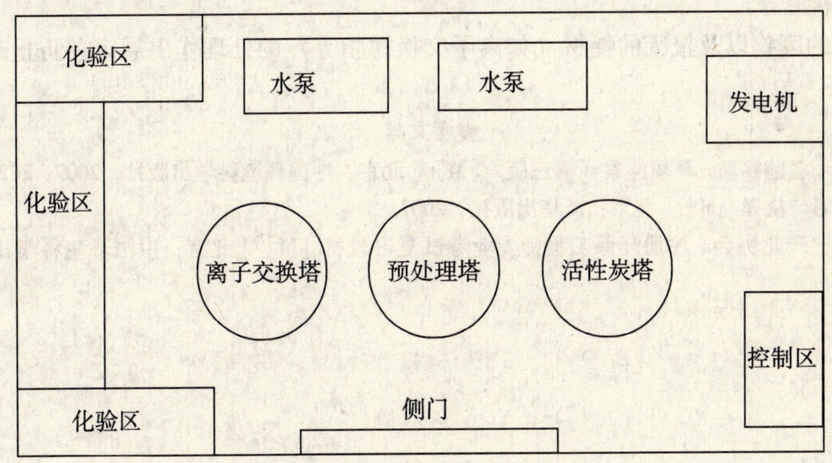

三、车（船）载污水净化设备的配置、使用及管理

鉴于当前我国大部分市、县缺乏应急监测、防控设备，因此有必要尽快完善车（船）载污水净化设备的有关设计、试验和定型。有条件的地方或研发机构可先行做出样车（船），并和当地环境监察局联合使用，通过实际应用不断完善该设备。

随后该设备需纳入各级政府或环保部门的应急能力建设和政府采购中，用 3 ~5 年时间使各级政府或环保部门均配置一定数量的车（船）载污水净化设备，其中经济发达地区（以区、县为基本单位）最少配 10 套以上，欠发达地区配 3 ~5 套。部分有条件的重点监控企业也应配置该

设备。从而构建起各级应急处理体系，大大加快突发污染事件的处理能力。

在车（船）载污水净化设备的使用上，应按具体情况具体应用：

1. 车载设备主要用于非流动水域，如井、鱼塘、小湖，船载设备主要用于江河、海洋、大型水库、湖泊等。

2. 针对不同特征的污染物而采用相应的处理塔。针对企业潜在的确定污染物，可视情况变更塔内处理材料，以求达到最佳处理效果。

3. 须建立应急设备操作指引，操作人员均应接受培训，考核后上岗。

4. 定期进行应急演习，强化人员应急处理能力，检验操作指引的合理性和有效性。

5. 重点监控企业可根据自身生产排污情况，酌情选用其中1~2个塔，并调整设备尺寸等，确保满足潜在的污染事故处理能力。

6. 对于使用后报废的离子交换树脂、活性炭及滤料等应交有资质和相应处理设施的危险废物处理单位回收处理。经济发达地区可考虑自行配置统一的再生设施以防二次污染和降低使用成本。

四、车（船）载污水净化设备推广的制度保障

作为一种新鲜事物，其产生及推广离不开各级政府有关部门的大力支持，特别是有赖于出台一系列的扶持措施和政策。具体包括：

1. 各级政府部门（特别是环保部、省政府）应拨款支持该车（船）载污水净化装备的研发和定型，前期投入不超过100万元，也可采用政府补贴研发企业的方式，并开展试点工作。

2. 列入政府预算和政府采购体系，为设备的产业化提供资金保障。

3. 制定有利于该设备推广及维护使用的政策，如规定各环保局须配置该设备，针对污染事故排污企业的处罚所得应用于设备和人员的日常支出，给予车（船）载污水净化设备制造企业税收或排污费减免等。

4. 对回收的废物以及报废的耗材（如离子交换树脂等）的处理作出规定，防止二次污染。

参考文献

[1] 环境保护部环境监察局．环境监察（第三版）[M]．北京：中国环境科学出版社，2009：282.

[2] 周生贤．机遇与抉择[M]．北京：新华出版社，2007：3.

[3] 中国环境保护产业协会．注册环保工程师专业考试复习教材[M]．北京：中国环境科学出版社，2007：93－103.